W0001513

Springer-Lehrbuch

Georg Löffler (Hrsg.)
Petro E. Petrides (Hrsg.)
Peter C. Heinrich (Hrsg.)

Biochemie und Pathobiochemie

8., völlig neu bearbeitete Auflage

Mit 1192 vierfarbigen Abbildungen und 192 Tabellen

Professor Dr. Georg Löffler
Institut für Biochemie
Genetik und Mikrobiologie
Universität Regensburg
Universitätsstraße 31
93053 Regensburg
E-Mail: GeorgLoeffler@web.de

Professor Dr. Peter C. Heinrich
Institut für Biochemie
Universitätsklinikum RWTH Aachen
Pauwelsstraße 30
52074 Aachen
E-Mail: heinrich@rwth-aachen.de

Professor Dr. Petro E. Petrides
Hämatologisch-onkologische
Praxis am Isartor
und Medizinische Fakultät
der Ludwig-Maximilians-Universität München
Zweibrückenstraße 2
80331 München
E-Mail:petrides@onkologiemuenchen.de

ISBN-10 3-540-32680-4 8. Auflage Springer Medizin Verlag Heidelberg
ISBN-13 978-3-540-32680-9 8. Auflage Springer Medizin Verlag Heidelberg

Bibliografische Information der Deutschen Nationalbibliothek
Die Deutsche Nationalbibliothek verzeichnet diese Publikation in der Deutschen Nationalbibliografie; detaillierte bibliografische Daten sind im Internet über http://dnb.d-nb.de abrufbar.

Springer Medizin Verlag Heidelberg

Springer Medizin Verlag.

springer.com

Printed in Germany

Planung: Renate Scheddin, Kathrin Nühse, Heidelberg
Projektmanagement: Rose-Marie Doyon, Heidelberg
Umschlaggestaltung & Design: deblik Berlin
Abbildung Umschlag: Dr. Serge Haan, Institut für Biochemie, RWTH Aachen. Die Abbildung zeigt ein Detail der Bindung des Transkriptionsfaktors STAT3 (gelb dargestellt) an sein *response element* (► Abb. 25.29b; Literaturstelle zur Kristallstruktur: Becker et al. 1998, Nature 394, 145–51). Einige für die Interaktion mit der doppelsträngigen DNA wichtige Aminosäuren (Lys340, Asn 466, Ser 465 und Gln469) sind abgebildet.
Zeichnungen: BITmap Mannheim
SPIN 10912935
Satz: Fotosatz-Service Köhler GmbH, Würzburg
Druck- und Bindearbeiten: Stürtz GmbH, Würzburg
Gedruckt auf säurefreiem Papier 15/2117 rd – 5 4 3 2 1 0

Vorwort

Gegenstand der Biochemie ist die Aufklärung der molekularen Grundlagen des Lebens. Die Biochemie ist insbesondere aufgrund einer Vielzahl neuer innovativer Techniken und Forschungsansätze sehr stark in ihre Nachbardisziplinen wie die Molekularbiologie, Zellbiologie, Zellphysiologie, Genetik, molekulare Pharmakologie, Anatomie, Physiologie, aber auch Medizin hineingewachsen, so dass heute eine exakte Abgrenzung der Biochemie von diesen Nachbardisziplinen sehr schwierig ist. In Zukunft werden die genannten Fächer sich vielleicht alle unter dem Dach Lebenswissenschaften wieder finden.

Die seit Jahren mit ungebrochener Geschwindigkeit ablaufende Zunahme unserer Kenntnisse in den Biowissenschaften, und hier speziell in der Biochemie, Molekular- und Zellbiologie hat für die Medizin wichtige Konsequenzen ergeben. Sie haben zum tieferen Verständnis pathobiochemischer Zusammenhänge geführt, aber auch neue diagnostische Verfahren und Fortschritte der Arzneimitteltherapie ermöglicht. Diese rasante Entwicklung ist der Grund dafür, dass nur vier Jahre nach dem Erscheinen der 7. Auflage unseres Lehrbuches der Biochemie und Pathobiochemie nun eine gründlich überarbeitete und aktualisierte 8. Auflage vorgelegt wird.

In Anbetracht dieser Tatsache war es uns besonders wichtig, auf der einen Seite das moderne biochemische Grundwissen zu aktualisieren und möglichst kompakt darzustellen. Darüber hinaus werden Themen wie die molekularen Grundlagen der Regulation zellulärer Aktivitäten vertieft behandelt. Andererseits sollten die Kapitel über spezifische Stoffwechselleistungen einzelner Organe und Organsysteme möglichst umfassend präsentiert werden, da sie von besonderer medizinischer Relevanz sind und die Darstellung der vielfältigen Bezüge zur Pathobiochemie ermöglichen.

Um diese Ziele zu erreichen, haben wir den mit der 7. Auflage beschrittenen Weg der Erweiterung unserer Kompetenz durch Einbeziehung neuer Autoren weiter verfolgt, wobei das bisherige didaktische Konzept mit straffer Gliederung der einzelnen Kapitel, Zusammenfassungen nach jedem größeren Abschnitt, Überschriften in Satzform und Infoboxen unverändert blieb. Ebenso wurde die bisherige Gliederung des Buches mit geringen Veränderungen beibehalten.

Von entscheidender Bedeutung für das Zustandekommen der vorliegenden Ausgabe war auch die Erweiterung des Herausgebergremiums. Peter C. Heinrich hat sich als Chemiker sehr früh zum Biochemiker spezialisiert und sich als Forschungsgebiet mit Untersuchungen zum Wirkungsmechanismus von Zytokinen einem Thema von höchster medizinischer Relevanz gewidmet. Seit Jahren ist er darüber hinaus in seiner Eigenschaft als Lehrstuhlinhaber mit den Problemen des Biochemieunterrichtes für Medizinstudenten bestens vertraut. Seine Tätigkeit als Herausgeber hat eine umfassende Durchsicht der einzelnen Kapitel und damit deren notwendige Abstimmung ermöglicht. Außerdem wurde das umfangreiche Bildmaterial kritisch gesichtet und verbessert. Darüber hinaus sind durch Peter C. Heinrich neue Kompetenzen in das Lehrbuch eingebracht worden.

Die in den ersten 6 Kapiteln behandelten Themen Bausteine des Organismus, Enzymologie und Grundzüge der Zellbiologie wurden von den Kollegen Kalbitzer, Kriegel, Schellenberger und Hasilik aktualisiert und z. T. neu gefasst. Dasselbe gilt für den Abschnitt Weitergabe und Aktualisierung der Erbinformation, der durch die Kollegen Montenarh, Hasilik und Modrow sehr gründlich überarbeitet und in weiten Teilen neu verfasst wurde. Die folgenden 13 Kapitel beschreiben verschiedene Aspekte des Zellstoffwechsels. Von Herrn Kollegen Röhm ist der Abschnitt über den Aminosäurestoffwechsel neu gestaltet worden, Herr Brandt hat die Kapitel Citratzyklus sowie Atmungskette und oxidative Phosphorylierung überarbeitet, Frau Löffler das Kapitel Purin- und Pyrimidinstoffwechsel. Frau Daniel hat das Ernährungskapitel neu geschrieben und Frau Brigelius-Flohé das Vitaminkapitel gründlich überprüft. Das Kapitel 25, Kommunikation zwischen Zellen, wurde weitgehend neu geschrieben. Die letzten 12 Kapitel des Buches beschäftigen sich mit den für die Medizin besonders relevanten Stoffwechselleistungen spezifischer Gewebe oder Organe. Alle Kapitel wurden intensiv überarbeitet bzw. neu gefasst, wofür den Kollegen Ansorge, Becker, Betz, Bruckner, Deutzmann, Fürst, Gautel, Häring, Häussinger, Kurtz und Mössner und ihren jeweiligen Mitarbeitern gedankt sei. Für die Überlassung der medizinhistorischen Fallbeispiele möchten wir Herrn Kollegen Bankl, besonders danken.

Die Inhalte des Gegenstandkatalogs werden selbstverständlich in der vorliegenden 8. Auflage des Lehrbuchs Biochemie und Pathobiochemie voll abgedeckt.

Auch das in der neuen Approbationsordnung geforderte Zusammenwachsen von Biochemie und Molekularbiologie auf der einen und eine stärkere Verzahnung der vorklinischen Fächer mit der Klinik auf der anderen Seite spiegeln sich in der 8. Auflage wider.

Die Benutzung unseres Biochemie/Pathobiochemie-Lehrbuches sollte die Studierenden der Medizin in die Lage versetzen, den »1. Abschnitt der ärztlichen Prüfung« erfolgreich zu bestehen. Es sollte aber auch eine Orientierungshilfe für die in der Klinik und Praxis tätigen Ärztinnen und Ärzte sein. Für Biologen, Biochemiker, Pharmakologen, Pharmazeuten und Psychologen stellt das vorliegende Werk eine wertvolle Informationsquelle dar.

Ein Buch ist niemals perfekt. Es lebt von der Kritik und den Anregungen seiner Leser. Wir sind daher – wie in der Vergangenheit – auch künftig dankbar für Kommentare, Korrekturen und Verbesserungsvorschläge.

Wir wünschen unseren Lesern viel Freude an dem spannenden Fach Biochemie/Pathobiochemie, auch wenn die Lektüre zeitweise recht anspruchsvoll sein kann.

September 2006
Die Herausgeber

Danksagung

Folgenden Kolleginnen und Kollegen möchten die Herausgeber ganz herzlich für die kritische und kompetente Durchsicht der verschiedenen Kapitel danken. Ihre konstruktive Kritik hat zweifellos zur Verbesserung der Qualität und Klarheit der folgenden Kapitel beigetragen:

Institut für Biochemie, Universitätsklinikum RWTH Aachen: Alexandra Dreuw, (Kapitel 34); Serge Haan, (Kapitel 2, 3, 10, 13, 28, 33); Heike Hermanns, (Kapitel 2, 11, 14, 16, 17, 26); Gerhard Müller-Newen, (Kapitel 1, 2, 9, 12, 15, 18, 21, 23, 24, 32); Fred Schaper, (Kapitel 4, 5, 7, 8, 19); Ulrike Sommer, (Kapitel 6); Pia Müller, Georg Munz, Michael Sommerauer, (Kapitel 25); Marcus Thelen, Institute for Research in Biomedicine, Bellinzona (Kapitel 25); Andreas Lückhoff, Institut für Physiologie, Universitätsklinikum RWTH Aachen (Kapitel 25); Institut für Neuropathologie, Universitätsklinikum RWTH Aachen: Alexander Krüttgen, Joachim Weis, (Kapitel 31); Peter Freyer, Institut für Biochemie, RWTH Aachen, gebührt Dank und Anerkennung für die zahlreichen graphischen Darstellungen des Kapitels 25, Kerstin Paus und Elke Broekmeulen, Institut für Biochemie, RWTH Aachen für die unermüdliche und tatkräftige organisatorische Hilfe. Mit Dieter Enders, Institut für Organische Chemie der RWTH Aachen, wurden zahlreiche Reaktionsmechanismen diskutiert und deren Darstellung verbessert.

Ebenso wie für die vergangenen Auflagen war auch für diese der unermüdliche Einsatz der Lehrbuchabteilung des Springer-Verlages von großer Bedeutung: ganz besonders möchten wir in diesem Zusammenhang Rose-Marie Doyon und Kathrin Nühse danken. Bärbel Bittermann und ihrem Team sind wir für die graphische Umsetzung der nahezu 1000 Abbildungen zu großem Dank verpflichtet und schließlich Ursula Osterkamp-Baust für die Erstellung des umfangreichen Sachverzeichnisses. Auch für diese Auflage waren die zahlreichen Hinweise und Verbesserungsvorschläge von Kollegen und Studierenden eine große Hilfe. Ganz besonders sei an dieser Stelle Renate Lüllmann, Anatomisches Institut der Universität Kiel, Michael Fischer, IMPP Mainz, sowie Andrej Hasilik, Institut für Physiologische Chemie der Universität Marburg, gedankt.

Biographien

Georg Löffler
studierte Medizin an der Universität München. Nach der Promotion über die Regulation der Ketonkörpersynthese folgte eine dreijährige klinische Tätigkeit bei Hans Peter Wolff in Homburg/Saar. Anschließend ging er als Oberassistent an das Biochemische Institut der Medizinischen Hochschule Hannover, wo auch die Habilitation für Physiologische Chemie und Klinische Biochemie mit einer Arbeit über die Regulation der Lipolyse im Fettgewebe erfolgte. 1969 wurde er Leiter der Biochemischen Abteilung der von Otto Wieland und Helmut Mehnert gegründeten Forschergruppe Diabetes in München, wo Arbeiten über die Regulation des Pyruvatdehydrogenasekomplexes und die Insulinsekretion im Vordergrund standen. 1975 wechselte Georg Löffler an das Institut für Biochemie, Genetik und Mikrobiologie an der Universität Regensburg, von 1991 bis 2001 war er Inhaber des Lehrstuhls Biochemie III. Sein wichtigstes Arbeitsgebiet ist die Differenzierung des Fettgewebes und die Analyse sekretorischer Funktionen der Fettzelle.

Petro E. Petrides
studierte Medizin in Freiburg und München, 1975 deutsches und amerikanisches Staatsexamen, Promotion mit einer biochemischen Arbeit bei Otto Wieland und Beginn der internistischen Ausbildung. Von 1978 bis 1980 Postdoktorand bei Medizinnobelpreisträger R. Guillemin am Salk-Institut für Biologische Studien in La Jolla, anschließend Tätigkeit bei E.M. Shooter an der Medizinischen Hochschule Stanford in Palo Alto, Kalifornien. Von 1984 bis 1998 am Klinikum Großhadern der Ludwig-Maximillians-Universität München, an dieser Fakultät Habilitation über akute Leukämien und Ernennung zum Professor für Innere Medizin mit Schwerpunkt Hämatologie und Onkologie. Von 1998 bis 2000 Professor für Innere Medizin und Leiter der onkologischen Ambulanz und Tagesklinik an der Charité der Humboldt-Universität Berlin. Im Jahre 2000 Aufgabe der Professur und Einrichtung einer Schwerpunktpraxis für Hämato-Onkologie in München mit Lehrauftrag an der Ludwig-Maximilians-Universität. Außerdem Gründung der InnovaMedBiotech, die sich mit der Erforschung chronisch myeloproliferativer Erkrankungen beschäftigt. Regelmäßige wissenschaftliche Veröffentlichungen auf den Gebieten der Hämatologie und Onkologie (chronisch myeloproliferative Erkrankungen, Eisenstoffwechsel, Porphyrien) sowie Durchführung DFG-geförderter internationaler Symposien (www.innova-med.de).

Peter C. Heinrich
studierte Chemie an den Universitäten in Frankfurt und Marburg. Promotion bei K. Dimroth an der Universität Marburg. Von 1967–68 *research associate* im Institut für Biochemie der *Yale University* (JS. Fruton) in New Haven, im Anschluss wissenschaftlicher Assistent am Biochemischen Institut der Universität Freiburg (H. Holzer). Von 1970–73 wissenschaftlicher Mitarbeiter in der Grundlagenforschung der Firma Hoffmann LaRoche, Basel. Von 1973–74 *assistant professor* für Pharmakologie an der Indiana University in Indianapolis, USA. 1975 Habilitation für das Fach Biochemie an der Universität Freiburg. 1980 Professur für Biochemie an der Universität Freiburg. 1986 *visiting professor* an der *Stanford University Medical School* (G. Ringold). Seit 1987 Inhaber des Lehrstuhls für Biochemie und Molekularbiologie und Geschäftsführender Direktor des Institutes für Biochemie an der RWTH Aachen. 1994–2004 Sprecher der DFG-Forschergruppe und des anschließenden/Sonderforschungsbereichs 542 »Molekulare Mechanismen Zytokin-gesteuerter Entzündungsprozesse: Signaltransduktion und pathophysiologische Konsequenzen«. Von 1994–2001 *Editorial Board Member* des *Biochemical Journal*. 2003–heute *Editorial Board Member* des *Journal of Biological Chemistry*.

Wichtige wissenschaftliche Beiträge: Identifikation des Hepatozyten-stimulierenden Faktors als Interleukin-6; Entdeckung des Transkriptionsfaktors APRF/STAT3; Aufklärung der molekularen Mechanismen der Interleukin-6 Signaltransduktion über den Jak/STAT-Weg und deren Signalabschaltung.

Professor Heinrich hat langjährige Erfahrung in Lehre und Betreuung von Medizin-, Biologie- und Biochemiestudenten.

Beitragsautoren

Prof. Dr. Siegfried Ansorge
IMTM GmbH
ZENIT-Technologiepark
Leipziger Straße 44
D-39120 Magdeburg

Prof. Dr. Cord M. Becker
Institut für Biochemie
Universität Erlangen-Nürnberg
Fahrstr. 17
91054 Erlangen

Prof. Dr. Heinrich Betz
Max-Planck-Institut für Hirnforschung
Deutschordenstraße 46
D-60528 Frankfurt/Main

Prof. Dr. Ulrich Brandt
Institut für Biochemie I,
Zentrum f. Biologische Chemie
Universitätsklinikum
Theodor-Stern-Kai 7, Haus 25B
60590 Frankfurt

Prof. Dr.
Regina Brigelius-Flohé
Deutsches Institut für Ernährungs-
forschung
Potsdam-Rehbrücke
Arthur-Scheunert-Allee 114 - 116
14558 Nuthetal

Prof. Dr. Peter Bruckner
Institut für Physiologische Chemie und
Pathobiochemie
Universitätsklinikum Münster
Waldeyerstr. 15
48129 Münster

Prof. Dr. Leena Bruckner-Tuderman
Abt. Dermatologie und Venerologie
mit Poliklinik
Universitätsklinikum Freiburg
Hugstetter Strasse 49
79095 Freiburg

Prof. Dr. Hannelore Daniel
Technische Universität München
Lehrstuhl für Ernährungsphysiologie
Hochfeldweg 2
85350 Freising-Weihenstephan

Prof. Dr. Rainer Deutzmann
Lehrstuhl für Biochemie I
Universität Regensburg
Universitätsstraße 31
93053 Regensburg

Prof. Dr. Dieter O. Fürst
Institut für Zellbiologie
Universität Bonn
Ulrich Haberlandstraße 61a
53121 Bonn

Prof. Dr. Matthias Gautel
Muscle Cell Biology, The Randall Centre
New Hunt's House, Kings College London
Guy's Campus, London SE1 1UL
Great Britain

PD Dr. Serge Haan
Institut für Biochemie
Universitätsklinikum RWTH Aachen
Pauwelstr. 30
52074 Aachen

Prof. Dr. Hans-Ulrich Häring
Medizinische Universitätsklinik
Klinische Chemie, Stoffwechselkrankheiten
und Endokrinologie
Otfried-Müller-Straße 10
72076 Tübingen

Prof. Dr. Andrej Hasilik
Institut für Physiologische Chemie
Karl-von-Frisch-Str.1
35043 Marburg

Prof. Dr. Dieter Häussinger
Klinik für Gastroenterologie,
Hepatologie und Infektiologie
Medizinische Einrichtungen der
Heinrich-Heine-Universität Düsseldorf
Postfach 10 10 07
40001 Düsseldorf

Prof. Dr. Peter C. Heinrich
Institut für Biochemie
Universitätsklinikum RWTH Aachen
Pauwelstraße 30
52074 Aachen

Dr. Heike Hermanns
Institut für Biochemie
Universitätsklinikum RWTH Aachen
Pauwelstr. 30
52074 Aachen

Prof. Dr. Dr. Hans R. Kalbitzer
Lehrstuhl für Biologie III
Universität Regensburg
Universitätsstraße 31
93053 Regensburg

Prof. Dr. Monika Kellerer
Zentrum für Innere Medizin I
Marienhospital Stuttgart
Böheimstr. 37
70199 Stuttgart

Prof. Dr. Josef Köhrle
Institut für Experimentelle
Endokrinologie
Charité – Universitätsmedizin Berlin
Campus Charité Mitte
Schumannstr. 20/21
10117 Berlin

Prof. Dr. Thomas Kriegel
Medizinische Fakultät Carl Gustav Carus
Institut für Physiologische Chemie
Technische Universität Dresden
Fetscherstr. 74, D-01307 Dresden

Prof. Dr. Armin Kurtz
Lehrstuhl f. Physiologie I
Universität Regensburg
Universitätsstraße 31
93053 Regensburg

Prof. Dr. Georg Löffler
Institut für Biochemie
Universität Regensburg
Universitätsstraße 31
93053 Regensburg

Prof. Dr. Monika Löffler
Institut für Physiologische Chemie
Universität Marburg
Karl-von-Frisch-Str. 1
35033 Marburg

Prof. Dr. Susanne Modrow
Institut für Medizinische Mikrobiologie und Hygiene
Universität Regensburg
Franz-Josef-Strauß-Allee 11
93053 Regensburg

Prof. Dr. Mathias Montenarh
Institut für Medizinische Biochemie
Universitätskliniken des Saarlandes
66421 Homburg/Saar

Prof. Dr. Joachim Mössner
Medizinische Klinik und Poliklinik II
Gastroenterologie/Hepatologie
und Hämatologie/Onkologie
Philipp-Rosenthal-Str. 27
04103 Leipzig

PD Dr. Gerhard Müller-Newen
Institut für Biochemie
Universitätsklinikum RWTH Aachen
Pauwelstr. 30
52074 Aachen

Prof. Dr. Petro E. Petrides
Hämatologisch-onkologische
Schwerpunktpraxis am Isartor
Zweibrückenstr. 2
80331 München

Prof. Dr. Klaus-Heinrich Röhm
Institut für Physiologische Chemie
Universität Marburg
Karl-von-Frisch-Straße 1
35043 Marburg

Prof. Dr. Fred Schaper
Institut für Biochemie
Universitätsklinikum RWTH Aachen
Pauwelstr. 30
52074 Aachen

Prof. Dr. Wolfgang Schellenberger
Institut für Biochemie
Medizinische Fakultät
Universität Leipzig
Liebigstr. 16
04103 Leipzig

Dr. Astrid Scheschonka
Max-Planck-Institut für Hirnforschung
Deutschordenstraße 46
60528 Frankfurt/Main

Dr. Harald Staiger
Department für Innere Medizin
Abteilung IV
Medizinische Klinik und Poliklinik
Eberhard-Karls-Universität Tübingen
Otfried-Müller-Str. 10
72076 Tübingen

Dr. Norbert Stefan
Department für Innere Medizin
Abteilung IV
Medizinische Klinik und Poliklinik
Eberhard-Karls-Universität Tübingen
Otfried-Müller-Str. 10
72076 Tübingen

Dr. Uwe Wenzel
Lehrstuhl für Ernährungsphysiologie
Technische Universität München
Am Forum 5
85350 Freising-Weihenstephan

Biochemie und Pathobiochemie: das neue Layout

Leitsystem: Orientierung über die Kapitel 1–35 und Anhang

Einleitung: thematischer Einstieg ins Kapitel

Inhaltliche Struktur: klare Gliederung durch alle Kapitel

Verweis auf Abbildungen, Tabellen und Kapitel: deutlich herausgestellt und leicht zu finden

Infobox: vertieft interessante Aspekte

Schlüsselbegriffe: sind fett hervorgehoben

1

Einleitung

Nur 25 chemische Elemente kommen in den verschiedenen Lebensformen und damit auch im menschlichen Körper vor. Man nimmt heute an, dass in der präbiotischen Phase der Erde, also vor etwa 4 Milliarden Jahren, organische Moleküle spontan entstanden sind, deren funktionelle Gruppen eine Assoziation zu Makromolekülen und übergeordneten Strukturen ermöglichte, aus denen schließlich das Leben in seiner heutigen Form entstanden ist.

Die heutigen Lebensformen werden in die kernlosen Prokaryoten (Bakterien und Archaeen) sowie die kernhaltigen Eukaryoten eingeteilt, zu denen auch höhere Pflanzen und Tiere gehören.

Wasser ist vom quantitativen und qualitativen Gesichtspunkt aus für alle biochemischen Prozesse von außerordentlicher Bedeutung. Aufgrund seiner physikalisch-chemischen Eigenschaften nimmt Wasser an vielen zellulären Reaktionen teil und bestimmt nahezu alle biochemischen Prozesse.

1.1 Biomoleküle, Zellen und Organismen

1.1.1 Elemente in lebenden Systemen

Analysiert man die verschiedenen auf der Erde vorkommenden Lebensformen, so finden sich in ihnen etwa 25 chemische Elemente (▫ Tabelle 1.1). Von diesen kommen allerdings 14 nur als Spurenelemente (▸ Kap. 22.1.1) vor.

Infobox

Chemische Evolution im Labor

Der Student Stanley Miller füllte im Jahre 1953 im Labor von Harold Urey ein Gasgemisch aus Ammoniak (NH_3), Methan (CH_4), Wasserdampf, Wasserstoff (H_2), Kohlendioxyd (CO_2) und Blausäure (HCN) in einen Glaskolben und setzte dieses Gemisch bei 80°C mehr als eine Woche lang ständigen elektrischen Entladungen aus. Mit dieser Versuchsanordnung wollte er die Uratmosphäre unseres Planeten vor mehr als 4 Milliarden Jahren imitieren und ging dabei von der Annahme aus, dass zu dieser Zeit relativ hohe Temperaturen und permanente elektrische Entladungen in der Atmosphäre herrschten. Unter dieser Behandlung entstanden Hunderte von organischen Verbindungen, z.B. 10 der natürlich vorkommenden Aminosäuren, Mono-, Di- und Tricarbonsäuren, Formaldehyd, Adenin, Zucker und sogar Nucleotidpolymere.

In jüngerer Zeit hat Günter Wächtershäuser die Annahme vertreten, dass Biomoleküle möglicherweise bei noch höheren Temperaturen an Eisensulfid-Oberflächen entstanden sind, die als Katalysatoren gewirkt haben. In Modellversuchen konnte jüngst die Synthese von Pyruvat aus Formiat in derartigen Systemen nachgewiesen werden.

Insgesamt zeigen diese Experimente, dass die einfachen Bausteine lebender Systeme ohne weiteres abiotisch gebildet werden können.

Den größten Anteil an der Masse lebender Zellen hat der **Kohlenstoff** mit etwa 60%, gefolgt von Stickstoff und Sauerstoff mit jeweils etwa 10%. **Wasserstoff, Calcium, Phosphor** machen je 3–6% aus, während **Kalium, Schwefel, Chlor, Natrium** und **Magnesium** Anteile von etwa 1% und weniger haben.

Chemisch können die in biologischen Systemen vorkommenden Elemente in **Metalle** und **Nichtmetalle eingeteilt werden.**

Metalle sind in Form ihrer Kationen

- Träger von Ladungen
- Stabilisatoren von Strukturen sowie
- Katalysatoren von verschiedener Reaktionen

Eine Einteilung der Metall-Ionen nach ihrer biologischen Funktion findet sich in ▫ Tabelle 1.2.

❗ Die Nichtmetalle Wasserstoff, Kohlenstoff, Sauerstoff und Stickstoff bilden bevorzugt untereinander chemische Bindungen.

Diese vier Elemente haben ihre besondere Bedeutung deshalb erlangt, weil sie covalente chemische Bindungen ausbilden können. Diese Fähigkeit beruht darauf, dass sie Elektronen mit anderen Atomen teilen können, was die Möglichkeit zur Ausbildung stabiler großer Moleküle bietet.

1.1.2 Präbiotische Entstehung von Biomolekülen mit funktionellen Gruppen

Man nimmt an, dass in der **präbiotischen Phase** der Erde vor etwa vier Milliarden Jahren aus den damaligen Bestandteilen der Atmosphäre unter dem Einfluss von ultraviolettem Licht und elektrischen Entladungen ein Satz einfacher organischer Verbindungen wie **Ameisensäure, Milchsäure, Propionsäure, Essigsäure, Harnstoff** und **Aminosäuren** entstanden sind. Diese Verbindungen weisen bereits funktionelle reaktive Gruppen auf.

1192 farbige **Abbildungen**: veranschaulichen komplizierte und komplexe Sachverhalte

Navigation Seitenzahl und Kapitelnummer für die schnelle Orientierung

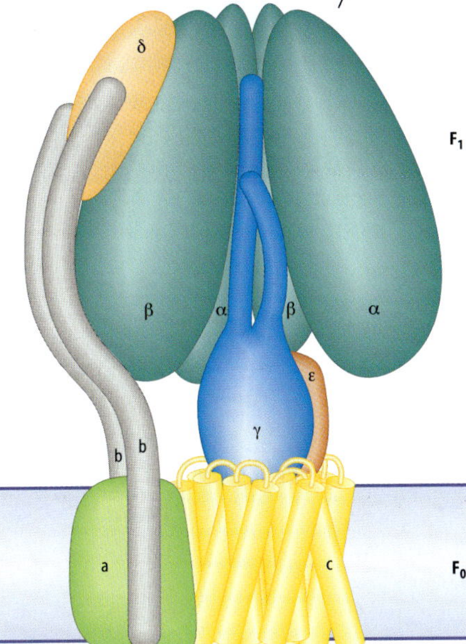

Abb. 15.11. Aufbau der F_1/F_O-ATP-Synthase. Eine α- und eine β-Untereinheit ist nicht gezeigt, um die Sicht auf den zentralen Stiel freizugeben. Außerdem fehlen in dieser Darstellung acht weitere Untereinheiten, die für die Funktion der ATP-Synthase nicht unmittelbar von Bedeutung sind. (Einzelheiten ▸ Text) (Nach Junge et al. 1997)

zusammen, wobei zwei mitochondrial codiert werden (Abb. 15.11). Diese Untereinheiten, von denen einige in mehreren Kopien vorkommen, bilden den **membranständigen F_O-Teil**, durch den die Protonen fließen, und den **in die Matrix hineinragenden F_1-Teil**, welcher die Nucleotid-Bindungsstellen enthält. Der F_O-Teil besteht aus der Untereinheit a und 10 Kopien der Untereinheit c. Neben weiteren nicht gezeigten kleinen Untereinheiten

Tabelle 15.3. Fließgleichgewichtszustände der Atmungskette

	Im Überschuss vorhanden	Atmungsgeschwindigkeit begrenzt durch
Zustand 1	O_2	ADP und Substrat
Zustand 2	O_2, ADP	Substrat
Zustand 3 »aktiv«	O_2, ADP, Substrat	$\Delta\tilde{\mu}H$
Zustand 4 »kontrolliert«	O_2, Substrat	ADP
Zustand 5	ADP, Substrat	O_2
Entkoppelt	O_2, Substrat[a]	Maximalgeschwindigkeit des Elektronentransports

[a] In diesem Zustand hat ADP keinen Einfluss auf die Atmungsgeschwindigkeit.

Tabelle: klare Übersicht der wichtigsten Fakten

Der Protonengradient treibt eine Drehbewegung im F_O-Teil.

Merke: das Wichtigste auf den Punkt gebracht

Der sich drehende Teil der ATP-Synthase (»Rotor«) besteht aus dem Ring aus **c-Untereinheiten** im F_O-Teil und dem zentralen Stil aus den Untereinheiten γ und ε. Jede **c-Untereinheit** trägt einen essentiellen Asparaginsäure-Rest im hydrophoben Bereich. Man nimmt an, dass immer eine dieser sauren Gruppen durch die **a-Untereinheit** »maskiert« wird. Untereinheit **a** besitzt außerdem zwei Protonenkanäle, die Protonen an die saure Gruppe heran und wieder weg führen können. Induziert nun ein Proton, das sich durch diese Kanäle von einer Seite der Membran zur anderen bewegt, das **Weiterrücken des Rings** um eine c-Untereinheit, so entsteht eine Drehbewegung, die über den zentralen Stil in den F_1-Teil übertragen wird. Wie bei jedem Motor muss verhindert werden, dass sich der F_1-Teil (»Stator«) als Ganzes mitdreht. Diese Aufgabe übernimmt der periphere Stil, der auch die **a-Untereinheit** festhält. Damit entspricht die Funktionsweise des F_O-Teils der eines Flagellenmotors, der ebenfalls durch einen Protonengradienten angetrieben werden.

In Kürze

Die strukturelle und funktionelle Komplexität der Organismen kann nur durch eine kontinuierliche Zufuhr freier Enthalpie (ΔG) aufrechterhalten werden. Diese Notwendigkeit ergibt sich aus den Gesetzen der Thermodynamik, die auch für lebende Systeme Gültigkeit besitzen. Quelle der erforderlichen freien Enthalpie ist die sauerstoffabhängige biologische Oxidation komplexer organischer Verbindungen.

Die Änderung der freien Enthalpie hat bei exergonem Reaktionsverlauf einen negativen Wert. Exergone Reaktionen laufen spontan (freiwillig) ab und können unter isotherm-isobaren Bedingungen Arbeit leisten. Ist ΔG hingegen positiv, handelt es sich um eine endergone Reaktion, die nicht freiwillig abläuft.

In der Zelle werden endergone Reaktionen durch Kopplung mit exergonen Prozessen ermöglicht. Die energetische Kopplung wird wirkungsvoll durch »energiereiche« Phosphate vermittelt. ATP ist die wichtigste Verbindung mit hohem Gruppenübertragungspotential.

Die Synthese der energiereichen Phosphate ist funktionell mit dem Ablauf von Redoxreaktionen verbunden:
- direkt durch Substratkettenphosphorylierung
- indirekt durch den Ausgleich eines chemiosmotischen Potentials bei der Atmungskettenphosphorylierung sowie bei Transphosphorylierungsreaktionen

In Kürze: fasst das Wichtigste des Kapitels zusammen

www.lehrbuch-medizin.de/biochemie

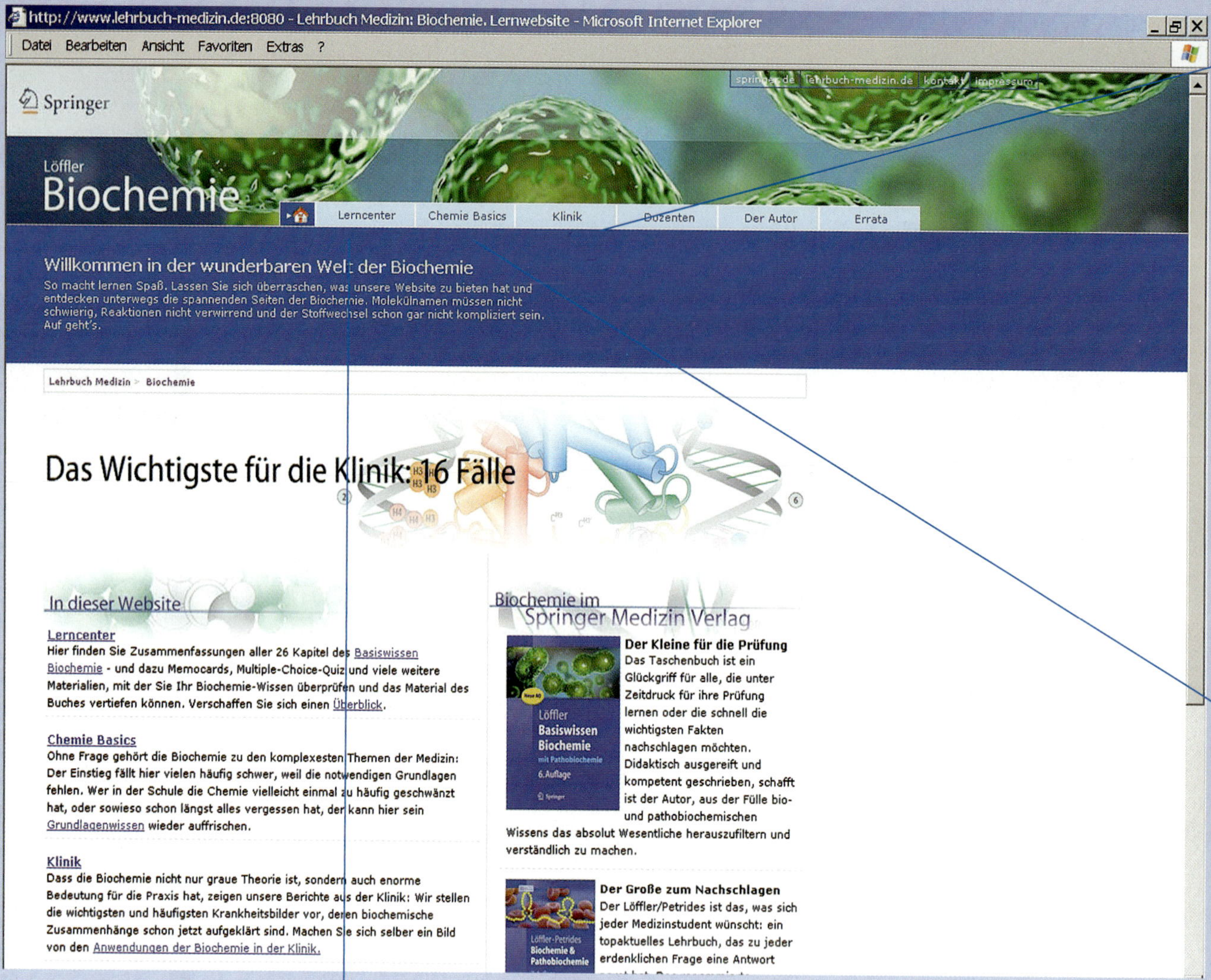

http://www.lehrbuch-medizin.de:8080 - Lehrbuch Medizin: Biochemie. Lernwebsite - Microsoft Internet Explorer
Datei Bearbeiten Ansicht Favoriten Extras ?
Springer
springer.de lehrbuch-medizin.de kontakt impressum
Löffler
Biochemie
Lerncenter Chemie Basics Klinik Dozenten Der Autor Errata
Willkommen in der wunderbaren Welt der Biochemie
So macht lernen Spaß. Lassen Sie sich überraschen, was unsere Website zu bieten hat und entdecken unterwegs die spannenden Seiten der Biochemie. Molekülnamen müssen nicht schwierig, Reaktionen nicht verwirrend und der Stoffwechsel schon gar nicht kompliziert sein. Auf geht's.
Lehrbuch Medizin > Biochemie
Das Wichtigste für die Klinik: 16 Fälle
In dieser Website
Lerncenter
Hier finden Sie Zusammenfassungen aller 26 Kapitel des Basiswissen Biochemie - und dazu Memocards, Multiple-Choice-Quiz und viele weitere Materialien, mit der Sie Ihr Biochemie-Wissen überprüfen und das Material des Buches vertiefen können. Verschaffen Sie sich einen Überblick.
Chemie Basics
Ohne Frage gehört die Biochemie zu den komplexesten Themen der Medizin: Der Einstieg fällt hier vielen häufig schwer, weil die notwendigen Grundlagen fehlen. Wer in der Schule die Chemie vielleicht einmal zu häufig geschwänzt hat, oder sowieso schon längst alles vergessen hat, der kann hier sein Grundlagenwissen wieder auffrischen.
Klinik
Dass die Biochemie nicht nur graue Theorie ist, sondern auch enorme Bedeutung für die Praxis hat, zeigen unsere Berichte aus der Klinik: Wir stellen die wichtigsten und häufigsten Krankheitsbilder vor, deren biochemische Zusammenhänge schon jetzt aufgeklärt sind. Machen Sie sich selber ein Bild von den Anwendungen der Biochemie in der Klinik.
Biochemie im Springer Medizin Verlag
Der Kleine für die Prüfung
Das Taschenbuch ist ein Glückgriff für alle, die unter Zeitdruck für ihre Prüfung lernen oder die schnell die wichtigsten Fakten nachschlagen möchten. Didaktisch ausgereift und kompetent geschrieben, schafft ist der Autor, aus der Fülle bio- und pathobiochemischen Wissens das absolut Wesentliche herauszufiltern und verständlich zu machen.
Löffler Basiswissen Biochemie mit Pathobiochemie 6. Auflage
Der Große zum Nachschlagen
Der Löffler/Petrides ist das, was sich jeder Medizinstudent wünscht: ein topaktuelles Lehrbuch, das zu jeder erdenklichen Frage eine Antwort
Löffler·Petrides Biochemie & Pathobiochemie

Lerncenter

- kurze Einleitungen in verschiedene Themen der Biochemie mit weiterführenden Links
- Original IMPP MC-Fragen als Quiz
- Memocards – unser virtuelles Lernkartenspiel

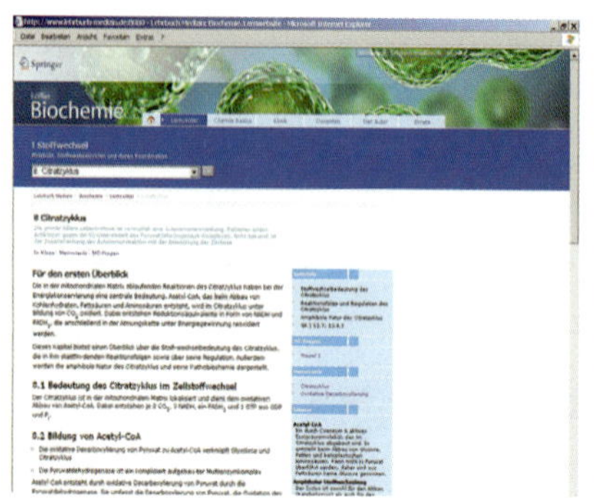

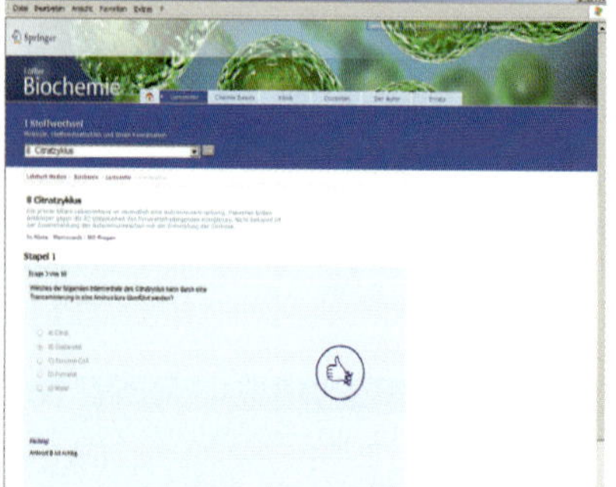

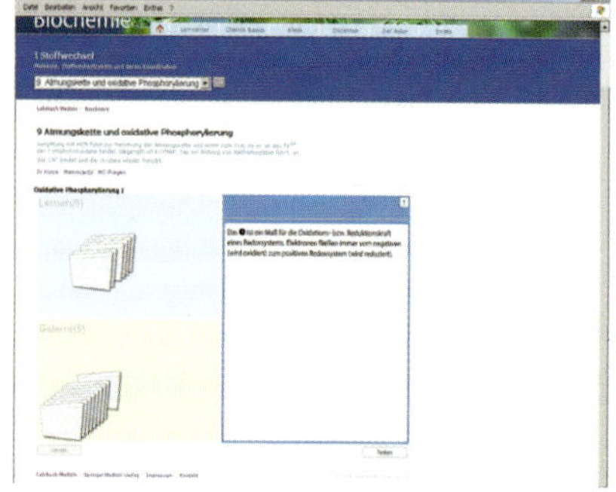

Chemie Basics

- Alles vergessen? Das Wichtigste zum Wiederholen in 60 min

Klinik

- Die wichtigsten Klinikfälle für die Vorklinik – mit Bildern, Filmsequenzen und vielen unterhaltsamen Links

Weitere Websites unter www.lehrbuch-medizin.de

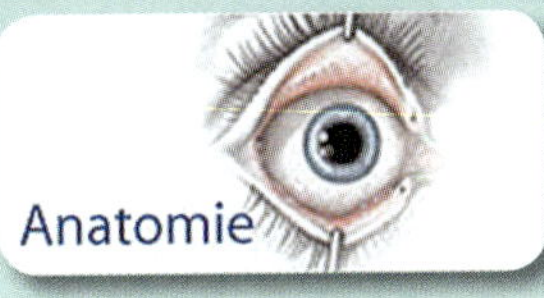

- Anatomisches Bilderquiz
- Anatomie in der Klinik
- Anatomie-Lexikon

- Physiologie in der Klinik
- Links zum Weiterklicken

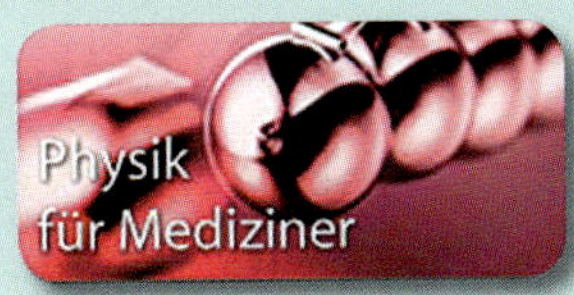

- Antwortkommentare zu MC-Fragen
- Praktikumsversuche
- Formelsammlung

- Antwortkommentare zu MC-Fragen
- Lexikon statistischer Begriffe

Einfach registrieren und los!

Machen Sie sich fit fürs Erste Staatsexamen

Auf www. lehrbuch-medizin.de trainieren Sie ab Januar 07 mit Original-Prüfungsfragen:

- immer die neusten Prüfungsfragen – verständlich kommentiert
- personifizierte Zugang – ich kann heute sehen, ob ich mich im Vergleich zu gestern verbessert habe
- Auswahl der Fragen nach Fächern und Begriffen im Lernmodus
- Prüfungssimulation – bis zum »Nichts geht mehr«
- Statistiken und Lernhilfen

**Fragen?
redaktion@lehrbuch-medizin.de**

Inhaltsverzeichnis

I Bausteine und Strukturelemente

1 **Grundlagen der Lebensvorgänge** 3
Georg Löffler, Petro E. Petrides
1.1 Biomoleküle, Zellen und Organismen 4
1.2 Wasser 8
Literatur 20

2 **Kohlenhydrate, Lipide und Aminosäuren** 21
Georg Löffler
2.1 Kohlenhydrate 22
2.2 Lipide 32
2.3 Aminosäuren 45
Literatur 53

3 **Proteine** 55
Hans R. Kalbitzer, Petro E. Petrides
3.1 Klassifizierung und Eigenschaften von Proteinen 56
3.2 Charakterisierung von Proteinen 59
3.3 Die räumliche Struktur der Proteine 69
3.4 Denaturierung, Faltung und Fehlfaltung von Proteinen 86
3.5 Methoden zur Strukturbestimmung von Proteinen 90
3.6 Synthese von Peptiden und Proteinen 92
3.7 Genomik und Proteomik 94
Literatur 98

4 **Bioenergetik und Enzymologie** 99
Thomas Kriegel, Wolfgang Schellenberger
4.1 Thermodynamik und allgemeine Bioenergetik 100
4.2 Katalyse in biologischen Systemen 107
4.3 Mechanismen der Enzymkatalyse 117
4.4 Enzymkinetik 121
4.5 Regulation der Enzymaktivität 129
4.6 Enzyme in der Medizin 134
Literatur 139

5 **Nucleotide und Nucleinsäuren** 141
Matthias Montenarh, Georg Löffler
5.1 Nucleoside und Nucleotide 142
5.2 Zusammensetzung und Primärstruktur der Nucleinsäuren 146
5.3 Aufbau der DNA 147
5.4 DNA als Trägerin der Erbinformation 158
5.5 Struktur und biologische Bedeutung der RNA 162
5.6 Chemische und physikalische Eigenschaften von Nucleinsäuren 165
Literatur 172

6 **Zelluläre Organellen, Strukturen und Transportvorgänge** 173
Andrej Hasilik
6.1 Zelluläre Kompartimente, Membranen und Transport 174
6.2 Organellen und Partikel 187
6.3 Cytoskelett 207
Literatur 215

II Stoffwechsel der Zelle: Weitergabe und Realisierung der Erbinformation

7 **Replikation und Gentechnik** 219
Mathias Montenarh
7.1 Der Zellzyklus 220
7.2 Die Replikation der DNA 228
7.3 Veränderungen der DNA-Sequenz 236
7.4 Gentechnik 241
Literatur 253

8 **Transkription und posttranskriptionale Prozessierung der RNA** 255
Mathias Montenarh
8.1 Allgemeiner Mechanismus der Transkription . 256
8.2 Transkription bei Prokaryoten 257
8.3 Transkription bei Eukaryoten 259
8.4 Regulation der Transkription bei Prokaryoten . 271
8.5 Regulation der Genexpression bei Eukaryoten 271
Literatur 283

9 **Biosynthese, Modifikation und Abbau von Proteinen** 285
Andrej Hasilik
9.1 Biosynthese von Proteinen 287
9.2 Faltung, Transport und Modifikation von Proteinen 301
9.3 Proteinolyse und Abbau von Proteinen 314
Literatur 324

10 **Viren** 325
Susanne Modrow
10.1 Aufbau und Einteilung der Viren 326

10.2 Virusvermehrung und Replikation 330
10.3 Folgen der Virusinfektion für Wirtszelle und Wirtsorganismus 342
10.4 Diagnostik von Virusinfektionen 346
10.5 Prophylaxe und Therapie von Virusinfektionen 348
Literatur 353

III Stoffwechsel der Zelle: Intermediärstoffwechsel

11 Stoffwechsel von Glucose und Glycogen . . 357
Georg Löffler
11.1 Abbau der Glucose 358
11.2 Der Glycogenstoffwechsel 368
11.3 Die Gluconeogenese 372
11.4 Regulation von Glucoseaufnahme und -phosphorylierung 375
11.5 Regulation des Glycogenstoffwechsels 380
11.6 Regulation von Glycolyse und Gluconeogenese 386
11.7 Pathobiochemie 393
Literatur 396

12 Stoffwechsel von Triacylglycerinen und Fettsäuren 397
Georg Löffler
12.1 Stoffwechsel der Triacylglycerine 398
12.2 Stoffwechsel der Fettsäuren 403
12.3 Regulation des Stoffwechsels von Fettsäuren und Triacylglycerinen 414
12.4 Ungesättigte Fettsäuren und Eikosanoide . . . 418
12.5 Pathobiochemie 425
Literatur 425

13 Stoffwechsel der Aminosäuren 427
Klaus-Heinrich Röhm
13.1 Stoffwechsel des Stickstoffs 428
13.2 Stickstoffhaushalt des Menschen 430
13.3 Reaktionen und Enzyme im Aminosäurestoffwechsel 432
13.4 Übersicht über den menschlichen Aminosäurestoffwechsel 438
13.5 Aminosäurestoffwechsel der Organe 444
13.6 Stoffwechsel einzelner Aminosäuren 454
Literatur 476

14 Der Citratzyklus 477
Georg Löffler, Ulrich Brandt
14.1 Stellung des Citratzyklus im Stoffwechsel . . . 478
14.2 Reaktionsfolge des Citratzyklus 479
14.3 Regulation des Citratzyklus 484
14.4 Amphibole Natur des Citratzyklus 486
Literatur 488

15 Redoxreaktionen, Sauerstoff und oxidative Phosphorylierung 489
Ulrich Brandt
15.1 Energieumwandlung in den Mitochondrien . . 490
15.2 Oxidoreduktasen 506
15.3 Oxidativer Stress 509
15.4 Pathobiochemie 512
Literatur 514

16 Koordinierung des Stoffwechsels 515
Georg Löffler
16.1 Nahrungszufuhr und Nahrungskarenz 516
16.2 Muskelarbeit 531
Literatur 536

IV Stoffwechsel der Zelle: Biosynthese von Speicher- und Baustoffen

17 Biosynthese von Kohlenhydraten 539
Georg Löffler
17.1 Biosynthese und Stoffwechsel von Monosacchariden 540
17.2 Biosynthese der Zuckerbausteine von Glycoproteinen und Glycosaminoglycanen 543
17.3 Biosynthese von Oligosacchariden und Heteroglycanen 546
Literatur 552

18 Stoffwechsel von Phosphoglyceriden, Sphingolipiden und Cholesterin 553
Georg Löffler
18.1 Stoffwechsel der Phosphoglyceride 554
18.2 Stoffwechsel der Sphingolipide 559
18.3 Stoffwechsel der Isoprenlipide und des Cholesterins 564
18.4 Lipide und Signalmoleküle 571
18.5 Transport der Lipide im Blut 572
18.6 Pathobiochemie 580
Literatur 583

19 Stoffwechsel der Purine und Pyrimidine . . 585
Georg Löffler, Monika Löffler
19.1 Biosynthese von Purin- und Pyrimidinnucleotiden 586
19.2 Wiederverwertung von Purinen und Pyrimidinen 597
19.3 Abbau von Nucleotiden 599
19.4 Pathobiochemie 602
Literatur 605

20 Häm und Gallenfarbstoffe 607
Petro E. Petrides
20.1 Biosynthese des Häms 608

20.2 Pathobiochemie: Störungen der Hämbiosynthese . . . 614
20.3 Abbau des Häms zu Gallenfarbstoffen . . . 621
20.4 Pathobiochemie: Störungen des Bilirubinstoffwechsels . . . 624
Literatur . . . 626

V Stoffwechsel des Organismus: Bedeutung von Nahrungskomponenten

21 Ernährung . . . 631
Hannelore Daniel, Uwe Wenzel
21.1 Energiebilanz . . . 632
21.2 Der Ernährungszustand . . . 638
21.3 Veränderungen der Energiebilanz . . . 639
21.4 Kontrollmechanismen der Nahrungsaufnahme, Energie- und Nährstoffzufuhr . . . 642
21.5 Die Stoffwechselbedeutung einzelner Nährstoffe und ihre Beteiligung an der Homöostase . . . 644
21.6 Besondere Ernährungserfordernisse . . . 652
Literatur . . . 654

22 Spurenelemente . . . 655
Petro E. Petrides
22.1 Allgemeine Grundlagen . . . 656
22.2 Die einzelnen Spurenelemente . . . 658
Literatur . . . 678

23 Vitamine . . . 679
Georg Löffler, Regina Brigelius-Flohé
23.1 Allgemeine Grundlagen und Pathobiochemie . . . 680
23.2 Fettlösliche Vitamine . . . 683
23.3 Wasserlösliche Vitamine . . . 697
23.4 Vitaminähnliche Substanzen . . . 711
Literatur . . . 712

VI Stoffwechsel des Organismus: spezifische Gewebe

24 Binde- und Stützgewebe . . . 715
Rainer Deutzmann, Leena Bruckner-Tuderman, Peter Bruckner
24.1 Zusammensetzung der extrazellulären Matrix (ECM) . . . 716
24.2 Kollagene . . . 716
24.3 Elastische Fasern . . . 724
24.4 Proteoglykane . . . 727
24.5 Nichtkollagene, zelladhäsive Glycoproteine . . . 730
24.6 Abbau der extrazellulären Matrix . . . 736
24.7 Biochemie und Pathobiochemie des Skelettsystems . . . 737
24.8 Biochemie der Haut . . . 747
Literatur . . . 754

25 Kommunikation zwischen Zellen: Extrazelluläre Signalmoleküle, Rezeptoren und Signaltransduktion . . . 755
Peter C. Heinrich, Serge Haan, Heike M. Hermanns, Georg Löffler, Gerhard Müller-Newen, Fred Schaper
25.1 Extrazelluläre Signalmoleküle und die Kommunikation zwischen Zellen . . . 757
25.2 Stoffwechsel und Analyse von Hormonen und Cytokinen . . . 760
25.3 Rezeptoren für Hormone und Cytokine . . . 763
25.4 Prinzipien der Signaltransduktion von Membranrezeptoren . . . 769
25.5 Einteilung der Cytokine . . . 777
25.6 Signaltransduktion G-Protein-gekoppelter Rezeptoren . . . 779
25.7 Signaltransduktion von Rezeptor-Tyrosinkinasen und Rezeptor-Serin/Threoninkinasen . . . 785
25.8 Signaltransduktion über Rezeptoren mit assoziierten Kinasen . . . 791
25.9 Besondere Aktivierungsmechanismen . . . 801
25.10 Regulation der Signaltransduktion . . . 804
Literatur . . . 807

26 Die schnelle Stoffwechselregulation . . . 809
Harald Staiger, Norbert Stefan, Monika Kellerer, Hans-Ulrich Häring
26.1 Insulin . . . 810
26.2 Glucagon . . . 823
26.3 Katecholamine . . . 826
26.4 Pathobiochemie: Diabetes mellitus . . . 832
Literatur . . . 838

27 Hypothalamisch-hypophysäres System und Zielgewebe . . . 841
Josef Köhrle, Petro E. Petrides
27.1 Hypothalamisch-hypophysäre Beziehungen . . . 843
27.2 Hypothalamus-Hypophysen-Schilddrüsenhormonachse . . . 847
27.3 Hypothalamus-Hypophysen-Nebennierenrinden-(Zona fasciculata-)Achse . . . 862
27.4 Hypothalamus-Hypophysen-Gonadenachse . . . 870
27.5 Zielgewebe der Gonadotropine beim Mann . . . 874
27.6 Zielgewebe der Gonadotropine bei der Frau . . . 878
27.7 Die Wachstumshormon-IGF-Achse . . . 885
27.8 Antidiuretisches Hormon (Vasopressin) und Oxytocin . . . 890
Literatur . . . 891

28 Funktion der Nieren und Regulation des Wasser- und Elektrolyt-Haushalts 893
Armin Kurtz
28.1 Die Niere 895
28.2 Der Endharn (Urin) 914
28.3 Der Wasserhaushalt 917
28.4 Der Natriumhaushalt 921
28.5 Der Kaliumhaushalt 928
28.6 Der Calcium- und Phosphathaushalt 930
28.7 Der Magnesium- und Sulfathaushalt 939
28.8 Der Säure-Basen-Haushalt 942
Literatur 950

29 Blut 951
Petro E. Petrides
29.1 Korpuskuläre Elemente des Bluts 952
29.2 Erythrozyten 953
29.3 Leukozyten 972
29.4 Thrombozyten 976
29.5 Blutstillung 979
29.6 Plasmaproteine 991
Literatur 999

30 Muskelgewebe 1001
Dieter O. Fürst, Matthias Gautel, Petro E. Petrides
30.1 Feinstruktur der Muskulatur 1002
30.2 Die Proteine des kontraktilen Apparats 1004
30.3 Molekularer Mechanismus der Muskelkontraktion und -relaxation 1009
30.4 Regeneration der Muskelzelle 1015
30.5 Pathobiochemie: Angeborene und erworbene Muskelerkrankungen 1017
Literatur 1022

31 Nervensystem 1023
Astrid Scheschonka, Heinrich Betz, Cord-Michael Becker
31.1 Stoffwechsel des Gehirns 1024
31.2 Neuronale Zellen 1029
31.3 Chemische Signalübertragung zwischen Neuronen 1036
31.4 Nicht-neuronale Zellen 1045
31.5 Neurodegenerative Krankheiten 1048
31.6 Neuronale Stammzellen und neurotrophe Faktoren 1051
Literatur 1051

32 Gastrointestinaltrakt 1053
Georg Löffler, Joachim Mössner
32.1 Gastrointestinale Sekrete 1054
32.2 Verdauung und Resorption einzelner Nahrungsbestandteile 1068
32.3 Das Immunsystem des Intestinaltrakts 1079
Literatur 1080

33 Leber 1083
Dieter Häussinger, Georg Löffler
33.1 Die zellulären Bestandteile der Leber und ihre anatomischen Beziehungen 1084
33.2 Funktionen der Leberparenchymzellen 1086
33.3 Biotransformation 1090
33.4 Die Leber als Ausscheidungsorgan 1096
33.5 Funktionen der Nichtparenchymzellen der Leber 1098
33.6 Pathobiochemie 1099
Literatur 1102

34 Immunsystem 1103
Siegfried Ansorge
34.1 Angeborene Immunantwort 1104
34.2 Molekulare Instrumente der adaptiven Immunantwort 1105
34.3 Die zellulären Komponenten des adaptiven Immunsystems 1109
34.4 Komplementsystem 1130
34.5 Wechselwirkungen zwischen unspezifischer und spezifischer Immunantwort 1133
34.6 Immunabwehr von Mikroorganismen 1134
34.7 Pathobiochemie 1136
Literatur 1139

35 Tumorgewebe 1141
Petro E. Petrides
35.1 Fehlregulation des Wachstums und der Differenzierung bei Tumoren 1142
35.2 Tumorentstehung (Cancerogenese) 1143
35.3 Onkogene 1143
35.4 Antionkogene 1145
35.5 Kumulative Aktivierung von Onkogenen und Inaktivierung von Antionkogenen beim Mehrschrittprozess der Tumorigenese 1150
35.6 Entstehung von Fusionsgenen durch Translokationen 1154
35.7 Mechanismen der Invasion und Metastasierung 1155
35.8 Tumorentstehung durch Cancerogene 1157
35.9 Stoffwechsel von Tumorgeweben 1159
35.10 Früherkennung von Tumoren 1159
35.11 Krebstherapie 1160
35.12 Gentherapeutische Ansätze bei Krebserkrankungen 1161
Literatur 1162

Anhang

Häufige Abkürzungen 1164

Sachverzeichnis 1167

Vorbemerkungen

Maßeinheiten

Die IFCD (International Federation for Clinical Chemistry) und die IUPAC (International Union of Pure and Applied Chemistry) haben gemeinsame Empfehlungen zur Vereinheitlichung von Maßeinheiten verabschiedet, die sog. SI-Einheiten (Système International d'unités).

Das Maßsystem basiert auf den Grundeinheiten: Meter (m), Kilogramm (kg), Sekunde (s), Ampère (A), Kelvin (K), Mol (mol), Candela (cd) (Tab. 1).

Die Einheiten für z. B. Volumen, Konzentration, Kraft und Druck werden von diesen Grundeinheiten abgeleitet (Tab. 2).

Tabelle 1. SI-Basiseinheiten, Namen und Symbole

SI-Basisgröße	SI-Einheit	Symbol	Bemerkungen
Länge	Meter	m	1 Ångström (Å) = 10^{-10} m = 0,1 nm
Masse	Kilogramm	kg	
Zeit	Sekunde	s	1 min = 60 s 1 h = 3600 s 1 d = 86400 s
Stromstärke	Ampère	A	
Temperatur	Kelvin	K	Temp. in °C = Temp. in K – 273,2
Stoffmenge	Mol	mol	1 mol = $6{,}022 \cdot 10^{23}$ Teilchen (Avogadro-Konstante)
Lichtstärke	Candela	cd	

Tabelle 2. Abgeleitete Basiseinheiten, Namen und Symbole

Abgeleitete Größe	Einheit	Symbol	Ableitung	Bemerkungen
Volumen	Liter	l	10^{-3} m^3	1 l = 1 dm^3 1 ml = 1 cm^3 1 µl = 1 mm^3 1 nl = 1 $µm^3$
Konzentration	Molarität	M	mol l^{-1}	1 mmol l^{-1} = 1 mol m^{-3} 1 µmol l^{-1} = 1mmol m^{-3} Angaben in g%, g/100 ml, mg/100 ml sowie mol%, mval/l oder äq/l, mäq/l sollten nicht mehr verwendet werden
molare Masse, Molmasse (früher: Molekulargewicht)	Dalton	Da	g mol^{-1}	Molekulare Masse (M) = Masse (m)/Stoffmenge (n)
Masse	–	m	g	
Kraft	Newton	N	kg m s^{-2}	
Druck	Pascal	Pa	N m^2	1 Bar = 10^5 Pa = 750 mm Hg 1 mm Hg = 133,3 Pa 1 atm = 1,0133 bar 1 Torr = 1,3332 mbar
Energie, Arbeit, Wärmemenge	Joule	J	N m	1 Kalorie (cal) = 4,1868 J 1 Elektronenvolt (eV) = 1,602 10^{-19} J
Frequenz	Hertz	Hz	s^{-1}	
Leistung	Watt	W	J s^{-1}	
Elektrische Ladung	Coulomb	C	A s	
Spannung	Volt		W A^{-1}	
Reaktionsgeschwindigkeit	–	v	mol s^{-1}	
Katalytische Aktivität	Einheit	U	µmol min^{-1}	
Sedimentationskoeffizient	Svedberg	S	10^{-13} s	
Radioaktivität	Bequerel	Bq	1 Zerfall s^{-1}	1 Curie (Ci) = 3,7 10^{10} Bq

Tabelle 3. Häufig verwendete Zehnerpotenzen, Präfixe und Symbole

Faktor	Präfixum	Symbol
10^{15}	Peta	P
10^{12}	Tera	T
10^{9}	Giga	G
10^{6}	Mega	M
10^{3}	Kilo	k
10^{2}	Hekto	h
10	Deka	da
10^{-1}	Dezi	d
10^{-2}	Centi	c
10^{-3}	Milli	m
10^{-6}	Mikro	µ
10^{-9}	Nano	n
10^{-12}	Pico	p
10^{-15}	Femto	f

Reaktionsschemata

Es bedeuten:

A ⇄ B Hin- und Rückreaktion werden von **verschiedenen Enzymen** katalysiert.

A ⇌ B Hin- und Rückreaktion werden von **demselben Enzym** katalysiert.

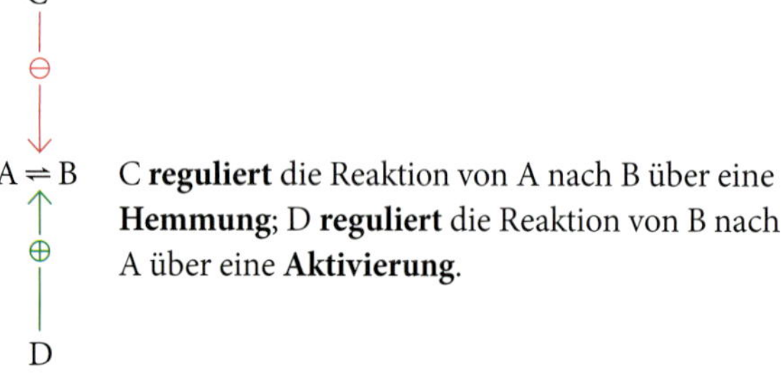

C **reguliert** die Reaktion von A nach B über eine **Hemmung**; D **reguliert** die Reaktion von B nach A über eine **Aktivierung**.

➡ Induktion

➡ Repression

Hinweise zum Literaturverzeichnis

Der Abschnitt Literatur am Ende jedes Kapitels listet wissenschaftliche Publikationen auf, in denen wichtige Aspekte des jeweiligen Kapitels behandelt werden. Häufig wird zwischen Einzel- oder Originalarbeiten, Übersichtsarbeiten und Lehr- bzw. Handbüchern (auch Monographien) unterschieden.

Einzelarbeiten weisen auf Erstbeschreibungen oder auf Informationen hin, die an dieser Stelle besonders gut nachgelesen werden können. Für den Anfänger sind Originalarbeiten schwer zu lesen. Wer sich in ein Gebiet vertiefen oder einarbeiten will, sollte zu den **Übersichtsarbeiten** greifen, in denen oft über 100 Originalarbeiten zu dem betreffenden Thema zitiert werden, so dass man einen Überblick über die verschiedenen Hypothesen oder Theorien sowie die historische Entwicklung der Bearbeitung des Themas gewinnt. **Handbücher und Monographien** geben die Möglichkeit, die Information in größeren Zusammenhängen oder auch aktueller (z.B. Kongressberichte mit Diskussionsbeiträgen) zu erhalten.

Die biochemische Literatur ist heute auf mehrere hundert verschiedene Journale verstreut, da die Biochemie als interdisziplinäre Fachrichtung Eingang in die verschiedensten Disziplinen gefunden hat.

Übersichtsarbeiten findet man in den genannten Zeitschriften oder in sog. Fortschrittsberichten (Advances in…, Annual Review of …, International Review of …, Trends in Biochemical Siences). Am schnellsten findet man heute aktuelle Informationen zu einzelnen Fragen in elektronischen Datenbanken. Am einfachsten sind Veröffentlichungen in der National Library of Medicine (pubmed: www.pubmed.org) zu finden.

Normwertbereiche

Da in diesem Buch bei einigen biologisch-chemischen Größen, wie z. B. bei der Konzentration der Glucose, den Aminosäuren oder Lipiden im Blut, quantitative Angaben gemacht werden, soll kurz einiges zum Begriff des Normbereiches gesagt werden.

Bestimmt man in einem größeren, klinisch nichtkranken Kollektiv z. B. die Blutzuckerkonzentration, so erhält man eine wichtige Größe, den **Mittelwert**, als das arithmetische Mittel der Werte aller untersuchten Personen: dabei wird die Summe aller Einzelwerte durch die Anzahl der durchgeführten Untersuchungen dividiert:

$$\bar{x} = \frac{\sum x_i}{n}$$

wobei $\bar{x}$ (gelesen »x quer«) den Mittelwert, x_i die Einzelmessung und n die Anzahl der untersuchten Personen (bzw. Untersuchungen) darstellt.

Die Kenntnis des Mittelwertes reicht jedoch nicht aus, da er nichts über die Streubreite, d. h. die Differenz zwischen dem höchsten und niedrigsten Wert aussagt. Die Angabe der Streu- oder Variationsbreite ist wiederum unbefriedigend, da 1. nur die beiden Extremwerte berücksichtigt werden und 2. die Variationsbreite durch die Anzahl der Messungen bestimmt wird. Je mehr Messwerte vorliegen, desto höher wird die Differenz zwischen den beiden Extremwerten.

Aus diesen Gründen berechnet man die Standardabweichung (s) oder Variabilität nach der Formel:

$$s = \sqrt{\frac{\sum (x_i - \bar{x})^2}{n - 1}}$$

Sie stellt ein Maß für die Streuung der Einzelwerte um den Mittelwert dar. Ermittelt man die Häufigkeitsverteilung der einzelnen Messgrößen in einem Kollektiv, so kann diese eine beliebige Kurvenform haben. Im Idealfall gruppieren sich die Messwerte in Form einer **Normalverteilung** (GAUSS-Verteilung) um den Mittelwert ($\bar{x}$). Die GAUSS-Verteilung entspricht einer Glockenkurve, wobei die beiden Wendepunkte von entscheidender Bedeutung sind: der Abstand zwischen $\bar{x}$ und dem Wendepunkt ist der Wert s, die Standardabweichung.

Um die Normalwerte von den pathologischen Resultaten deutlich zu trennen, muss man auf beiden Seiten der Kurve Grenzen zwischen den bei Gesunden häufigen bzw. den seltenen Werten ziehen. Als Grenze des sog. **Normwertbereiches** definiert man im Allgemeinen – beim Vorliegen einer Normalverteilung – die Spanne innerhalb der **doppelten Standardabweichung** ($\bar{x} \pm 2s$) zu beiden Seiten des Mittelwertes. Dieser Bereich schließt die mittleren 95% der Verteilung ein (Vertrauensbereich oder Normbereich).

I Bausteine und Strukturelemente

1 Grundlagen der Lebensvorgänge

Georg Löffler, Petro E. Petrides

Einleitung

Nur 25 chemische Elemente kommen in den verschiedenen Lebensformen und damit auch im menschlichen Körper vor. Man nimmt heute an, dass in der präbiotischen Phase der Erde, also vor etwa 4 Milliarden Jahren, organische Moleküle spontan entstanden sind, deren funktionelle Gruppen eine Assoziation zu Makromolekülen und übergeordneten Strukturen ermöglichte, aus denen schließlich das Leben in seiner heutigen Form entstanden ist.

Die heutigen Lebensformen werden in die kernlosen Prokaryoten (Bakterien und Archaeen) sowie die kernhaltigen Eukaryoten eingeteilt, zu denen auch höhere Pflanzen und Tiere gehören.

Wasser ist vom quantitativen und qualitativen Gesichtspunkt aus für alle biochemischen Prozesse von außerordentlicher Bedeutung. Aufgrund seiner physikalisch-chemischen Eigenschaften nimmt Wasser an vielen zellulären Reaktionen teil und bestimmt nahezu alle biochemischen Prozesse.

1.1 Biomoleküle, Zellen und Organismen

1.1.1 Elemente in lebenden Systemen

Analysiert man die verschiedenen auf der Erde vorkommenden Lebensformen, so finden sich in ihnen etwa 25 chemische Elemente (◘ Tabelle 1.1). Von diesen kommen allerdings 14 nur als Spurenelemente (► Kap. 22) vor. Den größten Anteil an der Masse lebender Zellen hat der **Kohlenstoff** mit etwa 60%, gefolgt von Stickstoff und Sauerstoff mit jeweils etwa 10%. **Wasserstoff, Calcium, Phosphor** machen je 3–6% aus, während **Kalium, Schwefel, Chlor, Natrium** und **Magnesium** Anteile von etwa 1% und weniger haben.

◘ Tabelle 1.1. 25 Elemente des Periodensystems bauen die verschiedenen Lebensformen auf. *S* Spurenelemente

Element	Symbol	Häufigkeit [%]
Kohlenstoff	C	62
Stickstoff	N	11
Sauerstoff	O	9
Wasserstoff	H	5,7
Calcium	Ca	5
Phosphor	P	3
Kalium	K	1,3
Natrium	Na	1
Schwefel	S	1
Chlor	Cl	1
Magnesium	Mg	0,3
Bor	B	S
Fluor	F	S
Silicium	Si	S
Vanadium	V	S
Chrom	Cr	S
Mangan	Mn	S
Eisen	Fe	S
Kobalt	Co	S
Kupfer	Cu	S
Zink	Zn	S
Selen	Se	S
Molybdän	Mo	S
Zinn	Sn	S
Jod	I	S

Chemisch können die in biologischen Systemen vorkommenden Elemente in **Metalle** und **Nichtmetalle eingeteilt werden.**

Metalle sind in Form ihrer Kationen

- Träger von Ladungen
- Stabilisatoren von Strukturen sowie
- Katalysatoren von verschiedener Reaktionen

Eine Einteilung der Metall-Ionen nach ihrer biologischen Funktion findet sich in ◘ Tabelle 1.2.

> **!** Die Nichtmetalle Wasserstoff, Kohlenstoff, Sauerstoff und Stickstoff bilden bevorzugt untereinander chemische Bindungen.

Diese vier Elemente haben ihre besondere Bedeutung deshalb erlangt, weil sie covalente chemische Bindungen ausbilden können. Diese Fähigkeit beruht darauf, dass sie Elektronen mit anderen Atomen teilen können, was die Möglichkeit zur Ausbildung stabiler großer Moleküle bietet.

1.1.2 Präbiotische Entstehung von Biomolekülen mit funktionellen Gruppen

Man nimmt an, dass in der **präbiotischen Phase** der Erde vor etwa vier Milliarden Jahren aus den damaligen Bestandteilen der Atmosphäre unter dem Einfluss von ultraviolettem Licht und elektrischen Entladungen ein Satz einfacher organischer Verbindungen wie **Ameisensäure, Milchsäure, Propionsäure, Essigsäure, Harnstoff** und **Aminosäuren** entstanden sind. Diese Verbindungen weisen bereits funktionelle reaktive Gruppen auf.

Tabelle 1.2. Einteilung der Metallionen nach ihren biologischen Funktionen

	Na^+, K^+	Mg^{2+}, Ca^{2+}	Zn^{2+}	Fe-, Cu-, Ca-, Mo-Ionen
Funktion	Träger von Ladungen	Stabilisatoren von Strukturen; Infromationsüberträger	Katalysatoren	Redoxkatalysatoren
Beweglichkeit	Hoch	Mittel	Immobil	Immobil
Bevorzugte Ligandenatome	Sauerstoff	Sauerstoff	Schwefel, Stickstoff	Schwefel, Stickstoff
Komplexbildung	Wenig stabil	Durchschnittlich	Sehr stabil	Sehr stabil

! Funktionelle Gruppen zeichnen sich chemisch durch polare Bindungen von Kohlenstoff- oder Wasserstoffatomen mit Sauerstoff, Schwefel oder Stickstoff aus.

Sowohl die in der präbiotischen Phase entstandenen, wie auch viele der heute in biologischen Systemen vorkommenden Verbindungen, enthalten **funktionelle Gruppen** (Abb. 1.1), die dadurch zustande kommen, dass elektronegative Atome wie Sauerstoff, Schwefel oder Stickstoff mit Kohlenstoff oder Wasserstoffatomen polare und damit reaktionsfähige Bindungen eingehen.

Von besonderer Bedeutung sind folgende funktionelle Gruppen:

- **Carboxylgruppe.** Die Elektronegativität der Sauerstoffatome bewirkt eine Polarisierung der OH-Gruppe, die deshalb ihr Proton leicht abgeben kann, wobei die negativ geladene **Carboxylatgruppe** entsteht
- **Carbonyl- oder Ketogruppe.** Durch die starke Elektronegativität werden die Elektronen zum Sauerstoffatom gezogen und die Bindung stark polarisiert. Damit können auch benachbarte Gruppen polarisiert und reaktionsfähiger werden. So sind die im Stoffwechsel vorkommenden α-Ketocarbonsäuren **Pyruvat, α-Ketoglutarat und Oxalacetat** besonders reaktionsfähig. Carbonsäuren, bei denen die Ketogruppe in β-Stellung steht, neigen zur spontanen Decarboxylierung

$-C(=O)OH$	$-C(=O)-$	$-OH$
Carboxyl	**Carbonyl**	**Hydroxyl**
$-P(=O)(OH)-OH$	$-C(=NH)-$	$-NH_2$
Phosphoryl	**Imino**	**Amino**
$-C(=O)-O-R$	$R-O-R'$	$-SH$
Ester	**Ether**	**Sulfhydryl**

Abb. 1.1. Funktionelle Gruppen von Biomolekülen. R und R´ = Alkylreste

- **Hydroxylgruppe.** Die **Hydroxylgruppe** enthält eine polare OH-Bindung, die wesentlich reaktionsfreudiger ist als eine C-H-Bindung, da sie wie Wasser Protonen aufnehmen oder abgeben kann

Infobox

Chemische Evolution im Labor

Der Student Stanley Miller füllte im Jahre 1953 im Labor von Harold Urey ein Gasgemisch aus Ammoniak (NH_3), Methan (CH_4), Wasserdampf, Wasserstoff (H_2), Kohlendioxyd (CO_2) und Blausäure (HCN) in einen Glaskolben und setzte dieses Gemisch bei 80°C mehr als eine Woche lang ständigen elektrischen Entladungen aus. Mit dieser Versuchsanordnung wollte er die Uratmosphäre unseres Planeten vor mehr als 4 Milliarden Jahren imitieren und ging dabei von der Annahme aus, dass zu dieser Zeit relativ hohe Temperaturen und permanente elektrische Entladungen in der Atmosphäre herrschten. Unter dieser Behandlung entstanden Hunderte von organischen Verbindungen, z.B. 10 der natürlich vorkommenden Aminosäuren, Mono-, Di- und Tricarbonsäuren, Formaldehyd, Adenin, Zucker und sogar Nucleotidpolymere.

In jüngerer Zeit hat Günter Wächtershäuser die Annahme vertreten, dass Biomoleküle möglicherweise bei noch höheren Temperaturen an Eisensulfid-Oberflächen entstanden sind, die als Katalysatoren gewirkt haben. In Modellversuchen konnte jüngst die Synthese von Pyruvat aus Formiat in derartigen Systemen nachgewiesen werden.

Insgesamt zeigen diese Experimente, dass die einfachen Bausteine lebender Systeme ohne weiteres abiotisch gebildet werden können.

1.1.3 Organisationsstufen biologischer Systeme

Die verschiedenen Organisationsstufen biologischer Systeme sind in Abb. 1.2 dargestellt.

- **Organische Moleküle** wie Aminosäuren, Glucose, andere Zucker, Fettsäuren u.a. entstehen aus den niedermolekularen Bausteinen

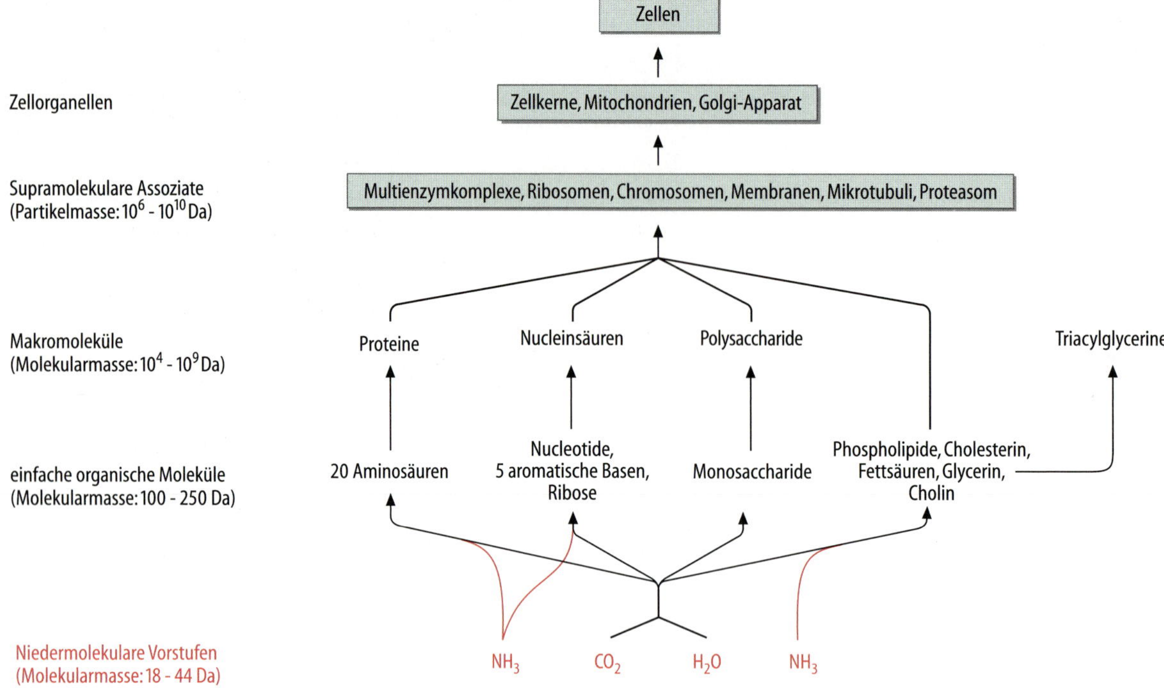

Abb. 1.2. Hierarchische Organisation biologischer Strukturen (Molekülmasse in Da)

- **Makromoleküle** entstehen durch Polymerisation der organischen Moleküle überwiegend durch Kondensationsreaktionen unter Abspaltung von Wasser
- Viele Makromoleküle verfügen über sehr spezifische Mechanismen der Selbstorganisation, sodass sich aus ihnen **supramolekulare Assoziate** wie Multienzymkomplexe, Ribosomen, Chromosomen und Membranen bilden
- Aus ihnen entstehen schließlich die **Zellen** als die allgemeinen Bausteinen aller lebenden Systeme

Zellen sind die morphologische Einheit aller Organismen.

Der Übergang von der präbiotischen zur biotischen Ära geschah vermutlich vor etwa 3,5 Milliarden Jahren. Ein entscheidender Vorgang hierbei war das Auftreten von **Membranvesikeln**, durch die ein intravesikulärer Reaktionsraum der Umgebung abgetrennt wurde. Dieser erlaubte die Konzentrierung der in ihm enthaltenen Verbindungen, ermöglichte deren Reaktivität und damit die Polymerisierung und erlaubt schließlich das Fernhalten unerwünschter Verbindungen.

Man nimmt an, dass im Verlauf der Evolution der Organismen aus einem **Progenoten** die Vielzahl der heute lebenden Organismen entstanden ist. Durch Vergleich von Makromolekülen, vor allen Dingen von ribosomaler RNA, ist es möglich, einen Stammbaum der verschiedenen Lebensformen aufzustellen (Abb. 1.3). Dieser Stammbaum hat drei Hauptäste, die **Bakterien**, die den Bakterien verwandten **Archaeen** sowie die **Eukaryoten**.

Infobox

Die Reiche des Lebens

Mit zunehmender Akzeptanz der Evolutionstheorie von Charles Darwin wurde immer klarer, dass sich die aus morphologischen Kriterien abgeleitete Verwandtschaft der Arten auch molekular nachweisen lassen müsste. Carl Woese ging von dem Gedanken aus, dass sich hierfür am ehesten Makromoleküle mit essentieller Funktion für alle Lebensformen eignen und schlug deswegen die ribosomale RNA hierfür vor. Mit einer auf dieser Idee basierenden Methodik wurde der in der Abb. 1.3 dargestellte Stammbaum der verschiedenen Lebensformen von Karl Otto Stetter und Hans Huber zusammengestellt. Offensichtlich stammen alle Lebensformen von einem gemeinsamen Vorläufer ab. Die erste Verzweigung des Stammbaums trennt Bakterien von Archaeen, von diesen haben sich dann die Eukaryoten abgetrennt, deren Evolution schließlich zu vielzelligen Pflanzen und Tieren mit verschiedenen Organen führte. Thermophile Organismen, deren Wachstumsoptimum bei 80°C und darüber liegt, finden sich in der Nähe der ersten Verzweigung. Möglicherweise ist dies ein Hinweis dafür, dass die frühesten Organismen an ein wesentlich heißeres Klima adaptiert waren.

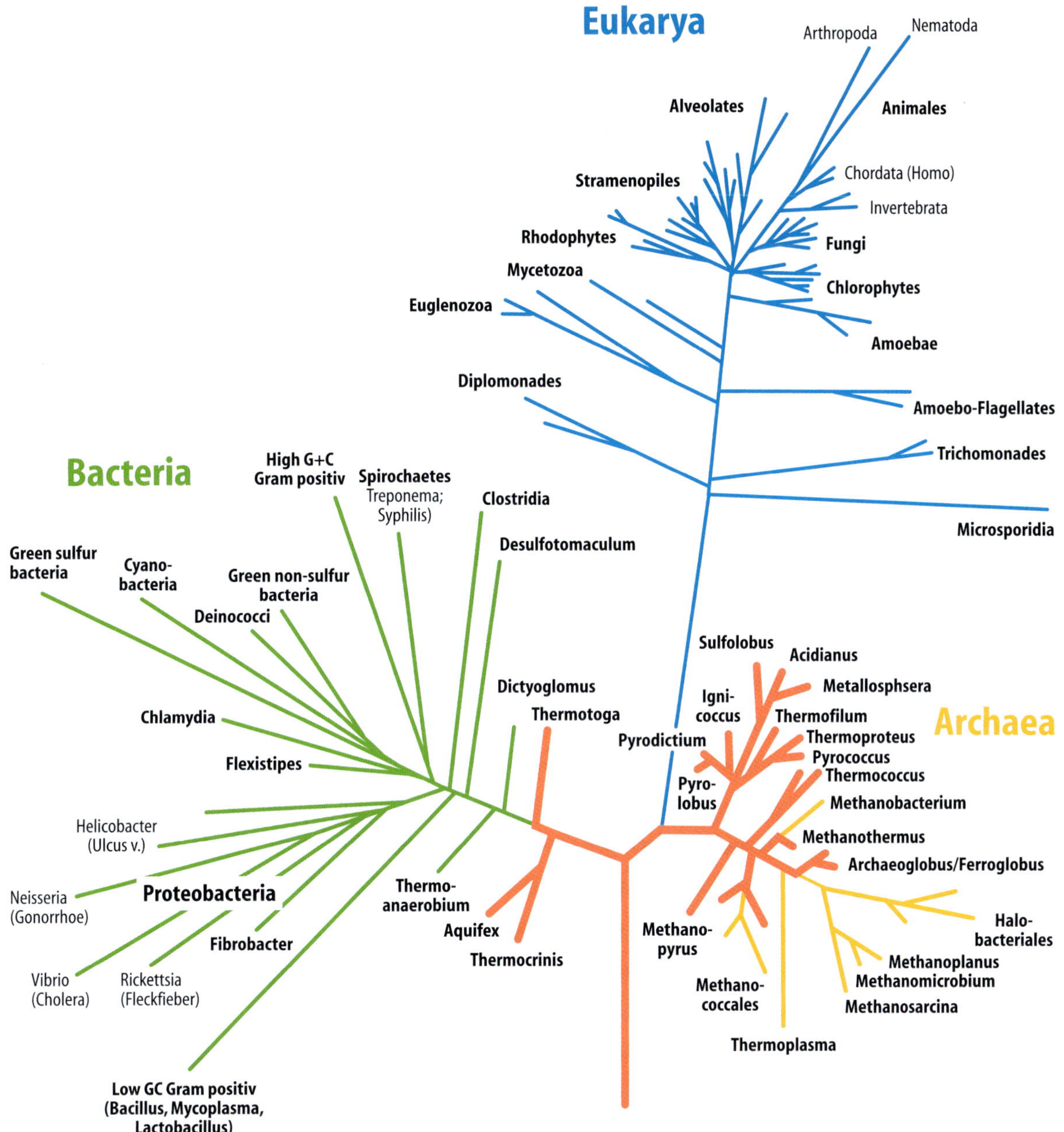

Abb. 1.3. Von rRNA-Analysen abgeleiteter Stammbaum der Lebensformen der Erde. Von einem wenig definierten gemeinsamen Vorfahren zweigen zunächst die Bakterien, danach Archaeen und Eukaryoten ab. Thermophile Organismen (*rot*) gehören zu den frühesten Lebensformen, was Rückschlüsse auf die frühen Lebensbedingungen ermöglicht. (Freundlicherweise zur Verfügung gestellt von K.O. Stetter und LH. Huber, Regensburg)

Bakterien und Archaeen gehören zu den sog. **prokaryoten Organismen**. Diese sind Einzeller mit einer relativ einfachen Struktur, deren DNA **nicht** in einem Zellkern kondensiert ist, sondern als ringförmiges Chromosom im Cytosol vorliegt. Auch andere subzelluläre Organellen sind nicht oder nur ansatzweise bei Prokaryoten nachzuweisen.

Eukaryote Zellen sind im Gegensatz zu den prokaryoten Zellen wesentlich größer und enthalten intrazelluläre Organellen wie den Zellkern, Mitochondrien, endoplasmatisches Retikulum und Golgi-Apparat sowie bei photosynthetischen Zellen die Chloroplasten (► Kap. 4.1.1). Zu den Eukaryoten gehören zahlreiche Einzeller, Flagellaten und Ciliaten, Hefen, Schleimpilze aber auch die höheren Pflanzen und Tiere.

In Kürze

25 chemische Elemente sind für den Aufbau lebender Strukturen notwendig. Neben den v. a. als Ladungsträger dienenden Metallen Natrium, Kalium, Calcium und Magnesium sind zum Aufbau lebender Strukturen Wasserstoff, Kohlenstoff, Sauerstoff, Stickstoff, Phosphor und Schwefel notwendig. Diese bilden einfache organische Moleküle, aus denen durch Kondensationsreaktionen Makromoleküle wie Nucleinsäuren, Proteine, Polysaccharide und Lipide hervorgehen. Diese aggregieren zu übergeordneten Strukturen, welche die Bauteile von Zellen als den allen Lebensformen zugrunde liegenden Grundeinheiten bilden.

Die Lebensformen lassen sich aufgrund von Verwandtschaftsuntersuchungen in die drei Reiche Bakterien, Archaeen und Eukaryote einteilen. Nur bei den Eukaryoten ist die DNA als informationstragendes Molekül im Zellkern lokalisiert, außerdem verfügen eukaryote Zellen über eine größere Zahl zellulärer Organellen, die ihnen die Kompartimentierung von Lebensvorgängen ermöglichen. Eukaryote haben schließlich als Einzige die Fähigkeit, vielzellige Organismen mit unterschiedlich differenzierten Zellen zu bilden.

1.2 Wasser

Ohne Wasser sind die bekannten Lebensformen nicht vorstellbar. Die Bedeutung des Wassers für das Leben beruht auf einer Reihe von sehr spezifischen Eigenschaften dieses Moleküls.

1.2.1 Wasser als Lösungsmittel

 Wasser ist keine typische Flüssigkeit.

Im Vergleich zu anderen Dihydriden wie H_2S oder H_2Se weist Wasser eine höhere **Schmelz- und Siedetemperatur** auf, was ihm eine Reihe besonderer physikalisch-chemischer Eigenschaften verleiht:

Polarität. Wasser ist ein polares Molekül (Abb. 1.4). Der O-H-Abstand beträgt 0,958 Å, der Winkel zwischen den beiden OH-Bindungen beträgt 104,5°. Im Wassermolekül trägt das Sauerstoffatom eine negative, die beiden Wasserstoffatome je eine positive Partialladung. Das Wassermolekül ist also ein **Dipol**, was für biologische Systeme von besonderer Bedeutung ist.

Aufgrund ihrer Polarität orientieren sich benachbarte Wassermoleküle so, dass die H-Atome mit der positiven Partialladung sich zu den benachbarten O-Atomen mit der negativen Partialladung orientieren. Daraus ergeben sich geordnete Strukturen, die z.B. bei der Kristallstruktur von Eis besonders augenfällig sind. Diese Bindungen heißen **Wasserstoffbrückenbindungen**.

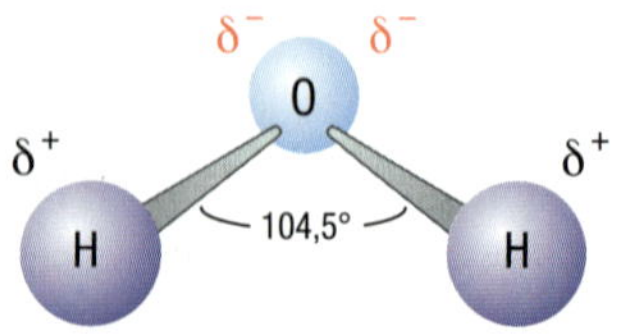

Abb. 1.4. Atomare Struktur des Wassermoleküls. δ^-, δ^+ = negative bzw. positive Partialladung

Wärmekapazität. Wasser besitzt mit 1 cal (4,186 J)/Grad × Gramm nach Ammoniak die höchste spezifische Wärme oder **Wärmekapazität**. Damit kann Wasser eine relativ große Wärmemenge zugeführt oder entzogen werden, ohne dass sich seine Temperatur wesentlich ändert. Für den menschlichen Organismus ist diese hohe Wärmekapazität deshalb wichtig, weil im Stoffwechsel ständig Wärme erzeugt wird, die zur Konstanthaltung der Körpertemperatur von Wasser aufgenommen wird und schließlich abgeführt werden muss.

Verdunstungswärme. Durch eine zweite thermische Eigenschaft, die hohe Verdunstungswärme, kann durch Verdunstung von Wasser Wärme abgeben werden, was z.B. besonders bei Muskelarbeit von Bedeutung ist.

Wegen der Polarität von Wasser sind Ionen in Lösungen von einer Hydrathülle umgeben und können sich unabhängig voneinander bewegen.

Hydrathüllen. Ionenkristallgitter lösen sich wegen ihrer Polarität gut in Wasser. Dabei orientieren sich die geladenen Dipole der umgebenden Wassermoleküle entsprechend der Ladung der jeweiligen Ionen und bilden auf diese Weise **Hydrathüllen**. Dadurch können sich die geladenen Teilchen unabhängig voneinander bewegen, was eine der Voraussetzungen für die durch Natrium- und Kaliumionen vermittelte Erregungsleitung entlang biologischer Membranen ist.

Hydratationsradius. Für biologische Eigenschaften eines Ions wie **Diffusionsgeschwindigkeit** oder **Permeationsvermögen** ist der Hydratationsradius entscheidend. Während der Atomradius von Kalium (0,133 nm) größer ist als der von Natrium (0,098 nm), sind Größenverhältnisse der Hydratationsradien der beiden Ionen (0,17 nm für Kalium und 0,24 nm für Natrium) genau umgekehrt. Deshalb können Kaliumionen die meisten biologischen Membranen besser permeieren als Natriumionen.

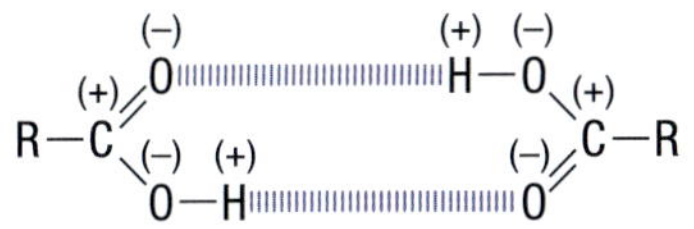

Abb. 1.5. Ausbildung von Wasserstoffbrückenbindungen zwischen den Carboxylgruppen von 2 Carbonsäuren. In Klammern (+ und –) sind die ungleichen Ladungsverteilungen (Polarisierung) angegeben, die die elektrostatischen Wechselwirkungen (= Wasserstoffbrückenbindungen, die in dieser und allen folgenden Abbildungen durch senkrechte blaue Striche dargestellt sind) verursacht

! Wasserstoffbrückenbindungen verschaffen als Bindungen mit geringer Energie Makromolekülen Flexibilität ihrer räumlichen Anordnung.

Allgemeiner formuliert handelt es sich bei **Wasserstoffbrückenbindungen** um Bindungen besonderer Art. Sie wirken zwischen einem Wasserstoffatom, das an ein stark elektronegatives Atom (in biologischen Systemen fast immer Stickstoff oder Sauerstoff) covalent gebunden ist und dadurch positiv polarisiert wird, und einem weiteren elektronegativen Atom mit einem freien Elektronenpaar (Abb. 1.5). Je nachdem ob das Wasserstoffatom und das andere elektronegative Atom zum gleichen oder zu verschiedenen Molekülen gehören, wird zwischen intra- und intermolekularen H-Brücken unterschieden.

Außer im Wasser kommen diese Bindungen in Proteinen und Nucleinsäuren vor, weil sie viele polarisierte Gruppen wie -OH, >NH, >C=O und =O enthalten, die derartige Brücken leicht ausbilden.

Zur Spaltung einer Wasserstoffbrückenbindung müssen etwa 21–42 kJ/mol (5–10 kcal/mol) aufgewendet werden. Im Vergleich dazu ist die Bindungsenergie einer covalenten Einfachbindung mit 210–420 kJ/mol (50–100 kcal/mol) um eine Zehnerpotenz höher. Gerade ihre niedrige Bindungsenergie befähigt die Wasserstoffbrücken, in biologischen Systemen Funktionen zu übernehmen, die von den viel stärkeren covalenten Bindungen nicht wahrgenommen werden können.

In **Proteinen** und **Nucleinsäuren** stabilisieren Wasserstoffbrückenbindungen die räumliche Anordnung dieser Makromoleküle. Diese Stabilisierung durch leicht lösbare Wasserstoffbrückenbindungen verschafft den Molekülen eine relativ große Flexibilität ihrer räumlichen Konformation, was eine Grundvoraussetzung für die Ausübung ihrer Funktionen darstellt.

! Hydrophobe Wechselwirkungen entstehen durch Unverträglichkeit hydrophiler und hydrophober Gruppen.

Ionen und Moleküle mit polaren Gruppen lösen sich gut in Wasser, da sie aufgrund ihrer Polarität Wasserstoffbrückenbindungen mit Wasser ausbilden können. Sie werden deshalb als **hydrophil** (wasserliebend) bezeichnet.

Im Gegensatz dazu sind Moleküle, die nur aus Kohlenstoff und Wasserstoff bestehen (Kohlenwasserstoffe) wegen der Unpolarität der C-H-Bindung nicht oder nur in begrenztem Umfang mit Wasser mischbar. Sie werden daher als **hydrophob** (wasserfeindlich) oder **lipophil** (fettliebend) bezeichnet.

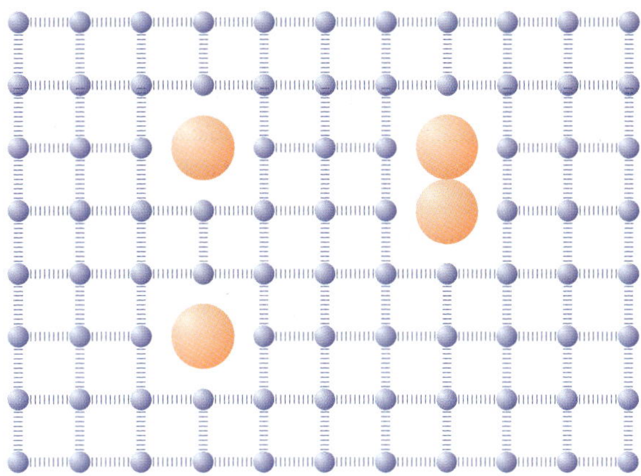

Abb. 1.6. Vereinfachtes Modell zur Erläuterung der hydrophoben Wechselwirkungen in wässrigen Lösungen. Das in Wirklichkeit ungeordnete räumliche Netzwerk der Wasserstoffbrücken in der Lösung ist zu einer regelmäßigen flächigen Anordnung (*blaue Punkte*) vereinfacht, die jeweils durch vier Wasserstoffbrücken verknüpft sind. Hydrophobe Teilchen (*orange Kugeln*) in der Lösung, die keine Wasserstoffbrücken mit den Wassermolekülen ausbilden können, haben die Neigung, sich zusammenzulagern, da so weniger Wasserstoffbrücken gelöst werden müssen

Soll ein hydrophobes Teilchen in der von den polaren Wassermolekülen gebildeten dreidimensionalen Netzstruktur untergebracht werden (Abb. 1.6), müssen Wasserstoffbrückenbindungen, über die Wassermoleküle mit ihrer Umgebung verbunden sind, unter Energieverbrauch gelöst werden. Wenn das hydrophobe Teilchen den Platz besetzt hat, kann sich das Netz an dieser Stelle nicht wieder schließen. Werden nun zwei hydrophobe Teilchen in eine wässrige Lösung gebracht, so treten sie in einer gemeinsamen Flüssigkeitslücke zusammen. Weil dadurch weniger Wasserstoffbrücken gelöst werden müssen, wird also auch weniger Energie aufgewendet. Damit ist die Anordnung der beiden Teilchen in einer gemeinsamen Wasserlücke energetisch günstiger und stabiler als die getrennte Verteilung in der Lösung.

Bei den Wechselwirkungen zwischen hydrophoben Teilchen, die die Zusammenlagerung dieser Gruppen im wässrigen Milieu hervorruft, handelt es sich also **nicht** um eine chemische Bindung im üblichen Sinn, sondern um ein Phänomen, das sich anschaulich auf die Unverträglichkeit hydrophiler und hydrophober Gruppen zurückführen lässt.

Hydrophobe Wechselwirkungen spielen bei der Selbstorganisation biologischer Strukturen eine Rolle:

- **Ausbildung der dreidimensionalen Proteinstruktur.** Während die Sekundärstrukturelemente in Proteinen im Wesentlichen durch Wasserstoffbrückenbindungen fixiert werden, sind für die Ausbildung der Tertiärstruktur von Proteinen hydrophobe Wechselwirkungen von großer Bedeutung (▶ Kap. 3.3.3)

- **Selbstorganisation von Makromolekülen.** Auch bei der Selbstorganisation von Makromolekülen zu übergeordneten Komplexen wie der Quartärstruktur von Proteinen, der Assoziation von Multienzymkomplexen, Virusmantelproteinen, Ribosomen und biologischen Membranen spielen hydrophobe Wechselwirkungen eine große Rolle (▶ Kap. 3.3.4)

Da Zellmembranen einen hohen Lipidanteil besitzen, der eine durchgehende nichtwässrige Phase darstellt, können sie von lipophilen Stoffen leicht passiert werden. Deshalb gelangen diese Stoffe i. Allg. schnell durch die Zellen des Magen-Darm-Trakts ins Blut und werden von dort rasch in das Innere der Gewebezellen aufgenommen. Daher werden auch manche Arzneimittel bei der Herstellung mit einer zusätzlichen Methyl (CH_3)- oder Ethyl(CH_3-CH_2)-Gruppe zur Verbesserung ihrer **Lipidlöslichkeit** und damit Erhöhung der **Resorptionsgeschwindigkeit** versehen.

Im Zellstoffwechsel kommt eine Vielzahl von Reaktionen vor, durch die Moleküle wasser- oder fettlöslich(er) gemacht werden können. Verbindungen, die aus dem Organismus ausgeschieden werden sollen, werden v.a. in der Leber durch Einführung polarer **Hydroxyl**- oder **Sulfatgruppen** wasserlöslicher gemacht, wodurch die renale bzw. biliäre Ausscheidungsrate erhöht wird.

1.2.2 Wasser als Reaktionspartner

Wasser ist ein wichtiger Partner vieler biochemischer Reaktionen, weil es wegen seiner Dipolnatur eine hohe Polarität aufweist und in einer Konzentration von 55,5 mol/l vorliegt (Molekülmasse von H_2O = 18 Da, Konzentration 1000 g/l, molare Konzentration 1000/18 = 55,5 mol/l).

Aufgrund seiner physikalischen und chemischen Eigenschaften nimmt Wasser an einer großen Zahl biochemischer Reaktionen teil. Von besonderer Bedeutung sind:

- Hydrolyse- und Kondensationsreaktionen sowie
- Hydratisierungsreaktionen

Hydrolyse und Kondensation. Die meisten Nahrungsstoffe, die von tierischen Organismen aufgenommen werden, sind Biopolymere, die sich aus monomeren Bauteilen zusammensetzen. Das Gleiche gilt für die große Zahl von Makromolekülen, welche die Bestandteile von Zellen ausmachen. Am Anfang jeden Abbaus dieser Verbindungen steht immer die **hydrolytische Spaltung** der Bindungen, mit denen die einzelnen Untereinheiten verknüpft sind (Abb. 1.7). Solche Bindungen sind i. Allg. **Ester**- oder **glycosidische Bindungen** oder **Säureamidbindungen**. Es ist verständlich, dass es eine außerordentlich große Zahl mehr oder weniger spezifischer Enzyme gibt, die derartige Bindungen in Makromolekülen zu spalten imstande sind.

Formal beruht die Biosynthese der genannten Makromoleküle auf dem umgekehrten Vorgang, nämlich einer **Kondensation** monomerer Bauteile unter Wasserabspaltung. Da ganz überwiegend das Gleichgewicht dieser Reaktionen auf der Seite der Hydrolyse liegt, benützen lebende Systeme für Kondensationsreaktionen **aktivierte Verbindungen**.

Hydratisierung von Doppelbindungen. Diese Reaktion spielt im Zellstoffwechsel eine bedeutende Rolle. Grundlage ist, dass sich Doppelbindungen zwischen zwei Kohlenstoffatomen leicht polarisieren lassen und andere Atome sich deshalb anlagern können. In der in Abb. 1.8 dargestellten Reaktionsfolge wird zunächst eine C-C-Einfachbindung zu einer Doppelbindung dehydriert. An diese wird anschließend Wasser angelagert und im nächsten Teilschritt die entstandene **Hydroxyverbindung** ein zweites mal dehydriert, sodass jetzt eine Ketogruppe entstanden ist. Derartige Reaktionen spielen eine Rolle bei der β-Oxidation der Fettsäuren (▶ Kap. 12.2.1) sowie im Citratzyklus (▶ Kap. 14).

1.2.3 Kolligative Eigenschaften von Lösungen

Als **kolligative** Eigenschaften einer verdünnten Lösung werden alle Eigenschaften bezeichnet, die nur von der Anzahl, nicht aber von der Art der gelösten Teilchen bestimmt werden. Dazu gehören im Einzelnen:

- der osmotische Druck einer Lösung
- die Erniedrigung ihres Gefrierpunkts und ihres Dampfdrucks sowie
- die Erhöhung des Siedepunkts

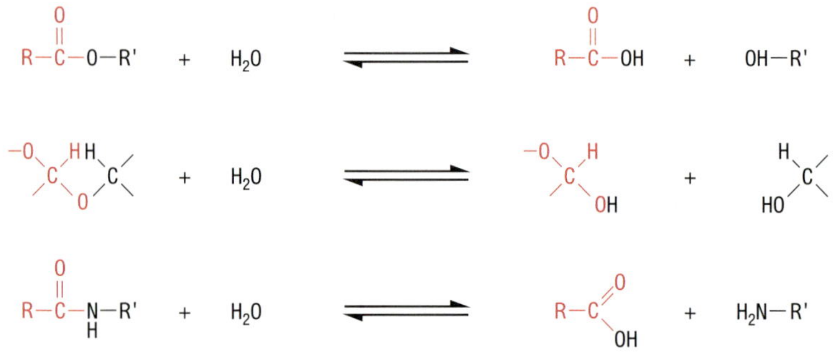

Abb. 1.7. Hydrolytische Spaltung von Estern, glycosidischen Bindungen und Säureamiden. Man beachte, dass die Rückreaktion als Kondensationsreaktion zur Ausbildung von Oligomeren führt

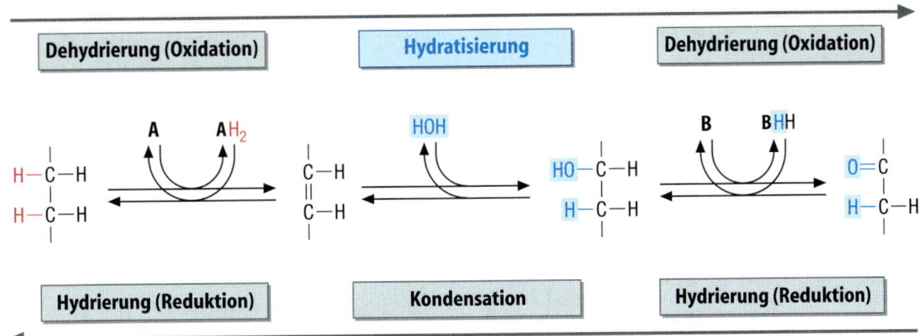

Abb. 1.8. Reversible Anlagerung von Wasser an eine Kohlenstoffdoppelbindung. Eine C–C-Bindung wird zunächst zur Doppelbindung dehydriert. An diese kann Wasser angelagert werden, was eine nochmalige Dehydrierung erlaubt

! Lösungsmitteldiffusion durch selektiv permeable Membranen wird als Osmose bezeichnet.

Für den Austausch von Wasser zwischen dem Zellinneren und dem extrazellulären Raum sind osmotische Kräfte von großer Bedeutung, da die meisten Zellmembranen für Wasser frei permeabel sind. Diese Tatsache führt zur Entstehung des osmotischen Druckes. Dieser entsteht immer dann, wenn 2 Lösungsmittelräume mit unterschiedlicher Teilchenkonzentration durch eine nur für das Lösungsmittel (i. Allg. Wasser) permeable Membran getrennt sind. Die dabei ablaufenden Vorgänge sind schematisch in Abb. 1.9 dargestellt.

Befinden sich zwei Lösungen mit unterschiedlicher Teilchenkonzentration in zwei durch eine semipermeable Membran getrennten Kammern, so strömt Wasser von der Kammer mit der niedrigen Teilchenkonzentration in die mit der höheren. Der Grund hierfür ist, dass ein Ausgleich der unterschiedlichen Wasserkonzentrationen in den beiden Kammern gesucht wird. Der Volumenanstieg in der Kammer mit der ursprünglich höheren Teilchenkonzentration kann aber durch einen entsprechenden **hydrostatischen Druck** verhindert werden, der den Durchtritt der Lösungsmittelmoleküle unterbindet. Dieser Druck wird auch als **osmotischer Druck** bezeichnet.

In dem in Abb. 1.9 dargestellten Beispiel führen die osmotischen Kräfte zu identischen Teilchenkonzentrationen in beiden Kammern, d.h. zu einem vollständigen Konzentrationsausgleich. Dies ist unter physiologischen Bedingungen auch mit wenigen Ausnahmen der Fall. Sind die Konzentrationsunterschiede jedoch sehr groß (beispielsweise nur Wasser in der einen, konzentrierte Salzlösung in der anderen Kammer), so verhindert der durch die Volumenerhöhung alleine entstehende hydrostatische Druck den vollständigen Konzentrationsausgleich des Wassers. Man sollte auch beachten, dass eine Lösung als solche keinen osmotischen Druck besitzt, ganz gleich, ob sie eine hohe oder niedrige Teilchenkonzentration aufweist. Osmotische Kräfte werden erst dann wirksam, wenn man die Lösung mit einer zweiten Lösung mit anderer Teilchenkonzentration in Kontakt

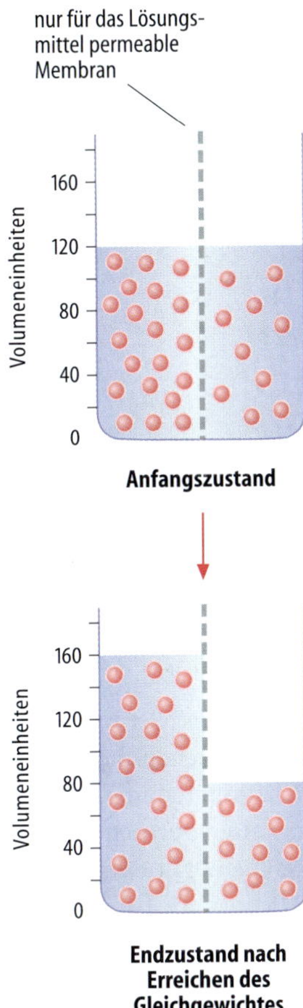

Abb. 1.9. Vorgänge bei der Osmose. Zwei durch eine semipermeable (nur für Wasser durchgängige) Membran getrennte Kammern enthalten jeweils Teilchenlösungen unterschiedlicher Konzentration (im Beispiel 10 bzw. 20 Teilchen/120 Volumeneinheiten). Um die Wasserkonzentration in den beiden Kammern auszugleichen, strömt Wasser so lange aus der Kammer mit der niedrigen Teilchenkonzentration in die mit der hohen, bis sich die Teilchenkonzentrationen und damit die Wasserkonzentrationen in beiden Kammern angeglichen haben (im Beispiel je 10 Teilchen/80 Volumeneinheiten). (Weitere Einzelheiten ► Text)

bringt, von der sie durch eine semipermeable Membran getrennt ist.

Die Grundlagen für die Berechnung des osmotischen Drucks wurden Ende des vergangenen Jahrhunderts von dem holländischen Physikochemiker Jacobus Henricus van't Hoff (1852–1911) erarbeitet. Bei seinen Untersuchungen fand er, dass der osmotische Druck mit der Temperatur ansteigt und bei konstanter Temperatur mit der Teilchenkonzentration zunimmt. Daraus schloss er, dass sich die gelösten Teilchen in idealen hochverdünnten Lösungen wie ideale Gase verhalten. In Analogie zur allgemeinen Gasgleichung

$$pV = nRT$$

n = Anzahl der Mole, R = Gaskonstante,
T = Grad Kelvin

stellte er für den osmotischen Druck π idealer Lösungen folgende Zustandsgleichung auf:

$$\pi V = nRT$$

oder

$$\pi = \frac{n}{V} RT = cRT$$

n/V = c (molare Konzentration aller gelösten Teilchen)

Das Einsetzen der entsprechenden Werte ergibt, dass eine Lösung der Konzentration 1 mol/l bei 0°C einen osmotischen Druck von 22 bar aufweist.

! Osmotische Kräfte entstehen bei Wasserbewegungen zwischen Intra- und Extrazellulärraum.

Zelluläre Membranen sind für die meisten polaren Verbindungen, nicht jedoch für Wasser impermeabel. Einige spezialisierte Zellen wie **Nierenepithelien** und **Erythrozyten** besitzen zusätzlich Proteinporen, die als Wasserkanäle dienen. Mit diesen **Aquaporinen** wird der Wassertransport durch die Zellmembran erleichtert und regulierbar (▶ Kap. 6.1.4, 28.1.4).

An der Grenze zwischen Extrazellulär- und Intrazellulärraum, den Zellmembranen, bestehen also unterschiedliche Permeabilitäten für gelöste Stoffe und das Lösungsmittel Wasser sowie unterschiedliche Konzentrationen der gelösten Stoffe, sodass eine Osmose eintreten kann. In den meisten Geweben halten allerdings eine Reihe von Mechanismen die Teilchenkonzentrationen im Extra- und Intrazellulärraum gleich, sodass osmotische Kräfte nicht auftreten. Diese sind jedoch wichtig für die Regulation der Flüssigkeitsausscheidung durch die Nieren (▶ Kap. 28.1.4) sowie unter pathologischen Bedingungen (z.B. hyperosmolares diabetisches Koma).

! Das osmotische Verhalten einer Lösung gegenüber reinem Wasser kann über die Gefrierpunktserniedrigung bestimmt werden.

Tabelle 1.3. Osmolalität und Gefrierpunktserniedrigung verschiedener Körperflüssigkeiten

	Erniedrigung des Gefrierpunkts (GPE) von 0 °C auf	Osmolalität
Normales Blutserum	−0,558	300 mosm/kg H_2O
Verdünnter Urin	−0,372	200 mosm/kg H_2O
Konzentrierter Urin	−2,600	1400 mosm/kg H_2O

Der Gefrierpunkt von reinem Wasser liegt bei 0 °C. Löst man in 1 kg Wasser 1 mol einer Substanz wird der Gefrierpunkt um 1,86 °C erniedrigt. Diese Lösung wird als 1 **osmolal** bezeichnet, d.h. sie enthält **1 mol** ($6{,}023 \times 10^{23}$ Moleküle) einer nicht dissoziierenden Substanz in **1 kg** Lösungsmittel. Wird dagegen 1 mol Substanz in **1 l** Lösungsmittel gelöst, so ist die Lösung 1 **osmolar**. Bei kolligativen Effekten wie der Gefrierpunktserniedrigung oder dem osmotischen Druck ist entscheidend, ob die gelöste Substanz dissoziiert oder nicht. Eine 1 molare Lösung von Glucose oder einer anderen nicht dissoziierenden Verbindung enthält $6{,}023 \times 10^{23}$ Moleküle. Diese Lösung ist 1 osmolar. 1 mol NaCl besteht zwar ebenfalls aus $6{,}023 \times 10^{23}$ NaCl-Einheiten, die Lösung ist aber 2 osmolar, da NaCl in wässriger Lösung in 2 Ionen, Na^+ und Cl^-, dissoziiert. Man muss deshalb bei der Ermittlung der Osmolalität einer Lösung eine etwaige Dissoziation der gelösten Substanz berücksichtigen.

Aus apparativen Gründen hat es sich eingebürgert, statt der Osmolarität einer Lösung deren **Gefrierpunktserniedrigung** zu bestimmen. Einige für Werte der menschlichen Körperflüssigkeiten sind in Tabelle 1.3 zusammengestellt.

1.2.4 Dissoziation von Wasser, pH-Wert

Die chemischen und die physikalischen Eigenschaften von Wasser sowie die Tatsache, dass es, wenn auch in geringem Umfang, in seine Ionen zerfällt, beeinflussen das chemische Verhalten einer großen Zahl anderer Moleküle. In diesem Zusammenhang sind besonders wichtig:

- der pH-Wert
- die Säure/Baseneigenschaften sowie
- die Puffersysteme

! Wasser dissoziiert in Protonen und Hydroxylionen.

Aus Messungen der elektrischen Leitfähigkeit von Wasser muss geschlossen werden, dass auch in reinstem Wasser geringe Mengen freier Ionen als Ladungsträger enthalten sein müssen. Sie entstehen durch folgende Reaktion:

$$H_2O \rightleftharpoons OH^- + H^+$$

In wässriger Lösung assoziiert das entstandene Proton sofort mit einem weiteren Molekül H_2O nach

$$H_2O + H^+ \rightleftharpoons H_3O^+$$

Zur Vereinfachung wird dieser Teil der Reaktion meist weggelassen.

Die Gleichgewichtskonstante K dieser Reaktion ist temperaturabhängig und beträgt bei 25 °C $1{,}8 \times 10^{-16}$. Die Reaktionsgleichung kann umgewandelt werden zu

$$K = \frac{[H^+] \times [OH^-]}{[H_2O]} = 1{,}8 \times 10^{-16}$$ [1]

oder

$$[H^+] \times [OH^-] = K \times [H_2O]$$

Da die Konzentration der Wassermoleküle in verdünnten Lösungen mit 55,5 mol/l konstant ist, kann sie in die Gleichgewichtskonstante einbezogen werden.

$$[H^+] \times [OH^-] = 1{,}8 \times 10^{-16} \times 55{,}5 = 10^{-14} = K_W$$ [2]

Die dadurch entstandene neue Konstante wird als das **Ionenprodukt** von Wasser bezeichnet. Aus dem Wert der Konstante von 10^{-14} folgt, dass die Konzentrationen von H^+ und OH^- in reinem Wasser und auch verdünnten wässrigen Lösungen neutraler Substanzen je 10^{-7} mol/l betragen. Es folgt weiterhin, dass bei einem Anstieg der Protonenkonzentration (in sauren Lösungen) die **Hydroxylionenkonzentration** abfallen und umgekehrt beim Abfall der Protonenkonzentration (in basischen Lösungen) die Hydroxylionenkonzentration zunehmen muss.

Zur Charakterisierung einer verdünnten wässrigen Lösung genügt daher die Angabe einer der beiden Konzentrationen. Man hat sich auf die der **Protonen** geeinigt und verwendet nach einem Vorschlag von Soeren Soerensen den negativen dekadischen Logarithmus der mit c_0 = 1mol/l normierten Protonenkonzentration:

$$pH = -\log[H^+]$$

Bei einer Protonenkonzentration von 10^{-7} mol/l ist demnach der pH gleich 7, die Lösung ist neutral.

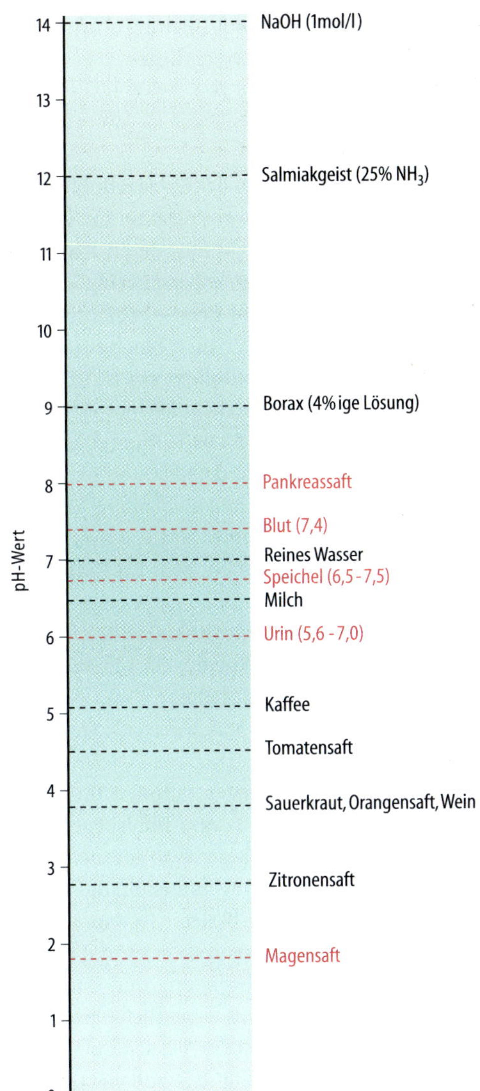

Abb. 1.10. pH-Werte allgemein bekannter Flüssigkeiten

Steigt die Konzentration auf 10^{-6} mol/l, so wird der pH 6 und die Lösung sauer,

fällt die Konzentration auf 10^{-8} mol/l, so wird der pH 8 und die Lösung alkalisch.

Am Neutralpunkt des Wassers beträgt die Konzentration der Wassermoleküle 55,5 mol/l und die Konzentration der Hydroxylionen und Protonen je 100 nmol/l (10^{-7} mol/l), d.h. es kommen je 1 H^+-Ion und 1 OH^--Ion auf 555 Millionen Wassermoleküle.

In Abb. 1.10 sind die pH-Werte einiger bekannter Flüssigkeiten zusammengestellt. Auch in biologischen Systemen wird ein weiter Bereich von pH-Werten umspannt. Während der pH-Wert des Blutplasmas bei 7,4 liegt, erstreckt sich derjenige des Pankreassaftes ins Alkalische, wohingegen Magensaft pH-Werte unter 2 erreichen kann. Dabei ist immer zu beachten, dass es sich bei der pH-Skala um eine logarithmische Skala handelt und die Protonenkonzentrationen beim Magensaft etwa 10^{-2} mol/l, beim

---

[1] Die Konstante kann hier als dimensionslose Zahl angegeben werden, wenn man sich auf folgende Definition einigt:
Symbol [X] bedeutet in normierter Konzentration

$[X] = c(X)/c_0$ mit $c_0 = 1$ mol/l

Dieser Wert ist für die Normierungs- (bzw. Bezugs-)Konzentration ist allgemein verbindlich und liegt allen in Tabellenwerken angegebenen K-Werten zugrunde.

[2] Genauer ist K_W wie alle Gleichgewichtskonstanten eine Funktion der Temperatur. Der angegebene Wert gilt bei 25°C, während bei 37°C der Wert $2{,}5 \times 10^{-14}$ beträgt.

Pankreassaft dagegen 10^{-8} mol/l betragen und damit um sechs Größenordnungen niedriger liegen.

! Der pH-Wert des Intra- und Extrazellulärraumes wird genau reguliert.

Bei 37 °C beträgt der pH-Wert der **Extrazellulärflüssigkeit** 7,4. Damit ist die Protonenkonzentration im Vergleich zu anderen Kationen des Blutplasmas, deren Konzentration im millimolaren Bereich liegt, äußerst gering. Zu diagnostischen Zwecken wird der pH-Wert – zusammen mit den Blutgasen (O_2, CO_2) – im arteriellen Blut bestimmt.

Der pH-Wert im **Intrazellulärraum** ist im Gegensatz zu dem im Extrazellulärraum nicht leicht messbar, obwohl ihm wahrscheinlich die größere Bedeutung zukommt, da er das wichtigere Kompartiment darstellt und in ihm die wesentlichen Stoffwechselreaktionen ablaufen. Mit Hilfe der **Magnetresonanzspektroskopie** (NMR) konnte jedoch inzwischen nachgewiesen werden, dass im Zellinneren im Vergleich zur extrazellulären Flüssigkeit ein niedriger pH, d.h. eine höhere Wasserstoffionenkonzentration vorliegt. So herrscht z.B. in der Muskulatur ein pH-Wert von 6,6. Eine Ausnahme macht die Tubuluszelle der Niere mit einem pH von 7,32 – wahrscheinlich deshalb, weil diese Zellen Protonen sezernieren.

Die Wasserstoffionenkonzentrationen im Extrazellulärraum und im Intrazellulärraum unterliegen einer genauen Regulation, da Änderungen der Protonenkonzentration all diejenigen Vorgänge beeinflussen, die auf elektrostatischen Wechselwirkungen basieren (▶ Kap. 3.3.3). Durch Änderung der Protonenkonzentration kann die Protonenanlagerung bzw. Protonenabspaltung und damit der Ladungscharakter eines Moleküls wesentlich beeinflusst werden. Von großer Bedeutung ist dies bei den Enzymen, deren Wechselwirkung mit ihrem Substrat von elektrostatischen Kräften bestimmt wird (▶ Kap. 4.3). Darüber hinaus wirken Säuren und Basen als **Katalysatoren** (▶ Kap. 1.2.7), sodass eine Erhöhung ihrer Konzentration bei der Zelle unerwünschte Reaktionen verursachen kann.

1.2.5 Säuren und Basen

Protonen und Hydroxylionen als die Dissoziationsprodukte des Wassers sind für die Biochemie von größter Bedeutung, u.a. da die meisten Biomoleküle über chemische Gruppen verfügen, die Protonen oder Hydroxylionen anlagern oder abgeben können. Dadurch wird nicht nur der pH-Wert verändert, sondern auch viele Eigenschaften der betreffenden Biomoleküle selbst.

! Säuren spalten Protonen ab, Basen lagern Protonen an.

Für die Definition von Säuren und Basen existiert eine Reihe von Konzepten, von denen das des dänischen Physikochemikers Johann N. Broensted (1879–1947) für viele Zwecke geeignet ist:

- Säuren sind **Protonendonatoren**, d.h. sie spalten Protonen in Anwesenheit eines Protonenakzeptors ab
- Basen sind **Protonenakzeptoren, d.h. sie lagern Protonen in Anwesenheit eines Protonendonators an**

In wässrigen Lösungen ist der allgemeine Protonenakzeptor das Wasser, sodass eine typische Säure-Basenreaktion folgendermaßen geschrieben werden kann:

$$AH + H_2O \rightleftharpoons A^- + H_3O^+$$

Sehr häufig (und auch in diesem Buch) werden Gleichungen dieser Art unter Weglassen des Wassers geschrieben:

$$AH \rightleftharpoons A^- + H^+$$

Die bei der Protonenabgabe oder **Dissoziation** einer Säure (Protolyse) entstehende Verbindung wird als (die zur Säure) **konjugierte Base** bezeichnet.

Säure			Konjugierte Base	
HCl	$+ H_2O$	→	Cl^-	$+ H_3O^+$
NH_4	$+ H_2O$	→	NH_3	$+ H_3O^+$
H_2CO_3	$+ H_2O$	→	HCO_3^-	$+ H_3O^+$
HCO_3^-	$+ H_2O$	→	CO_3^{2-}	$+ H_3O^+$
H_3PO_4	$+ H_2O$	→	$H_2PO_4^-$	$+ H_3O^+$
$H_2PO_4^-$	$+ H_2O$	→	HPO_4^{2-}	$+ H_3O^+$

Säuren, die wie Kohlensäure und Phosphorsäure mehrere Protonen abgeben können, spalten diese stufenweise ab. Ihre konjugierten Basen (die Anionen HCO_3^- und $H_2PO_4^-$) können nochmals Protonen abgeben, wirken also einer Base gegenüber als Säure. Von einer Säure können sie jedoch auch Protonen übernehmen und wirken diesen gegenüber somit als Basen. Derartige Verbindungen, zu denen auch Wasser zählt, werden als Ampholyte bezeichnet.

! Die Stärke einer Säure wird durch die Dissoziationskonstante bestimmt.

Ob das Gleichgewicht einer Protonenübertragung mehr auf der Seite der Ausgangssubstanzen oder mehr auf der Seite der Reaktionsprodukte liegt, wird dadurch bestimmt, wie leicht die protonenspendende Säure H^+-Ionen abgibt bzw. die protonenaufnehmende Base H^+-Ionen aufnimmt, mit anderen Worten von der **Stärke** der Säure bzw. Base. Eine starke Säure ist definiert als eine, die vollständig oder nahezu vollständig dissoziiert ist. Eine Säure die nur teilweise dissoziiert, wird als schwach (Essigsäure, Kohlensäure) bezeichnet. Diese Angaben beziehen sich auf Wasser als biologisches Lösungsmittel. Dies ist entscheidend, da z.B. Salzsäure in Benzol praktisch nicht, in Wasser dagegen vollständig dissoziiert und damit als starke Säure gilt.

Eine quantitative Bestimmung der Säure- bzw. Basenstärken kann durch die Bestimmung der **Gleichgewichts-**

konstante oder **Dissoziationskonstante** erfolgen. Für die obige Reaktion

$$AH + H_2O \rightleftharpoons A^- + H_3O^+$$

gilt nach dem Massenwirkungsgesetz:

$$K^* = \frac{[H_3O^+] \times [A^-]}{[AH] \times [H_2O]}$$

Wenn also unter Gleichgewichtsbedingungen die Konzentrationen der Reaktionsteilnehmer bekannt sind, kann daraus die Gleichgewichtskonstante errechnet werden.

Da die Konzentration der Wassermoleküle im Vergleich zu der der übrigen Reaktanden mit 55,5 mol/l unverändert bleibt, kann man $[H_2O]$ in die Konstante einbeziehen und erhält:

$$K = \frac{[H^+] \times [A^-]}{[AH]}$$

Diese Größe, die als **Dissoziationskonstante** einer Säure oder als **Säurekonstante K_S** bezeichnet wird, ist temperaturabhängig (► Kap. 1.2.4). Je stärker eine Säure dissoziiert ist, desto höher sind die Konzentrationen im Zähler und desto kleiner ist die Konzentration der verbleibenden undissoziierten Säure im Nenner der Gleichung. Säuren, deren Dissoziationskonstante größer als 10^{-1} ist, bezeichnet man als starke Säuren. Mittelstarke Säuren besitzen Säurekonstanten zwischen 10^{-1} und 10^{-5}, während K_S bei schwachen Säuren kleiner als 10^{-5} ist.

In ◻ Tabelle 1.4 sind die Dissoziationskonstanten einiger in der Biochemie wichtiger Säuren aufgeführt. Es handelt sich dabei um die K_S -Werte in wässriger Lösung.

Da die Angabe der Dissoziationskonstante in Zehnerpotenzen umständlich ist, verwendet man für Berechnungen häufig den negativen (dekadischen) Logarithmus der Dissoziationskonstante, der als **pK_S** bezeichnet wird.

$$pK_S = -\log K$$

Damit ergeben sich Säuren, deren pK-Wert geringer als 1 ist, als starke Säuren, Säuren deren pK-Wert 5 überschreitet, als schwache. Die meisten Säuren, die im Stoffwechsel der Zelle von Bedeutung sind, gehören zu den schwachen bis mittelstarken Säuren.

1.2.6 Puffersysteme

! Schwache Säuren und ihre konjugierten Basen bilden Puffersysteme und halten den pH-Wert in den Körperflüssigkeiten konstant.

Die Aufrechterhaltung einer relativ konstanten Wasserstoffionenkonzentration im Zellinneren und im Extrazellulärraum wird durch **Puffer** erreicht. Darunter versteht man im einfachsten Fall Lösungen aus einer **schwachen Säure** und ihrer **konjugierten Base**. Diese zeichnen sich durch einen stabilen pH-Wert aus, der sich auch beim Zusatz erheb-

◻ Tabelle 1.4. Dissoziationskonstanten und pK_S-Werte einiger Säuren mit biochemischer Bedeutung (bei 25° C)

Säure/Base-Paar	Dissoziationskonstante K	$pK_S{}^b = -\log K$
Brenztraubensäure/Pyruvat	$3{,}16 \times 10^{-3}$	2,5
Milchsäure/Lactat	4×10^{-3}	2,9
Kohlensäure/HCO_3^-	$1{,}32 \times 10^{-4}$	3,88
CO_2/Hydrogencarbonat[a]	$4{,}45 \times 10^{-7}$	6,35
Hydrogencarbonat/Carbonat	$4{,}79 \times 10^{-11}$	10,32
Dihydrogenphosphat/Hydrogenphosphat	$6{,}34 \times 10^{-8}$	7,20
Hydrogenphosphat/Phosphat	$4{,}37 \times 10^{-13}$	12,36
Acetessigsäure/Acetacetat	$2{,}60 \times 10^{-4}$	3,58
β-Hydroxybuttersäure/β-Hydroxybutyrat	$4{,}07 \times 10^{-5}$	4,39
Ammonium/Ammoniak	$4{,}39 \times 10^{-10}$	9,21

[a] Die Kohlensäure dissoziiert als zweiprotonige Säuren in 2 Stufen. Für die erste Stufe (Kohlensäure/Hydrogencarbonat) sind aus folgendem Grund 2 pK-Werte angegeben: in einer wässrigen Lösung von Kohlendioxid treten folgende Gleichgewichte auf:
(1) $CO_2 + H_2O \rightleftharpoons H_2CO_3$
(2) $H_2CO_3 + H_2O \rightleftharpoons HCO_3^- + H_3O^+$

aus (1) und (2) ergibt sich
(2a) $CO_2 + 2H_2O \rightleftharpoons HCO_3^- + H_3O^+$
Kohlensäure ist eine mittelstarke Säure (pK = 3,88); da jedoch aus CO_2 und H_2O nur sehr wenige H_2CO_3-Moleküle entstehen, wirkt sie als schwache Säure. Durch Zusammenfassung der Gleichgewichte (1) und (2) zu (2a) erhält man die übliche Säurekonstante (pK = 6,35), d.h. die Säurekonstante bezogen auf gelöstes CO_2 (und nicht auf H_2CO_3!).

[b] Die hier angegebenen pK_S-Werte gelten für verdünnte Lösungen. In biologischen Lösungen z.B. in Körperflüssigkeiten verändern sie sich z.T. beträchtlich. Sie werden dann als pK' oder pK_S' bezeichnet.

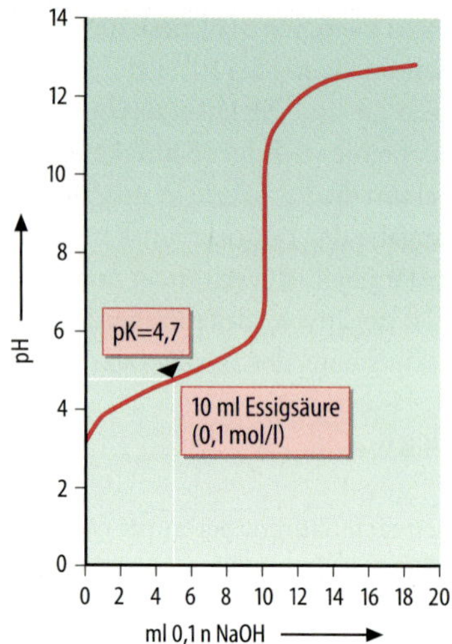

Abb. 1.11. Titrationskurve der Essigsäure. pH-Wert bei Titration von 10 ml 0,1 mol/l Essigsäure mit 0,1 mol/l Natronlauge. Wenn die Hälfte der Essigsäure nach Zugabe von 5ml 0,1 mol/l NaOH neutralisiert ist, ist die Konzentration von Essigsäure gleich der Konzentration von Acetat und damit pH = pK = 4,7.

licher Mengen von Säuren oder Basen, die im Stoffwechsel der Zelle entstehen, nicht wesentlich ändert.

Die puffernde Wirkung schwacher Säuren ist in Abb. 1.11 am Beispiel der Titrationskurve der Essigsäure dargestellt. Versetzt man diese schwache Säure (Dissoziationskonstante $1{,}7 \times 10^{-5}$; pK = 4,76) mehrfach mit kleinen Mengen einer starken Base (z.B. NaOH) fängt diese bei jeder Zugabe die freien Protonen der Säure mit ihren Hydroxylionen ab. Durch den Protonenentzug wird das System **Essigsäure/H^+ + Acetat$^-$** aus dem Gleichgewicht gebracht. Zur Wiederherstellung des Gleichgewichtes dissoziiert die Essigsäure im verstärkten Maße und setzt dabei Protonen frei, die sich ebenfalls mit den Hydroxylionen der Natronlauge zu Wasser verbinden. Dabei werden Hydroxylionen und Essigsäure verbraucht, bis die Essigsäure vollständig in Natriumacetat umgewandelt ist. Beachtenswert an der Kurve ist, dass über einen relativ weiten Bereich NaOH der Essigsäurelösung zugesetzt werden kann, ohne dass sich der pH-Wert stark ändert. Dieser Vorgang wird auch als **Pufferung** bezeichnet.

Die Pufferung in biologischen Flüssigkeiten (z.B. Extrazellulärraum) erfolgt nicht durch einen, sondern durch mehrere, gleichzeitig wirkende Puffer.

! Die Henderson-Hasselbalch-Gleichung verknüpft pH-Wert, pK-Wert und das Konzentrationsverhältnis von konjugierter Säure und Base miteinander.

Die Konzentration der H^+-Ionen in einem Puffersystem (schwache Säure HA und konjugierte Base A^-) wird durch Auflösung der auf S. 15 abgeleiteten Gleichung

$$K = \frac{[H^+] \times [A^-]}{[AH]}$$

nach $[H^+]$ errechnet:

$$[H^+] = K\frac{[AH]}{[A^-]}$$

Um den pH-Wert dieses Systems auszurechnen, bildet man den negativen dekadischen Logarithmus der Gleichung und erhält:

$$-\log[H^+] = -\log K - \log\frac{[AH]}{[A^-]}$$

oder, da

$$-\log K = pK$$ (▶ Kap. 1.2.5)

und

$$-\log [H^+] = pH$$ (▶ Kap. 1.2.5)

$$pH = pK + \log\frac{[A^-]}{[AH]},$$

$$pH = pK + \log\frac{[\text{konjugierte Base}]}{[\text{Säure}]}$$

Bei diesem Ausdruck, der die mathematische Grundlage zur Rechnung mit Puffersystemen bildet, handelt es sich um die Gleichung nach Lawrence J. Henderson und Karl Albert Hasselbalch. Aus dieser Gleichung, in der der pH- und der pK-Wert sowie das Konzentrationsverhältnis von konjugierter Base zu Säure miteinander verknüpft sind, lassen sich folgende Gesetzmäßigkeiten ableiten:

- Der pH-Wert eines Puffersystems wird von dem Konzentrationsverhältnis von konjugierter Base und Säure bestimmt
- Bei bekanntem pK und bekanntem Konzentrationsverhältnis von konjugierter Base zur Säure kann der pH-Wert ausgerechnet werden
- Bei bekanntem pH und pK kann der Quotient der Konzentration von konjugierter Base und Säure errechnet werden

Setzt man in die Gleichung die pK-Werte für Brenztraubensäure bzw. Milchsäure (Tabelle 1.4) ein, so lässt sich berechnen, ob die betreffenden Carbonsäuren vorwiegend als Säuren oder Säureanionen in der Zelle vorliegen. In der Muskelzelle mit einem pH-Wert von 7,1 beträgt das Verhältnis von Brenztraubensäure zu Pyruvat etwa 1 : 40000 und das von Milchsäure zu Lactat etwa 1 : 16000. Dies gilt für eine große Zahl von im Stoffwechsel vorkommenden Säuren, weswegen in diesem Buch generell die dissoziierten Formen von Verbindungen benutzt werden.

Die Kenntnis des Quotienten $[A^-]/[AH]$ist besonders wichtig, wenn man wissen will, wie stark eine Säure beim pH-Wert von Körperflüssigkeiten, wie z.B. der Extrazellulärflüssigkeit (pH 7,4), dissoziiert ist. Da die Aufnahme bzw. Abgabe von Protonen mit einer Änderung des Ladungscharakters des aufnehmenden bzw. abgebenden Moleküls verbunden ist und ungeladene Stoffe Zellmembranen wegen der Unpolarität besser durchdringen können, ist der Dissoziationsgrad beispielsweise für die Resorption, Verteilung und Ausscheidung von Arzneimitteln mit Säure- oder Basencharakter oder für Stoffwechselstörungen, bei denen sich organische Säuren und Basen anhäufen, von Bedeutung.

Aus der Gleichung von Henderson und Hasselbalch lässt sich Folgendes ableiten:

- Je mehr der pK-Wert einer Säure nach unten vom pH-Wert der Lösung abweicht (pK<pH), desto stärker nimmt der Anteil der konjugierten Base zu
- Je mehr der pK-Wert einer Säure nach oben vom pH-Wert der Lösung abweicht (pK>pH), desto stärker steigt der Anteil der Säureform an

Als Beispiele seien zwei Säuren angeführt, deren Konzentration im Blut bei Stoffwechselkrankheiten stark erhöht sein kann: die **β-Hydroxybuttersäure** beim Diabetes mellitus und die **Ammoniumionen** bei der schweren Leberinsuffizienz. Setzt man die pK-Werte der beiden Säuren (▫ Tabelle 1.4) in die Gleichung ein, so ergibt sich, dass in einer wässrigen Lösung mit einem pH-Wert von 7,4 das Verhältnis von β-Hydroxybuttersäure zu β-Hydroxybutyrat 1 : 1000 (pK-Wert niedriger als pH!) und das vom Ammoniumion zu Ammoniak 100 : 1 (pK höher als pH!) beträgt.

Sind die Konzentrationen von konjugierter Base und Säure gleich groß, so wird – da der Logarithmus von 1 Null ist – der logarithmische Ausdruck Null und man erhält pK = pH, d.h. der pK einer schwachen Säure entspricht dem pH-Wert, bei dem Säure und konjugierte Base in gleichen Konzentrationen vorliegen oder – mit anderen Worten – bei dem die Säure zur Hälfte dissoziiert ist.

Ist der pK-Wert eines Puffersystems unbekannt, so kann er bestimmt werden, indem man die Konzentration von konjugierter Base und Säure gleich groß wählt. Die Messung des resultierenden pH-Werts ergibt den pK des betreffenden Systems.

Liegen konjugierte Base und Säure in gleichen Konzentrationen vor, so sind also pH- und pK-Wert gleich. Ist das Verhältnis von konjugierter Base zu Säure gleich 10 : 1 bzw.100 : 1, so beträgt der pH-Wert pK + 1 bzw. pK + 2. Trägt man in einem Koordinatensystem auf der Abszisse die pH-Werte und auf der Ordinate die entsprechenden Mengen Säure (HA) und konjugierte Base (A^-) auf, so ergibt sich das in ▫ Abb. 1.12 gezeigte Kurvenbild, aus dem für jeden bekannten pH-Wert das Konzentrationsverhältnis A^- zu HA und für jedes bekannte Konzentrationsverhältnis A^- zu HA der entsprechende pH-Wert abgelesen werden kann.

Das Bild dieser Kurve, an deren Wendepunkt der pK liegt, sieht bei allen schwachen Säuren gleich aus. Die Kurven unterscheiden sich lediglich durch die Lage des Wendepunkts (und damit des pK-Werts), d.h. sie sind entweder nach links oder rechts verschoben.

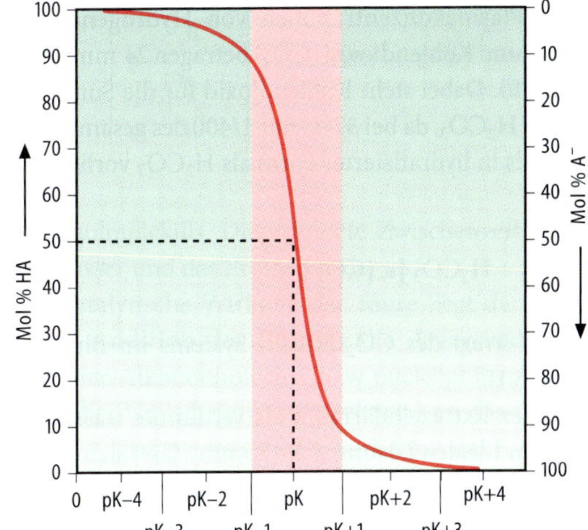

▫ **Abb. 1.12. Titrationskurve einer schwachen Säure**

Wie aus dem Kurvenbild in ▫ Abb. 1.12 zu ersehen ist, ändert sich in einem bestimmten Bereich (pH gleich pK ± 1) trotz einer starken Verschiebung des Molverhältnisses A^- zu HA (von 1 : 10 bis 10 : 1) der pH-Wert nur wenig.

In diesem – in der Abbildung rot hinterlegten – Bereich ist also die **Kapazität** des Puffers, Säuren oder Basen ohne starke pH-Änderung aufzunehmen, am größten.

Man wird deshalb bei experimentellen Arbeiten ein Puffersystem wählen, dessen pK-Wert mit dem pH-Wert übereinstimmt, den die Lösung enthalten soll – oder zumindest einen Puffer, dessen pK-Wert nicht mehr als eine Einheit nach oben oder unten vom einzustellenden pH-Wert abweicht.

Außerdem wird die Kapazität eines Puffersystems durch seine Gesamtkonzentration bestimmt, d.h. ein 0,5-molares System puffert etwa 5 mal so viele Protonen oder Hydroxylionen wie ein 0,1-molares (▸ unten).

Wichtige Puffersysteme des menschlichen Organismus sind im Intra- und Extrazellulärraum (▸ Kap. 28.8):

- das Dihydrogenphosphat/Hydrogenphosphat-System (pK' = 6,80)
- das Kohlendioxid/Hydrogencarbonat-System (pK' = 6,10) und
- die Proteine

sowie im Urin (▸ Kap. 28.2):

- das Dihydrogenphosphat/Hydrogenphosphat-System (pK' = 6,80) und
- das Ammonium/Ammoniak-System (pK' = 9,40)

! Das Hydrogencarbonat-Puffersystem ist das wichtigste Puffersystem des Extrazellulärraums.

Der pH-Wert im Extrazellulärraum wird im Wesentlichen durch das Kohlendioxid/Hydrogencarbonat-Puffersystem konstant gehalten (Bicarbonat = Hydrogencarbonat).

deren Atom. Das wird dadurch erreicht, dass entweder **nucleophile** (Basekatalyse) oder **elektrophile** Verbindungen (Säurekatalyse) oder beide Arten gleichzeitig als **Säure-Basen-Katalyse** die Atome der zu polarisierenden Bindung angreifen.

Die Polarisierung versetzt das Molekül in einen thermodynamisch instabilen Zustand oder macht es reaktionsfähig(er), was sich in einer **Erniedrigung der Aktivierungsenergie** der Reaktion niederschlägt. Gerade diese Erniedrigung der Aktivierungsenergie der Reaktion ist vom energetischen Standpunkt ein wesentliches Merkmal der Katalyse. Das gilt ebenso für die – in Kapitel 4 (▶ Kap. 4.2) besprochenen – Enzyme, die als Biokatalysatoren die Reaktionen im Stoffwechselgeschehen der Zelle beschleunigen und deren Wirkung sehr häufig auf einer Säure-Basenkatalyse beruht.

In Kürze

Ohne Wasser sind Organismen nicht lebensfähig. Wasser bestimmt praktisch alle biochemischen Prozesse. Durch seine Polarität ermöglicht es die Ausbildung von Wasserstoffbrückenbindungen, die für die Strukturbildung biologischer Makromoleküle wie Proteine oder Nucleinsäuren von größter Bedeutung sind. Andere Strukturen werden durch wasserabhängige hydrophobe Wechselwirkungen stabilisiert. Viele Reaktionen finden unter Beteiligung von Wasser statt. Durch Wasserbewegung zwischen Intra- und Extrazellulärraum entstehen osmotische Kräfte, die für den Wasserhaushalt von großer Bedeutung sind. Vom Wasser hängt der pH-Wert des Intra- und Extrazellulärraums ab, darüber hinaus ist Wasser an den unterschiedlichen Puffersystemen des Intra- und Extrazellulärraums beteiligt.

Literatur

Adam G, Läuger P, Stark, G (2003) Physikalische Chemie und Biophysik. 3. Vollst. überarb. u. erw. Aufl. 2003. Springer Heidelberg

Cody GD, Boctor NZ, Filley TR, Hazen RM, Scott JH, Sharma A, Yoder HS Jr. (2000) Primordial carbonylated iron-sulfur compounds and the synthesis of pyruvate. Science 289:1337–1340

Frieden E (1972) The chemical elements of life. Sci Amer 226:52

Funck T (1970) Physikalische Chemie des Wassers. In: Schröder B (Hrsg) Wasser Suhrkamp, Frankfurt, S. 1ff

Miller SJ, Orgel LE (1974) The origins of life on earth. Prentice – Hall

Wächtershäuser G (1997) The origin of life and its methodological challenge. J theor Biol 187:483–494

Woese CR (2002) On the evolution of cells. Proc Natl Acad Sci USA 99:8742–8747

Links im Netz

▶ www.lehrbuch-medizin.de/biochemie

2 Kohlenhydrate, Lipide und Aminosäuren

Georg Löffler

2.1 Kohlenhydrate – 22
2.1.1 Klassifizierung und Funktionen – 22
2.1.2 Monosaccharide – 22
2.1.3 Disaccharide – 25
2.1.4 Oligosaccharide und Polysaccharide – 26

2.2 Lipide – 32
2.2.1 Klassifizierung und Funktionen – 32
2.2.2 Fettsäuren – 33
2.2.3 Glycerolipide – 35
2.2.4 Sphingolipide – 37
2.2.5 Isoprenlipide – 38
2.2.6 Lipide in wässrigen Lösungen – 39

2.3 Aminosäuren – 45
2.3.1 Klassifizierung und Funktionen – 45
2.3.2 Proteinogene Aminosäuren – 45
2.3.3 Nichtproteinogene Aminosäuren – 48
2.3.4 Säure-Baseneigenschaften von Aminosäuren – 48

Literatur – 53

 **Einleitung**

Lebende Organismen synthetisieren und verwerten Kohlenhydrate, Lipide und Aminosäuren. Die Funktionen dieser Verbindungen sind vielfältig.

Kohlenhydrate kommen als rasch metabolisierbare Substrate oder Speicherstoffe hoher Energiedichte vor. Sie sind Gerüstsubstanzen, bilden wichtige Komponenten der extrazellulären Matrix und sind Bestandteil vieler Proteine.

Triacylglycerin sind die energiedichtesten Speicherverbindungen. Die amphiphilen Phospholipide und Sphingolipide bilden Membranstrukturen von Zellen. Wegen ihrer Fähigkeit zur Polymerisation sind Isoprene zur Bildung der besonders umfangreichen Gruppe der Isoprenlipide imstande. Zu diesen gehören u.a. fettlösliche Vitamine, Cholesterin, die von Cholesterin abgeleiteten Steroidhormone sowie die für die Fettverdauung wichtigen Gallensäuren.

Als α-Aminocarbonsäuren sind Aminosäuren formal Derivate von Fettsäuren. Von den etwa einhundert bekannten Aminosäuren kommen lediglich 20, die sog. proteinogenen Aminosäuren, in Proteinen vor. Außer dieser wichtigen Funktion dienen Aminosäuren als Stickstofflieferanten bei Biosynthesen, liefern das Substrat für die Gluconeogenese, und bilden als sog. biogene Amine wichtige Signalstoffe.

2.1 Kohlenhydrate

2.1.1 Klassifizierung und Funktionen

Kohlenhydrate oder Saccharide sind mengenmäßig die häufigsten von Lebewesen synthetisierten Verbindungen unseres Planeten. Im Vergleich zu Lipiden und Aminosäuren ist das Prinzip ihrer Struktur vergleichsweise einfach, da sie alle Abkömmlinge von Verbindungen der Grundstruktur

$$(HCOH)_n$$

sind, wobei $n \geq 3$ sein muss.

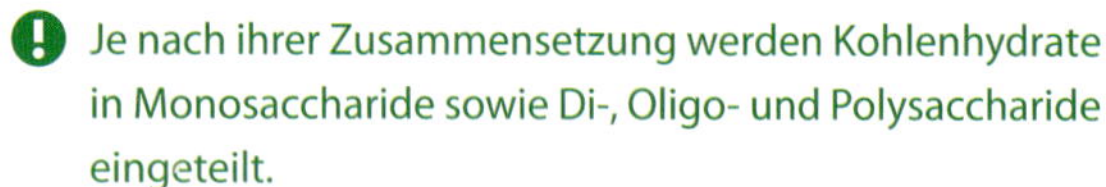
Je nach ihrer Zusammensetzung werden Kohlenhydrate in Monosaccharide sowie Di-, Oligo- und Polysaccharide eingeteilt.

Monosaccharide. Monosaccharide sind durch Hydrolyse nicht mehr weiter zerlegbare Kohlenhydrate. Formal handelt es sich um **Aldehyde** bzw. **Ketone** mehrwertiger Alkohole, also um Aldosen bzw. Ketosen. Wegen des gehäuften Vorkommens asymmetrischer C-Atome gibt es eine große Zahl von stereoisomeren Formen von Monosacchariden (Einzelheiten ▶ Lehrbücher der organischen Chemie).

Di-, Oligo- und Polysaccharide. Dank der besonders reaktionsfähigen Aldehyd- bzw. Ketogruppen von Monosacchariden haben diese die Fähigkeit, weitere Monosaccharide mit Hilfe glycosidischer Bindungen (▶ Kap. 2.1.2) anzulagern und auf diese Weise eine Vielzahl der verschiedensten Verbindungen zu bilden. So entstehen u.a. **Di-** bzw. **Oligosaccharide** bzw. als Makromoleküle die **Polysaccharide**.

! Kohlenhydrate sind Energielieferanten, Energiespeicher und Strukturbestandteile.

Die Funktionen von Kohlenhydraten sind außerordentlich vielfältig. Schon lange ist bekannt, dass sie nahezu allen Organismen als rasch zur Verfügung stehende Energielieferanten dienen. Daneben werden Polysaccharide in tierischen und pflanzlichen Zellen als Energiespeicher verwendet.

Polysaccharide sind in der extrazellulären Matrix der Gewebe aller höheren Lebewesen der entscheidende Bestandteil und unter anderem für deren Differenzierung zuständig. Außerdem ist eine große Zahl von Proteinen mit spezifischen Oligosaccharid-Strukturen ausgestattet, die Bedeutung für die Proteinfunktion haben. Im Wesentlichen handelt es sich hierbei um Membranproteine sowie sezernierte Proteine.

2.1.2 Monosaccharide

Bezüglich ihrer Umsatzraten und ihrer quantitativen Bedeutung spielen die **Hexosen** und **Pentosen** im Stoffwechsel die größte Rolle. Außerdem kommen in geringem Umfang als Zwischenprodukte des Hexosemonophosphatweges der Glucose (▶ Kap. 11.1.2) der aus der 4-C-Atomen bestehende Zucker **Erythrose** sowie der aus 7-C-Atomen bestehende Zucker **Seduheptolose**, jeweils in Form von Phosphorsäureestern, vor (▶ Abb. 11.9 in Kap. 11.1.2).

! Hexosen sind wichtige Bestandteile von Nahrungskohlenhydraten.

Die für den tierischen Stoffwechsel wichtigsten Hexosen sind in ◻ Tabelle 2.1 und ◻ Abbildung 2.1 zusammengestellt. Unter ihnen kommt der **Glucose** die größte Bedeutung zu (▶ Kap. 11; ▶ Kap. 17):

- Fast alle mit der Nahrung aufgenommenen Kohlenhydrate müssen in Glucose umgewandelt werden, bevor sie unter Energiegewinn abgebaut werden können
- Alle im Organismus vorkommenden Monosaccharide können aus Glucose synthetisiert werden
- Das Kohlenstoffskelett der Glucose kann als Ausgangsmaterial für die Synthese der nichtessentiellen Aminosäuren (▶ Kap. 13.4.2) sowie der Lipide (▶ Kap. 12) verwendet werden.

Tabelle 2.1. Biochemisch wichtige Hexosen (Auswahl)

Name	Vorkommen und biologische Bedeutung
D-Glucose	Fruchtsäfte; Bestandteil von Stärke, Glycogen, Saccharose, Lactose. Wichtigstes vom Organismus verwertetes Monosaccharid; Blutzucker
D-Galactose	Bestandteil der Lactose. Wird vom Organismus in Sphingolipide und Glycoproteine eingebaut. Abbau nur nach Umwandlung in Glucose möglich
D-Mannose	Bestandteil von tierischen und pflanzlichen Glycoproteinen. Dient zur Adressierung lysosomaler Proteine. Abbau erst nach Umwandlung in Glucose
D-Fructose	Fruchtsäfte; Bestandteil der Saccharose; Biosynthese aus Glucose in verschiedenen Geweben; Abbau erst nach Umwandlung in Glucose, in der Leber jedoch direkter Abbau möglich

! Pentosen sind Bestandteile von Nucleotiden und Nucleinsäuren.

Tabelle 2.2 fasst die häufigsten vorkommenden Monosaccharide mit 5-C-Atomen zusammen. Pentosen werden nicht in größeren Mengen mit der Nahrung aufgenommen, sondern im Verlauf des Glucosestoffwechsels intrazellulär synthetisiert und dann als wichtige Bestandteile von Nucleotiden und Nucleinsäuren verwendet (▶ Kap. 19.1).

! Die OH-Gruppen von Monosacchariden werden in vielfältiger Weise modifiziert.

Alle Hexosen und Pentosen können vielfältig modifiziert werden, wie es in Abbildung 2.2 am Beispiel der Glucose dargestellt ist:

- Hydroxylgruppen von Monosacchariden können verestert werden (▶ Lehrbücher der organischen Chemie). Von biochemischem Interesse sind die Phosphorsäureester, da intrazellulär hauptsächlich **phosphorylierte Monosaccharide** umgesetzt werden (▶ Kap. 11.1.1)
- Durch Oxidation der endständigen $-CH_2$-OH-Gruppe von Monosacchariden entstehen **Uronsäuren,** die u.a. Bestandteile wichtiger Polysaccharide sind (▶ Kap. 2.1.4). An Glucuronsäure werden ausscheidungspflichtige körpereigene sowie auch körperfremde Substanzen gekoppelt

Tabelle 2.2. Biochemisch wichtige Pentosen (Auswahl)

Name	Vorkommen und biologische Bedeutung
D-Ribose	Vorkommen in Nucleinsäuren; Biosynthese aus Glucose; Strukturelement von Coenzymen und RNA
D-Desoxyribose	Vorkommen in Nucleinsäuren; Biosynthese aus Glucose; Strukturelement der DNA
D-Ribulose	Stoffwechselzwischenprodukt im Glucoseabbau über Pentosephosphatweg
D-Arabinose, D-Xylose	Vorkommen in Proteoglycanen

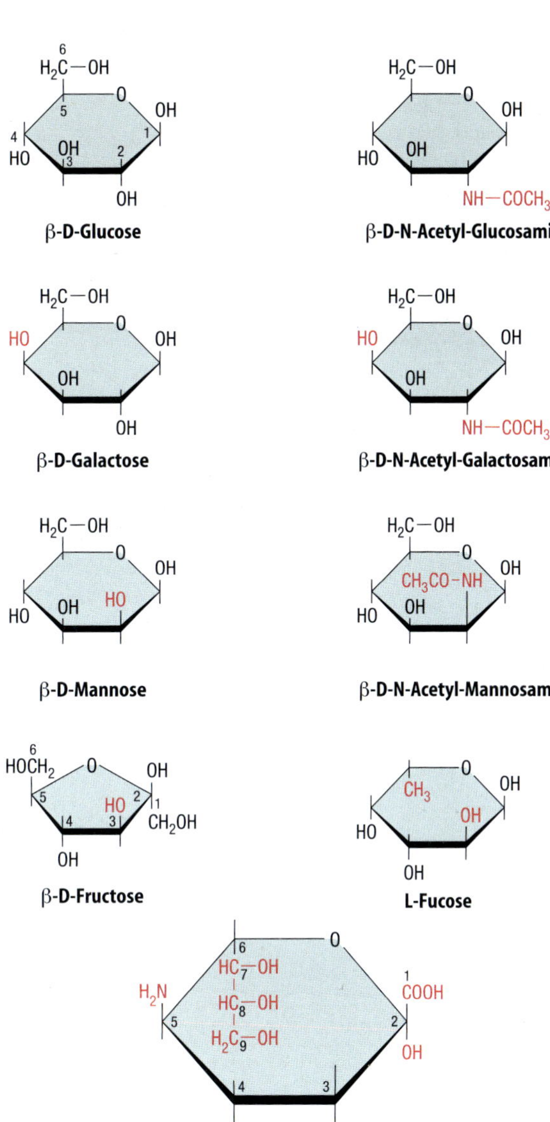

Abb. 2.1. Häufige Monosaccharide. Die in Form ihrer β-Anomeren dargestellten Monosaccharide werden nicht nur zur Energiegewinnung abgebaut, sondern auch zum Aufbau von Oligo- und Polysacchariden verwendet

- Die durch den Ringschluss gebildete halbacetalische Hydroxylgruppe am C-Atom 1 von Monosacchariden ist besonders reaktionsfähig und geht die **glycosidische Bindung** ein
- Durch Reduktion am C-Atom 1 entstehen aus Monosacchariden die entsprechenden **mehrwertigen Alkohole** (aus Glucose Sorbitol, aus Mannose Mannitol usw.)
- Durch Oxidation am C-Atom 1 wird die glycosidische Hydroxylgruppe zum **Lacton** dehydriert, das durch Wasseranlagerung in die entsprechende **Carbonsäure** übergeht. Diese wird i. Allg. durch die Endung -on gekennzeichnet (aus Glucose entsteht Gluconsäure)

Abb. 2.2. Die wichtigsten Derivate der α-D-Glucose. a Durch Mutarotation entsteht β-D-Glucose. **b** Durch Reduktion am C-Atom 1 entsteht Sorbitol. **c** Durch Oxidation am C-Atom 6 entsteht Glucuronsäure (Glucuronat). **d** Durch Veresterung der OH-Gruppe am C-Atom 6 mit Phosphorsäure entsteht Glucose-6-phosphat. **e** Ersatz der Hydroxylgruppe am C-Atom 2 durch eine Aminogruppe führt zum Glucosamin. **f** Glucosamin kann an der Aminogruppe acetyliert werden, sodass N-Acetylglucosamin entsteht. **g** Durch Oxidation am C-Atom 1 entsteht Gluconolacton, welches hydrolytisch zu Gluconat gespalten werden kann

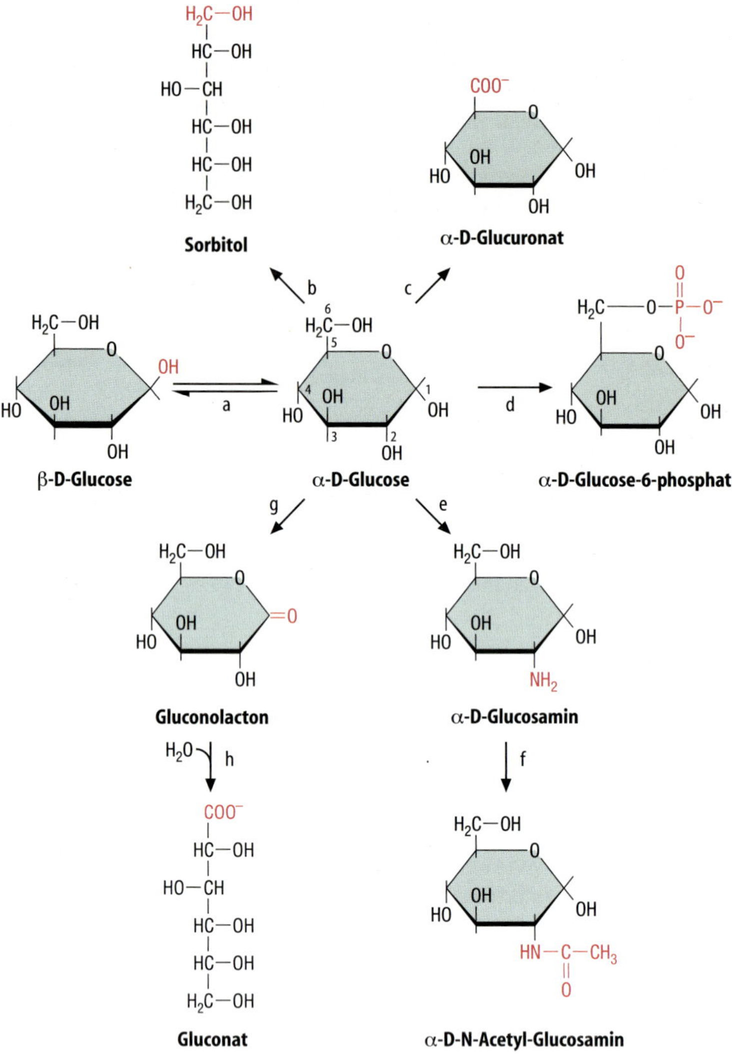

- **Aminozucker** entstehen durch den Ersatz einer Hydroxylgruppe durch eine Aminogruppe. Bei den physiologischerweise vorkommenden Aminozuckern **Glucosamin, Galactosamin** und **Mannosamin** ist die Aminogruppe mit dem C-Atom 2 des Monosaccharids verbunden. Häufig ist die NH_2-Gruppe acetyliert. Die Aminozucker und ihre N-acetylierten Derivate kommen in verschiedenen Glycoproteinen, als Bestandteile der Proteoglykane, in bakteriellen Zellwänden sowie im Chitin vor

! Die halbacetalische Hydroxylgruppe am C-Atom 1 von Monosacchariden ist besonders reaktionsfähig.

Analog der Bildung eines Vollacetals kann die halbacetalische Hydroxylgruppe am C-Atom 1 von Monosacchariden mit OH- bzw. NH_2-Gruppen unterschiedlichster Verbindungen unter Wasserabspaltung reagieren, wobei **Glycoside** gebildet werden:

- Stammt die OH-Gruppe von einem weiteren Monosaccharid, so entstehen **Di-** oder **Polysaccharide**
- Handelt es sich dagegen um Nichtkohlenhydrate, so entstehen Substanzen, die als **O-** bzw. **N-Glycoside** bezeichnet werden
- Die Verbindung wird nach dem die glycosidische Bindung eingehenden Zucker benannt (Glucosid, Galactosid usw.), der Nichtkohlenhydratanteil der entstehenden Verbindung wird auch als **Aglycon** bezeichnet

Der α- und β-Anomerie bei den Monosacchariden entspricht die **α-** und **β-Isomerie** bei den Glycosiden. Allerdings ist hier nicht mehr das Phänomen der Mutarotation (► Lehrbücher der organischen Chemie) möglich, da die Hydroxylgruppe am C-Atom 1 durch den angelagerten Rest verschlossen ist (Abb. 2.3).

! Glycosidische Bindungen kommen häufig in Verbindungen mit besonderen biologischen Funktionen vor.

Viele der im Tier- und Pflanzenreich vorkommenden O- und N-Glycoside gehören zu den biologisch wirksamsten

β-D-Glucose ⇌ (Mutarotation) α-D-Glucose; CH_3OH → H_2O; β-Methyl-Glucosid, α-Methyl-Glucosid

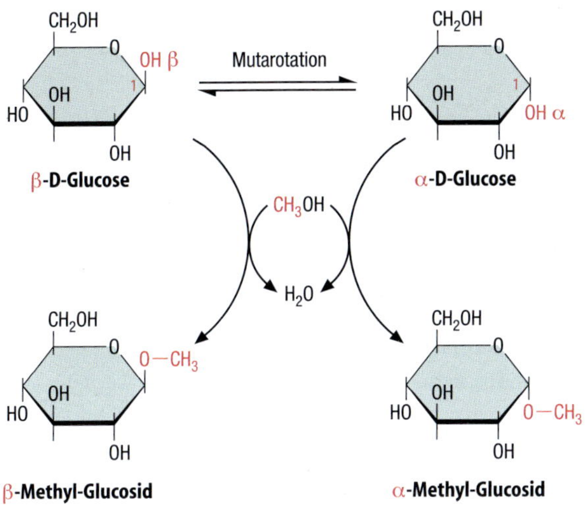

Abb. 2.3. Entstehung von α-Methylglucosid und β-Methylglucosid. α- und β-Glucose stehen durch Mutarotation miteinander im Gleichgewicht. Durch Umsetzung mit Methanol entsteht unter den entsprechenden Bedingungen α- bzw. β-Methyl-Glucosid, die allerdings nicht mehr ineinander überführt werden können

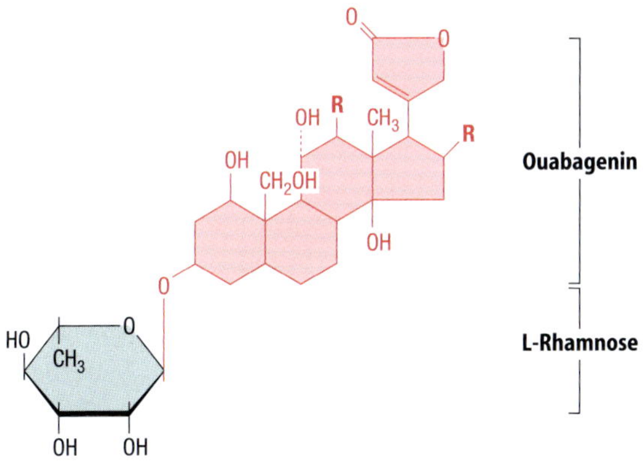

Ouabagenin; L-Rhamnose

Abb. 2.4. Struktur des Herzglycosids Strophantin g (Ouabain). Die pharmakologisch wirksame Komponente ist das Pflanzensteroid Digitoxigenin. Mit einer glycosidischen Bindung ist dieses an das Monosaccharid L-Rhamnose geknüpft

Substanzen und werden infolgedessen zum Teil als Pharmaka verwendet (▶ Lehrbücher der Pharmakologie):

- Zu den N-Glycosiden gehören vor allem die **Nucleotide** und **Polynucleotide**, die als Coenzyme bzw. informationstragende Makromoleküle wichtige Funktionen haben (▶ Kap. 5.1.1)
- **Herzwirksame Glycoside** sind von großer Bedeutung für die Therapie der Herzinsuffizienz. Abbildung 2.4 zeigt die Struktur von Strophantin g (Ouabain). Das Aglycon ist das Pflanzensterol Digitoxigenin, dessen Seitenkette als 5-gliedriges ungesättigtes Lacton vorliegt. Digitoxin geht eine glycosidische Bindung mit dem Zucker L-Rhamnose ein
- **Streptomycin** ist ein aus verschiedenen Streptomyces-Arten gewonnenes Antibiotikum (Abb. 2.5). Sein Aglycon ist ein Stickstoff-haltiges Inositol, als Zucker finden sich die verzweigte Streptose und das N-Methyl-L-Glucosamin

Streptidin; Streptose; N-Methyl-L-Glucosamin

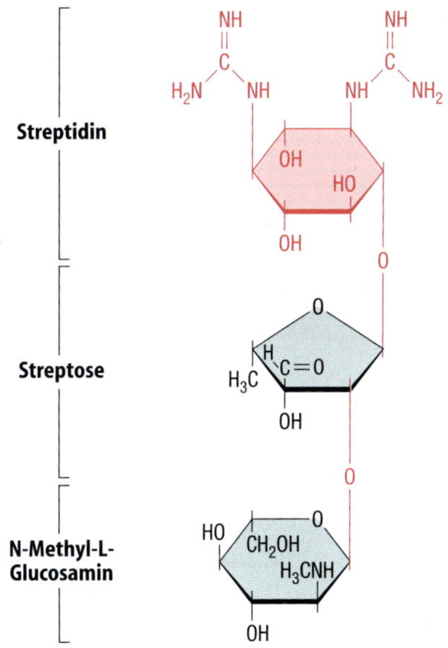

Abb. 2.5. Struktur des Streptomycins. Das aus Streptomyces gewonnene Antibiotikum besteht aus den beiden Zuckern N-Methyl-L-Glucosamin und Streptose. Diese ist mit dem modifizierten Inositol Streptidin verknüpft. Die glycosidischen Bindungen sind rot hervorgehoben

2.1.3 Disaccharide

> Disaccharide entstehen durch Knüpfung einer glycosidischen Bindung zwischen zwei Monosacchariden.

Disaccharide entstehen dadurch, dass eine glycosidische Bindung zwischen der besonders reaktionsfähigen glycosidischen Hydroxylgruppe am C-Atom 1 eines Monosaccharids mit einer Hydroxylgruppe eines weiteren Monosaccharidmoleküls geknüpft wird.

Disaccharide vom Maltosetyp. Disacchariden vom Maltosetyp liegt die Struktur der **Maltose** zugrunde (Abb. 2.6). Die Bindung ist hier zwischen dem glycosidischen C-Atom 1 eines Zuckermoleküls und der Hydroxylgruppe des C-Atoms 4 des zweiten Glucosemoleküls geknüpft. Dementsprechend ist Maltose ein α-Glucosyl-(1→4)-glucosid und enthält eine α-1,4-glycosidische Bindung. Das Molekül enthält noch eine glycosidische Hydroxylgruppe. Es zeigt deswegen die Fähigkeit zur Mutarotation und kann weitere glycosidische Bindungen eingehen.

Ein anderes, ernährungsphysiologisch wichtiges Disaccharid dieses Typs ist die **Lactose** (β-Galactosyl-(1→4)-glucosid). Lactose ist das wichtigste Kohlenhydrat der Milch (menschliche Muttermilch: 5–7 g Lactose/100 ml).

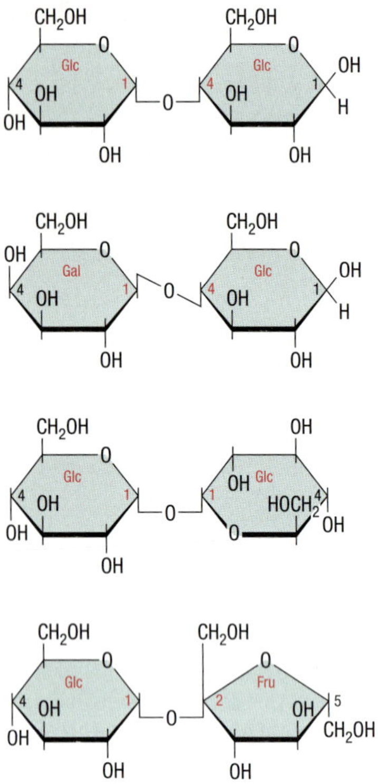

α-Glucosyl-(1→4)-Glucosid
Maltose

β-Galactosyl-(1→4)-Glucosid
Lactose

α-Glucosyl-(1→1)-α-Glucosid
Trehalose

α-Glucosyl-(1→2)-β-Fructosid
Saccharose

Abb. 2.6. Struktur wichtiger Disaccharide

Disaccharide vom Trehalosetyp. Trehalose ist ein in Pilzen und Hefen vorkommendes Disaccharid. Bei ihr sind die glycosidischen Hydroxylgruppen am C-Atom 1 zweier Glucosereste miteinander verknüpft. Aus diesem Grund sind die Gruppeneigenschaften von Monosacchariden, die auf der besonderen Reaktionsfreudigkeit der glycosidischen Hydroxylgruppe beruhen, verschwunden (Mutarotation, reduzierende Eigenschaften, Fähigkeit zur glycosidischen Bildung). Das für die menschliche Ernährung wichtigste Disaccharid aus dieser Gruppe ist die **Saccharose** (*sucrose*) (Abb. 2.6). Saccharose ist α-Glucosyl-(1→2)-β-fructosid.

2.1.4 Oligosaccharide und Polysaccharide

! Oligosaccharide sind Verbindungen, die 3 bis maximal 20 glycosidisch verknüpfte Monosaccharide enthalten.

Freie Oligosaccharide kommen im Pflanzenreich vor; im Tierreich trifft man sie nur in geringen Konzentrationen an. Eine Ausnahme machen die vier bis sechs Monosaccharide enthaltenden Oligosaccharide der Milch, welche die charakteristischen Strukturen des Kohlenhydratanteils der Blutgruppenglycoproteine enthalten und in geringen Mengen auch im Urin ausgeschieden werden.

In gebundener Form haben Oligosaccharide dagegen als Bestandteile der Glycoproteine (▶ u.) und der Ganglioside eine weite Verbreitung. Sie werden bei den Heteroglycanen besprochen (▶ u.).

! Polysaccharide setzen sich aus einer großen Zahl glycosidisch verknüpfter Monosaccharide zusammen.

Polysaccharide sind Verbindungen, die sich aus einer großen Zahl von Monosacchariden zusammensetzen, wobei das schon bei den Disacchariden verwendete Bauprinzip der Verknüpfung über glycosidische Verbindungen beibehalten wird. Man unterscheidet zwischen

- **Homoglycanen**, die nur ein Monosaccharid als Baustein enthalten und
- **Heteroglycanen**, in denen eine Reihe unterschiedlicher Monosaccharide zum Aufbau verwendet werden

! Stärke, Glycogen, Cellulose und Dextran sind ausschließlich aus Glucose aufgebaute Homoglycane.

Stärke. Stärke ist das wichtigste pflanzliche Homoglycan. Sie wird in Form von Stärkekörnern in vielen Pflanzen abgelagert und enthält zwei Bestandteile, die **Amylose (20–30%)** und das **Amylopectin (70–80%):**

- **Amylose** ist ein aus mehreren tausend Glucoseresten bestehendes Kettenmolekül (Abb. 2.7a). Die Glucosereste sind wie bei der Maltose durch α (1→4)-glycosidische Bindungen verknüpft. Dadurch ergibt sich eine schraubenförmige Windung des Amylosemoleküls mit ca. 6 Glucoseeinheiten pro Schraubengang
- **Amylopectin** besteht ebenfalls aus α- (1→4)-glycosidisch verknüpften Glucoseresten. Es enthält jedoch zusätzlich Verzweigungsstellen über die Hydroxylgruppe am C-Atom 6 (α(1→6)-glycosidische Bindung; Abb. 2.7c). Da sich die Seitenketten ihrerseits wieder verästeln können, bilden sich stark verzweigte Riesenmoleküle. Im Amylopectin kommt es im Mittel bei jedem 25. Glucoserest zu einer Verzweigung. Die molekulare Masse des Amylopectins ist mit etwa 10^6 Da sehr hoch

Glycogen. Glycogen ist das tierische Reservekohlenhydrat. In seiner Struktur entspricht es weitgehend dem Amylopectin, allerdings ist es mit einer Verzweigung pro 6–10 Glucoseresten noch stärker verzweigt (Abb. 2.7b,c). Die Molekülmasse des Glycogens kann zwischen 1×10^6 und 20×10^6 Da schwanken. In besonders hoher Konzentration kommt Glycogen in der Leber (maximal 10 g/100 g Frischgewicht) und im Muskel (ca. 1 g/100 g Frischgewicht) vor. Über den Stoffwechsel des Glycogens orientiert ▶ Kap. 11.2.

Cellulose. Cellulose ist die auf der Erde am weitesten verbreitete organische Substanz. Sie besteht aus Glucosemolekülen, die β-1,4-glycosidisch miteinander verknüpft sind. Infolge der β-glycosidischen Bindungen liegt das Molekül als fadenförmiges Kettenmolekül vor, das lange Fasern ausbildet, die durch Wasserstoffbrückenbindungen verknüpft sind. Cellulose ist die wichtigste pflanzliche Stützsubstanz.

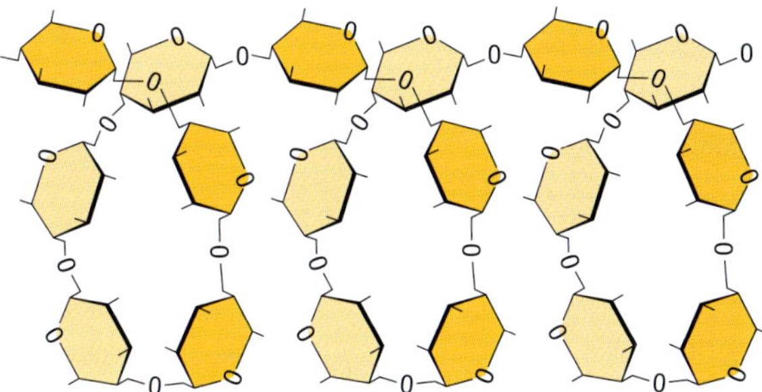

a

b

c

◻ Abb. 2.7. Aufbau von Stärke und Glycogen. a Amylose, **b** Glycogen **c** Ausschnitt eines Amylopectin- bzw. Glycogenmoleküls mit einer Verzweigungsstelle

Dextrane. Dextrane sind aus Glucose bestehende Homoglycane, die vor allem in Bakterienmembranen vorkommen. Die Glucosereste sind 1,6-glycosidisch verbunden. Verzweigungsstellen kommen in 1,2-, 1,3- oder 1,4-glycosidischen Bindungen vor. Dextrane werden vor allem als Molekularsieb bei der Dextrangel-Chromatographie (► Kap. 3.2.1) verwendet. Außerdem dient Dextran als Blutplasmaersatz bei starken Blutverlusten.

! Heteroglycane sind Oligo- bzw. Polysaccharide aus mehreren unterschiedlichen Monosaccharid-Bausteinen.

Heteroglycane enthalten neben verschiedenen einfachen Monosacchariden auch von diesen abgeleitete Verbindungen wie Aminozucker und Uronsäuren. Gelegentlich handelt es sich um verzweigte Moleküle. Fast ausnahmslos treten Heteroglycane in covalenter Verknüpfung, meist mit Proteinen, aber auch mit Lipiden auf. Heteroglycane werden eingeteilt in

- **Glycoproteine**
- **Proteoglycane**
- **Peptidoglycane**
- **Glycolipide**

◻ Tabelle 2.3 fasst wichtige Eigenschaften von Heteroglycanen zusammen.

! Glycoproteine sind überwiegend Export- und Membranproteine.

Glycoproteine sind Proteine, an die über glycosidische Bindungen Oligosaccharide aus 2 bis maximal 20 verschiedenen Monosacchariden geknüpft sind.

Glycoproteine sind sehr weit verbreitet. Als Regel gilt, dass alle **Exportproteine** sowie **Membranproteine** Glycoproteine sind oder wenigstens während ihrer Biosynthese die Stufe von Glycoproteinen durchlaufen haben. Von der großen Zahl der aus dem menschlichen Plasma isolierten Plasmaproteine tragen nur Albumin und Transthyretin (Präalbumin) keine Zuckerreste.

Bezogen auf die Masse kann der Kohlenhydratanteil der Glycoproteine weniger als 5% (Immunglobulin G) bis zu 85% bei Blutgruppensubstanzen variieren.

Die biologische Aktivität von Glycoproteinen wird vor allem durch das zugrunde liegende Protein bestimmt. Beispiele sind

- **Strukturproteine** (z.B. Kollagen)
- **Enzyme** (z.B. Ribonuclease, Amylase, Acetylcholinesterase, Glucocerebrosidase)
- **Transportproteine** (z.B. Caeruloplasmin, Transferrin)
- **Peptidhormone** (z.B. Luteinisierungshormon, Follikelstimulierendes Hormon)
- **Immunglobuline**
- **Fibrinogen**
- **Blutgruppenantigene**

Tabelle 2.3. Einteilung der Heteroglycane

Bezeichnung	Kohlenhydrat	Nichtkohlenhydrat	Funktion
Glycoproteine	Oligosaccharide aus 2–20 verschiedenen Monosacchariden	Verschiedenste Proteine	Vielseitig, vom Protein abhängig
Proteoglycane	Glycosaminoglycane mit sich wiederholenden Disacchariden; Molekülmasse 2×10^3 bis 3×10^6 Da	Einfach aufgebaute Proteinskelette (***core protein***)	Bildung der extrazellulären Matrix
Peptidoglycane	Disaccharid aus N-Acetylglucosamin und N-Acetylmuraminsäure	Peptide aus 4–5 Aminosäuren	Bildung der bakteriellen Zellwand
Glycolipide	Oligosaccharide	Ceramid, Diacylglycerin Polyprenole	Bauteile zellulärer Membranen, Zwischenprodukt bei der Glycoproteinbiosynthese

! Die Heteroglycanketten sind in N- bzw. O-glycosidischer Bindung an die jeweiligen Proteine geknüpft.

In den Glycoproteinen eukaryoter Zellen kommen als Monosaccharidbausteine vor:
- **Glucose**
- **Galactose**
- **Mannose**
- **N-Acetylglucosamin**
- **N-Acetylgalactosamin**
- **L-Fucose**
- **Neuraminsäure**

Die covalente Verknüpfung zwischen Kohlenhydratanteil und Peptidkette erfolgt dabei:
- in **N-glycosidischer Bindung** über Asparaginylseitenketten (Abb. 2.8a)
- in **O-glycosidischer Bindung** über Hydroxylgruppen der Threonyl- oder häufiger Serylseitenketten (Abb. 2.8b) sowie
- im Kollagen über Hydroxylysin

Abbildung 2.9 stellt einige typische Strukturmerkmale der N- bzw. O-glycosidisch gebundenen Oligosaccharide von Glycoproteinen dar:

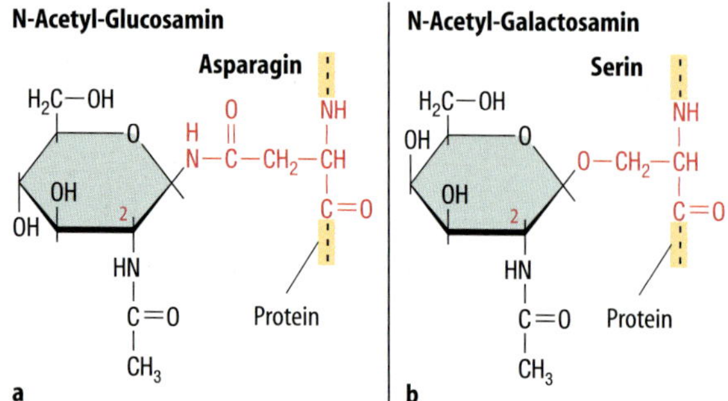

Abb. 2.8. In Glycoproteinen vorkommende Verknüpfungen mit der Oligosaccharidkette. a N-glycosidische Bindung zwischen dem Asparaginylrest der Peptidkette und einem N-Acetylglucosamin. **b** O-glycosidische Bindung zwischen einem Serylrest der Peptidkette und N-Acetylgalactosamin

- Der innerste Zucker der O-glycosidisch an Seryl- oder Threonylreste gebundenen Oligosaccharide ist meist ein **N-Acetyl-Galactosamin**, an welches weitere Saccharidreste geknüpft sind
- Der innerste Zucker der N-glycosidisch an Asparaginylreste gebundenen Oligosaccharide ist ein **N-Acetyl-Glucosamin.** Auf dieses folgt ein weiteres N-Acetyl-Glucosamin. Danach verzweigt sich je nach Typ des Oligosaccharids die Zuckerkette, die Mannose-, Galactose, N-Acetyl-Glucosamin-, Neuraminsäure - bzw. Fucosereste enthält

Über Biosynthese und Funktion von Glycoproteinen ▶ Kapitel 17.3.

! Glycosaminoglycane sind lange, unverzweigte Heteroglycanketten aus repetitiven Disaccharideinheiten.

Im Gegensatz zu den meist verzweigten Oligosaccharid-Ketten der Glycoproteine bestehen **Glycosaminoglycane** aus langen, unverzweigten Heteroglycanketten, die aus sich wiederholenden identischen Disaccharideinheiten zusammengesetzt sind (Tabelle 2.4, Abb. 2.10). Diese Disaccharide bestehen immer
- aus einem **Hexosamin** bzw. dessen N-acetyliertem Derivat sowie
- aus einer **Uronsäure**, meist Glucuronsäure

Zusätzliche **Sulfatgruppen** sind über Esterbindungen mit verschiedenen Hydroxylgruppen der Monosaccharide verknüpft. Eine ältere, heute weniger gebräuchliche Bezeichnung für Glycosaminoglycane ist Mucopolysaccharide. Keratansulfat enthält statt einer Uronsäure Galactose

! Mit Ausnahme der Hyaluronsäure sind alle Glycosaminoglycane an spezifische Proteine gebunden.

Mit Ausnahme der Hyaluronsäure sind die Heteroglycanketten der Glycosaminoglycane an sog. *core*-Proteine gebunden, und werden deswegen als **Proteoglycane** bezeichnet. Die Verknüpfung der repetitiven Disaccharideinheiten an die zugehörigen Peptidketten erfolgt O-glycosidisch über ein Serin und beginnt mit der Zuckersequenz: Xylose-

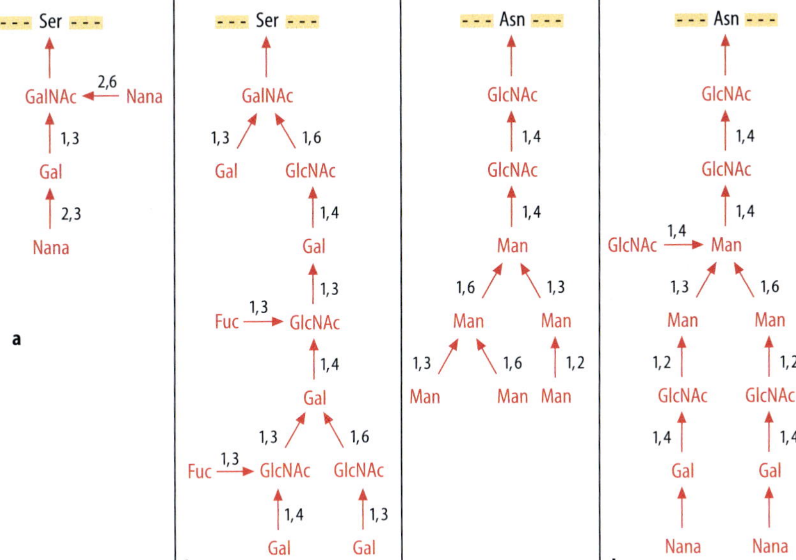

Abb. 2.9a–d. Strukturen typischer O- bzw. N-glycosidisch verknüpfter Oligosaccharide von Glycoproteinen. **a** Struktur aus dem Sialoglycoprotein der Erythrozytenmembran des Menschen. Eine gleichartige Struktur kommt auch im Kininogen vor. **b** Struktur einer im Mucin vorkommenden Oligosaccharidkette. **c** *high-mannose-type*-Oligosaccharid aus Eialbumin. **d** Komlexe Oligosaccharidkette, die in vielen Glycoproteinen nachweisbar ist. Nana = N-Acetyl-Neuraminsäure. Die Ziffern geben die Lokalisation und Richtung der glycosidischen Bindungen an

Galactose-Galactose-Glucuronat, an die sich die Disaccharidkette anschließt.

Die wichtigsten in Proteoglycanen nachweisbaren Glycosaminoglycane sind:

Chondroitinsulfate. Chondroitinsulfate erreichen Molekularmassen zwischen 20 und 50 kDa. Sie kommen unter anderem in großen Mengen im Knorpel vor, wo sie bis zu 40% des Trockengewichtes ausmachen.

Dermatansulfat. Dermatansulfat unterscheidet sich von den Chondroitinsulfaten dadurch, das 10–20% der Glucuronsäure durch L-Iduronsäure ersetzt ist. Dermatansulfate finden sich in großen Mengen in der Haut, im Bindegewebe und in den Herzklappen.

Keratansulfat. Keratansulfat ist ein Glycosaminoglycan, bei dem anstelle der Uronsäuren Galactosylreste vorkommen.

Heparin und Heparansulfat. Wichtige Glycosaminoglycane sind schließlich **Heparansulfat** und Heparin, bei denen im Gegensatz zu den anderen Glycosaminoglycanen Disaccharide auch durch α-glycosidische Bindungen verknüpft sind. Ihre Molekularmasse beträgt etwa 5–30 kDa. **Heparin**

Tabelle 2.4. Disaccharide der Glycosaminoglycane

	Molekülmasse (Da)	Hexosen	Stellung des Sulfats	Bindung	Vorkommen
Hyaluronsäure[a]	$1–3 \times 10^6$	N-Acetylglucosamin, Glucuronsäure	–	$\beta(1 \rightarrow 4)$ $\beta(1 \rightarrow 3)$	Synovialflüssigkeit, Glaskörper, Nabelschnur
Chondroitin-4-Sulfat (Chondroitinsulfat A)	$2–5 \times 10^4$	N-Acetylgalactosamin, Glucuronsäure	4	$\beta(1 \rightarrow 4)$ $\beta(1 \rightarrow 3)$	Knorpel, Aorta
Chondroitin-6-Sulfat (Chondroitinsulfat C)	$2–5 \times 10^4$	N-Acetylgalactosamin, Glucuronsäure	6	$\beta(1 \rightarrow 4)$ $\beta(1 \rightarrow 3)$	Herzklappen
Dermatansulfat (Chondroitinsulfat B)	$2–5 \times 10^4$	N-Acetylgalactosamin, Iduronsäure oder Glucuronsäure	4	$\beta(1 \rightarrow 4)$ $\alpha(1 \rightarrow 3)^b$ $\beta(1 \rightarrow 3)$	Haut, Blutgefäße, Herzklappen
Heparin	$0,5–3 \times 10^4$	Glucosamin, Glucuronsäure oder Iduronsäure	3, 6, N	$\alpha(1 \rightarrow 4)$ $\beta(1 \rightarrow 4)$ $\alpha(1 \rightarrow 4)^b$	Lunge, Mastzellen
Heparansulfat (Heparitinsulfat)	$2–10 \times 10^3$	Glucosamin oder N-Acetylglucosamin, Glucuronsäure oder Iduronsäure	N 3,6 2	$\alpha(1 \rightarrow 4)$ $\beta(1 \rightarrow 4)$ $\alpha(1 \rightarrow 4)^b$	Blutgefäße, Zelloberfläche
Keratansulfat	$5–20 \times 10^3$	N-Acetylglucosamin, Galactose	6 6	$\beta(1 \rightarrow 3)$ $\beta(1 \rightarrow 4)$	Cornea, Nucleus pulposus, Knorpel

[a] Eine Bindung von Hyaluronsäure an Protein ist nicht nachgewiesen.
[b] Diese glycosidische Bindung der L-Iduronsäure entspricht sterisch der β-glycosidischen Bindung der D-Glucuronsäure, wird jedoch wegen der L-Konfiguration der Iduronsäure als α-glycosidisch bezeichnet.

Hyaluronsäure
[β-Glucuronat(1→3)-β-GlcNAc(1→4)-]$_n$

Chondroitin-6-sulfat
[β-Glucuronat(1→3)-β-GalNAc-6-sulfat(1→4)-]$_n$

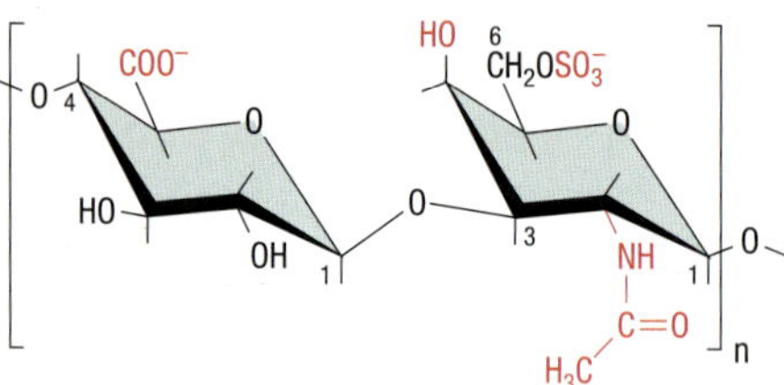

Chondroitin-4-sulfat
[β-Glucuronat(1→3)-β-GalNAc-4-sulfat(1→4)-]$_n$

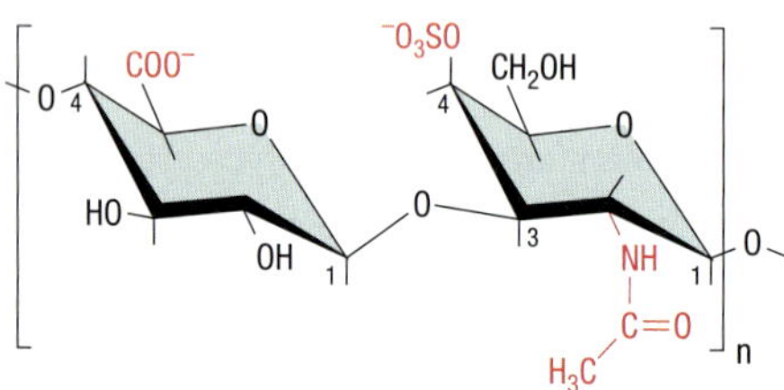

Dermatansulfat
[α-Iduronat(1→3)-β-GalNAc-4-sulfat(1→4)-]$_n$

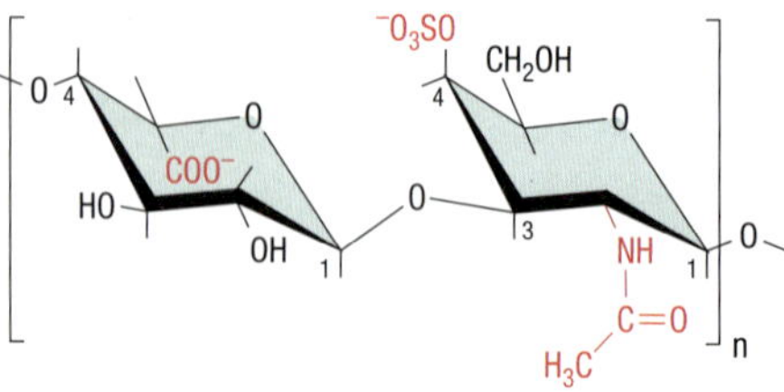

Abb. 2.10. Struktur der wichtigsten Glycosaminoglycane. Um eine bessere Übersicht über die räumliche Struktur zu ermöglichen, wurde zur Darstellung der pyranoiden Ringe die den natürlichen Verhältnissen näher kommende Sesselform gewählt. Die funktionellen Gruppen sind rot hervorgehoben

ist als einziges Glycosaminoglycan kein Bestandteil der extrazellulären Matrix (▶ u.), sondern wird in Mastzellen gespeichert. Es wirkt **gerinnungshemmend** (▶ Kap. 29.5.3) und steigert die intravasale Lipoproteinhydrolyse durch Aktivierung der **Lipoproteinlipase** (▶ Kap. 12.1.3).

Hyaluronsäure. Hyaluronsäure nimmt unter den Glycosaminoglycanen eine Sonderstellung ein. Sie besteht aus langkettigen, unverzweigten Molekülen aus bis zu 25.000 Disaccharideinheiten (Molekülmasse ca. $1{-}4 \times 10^3$ kDa) und ist damit wesentlich größer als andere Glycosaminoglycane. Sie unterscheidet sich von diesen auch dadurch, dass sie kein als Skelett dienendes Protein enthält und deswegen nicht zu den Proteoglycanen gezählt wird.

! Proteoglykane sind wichtige Bestandteile der extrazellulären Matrix.

Proteoglycane kommen ausschließlich in der **extrazellulären Matrix** vor und ihre Variabilität ist für deren funktionelle Vielfalt verantwortlich (▶ Kap. 24.1). Sie haben die Fähigkeit zu assoziieren und geordnete Strukturen auszubilden (▶ Kap. 24.4). Dabei spielen sowohl die Glycosaminoglycan-Ketten als auch die *core*-Proteine eine wichtige Rolle:

- Entscheidende Eigenschaften aller Proteoglycane werden durch die strukturellen Besonderheiten der Glycosaminoglycane geprägt. Infolge der Häufungen von negativen Ladungen wirken sie als **Polyanionen**. Sie tragen deswegen wesentlich zu den Ladungsverhältnissen an Zelloberflächen bei und sind imstande, die unterschiedlichsten Moleküle reversibel zu binden. Neben Wasser gehören hierzu u.a. Kationen (Ca^{2+}, Mg^{2+}), Peptidhormone (▶ Kap. 26.1, 26.2, 27.7) oder Cytokine (z.B. *transforming growth factor β* (TGFβ), ▶ Kap. 25.7.2)
- Inzwischen sind auch die den verschiedenen Proteoglycanen zugrunde liegenden *core*-Proteine näher charakterisiert worden. Sie bilden eine umfangreiche Genfamilie aus mehr als 100 Mitgliedern. Sie erlauben die Einteilung von Proteoglycanen in verschiedenen Gruppen, die wichtige Funktionen im Rahmen von Wachstums- und Differenzierungsvorgängen wahrnehmen (▶ Kap. 24.4)

Störungen in der normalen Verteilung der Synthese sowie des Abbaus von Proteoglycanen führen zu schweren Abnormitäten.

! Peptidoglycane sind Bestandteile der Zellwand von Bakterien.

Unter den verschiedenen Bestandteilen der bakteriellen Zellwand ist das für das Überleben der Bakterien wichtigste das Peptidoglycan **Murein**, das auch als **Glycopeptid** oder **Mucopeptid** bezeichnet wird. Murein findet sich mit wenigen Ausnahmen in allen Prokaryoten. Es ist ein einziges, sehr großes Makromolekül, welches eine käfigartige Hülle um die Bakterien bildet.

Grundbaustein des Mureins ist ein aus **N-Acetylglucosamin** und **N-Acetylmuraminsäure** bestehendes Disaccharid (Abb. 2.11a). Formal ist Muraminsäure ein 3-O-Ether des Glucosamins mit Lactat. An der Carboxylgruppe jedes Lactatrestes hängt ein **Tetrapeptid**, das über die ε-Aminogruppe eines Lysylrestes mit einem **Pentaglycinpeptid** verknüpft ist. Verbindungen zwischen dem terminalen Alanin der Tetrapeptide und den Pentaglycinpeptiden führen zur Quervernetzung der Polysaccharidketten und zur Bildung eines netzförmigen Riesenmoleküls (Abb. 2.11b).

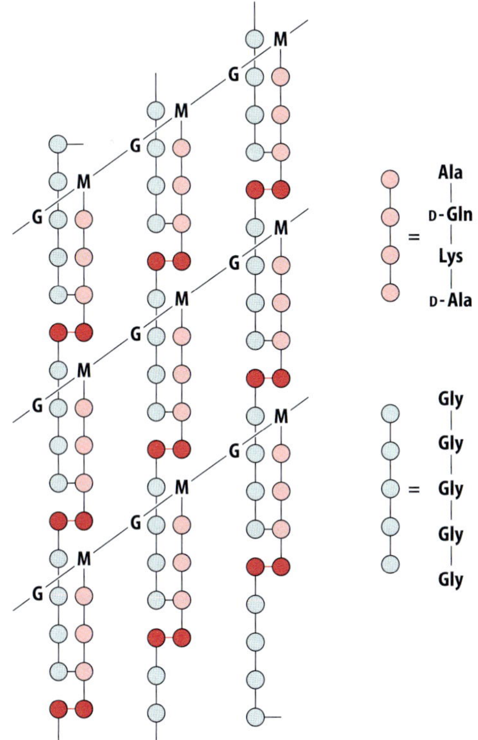

Abb. 2.11. Struktur des Mureins. a Ausschnitt aus dem repetitiven Disaccharid aus N-Acetyl-Glucosamin und N-Acetyl-Muraminsäure. R = Peptidkette **b** Schematische Darstellung der Mureinstruktur. Die Vernetzungsstellen sind rot hervorgehoben. G = NAc-Glucosamin; M = NAc Muraminsäure

Muraminsäureketten werden spezifisch durch **Muraminidase** gespalten. Dieses auch als **Lysozym** (▶ Kap. 4.3) bezeichnete Enzym ist im Tierreich weit verbreitet. Es findet sich v.a. in der Nasenschleimhaut und der Tränenflüssigkeit und hat die Aufgabe, die mit der Luft eindringenden Mikroorganismen zu zerstören. Wichtige Antibiotika, z.B. **Bacitracin** und **Penicillin**, entfalten ihre bakteriostatische Wirkung durch eine Hemmung der Mureinbiosynthese (▶ Kap. 17.2.7).

! Glycolipide sind Membranbestandteile.

Als **Glycolipide** werden Verbindungen von meist komplex aufgebauten Oligosacchariden mit Lipiden bezeichnet, die überwiegend als Membranbestandteile vorkommen und spezifische Funktionen ausüben. Je nach der in ihnen vorkommenden Lipidstruktur unterscheidet man

- Sphingoglycolipide
- Polyprenolglycolipide
- Glyceroglycolipide

Sphingoglycolipide. Grundbaustein der Sphingoglycolipide ist das Ceramid, an das glycosidisch Saccharidketten angeheftet werden (▶ Kap. 2.2.4).

Infobox

Analytik von Kohlenhydraten

Indische, chinesische und japanische Ärzte kannten schon vor mehr als 2000 Jahren eine Krankheit, die süßen Harn erzeugt. Es wurde beobachtet, dass dieser süße Urin den Hunden schmeckte, Fliegen wurden angelockt und man nannte die Krankheit »Honigharn«. Der Ausdruck »Diabetes« (griechisch: das Hindurchgehende) wurde von Aretheios aus Kappadokien (81–128 n. Chr.) in den medizinischen Sprachgebrauch eingeführt, um die großen Harnmengen, den Harndrang und das häufige Wasserlassen zu charakterisieren. Das Prüfen des süßen Geschmacks von Diabetikerharn wurde noch im 20. Jahrhundert den Studenten in der Vorlesung eindrucksvoll demonstriert. Der Professor ließ sich ein mit Harn gefülltes Glas reichen, steckte einen Finger hinein, zog die Hand wieder zurück und kostete am Finger. Es ging alles ziemlich schnell und die Zuschauer waren fassungslos. Erst später wurde geklärt, was geschehen war. Der Professor hatte den Zeigefinger in das Uringlas gesteckt, aber seinen Mittelfinger abgeschleckt. Niemand im Zuhörerkreis hat das bemerkt.

Die heute gebräuchlichen Verfahren zum Glucosenachweis in Körperflüssigkeiten verlangen vom Untersucher weniger Einsatz und sind deutlich weniger störanfällig. Die Glucosebestimmung erfolgt im Allgemeinen mit Hilfe optisch-enzymatischer Tests (▶ Kap. 4.2.5), meist mit Hilfe von Hexokinase und Glucose-6-phosphat-Dehydrogenase:

$$\text{Glucose} + \text{ATP} \rightarrow \text{Glucose-6-phosphat} + \text{ADP}$$

$$\text{Glucose-6-phosphat} + \text{NADP}^+ \rightarrow \text{6-Phosphogluconat} + \text{NADPH} + \text{H}^+$$

Messgröße ist dabei die spezifische Absorption von NADPH bei 340 nm (▶ Abb. 4.8 in Kap. 4.2.5).

Gemische von komplexen Kohlenhydraten können durch dieselben Techniken, die auch bei der Trennung von Proteinen und Aminosäuren eingesetzt werden, getrennt werden. Für die Identifikationen der einzelnen Bestandteile von komplexen Kohlenhydraten eignet sich die Kernresonanz-Spektroskopie sowie die Massenspektroskopie (▶ Lehrbücher der biochemischen Analytik).

Polyprenolglycolipide. Sie spielen eine wichtige Rolle bei der Biosynthese der Polysaccharide bakterieller Zellwände sowie der Oligosaccharide von Glycoproteinen tierischer Zellen. Die hierfür benötigten Oligosaccharide werden nämlich zunächst auf Polyprenole und von diesen erst auf die Akzeptorpeptide bzw. Proteine übertragen. In tierischen Geweben ist das verwendete Polyprenol das Dolichol (▶ Kap. 2.2.5), bei Prokaryoten übernimmt diese Aufgabe das sehr ähnlich aufgebaute Baktoprenol.

Glyceroglycolipide. Der Lipidanteil der v.a. in Bakterien und Pflanzen vorkommenden Glceroglycolipide besteht aus Diacylglycerin. Seine freie OH-Gruppe ist in glycosidischer Bindung mit Oligosacchariden unterschiedlicher Größe verknüpft.

In Kürze

Alle Kohlenhydrate leiten sich von Aldehyden bzw. Ketonen mehrwertiger Alkohole ab, die als Aldosen bzw. Ketosen bezeichnet werden. Sie sind imstande, miteinander Verbindungen einzugehen und auf diese Weise Makromoleküle zu bilden. Im Einzelnen unterscheidet man
- Monosaccharide
- Disaccharide
- Oligo- und Polysaccharide

Von besonderer Bedeutung im Stoffwechsel sind:
- Hexosen (Glucose, Galactose, Mannose, Fructose)
- Pentosen (Ribose, Desoxyribose, Ribulose, Xylose)

Monosaccharide können unter Ausbildung glycosidischer Bindungen mit OH- bzw. NH_2-Gruppen reagieren. Die dabei entstehenden Verbindungen werden Glycoside genannt. Wird die glycosidische Bindung zwischen 2 Monosacchariden geknüpft, entstehen Disaccharide (Maltose, Lactose, Saccharose).
Saccharide aus 3–20 Monosacchariden werden als Oligosaccharide, solche mit mehr als 20 als Polysaccharide bezeichnet:
- Homoglycane enthalten nur ein einziges Monosaccharid
- Heteroglycane dagegen mehrere unterschiedliche Monosaccharide

Das wichtigste tierische Homoglycan ist das Glycogen. Heteroglycane kommen in Glycoproteinen, Proteoglycananen und im Murein der bakteriellen Zellwand vor.

2.2 Lipide

2.2.1 Klassifizierung und Funktionen

> ! Eine Klassifizierung von Lipiden beruht auf dem Vorhandensein von Esterbindungen.

Eine gebräuchliche Klassifizierung für die chemisch sehr unterschiedlichen Lipide teilt diese in zwei Hauptgruppen ein, die einfachen, nicht durch Alkalibehandlung hydrolysierbaren Lipide und die zusammengesetzten, **Esterbindungen** enthaltenden und damit hydrolysierbaren Lipide (Tabelle 2.5).

Zu den nicht hydrolysierbaren Lipiden gehören:
- **Fettsäuren** und
- **Isoprenderivate,** deren wichtigste Vertreter Terpene und Steroide sind

Die hydrolysierbaren Lipide enthalten immer 1–3 Fettsäurereste (Acylreste), die mit einem Alkohol verestert sind. Als Alkohole kommen infrage
- **Glycerin**
- **Glycerin-3-phosphat**
- **Sphingosin**
- **Cholesterin**

> ! Lipide dienen der Energiespeicherung, dem Membranaufbau und der Signaltransduktion.

Tabelle 2.5a. Klassifizierung der Lipide

Nicht hydrolysierbare Lipide		
Fettsäuren und Derivate	**Isoprenderivate Terpene**	**Steroide**
Fettsäuren Prostaglandine	Retinol Phyllochinone Tocopherol Dolichol	Cholesterin Steroidhormone D-Vitamine Gallensäuren

Tabelle 2.5b. Klassifizierung der Lipide

Hydrolysierbare zusammengesetzte Lipide			
Acylreste	**Verestert mit**	**Weitere Komponenten**	**Bezeichnung**
1	Langkettigen Alkoholen	–	Wachse
1–3	Glycerin	–	Acylglycerine
1–2	Glycerin-3-Phosphat	Serin, Ethanolamin, Cholin, Inositol	Phosphoglyceride
1	Sphingosin	Phosphorylcholin, Galactose, Oligosaccharide	Sphingolipide
1	Cholesterin	–	Cholesterinester

Abb. 2.12. Aufbau von gesättigten und ungesättigten Fettsäuren. Die Abbildung zeigt die funktionellen Gruppen von Fettsäuren, die Möglichkeiten der Zählung der einzelnen C-Atome und die Regeln zur Festlegung der Position von Doppelbindungen

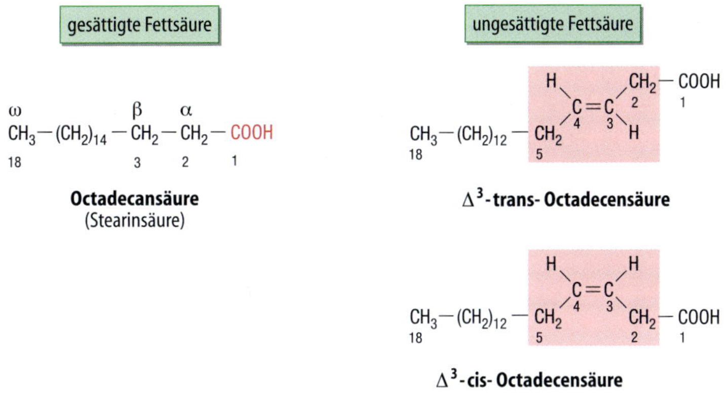

gesättigte Fettsäure

$\overset{\omega}{\underset{18}{CH_3}}-(CH_2)_{14}-\overset{\beta}{\underset{3}{CH_2}}-\overset{\alpha}{\underset{2}{CH_2}}-\underset{1}{COOH}$

Octadecansäure
(Stearinsäure)

ungesättigte Fettsäure

$\underset{18}{CH_3}-(CH_2)_{12}-\underset{5}{CH_2}-\overset{H}{\underset{4}{C}}=\overset{CH_2-COOH}{\underset{3}{C}}-H$ (C-Atome 2, 1 an CH_2 und $COOH$)

Δ^3-trans- Octadecensäure

$\underset{18}{CH_3}-(CH_2)_{12}-\underset{5}{CH_2}-\overset{H}{\underset{4}{C}}=\overset{H}{\underset{3}{C}}-\underset{2}{CH_2}-\underset{1}{COOH}$

Δ^3-cis- Octadecensäure

Lipide haben eine Vielzahl von Funktionen, besonders bei

- der Energiespeicherung
- beim Aufbau von Membranen und
- bei der Signalvermittlung

Energiespeicherung. Lipide sind ein wichtiger Nahrungsbestandteil. Die Fettverbrennung ergibt im Vergleich mit anderen Nahrungsstoffen die höchste Energieausbeute (39,7 kJ/g Fett) (▶ Kap. 21.1). Neben ihrem energetischen Wert haben Nahrungslipide auch deshalb Bedeutung, weil sie die **essentiellen Fettsäuren** und die fettlöslichen Vitamine **Retinol, Calciferol**, **Tocopherole** sowie **Phyllochinone** enthalten (▶ Kap. 23.2).

Im tierischen Organismus findet sich die höchste Lipidkonzentration im **Fettgewebe.** Hier werden **Triacylglycerine** als Energiespeicher, zur Wärmeisolierung (subkutanes Fettgewebe) oder als Druckpolster (Fett der Nierenlager, der Fußsohle, der Orbita) gespeichert. Durch die Fettspeicherung im Fettgewebe ist über längere Zeit die Unabhängigkeit von der Nahrungszufuhr gewährleistet.

Ein Erwachsener speichert etwa 10.000 g Fett (bei Übergewicht wesentlich mehr!), aber nur maximal 500 g Kohlenhydrate in Form von Glycogen.

Membranaufbau. Eine besondere Bedeutung haben **Phosphoglyceride, Sphingolipide** und **Cholesterin,** da aus ihnen die Lipidphase der Plasmamembran und der intrazellulären Membranen, z.B. der Mitochondrien, der Lysosomen und des endoplasmatischen Retikulums gebildet wird (▶ Kap. 6.1.2).

Signalvermittlung. Lipide sind an die Regulation des Stoffwechsels, des Wachstums und der Differenzierung beteiligt. Die **Steroidhormone** der Nebennierenrinde und der Gonaden (▶ Kap. 27.3, 27.4) sind ebenso Lipide wie **Prostaglandine** und **Leukotriene**, die als Gewebshormone weit verbreitet sind (▶ Kap. 12.4.2). Darüber hinaus sind Lipide an der Signaltransduktion beteiligt.

2.2.2 Fettsäuren

❗ Fettsäuren bestehen aus einer Kohlenwasserstoffkette und einer Carboxylgruppe.

Fettsäuren sind Bausteine von Acylglycerinen, Phosphoglycerinen, Sphingolipiden und Cholesterinestern. Als unveresterte sog. **freie Fettsäuren** kommen sie in den Geweben in geringen Mengen vor, im Blutplasma beträgt ihre Konzentration etwa 0,5–1 mmol/l. Abbildung 2.12 zeigt den allgemeinen Aufbau von Fettsäuren. Sie enthalten

- entsprechend ihrer Biosynthese aus Acetylresten meist eine **gerade Anzahl** von C-Atomen
- eine **Carboxylgruppe** sowie
- im Falle von ungesättigten Fettsäuren eine oder mehrere **Doppelbindungen**

In der chemischen Nomenklatur werden Fettsäuren nach den analogen Kohlenwasserstoffen mit gleicher Kettenlänge benannt. So heißt beispielsweise eine gesättigte Fettsäure mit sechs C-Atomen Hexansäure, eine mit 18 C-Atomen Octadecansäure. Für die meisten Fettsäuren sind jedoch Trivialnamen üblich, die häufig den Organismus oder das Gewebe wiedergeben, aus dem die Fettsäure ursprünglich isoliert worden ist (Tabelle 2.6).

❗ Ungesättigte Fettsäuren enthalten eine oder mehrere Doppelbindungen.

Mehr als die Hälfte der in tierischen bzw. pflanzlichen Zellen vorkommenden Fettsäuren enthalten eine oder mehrere Doppelbindungen. Abbildung 2.12 gibt die Regeln für die Benennung gesättigter und ungesättigter Fettsäuren wieder:

- Die Kohlenstoffatome von Fettsäuren werden, beginnend mit der Carboxylgruppe, mit **arabischen Ziffern** nummeriert
- Ein alternatives Zählverfahren benennt die einzelnen CH_2-Gruppen von Fettsäuren mit **griechischen Buchstaben**. Die der Carboxylgruppe benachbarte CH_2-Gruppe wird mit α bezeichnet, die nächstfolgende mit β usw. Die CH_3-Gruppe am Ende einer Fettsäure ist immer das ω-C-Atom

Tabelle 2.6. Wichtige Fettsäuren

Trivialname	Chemischer Name	Formel	Mol.-Gew.	Vorkommen
A. Gesättigte Fettsäuren: Summenformel $C_nH_{2n+1}COOH$				
Essigsäure	Ethansäure	$C_2H_4O_2$	60,0	Endprodukt des bakteriellen Kohlenhydratabbaus; als Acetyl-CoA im Intermediärstoffwechsel
Propionsäure	Propansäure	$C_3H_6O_2$	74,1	Endprodukt des bakteriellen Kohlenhydratabbaus; als Propionyl-CoA im Intermediärstoffwechsel; Endprodukt beim Abbau ungeradzahliger Fettsäuren
n-Buttersäure	Butansäure	$C_4H_8O_2$	88,1	In Fetten, z.B. Butter
Isovaleriansäure	Isopentansäure	$C_5H_{10}O_2$	102,1	Als Isovaleryl-CoA Intermediat beim Abbau verzweigtkettiger Aminosäuren
Myristinsäure	Tetradecansäure	$C_{14}H_{28}O_2$	228,4	Anker für Membranproteine
Palmitinsäure	Hexadecansäure	$C_{16}H_{32}O_2$	256,4	Bestandteil tierischer und pflanzlicher Lipide
Stearinsäure	Octadecansäure	$C_{18}H_{36}O_2$	284,5	Bestandteil tierischer und pflanzlicher Lipide
Lignocerinsäure	Tetracosansäure	$C_{24}H_{48}O_2$	368,6	Bestandteil der Cerebroside und Sphingomyeline
B. Einfach ungesättigte Fettsäuren: Summenformel $C_nH_{2n-1}COOH$				
Trivialname	**Chemischer Name**	**Formel**	**Mol.-Gew.**	**Vorkommen**
Crotonsäure	*trans*-Butensäure	$C_4H_6O_2$	86,1	Als Crotonyl-CoA Metabolit beim Fettsäureabbau
Palmitoleinsäure	*cis*-Δ^9-Hexadecensäure	$C_{16}H_{30}O_2$	254,4	In Milchfett und Depotfett, Bestandteil der Pflanzenöle
Ölsäure	*cis*-Δ^9-Octadecensäure	$C_{18}H_{34}O_2$	282,5	Hauptbestandteil aller Fette und Öle
Nervonsäure[a]	*cis*-Δ^{15}-Tetracosensäure	$C_{24}H_{46}O_2$	366,6	In Cerebrosiden
C. Mehrfach ungesättigte Fettsäuren				
Trivialname	**Chemischer Name**	**Formel**	**Mol.-Gew.**	**Vorkommen**
Linolsäure[a]	$\Delta^{9,12}$-Octadecadiensäure	$C_{18}H_{32}O_2$	280,4	In Pflanzenölen und Depotfett
Linolensäure[a]	$\Delta^{9,12,15}$-Octadecatriensäure	$C_{18}H_{30}O_2$	278,4	In Fischölen
Arachidonsäure	$\Delta^{5,8,11,14}$-Eicosatetraensäure	$C_{20}H_{32}O_2$	304,5	In Fischölen, Bestandteil vieler Phosphoglyceride

[a] Essentielle Fettsäuren.

- Die Stellung einer Doppelbindung in einer Fettsäure wird durch ein Delta angegeben (Δ). So bezeichnet Δ^3 eine Doppelbindung zwischen den C-Atomen 3 und 4 einer Fettsäure (Abb. 2.12). Die Δ^9 -Position kommt bei den ungesättigten Fettsäuren tierischer und pflanzlicher Zellen relativ häufig vor
- Sind zwei oder mehr Doppelbindungen in einer Fettsäure enthalten, so sind diese immer durch zwei C-C-Bindungen getrennt, es handelt sich also um **isolierte Doppelbindungen**
- Die Doppelbindungen in ungesättigten Fettsäuren fixieren die räumliche Anordnung der Kohlenstoffkette. Wenn gleichartige Substituenten auf derselben Seite der Doppelbindungen liegen, spricht man von **cis-Isomerie**, andernfalls von **trans-Isomerie**. Fast alle in der Natur vorkommenden ungesättigten Fettsäuren liegen in der **cis-Form vor**

Wegen des Fehlens einer entsprechenden Enzymausstattung können mehrfach ungesättigte Fettsäuren, welche Doppelbindungen enthalten, die mehr als 9 C-Atome von der Carboxylgruppe entfernt sind, vom tierischen Organismus nicht synthetisiert werden (► Kap. 12.4.1). Da sie jedoch eine Reihe wichtiger Funktionen erfüllen, müssen sie mit der Nahrung zugeführt werden und werden deshalb auch als **essentielle Fettsäuren** bezeichnet (Tabelle 2.6, mehrfach ungesättigte Fettsäuren). Eine wichtige essentielle Fettsäure ist die **Linolsäure** oder $\Delta^{9,12}$-Octadecadiensäure mit 18 C-Atomen. Die zweite Doppelbindung ist hier 12 C-Atome von der Carboxylgruppe entfernt und liegt demzufolge 6 C-Atome vor dem endständigen ω-C-Atom. Man rechnet die Linolsäure daher auch zu den ω-6-Fettsäuren. Eine ebenfalls essentielle Fettsäure ist die **Linolensäure** ($\Delta^{9,12,15}$-Octadecatriensäure). Sie findet sich vorwiegend in maritimen Organismen und wird wegen der spezifischen Position der am weitesten von der Carboxylgruppe entfernten Doppelbindungen auch zur Gruppe der **ω-3-Fettsäuren** gerechnet (über die ernährungsphysiologische Bedeutung ω-6- und ω-3-Fettsäuren ► Kap. 21.5.3).

Wichtige Fettsäurederivate sind **Prostaglandine, Thromboxane** und **Leukotriene**. Sie entstehen aus mehrfach ungesättigten Fettsäuren, besonders der Arachidonsäure (20 C-Atome) und werden deswegen auch als **Eikosanoide** (*eikosa* = griech. 20) bezeichnet. Wegen ihrer Wirkung auf den Zellstoffwechsel in geringsten Konzentrationen (10^{-10}–10^{-8} mol/l) werden sie zu den Gewebshormonen gerechnet. Über Biosynthese, Struktur und Wirkungsweise der Eikosanoide ▶ Kapitel 12.4.2.

2.2.3 Glycerinlipide

Glycerinlipide enthalten als gemeinsame Struktur den dreiwertigen Alkohol Glycerin. Wenn wenigstens eine der drei Hydroxylgruppen des Glycerins mit Fettsäuren verestert ist, handelt es sich um Acylglycerine.

! Bei Triacylglycerinen sind alle drei Hydroxylgruppen des Glycerins mit Fettsäuren verestert.

Sind alle drei Hydroxylgruppen des Glycerins mit Fettsäuren verestert, spricht man von **Triacylglycerinen** (Triglyceriden) (▪ Abb. 2.13):
- Sind alle drei Hydroxylgruppen des Glycerins durch dieselbe Fettsäure besetzt, handelt es sich um einfache Triacylglycerine (z.B. Tristearoylglycerin, Tripalmitoylglycerin). Gemischte Triacylglycerine sind allerdings, besonders in tierischen Geweben, wesentlich häufiger. Hier sind die drei Hydroxylgruppen des Glycerins mit Fettsäuren verschiedener Kettenlänge und unterschiedlichem Sättigungsgrad verestert. Mehrfach ungesättigte Fettsäuren finden sich häufig in der Position 2
- Monoacyl- bzw. Diacylglycerine (nur eine oder zwei der drei OH-Gruppen des Glycerins verestert) kommen in geringen Mengen in den Geweben vor, als Zwischenprodukte beim Auf- und Abbau der Triacylglycerine

In der höchsten Gewebskonzentration kommen Triacylglycerine im Speicherfett des Fettgewebes vor. Die Zusammensetzung der Triacylglycerine ist von großer Bedeutung für ihre Konsistenz:
- Je länger die Kohlenwasserstoffketten der Fettsäurereste sind, umso höher liegt der Schmelzpunkt der Triacylglycerine
- Je mehr Doppelbindungen die Fettsäurereste in Triacylglycerinen enthalten, umso niedriger liegt der Schmelzpunkt

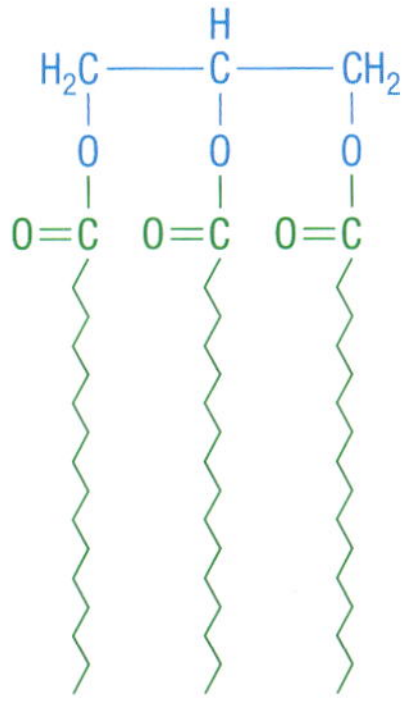

▪ **Abb. 2.13. Tripalmitoylglycerin als Beispiel für ein Triacylglycerin.** Die Fettsäurereste (Acylreste) sind grün, der Glycerinanteil blau dargestellt

Dementsprechend findet man beispielsweise einen besonders hohen Anteil an mehrfach ungesättigten Fettsäuren mit besonders niedrigem Schmelzpunkt im subkutanen Fettgewebe von Meeressäugern. Ein gutes Beispiel hierfür ist der Waltran.

! Phosphoglyceride sind Derivate des Glycerin-3 Phosphats.

Phosphoglyceride sind die mengenmäßig bedeutendsten Membranbestandteile tierischer Gewebe (▶ Kap. 2.2.6). Sie zeichnen sich durch folgende Strukturmerkmale aus:
- Wie bei Triacylglycerinen ist das Rückgrat der Phosphoglyceride der dreiwertige Alkohol Glycerin
- Zwei der Hydroxylgruppen des Glycerins sind mit langkettigen Fettsäuren verestert, die dritte mit Phosphorsäure. Aus diesem Grund können Phosphoglyceride auch als Derivate des **Glycerin-3-phosphats** angesehen werden
- **Phosphatidsäure** (Phosphatidat, ▪ Abb. 2.14) ist der einfachste Vertreter der Phosphoglyceride, der jedoch nur in Spuren in den Geweben vorkommt. Alle anderen Phosphoglyceride sind Phosphorsäurediester, da der Phosphatrest der Phosphatidsäure mit einem weiteren Alkohol verknüpft ist

Wie aus der ▪ Abbildung 2.14 hervorgeht, wird das C-Atom 2 durch die Veresterung der Hydroxylgruppen 1 und 3 des Glycerins mit verschiedenen Substituenten asymmetrisch. Alle natürlichen Phosphoglyceride gehören der L-Reihe an.

Von besonderer Bedeutung für den Aufbau von Membranen (▶ Kap. 18) sind **Phosphatidylcholin**, **Phosphatidylethanolamin**, **Phosphatidylserin** und **Phosphatidylinositol** (▪ Abb. 2.14).

Phosphatidylcholin. Phosphatidylcholin (Lecithin) ist mengenmäßig das häufigste Phosphoglycerid. Es ist ein Phosphorsäurediester der Phosphatidsäure mit dem Aminoalkohol **Cholin**.

Phosphatidylethanolamin und Phosphatidylserin. Beide Phosphoglyceride entsprechen strukturell dem Phosphatidylcholin, jedoch ist das Cholin durch **Ethanolamin** bzw. **Serin** ersetzt.

Phosphatidylinositol. Im Phosphatidylinositol, dem eine besondere Bedeutung im Rahmen der Signaltransduktion zukommt (▶ Kap. 25.6.3), ist der Phosphorsäurediester mit dem zyklischen sechswertigen Alkohol **Inositol** geknüpft.

Lysophosphoglyceride. Unter Einwirkung von Phospholipasen entstehen aus Phosphoglyceriden durch Abspaltung einer Fettsäure die entsprechenden Lysophosphoglyceride. Der bekannteste Vertreter dieser Gruppe ist das **Lysophosphatidylcholin**, welches schon in geringen Mengen hämo-

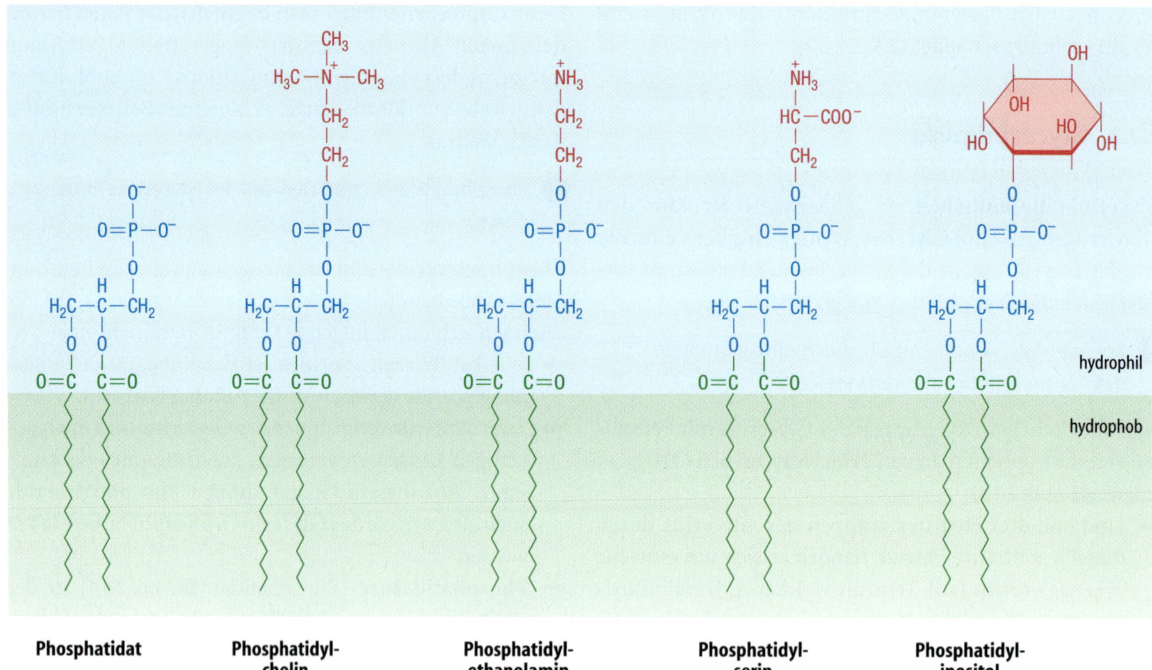

Abb. 2.14. Aufbau von Phosphoglyceriden. Zwei der drei Hydroxylgruppen des Glycerin-3-phosphats sind mit langkettigen Fettsäuren verestert (zur Vereinfachung in der Abbildung 2 Palmitylreste). Die dritte Hydroxylgruppe ist mit Phosphorsäure verestert, welche außer beim Phosphatidat in Form eines Diesters mit weiteren Alkoholen verknüpft ist. Die Ketten der Fettsäuren sind für die hydrophoben, die übrigen Teile der Phosphoglyceride für die hydrophilen Eigenschaften verantwortlich

lytisch wirkt, d.h. eine Auflösung der Erythrozytenmembran bewirkt. **Phospholipasen**, die zur Bildung von Lysophosphoglyceriden führen können, kommen u.a. in Schlangengiften vor und sind mit ein Grund für die Gefährlichkeit dieser Gifte (▶ Kap. 18.1.2).

Glycosyl-Phosphatidyl-Inositol-Anker. Glycosyl-Phosphatidyl-Inositol-Anker oder **GPI-Anker** sind wichtige Membranbestandteile, die auf der Grundstruktur des Phosphatidylinositols basieren (Abb. 2.15). Sie dienen der Verankerung von Rezeptoren oder Enzymen, z.B. der Acetylcholin-Esterase (▶ Kap. 9.2.4) oder der alkalischen Phosphatase (▶ Kap. 9.2.4), in der Membran. Für den Aufbau des GPI-Ankers werden Glucosamin und 3 Mannosen mit glycosidischen Bindungen an das Inositol geknüpft, das mit einer dritten Fettsäure verestert sein kann. Die terminale

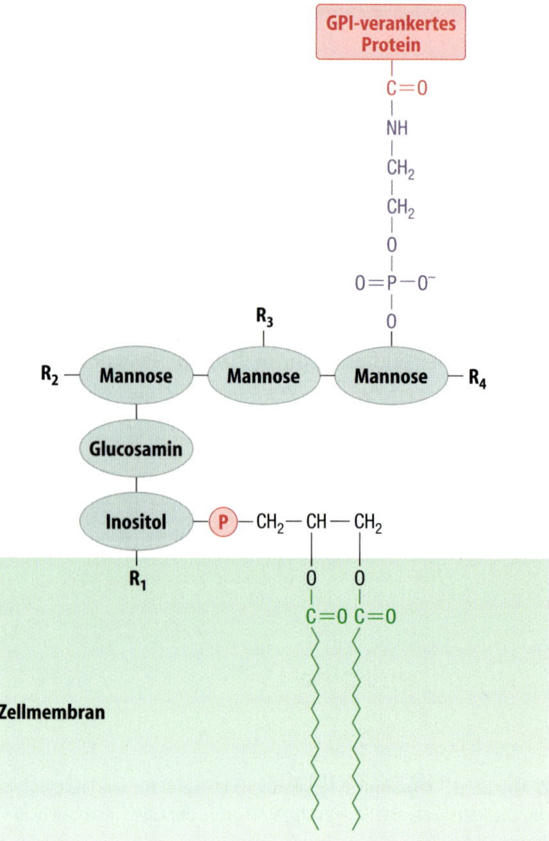

Abb. 2.15. Aufbau von GPI-Ankern. Diese Verankerung von Proteinen in der Membran erfolgt durch ein Phosphatidylinositol-Molekül, an welches ein Tetrasaccharid aus Glucosamin und 3 Mannoseresten geknüpft ist. Der terminale Mannoserest trägt ein Ethanolaminphosphat, welches mit einer Säureamidbindung mit dem C-Terminus des jeweiligen Proteins verbunden ist. Dieses Grundgerüst ist bei den verschiedenen GPI-Ankern modifiziert. R_1 = ein weiterer Fettsäurerest, der mit der OH-Gruppe am C-Atom 3 des Inositols verestert ist; R_2 = die erste Mannose kann zusätzlich mit Phosphoethanolamin, Galactose oder N-Acetyl-Galactosamin verknüpft sein; R_3 = die zweite Mannose kann zusätzlich einen Phosphoethanolaminrest tragen; R_4 = ein weiterer Mannoserest

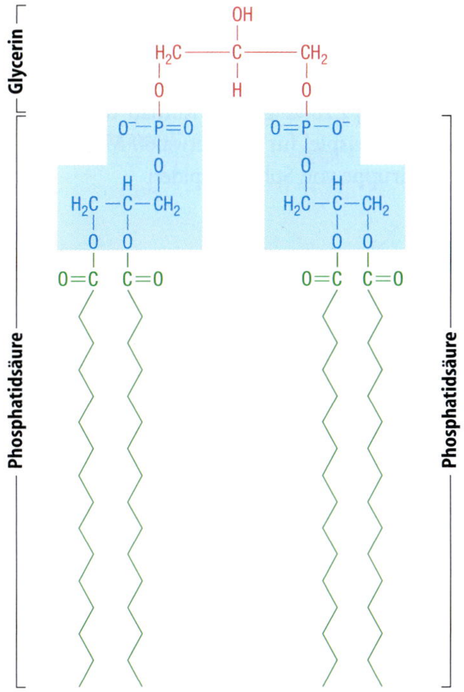

Abb. 2.16. Struktur des Cardiolipins

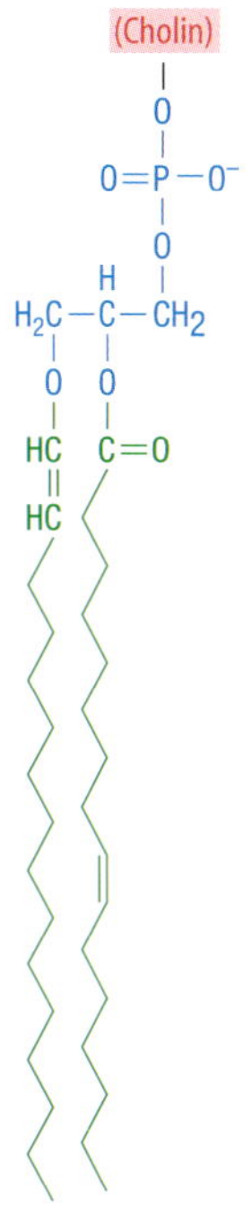

Abb. 2.17. Aufbau von Plasmalogenen

Mannose trägt einen Phosphoethanolaminrest, der mit dem der C-Terminus des jeweiligen Proteins mit einer Säureamidbindung verbunden ist. Die Mannosereste können weitere Ethanolamine und andere Saccharide tragen.

Cardiolipin. Cardiolipin oder Diphosphatidylglycerin ist ein besonders in Mitochondrienmembranen in hoher Konzentration vorkommendes Phosphoglycerid (Abb. 2.16). Auch hier ist das Rückgrat des Moleküls ein Glycerin, bei dem die Hydroxylgruppen der C-Atome 1 und 3 mit je einer Phosphatidsäure verestert sind.

Plasmalogene. Plasmalogene stehen strukturell dem Phosphatidylcholin- bzw. dem Phosphatidylethanolamin nahe. Sie machen z.B. mehr als 10% der Phospholipide des Gehirns und der Muskeln aus. Der Unterschied zu den eigentlichen Phosphoglyceriden beruht darauf, dass am C-Atom 1 des Glycerins anstelle einer Fettsäure ein **Fettsäurealdehyd** als Enolether gebunden ist. Die zweite, als Ester gebundene Fettsäure ist immer ungesättigt. Als stickstoffhaltige Alkohole dienen in der Regel Ethanolamin oder Cholin (Abb. 2.17).

2.2.4 Sphingolipide

Den Sphingolipiden liegt strukturell der Aminodialkohol **Sphingosin** (Abb. 2.18) zugrunde:

- Wenn die Aminogruppe des Sphingosins mit einer Fettsäure in Säureamidbindung verknüpft ist, entsteht **Ceramid**, das einfachste Sphingolipid (Abb. 2.18). Vom Ceramid leiten sich weitere Sphingolipide ab
- **Sphingomyeline** tragen an der endständigen Hydroxylgruppe des Ceramidanteils einen Phosphorylcholin- oder einen Phosphorylethanolaminrest (Abb. 2.19).

Abb. 2.18. Sphingosin und Ceramid. Sphingosin besitzt neben 2 Hydroxylgruppen eine Aminogruppe. Geht diese eine Säureamid-Bindung mit einer, meist ungesättigten, Fettsäure ein, entsteht Ceramid

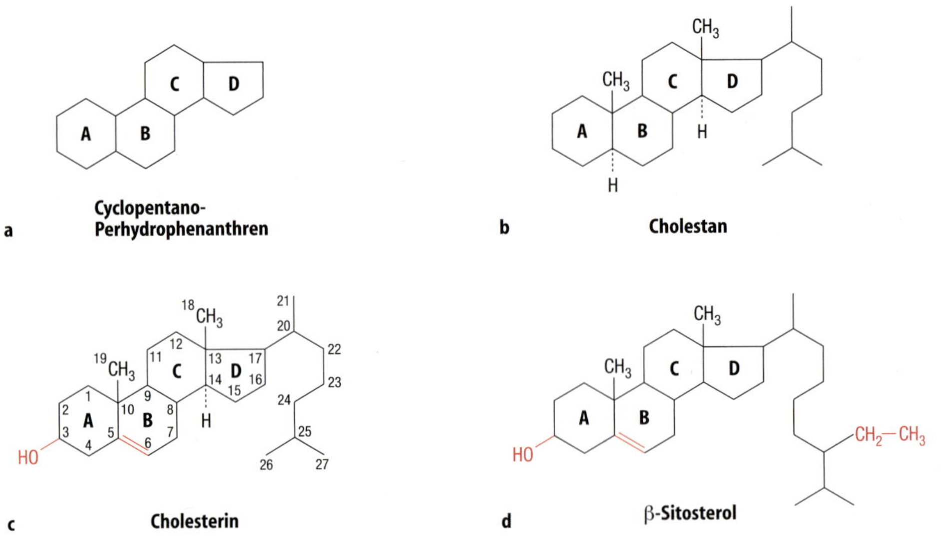

a Cyclopentano-Perhydrophenanthren

b Cholestan

c Cholesterin

d β-Sitosterol

Abb. 2.22. Strukturen von Steroiden. a Cyclopentano-Perhydrophenanthren (Syn. Gonan, Steran); **b** Cholestan; **c** Cholesterin; **d** β-Sitosterol

Im Gegensatz zu den Triacylglycerinen verfügen Mono- bzw. Diacylglycerine über freie Hydroxylgruppen. Diese sind deswegen z.B. imstande, an Grenzflächen Mizellen zu bilden und spielen eine wichtige Rolle bei der Emulgierung von Lipiden während der duodenalen Resorption (▶ Kap. 32.2.2).

! Phosphoglyceride und Sphingolipide bilden an Grenzflächen oder in Wasser geordnete Strukturen aus.

Im Gegensatz zu den Triacylglycerinen enthalten Phosphoglyceride und Sphingolipide viele geladene bzw. polare Gruppen:

- Alle Phosphoglyceride tragen eine **negative Ladung** an der Phosphatgruppe (pK' = 1–2)
- Phosphatidylethanolamin und Phosphatidylcholin haben bei physiologischem pH eine **positive Ladung** am Stickstoff
- Wegen der zusätzlichen Carboxylgruppen besitzt Phosphatidylserin zwei negative und eine positiv geladene Gruppe

Ähnliche Eigenschaften haben die geladenen »Kopfteile« des Sphingomyelins. Kohlenhydratreste von Phosphoglyceriden und Sphingolipiden haben zwar keine elektrische Ladung, sind jedoch wegen ihrer vielen Hydroxylgruppen polar und ebenfalls hydrophil.

Da die sowohl bei den Phosphoglyceriden als auch den Sphingolipiden vorkommenden Kohlenwasserstoffketten der langkettigen Fettsäuren hydrophob sind, gehören Phosphoglyceride und Sphingolipide zu den sog. **amphiphilen Verbindungen**. Für sie ist typisch, dass in einem Molekül sowohl hydrophobe als hydrophile Regionen vorkommen.

Amphiphile Lipide ordnen sich an Grenzflächen oder im Wasser in typischer Weise an (Abb. 2.23):

- An Wasser-Luft-Grenzschichten breiten sich amphiphile Lipide in Form von **monomolekularen Filmen** aus, in denen der polare Anteil des Moleküls ins Wasser ragt, während sich die hydrophoben Kohlenwasserstoffreste zur Luft hin orientieren (Abb. 2.23a)
- Eine ähnliche Orientierung findet sich an Wasser-Öl-Grenzschichten, wobei der polare Anteil dem Wasser zugewandt ist, während die apolare, hydrophobe Gruppe in der Ölphase steckt
- In bestimmten Konzentrationsbereichen ordnen sich amphiphile Lipide in wässrigen Lösungen in Form von **Mizellen** an. Die hydrophoben Fettsäureketten sind dabei gegeneinander gerichtet und nach außen zur wässrigen Phase hin durch die polaren hydrophilen Anteile der Moleküle abgeschirmt. Andere Lipide, die selbst nicht in der Lage sind Mizellen zu bilden (Triacylglycerine, Cholesterin) können sich an polare Lipide assoziieren und bilden so **gemischte Mizellen** (Abb. 2.23b). Diese sind eine entscheidende Voraussetzung für die Lipidresorption im Duodenum
- Amphiphile Lipide, speziell Phosphoglyceride und Sphingolipide können darüber hinaus sog. **Doppelschichten** oder *bilayers* (Abb. 2.23c)ausbilden. Dieses Phänomen beruht auf der Tatsache, dass sich die hydrophoben Kohlenwasserstoffketten der Fettsäurereste gegeneinander orientieren, während die hydrophilen Teile sich zur wässrigen Phase hin ausrichten
- Werden Lipiddoppelschichten mit Ultraschall behandelt, so entstehen **Liposomen** (Abb. 2.23d), die aufgrund ihrer strukturellen Ähnlichkeit mit zellulären Membranen leicht mit den Plasmamembranen vieler Zellen fusionieren können. Liposomen werden aus diesem Grund gelegentlich mit an sich nicht membrangängigen Wirkstoffen beladen und auf diese Weise als

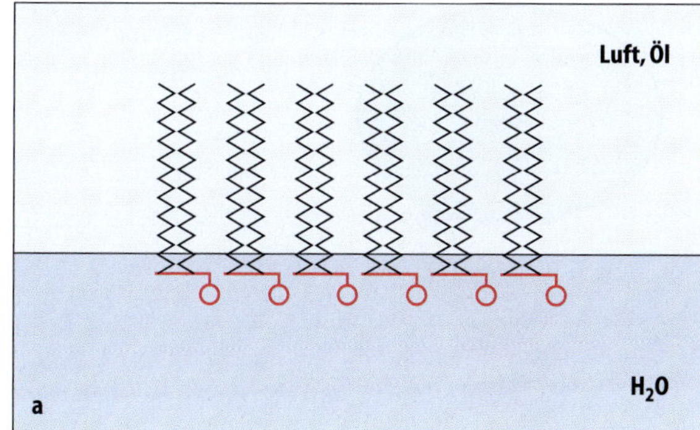

Monomolekulare Schicht

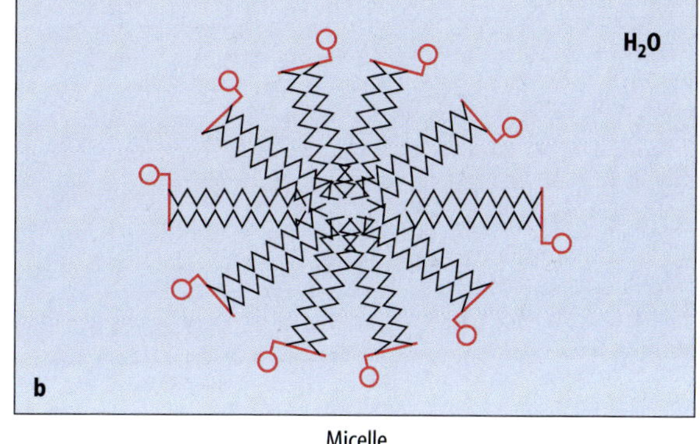

Micelle

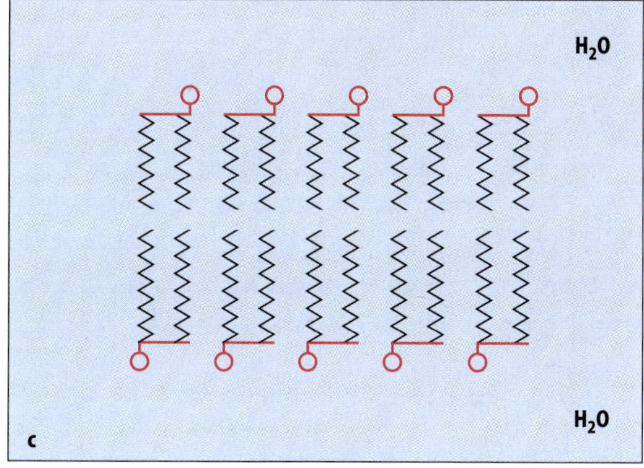

Doppelschicht

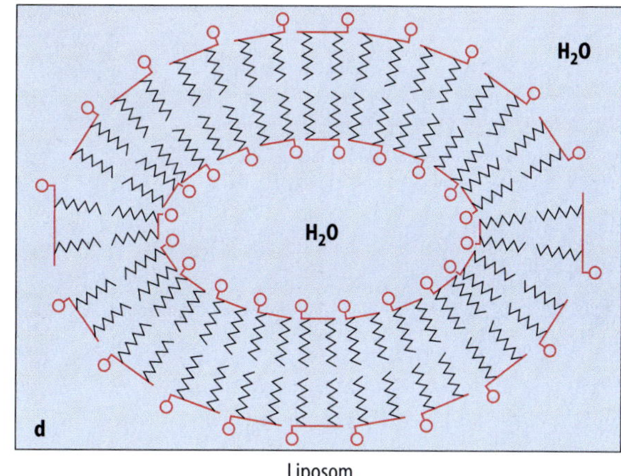

Liposom

Abb. 2.23. Möglichkeiten der Anordnung von amphiphilen Lipiden. a in Grenzschichten, **b–d** im Wasser. Die (*rot*) hervorgehobenen Teile der Phospholipidmoleküle stellen die hydrophilen Bereiche, die (*schwarz*) gezeichneten die hydrophoben Bereiche dar

Vehikel benutzt, sodass Arzneimittel, Enzyme, DNA u.a. in den intrazellulären Raum transportiert werden können

> Lipiddoppelschichten sind die Grundstruktur aller zellulären Membranen.

Die strukturelle Grundlage aller zellulären Membranen sind Lipiddoppelschichten, die im Wesentlichen aus folgenden amphiphilen Lipiden bestehen:

- den Phosphoglyceriden **Phosphatidylcholin, Phosphatidylethanolamin, Phosphatidylserin, Phosphatidylinositol**
- den Sphingolipiden **Sphingomyelin** und **Glycosphingolipiden** sowie
- **Cholesterin**. Die mitochondriale Innenmembran ist die einzige zelluläre Membran, in der Cholesterin nicht vorkommt

Abbildung 2.24 gibt eine schematische Darstellung des Aufbaus einer Lipiddoppelschicht wieder.

Trotz dieses, auf den ersten Blick relativ einfachen Aufbaus zellulärer Membranen aus einer sehr begrenzten Anzahl von amphiphilen Molekülen ist deren funktionelle Vielfalt beeindruckend. Hierfür sind vor allem drei Phänomene verantwortlich:

- In die zelluläre Membranen bildenden Lipiddoppelschichten sind **Membranproteine** (▶ Kap. 6.1.2) eingelagert
- Die jeweilige Fettsäurezusammensetzung bestimmt die sog. **Fluidität** und damit die Eigenschaften biologischer Membranen
- Die Verteilung der einzelnen amphiphilen Lipide ist nicht statistisch sondern **asymmetrisch** und damit an spezifische Membranfunktionen angepasst

Membranproteine. Der Proteingehalt verschiedener zellulärer Membranen schwankt zwischen 20% bei Myelinmembranen und 80% bei der mitochondrialen Innenmembran. Im Prinzip lassen sich drei Typen von Membranproteinen unterscheiden (Abb. 2.25),

- **Integrale Membranproteine** gehen vollständig durch Membranen hindurch. Sie besitzen hierzu sog. **Transmembrandomänen**, welche reich an hydrophoben Aminosäuren sind und so die nötigen Wechselwirkungen mit der Lipidphase der Membranen ermöglichen. Strukturell bestehen Transmembrandomänen aus α-Helices bzw. seltener β-Faltblättern. Integrale Membranproteine lassen sich nur unter Zerstörung der Membran aus dieser lösen, aggregieren dann aber leicht und verlieren ihre biologische Aktivität

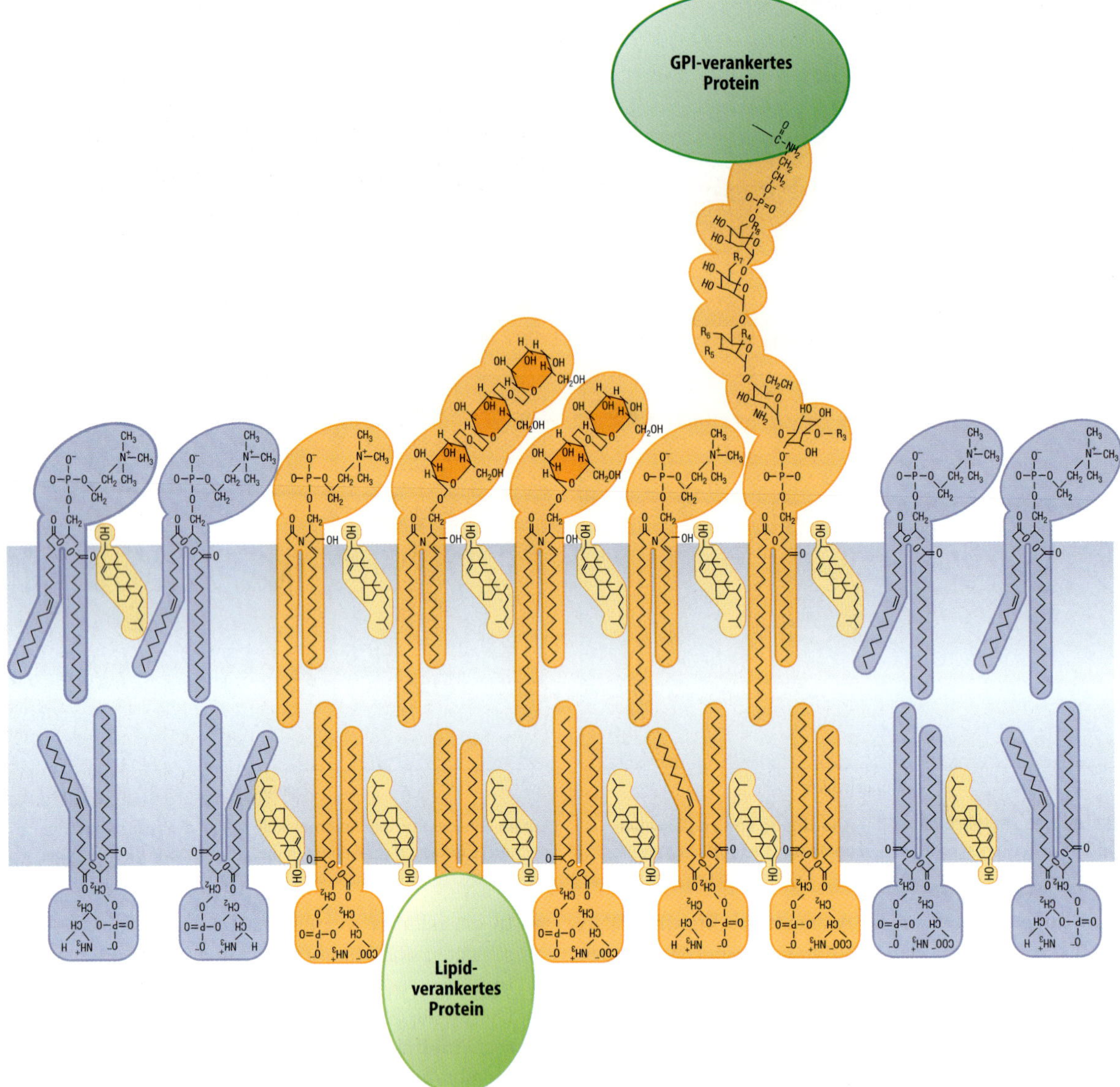

Abb. 2.24. Lipidstruktur einer Zellmembran. Die schematische Darstellung zeigt die asymmetrische Verteilung von Phospholipiden und Sphingolipiden auf den beiden Seiten einer Lipiddoppelschicht und stellt darüber hinaus einen Ausschnitt aus einem »*lipid raft*« dar, der besonders cholesterinreich ist und in dem die Phospho- und Sphingolipide viele gesättigte Fettsäurereste enthalten. Im *raft* sind außerdem zwei lipidverankerte Proteine dargestellt (nach Simons, K 2001)

- **Periphere Membranproteine** sind nur mit einer Hälfte der Lipiddoppelschicht assoziiert. Sie können relativ leicht aus der Membran gelöst werden und behalten dabei ihre biologische Aktivität
- **Lipidverankerte Membranproteine** sind durch covalente Verknüpfung mit Lipiden in Membranen verankert. Als derartige Lipide kommen Isoprenoidreste, Fettsäurereste und GPI-Anker infrage (▶ Kap. 2.2.3)

Membranproteine sind meist Glycoproteine (▶ Kap. 17.2). Die Kohlenhydratketten befinden sich immer auf der zum extrazellulären Raum gerichteten Seite der Membran.

Membranproteine ermöglichen u.a.:

- als Kanäle oder Carrier den Transport von Molekülen durch die Membran
- als Rezeptoren die Signaltransduktion durch Signalmoleküle
- als Cadherine oder Integrine Zell-Zell- bzw. Zell-Matrixkontakte

Membranfluidität. Bei tiefen Temperaturen sind die Alkanketten der Fettsäurereste von Membranen dicht gepackt und maximal gestreckt. Bei Temperaturerhöhung kommt es zu einem scharfen Phasenübergang, bei dem die Abstände der Ketten sich vergrößern und die Beweglichkeit der

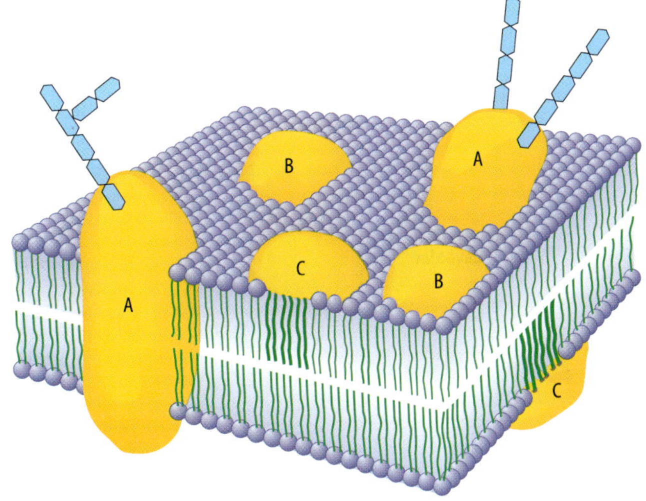

◻ Abb. 2.25. Assoziation von Proteinen mit Membranen. a Transmembranproteine; **b** periphere Membranproteine; **c** lipidverankerte Membranproteine; **e** *blau* = Kohlenhydratseitenketten

Membranlipide deutlich zunimmt. Diese Erhöhung der **Membranfluidität** wird auch als **Schmelzen** bezeichnet, die zum Schmelzen benötigte Temperatur als **Schmelzpunkt**.

Der Schmelzpunkt biologischer Membranen liegt zwischen 10 °C und 40 °C. Er steigt mit zunehmender Kettenlänge und abnehmender Zahl der Doppelbindungen der Fettsäureanteile. Darüber hinaus wird der Schmelzpunkt durch Natrium-, Kalium- und Calciumionen sowie auch durch Membranproteine verändert. **Cholesterin** als wichtiger Bestandteil tierischer Membranen lagert sich zwischen die Alkanketten der Fettsäurereste, wobei seine OH-Gruppe in Richtung der hydrophilen Kopfgruppen der Phospholipide orientiert ist (◻ Abb. 2.24). Es verbreitert den Temperaturbereich, in dem das Schmelzen der Membranen erfolgt und erhöht so die Stabilität von Membranen.

Von besonderem Interesse ist, dass eine Reihe hydrophober organischer Verbindungen sich in die Lipidphase biologischer Membranen einlagern kann und auf diese Weise deren Eigenschaften ändert. Zu ihnen gehören unter anderem eine Reihe gasförmiger Narkotika, z.B. das Halothan.

Asymmetrie der Membran. Bei genauer Untersuchung der Lipidzusammensetzung von zellulären Membranen fällt auf, dass die einzelnen, eine Membranstruktur ausbildenden amphiphilen Lipide asymmetrisch verteilt sind. So findet sich z.B. in der Plasmamembran im äußeren Blatt der Doppelschicht bevorzugt Sphingomyelin, Glycosphingolipide und Phosphatidylcholin, im inneren Blatt dagegen Phosphatidylethanolamin, Phosphatidylserin und Phosphatidylinositol. Cholesterin findet man dagegen auf beiden Seiten der Plasmamembran.

Ein spontaner Wechsel eines Membranlipids von einer Seite der Membran auf die andere ist ein sehr seltenes Ereignis. Für die Erzeugung der Asymmetrie der Lipidverteilung in den Membranen sind spezifische z.T. ATP verbrauchende Proteine erforderlich (Flippasen, ▶ Kap. 18.2.3).

Interessanterweise besteht nicht nur eine asymmetrische Lipidverteilung zwischen den beiden Blättern der Lipiddoppelschicht, sondern auch innerhalb eines Blattes. Mit dem Begriff *lipid rafts* (engl. *raft* = Floß) werden Membranareale beschrieben, bei denen besonders das äußere Blatt der Membran reich an Sphingolipiden mit gesättigten langkettigen Fettsäuren ist. Dies erleichtert den Einbau von Cholesterin in diese Bereiche, wodurch sich eine dichtere Packung der Lipidphase gegenüber den anderen Bereichen der Membran ergibt (engl. *liquid ordered* in den *rafts* gegenüber *liquid disordered* in den anderen Bereichen). Rafts umfassen einige tausend Lipidmoleküle, haben einen Durchmesser von etwa 50 nm und schwimmen wie Inseln oder »Flöße« in der Lipidphase der Membran (◻ Abb. 2.24, 2.26).

Einige Proteine haben eine hohe Affinität zu *rafts*. Zu ihnen gehören Caveolin (▶ u.), Flotilline, GPI-verankerte Proteine, kleine und heterotrimere G-Proteine, Proteinkinasen der src-Familie, EGF-, PDGF-, Endothelin-Rezeptoren, Adapter-Proteine (Grb2), Proteinkinase C, und die p85-Untereinheit der PI 3-Kinase. Viele der mit *rafts* assoziierten Proteine sind an der Signaltransduktion beteiligt. Eine derzeit diskutierte Hypothese ist, dass besonders die Ligandenbindung an Rezeptoren zum Verschmelzen einzelner *rafts* und zur Bildung funktioneller Einheiten, sog. **Signalosomen**, führt.

Wegen ihrer geringen Größe sind *rafts* schwer nachzuweisen. Für eine besondere Form der *rafts* trifft dies allerdings nicht zu. Sie enthalten ein als **Caveolin** bezeichnetes Protein, welches Cholesterin bindet und in der Membrandoppelschicht Haarnadelstrukturen ausbildet. Diese polymerisieren, was zur Ausbildung von Membraninvaginationen führt, die **Caveolae** genannt werden (◻ Abb. 2.26). Sie können unter Vesikelbildung abgeschnürt werden und sind an wichtigen zellbiologischen Phänome-

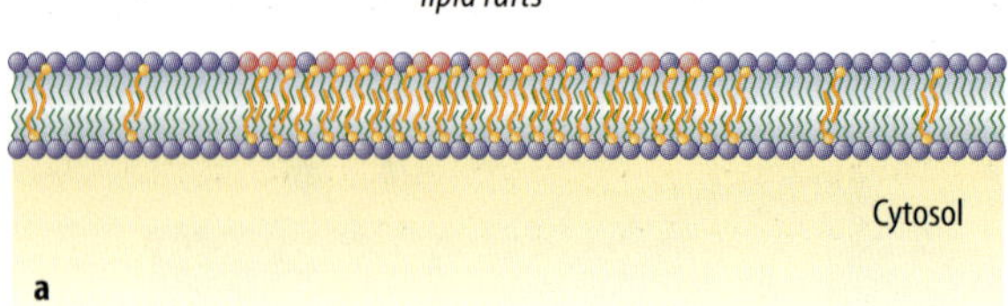

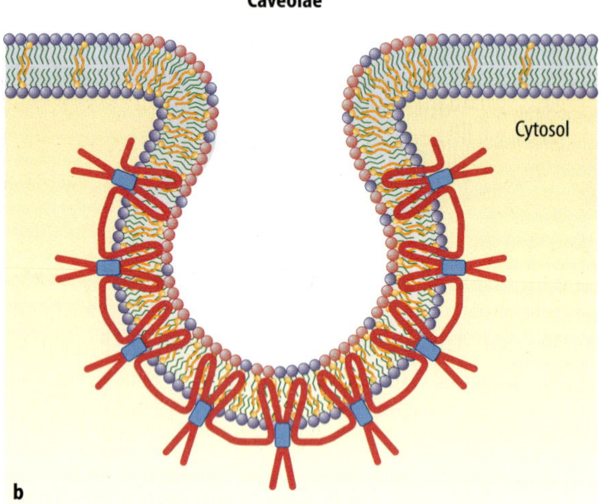

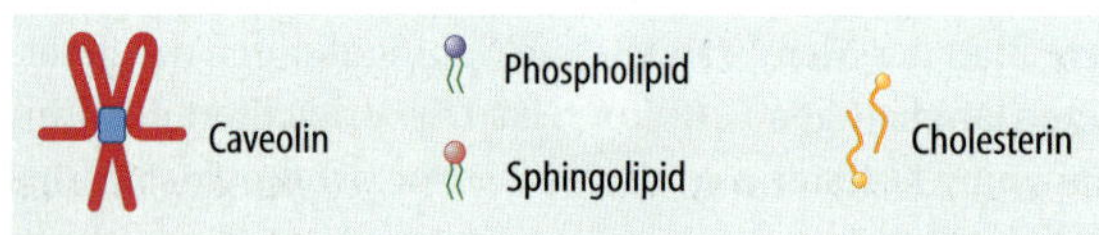

Abb. 2.26. Organisation von *rafts* und Caveolae in Membranen. **a** *rafts* sind reich an Cholesterin und Sphingolipiden und bilden eine relativ geordnete Phase in der Lipiddoppelschicht. **b** Caveolin – Monomere verfügen über eine Bindungsdomäne für Cholesterin (*blau*), mit der sie in die Membran eingebaut werden und oligomerisieren. Dies führt zur Ausbildung von Caveolae und gegebenenfalls zur Abschnürung von Vesikeln (nach Razani et al. 2002)

nen wie z.B. Fettsäuretransport, Cholesterintransport, vesikulärer Transport (Endozytose, Transzytose), Signaltransduktion, Proliferation aber auch Zelltransformation beteiligt.

Infobox

Analytik von Lipiden

Da Lipide wasserunlöslich sind, erfordert ihre Extraktion aus Geweben und die anschließende Fraktionierung die Anwendung organischer Lösungsmittel. Ester- bzw. Amid-gebundene Fettsäuren können durch Behandlung mit Alkali (Verseifung) abgetrennt und anschließend analysiert werden.

Für die Auftrennung der einzelnen Komponenten von Lipidgemischen verwendet man Absorptionschromatographie, wobei die stationäre Phase sehr häufig Silikagel (Kieselsäure, $SiOH_4$) ist. Als mobile Phase dienen Gemische unterschiedlicher organischer Lösungsmittel.

Einzelne Lipide werden anhand ihrer Beweglichkeit bei derartigen chromatographischen Verfahren identifiziert, ein apparativ aufwendigeres, aber wesentlich empfindlicheres modernes Verfahren ist die Massenspektroskopie von Lipiden (▶ Lehrbücher die biochemischen Analytik).

In Kürze

Lipide können nach dem Vorhandensein von Esterbindungen eingeteilt werden.
Zu den Lipiden ohne Esterbindungen gehören
- Fettsäuren sowie deren Abkömmlinge wie Prostaglandine, Thromboxane und Leukotriene
- Isoprenlipide wie Cholesterin und seine Abkömmlinge, die Vitamine A, K sowie viele andere Naturstoffe

Lipide mit Esterbindungen werden nach dem zugrunde liegenden Alkohol eingeteilt. Man unterscheidet:
- Acylglycerine
- Phosphoglyceride
- Sphingolipide
- Cholesterin-Ester

Wichtige Funktionen von Lipiden sind:
- Bereitstellung von Substraten für die Energiegewinnung
- Speicherung von Energie, vor allem in Form von Triacylglycerinen
- Aufbau von Membranen, vor allem durch Phosphoglyceride, Sphingolipide und Cholesterin sowie
- Bereitstellung von Signalmolekülen, vor allem Steroidhormonen, Prostaglandinen, Leukotrienen, Thromboxanen

2.3 Aminosäuren

2.3.1 Klassifizierung und Funktionen

Aminosäuren sind Derivate gesättigter Carbonsäuren.

Aminosäuren sind Derivate von Carbonsäuren, die an dem der Carboxylgruppe benachbarten α-C-Atom eine Aminogruppe tragen. Sie sind also **α-Amino-Carbonsäuren** (Abb. 2.27). Der bei den einzelnen Aminosäuren variable Teil, der ihnen unterschiedliche Größe, chemische Reaktivität, Ladung und Molekularmasse verleiht, heißt Seitenkette und ist in Abbildung 2.27 durch ein »R« gekennzeichnet.

Da viele Aminosäuren schon lange bekannt sind, werden sie mit Trivialnamen bezeichnet, während die chemischen Bezeichnungen (z.B. α-Amino-Propionat für Alanin usw.) ungebräuchlich sind. Für die proteinogenen Aminosäuren (▶ u.) sind Dreibuchstaben-Abkürzungen üblich, für die Notierung längerer Proteinsequenzen auch Einbuchstabensymbole (Abb. 2.28).

Aminosäuren sind Bausteine der Proteinbiosynthese, sie liefern Kohlenstoff für die Gluconeogenese, Stickstoff für Biosynthesen und bilden Signalmoleküle.

Aminosäuren haben vielfältige Stoffwechselfunktionen:

- 20 der über 100 bekannten Aminosäuren dienen bei allen bekannten Lebewesen zum Aufbau der Proteine. Diese Aminosäuren werden auch als **proteinogene Aminosäuren** bezeichnet. Viele Organismen benutzen darüber hinaus die erst während der Proteinbiosynthese aus Serin gebildete Aminosäure Selenocystein, sodass man eigentlich von 21 proteinogenen Aminosäuren sprechen muss
- Die anderen Aminosäuren spielen im Stoffwechsel zwar eine wichtige Rolle, werden jedoch nicht für die Proteinbiosynthese verwendet. Derartige Aminosäuren werden auch als **nichtproteinogene Aminosäuren** bezeichnet
- Der Abbau der meisten Aminosäuren liefert Kohlenstoff für die Biosynthese von Glucose (Gluconeogenese), weswegen diese auch als **glucogene Aminosäuren** bezeichnet werden. Ein kleinerer Teil der Aminosäuren, die **ketogenen Aminosäuren**, wird zu Zwischenprodukten abgebaut, die nicht für die Gluconeogenese, wohl aber für die Biosynthese von Fettsäuren, Ketonkörpern oder Cholesterin verwendet werden können

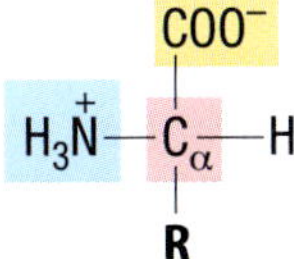

Abb. 2.27. Allgemeine Struktur der α-Aminosäuren. (R = Seitenkette)

- Durch Decarboxylierung entstehen aus Aminosäuren die entsprechenden **Amine** (▶ Kap. 13.3.4), die häufig als Signalmoleküle dienen
- Aminosäuren sind Stickstoff-Lieferanten für die Biosynthese N-haltiger Verbindungen

2.3.2 Proteinogene Aminosäuren

Mit dem Begriff proteinogene Aminosäuren werden diejenigen Aminosäuren bezeichnet, die für die Proteinbiosynthese verwendet werden (nicht die in Proteinen vorkommenden Aminosäuren, da diese posttranslational modifiziert werden können). Proteinogene Aminosäuren, die in unterschiedlicher Häufigkeit in Proteinen vorkommen, zeichnen sich durch ein breites Spektrum unterschiedlicher Seitenketten aus. Abbildung 2.28 sowie Tabelle 2.7 fassen wichtige Eigenschaften dieser Aminosäuren zusammen.

Die Einteilung der proteinogenen Aminosäuren erfolgt nach den Eigenschaften ihrer Seitenketten.

Nach Aufbau und Eigenschaften der Seitenketten, die weitere funktionelle Gruppen (OH-, SH-, Carboxyl- oder Guanidinogruppen) enthalten können, werden proteinogene Aminosäuren (Abb. 2.28) eingeteilt in:

Neun Aminosäuren mit apolaren Seitenketten. Zu den Aminosäuren mit apolaren Seitenketten gehören:

- Aminosäuren mit **aliphatischen Seitenketten**: Glycin, Alanin, Valin, Leucin, Isoleucin, Methionin und Prolin. Diese leiten sich direkt von den entsprechenden Fettsäuren ab (Glycin ist α-Amino-Acetat, Alanin α-Amino-Propionat usw.)
- Aminosäuren mit **aromatischen Seitenketten**: Phenylalanin und Tryptophan

Sieben Aminosäuren mit ungeladenen polaren Seitenketten. Zu dieser Gruppe von Aminosäuren gehören:

- Asparagin und Glutamin mit einer **Säureamid-Gruppe** in der Seitenkette
- Serin, Threonin und Tyrosin mit einer **OH-Gruppe** in der Seitenkette
- Cystein und Selenocystein mit einer **SH-** bzw. **SeH-Gruppe** in der Seitenkette

Fünf Aminosäuren mit geladenen polaren Seitenketten. Hierzu gehören.

- Aspartat und Glutamat mit einer **Carboxylgruppe** in der Seitenkette
- Histidin mit einer **Imidazolgruppe** in der Seitenkette
- Lysin mit einer **ε-Aminogruppe** in der Seitenkette, und
- Arginin mit einer **Guanidinogruppe** in der Seitenkette

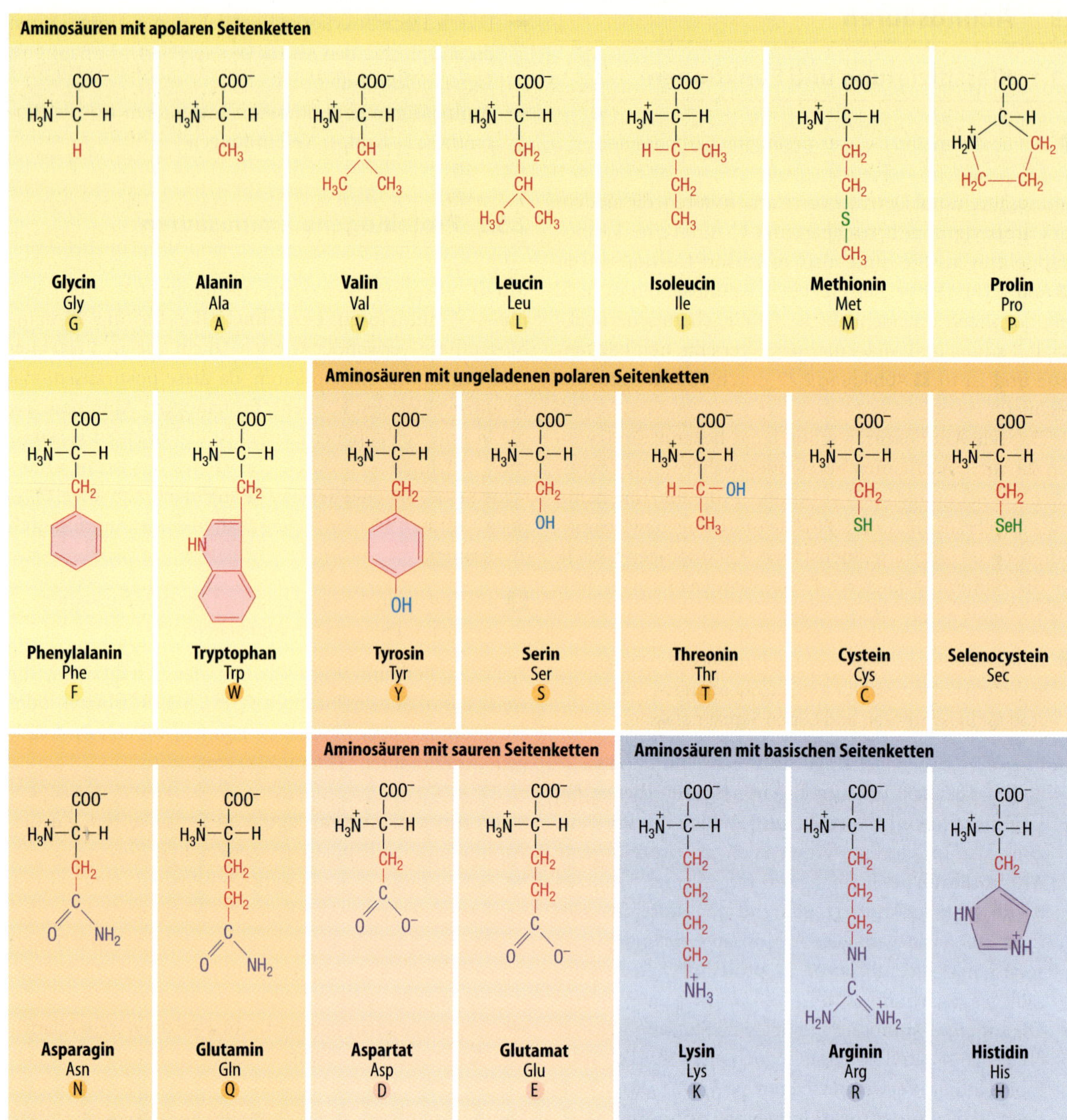

Abb. 2.28. Die proteinogenen Aminosäuren. Die Aminosäuren sind nach chemischen Eigenschaften ihrer Seitenketten geordnet. Unter den Formeln stehen jeweils die Trivialnamen sowie die 3- und 1-Buchstaben-Abkürzungen

Die Hydrophobizität der Aminosäure-Seitenketten ist eine wesentliche Determinante für Struktur und Funktion von Proteinen

Für Struktur und biologische Aktivität von Proteinen ist deren Wechselwirkung mit dem meist wässrigen Lösungsmittel von großer Bedeutung. Diese wiederum hängt wesentlich von der Art und Sequenz der Seitenketten der Aminosäuren ab, aus denen sich das Protein zusammensetzt. In Tabelle 2.7 sind 20 proteinogene Aminosäuren nach ihrem **Hydropathie-Index** geordnet. Dieser ist ein relatives Maß für Hydrophobizität einer Aminosäure. Er variiert von +4.5 für die hydrophobste Aminosäure Isoleucin bis –4.5 für die hydrophilste Aminosäure Arginin. Bei einem Vergleich mit Abbildung 2.28 fällt auf, dass sich 6 der 9 Aminosäuren mit apolaren Seitenketten durch einen positiven Hydropathie-Index auszeichnen, also besonders hydrophob sind. Umgekehrt sind alle 5 Aminosäuren mit geladenen Seitenketten besonders hydrophil. Proteinregionen, an denen diese Aminosäuren gehäuft vorkommen, werden für Wechselwirkungen mit einer wässrigen Umgebung verantwortlich sein, Regionen mit hydrophoben Aminosäuren werden dagegen bevorzugt an Stellen des Proteins lokalisiert sein, an denen Wasser keinen Zutritt haben soll.

Tabelle 2.7. Wichtige Eigenschaften von 20 proteinogenen Aminosäuren

Aminosäure	Abkürzungen		Molekülmasse (Da)	Häufigkeit in Proteinen (%)	pI	Hydropathie-Index
Isoleucin	Ile	I	131	5,8	6,02	4,5
Valin	Val	V	117	6,6	5,97	4,2
Leucin	Leu	L	131	9,5	5,98	3,8
Phenylalanin	Phe	F	165	4,1	5,48	2,8
Cystein	Cys	C	121	1,6	5,07	2,5
Methionin	Met	M	149	2,4	5,74	1,9
Alanin	Ala	A	89	7,6	6,02	1,8
Glycin	Gly	G	75	6,8	5,97	-0,4
Threonin	Thr	T	119	5,6	5,87	-0,7
Serin	Ser	S	105	7,1	5,68	-0,8
Tryptophan	Trp	W	204	1,2	5,89	-0,9
Tyrosin	Tyr	Y	181	3,2	5,66	-1,3
Prolin	Pro	P	115	5,0	6,48	-1,6
Histidin	His	H	155	2,2	7,59	-3,2
Asparagin	Asn	N	132	4,3	5,41	-3,5
Glutamin	Gln	Q	146	3,9	5,65	-3,5
Aspartat	Asp	D	133	5,2	2,97	-3,5
Glutamat	Glu	E	147	6,5	3,22	-3,5
Lysin	Lys	K	146	6,0	9,74	-3,9
Arginin	Arg	R	174	5,2	10,8	-4,5

Die Aminosäuren sind in der Tabelle nach ihrem Hydropathie-Index geordnet. Dieser variiert zwischen 4,5 für die Aminosäure mit der größten Hydrophobizität und –4,5 für diejenige mit der geringsten (Daten nach Kyte, J. and Doolittle, R.F., J. Mol. Biol., 157: 105–132 (1982).

! Außer Glycin besitzt jede Aminosäure wenigstens ein asymmetrisches Kohlenstoffatom.

Bei allen Aminosäuren mit Ausnahme von Glycin trägt das α-C-Atom vier unterschiedliche Liganden und bildet deswegen ein Asymmetriezentrum. Dies ist in Abbildung 2.29 am Beispiel des L- bzw. D-Alanins dargestellt. Aufgrund der tetraedrischen Anordnung der Bindungsorbitale am α-C-Atom kommen zwei Formen des Alanins vor, die untereinander nicht durch Spiegeln zur Deckung gebracht werden können. Beim L-Alanin steht in der üblichen Darstellungsweise die Aminogruppe links vom α-C-Atom, wenn die Carboxylgruppe nach oben zeigt. Alle proteinogenen Aminosäuren sind **L-α-Aminosäuren**. Es ist nicht bekannt, warum von allen Organismen der Erde für den Proteinaufbau nur L-α-Aminosäuren (und für den Aufbau von Nucleinsäuren nur Nucleotide mit Zuckern aus der D-Reihe) verwendet werden.

Einige D-α-Aminosäuren (D-Alanin, D-Glutamin) kommen in bakteriellen Zellwänden und außerdem als Bestandteile mancher Antibiotika und Pilzgifte vor.

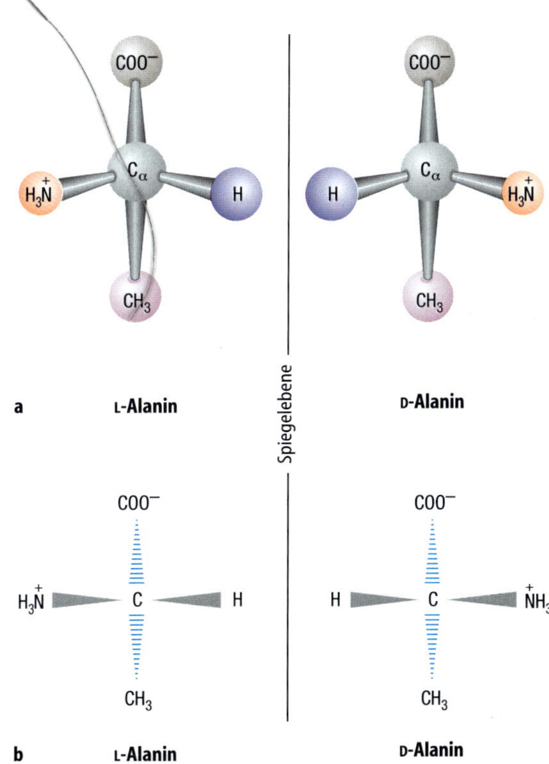

Abb. 2.29. Die beiden optischen Isomeren der Aminosäure Alanin

2

2.3.3 Nichtproteinogene Aminosäuren

Als nicht proteinogene Aminosäuren werden diejenigen Aminosäuren bezeichnet, die nicht unmittelbar für die Biosynthese von Proteinen verwendet werden. Im Prinzip lassen sie sich in Aminosäuren einteilen, die

- im Proteinverband modifiziert werden und nach Proteinhydrolyse isoliert werden können sowie
- solche Aminosäuren, die bei Stoffwechselreaktionen auftreten, die nichts mit Proteinbiosynthese zu tun haben

! Einzelne Aminosäuren werden nach dem Einbau in Proteine derivatisiert.

Eine Reihe von Aminosäuren sind Derivate der proteinogenen Aminosäuren, die erst nach deren Einbau in Proteine durch entsprechende Modifikationen gebildet werden. Sie können danach durch chemische Verfahren isoliert werden. Beispiele hierfür sind (Abb. 2.30):

- die nach Phosphorylierung der Hydroxylgruppe entstehenden Aminosäuren **Phosphoserin** und **Phosphothreonin** (nicht dargestellt)
- das durch Phosphorylierung der Hydroxylgruppe entstehende **Phosphotyrosin**
- das durch Hydroxylierung von Lysin bzw. Prolin entstehende **δ-Hydroxylysin** bzw. **γ-Hydroxyprolin**
- das durch Methylierung von Histidin entstehende **3-Methylhistidin**
- das durch γ-Carboxylierung entstehende **γ-Carboxyglutamat**

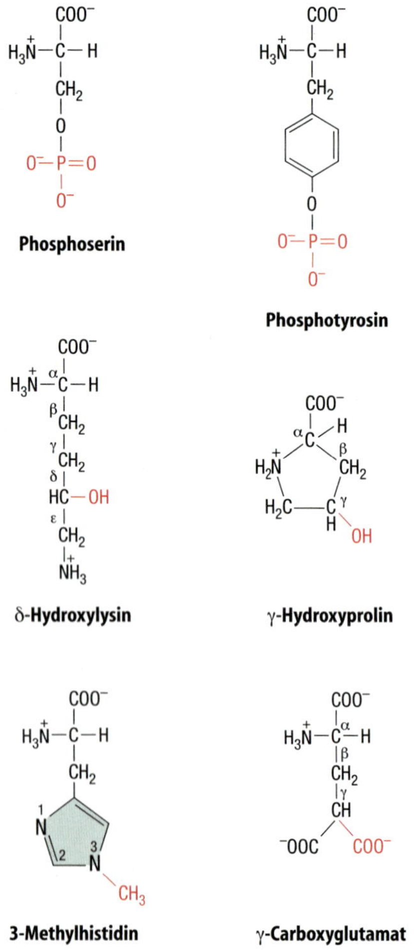

Insgesamt sind heute über 100 Aminosäurederivate in Proteinen bekannt. Die meisten derartigen Seitenkettenmodifikationen sind irreversibel. Reversible Modifikationen haben meist regulatorische Bedeutung, z.B. die Phosphorylierung von Serin-, Threonin- und Tyrosinresten in Proteinen (► Kap. 25).

! Viele nichtproteinogene Aminosäuren haben wichtige Stoffwechselfunktionen.

In der Tabelle 2.8 findet sich eine Auswahl aus den über 100 Aminosäuren, die nicht in Proteine eingebaut werden, sondern Stoffwechselfunktionen haben. Es handelt sich sehr häufig um Derivate der proteinogenen Aminosäuren, welche vor allem eine Rolle spielen

- bei der Biosynthese von Harnstoff (► Kap. 13.5.2)
- als Zwischenprodukte im Stoffwechsel der proteinogenen Aminosäuren (► Kap. 13.4) und
- als Vorstufen niedermolekularer Verbindungen (Pigmente, biogene Amine (► Kap. 13.3.4))

Phosphoserin

Phosphotyrosin

δ-Hydroxylysin

γ-Hydroxyprolin

3-Methylhistidin

γ-Carboxyglutamat

Abb. 2.30. Derivate proteinogener Aminosäuren

2.3.4 Säure-Baseneigenschaften von Aminosäuren

! Aminosäuren sind Ampholyte.

Da Aminosäuren Protonen aufnehmen und abgeben können, verhalten sie sich wie Basen und Säuren und zählen damit zur Gruppe der **Ampholyte**:

- die Aminogruppen von Aminosäuren sind schwache Basen. In aliphatischen Aminen z.B. der Seitenkette von Lysin ($R - NH_2 + H^+ \rightleftharpoons R - NH_3^+$) besitzen sie einen pK-Wert von etwa 10,5 (Definition des pK-Wertes ► Kap. 1.2.5 (Tabelle 2.9))
- Carboxylgruppen von Aminosäuren sind schwache Säuren. Als Endgruppe von Carbonsäuren, z.B. Seitenkette von Glutamat ($R - COOH \rightleftharpoons R - COO^- + H^+$) weisen sie einen pK-Wert von etwa 4,5 auf
- Bei α-Amino-Carbonsäuren liegen die Amino- und Carboxylgruppe am selben C-Atom. Durch die Wechselwirkung der beiden funktionellen Gruppen wird die Azidität der Carboxylgruppe auf pK-Werte zwischen 1,7 und 2,4 erhöht und die Basizität der Aminogruppe auf pK-Werte zwischen 9 und 10,5 erniedrigt

Tabelle 2.8. Beispiele nichtproteinogener α- (sowie β- und γ-) Aminosäuren

Aminosäure (Trivialname) mit chemischen Namen, Entstehung und Bedeutung im Zellstoffwechsel	Strukturformel
Ornithin (α, δ-Aminovalerianat) entsteht durch Abspaltung der Guanidinogruppe von **Arginin**; ist Zwischenprodukt bei der Harnstoffbiosynthese	$^{-}OOC-CH(NH_3^+)-CH_2-CH_2-CH_2-NH_3^+$
Homocystein (α-Amino-γ-Mercaptobutyrat) entsteht durch Abspaltung der Methylgruppe von **Methionin**; ist Zwischenprodukt des Methioninstoffwechsels	$^{-}OOC-CH(NH_3^+)-CH_2-CH_2-SH$
5-Hydroxytryptophan (α-Amino-β-(5-hydroxy)-Indolylpropionat) entsteht durch Hydroxylierung von Tryptophan; ist Vorstufe von Serotonin, einem Gewebshormon	$^{-}OOC-CH(NH_3^+)-CH_2-$ (5-Hydroxyindol-3-yl; OH, N–H)
3,4-Dihydroxyphenylalanin (α-Amino-β-(3,4-dihydroxy)-Phenylpropionat) entsteht durch Hydroxylierung von **Tyrosin**; ist Vorstufe von Melanin, einem Pigment in den Haaren und der Haut	$^{-}OOC-CH(NH_3^+)-CH_2-$ (Phenylring mit OH, OH)
β-Alanin (β-Aminopropionat) entsteht durch Abspaltung der α-Carboxylgruppe von **Aspartat**; ist Teil von Pantothensäure (Coenzym A)	$CH_2(NH_3^+)-CH_2-COO^-$
γ-Aminobutyrat entsteht durch Abspaltung der α-Carboxylgruppe von **Glutamat**; ist Überträgerstoff im Gehirn	$CH_2(NH_3^+)-CH_2-CH_2-COO^-$

Tabelle 2.9. p*K*-Werte und isoelektrische Punkte von Alanin, Aspartat und Lysin

Aminosäure	Art der Seitenkette	pK-Werte				Isoelektrischer Punkt = arithmetisches Mittel von
		α-COOH	α-$\overset{+}{N}H_3$	γ-COOH	ε-$\overset{+}{N}H_3$	
Alanin	Aliphatisch	2,35	9,69	–	–	α-COOH und α-$\overset{+}{N}H_3$ = 6,02
Aspartat	Carboxylgruppe enthaltend	2,09	9,82	3,86	–	α-COOH und γ-COOH = 2,97
Lysin	Aminogruppe enthaltend	2,18	8,95	–	10,53	α-NH_3^+ und ε-$\overset{+}{N}H_3$ = 9,74

Außer den Amino- und Carboxylgruppen kommen als weitere dissoziable Gruppen vor

- die Sulfhydrylgruppe von Cystein ($R-SH \rightleftharpoons RS^- + H^+$; pK - Wert 8 – 9)
- die Hydroxylgruppe von Tyrosin ($R-OH \rightleftharpoons RO^- + H^+$; pK - Wert 10,1)
- die Guanidinogruppe von Arginin ($R=NH_2{}^+ \rightleftharpoons R=NH + H^+$; pK - Wert 12,5)
- die Iminogruppe des Pyrrolidinringes von Prolin ($R=NH_2{}^+ \rightleftharpoons R=NH + H^+$; pK - Wert 10,6)

Die pK-Werte der genannten funktionellen Gruppen sind weit vom physiologischen pH-Wert entfernt, weswegen diese Gruppen nur in einer Form, protoniert oder nicht protoniert vorliegen. Anders ist dies beim **Histidin**, da es als einzige Aminosäure eine dissoziable Gruppe besitzt, deren pK-Wert etwa 6 beträgt und damit in die Nähe des physiologischen pH-Bereiches kommt. Die Imidazolseitenkette des Histidins ändert ihren Dissoziationsgrad bei physiologischen pH-Werten und nimmt daher in Proteinen eine Sonderstellung ein, die sich an der Beteiligung an vielen enzymatischen Reaktionen widerspiegelt (▶ Kap. 4.3).

Aus der **Henderson-Hasselbalch-Gleichung** (▶ Kap. 1.2.6) kann bei Kenntnis des pK-Wertes für jeden pH-Wert der Dissoziationsgrad einer schwach sauren Gruppe errechnet werden (◘ Abb. 2.31). Im Fall des Alanins liegen

- bei pH 1,0 beide funktionellen Gruppen (pK-Werte in ◘ Tabelle 2.9) in der protonierten Form vor, Alanin ist also ein Kation
- Bei pH 6,02 ist die Carboxylgruppe vollständig dissoziiert und deprotoniert, die Aminogruppe bleibt dagegen unverändert protoniert. In dieser Form wird eine Aminosäure auch als **Zwitterion** bezeichnet. Der pH-Wert, in dem die Aminosäure keine Nettoladung trägt und deshalb auch nicht im elektrischen Feld wandert, heißt **isoelektrischer Punkt** (IP). Bei Alanin ist der IP das arithmetische Mittel der pK-Werte der Carboxyl- und Aminogruppe. Die isoelektrischen Punkte anderer Aminosäuren finden sich in ◘ Tabelle 2.7
- Bei pH 11,0 befinden sich beide Gruppen in deprotonierter Form, Alanin liegt also als Anion vor

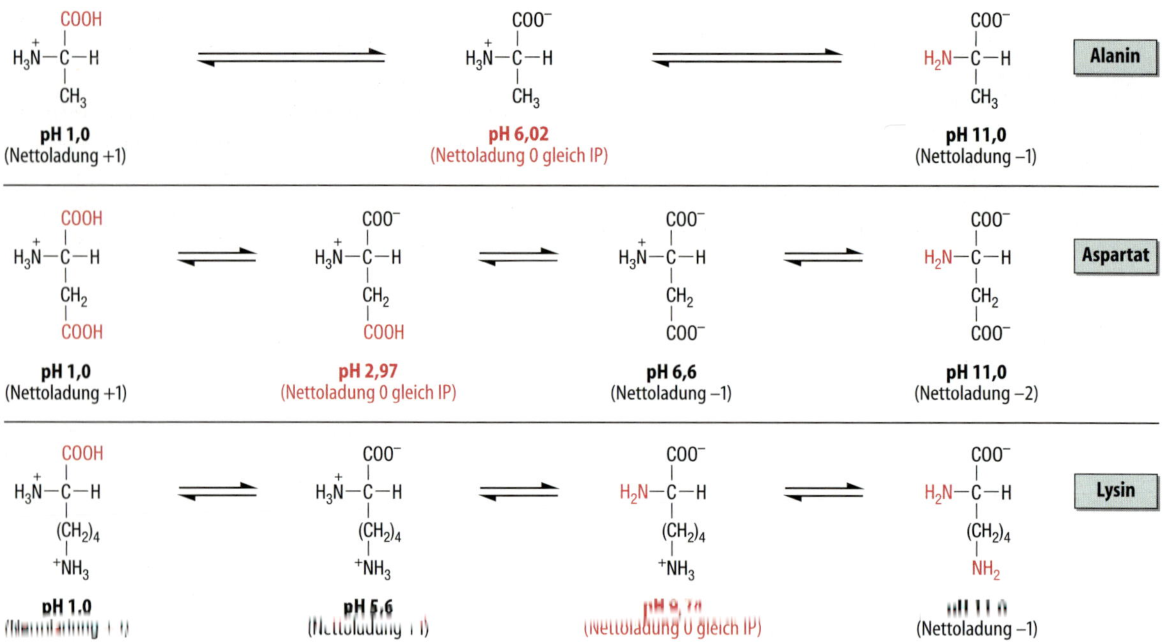

Abb. 2.31. Dissoziationsverhalten der Carboxyl- und Aminogruppen von Alanin, Aspartat und Lysin bei verschiedenen pH-Werten

Aus Abbildung 2.31 und Tabelle 2.7 geht weiter hervor, dass Aminosäuren bei physiologischem pH-Wert (in Körpersäften pH 7,4, im Cytosol der Körperzellen pH 6,0–7,0) überwiegend die geladenen funktionellen Gruppen enthalten. Deshalb wird diese Form für die Darstellung der Aminosäuren gewählt.

! Die Titrationskurven für Aminosäuren setzen sich aus denen ihrer funktionellen Gruppen zusammen.

Die Titrationskurve von **Alanin** ist aus den Titrationskurven der Carboxyl- und Aminogruppe dieser Aminosäure zusammensetzt, die jeweils den charakteristischen Verlauf schwacher Säuren zeigen (Abb. 2.32).

Aminosäuren mit mehreren dissoziablen Gruppen zeigen entsprechend kompliziertere Kurven. Aus Abbildung 2.31 und 2.32 sowie Tabelle 2.9 geht hervor, dass die Dissoziation der beiden Carboxylgruppen von **Aspartat** in einem Bereich zwischen pH 1 und pH 6,6 abläuft. Bei diesem Vorgang ändert sich der Dissoziationsgrad der Aminogruppe nicht, weswegen der isoelektrische Punkt von Aspartat dem arithmetischen Mittel der beiden pK-Werte der Carboxylgruppen entspricht.

Für **Lysin** gilt das Entsprechende. In dem Bereich, in dem die Dissoziation der Aminogruppen stattfindet, bleibt die α-Carboxylgruppe in der dissoziierten Form. Sie nimmt deshalb keinen Einfluss auf den isoelektrischen Punkt.

! Viele Eigenschaften von Aminosäuren sind pH-abhängig.

Die Protonierung funktioneller Gruppen von Aminosäuren ist von Bedeutung für:

- chemische und biochemische Reaktionen, die Aminosäuren eingehen können, beispielsweise bei Nachweismethoden
- die Trennung von Aminosäuregemischen durch Chromatographie an Ionenaustauscherharzen und vor allem
- die Struktur und die Funktion von Proteinen (▶ Kap. 3 und 4)

Infobox

Nachweisreaktionen von Aminosäuren

Bei Störungen des Aminosäurestoffwechsels sowie proteinanalytischen Fragestellungen kommt es darauf an, das Vorhandensein und die Konzentration einzelner Aminosäuren zu bestimmen. Nachweisverfahren für Aminosäuren können

- spezifisch für einzelne Aminosäuren sein oder
- die Summe aller in einer Probe vorhandenen Aminosäuren erfassen

Nur für sehr wenige Aminosäuren existieren spezifische Nachweisverfahren, so z.B. der Nachweis der Phenolgruppe im Tyrosin oder der Sulfhydrylgruppe im Cystein.

Wichtiger als die spezifischen Nachweisverfahren für Aminosäuren sind solche, die auf der Derivatisierung der funktionellen Gruppen am α-C-Atom beruhen. In aller Regel handelt es sich um Reaktionen mit der -NH_3^+-Gruppe, die zu fotometrisch nachweisbaren Produkten führt. Besondere Bedeutung haben die Umsetzung mit Dansylchlorid bzw. Ninhydrin (Abb. 2.33).

Die Verwendung jeder der beiden Methoden zum quantitativen Nachweis einzelner Aminosäuren setzt die Abtrennung dieser Aminosäuren aus den meist vorliegenden Aminosäuregemischen voraus.

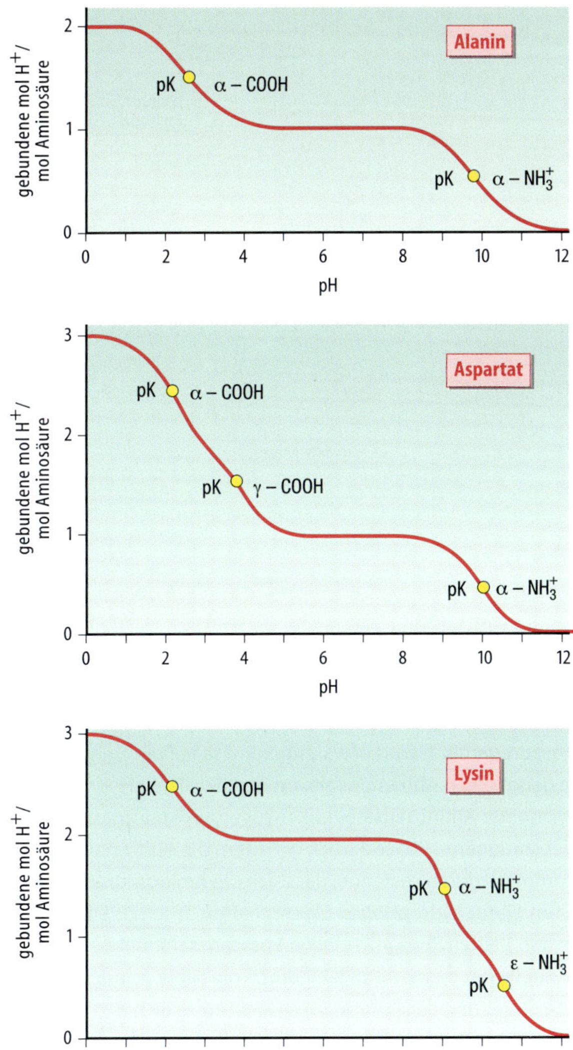

Abb. 2.32. Titrationskurven der Aminosäuren Alanin, Aspartat und Lysin

Infobox

Chromatographische Methoden zur Trennung von Aminosäuren

Chromatographische Verfahren beruhen auf der unterschiedlichen Affinität der zu trennenden Stoffe eines Gemisches zu zwei verschiedenen Phasen, die nicht oder nur im begrenzten Umfang miteinander mischbar sind. Eine der Phasen, die stationäre Phase, ist an einen festen Träger gebunden, die andere mobile Phase ist in Bewegung. Dadurch stellt sich immer wieder ein neues Gleichgewicht zwischen beiden Phasen ein, was zu einer Trennung des Stoffgemisches führt. Je nach Art der Kräfte, die bei der Entstehung der Gleichgewichte wirken, lassen sich Verteilungs-, Absorptions-, Ionenaustausch- und Hohlraumdiffusionschromatographie unterscheiden, nach der Anordnung des Trägermaterials Dünnschicht- bzw. Säulenchromatographie (Abb. 2.34).

Die Trennung von Aminosäuregemischen erfolgt meist durch Ionenaustauschchromatographie oder Umkehrphasen-Flüssigkeitschromatographie.

Ionenaustauschchromatographie. Ionenaustauscher sind polymere Kunstharze, die aus Elektrolytlösungen Ionen im Austausch gegen eigene Ionen gleicher Ladung aufnehmen und bei Änderung des pH-Wertes der Umgebung wieder abgeben können. Sie finden unter anderem Anwendung bei der Wasserenthärtung oder in der klinischen Medizin bei der Behandlung von Störungen des Ionenhaushaltes (▶ Kap. 28.5.2).

Zur Trennung von Aminosäuregemischen werden meist Kunstharze mit Sulfonsäuregruppen (HSO_3^-) benutzt. Wegen ihrer negativen Ladung können sie mit Kationen Salze bilden und heißen deswegen auch Kationenaustauscher. Da Aminosäuren im sauren

▼

Abb. 2.33. Derivatisierung von Aminosäuren mit Dansylchlorid (a) bzw. Ninhydrin (b). Die entstehenden Derivate können fluorimetrisch bzw. colorimetrisch nachgewiesen werden

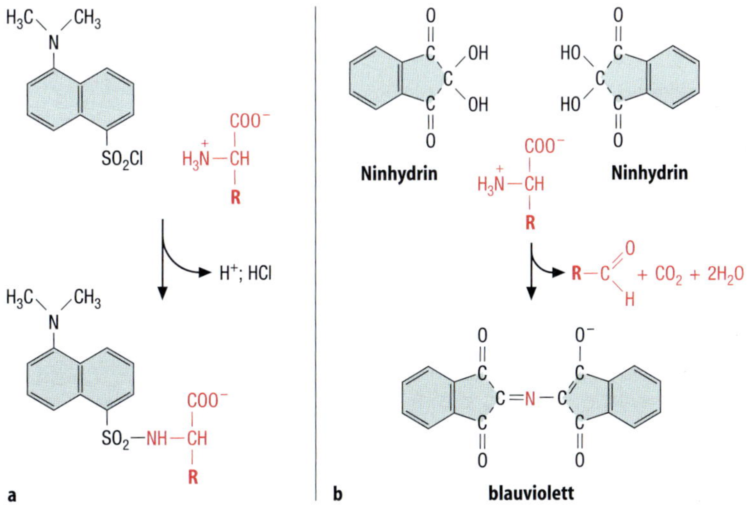

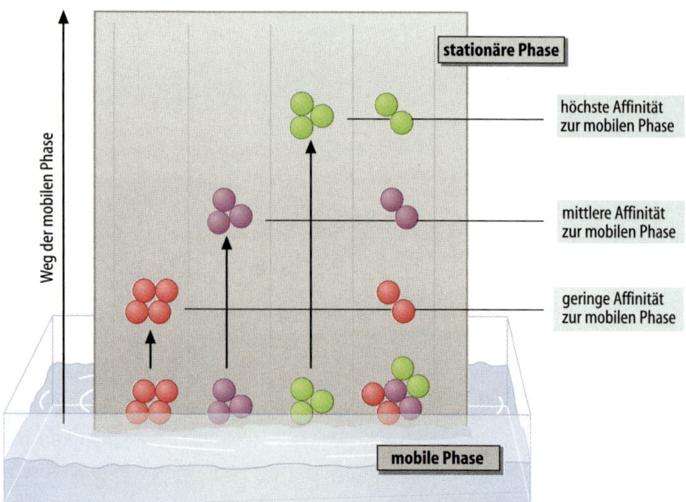

Abb. 2.34. Prinzip der Verteilungschromatographie. Das Beispiel stellt die Verteilungschromatographie als Dünnschichtchromatographie dar. Das Stoffgemisch wird zunächst auf die Dünnschichtplatte mit der stationären Phase aufgetragen und anschließend in einen Trog mit der mobilen Phase gestellt. Diese wandert nun an der Dünnschichtplatte hoch, wobei die verschiedenen Komponenten des Substanzgemisches je nach ihrer Affinität zur stationären Phase langsamer als die Lösungsmittel transportiert und auf diese Weise aufgetrennt werden

Milieu als Kationen vorliegen (▶ o.) binden sie an Kationenaustauscher. Durch Elution mit Puffern von steigendem pH und steigender Salzkonzentration können Aminosäuren schrittweise von dem Kationenaustauscher eluiert werden. Sie nehmen nämlich bei jeweils für jede Aminosäure typischen pH-Werten die Zwitterionenform an, bei der sie vom Ionenaustauscher nicht mehr gebunden werden. Die schrittweise eluierten Aminosäuren werden meist mit der Ninhydrinmethode nachgewiesen. Für die Auftrennung von Aminosäuregemischen durch Ionenaustauschchromatographie stehen entsprechende Automaten zur Verfügung.

Umkehrphasenflüssigkeitschromatographie. Die Umkehrphasenflüssigkeitschromatographie (englisch: *reversed phase liquid chromatography* (RPLC)) ist wegen der besonderen Trennschärfe und Empfindlichkeit ein sehr gut etabliertes Verfahren zur Auftrennung von Aminosäuregemischen. Bei der RPLC dienen in eine Chromatographiesäule gepackte Kieselgelteilchen, an die hydrophobe Substanzen covalent gebunden sind, als Träger der stationären Phase. Die mobile Phase besteht aus einer pufferhaltigen wässrigen Lösung, die mit einem wasserlöslichen organischen Lösungsmittel gemischt ist. Das Aminosäuregemisch wird in wässriger Phase auf die Trennsäule gegeben. In Abhängigkeit von der jeweiligen Hydrophobizität der Aminosäureseitenkette werden Aminosäuren in der stationären Phase zurück gehalten. Die Auftrennung kommt dadurch zustande, dass sich die Aminosäuren auf Grund ihrer hydrophoben Eigenschaften unterschiedlich in den beiden Phasen verteilen und damit mit unterschiedlicher Geschwindigkeit durch die Säule wandern. Die Verteilung der Aminosäuren kann zusätzlich dadurch beeinflusst werden, dass der hydrophile Charakter der mobilen Phase während des Laufes durch kontinuierliche Erhöhung des Anteils des organischen Lösungsmittels verändert wird. Für die Auftrennung von Aminosäuregemischen durch RPLC werden die Aminosäuren meist vor der Auftrennung derivatisiert, z.B. mit Phenylisothiocyanat (▶ Kap. 3.2.3)

In Kürze

Formal sind Aminosäuren Derivate von Fettsäuren, die am α-C-Atom eine Aminogruppe tragen. Nach der Wasserlöslichkeit ihrer Seitenketten kann zwischen hydrophilen und hydrophoben Aminosäuren unterschieden werden. Bei neutralem pH liegt die Carboxylgruppe von Aminosäuren deprotoniert als Anion und die Aminogruppe protoniert als Kation vor. Nichtessentielle Aminosäuren können im Organismus synthetisiert werden, essentielle Aminosäuren jedoch nicht, weswegen die letzteren mit der Nahrung zugeführt werden müssen.

Die Funktionen von Aminosäuren sind vielfältig:
- Die 20 proteinogenen Aminosäuren stellen die Bausteine aller Proteine dar
- Nichtproteinogene Aminosäuren entstehen entweder durch Modifikation von Aminosäureresten in Proteinen bzw. nehmen an den verschiedensten Stoffwechsel-Vorgängen teil (Harnstoffzyklus)
- Aminosäuren dienen als Stickstoff-Lieferanten für eine Reihe von Biosynthesen
- Durch Decarboxylierung von Aminosäuren entstehen Amine, die als Signalmoleküle dienen

Literatur

Bücher und Monographien

Ernst B, Hart GW, Sinay B (2000) (eds) Carbohydrates in Chemistry and Biology. Vol I–IV, Wiley VCH

Haines AH (2003) Carbohydrates: Structure and Biology VCH Verlagsgesellschaft

Katsaras J, Gutberlet T (2001) Lipid Bilayers: Structure and Interactions. Springer

Vance DE, Jean E, Vance JE (1996) (eds): Biochemistry of Lipids, Lipoproteins and Membranes. Elsevier

Varki A, Cummings R, Esko J, Freeze H, Hart G, Marth J (2002) Essentials of Glycobiology. Cold Spring Harbor Laboratory Press

Übersichten und Originalarbeiten

Bernfield M et al. (1999) Functions of cell surface heparan sulphate proteoglycans. Annu Rev Biochem 68:729–777

Iozzo RV (1998) Matrix proteoglycans: From molecular design to cellular function. Annu Rev Biochem 67: 609-652

Lagerholm BC, Weinreb GE, Jacobson K, Thompson NL (2005) Detecting microdomains in intact cell membranes. Annu Rev Phys Chem 56:309–336

Le Roy C, Wrana JL (2005) Clathrin- and non-clathrin-mediated endocytic regulation of cell signalling. Nat Rev Mol Cell Biol 6(2):112–26

Pike LJ (2004) Lipid rafts: heterogeneity on the high seas. Biochem J 378:281–292

Razani B, Woodman SE, Lisanti MP (2002) Caveolae: From cell biology to animal physiology. Pharmacol Rev 54:431–467

Simons K, Ehehalt R (2002) Cholesterol, lipid rafts, and disease. J Clin Invest 110:597–603

Simons K, Ikonen E (2000) How cells handle cholesterol. Science 290: 1722–1726

Simons K, Vaz WL (2004) Model systems, lipid rafts, and cell membranes. Annu Rev Biophys Biomol Struct 33:269–295

Stadtman TC (1996) Selenocysteine. Annu Rev Biochem 65:83–100

Woods RJ (1995) Three-dimensional structures of oligosaccharides. Curr Opin Struct 5:591–598

Links im Netz

▸ www.lehrbuch-medizin.de/biochemie

3 Proteine

Hans R. Kalbitzer, Petro E. Petrides

3.1 Klassifizierung und Eigenschaften von Proteinen – 56
3.1.1 Klassifizierung von Proteinen – 56
3.1.2 Die Peptidbindung – 57
3.1.3 Protonierungs-Deprotonierungsgleichgewichte in Proteinen – 58

3.2 Charakterisierung von Proteinen – 59
3.2.1 Isolierung von Proteinen – 59
3.2.2 Bestimmung von Molekülmasse und isoelektrischem Punkt – 62
3.2.3 Bestimmung von Aminosäurezusammensetzung und Aminosäuresequenz – 65

3.3 Die räumliche Struktur der Proteine – 69
3.3.1 Primärstruktur und Peptidbindung – 69
3.3.2 Sekundärstrukturen von Proteinen – 70
3.3.3 Tertiärstruktur von Proteinen – 75
3.3.4 Quartärstruktur von Proteinen – 78
3.3.5 Die Strukturebenen und Eigenschaften von Myoglobin und Hämoglobin – 79

3.4 Denaturierung, Faltung und Fehlfaltung von Proteinen – 86
3.4.1 Denaturierung und Faltung – 86
3.4.2 Pathobiochemie – 89

3.5 Methoden zur Strukturbestimmung von Proteinen – 90
3.5.1 Röntgenkristallographie – 90
3.5.2 Kernresonanzspektroskopie – 91

3.6 Synthese von Peptiden und Proteinen – 92
3.6.1 Chemische Peptidsynthese – 92
3.6.2 Gentechnische Proteinsynthese – 93

3.7 Genomik und Proteomik – 94
3.7.1 Funktionelle Proteomik – 94
3.7.2 Protein-Evolution – 95

Literatur – 98

 Einleitung

Proteine machen in vielen Zellen, Geweben und Organen mit mehr als 20% des Feuchtgewichts den bedeutendsten Anteil organischer Makromoleküle aus. Sie bestehen immer aus linearen Ketten ihrer Grundbausteine, der Aminosäuren. Das menschliche Genom enthält etwa 30.000 für Proteine codierende Gene. Allerdings ist die Zahl der Proteine des Menschen wohl wesentlich höher, da alternatives Spleißen bei den bisherigen Auswerteverfahren nicht ausreichend berücksichtigt werden kann. Proteine kommen häufig in Großfamilien vor, deren Mitglieder verwandt sind, aber spezialisierte Funktionen besitzen.

Proteine sind als Membran- und Cytoskelett-Bausteine für die Zellarchitektur verantwortlich und bestimmen durch die Zusammensetzung der extrazellulären Matrix Aufbau und Funktion von Geweben. Sie sorgen dafür, dass chemische Reaktionen katalysiert und reguliert werden (Enzyme), übermitteln Signale von Zelle zu Zelle (Hormone und Cytokine), erkennen Signale und leiten sie dem Zellinneren zu (Rezeptoren und Signaltransduktionssysteme), transportieren schlecht wasserlösliche Stoffe wie Sauerstoff (Hämoglobin) oder Eisen (Transferrin) und leiten oder pumpen Ionen durch Zellmembranen (Ionenkanäle und -pumpen).

Die enorme strukturelle und funktionelle Vielfalt der Proteine kommt durch die unterschiedliche Kombination der 20 proteinogenen Aminosäuren über Peptidbindungen zu Polymeren und die Assoziation mit verschiedenen Nicht-Proteinbestandteilen (wie Metallionen) zustande. Die Aminosäuresequenz bestimmt auch die räumliche Struktur (Konformation) der Proteine, die normalerweise nicht starr ist und sich verändernden Anforderungen anpassen kann.

3.1 Klassifizierung und Eigenschaften von Proteinen

3.1.1 Klassifizierung von Proteinen

Der menschliche Körper verfügt über etwa 30000 Gene für verschiedene Proteine, die u.a. für Struktur, Katalyse, Informationsvermittlung, Abwehr und Motilität verantwortlich sind. Eine Einteilung dieser großen und heterogenen Gruppe von Makromolekülen kann nach den verschiedensten Gesichtspunkten erfolgen.

! Einfache Proteine bestehen nur aus Aminosäuren, zusammengesetzte Proteine enthalten einen Nichtproteinanteil.

Man kann grundsätzlich unterscheiden zwischen einfachen Proteinen, deren hydrolytische Spaltung nur L-α-Aminosäuren oder deren Derivate ergibt, und zusammengesetzten Proteinen, die zusätzlich noch einen Nichtproteinanteil, die sog. prosthetische Gruppe, enthalten.

Bei den zusammengesetzten Proteinen bestimmt der Nichtproteinanteil die Bezeichnung. So enthalten

- **Nucleoproteine** Nucleinsäuren
- **Glycoproteine** Zuckerketten
- **Chromoproteine** chromophore Gruppen, z.B. Porphyrine
- **Lipoproteine** Lipide und
- Metalloproteine Metalle

Der Nichtproteinanteil, dessen Verbindung mit dem Protein covalenter oder nichtcovalenter Natur sein kann, variiert bei den zusammengesetzten Proteinen sehr stark (90% bei den VLDL-Lipoproteinen, 5% bei einzelnen Glycoproteinen)

 Fibrilläre und globuläre Proteine unterscheiden sich durch ihre Gestalt.

Globuläre Proteine. Eine grobe Einteilung der Proteine lässt sich nach der Teilchengestalt vornehmen. **Globuläre Proteine** sind kompakt gebaut und haben eine kugelähnliche Form. Das Achsenverhältnis sollte geringer als 10:1 sein, gewöhnlich findet man kleinere Achsenverhältnisse (<4:1). Globuläre Proteine sind typischerweise gut wasserlöslich, zu ihnen gehören viele Proteine, die spezifische Funktionen im Stoffwechsel und dessen Regulation übernehmen (**Funktionsproteine**). Beispiele sind

- Enzyme
- Antikörper und andere Proteine des Blutplasmas
- Hämoglobin, der Sauerstoffspeicher der roten Blutkörperchen
- Myoglobin, der Sauerstoffspeicher im Muskel, sowie
- Hormone wie das Insulin

Fibrilläre Proteine. Im Gegensatz dazu stellen die in Wasser und verdünnten Salzlösungen normalerweise unlöslichen **fibrillären Proteine** Strukturproteine dar. Typische Vertreter sind die extrazellulär vorkommenden Proteine

- α-Keratin (in Haaren, Haut und Wolle)
- β-Keratin (Seide)
- Kollagen (extrazelluläre Matrix, Bänder und Sehnen) und
- Elastin (Binde- und Stützgewebe)

Außerdem werden zu den Fibrillärproteinen gezählt:

- Fibrinogen, die Vorstufe des Fibrins des Blutgerinnsels
- Myosin, Titin, und Nebulin (wichtige Muskelproteine)

Proteinfamilien. Durch die Möglichkeiten der Molekularbiologie ist es heute viel leichter geworden, über die Sequenzierung der cDNA (► Kap. 7.4.3) die Aminosäuresequenz von Proteinen aufzuklären. Dies hat zur Erkenntnis geführt, dass sich viele, funktionell auch unterschiedliche Proteine auf Grund von Gemeinsamkeiten oder Ähnlichkeiten ihrer Aminosäuresequenz zu Familien und Großfamilien zusammenfassen lassen. Beispiele hierfür sind die **Immunglobulin-Großfamilie** oder die Familie der **Cytochrom P_{450}-abhängigen Monooxygenasen** (▶ Kap. 15.2.2). Da die räumliche Struktur von Proteinen deren Funktion bestimmt, kann eine bessere Zusammenfassung der Proteine in Klassen durch den Vergleich der dreidimensionalen Faltung der Polypeptidketten (**Faltungstopologie**) erreicht werden (▶ Abschnitt 3.3.3). Oft können hier noch Gemeinsamkeiten zwischen Proteinen erkannt werden, die aus der alleinigen Analyse der Aminosäuresequenzen nicht sicher festgelegt werden können.

3.1.2 Die Peptidbindung

! Die Peptidbindung ist das charakteristische Strukturmerkmal von Proteinen.

Proteine bestehen aus **unverzweigten** Ketten von Aminosäuren, die durch **Peptidbindungen** (Säureamid-Bindungen) miteinander verknüpft sind. Sie sind also Aminosäurebiopolymere.

Eine Peptidbindung entsteht formal durch Wasserabspaltung von der Aminogruppe der einen und der Carboxylgruppe der benachbarten Aminosäure. Dadurch gehen die freien α-Amino- und α-Carboxylgruppen verloren und liegen nur an den Enden des Proteins in freier Form vor. Es entsteht eine wechselnde Folge von C-Atomen (aus der Carboxylgruppe) und N-Atomen (aus der Aminogruppe) sowie der α-C-Atome, von denen die Seitenketten abgehen: Die Sequenz

$$(\text{-N-C}^{\alpha}\text{-C-N-C}^{\alpha}\text{-C-})$$

wird als **Rückgrat der Peptidkette** bezeichnet (▫ Abb. 3.1). Da dieses bei allen Peptidketten identisch ist, werden die individuellen Eigenschaften eines Proteins durch die Seitenketten der Aminosäuren bestimmt (▫ Tabelle 3.1). Auf Grund der hohen Konzentration von Wasser in Biosystemen liegt das Gleichgewicht der Bildung der Peptidbindung auf Seiten der Hydrolyse; die Bildung der Peptidbindung verlangt deshalb Energie, ihre Spaltung durch spezifische Enzyme, die Proteasen, ist energetisch begünstigt.

! Jedes Protein besitzt eine spezifische Zusammensetzung und Reihenfolge seiner Aminosäuren.

Die Bildung von Peptidbindungen bei der Biosynthese von Proteinen wird in Kapitel 9 geschildert. Jedes Protein besitzt eine spezifische Zusammensetzung und Reihenfolge seiner Aminosäuren, die durch die Basensequenz der Nucleinsäuren genetisch festgelegt ist.

Vielfalt der Proteine. Mit den 21 proteinogenen Aminosäuren kann theoretisch eine ungeheure Zahl von Polymeren mit unterschiedlicher Sequenz und unterschiedlichen Eigenschaften gebildet werden. Wenn man die sehr selten vorkommende 21. proteinogene Aminosäure Selenocystein vernachlässigt, gibt es schon für ein relativ kleines Protein aus 100 Aminosäuren 20^{100}(etwa $1{,}3\times10^{130}$) verschiedene Kombinationsmöglichkeiten, d.h. man kann hiermit theoretisch schon mehr verschiedene Sequenzen erzeugen als es wahrscheinlich überhaupt Atome im Universum gibt (ungefähre Abschätzung 3×10^{78}). Allerdings wird man in der Natur nur eine beschränkte Anzahl verschiedener Proteine finden, da nur die Proteine mit für das Überleben der Organismen essentiellen Eigenschaften langfristig in der Evolution selektiert werden.

Peptide und Proteine. Gewöhnlich wird nach der Kettenlänge zwischen **kurzkettigen Peptiden** und **langkettigen Proteinen** unterschieden. Traditionell setzt man die Grenze zwischen Protein und Peptid bei 100 Aminosäureresten. Allerdings werden auch kleinere Polypeptide in der Praxis als Proteine bezeichnet, wenn sie für Proteine typische Eigenschaften haben (z.B. als Enzyme wirken). Peptide mit

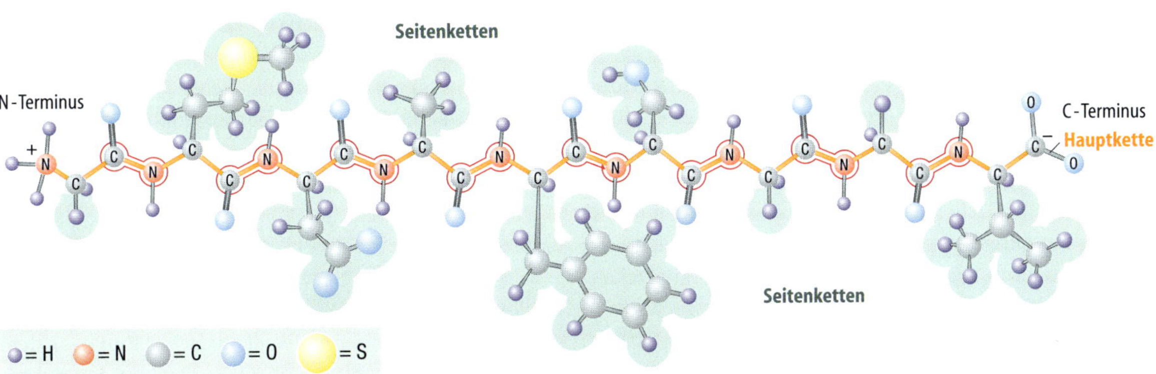

▫ **Abb. 3.1. Polypeptidkette mit Hauptkette (*orange*) und Seitenketten (*grün*).** Die Sequenz des Peptids ist Gly-Met-Asp-Ala-Phe-Ser-Gly-Gly-Val. Die einzelnen Peptidbindungen sind rot umrandet

3

Tabelle 3.1. Mögliche Funktionen der Aminosäureseitenketten in Proteinen

Aminosäurerest	Eigenschaften und Funktionen
Arginyl-	Hydrophil; elektrostatische Wechselwirkungen
Lysyl-	Hydrophil; elektrostatische Wechselwirkungen; Befestigung einer prosthetischen Gruppe oder eines Cofaktors über Amidbindung; Wechselwirkungen über Schiff-Base (Aldiminbildung); Ligand für Metallion
Histidyl-	Hydrophile oder hydrophobe Wechselwirkungen (in Abhängigkeit vom Ionisationsgrad); elektrostatische Wechselwirkungen; Protonenübertragung; Ligand für Metallion; Akzeptor bei Transferreaktionen
Glutamyl- Aspartyl-	Hydrophil; elektrostatische Wechselwirkungen; Protonenübertragung; Ligand für Metallion; covalente Bindung über endständige Carboxylgruppe; Aspartylphosphat
Glutaminyl- Asparaginyl-	Hydrophil; Wasserstoffbrückenbindungen Asn: Bindung von Kohlenhydratseitenketten
Seryl- Threonyl-	Wasserstoffbrückenbindung; nucleophil; covalente Bindung über Hydroxylgruppe z.B. von Phosphatresten
Glycyl-	Fehlen einer Seitenkette erlaubt große Flexibilität in der Faltung des Proteins in diesem Bereich
Alanyl- Valyl- Leucyl- Isoleucyl- Phenylalanyl-	Hydrophobe Wechselwirkungen; bestimmen die Konformation; Polymere hydrophober Aminosäuren verankern Proteine in Zellmembranen
Tyrosyl-	Hydrophobe Wechselwirkungen; Protonenübertragung; elektrostatische Wechselwirkungen bei hohem pH; Ligand für Metallion; covalente Bindung von Phosphatresten
Tryptophanyl-	Hydrophobe Wechselwirkungen; nucleophil; Acylakzeptor; Wasserstoffbrückenbindung
Cysteinyl- Selenocysteinyl-	Redoxreaktionen; Ligand von Metallionen; Disulfid-(Diselenid-)bindungen
Methionyl-	Hydrophobe Wechselwirkungen; Ligand für Metallion
Prolyl-	Unterbrechung einer α-Helix bzw. β-Struktur; hydrophobe Wechselwirkungen

bis zu 10 Aminosäuren bezeichnet man als **Oligopeptide**, mit mehr als 10 Aminosäuren als **Polypeptide**. Peptide werden nach der Anzahl der Aminosäuren unter Verwendung von griechischen Zahlen benannt. Ein aus zwei Aminosäuren bestehendes Peptid heißt **Dipeptid**, ein aus drei Aminosäuren bestehendes Peptid **Tripeptid**, ein aus 10 Aminosäuren bestehendes Peptid nennt man **Dekapeptid**.

Schreibweisen. Die für die Darstellung von Peptiden und Proteinen übliche Schreibweise soll am Beispiel des Nonapeptids Bradykinin, eines Peptidhormons mit gefäßerweiternder und harntreibender Wirkung, erläutert werden. In der Dreibuchstabenabkürzung (▶ Kap. 2.3.2) würde man Bradykinin schreiben als:

$$^{+}H_3N\text{-Arg-Pro-Pro-Gly-Phe-Ser-Pro-Phe-Arg-COO}^{-}$$

Bei der Schreibweise von Aminosäuresequenzen beginnt man nach Konvention immer mit der N-terminalen (aminoterminalen) Aminosäure (links) und endet mit C-terminalen (carboxyterminalen) Aminosäure (rechts). In der Platz sparenden Einbuchstabenabkürzung, die man gewöhnlich bei größeren Proteinen benutzt, würde die Bradykininsequenz

$$^{+}H_3N\text{-R-P-P-G-F-S-P-F-R-COO}^{-}$$

lauten.

3.1.3 Protonierungs-Deprotonierungsgleichgewichte in Proteinen

! Die biologische Aktivität vieler Proteine hängt von der Aufnahme und Abgabe von Protonen durch dissoziable Gruppen in den Seitenketten von Aminosäuren in Proteinen ab.

Obwohl bei Proteinen die α-ständige Carboxyl- und Aminogruppe der freien Aminosäuren außer an den Enden der Polypeptidbindung in die Peptidbindung eingebunden und daher nicht mehr geladen sind, besitzen Proteine i. Allg. eine Reihe von dissoziablen Gruppen in ihren Seitenketten. Dies gilt zunächst für die Seitenketten der geladenen Aminosäuren, also für die

- **Aminogruppe** des Lysins
- **Guanidinogruppe** des Arginins
- **Carboxylgruppen** des Aspartats und des Glutamats
- **Imidazolgruppe des Histidins**

Die genannten Gruppen können in Abhängigkeit vom pH-Wert protoniert bzw. deprotoniert werden. Bei katalytisch aktiven Proteinen (Enzymen) wirken diese Aminosäureseitenketten häufig als chemisch aktive Gruppen bei der Umsetzung von Substraten mit. Sie stellen die funktionellen Gruppen für einen wichtigen Typ enzymatischer Reaktion, die **Säure-Basen-Katalyse**, zur Verfügung. Besonders wichtig ist hier der **Histidinrest**, der auf Grund seines pK-Wertes bei physiologischem pH in etwa zur Hälfte als Säure und zur Hälfte als Base vorliegt.

Isoelektrischer Punkt. Wie bei den Aminosäuren errechnet sich aus den pH-Werten ein **isoelektrischer Punkt**, an dem ein Protein die Zwitterionenform besitzt und im elektrischen Feld nicht wandert, da es im Zeitmittel keine elektrische Nettoladung besitzt. Wie bei isolierten Aminosäuren ist die Gesamtladung von Proteinen vom pH der Lösung abhängig. Die pK-Werte der einzelnen Aminosäurereste im Protein müssen nicht mit denen der isolierten Aminosäuren übereinstimmen, in der Regel weichen sie von diesen Werten ab, da sie durch die direkten Wechselwirkungen mit benachbarten Aminosäuren und die elektrische Feldverteilung des gesamten Proteins modifiziert werden.

Abb. 3.2 zeigt die Titrationskurve von Hämoglobin, die bei drei pH-Bereichen einen steileren Verlauf nimmt. Zwei dieser Bereiche, bei denen eine gute Pufferwirkung um pH 3 (bedingt durch die Glutamylreste) und pH 11 (bedingt durch die Arginylreste) besteht, besitzen keine biologische Bedeutung, da sie außerhalb des physiologischen pH-Bereichs liegen. Die in Abb. 3.2 rosa markierte Fläche spiegelt die Pufferwirkung der Histidylreste des Hämoglobins wider, die beim CO_2-Transport durch das Blut und bei der Regulation des Säure-Basen-Haushalts besprochen wird.

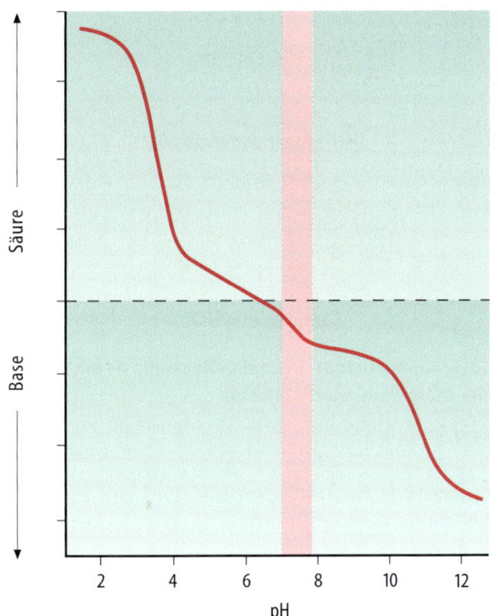

Abb. 3.2. Titrationskurve von Hämoglobin

In Kürze

Proteine spielen für alle biologischen Systeme eine entscheidende Rolle, da sie:
- wichtige Strukturelemente darstellen
- für nahezu alle Katalysen in biologischen Systemen als Enzyme verantwortlich sind
- Moleküle der Signalerkennung und Signalverarbeitung sind
- als Bestandteile des Immunsystems an der Abwehr fremder Moleküle und Organismen beteiligt sind
- die Phänomene der Motilität und Nervenleitung vermitteln

Außer nach der Funktion können Proteine nach ihrem Aufbau in einfache und zusammengesetzte bzw. fibrilläre und globuläre Proteine eingeteilt werden. Eine modernere Einteilung macht sich spezifische Strukturelemente, d.h. die Faltungstopologie, zunutze und führt zur Einteilung von Proteinen in große Familien.

Die einzelnen Aminosäuren eines Peptides sind durch Peptidbindungen miteinander verknüpft. Jedes Protein besitzt eine spezifische Zusammensetzung und Reihenfolge seiner Aminosäuren, die Aminosäuresequenz.

Das durch die Peptidbindungen gebildete Rückgrat von Proteinen ist bei allen Proteinen identisch. Die Vielfalt der Eigenschaften von Proteinen ergibt sich daher aus den Aminosäureseitenketten. Viele biologische Aktivitäten von Proteinen hängen davon ab, dass dissoziable Gruppen in den Seitenketten vorhanden sind, die Protonen aufnehmen oder abgeben können. Von besonderer Bedeutung sind hier
- die basischen Gruppen von Lysin und Arginin, die Carboxylgruppen von Aspartat und Glutamat
- die Imidazolgruppe des Histidins
- die Hydroxylgruppen von Serin, Threonin und Tyrosin sowie
- die Sulfhydrylgruppe des Cysteins

3.2 Charakterisierung von Proteinen

3.2.1 Isolierung von Proteinen

Proteine werden aus Gewebsextrakten oder Körperflüssigkeiten durch Kombinationen verschiedener chromatographischer Verfahren isoliert.

Ein beträchtlicher Teil der im menschlichen Organismus vorkommenden Proteine ist bis heute lediglich als DNA-Sequenz im (inzwischen vollständig aufgeklärten) humanen Genom identifiziert. Zur vollständigen Charakterisierung gehört jedoch neben der Definition der biologischen Aktivität v.a. die Reindarstellung. Hierzu werden Proteine aus Gewebsextrakten durch eine Kombination verschiedener chromatographischer Methoden isoliert.

Homogenisierung. Dabei wird das Gewebe zunächst homogenisiert. Hierbei werden z.B. mit Hilfe rotierender Messer die Zellen zertrümmert, sodass die Proteinfraktion freigesetzt wird. Durch Zentrifugation werden dann unlösliche Bestandteile entfernt.

Cellulose-partikel –O–CH_2–CH_2–$\overset{+}{N}$(–CH_2–CH_3)$_2$–H

Diethylaminoethyl (DEAE)

Cellulose-partikel –O–CH_2–COO^-

Carboxymethyl (CM)

▫ Abb. 3.3. Ionenaustauscher auf Cellulosebasis mit Carboxymethyl- oder Diethylaminoethyl-Resten

▫ Abb. 3.4. Prinzip der Gelchromatographie

Ionenaustauschchromatographie. Der die Proteine enthaltende Überstand wird dann meist zunächst durch **Ionenaustauschchromatographie** fraktioniert. Dabei werden Austauscher auf Cellulosebasis benutzt. Diese können beispielsweise Carboxymethylreste (CM-Cellulose, Kationenaustauscher) oder Diethylaminoethylreste (DEAE-Cellulose, Anionenaustauscher) enthalten (▫ Abb. 3.3).

Welche Art von Ionenaustauscher verwendet werden kann, muss in Vorversuchen ermittelt werden, da eine entgegengesetzte Nettoladung des Proteins Voraussetzung für eine Interaktion mit den geladenen Gruppen des Ionenaustauschers ist. Die Elution und damit die Trennung von anderen Proteinen erfolgt mit Hilfe von Salzlösungen in steigenden Konzentrationen.

Gelfiltration. Die Ionenaustauscherchromatographie bietet den Vorteil einer meist bedeutenden Volumenreduktion, sodass im nächsten Schritt die **Gelfiltration** (Gelchromatographie, Molekularsiebchromatographie) verwendet werden kann, die Proteine nach ihrer Molekülmasse auftrennt, aber gleichzeitig zu einer starken Verdünnung der Lösung führt (▫ Abb. 3.4). Bei diesem Verfahren erfolgt die Trennung aufgrund der Molekülgröße und damit auch, mit gewissen Einschränkungen, aufgrund der Molekülmasse. Man lässt Gele aus Dextran oder Polyacrylamid in wässrigen Lösungen quellen und füllt sie in ein Glasrohr. Schickt man nun ein Substanzgemisch aus kleinen und großen Molekülen durch das Gel, so diffundieren die kleinen Moleküle (in ▫ Abb. 3.4 die gelben Kugeln) in die Hohlräume der Gelpartikel (grüne Kugeln), während die großen Moleküle (in ▫ Abb. 3.4 violett) sich nur im Lösungsmittel zwischen den Gelpartikeln aufhalten. Die größeren Partikel passieren die Säule deshalb schneller.

Affinitätschromatographie. Mit Hilfe dieser Technik gelingt häufig die vollständige Reinigung des untersuchten Proteins. Zur Herstellung eines Affinitätsgels wird ein Ligand des anzureichernden Proteins oder ein Antikörper gegen das Protein covalent an eine inerte poröse Matrix gebunden. Wird das Proteingemisch über ein derartiges Affinitätsgel gepumpt, so wird nur das Protein an die Affinitätsmatrix gebunden, welches mit dem Liganden oder dem Antikörper in Wechselwirkung treten kann. Dieses kann anschließend z.B. durch Zusatz des gelösten Liganden im Überschuss oder durch andere Verfahren wie das Ansäuern des Elutionsmediums eluiert werden (▫ Abb. 3.5).

Hochdruckflüssigkeitschromatographie. Die Hochdruckflüssigkeitschromatographie (HPLC; *high pressure liquid chromatography*) zeichnet sich durch eine besondere Trennschärfe aus und erlaubt deshalb die Hochreinigung von Proteinen, die nur in geringsten Mengen vorkommen. Gerade sie sind von besonderem Interesse, da sie häufig therapeutisch eingesetzt werden können. Das Prinzip der

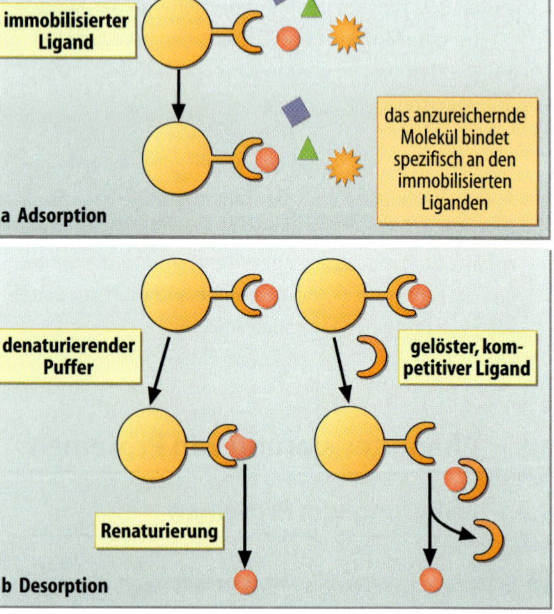

▫ Abb. 3.5. Prinzip der Affinitätschromatographie. a An den an eine inerte Matrix immobilisierten Liganden bindet das zu reinigende Protein mit hoher Spezifität, während andere Verbindungen nicht gebunden werden. **b** Durch denaturierende Verbindungen oder kompetitive lösliche Liganden wird das zu reinigende Protein von der Matrix abgelöst.

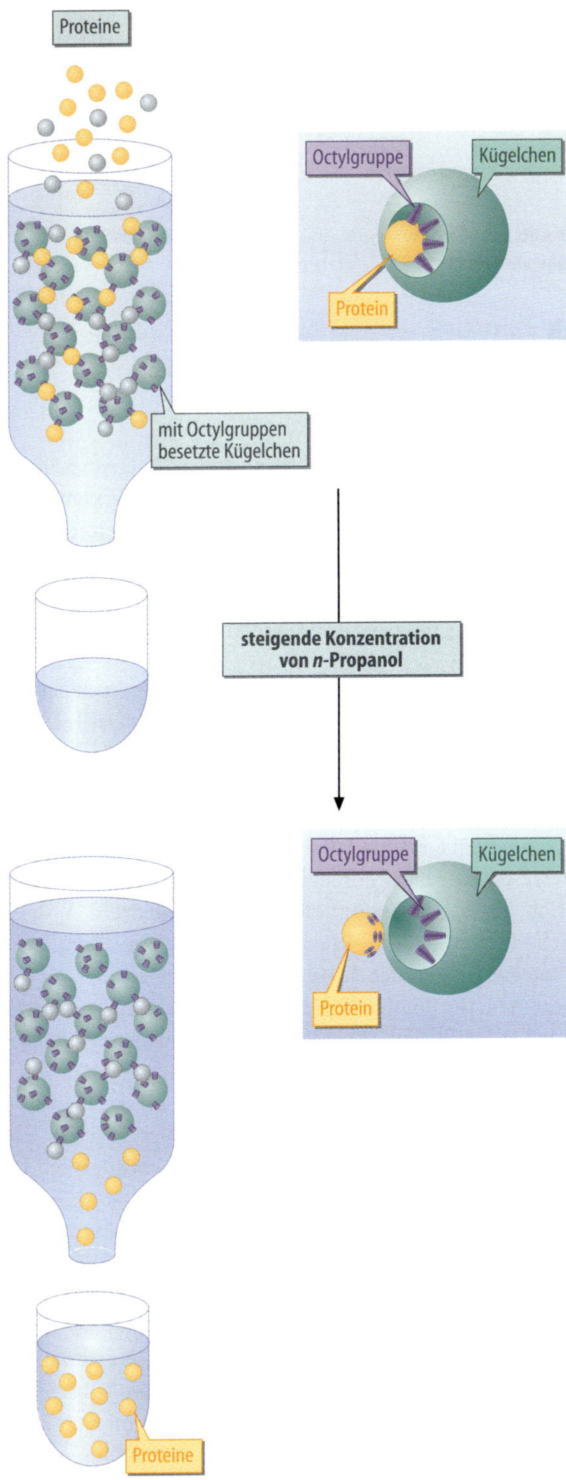

Abb. 3.6. Prinzip der Umkehrphasen-HPLC. Die gelb dargestellten Proteine werden schneller von der Säule eluiert als die grau dargestellten

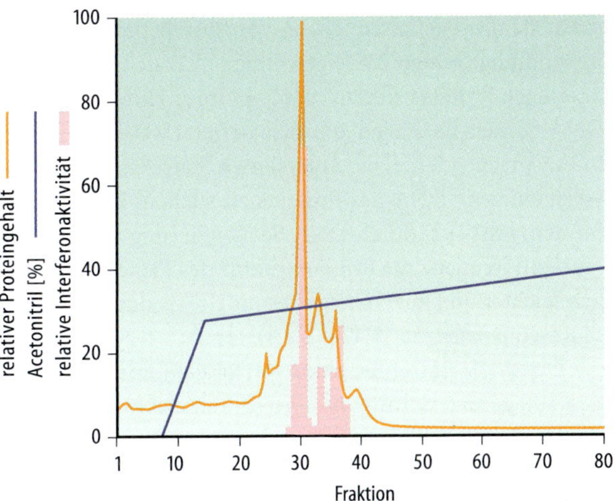

Abb. 3.7. Reinigung von Interferon durch RP-HPLC. In der Fraktion 30 ist bis zur Homogenität gereinigtes Interferon enthalten

HPLC entspricht dem der Verteilungschromatographie (▶ Kap. 2.3.4).

Die stationäre Phase bei der HPLC-Technik sind Silikagel-Partikel mit einem Durchmesser von meist 5 µm und Poren von etwa 300 Å Weite. Diese werden in Metallrohre von üblicherweise 4.6 mm Innendurchmesser und 250 mm Länge gefüllt. Für die Chromatographie sind dann Drucke von 20–200 bar notwendig.

Peptide und Proteine werden meist mit der **Umkehrphasen-Hochdruckflüssigkeitschromatographie** aufgetrennt (RP-HPLC, *reversed phase high pressure liquid chromatography*). Die stationäre Phase besteht auch hier aus Silikagelpartikeln, allerdings sind an diese covalent Alkanketten geknüpft. Im Allgemeinen werden Kettenlängen zwischen 4 und 18 C-Atomen verwendet.

Trägt man Proteingemische in wässriger Lösung auf derartige Säulen auf, so werden die meisten Proteine aufgrund hydrophober Aminosäureseitenketten von der stationären Phase gebunden. Die Elution erfolgt üblicherweise mit einem kontinuierlichen Gradienten eines organischen Lösungsmittels, z.B. n-Propanol oder Acetonitril. Entsprechend ihrer Hydrophobizität eluieren die einzelnen Proteine des Gemisches nacheinander von der Säule (Abb. 3.6).

Als Beispiel ist die Hochreinigung von Interferon (▶ Kap. 25.8.4) dargestellt (Abb. 3.7). Ausgangspunkt ist eine partiell gereinigte Interferon-Präparation. Ein großer Teil der biologischen Interferonaktivität eluiert bei einer Acetonitril-Konzentration von 30% als scharfe Fraktion von der Säule (Fraktion 30). Die spätere Analyse zeigt, dass es sich tatsächlich um reines Interferon handelt.

Charakterisierung des gereinigten Proteins. Ist das Protein bis zur Homogenität gereinigt, folgen klassischerweise die Bestimmung der Molekülmasse, die Aminosäureanalyse und die Bestimmung der Aminosäuresequenz.

Da dies besonders bei großen Proteinen ein außerordentlich mühevoller Vorgang ist, begnügt man sich heute

3

meist damit, Partialsequenzen von durch proteolytische Behandlung (▶ Kap. 3.2.3) gewonnenen Bruchstücken des jeweiligen Proteins zu ermitteln. Mit ihrer Hilfe lassen sich DNA-Sonden herstellen, die dazu benutzt werden können, in entsprechenden cDNA-Banken (▶ Kap. 7.4.3) nach der vollständigen cDNA des Proteins zu suchen. Ist diese gefunden, lässt sich durch DNA-Sequenzierung anhand der Nucleotidsequenz die Primärstruktur des Proteins wesentlich leichter und zuverlässiger ermitteln als durch Aminosäuresequenzierung (▶ Kap. 3.2.3).

Durch die Entschlüsselung ganzer Genome lassen sich heutzutage viele Schritte *in silico* (durch elektronische Datenverarbeitung) durchführen, die früher *in vitro* durchgeführt werden mussten. Die Identifikation des Proteins lässt sich zunehmend ohne den Umweg über die DNA heutzutage schneller durch den Vergleich mit den bekannten Aminosäuresequenzen erreichen, die in den Genomdatenbanken abgelegt sind (▶ Kap. 5.4).

Trotz dieser durch molekularbiologische Techniken bewirkten Erleichterung bei der Ermittlung der Primärsequenz von Proteinen wird deren Hochreinigung nach wie vor benötigt. Insbesondere lässt sich die **posttranslationale Modifikation** von Proteinen nicht aus der DNA-Sequenz ablesen. Dies ist besonders bei Proteinen mit Signalcharakter (Hormone, Cytokine) häufig schwierig, da diese nur in winzigen Mengen vorkommen.

3.2.2 Bestimmung von Molekülmasse und isoelektrischem Punkt

Die Bestimmung der Molekülmasse von Proteinen erfolgt heute meist mit Hilfe der **Gel-Elektrophorese**. Für die genauere Analyse der Molekülmasse werden auch die **analytische Ultrazentrifugation** und die **Massenspektrometrie** verwendet.

Im SI–Maßsystem wird die **Molekülmasse**, wie alle Massen, in kg angegeben. Die Nomenklaturkommission der IUB hat eine daraus abgeleitete Größe, das Dalton (Da) eingeführt. Ein Dalton entspricht dabei der Masse eines 12-tels der Masse des Kohlenstoffisotops ^{12}C also etwa $1{,}99 \times 10^{-23}$ g. Die direkt von den Basiseinheiten abgeleitete Größe ist die **molare Masse**, gemessen in kg mol^{-1}. Ein Protein mit der Molekülmasse von 1 kDa hat nach diesen Konventionen genau die molare Masse von 1 kg mol^{-1}. Die **relative Molekülmasse** M_r (wie die Molekülmasse bezogen auf ein 12-tel der Masse von ^{12}C) **ist eigentlich ein veralteter Begriff. Sie wird oft immer noch als Molekulargewicht bezeichnet, ein Ausdruck der unlogisch ist, da M_r** eine relative Masse, nicht ein Gewicht bezeichnet. Da $\mathbf{M_r}$ eine dimensionslose Größe ist, hat sie keine Einheit und (die oft gebrauchte Einheit) D ist im SI-Maßsystem nicht mehr zulässig.

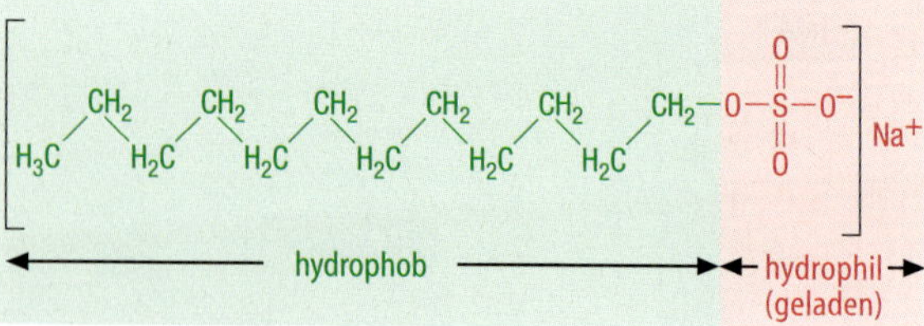

Abb. 3.8. Struktur von Natrium-Dodecylsulfat (SDS). Das Detergens wird für die SDS-Polyacrylamid-Gelelektrophorese verwendet

> ! Die Molekülmasse von Proteinen kann mit Hilfe der SDS-Polyacrylamid-Gelelektrophorese abgeschätzt werden.

SDS-Polyacrylamid-Gelelektrophorese. Aufgrund ihrer positiven und negativen Ladungen wandern Proteine im elektrischen Feld. Ihre Wanderung wird dabei durch ihre Nettoladung, Größe und Gestalt bestimmt. Eine Auftrennung und Analyse von Proteinen durch Elektrophorese kann entweder in freier Lösung oder in einem Trägermedium erfolgen.

Zur Molekülmassenbestimmung (früher Molekulargewichtsbestimmung) von Proteinen wird eine spezielle Form der Elektrophorese mit hoher Auflösung, die **SDS-Polyacrylamid-Gelelektrophorese** (SDS-PAGE), verwendet. Als Träger dient ein hochvernetztes **Polyacrylamidgel**, das direkt vor dem Lauf durch Polymerisierung von Monomeren hergestellt wird. Die Porengröße des Gels kann durch Variation des Vernetzungsgrades so eingestellt werden, dass sich eine optimale Auftrennung der Proteine ergibt. Die Proteine werden dabei in einer wässrigen Lösung aufgenommen, die ein negativ geladenes Detergens, das **Natrium-Dodecylsulfat** (Abb. 3.8) (*sodium dodecyl sulfate* oder SDS) enthält.

Dabei handelt es sich um den Sulfatester des Dodekanols (eines Alkohols mit 12 C-Atomen). Dieses stark negativ geladene Detergens bindet mit seinem Fettsäureanteil an hydrophobe Bereiche des Proteins, sodass das Molekül entfaltet wird und Wechselwirkungen mit anderen Proteinen oder Lipiden aufgehoben werden. Im Durchschnitt wird 1 SDS-Molekül pro 1,5–2 Peptidbindungen gebunden, sodass die Ladungsdichte für alle Proteine gleich ist. Meist wird auch noch ein reduzierender Stoff wie **Mercaptoethanol** hinzugefügt, der Disulfidbindungen spaltet, sodass eine über Disulfidbrücken stabilisierte Konformation nicht aufrechterhalten werden kann bzw. über Disulfidbindungen verbundene Proteinkomplexe in Einzelbestandteile zerfallen.

Bei der Elektrophorese wandern die durch das SDS negativ geladenen Proteine durch das Polyacrylamid-Plattengel in Richtung der positiven Elektrode. Da kleine Proteine schneller durch die Poren des Polyacrylamidgels gelangen, werden die Proteine nach ihrer **Molekülmasse** aufgetrennt, d.h. die niedermolekularen Proteine sind nach Abschluss der Elektrophorese der Anode am nächsten (Abb. 3.9).

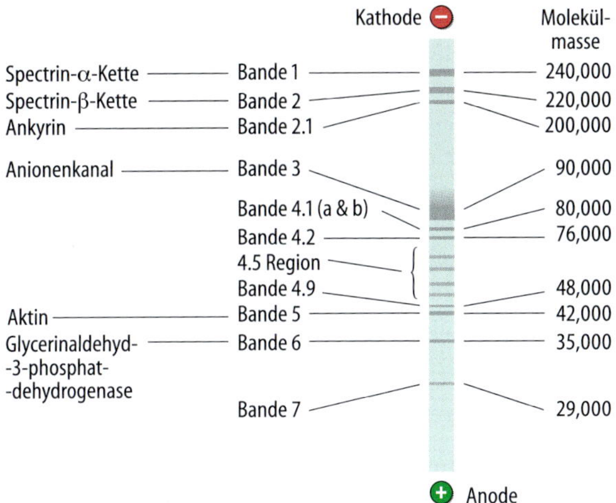

Abb. 3.9. SDS-Polyacrylamid-Gelelektrophorese von Proteinen der Erythrozytenmembran. Die Trennung erfolgte in einem 5%-igen Gel; ein schematisches Modell der Verteilung dieser Proteine in der Membran und ihrer Assoziationen miteinander findet sich in Abb. 29.6 in Kap. 29.2.1 (Molekülmassen in Da). (Nach Cohen 1983)

Nach Beendigung des Laufes müssen die aufgetrennten Proteine durch eine Färbung sichtbar gemacht werden; dies erfolgt normalerweise mit einem Farbstoff wie **Coomassie-Blau** oder – bei sehr geringen Proteinmengen – mit einer hoch empfindlichen **Silberfärbung**.

Bei der Elektrophorese können mehrere Proben parallel aufgetragen werden, sodass man z.B. das elektrophoretische Verhalten einer Proteinprobe unter reduzierenden und nichtreduzierenden Bedingungen vergleichen kann. Zur Molekülmassenbestimmung lässt man ein Gemisch von Proteinen mit bekannter Molekülmasse in einer Parallelspur mitlaufen, über die dann die Molekülmasse des jeweiligen Proteins ermittelt werden kann.

Western Blot. Nach der Elektrophorese kann durch einen **Abklatsch** (*blot*) ein Transfer der auf dem Gel separierten Proteine auf Nitrocellulosepapier oder Nylonfolien gemacht werden. Derartige Blots können anschließend mit einem spezifischen Antikörper getränkt werden, über den dann das von diesem Antikörper erkannte Protein identifiziert wird. Diese als **Western-Blotting-Technik** bezeichnete Methode wird im Rahmen der Proteinanalytik in großem Umfang angewandt und ist beispielsweise auch für die HIV-Diagnostik von Bedeutung (▶ Kap. 10.4.2).

Trägerelektrophorese. Zur groben Fraktionierung von Proteingemischen in Körperflüssigkeiten (Plasma, Urin, Liquor cerebrospinalis) besitzt die **Trägerelektrophorese** auf Celluloseacetatfolien als analytisches Verfahren eine besondere Bedeutung. Da bei dieser Methode der Molekularsiebeffekt des Polyacrylamids wegfällt, erfolgt die Trennung ausschließlich aufgrund isoelektrischer Punkte der Proteine.

V.a. die Trennung der Serum- bzw. Plasmaproteine, deren Konzentration sich bei den verschiedensten Krankheitsbildern ändert, wird im klinischen Laboratorium routinemäßig durchgeführt. Da der isoelektrische Punkt der Serumproteine im Neutralen bzw. schwach Sauren liegt, wird die Elektrophorese bei pH 8,6 durchgeführt. Die dann als Anionen vorliegenden Serum- bzw. Plasmaproteine werden wegen der begrenzten Trennschärfe der Trägerelektrophorese nur in fünf bis sechs Fraktionen aufgetrennt.

Immunelektrophorese. Eine weitergehende Trennung erlaubt die **Immunelektrophorese**, bei der sich an die elektrophoretische Trennung eine immunologische Analyse anschließt. Auf Einzelheiten und klinische Bedeutung dieser Methode wird in den Kapiteln 29 und 34 näher eingegangen.

> ! Die zweidimensionale Gel-Elektrophorese trennt Proteine aufgrund ihres isoelektrischen Punktes sowie der Molekularmasse.

Wird die Gel-Elektrophorese mit einer anderen Trennungsmethode, der isoelektrischen Fokussierung, kombiniert, so spricht man von der **zweidimensionalen Gel-Elektrophores** (2D-Gelelektrophorese). Bei diesem Verfahren erfolgt zunächst eine Trennung der Proteine aufgrund ihres isoelektrischen Punktes, anschließend nach ihrer Molekülmasse.

Erste Dimension:Trennung nach isolelektrischem Punkt. Bei dieser als **isoelektrische Fokussierung** (IEF) bezeichneten Technik erfolgt die Trennung aufgrund der Tatsache, dass sich die Nettoladung eines Proteins mit dem pH der umgebenden Lösung ändert. Bei dem für jedes Protein charakteristischen isoelektrischen Punkt hat das Protein keine Nettoladung und wandert deshalb nicht mehr im elektrischen Feld. Zur Fokussierung werden die Proteine zuerst in einem nichtionischen Detergens, dem Denaturierungsmittel Harnstoff sowie Mercaptoethanol in Lösung gebracht, ohne dass dabei ihre Ladung eine Änderung erfährt. Dann erfolgt die Elektrophorese auf Polyacrylamidgelstreifen, die einen immobilisierten pH-Gradienten enthalten (IPG-Streifen), (Abb. 3.10).

Jedes Protein wandert nun in die Position des pH-Gradienten, die seinem isoelektrischen Punkt entspricht, und bleibt dort.

Zweite Dimension: Trennung nach Molekülmasse. Nach Beendigung der Fokussierung wird der IPG-Streifen auf ein SDS-Plattengel gelegt, sodass die nach dem IP aufgetrennten Proteine jetzt in der zweiten Dimension zusätzlich noch durch SDS-PAGE nach ihrer Molekülmasse getrennt werden. Dadurch entsteht ein zweidimensionales Muster, bei dem jedes Protein hinsichtlich Molekülmasse und isoelektrischem Punkt genau charakterisiert werden kann (Abb. 3.10).

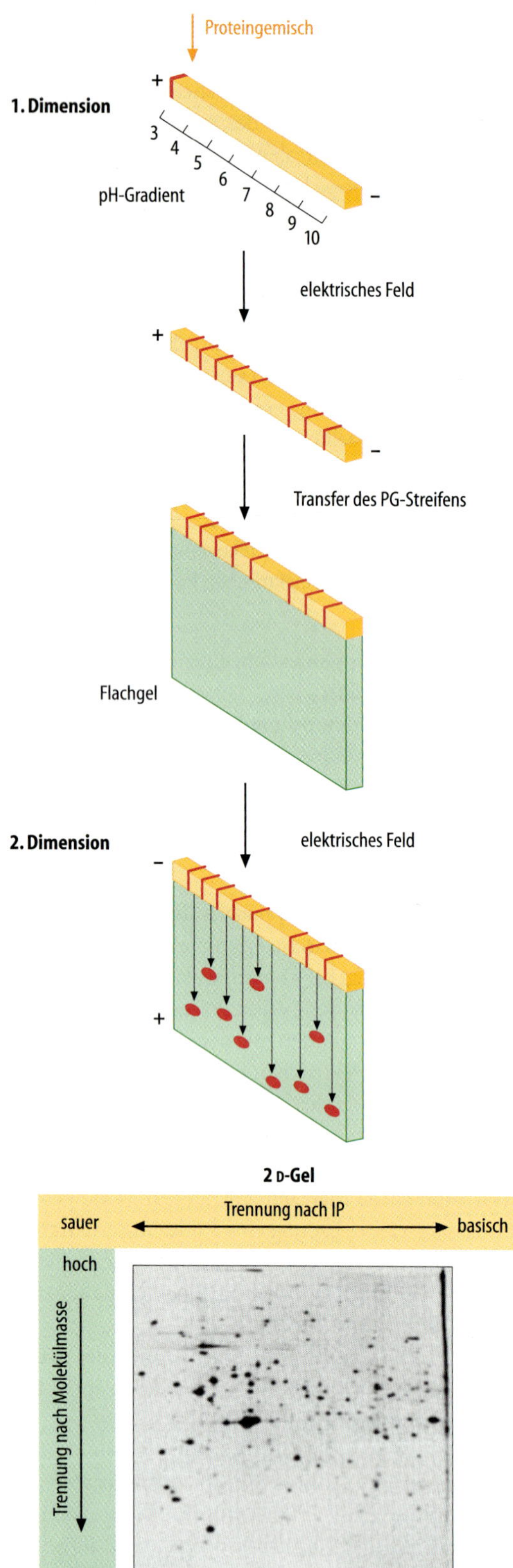

Abb. 3.10. Prinzip der zweidimensionalen Gel-Elektrophorese. Oben: Trennung der Proteine nach dem isoelektrischen Punkt (IP) in der ersten Dimension und nach der Molekülmasse in der zweiten Dimension. Unten: 2D-Gel der zellulären Proteine menschlicher Leukämiezellen

Funktionelle Genomik. Mit der 2D-Gelektrophorese können bis zu etwa 1000 verschiedene Proteine aufgetrennt werden. Sie hat im Zuge der **funktionellen Genomik** (*functional genomics*) eine neue Bedeutung gewonnen, da sie erlaubt, sehr schnell das Proteinexpressionsmuster von Zellen in verschiedenen Funktionszuständen zu ermitteln. Werden die 2D-Gelelektrophoresen unter Standardbedingungen aufgenommen, können die Proteine auf dem 2D-Gel durch den Vergleich mit Gel-Elektrophoresen aus Datenbanken automatisch identifiziert werden.

Mit Hilfe der Ultrazentrifugation kann die Molekülmasse hochmolekularer Proteine bestimmt werden.

Analytische Ultrazentrifugation. Für die Molekülmassenbestimmung von höhermolekularen Proteinen und aus mehreren Proteinen bestehenden Komplexen hat sich die von dem schwedischen Chemiker Theodor Svedberg und Mitarbeitern entwickelte Technik der **analytischen Ultrazentrifugation** bewährt. Zur Molekülmassenbestimmung wird ein Zentrifugenröhrchen, das die Proteinlösung enthält, in der Zentrifuge mit sehr hoher Umdrehungszahl einem künstlichen Schwerefeld ausgesetzt. Da das Zentrifugalfeld etwa das 400.000-fache des Erdschwerefeldes erreichen kann, sedimentiert das Protein entsprechend seinem Gewicht und seiner Gestalt. Der Sedimentationsprozess wird während des Zentrifugenlaufes mit einem optischen System verfolgt; damit kann die Geschwindigkeit $v=dr/dt$, mit der das Protein sedimentiert, ermittelt werden, wobei r der Abstand vom Rotationszentrum bis zu einem beliebigen Punkt des Zentrifugenröhrchens ist. Als Voraussetzung für die Sedimentation gilt natürlich, dass die Dichte der Proteine größer ist als die des (i. Allg. wässrigen) Lösungsmittels.

Eine relative Angabe über die Molekülmasse kann gemacht werden, wenn man das Sedimentationsverhalten als ein Vielfaches des sog. **Svedberg-Koeffizienten** s angibt. Dieser errechnet sich nach Bestimmung der Wanderungsgeschwindigkeit v nach der Formel:

$$s = \frac{v}{\omega^2 r}$$

und besitzt die Dimension einer Zeit (s).

In der Gleichung ist ω die Winkelgeschwindigkeit, die man direkt aus der Anzahl der Umdrehungen/min berechnen kann ($\omega = 2\pi 60/U$). Die Svedberg-Einheit (S) beträgt 1×10^{-13} s. **Proteine besitzen S-Werte** zwischen 1 und 200. Zur Berechnung der absoluten Molekülmassen aus dem Sedimentationskoeffizienten müssen noch weitere Eigenschaften des Proteins ermittelt werden. In den Sedimentationskoeffizienten gehen das Volumen und die Form des Proteins ein, große Proteine mit nicht-sphärischer Geometrie (fibrilläre Proteine) wandern langsamer als kleine, annähernd kugelförmige Proteine (globuläre Proteine). Natürlich werden die gemessenen Sedimentationskoeffizien-

Tabelle 3.2. S-Werte und daraus errechnete Molekulargewichte einiger Proteine (Ribosomen enthalten neben Proteinen einen großen Anteil von RNA)

	S_{20} (Svedberg-Einheiten bei 20 °C)	Molekularmassen (Da)
Insulin	1,2	6 300
Myoglobin	2,0	16 900
Hämoglobin	4,5	63 000
Fibrinogen	7,6	340 000
Ribosom	70	1 000 000
Tabakmosaikvirusprotein	174	59 000 000

ten auch von Eigenschaften des Lösungsmittels wie Dichte und Viskosität beeinflusst, die man daher gewöhnlich in den Untersuchungen konstant hält. Tabelle 3.2 zeigt die S-Werte und Molekülmassen einiger Proteine. Aus dieser Tabelle geht ebenfalls hervor, dass zwischen S-Wert und Molekülmasse eines Proteins keine lineare Beziehung besteht.

Werden Proteine in einem Lösungsmittel, dessen Dichte die der Proteine übersteigt, einem Schwerefeld unterworfen, so bewegen sie sich nicht zum Boden des Zentrifugenröhrchens (Sedimentation), sondern in Richtung Meniscus (Flotation). Das Ausmaß der **Flotation** wird von denselben Eigenschaften des Lösungsmittels und des Proteins bestimmt wie bei der Sedimentation.

Der **Flotationskoeffizient** s_f wird analog in S_f-Einheiten angegeben; er hat eine besondere Bedeutung bei der Charakterisierung der Plasmalipoproteine erhalten (▶ Kap. 18.5). Plasmalipoproteine besitzen S_f-Werte zwischen 0 und 10^5.

Präparative Ultrazentrifugation. Das Prinzip der Ultrazentrifugation wird auch zu präparativen Zwecken angewendet. Das hierfür erforderliche Gerät ist wesentlich preiswerter als die analytische Ultrazentrifuge. Vor Beginn des Zentrifugenlaufes wird im Zentrifugenröhrchen mit dem Lösungsmittel ein Konzentrationsgefälle vom Meniscus zum Boden hergestellt (z.B. mit Saccharose oder Cäsiumchlorid), in dem die Proteine während des Laufes sedimentieren und sich im Bereich ihrer Dichte anreichern (**Dichtegradienten-Zentrifugation**, Abb. 3.11). Durch präparative (Ultra-)Zentrifugation können auch andere Makromoleküle (z.B. Nucleinsäuren) und subzelluläre Partikel getrennt werden.

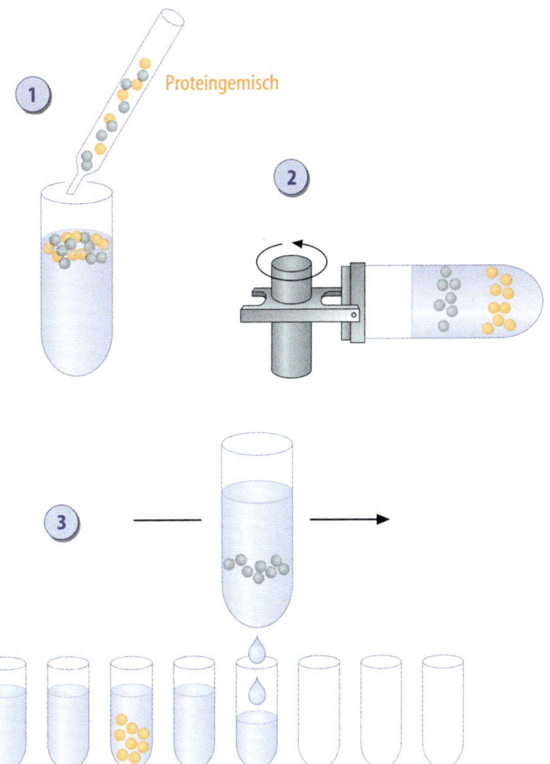

Abb. 3.11. Prinzip der Dichtegradienten-Zentrifugation. **1** Auftragung des Proteingemischs auf den Dichtegradienten; **2** Zentrifugation; **3** Fraktionierung

3.2.3 Bestimmung von Aminosäurezusammensetzung und Aminosäuresequenz

! Durch Säurehydrolyse der Peptidbindungen werden Proteine in Aminosäuren zerlegt.

Nach der Molekülmassenbestimmung wird die Aminosäurezusammensetzung des Proteins durch Totalhydrolyse ermittelt. Durch Behandlung mit starken Säuren oder Basen können Proteine zu Aminosäuren hydrolysiert werden. Bei der allgemein verwendeten **Säurehydrolyse** werden allerdings beträchtliche Anteile von Serin, Threonin und Tryptophan zerstört. Außerdem werden Glutamin und Asparagin zu ihren entsprechenden Aminosäuren desaminiert, d.h. sie verlieren Ammoniak, das dann im Hydrolysat nachweisbar ist. Bei bekannter Molekülmasse kann durch Bestimmung der Mengen der einzelnen Aminosäuren die Anzahl jeder einzelnen Aminosäure im Protein bestimmt werden.

! Die Aminosäuresequenz von Peptiden und Proteinen kann durch den Edman-Abbau ermittelt werden.

Das Prinzip dieser Methode liegt darin, dass – vom N-terminalen Ende der Peptidkette ausgehend – eine Aminosäure nach der anderen abgespalten, isoliert und identifiziert wird. Der Rest der Kette darf nicht verändert werden, da

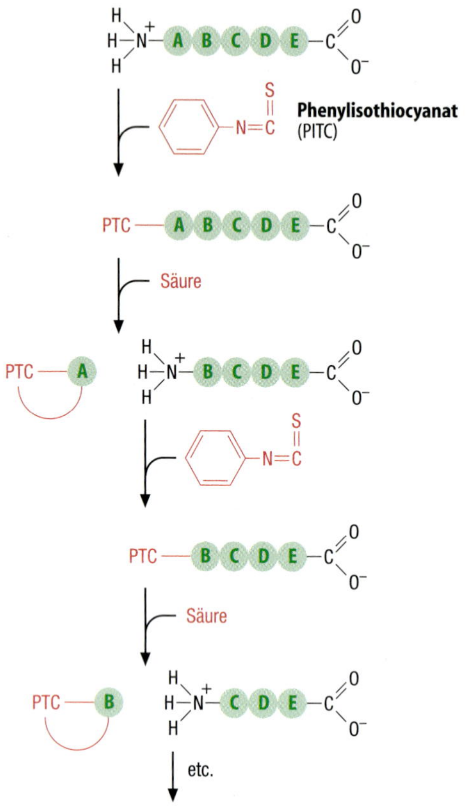

Abb. 3.12. Sequenzierung von Proteinen mit Hilfe von Phenylisothiocyanat

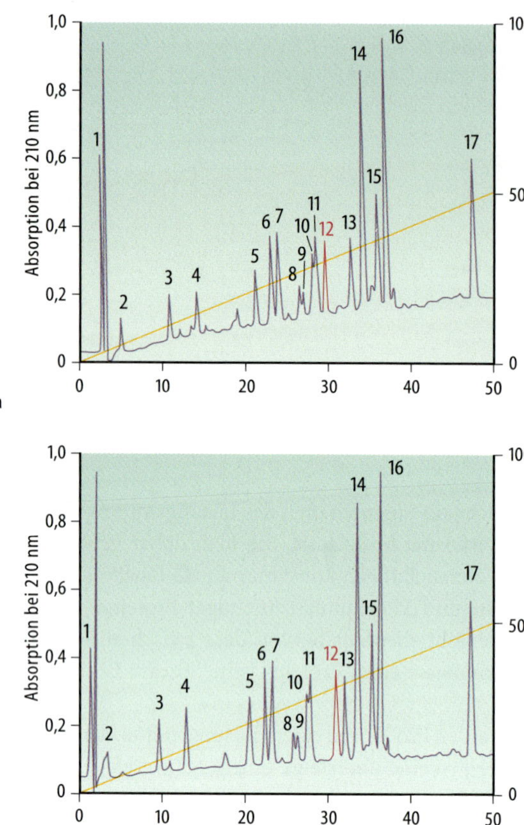

Abb. 3.13. Umkehrphasen-HPLC-Auftrennung tryptischer Peptide des Wachstumshormons. a Peptide nach Spaltung des nativen, d.h. aus der menschlichen Hypophyse isolierten Wachstumshormons mit Trypsin; **b** Peptide nach Spaltung des durch Genklonierung in E. coli hergestellten menschlichen Wachstumshormons. Die Peptide wurden mit einem linearen Acetonitril-Gradienten (gelb) in 0,1%-iger Trifluoressigsäure eluiert. Die Detektion der eluierten Peptide erfolgt durch Messung bei 210 nm, da die Peptidbindung bei dieser Wellenlänge eine Absorption zeigt. (Nach Kohr et al. 1982)

sonst die Information der Sequenz dieses Restes verloren ginge. Die schrittweise, vielfach wiederholte Abtrennung von jeweils einer Aminosäure gelang erstmalig dem schwedischen Biochemiker Per Edman (1914–1977) im Jahre 1950. Nach dieser Methode reagiert **Phenylisothiocyanat** (PITC) mit der N-terminalen Aminogruppe, wobei das Phenylthiocarbamylderivat entsteht. Durch Behandlung mit Säure – in einem wasserfreien Lösungsmittel zur Verhinderung der Hydrolyse der Peptidkette – zyklisiert die N-terminale Aminosäure zu einem Phenylhydantoinderivat und wird vom restlichen Peptid abgespalten. Übrig bleibt ein aus der N-terminalen Aminosäure gebildetes Phenylthiohydantoin (PTH)-derivat, dessen Identität mit Hilfe der RP-HPLC (▶ Kap. 3.2.1) in Minuten ermittelt werden kann, und das um die N-terminale Aminosäure verkürzte Peptid. Dieses kann erneut mit Phenylisothiocyanat behandelt werden, wodurch Schritt für Schritt die Folge der Aminosäuren vom N-terminalen Ende her ermittelt wird (◘ Abb. 3.12).

Heute wird der Edman-Abbau automatisiert durchgeführt, wobei für eine Sequenzierung etwa 5–50 pmol Polypeptid erforderlich sind.

Eine Einschränkung dieser Methode ist, dass meist nur Sequenzen bis zu 40 Aminosäuren sequenziert werden können. Proteine müssen deshalb durch chemische oder enzymatische Spaltung in kleinere Peptide zerlegt werden. Hierfür übliche Verfahren sind:

- Spaltung mit **Bromcyan** (CNBr). Mit Bromcyan können Proteine hinter Methionylresten gespalten werden
- Spaltung mit **Trypsin**. Trypsin spaltet Peptidbindungen hinter den basischen Aminosäuren Arginin und Lysin
- Spaltung mit **Chymotrypsin**. Chymotrypsin spaltet Proteine hinter Aminosäuren mit aromatischen Seitenketten

Bei Spaltung werden Bruchstücke gebildet, die heute meist durch RP-HPLC aufgetrennt werden.

◘ Abb. 3.13 zeigt die Auftrennung der **tryptischen Peptide** des aus 191 Aminosäuren bestehenden Wachstumshormons mittels Umkehrphasen-HPLC. Dabei werden das native, aus der menschlichen Hypophyse isolierte Wachstumshormon (◘ Abb. 3.13a) mit dem in *E. coli* durch Genklonierung (▶ Kap. 7.4.1) synthetisierten menschlichen Wachstumshormon (◘ Abb. 3.13b) verglichen.

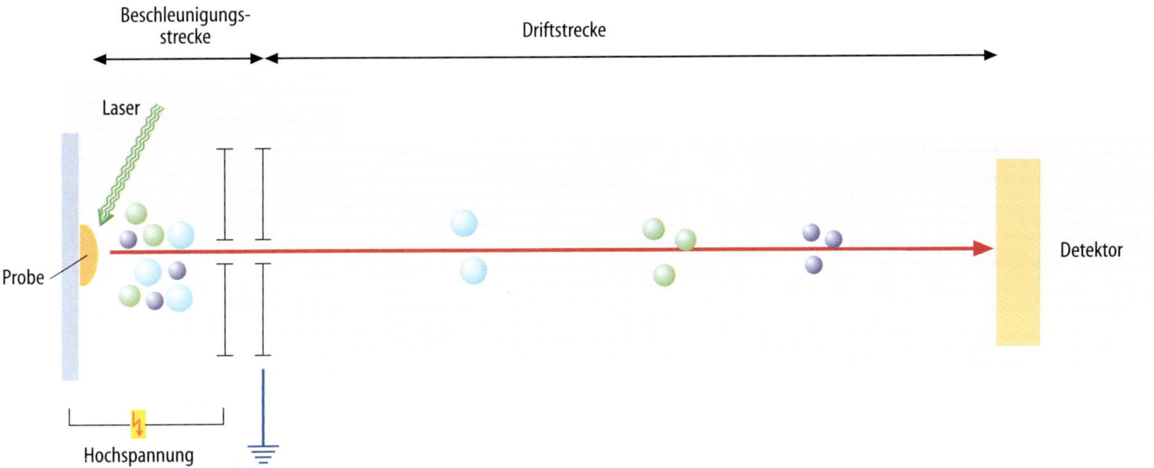

Abb. 3.14. Prinzip der Massenspektrometrie. Beim MALDI-TOF-Verfahren werden die in der Probe enthaltenen Proteine zunächst mit Hilfe eines gepulsten Lasers ionisiert. Die dabei entstehenden (positiv geladenen) Proteinionen werden in einem elektrischen Feld beschleunigt. Sie durchlaufen anschließend eine sog. Driftstrecke. Ihre Flugzeit durch die Driftstrecke wird durch einen Detektor gemessen und ist dem Verhältnis aus Masse und Ladung (*m/z*) proportional

Beide Proteine werden durch Trypsin in 17 Fragmente gespalten, deren Elutionsverhalten mit Ausnahme von Peptid 12 identisch ist. Nach der Sequenzanalyse dieses Peptids handelt es sich um die 9 Aminosäuren am N-terminalen Ende des Hormons, wobei das Peptid im Falle des klonierten Hormons einen zusätzlichen Methionylrest enthält, der das unterschiedliche Elutionsverhalten erklärt. Dieser Methionylrest war aus herstellungstechnischen Gründen künstlich eingefügt worden (▶ Kap. 7.4).

Zur Ermittlung der Totalsequenz müssen Proteine in verschiedenen Ansätzen mit unterschiedlichen Methoden in Bruchstücke zerlegt werden, damit nach deren Sequenzanalyse aufgrund ihrer Überlappung die Aminosäurenfolge des ursprünglichen Proteins rekonstruiert werden kann. Dieses sehr mühselige Verfahren wird nur noch selten angewendet. Meist müssen auch bei größeren Proteinen nur einzelne Abschnitte sequenziert werden. Mit dieser Information kann dann unter Verwendung gentechnologischer Verfahren (▶ Kap. 7.4) das vollständige Gen (bzw. die cDNA) isoliert werden, aus dem dann die komplette Primärstruktur abgeleitet werden kann.

! Die Massenspektrometrie ist eine schnelle und empfindliche Methode zur Bestimmung der Molekülmasse und von Aminosäureteilsequenzen.

Bestimmung der Molekülmasse. Die Massenspektrometrie (MS) ist heute die Standardmethode zur exakten Massenbestimmung von Proteinen, die allen anderen Methoden überlegen ist. Zur Massenbestimmung werden äußerst kleine Mengen benötigt, wie sie in einer Bande auf einem Gel typischerweise enthalten sind. Die Massenbestimmung erreicht eine Genauigkeit, die besser ist als 0,1 Da.

Ein Massenspektrometer besteht prinzipiell aus drei Komponenten, einer Quelle, in der die Proteine (oder Proteinfragmente) ionisiert und ins Hochvakuum gebracht werden, einer Komponente, in der die Ionen in einem elektrischen Feld beschleunigt werden und einem Analysator, in dem die Massen m und Ladungen z der Ionen analysiert werden.

In Abb. 3.14 ist schematisch das Prinzip dieser Analysetechnik dargestellt. Eine Möglichkeit der Ionenerzeugung ist das **MALDI** (*matrix assisted laser desorption ionisation*)-Verfahren. Hierbei wird die Probe zusammen mit Matrixmolekülen auf einem Träger getrocknet. Durch Einstrahlung mit einem gepulsten Laser auf den Träger werden dann Proteinionen erzeugt. Diese geladenen Proteinmoleküle werden anschließend im elektrischen Feld beschleunigt. Ein Verfahren zu ihrer Trennung und Analyse ist die TOF- (*time of flight*)- Massenspektrometrie, bei der die Flugzeit der verschiedenen Ionen bestimmt wird. Diese hängt von der Geschwindigkeit nach der Beschleunigungsphase im elektrischen Feld ab und ist proportional zum Quotienten aus Masse und Ladung (m/z). Wichtig ist dabei, dass Ionen mit unstabiler Flugbahn durch sog. Quadrupole abgefangen werden.

Eine Alternative zur Ionenerzeugung ist das **ESI** (*electrospray ionisation*)-Verfahren. Hierbei werden kleinste geladene Tröpfchen der Probenflüssigkeit im hohen elektrischen Feld erzeugt und dann das Lösungsmittel durch heißes Stickstoffgas verdampft.

Sequenzanalyse. Für eine Sequenzanalyse ist die oben geschilderte Ermittlung der Gesamtmasse nicht ausreichend, das Protein muss gezielt fragmentiert werden, um dann die Fragmente wieder zu analysieren. Dies kann im Massenspektrometer durch Einfügen einer mit Heliumgas gefüllten Kollisionszelle erreicht werden, mit der ein Massenpeak gezielt fragmentiert und weiter analysiert wird (CID, *colli-*

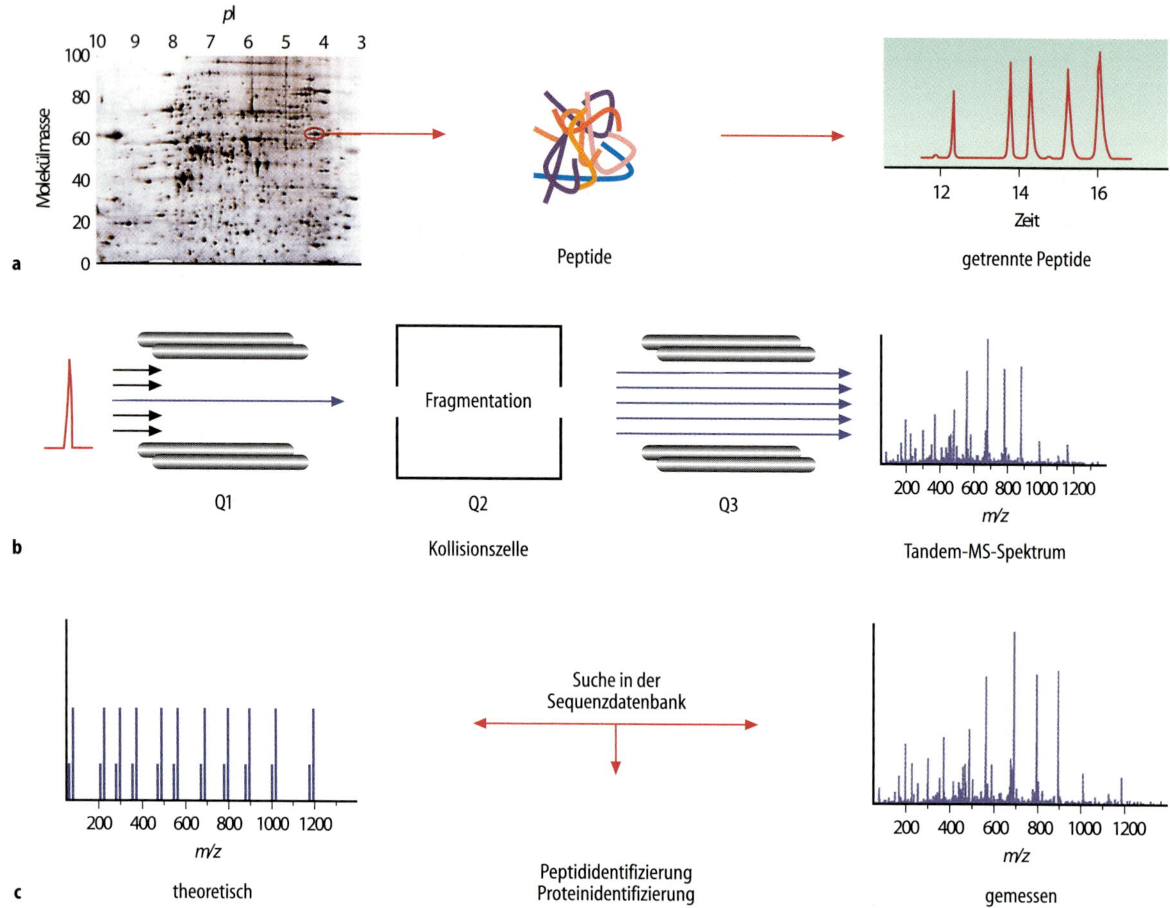

Abb. 3.15. Standard-Proteomanalyse mit der zweidimensionalen Elektrophorese und der Tandem-Massenspektrometrie.
a Zunächst werden die Proteine mit Hilfe einer zweidimensionalen Gel-Elektrophorese aufgetrennt und auf dem Gel mit Trypsin verdaut. Die erhaltenen Peptide werden dann mittels HPLC aufgetrennt.
b Das ausgewählte Peptid wird mit der Tandem-Massenspektrometrie analysiert. Zunächst erfolgt dabei die Isolierung des Massenpeaks, dieser wird anschließend in einer Kollisionszelle fragmentiert. Die dabei entstehenden Peptidionen werden massenspektrometrisch analysiert. Die Quadrupole Q1, Q2 und Q3 dienen der Abtrennung von Ionen mit instabiler Flugbahn. **c** Die erhaltenen Massenspektren werden analysiert und mit einer Sequenzdatenbank verglichen. (Nach Gygi und Aebersold 2000)

sion induced dissociation). Abb. 3.15 zeigt ein typisches Vorgehen. Zunächst wird das selektierte Protein durch Proteasen in kleinere Fragmente gespalten, die mit HPLC aufgetrennt werden. Diese Peptide (Peptidgemische) werden dann in einem ersten Massenspektrometer mit Hilfe eines Quadrupols weiter aufgetrennt, das selektierte Peptid wird in der Kollisionszelle in kleine Bruchstücke zerlegt, die anschließend in einem daran gekoppelten Massenspektrometer analysiert werden (MS-MS, Tandem-MS). Da mit Hilfe entsprechender Datenbanken jedem Bruchstück eine spezifische Aminosäuresequenz zugeordnet werden kann, entfällt die Zeit raubende Sequenzierung mit konventionellen Methoden.

Wenn DNA-Sequenzdaten vorhanden sind, muss natürlich auch hier nicht die Gesamtsequenz aufgeklärt werden. Hierzu benötigt man gewöhnlich nur die Sequenz eines kleineren Fragments und die Gesamtmasse. Ein Abgleich mit der Datenbank führt dann zur Identifizierung des Proteins.

In Kürze

Eine entscheidende Voraussetzung für die Charakterisierung von Proteinen ist deren Reinigung aus Zellextrakten oder Körperflüssigkeiten. Dies geschieht i. Allg. und durch eine Kombination von säulenchromatographischen Verfahren wie:

- Ionenaustauschchromatographie
- Gelchromatographie
- Affinitätschromatographie
- Umkehrphasen-Hochdruckflüssigkeitschromatographie

Für die Bestimmung der Molekülmasse von Proteinen eignet sich:

- die SDS-Polyacrylamidgel-Elektrophorese, oder als aufwendigere Verfahren
- die analytische Ultrazentrifugation
- die Massenspektrometrie

Mit der zweidimensionalen Gel-Elektrophorese kann neben der Molekülmasse auch der isoelektrische Punkt von Proteinen bestimmt werden.

Die Ermittlung der Aminosäuresequenz von Proteinen erfolgt durch den Edman-Abbau durch schrittweise Abtrennung und Analyse der Aminosäuren von N-terminalen Ende aus. Hierbei können mit einem Ansatz bis zu 40 Aminosäuren nachgewiesen werden. Für größere Proteine ist deren vorherige Zerlegung in entsprechende Bruchstücke notwendig. Eine Alternative zur direkten Sequenzierung von Proteinen besteht in der Analyse der dem Protein zugehörigen cDNA, durch die sehr viel leichtere DNA-Sequenzierung und die Ableitung der Aminosäuresequenz aus der Nucleotidsequenz der cDNA. Eine moderne Methode zur Proteinsequenzierung stellt die Tandem-Massenspektrometrie dar.

3.3 Die räumliche Struktur der Proteine

! Proteinstrukturen werden in einer hierarchischen Ordnung beschrieben.

Mit den im Vorangegangenen besprochenen Methoden kann zwar die Art und Sequenz der Aminosäuren einer Polypeptidkette ermittelt werden. Es fehlt aber die Information über die räumliche Struktur oder **Konformation** des Proteins, die eine Voraussetzung für das Verständnis seiner biologischen Funktion ist.

Proteine weisen einen hierarchischen Aufbau ihrer Struktur auf:

- Als **Primärstruktur** wird die Sequenz der durch die Peptidbindung covalent verknüpften Aminosäuren bezeichnet
- Die **Sekundärstruktur** ist definiert als die lokale räumliche Struktur des Rückgrats einer Polypeptidkette
- Die **Tertiärstruktur** umfasst die dreidimensionale Struktur des gesamten Proteins
- Als **Quartärstruktur** bezeichnet man schließlich die wechselseitige räumliche Anordnung verschiedener Polypeptidketten

3.3.1 Primärstruktur und Peptidbindung

Die lineare Sequenz von Aminosäuren in einem Protein vom N-Terminus bis zum C-Terminus wird als **Primärstruktur** bezeichnet. In ihr sind sämtliche Informationen über die Raumstruktur enthalten (▶ Kap. 3.4.1).

Die einzelnen Aminosäuren sind durch **Peptidbindungen** (▶ Kap. 3.3.2) verknüpft. Nach der üblichen Schreibweise könnte man annehmen, dass im Prinzip jede der Bindungen des Rückgrats eines Proteins frei drehbar ist. Diese Annahme steht jedoch im Widerspruch zu den durch Röntgenstrukturanalyse von Proteinen ermittelten Atomabständen in einer Peptidkette. Die Erklärung hierfür sind die **Mesomeriezustände** der Peptidbindung.

 Die Peptidbindung hat den Charakter einer partiellen Doppelbindung.

Unter Konformation eines Moleküls im engeren Sinne versteht man die räumlichen Strukturen, die sich nur durch die Drehung um die Achse einer Einfachbindung unterscheiden und nicht untereinander zur Deckung gebracht werden können. Für ein einfaches organisches Molekül wie Ethan (H_3C-CH_3) sollte dies bedeuten, dass die beiden Methylgruppen frei um die Kohlenstoffbindung drehbar sind und somit eine Vielzahl möglicher Konformationen des Ethanmoleküls besteht.

Tatsächlich sind jedoch nur einige Konformationen energetisch begünstigt, von denen meist die energieärmste und damit stabilste eingenommen wird. Beim Ethan zeichnet sich diese Konformation dadurch aus, dass alle H-Atome möglichst weit voneinander entfernt sind und sich somit in Richtung auf die Kohlenstoffeinfachbindung auf Lücke ausrichten (**gestaffelte Form**, ◘ Abb. 3.16). Bei der energiereichsten und unstabilsten Form stehen die sechs H-Atome dagegen nahe beieinander, weshalb man von der Atom-Atom-Konformation (**verdeckte Form**, ◘ Abb. 3.16) spricht.

Da das covalente Rückgrat von Polypeptidketten ebenfalls aus Einfachbindungen besteht, müsste man auch hier eine Vielfalt von Rotationsformen wegen der freien Drehbarkeit der Einfachbindung und damit eine Fülle von Kon-

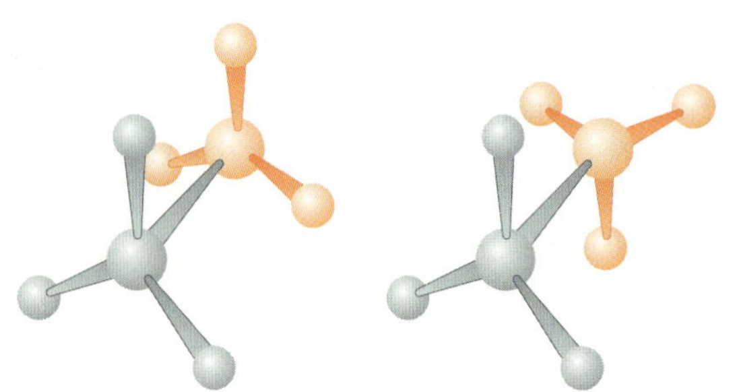

Abb. 3.16. Verdeckte (*links*) und gestaffelte (*rechts*) Form des Ethanmoleküls

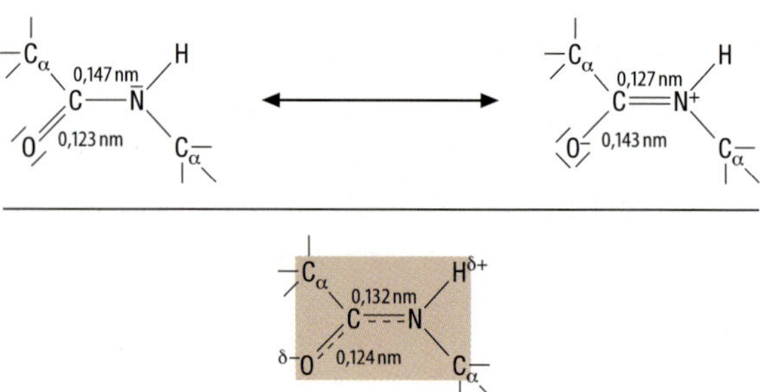

Abb. 3.17. Mesomerie der Peptidbindung. Oben: die beiden Grenzstrukturen; unten: der mesomere Zwischenzustand mit der *trans*-Stellung der Peptidbindung (*braun*). δ^+, δ^- Partialladungen

formationen vorfinden, von denen einige energetisch begünstigt sind.

Tatsächlich ist die Drehbarkeit jedoch wesentlich eingeschränkt, da die vier Atome der Peptidbindung in einer Ebene liegen. Ursache sind Verschiebungen freier Elektronenpaare zwischen dem Stickstoff- und dem Sauerstoffatom, durch die aus der Peptideinfachbindung eine **partielle Doppelbindung** entsteht (Abb. 3.17). Aufgrund der Elektronegativität des Sauerstoffes wandert in der mesomeren Grenzstruktur ein Elektronenpaar der C=O-Doppelbindung zum Sauerstoff, der damit eine negative Ladung annimmt. Gleichzeitig wird das freie Elektronenpaar des Stickstoffs zur C-N-Bindung verschoben, um die Vierwertigkeit des Kohlenstoffes wiederherzustellen. Das Stickstoffatom nimmt dabei eine positive Ladung an. Somit entsteht eine zweite Grenzstruktur, bei der die Länge der C-N-Bindung von 0,147 auf 0,127 nm verkürzt ist. Der tatsächliche Zustand liegt – wie immer bei **Resonanzstrukturen** – zwischen diesen beiden Grenzstrukturen, da er energieärmer und deshalb stabiler als die beiden Grenzstrukturen ist; die Länge der C-N-Bindung beträgt in der mesomeren Form etwa 0,132 nm. Die Peptidbindung erhält den Charakter einer planaren Doppelbindung, um die eine freie Drehung nicht mehr möglich ist. Dadurch sind die an ihr beteiligten Atome starr in einer Ebene, und zwar in ***trans*-Stellung** angeordnet; da nur noch Rotationen um die Atombindungen auf beiden Seiten der Peptidbindung möglich sind, wird die Zahl der möglichen Konformationen der Polypeptidkette wesentlich eingeschränkt.

Die ***cis*-Form** der Peptidbindung wird in Peptiden und Proteinen selten gefunden, da sie aus sterischen Gründen energetisch viel ungünstiger ist. Eine Ausnahme ist die Peptidbindung vor Prolylresten. Hier findet man in ungefalteten Peptiden in Lösung gewöhnlich *trans*- und *cis*-Konfigurationen im Gleichgewicht im Verhältnis von etwa 5:1. Beide Konformere können mit der **NMR-Spektroskopie** problemlos getrennt beobachtet werden. In den Strukturen kompakt gefalteter Proteine ist die *cis*-Peptidbindung etwas seltener zu finden.

Aufgrund ihrer Resonanzstruktur absorbiert die Peptidbindung ultraviolettes Licht mit einem Maximum von etwa 210 nm, sodass die Messung der Absorption bei dieser Wellenlänge die quantitative Proteinbestimmung gestattet. Die hohe Empfindlichkeit dieses Nachweisverfahrens findet Anwendung bei HPLC-Trennungen von Polypeptiden.

3.3.2 Sekundärstrukturen von Proteinen

Die erste Organisationsebene nach der Primärstruktur stellt die **Sekundärstruktur** dar. Sie ist definiert als die lokale räumliche Struktur der Hauptkette (des Rückgrates des Proteins), die durch die Größe der dihedralen Winkel (Torsionswinkel) φ, ψ und ω beschrieben wird (Abb. 3.18).

Kanonische Sekundärstrukturen. Diese zeichnen sich durch bestimmte, periodische Abfolgen von Torsionswinkeln und durch wohldefinierte Wasserstoffbrückenmuster aus. Sie zeigen eine Nahordnung, die die optimale Bildung von Wasserstoffbrückenbindungen zwischen den Amid- und Carbonylgruppen der Hauptkette gestattet (Tabelle 3.3).

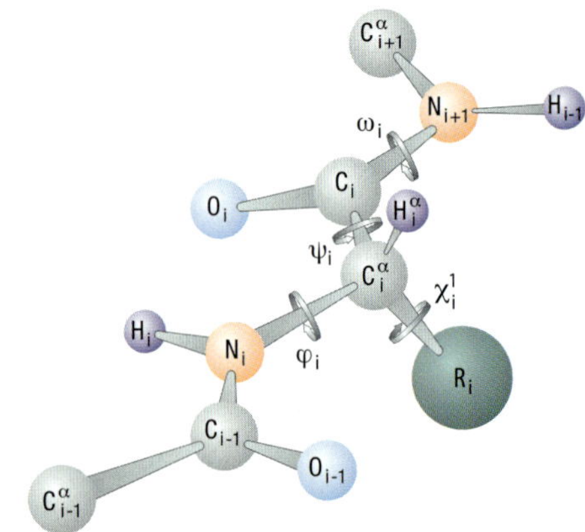

Abb. 3.18. Definition der dihedralen Winkel in Polypeptiden. Die dihedralen Winkel der Hauptkette sind φ, ψ und ω, die der Seitenketten werden mit dem griechischen Buchstaben χ bezeichnet. Beginnend mit χ_1, dem durch die C^α-C^β-Bindung (im Bild C^α-R_i) definierten Winkel, werden sie fortlaufend durchnummeriert

Tabelle 3.3. Kanonische Sekundärstrukturen

Sekundärstruktureinheit	ϕ[a]	ψ[a]	Wasserstoffbrückenmuster[b]
3_{10}-Helix	–76	–5	CO_i–NH_{i+3}
α-Helix (rechtsgängig)	–57	–47	CO_i–NH_{i+4}
α-Helix (linksgängig)	+57	+47	CO_i–NH_{i+4}
π-Helix	–57	–70	CO_i–NH_{i+5}
Kollagenhelix	–51 –76 –45	+153 +127 +148	CO_i–(NH_{j-1}) und NH_{i-1} – CO_k
β-Faltblatt (parallel)	–119	+113	CO_{i-1}–NH_j und NH_{i+1} – CO_j oder CO_{j-1}–NH_i und NH_{j+1} – CO_i
β-Faltblatt (antiparallel)	–139	+135	(CO_j–NH_{j+1} und NH_{i+1} – CO_{j-1} oder CO_{i-1} – NH_{j+1} und NH_{i+1} – CO_{j-1}

[a] Die angegebenen Winkel sind die energetisch günstigsten Werte, in realen Strukturen finden sich deutliche Abweichungen von diesen Idealwerten.

[b] Die Suffixe i, j, ... bezeichnen die Position der Aminosäure in der Aminosäuresequenz, d.h. CO_i–NH_{i+4} bezeichnet eine Wasserstoffbrücke zwischen der Carbonylgruppe der Aminosäure in der Position i und der Amidgruppe der Aminosäure in Position i+4.

Die ersten durch Röntgenstreuung in Proteinen nachgewiesenen Sekundärstrukturen zeigten repetitive Strukturmotive mit typischen Beugungsmustern. Sie wurden im **α- und β-Keratin** nachgewiesen und als **α-Helix** und **β-Faltblatt** bezeichnet. Entsprechende Kettenanordnungen findet man auch in anderen Proteinen.

α-Helix-Struktur. Frühe Arbeiten der 30er Jahre hatten gezeigt, dass die fibrillären Proteine in den Haaren und in der Wolle, die sog. **α-Keratine**, sich wiederholende Einheiten besitzen, die in Abständen von 0,5–0,55 nm entlang ihrer Längsachse angeordnet sind. In der ausgestreckten Polypeptidkette misst jedoch kein Abstand 0,5–0,55 nm (Abb. 3.19). Dieser offensichtliche Widerspruch wurde von den amerikanischen Chemikern Linus Pauling und Robert Corey (1951) durch den Vorschlag eines Modells aufgelöst, in dem die Polypeptidkette von α-Keratin in Form einer rechtsgewundenen Schraube (Helix) vorliegt, bei der die Seitenketten der α-Kohlenstoffatome aus dem Zentrum nach außen ragen.

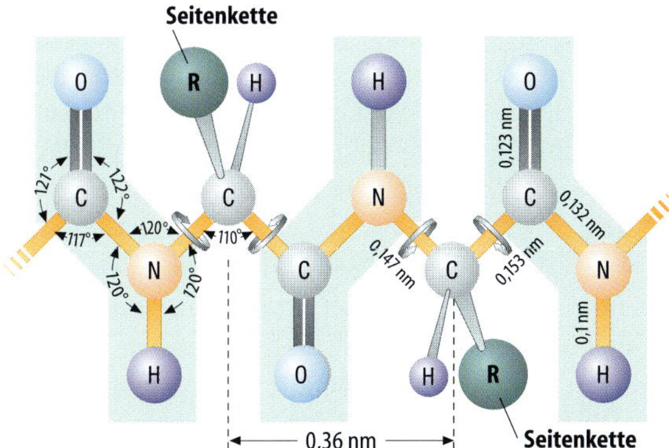

Abb. 3.19. Bindungslängen und -winkel einer vollständig gestreckten Polypeptidkette. Die 4 mit einem Grünraster hinterlegten Atome liegen wegen der Mesomerie der Peptidbindung in einer Ebene. Der Abstand der nicht in dieser Ebene liegenden α-C-Atome beträgt 0,36 nm

Die stabilste unter den in Proteinen vorkommenden Helixformen ist die α-Helix (Abb. 3.20). Bei dieser Anordnung finden sich pro 360°-Windung 3,6 Aminosäuren; bei jeder Drehung werden 0,54 nm zurückgelegt, eine Entfernung, die sehr gut den mit Röntgenbeugungsuntersuchungen bestimmten Werten (0,5–0,55 nm) entspricht. Aus diesen Werten (0,54 nm:3,6) ergibt sich der Abstand von Aminosäure zu Aminosäure mit 0,15 nm, was ebenfalls mit Röntgenbeugungsdaten übereinstimmt.

! Wasserstoffbrückenbindungen spielen eine wichtige Rolle für die Ausbildung von Sekundärstrukturen wie der α-Helix.

Für die Stabilisierung der α-helicalen Anordnung ist die Ausbildung von **Wasserstoffbrückenbindungen** von besonderer Bedeutung. Die meisten Eigenschaften von Wasserstoffbrücken lassen sich durch die elektrostatischen Anziehungskräfte gut beschreiben. Diese wirken zwischen einem Wasserstoffatom, das an ein elektronegatives Atom (Stickstoff, Sauerstoff) covalent gebunden ist und dadurch positiv polarisiert wird, und einem weiteren elektronegativen Atom (▶ Kap. 1.2.1). Eine genauere quantenchemische Analyse zeigt aber, dass gleichzeitig eine direkte Überlappung von Molekülorbitalen zwischen Donator und Akzeptor für eine Wasserstoffbrückenbindung charakteristisch ist, der sich als Übertrag von Elektronenspindichte auch experimentell nachweisen lässt. Dies ist auch der Grund dafür, dass die Atomabstände in einer Wasserstoffbrückenbindung deutlich kleiner sind als die entsprechenden van-der-Waals-Radien erlauben würden (mindestens 0,05 nm,

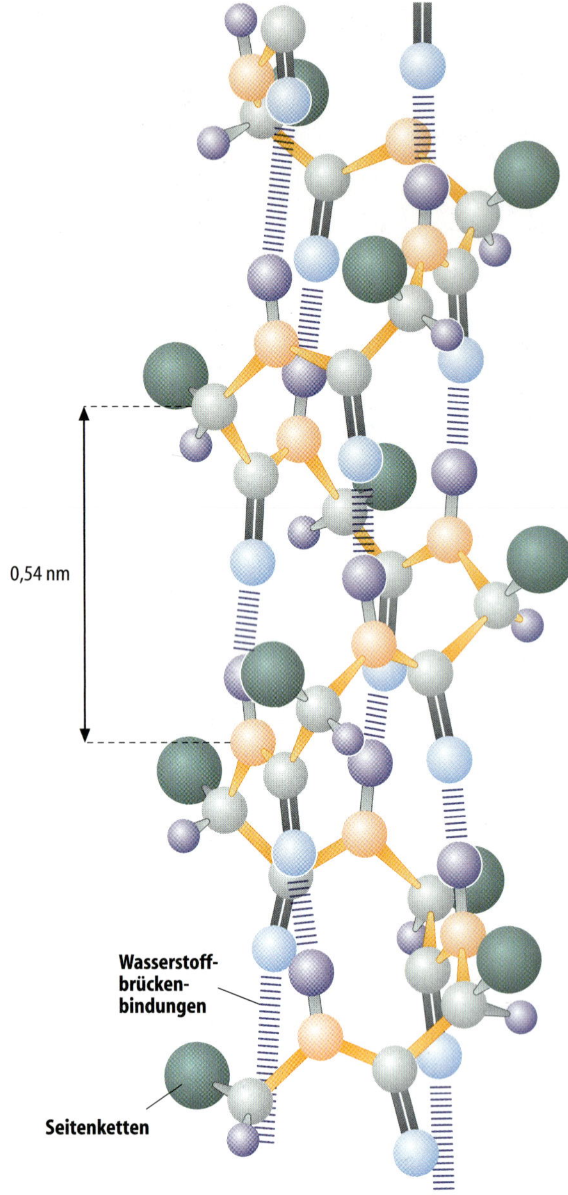

Abb. 3.20. Räumlicher Aufbau der α-Helix. (In Anlehnung an Pauling 1968)

im Wasser beträgt der H-O-Abstand etwa 0,18 nm statt der 0,26 nm, die sich aus der Summe der van-der-Waals-Radien ergeben).

Bei der α-Helix werden Wasserstoffbrücken zwischen dem Wasserstoffatom, das am Stickstoffatom einer Peptidbindung covalent gebunden ist, und dem Sauerstoffatom der Carbonylgruppe der **vierten** darauf folgenden Aminosäure gebildet. Damit liegen die Wasserstoffbrückenbindungen fast parallel zur Achse der α-Helix (Abb. 3.20).

Bestimmte Aminosäuren können eine Helixformation stören: Die größte Bedeutung kommt dabei **Prolin** zu, dessen Stickstoffatom Teil eines starren Ringes ist, wodurch keine Rotation um die normalerweise frei drehbare Achse der Bindung zwischen C^{α}- und α-Aminostickstoffatom auftreten kann. Weiterhin steht kein Wasserstoffatom zur Ausbildung einer Wasserstoffbrücke zur Verfügung. Allerdings findet man Prolin häufiger am Beginn von α-Helices, da erst die 4. Aminosäure eine Amidgruppe für eine Wasserstoffbrücke zur Verfügung stellen muss.

> Die rechtsgängige α-Helix ist das wichtigste helicale Sekundärstrukturelement in Proteinen.

Die rechtsgängige α-Helix ist das grundlegende Strukturprinzip der **α-Keratine**. Außer in Haaren und in der Wolle kommen diese fibrillären Proteine noch in der Haut, in Schnäbeln, Nägeln und Klauen sowie der Haut von Wirbeltieren vor. Im menschlichen Haar sind drei rechtsdrehende α-Helices zu einer linksdrehenden Protofibrille verdrillt. Neun Protofibrillen sind wiederum zu einem Zylinder gebündelt, wobei sich in der Mitte des Zylinders zusätzlich noch zwei Protofibrillen befinden: Dadurch entsteht die sog. **9+2-Mikrofibrille**. Mehrere Hunderte dieser Mikrofibrillen assoziieren, eingebettet in eine Proteinmatrix, zu einer Makrofibrille. Oberste Stufe dieser hierarchischen Organisation stellt die Haarfaser dar, die aus Makrofibrillen zusammengesetzt ist, welche von einer Schutzschicht umgeben sind.

α-Helices kommen nicht nur in den oben genannten fibrillären Proteinen, sondern auch in den meisten globulären Proteinen vor. Ihr Anteil an den der jeweiligen Proteinkonformation zugrunde liegenden Strukturelementen ist sehr variabel und schwankt von wenigen Prozent bis zu 70% beim Myoglobin. **Hydrophobe α-Helices** spielen eine wichtige Rolle bei der Verankerung von Proteinen in Biomembranen und sind an der Bildung von Transmembrandomänen beteiligt. Ein Beispiel hierfür ist der **GABA-Rezeptor**, der als Bestandteil der Plasmamembran den Neurotransmitter γ-Aminobutyrat (GABA) bindet und daraufhin seinen Chloridkanal öffnet. Er ist ähnlich wie der nikotinische Acetylcholin-Rezeptor aus 5 Transmembrandomänen aufgebaut. Jede dieser Domänen besteht aus vier Transmembranhelices. Im Inneren des Kanals findet man **amphiphile** Helices, die eine charakteristische Verteilung von polaren und apolaren Aminosäuren zeigen, wobei die polaren Aminosäuren zum Kanalinneren orientiert sind. Extra-Anteile der einzelnen Untereinheiten bilden die Bindungsstelle für den Liganden, intrazelluläre Anteile sind für die Regulierbarkeit des Rezeptors verantwortlich.

Neben der rechtsgängigen α-Helix gibt es eine Reihe weiterer Helices, die sich durch Drehrichtung und Ganghöhe unterscheiden (Tabelle 3.3). In globulären Proteinen dominiert aber die α-Helix, nur die **rechtsgängige 3_{10}-Helix** spielt eine gewisse Rolle, da α-Helices öfter an ihrem Ende in 3_{10}-Helices auslaufen.

β-Faltblatt. Die **β-Faltblattstruktur** stellt das grundlegende Strukturprinzip der fibrillären Proteine der **Seide**, der sog. β-Keratine, dar. Sie ergibt in den Seidenfasern charakteris-

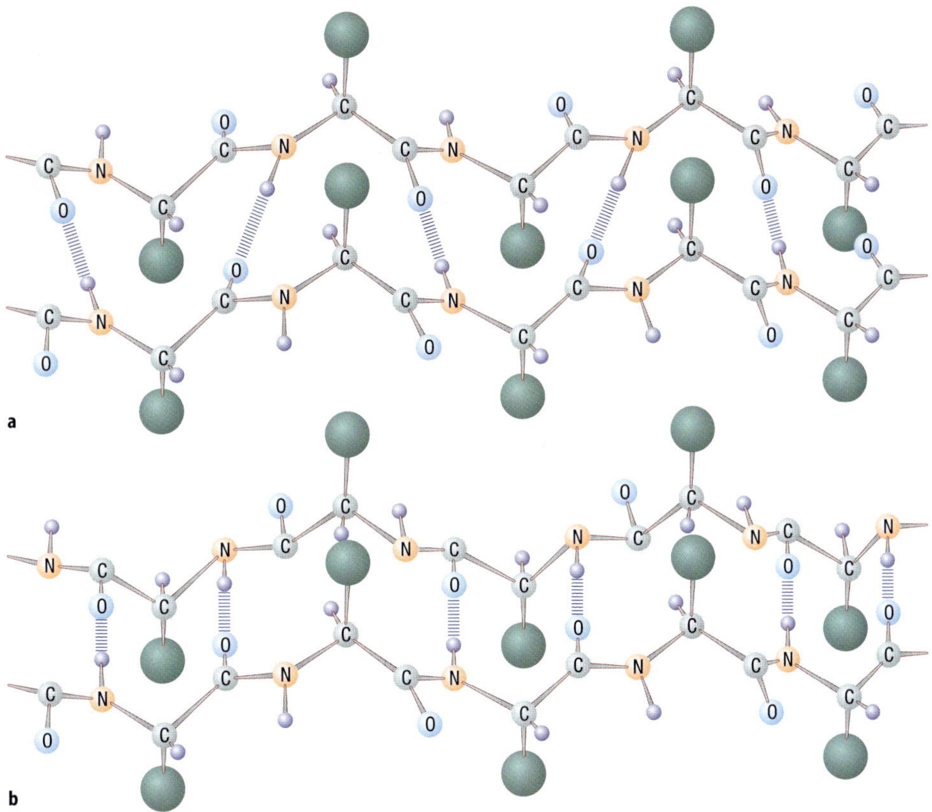

Abb. 3.21. Paralleles (a) und antiparalleles β-Faltblatt (b)

tische Röntgenbeugungsmuster, die sich deutlich von denen der α-Keratine unterscheiden. Die einzelnen Stränge einer Faltblattanordnung weisen eine große Ähnlichkeit mit ausgestreckten Polypeptidketten auf, die ϕ- und ψ-Winkel nehmen relativ große Werte an (Tabelle 3.3). Die N-H- und C = O-Gruppe einer Aminosäure liegen beinahe auf einer Ebene und zeigen in dieselbe Richtung. Wasserstoffbrücken werden deshalb nur zwischen verschiedenen β-Strängen eines Faltblatts gebildet (Abb. 3.21).

Eine vollständige Streckung der Peptidkette wird jedoch durch die Ausbildung der Wasserstoffbrücken zwischen den Ketten verhindert. Bei Faltblättern sind die einzelnen beteiligten Kettenabschnitte leicht um ihre Längsachse verdrillt, da dadurch die sterische Behinderung an den α-C-Atomen verringert werden kann. Die Verdrillung wird durch eine Gegenbewegung des Faltblattes kompensiert – ohne dass dabei die Wasserstoffbrücken gestört werden –, sodass Faltblätter i. Allg. nicht flach, sondern rechtsgängig verdrillt sind.

! β-Faltblätter können parallel oder antiparallel angeordnet sein.

Faltblätter sind nicht nur auf fibrilläre Proteine beschränkt, sondern treten auch häufig als partielle Kettenstruktureinheiten globulärer Proteine auf. Wenn zwei eine Faltblattstruktur bildende Peptidketten dieselbe Richtung vom N- zum C-Terminus haben, spricht man von parallelem, bei entgegengesetzter Richtung von antiparallelem Faltblatt (Abb. 3.21).

! Schleifen verbinden die kanonischen Sekundärstrukturelemente.

Neben den periodischen, sog. kanonischen Sekundärstruktureinheiten besitzen Proteine Bereiche, die nicht aus einfachen, repetitiven Strukturen aufgebaut sind. Der Anteil von Sekundärstrukturelementen variiert von Protein zu Protein. Einheitlich gefaltete, kompakte Strukturen haben gewöhnlich einen hohen Anteil geordneter Sekundärstrukturen, allerdings findet man zunehmend mehr Proteine, die in weiten Bereichen unstrukturiert sind. In kompakt gefalteten Proteinen verbinden **Schleifenregionen** (*coil*) die kanonischen Sekundärstrukturelemente. Sie haben meistens eine wohldefinierte räumliche Struktur, sind aber oft beweglicher als der Rest der Struktur. Häufig sind es enge Schleifen, die die Richtung der Polypeptidkette schnell ändern. Da sie oft β-Stränge miteinander verbinden, werden sie **β-Schleifen** (β-*turn*) genannt. Die am häufigsten vorkommenden β-Schleifen bestehen aus 4 Aminosäuren und können (wie die kanonischen Sekundärstrukturelemente) durch die Größe der zugehörigen dihedralen Winkel oder die Wasserstoffbrückenmuster charakterisiert werden (Abb. 3.22).

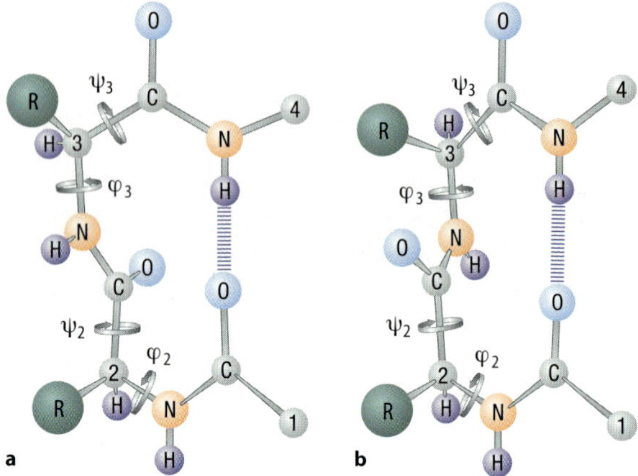

Abb. 3.22. β-Schleifen Typ I (a) und Typ II (b). Die Abbildung stellt die aus je 4 Aminosäuren gebildeten β-Schleifen dar. Typ I und Typ II unterscheiden sich lediglich in den φ und ψ-Winkeln zwischen den Aminosäuren 2 und 3. An den Aminosäuren 1 und 4 enden bzw. beginnen Faltblattstrukturen

Nur in Ausnahmen ähneln diese Schleifen **Zufallsknäueln** (*random coils*). Zufallsknäuelstrukturen werden bei total denaturierte Proteinen in Lösung gefunden; die Polypeptidkette ist völlig ungeordnet und fluktuiert rasch zwischen vielen verschiedenen Konformationen.

> Die Kollagenhelix besitzt keine intramolekularen Wasserstoffbrückenbindungen.

Kollagenhelix. Eine weitere spezielle Helixform stellt die des Kollagens dar, des wichtigsten fibrillären Proteins des Bindegewebes (▶ Kap. 24.2). Aufgrund ihrer ungewöhnlichen Aminosäurezusammensetzung – sie besteht zur Hälfte aus Glycyl- und Prolylresten – weist die **Kollagenhelix** einige besondere Strukturmerkmale auf: Sie ist gestreckter, sodass der Abstand zwischen zwei Aminosäuren auf der Längsachse nicht mehr 0,15 nm, sondern 0,286 nm beträgt; die Helix ist linksgängig, die Carbonylsauerstoffatome und Iminowasserstoffatome stehen nicht – wie bei der α-Helix – parallel zur Helixachse, sondern weisen von ihr weg (Abb. 3.23), sodass keine Wasserstoffbrückenbindungen innerhalb der einzelnen Helix gebildet werden können.

Sie treten jedoch dann auf, wenn drei der linksgängigen Helices (mit im Übrigen nicht identischen Primärstrukturen) sich zu einer rechtsgängigen Tripelhelix umeinander winden (Abb. 3.23). Jede dritte Aminosäure im Kollagen liegt im Zentrum der Tripelhelix; sie muss aus sterischen Gründen ein Glycinrest sein, da für größere Seitenketten kein Platz vorhanden ist. Die verallgemeinerte Sequenz ist daher **(Gly-X-Y)$_n$**. Die drei Einzelketten sind gegeneinander verschoben angeordnet, sodass die Amidgruppe des Glycins einer Kette mit der Carbonylgruppe der Aminosäure Xaa der benachbarten Kette eine Wasserstoffbrücke bilden kann. Die hydrophoben Kontakte der Seitenketten führen zu einer weiteren Stabilisierung der Tripelhelix. Kollagen hat eine sehr hohe Zugfestigkeit, eine längsgerichtete

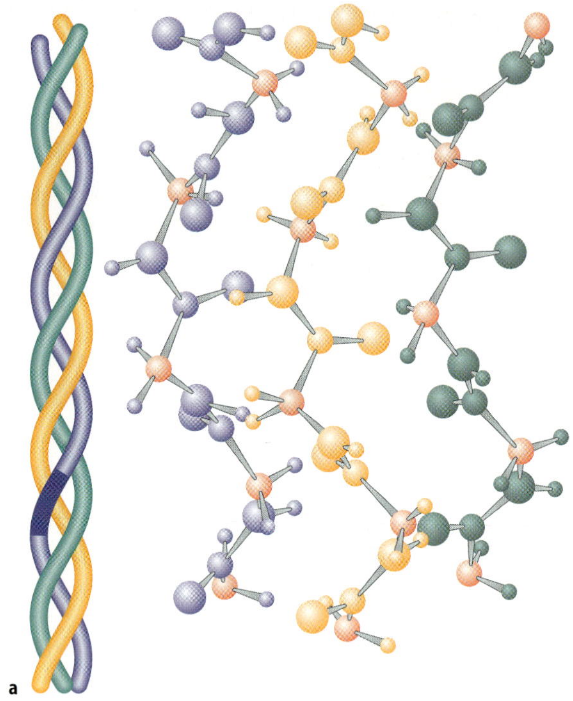

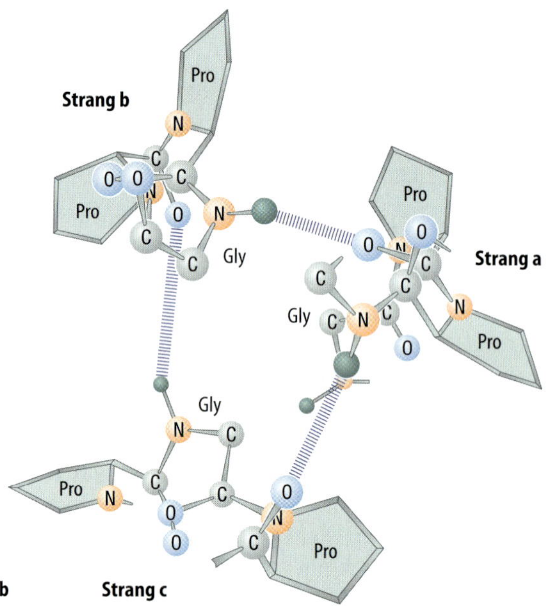

Abb. 3.23. Modell der Kollagentripelhelix. a Drei linksgängige Helices winden sich rechtsgängig umeinander. **b** Im Innern der Tripelhelix liegen die Glycinreste, die intermolekulare Wasserstoffbrücken bilden

Zugkraft verursacht eine leicht kompensierbare Querkraft, die die einzelnen Helices aneinander presst.

> Die lokale Struktur kann im Ramachandran-Diagramm analysiert werden.

Nicht alle Kombinationen von φ und ψ-Winkeln sind in Proteinen erlaubt, da zwischen den Atomen aufeinander

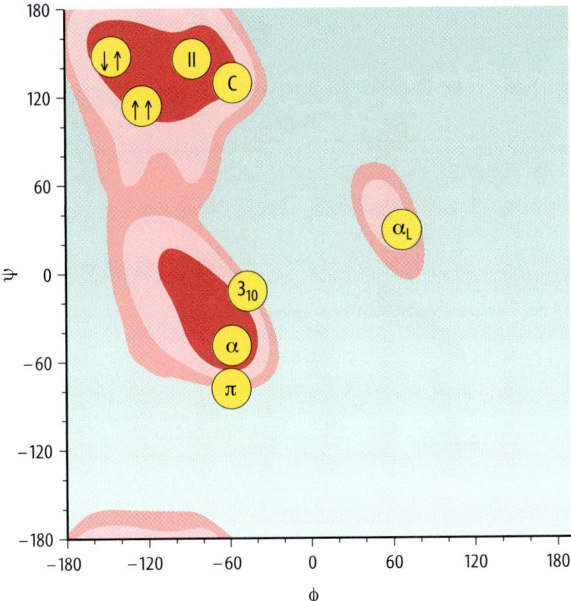

■ **Abb. 3.24. Ramachandran-Diagramm der dihedralen Winkel ϕ und ψ der Peptidhauptkette.** Die typischen Winkelkombinationen für verschiedene Sekundärstrukturelemente sind eingezeichnet: α = rechtsgängige α-Helix, α_L = linksgängige α-Helix, *3₁₀* = rechtsgängige 3_{10}-Helix, ↑↑ = paralleles β-Faltblatt, ↑↓ = antiparalleles β-Faltblatt, π = π-Helix, *C* Kollagenhelix, *II* = Polyglycin-Helix II. (*Grün*) verbotene Bereiche, (*dunkelrot*) uneingeschränkt erlaubte Bereiche, (*hellrot*) erlaubte Bereiche, (*rosa*) beschränkt erlaubte Bereiche

folgender Peptideinheiten sterische Behinderungen auftreten können. Trägt man den Torsionswinkel φ der Hauptkette gegen den Torsionswinkel ψ auf und markiert die Bereiche, die energetisch günstig (erlaubt) und energetisch ungünstig (verboten) sind, so erhält man das **Ramachandran-Diagramm** (■ Abb. 3.24).

Ursprünglich wurden die erlaubten und verbotenen Bereiche mit einem Modell berechnet, bei dem die Atome als harte Kugeln mit dem van-der-Waals-Radius repräsentiert waren. Diese Vorhersagen stimmen qualitativ mit den in hochaufgelösten Röntgenstrukturen von Proteinen gefundenen Winkelkombinationen überein. Im Prinzip hat jede Aminosäure ihr eigenes Ramachandran-Diagramm, allerdings zeigen nur die Aminosäuren Glycin und Prolin große Abweichungen vom Rest. Glycin kann wegen der fehlenden Seitengruppe einen viel größeren Bereich erlaubter Winkel einnehmen, bei Prolin sind die möglichen Werte für ψ durch die Ringbildung beschränkt. Die kanonischen Sekundärstruktureinheiten befinden sich alle in erlaubten Bereichen des Ramachandran-Diagramms. Besonderheiten in der Struktur oder mögliche Fehler bei der Strukturbestimmung kann man leicht daran erkennen, dass die Torsionswinkel in verbotenen Bereichen des Diagramms liegen.

3.3.3 Tertiärstruktur von Proteinen

! Die dreidimensionale Struktur eines Proteins in atomarer Auflösung wird als Tertiärstruktur bezeichnet.

Durch die Fortschritte der Strukturanalyse sind für viele Proteine ausreichende Informationen für die Darstellung ihrer durch Sekundär- und Tertiärstrukturelemente gebildeten räumlichen Anordnung möglich geworden. Da diese Strukturen häufig extrem kompliziert sind, werden für ihre

■ **Abb. 3.25. Verteilung von α-Helices und β-Faltblättern in der Triosephosphatisomerase**

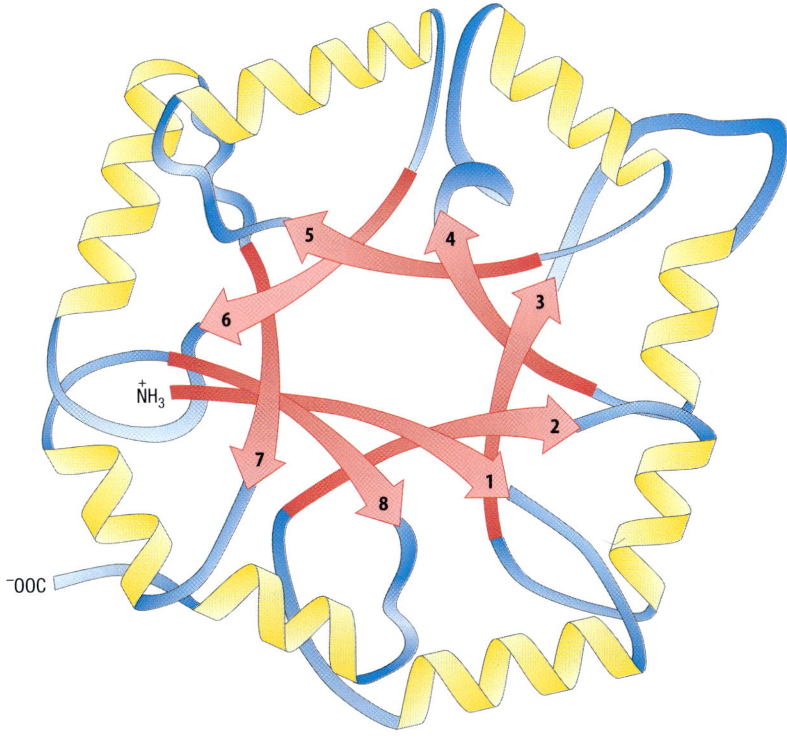

anschauliche Darstellung vereinfachende Abbildungen gewählt. Dabei stellen Zylinder oder Spiralen α-Helices dar, Pfeile β-Faltblätter, wobei der Pfeil die Richtung des Stranges vom N- zum C-Terminus angibt und normale Linien die übrigen Teile des Proteins (Abb. 3.25).

Supersekundärstrukturen. Häufig kommen in Proteinen Kombinationen von Sekundärstrukturelementen vor. Diese werden auch als **Supersekundärstrukturen** oder **Motive** bezeichnet. Ein einfaches und häufiges Motiv sind zwei α-Helices, die durch eine Schleife verbunden sind. Derartige Helix-Schleife-Helix-Motive finden sich in DNA-bindenden bzw. Calcium-bindenden Proteinen (Abb. 3.26). Wenn bei der bereits erwähnten Haarnadelstruktur die beiden Peptidketten der β-Faltblätter antiparallel verlaufen, so werden sie durch eine kurze Schleife verbunden. Verlaufen sie jedoch parallel, so ist eine längere Verbindung erforderlich, die häufig von α-Helices gebildet wird (Abb. 3.26).

Faltungstopologie. Will man die räumliche Struktur von verwandten Proteinen miteinander vergleichen, führt man häufig eine neue Abstraktionsebene ein, die die **Faltungstopologie** des Proteins (*fold*) bezeichnet. Sie steht zwischen Sekundär- und Tertiärstruktur und beschreibt die Abfolge der verschiedenen kanonischen Sekundärstrukturelemente in der Primärstruktur und deren relative räumliche Anordnung. Die Topologie berücksichtigt als Sekundärstrukturelemente nur die α-Helices und β-Stränge des Proteins, die über Schleifenregionen verschiedener Länge und variabler Gestalt miteinander verbunden sind. Dabei kommt es weder auf Details der Aminosäuresequenz oder die Länge der Sekundärstrukturelemente noch auf ihre genaue Positionierung im Raum an.

Domänen. Globuläre Proteine mit mehr als 150 Aminosäureresten können strukturell meist in mehrere räumlich getrennte Bereiche unterteilt werden, die als **strukturelle Domänen** bezeichnet werden. Dies sind zusammenhängende Bereiche des Proteins, die sich unabhängig voneinander falten können. Sie fallen oft mit **funktionellen Domänen** zusammen, das heißt Einheiten, die für eine bestimmte biologische Funktion wie die Katalyse einer bestimmten Reaktion oder die spezifische Bindung eines Proteinpartners zuständig sind. Allerdings finden gerade Enzymkatalysen oft an der Grenzfläche zwischen strukturellen Domänen statt.

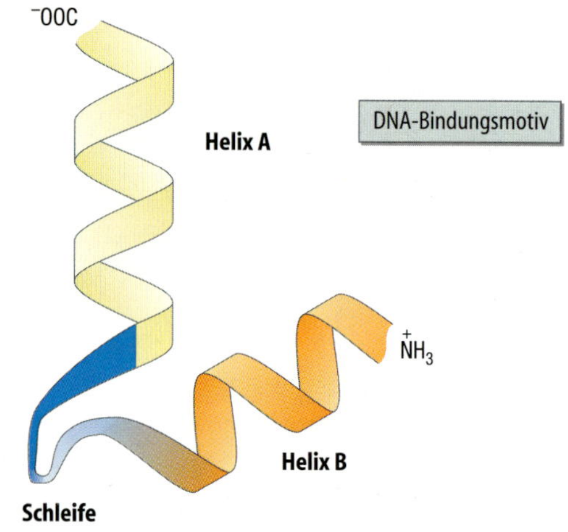

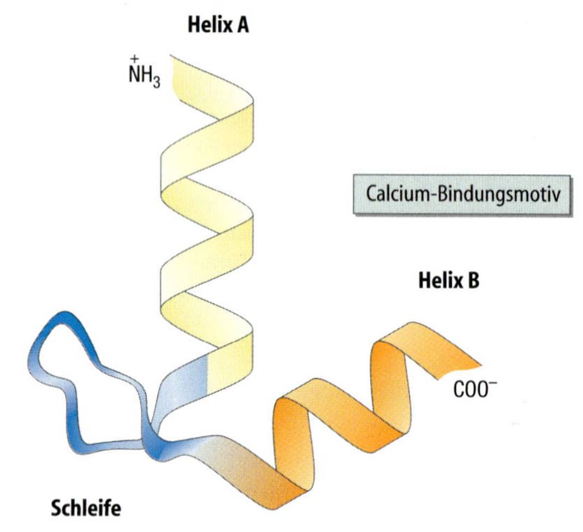

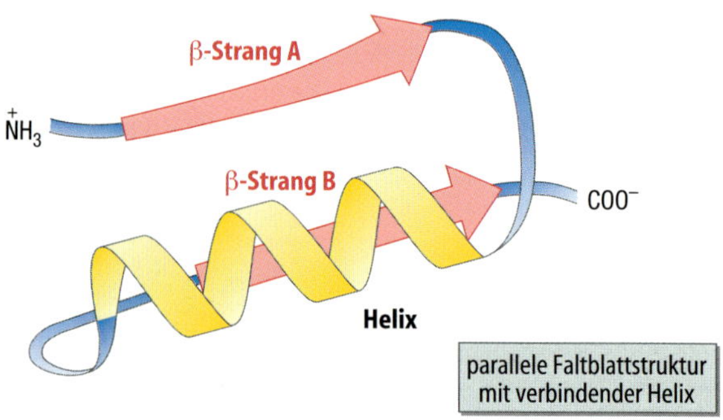

Abb. 3.26. Einfache Supersekundärstrukturen

> Die Entdeckung neuer Faltungstopologien ist ein wichtiges Ziel der strukturellen Genomik.

Die Einteilung der Proteine in Faltungsfamilien ist für die Erkennung von strukturellen Verwandtschaften von großer Bedeutung. Tatsächlich ist die Entdeckung neuer Faltungstopologien eines der Hauptziele von vielen großen Programmen der **Proteomik** oder **strukturellen Genomik** (*structural genomics*), da man hofft, mit einer weitgehend vollständigen strukturellen Datenbasis die unbekannte Struktur aus der Primärstruktur zuverlässig vorhersagen zu können. Von der Theorie her erwartet man etwa 4000 verschiedene Faltungstopologien, von denen allerdings nicht alle in der Natur vorkommen müssen.

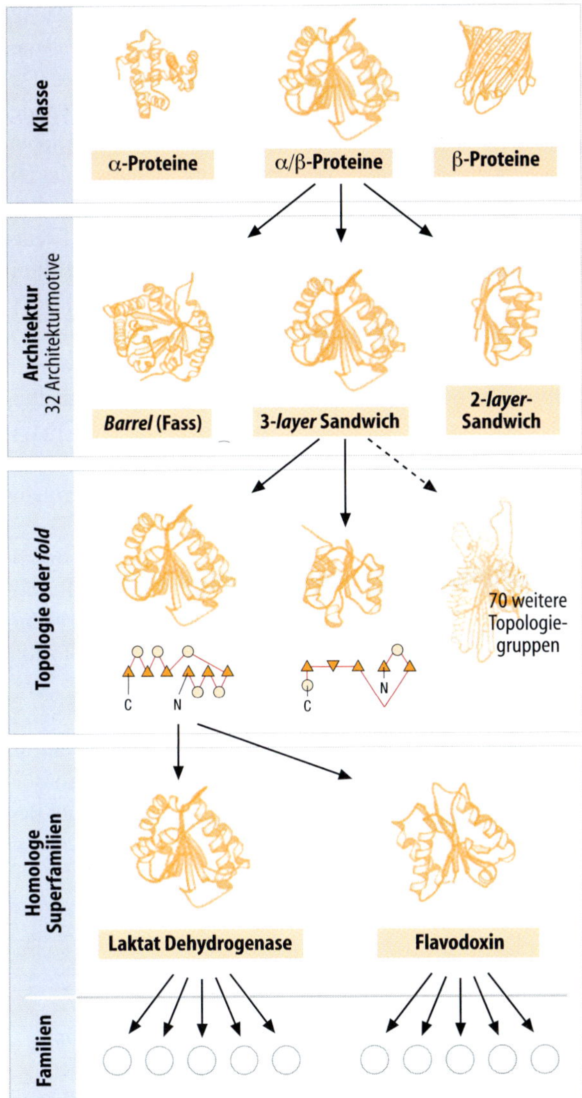

Abb. 3.27. Hierarchie der Proteinstrukturen. In den 3 Klassen können jeweils verschiedene Architekturen unterschieden werden, die sich aus unterschiedlichen Topologiegruppen zusammensetzen. Superfamilien und Familien. Weitere Einzelheiten s. Text (Nach CA Orengo und JM Thornton 2005)

Einteilung der Proteine. Auf der Basis von Sequenz- und Strukturuntersuchungen kann man Proteine in drei verschiedene **Klassen** einteilen (Abb. 3.27):

- die Klasse der **α-Proteine**, die als Sekundärstrukturelemente hauptsächlich α-Helices enthalten (*mainly alpha*)
- die Klasse der **β-Proteine**, die hauptsächlich antiparallele β-Faltblätter enthalten (*mainly beta*)
- die Klasse der **α-β-Proteine**, die im Wesentlichen parallele oder gemischt parallele-antiparallele β-Faltblätter enthalten, die durch α-Helices verbunden sind (*alphabeta*)

Abb. 3.28. Faltungstopologie des Ubiquitin. Vom N-Terminus her zeigt Ubiquitin die Faltungstopolgie ββαββαβ. Es gehört damit zu den α-β-Proteinen

In jeder der Klassen lassen sich bestimmte **Architekturmotive** feststellen, von denen etwa 32 beschrieben worden sind. Proteine mit gleichartigen Architekturen können weiter nach dem Vorhandensein spezieller **Faltungsgruppen** (*folds*) eingeteilt werden, was schließlich zu **Superfamilien** und **Familien** führt.

Eine typische Faltungstopologie wurde zuerst beim Ubiquitin gefunden, das in der Zelle Proteine für den Abbau im Proteasom markiert und deshalb **Ubiquitinfaltung** (*ubiquitin fold*) genannt wurde. Sie besteht aus einem gemischten fünfsträngigen β-Faltblatt und zwei dazwischen gelagerten α-Helices in der Reihenfolge ββαββαβ und gehört damit zu den α-β-Proteinen (Abb. 3.28). Sie ist aber auch die gemeinsame Faltung von Bindungsdomänen verschiedener Ras-Effektoren. Diese werden durch das aktivierte **Ras-Protein** in der Zelle aktiviert, indem sie über ein intermolekulares β-Faltblatt an Ras binden.

Unterschiedliche physikalische Wechselwirkungen sind für die Ausbildung der Tertiärstruktur verantwortlich.

Für die spontane Ausbildung der Tertiärstruktur spielen dieselben physikalischen Wechselwirkungen eine Rolle, die schon in Kapitel 1 besprochen wurden. Für die Ausbildung und Stabilisierung der Proteine ist die Summe aller dieser Wechselwirkungen im Protein, zwischen Protein und Lösungsmittel und im Lösungsmittel selbst verantwortlich. Im Einzelnen handelt es sich um:

Elektrostatische (ionische) Wechselwirkung. Die elektrostatische (ionische) Wechselwirkung zwischen geladenen

Gruppen ist im Prinzip die stärkste nichtcovalente Wechselwirkung in Proteinen. Da die elektrostatische Energie für zwei geladene Gruppen im Abstand r_{ij} proportional zu r_{ij}^{-1} ist, nimmt sie nur langsam mit dem Abstand der Ladungen ab und hat damit eine relativ lange Reichweite. In Lösung sind geladene Gruppen stark solvatisiert und ihre Ladungen werden durch Gegenionen abgeschirmt, sodass ihr Beitrag zur Proteinstabilität relativ klein ist. Ausnahmen sind seltene interne Ionenpaare in Proteinen oder definierte Cluster von unterschiedlich geladenen Aminosäureresten an der Oberfläche von Proteinen thermophiler Mikroorganismen.

Van-der-Waals-Wechselwirkung. Für die Stabilität von Proteinen sind die anziehenden Anteile der van-der-Waals-Wechselwirkung von Bedeutung. Sie bestehen aus der elektrischen Dipol-Dipol-Wechselwirkung, die durch die ungleiche Verteilung der Elektronen in den Molekülorbitalen verursacht wird. Hier spielen besonders die Carbonyl- und Amidgruppen der Peptidbindungen eine Rolle, die ein relativ großes, **permanentes statisches Dipolmoment** haben. Hinzu kommen die schwachen **London-Dispersionskräfte**, die durch schnell fluktuierende Dipolmomente in (im Zeitmittel) unpolaren Gruppen entstehen.

Intramolekulare Wasserstoffbrücken. Für die Ausbildung von regulären Sekundärstrukturen ist die Bildung von intramolekularen Wasserstoffbrücken von großer Bedeutung. Sie haben Bindungsenergien von etwa –12 bis –30 kJ mol^{-1}, ihr Gesamtbeitrag zur Stabilisierungsenergie ist allerdings relativ klein, da energetisch intramolekulare Wasserstoffbrücken nicht viel günstiger sind als Wasserstoffbrücken zum umgebenden Wasser. Trotzdem ist die optimale Bildung von Wasserstoffbrücken im Innern des Proteins sehr wichtig. Schon das Wegfallen von zwei Wasserstoffbrücken durch ungünstige Geometrien im Proteininnern führt rein rechnerisch zu einem Effekt, der so groß ist wie die gesamte Stabilisierungsenergie.

Hydrophobe Wechselwirkung. Sie liefert den wichtigsten Beitrag für die Bildung kompakter Tertiärstrukturen von Proteinen. Sie führt dazu, dass hydrophobe Seitenketten die Tendenz haben, sich weg vom polaren Lösungsmittel möglichst zum Proteininneren hin zu orientieren und dass Wasser aus dem Kern des Proteins bei der Faltung eliminiert wird. Obwohl sich die Auswirkungen der hydrophoben Wechselwirkung qualitativ gut vorhersagen lassen, ist ihre Ursache immer noch in Diskussion. Gewöhnlich wird sie als entropischer Effekt interpretiert, bei dem die hydratisierten hydrophoben Reste zu einer größeren Ordnung (kleineren Entropie) im Wasser führen. Werden die hydrophoben Reste ins Proteininnere verlagert, steigt die Entropie und verringert damit die freie Enthalpie des gesamten Systems, das aus Protein und umgebendem Lösungsmittel besteht.

Disulfidbrücken. Für eine weitere Stabilisierung der Struktur, die sich primär unter dem Einfluss nichtcovalenter Wechselwirkungen ausbildet, sorgen Disulfidbrücken. Dabei handelt es sich um einen covalenten Bindungstyp, der dadurch zustande kommt, dass die Sulfhydrylgruppen zweier nahe gelegener Cysteinreste unter Bildung eines Disulfids zusammentreten. Die als covalente Bindung relativ stabile Disulfidbrücke kann – im Experiment – entweder durch Oxidation mit Perameisensäure (zu Cysteinsulfonsäuren) oder durch Reduktion mit Thiolen (Mercaptoethanol) zur Sulfhydrylgruppe gespalten werden. Da im Innern der Zellen ein stark reduzierendes Milieu existiert, können intrazelluläre Proteine nur in Ausnahmen stabile Disulfidbrücken bilden. Im nichtreduzierenden Milieu des Extrazellulärraumes dagegen bilden sich stabile Disulfidbrücken, die dann auch wesentlich zur Gesamtstabilität des Proteins beitragen können.

Aus der Bedeutung des Wassers und damit der hydrophoben Wechselwirkungen für die Entstehung der Tertiärstruktur eines Proteins wird klar, dass jede Strukturveränderung der umgebenden wässrigen Lösung eine Störung der Proteinkonformation verursachen kann.

So führt z.B. der Zusatz von Ethanol, einer hydrophoben Substanz, zu einer wässrigen Lösung zu einem als Denaturierung bezeichneten Verlust der Proteinkonformation, da sich die hydrophoben Alkoholmoleküle den hydrophoben Seitenketten der Peptidkette als Partner zu Wechselwirkungen anbieten.

3.3.4 Quartärstruktur von Proteinen

> **!** Die Quartärstruktur beschreibt die Assoziation mehrerer in ihrer Primärstruktur identischer (Homopolymere) oder nichtidentischer (Heteropolymere) Protomere oder Untereinheiten zu einer Funktionseinheit.

Zusätzlich zur Tertiärstruktur besitzen multimere Proteine eine weitere strukturelle Organisationsebene, die **Quartärstruktur**. Die Quartärstruktur beschreibt die gegenseitige räumliche Anordnung der einzelnen Protomere. Sie verleiht Proteinen oft besondere funktionelle Eigenschaften, die durch nur geringe Veränderungen der Lagebeziehung der einzelnen Untereinheiten reguliert werden können. Von besonderer physiologischer Bedeutung ist diese Erscheinung beim Sauerstofftransport im Blut durch Hämoglobin und bei der Regulation der katalytischen Aktivität von Enzymproteinen. Änderungen der Quartärstruktur mit der Bindung von Substraten sind die klassische Grundlage der **Kooperativität** in Proteinen (▶ Kap. 4.5.2).

Die reversible Dissoziation und Assoziation von Untereinheiten und die daraus resultierende Modulation der Enzymaktivität über die Quartärstruktur ist ein wichtiger Regulationsmechanismus bei multimeren Proteinen. Das Bindungsgleichgewicht der Untereinheiten wird oft durch die gezielte covalente Modifikation verändert. Biologisch spielt hier die Phosphorylierung der Hydroxylgruppen von spezifischen Serin-, Threonin- oder Tyrosinresten der Untereinheiten durch Phosphat übertragende Enzyme (Proteinkinasen) die wichtigste Rolle.

Voraussetzung für die Zusammenlagerung der Protomere sind bestimmte komplementäre Bereiche auf der Oberfläche der Proteine, mit Hilfe derer sie sich gegenseitig »erkennen« und zusammenlagern können. Die Untereinheiten, deren Anzahl von wenigen (4 beim Hämoglobin) bis zu einigen Tausenden (z.B. das Hüllprotein des Tabakmosaikvirus mit 2130 Untereinheiten) reichen kann, werden primär durch schwache, nichtcovalente Bindungen zusammengehalten (hydrophobe Wechselwirkungen, Wasserstoffbrückenbindungen, elektrostatische Wechselwirkungen zwischen unterschiedlich geladenen Gruppen). Die nichtcovalenten Interaktionen können dann noch durch eine Vernetzung der Untereinheiten über covalente Modifikationen wie die Ausbildung von Disulfidbrücken stabilisiert werden. Dies findet man häufig bei extrazellulären Proteinen, die Strukturfunktionen haben und lange stabil bleiben müssen. Das schon besprochene Kollagen ist hierfür ein gutes Beispiel. In der extrazellulären Matrix bildet es hochmolekulare Fibrillen aus, in denen die einzelnen Untereinheiten durch vielfältige covalente Modifikationen vernetzt sind (▶ Kap. 24.2.1).

3.3.5 Die Strukturebenen und Eigenschaften von Myoglobin und Hämoglobin

Myoglobin und Hämoglobin sind Sauerstofftransporteure im menschlichen Organismus.

Myoglobin und **Hämoglobin** sind am Sauerstoffstoffwechsel des Menschen und anderer Lebewesen beteiligt. Hämoglobin ist auch bei vielen Invertebraten als Sauerstoffträger zu finden, alternative Sauerstofftransportproteine sind das kupferhaltige **Hämocyanin** und das eisenhaltige, Nichthäm-Protein **Hämoerythrin**. Parallel mit der ähnlichen, jedoch nicht identischen Funktion dieser Proteine geht ein ähnlicher, aber nicht gleicher Aufbau, der die Existenz eines gemeinsamen Vorläufermoleküls in der Evolution nahe legt.

Myoglobin. Dies ist ein Proteinmonomer mit 153 Aminosäuren und einer Molekülmasse von etwa 17,8 kDa. Es wurde 1932 von Hugo Theorell in Schweden entdeckt. Myoglobin kommt in hohen Konzentrationen in der Herz- und Skelettmuskulatur (deshalb das Präfix Myo) vor. In der Herzmuskelzelle dient es der Überbrückung der Pause der Sauerstoffversorgung, die bei jeder Systole durch die Kompression der versorgenden Coronargefäße eintritt. Im Skelettmuskel wirkt es als Sauerstoffspeicher bei vermehrtem O_2-Bedarf, der bei Muskelarbeit auftritt.

Hämoglobin. Dies ist ein Proteintetramer mit insgesamt 574 Aminosäuren und einer Molekülmasse von etwa 64,5 kDa; es wurde von Felix Hoppe-Seyler (1825–1895) schon im 19. Jahrhundert kristallisiert. Hämoglobin dient als Sauerstofftransporteur in den Erythrozyten des Blutes (daher als Präfix Hämo) von den Lungen zu den peripheren Organen und transportiert daneben auch in geringen Mengen Kohlendioxid und Protonen.

Sauerstoff wird an das Häm, die prosthetische Gruppe im Myoglobin bzw. Hämoglobin, gebunden.

Beide Proteine sind für den Menschen erforderlich, weil **Sauerstoff** als **unpolares Molekül** nur schlecht in den polaren wässrigen Medien des Extra- und Intrazellulärraumes löslich ist. So bewirkt die Gegenwart von Myoglobin eine mehrfache Steigerung der Diffusionsgeschwindigkeit von Sauerstoff durch die Muskelzelle, und die Anwesenheit von Hämoglobin erhöht die Transportkapazität des Blutes für Sauerstoff auf das siebzigfache im Vergleich zur physikalisch gelösten Menge. Die Sauerstoffanlagerung an Myo- bzw. Hämoglobin erfolgt nicht direkt an die Peptidkette, sondern an ihre **prosthetische Gruppe**, das **Häm** (Abb. 3.29).

Dieser aktive Bereich der Proteine besteht aus 4 untereinander über Methinbrücken (-CH=) verbundenen **Pyrrolringen**, die verschiedene Seitenketten (4 Methyl-, 2 Vinyl (-CH=CH_2)- und 2 Propionyl (-CH_2-CH_2-COO^-)-Moleküle) enthalten und in der Mitte über ihre 4 Stickstoffatome ein **zweiwertiges Eisenatom** komplexieren (Einzelheiten über diese als Porphyrine bezeichneten Stoffe und ihren Stoffwechsel ▶ Kap. 20). An dieses Eisenatom wird Sauerstoff angelagert, ohne dass sich die Wertigkeit

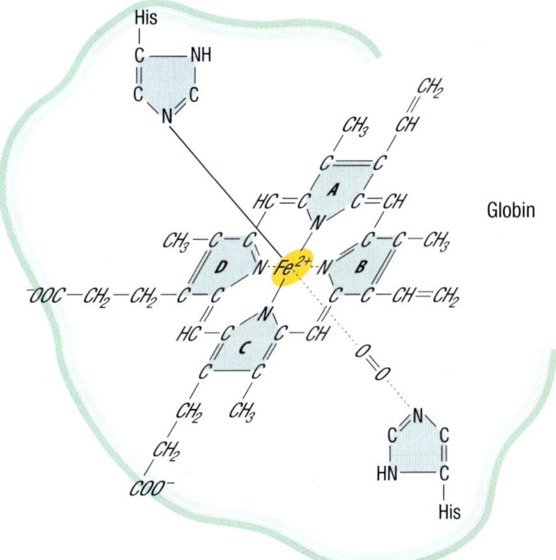

Abb. 3.29. Häm, die prosthetische Gruppe des Myoglobins und Hämoglobins. Es ist durch das proximale Histidin an den jeweiligen Globinteil gebunden. Der Sauerstoff ist zwischen dem zentralen Eisenatom und dem distalen Histidin gebunden

des Eisens ändert. Verbunden mit der Anlagerung ist eine **Konformationsänderung** des Globinanteils, der von der Desoxy- in die Oxyform übergeht. Das Eisenporphyringerüst weist konjugierte Doppelbindungen auf, die diesen beiden Hämproteinen und damit dem Blut bzw. der Muskulatur (indirekt dadurch auch der Haut: Blässe bei Blutarmut) eine rote Farbe verleihen.

! Die Globinkette schützt das Eisen im Häm vor einer Oxidation durch Sauerstoff.

In Gegenwart von Sauerstoff und Wasser wird das Eisen des **freien Häms** sofort zu dreiwertigem Eisen (Hämatin) oxidiert, das keinen Sauerstoff mehr anlagern kann. In Biosystemen wird diese folgenschwere Reaktion durch die Globinkette verhindert, die einen schützenden Mantel darstellt. Die Ketten verschaffen den Prophyrinmolekülen weitere wichtige funktionelle Eigenschaften: Die Sauerstoffanlagerung ist reversibel und die Sauerstoffaffinität variierbar, wodurch eine Anpassung der Sauerstoffversorgung peripherer Organe an unterschiedliche physiologische Situationen überhaupt erst möglich ist.

Das gleiche Hämgerüst tritt, eingebettet in andere Polypeptidketten, auch in weiteren Proteinen, z.B. den Cytochromen auf (► Kap. 15.1.2).

! α-Helices machen einen hohen Prozentsatz der Sekundärstruktur des Myoglobins aus.

Die Primärstruktur des Myoglobins von über 60 Species einschließlich des Menschen ist inzwischen bekannt. Ob den beim Menschen vorkommenden Myoglobinvarianten eine pathogenetische Bedeutung zukommt, ist noch unbekannt.

Myoglobin war das erste Protein, dessen Konformation Ende der fünfziger Jahre, d.h. einige Jahre nach der Veröffentlichung der α-Helix- und β-Faltblatt-Strukturen von John Kendrew in Oxford, aufgeklärt werden konnte. Nach der Röntgenstrukturanalyse der ungefähr 2500 Atome (Röntgenbeugungsdiagramm des Myoglobins, ◘ Abb. 3.39) enthält das Molekül insgesamt 8 α-Helices (A, B, C, D, E, F, G und H), deren Anteil an der Sekundärstruktur über 70% beträgt. Myoglobin ist damit ein typischer Vertreter der α-Proteinklasse. Die Bereiche zwischen den Helices können weder dem Faltblatttyp noch einer anderen bekannten Sekundärstruktur zugeordnet werden. Die gesamte Kette ist in sich gewunden, wodurch das Molekül als Tertiärstruktur die Gestalt einer abgeflachten Kugel mit den Abmessungen 4,4×4,4×2,5 nm annimmt (◘ Abb. 3.30).

Es entsteht ein hydrophober Kern mit einer gleichfalls hydrophoben Tasche, in die das Häm eingelagert ist. Die einzige covalente Bindung zwischen **Globinpeptidkette** und **Hämmolekül** kommt über die Seitenkette des als **proximal** bezeichnete Histidylrestes zustande (◘ Abb. 3.29). Deshalb ist dieser Imidazolrest der einzige Molekülbereich, über den Konformationsänderungen des Porphyringerüstes auf den Globinanteil und umgekehrt übertragen werden können. Auf der anderen Seite des Hämmoleküls liegt ein weiterer, als distal bezeichneter Histidylrest, der allerdings keine covalente Bindung zum Eisen aufweist (◘ Abb. 3.29). Zwischen diesen Rest und das Hämgerüst schiebt sich das Sauerstoffmolekül bei der Reaktion mit dem Myoglobinprotein. Entsprechend der räumlichen Verteilung hydrophober und hydrophiler Reste im Myoglobinprotein zeigt auch das Porphyringerüst eine Orientierung, bei der der Anteil mit den hydrophoben Vinylseitenketten ins Proteininnere zeigt, während derjenige, an dem die hydrophilen Propionylreste sitzen, in Richtung Proteinoberfläche ragt.

! Hämoglobin entsteht durch Zusammenlagerung von zwei α- und zwei β-Ketten.

Hämoglobin war das erste Protein, dessen Tertiär- und Quartärstruktur aufgeklärt wurde. Das Protein besteht aus 4 Polypeptidketten, d.h. aus je 2 α-Ketten mit 141 Aminosäuren und 2 β-Ketten mit 146 Resten ($Hb\alpha_2\beta_2$) (◘ Abb. 3.31).

Auch sie besitzen als prosthetische Gruppe das Hämmolekül. Die Primärstruktur der beiden Ketten ist bei über 60 Species bekannt. Abweichungen von der normalen Aminosäuresequenz des menschlichen Hämoglobins, die bei etwa jedem 600. Menschen auftreten, werden als **anomale Hämoglobine** bezeichnet (► Kap. 29.2.4). Vergleicht man die Sequenz der beiden Hämoglobinketten untereinander und mit der des Myoglobins, so zeigen sich auffallende Ähnlichkeiten, die nicht zufällig sein können, sondern dadurch zustande kommen, dass sich sowohl die Peptidkette des Myoglobins als auch die Ketten des Hämoglobins aus einer gemeinsamen Urpolypeptidkette entwickelt haben. Vermutlich hat sich das Gen, das die Basensequenz für die Urpolypeptidkette trug, im Zuge der Evolution verdoppelt (**Genduplikation**). Von diesem Zeitpunkt an entwickelten sich die beiden neu entstandenen Gene unabhängig voneinander, sodass auch unterschiedliche Genprodukte (=Peptidketten) gebildet wurden. Der Prozess der Genverdoppelung wiederholte sich, sodass ein Organismus eine Reihe homologer Gene besitzen kann, die in mehreren Peptidketten (Myoglobin, α- und β-Ketten des Hämoglobins) Ausdruck finden.

Die räumliche Anordnung der 10.000 Atome des Hämoglobins ergibt vier abgeflachte Kugeln, die zusammen eine Kugel mit den Abmessungen 6,5×5,5×5,0 nm (◘ Abb. 3.31) darstellen. Auch bei den Hämoglobinketten treten α-Helices mit einem Gesamtanteil von über 70% auf; während bei den β-Ketten wie beim Myoglobin 8 Helices (A–H) zu finden sind, tritt diese Sekundärstrukturform bei den α-Ketten nur 7-mal (keine D-Helix) auf. Obwohl nur 25 von rund 150 Aminosäuren des Myoglobins wieder an den gleichen Positionen in den Hämoglobinketten auftreten, besitzen alle drei Ketten eine fast identische Tertiärstruktur, d.h. die einer abgeflachten Kugel. Dies deutet darauf hin, dass die Konformation von einigen wenigen Aminosäuren bestimmt wird, denen insbesondere bei der Bildung des hy-

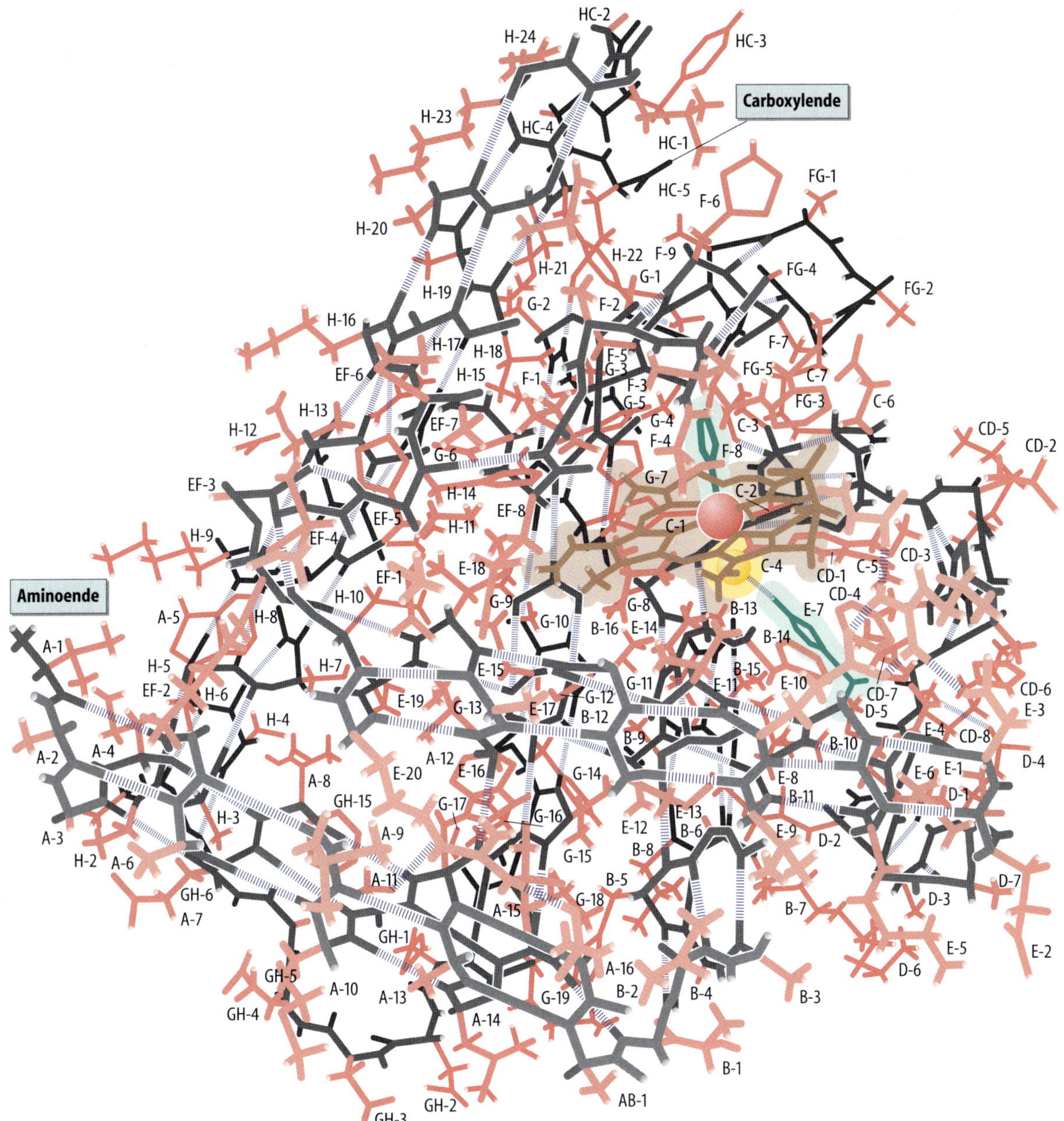

Abb. 3.30. Tertiärstruktur des Myoglobins. Die Seitenketten sind rot, die Hauptkette schwarz, das Porphyringerüst mit dem Zentralatom Fe(II) braun, der angelagerte Sauerstoff gelb, das distale und das proximale Histidin grün dargestellt

drophoben Kerns (Leucin, Isoleucin und Valin) und der Bindung des Porphyrins (Histidin) eine Schlüsselstellung zukommt.

Die Zusammenlagerung der vier Ketten zu der funktionstüchtigen Einheit erfolgt über komplementäre Bereiche an der Oberfläche der Einzelketten; zusammengehalten werden die Untereinheiten über hydrophobe und elektrostatische Wechselwirkungen sowie Wasserstoffbrückenbindungen. Der Vorteil dieser nichtcovalenten Bindungen ist darin zu sehen, dass sich die Untereinheiten ohne hohen Energieaufwand gegeneinander verlagern können, d.h. dass dem Tetramer die für seine Funktion so wichtige Flexibilität der Konformation erhalten bleibt.

Das Hämoglobintetramer bildet im Zentrum einen **flüssigkeitsgefüllten Kanal**, der längs der zweizähligen Symmetrieachse der Homodimere ausgerichtet ist. Er ist im Desoxyhämoglobin etwa 2 nm breit und 5 nm lang und verkleinert sich mit der Sättigung des Hämoglobins mit Sauerstoff.

! Die Tetramerstruktur des Hämoglobins erlaubt die Ausbildung kooperativer Effekte.

Welche funktionellen Konsequenzen haben nun der Aufbau des Myoglobins aus einer und der des Hämoglobins aus vier Polypeptidketten? Ein Blick auf die **Sauerstoffanlagerungskurven** (Abb. 3.32) des Myoglobins, der isolierten

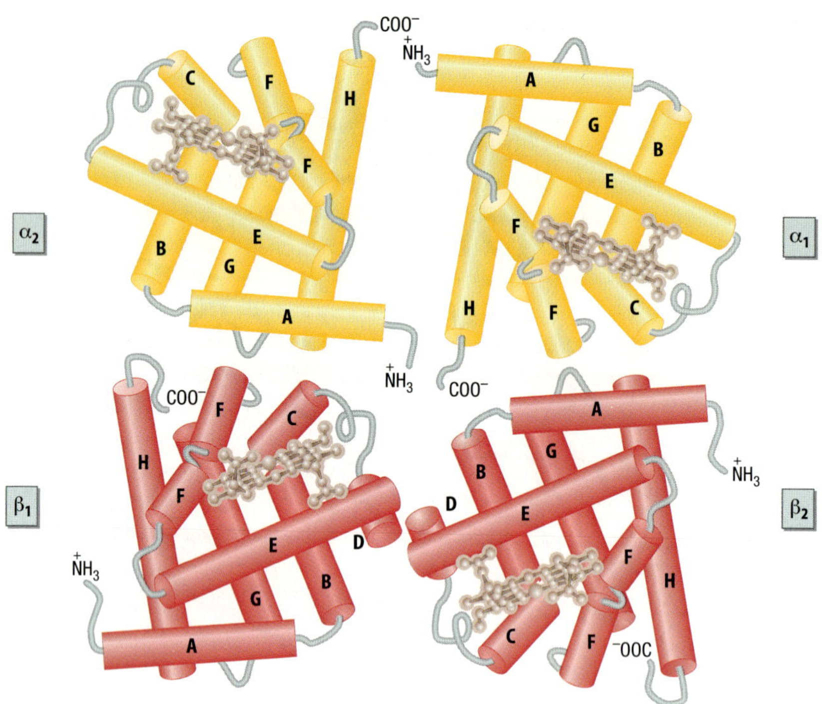

Abb. 3.31. Die tetramere Struktur des Hämoglobins

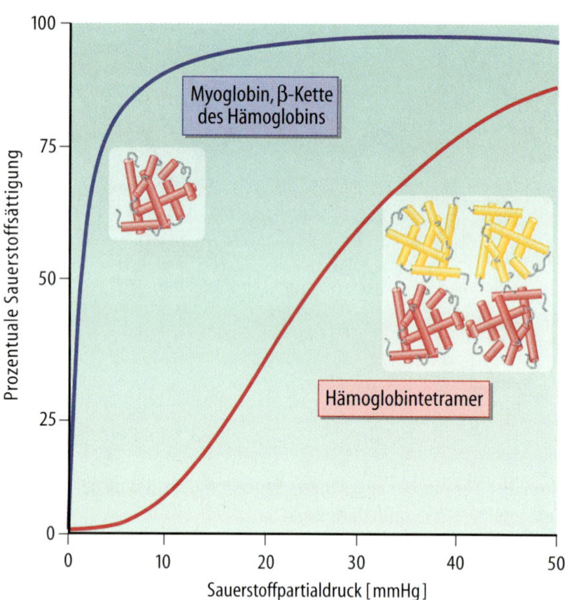

Abb. 3.32. Sauerstoffanlagerungskurven des Myoglobins, der isolierten β-Kette und des tetrameren Hämoglobins

β-Kette und des Hämoglobintetramers zeigt, dass zwar die Kurven des Myoglobins und der β-Kette identisch sind, d.h. einen **hyperbolen** Verlauf nehmen, dass aber bei Zusammenlagerung von 2 α-Ketten und 2 β-Ketten zum Hämoglobin ein anderer, als **sigmoid** bezeichneter Verlauf entsteht, dem ein **kooperativer Effekt** zugrunde liegt.

Kooperativ bedeutet in diesem Zusammenhang, dass die Sauerstoffaufnahme bei niederem Sauerstoffpartialdruck zwar kleiner als beim Myoglobin ist, dass sie aber mit jeder Anlagerung eines weiteren Sauerstoffmoleküls immer schneller steigt. So sind Myoglobin und die isolierte β-Kette schon bei einem Druck von 1 mmHg zu 50% mit Sauerstoff gesättigt, während zur 50%igen Beladung des Hämoglobins ein Druck von 26,6 mmHg erforderlich ist (sog. Halbsättigungsdruck). Der kooperative Effekt ist somit offenbar an die Gegenwart eines Systems mit mehreren Untereinheiten gebunden. Der biologische Vorteil eines S-förmigen Kurvenverlaufes liegt weniger in der erschwerten Sauerstoffaufnahme bei niedrigen Drücken als vielmehr in der **erleichterten Abgabe** in diesem Bereich: So könnte nämlich ein erheblicher Teil des Sauerstoffs im Fall einer hyperbolischen Anlagerungskurve bei dem im Bereich der Gewebezellen herrschenden niedrigen O_2-Druck (von 20–40 mmHg im Kapillarbereich) nicht abgegeben werden.

Ein weiterer, in Abb. 3.32 allerdings nicht gezeigter funktioneller Unterschied ist die Tatsache, dass sich die Sauerstoff-Anlagerungskurve des Hämoglobins im Gegensatz zu der des Myoglobins oder der isolierten β-Kette durch Veränderung der **Protonen- oder Kohlendioxidkonzentration** des Mediums nach links oder rechts verschieben lässt, d. h. dass die O_2-Abgabe erschwert oder erleichtert werden kann. Wie schon eingangs erwähnt, versorgt Hämoglobin periphere Zellen mit Sauerstoff und transportiert gleichfalls einen Teil der im Zellstoffwechsel entstehenden Protonen und Kohlendioxid ab. Das Molekül muss also Bereiche besitzen, an denen diese zum Transport gebunden werden. Auf der anderen Seite können CO_2 und Protonen – wenn sie z.B. bei Muskelarbeit vermehrt produziert werden – eine erleichterte Sauerstoffabgabe durch das Hämoglobinmolekül veranlassen (Rechtsverlagerung der Kurve). Die vermehrte Besetzung der Bindungsstellen mit diesen Molekülen führt offenbar zu Konformationsänderungen, die an die Existenz eines Tetramers gebunden sind und die die Abgabe von Sauerstoff beschleunigen. Dass die Bindungsstellen für Protonen und Kohlendioxid nicht mit denen für Sauerstoff identisch sind, ergibt sich aus der Beobachtung, dass **nicht die Form**, sondern **nur die Lage** der Anlagerungskurve (oder auch Dissoziationskurve) für Sauerstoff verändert wird. Derartige Effektoren werden deshalb **allosterisch** nach der griechischen Bezeichnung für »anderer Bereich« genannt. Ein weiterer allosterischer Effektor ist **2,3-Bisphosphoglycerat**, das ständig im Glucosestoffwechsel des Erythrozyten entsteht. Es bindet im desoxygenierten Zustand des Proteins im **zentralen Kanal**. Zur Bedeutung dieses **Signalmetaboliten** zusammen mit der der Protonen und des Kohlendioxids ▶ Kap. 29.2.2.

! Hämoglobin ist eine Lunge im Molekülformat.

Wie kann nun die Förderung der Aufnahme eines Sauerstoffmoleküls durch die vorherige Anlagerung, also der kooperative Effekt, erklärt werden? Früher hatte man angenommen, dass die Anlagerung eines Sauerstoffmoleküls an ein Eisenatom die O_2-Affinität der benachbarten Eisenatome direkt beeinflusst; dies ist aber nicht möglich, da die vier Hämgruppen weit voneinander entfernt, d.h. etwa 2,5–4,0 nm, in gesonderten Taschen an der Oberfläche des Hämoglobinmoleküls liegen. Für eine direkte – als Häm-Häm-Wechselwirkung bezeichnete – physikalisch-chemische Wechselwirkung ist der Abstand zwischen den Hämgruppen also viel zu groß.

Den Schlüssel zum Verständnis des kooperativen Effektes lieferte die Beobachtung, dass das Hämoglobinmolekül seine Gestalt bei der Aufnahme und Abgabe von Sauerstoff ändert. Schon Ende der 40er Jahre war beschrieben worden, dass sich die Kristallform des Hämoglobins bei Sauerstoffaufnahme ändert. Es ist also nicht völlig starr, sondern besitzt im Gegenteil eine hochflexible Konformation. Das Hämoglobin stellt somit keineswegs nur eine Art Sauerstofftank dar, sondern es ist eine Lunge im Molekülformat. Diesen Ausdruck hat Max F. Perutz geprägt, dessen Arbeitsgruppe in Oxford die wesentlichen Kenntnisse über dieses Molekül entdeckt hat.

In erster Näherung kommt das Hämoglobin in zwei verschiedenen Formen vor, die sich hauptsächlich in der Anordnung der Untereinheiten, also der Quartärstruktur unterscheiden. Traditionell wird die Hauptkonformation des **Desoxyhämoglobins** als **T-Zustand** und die des **Oxyhämoglobins** als **R-Zustand** bezeichnet. Diese beiden Zustände werden durch Unterschiede in den elektrostatischen Wechselwirkungen zwischen den Untereinheiten stabilisiert. Im oxygenierten Zustand wird das α_1-β_1-Dimer relativ zum α_2-β_2-Dimer um etwa 15° verdreht. Dabei bleiben die Kontakte zwischen der α_1- und β_1-Untereinheit sowie der α_2- und β_2-Untereinheit weitgehend erhalten, während sich die α_1-β_2-Wechselwirkungen und die α_2-β_1-Wechselwirkungen deutlich ändern.

Details der an der kooperativen Sauerstoffbindung beteiligten strukturellen Prozesse und deren Reihenfolge sind auch heute noch umstritten. Insbesondere lassen sich die experimentellen Daten hinreichend mit mehr als einem kinetischen Modell erklären. Der von Röntgenstrukturdaten abgeleitete Mechanismus von Perutz ist in sich schlüssig und soll hier dargestellt werden (▪ Abb. 3.33–3.34).

! Sauerstoffanlagerung verursacht eine Bewegung des proximalen Histidylrestes, der das Häm mit der Globinkette verbindet.

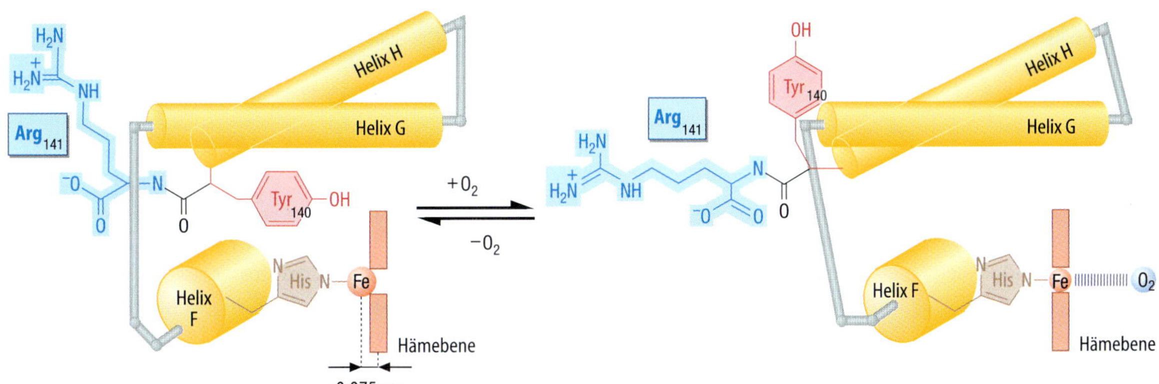

▪ Abb. 3.33. Schematische Darstellung von strukturellen Veränderungen bei der Oxygenierung der α-Kette des Hämoglobins. Die Aminosäuren Tyrosin und Arginin im C-terminalen Ende der Helix H und das Histidin der Helix F, das an das Hämeisen gebunden ist, sind besonders hervorgehoben. Nach Sauerstoffanlagerung verringert sich die Länge der Bindung zwischen dem Eisenatom und den Porphyrinstickstoffen, sodass sich das Eisenatom in die Ebene des Porphyrinrings bewegt und gleichzeitig über die koordinierte Histidinseitenkette die Helix F mitzieht. Dies führt zur Verlagerung der Helix G mit nachfolgender Verdrängung des Tyrosylrestes aus der Bindungstasche. Als Folge wird die Position des C-terminalen Argininrestes verändert

3

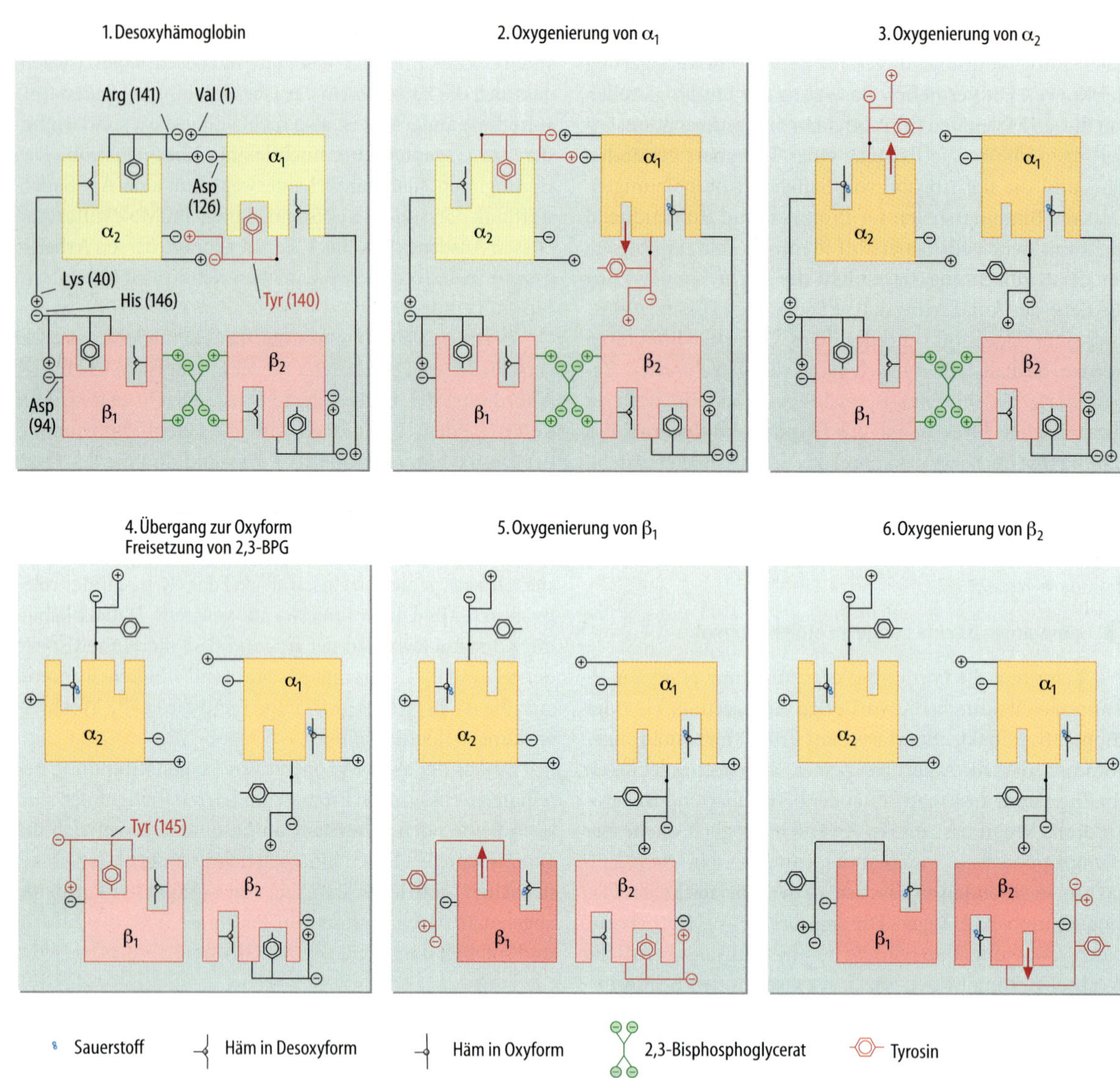

Abb. 3.34. Schematische Darstellung der einzelnen Schritte bei der Anlagerung von Sauerstoff an die Untereinheiten des Hämoglobins. 1. Desoxyhämoglobin mit durch elektrostatische Klammern und 2,3-Bisphosphoglycerat (2,3-BPG) verbundenen Untereinheiten. Schritt **1–2** und **2–3**: Oxygenierung der α-Ketten. Durch die Verengung der Tyrosintaschen werden die Tyrosinreste herausgedrückt und die elektrostatische Wechselwirkung zwischen Arg141, Val1 und Asp126 ausgeschaltet. Schritt **3–4**: Übergang der Quartärstruktur von der Desoxy- zur Oxyform unter gleichzeitiger Freisetzung von 2,3-BPG und Störung der α1-β2- und α2-β1-Wechselwirkung. Schritt **4–5** und **5–6**: Oxygenierung der β-Ketten. (Verändert nach Perutz MF 1970)

Im vollkommen desoxygenierten Zustand befindet sich das Hämoglobin im **T-Zustand**, den zugehörigen konformationellen Zustand der einzelnen Untereinheiten bezeichnet man folgerichtig als **t-Zustand**. In diesem Zustand befindet sich das Häm-Fe^{2+} außerhalb der Ebene der vier Pyrrolringe des Porphyringerüstes und das Porphyrinsystem ist durchgebogen. Lagert sich nun ein Sauerstoffmolekül an das Eisenatom an, so bewirkt diese Anlagerung eine Änderung der Elektronenkonfiguration, die zu einer Verkürzung der Bindungen zwischen dem Fe^{2+} und den Porphyrinstickstoffatomen führen. Daraufhin bewegen sich das Eisenatom und der Porphyrinring um etwa 0,075 nm gegeneinander (Abb. 3.33), das Eisenatom befindet sich nun in der Ebene des nun planaren Porphyrinsystems und die Untereinheit kann in den **r-Zustand** übergehen.

Die Bewegung des Eisenatoms zieht eine Bewegung des Globinanteils nach sich, da das Eisen über den proximalen Histidylrest in der Helix F mit der Peptidkette verbunden ist und das Porphyringerüst über hydrophobe Wechselwirkungen mit der Peptidkette in Verbindung steht. Eine Verlagerung der Helix F bewirkt eine Änderung der relativen Position von Helix G und gleichzeitig der C-terminalen Aminosäuren Tyr140 und Arg141. Diese beiden Aminosäuren bilden im t-Zustand der α-Untereinheiten ein Netzwerk von Wasserstoffbrücken und elektrostatischen Interaktionen aus (Abb. 3.34). Der Tyrosinrest ist über eine

Wasserstoffbrücke an der eigenen Kette verankert und hält das C-terminale Arginin in der richtigen Position zur ionischen Interaktion mit Resten der anderen α-Kette. Dabei interagiert seine negativ geladene Carboxylgruppe mit der positiv geladenen Aminogruppe von Lys127 (nicht dargestellt), die positiv geladene Guanidinogruppe seiner Seitenkette mit dem negativ geladenen Carboxylrest von Asp126 und über ein Cl^-–Ion mit der N-terminalen Aminogruppe von Val1. Beim Übergang in den R-Zustand werden alle diese Interaktionen gesprengt, da Tyr140 nicht mehr in seiner Position über die Wasserstoffbrücke fixiert ist. Vergleichbare Interaktionen gehen auch die β-Ketten ein, bei denen Arg141 durch His146 ersetzt ist. Der wesentliche Unterschied ist hier, dass diese Reste keine Interaktion zwischen den beiden β-Ketten vermitteln, sondern zu den α-Ketten. Die C-terminale Carboxylgruppe von β_2 interagiert mit der Seitenkette von Lys40 von α_1 und umgekehrt. Damit werden die α_1-Kette mit der β_2-Kette und die α_2-Kette mit der β_1-Kette verklammert. Die Histidinseitenkette interagiert mit einem Aspartylrest der eigenen Untereinheit.

Spaltet man die C-terminalen, positiv geladenen Aminosäuren ab, so verschwindet der sigmoidale Verlauf der Sauerstoffanlagerungskurve.

Die kooperative Bindung des Sauerstoffs an Hämoglobin hängt demnach von der oben beschrieben Ionenbindung zwischen den Untereinheiten ab, deren Existenz wiederum direkt mit der Sauerstoffbindung an das zentrale Eisenatom verknüpft ist. Mit der plausiblen Annahme, dass im t-Zustand Sauerstoff schwächer gebunden wird als im r-Zustand und gleichzeitig die Bindung im t-Zustand in den β-Untereinheiten schwächer ist als in den α-Untereinheiten, kann man die Kooperativität nun gut qualitativ (und quantitativ) erklären:

- Bei niederem Sauerstoffpartialdruck kann der Sauerstoff zwar an eine α-Untereinheit binden, diese bleibt aber im Wesentlichen im t-Zustand, da das Gesamtmolekül im T-Zustand stabilisiert ist
- Bei Erhöhung des Sauerstoffpartialdrucks erhöht sich die Wahrscheinlichkeit, dass auch die zweite α-Untereinheit (und mit geringerer Wahrscheinlichkeit die β-Untereinheiten) Sauerstoff bindet. Damit erhöht sich die Fe-O_2-Bindungsenergie und die Tendenz der Untereinheit vom t- in den r-Zustand überzugehen, ein Prozess, der schließlich den Übergang des Gesamtmoleküls vom t- in den r-Zustand mit den schon beschriebenen Quartärstrukturänderungen auslöst

! Mit der Aufnahme von Sauerstoff ist die Abgabe von Protonen verbunden.

Am Übergang vom T- in den R-Zustand sind elektrostatische Wechselwirkungen wesentlich beteiligt. Mindestens zwei der beteiligten Gruppen, die N-terminale Aminogruppe und das C-terminale Histidin haben pK-Werte, die im Bereich des physiologischen pH-Wertes von 7,4 liegen. Das bedeutet, dass sie leicht ein Proton aufnehmen oder abgeben und damit ihren Ladungszustand ändern können. Ein niedriger pH-Wert (Erhöhung der H^+-Konzentration) stabilisiert die positive Ladung und damit den T-Zustand.

Dies ist die Grundlage des **Bohr-Effekts** (▶ Kap. 29.2.2). Eine Absenkung des pH-Wertes, wie er typischerweise in den Kapillaren in Geweben mit hohem Energieverbrauch gefunden wird, führt damit zur Freisetzung von Sauerstoff, eine Erhöhung des pH-Wertes zur stärkeren Bindung. Umgekehrt induziert die Bindung von Sauerstoff den Übergang vom T-Zustand zum R-Zustand, in dem die oben beschriebenen Ionenpaare, die die positiven Ladungen stabilisieren, nicht mehr existieren: Protonen werden freigesetzt.

Der zentrale, flüssigkeitsgefüllte Kanal im Hämoglobin wird im Wesentlichen durch die β-Untereinheiten gebildet und verkleinert sich deutlich, wenn Hämoglobin vom T-Zustand in den R-Zustand übergeht. Unter physiologischen Bedingungen bindet er in der **Desoxyform 2,3-Bisphosphoglycerat** (2,3-BPG), ein Zwischenprodukt des Glucoseabbaues in Erythrozyten. 2,3-BPG verfügt mit zwei Phosphatresten und einer Carboxylgruppe über fünf polare Bereiche und kann dadurch relativ starke elektrostatische Wechselwirkungen mit geladenen Gruppen der β-Untereinheiten eingehen. Da die Pore im R-Zustand zu klein ist, um es aufzunehmen, stabilisiert seine Bindung wieder den T-Zustand und führt damit zu einer erleichterten Freisetzung von Sauerstoff. Dies wird unter anderem bei der Höhenadaptation vom Körper durch erhöhte Bildung von 2,3-BPG in den Erythrozyten genutzt, um die schlechtere Sauerstoffversorgung zumindest teilweise zu kompensieren.

3

In Kürze

Die Hierarchie der Raumstrukturen von Proteinen erfolgt auf vier Ebenen:
- Die Primärstruktur beschreibt die Sequenz der durch Peptidbindungen verknüpften Aminosäuren eines Proteins
- Die Sekundärstruktur umfasst alle Strukturen, die sich durch Wasserstoffbrückenbindungen der CO- und NH-Gruppen des Rückgrats der Peptidkette ergeben. Dazu gehört die α-Helix, das β-Faltblatt, die Kollagenhelix und schließlich Schleifen, die die o.g. Strukturen miteinander verbinden
- Die Tertiärstruktur umfasst die vollständige dreidimensionale Beschreibung monomerer Proteine einschließlich der durch ihre Aminosäureseitenketten gegebenen Konformation. Stabilisiert wird die Tertiärstruktur durch elektrostatische (ionische) Wechselwirkungen, van-der-Waals-Wechselwirkungen, intramolekulare Wasserstoffbrücken, hydrophobe Wechselwirkungen und Disulfidbrücken
- Die Quartärstruktur von Proteinen beschreibt die Assoziation mehrerer Untereinheiten. Sehr viele Proteine, z.B. das Sauerstofftransport-Protein Hämoglobin, entfalten ihre biologische Wirksamkeit nur als Polymere. Für die Funktion spielen dabei Wechselwirkungen zwischen den einzelnen Untereinheiten und durch sie ausgelöste Konformationsänderungen eine entscheidende Rolle

3.4 Denaturierung, Faltung und Fehlfaltung von Proteinen

3.4.1 Denaturierung und Faltung

! Proteine können reversibel denaturiert und renaturiert werden.

Die biologische Aktivität von Proteinen kann nur verstanden werden, wenn man ihre räumliche Struktur kennt. Zerstörung der intakten räumlichen Struktur (**Denaturierung**) führt gewöhnlich zum Funktionsverlust. Christian Anfinsen und Mitarbeiter zeigten 1961 in einer Serie von eleganten Experimenten am Beispiel der Ribonuclease, dass kleine Proteine reversibel denaturiert und renaturiert werden können (Abb. 3.35):
- Das native, enzymatisch aktive Ribonucleasemolekül kann in einer hochkonzentrierten Harnstofflösung entfaltet werden (Harnstoff zerstört für die Proteinstruktur wichtige, nichtcovalente Bindungen). Durch Behandlung mit einer Verbindung mit SH-Gruppen (Mercaptoethanol) werden die Disulfidbrücken der Ribonuclease zusätzlich gespalten. Dadurch ergibt sich der **denaturierte Zustand**, in dem das Enzym keinerlei Aktivität mehr hat
- Entfernt man nun den Harnstoff und das Mercaptoethanol durch Dialyse, so kommt es spontan zur **Renaturierung**. Hierbei stellt sich die ursprüngliche Raumstruktur wieder her, die Cysteinylreste des Proteins gelangen in die richtige Position, sodass sie spontan, unter Einwirkung von gelöstem Sauerstoff, zu Disulfidbrücken oxidiert werden können

Damit ist gezeigt, dass sämtliche Informationen für die Ausbildung der Raumstruktur von Proteinen bereits in ihrer Primärstruktur vorhanden sind. Da die Renaturierung bei komplex aufgebauten Enzymen sehr lange Zeit in An-

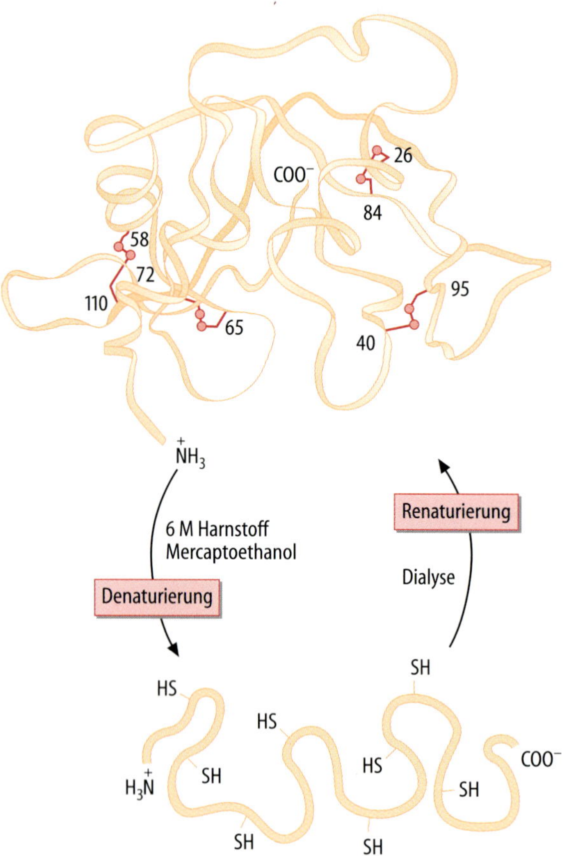

Abb. 3.35. Denaturierung und Renaturierung von Ribonuclease aus Pankreas. Das native Enzym mit den vier Disulfidbrücken wird durch Behandlung mit einem Überschuss an Thiolen (z.B. Mercaptoethanol) in Gegenwart hoher Harnstoffkonzentrationen entfaltet und somit denaturiert. Nach Entfernung von Harnstoff und Mercaptoethanol durch Dialyse erreicht das Enzym wieder seine ursprüngliche Aktivität und Raumstruktur. Es ist renaturiert

spruch nehmen würde, stehen der Zelle zusätzliche Hilfsmechanismen zur Verfügung (▶ Kap. 9.2.1).

! Der Faltungscode von Proteinen ist noch nicht aufgeklärt.

Während es seit der Aufklärung des genetischen Codes i. Allg. kein Problem mehr ist, die in der Nucleotidsequenz der DNA verschlüsselte Aminosäuresequenz von Proteinen sicher vorherzusagen, ist es bis heute nicht möglich, aus der Aminosäuresequenz die dreidimensionale Struktur von Proteinen in atomarer Auflösung sicher vorherzusagen. Obwohl inzwischen erhebliche Fortschritte auf dem Gebiet der Strukturvorhersage erzielt wurden, ist der Faltungscode noch nicht bekannt. Dies hat im Wesentlichen zwei Gründe:

- Der zugängliche **Konformationsraum** für Proteine ist durch die große Anzahl von Einfachbindungen in der Hauptkette und den Seitenketten extrem groß
- Das **globale Minimum** der freien Enthalpie der nativen Struktur ist sehr flach und unterscheidet sich nur sehr wenig von einer riesigen Anzahl von Nebenminima fast gleicher freier Enthalpie. Die typische freie Enthalpie der Stabilisierung ΔG^0_{stab} für ein mittelgroßes Protein ist im Bereich von 45 ± 15 kJ mol^{-1}, das heißt Proteine haben normalerweise eine Stabilisierungsenthalpie, die gerade der Energie einiger weniger Wasserstoffbrücken entspricht

! Kleine Proteine falten und entfalten sich ohne nachweisbare Zwischenprodukte.

Nach (während) der Biosynthese am Ribosom oder der chemischen Synthese im Labor liegen Proteine in ihrem ungefalteten Zustand **U** vor, der am besten durch den Ausdruck Zufallsknäuel beschrieben wird. Unter günstigen Bedingungen nehmen sie schnell ihre native Struktur **N** an. Kleine Proteine, die nur aus einer einzigen Domäne bestehen, benötigen für ihre Faltung nur einige Millisekunden.

Der Faltungsvorgang wird häufig durch folgende einfache Reaktionsgleichung beschrieben:

$$
\begin{array}{ccccc}
U & \rightleftarrows & I & \rightleftarrows & N \\
 & & \downarrow\uparrow & & \\
 & & X & & \\
 & & \downarrow & & \\
 & & X_n & &
\end{array}
$$

wobei *I* ein Zwischenzustand oder wie *U* selbst ein ganzes Ensemble von verschiedenen konformationellen Zuständen ist und *N* den nativen Zustand darstellt. *X* stellt mögliche Faltungsintermediate dar, die nicht auf dem Faltungsweg liegen und die Faltung verzögern oder möglicherweise aggregieren und als X_n ausfallen. Bei kleinen Proteinen lässt sich allerdings oft kein Faltungsintermediat nachweisen, ihre Faltungskinetik lässt sich perfekt durch ein Zweizustandmodell beschreiben. Die Zwischenzustände *I* lassen

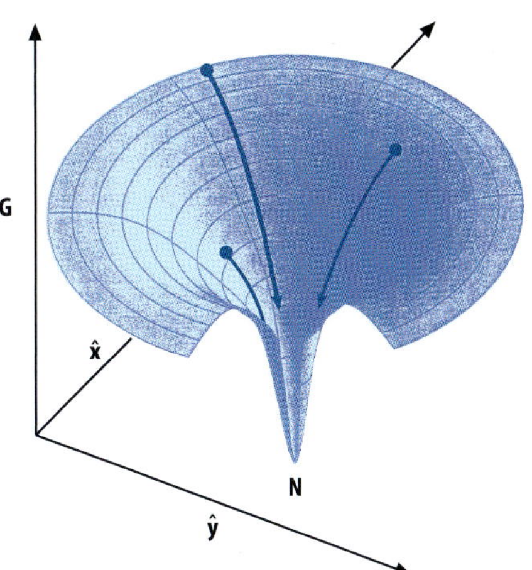

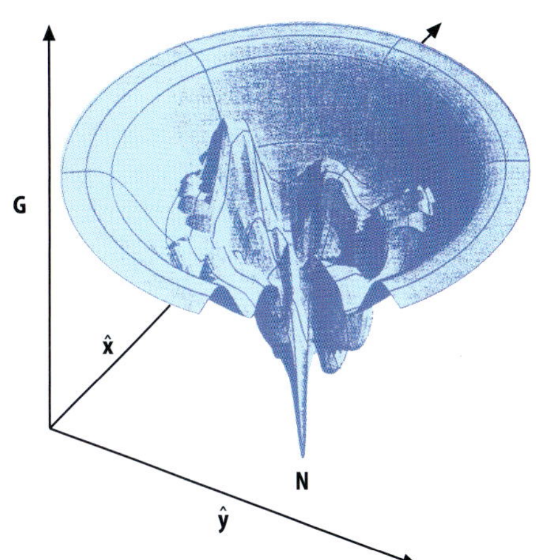

Abb. 3.36. Schematische Darstellung des Konformationsraums von Proteinen. Der im Prinzip multidimensionale Konformationsraum ist vereinfacht auf zwei Dimensionen x̂ und ŷ reduziert, die zugehörige Energie G ist durch die senkrechte Koordinate gegeben

sich häufig als **geschmolzenes Kügelchen** (*molten globule*) beschreiben, in dem schon einige Sekundärstrukturelemente vorhanden sind, aber der hydrophobe Kern noch hydratisiert ist.

Eine gute allgemeine Beschreibung des Faltungsvorgangs liefert das Modell des **Faltungstrichters** (*folding funnel*), das die freie Enthalpie im konformationell zugänglichen Raum darstellt (Energielandschaft) (Abb. 3.36).

Im ungefalteten Zustand befindet sich das Protein bei hoher Energie am Eingang des Trichters und folgt wie ein Skiläufer bei der Abfahrt ins Tal der Piste. In diesem Bild gibt es viele verschiedene Möglichkeiten, um vom Berg ins Tal zukommen. Am Anfang gibt es viele verschiedene Startpositionen (Konformere des ungefalteten Proteins) und viele verschiedene Wege. Je mehr sich der Trichter verengt, umso weniger Faltungsmöglichkeiten bleiben übrig, je größer die Steigung wird, umso schneller erfolgt die Faltung. Dieses Bild klärt auch das **Levinthalsche Paradox**, das darin besteht, dass der Konformationsraum von Proteinen viel zu groß ist, um in endlicher Zeit mit großer Wahrscheinlichkeit die native Struktur zu finden. Während der Faltung ist es einfach nicht nötig, alle möglichen Konformationen anzunehmen; die Energiefunktion leitet das Peptid zur nativen Struktur. Bei schnell faltenden Proteinen ist die Energielandschaft einfach und glatt, bei Proteinen mit Faltungsintermediaten I gibt es kleinere Täler mit lokalen Energieminima, in denen das Protein eine Zeit lang aufgehalten wird, Zustände X, die nicht auf dem Fa ltungsweg liegen, werden durch tiefe Täler dargestellt, aus denen das Protein nur mit Hilfe der thermischen Energie gelangen kann.

! Eine Änderung der äußeren Bedingungen kann zur Denaturierung von Proteinen führen.

Da auch unter günstigen (physiologischen) Bedingungen die freie Enthalpie der Stabilisierung, ΔG^0_{stab}((»0« auf der gleichen Höhe wie »stab« setzen)), relativ klein ist, führen schon kleine Änderungen der äußeren Bedingungen zu einem Verlust der nativen dreidimensionalen Struktur (Denaturierung). Ein wichtiger Faktor ist die **Temperatur**, da ΔG^0_{stab} prinzipiell temperaturabhängig ist. Ausgehend von einem Maximalwert, der normalerweise in der Nähe der physiologischen Temperatur liegt (beim Menschen 37 °C) nimmt sie zu höheren und niedereren Temperaturen hin ab. Während die **Hitzedenaturierung** für die meisten Proteine schon bei moderater Temperaturerhöhung beobachtet wird, kann die Kältedenaturierung nur selten beobachtet werden, da die hierzu notwendigen Temperaturen meist unter dem Gefrierpunkt des Wassers liegen.

Da die Proteinfaltung durch das Wechselspiel der Kräfte im System Protein-Lösungsmittel bestimmt wird, führen Änderungen der Eigenschaften des Lösungsmittels zur Änderung der freien Enthalpie der Stabilisierung und können damit die Denaturierung des Proteins bewirken. Denaturierend wirken daher **organische Lösungsmittel** wie Ethanol, die hydrophobe Wechselwirkungen schwächen und damit zur Strukturänderung führen.

Typische Denaturierungsmittel, die in der Biochemie benutzt werden, sind **Harnstoff** und **Guanidiniumchlorid** (Iminoharnstoff), die Wasserstoffbrückenbindungen aufgrund ihrer der Peptidbindung ähnlichen Struktur schwächen. Diese **chaotropen** Salze führen bei hohen Konzentrationen zur Solubilisierung des hydrophoben Kerns.

Auch **pH-Änderungen** oder der Zusatz von Schwermetallsalzen verursachen eine Proteindenaturierung. Mit diesem Vorgang ist häufig eine Veränderung der Löslichkeit des Proteins verbunden, die zur Ausflockung (Koagulation) führen kann. Praktische Verwendung findet das Ausfällen von Proteinen mit Trichloressigsäure oder Perchlorsäure. Diese bilden mit den Proteinen unlösliche Salze, was bei der Analyse von Körperflüssigkeiten ausgenützt wird, bei denen die Anwesenheit von Proteinen stört.

Die Denaturierung von Proteinen kann **reversibel** oder **irreversibel** sein. Für die irreversible Denaturierung sind meist chemische Veränderungen mitverantwortlich. Typische Prozesse, die spontan auch *in vitro* ablaufen, sind:
- Desaminierung von Asparagin und Glutaminseitenketten
- Oxidation von Cysteinen und Methioninen
- Glycosylierung von Lysinseitenketten
- autokatalytische Spaltung der Asp-Pro-Peptidbindung und
- Racemisierung von Aspartaten

Derartig veränderte Proteine werden proteolytisch abgebaut. Dieser Vorgang läuft intrazellulär in **Proteasomen** (▶ Kap. 9.3.5) oder **Lysosomen** (▶ Kap. 6.2.7, 9.3.4) ab, entfernt als wichtiger Regulationsfaktor fehlgefaltete Proteine und passt die Lebensdauer von Proteinen den Erfordernissen an.

Ein biologisch wichtiger Effekt ist die Bildung großer, stabiler Aggregate (ungeordnete Proteinkomplexe) oder Polymere (geordnete makromolekulare Komplexe). Sie bilden sich gewöhnlich aus den fehlgefalteten Intermediaten *X* oder dem ungefalteten Zustand *U* (▶ Reaktionsgleichung oben). Ab einer gewissen Größe werden sie i.d.R. wasserunlöslich und fallen aus. Damit sind sie praktisch dem Gleichgewicht entzogen.

! Spezifische Faltungshelfer können die Faltung von Proteinen beschleunigen und Fehlfaltungen verhindern.

Die Anhäufung von fehlgefalteten Proteinen ist für die Zelle schädlich und führt letztendlich zum Zelltod (s.u.). Daher hat die Zelle verschiedene Kompensationsmechanismen aufgebaut:
- Die Erkennung fehlgefalteter Proteine und deren schneller Abbau ist eine wichtige Strategie, für die spezialisierte proteolytische Systeme, das **Proteasom** und die **Lysosomen**, zuständig sind
- Viele Proteine sind für eine schnelle Faltung optimiert, sodass sich fehlgefaltete oder teilgefaltete Proteine nicht (oder nur unter Stressbedingungen) anhäufen können
- Langsame Prozesse, die die Faltung verzögern, sind typischerweise die *cis-trans*-Isomerisierungen von Prolinpeptidbindungen und die Ausbildung der richtigen Disulfidbindungen. Diese Vorgänge werden von der Zelle durch spezifische Enzyme, die **Peptidyl-Prolyl-Isomerasen** und die **Proteindisulfid-Isomerasen** (▶ Kap. 9.2.1), beschleunigt
- Zusätzlich gibt es eine ganze Gruppe von Proteinen, die **Chaperone** (▶ Kap. 9.2.1), die keine spezifische katalytische Funktion wie die einfachen Isomerasen haben. Sie binden Faltungsintermediate *I* oder fehlgefaltete Proteine *X*, verhindern so deren Aggregation und beschleunigen die richtige Faltung durch Destabilisierung der Zwischenzustände. Das wohlgefaltete Protein wird von ihnen schließlich abgegeben. Manche Proteine wie das Aktin, eine der wichtigsten Komponenten des

Cytoskeletts, sind *in vivo* weitgehend auf die Hilfe der Chaperone angewiesen. Dementsprechend lässt sich rekombinantes Aktin *in vitro* nur mit sehr geringer Ausbeute zurückfalten.

3.4.2 Pathobiochemie

! Fehlgefaltete Proteine können Krankheiten verursachen.

Im Zentrum des medizinischen Interesses stehen zur Zeit fehlgefaltete Proteine, die sich zu Fibrillen zusammenlegen. Dies gilt sowohl für das β-Amyloid der **Alzheimerschen Krankheit** als auch für die Ablagerungen von fehlgefalteten Prionproteinen, die man im Gehirn bei den übertragbaren spongioformen Enzephalopathien (TSE, *transmissible spongioform encephalopathy*) wie der **Creutzfeldt-Jakobschen-Krankheit** und **BSE** *(bovine spongioform encephalopathy)* findet. Gemeinsam ist diesen Krankheiten die zunächst unerwartete Eigenschaft, dass ein fehlgefaltetes Protein im Zustand *X* die Fehlfaltung anderer Proteine zu induzieren scheint. Dies ist besonders stark bei den **Prionen** zu beobachten: die infektiösen Proteinpartikel, die aus fehlgefaltetem Prionprotein PrP^{Sc} bestehen, induzieren die Neubildung von infektiösen Partikeln aus körpereigenem Prionprotein PrP^{C}, dem Genprodukt des Prion-Protein (PRNP)-Gens.

Inzwischen ist es klar geworden, dass die Bildung von amyloidartigen Fibrillen kein Sonderfall ist, sondern sehr häufig auftritt, wenn Proteine im teilweise denaturierten

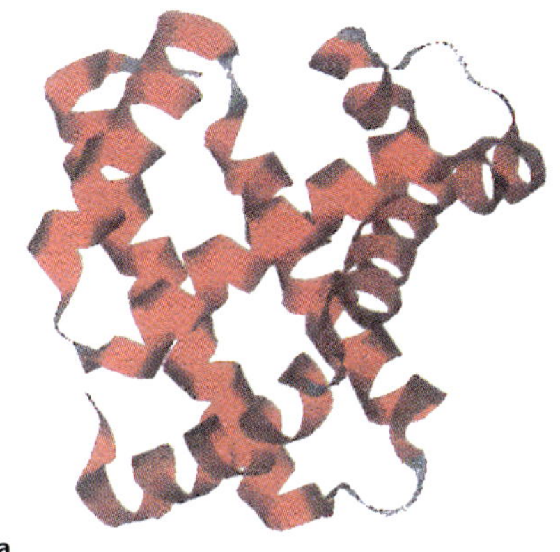
a

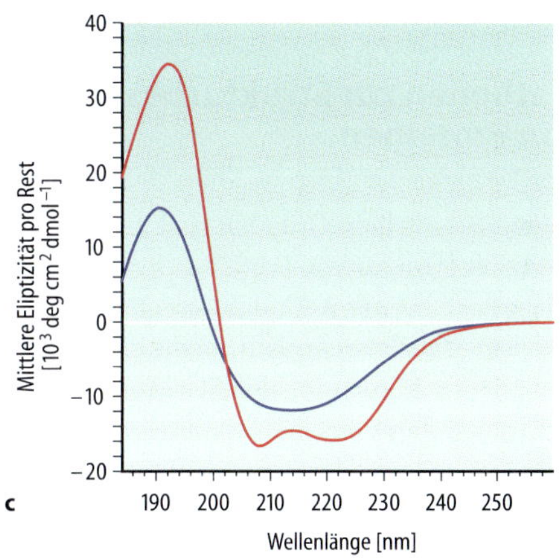

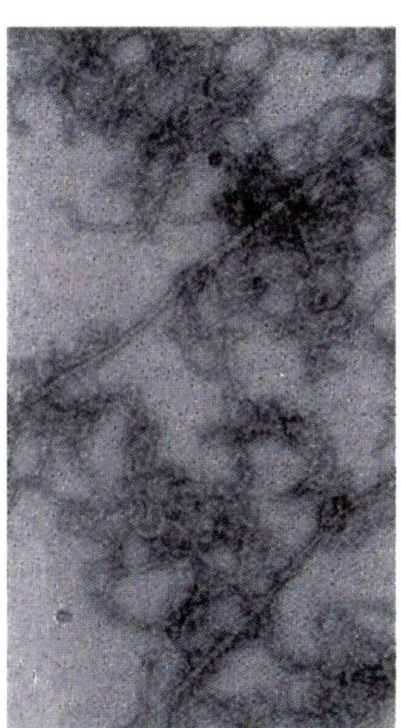
b

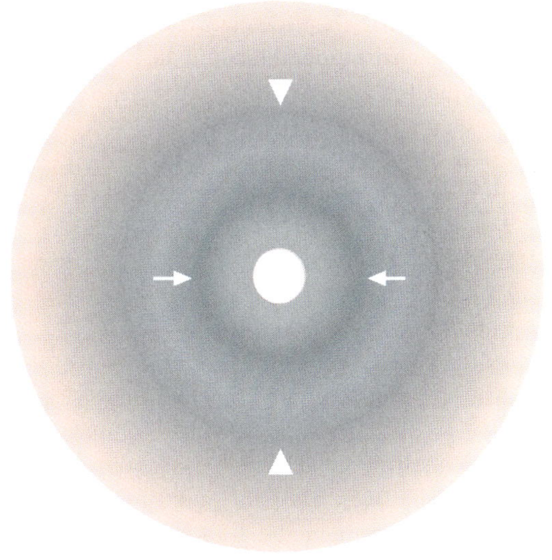
d

Abb. 3.37. Bildung amyloidähnlicher Fibrillen aus Myoglobin. **a** Struktur von nativem Myoglobin mit dem typischen hohen Anteil an α-helicalen Abschnitten. **b** Nach Ansäuern entstehen aus Myoglobin unlösliche Fibrillen, die alle Eigenschaften von Amyloid haben. **c** CD-Spektren von nativem Myoglobin (*rot*) bzw. säurebehandeltem amyloidartigem Myoglobin (*blau*). Das Minimum des amyloidartigen Myoglobins bei 215 nm zeigt einen hohen Anteil an β-Faltblattstruktur an. **d** Röntgendiffraktionsbild von amyloidartigem Myoglobin. Die Pfeile geben die Position von Reflexen an, die typisch für β-Faltblattstruktur sind. (Aus Fändrich et al. 2001)

Zustand X in höherer Konzentration vorliegen. Setzt man Apomyoglobin oder die SH3-Domäne der PI3-Kinase einem niedrigem pH-Wert aus, wird die Faltung gestört und es bilden sich Fasern, die alle Eigenschaften von β-Amyloid haben (Abb. 3.37).

Mit der β-Amyloidbildung geht auch ein Übergang vom α-helicalen Zustand zur β-Faltblattstruktur einher wie er mit der Circular Dichroismus-Spektroskopie (CD-Spektroskopie) nachweisbar ist. Wahrscheinlich bilden sich intermolekulare β-Faltblätter aus.

In Kürze

Unter Denaturierung von Proteinen versteht man die Zerstörung sämtlicher Strukturebenen mit Ausnahme der Primärstruktur. Die Denaturierung ist dabei immer mit einem Funktionsverlust verbunden. Ausgelöst werden kann die Denaturierung durch Maßnahmen, welche die für die Aufrechterhaltung der Raumstruktur benötigten Wechselwirkungen stören, z.B. Hitze, Kälte, Detergenzien, konzentrierte Harnstofflösungen u.a.

Kleine, auf diese Weise denaturierte Proteine können nach Entfernung des Denaturierungsmittels spontan zur nativen Struktur zurückfalten. Dies bedeutet, dass in der Primärstruktur von Proteinen die gesamte Information für ihre Raumstruktur enthalten ist.

In der Zelle ist die korrekte Faltung neu synthetisierter Proteine oft kein spontan verlaufender Vorgang. Er benötigt vielmehr Proteine, wie die Peptidyl-Prolyl-Isomerasen, Proteindisulfid-Isomerasen und Chaperone.

3.5 Methoden zur Strukturbestimmung von Proteinen

Aus den oben dargestellten Gründen lässt sich i. Allg. die dreidimensionale Struktur von Proteinen nicht mit ausreichender Sicherheit aus der Aminosäuresequenz vorhersagen. Daher ist man auch heute noch auf die experimentelle Bestimmung der dreidimensionalen Struktur angewiesen. Im festen Zustand kann aus der Streuung von Röntgenstrahlen, Neutronen oder Elektronen an Proteineinkristallen die dreidimensionale Struktur von Proteinen gewonnen werden. Alternativ kann man in Lösung mit der Kernresonanzspektroskopie die Struktur von Proteinen aufklären; neuere Ergebnisse machen wahrscheinlich, dass dies in Zukunft auch im festen, ungeordneten Zustand möglich sein wird. Eine praktische Bedeutung hat zurzeit allerdings nur die **Röntgenkristallographie** und die **Kernresonanzspektroskopie in Lösung**.

3.5.1 Röntgenkristallographie

Mit der Röntgenstrukturanalyse kann man die Struktur von Proteinen im kristallinen Zustand bestimmen.

Die wichtigste Methode zur Untersuchung der räumlichen Struktur von Proteinen und anderen Makromolekülen ist die Strukturanalyse mit Röntgenstrahlen (**Röntgenstrukturanalyse**). Dieses Verfahren wurde bereits Anfang der 30er Jahre auf Makromoleküle angewendet, jedoch erschien die Interpretation der Beugungsbilder von Proteinen damals hoffnungslos. Erst Ende der 50er Jahre gelang es John Kendrew die Struktur des Myoglobins aufzuklären und damit nach jahrelanger harter Arbeit zum ersten Mal eine Proteinstruktur zu erhalten.

Bei der Röntgenstrukturanalyse muss das zu untersuchende Protein als Einkristall vorliegen, deshalb heißt die Methode auch **Röntgenkristallographie**. Die Kristallisation von Proteinen stellt auch heute oft noch die größte Schwierigkeit auf dem Weg zur dreidimensionalen Struktur dar, sie kann innerhalb von Tagen gelingen oder auch viele Jahre dauern. Vom Grundprinzip ist sie einfach zu verstehen: eine beinahe gesättigte Proteinlösung wird durch Änderungen der äußeren Bedingungen wie dem langsamen Wasserentzug durch Dampfdiffusion in den Zustand der Übersättigung gebracht. Im Idealfall bilden sich Kristallisationskeime, an die sich immer mehr Proteinmoleküle anlagern, sodass ein großer Kristall entsteht (Abb. 3.38). In den meisten Fällen allerdings fällt das Protein einfach aus, ohne Einkristalle zu bilden. Daher muss man gewöhnlich viele verschiedene Lösungsbedingungen ausprobieren, bevor man zum Ziel kommt. Inzwischen setzen sich immer

Abb. 3.38. Rasterelektronenmikroskopische Aufnahme eines Kristalls der Pyruvatkinase. Der Kristall besteht aus regelmäßig im Kristallgitter geordneten Enzymmolekülen. Auf einer Kante liegen etwa 2000 Moleküle nebeneinander

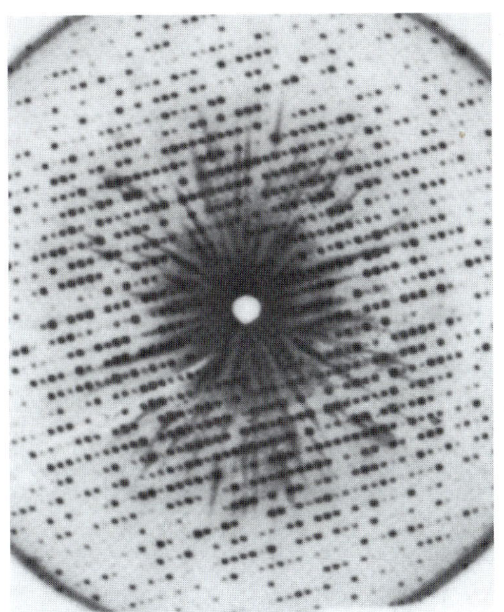

Abb. 3.39. **Photographische Aufnahme des Röntgenbeugungsmusters eines Myoglobin-Kristalls**

mehr die Kristallisationsroboter durch, die automatisch eine große Anzahl von Proben ansetzen, regelmäßig kontrollieren, ob und wann sich Kristalle bilden, und dann nach vorgegebenen Strategien die Zusammensetzung des Kristallisationsansatzes variieren. Diese Entwicklung wird durch die neuen Programme der **strukturellen Genomik** gefördert, die als Ziel die Hochdurchsatzstrukturanalyse von Proteinen haben. Besondere Schwierigkeiten macht die Kristallisation von Membranproteinen. Immerhin sind auch hier die Fortschritte beachtlich, sodass bis heute die Struktur von 95 verschiedenen Membranproteinen ermittelt werden konnte. Der Proteinkristall wird isoliert und anschließend mit monochromatischen Röntgenstrahlen bestrahlt, deren Wellenlänge kleiner als die gewünschte Auflösung sein muss. Gewöhnlich wird im Labor hierzu die charakteristische Strahlung der K_{α}-Linie einer Kupferanode verwendet, die eine Wellenlänge von 0,154178 nm hat, also im Bereich der Atomabstände (etwa 0,1 nm) liegt. Zunehmend wird aber für die Strukturbestimmung die Synchrotonstrahlung großer Beschleuniger verwendet, die wegen ihrer hohen Luminosität die Aufnahme ganzer Datensätze in wenigen Stunden erlaubt. Die Ablenkung (die Beugung) der Röntgenstrahlen an den Elektronenhüllen ergibt charakteristische Beugungsbilder, die früher auf einem photographischen Film festgehalten wurden (Abb. 3.39).

Heute verwendet man allerdings normalerweise Röntgendetektoren wie die CCD- (*charge coupled device*-) Kamera, deren Signale direkt in digitaler Form an einen Rechner weitergegeben werden. Die Diffraktionsbilder von Makromolekülen bestehen je nach Qualität des Kristalls aus 10000–100000 verschiedenen Reflexen, die es ermöglichen, die Ortskoordinaten von Tausenden und Zehntausenden von Atomen zu bestimmen. Wenn die Intensitäten und Phasen aller Reflexe bekannt sind, kann man im Prinzip die Struktur direkt aus den Diffraktionsbildern durch eine einfache mathematische Operation, die Fourier-Transformation, berechnen. Da die Diffraktionsbilder leider nur Intensitäten, aber keine Phasen der elektromagnetischen Strahlung enthalten, müssen diese in zusätzlichen Experimenten ermittelt werden. In der Standardmethode werden dazu Schwermetallderivate der Proteine zusätzlich zum nativen Protein kristallisiert und analysiert (**isomorphe Ersetzung**). Haben diese Daten eine ausreichende Qualität, ist die Strukturberechnung heutzutage im Prinzip eine Routinesache, die in kurzer Zeit erledigt werden kann.

3.5.2 Kernresonanzspektroskopie

Mit der NMR-Spektroskopie kann man die Struktur von Proteinen in Lösung bestimmen.

Als Alternative zur Röntgenkristallographie hat sich in neuerer Zeit die **Kernresonanzspektroskopie** (Synonyme: kernmagnetische Resonanzspektroskopie oder NMR (*nuclear magnetic resonance*)-Spektroskopie) etabliert. Kleinere Proteine können hier ohne Kristallisation, also in Lösung, unter quasiphysiologischen Bedingungen analysiert werden. Bei der NMR-Spektroskopie werden die strukturabhängigen Wechselwirkungen zwischen den magnetischen Momenten der Kernspins der im Protein enthaltenen Atomkerne zur Strukturberechnung eingesetzt. Wichtig für die Methode ist die Ausrichtung der magnetischen Momente in einem hohen statischen Magnetfeld, das nur durch supraleitende Magnete erzeugt werden kann. Die NMR-Spektroskopie ist als relativ junge Methode noch in der Entwicklung begriffen. Für die Lösung der Struktur muss eine Vielzahl mehrdimensionaler NMR-Spektren aufgenommen werden (Abb. 3.40).

Für die Lösung von Strukturen von Proteinen mit einer Molekülmasse von mehr als 10 kDa ist eine Anreicherung der Proben mit den stabilen Isotopen ^{15}N und ^{13}C notwendig. Die praktische Obergrenze für die Strukturbestimmung von Proteinen mit der NMR-Spektroskopie liegt im Moment bei 100 kDa. Obwohl die meisten Proteine in diesem Bereich der Molekülmasse zu finden sind, ist dies immer noch ein klarer Nachteil der NMR-Spektroskopie im Vergleich zur Röntgenkristallographie. Allerdings ist es ein klarer Vorteil, die Struktur löslicher Proteine im gelösten Zustand zu bestimmen, da die Kristallisation durchaus zu (normalerweise kleinen) Änderungen der räumlichen Struktur führen kann.

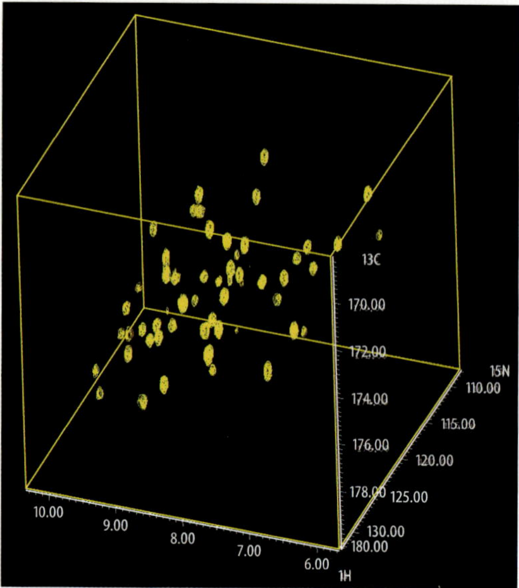

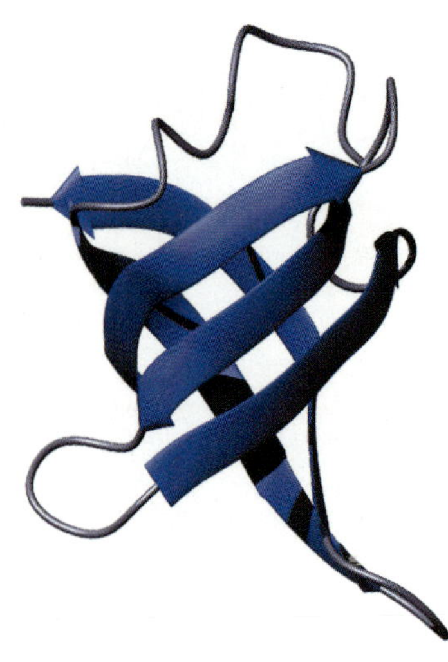

Abb. 3.40. Mehrdimensionale NMR-Spektroskopie zur Proteinstrukturbestimmung in Lösung. Links: 3D-HNCO-NMR-Spektrum des Kälteschockproteins Csp (*cold shock protein*) des hyperthermophilen Mikroorganismus *Thermotoga maritima*. Das Protein wurde in *E. coli* exprimiert und dabei mit den stabilen Isotopen ^{15}N und ^{13}C angereichert. In einem HNCO-Spektrum werden nur die Signale der Peptidbindungen (^{13}C– ^{15}N– ^{1}H) selektiv detektiert. Rechts: Die NMR-Struktur von CSP ergibt eine β-Fass-Topologie, die aus 5 β-Strängen gebildet werden. Das Kälteschockprotein wird bei Abkühlung von der optimalen Wachstumstemperatur von mehr als 80°C in hoher Konzentration gebildet. (Nach Kremer et al. 2001)

In Kürze

Für die Strukturbestimmungen von Proteinen stehen als Methoden zur Verfügung:

- Die Röntgenstrukturanalyse, mit der die Struktur von Proteinen im kristallisierten Zustand bestimmt werden kann. Eine Limitierung dieser Methode besteht darin, dass manche Proteine außerordentlich schwierig, wenn überhaupt zu kristallisieren sind
- Die NMR-Spektroskopie, die zur Bestimmung der Konformation gelöster Proteine geeignet ist. Eine Limitierung dieser Methode ist, dass sie für Moleküle mit einer Molekülmasse größer als etwa 100 kDa noch nicht geeignet ist

3.6 Synthese von Peptiden und Proteinen

In der medizinischen Diagnostik und Therapie finden zunehmend natürliche Peptide und Proteine des Menschen Anwendung. Für ihre Herstellung werden verschiedene Verfahren angewendet:

- Für kleine Peptide wird die klassische chemische Peptidsynthese in Lösung
- für größere Peptide die chemische Synthese nach dem Festphasenprinzip und
- für Proteine die biologische Synthese mit Hilfe gentechnischer Methoden verwendet

Da diese Verfahren zunehmend an Bedeutung gewinnen, sollen ihre Prinzipien im Folgenden kurz erklärt werden.

3.6.1 Chemische Peptidsynthese

Zur Knüpfung einer Peptidbindung wird Energie benötigt, die über die chemische Aktivierung der Carboxylgruppe der ersten Aminosäure zugeführt wird. Dies kann z.B. durch die Bildung eines **Säurechlorids** erfolgen, welches dann mit der Aminogruppe der zweiten Aminosäure unter Bildung der Peptidbindung reagiert (Abb. 3.41). Enthält nun z.B. die Seitenkette der zweiten Aminosäure auch eine Aminogruppe (wie z.B. Lysin), so kann die aktivierte Carboxylgruppe natürlich auch mit dieser funktionellen Gruppe reagieren. Auch die Kondensation mit der Aminogruppe eines Moleküls der aktivierten ersten Aminosäure ist möglich. Zur Vermeidung dieser unerwünschten Nebenprodukte müssen deshalb alle Aminogruppen, die nicht an der Reaktion teilnehmen sollen, durch sog. **Schutzgruppen** vorübergehend verschlossen werden, die nach Beendigung der Synthese wieder abgespalten werden.

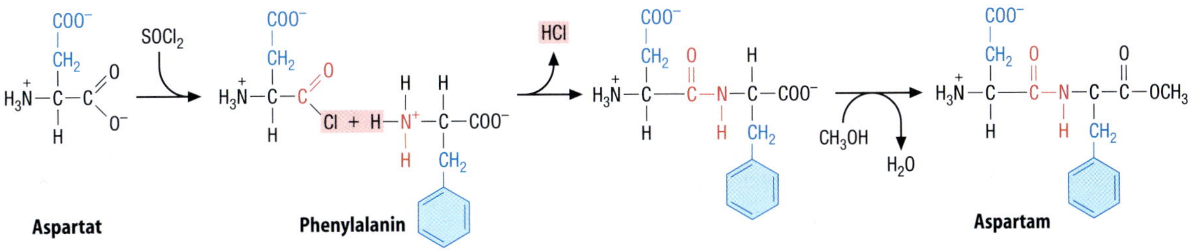

Abb. 3.41. Peptidsynthese durch Kopplung aktivierter Aminosäuren. Nach Aktivierung seiner Carboxylgruppe mit $SOCl_2$ bildet das so entstandene Säurechlorid des Aspartats ein Dipeptid mit Phenylalanin. Die anschließende Veresterung der Carboxylgruppe mit Methanol führt zum synthetischen Süßstoff Aspartam

Da aktivierte Aminosäuren – mit Ausnahme von Glycin – leicht racemisiert werden, ist eine Methode zur Peptidsynthese nur dann geeignet, wenn die Racemisierung, die einen Verlust der biologischen Aktivität bedeutet, vermieden werden kann.

Für die Synthese kleinerer Peptide wie Vasopressin, Oxytocin und Bradykinin (8 bzw. 9 Aminosäuren) reichen »klassische« Synthesetechniken durch Koppelung aktivierter Aminosäuren aus.

Zur Synthese größerer Peptide wurde von Robert Merrifield u. Mitarb. 1963 eine automatisierbare Schnellmethode, die sog. **Festphasen-Synthesetechnik** entwickelt.

3.6.2 Gentechnische Proteinsynthese

Größere Proteine werden heute mit gentechnologischen Methoden in *E. coli*, Hefepilzen oder Säugetierzellen (z.B. Ovarzellen des chinesischen Hamsters) hergestellt. Für die schnelle Produktion von Proteinen in kleineren Mengen (einige mg) kann man auch auf die *in vitro*-**Translation** zurückgreifen, bei der alle für die Translation notwendigen Komponenten (Ribosomen, tRNA etc.) aus Zellextrakten gewonnen und zur Expression eines Proteins im Reagenzglas eingesetzt werden.

Zur Expression eines Proteins benötigt man die **cDNA** (▶ Kap. 7.4.3) des Proteins. Traditionell startet man das Projekt mit dem Ansequenzieren des aus natürlichen Quellen gereinigten Proteins, der Rückübersetzung der Sequenz in den DNA-Code und die Suche der für das Protein codierenden DNA in **cDNA-Bibliotheken**, die aus dem zugehörigen Organismus hergestellt werden. Nachdem heutzutage die Genome vieler Organismen bekannt sind, kann man in Datenbanken direkt nach der DNA-Sequenz suchen. Nach der Klonierung der jeweiligen cDNA wird das Protein mit entsprechenden **Expressionsvektoren** in die genannten Organismen eingebracht und exprimiert (▶ Kap. 7.4.2). Die synthetisierten Proteine werden dann mit den in ▶ Kap. 3.2.1 beschriebenen Methoden gereinigt. Eine spezielle Reinigungsstrategie für rekombinante Proteine besteht darin, gentechnisch mit dem gewünschten Protein ein Peptid oder Protein N- oder C-terminal zu fusionieren, das leicht und spezifisch säulenchromatographisch abtrennbar ist. Ein typisches Beispiel sind **Fusionsproteine** mit dem Enzym GST (Glutamylthiotransferase), die affinitätschromatographisch über eine Säule, die als interagierende Gruppe Glutathion enthält, gereinigt werden kann. Fügt man zwischen Zielprotein und GST eine Peptidsequenz ein, die von einer sequenzspezifischen Protease wie Thrombin erkannt wird (**Thrombinschnittstelle**), kann man nach Aufreinigung durch Proteasebehandlung das Zielprotein wieder freisetzen. Ein anderer häufig genutzter Fusionsanteil besteht aus einem Oligopeptid, das ausschließlich aus Histidinresten (His-tag) besteht. Dieses bindet fest an Ni^{2+}-beladene Säulen und kann durch Behandlung mit einem Imidazolpuffer wieder freigesetzt werden.

In Kürze

Für die Synthese von Peptiden und Proteinen stehen zur Verfügung:

- Chemische Methoden, deren Prinzip die Verknüpfung von Aminosäuren zu Peptiden nach Aktivierung der die Peptidbindung ausbildenden funktionellen Gruppen darstellt
- Gentechnische Verfahren, die sich v.a. zur Herstellung größerer Proteine durchgesetzt haben. Sie beruhen auf der meist heterologen Expression der entsprechenden cDNA's und der anschließenden Hochreinigung der gebildeten Proteine

3

3.7 Genomik und Proteomik

Nachdem die Aufklärung von ganzen Genomen niederer Lebewesen beinahe zu einer Routineangelegenheit geworden ist und auch die Aufklärung der komplexen Genome verschiedener Säuger einschließlich des Menschen abgeschlossen ist, stellt sich die Frage, was man mit all diesen Daten anfangen will. Um dem Rechnung zu tragen, spricht man schon von der **Postgenomikzeit**, in der diese neuen Herausforderungen angepackt werden sollen.

Nach der Aufklärung des Genoms muss nun die Aufklärung des Proteoms folgen.

Wie die **Genomik** (engl. *genomics*) unterscheidet sich die **Proteomik** (engl. *proteomics*) von den schon vorher durchgeführten Untersuchungen zur Funktion und Struktur von Proteinen durch ihren Ganzheitsanspruch: Das gesamte **Proteom** eines Lebewesens soll hier erfasst werden und die Vollständigkeit der Daten über die im Erbgut codierten Proteine soll dazu benutzt werden, ein geschlossenes Bild über das Zusammenwirken aller Proteine zu erhalten.

Wichtige Teilaspekte der Proteomik sind:

- die Identifizierung der in Zellen exprimierten Proteine und deren posttranslationale Modifikationen
- die Aufklärung spezifischer Unterschiede verschiedener Proteome und deren Bedeutung für die Entwicklung von Krankheiten oder individueller Merkmale und
- die Untersuchung des kompletten Netzwerks der Protein-Protein-Wechselwirkungen und deren Rolle bei der Aufrechterhaltung und Regulation der Lebensvorgänge in einzelnen Zellen und ganzen Organismen

Die Untersuchung dieser Zusammenhänge wird als **funktionelle Proteomik** (*functional proteomics*) oder **funktionelle Genomik** (*functional genomics*) bezeichnet. Sie wird durch die **strukturelle Proteomik (strukturelle Genomik)** ergänzt, die zum Ziel hat, prinzipiell alle dreidimensionalen Strukturen von Proteinen oder zumindest deren Faltungstopologie aufzuklären.

3.7.1 Funktionelle Proteomik

Eine wichtige Aufgabe zur Untersuchung des Proteoms ist die Charakterisierung derjenigen Proteine, die in bestimmten Zellen in bestimmten Funktionszuständen vorhanden sind. Eine wichtige Methode hierfür ist die zweidimensionale Gel-Elektrophorese (▶ Kap. 3.2.2), eventuell kombiniert mit der Massenspektrometrie (▶ Kap. 3.2.3). Hiermit lassen sich in Zellextrakten etwa 1000 Proteine gleichzeitig nachweisen und deren relative Konzentration semiquantitativ erfassen.

Für die Automatisierung der Untersuchungen werden Anordnungen immer interessanter, in denen vorgefertigte Testfelder (*arrays*) zur Untersuchung eingesetzt werden, die

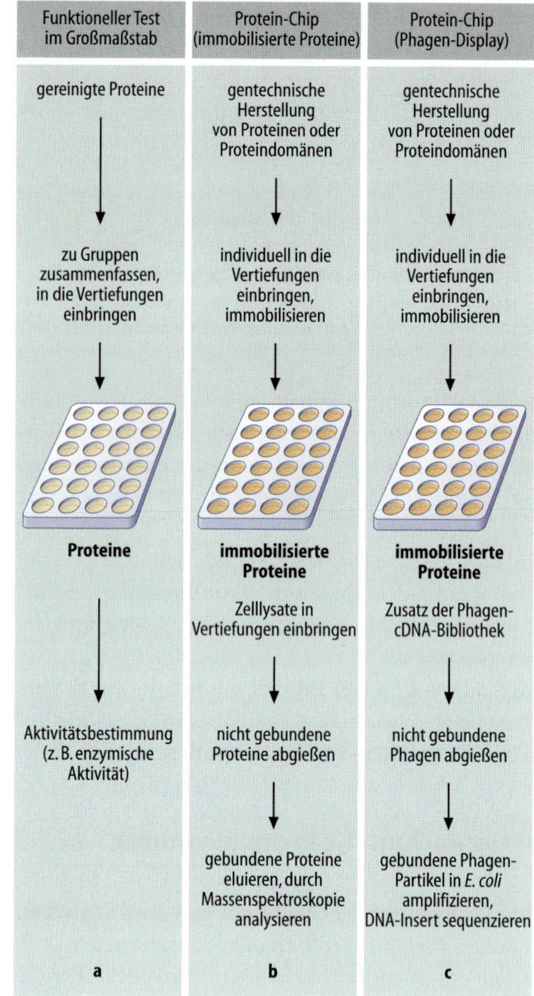

Abb. 3.42. Standardverfahren der Proteomanalyse. Grundlage dieser Verfahren ist die Verwendung von Platten mit Vertiefungen, in die Proben eingebracht werden können und die als Reaktionsgefäße dienen. Die Zahl dieser Vertiefungen kann von 24 bis vielen Tausend variieren. Die Detektion oder Auslese der gewünschten Proben erfolgt im Allg. mit automatisierten Verfahren. Die Verwendung von Protein-Chips mit immobilisierten Proteinen dient v.a. der Entdeckung von Protein-Proteinwechselwirkungen. **a** Bei funktionellen Tests im Großmaßstab werden zelluläre Proteine in Gruppen separiert und in die Reaktionsgefäße eingebracht. Entsprechende Bestimmungen der Proteinaktivität, z.B. der Enzymaktivität erfolgen dann automatisiert. **b** Bei Protein-Chips werden spezifische Proteine oder Proteindomänen gentechnisch hergestellt und in den Reaktionsgefäßen immobilisiert. Fügt man dann Zell-Lysate aus Geweben oder Kulturen zu, werden die für die immobilisierten Proteine spezifischen Proteinliganden aus den Lysaten an die immobilisierten Proteine binden. Nicht gebundene Proteine aus den Lysaten werden entfernt, die gebundenen können anschließend isoliert und beispielsweise durch Massenspektrometrie analysiert werden. **c** Auch beim Phagen-Display geht man von gentechnisch hergestellten Proteinen oder Proteindomänen aus, die in den Reaktionsgefäßen immobilisiert werden. Diese reagieren mit Bakteriophagen, in deren Genom die cDNAs (▶ Kap. 7.4.3) von Geweben oder Zellen so integriert sind, dass jeweils einzelne cDNA-Moleküle als Protein-Bestandteile der Phagenhülle exprimiert werden (einer sog. Phagen-cDNA-Bibliothek) und deswegen gegebenenfalls mit den immobilisierten Proteinen reagieren können. Nicht gebundene Phagen werden durch Waschen entfernt, die gebundenen in E. coli vermehrt und anschließend die DNA-Sequenz der cDNA ermittelt

automatisch ausgelesen und ausgewertet werden können (◘ Abb. 3.42).

In der biochemischen Proteomik können rekombinante Proteine mit unbekannter Funktion auf ihre enzymatische Aktivität getestet werden, indem man sie in standardisierten Testansätzen einsetzt. Wechselwirkende Proteine können *in vitro* dadurch erkannt werden, dass man rekombinante Proteine auf einem Träger immobilisiert und dann mit Zell-Lysaten interagieren lässt. Durch Waschen mit einem Puffer können die unspezifisch interagierenden Proteine entfernt und die gebundenen mit Methoden wie der Massenspektrometrie identifiziert werden. Alternativ können Interaktionspartner durch Phagen-Display oder Hefe-Zwei-Hybrid-Analysen identifiziert werden.

Wenn man das aktuelle Proteinmuster in einer Zelle untersuchen will, ist es in vielen Fällen günstiger, nicht das Protein, sondern die mRNA für die Proteine nachzuweisen. Dies kann auf (inzwischen kommerziell erhältlichen) DNA-Chips leicht bewerkstelligt werden, die die Bindung an zur RNA komplementäre kurze DNA-Stücke zum Nachweis verwenden (▶ Kap. 7.4.4).

Mögliche Protein-Protein-Interaktionen und Funktionen lassen sich auch mit Methoden der Bioinformatik vorhersagen. Durch Sequenzvergleich eines Proteins unbekannter Funktion mit Sequenzen von Proteinen anderer Spezies lassen sich verwandte Proteine identifizieren. Ist deren Funktion bekannt, kann man annehmen, dass bei großer Sequenzidentität wahrscheinlich auch die Funktion erhalten ist. Allerdings muss dies im Zweifelsfall noch experimentell verifiziert werden. Mögliche Interaktionspartner lassen sich durch eine Analyse der Muster konservierter Proteine erhalten.

3.7.2 Protein-Evolution

Die Aufklärung der Stoffwechselwege der unterschiedlichsten Organismen hat zu dem Ergebnis geführt, dass die Hauptwege für den Abbau von Makromolekülen und die Energieerzeugung sowie für die Biosynthese wichtiger zellulärer Bestandteile chemisch gleichartig oder sehr ähnlich ablaufen. Daraus muss man schließen, dass auch die Enzyme, die die genannten Reaktionen katalysieren, sehr ähnlich sein müssen. Etwaige strukturelle Unterschiede dieser Enzyme müssen dann das Resultat von Mutationen (▶ Kap. 7.3) sein, die die Funktion dieser Enzyme nicht beeinträchtigen. Aus diesen Überlegungen hat man die Theorie entwickelt, dass solche Unterschiede benützt werden können, um die Verwandtschaft verschiedener Organismen nicht nur auf morphologischem Weg wie bisher üblich, sondern auch biochemisch anhand von Proteinvergleichen zu untersuchen.

Derartige Untersuchungen sind unter anderem am Cytochrom *c*, einem Hämoprotein der Atmungskette, durchgeführt worden.

! Die Cytochrom **c**-Proteine des Menschen und anderer Arten unterscheiden sich nur geringfügig.

Cytochrom *c* kommt in den Mitochondrien aller Eukaryonten sowie bei allen aeroben Bakterien vor. Es gehört dort zu den Proteinen der Atmungskette, die Elektronen von den Nährstoffen über verschiedene Stufen schließlich auf Sauerstoff übertragen (▶ Kap. 15.1.2).

Sequenzanalysen bei über fünfzig verschiedenen Organismen haben gezeigt, dass das Cytochrom *c* von Wirbeltieren 104 Aminosäuren besitzt, dass das der Insekten, Pilze und Pflanzen zusätzlich am N-terminalen Ende eine Folge von 4–8 Aminosäuren aufweist und dass in 35% aller Positionen die gleiche Aminosäure bei allen untersuchten Species auftritt.

Aus dieser Ähnlichkeit ergibt sich zwingend der Schluss, dass die verschiedenen Cytochrom *c*-Moleküle der unterschiedlichen Arten von einem gemeinsame Vorfahren abstammen. Die Änderungen der Aminosäuresequenz spiegeln dann die unterschiedlichen Verwandtschaftsgrade der einzelnen Organismen wider.

Interessanterweise ist der Aminosäureaustausch im Cytochrom *c* verschiedener Organismen nicht statistisch über das gesamte Proteinmolekül verteilt. Unter den 35 unveränderten Aminosäuren finden sich u.a. auffällig viele Glycylreste (8) sowie eine Sequenz von 11 konservierten Aminosäuren in Position 70–80.

Die plausibelste Erklärung für die **Invarianz** mancher Aminosäuren im Cytochrom *c*-Molekül verschiedener Arten ist, dass gerade diese Aminosäuren besonders eng mit der Funktion des Cytochrom *c* als Elektronen-transportierendes Protein in der Atmungskette verknüpft sind (◘ Abb. 3.43):

- Die hydrophoben Reste im Kern des Cytochrom *c*-Moleküls sind für die Funktion der für den Elektronentransport zuständigen Hämgruppe wichtig und deswegen invariant oder durch strukturell ähnliche ersetzt (Valin durch Leucin oder Isoleucin, Phenylalanin durch Tyrosin, Leucin durch Methionin und umgekehrt)
- Die im Zentrum des Moleküls sitzende Hämgruppe wird auf der einen Seite von zwei Cysteinyl- (Position 14 und 17) und einem Hystidylrest (Position 18) und auf der anderen Seite von einem Methionylrest (Position 80) in ihrer Lage gehalten
- Auf der Oberfläche des Proteins sind hydrophile Lysylreste in Gruppen zu finden. Es handelt sich um 2×8 Lysylreste, von denen man annimmt, dass sie für die Wechselwirkung des Cytochroms *c* mit dem Cytochrom *b* bzw. der Cytochromoxidase wichtig sind

Auch die Aminosäurenaustausche, die zwischen den Cytochrom *c*-Molekülen verschiedener Spezies auftreten, zeigen Besonderheiten. Bis auf wenige Ausnahmen finden sich immer isopolare Substitutionen durch ähnliche Aminosäuren. So wurde Lysin durch Arginin, Valin durch Leucin, Serin

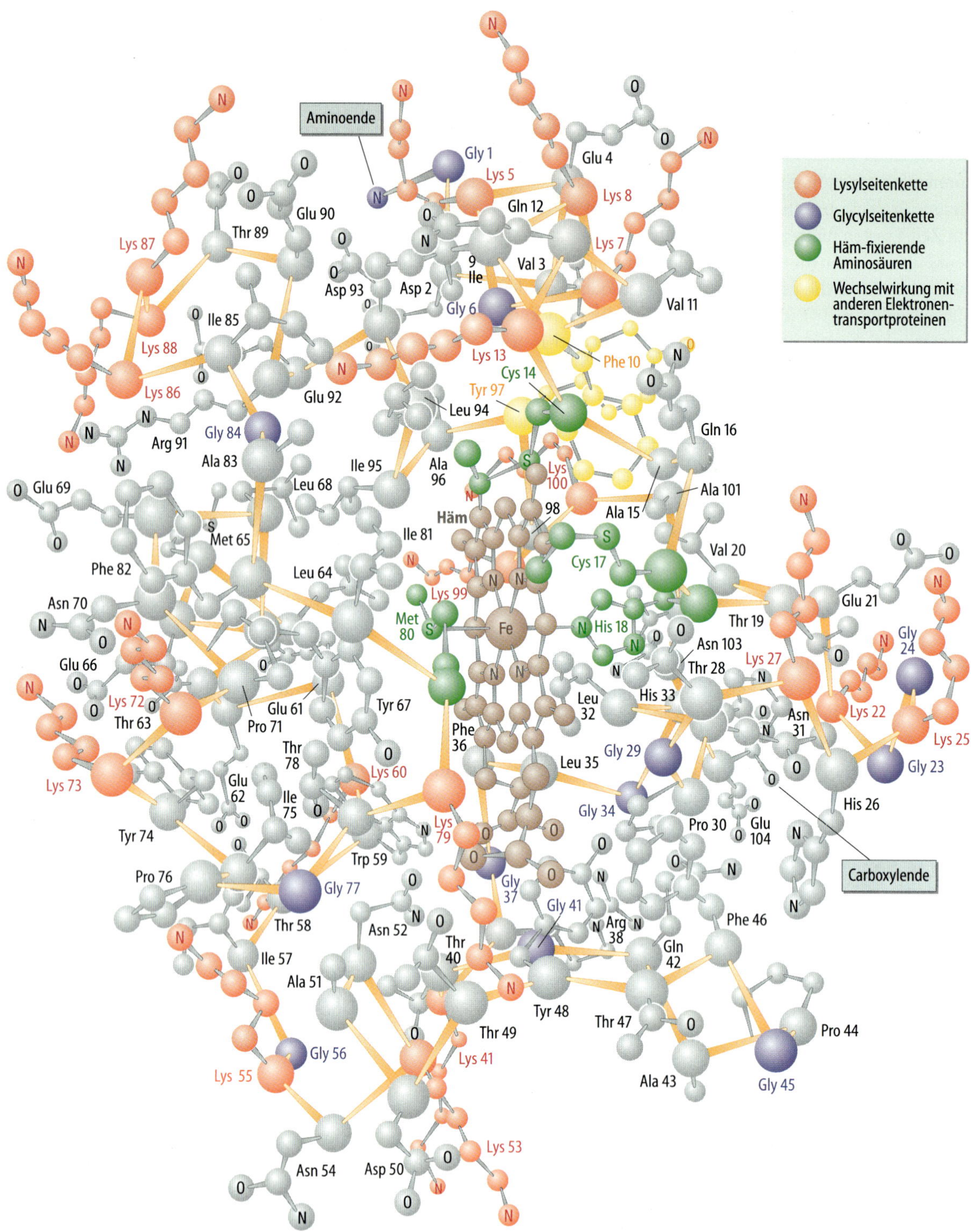

■ **Abb. 3.43. Räumliche Struktur von Cytochrom c**

durch Threonin, Phenylalanin durch Tyrosin, Aspartat durch Glutamat und umgekehrt ersetzt.

Substitutionen bei denen z.B. eine hydrophobe Aminosäure wie Valin durch eine hydrophile wie Glutamat ersetzt wird, kommen nicht vor. Der Grund hierfür ist, dass entsprechende Mutationen zu schweren Funktionsstörungen des Moleküls führen und damit für den Träger nur eine geringe Überlebenschance im Verlauf der Evolution bieten würden.

! Aus dem Vergleich unterschiedlicher Cytochrom c-Molekülen können Stammbäume konstruiert werden.

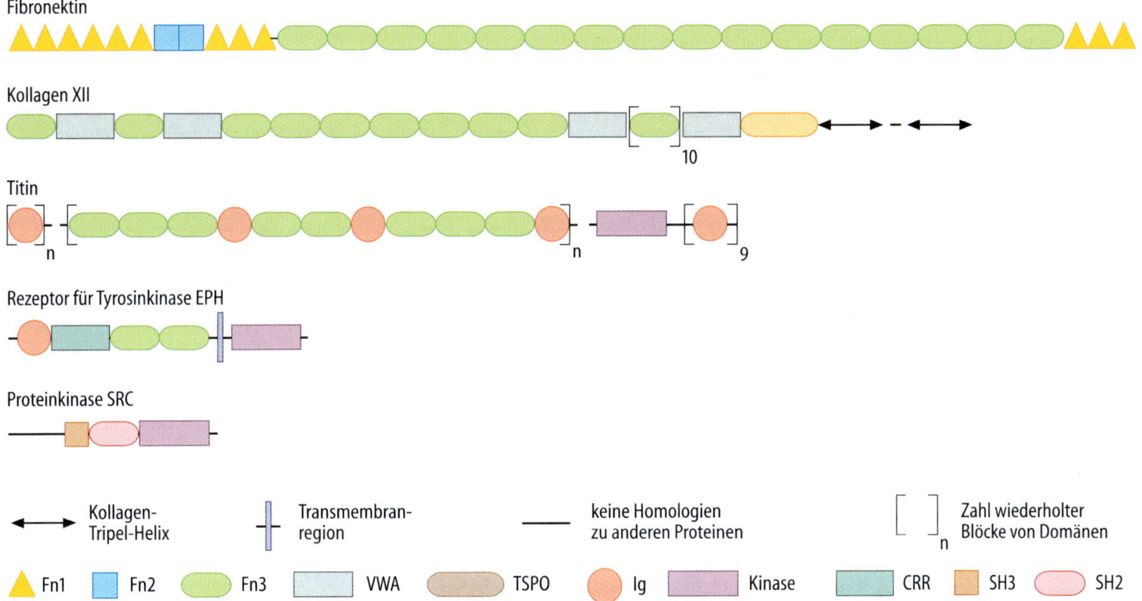

Abb. 3.44. Proteindomänen. Viele Proteine haben einen modularen Aufbau, bei dem verschiedene Domänen hintereinander aufgereiht sind. Fibronectin, Kollagen XII und das Muskelprotein Titin enthalten nur wenige verschiedene Domänen in vielfacher Wiederholung. Fn = Fibronektin Typ I, II, III; VWA = Von Willebrand Faktor Typ A; TSPO = Tryptophan-rich sensory; Ig = Immunglobulin-Domaine; CPR = Cystein-rich region; SH3/ SH2 = Src-Homologie (Nach Doolittle und Bork 1993)

Ein aus den Cytochrom *c*-Sequenzen ermittelter Stammbaum der Organismen stimmt im großen Ganzen mit dem klassischen phylogenetischen Stammbaum der Biologie überein. Die Cytochrom *c*-Sequenz eines beliebigen Säugetiers unterscheidet sich durchschnittlich durch 11 Positionen von der des Vogels. Da der gemeinsame Vorläufer von Vögeln und Säugern etwa vor 280 Millionen Jahren existierte, erfolgte bis zur heutigen Zeit etwa ein Austausch in 25 Millionen Jahren. Damit ist das Cytochrom *c* im Vergleich zu anderen Proteinen ein konservatives Protein, d.h. seine Primärstruktur ändert sich im Zug der Evolution nur wenig.

Natürlich können außer den Daten für Aminosäuresequenzen von Proteinen bzw. den ihnen entsprechenden Basensequenzen in Genen auch andere informationstragende Makromoleküle für die Konstruktion derartiger Stammbäume herangezogen werden. Als sehr informativ haben sich Stammbäume erwiesen, die auf Sequenzvergleichen von **ribosomalen RNA-Molekülen** beruhen (Abb. 1.3 in Kap. 1.1.2). Im Zeitalter der Genomik wird man sich natürlich nicht mehr auf einzelne Moleküle beschränken müssen, sondern wird letztendlich ganze Genome miteinander vergleichen können und so viel zuverlässigere Aussagen erhalten.

! Unterschiedliche Proteine können ähnliche Strukturelemente aufweisen.

Durch die in den letzten Jahrzehnten rapide zunehmende Sequenzaufklärung der verschiedensten Proteine und die Verfügbarkeit von Computern, mit denen diese Sequenzen gespeichert und miteinander verglichen werden können, ergaben sich interessante Gesichtspunkte zur Evolution von Proteinen. Viele Proteine zeigen einen repetitiven Aufbau: so ist z.B. das Fibronectin im Plasma aus Serien von drei verschiedenen Typen sich wiederholender Sequenzen aufgebaut (Abb. 3.44). Die Länge der Einheiten, die als Fn1, Fn2 und Fn3 bezeichnet werden, beträgt 45, 60 und 90 Aminosäuren. Wahrscheinlich kann sich jede Einheit unabhängig als **Domäne** falten. Mit Fn1, 2 und 3 verwandte Sequenzen wurden auch bei anderen Proteinen gefunden. Dieses Bauprinzip legt die Vermutung nahe, dass derartige Domänen DNA-Abschnitten entsprechen, die als **Exons** (▶ Kap. 8.3, 8.4) bezeichnet werden. Das Hin- und Herschieben solcher Gensegmente (*Exon-shuffling*) würde dann die Entstehung neuer Proteine im Zuge der Evolution erleichtert haben. Da aber Exons oft zu kurz für den Aufbau von Domänen sind, wird diese Hypothese noch kontrovers diskutiert.

3

In Kürze

Die funktionelle und strukturelle Genomik (Proteomik) versucht das gesamte Proteom eines Organismus zu charakterisieren und das Netzwerk der Proteininteraktionen aufzuklären. Dies ist die Voraussetzung zum Verständnis der Zellfunktionen und kann auch der Schlüssel zur Aufklärung der zellulären Veränderungen bei pathologischen Zuständen wie der Tumorentstehung sein. Die vergleichende Analyse von Proteinsequenzen in verschiedenen Organismen erlaubt Aussagen über deren Verwandtschaftsgrad und ermöglicht auf diese Weise die Erstellung von Stammbäumen, die im Großen und Ganzen gut mit den bisher bekannten phylogenetischen Stammbäumen übereinstimmen. Dabei zeigt sich, dass die im Verlauf der Evolution auftretenden Mutationen meist konservativer Natur sind und darüber hinaus Teile des Proteins betreffen, die für die Funktion nicht absolut essentiell sind.

Literatur

Monographien und Lehrbücher

Kellner R, Lottspeich F, Meyer HE (1999) Microcharacterization of Proteins. Wiley-VHC, Weinheim

Mount DW (2000) Bioinformatics. Sequence and Genome Analysis. Cold Spring Harbor Laboratory Press, New York

Pauling L (1968) Die Natur der chemischen Bindung. Verlag Chemie, Weinheim

Original- und Übersichtsarbeiten

Chambers G, Lawrie L, Cash P, Murray GI (2000) Proteomics: a new approach to the study of disease. J Pathol 192:280–288

Dill KA, San HS (1997) From Levinthal to pathways to funnels. Nature Struct Biol 4:10–19

Doolittle RF, Bork P (1993) Evolutionarily mobile modules in proteins. Sci Am 269 (4):50–56

Fändrich M, Fletcher MA, Dobson CM (2001) Amyloid fibrils from muscle myoglobin. Nature 410:165–166

Gygi SP, Aebersold R (2000) Using mass spectrometry for quantitative proteomics. Proteomics: A Trends Guide 31–36

Jackson GS, Clarke AR (2000) Mammalian prion proteins. Curr Opin Struct Biol 10:69–74

Jentsch TJ, Günther W (1997) Chloride channels. An emerging molecular picture. Bioassays 19:117–126

Jones S, Thornton JM (1996) Principles of protein-protein interactions. Proc Nat Acad Sci 93:13–20

Kay LE (1997) NMR methods for the study of protein structure and dynamics. Biochem Cell Biol 75:1–15

Kohr WJ, Keck R, Harkins RN (1982) Characterization of intact and trypsin-digested biosynthetic human growth hormone by high-pressure liquid chromatography. Anal Biochem 122 (2):348–359

Kremer W, Schuler B, Harrieder S, Geyer M, Gronwald W, Welker C, Jaenicke R, Kalbitzer HR (2001) Solution NMR-structure of the cold shock protein from the hyperthermophilic bacterium thermotoga maritima. Eur J Biochem 268:2527–2539

Levitt M, Gerstein M, Huang E, Subbiah S, Tsai J (1997) Protein folding: the end-Game. Annu Rev Biochem 66:549–579

Orengo CA, Thornton JM (2005) Protein families and their evolution. A structural perspective. Annu Rev Biochem 2005. 74:867–900

Perutz MF (1970) Stereochemistry of cooperative effects in haemoglobin. Nature 228:726–739

Tatusov RL, Koonin EV, Lipman D (1997) A genomic perspective on protein families. Science 278:631–637

Links im Netz

▶ www.lehrbuch-medizin.de/biochemie

4 Bioenergetik und Enzymologie

Thomas Kriegel, Wolfgang Schellenberger

4.1 Thermodynamik und allgemeine Bioenergetik – 100
4.1.1 Einführung in die Thermodynamik – 100
4.1.2 Energietransformation und Energiegewinnung in der Zelle – 104

4.2 Katalyse in biologischen Systemen – 107
4.2.1 Struktur und Funktion der Biokatalysatoren – 107
4.2.2 Nomenklatur und Klassifizierung der Enzyme – 112
4.2.3 Multiple Formen von Enzymen – 113
4.2.4 Ribozyme als Biokatalysatoren – 114
4.2.5 Bestimmung der katalytischen Aktivität der Enzyme – 115

4.3 Mechanismen der Enzymkatalyse – 117

4.4 Enzymkinetik – 121
4.4.1 Michaelis-Menten-Gleichung – 121
4.4.2 Enzymhemmung und Enzyminhibitoren – 124
4.4.3 Einfluss von Temperatur, pH-Wert und Oxidationsmitteln – 127

4.5 Regulation der Enzymaktivität – 129
4.5.1 Veränderung der Enzymmenge und der Substratkonzentration – 129
4.5.2 Einfluss von Enzymeffektoren – 129
4.5.3 Covalente Modifikation des Enzymproteins – 131

4.6 Enzyme in der Medizin – 134
4.6.1 Einsatzgebiete für Enzyme – 134
4.6.2 Klinische Anwendung von Enzyminhibitoren – 134
4.6.3 Bestimmung von Enzymaktivitäten und Metabolitkonzentrationen – 135
4.6.4 Diagnostische Bedeutung von Isoenzymen – 137
4.6.5 Enzyme als Signalverstärker bei diagnostischen Verfahren – 137

Literatur – 139

Einleitung

Für das Leben gelten dieselben physikalisch-chemischen Gesetzmäßigkeiten wie für die unbelebte Natur. Diese Erkenntnis hat die Betrachtungsweise biologischer Systeme revolutioniert. Aus der bioenergetischen Analyse der Lebensprozesse geht hervor, dass die Hauptsätze der Thermodynamik auch für lebende Systeme zutreffen und dass mit ihnen der Energieaustausch eines biologischen Systems mit seiner Umgebung beschrieben werden kann. Auf diese Weise kann die Richtung der in einem Organismus ablaufenden chemischen Reaktionen vorausgesagt, nicht aber deren unerwartet hohe Geschwindigkeit erklärt werden. Mit der Entdeckung und Charakterisierung der Enzyme als der nur in lebenden Systemen vorkommenden Katalysatoren wurde dieses Problem gelöst. Die ungeheure Vielfalt der in den Zellen existierenden Proteinstrukturen bildet dabei die molekulare Grundlage für die bislang unübertroffenen Fähigkeiten der Enzyme als Biokatalysatoren. Enzyme bilden spezifische Bindungsstellen aus, die nicht nur eine selektive Anlagerung und Umsetzung von Substraten ermöglichen, sondern darüber hinaus auch eine präzise Anpassung ihrer katalytischen Aktivität an die aktuelle Stoffwechselsituation in einer Zelle gestatten.

4.1 Thermodynamik und allgemeine Bioenergetik

4.1.1 Einführung in die Thermodynamik

! Die Energie zur Aufrechterhaltung der Lebensvorgänge auf unserem Planeten entstammt dem Sonnenlicht.

In Abb. 4.1 ist der das Leben auf der Erde bestimmende Energiefluss in schematischer Form dargestellt. Durch Kernfusion entsteht in der Sonne Energie, die zum großen Teil in Form von Licht abgestrahlt wird. Auf der Erde kann Lichtenergie zur Biosynthese der verschiedenen Bausteine lebender Organismen verwendet werden. Zu diesem als **Photosynthese** bezeichneten Prozess sind chlorophyllhaltige Pflanzen und einige Mikroorganismen befähigt. Die Leistung dieser **photosynthetisch-autotrophen Organismen** besteht darin, mit Hilfe von Sonnenlicht biologische Makromoleküle aus einfachen Substanzen wie Kohlendioxid und Wasser herzustellen und molekularen Sauerstoff zu erzeugen. Ein anderes Stoffwechselprinzip ist bei den **heterotrophen Organismen** verwirklicht, zu denen neben Bakterien, Pilzen und tierischen Organismen auch der Mensch gehört. Diese beziehen die zur Aufrechterhaltung ihrer Lebensfunktionen benötigte Energie aus der sauerstoffabhängigen **Oxidation** komplexer organischer Moleküle (Kohlenhydrate, Proteine, Fette) zu Kohlendioxid, Wasser und Ammoniak bzw. Harnstoff.

! Die Hauptsätze der Thermodynamik beschreiben die Erhaltung und Transformation von Energie.

Aus der in Abbildung 4.1 dargestellten Betrachtung der Energieflüsse geht hervor, dass die Vorgänge der **Energietransformation** für alle Lebensprozesse eine fundamentale Bedeutung besitzen. Die Gesetzmäßigkeiten der Energieerhaltung und der Energietransformation in der unbelebten Natur sind in den **Hauptsätzen der Thermodynamik** formuliert. Die gleichen physikalisch-chemischen Gesetzmäßigkeiten gelten auch für lebende Systeme.

Bei einer thermodynamischen Analyse ist es notwendig, zwischen einem **System** und seiner **Umgebung** zu unterscheiden. Unter einem System ist das im Zentrum der Betrachtung stehende Objekt – z.B. eine Zelle – zu verstehen. Seine Umgebung besteht aus der Materie des gesamten übrigen Universums. Ein System kann **offen, geschlossen oder abgeschlossen (isoliert)** sein. Offene Systeme können Materie und Energie mit der Umgebung austauschen, geschlossene Systeme sind nur zum Energieaustausch befähigt. Isolierte Systeme tauschen weder Energie noch Materie mit der Umgebung aus.

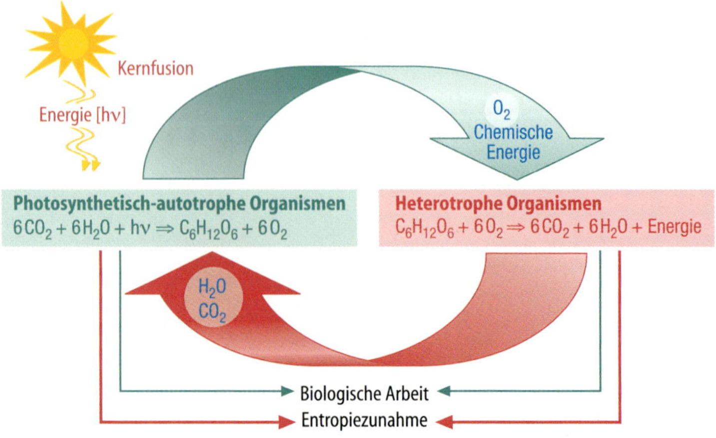

Abb. 4.1. Quelle der biochemischen Energie und Energiefluss zwischen autotrophen und heterotrophen Organismen

Erster Hauptsatz der Thermodynamik: Die Energie des Universums ist konstant.

Innere Energie. Energie kann weder erzeugt noch vernichtet werden. Während eines physikalischen oder chemischen Vorganges kann ein System Energie an die Umgebung abgeben oder von ihr aufnehmen. Dabei muss jede Änderung der Energie des Systems von einer entsprechend entgegengesetzten Änderung des Energiegehaltes des Universums ausgeglichen werden. Die **innere Energie** eines Systems verändert sich (ΔU), wenn es aus seiner Umgebung Energie aufnimmt oder an die Umgebung abgibt. Dies kann entweder durch Wärmeaustausch (ΔQ) erfolgen oder dadurch, dass das System Arbeit leistet bzw. Arbeit am System geleistet wird (ΔA). Es ist üblich, den Energiefluss vom System aus zu betrachten. Die Leistung von Arbeit bzw. die Abgabe von Wärme wird dabei mit negativem, die Aufnahme von Arbeit bzw. von Wärme mit positivem Vorzeichen versehen. Entsprechend gilt

$$\Delta U = \Delta A + \Delta Q \quad (1)$$

Reaktionsenthalpie. Nach dem 1. Hauptsatz der Thermodynamik muss eine Verringerung des Energiegehaltes komplizierter organischer Moleküle bei deren Oxidation zu einfachen Verbindungen mit der Freisetzung von Energie einhergehen. Dabei muss die in Form von Wärme bzw. Arbeit abgegebene Energiemenge der Abnahme der inneren Energie der oxidierten Substanzen entsprechen. Die **Reaktionsenthalpie (ΔH)** gibt an, wie viel Reaktionswärme unter isobaren Bedingungen bei einer Reaktion frei wird oder zugeführt werden muss. Ist die Reaktionsenthalpie negativ ($\Delta H < 0$), so bedeutet dies, dass bei der Reaktion Wärmeenergie freigesetzt wird. Die Reaktion ist **exotherm**. Ist $\Delta H > 0$, kommt es nur dann zum Reaktionsablauf, wenn dem System Wärmeenergie zugeführt wird. Es handelt sich um eine **endotherme** Reaktion

Zweiter Hauptsatz der Thermodynamik: Die Entropie des Universums nimmt zu.

Entropie. Der erste Hauptsatz der Thermodynamik liefert mit der Energiebilanz eine Rahmenbedingung für physikalische und chemische Prozesse. Er trifft keine Aussage darüber, ob eine Reaktion stattfindet oder nicht und welcher von vielen möglichen Zuständen gleicher Energie der wahrscheinlichste ist. Der im 2. Hauptsatz der Thermodynamik eingeführte Begriff der **Entropie** hat sich als ein wertvolles Instrument zur Beantwortung dieser Fragen erwiesen. In der statistischen Thermodynamik ist die Entropie ein Maß für die Wahrscheinlichkeit des Auftretens eines Zustandes. Isolierte Systeme streben eine möglichst gleichmäßige Verteilung ihrer Energie auf alle möglichen mikroskopischen Bewegungsformen an. Die Energie verteilt sich dabei auf dem Weg zum thermodynamischen Gleichgewicht möglichst »unordentlich« auf die Freiheitsgrade des Systems.

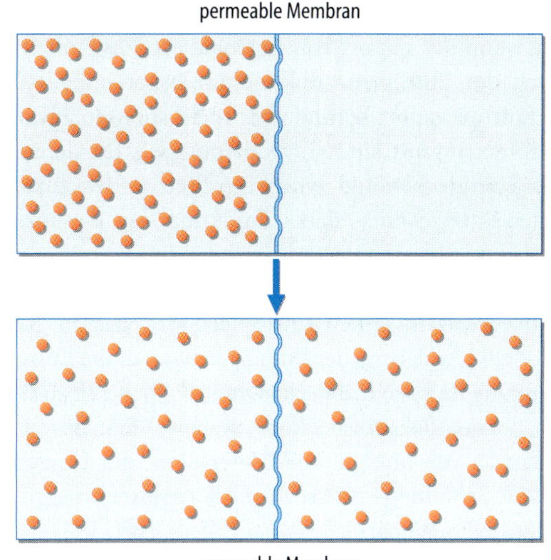

Abb. 4.2. Zunahme der Entropie in einem thermodynamisch geschlossenen System

Die **Entropie eines isolierten Systems** bleibt bei völlig reversiblen Prozessen konstant. Bei irreversiblen Prozessen kommt es zu einer Entropiezunahme. Prominente Beispiele für irreversible Prozesse, die von einer Zunahme an Entropie angetrieben werden, sind der Wärmeaustausch zwischen zwei Körpern verschiedener Temperatur oder der Konzentrationsausgleich zweier Lösungen durch Diffusion. Der letztgenannte Prozess ist in Abb. 4.2 illustriert. In dem durch eine permeable Membran unterteilten Gefäß kommt es zu einem Fluss der gelösten Moleküle vom Ort hoher Konzentration in Richtung niedriger Konzentration. Obwohl es keinen Verstoß gegen den 1. Hauptsatz der Thermodynamik darstellen würde, findet niemals eine spontane (freiwillige) Anreicherung der Moleküle in einer Hälfte des Gefäßes statt. Der spontane und irreversible Konzentrationsausgleich geht mit einer Zunahme der Entropie des Systems einher, die dann ihren Maximalwert erreicht, wenn die gelösten Moleküle gleichmäßig im Lösungsraum beider Kammern verteilt sind.

Das Universum stellt ein isoliertes System dar. Betrachtet man ein in das Universum eingebettetes offenes System, so kann man die durch einen Prozess im offenen System verursachte Entropieänderung in einen Anteil, der die Veränderung der Entropie im offenen System und einen weiteren Anteil, der die Veränderungen in der Umgebung beschreibt, zerlegen:

$$\Delta S_{gesamt} = \Delta S_{System} + \Delta S_{Umgebung} \geq 0 \quad (2)$$

Genau dann, wenn $\Delta S_{gesamt} > 0$ ist, kann der Prozess spontan ablaufen. Die Entropie der Umgebung steigt dabei vor allem durch die von dem System abgegebene Wärme.

Lebewesen sind notwendigerweise offene Systeme.

Die Entropie eines offenen Systems kann dann abnehmen, wenn der Export von Entropie pro Zeiteinheit den Betrag der Entropieproduktion im Inneren übersteigt. Ein Entropieexport kommt aber nicht spontan zustande, sondern erfordert eine »Entropiepumpe«, für deren Betrieb Energie benötigt wird. Der Betrag der zuzuführenden Energie muss dabei die Änderung der inneren Energie und die innere Entropieproduktion ausgleichen. Nach Erwin Schrödinger (1944) besteht das Wesen des Stoffwechsels in einem Entropieexport, dessen Betrag sowohl die Änderung der Enthalpie als auch die Entropieerzeugung im System abdecken muss. Lebewesen sind deshalb notwendigerweise offene Systeme. Erst durch den Austausch von Energie und Materie mit der Umgebung wird die Schaffung und Erhaltung komplexer biologischer Strukturen möglich.

Freie Enthalpie. Der 2. Hauptsatz der Thermodynamik gibt Antwort auf die Frage nach der Freiwilligkeit eines Prozesses: Die Entropie muss zunehmen. Bei der Anwendung dieser einprägsamen Aussage auf offene Systeme muss allerdings die Entropieänderung des Systems **und** die der Umgebung beachtet werden (Gl. 2). In der **Gibbs-Helmholtz-Gleichung** (Gl. 3) wird mit der **Gibbs'schen freien Enthalpie** ΔG (*Gibbs energy*) eine Zustandsgröße eingeführt, die unter isotherm-isobaren Bedingungen stattfindende Veränderungen ausschließlich durch Veränderungen von Zustandsgrößen des Systems beschreibt:

$$\Delta G = \Delta H - T \times \Delta S \qquad (3)$$

ΔH bedeutet die Änderung der Enthalpie des Systems, T die absolute Temperatur und ΔS die Änderung der Entropie des Systems. Die thermodynamischen Größen ΔG, ΔU und ΔH werden auf die bei einer Reaktion umgesetzte Stoffmenge bezogen und in der Einheit kJ/mol angegeben.

! Bei spontan (freiwillig) ablaufenden Reaktionen ist die Änderung der freien Enthalpie negativ ($\Delta G < 0$).

Eine Reaktion läuft unter isotherm-isobaren Bedingungen genau dann spontan ab, wenn ΔG einen negativen Wert annimmt. Man bezeichnet eine solche Reaktion als **exergon.** Nimmt ΔG einen positiven Wert an, liegt eine **endergone Reaktion** vor, die niemals freiwillig stattfindet. Im **thermodynamischen Gleichgewicht** ist $\Delta G = 0$. Die Änderung der freien Enthalpie entspricht der maximalen Arbeit, die ein System beim Übergang von einem Anfangs- in einen Endzustand zu leisten vermag. Der Betrag von ΔG liefert eine Information darüber, ob eine exergone Reaktion den Ablauf eines endergonen biologischen Prozesses – z.B. die Kontraktion eines Actomyosin-Komplexes – energetisch ermöglicht oder nicht.

Da es sich bei der freien Enthalpie um eine Zustandsgröße handelt, kann der Gesamtbetrag der Veränderung der freien Enthalpie eines Reaktionssystems als Summe der Änderungsbeträge der freien Enthalpien der einzelnen Reaktionsschritte berechnet werden. So ist der ΔG-Wert für die Oxidation der Glucose zu CO_2 und H_2O unabhängig davon, ob diese Reaktion im Zellstoffwechsel oder durch direkte Verbrennung stattfindet.

Der Begriff »spontan« beschreibt, dass die Reaktion thermodynamisch möglich ist. Er erlaubt keine Aussagen über die Geschwindigkeit, mit der die Reaktion abläuft.

! Die Änderung der freien Enthalpie hängt von der Gleichgewichtskonstanten der Reaktion und von der Zusammensetzung des Reaktionsgemisches ab.

Konzentrationsabhängigkeit der freien Enthalpie. Ausgangspunkt der Betrachtung sein eine Reaktion mit zwei Ausgangsstoffen (A, B) und zwei Reaktionsprodukten (C, D):

$$aA + bB \rightleftharpoons cC + dD \qquad (4)$$

Die molare Änderung der freien Enthalpie (auch freie Reaktionsenthalpie genannt) ist gegeben durch:

$$\Delta G = \Delta G^0 + RT \times \ln Q_R \quad mit \quad Q_R = \left(\frac{[C]^c \times [D]^d}{[A]^a \times [B]^b} \right) \qquad (5)$$

R ist die Gaskonstante (8,314 J mol^{-1} K^{-1}), T die absolute Temperatur. [A], [B], [C] und [D] bezeichnen die Konzentrationen der Reaktionspartner. Die Änderung der freien Enthalpie unter **Standardbedingungen** (ΔG^0) ist eine reaktionsspezifische Konstante, während der Reaktionsquotient Q_R die Abhängigkeit der freien Enthalpie von der Zusammensetzung des Reaktionsgemisches berücksichtigt.

Standardbedingungen. Der Standardzustand ist ein hypothetischer Referenzzustand, in dem alle Reaktionspartner bei 25°C in einer Konzentration von c = 1 mol/l vorliegen. Da in biologischen Systemen viele Reaktionen bei neutralem pH-Wert stattfinden, hat man den Standardwert der Protonenkonzentration auf $c = 10^{-7}$ mol/l (pH 7) festgelegt. Die Änderung der freien Enthalpie unter diesen »biologischen Standardbedingungen« bezeichnet man mit $\Delta G^{0'}$, die zugehörige Gleichgewichtskonstante der Reaktion mit K'. ΔG^0 und $\Delta G^{0'}$ unterscheiden sich nur dann, wenn Protonen als Substrat oder Produkt der Reaktion auftreten.

Thermodynamisches Gleichgewicht. Befindet sich die Reaktion im thermodynamischen Gleichgewicht ($\Delta G = 0$), so folgt aus Gleichung (5)

$$\Delta G^0 = -RT \times \ln K \quad bzw. \quad K = e^{-\Delta G^0 / RT} \qquad (6)$$

Der Massenwirkungsbruch Q_R ist unter diesen Bedingungen gleich der Gleichgewichtskonstanten K der Reaktion. ΔG^0 charakterisiert bei einer bestimmten Temperatur die Gleichgewichtskonstante der Reaktion auf einer logarithmischen Skala.

Biologische Reduktions-Oxidations-Reaktionen. Eine Vielzahl biochemischer Reaktionen verläuft unter **Elektronenübertragung**. Reduktion und Oxidation finden dabei immer gleichzeitig statt und lassen sich als Summe von zwei Halbreaktionen beschreiben. Man spricht daher von **Redoxreaktionen**. Das Reduktionsmittel und dessen oxidierte Form sowie das Oxidationsmittel und dessen reduzierte Form bilden jeweils ein **konjugiertes oder korrespondierendes Redoxpaar.** Liegen zwei korrespondierende Redoxpaare in einer Lösung nebeneinander vor, kann es spontan zu einer Elektronenübertragung vom Elektronendonor des einen Paares auf den Elektronenakzeptor des anderen Paares kommen. Die Richtung des Elektronenflusses wird dabei durch die **Elektronenaffinitäten** der beteiligten Redoxpaare bestimmt, die durch **Redoxpotentiale** quantitativ charakterisiert werden können.

Infobox

Bestimmung des Standard-Redoxpotentials eines korrespondierenden Redoxpaares

Zum Vergleich der Elektronenaffinitäten verschiedener Redoxpaare misst man deren Potentialdifferenzen ΔE gegen eine Standardwasserstoffelektrode als Bezugssystem. Diese besteht aus einer Platinelektrode, die von einer wässrigen Lösung mit einer H^+-Ionenkonzentration von 1 mol/l umgeben ist und mit Wasserstoffgas bei einem Partialdruck von 1 atm umspült wird. Der Standardwasserstoffelektrode wird willkürlich das Redoxpotential $E_0 = 0$ V zugewiesen.

In Abb. 4.3 ist die Bestimmung eines Standardpotentials (früher als Normalpotential bezeichnet) am Beispiel des Fe^{2+}/Fe^{3+}-Redoxpaares gezeigt. Die Metallionen liegen jeweils in einer Konzentration von 1 mol/l vor (Standardbedingungen). Redoxsysteme, die gegenüber der Standardelektrode Elektronen abgeben, erhalten ein negatives, solche, die Elektronen aufnehmen, ein positives Vorzeichen vor dem Redoxpotential. Elektronen fließen stets vom Redoxpaar mit dem negativeren zum Redoxpaar mit dem positiveren Redoxpotential.

Standardpotentiale biologischer Redoxsysteme. Standardpotentiale werden unter den bereits beschriebenen Standardbedingungen bestimmt. Misst man Redoxpotentiale unter biologischen Standardbedingungen bei pH 7,0, so erhalten diese das Symbol E_0'. In Tabelle 4.1 sind die Standardpotentiale E_0' biochemisch wichtiger Redoxpaare zusammengestellt.

Nernst'sche Gleichung. Das Redoxpotential wird von den Konzentrationen der oxidierten und reduzierten Form des korrespondierenden Redoxpaares, der Anzahl übertragener Elektronen (n) und von der Temperatur bestimmt. Dieser Zusammenhang wird durch die Nernst'sche Gleichung beschrieben:

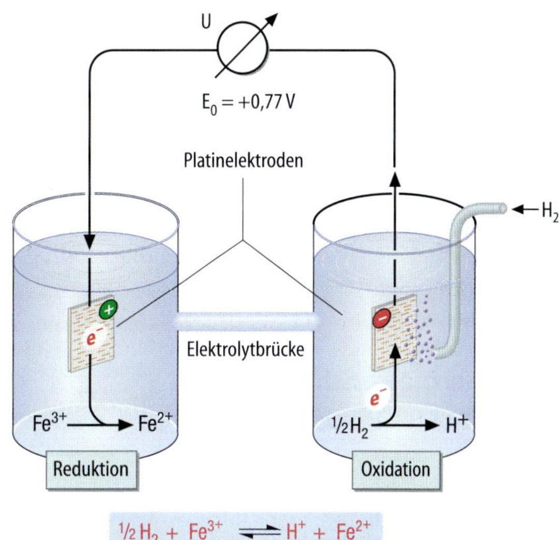

Abb. 4.3. Messung des Standard-Redoxpotentials eines korrespondierenden Redoxpaares

$$E = E_0 + \frac{R \times T}{n \times F} \times \ln\left(\frac{c_{ox}}{c_{red}}\right) \tag{7}$$

R ist die Gaskonstante [8.314 J mol^{-1} K^{-1}], T die absolute Temperatur, n die Zahl der übertragenen Elektronen und F die Faraday-Konstante [96,5 kJ mol^{-1} V^{-1}].

Die Potentialdifferenz (ΔE) einer Redoxreaktion ergibt sich als Differenz der Redoxpotentiale der beteiligten Redoxpaare. ΔE ist mit der freien Enthalpie (ΔG) über Gleichung (8) verknüpft:

$$\Delta G = -n \times F \times \Delta E \tag{8}$$

Tabelle 4.1. Standardpotentiale (E_0') biochemischer Redoxpaare

Korrespondierendes Redoxpaar	n	E_0' [V]
Sauerstoff/Wasser	2	+0,82
Glutathion (GSSG/2GSH)	2	+0,31
Cytochrom a (Fe^{3+}/Fe^{2+})	1	+0,29
Cytochrom c (Fe^{3+}/Fe^{2+})	1	+0,22
Ubichinon/Hydrochinon	2	+0,10
Cytochrom b (Fe^{3+}/Fe^{2+})	1	+0,08
Dehydroascorbat/Ascorbat	2	+0,06
Fumarat/Succinat	2	+0,03
$FMN/FMNH_2$	2	–0,12
Oxalacetat/Malat	2	–0,17
Pyruvat/Lactat	2	–0,19
Acetacetat/β-Hydroxybutyrat	2	–0,27
$NAD^+/NADH+H^+$	2	–0,32
$2H^+/H_2$	2	–0,42

Der in Gl. (7) und (8) beschriebene Zusammenhang ist für das Verständnis der energetischen Aspekte der **biologischen Oxidation** bedeutsam, bei der Elektronen über eine Vielzahl von Redoxsystemen auf Sauerstoff als terminalen Elektronenakzeptor übertragen werden. Die freie Enthalpie dieses exergonen Prozesses wird zu einem Teil durch die Synthese von Adenosintriphosphat (ATP) konserviert, das im Stoffwechsel als Überträger freier Enthalpie fungiert (▶ Kap. 15.1.3).

4.1.2 Energietransformation und Energiegewinnung in der Zelle

! Der physiologische Zustand einer lebenden Zelle wird durch die Kopplung endergoner Prozesse an exergone Reaktionen aufrechterhalten.

Betrachtet man die Gesamtheit der in einem Organismus stattfindenden Prozesse, so folgt aus den Gesetzen der Thermodynamik, dass diese insgesamt exergon ablaufen müssen. Viele Teilprozesse, die zur Erzeugung und Erhaltung biologischer Strukturen beitragen, sind aber endergoner Natur. Diese lebensnotwendigen Vorgänge (Biosynthesereaktionen, Muskelkontraktion, aktiver Transport u.a.) beziehen ihre Energie aus einer **chemischen Kopplung** an exergone Redoxreaktionen. Die Zelle wirkt dabei als **Energietransformator.**

Eine zentrale Frage der Biochemie betrifft den **Mechanismus der Energieumwandlung** in biologischen Systemen. Hierfür bestehen in lebenden Organismen zumindest zwei prinzipiell unterschiedliche Möglichkeiten:

- die **chemische Kopplung** exergoner und endergoner Reaktionen unter Beteiligung »energiereicher Verbindungen«
- die **chemiosomotische Kopplung** durch die Erzeugung eines Membranpotentials mit Hilfe einer exergonen Reaktion, dessen Abbau eine endergone Reaktion ermöglicht

Die erstgenannte Möglichkeit soll am Beispiel der Phosphorylierung von Glucose (Glc) zu Glucose-6-phosphat (Glc-6-P) erläutert werden:

$$\text{Glc} + \text{P}_i \rightleftharpoons \text{Glc-6-P} + \text{H}_2\text{0}; \quad \Delta G_1{}^{0'} = +13{,}8\ \text{kJ/mol} \tag{9}$$

Der positive Wert der Standard-Reaktionsenthalpie $\Delta G_1{}^{0'}$ zeigt an, dass diese Reaktion unter Standardbedingungen nicht spontan ablaufen würde. Im Gegensatz dazu erfolgt die Hydrolyse von Adenosintriphosphat (ATP) zu Adenosindiphosphat (ADP) und anorganischem Phosphat (P_i) unter Standardbedingungen exergon:

$$\text{ATP} + \text{H}_2\text{O} \rightleftharpoons \text{ADP} + \text{P}_i \quad \Delta G_2{}^{0'} = -30{,}6\ \text{kJ/mol} \tag{10}$$

In einem System, in dem beide Reaktionen gleichzeitig stattfinden, berechnet sich die freie Standard-Reaktionsenthalpie der gekoppelten Reaktion als Summe der ΔG-Werte der Einzelreaktionen. Dementsprechend könnte die Gesamtreaktion durchaus freiwillig ablaufen ($\Delta G^{0'} = -16{,}7$ kJ/mol). Voraussetzung hierfür ist jedoch eine direkte Übertragung der γ-Phosphatgruppe des ATP auf Glucose, sodass die Hydrolyse-Energie des ATP nicht in Form von Wärme freigesetzt, sondern für chemische Arbeit verfügbar gemacht wird. In der Zelle wird die chemische Kopplung beider Reaktionen durch das Enzym **Hexokinase** (▶ Kap. 11.1.1) erreicht.

Reaktionen können auch sequentiell gekoppelt sein. Beispielgebend hierfür soll die Biosynthese des Glucosespeichermoleküls Glycogen betrachtet werden, bei der die exergone Hydrolyse von Pyrophosphat (PP_i) genutzt wird, um die Synthese von UDP-Glucose aus Glucose-1-phosphat (Glc-1-P) und Uridintriphosphat (UTP) zu ermöglichen (▶ Abb. 11.10 in Kap. 11.2.1):

$$\text{Glc-1-P} + \text{UTP} \rightleftharpoons \text{UDP-Glc} + \text{PP}_i; \quad \Delta G_1{}^{0'} \approx 0\ \text{kJ/mol} \tag{11}$$

$$\text{PP}_i + \text{H}_2\text{O} \rightarrow \text{P}_i + \text{P}_i \quad \Delta G_2{}^{0'} = -33{,}5\ \text{kJ/mol} \tag{12}$$

Die stark exergone Hydrolysereaktion (12) bewirkt , dass die Gesamtreaktion unter den Bedingungen des Zellstoffwechsels nur in der beschriebenen Richtung abläuft. Man bezeichnet derartige Reaktionen auch als »quasi-irreversibel«. Tatsächlich werden im Zellstoffwechsel eine Reihe wichtiger Biosynthesereaktionen erst durch die Hydrolyse von Pyrophosphat durch **Pyrophosphatasen** thermodynamisch ermöglicht.

! Für die Übertragung freier Enthalpie werden energiereiche Phosphate genutzt.

Energiereiche Phosphate. Die Aufklärung der Glycolyse (▶ Kap. 11.1.1) hat gezeigt, dass Adenosintriphosphat (ATP), Adenosindiphosphat (ADP) und anorganisches Phosphat (P_i) am Abbau der Glucose beteiligt sind. Erst als nachgewiesen werden konnte, dass ATP während der Muskelkontraktion zu ADP hydrolysiert wird und dessen Rephosphorylierung im Muskel von oxidativen energieliefernden Prozessen abhängt, wurde die entscheidende Rolle des ATP bei der intrazellulären Energieübertragung deutlich.

Phosphoryltransfer-Reaktionen sind im Stoffwechsel weit verbreitet. Daher wurde für diesen Reaktionstyp eine eigene thermodynamische Skala der so genannten **Phosphorylgruppenübertragungspotentiale** geschaffen (◘ Tabelle 4.2). Diese charakterisieren die Änderung der freien Enthalpie, die bei der Hydrolyse von 1 mol einer Phosphorylverbindung unter Standardbedingungen frei wird. Dementsprechend lassen sich die zellbiochemisch bedeutsamen Phosphorylverbindungen in zwei Gruppen einteilen: Bei **energiereichen Verbindungen** ist die freie Standard-

Tabelle 4.2. Änderung der freien Standardenthalpie bei der Hydrolyse biochemisch wichtiger Phosphorylverbindungen

Metabolit	$\Delta G^{0'}$ der Hydrolyse [kJ mol^{-1}]
Phosphoenolpyruvat	–61,9
Carbamylphosphat	–51,5
1,3-Bisphosphoglycerat (1,3-BPG + $H_2O \rightarrow$ 3-PG + P_i)	–49,4
Kreatinphosphat	–43,1
Pyrophosphat	–33,5
ATP (ATP + $H_2O \rightarrow$ ADP + P_i)	**–30,6**
Glucose-1-phosphat	–20,9
Fructose-6-phosphat	–16,2
Glucose-6-phosphat	–13,8
Glycerin-3-phosphat	–9,2

Tabelle 4.3. Struktur und Vorkommen von Verbindungen mit hohem Gruppenübertragungspotential

Bezeichnung	Struktur	Vorkommen (Beispiel)	Kapitel
Phosphorsäureanhydride	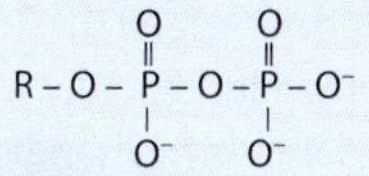 R–O–P(=O)(O⁻)–O–P(=O)(O⁻)–O⁻	ADP, ATP, allg. Nucleosiddi- und -triphosphate	4
Carbonsäure-Phosphorsäureanhydride	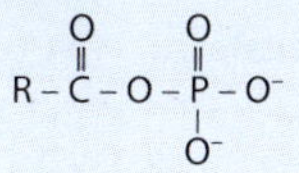 R–C(=O)–O–P(=O)(O⁻)–O⁻	1,3-Bisphosphoglycerat	11
Thioester	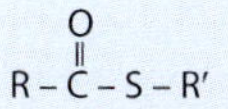 R–C(=O)–S–R′	Acyl-CoA	12
Enolphosphate	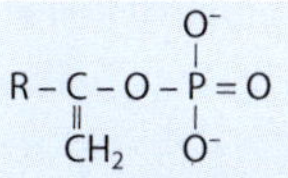 R–C(=CH$_2$)–O–P(O⁻)(O⁻)=O	Phosphoenolpyruvat	11
Phosphoguanidine	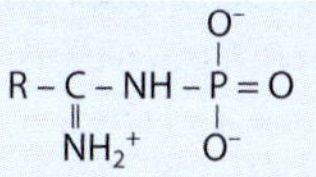 R–C(=NH$_2^+$)–NH–P(O⁻)(O⁻)=O	Kreatinphosphat	31

enthalpie der Hydrolyse stärker negativ als –25 kJ mol^{-1}, während das $\Delta G^{0'}$ der Hydrolyse bei **energiearmen Verbindungen** weniger negativ ist.

Der Begriff »energiereich« bedeutet nicht, dass die jeweilige Verbindung einen hohen Energieinhalt besitzt, sondern er sagt aus, dass die Substanz eine stark exergone Reaktion mit Wasser (Hydrolyse) eingehen kann. Der Ausdruck »Verbindung mit hohem Gruppenübertragungspotential« beschreibt die energetischen Verhältnisse daher besser als der im biochemischen Sprachgebrauch verwurzelte Begriff der »energiereichen Verbindung«. Neben den Phosphorylverbindungen kommen im Zellstoffwechsel auch andere Metabolite mit hohem Gruppenübertragungspotential vor, die funktionelle Gruppen auf eine Vielzahl von Akzeptoren übertragen (Tabelle 4.3).

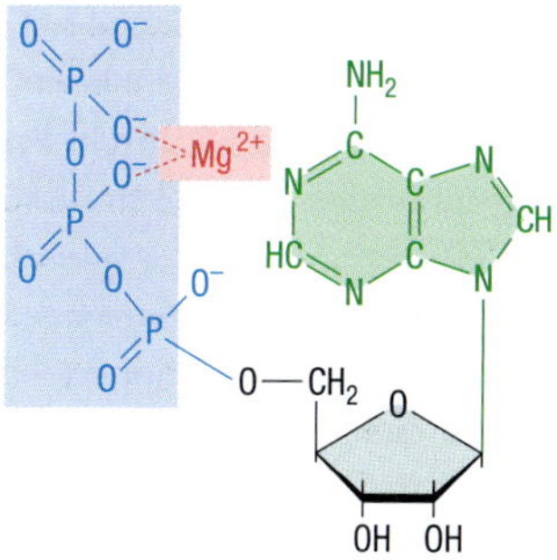

Abb. 4.4. Struktur des Magnesium-ATP-Komplexes (MgATP^{-2})

> ATP ist eine universelle Quelle freier Enthalpie im Zellstoffwechsel.

In Abb. 4.4 ist die Struktur des ATP dargestellt. Das ATP-Molekül enthält 2 energiereiche Phosphorsäureanhydrid-Bindungen. Da bei physiologischem pH-Wert die Phosphatgruppen des ATP vollständig ionisiert sind, handelt es sich um ein negativ geladenes Molekül, das mit zweiwertigen Kationen lösliche Verbindungen bilden kann. In der Zelle kommt das Nucleotid nicht als freies Anion, sondern in Form eines Komplexes mit zumeist Mg^{2+}-Ionen vor.

Obwohl es sich bei der Hydrolyse des ATP um eine stark exergone Reaktion handelt ($\Delta G^{0'}$ = –30,6 kJ/mol), erfolgt sie wegen der hohen Aktivierungsenergie der Reaktion spontan nur sehr langsam. Diese **kinetische Stabilität** des ATP ist für seine biochemische Funktion als **Energiecarrier** von größter Bedeutung. ATP wird im Zellstoffwechsel nur enzymatisch zu ADP oder AMP hydrolysiert.

> Die freie Enthalpie der ATP-Hydrolyse wird durch eine energetische Kopplung an endergone Prozesse für die Zelle nutzbar gemacht.

Im Zellstoffwechsel können Phosphatgruppen des ATP auf Akzeptoren übertragen werden, wenn die Gesamtreaktion exergon ($\Delta G < 0$) ist. Der Phosphattransfer ist dann reversibel, wenn es bei der Übertragung zu einer nur geringen Änderung der freien Enthalpie kommt. Beispiele für enzymatische **Transphosphorylierungen** sind die **Adenylatkinase-Reaktion** (► Kap. 15.1.1) und die **Kreatinkinase-Reaktion** (► Kap. 16.2.2), die eine schnelle Regenerierung von ATP aus ADP ermöglichen.

Im Gegensatz dazu ist eine Vielzahl ATP-verbrauchender Phosphorylierungsreaktionen mit der Bildung von Reaktionsprodukten verbunden, deren Hydrolyseenergien beträchtlich unter der des ATP liegen. Unter zellphysiologischen Bedingungen sind diese Reaktionen in der Regel weit vom thermodynamischen Gleichgewicht entfernt (Nichtgleichgewichtsreaktionen) und verlaufen irreversibel. Als Beispiele hierfür können die durch die Enzyme

Hexokinase und **Phosphofructokinase** katalysierten Reaktionen der Glycolyse (▶ Kap. 11.1.1, 11.6) oder die bei der hormonellen Signaltransduktion durch **Proteinkinasen** katalysierten Phosphorylierungsreaktionen genannt werden (▶ Kap. 25.4).

ATP kann eine zentrale Funktion im Energiestoffwechsel nur deshalb erfüllen, weil sein Gruppenübertragungspotential den Transfer der γ-Phosphatgruppe auf Akzeptor-Verbindungen, aber auch die Phosphorylierung von ADP unter Verbrauch anderer energiereicher Phosphorylverbindungen erlaubt (◘ Tab. 4.2).

Infobox

ATP ist ein Energieüberträger – kein Energiespeicher

Die zellbiochemische Funktion des ATP soll anhand einer vereinfachenden energetischen Betrachtung illustriert werden: Für einen 75 kg schweren Menschen beträgt der tägliche Energieumsatz unter Ruhebedingungen ca. 6.000 kJ. Legt man den Standardwert der freien Reaktionsenthalpie der ATP-Hydrolyse von 30,6 kJ/mol zugrunde, so entspricht dies einem Umsatz von ca. 200 mol oder etwa 100 kg ATP pro Tag. Nimmt man darüber hinaus an, dass der Gesamtbestand des Organismus an Adeninnucleotiden (ATP + ADP + AMP) etwa 0,2 mol (ca. 100 g) beträgt, so folgt daraus, dass jedes ATP-Molekül täglich mehr als 1000-mal auf- und abgebaut werden muss.

! ATP entsteht durch die Kopplung der ADP-Phosphorylierung an exergone Reaktionen des Stoffwechsels.

Bildung von ATP aus ADP. Die quantitativ bedeutendsten ATP-verbrauchenden Prozesse beim Menschen sind der Ionentransport durch biologische Membranen (▶ Kap. 6.1.2), Biosynthesen wie die der Proteine (▶ Kap. 9.1) und die Muskelkontraktion (▶ Kap. 30.3). Die erforderliche Regenerierung des ATP aus anorganischem Phosphat und ADP erfolgt generell durch eine Kopplung der ATP-Bildung an exergone Reaktionen.

Man spricht von einer **Substratkettenphosphorylierung,** wenn die Oxidation eines Substrates zur Erzeugung eines energiereichen Zwischenproduktes führt, das nachfolgend der ATP-Bildung dient. Als Substratkettenphosphorylierung wird dabei diejenige Reaktion bezeichnet, in der ATP (oder GTP) entsteht. Beispiele hierfür sind die durch **Phosphoglyceratkinase** und **Pyruvatkinase** katalysierten Reaktionen der Glycolyse (▶ Kap. 11.1.1).

Der größte Teil des täglich synthetisierten ATP entsteht jedoch während der Oxidation von Substratwasserstoff mit Sauerstoff im Rahmen der mitochondrialen **Atmungskettenphosphorylierung** (▶ Kap. 15.1.3). Anders als bei der Substratkettenphosphorylierung erfolgt die Energiekonservierung hierbei durch die Erzeugung eines **chemiosmotischen Potentials** an der inneren Mitochondrienmembran, das die Energie für die Synthese von ATP aus ADP und anorganischem Phosphat bereitstellt.

In Kürze

Die strukturelle und funktionelle Komplexität der Organismen kann nur durch eine kontinuierliche Zufuhr freier Enthalpie (ΔG) aufrechterhalten werden. Diese Notwendigkeit ergibt sich aus den Gesetzen der Thermodynamik, die auch für lebende Systeme Gültigkeit besitzen. Quelle der erforderlichen freien Enthalpie ist die sauerstoffabhängige biologische Oxidation komplexer organischer Verbindungen.

Die Änderung der freien Enthalpie hat bei exergonem Reaktionsverlauf einen negativen Wert. Exergone Reaktionen laufen spontan (freiwillig) ab und können unter isotherm-isobaren Bedingungen Arbeit leisten. Ist ΔG hingegen positiv, handelt es sich um eine endergone Reaktion, die nicht freiwillig abläuft.

In der Zelle werden endergone Reaktionen durch Kopplung mit exergonen Prozessen ermöglicht.
Die energetische Kopplung wird wirkungsvoll durch »energiereiche« Phosphate vermittelt. ATP ist die wichtigste Verbindung mit hohem Gruppenübertragungspotential.

Die Synthese der energiereichen Phosphate ist funktionell mit dem Ablauf von Redoxreaktionen verbunden:

- direkt durch Substratkettenphosphorylierung
- indirekt durch den Ausgleich eines chemiosmotischen Potentials bei der Atmungskettenphosphorylierung sowie bei Transphosphorylierungsreaktionen

4.2 Katalyse in biologischen Systemen

4.2.1 Struktur und Funktion der Biokatalysatoren

Katalysatoren beschleunigen die Einstellung chemischer Gleichgewichte, ohne die Gleichgewichtslage zu beeinflussen.

Die Aufklärung des Zellstoffwechsels hat gezeigt, dass chemische Reaktionen unter den in lebenden Organismen hinsichtlich Stoffkonzentration, Temperatur, pH-Wert und Druck typischen Reaktionsbedingungen nur in Gegenwart von **Katalysatoren** hinreichend schnell ablaufen können. Die Wechselwirkung des Katalysators mit dem umzusetzenden Stoff steigert dessen Reaktionsfähigkeit und führt zu einer enormen Reaktionsbeschleunigung, ohne die Lage des Reaktionsgleichgewichtes zu verändern. Der Katalysator geht aus der Reaktion unverändert hervor und steht für einen neuen Katalysezyklus zur Verfügung. Biokatalysatoren sind auch auf allen Ebenen des intrazellulären Informationsflusses wirksam und tragen in vielfältiger Weise zur Steuerung und Koordination des Stoffwechsels der Zellen, Gewebe und Organe komplexer Organismen bei.

Übergangszustand und Aktivierungsenergie. In biologischen Systemen katalysieren **Enzyme** die weitaus überwiegende Zahl der biochemischen Reaktionen. Enzyme sind globuläre Proteine, deren katalytische Wirkung zu einer Erhöhung der Reaktionsgeschwindigkeit bis zu einem Faktor von 10^{17} im Vergleich zur nicht-katalysierten Reaktion führt (Tabelle 4.4). Für das Verständnis der katalytischen Wirkung von Enzymen ist die Kenntnis derjenigen Faktoren von Bedeutung, die allgemein die Geschwindigkeit einer chemischen Reaktion bestimmen.

Nach der **Kollisionstheorie** können Moleküle nur dann erfolgreich miteinander reagieren, wenn sie in einer bestimmten räumlichen Orientierung zusammentreffen und ein für die jeweilige Reaktion charakteristisches Minimum an kinetischer Energie besitzen. Damit ein Ausgangsstoff (in der Enzymologie als Substrat S bezeichnet) zum Reaktionsprodukt P umgewandelt werden kann, muss er in einen aktivierten, d.h., in einen reaktionsfähigen **Übergangszustand** ($S^{\ddagger}$) überführt werden. Die energetische Barriere, die dazu überwunden werden muss, wird als **freie Aktivierungsenthalpie** ($\Delta G^{\ddagger}$) – vereinfacht als **Aktivierungsenergie** – bezeichnet. Durch die Verbindung eines Enzyms mit seinem Substrat entsteht ein neuer Reaktionsweg, dessen Übergangszustand eine niedrigere Aktivierungsenergie aufweist als derjenige der nicht-katalysierten Reaktion.

Tabelle 4.4. Vergleich der Geschwindigkeitskonstanten enzymkatalysierter Reaktionen (k_{+2}) mit denen der nichtkatalysierten Reaktionen (k_0)

Enzym	k_{+2}/k_0	Kapitel
Orotidylatdecarboxylase	10^{17}	19
Adenosindesaminase	10^{12}	19
Carboxypeptidase A	10^{11}	32
Triosephosphatisomerase	10^{9}	11
Carboanhydrase	10^{7}	4, 30
Peptidyl-Prolyl-*cis/trans*-Isomerasen	10^{5}	3, 9

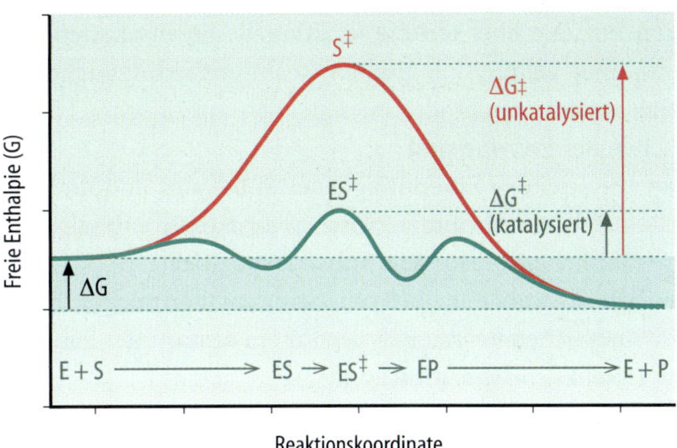

Abb. 4.5. Energiediagramm einer Reaktion in Gegenwart und Abwesenheit eines Enzyms. Die freie Aktivierungsenthalpie ($\Delta G^{\ddagger}$) bezieht sich auf den Übergangszustand ($S^{\ddagger}$ bzw. $ES^{\ddagger}$) der Reaktion. Das Enzym beschleunigt die Einstellung des Reaktionsgleichgewichtes durch eine Erniedrigung von $\Delta G^{\ddagger}$ (*grüne Kurve*). Die Änderung der freien Enthalpie (ΔG) und damit das thermodynamische Gleichgewicht der Reaktion werden durch das Enzym nicht verändert

Enzyme beschleunigen Reaktionen, indem sie die Aktivierungsenergie der katalysierten Reaktionen erniedrigen.

Die Reaktionsprofile in Abb. 4.5 illustrieren die für eine enzymkatalysierte Reaktion typische Erniedrigung der Aktivierungsenergie. Da der Übergangszustand für die Hin- und Rückreaktion derselbe ist, unterscheiden sich die Aktivierungsenergien der Hin- und Rückreaktion um den Betrag der freien Reaktionsenthalpie (ΔG), die selbst unverändert bleibt. Daraus folgt, dass Enzyme – genauso wie andere Katalysatoren – die Einstellung chemischer Gleichgewichte zu beschleunigen vermögen, ohne die Gleichgewichtslage der Reaktion zu beeinflussen.

Im Reaktionsprofil einer enzymkatalysierten Reaktion treten in der Regel mehrere lokale Minima und Maxima auf (Abb. 4.5). Die Minima kennzeichnen kurzlebige Reaktionsintermediate, die prinzipiell isoliert werden können. Die Maxima repräsentieren Übergangszustände von Teilschritten der Reaktion. Der Übergangszustand mit der höchsten Aktivierungsenergie ($\Delta G^{\ddagger}$) bestimmt dabei die Reaktionskinetik.

Enzyme wirken als regulierbare substrat- und reaktionsspezifische Biokatalysatoren.

Enzym-Substrat-Interaktion. Im Unterschied zu den aus der Chemie bekannten »klassischen« Katalysatoren verfügen Enzyme über weitere funktionelle Eigenschaften, die sie unter zellphysiologischen Reaktionsbedingungen als Biokatalysatoren prädestinieren. Diese spezifischen Fähigkeiten der Enzyme sind

- die selektive Erkennung eines Substrates und die präzise Unterscheidung zwischen strukturell oftmals sehr ähnlichen Substraten (**Substratspezifität**)
- die Auswahl nur eines von mehreren thermodynamisch möglichen Reaktionstypen für ein bestimmtes Substrat (**Reaktionsspezifität**) und
- die **Regulierbarkeit der Enzymaktivität und damit die Anpassung der Geschwindigkeit der katalysierten Reaktion an die jeweilige Stoffwechselsituation**

Die Substratspezifität der Enzymkatalyse betrifft entweder das Substrat als Gesamtmolekül oder aber bestimmte chemische Gruppierungen des Substrates. Niedermolekulare Substrate können vom Enzym als Gesamtmolekül erkannt, gebunden und umgesetzt werden. Demgegenüber kommt es bei enzymkatalysierten Reaktionen makromolekularer Substrate (Proteine, Polysaccharide, Nucleinsäuren) häufig zu einer auf spezifische Strukturelemente des Substratmoleküls begrenzten Interaktion mit dem Enzym.

Die räumlichen Beziehungen des Substratmoleküls und der an der Substratbindung beteiligten Aminosäuren eines Enzyms bilden die Grundlage des als **Stereospezifität** der Enzymkatalyse bezeichneten Phänomens. Dieser Begriff beschreibt die Fähigkeit eines Enzyms, selektiv zwischen den optischen Antipoden eines Substrates zu unterscheiden. So akzeptieren die Enzyme des Hexosestoffwechsels D-Hexosen, aber keine L-Hexosen, während die Lactatdehydrogenase tierischer Organismen die Oxidation von L-Lactat zu Pyruvat katalysiert, aber D-Lactat nicht als Substrat erkennt (▶ Kap. 11).

! Die spezifische Wechselwirkung von Enzym und Substrat erfolgt im aktiven Zentrum des Enzyms.

Das aktive Zentrum. Das **aktive (oder katalytische) Zentrum** eines Enzyms wird von den an der Substratbindung beteiligten Aminosäuren des Enzymproteins gebildet. Die Analyse der Raumstruktur einer Vielzahl von Enzymen hat gezeigt, dass die Aminosäuren des aktiven Zentrums in der Primärstruktur weit voneinander entfernt positioniert sein können. Erst durch die **Proteinfaltung** (▶ Kap. 9.2.1; 3.4.1) gelangen sie in die für die Biokatalyse erforderliche räumliche Nähe.

Aktive Zentren befinden sich oft in höhlen- oder spaltenförmigen Vertiefungen der Enzymoberfläche. Beispielgebend zeigt ◻ Abb. 4.6 die Architektur des aktiven Zentrums der Protease Chymotrypsin (▶ Kap. 32.1.3). Funktionell bedeutsam sind die Aminosäurereste von Histidin-57, Aspartat-102, und Serin-195. Diese Aminosäuren bilden im aktiven Zentrum die so genannte **katalytische Triade** (▶ Kap. 4.3). Sie sind am Katalysemechanismus aller Serinproteasen beteiligt.

Substratmoleküle werden im aktiven Zentrum überwiegend durch nichtcovalente Kräfte (Wasserstoffbrücken, Salzbindungen, hydrophobe Wechselwirkungen) gebunden. Dabei wird die Spezifität der Substratbindung von der genauen Anordnung der funktionellen Gruppen des En-

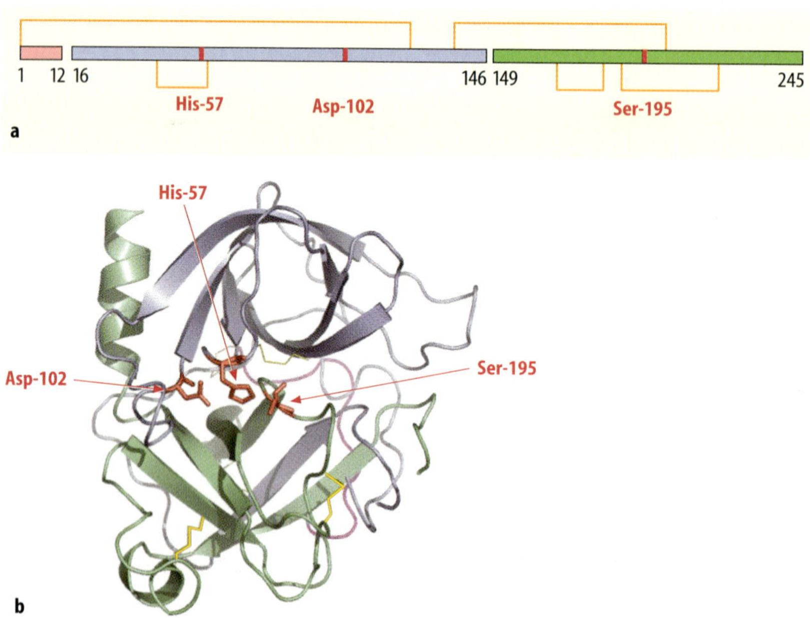

◻ **Abb. 4.6a, b. Struktur des Chymotrypsins. a** Schema der Primärstruktur des Chymotrypsins. Das Enzym besteht aus drei Polypeptidketten, die durch limitierte Proteolyse aus Chymotrypsinogen entstehen und durch Disulfidbrücken miteinander verbunden sind. **b** Bänder-Modell des Chymotrypsins. Die Aminosäuren Histidin-57, Aspartat-102 und Serin-195 bilden die **katalytische Triade** im aktiven Zentrum des Enzyms. Die Disulfidbrücken sind gelb markiert. Die Molekülgraphik wurde unter Verwendung der PyMOL-Software (http://www.pymol.org) mit freundlicher Genehmigung von DeLano Scientific LLC erzeugt. Quelle: Swiss-Prot P17538; PDB 4CHA

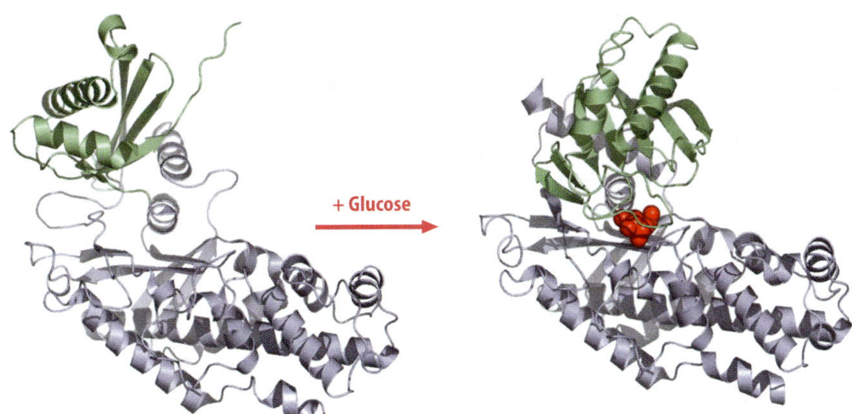

Abb. 4.7. Offene und geschlossene Konformation der Glucokinase (Hexokinase IV). Die Bindung des Substrates Glucose (*rot*) induziert eine Konformationsänderung, die zu einer optimalen Positionierung des Cosubstrates Magnesium-ATP (*nicht abgebildet*) und zu einem Ausschluss von Wasser aus dem aktiven Zentrum führt. Dabei geht das Enzym von der offenen (*links*) in die geschlossene Konformation (*rechts*) über. Quelle: PDB 1v4t (*links*) und PDB 1v4s (*rechts*)

zyms im aktiven Zentrum bestimmt. In vielen Fällen wird eine optimale räumliche Positionierung der Substratmoleküle erst durch die Beteiligung von **Coenzymen und Cofaktoren** erreicht (► u.).

Frühe Überlegungen zum Mechanismus der Enzymkatalyse gingen von einer eleganten Modellvorstellung aus, die von Emil Fischer bereits 1894 entwickelt wurde. Nach dieser Hypothese besitzen Enzyme eine zu ihrem Substrat komplementäre Struktur (Schlüssel-Schloss-Prinzip). An vielen Beispielen konnte jedoch gezeigt werden, dass erst durch eine **substratinduzierte Konformationsänderung** des Enzymproteins die Reaktionspartner in die erforderliche räumliche Nähe und Orientierung gebracht werden. Diesen Prozess der dynamischen Erkennung von Enzym und Substrat bezeichnet man als **induzierte Anpassung** (*induced fit*).

So verursacht der »Eintritt« der Glucose in das aktive Zentrum der **Glucokinase** (► Kap. 11.1) ein Umschließen des Zuckermoleküls durch beide Domänen des Enzyms (Abb. 4.7). Erst dadurch gelangt die γ-Phosphatgruppe des ATP in eine direkte Nachbarschaft zur OH-Gruppe am C-Atom 6 der Glucose. Gleichzeitig kommt es zu einem Ausschluss von Wasser aus dem aktiven Zentrum. Die »offene« Konformation der Glucokinase geht dabei in einen Zustand über, in dem die Kontakte des Enzyms mit den Substraten optimiert sind. Molekulare Grundlage der induzierten Anpassung ist die **konformative Flexibilität** des Enzymproteins.

! Die Wechselwirkungen zwischen Enzym und Substraten werden im Übergangszustand der Reaktion optimiert.

Der katalytische Kreisprozess. Für die Erniedrigung der Aktivierungsenergie ist es bedeutsam, dass die Substrate in einer für den Reaktionsablauf optimalen räumlichen Orientierung zu einem **Enzym-Substrat-Komplex** (ES) zusammengeführt werden, aus dem im Verlaufe der Katalyse der **Enzym-Produkt-Komplex** (EP) entsteht. Der Zerfall des Enzym-Produkt-Komplexes führt zur Freisetzung des unveränderten Enzyms (E), das erneut am **katalytischen Kreisprozess** teilnehmen kann:

$$E + S \rightleftharpoons ES \rightleftharpoons ES^{\ddagger} \rightleftharpoons EP \rightleftharpoons E + P \qquad (13)$$

$ES^{\ddagger}$ symbolisiert den Übergangszustand der Reaktion.

Nach einer von Linus Pauling (1946) entwickelten Auffassung muss die Struktur des aktiven Zentrums komplementär zu der des Übergangszustandes der Reaktion sein, um eine effiziente Katalyse zu ermöglichen. An einer Vielzahl von Beispielen konnte gezeigt werden, dass Enzyme tatsächlich bevorzugt den Übergangszustand der Reaktion binden.

Übergangszustandsanaloga. Obgleich Übergangszustände bei Enzymreaktionen extrem kurzlebig sind und deshalb weder direkt beobachtet noch isoliert werden können, gelang es in einigen Fällen, stabile Moleküle zu konstruieren, die Übergangszuständen von Substraten ähnlich sind. Man bezeichnet diese Moleküle als **Übergangszustandsanaloga**. Sie binden in der Regel sehr viel fester an das Enzym als dessen natürliche Substrate und bewirken so eine starke und spezifische Hemmung der Enzymaktivität. Übergangszustandsanaloga werden als Enzyminhibitoren bei der Therapie verschiedener Erkrankungen eingesetzt (► Kap. 4.6.2).

Katalytische Antikörper. Eine andere Anwendung des Konzeptes der Übergangszustände von Enzymreaktionen besteht in der Erzeugung **katalytischer Antikörper**. Der Begriff »Antikörper« bezeichnet vom Immunsystem erzeugte Proteine (Immunglobuline), die Domänen zur Bindung von Antigenen besitzen. Ähnlich wie bei den Enzymen werden die Wechselwirkungen von Antikörpern und Antigenen durch nichtcovalente Bindungen bestimmt

(▶ Kap. 34.3.4). Ein wesentlicher Unterschied zwischen Enzym und Antikörper besteht darin, dass Enzyme bevorzugt energiereiche Übergangszustände binden, während Antikörper in der Regel mit den im Grundzustand befindlichen Antigenen interagieren. Setzt man jedoch immunologisch wirksame Übergangszustandsanaloga als Antigene zur Immunisierung ein, so können Antikörper mit katalytischer Aktivität erzeugt werden. Katalytische Antikörper besitzen ein großes Anwendungspotential in der Biotechnologie. Sie werden auch im Zusammenhang mit der Pathogenese bestimmter humaner Erkrankungen wie z.B. der Sepsis diskutiert.

4

! Enzyme können aus mehreren identischen oder nicht-identischen Polypeptidketten bestehen.

Oligomere Enzyme. Die Aufklärung der Struktur einer großen Zahl von Enzymen hat gezeigt, dass diese oftmals aus mehreren Polypeptidketten bestehen. Man spricht von **oligomeren Enzymen** oder von Enzymen mit **Oligomerstruktur** (oder **Quartärstruktur**). Die als **Untereinheiten** (*subunits*) bezeichneten Polypeptidketten eines oligomeren Enzyms können identisch oder nicht-identisch sein (▶ Kap. 3.3.4). Für das Verständnis der Stoffwechselregulation bedeutsam war die Erkenntnis, dass bei oligomeren Enzymen oftmals nur ein Typ von Untereinheiten Träger der katalytischen Aktivität ist, während andere Untereinheiten der Steuerung der Enzymfunktion dienen. Eine solche »Arbeitsteilung« wird in einprägsamer Weise am Aktivierungsmechanismus der an der intrazellulären Signaltransduktion beteiligten **Proteinkinase A** deutlich (▶ Kap. 25.6.2).

! Multienzymkomplexe und multifunktionelle Enzyme vereinigen unterschiedliche Enzymaktivitäten.

Die Analyse einiger Stoffwechselwege ergab, dass diese durch **Multienzymkomplexe** katalysiert werden. Dabei handelt es sich um Proteinkomplexe, die mit allen für eine Reaktionsfolge erforderlichen Einzelenzymaktivitäten ausgestattet sind. Im Falle des **Pyruvatdehydrogenase-Komplexes** (▶ Kap. 14.2) kooperieren drei Enzyme bei der oxidativen Decarboxylierung des Pyruvats. Die räumliche Koordination der Einzelreaktionen in einem Mulienzymkomplex ist mit wichtigen funktionellen Vorteilen verbunden: Durch den direkten Transfer der Reaktionsprodukte (*substrate channeling*) zwischen funktionell aufeinander folgenden Enzymen eines Stoffwechselweges können instabile Zwischenprodukte geschützt und Nebenreaktionen vermieden werden. Darüber hinaus wird die Effizienz des katalysierten Prozesses infolge der direkten Weiterleitung der Zwischenprodukte durch die Vermeidung von Diffusionswegen erhöht.

Auch **multifunktionelle Enzyme** erfüllen mehrere katalytische Funktionen. Die verschiedenen aktiven Zentren dieser Biokatalysatoren sind im Unterschied zu den Multienzymkomplexen auf nur einer Polypeptidkette lokalisiert. So wirken drei aktive Zentren des **cytosolischen CAD-Proteins** bei der Pyrimidinbiosynthese des Menschen zusammen. (▶ Kap. 19.1.2). Im Falle der **dimeren Fettsäuresynthase** des Menschen enthält jede der beiden Untereinheiten die für die Synthese von Fettsäuren benötigten Einzelenzymaktivitäten (▶ Kap. 12.2.3).

! Moonlighting-Proteine sind multifunktionelle Proteine mit einer enzymatischen Funktion.

Die Benennung von Enzymen nach dem Typ der katalysierten Reaktion ist Ausdruck einer »Ein-Gen-ein-Protein-eine-Funktion«-Vorstellung, die sich in einer wachsenden Zahl von Fällen als zu einfach erwiesen hat. *Moonlighting* (engl. *to moonlight* = eine Nebenbeschäftigung ausüben) ist ein Begriff, der dafür steht, dass ein und dasselbe Protein im Organismus ganz unterschiedliche Aufgaben erfüllen kann. Ein Vertreter der **Moonlighting-Proteine** ist die **Phosphohexose-Isomerase**, die im Cytosol die reversible Umwandlung von Glucose-6-phosphat zu Fructose-6-phosphat katalysiert (▶ Kap. 11.1.1). Demgegenüber fungiert das von verschiedenen Zelltypen sezernierte Enzym extrazellulär als **Cytokin**. Unter dem Namen »Neuroleukin« wirkt es u.a. als Wachstumsfaktor für embryonale Rückenmarksneurone und sensorische Nervenfasern.

! Viele Enzyme benötigen Coenzyme und Cofaktoren zur Katalyse der Reaktion.

Coenzyme und Cofaktoren. Eine große Zahl biochemischer Reaktionen kann von Enzymen nur in Gegenwart bestimmter niedermolekularer nichtproteinartiger Substanzen katalysiert werden. Diese Verbindungen werden allgemein als **Coenzyme** oder **Cofaktoren** bezeichnet. Sie werden in stöchiometrischer Weise vorübergehend oder dauerhaft – dann z.T. auch covalent – an das Enzymprotein gebunden. Man bezeichnet das Enzymprotein allein als **Apoenzym**, den Komplex aus Enzym und Coenzym als **Holoenzym**. Die Integration eines Coenzyms in das aktive Zentrum ermöglicht und optimiert die Wechselwirkung mit dem Substrat und dessen Umwandlung zum Reaktionsprodukt.

Coenzyme, die bei der Katalyse der Reaktion strukturell verändert und in modifizierter Form vom Apoenzym freigesetzt werden, nennt man **Cosubstrate**. Die veränderten Cosubstrate müssen in einer Folgereaktion in ihren Ausgangszustand zurückgeführt werden, um erneut an der Katalyse teilnehmen zu können. Ein Beispiel für die Wirkungsweise eines Cosubstrates ist die Beteiligung von **NAD^+** an der reversiblen Umwandlung von Lactat zu Pyruvat durch das Enzym **Lactatdehydrogenase** (LDH):

$$\text{Lactat} + NAD^+ \rightleftharpoons \text{Pyruvat} + NADH + H^+ \qquad (14)$$

Das reduzierte Cosubstrat (NADH) ist ein löslicher Redoxcarrier und kann in anderen enzymatischen Reaktionen reoxidiert werden. Findet die Reoxidation nicht statt, so

Tabelle 4.5. Herkunft und biochemische Funktionen wichtiger Coenzyme

Coenzym	Funktion(en)	Korrespondierendes Vitamin	Enzym bzw. Reaktionsweg (Beispiel)
Thiaminpyrophosphat	Oxidative Decarboxylierung	Thiamin (Vitamin B_1)	Pyruvatdehydrogenase (▶ Kap. 14.2)
Flavinmononucleotid (FMN), Flavinadenindinucleotid (FAD)	Wasserstofftransfer	Riboflavin (Vitamin B_2)	Atmungskette (▶ Kap. 15.1.2)
Nikotinamidadenindinucleotid (phosphat) (NAD^+, $NADP^+$)	Wasserstofftransfer	Nikotinsäure(amid)	Glutamatdehydrogenase (▶ Kap. 13.3.3)
Pyridoxalphosphat	Transaminierung, Decarboxylierung	Pyridoxin (Vitamin B_6)	Aspartataminotransferase (▶ Kap. 13.3.2)
5′-Adenosylcobalamin	1,2-Verschiebung von Alkylgruppen	Cobalamin (Vitamin B_{12})	Methylmalonyl-CoA-Mutase (▶ Kap. 13.6.2, 12.2.1)
Biotin	Carboxylierung und Transcarboxylierung	Biotin	Acetyl-CoA-Carboxylase (▶ Kap. 12.2.3)
Coenzym A	Acyltransfer	Pantothenat	Citratsynthase (▶ Kap. 14.2)
Lipoat	Wasserstoff- und Acyltransfer	Lipoat	Pyruvatdehydrogenase (▶ Kap. 14.2)
Tetrahydrofolat	C1-Gruppen-Transfer	Folat	Purinnucleotid-Biosynthese (▶ Kap. 19.1.1)
Ascorbat	Redoxsystem, Hydroxylierung	Ascorbat (Vitamin C)	Prolylhydroxylase (▶ Kap. 23.3.1)
Difarnesylnaphthochinon	γ-Carboxylierung von Glutamylresten	Naphthochinon (Vitamin K)	Biosynthese von Prothrombin (▶ Kap. 29.5.3)
Ubichinon	Wasserstofftransfer	–	Atmungskette (▶ Kap. 15.1.2)
Hämgruppen	Elektronentransfer	–	Katalase (▶ Kap. 15.2.1)
Adenosintriphosphat (ATP)	Phosphat- und Aden(os)yltransfer	–	Phosphofructokinase (▶ Kap. 11.1.1)
Cytidindiphosphat (CDP)	Transfer von Lipidbausteinen	–	Biosynthese von Phosphatidylcholin (▶ Kap. 18.1.1)
Uridindiphosphat (UDP)	Saccharidtransfer	–	Glycogensynthase (▶ Kap. 11.2.1)
S-Adenosylmethionin (SAM)	Methylgruppentransfer	–	Biosynthese des Adrenalins (▶ Kap. 26.3.2)
Phosphoadenosyl-Phosphosulfat (PAPS)	Sulfattransfer	–	Biosynthese der Proteoglykane (▶ Kap. 17.2.6)

kommt der Stoffumsatz infolge NAD^+-Mangels zwangsläufig zum Erliegen.

In Abgrenzung von den Cosubstraten bezeichnet man solche Coenzyme, die dauerhaft an das jeweilige Apoenzym gebunden sind und in fester Bindung an das Apoenzym regeneriert werden, als **prosthetische Gruppen**. Ein Beispiel hierfür ist das an Carboxylierungsreaktionen beteiligte Biotin (▶ Kap. 23.3.7).

! Die Mehrzahl der Cosubstrate und prosthetischen Gruppen wird aus den Vitaminen der Nahrung gebildet.

Einen Überblick über die äußerst vielfältigen biochemischen Funktionen der Coenzyme gibt Tabelle 4.5. Viele Coenzyme leiten sich von Vitaminen ab. Sie können nicht vom Organismus synthetisiert werden, sondern müssen mit der Nahrung aufgenommen werden (▶ Kap. 23.1). Das breite Spektrum der Coenzym-Funktionen macht verständlich, dass bei einer häufig mehrere Vitamine betreffenden Mangelernährung ein eher unspezifisches, jedoch schweres Krankheitsbild auftritt.

! Metallionen sind typische Cofaktoren von Enzymen.

Nahezu zwei Drittel aller Enzyme benötigen Metallionen als Cofaktoren. Ihr Fehlen kann einen vollständigen Verlust der Enzymaktivität zur Folge haben. Die Gruppe der **Metalloenzyme** enthält Metallionen, die in einem stöchiometrischen Verhältnis fest an das Enzymprotein gebunden sind. Ein typischer Vertreter der Metalloenzyme mit direkter Bindung des Metallions ist die **Carboanhydrase**. Bei diesem Enzym ist ein durch Histidylreste komplexiertes Zinkion (Zn^{2+}) unmittelbar in den Katalysemechanismus einbezogen (▶ Kap. 4.3). Demgegenüber sind Eisenionen (Fe^{2+}/Fe^{3+}) als Bestandteile prosthetischer Gruppen an verschiedene **Häm-Enzyme** gebunden (▶ Kap. 20).

Im Unterschied zu den Metalloenzymen binden **Metallionen-aktivierte Enzyme** die Metallionen locker und reversibel. Die so wirksamen Metallionen stammen vor allem aus der Gruppe der Alkali- und Erdalkalimetalle (Na^+, K^+, Mg^{2+} oder Ca^{2+}).

Metallionen können auch eine **optimale Substratkonformation** stabilisieren. Dies wird am Beispiel der ATP-abhängigen Phosphotransferasen deutlich. Der in Gegenwart von Magnesiumionen (Mg^{2+}) entstehende **Mg-ATP-Komplex** (◻ Abb. 4.4) stellt das eigentliche Substrat dieser Enzyme dar. Dieser Sachverhalt erklärt die Beobachtung, dass Enzyme wie die bereits erwähnte Hexokinase in Abwesenheit von Magnesiumionen nicht in der Lage sind, die Phosphorylierung ihrer Substrate zu katalysieren.

Der Begriff des Cofaktors wird in der Literatur gelegentlich auch als Überbegriff für Cosubstrate, prosthetische Gruppen und Metallion-Cofaktoren verwendet.

! Enzyme können unter Erhalt ihrer katalytischen Aktivität in reiner Form dargestellt werden.

Isolierung von Enzymen. Das Verständnis der Funktion(en) eines Enzyms ist an die Kenntnis seiner molekularen Struktur gebunden. Die Aufklärung der Enzymstruktur wiederum erfordert die Verfügbarkeit des reinen Enzymproteins. Bemerkenswerterweise kann die Mehrzahl der Enzyme ohne den Verlust ihrer katalytischen Aktivität aus biologischem Material extrahiert und in reiner Form dargestellt werden. Selbst solche Enzyme, die normalerweise in einer Zelle in nur verschwindend geringer Konzentration nachweisbar sind, können durch moderne gentechnische Verfahren als **rekombinante Proteine** in ausreichender Menge erzeugt und nachfolgend isoliert werden (▶ Kap. 3.6.2, 3.7.1).

Ziel jeder Enzymreinigung ist die Abtrennung der unerwünschten nieder- und hochmolekularen Komponenten des biologischen Ausgangsmaterials und die Anreicherung des »Zielenzyms« bei möglichst großer Ausbeute. Eine wesentliche Schwierigkeit besteht jedoch darin, das Zielenzym in einer Mischung Hunderter anteilsmäßig oftmals dominierender Begleitproteine mit teilweise sehr ähnlichen physikochemischen und funktionellen Eigenschaften zu identifizieren und aus dem Proteingemisch zu isolieren. Diese Sachlage hat zur Entwicklung analytischer und präparativer biochemischer Methoden geführt, deren Funktionsprinzip sowohl die Proteinnatur der Enzyme als auch deren spezifische katalytischen Eigenschaften ausnutzt (▶ Kap. 3.2.1).

4.2.2 Nomenklatur und Klassifizierung der Enzyme

! Die Nomenklatur und Klassifikation der Enzyme wird durch das beteiligte Substrat und den Typ der katalysierten Reaktion bestimmt.

Enzymnomenklatur. In den Frühzeiten der Enzymologie wurden Enzymnamen dadurch gebildet, dass an den Namen des von einem Enzym umgesetzten Substrates die Endung -ase angefügt wurde. Enzyme, die Stärke spalten, wurden Amylasen genannt, Fett spaltende Enzyme Lipasen, die auf Proteine wirkenden Enzyme, Proteasen. Nach ihren Funktionen wurden verschiedene Enzymgruppen als Oxidasen, Glucosidasen, Dehydrogenasen, Decarboxylasen usw. bezeichnet. Zu einem erheblichen Teil haben sich diese Bezeichnungen in den **Trivialnamen** der Enzyme erhalten, die auch in diesem Buch überwiegend Verwendung finden.

Die unüberschaubar große Zahl der gegenwärtig bekannten Enzyme macht allerdings die Notwendigkeit einer **systematischen Einteilung und Nomenklatur** eindrucksvoll deutlich. Daher findet seit geraumer Zeit ein von der Internationalen Union für Biochemie und Molekularbiologie (*International Union of Biochemistry and Molecular Biology, IUBMB*) vorgeschlagenes hierarchisches Nomenklatur- und Klassifizierungssystem Anwendung, das auf einer Beschreibung der enzymkatalysierten Reaktion beruht.

Den Nomenklaturregeln entsprechend besteht der systematische Name eines Enzyms aus zwei Teilen: Der erste Namensteil gibt das Substrat an, der zweite Teil des Namens spezifiziert den Typ der katalysierten Reaktion und endet auf »-ase«. Die Namensgebung soll am Beispiel des mit Trivialnamen als **Hexokinase** bezeichneten Enzyms erläutert werden: Hexokinasen katalysieren die unter zellulären Bedingungen irreversible ATP-abhängige Phosphorylierung von D-Glucose, D-Fructose oder D-Mannose zum jeweiligen Hexose-6-phosphat:

$$\text{ATP} + \text{D-Hexose} \rightarrow \text{ADP} + \text{D-Hexose-6-phosphat} + \text{H}^+ \qquad (15)$$

Dementsprechend trägt Hexokinase den systematischen Namen **ATP: D-Hexose-6-Phosphotransferase**.

Enzymklassifikation. Zusätzlich zu ihrem systematischen Namen erhalten die Enzyme eine so genannte EC-Nummer (engl. *Enzyme Commission*), die aus vier Ziffern bzw. Zahlen besteht und in Klammern angegeben wird. Die erste Ziffer ordnet das jeweilige Enzym einer der insgesamt sechs in ◻ Tabelle 4.6 aufgeführten Hauptklassen zu, die folgenden beiden Zahlen beziehen sich auf chemische Einzelheiten der katalysierten Reaktion. Die letzte Zahl dient der laufenden Nummerierung.

Die prinzipiellen Funktionen der Enzyme der Hauptklassen 1–6 sollen anhand von Beispielen näher erläutert werden:

- **Oxidoreduktasen** katalysieren Redoxreaktionen, die bei der Energiegewinnung durch oxidativen Substratabbau, aber auch bei Biosynthesen eine große Rolle spielen. Viele Hauptklasse-1-Enzyme benutzen wasserstoffübertragende Coenzyme wie $NAD(P)^+/NAD(P)H$, $FMN/FMNH_2$ oder $FAD/FADH_2$. Oxidoreduktasen werden mit Trivialnamen z.B. als Dehydrogenasen, Reduktasen, Oxidasen oder Hydroxylasen bezeichnet

Tabelle 4.6. Einteilung der Enzyme in Hauptklassen (S = Substrat)

Enzym-Hauptklasse	Reaktionstyp (vereinfacht)	Beispiele
1: Oxidoreduktasen	$S_1(red) + S_2(ox) \leftrightarrows S_1(ox) + S_2(red)$	Lactatdehydrogenase (▶ Kap. 11.1.1)
		Phenylalaninhydroxylase (▶ Kap. 13.6.6)
		Thioredoxinreduktase (▶ Kap. 19.1.3)
2: Transferasen	$S_1 + S_2 - R \leftrightarrows S_1{-}R + S_2$ (R = übertragbare Gruppe)	Glucokinase (▶ Kap. 11.1.1)
		Glycogensynthase (▶ Kap. 11.2.1)
		Alaninaminotransferase (▶ Kap. 13.6.1)
3: Hydrolasen	$S_1 - S_2 + H_2O \leftrightarrows S_1 - H + S_2 - OH$	Glucose-6-Phosphatase (▶ Kap. 11.3, 11.4.2)
		Enteropeptidase (▶ Kap. 32.1.3, 4.5.3)
		Adenosindesaminase (▶ Kap. 19.3.1)
4: Lyasen	$S_1 - S_2 \leftrightarrows S_1 + S_2$	Aldolase (▶ Kap. 11.1.1)
		Fumarase (▶ Kap. 14.2)
		Adenylatcyclase (▶ Kap. 25.4.5, 25.6.2)
5: Isomerasen	$S \leftrightarrows S'$ (S' = isomere Form von S)	UDP-Galactose-4-Epimerase (▶ Kap. 17.1.3)
		Methylmalonyl-CoA-Mutase (▶ Kap. 12.2.1, 13.6.2)
		Proteindisulfidisomerase (▶ Kap. 3.4.1, 9.2.2)
6: Ligasen	$S_1 + S_2 + X^* \leftrightarrows S_1{-}S_2 + X$ (X* = energiereiche Verbindung)	Pyruvatcarboxylase (▶ Kap. 11.3)
		Glutaminsynthetase (▶ Kap. 13.1.2)
		DNA-Ligase (▶ Kap. 7.2.3)

- **Transferasen** sind Enzyme, die den Transfer einer funktionellen Gruppe zwischen zwei Substraten katalysieren. Herausragende Vertreter dieser Hauptklasse sind die als **Kinasen** bezeichneten Phosphotransferasen, die die Übertragung der γ-Phosphatgruppe des ATP auf Akzeptorsubstrate katalysieren
- **Hydrolasen** sind für den Abbau biologischer Makromoleküle besonders bedeutsam. Sie katalysieren die hydrolytische Spaltung covalenter Bindungen. Wichtige Vertreter sind die Hydrolasen des Verdauungstraktes, der Blutgerinnung oder des Komplementsystems
- **Lyasen** katalysieren die nicht-hydrolytische (und nicht-oxidative) Spaltung bzw. Ausbildung covalenter Bindungen. Charakteristisch für Hauptklasse-4-Enzyme ist die Teilnahme von zwei Substraten an der Hinreaktion und nur einem Substrat an der Rückreaktion bzw. umgekehrt. Eine solche Reaktion verläuft ohne Beteiligung von ATP oder anderen Verbindungen mit hohem Gruppenübertragungspotential. Soll die Fähigkeit einer Lyase zur Ausbildung einer Bindung durch Ligation zweier Substratmoleküle hervorgehoben werden, wird das Enzym auch als **Synthase** bezeichnet.
- **Isomerasen** katalysieren die Umwandlung isomerer Formen von Substraten ineinander. Vertreter der Hauptklasse-5-Enzyme sind die Racemasen, Epimerasen und *cis/trans*-Isomerasen, aber auch die intramolekularen Oxidoreduktasen und Transferasen
- **Ligasen** katalysieren die Knüpfung covalenter Bindungen. Sie sind vor allem an Biosynthesen beteiligt. Die Ligation geht immer mit der Hydrolyse von ATP oder einer anderen Verbindung mit hohem Gruppenübertragungspotential einher. Ligasen werden gelegentlich auch als **Synthetasen** bezeichnet

4.2.3 Multiple Formen von Enzymen

Die Verfeinerung der biochemischen Analytik führte zu der Erkenntnis, dass eine große Zahl von Enzymen in **multiplen Formen** vorkommt. Mit diesem Begriff wird die Existenz molekular unterschiedlicher Formen des gleichen Enzyms in einem Organismus beschrieben, die sich funktionell wesentlich voneinander unterscheiden können. Ihr Vorkommen kann das Resultat einer unterschiedlichen genetischen Codierung, posttranskriptionaler Veränderungen (▶ Kap. 8.5, 9.2) oder aber die Folge einer covalenten Modifikation sein (▶ Kap. 4.5.3).

! Isoenzyme katalysieren trotz struktureller Unterschiede die gleiche Reaktion.

Isoenzyme (oder Isozyme) sind strukturell verwandte Proteine eines Organismus, die die gleiche Reaktion katalysieren, sich aber funktionell voneinander unterscheiden. Häufig beobachtet man die Kombination unterschiedlicher Typen von Polypeptidketten unter Ausbildung katalytisch aktiver oligomerer Enzymformen. Der Isoenzym-Begriff wird nicht zur Bezeichnung von Enzymformen verwendet, die infolge unterschiedlicher kovalenter Modifikation entstehen.

Das medizinische Interesse an Isoenzymen wurde geweckt, als man herausfand, dass im Serum des Menschen 5 verschiedene Formen der **Lactatdehydrogenase** (LDH) nebeneinander vorkommen und dass sich das Verhältnis ihrer Einzelaktivitäten bei bestimmten Erkrankungen signifikant verändert. Die Isoenzyme der LDH bestehen aus jeweils vier Untereinheiten, von denen jede eine Molekularmasse von etwa 32 kDa besitzt. Bei der Aufklärung der Oligomerstruktur zeigte sich, dass die LDH-Isoenzyme durch die Kombination zweier Typen von Polypeptidketten, dem **H-Typ** (abgeleitet von **H**erz) und dem **M-Typ** (abgeleitet von **M**uskel), entstehen. Die Untereinheiten M und H werden durch unterschiedliche Gene codiert. In ◻ Tabelle 4.7 sind Oligomerstruktur, überwiegendes Vorkommen und Aktivitätsverteilung der LDH-Isoenzyme zusammengestellt. Eine weitere, ausschließlich in Spermien exprimierte Form der LDH besteht aus Polypeptidketten des C-Typs (LDH-C). Auf Grund einer unterschiedlichen Nettoladung lassen sich die LDH-Isoenzyme mittels Elektrophorese voneinander trennen.

Der Befund, dass Isoenzyme oftmals organ- oder zellspezifisch verteilt sind, widerspiegelt die funktionelle Spezialisierung der sie exprimierenden Zellen. Darüber hinaus kann eine unterschiedliche subzelluläre Lokalisation der verschiedenen Formen eines Isoenzyms zu einer Optimierung des Zellstoffwechsels beitragen. Ein einprägsames Beispiel hierfür ist die Kooperation der cytosolischen und mitochondrialen Kreatinkinase bei der ATP-Regenerierung im Skelettmuskel (▸ Kap. 16.2.2).

◻ Tabelle 4.7. Isoenzyme der Lactatdehydrogenase (LDH) des Menschen (nach Sinha 2004)

Isoenzym	Oligomer-struktur	Vorkommen	Referenzbereich [% der LDH-Gesamtaktivität im Serum]
LDH-1	HHHH	Herzmuskel	17–31
		Erythrozyt	
		Niere	
LDH-2	HHHM	Herzmuskel	35–48
		Erythrozyt	
		Niere	
LDH-3	HHMM	Milz	15–29
		Lunge	
		Lymphknoten	
		Thrombozyten	
		Endokrine Drüsen	
LDH-4	HMMM	Leber	3,8–9,4
		Skelettmuskel	
LDH-5	MMMM	Leber	2,6–10
		Skelettmuskel	

Covalente Modifikation. Eine weitere Gruppe von Enzymen, die in multiplen Formen auftreten, entsteht durch eine covalente Modifikation des Enzymproteins. Diese Modifikation kann zellphysiologisch reversibel (siehe **interkonvertierbare Enzyme**, ◻ Tab. 4.9) oder irreversibel sein (siehe **limitierte Proteolyse**, ▸ Kap. 4.5.3, 9.3). Da in beiden Fällen keine unterschiedliche genetische Codierung des jeweiligen Enzyms zugrunde liegt, handelt es sich nicht um Isoenzyme.

4.2.4 Ribozyme als Biokatalysatoren

! Ribozyme sind kleine RNA-Moleküle mit katalytischer Aktivität.

Der Begriff **Ribozyme** bezeichnet RNA-Moleküle, die als Biokatalysatoren im Stoffwechsel der Proteine und Nucleinsäuren wirksam sind. Die Entdeckung der Ribozyme hat in den Lebenswissenschaften zu qualitativ neuen Vorstellungen von der Entstehung des Lebens bis hin zu Konzepten für eine Anwendung dieser Moleküle in der Therapie zahlreicher Erkrankungen geführt.

Ribozyme katalysieren die Bildung und Spaltung von Phosphodiesterbindungen in Nucleinsäuren, aber auch die Bildung von Peptidbindungen. Obgleich sich ihre katalytische Wirkung auf wenige Reaktionstypen beschränkt, sind Ribozyme für eine normale Funktion des Zellstoffwechsels unverzichtbar.

Ribozyme bestehen aus 40 bis 100 Nucleotiden bzw. entsprechend großen Domänen in größeren RNA-Molekülen. Sie bilden – ähnlich wie Polypeptide – charakteristische Raumstrukturen aus, die zu den Bezeichnungen **Hammerkopf-Ribozym** (*hammerhead ribozyme*) oder **Haarnadel-Ribozym** (*hairpin ribozyme*) geführt haben. Die katalytische Wirksamkeit der Ribozyme hängt – wie auch die der Enzyme – von einer korrekten Faltung der Polynucleotidkette in eine wirksame dreidimensionale Struktur ab.

RNA-Moleküle können mit Proteinen große katalytisch aktive Ribonucleoproteine bilden. So sind am Aufbau der **Spleißosomen** über zweihundert Proteine und RNA-Moleküle beteiligt. Es gilt jedoch als sicher, dass entscheidende Reaktionen beim Spleißen (▸ Kap. 8.3.3), aber auch bei der ribosomalen Proteinbiosynthese am **Ribosom** (▸ Kap. 9.1.4) durch Ribozyme katalysiert werden.

Ein weiteres zellphysiologisch bedeutsames Ribozym ist die ubiquitär vorkommende **Ribonuclease P**, die an der »Reifung« von Prä-tRNA-Molekülen beteiligt ist. Ribonuclease P enthält ein einzelsträngiges RNA-Molekül, das in einen Proteinkomplex eingebettet und für die katalytische Aktivität verantwortlich ist.

4.2.5 Bestimmung der katalytischen Aktivität der Enzyme

Enzyme können durch die Bestimmung ihrer katalytischen Aktivität identifiziert, quantifiziert und charakterisiert werden.

Enzymkonzentration und Enzymaktivität. Die Bestimmung der Konzentration eines Enzyms in einer biologischen Flüssigkeit (z.B. in Blut oder in einem Zellextrakt) ist mit klassischen physikochemischen Methoden wegen des oftmals sehr geringen Enzymgehaltes und wegen der begrenzten Spezifität der analytischen Verfahren problematisch. Unspezifische Methoden zur Messung der Proteinkonzentration (▶ Kap. 3.2.2) kommen für die Bestimmung von Enzymkonzentrationen nicht in Betracht, da sie zwischen verschiedenen Proteinen nicht zu unterscheiden vermögen. Andererseits lässt die aufwendige spezifische Bestimmung der Konzentration eines Enzyms mit Hilfe hochsensitiver immunologischer Methoden keinen Rückschluss auf die katalytische Wirksamkeit des Enzyms zu, da auf diese Weise das Enzymprotein, nicht aber dessen katalytische Aktivität erfasst wird. Aus all diesen Gründen bestimmt man anstelle der Enzymkonzentration die **katalytische Aktivität** eines Enzyms (kurz: die **Enzymaktivität**), indem man die Geschwindigkeit der durch das Enzym katalysierten Reaktion ermittelt. Diese Geschwindigkeit ist proportional der Anzahl der katalytisch aktiven Enzymmoleküle und damit proportional deren Konzentration. Enzymaktivitäten werden in Maßeinheiten angegeben, die die **Dimension einer Reaktionsgeschwindigkeit** enthalten.

Die Bestimmung der Enzymaktivität erfordert entweder die Messung des Substratverbrauches oder die Erfassung der Bildung des Reaktionsproduktes pro Zeiteinheit. In der Praxis hat sich die **spektralphotometrische Messung** der Substrat- oder Produktkonzentration auf der Grundlage des **Lambert-Beer'schen Gesetzes** durchgesetzt. Voraussetzung für die Anwendung dieser Methodik ist eine spezifische Absorption von monochromatischem Licht durch ein Substrat oder durch ein Produkt der Reaktion. Die Enzymaktivität kann dann aus der gemessenen Extinktionsänderung pro Zeiteinheit berechnet werden.

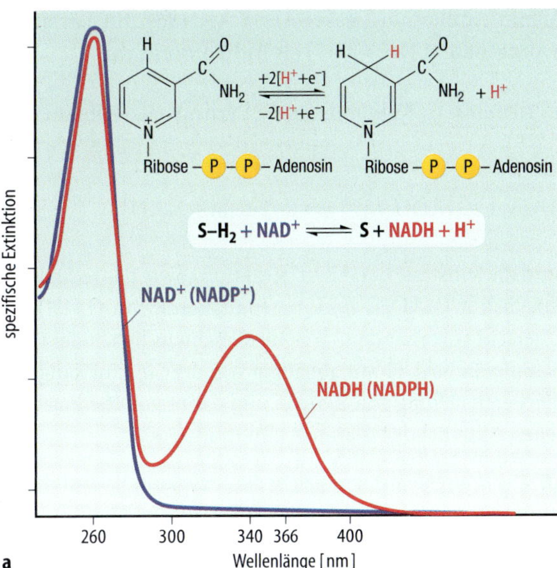

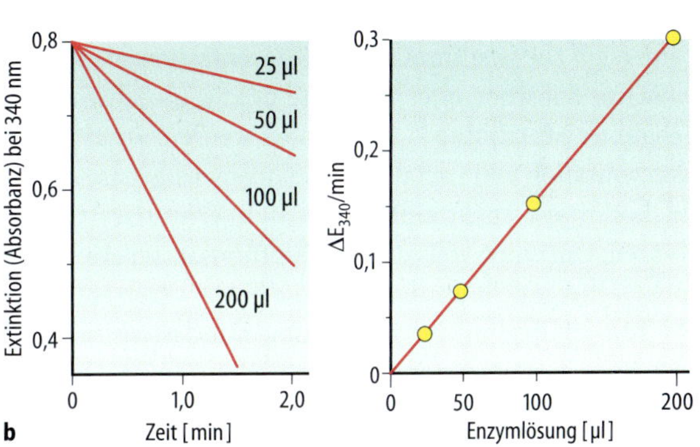

Abb. 4.8a, b. Funktionsprinzip des optischen Tests. a UV-Absorptionsspektren und Cosubstrat-Funktion von NADH/NADPH und NAD^+/$NADP^+$. **b** Aktivitätsbestimmung einer NADH-abhängigen Dehydrogenase. Die Extinktion bei 340 nm nimmt bei der Oxidation des reduzierten Cosubstrates ab. Die Extinktionsänderung pro Zeiteinheit ($\Delta E\ min^{-1}$) ist proportional der eingesetzten Enzymmenge

Optischer Test. Der von **Otto H. Warburg** (Nobelpreis 1931) bereits 1936 in die biochemische Analytik eingeführte optische Test stellt die Anwendung des geschilderten Messprinzips auf primär NAD^+- oder $NADP^+$-abhängige Oxidoreduktasen dar. Da NADH und NADPH sich durch eine spezifische Lichtabsorption bei einer Wellenlänge von 340 nm (Absorptionsmaximum) von ihren oxidierten Formen unterscheiden, lassen sich Änderungen der Konzentrationen dieser wasserstoffübertragenden Cosubstrate photometrisch leicht ermitteln. In Abb. 4.8 ist die Anwendung des optischen Tests zur Bestimmung der katalytischen Aktivität einer NADH-abhängigen Dehydrogenase dargestellt. Die Abnahme der Extinktion reflektiert den stöchiometrischen Verbrauch von NADH und damit den zeitlichen Verlauf oder die **Kinetik** der enzymkatalysierten Reaktion. Das Messprinzip kann daher auch als **kinetisch-optischer Test** bezeichnet werden.

Gekoppelter optischer Test. Die Anwendung des optischen Tests ist grundsätzlich nicht auf NAD^+- und $NADP^+$-abhängige Enzyme begrenzt. Durch die funktionelle Kopplung der durch das Zielenzym katalysierten **Messreaktion** mit einer nachgeschalteten **Indikatorreaktion**, an der $NAD(P)^+$ oder NAD(P)H als Cosubstrat beteiligt ist, kann die Aktivität des Zielenzyms in einem **gekoppelten optischen Test** bestimmt werden. Ein zur Diagnostik von Lebererkrankungen häufig durchgeführter gekoppelter optischer Test ist die Bestimmung der Serumaktivität der

Alanin-Aminotransferase (ALAT, Gl. 186) mit Lactatdehydrogenase (LDH, Gl. 17) als **Indikatorenzym**:

$$\text{L-Alanin} + \alpha\text{-Ketoglutarat} \rightleftharpoons \text{Pyruvat} + \text{L-Glutamat} \quad (16)$$

$$\text{Pyruvat} + \text{NADH} + \text{H}^+ \rightleftharpoons \text{L-Lactat} + \text{NAD}^+ \quad (17)$$

Sind die Substrate der ALAT-Reaktion sowie das reduzierte Cosubstrat (NADH) und das Indikatorenzym (LDH) im Überschuss vorhanden, so ist die Geschwindigkeit der Oxidation von NADH nur abhängig von der Geschwindigkeit der Bereitstellung von Pyruvat und damit von der katalytischen Aktivität der Alanin-Aminotransferase.

! Der optische Test ermöglicht die enzymatische Bestimmung der Konzentration von Substraten und Produkten des Stoffwechsels.

Enzymatische Metabolitbestimmung. Der optische Test kann auch zur Bestimmung der Konzentration niedermolekularer Substrate oder Produkte des Stoffwechsels – so genannter **Metabolite** – angewendet werden. So kann die Konzentration von Lactat mit Lactatdehydrogenase als Indikatorenzym spektralphotometrisch ermittelt (Gl. 17) werden. Um einen vollständigen Stoffumsatz zu erreichen, muss sichergestellt werden, dass die NAD^+-Konzentration im Test zu Beginn der Umsetzung mindestens so groß wie die zu bestimmende Lactatkonzentration ist. Darüber hinaus muss das entstehende Pyruvat aus dem Reaktionsgleichgewicht ständig entfernt werden. Nach einem vollständigen Stoffumsatz lässt sich die Lactatkonzentration aus der gemessenen Extinktionsänderung berechnen.

Im Unterschied zum kinetisch-optischen Test beeinflusst die bei Metabolitbestimmungen eingesetzte Enzymmenge nicht das Messergebnis, sondern lediglich die Zeit bis zum Erreichen des Extinktionsendwertes. Daher wird dieses Bestimmungsverfahren auch als **Endwert-Methode** bezeichnet. Ein wesentlicher Vorteil der enzymatischen Analyse besteht in der zumeist hohen Substratspezifität der Enzyme, die eine selektive Bestimmung der Konzentration von Metaboliten auch in Gegenwart strukturell ähnlicher Substanzen gestattet.

! Die Enzymaktivität wird in Enzym-Einheiten (*units*) oder in Katal angegeben.

Maßeinheiten der Enzymaktivität. Die traditionelle Maßeinheit der Enzymaktivität ist die **Enzym-Einheit** (*unit*, Symbol U), die gelegentlich auch als »Internationale Einheit« (*international unit*, Symbol IU) bezeichnet wird.

Eine Enzym-Einheit ist definiert als diejenige Enzymmenge (genauer: Enzymaktivitätsmenge), die den Umsatz von 1 Mikromol Substrat zu Produkt in einer Minute unter Standardbedingungen katalysiert.

In Übereinstimmung mit dem internationalen metrischen Einheitensystem (frz. *Système International d'Unites*, SI) wird seit geraumer Zeit empfohlen, das Katal (Symbol kat) als Maßeinheit der Enzymaktivität zu verwenden.

Ein Katal entspricht einer Enzymmenge, die den Umsatz von 1 mol Substrat zu Produkt in einer Sekunde unter definierten Reaktionsbedingungen katalysiert.

Für viele Anwendungen ist es zweckmäßig, die Messung der Enzymaktivität unter definierten und optimierten Reaktionsbedingungen hinsichtlich Substratkonzentration, Temperatur, pH-Wert u.a. durchzuführen. Auf diese Weise können nicht nur vergleichbare Enzymaktivitäten erhalten, sondern auch **maximale katalytische Aktivitäten** bestimmt werden. Während in der experimentellen Enzymologie nicht zuletzt aus Praktikabilitätsgründen oftmals Messtemperaturen von 25°C oder 30°C gewählt werden, ist in der klinisch-chemischen Laboratoriumsdiagnostik eine Messtemperatur von 37°C vorgeschrieben.

Volumenaktivität. Die Angabe einer Enzymaktivität in einer der o.g. Maßeinheiten ist nur begrenzt informativ, da sie lediglich einen bestimmten Stoffumsatz pro Zeiteinheit ohne quantitativen Bezug zum untersuchten Enzym angibt. Sinnvoll ist daher oftmals ein Bezug auf das Volumen der enzymhaltigen Lösung. **Die auf die Volumeneinheit der Enzymlösung bezogene Enzymaktivität wird als Volumenaktivität oder katalytische Aktivitätskonzentration bezeichnet.** Eine übliche Maßeinheit ist **Unit pro Milliliter** (U/ml) bzw. **Katal pro Liter** (kat/l). In der klinischen Chemie und Laboratoriumsdiagnostik kommt der Bestimmung und Bewertung der Volumenaktivität verschiedenster Enzyme in Körperflüssigkeiten eine herausragende Bedeutung zu (► Kap. 4.6.3).

! Die spezifische katalytische Aktivität charakterisiert den Grad der Reinheit eines Enzyms.

Spezifische katalytische Aktivität. Die Bestimmung der Volumenaktivität ist zur molekular-funktionellen Charakterisierung eines Enzyms notwendig, aber nicht ausreichend, da sie sich auf die Lösung des Enzyms, nicht aber auf das Enzym selbst bezieht. Aus diesem Grunde wird das Verhältnis von Volumenaktivität und Proteinkonzentration der eingesetzten Enzymlösung angegeben. **Der Quotient aus Volumenaktivität und Proteinkonzentration wird als spezifische katalytische Aktivität bezeichnet.** Ihre experimentelle Bestimmung macht die zusätzliche Messung der Proteinkonzentration der Enzymlösung erforderlich (► Kap. 3.2.2). Die Maßeinheit der spezifischen katalytischen Aktivität ist **Unit pro Milligramm** (U/mg) bzw. **Katal pro Kilogramm** (kat/kg). Da zwischen Proteinkonzentration und Enzymkonzentration ein erheblicher Unterschied bestehen kann, erfordert die Interpretation einer spezifischen katalytischen Aktivität eine differenzierende Betrachtung. Wird die Lösung eines reinen Enzyms zur Analyse eingesetzt, dann kann der Quotient aus Volumenaktivität und Proteinkonzentration als ein für das jeweilige Enzym spezifischer Funktionsparameter betrachtet werden. Demgegenüber erlaubt die spezifische katalytische Aktivität dann keinen unmittelbaren Rückschluss auf die katalytische Wirksamkeit eines Enzyms, wenn die zur Aktivitätsbestimmung eingesetzte Lösung neben dem Zielenzym weitere Proteine enthält. Ein solcher Fall liegt typischerweise bei der Analyse eines Zellextraktes oder bei der Untersuchung einer Blutprobe vor.

Die spezifische katalytische Aktivität wird routinemäßig zur **Kontrolle des Verlaufes der Reinigung eines Enzyms** bestimmt. Da das Wesen einer Enzymreinigung in der Abtrennung unerwünschter Begleitproteine besteht, vergrößert sich der Anteil des Zielenzyms am Gesamtprotein mit dem Fortschreiten der Reinigungsprozedur. Dieser Effekt kann leicht anhand der Zunahme der spezifischen katalytischen Aktivität erkannt werden.

! Die molare katalytische Aktivität charakterisiert die katalytische Wirksamkeit eines Enzymmoleküls.

Molare katalytische Aktivität. Die katalytische Wirksamkeit eines Enzyms kann durch den Bezug der Volumenaktivität auf die molare Konzentration des in reiner Form vorliegenden Enzyms charakterisiert werden. Dazu ist die Kenntnis der Molekularmasse des Enzyms erforderlich, die mit den in ▶ Kap. 3.2.2 beschriebenen Methoden bestimmt werden kann. **Der Quotient aus Volumenaktivität und molarer Enzymkonzentration wird als molare katalytische Aktivität bezeichnet.** Eine Maßeinheit der molaren katalytischen Aktivität ist **Katal pro Mol**.

Existieren mehrere aktive Zentren pro Enzymmolekül und ist ihre Zahl bekannt, so lässt sich die so genannte **Wechselzahl** (engl. *turnover number*) als Quotient aus molarer katalytischer Aktivität und Anzahl der aktiven Zentren berechnen. Die Wechselzahl trägt die Maßeinheit s^{-1}. Sie gibt die Anzahl der Substratmoleküle an, die in einer Sekunde von einem katalytischen Zentrum zu Produkt umgewandelt werden.

In Kürze

Lebensprozesse sind untrennbar mit der Wirkung hochspezifischer molekularer Katalysatoren verknüpft. Die weitaus überwiegende Zahl der in biologischen Systemen vorkommenden Katalysatoren sind Proteine. Man bezeichnet diese Biokatalysatoren als Enzyme, ihre katalytische Wirkung als Enzymaktivität.

Enzyme besitzen die Fähigkeit, die umzusetzenden Stoffe auszuwählen (Substratspezifität), den Reaktionstyp zu bestimmen (Reaktionsspezifität) und die Einstellung des Reaktionsgleichgewichtes zu beschleunigen. Eine Vielzahl von Enzymen erlangt erst durch die Mitwirkung von Coenzymen und Cofaktoren katalytische Aktivität.

Multiple Formen von Enzymen können durch die covalente Modifikation des Enzymproteins oder als Folge einer unterschiedlichen genetischen Codierung entstehen. Das Vorkommen multipler Enzymformen besitzt eine große stoffwechselregulatorische und diagnostische Bedeutung.

Enzyme können unter Erhalt ihrer strukturellen und funktionellen Eigenschaften isoliert werden. Die molekulare und kinetische Analyse der Enzyme und der an ihnen ablaufenden Regulationsvorgänge waren Meilensteine in der biochemischen Forschung. Sie haben das Verständnis für grundlegende Stoffwechselvorgänge im menschlichen Organismus ermöglicht und der modernen Medizin zahllose diagnostische und therapeutische Ansätze geliefert.

4.3 Mechanismen der Enzymkatalyse

! Enzyme nutzen verschiedene Katalysestrategien.

Die Wechselwirkungen zwischen den reaktiven Aminosäureresten und Coenzymen im aktiven Zentrum eines Enzyms mit dem jeweiligen Substrat können sehr verschiedenartig sein. An der Substratbindung und am katalytischen Prozess sind beteiligt:
- elektrostatische Wechselwirkungen (Ionenbindungen, Wasserstoffbrückenbindungen)
- hydrophobe Wechselwirkungen
- covalente Bindungen mit reaktionsfähigen Gruppen des Substrates

Der Vielzahl der Interaktionsmöglichkeiten bei der Ausbildung des Enzym-Substrat-Komplexes entspricht die Vielfalt der enzymatischen Mechanismen. Bei formaler Betrachtung können **drei grundlegende Katalysemechanismen** unterschieden werden:
- die allgemeine Säure-Basen-Katalyse
- die covalente Katalyse
- die Metallionen-vermittelte Katalyse

Vielen Enzymreaktionen liegt die Säure-Basen-Katalyse zugrunde.

Säure-Basen-Katalyse. Dieser häufig anzutreffende Katalysemechanismus ist dadurch charakterisiert, dass ein Proton im Übergangszustand der Reaktion übertragen wird. Dabei wirkt eine funktionelle Gruppe im aktiven Zentrum des Enzyms als Protonendonor oder –akzeptor. Eine besondere Bedeutung bei der enzymatischen Säure-Basen-Katalyse kommt der Aminosäure **Histidin** zu (▶ Kap. 2.3.4). Histidylreste können bei physiologischem pH-Wert in protonierter Form als Broensted-Säure, in deprotonierter Form

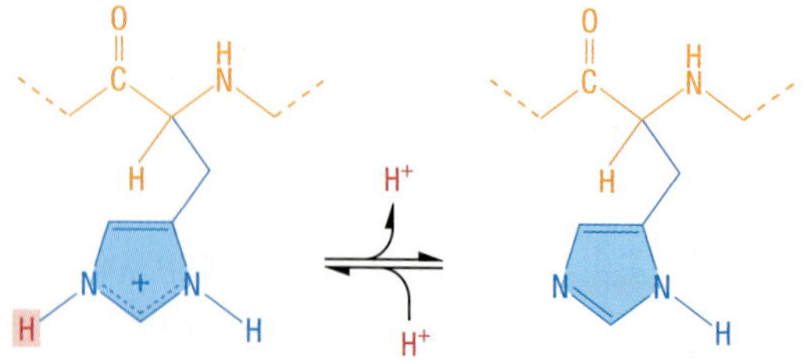

Abb. 4.9. Funktion der Imidazolgruppe des Histidins als korrespondierendes Säure-Basen-Paar. Der Transfer eines Protons geht bei der allgemeinen Säurekatalyse von der protonierten Form des Histidylrestes im Übergangszustand der Reaktion aus. Die deprotonierte Form des Histidylrestes wirkt bei der allgemeinen Basenkatalyse als Protonenakzeptor

dagegen als Broensted-Base wirken (Abb. 4.9). Weitere funktionelle Gruppen, die an der allgemeinen Säure-Basen-Katalyse teilnehmen, sind die Thiolgruppen von Cysteinylresten, die Hydroxylgruppen von Tyrosylresten und die ε-Aminogruppen von Lysylresten sowie prosthetische Gruppen.

In Abb. 4.10 ist das Prinzip der Säure-Basen-Katalyse am Beispiel der **Lactatdehydrogenase** (LDH) dargestellt. Bei der Reaktion wird ein Hydridanion (rot) stereospezifisch vom Substrat L-Lactat auf das Cosubstrat NAD^+ übertragen. Das Hydridanion ist in wässriger Lösung instabil. Für den katalytischen Prozess ist deshalb eine substratinduzierte Konformationsänderung des Enzyms wichtig, durch die das aktive Zentrum geschlossen und Wasser aus dem aktiven Zentrum ausgeschlossen wird. L-Lactat wird in der Substratbindungstasche des Enzyms so positioniert, dass seine Carboxylatgruppe eine Salzbrücke zur Seitenkette von Arginin-171 ausbildet und seine Hydroxylgruppe eine Wasserstoffbrückenbindung mit dem unprotonierten Imidazolring von Histidin-195 eingeht. Der Histidylrest-195 wirkt als allgemeine Base und übernimmt im Übergangszustand der Reaktion das Proton der OH-Gruppe. Der Sauerstoff am C-Atom 2 des Lactats erhält so eine negative Ladung, die eine ionische Bindung an einen weiteren Arginylrest im aktiven Zentrum (nicht dargestellt) ermöglicht. Dadurch wird der Übergangszustand stabilisiert und der Hydridtransfer auf NAD^+ erleichtert. Eine erneute Konformationsänderung der LDH führt zur Öffnung des aktiven Zentrums und zur Freisetzung der Produkte. Die Abgabe des an Histidin-195 gebundenen Protons erfolgt erst bei der Bindung des nächsten Substratmoleküls.

! Bei der covalenten Katalyse entsteht übergangsweise ein covalentes Enzym-Substrat-Intermediat.

Covalente Katalyse. Strukturelle Voraussetzung für diesen Katalysemechanismus ist das Vorkommen nucleophiler (negativ geladener) reaktiver Gruppen im aktiven Zentrum des Enzyms, die mit elektrophilen (positiv geladenen) Gruppen der jeweiligen Substrate unter vorübergehender Ausbildung covalenter Bindungen reagieren können. Bei der Reaktion entsteht übergangsweise ein covalent gebundenes Zwischenprodukt (ein Intermediat), das besonders reaktionsfähig ist und schnell unter Bildung des Produktes umgesetzt wird.

Das Prinzip der covalenten Katalyse soll am Beispiel des **Lysozyms** (Muraminidase, ► Kap. 2.1.4) erklärt werden (Abb. 4.11). Dieses Enzym hydrolysiert β-(1,4)-glycosidische Bindungen in Peptidoglykanen der Zellwand grampositiver Bakterien zwischen N-Acetylmuraminsäure (NAM) und N-Acetylglucosamin (NAG). Die Analyse der Raum-

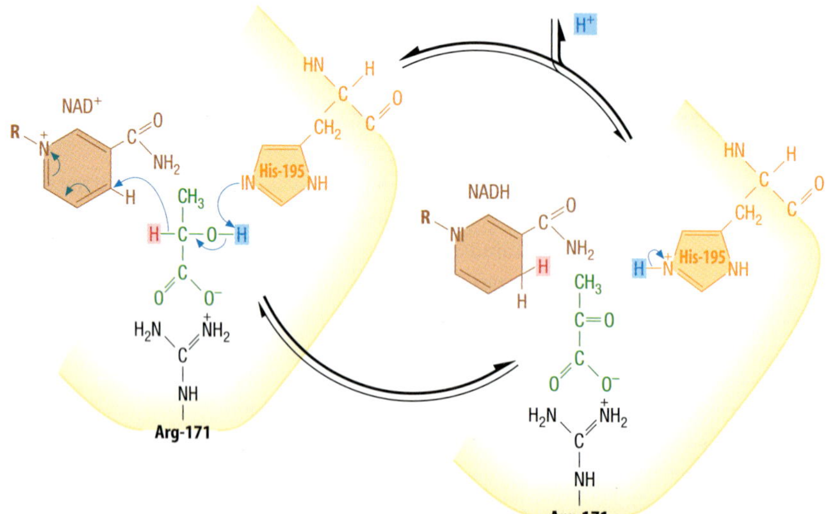

Abb. 4.10. Katalysemechanismus der Lactatdehydrogenase (Säure-Basen-Katalyse). L-Lactat wird im aktiven Zentrum durch eine Salzbrücke seiner Carboxylatgruppe mit der Seitenkette von Arginin-171 und durch eine Wasserstoffbrücke seiner Hydroxylgruppe mit dem unprotonierten Imidazolring von Histidin-195 gebunden. Die Übernahme des Protons der Hydroxylgruppe des Lactats durch Histidin-195 ermöglicht eine reversible Übertragung eines Hydridanions (*rot*) auf den Pyridinring des NAD^+ (*Pfeilpaar unten*). Erst bei der Bindung eines neuen Substratmoleküls wird das an Histidin-195 gebundene Proton freigesetzt (*Pfeilpaar oben*)

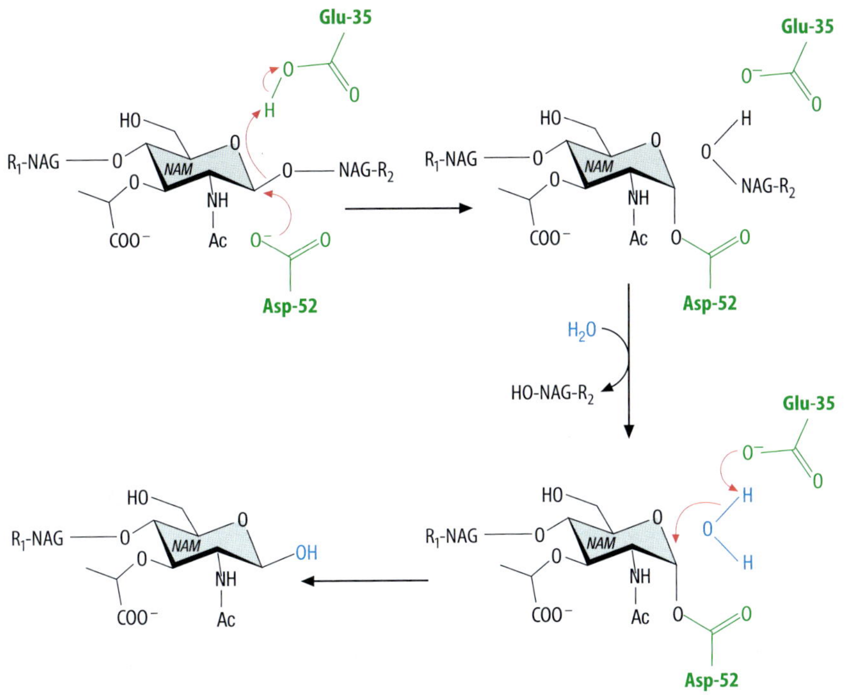

Abb. 4.11. Katalysemechanismus des Lysozyms (covalente Katalyse). Lysozym spaltet die β-1,4-glycosidische Bindung zwischen N-Acetylglucosamin (NAG) und N-Acetylmuraminsäure (NAM) in Peptidoglykanen. Unter Einwirkung der undissoziierten Seitenkette von Glutamat-35 wird das C-Atom 1 eines NAM-Restes des Peptidoglycan-Substrates von der Carboxylatgruppe des Aspartatrestes 52 nucleophil angegriffen. Das erste Reaktionsprodukt (HO-NAG-R_2) wird frei und durch ein Wassermolekül ersetzt. Als zweites Reaktionsprodukt wird das covalent gebundene NAM-Derivat (R_1-NAG-O-NAM-OH) hydrolytisch von Aspartat-52 freigesetzt. Quelle: Kirby AJ (2001): The lysozyme mechanism sorted – after 50 years. Nature Struct Biol 8:737–8739 (Verwendung der Abbildung mit freundlicher Genehmigung von A.J. Kirby, University of Cambridge, UK)

struktur des Lysozyms ergab, dass die zu hydrolysierende Bindung des Substrates in der Nähe der Aminosäurereste von Glutamat-35 und Aspartat-52 positioniert wird. Bei der Katalyse wirkt Glutamat-35 zunächst als allgemeine Säure. Unter dem Einfluss seiner undissoziierten Seitenkette kann das C-Atom 1 eines NAM-Restes von der Carboxylatgruppe des Aspartatrestes 52 nucleophil angegriffen werden. Das Spaltprodukt HO-NAG-R_2 des makromolekularen Substrates wird frei und durch ein Wassermolekül ersetzt. Gleichzeitig entsteht ein covalent an Aspartat-52 gebundenes R_1-Glycosyl-Enzym-Intermediat. Im zweiten Reaktionsschritt wirkt die dissoziierte Seitenkette des Glutamat-35 als allgemeine Base und unterstützt den nucleophilen Angriff des gebundenen Wassermoleküls, der zur Freisetzung des Substratspaltproduktes R_1-NAG-O-NAM-OH und zur Regenerierung der Carboxylatgruppe des Aspartat-52 führt.

Metallionen-vermittelte Katalyse. Metallionen wirken als Cofaktoren einer Vielzahl von Enzymen, indem sie

- eine optimale Substratkonformation durch Bildung eines Metallion-Substrat-Komplexes induzieren
- durch reversible Änderung ihres Oxidationszustandes an Redoxreaktionen teilnehmen
- Ladungen stabilisieren und die Reaktionsfähigkeit bestimmter Atome durch Polarisierung erhöhen

Ein repräsentatives Beispiel für die Beteiligung von Metallionen an der Biokatalyse ist die reversible Hydratisierung von CO_2 zu Hydrogencarbonat (Bicarbonat) durch das zinkabhängige Enzym **Carbonanhydrase:**

$$CO_2 + H_2O \rightleftharpoons HCO_3^- + H^+ \qquad (18)$$

Beim Menschen kennt man 15 Isoenzyme der Carboanhydrase. Das im Erythrozyten exprimierte Isoenzym spielt eine wichtige Rolle beim CO_2-Transport im Blut (▶ Kap. 29.2.2). Im aktiven Zentrum dieses Enzyms wird das für die Reaktion essentielle Zn^{2+}-Ion von den Imidazolgruppen dreier Histidylreste komplexiert (Abb. 4.12). Die vierte Koordinationsstelle ist durch ein Wassermolekül besetzt, dessen Acidität durch Koordination an die Lewis-Säure Zn^{2+} erhöht wird. Dadurch entsteht ein reaktionsfähiges Hydroxylanion sowie ein Proton, das von einem weiteren Histidylrest (His-64, nicht abgebildet) übernommen wird. Das Substrat CO_2 wird so positioniert, dass ein Angriff des Hydroxylanions auf dessen Kohlenstoffatom erfolgen kann. Anschließend wird das entstandene Hydrogencarbonat durch ein Wassermolekül aus dem aktiven Zentrum verdrängt. Durch eine Konformationsänderung des Enzyms wird das an Histidin-64 gebundene Proton freigesetzt und damit das aktive Zentrum regeneriert.

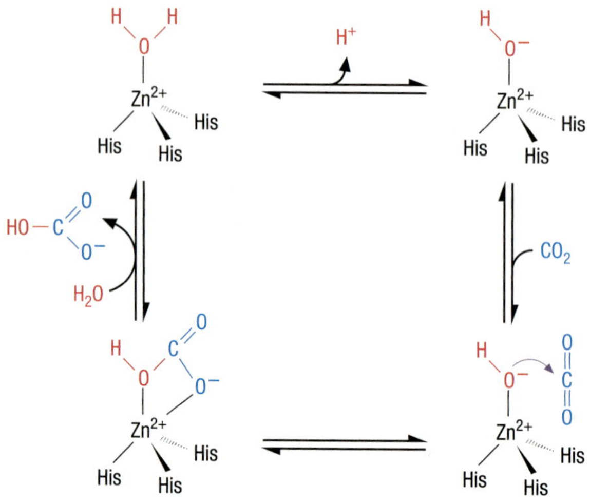

Abb. 4.12. Katalysemechanismus der Carboanhydrase (Metallionen-Katalyse). Im aktiven Zentrum des Enzyms entsteht an dem durch drei Histidylreste und ein Wassermolekül komplexierten Zinkion ein reaktionsfähiges Hydroxylanion. Das gleichzeitig entstehende Proton wird von einem weiteren Histidylrest (*nicht gezeigt*) übernommen. Ein CO_2-Molekül wird so positioniert, dass ein Angriff des Hydroxylanions auf dessen Kohlenstoffatom erfolgen kann. Der Zink-Komplex wird durch Wasser unter Freisetzung von HCO_3^- gespalten und das an Histidin gebundene Proton nachfolgend freigesetzt

Auch andere Zinkenzyme nutzen das gleiche Reaktionsprinzip wie die Carboanhydrase: Die funktionelle Gruppe ist jeweils ein reaktionsfähiges Hydroxylanion, das als Nucleophil das Kohlenstoffatom polarer C-N- oder C-O-Bindungen angreift.

> **!** Der Katalysemechanismus der Serinproteasen besteht aus zwei Reaktionsschritten, die durch ein covalent gebundenes Intermediat miteinander verknüpft sind.

Kombinierte Katalysemechanismen. Die **Serinproteasen** gehören zu einer weit verbreiteten Familie von Enzymen, die die Hydrolyse von Peptidbindungen in Proteinen und Peptiden katalysieren. Zu den Serinproteasen gehören u.a. Verdauungsenzyme, Enzyme der Blutgerinnung (► Kap. 29.5.3) und Enzyme der Fibrinolyse (► Kap. 29.5.4). Dem Gruppennamen entsprechend besitzen Serinproteasen in ihrem aktiven Zentrum einen Serylrest, der eine entscheidende Rolle bei der Katalyse der proteolytischen Reaktion spielt.

Der Katalysemechanismus der Serinproteasen ist eine Kombination von allgemeiner Säure-Basen-Katalyse und covalenter Katalyse. Abb. 4.13 stellt den Reaktionsmechanismus dieser Enzyme am Beispiel des **Chymo-**

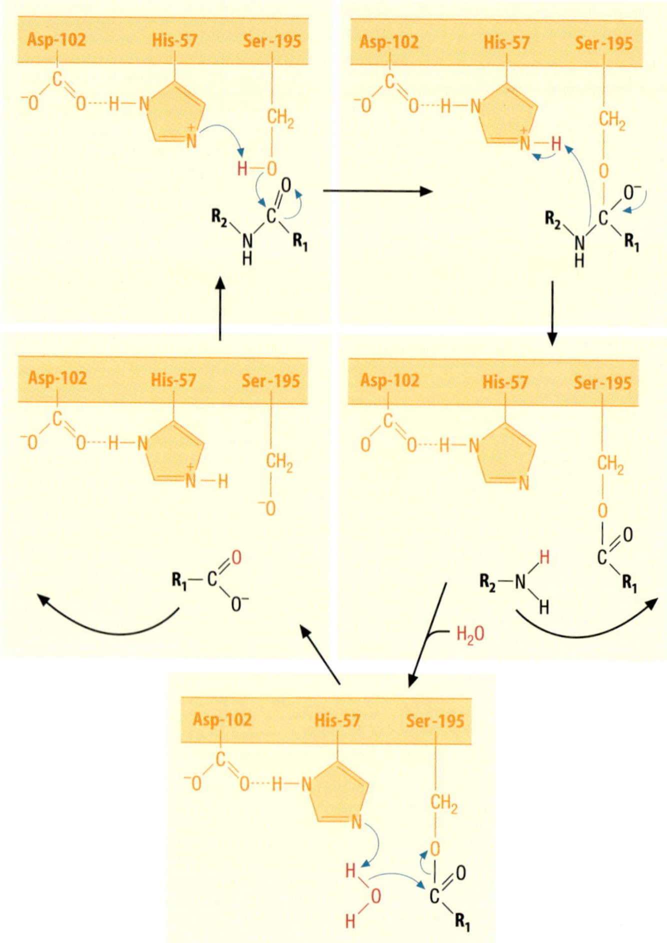

Abb. 4.13. Katalysemechanismus des Chymotrypsins (gemischte Katalyse). Die OH-Gruppe von Serin-195 wird durch den Imidazolrest von Histidin-57 polarisiert und greift die Carbonylgruppe des Substrates an der Spaltstelle nucleophil an. Der Imidazolring von Histidin-57 übernimmt das Proton von Serin-195 unter Bildung eines Imidazolium-Ions. Aus dem tetraedrischen Intermediat entsteht unter Deprotonierung von Histidin-57 ein Acylenzym-Zwischenprodukt. Dabei kommt es zur Freisetzung des ersten Reaktionsproduktes R_2-NH_2. Die Bindung eines Wassermoleküls verursacht die Spaltung der Esterbindung zwischen Serin-195 und dem zweiten Reaktionsprodukt R_1-COOH

trypsins dar. Im aktiven Zentrum befindet sich die so genannte **katalytische Triade**, die aus den Aminosäuren Histidin-57, Aspartat-102 und Serin-195 besteht (► Kap. 4.2; ◘ Abb. 4.6). Die Seitenkette von Serin-195 ist über eine Wasserstoffbrücke mit dem Imidazolring von Histidin-57 verbunden, die NH-Gruppe des gleichen Imidazolringes durch eine Wasserstoffbrücke mit der Carboxylatgruppe des Aspartat-102 verknüpft. Durch diese Wechselwirkungen wird die OH-Gruppe der Seitenkette von Serin-195 polarisiert. Die Hydrolyse der Peptidbindung des Proteinsubstrates erfolgt danach in zwei Schritten:

- Histidin-57 wirkt als allgemeine Base und übernimmt das Proton des Serylrestes 195. Der deprotonierte, stark nucleophile Serylrest-195 greift den Carbonyl-Kohlenstoff der zu spaltenden Peptidbindung an. Es entsteht ein Intermediat, in dem der Carbonyl-Kohlenstoff tetraedrisch koordiniert ist. Das Oxyanion des tetraedrischen Zwischenzustandes wird durch Wasserstoffbrücken mit Peptidgruppierungen des Chymotrypsins stabilisiert, die Bestandteile der so genannten **Oxyanion-Tasche** des Enzyms sind (nicht gezeigt). Aus dem Intermediat wird das erste Reaktionsprodukt R_2-NH_2 freigesetzt. Dabei entsteht ein covalentes Acylenzym R_1-CO-O-Ser-195
- Im zweiten Reaktionsschritt erfolgt die Freisetzung des covalent gebundenen Produktes R_1-COOH. Dazu wird ein Wassermolekül als zweites Substrat im aktiven Zentrum gebunden und der R_1-CO-Rest auf dieses Wassermolekül übertragen. Das jetzt protonierte Histidin-57 wirkt als allgemeine Säure und überträgt ein Proton auf den Serylrest 195. Damit wird das aktive Zentrum wiederhergestellt

Das am Beispiel des Chymotrypsins dargestellte Wechselspiel zwischen der Hydroxylgruppe eines Serylrestes und einem benachbarten Histidylrest findet sich bei allen bisher untersuchten Serinproteasen. Neuere Untersuchungen zur **Rolle des Aspartat-102** haben gezeigt, dass die mit dem Imidazolrest von Histidin-57 ausgebildete Wasserstoffbrücke zur Stabilisierung des Übergangszustandes beiträgt. Die Bedeutung dieser Interaktion wird eindrucksvoll durch das Ergebnis einer gezielten Mutagenese verdeutlicht, bei der Aspartat-102 durch Asparagin ersetzt wurde: Infolge der Mutation wird die katalytische Aktivität des Chymotrypsins auf 0,01% der Ausgangsaktivität reduziert.

In Kürze

Die Wechselwirkungen der reaktiven Aminosäurereste und Coenzyme im aktiven Zentrum eines Enzyms mit dem jeweiligen Substrat werden durch eine Vielzahl nebenvalenter Bindungen bestimmt.

Die unterschiedlichen Mechanismen der Enzymkatalyse widerspiegeln die Vielfalt der Enzym-Substrat-Interaktionen. Man unterscheidet zwischen folgenden Katalysemechanismen:

- Säure-Basen-Katalyse
- Metallionen-vermittelte Katalyse
- covalente Katalyse

Die komplexen Reaktionsmechanismen vieler Enzyme sind das Ergebnis der Nutzung mehrerer Katalysestrategien. Bei Serinproteasen ist die Bildung und der Zerfall eines covalenten Acylenzym-Intermediates (covalente Katalyse) untrennbar mit einem reversiblen Protonentransfer (Säure-Basen-Katalyse) unter Beteiligung von Aminosäuren des aktiven Zentrums verbunden.

Die Kenntnis der molekularen Mechanismen der Enzymkatalyse bildet eine grundlegende Voraussetzung für die Entwicklung hochwirksamer und spezifischer Enzyminhibitoren mit therapeutischem Einsatzpotential.

4.4 Enzymkinetik

4.4.1 Michaelis-Menten-Gleichung

! Die Geschwindigkeit einer enzymkatalysierten Reaktion wird bestimmt durch die Substrat- und Enzymkonzentration.

Von Leonor Michaelis und Maud Leonora Menten wurde bereits 1913 eine einfache Theorie zur Erklärung der hyperbolen Abhängigkeit der Geschwindigkeit einer enzymkatalysierten Reaktion von der Substratkonzentration entwickelt. Mechanistische Grundlage des **Michaelis-Menten-Modells** ist eine stöchiometrische Wechselwirkung von Enzym und Substrat, die zur Bildung eines Enzym-Substrat-Komplexes führt. Aus dieser Annahme folgt, dass die beobachtete Reaktionsgeschwindigkeit von den **Konzentrationen aller Reaktionsteilnehmer** abhängig sein muss.

Die Reaktionsgeschwindigkeit ist allgemein definiert als die Veränderung der Substrat- oder Produktkonzentration pro Zeiteinheit:

$$v = +\frac{d[P]}{dt} = -\frac{d[S]}{dt} \tag{19}$$

Für den einfachsten Fall einer enzymkatalysierten Reaktion gilt:

$$\mathrm{E} + \mathrm{S} \underset{k_{-1}}{\overset{k_{+1}}{\rightleftharpoons}} \mathrm{ES} \underset{k_{-2}}{\overset{k_{+2}}{\rightleftharpoons}} \mathrm{E} + \mathrm{P} \tag{20}$$

Das Enzym E bildet mit dem Substrat S in einer reversiblen ersten Teilreaktion den Enzym-Substrat-Komplex ES. Aus

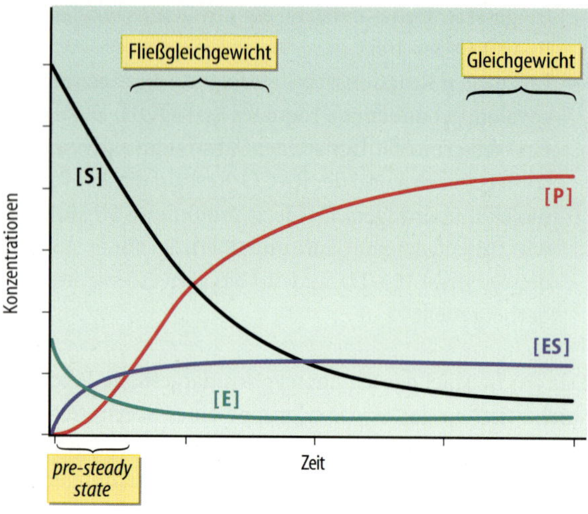

Abb. 4.14. Entstehung eines Fließgleichgewichtes während einer enzymkatalysierten Reaktion. In der *pre-steady-state*-Phase kommt es zum Aufbau des Enzym-Substrat-Komplexes (ES), dessen Konzentration über einen längeren Zeitabschnitt hinweg nahezu konstant bleibt. In dieser Phase kann die Reaktion näherungsweise als ein Fließgleichgewicht (*quasi-steady state*) für den ES-Komplex beschrieben werden. E, S und P stehen für Enzym, Substrat und Produkt. Die Konzentrationen von E und ES sind überproportional dargestellt

ES entsteht in einer zweiten Teilreaktion (die aus mehreren Einzelschritten bestehen kann) das Reaktionsprodukt P. Gleichzeitig wird das unveränderte Enzym freigesetzt.

Vernachlässigt man die Möglichkeit der Rückreaktion von E und P zu ES (weil [P] ~ 0 und/oder $k_{-2} << k_{+2}$ ist), erhält man für die Geschwindigkeit der Enzymreaktion

$$v = k_{+2} \times [ES] \qquad (21)$$

Die Reaktionsgeschwindigkeit im Fließgleichgewicht ist der Konzentration des Enzym-Substrat-Komplexes proportional.

Abb. 4.14 zeigt schematisch den Verlauf der Konzentrationen der Reaktionspartner bei einer enzymkatalysierten Reaktion. Die Kurven wurden nach dem in Gleichung (20) beschriebenen Reaktionsschema erhalten. Zunächst findet ein rascher Aufbau des Enzym-Substrat-Komplexes statt. Nach dieser als »*pre-steady state*« bezeichneten initialen Reaktionsphase bleibt die Konzentration des Enzym-Substrat-Komplexes (und die des freien Enzyms E) bei ausreichender Substratverfügbarkeit für einen längeren Zeitabschnitt nahezu unverändert, weil sich die Geschwindigkeiten der Bildung und des Zerfalls von ES die Waage halten. Diese Phase der Reaktion kann näherungsweise als ein **Fließgleichgewicht** (engl. *steady state*) in Bezug auf den Enzym-Substrat-Komplex beschrieben werden. Im Fließgleichgewicht erhält man:

$$\frac{d[ES]}{dt} = (k_{+1} \times [E] \times [S] - (k_{-1} + k_{+2}) \times [ES]) = 0 \qquad (22)$$

[S] bezeichnet die Konzentration des freien Substrates, [E] die des freien Enzyms.

Unter der Annahme, dass die Substratkonzentration im Messzeitraum größer ist als die Gesamtkonzentration des Enzyms (E_T) erhält man unter Berücksichtigung der Summengleichung

$$[E_T] = [E] + [ES] \qquad (23)$$

eine Gleichung für die quasi-stationäre Konzentration des Enzym-Substrat-Komplexes:

$$[ES] = ([E] \times [S]) / K_M = \frac{[E_T] \times [S]}{(K_M + [S])} \qquad (24)$$

In Gleichung 24 ist

$$K_M = \frac{(k_{+2} + k_{-1})}{k_{+1}}. \qquad (25)$$

Aus den Gleichungen 21, 24 und 25 erhält man unter Einbeziehung des Zusammenhanges

$$V_{MAX} = k_{+2} \times [E_T] \qquad (26)$$

die als **Michaelis-Menten-Gleichung** bezeichnete Abhängigkeit der Reaktionsgeschwindigkeit von der Substratkonzentration:

$$V = V_{MAX} \times \frac{[S]}{(K_M + [S])} \qquad (27)$$

Die durch die Michaelis-Menten-Gleichung beschriebene $V/[S]$-Charakteristik zeigt einen hyperbolen Verlauf (Abb. 4.15). Wird die Substratkonzentration [S] erhöht, während alle anderen Parameter konstant bleiben, so nähert sich die Reaktionsgeschwindigkeit V dem Maximalwert V_{MAX} an. Die Maximalgeschwindigkeit ist als extensive Größe der eingesetzten Enzymkonzentration $[E_T]$ proportional.

Der Parameter k_{+2} ist eine Geschwindigkeitskonstante erster Ordnung und wird als katalytische Konstante (*turnover number*) bezeichnet (► Kap. 4.2.5). Er gibt die maximale Zahl von Substratmolekülen an, die pro Enzymmolekül pro Sekunde in Produkt umgewandelt werden können.

Die Konstante K_M ist die **Michaelis-Konstante**. Sie trägt die Maßeinheit einer Konzentration und besitzt eine anschauliche Bedeutung: Bei $[S] = K_M$ beträgt der Wert des Quotienten $[S]/(K_M + [S]) = ½$.

Damit gibt die Michaelis-Konstante diejenige Substratkonzentration an, bei der halbmaximale Reaktionsgeschwindigkeit erreicht wird.

K_M ist keine Gleichgewichtskonstante, sondern eine kinetische Konstante. Nur wenn k_{+2} sehr viel kleiner als k_{-1} ist, entspricht die Michaelis-Konstante näherungsweise der

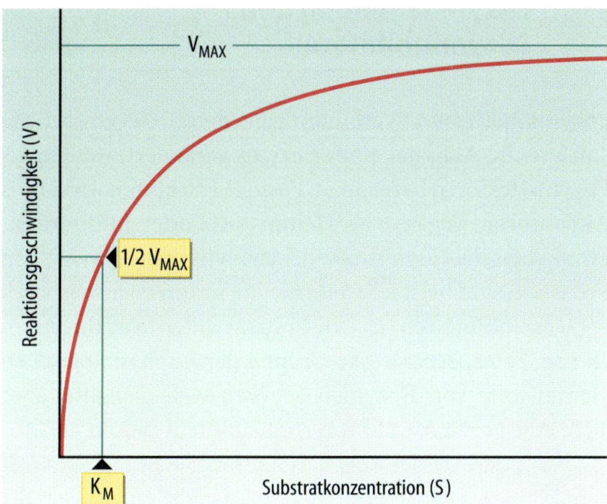

Abb. 4.15. Sättigungskinetik einer Enzymreaktion. Die Michaelis-Menten-Gleichung beschreibt eine hyperbole Abhängigkeit der Reaktionsgeschwindigkeit einer Enzymreaktion von der Substratkonzentration. Mit steigender Substratkonzentration nähert sich die Reaktionsgeschwindigkeit asymptotisch der Maximalgeschwindigkeit (V_{MAX}). Die Michaelis-Konstante (K_M) gibt die Substratkonzentration an, bei der die Reaktionsgeschwindigkeit ½ V_{MAX} beträgt

Dissoziationskonstanten des Enzym-Substrat-Komplexes. K_M stellt dann ein Maß für die Substrataffinität des Enzyms dar. Ein Enzym mit hoher Affinität zum Substrat besitzt eine niedrige Michaelis-Konstante und umgekehrt. Im Gegensatz zu V_{MAX} hängt der numerische Wert der Michaelis-Konstanten nicht von der eingesetzten Enzymkonzentration ab.

! Der Quotient k_{+2}/K_M ist ein Maß für die katalytische Wirksamkeit eines Enzyms.

Enzymaktivitäten werden *in vitro* oft unter »Sättigungsbedingungen« gemessen, d.h., dass die Substratkonzentration den K_M-Wert im Messzeitraum um ein Vielfaches überschreitet. Auf diese Weise bestimmt man die **maximale katalytische Aktivität** eines Enzyms. Demgegenüber findet man unter physiologischen Bedingungen häufig Substratkonzentrationen vor, die sogar weit unterhalb der K_M-Werte der Enzym-Substrat-Paare liegen. Die Michaelis-Menten-Gleichung geht bei $[S] \ll K_M$ näherungsweise in eine lineare Beziehung über, da dann [S] gegenüber K_M im Nenner vernachlässigt werden kann:

$$V = V_{MAX} \times \frac{[S]}{(K_M + [S])} \Rightarrow [E_T] \times \frac{k_{+2}}{K_M} \times [S] \qquad (28)$$

Der Betrag von k_{+2}/K_M ist ein Maß für die katalytische Wirksamkeit eines Enzyms. Limitiert wird diese Größe durch die Geschwindigkeit der difussionskontrollierten Kollision der Enzym- und Substratmoleküle. In wässrigen Lösungen ist der Wert von k_{+2}/K_M auf etwa $10^9\ s^{-1}\ M^{-1}$ begrenzt. Ein Enzym, das diesen auch als **kinetisches Optimum** bezeichneten Grenzwert erreicht, kann diesbezüglich als katalytisch perfekt betrachtet werden.

In Tabelle 4.8 sind charakteristische kinetische Parameter ausgewählter Enzyme zusammengestellt. Der k_{+2}/K_M-Wert weist **Superoxiddismutase** als ein katalytisch perfektes Enzym aus. Eine Erhöhung der katalytischen Effizienz eines solchen Enzyms könnte nur durch eine Vermeidung oder Begrenzung von Diffusionswegen erreicht werden. In der Zelle kann dies prinzipiell durch die Integration von Einzelenzymen in Multienzymkomplexe erreicht werden (► Kap. 4.2.1).

! Die Michaelis-Menten-Gleichung beschreibt näherungsweise das kinetische Verhalten vieler Enzyme.

Die Michaelis-Menten-Gleichung wurde für ein minimales Reaktionsschema (Gleichung 20) abgeleitet, bei dem der Zerfall des Enzym-Substratkomplexes unmittelbar zur Bildung des Produktes führt. Man kann aber zeigen, dass viele komplexere Reaktionsmodelle unter *steady-state*-Bedingungen mit der Michaelis-Menten-Gleichung beschrieben werden können. Auch bei Enzymen mit mehreren Substraten folgt die Abhängigkeit der Enzymaktivität von der Konzentration eines der Substrate in vielen Fällen näherungsweise der Michaelis-Menten-Gleichung.

Eine wesentliche Grundlage der Michaelis-Menten-Gleichung ist die Annahme eines Fließgleichgewichtes. *In vitro* kann eine solche Situation erreicht werden, wenn die eingesetzte Enzymkonzentration klein im Vergleich zur Substratkonzentration ist. Diese Voraussetzung ist unter zellphysiologischen Bedingungen in der Regel nicht gegeben.

Tabelle 4.8. Kinetische Konstanten von Enzymen

Enzym	Substrat	K_M [M]	k_{+2} [s^{-1}]	k_{+2}/K_M [$s^{-1}*M^{-1}$]	Kapitel
Superoxiddismutase	Superoxidanion	$3{,}5 \times 10^{-4}$	$2{,}4 \times 10^6$	$7{,}0 \times 10^9$	15
Triosephosphatisomerase	D-Glycerinaldehyd-3-phosphat	$4{,}7 \times 10^{-4}$	$4{,}3 \times 10^3$	$2{,}4 \times 10^8$	11
Acetylcholinesterase	Acetylcholin	$9{,}0 \times 10^{-5}$	$1{,}4 \times 10^4$	$1{,}6 \times 10^8$	32
β-Lactamase	Benzylpenicillin	$2{,}0 \times 10^{-5}$	$2{,}0 \times 10^3$	$1{,}0 \times 10^8$	17
Carboanhydrase	CO_2	$1{,}2 \times 10^{-2}$	$1{,}0 \times 10^6$	$8{,}3 \times 10^7$	30
Katalase	H_2O_2	$8{,}0 \times 10^{-2}$	$6{,}0 \times 10^5$	$7{,}3 \times 10^6$	15
Aspartataminotransferase	Aspartat	$1{,}5 \times 10^{-5}$	120	$1{,}0 \times 10^5$	13

4

Experimentelle Bestimmung von K_M und V_{MAX}. Enzymaktivitäten werden bei vielen praktischen Anwendungen unter so genannten **Initialbedingungen** bestimmt. Dabei wird das für die kinetische Analyse genutzte Zeitintervall so bemessen, dass die Abnahme der Substratkonzentration – genauso wie die Zunahme der Produktkonzentration – vernachlässigbar gering ist. Grundsätzlich lassen sich die kinetischen Parameter V_{MAX} und K_M dann aus Messungen von Reaktionsgeschwindigkeiten bei verschiedenen Substratkonzentrationen ableiten. Praktisch ist die Schätzung dieser Parameter aus der graphischen Darstellung der experimentell bestimmten $V/[S]$-Wertepaare jedoch schwierig, da sich die Reaktionsgeschwindigkeit mit steigender Substratkonzentration nur langsam dem Maximalwert nähert (◘ Abb. 4.15). Dieses Problem kann durch verschiedene Transformationen der Michaelis-Menten-Gleichung in lineare Beziehungen gelöst werden. Das bekannteste Beispiel hierfür ist die Linearisierung nach **Lineweaver und Burk**:

$$\frac{1}{v} = \frac{1}{V_{MAX}} + \frac{K_M}{V_{MAX}} \times \frac{1}{[S]} \quad (29)$$

Die Auftragung der reziproken Werte von Substratkonzentration und Reaktionsgeschwindigkeit liefert eine Gerade, die die Abszisse bei $-1/K_M$ und die Ordinate bei $1/V_{MAX}$ schneidet (◘ Abb. 4.16). Das Lineweaver-Burk-Diagramm wird auch heute noch zur Darstellung enzymkinetischer Messwerte genutzt. Die bei niedrigen Substratkonzentrationen gemessenen V-Werte erhalten in der reziproken Auftragung ein besonderes Gewicht, obwohl sie nur relativ ungenau gemessen werden können. Seit geraumer Zeit existieren alternative Verfahren zur statistisch korrekten Schätzung von V_{MAX} und K_M aus Messdaten.

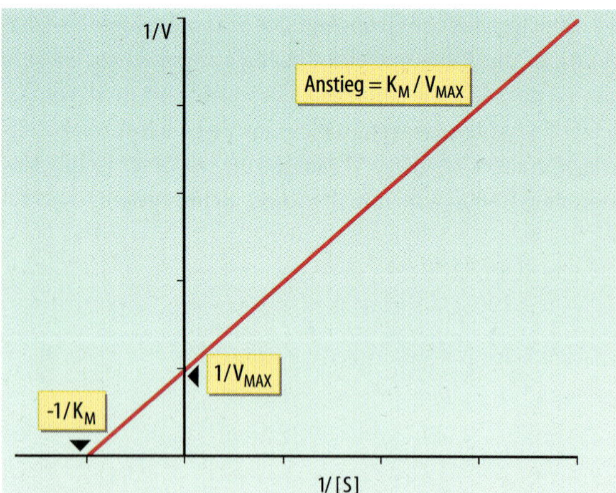

◘ **Abb. 4.16. Linearisierung der Michaelis-Menten-Gleichung nach Lineweaver und Burk.** Die doppelt-reziproke Auftragung der Abhängigkeit der Reaktionsgeschwindigkeit einer Enzymreaktion von der Substratkonzentration erlaubt eine einfache Bestimmung der kinetischen Parameter V_{MAX} und K_M

4.4.2 Enzymhemmung und Enzyminhibitoren

Enzyminhibitoren. Verbindungen, deren Gegenwart die katalytische Aktivität eines Enzyms verändert, werden als Enzymeffektoren bezeichnet. Positive Effektoren wirken als **Aktivatoren**, negative als **Hemmstoffe oder Inhibitoren.** Physiologische Hemmstoffe der katalytischen Aktivität von Proteasen sind beispielsweise die im Serum nachweisbaren Proteaseinhibitoren α_1-Antitrypsin oder Antithrombin (▶ Kap. 29.5.3, 29.5.4). Zur Gruppe der unphysiologischen Hemmstoffe von Enzymen gehören viele Zellgifte, aber auch eine große Anzahl von Arzneimitteln (▶ Kap. 4.6.2).

Nach der Art der Reaktion des Inhibitors mit dem Enzym können zwei Hemmtypen unterschieden werden, die reversible und die irreversible Enzymhemmung. Eine **reversible Hemmung** ist im Vergleich zu einer **irreversiblen Hemmung** durch eine Dissoziation des Enzym-Inhibitor-Komplexes charakterisiert und kann durch die Entfernung des Inhibitors aufgehoben werden.

! Reversible kompetitive Inhibitoren haben keinen Einfluss auf die Maximalgeschwindigkeit.

Kompetitive Enzymhemmung. Dieser Hemmtyp ist dadurch gekennzeichnet, dass die chemische Struktur des Inhibitors (I) der des Substrates ähnelt und der Hemmstoff reversibel mit dem Enzym zum Enzym-Inhibitor-Komplex (EI) reagiert (◘ Abb. 4.17a). Sind Substrat und Hemmstoff gleichzeitig anwesend, konkurrieren sie um die gleiche Bindungsstelle am Enzym. Ein besonders gut untersuchtes Beispiel hierfür ist die Hemmung der Succinatdehydrogenase durch Malonat.

Erhöht man bei gleich bleibender Hemmstoffkonzentration die Konzentration des Substrates, nimmt die Wahrscheinlichkeit zu, dass sich ES anstelle von EI bildet. Bei genügend hoher Substratkonzentration ist die Konzentration von EI folglich vernachlässigbar gering. Eine kompetitive Hemmung kann daher durch eine Erhöhung der Substratkonzentration aufgehoben werden.

Formal besteht die Wirkung eines kompetitiven Inhibitors in einer **Erhöhung des scheinbaren (apparenten) K_M-Wertes** für das Substrat S:

$$K_M^{app} = K_M \times (1 + [I]/K_I) \quad (30)$$

K_I ist die Dissoziationskonstante des Enzym-Inhibitor-Komplexes und trägt die Maßeinheit einer Konzentration. Je kleiner der numerische Wert für K_I ist, desto potenter ist der Hemmstoff für das betreffende Enzym.

◘ Abb. 4.17b stellt die Reaktionsgeschwindigkeit in Abhängigkeit von der Substratkonzentration bei verschiedenen Konzentrationen eines kompetitiven Inhibitors dar. Alle Kurven nähern sich mit steigender Substratkonzentration der Maximalgeschwindigkeit V_{MAX}. In der Darstellung nach Lineweaver und Burk (◘ Abb. 4.17c) schneiden sich

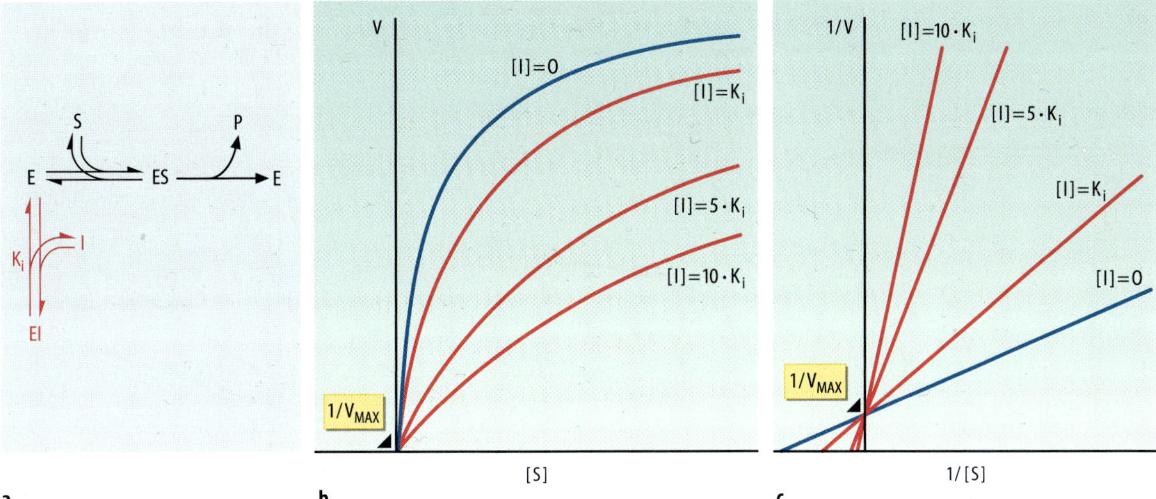

Abb. 4.17a–c. Kompetitive Enzymhemmung. a Reaktionsschema. Das Substrat und der Inhibitor konkurrieren um den gleichen Bindungsort im aktiven Zentrum des Enzyms. **b** Kinetik bei verschiedenen Konzentrationen des Inhibitors. Die kompetitive Hemmung bewirkt eine Erhöhung des apparenten (scheinbaren) K_M-Wertes und kann durch hohe Substratkonzentrationen aufgehoben werden. **c** Darstellung der Kinetik im Lineweaver-Burk-Diagramm

die für unterschiedliche Hemmstoffkonzentrationen erhaltenen Geraden auf der Ordinate bei $1/V_{MAX}$.

Infobox

Sulfonamide wirken als kompetitive Inhibitoren

Mikroorganismen können die für den Zellstoffwechsel benötigte **Folsäure** aus p-Aminobenzoesäure und anderen Metaboliten synthetisieren (▶ Kap. 23.3.8). Eine Hemmung der Folsäuresynthese bewirkt eine Inhibition des bakteriellen Wachstums. 1932 entdeckte Gerhard Domagk, dass Derivate des **Sulfanilamids** als Strukturanaloga der p-Aminobenzoesäure durch eine kompetitive Hemmung der an der Folsäurebiosynthese beteiligten Dihydropteroat-Synthase bakteriostatisch wirken. Seit dieser Zeit finden **Sulfonamide**, deren Grundstruktur derjenigen des Sulfanilamids entspricht, bei der Behandlung bakterieller Infektionskrankheiten Anwendung (◘ Abb. 4.18). Da der Mensch die Enzyme der Folsäurebiosynthese nicht besitzt und Folsäure für ihn daher ein Vitamin darstellt, ist Sulfanilamid in dieser Hinsicht nicht toxisch. Domagk erhielt für seine Entdeckung 1939 den Nobelpreis für Medizin. Das Sulfonamid **Sulfamethoxazol** wird heute in Kombination mit Inhibitoren der bakteriellen Dihydrofolatreduktase (▶ Kap. 19) bei der Therapie von Harnwegsinfektionen eingesetzt.

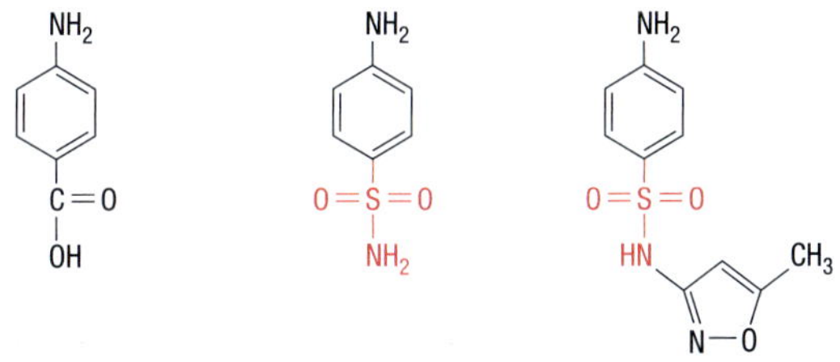

p-Aminobenzoesäure **Sulfanilamid** **Sulfamethoxazol**

Abb. 4.18. Struktur von Sulfonamiden. Sulfonamide sind Strukturanaloga der p-Aminobenzoesäure und verhindern die bakterielle Synthese der Folsäure durch kompetitive Hemmung der Dihydropteroat-Synthase

! Reversible nichtkompetitive Inhibitoren reduzieren die Maximalgeschwindigkeit einer Enzymreaktion.

Nichtkompetitive Hemmung. Die Bezeichnung dieses Hemmtyps verdeutlicht, dass eine Konkurrenz zwischen Substrat und Hemmstoff bei der Wechselwirkung mit dem Enzym nicht stattfindet. Ursache hierfür ist die strukturelle Unterschiedlichkeit von nichtkompetitivem Inhibitor und Substrat. Da Hemmstoff und Substrat mit verschiedenen Bindungsstellen des Enzyms interagieren, ist sowohl eine Bildung von EI als auch von EIS möglich (◘ Abb. 4.19a). Nichtkompetitive Inhibitoren reduzieren die Maximalgeschwindigkeit V_{MAX} eines Enzyms, ohne den K_M–Wert zu verändern (◘ Abb. 4.19b,c). Formal führt die nichtkompetitive Hemmung zu einer Verringerung der wirksamen Enzymmenge. Im Gegensatz zur kompetitiven Hemmung ist eine Kompensation der Hemmung durch eine Erhöhung der Substratkonzentration nicht möglich.

$$V_{MAX}^{app} = V_{MAX} / (1 + [I]/K_I) \qquad (31)$$

K_I bezeichnet wiederum die Dissoziationskonstante des Enzym-Inhibitor-Komplexes.

Da die Bindung eines nichtkompetitiven Inhibitors an ein Enzym außerhalb des aktiven Zentrums in Abweichung

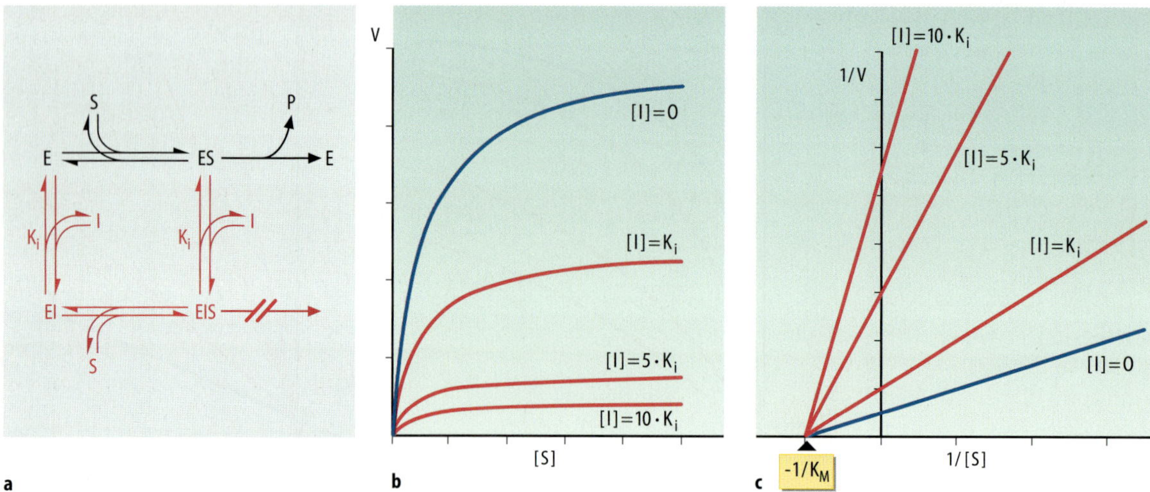

Abb. 4.19a–c. Nichtkompetitive Enzymhemmung. a Reaktionsschema. Der Inhibitor bindet außerhalb des aktiven Zentrums des Enzyms und ist ohne Einfluss auf die Substratbindung. Der ternäre EIS-Komplex wird nicht (oder nur langsam) unter Bildung des Produktes umgesetzt. **b** Kinetik bei verschiedenen Konzentrationen des Inhibitors. Die nichtkompetitive Hemmung bewirkt eine Erniedrigung von V_{MAX}, während der K_M-Wert unverändert bleibt. **c** Darstellung der Kinetik im Lineweaver-Burk-Diagramm

von der hier getroffenen Darstellung durchaus auch die Substratbindung beeinflussen kann, gehört die reversible rein nichtkompetitive Hemmung zu den seltenen Formen einer Enzymhemmung.

! Reversible unkompetitive Inhibitoren erniedrigen V_{MAX} und K_M eines Enzyms.

Eine **unkompetitive Enzymhemmung** ist dadurch charakterisiert, dass der Inhibitor nur mit dem Enzym-Substrat-Komplex, nicht aber mit dem freien Enzym reagiert. Die funktionelle Folge ist neben einer Erniedrigung von V_{MAX} eine Zunahme der apparenten Substrataffinität (Abnahme des K_M-Wertes). Die unkompetitive Hemmung wird gelegentlich auch als **antikompetitive Hemmung** bezeichnet, weil der Effekt des Inhibitors durch eine steigende Substratkonzentration verstärkt wird. Zu den seltenen, aber medizinisch bedeutsamen Beispielen einer unkompetitiven Hemmung gehört die Wirkung des als Antidepressivum eingesetzten **Lithiumchlorids**. Dieser Inhibitor hemmt die am Abbau des Inositol-1,4,5-trisphosphats beteiligte **Inositolmonophosphatase**.

! Übergangsanaloga sind eine besonders wirksame Gruppe von Enzyminhibitoren.

Übergangszustandsanaloga (*transition state analogs*) sind Moleküle, die eine strukturelle Ähnlichkeit mit dem **Übergangszuständen der Substrate von Enzymreaktionen** aufweisen. Sie binden an das aktive Zentrum der Zielenzyme oftmals wesentlich fester als deren natürliche Substrate und Effektoren. Die **Purinnucleosid-Phosphorylase** (▶ Kap. 19.3.1) katalysiert die Reaktion:

$$\text{Inosin} + P_i \rightleftharpoons \text{Ribose-1-P} + \text{Hypoxanthin} \qquad (32)$$

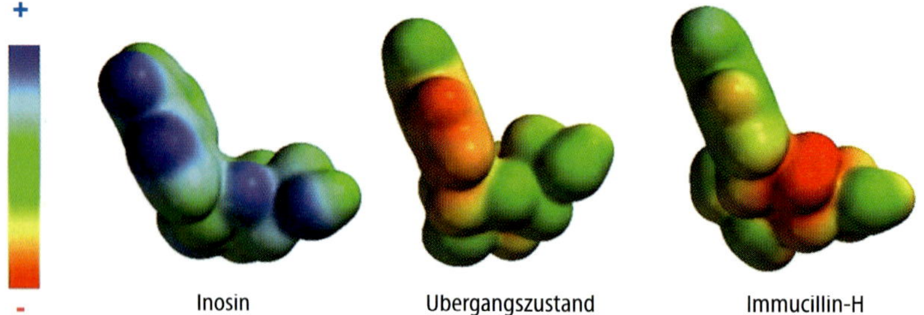

Abb. 4.20. Hemmung von Enzymen durch Übergangszustandsanaloga. Die Purinnucleosid-Phosphorylase wird durch Immucillin-H, ein Analogon des Übergangszustandes der Reaktion, gehemmt ($K_I \approx 20$ pM). Darstellung der elektrostatischen Oberflächenpotentiale des Substrates Inosin, des (hypothetischen) Übergangszustandes der Reaktion und von Immucillin-H. Das Oberflächenpotential beschreibt molekulare Eigenschaften wie nichtcovalente Wechselwirkungen, die für die Enzym-Inhibitor-Interaktion bedeutsam sind. Das Farbschema (*links*) illustriert den Übergang von positiv geladenen Domänen (*blau*) zu Bereichen mit negativem molekularen Oberflächenpotential. Quelle: Schramm VL (2005) Enzymatic transition states: thermodynamics, dynamics and analogue design. Arch Biochem Biophys 433:13–26 (Verwendung der Abbildung mit freundlicher Genehmigung von V.L. Schramm, Albert Einstein College of Medicine, New York, USA)

Immucillin-H ist ein *transition-state*-Analogon des Substrates Inosin und hemmt das Enzym sehr effektiv. Der K_I-Wert für Immucillin-H liegt um mehr als zwei Größenordnungen unter dem K_M-Wert für das Substrat Inosin (■ Abb. 4.20).

❗ Suizidsubstrate hemmen Enzyme irreversibel.

Als **Suizidsubstrate** bezeichnet man Hemmstoffe, die im aktiven Zentrum eines Enzyms gebunden und umgesetzt werden, infolge der Umsetzung jedoch in fester Bindung am Enzym verbleiben. Dadurch wird das Fortschreiten der Katalyse verhindert. Die Entwicklung von Arzneimitteln auf der Basis von Suizidsubstraten ist von besonderem medizinischen Interesse, weil durch die große Substrat- und Reaktionspezifität der Enzyme eine weitgehend selektive Interaktion des Hemmstoffes mit dem Zielenzym erfolgt und so schädliche Nebenwirkungen begrenzt werden können. Zu den therapeutisch wichtigen Suizidsubstraten gehört das Hypoxanthin-Analogon **Allopurinol**, das die **Xanthinoxidase** hemmt (▶ Kap. 19.4.1). Die enzymatische Hydroxylierung des Allopurinols führt zur Bildung von Alloxanthin, das fest gebunden an der Xanthinoxidase verbleibt (sogen. *dead-end complex*).

4.4.3 Einfluss von Temperatur, pH-Wert und Oxidationsmitteln

Temperaturabhängigkeit der Enzymaktivität. Innerhalb eines begrenzten Temperaturbereiches erhöht sich die Geschwindigkeit enzymkatalysierter Reaktionen mit steigender Temperatur. Der Beschleunigungsfaktor, der sich ergibt, wenn die Temperatur um 10°C ansteigt, wird auch $\mathbf{Q_{10}}$ oder **Temperaturkoeffizient** genannt. Die Geschwindigkeit vieler enzymatischer Reaktionen wird bei einer Temperaturerhöhung um 10 Grad etwa verdoppelt ($Q_{10} \approx 2$).

■ Abbildung 4.21 illustriert die Temperaturabhängigkeit der Geschwindigkeit einer Enzymreaktion. Diese zeichnet sich durch ein **Temperaturoptimum** aus, jenseits dessen die Reaktionsgeschwindigkeit steil abfällt. Ursache hierfür ist eine **Hitzedenaturierung** des Enzymproteins. Für die meisten Enzyme liegt das Temperaturoptimum oberhalb der jeweiligen physiologischen Arbeitstemperatur. Beim Menschen findet man für viele Enzyme Temperaturoptima um 40°C. Die Lage des Temperaturoptimums ist von den Konzentrationen der Substrate und Effektoren des jeweiligen Enzyms, aber auch vom pH-Wert anhängig.

Enzyme bestimmter thermophiler Mikroorganismen weisen Temperaturoptima nahe dem Siedepunkt des Wassers auf. Die strukturellen Besonderheiten dieser **thermostabilen Enzyme**, die vor einer Hitzedenaturierung schützen, sind noch weitgehend unbekannt. Praktische Anwendung findet eine **hitzestabile DNA-Polymerase aus**

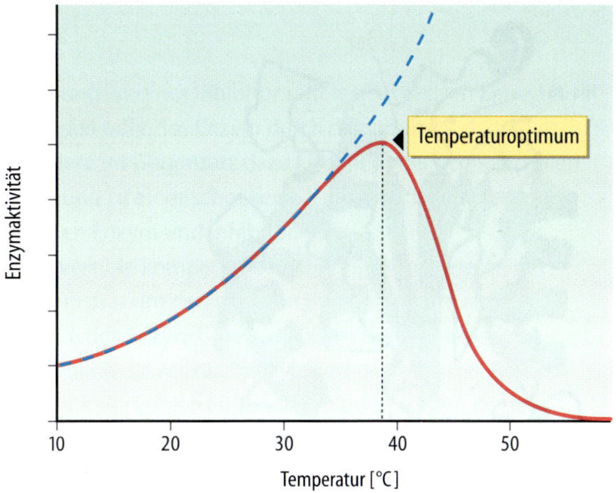

■ **Abb. 4.21. Temperaturabhängigkeit der Enzymaktivität.** Die blaue Kurve zeigt den für chemische Reaktionen charakteristischen exponentiellen Anstieg der Reaktionsgeschwindigkeit bei steigender Temperatur ($Q_{10} = 2$). Der Abfall der Enzymaktivität bei höheren Temperaturen (*rote Kurve*) wird durch die thermische Inaktivierung des Enzymproteins verursacht. Die Lage des Temperaturoptimums ist von den Konzentrationen der Substrate und Effektoren sowie von Milieubedingungen (pH-Wert, Ionenstärke usw.) abhängig

Thermophilus aquaticus (Taq-Polymerase) bei der **Polymerase-Kettenreaktion** zur Vervielfachung von DNA-Fragmenten. Das Enzym kann dabei wiederholt Reaktionstemperaturen um 90°C ausgesetzt werden (▶ Kap. 7.4.3). Auch einige humane Enzyme überstehen eine Hitzebehandlung ohne Verlust ihrer katalytischen Aktivität. Ein solches Enzym ist die Ribonuclease, deren Temperaturoptimum bei ca. 60°C liegt.

pH-Optimum der Enzymaktivität. Bestimmt man die katalytische Aktivität eines Enzyms bei verschiedenen pH-Werten, so findet man in der Regel ein Aktivitätsmaximum zwischen pH 4 und pH 9. Enzyme, die physiologischerweise unter extremen pH-Bedingungen wirksam sind wie z.B. das **Pepsin** im sauren Milieu des Magens, zeigen eine maximale katalytische Aktivität außerhalb dieses pH-Bereiches.

Die pH-Abhängigkeit der Enzymaktivität kann zurückgeführt werden auf eine
- reversible Dissoziation bzw. Ionisierung funktioneller Gruppen des Enzyms
- reversible Dissoziation bzw. Ionisierung von Substraten und/oder Coenzymen des Enzyms
- Denaturierung des Enzymproteins

Der Einfluss des pH-Wertes auf die Enzymaktivität durch reversible (De)protonierung funktioneller Gruppen ist in ■ Abb. 4.22 am Beispiel der Cysteinprotease **Caspase 9** illustriert. Cysteinproteasen besitzen im aktiven Zentrum ein Motiv, das aus einem Cysteinyl- und einem Histidylrest besteht. Bei Caspase 9 wird dieses Strukturotiv durch Cystein-287 und Histidin-237 gebildet. Der Reaktionsmechanismus

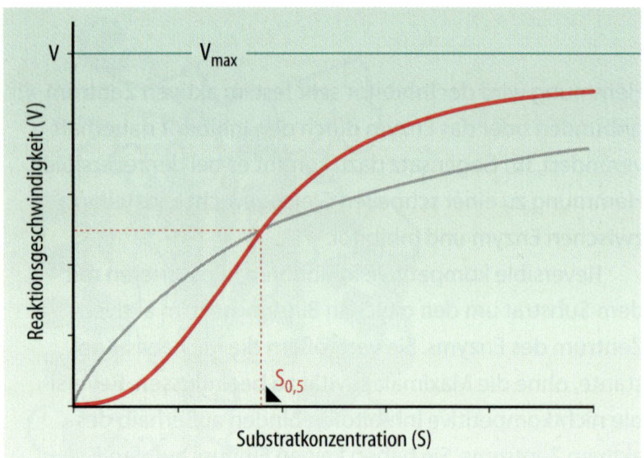

Abb. 4.23. Sigmoidale Kinetik allosterischer Enzyme. Die funktionelle Interaktion der Substratbindungsstellen allosterischer Enzyme führt zu einer sigmoidalen Abhängigkeit der Enzymaktivität von der Substratkonzentration (*rote Kurve*), die sich deutlich von der durch die Michaelis-Menten-Gleichung bestimmten hyperbolen $V/[S]$-Charakteristik unterscheidet (*graue Kurve*). $S_{0,5}$ gibt diejenige Substratkonzentration an, bei der halbmaximale Reaktionsgeschwindigkeit erreicht wird

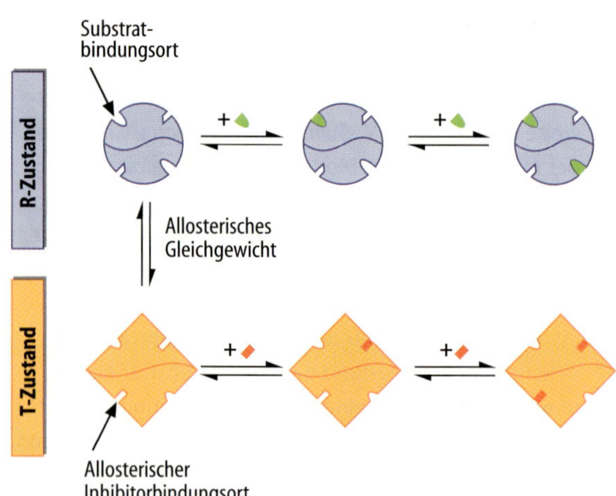

Abb. 4.24. Symmetrie-Modell allosterischer Enzyme (Monod-Wyman-Changeux-Modell). Die Wechselwirkung der Untereinheiten des dimeren Enzyms erzwingt symmetrische Konformationszustände, die in einem allosterischen Gleichgewicht stehen. Der Übergang zwischen R- und T-Zustand erfolgt nach dem »Alles-oder-Nichts-Prinzip«. Mit steigender Substratkonzentration kommt es zu einer Verschiebung des allosterischen Gleichgewichtes zugunsten des für das Substrat (*grün*) hochaffinen R-Zustandes. Auch ein allosterischer Aktivator bindet bevorzugt an den R-Zustand des Enzyms (*nicht dargestellt*). Die Bindung eines allosterischen Inhibitors (*rot*) hingegen stabilisiert den T-Zustand

Menten-Gleichung beschriebene hyperbole Abhängigkeit der Enzymaktivität von der Substratkonzentration. Besonders häufig werden **sigmoidale Kennlinien** beobachtet (Abb. 4.23), die eine bemerkenswerte Ähnlichkeit mit der Sauerstoffbindungskurve des Hämoglobins erkennen lassen (Abb. 3.32). Regulatorisch bedeutsam ist, dass Enzyme mit sigmoidaler $V/[S]$-Charakteristik oftmals am Anfang von Reaktionswegen positioniert sind oder Reaktionen an Verzweigungspunkten des Zellstoffwechsels katalysieren. Die katalytische Aktivität dieser Biokatalysatoren kann durch Effektoren (Inhibitoren und Aktivatoren) in einer reversiblen Weise äußerst wirksam moduliert werden. Strukturuntersuchungen haben ergeben, dass derartige Enzyme aus mehreren Untereinheiten bestehen.

Die sigmoidale Kinetik – wie auch die S-förmige Sauerstoffbindungskurve des Hämoglobins – beruht auf Interaktionen von Bindungszentren, die auf verschiedenen Untereinheiten lokalisiert sind. Zur Beschreibung dieses Phänomens wurde der Begriff der **Allosterie** (griech:. *allo* = anders, *steros* = Ort) geprägt, der die **Bindung von Liganden an räumlich voneinander getrennte Zentren** (Orte) eines Enzyms zum Ausdruck bringt. Die strukturelle und funktionelle Kommunikation zwischen den Substrat- und Effektorbindungsstellen eines allosterischen Enzyms bezeichnet man als **Kooperativität**.

In der Enzymkinetik wird zwischen positiver und negativer Kooperativität unterschieden. Im Falle einer **positiven Kooperativität** führt die Bindung eines Substrat- bzw. Effektormoleküls zu einer erleichterten Bindung weiterer Substratmoleküle an andere katalytische Zentren des gleichen Enzymmoleküls, während bei **negativer Kooperativität** die Substratbindung durch die zunehmende Besetzung von Effektorbindungsplätzen sukzessive erschwert wird. Man spricht von **homotroper Kooperativität**, wenn der kooperative Effekt durch das Substrat selbst ausgelöst wird. Handelt es sich bei Effektor und Substrat hingegen um unterschiedliche Moleküle, so liegt **heterotrope Kooperativität** vor.

Ein zellphysiologisch wichtiges Beispiel für kooperatives Verhalten und Allosterie ist die **Phosphofructokinase-1** der Glycolyse (▶ Kap. 11.1.1). Die bei diesem Enzym beobachtete sigmoidale Anhängigkeit der Enzymaktivität von der Substratkonzentration ist Ausdruck einer positiven homotropen Kooperativität.

! Struktur-Funktions-Modelle allosterischer Enzyme erklären die sigmoidale Kinetik und den Einfluss allosterischer Effektoren.

Funktionell wesentliche Aspekte des komplexen kinetischen Verhaltens allosterischer Enzyme können durch einfache Modelle näherungsweise beschrieben werden. Jacques Monod, Jeffries Wyman und Jean-Pierre Changeux entwickelten 1965 ein Modell, das als **konzertiertes oder Symmetriemodell** bezeichnet wird. Ausgangspunkt der Betrachtung bei diesem Modell ist ein dimeres Enzym, dessen Untereinheiten in zwei Zustandsformen vorliegen, die als T-Form (*tense:* gespannt) und R-Form (*relaxed*: relaxiert) bezeichnet werden (Abb. 4.24). Beide Zustandsformen besitzen prinzipiell die Fähigkeit zur Substratbindung und Katalyse, jedoch ist die Affinität der R-Form zum Substrat größer als die der T-Form. Das Symmetriemodell basiert auf der Annahme, dass infolge der Wechselwirkung der Untereinheiten des Enzyms nur symmetrische oligomere Strukturformen existieren (TT oder RR), hybride Zustände (RT) hingegen nicht auftreten. Die symmetrischen Konformationszustände stehen in einem **allosterischen Gleichgewicht** miteinander. Zwischen beiden Konformationszuständen sind folglich nur »**Alles-oder-Nichts-Übergänge**« möglich.

Bei einer Erhöhung der Substratkonzentration kommt es zu einer Verschiebung des R/T-Gleichgewichtes zugunsten des R-Zustandes. Die Vergrößerung des Anteils der Enzymmoleküle, die infolge der Bindung eines Substratmoleküls in der hochaffinen R-Form vorliegen, erleichtert die Bindung weiterer Substratmoleküle (positive homotrope Kooperativität). Der sigmoidale Charakter der $V/[S]$-Charakteristik ist das Resultat einer Veränderung der relativen Konzentrationen der R- und T-Form des allosterischen Enzyms.

Häufig werden allosterische Enzyme wirksam durch Liganden reguliert, die mit dem Substrat strukturell nicht verwandt sind und an Bindungsstellen außerhalb des aktiven Zentrums binden. Im Kontext des Symmetriemodells beruht die Wirkung dieser Effektoren darauf, dass sie das Gleichgewicht zwischen R- und T-Form durch eine bevorzugte Bindung an einen der beiden Konformationszustände verschieben. Negative allosterische Effektoren binden bevorzugt an die T-Form des Enzyms und verschieben so das allosterische Gleichgewicht zugunsten des für das Substrat niedrigaffinen T-Zustandes (▣ Abb. 4.24). Im Gegensatz dazu bewirken positive allosterische Effektoren – ähnlich wie das Substrat – eine Stabilisierung der R-Form. Durch hinreichend hohe Konzentrationen eines positiven allosterischen Effektors kann das allosterische Gleichgewicht sogar so weit verschoben werden, dass bei Variation der Substratkonzentration eine hyperbole Kinetik beobachtet wird, die dann die katalytischen Eigenschaften des R-Zustandes widerspiegelt (▣ Abb. 4.25).

Generell kann die Wirkung von Liganden die Maximalaktivität V_{MAX} allosterischer Enzyme verändern (**V-Systeme**) oder die Substratkonzentration beeinflussen, bei der halbmaximale Reaktionsgeschwindigkeit beobachtet wird (**K-Systeme**). Oft verändern Effektoren beide Parameter. V-Effekte erhält man im Symmetriemodell dann, wenn sich die Maximalaktivitäten der R- und T-Form des allosterischen Enzyms unterscheiden.

Von Daniel E. Koshland Jr., wurde eine alternative Modellvorstellung entwickelt, die als **sequentielles Modell** (Koshland-Nemethy-Filmer-Modell) bezeichnet wird. Im Unterschied zum konzertierten Modell wird darin postuliert, dass die Bindung eines Liganden an eine Untereinheit eines oligomeren Enzyms eine Konformationsänderung unmittelbar in dieser Untereinheit und mittelbar in benachbarten Untereinheiten induziert (*induced fit*). Die im konzertierten Modell eingeführte Symmetrieforderung wird durch eine thermodynamische Beschreibung der Wechselwirkungen zwischen den Untereinheiten des oligomeren Enzyms ersetzt. Eine wichtige Eigenschaft des sequentiellen Modells besteht darin, dass dieses im Gegensatz zum Symmetriemodell auch eine **negative Kooperativität** beschreiben kann, bei der die Bindung eines Substratmoleküls an ein aktives Zentrum die Affinität der noch unbesetzten Substratbindungsstellen erniedrigt.

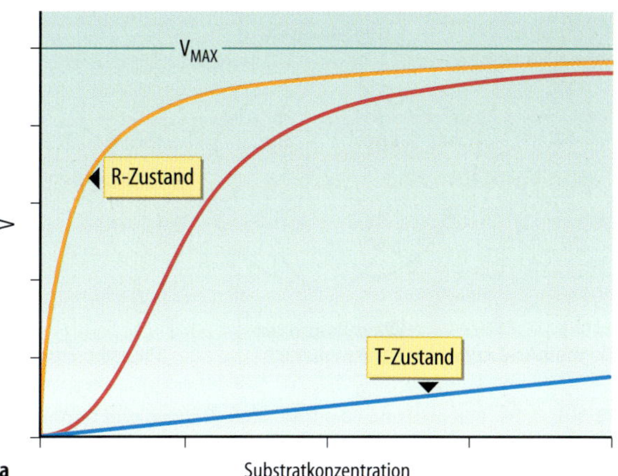

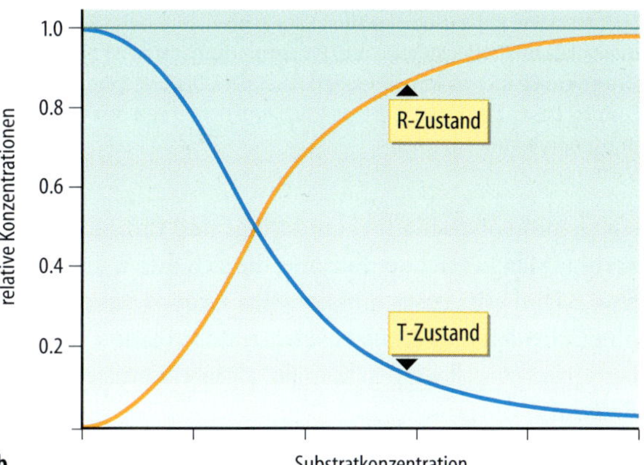

▣ **Abb. 4.25. Sigmoidale Kinetik eines allosterischen Enzyms nach dem Symmetrie-Modell. a** Die *orangefarbene* hyperbole Kurve entspricht der $V/[S]$-Charakteristik des R-Zustandes, die *blaue* – ebenfalls hyperbole – Kurve der des T-Zustandes. **b** Bei kleinen Substratkonzentrationen liegt das Enzym überwiegend im T-Zustand vor. Mit steigender Substratkonzentration nimmt der Anteil des R-Zustandes zu. Die *rote* charakteristisch-sigmoidale Kurve in **a** entsteht durch die gewichtete Überlagerung beider Michaelis-Menten-Kurven

4.5.3 Covalente Modifikation des Enzymproteins

! Schlüsselenzyme des Zellstoffwechsels werden häufig durch covalente Modifikation reguliert.

Die **covalente Modifikation** stellt einen Mechanismus der Regulation der Enzymaktivität dar, der auf einer **zellphysiologisch reversiblen** covalenten Anheftung bestimmter funktioneller Gruppen oder auf einer irrever-

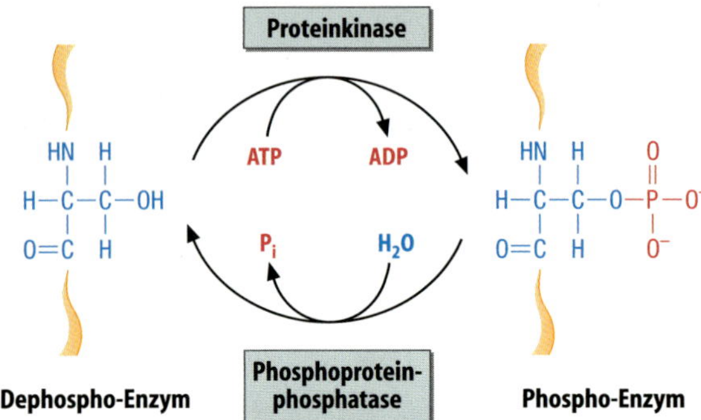

Abb. 4.26. Mechanismus der Phosphorylierung und Dephosphorylierung eines Enzyms. Durch eine Proteinkinase wird ein spezifischer Serylrest des Enzymproteins in einer irreversiblen ATP-abhängigen Reaktion phosphoryliert. Die Wiederherstellung des Ausgangszustandes erfolgt durch Phosphoprotein-phosphatasen, die ebenfalls eine irreversible Reaktion katalysieren. Durch das Zusammenspiel von Proteinkinasen und Proteinphosphatasen ist die covalente Modifikation zellphysiologisch reversibel. Die phosphorylierten Formen der Enzyme unterscheiden sich funktionell von den nicht phosphorylierten Enzymen

siblen proteolytischen Veränderung des Enzymproteins beruht. Man bezeichnet Enzyme, die sich durch den Besitz bzw. Nichtbesitz einer funktionellen Gruppe voneinander unterscheiden und durch covalente Modifikation ineinander umgewandelt werden können, als **interkonvertierbare Enzyme**.

Die häufigste covalente Modifikation ist die enzymatische Phosphorylierung von Enzymen durch ATP-abhängige **Proteinkinasen** und die Dephosphorylierung der Phosphoenzyme durch **Phosphoproteinphosphatasen**. Sowohl Proteinkinasen als auch Proteinphosphatasen katalysieren irreversible und regulierte Reaktionen (Abb. 4.26). In Tabelle 4.9 ist eine Auswahl von Enzymen des Intermediärstoffwechsels zusammengestellt, deren katalytische Aktivität durch Phosphorylierung und Dephosphorylierung reguliert werden kann.

Für die Regulation des Stoffwechsels ist es von wesentlicher Bedeutung, dass ein und dieselbe Proteinkinase mehrere Substratproteine phosphorylieren kann. So wird bei ATP-Mangel eine durch **5'-AMP aktivierbare Proteinkinase (AMPK)** aktiviert, die eine große Zahl verschiedener Proteine phosphoryliert und so eine zellphysiologisch sinnvolle Umstellung des Zellstoffwechsels ermöglicht (▶ Kap. 16.1.4). Andererseits kann ein und dasselbe Enzym durch unterschiedliche Proteinkinasen an verschiedenen Aminosäureresten phosphoryliert werden. Prominente Beispiele hierfür liefert die Steuerung des Zellzyklus durch **cyclinabhängige Proteinkinasen** (▶ Kap. 7.1.3).

Tabelle 4.9. Interkonvertierbare Enzyme, deren Aktivität durch Phosphorylierung/Dephosphorylierung reguliert wird

Enzym	Aktive Form	Kapitel
Glycogensynthase	dephosphoryliert	11.2.1
Glycogenphosphorylase	phosphoryliert	11.2.2
Phosphorylasekinase	phosphoryliert	11.5
Pyruvatdehydrogenase	dephosphoryliert	14.2
Acetyl-CoA-Carboxylase	dephosphoryliert	12.3.5
Hormonsensitive Lipase	phosphoryliert	12.3.1
HMG-CoA-Reduktase	dephosphoryliert	18.3.3

Die Phosphorylierung von Enzymen erfolgt oftmals im Rahmen vernetzter und hierarchisch organisierter Regulationssysteme, die ein schnelles und wirkungsvolles An- und Abschalten von Stoffwechselwegen und physiologischen Prozessen ermöglichen. Derartige **Phosphorylierungskaskaden** führen zu einer enormen Verstärkung des regulatorischen »Eingangssignals«. Als Beispiel kann die **hormonelle Regulation des Glycogenstoffwechsels** angeführt werden (▶ Kap. 11.5).

Die Steuerung der Enzymaktivität durch Phosphorylierung und Dephosphorylierung ist häufig von einer allosterischen Kontrolle überlagert. So wird die **Phosphorylasekinase des Muskels** (▶ Kap. 11.5) durch Phosphorylierung **und** durch Ca^{2+}-Ionen aktiviert Phosphorylierung und allosterische Aktivierung wirken dabei **synergistisch**, da die durch beide Effekte erreichte Aktivitätssteigerung wesentlich größer als das Produkt der Einzelwirkungen ist.

! Die limitierte Proteolyse dient der irreversiblen Aktivierung inaktiver Enzymvorstufen.

Enzyme wie die im Gastrointestinaltrakt wirksamen Proteasen des exokrinen Pankreas werden als katalytisch inaktive Vorstufen – sog. **Zymogene** – synthetisiert, als solche intrazellulär gespeichert und bei Bedarf sezerniert. Erst am Wirkungsort werden diese **Proenzyme** durch eine enzymkatalysierte irreversible Abspalt ung eines Teils ihrer Polypeptidkette in die katalytisch aktive Form überführt. Dabei wird das aktive Zentrum freigelegt und die Substratbindung ermöglicht. Die extrazelluläre Aktivierung durch **limitierte Proteolyse** stellt sicher, dass eine unphysiologische intrazelluläre Hydrolyse körpereigener Proteine nicht stattfindet.

In Abbildung 4.27 ist das Prinzip der Enzymaktivierung durch limitierte Proteolyse am Beispiel verschiedener als Verdauungsenzyme wirksamer Hydrolasen dargestellt. Die initiale proteolytische Aktivierung des **Trypsinogens** erfolgt durch **Enteropeptidase (»Enterokinase«)**, eine von den Enterozyten des Duodenums sezernierte Endopeptidase. Dieses Enzym katalysiert spezifisch die Abspaltung eines N-terminalen Hexapeptids, sodass aktives Trypsin entsteht. Beim **Chymotrypsinogen** handelt es sich um ein aus 245 Aminosäuren bestehendes Polypeptid, das durch 2 Disulfidbrücken stabilisiert wird. Chymotrypsinogen wird aus der inaktiven Proform durch Abspaltung von 2 Dipeptiden in Chymotrypsin überführt. Dieser Vorgang wird durch Trypsin oder schon vorhandenes Chymotrypsin katalysiert.

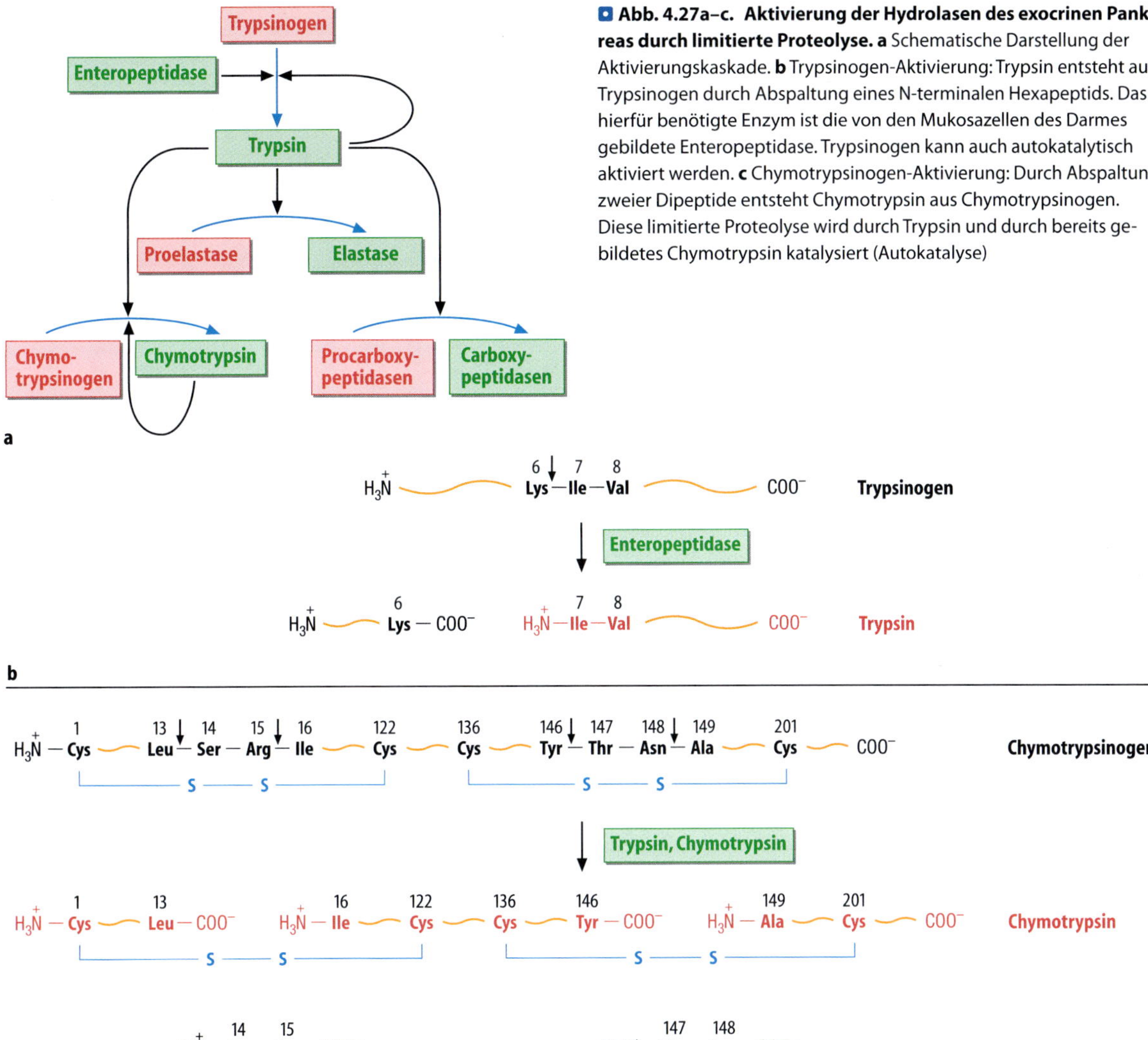

Abb. 4.27a–c. Aktivierung der Hydrolasen des exocrinen Pankreas durch limitierte Proteolyse. a Schematische Darstellung der Aktivierungskaskade. **b** Trypsinogen-Aktivierung: Trypsin entsteht aus Trypsinogen durch Abspaltung eines N-terminalen Hexapeptids. Das hierfür benötigte Enzym ist die von den Mukosazellen des Darmes gebildete Enteropeptidase. Trypsinogen kann auch autokatalytisch aktiviert werden. **c** Chymotrypsinogen-Aktivierung: Durch Abspaltung zweier Dipeptide entsteht Chymotrypsin aus Chymotrypsinogen. Diese limitierte Proteolyse wird durch Trypsin und durch bereits gebildetes Chymotrypsin katalysiert (Autokatalyse)

Die Disulfidbrücken verhindern dabei eine Trennung der Fragmente. Auch bei der Blutgerinnung (▶ Kap. 29.5.3), der Fibrinolyse (▶ Kap. 29.5.4), der Aktivierung des Komplementsystems (▶ Kap 34.4) und bei der Apoptose (▶ Kap. 7.1.5) findet eine Aktivierung von Proenzymen durch limitierte Proteolyse statt.

Die Aktivierung eines Proenzyms durch geringe Mengen des bereits aktiven Enzyms wird als **Autokatalyse** bezeichnet. Ein weiteres Beispiel hierfür ist die Aktivierung von **Pepsinogen** zu **Pepsin** im sauren Milieu des Magens (▶ Kap. 32.1.2). Meist sind jedoch spezifische Proteasen in den Aktivierungsvorgang eingeschaltet.

In Kürze

Die Regulierbarkeit der katalytischen Aktivität der Enzyme ist eine notwendige Voraussetzung für Wachstum, Differenzierung und Zellteilung sowie für die Anpassung des Zellstoffwechsels an spezifische Bedingungen.

Eine längerfristige Regulation der Enzymaktivität in einer Zelle wird durch die Veränderung der Enzymmenge erreicht. Wesentlich schneller jedoch wirken allosterische Effektoren. Diese regulatorischen Liganden binden reversibel an Stellen außerhalb des aktiven Zentrums und induzieren Konformationsänderungen, die mit einer Veränderung der katalytischen Aktivität des Enzyms verbunden sind.

Die covalente Modifikation stellt einen weiteren Mechanismus der Regulation der Enzymaktivität dar. Eine herausragende Rolle kommt dabei der zellphysiologisch reversiblen Phosphorylierung und Dephosphorylierung verschiedenster Enzyme zu. Demgegenüber hat die Abspaltung von Peptiden unterschiedlicher Größe durch limitierte Proteolyse eine irreversible Veränderung der Enzymaktivität zur Folge.

4.6 Enzyme in der Medizin

4.6.1 Einsatzgebiete für Enzyme

Die vielseitige Nutzung der Enzyme als Katalysatoren, Informationsträger und molekulare Werkzeuge in der Medizin kann hier nur exemplarisch angedeutet werden. Eine herausragende Bedeutung kommt Enzymen als potentiellen Angriffpunkten von Pharmaka zu, die als **Enzyminhibitoren** bei der Therapie von Infektions-, Stoffwechsel-, Herz-Kreislauf- und Krebserkrankungen eingesetzt werden (▶ Kap. 4.6.2). Voraussetzung für die Identifizierung und Modellierung möglichst spezifischer Enzymhemmstoffe mit therapeutischem Einsatzpotential ist neben der Kenntnis der Stoffwechselfunktion die Verfügbarkeit der Raumstruktur des Zielenzyms, die durch dessen Isolierung, Kristallisation und Röntgenstrukturanalyse gewonnen werden kann. Man bezeichnet diesen multidisziplinären Ansatz zur Schaffung hochwirksamer Medikamente und zur Minimierung unerwünschter Nebenwirkungen als **strukturbasiertes** oder **rationales *drug-design***.

Zu den Anwendungsgebieten von Enzymen und enzymologischen Methoden gehört auch die **Bestimmung von Enzymaktivitäten und Metabolitkonzentrationen** (▶ Kap. 4.6.3) sowie die **Isoenzym-Analytik** (▶ Kap. 4.6.4) im Rahmen der klinisch-chemischen Laboratoriumsdiagnostik. Gleichermaßen unentbehrlich sind Enzyme bei **enzymimmunologischen Analyseverfahren** (▶ Kap. 4.6.5).

Ziel der Therapie vererbbarer monogenetischer Stoffwechselkrankheiten mit Hilfe der **rekombinanten DNA-Technologie** ist die Reparatur des jeweiligen Stoffwechseldefektes auf DNA- oder Proteinebene (▶ Kap. 7.4). Die hierzu erforderliche Identifizierung, Veränderung und Vervielfältigung von Nucleinsäuren gelingt nur unter Einsatz von Enzymen, die spezifische Nucleinsäurestrukturen erkennen und Reaktionen auch im Reagenzglas mit großer Effizienz zu katalysieren vermögen. Biokatalysatoren, die diese Voraussetzungen erfüllen, sind in der forensischen Medizin z.B. bei der Erstellung des **genetischen Fingerabdruckes** gleichermaßen unersetzlich.

4.6.2 Klinische Anwendung von Enzyminhibitoren

! Zahlreiche moderne Pharmaka wirken als Enzyminhibitoren.

Die molekulare Grundlage der Wirkung eines Pharmakons besteht in dessen möglichst spezifischer Wechselwirkung mit einem Zielmolekül. Das Pharmakon kann die biologische Aktivität des Zielmoleküls stimulierend (agonistisch) oder inhibierend (antagonistisch) beeinflussen. Zu den therapeutisch bedeutsamen Zielmolekülen gehören an vorderer Stelle verschiedenste Enzyme, deren Aktivität durch Enzyminhibitoren gesteuert werden kann. Eine Auswahl moderner Pharmaka, deren Wirkungsmechanismus in der Hemmung eines bestimmten Enzyms besteht, ist in ◘ Tabelle 4.10 zusammengestellt.

◘ Tabelle 4.10. Pharmakologisch wichtige Enzyminhibitoren

Pharmakon	Zielenzym	Anwendungsgebiet
Acetylsalicylsäure	Cyclooxygenase (COX-1-Isoenzym)	Antiphlogistikum
Allopurinol	Xanthinoxidase	Uricostaticum
Anastrozol	Aromatase	Antiestrogen
Captopril	*angiotensin-converting enzyme* (ACE)	Antihypertonikum
Fluorouracil	Thymidylatsynthase	Cytostatikum
Lovastatin	HMG-CoA-Reduktase	Cholesterolsenker
Mercaptopurin	Adenylosuccinat-synthetase	Cytostatikum
Methotrexat	humane Dihydrofolat-reduktase	Cytostatikum
Moclobemid	Monoaminoxidase (MAO-A-Isoenzym)	Anitdepressivum
Ritonavir	HIV-Protease	Chemotherapeutikum bei HIV-Infektion
Trimethoprim	bakterielle Dihydrofolatreduktase	Bakteriostatikum
Zanavir	Neuraminidase	Chemotherapeutikum bei Virusgrippe

Exemplarisch soll hier auf Inhibitoren der **HIV-Protease** eingegangen werden, die im Rahmen der AIDS-Therapie zum Einsatz kommen: Die für den Replikationszyklus des HI-Virus benötigte HIV-Protease ist ein homodimeres Enzym aus der Familie der Aspartatproteasen. Charakteristisch für diese Enzymfamilie sind zwei Aspartylreste im aktiven Zentrum. Die Aufklärung der Raumstruktur der HIV-Protease und ihres Reaktionsmechanismus ermöglichte die Konstruktion von **Übergangszustandsanaloga** (▶ Kap. 4.2.1), die das Enzym hochwirksam hemmen. **Ritonavir** ist ein durch strukturbasiertes *drug-design* entwickelter Hemmstoff, der von der HIV-Protease mit hoher Affinität gebunden wird ($K_Î \sim 0.1$ nM).

◘ Abb. 4.28 zeigt die Raumstruktur des HIV-Protease-Ritonavir-Komplexes und die Struktur des Hemmstoffes. An der Bindung des natürlichen Peptidsubstrates im aktiven Zentrum sind mehrere Bindungsdomänen des Enzyms beteiligt. Ritonavir besitzt eine zentrale OH-Gruppe (◘ Abb. 4.27c), die einen der katalytischen Aspartylreste im aktiven Zentrum des Enzyms bindet und die Position des Carbonylsauerstoffes des natürlichen Substrates im tetraetrischen Übergangszustand der Reaktion einnimmt. Der klinischen Einsatz von Ritonavir wird begrenzt durch die hohen Mutationsraten des viralen Genoms, die zu einem Verlust der Bindung und damit auch der Hemmwirkung

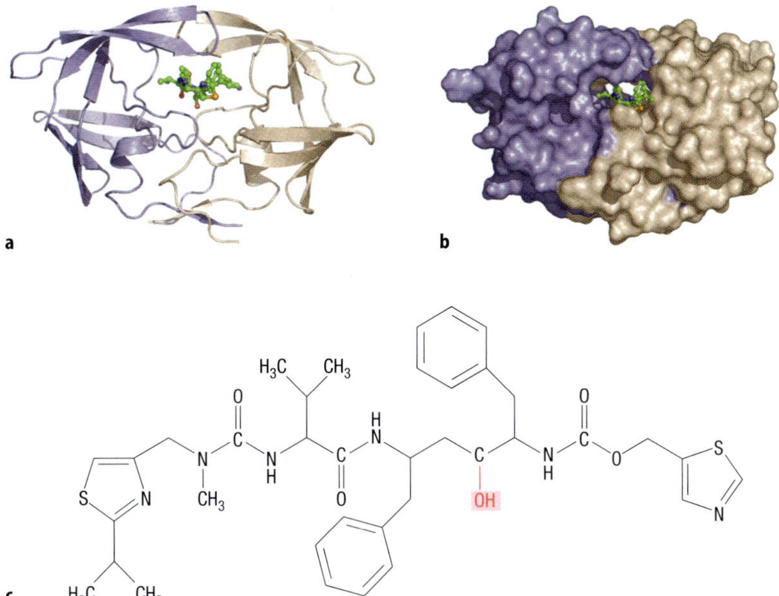

Abb. 4.28. Komplex der HIV-Protease mit dem Inhibitor Ritonavir. Die homodimere Aspartatprotease ist im Bänder-Modell (**a**) und im Raum-Modell (**b**) dargestellt. Der kompetitive Inhibitor Ritonavir ist als Ball-und-Stab-Modell gezeigt. Die Darstellung der Proteinoberfläche (**b**) demonstriert die Passfähigkeit des durch strukturbasiertes *drug-design* entwickelten Hemmstoffes. **c** Struktur von Ritonavir. Ausgangspunkt für die Entwicklung des Inhibitors war das natürliche Peptidsubstrat des Enzyms. An der Interaktion mit einem der Aspartylreste im aktiven Zentrum und an der Bildung eines tetraedrischen Komplexes ist die OH-Gruppe des Moleküls (*rot*) beteiligt. Die Molekülgraphik wurde unter Verwendung der PyMOL-Software (http://www.pymol.org) mit freundlicher Genehmigung von DeLano Scientific LLC erzeugt.
Quelle: PDB 1HXW; Kempf D et al. (1995) Proc Natl Acad Sci 92: 2484-2488 (Verwendung der Abbildung mit freundlicher Genehmigung von K. Kahn, University of California at Santa Barbara, USA)

führen können. Darüber hinaus ist Ritonavir ein potenter Inhibitor von Cytochrom-P450-abhängigen Monooxygenasen und verlangsamt den Abbau weiterer Medikamente, die im Rahmen der antiretroviralen Therapie Anwendung finden.

4.6.3 Bestimmung von Enzymaktivitäten und Metabolitkonzentrationen

Die Enzymaktivitäten im Blut sind Indikatoren der morphologischen Integrität und des Funktionszustandes der Zellen, Gewebe und Organe.

Die Erkenntnis, dass sich der Enzymgehalt des Blutes infolge pathologischer Prozesse in einem Organ in typischer Weise verändern kann, hat die **Bestimmung von Enzymaktivitäten** im Serum und in anderen Körperflüssigkeiten zu einem unverzichtbaren Instrument der Diagnostik verschiedenster Erkrankungen werden lassen. Gleichermaßen bedeutsam ist der Einsatz von Enzymen bei der **Bestimmung von Metabolitkonzentrationen** in Körperflüssigkeiten.

Enzymaktivitäten im Blut. Die medizinische Bedeutung der Enzymdiagnostik besteht in der Möglichkeit, Erkrankungen anhand eines charakteristischen »**Enzymmusters**« im Plasma oder Serum diagnostizieren und den Krankheitsverlauf sowie den Therapieerfolg durch die Bestimmung von Enzymaktivitäten in diesen Körperflüssigkeiten kontrollieren zu können. Die im Plasma oder Serum nachweisbaren Enzyme können nach ihrer Herkunft und Funktion in drei Gruppen eingeteilt werden:

- **Plasmaspezifische Enzyme:** Diese werden als »Exportproteine« von den Erzeugerzellen in das Blut sezerniert und erfüllen dort eine physiologische Funktion. Beispiele sind die in der Leber synthetisierten Enzyme der Blutgerinnung und des Komplementsystems. Eine Schädigung des Herkunftsorgans kann zu einer Einschränkung der Proteinbiosynthese und damit zu einem Absinken der Aktivität dieser Enzyme im Blut führen
- **Enzyme exokriner Gewebe:** Zu dieser Enzymgruppe gehören die Hydrolasen des Pankreas, deren Funktion in der Verdauung der Nahrungsstoffe im Darmlumen besteht. Verdauungsenzyme können unter physiologischen Bedingungen in nur sehr geringem Maße durch Gefäßwände diffundieren. Erst bei einer Schädigung des Pankreas kommt es zu einem Anstieg der intravasalen Enzymaktivität. Im Falle einer chronischen Organschädigung kann die Einschränkung der Biosyntheseleistung besonders niedrige katalytische Aktivitäten der Pankreas-Enzyme im Blut verursachen
- **Zell-Enzyme:** Mit diesem Begriff werden Enzyme des Intermediärstoffwechsels bezeichnet, die in vielen Zell-

typen des Organismus nachgewiesen werden können. Ein Anstieg der intravasalen Enzymaktivität über den Normalbereich hinaus zeigt eine Schädigung der Herkunftszellen an. Dabei kann es infolge einer **Permeabilitätsstörung** der Zellmembran oder einer **Nekrose** von Zellen zu einer Freisetzung von Enzymen mit intrazellulärer Funktion kommen

Während die Bestimmung eines Sekretenzyms im Plasma in der Regel einen Rückschluss auf das Herkunftsorgan und dessen Funktionszustand erlaubt, ist die Interpretation des Nachweises von Zell-Enzymen im Blut häufig komplizierter. Eine gewisse Organspezifität ergibt sich aus dem unterschiedlichen Gehalt einzelner Zelltypen an bestimmten Enzymen. So kommen z.B. die Enzyme der Harnstoffsynthese in nennenswerter Aktivität nur in der Leberzelle vor. Sie werden daher als **organspezifische Zell-Enzyme** bezeichnet.

Der Grad der morphologischen Integrität einer Zelle und die Schwere einer Störung des Zellstoffwechsels sind auch am Auftreten von **Zell-Enzymen mit unterschiedlicher intrazellulärer Lokalisation** zu erkennen. Findet man bei leichter Zellschädigung bevorzugt einen Austritt der löslichen Enzyme des Cytosols aus der Zelle, so werden beim nekrotischen Zelltod (▶ Kap. 7.1.5) auch mitochondriale Enzyme im Blut nachweisbar. Ein Anwendungsbeispiel hierfür ist die Bestimmung des Aktivitätsverhältnisses von Alanin-Aminotransferase (ALAT) (▶ Kap. 13.3.2) und Glutamatdehydrogenase (GlDH) bei Lebererkrankungen. Während ein Anstieg der cytosolischen ALAT eine eher leichtere Zellschädigung signalisiert, kann bei einer Erhöhung der mitochondrialen GlDH-Aktivität im Blut ein schwerer Zell- bzw. Organschaden erwartet werden. Die katalytische Aktivität der Zell-Enzyme im Blut wird dabei u.a. durch das Ausmaß und die Geschwindigkeit der Schädigung der Herkunftszellen, aber auch durch die Vaskularisierung des betroffenen Gewebes und die Geschwindigkeit des Enzymabbaus sowie der Enzymausscheidung bestimmt.

Ein besonders gut untersuchtes Beispiel für die Schädigung eines Organs, die mit einer charakteristischen Freisetzung von Zell-Enzymen und anderen zellulären Proteinen einhergeht, ist der **akute Myokardinfarkt**, bei dem es infolge einer akuten Mangeldurchblutung zu einer Nekrose des Myokardgewebes kommt.

> **!** Die Metabolitkonzentrationen im Blut spiegeln den Funktionszustand und die Kooperation der Zellen, Gewebe und Organe wider.

Enzymatische Bestimmung von Metabolitkonzentrationen. Zu den zentralen Verbindungen des Intermediärstoffwechsels gehören Substanzen wie Glucose, Lactat und Harnstoff. Die Konzentrationen dieser Metabolite im Blut werden durch deren Aufnahme oder Biosynthese, Umwandlung und Abbau bzw. Ausscheidung bestimmt. Eine besondere Bedeutung für die Homöostase der Metabolitkonzentrationen im Blut kommt der koordinierten Steuerung der Organfunktionen durch Hormone zu. Dementsprechend kann die Veränderung der Plasmakonzentration eines Metaboliten auf eine abnorme Stoffwechselfunktion eines Organs und/oder auf eine endokrine Störung hinweisen.

Ein klinisch bedeutsames Anwendungsbeispiel ist die Stoffwechselsituation bei **Diabetes mellitus**, in der es zu einem pathologischen Anstieg der Glucosekonzentration in Blut und Harn kommen kann (▶ Kap. 26.4). Durch die Bestimmung der Glucosekonzentration in den genannten Körperflüssigkeiten kann eine derartige Entgleisung des Stoffwechsels erkannt werden. Dazu findet der in ▶ Kap. 2.1.4 beschriebene gekoppelte optische Test mit **Hexokinase und Glucose-6-phosphat-Dehydrogenase** Anwendung. Eine Alternative ist die **elektrochemische Blutzuckerbestimmung mit Glucose-Biosensoren** nach folgendem Reaktionsprinzip:

$$\text{D-Glucose} + O_2 + H_2O \rightarrow \text{D-Gluconsäure} + H_2O_2 \quad (33)$$

Diese Reaktion wird durch das stabil auf eine Platin-Messelektrode aufgebrachte mikrobielle Enzym **Glucoseoxidase** katalysiert. In einer elektrochemischen Folgereaktion kommt es zur Oxidation des Wasserstoffperoxids zu Sauerstoff unter Freisetzung von Elektronen, die den Stromfluss proportional zur Glucosekonzentration der Probe verändern:

$$H_2O_2 \rightarrow 2H^+ + O_2 + 2e^- \quad (34)$$

Eine entscheidende Rolle spielt die enzymatische Metabolitbestimmung bei der Blutzucker-Selbstkontrolle von Diabetikern, aber auch bei der Überwachung der Stoffwechselparameter von Intensiv-Patienten bei künstlicher Ernährung. Hier dient die Kontrolle der Blutglucosekonzentration der Verhinderung einer schädlichen Hyperglykämie. Die Bestimmung der Harnstoffkonzentration in Blut und Harn mit Hilfe des Enzyms Urease (▶ Kap. 13.5.3) bildet die Grundlage für die Erstellung der Stickstoffbilanz und erlaubt eine Beurteilung des Aminosäure- und Proteinstoffwechsels des Patienten. Durch eine ergänzende enzymatische Bestimmung der Lactat- und Triacylglycerin-Konzentration im Blut kann die Verwertungs- bzw. Oxidationskapazität des Patienten kontrolliert werden mit dem Ziel, diese durch die künstliche Nährstoffzufuhr nicht zu überschreiten.

4.6.4 Diagnostische Bedeutung von Isoenzymen

Isoenzyme können bei einer Zellschädigung im Blut nachgewiesen werden.

Die medizinische Bedeutung der Isoenzym-Analytik soll am Beispiel Kreatinkinase (*creatine kinase*, CK) im Rahmen der Diagnostik und Verlaufskontrolle des Myokardinfarktes sowie von Skelettmuskelerkrankungen dargestellt werden. Bei den Isoenzymen der cytosolischen Kreatinkinase handelt es sich um Dimere, die aus katalytisch aktiven Untereinheiten des M-Typs (***m**uscle*) und/oder B-Typs (***b**rain*) mit einer Molekularmasse von jeweils 40 kDa zusammengesetzt sind:

- CK-1 (CK-BB) kommt in hoher Konzentration und Menge nur im Gehirn vor und wird daher als **Hirn-Typ** bezeichnet
- CK-2 (CK-MB) kann sowohl im Hermuskel als auch im Skelettmuskel nachgewiesen werden. Da die Konzentration dieses Isoenzyms im Myokard am höchsten ist, wird es als **Myokard-Typ** bezeichnet
- CK-3 (CK-MM) wird neben CK-2 im Herz- und Skelettmuskel gefunden und als **Muskel-Typ bezeichnet**

Die intravasale CK-Gesamtaktivität ist beim Gesunden überwiegend auf das Isoenzym CK-MM zurückzuführen. Bei einer akuten Schädigung des Herzmuskels ist ein Anstieg der CK-Aktivität im Blut gelegentlich bereits 4 Stunden nach dem Auftreten der Symptomatik nachweisbar. Das Aktivitätsmaximum wird nach 12–24 Stunden erreicht und geht nach 3–4 Tagen auf Referenzbereich-Niveau zurück. Das Isoenzym CK-MB kann schon ab 3 Stunden nach Einsetzen der Beschwerden in erhöhter Konzentration im Blut gefunden und über viele Stunden hinweg nachgewiesen werden. Die Aktivität der CK-MB wird durch die Bestimmung der »**Restaktivität**« der Kreatinkinase nach Hemmung aller M-Typ-Untereinheiten mit Hilfe eines spezifischen Anti-M-Antikörpers in einem **Immuninhibitionstest** ermittclt.

In ◻ Abb. 4.29 ist der Verlauf der katalytischen Aktivitätskonzentrationen von LDH, CK und CK-MB im Serum nach einem akuten Myokardinfarkt dargestellt. Während die Bestimmung der LDH-Aktivität im Rahmen der aktuellen kardialen Diagnostik in den Hintergrund getreten ist, gilt die Aktivität der CK-MB im Blut als ein notfalltauglicher Parameter der Myokardschädigung, der oft durch eine Bestimmung der **kardialen Troponine** (▶ Kap. 30.3.3) ergänzt wird.

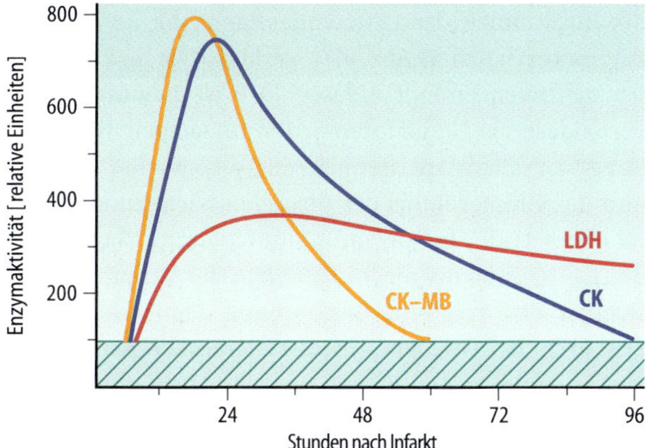

◻ **Abb. 4.29. Verlauf der LDH-, CK- und CK-MB-Aktivität im Serum nach akutem Myokardinfarkt.** Die Enzymaktivitäten sind in relativen Einheiten so normiert, dass der Normalbereich (*schraffiert*) der drei gemessenen Aktivitäten 100 relativen Einheiten entspricht. Absolut betragen die Normalwerte der Serumaktivitäten der LDH <480 U/l, der CK <140 U/l und der CK-MB <24 U/l

4.6.5 Enzyme als Signalverstärker bei diagnostischen Verfahren

Die katalytische Aktivität der Enzyme kann zur Verstärkung molekularer Signale benutzt werden.

In der medizinischen Diagnostik ist es oftmals erforderlich, bestimmte Moleküle in Körperflüssigkeiten, Zellen oder an mikroskopischen Schnittpräparaten selektiv nachzuweisen, zu lokalisieren, ihre Konzentration zu bestimmen oder sie molekular zu charakterisieren. Erschwerend wirkt sich dabei die häufig geringe Konzentration der Zielmoleküle und ihre Ähnlichkeit mit anderen Substanzen aus. Diese Sachlage hat zur Entwicklung enzymimmunologischer Verfahren unter Verwendung von **Enzym-Antikörper-Konjugaten** geführt, die aus spezifischen Immunglobulinmolekülen und geeigneten Enzymen erzeugt werden können.

Das zugrunde liegende Funktionsprinzip ist in ◻ Abb. 4.30 gezeigt. Das Zielmolekül (das Antigen, rot) wird fest an die Oberfläche eines entsprechend präparierten Reaktionsgefäßes gebunden (◻ Abb. 4.30a). Anschließend wird ein Enzym-Antikörper-Konjugat zugegeben. Dieses besteht aus einem gegen das Zielmolekül gerichteten Immunglobu-

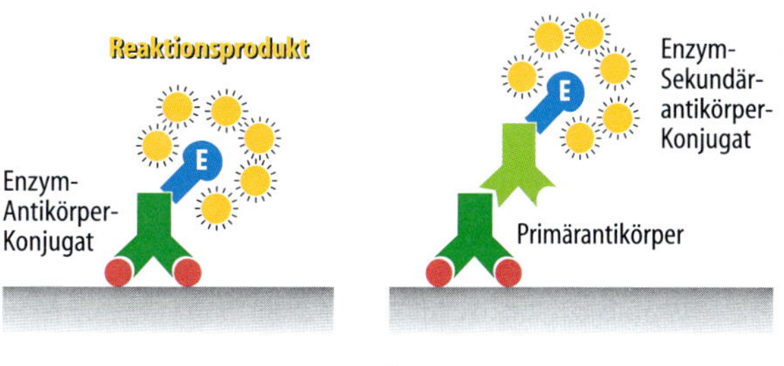

◻ **Abb. 4.30a, b. Verstärkung immunologischer Signale durch Enzyme. a** Test mit einem Enzym-Antikörper-Konjugat (*grün/blau*), dessen Antikörper (*grün*) das Antigen (*rot*) direkt erkennt. **b** Detektion eines Primärantikörpers gegen das Antigen mit einem enzymgekoppelten Sekundärantikörper. Die große Zahl der Produktmoleküle führt zu einer enormen Verstärkung des Eingangssignals (Antigen)

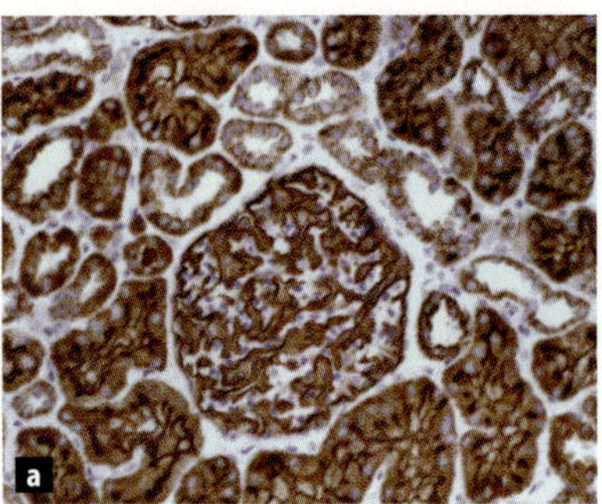

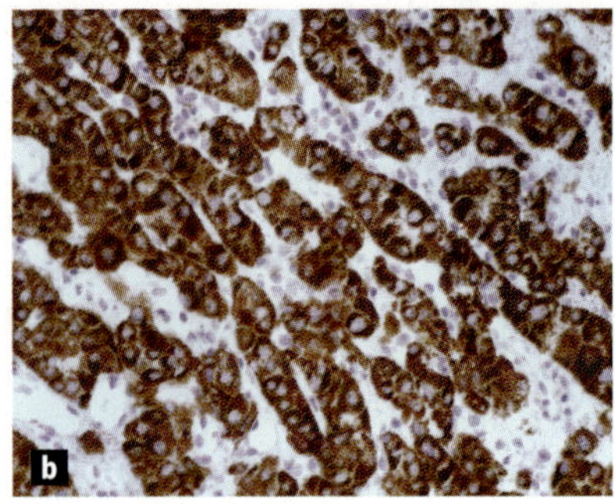

Abb. 4.31a,b. Immunhistochemische Darstellung des CD10-Proteins in der Niere. Die neutrale Endopeptidase CD10 wurde in gesundem Nierenparenchym (**a**) und in einem Nierenzellkarzinom (**b**) mit einem monoklonalen Anti-CD10-Antikörper der Maus als Primärantikörper und einem peroxidasemarkierten Anti-Maus-Immunglobulin als Sekundärantikörper dargestellt. Das Indikatorenzym Peroxidase oxidiert Diaminobenzidin zu einem braungefärbten Reaktionsprodukt. Die Gegenfärbung der Zellkerne (*blau*) erfolgte mit dem Farbstoff Hämatoxylin. Die histologischen Veränderungen im Tumorgewebe werden durch die enzymimmunologische Visualisierung des CD10-Proteins erkennbar. (Aufnahmen freundlicherweise zur Verfügung gestellt von M. Haase, Institut für Pathologie der Medizinischen Fakultät Carl Gustav Carus und OncoRay/Zentrum für Innovationskompetenz der TU Dresden)

linmolekül (dem Antikörper, dunkelgrün), an das ein Enzymmolekül (blau) covalent gebunden ist. Die hohe Spezifität der Antigen-Antikörper-Wechselwirkung ermöglicht die selektive Erkennung und Bindung des Antigens (▶ Kapitel 34.2.1). Nach der Entfernung von überschüssigem Enzym-Antikörper-Konjugat wird ein für das gekoppelte Enzym geeignetes Substrat zugesetzt und das gebildete Reaktionsprodukt anhand der Lichtabsorption oder Fluoreszenz erkannt bzw. quantifiziert. Steht nur ein normaler (unkonjugierter) Antikörper (dunkelgrün) zur Verfügung, kann dieser als **Primärantikörper** eingesetzt und mit einem enzymgekoppelten **Sekundärantikörper** (hellgrün), der den Primärantikörper als Antigen erkennt, nachgewiesen werden (Abb. 4.30b).

Enzymimmunoassays. Enzymimmunologische Tests finden häufig zum Nachweis und zur Bestimmung solcher Antigene Anwendung, die im Blut in einer sehr niedrigen Konzentration vorliegen. Das dem **Enzymimmunoassay** zugrunde liegende Funktionsprinzip wird in ▶ Kapitel 10.4.2 und 25.2.4 ausführlich beschrieben. Grundsätzlich wird dabei entweder die zu bestimmende Substanz oder der Antikörper mit einem geeigneten Enzym markiert. Medizinisch bedeutsame Anwendungsbeispiele sind die Bestimmung des prostataspezifischen Antigens (PSA) im Rahmen der Früherkennung des Prostatakarzinoms, die Analytik der Schilddrüsenhormone oder die Bestimmung der Hepatitis-Antigene.

Western Blot. Spezifische Fragestellungen können neben dem selektiven Nachweis und der sensitiven Bestimmung eines Antigens auch dessen molekulare Charakterisierung erfordern. Dies gelingt durch die Kombination von elektrophoretischer Analytik und enzymimmunologischer Detektion. Das Funktionsprinzip des als **Western Blot** bezeichneten Verfahrens ist in ▶ Kapitel 10.4.2 dargestellt. Klinisch wichtige Anwendungsgebiete sind die Bestätigungstests im Rahmen der HIV-, Borreliose- und Hepatits-C-Diagnostik.

Immunhistochemie. Die Visualisierbarkeit eines bestimmten Proteins an einem Gewebeschnitt demonstriert die große Spezifität und Sensitivität enzymimmunologischer Nachweisverfahren. Ähnlich wie beim Enzymimmunoassay kommen oftmals zwei Antikörper zum Einsatz, von denen der Sekundär-Antikörper mit einem Enzym markiert ist. Die Bildung gefärbter Reaktionsprodukte erfolgt dabei nur am Ort der Lokalisation des Antigens.

Eine Anwendung der immunhistochemischen Methodik im Rahmen der Differentialdiagnostik des Nierenkarzinoms ist in Abb. 4.31 gezeigt. Die Lokalisation der neutralen Endopeptidase CD10 ist anhand der mit Peroxidase als Indikatorenzym verursachten Braunfärbung vor allem im Bereich des proximalen Tubulus und des Glomerulums der gesunden Niere zu erkennen (Abb. 4.31a). Die enzymimmunologische Darstellung des CD10-Proteins macht histologische Veränderungen sichtbar und trägt zur Bestimmung der Herkunft von Tumoren bei, die von metastasierenden Krebszellen des proximalen Tubulussystems der Niere abstammen (Abb. 4.31b).

In Kürze

Die Aufklärung der Enzymfunktionen im Stoffwechsel und die Analyse ihrer Raumstruktur hat zur Entwicklung spezifischer Enzyminhibitoren geführt, die als Antibiotika, Virostatika, Zytostatika, Statine, Blutdrucksenker und Entzündungshemmer wirksam sind.

Die Bestimmung von Enzymaktivitäten und Metabolitkonzentrationen ist ein wesentliches Instrument der klinisch-chemischen Diagnostik. Zelluläre Enzyme, die in das Gefäßsystem übertreten, vermitteln Informationen über das erkrankte Organ, die Schwere und den Verlauf einer Gewebeschädigung sowie den Erfolg einer Therapie. Eine besondere diagnostische Bedeutung kommt der Isoenzym-Analytik zu.

Die Konzentrationen zentraler Metabolite im Blut charakterisieren den Stoffwechsel der Organe und ihre funktionelle Kooperation. Daher stellt die enzymatische Metabolit-Analytik eine sinnvolle Ergänzung der Bestimmung von Enzymaktivitäten dar.

Enzyme können zur Verstärkung molekularer Signale eingesetzt werden. Covalente Konjugate von Enzymen und Antikörpern bilden dabei die Grundlage hoch empfindlicher und selektiver Nachweisverfahren für klinisch bedeutsame Moleküle in Körperflüssigkeiten und histologischen Präparaten.

Literatur

Monographien und Lehrbücher

Berg JM, Tymoczko JL, Stryer L (2003) Biochemie. 5. Auflage. Spektrum Akademischer Verlag

Bisswanger H (2000) Enzymkinetik, Ligandenbindung und Enzymtechnologie. 3. Auflage. WILEY-VCH

Cornish-Bowden A (2004) Fundamentals of Enzyme Kinetics. Portland Press, London

Eisenthal R (2002) Enzyme Assays. Oxford University Press, England

Fersht A (1999) Structure and Mechanism in Protein Science: A Guide to Enzyme Catalysis and Protein Folding. Worth Publishers, New York

Schellenberger A (Hrsg) (1989) Enzymkatalyse. Springer, Berlin Heidelberg New York Tokio

Schrödinger E (1948) What is Life? The Physical Aspect of the Living Cell. Cambridge University Press

Sinha P (2004) Laborbefunde und ihre klinischen Interpretationen. Methoden der Laboruntersuchung, Diagnosestrategien, Differentialdiagnosen. Spitta-Verlag, Balingen

Thomas L (2000) Labor und Diagnose. Indikation und Bewertung von Laborbefunden für die medizinische Diagnostik. 5. erweiterte Auflage. TH-Books, Frankfurt/Main

Original- und Übersichtsarbeiten

Brik A, Wong CH (2003) HIV-1 protease: mechanism and drug discovery. Org Biomol Chem 7:5–14

Copley S et al. (2003) Enzymes with extra talents: moonlighting functions and catalytic promiscuity. Curr Opin Chem Biol 7:265–272

Kicska G et al. (2003) Immucillin H, a powerful transition-state analog inhibitor of purine nucleoside phosphorylase, selectively inhibits human T lymphocytes. PNAS 98:4593–4598

Kirby AJ (2001) The lysozyme mechanism sorted – after 50 years. Nat Struct Biol 8:737–739

Lacroix-Desmazes S (2005) High levels of catalytic antibodies correlate with favorable outcome in sepsis. PNAS 102:4109–4113

Pastorekova S et al. (2004) Carbonic anhydrases: current state of the art, therapeutic applications and future prospects. J Enzyme Inhib Med Chem 19:199–229

Schramm VL (2005) Enzymatic transition states: thermodynamics, dynamics and analogue design. Arch Biochem Biophys 433:13–26

Schubert S, Kurreck J (2004) Ribozyme- and deoxyribozyme-strategies for medical applications. Curr Drug Targets 5:667–81

Srere PA, Ovadi J (1990) Enzyme-enzyme interactions and their metabolic role. FEBS Lett 268:360–364

Vieille C et al. (2001) Hyperthermophilic enzymes: sources, uses, and molecular mechanisms for thermostability. Microbiol Mol Biol Rev 65:1–43

Vocadlo DJ et al. (2001) Catalysis by hen egg-white lysozyme proceeds via a covalent intermediate. Nature 412:835–838

Wolfenden R (2003) Thermodynamic and extrathermodynamic requirements of enzyme catalysis. Biophys Chem 105: 559–72

Links im Netz

▸ www.lehrbuch-medizin.de/biochemie

5 Nucleotide und Nucleinsäuren

Matthias Montenarh, Georg Löffler

5.1 Nucleoside und Nucleotide – 142
5.1.1 Aufbau von Nucleosiden und Nucleotiden – 142
5.1.2 Funktionen von Nucleosiden und Nucleotiden – 144

5.2 Zusammensetzung und Primärstruktur der Nucleinsäuren – 146

5.3 Aufbau der DNA – 147
5.3.1 Die DNA-Doppelhelix – 147
5.3.2 Topologie der DNA – 149
5.3.3 Die Struktur des Chromatins – 152
5.3.4 Aufbau und Funktion der Chromosomen – 154

5.4 DNA als Trägerin der Erbinformation – 158
5.4.1 Die Erhaltung und Realisierung der in der DNA gespeicherten Information – 158
5.4.2 Aufbau von Genomen – 159
5.4.3 Das humane Genom – 159

5.5 Struktur und biologische Bedeutung der RNA – 162

5.6 Chemische und physikalische Eigenschaften von Nucleinsäuren – 165
5.6.1 Reinigung und Charakterisierung von Nucleinsäuren – 165
5.6.2 Sequenzierung von DNA – 170

Literatur – 172

Einleitung

Mononucleotide sind Verbindungen aus einer heterozyklischen Base, Ribose und Phosphat. In Form ihrer Triphosphate stellen sie eine universelle Form von Energie dar. Die Triphosphate sind zudem Phosphatdonoren und damit Aktivatoren oder Inaktivatoren vieler enzymatischer Reaktionen. Nucleotide sind Bestandteile von Coenzymen und an der Wirkung einiger Hormone und Signalsubstanzen beteiligt. Außerdem nehmen sie an der Biosynthese von Proteinen, Kohlenhydraten oder Lipiden teil.

Nucleinsäuren wie DNA und RNA sind polymere Verbindungen, die aus Nucleotiden aufgebaut werden. Sie sind Träger der genetischen Information. Bei Eukaryoten ist die DNA im Zellkern enthalten, wo sie zusammen mit den Histonproteinen den wesentlichen Teil des Chromatins ausmacht. RNA spielt eine entscheidende Rolle bei der Proteinbiosynthese. Sie ist Baustein der Ribosomen, Trägerin von aktivierten Aminosäuren und dient als Matrize.

5.1 Nucleoside und Nucleotide

5.1.1 Aufbau von Nucleosiden und Nucleotiden

! Nucleotide bestehen aus einer heterozyklischen Base, einer Pentose und Phosphatresten.

Wie aus ◘ Abb. 5.1 hervorgeht, sind **Nucleotide** aus drei verschiedenen Komponenten aufgebaut:
- einer stickstoffhaltigen, heterozyklischen Base, deren chemische Struktur einem **Purin**- oder **Pyrimidinderivat** entspricht
- einer Pentose, entweder **Ribose** oder **Desoxyribose** und
- einem oder mehreren **Phosphatresten**

Fehlen die Phosphatreste, so handelt es sich um Nucleoside.

! Nucleoside und Nucleotide enthalten Purin- oder Pyrimidinbasen.

Die häufigsten in Nucleotiden und Nucleosiden vorkommenden Purinbasen sind **Adenin** (A) und **Guanin** (G), die häufigsten Pyrimidinbasen **Cytosin** (C), **Thymin** (T) und **Uracil** (U) (◘ Abb. 5.2a,b).

Oxypurine und Oxypyrimidine zeigen das Phänomen der **Keto-Enol-Tautomerie**, wie in ◘ Abb. 5.3 am Beispiel des Thymins dargestellt ist. Das Gleichgewicht liegt dabei stark auf der Seite der Ketoform. Für die korrekte Informationsübertragung bei Replikation und Transkription (▶ Kap. 7.2, 8) muss die Ketoform vorliegen, da durch die Enolform Fehlablesungen zustande kommen können.

Nucleotide sind besser wasserlöslich als Nucleoside und diese wiederum besser als die freien Basen. Nucleotide können durch verschiedene Techniken wie Dünnschichtchromatographie, Elektrophorese oder Ionenaustauschchromatographie von einander getrennt werden. Purin- und Pyrimidinbasen zeigen eine starke UV-Absorption mit einem Absorptionsmaximum bei 260 nm.

Da auch die Nucleinsäuren (DNA und RNA, ▶ u.) aus Nucleotiden zusammengesetzt sind, enthalten sie ebenfalls Purin- und Pyrimidinbasen. Dabei ist allerdings zu beachten, dass
- Thymin hauptsächlich in der DNA
- Uracil hauptsächlich in der RNA vorkommt, während
- Cytosin, Adenin und Guanin Bestandteile sowohl der DNA als auch der RNA sind

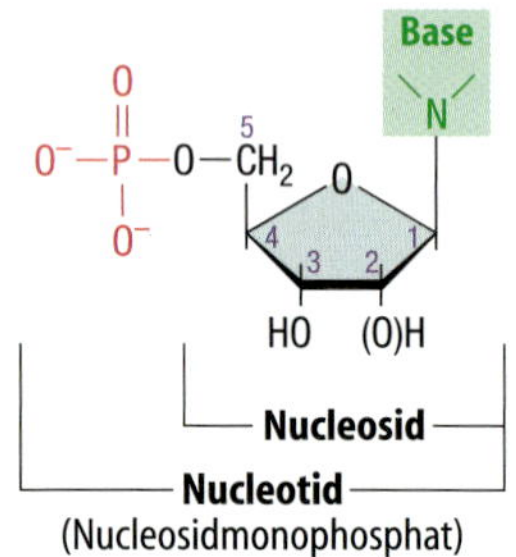

◘ **Abb. 5.1. Aufbau von Nucleosiden und Nucleotiden**

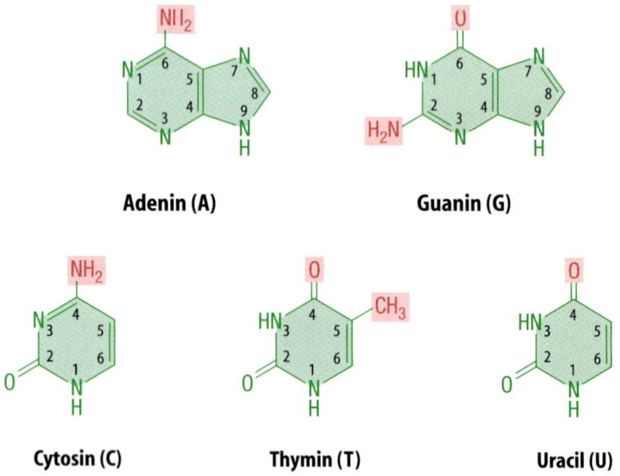

◘ **Abb. 5.2. Strukturformeln häufiger Purin- und Pyrimidinbasen. oben** Die Purinbasen Adenin und Guanin; **unten** die Pyrimidinbasen Cytosin, Thymin und Uracil

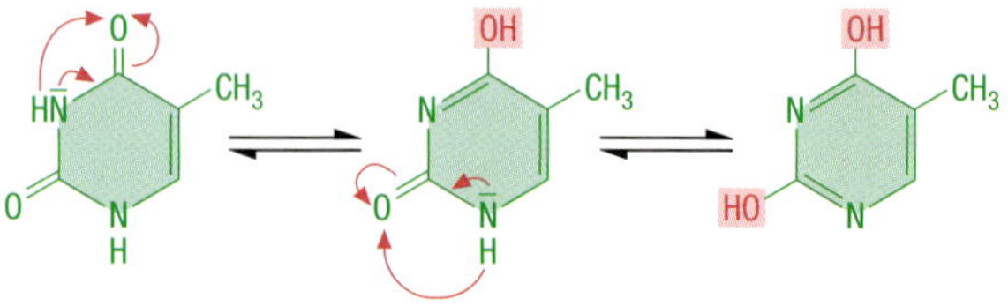

◘ **Abb. 5.3. Keto-Enol Tautomerie von Thymin**

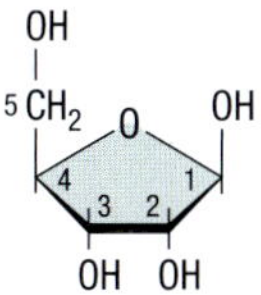

Bestandteil von Desoxyribosiden, Monodesoxyribonucleotiden, Polydesoxyribonucleotiden (Desoxyribonucleinsäuren, DNA)

2-Desoxy-D-Ribose

Abb. 5.4. Ribose und Desoxyribose

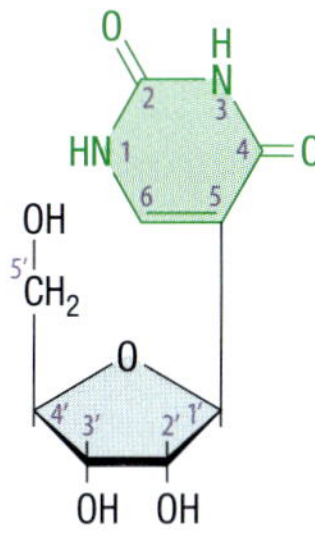

Abb. 5.5. Pseudouridin

In ribosomalen RNAs und in Transfer-RNAs kommen weitere, häufig methylierte Purin- und Pyrimidinbasen vor. Dabei erfolgt die Methylierung erst nach Einbau der Basen in die Nucleinsäuren.

! Ribose oder Desoxyribose sind die in Nucleosiden und Nucleotiden vorkommenden Pentosen.

Als Zuckerbestandteil finden sich in Mono- bzw. Polynucleotiden sowie in Nucleosiden ausschließlich die Pentosen **D-Ribose** bzw. die am C-Atom 2 reduzierte Pentose **2-Desoxy-D-Ribose** (Abb. 5.4). Dem entsprechend werden Nucleoside in Ribo- bzw. Desoxyribonucleoside und Nucleotide in Ribo- bzw. Desoxyribonucleotide eingeteilt. Da Nucleinsäuren Polymere aus Nucleotiden sind, werden sie auch als Polynucleotide bezeichnet:

- Für eine aus Ribonucleotiden bestehende Nucleinsäure wird die Bezeichnung Polyribonucleotid oder Ribonucleinsäure (RNA, *ribonucleic acid)* verwendet
- für eine aus Desoxyribonucleotiden bestehende Nucleinsäure die Bezeichnung Polydesoxyribonucleotid oder Desoxyribonucleinsäure (DNA, *deoxyribonucleic acid)*

Wichtig ist, dass in einem Polynucleotid niemals Ribose und Desoxyribose als Zucker nebeneinander vorkommen.

! In Nucleotiden und Nucleosiden ist die Base durch eine N-glycosidische Bindung mit der Pentose verknüpft.

Zwischen dem halbacetalischen C-Atom 1′* einer Pentose (Ribose bzw. Desoxyribose) und dem jeweiligen N-Atom der Base liegt die für Nucleoside und Nucleotide typische N-glycosidische C-N-Bindung. Im Allgemeinen binden die Purinbasen über das N-Atom 9 an das C-1′-Atom des Zuckers, die Pyrimidinbasen über das N-Atom 1 an das C-Atom 1′ der Ribose. Eine Ausnahme bildet **Pseudouridin** (Ψ). Bei ihm ist die Ribose mit dem C-Atom 5 von Uracil verbunden, wobei statt einer C-N-Bindung eine C-C-Bindung entsteht (Abb. 5.5).

! Die Benennung der Nucleoside leitet sich von den jeweiligen Basenbestandteilen ab.

Wie aus Tabelle 5.1 hervorgeht, wird bei Pyrimidinbasen meist die Endung -idin, bei Purinbasen die Endung -osin angehängt.

! Nucleotide sind die Phosphatester von Nucleosiden.

Durch Veresterung einer Hydroxylgruppe der Pentose eines Nucleosids mit Phosphat entsteht aus einem Nucleosid ein **Nucleotid** (Abb. 5.1). Die Veresterung erfolgt dabei in der Regel am C-Atom 5′ der Pentose, seltener am C-Atom 3′. Tabelle 5.2 zeigt am Beispiel der Adeninnucleotide die übliche Nomenklatur. In analoger Weise erfolgt die Benennung der Guanin-, Cytosin-, Uracil- und Thyminnucleotide. Ein Adeninnucleotid wird demnach als Adenosin-5′-Monophosphat bezeichnet, wenn der Phosphorsäurerest am C-Atom 5′ der Ribose sitzt. Wenn Desoxyribose die

Tabelle 5.1. Nomenklatur der Nucleoside

Base	Abkürzung	Pentose	Nucleosid	Abkürzung
Cytosin	Cyt	Ribose Desoxyribose	Cytidin Desoxycytidin	C dC
Thymin	Thy	Ribose Desoxyribose	Thymidin Desoxythymidin	T dT
Uracil	Ura	Ribose Desoxyribose	Uridin Desoxyuridin	U dU
Adenin	Ade	Ribose Desoxyribose	Adenosin Desoxyadenosin	A dA
Guanin	Gua	Ribose Desoxyribose	Guanosin Desoxyguanosin	G dG
Hypoxanthin	Hyp	Ribose Desoxyribose	Inosin Desoxyinosin	I dI
Xanthin	Xan	Ribose Desoxyribose	Xanthosin Desoxyxanthosin	X dX

* Zur eindeutigen Unterscheidung der Atome in Nucleotiden und Nucleosiden werden diejenigen der heterocyclischen Basen ohne Apostroph, diejenigen der Pentose mit einem Apostroph markiert.

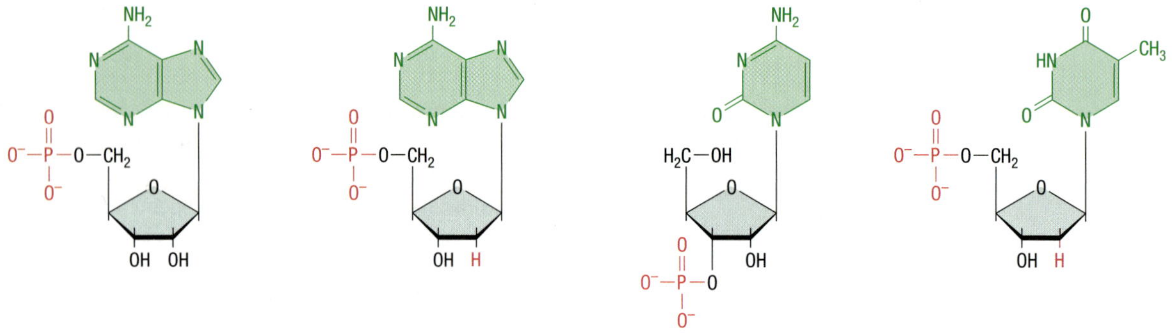

Adenosin-5'-monophosphat AMP | Desoxyadenosin-5'-monophosphat 5'-dAMP | Cytidin-3'-monophosphat 3'-CMP | Desoxythymidin-5'-monophosphat 5'-TMP

Abb. 5.6. Strukturformeln wichtiger Nucleotide. (Auswahl)

Tabelle 5.2. Nomenklatur der Adeninnucleotide

Nucleosid	Verestertes C-Atom	Nucleotid	Abkürzung
Adenosin	5′	Adenosin-5′-Monophosphat	(5′-)AMP
	3′	Adenosin-3′-Monophosphat	3′-AMP
Desoxyadenosin	5′	Desoxyadenosin-5′-Monophosphat	5′-dAMP
	3′	Desoxyadenosin-3′-Monophosphat	3′-dAMP

Pentose im Adeninnucleotid ist, wird es als Desoxyadenosin-5′-Monophosphat bezeichnet. Meist wird eine abgekürzte Schreibweise für die Nucleotide verwendet, wobei die Buchstaben A, G, C, T oder U zur Benennung des jeweiligen **Nucleosids** verwendet werden. Das Präfix d muss angefügt werden, wenn die Desoxyribose als Zucker dient. Kommt ein **Nucleotid** in seiner freien Form vor, wird die Bezeichnung Monophosphat (-MP) hinzugefügt. In Abbildung 5.6 sind die Strukturen einiger häufiger Mononucleotide dargestellt. Es hat sich außerdem eingebürgert, bei der Notierung von DNA- bzw. RNA-Sequenzen die o.g. Einbuchstabenabkürzungen auch für die Benennung der in der jeweiligen Sequenz vorkommenden Nucleotide zu benutzen.

5.1.2 Funktionen von Nucleosiden und Nucleotiden

! Nucleoside entstehen im Intestinaltrakt beim Abbau der Nucleinsäuren der Nahrung sowie in den Geweben beim Abbau von Nucleotiden.

Nucleoside entstehen im Intestinaltrakt bei der Verdauung der in den Nahrungsstoffen enthaltenen Nucleinsäuren, sind jedoch zum Teil auch in erheblicher Konzentration bereits in bestimmten Nahrungsmitteln enthalten. Besonders nucleosidreich ist z.B. die Muttermilch. Durch spezifische Transportsysteme im Intestinaltrakt werden diese Nucleoside resorbiert und anschließend auf die verschiedenen Gewebe verteilt. Dort dienen sie hauptsächlich der Synthese von Nucleotiden und Nucleinsäuren (► Kap. 5.1), darüber hinaus als Signalmoleküle der Reifung und Differenzierung der Epithelzellen des Intestinaltrakts. Diese Funktion ist besonders bei Säuglingen von Bedeutung.

Purinnucleoside und hierbei besonders das **Adenosin** spielen eine wichtige Rolle als extrazelluläre Signalmoleküle. Adenosin führt zu einer Relaxation der glatten Gefäßmuskulatur und steigert die Durchblutung vieler Gewebe. Außerdem hat es eine stark antilipolytische Wirkung.

Die Tatsache, dass viele Zellen spezifische Transportsysteme (Carrier) für die Aufnahme von Nucleosiden besitzen, hat erhebliche medizinische Bedeutung. Derartige Carrier sind nämlich imstande, auch chemisch modifizierte Nucleoside aufzunehmen und dann intrazellulär in die entsprechenden Nucleosidtriphosphate umzuwandeln. Diese dienen dann häufig als Hemmstoffe der Purin-, bzw. Pyrimidinsynthese sowie der Nucleinsäuresynthese. Aus diesem Grund werden derartige Verbindungen zur Therapie von Tumor- oder Viruserkrankungen eingesetzt (► Kapitel 10.5, 19.1.5).

! Nucleotide sind Träger energiereicher Phosphate.

Durch Anlagerung weiterer Phosphatmoleküle entstehen aus Nucleosidmonophosphaten **Nucleosiddi-** und **Nucleosidtriphosphate**. Eine besondere Bedeutung als universeller Energiedonor für eine Vielzahl von Reaktionen hat das in Abb. 5.7 dargestellte **Adenosin-5′-Triphosphat** (ATP). Die Bindung zwischen dem α- und β- sowie dem β- und γ-Phosphat des ATP ist energiereich, da es sich jeweils um eine **Phosphorsäureanhydrid-Bindung** handelt. Nucleosiddiphosphate und -triphosphate gibt es in analoger Weise von allen Nucleotiden.

! Nucleotide sind an einer Vielzahl biochemischer Prozesse beteiligt.

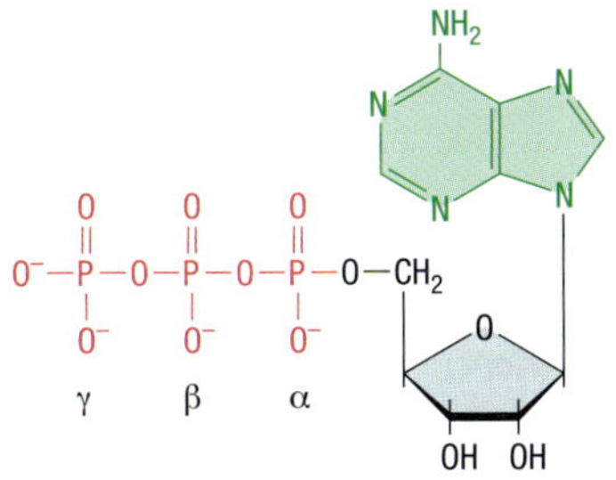

Abb. 5.7. Adenosin-5′-Triphosphat

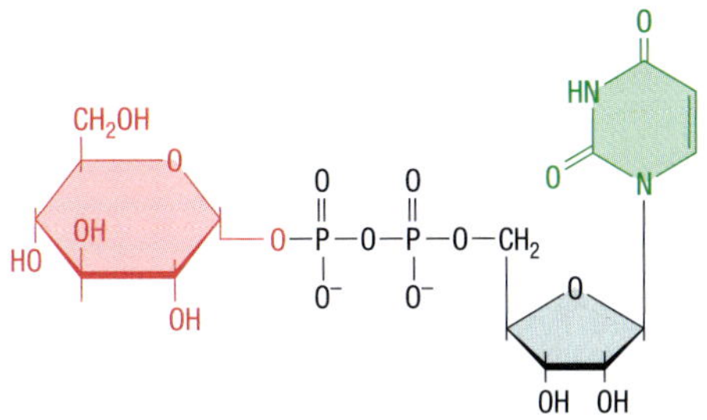

Abb. 5.8. Uridindiphosphat-Glucose. Das durch UMP reaktionsfähig gemachte Glucose-1-Phosphat ist rot hervorgehoben

Nucleotide haben eine außerordentliche Bedeutung für die Aufrechterhaltung der Lebensvorgänge in Zellen, da sie an vielen entscheidenden biochemischen Vorgängen beteiligt sind:

- Sie sind **universelle Energieträger**, da durch Substratketten-Phosphorylierung und bei der Reoxidation wasserstoffübertragender Coenzyme **ATP** oder **GTP** entstehen. Diese liefern dann die Energie für alle zellulären Aktivitäten, z.B. Biosynthesen, Transportvorgänge oder Motilität
- Sie sind die aktivierten Vorstufen für die **DNA-** und **RNA-Biosynthese** (▶ Kap. 7 und 8)
- Nucleotide bilden die für viele Biosynthesen benötigten aktivierten Zwischenprodukte. Hierzu gehören:
  - die **UDP-Glucose** (Abb. 5.8) für die Glycogenbiosynthese
  - das **CDP-Cholin** (Abb. 5.9) für die **Phospholipidsynthese** sowie das
  - **Aminoacyl-Adenylat** für die Proteinbiosynthese (▶ Kap. 9.1.3)
- Adeninnucleotide sind Bestandteile der Coenzyme
  - Nicotinamid-Adenin-Dinucleotid (NAD^+)
  - Flavin-Adenin-Dinucleotid (FAD)
  - Coenzym A (CoA-SH) (▶ Kap. 23.3.6)

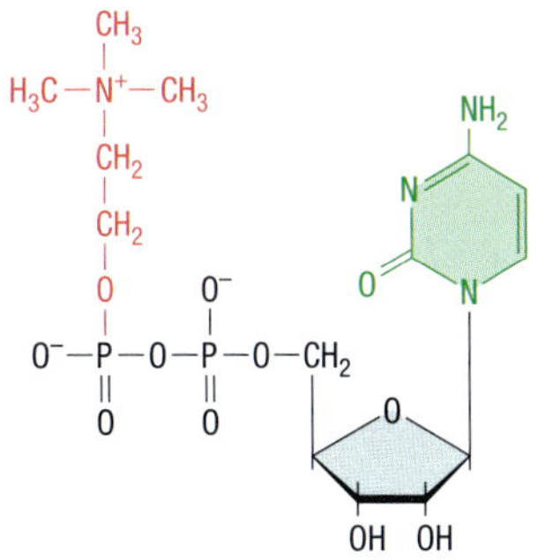

Abb. 5.9. Cytidindiphosphat-Cholin

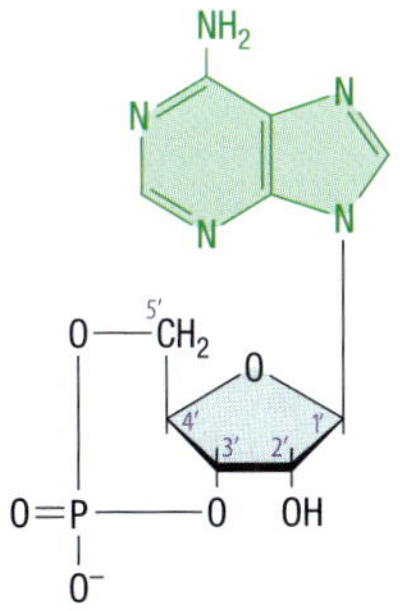

Abb. 5.10. Zyklisches Adenosin-3′,5′-Monophosphat (3′,5′-cyclo-AMP, cAMP)

! Nucleosidcyclosphosphate sind intrazelluläre Signalmoleküle.

Wichtige Derivate von ATP und GTP sind das **zyklische Adenosin-3′-5′-Monophosphat** (3′, 5′-cyclo-AMP, cAMP) (Abb. 5.10) sowie das **zyklische Guanosin-3′,5′-Monophosphat** (3′,5′-cyclo-GMP, cGMP). Beide Nucleotide entstehen intrazellulär unter Pyrophosphat-Abspaltung durch die Einwirkung spezifischer Cyclasen. Sie dienen als intrazelluläre Signalmoleküle (*second messenger*) und haben wichtige Funktionen bei der Regulation von Zellstoffwechsel, Wachstum und Differenzierung (▶ Kap. 25.4.5).

In Kürze

- Nucleoside bestehen aus je einer von vier Basen, die über N-glycosidische Bindungen mit Ribose, seltener Desoxyribose verknüpft sind
- Durch Veresterung der Hydroxylgruppe am C-Atom 3 oder häufiger am C-Atom 5 der Ribose bzw. Desoxyribose mit Phosphorsäure werden aus Nucleosiden die entsprechenden Nucleotide gebildet
- Durch die Anlagerung weiterer Phosphate entstehen aus Nucleosid-Monophosphaten die entsprechenden Di- und Triphosphate. Sie enthalten energiereiche Phosphorsäureanhydrid-Bindungen, deren Hydrolyse endergone Reaktionen ermöglicht
- Durch Verbindungen mit Nucleosid-Diphosphaten werden Zwischenprodukte des Intermediärstoffwechsels aktiviert

5.2 Zusammensetzung und Primärstruktur der Nucleinsäuren

1869 beschrieb Friedrich Miescher, dass im Zellkern eine phosphathaltige proteinfreie Substanz vorkommt, die er Nuclein nannte. In späteren Jahren vermutete er, dass sie etwas mit dem Fertilisierungsvorgang zu tun haben müsste. 1889 prägte Richard Altmann den Begriff **Nucleinsäure**, 1893 identifizierte Albrecht Kossel die in Nucleinsäuren vorkommenden Basen und Zuckerkomponenten.

> **!** Nucleinsäuren sind Polymere, die aus Ketten von Nucleotiden bestehen, die untereinander durch Phosphodiesterbindungen verknüpft sind.

In ◘ Abb. 5.11 ist ein hypothetisches Tetranucleotid aus je einem DNA- bzw. RNA-Strang dargestellt. Dabei gelten folgende Besonderheiten:

- Nach Konvention wird das **5′-Phosphatende** der Kette (links) an den Anfang, das **3′-OH-Ende** (rechts) an das Ende der Kette geschrieben

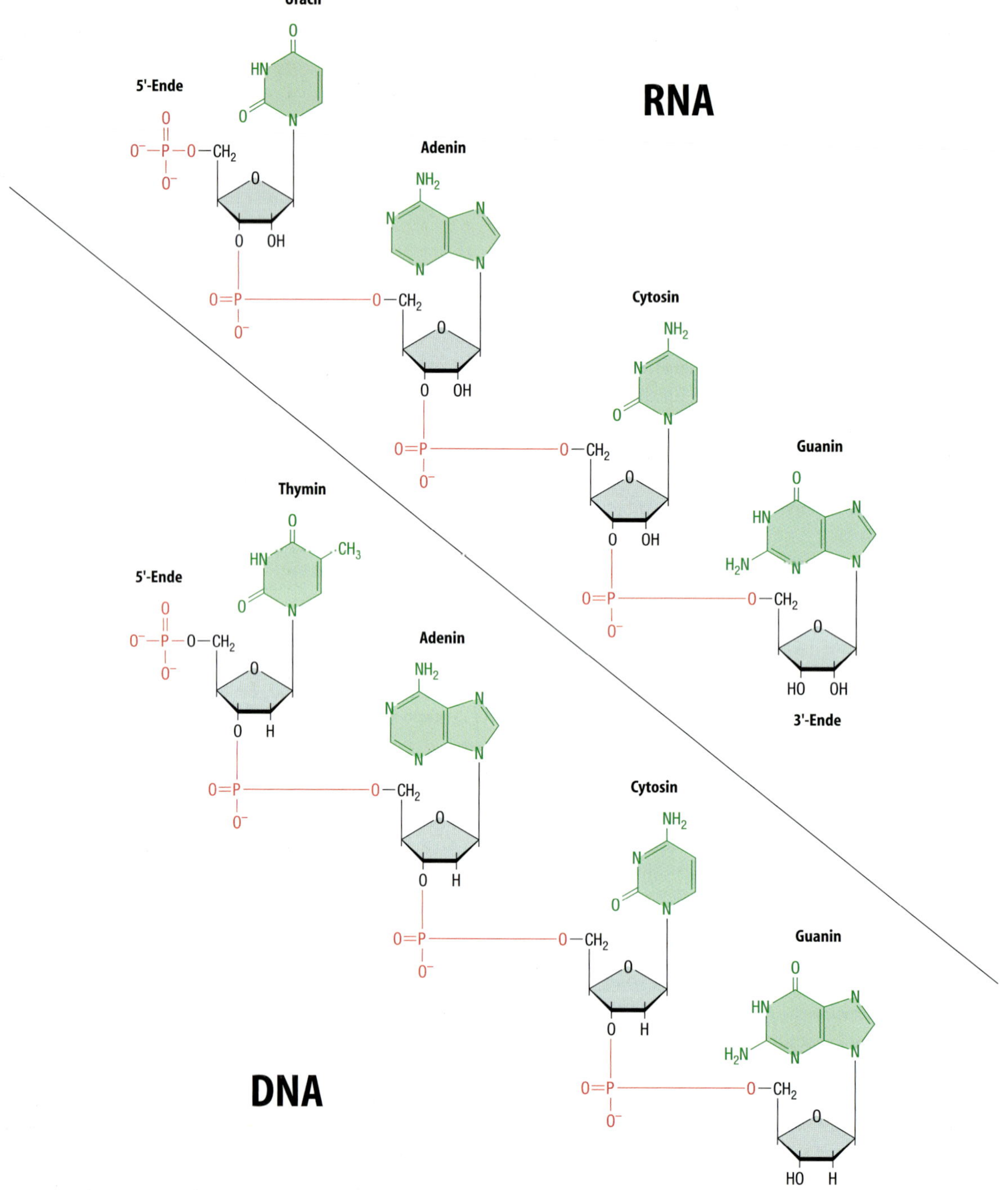

◘ **Abb. 5.11. Primärstruktur eines hypothetischen RNA- bzw. DNA-Tetranucleotids**

- Die stickstoffhaltigen Purin- oder Pyrimidinbasen sind stets über eine **N-glycosidische** Bindung an das C1′-Atom der Pentose gebunden (Ausnahme Pseudouridin)
- Die Verbindung zwischen den einzelnen Mononucleotiden erfolgt durch eine **Phosphodiesterbindung** zwischen dem C-Atom 3′ der einen Pentose und dem C-Atom 5′ der nächsten. In der DNA ist diese 3′,5′-Bindung die einzig mögliche, da in der Desoxyribose keine weiteren Hydroxylgruppen für die Bindung von Phosphatestern zur Verfügung stehen. Auch in der RNA kommen am häufigsten 3′,5′-Bindungen vor, obwohl auch 2′,5′-Bindungen möglich sind

Die Struktur einer Nucleinsäurekette kann in abgekürzter Form angegeben werden:

- Die Buchstaben **A, G, C** und **U** oder **T** dienen dabei als Symbole für die Basen
- Der Buchstabe **p** bezeichnet Phosphat. p auf der linken Seite der Nucleosidabkürzung stellt eine 5′-Zuckerphosphatbindung dar, auf der rechten Seite der Nucleosidabkürzung eine 3′-Zuckerphosphatbindung
- Mit dem Präfix **d** wird zum Ausdruck gebracht, dass es sich um ein **Desoxyribonucleotid** handelt

So wird beispielsweise mit dem Ausdruck **dpG** Desoxyguanosin-5′-Phosphat bezeichnet. Ein **dGp** steht dagegen für Desoxyguanosin-3′-Phosphat. Die in ◘ Abb. 5.11 dargestellten Tetranucleotide würden in der Kurzschreibweise als d(pT-A-C-G) bzw. pU-A-C-G bezeichnet werden. Damit werden als Verknüpfung Phosphodiesterbindungen zwischen dem C-Atom 3′ des einen Zuckermoleküls und dem C-Atom 5′ des nächsten angenommen.

Infolge der Phosphatgruppen sind Nucleinsäuren starke mehrbasische Säuren, die bei pH-Werten über 4 vollständig dissoziiert sind. DNA und RNA unterscheiden sich nicht nur durch die Art der als Basenbestandteile verwendeten Zucker, sondern auch durch die Basenzusammensetzung:

- In der DNA kommen Adenin, Guanin, Thymin und Cytosin vor
- In der RNA findet sich dagegen meistens statt der Pyrimidinbase Thymin das Uracil

In Kürze

Nucleotidbausteine bilden durch Verknüpfung über Phosphorsäurediesterbrücken zwischen den C-Atomen 3′ und 5′ der Ribose bzw. Desoxyribose lange kettenförmige Moleküle, die Nucleinsäuren. In DNA-Molekülen kommen ausschließlich Desoxyribonucleotide vor, in RNA-Molekülen Ribonucleotide. DNA und RNA unterscheiden sich auch durch die Basenzusammensetzung.

5.3 Aufbau der DNA

5.3.1 Die DNA-Doppelhelix

Erst 1944, also 75 Jahre nach der Erstbeschreibung der Nucleinsäuren, entdeckte Oswald Theodore Avery, dass DNA Trägerin der Erbmerkmale ist. Bis 1950 hatte schließlich Erwin Chargaff eine Reihe wichtiger Eigenschaften der DNA aufgeklärt:

- Die Basenzusammensetzung der DNA ist speziesspezifisch
- Aus verschiedenen Geweben der gleichen Art isolierte DNA-Proben haben immer die gleiche Zusammensetzung
- Innerhalb einer bestimmten Spezies ist die Basenzusammensetzung der DNA konstant und nicht vom Alter, Ernährungszustand oder Veränderungen der Umgebung abhängig
- In allen untersuchten DNA-Proben ist die Anzahl der Adeninreste gleich der Anzahl der Thyminreste. Ebenso ist die Anzahl der Guaninreste stets gleich der Anzahl der Cytosinreste. Daraus folgt, dass die Summe der Purinnucleotide gleich der Summe der Pyrimidinnucleotide sein muss

Trotz dieser Erkenntnisse waren der DNA-Aufbau und der Mechanismus der Informationsspeicherung und Wiedergabe durch die DNA völlig rätselhaft. Rosalind Franklin und Maurice Wilkins stellten als Erste röntgenkristallographische Untersuchungen über die DNA an und schlossen auf eine spiralige Struktur. Erst James Watson und Francis Crick gingen von der Annahme aus, dass im DNA-Molekül Wasserstoffbrückenbindungen zwischen den Basen vorhanden sind und kamen 1993 auf ein Modell der DNA-Struktur, das sich schließlich als richtig erwies.

Es handelt sich um die **B-DNA**. Ihre Struktur ergibt sich aufgrund von Wasserstoffbrückenbindungen und hydrophoben Wechselwirkungen (◘ Abb. 5.12):

- B-DNA besteht aus zwei helicalen Polydesoxynucleotid-Strängen, die sich um eine gemeinsame Achse winden. Dabei verlaufen die Stränge in entgegengesetzter Richtung, sind also **antiparallel**
- B-DNA bildet eine rechtsgängige Doppelhelix mit etwa 10 Basenpaaren pro Wendelgang auf einer Länge von 3,3 nm. Der Durchmesser dieser Helix liegt bei 2,37 nm
- B-DNA weist eine große Furche (Breite 1–2 nm) sowie eine kleine Furche (Breite 0,6 nm) auf
- Die Basen zeigen in das Innere der Helix, die Zucker-Phosphat-Reste sind jedoch nach außen orientiert

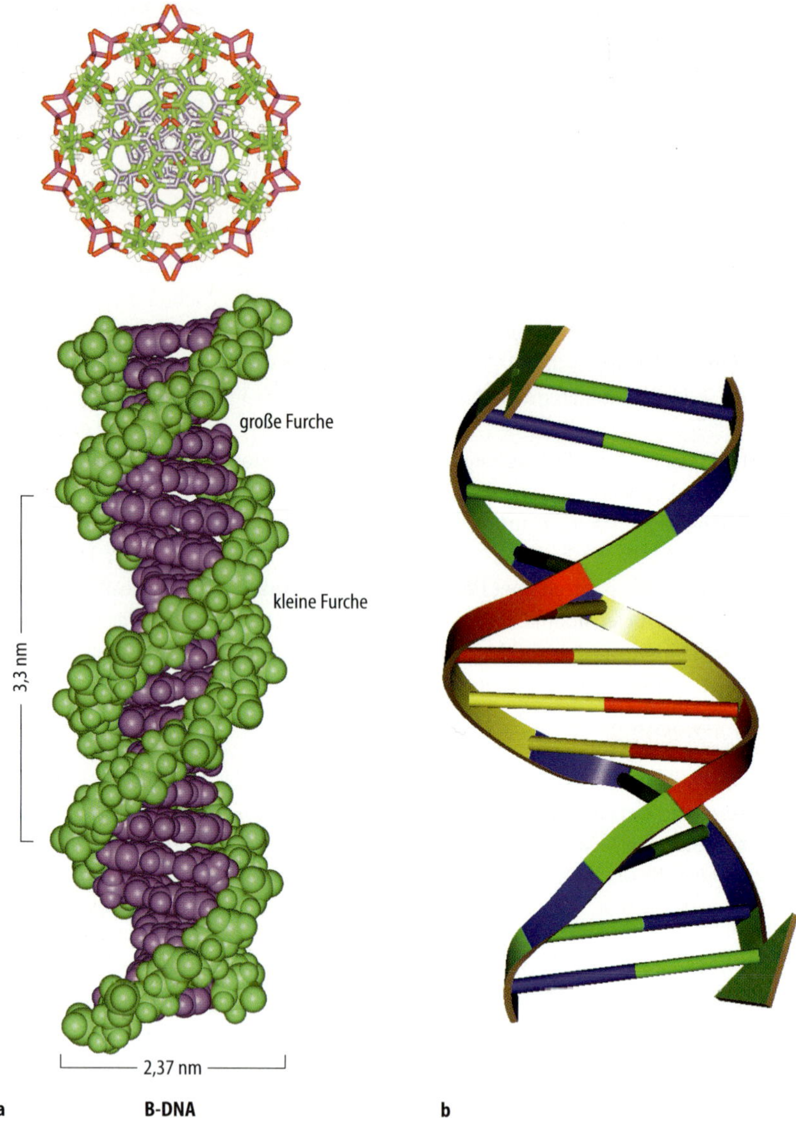

Abb. 5.12. Struktur der DNA-Doppelhelix Typ B. a Atommodell, oben in der Aufsicht, unten Seitenansicht. Die Basen sind violett, das Rückgrat aus Desoxyribose und Phosphat ist grün gefärbt; **b** schematische Darstellung, die Pfeilspitzen geben die Richtung der Stränge an. (*grün*) Guaninnucleotide, (*blau*) Cytosinnucleotide; (*rot*) Adeninnucleotide; (*gelb*) Thyminnucleotide. Quelle: Biocomputing-Gruppe, Institut für Molekulare Biotechnologie, Jenaer Zentrum für Bioinformatik, http://www.imb-jena.de/jcb/download/dna_50_jahre.pdf

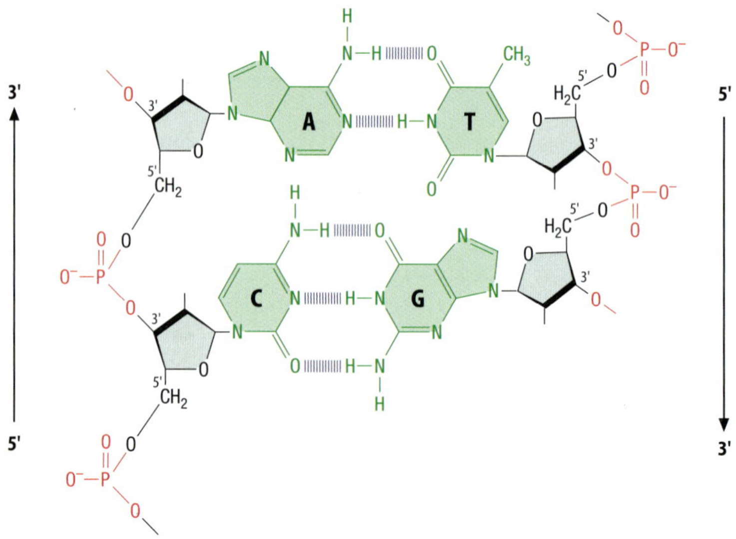

Abb. 5.13. Ausbildung von Wasserstoffbrücken (Basenpaarungen) zwischen Adenin und Thymin bzw. Cytosin und Guanin

- Benachbarte Basen entlang der Helixachse sind 0,34 nm voneinander entfernt und um 36° gegeneinander verdreht
- Die beiden DNA-Einzelstränge werden durch Wasserstoffbrückenbindungen zwischen jeweils zwei Basen zusammengehalten. Dabei paart **Adenin** immer mit **Thymin** und **Guanin** immer mit **Cytosin** (◘ Abb. 5.13)
- Guanin und Cytosin können **drei**, Adenin und Thymin **zwei Wasserstoffbrücken** ausbilden

Der größte Teil der DNA liegt *in vivo* als B-DNA vor. Grundsätzlich anders aufgebaut ist die **Z-DNA** (◘ Abb. 5.14). Bei dieser DNA-Form handelt es sich um eine **linksgängige** Doppelhelix mit einer Ganghöhe von 4,56 nm und 12 Basenpaaren pro Windung. Z-DNA findet sich v.a. in GC-reichen DNA-Sequenzen und macht insgesamt nur einen sehr kleinen Teil der zellulären DNA aus. Ihr Auftreten hängt mit der Transkription spezifischer Gene zusammen, wobei eine wichtige Rolle der Z-DNA beim RNA-*Editing* (► Kap. 8.5.4) erwiesen ist. Die **A-DNA** (◘ Abb. 5.14) entsteht nur bei experimenteller Dehydratisierung der B-DNA. Sie ist breiter als diese, ein Wendelgang umfasst 11 Basenpaare. Wahrscheinlich kommt die A-DNA *in vivo* nicht vor, jedoch nehmen DNA-RNA-Doppelhelices die A-Konformation an.

Wichtige strukturelle Eigenschaften der verschiedenen DNA-Formen sind in ◘ Tabelle 5.3 zusammengestellt.

Der DNA-Gehalt von Säugetierzellen liegt je nach Spezies zwischen 4 und 8 pg/Zelle. Dies ist mehr als tausendmal so viel wie der DNA-Gehalt von Mikroorganismen. Die höchsten DNA-Gehalte zeigen die Zellen höherer Pflanzen mit mehr als dem 10^4-fachen des DNA-Gehaltes von Bakterienzellen. Dementsprechend variabel ist auch die sog. **Konturlänge** der DNA. Dieser Wert ergibt sich unter der Annahme, dass die gesamte DNA einer Zelle als lineares Makromolekül vorliegen würde. *E. coli* hätte demnach eine Konturlänge von 1,36 µm, die diploide humane DNA dagegen eine von etwa 1,8 m! Im Allgemeinen ist es jedoch üblich, die Größe von DNA-Abschnitten mit Hilfe der Zahl der Basen (*base*, b) oder Basenpaare (*base pairs*, bp) anzugeben. Ein DNA-Einzelstrang von 1 kb Größe wäre demnach aus 10^3 Basen zusammengesetzt, einer von 1 Mb aus 10^6 Basen usw.

◘ Tabelle 5.3. Struktureigenschaften idealer A-, B- und Z-DNA

	A	B	Z
helicaler Drehsinn	rechtsgängig	rechtsgängig	linksgängig
Durchmesser	ca. 2,6 nm	ca. 2 nm	ca. 1,8 nm
Basenpaare pro helicale Windung	11	10	12 (6 Dimere)
helicale Windung pro Basenpaar	33°	36°	60° (pro Dimer)
helicale Ganghöhe (Anstieg/Windung)	2,8 nm	3,4 nm	4,5 nm
helicaler Anstieg pro Basenpaar	0,26 nm	0,34 nm	0,37 nm
Basenneigung zur Helixachse	20°	6°	7°
große Furche	eng und tief	breit und tief	flach
kleine Furche	breit und flach	eng und tief	eng und tief

5.3.2 Topologie der DNA

Die verschiedenen Funktionen der DNA machen es notwendig, dass temporär eine Reihe von Änderungen der oben geschilderten helikalen Strukturen auftreten. Diese sind wichtig für Replikation, Transkription, Transposition, Integration viraler DNA und das Auftreten von Mutationen.

❶ Umgekehrte Wiederholungssequenzen können zu kreuzförmigen Strukturen führen.

Gelegentlich kommen in DNA-Sequenzen so genannte **Palindrome** vor. Man versteht hierunter generell Sätze, die egal ob von links nach rechts oder von rechts nach links gelesen, immer die gleiche Buchstabenreihenfolge ergeben. Ein Beispiel hierfür ist etwa »*Anni meide die Minna*«. Wie in ◘ Abbildung 5.15 gezeigt, sind derartige DNA-Bereiche mit sich selbst komplementär, da sie **umgekehrte Wiederholungssequenzen** (*inverted repeats*) enthalten. Sie sind unter bestimmten Bedingungen imstande, kreuzförmige Strukturen auszubilden.

Inverted repeats findet man in den DNA-Bindungsregionen von Rezeptoren der Steroidhormon-Familie. Sie sind an der DNA-Rekombination beteiligt, können darüber hinaus auch potentiell Mutationen auslösen.

❶ Durch Superspiralisierung entstehen kompaktere DNA-Formen.

Die bisher beschriebenen Doppelhelices sind Spiralen aus zwei Einzelsträngen mit einer gemeinsamen Längsachse. Dies trifft sowohl für die ringförmigen DNA-Moleküle von Prokaryonten als auch für die sehr langen linearen DNA-Stücke in eukaryotischen Chromosomen zu.

Bei der DNA-Replikation und -Transkription, aber auch bei anderen Reaktionen der DNA muss der Doppelstrang lokal entwunden werden. In ◘ Abb. 5.16 ist die hierbei auftretende Problematik in schematischer Form dargestellt. Ausgangspunkt ist die lineare B-Doppelhelix mit 10 Basenpaaren pro Wendelgang. Stellt man sich den Doppelstrang an einem Ende fixiert vor, so muss die DNA einmal um ihre Längsachse gedreht werden, um die Lösung der Wasserstoffbrücken von 10 Basenpaaren zu erreichen (◘ Abb. 5.16a). Wesentlich komplizierter sind die Verhältnisse, wenn beide Enden des DNA-Doppelstrangs fixiert

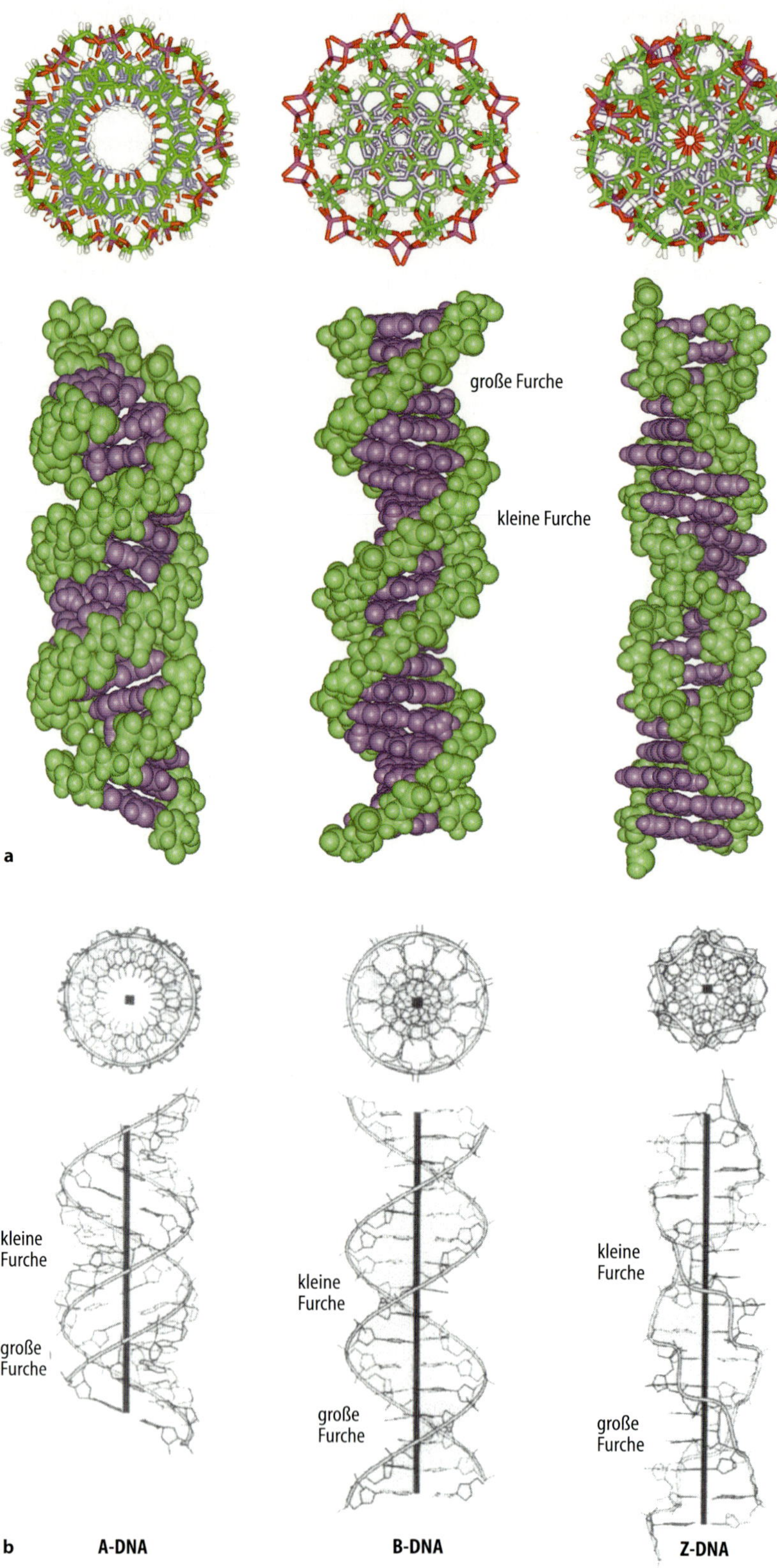

Abb. 5.14. Strukturen von A-, B- und Z-DNA in Aufsicht und Seitenansicht. a raumfüllende Kalottenmodelle; **b** Darstellung der räumlichen Beziehungen der Basen. Das Zucker-Phosphat-Rückgrat ist als Doppellinie dargestellt

5

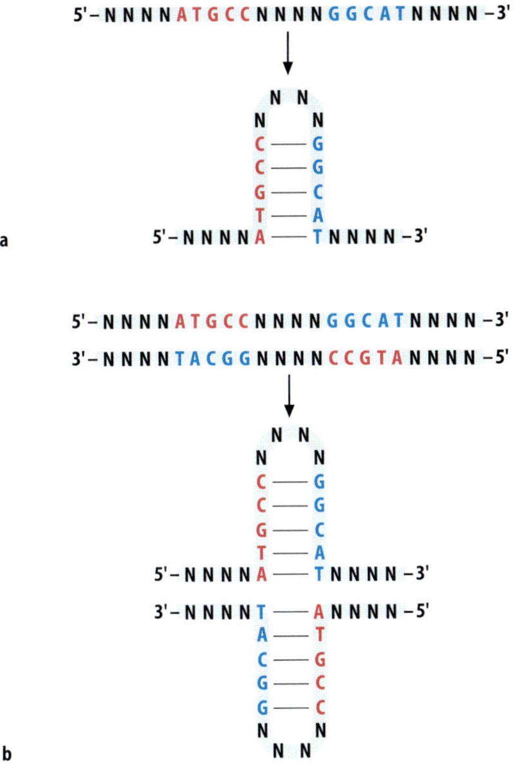

Abb. 5.15. Ausbildung von haarnadel- bzw. kreuzförmigen Strukturen. a In einzelsträngiger DNA können selbstkomplementäre Sequenzen Haarnadelstrukturen ausbilden, **b** in doppelsträngiger DNA entstehen aus *inverted repeats* kreuzförmige Strukturen; N = Nucleotid

sind oder es sich um einen zirkulären Doppelstrang handelt (im Bild nicht dargestellt). In diesem Fall wird durch die Öffnung der Helix um 10 Basenpaare eine Torsionsspannung auf den verbleibenden Teil der Helix ausgeübt. Um diese zu kompensieren, muss entweder die Zahl der Basenpaare pro Wendelgang erhöht oder die Achse des Doppelstrangs verdrillt werden. Im geschilderten Fall entsteht eine **Superhelix** (Abb. 5.16b). Nach Konvention werden Superhelices, die aufgrund der **Entwindung** des Doppelstrangs entstanden sind, als **negative Superhelices** bezeichnet.

Ein besonderes Problem entsteht dann, wenn eine lokale Entwindung des Strangs sich über einen linearen Doppelstrang bewegt (Abb. 5.16c). Dies ist beispielsweise bei der Replikation aber auch bei der Transkription der Fall. In Richtung der Bewegung des für diese Vorgänge verantwortlichen Proteinkomplexes kommt es zu einem »Stau« der Helixwindungen, die **positive Superhelices** auslösen, hinter dem für die Entwindung verantwortlichen Enzymkomplex oder Proteinkomplex dagegen zu einer Reduktion der Zahl der Helixwindungen mit entsprechendem Auftreten von **negativen Superhelices**.

! Topoisomerasen sind für die Entwindung superhelicaler Strukturen verantwortlich.

Es leuchtet ein, dass die durch lokale Entwindungen ausgelösten negativen und positiven Superhelices sich nicht unbegrenzt entwickeln dürfen, sondern dass die DNA über Möglichkeiten verfügen muss, die Abweichungen vom normalen Windungszustand zu beheben. Die hierfür verant-

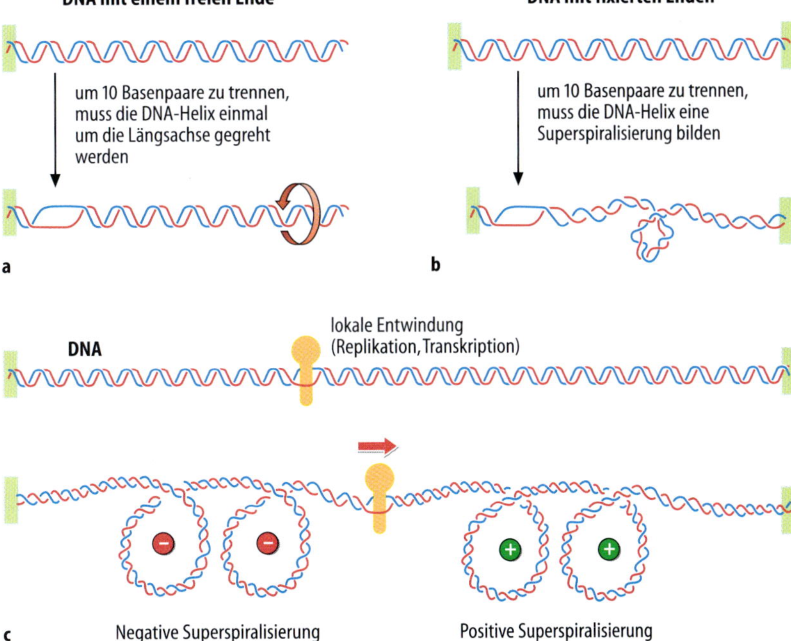

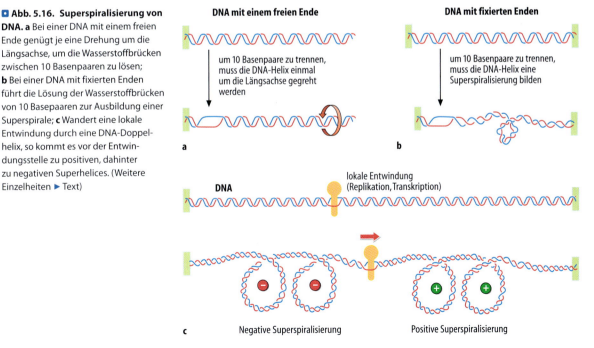

Abb. 5.16. Superspiralisierung von DNA. a Bei einer DNA mit einem freien Ende genügt je eine Drehung um die Längsachse, um die Wasserstoffbrücken zwischen 10 Basenpaaren zu lösen; **b** Bei einer DNA mit fixierten Enden führt die Lösung der Wasserstoffbrücken von 10 Basepaaren zur Ausbildung einer Superspirale; **c** Wandert eine lokale Entwindung durch eine DNA-Doppelhelix, so kommt es vor der Entwindungsstelle zu positiven, dahinter zu negativen Superhelices. (Weitere Einzelheiten ► Text)

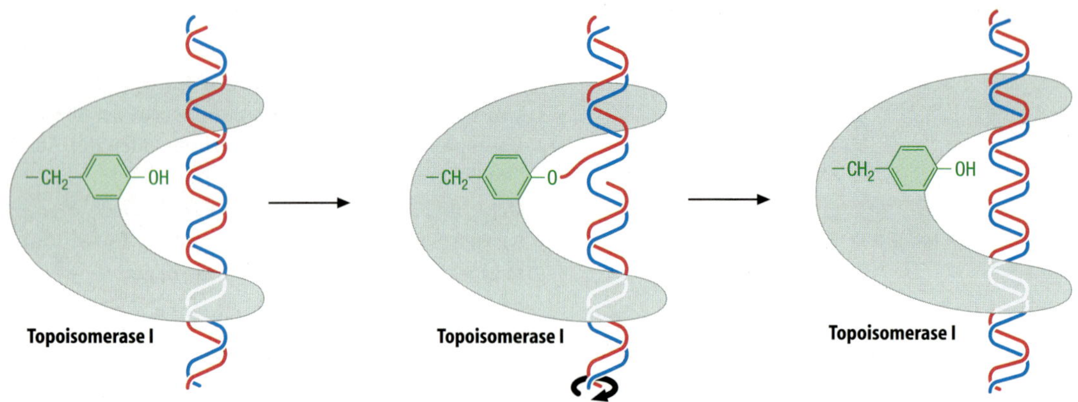

Abb. 5.17. Reaktionsmechanismus der Topoisomerase I. (Einzelheiten ▶ Text)

wortlichen Enzyme werden **Topoisomerasen** genannt, von denen es zwei unterschiedliche Formen gibt:

- **Topoisomerase I:** Dieses Enzym dient vor allem dazu, negative Superhelices zu entspannen. Hierfür wird der DNA-Doppelstrang vom Enzym gebunden. Ein **Tyrosylrest** des Enzyms greift anschließend die Phosphodiesterbindung in **einem** der beiden Stränge an und erzeugt auf diese Weise einen Einzelstrangbruch. Die benachbarten Enden der Doppelhelix können sich nun bis zur Entspannung gegeneinander drehen, anschließend werden die Strang-Enden wieder miteinander verknüpft (Abb. 5.17)
- **Topoisomerase II:** Topoisomerasen des Typs II können Superspiralisierungen dadurch beheben, dass sie in einer ATP-abhängigen Reaktion beide Stränge durchtrennen, die DNA entspannen und anschließend wieder miteinander verknüpfen

Ein Sonderfall sind die bakteriellen Topoisomerasen II, die auch als **Gyrasen** bezeichnet werden. Diese Klasse von Enzymen ist imstande, unter ATP-Verbrauch negative Superhelices in ringförmige DNA-Moleküle einzuführen. Ein gewisser Grad an Superspiralisierung ist nämlich bei Prokaryonten eine Voraussetzung dafür, dass Replikation und Transkription korrekt ablaufen können. Der Grund hierfür ist möglicherweise, dass die Superspiralisierung die notwendige Strangtrennung erleichtert. Hemmstoffe der bakteriellen Gyrase werden als Antibiotika verwendet (▶ Kap. 7.2.3).

5.3.3 Die Struktur des Chromatins

Die DNA prokaryoter Mikroorganismen ist meist ringförmig als stark gefaltetes Gebilde im Cytoplasma lokalisiert. Im Gegensatz dazu befindet sich die DNA aller eukaryoten Zellen mit Ausnahme der mitochondrialen DNA (▶ Kap. 6.2.9) im Zellkern. Sie bildet dort einen Komplex mit verschiedenen Proteinen, der als **Chromatin** bezeichnet wird. In Anbetracht der erheblichen Konturlänge (beim Menschen etwa 1,8 m DNA pro Zelle) muss die DNA sehr stark kondensiert sein. Hierfür ist ihre Assoziation mit den **Histonproteinen** unter Bildung von **Nucleosomen** von besonderer Bedeutung.

! Histone sind DNA-bindende Proteine.

Histone (Tabelle 5.4) kommen in fünf unterschiedlichen Formen vor und zeichnen sich durch einen hohen Gehalt an basischen Aminosäuren aus. Die Histone H2A, H2B, H3 und H4 sind besonders hoch konservierte Proteine, d.h., sie unterscheiden sich beim Vergleich zwischen verschiedenartigsten Spezies nur durch sehr wenige Aminosäuren. Diese Tatsache spricht für ihre besondere Bedeutung bei der DNA-Kondensation im Zellkern. Das gehäufte Vorkommen basischer Aminosäurereste in den genannten Histonproteinen dient der Neutralisierung des polyanionischen DNA-Rückgrats und erleichtert so die Faltung von Nucleosomen zu höheren Strukturordnungen.

Da inzwischen die Histonproteine ganz unterschiedlicher Spezies kloniert und sequenziert wurden, sind gesicherte Daten über ihre Raumstruktur vorhanden. Die Histone H2A, H2B, H3 und H4 zeigen einen sehr ähnlichen Aufbau. C-terminal befinden sich α-helicale Abschnitte, von denen je 3 eine Domäne bilden, die mit DNA interagieren kann und auch als *histone fold* bezeichnet wird. Etwa 25% der Histonmasse wird von den sog. «Schwanz«-Domänen gebildet. Diese sind im N-ter-

Tabelle 5.4. Die 5 Histonproteine

Bezeichnung	% Arginin	% Lysin	Molekülmasse (kDa)
H1	1	29	19–23
H2A	9	11	14
H2B	6	16	14
H3	13	10	15
H4	14	11	11

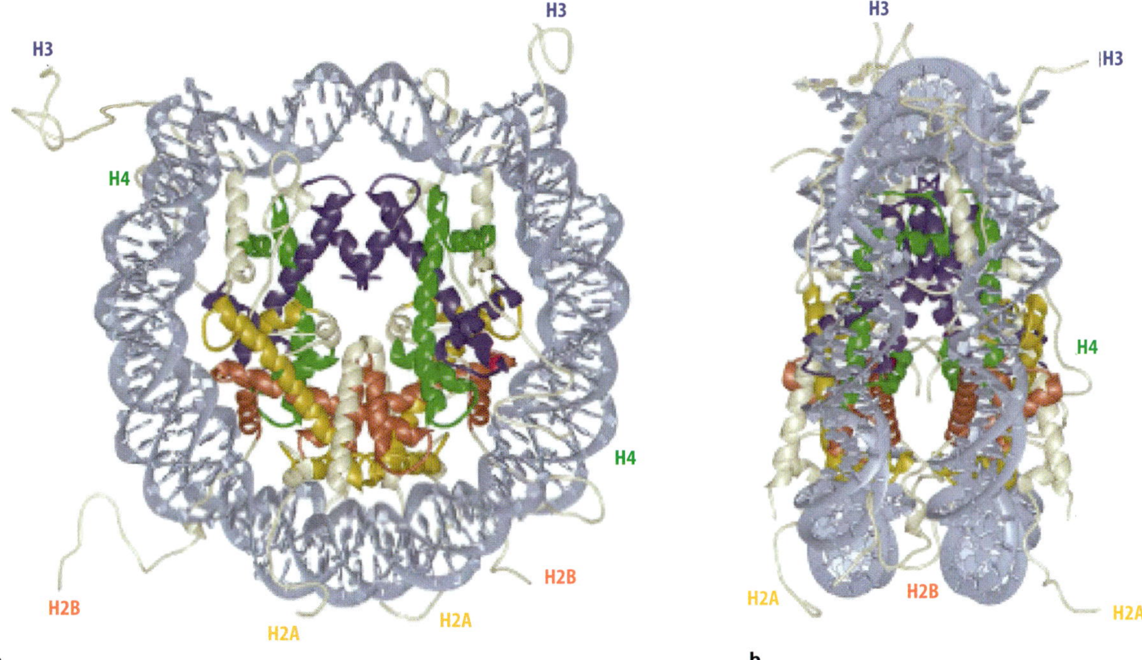

Abb. 5.18. Struktur eines Nucleosomen-Core-Partikels. a Ansicht entlang der Achse der DNA-Superhelix. Die *histone fold*-Domänen der Histone H2A, H2B, H3 und H4 sind *gelb, rot, blau* bzw. *grün* eingefärbt, die Schwanzdomänen und andere Histonbestandteile hellgrau. Die DNA-Superhelix ist hellblau. **b** Ansicht derselben Struktur nach einer Drehung um 90° um die senkrechte Achse. (Weitere Einzelheiten ▶ Text. Modifiziert nach Luger 2003)

minalen Abschnitt aller 4 Histonproteine lokalisiert, darüber hinaus auch noch am C-Terminus des Histons H2A. Schwanz-Domänen der Histone spielen eine wichtige Rolle bei den regulierten Änderungen der Nucleosomenstruktur während Replikation und Transkription (▶ Kap. 8.5.1).

! Nucleosomen sind die unterste Organisationsebene des Chromatins.

Die Erkenntnisse über den Aufbau der Histonproteine haben zu einer molekularen Beschreibung des bereits 1974 von Roger G.R. Kornberg beschriebenen **Nucleosoms** geführt (Abb. 5.18). Nucleosomen enthalten ein aus den Histonproteinen gebildetes sog. Nucleosomencore, um welches DNA gewunden ist:

- Die Bildung eines stabilen Nucleosomencores beginnt mit der Heterodimerisierung der Histonproteine H3 und H4. Zwei derartige Dimere bilden anschließend ein $(H3, H4)_2$-Tetramer
- Die Histone H2A und H2B bilden ebenfalls ein Heterodimer, welches auf beiden Seiten des $(H3, H4)_2$-Tetramers angelagert wird
- Das auf diese Weise gebildete **Histonoctamer** der Zusammensetzung (H2A/H2B)-(H4/H3)-(H3/H4) (H2B/H2A) bildet eine scheibchenförmige Struktur, um die 146–147 Basenpaare DNA gewunden sind. Die DNA bildet dabei eine flache linksgängige Superhelix mit 1,8 Windungen

Das Histon H1 nimmt nicht an der Bildung des Nucleosoms teil, ist jedoch für die Stabilisierung der Nucleosomen und die Aufrechterhaltungen höherer Ordnungen der Chromatinstruktur von Bedeutung. H1-Histone bilden eine Familie von sog. *linker*-Histonen (*engl.* Verbindungs-Histone) und sind mit den DNA-Zwischenstücken zwischen den Nucleosomen (*linker*-DNA) assoziiert.

! Nucleosomen ordnen sich zu einer linksgängigen Helix, der Nucleosomenfaser.

Wie aus Abbildung 5.19 zu entnehmen ist, bilden Nucleosomen eine perlschnurartige Struktur, wobei die zwischen den einzelnen Nucleosomenpartikeln gelegene sog. Verbindungs-DNA (*linker*-DNA) in der Regel etwa 50–60 Basenpaare lang ist. Das Histon H1 verschließt gewissermaßen das Nucleosom und bestimmt die Länge der Verbindungs-DNA.

Bei physiologischen Salzkonzentrationen bildet die Nucleosomenkette eine 30 nm dicke Faser, die dadurch entsteht, dass die Nucleosomenfaser sich spulenförmig aufwickelt, wobei jede Windung etwa 6 Nucleosomen enthält. Auch dieses sog. **Solenoid** wird durch die H1-Moleküle stabilisiert.

Die 30 nm-Faser faltet sich schließlich zu vielen Schleifen, an deren Bildung so genannte **Nicht-Histonproteine** beteiligt sind, die insgesamt etwa 10% der Proteinmenge von Chromosomen ausmachen. Über die weitere Strukturbildung zu den **Chromosomen**, die im Vergleich zur DNA-

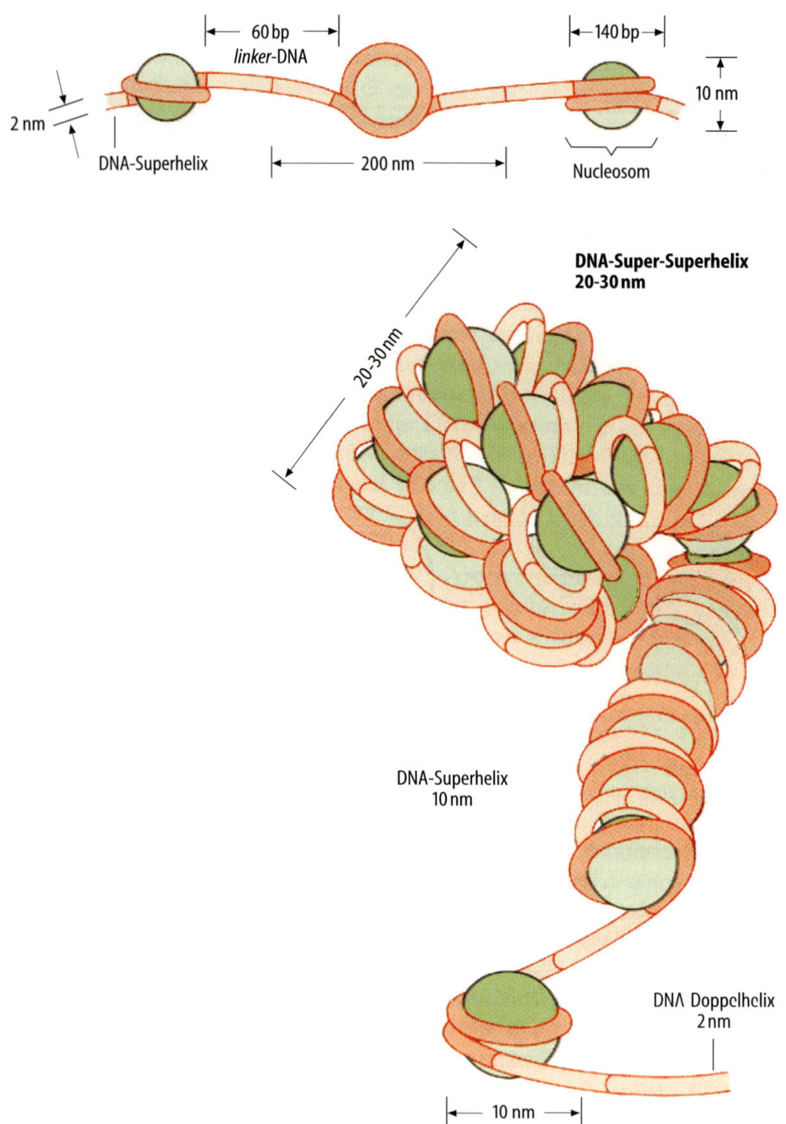

Abb. 5.19. Schematische Darstellung des DNA-Histon-Komplexes im Chromatin. Nucleosomen sind zur 30 nm Faser verdrillt, die ihrerseits intensiv gefaltet ist. (Weitere Einzelheiten ► Text)

Doppelhelix etwa um den Faktor 8000 kondensiert sein müssen, ist so gut wie nichts bekannt.

Bei Replikation und Transkription muss die Struktur der Nucleosomen aufgelöst werden (► Kap. 7.2, 8.3).

5.3.4 Aufbau und Funktion der Chromosomen

Chromosomen zeigen für Mitose und Meiose spezifische Strukturen.

Mit der Entwicklung der modernen Genetik zu Beginn des letzten Jahrhunderts wurde klar, dass die ursprünglich von Gregor Mendel postulierten Faktoren oder Gene auf Chromosomen lokalisiert sind, die allerdings nur während der Zellteilung gut zu beobachten sind. Ihre Zahl ist in somatischen Zellen speziesspezifisch festgelegt. Somatische Zellen enthalten darüber hinaus normalerweise zwei Kopien jedes Chromosoms, Gameten jedoch nur eine, weswegen man den somatischen Chromosomensatz als diploid, denjenigen der Gameten als haploid bezeichnet. Humane somatische Zellen enthalten den aus 46 Chromosomen bestehenden **diploiden**, humane Gameten dagegen den aus 23 Chromosomen bestehenden **haploiden Chromosomensatz**.

Mitose. Bei der als **Mitose** bezeichneten Teilung somatischer Zellen machen die Chromosomen eine Reihe charakteristischer Veränderungen durch (Abb. 5.20. Vor der Mitose kommt es in der **S-Phase** des Zellzyklus (► Kap. 7.1.1) zur Verdopplung jedes einzelnen Chromosoms. Die beiden entstehenden **Schwesterchromosomen** oder

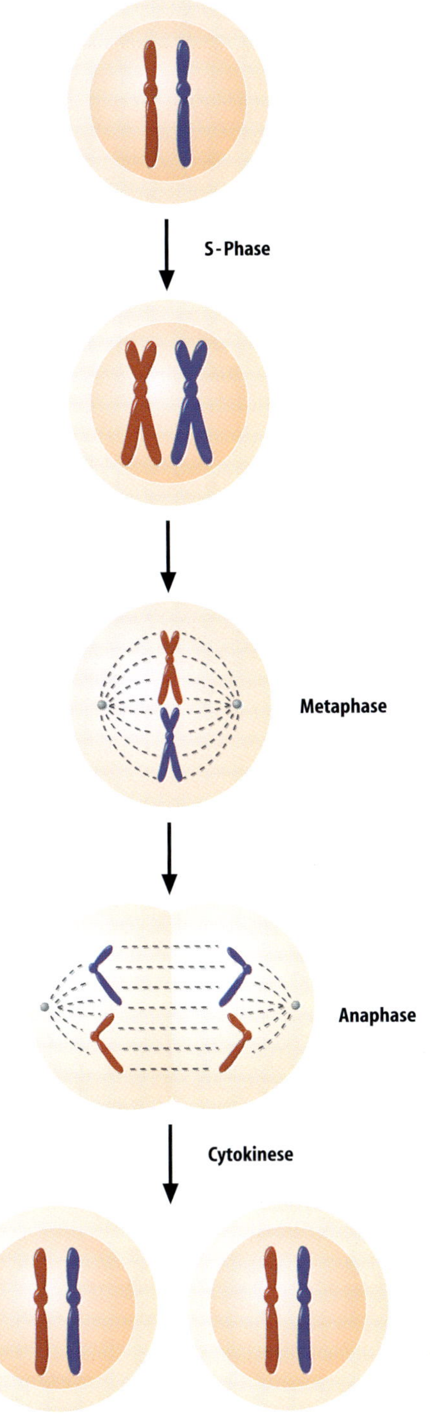

Abb. 5.20. Darstellung der einzelnen Phasen der Mitose. Dargestellt ist eine diploide Zelle mit jeweils einem mütterlichen (*rot*) und väterlichen (*blau*) Chromosom. In der S-Phase entstehen aus diesen die entsprechenden Schwesterchromatiden, die in der Anaphase getrennt und auf die durch die Zellteilung entstehenden Zellen verteilt werden. (Einzelheiten ▶ Text)

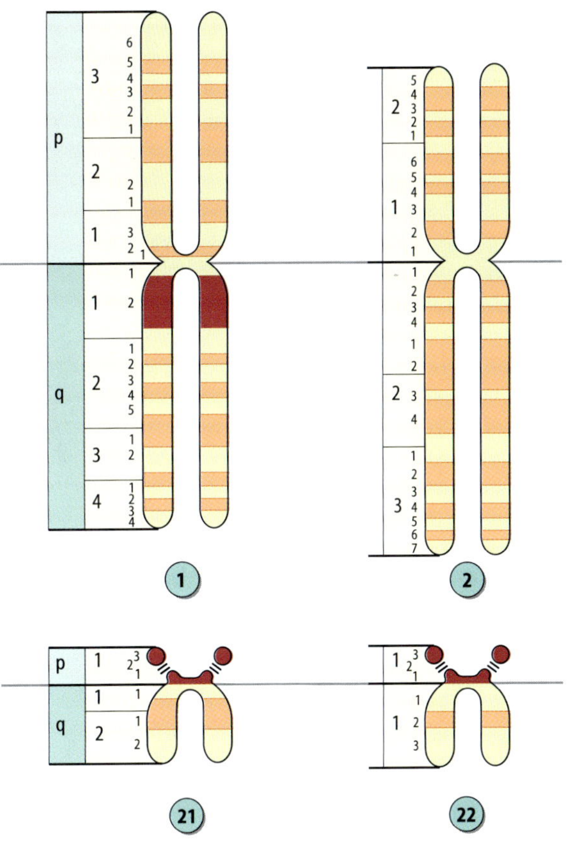

Abb. 5.21. Schematische Darstellung der menschlichen Chromosomen 1, 2, 21 und 22 in der Metaphase. Man erkennt jeweils die beiden Schwesterchromatiden, die durch das Centromer zusammengehalten werden. Die Bandenbildung nach Giemsa-Färbung erlaubt die Zuordnung von Genen bzw. Gengruppen auf definierte Positionen der p- bzw. q-Arme der Chromosomen

Schwesterchromatiden bleiben am Centromer miteinander verbunden. Während der Mitose heften sich die Schwesterchromosomen mit den **Centromeren** (▶ u.) an die **Mitosespindel,** ordnen sich dann während der **Metaphase** äquatorial in der Zelle an und werden dann so auf die entstehenden Tochterzellen verteilt, dass jede wieder den diploiden Chromosomensatz enthält (näheres ▶ Lehrbücher der Biologie und Humangenetik).

Die in der medizinischen Diagnostik häufig durchgeführten Chromosomenuntersuchungen basieren auf der Analyse der **Metaphasechromosomen** (Abb. 5.21). Zu diesem Zeitpunkt hat die DNA-Verdoppelung bereits stattgefunden, weswegen jedes Chromosom aus 2 **Schwesterchromatiden** besteht, die nur noch am **Centromer** zusammenhängen. Von diesem ausgehend finden sich bei allen Chromosomen die kurzen **p-Arme** und die langen **q-Arme**. Die Enden der Chromatiden werden auch als **Telomere** bezeichnet und enthalten die für diese Position spezifischen DNA-Sequenzen (▶ Kap. 7.2.3). Durch Anfärben mit Giemsa-Lösung bzw. Quinacrin entstehen die G- bzw. die an gleicher Stelle liegenden Q-Banden. Es ist zwar nicht bekannt, welche spezifischen chromosomalen

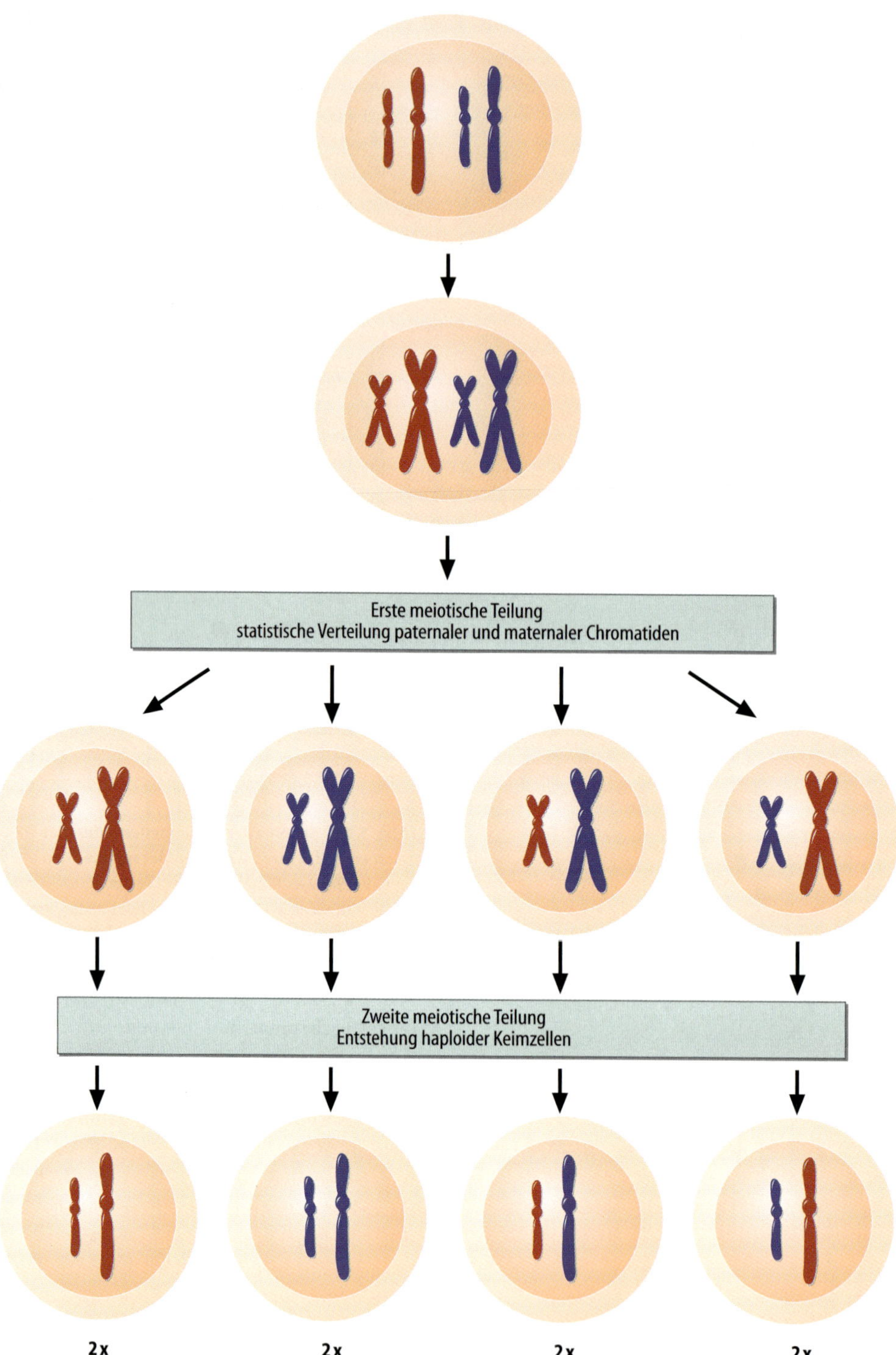

Abb. 5.22. Phasen der Meiose. Ausgangspunkt ist eine Zelle mit je zwei maternalen (*rot*) bzw. paternalen (*blau*) Chromosomen. Nach der ersten meiotischen Teilung werden maternale und paternale Chromatiden statistisch verteilt, sodass vier unterschiedliche Tochterzellen entstehen, die nach der zweiten meiotischen Teilung den haploiden Chromosomensatz erhalten. (Einzelheiten ► Text)

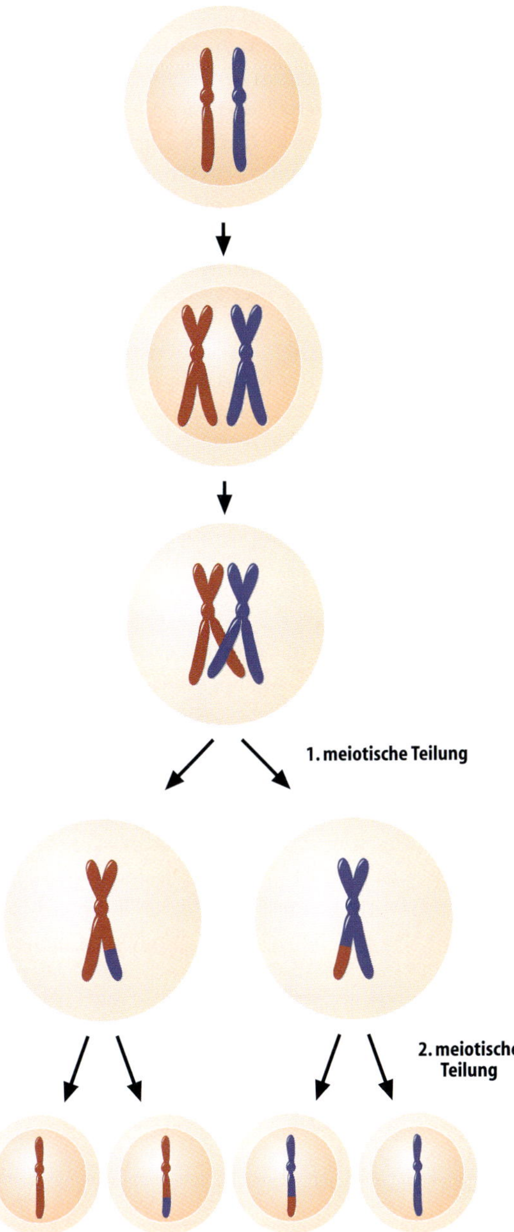

Abb. 5.23. Rekombination homologer Chromosomen bei der Meiose. (Einzelheiten ▶ Text)

Eigenschaften für die Bandenbildung verantwortlich sind, aber da sie für jedes Chromosom typisch sind, eignen sie sich zur Orientierung. So können Gene oder Gengruppen bestimmten Banden zugeordnet oder, unter meist pathologischen Bedingungen, der Austausch genetischen Materials zwischen einzelnen Chromosomen festgestellt werden (Translokation, ▶ Kap. 35.3.2, 35.6).

Meiose. Zweck der als **Meiose** bezeichneten Teilung der Keimzellen ist die Reduktion des diploiden Chromosomensatzes auf den haploiden. Hierzu werden zwei Zellteilungen ohne dazwischenliegende Replikation durchgeführt. Während der ersten Teilung kommt es zur Trennung der homologen Chromosomen, bei der zweiten Teilung zur Trennung der Schwesterchromatiden, sodass jeweils vier Zellen mit dem haploiden Chromosomensatz entstehen (Abb. 5.22).

> **!** Der Allelaustausch während der Meiose ist die Grundlage der biologischen Vielfalt.

Zwei mit der Meiose verknüpfte Mechanismen sind für das Zustandekommen der biologischen Vielfalt bei den Nachkommen eines Elternpaares verantwortlich:
- Bei der ersten meiotischen Teilung werden die väterlichen und mütterlichen Chromatiden statistisch auf die entstehenden Zellen verteilt. Dies bildet die erste Stufe der genetischen Variation. Bei den 23 humanen Chromosomen ergeben sich 2^{23} (ca. 8,39 Millionen) K ombinationsmöglichkeiten
- In der meiotischen Prophase kommt es zum Austausch von Genen auf homologen Chromosomen, was auch als **homologe Rekombination** bezeichnet wird (Abb. 5.23). Homologe Chromosomen ordnen sich zu Beginn der Meiose parallel an und umschlingen sich (*crossing over*). Dabei kommt es zum Austausch chromosomalen Materials zwischen homologen Chromosomen

In Kürze

DNA zeigt folgende Strukturmerkmale:
- Der DNA-Einzelstrang ist ein Polydesoxyribonucleotid
- Sein Rückgrat wird von Desoxyribosemolekülen gebildet, die durch Phosphodiesterbindungen verknüpft sind
- Jede Desoxyribose trägt in N-glycosidischer Bindung eine der vier Basen Adenin, Guanin, Thymin oder Cytosin
- DNA liegt als Doppelhelix vor. Diese Struktur wird aus zwei antiparallel verlaufenden DNA-Einzelsträngen gebildet und durch die Basenpaarung von Adenin mit Thymin sowie Guanin mit Cytosin stabilisiert
- Bei Eukaryoten liegt die DNA im Zellkern als Komplex mit Histon- und Nichthistonproteinen vor. Diese Struktur wird als Chromatin bezeichnet
- Die Grundeinheit des Chromatins ist das Nucleosom, dessen Kern ein aus den Histonproteinen H2A, H2B, H3 und H4 gebildetes Octamer ist, um das die DNA gewunden ist

5.4 DNA als Trägerin der Erbinformation

- Die Identifizierung der DNA als Trägerin genetischer Informationen und ihre anschließende Strukturaufklärung gehört zu den aufregendsten Kapiteln der Biowissenschaften. Es kam zur Entwicklung der Molekularbiologie, welche die molekulare Basis für die Genetik bereitstellte. Die Verfahren der Gentechnik erweiterten schließlich das den genannten Fächern zur Verfügung stehende Arsenal von Methoden: Sie haben zur Aufklärung der Struktur nicht nur einfacher bakterieller Genome, sondern in jüngster Zeit auch der des komplexesten bisher untersuchten Genoms, des menschlichen Genoms, geführt
- Für die Medizin ermöglichen sie eine große Zahl diagnostischer Verfahren
- Dank Molekularbiologie und Gentechnologie können in einfach zu handhabenden Organismen medizinisch wichtige Verbindungen wie Hormone, Wachstumsfaktoren, Antikörper etc. hergestellt werden, die für die Therapie vieler Erkrankungen wichtig sind
- Gentechnische Verfahren bieten die Möglichkeiten, Pflanzen und Tiere so zu modifizieren, dass die Versorgung der ständig wachsenden Weltbevölkerung mit Nahrungsmitteln verbessert werden kann
- Die Heilung von sonst nur schwer zu behandelnden Erbkrankheiten durch gentechnische Verfahren erscheint in naher Zukunft vorstellbar

All diese Möglichkeiten gehen damit einher, dass das genetische Material der verschiedensten Organismen – im Extremfall auch des Menschen – gentechnisch verändert wird. Da im Einzelfall die damit verbundenen Konsequenzen nicht vollständig abzusehen sind, wird die Gentechnik in der Gesellschaft kontrovers diskutiert.

5.4.1 Die Erhaltung und Realisierung der in der DNA gespeicherten Information

❗ Bei jeder Zellteilung wird das Genom vollständig verdoppelt.

Bei der Zellteilung und Fortpflanzung ist es von großer Bedeutung, dass eine möglichst genaue Kopie der gesamten DNA einer parentalen Zelle in den entstehenden Tochterzellen gebildet wird. Dieser Vorgang wird als **Replikation** bezeichnet und findet bei eukaryoten Zellen während der S-Phase des Zellzyklus statt. Humane Zellen benötigen für die DNA-Replikation etwa 8 Stunden. Die Einzelheiten dieses Vorgangs sind in ▶ Kap. 7.2 beschrieben.

❗ Zur Expression von Genen werden diese in RNA transkribiert.

Um die als Basensequenz auf der DNA codierte Information in Form von Proteinen zu realisieren, werden nur Einzelteile des DNA-Strangs benötigt. Dies gilt sowohl für die Biosynthese der verschiedenen RNA-Spezies als auch für die Proteinbiosynthese. Der erste Schritt der Umsetzung der genetischen Information besteht in jedem Fall in einer Kopie eines entsprechenden Gens der DNA in ein RNA-Molekül. Dieser Vorgang wird als **Transkription** bezeichnet und ist in ▶ Kap. 8.1 beschrieben. Die Gesamtheit der transkribierten Gene eines Organismus wird auch als **Transkriptom** bezeichnet.

❗ Durch den Vorgang der **Translation** wird die in der *messenger*-RNA-Kette enthaltene Information in eine Aminosäuresequenz übersetzt.

Die Aufklärung des Codes, mit dem die fortlaufende Sequenz der Basen auf der DNA mit der Aminosäure-Sequenz eines Peptids oder Proteins verknüpft ist, gehört zu den großen Leistungen der biochemischen Forschung.

Die DNA ist durch die festgelegte Sequenz der vier Basen Adenin, Thymin, Guanin und Cytosin gekennzeichnet. Nimmt man an, dass aus ihnen ein »Alphabet« mit den vier Buchstaben A, T, G und C gebildet wird, so lässt sich leicht berechnen, wie viele Basen für die Festlegung einer Aminosäure benötigt werden. Bausteine aller Proteine sind die 20 unterschiedlichen proteinogenen Aminosäuren. Wenn eine Folge von je 2 Basen eine Aminosäure beschreiben würde, so wäre der Code unvollständig, da mit ihm nur $4^2 = 16$ Worte geschrieben werden könnten. In der DNA wird also eine Sequenz von mindestens drei Basen benötigt, um für eine Aminosäure zu codieren. Allerdings können mit drei Zeichen pro Wort schon $4^3 = 64$ Worte geschrieben werden. Wie man heute weiß, gibt es eine Reihe von Aminosäuren, die durch unterschiedliche Codeworte determiniert sind. Dieses Phänomen wird auch als **Degeneration** des Codes bezeichnet (▶ Kap. 9.1.2). Unter Zugrundelegung dieser Codierung ist es möglich, in einem Gen die Aminosäuresequenz eines Polypeptids und in der Gesamtmenge aller DNA-Moleküle eines Organismus die Sequenz aller in ihm vorkommenden Proteine aufzuzeichnen. Die kleinste Informationseinheit ist dann eine Sequenz aus drei Basen, ein sog. **Basentriplett,** das auch als **Codon** bezeichnet wird.

Das in ◘ Abb. 5.24 dargestellte **zentrale Dogma der Molekularbiologie** formuliert die Beziehungen des Nucleinsäurestoffwechsels zu den wesentlichen zellulären Vorgängen und legt die Richtung des Informationsflusses fest. Entscheidend dabei ist, dass beim Vorgang der Informationsübertragung zwischen DNA und Protein nur die Richtung von der DNA zum Protein, nicht aber die umgekehrte Richtung, eingeschlagen wird. In einem Proteinmolekül kann also nicht die Information zur DNA-Biosynthese gespeichert sein. Eine Vielzahl von Beobachtungen hat die Richtigkeit des zentralen Dogmas bestätigt. Allerdings ist zumindest bei bestimmten Viren, den **Retroviren,**

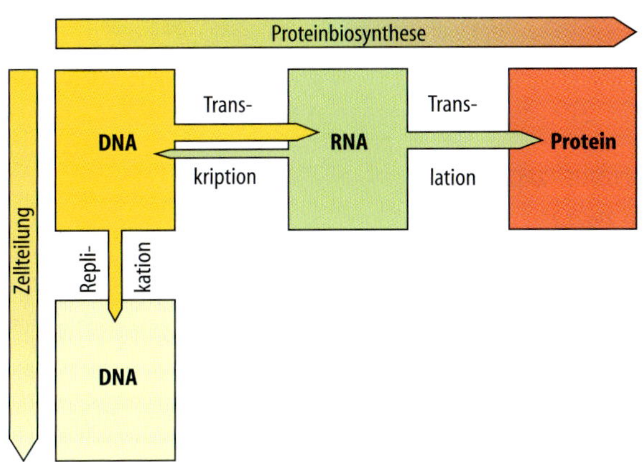

Abb. 5.24. Das zentrale Dogma der Molekularbiologie

eine Informationsübertragung von RNA in DNA möglich (▶ Kap. 10.2.4, 10.2.5).

5.4.2 Aufbau von Genomen

Nach der Entdeckung, dass genetisch fixierte Eigenschaften von Organismen in der DNA verschlüsselt sind, war es natürlich von großem Interesse, wie die vielen für einen Organismus typischen Gene in der Gesamtmenge seiner DNA, seinem **Genom**, angeordnet sind. In Bakterien liegen die verschiedenen lebensnotwendigen Gene in linearer Sequenz auf der DNA. Sie codieren für RNA bzw. für Proteine, wobei im letzteren Fall auch sog. polycistronische Gene vorkommen. Bei diesen codiert ein Gen für mehrere Proteine. Bei Eukaryoten sind die für Proteine codierenden Gene immer monocistronisch, d.h. sie codieren nur für ein Protein. Überlappende Gene sind selten, kommen jedoch bei Viren häufiger vor (▶ Abb. 10.9 in Kap. 10.2.4).

Die kleinsten bisher gefundenen Genome gehören zu parasitär intrazellulär lebenden Bakterien. Ein Beispiel ist Mycoplasma genitalium, dessen Genom 580 kb umfasst und nur 468 für Proteine codierende Gene enthält. Mit derartigen Organismen wird zurzeit untersucht, wie viele Gene minimal für einen autonom lebenden Organismus benötigt werden. Die derzeitigen Schätzungen gehen von etwa 250 Genen aus!

! Nahezu alle Gene eukaryoter Organismen sind auf der chromosalen DNA lokalisiert.

Mit dem Fortschritt der technischen Möglichkeiten konnte die genetische und strukturelle DNA-Analyse auch auf die wesentlich komplexer aufgebauten Genome zunächst einfacher, später auch komplexer eukaryoter Organismen einschließlich des Menschen ausgeweitet werden. Die dabei gewonnenen Erkenntnisse lassen sich folgendermaßen zusammenfassen:

- Auf der DNA sind die unterschiedlichen Gene in einer **linearen Sequenz** angeordnet. Überlappende Gene kommen bei höheren Organismen nur sehr selten vor

Tabelle 5.5. Genomgröße und Genzahl verschiedener Organismen

Organismus	Genomgröße (Megabasen)	Zahl der Gene
Hämophilus influenzae (Bakterium)	1,8	1740
Saccharomyces cerevisiae (Bierhefe)	12,1	6034
Caenorhabditis elegans (Fadenwurm)	97	19099
Arabidopsis thaliana (Blattpflanze)	100	25000
Drosophila melanogaster (Taufliege)	180	13061
Homo sapiens (Mensch)	3200	ca. 35000

- Die auf der DNA lokalisierten Gene codieren für die verschiedenen **RNAs** sowie für **Proteine**
- Außer im Zellkern kommt in tierischen Zellen DNA noch in Mitochondrien vor. Die **mitochondriale DNA** codiert für wenige mitochondriale Proteine (▶ Kap. 6.2.9) und macht nur einen sehr kleinen Bruchteil der gesamten DNA aus.

! Die Zahl der Gene in eukaryoten Organismen ist nicht proportional der DNA-Menge und spiegelt nicht unbedingt die Komplexität eines Organismus wider.

Die bis heute durchgeführten Totalsequenzierungen der Genome verschiedener Organismen haben eine Reihe überraschender Befunde erbracht, die in Tabelle 5.5 zusammengefasst sind. Das Genom eines komplexen Organismus wie des Menschen ist etwa 1500× größer als eines einfachen Bakteriums. Auch die anderen untersuchten Vielzeller haben im Vergleich zur Bakterienzelle um das 50–100-fache größere Genome. Diese markanten Größenunterschiede spiegeln sich jedoch nicht in der Zahl der bei den einzelnen Organismen nachgewiesenen Gene wider. Im Vergleich zur Bakterienzelle verfügt der Mensch lediglich über 20- bis 25-mal mehr Gene. Besonders augenfällig ist der geringe Unterschied in der Zahl der Gene beim Vergleich des Menschen mit dem Fadenwurm oder der Taufliege. Aus diesen Beobachtungen muss man also schließen, dass die Komplexität eines u.a. mit einem komplizierten zentralen Nervensystem ausgestatteten vielzelligen Säugetiers sich nicht ohne weiteres aus der Zahl seiner Gene ablesen lässt.

5.4.3 Das humane Genom

! Die Sequenzierung des menschlichen Genoms hat zu neuen Erkenntnissen über die Zusammenhänge von Genzahl und Genexpression geführt.

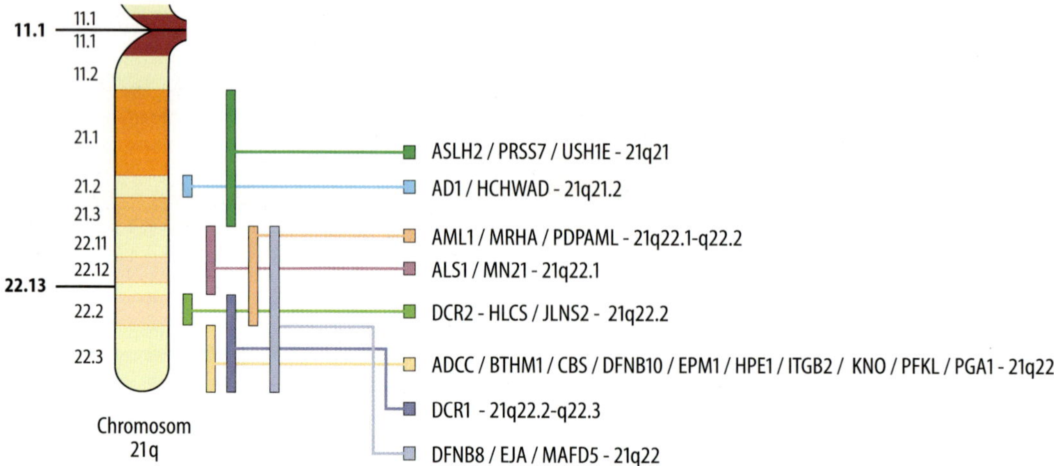

Abb. 5.25. Genkarte des humanen Chromosoms 21. Die jeweiligen Abkürzungen stehen für in der angegebenen Region lokalisierte Krankheitsgene (z. B. AML1 akute myeloische Leukämie, HCHWAD hereditäre Amyloidose VIb). Weitere Angaben sind unter http://www.ncbi.nlm.nih.gov/mapview/ zu finden

Das humane Genom umfasst ca. 3200 Megabasen (Mb). Diese sind inzwischen vollständig sequenziert, sodass die Zuordnung der etwa 30000–35000 menschlichen Gene zu den verschiedenen Chromosomen möglich ist. Als Beispiel hierfür ist in Abb. 5.25 ein Teil der Genkarte eines besonders kleinen humanen Chromosoms, nämlich des Chromosoms 21 dargestellt. Eine Liste aller dort lokalisierten Sequenzen kann im Internet unter http://www.ncbi.nlm.nih.gov/mapview/ (National Center for Biotechnology Information, Stand Januar 2006) gefunden werden.

Erkenntnisse aus der Sequenzierung des humanen Genoms sind:

- Nur etwa 1,5% des Genoms codieren für Proteine, jedoch wird wahrscheinlich mehr als das 10-fache in RNA transkribiert. Zum Teil handelt es sich dabei um die etwa 3000 RNA-Gene, z.T. aber auch um die etwa 20000 Pseudogene. Insgesamt ist die Ermittlung der Genom-Transkription, also die Bestimmung des **Transkriptoms**, noch sehr unsicher
- Die Gendichte des menschlichen Genoms liegt bei etwa $10/10^6$ Basen. Einfachere Organismen wie die Pflanze *Arabidopsis thaliana*, der Fadenwurm *C. elegans* oder die *Taufliege Drosophila melanogaster* enthalten dagegen 100–250 Gene/10^6 Basen
- Die meisten für Proteine codierenden Gene im menschlichen Genom sind – ähnlich wie in den Genomen anderer höherer Organismen – diskontinuierlich angeordnet: für mRNA codierende Bereiche, sog. **Exons**, werden durch nicht codierende Bereiche, sog. **Introns** unterbrochen (▶ Kap. 8.3.3)
- Ein durchschnittliches für Proteine codierendes Gen erstreckt sich über 27 kb und enthält etwa 9 Exons. Die codierende Sequenz besteht im Durchschnitt aus etwa 1350 Basenpaaren, d.h. codiert für ein Protein mit 450 Aminosäuren, was einer molekularen Masse von etwa 50 kDa entspricht
- Die Prä-mRNA von etwa einem Drittel aller Gene kann alternativ gespleißt werden (▶ Kap. 8.5.3). Im menschlichen Genom wird also die unerwartet geringe Genzahl dadurch kompensiert, dass aus einem einzigen Gen durch alternatives Spleißen verschiedene Proteine erzeugt werden

Die Analyse der für Proteine codierenden Gene ergibt eine klare Einteilung in eine Reihe unterschiedlicher Proteinfamilien (Abb. 5.26). Etwa 40% der vorhergesagten Proteine lassen sich allerdings bisher noch nicht zuordnen. Im Vergleich zu einfacheren Organismen finden sich beim Menschen viele regulatorische Faktoren, die an Transkription, Spleißen und mRNA-Modifikationen beteiligt sind.

! Das menschliche Genom enthält verschiedene Arten von repetitiven Sequenzen.

Mehr als 50% des **nicht codierenden** Teils des Humangenoms besteht aus Sequenzen mit einem hohen Grad an Wiederholungen, sog. repetitiven Sequenzen. Ein Teil von diesen wird nach seinem Auftreten bei der Dichtegradienten-Zentrifugation auch als Satelliten-DNA bezeichnet. Man unterscheidet im Einzelnen:

- **Klassische Satelliten-DNA:** Repetitive Sequenzen bis zu 170 bp Länge wiederholen sich in Bereichen von 100 kb bis zu mehreren mb
- **Minisatelliten-DNA:** Repetitive Sequenzen von 9–64 bp wiederholen sich in Bereichen von 0,1 bis 20 kb
- **Mikrosatelliten-DNA:** Repetitive Sequenzen von 2–10 bp wiederholen sich in Bereichen von <100 bp

Besonders die Sequenzen der Mikrosatelliten-DNA, von denen das menschliche Genom zwischen 50.000 und 100.000 enthält, bilden ein wichtiges genetisches Markersystem, obwohl ihre Funktion nicht bekannt ist.

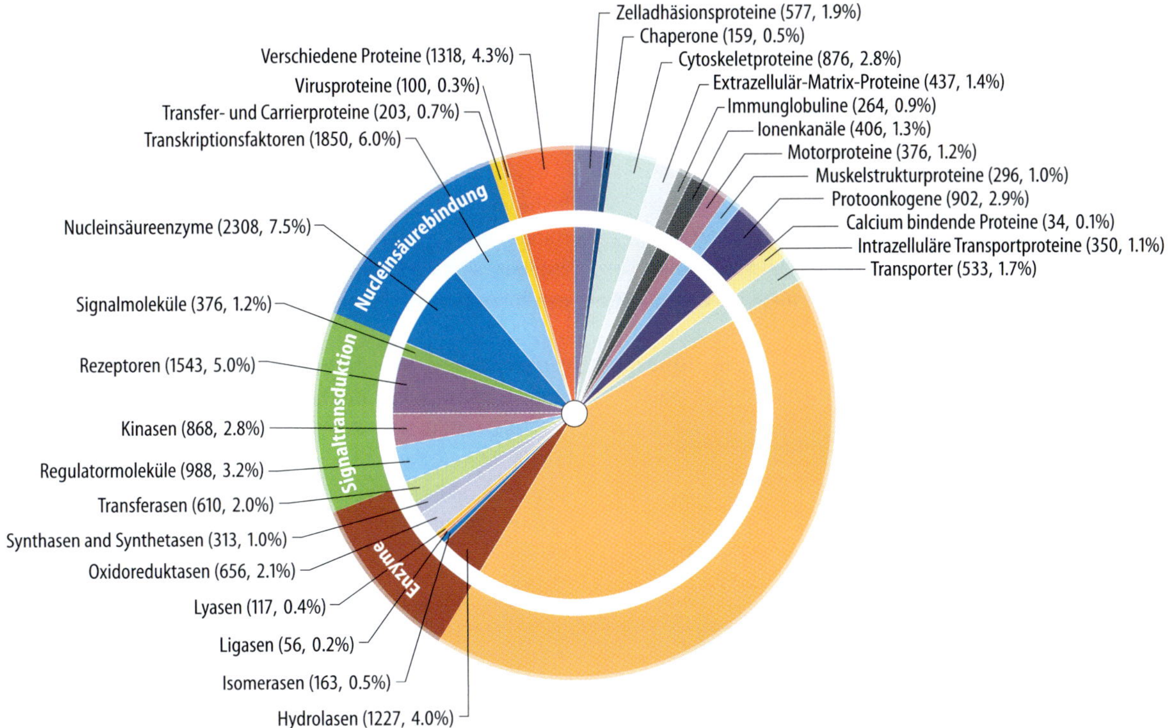

Abb. 5.26. Verteilung der Funktionen von 26383 für Proteine codierenden Genen des humanen Genoms. (Nach Venter et al. 2001)

Weitere repetitive DNA-Sequenzen werden als **SINE** (*short interspersed nuclear elements*) bzw. **LINE** (*long interspersed nuclear elements*) bezeichnet. Zum Teil haben sie Ähnlichkeiten mit sog. **Transposons** (▶ Lehrbücher der Genetik), z.T. ist ihre Funktion unbekannt.

! Einzelnucleotid-Polymorphismen sind die häufigste DNA-Sequenzvariation des Humangenoms.

Unter einem **Einzelnucleotid-Polymorphismus** (*single nucleotide polymorphism*, SNP) versteht man einen DNA-Abschnitt, innerhalb dessen sich zwei Individuen durch **eine** Nucleotidbase unterscheiden. SNPs machen etwa 90% der genetischen Unterschiede zwischen Individuen aus. Liegt ein SNP innerhalb eines klar definierten DNA-Abschnittes, so kann er als genetischer Marker dienen, dessen Vererbung von Generation zu Generation verfolgt werden

Infobox

Geschichte eines gewaltigen Projektes

1985 Charles De Lisi, Department of Energy, USA, diskutiert die Möglichkeiten der Sequenzierung des menschlichen Genoms

1988 James Watson gründet das Office of Human Genome Research, später National Center for Human Genome Research und beginnt mit der Einwerbung öffentlicher Mittel

1990 Man ist sich einig, dass das menschliche Genom vor der Sequenzierung kartiert werden muss

1992 Francis Collins löst James Watson als Leiter des Projektes ab. Verschiedene internationale Gruppen schließen sich an

1997 Die internationalen Partner des Genomprojektes einigen sich während einer Tagung in Bermuda über die Bedingungen des öffentlichen Zugangs zu den Sequenzdaten und verpflichten sich, Daten innerhalb 24 Stunden zugänglich zu machen (Bermudaprinzipien)

1998 Craig Venter gründet die Firma Celera und kündigt die kommerzielle Sequenzierung des menschlichen Genoms nach einem einfacheren Verfahren an. Celera wird sich nicht an die Bermuda-Prinzipien halten

1999–2000 Durch internationale Kollaboration von Gruppen in den USA, Japan und Europa gelingt die vollständige Sequenzierung der menschlichen Chromosomen 22 und 21

2001 Zeitgleich wird die erste Rohsequenz des menschlichen Genoms von der öffentlich geförderten Gruppe in der Zeitschrift Nature und von Craig Venter, Celera, in der Zeitschrift Science veröffentlicht, die etwa 90% des Genoms umfasst

2003 Abschluss der Sequenzierung des humanen Genoms

kann. Man kennt inzwischen mehrere Millionen SNPs, von denen einige 10000 in codierenden Regionen liegen. Sie können, müssen aber nicht Aminosäuresubstitutionen verursachen. Liegen SNPs innerhalb von regulatorischen Regionen, so können sie Unterschiede in der Proteinexpression hervorrufen. Zurzeit wird intensiv versucht, anhand derartiger Phänomene die individuelle Anfälligkeit für bestimmte Erkrankungen zu analysieren.

In Kürze

Auf dem DNA-Doppelstrang sind die Gene in linearer Sequenz lokalisiert. Während Bakterien über ein einziges ringförmiges DNA-Molekül verfügen, sind die DNA-Moleküle eukaryoter Organismen auf die für jeden Organismus in charakteristischer Zahl vorliegenden Chromosomen verteilt, die allerdings erst während der Mitose sichtbar werden. Somatische Zellen von Wirbeltieren enthalten einen diploiden, Gameten dagegen nur einen haploiden Chromosomensatz.

Durch die Fortschritte der molekularbiologischen Verfahren ist es inzwischen gelungen, die Genome einer Reihe von Organismen einschließlich des Menschen vollständig zu analysieren. Als wichtiger Befund hat sich dabei ergeben, dass keine direkte Beziehung zwischen der Komplexität eines Organismus und der Zahl seiner Gene besteht. Nur weniger als 2% des menschlichen Genoms codieren für Proteine, der Rest sind nicht codierende Sequenzen, zu mehr als 50% repetitive Sequenzen.

Die gesamte DNA einer Zelle macht deren Genom aus, die Menge der in RNA transkribierten Gene das Transkriptom und die Menge der in Proteine translatierten Gene das Proteom.

5.5 Struktur und biologische Bedeutung der RNA

Zellen enthalten wesentlich mehr RNA als DNA, außerdem sind die Funktionen der RNA wesentlich vielfältiger als die der DNA:

- Aufgrund ihrer Fähigkeit zur spezifischen Basenpaarung nimmt RNA an der Codierung und Decodierung genetischer Information teil und ist damit ein essentieller Bestandteil der Transkriptions- und Translationsmaschinerie
- Im Gegensatz zur DNA verfügen RNA-Moleküle über wichtige strukturgebende Eigenschaften und sind Bestandteile der Ribosomen, der Telomerase oder des *signal recognition particle* (SRP) (▶ Kap. 6.2.11, 9.2.2)
- RNA-Moleküle dienen als Katalysatoren. Sie knüpfen die Peptidbindung bei der ribosomalen Proteinbiosynthese, und sind am Vorgang des Spleißens der Prä-mRNA sowie der Prä-tRNA beteiligt
- Eine Erkenntnis der letzten Jahre ist schließlich, dass RNA-Moleküle eine große Zahl regulatorischer Aufgaben wahrnehmen, die sich auf alle Aspekte der Genexpression erstrecken

Tabelle 5.6 zeigt eine Einteilung der RNA-Moleküle nach funktionellen Gesichtspunkten. Dabei wird zunächst zwischen codierender und nichtcodierender RNA unterschieden.

Codierende RNA. Messenger-RNAs (mRNA) dienen als Matrize bei der Proteinbiosynthese. Sie entstehen aus den Prä-mRNAs, den primären Transkripten der für Proteine codierenden Gene (beim Menschen ca. 30.000–35.000). Die einzelnen Schritte dieser Reaktionsfolge sind komplex, da sie nicht nur die Anheftung einer Kappen-Gruppe und eines Poly-A-Endes beinhalten, sondern auch die Entfernung der Introns, die nicht für Proteine codieren (▶ Kap. 8.3.3).

Nichtcodierende RNA mit strukturell/katalytischen Funktionen. Diese umfangreiche, nicht für Proteine codierende Gruppe von RNA-Molekülen (*noncoding* RNA, ncRNA) nimmt entweder als struktureller Bestandteil oder als Katalysator an verschiedenen Aspekten der Genexpression teil:

- **Transfer-RNAs** (tRNAs) dienen nach Beladung mit der jeweiligen Aminosäure als Adaptermolekül für die Proteinbiosynthese (▶ Kap. 9.1.3). Da in Proteinen insgesamt 20 unterschiedliche Aminosäuren vorkommen können, muss die Minimalausstattung einer Zelle aus wenigstens 20 tRNA-Molekülen bestehen. In Wirklichkeit liegt diese Zahl aber höher, da für die einzelnen Aminosäuren eine unterschiedliche Zahl von Codons (Degeneration des genetischen Codes) vorkommt. Allen tRNA-Molekülen liegt ein gemeinsamer Bauplan zugrunde. Sie bestehen aus je 65–110 Nucleotiden. Unter der Annahme, dass die maximal möglichen Basenpaarungen innerhalb eines einkettigen tRNA-Moleküls stattfinden, ergibt sich eine kleeblattförmige Struktur (Abb. 5.27). Aus Röntgenstrukturanalysen weiß man allerdings, dass die verschiedenen Schleifen sehr eng anliegen, sodass sich insgesamt das Bild eines L-förmigen Stäbchens ergibt (▶ Abb. 9.6 in Kap. 9.1.3)
- **Ribosomale RNA** (rRNA) kommt in verschiedenen Fraktionen mit Sedimentationskoeffizienten zwischen 5 und 28 S und entsprechend unterschiedlichen Molekulargewichten vor. Sie ist ein integrierender Bestandteil der Ribosomen und katalysieren bei der ribosomalen Proteinbiosynthese die Knüpfung der Peptidbindung (▶ Kap. 9.1.4). Abbildung 5.28 zeigt als Beispiel die vollständige Basensequenz der 5 S rRNA der Ribosomen menschlicher Zellen. Man erkennt, dass es sich

Tabelle 5.6. Klassifizierung der RNA

Typ	Bezeichnung	Funktion	Besprochen in Kapitel
Codierende RNA	Messenger RNA (mRNA)	Matrize bei der Proteinbiosynthese	8.3, 9.1
Nicht codierende RNA (ncRNA) Strukturell katalytische Funktion	Transfer RNA (tRNA)	Translation der genetischen Information	8.3.4, 9.1.3
	Ribosomale RNA (rRNA)	Strukturelement der Ribosomen	9.1.4
		Katalysator bei der Knüpfung der Peptidbindung	9.1.4
	small nuclear RNA (snRNA)	Spleißen der Prä-mRNA	8.3.3
		Strukturelement der Spleißosomen	8.3.3
	small nucleolar RNA (snoRNA)	Modifikation von RNA	5.5
	7S-RNA im *signal recognition particle-RNA* (SRP)	Intrazellulärer Proteintransport	9.22, 6.2.11
	Ribonuclease P-RNA	Reifung der Prä-tRNA	8.3.4
	Telomerase-RNA	DNA-Synthese an den Telomeren	7.2.3
Nicht codierende RNA (ncRNA)	Mikro-RNA (miRNA) *small interfering RNA* (siRNA)	Abbau von mRNA und Hemmung der Translation	8.5.5, 7.4.4
Regulatorische Funktion	Natürliche *antisense*-Transkription von Protein codierenden Genen (NAT's)	Regulation der Genexpression	5.5
	Xist-RNA	Inaktivierung des X-Chromosoms	5.5

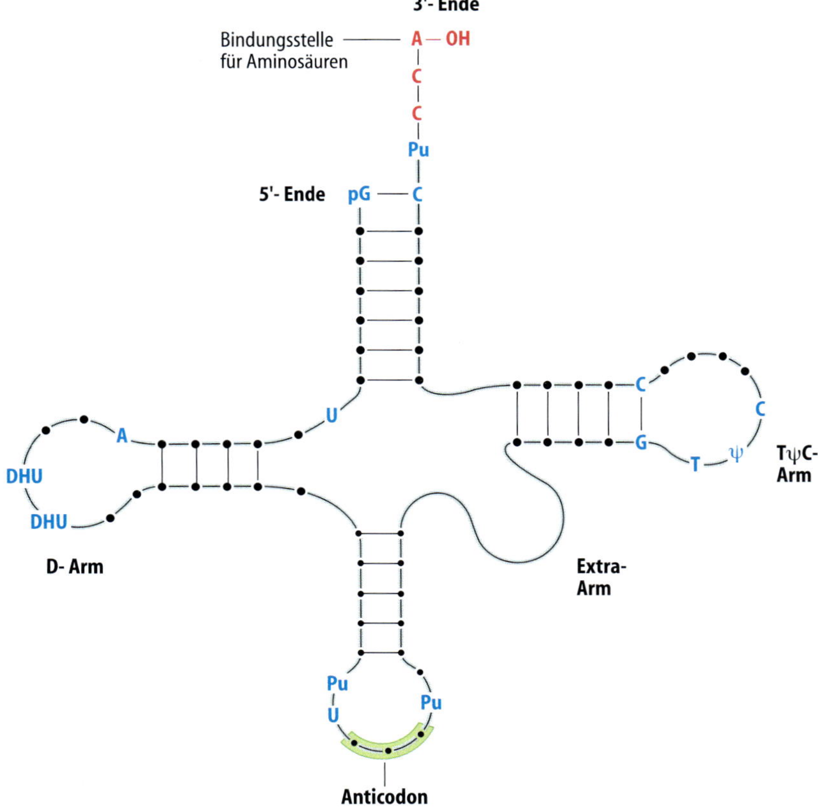

Abb. 5.27. Schematische Darstellung der Struktur einer tRNA. Da die einzelnen Arme eng anliegen, ergibt sich in Wirklichkeit eher das Bild eines stäbchenförmigen Gebildes. Pu = Purin; Py = Pyrimidin; DHU = Dihydrouridin; Ψ = Pseudouridin; *grün*: Anticodon

5.6 Chemische und physikalische Eigenschaften von Nucleinsäuren

5.6.1 Reinigung und Charakterisierung von Nucleinsäuren

! Nucleinsäuren müssen in hochreiner Form aus Zellen extrahiert werden.

Nucleinsäuren liegen immer als Komplexe mit Proteinen vor. Die Abtrennung von den Proteinen kann durch Extraktion mit einer Phenol-Lösung erreicht werden, wobei die Proteine ausfallen und durch Zentrifugation entfernt werden können. Alternativ können Nucleinsäuren von Proteinen auch durch Detergenzien wie Guanidinium-Hydrochlorid oder Salze in hohen Konzentrationen abgetrennt werden. In allen Fällen werden die Nucleinsäuren anschließend durch Ausfällen mit Ethanol isoliert. Alternativ lassen sich die Proteine auch enzymatisch mit Hilfe von Proteasen von den Nucleinsäuren abtrennen.

Gereinigte DNA und RNA müssen wegen des ubiquitären Vorkommens vor DNasen und RNasen vor unerwünschtem Abbau geschützt werden. Daher werden die für die Handhabung der Nucleinsäuren benötigten Gefäße mit Chemikalien wie DEPC (Diethylpyrocarbonat) behandelt und autoklaviert, um so die DNasen und RNasen zu inaktivieren.

Benötigt man reine DNA, so wird die Kontamination mit RNA durch Behandlung mit RNasen entfernt, benötigt man dagegen reine RNA, wird die Probe mit DNasen behandelt.

! Für ihre Charakterisierung müssen Nucleinsäuren nach ihrer Größe aufgetrennt werden.

Die Auftrennung von Nucleinsäuren entsprechend ihrer Größe erfolgt durch Elektrophorese in plattenförmigen Agarosegelen. Hierbei ist die elektrophoretische Mobilität umgekehrt proportional zur molaren Masse der Nucleinsäuren. Das Prinzip des Verfahrens ist in ▪ Abbildung 5.29a,b dargestellt.

Die einzelnen DNA-Banden können im Gel durch aromatische Kationen wie z.B. **Ethidiumbromid** (▪ Abb. 5.29c) angefärbt werden.

! Nucleinsäuren können denaturiert und renaturiert werden.

Für ihre Rolle bei der Speicherung der genetischen Information muss die DNA eine große Stabilität aufweisen, die u.a. durch die Basenpaarungen in der Doppelhelix zustande kommt. Auch bei der RNA-Struktur spielen Basenpaarungen, allerdings innerhalb eines Einzelstrangs, eine wichtige Rolle. Andererseits sind strukturelle Veränderungen der DNA und RNA für die Erhaltung und Weitergabe der genetischen Information dringend erforderlich. Hierzu zählt die Trennung der DNA-Doppelstränge in Einzelstränge.

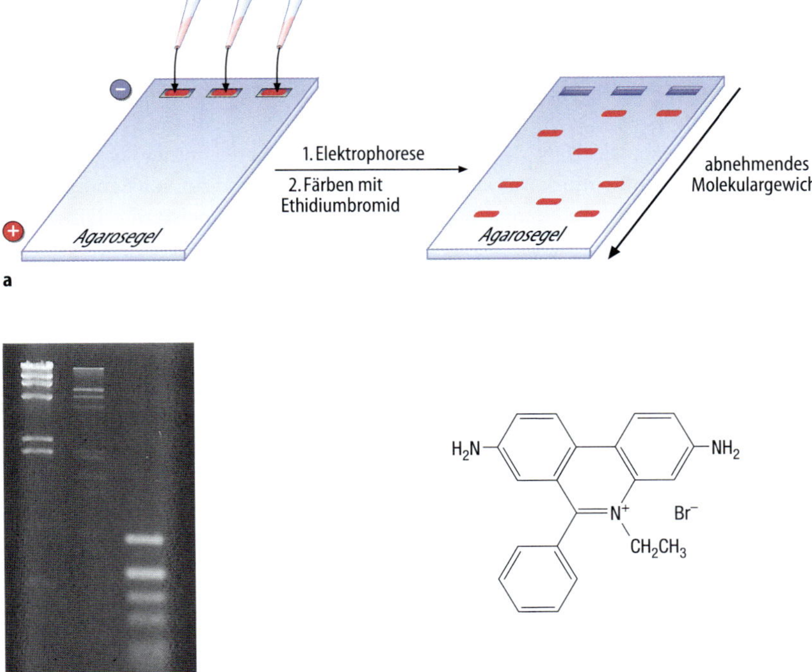

▪ **Abb. 5.29a,b,c. Experimentelles Vorgehen bei der Agarose-Gelelektrophorese. a** Plattenförmige Agarosegele dienen als Träger für die elektrophoretische Auftrennung von DNA-Stücken entsprechend ihrer Größe. Nach Beendigung der Elektrophorese wird das Gel in eine Lösung mit Ethidiumbromid getaucht, anschließend werden im UV-Licht die DNA-Banden sichtbar gemacht. **b** Mit Ethidiumbromid angefärbte DNA-Bruchstücke, die durch Behandlung der DNA des Phagen mit den Restriktionsendonucleasen HindIII (*linke Spur*), StaVIII (*mittlere Spur*) und AluI (*rechte Spur*) entstehen. **c** Struktur von Ethidiumbromid

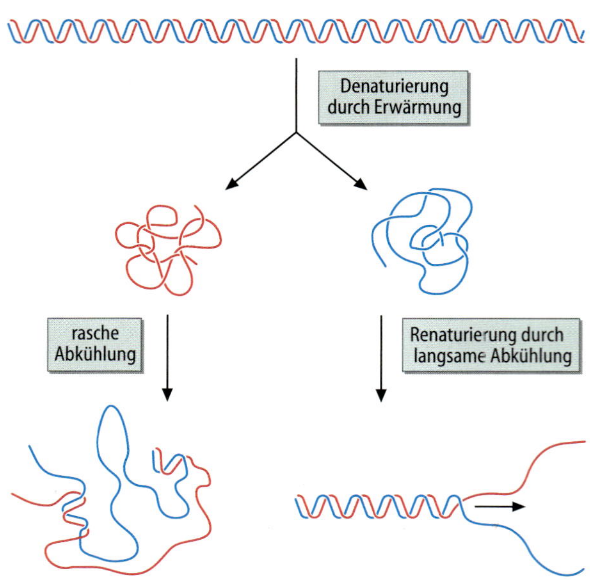

Abb. 5.30. Denaturierung (Schmelzen) und Renaturierung der DNA

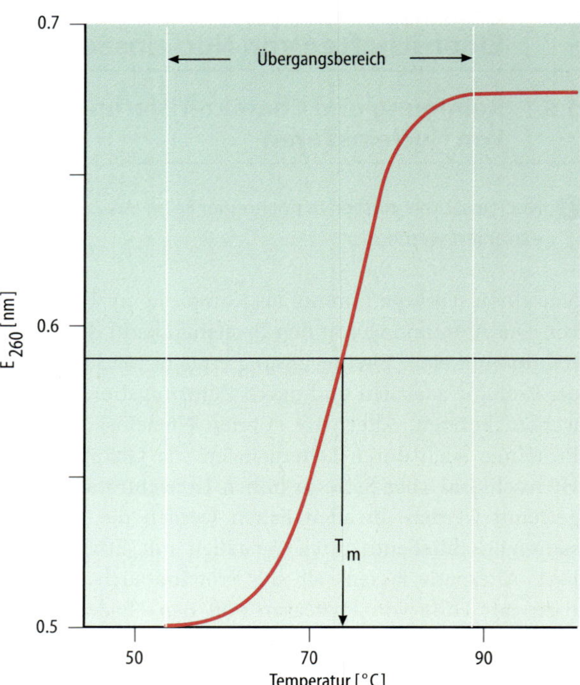

Abb. 5.31. Schmelzkurve einer typischen DNA. Beim Erwärmen einer DNA-Lösung ergibt sich in einem Temperaturbereich zwischen 55° und 75°C eine Zunahme der Absorption bei 260 nm, gemessen als Extinktion E. Dieser Vorgang ist Ausdruck einer DNA-Denaturierung, die in diesem Temperaturbereich erfolgt

Während *in vivo* diese Auftrennung durch spezifische Proteine vermittelt wird (► Kap. 7.2.2, 8.3.2), ist dies bei gereinigten Nucleinsäuren durch physikalische Maßnahmen möglich. So können die Wasserstoffbrückenbindungen durch Erhitzen der DNA zum **Schmelzen** gebracht werden. Dieser Vorgang wird auch als **Denaturierung** bezeichnet (Abb. 5.30). Auch in stark alkalischer Lösung kommt es zur DNA-Denaturierung.

Die Schmelztemperatur der DNA hängt vom G/C-Gehalt ab, da G/C-Paare drei, A/T-Paare aber nur zwei Wasserstoffbrückenbindungen ausbilden können. Die Schmelztemperatur ist darüber hinaus von der Art des Lösungsmittels, der Ionenkonzentration und vom pH-Wert der Lösung abhängig.

Das Schmelzen der DNA geht einher mit einer Zunahme der UV-Absorption, was als **hyperchromer Effekt** bezeichnet wird. Aufgrund der vorhandenen π-Elektronen in den heterozyklischen Basen absorbiert DNA UV-Licht bei einer Wellenlänge von 260 nm. In der DNA-Doppelhelix ergeben sich Wechselwirkungen zwischen den Elektronen der übereinander liegenden Basen, was zu einer Verminderung der Absorption führt. Bei der Denaturierung gehen diese Wechselwirkungen verloren und die UV-Absorption entspricht dann derjenigen von Mononucleotiden. Denaturierung und Renaturierung der DNA kann daher bei 260 nm im Photometer verfolgt werden und ergibt das typische Bild einer DNA-Schmelzkurve (Abb. 5.31). Als **Schmelztemperatur** T_m ist dabei diejenige Temperatur definiert, bei der die Hälfte der maximalen Absorptionszunahme erfolgt ist.

Beim raschen Abkühlen einer denaturierten DNA-Lösung bleibt die DNA denaturiert. Nur über allenfalls kurze Strecken können sich korrekte komplementäre Bereiche ausbilden und werden durch die rasche Temperaturabsenkung quasi eingefroren. Hält man jedoch die Temperatur der DNA-Lösung etwa 20–25°C unter der T_m-Temperatur, so können sich fehlerhaft gebildete Komplementärbereiche wieder trennen und erneut nach Partnern für die Basenpaarung suchen. Steht genügend Zeit für diesen Prozess zur Verfügung, so kommt es zur Ausbildung immer längerer komplementärer Bereiche und schließlich zur vollständigen korrekten Reassoziation zum DNA-Doppelstrang. Dieser Vorgang wird als **DNA-Renaturierung** bezeichnet.

Wasserstoffbrückenbindungen können nicht nur intermolekular zwischen zwei DNA-Einzelsträngen, sondern auch intramolekular zwischen komplementären RNA-Bereichen oder zwischen DNA und RNA ausgebildet werden. Grundsätzlich gelten die Regeln über das Schmelzen und Renaturieren der DNA auch für diese Wasserstoffbrückenbindungen.

! Durch Blotten und Hybridisieren können Nucleinsäuresequenzen identifiziert werden.

Die Ausbildung von Wasserstoffbrücken zwischen zwei komplementären DNA-Strängen, zwischen einem DNA-Einzelstrang und einem komplementären RNA-Strang oder zwischen zwei komplementären RNA-Strängen kann dazu benutzt werden, um komplementäre Bereiche oder ähn-

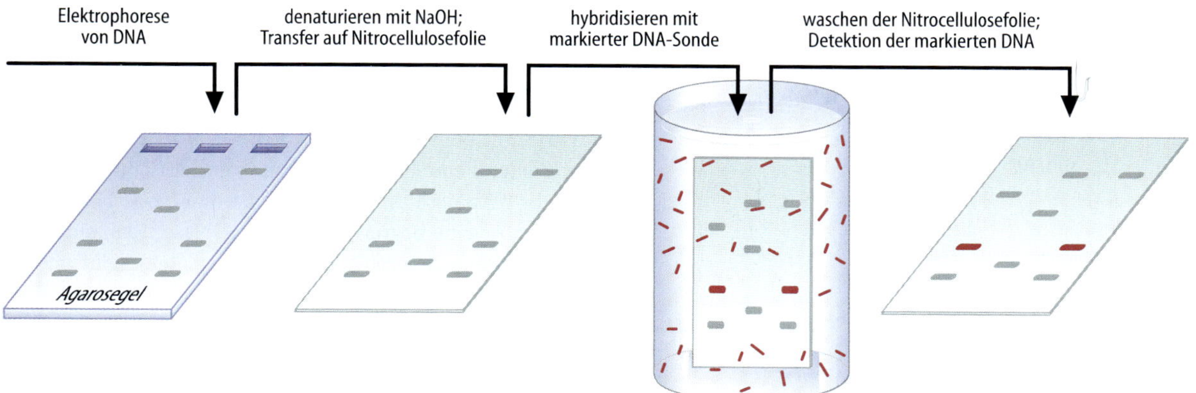

Abb. 5.32. Experimentelles Vorgehen bei der Herstellung und Entwicklung eines Southern-Blot. Ein DNA-Gemisch wird durch Agarose-Gelelektrophorese aufgetrennt. Das Agarosegel wird danach in Natronlauge gewaschen und die DNA auf Nitrocellulose transferiert. Der Nachweis einer gesuchten DNA-Sequenz (*rot*) wird durch Hybridisierung in einer Lösung durchgeführt, die eine komplementäre Sequenz als markierte Sonde enthält. Das dadurch entstehende Hybrid kann anhand der spezifischen Markierung nachgewiesen werden

liche Sequenzen in zwei unterschiedlichen Spezies oder in Geweben der gleichen Spezies aufzuspüren. Die reversible Ausbildung von Wasserstoffbrücken zwischen komplementären DNA- oder RNA-Abschnitten, die **Hybridisierung**, spielt in der modernen Molekularbiologie und damit in der Diagnostik von Erkrankungen, aber auch in der forensischen Medizin eine ganz wichtige Rolle.

Die Identifizierung einer bestimmten DNA-Sequenz oder eines bestimmten Gens unter vielen anderen Sequenzen ist dann möglich, wenn man über eine komplementäre DNA-Sequenz verfügt, die für diese Zwecke speziell markiert wurde. Dabei kann diese Sequenz aus einer anderen Spezies stammen oder auch für diese speziellen Zwecke im Labor synthetisch hergestellt werden. Die Identifizierung einer DNA mit einer DNA-Sonde wird nach Edwin Southern auch als **Southern-Blot** bezeichnet. Das Verfahren ist schematisch in Abb. 5.32 dargestellt und umfasst folgende Schritte:

- Die nach erfolgter Elektrophorese im Agarosegel befindliche DNA wird mit Natronlauge denaturiert
- Anschließend wird das Gel mit einem Blatt Nitrozellulosefolie bedeckt und mit einem Gewicht beschwert. Dadurch wird die Flüssigkeit aus dem Agarosegel zusammen mit der DNA durch die Nitrozellulose gepresst. Auf diese Weise entsteht ein naturgetreuer Abklatsch (*blot*) des Agarosegels auf der Nitrozellulose. Die nun einzelsträngige DNA ist auf der Nitrozellulose fest fixiert und lässt sich auch durch Waschen mit verschiedenen Puffern nicht mehr ablösen
- Zum Auffinden einer spezifischen Sequenz der zu untersuchenden DNA wird die Nitrozellulose in einer Lösung inkubiert, die als **Sonde** eine markierte einzelsträngige DNA (oder RNA) mit der komplementären Sequenz zur gesuchten DNA enthält. Wenn die für die Hybridisierung notwendige Renaturierungstemperatur mehrere Stunden eingehalten wird, kann die markierte Sonde an die gesuchten Sequenzen auf der Nitrozellulose binden und lässt sich dann anhand ihrer spezifischen Markierung leicht nachweisen. Sehr häufig verwendet man als Sonde DNA-Moleküle, in die das radioaktive **Isotop ^{32}P** eingebaut ist. **Nicht-radioaktive** Verfahren beruhen auf der Markierung mit verschiedenen Chromophoren

Die für die oben beschriebene **Hybridisierung** verwendeten Sonden können Isolate aus entsprechenden Genbanken (► Kap. 7.4.3) sein. Ein sehr erfolgreiches Verfahren zur Herstellung spezifischer Sonden ist schließlich die Verstärkung der gewünschten DNA-Abschnitte aus biologischem Material durch die **Polymerase-Kettenreaktion** (PCR, ► Kap. 7.4.3). Schließlich ist es auch möglich, chemisch synthetisierte Oligonucleotide einzusetzen, die automatisiert hergestellt werden.

Die Hybridisierungstechnik kann auch dazu benutzt werden, um RNA-Moleküle zu identifizieren. Eine solche Variante wird als **Northern-Blot** bezeichnet.

! Nucleasen sind Nucleinsäure-abbauende Enzyme.

Enzyme, die Nucleinsäuren abbauen, sind **Phosphodiesterasen**, da sie die Phosphodiesterbindungen zwischen zwei Nucleotiden spalten. Man bezeichnet diese Enzyme auch als **Nucleasen** oder wenn sie für DNA spezifisch sind, als **DNasen**, wenn sie für RNA spezifisch sind als **RNasen**.

Nucleasen werden in Endonucleasen und Exonucleasen eingeteilt (Abb. 5.33):

- **Endonucleasen** können die Nucleinsäure an jeder beliebigen Stelle in kleinere Bruchstücke spalten
- **Exonucleasen** bauen die Nucleinsäure von einem Ende des Moleküls her ab. Sie unterscheiden sich in ihrer Spezifität, indem sie die Nucleotide entweder in 5′-3′- oder nur in 3′-5′- Richtung abspalten

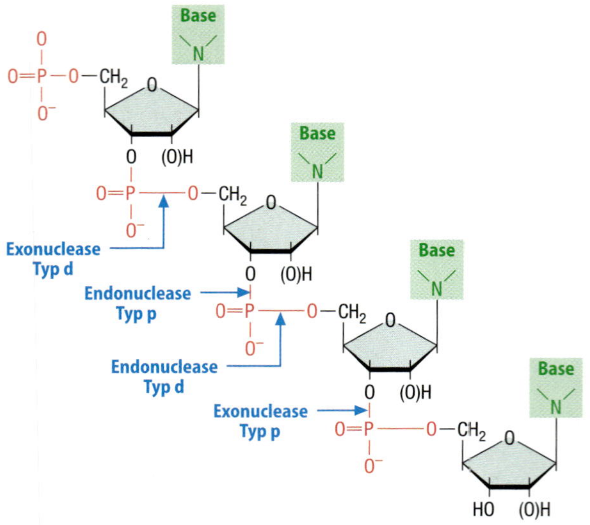

Abb. 5.33. Spaltungsspezifität von Nucleasen. (Einzelheiten ► Text)

Je nachdem ob eine Nuclease **proximal** (p) oder **distal** (d) zu dem Nucleotid spaltet, welches an der 3′-Position der attackierten Bindung lokalisiert ist, unterscheidet man Nucleasen des p- bzw. d-Typs. Beim d-Typ entstehen Nucleotide mit einem 3′-Phosphatende, beim p-Typ solche mit einem 5′-Phosphatende.

Nucleasen werden bei der Verdauung der Nahrungs-Nucleinsäuren im Intestinaltrakt benötigt, aber auch für den Abbau intrazellulärer Nucleinsäuren. Sie spielen ferner eine wichtige Rolle bei der Apoptose, dem programmierten Zelltod, bei dem massiv DNA abgebaut wird.

Der Verdau von DNA mit Endonucleasen kann für die Isolierung und Identifizierung derjenigen DNA-Sequenzen verwendet werden, an die spezifische DNA-bindende Proteine, z.B. Transkriptionsfaktoren, binden. Das hierbei verwendete Verfahren wird als *DNase protection assay* bezeichnet (*DNase footprinting*, Abb. 5.34). Zu diesem Zweck wird das infrage kommende DNA-Stück an einem Ende mit dem radioaktiven Isotop ^{32}P markiert und anschließend eine Hälfte der Probe mit dem Transkriptionsfaktor inkubiert. Anschließend werden beide Hälften der Probe für eine begrenzte Zeit mit DNase I behandelt. Da diese Endonuclease DNA statistisch spaltet, ergibt sich ein Gemisch aus verschieden langen Bruchstücken. Diese können mit Hilfe der Agarose-Gelelektrophorese aufgetrennt und anhand der radioaktiven Markierung durch Autoradiographie nachgewiesen werden. In dem nicht vorbehandelten Ansatz findet sich deshalb das Bild einer »Leiter«. In dem mit dem DNA-bindenden Protein vorbehandelten Ansatz zeigt sich in der »Leiter« eine Lücke, da das Bindeprotein die DNA vor dem Abbau durch die DNase geschützt hat.

Restriktionsendonucleasen schneiden die DNA an definierten Positionen.

Eine besondere Bedeutung als Werkzeuge im Rahmen der Gentechnologie haben die sog. **Restriktionsendonucleasen** erlangt, die nur bei Bakterien vorkommen. Bakterien schützen sich mit Hilfe dieser Enzyme vor dem Eindringen fremder DNA. Ihre eigene DNA wird nämlich mit Hilfe einer Reihe **spezifischer Methylasen** durch Anheftung von Methylgruppen modifiziert. Fremde, in die Bakterienzellen eingedrungene DNA (z.B. durch Viren) unterliegt dieser Modifikation nicht und wird infolgedessen durch die von bakteriellen Zellen gebildeten Restriktionsendonucleasen abgebaut.

Restriktionsendonucleasen sind für die Gentechnologie besonders interessant, weil sie innerhalb einer Sequenz von 4 bis 8 Nucleotiden hochspezifisch schneiden. Oft handelt

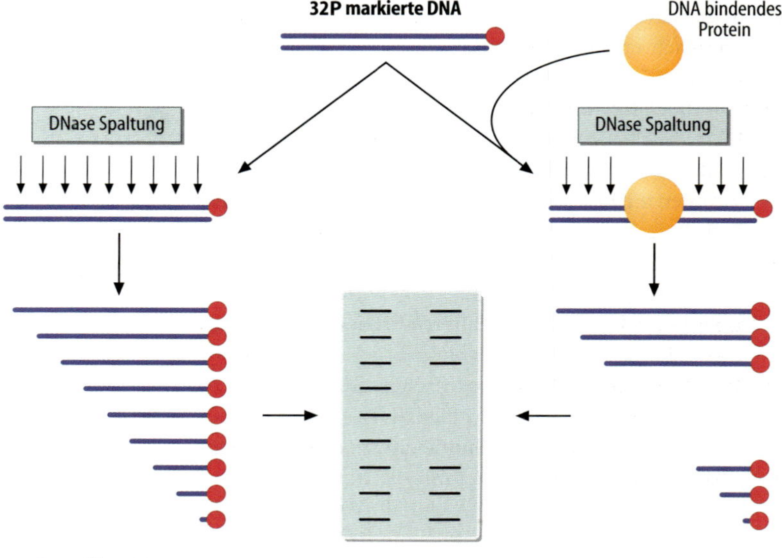

Abb. 5.34. Vorgehen beim *DNase protection assay.* Bei diesem auch als *DNase footprinting* bezeichneten Verfahren wird die zu untersuchende DNA zunächst radioaktiv markiert und danach in An- bzw. Abwesenheit eines DNA-bindenden Proteins mit DNase I verdaut. Da die Bindung von Protein die DNA vor dem Verdau schützt, ergibt sich im anschließenden Trenngel eine Lücke. (Weitere Einzelheiten ► Text)

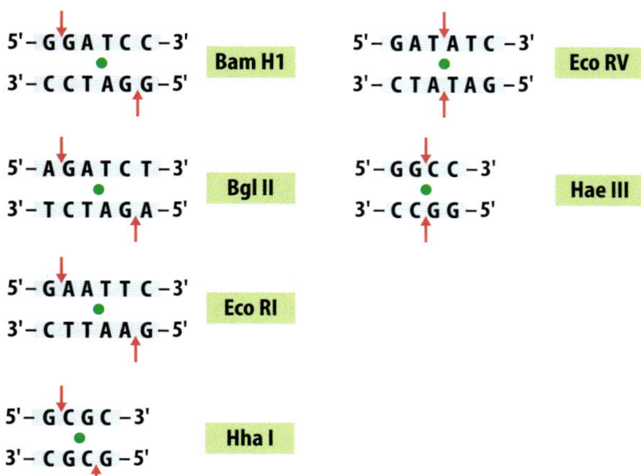

Abb. 5.35. Schnittstellen und Symmetrieachsen für einige Restriktionsenzyme. Die Namen der Restriktionsendonucleasen leiten sich von den Bakterienstämmen ab, aus denen sie isoliert wurden (z.B. EcoRI aus einem entsprechenden Stamm von *E. coli*). Die Pfeile geben die Schnittstellen wieder, die Punkte die Symmetrieachsen

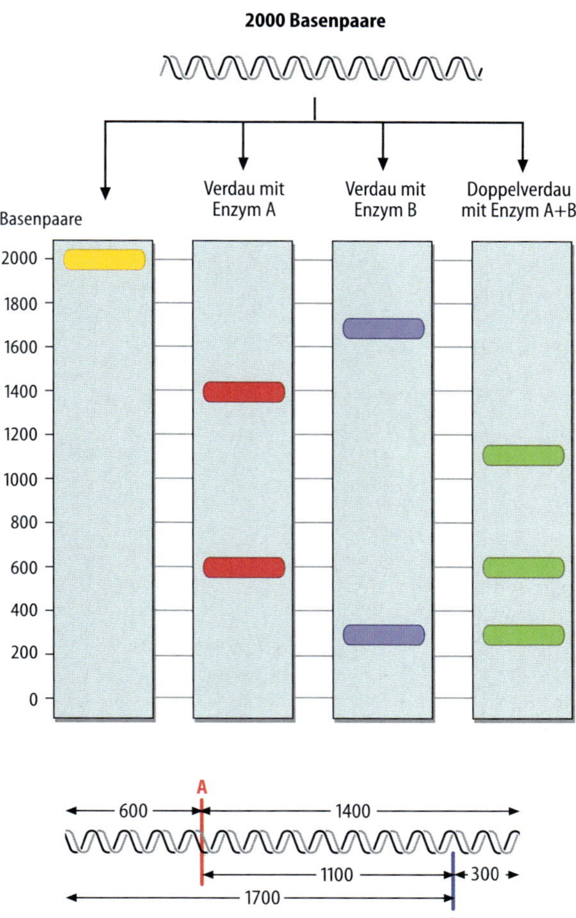

Abb. 5.36. Vorbehandlung einer DNA zur Sequenzaufklärung. Die zu sequenzierende DNA wird mit wenigstens zwei unterschiedlichen Restriktionsendonucleasen einzeln und im Doppelverdau geschnitten und die einzelnen Bruchstücke durch Agarose-Gelelektrophorese separiert. Anhand der Fragmentgrößen kann dann die relative Lage der Bruchstücke zueinander bestimmt werden. Nach der Sequenzierung der Bruchstücke kann anschließend die komplette Sequenz anhand der überlappenden Partialsequenzen ermittelt werden

es sich bei der Erkennungssequenz um ein **Palindrom** (▶ Kap. 5.3.2). In einem palindromischen Bereich eines DNA-Doppelstrangs ist die Nucleotidsequenz, jeweils vom 5′-Ende gelesen, in jedem Einzelstrang gleich und der DNA-Abschnitt besitzt eine zweizählige Symmetrieachse (Abb. 5.35).

Der besondere Vorteil von Restriktionsendonucleasen ist, dass DNA-Präparationen mit ihrer Hilfe in Bruchstücke gespalten werden können, bei denen die Basensequenzen an den Enden entsprechend ihrer jeweiligen Spezifität genau definiert sind. Sind die Schnittstellen der Restriktionsendonucleasen versetzt, entstehen DNA-Fragmente mit überhängenden Einzelstrangbereichen (*sticky ends*). Diese können mit anderen DNA-Fragmenten assoziieren, die mit demselben Restriktionsenzym geschnitten wurden. Einige Restriktionsenzyme spalten die DNA an der Symmetrieachse und produzieren dadurch DNA-Fragmente mit glatten Enden (*blunt ends*).

Über die Verwendung von Restriktionsendonucleasen in der Gentechnologie ▶ Kap. 7.4.

Restriktionsenzyme werden in der forensischen Medizin aber auch in der genetischen Diagnostik eingesetzt, um schnell Sequenzpolymorphismen (kleine Veränderungen in sonst hochkonservierten Sequenzen) oder Punktmutationen nachzuweisen. Wenn man Restriktionsenzyme benutzt, die in diesen Bereichen schneiden, werden sie bei Punktmutationen in der Erkennungssequenz nicht mehr schneiden. Die daraus resultierenden Größenunterschiede in den DNA-Fragmenten lassen Rückschlüsse auf die Identität bzw. Verschiedenheit der DNA zu.

! Restriktionsendonucleasen sind für die Kartierung großer DNA-Stücke wichtig.

Größere DNA-Stücke müssen häufig »kartiert« werden, um sie entsprechend ihrer Sequenz zuordnen zu können. Das geschieht durch Verdauung mit Restriktionsendonukleasen. Das Problem der Zuordnung der dabei entstehenden Bruchstücke in die richtige Reihenfolge wird dadurch gelöst, dass das für eine Direktsequenzierung zu große DNA-Stück zunächst mit Hilfe mehrerer Restriktionsendonucleasen in definierte Bruchstücke gespalten wird. Diese werden mit Hilfe der Agarose-Gelelektrophorese entsprechend ihrer Größe separiert. Aus dem Muster der Bruchstücke werden sog. Restriktionskarten erstellt, die die Bruchstücke relativ zueinander zuordnen. (Abb. 5.36). Abb. 5.37 zeigt eine Restriktionskarte für das 5243 Basenpaare umfassende Genom des DNA Virus SV40. Restriktionskarten liefern das Gerüst, um spezielle Basensequenzen oder Gene

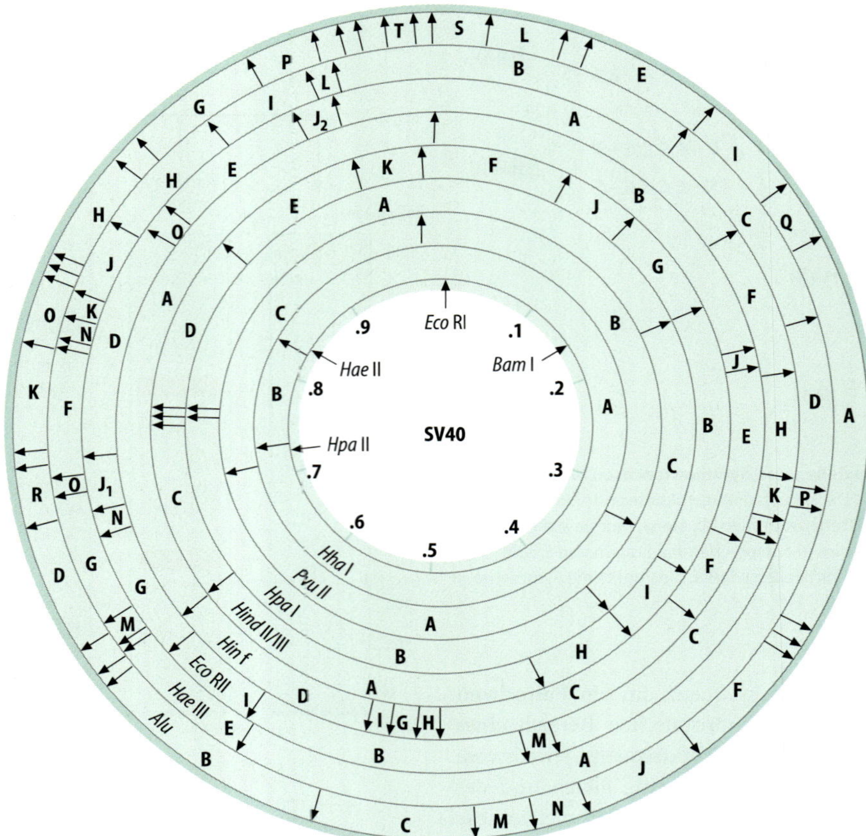

Abb. 5.37. Restriktionskarte des Simian Virus 40 (SV40). Der innerste Ring zeigt die Schnittstellen von Restriktionsendonucleasen, die das Genom nur an einer Stelle schneiden. Bezugspunkt ist die Schnittstelle von EcoRI (12 Uhr). In den anderen Ringen sind, der Größe nach alphabetisch geordnet, die Schnittstellen anderer Restriktionsendonucleasen dargestellt. (Nach Nathans D 1979)

zu lokalisieren, aber auch um nützliche Informationen zur Sequenzierung kompletter Genome zu erhalten.

5.6.2 Sequenzierung von DNA

! Basensequenzen der DNA werden mit Hilfe der Kettenabbruchmethode bestimmt.

Für die Sequenzaufklärung auch sehr großer DNA-Stücke wurde durch Alan Maxam und Walter Gilbert ein chemisches und durch Frederick Sanger ein enzymatisches Verfahren eingeführt. Das enzymatischer Verfahren hat sich inzwischen durchgesetzt und kann automatisiert werden, weswegen auch sehr große Genome wie das menschliche in relativ kurzer Zeit sequenziert werden konnte.

Die DNA-Sequenzierung nach der von Frederick Sanger entwickelten enzymatischen Kettenabbruchmethode umfasst folgende Schritte (Abb. 5.38):

- Der zu sequenzierende DNA-Abschnitt wird an seinem 3′-Ende mit einer komplementären DNA-Matrize, einem sog. Primer, hybridisiert. Dieser sollte eine Länge von 15–20 Basen haben
- Mit Hilfe der DNA-Polymerase I (▶ Kap. 7.2.3) wird an den Primer ein zum sequenzierenden DNA-Abschnitt komplementärer Strang synthetisiert. Hierzu werden die vier benötigten Basen als Desoxyribonucleosidtriphosphate zugesetzt
- Ein sequenzspezifischer Kettenabbruch wird dadurch erzwungen, dass der Sequenzierungsansatz in vier gleiche Teile geteilt wird und in jeden Ansatz eine geringe Menge eines entsprechenden **2′,3′-Didesoxyribonucleosidtriphosphats** gegeben wird Abb. 5.39. Wird dieses Nucleotid anstelle des normalen Nucleotids in die wachsende Polynucleotidkette eingebaut, so wird das Kettenwachstum beendet, da keine freie 3′-OH-Gruppe für die Polymerisierung mehr vorhanden ist
- Ist die Menge an Didesoxyribonucleosidtriphosphat gering genug, so entsteht ein ganzer Satz verkürzter Ket-

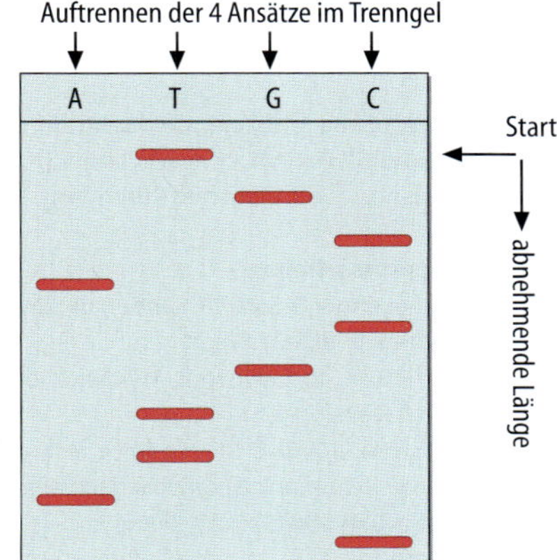

◀ **Abb. 5.38. Prinzip der DNA-Sequenzierungstechnik nach Sanger und Coulson.** Einzelsträngige DNA mit einem bekannten 3′-Ende (Behandlung mit einer Restriktionsendonuclease) wird in vier Ansätze verteilt. In jeden Ansatz kommt ein dem 3′-Ende komplementäres Oligonucleotid, ein Gemisch aus dATP, dTTP, dCTP, dGTP sowie, α^{32}P-dATP zur radioaktiven Markierung. Anschließend wird zu jedem Ansatz eine genau bemessene Menge eines der vier Didesoxynucleosidtriphosphate zusammen mit DNA-Polymerase I gegeben. Dies führt bei der DNA-Polymerisierung zum Kettenabbruch an spezifischen Positionen. Die vier Ansätze werden anschließend in einem Sequenziergel getrennt und die Sequenz abgelesen

ten, welche auf einem **Sequenziergel** elektrophoretisch ihrer Länge nach aufgetrennt werden können

- Zur Detektion ist eines der Desoxyribonucleosidtriphosphate radioaktiv markiert. Durch Auflegen eines Röntgenfilms wird ein solches Sequenziergel entwickelt und anschließend die Sequenz abgelesen

Wegen der Verwendung der DNA-Polymerase ergibt sich mit der Kettenabbruchmethode allerdings die Sequenz des komplementären Strangs. Abbildung 5.38 zeigt schematisch das Autoradiogramm eines derartigen Sequenziergels und die daraus abgeleitete Sequenz.

Für die **automatisierte DNA-Sequenzierung** ist eine spezielle Variante der Kettenabbruchmethode entwickelt worden (Abb. 5.40). Sie beruht auf der Verwendung von *primern*, die mit Fluoreszenzfarbstoffen markiert sind. Verwendet man für jedes der vier Nucleotide einen *primer* mit jeweils einem anderen Fluoreszenzfarbstoff, so genügt es, anschließend die vier Ansätze zu mischen und in einer Spur des Sequenziergels aufzutrennen. Mit einem spezifischen Laser-Photometer, welches zwischen den vier Fluoreszenzfarbstoffen unterscheiden kann, lässt sich dann die Sequenz automatisiert ablesen. Für Projekte wie die Sequenzierung des Genoms einfacher Eukaryoter oder aber des humanen Genoms war die Verwendung derartiger Techniken eine unabdingbare Voraussetzung.

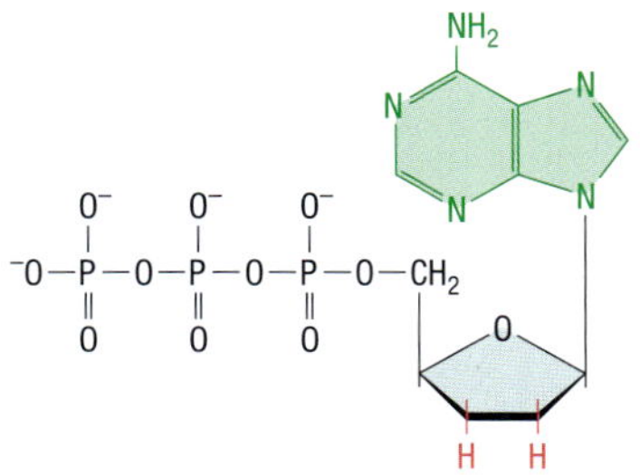

Abb. 5.39. Didesoxy-ATP als Beispiel für ein Didesoxynucleosidtriphosphat

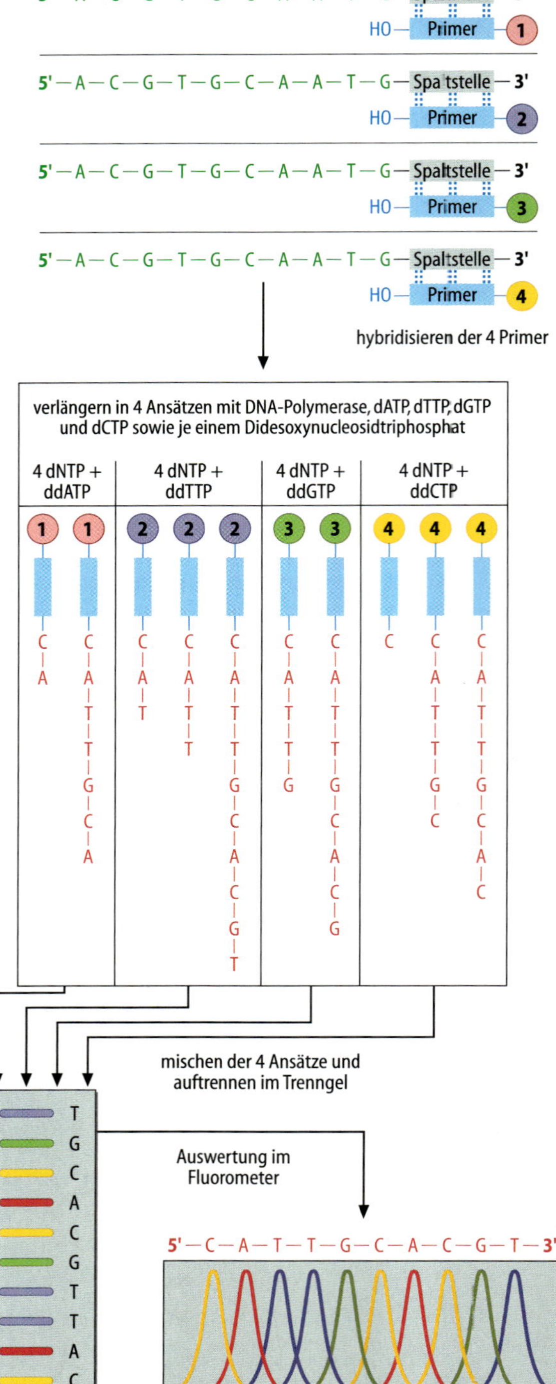

Abb. 5.40. Automatisierte DNA-Sequenzierung. Einzelsträngige DNA wird in 4 Ansätze verteilt. Zu jedem Ansatz werden anschließend ein mit einem jeweils unterschiedlichen Fluoreszenzfarbstoff markierter, zum 3′-Ende komplementärer Primer sowie ein Gemisch aus den 4 Desoxyribonucleosid-Triphosphaten gegeben. Nach anschließender Zugabe der Didesoxyribonucleosid-Triphosphate wie in Abb. 5.38 wird die Reaktion mit DNA-Polymerase gestartet. Nach Beendigung der Reaktion werden die 4 Ansätze vereinigt, auf einer Spur des Sequenziergels aufgetrennt und mittels eines speziellen Laser-Fluorometers die Fluoreszenz der einzelnen Bruchstücke vermessen. Die komplementäre Basensequenz kann direkt abgelesen werden

In Kürze

Für die Molekularbiologie und Gentechnik stellt die Entwicklung geeigneter Methoden zur Reindarstellung von DNA- und RNA-Molekülen eine ganz wesentliche Voraussetzung dar. Nucleinsäuremoleküle können durch entsprechende Nucleasen in Bruchstücke fragmentiert werden, wobei für die DNA besonders die Spaltung mit Restriktionsendonucleasen von großer Bedeutung ist, da hierbei Enden mit definierter Basensequenz entstehen. Fragmente von Nucleinsäuren können elektrophoretisch mit Hilfe der Agarose-Gelelektrophorese entsprechend ihrer Größe aufgetrennt werden. Mit Hilfe von markierten Sonden gelingt durch Hybridisierung die Lokalisation spezifischer Basensequenzen in diesen Fragmenten. Die hierfür gängigsten Verfahren sind der Southern-Blot und der Northern-Blot. Von besonderer Bedeutung sind Verfahren zur DNA-Sequenzierung. Bei der heute allgemein üblichen Kettenabbruchmethode wird mit Hilfe der DNA-Polymerase eine Replikation des zu sequenzierenden DNA-Stückes durchgeführt, wobei durch Zugabe von Didesoxynucleosidtriphosphaten sequenzspezifische Bruchstücke erzeugt werden.

Literatur

Monographien und Lehrbücher

Lewin B (2002) Molekularbiologie der Gene. Spektrum, Heidelberg, Berlin

Singer M, Berg P (1992) Gene and Genome. Spektrum, Heidelberg

Watson JD, Baker TA, Bell SP, Gann A, Levine M, Losick R (2004) Molecular Biology of the Gene, 5th ed, Benjamin Cummings, USA

Original- und Übersichtsarbeiten

Lavorgna G, Dahary D, Lehner B, Sorek R, Sanderson CM, Casari G (2004) In search of antisense. TIBS 29:88–94

Luger K (2003) Structure and dynamic behavior of nucleosomes. Curr Opinion Gen Develop 13:127–135

Rothkamm K, Löbrich M (2003) Evidence for a lack of DNA double-strand break repair in human cells exposed to very low x-ray doses. Proc Natl Acad Sci USA 100 (9):5057–5062

Szymanski M, Barciszewska MZ, Zywicki M, Barciszewski J (2003) Non-coding RNA transcripts. J Appl Genet 44:1–19

Sanger F, Coulson AR (1975) A rapid method for determining sequences in DNA by primed synthesis with DNA polymerases. J Mol Biol 94:441–448

Venter JC, Adams MD, Myers EW et al. (2001) The sequence of the human genome. Science 291:1304–1351

Wolffe AP, Hayes JJ (1999) Chromatin disruption and modification. Nucleic Acids Res 27:711–720

Wolffe AP, Guschin D (2000) Review: Chromatin structural features and targets that regulate transcription. J Struct Biol 129:102–122

Zamore PD, Haley B (2005): Ribo-gnome: The Big World of Small RNAs. Science 309:1519-1524

Links im Netz

► www.lehrbuch-medizin.de/biochemie

6 Zelluläre Organellen, Strukturen und Transportvorgänge

Andrej Hasilik

6.1 Zelluläre Kompartimente, Membranen und Transport – 174
6.1.1 Kompartimente – 176
6.1.2 Membranen – 176
6.1.3 Prinzipien des Membrantransports – 178
6.1.4 Transport durch *gap junctions*, Porine und Kanalproteine – 180
6.1.5 Carrier-vermittelter Transport – 183
6.1.6 Pathobiochemie – 185

6.2 Organellen und Partikel – 187
6.2.1 Zellkern – 187
6.2.2 Endoplasmatisches Retikulum und ERGIC – 190
6.2.3 Golgi-Apparat und trans-Golgi Netzwerk – 190
6.2.4 Vesikulärer und tubulärer Transport – 191
6.2.5 Plasmamembran – 195
6.2.6 Adhäsionsmoleküle – 197
6.2.7 Lysosomen, Endosomen und verwandte Organellen – 200
6.2.8 Exosomen – 203
6.2.9 Mitochondrien – 203
6.2.10 Peroxisomen – 204
6.2.11 Intrazelluläre Partikel – 205
6.2.12 Pathobiochemie – 205

6.3 Cytoskelett – 207
6.3.1 Mikrotubuli – 207
6.3.2 Aktinfilamente – 211
6.3.3 Intermediäre Filamente – 214
6.3.4 Pathobiochemie – 214

Literatur – 215

Weniger als zwei Jahrhunderte trennen den Beginn der Ära der Systembiologie von den Anfängen der funktionellen Histologie und Physiologie bzw. Zellbiologie. In der ersten Hälfte des 19. Jahrhunderts etablierte sich die zelluläre Theorie. Nicht ohne Irrwege setzte sich die Anschauung durch, dass tierische Zellen von Cytoplasma ausgefüllt sind und einen Zellkern enthalten, dessen Teilung jeder Zellbildung vorausgeht. Außerordentliche methodische Fortschritte der letzten Jahrzehnte gewähren uns detaillierte Einblicke in die Struktur, Arbeitsweise und Bewegung von Molekülen. Der Einsatz der Fluoreszenzmikroskopie, Kryo-Elektronenmikroskopie, Bioinformatik und anderes mehr revolutioniert unsere Sichtweise des Zellinneren. Für diese Entwicklung ist Rudolf Virchow's 1858 erschienene »Zellularpathologie« von maßgeblicher Bedeutung. Der Vorstellung von der extra- oder intrazellulären Zellbildung läutete diese Monographie nicht zuletzt mit dem viel zitierten Ausspruch »omnis cellulae cellula« (jede Zelle kann nur aus einer bereits bestehenden hervorgehen) das Ende ein. Bis heute hat die Erforschung von Krankheiten die von Virchow geforderte sorgfältige Beschreibung anatomischer Veränderungen konsequent eingehalten und und setzt neue Kenntnisse molekularer Strukturen und Funktionen zur Entwicklung besserer diagnostischer und therapeutischer Verfahren ein.

6

6.1 Zelluläre Kompartimente, Membranen und Transport

! Die Geschichte der Entdeckung subzellulärer Kompartimente ist eine Geschichte der Entwicklung zellbiologischer Methoden.

Die räumliche Aufteilung der Zellen, die **Kompartimentierung**, sowie das Zusammenspiel der Kompartimente ist für die Durchführung und Koordinierung der für eukaryote Organismen charakteristischen Stoffwechsel-, Wachstums-, Differenzierungs- und Steuerungsvorgänge notwendig. Dank moderner Methoden der Zellbiologie kam es in den letzten Jahrzehnten zu einer beeindruckenden Erweiterung der Einblicke in das Zellinnere. Die in der Einleitung angesprochene Entwicklung der Methoden zur Aufklärung der einzelnen Bestandteile der Strukturen und ihrer Funktionen, ist in ◘ Abb. 6.1 illustriert. Viele Pionierarbeiten konnten an den besonders großen Neuronen des Kleinhirns geleistet werden. Vor etwa 170 Jahren erlaubte der damalige Stand der **Lichtmikroskopie** Jan Evangelista Purkinje in Breslau ein ziemlich realistisches Bild der wichtigsten Merkmale dieser Zellen mit einem zentralen Kern und mehreren Fortsätzen zu zeichnen (◘ Abb. 6.1a). Camillo Golgi imprägnierte als Erster Zellen mit Silbernitrat (reazione nera) und veröffentlichte 1898 seine Zeichnungen von Nervenzellen mit Nucleoli im Kern sowie Details ihrer Fortsätze. Der von ihm erstmalig gezeichnete »retikuläre Apparat« trägt heute seinen Namen (◘ Abb. 6.1b,c). Substrukturen des Zellkerns und seiner Hülle, verschiedene Formen des Chromatins bzw. Kernporen können seit etwa 60 Jahren mittels der **Transmissionselektronenmikroskopie** (◘ Abb. 6.1d) betrachtet werden. Dank dieser Technik ist unter Verwendung von Oberflächenrepliken – nach einer Fragmentierung eingefrorener Präparate (*freeze-fracturing* und *replica shadowing*) – die Untersuchung der Grenzflächen voneinander getrennter Kompartimente in hoher Auflösung möglich. Seit wenigen Jahren erlauben **Kryoelektronenmikroskopie** und Tomographie die Auflösung noch kleinerer Strukturen bis circa 3 nm Größe. Diese Methode ermöglicht die Struktur von Partikeln und molekularen Komplexen in ihrer natürlichen Umgebung sichtbar zu machen, z.B. die der Kernporen in der Kernhülle (◘ Abb. 6.1e). Mittels **Fluoreszenzmikroskopie** können unterschiedliche Moleküle durch indirekte Markierung mit fluoreszenten Antikörper- oder Oligonucleotid-Konjugaten einzeln oder in Gruppen dargestellt werden. Ein Beispiel zeigt die Lokalisierung von Chromosomen im Kern einer menschlichen Zelle (◘ Abb. 6.1f). Der Einsatz des *green fluorescent proteins* (GFP) der pazifischen Qualle (Aequorea victoria) mittels molekularbiologischer Techniken, die sog. »grüne Revolution« der Zellbiologie, ermöglicht seit etwa einem Jahrzehnt die Untersuchung von Molekülen in lebenden Zellen. Somit ist die Visualisierung der subzellulären Verteilung, Bewegung oder Colokalisierung von Proteinen möglich (◘ Abb. 6.1g–k). Spezielle Verfahren eröffnen den Blick auf kleinere Moleküle und Veränderungen ihrer Konzentration, z.B. die Speicherung von Cholesterin in Dendriten von Purkinje Zellen im Kleinhirn eines Mausmodells der Niemann-Pick'schen Erkrankung (◘ Abb. 6.1g, h). Der Speicherort des Cholesterins sind Lysosomen.

Die Überlagerung colokalisierter Fluoreszenzsignale unterschiedlicher Wellenlänge führt zu einer Farbänderung. In Präparaten mit Grün- und Rotfluoreszenz weist ein gelbes Lichtsignal auf eine Colokalisierung markierter Moleküle hin (◘ Abb. 6.1i–k). Mittels **Rasterkraftmikroskopie** mit einer Auflösung im Subnanometer-Bereich können Oberflächenstrukturen, etwa von Membranen mit eingebauten Proteinen, dargestellt werden. Bespiele solcher Darstellungen finden sich im ► Kap. 6.1.4.

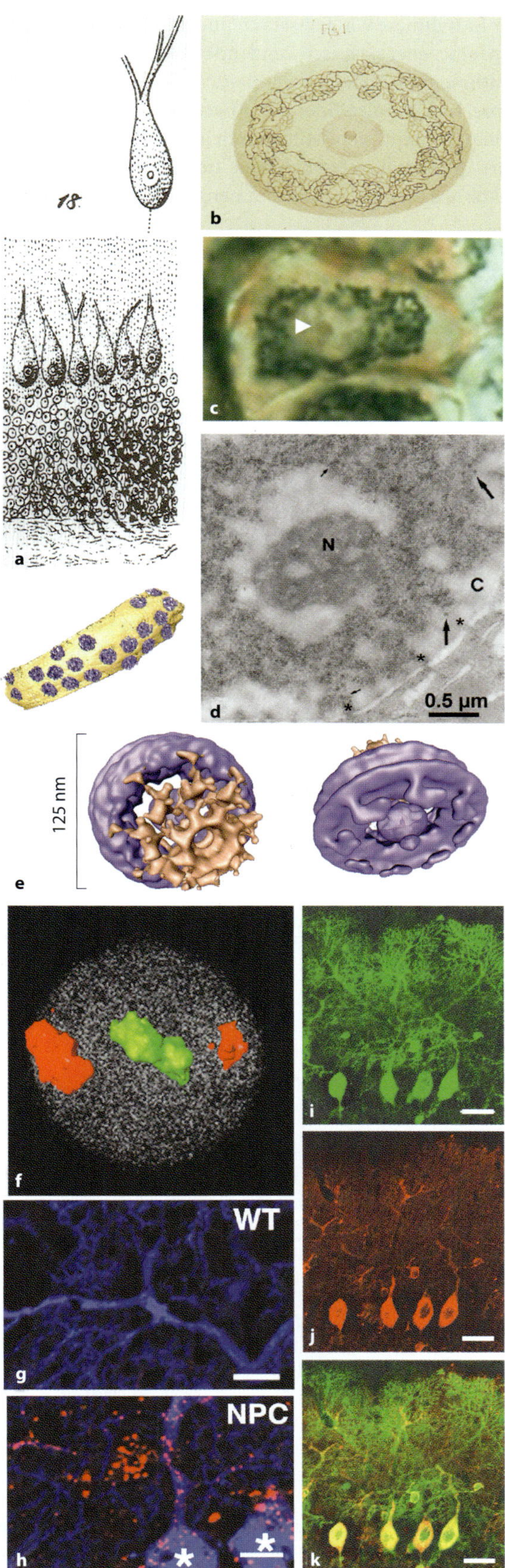

◀ **Abb. 6.1a–f. Entwicklung zellbiologischer Methoden. a** Jan E. Purkinjes Zeichnung nach mikroskopischer Beobachtung großer Zellen im Cerebellum (1837). **b** Camillo Golgis Zeichnung des Zellkörpers eines großen Kleinhirnneurons mit einer kernnahen Organelle, die durch Kontrastierung mit reduziertem Silber sichtbar gemacht wurde (1898). **c** Ausschnitt aus einer zeitgenössischen Aufnahme eines von Camillo Golgi angefertigten mit Silbernitrat gefärbten cerebellären Schnitts. Zusätzlich zum dunkel erscheinenden Golgi-Apparat lässt sich der im Kernzentrum liegende Nucleolus (weiße *Pfeilspitze*) erkennen. **d** Transmissionselektronenmikroskopische Aufnahme eines Ultradünnschnitts durch den Kern eines Hepatozyten, EDTA-Färbung. N = Nucleolus; C = hell erscheinendes Heterochromatin (kondensiertes Chromatin); kleine und große *Pfeile*, Perichromatinfibrillen bzw. -granula; *Sternchen* markieren die Innenseite der Kernporen. **e** Dreidimensionale Rekonstruktion der Kernporen (*violett*) an der Oberfläche eines Teils der Kernhülle (*gelb*) sowie der Kernporenkomplexe mittels kryoelektronenmikroskopischer Tomographie. Bei der Betrachtung der cytoplasmatischen (*links* im Paneel) und nucleoplasmatischen (*rechts*) Seiten der Poren ist die 8-fache Symmetrie speichenartiger Verbindungen des peripheren Rings zu erkennen. In seinem Zentrum befindet sich eine Spindel- und an seiner nucleoplasmatischen Seite eine Körbchenstruktur (*beige*). **f** Dreidimensionale Rekonstruktion von Chromosomen 18 (*rot*) und 19 (*grün*) im Kern eines humanen Lymphozyten (Fluoreszenzmarkierung und konfokale Fluoreszenzmikroskopie). **g,h** Lokalisierung eines Proteins und eines kleinen Moleküls durch konfokale Fluoreszenzmikroskopie. Vergleich cerebellärer Schnitte einer normalen und einer Niemann-Pick Typ C1 Maus (Tag 9 postnatal). Das Cytoplasma wurde durch eine Markierung (*blau*) eines cytosolischen Proteins (Calbindin), das sich in dem cytosolischen Kompartiment der Dendriten (**g** und **h**) sowie des Perikaryons (**h**) befindet, sichtbar gemacht. Cholesterin und seine Speicherung in den Zellkörpern (*Sternchen*) sowie Dendriten des Niemann-Pick-Modells (NPC) wurden mit einem fluoreszierenden, Cholesterin-bindenden Toxin (BC-θ) sichtbar gemacht (*rot*). Das nicht aggregierte Cholesterin in Membranen der Kontroll-Maus (*WT*) wird mit BC-θ nicht markiert. **i–k** Konfokale fluoreszenzmikroskopische Colokalisierung von Proteinen in Dendriten und Zellkörpern im Cerebellum einer Maus. Mittels eines viralen Expressionsvektors wurden cDNAs von zwei Proteinen, des löslichen GFP und der R2-Untereinheit des membranständigen NMDA-Glutamatrezeptors in Purkinje Zellen transduziert. Das GFP (*grün*) verteilt sich gleichmäßig über das Soma und die Dendriten (**i**). Die R2-Untereinheit (*rot*) befindet sich ebenfalls in den Zellkörpern und den aufsteigenden Fasern, jedoch nicht in den Zellkernen (**j**). Die Überlagerung der Signale weist durch gelbe Farbe auf eine Colokalisierung im Soma und teilweise in den Dendriten hin (**k**). (Aufnahmen: Marina Bentivoglio von einem an der Universität Pavia aufbewahrten, von Golgi gefertigten Präparat (**c**), Stan Fakan (**d**), Martin Beck und Wolfgang Baumeister (**e**), Marion Cremer und Irina Solovei (**f**), Wataru Kakegawa und Seiji Ozawa (**g–h**), Ta-Yuan Chang und William F. Hickey (**i–k**).)

6.1.1 Kompartimente

Ein besonderes Merkmal eukaryoter Zellen ist ihr Aufbau aus zahlreichen intrazellulären Kompartimenten.

Die **Plasmamembran** (Plasmalemma) trennt die Zellen von ihrer Umgebung. Sie vermittelt die zellulären Kontakte und kontrolliert den Stoffaustausch der Zelle mit ihrer Umgebung. Im Inneren befindet sich der vom **Cytoplasma** umgebene **Zellkern**. Das Cytoplasma besteht aus **Cytosol**, das lösliche Proteine und Partikel enthält und zusätzlich zum Kern weitere **Organellen** (▶ Kap. 6.2) umgibt. Diese sind von eigenen Membranen umschlossen und bilden somit **Kompartimente**, die besondere Reaktionsräume umschließen. Auf diese Weise werden verschiedene Stoffwechselwege und ihre Zwischenprodukte in spezialisierten Räumen untergebracht. Kompartimente und Extrazellularraum kommunizieren mit dem Cytosol über aktive und passive Transportsysteme. Im Cytosol erfolgt der größte Teil der Proteinsynthese und auch des Proteinabbaus. Weiterhin finden sich im Cytosol die Enzyme und Intermediate von Glycolyse, Gluconeogenese, Glycogenstoffwechsel, sowie der Biosynthese von Fettsäuren und einigen Aminosäuren. Um eine energieverschwendende Konkurrenz zwischen Synthese und Abbau zu vermeiden, sind die meisten Enzyme des katabolen Energiestoffwechsels in einem anderen Kompartiment, den Mitochondrien (▶ Kap. 6.2.9) lokalisiert. Merkmale verschiedener tierischer Zellen sind in ◘ Abb. 6.2 schematisch zusammengefasst.

6.1.2 Membranen

Biologische Membranen enthalten Lipide in asymmetrischer und ungleichmäßiger Verteilung.

Die Analyse zellulärer Membranen mit chemischen Verfahren ergibt eine Zusammensetzung aus Proteinen, amphiphilen Lipiden (▶ Kap. 2.2) und einen geringen Anteil covalent gebundener Kohlenhydrate (◘ Tabelle 6.1). Das Gewichtsverhältnis Protein zu Lipid schwankt zwischen Werten von 1 bis etwa 4. Charakteristisch für alle Membranen sind der Aufbau einer zweiblättrigen **Lipiddoppelschicht** sowie eine dynamische Integration verschiedener

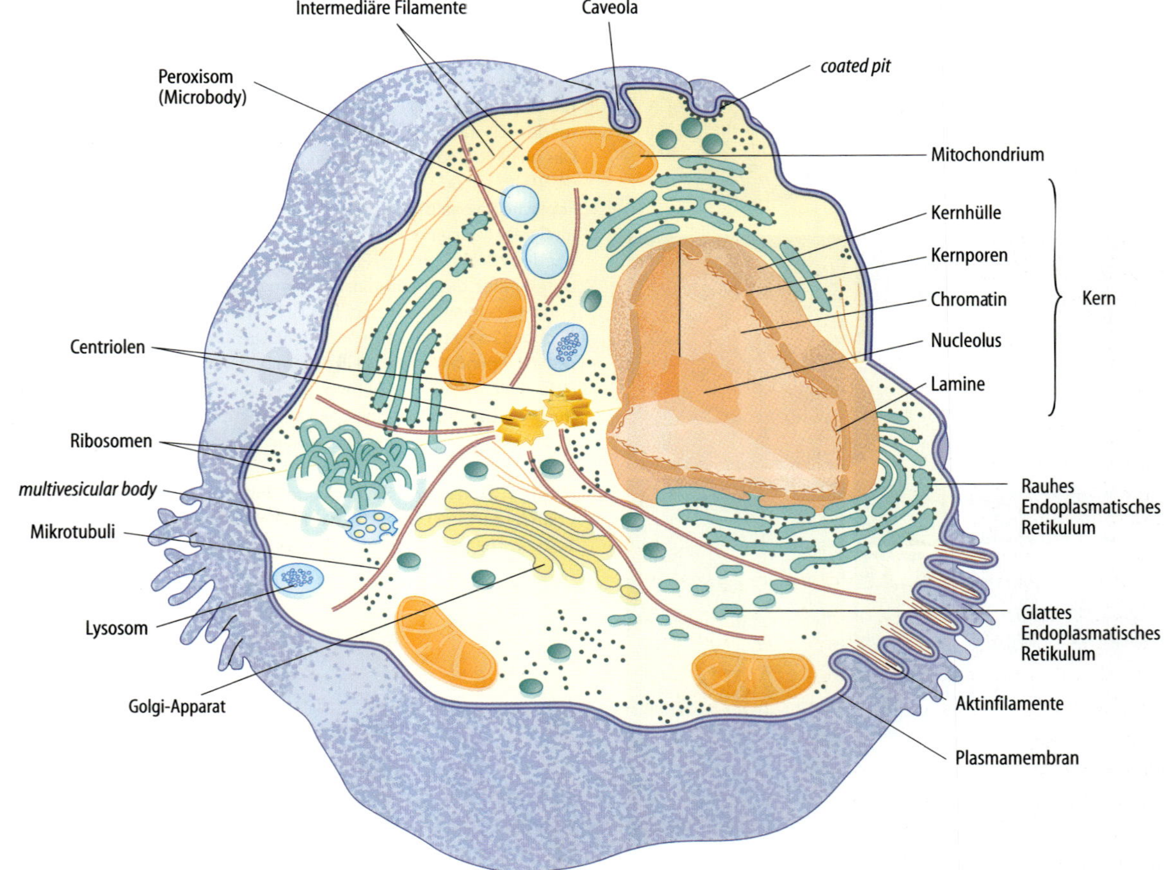

◘ **Abb. 6.2. Aufbau von Zellen.** Schematische Darstellung der Struktur einer idealisierten tierischen Zelle. Die Beschreibung einzelner Organellen und verschiedener Cytoskelettelemente erfolgt in ▶ Kap. 6.2 und 6.3. Differenzierte Zellen unterscheiden sich voneinander in ihrer Struktur und ihrer Ausstattung mit Organellen. Grundsätzlich ist das Zellinnere von Organellen sehr dicht gefüllt

Tabelle 6.1. Zusammensetzung verschiedener zellulärer Membranen

Membrantyp	Proteine (%)	Lipide bzw. (Cholesterin*) (%)		Kohlenhydrate (%)
Hepatozyt (Plasmamembran)	46	54	(16)	2–4
Erythrozyt (Plasmamembran)	49	43	(22)	8
Mitochondriale Innenmembran	76	24	(<3)	0
Myelinmembranen	18	79	(28)	3

* Gehalt als % des Lipids (in der mitochondrialen Innenmembran ist der Gehalt nicht signifikant)

Proteinmoleküle, die entweder in dieser Doppelschicht eingebettet oder mit ihr assoziiert sind. Die Lipide sind in beiden Schichten **asymmetrisch** verteilt und in der Ebene **inhomogen** angeordnet. Ursachen dieser Asymmetrie sind entweder der Mechanismus der Biosynthese (▶ Kap. 18.2.3) oder eine energieabhängige Umverteilung von Membranlipiden. Diese können zwischen den äußeren und inneren Blättern der Doppelschicht wechseln (»flip« d.h. zum Cytosol hin, bzw. »flop« d.h. vom Cytosol weg). Der spontane Wechsel erfolgt bei Lipiden mit kleinen polaren »Köpfen«, z.B. Cholesterin, relativ häufig und extrem selten bei den oligosaccharidtragenden Gangliosiden. Bei Bedarf kann der Austausch enzymatisch beschleunigt werden (▶ Kap. 18.2.3). Als Beispiel dient Phosphatidylserin, das in gesunden Zellen bevorzugt in das cytosolische Blatt der Plasmamembran eingebaut wird. Größere Mengen dieses Lipids auf der Außenseite sind Zeichen des Zusammenbruchs des Energiestoffwechsels und der Zellnekrose oder **Apoptose** (▶ Kap. 25.4, 7.1.5). Die Ausscheidung von Cholesterin sowie der pflanzlichen Sterine ist von ABC-Transportern abhängig, die dafür sorgen, dass diese Lipide vom Innen- in das Außenblatt der Plasmamembran »gefloppt« bzw. von der Zelloberfläche in den Extrazellulärraum abgegeben werden.

Die Membranen weisen eine organellenspezifische Lipidzusammensetzung auf. Die Unterschiede ergeben sich aus der **Lokalisierung der Biosynthese**, einem **vesikulären Membrantransport** und einem molekularen durch lipidbindende Proteine vermittelten **Lipidtransfer**. Die phospholipidreiche Membran des endoplasmatischen Retikulums ist cholesterinarm und flexibel (T_m<0°C), während einige Areale der Plasmamembran einen hohen Anteil an Cholesterin (bis ca. 30% des Lipids), und teils einen kristallinen Charakter ($T_m \cong 40$°C) aufweisen.

Die ungleichmäßige Verteilung der Membranlipide beruht darauf, dass durch laterale Wechselwirkungen untereinander und mit Proteinen **Mikrodomänen** mit besonderer Lipidzusammensetzung gebildet werden können. Komplexe Mikrodomänen werden als *rafts* (engl. Floß) bezeichnet. Einerseits können phospholipidreiche Membranareale aufgrund hoher Mobilität als **flüssig-ungeordnet** (l_d, *liquid-disordered*) und andererseits Cholesterin- und sphingolipidreiche Areale als **flüssig-geordnet** (l_o, *liquid-ordered)*, also semikristallin aufgebaut, bezeichnet werden. Die Mikrodomänen stellen dynamische Strukturen dar, die ausgewählte Proteine enthalten und sich vorübergehend zu *rafts* (▶ Kap. 2.6) und größeren Arealen zusammenschließen können.

! Membranproteine werden in die Lipiddoppelschicht mittels spezifischer Domänen integriert, die die Doppelschicht teilweise oder durchgehend penetrieren. Letztere können als Transportproteine fungieren.

Durch die Assoziation mit der Membran eines Organells können Reaktionen von Proteinen koordiniert und beschleunigt werden. Zahlreiche auf bestimmte Substrate spezialisierte **Cytochrom P_{450} - Moleküle**, die in der Membran lateral beweglich sind, können von einem ebenfalls in der Membran verankerten NADPH-oxidierenden Flavoprotein (Cytochrom P_{450} Reduktase) Redoxäquivalente erhalten (▶ Kap. 15.2.1). Eine noch engere Kooperation oder höhere Effizienz kann durch Assoziation mit oder durch eine Verankerung in Mikrodomänen (▶ oben) erreicht werden.

Die meisten in der Membran fest eingebetteten **integralen Membranproteine** besitzen eine oder mehrere **Transmembrandomänen,** die aus einem oder mehreren **α-helicalen** (▶ Kap. 3.3.2) **Transmembransegmenten** (Transmembranhelices) zusammengesetzt sind. Häufig bestehen die Transmembranhelices ausschließlich aus hydrophoben Aminosäuren, deren Seitenketten in der Lipiddoppelschicht integriert sind. Mehrere helicale Transmembransegmente können jedoch **Zwischenräume** bzw. Kanälchen mit Bindungsstellen für verschiedene Moleküle umschließen, an denen nichthydrophobe Aminosäurenseitenketten beteiligt sind. Durch gegenseitige Verschiebungen oder Einknicken der Helices lässt sich der Zugang von der einen oder anderen Seite der Membran öffnen oder schließen. Liganden können diese Konformationsveränderungen der Transmembrandomänen steuern und einen gerichteten **Transport** durch die Membran katalysieren (ein Beispiel ist der weiter unten in ◘ Abb. 6.8 beschriebene **Na^+-Ionen**-abhängige Glucosetransport). Die Transmembrandomäne der Aquaporine (▶ Kap. 6.1.4) enthält ein mit Wasser gefülltes Kanälchen, das von sechs Transmembranhelices sowie zwei helix-loop Motiven umschlossen ist. Diese Motive tauchen in die Membran ein, penetrieren jedoch jeweils nur ein Blatt der Doppelschicht. Eine ähnlich in die Membran eintauchende Schleife bestehend aus zwei kurzen Helices und einem Verbindungsbogen (*hairpin*) wurde für Caveolin-1 (▶ Kap. 6.2.5) beschrieben. Dieses Protein kommt an der Cytosolseite spezieller Einstülpungen der Plasmamembran sowie an Lipidtröpfchen vor und ist in der Membran bzw. Halbmembran durch Lipidmodifizierungen zusätzlich verankert.

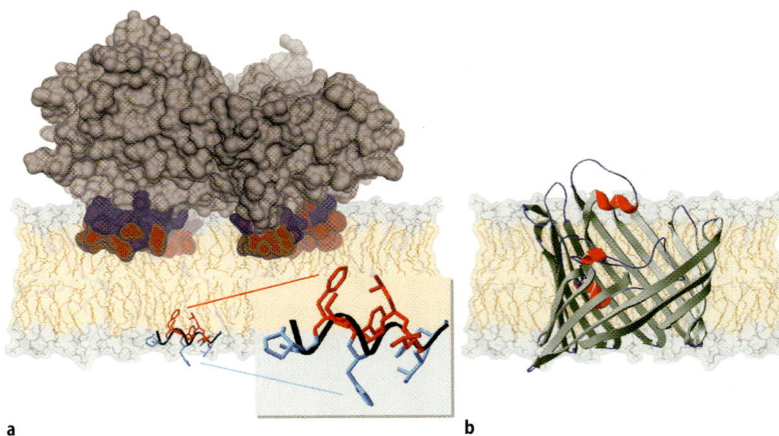

Abb. 6.3. Einbettung eines peripheren Membranproteins und eines β-*barrel*-Proteins in Membranen. a Auf kristallographischen Daten basierendes Modell des Dimers des Schafs Prostaglandin H_2 Synthase. Dieses Protein haftet mittels amphiphiler α-Helices im äußeren Blatt der Lipiddoppelschicht. Das aktive Zentrum ist der Membran zugewandt und kann das Substrat (Arachidonsäure) unmittelbar erhalten. Farbig hervorgehoben sind die hydrophoben (*rot*) und hydrophilen (*blau*) Randbereiche der in der Membran eingebetteten helicalen Domänen. Modell einer amphiphilen Helix (Prolin-85 – Histidin-95) des Proteins in maßgerechter Form sowie vergrößert am unteren Rand der Doppelschicht platziert, um die Orientierung der hydrophoben (*rot*) und hydrophilen (*blau*) Seitenketten zu illustrieren. Die schwarze Linie stellt die Sekundärstruktur der Hauptkette dar. **b** Modell eines β-*barrel*-Proteins aus der Familie der Porine vor dem Hintergrund eines Lipiddoppelschichtmodells. In drei Dimensionen bildet das Porin ein ovales, in der Membran eingebettetes Körbchen. Die Verbindungsschleifen (*blau*) und ihre helicalen Bereiche (*rot*) sind hydrophil und kontrollieren die Öffnung der Pore. Innerhalb der Membran befinden sich β-Faltblatt-Segmente (*grün*), in denen abwechselnd hydrophobe und hydrophile Seitenketten (nicht gezeigt) vorkommen. Die ersteren sind nach außen gerichtet und interagieren mit dem Membranlipid und die letzteren kleiden die Innenseite der Pore aus. (Modell der Prostaglandin H_2-Synthase von Benoit Roux (**a**); das Modell des Rhodobacter capsulatus Porins basiert auf kristallographischen Daten (Protein Data Bank Nr. 2POR) von Manfred S. Weiss und George E. Schulz (**b**).)

Die einseitig in der hydrophoben Phase verankerten Proteine gehören ebenso wie die Transmembranproteine zu den integralen Membranproteinen. Durch **amphiphile** α-helicale Motive (Abb. 6.3a) kann je nach Länge oder Verfügbarkeit eine dauerhafte oder vorübergehende Verbindung mit einer Membran erzeugt werden. Prostaglandin H_2-Synthase-1 besitzt mehrere amphiphile α-Helices, die um das aktive Zentrum angeordnet sind. Die Arachidonsäure kann als Substrat direkt aus der dem Zentrum gegenüber liegenden Membran rekrutiert werden (► Video: http://www.lehrbuch-medizin.de). Eine aktivitätsabhängige Bindung an die Plasmamembran kann bei den den vesikulären Transport regulierenden G-Proteinen vorliegen. **Periphere Membranproteine**, die auch als Membran-assoziierte Proteine bezeichnet werden, interagieren mit den polaren Köpfen der Lipide oder mit den äußeren Domänen der integralen Membranproteine und lassen sich bei pH 11 von der Membran ablösen. Lipidartige Verankerungen werden im ► Kapitel 9.2.4 beschrieben.

β-Faltblattmotive (► Kap. 3.3.2), die abwechselnd hydrophile und hydrophobe Aminosäuren beinhalten, können in einer zylindrischen Anordnung mit den hydrophoben Seiten in die Lipiddoppelschicht integriert werden. Auf diese Weise sind aus einem korbähnlichen β-Faltblattgeflecht **β-*barrel*-Proteine** aufgebaut (Abb. 6.3b). β-*barrel*-Proteine, die als **Porine** bezeichnet werden, kommen in Bakterien und der mitochondrialen Außenmembran vor. Ihre Vertreter sind am Transport verschiedener Moleküle beteiligt. Einige Mitglieder eignen sich zum Transport von großen, andere wie das VDAC (*voltage **d**ependent **a**nion-selective **c**hannel*) in Eukaryonten zu dem von kleinen Teilchen. Die Passage wird von den Schleifen kontrolliert, die die β-Faltblattsegmente miteinander verbinden und den Kanal abdecken können.

Transportproteine katalysieren die Migration von Teilchen zwischen Kompartimenten. Daher können sie als **vektorielle Enzyme** bezeichnet werden. In seltenen Fällen vereint die Katalyse eine physikalische vektorielle mit einer chemischen Wirkung. Ein im ER von Hepato- und Enterozyten lokalisiertes Isoenzym der **Acyl-CoA: Cholesterin-Acyltransferase,** ACAT-2, überträgt Acylreste von cytosolischem Acyl-Coenzym A auf das auf der luminalen Seite lokalisierte Cholesterin. Ein weiteres Beispiel ist die für den lysosomalen Abbau des Heparansulfats essentielle Acetyltransferase, deren Defekte die Mukopolysaccharidose IIIC verursachen. Dieses Enzym acetyliert mit Hilfe des cytosolischen Acetyl-Coenzym A α-Glucosaminylreste intralysosomaler Heparansulfatfragmente.

6.1.3 Prinzipien des Membrantransports

Die Plasmamembran und die Membranen der intrazellulären Organellen sind relativ durchlässig für hydrophobe Substanzen und kleine amphiphile Moleküle wie Ethanol. Bisher wurde angenommen, dass sie auch für gelöste Gase

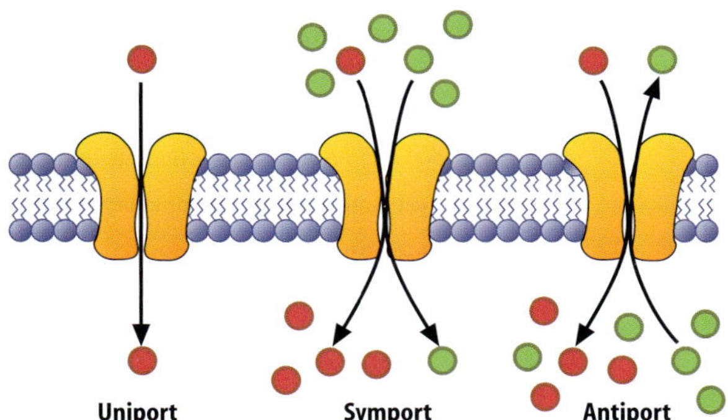

◘ Abb. 6.4. Uniport, Symport und Antiport. Der Nettoeinstrom eines Nährstoffs (*rot*) kann dadurch begünstigt werden, dass seine intrazelluläre Konzentration niedrig gehalten wird. So können resorbierende Epithelien Glucose oder Aminosäuren an der basolateralen Seite durch Uniport abgeben, wenn die intrazelluläre Konzentration die auf der basalen Seite herrschende extrazelluläre übersteigt. Durch Symport oder Antiport kann eine fast vollständige Aufnahme des Nährstoffs auf Kosten des Gradienten eines in der gleichen bzw. entgegengesetzten Richtung transportierten Teilchens (*grün*) erfolgen

wie O_2, CO_2, NO und NH_3 sehr gut permeabel sind. Neue Untersuchungen zeigen jedoch, dass der Transport von CO_2 physiologischerweise von einem Transportprotein (Aquaporin-1) katalysiert wird. Membranen sind undurchlässig für geladene hydrophile Moleküle wie die nur intrazellulär vorkommenden Stoffwechselzwischenprodukte sowie für Makromoleküle (Proteine, Polysaccharide und Nucleinsäuren). Die selektive Aufnahme von Nährstoffen bzw. Cofaktoren und die Abgabe von Produkten oder gefährlichen Stoffen sowie der Elektrolyt- und Wasserhaushalt werden durch unterschiedliche Transportsysteme reguliert. Vernachlässigt man zunächst die Frage der Energieabhängigkeit, so lassen sich konzeptionell drei Transporttypen unterscheiden (◘ Abb. 6.4):

- **Uniport**, bei dem lediglich ein Teilchen in eine Richtung transportiert wird
- **Antiport,** bei dem für den Transport eines Teilchens ein anderes in der Gegenrichtung ausgetauscht wird
- **Symport,** bei dem von einem Transportsystem mindestens zwei verschiedene Teilchen gleichzeitig in der gleichen Richtung transportiert werden

! Für Stofftransport durch Membranen sind Kanal- oder Carrier-Proteine verantwortlich.

Die drei oben genannten Transporttypen werden jeweils durch spezifische Transportproteine in den zellulären Membranen katalysiert. Im Prinzip unterscheidet man dabei zwei verschiedene Mechanismen:

- Beim **Transport durch Kanäle** bilden die Transportproteine Poren, durch welche die zu transportierenden Verbindungen reihenweise strömen. So sind beispielsweise Wasserkanäle dauerhaft geöffnet. Im Gegensatz dazu wechseln die gesteuerten Ionenkanäle zwischen zwei Konformationen, von denen eine geöffnet ist. Die Häufigkeit, mit der dies geschieht, wird je nach Kanaltyp spannungs- oder ligandenabhängig gesteuert
- Proteine, die einen **Carrier-vermittelten Transport** katalysieren, sind mit spezifischen Bindungsstellen ausgestattet. Die Bindung ihres Liganden löst eine Konformationsänderung aus, die für die Translokation durch die Membran verantwortlich ist

Alle Kanalproteine sowie eine große Zahl der Carrier-Proteine katalysieren nur den Transport entlang eines Konzentrationsgefälles. Man spricht in diesem Fall von **passivem Transport** oder **erleichterter Diffusion**. Erfolgt der Transport gegen ein Konzentrationsgefälle, spricht man von **aktivem Transport**. Dieser wird ausschließlich durch Carrier-Proteine katalysiert.

! Bei der kinetischen Analyse von Transportvorgängen werden die transportierten Moleküle als Substrate/Produkte einer Reaktion betrachtet.

Prinzipiell gelten für Transportvorgänge die gleichen Gesetze der Thermodynamik wie für chemische Reaktionen. Die Konzentrationsabhängigkeit der freien Enthalpie einer Reaktion wurde in ▶ Kapitel 4.1.1 abgeleitet:

$$\Delta G = \Delta G^0 + RT \times \ln[\text{Produkt}]/[\text{Edukt}]$$

R = Gaskonstante (8,315 J×mol^{-1}); T = absolute Temperatur in Grad Kelvin.

Da bei Transportvorgängen im Gegensatz zu Reaktionen keine chemischen Umsetzungen stattfinden, ändert sich die Standardenthalpie ΔG^0 nicht. Infolge dessen gilt für den Transport ungeladener Moleküle:

$$\Delta G = RT \times \ln[C_{\text{innen}}]/[C_{\text{außen}}]$$

Analog zu enzymkatalysierten Reaktionen werden die transportierten Moleküle als Substrate/Produkte einer Reaktion betrachtet. Bei negativem ΔG erfolgt der Transport in der betrachteten Richtung spontan und wird als **erleichterte Diffusion** bezeichnet. Diese Transportform katalysierende Transportproteine verhalten sich wie Enzyme und zeigen eine Sättigungskinetik (◘ Abb. 6.5). Sie dient daher als Kriterium erleichterter Diffusion. Die Geschwindigkeit des Transports hängt von der Zahl der Transporter und der Substratkonzentration ab. Sie wird durch die Maximalgeschwindigkeit und einen Halbsättigungswert (K_M, ▶ Kap. 4.4.1) charakterisiert. Dagegen ist der Transport in der betrachteten Richtung bei positivem ΔG nur dann möglich, wenn der Transportprozess an eine exergone Reaktion, beispielsweise die Hydrolyse von ATP (sog. **Pumpen**) oder den Transport eines anderen Teilchens entlang dessen Konzentrationsgradienten gekoppelt ist. Durch eine solche Kopplung kann theoretisch mit der verfügbaren Energie, beispielsweise der ATP-Hydrolyse ($\Delta G^{0'}_{ATP} \cong$ −30 kJ/mol), eine über hunderttausendfache Konzentrie-

Tabelle 6.2. Übersicht über Membrantransportsysteme

Typ	Sättigungskinetik	Transportprotein	Gekoppelter Transport	Beispiele
gap junction	keine	Connexine	nein	Kopplung von Cardiomyozyten bzw. Gliazellen
Membrankanal	keine	Kanalproteine	nein	Acetylcholinrezeptoren und andere Ionenkanäle
Erleichterte Diffusion	ja	Carrier	nein	GLUT-Transporter in allen Zellen; Aquaporine
Primär aktiver Transport	ja	Carrier	ja	Na^+/K^+-ATPase; ABC-Transporter
Sekundär aktiver Transport	ja	Carrier	ja	Na^+-abhängige Resorption von Zuckern und Aminosäuren

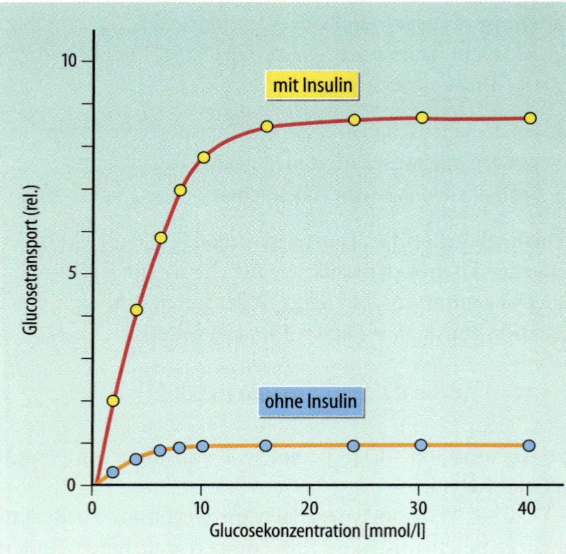

Abb. 6.5. Kinetik erleichterter Diffusion am Beispiel des Glucosetransports in isolierte Fett- oder Muskelzellen. Die Kinetik ist wie bei einer klassischen Enzymkinetik hyperbolisch. Die Sättigung ist ein wichtiger Hinweis darauf, dass die Diffusion mit einer limitierenden Zahl von Transportproteinen erfolgt. Der K_M-Wert deutet an, welcher der bekannten Transporter überwiegt. Durch eine Stimulierung der Zellen mit Insulin wird die Zahl der Transporter an der Zelloberfläche und somit die Maximalgeschwindigkeit erhöht, während die Halbsättigungskonzentration unverändert bleibt

rung ungeladener Teilchen erreicht werden, wie sich leicht aus obiger Gleichung errechnen lässt.

Für den Transport geladener Moleküle muss zusätzlich deren Ladung und elektrisches Potential berücksichtigt werden:

$$\Delta G = RT \times \ln [C_{innen}] / [C_{außen}] + ZF\Delta\Psi$$

F = Faraday-Konstante (96 500 $J \times V^{-1} \times mol^{-1}$); Z = Ionenladung; $\Delta\Psi$ = Potentialdifferenz.

Da das elektrische Potential über der Zellmembran Werte zwischen –50 und –100 mV liegt, trägt der zweite Term der Gleichung erheblich zum ΔG Wert bei.

Tabelle 6.2 liefert einen Überblick über unterschiedliche Transportsysteme für kleine Moleküle. Durch Membranen verschiedener Organellen können auch Proteine transportiert werden. Z.B. werden co- und posttranslational ungefaltete Proteine in das raue endoplasmatische Retikulum und in Mitochondrien bzw. in Peroxisomen importiert (▶ Kap. 9.2.2, 9.2.3). Der Export gefalteter, cytosolisch synthetisierter Proteine, beispielsweise des Angiogeneseaktivators FGF-2 (*fibroblast growth factor-2*) mittels eines postulierten Plasmamembrantransporters wird als **unkonventionelle Sekretion** bezeichnet.

6.1.4 Transport durch gap junctions, Porine und Kanalproteine

> *Gap junctions* sind wenig selektive Verbindungen zwischen Zellen, die für Moleküle bis zu einer Molekularmasse von etwa 1,5 kDa passierbar sind.

An den Zellen der meisten tierischen Organe kann man bei elektronenmikroskopischer Untersuchung feststellen, dass sich der Abstand zwischen zwei Zellmembranen in sehr genau definierten Arealen so weit verkleinert, dass nur noch eine winzige Lücke von 2–4 nm übrig bleibt (Abb. 6.6b). Diese Areale werden wegen der Lücke (*gap*) als *gap junctions* bezeichnet. Funktionell zeichnen sie sich dadurch aus, dass sie den Austausch nicht nur von Wasser, sondern wenig selektiv auch von niedermolekularen Verbindungen bis zu einer Molekülmasse von etwa 1,5 kDa erlauben. Die hierfür notwendigen Membran-Poren, die gelegentlich auch als Kanäle bezeichnet werden, dürfen nicht mit den hoch selektiven und regulierbaren Membrankanälen (▶ u.) verwechselt werden. *Gap junctions* bieten Zellen u.a. die Möglichkeit der elektrischen Kopplung. So können sich Potentialveränderungen sehr schnell von Zelle zu Zelle ausbreiten. Dementsprechend finden sich *gap junctions* auch besonders häufig im Myokard (Abb. 6.6) und im Nervensystem (elektrische Synapse, ▶ Kap. 31.2.2). Eine Erhöhung neuronaler Aktivität regt Gliazellen an. Die Endfüße der Glia sind durch *gap junctions* miteinander verbunden und können mittels Pericyten (glatte Muskelzellen) die in der Basallamina größerer Gefäße liegen, die Durchblutung regulieren.

Gap junctions werden durch spezifische Proteine, so genannte **Connexine**, gebildet. Diese gehören zu einer Pro-

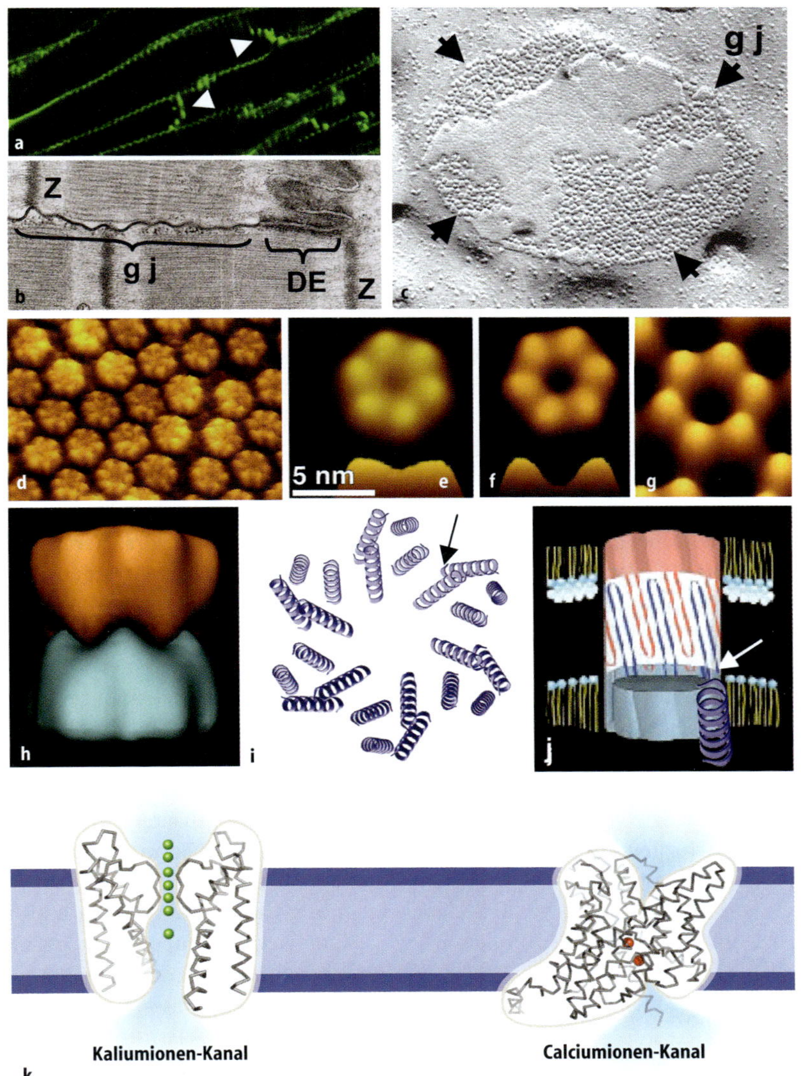

Abb. 6.6a–k. Architektur nicht-selektiver und selektiver Kanäle. **a–c** Lokalisierung und Struktur von *gap junctions*. In dieser Immunfluoreszenzdarstellung von Vinculin, das sich in Subplasmalemmaräumen von Herzmuskelzellen befindet, werden die Glanzstreifen hervorgehoben (*weiße Pfeilspitzen*). In deren Nähe ist das Vinculin an der Verankerung von Aktin-Filamenten beteiligt (**a**). Transmissionselektronenmikroskopische Aufnahme eines Querschnitts durch eine *gap junction* (*gj*) in der Plasmamembran. Weiterhin sichtbar sind die Z-Linien (*Z*) und ein Desmosom (*DE*), in dessen Bereich der Spalt zwischen den Membranen benachbarter Zellen mehrfach größer ist als in dem der *gap junction* (**b**). *Freeze-fracture* elektronenmikroskopische Aufnahme eines *gap junction* Areals (**c**). **d–g** Rasterkraftmikroskopische Aufnahmen von Connexonen. Extracytoplasmatische Oberfläche hexagonal angeordneter geschlossener Connexone (in Anwesenheit von Calciumionen) (**d**). Topographie der extrazellulären Oberfläche eines geschlossenen (**e**) und eines geöffneten Connexons (**f**) sowie der intrazellulären Oberfläche eines Connexons (**g**). Auf der unteren Seite der Paneele **e** und **f** werden die Signale gezeigt, die beim Abtasten quer über die Mitte eines Connexons gesammelt wurden. Bei diesen Messungen werden rasterförmig atomare Erhebungen an Oberflächen registriert und als ein dreidimensionales Bild gespeichert. Die Farbgebung ist willkürlich. **h** Projektion einer 3D-Darstellung eines gedockten Connexonpaares. **i** Transmembranhelices eines von der cytosolischen Seite betrachteten Halbkanals (berechnet aus kristallographischen Daten der Transmembrandomänen eines herzspezifischen Cx43 Connexons). Der Pfeil weist auf das extrazellulär gerichtete Ende eines äußeren Transmembransegments. **j** Modell der doppelten β-*barrel*-Architektur des interzellulären Kanals. Jeweils zwei in der Membran eingebettete α-Helices werden durch β-Faltblattschleifen überbrückt, die in dem Interzellulärraum abwechselnd (*blau* und *rot*) mit denen des gepaarten Connexons in Zylindern angeordnet sind. Der im Modell sichtbare Zylinder besteht aus je 6 Schleifen der beiden Connexone, ein zweiter kleidet die nicht gezeigte Innenseite der Pore aus. Die Schleifen der (*rot* und *blau*) dargestellten Connexone sind miteinander verzahnt. Der Pfeil weist auf den Übergang einer außenliegenden Transmembranhelix zum extrazellulären β-Faltblatt. Die Farbtöne der Proteinketten entsprechen denen der im Paneel **h** gezeigten Connexone. **k** Molekülmodelle eines KcsA Kalium- und eines sog. ClC Chlorid-Ionenkanals basierend auf kristallographischen Strukturdaten. (Aufnahmen von Nicholas J. Severs (**a–c**), Gina E. Sosinsky und Bruce J. Nicholson (**d–j**), Eric Gouaux (**k**).)

teinfamilie mit Molekularmassen zwischen 30 und 40 kDa. In menschlichen Zellen werden Connexine von 20 Genen codiert, die einzeln oder in unterschiedlichen Kombinationen exprimiert werden und die Bildung einer Vielzahl von unterschiedlich zusammengesetzten Poren ermöglichen. Elektronenmikroskopische Untersuchungen ergaben, dass die Poren in dicht gepackten hexagonalen Anordnungen vorkommen (Abb. 6.6c,d). Grundstruktur sind die **Connexone** (Abb. 6.6e–j). Diese werden durch Assoziation von jeweils sechs Connexinmolekülen gebildet. Jedes Connexin besteht aus vier α-helicalen Transmembransegmenten. An der Zelloberfläche befinden sich zwei β-Faltblattschleifen, die das äußere und das innere Helixpaar überbrücken. In Anwesenheit von Calcium-Ionen liegen die in zwei Zirkeln angeordneten Schleifen einander an, sodass die Connexone zunächst verschlossen bleiben. Die Kanäle entstehen durch gegenseitiges Andocken von Connexonen benachbarter Zellen. Dabei bilden die extrazellulären Schleifen ein intercaliertes Geflecht, das einen Kanal dicht umschließt. An der Cytosolseite und an der engsten Stelle ist der Kanal ca. 40 respektive 10 bis 15 Å breit.

Porine. Die typische Struktur dieser Proteine wurde bereits erläutert (Abb. 6.3). Einige Mitglieder der Porinfamilie eignen sich zum Transport von großen, andere wie das VDAC (*voltage dependent anion-selective channel*) der mitochondrialen Außenmembran zu dem von kleinen Teilchen. Die Passage wird von den Schleifen kontrolliert, die die membranständigen β-Faltblattsegmente miteinander verbinden und den Kanal von der Außenseite her abdecken können. Porine sind u.a. am mitochondrialen Proteinimport beteiligt. (▶ Kap. 9.2.3).

! Im Gegensatz zu Porinen und den *gap junctions* ermöglichen die »klassischen« Membrankanäle einen außerordentlich spezifischen Transport wichtiger Moleküle, speziell von Anionen, Kationen und Wasser.

Kanalproteine. Diese Transporter verfügen über mehrere α-helicale Transmembransegmente (▶ Kap. 3.3.2), die eine zentrale wenige Å breite Pore bilden, die die Diffusion der genannten Moleküle entlang eines Konzentrationsgradienten ermöglicht. Im Gegensatz zu *gap junctions* sind Membrankanäle **substratspezifisch** und durch eine Reihe unterschiedlicher Mechanismen regulierbar. So gibt es einerseits **spannungsabhängige** und andererseits **ligandengesteuerte** Kanäle. Ein besonders gut untersuchter durch einen Neurotransmitter gesteuerter Membrankanal ist der **nikotinische Acetylcholinrezeptor**, dessen Aufbau, Funktion und Regulation im ▶ Kap. 31.3.3 beschrieben werden.

Kanalproteine enthalten in der Regel mehrere α-helicale Transmembransegmente, die sich zu einer Sanduhr-ähnlichen Transmembrandomäne zusammenschließen (Abb. 6.6k). Erwartungsgemäß entscheidet die engste Stelle des Kanals über die Spezifität. Erstaunlicherweise sind die Kanäle in der Lage, sowohl sehr präzise zwischen ähnlichen Teilchen wie Na^+- und K^+-Ionen zu unterscheiden und gleichzeitig enorm schnell zu arbeiten. In ihrer Spezifizität stehen sie den Pumpenproteinen in nichts nach, doch können bis zu 10^6-mal schneller arbeiten. An der Eintrittseite des Kanals befindet sich ein Vestibül, dessen Oberflächenpotential einen Vorfiltereffekt ausüben und andersartig geladene Teilchen abstoßen kann. An der engsten Stelle des Kanals befindet sich eine Serie präziser Bindungs- oder Abtaststellen, durch die mehrere Teilchen der gleichen Art nacheinander synchron migrieren können. Präzise kristallographische Strukturdaten des bakteriellen KcsA **K^+-Ionenkanals** (Abb. 6.6k) zeigen, dass in seinem Selektivitätsfilter-Teil vier dehydratisierte K^+-Ionen (Radius 1,33 Å) gleichzeitig gebunden werden. Die vier Ionen sind von jeweils acht Sauerstoffatomen umgeben. Beim Eintreten eines neuen K^+-Ions wandern die gebundenen Ionen um eine Stelle und das vorderste verlässt den Kanal. Die Bindung ist reversibel, da die Dehydratisierungs- der Bindungsenergie in etwa gleicht. Diese Anordnung ist für die ein wenig kleineren Na^+-Ionen (Radius 0,95 Å) ungünstig. In ähnlich spezifischen Na^+-Ionenkanälen werden die entsprechend kleineren Bindungskammern des Selektivitätsfilters von jeweils 5–6 Sauerstoffatomen gestaltet. Der zweite in Abbildung 6.6j gezeigte Sanduhr-ähnliche Transporter ist ein Vertreter der Chlorid-Ionen-spezifischen ClC-Familie. Auch im Selektivitätsfilter dieser **Chlorid-Ionenkanäle** sowie ähnlich aufgebauter Cl^-/H^+-Antiporter werden Ionen in dehydratisierter Form gebunden. An der Bindung sind Serin- und Tyrosin-Hydroxylgruppen sowie Wasserstoffatome der Hauptketten-Amidgruppen beteiligt.

Eine weitere Gruppe hochspezifischer Kanalproteine stellen (in Säugetierzellen zehn) **Aquaporine** dar, die für den Transport von Wasser und in speziellen Fällen auch von CO_2, Glycerin bzw. Harnstoff zuständig sind. Der Selektivitätsfilter der Aquaporine arbeitet nach mehreren Kriterien. An der engsten Stelle, 2,8 Å, können keine kleineren Ionen passieren, weil hier elektrostatische Barrieren eingebaut sind. Eine Abfolge von Dipolen entlang des Kanals erzwingt auf kleinstem Raum präzise Umschwenkungen, die nur die ausgewählten Moleküle leisten können. Der Filter lässt keine protonierten Wassermoleküle (die engste Stelle wird von einer protonierten Argininseitenkette »bewacht«) und auch keine hydratisierten Ione (das hydratisierte Na^+-Ion hat einen Durchmesser von 7,16 Å) durch. Die Aquaporine arbeiten nicht nur spezifisch, sondern auch schnell. Durch den Kanal bewegen sich gleichzeitig etwa sieben Wassermoleküle. Sie können den Kanal in Abständen von <1 ns verlassen. Zur Struktur und Dynamik des molekularen Wassertransports empfiehlt sich das Video unter der URL: www.lehrbuch-medizin.de.

In distalen Nephronabschnitten kommt Aquaporin-2 vor, das fakultativ in intrazellulären Vesikeln bzw. in der Plasmamembran vorliegen kann. Die cytosolische Domäne des Aquaporin-2 enthält ein Sequenzmotiv, das im Laufe einer Adiuretin-abhängigen Signaltransduktion phosphoryliert wird. Nach der Phosphorylierung werden die Aquaporin-2-Vesikel in die Plasmamembran eingebaut, wodurch die **Antidiurese** gefördert wird (vgl. ► Kap. 6.1.6).

6.1.5 Carrier-vermittelter Transport

Carrier- oder Transportproteine kommen in großer Zahl auf allen Zellen vor. Sie transportieren die unterschiedlichsten geladenen oder nicht geladenen Verbindungen. Nach dem Transportmechanismus unterscheidet man:

- Erleichterte Diffusion
- primär aktiven Transport
- sekundär aktiven Transport

> Carrier-Proteine ermöglichen einen sättigbaren molekularen Transport mittels spezifischer Bindungsstellen und Kanälchen.

Erleichterte Diffusion. Ein Synonym für erleichterte Diffusion ist passive, Carrier-vermittelte Diffusion. Beispiele derartiger Carrier-Proteine sind die Glucosetransporter der **GLUT-Familie** (► Kap. 11.4.1). Diese kommen in unterschiedlichen Isoformen in praktisch allen Organen vor. Ihre jeweiligen kinetischen Eigenschaften entsprechen den Bedürfnissen der Organe, in denen sie gebildet werden. Der GLUT4-Transporter (► Kap. 11.4.1), der durch Insulin reguliert wird, besitzt in seiner cytosolischen Domäne Sequenzmotive, die seine Lokalisation der physiologischen Situation entsprechend entweder in der Plasmamembran oder in intrazellulären Vesikeln ermöglichen.

> Die am aktiven Transport beteiligten Carrier-Proteine können als Transport-ATPasen bezeichnet werden.

Primär aktiver Transport. Unter aktivem Transport versteht man immer den Transport gegen ein Konzentrationsgefälle. Nach den oben abgeleiteten Gesetzmäßigkeiten muss für diesen Transport Energie aufgebracht werden. Ist die Spaltung von ATP direkt mit dem Transportprozess gekoppelt, so spricht man von **primär aktivem Transport**. Er ist v.a. für den Ionentransport verantwortlich.

Generell sind ATPasen Enzyme, die aus der Spaltung von ATP freiwerdende Energie für energieabhängige Vorgänge nutzen. Neben den Transport-ATPasen kennt man ATPasen, die chemomechanische Reaktionen ermöglichen, z.B. die Myosin-ATPase (► Kap. 30.3.1) sowie die so genannten AAA-ATPasen (mit zellulären **A**ktivitäten **a**ssoziierte **A**TPasen), z.B. die ATPase des 26 S-Proteasoms (► Kap. 9.3.4). Nach ihrem Mechanismus können die für den primär aktiven Ionentransport verantwortlichen ATPasen in vier Gruppen eingeteilt werden (◘ Tabelle 6.3).

- **F-ATPasen** kommen in den inneren Membranen der Mitochondrien, den Thylakoidmembranen der Chloroplasten und den Cytoplasmamembranen vieler Bakterien vor. Einige dieser ATPasen können *in vitro* auf Kosten von ATP Protonen transportieren. Ihre eigentliche Aufgabe ist jedoch die ATP-Synthese. In Mitochondrien wird die »Umkehr« der ATPase-Reaktion durch eine Kopplung mit dem durch die Atmungskette katalysierten elektrogenen Protonentransport durch die Membranen ermöglicht. Diese als **ATP-Synthasen** bezeichneten Proteinkomplexe verfügen über einen in der Membran eingebetteten rotierenden Teil, dessen Drehung mit dem Transport von Protonen durch den statischen Teil des Komplexes sowie der Synthese von ATP aus ADP und Phosphat gekoppelt ist (► Kap. 15.1.3). Die Rotoren dieser »**Nanoturbinen**« rotieren rechtsdrehend mit einer von der Verfügbarkeit der Substrate (ADP und P_i) abhängigen Geschwindigkeit von bis zu mehreren Tausend Upm. Von einer Gruppe bakterieller F-ATPasen werden Na^+-Ionen transportiert, jedoch unter Verbrauch von ATP
- **V-ATPasen** (vakuoläre ATPasen) erinnern strukturell ebenfalls an Nanoturbinen. Anders als die F-ATPasen sind diese jedoch nicht zur ATP-Synthese befähigt, sondern benutzen ihren rotierenden Membranteil zusammen mit einem zweiteiligen stationären Protonenkanal für einen ATP-abhängigen Protonentransport aus dem Cytosol in das Lumen von Lysosomen, Endosomen und ähnlichen Organellen. Sie bewirken eine **luminale Ansäuerung**, die für die Aktivierung der meist hydrolytisch wirkenden Enzyme dieser Organellen benötigt wird. Osteoklasten enthalten eine V-ATPase in subplasmalemmalen Vesikeln, die bei der Aktivierung dieser Zellen durch Exozytose der Vesikel in die apikale Membran eingebaut wird. Defekte der in **Osteoklasten** exprimierten V-ATPase verursachen eine Form der

◘ Tabelle 6.3. Übersicht über transportierende ATPasen

ATPase Typ	Typ des Transportes	Beispiel	Funktion
F-	H^+-Uniport	F_1/F_o-ATPase	ATP-Synthase der inneren Mitochondrienmembran
	Na^+-Uniport	Na^+-ATPase	Transport von Na^+ in den Extrazellulärraum (Bakterien)
P-	Na^+/K^+-Antiport	Na^+/K^+-ATPase	Erzeugung des Membranpotentials
	Ca^{2+}-Uniport	Ca^{2+} -ATPase	Senkung des cytosolischen Ca^{2+} Spiegels
	H^+/K^+-Antiport	H^+/K^+-ATPase	Säuresekretion der Belegzellen des Magens
V-	H^+-Uniport	H^+-ATPase	Ansäuern des Inhalts von Lysosomen und Endosomen
ABC-	Uniport oder Floppase	MDR bzw. ABCA1	Xenobiotika-Stoffwechsel bzw. Lipidtransport

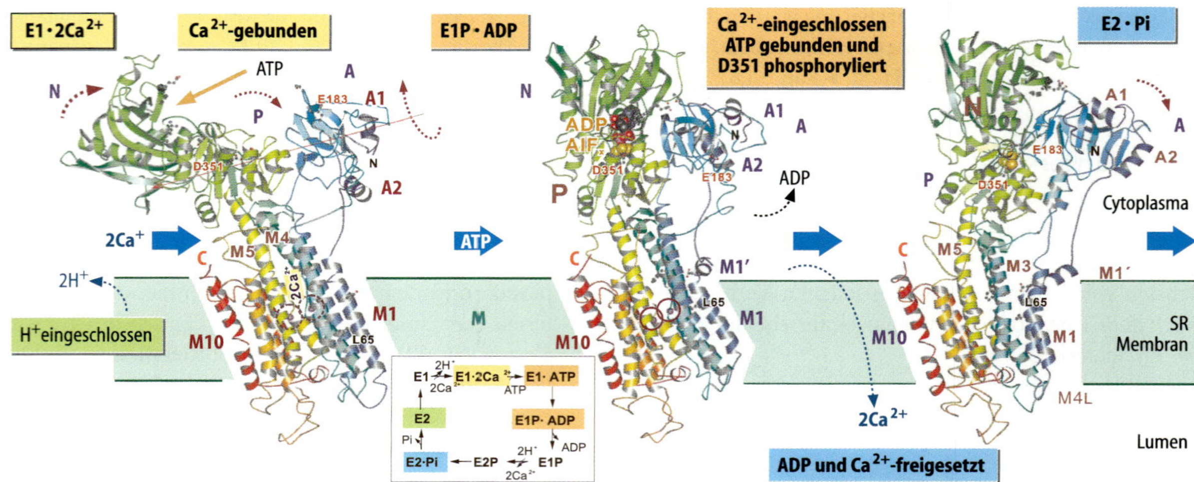

Abb. 6.7. Struktur und Aktivierungszyklus der Ca^{2+}-ATPase des sarkoplasmatischen Retikulums. Dieses Enzym ist der strukturell bestuntersuchte Vertreter der P-ATPasen. Es besteht aus einer einzigen Proteinkette, die hier in Regenbogenfarben vom N-Terminus (N, *blaue Kette*) bis zum C-Terminus (C, *rote Kette*) dargestellt ist. In Anwesenheit von verschiedenen Liganden z.B. ADP und AlF_4 (einem Analogen stabiler Phosphatreste) wurde die Struktur in mehreren Transportstadien (▶ das eingerahmte Schema) bestimmt. Auf der cytosolischen Seite besitzt das Protein drei Domänen (N, P und A), die miteinander substratabhängig kooperieren und gleichzeitig die Lage der Transmembranhelices, die teils (*gelb-rot*) an die phosphorylierbare P-Domäne und teils an die drehbare A-Domäne (*blau*) angeschlossen sind, verändern. Nach der Bindung von zwei Ca^{2+}-Ionen (*umschlossen von Kreisen in magenta*) an die deprotonierte Form (E1), etwa in der Mitte einer zweiteiligen zwischen den Transmembranhelices liegenden Pore, kann das Protein durch Mg^{2+}·ATP-abhängige sterische Veränderungen der cytosolischen Domänen (*Pfeile*) ein aktives Zentrum bilden, in dem ein Aspartatrest (D351) phosphoryliert wird. Die relative Verschiebung bzw. Verdrehung der Domänen P bzw. A führt bei der Reaktion zu Veränderungen in der Stellung der mit ihnen verbundenen Transmembranhelices (*gelb* bzw. *blau*) und zum Verschließen der Halbpore auf der cytosolischen Seite. Bei der Freisetzung von ADP verstellt sich die A-Domäne und die Pore abermals (E1P→E2P Übergang), wobei ihre luminale Seite geöffnet wird. Die nur noch schwach gebundenen Ca^{2+}-Ionen werden selbst bei der hohen luminalen Calciumkonzentration freigesetzt. Schließlich hydrolysiert das gemischte Säureanhydrid am D351 und die luminale Seite der Pore wird geschlossen. Nach Freisetzung des Phosphats wird die cytosolische Seite der Halbpore geöffnet und so die Ausgangssituation wieder hergestellt. (Aufnahme: Chikashi Toyoshima, ▶ Video: http://www.lehrbuch-medizin.de)

Osteopetrose (Marmorknochenkrankheit). Eine weitere V-ATPase bewirkt die Ansäuerung der Vakuolen in Zellen der Zitrone, deren pH-Wert bei ca. 2 liegt. Dies entspricht einer 10^5-fachen (!) Erhöhung der Protonenkonzentration im Lumen dieser Vakuolen im Vergleich zum neutralen pH

- **P-ATPasen,** zu denen beispielsweise die **Na^+/K^+-ATPase** der Basalmembranen, die **H^+/K^+-ATPase** der Belegzellen des Magens und die **Ca^{2+}-ATPase** des sarkoplasmatischen Retikulums (SERCA) in Muskelzellen gehören, werden während des Katalysezyklus durch ATP phosphoryliert. Diese **Phosphorylierung** erfolgt an einer **Aspartat-Seitenkette** des Enzyms unter Bildung einer energiereichen Carbonsäure-Phosphorsäure-Anhydridbindung. Die dabei übertragene Energie ermöglicht die für den aktiven Transport benötigte Konformationsänderung des Proteins. Der Mechanismus der SERCA-ATPase ist ein exzellentes Beispiel der Arbeitsweise einer **molekularen Maschine** (Abb. 6.7)
- **ABC-Transporter.** Ursprünglich wurden diese Transport-ATPasen in Bakterien entdeckt. Die Energie der ATP-Hydrolyse dient dem aktiven Transport von Zucker, Aminosäuren oder kleinen Peptiden in die Bakterienzelle. Als gemeinsames Strukturelement verfügen diese ATPasen über eine ATP-bindende Kassette (***ATP-binding-cassette***, daher die Bezeichnung ABC). Das humane Genom enthält eine Familie von wenigstens 50 ABC-Transporter-Genen. Besondere medizinische Bedeutung haben ABC-Transporter erlangt, die Fremdstoffe und Medikamente oder zelleigene lipidartige Moleküle (▶ Kap. 32.2.2) transportieren. Ein häufig von Tumorzellen gebildeter Vertreter der ABC-Transporter-Familie, ist als **MDR-Protein** (***multi drug resistance***) bzw. **P-Glycoprotein** bekannt (▶ Kap. 35.11). Es kann Cytostatika unterschiedlicher chemischer Natur aus der Zelle hinaus transportieren. Ein besonderes medizinisches Problem stellt die zunehmende Resistenz des Malariaerregers Plasmodium falciparum gegenüber einer Vielzahl von Chemotherapeutika dar. Die Resistenz dieser Organismen wird dadurch erzeugt, dass sich unter dem Selektionsdruck diejenigen Organismen bevorzugt vermehren, die infolge eines entsprechend optimierten MDR-Proteins unempfindlich gegenüber den Arzneimitteln geworden sind. Ein weiteres Beispiel sind die sog. **TAP-Transporter**, die den Transport von Peptidfragmenten aus dem Cytosol zu HLA-I Kom-

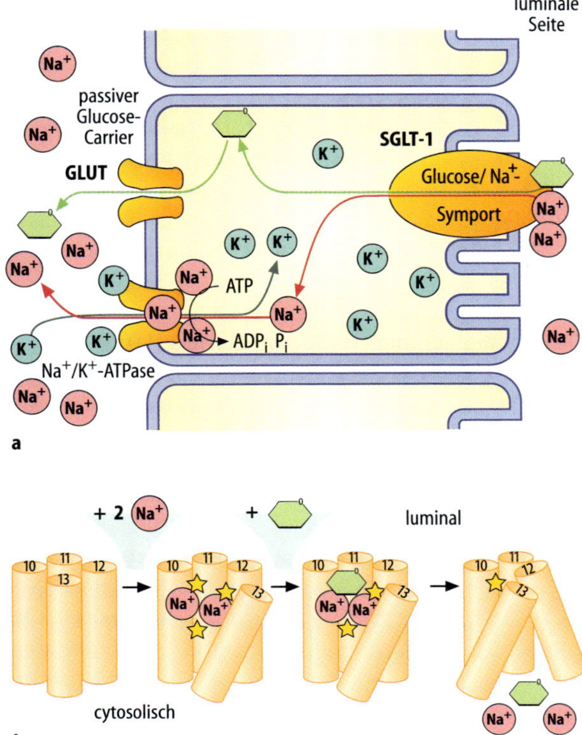

Abb. 6.8a,b. Glucosetransport durch intestinale Epithelzellen. **a** Kopplung des transepithelialen Transports von Glucose und Na^+-Ionen. Der auf der luminalen Seite vorkommende Glucosetransporter SGLT-1 arbeitet als ein Symporter. Das Konzentrationsgefälle zwischen den luminalen und intrazellulären Konzentrationen der Na^+-Ionen liefert die freie Energie für die relative Konzentrierung der Zucker im Cytoplasma. Dieses Gefälle wird durch die Na^+/K^+-ATPase an der basalen Seite der Zelle aufrechterhalten. An dieser Seite wird Glucose und Galactose durch Transporter der GLUT-Familie aus der Zelle transportiert. **b** Modell des SGLT-1 Transporters. Seine Transmembransegmente Nr. 10–13 bilden zunächst eine nach außen und – nach der Bindung aller drei Liganden – nach innen gerichtete halbe Pore. Einzelheiten werden im Text erklärt. Eine Konformationsänderung nach der Bindung der Na^+-Ionen wird dadurch manifest, dass drei Cysteinseitenketten (symbolisiert durch gelbe Sterne) für covalente Modifizierungen zugänglich werden

plexen im ER ermöglichen (▶ Kap. 9.3.5, 34.2.2). Zur Familie der ABC-Transporter gehören weiterhin der **CFTR** (*cystic fibrosis transmembrane regulator*)**-Chlorid-Ionenkanal** (▶ Kap. 9.2.5; 32.2.4) und verschiedene Cholesterin/Phospholipid-Transporter (▶ Kap. 32.1). Diese werden für die **Bildung der Galle** sowie den Export von Cholesterin aus Mukosazellen und aus Makrophagen benötigt

Sekundär aktiver Transport. Mit dem Begriff der **primären chemischen Gradienten** werden diejenigen Potentialunterschiede bezeichnet, die direkt auf Kosten von ATP über Membranen aufgebaut werden. An diesem Aufbau sind die V-, P- und ABC-ATPasen sowie einige F-ATPasen (nicht aber die ATP-Synthasen) beteiligt. Fast alle Zellen enthalten die zur Familie der P-ATPasen gehörenden **Na^+/K^+-ATPasen**, die die Hydrolyse von ATP mit dem gegenläufigen Transport von 3 Na^+- und 2 K^+-Ionen nach außen bzw. innen koppeln und somit der Ausbildung eines Membranpotentials dienen. Dieser Gradient liefert die Energie für viele **sekundär aktiven Transportvorgänge**.

Zu diesen gehört u.a. der für den konzentrierenden Symport von Glucose und Na^+-Ionen in die Enterozyten des Dünndarms oder die renalen Tubulusepithelien benötigte **Na^+-Ionen-abhängige Glucosetransporter SGLT** (*sodium dependent **g**lucose **t**ransporter* ▶ Kap. 28.1.5; 32.2 sowie Abb. 6.8). Die Transmembrandomäne dieser Transporter enthält 14 helicale Segmente. Die Segmente 10–13 können in mehreren Konformationen vorliegen (Abb. 6.8b). Im geschlossenen Zustand kann die Domäne auf der luminalen Seite zwei Na^+-Ionen binden. Dies ist mit einer Strukturveränderung verbunden, die durch eine Exposition reaktiver Cysteinreste belegt wird. Es wird eine starke Bindung von Glucose ermöglicht. Danach können die Segmente ihre Lage erneut wechseln. Eine zum Cytosol hin geöffnete Konformation wird durch die Möglichkeit die Na^+-Ionen abzugeben begünstigt. Die Abgabe senkt die Affinität zur Glucose. Der Transporter erlangt nach der Freisetzung des Zuckers die ursprüngliche Konformation und kann in den nächsten Transportzyklus übergehen. Die Kopplung mit dem Na^+-Ionen-Import ermöglicht eine nahezu vollständige Resorption von Glucose und Galactose, sowie der Na^+-Ionen aus dem Lumen. Passiv werden diese Zucker auf der basolateralen Seite mittels der GLUT2 Transporter abgegeben. Die **Adenosinnucleotidtranslokase** ist ein Sonderfall unter den sekundär aktiven Transportsystemen. Sie katalysiert einen Antiport von ATP und ADP, der zusätzlich zur Energie des Konzentrationsunterschieds von ADP die des über die innere mitochondriale Membran bestehenden Potentialunterschieds nutzt.

6.1.6 Pathobiochemie

Penetration und Permeabilisation zellulärer Membranen. Verschiedene Bakterien sind mit Membranfortsätzen ausgestattet, mit denen sie Zellmembranen penetrieren und Toxine injizieren können. Das Haupttoxin von Streptococcus pneumoniae, **Pneumolysin**, perforiert cholesterinhaltige Membranen. Dieses sezernierte Protein bildet auf der Oberfläche von Wirtszellen ringförmige Oligomere mit einem Durchmesser von fast 30 nm aus. In Anwesenheit von Cholesterin (typisch für die Plasmamembran tierischer Zellen) kommt es zu einer kooperativen Umstrukturierung, bei der die Untereinheiten der Innenseite des Rings in die Membran eindringen, den Ring erweitern und ein Membranareal von nun 40 nm ausstanzen. Eine membran-perforierende Aktivität besitzt auch das Amöbaporin, das vom Darmparasiten Entamoeba histolytica gebildet wird.

Leukozyten synthetisieren **Defensine**, meist basische amphiphile Peptide, die bakterielle Membranen angreifen und somit bakterizid wirken. Membranpenetrierende Peptide, darunter die **TAT** (*twin **a**rginine **t**ranslocation*)-**Sequenz eines HIV Proteins** können größere Moleküle in oder aus Zellen ein- bzw. ausschleusen. Das basische TAT-Peptid ist einerseits an der HIV-Infektion beteiligt, andererseits besitzt es ein hohes therapeutisches Potential, da es zur Transduktion von Proteinen und anderen Wirkstoffen in Zielzellen eingesetzt werden kann.

Connexin- und *gap junction*-Defekte. Nach Herzinfarkten kommt es i.d.R. zu Konduktivitätsstörungen und **Arrhytmie**, die mit einer Reduktion von *gap junctions* in ischämischem Gewebe zusammenhängen. Im Hörapparat werden mindestens vier verschiedene Connexine exprimiert. Sie sind an einer Rezirkulation von Kalium-Ionen zwischen Haar- und Epithelzellen sowie der Endolymphe beteiligt. Mutationen dieser Gene verursachen etwa die Hälfte der conatalen Taubheit. Eine in Südeuropa auftretende Mutation (GBJ2) des Connexin-26-Gens mit einer Trägerinzidenz von ca. 2% verursacht eine häufige Form der **sensorineuronalen Taubheit**. Mutationen von Connexin-32 verursachen eine Form hereditärer Demyelisierungsneuropathie, der **Charcot-Marie-Tooth Erkrankung** CMT1X.

Defekte von Wasserkanälen. Patienten mit rezessiv vererbter Form des **nephrogenen Diabetes insipidus** tragen Mutationen, die die Porenstruktur von Aquaporin-2 und diejenigen mit dominant und X-chromosomal vererbten Formen solche, die die cytosolischen Domänen dieser Wasserkanäle bzw. den Adiuretinrezeptor und damit die Verlagerung der Wasserkanäle in die Plasmamembran der Epithelzellen im distalen Nephron beeinträchtigen.

Glucose/Galactose-Malabsorption. Defekte des Zuckertransports sind bekannt als Glucose/Galactose-Malabsorption. Dies ist eine lebensgefährliche vererbte Stoffwechselstörung, die in den ersten beiden Lebenstagen durch eine massive **Diarrhöe** manifest wird. Nicht resorbierte Glucose und Galactose verursachen einen transepithelialen Wasser- und Salzverlust sowie eine Wucherung der intestinalen Mikroflora. Auf diese beiden Zucker und natürlich auch auf Lactose muss infolgedessen in der Ernährung konsequent verzichtet werden.

Defekte des zerebralen Glucose-Carriers. Defekte des an der ZNS-Versorgung beteiligten Glucosetransporters GLUT1 verursachen Hypoglycorrhachie (verminderten Glucosespiegel in der cerebrospinalen Flüssigkeit) mit einer frühzeitig manifesten **epileptischen Enzephalopathie**. Diese lässt sich mit einer ketogenen Diät vermeiden!

Defekte von ABC-Transportern. Defekte des ABCA1 Transporters gehen mit einem HDL Mangel sowie massiver Schaumzellbildung einher und verursachen die für die **Tangier Erkrankung** typische Arteriosklerose. Defekte der ABCG5- und ABCG8-Transporter vermindern die Ausscheidung pflanzlicher Sterine aus den Mukosa-Zellen in das Darmlumen. Dadurch steigt der Spiegel der körperfremden Steroide und es kommt zur **Sitosterolämie**. Bei den Betroffenen steigt auch der Serumcholesterinspiegel an, es werden subcutane Ablagerungen (Xanthome) gebildet und die steroidabhängigen physiologischen Vorgänge können erheblich gestört werden. Die als Cholesterinsenker verwendeten Ezetimibe senken auch die Resorption und dadurch die Plasmakonzentration pflanzlicher Sterine.

In Kürze

Zellen bestehen aus verschiedenen subzellulären Kompartimenten, die nach außen und untereinander über Membranen kommunizieren. Diese haben eine kompartimentspezifische Lipid- und Proteinzusammensetzung, die einen kontrollierten Stoff- und Signalaustausch ermöglicht. Zahlreiche Transportproteine erleichtern den Konzentrationsausgleich, andere katalysieren eine energieabhängige vektorielle Anreicherung in einem der Kompartimente. Eine Enzymklasse (F-ATPasen) nutzt den von der Atmungskette erzeugten elektrochemischen Protonengradienten zur Synthese von ATP, die meisten ATPasen und Transporter jedoch verwenden für ihre Transportzwecke die Energie der ATP-Spaltung bzw. der ATP-abhängigen Gradienten. Die zahlreichen Transportenzyme werden zur Energiekonservierung, Bildung des Membranpotentials und Aufnahme oder Abgabe von Nährstoffen bzw. Abfall- und Gefahrstoffen benötigt.

6.2 Organellen und Partikel

6.2.1 Zellkern

Der Zellkern oder Nucleus ist die auffälligste Struktur innerhalb einer Zelle und bildet deren Informations- und Organisationszentrale. Seine wichtigsten Bestandteile sind die Kernhülle mit zahlreichen Poren, eine darunter liegende Lamina und das aus DNA und Protein bestehende Chromatin mit unterschiedlich dichten Arealen.

Chromatin. Im Zellkern befindet sich die Erbsubstanz, **Kern-DNA**, die beim Menschen aus 22 Paaren autosomaler **Chromosomen** und zwei Geschlechtschromosomen bzw. Heterosomen XY oder XX, besteht. In der intermitotischen Phase liegt die DNA als **Chromatin** vor, dessen Organisation von der transkriptionalen Aktivität (**Transkription,** ► Kap. 8) der DNA abhängig ist. Die genarmen sowie die transkriptional inaktiven Chromosomenbereiche, die vor allem die repetitive pericentromere sowie einige **telomere** (endständige) DNA enthalten bilden das dicht gepackte verdrillte **Heterochromatin**, die transkriptional aktiven das lockere **Euchromatin**. Mittels konfokaler Mikroskopie können durch ein *scanning*-Verfahren Areale einzelner Chromosomen mit chromosomenspezifischer Fluoreszenmarkierung lokalisiert werden. Es zeigt sich, dass sie innerhalb des Kerns charakteristische Territorien ausfüllen. Die genreichen bzw. die genarmen Chromosomen finden sich bevorzugt in zentralen respektive peripheren Bereichen des Kerns (◘ Abb. 6.9a). Beide Chromatinbereiche enthalten **Histonproteine** (► Kap. 5.3.3), die jedoch z.T. unterschiedlich modifiziert sind (◘ Abb. 6.9b). Bei der klassischen Färbung nach Feulgen erscheint das Heterochromatin dunkel, bei EDTA-Färbung (◘ Abb. 6.1d) hell. Aktuell wird der dichte Teil auch als **kondensiertes Chromatin** bezeichnet. Dieses schließt im Kerninneren einen oder mehrere Nucleoli (◘ Abb. 6.1c und 6.9c) ein. Mit Ausnahme der Kernporen liegt das kondensierte Chromatin der Kernhülle dicht an (◘ Abb. 6.1d).

Der Kern ist von einem Labyrinth durchzogen, das seine Innenbereiche mit den Kernporen verbindet. Vom Heterochromatin ragen Schleifen transkriptional aktiver DNA in das Labyrinth. Diese ist mit verschiedenen Histon- und **Nichthistonproteinen** verbunden. Die Schleifen entsprechen dem Euchromatin. Hier werden die Präkursorformen der **tRNAs** und **mRNAs** transkribiert und anschließend modifiziert. Mit Hilfe von kleinen nucleären Ribonucleoproteinen (**snRNPs**, **Spleißosomen**) werden aus den mRNA-Vorläufern (der heterogenen nucleären RNA – **hnRNA**) die Introns (► Kap. 8.3.3) entfernt. Die beteiligten Ribonucleoproteine können durch Transmissionselektronenmikroskopie in EDTA-gefärbten Ultradünnschnitten als **Perichromatingranula** sichtbar gemacht werden (◘ Abb. 6.1d). Ein Kontrollmechanismus sorgt dafür, dass nur vollständig gereifte intronfreie mRNAs aus dem Zellkern exportiert werden. Es wird vermutet, dass die Bildung und Aufrechterhaltung des nucleären Kompartiments in eukaryoten Zellen räumlich die Transkription von der Proteinsynthese trennt, um die Reifung von RNA vor der Initiation der Translation (► Kap. 9.1) zu ermöglichen. In dem in ◘ Abb. 6.1c gezeigten EDTA-gefärbten Ultradünnschnitt eines Kerns können außerhalb der in diesem Fall hell erscheinenden Heterochromatinarealen zahlreiche kleine Partikel erkannt werden. Es handelt sich um Ribonucleoproteine, die an der Biosynthese der tRNAs und mRNAs beteiligt sind und neben dem Euchromatin einen beträchtlichen Teil des zwischen den Heterochromatinarealen liegenden Labyrinthraumes einnehmen. Die Ausbreitung des Heterochromatins über die aktive DNA wird von speziellen als **Isolatoren** und **Barrieren** bezeichneten DNA Elementen blockiert. Das sog. fakultative Heterochromatin beinhaltet stillgelegte Gene. Während der Alterung des Organismus nimmt der Anteil des Heterochromatins an der gesamten DNA zu. Durch epigenetische Veränderungen kann es zu Euchromatin aktiviert werden. Die

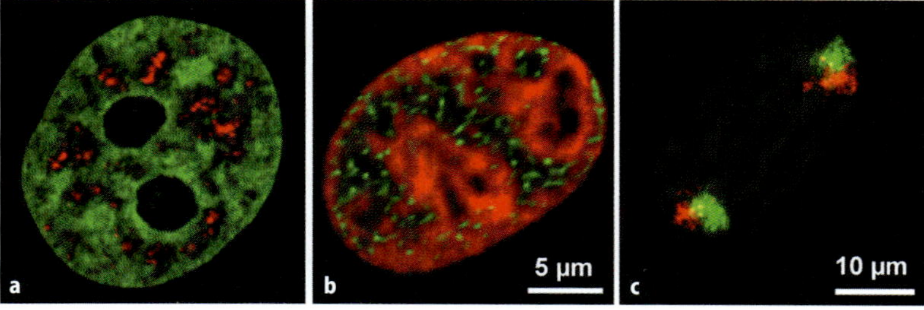

◘ **Abb. 6.9a–c. Charakterisierung von Territorien im Zellkern mittels konfokaler Fluoreszenzmikroskopie. a** Im Zellkern einer HeLa Zelle wurden das Chromatin (*grün*) und die spleißosomalen (► Kap. 8) Ribonucleoproteinkomplexe (*rot*) dargestellt. Die Spleißosomen befinden sich in Perichromatinarealen, die im Bild »angeschnittenen« Nucleoli erscheinen chromatinfrei (*schwarz*). **b** Verteilung des am Lysin-3 dreifach methylierten Histon 3 (tri-H3K4, *grün*) in Perichromatinarealen. In diesem »Schnitt« des Zellkerns eines humanen Fibroblasten wurden die Chromatin-reichen Areale mit DNA-Sonden markiert (*rot*). **c** Territorialisierung des Chromatins. Diese konfokale Aufnahme zeigt einen »Schnitt« durch den länglichen Kern eines humanen Fibroblasten, in dem die Chromosom 1 p- und q-Arme mittels FISH (**f**luroreszente ***in situ*** **H**ybridisierung) – Technik sichtbar (*rot* bzw. *grün*) gemacht wurden. (Aufnahmen: Marion und Thomas Cremer (**a,c**), Roman Zinner (**b**).)

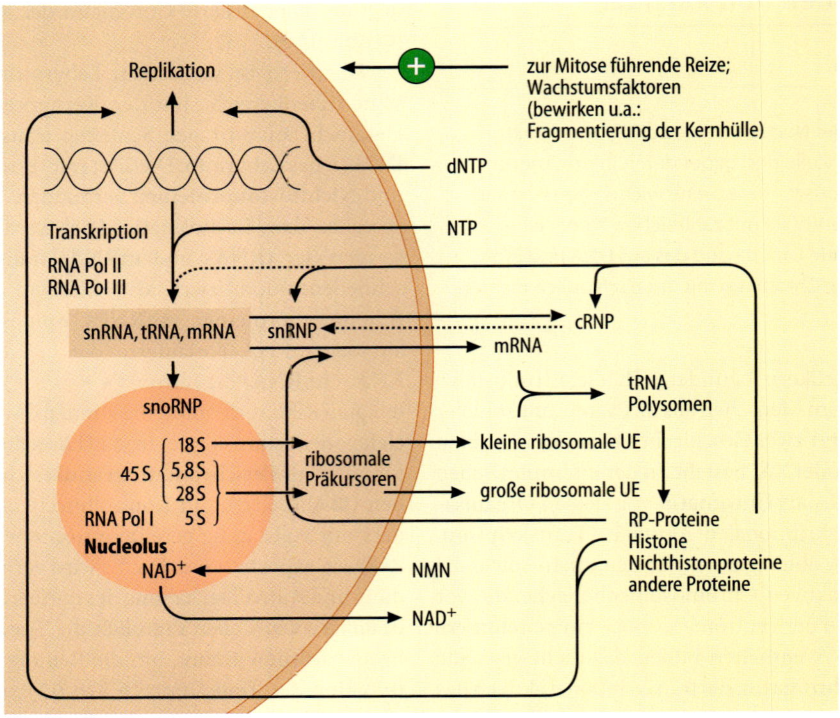

Abb. 6.10. Beziehungen zwischen Zellkernmatrix und Cytosol. Im Kern werden verschiedene Transkripte produziert und modifiziert und aus RNAs und Proteinen verschiedene Ribonucleoproteine gebildet. Fertige snRNPs und reife mRNAs werden durch in der Kernhülle befindliche Poren in das Cytosol und nach einem Einbau weiterer Proteine u.U. wieder zurück transloziert (*gestrichelt*). Ribosomale sowie DNA-bindenden Proteine werden in den Kern transloziert. cRNP = cytosolische Ribonucleoproteine; dNTP = Desoxyribonucleosidtriphosphat; mRNA = *messenger*-RNA; NMN = Nikotinatmononucleotid; NTP = Ribonucleosidtriphosphat; RP = ribosomale Proteine und Proteinpräkursoren der Ribonucleoproteine; rRNA = ribosomale RNA; snoRNP = kleine nucleäre Ribonucleoproteine; snRNA = kleine nucleäre RNA, UE = Untereinheit

Synthese der RNAs und der Ribonucleoproteine ist mit zahlreichen Reifungs- und nucleo-cytoplasmatischen Transportvorgängen verbunden, die schematisch in Abb. 6.10 dargestellt sind.

Nucleolus. Im **Nucleoplasma** sind außer Chromatin weitere Strukturen zu erkennen, von denen der **Nucleolus** (Abb. 6.1c und 6.9c) am auffälligsten ist. Im Nucleolus befinden sich die Telomere der Chromosomen, in denen die Gene ribosomaler RNAs lokalisiert sind. Ein Kern kann mehrere Nucleoli enthalten. Das fibrilläre Zentrum des Nucleolus ist transkriptional aktiv. In ihm werden Präkursoren der **rRNA** (**r**ibosomaler RNA) durch die RNA-Polymerase I synthetisiert. An der Reifung der rRNA-Präkursor sind **snoRNPs**, *small nucleolar ribonucleoproteins*, beteiligt. Die ribosomalen Untereinheiten werden im nucleolären Kortex assembliert. Im Nucleolus erfolgt auch die **NAD-Synthese**. Hierzu muss Nicotinatmononucleotid (NMN) aus dem Cytosol in den Nucleolus diffundieren.

! Nucleoli sind die Produktionsstätten der ribosomalen Untereinheiten.

Cajal *bodies*. Kleiner als Nucleoli sind die 1903 von dem spanischen Neurobiologen Ramon y Cajal als *nuclear accessory bodies* beschriebenen intranucleären Teilchen. In ihnen werden Ribonucleoproteine gebildet, die an der Transkription (sog. Transkriptosome) sowie an der Reifung der RNAs beteiligt sind. Ein Marker der Cajal *bodies* ist das funktionell noch nicht aufgeklärte Protein Coilin.

Kernhülle. Der Zellkern ist von einer **Doppelmembran** umhüllt, die sich in inneres und äußeres Blatt teilt. Ubiquitär und in geringem Abstand finden sich in dieser Hülle sog. **Kernporen** (Abb. 6.1d,e). An mehreren Stellen steht die Zellkernmembran mit ihrem äußeren Blatt in direkter Verbindung mit dem rauen ER. An der Nahtstelle zwischen Heterochromatin und der Kernhülle befinden sich charakteristische Proteine, die als **Lamine** bezeichnet werden. Zur Anbindung an das innere Blatt der Kernhülle werden die Lamine vorübergehend mit Prenylresten modifiziert (▶ Kap. 9.2.4).

Während der **Mitose** kommt es zur **Auflösung der Kernhülle**, zu einer Kondensation des Chromatins und, zur Bildung der aus zwei **Chromatiden** bestehenden **mitotischen Chromosomen** sowie des **Spindelapparats** (▶ Kap. 6.3.1, Abb. 6.23d).

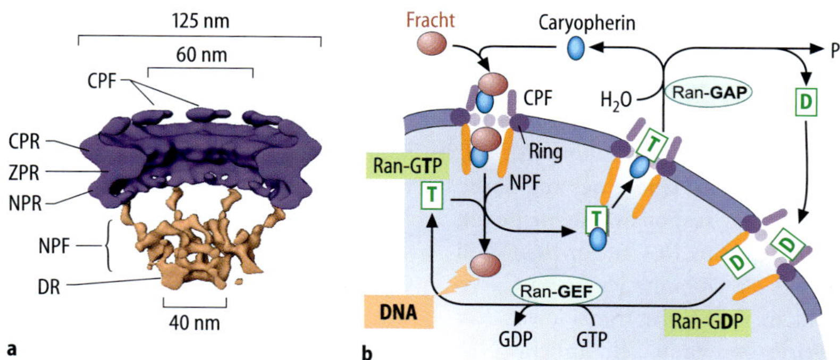

Abb. 6.11. Struktur von Kernporen-Komplexen und nucleocytoplasmatischer Transport. a Kryoelektronenmikroskopischer Schnitt durch eine Kernpore. Die Pore besteht aus einem dreifachen Ring, dem zentralen Speichenring (ZSR) und den cytoplasmatischen und nucleären Kernporenringen (CPR bzw. NPR) sowie einer zentralen Spindel (Abb. 6.1d,e). Um die Innenseite sichtbar zu machen, wird auf die Darstellung der Spindel verzichtet. In der Pore befinden sich cytoplasmatische und nucleäre Porenfilamente (CPF bzw. NPF). Zusätzliche zentrale Porenfilamente werden nicht gezeigt. Im Nucleoplasma verbinden sich die Filamente zu einem »Körbchen« (Abb. 6.1e), dessen Boden der sog. distale Ring (DR) bildet. **b** Transport durch Kernporen. Im Cytosol werden von einem Importin, beispielsweise dem Caryopherin-β, Moleküle (Fracht) mit Importsignalen gebunden. Wie andere Transportine bindet es reversibel an Porenfilamente (CPF, NPF) und diffundiert durch die Poren. Die notwendige Direktionalität wird durch eine Interaktion mit Ran·GTP, das nur im Kern gebildet wird, erzielt. Ran·GTP verdrängt die Fracht, beispielsweise einen Transkriptionsfaktor von Caryopherin und eskortiert Letzteres ins Cytosol. Das Ran·GTP sorgt für den Export frachtfreier Importine sowie denjenigen mit einer Fracht komplexierter Exportine (nicht gezeigt). Nach diesem ebenfalls reversiblen Durchgang wird das gebundene GTP unter Einwirkung eines cytosolischen Ran-**G**T-Pase-**a**ktivierenden **F**aktors (Ran-GAP) hydrolysiert. Das Importin wird frei und kann an einer weiteren Transportrunde teilnehmen. Das Ran-GDP diffundiert alleine oder mit anderen Proteinen zusammen in den Kern und wird dort durch einen Guanosinnucleotidaustausch-Faktor (Ran-GEF) und GTP aktiviert. Die grünen Rechtecke mit **T** und **D** symbolisieren die Ran·G**T**P- bzw. Ran·G**D**P-Komplexe. (Aufnahme: Martin Beck und Wolfgang Baumeister)

Nucleocytoplasmatischer Transport. Zwischen Nucleo- und dem Cytoplasma erfolgt ein kontinuierlicher Stoffaustausch über **Kernporen**. Sie bestehen aus einem in der Zellkernhülle verankerten Komplex (125 MDa) aus ca. 30 Proteinen, dem nucleären Porenkomplex (NPC, ***nuclear pore*** *complex*, Abb. 6.1d,e). Ihre Masse übertrifft die der Ribosomen um mehr als eine Größenordnung. Um einen zentralen Transporter sind acht Kanäle symmetrisch verteilt, die von Proteinringen umfasst und speichenartig angeordneten nucleären Porenfilamenten, den **Nucleoporinen**, ausgekleidet sind (Abb. 6.11a). Charakteristisch für die Porenfilamente sind repetitive Phenylalanyl-Glycyl-Sequenzen (*FG-repeats*). Die Poren sind frei durchlässig für Stoffwechselintermediate, z.B. Nucleotide und kleinere Moleküle und Ionen. Für den Transport von Proteinen und Ribonucleoproteinen sind weitere Strukturen erforderlich:

- **Import**- und **Exportsignalsequenzen** (**NLS**, *nuclear localization signal* bzw. **NES**, *nuclear export signal*) innerhalb der zu transportierenden Proteine sowie die Bindung dieser Signalsequenzen an spezialisierte Transportproteine (**Transportine, Caryopherine**), die **Exportine** bzw. **Importine**. Typischerweise besteht das NLS aus etwa zehn überwiegend basischen Aminosäuren
- kleine G-Proteine aus der **Ran**-Familie, die am Export in GTP- und am Import in GDP-gebundener Form teilnehmen. Im Anschluss an den Export wird GTP hydrolysiert während nach dem Import von Ran·GDP in diesem Komplex GDP durch einen im Kern lokalisierten Austauschfaktor (GEF) durch GTP ersetzt wird. Die export- und importkompetenten Formen Ran·GTP bzw. Ran·GDP werden im Kern respektive im Cytosol bereitgestellt

> Die Caryopheine binden reversibel an die *FG-repeats* und können so die Poren in beiden Richtungen passieren.

Abb. 6.11b zeigt in stark vereinfachter Form den Import eines Proteins oder Partikels, das als »Fracht« (*cargo*) bezeichnet wird. Typischerweise werden Proteine, die ein NLS-Signal tragen wie z.B. Transkriptionsfaktoren vom Importin Caryopherin-β gebunden, in den Kern transportiert und dort durch Ran·GTP verdrängt. Freies Caryopherin-β sowie Proteine mit Exportsignal (nicht gezeigt) werden unter Beteiligung von Ran·GTP respektive Ran·GTP in Verbindung mit Exportinen ins Cytosol transportiert.

> Spezifische Signale auf Proteinen und Ribonucleoproteinen und G-Protein abhängige GTP-Hydrolyse ermöglichen Transport in oder aus dem Zellkern.

Import in den Zellkern wird durch verschiedene Mechanismen getriggert: Bei Hunger wird z.B. die Glucokinase der Hepatozyten von einem **Glucokinase-Regulatorprotein** gebunden, gehemmt und im Kern sequestriert. Bei einem Anstieg der Glucosekonzentration dissoziiert der Komplex und freie Glucokinase, die ein Leucin-reiches NES besitzt, wird aus dem Kern exportiert, um den Glucosestoffwechsel zu beschleunigen (► Kap. 11.6). Membrangebundene Transkriptionsfaktoren werden bei Bedarf durch regulierte Proteinolyse von ihren membranintegralen Domänen abgespalten, woraufhin ihr NLS wirksam werden kann. Ausgelöst durch einen Cholesterinmangel wird durch spezifische, im Golgi-Apparat lokalisierte Proteinasen eine mit NLS versehene Transkriptionsfaktordomäne eines membranständigen Vorläufers des **S**teroid-**r**esponsive **E**lemente **b**indenden **P**roteins **SREBP** (► Kap. 18.3.3) für den Zellkernimport freigegeben. Diese Domäne wird von Caryopherin-β gebunden und in den Kern transloziert. Verschiedene **virale Proteine** enthalten zellähnliche NLS, durch die sie im Zellkern in die Genexpression eingreifen können. Ein Beispiel ist das TAT-Protein des HIV-1 Virus (► Kap. 6.1.6).

6.2.2 Endoplasmatisches Retikulum und ERGIC

Das **endoplasmatische Retikulum** (**ER**) besteht aus einem einzelnen verzweigten System schmaler Schläuche und flacher Zisternen, die z.T. in direktem Kontakt mit der Zellkernhülle stehen und in der tubulären Form bis in die Peripherie der Zelle reichen. Für die tubuläre Morphologie des perinuklearen ER werden sog. Retikulon-Proteine verantwortlich gemacht, die mit jeweils zwei Helix-loop-helix Motiven in das äußere Blatt der ER-Membran integriert sind. Man unterscheidet zwischen **glattem ER** (*smooth* **ER**, **SER**) und **rauen ER, RER**. Letztere erhalten ihre charakteristische raue Erscheinungsform durch Ribosomen bzw. Polysomen an ihrer Oberfläche. Die integralen Membranproteine des Golgi-Apparates, der sekretorischen Vesikel, der Plasmamembran sowie der Membranen des endosomal/lysosomalen Systems als auch die löslichen sekretorischen und lysosomalen Proteine werden im RER synthetisiert. Hier erfolgen auch die Proteinfaltung und die initialen posttranslationalen Modifikationen.

! Im RER erfolgt die Synthese ca. eines Drittels aller Proteine.

Von sog. **Übergangselementen** (*transitional elements*) des RER knospen Vesikel, deren Inhalt zur proximalen Golgi-Zisterne transportiert wird. Diese Vesikel verschmelzen miteinander und bilden ein **intermediäres Kompartiment**, das **ERGIC** (**ER** – **G**olgi *intermediary* **c**ompartment). Es ist noch nicht klar, ob die transportierten Proteine im ERGIC in neue Vesikel verpackt werden, um zu der proximalen Golgi-Zisterne zu gelangen. Der Transport von einem proximalen zu einem distalen Kompartiment wird als **anterograd** bezeichnet. Vom ERGIC sowie vom Golgi-Apparat werden Vesikel und eventuell Tubuli gebildet, mit denen Proteine und Lipide **retrograd** zum RER transportiert werden.

Im SER sind vor allem der Stoffwechsel der Lipide und Fremdstoffe lokalisiert, so die Synthese der Phospholipide, Polyprenole und des Cholesterins, sowie die Bildung von Lipoproteinen und ein Teil der Cytochrom P450-abhängigen Biotransformationsreaktionen (► Kap. 15.2.1). Möglicherweise sind Teile des ER auf die Synthese von Phosphatidylethanolamin aus Phosphatidylserin sowie der Intermediate der Glycolipidanker luminaler Proteine aus Phosphatidylinositol (PI, ► Kap. 2.2.3, 9.2.3, 26.1.7, 27.7.3) spezialisiert. Das SER ist der wichtigste Speicherort von Calciumionen (► Kap. 25.6.3). In Skelettmuskelzellen findet sich als Calciumspeicher eine spezialisierte Form des SER, das sarcoplasmatische Retikulum (► Kap. 6.1.5, 30.3.2).

6.2.3 Golgi-Apparat und trans-Golgi Netzwerk

Der **Golgi-Apparat** wurde erstmalig vom italienischen Neuropathologen Camillo Golgi beschrieben (■ Abb. 6.1b) und ist für verschiedene posttranslationale Modifikationen und die Sortierung von Proteinen zuständig. Er befindet sich in der Nähe des Zellkerns (■ Abb. 6.12a) und besteht aus einem Stapel abgeflachter konzentrischer Zisternen (■ Abb. 6.12b,c). Durch Verbindungen mit dem Cytoskelett wird in der Interphase seine **perinucleäre** Lage stabilisiert. Während der Mitose erfährt der Golgi-Apparat eine vorübergehende Vesikularisierung. Hierdurch wird wahrscheinlich die Verteilung des Golgi-Kompartiments an die beiden Tochterzellen begünstigt.

! Eine der Hauptaufgaben des Golgi-Apparats ist die Synthese von Glycokonjugaten.

Im Golgi-Apparat wird der im ER begonnene Aufbau der Oligosaccharidteile der **Glycosphingolipide** und der **Glycoproteine** vervollständigt. Hier werden auch die langen Glycosaminoglykanketten der **Proteoglykane** synthetisiert und das **Prokollagen** für die extrazelluläre Fibrillenbildung vorbereitet. Daher sind in der Membran der Golgi-Zisternen verschiedene **Glycotransferasen** sowie **Transportsysteme** für Zuckernucleotide, die als aktivierte Bausteine fungieren, lokalisiert. Von zahlreichen anderen Funktionen des Kompartiments soll die Beteiligung an der Biosynthese der Lipoproteine (► Kap. 18.5.1) und der Regulation des Cholesterinhaushalts (► Kap. 6.2.2) erwähnt werden.

Man geht davon aus, dass die Zisternen mit ihrem kompletten Inhalt den Stapel anterograd von der RER-nahen *cis*-Seite zum distalen *trans*-Golgi durchwandern. Um die Enzyme und Transportproteine des Apparats reutilisieren zu können, werden die Bestandteile der Zisternen in Vesikel verpackt und retrograd zu den neu gebildeten Zisternen transportiert. Ein charakteristisches Merkmal dieser Vesikel ist ihre Oberflächenstruktur (■ Abb. 6.12b,c, ► Kap. 6.2.4).

Der Transport der im RER synthetisierten Proteine in das am distalen Ende des Golgi-Apparats liegende ***trans*-Golgi-Netzwerk** (**TGN**) dauert ca. 40 Minuten. Das TGN

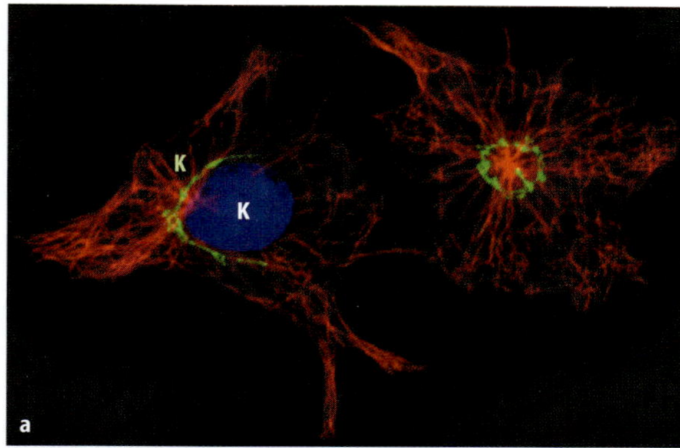

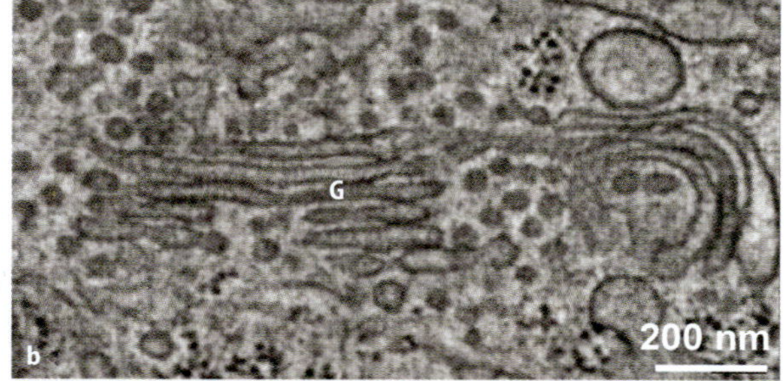

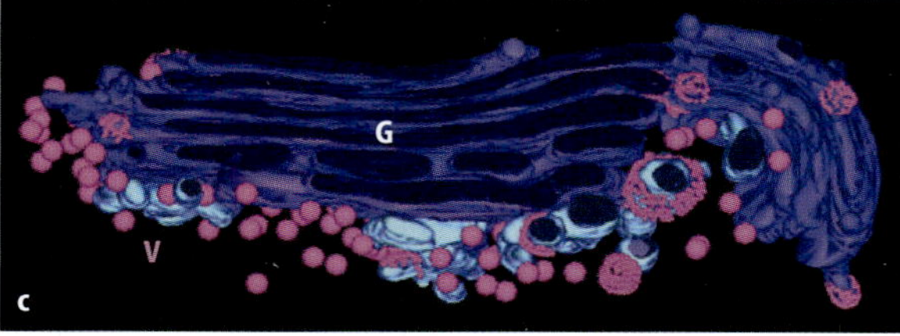

Abb. 6.12a–c. Golgi Apparat. a Der Golgi-Apparat (*G*) und das Cytoskelett von BC-C-1 Zellen wurden mittels Immunfluoreszenz mit anti-Giantin bzw. anti-Tubulin Antikörpern dargestellt. Der Zellkern (*K*) wurde mit Hoechst 33342 blau angefärbt. Aus einer der beiden Zellen wurde der Kern entfernt; die Erhaltung der Golgi Struktur weist auf Kontakte des Organells zum Cytoskelett hin. **b** Querschnitt im Bereich eines Golgi-Apparats. Dies ist eine kryoelektronenmikroskopische Darstellung des Organells einer menschlichen Hepatomzelle. **c** 3D Rekonstruktion des Golgi Apparats mit benachbarten 40 nm COPI Vesikeln (*magenta*). Die Farbgebung, die die Strukturen verdeutlicht, ist willkürlich. G = Golgi-Apparat, V = COPI-beschichtete Vesikel. (Aufnahmen: Laurence Pelletier (**a**), Judith Klumpermann und Hans J. Geuze (**b,c**).)

ist ein tubulovesikuläres knospendes Kompartiment, in dem **Sulfatierungen** und eine **Sortierung** der importierten Produkte der Protein-, Proteoglykan- und Lipidsynthese stattfinden. Für die Sulfatierung der Glycosaminoglykane sowie Tyrosinreste einiger Proteine wird aktiviertes Sulfat, PAPS, in die Zisternen des TGN transportiert. Die Sortierung für den Export in distale Kompartimente wie Plasmamembran und Lysosomen erfolgt durch Wechselwirkungen mit Rezeptormolekülen und einer Ansammlung dieser in vesikelbildenden Arealen des TGN.

6.2.4 Vesikulärer und tubulärer Transport

Transportwege zwischen membranumschlossenen Kompartimenten. Cholesterin und andere Lipide können wegen ihrer geringen Wasserlöslichkeit nur indirekt in Komplexen mit spezifischen **Lipidtransferproteinen** (▶ Kap. 18.2.3) oder als Membranbestandteil mittels kurzlebiger Kompartimente, die sich als Vesikel oder Tubuli von einem Kompartiment (Donator) abtrennen und mit einem anderen (Ziel, *target*) fusionieren, transportiert werden. Biochemische und cytologische Analysen lieferten zunächst nur Hinweise auf die Existenz **vesikulärer Transportkompartimenten**. Untersuchungen lebender Zellen zeigten, dass von den Donatorkompartimenten nicht nur Vesikel, sondern häufig auch lange **tubuläre Kompartimente** gebildet werden. Über die Unterschiede bzw. Anteile am Transport kann zu Zeit nicht abschließend berichtet werden. Zur Vereinfachung wird nachfolgend zwischen den Alternativen nicht differenziert und die Transportkompartimente werden *in toto* als Vesikel bezeichnet.

Zusammen mit Proteinen werden Lipide etappenweise in definierter Reihenfolge von einem zum nächsten Kompartiment in Membran-umschlossenen »Containern« transportiert, in einigen Zwischenstationen modifiziert und schließlich an ihrem Bestimmungsort abgegeben. Eine schematische Übersicht der Transportwege gibt ◘ Abb. 6.13. Die wichtigsten hier gezeigten Organellen werden in den nachfolgenden Kapiteln erklärt.

Eine verzweigte vesikuläre Transportbahn führt vom RER, in dem die transportierten Proteine synthetisiert werden, über den Golgi-Apparat zur Plasmamembran. Die Zweige entsprechen dem **konstitutiven** und dem in spezialisierten Zellen vorliegenden **regulierten sekretorischen Weg** (Nr. ① bzw. ③ in ◘ Abb. 6.13). Reguliert wird beispielsweise die Sekretion von Insulin. In den Vesikeln der regulierten Sekretion werden die gespeicherten Produkte modifiziert und konzentriert. Die Pfeile entlang des Wegs ② weisen auf den schon erwähnten Rücktransport der verschiedenen im ER und den Golgi-Zisternen benötigten Proteine, die mit dem anterograden Transport ihren Wirkort verlassen haben. Abzweigungen von der sekretorischen Bahn führen aus dem TGN zu den sog. frühen und späten Endosomen sowie zu Autophagosomen (Nr. ④). Der Bezeichnung dieser Organellen entsprechend führt der Transport von den frühen zu den späten Endosomen (Nr. ⑥) und von diesen sowie von Autophagosomen zu Lysosomen (Nr. ⑦). In Lysosomen endet auch der in Endosomen einmündende **Endozytoseweg** von Clathrin-beschichteten Arealen (*coated pits*, ▶ Kap. 6.2.5) der Plasmamembran (Nr. ⑩, ⑥, ⑦). Von den Endosomen kehren Rezeptoren und einige begleitende Proteine zum Teil zum Golgi-Apparat und zum Teil über sog. *recycling* **Endosomen** zur Plasmamembran (⑤) zurück. Ein weiterer Endozytoseweg (Nr. ⑪) führt von flaschenförmigen Einstülpungen der Plasmamembran, den **Caveolae**, zum Golgi und ER. Schließ-

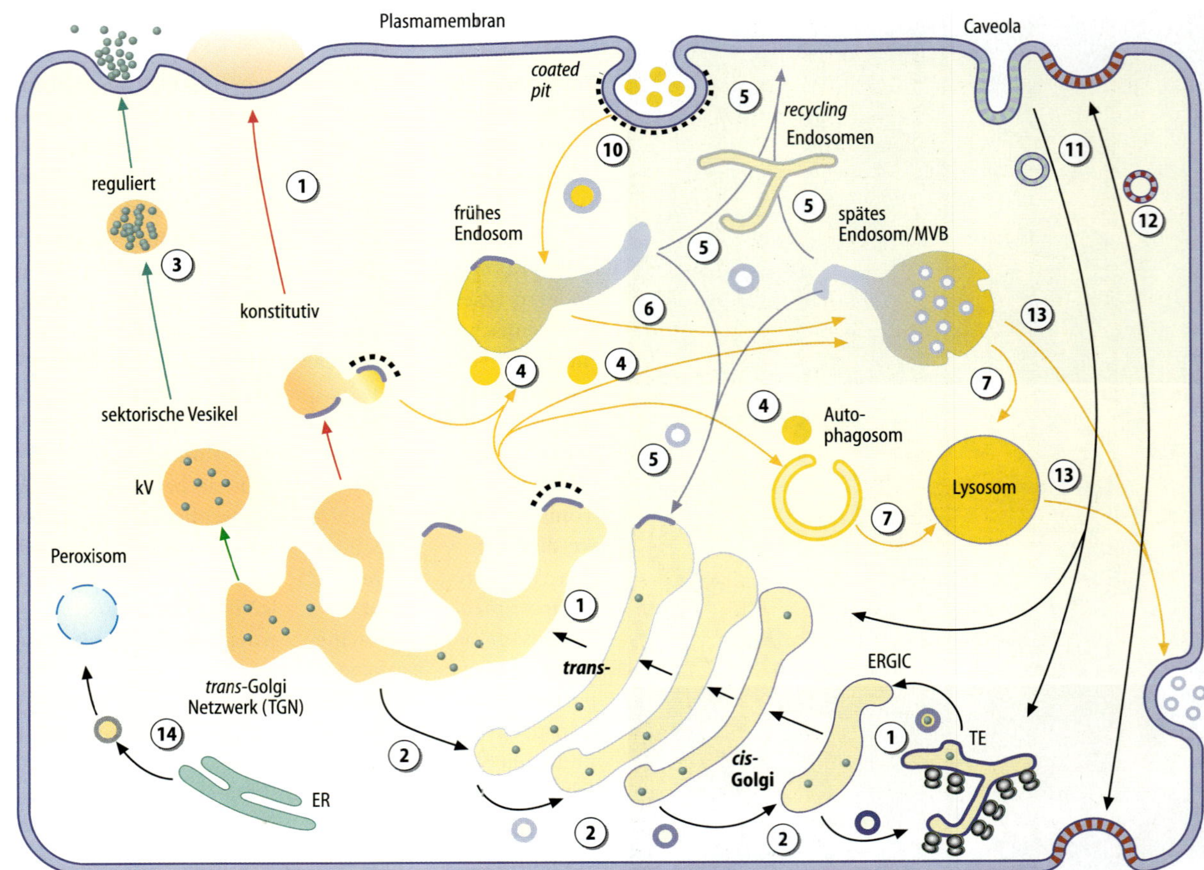

Abb. 6.13. Vesikuläre Transportwege. Die Wege ① bis ⑭ sind im Text beschrieben. Die gestrichelte schwarze Linie symbolisiert die Bildung einer Clathrin-Beschichtung. Die grünen Punkte stellen Moleküle dar, die reguliert sezerniert werden. kV = kondensierende Vakuole, TE = Übergangselemente des RER (*transitional elements*); ERGIC, MVB und TGN werden im Text erklärt

lich kann ein Stofftransport durch polarisierte Zellen, beispielsweise von IgA, mittels **Transzytose** von der basolateralen zur apikalen Plasmamembran und bei anderen Stoffen wiederum in entgegengesetzter Richtung stattfinden (⑫). Die Membran und der Inhalt von Lysosomen können durch Exozytose in die Plasmamembran eingebaut bzw. ins Medium abgegeben werden (⑬). Es gibt Hinweise, dass vesikuläre Vorläuferformen von Peroxisomen durch Abschnürung vom glatten ER gebildet werden (⑭).

Die anterograd durch den Golgi-Apparat transportierten Biosyntheseprodukte werden im TGN sortiert, d.h. zum Teil an spezifische Proteine gebunden, auf verschiedene Vesikel verteilt und entweder direkt (konstitutiv, *default*, Nr. ①) oder wie bei Insulin reguliert über einen »Speicher« abgegeben (Nr. ③). Für die spezifische Bindung werden **Sortierungssignale** benötigt, die beispielsweise verschiedene Hydrolasen über Endosomen zu Lysosomen leiten. Die Sortierung von Molekülen ist eng mit der Vesikelbildung verknüpft. An diesen und anschließenden antero- und retrograden Transportvorgängen zwischen benachbarten Kompartimenten sind zahlreiche Proteine und Lipide beteiligt. Viele dieser Proteine sind polyvalent und bestehen aus Modulen, die verschiedene Strukturmotive anderer Proteine oder Lipide erkennen und binden. Die Bindung ist in der Regel relativ schwach, sodass eine temporäre gerüstartige Vernetzung der beteiligten Proteine für den gesamten Vorgang entscheidend ist. Sie erzeugt eine Beschichtung, die beispielsweise an der Plasmamembran und im TGN beobachtet werden kann (Abb. 6.13).

> **!** G-Proteine der Sar- und Arf-Familien sind am Aufbau der Membranbeschichtung beteiligt und werden nach der Formierung der Vesikel zusammen mit den löslichen Beschichtungsproteinen von der Membran abgelöst.

Monomere G-Proteine. Bei dem vesikulären Transport wird eine wichtige Rolle von G-Proteinen gespielt. Es handelt sich um monomere G-Proteine der **Ras-Superfamilie**. Der Komplexität des Transports zwischen zahlreichen Kompartimenten entsprechend sind zahlreiche G-Proteine beteiligt. Sie lassen sich in sog. **Sar-**, **Arf-** und **Rab-Proteine** einteilen und wirken als **molekulare Schalter**, die von **GEF-** (*guanosinnucleotide exchange factor*) und **GAP-** (GTPase aktivierenden Proteine) Faktoren gesteuert werden.

Durch GEF-Proteine werden sie aktiviert, wobei sie GTP anstelle von GDP erhalten und ihre Konformation ändern. In Anwesenheit von **Brefeldin A**, einem natürlichen Hemmstoff der GEF-Proteine, wird der vesikuläre Transport blockiert. Arf- und Rab-Proteine enthalten hydrophobe **Myristoyl-** bzw. **Geranylgeranylreste** (▶ Kap. 9.2.3), die bei dem Aktivierungs-/Deaktivierungszyklus eine wichtige Rolle spielen und als fakultative Membrananker wirken. Nach der Synthese werden diese G-Proteine von sog. **Eskort-Proteinen** (Eskortinen) gebunden. Innerhalb des Komplexes werden die hydrophoben Anker angeheftet. Nach einer GEF-abhängigen Aktivierung werden sie von den Eskortinen in die Membran des Donatorkompartiments integriert. Ihre Aufgaben bei der Vesikelbildung werden weiter unten beschrieben. Anschließend wird durch GAP-Proteine ihre GTPase-Aktivität stimuliert, woraufhin sie in die inaktive GDP-Form umgesetzt werden. Dem folgen die Ablösung von der Membran, Bindung an Eskortproteine und der cytosolische Transport (*recycling*) zu den Donatorkompartimenten. Der G-Protein-abhängige vesikuläre Transport lässt sich in fünf Etappen aufteilen, die in ◘ Abb. 6.14 schematisch gezeigt werden:

Membranbeschichtung aus Adaptinen und coat-Proteinen und Knospenbildung. In den meisten Donatorkompartimenten kommt es zu einer lokalisierten Aktivierung und Anheftung von zuständigen G-Proteinen. In der aktivierten GTP-Form initiieren diese die Bildung von proteinbeschichteten in das Cytosol gerichteten **Knospen**. An die aktivierten G-Proteine werden **Adaptorproteine, AP** (Adaptine) und an diese wiederum zahlreiche Transmembranproteine gebunden, die sich in zwei Gruppen einteilen lassen: Membranproteine und rezyklierende Rezeptoren, die mit ihren luminalen Domänen lösliche Moleküle in die Knospen aufnehmen und in diesen konzentrieren. Die Membran- und Rezeptorproteine verfügen in ihren cytosolischen Domänen über **Lokalisierungssignale** bzw. Aminosäurensequenz-**Erkennungsmotive** (nicht selten mehrere), die in unterschiedlichen Kompartimenten von verschiedenen Adaptinen gebunden werden. Adaptine sind die zentralen Elemente einer Membranbeschichtung. In der Regel bestehen sie aus vier Bindungsmodulen. Sie binden einander und sorgen dafür, dass in die Beschichtung der Knospen membranständige **vSNARE** (*vesicle-associated **s**oluble **N**-ethylmaleimid sensitive factor **a**ttachment protein **re**ceptor*)-Proteine eingebaut werden, die für die Fusion der Vesikel mit dem Zielkompartiment benötigt werden (s.u.). Je nach Kompartiment können Adaptine mittels weiterer Proteine spezielle lokal modifizierte Lipide sowie ubiquitinylierte Membranproteine binden. Als **GGA**-Proteine (**G**olgi-lokalisierte, **g**amma-ear-enthaltende **A**DP-Ribosylierungsfaktor-bindende Proteine, sprich: gigas) wird eine Gruppe von Adaptinen bezeichnet, die zwischen TGN und Endosomen zirkulieren. Eine andere Gruppe besteht aus Adaptinen AP1–AP4, die in verschiedenen

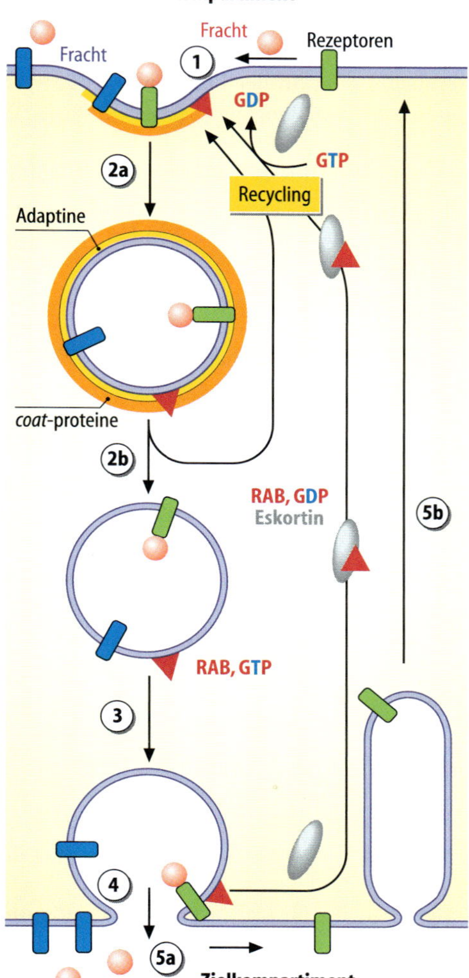

◘ **Abb. 6.14. Schematische Darstellung des vesikulären Transports.** Am Donatorkompartiment wird eine beschichtete Knospe gebildet. In dieser werden integrale Membranproteine sowie Rezeptor-gebundene Moleküle konzentriert, die aus dem Kompartiment exportiert werden (*Fracht*) (①). Von den knospenden Membranarealen werden beschichtete Vesikel abgeschnürt (② a), deren Beschichtungsproteine abgelöst (② b) und der Wiederverwendung zugeführt (*recycling*). An der Oberfläche der Vesikel befinden sich Rab-Proteine, die einen Transport zum sowie ein Andocken an das Zielkompartiment (③) und letztendlich die Fusion einleiten (④). Die transportierten Proteine werden vom Zielkompartiment aufgenommen, während die Rezeptoren und andere aus dem Donatorkompartiment stammenden Moleküle, z.B. vSNARE, in retrograde tubulovesikuläre Kompartimente sortiert (⑤ a) und mit diesen recykliert werden (⑤ b). Die hier illustrierten Schritte entsprechen den 5 Etappen, die im Text erläutert werden. Die hier nicht gezeigten vSNAREs folgen einem ähnlichen Weg wie die Rezeptoren

Kompartimenten wirken. Eine wichtige Funktion beider Adaptingruppen besteht darin, die Membran und alle Bindungspartner mit Beschichtungsproteinen der äußersten, ein Gewölbe bildenden Proteinschicht zu verbinden. Die Membran wird mittels polyvalenter Kontakte verformt und verändert somit ihr Profil.

In einigen Donatorkompartimenten wird die Funktion der initial aktivierten G-Proteine durch lokal synthetisierte **Phosphatidyl*i*nositol*p*hosphate** (**PIPs**) unterstützt und eventuell ersetzt. In der Plasmamembran werden in den *coated pits* und Phagocytosearealen $PI(4,5)P_2$ bzw. $PI(3,4,5)P_3$, erzeugt, in Endosomen das PI(3)P und im TGN das PI(4)P. Mittels PIP-bindender Module, beispielsweise der sog. PH (**P**leckstrin**h**omologie)-Domänen (▶ Kap. 25.7.1), werden die entsprechenden Membranareale mit Adaptinen verbunden.

Aktuell wird zwischen drei gut charakterisierten äußeren Beschichtungen unterschieden. Beim antero- und retrograden Transport zwischen RER und Golgi-Apparat werden aus ***coat proteins*** **COPII** bzw. **COPI** (sog. *coatomer*) bestehende Vesikel gebildet. Die Rekrutierung dieser Beschichtungen wird durch die G-Proteine Sar1 bzw. Arf1 vermittelt. In den Übergangselementen des RER ist das GEF- des Sar1-Proteins (Sec12) lokalisiert, das die Aktivierung und Membranassoziierung von Sar1 katalysiert. An diesem anterograden Transport von RER zum ERGIC sind in humanen Zellen mindestens zwei Isoformen des Sar1-Proteins beteiligt. Sar1a scheint an der Bildung der meisten Vesikel beteiligt zu sein, Sar1b speziell an der der Chylomikronen. Die Bildung von Vesikeln bzw. Tubuli und die Beteiligung besonderer Beschichtungsproteine werden offenbar durch den potentiellen Inhalt bzw. ihre Größe und Form bestimmt, wenn Lipoproteinteilchen oder Kollagenmoleküle verpackt werden. Zur Morphologie der im Golgi-Apparat durch das Arf1-Protein rekrutierten charakteristischen COPI-Beschichtung siehe ◘ Abb. 6.12b,c. Die dritte Form der Beschichtung, der **Clathrinmantel** (*clathrin coat*), wird an der Plasmamembran und im TGN gebildet. Die Bildung der Clathrinvesikel an der Plasmamembran wird im Zusammenhang mit der Endozytose im ▶ Kap. 6.2.5 beschrieben.

Trennung der Vesikel vom Donatorkompartiment und Freisetzung der Beschichtung. An der Abtrennung sind cytosolische G-Proteine der **Dynamin**-Familie beteiligt. Sie können die eingeengte Verbindungsmembran umringen und scheinen diese »abzuschnüren« (▶ Kap. 6.2.5). Nach der Abtrennung werden die an der Beschichtung mitwirkenden G-Proteine inaktiviert. Einige Beschichtungsproteine werden von den Vesikeln unter ATP-Verbrauch, andere spontan abgelöst. Anschließend werden sie wiederverwendet.

> **!** Aktivierte G-Proteine der Rab-Familie ermöglichen einen schnellen Transport der Vesikel sowie die Andockung an ihre Zielkompartimente und werden in der inaktiven Form durch Eskortine zu den Donorkompartimenten zurückgeführt.

Transport und Andocken. Die abgeschnürten und von ihrer Beschichtung befreiten Vesikel werden von Motorproteinen entlang des Cytoskeletts zu den Zielorganellen transportiert. Die Transportroute hängt von von der selektiven Interaktion begleitender Rab-Proteine mit bestimmten Motorproteinen ab. Die Rab-Proteine vermitteln auch den Kontakt zu den Zielorganellen, in dem sie von sog. ***tethering*-Proteinen** der Zielmembranen gebunden werden. Diese Erkennung ermöglicht das Andocken und führt über ein spezifisches GAP-Protein zur Aktivierung der GTPase Aktivität des Rab-Proteins. In der inaktivierten GDP-Form wird das Rab-Protein durch ein Eskortin von der Vesikelmembran abgelöst und dem Donorkompartiment für einen erneuten Transportvorgang zur Verfügung gestellt.

Fusion mit dem Zielkompartiment. Dem Andocken folgt eine Verschmelzung der Membranen. Für die Fusion der Kompartimente ist eine Komplexbildung zwischen den membranständigen **v-** und **tSNARE-Proteinen** der Vesikel bzw. des Zielkompartiments essentiell. Die Interaktion der SNARE*s* entscheidet definitiv über diese Verbindung. Am besten untersucht ist die Exozytose synaptischer Vesikel. Die v- und tSNARE Proteine verbinden sich miteinander und mit dem Plasmamembranassoziierten **SNAP25**-Protein., Dabei bilden die langen α-helicalen Domänen der drei Proteine (v- und tSNARE sowie SNAP) eine vierfache *coiled-coil* Superhelix aus. Man nimmt an, dass die beiden Membranen durch die Bildung der Superhelix einander angenähert werden. Bei der anschließenden Verschmelzung der Lipiddoppelschicht kommt es wahrscheinlich zum flip/flop-Transfer oder zur Modifikation von Lipiden, die die Veränderungen der Membrankrümmung ermöglichen. In aktivierten Blutplättchen sind komplementäre SNARE-Proteine an der Exozytose verschiedener Granula, im endokrinen Pankreas an der Sekretion von Insulin und Glukagon, in Fett- und Muskelzellen am Einbau der GLUT4-Glucosetransporter, in Belegzellen dem der H^+/K^+-ATPase, im corticalen Sammelrohr dem der Vasopressin-abhängigen Aquaporin-2-Wasserkanäle beteiligt.

> **!** Das *recycling* der vSNAREs sowie der Proteine, die ihren eigentlichen Wirkort verlassen haben wird durch Vesikel vermittelt, die vom Zielkompartiment knospen und mit dem Ausgangskompartiment fusionieren.

Sortierung und *recycling*. In einer von der AAA-ATPase **NSF** (***N***-Ethylmaleimid **s**ensitivem **f**actor) katalysierten Reaktion kommt es zur Auflösung der gemeinsamen Superhelix und zur Abtrennung der SNARE-Proteine voneinander sowie von dem SNAP-Protein. Die AAA-ATPase wirkt bei dem Entflechten der Superhelix als ein Chaperonin (▶ Kap. 9.2.1). Die im Donatorkompartiment benötigten Proteine wie das vSNARE, verschiedene Rezeptorproteine und Lipide sowie »irrtümlich« exportierte Proteine werden in tubulären oder vesikulären Membranarealen gesammelt und retrograd zum Ausgangskompartiment transportiert. Der Transport durch den Golgi-Apparat und zum ER erfolgt mittels COPI beschichteter Vesikel.

Der Verbleib von Membranproteinen in ihren Zielkompartimenten sowie ihr *recycling* nach einem Export werden durch die Struktur der Transmembrandomänen und kurze cytosolische **Retentions**- bzw. ***retrieval*-Signale** bestimmt.

6.2.5 Plasmamembran

Die Plasmamembran (**Plasmalemma**) ist mit der Innenarchitektur der Zelle und der umliegenden Matrix sowie den Nachbarzellen verbunden und vermittelt den Stoff- und Informationsfluss sowie mechanische Verbindungen nach innen und außen.

Besondere Funktionen der Plasmamembran sind:

- **Transport** einer großen Zahl kleiner Moleküle (▶ Kap. 6.1.3)
- vesikuläre **Sekretion** (◘ Abb. 6.13) von Makromolekülen, Teilchen (Lipoproteinen) und kleinen Vesikeln, sog. **Exosomen,** durch **Exozytose**
- vesikuläre Aufnahme (**Endozytose**) oder Durchschleusen (**Transzytose**) verschiedener Moleküle und Partikel
- **Signaltransduktion** durch membranständige Rezeptoren und
- **Adhäsion**, bzw. **Kontakt** zwischen benachbarten Zellen und zur umliegenden Matrix

Endozytose. Die Aufnahme extrazellulärer Stoffe wird je nach Größe und eventueller Sortierung als Endozytose (ein Allgemeinbegriff für Stoffaufnahme), **Phagocytose** (Aufnahme großer Teilchen), **Flüssigkeitspinocytose** (Aufnahme der extrazellulären Flüssigkeit in unveränderter Zusammensetzung in Endozytosevesikeln) und **adsorptive Pinocytose** (rezeptorvermittelte Aufnahme in Endozytosevesikeln mit einer Anreicherung der an spezifischen Rezeptoren gebundenen Moleküle bzw. Liganden) bezeichnet. Die Liganden werden durch Adsorption an der Oberfläche der Zelle konzentriert, in beschichteten Grübchen, *coated pits*, gesammelt und in **Clathrin-beschichteten Vesikeln** aufgenommen. Mittels der Clathrin-Vesikel erfolgt beispielsweise die Aufnahme des rezeptorgebundenen Fe^{3+}-Transferrins, verschiedener Proteohormone, LDL-Partikel (◘ Abb. 6.15) und anderer Liganden. Ein Merkmal rezeptorvermittelter Endozytose ist die **Sättigungskinetik**. Entsprechend können die Systeme durch K_M- und V_{max}-Werte charakterisiert werden.

Clathrin-beschichtete Vesikel werden auch im TGN gebildet (▶ Kap. 6.2.6), wo sie an der Sortierung lysosomaler Proteine beteiligt sind (◘ Abb. 6.13). Die Bildung von Clathrinvesikeln in den zwei Lokalisationen wird durch unterschiedliche Signale ausgelöst und von unterschiedlichen Adaptinen vermittelt.

Clathrin besteht aus kleinen und großen (25 bzw. 190 kDa) Polypeptidketten, die in Lösung spontan trimerisieren. Dabei entstehen sog. **Triskelions** (◘ Abb. 6.15a–c), die an einen Dreifußhocker erinnern. Im Zentrum lagern sich drei kleine Ketten an die C-terminalen Domänen der großen Ketten. Die spinnenbeinartigen großen Ketten können sich mit ihren abgeknickten N-terminalen Domänen an der Membran abstützen. Durch seitliche Kontakte dieser Domänen untereinander entsteht ein hexagonales molekulares Netz, das durch eine partielle Umstrukturierung zur pentagonalen Anordnung nach innen eingewölbt wird. Die Triskelia sind etwa 20 nm hoch und die Abstände zwischen den Kontaktstellen mit der Membran liegen bei 30–40 nm.

An der Bildung der Clathrin-Vesikel an der Plasmamembran ist das Arf6-G-Protein (***a****denosyl* ***r****ibosylation* ***f****actor*, vgl. ▶ Kap. 6.2.12) und sein GEF-Protein beteiligt. Dieses verfügt über die weiter oben erwähnte Pleckstrin Homologie-Domäne. Mittels der PH-Domäne wird es an das an der Endozytosestelle lokal erzeugte $PI(4,5)P_2$ gebunden und aktiviert hier das Arf6. Nun können Rezeptorproteine mit Frachtmolekülen, das **AP2-Adaptin** sowie Clathrin rekrutiert werden. Am Abschnüren der Clathrin-Vesikel sind Dynamin und GTP beteiligt (◘ Abb. 6.15g). Die Depolymerisierung der Clathrin-Triskelions wird von einer durch die $PI(4,5)P_2$–5′-Phosphatase (Synaptojanin-1) ausgelösten Hydrolyse des $PI(4,5)P_2$ gesteuert und ist ATP-abhängig. Der Durchmesser der »nackten« Vesikel liegt bei 60–100 nm.

Unter Beteiligung von Rab5, unmittelbar nach der Auflösung der Clathrin- und Adaptin-Beschichtung, verschmelzen die Endozytosevesikel untereinander sowie mit den frühen Endosomen. Die Abtrennung der importierten Moleküle von den Rezeptoren vollzieht sich unter Mitwirkung der endosomalen V-ATPase, die einen schwach sauren luminalen pH (ca. 6,0) aufrechterhält. Auf diese Weise wird die Abtrennung von Liganden und Rezeptoren bzw. von Fe^{3+}-Ionen von rezeptorgebundenem Transferrin ermöglicht. Der tubulovesikuläre Rücktransport des Transferrinrezeptor-gebundenen Transferrins und der LDL-sowie anderer Rezeptoren erfolgt über die *recycling* Endosomen (◘ Abb. 6.13).

Down*-Regulation von Membranproteinen.** Clathrin-Vesikel sind an der sog. *down*-Regulation einiger Plasmamembranproteine beteiligt. Es handelt sich dabei um eine aktivierungsabhängige Abnahme der Oberflächenkonzentration von Rezeptoren. Beispielsweise werden G-Protein-gekoppelte adrenerge $ß_2$-Rezeptoren nach einer Aktivierung phosphoryliert und im Anschluss daran von sog. Arrestinen gebunden und gehemmt (**Desensitisierung**). Die Arrestine besitzen Clathrin- und AP2-bindende Domänen. Sie rekrutieren die $ß_2$-Rezeptoren in die *coated pits.* Durch Endozytose erscheinen die Rezeptoren innerhalb weniger Minuten in den frühen und in einem regulierten Umfang in den späten Endosomen, die als MVBs (multivesicular bodies,*** ◘ Abb. 6.13) bezeichnet werden. Sie werden nach einer selektiven Aufnahme in die internen Vesikeln

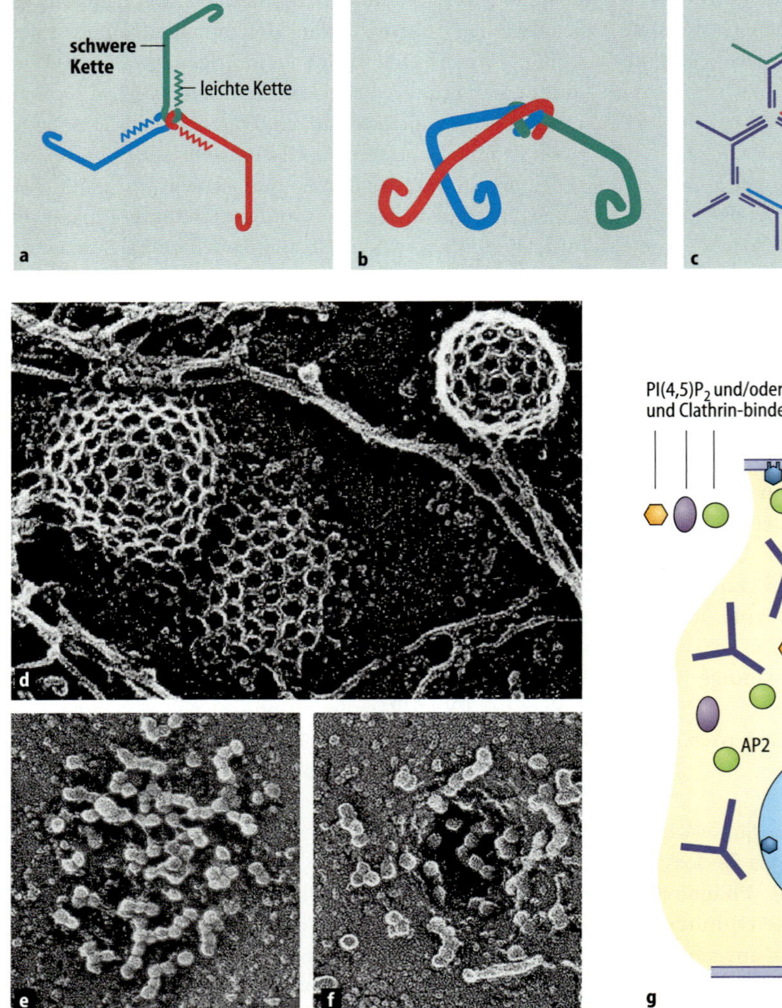

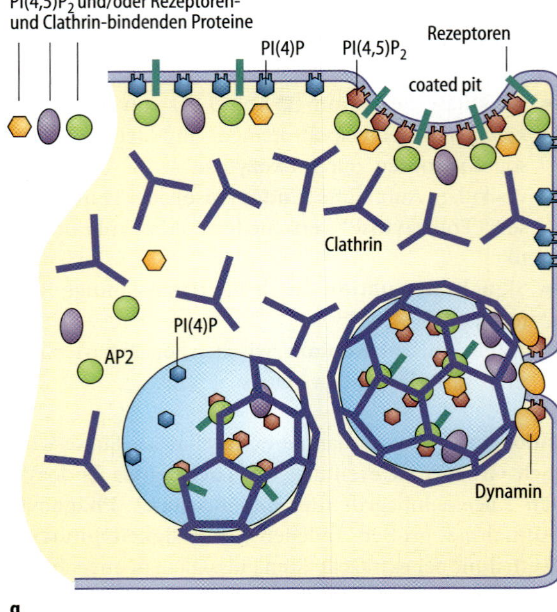

Abb. 6.15. Beteiligung von Clathrin und PI(4,5)P_2 an der Endozytose. a Modell eines Triskelions aus leichten und schweren Clathrinketten. **b** Seitliche Betrachtung eines Triskelionmodells. **c** Clathrintriskelia assoziieren zu einer hexagonalen Struktur. **d** Intrazelluläre Seite der Plasmamembran (Gefrierätzung) mit verschiedenen Stadien der Vesikelbildung. In den Arealen mit wabenartiger Beschichtung sind neben Hexa- auch Pentagone zu erkennen, die eine knospenartige Vorwölbung ermöglichen. **e,f** Elektronenmikroskopische Aufnahmen der Zelloberfläche mit Rezeptor-gebundenen LDL-Partikeln. In flachen (**e**) und tiefer werdenden *pits* (**f**) werden die Partikel vor der Endozytose konzentriert. **g** Modell der Bildung von Clathrin-Vesikeln. In Membranbereichen mit verstärkter Bildung von PI(4,5)P_2 kommt es zu einer Ansammlung von endozytierbaren Rezeptoren und einer Anlagerung von Clathrin und Adaptorproteinen, z.B. AP2 an die Plasmamembran. Das Clathrin unterstützt die Einstülpung der Membran, das Dynamin die Abschnürung des Vesikels, nach der die Beschichtung abgelöst wird. (Aufnahmen: John E. Heuser und Richard G.W. Anderson (**d–f**).)

der MVBs durch Proteinolyse abgebaut. In Hinblick auf die vasodilatatorische Funktion der β_2-Rezeptoren kann die Stimulation ihrer Endozytose zu einem Blutdruckanstieg führen. Eine vorübergehende *down*-Regulation besteht in einer Endozytose und einem Rücktransport über die *recycling* Endosomen (Abb. 6.13).

Die Endozytose verschiedener Membranproteine wird durch **Ubiquitinylierung** reguliert. Diese Funktion des Ubiquitin ist von derjenigen beim proteasomalen Proteinabbau (► Kap. 9.3.5) zu unterscheiden. Für die Ubiquitinylierung membranständiger Proteine sind verschiedene Ubiquitinyl-Transferasen verantwortlich. Substrate der sog. Nedd4 Ubiquitinyl-Transferase sind Membranproteine, die in Ihren cytosolischen Domänen ein PY-Motiv enthalten, in dem sich Prolin (P)- und Tyrosin (Y)-Reste befinden. Nach mehrfacher Modifizierung mit Ubiquitin werden diese Proteine mittels Clathrin-beschichteter Vesikel endozytiert. Anschließend werden sie in die MVBs weitertransportiert, wo sie in die kleinen luminalen Vesikel sortiert und abgebaut werden. Das PY-Motiv kommt u.a.

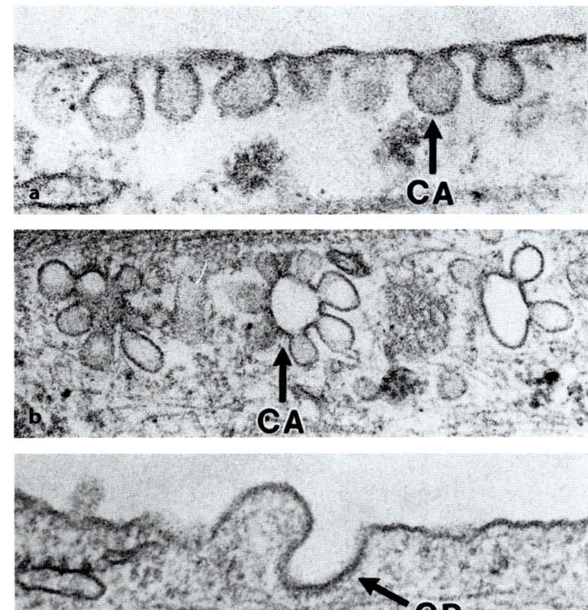

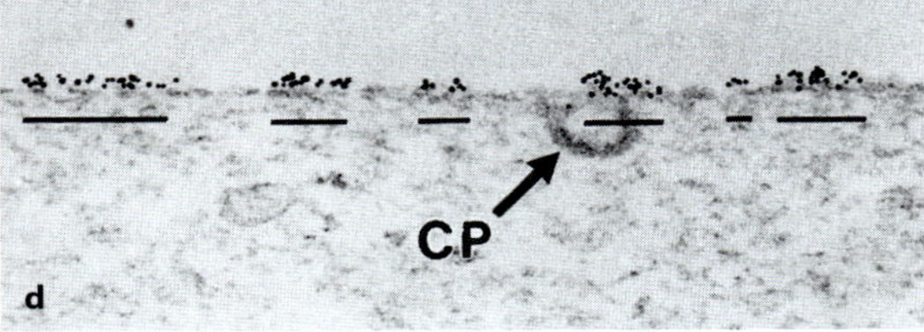

Abb. 6.16a–d. Transmissionselektronenmikroskopische Charakterisierung der Caveolae und *rafts* in humanen Synoviozyten. **a** In der Plasmamembran kommen unbeschichtete becherartige Einstülpungen vor, die als Caveolae (CA) bezeichnet werden. **b** Zur Oberfläche der Zelle parallel geschnittene Caveolae lassen häufig eine Rosetten-ähnliche Anordnung erkennen. **c** Ein Fehlen von Caveolae wird nach Entzug von Cholesterin beobachtet. Die verbleibenden *coated pits* (CP) unterscheiden sich von den Caveolae durch ihre Beschichtung. **d** Einige Caveolae-assoziierte Proteine, so die hier mit Immunogoldtechnik dargestellte CD13 Zn-Aminopeptidase N (*schwarze Punkte*) kommen zusätzlich in flachen Lipid-Mikrodomänen vor. (Aufnahmen: Dagmar Riemann und E. Michael Danielsen.)

in den cytosolischen Domänen der Untereinheiten des Na^+-Ionen-Transporters **ENaC** (*epithelial* Na^+ *channel*) in den distalen Nierentubuli vor.

Clathrin-unabhängige Endozytose. Dieser Prozess geht von den **Caveolae** aus (► Kap. 2.2.6, Abb. 6.16). Ihre Membran enthält relativ viel Cholesterin und Sphingolipide. Charakteristisch sind die Caveoline, wobei das in der Membran integrierte Caveolin-1 für die Bildung der Caveolae essentiell ist. Da ihre Membran an der extrazellulären Seite Rezeptoren für Folsäure enthält und unterschiedliche Moleküle leicht mit dem Vitamin derivatisiert werden können, dienen Caveolae als potentielle Eintrittspforten für Medikamente. In Caveolae kommen außer Rezeptoren Onkogene und andere Proteine vor, die an der Endozytose verschiedener Liganden und/oder der Signalverarbeitung beteiligt sind. Im Endothel spielen die Caveolae eine wichtige Rolle bei der Transzytose von Blutplasmabestandteilen; in vielen anderen Zellen darüber hinaus bei der Proteinsortierung bzw. dem Transport vom TGN zur apikalen Membran und in den regulierten Sekretionsweg.

6.2.6 Adhäsionsmoleküle

In der Plasmamembran existieren mehrere, oft zelltypspezifische integrale Membranproteine mit charakteristischen Bindungseigenschaften, die intra- und extrazelluläre Strukturen miteinander verbinden und als **Adhäsionsproteine** bezeichnet werden (Tabelle 6.4). Diese bestehen aus einer oder mehreren Untereinheiten mit jeweils einem Transmembransegment. Verbindungen ihrer meist kurzen cytosolischen Domänen zu intrazellulären Strukturen werden durch Adaptorproteine vermittelt. Die extrazellulären Teile der Adhäsionsproteine zeichnen sich durch einen **modularen Aufbau** aus und können größere Abstände überbrücken. Sie binden in der Matrix oder an benachbarten Zellen **homo-** oder **heterotypisch**, d.h. Moleküle derselben bzw. einer anderen Art. Sie können als **homo-** bzw. **heterophil** bezeichnet werden.

Tabelle 6.4. Übersicht über Zell-Adhäsionsmoleküle (Auswahl)

Interaktion zwischen	Membranproteintyp	Calcium	Bindungspartner	
			außen	innen*
zwei Zellen	Cadherine			
	E-, N-, P-Cadherin	abhängig	homotypisch	Aktin
	Desmoglein, Desmocollin	abhängig	homotypisch	intermediäre Filamente
	Nektine	unabhängig	homotypisch	Aktin
	NCAM, PeCAM	unabhängig	homotypisch	Aktin, Tubulin
	Selektine	abhängig	PSGL-1	Aktin (von beiden)
	Integrine**	abhängig	ICAM, VCAM**	Aktin (vom Integrin)
Zelle-Matrix	Integrine	abhängig	Abb. 6.18	Aktin, Vimentin

* Verbindungen zum Cytoskelett werden von Adaptorproteinen vermittelt
** Verbindung zwischen Integrinen der Leukozyten und CAMs der Endothelzellen

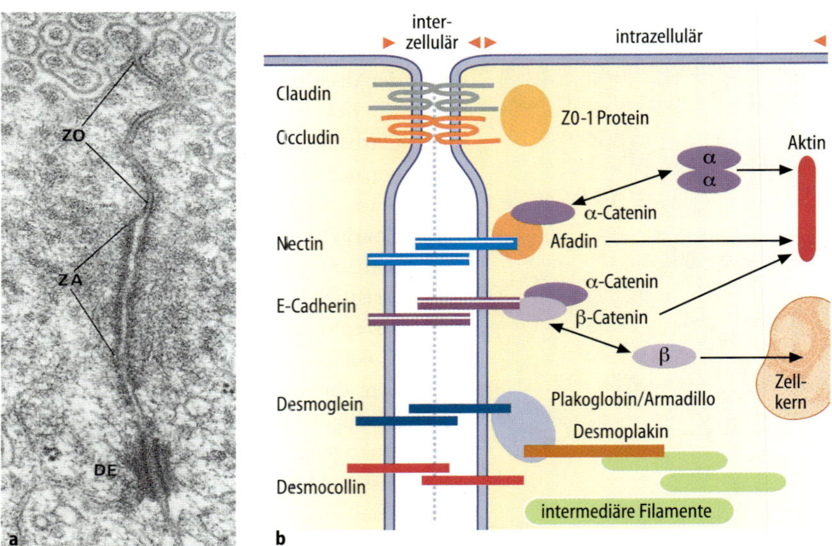

Abb. 6.17a,b. Verbindungsstrukturen zwischen Epithelzellen und ihrem Cytoskelett. a Elektronenmikroskopische Aufnahmen einer aus drei Zonen bestehenden interzellulären Verbindung im Dickdarmepithel. Z (ZO) = Zonula occludens bzw. *tight junction*, ZA = Zonula adhaerens, DE = Desmosom. **b** Schema der Verbindungen zwischen Adhäsions- und cytosolischen bzw. Cytoskelettmolekülen benachbarter Epithelzellen. α-Catenin bildet Homodimere und alternativ Heterooligomere mit mehreren gezeigten Proteinen. β-Catenin ist im Cytosol an Verbindungen zum Cytoskelett und im Kern an einer Regulation der Transkription beteiligt. (Aufnahme: Luiz C. Junqueira)

Zonula occludens. Diese Struktur umzäunt die apikale Membran der Epithelzellen. Hier ist der Interzellulärraum durch sog. *tight junctions* mit einer netzartigen Anordnung von Kon taktstellen (*terminal web*) gegenüberliegender Transmembranproteine stark verengt und die Passage zwischen den Zellen für größere Teilchen verschlossen. An der Bildung der Kontaktstellen sind homotypisch dimerisierende Proteinen (**Claudine** und **Occludine**) beteiligt. Im Cytosol liegen der Zonula occludens die Adaptorproteine ZO1–ZO3 an. Die *tight junctions* kontrollieren als eine Art parazelluläre Kanäle die Diffusion von Ionen und Wasser durch den interzellulären Spalt. Sie **umzäunen** die Lipide und Transportsysteme der apikalen Membran (Abb. 6.17) und verhindern somit ihre Vermischung mit denen der basolateralen Membran. *Tight junctions* finden sich bevorzugt an Orten, an denen eine strenge physikalische Trennung zwischen zwei Räumen notwendig ist. So dichten sie im Leberparenchym die Ränder der Gallenkanälchen ab. Im Endothel kommt es bei einer Extravasation von Leukozyten zur vorübergehenden Aufhebung der Kontakte.

Zonula adhaerens. Diese als **Gürteldesmosom** bezeichnete Verbindung benachbarter Epithelzellen liegt weiter basal als die Zonula occludens und ist weniger dicht. Hier kommen **Nectine** und **Cadherine** vor, die mit einem an diese Struktur angelegten Gürtel aus Aktinfilamenten durch Adaptorproteine, **Afadin** bzw. **α-** und **β-Catenine** (Abb. 6.17) verbunden werden können.

Cadherine. Diese bilden eine ca. 40 Mitglieder zählende Familie langer Adhäsionsmoleküle, die auf epithelialen Zellen (E-Cadherine), auf Nerven- und Muskelzellen (N-Cadherine), in der Plazenta und der Epidermis (P-Cadherine) vorkommen. Cadherinmoleküle bestehen aus jeweils einem kurzen cytosolischen Segment, einer Transmembranhelix und mehreren extrazellulären Immunglobulin-ähnlichen Domänen. In Anwesenheit von Calcium-Ionen richten sich die Domänen stäbchenförmig aus. Sie verbinden sich mit benachbarten Molekülen zunächst der gleichen (eine *cis*-Dimerisierung) und dann der gegenüberliegenden Zelle und bilden *trans*-Homooligomere (Tabelle 6.4). Im Cytoplasma ergibt sich die Verbindung zum Aktin-Cytoskelett aus einem Zusammenspiel der Cadherine mit ß-Catenin und weiteren Proteinen. Von großem Interesse ist der Transport des β-Catenin in den Kern. Komplexe Interaktionen in der Zonula adhaerens regulieren die Assemblierung des Cytoskeletts, die Genaktivität, das Wachstum, die Stabilität des Epithels und die Motilität der Zellen (Abb. 6.17b).

Ein langes, aus 27 Cadherindomänen bestehendes Cadherin (Cdh23) ist an Spitzen der Haarzellstereocilien verankert. Das Cdh23-Molekül verbindet die Spitzen mit unspezifischen Kationen-Kanälen in der Membran benachbarter Cilien und wirkt als **Mechanotransduktor**. Bei einer schallbedingten Vibration der Cilien in der Endolymphe des Innenohrs wirkt das Cdh23 als ein Seilzug und öffnet den Kanal. Infolge dessen werden von den Haarzellen die Neurone des Hörnervs aktiviert.

Desmosomen und Hemidesmosomen. Diese scheibenähnlichen Strukturen dienen einer mechanisch stabilen Verknüpfung cytoskelettärer Intermediärfilamente zweier

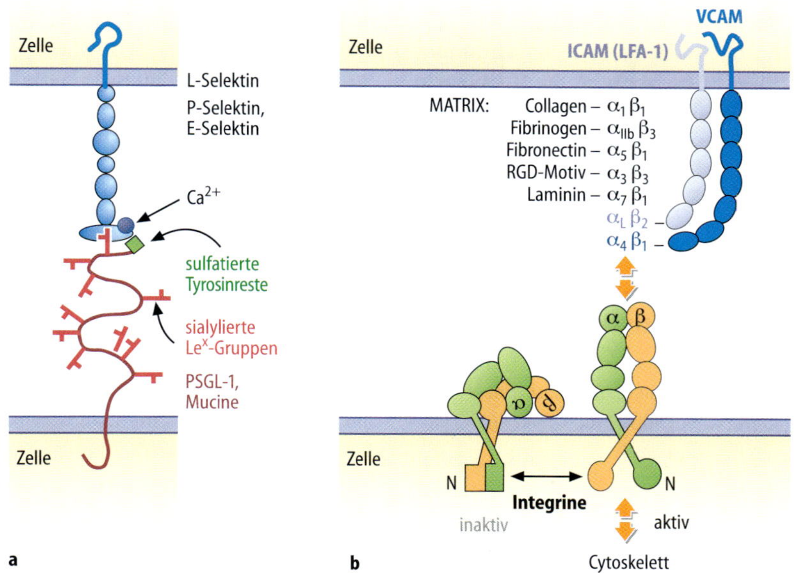

Abb. 6.18. Heterotypische Selektin- und Integrin-abhängige Zell-Zell- bzw. Zell-Matrix-Kontakte und Signalvermittlung durch Integrine. Die hier gezeigten Proteinketten enthalten jeweils eine Transmembranhelix. **a** Eine starke Bindung des Liganden PSGL-1 (***p****latelet* ***s****electin* ***g****lycosylated* ***l****igand*) an Selektine hängt von der Sulfatierung seiner N-terminalen Tyrosinreste sowie von Ca^{2+}-Ionen ab, die an die Lektindomäne binden. **b** Beispiele von Integrinen, die Matrixbestandteile (*schwarz*) bzw. CAM-Moleküle (*blau*) anderer Zellen binden

Zellen bzw. zwischen Zellen, Basalmembran und der angrenzenden Matrix. Die Zellen werden durch »nichtklassische« Cadherine **Desmocollin** und **Desmoglein** zusammengehalten. Die Adaptorproteine Plakoglobin und Desmoplakin verbinden die desmosomalen Membranproteine mit den intermediären Filamenten (▶ Kap. 6.3.2).

CAMs. Diese Zelladhäsionsmoleküle (*cell adhesion molecules*) verfügen über lange extrazelluläre, aus immunglobulinähnlichen (im Extremfall mehr als 50) Domänen bestehende Ketten. Die vaskulären CAMs (VCAM) gehen mit Integrinen auf aktivierten Leukozyten heterotypische Wechselwirkungen, die auf benachbarten Nervenzellen vorliegenden NCAMs dagegen mit ihren Partnern meist homotypische Wechselwirkungen ein. Die NCAMs können zusätzlich Heparansulfat und anionische Polysaccharide oder Glycoproteine binden und von diesen blockiert werden.

Selektine. Man unterscheidet zwischen E-, P- und L-Selektinen, die an der Oberfläche der Endothelzellen, Blutplättchen bzw. Leukozyten vorkommen. Diese **Lektin**-artigen Membranproteine (Abb. 6.18a) sind wie die CAMs mit einer Transmembranhelix ausgestattet. Mit dem Hauptteil ragen sie in den perizellulären Raum, in dem sie Glycolipide und Glycoproteine binden. In entzündeten Geweben wird das Endothel angeregt E-Selektin an der Oberfläche zu exponieren. Gebunden werden Oligosaccharide aus der Gruppe der Lewis-Substanzen. Durch relativ schwache, jedoch rasch erfolgende heterologe Kontakte mit den ebenfalls weit in den Raum hinausragenden Mucinen werden bei der Infiltration in entzündetes oder – beim »*homing*« – in lymphatisches Gewebe (▶ Kap. 34.3.5) Abwehrzellen ans Endothel gebunden. PSGL-1 (**P**-**S**elektin **G**lycoprotein**l**igand 1) ist der typische, an das endotheliale Selektin gebundene Oberflächenligand neutrophiler Granulozyten und Monozyten. Ähnliche Fähigkeiten besitzen metastasierende Tumorzellen.

Integrine. Eine außerordentlich komplexe Familie von Oberflächenmolekülen stellen die Integrine dar. Es sind heterodimere Transmembranproteine, die aus **einer** α- und **einer β-Kette** bestehen (Abb. 6.18b). Integrine der β_1-Familie binden extrazelluläre Matrixproteine wie Kollagen, Fibronectin, Laminin usw. (▶ Kap. 24.5). Integrine der β_2-Subfamilie werden ausschließlich in Leukozyten exprimiert. Sie können die CAMs an der luminalen Oberfläche des Endothels binden. Aktivierte Integrine sind sowohl mit der Matrix im Interzellulärraum als auch über Adaptorproteine mit dem Cytoskelett eigener Zellen (mit Ausnahme des hemidesmosomalen $\alpha_6\beta_4$ grundsätzlich mit Aktin) verbunden. Sie wechseln zwischen zwei Konformationen, wobei die extra- und intrazellulären Domänen gleichzeitig umstrukturiert werden, während die Transmembransegmente der α- und β-Ketten alternative Stellungen einnehmen (Abb. 6.18b). Dadurch können Signale in beide Richtungen über die Membran übertragen werden. Hemidesmosomen und Matrix sind über eine Kette aus einem

Integrin, Laminin-5 und Kollagen-VII miteinander verbunden (► Kap. 24). Nach Bindung an Kollagen im Subendothel wird das Aktin-Cytoskelett aktivierter Thrombozyten, umgebaut. In ihrem Inneren wird $\alpha_{IIb}\beta_3$-Integrin aktiviert und seine extrazellulären Domänen können anschließend Fibrinogen binden. Fibrinogen ist ein langes dimeres Protein und ermöglicht eine rasche Aggregation aktivierter Thrombozyten.

6.2.7 Lysosomen, Endosomen und verwandte Organellen

! Lysosomen sind lytische Organellen, die am *turnover* intra- und extrazellulärer Makromoleküle sowie an Abwehrmechanismen beteiligt sind.

Aufgaben der lysosomalen Organellen sind:
- Abbau von cytosolischen Molekülen und Organellen, die durch **Autophagocytose** aufgenommen werden
- Abbau von Membranproteinen und -lipiden
- Abbau von extrazellulären Molekülen und Partikeln, die durch **Endozytose** aufgenommen werden
- Beteiligung an Schutz- und **Abwehrmechanismen**
- Bereitstellung wichtiger **Nährstoffe**

Klassische Lysosomen (*dense bodies*) sind Organellen mit einem Durchmesser von etwa 0,5 µm, einfacher Membran, wenig strukturierter Matrix, in der unvollständig verdautes Material enthalten ist, saurem pH und zahlreichen **sauren Hydrolasen** (◘ Tabelle 6.5). Markerprotein ist die **saure Phosphatase**. Eine Untergruppe bilden die sauren Proteinasen, die als **Kathepsine** bezeichnet werden. Die Membran enthält eine »Protonenpumpe«, die vakuoläre **V-ATPase** und andere Transportsysteme, die die Ansäuerung der Matrix bzw. Abgabe der Hydrolyseprodukte in das Cytosol ermöglichen. Die Abbaureaktionen sind eine wichtige Voraussetzung für Erneuerung und z.T. Versorgung der Zellen mit wichtigen Stoffen wie Cholesterin und Vitamin B_{12}, die in komplexierten Formen endozytiert werden. Lysosomen enthalten besondere **Aktivatorproteine** (Saposine, GM2-Aktivatorprotein), die komplexe Lipide aus Membranen lösen können und an ihrem Abbau beteiligt sind. Zusammen mit frühen und späten Endosomen, sowie den **Autophagosomen** und verschiedenen lysosomenähnlichen Kompartimenten differenzierter Zellen bilden sie eine Gruppe von Organellen mit ähnlicher Biogenese. Die späten Endosomen sind mit **multivesikulären Körperchen** (MVB) identisch (► o.).

Biogenese. Für die Segregation lysosomaler Proteine von anderen Produkten der Biosynthese aus dem RER sind im *trans*-Golgi-Apparat spezifische Adressierungsmechanismen notwendig. Der bekannteste von diesen beruht darauf, dass die Vorläuferformen der lysosomalen Hydrolasen im Golgi-Apparat mit **Mannose-6-phosphat** (M6P)-Resten

◘ Tabelle 6.5. Lysosomale Hydrolasen und Transporter bzw. Defekte (Auswahl)

Substrat	Enzym bzw. Transporter	Defekt
Nucleinsäuren	DNase und RNase Phosphodiesterase	
Proteine	Cathepsin K Cathepsin C Cathepsin D Peptidasen, Cathepsine	Pyknodysostose Papillon-Lefevre Syndrom Neuronale Ceroidlipofuscinose
Lipide	Phospholipase Esterase Lipase	 Wollman'sche Erkrankung
Kohlenhydrate und/ oder Glycolipide sowie Glycoproteine	α-Glucosidase β-Glucuronidase Acetyltransferase β-Glucosidase* β-Hexosaminidasen* α- Mannosidase	Glycogenose II (M. Pompe) Mucopolysaccharidose VII (MPS VII) Sanfilippo C (MPS IIIC) Morbus Gaucher Tay-Sachs und Morbus Sandhoff Mannosidose
Sulfatester bzw. Sulfamid	GalNAc-4-Sulfatase Arylsulfatase A* Sulfatasen-Gruppe Sulfamidase	Maroteaux-Lamy-Erkrankung (MPS VI) Metachromatische Leukodystrophie Multiple Sulfatase-Defizienz Sanfilippo A (MPS IIIA)
Sialinsäure Cystin Chlorid Protonen/ATP	Sialinsäuretransport Cystintransport Chloridkanal (ClC-7) V-ATPase (a3-Kette)	M. Salla Cystinose Maligne infantile Osteopetrose Maligne infantile Osteopetrose

* Typische Substrate dieser Enzyme bzw. Speichersubstanzen sind Glycolipide

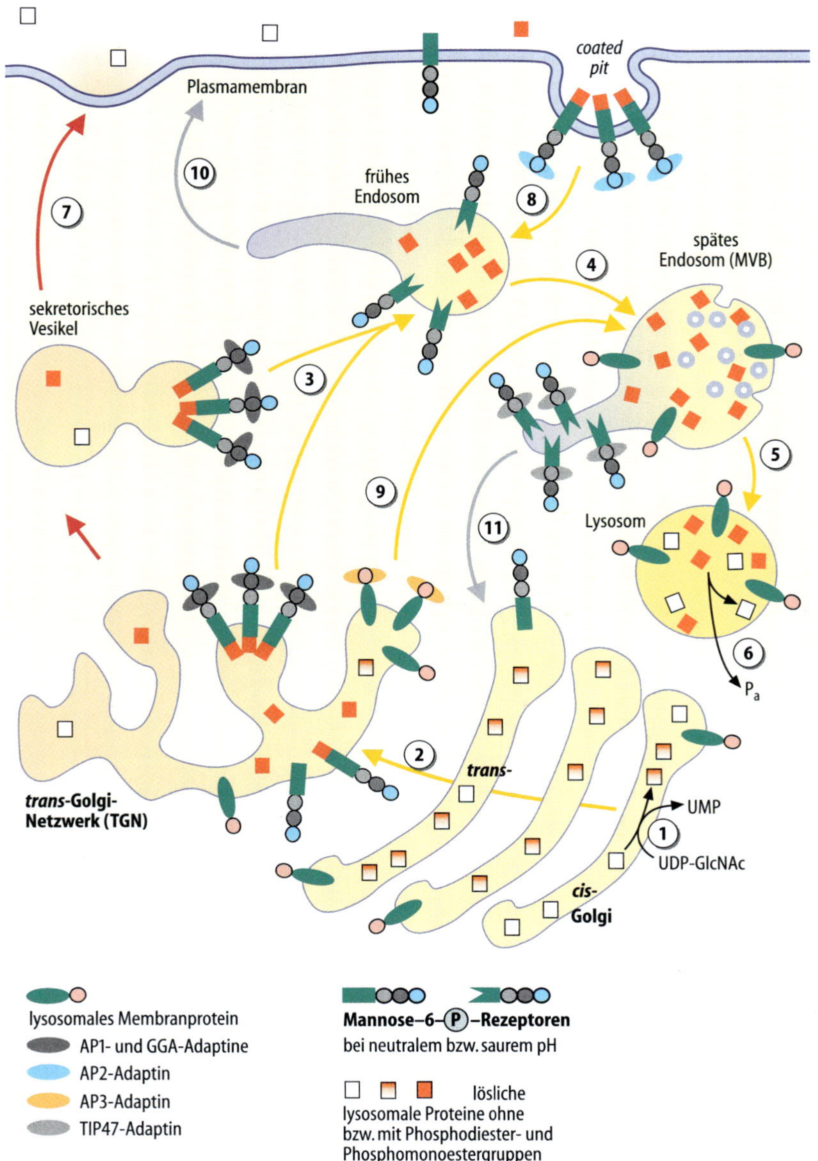

Abb. 6.19. Modifizierung, Sortierung und Transport von lysosomalen Proteinen in die Lysosomen. Zur Vereinfachung wird in diesem Schema auf die Darstellung der Clathrin-Beschichtungen im TGN sowie an der Plasmamembran und auf eine Unterscheidung zwischen den frühen und den späten Endosomen verzichtet. Die wichtigsten Etappen im Transport lysosomaler Proteine sind: ① Im *cis*-Golgi Apparat werden an C-6 Hydroxylgruppen von ein bis zwei Mannose-Resten der Vorläuferformen verschiedener löslicher lysosomaler Glycoproteine (*weiße* Rechtecke) N-Acetylglucosaminyl-Phosphatreste übertragen. Die gebildeten Phosphodiesterreste (*weiß-rote Rechtecke*) werden als *covered* M6P bezeichnet. ② Die Proteine werden ins TGN transportiert, wo die N-Acetylglucosaminreste abhydrolysiert werden. Es entstehen sog. *uncovered* (Monoester) M6P-Reste (*rote Rechtecke*), die als eine lysosomale Adresse wirken. Sie werden von M6P-Rezeptoren gebunden. Diese Rezeptoren sowie die einiger membranständigen lysosomalen Proteine werden von GGA- und AP1-Adaptinen sowie Clathrin gebunden. ③ Im TGN und eventuell an unreifen sekretorischen Vesikeln werden AP1-abhängig Clathrin-beschichtete Vesikel gebildet, die zu den frühen Endosomen transportiert werden. ④ Die frühen Endosomen fusionieren untereinander und entwickeln sich zu den späten. ⑤ Aus den späten Endosomen gelangen die lysosomalen Proteine letztendlich in die Lysosomen, in denen die proteinolytische Reifung der Vorläuferformen komplettiert und ⑥ je nach Gewebe ein großer oder kleiner Teil der M6P-Reste dephosphoryliert wird. In Antigen-präsentierenden Zellen ist zusätzlich ein Rücktransport von Antigenfragmenten in die Endosomen möglich. ⑦ Im TGN werden weiterhin sekretorische Vesikel gebildet, die zur Plasmamembran transportiert werden. ⑧ In den Clathrin-beschichteten Grübchen (*coated pits*) der Plasmamembran werden M6P-Rezeptoren konzentriert, die eine Aufnahme der bei der Sortierung im TGN eventuell nicht gebundenen und daher sezernierten phosphorylierten lysosomalen Enzyme aus dem extrazellulären Raum (*recapture*) zu den Lysosomen ermöglichen. Es entstehen Clathrin-beschichtete Vesikel, die nach einer Entfernung der Beschichtung mit den frühen Endosomen verschmelzen. ⑨ Einige lysosomale Membranproteine (LAMPs) werden AP3-abhängig zu den späten Endosomen transportiert. (Zur Vereinfachung wird der Transport von Membranproteinen zu den frühen Endosomen nicht gezeigt.) ⑩ Die am *recycling* beteiligten Rezeptoren und Lipide werden in tubulären Teilen der Endosomen und den *recycling* Endosomen konzentriert und zum TGN bzw. zur Plasmamembran transportiert. Als ein Beispiel wird der Rücktransport der M6P-Rezeptoren aus den späten Endosomen (MVBs) mittels TIP47-Adaptins gezeigt ⑪

versehen werden, die ihre Bindung an spezifische Rezeptorproteine, den **Kationen-abhängigen** und den **Kationen-unabhängigen M6P-Rezeptor**, ermöglichen. Die Synthese erfolgt in zwei Stufen. Im *cis*-Golgi-Apparat wird intermediär ein Phosphodiester gebildet, der im TGN zu terminalen M6P-Resten hydrolysiert wird (◘ Abb. 6.19). Die M6P-Reste-tragenden Hydrolasen werden in Clathrin-beschichteten Arealen des TGN von den membranständigen Rezeptoren gebunden und in **Transportvesikel** verpackt. Diese werden zu den **frühen Endosomen** transportiert. Durch eine V-ATPase-abhängige Ansäuerung auf einen pH-Wert von ca. 6 wird die Dissoziation der transportierten Liganden von ihren Rezeptoren bewirkt. Unter Beteiligung des Rab5-G-Proteins fusionieren die frühen Endosomen untereinander. Hieraus gehen die MVBs hervor, in denen der pH-Wert weiter auf 5 bis 5,5 sinkt. In den MVBs werden interne Vesikel gebildet, in denen Membranproteine und -lipide abgebaut werden. Zum Schutz der lysosomalen Membran vor den sauren Hydrolasen wird auf der luminalen Seite der äußeren Membran eine Glycocalix aufgebaut, die aus stark glycosylierten **l**ysosomal **a**ssoziierten **M**embran**p**roteinen (**LAMPs**) besteht. Unter Beteiligung spezialisierter Adaptine (AP3) wird ein Teil dieser Proteine aus dem TGN direkt zu den späten Endosomen transportiert (◘ Abb. 6.19). Bestimmte Membranproteine werden auf einem dritten Weg, über die Plasmamembran, zu den Lysosomen transportiert. Die Endozytose von löslichen M6P-haltigen Proteinen, die der Sortierung im TGN manchmal entgehen, als *secretion-recapture* bezeichnet.

Der Abbau von M6P-Rezeptoren in Lysosomen wird reguliert und in der Regel durch *recycling* vermieden. Das *recycling* der M6P-Rezeptoren erfolgt aus den späten Endosomen unter Mitwirkung eines spezifischen Adaptins, TIP47. Dieses unterscheidet sich von den mit TGN assoziierten. Es wird lokal in der MVB-Membran aktiviert (vgl. ◘ Abb. 6.19). Die M6P-Rezeptoren werden in tubulären oder vesikulären Organellen zum Golgi-Apparat jedoch z.T. auch zur Plasmamembran transportiert. Die dynamische Verteilung der M6P-Rezeptoren auf verschiedene Kompartimente hängt von zusammengesetzten *targeting*-Signalen ihrer cytosolischen Domänen ab. Sie können von verschiedenen Adaptinen gebunden werden. Der Transport des Inhalts der MVBs zu den Lysosomen wird durch eine temporäre Fusion (*kiss and run*) mit begrenztem Membranaustausch vermittelt.

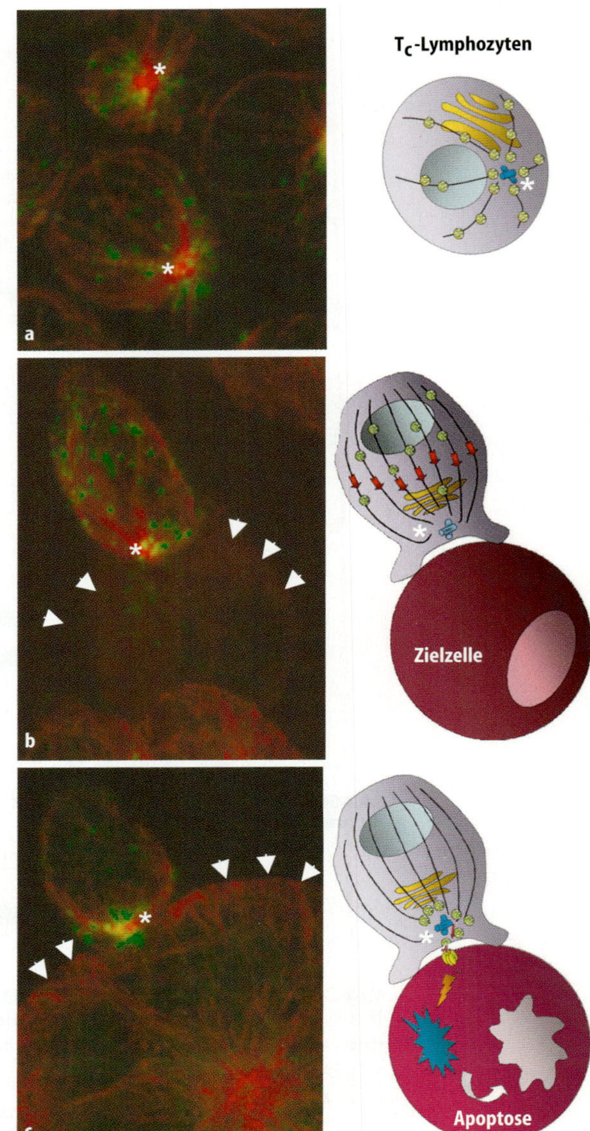

◘ **Abb. 6.20a–c. Sekretorische Lysosomen in cytotoxischen T-Lymphozyten. a** Die durch Immunfluoreszenznachweis von Kathepsin D (*grün*) markierten Lysosomen sind normalerweise entlang der Mikrotubuli (*rot*) im Cytosol verteilt. **b** Bei Erkennung und Bindung einer fremdartigen Zelle wird das Centrosom (*rotes Aggregat*) zur Kontaktstelle verlagert. **c** Die lokalisierte Exozytose der sekretorischen Lysosomen, die zur Abtötung der Zielzelle führt, erfolgt an der immunologischen Synapse nach einer Migration der Lysosomen zu dem verlagerten Centrosom. (Aufnahmen und Modell: Jane C. Stinchcombe und Gillian M. Griffiths.)

Lysosomen-ähnliche bzw. -verwandte Organellen. In verschiedenen Zellen und in Thrombozyten kommen spezialisierte Lysosomen und lysosomenähnliche (*lysosome related*) Organellen vor. In Leukozyten und Thrombozyten werden diese als **Granula** bezeichnet. In T_c Lymphozyten sind es **sekretorische Lysosomen**, die cytotoxische und lytische Proteine, z.B. **Perforin** und **Granzym-B**, enthalten. Ähnlich werden in Typ II Pneumozyten und Melanozyten **Lamellarkörper** mit dem Phospholipidkomplex *surfactant* bzw. **Melanosomen** mit Tyrosinase und Melanin gebildet. Die spezialisierten Organellen kommen parallel zu normalen Lysosomen vor und enthalten die Zell-spezifischen sowie typisch lysosomalen Proteine. Die intrazelluläre Lokalisation und die Sekretion der Granula werden durch Transport entlang verschiedener Elemente des Cytoskeletts und durch regulierte Fusion mit der Plasmamembran bestimmt. Nach einer spezifischen Erkennung von *target*-Zellen bilden aktivierte T_c-Lymphozyten eine **immunologische Synapse**, in derer Nähe unter Beteiligung des Rab27A-G-Proteins die sekretorischen Lysosomen an die Plasmamembran angedockt werden (◻ Abb. 6.20). Nachfolgend kann es zu einer Exozytose kommen, derer zielsichere Ausrichtung für die Wirksamkeit des Angriffs unverzichtbar ist. Dendritische Zellen und B-Lymphozyten sind in der Lage den Inhalt der MVBs durch Exozytose freizusetzen (▶ Kap. 6.2.7). Ein weiteres Beispiel lysosomaler Exozytose findet sich bei aktivierten **Osteoklasten** (▶ Kap. 24.7.1). Hier ermöglicht sie die Bildung von Salzsäure in den Resorptionsgrübchen.

Während der **Alterung** kann in den Lysosomen nicht abbaubares Material, das aus modifiziertem Lipid und Protein besteht und als **Lipofuscin** bezeichnet wird, akkumulieren. Diese Akkumulation wird durch Nebenprodukte des oxidativen Stoffwechsels, sog. ROS (*reactive oxygen species*, ▶ Kap. 6.2.8), beschleunigt.

Durch intralysosomale Hydrolyse entstehen verschiedene Stoffwechselintermediate, Aminosäuren, Monosaccharide, Glycerin, Cholesterin und Fettsäuren sowie Sulfat- und Phosphat-Anionen. Um diese Hydrolyseprodukte dem Stoffwechsel wieder zuführen zu können, besitzen Lysosomen entsprechende Transportsysteme. Durch Fusion mit späten Endosomen erhalten die lysosomalen Membranen die V-ATPase, die für die Ansäuerung des Lumens benötigt wird. Der intralysosomale pH-Wert von 4,5–5 entspricht dem pH-Optimum der meisten lysosomalen Enzyme. Durch Verschmelzung und Abschnüren unter- und voneinander wird die Zahl und Größe der lysosomalen Kompartimente reguliert und eine funktionelle Verteilung sowie der Austausch von Enzymen gewährleistet.

6.2.8 Exosomen

Durch Fusion von MVBs mit der Plasmamembran können die internen Vesikel dieser Organellen in den extrazellulären Raum abgegeben werden (◻ Abb. 6.13). Die freigesetzten Vesikel werden als **Exosomen** bezeichnet. Dies geschieht besonders häufig in B-Lymphozyten sowie in dendritischen Zellen. In die Membran der etwa 50–100 nm großen Vesikel werden antigen-präsentierende MHC-Moleküle beider Klassen eingebaut. Ihre Aufgabe ist es, die Proliferation antigenspezifischer T-Zellen zu stimulieren. Im Tierversuch wurde gezeigt, dass Exosomen dendritischer Zellen die Eradikation von Tumoren auslösen können. Das HIV-1 und einige andere Viren knospen in den Innenraum von Endosomen und nutzen den vesikulären Transportweg der Exosomen zum Verlassen von Zellen, in denen sie sich vermehrt haben.

6.2.9 Mitochondrien

! Mitochondrien sind von einer Doppelmembran umschlossene Organellen, in denen die meisten Reaktionen des katabolen Stoffwechsels lokalisiert sind, das meiste ATP gebildet wird, jedoch auch gefährliche Nebenprodukte des oxidativen Stoffwechsels.

Mitochondrien produzieren den größten Teil des durch katabolen Stoffwechsel gewonnenen ATP. Sie kommen in unterschiedlicher Zahl in allen sauerstoffverbrauchenden Geweben vor. Organe mit besonders hohem Substratdurchsatz und Sauerstoffverbrauch verfügen über besonders viele Mitochondrien. Beispiele hierfür sind die roten Muskelfasern, die Cardiomyozyten, Nervenzellen und einige Epithelzellen. Mitochondrien enthalten in ihrer Innenmembran (s.u.) die Enzymkomplexe der **Atmungskette** und die mitochondriale **ATP-Synthase**, die den durch die Atmungskette erzeugten elektrochemischen Gradienten über der inneren Mitochondrienmembran zur ATP-Synthese nutzt (▶ Kap. 15.1.3). In Mitochondrien werden sog. **Eisen-Schwefel-Komplexe** hergestellt, die für den Bau der Aconitase sowie einiger Atmungskettenkomplexe und für die Assemblierung von Ribosomen benötigt werden. Folgende Aspekte der Mitochondrienstruktur verdienen besondere Beachtung:

- Bei elektronenmikroskopischer Betrachtung ultradünner Schnitte erscheinen Mitochondrien als runde oder ovale Organellen mit einer relativ konstanten Dicke von ca. 1 µm und variabler Länge. Durch spezielle Intravitalfärbungen können Mitochondrien auch in lebenden Zellen beobachtet werden (◻ Abb. 6.21a–b). Dabei zeigt sich, dass sie eher langen Schläuchen als Ovalen ähneln. Ihre Anordnung innerhalb der Zelle deutet auf eine Verbindung mit den Mikrotubuli hin (▶ Kap. 6.3.1). Innerhalb von Mitochondrien lassen sich folgende Membranen bzw. Räume (◻ Abb. 6.22a,b) unterscheiden: **Die mitochondriale Außenmembran** ist relativ durchlässig für verschiedene Stoffwechselintermediate, jedoch undurchlässig für gefaltete Proteine. Sie enthält einen als **TOM** (*transport complex of the outer membrane*) bezeichneten Proteinkomplex, der für den Import nicht gefalteter Vorläufer der meisten mitochondrialen Proteine zuständig ist (▶ Kap. 9.2.3)
- Zwischen der Außen- und der Innenmembran befindet sich der so genannte **Intermembran-** oder **Zwischenmembranraum**. In dem Intermembranraum sowie teils mit der Innenmembran assoziiert findet sich das Hämprotein **Cytochrom c**. Bei Schädigungen der Außenmembran wird dieses in das Cytosol freigesetzt und löst die terminale Caspasen-abhängige Kaskade der **Apoptose** (▶ Kap. 7.1.5; 35.1) aus
- Die **mitochondriale Innenmembran** ist ein stark gefaltetes Gebilde, dessen Einstülpungen als **Cristae** bezeichnet werden. Diese Form bewirkt eine enorme

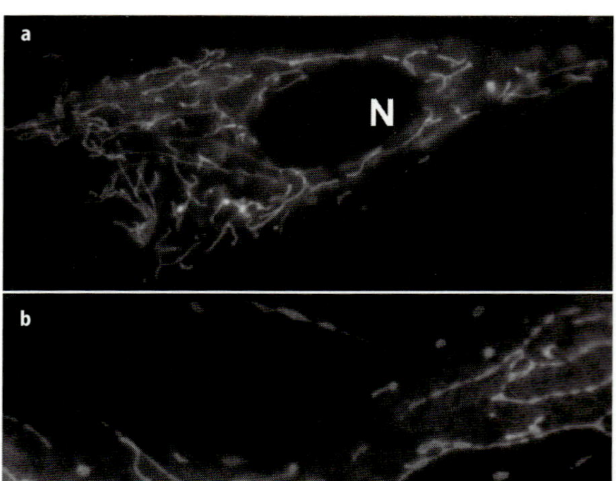

Abb. 6.21a,b. Mitochondrien in lebenden Zellen. Vitalfärbung mit dem Farbstoff Mitotracker™, der die »energisierte« innere Membran der Organellen sichtbar macht. **a** Normaler humaner Fibroblast. Fibroblasten enthalten, wie zahlreiche andere Zellen, lange Mitochondrien. **b** Teil eines Hautfibroblasten eines Myopathie-Patienten mit unbekannter Ätiologie. In diesen Zellen kommen abnormale Mitochondrien mit scheinbar gestörter Teilung vor. N = Nucleus. (Aufnahmen: Lorena Griparcic.)

Flächenvergrößerung. Die Oberfläche der Innenmembran aus 1 g Leber beträgt mehr als 3 m^2. Die Lipide und Proteine dieser Membran werden weiter unten näher beschrieben. Das in der Innenmembran am Proteinimport beteiligte System wird als **TIM** (*transport complex of the inner membrane*) bezeichnet

- Die innere Membran schließt den **Matrixraum** ein. Hier findet die Faltung und proteinolytische Reifung der importierten Proteine statt. In die Matrix werden die Enzyme und Systeme des Abbaus von Keto-, Fett- und Aminosäuren, eines Teils der Hämbiosynthese und der Ammoniakentgiftung importiert. Außer dem katabolen Stoffwechsel findet in der Matrix die Replikation, Transkription und die **mitochondriale Proteinbiosynthese** statt. Diese ist für die Herstellung 13 stark hydrophober Polypeptidbestandteile der Enzymkomplexe I und III–V der mitochondrialen Innenmembran zuständig

Die mitochondriale Innenmembran enthält die **Komplexe I–IV** der **Atmungskette** und den **Komplex V** der **oxidativen Phosphorylierung**, den Redoxüberträger **Ubichinon** (► Kap. 15.1.2), die Adeninnucleotidtranslokase und eine Reihe anderer **Transportsysteme**. Die mitochondriale Innenmembran zeichnet sich durch ungewöhnliche Eigenschaften aus. Sie ist selbst für die kleinsten Teilchen wie Hydroniumionen undurchlässig, verfügt über einen für eine Membran außerordentlich hohen Proteinanteil von ca. 70% und weist eine charakteristische Lipidzusammensetzung auf. In der Innenmembran kommt **Cardiolipin** (► Kap. 2.2.3) vor, das die optimale Funktion der Atmungskettenkomplexe unterstützt. Sie enthält wahrscheinlich kein Cholesterin. Die Phosphoglyceride Phosphatidylcholin, Phosphatidylethanolamin und Cardiolipin kommen in einem molekularen Verhältnis von 4:3:2 vor und stellen ca. 90% der Membranlipide. Als Nebenprodukte des oxidativen Stoffwechsels der mitochondrialen Membran entstehen Radikale und **ROS**, *reactive oxygen species*, die an der Pathogenese von Diabetes mellitus, Gefäßerkrankungen, Krebs und verschiedenen neurologischen Erkrankungen sowie an der Alterung beteiligt sind. Entwicklungen zur Prävention dieser Erkrankungen erfordern eine intensive Erforschung der Bildung von ROS und ihrer Hemmung.

Evolution und Vererbung. Mitochondrien stammen von prokaryoten Zellen ab, die in kernhaltige Zellen aufgenommen worden sind und später ihre Autonomie größtenteils verloren haben. Diese sog. **Endosymbiontenhypothese** wurde auf Grund einer Reihe besonderer Merkmale der Mitochondrien und vergleichbarer Organellen entwickelt. Es sind die Vorkommen doppelter Membranen, **ringförmiger DNA** (mDNA) sowie von **Ribosomen**, die denen der Prokaryonten ähneln. Mit der vollständigen Bestimmung der Nucleotidsequenz der mitochondrialen DNA verschiedener Organismen und der Chromosomen einfacher Lebewesen wurde die Hypothese stark unterstützt.

Die menschliche mDNA ist **zirkulär** und enthält 16.569 Basenpaare. Diese codieren für zwei Präkursoren-rRNAs mitochondrialer Ribosomen sowie für 22 zur **mitochondrialen Proteinbiosynthese** benötigte tRNAs. Daneben enthält die mDNA 13 Gene von Membranproteinen. Sie codiert die schon erwähnten hydrophoben Untereinheiten der Enzymkomplexe I und III–V. Bei Säugern wird die mDNA in der Regel **maternal vererbt**. Somatische Zellen können hunderte, Eizellen tausende mDNAs enthalten. Dies wird als **Polyplasmie** bezeichnet. Normalerweise gleichen sich die mDNAs; es liegt eine **Homoplasmie** vor. Zellen, in denen eine Mutation in der mDNA auftritt, werden als **heteroplasmisch** bezeichnet (► Kap. 6.2.12).

6.2.10 Peroxisomen

- Wenig strukturiert und von einer einfachen Membran umschlossen sind die **Peroxisomen** (*microbodies*). Sie haben typischerweise einen Durchmesser von etwa 0,5 μm und kommen in den meisten Zellen vor. Die Membran stammt zumindest teilweise von der des ER ab, die meisten Proteine werden posttranslational eingebaut bzw. importiert (► Kap. 9.2.3). Diese Organellen sind für mehrere charakteristische **peroxisomale Stoffwechselwege** verantwortlich. Sie verfügen über die peroxisomale **ß-Oxidation der Fettsäuren**, die im Wesentlichen der Verkürzung besonders langkettiger Fettsäure dient

- können das Oligoprenol **Phytol** durch eine initiale α-Oxidation abbaufähig machen
- sind an der Biosynthese der **Ätherlipide**, der **Polyprenole** und der **Gallensäuren** beteiligt

Peroxisomen katalysieren sauerstoffabhängige Substratoxidationen, z.B. die β-Oxidation langer Fettsäuren durch die peroxisomale Acyl-CoA-Dehydrogenase (▶ Kap. 12.2.1), in deren Verlauf in größeren Mengen Wasserstoffperoxid (H_2O_2) gebildet werden. Dieses wird durch eine ebenfalls in Peroxisomen enthaltene **Katalase** abgebaut:

$$2H_2O_2 \rightleftharpoons 2H_2O + O_2$$

6.2.11 Intrazelluläre Partikel

Nicht-fibrilläre und membranfreie intrazelluläre Teilchen werden als Partikel bezeichnet. Zu diesen makromolekularen Komplexen zählen

- **Centrosomen** (▶ Kap. 6.3.1)
- mehrere Arten von hohlen Proteinpartikeln, die an der Faltung neu synthetisierter Proteine (**Chaperonine**, ▶ Kap. 9.2.1) und am Abbau modifizierter Proteine (**Proteasomen**, ▶ Kap. 9.3.5) beteiligt sind
- **Apoptosomen**, heptamere propellerförmige Komplexe, die mit ihrem Nabenteil Dimere von Procaspase-9 binden und durch Cytochrom c aktiviert werden
- **Exosomen**, kleine ringförmige Partikel mit 3′-**Exo**ribonucleaseaktivität, die sich im Kern und im Cytosol befinden (und nicht mit den gleichnamigen, im ▶ Kap. 6.2.7 beschriebenen extrazellulären Vesikeln zu verwechseln sind), und funktionsuntüchtige oder nicht mehr benötigte mRNA-Moleküle abbauen
- **Inflammasomen**, die beispielsweise in Makrophagen in Anwesenheit von Harnsäurekristallen bei Gicht aktiviert werden. Es, handelt sich um Proteinkomplexe, die die Caspase-1 und proinflammatorische Cytokine aktivieren, sowie
- **Glycogen** (▶ Kap. 11)

Von besonderer Bedeutung sind **Ribonucleoproteinpartikel** wie

- **Polysomen** und **ribosomale Untereinheiten** (▶ Kap. 9.1.4f)
- **SRP**, das *signal recognition particle*, das an der Biosynthese von membranständigen und sekretorischen Proteinen im RER beteiligt ist (▶ Kap. 9.2.2)
- **SnRNP**'s und **snoRNP**'s, *small nuclear* bzw. *small nucleolar RNP*'s, (▶ Kap. 6.2.1), die für das Spleißen der hnRNA (**h**eterogenene **n**ucleäre RNA) bzw. die Modifikation der rRNAs benötigt werden (▶ Kap. 5.5, 8.3.4)
- **mRNA-Granula**, die den Transport spezifischer mRNA's zum Ort der Proteinsynthese in bestimmten Zellarealen z.B. in dendritischen Synapsen mittels Kinesinen ermöglichen
- *P-bodies* und **Stress-Granula**, perinucleär lokalisierte Partikel, in denen Speicherung, und Abbau von mRNA stattfinden
- *vaults* (*engl.* Bögen, Gewölbe), die größten bekannten Ribonucleoproteinpartikel mit einer Masse von 13 MDa. Sie wurden erst 1986 entdeckt. Annahmen über ihre Funktion haben den Bereich des Spekulativen noch nicht verlassen. Auffällig ist die Konservierung ihrer Struktur und ihre vermehrte Bildung in Tumorzellen

6.2.12 Pathobiochemie

Defekte der Kernlamina. Mutationen im Lamin-A-Gen verändern die Morphologie der Zellkerne und verursachen schwere Erkrankungen. Defekte des Lamin-A und seiner posttranslationalen Modifikationen (Prenylierung und Abspaltung der C-terminalen Domäne) führen zur **Hutchinson-Gilford Progerie** mit vorzeitiger Alterung (Progerie). In der Regel erleiden die Kinder bereits in der Pubertät einen Herzinfarkt oder Schlaganfall.

Chylomikronenretention und Anderson'sche Krankheit. Bei Gesunden werden Vorläuferformen von Chylomikronen im RER aus Phospholipiden, dem $ApoB_{48}$ und anderen Apolipoproteinen gebildet. Im SER werden weitere Lipide eingebaut bis ausgereifte Chylomikronen in COPII Vesikel verpackt und zum Golgi-Apparat transportiert werden können. Die Verpackung wird von Sec12- und Sar1b-Proteinen initiiert. Verschiedene Defekte des Letzteren stören die Absorption von Lipiden und fettlöslichen Vitaminen und führen zu einer Chylomikronenretention in den Enterozyten und somit intestinaler Verfettung mit niedrigem Blutcholesterinspiegel.

Defekte der down-Regulation von Rezeptoren und Hormonen. Mutationen in den Prolin-Tyrosin-Motiven des *epithelial* Na^+*-channel* **ENaC** wurden als eine Ursache des Liddle Syndroms erkannt. Die Mutationen verhindern Ubiquitinylierung, Endozytose sowie den Abbau und damit die physiologische *down*-Regulation des Transporters in distalen Nephronabschnitten. Zu den Symptomen dieser schweren, monogenen autosomal-dominant vererbten Erkrankung zählen Hypertonie und Kaliumverlust. Der ENaC-Transporter kann durch Amilorid gehemmt werden, das in der Therapie des Syndroms Anwendung findet.

Intrazelluläre Wirkung bakterieller Toxine. Zahlreiche Toxine pathogener Bakterien, z.B. das Pertussistoxin, binden mit einer Untereinheit (B) an die Plasmamembran, wonach die wirksame Komponente (Untereinheit A) in das Cytosol transloziert und dort aktiv wird. Bei mehreren Toxinen kommt es nach einer spezifischen Bindung zunächst zur Endozytose der Oligomere. Die Toxine nutzen die vesikuläre Transportmaschinerie der Zellen aus. Sie erreichen Endozytosekompartimente und eventuell dringen sie retrograd bis ins ER ein. Die aktiven Untereinheiten des Diphtherie- und des Anthraxtoxins werden aus den frühen bzw. späten Endosomen, die von Shiga- und Choleratoxin aus dem ER in das Cytosol transloziert. Die Bindung des **Choleratoxins** an sein Substrat, die α-Untereinheit des G_s-Proteins (► Kap. 23.3.4, 25.6.2), ist von GTP-Formen einiger **Arf-G-Proteine** (► Kap. 6.2.4) abhängig. Die am vesikulären Transport beteiligten Arf-Proteine, die von den Pathogenen für ihre Zwecke gebraucht werden, verdanken ihren Namen der Aufklärung der Wirkungsweise der Toxine. Die clostridialen **Neurotoxine Tetanus**- und **Botulinumtoxin** bestehen aus sog. schweren und leichten Ketten. Die schweren sind für Bindung, Endozytose und Membranpennetration, die leichten für die eigentliche toxische Wirkung verantwortlich. Diese Neurotoxine sind Zn^{2+}-Metalloproteinasen, die das v-SNARE-Protein Synaptobrevin (► Kap. 31.2.3) spalten und in Folge dessen die Exozytose synaptischer Vesikel blockieren.

Extrazelluläre Wirkung bakterieller Toxine. Staphylococcus aureus bildet ein exfoliatives Toxin, das großflächige Blasen in der Haut verursacht (**Pemphigus vulgaris**). Es handelt sich um eine Proteinase, die eine Peptidbindung innerhalb der calciumbindenden Domäne des Desmoglein-1 spaltet und so Desmosomen und die Integrität der Epidermis schädigt.

Die erworbenen Formen der epithelialen und epithelial-mesenchymalen Blasenbildung. Verschiedene Viren (Herpes, Varicella, Coxsackie), Medikamente oder Autoantikörper können in Epithelien an unterschiedlichen Stellen durch eine Lockerung von Verbindungen zwischen benachbarten Zellen oder zum Bindegewebe eine Blasenbildung verursachen. Betroffen sein können verschiedene cutane, mukocutane und muköse Areale und letztendlich fast alle an Adhäsion und Matrixaufbau beteiligten Moleküle. Viele Beispiele finden sich beim **bullösen Pemphigoid** (BP). Die Patienten bilden Autoantikörper gegen hemidesmosomale Proteine z.B. das BP180 (identisch mit Kollagen-XVII) oder Integrin-$\alpha_6\beta_4$. Die Blasenbildung ist hier zwischen dem Epithel und der Basalmembran lokalisiert. Die hereditären Formen epidermolytischer Krankheiten, Epidermolysis bullosa simplex, werden im ► Kap. 24.8.5 behandelt.

Defekte nichtepithelialer Integrine. Bei **Glanzmann'scher Thrombasthenie** ist die Fähigkeit aktivierter Plättchen Fibrinogen zu binden gestört und die Blutungszeit stark verlängert. Dies ist eine Folge von Defekten des Fibrinogenrezeptors $\alpha_{IIb}\beta_3$-Integrin. Defekte der β_2-Integrine beeinträchtigen die Extravasation von Leukozyten in infizierte Gewebe und verursachen die Typ I **Leukozytenadhäsionsdefizienz** (LAD I), die klinisch durch häufige und kaum beherrschbare bakterielle Infektionen charakterisiert ist.

Defekte lysosomaler Kompartimente. Defekte der intrazellulären Lokalisierung lysosomaler Organellen kommen bei **Chediak-Higashi** und **Griscelli Syndromen** aufgrund von Mutationen des Transportregulatorproteins LYST bzw. des Rab27A-G-Proteins vor. Sie beeinträchtigen die Bildung und Funktion lysosomenähnlicher Organellen in spezialisierten Zellen, beispielsweise Leukozyten und Melanozyten. Folgen sind Störungen des Immunsystems und der Pigmentation. Die Bedeutung des AP3-Adaptins für den Transport einiger lysosomaler Membranproteine (aus TGN zu späten Endosomen) wird durch Mutationen dieses Adaptins verdeutlicht, die zu den Ursachen des **Hermansky-Pudlak Syndroms** (thrombozytäre hämorrhagische Diathese und Albinismus) gehören. Eine Folge der Defekte der genannten Proteine ist eine **Immundefizienz** aufgrund von Störungen der Wanderung sekretorischer Lysosomen zur immunologischen Synapse (AP3-Defekte) und ihrer Anheftung an die Plasmamembran oder ihrer Exozytose (Rab27A- bzw. LYST-Protein-Defekte).

Bis heute wurden etwa 40 sog. **lysosomale Speicherkrankheiten** beschrieben, die mit einer kumulativen Häufigkeit von etwa 1:7000 Geburten vorkommen. Infolge des Fehlens jeweils eines spezifischen lysosomalen Enzyms, Aktivatorproteins oder Transportproteins (■ Tabelle 6.5) kommt es zur Störung des Abbaus in Lysosomen bzw. des Transports von Abbauprodukten in das Cytosol. So führen die **Lipidspeicherkrankheiten** zur Ablagerung nicht mehr weiter abbaubarer Sphingolipide v.a. im Zentralnervensystem, der Leber und den peripheren Makrophagen. Beim **Morbus Gaucher** ist die Aktivität der sauren β-Glucosidase (Glucocerebrosidase) stark vermindert. Diese Erkrankung kann durch eine **Substitutionstherapie** (*enzyme replacement therapy, ERT*) mit dem fehlenden Enzym behandelt werden. Um eine gezielte Endozytose in Makrophagen, die Mannoserezeptoren stark exprimieren, zu fördern muss es mit Oligomannosid-Seitenketten versehen werden. Aufgrund des natürlichen Abbaus des endozytierten Enzyms muss die Substitution regelmäßig fortgesetzt werden.

Cholesterin ist in den Lysosomen nicht abbaubar und wird nichtvesikulär zum ER und zur Plasmamembran transportiert. Für diesen Transport werden auf der luminalen Seite und in der Membran der MVBs und der Lysosomen die NPC1- und NPC2-Proteine benötigt. Defekte dieser Proteine führen zur ***Niemann-Pick'schen* Erkrankung Typ *C*** (NPC1 bzw. NPC2). Dabei kommt es zu einer Speicherung von Cholesterin (■ Abb. 6.1i–k) und Sphingolipiden in lysosomalen Kompartimenten. Betroffen ist insbesondere das ZNS, in dem normalerweise etwa 20% des gesamten Cholesterins vorkommen. Gestört ist auch die Synthese von Neurosteroiden und es kommt zu schwerwiegenden, progredrienten neurologischen Defekten.

Eine andere Ätiologie haben die bei einigen **Mukopolysaccharidosen** auftretenden neuronalen Defekte. Mukopolysaccharidosen führen zur Speicherung von Glycosaminoglykanen. In der Regel werden sie durch einen Mangel der entsprechenden Hydrolasen verursacht. Das klinische Bild ist häufig von schweren Skelettdeformitäten und Defiziten der Sinnesorgan- und/oder der Gehirnfunktionen geprägt. Verhaltungsstörungen, progrediente corticale Neurodegeneration und Demenz sind für die **Sanfilippo Erkrankungen** typisch, bei denen der Abbau von Heparansulfat (◘ Tabelle 6.5) gestört ist. Eine weitere, schwere lysosomale Speicherkrankheit ist die zu den **Mukolipidosen** zählende »*I-cell disease*«. Zugrunde liegt eine Störung der Bildung von M6P-Resten in lysosomalen Hydrolasen. In den mesenchymalen Geweben der Patienten fehlen nahezu alle lysosomalen Hydrolasen. Diese finden sich in erhöhter Konzentration im Blutplasma der Patienten. Die Bezeichnung der Krankheiten leitet sich vom Erscheinungsbild der Zellen ab, die zahlreiche mit unverdautem Material gefüllte, als **Inklusionen** bezeichnete, Lysosomen enthalten. Charakteristische Symptome sind Bindegewebsdefekte mit groben Gesichtszügen, Gingivahyperplasie, Corneatrübung, Skelettdeformitäten, Kardiomegalie, motorische Störungen und mentale Retardierung. Die Erkrankung ist progredient und führt zum Tod der Patienten vor dem 8. Lebensjahr.

Mitochondriale Defekte. Die Heteroplasmie der mDNA, ob vererbt oder neu aufgetreten, hat zunächst keinen Einfluss auf die Leistungsfähigkeit der Zellen. Mit zunehmendem Alter des Trägerorganismus, d.h. in Folge zahlreicher Replikationsrunden der mDNA, kann es zu einer progredienten Erhöhung des Anteils mutierter mDNAs kommen. Dies führt letztlich zu Funktionsstörungen von Geweben, die auf einen ATP-Mangel besonders empfindlich reagieren, z.B. dem *Nervus opticus*. Bei der **Leber'schen hereditären optischen Neuropathie, LHON,** bei der eine Mutation im Gen eines Polypeptids des Komplexes I vorliegt, kommt es zur Erblindung im mittleren Alter. Für die Teilung der Mitochondrien wird ein kerncodiertes, mit Dynamin (► Kap. 6.2.6) verwandtes Protein benötigt. Seine Defekte verursachen ebenfalls eine Schwächung des *N. opticus* und schließlich die Erblindung der Betroffenen. Neurodegenerative Prozesse mit mitochondrialer Pathogenese, z.B. in Folge von andauerndem oxidativen Stress oder chronischer Pflanzenschutzmittel-Exposition (die aktive Komponente **Rotenon** ist ein Hemmstoff des Komplex I) werden als eine Ursache des erworbenen **M. Parkinson** diskutiert. Weitere mitochondriale Defekte in ► Kapitel 15.4.

In Kürze

Zellen enthalten zahlreiche Organellen und Partikel. Außer der Plasmamembran, über die Kontakte und ein Austausch von Signalen und Stoffen mit der Umgebung stattfinden, besitzen sie

- den Zellkern, in dem die Erbmasse lokalisiert ist und die regulierte Transkription der Gene und die Synthese ribosomaler Untereinheiten erfolgt
- das endoplasmatische Retikulum, den Golgi-Apparat und Lysosomen, die ein System von ana- und katabolen Kompartimenten bilden, die untereinander und mit dem extrazellulären Raum über ein vielstufiges, aus Vesikeln und Tubuli bestehendes System Lipide, Proteine und komplexe Makromoleküle austauschen und dadurch an der Erneuerung, am Wachstum und der Produktion der extrazellulären Matrix sowie der Kommunikation mit der Umgebung teilnehmen und
- Mitochondrien und Peroxisomen, in denen der größte Teil des oxidativen Stoffwechsels stattfindet

6.3 Cytoskelett

Schon im vorletzten Jahrhundert wurde heftig diskutiert, ob Zellen über ein Cytoskelett und damit über ein strukturiertes Cytoplasma verfügen. Lange hielt man die gelegentlich in mikroskopischen Schnitten beobachteten faserartigen Strukturen für Fixierungsartefakte. Seit mehreren Jahrzehnten weiß man v.a. aufgrund immunhistochemischer Untersuchungen (◘ Abb. 6.23), dass alle eukaryoten Zellen über ein sehr genau strukturiertes und dynamisch organisiertes Cytoskelett verfügen. Es ist an wichtigen zellbiologischen Phänomenen, wie der Zellteilung, der Formerhaltung von Zellen, der Zellmotilität und der Zellpolarität beteiligt.

Grundelemente des Cytoskeletts (◘ Tabelle 6.6) sind

- **dicke Filamente** (24 nm), die aus **Tubulin**
- **dünne Filamente** (7–9 nm), die aus **Aktin** und
- **intermediäre Filamente** (10 nm), die aus verschiedenen zelltypspezifischen **Intermediärfilament-Proteinen** bestehen

Die dicken und dünnen Filamente werden als Mikrotubuli bzw. F-Aktin, die intermediären Filamente speziell in Keratinozyten als Tonofilamente bezeichnet.

6.3.1 Mikrotubuli

! Mikrotubuli bestimmen die Form der Zellen und sind zusammen mit Motorproteinen für die Zellteilung, die Verteilung von Organellen zwischen dem Zentrum und der Peripherie sowie die Bewegung ganzer Zellen oder der umgebenden Flüssigkeit unverzichtbar.

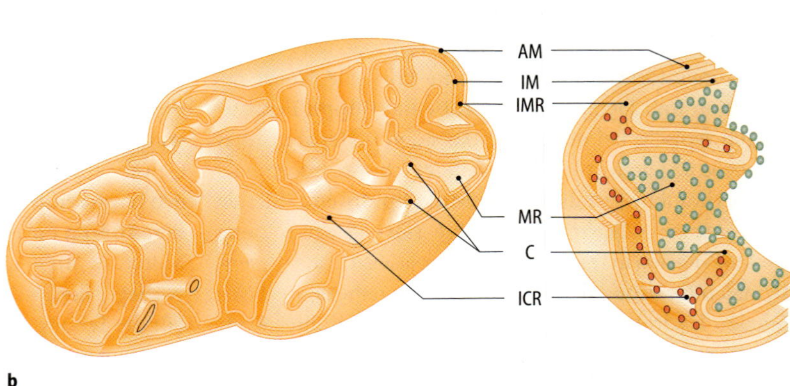

Abb. 6.22a,b. Ein Querschnittbild und ein Modell der Kompartimentierung von Mitochondrien. a Transmissionselektronenmikroskopische Aufnahme eines Schnitts aus einem fixierten Herzmuskelpräparat. Charakteristisch für die Herzmuskelmitochondrien ist die hohe Dichte der Cristae. Vergrößerung 26.000:1. **b** Schematische Darstellung und Ausschnittsvergrößerung des Aufbaus eines Mitochondriums. Unklar ist, ob die Cristae, wie hier dargestellt, durch Falten der inneren Membran entstehen oder mit dieser durch tubuläre Gebilde verbunden sind. AM = Außenmenbran; IM = Innenmembran; IMR = Intermembranraum; C = Cristae; G = elektronendichte Granula, wahrscheinlich Calciumspeicher; ICR = Intercristaeraum; MR = Matrixraum. Die roten bzw. grünen Symbole markieren die Lokalisierung von Cytochrom c bzw. F1-ATP-Synthase (▶ Kap. 15.1) (Aufnahme: Elmar Siess (**a**).)

Als Mikrotubuli bezeichnet man die in allen eukaryoten Zellen vorkommenden röhrenförmigen dynamischen Elemente von 24 nm Durchmesser. Ihre Länge ist sehr variabel. Wie aus Abb. 6.24b hervorgeht, bestehen sie aus zwei globulären Proteinen, dem α-**Tubulin** und dem **ß-Tubulin** (MW jeweils ca. 50 kDa), die durch eine **GTP-abhängige** Di- und Oligomerisierung **αβ-Dimere** und längere **Protofilamente** ausbilden. Je 13 bis 15 Protofilamente fügen sich durch laterale Kontakte zu einem Zylinder, dem **Mikrotubulus**, zusammen (Abb. 6.24a). Aufgrund der Kopf-Schwanz-Anordnung der Untereinheiten in den Protofilamenten weisen die Mikrotubuli eine Polarität auf. Am **Plus-Ende** kann durch Anlagern von αß-Dimeren ein Wachstum stattfinden, während am **Minus-Ende** ein Abbau stattfindet. Am Plus-Ende enthalten beide Untereinheiten je ein GTP-Molekül, am Minus Ende liegt in der ß-Untereinheit das GDP vor. In den meisten Zellen ist das Minus-Ende dadurch stabilisiert, dass es mit einem als **Centrosom** (▶ u.) bezeichneten Cytoskelett-Organisationszentrum assoziiert. Es liegt im Allgemeinen im Zentrum der Zelle in der Nähe des Zellkerns. Im Organisationszentrum befindet sich auch γ-Tubulin, das sowohl an der Stabilisierung der Minus-Enden sowie am Aufbau neuer Mikrotubuli beteiligt ist. Eine rasche (*catastrophic*) Depolymerisierung der Mikrotubuli am Plus-Ende findet statt, wenn es zur Hydrolyse von GTP am endständigen ß-Tubulin kommt. Mikrotubuli sind sehr dynamisch. Ihre Gesamtlänge kann sich ändern (beispielsweise kommt es in wachsenden Axonen zu einer Verlängerung indem die Polymerisation am Plus-Ende der Axone schneller erfolgt als die Depolymerisation im Zellkörper) oder konstant bleiben. In diesem Fall sind beide Reaktionen gleich schnell und die in den Mikrotubuli integrierten αß-Dimere entfernen sich vom Minus- Richtung Plus-Ende. Dieses Gleichgewicht wird als *treadmilling* bezeichnet. In abgelösten αß-Dimeren wird das GDP der ß-Untereinheit rasch gegen GTP ausgetauscht. Die Dimere können dann wieder in Mikrotubuli eingebaut werden (Abb. 6.24c).

Sinkt die Temperatur auf 4°C ab, zerfallen die Mikrotubuli in ihre Untereinheiten. In Anwesenheit von GTP können nach Erwärmung neue Mikrotubuli gebildet werden. Die Halbwertszeit eines Mikrotubulus in vitalen Zellen liegt bei etwa 10 Minuten, während die des Tubulins mehr als 20 Stunden beträgt. Die räumliche Organisation wird durch **Mikrotubuli-assoziierte Proteine** (MAP's) gewährleistet. So sichern das MAP2 und die τ-**Proteine** eine breite bzw. enge Bündelung der Mikrotubuli, die für die Ausbildung und Funktion von **Axonen** und **Dendriten** von Bedeutung ist. Diese Organisation stabilisiert die Mikrotubuli und begünstigt den Transport synaptischer Vesikel.

Centriolen und Organisation der Mikrotubuli. Centriolen bestehen aus neun zirkulär angeordneten dreifachen Mikrotubulusbündeln (9×3-Muster) und wirken als Zentren des Aufbaus der Mikrotubuli. In den Bündeln finden sich etwa 0,5 µm lange Mikrotubuli, die entlang ihrer Längsseiten fusioniert sind. In d.R. befinden sich zwei zueinander senkrecht angeordnete Centriolen in einem als **Centrosom** bezeichneten Zentrum (MTOC, ***M****icrotubule* ***o****rganisation* *center*). In dessen Matrix, einem scheinbar wenig struktu-

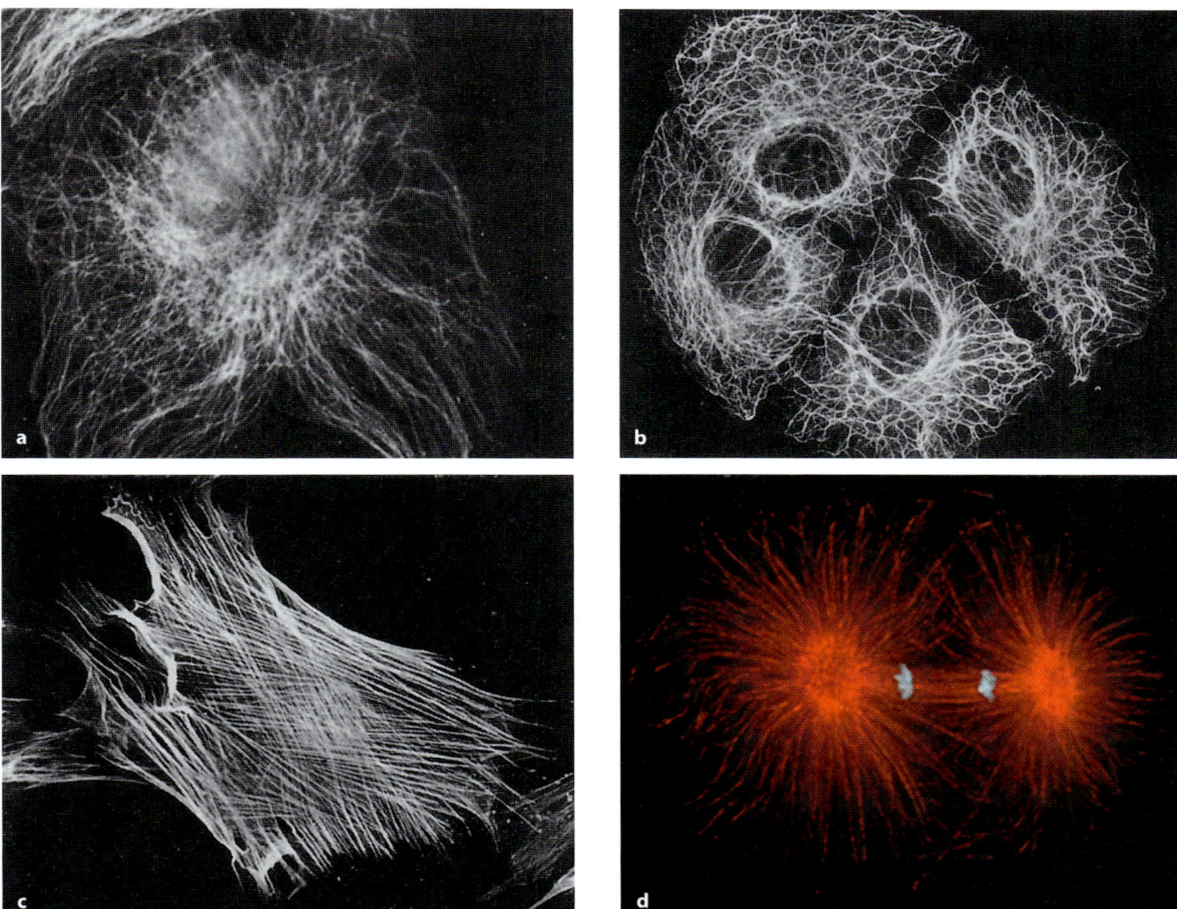

◻ Abb. 6.23a–d. Darstellung wichtiger Elemente des Cytoskeletts durch Immunfluoreszenz-Mikroskopie. a Darstellung von Mikrotubuli in einer kultivierten Rinderlinsen-Epithelzelle mit Tubulin-Antikörpern. Die flexiblen Mikrotubuli erstrecken sich meist radiär vom Kern zur Peripherie. Gesamtvergrößerung 540:1. **b** Darstellung von Intermediärfilamenten des für Epithelzellen charakteristischen Cytokeratin-Typs in einer vierzelligen Kolonie kultivierter menschlicher Leberkarzinomzellen (Linie PLC) mit Cytokeratin-Antikörpern. Das wabige Flechtwerk der Filamentbündel erstreckt sich über das Cytoplasma bis zu Desmosomen, in denen die Filamente verankert sind. Gesamtvergrößerung 500:1. **c** Darstellung von Aktinfilamenten in kultivierten glatten Muskelzellen mit Aktin-Antikörpern. Die angespannten Aktinfilamentbündel entsprechen den Stressfilamenten. Gesamtvergrößerung 350:1. **d** Spindelapparat von Caenorhabditis elegans während der Anaphase. (Aufnahmen: Werner Franke (**a–c**) und Tony Hyman (**d**).)

rierten perizentriolären Material, nehmen die Mikrotubuli mit den Minus-Enden ihren Ausgang. Strahlenartig angeordnet verbinden sie das Zentrum mit der Peripherie (◻ Abb. 6.12 und 6.23a). Die Plus-Enden der Mikrotubuli befinden sich beispielsweise an den Enden der Axone neuronaler Zellen. In tierischen Zellen wird zu Beginn einer Zellteilung (**Mitose**) das Centriolenpaar verdoppelt. Anschließend wandern die Paare zur Zellperipherie und bilden den **Spindelapparat** bzw. seine Pole. Der Apparat entsteht durch einen umfangreichen Umbau der Mikrotubuli. Er wird benötigt um die Chromosomenpaare (Chromatiden) nach ihrer Replikation aufzuteilen und die Chromosomen an die Pole zu verteilen. Die zentralen Einschnürungen der Chromosomen, die Centromeren, sind mit den Plus-Enden der Mikrotubuli über sog. **Kinetochoren** verbunden. Sind alle Chromatiden mit den Polen verbunden, werden die Paare getrennt und die in den Kinetochoren verankerten Mikrotubuli an beiden (!) Enden verkürzt. Weitere Mikrotubuli sowie Motorproteine (▶ u.) sind für das Auseinanderdriften der Pole zuständig. An der Reorganisation der Mikrotubuli beim Aufbau des Spindelapparats sind **Ran-G-Proteine** beteiligt, die während der Interphase den Transport durch die Zellkernporen steuern (▶ Kap. 6.2.1).

Motorproteine. Mikrotubuli spielen eine wichtige Rolle bei der räumlichen **Verteilung von Organellen** sowie dem **Organellentransport** (◻ Abb. 6.25). Eine besondere Bedeutung haben die dicken (Mikrotubuli) und dünnen (F-Aktin-)Filamente (s.u.) beim intrazellulären Vesikeltransport, z.B. bei der **Endo-** und **Exozytose** sowie dem **axo-** und **dendroplasmatischen Transport**. Für die Bewe-

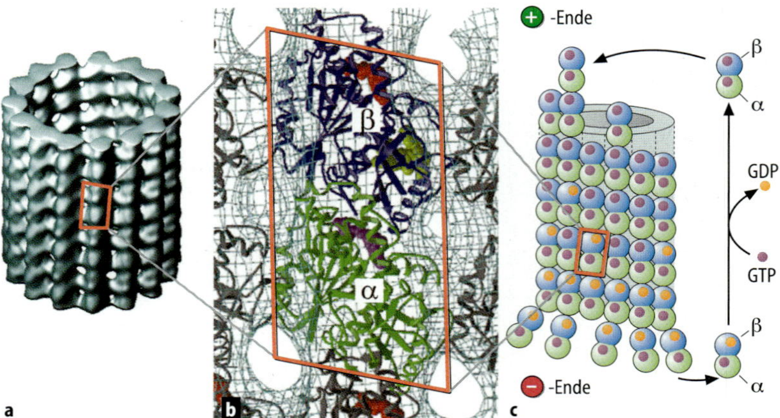

Abb. 6.24a–c. Struktur von Mikrotubuli und Mechanismus ihrer polaren Verlängerung bzw. Verkürzung. a Kryoelektronenmikroskopische Darstellung eines Segments eines aus 15 Protofilamenten bestehenden Mikrotubulus. Rot umrahmt ist ein aus α- und β-Untereinheiten bestehender Grundbaustein. **b** Kristallographische Modelle von α- (*grün*) und β-Tubulin (*blau*) mit gebundenem GTP (*magenta*) bzw. GDP (*rot*), die in das im Paneel **a** gezeigte Tubulinmodell eingepasst worden sind. Das hellblaue Netzwerk stellt die Elektronendichte des Mikrotubulus dar. **c** Modell der Depolymerisierung und Polymerisierung. α-Tubulin bindet GTP und bildet stabile Heterodimere mit β-Tubulin aus. Durch Bindung von GTP (*magenta*) an das β-Tubulin wird die Konformation der Dimere geändert. Danach können diese Bausteine am Plus-Ende in den Mikrotubulus eingebaut werden. Mittels einer dem β-Tubulin eigenen GTPase Aktivität wird GTP zu GDP (*orange*) langsam gespalten. Die GDP-haltigen Dimere tendieren dazu, die Filamente nach außen zu krümmen, können dies jedoch nur am Minus-Ende bewirken. Von den auseinander driftenden Filamentenden lösen sich die Dimere ab. Durch raschen Austausch von GDP gegen das cytosolische GTP stehen die meisten Dimere für die Verlängerung des Plus-Endes zur Verfügung. Die Gesamtlänge der Mikrotubuli ändert sich nur dann, wenn die Polymerisierung am Plus-Ende schneller oder langsamer erfolgt als die Depolymerisierung am Minus-Ende. Die im Tubulus eingebauten Dimere entfernen sich vom Plus- und nähern dem Minus-Ende

gung entlang der dicken Filamente sind chemomechanische ATPasen der Proteinfamilien der **Kinesine** (45 Mitglieder) und **Dyneine** (je ein Vertreter dieser Familie ist im Cytosol bzw. in Cilien am *cargo*-Transport, viele an der ciliären Bewegung beteiligt) und entlang dünnen Filamente verschiedene **Myosine** (s.u.) zuständig. Direkt oder mit Hilfe von Adaptorproteinen können diese **Motorproteine** mit Organellen oder Partikeln beladen werden und zielgerichtet an den Filamenten entlang wandern. Die Kinesine bewegen sich in 8 nm-Schritten, jeweils das nächste β-Tubulin bindend, Richtung Plus-Ende der Mikrotubuli. Sie arbeiten **prozessiv**, d.h. die Bindung an β-Tubulin wird nicht gelöst, bevor die zweite Motordomäne gebunden wurde. Für diese komplexen Aufgaben stehen diverse Transportsysteme zur Verfügung. In Neuronen katalysieren Kinesine den vesikulären Transport aus dem TGN zu peripheren Loci in Axonen und Dendriten, Dyneine dagegen den retrograden Transport in Axonen. Unverzichtbar für Neurone ist der Transport von Mitochondrien in bzw. aus Nervenendigungen. An ihm sind mehrere Kinesine sowie (retrograd) das Dynein beteiligt. Kinesine transportieren auch verschiedene mRNA-Granula sowie AMPA-Glutamatrezeptorvesikel in Dendriten und Vesikel in Axone. Die Spezifität des Eintritts in verschiedene Fortsätze der Neurone wird intensiv untersucht.

Der axonale Kinesin-vermittelte Transport (Abb. 6.25) erfolgt mit einer Geschwindigkeit von bis 2 μm/s. Das entspricht 0,2 m/Tag bzw. pro Sekunde dem 30-fachen des

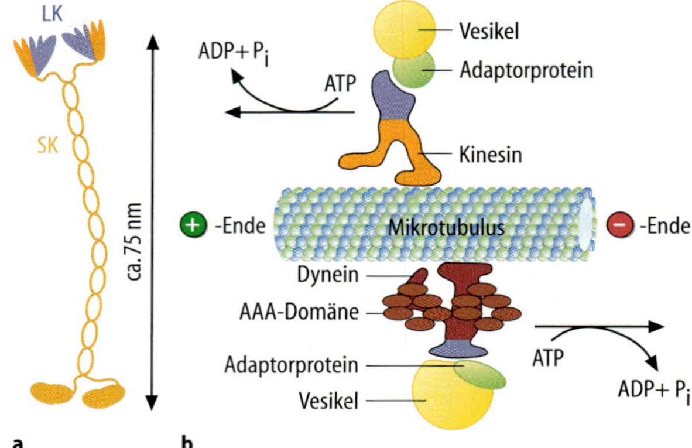

Abb. 6.25a,b. Kinesin und intrazellulärer Vesikeltransport. a Domänenstruktur des Motorproteins Kinesin. Es besteht aus jeweils zwei leichten und zwei schweren Polypeptidketten. Die schweren enthalten eine Myosin-ähnliche Domäne, die ATP und Tubulin binden kann, sowie lang gestreckte α–helicale Sequenzen. Untereinander bilden diese eine doppelhelicale *coiled-coil*-Domäne, deren Enden zusammen mit den leichten Ketten zwei weitere Domänen ausbilden, die für die Bindung der Fracht zuständig sind. **b** Die Motorproteine Kinesin und Dynein binden Organellen mittels Adaptorproteinen und transportieren die Fracht zum Plus- bzw. zum Minus-Ende (► Kinesin-Modell-Video: auf www.lehrbuch-medizin.de). LK = leichte Kette; SK = schwere Kette der Kinesinmoleküle

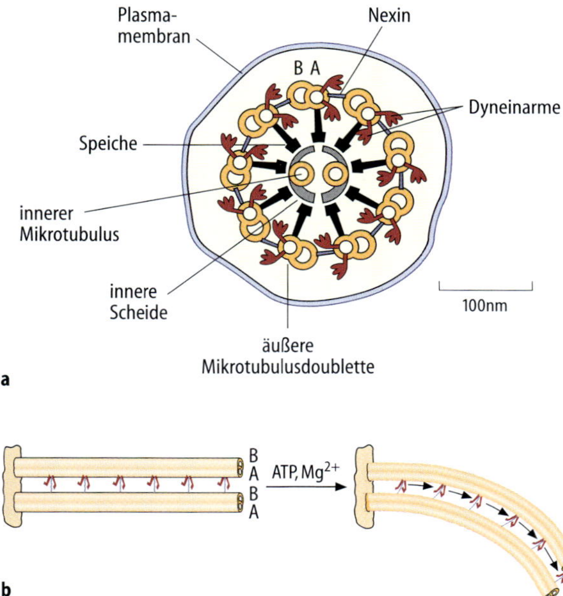

Abb. 6.26a,b. Aufbau und Funktion einer Flimmerepithelcilie. **a** Querschnitt durch eine Cilie. Man erkennt ein 9×2+2-Muster aus 9 äußeren Mikrotubulusdoubletten sowie zwei innere Mikrotubuli. Diese sind durch Speichenproteine flexibel miteinander verknüpft. Zwischen den äußeren Mikrotubulusdoubletten (*A–B*) wird durch Dyneinarme und Nexin eine Verbindung hergestellt. **b** Die in Cilien vorkommende dreiköpfige Dyneinform ist mit dem A-Tubulus einer Doublette fest verbunden. Die Interaktion mit dem B-Tubulus der benachbarten Doublette ist ATP-abhängig. Eine koordinierte Aktivierung des Dyneins entlang der Cilie führt zu einer sich wellenartig fortpflanzenden Zugkraft bzw. zu einer vorübergehenden Verbiegung. Wichtig ist die Fixierung an der Basis der Cilie

Durchmessers des transportierten Vesikels. Dynein enthält sechs sog. AAA-Module, von denen vier ATP binden können. Nur eines dieser Module wirkt als chemomechanischer Transduktor. Die anderen drei spalten das ATP nicht, sondern steuern die Leistung in Abhängigkeit von der Belastung durch die Fracht. Bei geringer Belastung können bis zu 32 nm lange Schritte geleistet werden. Als wäre das Dynein mit einem automatischen Getriebe ausgestattet, kann es bei hoher Last seine Schritte bis auf 8 nm verkürzen.

Cilien sind bis 10 µm lange haarähnliche Gebilde, die auf der Oberfläche spezialisierter Epithelzellen vorkommen. In der Peripherie finden sich im Querschnitt 9 Doppeltubuli, im Zentrum 2 einfache Mikrotubuli (Abb. 6.26a). Die Basis enthält in der Peripherie Dreifachtubuli und im Zentrum keine, d.h. die Struktur der Cilienbasis entspricht der von Centriolen. Sie ist in sog. **Basalkörpern** verankert. Die Bahnen der Cilienspitzen sind planar oder kreisförmig. Ihre Bewegung kommt durch lokale zwischen den Tubulusdubletten ausgeübte Zugkräfte zustande. Diese werden von einer mit drei Greifarmen ausgestatteten Form der ATPase **Dynein** erzeugt (Abb. 6.26b). Besonders eindrucksvoll ist die koordinierte Bewegung der Cilien (Kinocilien) des sog. **Flimmerepithels** mit einer Dichte von 10^9 Cilien/cm^2. Flimmerepithel kommt in den Atemwegen und im Eileiter vor und dient der Bewegung von Schleim und Partikeln bzw. Eizellen. In den dreißiger Jahren des 19. Jahrhunderts beobachteten Jan Evangelista Purkinje und Gabriel Gustav Valentin Cilien an Froschembryonen sowie Epithelien höherer Tiere. Zum Erstaunen der Zeitgenossen berichteten der Breslauer Physiologie- und Pathologieordinarius und sein Schüler, dass die Bewegung der Cilien auch nach dem Tod des Organismus weiterläuft. Der asynchrone Tod der Zellen eines Organismus ist ein Fundament der Transplantationsmedizin geworden.

Geißeln sind lange Cilien, die einzeln auf der Zelloberfläche vorkommen und der Bewegung der Zelle (Spermium, einzellige Organismen) dienen. Bei menschlichen Spermien sind sie etwa 60 µm lang. Als **Flagellen** werden die Bewegungsapparate von Bakterien bezeichnet. Im Unterschied zu Geiseln, bzw. Cilien, ragen die Flagellen als besondere Strukturen durch die Plasmamembran und die Zellwand. Sie wirken als Propeller und werden durch einen Motorkomplex in Bewegung gesetzt, der in der Plasmamembran verankert ist.

6.3.2 Aktinfilamente

Aktine sind zusammen mit den Mikrotubuli und anderen Proteinen für die Form und Bewegung der Zellen sowie subzellulärer Organellen zuständig.

Die »dünnen« Filamente (**F-Aktin**, Abb. 6.27) sind am Aufbau der kontraktilen Elemente verschiedener Muskelzellen, an der **Motilität** (der Bewegung von Zellen) sowie am **Transport** von Organellen und Partikeln beteiligt. Für Transportzwecke stellen sie unabhängig von den Mikrotubuli ein zweites »Schienennetz« zur Verfügung. Aktin kommt in sehr hohen Konzentrationen sowohl in muskulären als auch in nicht-muskulären Zellen vor. So bestehen etwa 10% des Gesamtproteins von Fibroblasten aus Aktin. Im humanen Genom existieren 6 Aktin-Gene. Ihre Struktur weist auf eine starke Konservierung hin, da sich ihre Aminosäuresequenzen in nur 1% voneinander unterscheiden. Vier der Gene (**α1–α4**) werden in verschiedenen Muskeln, die anderen zwei, **β** und γ, in den übrigen Geweben exprimiert. In nicht-muskulären Zellen besteht ein dynamisches Gleichgewicht zwischen monomerem und polymerem Aktin.

F-Aktin-Filamente bestehen aus zwei verdrillten Ketten globulärer **G-Aktin**-Untereinheiten. Der Aufbau der Aktinfilamente im Cytoskelett entspricht dem im kontraktilen Apparat der quer gestreiften Muskelzellen (▶ Kap. 30.2.2). Die Polymerisierung der Untereinheiten erfolgt in Abhängigkeit von ATP sowie Mg^{2+}- und K^+-Ionen und wird von vielen Proteinen, u.a. von Profilin und Thymosin (Tab. 6.6), gesteuert. Profilin bindet das mit ATP komplexierte monomere Aktin und ermöglicht seine Anlagerung an das Plus-

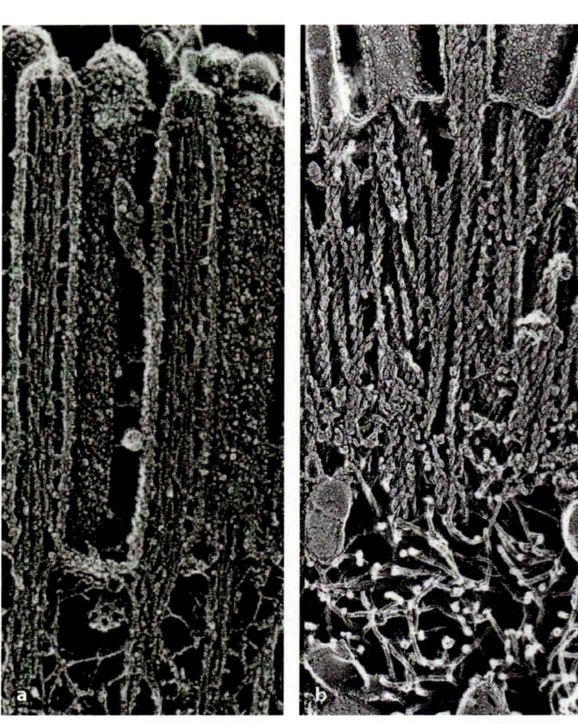

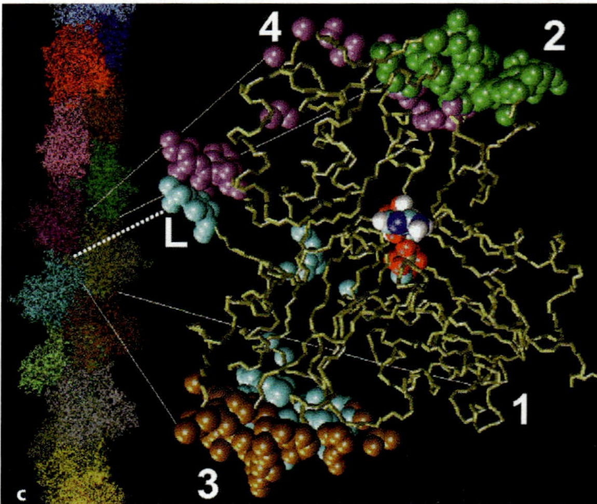

Abb. 6.27a–c. Elektronenmikroskopische Aufnahmen von Mikrovilli und schematische Darstellung des Aufbaus von Mikrofilamenten. a Struktur der Mikrovilli in einer Epithelzelle des Dünndarms (Gefrierätzung). Mehrere Dutzend dünne Filamente werden durch kleine Proteine, u.a. Fimbrin, dicht gebündelt und von der Plasmamembran umhüllt. Die cytoplasmatischen Wurzeln der Mikrovilli werden in dem sog. terminalen Netzwerk aus Aktin- und Spectrinfilamenten verankert. **b** Filamentbasis des intestinalen Bürstensaums (Gefrierätzung). Aktinfilamente wurden mit Myosinköpfen dekoriert. Die Form der Dekorierung weist die Spitze der Mikrovilli dem Plus-Ende zu. Die sichtbaren Cytokeratinfilamente sind frei von Myosin. **c** Modell des G- und F-Aktins. Aus kristallographischen Untersuchungen von Michael Lorenz et al. ging hervor, dass das G-Aktin ein abgeflachtes globulläres Protein ist, das mitten zwischen vier Domänen (*1–4*) eine Bindungsstelle für ATP besitzt. Die flachen Moleküle bilden Filamente aus, indem sie versetzt und spiralartig aneinandergelagert werden. Aufnahmen von Nobutaka Hirokawa (**a,b**) und das sog. VMD-Modell von G- und F-Aktin von Willi Wriggers (**c**). Weitere Modelle ► http://www.lehrbuch-medizin.de

Ende von F-Aktin. Hier erfolgt die Verlängerung schneller als die Dissoziation. Das Plus-Ende wird durch das gebundene ATP sowie durch *capping*-Proteine stabilisiert. Während das Filament wächst, entfernen sich die eingebauten Aktinmoleküle immer weiter vom Minus-Ende. Aufgrund des fehlenden *cappings* wird hier das gebundene ATP langsam gespalten. Es kommt zur Freisetzung von Aktinmolekülen bis schließlich das Minus-Ende erreicht wird.

Der **Aktin-*D*epolymerisierungs*f*aktor ADF/Cofilin** steuert die Depolymerisierung sowie eine **Fragmentierung** und unterstützt dadurch die Verlängerung anderer und neuer Aktinfilamente. Bei Zell-Bewegungen wird G-Aktin für die Verlängerung von **Lamellipodien** bzw. **Filopodien** benötigt. Es handelt sich um breite bzw. schmale aus fächer- bzw. balkenartig angeordneten Filamenten aufgebaute Strukturen, die ununterbrochen die Umgebung »explorieren« und verlängert oder verkürzt werden. Die Fächerform der Lamellipodien entsteht durch **Verzweigungen** in einem Winkel von 70° mittels eines **Arp2/3-Komplexes**, in dem die »neuen« Minus-Enden verankert sind. Filopodien hingegen beinhalten parallel angeordnete Filamente, die durch **Fimbrin** eng vernetzt werden. **Stressfilamenten** bestehen aus antiparallel angeordnetem F-Aktin, das durch α-Actinin verbunden ist. Sie sind in sog. **fokalen Kontakten** der Zellen zum Substrat verankert und können durch Myosin-II (► u.) kontrahiert werden. Der Substratkontakt wird über Integrine vermittelt. Die **Zellwanderung** erfolgt durch das Zusammenspiel der Filo- und Lamellipodien an den Vorderseiten der Zellen sowie der überwiegend rückwärts gerichteten Stress-Filamente.

Der Aufbau und Umbau des Aktin-Cytoskeletts beispielsweise bei der Zellwanderung oder beim Wachstum von Axonen wird durch zahlreiche membrangebundene und lösliche Proteinkinasen und Phosphoprotein-Phosphatasen sowie Mitglieder der **Cdc42-**, **Rac-** und **Rho-G-Proteine** reguliert. Erstere setzen mittels einer Stimulierung der Lamelli- und Filopodienbildung und Letzteres durch Aktindepolymerisierung Attraktions- bzw. Repulsionssignale in ein zielgerichtetes Wachstum um. Bei der Entwicklung des Nervensystems müssen Axone ihre Zielegewebe erreichen. Als extrazelluläre Anziehungs- bzw. Abstoßungssignale wirken dabei verschiedene Proteine der Netrin- bzw. Semaphorinfamilien.

In glatter Muskulatur, in der α-Aktin vorkommt, wird das Rho-GEF-Protein durch Phosphorylierung stimuliert. Das nachfolgend aktivierte Rho fördert die Phosphorylierung leichter Myosinketten und somit die Kontraktion.

Aktin-basierte Motorproteine. Entlang der Aktin-Filamente können sich zusammen mit Frachtmolekülen oder Partikeln verschiedene **Myosine** bewegen. Sie bilden eine aus etwa zehn Typen und mehreren Isoformen bestehende ATPase-Familie, deren bekanntestes Mitglied das in den dicken Filamenten der Muskelzellen (► Kap. 30.3) vorkommende Myosin-II ist. Die aus leichten und schweren Ketten

Tabelle 6.6. Dicke, intermediäre und dünne Filamente des Cytoskeletts

Typ	Monomere	Assoziierte Proteine	Vorkommen und Funktion (Auswahl)
Dicke Filamente Durchmesser 24 nm	α-Tubulin β-Tubulin	Dynein, Kinesin Nexin MAP's Tau-Proteine	Bewegung und Transport von Organellen Bildung von Mitosespindeln Bewegung von Cilien und Flagellen
Intermediäre Filamente Durchmesser 10 nm	Vimentin Desmin Neurofilamentproteine NF_l, NF_m, NF_h Nestin Fibrilläres saures Gliaprotein Saure, basische Cytokeratine Lamine		Mesenchym, z. B. Endothel- und Fettzellen Muskelzellen (Z-Scheiben) Axone zentraler und peripherer Nerven Stammzellen in ZNS Gliazellen Epitheliale Zellen Zellkerne
Dünne Filamente Durchmesser 7–9 nm	β- und γ-Aktin*	versch. Myosine ADF/Cofilin Gelsolin α-Aktinin Fimbrin Villin Filamin Vinculin Arp2/3 Thymosin Profilin	Motilität, Transport; Membrananker (Myosin I) Depolymerisierung und Fragmentierung Fragmentierung und Blockierung Vernetzung in Stressfilamenten Vernetzung in Filopodien und Mikrovilli Vernetzung in Mikrovilli Vernetzung in Lamellipodien und Bindung an Integrine Komplexe mit Aktin und Filamin Verzweigungen (bindet Minus-Enden) Stabilisierung von G-Aktin Heterodimerisierung mit ATP-Form von Aktin und Verlängerung von Plus-Enden

* α-Aktin liegt in glatter und quergestreifter Muskulatur vor; es interagiert mit Myosin-II

in den meisten Fällen dimer aufgebauten Myosine besitzen zwei zur Bindung an Aktinfilamente befähigten ATPase-Domänen. Diese sind über unterschiedlich lange, mit ihren leichten Ketten scheinbar versteifte Arme und einen gelenkigen Teil mit einem länglichen (*coiled-coil*) Rumpfteil verbunden. Der Mechanismus der Bewegung der Myosinmoleküle wird im ► Kap. 30.3 erklärt. Mit Ausnahme von Myosin-VI erfolgt die Bewegung dieser Motorproteine zum Plus-Ende der Aktinfilamente. Sie kann eine Geschwindigkeit von bis zu 60 μm s^{-1} erreichen. Am Ende des Rumpfteils befinden sich Haftstellen für die zu bewegenden oder transportierenden Moleküle oder Teilchen. Das monomere Myosin-I wird hierüber in der Plasmamembran oder an anderen Aktinfilamenten verankert. Die Bewegung des nur zeitweise am F-Aktin gebundenen Armes wird zu einem gegenseitigen Vorschub der Cytoskelettelemente an der vorwärts gerichteten Seite der Zelle benutzt. Typischerweise arbeiten die Myosine in Gruppen (*arrays*). Ein individuelles Molekül bleibt jeweils nur ein Bruchteil des Arbeitszyklus gebunden und behindert somit nicht die durch andere (am gleichen Frachtteilchen haftende) Myosinmoleküle erzeugte Bewegung. Während der kurzen Bindung zu F-Aktin verstellen sie ihren Bindungswinkel und schieben dadurch den Rumpfteil mit der Fracht vorwärts. In der längeren kontaktfreien Phase erfolgt die sequentielle Bindung weiterer Myosinmoleküle. Die Bewegungsform ähnelt der der Kinesine. Mit den längsten Schritten kann sich das Myosin-V, das beispielsweise die Melanosomen transportiert, bewegen. Sie sind 36 nm lang und entsprechen somit der halben Ganghöhe des spiralförmigen Aktinfilaments.

Übersicht der Funktionen von Aktin. Unter dem Einfluss zahlreicher Proteine (Tabelle 6.6) ist dieses universale Protein in seinen verschiedenen Formen an der Bildung zahlreicher Strukturen des Cytoskeletts und an mehreren Formen der Bewegung beteiligt:
- Myosin-II-abhängige Zellteilung durch sog. **kontraktile Ringe**
- Kontraktion von **Stress-Filamenten** durch Myosin-II
- **Myosin-V** vermittelter Vesikeltransport
- Bildung **fokaler Kontakte** zur Matrix, wobei Vinculin und Talin an den Enden der **Stress-Filamente** Verbindungen zu den β-Ketten von Integrinen herstellen (► Kap. 24.5)
- Streckung schmaler **Filopodien**, Vorrücken von breiten **Lamellipodien** und Schwenkung breiter vom Substrat abhebender *ruffles* (*ruffling* = kräuseln)
- **Zellwanderung**, die durch zielgerichtete Polymerisierung des G-Aktins entgegen der Zellfront und Lockerung von Stressfilamenten und fokalen Kontakten z.B. bei **Wundheilung** und **Metastasierung** stattfindet. Wird die Bewegungsrichtung durch diffundierende Signale im Interzellulärraum gesteuert, so spricht man von **Chemotaxis**

II Stoffwechsel der Zelle: Weitergabe und Realisierung der Erbinformation

7 Replikation und Gentechnik

Mathias Montenarh

7.1 Der Zellzyklus – 220
7.1.1 Der zeitliche Ablauf des Zellzyklus – 220
7.1.2 Regulation des Zellzyklus – 221
7.1.3 Regulation der Cyclin-abhängigen Proteinkinasen – 221
7.1.4 Wirkung exogener Faktoren auf den Zellzyklus – 225
7.1.5 Apoptose oder der programmierte Zelltod – 225

7.2 Die Replikation der DNA – 228
7.2.1 Die DNA-Replikation ist semikonservativ – 228
7.2.2 Das Replikon als Grundeinheit der Replikation – 229
7.2.3 Für die Replikation benötigte Enzymaktivitäten – 230

7.3 Veränderungen der DNA-Sequenz – 236
7.3.1 Reparatur von DNA-Schäden – 237

7.4 Gentechnik – 241
7.4.1 Klonierung und Einschleusung fremder DNA in Zellen oder Organismen – 241
7.4.2 Vektoren zum Einschleusen fremder DNA in Zellen – 241
7.4.3 Herstellung spezifischer DNA-Sequenzen – 244
7.4.4 Gentechnik und Grundlagenwissenschaften – 248
7.4.5 Herstellung transgener Tiere – 251

Literatur – 253

 **Einleitung**

Der Zellzyklus beschreibt die Entstehung zweier Tochterzellen aus einer Ursprungszelle. Die dabei ablaufenden Vorgänge werden durch ein komplexes, molekulares Netzwerk reguliert. Nach einer entsprechenden Vergrößerung der Zellmasse muss sichergestellt werden, dass eine Zelle ihr komplettes Genom fehlerfrei dupliziert und während der Zellteilung zu gleichen Teilen an die Tochterzellen weitergibt.

Geschädigte oder nicht mehr benötigte Zellen müssen eliminiert werden. Neben der Zellnekrose spielt hierbei der programmierte Zelltod, die Apoptose, eine große Rolle.

Sowohl Zellvermehrung als auch Apoptose werden über extrazelluläre Faktoren, z.B. Wachstumsfaktoren, aber auch einer Reihe intrazellulär erzeugter Faktoren gesteuert. Die hierzu benötigten Informationen über den Aufbau eines Organismus, seiner Gewebe und Organe sowie die Aufrechterhaltung lebensnotwendiger Vorgänge sind im Genom jeder Zelle niedergelegt. Die Replikation des Genoms wird durch genau regulierte Multienzymkomplexe katalysiert. Entsprechende Kontrollmechanismen sorgen dafür, dass die Fehlerrate bei der DNA-Replikation niedrig gehalten wird. Darüber hinaus sind effiziente Reparatursysteme vorhanden, die spontane oder durch chemische oder physikalische Noxen verursachte DNA-Schädigungen beseitigen.

Insgesamt haben die Erkenntnisse über die Vorgänge bei der DNA-Replikation, aber auch bei der im folgenden Kapitel besprochenen Transkription der DNA einen derartigen Umfang angenommen, dass sie auch als eigenes, Molekularbiologie genanntes Teilgebiet der Biochemie behandelt werden. Molekularbiologische Erkenntnisse haben die Basis für die rasante Entwicklung der Gentechnik geschaffen. Unter diesem Begriff werden alle technischen Verfahren zusammengefasst, die zur Manipulation des Erbguts beliebiger Organismen durch Einführung fremder oder sogar künstlich hergestellter DNA-Abschnitte benötigt werden. Durch Gentechnik werden Organismen mit neuen Eigenschaften erzeugt, die sich als Produzenten medizinisch verwendeter Wirkstoffe oder neuartiger Nahrungsmittel eignen sollen.

7.1 Der Zellzyklus

Die Lebensspanne von Einzellern beginnt mit ihrer Entstehung aus der Zellteilung ihrer Mutterzellen, ist dann durch eine Phase des Wachstums gekennzeichnet, die in etwa zur Verdopplung ihrer Zellmasse führt, woran sich ihr individuelles Ende durch die Bildung zweier Tochterzellen durch Zellteilung anschließt. Der Zeitraum vom Entstehen einer Zelle durch eine Mitose bis zu ihrem Ende durch erneute Zellteilung wird als Zellzyklus bezeichnet und ist besonders gut an einzelligen Eukaryonten, wie z.B. bei Hefezellen, untersucht worden. Bei ihnen führt das Durchlaufen des Zellzyklus zur exponentiellen Zunahme der Population.

Auch die Zellen höherer, vielzelliger Organismen durchlaufen den Zellzyklus. Allerdings ist bei ihnen im Gegensatz zu Einzellern ein dauerndes exponentielles Wachstum nicht erwünscht und auch gar nicht möglich. Für die Aufrechterhaltung der Zellmasse eines adulten, nicht mehr wachsenden Organismus muss es also Mechanismen geben, die eine weitere Zellvermehrung blockieren. Zu diesen gehört das Anhalten des Zellzyklus mit der Folge, dass weitere Zellteilungen verhindert werden. Eine weitere Möglichkeit besteht in der Eliminierung nicht mehr benötigter Zellen durch den programmierten Zelltod, die Apoptose.

Im erwachsenen Menschen finden sich neben Geweben mit hoher Zellteilungsrate auch solche, in denen Zellteilungen nie oder höchst selten stattfinden (Abb. 7.1).

Menschliche Nerven- und Muskelzellen teilen sich überhaupt nicht, andere Zellen, wie Leberzellen, höchstens einmal pro Jahr. Im Gegensatz dazu teilen sich andere Zellen,

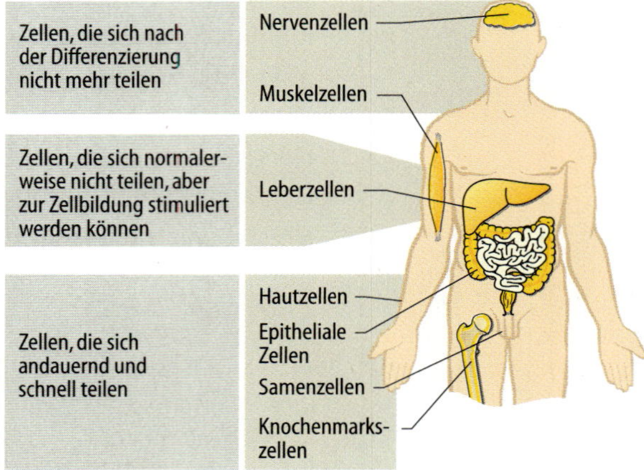

Abb. 7.1. Teilungsrate unterschiedlicher Zelltypen in menschlichen Organen oder Geweben

wie z.B. die Vorläuferzellen der Blutzellen, etwa einmal pro Tag. Störungen im Zellzyklus bilden häufig die Grundlage für das Entstehen von bösartigen Erkrankungen wie Krebs. Daher ist das Wissen um die molekularen Mechanismen der Zellzyklusregulation ein wichtiger Schlüssel zum Verständnis solcher Erkrankungen.

7.1.1 Der zeitliche Ablauf des Zellzyklus

Bei der Erzeugung zweier identischer Tochterzellen muss die gesamte genetische Information sorgfältig repliziert und genau auf die Tochterzellen verteilt werden, sodass jede Zelle eine Kopie des gesamten Genoms erhält. Darüber

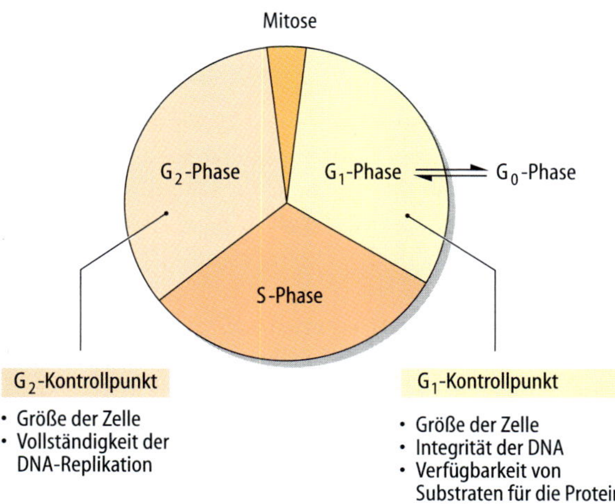

Abb. 7.2. Die einzelnen Phasen des Zellzyklus mit zwei ausgewählten Kontrollpunkten. (Einzelheiten ► Text)

hinaus muss die übrige Zellmasse verdoppelt werden, weil sonst aus jeder Zellteilungsrunde kleinere Zellen resultieren würden. Bei Eukaryonten mit einem komplexen Zellaufbau mit verschiedenen Kompartimenten müssen sämtliche Vorgänge zeitlich und räumlich miteinander koordiniert werden. Zudem müssen Zellen auf äußere Signale reagieren, die der einzelnen Zelle mitteilen, dass weitere Zellen gebraucht werden.

Der Zellzyklus umfasst vier verschiedene Phasen.

Bei **kontinuierlicher Proliferation** treten Zellen nach der Zellteilung, der Mitose (M-Phase), in die Interphase ein, die aus der G_1-Phase (*gap*), der S-Phase (Synthese) und der G_2-Phase besteht (Abb. 7.2):

- Die erste Phase der Interphase, die G_1-Phase, ist durch Zellwachstum und die Synthese von Proteinen charakterisiert, die für die DNA-Replikation benötigt werden
- In der S-Phase wird der DNA-Gehalt der Zelle verdoppelt, RNA und Proteine werden synthetisiert
- In der anschließenden G_2-Phase werden weiterhin RNA und Proteine synthetisiert und die Zelle bereitet sich auf die Zellteilung vor
- Während der Mitose wird die DNA auf die mitotischen Spindeln und Tochterchromatiden aufgeteilt, das Cytoplasma teilt sich und es entstehen zwei gleiche Tochterzellen

Bei einer schnell wachsenden Säugerzelle dauert ein Zellzyklus etwa 24 Stunden, wobei auf die G_1-Phase etwa 12 Stunden, die S-Phase etwa 6 Stunden, die G_2-Phase 6 Stunden und auf die Mitose etwa 30 min entfallen.

Zellen haben die Möglichkeit, den Zellzyklus vorübergehend oder dauernd zu verlassen:

- Differenzierte Zellen verlassen den Zellzyklus und treten in die so genannte G_0-Phase ein
- Der Entzug von Wachstumsfaktoren und Nährstoffen führt ebenfalls dazu, dass Zellen in die G_0-Phase eintreten
- Ruhende, nicht terminal differenzierte Zellen können durch Zugabe von Wachstumsfaktoren und Nährstoffen dazu veranlasst werden, die G_0-Phase zu verlassen und den Zellzyklus wieder zu beginnen

7.1.2 Regulation des Zellzyklus

Durch die genaue Kontrolle des Zellzyklus wird verhindert, dass die nächste Zellzyklusphase begonnen wird, bevor die vorhergehende Phase beendet ist. Es wäre gefährlich, die DNA-Synthese einzuleiten, wenn nicht genügend Nucleotide und Enzyme für diesen Prozess vorhanden sind. Es hätte ebenfalls katastrophale Folgen für die Zelle, wenn die Mitose eingeleitet würde, obwohl die DNA-Synthese noch nicht vollständig abgeschlossen ist. Die Zelle verfügt daher über Kontrollpunkte (*ckeckpoints*), an denen sie den Fortschritt des Zellzyklus überprüft. Ein solcher Kontrollpunkt befindet sich in der späten G_1-Phase des Zellzyklus, der über den Eintritt in die S-Phase entscheidet. Hier wird überprüft, ob eine ausreichende Zellgröße erreicht ist und ob keine DNA Schäden vorliegen. Ein weiterer Kontrollpunkt befindet sich in der G_2-Phase. Dort überprüft die Zelle, ob die DNA erfolgreich repliziert wurde oder ob DNA-Schäden vorliegen. Bei Fehlermeldungen wird der Zellzyklus angehalten und die Zelle hat Zeit, den DNA-Schaden zu beheben oder die Replikation abzubrechen und in die Apoptose zu gehen. An einem weiteren Kontrollpunkt am Ende der M-Phase wird die korrekte Aufteilung der beiden Chromosomensätze in der Mitosespindel überprüft.

Die Entscheidung, einen Kontrollpunkt zu passieren, wird durch externe Faktoren, wie Wachstumsfaktoren, sowie von einem inneren Uhrwerk der Zelle bestimmt. Dieses Uhrwerk besteht aus Cyclinen und den sog. Cyclin-abhängigen Proteinkinasen. Externe Signale wirken auf diese Cyclin-abhängigen Proteinkinasen regulierend ein. Der Verlust der Abhängigkeit der Zellzyklusprogression durch externe Wachstumsfaktoren und der Verlust der Zellzykluskontrolle an den Kontrollpunkten des Zellzyklus ist ein Charakteristikum von Tumorzellen.

7.1.3 Regulation der Cyclin-abhängigen Proteinkinasen

Cycline sind die Aktivatoren Cyclin-abhängiger Proteinkinasen.

Cycline sind eine Gruppe von strukturell verwandten Proteinen, deren Gehalt während der spezifischen Phasen des Zellzyklus oszilliert (Abb. 7.3). Ihre Konzentration wäh-

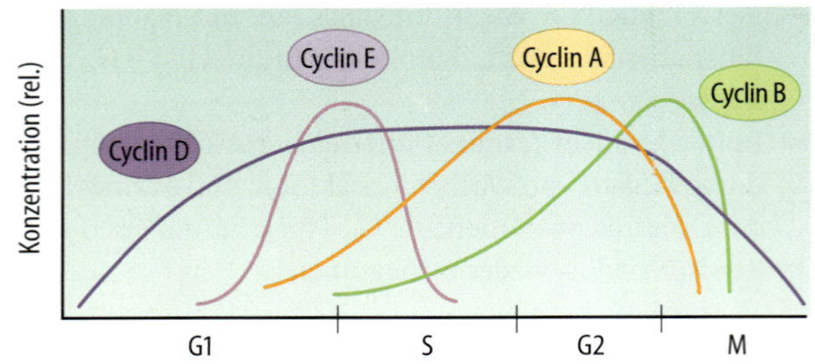

Abb. 7.3. Zeitlich regulierte Expression von Cyclinen während des Zellzyklus

rend des Durchlaufens durch den Zellzyklus wird durch regulierten proteolytischen Abbau im Proteasomen-System bestimmt.

Cycline sind die Aktivatoren der **Cyclin-abhängigen Proteinkinasen** (*cyclin-**d**ependent **k**inases*, cdks). Sobald sie an die cdks binden, öffnet sich deren aktives Zentrum und ihre Aktivität steigt um ein Vielfaches an. Die cdks sind während des gesamten Zellzyklus vorhanden, dagegen werden Synthese und Abbau der Cycline phasenabhängig reguliert. Damit sind die Cycline die regulatorischen Komponenten eines Cyclin/cdk-Komplexes. Ein Cyclinmolekül kann an unterschiedliche cdks binden und dadurch deren Enzymaktivität steuern. Für den geordneten Ablauf des Zellzyklus ist eine exakte Regulation der Cyclin/cdk-Komplexe notwendig. Sie erfolgt durch

- Reversible Phosphorylierung/Dephosphorylierung
- spezifische Inhibitorproteine und
- Regulation der subzellulären Lokalisation

Die Aktivität der cdks wird durch Phosphorylierung und Dephosphorylierung reguliert.

Cdks bilden eine Familie von Proteinen, die sich durch eine hohe Konservierung der Aminosäuresequenz in den funktionellen Domänen auszeichnen. Am Beispiel der cdk1 kann man zeigen, dass es sowohl inhibitorische als auch aktivierende Phosphorylierungen der cdks gibt:

Eine Phosphorylierung von cdk1 an Threonin 161 durch eine **cdk aktivierende Kinase** (Syn.: CAK, Cyclin H/cdk7/Mat1) ist eine wesentliche Voraussetzung für die Kinaseaktivität der cdks.

Andere Kinasen wie wee1, mik1 oder myt1 phosphorylieren cdk1 an Threonin 14 und Tyrosin 15. Diese Aminosäuren liegen im aktiven Zentrum der cdk1. Die Phosphorylierung an beiden Aminosäuren führt zur Inaktivierung von cdk1. Wenn die Zelle zur Zellteilung bereit ist, wird cdk1 an den beiden inhibitorischen Aminosäuren Thr 14 und Tyr 15 durch die Phosphatase cdc25C dephosphoryliert. Damit wird der Cyclin B/cdk1-Komplex aktiviert und die Zelle zum Eintritt in die Mitosephase stimuliert (Abb. 7.4; Abb. 7.6). Auch die Regulation anderer am Zellzyklus beteiligter Cyclin/cdk-Komplexe erfolgt in ähnlicher Weise durch Phosphorylierung/Dephosphorylierung.

Die Kinase wee1 und die Phosphatase cdc25C werden ihrerseits ebenfalls durch reversible Phosphorylierung reguliert, beide Proteine sind auch Substrate des Cyclin B1/cdk1-Komplexes. Man nimmt an, dass dadurch eine *»feed back«* Regulation erfolgen kann.

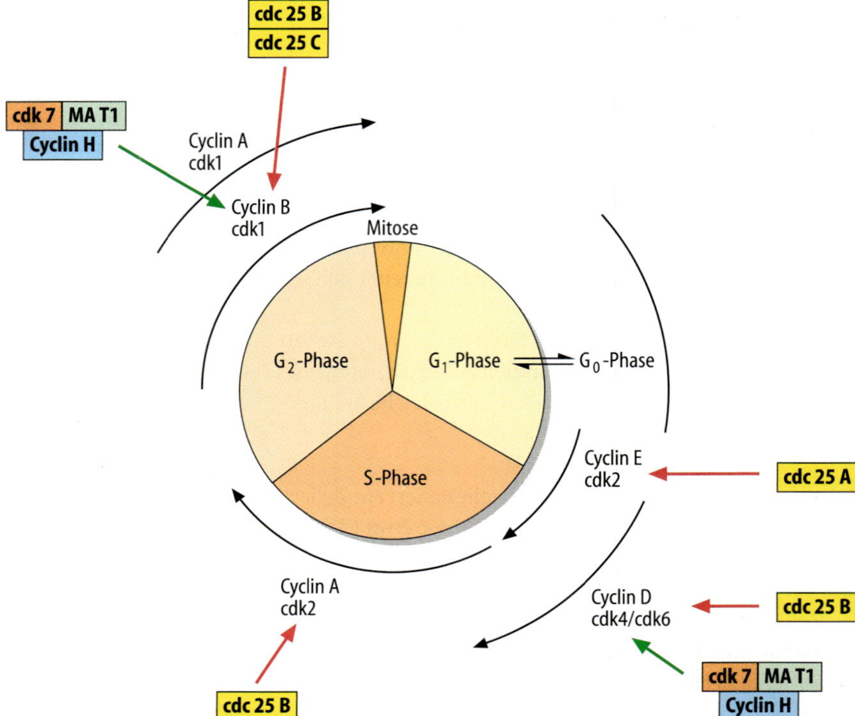

Abb. 7.4. Die Regulation von Cyclin-abhängigen Proteinkinasen durch Phosphorylierung und Dephosphorylierung. Der trimere Komplex aus cdk7/MAT1 und Cyclin H wirkt als Proteinkinase, die Cyclin B/cdk1 bzw. Cyclin D/cdk4/cdk6 phosphoryliert und damit eine Voraussetzung für ihre Aktivität schafft. Die für die Dephosphorylierung der Cyclin/cdk-Komplexe verantwortliche Familie von Proteinphosphatasen wird als cdc25 bezeichnet. (Einzelheiten ► Text)

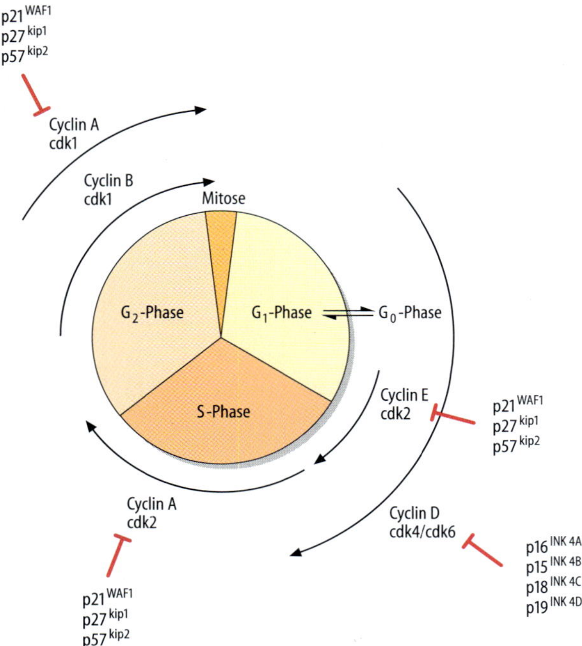

Abb. 7.5. Assoziation von Cyclinen mit cdks während des Zellzyklus und Wirkungsort der Inhibitoren. Einzelne Cycline können mit verschiedenen cdks und einzelne cdks mit verschiedenen Cyclinen komplexieren

Cyclin-abhängige Proteinkinasen werden über Inhibitoren reguliert.

Zur Zeit sind zwei Familien von Inhibitoren von Cyclin-abhängigen Proteinkinasen bekannt, zum einen die p21^{WAF1} Familie mit den Mitgliedern p21^{WAF1} und p57^{KIP2}, zum anderen die p16^{INK4A}-verwandten Inhibitoren, zu denen zusätzlich die Proteine p15^{INK4B}, p18^{INK4C} und p19^{INK4D} gehören. Letztere beschränken ihre Inhibitorfunktion im Wesentlichen auf die G_1-spezifischen Cyclin D/cdk4- bzw. Cyclin D/cdk6 -Komplexe (Abb. 7.5)

Die Aktivität der Cyclin-abhängigen Kinasen wird über ihre subzelluläre Lokalisation reguliert.

Cyclin B/cdk1-Komplex. Nahezu während der gesamten Interphase liegt der Cyclin B/cdk1-Komplex im Cytosol vor. Da Threonin 14 und Tyrosin 15 phosphoryliert sind (► o.), ist er zudem enzymatisch inaktiv. Während der G_2-Phase erfolgt die Aktivierung und Translokation des Komplexes in den Zellkern in folgenden Schritten:
- Dephosphorylierung durch die regulierte Proteinphosphatase cdc25C
- Phosphorylierung von Cyclin B entweder katalysiert durch cdk1 selbst oder durch die Proteinkinase Plk-1. Dies ist die Voraussetzung für die Translokation von Cyclin B/cdk in den Zellkern

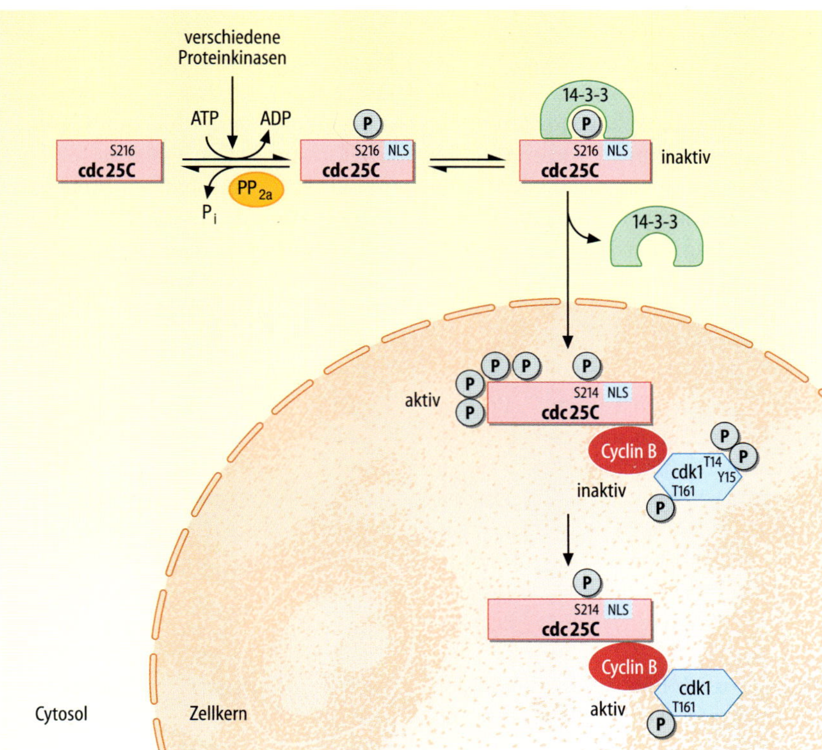

Abb. 7.6. Regulation des Cyclin B/cdk1-Komplexes sowie der Proteinphosphatase cdc25C durch unterschiedliche subzelluläre Lokalisation. PP2a = Proteinphosphatase IIa; (Einzelheiten ► Text)

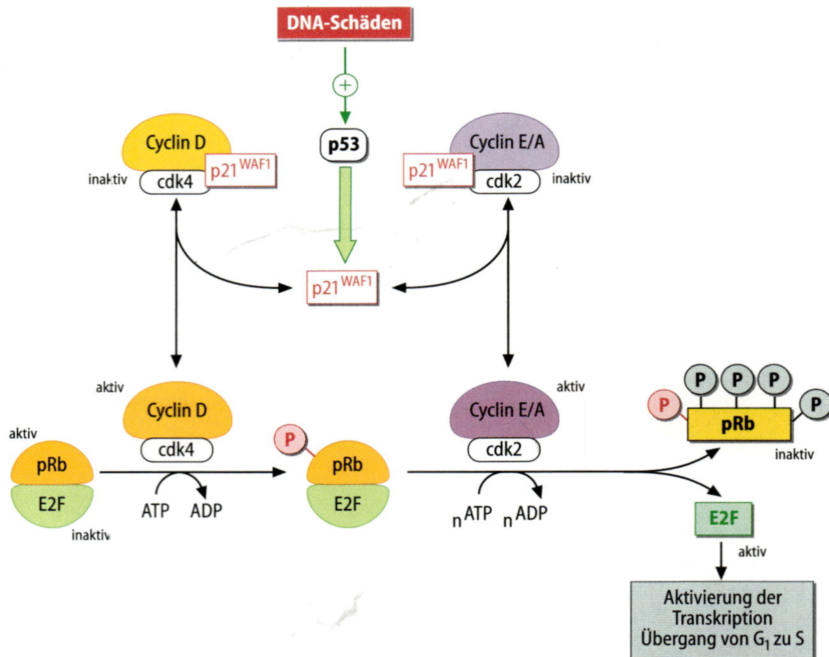

Abb. 7.7. Wirkung der Tumorsuppressor-Proteine pRb und p53 auf Cyclin-abhängige Proteinkinasen und die Regulation der Transkription. (Einzelheiten ► Text)

Damit kommt der Proteinphosphatase cdc25C eine zentrale Rolle beim Übergang von der G_2-Phase in die Mitose zu (Abb. 7.6). Das Protein verfügt über eine katalytische und eine regulatorische Domäne. Letztere enthält Aminosäurereste, deren Phosphorylierung entweder aktivierend oder inhibitorisch wirkt. Nach Phosphorylierung an Serin 216 bindet cdc25C an das 14-3-3-Protein, wodurch cdc25C in aktiver Form im Cytosol festgehalten wird. Nach Phosphorylierung an Serin 214 und Dephosphoylierung an Serin 215 dissoziiert das 14-3-3-Protein von cdc25C ab. cdc25C wird in den Zellkern transportiert, wo es den Cyclin B/cdk1 Komplex bindet und anschließend dephosphoryliert. Diese Dephosphorylierung von cdk1 führt zur Aktivierung, so dass die Zelle in die Mitose eintreten kann.

Translokation von Cyclin D/cdk 4. Der für den Übergang von der G_1-Phase zur S-Phase des Zellzyklus benötigte Cyclin D/cdk 4-Komplex wird zunächst durch die Proteinkinase CAK phosphoryliert und kann anschließend in den Zellkern transloziert werden. Der für den weiteren Verlauf des Zellzyklus entscheidende Vorgang ist die Freisetzung des Transkriptionsfaktors E2F. Dieser ist für die Transkription der für die DNA-Synthese benötigten Enzyme und damit für den Übergang von der G_1- zur S-Phase des Zellzyklus notwendig. Seine Freisetzung erfolgt in folgenden Schritten (Abb. 7.7):

- In unphosphorylierter Form bindet das Retinoblastomprotein pRb den Transkriptionsfaktor E2F und blockiert so seine Wirkung auf die Transkriptionsmaschinerie
- pRb enthält insgesamt 16 potentielle cdk-Phosphorylierungsstellen. Ihre Phosphorylierung ist notwendig, damit E2F freigesetzt werden kann
- Für die Einleitung der Phosphorylierung ist ein aktiver Cyclin D/cdk 4-Komplex notwendig.
- Die Proteinkinasen Cyclin E/cdk2 und Cyclin A/cdk2 vervollständigen die Hyperphosphorylierung von pRb und damit die Freisetzung von E2F

Ist einer der Inhibitoren der Cyclin-abhängigen Proteinkinase wie z.B. $p21^{WAF1}$ aktiviert, unterbleibt die Phosphorylierung von pRb, damit kommt es nicht zur Transkriptionsstimulation. Ohne die für den weiteren Fortschritt im Zellzyklus notwendigen Proteine kommt es zu einem Wachstumsarrest. Das Rb-Protein wird als Wachstumssuppressor oder Tumorsuppressor bezeichnet. Sein Verlust führt u.a. zu einem Tumor der Retina, einem Retinoblastom. Die Bildung eines Retinoblastoms wird durch eine Mutation des Rb-Gens auf einem Allel und einer weiteren unabhängigen Mutation auf einem zweiten Allel ausgelöst. Mutationen im Rb-Gen treten auch bei anderen Tumoren auf. Dies zeigt seine Schlüsselposition bei der Unterdrückung von unkontrolliertem Wachstum.

Einen weiteren wichtigen Wachstumssuppressor, der an der Zellzyklusregulation beteiligt ist, stellt das Protein p53 dar. Ähnlich wie das Rb-Protein wirkt p53 als Regulator der Transkription. Infolge von Stress oder nach DNA-Schädigung bindet p53 als Transkriptionsfaktor an den Promotor des Gens für den cdk-Inhibitor $p21^{WAF1}$, wodurch die Expression von $p21^{WAF1}$ heraufreguliert wird. $p21^{WAF1}$ hemmt Cyclin D/cdk4, Cyclin E/cdk2, und Cyclin A/cdk2, wodurch der Zellzyklus angehalten wird. Die besondere Bedeutung der Wachstumssuppressor-vermittelten Kontrolle des Zellzyklus wird dadurch deutlich, dass in mehr als 50% aller Tumore p53 genetisch verändert ist. Der Ausfall eines funktionstüchtigen p53 verhindert die bedarfsgerechte Expression von p21^{WAF1}, sodass die Cyclin-abhängigen Proteinkinasen die Zellen unkontrolliert in die S-Phase des Zellzyklus laufen lassen (◻ Abb. 7.7).

Zusätzlich findet man Cyclin-abhängige Proteinkinasen am Golgi-Apparat und an den Centrosomen. Die am Golgi-Apparat lokalisierten, Cyclin-abhängigen Proteinkinasen sind an der Auflösung der Golgimembranen während der Mitose beteiligt. In der G_2-Phase und in der M-Phase des Zellzyklus sind nucleäre Lamine und Mikrotubuli-assoziierte Proteine weitere wichtige Substrate für Cyclin-abhängige Proteinkinasen. Damit unterstützen die an einzelnen Zellorganellen lokalisierten Cyclin-abhängigen Proteinkinasen durch die Induktion von strukturellen Veränderungen die im Zellkern den Zellzyklus regulierenden cdks.

7.1.4 Wirkung exogener Faktoren auf den Zellzyklus

Es ist seit langem bekannt, dass Säugetierzellen in Zellkultur nur dann proliferieren, wenn dem Kulturmedium Serum zugesetzt wird. Serum enthält eine Reihe von Faktoren, die das Wachstum einer Zelle, eines Organs oder eines Organismus fördern (◻ Tabelle 7.1). Manche Wachstumsfaktoren wirken mitogen. Sie regen die Zellteilung an, indem sie intrazelluläre Kontrollen aufheben, die das Durchlaufen des Zellzyklus blockieren. Andere Wachstumsfaktoren stimulieren das Zellwachstum, also die Zunahme der Zellmasse, indem sie die Synthese von Proteinen und anderen Makromolekülen in der Zelle fördern. Schließlich gibt es Überlebensfaktoren (engl. *survival factors*), die die Apoptose, den programmierten Zelltod hemmen.

Der Blutplättchenwachstumsfaktor (PDGF, ***platelet-derived growth factor***) war einer der zuerst entdeckten Wachstumsfaktoren mit mitogener Wirkung (▶ Kap. 25.7.1). Er gehört zu einer umfangreichen Familie von Proteinen, die ein breites Spektrum an Zielzellen und viele Zelltypen zur Teilung anregen können. PDGF wirkt auf so verschiedene Zelltypen wie Fibroblasten, glatte Muskelzellen oder auch auf Gliazellen. Andere Wachstumsfaktoren wie z.B. der transformierende Wachstumsfaktor β (TGF β, ***transforming growth factor*** β) können je nach Zelltyp die Proliferation anregen oder hemmen. Darüber hinaus haben solche Faktoren eine pleiotrope Wirkung, d.h. sie beeinflussen zusätzlich Zellwachstum, aber auch Zellmigration, Differenzierung und Überleben von Zellen. In Abwesenheit dieser Faktoren gehen Zellen in die G_0-Phase des Zellzyklus oder sterben durch Apoptose.

Die oben genannten Wachstumsfaktoren sind extrazelluläre Proteine, die an membranständige Rezeptoren binden. Viele der Rezeptoren für Wachstumsfaktoren sind so genannte Rezeptor-Tyrosinkinasen, deren Signaltransduktion und Wirkungsspektrum in ▶ Kapitel 25.7 beschrieben sind.

7.1.5 Apoptose oder der programmierte Zelltod

Bei vielzelligen Organismen unterliegt die Zellzahl in einzelnen Organen einer genauen Regulation. Sie erfolgt nicht nur über eine Steuerung der Zellteilung, sondern auch über die Eliminierung nicht mehr benötigter Zellen. Diesem Vorgang liegt ein in jeder Zelle vorhandenes »Todesprogramm« zugrunde. Es wird auch als **programmierter Zelltod** oder **Apoptose** bezeichnet. Die Apoptose ist morphologisch dadurch charakterisiert, dass nur einzelne individuelle Zellen in einem sonst gesunden Organ zugrunde gehen. Sie tritt in sich entwickelnden, aber auch in ausgewachsenen Geweben auf. So sterben viele Nervenzellen bereits kurz nach der Entstehung wieder ab. Dies liegt daran, dass im wachsenden Nervensystem die Apoptose die Zahl der Nervenzellen an die Zahl der Zielzellen, die innerviert werden müssen, anpasst. Auch im gesunden Erwachsenen sterben laufend viele Zellen ab, z.B. in Geweben mit einer hohen Proliferationsrate wie Knochenmark oder im Darmepithel. Damit wird die Zahl der Zellteilungen ausgeglichen und erreicht, dass Gewebe nicht wachsen oder schrumpfen.

Die Apoptose beginnt mit einer Schrumpfung des Zellkerns aufgrund einer Kondensation des Chromatins (◻ Abb. 7.8). Es folgen eine Fragmentierung des Zellkerns und der Zerfall der Zelle in apoptotische Partikel. Die getöteten Zellen bzw. das aus ihnen entstandene Material wird rasch von benachbarten Makrophagen aufgenommen, weswegen es nicht zu Entzündungsreaktionen oder einer Akti-

◻ Tabelle 7.1. Wachstumsfaktoren im Serum (Auswahl)

Faktor	Funktion
Plättchen-Wachstumsfaktor (PDGF)	Dient als sog. Kompetenzfaktor, d.h. führt dazu, dass Zellen für andere Wachstumsfaktoren sensitiv werden.
Epidermaler Wachstumsfaktor (EGF)	Dienen als Progressionsfaktoren, d.h. stimulieren Proliferation von Zellen, die durch PDGF kompetent gemacht wurden.
Fibroblasten-Wachstumsfaktor (FGF)	
Insulinähnliche Wachstumsfaktoren (IGF-1 und IGF-2)	Dienen als Proliferations- und Differenzierungsfaktoren.

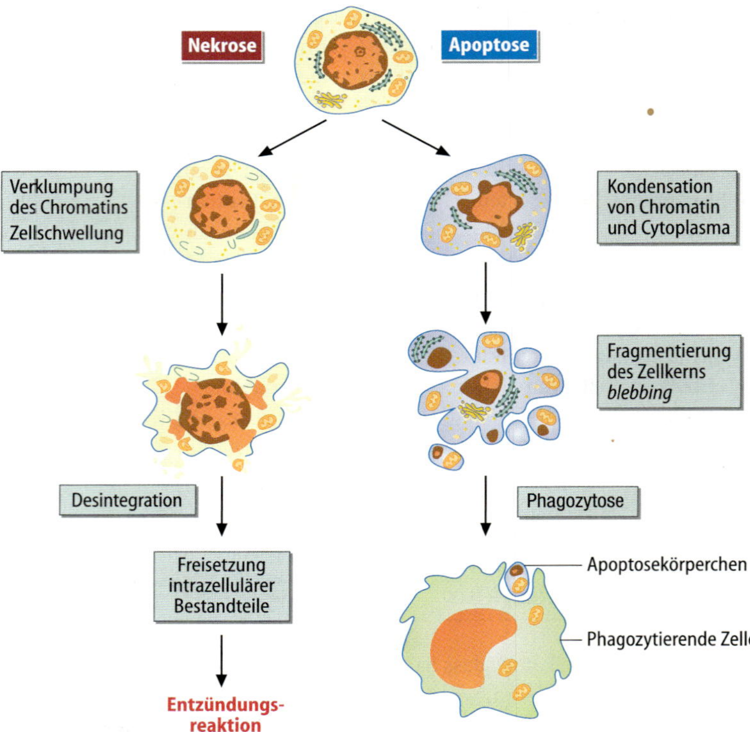

Abb. 7.8. Zelluläre Vorgänge bei Apoptose und Nekrose. (Einzelheiten ▶ Text)

7

vierung des Immunsystems kommt. Alle diese Vorgänge machen die Apoptose klar unterscheidbar von der Zellnekrose, die mit einer Zellschwellung und einem Verlust der Membranintegrität, aber erst relativ spät mit einem Abbau der DNA einhergeht. Im Fall der Zellnekrose werden entzündliche und immunologische Reaktionen ausgelöst.

! Apoptose wird durch eine intrazelluläre Proteolyse-Kaskade vermittelt.

Die intrazelluläre Signaltransduktion und die Auslösung der zur Apoptose führenden zellulären Veränderungen werden durch eine Familie von proteolytischen Enzymen katalysiert, die als **Caspasen** bezeichnet werden und von denen inzwischen mehr als 10 Mitglieder identifiziert werden konnten. Es handelt sich um Cysteinproteasen, die Proteine hinter Aspartyl-Resten spalten. Alle Caspasen liegen intrazellulär als enzymatisch inaktive Procaspasen vor. Ihre Aktivierung erfolgt durch limitierte Proteolyse. Man unterscheidet

- Sog. **Effektorcaspasen**, z.B. die Caspase 3, die wichtige zelluläre Proteine, z.B. Reparaturenzyme, Lamin oder Proteinkinase C spalten und damit inaktivieren. Außerdem kommt es zu einer durch diese Caspasen ausgelösten Aktivierung einer spezifischen DNase, die als Caspase-aktivierte DNase (CAD) bezeichnet wird. Die Aktivierung dieses Enzyms beruht auf der Proteolyse eines Inhibitors, der die DNase normalerweise bindet und somit von der DNA fern hält
- Die Aktivierung des Apoptosewegs benötigt sog. **Initiatorcaspasen**, die mit Hilfe extrazellulärer Faktoren durch den **TNFα-Rezeptorweg** (extrinsischer Weg, ▶ Kap. 25.8.2) oder durch intrazelluläre Mechanismen auf dem **mitochondrialen Weg** (intrinsischer Weg) aktiviert werden können

Die einzelnen Schritte der Apoptose sind in Abb. 7.9 zusammengestellt. Zur TNF-Rezeptor-Superfamilie gehört der eigentliche TNFα-Rezeptor sowie der Fas-Rezeptor oder CD 95. Die Bindung entsprechender Liganden an diese Rezeptoren führt zur Anlagerung von Adaptormolekülen (FADD), an die sich die Initiatorcaspase Procaspase 8 anlagert und dort proteolytisch aktiviert wird. Die aktive Caspase 8 führt dann zur Aktivierung von Effektorcaspasen, z.B. der Caspase 3.

Die Aktivierung über den mitochondrialen Weg setzt die Freisetzung von Cytochrom c (▶ Kap. 9.1.1) aus den Mitochondrien voraus. Cytochrom c bindet an ein als Apaf-1 (*apoptotic protease-activating factor-1*) bezeichnetes Protein, das anschließend ATP-abhängig oligomerisiert und die Initiatorcaspase 9 aktiviert. Diese ist anschließend zur proteolytischen Aktivierung von Effektorcaspasen imstande.

- Die Cytochrom c-Freisetzung aus den Mitochondrien als Folge einer zellulären Schädigung wird von einer Vielzahl von Faktoren ausgelöst und unterliegt einer sehr genauen Regulation. In ihrem Zentrum steht eine Reihe von Proteinen aus der **Bcl-2-Familie**, die sich

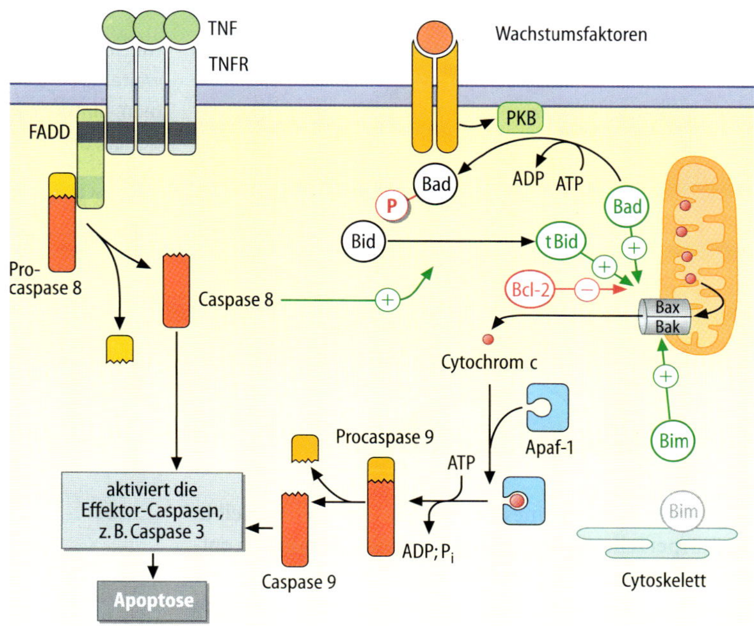

Abb. 7.9. Der Rezeptor-abhängige und der mitochondriale Weg der Apoptose. (Einzelheiten ▶ Text)

in **proapoptotische** (Apoptose-fördernde) und **antiapoptotische** (Apoptose-hemmende) Faktoren einteilen lassen: Proapoptotische Bcl-2-Proteine sind v.a. **Bax/Bak**, die als Heterodimer vorliegen. In aktiver Form bilden diese wahrscheinlich die Pore in der äußeren Mitochondrienmembran, durch die das Cytochrom c verloren geht

- Die Aktivität von Bax/Bak hängt von weiteren Proteinfaktoren ab. Es handelt sich u.a. um **Bid, Bad** und **Bim**, die durch verschiedene Mechanismen reguliert werden
- **Bim** ist mit dem Cytoskelett assoziiert und wird bei dessen Störungen freigesetzt
- **Bad** wird durch die Proteinkinase PKB/Akt reversibel phosphoryliert und damit inaktiviert. Da PKB durch Wachstumsfaktoren aktiviert wird (▶ Kap. 25.7.1; 26.1.7), erklärt dies deren antiapoptotische Wirkung
- Von besonderer Bedeutung ist das Protein **Bid**. Es wird durch die Caspase 8 proteolytisch gespalten und das dabei entstehende Bruchstück tBid (*truncated bid*) löst die Cytochrom c-Freisetzung aus. Dieser Mechanismus ist eine Verbindung zwischen dem extrinsischen und dem intrinsischen Apoptoseweg

Einige Mitglieder der Bcl-2-Familie wirken antiapoptotisch. Zu ihnen gehört vor allem das eigentliche Bcl-2 sowie einige nahe Verwandte. Bcl-2 und Bax bilden Heterodimere und neutralisieren sich dadurch gegenseitig. Die Balance zwischen pro- und antiapoptotisch wirkenden Proteinen bestimmt damit letztendlich das Schicksal der Zelle.

Von besonderer Bedeutung ist schließlich die Verknüpfung des Apoptosemechanismus mit dem Zellzyklus. Der Tumorsuppressor p53 bewirkt nach DNA-Schädigung einen Arrest der Zellen in der G_1-Phase des Zellzyklus. Damit gewinnt die Zelle Zeit, den DNA-Schaden zu beheben. Ist die Zellschädigung zu umfangreich oder nicht reparabel, induziert p53 die Expression des bax-Gens und setzt damit den Apoptoseweg in Gang. Für den Gesamtorganismus ist es eher von Vorteil, eine Zelle mit DNA-Schäden durch programmierten Zelltod zu verlieren, als DNA Schäden im Zuge der Zellteilung an Tochterzellen weiterzugeben.

Fehler in der Apoptose führen zum Auftreten von Tumorzellen und zur Entstehung von Tumoren, sind aber auch an der Entstehung von Autoimmunkrankheiten und neurodegenerativen Erkrankungen beteiligt.

In Kürze

Bei vielzelligen Organismen wie dem Menschen finden während des ganzen Lebens Zellteilungen statt. Dabei verdoppelt die Zelle ihren Inhalt, bevor sie sich in zwei identische Tochterzellen teilt. Zellteilungen werden in streng regulierten und kontrollierten Phasen des Zellzyklus vorbereitet.

Zur Regulation der einzelnen Phasen existiert ein endogenes Kontrollsystem. Diese »innere Uhr« wird durch Cyclin-abhängige Proteinkinasen repräsentiert.

Cyclin-abhängige Proteinkinasen werden reguliert über:

- Synthese und Abbau von Cyclinen und Anlagerung der Cycline an die katalytischen cdk-Untereinheiten

▼

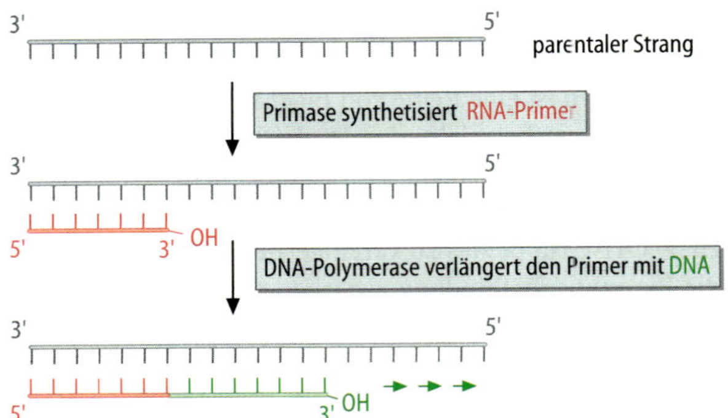

Abb. 7.14. Start der DNA-Replikation durch Synthese eines RNA-Primers. Die hierfür benötigte Primase ist bei Prokaryoten ein eigenes Enzym, bei Eukaryoten eine Teilaktivität der DNA-Polymerase α

Jede DNA-Replikation startet mit der Synthese eines RNA-Primers.

Eine weitere, allen DNA-Polymerasen gemeinsame Eigenschaft besteht darin, dass sie ein neues Nucleotid nur mit einem Basen-gepaarten Nucleotid einer DNA Doppelhelix verbinden können. DNA-Polymerasen können keine *de novo* Synthese starten. Daraus ergeben sich Probleme für die Replikation der DNA, die auf unterschiedliche Weise gelöst worden sind (Abb. 7.14).

- Bei Prokaryoten wird durch eine als **Primase** bezeichnete RNA-Polymerase ein kurzes RNA-Stück synthetisiert, das dann als sog. **Primer** für die Ankondensation weiterer Desoxynucleosidtriphosphate mit Hilfe der DNA-Polymerase dient
- Bei Eukaryoten ist die Primase eine Teilaktivität der DNA-Polymerase α
- Eine von manchen Viren benutzte Möglichkeit besteht darin, dass ein Nucleotid-bindendes Protein an den DNA-Einzelstrang bindet, sodass die DNA-Polymerasen an diesem Nucleotid angreifen und weitere Nucleotide ankondensieren können

Bei der DNA-Synthese wird der Verzögerungsstrang diskontinuierlich synthetisiert.

Ein besonderes Problem für die DNA-Replikation ergibt sich daraus, dass DNA-Polymerasen den neuen Strang nur in der 5'-3'-Richtung synthetisieren können, die DNA-Doppelstränge aller bekannten Organismen jedoch antiparallel verlaufen. In Abb. 7.15 sind die Verhältnisse

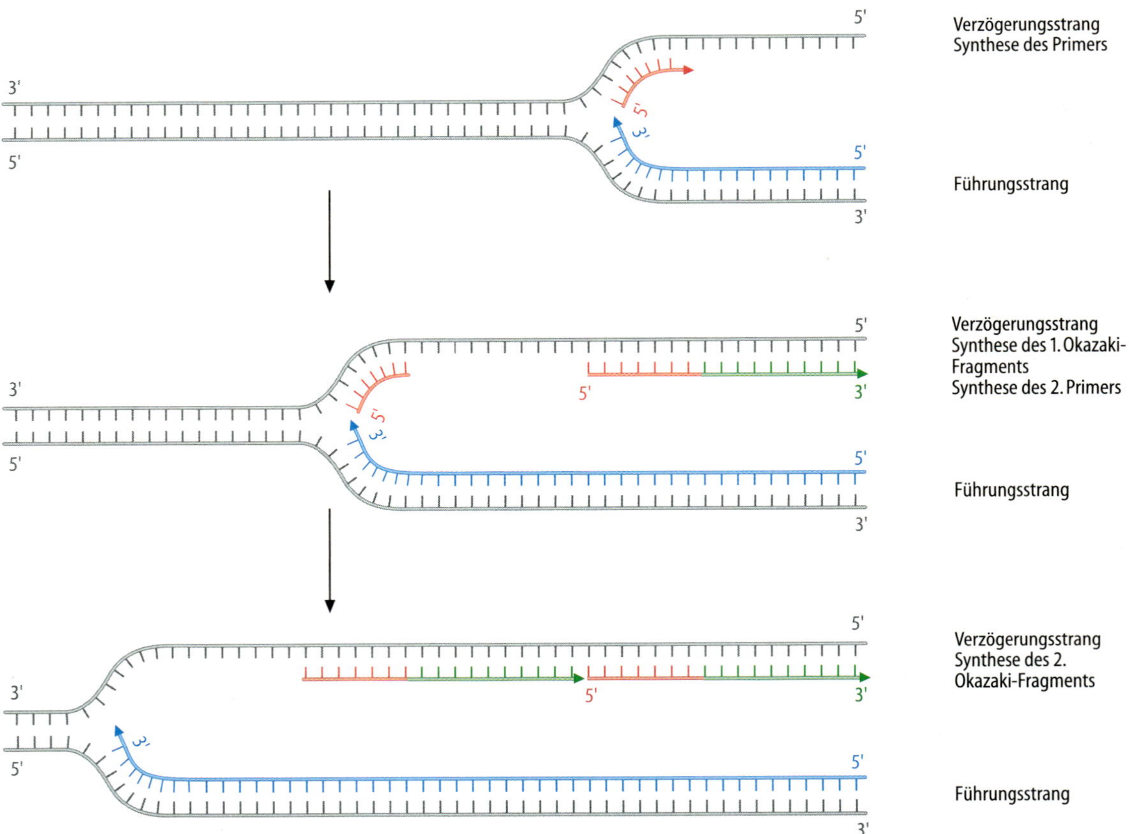

Abb. 7.15. Die Replikation der DNA-Doppelhelix. Da die Strangverlängerung immer nur in 5'-3'-Richtung erfolgen kann, kann die Replikation nur in einem der beiden Einzelstränge, dem sog. Führungsstrang (*blau*) kontinuierlich ablaufen. Im antiparallelen sog. Verzögerungsstrang (*grün*) erfolgt die Replikation wegen der Syntheserichtung der DNA-Polymerase diskontinuierlich; *rot* = Primer

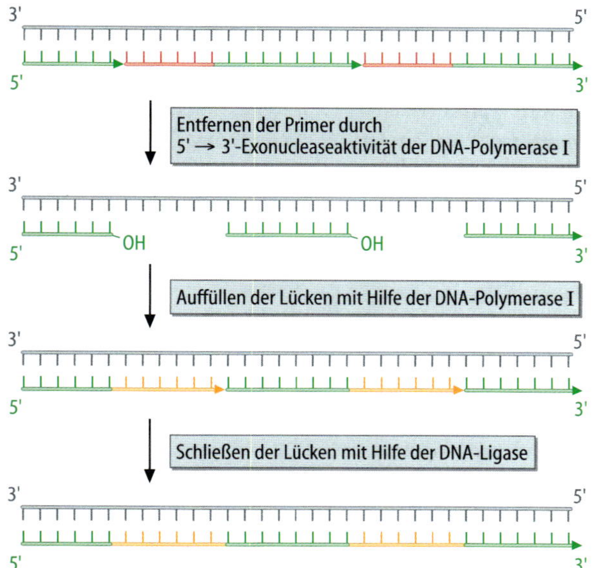

Abb. 7.16. Funktion der DNA-Polymerase I bei der Prozessierung des Verzögerungsstrangs. Von besonderer Bedeutung für diesen Vorgang ist bei Prokaryoten die 5′-3′-Exonucleaseaktivität der DNA-Polymerase I, bei Eukaryoten die Ribonuclease H1

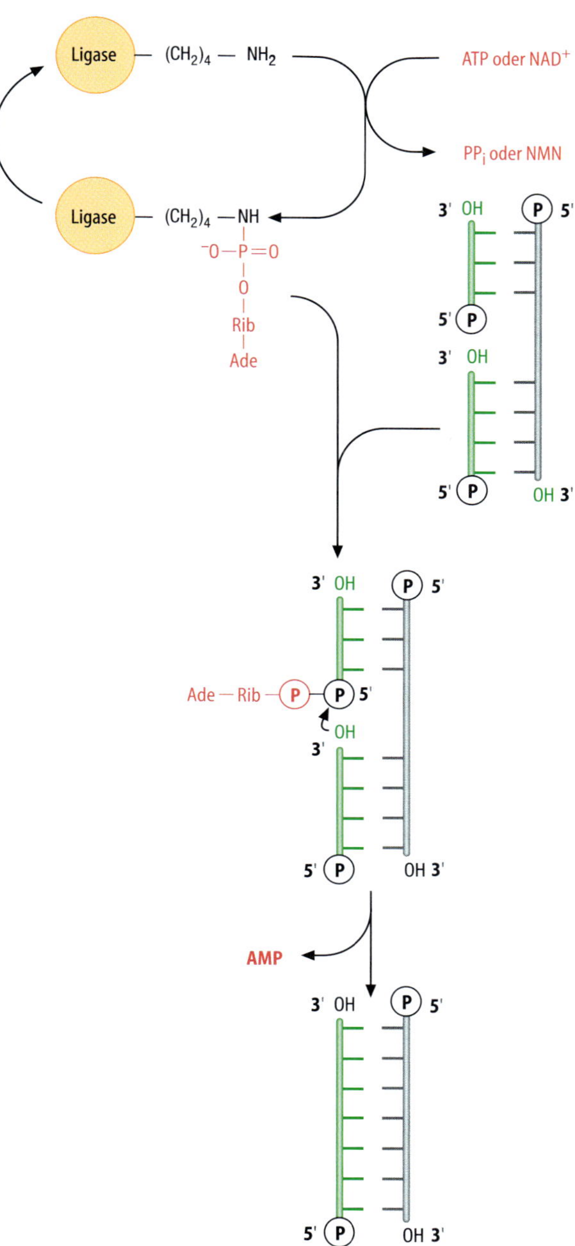

Abb. 7.17. Mechanismus der DNA-Ligasen. (Einzelheiten ► Text)

schematisch dargestellt. Die Richtung der DNA-Polymerisation durch die DNA-Polymerase entspricht nur an einem der beiden neu synthetisierten Stränge der Wanderungsrichtung der Replikationsgabel. Dieser Strang wird, nachdem einmal ein Primer-Molekül synthetisiert wurde, kontinuierlich in einem Stück synthetisiert und als sog. **Führungsstrang** (Leitstrang, *leading strand*, blau) bezeichnet. Beim anderen Strang verläuft die Polymerisierungsrichtung dagegen von der Replikationsgabel weg. Der Japaner Reiji Okazaki fand heraus, dass die DNA-Synthese an diesem Strang diskontinuierlich in Stücken aus 1000–2000 Basen erfolgt, welche nach ihm auch als **Okazaki-Fragmente** bezeichnet werden. Sie entstehen dadurch, dass nach der Synthese eines derartigen Fragments jeweils wieder an der Replikationsgabel ein neuer Primer synthetisiert und durch die DNA-Polymerase solange verlängert wird, bis er an das vorher synthetisierte Fragment stößt. Der diskontinuierlich synthetisierte Strang wird auch als **verzögerter Strang** (*lagging strand*, grün) bezeichnet.

5′-3′-Exonuclease und DNA-Ligase werden für den Abschluss der DNA-Replikation benötigt.

Um bei der Replikation zwei funktionell äquivalente DNA-Doppelstränge zu erhalten, müssen natürlich die Okazaki-Fragmente entsprechend bearbeitet und danach zusammengefügt werden. Bei Prokaryoten werden hierfür zwei weitere Enzyme, die **DNA-Polymerase I** sowie die **DNA-Ligase** benötigt. Die DNA-Polymerase I verfügt über eine **5′-3′-Exonucleaseaktivität**, mit deren Hilfe spezifisch der RNA-Primer entfernt wird (Abb. 7.16). Gleichzeitig fügt dieses Enzym, beginnend mit dem freien 3′-OH-Ende des vorangegangenen DNA-Stücks Desoxyribonucleosidtriphosphate komplementär zur Basensequenz des Matrizenstrangs in die entstehende Lücke ein. Dadurch entsteht ein Muster aus aneinander stoßenden DNA-Strängen im neu synthetisierten Strang, die mit Hilfe der **DNA-Ligase** miteinander verknüpft werden. Abbildung 7.17 stellt den allgemeinen Mechanismus der DNA-Ligasen dar. ATP (oder NAD^+) dient dabei als Donor eines AMP-Rests, der covalent mit der ε-Aminogruppe eines Lysylrests des Ligaseproteins verknüpft wird. Die Spaltung dieser energiereichen Bindung dient dazu, den AMP-Rest auf das 5′-Phosphatende der einen DNA-Kette zu übertragen. Dabei entsteht

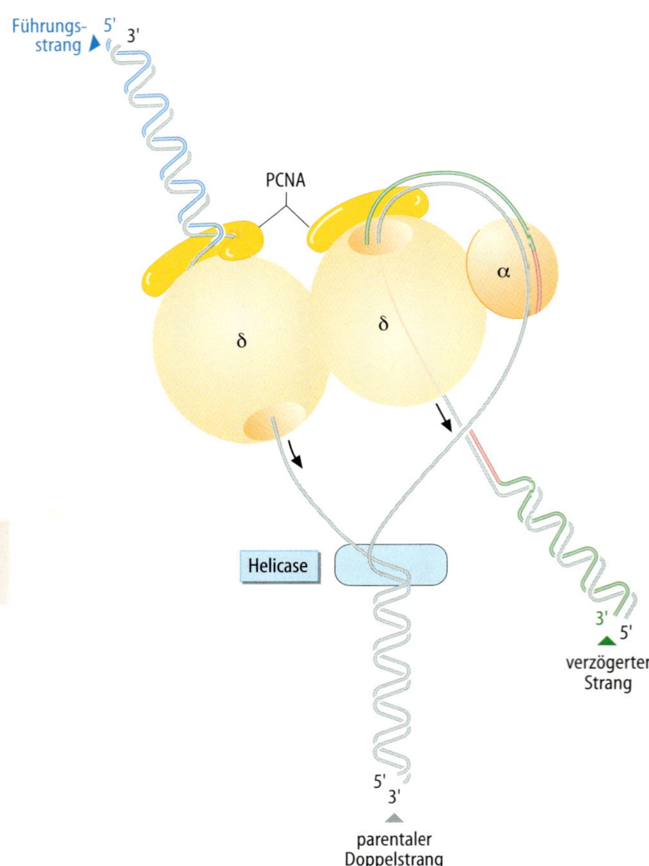

Abb. 7.18. Struktur des für die Replikation eukaryoter DNA benötigten Multienzymkomplexes. Der Verzögerungsstrang (*grün*) bildet eine Schleife, sodass die beiden DNA-Polymerasen in enger Assoziation bleiben können. Die Primase ist eine Untereinheit der DNA-Polymerase α. Topoisomerasen sind zur Vereinfachung weggelassen. (Weitere Einzelheiten ► Text)

eine Phosphorsäureanhydrid-Bindung zwischen AMP und dem 5′-Phosphatende der DNA. Unter Abspaltung dieses Rests kann nun die Verknüpfung zwischen dem 5′-Phosphatende des einen DNA- mit dem 3′-OH-Ende des nächsten DNA-Bruchstücks erfolgen, womit die Verknüpfung beendet ist.

! Die für die Replikation benötigten Proteine sind im Replisom assoziiert.

Abbildung 7.18 stellt den an der Replikationsgabel eukaryoter Zellen befindlichen Multienzymkomplex dar, der für die DNA-Replikation verantwortlich ist und auch als **Replisom** bezeichnet wird. Der hochkonservierte DNA-Polymerase α/Primase-Komplex stellt die einzige eukaryote Polymerase dar, die eine DNA-Synthese *de novo* initiieren kann. Aufgrund ihrer Primaseaktivität wird sie für die Herstellung der Primer am Führungsstrang und am verzögerten Strang benötigt. Wegen der Antiparallelität unterscheiden sich die Vorgänge an den beiden Strängen.

Führungsstrang. Nach der Synthese des Primers (5–15 Nucleotide) synthetisiert die DNA-Polymerase α noch etwa 20 weitere Nucleotide. Mit Hilfe des Proteins RFC (*eukaryotic replication factor C*) wird aus einem als PCNA (*proliferating cell nuclear antigen*) bezeichneten Protein eine Art Gleitring geformt, der die DNA-Polymerase α verdrängt und die DNA mit der für die weitere Synthese im Führungsstrang benötigten DNA-Polymerase δ und eventuell DNA-Polymerase ε belädt (*polymerase switching*). Die DNA-Synthese erfolgt ab hier kontinuierlich.

Verzögerter Strang. Das Problem bei der Synthese des Verzögerungsstrangs beruht auf der Tatsache, dass die Syntheserichtung von der Replikationsgabel wegführt. Es wird dadurch umgangen, dass die DNA des verzögerten Strangs eine Schleife bildet (Abb. 7.18). Im Prinzip entspricht die DNA-Synthese im verzögerten Strang der im Führungsstrang. Nach der Primersynthese durch die DNA-Polymerase α kommt es zum *polymerase switching*. Die DNA-Polymerase δ setzt die Synthese des verzögerten Strangs fort, allerdings nur bis sie auf ein bereits synthetisiertes Stück des Doppelstrangs stößt. Sie löst sich dann von der DNA ab und setzt am folgenden Primer die Synthese fort.

! Für die Replikation der Enden doppelsträngiger, linearer DNA werden besondere Mechanismen benötigt.

Die beschriebenen Mechanismen der DNA-Replikation sind in perfekter Weise dazu geeignet, die zirkulären Genome vieler Viren und Bakterien zu replizieren. Ein zusätzliches Problem ergibt sich jedoch bei der Replikation linearer DNA-Doppelstränge, wie sie in den Chromosomen der Eukaryoten vorliegen. Wie aus Abb. 7.19 hervorgeht, kann zwar das 5′-Ende des parentalen Strangs ohne besondere Schwierigkeiten vollständig repliziert werden, da es hier als Führungsstrang dient. Anders ist es aber beim komplementären parentalen Strang, der an dieser Position das 3′-Ende bildet. Hier liegt unmittelbar nach der DNA-Replikation der RNA-Primer, der nach erfolgter Replikation durch die 5′-3′-Exonuclease entfernt wird. Die DNA-Polymerase hat jedoch an diesem Ende keine Möglichkeit mehr, die entstandene Lücke aufzufüllen. Dies führt dazu, dass die Chromosomen mit jeder Replikation um ein definiertes Stück kleiner werden, was letztendlich eine Instabilität der Chromosomen und damit eine verminderte Lebensfähigkeit der betreffenden Zelle auslöst. Diese Schwierigkeit wird durch einen für die Enden doppelsträngiger DNA spezifischen Replikationsapparat behoben. Analysiert man die auch als **Telomere** bezeichneten Enden von Chromosomen, so findet man bei allen Eukaryoten sehr ähnliche Strukturen. Telomerische DNA besteht aus einigen hundert (einfache Eukaryote wie Hefe) bis einigen tausend (Vertebraten) Basenpaaren, bei denen G-reiche repetitive Sequenzen vorkommen. Bei Säugern und damit auch beim Menschen lautet diese Sequenz 5′-TTAGGG-3′. Diese G-reiche Sequenz befindet sich am 3′-Ende jedes parentalen Einzel-

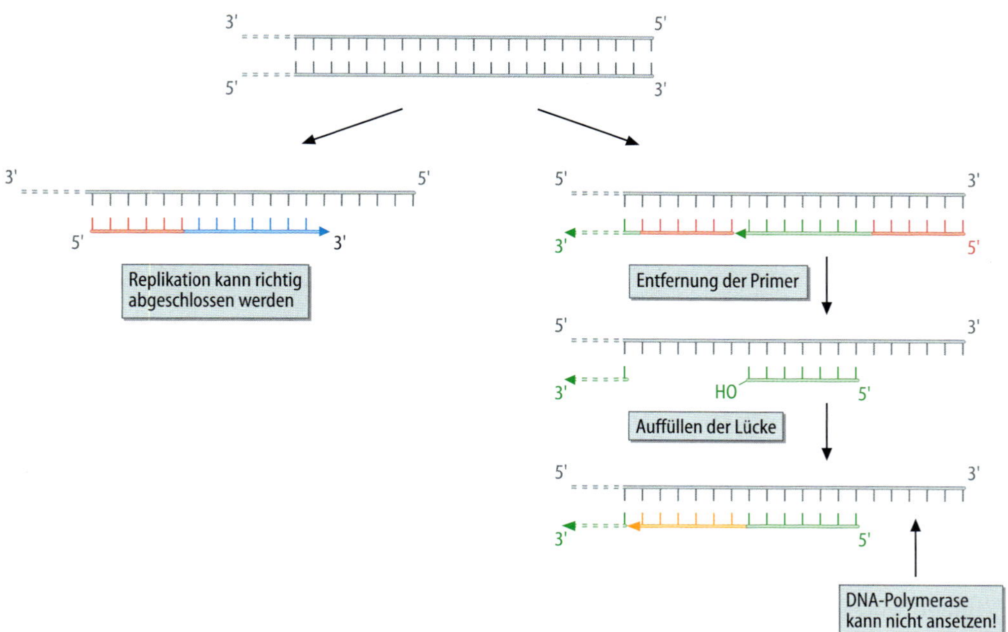

Abb. 7.19. Replikation an den Telomeren der Chromosomen. Der am 3′-Ende des parentalen Strangs gelegene Primer kann zwar noch entfernt werden, es gibt jedoch keine DNA-Polymerase, die die dadurch entstandene Lücke auffüllen könnte

strangs und ragt zwölf bis sechzehn Nucleotide über den komplementären C-reichen Strang hinaus. Bei jeder Replikation gehen 50–200 Nucleotide dieser telomerischen Sequenz verloren, sodass man Telomere auch als eine Art molekularer Uhr ansehen kann, mit deren Hilfe Zellen die Zahl ihrer Mitosen zählen können. Auf jeden Fall bieten die Telomere eine Erklärung dafür, dass die Zahl der möglichen Teilungen somatischer Zellen höherer Eukaryoter wie auch des Menschen auf 30–50 beschränkt ist. Eukaryote Zellen enthalten ein für die Replikation der Telomeren verantwortliches Enzym, die **Telomerase**. Sie ist dafür verantwortlich, dass sich die Zellen beliebig oft teilen können. Telomerasen sind Ribonucleoprotein-Enzyme. Sie enthalten ein RNA-Stück, welches eine der telomeren Sequenz komplementäre Basensequenz enthält und für die Telomerenreplikation essentiell ist (Abb. 7.20). Die terminalen Nucleotide des G-reichen überhängenden Endes paaren mit der entsprechenden Sequenz der Telomerase-RNA. Anschließend erfolgt die Verlängerung des 3′-Endes durch Anhängen einzelner Nucleotide, wobei wiederum die Telomerase-RNA als Matrize dient. Dieser Vorgang wiederholt sich mehrmals, sodass eine repetitive G-reiche Sequenz entsteht. Die Polymerisation sowie die Anlagerung der Telomerase erfolgt ohne ATP-Verbrauch. Die Telomerase ist damit eigentlich eine reverse Transkriptase (▶ Kap. 7.4.3), deren RNA-Matrize ein intrinsischer Bestandteil des Enzyms ist. Die durch die Telomerase verlängerten 3′-Enden werden bei der nächsten Replikationsrunde zwar verkürzt repliziert (▶ o.), jedoch kann dieser Defekt in der darauf folgenden Replikationsrunde durch Verlängerung mit der Telomerase wieder behoben werden. Bei niederen Eukaryo-

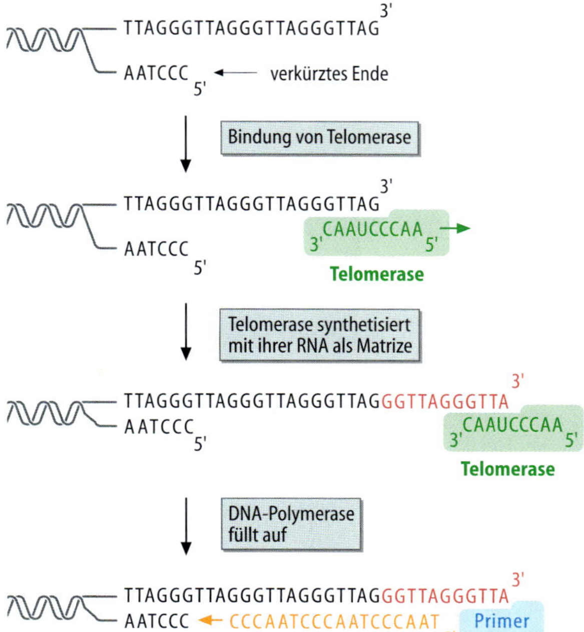

Abb. 7.20. Mechanismus der für die Replikation der Telomeren verantwortlichen Telomerase. Telomerasen sind Ribonucleoproteine. Sie e nthalten eine RNA-Sequenz, die als Matrize für die Verlängerung des 3′-Endes eines parentalen Strangs dient. Dabei entsteht eine beträchtlich verlängerte Sequenz, die dann die komplementäre Sequenz für die Auffüllung der Verkürzung am Verzögerungsstrang liefert

ten führt ein Verlust der Telomerasefunktion in Folge von Mutationen zur allmählichen Verkürzung der Chromosomen und schließlich zum Zelltod. Normale somatische menschliche Zellen enthalten keine Telomerase, jedoch ist eine solche in den Keimbahnzellen der Testes und den Ovarien vorhanden. Darüber hinaus hat sich eine aktive Telomerase bei allen bisher untersuchten Tumoren nachweisen lassen. Offenbar ist dieses Enzym normalerweise reprimiert und wird erst bei der malignen Transformation aktiviert. Daher sind Inhibitoren der Telomerase attraktive Substanzen für die Behandlung von Tumorerkrankungen.

! Hemmstoffe der DNA-Replikation können als experimentelle Werkzeuge oder zur Tumortherapie eingesetzt werden.

Einige Antibiotika hemmen die DNA-Replikation bzw. die Transkription und haben sich deswegen als wertvolle Hilfsmittel bei der Aufklärung der molekularen Mechanismen der Replikation erwiesen und darüber hinaus teilweise Eingang in die Tumortherapie gefunden:

Mitomycin. Mitomycin verursacht die Bildung covalenter Quervernetzungen zwischen den DNA-Strängen und verhindert dabei die Trennung der Stränge, die für die DNA-Replikation notwendig ist. Da es sowohl bei Mikroorganismen als auch bei Eukaryoten als Mitosehemmstoff wirkt, hat es nur in der Tumortherapie Bedeutung.

Actinomycin D. In niedrigen Konzentrationen hemmt Actinomycin D die DNA-abhängige RNA-Biosynthese (▶ Kap. 8.3.5), in höheren Konzentrationen auch die DNA-Replikation. Dabei kommt es zur Bildung eines Komplexes von Actinomycin D mit den Guaninresten der DNA. Actinomycin D findet Anwendung in der Tumortherapie sowie bei experimentellen Fragestellungen, bei denen geklärt werden soll, ob ein beobachteter Effekt auf die Neubildung von RNA zurückgeführt werden kann.

Gyrasehemmstoffe. Eine Reihe einfacher, von der 4-Oxochinolin-3-carbonsäure abstammender Verbindungen sind wirksame Hemmstoffe der prokaryotischen DNA-Topoisomerase (▶ Kap. 5.3.2). Wegen dieser Wirkung beeinträchtigen sie die bakterielle Replikation und Transkription und können zur Therapie eines breiten Spektrums bakterieller Infekte eingesetzt werden.

In Kürze

Die DNA-Replikation ist semikonservativ, das heißt, dass das doppelsträngige Tochter-DNA-Molekül aus einem parentalen Strang und einem neu synthetisierten Strang besteht.

Die DNA hat einen (Prokaryot) oder mehrere (Eukaryot) Ursprünge der DNA-Replikation.

Für die DNA Replikation werden benötigt:

- partiell aufgewundene einzelsträngige DNA als Matrize
- Desoxyribonucleotide
- DNA-Polymerasen
- Topoisomerasen
- Ribonucleotide für die Synthese des Primers
- DNA Ligasen
- Helicasen

Im wachsenden DNA-Molekül verknüpfen DNA-Polymerasen Desoxyribonucleotide zu einer Phosphodiesterbindung. Sie benötigen zum Start der DNA-Synthese einen Primer, ein kurzes RNA-Molekül, an das das erste Desoxyribonucleotid angeknüpft werden kann. Da die Synthese der DNA immer in 5′-3′-Richtung erfolgt, gibt es einen kontinuierlich synthetisierten Führungsstrang und einen verzögerten Strang aus sog. Okazaki-Fragmenten. Nach Abspaltung der Primer und Auffüllen der Lücke werden die DNA-Abschnitte durch eine DNA-Ligase miteinander verknüpft.

Telomerasen verlängern die Enden linearer DNA z.B. an Chromosomenenden, den Telomeren. Sie verhindern damit die mit jeder Replikation einhergehende Verkürzung der Chromosomen. Eine hohe Aktivität der Telomerasen wird bei Tumoren gefunden.

Die als Hemmstoffe der DNA-Replikation eingesetzten Reagenzien verhindern die Entwindung oder das Aufschmelzen der DNA.

7.3 Veränderungen der DNA-Sequenz

Das Überleben eines Individuums hängt davon ab, dass seine DNA während der oft außerordentlich langen Lebenszeiten seiner Zellen stabil bleibt und bei der DNA-Replikation mit großer Genauigkeit verdoppelt wird. Treten dennoch stabile, vererbliche Änderungen der DNA-Struktur auf, so spricht man von Mutationen. Wie in ▶ Kapitel 9.1.2 ausführlich erörtert, haben derartige Mutationen in den für Aminosäuren/Proteinen codierenden Bereichen wegen der Degeneriertheit des genetischen Codes vielfach keinerlei Konsequenzen für das betreffende Protein. Gelegentlich kommt es zum Austausch ähnlicher Aminosäuren, sodass die funktionellen Konsequenzen gering sind und nur in den relativ seltenen Fällen, wo durch die Mutationen schwerwiegende strukturelle Änderungen des betroffenen Proteins ausgelöst werden, ergeben sich Defekte mit häufig tödlichen Konsequenzen für den betroffenen Organismus. Die meisten Mutationen kommen zusätzlich in den somatischen Zellen vor und werden infolgedessen nicht vererbt. Muta-

Tabelle 7.4. Erbkrankheiten mit Defekten in der DNA-Reparatur

Name der Krankheit	Phänotyp	betroffenes Enzym oder Prozess
Ataxia teleangiectatica (AT)	Leukämie, Lymphome, zelluläre Empfindlichkeit gegenüber Röntgenstrahlung, Genominstabilität	ATM-Protein, eine Proteinkinase, die durch Doppelstrangbrüche aktiviert wird
Bloom-Syndrom	Krebs an mehreren Stellen, beeinträchtigtes Wachstum, Genominstabilität	zusätzliche DNA-Helicase für die Replikation
BRCA-2	Brust- und Eierstockkrebs	Reparatur durch homologe Rekombination
Fanconi-Anämie	angeborene Fehlbildungen, Leukämie, Genominstabilität	Reparatur von Überkreuzungen der DNA-Stränge
MSH2, 3, 6, MLH1, PMS2	Dickdarmkrebs	Fehlpaarungs-Reparatursystem
Werner-Syndrom	vorzeitige Alterung, Krebs an mehreren Stellen, Genominstabilität	zusätzliche 3'-Exonuclease und DNA-Helicase
Xeroderma pigmentosum (XP)	Hautkrebs, zelluläre UV-Empfindlichkeit, neurologische Anormalitäten	Basen-Excisionsreparatur

tionen in den Keimzellen werden zwar vererbt, setzen sich meist innerhalb einer Art nicht durch, da das betroffene Individuum entweder nicht in das fortpflanzungsfähige Alter kommt oder in seiner Fortpflanzungsfähigkeit erheblich vermindert ist. Dies führt zu einer beträchtlichen Stabilität der DNA innerhalb einer Species. Aus Untersuchungen der Fibrinopeptide (▶ Kap. 29.5.3), bei denen Änderungen der Aminosäuresequenz wenig funktionelle Konsequenzen haben, lässt sich errechnen, dass für ein durchschnittliches Protein aus 400 Aminosäuren eine stabile Änderung einer Aminosäure etwa einmal pro 200000 Jahre erfolgt. Ähnliche Zahlen lassen sich aus der Häufigkeit von Änderungen der Basensequenz in nicht für Proteine codierenden DNA-Strukturen ableiten. Ein Grund für diese niedrige Mutationsrate ist, dass die Genauigkeit der DNA-Replikation durch die 5'-3'- und die 3'-5'-Exonucleaseaktivität der DNA-Polymerasen gewährleistet wird (▶ Kap. 7.2.3). Darüber hinaus werden spontane Veränderungen der DNA sowie Veränderungen, die durch Umweltein-flüsse wie Hitze, verschiedene Strahlenarten oder durch mutagene Substanzen entstehen, mit Hilfe von DNA-Reparatursystemen beseitigt. Für diese DNA-Reparatur steht eine Reihe von Reparaturenzymen zur Verfügung. Die Bedeutung der DNA-Reparatur erkennt man auch daran, dass die Inaktivierung eines Reparaturgens zu einer stark erhöhten Mutationsrate führt. Als Konsequenz einer verminderten DNA-Reparatur bei Menschen können verschiedene Erkrankungen auftreten (◻ Tab. 7.4).

So führt ein Defekt im Gen, das für die Korrekturlesefunktion der 3'-5' Exonucleaseuntereinheit der DNA-Polymerasen codiert, dazu, dass die betroffenen Individuen anfällig für bestimme Krebsarten werden. Bei einer Art von Darmkrebs, dem erblichen nicht-polypösen colorektalen Tumor (*hereditary nonpolyposis colorectal cancer*, HNPCC) lässt die spontane Mutation eines solchen Gens Zellklone entstehen, die schnell Mutationen anhäufen und so zu einer Krebsentstehung beitragen.

Instabilitäten der DNA gegen Chemikalien und Strahlung. Erstaunlicherweise steht der biologischen Stabilität der DNA keine gleichwertige chemische Stabilität gegenüber. Eine Reihe von Bindungen in der DNA ist nämlich relativ labil (◻ Abb. 7.21). So kommt es beispielsweise bereits bei normaler Körpertemperatur zur thermischen Spaltung der N-glykosidischen Bindung von Purinbasen mit der Desoxyribose. Die **Depurinierung** zerstört das Phosphodiestergerüst der DNA nicht. Sie ist die Ursache für Schäden, die die DNA ohne Basen wie ein Gebiss mit fehlenden Zähnen aussehen lässt. Dieser Vorgang der Depurinierung betrifft beim Menschen in 24 Stunden etwa 5000 Purinbasen pro Zelle. Kaum weniger häufig ist die spontane **Desaminierung** von Cytosin in der DNA. Da hierbei Uracil entsteht, das sich wie Thymin mit Adenin statt mit Guanin paart, ist diese Desaminierung auf jeden Fall mutagen.

Ultraviolette Strahlung erzeugt Thymindimere. Über diese spontanen Änderungen der DNA-Struktur hinaus ist die DNA anfällig gegenüber einer großen Zahl weiterer Noxen. Hierzu gehören die **ultraviolette Strahlung**, welche zur Ausbildung von **Thymindimeren** führt (◻ Abb. 7.22). Weitere Basenmodifikationen werden beispielsweise durch Sauerstoffradikale (▶ Kap. 15.3, 15.4) ausgelöst. Insgesamt sind bis heute etwa 100 unterschiedliche radikalische Schädigungen der DNA-Basen identifiziert worden. Die meisten von ihnen sind mutagen und würden bei jeder Replikation an die Tochterzelle weitergegeben. Um die damit einhergehenden katastrophalen Schädigungen zu verhindern, verfügt jede Zelle über hochaktive DNA-Reparatursysteme, die die auftretenden DNA-Schäden erkennen und reparieren.

7.3.1 Reparatur von DNA-Schäden

Die Behebung eines DNA-Schadens ist immer dann relativ unproblematisch, wenn dieser sich auf einen der beiden

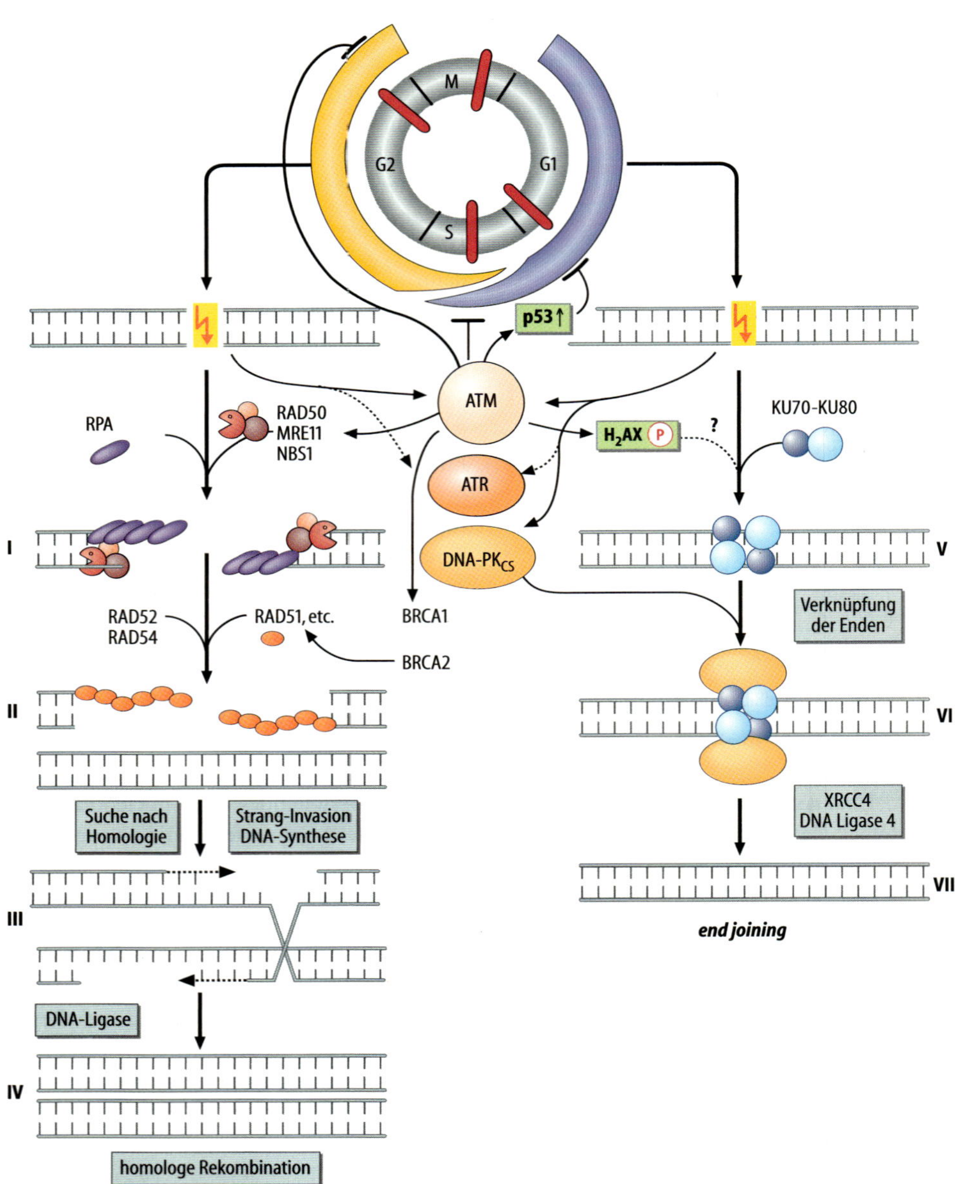

Abb. 7.26. Schematische Darstellung der Vorgänge bei der homologen Rekombination und des nicht homologen »*end-joining*«. (Weitere Einzelheiten ► Text)

Patienten sind sehr empfindlich gegenüber Sonnenbestrahlung, zeigen Störungen ihrer Hautpigmentierung und neigen mit einem im Vergleich zu Gesunden etwa 2000-fach höheren Risiko zur Bildung von Hauttumoren.

Bislang wurden DNA-Schäden besprochen, die nur auf einem der beiden DNA-Doppelstränge auftreten. Dabei ist zumindest auf dem intakten DNA-Strang noch die gesamte genetische Information erhalten. Problematischer sind Schäden, bei denen beide Stränge der DNA-Doppelhelix brechen und kein intakter Strang als Matrize für die Reparatur vorhanden ist. Schäden dieser Art entstehen z.B. durch ionisierende Strahlung oder oxidative Reagenzien. Bei fehlender Reparatur dieser Brüche würde bald eine Fragmentierung von Chromosomen entstehen. Letztlich wäre die betroffene Zelle nicht lebensfähig. Um diese potenzielle Gefahr zu beheben, kennt man zwei unterschiedliche Mechanismen (Abb. 7.26). Beim nicht-homologen Verbinden von DNA-Enden (*nonhomologous end-joining*, NHEJ) werden die DNA-Enden an den Bruchstellen durch DNA-Ligase wieder miteinander verbunden. Dabei kommt es zu einem Verlust von einem oder mehreren Nucleotiden an der Verknüpfungsstelle. Obwohl dadurch an der Bruchstelle eine Mutation auftritt, scheint dieser Mechanismus eine akzeptable Lösung zum Erhalt der Chromosomen darzustellen.

Ein zweiter wesentlich leistungsfähigerer Mechanismus zur Doppelstrangbruchreparatur ist das homologe Verbinden von DNA-Enden (*homologous end-joining*). Bei diesem Mechanismus wird die Tatsache ausgenutzt, dass diploide Zellen zwei Kopien der gesamten genetischen Information enthalten. Besondere Rekombinationsproteine erkennen die entsprechenden Sequenzen auf den betroffenen Chromosomen und führen sie zusammen. Dabei wird das intakte Chromosom als Matrize benutzt um die genetische Information auf das defekte Chromosom zu übertragen. Eine Reparatur ist so ohne Verlust von DNA Sequenzen möglich.

In Kürze

Die bei der DNA-Replikation auftretenden natürlichen Fehler werden mit Hilfe der 3′-5′-Exonucleaseaktivitäten der DNA-Polymerasen beseitigt. Darüber hinaus führen chemische oder physikalische Noxen zur Schädigung der DNA. Solche Schäden werden entweder durch

- Basenexcisionsreparatur oder
- Nucleotidexcisionsreparatur beseitigt

Xeroderma pigmentosum ist eine Erkrankung des Menschen, bei der das DNA-Reparatursystem defekt ist. Die betroffenen Personen haben ein erhöhtes Risiko für die Bildung von Tumoren. DNA-Doppelstrangbrüche werden durch nicht-homologes »end-joining« oder durch homologes »end-joining« beseitigt.

7.4 Gentechnik

Die in den vergangenen Jahren gewonnenen Erkenntnisse über Struktur und Funktion von Nucleinsäuren haben zur Entwicklung eines breiten Arsenals von molekularbiologischen Verfahren geführt, das zusammenfassend als Gentechnik bezeichnet wird. Diese ermöglicht nicht nur die Gewinnung neuer Erkenntnisse in der Grundlagenforschung, sondern auch die technische Herstellung von Nucleinsäuren oder Proteinen. Wegen ihrer allgemeinen Bedeutung werden im Folgenden ausgewählte gentechnische Verfahren beschrieben.

7.4.1 Klonierung und Einschleusung fremder DNA in Zellen oder Organismen

Alle gentechnischen Verfahren beruhen darauf, dass Zellen oder Organismen dazu gebracht werden,

- fremde DNA mit spezifischen Eigenschaften aufzunehmen
- gegebenenfalls in ihr Genom zu integrieren
- zu replizieren und eventuell
- die in der fremden DNA enthaltene Information zu exprimieren

Hierzu ist eine Reihe von Schritten notwendig, denen man bei gentechnischen Arbeiten immer wieder begegnet. Nach der Isolierung der gewünschten DNA-Sequenzen, die im Folgenden als **Fremd-DNA** bezeichnet werden sollen, müssen diese mit einer geeigneten **Träger-DNA** verknüpft werden, die die Aufnahme in die Empfängerzelle, die Replikation und gegebenenfalls die Integration in das Genom ermöglichen. Derartige Träger-DNA-Moleküle werden als **Vektoren** bezeichnet, das Konstrukt aus Fremd-DNA und Vektor auch als **rekombinante DNA**. Den Einbau von fremder DNA in einen Vektor bezeichnet man auch als **Klonierung** dieser DNA und den Vorgang der Einschleusung rekombinanter DNA in Empfängerzellen als **Transfektion** oder **Transformation**. Ein **Klon** ist dann diejenige Zellkolonie, die den Vektor mit Fremd-DNA enthält.

7.4.2 Vektoren zum Einschleusen fremder DNA in Zellen

! Bakterielle Vektoren leiten sich von natürlichen Plasmiden oder Bakteriophagen ab.

Für alle gentechnischen Verfahren ist die Vermehrung isolierter, spezifischer DNA-Sequenzen in beliebigen Mengen eine unabdingbare Voraussetzung. Bakterien sind ideale Werkzeuge für diesen Zweck, da sie eine hohe Vermehrungsrate zeigen und es relativ leicht gelingt, DNA unabhängig von ihrer Herkunft in sie einzuschleusen. Abb. 7.27 stellt die Grundzüge der hierzu verwendeten Verfahren dar. Bakterienzellen verfügen häufig über sog. Satelliten-DNA oder **Plasmide**. Plasmide sind kleine ringförmige DNAs mit einer Größe bis zu 200 kb. Sie replizieren sich selbst unabhängig vom bakteriellen Chromosom. In Bakterien tragen derartige Plasmide die Gene für die Konjugation von Bakterienzellen oder auch für Antibiotikaresistenzen. Plasmide können nach Lyse der Bakterien durch einfache Zentrifugationsschritte vom bakteriellen Chromosom abgetrennt und in hoher Reinheit isoliert werden. Auf diese Weise isolierte Plasmide werden von intakten Bakterien wieder aufgenommen, wenn diese durch eine entsprechende Vorbehandlung (Temperaturerhöhung, Erhöhung der Calciumkonzentration) hierfür kompetent gemacht werden. Gelingt es, nach der Isolierung in ein derartiges Plasmid eine fremde DNA einzubauen (zu klonieren), so können mit diesen »künstlichen« Plasmiden Bakterien transformiert und damit mit neuen, für die Bakterienzelle untypischen Eigenschaften ausgestattet werden.

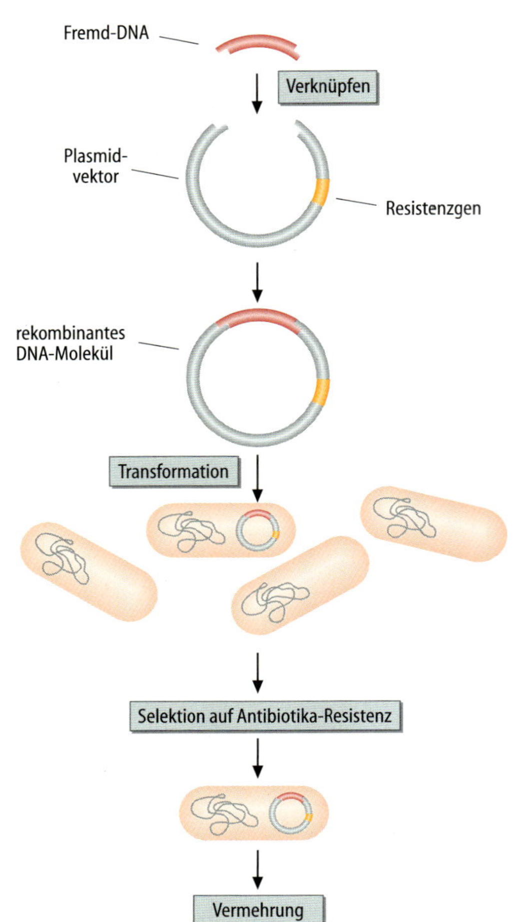

Abb. 7.27. Klonierung fremder DNA in ein Plasmid und Transformation von Bakterienzellen. (nach Watson et al.: Recombinant DNA, 1992)

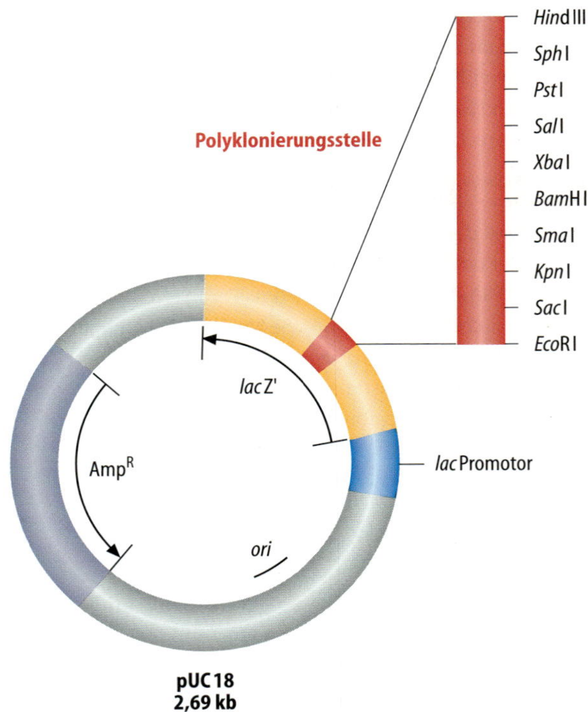

Abb. 7.28. Aufbau des Vektors pUC 18 als Beispiel für einen typischen Plasmidvektor. Ori = Replikationsursprung in Bakterien; Amp^R = Gen für Ampicillinresistenz als Selektionsmarker; Polyklonierungsstelle = Sequenz mit den Schnittstellen für die angegebenen Restriktionsendonucleasen. Derartige Polyklonierungsstellen bieten entsprechende Möglichkeiten bei der Wahl der verwendeten Restriktionsendonucleasen; lacZ′ = Fragment des lacZ-Gens aus E. coli, welches für ß-Galactosidase codiert; lac promotor = Promotor für das lacZ′-Gen

Resistenzgene erlauben die Kontrolle der Klonierung.

Geeignete Plasmide, die für den Gebrauch im Labor konstruiert wurden, sollen eine Reihe von spezifischen Eigenschaften besitzen (Abb. 7.28). Sie müssen zunächst über einen Marker verfügen, der den Nachweis zulässt, dass das Plasmid auch wirklich in Bakterienzellen vorhanden ist. Meist geschieht dies durch Einführung eines Resistenzgens. So enthält der in Abb. 7.28 dargestellte, sehr häufig verwendete Vektor pUC18 hierfür das Gen für die Ampicillin-Resistenz. Bakterien, die mit diesem Plasmid erfolgreich transformiert wurden, können auf Ampicillin-haltigen Nährböden wachsen. Damit ein derartiges Plasmid auch als Vektor verwendet werden kann, muss der Einbau fremder DNA möglichst einfach gemacht werden. Im Prinzip muss hierfür das Plasmid an einer definierten Stelle aufgeschnitten werden, sodass ein lineares Molekül entsteht, in welches die fremde DNA eingefügt werden kann. Nach Verknüpfung der Fremd-DNA mit dem Plasmid entsteht wieder ein ringförmiges DNA-Molekül, mit dem Bakterien transformiert werden können.

Um das Einfügen der fremden DNA zu erleichtern, verfügen die für gentechnische Zwecke verwendeten Plasmide über eine sog. **Polyklonierungsstelle** (Abb. 7.28). Sie besteht aus einer Basensequenz, in der hintereinander die Schnittstellen häufig verwendeter Restriktionsendonucleasen (▸ Kap. 5.6.1) eingefügt sind. Mit der entsprechenden Restriktionsendonuclease wird das Plasmid zunächst aufgeschnitten. Sorgt man dafür, dass die fremde DNA die für diese Restriktionsendonuclease typischen Basensequenzen am 3′- bzw. 5′-Ende trägt, so fügt sie sich unter entsprechenden Inkubationsbedingungen in die Lücke ein und kann danach mit Hilfe der DNA-Ligase (▸ Kap. 7.2.3) fest in das Plasmid eingebaut werden. Bakterienzellen, die mit derartigen Plasmiden transformiert wurden, sind sog. **gentechnisch veränderte Organismen** (GVOs), da sie eine fremde, für sie nicht typische DNA tragen.

Da die Ausbeute der Plasmidherstellung häufig weniger als 100% beträgt, ergibt sich das Problem, diejenigen Bakterien, die ein Plasmid mit eingebauter Fremd-DNA tragen, von denjenigen zu unterscheiden, die ein Plasmid ohne fremde DNA enthalten. Bei dem Plasmid pUC18 ist die

Polyklonierungsstelle in das lacZ-Gen von E. coli inkorporiert, das für die β-Galactosidase codiert. Da die Polyklonierungsstelle alleine die Expression des lacZ-Gens nicht stört, exprimieren E. coli-Zellen, die das Plasmid ohne eingebaute Fremd-DNA enthalten, die β-Galactosidase. Derartige Bakterien können leicht daran erkannt werden, dass sie eine Verbindung mit einer galactosidischen Bindung (X-Gal) unter Bildung eines blauen Farbstoffs spalten können, also in blau gefärbten Kolonien wachsen. Wird in die Polyklonierungsstelle eine fremde DNA eingeschleust, so wird der Leserahmen des lacZ-Gens zerstört und die Bakterien sind nicht mehr imstande, β-Galactosidase zu produzieren. Sie bilden aus diesem Grund ungefärbte Kolonien.

Aufgrund ihrer beschränkten Größe können Plasmide Fremd-DNA nur in einer Länge von einigen tausend Basenpaaren aufnehmen. Für DNA-Abschnitte bis zu einer Größe von etwa 20 kb empfiehlt sich deren Einbau in bestimmte Bakteriophagen, z.B. den Bakteriophagen λ. Im Prinzip wird dabei so vorgegangen, dass die lineare Phagen-DNA durch entsprechende Restriktionsenzyme aufgeschnitten und die fremde DNA in die entstandene Lücke eingebaut wird. Derartig modifizierte Phagen-DNA kann *in vitro* in infektiöse Phagenköpfe verpackt und damit zur Transformation von Bakterien verwendet werden.

! Für Hefezellen können künstliche Chromosomen hergestellt werden.

Bakterien können für die Expression eukaryoter Gene dann von Nachteil sein, wenn die exprimierten Proteine posttranslational, beispielsweise durch Anfügung von Kohlenhydratseitenketten, modifiziert werden müssen. In diesem Fall ist eine Amplifizierung der fremden DNA in eukaryoten Zellen notwendig. Häufig werden hierfür Hefezellen verwendet, da diese wie Bakterien in beliebig großen Suspensionskulturen gehalten werden können und ihre Genetik sehr gut untersucht ist.

Viele der für die Transfektion von Hefezellen verwendeten Plasmide leiten sich von bakteriellen Plasmiden ab. Damit sie in Hefezellen auch repliziert werden können, benötigen sie lediglich ein für Hefe typisches Element, welches auch als **ARS-Element** (autonom replizierende Sequenz) bezeichnet wird. Sehr große Bruchstücke fremder DNA (bis etwa 300 kb) können mit Hilfe **künstlicher Hefechromosomen**, den sog. ***YACs*** (*yeast artificial chromosome*) in Hefezellen eingebracht werden. Wie aus ◻ Abb. 7.29 zu entnehmen ist, handelt es sich um lineare DNA-Moleküle, die die typischen Eigenschaften von Chromosomen zeigen. An den beiden Enden befinden sich telomere Sequenzen, darüber hinaus trägt das künstliche Chromosom ein ARS-Element, ein Centromer sowie einen Selektionsmarker, Leu 2^+, der die Identifizierung transfizierter Hefezellen ermöglicht. Das YAC verfügt über Schnittstellen für Restriktionsendonucleasen, in die fremde DNA nach dem für bakterielle Vektoren beschriebenen Vorgehen inseriert werden kann.

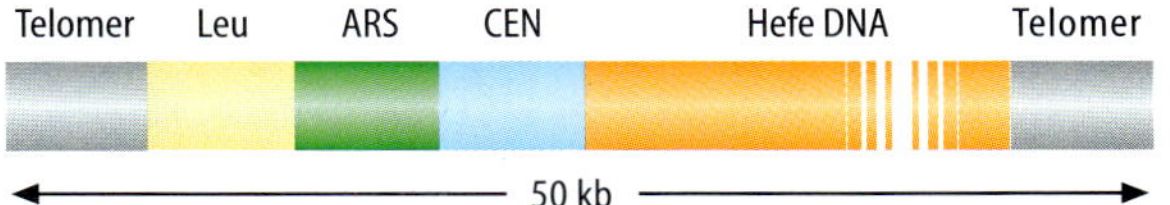

◻ **Abb. 7.29. Aufbau eines künstlichen Hefechromosoms.** Das künstliche Hefechromosom besitzt an beiden Enden ein Telomer sowie ein ARS-Element für die zelluläre Replikation. Dieses wird durch ein Centromer (CEN) stabilisiert. In die Hefe-DNA kann über eine Polyklonierungsstelle Fremd-DNA einkloniert werden. Das Leu-Gen ist ein Selektionsmarker, der für die Verwendung von Hefestämmen geeignet ist, die einen Defekt bei der Biosynthese der Aminosäure Leucin zeigen. Zellen, die dieses YAC aufgenommen haben, können auf Leucin-freien Nährböden wachsen

! Vektoren für die Expression von Proteinen enthalten Kontrollsequenzen für die Transkription und Translation

Bis etwa Mitte der 80er Jahre des vorigen Jahrhunderts konnten zelleigene Proteine nur dann weitergehend untersucht werden, wenn sie in großem Maßstab aus Zellen gereinigt wurden. Dabei bewegte sich die Ausbeute an reinem Protein bei einer Ausgangsmenge von mehreren Gramm Zellmaterial oft im Milligramm- oder Mikrogramm-Bereich. Mit Hilfe der Gentechnik und geeigneten **Expressionsplasmiden** (◻ Abb. 7.30) lassen sich inzwischen große Mengen eines Proteins entweder in Bakterien, Hefen oder auch tierischen und menschlichen Zellen herstellen. Expressionsplasmide enthalten starke Promotoren, die eine hohe Expressionsrate gewährleisten. Oftmals stammen solche Promotoren aus Viren. Darüber hinaus enthalten die Expressionsplasmide Spleiß-Signale, was den Transport des primären Transkripts aus dem Kern einer eukaryoten Zelle in das Cytosol zur Translation erleichtert.

Polyadenylierungssignale tragen zur korrekten posttranskriptionalen Prozessierung bei. Zur Vermehrung in Bakterien wie auch in tierischen Zellen verfügen die Plasmide sowohl über einen bakteriellen als auch einen eukaryoten Replikationsursprung. Bei der Synthese von eukaryoten Proteinen in Bakterienzellen ergibt sich die Schwierigkeit, dass eukaryotische Gene oft Introns besitzen, die zwar transkribiert werden, die aber vor der Translation aus der mRNA herausgeschnitten werden. Bakterien fehlt die Maschinerie, diese Introns zu eliminieren. Daher verwendet man für die Expression von Genen in Bakterien cDNA-Sequenzen (► Kap. 7.4.3), denen die Introns fehlen.

Häufig produzieren Bakterien die Fremdproteine in großen Mengen und schließen sie in unlöslicher, denaturierter Form in sog. *inclusion bodies* ein. Hier müssen dann aufwendige Aufschluss- und Reinigungsverfahren bis zur Gewinnung eines reinen Proteins angewandt werden.

Viele eukaryote Proteine werden posttranslational durch Phosphatgruppen oder Kohlenhydratketten modifiziert. Da Bakterien derartige Modifikationen nicht durchführen können, müssen solche Proteine in tierischen Zellen exprimiert werden. Für die anschließende Abtrennung des

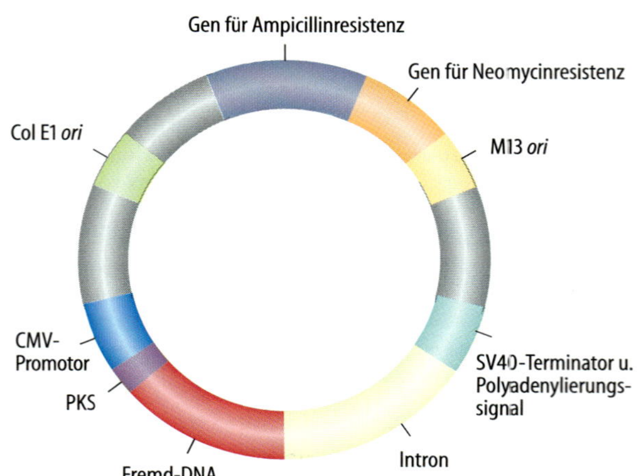

Abb. 7.30. Zusammensetzung eines typischen für tierische Zellen geeigneten Expressionsvektors. Der Vektor enthält den Promotor des Cytomegalievirus (*CMV*), ein starker Promotor, hinter dem sich die Polyklonierungsstelle befindet. Anschließend an die Fremd-DNA befindet sich zur Verbesserung der Expression ein Intron, ein Polyadenylylierungssignal, sowie eine Terminationssequenz aus dem SV40-Virus (▶ Kap. 5.6.1). Für die Verwendung in Prokaryoten trägt der Vektor das Ampicillinresistenzgen amp^R sowie einen bakteriellen Replikationsursprung (ColE1ori). PKS = Polyklonierungsstelle

gewünschten Proteins von den Proteinen der Wirtszelle werden Expressionsvektoren verwendet, die dem zu exprimierenden Protein eine zusätzliche Proteinsequenz anhängen, die die Reinigung des Proteins erleichtert. Eine solche Sequenz ist z.B. ein *Cluster* aus 6 Histidinresten, der eine Reinigung über eine Affinitätschromatographie an einer mit Ni^{2+}-Ionen beladenen Matrix erleichtert.

7.4.3 Herstellung spezifischer DNA-Sequenzen

Die erfolgreiche Verwendung der oben beschriebenen Vektoren setzt natürlich voraus, dass die gewünschte fremde DNA in hoher Reinheit zur Verfügung steht und darüber hinaus die für die Einfügung passenden, den Schnittstellen der jeweils verwendeten Restriktionsendonucleasen entsprechenden Sequenzen enthält. Die Auswahl der verwendeten Fremd-DNA hängt vom Ziel der geplanten Untersuchungen ab. Für wissenschaftliche Untersuchungen, wie z.B. die Erforschung der Genregulation, wird man häufig genomische DNA benötigen. Kommt es dagegen auf die Produktion eines spezifischen Proteins an, so wird es günstig sein, ein DNA-Molekül zu verwenden, dessen Sequenz derjenigen der mRNA entspricht, d.h. keine Introns mehr enthält (cDNA). Eine besonders elegante Möglichkeit ist die Herstellung spezifischer DNA-Sequenzen durch die Polymerase-Kettenreaktion (▶ Kap. 7.4.3).

! Genomische DNA wird in genomischen DNA-Banken amplifiziert.

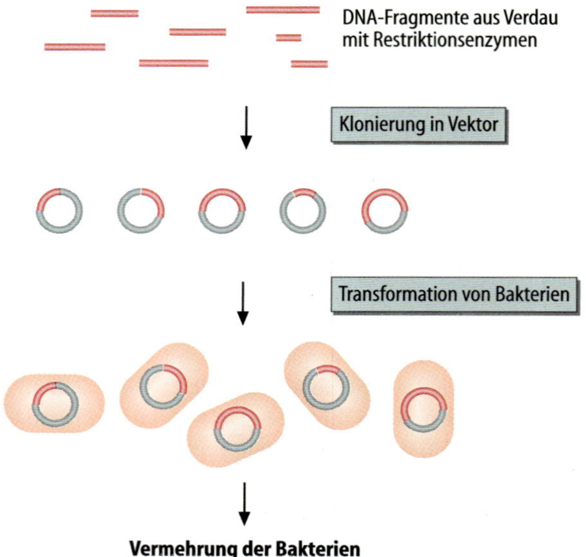

Abb. 7.31. Schematische Darstellung der Herstellung einer genomischen Genbank. (Einzelheiten ▶ Text)

Zur Herstellung einer genomischen Genbank geht man nach dem in Abb. 7.31 dargestellten Schema vor. Die Gesamt-DNA einer Zellpopulation wird isoliert und mit Hilfe geeigneter Restriktionsenzyme (▶ Kap. 5.6.1) in entsprechende Bruchstücke zerlegt. Je nach der Art der gewählten Restriktionsendonuclease werden diese Bruchstücke unterschiedliche Längen, jedoch identische 5′- und 3′-Enden haben. Dieses Gemisch von DNA-Bruchstücken wird nun mit einer entsprechenden Menge von mit derselben Restriktionsendonuclease aufgeschnittenen Plasmiden inkubiert und anschließend ligiert. Bei der Wahl der richtigen Bedingungen lässt sich die gesamte DNA des betroffenen Organismus in Bruchstücke zerlegen und so in Vektoren einbauen, dass jeder Vektor möglichst nur ein Bruchstück enthält. Transformiert man nun eine entsprechende Bakterienpopulation mit diesen Bruchstücken, lassen sich die Bedingungen so wählen, dass durchschnittlich eine Bakterienzelle ein Plasmid aufgenommen hat. Die gesamte DNA des betreffenden Organismus ist nun in Bruchstücke zerschnitten und in Form von Plasmiden auf Bakterien verteilt. Die ganze Sammlung dieser Plasmide bezeichnet man als genomische DNA-Bibliothek. Da die DNA mit den Restriktionsenzymen nach dem Zufallsprinzip geschnitten wurden, enthalten nur wenige Plasmide komplette Gene.

Ein Nachteil dieses Verfahrens ist, dass in bakteriellen Plasmiden nur relativ kleine DNA-Fragmente untergebracht werden können. Häufig wählt man aber für die Herstellung genomischer Genbanken Restriktionsenzyme, die relativ große DNA-Bruchstücke erzeugen. Diese werden dann in die DNA von **Bakteriophagen** kloniert. Bei diesen Organismen handelt es sich um Viren, die Bakterien befallen und sich in diesen vermehren. Eine weitere Alternative ist die Verwendung von künstlichen Hefechromosomen.

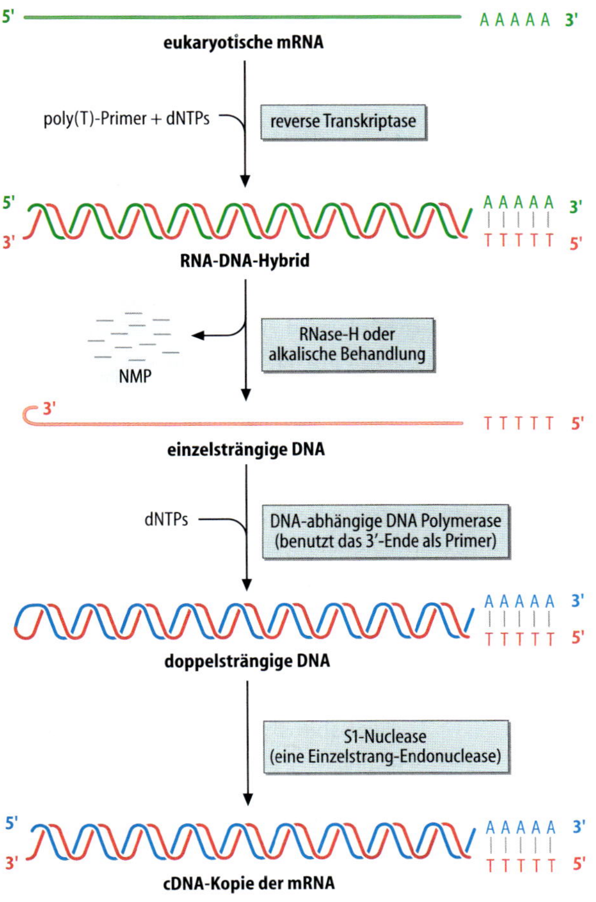

Abb. 7.32. Herstellung von cDNA durch Behandlung von mRNA mit reverser Transkriptase. (Einzelheiten ▶ Text)

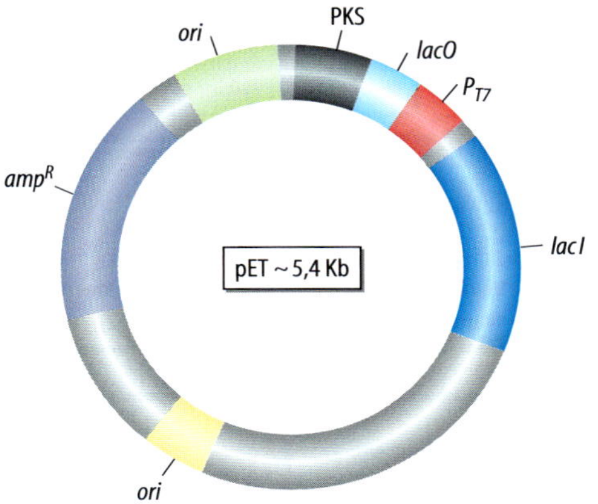

Abb. 7.33. Das bakterielle Expressionsplasmid pET. ori = Replikationsursprung in Bakterien; amp^R = Gen für Ampicillinresistenz als Selektionsmarker; PKS = Polyklonierungsstelle; lacO = Lactoseoperator; lacI = LacI Gen; P_{T7} = Promotor für die virale RNA-Polymerase T_7

! cDNA-Banken enthalten DNA-Sequenzen, die komplementär zu mRNA sind.

Genbanken, die ausschließlich für Proteine codierende Sequenzen enthalten sollen, müssen nach einem anderen Verfahren hergestellt werden. Man erzeugt hierzu DNA-Kopien von mRNA-Molekülen (Abb. 7.32). Hierzu werden zunächst die in einer Zellpopulation vorhandenen mRNA-Moleküle isoliert. Da sie alle über eine längere Poly(A)-Sequenz am 3′-Ende verfügen (▶ Kap. 8.3.3, 8.3.6), gelingt dies mit Hilfe einer Affinitätschromatographie an Oligo-dT-Cellulose. Anschließend werden die mRNA-Moleküle in sog. **cDNA** (*complementary DNA*) umgeschrieben. Hierfür wird ein in Retroviren (▶ Kap. 10.2.4) vorkommendes Enzym verwendet, die **reverse Transkriptase**. Sie ist eine RNA-abhängige DNA-Polymerase und kann als Matrize sowohl RNA- als auch DNA-Einzelstränge verwenden. Die reverse Transkription wird dadurch gestartet, dass an das Poly(A)-Ende der mRNA-Moleküle Thymin-Oligonucleotide anhybridisiert werden, welche als Primer für die weitere Kettenverlängerung dienen. Als Teilaktivität enthält die reverse Transkriptase eine Ribonuclease (RNase H), welche den RNA-Teil des entstehenden RNA-DNA-Hybridstrangs hydrolysiert, sodass in einem zweiten Durchgang die reverse Transkriptase einen vollständigen DNA-Doppelstrang synthetisieren kann. Die auf diese Weise entstandenen cDNA-Moleküle müssen an den Enden mit Oligonucleotiden versehen werden, die für ihren Einbau in Plasmide und andere Vektoren geeignet sind. Nach Transformation von Bakterien mit derartigen Vektoren entsteht auf diese Weise eine cDNA-Bibliothek. Jeden einzelnen Klon bezeichnet man als cDNA-Klon, der einer für ein Protein codierenden Sequenz entspricht.

Wenn nicht nur die Amplifizierung einer bestimmten DNA-Sequenz gewünscht ist, sondern auch die Herstellung des gewünschten Genprodukts in Form eines Proteins, so bietet sich als Möglichkeit die Herstellung einer **Expressions-cDNA-Bank** an. Hierzu müssen die verwendeten Plasmide oder andere Vektoren so modifiziert werden, dass sie starke Promotoren (▶ Kap. 8.1.2) enthalten. Abbildung 7.33 zeigt das für diese Zwecke häufig verwendete und zur Transformation von Bakterien geeignete **Plasmid pET**. Als Selektionsmarker enthält es das Gen für Ampicillinresistenz. Vor der Polyklonierungsstelle liegt ein Lactoseoperator, gefolgt vom Promotor der viralen RNA-Polymerase T7. Außerdem enthält das Plasmid das lacI-Gen und zwei weitere, als *ori* bezeichnete genetische Elemente, die für die Vermehrung des Plasmids in Bakterienzellen sorgen. Die Verwendung dieses Plasmids gewährleistet eine sehr starke Expression einklonierter Gene als Protein, allerdings nur in Bakterienzellen, die die virale RNA-Polymerase T7 exprimieren. Für die Klonierung einer cDNA und deren Expression als Protein sind folgende Schritte notwendig:

- Einklonieren der durch reverse Transkription (▶ o.) erstellten cDNA in die Polyklonierungsstelle des Plasmids pET
- Transformieren des Plasmids in spezielle, gentechnisch modifizierte Bakterienzellen, die die bakterielle RNA-Polymerase T7 in hoher Aktivität exprimieren

sie über einen Minimalpromotor die Transkription eines Reportergens aktivieren können (Abb. 7.38c). Als Reportergen wählt man zweckmäßigerweise ein Protein, das in Hefezellen leicht nachgewiesen werden kann. Fusioniert man die GAL4-Transaktivierungsdomäne mit den Proteinen aus einer cDNA-Bank, so lassen sich unter entsprechenden Bedingungen mehrere potentielle Bindungspartner für das Fänger-Protein auffinden. Da in diesem System sowohl falsch negative als auch falsch positive Ergebnisse auftreten können, ist in jedem Fall eine Verifikation der gewonnenen Ergebnisse mit einem anderen Verfahren notwendig.

DNA-Mikroarrays können zur gleichzeitigen Analyse der Expression von Tausenden von Genen benutzt werden.

DNA-Mikroarrays sind Objektträger, auf die auf sehr engem Raum eine Vielzahl von DNA-Sonden mit Hilfe entsprechender Roboter aufgebracht wurden. Als derartige Sonden dienen DNA-Fragmente aus cDNA-Bibliotheken oder kürzere Nucleotidsequenzen aus einer Synthesemaschine bzw. aus einer Polymerasekettenreaktion. Dabei ist die jeweilige DNA-Sequenz und die Position der Sonde genau bekannt. Somit kann jedes DNA-Fragment, das durch Hybridisierung an eine DNA-Sonde auf dem Chip bindet, genau zugeordnet werden. Soll der DNA-Chip beispielsweise zur Überprüfung der Genexpression in einer Zelle eingesetzt werden, muss die mRNA isoliert und mit Hilfe von reverser Transkriptase in cDNA umgeschrieben werden. Dabei wird die cDNA häufig noch mit einem Fluoreszenzfarbstoff markiert. Anschließend erfolgt eine Hybridisierung. Die Position auf dem Chip, an die die fluoreszierende DNA bindet, kann bestimmt und das korrespondierende DNA-Fragment identifiziert werden. Auf diese Weise werden z.B. Expressionsmuster von Krebszellen mit dem Expressionsmuster von normalen Zellen verglichen. Man erhält damit Informationen über Fehlsteuerungen der Genexpression in Krebszellen, die wiederum dazu benutzt werden können, um neue Therapiestrategien zu entwickeln.

Gentechnische Verfahren eignen sich auch zur gezielten Ausschaltung von Genen.

Genausschaltung durch RNA-Interferenz. Die Technik der **RNA-Interferenz** (RNAi) ermöglicht die Verminderung der Expression spezifischer Gene und ermöglicht so die Gewinnung wichtiger Erkenntnisse über die Funktion dieser Gene. Sie beruht auf physiologischen Regulationsmechanismen bei der Transkription eukaryoter Gene (▶ Kap. 8.3) Die einzelnen Schritte des Verfahrens sind in Abb. 7.39 dargestellt:

In die Zielzellen muss ein **doppelsträngiges RNA-Molekül** (dsRNA) eingeführt werden, welches komplementär zu Sequenzen des auszuschaltenden Gens ist. dsRNA ist Substrat einer als **DICER** bezeichneten RNAse, die doppelsträngige RNA in Bruchstücke aus etwa 20 Nucleotiden spaltet. Diese werden als *silencing RNA* (siRNA)

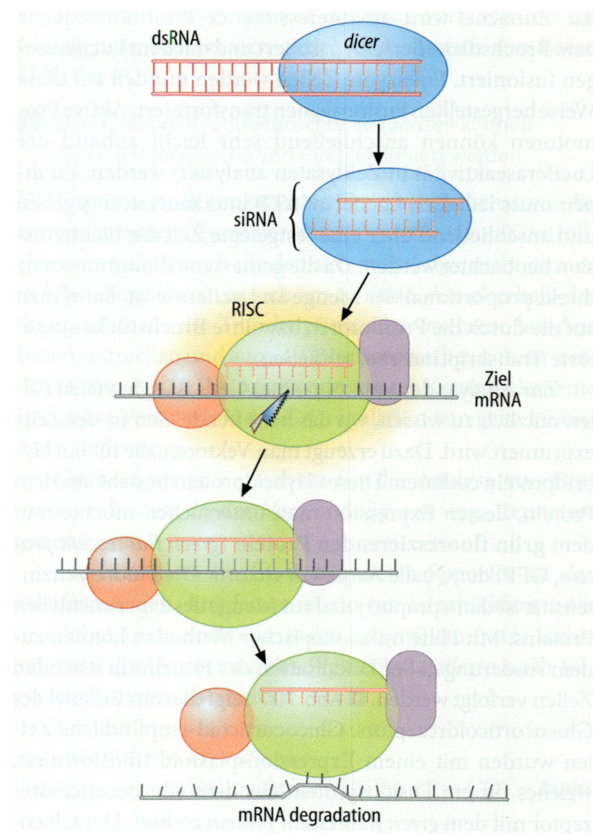

Abb. 7.39. Ausschalten (»*knock-down*«) von Genen mit Hilfe von siRNA. (Einzelheiten ▶ Text)

bezeichnet. Die siRNA-Moleküle reagieren anschließend mit einem Multienzymkomplex, der als *RNA-induced silencing complex* (RISC) bezeichnet wird. In einer ATP-abhängigen Reaktion entsteht zunächst aus der doppelsträngigen siRNA einzelsträngige siRNA. Anschließend reagiert diese mit den komplementären Sequenzen auf der zellulären mRNA. Dies führt zur Aktivierung einer als Argonaute bezeichneten RNAse, welche die mRNA abbaut.

Die benötigte doppelsträngige RNA wird häufig durch Mikroinjektion in die Zellen eingebracht. Da sie allerdings relativ rasch abgebaut wird, ist ihr Effekt nur von kurzer Dauer. Wünscht man längerfristige Genausschaltungen, so werden die Zellen üblicherweise mit einem Plasmid transformiert, das eine zur benötigten doppelsträngige RNA komplementäre DNA-Sequenz vor einem starken RNA-Polymerasepromotor enthält.

Genausschaltung durch homologe Rekombination. Fremde DNA, welche von eukaryoten Zellen aufgenommen wird, wird zu einem geringen Anteil durch Rekombination in das Genom der Wirtszelle eingebaut. Dies geschieht in aller Regel durch heterologe Rekombination, d.h. Einbau in eine mit dem fremden Gen nicht verwandte Sequenz. Homologe Rekombination, d.h. Aufnahme in die identische Sequenz

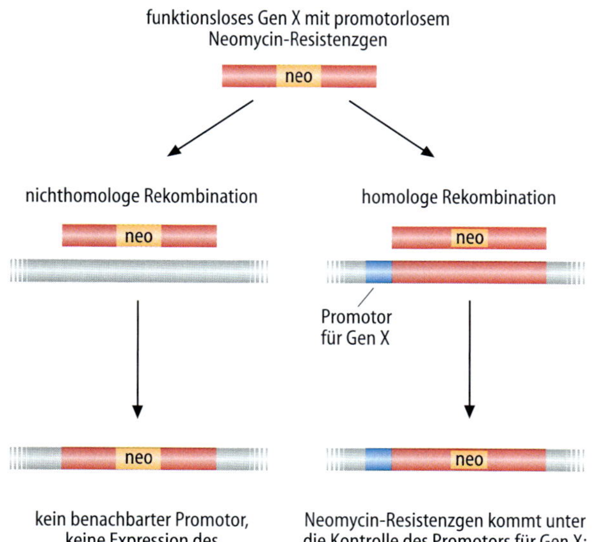

Abb. 7.40. Genausschaltung durch homologe Rekombination. In die klonierte DNA des auszuschaltenden Gens wird, allerdings ohne einen Promotor, ein Resistenzgen für ein zytotoxisches Antibiotikum eingebaut. Nur bei homologer Rekombination kommt dieses unter die Kontrolle eines Promotors und macht somit die Zellen resistent gegen das Antibiotikum

des Genoms, findet sich zwar häufig bei Bakterien, Hefen und bestimmten Viren, jedoch außerordentlich selten bei tierischen Zellen. Da jedoch in der Theorie die homologe Rekombination ein ideales Verfahren zur gezielten Modifikation oder Ausschaltung von Genen darstellt, sind hoch empfindliche Selektionsverfahren entwickelt worden, die das Auffinden der wenigen homologen Rekombinanten aus einer großen Zellpopulation erlauben. Eines der häufig verwendeten Verfahren ist in Abb. 7.40 dargestellt. Es beruht darauf, dass in das durch homologe Rekombination einzubauende Gen durch gentechnische Verfahren ein Resistenzgen für ein zytotoxisches Antibiotikum, z.B. Neomycin, eingeführt wird. Dieses Gen darf allerdings keinen eigenen Promotor enthalten. Wird ein derartiges Konstrukt durch nicht homologe Rekombination in das Genom der Wirtszelle integriert, so wird wegen des Fehlens eines Promotors das Resistenzgen nicht aktiviert und die Zellen bleiben empfindlich gegenüber dem zytotoxischen Antibiotikum. Bei homologer Rekombination gelangt das Resistenzgen unter die Kontrolle des Promotors für das auszuschaltende Gen, die Zellen werden resistent gegenüber Neomycin und können aufgrund dieser Eigenschaft selektiert werden.

7.4.5 Herstellung transgener Tiere

Die bisher besprochenen Veränderungen des genetischen Materials durch Einbringung fremder DNA betrafen prokaryote, einzellige eukaryote Organismen und kultivierte

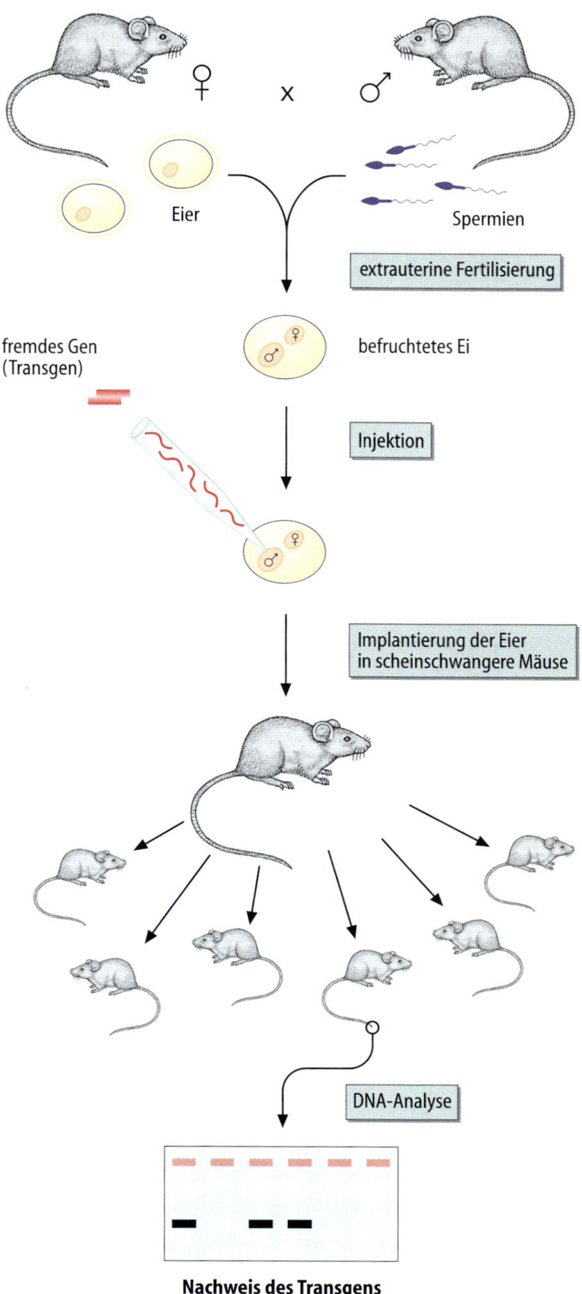

Abb. 7.41. Herstellung transgener Mäuse. (Einzelheiten ► Text; nach Watson et al.: Recombinant DNA, 1992)

Zellen höherer Organismen. Ein ganz anderes aufwendigeres Verfahren ist notwendig, um höhere Organismen mit stabilen, d.h. an die Nachkommen vererbbaren, neuen genetischen Eigenschaften auszustatten. Die Technik zur Herstellung derartiger **transgener Organismen** ist ursprünglich an Mäusen entwickelt worden. Inzwischen hat sich gezeigt, dass nicht nur tierische, sondern auch pflanzliche Organismen genetisch manipuliert werden können. Das Vorgehen zur Herstellung transgener Mäuse ist schematisch in Abb. 7.41 dargestellt. Es beginnt mit der *in vitro*-Fertilisie-

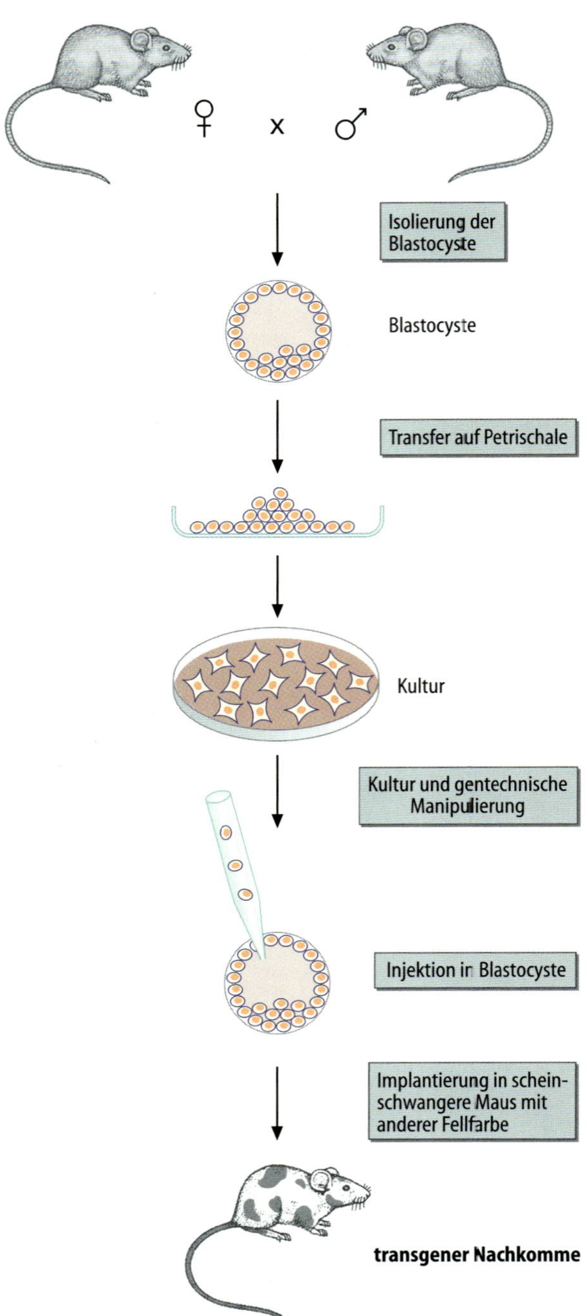

Abb. 7.42. Herstellung transgener chimärer Mäuse durch gentechnische Manipulation von Zellen aus der Blastozyste. (nach Watson et al.: Recombinant DNA, 1992)

rung von Mäuseeiern. Fremde DNA kann mit einer Ausbeute von bis zu 40% erfolgreich in das Mäusegenom eingebracht werden, wenn sie in einen der beiden unmittelbar nach der Fertilisierung nachzuweisenden Pronuclei injiziert werden. Normalerweise werden einige hundert Kopien der fremden DNA injiziert. Bringt man so modifizierte Eizellen in scheinschwangere Mäuse ein, so entwickeln sie sich normal. Das Vorhandensein des fremden Gens kann bei den Nachkommen durch PCR-Analyse nachgewiesen werden. Meist nimmt man hierzu eine kleine Gewebeprobe vom Schwanz. Viele Untersuchungen haben gezeigt, dass die auf diese Weise eingeführte Fremd-DNA stabil in das Genom dieser Mäuse integriert wird und sich nach den Mendel'schen Regeln vererbt. Durch geeignete Züchtung können für die fremde DNA homozygote Mäuselinien hergestellt werden. Eine Alternative zu dem beschriebenen Verfahren besteht darin, aus der durch Kaiserschnitt entnommenen Blastozyste **embryonale Stammzellen** in Kultur zu nehmen. Dabei können sie mit der fremden DNA transfiziert werden. Durch Injektion derartiger Zellen in neue Blastozysten nehmen diese an der folgenden Embryonalentwicklung teil und bilden schließlich **chimäre Mäuse** entsprechend der Verteilung der Stammzellen auf die unterschiedlichen Gewebe während der Embryogenese. Normalerweise verwendet man als Donoren der embryonalen Stammzellen sowie der Empfänger-Blastozysten Mäuse unterschiedlicher Fellfarbe, sodass chimäre Nachkommen an der Fellfarbe leicht erkannt werden können.

An derartigen transgenen Mäusen werden viele Untersuchungen z.B.

- zur Regulation der Embryogenese
- zur gewebsspezifischen Genexpression
- zur Biochemie der Geschlechtsausprägung und
- zur Funktion einzelner Genprodukte durchgeführt

Ein weiteres Verfahren zur Funktionsanalyse spezifischer Genprodukte beruht auf der Ausschaltung dieser Gene in embryonalen Stammzellen durch homologe Rekombination mit einem funktionslosen Gen. Nach Injektion derartiger Transfektanten in neue Blastozysten entstehen chimäre Mäuse mit dem entsprechend ausgeschalteten Gen, aus denen durch Zuchtverfahren eine homozygote Mäuselinie hergestellt werden kann (Abb. 7.42). Derartige »**Knockout-Mäuse**« haben zu überraschenden Erkenntnissen über die Funktion unterschiedlichster Genprodukte geführt.

In Kürze

Alle gentechnischen Verfahren beruhen im Prinzip darauf, dass Zellen oder Organismen dazu gebracht werden, fremde DNA aufzunehmen, sie gegebenenfalls in ihr Genom zu integrieren, zu replizieren und wenn gewünscht, die in der fremden DNA enthaltene Information in Form von Proteinen zu exprimieren.

Als Genfähren (Vektoren) werden
- Plasmide
- λ-Phagen
- künstliche Hefechromosomen (YACs) oder Viren benutzt

Resistenzgene sind nützliche Elemente zur Überprüfung der erfolgreichen Klonierung.

Sollen die Vektoren zur Expression von Proteinen dienen, benötigen sie einen starken Promotor vor dem zu exprimierenden Gen.

Genomische Genbanken enthalten die Gesamtheit aller Gene in Form von Fragmenten in Vektoren. cDNA-Banken leiten sich von mRNA ab, aus der durch reverse Transkription cDNA entstanden ist. Sie spiegeln das Expressionsmuster einer Zelle oder eines Gewebes wider.

Gene können im Labor mit Hilfe der Polymerase-Kettenreaktion amplifiziert werden. Durch mehrere Reaktionszyklen stellt eine thermostabile DNA-Polymerase zahlreiche Kopien von einer DNA-Matrize her.

Promotorregionen können mit Hilfe von Reportergenen analysiert werden. Dabei codieren die Reportergene für Enzyme oder für fluoreszierende Proteine. Die Ausschaltung eines Gens erlaubt in vielen Fällen Rückschlüsse auf seine Funktion. Eine solche Ausschaltung kann erfolgen durch die Verwendung von siRNA oder homologe Rekombination.

Literatur

Monographien

Alberts B (2002) Molecular Biology of the Cell. 4th Edition, Garland Science

Krauss G (2003) Biochemistry of signal transduction and regulation. 3nd Edition, Wiley-VCH

Stein GS, Pardee AB (2004) Cell Cycle and Growth Control Biomolecular Regulation and cancer. 2nd Edition

Watson JD, Gilman M, Witkowski J, Zoller M (1992) Recombinant DNA. 2nd Edition, W.H. Freeman

Übersichts- und Originalartikel

Adams JM (2003) Ways of dying: multiple pathways to apoptosis. Genes and Development 17:2481–2495

Bishop AJ, Schiestl RH (2001) Homologous recombination as a mechanism of carcinogenesis. Biochim Biophys Acta 1471:109–121

Blackburn EH (2000) The end of the (DNA) line. Nat. Struct Biol 7:847–850

Green DR (2000) Apoptotic pathways: Paper wraps stone blunts scissor. Cell 102:1–4

Hanawalt PC (2001) Controlling the efficiency of excision repair. Mutation Research 485:3–13

Hutchins JRA, Clarke PR (2004) Many Fingers on the Mitotic Trigger: Post-Translational Regulation of the Cdc25C Phosphatase. Cell Cycle 3:41–45

Kawata M (2001) Subcellular Steroid/Nuclear Receptor Dynamics. Arch Histol Cytol 64:353–368

Kim NW, Piatyszek MA, Prowse KR, Harley CB, West MD, Ho PLC, Coviello GM, Wright WE, Weinrich SL, Shay JW (1994) Specific association of human telomerase activity with immortal cells and cancer. Science 266:2011–2015

Lukas J, Lukas C, Bartek J (2004) Mammalian cell cycle checkpoints: signalling pathways and their organization in space and time. DNA repair 3:997–1007

Mendez J, Stillman, B (2003) Perpetuating the double helix: molecular machines at eukaryotic DNA replication origins. Bioassays 25:1158–1167

Murray AW (2004) Recycling the cell cycle: cyclin revisited. Cell 116:221–234

Nevins JR (2001) The Rb/E2F pathway and cancer. Hum Mol Genet 10:699–703

Roovers K, Assoian RK (2000) Integration the MAP kinase signal into the G1 phase cell cycle machinery. BioEssays 22:818–826

Schutze N (2004) siRNA technology Mol Cell Endocrinol 213:115–119

Stauffer ME, Chazin WJ (2004) Structural mechanisms of DNA replication, repair and recombination. J Biol Chem 279:30915–30918

Verschuren EW, Jones N, Evan GI (2004) The cell cycle and how it is steered by Kaposi's sarcoma-associated herpesvirus cyclin. J Gen Virol 85:1347–1361

Vidal A, Koff A (2000) Cell-cycle inhibitors: three families united by a common sense. Gene 247:1–15

Wilkinson MG, Millar JBA (2000) Control of the eukaryotic cell cycle by MAP kinase signaling pathways. FASEB J 14:2147–2157

Links im Netz

▶ www.lehrbuch-medizin.de/biochemie

8 Transkription und posttranskriptionale Prozessierung der RNA

Mathias Montenarh

8.1 Allgemeiner Mechanismus der Transkription – 256
8.1.1 Bedeutung der Transkription und Funktionen der RNA – 256
8.1.2 Prinzip der Transkription – 256

8.2 Transkription bei Prokaryoten – 257

8.3 Transkription bei Eukaryoten – 259
8.3.1 Eukaryote RNA-Polymerasen – 259
8.3.2 Bildung des eukaryoten Initiationskomplexes der RNA-Polymerase II – 260
8.3.3 Elongation der Transkription und cotranskriptionale Modifikation der Prä-mRNA – 262
8.3.4 Transkription durch die RNA-Polymerasen I und III – 267
8.3.5 Hemmstoffe der Transkription – 268
8.3.6 Export der mRNA aus dem Zellkern – 269
8.3.7 Abbau von mRNA – 270

8.4 Regulation der Transkription bei Prokaryoten – 271

8.5 Regulation der Genexpression bei Eukaryoten – 271
8.5.1 Aktivierung und Inaktivierung von Genen – 271
8.5.2 Aufbau und Wirkungsmechanismus von Transkriptionsaktivatoren – 275
8.5.3 Alternatives Spleißen – 278
8.5.4 mRNA-*editing* – 280
8.5.5 Regulation der mRNA-Stabilität – 280

Literatur – 283

Einleitung

Die DNA enthält für Proteine codierende Gene, darüber hinaus aber auch die Information für die Synthese von ribosomaler RNA oder Transfer-RNA. Da zu einem bestimmten Zeitpunkt eine Zelle in Abhängigkeit von ihrem Differenzierungszustand, ihrer jeweiligen biologischen Aktivität sowie vieler extrazellulärer Signalstoffe nur einen geringen Teil der Gene in Form der entsprechenden Genprodukte benötigt, ergibt sich zwingend, dass jeweils nur bestimmte DNA-Abschnitte in eine Form umgeschrieben werden müssen, die ihre weitere Verwendung, z.B. für die Proteinbiosynthese, ermöglicht. Dieser Vorgang wird als Transkription bezeichnet und beinhaltet die Herstellung einer Kopie eines Gens in Form eines einzelsträngigen RNA-Moleküls. Bei Eukaryoten findet die Transkription im Zellkern statt. Sie führt in der Regel noch nicht zu funktionsfähigen Molekülen, vielmehr müssen die primären Transkriptionsprodukte z.T. erhebliche Veränderungen durchlaufen, bevor sie durch die Kernporen in das Cytosol transportiert werden, um dort ihren verschiedenen Funktionen im Rahmen der Proteinbiosynthese nachzukommen. Die Transkription selbst, aber auch die Modifikationen, der Transport und der Abbau der primären Transkriptionsprodukte werden durch jeweils unterschiedliche Mechanismen reguliert. Störungen dieser Vorgänge können zu schwerwiegenden Krankheitsbildern führen.

8.1 Allgemeiner Mechanismus der Transkription

8.1.1 Bedeutung der Transkription und Funktionen der RNA

! Aus den durch die Transkription der DNA entstehenden RNA-Transkripten werden co- und posttranskriptional die verschiedenen RNA-Spezies gebildet.

Alle kernhaltigen Zellen des menschlichen Organismus tragen dieselbe genetische Information in ihrer DNA. Trotzdem unterscheidet sich eine Nervenzelle deutlich von einer Haut- oder einer Leberzelle. Die Ursache dafür liegt darin, dass nicht in jeder Zelle die gesamte genetische Information abgerufen wird. Je nach Zelltyp oder Gewebe wird nur ein bestimmtes Repertoire an Genen exprimiert. Die Genexpression beinhaltet das Umschreiben von Teilen der genetischen Information in RNA, dieses Umschreiben nennt man Transkription.

Die Chemie der RNA-Biosynthese hat zwar große Ähnlichkeit mit derjenigen der DNA-Biosynthese (▶ Kap. 7.2), in ihrer biologischen Bedeutung unterscheiden sich aber beide Vorgänge erheblich:

- Bei der Replikation wird das gesamte Genom kopiert, bei der Transkription werden nur einzelne DNA-Abschnitte abgelesen
- Der DNA-Bestand einer Zelle soll sich während ihrer Lebenszeit nicht verändern. Deswegen gibt es umfangreiche Mechanismen zur Reparatur von Mutationen. Im Gegensatz dazu wird die RNA immer wieder neu synthetisiert und nach Erledigung ihrer Aufgaben abgebaut

Die durch Transkription von DNA entstandene RNA hat in der Zelle viele Funktionen:

- In Form der mRNA dient sie als Matrize für die Proteinbiosynthese
- Als tRNA bildet sie den Adapter, der für die Übersetzung des Nucleinsäure-Codes in die Aminosäuresequenz benötigt wird
- Als rRNA ist sie Strukturbestandteil der für die Proteinbiosynthese benötigten Ribosomen
- In Form der Ribozyme dient RNA bei den unterschiedlichsten Vorgängen als Katalysator
- Eine große Zahl kleiner RNA-Moleküle hat darüber hinaus regulatorische Funktionen

Die strukturellen Unterschiede zwischen DNA und RNA werden in Kapitel 5 besprochen.

8.1.2 Prinzip der Transkription

! Die Transkription wird in drei Phasen eingeteilt, die Initiation, Elongation und Termination.

Die gesamte RNA einer Zelle wird durch Transkription hergestellt. Das chemische Prinzip dieses Vorgangs ähnelt dem der DNA-Replikation. Am Anfang wird ein kleiner Bereich der DNA-Doppelhelix geöffnet und entwunden, sodass die Basen an beiden DNA-Strängen freigelegt sind. Die beiden Einzelstränge der DNA haben bei der Transkription eine unterschiedliche Funktion.

- Der Strang, der als Matrize für die RNA-Synthese dient, wird auch als **Matrizenstrang** oder Minusstrang bezeichnet (englisch *antisense strand*). In einem Chromosom können verschiedene Gene unterschiedliche Stränge als Matrize verwenden
- Die Basensequenz des zum Matrizenstrang komplementären DNA-Strangs entspricht der Basensequenz des RNA-Transkripts. Dieser Strang wird auch als **codierender Strang**, Plusstrang oder als Nicht-Matrizenstrang bezeichnet (englisch *sense strand*)

Die für die Transkription verantwortlichen Enzyme sind die **DNA-abhängigen RNA-Polymerasen**. Ihre Assoziation mit

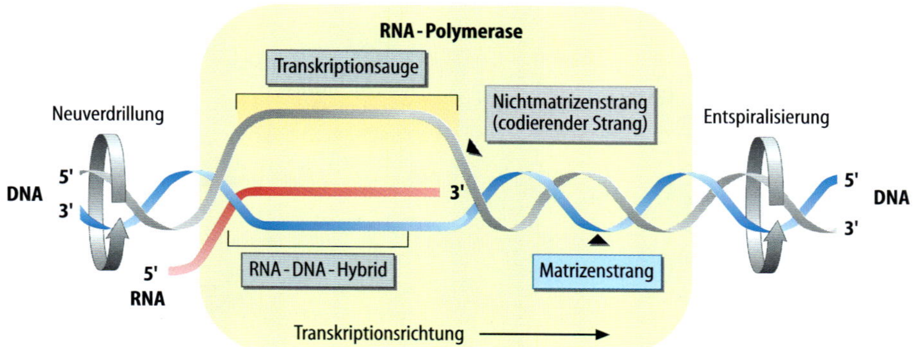

Abb. 8.1. Prinzip der Transkription durch RNA-Polymerasen. An der Startstelle der Transkription muss die DNA lokal entwunden werden, woraufhin die RNA-Polymerase mit dem Transkriptionsvorgang beginnt und auf dem Matrizenstrang in 3'-5'-Richtung entlangläuft. Die Synthese der RNA erfolgt in 5'-3'-Richtung. Die DNA muss vor der RNA-Polymerase entwunden und hinter ihr wieder zur Doppelhelix verwunden werden

der DNA sowie die bei der Transkription notwendigen Veränderungen des DNA-Doppelstrangs sind in Abb. 8.1 dargestellt. Damit die RNA-Polymerase das einzelsträngige Transkript herstellen kann, muss der DNA-Doppelstrang über ein kurzes Stück, das sog. Transkriptionsauge, entwunden, dahinter jedoch wieder neu verdrillt werden. Dies würde zu einer beträchtlichen Rotation der DNA führen, die jedoch aus strukturellen Gründen eingeschränkt ist. Die sich hieraus ergebenden topologischen Probleme werden von **Topoisomerasen** (► Kap. 7.2.3) bewältigt.

Prinzipiell kann man die Transkription in drei Stadien einteilen:

- Initiation
- Elongation
- Termination

Initiation. Das größte Problem bei der Initiation ist das korrekte Auffinden der Startstelle für die Transkription, sodass möglichst nur der für die Funktion des betreffenden Gens benötigte DNA-Abschnitt transkribiert wird. Hierzu verfügen pro- und eukaryote Gene über sog. **Promotoren** oder Promotorregionen. Sie sind Strukturelemente, die die Bindung der RNA-Polymerasen an den Transkriptions-Startpunkt ermöglichen und Informationen darüber geben, mit welcher Effizienz und zu welchem Zeitpunkt ein Gen transkribiert wird, d.h. wie seine Transkription reguliert ist. Derartige Strukturen der Promotorregionen werden auch als *cis*-Elemente, spezifisch an sie bindende Proteine als *trans*-Elemente bezeichnet.

Elongation. Für die Elongation werden die entsprechenden Nucleosidtriphosphate und Enzyme für die Verknüpfung der Nucleotide in der wachsenden RNA benötigt.

Termination. Für die Termination müssen spezifische Signale auf der DNA vorhanden sein, sodass verhindert wird, dass unter Energieaufwand große, nicht codierende Bereiche hinter den Genen transkribiert werden.

Transkriptionsregulation. Gerade für die Medizin ist die Regulation der Transkription von besonderer Bedeutung. Die zur Aufrechterhaltung der basalen Funktionen von Zellen benötigten Gene werden i. Allg. konstant exprimiert. Man bezeichnet dies auch als **konstitutive Transkription**, die betreffenden Gene auch als »*house keeping genes*«. Die Transkriptionsgeschwindigkeit der **regulierten Gene** kann im Gegensatz zu den *house keeping genes* um Größenordnungen variieren und wird durch eine große Zahl intra- und extrazellulärer Faktoren beeinflusst.

In Kürze

Durch den Vorgang der Transkription wird die Kopie eines Gens in Form eines einzelsträngigen RNA-Moleküls erzeugt. Hierfür wird ein partiell einzelsträngiges DNA-Molekül als Matrize benötigt, außerdem RNA-Polymerasen und die Nucleosidtriphosphate ATP, GTP, UTP und CTP. Die Transkription wird in die Phasen Initiation, Elongation und Termination eingeteilt.

8.2 Transkription bei Prokaryoten

! Die durch RNA-Polymerasen katalysierte Reaktion ist bei pro- und eukaryoten Organismen identisch.

Chemisch entspricht der Reaktionsmechanismus aller RNA-Polymerasen demjenigen der DNA-Polymerasen (Abb. 8.2). Das 3'-OH-Ende eines Nucleotids greift die Phosphorsäureanhydrid-Bindung zwischen dem α- und β-Phosphat des nächsten anzukondensierenden Ribonucleotids an, sodass dieses unter Pyrophosphatabspaltung in die wachsende RNA-Kette eingebaut wird. Die Sequenz der durch diese Verlängerung eingebauten Ribonucleotide ist komplementär zur Basensequenz des Matrizenstrangs und entspricht damit derjenigen des codierenden Strangs. Anstelle von Thymin enthält die RNA Uracil, das aber in glei-

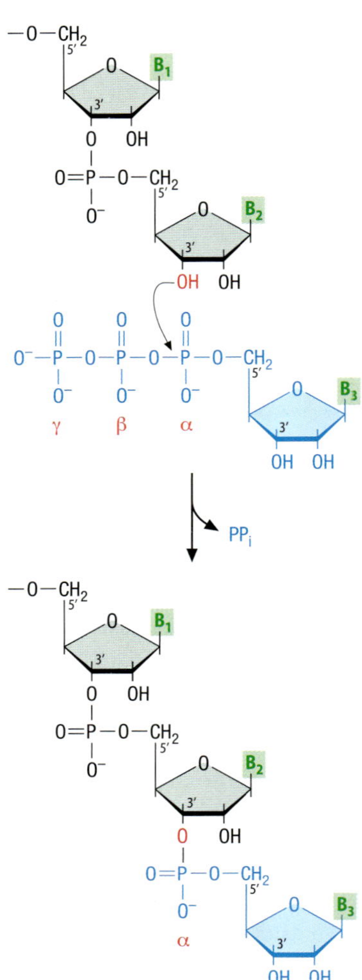

Abb. 8.2. Mechanismus der RNA-Biosynthese durch RNA-Polymerasen. Analog zum Mechanismus der DNA-Polymerasen handelt es sich um den Angriff des 3′-OH-Endes eines Nucleotids auf die Phosphorsäureanhydrid-Bindung zwischen dem α- und β-Phosphat des nächsten anzukondensierenden Ribonucleotids

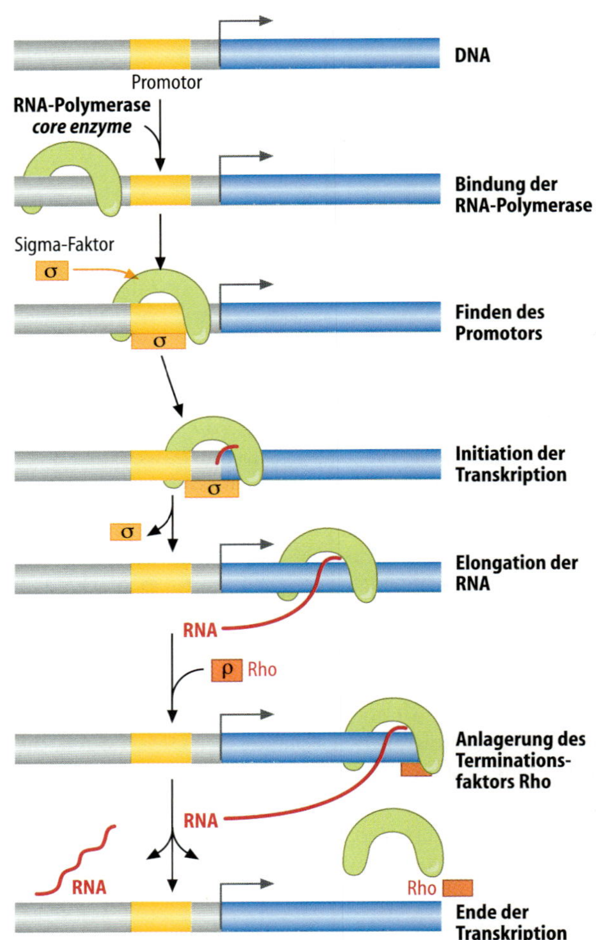

Abb. 8.3. Transkription prokaryoter Gene. Die Transkription bei Prokaryoten kommt durch das Zusammenwirken von DNA-abhängiger RNA-Polymerase als pentameres Enzym sowie des Sigma-Faktors für die Initiation und des Faktors Rho für die Termination zustande. (Weitere Einzelheiten ► Text)

cher Weise mit Adenin zwei Wasserstoffbrückenbindungen ausbildet. Ein wichtiger Unterschied im Vergleich zur DNA-Replikation ist, dass zur Einleitung der RNA-Biosynthese kein Primer benötigt wird, das neu gebildete RNA-Molekül infolgedessen zunächst ein 5′-Triphosphatende hat. Die Größe von RNA-Molekülen variiert zwischen weniger als 100 Basen bei t-RNAs und mehr als 100 kB bei Prä-mRNAs großer Proteine.

Prokaryote besitzen eine aus fünf Untereinheiten zusammengesetzte RNA-Polymerase.

Die RNA-Polymerase von Prokaryoten ist ein großer Enzymkomplex. Das Holoenzym hat eine Molekülmasse von 480 kDa. Es kann in das sog. *core*-Enzym und den Sigmafaktor (σ-Faktor) getrennt werden. Das Erstere ist ein Pentamer und besteht aus den Untereinheiten α_2, β, β′, ω. Das *core*-Enzym allein kann zwar RNA in Anwesenheit einer DNA-Matrize synthetisieren, ist jedoch nicht imstande, die richtigen Startstellen für die Transkription zu finden. Hierfür ist die Assoziation mit dem Sigmafaktor σ notwendig, der jedoch für die Elongation und Termination der RNA-Polymerisierung nicht benötigt wird.

Abbildung 8.3 zeigt die bei der Transkription prokaryoter Gene stattfindenden Vorgänge in schematischer Form. Sie beginnen mit der Bindung der RNA-Polymerase an die DNA. Für die **Initiation** ist das korrekte Auffinden des Transkriptionsstartpunkts notwendig. Dies wird durch **AT-reiche Regionen** im Promotor aller prokaryoten Gene ermöglicht, die sich bei E. coli etwa 10 bis 35 Basenpaare oberhalb des Transkriptionsstarts befinden. Da die Wasserstoffbrückenbindungen zwischen AT-Paaren schwächer sind als zwischen GC-Paaren, kann hier die für die Transkription notwendige Trennung in codogenen Strang und Matrizenstrang leichter erfolgen. Für die Anlagerung der RNA-Polymerase an die Promotorregion und die Initiation der Transkription wird der σ-Faktor benötigt. Nachdem die

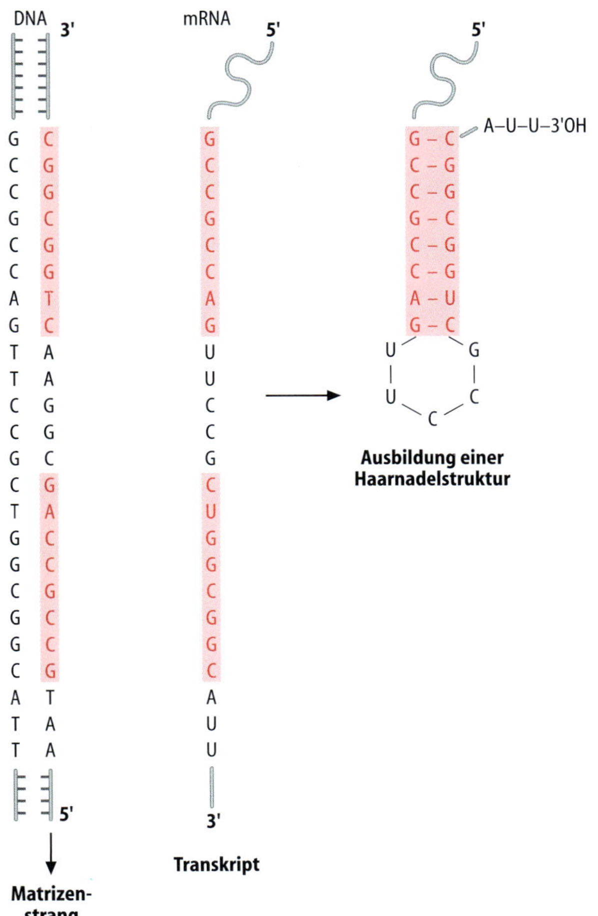

Abb. 8.4. ***inverted repeat* als Terminationssignal bakterieller Gene.** In den RNA-Transkripten entsteht durch diese Anordnung eine Haarnadelstruktur, die als Terminationssignal dient

Initiationsstelle aufgefunden ist, lagert die RNA-Polymerase das erste Nucleosidtriphosphat an, welches immer GTP oder ATP ist, und bildet auf diese Weise den **Initiationskomplex**.

Nach Knüpfung von etwa 10 Phosphodiesterbindungen kommt es zur Dissoziation des σ-Faktors, da die weitere Transkription, die **Elongation**, durch das *core*-Enzym alleine möglich ist. Vom Promotor aus liest die RNA-Polymerase den Matrizenstrang in $3' \rightarrow 5'$ -Richtung ab und synthetisiert dabei die RNA in $5' \rightarrow 3'$-Richtung. Dabei sind jeweils etwa 8 oder 9 Nucleotide durch Basenpaarung mit dem Matrizenstrang verbunden. Durch sog. *proofreading* überprüft die RNA-Polymerase die Richtigkeit der Basenpaarung. Fehlerhaft eingebaute Nucleotide können entfernt und durch die richtigen ersetzt werden.

Für die **Termination** muss das Ende des bei Prokaryonten häufig polycistronischen Strukturgens gefunden werden. Im Prinzip sind hierfür zwei Mechanismen realisiert, Rho-abhängige und Rho-unabhängige.

Im ersteren Fall wird der **Proteinfaktor Rho** (ρ) benötigt. Er bildet eine hexamere Ringstruktur um die entstehende RNA, was die Abtrennung der Polymerase auslöst. Die Nucleotidsequenzen, an die Rho bindet, sind noch nicht vollständig aufgeklärt. Die zweite Terminationsmöglichkeit beruht auf der Ausbildung von Haarnadelstrukturen in der RNA. Hierzu sind in den Genen **Terminationssignale** notwendig, die etwa 40 Basenpaare lang sind und die die in Abb. 8.4 dargestellten Strukturmerkmale aufweisen. Sie enthalten alle eine umgekehrte, also palindromische repetitive Sequenz (*inverted repeat*, ► Kap. 5.3.2), an die sich eine Serie von AT-Basenpaaren anschließt. Aufgrund der Anordnung der repetitiven Sequenz kann das RNA-Transkript durch Bildung von intramolekularen Wasserstoffbrückenbindungen zwischen komplementären Basen eine Haarnadelstruktur ausbilden, welche das Signal für die Termination darstellt.

Die sofortige Ablösung der RNA von der DNA ermöglicht es, dass in kurzer Zeit viele RNA-Kopien eines Gens hergestellt werden können. Zudem kann die Synthese eines neuen RNA-Moleküls beginnen, bevor das vorherige RNA-Molekül fertig gestellt wurde. Die Effizienz der Transkription wird über Sequenzvariationen in der Promotorregion bzw. in der Terminationssequenz bestimmt. Promotoren für Gene, die für häufig benötigte Proteine codieren, sind besonders stark, d.h. sie ermöglichen viele Initiationsereignisse pro Zeiteinheit für die Transkription.

In Kürze

Bei Prokaryoten kommt nur eine RNA-Polymerase vor, die für die 5′, 3′-Verknüpfung von Ribonucleotiden im wachsenden RNA-Molekül verantwortlich ist. Mit Hilfe des Sigma-Faktors bildet sie am Promotor den Initiationskomplex. Für die Elongation wird der Sigma-Faktor nicht mehr benötigt. Für die Termination sind *inverted repeats* der neu synthetisierten RNA oder der Terminationsfaktor Rho verantwortlich.

8.3 Transkription bei Eukaryoten

8.3.1 Eukaryote RNA-Polymerasen

Eukaryote besitzen drei verschiedene RNA-Polymerasen mit jeweils unterschiedlicher Funktion.

Im Gegensatz zu Prokaryoten kommen bei allen Eukaryoten drei verschiedene RNA-Polymerasen vor, die sich durch die Zahl der Untereinheiten, ihre Lokalisation im Zellkern sowie durch ihre Funktion unterscheiden (Tabelle 8.1). **Die RNA-Polymerase I** ist im Nucleolus lokalisiert. Sie transkribiert dort das Gen für den 45S-Vorläufer der ribosomalen RNA (► unten). Die **RNA-Polymerase II** befindet sich im Zellkern und transkribiert die für Proteine codierenden Gene. Die Transkriptionsprodukte werden gewöhnlich als Prä-mRNA oder hnRNA (*heterogeneous nuclear*

Tabelle 8.1. Eukaryote RNA-Polymerasen

Typ	Vorkommen	Produkt	Hemmbarkeit durch α-Amanitin
RNA-Polymerase I	Nucleolus	Ribosomale RNA	–
RNA-Polymerase II	Nucleus	Prä-mRNA, nach Prozessierung mRNA	+
RNA-Polymerase III	Nucleus	Transfer-RNA	(+)

RNA) bezeichnet. Die **RNA-Polymerase III** transkribiert schließlich alle tRNA-Gene sowie das Gen für die 5S-rRNA.

Die drei RNA-Polymerasen unterscheiden sich in ihrer Hemmbarkeit durch **α-Amanitin**, das Gift des grünen Knollenblätterpilzes. Während die RNA-Polymerase II bereits durch geringe Konzentrationen gehemmt wird, ist die RNA-Polymerase I völlig unempfindlich gegenüber dem Pilzgift. Zur Hemmung der RNA-Polymerase III werden relativ große Mengen des Gifts benötigt.

Alle drei eukaryoten RNA-Polymerasen bestehen aus mindestens 10 bis 12 Untereinheiten. Ihre Molekülmasse liegt bei etwa 500 kDa. Ohne die Anwesenheit sog. **allgemeiner Transkriptionsfaktoren** sind sie nicht zur Initiation der Transkription imstande. Die jeweilige Zugehörigkeit eines allgemeinen Transkriptionsfaktors zu einer RNA-Polymerase wird dadurch zum Ausdruck gebracht, dass an die Abkürzung für den Transkriptionsfaktor (TF) römische Ziffern angefügt werden, die mit der Nummerierung der RNA-Polymerasen übereinstimmen. Daran schließt sich ein weiterer Großbuchstabe an, der den jeweiligen Transkriptionsfaktor identifiziert (TFIIA = allgemeiner Transkriptionsfaktor A für die RNA-Polymerase II).

Da die drei verschiedenen RNA-Polymerasen eukaryoter Zellen für die Transkription jeweils ganz unterschiedlicher Gruppen von Genen mit unterschiedlichen Promotoren verantwortlich sind, ist es nicht erstaunlich, dass sich die Bildung der **Initiationskomplexe** je nach Polymerase unterscheidet.

8.3.2 Bildung des eukaryoten Initiationskomplexes der RNA-Polymerase II

! In den Promotoren der RNA-Polymerase II finden sich hoch konservierte Sequenzmotive.

Die RNA-Polymerase II transkribiert alle für Proteine codierenden Gene, daneben auch einige andere, z.B. die für die Pri-miRNAs (► Kap. 8.5.5). Abbildung 8.5 stellt die in den Promotoren der für Proteine codierenden Gene auftretenden Strukturelemente zusammen. Es handelt sich immer um Sequenzen, an die allgemeine Transkriptionsfaktoren binden, die am Aufbau des Initiationskomplexes beteiligt sind. Die Bezeichnungen der für die Bildung des Initiationskomplexes notwendigen Sequenzen in der Promotorregion sind:

- BRE (TFIIB *recognition element*)
- TATA-Box
- Inr (Initiatorelement) und
- DPE (*downstream promoter element*)

Für seine optimale Funktionsfähigkeit muss ein normaler Promotor mindestens zwei oder drei dieser vier Elemente enthalten.

! Für die Bildung des eukaryoten Initiationskomplexes sind allgemeine Transkriptionsfaktoren notwendig.

Im Gegensatz zu den prokaryoten RNA-Polymerasen sind eukaryote RNA-Polymerasen nicht imstande, alleine an DNA zu binden. Sie benötigen hierzu **allgemeine Transkriptionsfaktoren**. Diese bilden den sog. **Initiationskomplex**, der für die korrekte Bindung der RNA-Polymerase an der Startstelle der Transkription verantwortlich ist. Der Initiationskomplex für die Transkription von Prä-mRNA-Genen besteht aus RNA-Polymerase II, allgemeinen Transkriptionsfaktoren und Mediator-Proteinen.

Die Bildung des Initiationskomplexes beginnt mit der Bindung des **TATA-Box-Bindeproteins** an die TATA-Box (Abb. 8.6). Das **TATA-Box-Bindeprotein** TBP ist eine Untereinheit des allgemeinen Transkriptionsfaktors TFIID. Durch die Bindung von TBP wird die DNA mit einem Winkel von etwa 80° verbogen und damit die Wechselwirkungen zwischen den AT-Paaren gelockert. Im Anschluss an die Bindung von TFIID lagern sich die allgemeinen Transkriptionsfaktoren TFIIB, TFIIF, zusammen mit der RNA-Polymerase II, TFIIE, TFIIH und TFIIJ an. Danach »schmelzen« die Wasserstoffbrückenbindungen der Basenpaare in

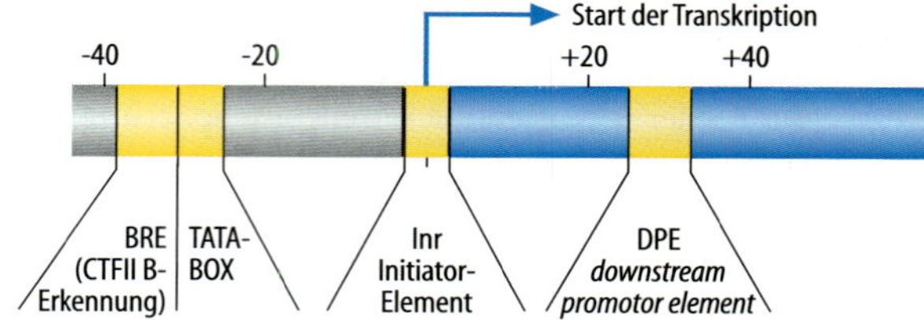

Abb. 8.5. Strukturmerkmale der Promotorregionen der von der RNA-Polymerase II transkribierten Gene. Bei den von der RNA-Polymerase II transkribierten Genen liegen oberhalb des Transkriptionsstartpunkts an den angegebenen Positionen die verschiedenen konservierten Regionen. Mindestens zwei oder drei dieser vier Elemente müssen in einem Promotor vorhanden sein. (Einzelheiten ► Text)

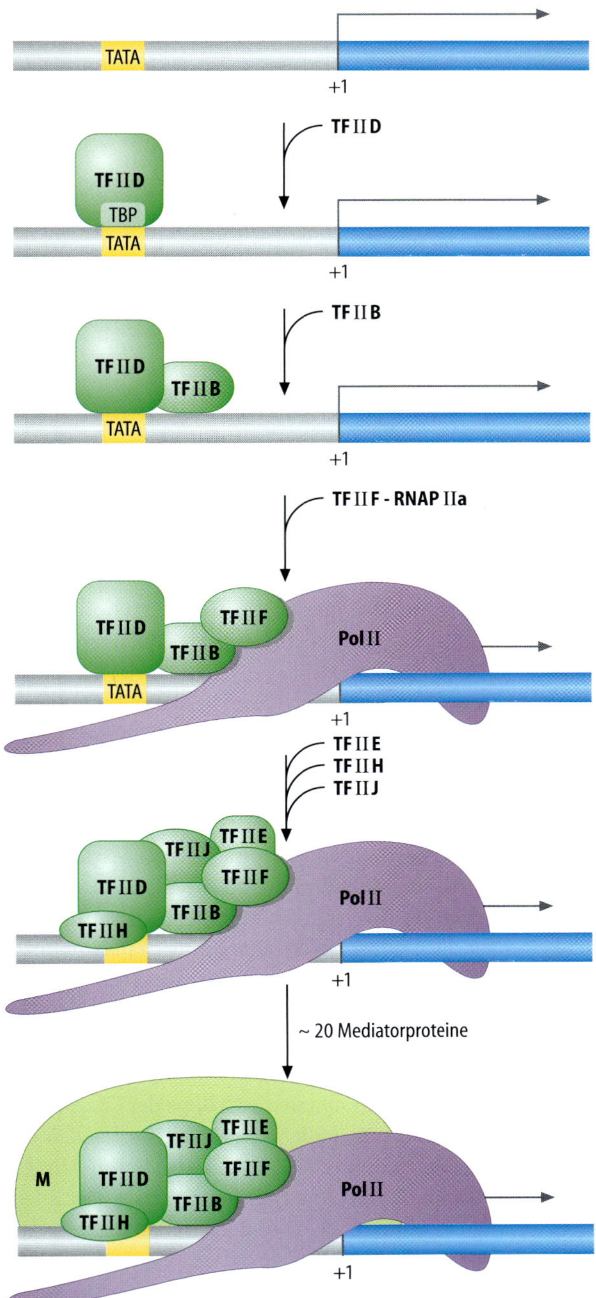

Abb. 8.6. Aufbau des Initiationskomplexes der RNA-Polymerase II. TFII = allgemeiner Transkriptionsfaktor; M = Mediatorproteine. (Einzelheiten ► Text)

der Promotorregion. Dieser Vorgang wird unter Spaltung von ATP durch die Helicase-Aktivität (► Kap. 7.2.2) des Faktors TFIIH katalysiert.

Der auf diese Weise gebildete Initiationskomplex kann *in vitro* gereinigte DNA-Präparationen transkribieren. Für die Transkription *in vivo* in der intakten Zelle ist darüber hinaus noch eine große Zahl weiterer Proteine notwendig, die unter dem Überbegriff **Mediatorproteine** zusammengefasst werden. Diese werden u.a. dafür benötigt, die in Nucleosomen kondensierte DNA für die Transkription zugänglich zu machen und ihre Interaktion mit oft weit entfernten aktivierenden oder hemmenden Transkriptionsfaktoren (► u.) zu ermöglichen.

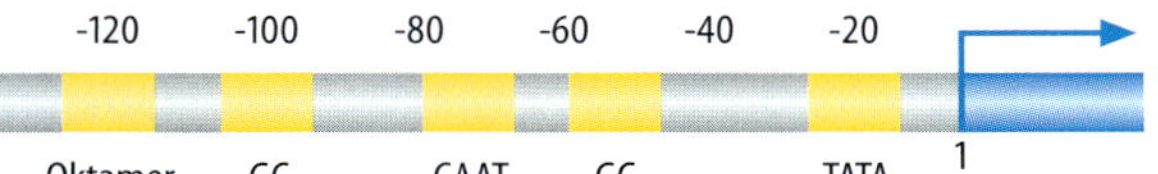

Abb. 8.7. Aufbau des Thymidinkinasepromotors. (Einzelheiten ► Text)

! Für die Initiation der Transkription sind weitere regulatorische Elemente notwendig.

Die Bildung des Initiationskomplexes ist eine Voraussetzung dafür, dass die RNA-Polymerase die korrekte Startstelle der Transkription auffindet und prinzipiell zur Transkription befähigt ist. Es finden sich allerdings in der Promotorregion eukaryoter Gene noch eine Reihe weiterer, oberhalb der TATA-Box lokalisierte Sequenzen, an die Transkriptionsfaktoren gebunden werden, die nicht am Aufbau des RNA-Polymerase II-Holoenzyms beteiligt sind. Abbildung 8.7 stellt dies in schematischer Form anhand des Aufbaus des Thymidinkinase-Promotors dar:

- In der Position -20, gerechnet vom Startpunkt der Transkription aus, befindet sich die TATA-Box, an der sich der Transkriptionsfaktor TF II D anlagert und auf diese Weise den Initiationskomplex bildet
- Etwa 40 Basenpaare oberhalb des Startpunkts befindet sich die sog. GC-Box, die in vielen Genen vorkommt und die Konsensussequenz GGGCGG aufweist
- Ungefähr 70 Basenpaare oberhalb des Startpunkts der Transkription findet sich ein weiteres Element, das auch als CAAT-Box bezeichnet wird und die Konsensussequenz GGCCAATCT aufweist
- Die Oktamer-Box schließlich befindet sich noch weiter oberhalb der Transkriptionsstartstelle

All den genannten Sequenzelementen ist gemeinsam, dass sie jeweils spezifische Proteinfaktoren binden können (Abb. 8.8), welche die Transkription aktivieren und entweder mit dem Transkriptionsfaktor TFIID oder dem RNA-Polymerase-Holoenzym direkt in Wechselwirkung treten. Sie werden als Transaktivatoren oder *upstream regulatory factors* (URFs) bezeichnet.

Vergleicht man die Anordnung der genannten DNA-Elemente bei verschiedenen eukaryoten Genen, so zeigen sich große Unterschiede. Der Promotor des frühen SV40-Gens (► Tab. 10.1 in Kap. 10.1) enthält beispielsweise als einzige Elemente 6 GC-Boxen, das Gen für das Histon H2B dagegen außer der TATA-Box 2 Oktamer- sowie 2 CAAT-Elemente. Insgesamt entscheidet die Zahl, weniger die räumliche Anordnung der genannten Elemente über die Effektivität, mit der ein Promotor die Transkription eines

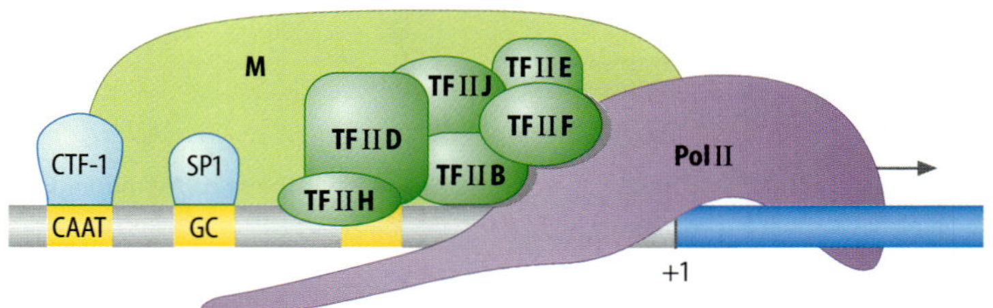

Abb. 8.8. Räumliche Beziehungen von Transaktivatoren mit dem Initiationskomplex. Transaktivatoren oder *upstream regulatory factors* binden DNA-Elemente, die gelegentlich mehr als 100 Basenpaare von der Transkriptionsstartstelle und damit von der RNA-Polymerase entfernt liegen. Man nimmt an, dass die räumlichen Beziehungen so sind, dass ungeachtet dieser Entfernung eine direkte Assoziation der Transkriptionsaktivatoren mit dem Initiationskomplex der RNA-Polymerase erfolgen kann. An die GC-Box bindet das Transaktivator-Protein SP-1 mit Hilfe seiner drei Zinkfinger (► Kap. 8.5.2), an die CAAT-Box das CAAT-Bindeprotein CTF-1

spezifischen Gens beeinflusst. *House keeping*-Genen fehlt häufig die TATA-Box, für sie ist die GC-Box wichtiger.

Zusätzlich wirken Sequenzen, die mehrere hundert oder gar tausend Basen vom Transkriptionsstart entfernt sind, als Verstärker (*enhancer*) oder als Dämpfer (*silencer*) der Transkription. Sie verändern entweder die Konformation der DNA um den Transkriptionsstart herum oder binden Proteine, die die Bindung der RNA-Polymerase II an die Promotoren beeinflussen.

8

! Die C-terminale Domäne der RNA-Polymerase II ist für die Bildung des Initiationskomplexes entscheidend.

Bei der Assemblierung des Initiationskomplexes spielt die **C-terminale Domäne** (CTD) der größten Untereinheit der RNA-Polymerase II eine große Rolle. Sie besteht aus einer repetitiven Sequenz des Heptapeptids –Tyr–Ser–Pro–Thr–Ser–Pro–Ser–. Dieses Heptapeptid ist bei so unterschiedlichen Organismen wie der Hefe und dem Menschen in gleicher Weise vorhanden. Seine Entfernung durch Mutagenese ist letal. Die humane RNA-Polymerase II enthält 52 (!) Kopien dieses Heptapeptids, niedere Eukaryote verfügen über eine etwas geringere Kopienzahl. Die C-terminale Domäne ist für den Aufbau des Initiationskomplexes notwendig, da sie eine sehr spezifische Wechselwirkung mit dem TATA-Box-Bindeprotein des Transkriptionsfaktors TFIID eingeht.

8.3.3 Elongation der Transkription und cotranskriptionale Modifikation der Prä-mRNA

! Die C-terminale Domäne der RNA-Polymerase II ist auch am Übergang zur Elongationsphase der Transkription beteiligt.

Für die Elongation der Transkription der für Proteine codierenden Gene sind viele der Proteine des Initiationskomplexes nicht mehr notwendig. An ihrer Stelle muss die Polymerase jetzt mit Proteinfaktoren ausgestattet werden, die

- den Elongationsvorgang stimulieren
- die Anheftung der 5`-Kappenstruktur (► Kap. 8.3.3) ermöglichen
- Komponenten des Spleißapparats rekrutieren (► u.) und
- die Termination der Transkription sowie die Anheftung des für mRNA typischen Poly-A-Endes erlauben

Auch bei diesen Vorgängen spielt die C-terminale Domäne eine entscheidende Rolle. In jedem der (beim Menschen 52) Heptapeptide befinden sich zwei Serinreste. Diese können durch spezifische Proteinkinasen phosphoryliert bzw. durch entsprechende Phosphatasen dephosphoryliert werden. Da durch Prolyl-*cis-trans*-Isomerasen außerdem die Struktur um die beiden Prolinreste modifiziert werden kann, ergibt sich eine Vielzahl struktureller Variationsmöglichkeiten für die C-terminale Domäne. Durch Phosphorylierung/Dephosphorylierung spezifischer Bereiche wird sie instand gesetzt, die für die oben genannten Aufgaben benötigten Proteine zu rekrutieren.

Die für die Phosphorylierung der CTD verantwortlichen Proteinkinasen gehören in die Gruppe der Cyclin-abhängigen Proteinkinasen (cdks). Im Einzelnen handelt es sich um die Komplexe aus cdk 7/Cyclin H, cdk 8/Cyclin C und cdk 9/Cyclin T. Im Gegensatz zu den in ► Kap. 7.1.3 besprochenen Cyclinen A, B, D und E machen diese keine Konzentrationsänderungen während des Zellzyklus durch. Für die Dephosphorylierung der CTD sind die Proteinphosphatasen Fcp1 sowie Scp1 notwendig.

Durch Phosphorylierung, Dephosphorylierung und Prolyl-*cis-trans*-Isomerisierung entstehen somit in der CTD Bereiche, die die für den jeweiligen nächsten Schritt im Transkriptionszyklus benötigten Proteine zu rekrutieren imstande sind.

Für den Übergang von der Initiations- in die Elongationsphase ist der allgemeine Transkriptionsfaktor TFIIH von besonderer Bedeutung. Eine seiner Untereinheiten ist nämlich die Cyclin H/cdk7/Mat1 -Proteinkinase. Durch CTD-Phosphorylierung ermöglicht sie die Ablösung der RNA-Polymerase II vom Initiationskomplex und dem größten Teil der Mediatoren (Abb. 8.9).

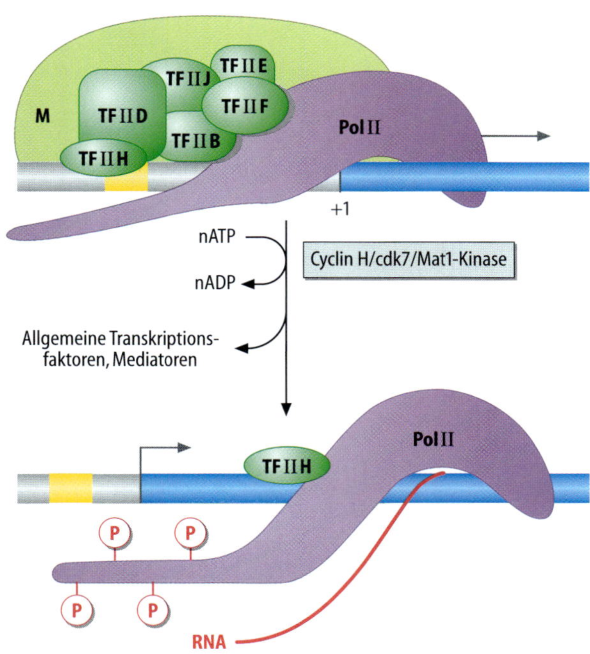

Abb. 8.9. Vorgänge beim Übergang zur Elongationsphase der Transkription. Für den Übergang von der Initiation zur Elongation der Transkription ist die Phosphorylierung des C-terminalen repetitiven Heptapeptids der RNA-Polymerase II durch die Cyclin H/cdk7/Mat1-Proteinkinase entscheidend. Hierdurch wird die Bindung der RNA-Polymerase II an die allgemeinen Transkriptionsfaktoren gelöst. (Weitere Einzelheiten ► Text)

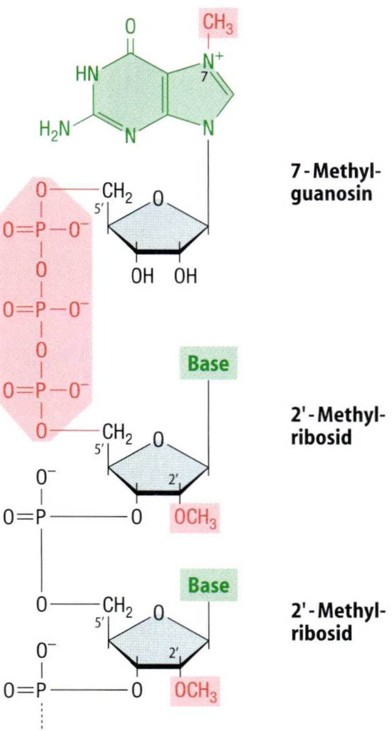

Abb. 8.10. Struktur der 5'-Kappe der mRNA. Die Sequenz 7-Methylguanosin-2'-Methylribosid-2'-Methylribosid als häufig aufgefundene cotranskriptional angeheftete Kappengruppe der mRNA, die auch als *cap* bezeichnet wird. (Einzelheiten zur Biosynthese ► Text)

! Die Anheftung der 5'-Kappengruppe sowie des 3'-PolyA-Endes erfolgt cotranskriptional.

Die reife, für ihre Funktion als Matrize bei der Proteinbiosynthese geeignete mRNA entsteht durch eine Reihe cotranskriptionaler Modifikationen der Prä-mRNA. Auch hierbei spielt die C-terminale Domäne der RNA-Polymerase II eine wichtige Rolle. Da während des Transkriptionszyklus ihr Phosphorylierungs-/Dephosphorylierungsmuster variiert, können Proteinfaktoren angelagert werden, die für die Auslösung dieser Modifikationen verantwortlich sind. Zu ihnen gehören

- die Anheftung der 5'-Kappengruppe
- die Entfernung nicht codierender Sequenzen durch Spleißen
- die Anheftung des 3'-PolyA-Endes

Anheftung der 5'-Kappengruppe. mRNA-Moleküle zeichnen sich durch das Vorhandensein eines methylierten Guaninnucleotids am 5'-Ende aus, welches auch als 5'-Kappe (*cap*) oder Kopfgruppe bezeichnet wird. ◘ Abb. 8.10 stellt die einzelnen Schritte dar, die zu dieser Modifikation führen:

- Durch eine **RNA-Triphosphatase** wird am 5'-Nucleosidtriphosphat-Ende der Prä-mRNA ein Phosphatrest abgespalten, sodass ein Diphosphatende entsteht
- Eine **Guanylyl-Transferase** heftet ein GTP an, wobei eine ungewöhnliche 5'- 5'-Triphosphat-Verknüpfung entsteht
- Methyltransferasen methylieren schließlich das angeheftete Guaninnucleotid in Position 7 und gelegentlich auch Ribosereste der beiden folgenden Nucleotide

Dieser Vorgang findet kurz nach dem Beginn der Elongationsphase statt, also etwa nach der Synthese der ersten 20 Nucleotide der Prä-mRNA. Danach fallen die für die Anheftung der Kappengruppe benötigten Enzymaktivitäten von der C-terminalen Domäne ab, da deren Phosphorylierungsmuster sich ändert.

Die Kappengruppe der mRNA hat eine Reihe wichtiger Funktionen:

- Sie schützt die entstehende RNA vor dem Abbau durch Nucleasen
- Sie ist ein Signal für den Transport der mRNA durch die Kernporen
- Sie wird an die 40 S-ribosomale Untereinheit gebunden und ist damit ein wesentliches Element bei der Initiation der Translation (► Kap. 9.1.5)

! Die meisten Gene höherer Eukaryoter sind diskontinuierlich angeordnet.

1977 wurde in mehreren Laboratorien entdeckt, dass Gene eukaryoter Zellen diskontinuierlich auf der DNA angeord-

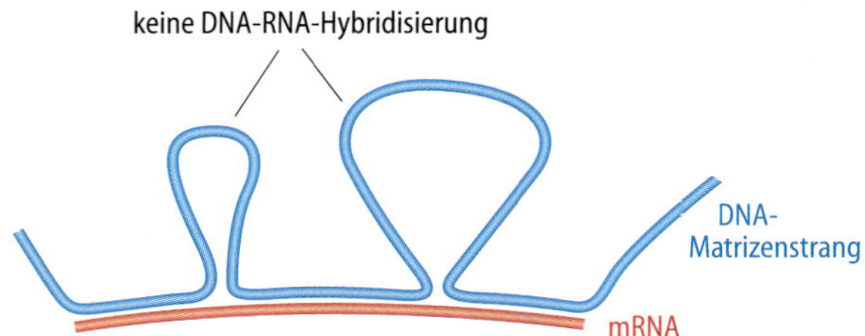

Abb. 8.11. Schematische Darstellung einer DNA-mRNA-Hybridisierung eines eukaryoten Gens mit intervenierenden Sequenzen

net sind. Dies ergab sich aus elektronenmikroskopischen Untersuchungen von Hybriden zwischen der mRNA für das Ovalbumin des Huhns und dem aus der DNA isolierten Gen für dasselbe Protein. Wie schematisch in Abb. 8.11 dargestellt, fanden sich bei der Hybridisierung DNA-Schleifen, die nicht mit der mRNA in Wechselwirkung traten. Aus diesem Ergebnis musste geschlossen werden, dass das Gen für Hühner-Ovalbumin nicht codierende »intervenierende« Sequenzen enthält (Abb. 8.12). Die intervenierenden Sequenzen werden als **Introns** bezeichnet (gelb in Abb. 8.12, A bis G), die in der mRNA erscheinenden und damit exprimierten Sequenzen als **Exons** (blau in Abb. 8.12, 1–8). Da die RNA-Polymerase II nicht zwischen Exons und Introns unterscheiden kann, müssen die Letzteren aus der Prä-mRNA entfernt werden. Dieser Vorgang wird auch als **Spleißen** der Prä-mRNA (*pre-mRNA splicing*) bezeichnet und beinhaltet die Entfernung der Introns und die **basengenaue** Verknüpfung der Exons.

Mechanismus des Spleißens. Das korrekte Entfernen der nicht codierenden Sequenzen aus dem primären Transkript (Prä-mRNA) sowie die Zusammenfügung der Exons zur funktionsfähigen mRNA ist ein komplizierter Prozess, der mit höchster Genauigkeit ablaufen muss, da sonst funktionsunfähige Transkripte entstehen würden. Von großer Bedeutung für das Spleißen sind dabei die in Abb. 8.13 dargestellten Strukturelemente an den Exon/Intron-Übergängen sowie im Intron. Vom Intron her gesehen unterscheidet man eine 5′- und eine 3′-Spleißstelle sowie eine spezifische Sequenz im Inneren des Introns, innerhalb derer ein A-Rest von großer Bedeutung ist. Die 5′-Spleißstelle ist durch die Basenfolge GUA/GAGU gekennzeichnet, die 3′-Spleißstelle durch eine pyrimidinreiche Sequenz, gefolgt von AG.

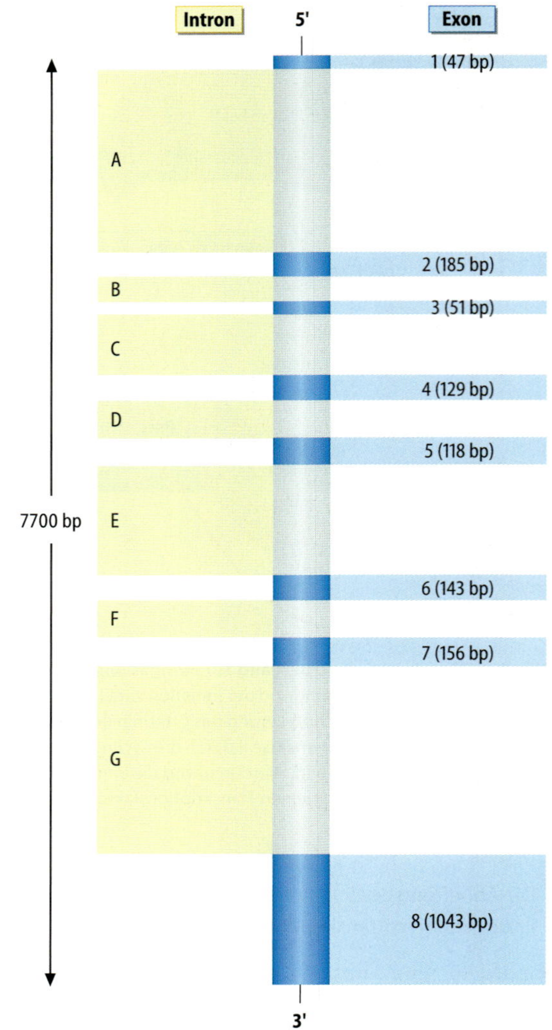

Abb. 8.12. Aufbau des Hühnereialbumin-Gens. Die Gesamtlänge des Gens beträgt 7.700 Basenpaare (bp). Es enthält 7 Introns (A–G) von insgesamt 5.828 bp-Länge. Exons (1–8) variieren in der Größe zwischen 47 und 1.043 Basenpaaren und ergeben eine Gesamtlänge von 1.872 Basenpaaren

Abbildung 8.14 stellt das bei fast allen Spleißvorgängen zugrunde liegende Prinzip dar. Dieses beruht auf mehrfachen **Umesterungen**. Die freie **2′-OH-Gruppe** des innerhalb des Introns lokalisierten Nucleotids **A** greift die Phosphodiesterbindung am 5′-Exon-Intron-Übergang an.

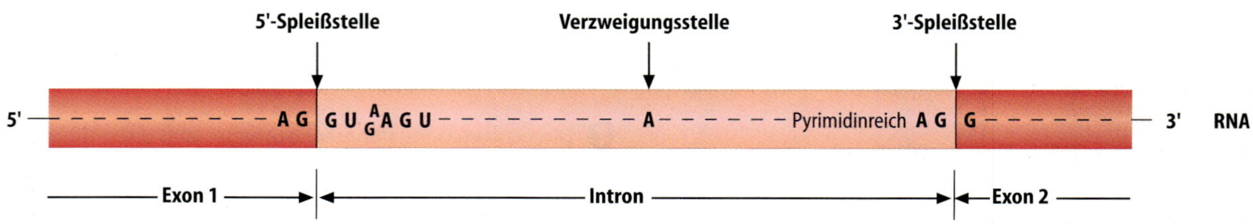

Abb. 8.13. Konservierte Strukturelemente an den Exon/Intron-Übergängen sowie in den Introns. (Einzelheiten ▶ Text)

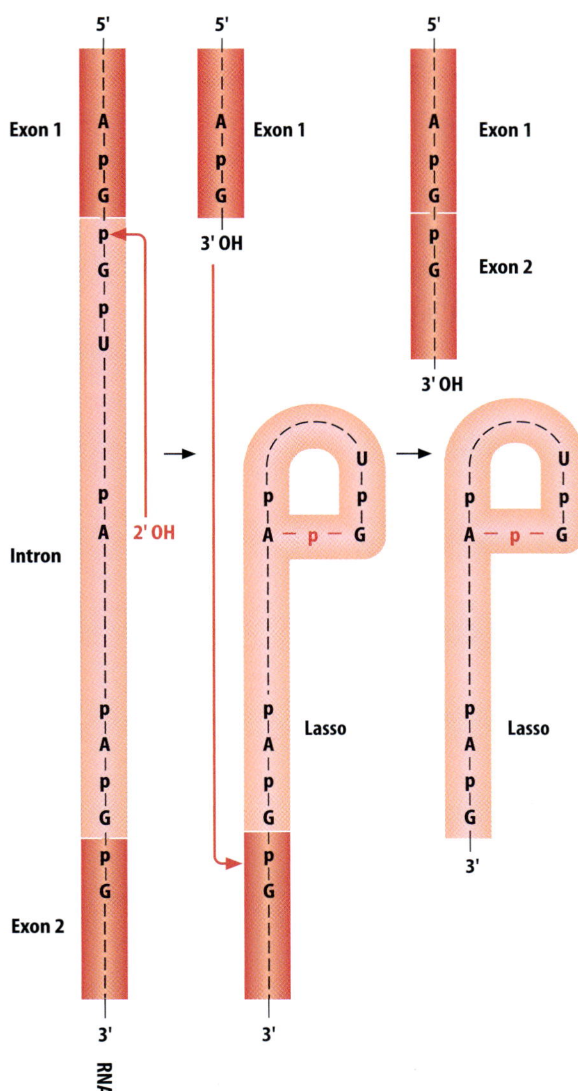

Abb. 8.14. Chemischer Mechanismus der Intron-Entfernung durch Spleißen. (Einzelheiten ► Text)

Dadurch kommt es an dieser Stelle zum Bruch des RNA-Strangs, im Intron bildet sich durch diesen Vorgang eine **Lasso-Struktur** (*lariat*). Das dabei entstandene freie 3′-OH-Ende des ersten Exons greift nun am 3′-Übergang zum Exon 2 an, wodurch das Intron entfernt und die beiden Exons verknüpft werden.

Aufbau des Spleißosoms. Trotz eines einheitlichen Prinzips wird das Spleißen der Prä-mRNA bei den einzelnen Organismen mechanistisch auf unterschiedliche Weise gelöst. Im Prinzip ist für die Katalyse des Spleißvorgangs kein entsprechendes Enzym notwendig. Vielmehr hat die RNA selbst die nötige katalytische Aktivität. Die komplexe, durch die Basensequenz und die innerhalb eines Strangs vorkommenden Basenpaarungen vorgegebene Raumstruktur der RNA bildet eine wesentliche Voraussetzung für das richtige Auffinden der Spleißstellen. Ein derartiges proteinfreies Spleißen von RNA-Molekülen ist allerdings bisher nur bei einfachen Eukaryoten nachgewiesen worden. Es hat sich damit gezeigt, dass auch RNA-Moleküle katalytische Eigenschaften besitzen, diese also nicht auf die Proteine beschränkt sind. In Analogie zu den als Proteine vorliegenden Enzymen nennt man katalytisch aktive RNA-Moleküle auch **Ribozyme** (► Kap. 4.2.4).

Bei höheren Eukaryoten ist für das korrekte Spleißen der Prä-mRNA allerdings ein sehr komplexer Apparat notwendig, bei dem Ribonucleoproteine, d.h. Komplexe aus Proteinen und RNA, benötigt werden. Diese Komplexe lagern sich zu einem als **Spleißosom** bezeichneten eigenen Organell zusammen. Abb. 8.15 zeigt schematisch die am Spleißosom stattfindenden Vorgänge. Für das Spleißen wird eine Reihe von kleinen RNA-Molekülen, die snRNAs (*small nuclear RNAs*) benötigt. Diese liegen im Komplex mit Proteinen vor, sodass sie auch als **snRNPs** (*small nuclear* ***r****ibo****n****ucleo****p****roteins*) bezeichnet werden.

Die Entfernung eines Introns zwischen zwei Exons (Exon 1 und 2 in Abb. 8.15) erfolgt in folgenden Schritten:

- An das 5′-Ende des Introns lagert sich das snRNP **U1** an. Die notwendige Genauigkeit dieser Anlagerung wird durch Basenwechselwirkungen zwischen der Konsensussequenz auf der Prä-mRNA und dem RNA-Anteil von U1 gewährleistet
- Im nächsten Schritt bindet das snRNP **U2** an die Verzweigungsstelle innerhalb des Introns. Auch hier sind für das korrekte Auffinden der Verzweigungsstelle Basenpaarungen zwischen der Prä-mRNA und dem RNA-Anteil von U2 notwendig. Allerdings bleibt dabei das für die spätere Umesterung benötigte A ungepaart
- Die Anlagerung der snRNPs **U4**, **U5** und **U6** sowie die Ablösung von **U1** führen zur Bildung eines Proteinkomplexes an der Spleißstelle, der die Reaktion der 2′-OH-Gruppe des A-Nucleotids an der Verzweigungsstelle mit der Phosphorsäure-Diesterbindung am 5′-Ende des Introns ermöglicht. Dadurch wird die Prä-mRNA genau am Übergang vom ersten Exon (Exon 1) zum Intron gespalten, wobei sich die Lassostruktur bildet
- Der Abschluss des Spleißvorgangs, nämlich die Abspaltung des Introns an der 3′-Spleißstelle, wird durch das snRNP **U5** katalysiert, welches die beiden Exons in unmittelbare Nachbarschaft bringt. Dadurch wird der Angriff der freien 3′-OH-Gruppe des ersten Exons (Exon 1) auf die Diesterbindung am Übergang vom Intron zum zweiten Exon (Exon 2) ermöglicht
- Der Spleißvorgang wird dadurch abgeschlossen, dass das zum Lasso verknüpfte Intron zusammen mit den Spleißfaktoren abdissoziiert. Die Intron-RNA wird abgebaut, wobei die Spleißfaktoren freigesetzt und für den nächsten Spleißzyklus bereitgestellt werden

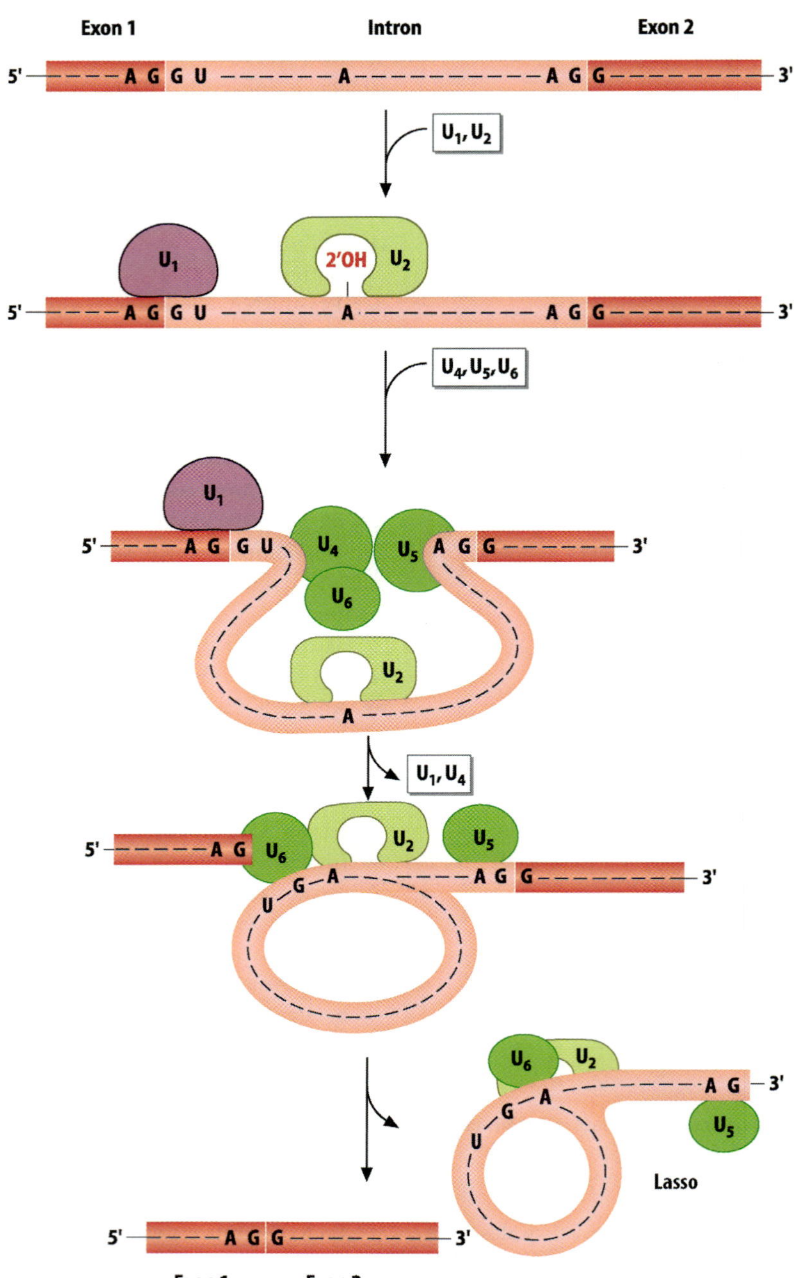

Abb. 8.15. Für höhere Eukaryote typische Reaktionsfolge der Intronentfernung durch Spleißen an einem Spleißosom. (Einzelheiten ► Text)

8

Auch das Spleißen erfolgt cotranskriptional. Die Anheftung der für den Spleißvorgang benötigten snRNPs sowie einer großen Zahl weiterer Proteinfaktoren (insgesamt etwa 150!) zum Spleißosom wird ebenfalls vom Phosphorylierungs-/Dephosphorylierungsmuster der C-terminalen Domäne der RNA-Polymerase II gesteuert.

Über die biologische Bedeutung der diskontinuierlichen Anordnung der Gene höherer Eukaryoter gibt es viele Spekulationen. In der Tat wird der allergrößte Teil der primären RNA-Transkripte durch die posttranskriptionale Prozessierung wieder entfernt, sodass nur ein kleiner Teil der transkribierten primären RNA den Zellkern verlässt. Möglicherweise entstehen bei dieser RNA-Prozessierung spezifische Signale, die den Transport der RNA aus dem Zellkern in das Cytosol regulieren. Durch gentechnologische Verfahren gelingt es, Gene ohne Introns herzustellen (cDNA, ► Kap. 7.4.3). Derartig modifizierte Gene können wieder in das Genom kultivierter Zellen eingebaut werden, sodass sie wie normale Gene transkribiert werden. Überraschenderweise konnte dabei festgestellt werden, dass bei

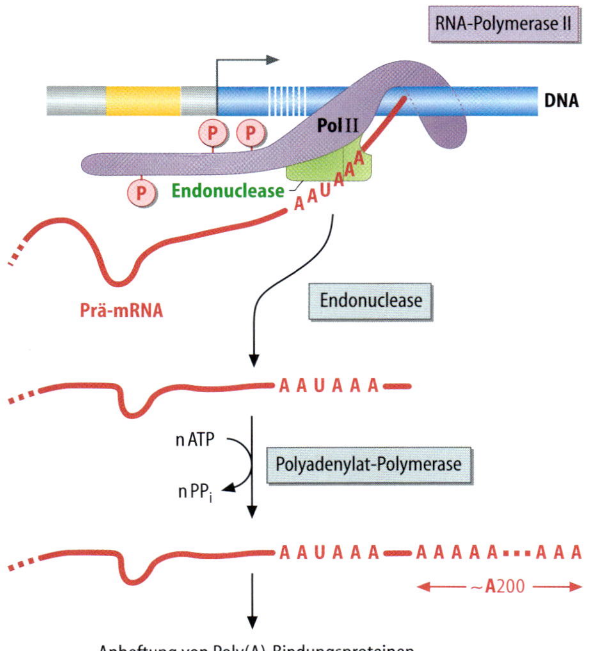

Abb. 8.16. Mechanismus der Polyadenylierung der Prä-mRNA. (Einzelheiten ▶ Text)

vielen, allerdings nicht allen Genen, wenigstens ein Intron in einem primären Transkript vorhanden sein muss, damit ein Export aus dem Zellkern stattfindet.

Die Gene höherer Eukaryoter zeichnen sich oft durch eine große Zahl von Introns aus. Diese werden nicht immer in der Reihenfolge, in der sie in der Prä-mRNA erscheinen, verspleißt. Durch die Möglichkeit des **alternativen Spleißens** (▶ Kap. 8.5.3) können von einem Gen verschiedene verwandte Proteine mit veränderten Eigenschaften erzeugt werden. Die Anwesenheit vieler Introns in der DNA ermöglicht es außerdem, Exons verschiedener Gene durch Rekombination zu kombinieren.

! An das 3′-Ende der Prä-mRNA wird ein Poly(A)-Ende angefügt.

Der letzte cotranskriptionale Vorgang führt zu einer Spaltung der synthetisierten Prä-mRNA an ihrem 3′-Ende, das anschließend einer weiteren Modifikation unterzogen wird. Diese besteht in der Anheftung einer Sequenz aus 50 bis mehr als 200 Adenylresten, die als **Poly(A)-Ende** bzw. **Poly(A)-Schwanz** bezeichnet wird. Das Signal für ihre Anheftung ist eine spezifische Sequenz der naszierenden Prä-mRNA, die aus den sechs Basen **AAUAAA** besteht und als **Polyadenylierungssequenz** bezeichnet wird. Zu diesem Zeitpunkt hat sich das Phosphorylierungsmuster der C-terminalen Domäne der RNA-Polymerase II erneut geändert, sodass dort gebundene Faktoren freigesetzt werden, die an die Polyadenylierungssequenz binden. Sie lösen folgende Vorgänge aus (Abb. 8.16):

- Spaltung der Prä-mRNA hinter der Polyadenylierungssequenz durch eine spezifische Endonuclease
- Anheftung von AMP-Resten aus ATP durch eine Polyadenylat-Polymerase
- Anheftung von Poly(A)-Bindeproteinen

Die zur Termination der Transkription führenden Vorgänge sind noch nicht aufgeklärt. Häufig hört die Transkription erst viele Basenpaare unterhalb des 3′-Endes der fertigen mRNA auf.

8.3.4 Transkription durch die RNA-Polymerasen I und III

Promotoren der RNA-Polymerase I. Die RNA-Polymerase I transkribiert die Gene der ribosomalen RNA. Der zugehörige Promotor besteht aus zwei Teilen, einem sog. *core-Promotor* im Bereich der Startstelle der Transkription und einem **Kontrollelement**, das 100 bis 180 Basenpaare oberhalb der Startstelle gelegen ist. Beide Promotorregionen sind, anders als bakterielle Promotoren, reich an GC-Basenpaaren. Sowohl eukaryote wie auch prokaryote DNA enthält viele Kopien von rRNA-Genen, um damit den hohen Bedarf der Zelle an rRNA zu decken. Die Promotoren für diese Gene sind sehr ähnlich.

Die Prozessierung der Transkripte für ribosomale RNA. Die Bildung ribosomaler RNA-Moleküle bei Eukaryoten entspricht im Prinzip derjenigen bei Prokaryoten. Gene für rRNA finden sich in vielen tausend Kopien im Genom und sind in Form großer Vorläufermoleküle jeweils als Tandem angeordnet. E. coli besitzt drei verschiedene rRNAs: 5S-, 16S- und 23S-rRNA, die aus langen Vorläufermolekülen mit Hilfe von verschiedenen RNasen verkürzt werden. Weitere Verkürzungen und Methylierungen erfolgen erst wenn die rRNAs bereits mit ribosomalen Proteinen assembliert sind. Bei Eukaryoten hat das Vorläufer-rRNA Molekül eine Sedimentationskonstante von 45S und eine molekulare Masse von 4,1–10^6 Da (Abb. 8.17). Es enthält die für die eukaryote rRNA charakteristischen 18S-, 28S- und 5,8S-rRNA-Moleküle. Zunächst erfolgt eine umfangreiche Methylierung an den 2′-OH-Gruppen der Ribosereste, die in den späteren rRNA-Molekülen erhalten bleiben. Anschließend werden sequentiell durch entsprechende Nucleasen die fertigen rRNA-Moleküle aus dem primären Transkript herausgeschnitten. Die eukaryote 5S-rRNA wird auf ähnliche Weise wie die tRNAs prozessiert.

Promotoren der RNA-Polymerase III. Einige der Promotoren für die 5S-RNA- und tRNA-Gene liegen innerhalb der codierenden Sequenz unterhalb des Startpunkts der Transkription. Dagegen sind die Promotoren für die snRNA wie die Promotoren anderer Gene oberhalb des Startpunkts der Transkription lokalisiert.

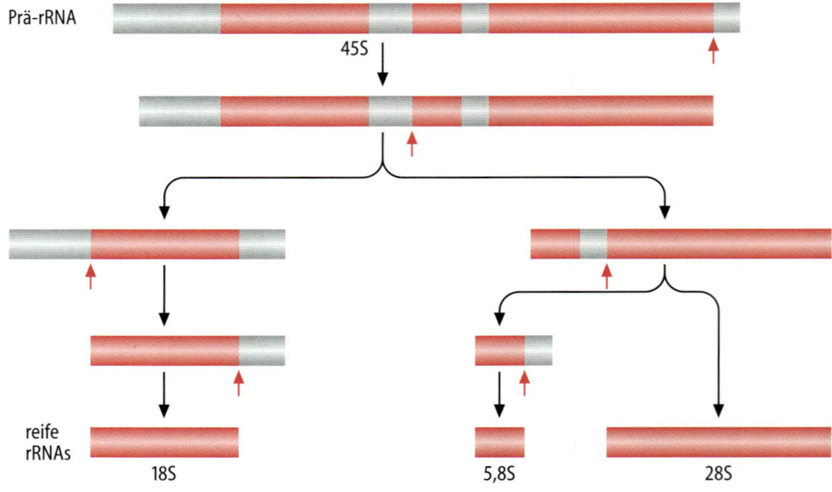

Abb. 8.17. Entstehung der 18 S-, 28 S- und 5,8 S-rRNA durch posttranskriptionale Prozessierung der eukaryotischer nucleolären 45 S-RNA. (Einzelheiten ▶ Text)

Prozessierung der Transkripte der tRNA-Gene. In den meisten Zellen finden sich 40–50 unterschiedliche tRNA-Moleküle. Diese entstehen aus längeren RNA-Transkripten, die durch entsprechende Nucleasen prozessiert werden müssen. Außerdem werden Basen modifiziert und Teile des Moleküls durch Spleißen entfernt (Abb. 8.18). Die Endonuclease **RNase P** entfernt Polyribonucleotide am 5′-Ende der tRNA-Vorläufermoleküle. Sie ist ein bei allen Organismen vorkommendes Enzym. Es benötigt zu seiner Funktion ein spezifisches RNA-Molekül, welches für die katalytische Aktivität essentiell ist und sogar in Abwesenheit des Proteinanteils wirkt. Damit gehört die RNase P in die Klasse der **Ribozyme**. Nach der Entfernung überzähliger Basen am 3′-OH-Ende durch die **RNase D** erfolgt schließlich die Anheftung der für alle tRNA-Moleküle typischen CCA-Sequenz durch die **tRNA-Nucleotidyltransferase**. Zuletzt erfolgen die für die tRNA spezifischen Methylierungen.

Für die Termination der Transkription eukaryoter Gene sind bei der RNA-Polymerase I und III ähnliche Signale verantwortlich wie bei prokaryoten Genen.

8.3.5 Hemmstoffe der Transkription

Eine Reihe von Hemmstoffen der Transkription, darunter auch einige Antibiotika, haben sich als wertvolle Hilfsmittel bei der Aufklärung der molekularen Mechanismen dieses Vorgangs erwiesen. Darüber hinaus haben sie Eingang in die Therapie gefunden.

Actinomycin D. Das Actinomycin D (Abb. 8.19) hemmt in niedrigen Konzentrationen die Transkription, in höheren auch die Replikation. Das Molekül schiebt sich wie ein interkalierender Farbstoff zwischen GC-Paare doppelsträn-

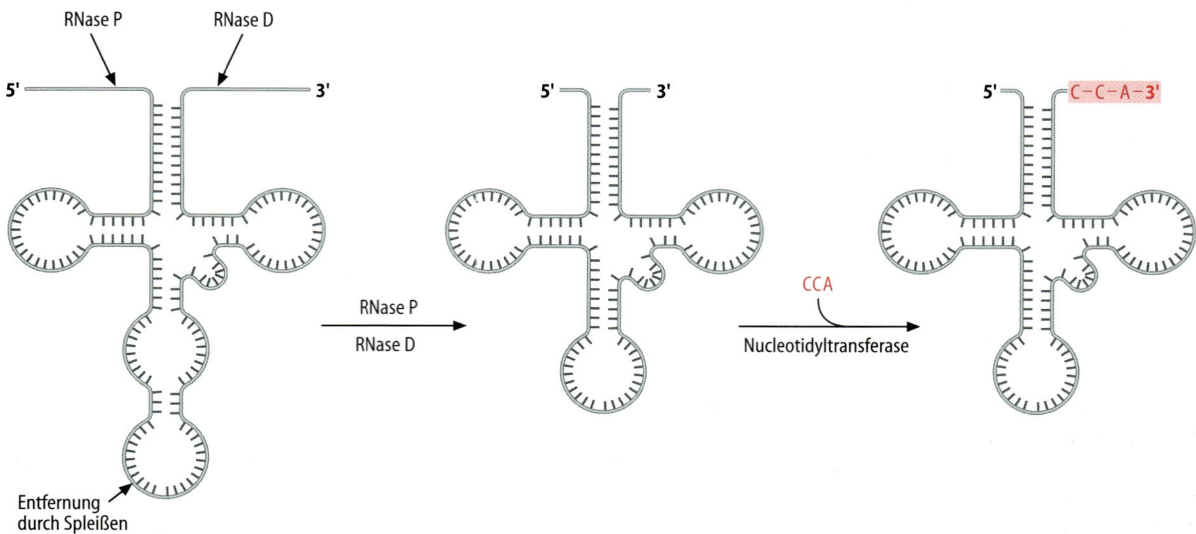

Abb. 8.18. Biosynthese der tRNA-Moleküle. Durch posttranskriptionale Prozessierung der primären Transkripte von tRNA-Genen durch RNase P, RNase D, Spleißen und tRNA-Nucleotidyltransferase entstehen die tRNAs. (Einzelheiten ▶ Text)

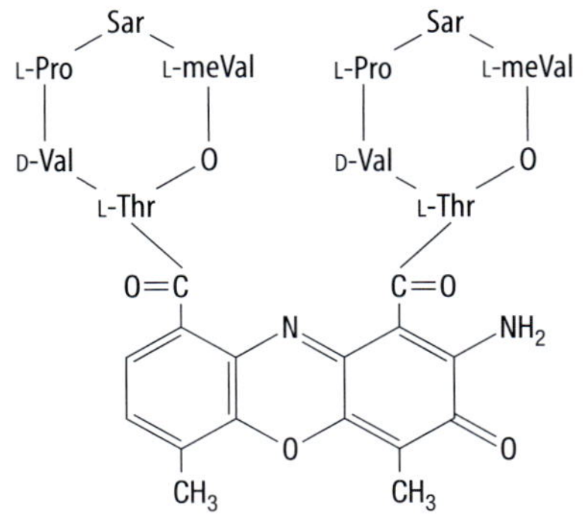

Actinomycin D

Abb. 8.19. Struktur des Actinomycin D. Sar = Sarkosin (Methylglycin), L-Pro = L-Prolin, L-Thr = L-Threonin, D-Val = D-Valin, L-meVal = methyliertes L-Valin

giger DNA. Die sich dadurch ergebende Verformung der DNA führt zur Hemmung der Transkription. Aus dem Wirkungsmechanismus geht hervor, dass Actinomycin D sowohl bei Pro- als auch bei Eukaryoten wirkt.

Rifampicin. Es hemmt selektiv die RNA-Polymerase von Prokaryoten, da es an die β-Untereinheit dieses Enzyms bindet. Da das entsprechende Enzym der Eukaryoten unbeeinflusst bleibt, kann Rifampicin zur Therapie bakterieller Infektionen angewandt werden.

α-Amanitin. Ein spezifischer Inhibitor der eukaryoten RNA-Polymerase II ist schließlich das α-Amanitin. Es ist für die Giftwirkung des Knollenblätterpilzes verantwortlich. Bei der Knollenblätterpilzvergiftung steht im Vordergrund, dass es zunächst in der Leber die Transkription von wichtigen Genen hemmt. Es kommt aus diesem Grund zur Symptomatik einer akuten Zerstörung des Leberparenchyms.

Eine Reihe einfacher, von der 4-Oxochinolin-3-Carbonsäure abstammender Verbindungen sind wirksame Hemmstoffe der prokaryoten DNA-Gyrase (▶ Kap. 5.3.2, 7.2.3). Wegen dieser Wirkung beeinträchtigen derartige **Gyrase-Hemmstoffe** die bakterielle Replikation und Transkription. Sie können deswegen zur Therapie eines breiten Spektrums bakterieller Infekte eingesetzt werden.

8.3.6 Export der mRNA aus dem Zellkern

> Die reifen mRNA Moleküle müssen zur Proteinbiosynthese ins Cytosol der Zelle transportiert werden.

Der Export von mRNA, aber auch aller anderen extranukleären RNAs, aus dem Zellkern muss sehr selektiv sein. Es dürfen nur diejenigen RNA-Moleküle exportiert werden, die voll funktionsfähig sind. Ihre Menge ist wesentlich geringer als die Menge der nicht funktionsfähigen RNA im Zellkern. Dies wird besonders klar am Beispiel der Protein-codierenden RNA. Bei einem durchschnittlichen Vertebraten-Gen ist die Menge an nicht für Proteine codierenden Sequenzen, also an Introns, viel größer als diejenige an codierenden Sequenzen. Dies bedeutet, dass während des Spleißvorgangs wesentlich mehr Intron-RNA als gespleißte und mit Kappengruppen und Poly(A)-Enden ausgestattete mRNA entsteht.

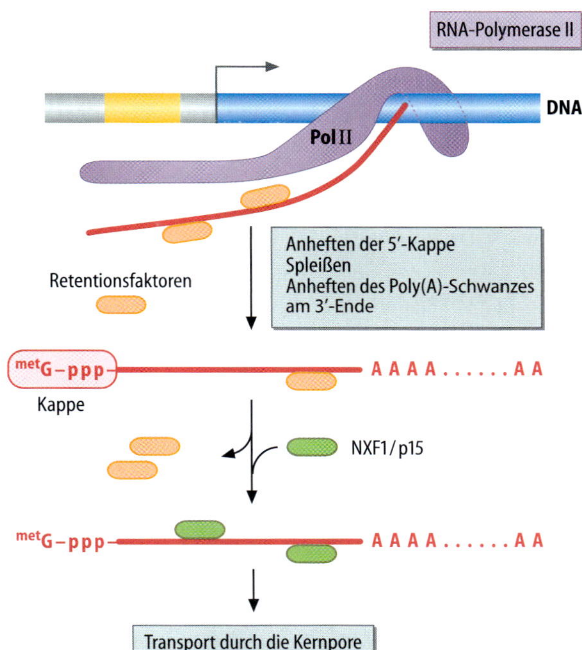

Abb. 8.20. Export von mRNA aus dem Zellkern. Der Transport durch die Kernpore entscheidet über das weitere Schicksal von RNA-Molekülen. Vor der fertigen Prozessierung ist ein Transport von RNA-Molekülen durch die Kernporen nicht möglich. Der Transport durch die Kernpore erfordert die Bindung an NXF1/p15. Nach erfolgtem Transport konkurrieren verschiedene Bindeproteine um die mRNA, die die Schritte zur Translation oder zum Abbau einleiten

Für den mRNA-Export aus dem Zellkern sind zwei Vorgänge von Bedeutung:
- Die reife mRNA muss als transportkompetent markiert werden. Hierfür steht eine Reihe von Proteinfaktoren zur Verfügung, die im Wesentlichen während des Spleißvorgangs an die entstehende mRNA gebunden werden (Abb. 8.20)
- An die als Export-kompetent markierte mRNA lagern sich die für die Wechselwirkung mit dem Kernporenkomplex notwendigen Proteine an. Für die mRNA ist dies u.a. das Proteindimer **NXF1/p15** (NXF1/p15 = *heterodimerer Transport rezeptor*)

Erst nach Bindung eines derartigen mRibonucleoprotein-Komplexes kann der Export durch die Kernpore erfolgen. Anders als beim Kerntransport von Proteinen und den anderen RNAs sind dabei Ran-abhängige Karyopherine (▶ Kap. 6.2.1) nicht beteiligt.

Der RNA-Transport durch die Kernporen ist unidirektional, was aus der Beobachtung hervorgeht, dass markierte, in den Zellkern injizierte RNA diesen rasch verlassen kann, während markierte cytoplasmatische RNA nicht in den Zellkern aufgenommen wird.

Während oder unmittelbar nach dem Export durch die Kernporen erfolgt die Bindung der mRNA an cytosolische RNA-Bindeproteine. Diese sind wichtige Cofaktoren bei der ribosomalen Translation (▶ Kap. 9.1.1), dienen der cytoplasmatischen Lokalisation der mRNA oder führen sie dem Abbau zu.

8.3.7 Abbau von mRNA

> Die Genexpression eukaryoter Zellen wird nicht nur von der Geschwindigkeit der RNA-Biosynthese, sondern auch von deren Abbau bestimmt.

Der Abbau der mRNA findet im Cytosol statt und wird durch eine Reihe unterschiedlicher **Ribonucleasen** (RNasen) katalysiert. Da viele Untersuchungen gezeigt haben, dass mRNA-Moleküle mit jeweils unterschiedlicher Geschwindigkeit abgebaut werden, muss man davon ausgehen, dass gewisse Strukturmerkmale für die Geschwindigkeit ihres Abbaus bestimmend sind. Am besten aufgeklärt sind die Vorgänge beim **deadenylierungsabhängigen mRNA-Abbau** (◘ Abb. 8.21). In diesem Fall beginnt der mRNA-Abbau mit einer Deadenylierung, d.h. der schrittweisen Verkürzung des 3′-Poly(A)-Endes. Dieser Vorgang verläuft initial sehr langsam und nimmt mit steigender Verkürzung des Poly(A)-Endes an Geschwindigkeit zu. Das hierfür verantwortliche Enzym ist eine **Poly(A)-Nuclease**. Eine Verkürzung des Poly(A)-Schwanzes auf wenige Nucleotide liefert das Signal zur Entfernung der 5′-Kappe, was anschließend den raschen RNA-Abbau durch eine **5′, 3′-Exonuclease** auslöst. Eine Alternative zu diesem Weg ist eine sequenzspezifische endonucleolytische Spaltung der mRNA, was ebenfalls anschließend das Signal zum 5′,3′-exonucleolytischen Abbau liefert. Eine Reihe von Strukturelementen beeinflusst die Geschwindigkeit des mRNA-Abbaus. So enthalten die mRNAs für eine Reihe von Wachstumsfaktoren mit sehr kurzer Halbwertszeit im 3′-nichttranslatierten Ende ein AU-reiches Element, was eine besonders schnelle Deadenylierung auslöst (▶ Kap. 8.3.7). Auch für den endonucleolytischen Abbauweg kommen Signale in der 3′-nichttranslatierten Region vor.

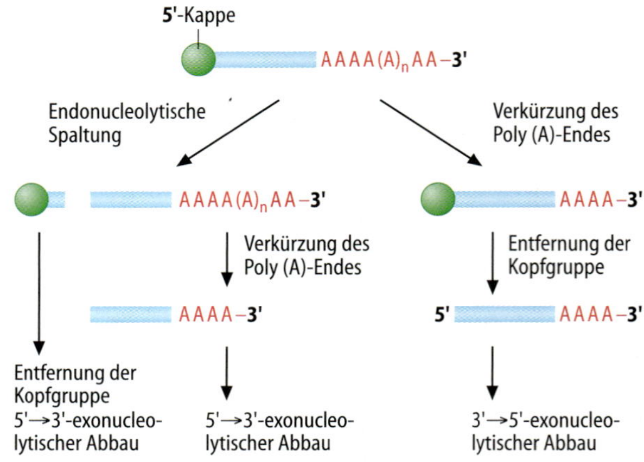

◘ **Abb. 8.21. Abbau von mRNA.** Deadenylierung, endonucleolytische Spaltung oder Entfernung der 5′-Kappe sind Signale für den exonucleolytischen Abbau der mRNA

In Kürze

Eukaroyte verfügen über drei RNA-Polymerasen, die für die 5′,3′-Verknüpfung von Ribonucleotiden im wachsenden RNA-Molekül verantwortlich sind:
- die RNA-Polymerase I für die Synthese des Vorläufers von ribosomaler RNA
- die RNA-Polymerase II für die Synthese der Prä-mRNA
- die RNA-Polymerase III für die Synthese der Vorläufer von Transfer-RNAs

Für die Bildung der Initiationskomplexe sind die Promotoren verantwortlich. Sie stellen regulatorische DNA-Abschnitte dar, an die die RNA-Polymerasen zusammen mit Transkriptionsfaktoren binden. Über diese Bindung wird der Startpunkt der Transkription festgelegt.

Der Initiationskomplex der RNA-Polymerase II besteht aus allgemeinen Transkriptionsfaktoren, Mediatorproteinen und der RNA-Polymerase II, deren C-terminale Domäne bei der Bildung des Initiationskomplexes eine wichtige Rolle spielt.

Durch die Änderung der Phosphorylierung der C-terminalen Domäne wird die Elongation eingeleitet, die mit einem Verlust der meisten allgemeinen Transkriptionsfaktoren einhergeht. Cotranskriptional erfolgt dann die
- Anheftung der Kappengruppe
- das Entfernen von Introns durch Spleißen und
- die Anheftung des Poly(A)-Endes

tRNA-Vorläufermoleküle werden mit Hilfe von Ribozymen verkürzt, am 3′-Ende mit der Sequenz-CCA versehen und methyliert.

rRNA-Vorläufermoleküle werden methyliert und mit Hilfe von Nucleasen zu den reifen rRNA-Molekülen prozessiert

Hemmstoffe der Transkription verhindern entweder die Entwindung der DNA (z.B. Gyrasehemmer) oder sie inaktivieren die RNA-Polymerasen

Für die Proteinbiosynthese werden die tRNAs, rRNAs und mRNAs mit Hilfe von Transportproteinen über die Kernporen ins Cytosol transportiert. Im Cytosol stehen spezielle Abbaumechanismen für die RNA zur Verfügung.

8.4 Regulation der Transkription bei Prokaryoten

Bei Prokaryoten wird die Genexpression fast ausschließlich über die Transkription reguliert. Francois Jacob und Jaques Monod lieferten mit dem von ihnen erstmalig formulierten Operonmodell einen bis heute gültigen Mechanismus der Genregulation in Prokaryoten (◘ Abb. 8.22). Im Prinzip beruhen alle Varianten dieses Modells darauf, dass eine Operatorregion in unmittelbarer Nachbarschaft zum Promotor vor einem Strukturgen lokalisiert ist. Im Fall der negativen Kontrolle verhindert ein an den Operator gebundenes **Repressorprotein** die Transkription des Strukturgens durch die RNA-Polymerase. Im Allgemeinen wird das Repressorprotein durch einen Liganden, den **Induktor**, entfernt, womit die Transkription beginnen kann. Es sind jedoch auch Fälle bekannt, bei denen der Komplex aus Repressor und Ligand den Operator belegt und damit die Transkription verhindert (Repression). In diesem Fall führt die Entfernung des Liganden zu einer Freigabe des Operators und damit zur Transkription des Gens (Derepression).

8.5 Regulation der Genexpression bei Eukaryoten

Obwohl jede Zelle eines vielzelligen Organismus dieselbe genetische Ausstattung besitzt, entstehen im Verlauf der Differenzierung unterschiedliche Zellen, Gewebe und Organe. Dies liegt daran, dass die verschiedenen Zelltypen jeweils spezifische RNA- oder Protein-Moleküle exprimieren. Einige Genprodukte kommen in allen Zellen vor, während andere, wie z.B. das Hämoglobin, nur in einem einzigen Zelltyp, in diesem Fall den roten Blutzellen, vorkommen. Auf dem Weg von der Gensequenz bis zum funktionsfähigen Genprodukt, einem Protein, gibt es viele verschiedene Regulationsmöglichkeiten.

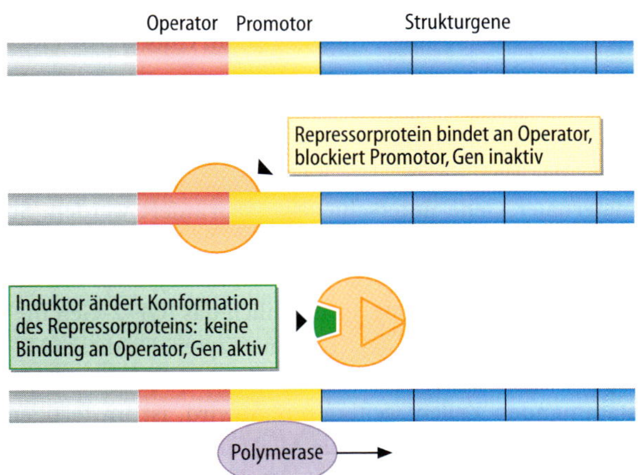

◘ **Abb. 8.22. Regulation der Transkription bei Prokaryoten nach dem Operonmodell.** (Einzelheiten ► Text)

Der in ► Kapitel 8.4 geschilderte Mechanismus der prokaryotischen Regulation der Genexpression, nämlich die Regulation durch Bindung von Proteinen an spezifische DNA-Sequenzen, findet sich auch bei Eukaryoten. Wegen der Komplexizität der DNA z.B. durch ihre Verpackung als Chromatin und wegen der Kompartimentierung der eukaryoten Zelle müssen allerdings zur Regulation der Genexpression zusätzliche Mechanismen angewandt werden.

Bei Prokaryoten ist die DNA nicht im Zellkern kondensiert, sodass Transkription und Translation direkt nebeneinander ablaufen können. Zudem liegt die Halbwertszeit der RNA bei Prokaryoten im Bereich von Minuten, weswegen jede Regulation der Transkription unmittelbar die Biosynthese der entsprechenden Proteine, d.h. die Genexpression, beeinflusst. Anders liegen die Verhältnisse bei Eukaryoten. Sie besitzen einen Zellkern, in dem mit Ausnahme der mitochondrialen DNA die gesamte DNA der Zelle kondensiert ist. Hier erfolgen die Transkription und die posttranskriptionale Prozessierung der primären Transkripte. Anders als bei Prokaryoten findet bei Eukaryoten die Translation des RNA-Strangs in eine Aminosäuresequenz, also die Proteinbiosynthese, im Cytosol statt, weswegen der Export der mRNA durch die Kernporen notwendig ist.

Für die Expression eines zell- oder gewebetypischen Phänotyps sowie für die Anpassung sämtlicher Leistungen von Zellen an geänderte Umweltbedingungen ist die Möglichkeit, die Expression spezifischer Gene entsprechend zu regulieren, eine unabdingbare Voraussetzung. Änderungen der Genexpression spielen darüber hinaus beim Zustandekommen pathobiochemischer Vorgänge wie der Reaktion von Zellen auf Stress, auf toxische Verbindungen, Infektionen oder bei der malignen Transformation eine entscheidende Rolle. Im Prinzip können Änderungen der Genexpression

- durch (In-)Aktivierung von Genen
- durch Beeinflussung der Transkriptions-Initiation
- durch Hemmung der Transkription
- bei der Prozessierung der Prä-mRNA
- beim Transport der RNAs ins Cytoplasma
- beim Abbau der RNA oder
- bei der Translation der mRNA erfolgen (◘ Tabelle 8.2)

Tatsächlich hat sich gezeigt, dass alle genannten Vorgänge in unterschiedlichem Ausmaß an der Regulation der Genexpression beteiligt sind.

8.5.1 Aktivierung und Inaktivierung von Genen

! Durch DNA-Methylierung kann die Transkription von Genen blockiert werden.

Bei Prokaryoten und einzelligen Eukaryoten gleichen sich alle Nachkommen einer Zelle bezüglich Genexpression

Abb. 8.24. Acetylierung, Phosphorylierung und Methylierung von Histonproteinen am Beispiel des Histons H3. (Einzelheiten ► Text)

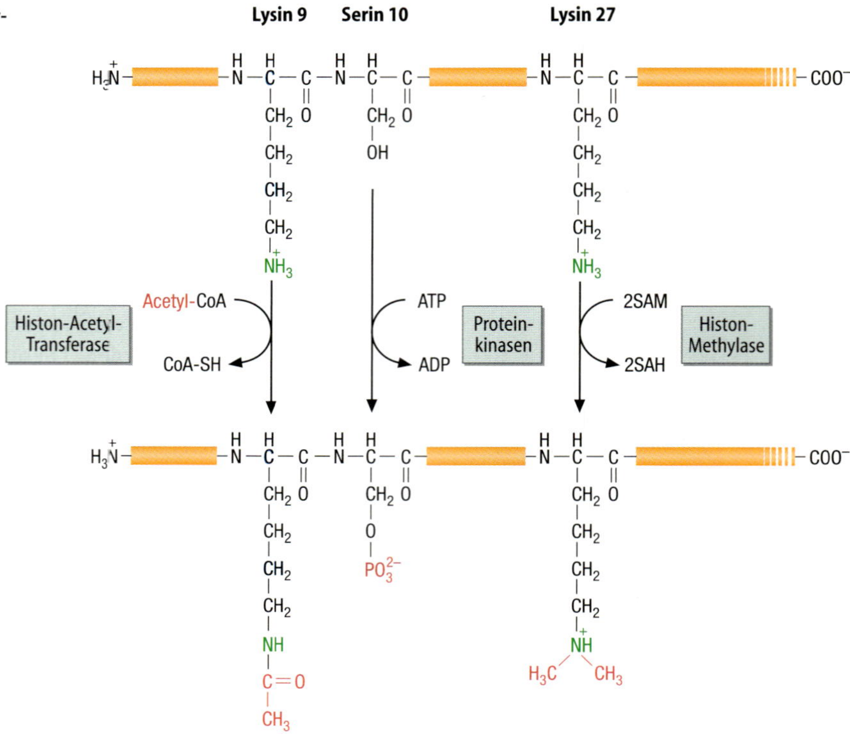

8

ermöglichen oder die Nucleosomenstruktur weiter auflockern. Derartige Proteine verfügen für ihre Interaktion mit acetylierten Histonen über eine so genannte **Bromodomäne**.

Die für die Histonacetylierung verantwortlichen **Histon-Acetyl-Transferasen** bilden eine umfangreiche Gruppe von regulierten Enzymen. Sie benützen Acetyl-CoA als Substrat und sind meist sehr komplex aufgebaut. Besonders gut untersucht sind die Histon-Acetyl-Transferasen der **p300/CBP-Familie**. Abbildung 8. 25a, zeigt den Aufbau des p300-Proteins. In seinem mittleren Teil findet sich die Bromodomäne und die Acetyl-Transferaseaktivität. N- und C-terminal sind cysteinreiche Domänen lokalisiert, die Protein-Protein-Wechselwirkungen ermöglichen. Außerdem befinden sich hier auch Domänen für die Bindung der verschiedensten Transkriptionsaktivatoren (Abb. 8.25b) (► u.). Zu diesen gehören u.a. viele nucleäre Hormonrezeptoren (Steroidhormonrezeptoren) aber auch eine große Zahl weiterer Transkriptionsaktivatoren.

Damit handelt es sich bei p300 um ein multifunktionales Protein. Dank seiner Bromodomäne lagert es sich an bereits acetylierte Histonreste an und verstärkt mit der Acetyl-Transferaseaktivität die Histonacetylierung und damit die Auflockerung der Chromatinstruktur. Gleichzeitig bindet es Transkriptionsaktivatoren und »verbrückt« diese mit dem Initiationskomplex der RNA-Polymerase II (Abb. 8.25c).

Durch die Aktivität von **Histondeacetylasen** werden die durch die Histonacetylierung verursachten Änderungen der Chromatinstruktur wieder rückgängig gemacht und das Chromatin damit in einen »inaktiven« Zustand versetzt.

Histonphosphorylierung/-dephosphorylierung. Die reversible Phosphorylierung von Histonen an Serinresten hat unterschiedliche Konsequenzen je nachdem, ob sie während der Interphase oder der Mitose erfolgt. Von besonderem Interesse für die Regulation der Transkription ist dabei das Histon H3. Die Phosphorylierung des unmittelbar dem Lysin 9 benachbarten Serin 10 führt zu einer verstärkten Acetylierbarkeit des Lysin 9 und damit zu einer Umstrukturierung des Chromatins der betroffenen Nucleosomen mit der Möglichkeit einer vermehrten Transkription der dort lokalisierten Gene. Eine Reihe von Proteinkinasen ist zur Phosphorylierung dieses Serinrests imstande, darunter die **Proteinkinase A** (► Kap. 25.4.5, 25.6.2), die **Mitogen-aktivierte Kinase 1** (► Kap. 25.7.1) und die **IκB-Kinase**. Somit ist über diesen Mechanismus eine Verbindung zwischen extrazellulären Signalmolekülen und der Acetylierung von Histonen gegeben.

Auch während der Mitose erfolgt eine Phosphorylierung von Serinresten in Histonproteinen. Diese dient hier allerdings eher der für die Mitose notwendigen Chromatinkondensation. Die hierfür verantwortlichen Proteinkinasen werden auch als **Aurora-Kinasen** bezeichnet.

Für die Dephosphorylierung der Histonproteine ist die Proteinphosphatase 1 verantwortlich.

Histonmethylierung. Die Methylierung von Histonproteinen führt zur Anlagerung von Proteinen, welche die Chro-

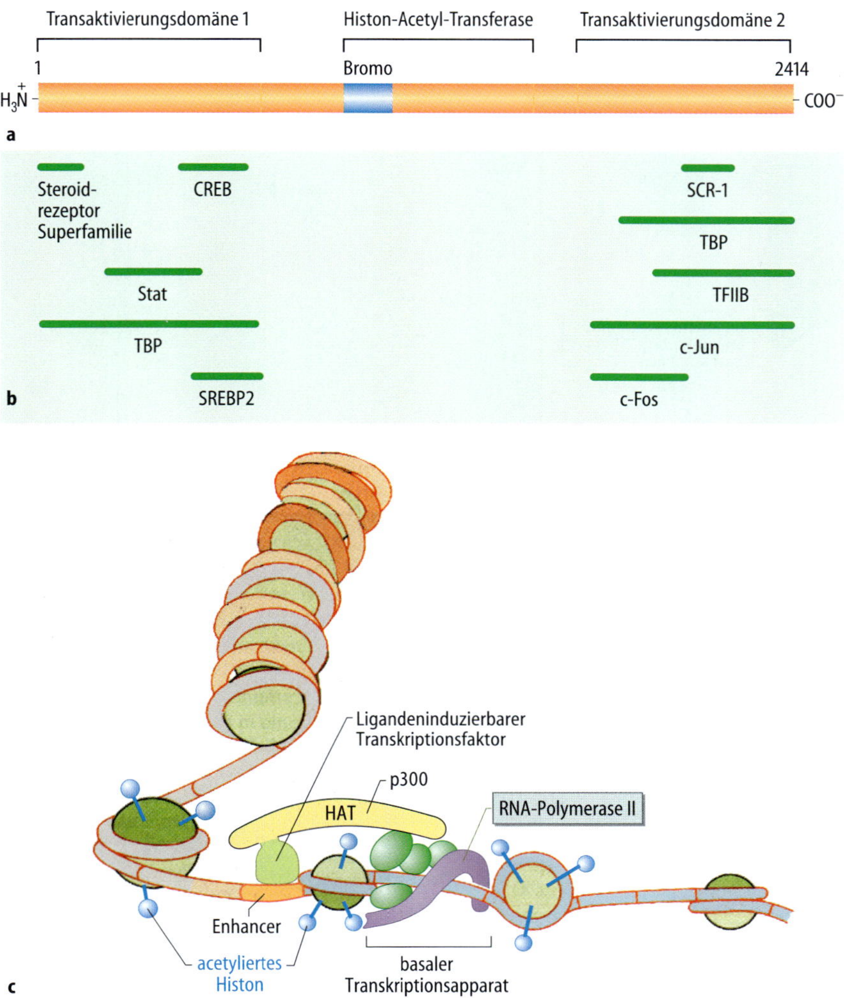

Abb. 8.25. Struktur des p300-Proteins. a Domänenstruktur des p300-Proteins; **b** Auswahl von Proteinfaktoren mit regulatorischen Funktionen, die an p300 binden; **c** Beziehungen des p300-Proteins zum Initiationskomplex der RNA-Polymerase II. HAT = Histon-Acetyl-Transferase (Einzelheiten ► Text)

matinkondensation und damit die Inaktivierung von Genen auslösen. Diese Proteine verfügen hierzu über eine Bindungsdomäne für methylierte Histonproteine, die als **Chromodomäne** bezeichnet wird. Die Methylierung erfolgt an Arginin- oder Lysinresten. Die für die Methylierung verantwortlichen **Methyltransferasen** benützen S-Adenosylmethionin als Substrat. Da bisher entsprechende Demethylasen nicht gefunden worden sind, scheint die Histonmethylierung eher an der irreversiblen Blockierung von Genen beteiligt zu sein.

8.5.2 Aufbau und Wirkungsmechanismus von Transkriptionsaktivatoren

Bei der Untersuchung der Transkriptionsgeschwindigkeit viraler Gene wurden erstmalig Kontrollelemente beobachtet, deren Vorhandensein zu einer vielfachen Steigerung der Transkription dieser Gene führte. Weitere Untersuchungen ergaben schließlich, dass in allen regulierbaren eukaryoten Genen sog. *enhancer* (engl. = Verstärker)-sequenzen vorkommen, die auch als ***cis*-aktivierende Elemente** bezeichnet werden. *Enhancer* liegen meist einige hundert bis tausend Basenpaare oberhalb der Promotorregion, können jedoch in Einzelfällen auch unterhalb oder innerhalb des Gens lokalisiert sein.

Die Steigerung der Transkription durch *enhancer* findet nur dann statt, wenn diffusible, induzierbare DNA-bindende Proteine an die *enhancer* binden, die auch als **Transkriptionsaktivatoren** (induzierbare Transkriptionsfaktoren, regulierbare Transkriptionsfaktoren) bezeichnet werden. Der dabei entstehende Komplex wirkt als zusätzlicher Transkriptionsfaktor für die RNA-Polymerase II und stimuliert die Initiation der Transkription (Abb. 8.26). Tabelle 8.3 stellt einige wichtige *enhancer*-Elemente und die zugehörigen Proteinfaktoren zusammen, die diese als **Transaktivierung** bezeichnete Genregulation vermitteln.

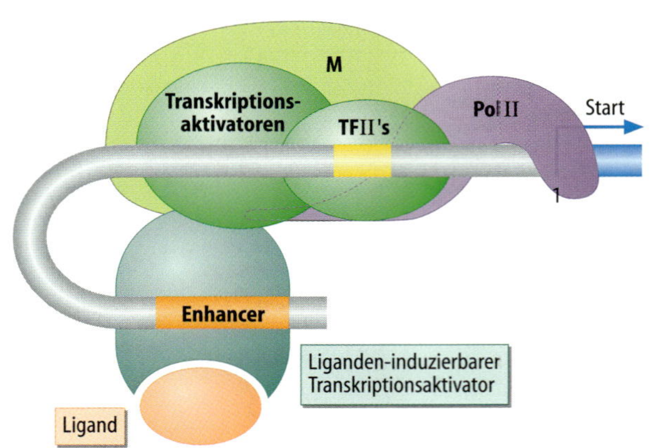

Abb. 8.26. Funktion eines *enhancer*-Elements bei der Transkription. *enhancer*-Elemente, die mehrere tausend Basenpaare vom Transkriptionsstartpunkt entfernt sein können, binden induzier-(aktivier-)bare DNA-Bindeproteine, die auch als induzierbare oder regulierbare Transkriptionsfaktoren oder Transkriptionsaktivatoren bezeichnet werden. Auch diese sind imstande, Assoziationen mit dem Initiationskomplex der Transkription einzugehen. M = Mediatorproteine

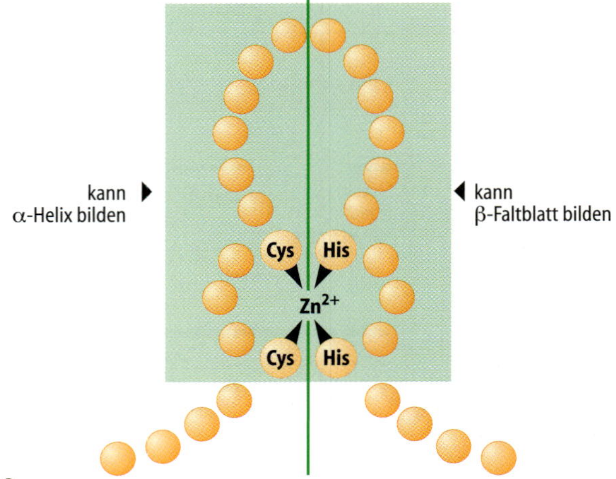

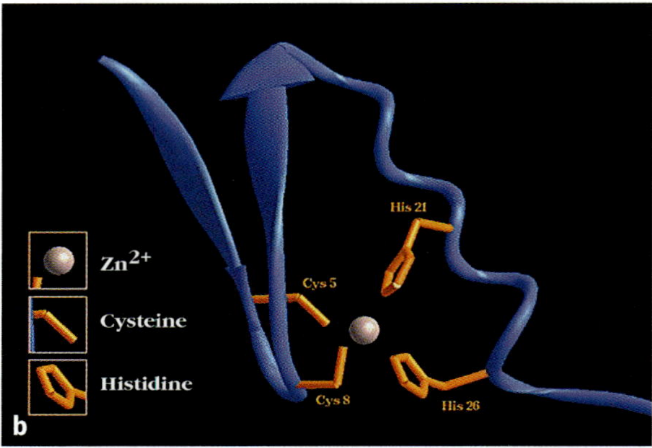

Abb. 8.27. Allgemeine Struktur eines Zinkfingerproteins. (Aufnahme von SWISS-3DIMAGE, Universität Genf) **a** Schematischer Aufbau, **b** räumliche Darstellung

Auf Grund des beobachteten Wirkungsmechanismus kann vorhergesagt werden, dass ein die Transkription regulierender induzierbarer Proteinfaktor (Transkriptionsaktivator) für die Transaktivierung der Transkription wenigstens zwei Domänen benötigt:
- eine für die DNA-Bindung sowie
- eine Transaktivierungsdomäne

Viele Faktoren, die die Transkription aktivieren, enthalten darüber hinaus eine weitere Domäne zur Bindung eines niedermolekularen Liganden, der den Transkriptionsaktivator funktionsfähig macht. In diese Gruppe gehören beispielsweise die Steroidhormon-Rezeptoren (▶ Kap. 25.3.1). Wegen der Vielfältigkeit der möglichen Liganden ist es schwierig, gemeinsame Motive in den Ligandenbindungsdomänen dieser Proteine aufzufinden. Anders ist es jedoch mit der DNA-Bindungsdomäne. Ungeachtet der Unterschiede in den Basensequenzen finden sich in allen *cis*-Elementen der DNA einige Gemeinsamkeiten. So handelt es sich meist um DNA-Sequenzen aus wenig mehr als 20 Basen. Sehr häufig sind es palindromische Sequenzen oder gleichartige bzw. sehr ähnliche, als Tandem sich wiederholende Sequenzen. Hierzu passt, dass im Allgemeinen Transkriptionsaktivatoren als Homo- oder Heterodimere wirken (Tab. 8.3).

! In vielen regulatorischen DNA-Bindeproteinen kommen Zinkfingerdomänen vor.

Ein in vielen DNA (und RNA)-bindenden Proteinen anzutreffendes Motiv ist das sog. **Zinkfingermotiv**, dessen schematischer Aufbau in Abb. 8.27 dargestellt ist. Zinkfinger wurden ursprünglich beim Transkriptionsfaktor TFIIIA beobachtet. Die Fingerstruktur entsteht dadurch, dass Cys-

Tabelle 8.3. *enhancer* und induzierbare Transkriptionsfaktoren (Auswahl)

Auslöser	DNA-Bindungsprotein	Enhancer-Bezeichnung	Consensussequenz
Glucocorticoide	Glucocorticoid-Rezeptor	GRE	AGAACANNNTGTTCT
Cyclo-AMP	CREBP	CRE	TGACGTCA
Serum	Serum-Response Factor (SRF)	SRE	GGTATATACC
Hitzeschock	Hitzeschock-Transkriptionsfaktor	HSRE	GAANNTTCNNGAA

GRE = *glucocorticoid responsive element*; CRE = *cAMP responsive element*; SRE = *serum response element*; HSE = *heat shock responsive element*; κBRE = *κB responsive element*

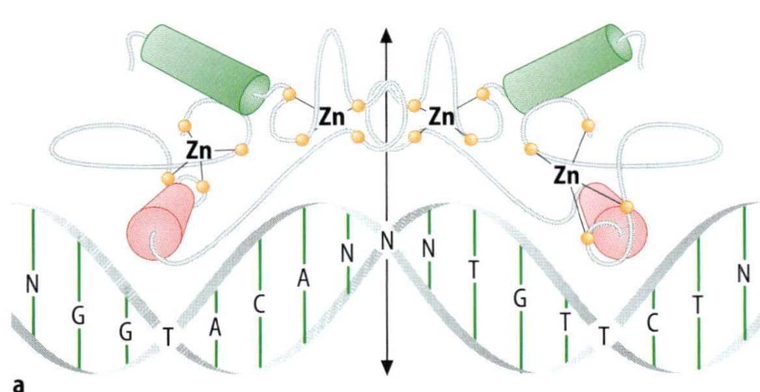

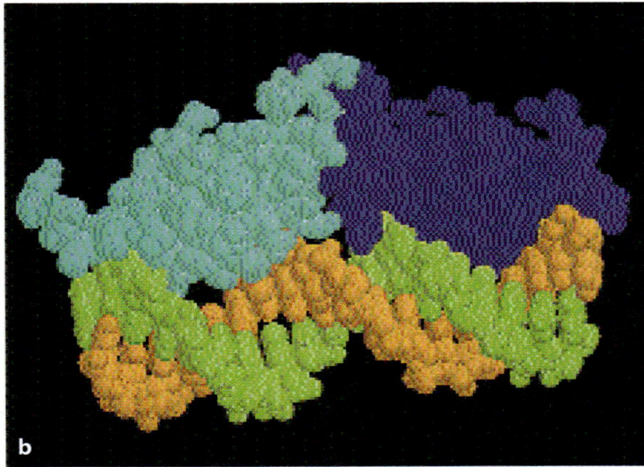

Abb. 8.28. DNA-Bindungsdomäne des Glucocorticoid-Rezeptors. a Schematische Darstellung der Wechselwirkung zwischen DNA und aktiviertem Rezeptor-Dimer. **b** aus Röntgenstrukturdaten gewonnene Darstellung der DNA-Rezeptor-Wechselwirkungen im Glucocorticoid-Rezeptor. Die DNA-Doppelhelix ist orange und hellgrün dargestellt, die Rezeptordimere sind violett und türkis. (Aufnahme von SWISS-3DIMAGE, Universität Genf)

teinyl- oder Histidylreste in der Peptidkette so positioniert sind, dass sie durch ein Zink-Atom komplexiert werden können, wobei eine schleifenförmige Struktur, der Zinkfinger, entsteht. Diese Schleifen bilden α-helicale oder β-Faltblattstrukturen, die imstande sind, in der großen Furche der DNA basenspezifische Kontakte zu knüpfen. Man unterscheidet Cys_2/His_2- bzw. Cys_2/Cys_2-Zinkfinger, wobei die letzteren bevorzugt in der Superfamilie der **Steroidhormonrezeptoren** vorkommen. Diese Familie von durch induzierbare Liganden aktivierbaren Transkriptionsaktivatoren zeigt einen allen Mitgliedern gemeinsamen modularen Aufbau (▶ Kap. 25.3.1). In der DNA-Bindungsdomäne finden sich typischerweise zwei Zinkfinger des Typs Cys_2/Cys_2 (Abb. 8.28a,b).

! Das Strukturmotiv des Leucin-*zipper*s gewährleistet eine spezifische DNA-Bindung und Dimerisierung des Bindeproteins.

In vielen DNA-Bindeproteinen kommt als wichtiges Motiv der sog. **Leucin-*zipper*** (engl. *zipper* = Reißverschluss) (Abb. 8.29) vor. Als Monomere enthalten Leucin-*zipper*-Proteine zwei Domänen. Die eine bildet eine besonders

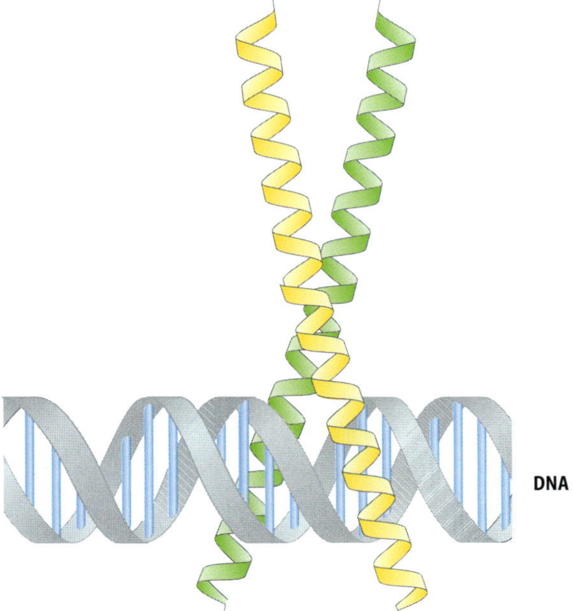

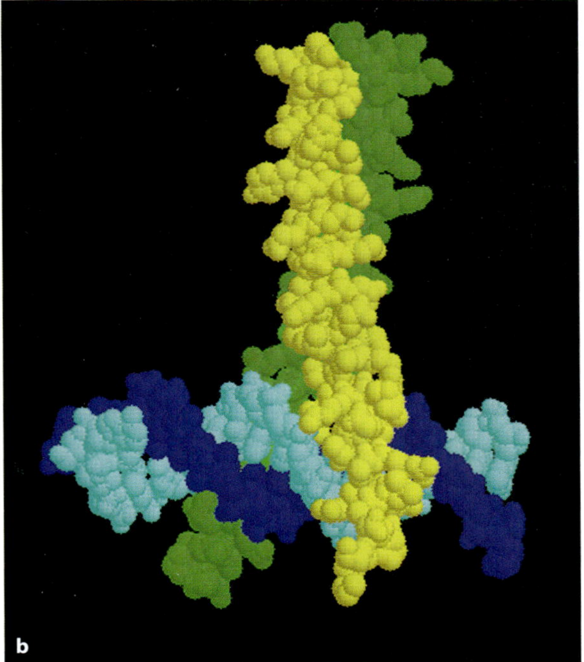

Abb. 8.29. Der Leucin-*zipper* als DNA-Bindeprotein. Aufbau des Leucin-*zippers* aus 2 Domänen und Bildung von Homo- und Heterodimeren. **a** Schematischer Aufbau, **b** räumliche Darstellung

Leucin-reiche α-Helix, die andere eine Region meist basischer Aminosäuren, die die sequenzspezifische Bindung an DNA ermöglicht. Das Besondere an Leucin-*zipper*-Proteinen ist ihre Fähigkeit zur Dimerisierung, welche durch die Leucin-reiche α-Helix aufgrund hydrophober Wechselwirkungen zwischen den Leucinresten ermöglicht wird. Leucin-*zipper*-Proteine können sowohl als Homo- wie auch

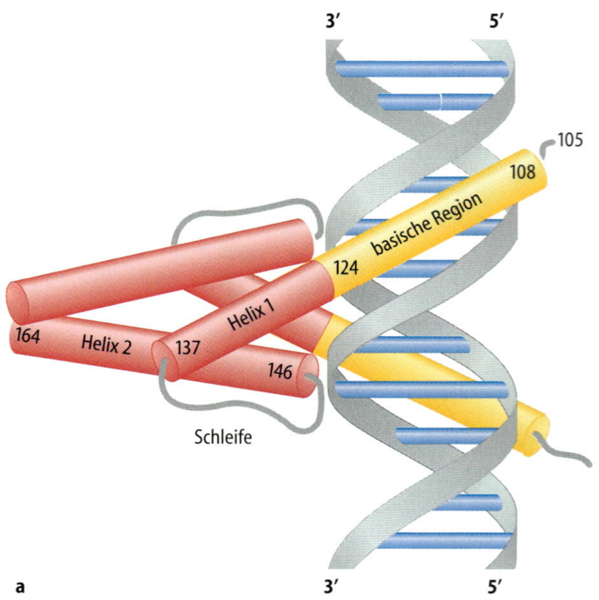

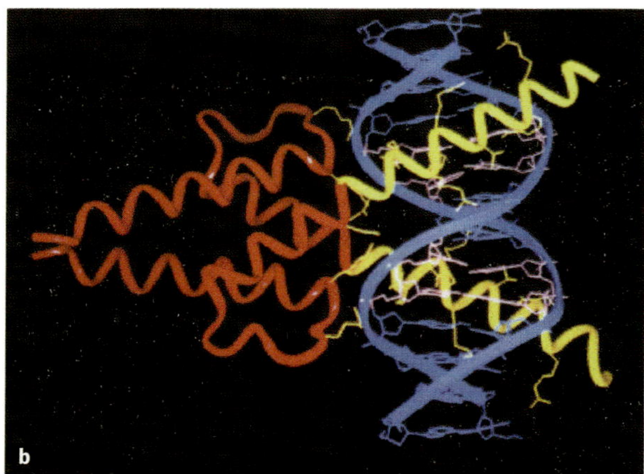

Abb. 8.30. Aufbau von DNA-Bindeproteinen mit Helix-*loop*-Helix-Motiven. a Schematische Darstellung von Helix-*loop*-Helix-Proteinen und ihrer Interaktion mit der DNA. In jedem Monomer sind 2 Helices über eine Schleife miteinander verbunden. Die DNA-Bindungsdomäne ist eine basische helicale Region **b** Dargestellt ist das an der Muskeldifferenzierung beteiligte MyoD-Protein. Die basische Region ist gelb, die Helix-*loop*-Helix-Region rot. Die DNA-Doppelhelix ist blau-grau

als Heterodimere vorkommen, was eine große Zahl von Kombinationen ermöglicht. Viele Transkriptionsaktivatoren besitzen solche Leucin-*zipper*-Motive, über die sie in Wechselwirkung mit anderen Proteinen der Transkriptionsmaschinerie treten.

In vielen regulierbaren DNA-Bindeproteinen kommen Helix-*loop*-Helix-Strukturen vor.

In gewisser Weise mit dem Leucin-*zipper*-Motiv verwandt ist das **Helix-*loop*-Helix-Motiv** (HLH-Motiv, engl. *loop*, Schleife). Die monomere Struktur der DNA-Bindeproteine mit dem Helix-*loop*-Helix-Motiv besteht aus zwei α-Helices, die über eine relativ flexible Schleife miteinander verbunden sind. Die nicht an der DNA-Bindung beteiligte α-Helix liefert ein starkes Dimerisierungssignal, was ähnlich wie die Leucin-reiche Helix im Leucin-*zipper* die Bildung von Homo- bzw. Heterodimeren ermöglicht (Abb. 8.30). DNA-Bindeproteine mit Helix-*loop*-Helix-Motiven spielen u.a. bei der Muskeldifferenzierung eine bedeutende Rolle.

Eine Möglichkeit der negativen Regulation der Transkription beruht darauf, den Transport von Transkriptionsaktivierenden Faktoren vom Cytosol als dem Ort ihrer Biosynthese zu ihrem Wirkort, den Zellkern, zu regulieren. Ein besonders gut untersuchtes Beispiel dieser Regulation ist der induzierbare **Transkriptionsfaktor NF-κB**, der in ▸ Kapitel 25.8.2 besprochen wird.

8.5.3 Alternatives Spleißen

Durch alternatives Spleißen können aus einer Prä-mRNA mehrere unterschiedliche mRNAs hergestellt werden, die für unterschiedliche Proteine codieren.

Ein völlig anderer Mechanismus zur Regulation der Genexpression eukaryoter Organismen ergab sich durch die Entdeckung, dass das Spleißen der Primärtranskripte eukaryoter Gene in sehr vielen Fällen unterschiedliche mRNA-Spezies und damit auch unterschiedliche Proteine entstehen lässt. Dieser Vorgang wird als **alternatives Spleißen** bezeichnet, welches in unterschiedlichen Varianten vorkommen kann. Ein Beispiel für die Bedeutung der Verwendung unterschiedlicher Spleißstellen ist das Calcitonin/CGRP-Gen (▸ Kap. 27.1.1). Wie in Abbildung 8.31 dargestellt, entsteht die mRNA für Calcitonin durch Spleißen der Exons 1, 2, 3 und 4 der in den Calcitonin-produzierenden Zellen der Schilddrüse gebildeten Prä-mRNA. In den Neuronen des zentralen und peripheren Nervensystems entsteht dagegen aus der gleichen Prä-mRNA durch Spleißen der Exons 1, 2, 3, 5 und 6 das CGRP (*calcitonin gene related peptide*), das als Transmitter dient.

Abbildung 8.32 stellt die verschiedenen Möglichkeiten des alternativen Spleißens am Beispiel einer Prä-mRNA aus drei Exons und zwei Introns dar. Durch die Verwendung der normalen Spleißstellen entsteht eine aus den drei Exons zusammengesetzte mRNA. Alternatives Spleißen ermöglicht das Ausschalten eines Exons (*exon skipping*). Auf diese Weise werden mRNAs aus den Exon 1 und 2 bzw. 1 und 3 gebildet. Gelegentlich finden sich in den Introns versteckte Spleißsignale. Werden sie benutzt, so entstehen mRNAs, die Teile von Introns oder sogar ganze Introns enthalten.

Von besonderer Bedeutung für die Immunantwort ist die Produktion von Immunglobulinen, die entweder als membranverankerte Rezeptoren oder als sezernierte Antikörper dienen. Sie entstehen aus einer Prä-mRNA durch die alternative Wahl von Spleißstellen (Abb. 8.33). Das

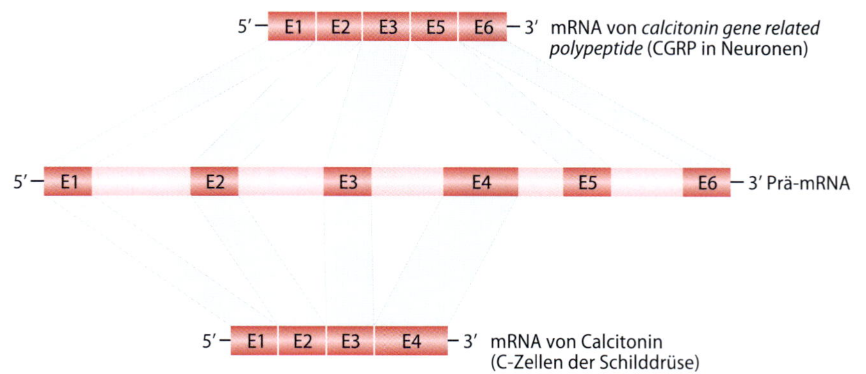

Abb. 8.31. Entstehung von Calcitonin und CGRP (*calcitonin gene related peptide*) durch alternatives Spleißen. (Einzelheiten ► Text)

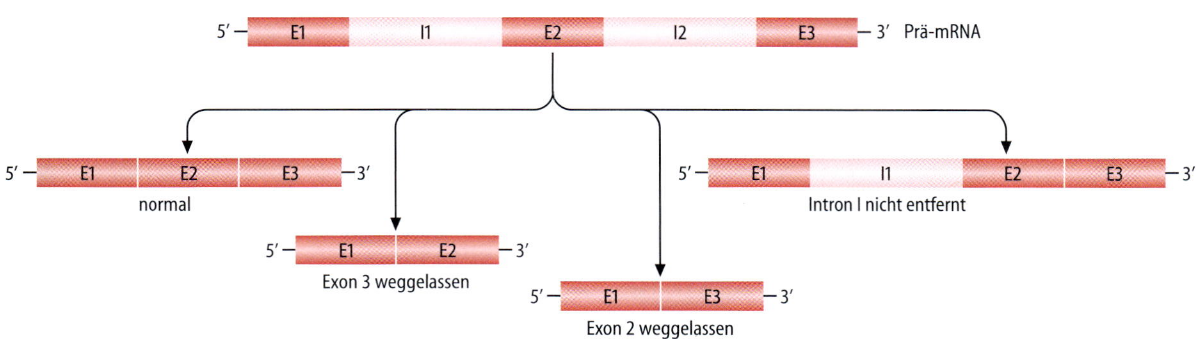

Abb. 8.32. Prinzipielle Möglichkeiten des alternativen Spleißens. Die verschiedenen in der Abbildung dargestellten Möglichkeiten des alternativen Spleißens führen zu jeweils unterschiedlichen Transkripten, die für funktionell unterschiedliche, strukturell jedoch ähnliche Proteine codieren, denen meist eine oder mehrere Domänen fehlen

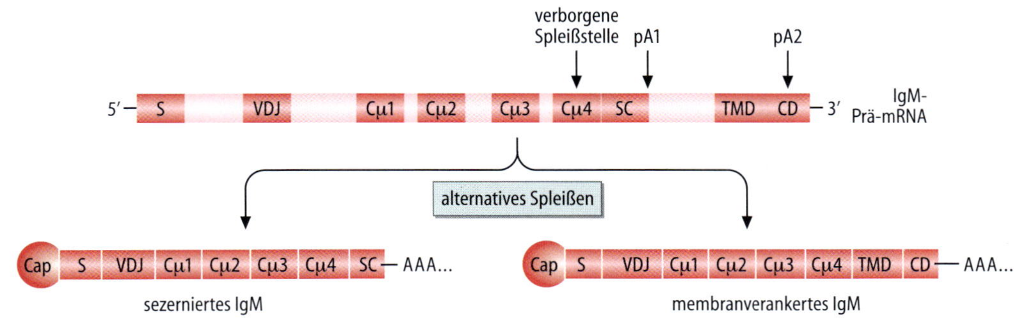

Abb. 8.33. Entstehung von Membran-gebundenen bzw. sezernierten IgM-Molekülen durch alternatives Spleißen. S = Signalsequenz; VDJ = VDJ Gen für den variablen Teil des Immunglobulins; cμ1–cμ4 = Exons der konstanten Kette; SC = Sequenz für die sekretorische Domäne; TMD = Sequenz der Transmembrandomäne; pA_1, pA_2 = Polyadenylierungssignale. (Einzelheiten ► Text)

vollständige Gen für die schwere Kette des IgM enthält eine Signalsequenz (S) und das Exon für die variable Region der schweren Kette (VDJ). Darauf folgen vier Exons für den konstanten Teil der schweren Kette (Cμ1–Cμ4). Das sechste Exon dieses Komplexes (Cμ4) trägt am 3′-Ende eine sog. SC-Sequenz, die das carboxyterminale Ende der sezernierten IgM-Form codiert. Zwei weitere 3′-gelegene Exons codieren für eine Transmembrandomäne sowie eine cytoplasmatische Domäne (TMD, CD). Die Prä-mRNA dieses Gens kann zur sezernierten Form des IgM gespleißt werden. Eine alternative Möglichkeit ist die Verwendung einer verborgenen Spleißstelle im Cμ4-Exon, was unter Verlust der SC-Domäne zu einer mRNA führt, die an ihrem 3′-Ende für die Transmembrandomäne und das cytoplasmatische Ende codiert. Damit entsteht ein Translationsprodukt, das eine Verankerung in der Membran ermöglicht.

Eine sehr eindrucksvolle Transkriptionsregulation findet sich bei der Prozessierung der Prä-mRNA für das p21-

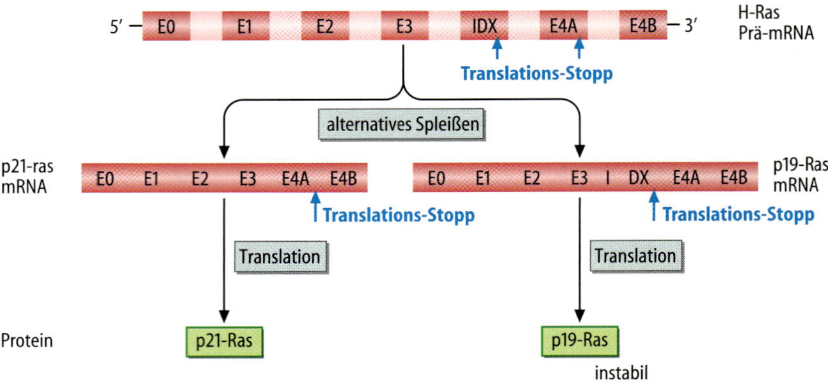

Abb. 8.34. Entstehung des p21-Ras-Proteins und des p19-Ras-Proteins durch alternatives Spleißen. (Einzelheiten ► Text)

Ras-Protoonkogenprodukt (Abb. 8.34). Unter normalen Bedingungen wird nur ein kleiner Teil der primären Transkripte des Ras-Protoonkogens so gespleißt, dass eine mRNA für ein relativ stabiles Ras-Protein entsteht. Der größte Teil der primären Transkripte wird so gespleißt, dass sie ein Extra-Exon zwischen den Exons 3 und 4 erhalten. Dieses enthält eine Reihe von Stoppcodons für die Translation, was zu verkürzten und damit funktionell inaktiven Formen des Ras-Proteins (p19-Ras) führt. Man nimmt an, dass die Regulation des in diesem Fall vorliegenden Exon-*skippings* die Menge des aktiven p21-Ras-Proteins bestimmt.

Über die gewebsspezifischen Faktoren, die in die Wahl der Spleißstellen eingreifen, ist noch nicht viel bekannt.

Immerhin hat man eine Reihe von Proteinen identifiziert, die man als **Spleiß-*enhancer*** oder ***-silencer*** bezeichnet. Die Ersteren stimulieren, die Letzteren hemmen das Spleißen an den nächstgelegenen Spleißstellen. Häufig sind **Spleiß-*enhancer*** reich an Serin- und Argininresten, sodass man sie auch als **SR-Proteine** bezeichnet. Sie sind imstande, das Spleißosom an die gewünschten Stellen zu rekrutieren.

8.5.4 mRNA-*editing*

! mRNA-*editing* ermöglicht die Herstellung unterschiedlicher Proteine aus einer mRNA

Unter dem Begriff des **mRNA-*editing*** versteht man die Modifikation der fertigen mRNA durch Vorgänge, die zu einer Veränderung der Basensequenz führen. So kommt es bei niederen Eukaryoten durch Einfügen von Basen nach der Transkription mitochondrialer Gene zu Rasterverschiebungen und damit zu einer Änderung der Basensequenz der mRNA im Vergleich zur genomischen Sequenz. Auch beim Menschen ist mRNA-*editing* nachgewiesen worden (Abb. 8.35). Das Apolipoprotein B (► Kap. 18.5) kommt in zwei Formen vor,

- das in der Leber synthetisierte Apolipoprotein B_{100} mit einer Molekülmasse von 513 kDa und
- das im Darm synthetisierte Apolipoprotein B_{48} mit einer Molekülmasse von 250 kDa

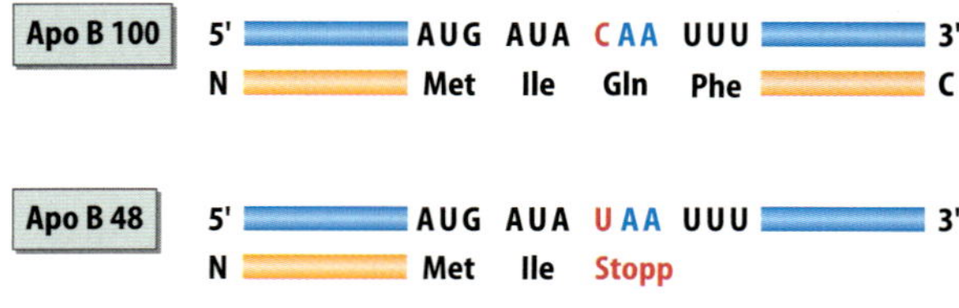

Abb. 8.35. Entstehung von Apo B_{100} und Apo B_{48} durch RNA-*editing*. (Einzelheiten ► Text)

Beide Apolipoproteine werden durch dasselbe Gen codiert, dementsprechend ist auch die mRNA für beide Isoformen identisch. Durch einen spezifisch nur im Darm vorkommenden Vorgang des RNA-*editing* wird am Codon 2153 der Apolipoprotein B mRNA ein Cytosin zu einem Uracil desaminiert. Hierdurch entsteht das Terminations-Codon UAA und damit im Darm eine entsprechend verkürzte Form des Apolipoproteins B.

8.5.5 Regulation der mRNA-Stabilität

Eine Regulation der Genexpression kann nicht nur über Genaktivierung/Inaktivierung, Regulation der Transkriptionsinitiation, durch alternatives Spleißen oder *editing* erfolgen, sondern auch durch Beeinflussung der Stabilität der mRNA. Die hierbei ablaufenden Vorgänge und vor allem ihre Regulation sind derzeit Gegenstand aktiver Forschung. Es soll deswegen nur auf zwei besondere Mechanismen eingegangen werden, nämlich die Bedeutung AU-reicher Elemente für den Abbau kurzlebiger mRNA sowie die RNA-Interferenz.

! ARE-Bindeproteine sind für die Stabilität kurzlebiger mRNA-Moleküle verantwortlich.

Die mRNAs für eine Reihe von Wachstumsfaktoren und Cytokinen zeichnen sich durch eine sehr kurze Halbwertszeit aus. Als gemeinsames Merkmal zeigen sie an ihrem

Tabelle 8.4. Beeinflussung der mRNA-Stabilität einiger an Signalkaskaden beteiligter Proteine durch verschiedene ARE*-Bindungsproteine (Auswahl). Angaben nach Barreau C, Paillard L, Osborne HB (2005)

ARE-Bindungsprotein	Zunahme der mRNA-Stabilität	Abnahme der mRNA-Stabilität
BRF1	–	TNFα IL-3
TTP	–	GM-CSF TNFα IL-2 IL-3
AUF1	GM-CSF TNFα	–
HuR	GM-CSF TNFα IL-3 Cyclin A	–

*ARE = AU-reiche Elemente

3′-Ende eine Reihe AU-reicher Sequenzmotive der Struktur AUUUA, die als **AU-reiche Elemente** (*AU rich elements*, AREs) bezeichnet werden. mRNAs, die über diese Elemente verfügen, werden außerordentlich rasch deadenyliert und durch eine 3′- 5′-Exonuclease abgebaut. Dieser Abbau erfolgt in einem großen, als **Exosom** bezeichneten Proteinkomplex. Exosomen kommen auch im Zellkern vor, wo sie an der Reifung der rRNA und der Herstellung der snRNA beteiligt sind. Die Hauptaufgabe cytosolischer Exosomen scheint dagegen der mRNA-Abbau zu sein.

Für den Abbau von mRNAs mit AREs in cytosolischen Exosomen sind **ARE-Bindeproteine** verantwortlich. Diese ermöglichen die Wechselwirkung zwischen mRNA und den Proteinen des Exosoms. Man kennt bis heute wenigstens 12 ARE-Bindeproteine, deren Interaktion mit den AREs die mRNA-Stabilität erhöhen oder erniedrigen können. Ein als BRF-1 bezeichnetes ARE-Bindeprotein führt zu einer Erhöhung der Abbaurate der mRNA von TNFα. Phosphorylierung durch die Proteinkinase B verhindert die Bindung von BRF-1 an das ARE und verlängert damit die Lebenszeit der betreffenden mRNA. Weitere mRNA-Moleküle, deren Stabilität über den genannten Mechanismus reguliert wird, sind in Tabelle 8.4 zusammengestellt.

! Durch RNA-Interferenz können mRNA-Moleküle gezielt abgebaut werden.

Vor einigen Jahren wurde beobachtet, dass man gezielt die Genexpression ausschalten kann, wenn man in Zellen ein doppelsträngiges RNA-Molekül einführt, welches komplementär zu Teilsequenzen des auszuschaltenden Gens ist. Dieses Verfahren wird in der Gentechnik zur experimentellen Ausschaltung von Genen benutzt (► Kap. 7.4.4). Inzwischen hat sich herausgestellt, dass dieses Phänomen Mechanismen ausnutzt, die in Tier- und Pflanzenzellen zur Regulation der Genexpression realisiert sind. Diese Mechanismen beruhen auf der Existenz so genannter **Mikro-RNAs** (miRNAs, ► Kap. 5.5). Diese sind über folgende Mechanismen in die Regulation der Genexpression eingeschaltet (Abb. 8.36):

- Im Genom tierischer und pflanzlicher Zellen kommen Gene vor, die für die so genannte **Pri-miRNA** (*primary micro RNA*) codieren. Beim Menschen hat sich bisher eine größere Zahl derartiger Gene nachweisen lassen. Sie werden von der RNA-Polymerase II transkribiert, codieren jedoch nur zum Teil für Proteine. In den für Proteine codierenden Genen befinden sich die Sequenzen für die Pri-mi-RNAs in den Introns
- Die durch die RNA-Polymerase II erzeugten Pri-mi-RNA-Transkripte zeichnen sich durch komplementäre Bereiche aus, die doppelsträngige Schleifen von etwa 70 Nucleotiden Länge bilden können
- Durch einen als *Drosha* bezeichneten Proteinkomplex mit RNase-3-Aktivität wird das doppelsträngige Stück RNA ausgeschnitten. Dieses wird anschließend von Exportin 5 gebunden und über die Kernporen ins Cytosol transportiert
- Ein als *Dicer* bezeichneter cytoplasmatischer Enzymkomplex mit RNase 3-Aktivität entfernt nun weitere Nucleotide, sodass ein Stück doppelsträngiger RNA aus ungefähr 21 Nucleotiden entsteht, bei dem die 3′-Enden etwas überhängen. Dieses Produkt wird als **miRNA-Doppelstrang** bezeichnet
- Der miRNA-Doppelstrang wird durch eine Helicase in die zwei Einzelstränge gespalten, von denen einer mit dem **RISC-Komplex** assoziiert. Dieser ist imstande, mRNA zu binden, die der miRNA komplementär ist. Da der RISC-Faktor über eine RNase-Aktivität verfügt, kommt es zum Abbau der mRNA, womit die Translation des betreffenden Gens verhindert wird

Man nimmt inzwischen an, dass etwa 20% der menschlichen Gene in ihren Intronstrukturen die Information für miRNAs enthalten. Über ihre genaue Funktion ist aber noch wenig bekannt. Es scheint sicher zu sein, dass viele von ihnen entwicklungsgeschichtlich von Bedeutung sind. So induzieren beispielsweise bei der Entwicklung des Herzens die Transkriptionsfaktoren **MyoD** und **Mef2** die Transkription der miRNA-1-1 im Herzmuskel. Diese bindet und inaktiviert über den RISC-Komplex die mRNA des Transkriptionsfaktors **Hand 2**, der die Proliferation der Cardiomyozyten im rechten Ventrikel stimuliert. Überexpression von miR-1-1 führt zu atrophischen rechten Ventrikeln, seine fehlende Expression zu einer entsprechenden Hypertrophie.

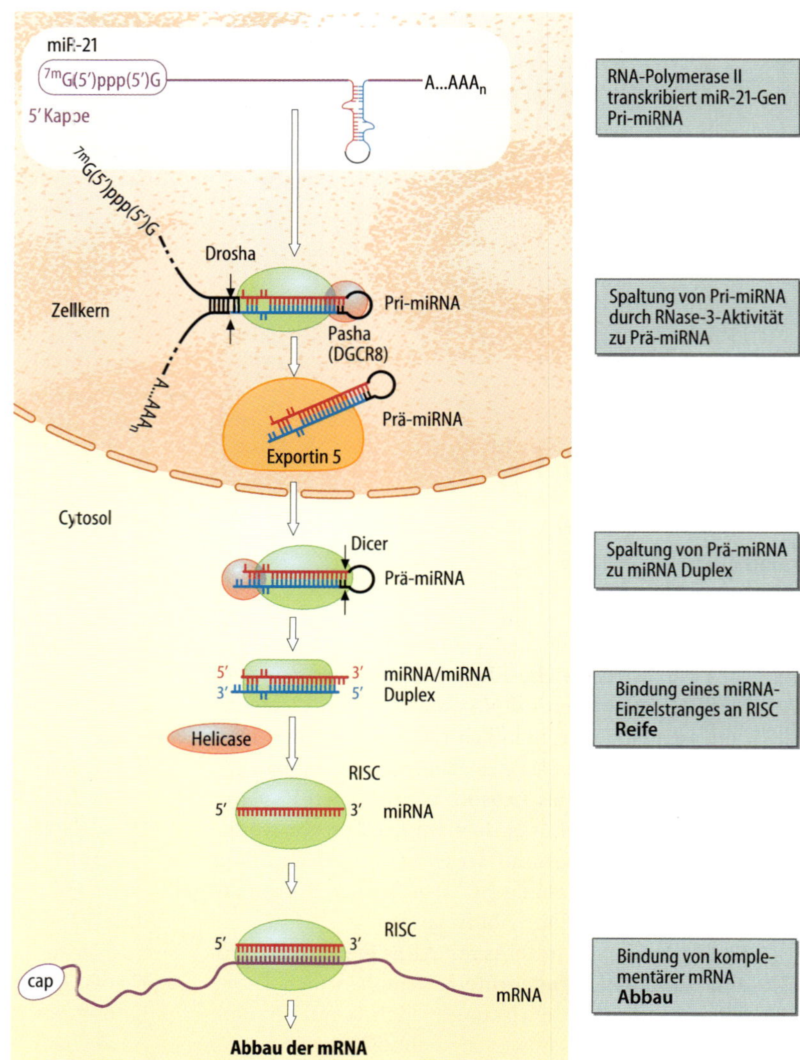

Abb. 8.36. mRNA-Abbau durch RNA-Interferenz. (Einzelheiten ► Text)

In Kürze

Die Regulation der Transkription erfolgt durch unterschiedliche Mechanismen:

- (In-) Aktivierung von Genen. Wichtige Mechanismen hierbei sind die Methylierung der DNA oder reversible Modifikationen von Histonproteinen
- Beeinflussung der Transkriptions-Initiation. Hierfür sind v.a. Transkriptionsaktivatoren verantwortlich, zu denen beispielsweise nucleäre Rezeptoren gehören
- Prozessierung der Prä-mRNA z.B. durch alternatives Spleißen oder durch mRNA-*editing*
- Regulation des RNA-Transports ins Cytoplasma
- Abbau der RNA oder RNA-Interferenz

Literatur

Übersichts- und Originalarbeiten

Barreau C, Paillard L Osborne HB (2005) AU-rich elements and associated factors: are there unifying principles? Nucleic Acids Res 33:7138–7150

Black DL (2003) Mechanisms of alternative pre-messenger RNA splicing. Ann Rev Biochem 72:291–336

Boeger H, Bushnell DA, Davis R, Griesenbeck J, Lorch Y, Strattan JS, Westover KD, Kornberg RD (2005) Structural basis of eukaroytic gene transcription. FEBS Letters 579:899–903

Bottomley MJ (2004) Structures of protein domains that create or recognize histone modifications. EMBO reports 5:464–469

Buratti E, Baralle FE (2004) Influence of RNA secondary structure on the pre-mRNA splicing process. Mol Cell Biol 24:10505–10514

Cillio C, Cantile M, Faiella A, Boncinelli E (2001) Homeobox genes in normal and malignant cells. J Cell Physiol 188:161–169

Cullen BR (2003) Nuclear RNA export. J Cell Sci 116:587–597

Davidson I (2003) The genetics of TBP and TBP-related factors. Trends Biochem Sci 28:391–398

Guil S, De La Iglesia N, Juan Fernandez-Larrea J, Cifuentes D, Ferrer, Guinovart JJ, Bach-Elias M (2003) Alternative Splicing of the Human Proto-oncogene c-H-ras Renders a New Ras Family Protein That Trafficks to Cytoplasm and Nucleus. Cancer Res 63:5178–5187

Hastings ML, Krainer AR (2001) Pre-mRNA splicing in the new millennium. Curr Opin Cell Biol 13:302–9

Iuchi S (2001) Three classes of C2H2 zinc finger proteins. Cell Mol Life Sci 58:625–35

Koleske AJ, Young RA (1995) The RNA-Polymerase II holoenzyme and its implications for gene regulation. TIBS 20:113–116

Korzheva N, Mustaev A (2001) Transcription elongation complex: structure and function. Curr Opin Microbiol 4:119–25

Kuhn LC (2001) The cytoplasmic fate of mRNA. J Cell Sci 114:1797–8

Ma, PC, Rould MA, Weintraub H, Pabo CO (1994) Crystal structure of MyoD bHLH domain-DNA complex: perspectives on DNA recognition and implications for transcriptional activation. Cell 77:451–459

Meinhart A, Kamenski T, Hoeppner S, Baumli S, Cramer P (2005) A structural perspective of CTD function. Genes and Development 19:1401–1415

Nogales E (2000) Recent structural insights into transcription preinitiation complexes. J Cell Sci 113:4391–4397

Paranjape SM, Kamakaka RT, Kadonaga JT (1994) Role of Chromatin Structure in the Regulation of Transcription by RNA Polymerase II. Ann Rev Biochem 63:265–297

Robertson KD, Wolffe AP (2000) DNA methylation in health and disease. Nat Rev Genet 1:11–19

Schmitz ML, Bacher S, Kracht M (2001) IκB-independent control of NF-κB activity by modulatory phosphorylations. TIBS 26:186–190

Shim J, Karin M (2002) The Control of mRNA Stability in Response to Extracellular Stimuli. Mol. Cells, 14:323–331

Stallcup MR (2001) Role of protein methylation in chromatin remodeling and transcriptional regulation. Oncogene 20:3014–3020

Thiel G, Lietz M, Hohl M (2004) How mammalian transcriptional repressors work. Eur J Biochem 271:2855–2862

Urnov FD, Wolffe AP (2001) Chromatin remodeling and transcriptional activation: the cast (in order of appearance). Oncogene 20:2991–3006

Valencia-Sanchez MA, Liu J, Hannon GJ, Parker R (2006) Control of translation and mRNA degradation by miRNAs and siRNAs. Genes & Dev. 20:515-524

Zenklusen D, Stutz F (2001) Nuclear export of mRNA. FEBS Letters 498:150–156

Zurita M, Merino C (2003) The transcriptional complexity of the TFIIH complex. Trends Genet 19:578–584

Links im Netz

► www.lehrbuch-medizin.de/biochemie

9 Biosynthese, Modifikation und Abbau von Proteinen

Andrej Hasilik

9.1 Biosynthese von Proteinen – 287

9.1.1 Überblick – 287
9.1.2 Der genetische Code – 288
9.1.3 Transfer-RNA: Struktur und Funktion – 289
9.1.4 Ribosomen und die Synthese der Peptidbindung – 293
9.1.5 Einzelschritte der Proteinbiosynthese – 293
9.1.6 Hemmstoffe der Proteinbiosynthese – 299
9.1.7 Regulation der Proteinbiosynthese – 300
9.1.8 Pathobiochemie – 301

9.2 Faltung, Transport und Modifikation von Proteinen – 301

9.2.1 Faltung der Polypeptide – 301
9.2.2 Cotranslationaler Transport von Polypeptiden und Proteinen durch Membranen – 304
9.2.3 Posttranslationaler Transport von Polypeptiden und Proteinen durch Membranen – 306
9.2.4 Covalente Modifikationen von Proteinen – 307
9.2.5 Pathobiochemie – 313

9.3 Proteinolyse und Abbau von Proteinen – 314

9.3.1 Klassifizierung der Proteinasen – 315
9.3.2 Spezifität der Proteinasen – 315
9.3.3 Kompartimentierung der Proteinasen und ihre Wirkung im Extrazellulärraum und der Plasmamembran – 316
9.3.4 Abbau von Proteinen in Lysosomen – 318
9.3.5 Proteinolyse in nichtlysosomalen Kompartimenten – 319
9.3.6 Pathobiochemie – 322

Literatur – 324

Einleitung

Proteine erfüllen mannigfaltige katalytische, regulatorische sowie strukturelle Aufgaben. Ihren Funktionen und ihrer Differenzierung entsprechend verfügt jede Zelle über ein charakteristisches Muster von Proteinen, das Proteom (◘ Abb. 9.1). Der Spiegel jedes einzelnen Proteins ist veränderlich und ergibt sich aus dem Verhältnis der Synthese- und Abbaugeschwindigkeiten. Zudem können viele Proteine in unterschiedlich modifizierten Formen vorkommen, wobei einige der Modifikationen physiologisch reversibel sind und als Interkonversion bezeichnet werden.

Proteine enthalten eine oder mehrere Polypeptidketten, die aus über Peptidbindungen linear verknüpften Aminosäuren bestehen. Die Sequenz der Aminosäuren (d.h. die Primärstruktur des Proteins) ist genetisch determiniert. Als Bauplan der Proteinsynthese dient mRNA, in der jeweils drei aufeinander folgende Nucleotide (Tripletts) den Anfang, die einzelnen Aminosäuren und das Ende der Polypeptidkette definieren. Die Synthese erfolgt in den Ribosomen und benötigt an tRNA gebundene Aminosäuren, verschiedene Faktoren, die den Beginn, die Verlängerung sowie das Ende der Polymerisierung steuern und schließlich GTP. Von den tRNA's werden 21 verschiedene Aminosäuren übertragen. Diese werden als proteinogen bezeichnet. Energetisch begünstigt werden diese Reaktionen durch eine gekoppelte Hydrolyse des GTP.

Die Synthese der Peptidbindungen wird vom Ribosom, genauer durch eine Peptidyltransferase-Aktivität des Ribosoms katalysiert. Die naszierende Proteinkette gelangt aus dem Ribosom in das Cytoplasma bzw. in das Lumen des rauen endoplasmatischen Retikulums (ER). Unter Mitwirkung mehrerer Proteine, die z.T. als molekulare Chaperone bezeichnet werden, entsteht die einzigartige 3D-Struktur jedes Proteins, die durch seine Primärstruktur definiert ist. Einige Modifikationen erfolgen noch vor bzw. während der Faltung und des Transports der Proteine zu ihrem Wirkungsort.

Die Lebensdauer der Proteine im menschlichen Körper variiert zwischen Minuten und Jahren. Ein Teil dieser Polymere wird unmittelbar nach ihrer Synthese abgebaut. Im Cytosol werden die Proteine zu Oligopeptiden aus ca. 10 Aminosäuren abgebaut und später in ihre Einzelteile zerlegt. Die Oligopeptide können dem Immunsystem von Histokompatibilitätsproteinen präsentiert werden. So kann festgestellt werden, ob die Zellen nicht zur Synthese fremder Proteine gezwungen werden. In den Lysosomen werden Proteine und andere Makromoleküle in ihre Bausteine hydrolysiert. Störungen im Abbau von Proteinen können letal sein und tragen zur Pathologie verschiedener Krankheiten bei, vermutlich auch zu einigen Krebserkrankungen und der Alzheimer'schen Krankheit.

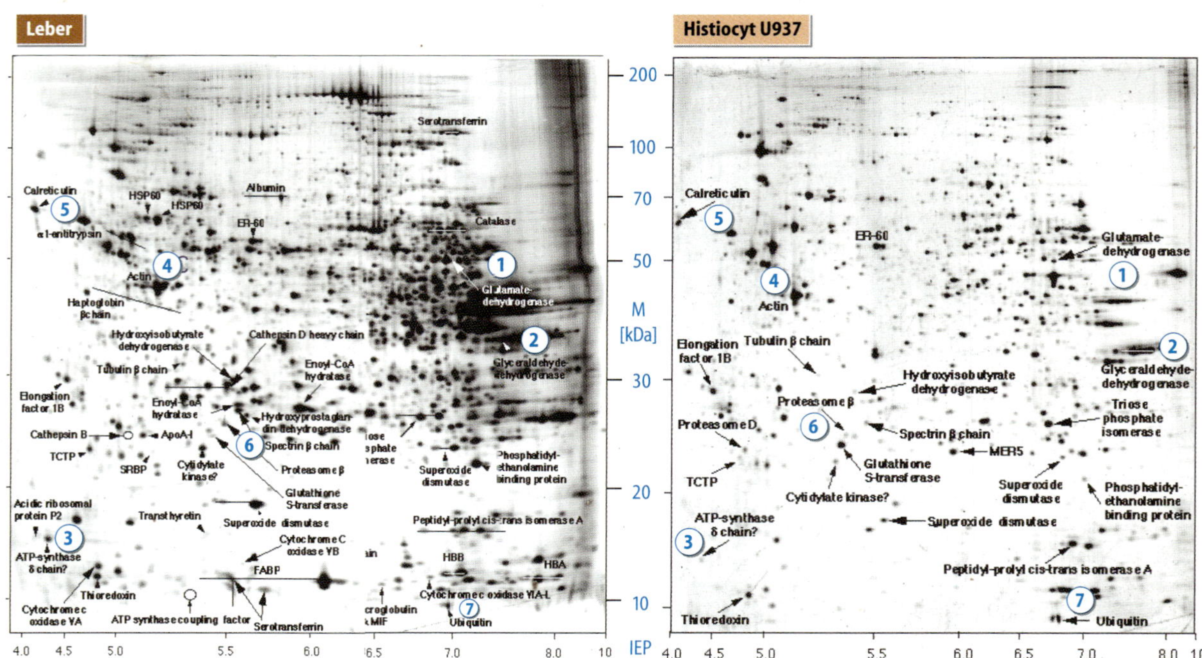

◘ **Abb. 9.1. Proteomanalyse von menschlicher Leber und einer Monozyten-Zelllinie.** Die Proteomanalyse erfolgte durch 2D-Gelelektrophoresen. Die Methode wurde in ► Kap. 3 beschrieben. Die Proteinmuster dieser und anderer Gewebe können in der SwissProt Datenbank aufgerufen werden. Einige Gemeinsamkeiten in der Ausstattung der Zellen wurden mit Zahlen hervorgehoben: Enzyme des Aminosäurestoffwechsels ①, der Glycolyse ②, ATP-Synthese ③, das Cytoskelettprotein Aktin ④, ein Chaperon ⑤, und zwei am Proteinabbau beteiligte Proteine, eine Proteasom-Untereinheit ⑥ bzw. Ubiquitin ⑦. M = Molekulargewicht; IEP = Isoelektrischer Punkt (Aufnahmen von Denis F. Hochstrasser)

9.1 Biosynthese von Proteinen

9.1.1 Überblick

Proteine bestehen aus einer oder mehreren **Polypeptidketten**, die als Polymere von Aminosäuren bezeichnet werden können. Ihre Struktur wird in ▶ Kapitel 3 beschrieben. Die Synthese und subzelluläre Verteilung funktionsfähiger Proteine sowie ihr Abbau lassen sich wie folgt kurz beschreiben:

- Die Polypeptide werden nach einem Bauplan synthetisiert, der durch die lineare Nucleotidsequenz der **Proteinstrukturgene** auf DNA-Ebene festgelegt ist und in Form von **mRNA** (*messenger*-RNA, ▶ Kap. 5.5) an den Ort der Synthese transportiert wird. Der Bauplan der Proteine ist verschlüsselt. Der **genetische Code** ordnet **Basentripletts** der mRNA-Sequenz, die als **Codons** bezeichnet werden, die Aminosäuren zu. Diese Bausteine werden vom Stoffwechsel bereitgestellt
- Die Proteinsynthese, die den als mRNA vorliegenden Bauplan umsetzt, wird als **Translation** bezeichnet. Sie erfolgt an den **Ribosomen**. In ihnen wird die Nucleotidsequenz der mRNA »gelesen« und den Codierungsregeln entsprechend in die Sequenz der Aminosäuren »übersetzt«. Zellen des exokrinen Pankreas, in denen eine sehr intensive Proteinsynthese stattfindet, sind außerordentlich reich an Ribosomen (◘ Abb. 9.2)

Die Translation beginnt am sog. Start-Codon, das die N-terminale Aminosäure (Nr. 1 in ◘ Abb. 9.3) bestimmt. Die Übersetzung der folgenden Codons führt zur **Elongation des C-Terminus** der wachsenden Polypeptidkette.

- Das »Wörterbuch« der Übersetzungsmaschinerie besteht aus spezifischen Transfer-RNAs (tRNAs). Jede tRNA erkennt mit ihrem **Anticodon** die für eine spezifische Aminosäure codierenden Codons auf der mRNA. Außerdem trägt sie die entsprechende »*cognate*« Aminosäure. ◘ Abbildung 9.3 gibt in schematischer Form einen Ausschnitt der Proteinbiosynthese während der Elongationsphase wieder. Auf das Codon n+1 hat mit Hilfe ihres Anticodons n+1 eine mit der entsprechenden Aminosäure beladene tRNA gebunden. Die Bindung erfolgt dabei über das α-C-Atom der Aminosäure. Auf dem Codon n ist über das Anticodon n eine tRNA gebunden, die das bisher synthetisierte Peptid trägt. Durch den Angriff der freien Aminogruppe der Ami-

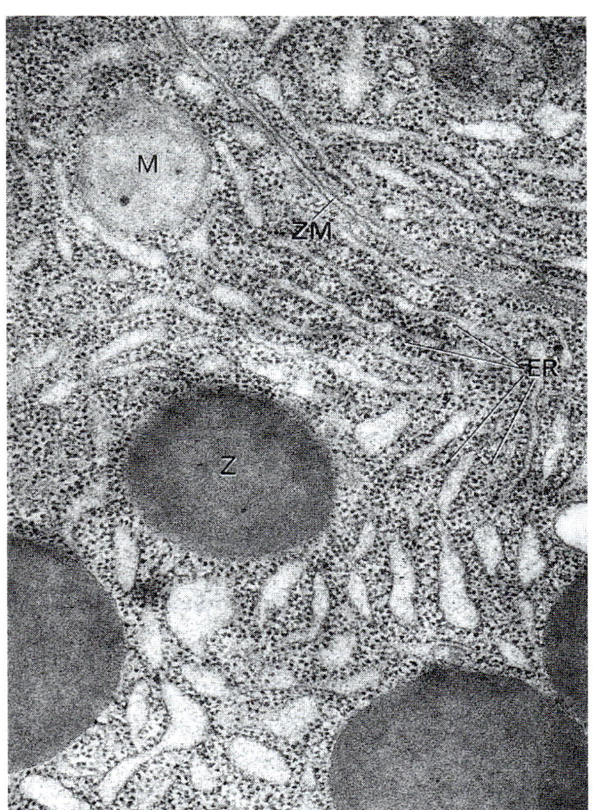

◘ **Abb. 9.2. Elektronenmikroskopische Aufnahme von rauem endoplasmatischen Retikulum im exokrinen Teil des Pankreas.** Z = Zymogengranulum; M = Mitochondrium (Querschnitt); ZM = Zellmembran; ER = raues endoplasmatisches Retikulum. (Aufnahme: Elmar Sieß)

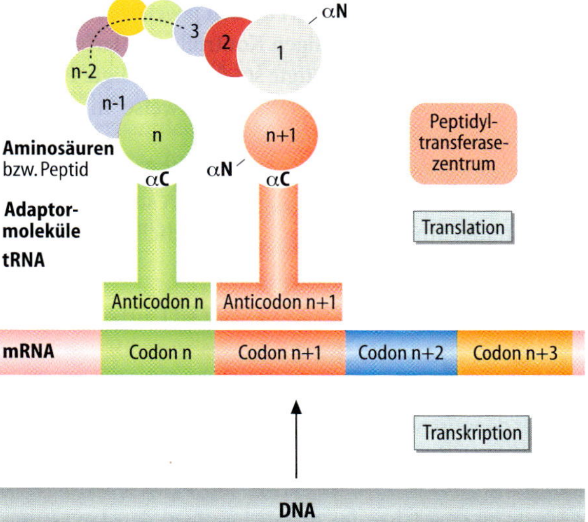

◘ **Abb. 9.3. Schematische Darstellung der ribosomalen Proteinbiosynthese.** tRNA-Moleküle wirken als Adaptoren, welche die benötigten Aminosäuren entsprechend der Reihenfolge der Codons auf der mRNA bereitstellen. Die Erkennung der Codons erfolgt in einem Decodierungszentrum der Ribosomen. In den mit den Aminosäuren beladenen tRNA-Adaptoren liegen die α-Aminogruppen (α-N) frei vor, während die α-Carboxylgruppen (α-C) mit dem 3'-Ende der tRNA verestert sind. Die Carboxylgruppe des Aminosäurerests, das in das wachsende Peptid zuletzt eingebaut wurde (n), wird im Peptidyltransferasezentrum von seiner tRNA abgelöst und mit der α-Aminogruppe des aktuell angedockten Aminosäure-tRNA-Derivats (n+1) verknüpft. Der aktuell eingebaute Aminosäurerest befindet sich am C-Terminus des verlängerten Peptids und dieses infolge der Verknüpfung an der zuletzt angedockten (n+1) tRNA. Der Mechanismus der Reaktion wird in ▶ Abb. 9.13c gezeigt

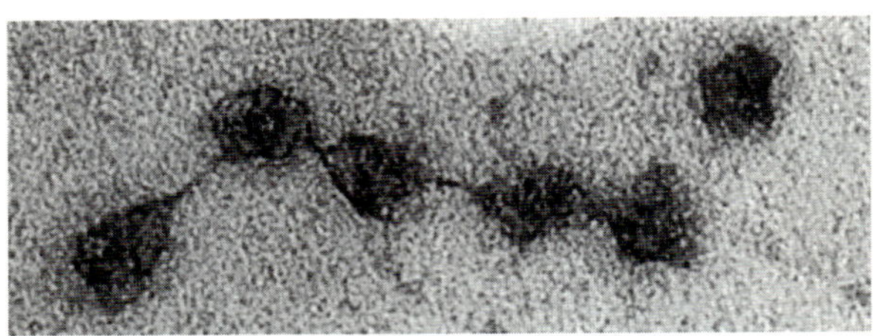

Abb. 9.11. Elektronenmikroskopische Aufnahme von Polysomen während der Globinsynthese in Retikulozyten. Durch eine spezielle Färbung erkennt man die mRNA als einen schwarzen Faden: (Aufnahme: Alexander Rich)

der Polysomen wird eine parallele Fertigung von mehreren Proteinmolekülen ermöglicht und die Produktivität der Translation erhöht.

! Die für die Elongation benötigten Aminoacyl-tRNAs werden als Komplexe mit dem Elongationsfaktor eEF-1A bereitgestellt.

Elongation. Die Elongation erfolgt in fünf Schritten, die für den Einbau jeder nachfolgenden Aminosäure wiederholt werden. Die Schritte sind schematisch in der Abb. 9.12a dargestellt und in der Legende genau beschrieben. Abhängig ist die Elongation von der Bereitstellung von **ternären Elongationskomplexen**, die in einer Vorbereitungsphase aus allen beladenen tRNAs und dem mit GTP aktivierten Elongationsfaktor **eEF-1A** auf gleiche Weise hergestellt werden.

Im ersten Schritt der Elongation wird an die A-Stelle eine Aminoacyl-tRNA gebunden, die zu dem vorliegenden Codon komplementär ist (Abb. 9.12b). Der zentrale Vorgang der Elongation ist die nun folgende Ausbildung der Peptidbindung. Wenn eine neue tRNA in der A-Stelle gebunden wird, kommt es im Peptidyltransferase-Zentrum zu einer Rotationsbewegung, durch die die aktivierte Aminosäure in die unmittelbare Nähe des Estercarbonyls am 3′-Ende der in der P-Stelle befindlichen tRNA vorgeschoben wird. Wie in Abb. 9.12c gezeigt, kommt es zu einem nucleophilen Angriff der α-Aminogruppe der in der A-Stelle befindlichen Aminosäure auf das C-Atom der Carbonylgruppe in der P-Stelle. In der A-Stelle entsteht ein Methionyl-Aminoacyl- bzw. ein verlängertes Peptidyl-tRNA Produkt. Die erste Aminosäure bzw. ein Peptid wird dadurch auf die zweite bzw. nachfolgende Aminosäure in der A-Stelle übertragen. Dabei entsteht eine neue **Peptidbindung** ohne einen unmittelbaren Verbrauch von ATP oder GTP. Vor der nächsten Runde müssen die tRNAs in deren jeweils nächste Station und gleichzeitig die mRNA durch ihren Kanal um etwa 2 nm verschoben werden. Die Energie für diese chemomechanische Leistung wird durch Hydrolyse von GTP bereitgestellt. Es ist wahrscheinlich, dass an der Bewegung sowohl die Ribosomen, als auch die tRNAs, vermutlich in Teilschritten, beteiligt sind. Die deacylierte tRNA wandert aus der P-Halbstelle der großen ribosomalen Untereinheit in die E-Halbstelle, während der den verlängerten Peptidylrest tragende Akzeptorarm der nächsten tRNA aus der A- in die P-Halbstelle vorrückt, die eine höhere Affinität zu dem Peptid besitzt als die Erstere. Die tRNAs befinden sich zwischenzeitlich in »hybriden« E/P und P/A Stellen, wie in Abb. 9.12a im Schritt **4** angedeutet. Während die Codon-Anticodon-Paarung besteht, wird die Positionierung der tRNAs in den kompletten P- und A-Stellen vervollständigt; die Anticodonarme werden erst unter der Einwirkung des eEF-2•GTP-Komplexes aus den A- und P- in die P- und E-Halbstellen der kleinen ribosomalen Untereinheit verschoben. Der Elongationsfaktor enthält eine atypische Aminosäure, das Diphtamid (Abb. 9.13), die durch posttranslationale Modifikation eines Histidinrests gebildet wird. Das Diphtamid ist der Angriffspunkt des Diphterietoxins (▸ Kap. 9.1.8).

Vom Peptidyltransferase-Zentrum wandert die wachsende Polypeptidkette durch einen **Tunnel** (Abb. 9.14) in der großen ribosomalen Untereinheit. An der **Austrittstelle** wird die naszierende Kette von Proteinen gebunden, die die Ausbildung einer nativen 3D-Struktur oder die Bindung des Ribosoms an das ER ermöglichen (▸ Kap. 9.2.1, 9.2.2).

Abb. 9.12a–c. Cytosolischer Elongationszyklus eukaryoter Zellen. a Schema der Elongation. ① In einem Vorbereitungsschritt werden aus Aminoacyl-tRNAs und aktiviertem eEF-1A•GTP (*grünes Rechteck mit GTP*) ternäre Elongationskomplexe gebildet. Diese werden für die Bindung der Aminoacyl-tRNAs an die Akzeptor (A)-Stelle benötigt. ② In dem eigentlichen Elongationszyklus bindet der ternäre Elongationskomplex nahe der Aminoacyl-tRNA- bzw. Akzeptorstelle (A) an das Ribosom, damit zunächst die Codon-Anticodon Paarung überprüft werden kann. Bei Übereinstimmung bleibt die tRNA gebunden. ③ Der am eEF-1A gebundene Anticodonarm ist verbogen und kann sich nach optimaler Bindung an das Codon wie eine Feder strecken. Damit passt sich die tRNA der *A*-Stelle an. Das besetzte Ribosom wirkt auf den eIF-1A•GTP Komplex wie ein GTPase-aktivierender Faktor: das GTP wird hydrolysiert, der Faktor kann die Eintrittstelle verlassen. ④ Die Peptidsynthese erfolgt im Peptidyltransferasezentrum (PTZ) durch eine genaue Positionierung der Peptidyl- und Aminoacyl-tRNAs. Der verlängerte Peptidylrest befindet sich an der jeweils letzten tRNA. ⑤ Beide tRNAs werden zusammen mit der über die Codon-Anticodon-Wechselwirkungen verbundenen mRNA in dem ribosomalen Hohlraum um etwa 2 nm, von den P- und A- in die E- und P-Stellen, vorgeschoben (s. Lage der *Pfeile* entlang der mRNA). Der Schritt wird durch den eEF-2 gesteuert. Dieser wird entweder mit GDP oder mit GTP komplexiert und in der Nähe der A-Stelle gebunden. Im Laufe der Translokation erhält der eEF-2 (wahrscheinlich vom Ribosom) ein GTPase-aktivierendes Signal, um das Anbinden der Peptidyl-tRNA in der P-Stelle und die Ablösung des Faktors auszulösen. Anschließend kann die Elongation durch Lesen des nächsten Codons fortgesetzt werden. Notwendig ist die von Guanosin-Nucleotid-Austauschfaktoren abhängige Regeneration der eEF-1A- und eEF-2•GTP-Komplexe. Der Faktor eEF-1B ist für das Recycling des eEF-1A zuständig. **b** Anticodon Basenpaarung. Peptidyl- und Aminoacyl tRNAs in den P- und A-Stellen bilden Wasserstoffbrückenkontakte zu den Codons der mRNA **c** Reaktionsmechanismus der Knüpfung der Peptidbindung. (Aufnahme: Harry F. Noller und Marat M. Yusupov (**b**)) ▸

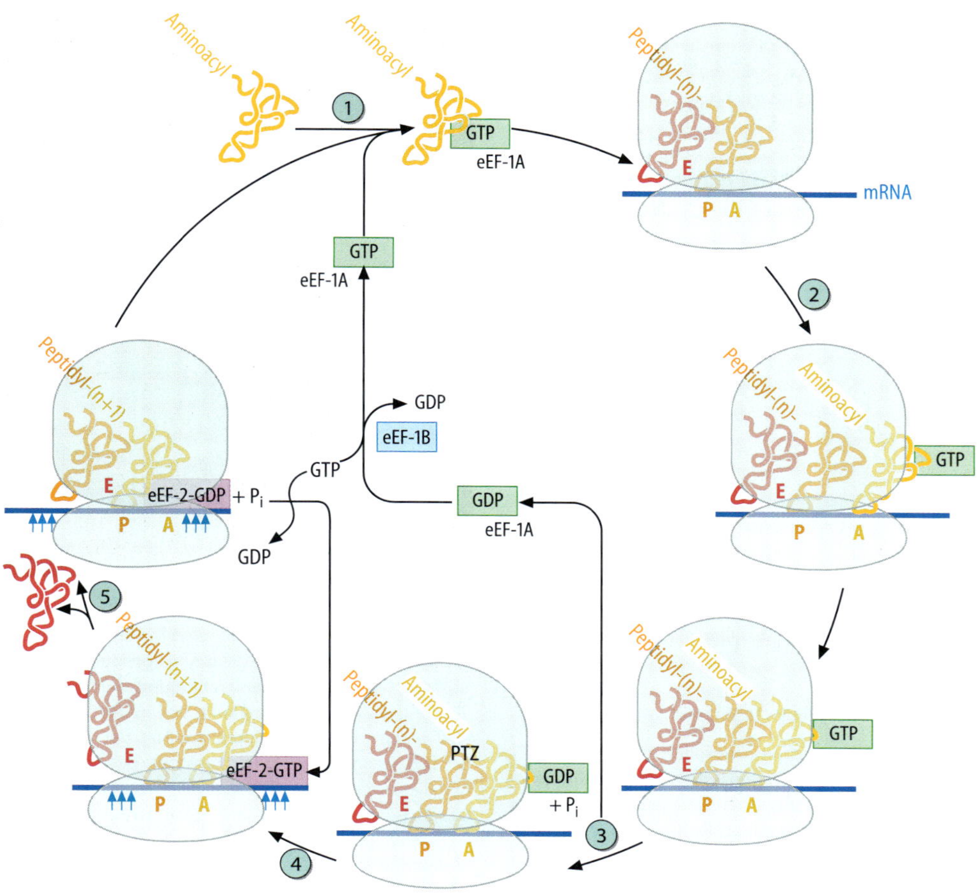
Aminoacyl
Aminoacyl
1
GTP
eEF-1A
Peptidyl-(n)-
E
P A
mRNA
GTP
eEF-1A
2
Peptidyl-(n)-
Aminoacyl
GTP
Peptidyl-(n+1)
E
eEF-2-GDP + P_i
P A
GTP
GDP
eEF-1B
GDP
GDP
eEF-1A
5
Peptidyl-(n+1)
E
eEF-2-GTP
P A
Peptidyl-(n)-
Aminoacyl
PTZ
E
GDP
+ P_i
P A
3
4
Peptidyl-(n)-
Aminoacyl
GTP
E
P A

a

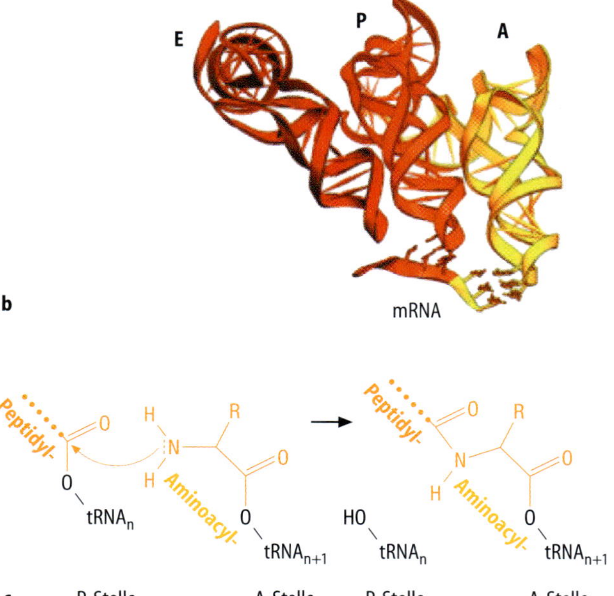
E
P
A
mRNA
b
Peptidyl-
O
H
R
N
H
O
Aminoacyl-
O
$tRNA_n$
O
$tRNA_{n+1}$
Peptidyl-
O
R
N
H
O
Aminoacyl-
HO
$tRNA_n$
O
$tRNA_{n+1}$
c
P-Stelle
A-Stelle
P-Stelle
A-Stelle

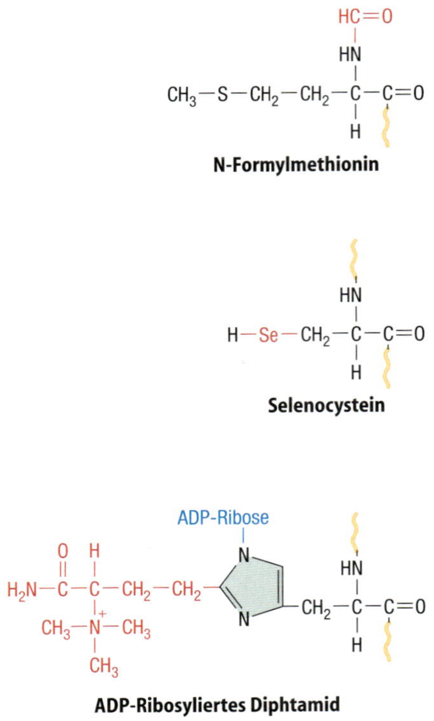

N-Formylmethionin

Selenocystein

ADP-Ribosyliertes Diphtamid

Abb. 9.13. Beispiele seltener Aminosäuren in Proteinen. Das N-Formylmethionin (f-Met) und das Selenocystein sind proteinogene Aminosäuren, die als tRNA-Derivate synthetisiert werden (s. Text). Das Diphtamid entsteht durch eine posttranslationale Modifikation eines Histidinrests im eEF-2. Es ist der Angriffspunkt des Diphterie-Toxins. Bei Inaktivierung des eEF-2 wird auf das Diphtamid ein ADP-Riboserest (*blaue Schrift*) übertragen. In freier Form kommen die veränderten Aminosäuren nach proteinolytischem Abbau modifizierter Proteine vor

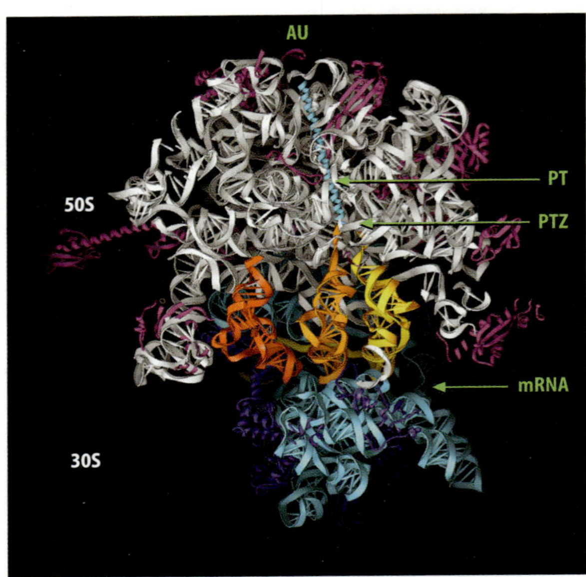

Abb. 9.14. Querschnitt durch die große ribosomale Untereinheit entlang des Polypeptidtunnels eines bakteriellen Ribosoms. Im Vergleich zur Abb. 9.9b wurde die große ribosomale Untereinheit um ca. 120° nach vorne (»kopfüber«) rotiert und angeschnitten. Die kleine ribosomale Untereinheit befindet sich an der Unterseite. Der untere Pfeil markiert den mRNA-Tunnel (mRNA), der mittlere das Peptidyltransferasezentrum (PTZ) und der obere den Polypeptidtunnel (PT). Auffälligerweise ist das PTZ ausschließlich von der rRNA umgeben. Gebunden an die tRNA in der P-Stelle zieht das naszierende Polypeptid (*hellblau*) vom PTZ zur Austrittstelle des Polypeptidtunnels (AU). (Aufnahme: Harry F. Noller und Marat M. Yusupov)

Drei Stopp-Codons signalisieren das Ende der Proteinbiosynthese, eines kann in einem bestimmten mRNA-Sequenzkontext den Einbau von Selenocystein signalisieren.

Termination. Sobald eines der drei Stopp-Codons UAG, UAA und UGA gegenüber der A-Stelle positioniert wird, kommt es zur Freisetzung des Polypeptids und damit zum Ablösen der mRNA sowie dem **Zerfall des Ribosoms** in seine Untereinheiten (Abb. 9.15). Die kleine ribosomale Untereinheit wird bis zur nächsten Initiation von eIF-3 komplexiert. Die Freisetzung des Polypeptids bei der Termination entspricht einer Übertragung auf Wasser. Die Hydrolyse wird im Peptidyltransferase-Zentrum unter Einwirkung von **Freisetzungsfaktoren RF** (*release factors*) katalysiert. Die RFs erkennen die Stopp-Codons, besetzen die A-Stelle und erstrecken sich bis zu A76 der Peptidyl-tRNA (Abb. 9.15).

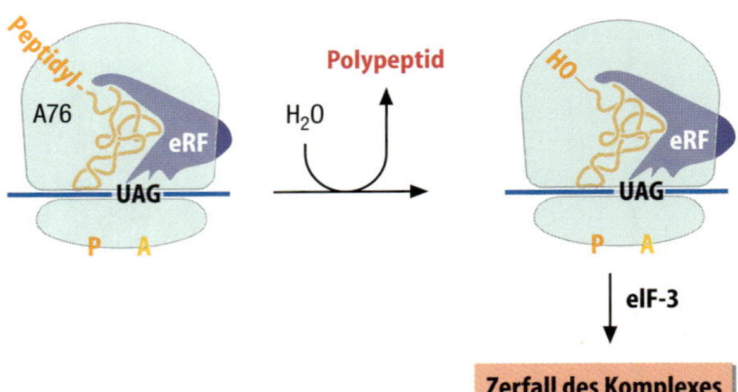

Abb. 9.15. Termination der Proteinbiosynthese. Erscheinen eines Stopp-Codons in der Aminoacyl-Stelle fördert die Bindung des *release*-Faktor eRF anstatt einer Aminoacyl-tRNA. Der eRF ahmt die Gesamtstruktur sowie die Oberflächenladungsverteilung der tRNAs nach. Er induziert die Hydrolyse der Esterbindung der Peptidyl-tRNA in der P-Stelle, wodurch die Synthese des Proteins beendet wird. Der Komplex zerfällt, während die kleine ribosomale Untereinheit vom eIF-3 gebunden wird

Suppression. Die Stopp-Codons erzeugenden sog. ***nonsense*-Mutationen** können die Bildung oder Funktionsfähigkeit eventuell lebensnotwendiger Proteine durch Unterbrechung der Synthese vernichten. Kommt es neben einer *nonsense*-Mutation zusätzlich zur Veränderung einer tRNA, sodass mit ihrer Hilfe das Stopp-Codon zumindest gelegentlich als codierend gelesen wird und genügend funktionstüchtiges Protein gebildet werden kann, spricht man von einer **Suppression**. Die mutierte tRNA wird als **Suppressor-tRNA** bezeichnet.

Auch die **Insertion** eines Nucleotids kann durch tRNA-Mutationen kompensiert werden, wenn beispielsweise die Anticodon-Schleife, ebenfalls durch eine Insertion, um ein Nucleotid verlängert wird.

In humanen Zellen ist die Biosynthese eines als Regulatorprotein dienenden »**Antizyms**« von einer Verschiebung des Leserahmens abhängig, die auf einem anderen Prinzip beruht. Dieses Regulatorprotein wird zum Abschalten der Aktivität der Ornithindecarboxylase, des Schrittmacherenzyms der Polyaminsynthese (▶ Kap. 13.6.3), am Ende der S-Phase des Zell-Zyklus (▶ Kap. 7.1) benötigt. In der Antizym-mRNA befindet sich ein überzähliges Nucleotid zwischen zwei Tripletts und verhindert die distale Übersetzung. Diese kann jedoch bei erhöhtem Polyaminspiegel erfolgen: das überzählige Nucleotid wird dann zusammen mit einem der benachbarten Tripletts als ein »Tetraplett« gelesen. Daraus resultiert eine **Leserasterverschiebung** (*frame-shift*), die die Synthese des »Antizyms« und somit eine Hemmung der Polyaminsynthese ermöglicht.

Selenocystein. In einigen wenigen humanen Proteinen darunter der **Glutathionperoxidase** kommt die sog. 21. proteinogene Aminosäure **Selenocystein** (Sec) (◻ Abb. 9.13) vor. Das Enzym trägt zum Schutz vor oxidativem Stress bei, in dem es Hydroperoxide und reduziertes Glutathion zu Wasser bzw. Alkohol und oxidiertem Glutathion umsetzt. *In vitro* verhindert es die Initiation und Propagierung von Radikalkettenreaktionen.

Selenocystein wird allerdings nicht durch eine entsprechende Modifikation von Cysteinylresten der Selenproteine gebildet. Es entsteht vielmehr aus der Aminosäure Serin, allerdings erst nachdem diese durch die Seryl-tRNA-Synthetase auf eine spezifische **tRNA^{Sec}** übertragen wurde. Die gebildete Seryl-tRNA^{sec} wird in einem enzymatischen Prozess in Selenocysteinyl-tRNA^{Sec} umgewandelt.

Auch der Einbau des an seine spezifische tRNA gebundenen Selenocysteins in die wachsende Peptidkette erfolgt nach einem besonderen Mechanismus. Bei der Analyse der mRNA von Selenproteinen verblüffte, dass innerhalb der Sequenz ein **UGA-Stopp-Codon** genau an der Stelle auftritt, auf der im Protein das Selenocystein vorliegt. Daraus folgt, dass dieses Stopp-Codon in definierten mRNAs den Einbau des Selenocysteins bestimmen kann.

In der mRNA der Glutathionperoxidase sowie in der anderer Selenocysteinproteine folgt dem Stopp-Codon eine Nucleotidsequenz (SECIS), die zur Ausbildung einer Haarnadelschleife (*hairpin*) führt. Diese wird von einem **SECIS-bindenden Protein** (**SBP2**) erfasst. Der mit GTP aktivierte Transkriptionsfaktor **eEFsec** (sec = Selenocystein) bindet eine Selenocystein-tragende tRNA sowie das an der mRNA gebundene SBP2-Protein. Zusätzlich wird es von dem in der Nähe des Eintritts zur A-Stelle befindlichen Protein L30 (◻ Abb. 9.9a) der großen ribosomalen Untereinheit gebunden. Dadurch wird das Selenocysteinyl-tRNA^{Sec}–Molekül an die A-Stelle gebracht. Nach einer durch das L30-Protein induzierten Strukturumwandlung im SECIS-Element erfolgt das eEFsec-abhängige Andocken des Anticodons 5′-UCA an das Stoppcodon 5′-UGA. Das dabei aktivierte eEFsec spaltet GTP und kann sich danach von der beladenen tRNA bzw. der A-Stelle entfernen.

9.1.6 Hemmstoffe der Proteinbiosynthese

! Viele Hemmstoffe der Proteinbiosynthese werden als Antibiotika benutzt.

Antibiotika wirken z.T. sehr spezifisch auf die bakterielle Proteinbiosynthese und erweisen sich für die Aufklärung des Synthesemechanismus und insbesondere für Therapie bakterieller Infektionskrankheiten als unentbehrlich. Verschiedene Antibiotika hemmen unterschiedliche Schritte der Proteinbiosynthese:

- **Tetracycline** binden die kleine Untereinheit prokaryoter Ribosomen und verhindern die Bindung der Aminoacyl-tRNA. In hohen Konzentrationen blockieren sie auch die eukaryote Proteinbiosynthese
- **Streptomycin** und andere **Aminoglycosid-Antibiotika** intercalieren in die 16S rRNA der prokaryoten kleinen ribosomalen Untereinheit. Dadurch wird die A-Halbstelle modifiziert, in der die Wechselwirkung zwischen Codon und Anticodon stattfindet. Die Folge sind Ablesefehler bei der Elongation
- **Macrolid-Antibiotika,** z.B. **Erythromycin,** binden die 23S rRNA der prokaryoten großen ribosomalen Untereinheit und »verstopfen« dadurch den Polypeptidtunnel
- Das Breitband-Antibiotikum **Chloramphenicol** konkurriert mit den tRNAs um die A- und P-Stellen im Bereich des Peptidyltransferase-Zentrums prokaryoter Ribosomen
- **Fusidinsäure** hemmt den Elongationszyklus. Sie greift nach der Hydrolyse von GTP und der Translokation der Peptidyl-tRNA ein und verhindert die Ablösung des GDP-Komplexes des eEF-2 von den Ribosomen
- **Cycloheximid** hemmt die Translokaseaktivität eukaryoter Ribosomen und wird experimentell für wissenschaftliche Studien eingesetzt
- **Puromycin** wirkt sowohl an pro- als auch an eukaryoten Ribosomen. Es bindet an die A-Stelle des Ribosoms. Da es strukturell dem Aminoacyl-Ende der Aminoacyl-tRNA ähnelt, kann es den Peptidylrest von der in der P-Stelle befindlichen Peptidyl-tRNA übernehmen. Dies führt zum vorzeitigen Abbruch der Proteinbiosynthese (◻ Abb. 9.16)

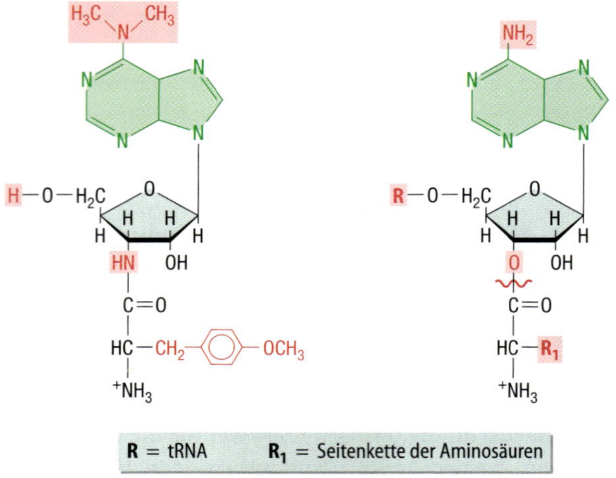

R = tRNA **R_1** = Seitenkette der Aminosäuren

Abb. 9.16. Strukturelle Ähnlichkeit von Puromycin mit dem Aminoacyl-Adenylat-Ende von tRNA-Molekülen. *Links*: Puromycin; *rechts*: Aminoacyl-Ende einer tRNA. Unterschiede zwischen beiden Molekülen sind rot hervorgehoben

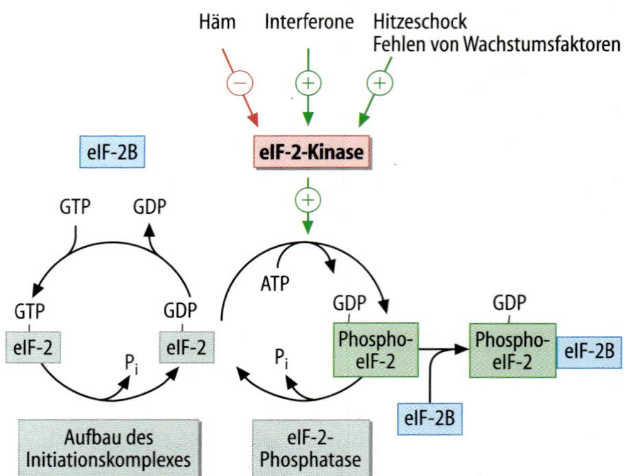

Abb. 9.17. Regulation der Initiation. Der mit G-Proteinen verwandte Initiationsfaktor eIF-2 wird durch Phosphorylierung/Dephosphorylierung reguliert. Nach der Anlagerung der Starter-Aminoacyl-tRNA an die P-Stelle wird das gebundene GTP zu GDP hydrolysiert. Der Initiationsfaktor eIF-2B wirkt als Guaninnucleotid-Austausch-Faktor. Durch spezifische Proteinkinasen kann eIF-2 phosphoryliert werden. Phosphorylierter eIF-2 bindet wesentlich stärker an eIF-2B, sodass eine GTP-Anlagerung und somit die Reaktivierung von eIF-2 unmöglich wird

9.1.7 Regulation der Proteinbiosynthese

Die Proteinbiosynthese kann auf der Ebene der Initiation reguliert werden.

Die in ► Kap. 8.5 beschriebenen Möglichkeiten der Transkriptionsregulation sind für die Proteinbiosynthese von größter Bedeutung. Darüber hinaus kann die Translation auf der Ebene der Initiation reguliert werden.

Regulation der Initiation durch Modifikation des Initiationsfaktors *eIF-2*. Dieses GTP-bindende Protein ist für die Initiation der Proteinbiosynthese essentiell, da es die Methionyl-$tRNA_i^{Met}$ an die Startposition der mRNA dirigiert (► o.). Die Aktivierung von eIF-2 erfolgt durch den als GEF (*guanosine nucleotide exchange factor*) wirkenden **eIF-2B** (Abb. 9.10). eIF-2 wird durch Phosphorylierung-Dephosphorylierung reguliert. In phosphorylierter Form wird er von eIF-2B besonders fest gebunden und somit aus dem Reaktionszyklus entfernt (Abb. 9.17). Erst durch eine spezifische Phosphatase kann dieser Vorgang rückgängig gemacht werden. In das Verhältnis von phosphoryliertem und nicht-phosphoryliertem eIF-2 greift eine Reihe von Faktoren ein:

- **Häm** hemmt eine **eIF-2-Kinase** und erleichtert auf diese Weise die Reaktivierung von eIF-2. Dies erlaubt v.a. eine Steigerung der Globinbiosynthese in Retikulozyten, wenn ausreichend Häm vorhanden ist (► Kap. 20.1.3)
- **Interferone**, die als Antwort auf virale Infekte von verschiedenen Zellen produziert werden, **hemmen** die **Translation in Virus-infizierten Zellen** durch Aktivierung von eIF-2-Kinasen und verhindern damit die Vermehrung der Viren
- Über die Phosphorylierung von eIF-2 wird die Proteinsynthese infolge von **Stress** wie Hitzeschock oder Mangel an Wachstumsfaktoren und Aminosäuren gehemmt

***Cap*-abhängige Initiation.** Die Funktion der *cap*-Gruppe wird durch eIF-4-bindende phosphorylierbare Proteine reguliert. Diese greifen in die Proteinbiosynthese auf verschiedenen Stadien der embryonalen Entwicklung, synaptischer Plastizität und bei Wachstumsregulation. Die E-Untereinheit (eIF-4E) besitzt onkogenes Potential. Die Erhöhung der Konzentration verschiedener eIF-4-Untereinheiten steigert die Translation einer Gruppe der mRNAs mit besonders starker Sekundärstruktur am untranslatierten 5′-Ende. Sie findet beispielsweise in Mamma-Karzinomzellen statt. Bei der langfristigen Festigung und Abschwächung (*long term potentiation* und *long term depression*) neuronaler Verbindungen wird die Translation bestimmter mRNAs in dendritischen Fortsätzen durch Phosphorylierung und Dephosphorylierung des **Poly*a*denylat-*b*indenden *P*roteins PABP** stimuliert bzw. gehemmt, wobei die Initiation von einer Wechselwirkung des eIF-4G mit dem PABP abhängig ist. Eine Aktivierung von **N-Methyl-D-Aspartat** (NMDA)-Rezeptoren führt zu einer Aktivierung der Rezeptor-assoziierten Calcium-abhängigen Proteinkinasen, zur Phosphorylierung von PABP und einer lokalen Beschleunigung der Proteinsynthese selektiver mRNAs.

tRNA-Beladungszustand. Fehlt eine der Aminosäuren, kommt die gesamte Proteinsynthese zum Erliegen. Sie wird schon auf der Stufe der Initiation gehemmt.

9.1.8 Pathobiochemie

Virale Initiation. Einige Viren, u.a. das Poliovirus, benutzen einen besonderen Initiationsmechanismus. Sie produzieren ein Protein, das die Kopfgruppen (*cap*)-abhängige Bindung eukaryoter mRNA an die kleine ribosomale Untereinheit im Initiationskomplex behindert. Dadurch wird die Translation der wirtseigenen mRNA infizierter Zellen unterdrückt und die der viralen mRNA begünstigt.

Beschleunigte Initiation bei Tumoren. Eine Überproduktion des eIF4E wurde bei Brustkrebs-, Harnblasen- u.a. Tumoren festgestellt und ist mit einer schlechten Prognose assoziiert. Es zeigt sich eine inverse Korrelation zwischen der Überproduktion und der Überlebensdauer. Dies kann auf eine Steigerung der Produktion von Wachstumsfaktoren, z.B. VEGF, und/oder der Chemotherapie-Resistenz zurückgeführt werden.

CACH. Defekte der Untereinheiten des eIF-2B führen zur Hypomyeliniserung und einer Atrophie der weißen Substanz. Die Folge des Weisssubstanzschwundes ist eine progressive, fatale infantile Ataxie (CACH, ***c**hildhood **a**taxia with **c**entral **h**ypomyelinisation*), eine der häufigsten Leukodystrophie. Scheinbar gesund geborene Kinder sterben vor dem Erreichen des Schulalters.

Diphterietoxin. Dieses vom Bakteriophagen β codierte Toxin wird von einigen Stämmen des *Corynebacterium Diphtheriae* gebildet. Bei nicht geimpften Personen wirkt es schon in µg-Mengen letal. Es besteht aus A- und B-Untereinheiten. Die Letztere ist für die Aufnahme des Toxins in die Zelle verantwortlich: Bei saurem pH kann sie in die endosomale oder lysosomale Membran eindringen und Poren bilden, durch die die A-Untereinheit geschleust wird. Im Cytosol wird diese wieder gefaltet. Im aktiven Zustand katalysiert sie die ADP-Ribosylierung (▶ Kap. 23.3.4) des Elongationsfaktors eEF2. Diese Modifikation erfolgt an einem Diphtamid-Rest, der im eEF-2 posttranslational aus einer Histidinseitenkette gebildet wird (◘ Abb. 9.13) und führt zur Inaktivierung des Faktors. Da das Toxin enzymatisch wirksam ist, kann die Proteinbiosynthese einer Zelle durch ein einziges Molekül des Diphtherietoxins vollständig zum Erliegen gebracht werden.

In Kürze

Die Sequenz der Aminosäuren eines Proteins ist in seiner mRNA codiert.

Für die Übersetzung der codierten Sequenz ist eine aus Ribosomen, je etwa dreißig tRNAs und Translationsfaktoren sowie zwanzig Aminoacyl-tRNA-Synthetasen bestehende Maschinerie zuständig. Ihre Fehlerrate ist geringer als 1 auf 104 eingebaute Aminosäuren.

Als Substrate werden zwanzig Aminosäuren, als Energiequellen GTP und ATP benötigt.

Die Proteinbiosynthese erfolgt in den drei Phasen Initiation, Elongation und Termination.

Die bei der Elongation entstehende Peptidbindung wird durch Positionierung der Substrate in einer Cavität des Ribosoms, dem Peptidyltransferasezentrum, katalysiert.

Trotz der Universalität des genetischen Codes gibt es Unterschiede zwischen der Proteinsynthese in Bakterien, in eukaryoten Zellen und in deren Mitochondrien.

Fortschritte der Molekular- und Strukturbiologie ermöglichen die Erkennung von Antibiotika-empfindlichen »Schwachstellen« der Proteinsynthese in pathogenen Organismen.

9.2 Faltung, Transport und Modifikation von Proteinen

9.2.1 Faltung der Polypeptide

❗ Die korrekte Faltung einer Polypeptidkette wird i.d.R. durch Chaperone und Isomerasen abgesichert.

Naszierende Polypeptidketten. Wie entsteht aus einer wachsenden Polypeptidkette ein funktionsfähiges Protein? Ab einer Länge von ca. 40 Aminosäuren beginnt ein naszierendes Protein, den Tunnel in der großen ribosomalen Untereinheit zu verlassen und muss zu seiner typischen dreidimensionalen Struktur gefaltet werden. Die Faltung der Polypeptidkette ergibt sich aus der Primärstruktur und folgt den Gesetzen der Thermodynamik (▶ Kap. 3.3.1 – 3.3.4). Während eines mehrstufigen Faltungsprozesses werden zahlreiche nicht-ionische, ionische, van der Waals'sche und sogar covalente intramolekulare Bindungen getestet und schließlich festgelegt. Die Wege zur finalen nativen Struktur sind vielfältig, die Zahl der theoretisch möglichen Zwischenstufen sehr groß. Das Gleiche gilt vermutlich auch für die Zahl der thermodynamisch stabilen, jedoch falschen Alternativstrukturen. Dass die Faltung dennoch in Sekunden bis Minuten gelingt, ist das Ergebnis einer konzertierten Aktion verschiedener Hilfssysteme, die die Faltung unterstützen, »nicht erlaubte« Bindungen auflösen, selbst wenn diese stabil sind und wie thermodynamische »Fallen« mit niedrigem Energiegehalt und hoher Aktivierungsenergie wirken. Zu diesem Zweck besitzen die Zellen mehrere Enzyme und Bindeproteine, die z.B. eine unspezifische Verklumpung von hydrophoben Polypeptidabschnitten verhindern und den Faltungsprozess beschleunigen. Etwa $^1/_4$ der neu synthetisierten

Proteine verfehlt die korrekte Faltung und wird abgebaut.

Hitzeschock-Proteine. Eine Erhöhung der Umgebungstemperatur stört die Faltung der Polypeptide und zerstört u.U. einen Teil der fertigen Proteine. Auf diesen »Stress« reagieren Zellen mit einer verstärkten Synthese sog. **Hitzeschock-Proteine** (***h**eat-**s**hock **p**roteins*, Hsp). Ihnen werden mehrere Funktionen zugeordnet. Die wichtigsten sind Faltungshilfe, Reparatur, Assistenz bei der Bildung von Proteinkomplexen, beim Proteintransfer zwischen Kompartimenten und beim Proteinabbau. Als **molekulare Chaperone** (engl. *chaperone*, Anstandsdame) verhindern sie falsche und fördern korrekte Faltungsschritte.

Hsp-Familien. Es gibt mehrere Gruppen von *heat-shock*-Proteinen, die nach der Molekülmasse ihrer häufigsten Vertreter benannt werden. Sie kommen ubiquitär vor. Als Faltungshelfer können die *heat-shock*-Proteine sowohl gleichzeitig kooperieren als auch nach einander wirken.

Eine solche Hilfsfunktion besteht im Schutz vor der Aggregation hydrophober Abschnitte. Dies wird in Bakterien durch das DNA-J Protein und in eukaryoten Zellen durch HDJ1 (**Hsp40**) und HDJ2 Chaperone gewährleistet. Zu dieser Familie gehört das Mpp11 Protein, das am Rande des ribosomalen Proteintunnels lokalisiert ist. Hier bilden mehrere Hsp Proteine einen Ribosomen-assoziierten Komplex (RAC, ***r**ibosome **a**ssociated **c**omplex*), in dem strukturmäßig unreife Proteine abgefangen werden (◘ Abb. 9.18a).

Für einen erfolgreichen Abschluss der Proteinfaltung in menschlichen Zellen werden in der Regel größere ATP-abhängige, miteinander kooperierende, Chaperone der **Hsc70** (***h**eat **s**hock **c**ognate*) und **Hsp90-Familien** benötigt (◘ Abb. 9.18a). Sie bilden Komplexe, an denen sog. **Co-Chaperone** sowie Peptidyl-Prolyl-Peptidisomerasen (▶ weiter unten) beteiligt sind. Beide Proteinfamilien enthalten jeweils eine oder mehrere konservierte Domänen von etwa 34 Aminosäuren -Länge (*tetratricopeptide repeats*), die sie zur Bildung von Komplexen mit den Hsc70- und Hsp90-Proteinen befähigen. Die Komplexe wirken nicht nur als kleine Faltungsmaschinen, sondern auch als Regulatoren oder Koordinatoren lebenswichtiger Prozesse wie der Proliferation und Apoptose. Die Klientel von Hsp90 ist sehr umfangreich. Es umfasst zahlreiche Proteinkinasen, Protoonkogene und cytosolische Rezeptoren, die als Transkriptionsfaktoren wirken können. Des Weiteren zählen die Strukturproteine Aktin und Tubulin dazu, die zusätzlich vom Chaperonin TRiC (▶ weiter unten) bearbeitet werden. Steroidhormonrezeptoren erlangen die Fähigkeit Steroide zu binden erst unter Mitwirkung von Hsc70 und Hsp90 (▶ Kap. 25.3.1). Für die Bildung tripelhelicaler Domänen in Kollagenmolekülen wird das induzierbare **Hsp47** benötigt. Hsc70 ist für die Depolymerisierung der Clathrinbeschichtung und Freisetzung von Triskelions (▶ Kap. 6.2.5) erforderlich.

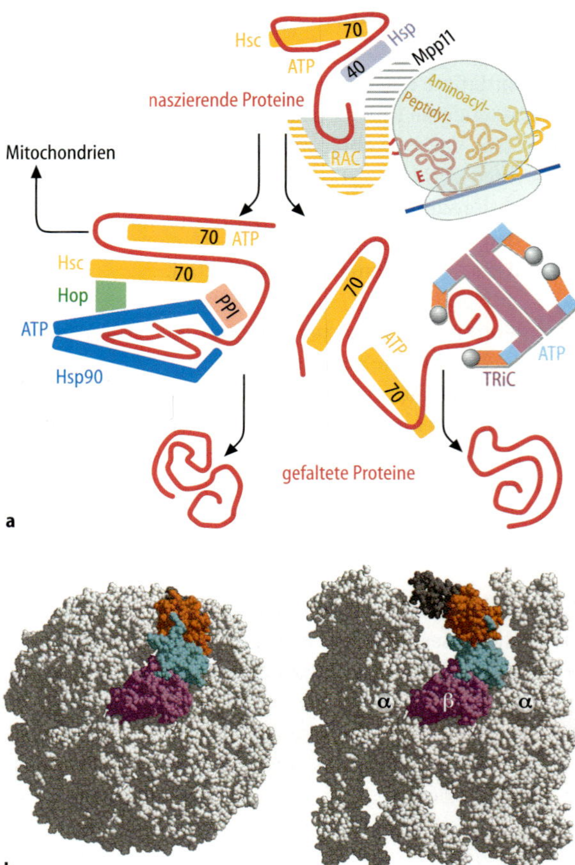

◘ **Abb. 9.18a, b. Chaperone, Chaperonine und Faltung. a** Kooperation von Chaperonen und Chaperoninen bei der Faltung naszierender Polypeptidketten. Es können nur einige Chaperone gezeigt werden. Mehrere befinden sich an der Oberfläche der Ribosomen in der Nähe des Ausgangs des Polypeptidtunnels. Sie bilden den sog. RAC-Komplex, der in der Abbildung als Aufnahmetasche dargestellt ist. Sie binden die naszierenden Polypeptidketten und verhindern die Aggregation ihrer hydrophoben Sequenzen. Die teils gefalteten Proteine werden (*von links nach rechts*) an den TOM Transporter der Mitochondrien oder an das mit Peptidyl-Prolyl-Isomerasen kooperierende homodimere Hitzeschock-Protein Hsp90 und/oder an die Chaperonine (TRiC) geleitet. Hop verbindet temporär Hsc70 und Hsp90. PPI = Peptidyl-Prolyl-*cis-trans*-Isomerase; Mpp11 = Ribosomen-assoziiertes Chaperon **b** Kristallographische Struktur eines Archäen-Chaperonins (TRiC-Prototyp). Das symmetrische Partikel wird als Raumfüllendes Modell in geschlossener (*links*) und geöffneter (*rechts*) Form gezeigt. Die oberen und unteren Hälften sind identisch und hohl. Sie bestehen aus je vier abwechselnd ringförmig verknüpften α- und β-Untereinheiten. Die Basis-nahen Domänen besitzen ATPase-Aktivität (*magenta*). Die an den Außenrändern lokalisierten (*orange und schwarz*) können durch ATP-abhängige Streckung der intermediären Domäne (*blau*) zwischen offener und geschlossener Konformation wechseln. Ihre Innenseite bindet die nicht oder fehlerhaft gefalteten Proteine. Durch Binden bzw. Hydrolyse von ATP werden diese »Nanomaschinen« in Bewegung gesetzt. Dabei können sie ihren Inhalt und ihre Domänenorganisation verändern sowie aggregierte Proteine voneinander trennen. (Aufnahme: Lars-Oliver Essen (**b**))

Chaperonine. In einer besonderen Proteinfamilie finden sich multimere Faltungskatalysatoren, die als Chaperonine bezeichnet werden. Ringförmig angeordnete Untereinheiten der Chaperonine bilden kleine Reaktionskammern, in die Substratproteine aufgenommen werden. Die Aufnahme in die Kammern erfolgt abwechselnd wie bei einem Zweitakt-Motor. Durch eine ATP-abhängige Verformung der Kammer kommt es zur mechanischen Verzerrung des eingeschlossenen Proteins. Die alternativen Strukturen wurden durch kristallographische Untersuchungen eines Archäen-Chaperonins aufgeklärt (◻ Abb. 9.18b). Auf Kosten von ATP können fehlerhaft gefaltete Proteine bzw. Proteindomänen aus den oben erwähnten thermodynamischen »Fallen« befreit werden. Im Cytosol menschlicher Zellen finden sich ähnliche, aus acht verschiedenen Untereinheiten aufgebaute Partikel (**TRiC** = *TCP1* **r**ing **c**omplex).

Peptidyl-Prolyl-*cis-trans*-Isomerasen (PPIasen). Die meisten Peptidbindungen liegen zu 100% in einer gestreckten (*trans*)-Konformation (▸ Kap. 3.3.1) vor. Eine Ausnahme machen Peptidyl-Prolyl-Peptidbindungen, die zu etwa 10% in *cis*-Konformation vorliegen (◻ Abb. 9.19). PPIasen sind ubiquitäre Enzyme, die diese Konformationen umwandeln können. Ihre Ausschaltung mittels Mutagenese zieht eine Reihe schwerwiegender Störungen nach sich. Sie besitzen jeweils eine katalytische (die PPIase) und eine regulatorische Domäne. Die regulatorischen Domänen einiger PPIasen können kleine Signalstoffe binden und hiervon abhängig andere Proteine regulieren. **Cyclophiline**, die bekanntesten PPIasen, binden **Cyclosporin A**, das zur **Immunsuppression** eingesetzt wird. Vertreter einer anderen PPIasen-Familie, die **FKBP**s (**FK**506 **b**indenden **P**roteine) binden verschiedene Makrolid-Antibiotika. Die Cyclophiline und die FKBPs werden als **Immunophiline** bezeichnet. Den Immunophilinen gemeinsam ist ihre Fähigkeit, in Anwesenheit ihrer Liganden die als **Calcineurin** bezeichnete Ca^{2+}-Calmodulin-abhängige Protein-Phosphatase 2B (▸ Kap.30.4) zu binden und zu hemmen.

Für die Immunsuppression ist die Hemmung des Calcineurins, nicht die der PPIase-Aktivität, entscheidend. In Lymphozyten vermittelt Calcineurin mitogene Signale, die bei einer Immunreaktion die klonale Expansion ermöglichen. So kann die Abstoßung von Transplantaten durch eine Dauerbehandlung mit Cyclosporin A verhindert werden, da diese Substanz an die Cyclophilindomänen der PPIasen bindet und über die Hemmung des Calcineurins eine Hemmung der Immunreaktion bedingt. Die einer dritten Familie zugehörige PPIase, **Pin1**, isomerisiert spezifisch Threonin-Prolin- und Serin-Prolin-Bindungen, jedoch nur in den Substratproteinen, in denen die dem Prolin benachbarten Reste in phosphorylierter Form vorliegen. Die Pin1 Isomerase wird für die Duplikation von Centromeren benötigt und beeinflusst das Zellwachstum, die Onkogenese sowie die Apoptose (▸ Kap. 7.1.5).

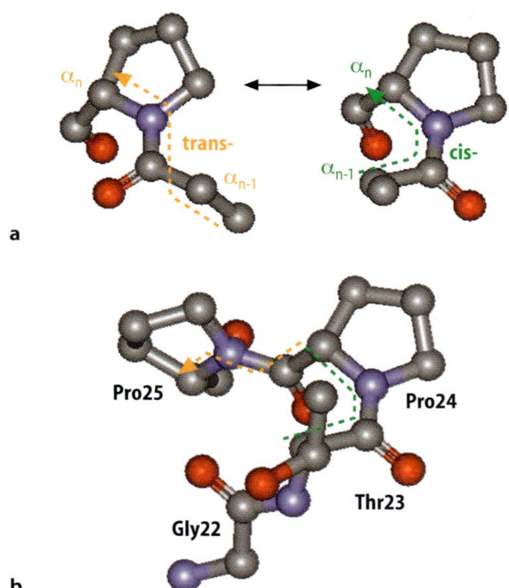

◻ **Abb. 9.19a, b. *Cis-trans*-Isomerie bei Peptidyl-Prolyl-Peptidbindungen. a** Das α-Kohlenstoffatom eines Prolinrests (α_n) kann in Bezug auf die am α-Kohlenstoffatom des auf seiner N-terminalen Seite gebundenen Aminosäurerests (α_{n-1}) sowohl in trans – (braune gepunktete Linie) als auch in cis-Konfiguration vorliegen (Vereinfachte Darstellung ohne H-Atome; N-Atome = lila; O-Atome = rot). **b** Im humanen Kathepsin D beispielsweise kommt die cis- und trans-Konfiguration bei zwei benachbarten Prolinresten (Nr. 24 bzw. 25) vor. Der Peptidylrest wird hier durch die Aminosäuren Glycin-22 und Threonin-23 repräsentiert. In der Projektion ist die *cis*- am Prolin-24, und die *trans*-Konfiguration am Prolin-25 dargestellt. Die normale Orientierung der Polypeptidkette an jedem Prolin-Rest wird bei der Biosynthese bei einem Teil der Moleküle spontan erzeugt, bei den restlichen erfordert sie eine Isomerisierung der initial trans-konfigurierten Bindung. Die Prolinreste übernehmen die Funktion von molekularen Scharnieren

Die Isomerase selbst wird durch Phosphorylierung und Dephosphorylierung inaktiviert bzw. aktiviert. In eosinophilen Leukozyten, die bei Asthma das pulmonale Bindegewebe infiltrieren, ist die Pin1-Aktivität infolge einer Interaktion der Zellen mit Matrixmolekülen erhöht. Dadurch wird der exosomale Abbau spezifischer mRNAs verhindert und folglich die Synthese und Sekretion der Wachstumsfaktoren erhöht, die die inflammatorischen Zellen vor Apoptose schützen.

Chaperone finden sich vor allem im Cytosol, ER und Mitochondrien. Die kleinsten binden an die naszierenden Polypeptidketten als Erste, die großen Chaperonine wirken in späteren Stadien der Faltung und ändern die tertiäre und quartäre Struktur. Charakteristisch für das *chaperoning* ist eine kontinuierliche Kooperation zwischen den Faltungskatalysatoren und mit Co-Chaperonen (◻ Abb. 9.18a), beispielsweise dem Hop (***H**sp70/Hsp90 **o**rganizing **p**rotein*). Dieses interagiert mit den Hitzeschock-Proteinen Hsp70 und Hsp90. Es verbindet sie, wenn das Hsp90 ATP-frei ist. Wird Hsp90 mit ATP aktiviert, so löst es sich vom dem Co-Chaperon und bindet ein anderes.

9.2.2 Cotranslationaler Transport von Polypeptiden und Proteinen durch Membranen

Zellen verfügen über Mechanismen zum cotranslationalen Einbau von Proteinen in Membranen sowie zum co- und posttranslationalen Einschleusen von Proteinen durch Membranen.

Eine beträchtliche Zahl von Proteinen muss entweder in Membranen eingebaut oder in das Lumen membranumschlossener Organellen transportiert werden. Als Mechanismen stehen hierfür im Wesentlichen der **cotranslationale** und der **posttranslationale Transport** zur Verfügung. Der erstere Fall ist auf den Transport in die Membranen des endoplasmatischen Retikulums oder in sein Lumen beschränkt, der letztere Fall gilt beispielsweise für den Proteinimport in Mitochondrien oder Peroxisomen.

Cotranslationaler Transport. Der Transport in das Lumen des RER erfolgt cotranslational, d.h. synchron mit der Synthese. Aktuelle Befunde sprechen dafür, dass die am Ribosom wachsende Kette **ohne zusätzlichen ATP-Verbrauch** in das ER-Lumen transloziert wird. Proteine, die in die ER-Membran eingebaut oder in das Lumen eingeschleust werden, besitzen eine besondere Aminosäuresequenz, deren Kernstück etwa 20 Reste umfasst und überwiegend aus Aminosäuren mit hydrophoben Seitenketten besteht. Diese sog. **Signalsequenz** befindet sich nahe des N-Terminus und wird direkt nach dem Verlassen der großen ribosomalen Untereinheit von einem Ribonucleoproteinpartikel (**SRP**, *signal recognition particle*, ▶ Kap. 6.2.11) erkannt und gebunden. Dieser Vorgang und die nachfolgenden Schritte der Translokation sind in Abb. 9.20 dargestellt. Das SRP bindet die Signalsequenz und das Ribosom nahe der Austrittsstelle des Polypeptidkanals sowie am Eintrittskanal der tRNAs. Damit wird die Polypeptidsynthese abgebremst, bis es das Ribosom und das Signalpeptid über einen Rezeptor (**SRP-Rezeptor**, *docking protein*) an das **Translocon** in der ER-Membran abgibt. Dieses besteht aus drei Untereinheiten (Sec61αβγ), die einen Kanal formen. Es bildet Komplexe mit den Hilfsproteinen TRAP (*translocon associated protein*) und TRAM (*translocating chain associating membrane protein*) sowie Enzymen, die die naszierende Polypeptidkette modifizieren können. Sein Innendurchmesser beträgt bis zu 15 Å. Die Fortsetzung der Proteinbiosynthese ist davon abhängig, dass die Signalsequenz vom SRP an den SRP-Rezeptor übertragen wird.

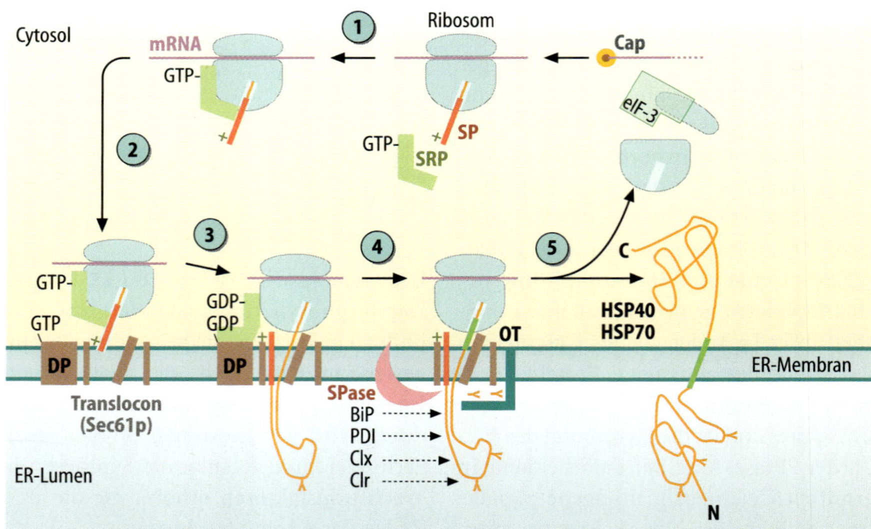

Abb. 9.20. Synthese sekretorischer und integraler Transmembran-Proteine im rauen ER. Die Synthese lässt sich in folgende Schritte unterteilen. ① Sobald das Signalpeptid (*SP*) die große ribosomale Untereinheit verlässt, wird es von einem mit GTP aktivierten Signal-Erkennungspartikel (*signal recognition particle, SRP-GTP*) gebunden. Das SRP blockiert die Bindungsstelle von eEF-1A und die Proteinsynthese kommt zum Stillstand bis das SRP-GTP mittels eines ebenfalls mit GTP aktivierten SRP-Rezeptors (*docking-protein DP-GTP*) an das ER gebunden wird (② und ③). Dabei wird das Ribosom mit dem Signalpeptid über dem Translokationskanal (Translocon, Sec61p) positioniert. Das SRP und das DP aktivieren gegenseitig ihre GTPasen und verlassen ihre Bindungsstellen am Ribosom bzw. Translocon. Das Signalpeptid befindet sich nun im Translocon und die Proteinsynthese ist enthemmt. ④ Im Lumen des ER wird das naszierende Protein vom Chaperon BiP gebunden und die Signalsequenz wird von der Signal-Peptidase (SPase) gespalten. Befinden sich in der Sequenz Glycosylierungssignale wird die Kette durch den Oligosaccharyltransferasekomplex (OT) gebunden und glycosyliert. ⑤ Die Faltung wird von Calnexin (Clx) und Calretikulin (Clr), die Bildung von Disulfidbrücken wird von der Proteindisulfidisomerase (PDI) katalysiert. Werden in dem Protein hydrophobe Transmembransegmente (*grüne Linie*) synthetisiert, können diese den Translocon-Kanal seitlich verlassen. In der Lipiddoppelschicht können Transmembrandomänen aus mehreren vom Kanal abgegebenen Segmenten aufgebaut werden. Die cytosolischen Domänen werden mit Hilfe verschiedener Hitzeschock-Proteine (Hsp40, Hsp70) gefaltet. Korrekt gefaltete, export-kompetente Proteine werden in COPII Vesikel (▶ Kap. 6.2.4) geleitet und aus dem ER exportiert (▶ Abb. 9.31)

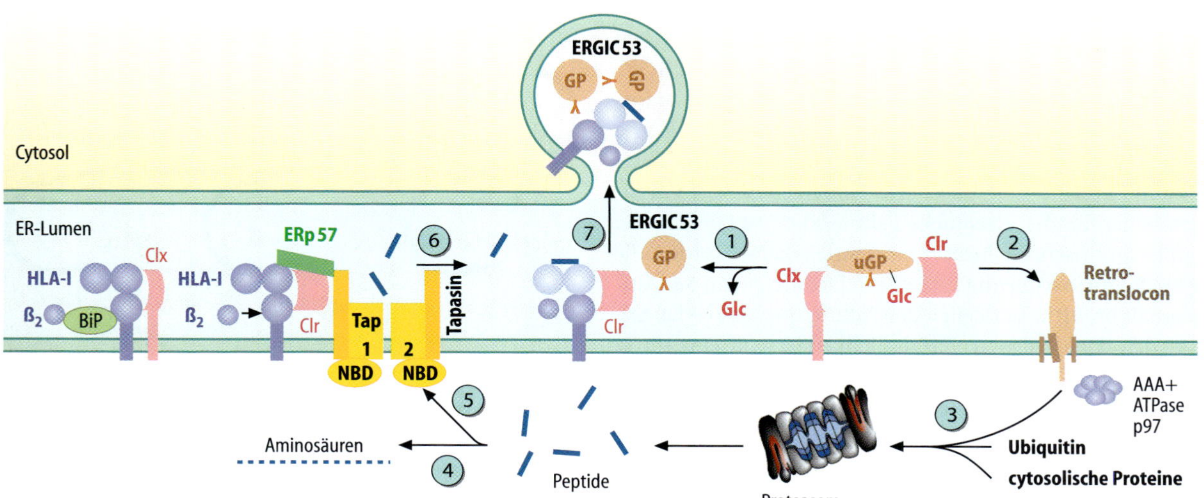

Abb. 9.21. Faltung und Exportkompetenz glycosylierter Proteine und der HLA-I-Komplexe im ER. Glycoproteine (GP) werden im nicht-gefalteten Zustand (uGP) mit UDP-Glucose (Glc) glucosyliert und von den Lectinen Calnexin (Clx) und Calretikulin (Clr) im ER festgehalten. ① Gelungene Faltung: Es kommt zu permanenter Deglucosylierung. Das normal gefaltete Glycoprotein (GP) wird nicht mehr gebunden und kann zum ERGIC-53 (ER-Golgi intermediate compartment-53) transportiert werden. ②–⑥ Misslungene Faltung: ② Retrotranslokation: Nicht-gefaltete Glycoproteine werden mit Hilfe der cytosolisch lokalisierten AAA-ATPase p97 durch das Translocon oder einen ähnlichen Membran-Kanal ins Cytosol transportiert. ③ Nach Polyubiquitinierung werden diese wie cytosolische Proteine in Proteasomen hydrolysiert. ④ Die gebildeten Peptide werden mehrheitlich zu Aminosäuren abgebaut. ⑤ Ein Teil wird jedoch durch den Tap1/Tap2-ABC-Transporter in das ER transportiert. ⑥ Die HLA-I-Moleküle werden im ER unter Hsp70-Hitzeschock-Protein BiP-, Calnexin (Clx)- und Calretikulin (Clr)-Assistenz gefaltet, mit β_2-Mikroglobulin (β_2) heterooligomerisiert. An der Beladung mit passenden Peptiden sind das Transmembranprotein Tapasin sowie Calretikulin und eine Proteindisulfidisomerase (ERp57) beteiligt. Nach einer Beladung mit einem hochaffinen Peptid wird das HLA-I definitiv deglucosyliert und dadurch transportkompetent. ⑦ Das transportkompetente HLA-I und andere Glycoproteine werden durch das Lectin ERGIC-53 in COPII Vesikel (▸ Kap. 6.2.4) geleitet. Diese verlassen das ER in Richtung ERGIC-Kompartiment

Bei den meisten Proteinen spaltet eine spezifische Proteinase (**Signal-Peptidase**) die Signalsequenz kurz nach dem Erscheinen eines Proteinteils auf der luminalen Seite des ER ab. Die Signalsequenzen tragenden Proteine werden als **Präproteine** und, falls sie einer weiteren proteolytischen Reifung unterworfen sind, als **Präproproteine** bezeichnet. In Säugerzellen werden diese durch die Signal-Peptidase meist cotranslational in Proproteine umgewandelt. Daher können tierische Präproteine *in vitro* nur unter besonderen Bedingungen hergestellt werden.

Bildung von Transmembrandomänen. An der korrekten Orientierung der Signalsequenz mit ihrem N-Terminus zum Cytosol, der Integration eventueller weiterer hydrophober Sequenzen der neuen Polypeptidkette in die Membran einschließlich des Verlassens des Kanals durch eine Pforte zwischen den Untereinheiten des Translocons und ihrer Inkorporation in die Lipiddoppelschicht sind wahrscheinlich die mit dem Translocon assoziierten Proteine beteiligt.

Die hydrophoben Transmembransegmente (TM-Segmente) nehmen in der Membran i.d.R. die Form einer α-**Helix** an (▸ Kap. 3.3.2). Proteine mit mehreren TM-Sequenzen, z.B. heptahelicale Proteine wie der adrenerge β_2-Rezeptor (▸ Kap. 26.3.4), werden schrittweise in die Membran integriert. Weitere Beispiele sind das Chlorid/Hydrogencarbonat-Kanalprotein und die »passiven« Glucosetransporter der GLUT-Familie mit 12 TM-Segmenten. Die mit einem einzigen TM-Segment integrierten Proteine werden als Typ I und II bezeichnet, wenn der N-Terminus luminal bzw. cytosolisch liegt. Beispiele für Typ I-TM-Proteine sind die Mannose-6-phosphat-Rezeptoren (▸ Kap. 6.2.7), die Prohormon-Convertasen, verschiedene Zuckertransferasen im Golgi-Apparat und die HLA-I-Histokompatibilitätsantigene.

Bakterien besitzen einen mit dem Translocon verwandten Komplex aus Membranproteinen (SecYEG). Mit Hilfe verschiedener Systeme können sie Proteine in den periplasmatischen Raum, die äußere Membran und ihre Umgebung oder **Toxine** sogar direkt in eukaryote Wirtszellen transportieren.

Faltung im ER. Im Lumen des ER wird die Proteinkette unmittelbar nach dem Import von BiP, einem Hsp40-ähnlichen Chaperon, gebunden und vor einer Verklumpung geschützt. Nach einer sequenzabhängigen **Glycosylierung** (▸ u.) spielen zwei **Lectin**-artige Chaperone, **Calnexin** (ein Typ I TM-Protein) und **Calretikulin** (luminal), eine wichtige Rolle. Sie erkennen terminale Glucosereste, halten Glycoproteine, deren Faltung nicht abgeschlossen ist, im ER fest und fördern den Faltungsprozess (▪ Abb. 9.21). Nach

Entfernung des terminalen Glucoserests durch die Glucosidasen I und II können Glycoproteine mit mannosereichen Seitenketten in COPII Vesikel verpackt und zum ERGIC (***ER-Golgi intermediary compartment***, ▶ Kap. 6.2.2) transportiert werden. Daran beteiligt ist das zwischen ER und Golgi rezyklierende Lectin **ERGIC-53**, das deglucosylierte mannosereiche Oligosaccharid-Seitenketten von Glycoproteinen bindet. Eventuelle Faltungsdefizite können von einer spezifischen Glucosyltransferase erkannt werden, die eine **Reglucosylierung** katalysiert. Dadurch kann der Aufenthalt im ER und folglich der Faltungsprozess verlängert werden. Den Oligosaccharidseitenketten wird eine intramolekulare Co-Chaperon-Funktion zugeschrieben. Mutationen eines Glycosylierungssignals führen häufig zu mangelhafter Faltung und Abbau des Proteins. Störungen der Faltung durch Mutationen und ausbleibende Glycosylierung lösen Aggregatbildung und Aktivitätsmangel aus.

Disulfidbrücken. Proteine, die nicht im Cytosol, sondern z.B. im endoplasmatischen Retikulum, an der Plasmamembran und in Sekreten sowie im Intermembranraum der Mitochondrien vorkommen, enthalten häufig Disulfidbrücken. Diese werden durch Oxidation zweier Cysteinseitenketten gebildet und stabilisieren die **Tertiärstruktur** (▶ Kap. 3.3.3). Die verhältnismäßig schnelle Faltung und Oxidation *in vivo* im ER wird durch etwa ein Dutzend **Proteindisulfidisomerasen** unterstützt, deren aktive Zentren sich in sog. Thioredoxindomänen befinden. Die Zentren beinhalten jeweils ein Paar Cysteinreste in einem konservierten Sequenzmotiv (Cys-Xaa-Xaa-Cys), in dem sich in den zwei mittleren Positionen zwei beliebige Aminosäurereste befinden können. Die wichtigste Proteindisulfidisomerase (PDI) kann

- Thiole anderer Proteine oxidieren sowie
- Disulfide isomerisieren

Diese PDI besteht aus vier sog. Thioredoxindomänen, wobei die erste zur Oxidation und Isomerisierung der Thiole bzw. Disulfide und die vierte nur zur Isomerisierung befähigt ist. Die mittleren Domänen der PDI sind nicht enzymatisch aktiv. Die erste Domäne kann abwechselnd von einer FAD – abhängigen **ER-O**xidase (ERO-1L) oxidiert werden und Thiolpaare anderer Proteine oxidieren (◘ Abb. 9.22, Schritte ① und ②). Eine Disulfidisomerisierung können beide Domänen katalysieren, wenn ihre Cysteinreste reduziert sind. Dabei wird eine Disulfidbrücke im Substratprotein von einer dissoziierten Thiolgruppe (Thiolat) einer Thioredoxindomäne angegriffen (◘ Abb. 9.22, Schritt ③). Es entsteht zunächst ein **gemischtes Disulfid** sowie je eine Thiolgruppe am Enzym und am Substrat. Letztere kann in dissoziiertem Zustand eine weitere **Cystinbrücke** angreifen und folglich eine neue Brücke erzeugen. In der reduzierten Form kann praktisch jede Thioredoxindomänen-Proteindisulfidisomerase falsch geknüpfte Disulfidbrücken auflösen, und die Bildung neuer Kombinationen von Cysteinbrücken ermöglichen. Da diese Reaktionen reversibel sind, können nacheinander mehrere Brücken aufgelöst und geschlossen werden, bis die stabilste und thermodynamisch günstigste 3D-Struktur mit der dazugehörenden Kombination von **Cystinbrücken** entsteht.

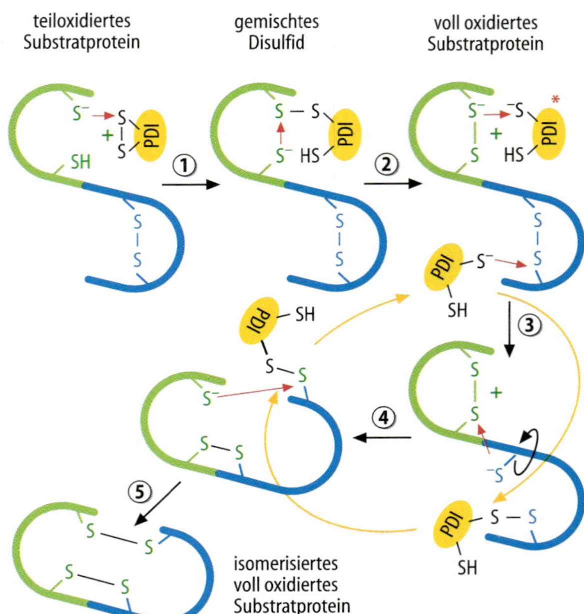

◘ **Abb. 9.22. Oxidation von Cysteinseitenketten zu Disulfiden und Reorganisierung der Proteindomänen durch Isomerisierung der Disulfidbrücken.** ① Im ER liegen die Thiole neu synthetisierter Proteine partiell deprotoniert als Thiolate vor. Diese können die Disulfide der residenten Enzyme, z.B. der Proteindisulfidisomerase (PDI), attackieren. Der rote Pfeil symbolisiert den nucleophilen Angriff durch das Thiolat. Dadurch wird ein gemischtes Disulfid gebildet. ② Wenn das Enzym auch an einem zweiten Cysteinrest reduziert wird, entsteht in dem neu synthetisierten Protein eine Disulfidbrücke. (*Stern*) Das Gleichgewicht zwischen der anfangs oxidierten und der nach dem Austausch reduzierten Form der PDI kann durch Reoxidation mittels eines durch Sauerstoff oxidierbaren Flavoproteins (ERO-1L) wieder hergestellt werden. ③ Sofern zugänglich werden die Disulfidbrücken der oxidierten Proteine durch Thiolate der reduzierten Form der PDI angegriffen und es werden neue gemischte Disulfide gebildet. ④ Das dabei entstandene interne Thiolat kann mit einer benachbarten Disulfidbrücke reagieren und die Isomerisierung einleiten. ⑤ Falls dies zu einer stabileren Struktur führt, kann die PDI durch das zuletzt entstandene Thiolat abgelöst werden

9.2.3 Posttranslationaler Transport von Polypeptiden und Proteinen durch Membranen

! Mitochondriale Proteine werden ungefaltet von den Ribosomen in die Mitochondrien transportiert und erlangen erst dort ihre endgültige Struktur.

Mitochondriale Proteine. Von den über 1000 mitochondrialen Proteinen werden die meisten von den cytosolischen

Polysomen synthetisiert. Matrixproteine werden als Vorläufer synthetisiert, die ein N-terminales basisches mitochondriales Lokalisierungssignal besitzen.

Auch die Membranproteine, deren Lokalisierungssignale noch nicht bekannt sind, müssen für den Transport in nicht gefalteter Form bereitgestellt werden. Dies wird durch Bindung an cytosolische *heat shock*-Proteine sichergestellt. Der Transport vom Cytosol in den Matrixraum erfolgt durch Porenkomplexe der mitochondrialen Außen- und Innenmembran, die einen sequentiellen Transport einer Polypeptidkette durch beide Membranen ermöglichen und als **TOM** und **TIM** (*transport complex of the **outer*** bzw. ***inner membrane***) bezeichnet werden (◘ Abb. 9.23 a). Im Matrixraum kommt es zur Abspaltung der Signalsequenz durch die **mitochondriale »prozessierende« Metalloproteinase MPP** und zu einer Chaperon (Hsp10 und Hsp60)-assistierten Faltung. Die TOM-Translocase wird für den Transport aller mitochondrialen Proteine benötigt. Mit dem SAM-Komplex sorgt sie für den Import bzw. die Assemblierung der Proteine der äußeren Membran, darunter der **β-*barrel* Proteine** (► Kap. 6.1.2). Es ist bemerkenswert, dass die kanalartigen Untereinheiten der TOM-, SAM- und TIM-Komplexe, die eine den bakteriellen Porinen verwandte β-*barrel*-Struktur aufweisen, an ihrer eigenen Herstellung beteiligt sind. Die Transportproteine der inneren Membran besitzen jeweils 6 α-helicale Transmembransegmente. Die von TOM importierten Membranproteine werden durch kleine Tim-Proteine übernommen und zu den TIM- und SAM-Komplexen begleitet, die für ihren Einbau in die Innen- bzw. Außenmembran zuständig sind. Das Tim9·10 ist ein körbchenartiges oligomeres Protein (◘ Abb. 9.23b), das die importierten, nicht vollständig gefalteten Proteine domänenweise bindet und den Einbau der Domänen in die Membran unterstützt.

! Der Import peroxisomaler Proteine erfolgt nach ihrer Faltung.

Peroxisomale Transportsignale (PTS). Das **PTS1** ist C-terminal lokalisiert und besteht aus nur drei Aminosäuren: Serinyl-Lysyl-Leucin (Konsensus S/A-K/R-L/M). Ein anderes peroxisomales *targeting*-Signal, **PTS2**, ist eine N-terminal lokalisierte basisch-amphipatische Sequenz. Die cytosolischen Rezeptorproteine Pex5p und Pex7p binden die PTS-Signale und vermitteln ihren Transport über den membranständigen **PEX-Importkomplex**, an den sie binden und ihre Fracht abgeben können. Das Importsystem kooperiert mit AAA-ATPasen (► Kap. 6.1.5) und ist auch am Einbau peroxisomaler integraler Membranproteine beteiligt. Bekannt sind 32 am Import und am Einbau in die Membran beteiligte, als **Peroxine** bezeichnete Proteine. Zwei der Peroxine. Pex3 und Pex19, scheinen an der Knospung der peroxisomalen Membran vom ER beteiligt zu sein. Unter den importierten peroxisomalen Matrixproteinen finden sich die am Abbau von Glycin beteiligten D-Aminosäureoxidase und Alanin-Glyoxylat-Aminotransferase.

In der Membran dieser Organellen kommen neben dem erwähnten PEX-Komplex mehrere Transportproteine vor. Ihre Aufgabe ist der Transport aktivierter Fettsäuren sowie anderer Substrate und Produkte des peroxisomalen Stoffwechsels. In die Membran wird z.B. der ABC-Transporter D1 eingebaut, der für den Transport besonders langer Fettsäuren zuständig ist. Diese Fettsäuren werden vor dem weiteren Abbau in Mitochondrien in Peroxisomen verkürzt.

9.2.4 Covalente Modifikationen von Proteinen

Während der Biosynthese stattfindende Proteinmodifikationen werden als **cotranslational**, spätere als **posttranslational** bezeichnet. Sind diese Veränderungen physiologischerweise reversibel, nennt man sie auch als **Interkonversion** oder **Interkonvertierung**. Interkonversionen dienen regulatorischen Zwecken und werden in Zusammenhang mit dem jeweiligen Stoffwechsel erörtert.

! Prä- und Präpro-Proteine werden proteinolytisch zu reifen Proteinen umgesetzt.

Eine weitere Modifikation ist die **limitierte Proteinolyse**. Diese führt zum Anstieg oder Verlust der enzymatischen Aktivität, der Ligandenbindung-, Stabilität oder Mobilität (► Kap. 9.3).

Abspaltung des Signalpeptids. In sekretorischen und Membranproteinen kommen N-terminale **Signalsequenzen** vor, die diese Proteine ins ER lotsen und nach dem Import durch eine **Signal-Peptidase** abgespalten werden (◘ Abb. 9.20). In der **mitochondrialen Matrix** wird diese Aufgabe von der Metalloproteinase MPP (► o.) übernommen.

Aktivierung. Manche Enzyme, z.B. lysosomale Kathepsine und verschiedene Verdauungsenzyme, werden als inaktive Vorläufer, sog. **Proenzyme**, synthetisiert. Das Prokathepsin D wird wie Pepsinogen in saurem Milieu durch Abspaltung einer N-terminalen **Prosequenz** aktiviert. Die Prosequenz liegt in gefalteter Form vor, und blockiert die Substratbindungsstelle des aktiven Zentrums. Nach Ansäuerung kommt es zur Protonierung schwach saurer Gruppen und Auflockerung der Kontakte zwischen der Prosequenz und dem Enzym. Auf diese Weise erfolgt eine Teilaktivierung des Prokathepsin D. Dieses kann im Weiteren **autokatalytisch** oder von anderen Proteinasen gespalten werden. Die Expression einer Kathepsin D-cDNA mit deletierter Prosequenz führt zur Synthese eines inaktiven fehlerhaft gefalteten Proteins. Dieser Befund deutet an, dass diese Prosequenz an der Proteinfaltung beteiligt ist und die Eigenschaften eines **intramolekularen Chaperons** haben könnte. Weitere Beispiele einer Aktivierung durch limitierte Prote-

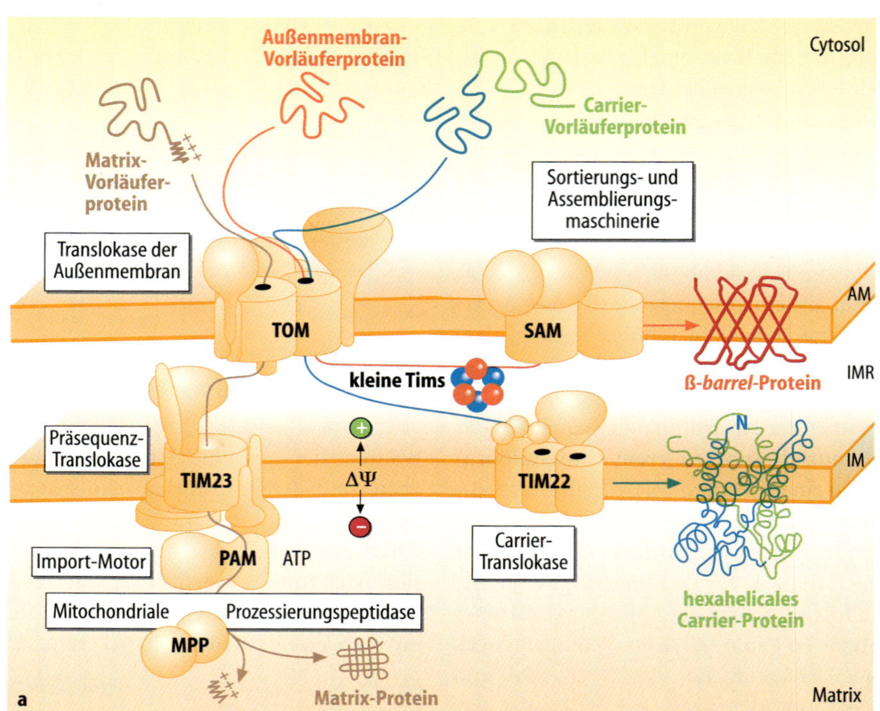

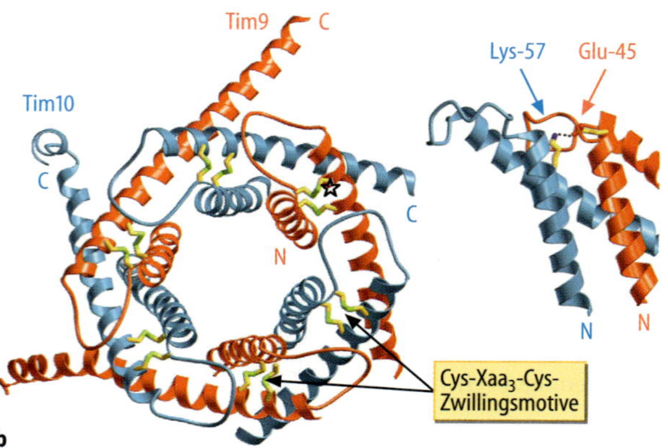

Abb. 9.23a, b. Import von im Cytosol synthetisierten Proteinen in die Mitochondrien. a Für den Import sowie den Einbau in die mitochondriale Außen- und Innenmembran (AM bzw. IM) sind je zwei große Komplexe zuständig: Der Außenmembran-Transporter TOM und die **S**ortierungs- und **A**ssemblierungs**m**aschine SAM sowie TIM23. Sie enthalten jeweils ein bis zwei Kanäle, die aus β-barrel-Untereinheiten bestehen. Die mitochondrialen Matrixproteine werden vom TOM direkt an den TIM23 abgegeben. Der mit TIM23 assoziierte PAM-Komplex enthält das mitochondriale ATP-abhängige Chaperon Hsp70, das die Faltung katalysiert. Die Proteine der mitochondrialen Außen- bzw. Innenmembran werden durch kleinere Chaperonproteine (Tims) zu den SAM- und TIM22-Komplexen begleitet. Durch diese molekularen Maschinen werden u.a. die Porin-ähnlichen β-barrel-Proteine der AM (*rot*) und die hexahelicalen Transporter der IM (*blaugrün*), z.B. die Adenylattranslocase und die Thermogenine, gebildet. Letztere enthalten drei homologe Paare von α-Helices, die eine Pore umschließen (*das Molekül ist übersichtlichkeitshalber je zur Hälfte grün und blau dargestellt*). TOM = *translocase of the outer membrane*, TIM = *translocase of the inner membrane*, PAM = *presequence translocase-associated motor*, SAM = *sorting and assembling machinery*, MPP = *mitochondrial processing peptidase*. **b** Molekulare Architektur der kleinen Tim9•10-Translokase. Dieser Komplex ist hohl (*s. Aufsicht auf der linken Seite im Bild*). Er besteht aus drei Paaren von Tim9 und Tim10 Untereinheiten, die eine α-Propeller-Domäne bilden. Jede Untereinheit besteht aus zwei α-Helices und einer Verbindungsschleife. Jede Helix enthält ein Cystein-Zwillingsmotiv, das über Disulfidbrücken (*gelbgrün*) die zwei Helices einer Untereinheit räumlich fixiert. Die Untereinheiten bilden einen doppelten Ring. Sie interagieren über hydrophobe Seitenketten und aus Lysin- und Glutaminsäureresten bestehende Ionenpaare. Im rechten Teil der Abbildung wird die in der Nachbarschaft eines oxidierten Cysteinrests (*schwarzer Stern*) von der C-terminalen Helix der Tim9-Untereinheit gebildete ionische Brücke zu Lysin-57 der C-terminalen Helix von Tim10 gezeigt. (Aufnahmen: Nils Wiedemann und Nikolaus Pfanner (**a**) Chaille T. Webb und Jacqueline M. Gulbis (**b**))

9

inolyse finden sich in der Gerinnungskaskade und dem Komplementsystem. (► Kap. 29.5.3, 34.4)

Hormonreifung. Peptidhormone, z.B. Insulin, werden durch limitierte Proteinolyse aus **Prohormonen** gebildet. I.d.R. werden Vorläuferformen von Polypeptidhormonen nach Entfernung der Signal-Sequenz in Sekretionsvesikeln, deren Exozytose regulierbar ist, gespeichert. Während und nach der Segregation von anderen Proteinen im *trans*-Golgi-Apparat kommen sie mit Proteinasen in Kontakt (**Prohormon-Convertasen**, z.B. **PC1, Furin**). Diese Enzyme erkennen kurze Signale mit basischen Aminosäuren (als Konsensus zwei Lysin- oder Argininreste, zwischen denen 0, 2, 4, oder 6 andere Reste vorkommen können) und spalten die Prohormone in charakteristische Fragmente. Das **Proinsulin** wird in β-Zellen durch **PC2**, eine lösliche Prohormon-Convertase, die im *trans*-Golgi aktiviert und zusammen mit dem Prohormon in Vesikel des regulierten sekretorischen Wegs verpackt wird, zu Insulin umgewandelt (► Kap. 26.1). Verschiedene Areale des Hypophysenvorderlappens enthalten unterschiedliche Convertasen. Dies erklärt die lokalen Unterschiede im Spaltungsmuster des Prohormons **Proopiomelanocortin**. Einige Convertasen wirken ausschließlich in den Vesikeln des regulierten, andere auch im TGN und in Vesikeln des constitutiven sekretorischen Wegs (► Kap. 6.2.4).

Entfernung bzw. **Addition terminaler Aminosäuren.** Aminopeptidasen oder Carboxypeptidasen und Transferasen können eine oder mehrere Aminosäuren entfernen bzw. anheften. Die Präsenz bestimmter Aminosäuren am N-Terminus von Proteinen entscheidet über die Geschwindigkeit ihres Abbaus (► Kap. 9.3.5).

C-terminale Amidbildung. Ein bifunktionelles Enzym, das eine **Peptidylglycin-Monooxygenase-Aktivität** besitzt, hydroxyliert bestimmte interne Glycinreste und spaltet den Hydroxyglycinrest. Das α-Stickstoffatom verbleibt als Amidogruppe am Carboxylende des N-terminalen Fragments. Auf diese Weise wird das TRH (*pyro*-Glutamyl-Histidyl-Prolinamid) gebildet.

Pyroglutamatreste. N-terminale Glutaminylreste können unter Freisetzung von Ammoniak von einer Glutaminylcyclase zu sog. Pyroglutamatresten umgewandelt werden. Durch diese seltene Reaktion werden einige *releasing* Hormone (z.B. TRH) und Immunglobuline modifiziert. Bei der Hormonsynthese kommt es zu einer intramolekularen Transamidierung, bei der das Amid der Seitenkette eines N-terminalen Glutaminylrests gelöst und seine Carbonylgruppe auf die α-Aminogruppe des gleichen Rests übertragen wird.

Proteinspleißen. In seltenen Fällen kommt es zu einem autokatalytischen **intramolekularen Peptidyltransfer**. Dabei wird ein mittleres Segment der Polypeptidkette, das als **Intein** bezeichnet wird, herausgespalten, während die terminalen Segmente, **Exteine**, miteinander verschmelzen (◻ Abb. 9.24). In Antigen-präsentierenden Zellen wurde ein Spleißen von Peptidfragmenten in Proteasomen (► Kap. 9.3.4) beobachtet. Ein Peptidylrest kann von dem Katalyseintermediat (Peptidyl-Enzym) auf die Aminogruppe eines vorher freigesetzten Peptids übertragen werden. Dabei wird ein neues immunogenes Peptid gebildet.

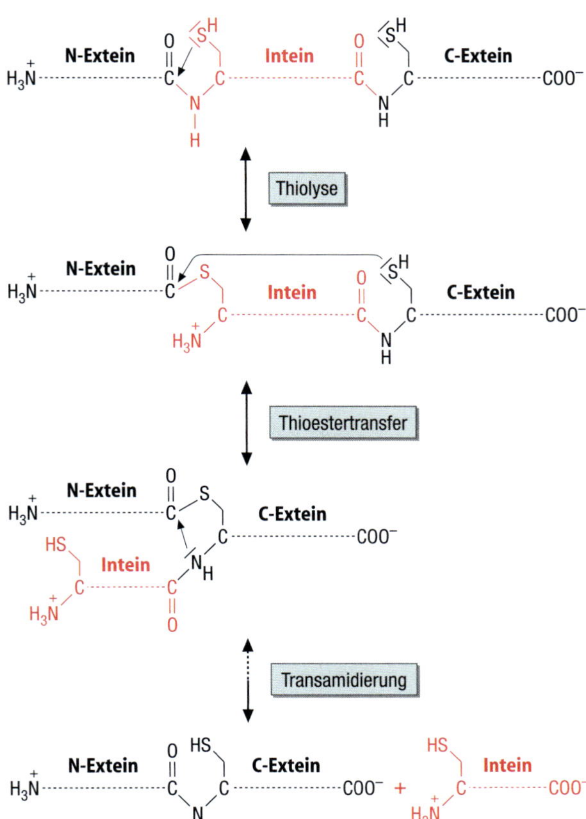

◻ **Abb. 9.24. Autokatalytische Reifung selbstspleißender Proteine.** Die Übertragung des N-terminalen auf das C-terminale (Extein-) Peptid erfolgt über ein Thioesterintermediat. Nach einem Thioestertransfer befindet sich das N- in der Nähe des C-Exteins. Die Carboxylgruppe des Thioesters wird von dem N-terminalen Stickstoffatom des C-Exteins angegriffen. Folge ist die Erzeugung einer Peptidbindung zwischen beiden Exteinen sowie die Freisetzung des Inteins

Isopeptidylkopplung. Mehrere Proteine, **Ubiquitin**, *small ubiquitin-like* ***modifier*** **SUMO** und ähnliche kleine Proteine werden zur Markierung anderer Proteine mittels **Isopeptidbindungen** benutzt. Auf unterschiedliche Weise greifen sowohl das Ubiqutin, als auch das SUMO-Protein in wichtige und eventuell existentielle Vorgänge der zellulären Entwicklung ein:

- **Ubiquitin** ist ein ubiquitär vorkommendes kleines Protein (◻ Abb. 9.1, Nr. 7), dessen Bedeutung für die zelluläre Physiologie durch seine bei Mensch, Frosch,

Fruchtfliege und Hefe stark konservierte Sequenz unterstrichen wird. Mittels Lysin-48 und -63 geknüpfter Polyubiquitin-Ketten ist es an Regulation der Proteinolyse (▶ Kap. 9.3.5) bzw. DNA-Reparatur und Transkription beteiligt.

- **SUMO**-Proteine werden an Seitenketten anderer Proteine ähnlich wie das Ubiquitin über Isopeptidbindungen gekoppelt. Alle **Sumoylierungen** und **Polysumoylierungen** gelten als Interkonversion, weil sie reversibel sind. Chromatin-Organisation, DNA-Reparatur (p53) und Zellzyklus-Steuerung gehören zu den wichtigsten durch Sumoylierung gesteuerten Prozessen

Vernetzung von Polypeptidketten. Im extrazellulären Raum können supramolekulare Komplexe mit Hilfe einer **Transglutaminase** gebildet werden. An der Transglutaminasereaktion sind Seitenketten von Glutamin- und Lysinresten beteiligt. Unter Abspaltung von Ammoniak entstehen Isopeptidbindungen. Eine weitere Vernetzungsmöglichkeit besteht in einer oxidativen Desaminierung von Lysinseitenketten, bei der Aldehydgruppen gebildet werden. Diese werden mit Lysinresten benachbarter Polypeptide kondensiert. Im Elastin und an den Tripelhelices des Kollagens werden auf diese Weise durch eine **Lysyloxidase** einige Lysinseitenketten zu **Allysin** oxidiert. Anschließend werden die Allysinreste mit Aminogruppen gegenüberliegender Lysinreste vernetzt (▶ Kap. 24.2.1, 24.3).

Peptidylcholesterin. Das an der embryonalen Entwicklung beteiligte sezernierte Signalmolekül ***hedgehog*-Protein** ist wie die Inteine zu einer autokatalytischen Modifikation befähigt. Die kleinere autokatalytische Domäne liegt C-terminal und beginnt mit einem Cysteinrest. Dessen Thiolatgruppe greift die Carbonylgruppe der vorhergehenden Peptidbindung an und wird mit dem größeren N-terminalen Proteinteil verestert. Vom Thioester wird dieser Proteinteil auf Cholesterin übertragen. Dabei wird die C-terminale autokatalytische Domäne frei. Am N-Terminus kommt es zu einer Palmitoylierung. Das modifizierte Protein findet sich bevorzugt in *lipid rafts* und wird unter Einwirkung des *dispatched*-Proteins sezerniert. Das freigesetzte *hedgehog*-Protein moduliert die Genexpression entfernter Zellen. Im embryonalen Gewebe steuert es die Musterbildung (die Nomenklatur der erwähnten Proteine bezieht sich auf die Fruchtfliege; beim Menschen gibt es homologe Genprodukte mit vergleichbaren Aufgaben).

! Covalent gebundene Fettsäuren, Glycosylphosphatidylinositol, Prenylreste und im Einzelfall Cholesterin können zur Verankerung von Proteinen in Membranen genutzt werden.

Membran-Anker. Weitere Möglichkeiten Proteine an die cytosolische oder extrazelluläre Seite der Plasmamembran zu binden bestehen in Modifikationen von Seitenketten mit lipidartigen **Membran-Ankern**. Zur Verankerung werden verschiedene Kombinationen von Prenyl- und gesättigten Acylresten sowie glycosylierte Phosphatidylinositolderivate verwendet.

Acylierungen. Die N-terminale Aminosäure der meisten cytosolischen Proteine wird cotranslational acetyliert. In ausgewählten Proteinen können die α–Aminogruppe eines Glycinrests oder Thiolgruppen benachbarter Cysteinreste mit Myristin- (14 C-Atome) bzw. Palmitinsäure (16 C-Atome) modifiziert werden (◘ Abb. 9.25). Die entsprechenden Transferasen sind im ERGIC- und Golgi-Kompartimenten (▶ Kap. 6.2.2) lokalisiert und nutzen die CoA-Derivate der Fettsäuren als Substrate. Dabei erstaunt, dass diese Enzyme die sehr ähnlichen Myristoyl-CoA und Palmitoyl-CoA voneinander unterscheiden können.

- Eine besondere Abfolge von Aminosäuren am N-Terminus (Met-Gly-X-X-X-Ser/Thr) führt zu **N-terminaler Myristoylierung**. Neusynthetisierte Proteine im Cytosol mit dieser Sequenz werden cotranslational von einer Methionin-Aminopeptidase hydrolysiert und an der α-Aminogruppe des Glycins myristoyliert
- In einigen Proteinen kann der Myristoylrest exponiert oder »versteckt« werden. Durch eine Regulation der Konformation ändert sich die Tendenz zur Assoziation mit der Plasmamembran. Beispielsweise funktioniert das Arf-Protein (**A**DP-**R**ibosylierungs**f**aktor, ▶ Kap. 6.2.4), das die Bildung von intrazellulären Transportvesikeln reguliert, wie ein **Myristoylschalter**: Der Myristoylrest wird durch Erhöhung der Ca^{2+}-Konzentration aus dem Inneren des Moleküls nach außen verlagert. Anschließend kann das Protein an eine Membran gebunden werden
- Zu den myristoylierten Proteinen zählt man die meisten α-Untereinheiten von G-Proteinen, Onkogene der src-Familie, die für die Reifung von Lentiviruspartikeln (einschließlich HIV-I) benötigten gag-Proteine und die an der Regulation der Durchblutung beteiligte endotheliale NO-Synthase (eNOS)
- Die meisten myristoylierten Proteine können durch Acylierung bestimmter Cysteinreste zusätzlich **palmitoyliert** werden. Erst eine Modifikation mit zwei lipophilen Resten führt zu einer festen Verankerung in den intrazellulären Membranen. Die Palmitoylierung ist ein Beispiel für eine Interkonversion. An der Plasmamembran können die Proteine depalmitoyliert und in das Cytosol freigesetzt werden
- Die Acylierung mit gesättigen Fettsäuren begünstigt eine Verankerung der Proteine in spezifischen »Floßbereichen« (*rafts*) der Plasmamembran (▶ Kap. 2.2.6, 6.2.5)

Prenylierungen. Unter Prenylierung versteht man die Anheftung von **Farnesyl-** und **Geranylgeranylresten** (▶ Kap. 6.2.4, 18.3.1) an Proteine. Prenyliert werden verschiedene Ras-Onkoproteine, die meisten γ-Untereinheiten

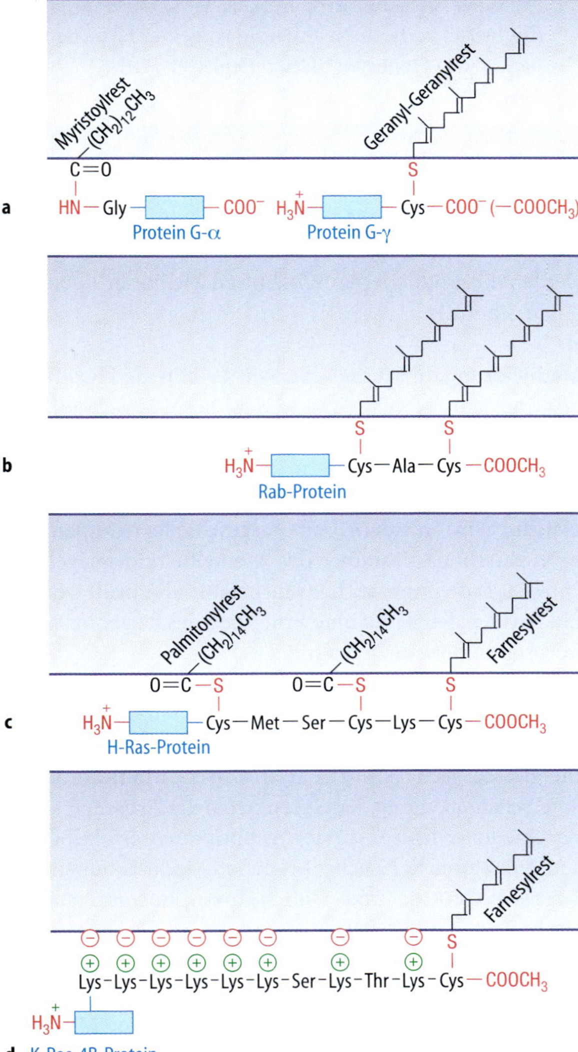

Abb. 9.25a–d. Verankerung von Proteinen in der Plasmamembran mit Beteiligung von Prenylresten. Durch die covalente Anheftung von Farnesyl- und Geranylgeranylgruppen an Cysteinylreste erhalten Proteine große hydrophobe Seitenketten, deren Verankerung in der Membran moduliert und durch Protein-Acylierungen unterstützt werden kann. **a** In den heterotrimeren G-Proteinen (α,β,γ) sind die α-Untereinheiten meistens N-terminal myristoyliert (alternativ an einem Cysteinrest palmitoyliert), während die γ-Untereinheiten überwiegend C-terminal geranylgeranyliert sind. Im Transducin ist der C-terminale Cysteinrest farnesyliert und an der Carboxylgruppe methyliert. **b** Beispiel eines Rab-Proteins. Diese Proteine regulieren den vesikulären Transport. Sie tragen Geranylgeranylreste am C-terminalen und dem nächsten oder übernächsten Cysteinrest. **c** Das C-terminal farnesylierte H-Ras-Onkogen muss palmitoyliert werden, um fest an die Plasmamembran zu binden. **d** Im K-Ras-4B-Onkogen ist die Bindung an die Plasmamembran von der Interaktion der terminalen Lysin-reichen Sequenz mit negativ beladenen Phospholipiden abhängig. Nach Phosphorylierung der Serin- und Threonin-Reste wird das Protein von der Plasmamembran abgelöst, da die vom Farnesylrest vermittelte Interaktion mit der Membran für die Bindung nicht ausreicht

der G-Proteine, eine Reihe von Proteinkinasen, die in der Kernmembran verankerten Lamine sowie die am vesikulären Transport beteiligten Rab-Proteine. Verschiedene Beispiele einer stabilen Membranverankerung werden in ◻ Abb. 9.25 dargestellt. Farnesyl- und Geranylgeranyltransferasen erkennen cysteinhaltige C-terminale Sequenzen. Variationen eines Sequenzkonsensus **CAAX** am C-Terminus bilden Signale für einfache Geranylgeranyl- und Farnesylierungen. Die dem Cystein (C) benachbarten Aminosäuren müssen hydrophobe (A) bzw. neutrale (X) Seitenketten tragen, von denen letztere die Art des Prenylrests bestimmen. Eine am ER lokalisierte Proteinase kann nach erfolgtem Transfer das Tripeptid AAX abspalten, wonach i.d.R. die Carboxylgruppe des verkürzten Terminus methyliert wird.

Zur Geranylgeranylierung von Rab-Proteinen wird ein Rab-eskortierendes Protein benötigt, das die neusynthetisierten und die von Membranen abgelösten Rab-GDP-Komplexe (► Kap. 6.2.4) bindet. Zweifach geranylgeranylierte Rabs können von GEF-Proteinen zum Binden von GTP, Ablösen des Eskortproteins und Einbau in einen knospenden Membranbereich angeregt werden.

Das **H-Ras-Proto-Onkoprotein** wird in zwei Schritten modifiziert:

- durch eine cytosolische Transferase **farnesyliert** und
- durch eine andere an benachbarten Cysteinresten **palmitoyliert**

Dadurch erlangen die Membrananker des H-Ras-Onkoprotein (◻ Abb. 9.25c) einen stark hydrophoben Charakter. Dies führt zu einer deutlichen Verlagerung des modifizierten Proteins in die Plasmamembran (von ca. 10% auf >90%). Sowohl die Lokalisation als auch die Aktivität des doppelt modifizierten H-Ras werden durch Ein- und Abbau der Palmitoylreste reguliert. Die Palmitoylreste ermöglichen eine Anreicherung von H-Ras in *lipid raft*-Bereichen (► Kap. 2.2.6, 6.1.2) der Plasmamembran.

Die Farnesylierung wird für die Aktivierung aller drei bekannten Ras-Onkoproteine benötigt. Daher sind **Hemmstoffe der Farnesyltransferasen** und der AAX-Proteinase medizinisch interessant.

Glycosylphosphatidylinositolanker (GPI-Anker). Eine stabile Verankerung in dem Außenblatt der Plasmamembran besteht aus einem acylierten und mannosylierten **Phoshatidylinositolrest**.

Die Phosphatidylinositol-verankerten Proteine werden als Vorläufer mit einer C-terminalen Signalsequenz synthetisiert, die u.a. zwei kleine und mehrere hydrophobe Aminosäurereste beinhaltet (◻ Abb. 9.26). Im Lumen des ER wird dieses Signal von einer **Transamidase** erkannt, die die Peptidbindung zwischen den kleinen Resten, die sog. ω-**Stelle**, einerseits und ein aus der Membran ragendes Glycosylphosphatidylinositol andererseits umsetzt. Das hydrophobe zur ω-Stelle C-terminal (distal) gelegene Peptid wird frei, während die Aminogruppe des Anker-Lipids (► Kap.

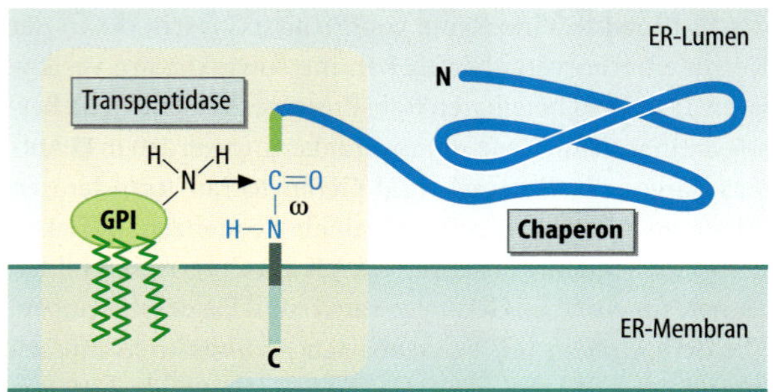

Abb. 9.26. Bildung eines C-terminalen Glycosyl-Phosphatidyl-Inositol-Membranankers. Das Substratprotein wird cotranslational in das Lumen des rauen ER transloziert. Der N-terminale Bereich befindet sich in einem von Chaperonen unterstützten Faltungsstadium. Ein nahe des C-Terminus befindlichen Sequenzsignal der Aminosäurekette um die zu modifizierende ω-Peptidbindung sowie ein Glycosyl-Phosphatidyl-Inositol-Molekül (GPI) werden von zwei Arealen des aktiven Zentrums der Transpeptidase gebunden. Das in einer Ethanolamingruppe des GPI vorliegende nucleophile Stickstoffatom wird in die Nähe des elektrophilen C-Atoms (Carbonylgruppe) der ω-Peptidbindung positioniert. Das auf der C-terminalen Seite der ω-Bindung liegende Peptid wird freigesetzt, während die Carbonylgruppe des großen N-terminalen Fragments mit der Ethanolamingruppe des *GPI*-Moleküls verbunden wird

9

2.2.3) auf die C-terminale Carbonylgruppe des großen Proteinfragments übertragen wird.

In der Plasmamembran werden die auf diese Weise verankerten Proteine überwiegend in den **Cholesterin-reichen Mikrodomänen** (*lipid rafts*) gesammelt.

Die Verankerung mit Phosphatidylinositol ist für die dimere erythrozytäre Form der **Acetylcholinesterase**, für die **alkalische Phosphatase** und für zwei in den Erythrozyten zum Schutz vor spontaner Aktivierung des Komplements benötigten *complement decay accelerator*-Proteine charakteristisch (► Kap. 29.2.1, 34.4).

Modifikation mit prosthetischen Gruppen und Cofaktoren. Covalente Verbindungen dieser Art gibt es in einigen **Holoenzymen**, z.B. in den Phosphorylasen (► Kap. 11.2) und α-Ketosäuredehydrogenasen, in deren aktiven Zentren Pyridoxalphosphat- bzw. Lipoylreste mit Lysinseitenketten verbunden sind.

- In einigen **Hämoproteinen** ist die Hämgruppe mit dem Protein covalent verbunden. Im Cytochrom c (► Kap. 15.1.1) bestehen zwei Thioätherbindungen zwischen dem Häm- und dem Globinteil
- **Apocarboxylasen** werden über bestimmte Lysinreste covalent mit Biotin verbunden, wodurch **Holocarboxylasen** entstehen. Die **Amidbindung** zwischen den Enzymen und dem Coenzym wird durch die Holocarboxylase-Synthetase katalysiert. Das nach dem Abbau der Biotinenzyme gebildete Biotinyllysin, das **Biocytin**, wird durch eine **Biotinidase** gespalten. Auf diese Weise wird das Biotin für den Stoffwechsel wieder verfügbar. Defekte der Holocarboxylase-Synthetase und der Biotinidase verursachen eine Ketolactat-Azidose und organische Acidurie, die sehr häufig von einer Hyperammonämie und Hyperventilation begleitet wird

γ-Carboxylierung. Bestimmte Glutamylseitenketten der Blutgerinnungsfaktoren II, VII, IX und X und des an der Mineralisierung beteiligten Osteocalcins werden im Golgi-Apparat Vitamin K-abhängig carboxyliert (► Kap. 23.2.4). Über die **γ-Carboxyglutamylreste** und Calcium-Ionen werden die modifizierten Proteine an Membran-Phospholipide gebunden.

Methylierung. In Muskelzellen wird Aktin am Histidin-73 posttranslational methyliert (► Kap. 30.2). Diese Methylierung scheint für den optimalen Ablauf der ATP-abhängigen Polymerisierung des G-Aktin von Bedeutung zu sein. Das aus dem Abbau des Muskelproteins stammende **3-Methylhistidin** wird mit dem Urin ausgeschieden. Demzufolge kann durch Bestimmung des Methylhistidinspiegels im Urin der Proteinumsatz der Muskulatur überprüft werden. Ein Anstieg deutet auf eine Erhöhung des katabolen Stoffwechsels in diesem Organ hin.

Glycosylierungen. Glycosylierungen finden im ER, Golgi-Apparat und Cytosol statt. Der Verknüpfungsart entsprechend lassen sich **N- und O-glycosidische Modifikationen** unterscheiden, die an den Seitenketten des Asparagins bzw. verschiedener hydroxylierter Aminosäuren erfolgen können. Donatoren der Zucker bei diesen Modifikationen sind **Zuckernucleotide** und **Dolicholpyrophosphoryloligosaccharide**. Am häufigsten findet sich in Glycoproteinen die N-glycosidische Verknüpfung (◘ Abb. 9.20, ► Kap. 17.3.2).

- Die im RER hergestellten sekretorischen und Membranproteine werden i.d.R. N-glycosyliert. Eine prominente Ausnahme ist das unglycosylierte Serumalbumin. Die Synthese der N-glycosidisch verknüpften Oligosaccharide und deren Modifikationen im Golgi-Apparat werden im ► Kapitel 17.3.2 beschrieben. Die Oligosaccharidseitenketten tragen zur Stabilisierung der Oberfläche, Faltung und Faltungskontrolle der Proteine bei (► o.)
- Die im ER gebildeten O-glycosidischen Verknüpfungen kommen meistens an Serin- und Threoninseitenketten vor. Diese Verknüpfungsart ist für die langen Glycosaminoglykanketten der **Proteoglykane** (► Kap. 17.3.5) charakteristisch. Als Signale für diese Modifikationen dienen kurze Glycin-/Serin-reiche Sequenzen. In **Mucinen** (► Kap. 32.1) und zahlreichen **Glycoproteinen** kommen kürzere O-glycosidisch gebundene Oligosaccharide vor. Im Kollagen wird Hydroxylysin glycosyliert (► Kap. 24.2)
- Glycosylierungen von neu synthetisierten Proteinen sind auch im **Cytosol** möglich. Im **Glycogenin** (► Kap. 11.2.1) wird ein Tyrosinrest **glucosyliert**, bevor die

Zuckerkette durch die Glycogensynthase verlängert werden kann. Eine Modifikation von Tyrosinresten in verschiedenen cytosolischen Proteinen mit **N-Acetylglucosamin** führt zur Tanslokation der Proteine in den Kern. Dieser Zuckerrest kann auch auf Serin- und Threoninseitenketten übertragen werden. Da in Proteinen die hydroxylierten Aminosäuren phosphoryliert werden können (▶ Kap. 4), ist bei einigen Proteinen die Bildung drei alternativer Formen möglich. Bestimmte hydroxylierte Seitenketten können unverändert, phosphoryliert oder N-acetylglucosaminyliert werden. Durch die letztgenannte Modifikation wird die Möglichkeit zur Regulation der Aktivität der Proteine durch Phosphorylierung und Dephosphorylierung unterdrückt

Acetylcholinesterase als Beispiel für die Synthese alternativer Proteinformen. Durch alternatives Spleißen wird das Protein in drei Varianten mit verschiedenen C-terminalen Sequenzen (*R* = *read through*; *T* = *tailed*; *H* = **h**ydrophob) synthetisiert.
- Die R-Form, **AcChE$_R$**, ist löslich. Sie kommt als mono-, di- und tetrameres Protein im Blut vor
- Im neuralen Gewebe findet sich die Membran-assoziierte Form **AcChE$_T$**. Ihre C-terminale Sequenz enthält einen Cysteinrest. Sie bildet Tetramere, in denen über Disulfidbrücken zwei Moleküle miteinander und zwei mit Untereinheiten eines Membran-assoziierten Proteins (P) verbunden sind. Das Protein P verankert die Acetylcholinesterase in Synapsen
- In der neuromuskulären Endplatte bildet die tetramere **AcChE$_T$-Form** ein Heteromer mit einem Kollagen-ähnlichen Protein (**COLQ**). Das COLQ bindet die Tetramere an der gleichen Stelle wie das Protein P und verankert sie in der Basallamina. Die **Endplatten-Acetylcholinesterase-Defizienz** beruht auf Mutationen des COLQ-Proteins
- Die H-Form, **AcChE$_H$**, wird mit einer C-terminalen Signalsequenz synthetisiert, die die Bildung eines **Phosphatidylinositolankers** ermöglicht und abgespalten wird (▶ o.). Diese Form tritt an der Oberfläche der Erythrozyten auf.

9.2.5 Pathobiochemie

Faltungs- und Transportdefekte. Die so genannte **Prion-Erkrankung** wird durch eine Änderung der Faltung des Prionproteins PrP^c ausgelöst. Das Prionprotein kommt im Zentralnervensystem, aber auch in verschiedenen viszeralen Geweben vor. Seine Funktion ist noch unbekannt. Bei der Prion-Erkrankung wandeln sich α-helicale Strukturen des Proteins in β-Faltblätter um. Das auf diese Weise gebildete, anders strukturierte Prionprotein wird als PrP^{sc} bezeichnet und hat eine hohe Tendenz zur Selbstaggregation. Es bildet die für die Prion-Erkrankung typischen Plaques im Zentralnervensystem, die zu dessen Zerstörung führen. Für die Umwandlung des normalen Prionproteins PrP^c in das unlösliche und proteinaseresistente PrP^{sc} sind i. Allg. Mutationen verantwortlich. Es hat sich jedoch gezeigt, dass diese Umwandlung auch durch exogen zugeführtes PrP^{sc} ausgelöst werden kann. Dabei wird die Umfaltung des normalen Prionproteins zur β-Faltblattstruktur mit steigender Menge an zugeführtem PrP^{sc} beschleunigt. Prionproteine besitzen folglich eine gewisse Chaperonaktivität und wirken wie infektiöse Agentien.

Primäre Hyperoxalurie I. Diese Erkrankung wird durch Defekte der **Alanin-Glyoxylat-Aminotransferase** verursacht. Eine der bekannten Mutationen geht mit einer nahezu normalen Aktivität des Enzyms einher. Gestört ist die Nutzung des peroxisomalen Transportsignals 1, was zu einer Fehllokalisierung des Enzyms führt. Statt in Peroxisomen, gelangt das geringfügig veränderte Protein in die Mitochondrien. Obwohl das Enzym aktiv ist, werden die typischen Oxalosesymptome (Urolithiasis, Nephrocalcinose und evtl. systemische Oxalose) manifest.

Zellweger-Syndrom. Bei diesem Syndrom ist die peroxisomale Transportmaschinerie defekt. Betroffen ist i.d.R.eine ganze Gruppe von Enzymen, deren Transport von einem der peroxisomalen Transportsysteme abhängig ist. Das autosomal-rezessiv vererbte Syndrom ist durch craniofaciale Dysmorphie, Neurodegeneration, Hepatomegalie sowie fakultativ Nierenzysten charakterisiert und frühzeitig letal.

Der **Mukoviszidose** (cystische Fibrose) liegt eine Mutation (ΔF508: Deletion des 508. Codons) im CFTR-Gen (▶ Kap. 32.2.4) zugrunde. Diese verursacht eine mangelhafte Faltung, Verbleib im ER und Abbau des Proteins durch das ERAD-System (▶ Kap.9.3.5). Das Gen codiert ein Chlorid-Transporterprotein aus der ABC-Transporterfamilie, dessen Mangel Störungen des Chlorid- und sekundär des Wassertransports in Atemwegs-, Intestinum-, Pankreas-, Testes- und Schweißdrüsen-Epithel verursacht. Die Funktion dieser Organe ist bei dieser Krankheit am stärksten beeinträchtigt.

Sequenzveränderungen in tripelhelicalen Abschnitten der Kollagen I-Gene verursachen die *Osteogenesis imperfecta* und wirken häufig dominant. Sie behindern die Faltung bereits dann, wenn nur eine der drei Ketten defekt ist.

Chaperonopathien. Die Aufgaben von Chaperonen und Chaperoninen lassen sich vereinfacht mit Kontrolle, Erzeugung nativ und Entsorgung abnormal strukturierter Proteine beschreiben. Durch Mutationen, endogene und exogene Einwirkungen z.B. Hypoxie oder oxidativen Stress kann das System der Chaperone akut oder chronisch überfordert werden. Bekannte Folgen sind Entwicklungsstörungen, Apoptose und Seneszenz von Zellen, degenerative

Prozesse und beschleunigtes Altern. Im humanen Genom befinden sich drei Gene für das Hitzeschock-Protein Hsp70. Mutationen in Promotoregionen dieser Gene, die zur Minderung der intrazellulären Konzentration des Proteins führen, prädisponieren zur Parkinsonschen Krankheit. Es wird angenommen, dass in diesem Fall Kontrolle und Abbau fibrillogener Proteinaggregate vermindert sind. Bei einem der drei Gene wurde ein Polymorphismus gefunden bei dem in der Peptid-Bindungsregion des Chaperons alternativ Methionin oder Threonin codiert wird. Bei den älteren Menschen, im Vergleich zu den jüngeren, kommt die Threonin-Variante mit verminderter Chaperon-Aktivität mit einer signifikant geringeren Häufigkeit vor. Die Methioninvariante wird daher als ein Longevitätsgen bezeichnet. In Tiermodellen wurde gezeigt, dass eine genetisch bedingte Überexpression von Chaperonen, z.B. des Hitzeschock-Proteins Hsp70 die pathologischen Folgen akuter und chronisch neurologischer Störungen bei Ischämie bzw. die Parkinsonsche Erkrankung verursachenden Defekten signifikant mildern.

Paroxysmale nächtliche Hämoglobinurie (PNH). In hämatopoetischen Zellen entsteht gelegenheitlich ein (erworbener) Defekt der Glycosyl-Phosphatidyl-Inositol (GPI)-Anker-Synthese. In betroffenen klonal gebildeten Erythrozyten resultiert ein Mangel am ***d**ecay **a**ccelerating **f**actor* DAF (CD55) und an Membran-Inhibitor reaktiver Lyse MIRL (CD59), die die C3 und C5-Konvertase-Komplexe des Komplementsystems destabilisieren bzw. die Ausbildung der C9-lytischen Komplexe behindern. (Die Proteine werden synthetisiert, jedoch nicht verankert und daher sezerniert). Die Patienten leiden an intravaskulärer Hämolyse, Hämoglobinurie und langfristig eventuell Eisenmangel. Durch intermittierende vaskuläre Hämolyseereignisse besteht ein erhöhtes **Thromboserisiko.** Hämolytische Episoden sind sporadisch und treten bevorzugt nachts auf, sodass die Hämoglobinurie meist im Morgenurin beobachtet wird.

Smith-Lemli-Opitz-Syndrom. Die Patienten leiden an Missbildungen im Bereich der Mittellinie verbunden mit einer Dysplasie des Corpus callosum und mentaler Retardierung. Das autosomal-rezessiv vererbte Syndrom wird durch Defekte der 7-Dehydrocholesterin-Δ-7-Reduktase, des letzten Enzyms des Cholesterin-Biosynthesewegs verursacht. Der Spiegel des Cholesterins ist vermindert, der der Biosynthersintermediate erhöht. Die Intermediate können das Cholesterin bei der posttranslationalen Modifikation des *hedgehog*-Proteins nicht ersetzen. Folglich sind seine Interaktionen mit Membranen und Beteiligung an der embryonalen Entwicklung gestört. Im Tiermodell mit dem gleichen Gendefekt konnte gezeigt werden, dass bei niedrigem endogenen Cholesterinspiegel auch die regulierte Sekretion bzw. Bildung sekretorischer Granula vermindert sind.

In Kürze

Nach der Biosynthese erhalten die Proteine ihre native Konformation durch eine assistierte Faltung.

Die Assistenz wird von Chaperonen der Hitzeschock-Proteinfamilie und Peptidyl-Prolyl-*cis-trans*-Isomerasen geleistet.

Viele Proteine werden während oder unmittelbar nach der Synthese (co- bzw. posttranslational) covalent modifiziert. Die Informationen für die Modifikationen sind in der Primärstruktur der Proteine enthalten. Diese entscheidet sowohl direkt als auch mittels cotranslationaler Modifikationen über die Faltung.

Posttranslationale Modifikationen erfolgen entweder an primären Bindungen innerhalb der Polypeptidkette oder peripher auf den Seitenketten der Aminosäuren.

Proteine, die eine N-terminale Signalsequenz enthalten, werden cotranslational in das Lumen des ER transportiert. Im ER finden i.d.R. andere Modifikationen als im Cytosol statt, z.B. die Disulfidbrückenbildung sowie N- und O-Glycosylierungen.

Die meisten mitochondrialen Proteine werden *heat shock protein*-abhängig vor ihrer Faltung transportiert, die peroxisomalen gelangen mit Hilfe von Peroxinen nach der Faltung in ihre Zielorganellen.

Die co- und posttranslationalen Modifikationen tragen maßgeblich zur Komplexität der in verschiedenen Zellen präsenten Proteinstrukturen und damit ihres Proteoms bei.

9.3 Proteinolyse und Abbau von Proteinen

Täglich werden mehr als 300 g des körpereigenen Proteins umgesetzt. Bei einer negativen Stickstoffbilanz, z.B. bei Hunger, Hypercortisolismus, einer Muskeldystrophie oder postoperativ kann die Abbaurate beträchtlich höher sein. Der normale Umsatz (*turnover*) eines Proteins hängt von den Geschwindigkeiten der Synthese und des Abbaus ab.

Die sehr verschieden ausfallende Lebensdauer ist durch die **Halbwertszeit ($t_{1/2}$)** charakterisiert. Diese kann je nach Protein wenige Minuten bis mehrere Jahre betragen. Ein Beispiel stellt die zirkulierende Acetylcholinesterase dar, deren Halbwertszeit von der Kohlenhydratstruktur und dem Oligomerisierungszustand abhängig ist. Bei der langlebigsten tetrameren Form liegt die Halbwertszeit bei 12 Stunden. Wenn die Oligosaccharide ihre terminalen Sialinsäurereste verlieren, wird das Enzym von Hepatozyten aufgenommen (▶ Kap. 17.3.4) und die Halbwertszeit verkürzt sich auf 5 Minuten.

Für den Proteinabbau, die **Proteinolyse** (Proteolyse), stehen Hunderte von **Proteinasen** (Proteasen) zur Verfügung. Diese Enzyme **spalten Peptidbindungen** in Proteinen und/oder Peptiden und werden allgemeiner als **Peptidasen** bezeichnet.

Manche Proteinasen sind für die weitgehende Zerlegung von Proteinen in kleine Bruchstücke verantwortlich, z.B. die Proteinasen des Verdauungstrakts. Andere außerordentlich spezifische Proteinasen hydrolysieren nur eine spezifische Bindung in einem oder wenigen Proteinen zu. Durch diese partielle Spaltung, d.h. **limitierte Proteinolyse**, können neue Strukturen, Eigenschaften oder eine Umverteilung der Proteine manifest werden.

9.3.1 Klassifizierung der Proteinasen

Für die Benennung verschiedener Proteinasengruppen ist die Zusammensetzung ihrer katalytischen nucleophilen Gruppen maßgeblich.

Proteinasen spalten Peptidbindungen, in denen Carbonylgruppen mit schwach elektrophilen Kohlenstoffatomen vorliegen. Nach der Art der beteiligten Wirkgruppe des aktiven Zentrums wird der **Katalysetyp** in **sechs Enzymgruppen** klassifiziert und entsprechend benannt. Die siebte Gruppe umfasst Proteinasen unbekannten Reaktionstyps und wird nicht näher diskutiert. In der Datenbank Merops (http://merops.sanger.ac.uk) finden sich alle bisher in diesen Gruppen beschriebenen Proteinasen, wobei sie dort unter dem Oberbegriff **Peptidase** geführt werden.

Aspartatpeptidasen zeichnen sich durch zwei Asparaginsäurereste im aktiven Zentrum aus. Viele Mitglieder der Gruppe, wie das lysosomale **Kathepsin D** und das im Magensaft wirkende **Pepsin** arbeiten bei saurem pH optimal. Von anderen sauren Peptidasen lassen sich diese Enzyme durch Hemmung mit Pepstatin A unterscheiden. **Renin** (▶ Kap. 28.1.10) und die **HIV-1 Proteinase** sind bei neutralem pH aktiv. Hemmstoffe dieser Aspartatproteinase finden therapeutische Anwendung bei der **Kombinationstherapie** von AIDS-Patienten.

Cysteinpeptidasen umfassen die lysosomalen **Kathepsine B, K, L** und **S**, die Calciumionen-abhängigen **Calpaine**, die ebenfalls in Cytosol lokalisierten und an der **Apoptose** beteiligten **Caspasen**, die meisten **deubiquitierenden Enzyme**, sowie die **Gingipaine**, die von dem Bakterium Porphyromonas gingivalis gebildet werden und an der Pathogenese der **Periodontitis** beteiligt sind.

Glutamatpeptidasen bilden eine kleine Familie fungaler saurer Peptidasen, die sich von den bekannteren Carboxylatpeptidasen der Aspartatpeptidasefamilien durch ihre Resistenz gegenüber dem Hemmstoff Pepstatin A auszeichnen.

Metallopeptidasen. Im aktiven Zentrum dieser Enzyme, die in der Superfamilie von sog. *zincins* zusammengefasst werden, finden sich Zn^{2+}-Ionen. Diesen Enzymen ist eine Histidin-haltige Aminosäuresequenz (HEXXH, wobei die Abkürzungen H, E und X Histidin-, Glutaminsäure- bzw. beliebige Aminosäurereste symbolisieren) in ihren aktiven Zentren gemeinsam. Die vielleicht bekanntesten Beispiele dieser Enzymgruppe sind **Matrix-Metalloproteinasen (MMP)** und das an der Regulation des Blutdrucks beteiligte **A**ngiotensin-**I**-**C**onversions-**E**nzym **ACE** (▶ Kap. 28.1.10). Matrix-Metalloproteinasen werden im ▶ Kapitel 9.3.3 näher beschrieben.

Serinpeptidasen. Hier finden sich verschiedene **Prohormonconvertasen**, die pankreatischen Proteinasen **Trypsin**, **Chymotrypsin** und **Elastase**, die in Leukozyten vorkommenden **Granzyme**, **Elastase**, **Kathepsin G**, verschiedene Gerinnungsfaktoren einschließlich **Thrombin** und auch das thrombolytische **Plasmin**. Im Katalysezentrum der meisten Serinpeptidase findet sich die katalytische Triade Asparaginsäure-Histidin-Serin, in der diese Reste räumlich jedoch nicht der Primärsequenz benachbart sind. Der katalytische Mechanismus der Serinpeptidasen wird in ▶ Kap. 4.3 erklärt. Bemerkenswerterweise konstituierte sich die gleiche Triade bei Vertretern verschiedener Serinpeptidasen-Familien unabhängig voneinander.

Threoninpeptidasen. Diese Enzyme sind insofern einmalig, als an der Katalyse die α-**Amino**- sowie die **Hydroxylgruppe** eines N-terminalen Threoninrests beteiligt sind. Zu dieser Gruppe gehören die für den Abbau von Glycoproteinen benötigte **Glycoasparaginase** und die β-Untereinheit in **Proteasomen** (▶ Kap. 9.3.4).

9.3.2 Spezifität der Proteinasen

Die Analysen der die Bindungsspezifität bestimmenden molekularen Strukturen bilden die Grundlage für eine rationale Entwicklung neuer Medikamente.

Die **Spezifität** der Protein- oder Peptidhydrolyse wird durch die Bindung des Substrats an das aktive Zentrum der Peptidase bestimmt. Gebunden werden die Seitenketten oder die Peptidbindungen mehrerer Aminosäurereste des Substrats durch entsprechende Substratareale (*subsites*) des Enzyms. Die Benennung dieser Reste ist der Legende zu ▫ Abb. 9.27a zu entnehmen. Die Summe der Bindungs- und Abstoßungskräfte der P_n–S_n Interaktionen bestimmt die gesamte Bindungskraft zwischen Enzym und Substrat und letztendlich die Bindungskonstante und die Wahrscheinlichkeit der Spaltung. Gespalten wird die Peptidbindung zwischen den Resten P_1 und P_1'.

Die Kenntnis der Bindungsstellen und der 3D-Struktur der Proteinasen ist bei der Erklärung der Spezifität der Proteinasen sowie der Wirkung von Medikamenten, die zur

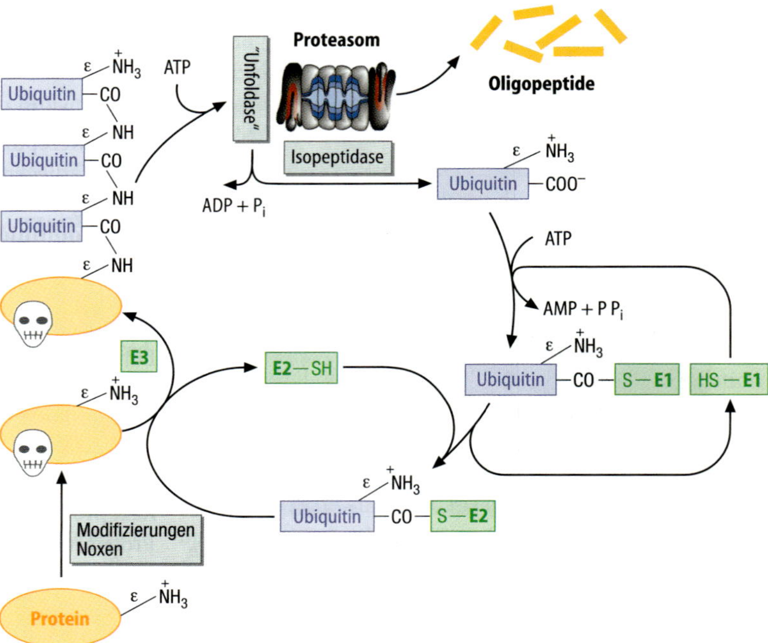

Abb. 9.29. Polyubiquitinierung und Abbau von Proteinen. In dem stark vereinfacht dargestellten Ubiquitinierungszyklus werden Ubiquitin-Reste als Thioester an die Transferproteine E1 und E2 sowie als Amid (Isopeptid) auf das Substrat und sich selbst (Lysin-48) übertragen. Dabei werden die dargestellten Polyubiquitin-Ketten gebildet. Die Modifikationssignale werden von Ubiquitin-Ligasen (E3) erkannt. Meist handelt es sich um fehlgefaltete, oxidativ geschädigte oder fehlsynthetisierte Proteine, hier mit einem Schädelsymbol gekennzeichnet. Die Isopeptidbindungen werden durch die 19S-Untereinheit des Proteasoms hydrolysiert und das Ubiquitin wiederverwendet. Unter ATP-Verbrauch wird das abzubauende Protein durch die 19S-Untereinheit entfaltet

den. Bekannt ist dies bei der Steuerung des Cholesterinstoffwechsels (► Kap. 18.3.3) und ER-Stress-induzierter Entzündungsreaktionen (► u. ERAD-System). Die Transkriptionsfaktoren sind als cytosolische Domänen Bestandteile ER-residenter Proteine. Für ihre Freisetzung müssen zwei Voraussetzungen erfüllt werden: Erstens Transport dieser Proteine in den Golgi-Apparat und zweitens proteinolytische Spaltung. Für diesen Schritt sind sog. ***site-1***- und ***site-2*-Proteinasen** zuständig. Es sind Serin- bzw. Metalloproteinasen

- Ubiquitär vorkommend, jedoch für sekretorische Kompartimente neuroendokriner Zellen besonders charakteristisch sind **Prohormon-Convertasen**. Mit hoher Spezifität erkennen sie jeweils zwei (P_1, P_2, Abb. 9.27) oder drei (P_1, P_2, P_4) basische Aminosäurereste in der Primärsequenz von Prohormonen oder Proenzymen (z.B. Prorenin) sowie Präkursorformen von sekretorischen und integralen Membranproteinen. Die bekanntesten speziell in neuroendokrinen Zellen vorkommenden Prohormon-Convertasen, PC1/3 und PC2 sowie das ubiquitäre **Furin** und vier weitere bilden eine Familie Subtilisin-ähnlicher Serinpeptidasen. Furin ist an der limitierten Proteinolyse von Präkursoren zahlreicher Proteine, darunter Albumin, Gerinnungsfaktoren, einige MMPs, Integrine, Hormone), Rezeptoren, Hüllproteine verschiedener Viren, und seiner eigenen beteiligt. Es besitzt ein Transmembransegment und eine kurze cytosolische Domäne.

Eine funktionell herausragende Gruppe cytosolischer Proteinasen sind die **Caspasen**. Sie kontrollieren das normale Wachstum und können den Zelltod, die **Apoptose**, herbeiführen. Sie spalten bestimmte native Proteine an der **C**-Terminus-nahen Seite von **Asp**artylresten, wodurch sie ihren Namen erhalten haben. Ihre Funktion ist in den ► Kapiteln 7.1.5 und 25.8.2 besprochen

> Der Abbau der Proteine durch Proteasomen wird meist durch ihre Ubiquitinierung reguliert.

Die meisten Proteine werden im Cytosol abgebaut. Der Abbau ist streng reguliert. Daran ist eine Gruppe von modifizierenden Enzymen beteiligt, die den Abbau durch eine multiple Verknüpfung mit **Ubiquitin** einleiten. Durch eine lokale Verstärkung dieser Modifikation können Kernproteine selektiv abgebaut werden. Eine weitere Möglichkeit, Proteine im Cytosol abzubauen, besteht in einer Calciumionen-abhängigen Aktivierung von sog. Calpainen. Die Aktivität der Calpaine wird durch Proteine aus der Familie der Calpastatine reguliert.

Ubiquitinierung. Proteine, die für den Abbau bestimmt sind, werden mit einem aus 76 Aminosäuren bestehenden Protein, dem Ubiquitin (► Kap. 9.2.3), covalent verbunden. Die Verbindung erfolgt in mehreren Schritten (Abb. 9.29). Zunächst muss Ubiquitin aktiviert werden. Dies geschieht durch die ATP-abhängige Knüpfung einer Thioesterbindung zwischen der C-terminalen Carboxylgruppe des Ubiquitin und einer Thiolgruppe eines Hilfsproteins (E1). Die Ubiquitin-Reste werden durch Transthioesterifizierung auf weitere Proteine (E2) und mittels spezifischer Ubiquitin-Ligasen (E3) auf Aminogruppen ausgewählter Proteine übertragen. Häufig wird die Ubiquitinierung fortgesetzt bis sog. polyubiquitinierte Proteine entstehen. In menschlichen

Geweben gibt es mehrere E2-Proteine und fast 100 E3-Enzyme. Es entstehen **Isopeptidbindungen**.

Polyubiquitinierung und eventuell mehrfache Monoubiquitinierung verschiedener Lysin-Reste von Membranproteinen leitet ihre Endozytose und ihren Abbau in späten Endosomen (▶ Kap. 6.2.5), Polyubiquitinierung den proteasomalen Abbau im Cytosol und Zellkern ein. Signal für den Abbau sind die über das ***Lysin-48*** verlängerten Ubiqutinketten).

> ! Proteasomen befinden sich im Cytosol und im Zellkern und können in besonderen Fällen auch nicht-ubiquitinierte Proteine abbauen.

Proteasomen. In diesen Fass-ähnlichen Partikeln (◘ Abb. 19.30a, b) werden die polyubiquitinierten Proteine endoproteinolytisch abgebaut. Proteasomen (insgesamt **26S**) sind als ein symmetrisches Fass mit abtrennbaren »Deckelteilen« von je **19S** aufgebaut. Der zentrale Teil (**20S**) besteht aus 2 × 2 siebengliedrigen Proteinringen. Drei der sieben Untereinheiten der inneren Ringe besitzen proteinolytische Aktivität. Ihre aktiven Zentren befinden sich auf der Innenseite des Partikels. Der Zugang zum zentralen Hohlraum wird beidseits durch Regulationskomplexe (19S) kontrolliert. Diese besitzen eine **AAA-ATPase**-Aktivität und nutzen die Energie der ATP Spaltung zur Entfaltung der Proteinsubstrate. Man spricht von einer *unfoldase*-Aktivität. Die zu spaltenden Proteine werden von den Regulationskomplexen mittels der Polyubiquitinierung erkannt. Die 19S Komplexe spalten Isopeptidbindungen und trennen die Ubiquitinketten vom Substratprotein ab. Die entfalteten Proteinketten werden in den Hohlraum der Partikel abgegeben und dort zu Dodekapeptiden oder ähnlich langen Fragmenten hydrolysiert.

Ubiquitinierungssignale. Ubiquitin scheint am Ende einer Reihe von Modifikationen zu stehen, die den Abbau von nicht benötigten Proteinen einleiten. Durch **Stress, Hitze, chemische Veränderungen** und **katabole Stoffwechselsignale** kann der Abbau beschleunigt werden. Diese Strategie erfordert, dass die Ubiquitinierung durch zahlreiche E3-Enzyme katalysiert wird, die an ihren Substratproteinen charakteristische Signale erkennen. Ubiquitiniert werden

- Proteine mit einer **kurzen Halbwertszeit**. Ein Beispiel hierfür ist die Tyrosin-Aminotransferase in der Leber. Dieses Enzym wird für den Abbau der Aminosäuren Phenylalanin und Tyrosin benötigt. Es wird durch Glucocorticoide induziert und seine Aktivität ist bei Hunger stark erhöht. Postprandial wird es rasch ubiquitiniert und in Proteasomen abgebaut. Ein weiteres Beispiel ist die Hydroxymethylglutaryl-CoA-Reduktase, die maßgeblich an der Cholesterin-Biosynthese beteiligt ist. Nach einem Anstieg des Spiegels der Mevalonsäure und der Sterole wird das Enzym ubiquitiniert und abgebaut
- Proteine mit einem **N-terminalen Argininrest**. Der Abbau kann durch Übertragung von Arginin auf Protein durch eine Arginyl-tRNA induziert werden. Die Arginylierung erfolgt bevorzugt an N-terminalen Glutaminsäure- und Asparaginsäureresten. Diese Termini wiederum können durch Desamidierung von terminalen Glutamin- bzw. Asparaginresten erzeugt werden. Die Abhängigkeit der Ubiqutinylierung von der N-terminalen Aminosäure ist unter dem Begriff »**N-end-rule**«, die N-terminalen Abbausignale als **N-Degrons** bekannt
- Proteine, die sog. **PEST-Sequenzen** enthalten. Für diese Sequenzen sind die Aminosäuren Prolin (**P**), Glutaminsäure (**E**), Serin (**S**) und Threonin (**T**) charakteristisch. Enthalten sind sie z.B. in Androgen-, Estrogen-

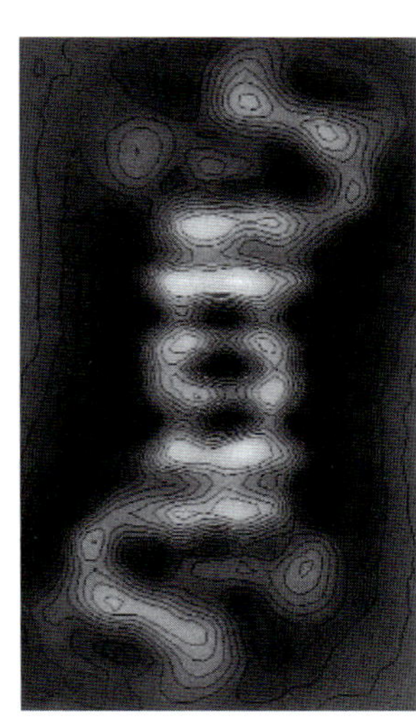

a

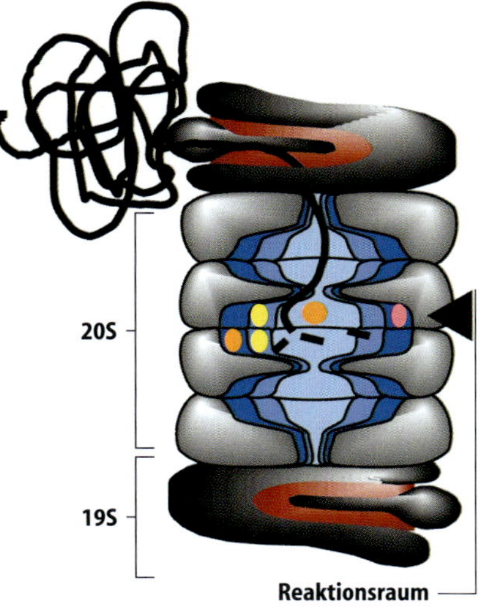

b

◘ Abb. 9.30a, b. Elektronenmikroskopische und schematische Darstellung des Aufbaus der 26S-Proteasomen. a Untersuchungen der Elektronendichte der Proteasomen-Partikel aus Oozyten von Xenopus laevis deuten an, dass sie hohl sind. **b** Das Modell zeigt den Querschnitt des aus vier Ringen bestehenden Fassteils (20S) mit zwei 19S-Untereinheiten. Jeder Ring setzt sich aus 7 Untereinheiten zusammen. Je 3 Untereinheiten (β1, β2 und β5) der beiden inneren Ringe besitzen proteinolytische Aktivität: Eine Trypsin-ähnliche, eine Chymotrypsin-ähnliche und eine **P**eptidyl-**g**lutamyl-**P**eptid-**h**ydrolysierende (PGPH) Aktivität. Das Substratprotein wird durch eine schwarze Linie symbolisiert. (Aufnahmen: Wolfgang Baumeister und Zdenka Cejka (**a**), Wolfgang Hilt und Dieter Wolf (**b**))

und Vitamin D-Rezeptoren. Die Aktivität einer PEST-Sequenz und damit der Abbau eines Rezeptors wird durch Phosphorylierung benachbarter Domänen im Rezeptormolekül reguliert
- Proteine, die im ER aus verschiedenen Gründen nicht korrekt gefaltet oder beschädigt und durch das **ERAD-System** (**ER**-**a**ssoziierte Protein**d**egradation) (► u.) abgebaut werden

ER-assoziierte Proteindegradation. Erstreckt sich die De- und Reglucosylierung während der Chaperon-assistierten Faltung eines im rauen ER synthetisierten Proteins (► Kap 9.1., 9.2.1) über eine längere Periode, erhöht sich die Chance seiner **Demannosylierung** durch *sog.* EDEM-Mannosidasen. Daran können die Glycoproteine mit verzögerter Faltung erkannt werden. Diese sowie nichtglycosylierte Proteine mit ähnlichen Faltungsproblemen werden durch sog. **Retrotranslokation** ins Cytosol transportiert und abgebaut. An diesem Export fehlerhafter Proteine ist das Translocon (Sec61p) beteiligt. Die im Cytosol initial erscheinende Proteinkette wird von der p97 AAA-ATPase (► Kap. 6.1.5) erfasst und aus dem ER »herausgezogen«. Im Cytosol wird sie z.B. aufgrund der in diesem Kompartiment atypischen Glycosylierung von einem E3-Enzym polyubiquitiniert und **proteasomal abgebaut** (► u.). Auf diesem Wege können auch nicht-glycosylierte Proteine mit Faltungsdefekten entsorgt werden. Die gesamte Maschinerie dieser Entsorgung wird als ERAD-System bezeichnet. Überproduktion nicht gefalteter Proteine oder Störung des ERAD-Systems erzeugt **ER-Stress**. Im Rahmen einer Gegenregulation, die als ***u**nfolded **p**rotein **r**esponse* **UPR** bezeichnet wird, kommt es zu einem Anstieg der Konzentration der Chaperone und der Aktivität des ERAD-Systems.

Ubiquitin-unabhängiger Abbau durch Proteasomen. An der Biosynthese von Polyaminen (► Kap. 13.6.3), die zur Komplexierung der DNA benötigt werden, ist die **Ornithindecarboxylase** beteiligt. Das Enzym wird im Zellzyklus am Ende der S-Phase inaktiviert und abgebaut. Beides wird durch eine Rückkopplung seitens der Polyamine bewirkt. Mittels einer translationalen Rasterverschiebung (► Kap. 9.1.2) wird von den Polyaminen die Synthese eines Regulatorproteins (des **Antizyms**) stimuliert. Das Antizym bindet die Ornithindecarboxylase, hemmt sie und bewirkt ihren proteasomalen Abbau. Dies bedeutet, dass nicht jedes von den Proteasomen abzubauende Protein ubiquitiniert werden muss.

! Ein Teil der von Proteasomen gebildeten Proteinfragmente wird für eine immunologische Kontrolle der Zellen benutzt.

Oligopeptidabbau. Die meisten der von den Proteasomen gebildeten Peptidfragmente werden durch Aminopeptidasen im Cytosol abgebaut.

Antigenpräsentation. Ein Teil der von Proteasomen produzierten Oligopeptide wird mittels eines ABC Transporters (► Kap. 6.1.5) in das Lumen des ER importiert (■ Abb. 9.21). Der hier wirkende ABCB2/3 Transporter ist heterodimer und wird als TAP1/TAP2-Transporter bezeichnet. Unter den Produkten der Proteasomen selektiert er 8–10 Aminosäurereste lange Oligopeptide. Im Lumen des ER werden diese unter Katalyse durch das HLA-1-Chaperon **Tapasin**, zur Beladung von HLA-Molekülen verwendet. Diese werden aus dem ER zur Plasmamembran transportiert und dort präsentiert (► Kap. 34.2.2).

Calpaine. Die Calpaine sind Calciumionen-abhängige cytosolische Serinproteinasen, die am Umsatz der Muskelproteine physiologisch bei der Myoblastenfusion und pathologisch bei der Muskeldystrophie beteiligt sind. In Neuronen werden sie nach einer Ischämie aktiviert, die zu neuronaler Apoptose führen kann. Eine Erhöhung der Calpainaktivität wird häufig durch eine Inaktivierung von **Calpastatinen**, cytosolischen Hemmstoffen der Calpaine, erreicht.

Hormonelle Regulation der Proteinolyse. Glucocorticoide verstärken den Proteasom-, Calpain- und Lysosomen-abhängigen Abbau von Proteinen. Sie stimulieren die Expression der Ubiquitinierungssysteme, des NF-κB Faktors und mehrerer Proteasomen-Untereinheiten sowie der hsp70-Chaperonine Durch Letztere können Mikroautophagozytose und lysosomaler Abbau cytosolischer Proteine induziert werden. Diese Glucocorticoid-Wirkungen werden durch IGF-1 (***i**nsulin-like **g**rowth **f**actor-**1***) antagonisiert.

9.3.6 Pathobiochemie

Überproduktion und Mangel an Kathepsinen. Die Sekretion von Kathepsinen durch aktivierte Leukozyten in entzündetem Gewebe trägt zum Abbau der interzellulären Substanz bei, weil Kathepsine im Matrixraum bei neutralem pH teilweise aktiv sind. Ihre Sekretion durch Tumorzellen korreliert mit ihrer **Invasivität**, beispielsweise beim Mamma-Karzinom. In mineralisiertem Gewebe kommt es bei einem hohen Parathormonspiegel zu einer parakrinen Aktivierung von Osteoklasten und Verschmelzung ihrer lysosomenähnlichen Vesikel mit der Plasmamembran. Dabei wird Kathepsin K freigesetzt, dessen primäre Funktion der Abbau von Kollagen I ist (► Kap. 6.2.7, ■ Tabelle 6.5). Bei **Tumor-assoziierter Osteolyse** z.B. bei Prostata-Karzinommetastasen wird die Sekretion von Matrilysin (MMP7) gesteigert. Dies führt zum Abbau von RANKL (► Kap. 24.7.3) und zur Osteoklastenaktivierung. Bei jungen Erwachsenen kommen benigne Neoplasmen vor, die als ossäre **Riesenzelltumore** bekannt sind. In Osteolyseherden dieser benignen meist nahe einer Metaphyse langer Röhrenknochen lokalisierten Tumore finden sich die dem Tumor namensgebenden Riesenzellen, die Salzsäure und große Mengen von Kathepsin K sezernieren. Hereditärer **Kathepsin K-Mangel** führt in Folge einer Kollagen-Persistenz zur **Pycnodysostosis**, die durch **Osteochondrodysplasie** und **Osteosklerose** charakterisiert ist. Defekte im Kathepsin D-Gen verursachen eine letale Form der **neuronalen Ceroid-Lipofuszinose** mit connataler progressiver Neurodegeneration.

Virus-induzierter Proteinabbau. Die Stimulation der Zellproliferation durch das E6-Protein der »Hochrisiko«-Stämme des humanen Papilloma-Virus beruht auf einer Induktion des proteasomalen Abbaus des Tumorsuppressor-Gens p53. Es bildet einen ternären Komplex mit einer Ubiquitinligase und dem p53 Protein, wodurch dessen Ubiquitinierung stark beschleunigt wird. Ein anderes Beispiel wurde bei Cytomegalievirus beobachtet. Das Virus steuert die Synthese von Proteinen, die im ER die schweren Ketten des HLA-I-Komplexes erkennen sowie dessen Retrotranslokation einleiten. Dadurch wird die Antigenpräsentation und Abwehr infizierter Zellen abgeschwächt oder unmöglich gemacht. Die Histokompatibiltätsmoleküle werden schließlich durch das ERAD-System abgebaut.

Adrenoleukodystrophie. Diese X-chromosomal vererbte Erkrankung (X-ALD) beruht auf einem Gendefekt eines ABC-Transporters (ABCD1), der wahrscheinlich für den Transport sehr langer Fettsäuren (C20 bis C26) in die Peroxisomen verantwortlich ist. Sie erlangte durch den Film Lorenzo's Öl allgemeine Bekanntheit. Inzwischen konnte gezeigt werden, dass mit Ölsäure in einer Menge, die etwa 20% der calorischen Versorgung entspricht, die Synthese derartiger besonders langkettiger Fettsäuren gehemmt wird. Im Gehirn und anderen Organen der X-ALD Patienten werden aufgrund des Transportdefekts langkettige Fettsäuren, insbesondere C26:0, die in normalen Peroxisomen verkürzt werden, gespeichert. Die Expression des Gens ist durch *sog.* **Peroxisomenproliferatoren** induzierbar. Daher erscheint die Beschleunigung der Synthese des Transportproteins durch Phenylbutyrat bei Patienten, bei denen eine Restaktivität vorliegt, vielversprechend. Phenylbutyrat beschleunigt darüber hinaus die Synthese zahlreicher peroxisomaler Proteine, darunter des ABCD2-Proteins mit überlappender Spezifität und mag daher auch bei Patienten mit vollständigem ABCD1-Mangel zumindest partiell wirksam sein.

Zellulärer Stress und Apoptose. In Stresssituationen können zahlreiche Signale zum Zelltod führen. Das folgende Beispiel zeigt wie durch eine lokale Überproduktion von **Stickstoffmonoxid** (NO) Abbau von Zellkernproteinen und Apoptose ausgelöst werden können. Bei starkem Reiz nach z.B. übermäßiger Freisetzung von Neurotransmittern in Nervenzellen und durch TNF-α oder Endotoxin in Makrophagen kann es zu einem Anstieg von NO und zur nicht enzymatischen Nitrosylierung verschiedener Proteine kommen. Die in den meisten Zellen stark exprimierte **Glycerinaldehyd-3-Phosphatdehydrogenase** (Abb. 9.1, ► Kap. 11.1.1) wird am Cysteinrest im aktiven Zentrum **nitrosyliert**. Diese Form bildet einen Komplex mit der Ubiquitin-Ligase **Siah1**, der mittels eines NLS-Signals in der Aminosäuresequenz der Ligase in den Zellkern transloziert wird. Normalerweise wird die Ligase im Zellkern abgebaut, im Komplex mit der nitrosylierten Dehydrogenase jedoch ist sie stabil. Von ihr ubiquitinierte Proteine werden durch **Proteasomen im Zellkern** abgebaut. Es folgt die **Apoptose**. Störungen der Aktivität von Siah1 und einer weiteren E3-Ubiquitin-Ligase **Parkin** sowie der Prolyl-Isomerase Pin1 (Kap. 9.2.1) tragen zum Untergang dopaminerger Neurone bei der Parkinson'schen Erkrankung bei.

In Kürze

Die Halbwertszeit von Proteinen ist individuell und in vielen Fällen regulierbar. Die am Abbau der Proteine beteiligten Proteinasen lassen sich nach dem Mechanismus der Katalyse und Spezifität in mehrere Gruppen und Familien einteilen. Die Spezifität wird durch die Bindung der Aminosäureseitenketten, die sich in Nachbarschaft der zu spaltenden Peptidbindung befinden, bestimmt.

Proteinasen spalten entweder endo- oder exoproteinolytisch und setzen Peptide und Aminosäuren frei.

Fehlgefaltete und beschädigte Proteine werden durch Polyubiquitinierung markiert und von Proteasomen abgebaut. Ein Teil der von Proteasomen gebildeten Oligopeptide werden mittels HLA-I-Molekülen für eine Kontrolle durch das Immunsystem an der Zelloberfläche präsentiert.

Durch Autophagozytose können Cytoplasmabestandteile und ganze Organellen, durch Endozytose Plasmamembran- sowie extrazelluläre Makromoleküle für den Abbau in die Lysosomen transportiert werden.

Durch limitierte Proteinolyse können die Struktur und Eigenschaften spezifisch ausgewählter Proteine modifiziert werden. Durch eine gezielte Spaltung können Proteine aktiviert, inaktiviert oder aus einer Verankerung gelöst werden. Limitierte Proteinolyse ist ein wichtiges Mittel der Signalverarbeitung und ist an vielfältigen Formen der intra- und interzellulärer Kommunikation, Differenzierung, Zellproliferation und Zelltod beteiligt.

Literatur

Bowie JU (2005) Solving the membrane protein folding problem. Nature 438:581–589

Chapman HA (2006) Endosomal proteases in antigen presentation. Curr Opin Immunol 18:78–84

Ciechanover A (2006) The ubiquitin proteolytic system. Neurol 66:S7–S19

Handsley MM, Edwards DR (2005) Metalloproteinases and their inhibitors in tumor angiogenesis. Int J Cancer 115:849–860

Heiland I, Erdmann R (2006) Topogenesis of the peroxisomal membrane and matrix proteins. FEBS J 272:2362–2372

Kapp LD, Lorsch JR (2004) The molecular mechanics of eukaryotic translation. Annu Rev Biochem 73:657–704

Meusser B, Hirsch C, Jarosch E, Sommer T (2005) ERAD: the long road to destruction. Nat Cell Biol 8:766–772

Pfanner N, Wiedemann N, Meisinger C, Lithgow T (2004) Assembling the mitochondrial outer membrane. Nat Struct Mol Biol 11:1044

Welchman RL, Gordon C, Mayer RJ (2005) Ubiquitin and Ubiquitin-like proteins as multifunctional signals. Mol Cell Biol 6:599–609

Yonath A (2005) Antibiotics targeting ribosomes: resistance, selectivity, synergism, and cellular Regulation. Annu Rev Biochem 74:649–679

Young JC, Agashe VR, Siegers K, Hartl FU (2004) Pathways of chaperone-mediated protein folding in the cytosol. Mol Cell Biol 5:781–791

Links im Netz

► www.lehrbuch-medizin.de/biochemie

10 Viren

Susanne Modrow

10.1 **Aufbau und Einteilung der Viren – 326**

10.2 **Virusvermehrung und Replikation – 330**
10.2.1 Adsorption – 330
10.2.2 Aufnahme der Viruspartikel – 333
10.2.3 Freisetzung der Nucleinsäuren – 334
10.2.4 Genexpression und Replikation – 335
10.2.5 Regulation der viralen Genexpression und Replikation – 338
10.2.6 Morphogenese – 339
10.2.7 Freisetzung der Nachkommenviren – 340

10.3 **Folgen der Virusinfektion für Wirtszelle und Wirtsorganismus – 342**
10.3.1 Zellschädigung und Viruspersistenz – 342
10.3.2 Tumorbildung durch Viren – 343

10.4 **Diagnostik von Virusinfektionen – 346**
10.4.1 Direkter Virusnachweis – 346
10.4.2 Bestimmung der Immunantwort gegen Virusproteine – 346

10.5 **Prophylaxe und Therapie von Virusinfektionen – 348**
10.5.1 Impfung – 348
10.5.2 Chemotherapie – 350

Literatur – 353

Einleitung

Viren sind kleine, aus Nucleinsäuren und Proteinen bestehende Infektionserreger, die gelegentlich von einer Membran umhüllt sind. Sie verhalten sich parasitär, da sie in die Zellen eines Organismus eindringen und sich dort vermehren. Hierbei müssen sie die Bestandteile der infizierten Wirtszellen für die Bildung von Nachkommenviren verwenden, da sie im Gegensatz zu Bakterien und Eukaryoten keinen eigenen Stoffwechsel besitzen. Für ihre Vermehrung stellen sie selbst lediglich die in ihren Genomen verankerten Informationen bereit. Virusinfektionen sind beim Menschen mit verschiedenen Erkrankungen wie Grippe, Masern, Windpocken, Kinderlähmung, Leberentzündung oder der Immunschwäche AIDS verbunden. Auch sind Viren kausal an der Entstehung von 15 bis 20 Prozent aller menschlicher Tumorerkrankungen beteiligt. Die moderne Molekularbiologie und Genetik hat in den letzten Jahrzehnten zu einer Explosion des Wissens über die Details des Virusaufbaus, die Art und Weise ihrer Vermehrung und ihrer Verbreitung geführt. Es floss in die Entwicklung von Impfstoffen zum Schutz vor Infektionen und von antiviralen Medikamenten zur Therapie der mit den Infektionen verbundenen Erkrankungen ein

10.1 Aufbau und Einteilung der Viren

! Viren sind kleine Partikel aus Nucleinsäuren, Proteinen und Lipiden.

Aufbau von Viren. Infektiöse Viren, die auch als **Virionen** bezeichnet werden, sind kleine Partikel mit Durchmessern von 20 nm (Parvoviren) bis 300 nm (Pockenviren). Ihre **geringe Größe** macht sie ultrafiltrierbar, das heißt, sie werden von bakteriendichten Filtern nicht zurückgehalten. Sie bestehen aus folgenden Bestandteilen (Abb. 10.1):

- **Nucleinsäuren** (DNA **oder** RNA), welche die Erbinformation des Virus darstellten
- **Proteinen**, die sich zu Hohlkörpern, den Capsiden, zusammenlagern und die Erbinformation des Virus einschließen
- **Lipiden**, welche als Membran (engl. *envelope*) die Capside umhüllen. In diese Membranhülle, die man nicht bei allen Virusarten findet, sind virale Membran- und Glycoproteine eingelagert. Die Viren können die Lipidbestandteile ihrer Membranen nicht selbst synthetisieren. Abhängig vom Virustyp verwenden die Infektionserreger hierfür Teile von zellulären Membranen wie der Plasmamembran, der Membranen des endoplasmatischen Retikulums oder der Golgi-Vesikel beziehungsweise der Kernmembran

Ein wichtiges Merkmal, in dem sich die Viren von Bakterien und eukaryoten Zellen unterscheiden ist, dass sie nur eine Art von Nucleinsäure – nämlich DNA oder RNA – enthalten. Diese stellt die Erbinformation der Erreger und kann abhängig vom Virustyp einzel- oder doppelsträngig vorliegen, linear, ringförmig oder segmentiert sein. Einzelsträngige RNA- und DNA-Genome können unterschiedliche Polarität aufweisen.

Die jeweiligen Genome

- sind in multimeren Proteinhohlkörpern, den Capsiden, eingeschlossen (z.B. Polio-, Gelbfieber oder Parvoviren), oder
- sind mit viralen Nucleoproteinen (z.B. Rhabdo-, Para- und Orthomyxoviren, Adeno- und Herpesviren) oder zellulären Histonen (Papillomviren) komplexiert und werden dann als **Nucleocapside bezeichnet**

Nucleocapside können

- in **Capside**, eingeschlossen sein (z.B. Papillom-, Herpes- oder Adenoviren (Abb. 10.2a,b,c) oder
- ohne Capsidschicht nur von der **Virusmembran** umhüllt werden (z.B. Rhabdo, Para- oder den Orthomyxoviren)

Die Capside und auch die Nucleocapside sind helikale oder sphärische Gebilde aus einer variablen Zahl von identischen oder verschiedenen Proteinuntereinheiten, den Capsomeren.

- Helikale Capside bilden eine röhrenförmige Struktur, welche die Nucleinsäure einschließt
- sphärische Capside haben einen ikosaedrischen Aufbau (Abb. 10.2)

Wechselwirkung mit der Wirtszelle. Bei den **Viren ohne Membran** erfolgt die Wechselwirkung mit den Wirtszellen über Kontakte der Capsidoberflächen. Auch virusspezifische, neutralisierende Antikörper, die der Organismus wäh-

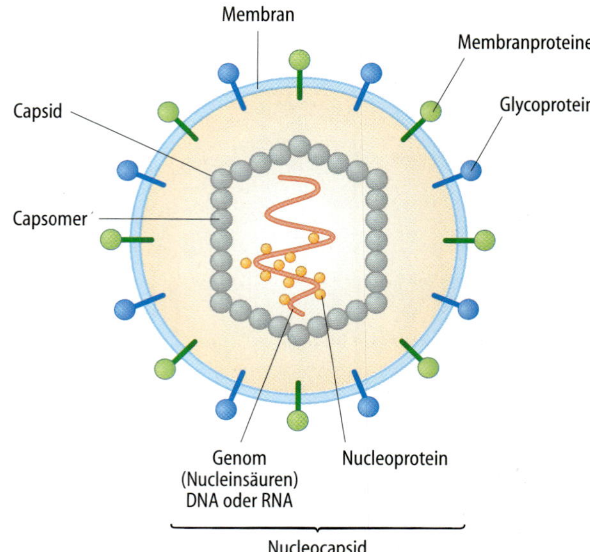

Abb. 10.1. Aufbau eines Viruspartikels mit Membranhülle

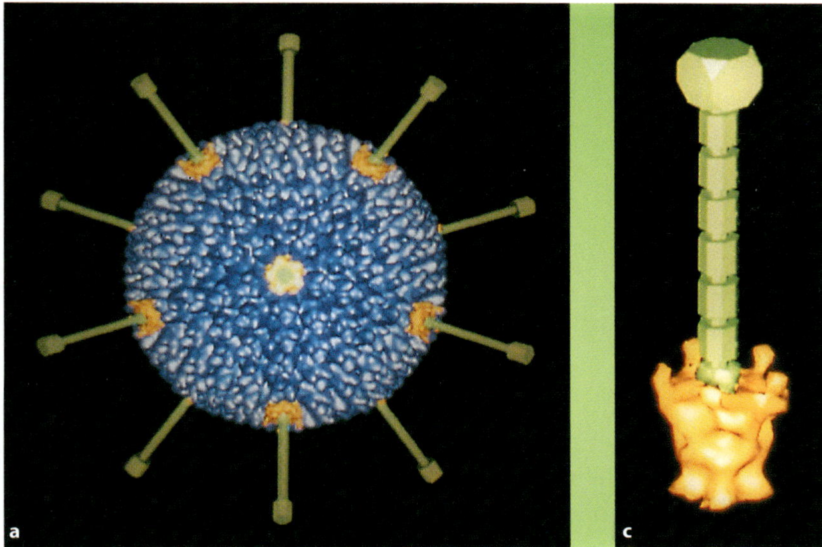

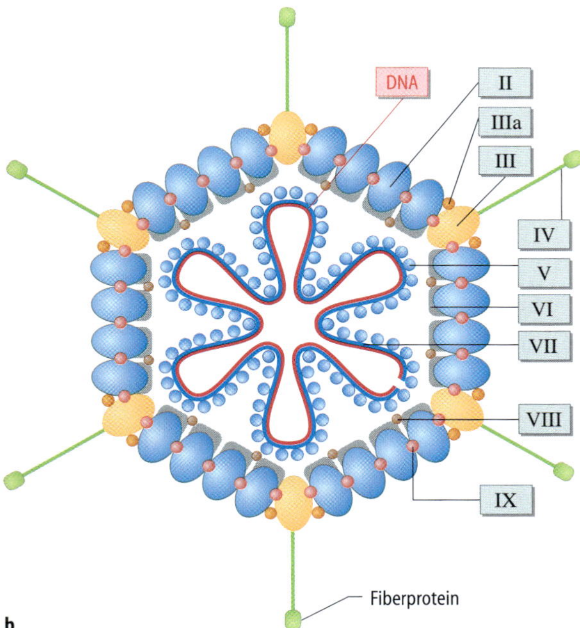

Abb. 10.2a–c. Aufbau eines Adenovirus. a Modell des Capsids der Adenoviren. Das ikosaedrische Capsid besteht aus 52 Caspomeren. 240 von diesen haben jeweils sechs Nachbarproteine und bilden die Ikosaederecken (Hexone, *blau*). 12 Capsomeren sind an den Ecken lokalisiert (*orange*). Sie grenzen an jeweils fünf Nachbarproteine, weswegen man sie Pentone nennt. An ihnen entspringen die Fiberproteine (*grün*). (Aufnahme von P. Stewart und R. Burnett, Wistar Institut, Philadelphia) **b** Querschnitt durch ein Adenovirus. II bis IX sind verschiedene virale Strukturproteine, die das Partikel bilden (Protein I fehlt; es stellt sich bei genauen Untersuchungen als Komplex von zwei Proteinen heraus). *Orange* dargestellt sind die Pentone, (*blau*) die Hexone, (*grün*) die Fiberproteine. Im Inneren befindet sich das lineare, doppelsträngige DNA-Genom. (Verändert nach Brown DT et al. 1975) **c** Fiberproteine. Die Fiberproteine sind spikeartige Proteinvorsprünge, die mit den Pentonproteinen an den Ikosaederecken verknüpft sind und bis zu 30 nm aus der Partikeloberfläche hervorragen. Über die Knöpfchen an den Enden binden sich die Viren an die Rezeptoren auf der Oberfläche ihrer Zielzellen. (Aufnahme von P. Stewart und R. Burnett, Wistar Institut, Philadelphia)

rend der Infektion als Teil der spezifischen Immunantwort (▶ Kap. 34.3) bildet, sind gegen Strukturen auf der Capsidoberfläche gerichtet. Im Unterschied hierzu besteht bei den **membranumhüllten Viren** die Partikeloberfläche aus den Komponenten der Lipidschicht und den in ihr verankerten Virusproteinen. Gegen diese richten sich in diesem Fall die vom Organismus produzierten Immunglobuline.

! Die Einteilung der Viren in Familien und Gattungen erfolgt nach ihren molekularen Eigenschaften.

Virusfamilien. In Tabelle 10.1 sind die verschiedenen Virusfamilien mit wichtigen human- und auch tierpathogenen Vertretern zusammengefasst. Bei der Einteilung der Viren in die unterschiedlichen Familien wird nach folgenden Kriterien vorgegangen:

- Der **Art des Genoms** (RNA oder DNA), seines Aufbaus (Einzel- oder Doppelstrang, Positiv- oder Negativstrangorientierung, linear oder zirkulär geschlossen, segmentiert oder kontinuierlich). Auch die Anordnung und Abfolge der Gene auf der Nucleinsäure ist für die Zuordnung der Viren zu den einzelnen Familien wichtig
- Dem Vorhandensein einer **Membranhülle**
- Der **Symmetrieform der Capside**

Für die Unterteilung der Virusfamilien in verschiedene Gattungen (Genera) können dann unterschiedliche Para-

Tabelle 10.1. Molekularbiologische Charakteristika der verschiedenen Virusfamilien mit Angabe einiger typischer Vertreter

Virusfamilie	Genus/ Unterfamilie	Beispiel	Membran-hülle	Charakteristika Partikelgröße/ Form des Capsids oder Nucleocapsids	Genom Art/Größe
Picornaviridae	Enterovirus Rhinovirus Cardiovirus Aphthovirus	Poliovirus Coxsackievirus Schnupfenvirus Mengovirus Maul- und Klauen-seuche-Virus	nein	28–30 nm/Ikosaeder	ssRNA, linear, Positivstrang 7 200–8 400 Basen
Caliciviridae	Norovirus Sapovirus	Norwalk-Virus Sapporovirus	nein	27–34 nm/Ikosaeder	ssRNA, linear, Positivstrang, 7 500–8 000 Basen
Hepatitis-E-Virus ähnliche	Hepatitis-E-Virus Hepatovirus	Hepatitis-E-Virus Hepatitis-A-Virus	nein	25 nm/Ikosaeder	ssRNA, linear, Positivstrang, 8 000 Basen
Flaviviridae	Flavivirus Pestvirus Hepacivirus	Gelbfiebervirus FSME-Virus Schweinepestvirus Hepatitis-C-Virus	ja	40–50 nm/Ikosaeder	ssRNA, linear, Positivstrang, 10 000 Basen
Togaviridae	Alphavirus Rubivirus	Sindbisvirus Semliki-Forest-Virus Rötelnvirus	ja	60–70 nm/Ikosaeder	ssRNA, linear, Positivstrang, 10 000–12 000 Basen
Arteriviridae	Arterivirus	Equine-Arteritis-Virus	ja	40–60 nm/Ikosaeder	ssRNA, linear, Positivstrang, 12 000–16 000 Basen
Coronaviridae	Coronavirus	Humane Coronaviren SARS-Virus Virus der infektiösen Peritonitis der Katze	ja	80–160 nm/Helix	ssRNA, linear, Positivstrang, 16 000–21 000 Basen
Rhabdoviridae	Vesiculovirus Lyssavirus	Vesicular-Stomatitis-Virus Tollwutvirus	ja	65–180 nn/Helix	ssRNA, linear, Negativstrang, 12 000 Basen
Bornaviridae	Bornavirus	Bornavirus	ja	90 nm/Helix?	ssRNA, linear, Negativstrang, 9 000 Basen
Paramyxoviridae	Rubulavirus Respirovirus Morbillivirus Pneumovirus Metapneumovirus	Mumpsvirus Parainfluenzavirus Masernvirus Respiratorisches Syncytialvirus Humanes Metapneumo-virus	ja	150–250 nm/Helix	ssRNA, linear, Negativstrang, 16 000–20 000 Basen
Filoviridae	Filovirus	Marburg-Virus Ebolavirus, Restonvirus	ja	80–700 nm/Helix	ssRNA, linear, Negativstrang, 19 000 Basen
Orthomyxoviridae	Influenza-A-Virus Influenza-B-Virus Influenza-C-Virus	Influenza-A-Viren Influenza-B-Viren Influenza-C-Viren	ja	120 nm/Helix	ssRNA, linear, 7- bzw. 8 Segmente, Negativstrang, 13 000–14 600 Basen
Bunyaviridae	Bunyavirus Phlebovirus Nairovirus Hantavirus	California-Enzephalitis-Virus Rift-Valley-Fieber Virus Krim-Kongo-Fieber-Virus Hantaanvirus Puumalavirus	ja	100–200 nm/Helix	ssRNA, linear, 3 Segmente Negativstrang 12 000 Basen
Arenaviridae	Arenavirus	Lymphozytäres-Chorio-meningitis Virus (LCMV) Lassavirus Juninfieber-Virus	ja	50–300 nm/Helix	ssRNA, linear, 2 Segmente, 10 000–12 000 Basen

Tabelle 10.1 (Fortsetzung)

Virusfamilie	Genus/ Unterfamilie	Beispiel	Membran-hülle	Charakteristika Partikelgröße/ Form des Capsids oder Nucleocapsids	Genom Art/Größe
Birnaviridae	Avibirnavirus	Virus der infektiösen Bursitis der Hühner	nein	60 nm/Ikosaeder	dsRNA, linear 2 Segmente
Reoviridae	Orthoreovirus Orbivirus Rotavirus	Reoviren Orungovirus Rotaviren	nein	70–80 nm/Ikosaeder	dsRNA, linear, 10/11/12 Segmente, 18 000–19 000 Basen
Retroviridae	α-Retrovirus β-Retrovirus γ-Retrovirus δ-Retrovirus Lentivirus Spumavirus	Rous-Sarcom-Virus Maus-Mama-Tumor Virus Felines Leukämievirus Humane T-Zell-Leukämie-Viren Humane Immundefizienzviren Humane Spumaviren	ja	100 nm/Ikosaeder	ssRNA, linear, Positivstrang, Umschreibung in dsDNA, Integration 7 000–12 000 Basen
Hepadnaviridae	Orthohepadnavirus Avihepadnavirus	Hepatitis-B-Virus Enten-Hepatitis-B-Virus	ja	42 nm	DNA, teilweise doppelstängig; zirkulär 3 000–3 300 Basen
Polyomaviridae	SV40-ähnliche Viren	BK, JC-Viren SV40-Virus	nein	45–50 nm/Ikosaeder	dsDNA, zirkulär, 5 000–8 000 Basen
Papillomaviridae	Papillomavirus	Humane Warzenviren	nein	50–55 nm/Ikosaeder	dsDNA, zirkulärer 7 000–8 000 Basen
Adenoviridae	Mastadenovirus Aviadenovirus	Humane Adenoviren Geflügeladenvirus	nein	60–80 nm/Ikosaeder	dsDNA, linear, 36 000–38 000 Basen
Herpesviridae	α-Herpesvirus β-Perpesvirus γ-Herpesviren	Herpes-simplex Varicella-Zoster Cytomegalovirus Humane Herpesviren 6/7 Epstein-Barr-Virus Humanes Herpesvirus 8	ja	120–300 nm/Ikosaeder	dsDNA, linear, 15 000–250 000 Basen
Poxviridae	Orthopoxviren Avipoxviren Molluscipoxvirus	Variola-vera-Virus Vacciniavirus Kanarienpockenvirus Molluscum contagiosum-Virus	ja	300–450 nm/komplex	dsDNA, linear, 130 000–350 000 Basen
Parvoviridae	Parvovirus Erythrovirus Dependovirus	Feines Panleukopenie-Virus Parvovirus B19 Adeno-assoziierte Viren	nein	20–25 nm/Ikosaeder	ssDNA, linear, 5 000 Basen
Circoviridae	Circovirus	Transfusion-transmitted Virus Chicken-Anämie-Virus	nein	20 nm/Ikosaeder	ssDNA, zirkulär 3 500 Basen

ss einzelsträngig; **ds** doppelsträngig

meter herangezogen werden: Dazu zählen u.a. ob sie human-, tier- oder pflanzenpathogen sind, die Ähnlichkeit der Genomsequenzen, welche Zelltypen sie infizieren und auch welche Erkrankungen sie verursachen. Die weitere Einteilung in die verschiedenen Virustypen und -subtypen erfolgt dann meist nach serologischen Kriterien. Darunter versteht man das Ausmaß, in dem Antikörper, die der Organismus während der Infektion mit einem bestimmten Virustyp als Teil der spezifischen Immunantwort bildet und die sich spezifisch an dessen Oberflächenstrukturen binden, auch Komponenten eines mehr oder weniger verwandten Virus erkennen und sich daran binden.

Virusoide (Satellitenviren) sind kleine DNA- oder RNA-Moleküle, die für ein bis zwei Proteine codieren, mit welchen sie komplexiert sind. Ihre Replikation und Verbreitung ist von der Anwesenheit eines anderen Virus abhängig. Virusoide findet man meist zusammen mit Pflanzenviren, aber auch das humanpathogene **Hepatitis-D-Virus**, das sich nur bei gleichzeitiger Infektion der Zelle mit Hepatits-B-Viren vermehren kann, gehört dazu.

In Kürze

Viren

- sind kleine Partikel mit einer Größe von 20 bis 300 nm
- bestehen aus Proteinen und für die virale Erbinformation verantwortlichen Nucleinsäuren, außerdem bei einigen Viren einer Membranhülle aus Lipiden, die sich von zellulären Membranstrukturen ableitet
- verfügen im Unterschied zu Prokaryonten und Eukaryonten nur über **eine** Art von Nucleinsäure, nämlich DNA oder RNA
- haben keinen eigenen Stoffwechsel und verwenden für ihre Vermehrung und die Produktion ihrer Nachkommen die Energie- und Syntheseleistungen der Wirtszellen
- werden nach den molekularen Charakteristika ihrer Erbinformation und ihrer Viruspartikel in Familien und Gattungen eingeteilt

10.2 Virusvermehrung und Replikation

Als Zellschmarotzer sind Viren auf die Infektion geeigneter Wirte und Wirtszellen angewiesen.

Viren sind **intrazelluläre Parasiten**, die mit einer sehr begrenzten Anzahl von Genen in ihrer Erbinformation auskommen. Sie verfügen nicht über eigene Stoffwechselsysteme oder die für eukaryote Organismen typischen Organellen. Bei allen Leistungen, die mit diesen Komponenten verbunden sind, müssen die Viren auf entsprechende Funktionen der Zellen zugreifen. Deswegen sind sie im Unterschied zu Bakterien und eukaryoten Zellen nicht in der Lage, sich durch Teilung zu vermehren. Stattdessen haben Viren Mechanismen entwickelt, in Zellen hineinzugelangen – sie zu infizieren – und die Wirtszellen zur Produktion einer Vielzahl neuer Viren zu veranlassen. Dabei bestimmen sowohl die molekularen Charakteristika der verschiedenen Viren, als auch der Typ der infizierten Zelle den Ablauf der Virusvermehrung. Er lässt sich trotz der Verschiedenheit der Details generell in relativ gut definierte, zeitlich aufeinander folgende Phasen einteilen.

- **Adsorption.** Die infektiösen Viruspartikel binden sich spezifisch an bestimmte Rezeptoren auf der Zelloberfläche
- **Partikelaufnahme oder Penetration.** Die Viren werden in das Cytoplasma der Zelle aufgenommen
- **Freisetzung der Nucleinsäure (Uncoating).** Das Virusgenom löst sich von den Strukturproteinen
- **Virale Genexpression (Transkription, Translation).** Die Gene im Virusgenom werden exprimiert und es erfolgt die Synthese verschiedener Nichtstruktur- und Strukturproteine
- **Genomreplikation.** Es erfolgt die Vervielfältigung der viralen Erbinformation
- **Morphogenese** (*virus assembly*). Die neu gebildeten viralen Strukturproteine und Genome lagern sich in einem geordneten Mechanismus zu Viruspartikeln zusammen
- **Freisetzung.** Die Nachkommenviren werden von den infizierten Zellen abgegeben und können sich weiter verbreiten

10.2.1 Adsorption

Die Viren wählen durch spezifische Wechselwirkungen mit Oberflächenmolekülen die infizierbaren Wirtszellen aus.

Prinzip der Adsorption von Viren. Um eine Zelle zu infizieren, müssen Viren in der Lage sein, bestimmte Rezeptormoleküle auf der Oberfläche der Plasmamembran zu erkennen und sich an diese anzuheften. Diesen Prozess bezeichnet man als **Adsorption**. Bei membranumhüllten Viren wird diese Wechselwirkung durch Proteine in der Membranhülle vermittelt. Bei den membranlosen Viren erfolgt die Interaktion durch Proteinstrukturen auf der Capsidoberfläche.

Als zelluläre Rezeptoren können abhängig vom Virustyp unterschiedliche Oberflächenkomponenten benutzt werden (Tabelle 10.2):

- **Zelluläre Membranproteine** beziehungsweise bestimmte Proteindomänen von diesen
- **Kohlenhydrate (Oligosaccharide)**, die sich als Modifikation an zellulären Glycoproteinen befinden
- **Glycolipide als Komponenten der Plasmamembran**

Die Bindung der Viruspartikel an die zellulären Oberflächenstrukturen ist i.d.R. hoch spezifisch. Sie entscheidet, welchen Zelltyp die verschiedenen Viren infizieren können. Die Spezifität der Wechselwirkung ist aber auch dafür verantwortlich, dass selbst nah miteinander verwandte Viren die Speziesschranke nur selten überspringen können.

Spezifität der Virusadsorption. Bestimmte Viren, beispielsweise die **humanen Immundefizienzviren** (HIV, Abb. 10.3a,b), benötigen für eine erfolgreiche Infektion der Zellen die gleichzeitige Bindung an zwei Membranproteine.

Tabelle 10.2. Beispiele für Zelloberflächenmoleküle, die als Virusrezeptoren dienen

Zelloberflächenmolekül	Virus	Virusfamilie
Proteine		
CD4-Rezeptor + Chemokinrezeptor	HIV	Retroviren
CD55 (decay accelerating factor)	Echovirus 3, 6, 7, 11–13, 21, 24 Coxsackievirus A2, B1, 3,5	Picornaviren Picornaviren
ICAM-1 (CD54)	Rhinovirus, major group Coxsackievirus A13, 18, 21	Picornaviren Picornaviren
LDL-Rezeptor	Rhinovirus minor group	Picornaviren
CD155	Poliovirus	Piconaviren
Vitronectin-Rezeptor	Coxsackievirus A9 Maul- und Klauenseuche	Picornaviren Picornaviren
SLAM-Protein (CD150)	Masernvirus	Paramyxoviren
CD21 (Komplement-Rezeptro C3 d)	Epstein-Barr-Virus	Herpesviren
Aminopeptidase N	Coronaviren, 229E-Gruppe	Coronaviren
α-Dystroglucan	Lassavirus	Arenaviren
Kohlenhydrate und Glycolipide		
Sialinsäure (N-Acetyl-Neuraminsäure)	Influenzaviren Parainfluenzaviren	Orthomyxoviren Paramyxoviren
Heparansulfat	Herpes-simplex-Viren	Herpesviren
Globosid (Blutgruppen-Antigen P)	Parvovirus B19	Parvovirus

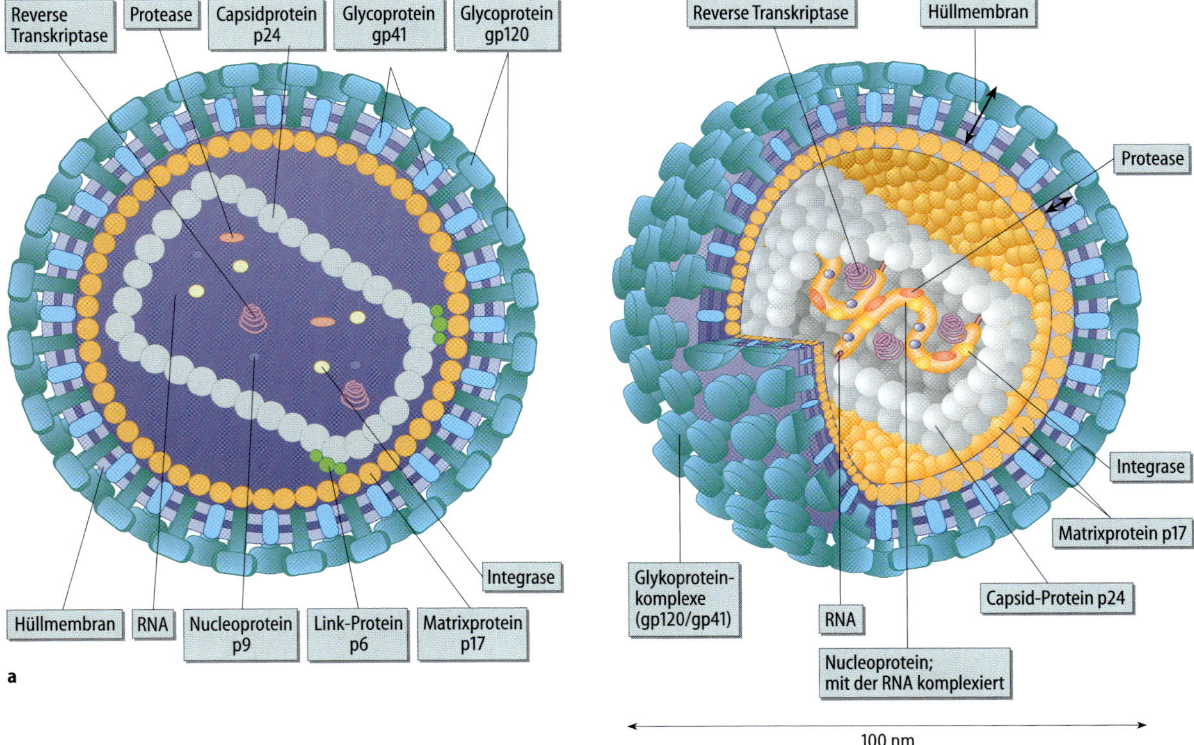

Abb. 10.3a, b. Aufbau eines humanen Immundefizienzvirus. **a** Modell eines humanen Immundefizienzvirus (HIV) im Querschnitt. Das Virus ist von einer Membranhülle umgeben, in welche der Komplex der viralen Glycoproteine (gp120/gp41) eingelagert ist. Im Inneren findet man das virale Capsid (Core) mit dem Genom. Dieses besteht aus zwei Kopien einer einzelsträngigen RNA, die mit den viralen Nucleoproteinen zu Nucleocapsiden interagieren. **b** Räumliches Modell eines humanen Immundefizienzvirus (HIV). (Nach Gatermann und Gelderblom, Copyright Spiegel-Verlag, Hamburg, modifiziert nach Löffler u. Petrides 1998)

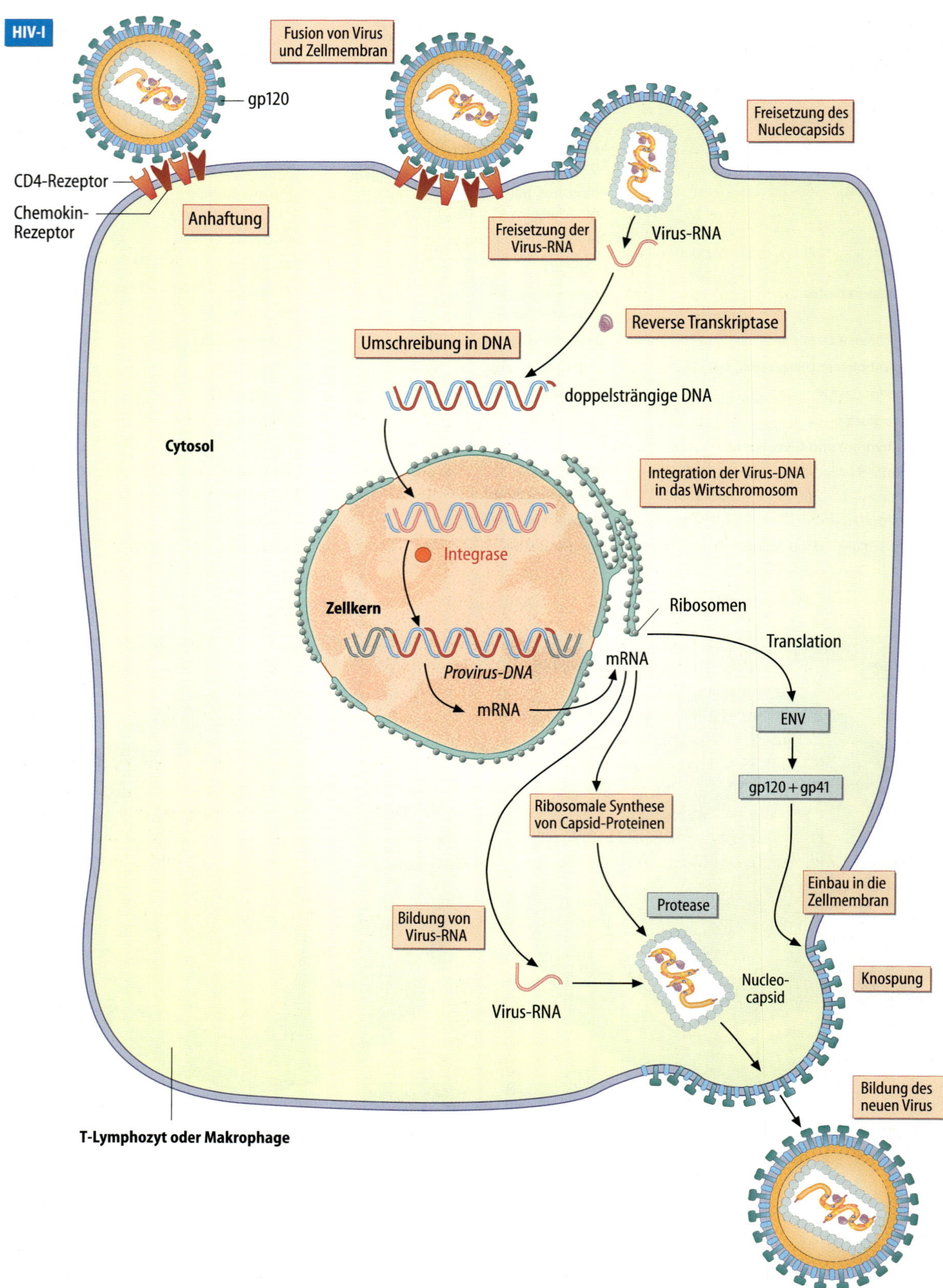
HIV-I
gp120
Fusion von Virus und Zellmembran
Freisetzung des Nucleocapsids
CD4-Rezeptor
Chemokin-Rezeptor
Anhaftung
Freisetzung der Virus-RNA
Virus-RNA
Reverse Transkriptase
Umschreibung in DNA
doppelsträngige DNA
Cytosol
Integration der Virus-DNA in das Wirtschromosom
Integrase
Zellkern
Ribosomen
Translation
Provirus-DNA
mRNA
mRNA
ENV
gp120 + gp41
Ribosomale Synthese von Capsid-Proteinen
Einbau in die Zellmembran
Protease
Bildung von Virus-RNA
Nucleo-capsid
Knospung
Virus-RNA
Bildung des neuen Virus
T-Lymphozyt oder Makrophage

◄ **Abb. 10.4. Infektion einer Zelle mit dem humanen Immundefizienzvirus.** Für die Bindung des Virus an die Zelloberfläche und seine nachfolgende Aufnahme ist zusätzlich zu dem CD4-Protein ein Chemokinrezeptor notwendig. Dabei kann es sich entweder um einen CC-Chemokinrezeptor oder einen CXC-Chemokinrezeptor handeln. Sie bestimmen den Zelltropismus des Virus und sind dafür verantwortlich, ob die Virusvarianten Makrophagen oder T-Lymphozyten infizieren. Nach der Aufnahme des Virus, der Freisetzung des Genoms und seine Umschreibung in doppelsträngige DNA wird die Provirus-DNA in das zelluläre Genom eingebaut. Von dort werden die einzelnen viralen Gene transkribiert und translatiert, sodass anschließend die Assemblierung neuer Viren und deren Freisetzung durch Knospung erfolgen kann. ENV = Translationsprodukt des ENV-Gens, aus dem die Transmembranproteine gp120 und gp41 geschnitten werden

Das Oberflächenprotein gp120 dieser Viren bindet an die aminoterminale Domäne des CD4-Proteins, eines Zelloberflächenmarkers der Plasmamembran von T-Helferzellen, Monozyten oder Makrophagen (Abb. 10.4). Welche der beiden Zelltypen von den HI-Viren infiziert werden, wird durch die gleichzeitige Wechselwirkung des gp120 mit unterschiedlichen Chemokin-Rezeptoren bestimmt, die sich entweder in der Plasmamembran der Makrophagen (Rezeptor CCR5 für die CC-Chemokine Rantes, MIP-1α, MIP-1β) oder derjenige der T-Lymphozyten (CXCR4-Rezeptor für CXC-Chemokine, z.B. SDF-1) befinden. Geringfügige Unterschiede in der Aminosäuresequenz des viralen Oberflächenproteins gp120 entscheiden über seine Bindung an die jeweiligen Chemokin-Rezeptoren und bestimmen so die Zellspezifität der HIV-Subtypen.

Auch das nicht von einer Membran umhüllte **Adenovirus** (Abb. 10.2a,b) benötigt zwei Rezeptoren, um mit ausreichender Affinität und Spezifität an seine Wirtszellen – meist Epithelzellen – zu binden (Abb. 10.5a). Über knöpfchenartige Strukturen am Ende der Fiberproteine, die an den zwölf Ikosaederecken lokalisiert sind und aus der Capsidoberfläche hervorragen, bindet es an den CAR-Rezeptor *(cocksackie- and adenovirus-receptor)*, ein Zelloberflächenprotein unbekannter Funktion. Zugleich findet eine Wechselwirkung der sog. Pentonbasisproteine – sie verbinden die Fiberproteine mit der Capsidoberfläche der Adenoviren – mit Integrin $\alpha_v\beta_3$ oder $\alpha_v\beta_5$ auf der Zelloberfläche statt.

10.2.2 Aufnahme der Viruspartikel

! Die Aufnahme der Viren in das Cytoplasma erfolgt durch Rezeptor-vermittelte Endozytose oder durch Fusion von Virus- und Zellmembran.

Nach der Adsorption wird das an die Zelloberfläche gebundene Virus in das Cytoplasma aufgenommen. Dies kann auf zweierlei Arten erfolgen:
- Rezeptor-vermittelte Endozytose der Viruspartikel oder
- Fusion der Virusmembran mit der Plasmamembran

Bei den meisten Viren erfolgt die Aufnahme der Viruspartikel durch **Rezeptor-vermittelte Endozytose** (Abb. 10.5b–d). Insbesondere bei den Adenoviren und bei den Polioviren konnte man zeigen, dass die Vesikel hohe Konzentrationen des zellulären Proteins Clathrin besitzen und damit alle Eigenschaften von Clathrin-Vesikeln aufweisen (► Kapitel 6, S.180). Nach der Endozytose befinden sich derartige Viren in intrazellulären Vesikeln, den Endosomen.

Die Herpesviren, die Paramyxoviren (Erreger von Masern und Mumps) sowie die humanen Immundefizienzviren (Abb. 10.4) verwenden dagegen einen anderen Weg in das Zellinnere. Sie verfügen in der Virusmembran über Proteine, die nach Rezeptor-vermittlter Adsorption die

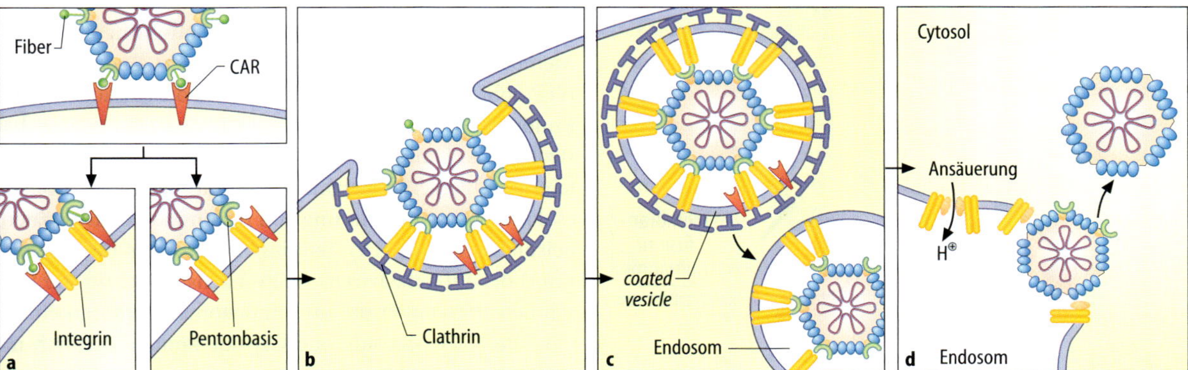

Abb. 10.5a–d. Virusaufnahme durch rezeptorvermittelte Endozytose am Beispiel des Adenovirus. a Bindung an die Zelloberfläche. Die Fiberproteine binden an den CAR (Coxsackie- und Adenovirusrezeptor). Dadurch kommt es zu einer Konformationsänderung der Pentonbase. Diese interagiert jetzt mit den Integrinen $\alpha_v\beta_3$ oder $\alpha_v\beta_5$, außerdem werden die Fibern abgelöst. **b** Das Clustern der Integrine ermöglicht die Aufnahme der Viruspartikel in *coated pits* mit der anschließenden Bildung Clathrin-reicher Membranvesikel. **c** Die Clathrin-reichen Vesikel geben Clathrin ab und werden zu Endosomen. **d** Der Endosomeninhalt wird durch die Aktivität einer zellulären Protonenpumpe angesäuert. Dadurch kommt es an den Kontaktstellen zwischen der Virusoberfläche und der Endosomenmembran zu strukturellen Umlagerungen und das Virus gelangt in das Cytoplasma

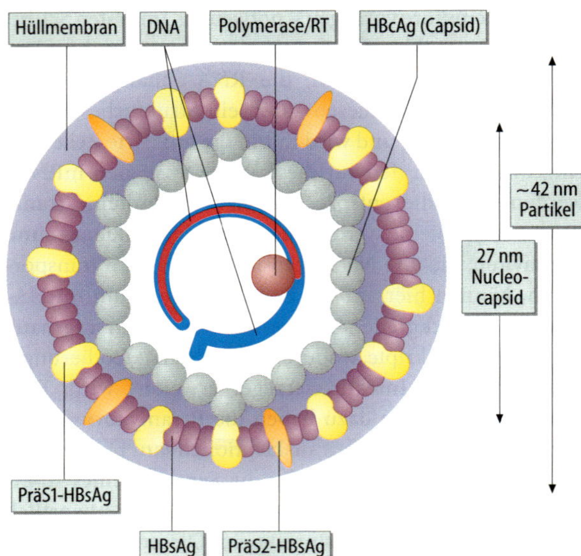

Abb. 10.7. Aufbau eines Hepatitis-B-Virus. Das Capsid des Virus, das aus dem Protein HBcAg besteht, ist von einer Membranhülle umgeben, in welche die viralen Oberflächenproteine (HBsAg, PräS1-HBsAg, PräS2-HBsAg) eingelagert sind. Im Inneren befindet sich das virale Genom, das aus einer teilweise doppelsträngigen DNA in zirkulärer Form besteht. An das Genom assoziiert ist die reverse Transkriptase (Polymerase/RT)

Tabelle 10.3. Funktion und Eigenschaften der Proteine des humanen Immundefizienzvirus (HIV)

Gen		Molgewicht	Funktion
Strukturgene			
GAG:	*MA*	p 17	Matrixprotein Interaktion mit Hüll- bzw. Plasmamembran
	CA	p 24	Capsid-Protein
	NC	p 9	Nucleocapsid
		p 6	Link-Protein
POL:	PR	p 10	Protease
	RT	p 66/51	Reverse Transkriptase
	IN	p 34	Integrase (Provirus-Bildung)
ENV:	EP	gp 120	Externes Glycoprotein, Rezeptorbindung
	TM	gp 41	Transmembranäres Glycoprotein, Membranfusion
Regulatorgene			
TAT			Regulation der Genexpression (Transaktivator der Transkription)
REV			Regulation des mRNA-Transports von einfach und ungespleißten Transkripten
TEV			TAT ähnliche Funktion
NEF			Aufrechterhaltung der Virusverbreitung
VPR			Noch unbekannt
Zusatzgene			
VIF			ENV-Prozessierung und Konformation
VPU			Virusreifung und -freisetzung

p Protein; *gp* Glycoprotein; Zahlen geben die Molekülmasse in kDa wieder.

ebenfalls als Teil der Nucleocapside aufgenommen wird. Die integrierte Virus-DNA, das sog. **Provirus**, verhält sich wie ein gewöhnliches Zellgen und wird bei Teilung mit dem Zellgenom vermehrt und an die Tochterzellen weitergegeben. Transkription und Translation der Virusgene finden nur von der Provirus-DNA statt. Die Transkription wird von der RNA-Polymerase II der Zelle katalysiert; es entstehen bei allen Retroviren gespleißte und ungespleißte mRNAs. Bei den Lentiviren und somit auch bei den humanen Immundefizienzviren erfolgt zusätzlich die Synthese mehrfach gespleißter mRNAs, aus denen verschiedene regulatorisch aktive Proteine gebildet werden (Abb. 10.4, 10.8; Tabelle 10.3). Die ungespleißte, die gesamte Länge des Provirus überspannende mRNA, wird für die Synthese der Vorläuferproteine und für die Produktion der gruppenspezifischen Antigene Gag und Gagpol verwendet sowie als virales Genom direkt in die Partikel verpackt. Von der einfach gespleißten mRNA werden die viralen Membranproteine translatiert.

! Viren mit DNA-Genomen transportieren diese in den Zellkern, wo die Transkription erfolgt.

Hepadnaviren. Die Hepadnaviren und mit ihnen die Hepatitis-B-Viren stehen den Retroviren evolutionsgeschichtlich sehr nahe. Ihr teilweise doppelsträngiges DNA-Genom (Abb. 10.7, 10.9) wird nach der Freisetzung der Nucleinsäure durch die DNA-abhängige DNA-Polymerase-Aktivität der mit der Erbinformation assoziierten **reversen Transkriptase** vervollständigt und als zirkulär geschlossene, doppelsträngige DNA in den Zellkern transportiert.

Durch die zelluläre RNA-Polymerase II werden verschiedene mRNAs transkribiert (Abb. 10.9). Ein Transkript überspannt auch hier die gesamte Genomlänge, wobei die Enden sogar miteinander überlappen. Dieses wird für die Synthese der Capsidproteine und der reversen Transkriptase eingesetzt. Letztere schreibt auch die überlangen Transkripte in doppelsträngige DNA um und ist damit für die Synthese der Hepadnavirus-Genome verantwortlich.

Doppelsträngige DNA-Viren. Für die Transkription und die Translation werden entsprechende Enzyme der Wirtszelle benötigt. Eine Ausnahme bilden die Pockenviren, die in ihrem Genom für virale RNA-Polymerasen codieren und deswegen auf die zellulären Enzyme verzichten können. Sie transkribieren ihr Genom im Cytoplasma.

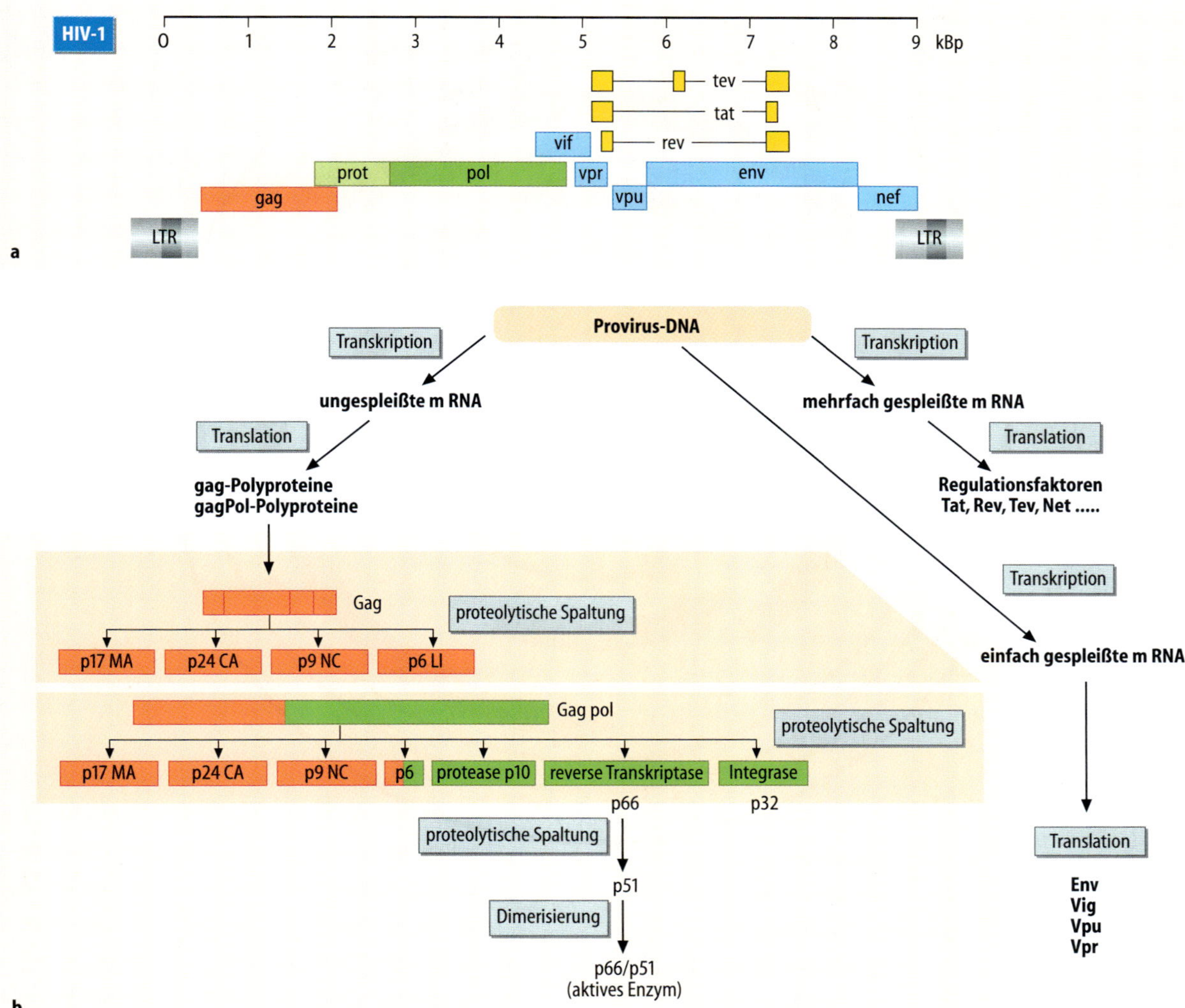

Abb. 10.8. Genom-Organisation und Genexpression des humanen Immundefizienzvirus. a Das nach Umschreiben in doppelsträngige DNA entstandene und in das Wirtsgenom integrierte Genom des HIV-Provirus enthält neben den beiden flankierenden *long terminal repeats* (LTR) 10, sich teilweise überlappende Gene (Tabelle 10.3). **b** Unter dem Einfluss des zellulären Transkriptionsfaktors NF-κB werden diese transkribiert und die entstehende RNA unterschiedlich gespleißt. Durch Translation entstehen neben den Regulationsfaktoren die Polyproteine Gag, Gagpol und Env. Diese werden durch die HIV-Protease in die viralen Strukturproteine und Enzyme gespalten (Abb. 10.3)

Mit Ausnahme der Polyomaviren codieren Viren mit doppelsträngigem DNA-Genom für eigene **DNA-Polymerasen**. Während sich bei den Adenoviren der Replikationsursprung an den Enden des linearen Genoms befindet und die DNA-Synthese durch Verwendung eines viralen Proteins, des sog. terminalen Proteins, als Primer initiiert wird, wird bei den Herpesviren das lineare Genom im ersten Schritt der Infektion zirkulär geschlossen. Es dient der Synthese der viralen DNA-Polymerase und anderer an der Replikation beteiligter Nichtstrukturproteine und Enzyme, welche die Virusgenome vervielfältigen. Die Polyoma- und Papillomviren replizieren ihr zirkuläres DNA-Genom, ausgehend von einem Initiationspunkt bidirektional nach einem Mechanismus, welcher demjenigen der Replikation von ringförmiger Bakterien-DNA ähnelt (▶ Kapitel 7.2.2).

Einzelsträngige DNA-Viren. Die Parvo- und die Circoviren verfügen über keine eigene DNA-Polymerase. Sie verwenden für die Genomreplikation **zelluläre Enzyme**, die in ihrer Funktion modifiziert werden. Es entstehen doppelsträngige DNA-Intermediate, die anschließend wieder in Einzelstränge umgeschrieben werden.

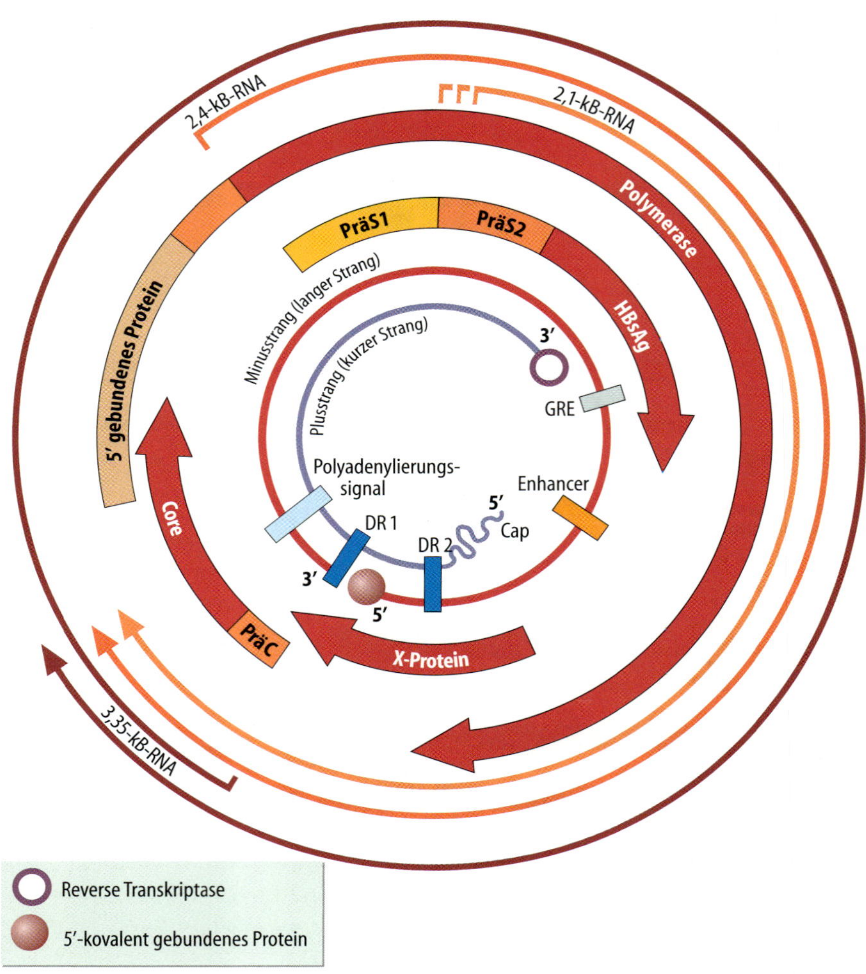

10

Abb. 10.9. Organisation des Genoms des Hepatitis-B-Virus. Das Genom besteht aus einer teilweise doppelsträngigen DNA. Am 5′-Ende des vollständigen Minus-Strangs ist ein terminales Protein gebunden, am 3′-Ende des unvollständigen Plusstranges die reverse Transkriptase. Das Genom enthält vier offene Leserahmen (*dicke Pfeile*), die für die Synthese der Capsidproteine (HBcAg), der Oberflächenproteine (HBsAG, P PräS1-HBsAg, PräS2-HBsAg), der enzymatischen Funktionen (Reverse Transkriptase = Polymerase, 5′-bindendes Protein) und des X-Proteins, welches regulatorische Funktionen hat, codieren. Die dünnen äußeren Pfeile geben die bis jetzt identifizierten mRNAs wieder, die als Matrize für die Translation der viralen Proteine dienen. DR1 und DR2 = repetitive Sequenzen; GRE = *glucocorticoid response element*

10.2.5 Regulation der viralen Genexpression und Replikation

Die Synthese der viralen Enzyme und Regulatorproteine findet früh während des Infektionszyklus statt.

Die im Verlauf des Infektionszyklus produzierten Virusproteine lassen sich in zwei Gruppen mit grundsätzlich verschiedenen Funktionen einteilen:

- **Strukturproteine**, die man als Bestandteile der infektiösen Viruspartikel findet, und
- **Nichtstrukturproteine**, die sich in solche mit **enzymatischen** und solche mit **regulatorischen Funktionen aufteilen lassen**

Die Enzyme sind für die Schritte im Infektionszyklus verantwortlich, bei denen die Viren nicht auf entsprechende Zellfunktionen zurückgreifen können. Sie sind v.a. bei der Replikation der Virusgenome aktiv. Dazu zählen vorrangig:

- **RNA-abhängige RNA-Polymerasen.** Alle RNA-Viren mit Ausnahme der Retroviren schreiben während des Infektionszyklus ihr RNA-Genom in dazu komplementäre RNA-Moleküle um. Diesen Vorgang gibt es in eukaryotischen Zellen nicht. Folglich ist das Gen zur Synthese der RNA-abhängigen RNA-Polymerase im Virusgenom vorhanden und wird in den infizierten Zellen exprimiert
- **RNA-abhängige DNA-Polymerasen (reverse Transkriptase).** Dieses Enzym findet man bei den Retro-

viren und den Hepadnaviren. Es kehrt den in der Molekularbiologie üblichen Informationsfluss von DNA über RNA zu Protein um. Retroviren schreiben mit diesem Enzym ihr mRNA-Genom in doppelsträngige DNA um, welche sie dann ins Genom der Wirtszelle integrieren

- **DNA-Polymerasen.** Insbesondere die komplexen Viren mit einem großen DNA-Genom (beispielsweise die Adeno-, Herpes- und Pockenviren) haben für die Replikation ihrer Erbinformation Mechanismen entwickelt, die sich von den Prozessen der DNA-Replikation der Zelle unterscheiden. Sie verwenden für die Genomreplikation eigene DNA-Polymerasen
- **Proteasen.** Die Positivstrang-RNA-Viren und die Retroviren synthetisieren die in ihrem Genom verankerte Information nicht in der Form einzelner, voneinander getrennter Proteine, sondern als Polyproteine. Diese werden durch proteolytische Spaltung in die verschiedenen funktionell aktiven Einheiten zerteilt (◘ Abb. 10.4, 10.8). Für diesen Vorgang verwenden die Viren überwiegend eigene Proteasen, die Teil der Polyproteine sind und im ersten Schritt autokatalytisch aktiv werden

! Die viralen Replikationsenzyme haben eine wesentlich höhere Fehlerquote als diejenigen der Wirtszellen.

Die meisten Viren haben für die Replikation ihrer Erbinformation eigene, von zellulären Prozessen weitgehend unabhängige Strategien entwickelt. Zelluläre DNA-Polymerasen verwenden nur die kleinen DNA-Viren, die **Polyoma**-, die **Parvo**- und die **Circoviren**. Deswegen sind die Vertreter dieser Virusfamilien im Unterschied zu allen anderen auch genetisch relativ stabil. Variationen in den Nucleotidsequenzen findet man hier nur begrenzt. Alle anderen Viren sind bei den Replikationsstrategien auf virale Enzyme angewiesen (◘ Abschnitt 10.2.4). Während die DNA-Polymerasen der Zelle über Aktivitäten wie die **3′-5′-Exonuclease** zur Überprüfung der Lesegenauigkeit verfügen und die Synthese der komplementären DNA-Stränge mit großer Präzision durchführen (► Kap. 7.2.3) – die Fehlerwahrscheinlichkeit liegt bei etwa 10^{-9} – arbeiten die viralen Enzyme wesentlich ungenauer. Bei einigen Viren wie den Hepatitis-C-Viren oder den Humanen Immundefizienzviren ist etwa jede 1000. bis 10000. Base nicht komplementär zur Sequenz des Ausgangsstrangs, jedes neu synthetisierte Genom enthält daher durchschnittlich eine bis zehn Mutationen. Auch wenn diese die Infektiosität vieler Nachkommenviren beeinträchtigen, ist die hohe Variabilität für die Bildung der verschiedenen Subtypen und der großen Zahl von Quasispezies, die man v.a. bei diesen Viren findet, verantwortlich.

! Die Genexpression der Viren ist streng reguliert und an die Wirtszelle angepasst.

Die virale Genexpression stellt erhebliche regulatorische Anforderungen:

- Die wirtszelleigene Genexpressions-Maschinerie soll möglichst abgeschaltet und vollständig in den Dienst der Produktion neuer Viren gestellt werden
- Die Biosynthese viraler Proteine muss an die Bedürfnisse der Viren angepasst werden. Von den Strukturproteinen als Hauptbestandteilen der Nachkommenviren benötigen sie beispielsweise viele Einheiten, wohingegen bei den Enzymen meist einige wenige Moleküle genügen

Insbesondere die komplexen Viren regulieren daher ihre Genexpression über unterschiedliche positive und negative Regulatoren und Transkriptionsfaktoren. Auch greifen sie in die Stoffwechselprozesse der Zellen ein und verhindern auf verschiedenste Weise die zelluläre Transkription und Translation.

Zusätzlich zur Regulation der Syntheserate der viralen Genprodukte ist es insbesondere für die komplexen DNA-Viren wichtig, die Produktion der Nichtstrukturproteine und Enzyme zeitlich von derjenigen der Strukturproteine abzutrennen. Die Polymerasen zur Vervielfältigung der Virusgenome müssen relativ früh im Infektionszyklus gebildet werden. Jedoch ist auch ihre Synthese oft von bereits zuvor produzierten viralen Transkriptionsfaktoren abhängig. Bei diesen Viren unterliegt die Genexpression einer **kaskadenartigen Regulation**, die sich grob in folgende Abschnitte einteilen lässt:

- Synthese der frühen Regulatorproteine und Transkriptionsfaktoren
- Synthese der Enzyme und weiterer früher Nichtstrukturproteine. Sie wird oft durch die Aktivität der sehr frühen Regulatorproteine eingeleitet und ist von ihrer Funktion abhängig
- Vervielfältigung der Virusgenome
- Synthese der Strukturproteine

10.2.6 Morphogenese

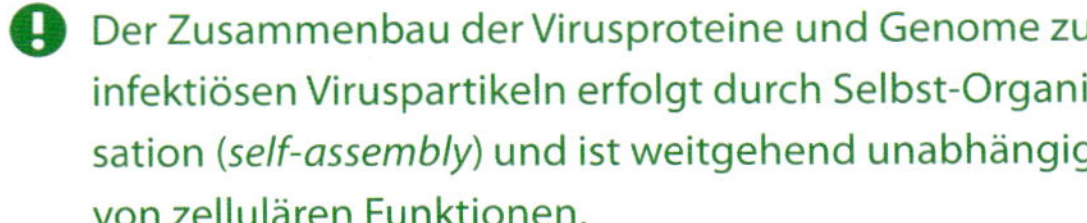

! Der Zusammenbau der Virusproteine und Genome zu infektiösen Viruspartikeln erfolgt durch Selbst-Organisation (*self-assembly*) und ist weitgehend unabhängig von zellulären Funktionen.

Nach der Replikation liegen in der Zelle sowohl die viralen Strukturproteine als auch die jeweiligen Genome in vielfachen Kopien vor. Diese lagern sich zu Nucleocapsiden, Capsiden und schließlich infektiösen Viren zusammen. Bei allen membranumhüllten und auch bei den meisten anderen Viren findet der Zusammenbau an **Membranen der Wirtszelle** statt. Diese stellen den Infektionserregern auch ihre Membranhülle zur Verfügung. So nutzen beispielsweise die Retro-, Rhabdo-, Para- und Orthomyxoviren die Plasmamembran als Ort für die Morphogenese (◘ Abb. 10.4), wohingegen die Bildung der Flavi-, Toga-, Arena-

Infobox

Ungenauigkeiten beim Zusammenbau der Viren mit segmentierten RNA-Genomen können die Bildung von neuen Virustypen bewirken.

Besonders kompliziert erscheint der Zusammenbau der verschiedenen Komponenten bei den Viren, deren Genom in Segmente unterteilt ist, wie beispielsweise bei den Influenza-A-Viren, den Erregern der klassischen Virusgrippe. Ihr Genom liegt in acht Segmenten vor, von denen ein jedes für die Synthese von ein bis zwei speziellen Virusproteinen verantwortlich ist. Die Nachkommenviren müssen folglich von jedem Segment mindestens eine Kopie in den Partikeln verpacken. Es gibt dafür jedoch keinen speziellen Mechanismus. Untersucht man die Influenza-A-Viren hinsichtlich ihres Gehalts an RNA-Segmenten, dann findet man anstatt der acht meist 11 bis 14 Genomabschnitte. Die Viren nehmen beim Zusammenbau immer so viele RNA-Segmente in die neu gebildeten Partikel auf, wie es deren Morphologie zulässt. Damit erhöhen sie die Wahrscheinlichkeit, dass jeweils einer der acht unterschiedlichen Abschnitte verpackt wird. Jedoch findet man trotz dieses Tricks viele nicht infektiöse Influenza-A-Viren in der Population der Nachkommenviren. Die Erreger kompensieren dies durch die große Menge der produzierten Nachkommen.

Dieser relativ einfache Verpackungsmodus der RNA-Segmente erklärt auch die Entstehung neuer Influenzaviren, welche Pandemien hervorrufen. Diese zeichnen sich durch das Auftreten von Influenzaviren aus, welche auch die Menschen infizieren, die bereits in einer der vorangegangenen Pandemien eine Influenza überstanden und in ihrem Verlauf eine schützende Immunantwort ausgebildet hatten. Derartige Pandemien ereigneten sich während des letzten Jahrhunderts in Abständen von etwa 10 bis 20 Jahren und waren durch das Auftreten von solchen Influenza-A-Viren gekennzeichnet, deren Oberflächenproteine Hämagglutinin und Neuraminidase bis zu diesen Zeitpunkt nur bei tierpathogenen Influenza-A-Viren gefunden wurden. Die Entstehung derart neuer Virustypen kommt durch die gleichzeitige Infektion eines Wirtes mit unterschiedlichen tier- und humanpathogenen Influenza-A-Virus-Typen zustande. Als ein solcher Wirt gilt das Schwein, das sowohl für Infektionen mit Geflügel-Influenza-A-Viren wie auch mit humanpathogenen Virustypen empfänglich ist. Bei gelegentlich auftretenden Doppelinfektionen erfolgt bei der Morphogenese auch die zufällige Verpackung der Segmente von den unterschiedlichen Viren. In seltenen Fällen entsteht im Verlauf dieses **Reassortments** (*phenotypic mixing*) eine Variante der Influenza-A-Viren mit immunologisch neuen Eigenschaften der Oberflächenproteine (*antigenic shift*), gegen welche in der menschlichen Bevölkerung kein Immunschutz vorliegt und die sich deshalb effizient und schnell verbreiten kann (▣ Abb. 10.10).

und Hepadnaviren an der Membran des endoplasmatischen Retikulums stattfindet. Die Bunyaviren verwenden die Membran der Golgi-Vesikel und die Herpesviren die innere Kernmembran.

Viele Vorgänge bei der Virusmorphogenese sind noch nicht endgültig geklärt. Zelluläre Proteine, etwa **Chaperone**, können den Zusammenbau der Komponenten beeinflussen. So ist beispielsweise in den Virionen des Humanen Immundefizienzvirus Typ1 das Chaperon Cyclophilin, eine Peptidyl-Prolyl-*cis-trans*-Isomerase, enthalten (► Kap. 9.2.1). Ob seine Aktivität für die Infektiosität der Viren wichtig ist, ist nicht endgültig geklärt.

10.2.7 Freisetzung der Nachkommenviren

Die Freisetzung der infektiösen Nachkommenviren aus den infizierten Zellen ist für die Verbreitung der Erreger essentiell.

Knospung. Ein Weg zur Freisetzung der Viren aus den Wirtszellen ist die **Knospung** (*budding*). Er ist an die Orte gebunden, an denen auch die Morphogenese abläuft. So knospen die Viren, die sich an der Plasmamembran zusammenlagern, von der Zelloberfläche (▣ Abb. 10.11).

Sekretion. Viren, die sich an den Membranen des endoplasmatischen Retikulums oder der Golgi-Vesikel assemblieren, schnüren ihre Partikel in das Lumen dieser Organellen ab und werden im weiteren Verlauf über die Golgi-Vesikel zur Zelloberfläche transportiert und dort gleichsam in die Umgebung sezerniert.

Zelltod. Eine andere Möglichkeit der Virusfreisetzung ist mit dem Absterben der infizierten Zellen verbunden. Viele Erreger schädigen ihre Wirtszelle im Infektionsverlauf so stark, dass sie nicht mehr lebensfähig ist. Dies geschieht nicht nur durch die parasitäre Lebensweise der Viren, sondern auch durch den sog. *virus-host-shut-off*. Hierbei greifen die Viren mit bestimmten Proteinen in die Stoffwechselprozesse der Zelle ein und steuern diese zu ihren Gunsten um. Die infizierten Zellen versuchen diesen Vorgängen häufig durch Einleitung der **Apoptose**, des programmierten Zelltods (► Kap. 7.1.5) zuvorzukommen.

Um die effiziente Freisetzung der Nachkommenviren und die schnelle Ausbreitung der Infektion im Gewebe zu erleichtern, verfügen einige Viren wie die Paramyxoviren (Parainfluenza- oder Mumpsviren) oder die Orthomyxoviren (Influenzaviren) über **Rezeptor-zerstörende Eigenschaften**. Diese Viren binden sich mittels ihres Oberflächenproteins Hämagglutinin (HA) an N-Acetyl-Neura-

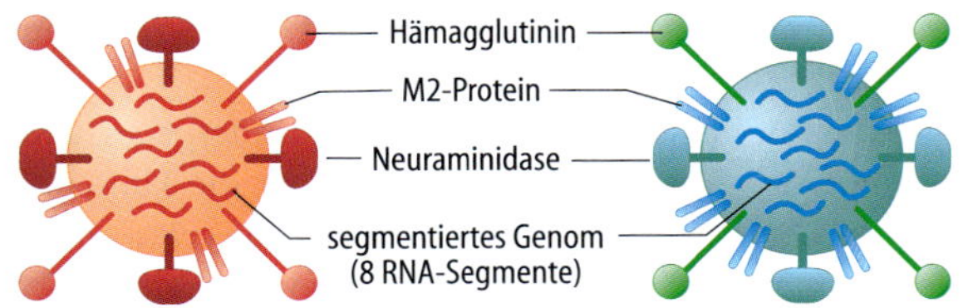

Vogelinfluenzavirus

humanes Influenzavirus

a

Doppelinfektion

Epithelzelle
eines Schweines

Kern

b

Replikation

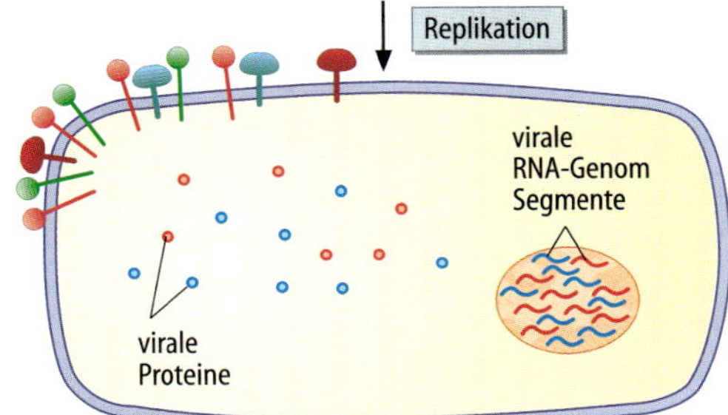

c

Bildung und
Freisetzung
neuer Viren

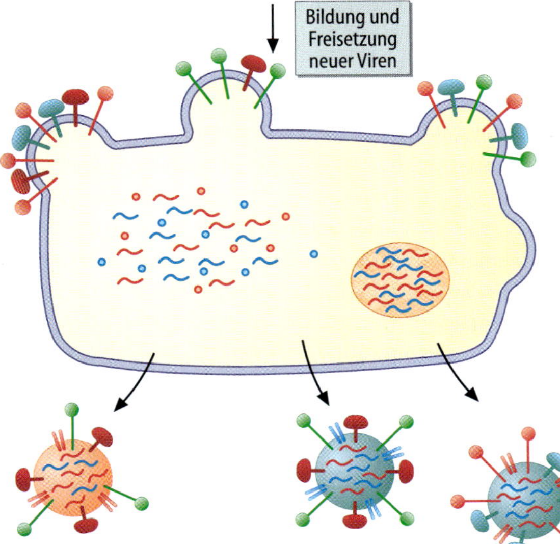

Austausch der Oberflächenproteine Hämagglutinin/Neuraminidase durch Neukombination der Genomsegmente => Bildung von Viren mit neuen Eigenschaften und veränderter Infektiosität

d

◄ **Abb. 10.10a–d. Bildung von Influenzaviren mit neuen Eigenschaften durch *reassortment* der Genomsegmente.** Influenzaviren haben ein segmentiertes Genom, das aus acht Segmenten einzelsträngiger RNA besteht, die von einer Hüllmembran umschlossen sind. In die Hüllmembran sind die viralen Oberflächenproteine (Hämagglutinin, Neuraminidase und das M2-Protein) eingelagert. **a** Es existieren verschiedene Influenzavirus-Typen, die Vögel (Enten, Möwen, etc. *rot*), Säugetiere (Schweine, Pferde) oder Menschen (*türkis*) infizieren können. Gewöhnlich sind die Viren spezifisch, das heißt, Vogelinfluenzaviren können Menschen nicht infizieren und umgekehrt. **b** Schweine sind jedoch sowohl für verschiedene Vogelinfluenzaviren wie auch für humane Influenzaviren empfänglich. Bei der Infektion eines Schweines mit beiden Virusarten können die Epithelzellen des Tieren doppelt infiziert werden. Dabei binden sich die Viren über das Hämagglutinin an Acetylneuraminsäure-haltige Kohlenhydratstrukturen auf der Zelloberfläche. **c** Die Viren vermehren ihre Genomsegmente im Kern der infizierten Zelle und produzieren virale Proteine. Dabei kommt es zur Vermischung der Genomsegmente und der Proteine von aviären und humanen Influenzaviren. **d** Deshalb werden bei der Virusmorphogenese Mixturen an unterschiedlichen Genomsegmenten in die von der Zelloberfläche freigesetzten Nachkommenviren verpackt. So können neue Viren entstehen, die neue Eigenschaften (Hämagglutinin- und Neuraminidasetypen) haben und gegen die in der menschlichen Bevölkerung kein Immunschutz besteht

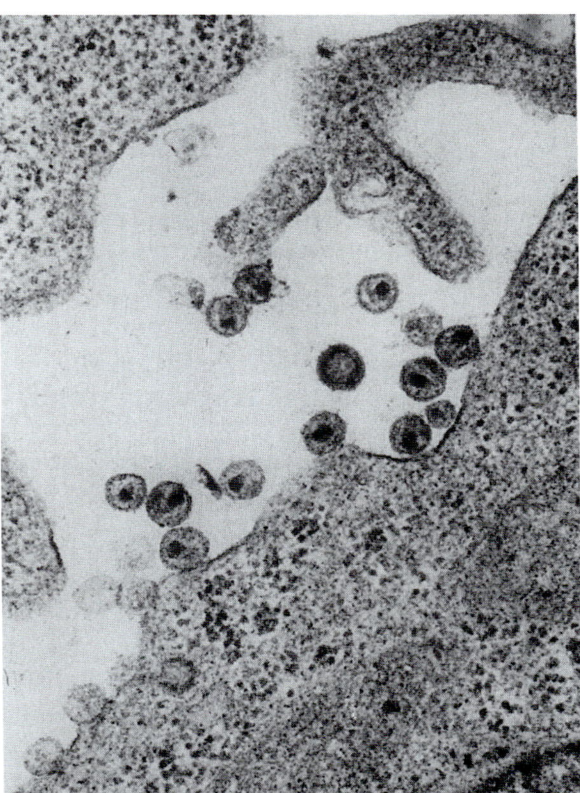

Abb. 10.11. Freisetzung der Nachkommenviren durch Knospung. Gezeigt ist eine elektronenmikroskopische Aufnahme von HIV-infizierten T-Lymhozyten (Aufnahme von H. Frank, Tübingen, aus Kulturen von H. Kurth, Frankfurt). Vergr. 66000:1

minsäure (Sialinsäure), die sich als endständige Kohlenhydrateinheit an zellulären Glycoproteinen befindet (◘ Tabelle 10.2). Zugleich verfügen diese Viren über eine **Neuraminidase-Aktivität** (NA), welche die Sialinsäurereste der Glycoproteine abspaltet. Dieses virale Enzym entfaltet seine Aktivität während der Infektion in der Zelle und entfernt die endständigen Neuraminsäurereste von allen zellulären und viralen Proteinen. So ist gewährleistet, dass die neu gebildeten Nachkommenviren nicht miteinander oder mit den Oberflächenstrukturen ihrer geschädigten Wirtszellen wechselwirken. Dies würde die Ausbreitung der Infektion entscheidend hemmen (▶ Kapitel 10.5.2).

Rezeptor-zerstörende Funktionen findet man auch bei anderen Viren: Beispielsweise bilden die Humanen Immundefizienzviren ein Zusatzprotein **Vpu** (*viral protein out*), das an die cytoplasmatische Domäne des CD4-Proteins bindet, welches von diesen Viren als zellulärer Rezeptor genutzt wird (◘ Tabelle 10.3, ◘ Abb. 10.4). Die Interaktion beider Proteine veranlasst die Ubiquitinylierung des CD4-Rezeptors und seinen Abbau über die Proteasomen.

In Kürze

Die Vorgänge bei der Virusvermehrung lassen sich in sieben Abschnitte gliedern:

Adsorption. Durch sie erfolgt die Bindung der Viruspartikel an bestimmte Oberflächenkomponenten (zelluläre Membranproteine oder Kohlenhydratstrukturen) ihrer Zielzellen. Dieser Vorgang bestimmt meist die Zell- und Wirtsspezifität der Viren.

Aufnahme der Viruspartikel. Sie kann je nach Virustyp durch rezeptorvermittelte Endozytose oder durch Fusion der Plasmamembran mit der Virushüllmembran erfolgen.

Freisetzung der viralen Erbinformation aus dem Nucleocapsid (*uncoating*)

Expression der Virusgene. Je nachdem, ob die Viren über RNA- oder DNA-Genome, in einzelsträngiger oder doppelsträngiger Form, in Negativ- oder Positivstrangorientierung verfügen, verwenden sie hierfür spezielle Verfahrensweisen. Die dabei produzierten Virusproteine lassen sich in Strukturproteine und in Nichtstrukturproteine mit enzymatischen und regulatorischen Funktionen einteilen.

Replikation des Virusgenoms. Sie ist meist von der Aktivität bestimmter Enzyme als Teil der viralen Nichtstrukturproteine (Polymerasen, Proteasen) abhängig.

Aufbau der Nachkommenviren. Diese werden aus den neu gebildeten Genomen und den Strukturproteinen im einem *self-assembly*-Prozess zusammengebaut.

Freisetzung. Die Nachkommenviren werden durch Knospung (*budding*) von der Zelloberfläche abgegeben oder nach dem Absterben der Zelle durch Apoptose oder Nekrose in die Umgebung freigesetzt.

10.3 Folgen der Virusinfektion für Wirtszelle und Wirtsorganismus

10.3.1 Zellschädigung und Viruspersistenz

! Abhängig vom Erregertyp können Virusinfektionen für die Zellen und die Wirte unterschiedliche Folgen haben.

Zellzerstörung und Apoptose. Infolge einer Virusinfektion kann die infizierte Zelle zerstört werden und absterben. Hierfür können direkte Wirkungen der Virusproteine (*virus-host-shut-off*-Faktoren) ebenso verantwortlich sein wie die indirekte Einflussnahme des infizierten Wirtsorganismus. Dieser aktiviert im Infektionsverlauf eine Vielzahl von unspezifischen und spezifischen **immunologischen Abwehrmechanismen**, welche sowohl die Krankheitserreger selbst wie auch die von ihnen infizierten Zellen bekämpfen (▶ Kap. 34). Häufig kommt es dadurch zur **Nekrose** mit Zellschwellung, Verlust der Membran-Integrität und späterem Abbau der DNA (▶ Kap. 7.1.5). Alternativ hierzu kann die infizierte Zelle den Prozess der **Apoptose** einleiten (▶ Kapitel 7.1.5). Dieser Vorgang kann auch als eine Art der Abwehrreaktion des Organismus angesehen werden, mit welcher dieser versucht, den durch die Virusreplikation bedingten Schaden zu begrenzen.

Virusinfektionen, die mit massiven Zellschädigungen und damit auch mit tödlichen Folgen für den Organismus verbunden sind, sind bei immunologisch gesunden Wirten relativ selten. Derartige Infektionsverläufe ereignen sich bevorzugt in immunologisch nicht kompetenten Wirten (Neugeborene, Transplantationspatienten, HIV-Patienten, Patienten mit erblichen Störungen des Immunsystems) oder in den Fällen, in denen ein üblicherweise tierpathogenes Virus auf den Menschen übertragen wird. Ein Beispiel dafür sind die Infektionen mit den Marburg- und Ebolaviren, die als natürliche Wirte noch nicht bekannte Wildtiere infizieren. Werden diese Viren durch Kontakt mit den infizierten Tieren auf Menschen übertragen, dann treten häufig die Symptome eines tödlichen hämorrhagischen Fiebers auf.

Tabelle 10.4. Virusinfektionen des Menschen, bei denen man regelmäßig persistierende beziehungsweise latente Verläufe beobachtet

Virus	Erstinfektion	Symptome bei Persistenz	Latenz
Hepatitis-C-Virus	Leberentzündung	Leberzirrhose Leberzellkarzinom	
Hepatitis-G-Virus	?	?	
Masernvirus	Masern	subakute, sklerosierende Panenzephalitis (SSPE)	
Humanes Immundefizienzvirus (HIV)	Fieber, Lymphknotenschwellung	Immundefizienz	
Humanes T-Zell Leukämie-Virus (HTLV-1)	?		adulte T-Zell Leukämie, trophisch-spastische Paraparese
Hepatitis-B-Virus	Leberentzündung	Leberzirrhose Leberzellkarzinom	
Papillomviren	Warzen, Hautläsionen	Warzen, Hautläsionen	Zervixcarvinom, Epidermodysplasia verruciformis
Adenoviren	Keratokonjunktivitis Fieber, Halsschmerzen, Durchffall	?	
Herpes-simplex-Virus	Entzündungen/Mund-, Genitalschleimhaut		Herpes labialis Herpes genitalis
Varizella-Zoster-Virus	Windpocken		Gürtelrose
Zytomegalievirus	Fieber, Lymphknotenschwellung (selten) zytomegale Einschlusskörperchenkrankheit (in Feten und Neugeborenen)		bei Immundefekten: Pneumonie, Hepatitis, Choriomeningitis
Humane Herpesviren 6, 7	Dreitagefieber		?

Chronisch-persistierende Virusinfektion. Die Wirtszelle überlebt die Virusinfektion, produziert aber kontinuierlich geringe Mengen von Viren und ist damit **chronisch-persistierend infiziert**. Bestimmte Viren haben sich an ihre Wirte sehr gut angepasst. Ihre Replikationsstrategien schädigen die Zelle daher nicht akut, lediglich langfristig kann es auch hier zum Tod der Zelle kommen. Diese Viren haben meist auch vielfache Mechanismen entwickelt, den immunologischen Abwehrmechanismen des Wirtes zu entgehen. Eine Möglichkeit dafür ist die kontinuierliche Variation der Domänen in den Oberflächenproteinen, an die sich neutralisierende Antikörper binden. Diesen Weg beschreiten beispielsweise die Humanen Immundefizienzviren und die Hepatitis-C-Viren.

Latent infizierte Zellen. Die Wirtszelle überlebt die Virusinfektion und das Virusgenom bleibt in **latentem Zustand** erhalten, ohne dass neue infektiöse Viren gebildet werden. Die Genome können jedoch durch bestimmte äußere Einflüsse auf die Zellen zur erneuten Expression der Virusgene und Synthese von infektiösen Viren angeregt werden. Diese sind dann wiederum in der Lage, neuerlich Zellen zu infizieren und zu schädigen, wodurch rekurrierende, wiederkehrende Erkrankungssymptome (Rezidive) auftreten.

Viren, die im Menschen chronisch-persistierende oder latente Infektionsformen verursachen, sind in Tabelle 10.4 zusammengefasst. Neben der kontinuierlichen Schädigung der Zellen bestimmter Organe ihrer Wirte sind viele dieser Infektionserreger auch in der Lage, die von ihnen befallenen Zellen zu **immortalisieren**. Diese erhalten dadurch die Fähigkeit zur unendlichen Teilung, ein Vorgang, der mit der malignen Entartung zu einer Tumorzelle einhergehen kann.

10.3.2 Tumorbildung durch Viren

Man schätzt, dass etwa 15 bis 20 Prozent aller Tumorerkrankungen des Menschen kausal mit Virusinfektionen zusammenhängen.

In all diesen Fällen ist es nicht die akute Infektion, die zur Tumorbildung führt. Es handelt sich in aller Regel um langsame, sich schrittweise ausbildende Vorgänge, die sich in der Folge von persistierenden oder latenten Infektionen entwickeln können (Tabelle 10.4).

Folgende maligne Tumorerkrankungen des Menschen stehen mit einer Virusinfektion in direkter Verbindung:

- Primäres Leberzellkarzinom: Hepatitis-B- und Hepatitis-C-Viren

- Zervixkarzinom und Karzinome der Genitalschleimhaut, Epidermodysplasia verruciformis und verschiedene bösartige Hauttumoren: Papillomviren als wichtigste Tumorviren des Menschen
- Burkitt-Lymphom (B-Zell-Lymphome bei Kindern in Afrika), Nasopharynxkarzinom: Epstein-Barr-Virus
- Kaposi-Sarkome, Effusionslymphome, multizentrische Castleman-Erkrankung: Humanes Herpesvirus Typ 8
- Adulte T-Zell-Leukämie: humanes T-Zell-Leukämievirus I (HTLV-1)

Adenoviren, deren Infektion beim Menschen bisher nicht eindeutig mit Krebserkrankungen assoziiert werden konnten, rufen bei neugeborenen Nagetieren Tumoren hervor. Sie sind ein wichtiges Modellsystem zur Aufklärung der molekularen Prozesse bei der Transformation der Zellen.

Die meisten Viren, die mit Tumorerkrankungen des Menschen verbunden sind, haben ein DNA-Genom. Tumorerzeugende RNA-Viren sind nur die Hepatitis-C-Viren, die zur Familie der Flaviviren zählen und Leberkarzinome verursachen, sowie die zu den Retroviren gehörenden humanen T-Zell-Leukämieviren, die an der Ausbildung der sog. adulten T-Zell-Leukämie (ATL) beteiligt sind.

> Tumor-erzeugende RNA-Viren (Oncornaviren) gehören zu den Retroviren und besitzen virale Onkogene.

10

Retroviren als Verursacher von Tumorerkrankungen bei Tieren waren schon früh bekannt: 1911 hatte Peyton Rous beschrieben, dass Viren bei Geflügel **Sarkome** hervorrufen. Später fand man, dass dieses Rous-Sarkom-Virus Zellen auch in der Gewebekultur transformieren kann (Abb. 10.12). Neben den Rous-Sarkom-Viren können eine Vielzahl von weiteren Retroviren aus den Gattungen der α-, β- und γ-Retroviren (Tabelle 10.1) bei Vögeln und Nagetieren unterschiedliche Krebserkrankungen wie Lymphome, Karzinome und Sarkome auslösen. Die meisten wurden aus Inzuchtstämmen der jeweiligen Tierarten oder aus Zellkulturen isoliert, sie verursachen in der Natur die entsprechenden Tumoren nur selten. Eine Ausnahme sind die **Leukoseviren der Katze** (FeLV), welche die Katzenleukose unter natürlichen Bedingungen übertragen.

Das tumorerzeugende Potential dieser Viren beruht auf ihrer Fähigkeit zur Synthese von **transformationsaktiven Proteinen,** die von **viralen Onkogenen** (v-*/onc/*) codiert werden (► Kap. 35.3). Die v-Onc-Proteine sind mit den zellulären Proto-Onkogenen verwandt (c-Onc), die an der Regulation von Zellteilung und -wachstum beteiligt sind. Die v-Onc-Proteine sind aber gegenüber den jeweiligen Proto-Onkogenen durch Mutationen so verändert, dass sie im Gegensatz zu diesen konstitutiv, das heißt andauernd aktiv sind. Diese Daueraktivität leitet dann die unkontrollierte Teilung der Zellen ein. Über die Entstehung von viralen Onkogenen (► Kap. 35.3).

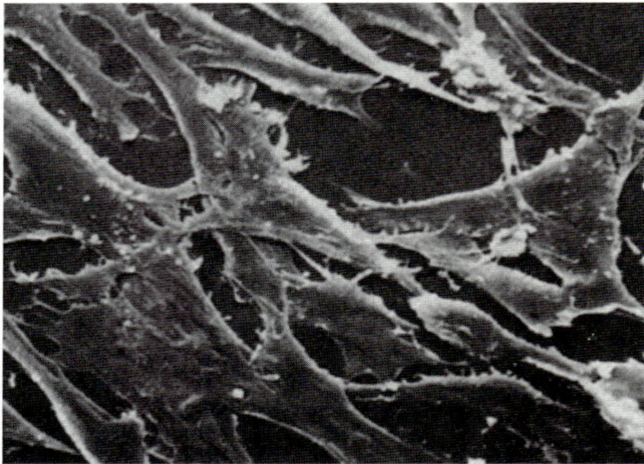

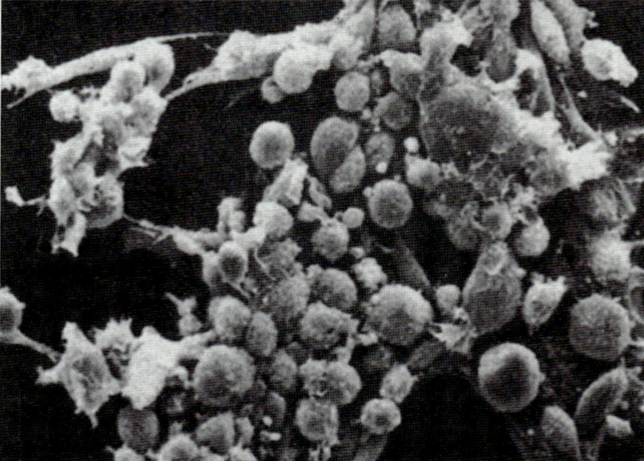

Abb. 10.12. Transformation von Fibroblasten-Zellkulturen durch das Rous-Sarkom-Virus. Normale Fibroblasten sind flach, gestreckt und bilden einen dichten Zellrasen aus (*oben*). Nach der Infektion mit dem Virus runden sich die Zellen ab, lösen sich von der Unterlage und wachsen in größeren Haufen unkontrolliert (Aufnahme von G.S. Martin, Berkeley)

> DNA-Viren verändern die Aktivität von Tumorsuppressoren.

Die DNA-Tumorviren und auch das Hepatitis-C-Virus besitzen keine v-*/onc/*-Gene. Die DNA-Tumorviren schalten vielmehr durch bestimmte virale Regulatorproteine gezielt die Funktion von zellulären Tumorsuppressorproteinen (Antionkogenen, ► Kap. 35.4) aus. **Tumorsuppressorproteine** oder **Anti-Onkogene** sind eine Gruppe von zellulären Regulatorproteinen. Zu ihnen zählt man neben anderen das Anti-Onkogen p53 und die sog. Retinoblastom-Proteine Rb105/107. Alle haben die Aufgabe, die Teilungsrate der Zellen zu kontrollieren (► Kap. 7.1.3, 35.4.2).

Viren sind i. Allg. darauf angewiesen, dass sich ihre Wirtszellen möglichst schnell teilen: Ihr eigener parasitärer Vermehrungszyklus benötigt die hohen Stoffwechselraten und den Energieumsatz von proliferierenden Zellen. Einige Viren haben deshalb Mechanismen entwickelt, die Zellen zur Teilung anzuregen. Ihnen ist gemeinsam, dass sie die zellulären Regulatoren der Zellteilung, nämlich die Tumorsuppressorproteine, in ihrer Aktivität beeinflussen:

- Das E6-Protein der Papillomviren bindet sich an das p53-Protein (► Kap. 35.4.2) und bewirkt dessen Ubiquitinylierung. Dieses wird daraufhin durch die Proteasomen abgebaut, die Zellen verarmen an p53 und treten verfrüht in die Mitose ein
- Das E7-Protein der Papillomviren interagiert mit den Retinoblastom-Protein Rb105 (► Kap. 7.1.3, 35.4.2). Dieses liegt in seiner unphosphorylierten Form im Komplex mit den Transkriptionsfaktoren E2F und DP1 vor und inaktiviert diese. Die Bindung des E7-Proteins bewirkt, dass der Komplex mit den E2F- und DP1-Proteinen gelöst wird und diese ihre Aktivität entfalten können. Die Zellen treten damit verfrüht von der G1- in die S-Phase des Zellzyklus ein. Ähnlich wie das E7-Protein der Papillomviren wirkt auch das E1A-Protein der Adenoviren
- Das X-Protein der Hepatitis-B-Viren tritt in Wechselwirkung mit dem p53-Protein und dem DDB1-Protein (*damaged DNA binding protein*) der Zellen. Man vermutet, dass hierdurch die für die Aktivität des p53 notwendige Tetramerisierung unterbunden wird. Eine ähnliche Wirkung scheint auch das E1B-Protein der Adenoviren zu besitzen. Auch das DDB1-Protein wird aktiv, wenn in den Zellen DNA-Schädigungen vorliegen. Seine Aktivität verzögert den Übergang von der G_1- in die S-Phase des Zellzyklus
- Darüber hinaus findet man bei allen menschlichen Tumorviren, dass sie die Aktivität verschiedener Cycline sowie der Cyclin-abhängigen Kinasen beeinflussen. Als Folge treten die Zellen zu schnell in die S- beziehungsweise in die M-Phasen des Zellzyklus ein. Den Viren wird so ermöglicht, sich zu vervielfältigen und Nachkommen zu produzieren. Dadurch schädigen sie die Wirtszellen üblicherweise schwer

! Die Immortalisierung der Zellen durch Viren ist von mehreren Einzelschritten abhängig.

Die Einleitung der Zellteilung mit der Folge der gesteigerten Virusproduktion kann nicht allein die Immortalisierung der Zellen bewirken, hierzu bedarf es zusätzlicher Ereignisse. Alle Tumorviren des Menschen verursachen persistierende oder latente Infektionen – sie verbleiben also nach der Erstinfektion im Organismus und produzieren dabei kontinuierlich oder in Abständen Nachkommen. Während dieser lang andauernden Infektionen kann es zu »Unfällen« kommen, verbunden mit der Folge, dass der Infektionszyklus unterbrochen wird und die Bildung von neuen Viren unterbleibt, die erhöhte Teilungsrate aber aufrechterhalten wird. Hierfür können unterschiedliche Vorgänge verantwortlich sein:

- Das gesamte Virusgenom oder Teile davon wird in die Zell-DNA integriert. Durch die damit verbundene Zerstörung von Virusgenen oder durch die Deletion von Teilen des Virusgenoms ist der Infektionszyklus unterbrochen
- Die Viren verändern sich durch Mutationen, welche ihre Replikation unterbinden
- Die Viren gelangen in Zellen, in welchen der Infektionszyklus nicht vollständig ablaufen kann. Bei diesen abortiven Infektionen erfolgt nur die Synthese eines Teils der frühen Virusproteine – darunter die Regulatoren, welche die Aktivität der Anti-Onkogene beeinflussen

Die geschilderten Ereignisse reichen jedoch noch immer nicht aus, um eine sich schnell und dauerhaft teilende – das heißt immortalisierte – Zelle zur transformierten Tumorzelle werden zu lassen. Hierfür sind zusätzliche Vorgänge notwendig. Die Zellen müssen nämlich dem Immunsystem entgehen, welches normalerweise derartig veränderte Zellen als »fremd« erkennen kann. Auch muss das Programm der Apoptose ausgeschaltet werden. Es sind also in allen Fällen viele Schritte, die bei der virusbedingten Zelltransformation und Tumorbildung zusammenwirken müssen.

In Kürze

Viren sind obligate Zellparasiten. Während der Infektion nehmen sie Einfluss auf die Stoffwechselprozesse und die Teilung der Zellen.

Manche Viren schädigen ihre Wirte so stark, dass die infizierten Zellen absterben. Häufig kommt es zur **Apoptose**, daneben tragen **nekrotisierende** und immunpathologische Prozesse zur Schädigung der infizierten Zellen und Gewebe bei.

Wenn die zellschädigenden Ereignisse nicht stark ausgeprägt sind, können sich **persistierende** oder **latente** Infektionsformen etablieren.

Persistierende Virusinfektionen können die Basis für die Immortalisierung der infizierten Zellen sein. Dabei beeinflussen die Viren über die Funktion ihrer Regulatorproteine zelluläre Tumorsuppressorproteine, mit der Folge einer erhöhten Zellteilungsrate. In Verbindung mit zusätzlichen Einflüssen können diese Zellen transformiert werden, maligne entarten und sich zu Tumoren ausbilden.

10.4 Diagnostik von Virusinfektionen

Bei der Diagnostik von Virusinfektionen weist man die Infektionserreger selbst oder die gegen sie gerichteten Immunreaktionen nach.

Die heute durchgeführte spezifische Diagnostik von Viruserkrankungen beruht auf molekularbiologischen Methoden. Man unterscheidet dabei zwei grundsätzlich unterschiedliche Vorgehensweisen:

- Den direkten Nachweis der Viren bei akuten oder chronisch-persistierenden Infektionen
- Den indirekten Nachweis der Virusinfektion über die sich im Infektionsverlauf ausbildende spezifische Immunantwort des infizierten Organismus

10.4.1 Direkter Virusnachweis

Um Viren direkt nachzuweisen, muss man die Erreger oder ihre Erbinformation vervielfältigen.

Virusvermehrung. Eine Voraussetzung für den direkten Nachweis von Viren ist meist ihre **Vermehrung**. Nur gelegentlich, und dann überwiegend bei akuten Infektionen, finden sich die Viren in solch großen Konzentrationen im Organismus, dass man auf diesen Schritt verzichten kann. Die Virusvermehrung kann nur in Wirtszellen erfolgen. Deswegen ist ihr Vorhandensein in kultivierbarer Form eine Voraussetzung für den Virusnachweis. Dies ist nicht immer gewährleistet. So stehen keine Zelllinien oder andere Kultursysteme zur Verfügung, in welchen man beispielsweise die Hepatitis-B-Viren oder das Parvovirus B19 vermehren kann. Der erfolgreichen Anzucht schließen sich geeignete Systeme zum Nachweis der Viren in den Kulturen an. Dazu werden neben der klassischen Methode der Elektronenmikroskopie **Hämagglutinations-**, **Immunfluoreszenz-** und **ELISA-Tests** (*enzyme linked immunosorbent assay*) eingesetzt.

Nachweis viraler Nucleinsäuren. Die **Polymerase-Kettenreaktion (PCR)** (▸ Kap. 7.3) ist am besten zum schnellen, hochspezifischen Nachweis der viralen Nucleinsäuren geeignet, der im positiven Fall als direkter Beweis für das Vorhandensein der Erreger gewertet werden kann. Mit ihrer Hilfe kann man in den Patienten aber auch das Vorhandensein von latent in den Zellen vorliegenden Virusgenomen zeigen. Inzwischen stehen auch automatisierte PCR-Systeme zur **quantitativen Bestimmung** der Anzahl von viralen Genomäquivalenten im Probenmaterial zu Verfügung. Diese Testsysteme zeichnen sich durch eine Empfindlichkeit aus, die den Nachweis von theoretisch einem Virusgenom in der zu untersuchenden Probe ermöglicht.

10.4.2 Bestimmung der Immunantwort gegen Virusproteine

Der Nachweis spezifischer Immunreaktionen ist ein indirekter Hinweis auf die Infektion mit den fraglichen Viren.

Viren sind oft nur für kurze Zeit im Patienten vorhanden. Deswegen muss die Diagnose häufig indirekt gestellt werden, das heißt durch die Bestimmung der Immunreaktion, die sich während der Infektion gegen die jeweiligen Erreger ausbildet. Hierzu zählen spezifische **Immunglobuline** (Antikörper), die sich gegen das Virus beziehungsweise gegen einzelne seiner Proteine oder Proteindomänen richten (▸ Kapitel 34.3.4). Antikörper der Subklasse IgM weisen i. Allg. daraufhin, dass es sich um eine akute oder erst kürzlich erfolgte Infektion handelt. Sind dagegen IgG-Antikörper gegen ein bestimmtes Virus nachweisbar, dann lassen sie auf eine länger zurückliegende, bereits abgelaufene Infektion schließen. Sie bleiben nach einer Infektion meist lebenslang im Blut und sind auch ein Anzeichen dafür, dass die jeweilige Person vor einer Neuinfektion mit dem gleichen Erregertyp geschützt ist, also Immunität vorliegt. Antikörper weist man heute üblicherweise in Western-Blot- oder ELISA-Tests nach.

Antikörpernachweis durch Western Blot. Ausgangsmaterial sind Präparationen von in Zellkultur gezüchteten Viren, in welchen die Strukturproteine der Erreger vorhanden sind. Eine Alternative sind durch gentechnische Verfahren gewonnene rekombinante Virusproteine, deren Handhabung im Vergleich zu gezüchteten Viren wesentlich ungefährlicher ist.

Die viralen Proteine werden nach ihrer Molekülmasse durch SDS-Polyacrylamidgel-Elektrophorese (▸ Kap. 3.2.2) aufgetrennt und auf eine Nitrocellulosemembran übertragen. Diese inkubiert man mit den Patientenseren, die auf ihren Gehalt an virusspezifischen Antikörpern untersucht werden sollen. Falls die Seren solche Immunglobuline enthalten, lagern sich diese spezifisch an die Proteinbanden an. Die Komplexe können durch die nachfolgende Inkubation mit sekundären Antikörpern, die gegen den Fc-Teil menschlicher Immunglobuline gerichtet und einem Marker-Enzym – beispielsweise der Meerrettichperoxidase – gekoppelt sind, nachgewiesen werden. Nach Zugabe eines unlöslichen Substrats des Marker-Enzyms färben sich die Protein-Antikörper-Komplexe als dunkle Banden und werden somit sichtbar (Abb. 10.13).

Antikörpernachweis in ELISA-Tests. Auch hier verwendet man Proteinpräparationen der entsprechenden Viren. Diese werden in sog. Mikrotiterplatten mit 96 Vertiefungen aus speziell behandeltem Polystyrol pipettiert, wo sie fest gebunden werden. Nach Zugabe Antikörper-enthaltender Seren bilden sich Protein-Antikörper-Komplexe aus, die – wie oben beschrieben – mit Peroxidase-gekoppelten se-

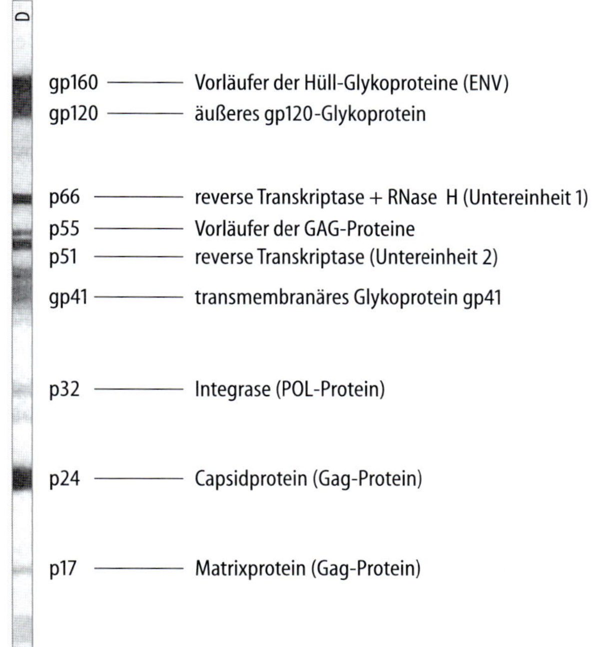

Abb. 10.13. Beispiel für einen Western-Blot. Gezeigt ist der Nachweis von HIV-spezifischen Antikörpern aus dem Serum einer infizierten Person. Das Molekulargewicht der von den im Serum vorhandenen Antikörpern erkannten Proteinbanden ist in kDa angegeben. Es handelt sich um Strukturproteine und Enzyme von HIV

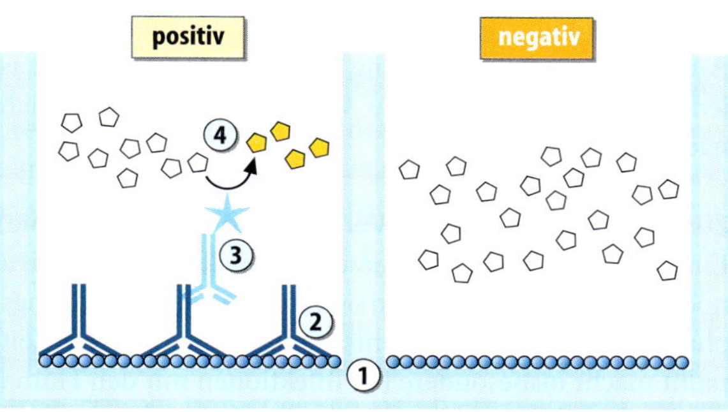

Abb. 10.14. ELISA-Test zum Nachweis von Antikörpern gegen virale Proteine. *1* An den Boden der Näpfe gebundenes Virusprotein; *2* Patientenserum enthält im positiven Fall Antikörper gegen das Virusprotein; *3* sekundärer Antikörper gegen den Fc-Teil der Patientenimmunoglobuline, mit Meerrettich-Peroxidase (★) gekoppelt; *4* Zugabe von Substrat (o-Phenylendiamin); wird von der Meerrettich-Peroxidase umgesetzt, im positiven Fall Gelbfärbung

kundären Antikörpern nachweisbar sind. Im Unterschied zum Western-Blot setzt man beim ELISA-Test ein lösliches Substrat (o-Phenylendiamin) ein, weil dies eine quantitative Auswertung und eine gleichzeitige Aussage über die Menge der Antikörper im Serum ermöglicht (Abb. 10.14).

! Ob Immunglobuline die Fähigkeit zur Neutralisierung des Virus besitzen, muss gesondert nachgewiesen werden.

Mit den Immunglobulinen können aber auch bestimmte Funktionen, beispielsweise ihre Fähigkeit, das entsprechende Virus zu neutralisieren, verbunden sein. Um dies nachzuweisen, mischt man definierte Mengen infektiöser Viren mit den Antikörpern aus den Patientenseren und versetzt mit dieser Suspension Zellen in der Gewebekultur. Die Antikörper sind neutralisierend, wenn die *in vitro*-Infektion gehemmt ist und die Bildung von Nachkommenviren unterbleibt.

! Der Infektionsverlauf lässt sich durch direkte und indirekte Nachweisverfahren kontrollieren.

Durch die Kombination des direkten Virusnachweises beim Patienten mit der Charakterisierung der im Infektionsverlauf entstehenden Immunantwort kann man Virusinfektionen diagnostizieren und ihren Verlauf kontrollieren (Abb. 10.15). Es existieren allerdings Perioden, in welchen man weder Virus noch Antikörper findet, die zu untersuchende Person aber trotzdem infiziert ist:

Zustand direkt nach dem Erregerkontakt. Theoretisch genügt *ein* infektiöses Viruspartikel, um eine Infektion auszulösen. Bevor sich die Viren allerdings vermehrt haben und in nachweisbaren Mengen im Körper vorhanden sind, können je nach Virustyp einige Tage oder auch Wochen

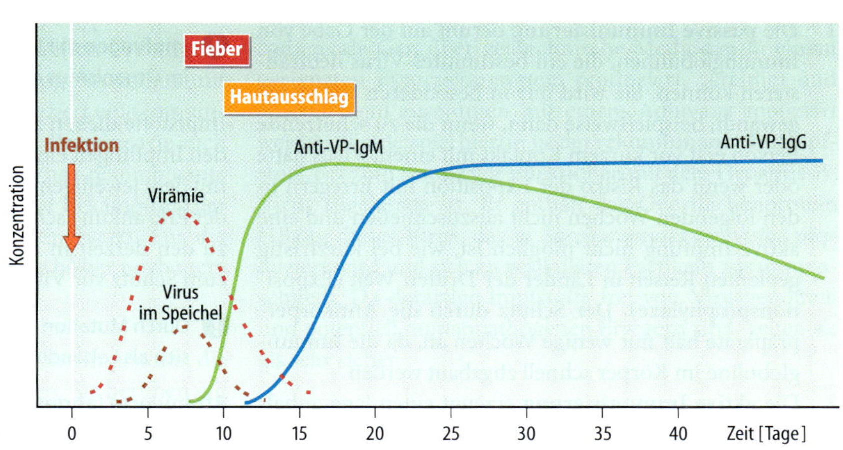

Abb. 10.15. Serologischer Verlauf einer Virusinfektion am Beispiel des Ringelrötelnvirus (Parvovirus B19). Der Phase der Virämie (Virus im Blut) und der Symptome (Fieber, Hautausschlag) folgen die Synthese von IgM-Antikörpern gegen die Strukturproteine VP. Die IgM-Antikörper werden von IgG-Antikörpern gegen die Strukturproteine abgelöst, welche lebenslang erhalten bleiben

10.5.2 Chemotherapie

! Angriffspunkte für antivirale Therapeutika sind Virusenzyme, die in der Zelle nicht vorkommen.

Viren können sich als obligate Zellparasiten nur in lebenden Zellen vermehren und nutzen viele funktionelle Aktivitäten ihrer Wirte. Antiviral wirkende Substanzen müssen daher streng **selektiv** auf bestimmte Virusfunktionen zielen und sollten zelluläre Prozesse möglichst nicht beeinflussen. Die überwiegende Mehrzahl der heute verfügbaren Chemotherapeutika hemmt die Genomreplikation der Viren. Viele Viren verwenden hierfür eigene Polymerasen, die sich von zellulären Enzymen unterscheiden. Dies ermöglicht eine gezielte Hemmung dieser Virusaktivitäten. Daneben bieten aber auch andere Virusenzyme Angriffspunkte für antivirale Chemotherapeutika. Hierzu zählen u.a. die Protease, welche die Vorläuferproteine der Humanen Immundefizienzviren spaltet, die Protonenpumpe M2, die für die Freisetzung der Nucleocapside der Influenzaviren notwendig ist, sowie die Neuraminidase dieser Viren.

! Antiviral wirkende Therapeutika beeinflussen oft die Funktion der viralen Polymerasen.

Substanzen, welche die Genomreplikation der Viren hemmen, können in zwei Gruppen eingeteilt werden:

1. **Nucleosidanaloga** konkurrieren mit den natürlichen Basenderivaten und binden sich an die aktiven Zentren der Polymerasen. Sie hemmen die Funktion der Enzyme oder werden während der Replikation in die neu gebildeten Nucleinsäurestränge eingebaut und bewirken Kettenabbrüche
2. **Nichtnucleosidische Hemmstoffe** binden an Proteindomänen in der Nachbarschaft der aktiven Zentren der Enzyme

Viele der verfügbaren Nucleosidanaloga werden zur Behandlung von Herpesvirusinfektionen eingesetzt. Herpesviren haben einen sehr komplexen Aufbau und verfügen über die genetische Information für eine ganze Reihe von Enzymen, die am Nucleotid-Stoffwechsel und an der Genomreplikation beteiligt sind. Hierzu zählen unter anderen eine Thymidinkinase, eine Ribonucleotid-Reduktase und eine DNA-Polymerase. **Acycloguanosin** (9-(2-Hydroxyethoxy)-methylguanin), ein Guanosinderivat mit einem azyklischen Zuckerrest (Abb. 10.16), auch unter der Bezeichnung Aciclovir oder dem Handelsnamen Zovirax bekannt, wurde bereits 1977 entwickelt. Es wird seitdem zur Therapie von Infektionen mit Herpes-simplex- und Varicella-Zoster-Viren eingesetzt. Es beeinflusst die **Thymidin-**

Abb. 10.16. Strukturformeln von Aciclovir und Gangciclovir im Vergleich zum 2'-Desoxyguanosin

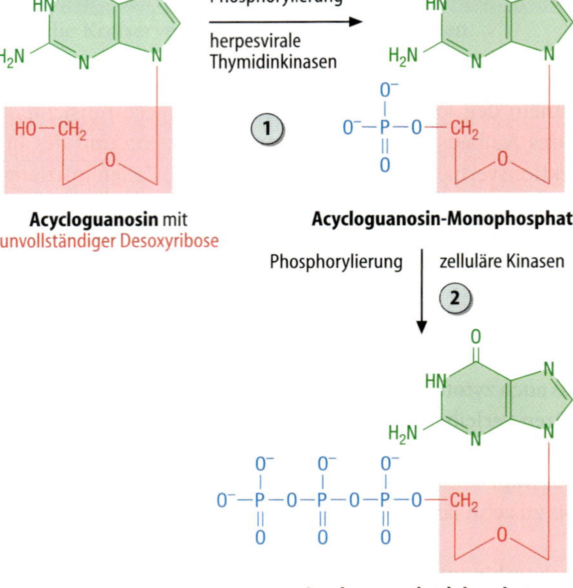

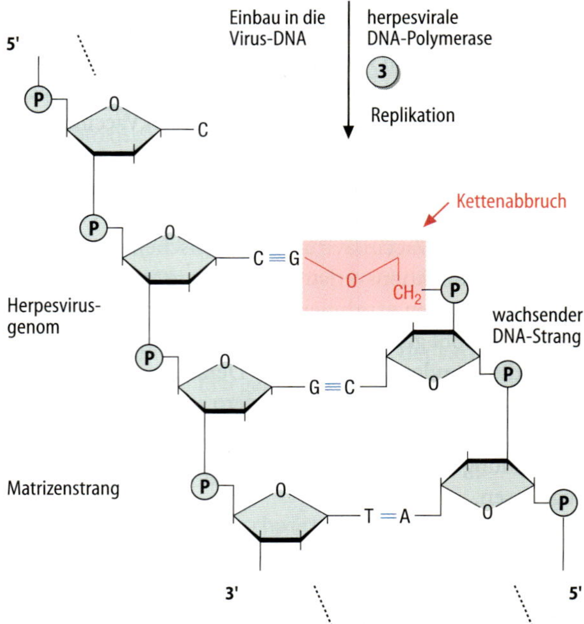

Abb. 10.17. Mechanismus der Hemmwirkung von Aciclovir. (Einzelheiten ► Text)

kinase und die **DNA-Polymerase** beider Virustypen. In einem ersten Schritt wird Acycloguanosin von der viralen Thymidinkinase als bevorzugtes Substrat akzeptiert und monophosphoryliert (◘ Abb. 10.17). Zelluläre Kinasen überführen es in das Triphosphat. Als solches wird es, ebenfalls selektiv, von den DNA-Polymerasen des Herpes-Virus verwendet und in neusynthetisierte Virusgenome, jedoch nicht in zelluläre DNA, eingebaut und bewirkt den Abbruch der Polymerisation. Wegen des spezifischen Aktivierungsmechanismus ist Aciclovir ausschließlich in Zellen wirksam, die mit Herpes-simplex- oder Varicella-Zoster-Viren infiziert sind. Durch Veränderung oder Anfügen zusätzlicher funktioneller Gruppen ist Aciclovir vielfach modifiziert worden. So erhielt man weitere antiviral wirkende Substanzen, zu denen unter anderem **Ganciclovir** zählt (◘ Abb. 10.16). Dieses setzt man bei Infektionen mit Cytomegalieviren ein. Es wirkt vermutlich über den gleichen molekularen Mechanismus wie Aciclovir, wird jedoch anscheinend von einer viralen Proteinkinase phosphoryliert, da Cytomegalieviren im Unterschied zu den anderen Herpesviren über keine Thymidinkinase-Aktivität verfügen.

! Zur Therapie von HIV-Infektionen setzt man Kombinationen von antiviralen Wirkstoffen ein.

Eine andere Gruppe von Nucleosidanaloga wird zur Therapie von Erkrankungen eingesetzt, die durch Infektionen mit den Humanen Immundefizienzviren verursacht sind. Als Erstes wurde 1987 die antiretrovirale Wirkung von **Azidothymidin** (3-Azido-3'-deoxythymidin, AZT, Handelsname: Zidovudine) beschrieben (◘ Abb. 10.18). Es handelt sich um ein Analogon des Thymidins, das an der 3′-Position der Ribose eine Azidogruppe besitzt. Zelluläre Kinasen überführen Azidothymidin in das Triphosphat, das bevorzugt von den reversen Transkriptasen der Retroviren als Substrat verwendet wird (◘ Abb. 10.19). Beim Umschreiben des einzelsträngigen RNA-Genoms in doppelsträngige DNA bewirkt es einen Kettenabbruch, da Azidothymidin keine 3′-OH-Gruppe zur Bildung der Phosphodiesterbindung besitzt. Hierdurch wird der Replikationszyklus der Retroviren schon zu einem sehr frühen Stadium, nämlich noch vor Integration des Virusgenoms in die Wirtszell-DNA unterbunden. Die Affinität des Azidothymidin-Triphosphats zur reversen Transkriptase der Humanen Immundefizienzviren ist einhundert Mal höher als zu den zellulären DNA-Polymerasen α und β. In der Folge wurden weitere Nucleosidanaloga entwickelt, die man zur Therapie der HIV-Infektionen einsetzt. Hierzu zählen unter anderen das Cytosin-Analogon **Didesoxycytosin** (Zalcitabin, ddC)

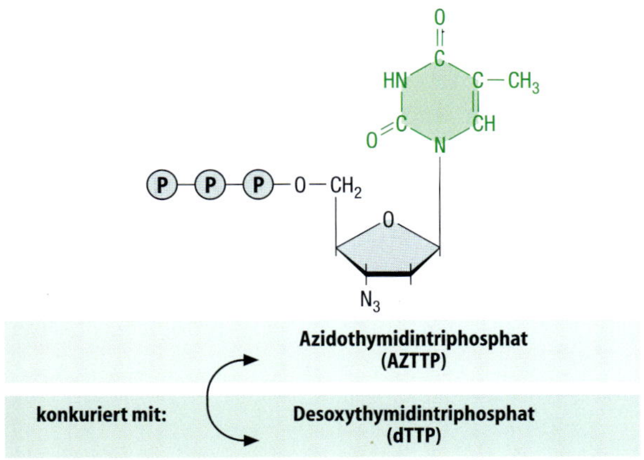

◘ **Abb. 10.18. Strukturformel von Azidothymidin**

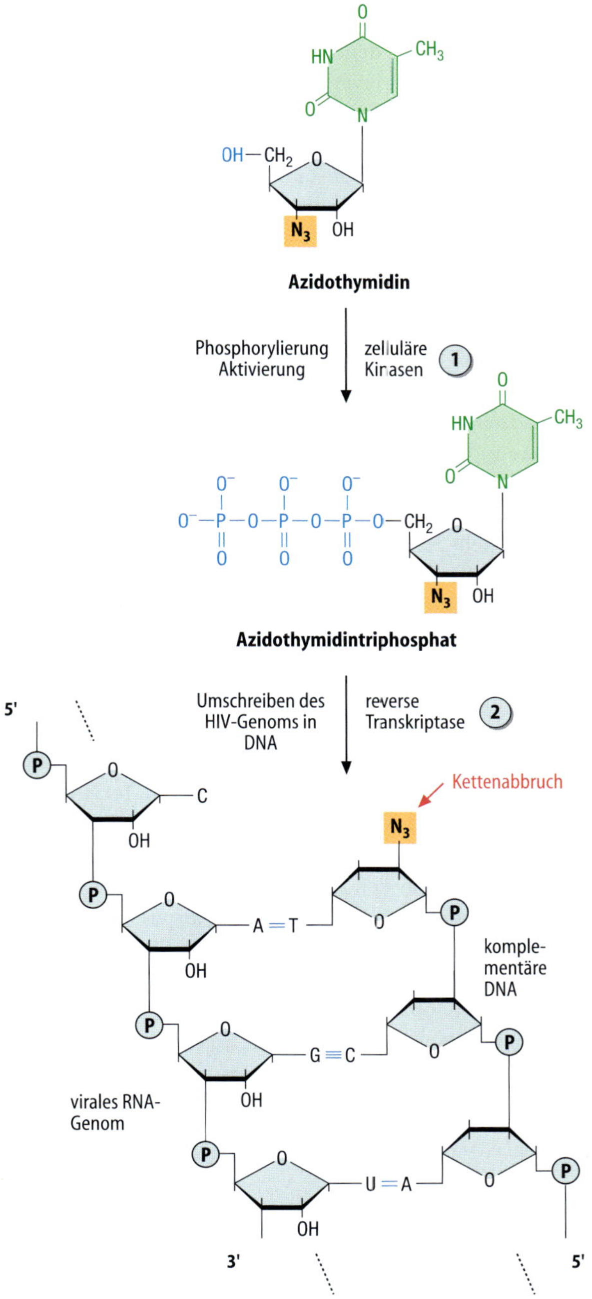

◘ **Abb. 10.19. Mechanismus der Hemmwirkung von Azidothymidin**

und **Didesoxyinosin** (Didanosin, ddI), das als Analogon des Adenosin wirkt. Beiden Substanzen fehlt die 3′-OH-Gruppe an der Ribose, dadurch bewirken sie bei Einbau in die wachsenden Nucleinsäurestränge den Abbruch der Polymerisation.

Foscarnet, das Trinatriumsalz der Phosphonoameisensäure, hemmt als **nichtnucleosidischer Hemmstoff** die Genomreplikation verschiedener Viren. Es wirkt als **Analogon von Pyrophosphaten**. Die Pyrophosphat-Bindungsstelle liegt in Nähe des aktiven Zentrums der DNA-Polymerase von Cytomegalieviren. Hieran bindet sich Foscarnet und hemmt die Aktivität des Enzyms, wobei es nichtkompetitiv zu den natürlichen Basen wirkt. Außerdem hemmt es die reverse Transkriptase der Retroviren, auch die der Humanen Immundefizienzviren. Eine ähnliche Wirkungsweise zeigt Nevirapin (Dipyridodiazepinon): diese antivirale Substanz bindet an die größere Untereinheit der reversen Transkriptase und hemmt so deren Aktivität.

> **!** Neben den viralen Nucleinsäure-Polymerasen kann man auch andere Enzymfunktionen hemmen.

Amantadin (1-Aminoadamantan-HCl) und **Rimantadin** (α-Methyl-1-adamantanmethylamin) sind polyzyklische, aliphatische Ringsysteme. Beide sind Hemmstoffe der Influenza-A-Virus-Infektion, sie inhibieren die Funktion des viralen M2-Proteins. Dieses ist in die Virusmembran eingelagert. Es bewirkt nach Aufnahme der Viren durch rezeptorvermittelte Endozytose die Ansäuerung des Vesikelinneren und ermöglicht die Freisetzung der Nucleocapside. Ist dieser Vorgang gehemmt, kann die Transkription und Replikation der viralen RNA-Segmente nicht stattfinden. Ebenfalls zur Therapie von Influenzavirus-A-Infektionen werden Inhibitoren der viralen Neuraminidase verwendet. **Zanamivir** (2,3-Didehydro-2,4-Dideoxy-4-Guanidino-N-Acetyl-Neuraminsäure) und **Oseltamivir** (4-Acetamino-5-Amino-3-(1-Ethylpropoxy)-1-Cyclohexen-1-Carbonylsäure) hemmen die rezeptorzerstörende Aktivität der Viren und bewirken, dass die neu gebildeten Nachkommenviren nicht effizient von der Zelloberfläche abgegeben werden. Folglich ist auch ihre Ausbreitung im Körper unterbunden und die Infektion kann immunologisch schneller kontrolliert werden.

Ribavirin (1-D-Ribofuranosyl-1,2,4-triazol-3-caroxamid, ► Kap. 19.1.5) hat eine breite antivirale Wirkung, jedoch auch eine nicht zu vernachlässigende Wirkung auf zelluläre Prozesse, worauf die mit seinem Einsatz verbundenen Nebenwirkungen zurückzuführen sind. Es ist mit dem Guanosin verwandt und wird durch zelluläre Kinasen zum Mono-, Di- und Triphosphat modifiziert. Als Monophosphat hemmt es die Inosinmonophosphat-Dehydrogenase und verursacht dadurch die Abnahme der intrazellulären GTP-Konzentration. Das Triphosphat inhibiert die Guanyltransferase, welche die 5′-Cap-Gruppe an die Enden der mRNAs anfügt. Dadurch wird letztendlich die Translation der viralen, aber auch der zellulären Transkripte verhindert. Auch werden durch die Ribavirin-Wirkung vermehrt Mutationen in den Genomen induziert. Trotz der Nebenwirkungen setzt man Ribavirin zur Therapie des Lassa-Fiebers und bei Lungenentzündungen von Kleinkindern ein, die mit dem respiratorischen Syncytialvirus infiziert sind.

Saquinavir und Invirase sind **Hemmstoffe der Protease** der Humanen Immundefizienzviren. Dieses Enzym spaltet während des Reifungsprozesses (■ Abb. 10.4, 10.8) die Polyproteine Gag und Gagpol in die einzelnen Strukturkomponenten – ein Vorgang, der für die Ausbildung der Infektiosität der Viren unerlässlich ist. Die Hemmstoffe sind überwiegend von Peptiden abgeleitet, welche die Proteasespaltstellen in den Vorläuferproteinen simulieren.

> **!** Der Einsatz viraler Chemotherapeutika selektiert Virusvarianten, die durch Mutationen resistent sind.

Wegen der hohen Fehlerrate der viralen Replikationssysteme kommt es bei Einsatz von antiviralen Chemotherapeutika schnell zur Bildung von Virusvarianten, die durch die jeweiligen Substanzen nicht mehr hemmbar sind und deswegen bei ihrem Einsatz selektiert werden. Ein besonderes Problem ist die Therapie von Infektionen mit Humanen Immundefizienzviren. Schon kurze Zeit nach Einsatz von Hemmstoffen der reversen Transkriptase kommt es zu resistenten HI-Viren. Diese zeichnen sich durch Veränderungen der Aminosäuresequenz der reversen Transkriptase an den Bindungsstellen des Hemmstoffs aus. Da diese sich bei verschiedenen Hemmstoffen unterscheiden, setzt man heute **Kombinationen** der Nucleosidanaloga zur Therapie der HIV-Infektion ein und ergänzt das Spektrum durch nichtnucleosidische Inhibitoren und Hemmstoffe der Protease. Auf diese Weise soll es dem Virus unmöglich gemacht werden, alle für eine Resistenzentwicklung notwendigen Proteinregionen zu verändern, ohne dass dadurch auch die Überlebensfähigkeit der Viren beeinträchtigt wird.

In Kürze

Präventive Maßnahmen gegen Virusinfektionen sind:
- Die **passive Immunisierung**, das heißt die Verabreichung von Immunglobulinen. Dies ist eine Möglichkeit, nach bereits erfolgter Exposition mit bestimmten Viren die Infektion frühzeitig einzugrenzen und die Erkrankung zu verhindern
- Die **aktive Immunisierung**. Hierbei täuscht man dem Organismus die Infektion mit einem bestimmten Virus vor, indem man abgetötete (inaktivierte) oder vermehrungsfähige, jedoch abgeschwächt wirkende (attenuierte) Viren in den Körper inokuliert. Das Immunsystem reagiert darauf mit der Ausbildung von Abwehrstoffen (Antikörpern und zytotoxischen T-Zellen). Diese schützen den Organismus bei einem späteren Kontakt mit den pathogenen Viren vor der Infektion und vor der Erkrankung

Durch Chemotherapie soll die Virusvermehrung im Körper unterbunden und der Erkrankungsverlauf positiv beeinflusst werden. Als **Chemotherapeutika** haben sich v.a. bewährt:
- Hemmstoffe der viralen für die Replikation benötigten Nucleinsäure-Polymerasen
- Hemmstoffe der viralen Proteasen, die für die Spaltung der primär synthetisierten Polyproteine in die funktionellen Proteine benötigt werden

Der Einsatz derartiger Wirkstoffe ist jedoch problematisch, weil die Viren durch ihre hohe Mutationsrate rasch Resistenzen gegen die therapeutischen Stoffe entwickeln.

Literatur

Monographien und Lehrbücher

Adam D, Doerr HW, Link H (2003) Die Infektiologie, 1. Auflage, Springer-Verlag, Berlin Heidelberg New York

Dörries R, Geginat G (2004) Medizinische Mikrobiologie, 3. Auflage, Thieme-Verlag, Stuttgart

Evans AS, Kaslow RA (1997) Viral Infections of Humans. 4. Aufl., Plenum Publishing Cooperation, New York, London

Fields BN, Knipe DM, Howley PM (2000) Virology. 2 Bände, 3. Aufl., Lippincott-Raven Publishers., New York

Hacker J, Heesemann J (2005) Molekulare Infektionsbiologie – Interaktionen zwischen Mikroorganismen und Zellen. 2.Auflage, Spektrum Akademischer Verlag, Heidelberg

Hahn H, Falke D, Kaufmann SHE (2004) Medizinische Mikrobiologie und Infektiologie. 5. Aufl., Springer-Verlag, Berlin Heidelberg New York

Jilg W (1996) Schutzimpfungen – Kompendium zum aktiven und passiven Impfschutz. ecomed Verlagsgesellschaft, Landsberg

Kayser FH, Bienz KA, Eckert J, Zinkernagel RM (2005) Medizinische Mikrobiologie. 9. Auflage, Georg Thieme Verlag, Stuttgart

Köhler W, Eggers HJ, Fleischer B (2001) Medizinische Mikrobiologie. 7. Aufl., Gustav-Fischer-Verlag, Stuttgart

Levine AJ (1991) Viren – Diebe, Mörder und Piraten. Spektrum Akademischer Verlag, Heidelberg

Marre R, Mertens T, Trautmann M, Vanek E (2000) Klinische Infektiologie. 1. Aufl., Urban und Fischer-Verlag, München

Medina-Kauwe LK (2003) Endocytosis of adenovirus and adenovirus capsid proteins Advanced Drug Delivery Reviews 55:1485–1496

Meier O, Greber UF (2004) Adenovirus endocytosis. J Gene Med 6:S152–S163

Mims CA, Playfair JHL, Roitt IM (2002) Medizinische Mikrobiologie. Verlag Ullstein-Mosby, Wiesbaden

Modrow S, Falke D, Truyen U (2003) Molekulare Virologie. 2. Aufl., Spektrum Akademischer Verlag, Heidelberg

Modrow S (2001) Viren, Grundlagen, Krankheiten, Therapien. Serie Wissen. 1. Aufl., Verlag C.H. Beck, München

Russel CJ, Jardetzky TS, Lamb RA (2001) Membrane fusion maschines of paramyxoviruses: capture of intermediates of fusion. EMBO J 20:4024–4034

Thomssen R (2001) Schutzimpfungen, Grundlagen, Vorteile, Risiken. Serie Wissen. 1. Aufl., Verlag C.H. Beck, München

Links im Netz

▶ www.lehrbuch-medizin.de/biochemie

III Stoffwechsel der Zelle: Intermediärstoffwechsel

11 Stoffwechsel von Glucose und Glycogen

Georg Löffler

11.1 Abbau der Glucose – 358
11.1.1 Die Glycolyse und der Stoffwechsel von Fructose – 358
11.1.2 Der Hexosemonophosphat-Weg – 365

11.2 Der Glycogenstoffwechsel – 368
11.2.1 Glycogenbiosynthese – 368
11.2.2 Glycogenabbau – 370

11.3 Die Gluconeogenese – 372

11.4 Regulation von Glucoseaufnahme und -phosphorylierung – 375
11.4.1 Glucosetransportproteine – 375
11.4.2 Bildung und Verwertung von Glucose-6-phosphat – 377

11.5 Regulation des Glycogenstoffwechsels – 380

11.6 Regulation von Glycolyse und Gluconeogenese – 386
11.6.1 Induktion und Repression von Enzymen der Glycolyse und Gluconeogenese – 386
11.6.2 Allosterische Regulation von Schlüsselenzymen der Glycolyse – 388
11.6.3 Allosterische Regulation der Gluconeogenese – 391

11.7 Pathobiochemie – 393
11.7.1 Erworbene Störungen des Kohlenhydratstoffwechsels – 393
11.7.2 Angeborene Störungen des Kohlenhydratstoffwechsels – 394

Literatur – 396

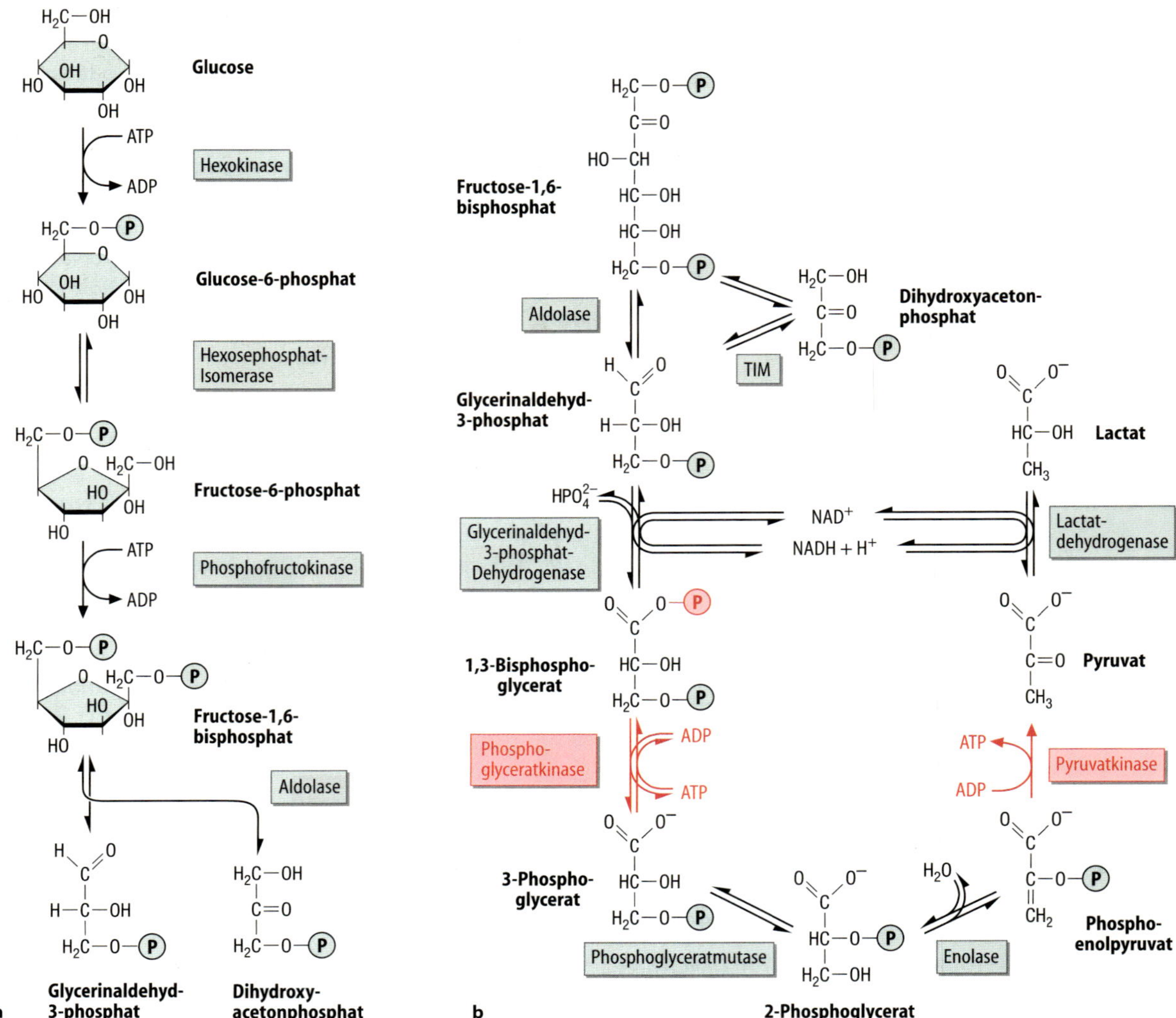

Abb. 11.2. Reaktionsfolge der Glycolyse. a Umwandlung von Glucose in die beiden Triosephosphate Dihydroxyacetonphosphat und Glycerinaldehyd-3-phosphat. **b** Umwandlung von Fructose-1,6-bisphosphat zu Lactat. Zum besseren Verständnis der Aldolasereaktion ist in **b** Fructose-1,6-bisphosphat in der offenkettigen Form dargestellt. Die beiden energieliefernden Reaktionen sind rot hervorgehoben. TIM = Triosephosphatisomerase. (Weitere Einzelheiten ▶ Text)

Bildung von Fructose-1,6-bisphosphat ist die Voraussetzung für diese Aldolspaltung, deren Produkte auch als Triosephosphate bezeichnet werden. Der Reaktionsmechanismus der hierfür verantwortlichen **Fructose-1,6-Bisphosphataldolase** ist in Abbildung 11.3a dargestellt:

- Die Carbonylgruppe des Fructose-1,6-bisphosphats reagiert mit der ε-Aminogruppe eines Lysylrests des Aldolaseenzyms unter Bildung einer Schiff´schen Base
- Diese wird protoniert und destabilisiert damit die C-C-Bindung zwischen den C-Atomen 3 und 4 des Fructose-1,6-bisphosphats sodass die Abspaltung von Glycerinaldehyd-3-phosphat erfolgen kann und das Enzym-gebundene Enolat-Anion des Dihydroxyacetonphosphats übrig bleibt
- Dieses wird nach Deprotonierung hydrolytisch vom Enzym abgespalten

Abbildung 11.3b zeigt eine räumliche Darstellung der Aldolase des Menschen. Die Bindungstasche mit den beiden Substraten Glycerinaldehyd-3-phosphat und Dihydroxyacetonphosphat ist deutlich zu erkennen.

In tierischen Geweben kommen zwei Aldolasen vor, die sich durch ihre Affinität zum Substrat Fructose-1,6-bisphosphat unterscheiden. Die **Aldolase A** wird auch als muskeltypische Form des Enzyms bezeichnet und findet sich in den meisten Geweben, während die **Aldolase B** nur in Leber und Nieren nachzuweisen ist. Beide Enzyme können außer Fructose-1,6-bisphosphat auch Fructose-1-phosphat spalten. Das Verhältnis der Spaltungsgeschwindigkeit von Fructose-1,6-bisphosphat und Fructose-1-phosphat beträgt für das Muskelenzym 50:1, für das Leberenzym jedoch etwa 1:1, was für den Fructosestoffwechsel von Bedeutung ist (▶ u.).

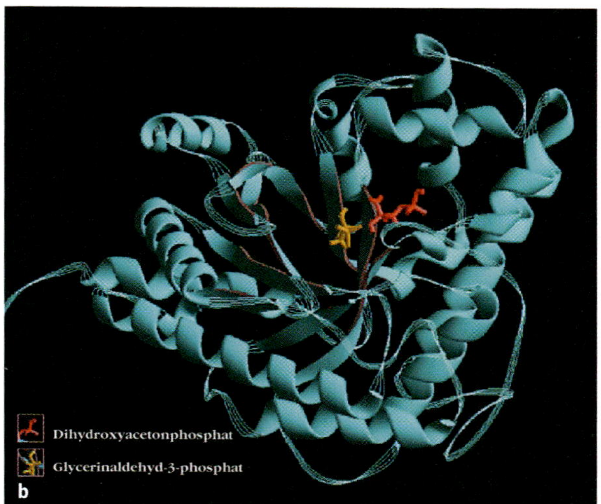

Abb. 11.3. Fructose-1,6-bisphosphat-Aldolase. a Reaktionsmechanismus. Die Carbonylgruppe des Fructose-1,6-bisphosphats reagiert mit der ε-Aminogruppe eines Lysylrests des Aldolaseenzyms unter Bildung einer Schiff'schen Base. Diese wird protoniert und labilisiert damit die C-C-Bindung zwischen den C-Atomen 3 und 4 des Fructose-1,6-bisphosphats. Glycerinaldehyd-3-phosphat wird abgespalten, sodass das enzymgebundene Enolat-Anion des Dihydroxyacetonphosphats übrig bleibt. Dieses wird nach Deprotonierung hydrolytisch vom Enzym abgelöst. **b** Raumstruktur der humanen Fructose-1,6-bisphosphat-Aldolase. Man erkennt die Substratbindungstasche mit den beiden Substraten Glycerinaldehyd-3-phosphat und Dihydroxyacetonphosphat. (Aufnahme von SWISS-3DIMAGE)

Isomerisierung von Glycerinaldehyd-3-phosphat zu Dihydroxyacetonphosphat. Diese Reaktion wird durch die **Triosephosphatisomerase** katalysiert. Durch sie können die beiden Triosephosphate ineinander überführt werden.

> Im zweiten Abschnitt der Glycolyse finden zwei Energieliefernde Reaktionen statt.

In den sich nun anschließenden energieliefernden Reaktionen des zweiten Abschnitts der Glycolyse wird Glycerinaldehyd-3-phosphat zweimal dehydriert, wobei als Endprodukt Pyruvat entsteht, welches in Lactat überführt wird:

Oxidation von Glycerinaldehyd-3-phosphat zu 1,3-Bisphosphoglycerat[1]. Diese Reaktion ist der energiekonservierende Schritt der Glycolyse, da mit ihr die Bildung eines **Carbonsäure-Phosphorsäure-Anhydrids** einhergeht. Wegen der Triosephosphatisomerase beschreitet Dihydroxyacetonphosphat ebenfalls diesen Weg, da es mit der Triosephosphat-Isomerase zu Glycerinaldehyd-3-Phosphat isomerisiert werden kann.

Die für die Reaktion verantwortliche **Glycerinaldehyd-3-phosphat-Dehydrogenase** ist ein Tetramer aus vier identischen Polypeptidketten. Im aktiven Zentrum jeder monomeren Peptidkette befindet sich ein **Cysteinylrest**, dessen SH-Gruppe an der enzymatischen Reaktion teilnimmt. Außerdem ist NAD^+ in einer spezifischen Tasche des Enzyms nichtcovalent gebunden. Der molekulare Mechanismus der Energiekonservierung ist in Abbildung 11.4 dargestellt:

- Die **Carbonylgruppe** des Glycerinaldehyd-3-phosphats reagiert mit der SH-Gruppe im aktiven Zentrum des Enzyms, wobei ein **Thiohalbacetal** gebildet wird

[1] Die Bezeichnung 1,3-Bisphosphoglycerat ist, obwohl allgemein eingeführt, streng genommen nicht korrekt. Da es sich um das Phosphorsäureanhydrid der 3-Phosphoglycerinsäure handelt, müsste es eigentlich 3-Phosphoglyceroylphosphat heißen.

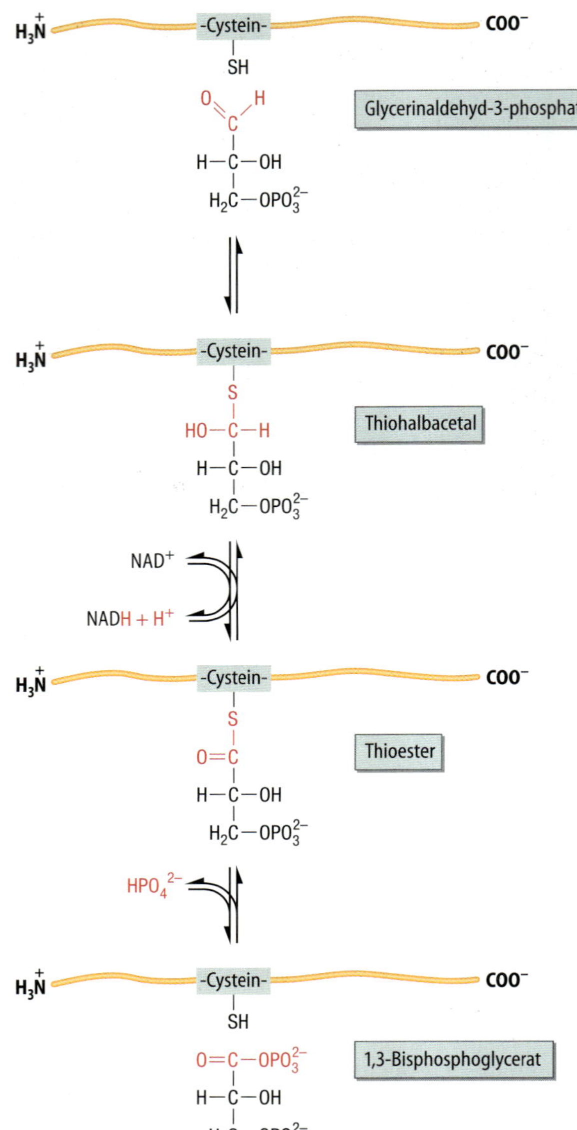

Abb. 11.4. Reaktionsmechanismus der Glycerinaldehyd-3-phosphat-Dehydrogenase. An die funktionelle SH-Gruppe des Enzymproteins addiert sich der Carbonyl-Kohlenstoff des 3-Phosphoglycerinaldehyds. Das entstehende Thiohalbacetal wird zum Thioester reduziert, der phosphorolytisch vom Enzymprotein unter Bildung von 1,3-Bisphosphoglycerat (3-Phosphoglyceroylphosphat) abgespalten wird

- Dieses wird mit dem enzymgebundenen NAD^+ oxidiert, sodass ein **Thioester** entsteht. Im Gegensatz zu Thiohalbacetalen haben Thioester ein hohes Gruppenübertragungspotential und gehören somit zu den energiereichen Verbindungen (► Kap. 4.1.2). Würde man den Thioester durch Hydrolyse unter Bildung von 3-Phosphoglycerat vom Enzym abspalten, so würde die Reaktion mit einem $\Delta G^{0\prime}$ von –48 kJ/mol ablaufen. Dieser Betrag liegt nur wenig unter dem $\Delta G^{0\prime}$ von –67 kJ/mol, der der Oxidation eines Aldehyds zur Säure entspricht
- Die Energiekonservierung beruht darauf, dass der durch Oxidation des Phosphoglycerinaldehyds entstandene Thioester nicht hydrolytisch, sondern **phosphorolytisch** gespalten wird. Dabei entsteht **1,3-Bisphosphoglycerat** und die SH-Gruppe des Enzyms wird regeneriert

Die beiden im 1,3-Bisphosphoglycerat vorliegenden Phosphatgruppen unterscheiden sich grundsätzlich. Diejenige in Position 3 ist ein einfacher Phosphorsäureester, dagegen handelt es sich bei dem Phosphat in Position 1 um ein **gemischtes Phosphorsäureanhydrid**. Phosphorsäureanhydride gehören wie Thioester in die Gruppe energiereicher Verbindungen.

Damit wird durch die phosphorolytische Spaltung das hohe Gruppenübertragungspotential des Thioesters in Form eines gemischten Phosphorsäureanhydrids erhalten, was insgesamt einer **Konservierung** der durch die Redoxreaktion freigewordenen Energie entspricht.

Erste ATP-Bildung. Übertragung des energiereichen Phosphats des 1,3-Bisphosphoglycerats auf ADP **unter Bildung von ATP und 3-Phosphoglycerat**. Das für die Reaktion verantwortliche Enzym ist die **Phosphoglyceratkinase** (► Kap. 29.2.1). Von ihr sind eine Reihe genetischer Defekte bekannt, die zu Störungen der Glycolyse führen. Da in der Glycolyse aus einem Glucosemolekül zwei Moleküle Triosephosphat gebildet werden, werden auch zwei Moleküle ATP erzeugt. Dieser Vorgang wird als **Substratkettenphosphorylierung** bezeichnet.

Bildung von 2-Phosphoglycerat aus 3-Phosphoglycerat. Das hierfür verantwortliche Enzym ist die **Phosphoglyceratmutase**. Für die Übertragung des Phosphatrests von Position 3 nach Position 2 des Phosphoglycerats wird 2,3-Bisphosphoglycerat benötigt (Abb. 11.5).

Bildung von Phosphoenolpyruvat aus 2-Phosphoglycerat. Diese durch das Enzym **Enolase** katalysierte Reaktion schließt die Dehydratation und Umverteilung von Energie innerhalb des Phosphoglycerats ein. Der Phosphatrest in Position 2 des Phosphoenolpyruvats gehört zu den energiereichen Phosphaten (► Kap. 4.1.2).

Zweite ATP-Bildung. Übertragung des energiereichen Enolphosphats des Phosphoenolpyruvats auf ADP unter Bildung von ATP und Pyruvat. Das für die Reaktion verantwortliche Enzym ist die **Pyruvatkinase**. In der Bilanz werden also pro Mol Glucose noch einmal durch Substratkettenphosphorylierung zwei Mol ATP gebildet.

Reduktion von Pyruvat zu L-Lactat. Die hierfür verantwortliche **Lactatdehydrogenase** ist ein tetrameres Enzym, das in Form von fünf verschiedenen Isoenzymen vorkommt, die sich durch ihre Kinetik bei niedrigen Pyruvatkonzentrationen sowie ihre Substratspezifität unterschei-

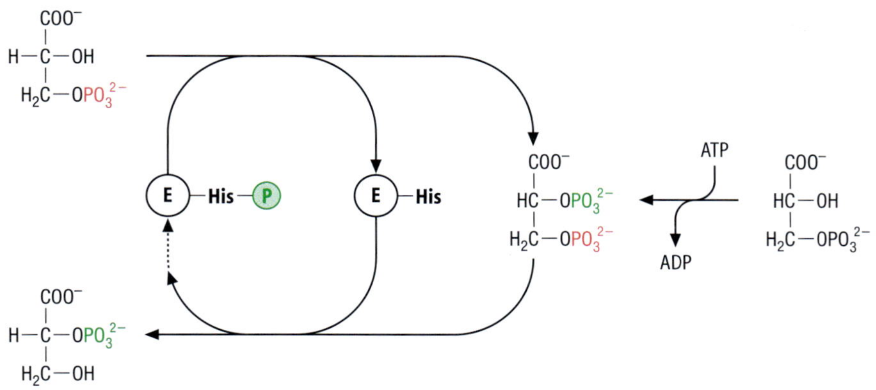

Abb. 11.5. Reaktionsmechanismus der Phosphoglyceratmutase. Das Enzym verfügt über einen Histidylrest, der phosphoryliert sein kann. Der Katalysezyklus startet mit der Übertragung dieses Phosphatrestes auf 3-Phosphoglycerat, wobei 2,3-Bisphosphoglycerat entsteht. Im zweiten Schritt wird das 3-Phosphat des 2,3-Bisphosphoglycerats auf den Histidylrest der Mutase übertragen, sodass das phosphorylierte Enzym und 2-Phosphoglycerat entstehen. Da das Histidylphosphat auch hydrolytisch abgespalten werden kann, kann 2,3-Bisphosphoglycerat auch durch eine spezifische Kinase aus 3-Phosphoglycerat gebildet werden. E = Phosphoglyceratmutase

den (► Kap. 4.2.3). Als Reduktionsmittel dient **NADH**, das dabei zu NAD^+ reoxidiert wird. Da damit das für die Glycerinaldehyd-3-phosphat-Dehydrogenase benötigte NAD^+ **regeneriert** wird, kann die Glycolyse auch bei vollständigem Sauerstoffmangel ablaufen.

In den **Erythrozyten** der Säugetiere, einiger Vögel und Reptilien sowie vieler Amphibien kann der durch Phosphoglyceratkinase katalysierte Schritt umgangen werden (► Kap. 29.2.1). Mit Hilfe der **Bisphosphoglyceromutase** wird 1,3-Bisphosphoglycerat unter Verlust der energiereichen Bindung in **2,3-Bisphosphoglycerat** umgewandelt. Dieses wirkt am Hämoglobin als allosterischer Effektor, durch den die Sauerstoffbindungskurve des Hämoglobins nach rechts verschoben wird. In Anwesenheit von 2,3-Bisphosphoglycerat wird damit den Erythrozyten die Abgabe des Sauerstoffs an die Gewebe erleichtert (► Kap. 29.2.1). Ein Abbau von 2,3-Bisphosphoglycerat erfolgt durch die **2,3-Bisphosphoglyceratphosphatase**, wobei 3-Phosphoglycerat und anorganisches Phosphat entsteht.

Die meisten Reaktionen der Glycolyse sind grundsätzlich reversibel. Dies trifft jedoch nicht zu für die durch:
- **Hexokinase** (Glucokinase)
- **Phosphofructokinase** sowie
- **Pyruvatkinase**

katalysierten Reaktionen.

Diese sind unter physiologischen Bedingungen irreversibel und werden umgangen, wenn Glucose aus Nicht-Kohlenhydrat-Vorstufen synthetisiert werden muss. Die Umgehungsreaktionen werden ausführlich im Abschnitt Gluconeogenese (► Kap. 11.3) besprochen.

! In Hefezellen endet die Glycolyse mit der Erzeugung von Ethanol.

In der **Hefezelle** endet unter anaeroben Bedingungen die Glycolyse nicht beim Lactat. Hier wird vielmehr Pyruvat zunächst durch Decarboxylierung in **Acetaldehyd** umgewandelt, welches dann analog der Lactatdehydrogenase durch die **Alkoholdehydrogenase** in einer NADH-abhängigen Reaktion zu **Ethanol** reduziert wird. Damit wird auch hier das für die Glycolyse benötigte NAD^+ regeneriert:

$$\text{Pyruvat} \rightarrow \text{Acetaldehyd} + CO_2$$

$$\text{Acetaldehyd} + \text{NADH} + H^+ \rightleftharpoons \text{Ethanol} + NAD^+$$

Die Decarboxylierung des Pyruvats zum Acetaldehyd ähnelt der Anfangsreaktion des **Pyruvatdehydrogenase-Komplexes** (► Kap. 14.2). Wie dort benötigt die **Pyruvatdecarboxylase** der Hefe das Vitamin Thiamin in Form des **Thiaminpyrophosphats** als Cofaktor. An diesem Cofaktor wird Pyruvat unter Bildung von **Hydroxyethylthiaminpyrophosphat** decarboxyliert, welches dann zu Thiaminpyrophosphat und Acetaldehyd gespalten wird.

Die anaerobe Glycolyse stellt einen Stoffwechselweg dar, welcher der ATP-Erzeugung in Abwesenheit von Sauerstoff dient. Bei ihr werden 2 mol Glucose zu 2 mol Lactat nach folgender Gleichung zerlegt:

$$\text{Glucose} + 2\,P_i + 2\,\text{ADP} \rightarrow 2\,\text{Lactat} + 2\,\text{ATP};\ \Delta G^{O'} = -136\ \text{kJ/mol}$$

Die eigentliche, zur ATP-Erzeugung führende »energiekonservierende« Reaktion ist die der Glycerinaldehyd-3-phosphat-Dehydrogenase.

! Der anaerobe Abbau von Glucose in der Glycolyse liefert 2 ATP, die vollständige Oxidation wesentlich mehr.

In Tabelle 11.1 ist die Energiebilanz der Glycolyse zusammengefasst. Unter anaeroben Bedingungen werden pro mol Glucose 2 mol ATP benötigt, um das Fructose-1,6-bisphosphat zu bilden. Die beiden energieliefernden Reaktionen

Tabelle 11.1. Energiebilanz der anaeroben Glycolyse

Enzym	Reaktion	ATP-Ausbeute
Hexokinase/ Glucokinase	Glucose + ATP → Glucose-6-P + ADP	– 1 ATP
Phosphofructokinase	Fructose-6-P + ATP → Fructose-1,6-P_2 + ADP	– 1 ATP
Phosphoglyceratkinase	1,3 Bisphosphoglycerat + ADP → 3-Phosphoglycerat + ATP	+ 2 ATP, aus Glucose entstehen zwei 1,3-Bisphosphoglycerat
Pyruvatkinase	Phosphoenolpyruvat + ADP → Pyruvat + ATP	+ 2 ATP, aus Glucose entstehen zwei Phosphoenolpyruvat
	Zusammen	**+ 2 ATP**

der Glycolyse führen zur Bildung von zusammen 4 mol ATP, sodass in der Endbilanz pro mol abgebauter Glucose ein Energiegewinn von **2 mol ATP** erzielt wird.

Unter aeroben Bedingungen wird das in der Glycolyse gebildete Pyruvat in die mitochondriale Matrix transloziert und dort durch den Pyruvatdehydrogenase-Komplex zu **Acetyl-Coenzym A** umgesetzt (▶ Kap. 14.2) und im Citratzyklus zu CO_2 und H_2O abgebaut. Dies führt zu einer im Vergleich zur anaeroben Glycolyse wesentlich günstigeren Energiebilanz:

- Das im Zug der Glycerinaldehyd-3-phosphat-Dehydrogenase anfallende NADH kann in der **Atmungskette** oxidiert werden. Hierzu ist allerdings sein Transport vom cytosolischen in den mitochondrialen Raum erforderlich. Da NADH nicht die innere Mitochondrienmembran passieren kann, stehen für diesen Prozess der **Malatzyklus** sowie der **α-Glycerophosphatzyklus** zur Verfügung (▶ Kap. 15.1.1, 15.1.2). Der Erstere, der im Wesentlichen in der Leberzelle abläuft, führt zur Bildung von mitochondrialem NADH auf Kosten von cytosolischem NADH. Der in manchen Geweben ablaufende α-Glycerophosphatzyklus liefert aus cytosolischem NADH intramitochondriales $FADH_2$
- Das in der mitochondrialen Matrix aus Pyruvat entstehende Acetyl-CoA kann im Citratzyklus zu CO_2 abgebaut werden. Hierbei entstehen pro Pyruvat insgesamt vier NADH/H^+, ein $FADH_2$ sowie ein GTP durch Substratkettenphosphorylierung (▶ Kap. 4.1.2). Über die ATP-Ausbeute bei der Reoxidation von NADH/H^+ bzw. $FADH_2$ durch Atmungskettenphosphorylierung in ▶ Kapitel 15.1.3.

Außerdem kann Pyruvat durch **Transaminierung** in Alanin überführt werden (▶ Kap. 13.3.1), das dann verschiedenen Reaktionen des Aminosäurestoffwechsels zur Verfügung steht (▶ Kap. 13).

! Die Leber ist das wichtigste Organ für den Fructose-Abbau.

Fructose wird in z.T. beträchtlichen Mengen mit der Nahrung zugeführt, im Wesentlichen in Form des Disaccharids **Saccharose** (Speisezucker, Obst). Im Intestinaltrakt wird Saccharose durch die dort lokalisierten **Disaccharidasen** (▶ Kap. 32.2.1) gespalten und die dabei freigesetzte Fructose nach Resorption über die Pfortader zur Leber transportiert. Sie ist das einzige Organ, das Fructose abbauen kann (Abb. 11.6):

- ATP-abhängige Phosphorylierung von Fructose durch die **Fructokinase** zu **Fructose-1-phosphat**
- Spaltung von Fructose-1-phosphat durch die in der Leber und den Nieren vorkommende **Aldolase B**. Die Reaktionsprodukte sind **D-Glycerinaldehyd** und **Dihydroxyacetonphosphat**
- D-Glycerinaldehyd wird durch das Enzym **Triosekinase** zu **Glycerinaldehyd-3-phosphat** phosphoryliert und so in die Glycolyse eingeschleust

Die für den Fructoseabbau benötigten Reaktionen laufen schneller als die Glycolyse ab. Wahrscheinlich ist dies darauf zurückzuführen, dass die durch Glucokinase, Phosphohexose-Isomerase und Phosphofructokinase katalysierten Reaktionen umgangen werden.

! In extrahepatischen Geweben kann Fructose aus Glucose gebildet werden.

In extrahepatischen Geweben findet nur ein außerordentlich langsamer Fructoseabbau statt. Fructose kann jedoch durch die Enzyme des sog. **Polyolwegs** aus Glucose gebildet werden (Abb. 11.7). Dabei katalysiert zunächst das Enzym **Polyoldehydrogenase** (Aldosereduktase) die NADPH/H^+-abhängige Reduktion von Glucose zu **Sorbitol**. Dieses kann seinerseits durch das Enzym **Sorbitoldehydrogenase** (Ketosereduktase) in einer NAD^+-abhängigen Reaktion zu **Fructose** oxidiert werden.

In den Samenblasen läuft diese Reaktion mit besonders hoher Geschwindigkeit ab und liefert die dort in beträchtlichen Mengen produzierte Fructose. Sie ist das wichtigste Substrat zur Deckung des Energieverbrauchs der Spermien. Da die Biosynthese der beiden Enzyme des Polyolwegs in den Samenblasen unter der Kontrolle von Testosteron steht, erlaubt die Bestimmung der Fructosekonzentration in der Spermaflüssigkeit Rückschlüsse auf die Testosteronproduktion der Testes bzw. die Funktion der Samenblasen.

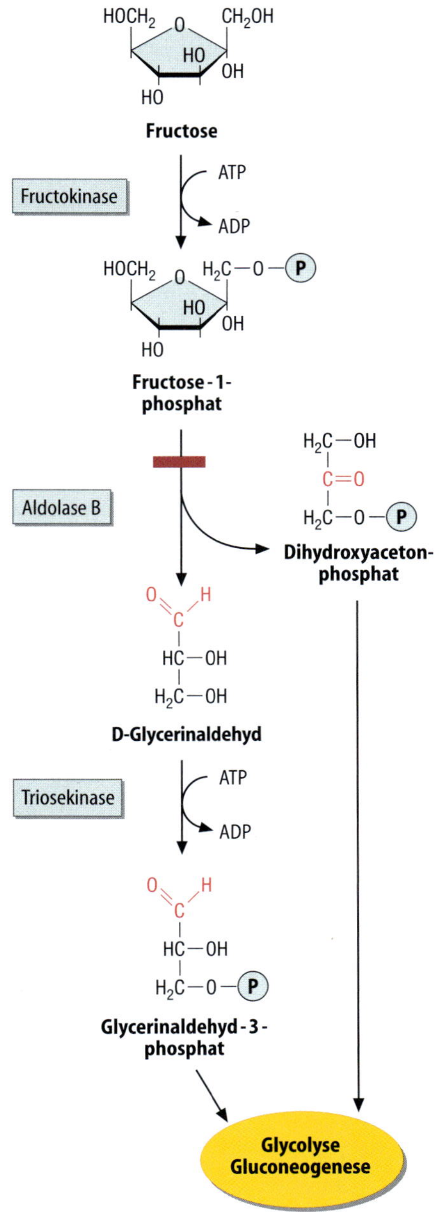

Abb. 11.6. Fructosestoffwechsel der Leber. Die für die Leberzelle typischen Reaktionen des Fructosestoffwechsels sind die durch Fructokinase, Aldolase B und Triosekinase katalysierten Reaktionen. Der rote Balken gibt den bei hereditärer Fructoseintoleranz vorliegenden Enzymdefekt wieder

11.1.2 Der Hexosemonophosphat-Weg

> Im Hexosemonophosphatweg findet eine oxidative Decarboxylierung von Glucose statt.

Im **Hexosemonophosphat-Weg** (Synonyme: Pentosephosphat-Weg, Pentosephosphat-Zyklus) wird im Cytosol aus Glucose-6-phosphat durch Oxidation und Decarboxylierung des C-Atom 1 **Ribulose-5-phosphat** gebildet. Dieses kann zu Ribose-5-phosphat isomerisiert und als essentieller Baustein für die **Nucleotidbiosynthese** benutzt werden. Alternativ wird es in einem zyklischen Prozess in **Fructose-6-phosphat** und **3-Phosphoglycerinaldehyd** umgewandelt. In der Bilanz kann auf diese Weise Glucose im Hexosemonophosphat-Weg durch mehrfaches Zyklisieren vollständig zu CO_2 oxidiert werden. Ein wichtiger Unterschied zur Glycolyse ist, dass der bei den Dehydrierungsreaktionen entstehende Wasserstoff auf $NADP^+$ und nicht auf NAD^+ übertragen wird. NADPH ist u.a. das Wasserstoff-übertragende Coenzym für **reduktive, hydrierende Biosynthesen**, beispielsweise die Fettsäure- oder Steroidhormonbiosynthese (▶ Kap. 12.2.3, 27).

Formal kann man die Reaktionsfolge des Hexosemonophosphat-Wegs in zwei Phasen einteilen:
- Die oxidative Phase beinhaltet die Dehydrierung und Decarboxylierung von Glucose-6-phosphat, wobei die Pentose **Ribulose-5-phosphat** entsteht
- die nicht oxidative Phase führt zur Bildung von **Fructose-6-phosphat** aus Ribulose-5-phosphat

> In der ersten Phase des Hexosemonophosphat-Wegs entstehen NADPH/H und Pentosephosphate.

Das Enzym **Glucose-6-phosphat-Dehydrogenase** katalysiert die Dehydrierung von Glucose-6-phosphat zu **6-Phosphogluconolacton**, wobei $NADPH/H^+$ entsteht (Abb. 11.8). 6-Phosphogluconolacton wird durch eine spezifische Lactonase zu 6-Phosphogluconat hydrolysiert. Der sich anschließende Schritt ist ebenfalls oxidativ und wird durch die **6-Phosphogluconat-Dehydrogenase** katalysiert. Auch dieses Enzym benötigt $NADP^+$ als Wasserstoffakzeptor. Das bei der Reaktion intermediär entstehende 3-Keto-6-Phosphogluconat trägt die Konfiguration einer β-Ketosäure und decarboxyliert sehr rasch spontan, wobei neben CO_2 die Pentose **Ribulose-5-phosphat** entsteht (Abb. 11.8).

Abb. 11.7. Extrahepatische Synthese von Fructose aus Glucose mit Hilfe der Polyoldehydrogenase sowie der Sorbitoldehydrogenase

Glucose — $NADPH/H^+$, $NADP^+$ — Polyoldehydrogenase (Aldosereductase) — Sorbitol — NAD^+, $NADH/H^+$ — Sorbitoldehydrogenase (Ketosereductase) — Fructose

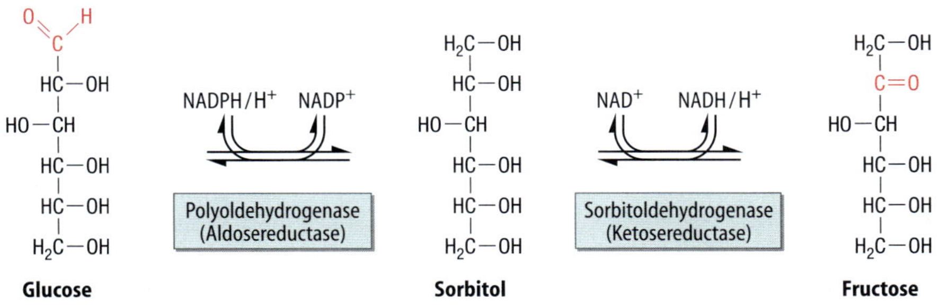

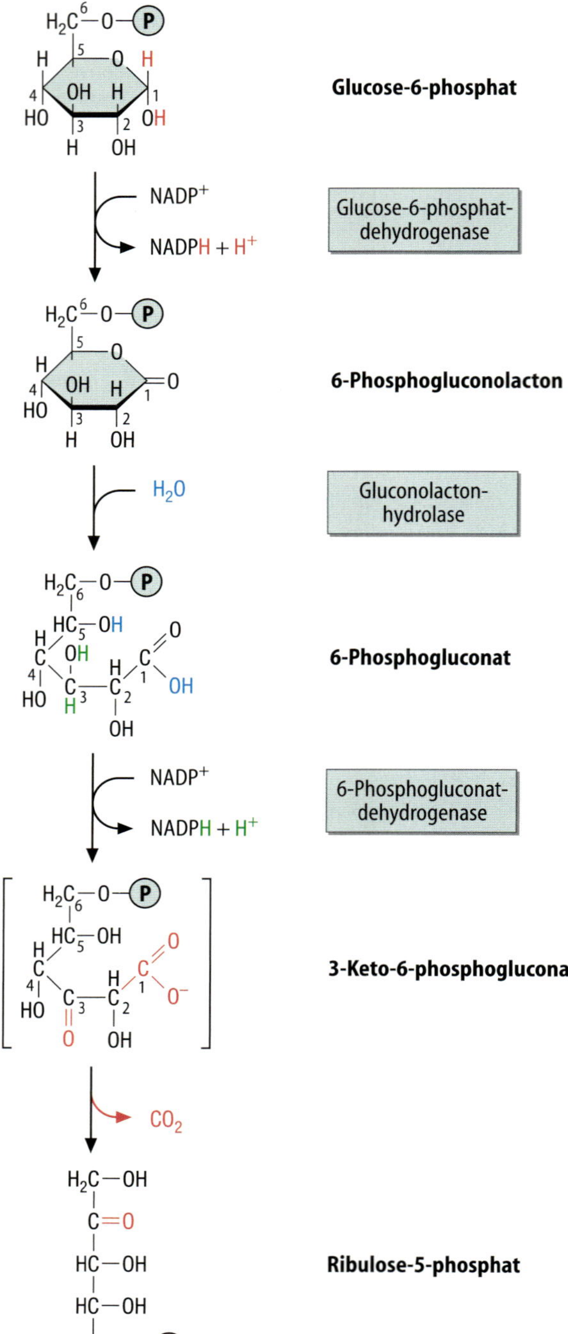

Abb. 11.8. Oxidation und Decarboxylierung von Glucose-6-phosphat zu Ribulose-5-phosphat im Hexosemonophosphatweg

Die Bilanz des nichtoxidativen Teils des Hexosemonophosphat-Wegs ergibt eine Rückgewinnung von Hexosen aus Pentosen.

Für die zweite Phase des Hexosemonophosphat-Wegs sind die beiden Enzyme **Transketolase** und **Transaldolase** von besonderer Bedeutung (Abb. 11.9). Ribulose-5-phosphat ist allerdings kein Substrat dieser Enzyme. Es muss durch zwei weitere Enzyme umgelagert werden. Die Reaktionsfolge läuft folgendermaßen ab:

- Die **Ribulose-5-phosphat-Epimerase** führt zu einer Änderung der Konfiguration am C-Atom 3 der Ribulose, wobei **Xylulose-5-phosphat** entsteht
- Durch die **Ribulose-5-phosphat-Ketoisomerase** kann die entsprechende Aldopentose, nämlich **Ribose-5-phosphat**, gebildet werden. Diese Reaktion gleicht der Umwandlung von Glucose-6-phosphat in Fructose-6-phosphat in der Glycolyse. Ribose-5-phosphat dient als Baustein für die Biosynthese von Nucleosiden und **Nucleotiden** (► Kap. 19.1.1)
- Die **Transketolase** katalysiert die Übertragung der C-Atome 1 und 2 (blau in Abb. 11.9) der Ketose Xylulose-5-phosphat auf den Carbonyl-Kohlenstoff der Aldose Ribose-5-phosphat. Damit entsteht aus Xylulose-5-phosphat und Ribose-5-phosphat der aus 7 C-Atomen bestehende Ketozucker **Sedoheptulose-7-phosphat** sowie die Aldose **Glycerinaldehyd-3-phosphat**. Ein Cofaktor der Transketolase ist **Thiaminpyrophosphat** (► Kap. 23.3.2). Der Ketozucker wird dabei an Thiaminpyrophosphat addiert, nach Aufspaltung des Moleküls bleibt ein Rest aus 2 C-Atomen als **aktiver Glykolaldehyd** am Thiaminpyrophosphat gebunden und wird so übertragen
- Sedoheptulose-7-phosphat und Glycerinaldehyd-3-phosphat reagieren mit dem Enzym **Transaldolase**. Dies führt zur Übertragung eines **Dihydroxyaceton-Rests** aus den C-Atomen 1 bis 3 des Sedoheptulose-7-phosphats (blauer Kasten in Abb. 11.9) auf die Aldose Glycerinaldehyd-3-phosphat. Dabei entstehen **Fructose-6-phosphat** und die Aldose **Erythrose-4-phosphat** mit 4 C-Atomen
- Ein weiteres Molekül Xylulose-5-phosphat dient unter Katalyse der Transketolase als Donor eines aktiven Glykolaldehydes, der auf Erythrose-4-phosphat übertragen wird. Dabei entsteht noch einmal ein Molekül **Fructose-6-phosphat** und **Glycerinaldehyd-3-phosphat**

Fructose-6-phosphat und Glycerinaldehyd-3-phosphat können mit Reaktionen der Gluconeogenese wieder in Glucose-6-phosphat umgewandelt werden. Wenn man die dargestellten Reaktionen also mit 6 Molekülen Glucose-6-phosphat beginnt, endet man in der Bilanz bei 6 CO_2 und 5 Glucose-6-phosphat. Ein Glucosemolekül ist also vollständig zu CO_2 abgebaut worden.

Der Hexosemonophosphat-Weg dient der Erzeugung von NADPH und Ribose-5-phosphat.

Betrachtet man lediglich die Bilanz des Hexosemonophosphat-Wegs in seiner zyklischen Form, so besteht er in einem oxidativen Abbau von Glucose zu CO_2 und NADPH. Im Gegensatz zur Glycolyse enthält er jedoch keine Reaktion,

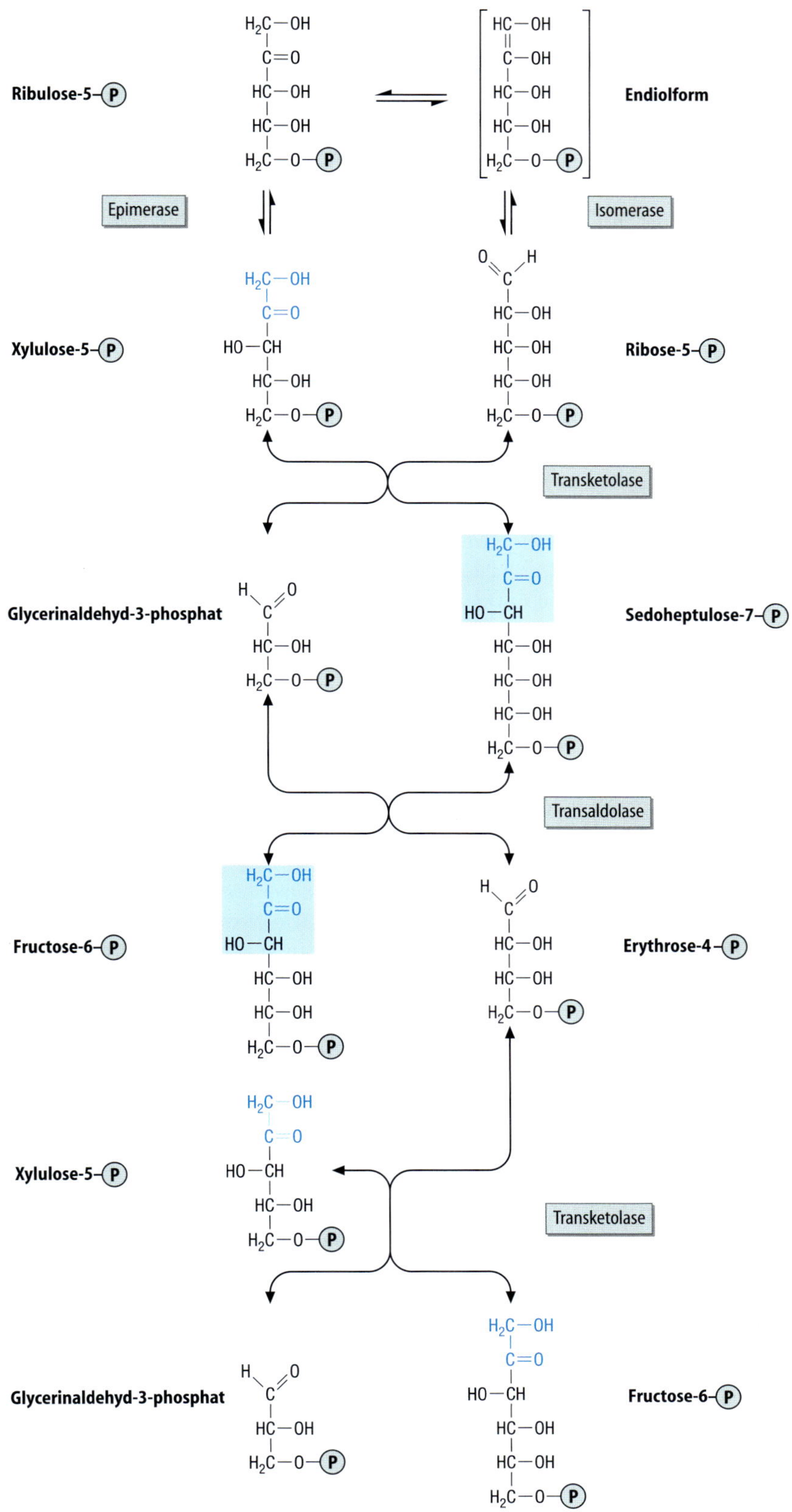

Abb. 11.9. Bildung von Fructose-6-phosphat und Glycerinaldehyd-3-phosphat aus Ribulose-5-phosphat. An dieser Reaktionsfolge sind die Enzyme Ribulose-5-phosphat-Epimerase, Ribulose-5-phosphat-Ketoisomerase, Transketolase und Transaldolase beteiligt. (Einzelheiten ► Text)

die eine Reoxidation des gebildeten NADPH ermöglichen würde. Diese erfolgt vielmehr in anderen Stoffwechselwegen, beispielsweise der Fettsäure- bzw. der Steroidbiosynthese, die unter anaeroben Bedingungen nicht mehr stattfinden, sodass dann auch der Hexosemonophosphat-Weg aus Mangel an $NADP^+$ zum Stillstand kommt. Der Hexosemonophosphat-Weg spielt quantitativ eine besondere Rolle in den Geweben, in denen NADPH-abhängige reduktive Biosynthesen in größerem Umfang ablaufen.

Hierzu gehören:

- die **Leber**, das **Fettgewebe** und die **laktierende Brustdrüse** wegen ihrer sehr aktiven Fettsäurebiosynthese sowie
- die **Nebennierenrinde**, die **Ovarien** und die **Testes** wegen der Cholesterin- und Steroidhormonbiosynthese

Für Erythrozyten ist die Bildung von NADPH im Hexosemonophosphat-Weg von besonderer Bedeutung. Wegen der in ihnen besonders hohen O_2-Konzentration werden die Thiolgruppen wichtiger Proteine (z.B. Glcerinaldehyd-3-phosphat-Dehydrogenase) durch Oxidation zu Disulfidgruppen oxidiert. Dies kann durch die im Erythrozyten vorliegenden hohen Glutathionkonzentrationen verhindert werden, allerdings entsteht dabei Glutathiondisulfid. Dieses wird durch das Enzym **Glutathion-Reduktase** reduziert, wobei NADPH als Wasserstoff-Donor dient (▶ Kap. 29.2.1). Darüber hinaus ist Glutathion für die Peroxydeliminierung von großer Bedeutung (▶ Kap. 15.3).

In Skelettmuskeln und im Herzmuskel ist die Aktivität des Hexosemonophosphat-Wegs dagegen außerordentlich gering.

Da nur geringe Mengen von Pentosen über die Nahrung aufgenommen werden, ist der Hexosemonophosphat-Weg für die Nucleotid- und Nucleinsäure-Biosynthese wichtig (▶ Kap. 19.1.1). Dies trifft auch für diejenigen Gewebe zu, die nur geringe Aktivitäten an Glucose-6-phosphat- und 6-Phosphogluconat-Dehydrogenase aufweisen. Hier laufen die Reaktionen des Hexosemonophosphat-Wegs ausgehend von Fructose-6-phosphat und Glycerinaldehyd-3-phosphat unter Zuhilfenahme der Enzyme Transketolase und Transaldolase bis auf die Stufe der Pentosephosphate rückwärts.

In Kürze

Für alle Zellen des menschlichen Organismus ist Glucose der wichtigste Energielieferant. Die zwei wesentlichsten Stoffwechselwege für ihren Abbau sind:

- die Glycolyse sowie
- der Hexosemonophosphatweg

Läuft die Glycolyse unter anaeroben Bedingungen ab, so ist Lactat (in der Hefe Ethanol) das Endprodukt der Glycolyse. Pro mol Glucose werden 2 mol ATP gebildet. Vom energetischen Standpunkt aus wesentlich ergiebiger ist die physiologischerweise in allen Geweben außer Erythrozyten und Nierenmark stattfindende aerobe Glycolyse, wobei aus Glucose CO_2 und H_2O gebildet wird. Dies setzt das Einschleusen des in der Glycolyse entstehenden Pyruvats in den Citratzyklus voraus. Fructose wird über einen nur in der Leber vorkommenden Nebenweg der Glycolyse in den Stoffwechsel eingeschleust.

Ein alternativer Stoffwechselweg der Glucose ist der Hexosemonophosphat-Weg, der zur Bildung von NADPH und Ribose-5-phosphat führt.

11.2 Der Glycogenstoffwechsel

11.2.1 Glycogenbiosynthese

! Der wichtigste Vorgang für die Glycogenbiosynthese ist die Verlängerung bereits vorhandener Glycogenmoleküle mit UDP-Glucose.

Glycogen lässt sich außer in Erythrozyten in z.T. relativ geringen Mengen in allen Zellen des Organismus nachweisen. Die Hauptmasse findet sich jedoch in **Leber** und **Muskulatur** (◘ Tabelle 11.2). Kurz nach einer kohlenhydratreichen Mahlzeit kann die Leber 5–10% Glycogen enthalten, nach 12–18-stündigem Fasten ist sie dagegen praktisch glycogenfrei. Der Glycogengehalt der Muskulatur steigt normalerweise nicht über 1%.

Die Biosynthese von Glycogen aus Glucose erfolgt in folgenden Schritten:

- Nach Phosphorylierung von Glucose zu **Glucose-6-phosphat** (Hexokinase, Glucokinase) wird dieses durch das Enzym **Phosphoglucomutase** in **Glucose-1-phosphat** überführt. Der Mechanismus des Enzyms entspricht dabei dem der Phosphoglyceratmutase (▶ Kap. 11.1.1). Glucose-1,6-bisphosphat ist ein Zwischenprodukt der Reaktion

◘ Tabelle 11.2. Kohlenhydratspeicher in verschiedenen Geweben des Menschen (maximale Werte)

Gewebe	Konzentration [g/100 g Gewebe]	Gesamtmenge [g]
Leberglycogen	10	150
Muskelglycogen	1	250
Extrazelluläre Glucose	0,1	15
	Zusammen	415

- Für den Einbau von Glucose in Glycogen muss Glucose-1-phosphat aktiviert werden. Hierfür reagiert es mit Uridintriphosphat (UTP) unter Bildung von **Uridindiphosphat-Glucose** (UDP-Glucose) (◘ Abb. 11.10). Das für diese Reaktion verantwortliche Enzym ist die **Glucose-1-phosphat-UTP-Transferase** oder UDP-Glucose-Pyrophosphorylase. Es katalysiert die Knüpfung einer Phosphorsäureanhydridbindung zwischen dem 1-Phosphat der Glucose und dem α-Phosphat des UTP, wobei dessen β- und γ-Phosphate als Pyrophosphat abgespalten werden. Da Pyrophosphatasen in jeder Zelle in hoher Aktivität vorkommen, wird dieses rasch in anorganisches Phosphat gespalten, was das Gleichgewicht der UDP-Glucose-Biosynthese in Richtung der UDP-Glucose verschiebt
- Unter Einwirkung des Enzyms **UDP-Glycogen-Transglucosylase** oder **Glycogensynthase** wird das auf diese Weise aktivierte Glucosemolekül auf ein Starter-Glycogen (*primer-glycogen*) übertragen (◘ Abb. 11.11). Hierbei wird eine **glycosidische Bindung** zwischen dem C-Atom 1 der aktivierten Glucose und dem C-Atom 4 des terminalen Glucosylrests am Starter Glycogen geknüpft. Uridindiphosphat wird frei und in einer ATP-abhängigen Reaktion zum Uridintriphosphat rephosphoryliert (Nucleosiddiphosphat-Kinase, ► Kap. 19.1.1). Auf diese Weise werden die Zweige des Glycogenbaums durch α1,4-glycosidische Bindungen verlängert

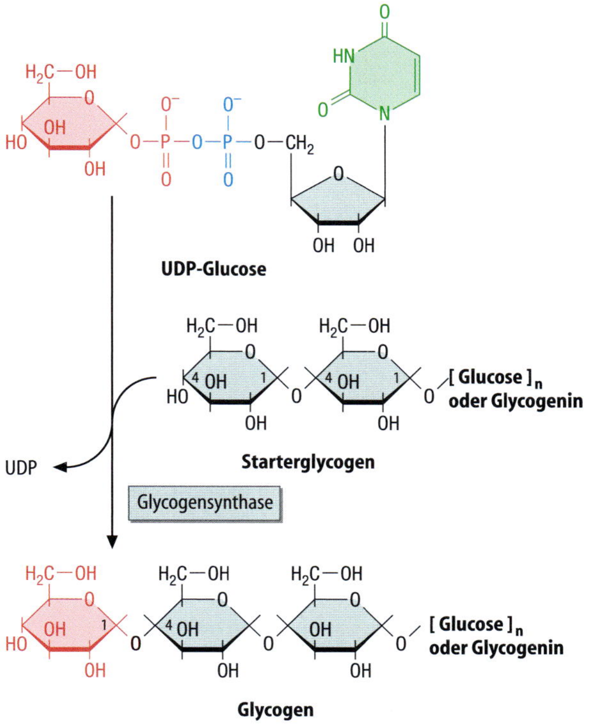

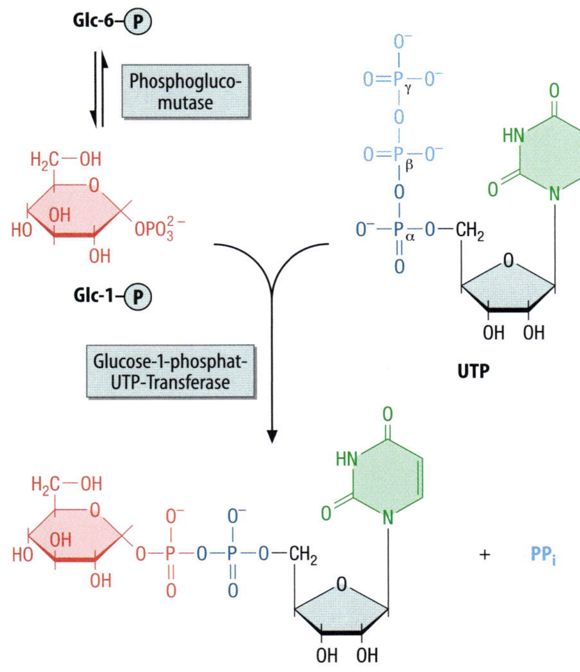

◘ Abb. 11.10. Bildung von UDP-Glucose aus Glucose-6-phosphat. Glucose-6-phosphat wird durch die Phosphoglucomutase in Glucose-1-phosphat überführt, welches mit UTP zu UDP-Glucose reagiert

◘ Abb. 11.11. Mechanismus der Kettenverlängerung im Glycogen durch die Glycogen-Synthase. Der Glucoserest der UDP-Glucose wird auf die terminale 4-OH-Gruppe eines Starter-Glycogens übertragen, wobei UDP freigesetzt und das Glycogen um eine Glycosyleinheit verlängert wird. Als Starter-Glycogen dient normalerweise schon vorhandenes zelluläres Glycogen. Glycogenin wird nur bei der *de novo* Synthese eines Glycogen-Makromoleküls verwendet

- Hat die Kette eine Länge von 6–11 Glucoseresten erreicht, so tritt als weiteres Enzym das *branching enzyme* oder die **Amylo-1,4→1,6-Transglucosylase** in Aktion. Dieses Enzym überträgt einen aus wenigstens 6 Glucoseresten bestehenden Teil der 1,4-glycosidisch verknüpften Kette auf einen Glucoserest dieser oder einer benachbarten Kette, wobei eine 1,6-glycosidische Bindung entsteht (◘ Abb. 11.12). Durch diesen Vorgang kommt es zu den für Glycogen (und Stärke) typischen Verzweigungsstellen

! Für die *de novo* Synthese von Glycogen ist das Protein Glycogenin erforderlich.

Der oben dargestellte Mechanismus erklärt nicht die Neuentstehung von Glycogenmolekülen. Hierfür wird das Protein **Glycogenin** benötigt:
- Glycogenin ist ein cytosolisches Protein, welches eine **Glycosyltransferase-Aktivität** aufweist
- Dank dieser Aktivität ist Glycogenin imstande, sich selbst an einem **Tyrosylrest** zu glycosylieren. Insgesamt werden bis zu 8 Glucosylreste autokatalytisch angefügt. Der Donor der Glycosylgruppe ist UDP-Glucose

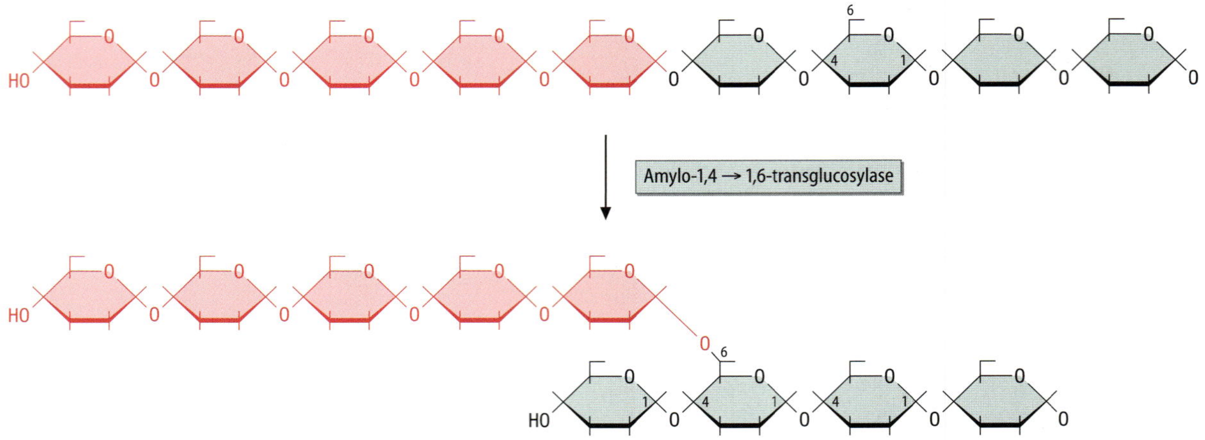

Abb. 11.12. Biosynthese der Verzweigungsstellen in Glycogenmolekülen durch die Amylo-1,4→1,6-Transglucosylase. Zur Vereinfachung wurden die Hydroxylgruppen weggelassen. (Einzelheiten ► Text)

- An das glycosylierte Glycogenin lagert sich die **Glycogensynthase** an und beginnt mit der Anheftung weiterer Glucosereste wie oben beschrieben
- Die anderen Enzyme der Glycogensynthese vervollständigen dann das Glycogenmolekül

11.2.2 Glycogenabbau

Der Abbau des Glycogens erfolgt nicht, wie eigentlich nach seiner Struktur anzunehmen wäre, durch eine hydrolytische Abspaltung der einzelnen Glucosereste. Vielmehr entsteht bei der **Glycogenolyse** aus Glycogen Glucose-1-phosphat und nach Isomerisierung Glucose-6-phosphat:

- Das erste Produkt des Glycogenabbaus ist **Glucose-1-phosphat**. Es entsteht durch **phosphorolytische** Spaltung der 1,4-glycosidischen Bindungen im Glycogen. Das hierfür verantwortliche Enzym ist die **Glycogen-Phosphorylase** (Abb. 11.13). Dieses Enzym ist für den Glycogenabbau (Glycogenolyse) reaktionsgeschwindigkeitsbestimmend. Die aus zwei identischen Untereinheiten bestehende Glycogen-Phosphorylase trägt an jeder Untereinheit ein covalent gebundenes **Pyridoxalphosphat** (► Kap. 23.3.5). Anders als bei den Enzymen des Aminosäurestoffwechsels ist hier die Phosphatgruppe des Pyridoxalphosphats in die Katalyse eingeschaltet
- Die Phosphorylase baut Glycogen so lange ab, bis die äußeren Ketten des Glycogenmoleküls eine Länge von etwa 4 Glucoseeinheiten, gerechnet von einer 1,6-glycosidischen Verzweigungsstelle erreicht haben
- Jetzt wird unter Einwirkung des *debranching enzyme* (»Entzweigungsenzym«) durch dessen **α(1,4)→ α(1,4)-Glucantransferaseaktivität** eine Trisaccharideinheit auf eine andere Kette übertragen, wobei die Verzweigungspunkte freigelegt werden. Die Spaltung der 1,6-glycosidischen Bindung erfolgt hydrolytisch durch die **Amylo-1,6-Glucosidaseaktivität** des *debranching enzyme* (Abb. 11.14). Nur die 1,6-glycosidischen Bindungen werden somit hydrolytisch gespalten, was im

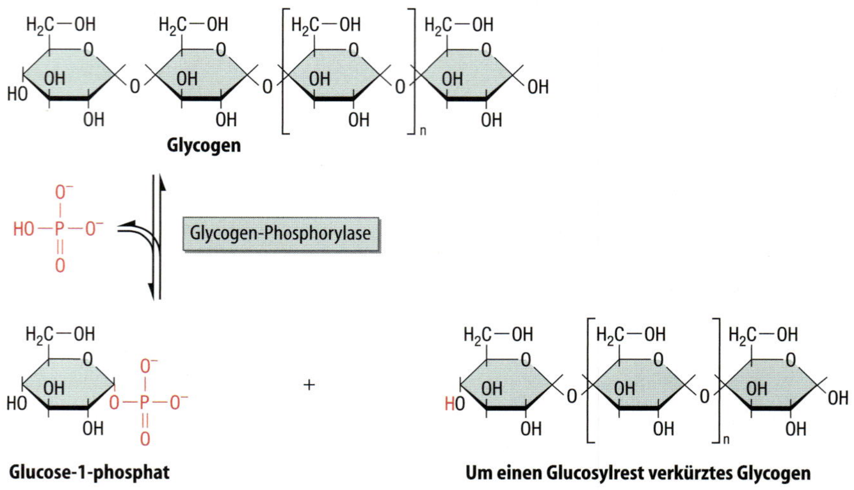

Abb. 11.13. Phosphorolytische Spaltung des Glycogens zu Glucose-1-phosphat unter Katalyse der Glycogen-Phosphorylase

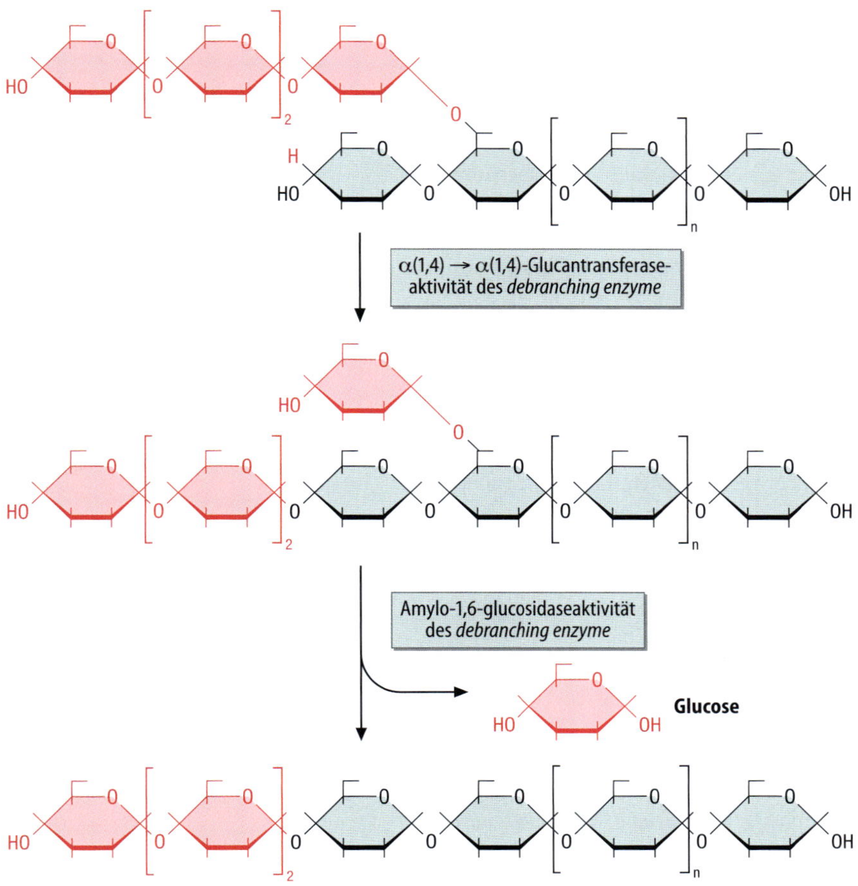

Abb. 11.14. Abbau der Verzweigungsstellen im Glycogenmolekül durch die α (1,4)→α (1,4)-Glucantransferase- sowie die Amylo-1,6-Glucosidaseaktivität des *debranching enzyme*. Zur Vereinfachung sind die Hydroxylgruppen weggelassen. (Einzelheiten ► Text)

Gegensatz zur phosphorolytischen Spaltung durch die Phosphorylase zur Bildung von freier Glucose führt. Durch die gemeinsame Wirkung des *debranching enzyme* sowie der Phosphorylase wird Glycogen zu **Glucose-1-phosphat** und **Glucose** abgebaut

Wegen der Reversibilität der Phosphoglucomutase wird Glucose-1-phosphat leicht in Glucose-6-phosphat umgewandelt. Zur Glucosefreisetzung muss Glucose-6-phosphat unter Katalyse der Glucose-6-Phosphatase zu Glucose und P_i gespalten werden. Dieses Enzym ist in hohen Aktivitäten nicht in der Muskulatur wohl aber in Leber und Nieren vorhanden. Aus diesem Grund nehmen auch nur diese beiden Organe an der Aufrechterhaltung der Blutglucosekonzentration teil.

In Kürze

Glycogen ist das wichtigste Speicherkohlenhydrat tierischer Gewebe. Es kommt in unterschiedlichen Konzentrationen in allen Zelltypen außer den Erythrozyten vor. Mengenmäßig am bedeutendsten sind die Glycogenvorräte in

- Leber (maximal 10 g/100 g Gewebe) sowie
- Skelettmuskulatur (maximal 1 g/100 g Gewebe)

Glycogen wird bei ausreichendem Kohlenhydratangebot synthetisiert. Hierzu ist die Aktivierung von Glucose zu UDP-Glucose notwendig. Die Glycogensynthase knüpft Glucoseeinheiten an bereits bestehendes Glycogen oder an das Glycoprotein Glycogenin. Das *branching enzyme* führt die Verzweigungen im Glycogenmolekül ein.

Für den Glycogenabbau ist die Glycogenphosphorylase verantwortlich, die eine phosphorolytische Spaltung der glycosidischen Bindungen im Glycogen unter Bildung von Glucose-1-phosphat ermöglicht. Für die Entfernung von Verzweigungsstellen ist das *debranching enzyme* notwendig. Glucose-1-phosphat kann zu Glucose-6-phosphat und – in der Leber und in den Nieren – in Glucose umgewandelt werden.

11.3 Die Gluconeogenese

Drei Schlüsselreaktionen unterscheiden Gluconeogenese und Glycolyse.

Die Glucosebiosynthese aus Nicht-Kohlenhydratvorstufen wird als **Gluconeogenese** bezeichnet. Sie stellt die Versorgung des Organismus mit Glucose dann sicher, wenn diese nicht mit der Nahrung aufgenommen wird. Dies ist von besonderer Bedeutung für die **Erythrozyten** (► Kap. 29.2) und das **Nierenmark** (► Kap. 28.1), die Glucose als einzige Energiequelle benutzen. Auch das Nervensystem ist auf die Verwertung von Glucose angewiesen. Erst nach mehrtägigem Fasten erlangt es die Fähigkeit zur Oxidation von Ketonkörpern (► Kap. 31.1.1). Glucose ist darüber hinaus der einzige Brennstoff, der vom **Skelettmuskel** unter anaeroben Bedingungen verbraucht werden kann. Glucose dient schließlich als Substrat der verschiedenen Saccharidbiosynthesen, z.B. der **Lactosesynthese** in der Milchdrüse (► Kap. 17.1.3) oder der Bausteine, die für die **Heteropolysaccharid-Biosynthese** benötigt werden.

Bei Säugern und damit beim Menschen ist die enzymatische Ausstattung zur vollständigen Synthese von Glucose nur in Leber und Nieren vorhanden.

Als Ausgangspunkt für die Gluconeogenese dient das von Muskulatur und Erythrozyten produzierte **Lactat**, sowie das **Glycerin**, das durch das Fettgewebe freigesetzt wird (► Kap. 16.1.2). Von besonderer Bedeutung sind außerdem die verschiedenen **glucogenen Aminosäuren**, die vor allem in der Muskulatur durch Proteolyse entstehen (► Kap. 16.1.2).

Die Reaktionen der Gluconeogenese sind überwiegend eine Umkehr der Glycolyse. Allerdings müssen die drei irreversiblen Reaktionen, die **Glucokinase** (Hexokinase), die **Phosphofructokinase** sowie die **Pyruvatkinase** aus thermodynamischen Gründen umgangen werden (Abb. 11.15). Das $\Delta G^{0\prime}$ aller drei Reaktionen ist so negativ, dass ein nennenswerter Substratdurchsatz bei den in der Zelle vorkommenden Metabolitkonzentrationen in der für die Gluconeogenese notwendigen Richtung unmöglich ist.

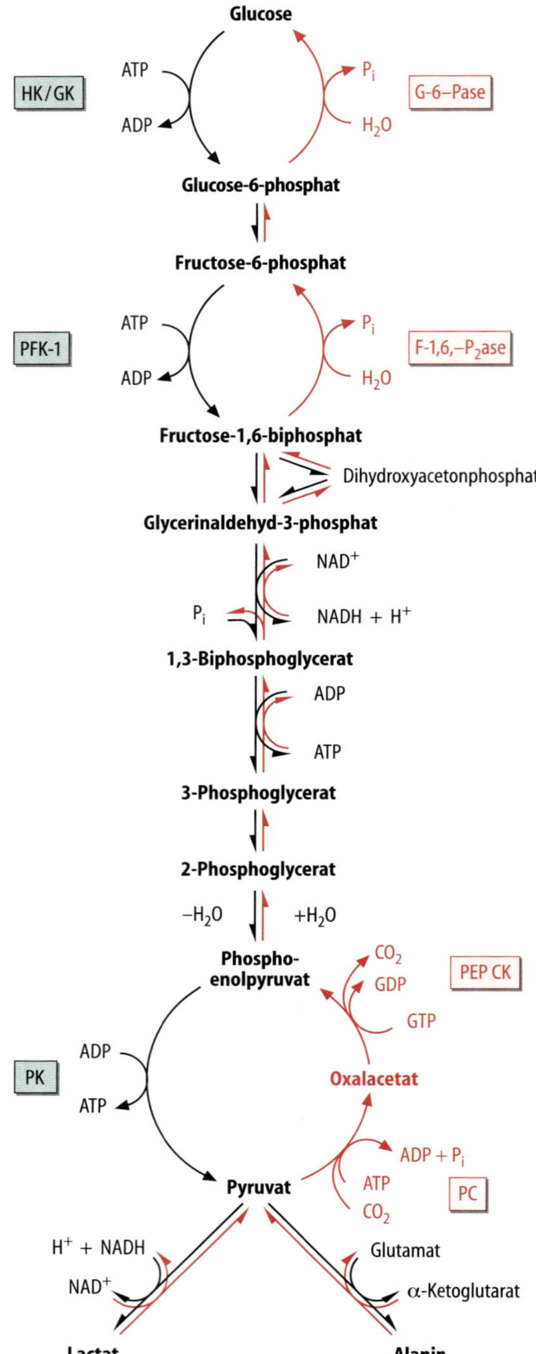

Abb. 11.15. Einzelreaktionen von Glycolyse und Gluconeogenese. Die Reaktionsfolge der Gluconeogenese ist rot hervorgehoben. Es wird ersichtlich, dass die Bildung von Phosphoenolpyruvat aus Pyruvat, von Fructose-6-phosphat aus Fructose-1,6-bisphosphat sowie von Glucose aus Glucose-6-phosphat eine andere enzymatische Ausstattung benötigt als die Glycolyse. Enzyme, durch die sich Glycolyse und Gluconeogenese unterscheiden, sind rot hervorgehoben. HK = Hexokinase; GK = Glucokinase; G-6Pase = Glucose-6-Phosphatase; PFK-1 = Phosphofructokinase-1; F-1,6-P_2ase = Fructose-1,6-Bisphosphatase; PK = Pyruvatkinase; PC = Pyruvatcarboxylase; PEPCK = Phosphoenolpyruvat-Carboxykinase. (Weitere Einzelheiten ► Text)

Umgehung der Pyruvatkinase. Betrachtet man die Gluconeogenese aus Lactat oder Alanin, so ist nach Umwandlung dieser Verbindungen in Pyruvat die erste für die Gluconeogenese typische Reaktionssequenz die Bildung von **Phosphoenolpyruvat** (Abb. 11.16).

Die Umgehung der Pyruvatkinase kommt durch folgende Reaktionen zustande:

- Durch das mitochondriale Enzym **Pyruvatcarboxylase** wird Pyruvat zu **Oxalacetat** carboxyliert. Diese Reaktion ist auch eine der sog. **anaplerotischen Reaktionen** des Citratzyklus und dient somit der Wiederauffüllung des Zyklus mit Verbindungen aus vier C-Atomen, wenn diese durch etwaige Biosynthesen verbraucht werden (► Kap. 14.4). Die Pyruvatcarboxylase gehört in die Gruppe der **biotinabhängigen** Carboxylasen (► Kap. 23.3.7)

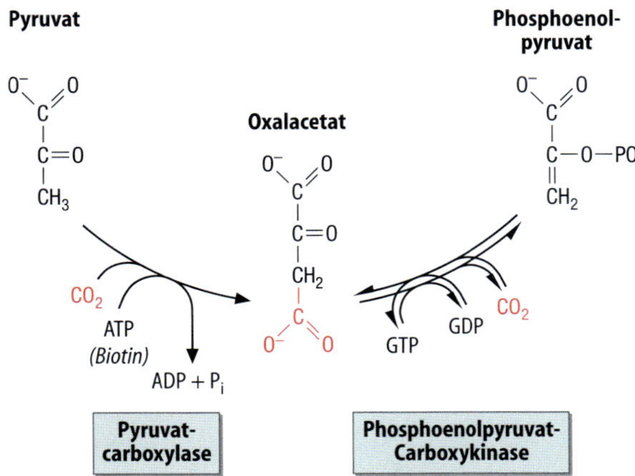

Abb. 11.16. Biotinabhängige Carboxylierung von Pyruvat zu Oxalacetat und Decarboxylierung und Phosphorylierung von Oxalacetat zu Phosphoenolpyruvat

- Durch die **Phosphoenolpyruvat-Carboxykinase** (PEPCK) wird nun das durch die Pyruvatcarboxylase gebildete Oxalacetat decarboxyliert und gleichzeitig phosphoryliert. Die Triebkraft für die Bildung des Phosphoenolpyruvats liegt in der Decarboxylierung des Oxalacetats, wobei gleichzeitig die Einführung einer energiereichen Enolphosphat-Bindung durch Verbrauch von GTP möglich ist. Formal gehört die Reaktion ebenfalls in die Gruppe der CO_2-fixierenden Reaktionen, da sie reversibel ist. Im Gegensatz zur Pyruvatcarboxylase ist hier jedoch Biotin nicht als Coenzym beteiligt

Die Phosphoenolpyruvat-Carboxykinase ist überwiegend cytosolisch lokalisiert. Da Oxalacetat mangels eines entsprechenden Transportsystems nicht durch die mitochondriale Innenmembran gelangen kann, müssen die in Abb. 11.17 dargestellten Transportzyklen eingeschaltet werden:

- Intramitochondriale Reduktion von Oxalacetat zu Malat (mitochondriale Malatdehydrogenase)
- Export von Malat ins Cytosol durch den Dicarboxylat-Carrier (▶ Kap. 15.1.1)
- Oxidation des Malates durch die cytosolische Malatdehydrogenase

Eine Alternative dazu ist die mitochondriale Reaktion von Oxalacetat mit Acetyl-CoA unter Bildung von Citrat. Das Citrat wird durch den Tricarboxylatcarrier aus den Mitochondrien exportiert und durch die cytosolische ATP-Citrat-Lyase zu Oxalacetat und Acetyl-CoA gespalten. Dieser Weg ist allerdings nur dann möglich, wenn das damit ebenfalls in das Cytosol transportierte Acetyl-CoA verwertet werden kann, z.B. durch Fettsäure- oder Cholesterinbiosynthese.

Umgehung der Phosphofructokinase-1. Die Umwandlung von Fructose-1,6-bisphosphat zu Fructose-6-phosphat, die durch die Phosphofructokinase nicht katalysiert werden kann, erfolgt durch eine **Fructose-1,6-Bisphosphatase.** Das Enzym kommt in der Leber und in den Nieren sowie in geringer Aktivität auch im quer gestreiften Muskel vor.

Umgehung der Glucokinase (Hexokinase). Die Glucosebildung aus Glucose-6-phosphat ist nur in Gegenwart einer weiteren spezifischen Phosphatase, der **Glucose-6-Phosphatase**, möglich. Dieses Enzym ist in der intestinalen Mukosa, in der Leber und in den Nieren nachgewiesen worden. Somit können diese Gewebe Glucose in das zirkulierende Blut abgeben. Das Enzym ist in der quer gestreiften Muskulatur und im Fettgewebe nicht nachweisbar.

Die Gluconeogenese aus Pyruvat benötigt beträchtliche Energiemengen. Vom Pyruvat bis auf die Stufe der Triosephosphate werden 3 mol ATP pro mol Triosephosphat, also 6 mol ATP pro mol Glucose verbraucht. Davon werden je eines für die Bildung von Oxalacetat aus Pyruvat, von Phosphoenolpyruvat aus Oxalacetat (GTP kann energetisch ATP äquivalent gesetzt werden) sowie von 1,3-Bisphosphoglycerat aus 3-Phosphoglycerat benötigt.

! Die Gluconeogenese hat enge Beziehungen zum Lipid- und Aminosäurestoffwechsel.

Während der **Lipolyse** gibt das Fettgewebe nicht nur Fettsäuren, sondern auch Glycerin in beträchtlichen Mengen ab (▶ Kap. 16.1.2). Glycerin wird besonders in der Leber, und den Nieren in den Stoffwechsel eingeschleust. Diese Gewebe verfügen über das hierzu notwendige Enzym **Glycerokinase**:

$$\text{Glycerin} + \text{ATP} \rightarrow \alpha\text{-Glycerophosphat} + \text{ADP}$$

Glycerophosphat kann durch die **Glycerophosphat-Dehydrogenase** leicht in Dihydroxyacetonphosphat umgewandelt und der Gluconeogenese zugeführt werden:

$$\alpha\text{-Glycerophosphat} + \text{NAD}^+ \rightleftharpoons \text{Dihydroxyacetonphosphat} + \text{NADH} + \text{H}^+$$

Auch in den Mukosazellen des Intestinaltrakts lässt sich eine beträchtliche Glycerokinaseaktivität nachweisen. Das dabei gebildete α-Glycerophosphat wird allerdings nicht für die Gluconeogenese, sondern für die Lipogenese verwendet.

Mengenmäßig noch bedeutender für die Gluconeogenese sind die **glucogenen Aminosäuren** (▶ Kap. 13.4.3). Sie werden bevorzugt in der Skelettmuskulatur, daneben natürlich auch in jedem anderen Gewebe, freigesetzt. Nach Transaminierung (▶ Kap. 13.3.1) liefern sie entweder **Pyruvat** oder **Zwischenprodukte** des Citratzyklus mit vier oder mehr C-Atomen.

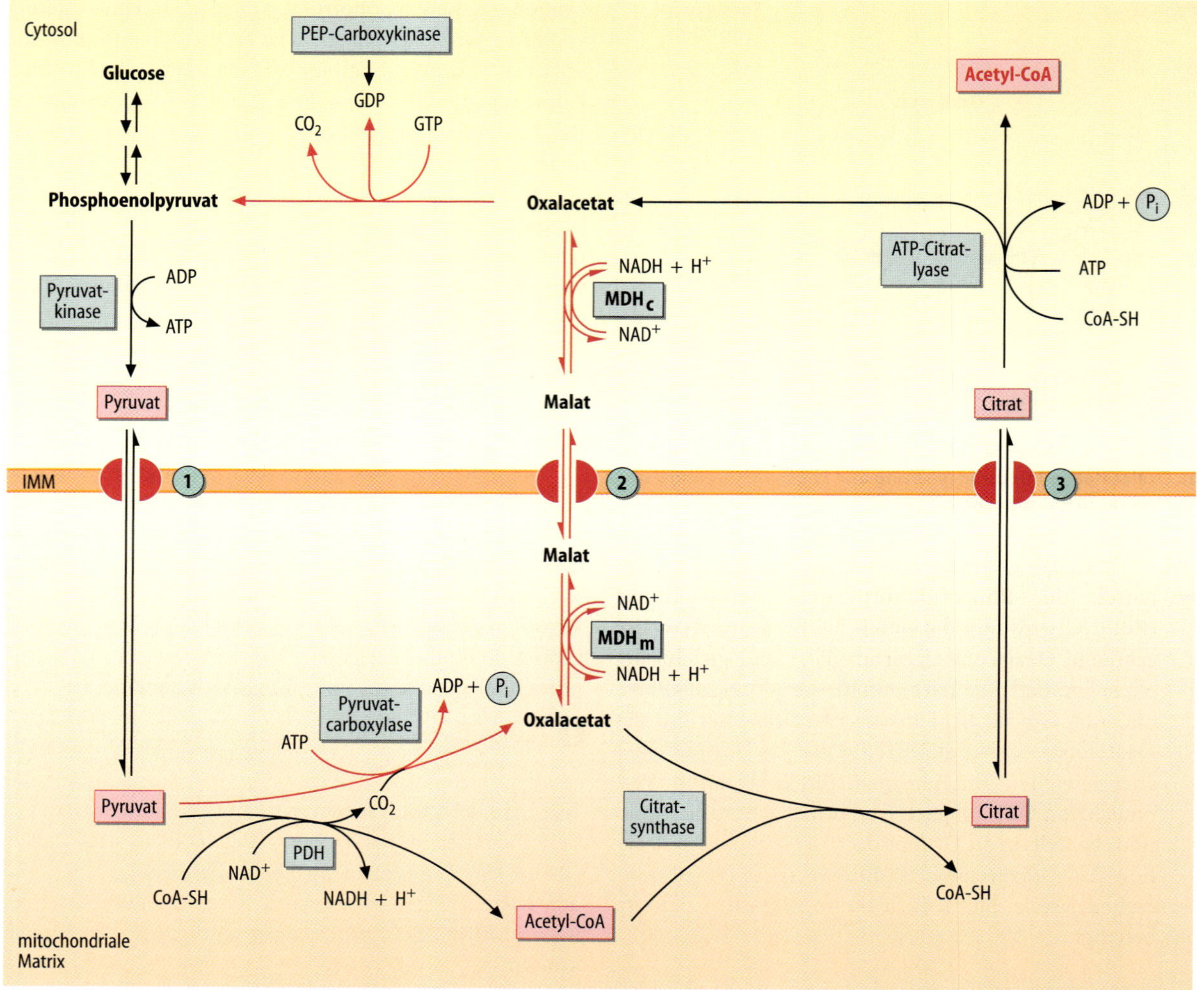

Abb. 11.17. Verteilung der Reaktionen zur Bildung von Phosphoenolpyruvat aus Pyruvat auf das mitochondriale und cytoplasmatische Kompartiment. Infolge der Impermeabilität der inneren Mitochondrienmembran für Oxalacetat muss dieses in Malat oder Citrat umgewandelt werden, welches mit Hilfe der mitochondrialen Anionen-Carrier (▶ Kap. 15.1.1) ins Cytosol transportiert und dort wieder in Oxalacetat umgewandelt wird. PEP = Phosphoenolpyruvat; PDH = Pyruvatdehydrogenase; MDH_m = mitochondriale Malatdehydrogenase; MDH_c = cytosolische Malatdehydrogenase; (*1*) = Pyruvat-Carrier; (*2*) = Dicarboxylat-Carrier; (*3*) = Tricarboxylat-Carrier. (Weitere Einzelheiten ▶ Text)

Auch **Propionat** kann zur Gluconeogenese beitragen, was besonders für den Glucosestoffwechsel von Wiederkäuern wichtig ist, bei denen es während der mikrobiellen Fermentierung von Nahrungsstoffen im Pansen entsteht. Die für die Gluconeogenese notwendigen Reaktionen bestehen in einer Carboxylierung von Propionat mit anschließender Umlagerung zu **Succinyl-CoA**, welches über den Citratzyklus in die Gluconeogenese eintreten kann (▶ Kap. 12.2.1).

In Kürze

Die Gluconeogenese findet überwiegend in der Leber und den Nieren statt und dient der Neusynthese von Glucose aus Nicht-Kohlenhydrat-Vorstufen. Hierfür kommen in Frage:
- Lactat
- Glycerin sowie
- glucogene Aminosäuren

Die Einzelreaktionen der Gluconeogenese sind im Wesentlichen eine Umkehr der Glycolyse. Allerdings müssen aus energetischen Gründen folgende Reaktionen umgangen werden:
- die Pyruvatkinase durch Pyruvatcarboxylase und Phosphoenolpyruvat-Carboxykinase
- die Phosphofructokinase-1 durch die Fructose-1,6-Bisphosphatase sowie
- die Glucokinase (Hexokinase) durch die Glucose-6-Phosphatase

11.4 Regulation von Glucoseaufnahme und -phosphorylierung

11.4.1 Glucosetransportproteine

Nahezu alle Zelltypen von den einfachsten Bakterien bis hin zu den komplexesten Neuronen des menschlichen Zentralnervensystems müssen Glucose mit Hilfe entsprechender Transportsysteme durch ihre Plasmamembranen transportieren. Beim Säuger und damit auch beim Menschen kommen im Prinzip zwei mechanistisch unterschiedliche Glucosetransportsysteme vor (▶ Kap. 6.1.5):

- der **sekundär aktive, natriumabhängige Glucosetransport** an der luminalen Seite der Epithelien des Intestinaltrakts und der Nieren
- die **Glucoseaufnahme durch erleichterte Diffusion** in allen Zellen des Organismus

Das Phänomen der erleichterten Diffusion von Glucose beruht auf der Funktion spezifischer als **Glucosetransporter** dienender Carrier in der Plasmamembran, da freie Glucose die Lipiddoppelschicht der Membranen nicht passieren kann.

Insgesamt sind bis jetzt 14 Glucosetransporter für die erleichterte Diffusion von Glucose beschrieben worden, die sich drei Klassen zuordnen lassen. Sie weisen untereinander beträchtliche Ähnlichkeiten auf, werden gewebs- bzw. zellspezifisch exprimiert und zum Teil durch externe Stimuli reguliert.

Die aus der cDNA abgeleitete Aminosäuresequenz aller Glucosetransporter zeigt, dass sie sich jeweils mit insgesamt 12 hydrophoben Transmembrandomänen in der Plasmamembran anordnen (◘ Abb. 11.18a).

Die ◘ Abb. 11.18b und c geben die derzeitigen Vorstellungen über die Raumstruktur von Glucosetransportern am Beispiel von GLUT1 wieder. Die 12 Transmembranhelices sind so angeordnet, dass eine zentrale Pore entsteht, in die die Helix H 7 hineinragt, die möglicherweise für die Spezifität des Transporters verantwortlich ist.

Die Glucoseaufnahme ist für den Glucosestoffwechsel von ausschlaggebender Bedeutung. Die Ausstattung der verschiedenen Gewebe bzw. Zellen mit unterschiedlichen Isoformen der Glucosetransporter legt nahe, dass dies etwas mit den jeweils spezifischen Anforderungen der Gewebe an den Glucosetransport zu tun haben muss. Am besten strukturell und funktionell charakterisiert sind die Glucosetransporter der Klasse I. Es handelt sich um GLUT 1, 2, 3, 4 und 14.

- **GLUT 1** ist am weitesten verbreitet. Er kommt besonders in fetalen, aber auch in vielen adulten Säugerzellen vor, häufig allerdings in Verbindung mit anderen gewebsspezifischeren Transporterisoformen. Offenbar hat GLUT 1 eine besondere Bedeutung für die Glucoseversorgung der Zellen des Zentralnervensystems, da es in den Kapillaren des Zentralnervensystems, die die Blut-Hirn-Schranke bilden, sehr stark exprimiert wird
- **GLUT 2** wird in **Hepatozyten**, den **β-Zellen** der Pankreasinseln und auf der apicalen Seite der Epithelzellen der **intestinalen Mukosa** und der **Nieren** exprimiert. Auffallend ist seine K_M für Glucose. Sie beträgt 42 mmol/l und ist damit etwa doppelt so hoch wie die des GLUT 1-Transporters mit 18–21 mmol/l. In der Leber und den β-Zellen der Langerhansschen Inseln (▶ Kap. 26.1.3) bildet das GLUT 2-Transportprotein zusammen mit der nur in diesen Geweben vorkommenden **Glucokinase** (Hexokinase IV) ein System, das schon auf geringe Änderungen der Blutglucose-Konzentration mit entsprechenden Änderungen von Glucoseaufnahme und Glucosestoffwechsel reagiert, weswegen es auch als Teil eines **Glucosesensors** dient (▶ Kap. 11.4.2). Da die Transportkapazität über GLUT 2 die Glucokinase-Aktivität bei weitem übertrifft, wird die Letztere geschwindigkeitsbestimmend für die Glucoseaufnahme in diese Zellen. In den Epithelzellen des Intestinaltrakts und der Nieren wird das GLUT 2-Transportsystem für die Bewältigung der hohen transepithelialen Substratflüsse nach kohlenhydratreichen Mahlzeiten benötigt
- **GLUT 3** findet sich bevorzugt in den **Neuronen** des Gehirns. Die Glucosekonzentration in der interstitiellen Flüssigkeit des Gehirns ist niedriger als im Serum, da Glucose zunächst mit Hilfe von GLUT 1 durch die Kapillarendothelien des Gehirns transportiert werden muss (Blut-Hirn-Schranke, ▶ Kap. 31.1.2). Es ist daher sinnvoll, dass GLUT 3 sich durch eine besonders niedrige K_M für Glucose auszeichnet, die eine ausreichende Glucoseaufnahme im Nervensystem auch bei den niedrigen Glucosekonzentrationen gewährleistet
- Der **GLUT 4** kommt ausschließlich in **Adipozyten, Skelettmuskel-** und **Herzmuskelzellen** vor. GLUT 4 ist für die Regulierbarkeit der Glucoseaufnahme durch **Insulin** verantwortlich. Diese Tatsache ist von beträchtlicher Bedeutung, da im Nüchternzustand 20%, bei erhöhten Insulinkonzentrationen jedoch 75–95% des Glucoseumsatzes des Organismus auf die Skelettmuskulatur fallen, in der die vermehrt aufgenommene Glucose nahezu vollständig in Glycogen umgewandelt wird. Der zellbiologische Mechanismus des Insulineffekts auf den Glucosetransport ist in ◘ Abb. 11.19a–d dargestellt. GLUT 4-Transporter befinden sich sowohl in der **Plasmamembran** als auch in spezifischen, vesikulären Kompartimenten im Cytosol. Durch Fusionierung der Vesikel mit der Plasmamembran kann in dieser die Zahl der Glucosetransporter erhöht oder durch Endozytose entsprechender Vesikel erniedrigt werden (▶ Kap. 6.2.4). Bei niedrigen Insulinkonzentrationen wird der Clathrin-abhängige **endozytotische Weg** bevorzugt, sodass nur wenig funktionelle Transporter in der Plasmamembran vorhanden sind. Insulin ist im Stande, das Gleichgewicht in Richtung der **Fusionie-**

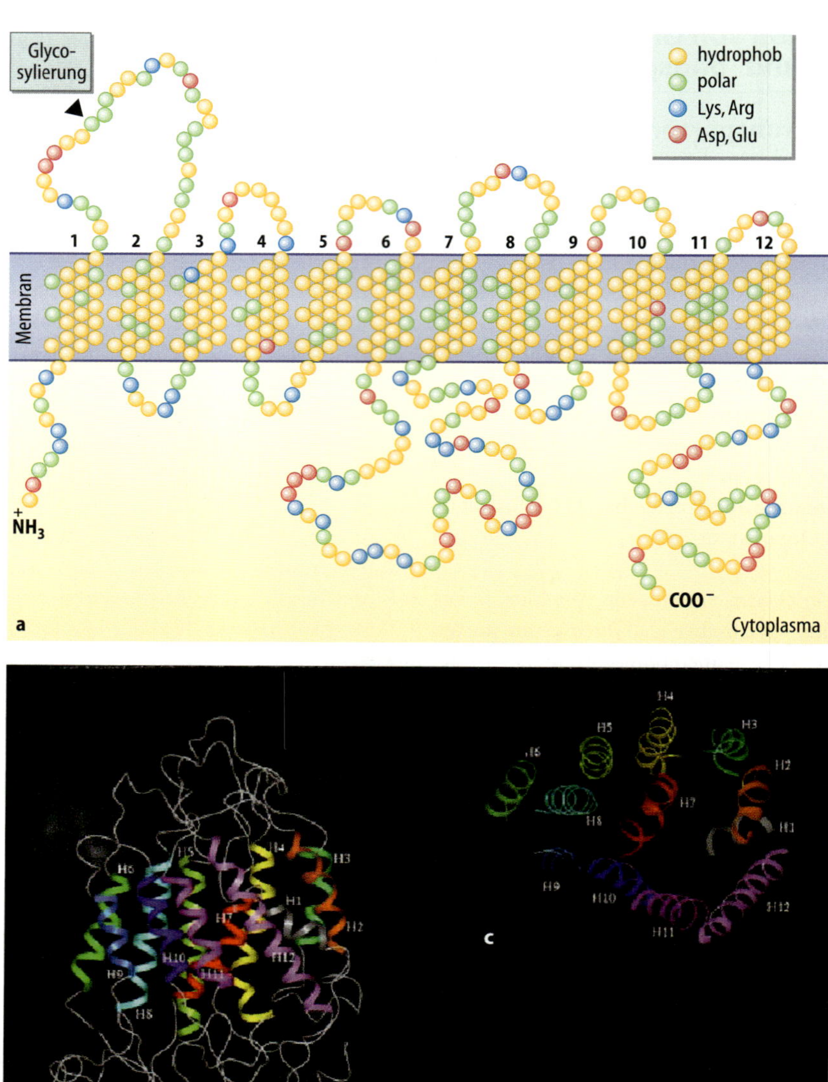

Abb. 11.18a–c. Membrantopologie von Glucosetransportern am Beispiel des GLUT1. a GLUT1 ist mit den Transmembranhelices 1–12 in der Membran verankert. Die Aminosäureposition des N-glycosidisch verknüpften Oligosaccharids ist markiert. **b** Rekonstruktion der räumlichen Beziehungen der 12 Transmembranhelices zueinander in der Seitenansicht. **c** Aufsicht auf die Struktur der 12 Transmembranhelices von der Außenseite der Membran. H1–H12 = Helix 1–Helix 12. (mit freundlicher Genehmigung von J. Fischbarg, New York)

rung der Vesikel mit der Plasmamembran zu verschieben, sodass die Zahl der funktionellen Transportmoleküle in der **Plasmamembran** deutlich zunimmt. Die dabei ablaufenden Signaltransduktionsvorgänge sind in ▶ Kap. 26.1.7 beschrieben

- **GLUT 14** hat strukturell große Ähnlichkeit mit GLUT 3, wird jedoch ausschließlich in den Testes exprimiert
- **GLUT 1, GLUT 2 und GLUT 3** transportieren neben Glucose auch Dehydroascorbat (▶ Kap. 23.3.1)

Die GLUT-Transporter der Klassen II und III werden in unterschiedlichem Umfang in verschiedenen Geweben und Zelltypen exprimiert. Die Vorstellungen über ihre Funktion sind mit wenigen Ausnahmen noch unklar.

- **GLUT 5** und möglicherweise auch **GLUT 11** sind **Fructose-Transporter** und kommen in hoher Konzentration in den apikalen Membranen der **intestinalen Enterozyten** und der Plasmamembran reifer **Spermatozyten** vor

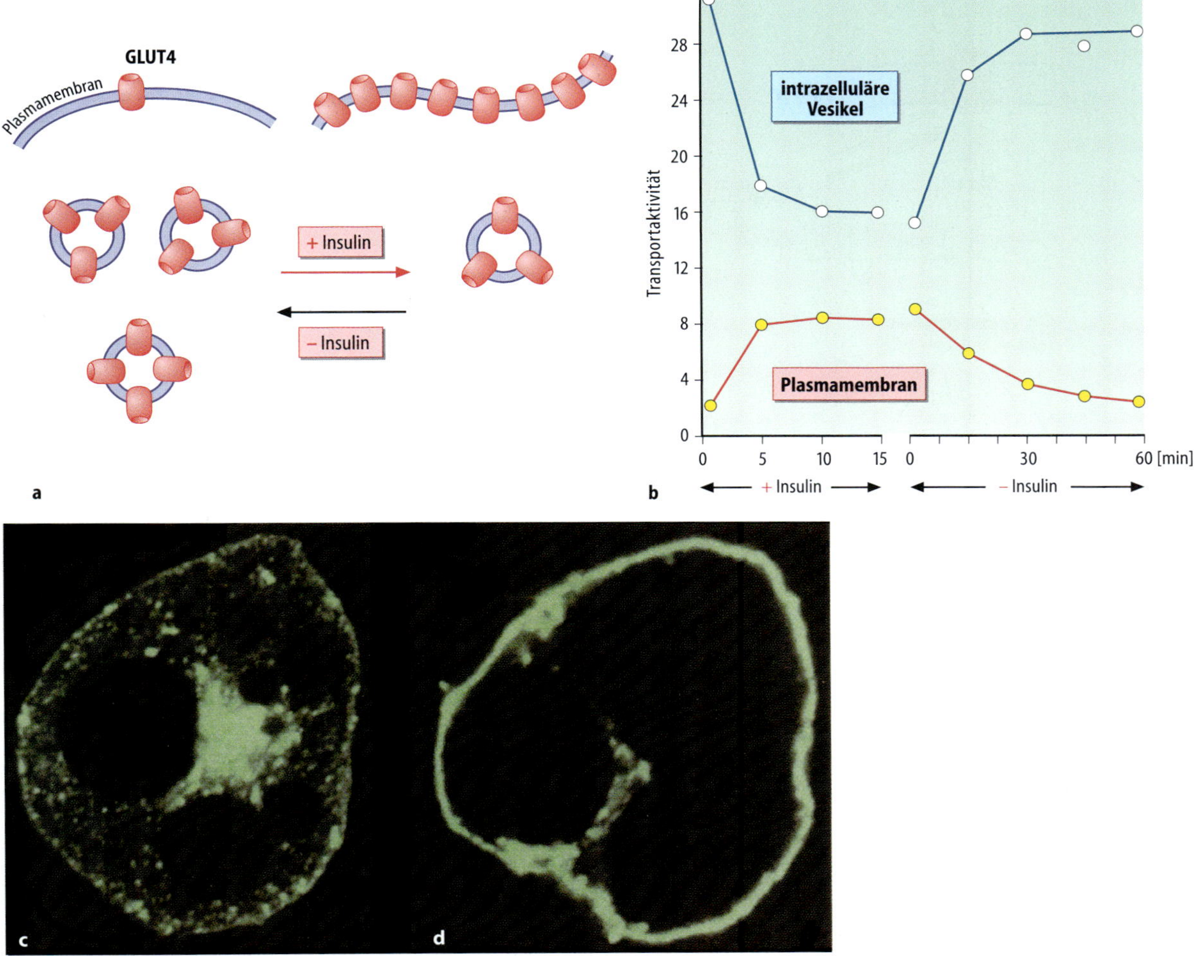

Abb. 11.19a–d. Beeinflussung der Verteilung von GLUT4-Transportern zwischen Plasmamembran und intrazellulären Vesikeln durch Insulin. a Ohne Insulin liegen die Transporter bevorzugt an intrazelluläre Vesikel gebunden vor. Die Bindung von Insulin an seinen Rezeptor (► Kap. 26.1.7) löst die Translokation der intrazellulären Vesikel in die Plasmamembran aus. **b** Da intrazelluläre Vesikel durch Zentrifugation von der Plasmamembran abgetrennt werden können, lässt sich die Kinetik der durch Insulin stimulierten Umverteilung der GLUT4-Transporter experimentell verfolgen. Die Abbildung zeigt die Kinetik des Auftauchens bzw. Verschwindens von GLUT4-Transportern aus der Plasmamembran von Adipozyten in An- bzw. Abwesenheit von Insulin. Messgröße ist die in der jeweiligen Fraktion gemessene Transportaktivität für Glucose. **c,d** In Adipozyten wurde das GLUT4-Protein mit Immunhistochemie unter Verwendung eines Anti-GLUT4- sowie eines fluoreszierenden (FITC) Anti-IgA-Antikörpers nachgewiesen. In Abwesenheit von Insulin sind die meisten Transportmoleküle in einem Kompartiment zwischen der Plasmamembran und dem Fetttröpfchen lokalisiert (**c**). Nach Zugabe von Insulin zeigt sich, dass ein großer Teil der GLUT4-Transporter innerhalb weniger Minuten in die Plasmamembran verlagert wird (**d**). (Mit freundlicher Genehmigung von J.E. Pessin und © The Endocrine Society, copyright 2004)

- Der zur GLUT-Klasse III zählende Transporter HMIT (*H^+-coupled myo-inositol transporter*) kommt bevorzugt im Gehirn vor und ist für den Transport von Myo-Inositol verantwortlich. Glucose wird von HMIT nicht transportiert

11.4.2 Bildung und Verwertung von Glucose-6-phosphat

Mit Ausnahme der direkten Umwandlung von Glucose in Fructose (► Kap. 11.1.1) ist Glucose-6-phosphat Ausgangspunkt sämtlicher von Glucose ausgehender Stoffwechselwege. Seine intrazelluläre Konzentration signalisiert der Zelle die Menge der aufgenommenen Glucose und bestimmt darüber, welcher der verschiedenen Stoffwechselwege der Glucose benutzt wird.

! In extrahepatischen, insulinabhängigen Geweben wird die Glucose-6-phosphat-Konzentration durch die Hexokinase II reguliert.

Abb. 11.20 stellt die Bildung und Verwertung von Glucose-6-phosphat in extrahepatischen, insulinabhängigen Geweben, also vor allem in der Skelettmuskulatur und dem

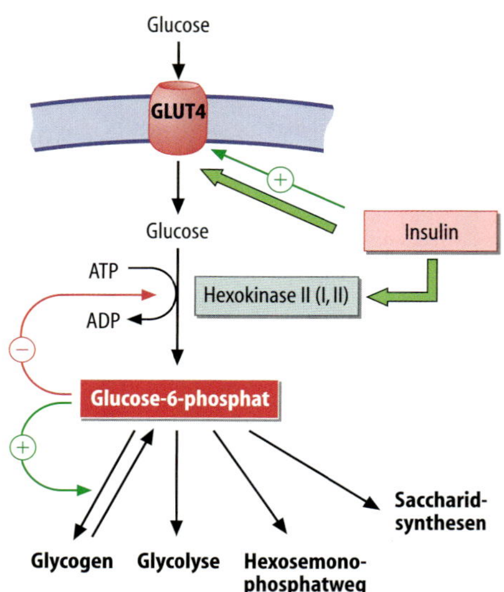

Abb. 11.20. Bildung und Verwertung von Glucose-6-phosphat in extrahepatischen, insulinabhängigen Geweben. (Weitere Einzelheiten ► Text)

Fettgewebe, dar. Nach dem Transport von Glucose in die Zelle unter Katalyse des GLUT 4-Transporters wird Glucose durch die Hexokinase II zu Glucose-6-phosphat phosphoryliert. Dieses bildet den Startpunkt für die Biosynthese von Glycogen sowie einer Reihe von Monosacchariden, die für die Biosynthese komplexer Kohlenhydrate gebraucht werden (► Kap. 17.1). Außerdem startet von Glucose-6-phosphat der Abbau über die Glycolyse bzw. den Hexosemonophosphatweg. Bei der Regulation des Glucose-6-phosphat-Spiegels spielt Insulin eine wichtige Rolle:

- Insulin ist ein Induktor des Glucosetransportproteins GLUT 4 sowie der Hexokinase II
- Insulin stimuliert die Glucoseaufnahme durch Translokation von GLUT 4 in die Plasmamembran (► Kap. 11.4.1)

Auch Glucose-6-phosphat hat regulatorische Funktionen:

- Es ist ein Inhibitor der Hexokinase II
- Es stimuliert die Glycogenbiosynthese (► Kap. 11.5)

Diese Regulationsmechanismen kommen in Gang, sobald die extrazelluläre Glucosekonzentration ansteigt, z.B. nach einer kohlenhydratreichen Mahlzeit. Das unter diesen Bedingungen vermehrt freigesetzte Insulin (► Kap. 26.1.3) induziert die für die Glucoseverwertung wichtigen Proteine GLUT 4 und Hexokinase II und sorgt darüber hinaus für die vermehrte Glucoseaufnahme. Die aktivierende Wirkung von Glucose-6-phosphat auf die Glycogenbiosynthese bewirkt, dass die aufgenommene Glucose zur Auffüllung der Glycogenvorräte benutzt wird. Eine Überschwemmung der Zelle mit Glucose-6-phosphat wird durch die Hemmwirkung dieses Metaboliten auf die Hexokinase II verhindert (*feedback* Hemmung).

! Das Gleichgewicht zwischen Glucokinase und Glucose-6-Phosphatase ist für den Glucose-6-phosphat-Spiegel der Hepatozyten entscheidend.

Prinzipiell sind die ersten Schritte des Glucosestoffwechsels in der Leber die gleichen wie in den oben dargestellten insulinabhängigen extrahepatischen Geweben. Glucose wird durch das in der Leber vorherrschende Glucosetransportprotein GLUT 2 aufgenommen und zu Glucose-6-phosphat phosphoryliert, von dem die verschiedenen weiteren Stoffwechselwege der Glucose ausgehen. Die Regulation der Glucose-6-phosphat-Konzentration in den Hepatozyten ist jedoch wesentlich komplexer als in extrahepatischen Geweben. Das beruht vor allem auf der Existenz der Glucose-6-Phosphatase in der Leber. Dieses Enzym kommt nur in den zur Gluconeogenese fähigen Geweben vor und spaltet Glucose-6-phosphat zu Glucose und anorganischem Phosphat. Abb. 11.21 stellt die in der Leber vorliegenden Verhältnisse dar:

- Glucose wird in Abhängigkeit von der extrazellulären Konzentration durch den Transporter GLUT 2 in die Hepatozyten transportiert
- Das für die Glucose-Phosphorylierung in den Hepatozyten verantwortliche Enzym ist die Glucokinase (Hexokinase IV). Dieses Enzym hat eine hohe Michaelis-Konstante für Glucose. Dies führt dazu, dass die Geschwindigkeit der Glucose-6-phosphat-Bildung proportional zur extrazellulären Glucosekonzentration ist. Glucokinase dient infolge dessen als »Glucosesensor«
- Bei niedrigen Glucosekonzentrationen bildet die Glucokinase einen Komplex mit einem als **Glucokinase-Regulatorprotein** (GKRP) bezeichneten Protein. Dieses bindet die Glucokinase, inaktiviert sie dadurch und transloziert sie in den Zellkern. Hohe intrazelluläre Glucosekonzentrationen führen zu einer Lösung der Bindung von Glucokinase an GKRP. Da die Glucokinase ein nucleäres Exportsignal (► Kap. 6.2.1) trägt, gelangt sie ins Cytosol und steht zur Phosphorylierung von Glucose zur Verfügung
- Insulin hat zwar keinen Einfluss auf die Aktivität des Glucosetransporters GLUT 2, ist jedoch ein starker Induktor der Glucokinase. Die Aktivität der Fructokinase wird im Gegensatz zu Glucokinase nicht durch Insulin induziert. Deshalb wird Fructose auch aus dem Blut diabetischer Patienten mit normaler Geschwindigkeit in die Leber aufgenommen
- Im Leber- und Nierengewebe, das zur Gluconeogenese befähigt ist, ist Glucose-6-phosphat nicht nur Ausgangsprodukt für den Stoffwechsel der aufgenommenen Glucose, sondern auch ein Zwischenprodukt der Gluconeogenese (► Kap. 11.3) und des Glycogenstoffwechsels (► Kap. 11.2). Durch die Glucose-6-Phosphatase wird Glucose-6-phosphat in Glucose und anorganisches Phosphat gespalten und Glucose dann von den Hepatozyten abgegeben

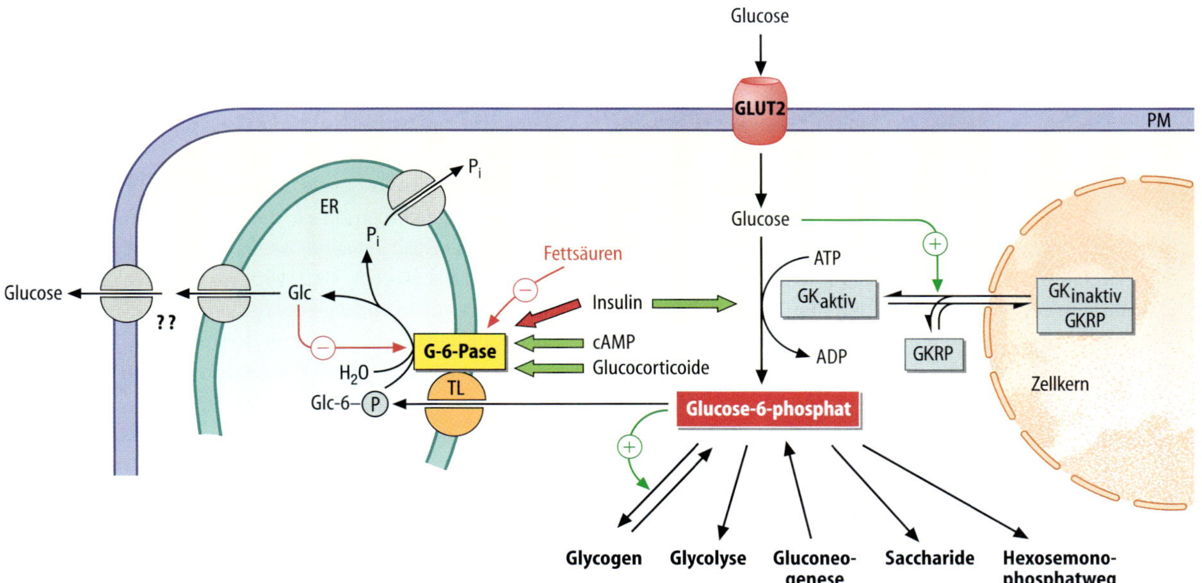

Abb. 11.21. Bildung und Verwertung von Glucose-6-phosphat in Hepatozyten. ER = endoplasmatisches Retikulum; G-6-Pase = Glucose-6-Phosphatase; GK = Glucokinase; GKRP = Glucokinase-Regulatorprotein; Glc = Glucose; Glc-6-P = Glucose-6-phosphat; PM = Plasmamembran; TL = Glucose-6-phosphat Translocase; *Dicke Pfeile* = Induktion (*grün*) bzw. Repression (*rot*), *dünne Pfeile* = Aktivierung (*grün*) bzw. Hemmung (*rot*). (Einzelheiten ► Text)

- Die Glucose-6-Phosphatase ist ein Teil des im endoplasmatischen Retikulum lokalisierten **Glucose-6-Phosphatase-Systems**. Dieses besteht aus der eigentlichen Glucose-6-Phosphatase, einer Glucose-6-phosphat-Translocase sowie noch nicht endgültig charakterisierten Transportern für Glucose und Phosphat. Es ist noch nicht klar, auf welche Weise die vom endoplasmatischen Retikulum abgegebene Glucose aus den Hepatozyten transportiert wird. Insulin ist ein Repressor der Glucose-6-Phosphatase, cAMP und Glucocorticoide sind Induktoren. Glucose und ungesättigte Fettsäuren hemmen das Enzym, obgleich die physiologische Bedeutung dieses Befunds noch unklar ist
- Ähnlich wie in den extrahepatischen Geweben ist auch in der Leber Glucose-6-phosphat ein wichtiger Stimulator der Glycogenbiosynthese

Die besondere Problematik im Glucosestoffwechsel der Hepatozyten beruht darauf, dass sie die enzymatische Ausstattung sowohl für die Glycolyse als auch für die Gluconeogenese enthalten. Aus energetischen Gründen muss jedoch verhindert werden, dass beide Vorgänge gleichzeitig ablaufen. Die unten geschilderten Regulationsmechanismen dienen diesem Ziel:

Erhöhtes Glucoseangebot. Bei erhöhtem Glucoseangebot, z.B. nach kohlenhydratreicher Nahrung, steigt der Insulinspiegel, was zu einer Induktion der Glucokinase sowie einer Repression der Glucose-6-Phosphatase führt. Die durch den Glucosetransporter GLUT 2 vermehrt aufgenommene Glucose führt zu einer Aktivierung der Glucokinase, da sie aus ihrem Komplex mit dem GKRP gelöst wird. Als Folge steigt die Glucose-6-phosphat-Konzentration an, was zu einer Stimulierung der Glycogenbiosynthese führt.

Nahrungskarenz. Eine Steigerung der Gluconeogenese und Glycogenolyse ist immer dann notwendig, wenn die Glucosekonzentration in der extrazellulären Flüssigkeit absinkt, z.B. bei Nahrungskarenz. In diesem Fall ist die Insulinkonzentration niedrig, was zu einer Hemmung der Glucokinase-Expression und einer Derepression der Glucose-6-Phosphatase führt. Durch die Glucosetransporter GLUT 2 wird wenig Glucose in die Hepatozyten transportiert, was eine Inaktivierung der Glucokinase durch Assoziation mit GKRP auslöst. Glucose-6-phosphat, das durch Glycogenolyse oder Gluconeogenese entsteht, wird bevorzugt gespalten und aus den Hepatozyten ausgeschleust.

In Kürze

Glucose muss mit Hilfe Carrier-vermittelter Transportsysteme von den Zellen aufgenommen werden. Auf der luminalen Seite der Epithelien des Intestinaltrakts und der Nierentubuli findet die Glucoseaufnahme durch sekundär aktiven Transport, in allen übrigen Geweben durch erleichterte Diffusion statt.

Für die erleichterte Diffusion sind Transportproteine der GLUT-Familie verantwortlich, von denen insgesamt 14 Mitglieder beschrieben worden sind. Es handelt sich um Membranproteine mit 12 Transmembrandomänen, die eine zentrale Pore für den Glucosetransport bilden.

In allen Geweben wird Glucose nach der Aufnahme durch Enzyme aus der Familie der Hexokinasen zu Glucose-6-phosphat phosphoryliert.

Von besonderer Bedeutung sind:
- Hexokinase II in insulinabhängigen Geweben. Das Enzym wird durch Insulin induziert und durch ihr Produkt Glucose-6-phosphat gehemmt sowie
- Glucokinase (Hexokinase IV) in der Leber und in den β-Zellen der Langerhans-Inseln des Pankreas. Sie wird ebenfalls durch Insulin induziert. Bei niedrigen Glucosekonzentrationen assoziiert die Glucokinase an ein spezifisches Bindungsprotein und wird dadurch inaktiviert. Erhöhung der zellulären Glucosekonzentration führt zur Lösung dieser Bindung und zur Aktivierung der Glucokinase

In der Leber wird Glucose-6-phosphat außer durch die Glucokinase auch in der Gluconeogenese gebildet und dann mit der Glucose-6-Phosphatase gespalten und als Glucose freigesetzt. Insulin ist ein Induktor der Glucokinase und ein Repressor der Glucose-6-Phosphatase.

11.5 Regulation des Glycogenstoffwechsels

Für den Organismus ist die Aufrechterhaltung seiner **Glycogenvorräte** von entscheidender Bedeutung:
- Glycogen stellt für jede Zelle einen leicht mobilisierbaren Energiespeicher dar, der in wenigen Schritten in ATP-liefernde Reaktionswege eingeschleust werden kann und schließlich noch bei Hypoxie bzw. Anoxie einen gewissen Energiebeitrag zu liefern vermag
- Aus dem Glycogen der Leber und in gewissem Umfang auch der Muskulatur (Cori-Zyklus, ▶ Kap. 16.2.3) kann Glucose zur Aufrechterhaltung der Blutglucosekonzentration während kürzerer Fastenperioden entnommen werden, was vor allem für die Aufrechterhaltung der Funktion des Zentralnervensystems von ausschlaggebender Bedeutung ist (▶ Kap. 31.1.1)

Deswegen unterliegt der Glycogenstoffwechsel einer sehr genauen Regulation. Diese gewährleistet die rasche Freisetzung von Glucose-6-phosphat bzw. Glucose aus Glycogen bei gesteigertem Energiebedarf und bei Kohlenhydratmangel und, sobald Nahrungskohlenhydrate zur Verfügung stehen, die schnelle Wiederauffüllung der Glycogenspeicher.

! Das geschwindigkeitsbestimmende Enzym der Glycogenolyse ist die Glycogenphosphorylase, die durch allosterische Effektoren und durch covalente Modifikation reguliert wird.

Das geschwindigkeitsbestimmende Enzym für die Glycogenolyse (Glycogenabbau) ist die **Glycogenphosphorylase**. Dieses Enzym ist insofern bemerkenswert, als es sowohl durch **allosterische Regulation** als auch durch **covalente Modifikation** reguliert werden kann.

Allosterische Regulation. In der Muskulatur liegt die Glycogenphosphorylase als dimeres Enzym vor, das als **Phosphorylase b** bezeichnet wird und als Sensor für die **Energieladung** einer Zelle wirkt (■ Abb. 11.22). Wie bei vielen allosterischen Enzymen überwiegt im Gleichgewicht die gering aktive T-Form vor der aktiveren R-Form. Bei niedriger Energieladung, d.h. wenn ATP-verbrauchende Vorgänge die Geschwindigkeit der ATP-Bildung übertreffen, kommt es zu einem Konzentrationsanstieg von AMP. Dieses wirkt als allosterischer Aktivator, der die Überführung der Phosphorylase b in die enzymatisch aktivere R-Form stimuliert. Die damit verbundene Zunahme der Aktivität führt zu einer Steigerung der Substratzufuhr in die Glycolyse und damit zu einer vermehrten ATP-Bildung. Diese Regulation ist von besonderer Bedeutung bei Hypoxie oder Anoxie (z.B. Myokardinfarkt; ▶ Infobox). ATP und Glucose-6-phosphat zeigen eine ausreichende Energie- und Substratversorgung an. Sie sind deswegen allosterische Inhibitoren, die die inaktive T-Form der Phosphorylase b stabilisieren. Auch die Glycogenphosphorylase der Leber liegt als dimeres Enzym vor. Hier ist die Glycogenphosphorylase b jedoch inaktiv und eine Regulation durch allosterische Effektoren tritt nicht auf. Allerdings kann das Enzym durch covalente Serin-Phosphorylierung (Interkonvertierung) aktiviert werden. Diese Form des Enzyms wird durch Glucose als allosterischem Inhibitor gehemmt (▶ u.).

Covalente Modifikation. Schon 1938 fand Carl Cori, dass es in **allen Geweben** eine zweite Form der Glycogen-Phosphorylase gibt, die auch in Abwesenheit von allosterischen

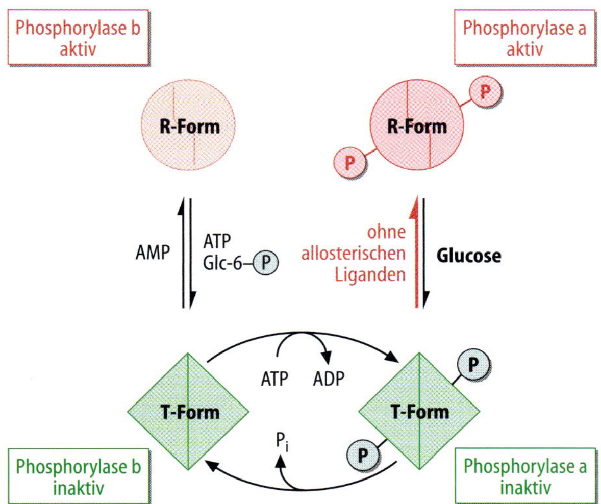

Abb. 11.22. Regulation der Glycogen-Phosphorylase durch allosterische Liganden und covalente Modifikation. (Einzelheiten ► Text)

Effektoren aktiv ist. Er nannte diese Form **Phosphorylase a** und Jahre später konnten Edwin Krebs und Edmund Fischer zeigen, dass diese aus der inaktiven T-Form der Phosphorylase b durch **ATP-abhängige Phosphorylierung** mit Hilfe der **Phosphorylasekinase** entsteht. Die Phosphorylierung, die am Serylrest 14 des Phosphorylaseproteins stattfindet, verschiebt das Gleichgewicht zwischen T- und R-Form vollständig und in Abwesenheit allosterischer Liganden auf die Seite der enzymatisch aktiven R-Form. Für die Inaktivierung der Glycogen-Phosphorylase ist die **Phosphoprotein-Phosphatase-1** verantwortlich (► u.).

Die Phosphorylase a der Leber wird durch **Glucose** als allosterischem Liganden inaktiviert. Damit ist die Leberphosphorylase eine Art Glucosesensor. Bei hohen Glucosekonzentrationen, z.B. nach kohlenhydratreichen Mahlzeiten, ist ein Glycogenabbau wenig sinnvoll, anders ist es jedoch bei geringeren Glucosekonzentrationen, z.B. bei Nahrungskarenz.

Wie später durch Earl Sutherland und Edwin Krebs gefunden wurde, vermittelt die Glycogenphosphorylase durch covalente enzymkatalysierte Modifikation ihre **Regulierbarkeit durch Hormone** (Abb. 11.23):

- Für die Phosphorylierung der Glycogen-Phosphorylase b zur aktiven Glycogen-Phosphorylase a ist eine Proteinkinase verantwortlich, die als **Phosphorylasekinase** bezeichnet wird. Auch dieses Enzym kommt in einer aktiven und einer inaktiven Form vor, hier beruht der Unterschied ebenfalls zwischen den beiden Formen auf der Phosphorylierung eines spezifischen Serylrests
- Für diese Phosphorylierung ist die **Proteinkinase A** verantwortlich, die durch **3′, 5′-cyclo-AMP** (cAMP) aktiviert wird (► Kap. 25.4.5)
- Für die Erzeugung von cAMP aus ATP ist die **Adenylatcyclase** verantwortlich, die über die in den ► Kapiteln 25 und 26 geschilderten Mechanismen durch Adrenalin, Noradrenalin und in der Leber durch Glucagon aktiviert wird

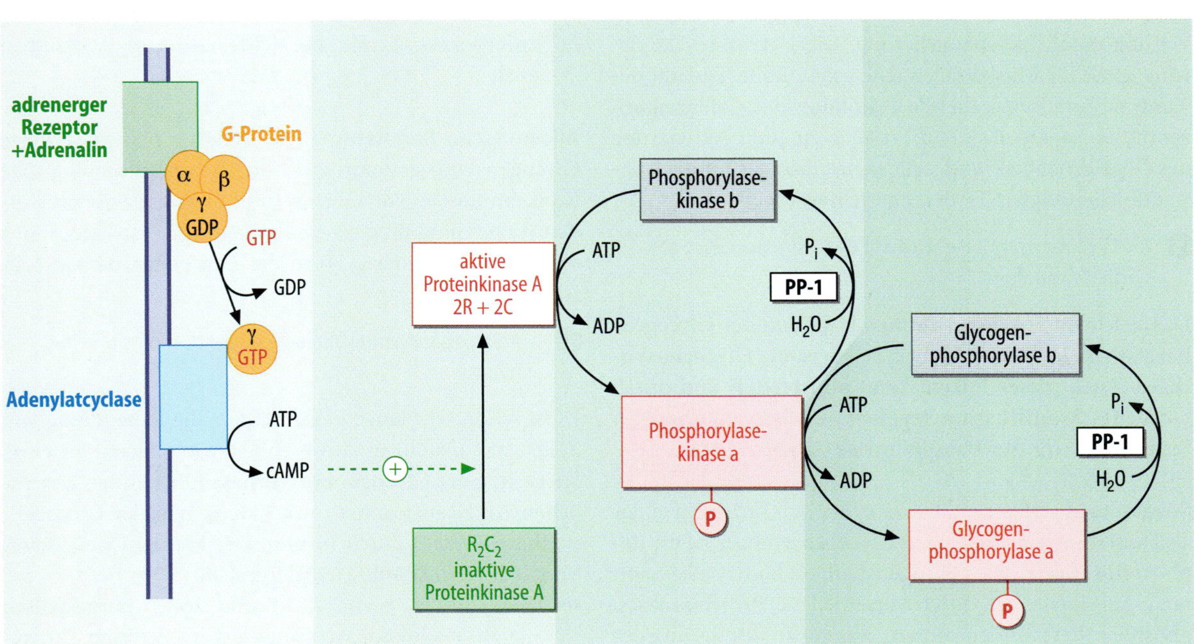

Abb. 11.23. Mechanismus der hormonell induzierten Aktivierung der Glycogen-Phosphorylase. Für die Phosphorylierung der Glycogen-Phosphorylase ist eine Phosphorylase-Kinase verantwortlich, die ihrerseits durch eine Proteinkinase A-vermittelte Phosphorylierung aktiviert wird. Die Aktivität der Proteinkinase A hängt davon ab, ob cAMP an ihre regulatorische Untereinheit bindet. PP-1 = Phosphoprotein-Phosphatase-1. (Weitere Einzelheiten ► Text)

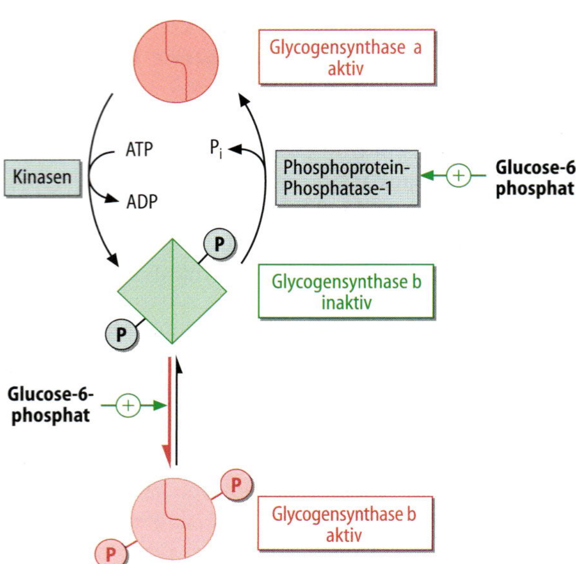

Abb. 11.24. Regulation der Glycogensynthase durch covalente Modifikation und allosterische Liganden. (Einzelheiten ▶ Text)

- Insulin als Antagonist dieser Hormone stimuliert den Abbau von cAMP durch Aktivierung einer entsprechenden Phosphodiesterase (▶ Kap. 26.1.6)

Die Phosphorylasekinase ist ein Hexadekamer der Zusammensetzung ($\alpha_4\beta_4\gamma_4\delta_4$) mit einer Molekülmasse von 1300 kDa. Die δ-Untereinheiten sind interessanterweise Calmodulin. Bindung von Calcium führt zu einer Aktivierung der Phosphorylasekinase unabhängig von der Aktivierung durch Phosphorylierung. Diese Art der Aktivierung spielt für Muskelzellen eine große Rolle. Die mit der Kontraktion einhergehende Erhöhung der Calciumkonzentration (▶ Kap. 30.3.2) führt auch zu einer Aktivierung des Glycogenabbaus und stellt sicher, dass das für die Kontraktion benötigte ATP bereitgestellt werden kann.

! Die Glycogensynthese wird auf der Stufe der Glycogensynthase reguliert.

Das geschwindigkeitsbestimmende Enzym der Glycogenbiosynthese in allen tierischen Zellen ist die **Glycogensynthase**. Auch dieses Enzym kann **allosterisch** und durch **covalente Modifikation** reguliert werden, allerdings in reziprokem Sinn zur Phosphorylase (Abb. 11.24):

Covalente Modifikation. Die enzymatisch aktive Form der als Homodimer vorliegenden Glycogensynthase ist die **dephosphorylierte**. Die Glycogensynthase besitzt insgesamt neun Serylreste, die durch verschiedene Proteinkinasen phosphoryliert werden können, was zur **Inaktivierung** des Enzyms führt:

- Die **cAMP-abhängige Proteinkinase** phosphoryliert spezifisch drei der neun Serylreste. Die dadurch entstehende **Glycogensynthase b** ist weniger aktiv und wird durch physiologische Konzentrationen von Adeninnucleotiden zusätzlich allosterisch gehemmt
- In Tabelle 11.3 sind andere Proteinkinasen zusammengestellt, die ebenfalls die Glycogensynthase phosphorylieren können. Da jede von ihnen andere Phosphorylierungsstellen auf der Glycogensynthase erkennt und modifiziert, kann damit insgesamt der Aktivitätszustand der Glycogensynthase ganz besonders fein auf die Bedürfnisse der Zelle abgestimmt werden
- Von besonderer Bedeutung ist die **Glycogensynthasekinase-3**. Sie phosphoryliert 4 spezifische Serylreste und bewirkt dadurch eine dramatische Aktivitätsabnahme des Enzyms. Da die Glycogensynthasekinase-3 auch andere regulatorische Proteine wie **Protoonkogene** und **Transkriptionsfaktoren** modifiziert, nimmt man an, dass dieses Enzym eine wichtige Rolle bei der Embryogenese und bei Differenzierungsvorgängen spielt

Tabelle 11.3. Phosphorylierung der Glycogensynthase durch verschiedene Proteinkinasen (Auswahl) CaM = Calcium-Calmodulin

Kinase	Zahl der phosphorylierten Serylreste	Hemmung
cAMP-abhängige Proteinkinase	3	+
cGMP-abhängige Proteinkinase	2	+
Glycogensynthasekinase 3	4	+++
CaM-Kinase	2	+
Caseinkinase 1	9	+++
Proteinkinase C	2	+

Allosterische Regulation. Die inaktive phosphorylierte Glycogensynthase kann zwar durch supraphysiologische Konzentrationen von Glucose-6-phosphat reaktiviert werden, unter physiologischen Bedingungen ist jedoch nur die dephosphorylierte Form der Glycogensynthase vollständig aktiv.

! Die Glycogensynthasekinase-3 wird durch Insulin inaktiviert.

Es ist schon sehr lange bekannt, dass die Behandlung von Zellen mit Insulin in Anwesenheit von Glucose zu einer Steigerung der **Glycogenbiosynthese** führt. Einen wesentlichen Anteil hieran hat die Inaktivierung der Glycogensynthasekinase-3 durch Insulin. Der Mechanismus dieses Vorgangs ist in Abb. 11.25 dargestellt:

- Über die in ▶ Kap. 25.7.1 und 26.1.7 dargestellten Signaltransduktionsvorgänge löst Insulin eine Aktivierung der Proteinkinase PDK1 und anschließend der **Proteinkinase B** (PKB) aus
- Die PKB phosphoryliert die Glycogensynthasekinase-3, was zu einer Hemmung dieses Enzyms führt

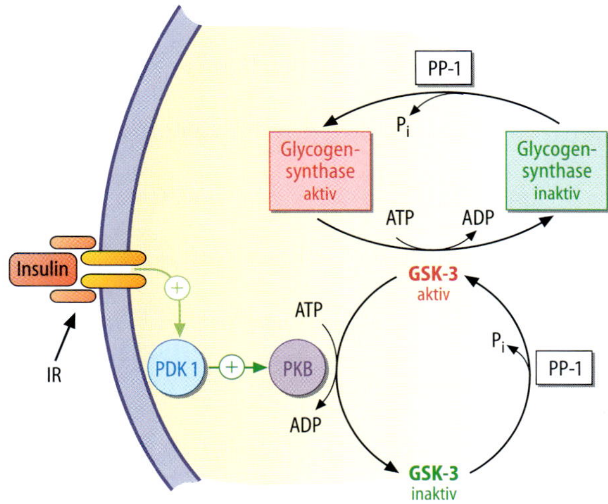

Abb. 11.25. Mechanismus der Aktivierung der Glycogen-Synthase durch Insulin. IR = Insulinrezeptor; PDK1 = phospholipidabhängige Proteinkinase; PKB = Proteinkinase B; GSK-3 = Glycogensynthase-kinase-3; PP-1 = Phosphoprotein-Phosphatase 1. (Einzelheiten ▶ Text)

- Infolge der Anwesenheit von Phosphoproteinphosphatasen (▶ u.) wird der Phosphorylierungszustand der Glycogensynthase vermindert und das Enzym in die aktive Form überführt

! Spezifische Phosphoprotein-Phosphatasen sind für die Dephosphorylierung von Glycogensynthase, Phosphorylase und Phosphorylasekinase verantwortlich.

Generell löst die Phosphorylierung der am Glycogenstoffwechsel beteiligten Enzyme Glycogensynthase und Phosphorylase eine Hemmung der Biosynthese des Glycogens und eine Steigerung der Glycogenolyse aus (Abb. 11.23). Die Umkehr dieser Effekte erfordert eine Reihe enzymatischer Mechanismen:

Sie beginnen mit der **Inaktivierung** des Adenylatcyclase-Systems durch die **GTPase-Aktivität** der G-Proteine (▶ Kap. 25.4.4). cAMP wird durch eine cAMP-spezifische **Phosphodiesterase** abgebaut, die durch Insulin aktiviert werden kann (▶ Kap. 26.1.7). Bei niedrigen cAMP-Konzentrationen wird die Bildung des inaktiven Proteinkinase A-Tetramers bevorzugt. Damit wird die weitere Phosphorylierung von Glycogensynthase, Phosphorylasekinase und Phosphorylase verhindert.

Für die Dephosphorylierung der genannten Enzyme und damit das Umschalten von Glycogenolyse auf Glycogensynthese ist außerdem die Aktivierung entsprechender **Phosphoprotein-Phosphatasen** notwendig. Für die Regulation des Glycogenstoffwechsels ist von den acht bis heute bekannten Phosphoproteinphosphatasen die Serin/

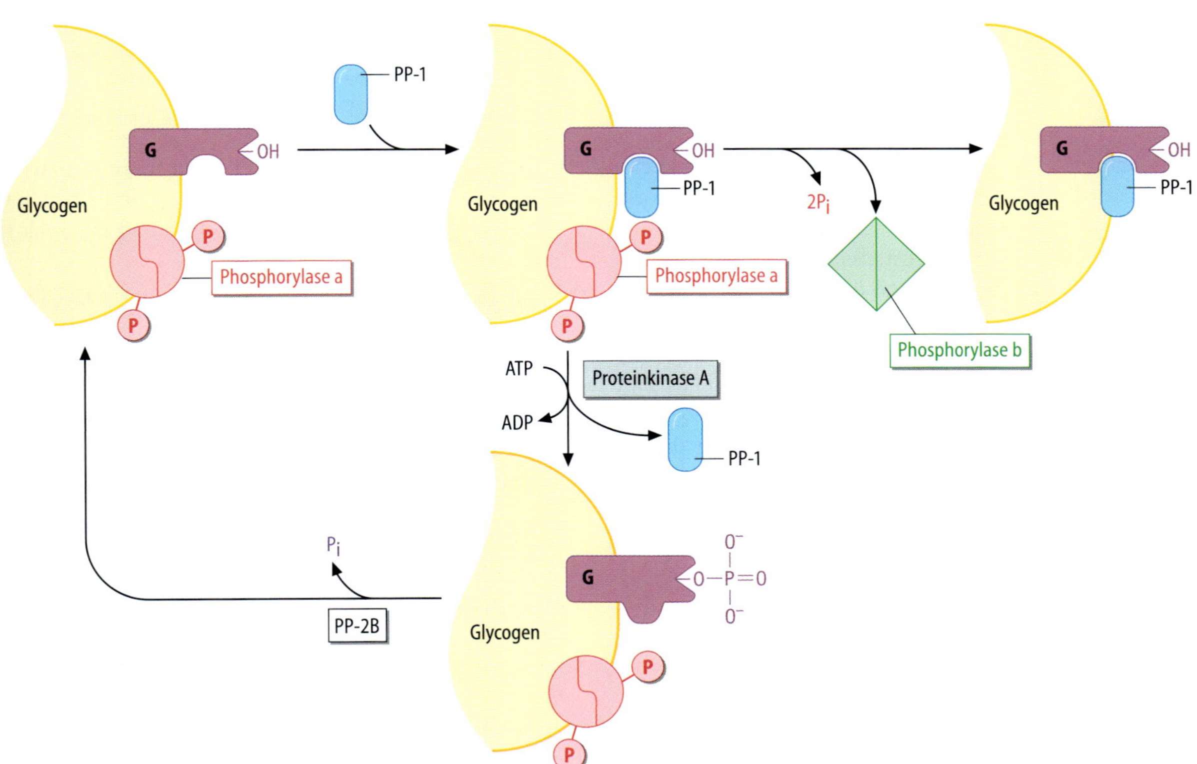

Abb. 11.26. Regulation der Aktivität der Phosphoprotein-Phosphatase PP-1. Das Enzym wird durch Assoziation an seine G-Untereinheit am Glycogen fixiert und dadurch aktiviert. Phosphorylierung der G-Untereinheit durch die Proteinkinase A führt zu einer Abdissoziation von der G-Untereinheit und damit zur Hemmung des Enzyms. PP-1 = Phosphoprotein-Phosphatase-1; PP-2B = Phosphoprotein-Phosphatase-2B. (Einzelheiten ▶ Text)

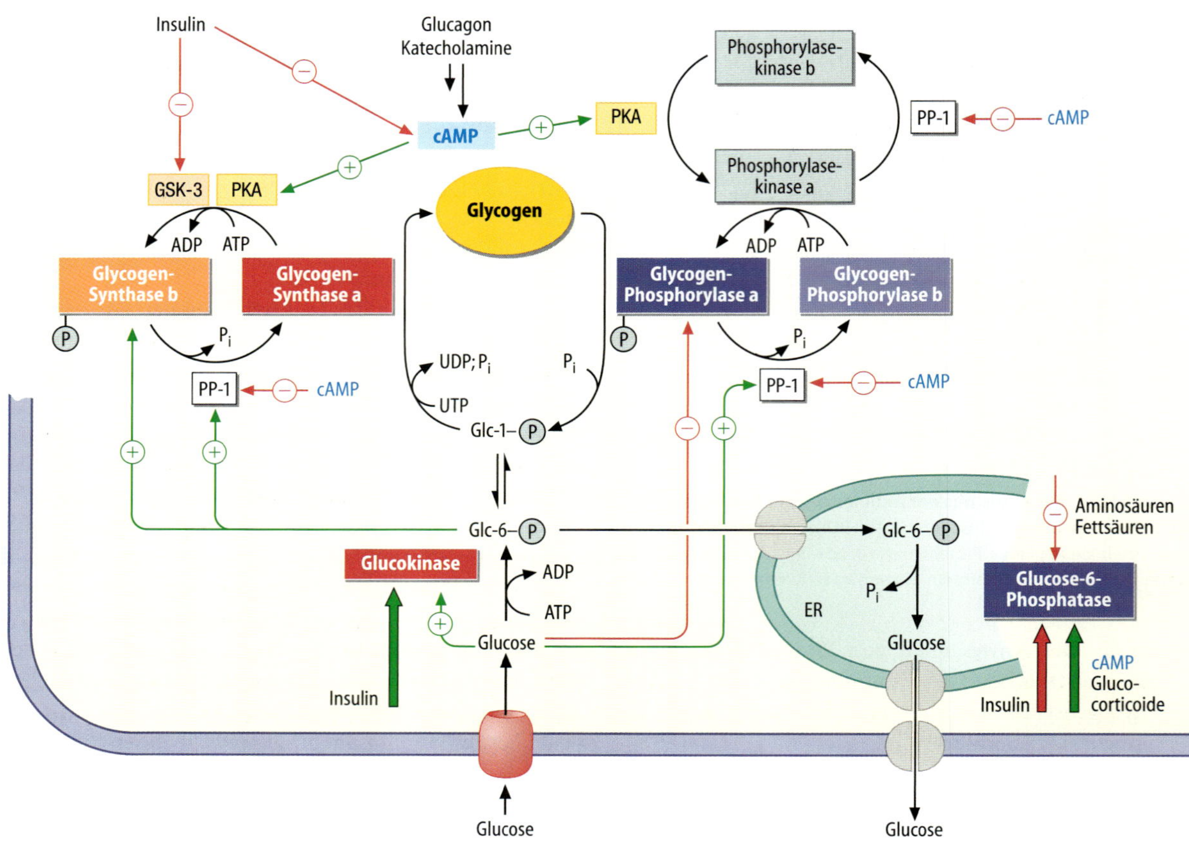

Abb. 11.27. Regulation des Glycogenstoffwechsels der Leber durch allosterische Mechanismen und covalente Modifikation. *Dicke Pfeile* = Induktion (*grün*) bzw. Repression (*rot*), *dünne Pfeile* = Aktivierung (*grün*) bzw. Hemmung (*rot*). (Einzelheiten ▶ Text)

Threonin-spezifische **Phosphoprotein-Phosphatase PP1** verantwortlich. Es handelt sich hierbei um ein in vielen Geweben vorkommendes Enzym mit je einer katalytischen und einer regulatorischen Untereinheit. Die katalytische Untereinheit ist lediglich imstande, Seryl- bzw. Threonylphosphatreste in Proteinen zu spalten. Ihre Spezifität für ein bestimmtes Phosphoprotein erlangt sie erst nach Bindung an die jeweilige regulatorische Untereinheit. Bis heute sind mehr als 50 regulatorische Untereinheiten beschrieben, von denen vier als G-Untereinheiten bezeichnete für die Regulation des Glycogenstoffwechsels verantwortlich sind. Sie unterscheiden sich lediglich durch ihre Gewebsverteilung. Die Aktivierung der glycogenspezifischen PP1 ist in Abb. 11.26 dargestellt:

- Die G-Untereinheit ist ein Glycogen-bindendes Protein, welches eine PP-1-bindende Domäne hat und auf diese Weise die Phosphoproteinphosphatase 1 in unmittelbare Nachbarschaft zu den ebenfalls an Glycogen bindenden Enzymen Phosphorylase und Glycogensynthase bringt
- Ein wichtiger allosterischer Aktivator der Phosphoproteinphosphatase 1 ist **Glucose-6-phosphat** in physiologischen Konzentrationen. Das erklärt seine stimulierende Wirkung auf die Glycogenbiosynthese
- Durch die cAMP-abhängige **Proteinkinase A** wird die G-Untereinheit phosphoryliert, was zur Abdissoziation der katalytischen Untereinheit und damit zur Inaktivierung der PP-1 führt
- Wahrscheinlich ist die Phosphoprotein-Phosphatase-2B für die Dephosphorylierung der G-Untereinheit verantwortlich

Besonders in Hepatozyten kommt zusätzlich ein cytosolischer Phosphoproteinphosphatase-1-Inhibitor vor, der das Enzym bindet und inaktiviert. cAMP-abhängige Phosphorylierung dieses Inhibitors führt zur Aufhebung der Bindung und zur Aktivierung der Phosphoproteinphosphatase.

Die Abb. 11.27 gibt einen Überblick über die Mechanismen, die Speicherung und Abbau des Glycogens der Leber regulieren. Seine Bedeutung als einziges Reservekohlenhydrat tierischer Zellen wird durch die vielfältigen Regulationsmöglichkeiten unterstrichen, die eine genaue Anpassung von Glycogensynthese und -abbau an die jeweiligen zellulären Bedürfnisse ermöglichen.

- Ein erhöhtes Glucoseangebot geht immer mit erhöhten Insulinspiegeln bei gleichzeitig erniedrigten Konzentrationen der Insulinantagonisten Glucagon bzw. Katecholaminen einher. Dies führt zur Induktion der Glu-

Infobox

Eine Aktivierung der Glycogenolyse verzögert das Auftreten der durch einen Herzinfarkt ausgelösten Myokard-Nekrose. Pathophysiologisch beruht jeder Myokardinfarkt darauf, dass ein vollständiger oder partieller Verschluss einer der Koronararterien bzw. ihrer Äste zu einer Minderdurchblutung des Myokards führt. Da im menschlichen Herzmuskel keine oder nur sehr wenig kollaterale Blutgefäße vorhanden sind, kommt es sehr rasch zu einer schwerwiegenden, häufig zur Nekrose führenden Stoffwechselstörung des Myokards. Dafür sind prinzipiell zwei Mechanismen verantwortlich: Einmal führt das Sistieren der Sauerstoffversorgung zur Unterbrechung der energieliefernden mitochondrialen Vorgänge (Atmungskette und oxidative Phosphorylierung), zum anderen verhindert die sich durch den Gefäßverschluss ergebende Minderdurchblutung den Abtransport der sich unter diesen Bedingungen anhäufenden Stoffwechselprodukte.

Die Energiespeicher des Myokards sind ziemlich spärlich. Die vorhandenen Vorräte an Phosphokreatin und ATP genügen gerade für drei bis vier effektive Kontraktionsvorgänge. Aus diesem Grund hören beim kompletten Gefäßverschluss sehr schnell die Kontraktionsvorgänge im nicht durchbluteten Gebiet auf, was zunächst den Substratbedarf der betroffenen Cardiomyozyten vermindert. Da die Sauerstoffzufuhr weiter sistiert, kommen Atmungskette und oxidative Phosphorylierung zum Erliegen. Reduzierte wasserstoffübertragende Coenzyme, vor allem NADH/H^+ können nicht mehr reoxidiert werden, weswegen zunächst die mitochondriale NADH-Konzentration ansteigt. Durch Umkehr der in ► Kap. 15.1.1 geschilderten Transportzyklen kommt es auch zum Anstau von cytoplasmatischem NADH/H^+. Außerdem sinkt die ATP-Konzentration in den Cardiomyozyten ab. Die ADP-Konzentration steigt zunächst entsprechend dem ATP-Abbau an, durch die Nucleosiddiphosphat-Kinase (Adenylatkinase; ► Kap. 15.1.1), wird ADP in ATP und AMP umgewandelt. AMP ist ein Signal für die Aktivierung der Glycogen-Phosphorylase. Das durch die gesteigerte Glycogenolyse entstehende Glucose-1-phosphat wird nach Umwandlung in Glucose-6-phosphat in die anaerobe Glycolyse eingeschleust, wo AMP auch als allosterischer Aktivator der PFK-1 dient. Da die hohe NADH-Konzentration jedoch die Glycerinaldehydphosphat-Dehydrogenase (► Kap. 11.1.1) hemmt, wird leider nur etwa ein Viertel der normalen unter aeroben Bedingungen auftretenden Glycolysegeschwindigkeit erreicht. Immerhin genügt das, um den Abfall des myokardialen ATP etwas zu verlangsamen, sodass erst nach 30–40 Minuten nur noch 10% des Normalwerts vorliegen. Akkumuliertes AMP wird durch die 5'-Nucleotidase zu Adenosin und später zu Inosin und Hypoxanthin abgebaut. Wegen des herabgesetzten Blutflusses akkumulieren diese Metabolite ebenso wie das durch die Glycolyse entstehende Lactat in der Herzmuskelzelle. Diese Störungen führen zu Änderungen der Ionenverteilung im Myokard und damit auch zu frühen elektrokardiographischen Veränderungen. Etwa 20 Minuten nach dem Ende der Sauerstoffversorgung beginnen die ersten Cardiomyozyten zugrunde zu gehen, nach 60 Minuten ist ein großer Teil von ihnen abgestorben. Bei einem unvollständigen Verschluss kann sich dieses Ereignis um einige Stunden verzögern. Es kommt zu einer Auflösung der Membranstruktur und zum Austritt der in den Cardiomyozyten vorhandenen Makromoleküle, besonders der Enzyme (z.B. Kreatinkinase, Aspartat-Aminotransferase), welche dann diagnostisch im Serum nachgewiesen werden können.

Durch eine frühzeitig eingeleitete fibrinolytische Therapie (► Kap. 29.5.4) oder durch Koronarangioplastie wird versucht, den Gefäßverschluss zu beheben und das hypoxische Gewebe zu reperfundieren. Dies kann dann zu einer Ausheilung des Schadens führen, wenn die betroffenen Cardiomyozyten noch nicht irreversibel geschädigt oder abgestorben sind. Allerdings ist auch die Reperfusion nicht unproblematisch. Es kommt nämlich rasch zum Ausschwemmen der verschiedenen schädlichen Stoffwechselzwischenprodukte aus dem infarzierten Gewebe. Wegen des zum Teil beträchtlichen Abbaus kann es Tage dauern, bis der Adeninnucleotidpool wieder vollständig durch *de novo* Synthese aufgefüllt und die Kontraktionskraft der Herzmuskelzellen hergestellt ist. Eine der möglichen Ursachen für weitere Schädigungen ist, dass durch die Oxygenierung während der Reperfusion Sauerstoffradikale entstehen, deren Auswirkungen auf die verschiedenen Strukturen des Myokards des geschädigten Herzmuskels schwer zu beheben sind. Eine Reihe von Untersuchungen hat jedenfalls Anhaltspunkte dafür gegeben, dass Antioxidantien die Erholungsphase des Myokards verkürzen können. Gelegentlich führt erst eine erfolgreiche Reperfusion zur raschen Entwicklung nekrotischer Stellen im Myokard mit einer charakteristischen massiven Zellschwellung und Calciumüberladung. Dabei lagert sich Calcium in Form von Calciumphosphat in den Mitochondrien ab. Die Myofibrillen kontrahieren und bilden große Aggregate ohne Funktion.

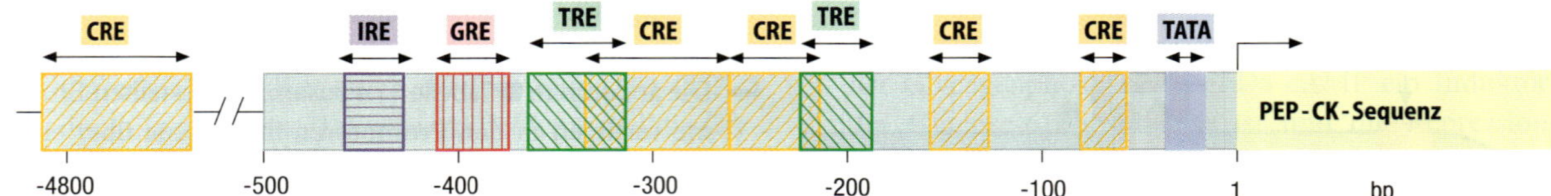

Abb. 11.29. Aufbau des PEP-Carboxykinase-Promotors. Oberhalb der TATA-Box befinden sich die Elemente, die – zum Teil überlappend – die Regulierbarkeit durch Hormone gewährleisten. CRE = cAMP-*response-element*; GRE *glucocorticoid-response-element*; IRE = *insulin responsive element*; TRE = T_3-*response-element*; Elemente für die Regulation durch Vitamine und die gewebsspezifische Expression sind nicht eingetragen

Für die Enzyme der Gluconeogenese sind **Glucocorticoide** weitere wichtige Induktoren. Die **Pyruvatcarboxylase, PEP-Carboxykinase, Fructose-1,6-Bisphosphatase** und **Glucose-6-Phosphatase** enthalten ein **Glucocorticoid**-*response-element*, das durch den Glucocorticoid-Rezeptor (► Kap. 25.3.1) aktiviert wird und die gesteigerte Transkription der entsprechenden Gene vermittelt.

Eine große Zahl weiterer Untersuchungen hat gezeigt, dass die Schlüsselenzyme von Glycolyse und Gluconeogenese nicht nur durch Insulin, cAMP und Glucocorticoide, sondern durch weitere Hormone und Vitamine reguliert werden. Es ist demnach klar, dass der Aufbau ihrer Promotorstruktur sehr komplex sein muss. Das wird in Abb. 11.29 am Beispiel der Promotorstruktur des PEP-Carboxykinase-Gens demonstriert. Dieser Promotor ist weitgehend charakterisiert worden. Er enthält zahlreiche Elemente, an die allgemeine, aber auch Liganden-aktivierte Transkriptionsfaktoren binden können. Die aktuelle Transkriptionsrate dieses Gens ergibt sich damit aus dem komplexen Zusammenspiel der einzelnen, den Promotor aktivierenden bzw. inhibierenden Faktoren.

Ungeachtet der Komplexität der Regulation einzelner für Glycolyse bzw. Gluconeogenese verantwortlicher Enzyme ergibt sich doch ein Bild, das auf eine **koordinierte transkriptionelle Regulation** von Glycolyse und Gluconeogenese durch Insulin, Glucose und cAMP schließen lässt (Abb. 11.30). Insulin stimuliert die Expression der Gene für die Schlüsselenzyme der Glycolyse und hemmt die der Gene für die Gluconeogenese. cAMP ist dagegen ein Antagonist des Insulins, da im Allgemeinen Insulin-stimulierte Gene durch cAMP reprimiert, Insulin-reprimierte dagegen durch cAMP induziert werden.

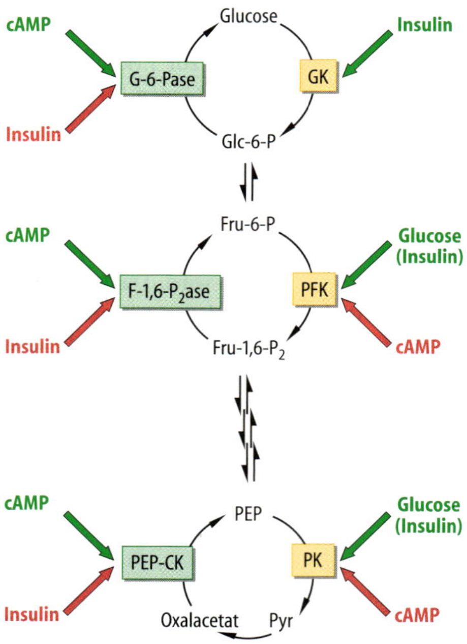

Abb. 11.30. Koordinierte transkriptionelle Regulation von Glycolyse und Gluconeogenese durch Insulin, Glucose und cAMP. Die durch Insulin reprimierten und durch cAMP induzierten Enzyme sind grün hervorgehoben, die durch Insulin oder Insulin und Glucose induzierten und durch cAMP reprimierten orange. G-6-Pase = Glucose-6-Phosphatase; GK = Glucokinase; F-1,6-P_2ase = Fructose-1,6-Bisphosphatase; PFK = Phosphofructokinase-1; PC = Pyruvatcarboxylase; PEP-CK = Phosphoenolpyruvat-Carboxykinase; PK = Pyruvatkinase. (Einzelheiten ► Text)

11.6.2 Allosterische Regulation von Schlüsselenzymen der Glycolyse

Wie in Abb. 11.31 zu sehen ist, werden außer den in ► Kap. 11.4.2 besprochenen Enzymen für die Bildung und den Abbau von Glucose-6-phosphat viele Schlüsselenzyme von Glycolyse und Gluconeogenese allosterisch reguliert.

! Die Phosphofructokinase-1 ist ein Sensor für den energetischen Zustand der Zelle.

Das geschwindigkeitsbestimmende Enzym der Glycolyse in allen Geweben ist die Phosphofructokinase-1 (PFK1). Dieses Enzym unterliegt den allosterischen Regulationen durch die in Tabelle 11.5 zusammengestellten Faktoren. Durch diese wird sichergestellt, dass bei hohen Konzentrationen von den der Glycolyse nachgeschalteten Meta-

Tabelle 11.5. Allosterische Aktivatoren und Inhibitoren der Phosphofructokinase (PFK-1)

Inhibitor	Aktivator
ATP	ADP, AMP
Citrat	Fructose-6-phosphat Fructose-2,6-bisphosphat

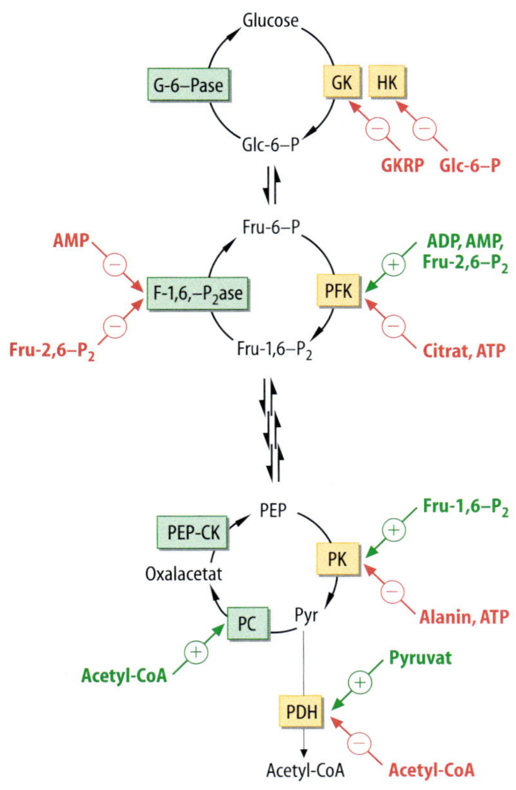

Abb. 11.31. Allosterische Regulation von Schlüsselenzymen von Glycolyse und Gluconeogenese. Aktivatoren der Glycolyse und der Gluconeogenese sind grün, Inhibitoren der Gluconeogenese und der Glycolyse rot hervorgehoben. PDH = Pyruvat-Dehydrogenase; PC = Pyruvatcarboxylase; weitere Abkürzungen Abb. 11.30 (Einzelheiten ► Text)

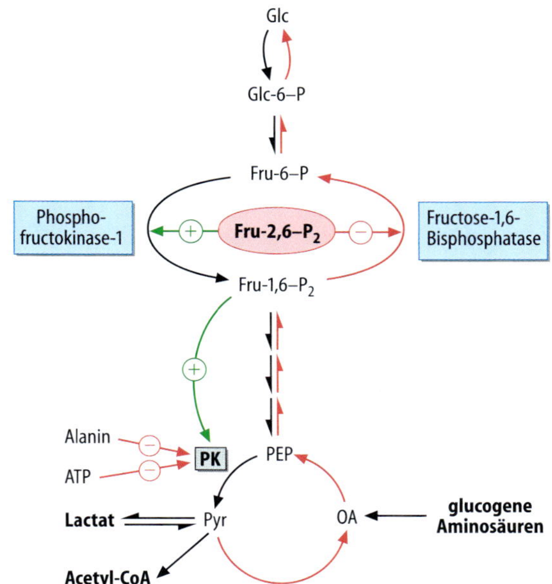

Abb. 11.32. Bedeutung von Fructose-2,6-bisphosphat für die Regulation von Glycolyse und Gluconeogenese in der Leber. Fructose-2,6-bisphosphat ist der wirksamste allosterische Aktivator der Phosphofructokinase-1 und gleichzeitig ein Inhibitor der Fructose-1,6-Bisphosphatase. Jede Aktivierung der Phosphofructokinase führt zu einer Konzentrationszunahme von Fructose-1,6-bisphosphat. Dieses Glycolyse-Intermediat ist ein allosterischer Aktivator der Pyruvatkinase. Glc = Glucose; Fru = Fructose; PEP = Phosphoenolpyruvat; PK = Pyruvatkinase; Pyr = Pyruvat; OA = Oxalacetat

boliten (z.B. Citrat) bzw. bei hoher ATP-Konzentration der Substratdurchfluss durch die Glycolyse gebremst wird. Beim Anstau der oberhalb der Phosphofructokinase gelegenen Glycolysemetaboliten oder aber bei hohen Konzentrationen von ADP und AMP setzt dagegen eine Aktivierung des Flusses durch die Glycolyse ein.

Von besonderer Bedeutung ist diese Art der Regulation der Glycolyse für den von Louis Pasteur erstmalig beschriebenen und nach ihm benannten **Pasteur-Effekt**. Wie ursprünglich an der Hefe beobachtet, zeigen viele Gewebe beim Übergang von Normoxie zu Hypoxie/Anoxie eine deutliche Zunahme der Glycolyserate. Das ist auf die durch den Sauerstoffmangel ausgelöste Zunahme der AMP-Konzentration und die damit einhergehende Aktivierung der PFK-1 zurückzuführen. Für das Überleben von Geweben bei Sauerstoffmangel, z.B. bei Blutgefäßverschlüssen, ist dieser Mechanismus von besonderer Bedeutung (► Infobox).

! Fructose-2,6-bisphosphat ist ein allosterischer Aktivator der PFK-1, der für die hormonelle Regulation der Glycolyse verantwortlich ist.

Es ist nicht möglich, unter physiologischen Bedingungen die Regulation der Phosphofructokinase und damit der Glycolyse mit Konzentrationsänderungen von ATP, Citrat, Fructose-6-phosphat und ADP bzw. AMP zu erklären. In der Leber wird beispielsweise unter Zugrundelegung der bekannten gemessenen Konzentrationen der Adeninnucleotide und des Citrats eigentlich nie eine Konstellation erreicht, bei der die Phosphofructokinase aktiv ist. Dies weist auf das Vorhandensein eines weiteren allosterischen Aktivators des Enzyms hin. Es handelt sich um das 1980 von Henry-Geri Hers entdeckte **Fructose-2,6-bisphosphat** (Abb. 11.32). Liegt es in hoher Konzentration vor, wird wegen seiner aktivierenden Wirkung auf die PFK-1 der Substratdurchsatz der Glycolyse beschleunigt.

Abb. 11.33 zeigt die Mechanismen für die Biosynthese und den Abbau von Fructose-2,6-bisphosphat, das mit Hilfe der **Fructose-6-phosphat-2-Kinase** aus Fructose-6-phosphat entsteht. Der Abbau des Fructose-2,6-bisphosphats erfolgt durch eine hydrolytische Phosphatabspaltung, wobei wieder Fructose-6-phosphat entsteht. Katalysiert wird diese Reaktion durch die **Fructose-2,6-Bisphosphatase**.

Da die Geschwindigkeit der Glycolyse in vielen Geweben proportional der Konzentration an Fructose-2,6-bisphosphat ist, muss die enzymkatalysierte Geschwindigkeit der Bildung und/oder des Abbaus dieser Verbindung reguliert werden. Die genaue Untersuchung dieses Vorgangs hat gezeigt, dass beide Enzymaktivitäten, die Fructose-6-phos-

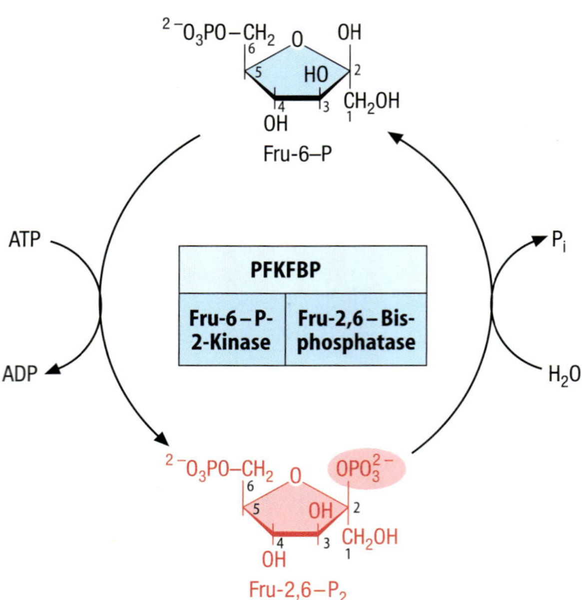

Abb. 11.33. Bildung und Abbau von Fructose-2,6-bisphosphat. Man beachte, dass es sich bei der Fructose-6-phosphat-2-Kinase sowie der Fructose-2,6-Bisphosphatase um dasselbe Enzymprotein handelt, dessen katalytische Eigenschaften durch covalente Modifizierung geändert werden (Abb. 11.34)

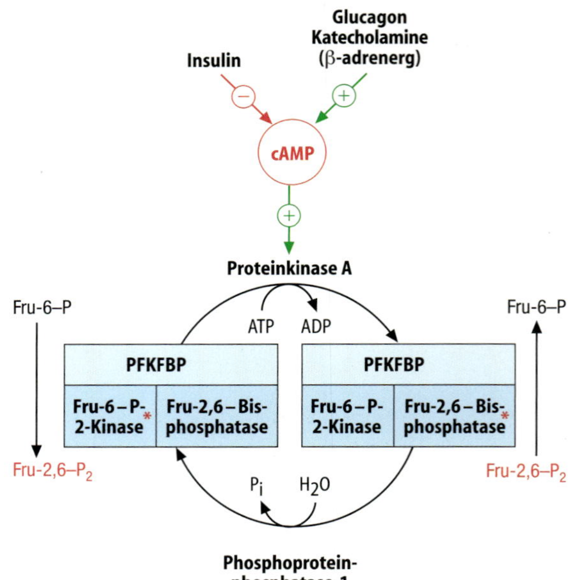

Abb. 11.34. Hormonelle Regulation der Bildung und des Verbrauchs von Fructose-2,6-bisphosphat in der Leber. Die Markierung mit * gibt die jeweils aktive Enzymaktivität an. (Einzelheiten ► Text)

phat-2-Kinase sowie die Fructose-2,6-Bisphosphatase auf einer Peptidkette existieren, die deswegen auch als **PFK-FBP** bezeichnet wird. Es gibt gewebsspezifisch exprimierte Isoformen des Enzyms.

Unter Einwirkung der **cAMP-abhängigen Proteinkinase A** kann dieses Enzym an einem Serylrest phosphoryliert werden. Das hat unterschiedliche Folgen für die jeweiligen Enzyme aus der Leber und dem Herzmuskel:

Leber. In der Leber wirkt die PFKFBP in phosphorylierter Form ausschließlich als **Fructose-2,6-Bisphosphatase**, baut also Fructose-2,6-bisphosphat zu Fructose-6-phosphat ab (Abb. 11.34). Nach Dephosphorylierung unter Katalyse der Phosphoprotein-Phosphatase-1 verschwindet die Phosphataseaktivität, dafür gewinnt das Enzym die **Fructose-6-phosphat-2-Kinase-Aktivität**, die es befähigt, aus Fructose-6-phosphat Fructose-2,6-bisphosphat zu bilden.

Damit rückt, wie im Fall des Glycogenstoffwechsels, auch bei der Glycolyse das **cAMP** als wichtiger Regulator in den Vordergrund. In Anwesenheit hoher Konzentrationen von Glucagon oder Katecholaminen steigt seine Konzentration, die dadurch aktivierte Proteinkinase phosphoryliert die PFKFBP und favorisiert damit die Fructose-2,6-Bisphosphatase-Aktivität. In der Folge sinkt der Fructose-2,6-bisphosphat-Spiegel der Hepatozyten ab. Damit fällt ein wesentlicher allosterischer Aktivator der Phosphofructokinase fort und die Glycolyse verlangsamt sich. Anders ist es dagegen in Anwesenheit von Insulin, welches durch Aktivierung von Phosphodiesterasen zu einer Erniedrigung der cAMP-Spiegel führt. Dies löst eine Dephosphorylierung der PFKFBP aus. Durch Katalyse der jetzt aktiven Fructose-6-phosphat-2-Kinaseaktivität wird vermehrt Fructose-2,6-bisphosphat gebildet. Dieses aktiviert die PFK-1, womit die Glycolyse stimuliert wird.

Herzmuskel. Ganz anders verläuft die Regulation der PFK-FBP im Herzmuskel. Die Phosphorylierung der hier vorliegenden Isoform des Enzyms erfolgt durch die Proteinkinase A an einem anderen Serylrest. Damit wird – anders als in der Leber – nicht die Phosphatase- sondern die Kinaseaktivität stimuliert. Dies führt zu einer Beschleunigung der Bildung von Fructose-2,6-bisphosphat. In diesem Gewebe führt also eine Erhöhung der cAMP-Konzentration zu einer Beschleunigung der Glycolyse. Das erscheint auch sinnvoll, wenn man bedenkt, dass Katecholamine aufgrund ihres Wirkungsspektrums in der Leber eine Mobilisierung von Glucose und Stimulierung der Gluconeogenese, im Herzmuskel jedoch eine Beschleunigung des Glucoseabbaus infolge des erhöhten Energiebedarfs auslösen müssen (► Kap. 26.3.3).

! Die Steigerung der PFK-1 Aktivität löst eine Aktivierung von Pyruvatkinase und Pyruvatdehydrogenase aus.

Das nächste regulierte Glycolyse-Enzym ist die **Pyruvatkinase. Fructose-1,6-bisphosphat** wirkt als allosterischer Aktivator, sodass ein verstärkter Glycolysefluss bei Anhäufung dieses Substrats gewährleistet ist (Abb. 11.31). Ein hoher **ATP-Spiegel** bewirkt dagegen eine Hemmung dieses Enzyms (▣ Abb. 11.32). Alanin ist ein allosterischer Inhibitor, allerdings nur in unphysiologisch hohen Konzentrationen.

Auch die Pyruvatkinase der Leber kann durch die Proteinkinase A phosphoryliert und durch die Phosphoprotein-Phosphatase-1 dephosphoryliert werden. Durch Phosphorylierung nimmt die Affinität des Enzyms für das Substrat Phosphoenolpyruvat sowie den allosterischen Aktivator Fructose-1,6-bisphosphat ab. Dagegen nimmt die Affinität für allosterische Inhibitoren wie ATP und Alanin zu. Insgesamt bewirken die durch Phosphorylierung des Enzyms hervorgerufenen Änderungen seiner kinetischen Eigenschaften eine deutliche **Aktivitätsverminderung** unter physiologischen Bedingungen.

Der Eintritt von Glucosekohlenstoff in den Citratzyklus in Form von Acetyl-CoA wird durch die **Pyruvatdehydrogenase** reguliert. Dieses Enzym, welches die Geschwindigkeit des Umbaus von Glucosekohlenstoff in Zwischenprodukte des Citratzyklus, in Fettsäuren und auch in Aminosäuren vermittelt, wird auf komplizierte Weise reguliert (▶ Kap. 14.2). Neben seiner reversiblen Inaktivierung durch covalente Phosphorylierung wird die aktive Form des Enzyms durch Pyruvat aktiviert und durch **Acetyl-CoA** und **NADH** in physiologischen Konzentrationen gehemmt. Auf diese Weise ist gewährleistet, dass nur der wirklich benötigte Anteil von Glucosekohlenstoff in den Citratzyklus und in die mit ihm verbundenen Stoffwechselwege eintreten kann.

11.6.3 Allosterische Regulation der Gluconeogenese

! Die Gluconeogenese der Leber wird allosterisch durch Fructose-2,6-bisphosphat gehemmt.

Ähnlich wie die Phosphofructokinase ist auch die **Fructose-1,6-Bisphosphatase** ein vielfach reguliertes Enzym. **AMP** ist ein potenter allosterischer Hemmstoff, was allerdings nur bei Hypoxie/Anoxie von Bedeutung ist. Wichtiger ist jedoch die allosterische Hemmung der Fructose-1,6-Bisphosphatase in der Leber durch das **Fructose-2,6-bisphosphat**, das schon als allosterischer Aktivator der Phosphofructokinase beschrieben wurde (▣ Abb. 11.32). Damit ergibt sich eine bemerkenswerte Analogie zur Regulation des Glycogenstoffwechsels. Hier ist cAMP der wichtigste unter hormoneller Kontrolle stehende intrazelluläre Effektor für eine Hemmung der Glycogenbiosynthese und eine Aktivierung der Glycogenolyse (▶ Kap. 11.5). Dies führt in der Leber zu einer vermehrten Bereitstellung und Abgabe von **Glucose** führt. Beim Wechselspiel zwischen Glycolyse und Gluconeogenese führt derselbe Effektor, nämlich cAMP, unter Zwischenschaltung des **Fructose-2,6-bisphosphats** zu einer Hemmung der Glycolyse und Stimulierung der Gluconeogenese. Dies dient ebenfalls einer vermehrten **Glucoseabgabe** durch die Leber.

Von ihrer enzymatischen Ausstattung her sind lediglich die **Leber** und die **Nieren** zur Gluconeogenese aus Lactat bzw. Pyruvat oder glucogenen Aminosäuren befähigt. Trotzdem sind die verschiedensten Gewebe mit den Enzymen ausgerüstet, die für Teilstrecken des Gluconeogenesewegs zuständig sind. So finden sich beispielsweise relativ hohe Aktivitäten des ersten Enzyms der Gluconeogenese, der **Pyruvatcarboxylase**, außer in Leber und Nieren auch in der Nebenniere, der laktierenden Milchdrüse und im Fettgewebe. Das Enzym wird hier v.a. für die anaplerotische Synthese von Oxalacetat benötigt.

Im Fettgewebe findet aus Lactat eine beträchtliche Neusynthese von α-Glycerophosphat statt (Glyceroneogenese), das für die Triacylglycerinsynthese gebraucht wird. Auch hierfür ist die **Pyruvatcarboxylase** notwendig, die nach Reduktion von Lactat zu Pyruvat Oxalacetat erzeugt. Ebenso wie das zweite, für Gluconeogenese und Glyceroneogenese typische Enzym, die **PEP-Carboxykinase**, wird sie durch cAMP und Glucocorticoide reguliert, wobei jedoch der Einfluss der genannten Verbindung auf die Expression beider Gene im Vordergrund steht (▶ o.). Das dabei entstehende Phosphoenolpyruvat wird durch Umkehr der Glycolysereaktionen bis auf die Stufe der Triosephosphate gebracht, die zu α-Glycerophosphat reduziert werden.

! Das Zusammenspiel allosterischer Aktivatoren und Inhibitoren ermöglicht das Umschalten des Leberstoffwechsels von Kohlenhydratzufuhr auf Nahrungskarenz und umgekehrt.

Das geschilderte Wechselspiel zwischen Enzymaktivierung bzw. -inaktivierung durch Metabolite ermöglicht ein sinnvolles Reagieren des Kohlenhydratstoffwechsels auf Kohlenhydratangebot bzw. -mangel. Das wird besonders deutlich in der **Leber**. Bei einem Überschuss an Kohlenhydraten kommt es in der Leber zu einem gesteigerten Fluss durch die Glycolysekette, weil vermehrt gebildetes Fructose-6-phosphat über Fructose-2,6-bisphosphat die **Phosphofructokinase** und Fructose-1,6-bisphosphat die **Pyruvatkinase** stimulieren. Das vermehrt gebildete Pyruvat aktiviert schließlich die **Pyruvatdehydrogenase**. Das dadurch gesteigerte Angebot an Acetyl-CoA kann für die Lipogenese bzw. zur Energiegewinnung durch Oxidation verwendet werden.

Ganz anders ist die Regulation bei Kohlenhydratmangel. Hier muss der Organismus danach trachten, Glucose für die Gewebe zu sparen und gegebenenfalls aus Nicht-Kohlenhydrat-Vorstufen zu synthetisieren, die auf die Glucoseoxidation zur Energiegewinnung angewiesen sind. Die nur fakultativ Glucose-oxidierenden Gewebe wie Leber, Muskulatur und Fettgewebe können auf die Oxidation anderer Energiequellen, v.a. von Fettsäuren zurückgreifen. In der Leber hat eine gesteigerte β-Oxidation einen Anstieg der Konzentrationen von **Citrat** und **Acetyl-CoA** zur

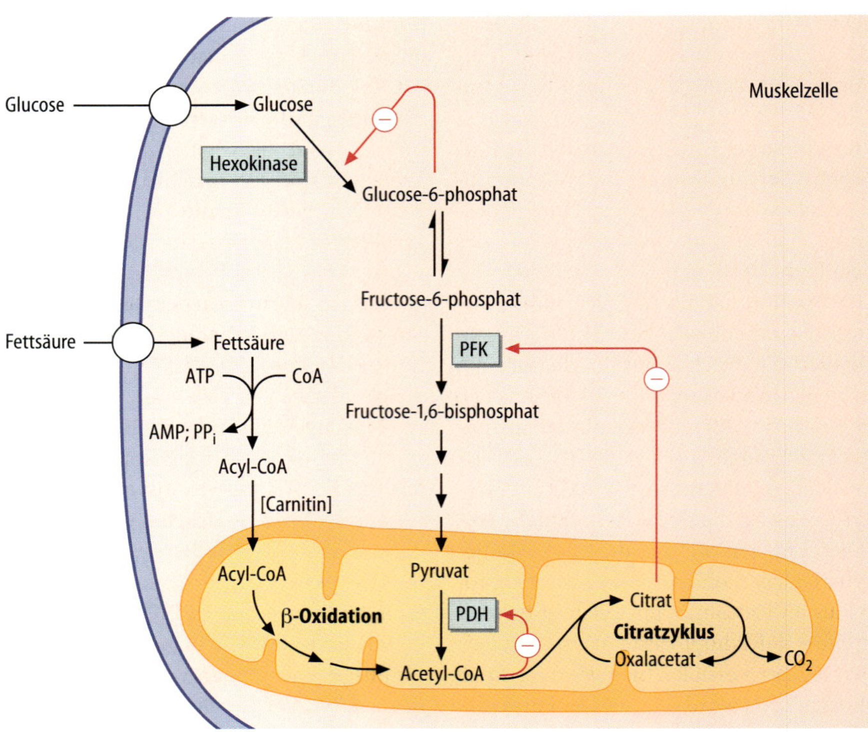

Abb. 11.35. Regulation der Glycolyse in der Muskulatur. Bei niedrigem Fettsäureangebot wird der Energiebedarf der Muskelzelle hauptsächlich durch aerobe Glycolyse gedeckt. Steigt das Fettsäureangebot, so nehmen die Konzentrationen von Acetyl-CoA und Citrat zu. Acetyl-CoA ist ein Inhibitor der Pyruvatdehydrogenase, Citrat ein Inhibitor der Phosphofructokinase-1. Das sich daraufhin anstauende Glucose-6-phosphat hemmt die Hexokinase. Diese allosterischen Regulationsmechanismen führen zu einer Hemmung der Glycolyse bei hohem Fettsäureangebot

Folge, die auf zweifache Weise in das Wechselspiel zwischen Glycolyse und Gluconeogenese eingreifen. Acetyl-CoA dient als Hemmstoff der **Pyruvatdehydrogenase**, Citrat hemmt die **Phosphofructokinase**. Außerdem kommt es durch die während des Hungerzustands vorherrschenden Hormone **Glucagon** und **Katecholamine** zu einer vermehrten cAMP-Produktion. Dies löst ein Absinken der Fructose-2,6-bisphosphat-Konzentration und damit eine Stimulierung der **Fructose-1,6-Bisphosphatase** und eine Hemmung der **Phosphofructokinase** aus. Auf diese Weise werden Schlüsselenzyme der Glycolyse blockiert, sodass diese v.a. bei stark gesteigerter Fettsäureoxidation nahezu vollständig zum Erliegen kommt.

In ähnlicher Weise wie in der Leber wird auch in der **Muskelzelle** der Glucosedurchsatz durch die Geschwindigkeit der Fettsäureoxidation und damit Konzentrationsänderungen von Acetyl-CoA und Citrat gesteuert (Abb. 11.35).

In Kürze

Für die Genexpression von Enzymen der Glycolyse sind Insulin und Glucose als Induktoren von großer Bedeutung. Insulin ist darüber hinaus ein Repressor von Schlüsselenzymen der Gluconeogenese. Eine umgekehrte Funktion haben Hormone wie Katecholamine oder Glucagon, die zu einer Erhöhung der cAMP-Konzentration führen. Sie reprimieren die Enzyme der Glycolyse und induzieren die Enzyme der Gluconeogenese. Die letzteren werden darüber hinaus noch durch Glucocorticoide induziert.

Für die Glycolyse der Leber ist der wichtigste allosterische Regulator das Fructose-2,6-bisphosphat, das bei niedrigen cAMP-Konzentrationen synthetisiert wird. Es aktiviert die Phosphofructokinase und inhibiert die Fructose-1,6-Bisphosphatase. Umgekehrt führen hohe cAMP-Konzentrationen zu einem Abbau des Fructose-2,6-bisphosphats, was eine Hemmung der Glycolyse und eine Aktivierung der Gluconeogenese auslöst.

Über das Fructose-2,6-bisphosphat als allosterischem Aktivator hinaus hängt die Geschwindigkeit der Glycolyse in allen untersuchten Geweben von der Energieladung der Zellen ab:
- hohe ATP- oder Citratkonzentrationen sind allosterische Inhibitoren der Phosphofructokinase
- hohe AMP- und ADP-Konzentrationen aktivieren dagegen die Phosphofructokinase

11.7 Pathobiochemie

11.7.1 Erworbene Störungen des Kohlenhydratstoffwechsels

! Störungen des Kohlenhydratstoffwechsels sind die Ursache der verschiedensten Erkrankungen.

Erworbene Störungen des Kohlenhydratstoffwechsels können in den vielfältigsten Formen auftreten und führen häufig zu klassischen Stoffwechselkrankheiten (◘ Tabelle 11.6). Beispiele hierfür sind der **Diabetes mellitus, Hyperinsulinismus** oder die **Kohlenhydratmalabsorption**, die an anderer Stelle besprochen werden.

Hypoglykämien, d.h. Zustände, bei denen die Blutglucosekonzentration unter 4 mmol/l absinkt, kommen bei einer Reihe von Erkrankungen vor. Diese Situation ist insofern bedrohlich, als das **Zentralnervensystem** zur Deckung seines Energiebedarfs auf eine kontinuierliche Glucosezufuhr angewiesen ist. Der Körper versucht infolgedessen, Glycogenolyse und Gluconeogenese zu aktivieren, wozu die Katecholaminsekretion stimuliert wird. Dies macht die Symptomatik verständlich: Es kommt zum Heißhunger, zu Schweißausbrüchen und Herzklopfen. Bei weiterem Absinken der Blutglucosekonzentration treten mehr und mehr die Symptome der Funktionsstörungen des Zentralnervensystems auf: Tremor, neurologische Störungen, Bewusstseinstrübung bis hin zum **Coma hypoglycämicum**.

Hypoglykämien können die verschiedensten Ursachen haben. Besonders empfindlich sind nicht ausreichend mit Kohlenhydraten versorgte **Frühgeborene**, da bei ihnen die für die Gluconeogenese verantwortlichen Enzyme noch nicht in ausreichender Aktivität vorhanden sind. Akute **Alkoholintoxikation** kann ebenfalls zu Hypoglykämien führen, da Ethanol die Gluconeogenese hemmt. Wahrscheinlich wird dieser Effekt durch das beim Ethanolabbau entstehende NADH/H^+ verursacht, das die Verhältnisse von Lactat/Pyruvat sowie Malat/Oxalacetat zugunsten der reduzierten Reaktionspartner verschiebt. Die Folge ist ein Konzentrationsabfall der Gluconeogenesesubstrate Pyruvat und Oxalacetat.

Eine durch **Tumoren** der β-Zellen der Langerhans-schen-Inseln ausgelöste gesteigerte und nicht regulierte Insulinsekretion kann zu schweren Hypoglykämien führen. Bei insulinpflichtigen Diabetikern kommt es gelegentlich infolge eines Missverhältnisses des zugeführten Insulins und der aufgenommenen Nahrung zu Hypoglykämien.

Ein sehr ernst zu nehmendes Krankheitsbild ist die **Lactatazidose**, von der man spricht, wenn die Lactatkonzentration im Blut über den oberen Grenzwert von 1,2–1,5 mmol/l steigt. Sie findet sich als Symptom von Störungen des aeroben Glucoseabbaus bei Patienten mit **Schocksyndrom** oder **generalisierten Krampfanfällen**, aber auch nach bestimmten Arzneimitteln, z.B. nach Gabe des früher als Antidiabetikum verwendeten Phenformins. Das Krankheitsbild der Lactatazidose ist von der Symptomatik einer schweren metabolischen Azidose begleitet und muss entsprechend behandelt werden (▶ Kap. 28.8.6).

! Die nicht-enzymatische Glykierung von Proteinen ist die Ursache vieler zellulärer Dysfunktionen.

Aldehyde bilden spontan **Schiff'sche-Basen** mit Verbindungen, die Aminogruppen enthalten. Dies trifft naturgemäß auch für Aldosen und damit in besonderem Maße für Glucose zu. Wie aus ◘ Abb. 11.36 hervorgeht, kann Glucose mit Aminogruppen in Proteinen, aber auch Lipiden oder Nucleinsäuren nicht-enzymatisch unter Bildung einer Schiff'schen Base reagieren. Diese Reaktion ist reversibel, ihr Ausmaß hängt von der Dauer und der Höhe der Glucosekonzentration ab. In einer folgenden, ebenfalls nicht-enzymatischen **Amadori-Umlagerung** bildet sich aus der Schiff'schen Base ein **Ketoamin**, welches vom Organismus nicht mehr gespalten werden kann. Die Menge des auf diese Weise **glykierten** Proteins hängt von der Höhe und Dauer der Glucoseexposition, der biologischen Lebensdauer des Proteins, der Zahl der freien Aminogruppen, dem pK der Aminogruppen, der Zugänglichkeit der Aminogruppen für Glucose und dem Vorhandensein benachbarter protonierter Aminogruppen wie Histidin oder Arginin ab.

Hämoglobin gehört zu den Proteinen, die aufgrund ihrer nur von der Lebensdauer des Erythrozyten abhängenden Halbwertszeit in besonderem Umfang glykiert wer-

◘ Tabelle 11.6. Erworbene Störungen des Kohlenhydratstoffwechsels

Bezeichnung	Ursache	Besprochen in Kap.
Diabetes mellitus	Absoluter oder relativer Insulinmangel	26.4
Hyperinsulinismus	Inselzelltumoren des Pankreas; Fehlen von Insulinantagonisten	11.7.1
Kohlenhydrat-Malabsorption	Gestörte intestinale Resorption von Monosacchariden	32.2.7
Hypoglykämien	»Unreife« der Gluconeogenese bei Frühgeborenen; Alkoholintoxikation; Insulinüberdosierung, Insulinüberproduktion	11.7.1
Lactatacidose	Störung des aeroben Glucoseabbaus bei Schocksyndrom, Krampfanfällen, unter Arzneimitteln (Phenformin)	28.8.6
Frühgeborenen-Ikterus	Mangel an Glucuronyltransferase-Aktivität	20.4.1

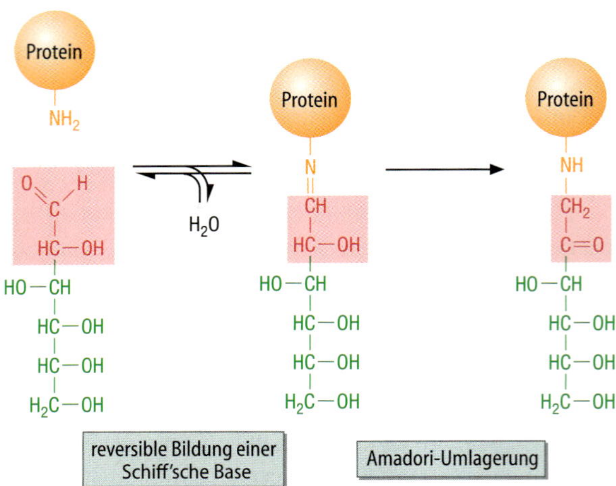

Abb. 11.36. Mechanismus der nicht-enzymatischen Glykierung von Proteinen. Die Carbonylgruppe von Aldosen, besonders von Glucose, reagiert reversibel mit Aminogruppen in Proteinen. Die dabei entstehenden Schiff'sche Basen erfahren eine Amadori-Umlagerung, für deren Spaltung keine Enzyme vorliegen

den. Tatsächlich liegen schon beim Gesunden etwa 4–6% des Hämoglobins in glykierter Form, d.h. als **HbA$_{1c}$** vor. Bei Patienten mit Hyperglykämien, z.B. einem Diabetes mellitus, steigt die Konzentration des glykierten Hämoglobins an. Infolge seiner langen Halbwertszeit erlaubt die Bestimmung des glykierten HbA$_{1c}$ bei Diabetikern eine Abschätzung der qualitativen Diabeteseinstellung während der vergangenen Wochen.

Außer Hämoglobin werden eine Reihe weiterer Proteine glykiert. Sie finden sich entweder in der extrazellulären Flüssigkeit oder in Geweben mit hoher intrazellulärer Konzentration von Glucose sowie anderen Aldosen. Glykierte Anteile lassen sich im Albumin, in den Apoproteinen der LDL, im Kollagen, Myelin, in Basalmembran-Proteinen, in Linsenproteinen und in Proteinen der Erythrozytenmembran nachweisen. Sehr häufig gehen mit der Proteinglykierung Änderungen der **Proteinstruktur**, der **Halbwertszeit** oder auch der **Funktion** einher.

Werden sehr langlebige Proteine, z.B. Bestandteile der Bindegewebsproteine glykiert, so erfolgen innerhalb von Wochen weitere Umlagerungen der primären Amadori-Produkte zu sog. Glykierungsendprodukten, die englisch als *advanced glycation endproducts* (**AGE**) bezeichnet werden (Abb. 11.37a). Die zugrunde liegenden Reaktionen sind aus der Lebensmittelchemie als **Maillard-Reaktion** bekannt. Unter diesem Begriff werden nicht-enzymatische Bräunungsreaktionen von Lebensmitteln bezeichnet, die auf Reaktionen zwischen Aminen und Carbonylgruppen beruhen. Die Bildung der AGE wird mit einer Reihe physiologischer aber auch pathophysiologischer Vorgänge in Verbindung gebracht. So nimmt man an, dass sie etwas mit den physiologischen Alterungsvorgängen zu tun haben und möglicherweise bei der Entstehung von Angiopathien eine Rolle spielen. Jedenfalls nimmt mit zunehmendem Alter die Menge an AGE im Bindegewebe linear zu, wie in Abb. 11.37b anhand des **Pentosidinspiegels** im Kollagen der Dura mater, aber auch in der Haut und in den Nieren des Menschen nachgewiesen wurde. AGE finden sich in endothelialen Proteinen, Linsenkristallinen (Proteine der Augenlinse), Hautkollagenen und treten bei Patienten mit **Diabetes mellitus** gehäuft auf. Auf Makrophagen und Endothelzellen sind in letzter Zeit spezifische Rezeptoren für AGE gefunden worden, die als **RAGE** (*receptors for AGE*) bezeichnet werden und zur Superfamilie der Immunglobuline (▶ Kap. 34.3.4) gehören. Sie sind möglicherweise für Reaktionen verantwortlich, die zu Arteriosklerose und anderen Gefäßveränderungen führen.

11.7.2 Angeborene Störungen des Kohlenhydratstoffwechsels

Angeborene Störungen des Kohlenhydratstoffwechsels betreffen **Enzymdefekte**, die bei homozygoten Trägern zu schweren, meist lebensbedrohlichen und lebensverkürzenden Erkrankungen führen.

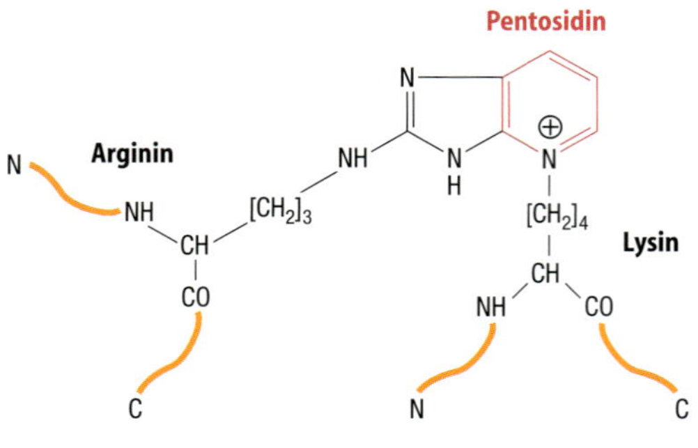

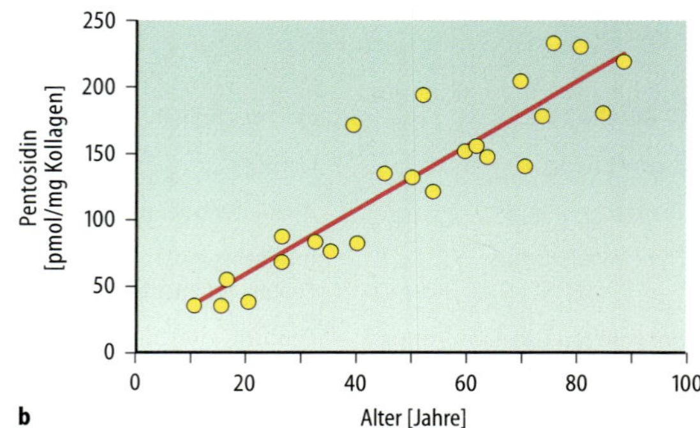

Abb. 11.37. Bildung von ***advanced glycosylation endproducts*** **(AGE).** **a** Durch Maillard-Reaktionen erfahren die als Ketoamine gebundenen Zuckerreste auf Proteinen komplizierte Umlagerungen, die u.a. zu dem dargestellten Endprodukt Pentosidin (rot hervorgehoben) führt, welches Quervernetzungen von Peptidketten auslöst. **b** Zunahme der Pentosidinmenge im Kollagen menschlicher Dura mater in Abhängigkeit vom Lebensalter. (Abbildung freundlicherweise zur Verfügung gestellt von VM Monnier, Cleveland)

Tabelle 11.7. Angeborene Störungen des Kohlenhydratstoffwechsels (Auswahl)

Bezeichnung	Defektes Enzym	Hauptsymptom	Häufigkeit
Galactosämie	Galactose-1-phosphat-Uridyltransfersase Galactokinase	Hypoglykämien, Leberfunktionsstörung, Leberzirrhose, geistige Retardierung Galactosämie, Katarakte	1 : 55 000 1 : 50 000
Fructoseintoleranz	Aldolase B	Hypoglykämien, Leberzirrhose	1 : 130 000
Glycogenose Typ I	Glucose-6-Phosphatase	Hypoglykämie, Lebervergrößerung	1 : 100 000
Glycogenose Typ III	Amylo-1,6-Glucosidase	Hypoglykämie, Lebervergrößerung, Muskelschwäche	1 : 45 000
Glycogenose Typ VI	Leberphosphorylase	Hypoglykämie, Lebervergrößerung	1 : 45 000
angeborene hämolytische Anämie	Pyruvatkinase	Beschleunigter Abbau von Erythrozyten	1 : 30 000

Prinzipiell können derartige Defekte natürlich jedes Enzym der beschriebenen Wege des Kohlenhydratstoffwechsels betreffen. In Tabelle 11.7 ist eine Auswahl solcher angeborenen Störungen des Kohlenhydratstoffwechsels zusammengestellt. Wie man sieht, handelt es sich um seltene Erkrankungen. Über diese genannten Defekte hinaus sind in Einzelfällen Defekte von Enzymen der Gluconeogenese, des Glucuronsäurestoffwechsels, des Pentosephosphatwegs und der Enzyme für die Biosynthese von Glycoproteinen beschrieben worden. Etwas häufiger sind **lysosomale Defekte**, die den Abbau von Proteoglykanen, Glycoproteinen und Glycolipiden betreffen (► Kap. 17.8 und ► Kap. 18.6.1).

Der angeborene Defekt der **Galactose-1-phosphat-Uridyltransferase** führt zu Störungen der Gluconeogenese, damit zu Hypoglykämien und Leberfunktionsstörungen (► Kap. 17.1.4). Außerdem tritt eine geistige Retardierung auf, deren Ursache noch nicht bekannt ist. Wesentlich seltener ist die **hereditäre Fructoseintoleranz** mit einer Inzidenz von 1:130000. Bei ihr kommt in Leber und Nieren **Aldolase A** statt Aldolase B vor. Diese Aldolase-Isoform spaltet Fructose-1-phosphat wesentlich langsamer als Fructose-1,6-bisphosphat. Nach alimentärer Fructosezufuhr häuft sich infolgedessen in der Leber neben Fructose auch Fructose-1-phosphat an. Dieses hemmt sowohl die Fructose-1,6-Bisphosphatase als auch die Aldolase A, weswegen sowohl der Abbau von Glucose wie auch die Gluconeogenese blockiert werden. Außerdem sinkt, wie bei der klassischen Galactosämie, der zelluläre Phosphatgehalt stark ab. Die Patienten leiden infolgedessen an protrahierten hypoglykämischen Zuständen, vor allem nach obsthaltigen Mahlzeiten. Die einzige Therapie besteht in der Vermeidung saccharosehaltiger Nahrungsmittel.

Bis heute sind insgesamt 12 Defekte im **Glycogenstoffwechsel** beschrieben worden. Sie betreffen immer einzelne Enzyme von Glycogenbiosynthese, Glycogenabbau oder Regulation des Glycogenstoffwechsels. Generell handelt es sich auch hier um seltene Erkrankungen. In Tabelle 11.7 sind drei Beispiele genannt. Bei der **Glycogenose Typ I** liegt ein Defekt der Glucose-6-Phosphatase vor, der dazu führt, dass die Leber nicht mehr zur Glucosefreisetzung aus Glucose-6-phosphat imstande ist. Da dies zu einem Anstau von Glucose-1-phosphat führt, ergibt sich eine Hemmung der Glycogenphosphorylase und damit eine Störungen des Abbaus von Glycogen. Die Patienten leiden an einer Lebervergrößerung infolge massiver Glycogenablagerungen und Hypoglykämien. Die **Glycogenosen Typ III** und **Typ VI** betreffen Enzyme des Glycogenabbaus. Auch sie sind durch Hypoglykämien und Lebervergrößerung gekennzeichnet.

Die häufigste Ursache der sog. **angeborenen hämolytischen Anämie** (► Kap. 29.2.4) ist ein Defekt der **Pyruvatkinase** der Erythrozyten. Meist ist bei den Patienten die Aktivität des Enzyms auf etwa 20% der Norm reduziert. Die Vorstufen der Erythrozyten entwickeln sich normal, da ihr Energiebedarf mit der geringen Aktivität der Pyruvatkinase gedeckt werden kann und sie über intakte Mitochondrien verfügen. Nach Verlust der Mitochondrien bei den reifen Erythrozyten reicht die Pyruvatkinase-Aktivität jedoch nicht mehr aus, um durch die jetzt notwendige anaerobe Glycolyse genügend ATP für die Aufrechterhaltung der Erythrozytenfunktion zu synthetisieren. Aus diesem Grunde kommt es zum vorzeitigen Altern der Erythrozyten und zu ihrer Lyse.

In Kürze

Störungen des Glucosestoffwechsels führen je nach ihrer Lokalisation zu unterschiedlichsten Erkrankungen:

Von den erworbenen Erkrankungen ist der Diabetes mellitus die bedeutendste. Zustände, die mit einem Missverhältnis zwischen Kohlenhydratangebot und Insulinkonzentration im Serum einhergehen, führen zu Hyper- bzw. zu Hypoglykämien mit entsprechender Symptomatik.

Schwere Störungen des Kohlenhydratstoffwechsels werden durch Malabsorption von Monosacchariden ausgelöst.

Andere Veränderungen des Kohlenhydratstoffwechsels führen beispielsweise zur Lactatazidose.

Die während des ganzen Lebens stattfindende nicht-enzymatische Glykierung verändert Proteine strukturell und funktionell und wird mit den Alterungsvorgängen in Beziehung gebracht. Bei Patienten mit durch einen Diabetes mellitus ausgelösten Hyperglykämien findet diese nicht-enzymatische durch Glucose ausgelöste Modifikation von Proteinen in verstärktem Umfang statt. Sie spielt möglicherweise als pathogenetischer Faktor bei der Entstehung der bei diesen Patienten häufigen Angiopathien eine wichtige Rolle.

Hereditäre Erkrankungen des Kohlenhydratstoffwechsels können jedes Enzym des Kohlenhydratstoffwechsels betreffen. Im Allgemeinen handelt es sich um außerordentlich seltene Erkrankungen, die jedoch immer mit einer schweren lebensbedrohlichen Symptomatik einhergehen.

Literatur

Original- und Übersichtsarbeiten

Aggen JB, Nairn AC, Chamerlin R (2000) Regulation of protein phosphatase-1. Chem Biol 7:R13–R23

Cardenas ML, Cornish-Bowden A, Ureta T (1998) Evolution and regulatory role of the hexokinases. Biochim Biophys Acta 1401:242–264

Cohen P (1999) The Croonian Lecture 1998. Identification of a protein kinase cascade of major importance in insulin signal transduction. Phil Trans R Soc Lond B 354:485–495

Czech MP, Corvera S (1999) Signaling mechanisms that regulate glucose transport. J Biol Chem 274:1865–1868

Dentin, Girard J, Postic C (2005) Carbohydrate responsive element binding protein (ChREBP) and sterol regulatory element binding protein-1c (SREBP-1c): two key regulators of glucose metabolism and lipid synthesis in liver. Biochimie 87:81–86

Ferrer JC, Favre C, Gomis RR, Fernandez-Novell JM, Garcia-Rocha M, de la Iglesia N, Cid E, Guinovart JJ (2003) Control of glycogen deposition. FEBS Lett 546:127–132

Hanson RW (1997) Regulation of Phosphoenolpyruvate Carboxykinase (GTP) Gene Expression. Annu Rev Biochem 66:581–611

Iglesia N de la, Mukhtar M, Seoane J, Guinovart JJ (2000) The role of the regulatory protein of glucokinase in the glucose sensory mechanism of the hepatocyte. J Biol Chem 275:10597–10603

Jakus V, Rietbrock N (2004) Advanced Glycation End-Products and the Progress of Diabetic Vascular Complications. Physiol Res 53:131–142

Mayr B, Montminy M (2001) Transcriptional regulation by the phosphorylation-dependent factor CREB. Nature Rev Mol Cell Biol 2:599–609

Pilkis SJ (1995) 6-phosphofructo-2-kinase/fructose-2,6-bisphosphatase: a metabolic signaling enzyme. Annu Rev Biochem 64:799–853

Roach PJ (2002) Glycogen and its Metabolism. Curr Mol Med 2:101–120

Sakurai S, Yonekura H, Yamamoto Y, Watanabe T, Tanaka N, Li H, Rahman AKMA, Myint KM, Kim CH, Yamamoto H (2003) The AGE-RAGE System and Diabetic Nephropathy. J Am Soc Nephrol 14:S259–S263

Salas-Burgos A, Iserovich P, Zuniga, Vera JC, Fischbarg J (2004) Predicting the Three-Dimensional Structure of the Human Facilitative Glucose Transporter Glut1 by a Novel Evolutionary Homology Strategy: Insights on the Molecular Mechanism of Substrate Migration, and Binding Sites for Glucose and Inhibitory Molecules. Biophysical Journal 87:2990–2999

Scheepers A, Joost, Schürmann A, (2004) The Glucose Transporter Families SGLT and GLUT: Molecular Basis of Normal and Aberrant Function. Journal of Parenteral and Enteral Nutrition 28: 365–372

Schmidt AM, Yan SD, Yan SF, Stern DM (2000) The biology of the receptor for advanced glycation end products and its ligands. Biochim Biophys Acta 1498:99–111

Van Schaftingen E, Gerin I (2002) The glucose-6-phosphatase system. Biochem J 362:513-532

Watson RT, Kanzaki M, Pessin JE (2004) Regulated Membrane Trafficking of the Insulin-Responsive Glucose Transporter 4 in Adipocytes. Endocrine Reviews 25: 177–204

Werve G van de, Lange A, Newgard C, Méchin MC, Yazhou Li, Berteloot A (2000) New lessons in the regulation of glucose metabolism taught by the glucose 6-phosphatase system. Eur J Biochem 267:1533–1549

Zuniga F, Shi G, Haller J, Rubashkin A, Flynn D, Iserovich P, Fischbarg J (2001) A three-dimensional model of the human facilitative glucose transporter GLUT1. J Biol Chem 276:44970–44975

Links im Netz

► www.lehrbuch-medizin.de/biochemie

11

12 Stoffwechsel von Triacylglycerinen und Fettsäuren

Georg Löffler

12.1 Stoffwechsel der Triacylglycerine – 398
12.1.1 Funktionen von Triacylglycerinen – 398
12.1.2 Intrazellulärer Abbau der Triacylglycerine – 398
12.1.3 Abbau von Triacylglycerinen in Lipoproteinen – 400
12.1.4 Triacylglycerin-Biosynthese – 403

12.2 Stoffwechsel der Fettsäuren – 403
12.2.1 Fettsäureabbau – 403
12.2.2 Biosynthese und Abbau der Ketonkörper – 408
12.2.3 Biosynthese gesättigter Fettsäuren – 410

12.3 Regulation des Stoffwechsels von Fettsäuren und Triacylglycerinen – 414
12.3.1 Regulation der Synthese und des Abbaus von Triacylglycerinen – 414
12.3.2 Regulation von Synthese und Abbau von Fettsäuren – 416

12.4 Ungesättigte Fettsäuren und Eikosanoide – 418
12.4.1 Biosynthese ungesättigter Fettsäuren – 418
12.4.2 Prostaglandine, Thromboxane und Leukotriene – 420

12.5 Pathobiochemie – 425

Literatur – 425

Einleitung

Lipide haben vielfältige und für das Leben unerlässliche Funktionen. Sie bilden die Grundstruktur sämtlicher zellulärer Membranen und ermöglichen auf diese Weise erst die Existenz von Zellen, deren Inneres gegen die Außenwelt abgeschirmt ist. Über diese entscheidende Funktion hinaus spielen Lipide in Form der Triacylglycerine eine große Rolle als intrazelluläre Energiespeicher. Sie kommen in nahezu allen Zellen vor, werden jedoch in großen Mengen in einem spezifischen Gewebe, dem Fettgewebe gespeichert. Biosynthese und Abbau von Fettsäuren und Triacylglycerinen stehen in ganz engem Zusammenhang mit dem Energiestoffwechsel des Organismus und werden sehr genau an die jeweiligen energetischen Bedürfnisse der Zellen angepasst.

Lipide bilden den Ausgangspunkt für die Biosynthese verschiedener Signalmoleküle. Als Gewebshormone sind die Eikosanoide als die Derivate ungesättigter Fettsäuren von besonderer Bedeutung.

12.1 Stoffwechsel der Triacylglycerine

12.1.1 Funktionen von Triacylglycerinen

! Triacylglycerine sind ein wesentlicher Bestandteil der Nahrungslipide.

Unter den in Europa und Nordamerika vorherrschenden Ernährungsbedingungen besteht mehr als 40% der zugeführten Energie aus Lipiden. Zu diesen gehören:
- Triacylglycerine
- Phospholipide
- Sphingolipide sowie
- Cholesterin und Cholesterinester

Triacylglycerine machen mengenmäßig den größten Anteil der Nahrungslipide aus. Vor ihrer Resorption werden sie durch die **Pankreaslipase** gespalten (► Kap. 32.1.3). Dieses Enzym wird in den Acinuszellen des Pankreas synthetisiert und sezerniert. Es dient der Umwandlung von Triacylglycerinen der Nahrung in ein Gemisch von Fettsäuren, Monoacylglycerinen und Glycerin, welches nach Mizellenbildung mit Gallensäuren durch die Enterozyten resorbiert werden kann (► Kap. 32.2.2).

In den Epithelzellen des Intestinaltrakts erfolgt aus den resorbierten Produkten der Pankreaslipase eine Resynthese von Triacylglycerinen. Diese werden mit den entsprechenden Apolipoproteinen verpackt und als **Chylomikronen** in die Lymphgänge abgegeben. Von dort werden sie auf die verschiedenen Gewebe verteilt.

! Triacylglycerine sind mengenmäßig der bedeutendste Energiespeicher des Organismus.

Die meisten Zellen des Organismus sind imstande, Triacylglycerine zu speichern, allerdings überwiegend in relativ geringen Mengen. Sie dienen hier, neben dem Glycogen, als rasch verfügbare Energiespeicher.

Einen besonders umfangreichen Energiespeicher stellen die Triacylglycerine des **Fettgewebes** dar. Fettzellen sind auf die Triacylglycerin-Synthese und -Speicherung spezialisierte Zellen; bei ihnen machen Triacylglycerine etwa 95% der Zellmasse aus. Triacylglycerine können v.a. bei Nahrungskarenz rasch durch hormonelle Regelkreise mobilisiert werden, womit die gespeicherte Energie der überwiegenden Zahl der Gewebe des Organismus zur Verfügung steht (► Kap. 16.1).

Bei Normalgewichtigen macht das Fettgewebe zwischen 10 und 15% des Körpergewichtes aus, woraus sich leicht errechnen lässt, dass die hier gespeicherte Energie diejenige des Glycogens bei weitem übertrifft.

12.1.2 Intrazellulärer Abbau der Triacylglycerine

! Durch Lipolyse entstehen aus Triacylglycerinen Fettsäuren und Glycerin.

Die gespeicherten Triacylglycerine werden durch die in Abb. 12.1 dargestellten drei Reaktionsschritte zu Fettsäuren und Glycerin hydrolysiert und diese Spaltprodukte zur Deckung des Energiebedarfs oxidiert oder im Fall des Fettgewebes in die Zirkulation abgegeben. Dieser Vorgang wird als **Lipolyse** bezeichnet und die daran beteiligten Enzyme als **Lipasen**. Es handelt sich um Esterasen mit einer hohen Spezifität für die in Acylglycerinen vorkommenden Esterbindungen zwischen den Hydroxylgruppen des Glycerins und der Carboxylgruppe von Fettsäuren.

! An der Lipolyse im Fettgewebe sind drei unterschiedliche Lipasen beteiligt.

Die Behandlung von Fettgewebe mit Katecholaminen löst eine Steigerung der Freisetzung von Fettsäuren und Glycerin um bis das Einhundertfache aus. Diese Tatsache hat zu dem Konzept geführt, dass die an der Lipolyse beteiligten Enzyme durch Hormone reguliert werden können. Bis heute konnten drei unterschiedliche Lipasen identifiziert werden, die an der hormonellen Regulation der Lipolyse beteiligt sind:
- die hormonsensitive Lipase (HSL)
- die Triacylglycerin-Lipase des Fettgewebes (*adipose triglyceride lipase*, ATGL)
- die Monoacylglycerin-Lipase

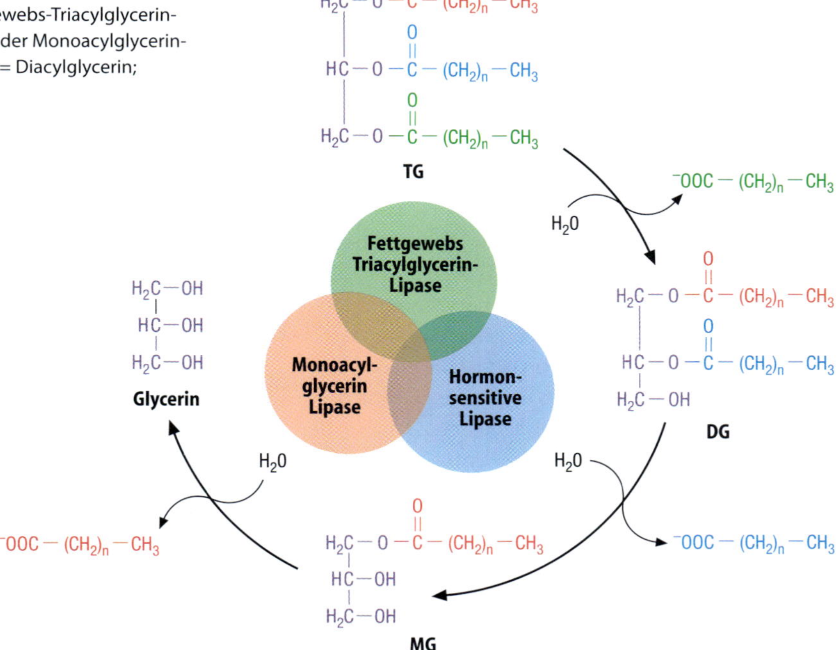

Abb. 12.1. Mechanismus der Lipolyse von Triacylglycerinen. Zur vollständigen Spaltung von Triacylglycerinen in Fettsäuren und Glycerin sind die Aktivitäten der Fettgewebs-Triacylglycerin-Lipase, der hormonsensitiven Lipase sowie der Monoacylglycerin-Lipase notwendig. TG = Triacylglycerin; DG = Diacylglycerin; MG = Monoacylglycerin

Die hormonsensitive Lipase. Die hormonsensitive Lipase (HSL) ist das bis jetzt am besten charakterisierte lipolytische Enzym. Sie zeichnet sich durch folgende Eigenschaften aus:

- sie kommt im Fettgewebe, Skelett- und Herzmuskel, Gehirn, in pankreatischen β-Zellen, der Nebenniere, den Ovarien, den Testes und Makrophagen vor
- Die HSL hat eine Molekülmasse von etwa 75 kDa und zeigt eine breite Substratspezifität. Sie katalysiert die Hydrolyse von Tri-, Di- und Monoacylglycerinen, Cholesterin- und Retinsäure-Estern
- Die HSL gehört in die Gruppe der interkonvertierbaren Enzyme. Sie wird durch cAMP-abhängige Phosphorylierung aktiviert und durch Dephosphorylierung inaktiviert (▶ Kap. 4.5.3)

Die Triacylglycerin-Lipase des Fettgewebes. Zunächst war angenommen worden, dass die HSL das einzige, für die Katecholamin-stimulierte Lipolyse verantwortliche Enzym sei. Zweifel an der Richtigkeit dieser Vorstellungen kamen allerdings auf, als sich zeigte, dass die gentechnische Ausschaltung der HSL (HSL-*knock-out*) zwar eine Reihe unerwarteter Nebeneffekte hat (▶ Infobox), jedoch nur eine geringfügige Reduktion der Lipolyse auslöst, wobei besonders auffällig war, dass die Diacylglycerin-Konzentration im Fettgewebe der Tiere ohne HSL gegenüber den Kontrollen deutlich erhöht war. Es führte zu der Vermutung, dass die HSL bevorzugt Diacylglycerine spaltet und für die Triacylglycerin-Hydrolyse, den ersten Schritt der Lipolyse, ein anderes Enzym verantwortlich ist. Dieses wurde vor Kurzem identifiziert. Es handelt sich um die Triacylglycerin-Lipase des Fettgewebes (*adipose tissue triglyceride lipase*, ATGL). Sie zeichnet sich durch folgende Eigenschaften aus:

- Die ATGL kommt in hoher Aktivität im weißen und braunen Fettgewebe vor, mit wesentlich geringerer Aktivität im Skelett- und Herzmuskel sowie in den Testes. Das Enzym spaltet Triacylglycerine mit hoher Aktivität zu Diacylglycerinen, zeigt jedoch nur eine sehr geringe Aktivität gegenüber Diacyl- und Monoacylglycerinen
- Außer der Lipaseaktivität verfügt die ATGL auch über eine Transacylase-Aktivität. Sie katalysiert dabei folgende Reaktionen:

  Diacylglycerin + Diacylglycerin →
  Monacylglycerin + Triacylglycerin

  Diacylglycerin + Monoacylglycerin →
  Triacylglycerin + Glycerin

- Überexpression des Enzyms führt zu einer deutlichen Steigerung der basalen und durch Katecholamine stimulierten Lipolyse
- Bei Nahrungskarenz nimmt die Aktivität der ATGL stark zu
- Ein gleichzeitiger *knock-out* von ATGL und HSL vermindert die basale und stimulierte Lipolyse um mehr als 90%

Die Monoacylglycerin-Lipase. Dass im Fettgewebe eine Monoacylglycerin-Lipase-Aktivität vorkommt, ist seit langem bekannt. Es ist jedoch schwierig, dieses Enzym von Esterasen mit breiter Substratspezifität abzutrennen.

> **Infobox**
>
> **Nicht alles was in Lehrbüchern steht ist richtig oder: Die gezielte Genausschaltung kann zu überraschenden Erkenntnissen führen**
>
> Die hormonsensitive Lipase HSL des Fettgewebes wurde zwischen 1970 und 1980 genauer charakterisiert und ihre Regulation durch Phosphorylierung/Dephosphorylierung beschrieben. Der damals verwendete Test beruhte auf der Spaltung von radioaktiv markierten Triacylglycerinen und ergab eine hohe Aktivität des Enzyms gegenüber Triacylglycerin, sodass man in der Folge davon ausging, dass das Enzym eine durch cAMP-abhängige Phosphorylierung aktivierbare Triacylglycerinlipase ist. Diese Erkenntnisse wurden so in alle Lehrbücher der Biochemie aufgenommen und sind Gegenstand unzähliger Prüfungsfragen gewesen.
> Mit der Entwicklung gentechnischer Methoden wurde natürlich auch das Gen für die HSL isoliert und charakterisiert. Seine Überexpression in Mäusen führte erwartungsgemäß zu Tieren mit verminderter Fettmasse und gesteigerter Lipolyse. Gänzlich unerwartet waren jedoch Ergebnisse, die mit Hilfe von HSL-Gen *knock-out* Tieren (HSL($^{-/-}$) zustande kamen:
>
> - Zwar waren die Adipozyten im weißen Fettgewebe der Tiere vergrößert, jedoch war die Fettmasse gegenüber dem Wildtyp nicht verändert
> - Die Fettsäurefreisetzung nach Behandlung von Fettgewebe mit Katecholaminen war in den HSL($^{-/-}$)-Mäusen nur geringfügig vermindert
> - Im Fettgewebe der HSL($^{-/-}$)-Mäuse war die Diacylglycerin-Konzentration gegenüber dem Wildtyp um ein Mehrfaches erhöht
> - Die männlichen Tiere waren wegen einer Oligospermie steril

12

Aus den bisher vorliegenden Daten muss der Schluss gezogen werden, dass für den ersten Schritt der Lipolyse sowohl die ATGL als auch die HSL, für den zweiten Schritt nur noch die HSL verantwortlich ist. Weitere Einzelheiten zur Regulation der Lipolyse ▶ Kap. 12.3.1.

! Bei der Lipolyse freigesetztes Glycerin wird in der Leber weiter verwertet.

Die durch Lipolyse freigesetzten Fettsäuren sind für die meisten Gewebe ein gutes Substrat zur Deckung ihres Energiebedarfes. Eine Ausnahme machen die Zellen des Zentralnervensystems sowie die ausschließlich auf Glycolyse eingestellten Zellen des Nierenmarks und die Erythrozyten.

Bei der lipolytischen Spaltung von Triacylglycerinen entsteht außer Fettsäuren als weiteres Produkt **Glycerin.** Dieses wird überwiegend von der Leber, in geringerem Umfang auch von den Mukosazellen des Intestinaltraktes verwertet (◘ Abb. 12.2):

- Durch die nur in Leber und intestinalen Mukosazellen vorkommende **Glycerokinase** wird Glycerin ATP-abhängig zu α-**Glycerophosphat** phosphoryliert
- α-Glycerophosphat wird durch die α-**Glycerophosphat-Dehydrogenase** zu **Dihydroxyacetonphosphat** oxidiert und dieses dann in die Glycolyse oder Gluconeogenese eingeschleust

12.1.3 Abbau von Triacylglycerinen in Lipoproteinen

! Für die Spaltung der im Plasma in Form von Chylomikronen und VLDL transportierten Triacylglycerine ist die Lipoproteinlipase verantwortlich.

Beim Gesunden lassen sich im Serum Triacylglycerine in einer Konzentration zwischen 50–150 mg/100 ml nachweisen. Diese stammen überwiegend aus der Triacylglycerin-Resorption der Nahrungslipide (▶ Kap. 32.2.2) bzw. aus der Triacylglycerin-Synthese der Leber (▶ Kap. 16.1.1).

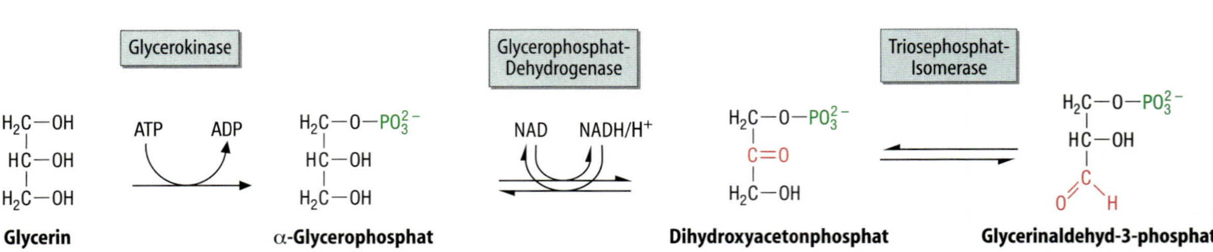

◘ **Abb. 12.2. Einschleusung von Glycerin in den Glucosestoffwechsel**

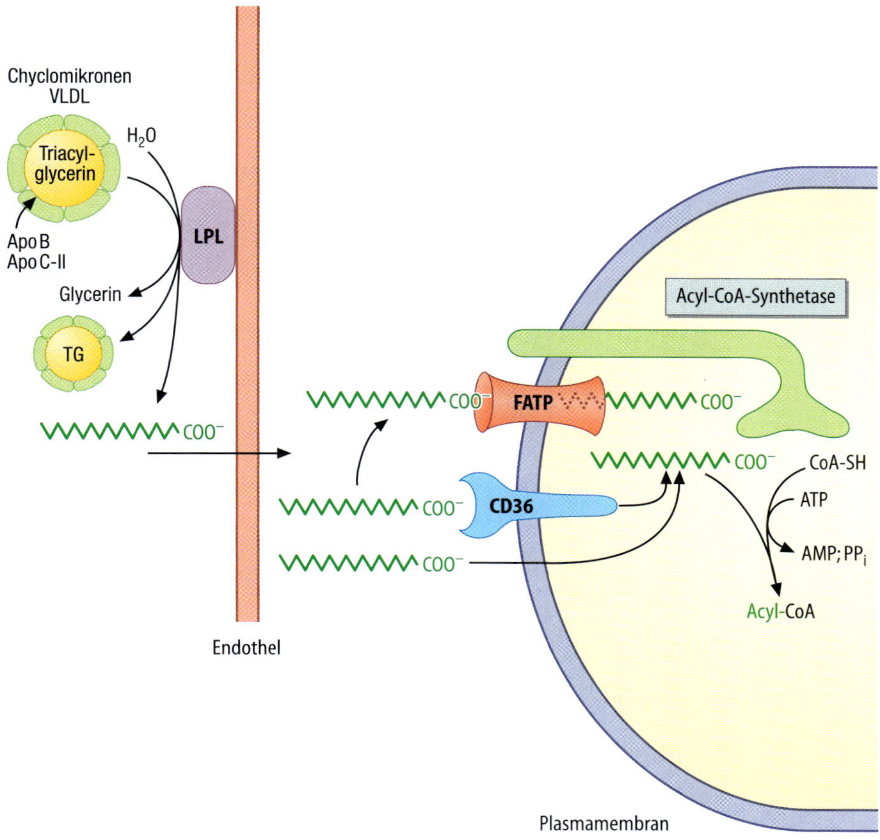

Abb. 12.3. Lipoproteinlipase und die Aufnahme von Fettsäuren durch die Plasmamembran. Durch die Lipoproteinlipase (LPL) werden die in Chylomikronen und VLDL transportierten Triacylglycerine (TG) gespalten. Die Aufnahme der freigesetzten Fettsäuren erfolgt zu einem großen Teil durch FATP-Transporter (FATP = *fatty acid transport protein*), zu kleineren Anteilen durch die CD36 Fettsäuretranslokase sowie durch freie Diffusion. (Weitere Einzelheiten ► Text)

Im Serum werden sie in Form von **Triacylglycerin-reichen Lipoproteinen**, v.a. Chylomikronen und VLDL (► Kap. 18.5), transportiert und müssen von vielen Geweben, v.a. dem Fettgewebe, dem Skelettmuskel und dem Herzmuskel als Substrate zur Deckung des Energiebedarfs verwertet oder als Energiespeicher angelegt werden.

Triacylglycerine können nur in einem zweistufigen Vorgang von Zellen aufgenommen werden:

- extrazelluläre Spaltung der Triacylglycerine zu Fettsäuren und Glycerin
- Aufnahme der auf diese Weise freigesetzten Fettsäuren und gegebenenfalls des Glycerins

Für die Spaltung der Triacylglycerine in Lipoproteinen ist die **Lipoproteinlipase** notwendig. Dieses Enzym zeichnet sich durch folgende Eigenschaften aus:

- Die Lipoproteinlipase ist eine Lipase breiter Spezifität, die die Triacylglycerine in Lipoproteinen zu Fettsäuren und Glycerin spalten kann
- Die Lipoproteinlipase wird überwiegend von Fettgewebe und Skelettmuskulatur synthetisiert und von diesen Geweben sezerniert
- Die Lipoproteinlipase erlangt ihre Aktivität nach Dimerisierung und Bindung an Heparansulfat-Proteoglykane (► Kap. 2.1.4) auf der Außenseite der Plasmamembran vieler Zellen, besonders der Endothelzellen der Blutkapillaren

Abb. 12.3 stellt die Funktionsweise und die Lokalisation der Lipoproteinlipase dar. In der Leber kommt außer der Lipoproteinlipase ein weiteres Enzym ähnlicher Funktion vor, die sog. **hepatische Lipase**.

> Fettsäuren gelangen durch Diffusion und mit Hilfe spezifischer Transportproteine durch die Membran.

In der extrazellulären Flüssigkeit liegen Fettsäuren zum allergrößten Teil als Komplexe mit Albumin vor. Analysiert man die Kinetik ihrer Aufnahme in die Zellen verschiedenster Gewebe, so lässt sich neben der **Diffusion** durch die Lipiddoppelschicht eine weitere, **Carrier-vermittelte** Komponente nachweisen. In Abbildung 12.3 sind die heutigen Vorstellungen über die beteiligten Mechanismen skizziert. Eine **Diffusion** von Fettsäuren durch die Plasmamembran der Zelle ist besonders bei hohen Fettsäurekonzentrationen

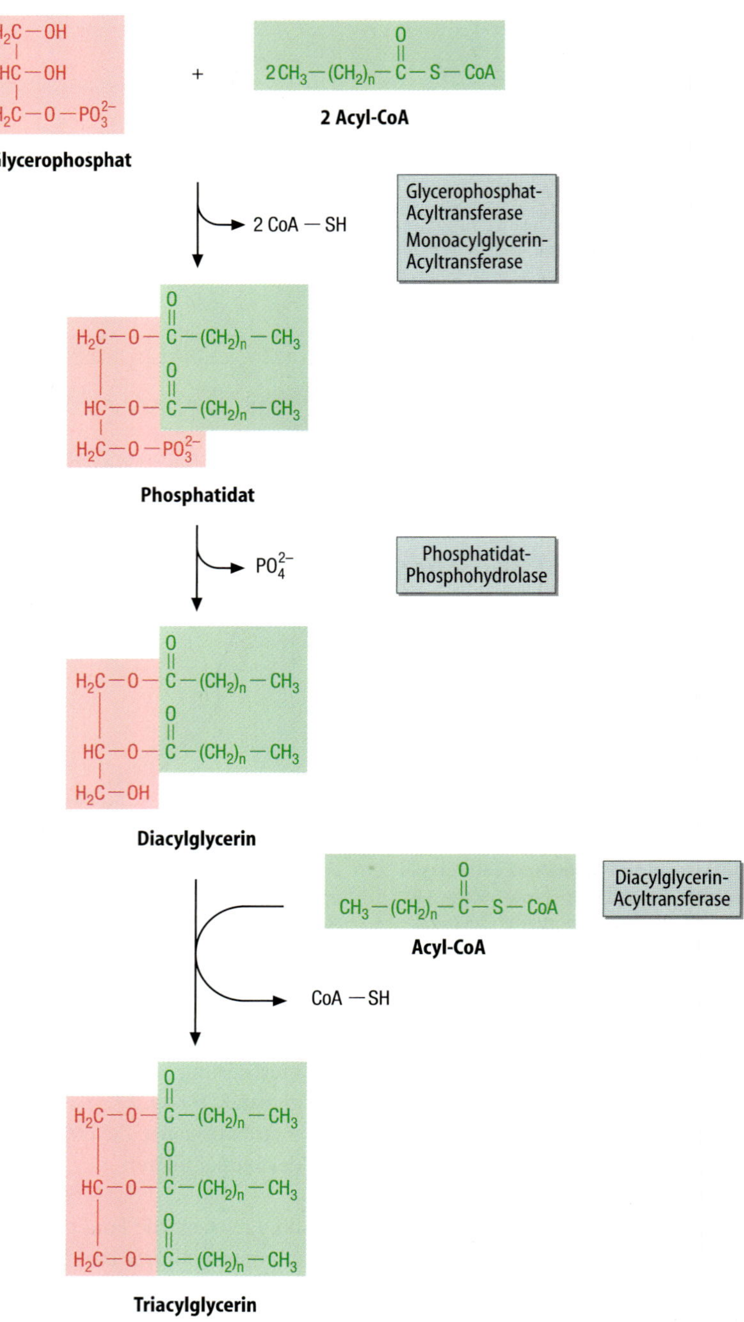

Abb. 12.4. Biosynthese von Triacylglycerinen aus α-Glycerophosphat und Acyl-CoA. (Einzelheiten ► Text)

12

wichtig. Für die **Carrier-vermittelte Fettsäureaufnahme** stehen verschiedene Transportproteine zur Verfügung:

- Das **Fettsäuretransportprotein** (*fatty acid transport protein*, FATP) wurde ursprünglich aus Adipozyten isoliert und gehört zu einer Familie von bis jetzt sechs Mitgliedern (FATP 1-6), die außer bei Säugern auch bei Invertebraten wie *Caenorhabditis Elegans*, *Drosophila* oder der Hefe nachgewiesen werden konnten. FATPs sind in Säugetiergeweben weit verbreitet, ihre gentechnische Ausschaltung (*knock-out*) führt zu einer Verminderung der Fettsäureaufnahme, ihre Überexpression zu einer entsprechenden Steigerung. Interessanterweise sind alle bisher untersuchten FATP's mit **Acyl-CoA-Synthetase-Aktivität assoziert**. Man nimmt deshalb an, dass diese Proteine nicht nur den Fettsäuretransport durch die Plasmamembran vermitteln, sondern bevorzugt deren Aktivierung zum entsprechenden Acyl-CoA-Derivat katalysieren

- Die **Fettsäuretranslokase** (*fatty acid translocase*, FAT) wurde ursprünglich als ein Oberflächenprotein von Thrombozyten isoliert und **CD 36** benannt. Es handelt sich um ein integrales Membranprotein, das vor allem im Herz- und Skelettmuskel, im Fettgewebe, und den Enterozyten des Intestinaltraktes vorkommt. Eine gentechnische Ausschaltung des FAT-Gens führte zu einer drastischen Abnahme der Fettsäureaufnahme in Skelett- und Herzmuskel, Fettgewebe und Intestinaltrakt, nicht jedoch in der Leber
- Das Fettsäurebindeprotein der Plasmamembran (*fatty acid binding protein*$_{PM}$ (FABP$_{PM}$), in ◻ Abb. 12.3 nicht dargestellt) ist ein ebenfalls ubiquitär vorkommendes Membranprotein, das Fettsäuren mit hoher Affinität bindet. Seine genaue Funktion beim Fettsäuretransport ist noch unklar

12.1.4 Triacylglycerin-Biosynthese

Zur Biosynthese von Triacylglycerinen müssen zunächst sowohl die Fettsäuren als auch das Glycerin in ATP-abhängigen Reaktionen aktiviert werden. Für das Glycerin stehen hierfür zwei Stoffwechselwege zur Verfügung.

- α-Glycerophosphat kann durch Reduktion von Dihydroxyacetonphosphat mit der α-Glycerophosphat-Dehydrogenase gewonnen werden. Seine Verfügbarkeit steht damit in direkter Verbindung zum Glucoseabbau in der Glycolyse (► Kap. 11.1.1). In den meisten Geweben wird α-Glycerophosphat auf diese Weise gewonnen
- Die Leber, die Niere, die Darmmukosa sowie die laktierende Milchdrüse verfügen als Alternativweg zur α-Glycerophosphat-Synthese aus Dihydroxyacetonphosphat über die Möglichkeit, Glycerin durch direkte ATP-abhängige Phosphorylierung in α-Glycerophosphat umzuwandeln. Sie sind hierzu mit einer entsprechend hohen Aktivität des Enzyms **Glycerokinase** ausgestattet

Die für die Triacylglycerin-Biosynthese verwendeten Fettsäuren müssen mit Hilfe der ATP-abhängigen **Acyl-CoA-Synthetase** (► Kap. 12.2.1) in Acyl-CoA umgewandelt werden.

Im ersten Schritt der Biosynthese von Triacylglycerinen (◻ Abb. 12.4) katalysiert das Enzym **Glycerophosphat-Acyltransferase** (GPAT) die Verknüpfung von zwei Molekülen Acyl-CoA mit α-Glycerophosphat zu einem zweifach acylierten Glycerophosphat, der **Phosphatidsäure**. Die Acyltransferase zeigt nur eine geringe Kettenlängenspezifität, obgleich sie ihre höchsten Umsatzraten für Fettsäuren mit einer Kettenlänge von 16–18 C-Atomen besitzt. Aus der Phosphatidsäure wird durch eine Phosphatase, die **Phosphatidat-Phosphohydrolase**, ein α, β-Diacylglycerin gebildet. Durch eine **Diacylglycerin-Acyltransferase** wird nun durch Anheftung eines dritten Acyl-CoA die Bildung des Triacylglycerins abgeschlossen. Die höchsten Aktivitäten der Acyl-CoA-Glycerin-3-phosphat-Acyltransferase sowie der Diacylglycerin-Acyltransferase befinden sich im endoplasmatischen Retikulum.

Die ersten Schritte der Triacylglycerin-Biosynthese sind mit denen der Phospholipidbiosynthese (► Kap. 18.1.1) identisch. Wie aus ◻ Abb. 12.4 hervorgeht, ist der Verzweigungspunkt der beiden Stoffwechselwege das Diacylglycerin. Infolgedessen ist die Diacylglycerin-Acyltransferase das für die Triacylglycerinbiosynthese spezifische Enzym.

In Kürze

Mengenmäßig macht die Fraktion der Triacylglycerine, die auch den größten Energiespeicher des Organismus darstellen, den größten Anteil der Lipide aus.

Durch Lipolyse werden Triacylglycerine zu Fettsäuren und Glycerin gespalten. Die hierfür verantwortlichen Enzyme sind die Triacylglycerin-Lipase des Fettgewebes, die hormonsensitive Lipase sowie die Monoacylglycerin-Lipase.

Die Triacylglycerin-Biosynthese beginnt durch die Biosynthese von Lysophosphatidat aus α-Glycerophosphat und Acyl-CoA., gefolgt von der nochmaligen Acylierung und Phosphatabspaltung, sodass Diacylglycerin entsteht. Dieses wird zu Triacylglycerin acyliert.

12.2 Stoffwechsel der Fettsäuren

12.2.1 Fettsäureabbau

❗ Fettsäuren werden durch β-Oxidation abgebaut.

Der größte Teil der im tierischen Organismus vorkommenden Fettsäuren besitzt eine gerade Zahl von C-Atomen. Daraus kann geschlossen werden, dass Biosynthese sowie Abbau von Fettsäuren durch Kondensation bzw. Abspaltung von Bruchstücken aus zwei C-Atomen erfolgt. Diese Vorstellung wurde durch die von Friedrich Knoop schon 1905 durchgeführten Untersuchungen gestützt. Er verfütterte Hunden **ω-Phenylfettsäuren** mit gerader bzw. ungerader Zahl von Kohlenstoffatomen (◻ Abb. 12.5). Dabei war das Endprodukt beim Abbau geradzahliger, ω-phenylierter Fettsäuren die Phenylessigsäure, während ungeradzahlige, ω-phenylierte Fettsäuren auf die Stufe der Benzoesäure abgebaut wurden. Daraus konnte der Schluss gezogen werden, dass Fettsäuren durch sukzessiven Abbau am

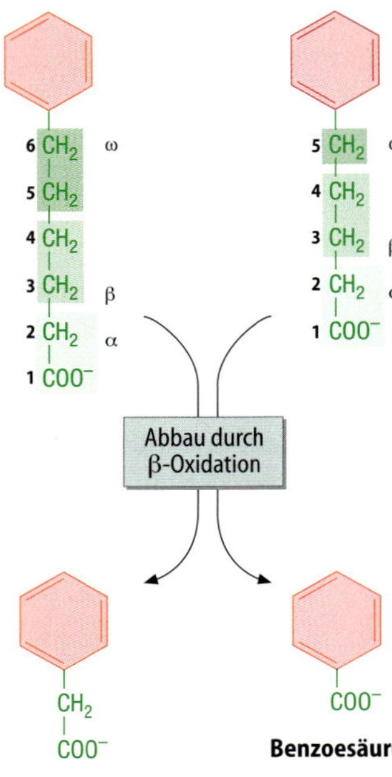

Abb. 12.5. Der Stoffwechsel ω-Phenyl-markierter Fettsäuren. Verfüttert man Hunden geradzahlige, ω-Phenyl-markierte Fettsäuren, scheiden sie Phenylessigsäure, bei der Verfütterung ungeradzahliger ω-phenylierter Fettsäuren dagegen Benzoesäure aus. Dies legt die Vermutung nahe, dass Fettsäuren durch Oxidation am β-C-Atom abgebaut werden

β-C-Atom verkürzt werden. Dieser auch als **β-Oxidation** bezeichnete Mechanismus des Fettsäureabbaus ist u.a. durch die Untersuchungen von Feodor Lynen aufgeklärt worden. Die für die β-Oxidation benötigten Enzyme sind in der mitochondrialen Matrix lokalisiert. Sie befinden sich so in der Nähe der in der mitochondrialen Innenmembran gelegenen Enzyme der Atmungskette.

12

Fettsäuren können nur als Thioester mit Coenzym A verstoffwechselt werden.

Da Fettsäuren chemisch relativ reaktionsträge Moleküle sind, müssen sie vor ihrem Abbau zunächst in einer ATP-abhängigen Reaktion zu einem aktiven Zwischenprodukt, dem Acyl-CoA, aktiviert werden.

Für diese Umwandlung zu »aktivierten« Fettsäuren ist eine **Acyl-CoA-Synthetase** (Syn. Thiokinase) notwendig. Wie Abb. 12.6 zeigt, katalysiert diese eine zweistufige Reaktion, in deren ersten Teil die Carboxylgruppe der Fettsäure mit ATP unter Bildung eines **Acyladenylates** (Acyl-AMP) und Freisetzung von anorganischem Pyrophosphat aus den β- und γ-Phosphaten des ATP reagiert. Da die Hydrolyseenergie der Acyladenylat-Bindung ungefähr derjenigen einer energiereichen Phosphatbindung entspricht, liegt das $\Delta G^{0'}$ der Reaktion bei etwa 0. Nur die Tatsache, dass anorganisches Pyrophosphat durch die in allen Zellen vorkommenden **Pyrophosphatase** in zwei anorganische Phosphate gespalten wird, verlagert das Gleichgewicht der

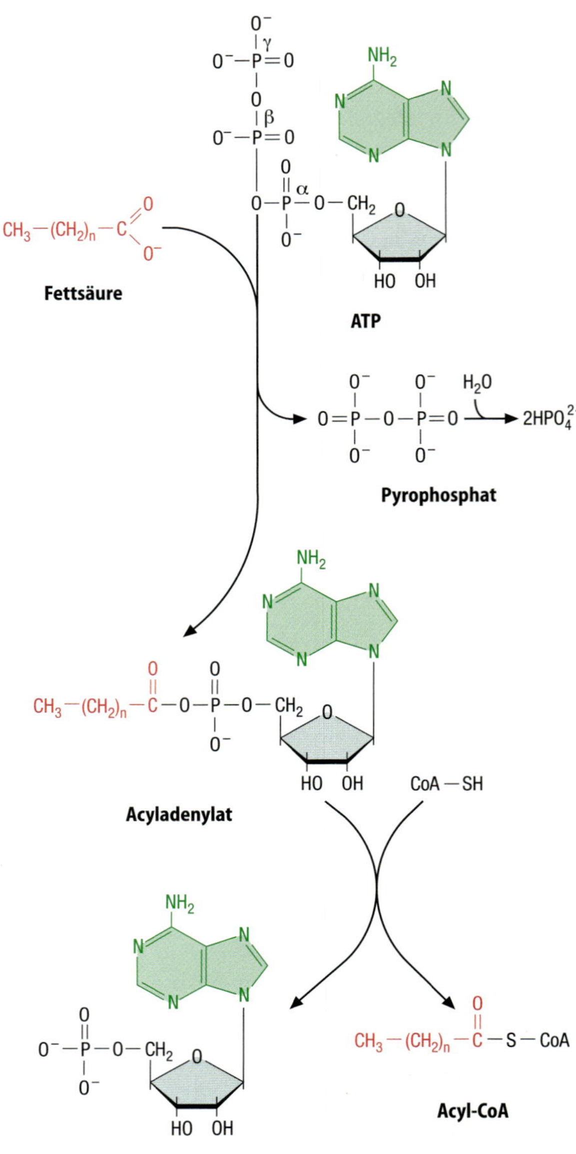

Abb. 12.6. Aktivierung von Fettsäuren zu Acyl-CoA durch die Acyl-CoA-Synthetase

Reaktion auf die Seite der Acyladenylat-Bildung. Im zweiten Teil der Reaktion wird das Acyladenylat mit Coenzym A gespalten, sodass **Acyl-CoA** und AMP entstehen. Auf diese Weise wird die energiereiche Anhydridbindung des Acyladenylates in eine energiereiche Thioesterbindung umgewandelt.

Acyl-CoA-Synthetasen finden sich sowohl intra- als auch extramitochondrial und unterscheiden sich in ihrer Substratspezifität hinsichtlich der Kettenlänge der zu aktivierenden Fettsäuren.

Die β-Oxidation der Fettsäuren besteht aus vier Einzelreaktionen.

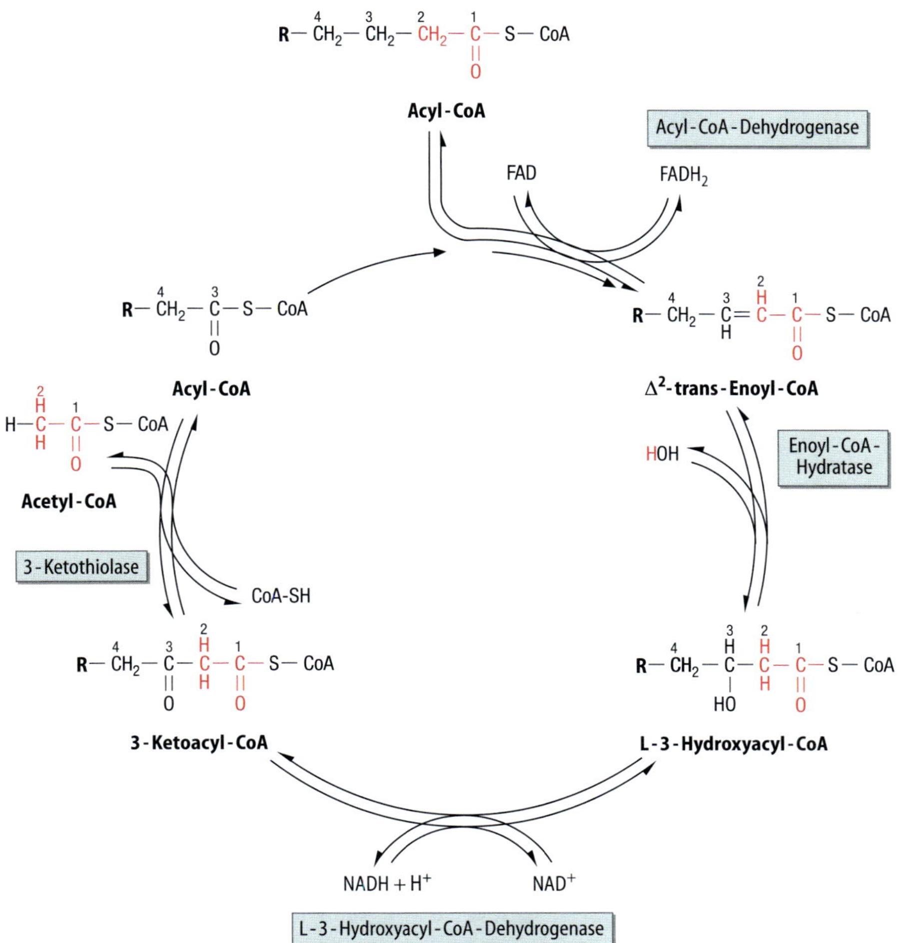

Abb. 12.7. Abbau geradzahliger Fettsäuren durch β-Oxidation. (Einzelheiten ▶ Text)

Die β-Oxidation der Fettsäuren beginnt mit Acyl-CoA und läuft in folgenden Schritten ab (Abb. 12.7):

- Durch die **Acyl-CoA-Dehydrogenase** wird Acyl-CoA an den C-Atomen 2 und 3 (α und β) dehydriert, wobei ein **Δ^2-*trans*-Enoyl-CoA** entsteht. Der Wasserstoffakzeptor dieser Reaktion ist FAD. Das entstehende $FADH_2$ gibt seine Reduktionsäquivalente an ein anderes Flavoprotein weiter, das auch als ETF (*electron transfering flavoprotein*) bezeichnet wird. Dieses reagiert direkt mit dem Ubichinon der Atmungskette (▶ Kap. 15.1.2)
- Unter Katalyse durch die **Enoyl-CoA-Hydratase** wird an das Δ^2-Enoyl-CoA Wasser angelagert, wobei **L-3-Hydroxyacyl-CoA** entsteht
- Die **L-3-Hydroxyacyl-CoA-Dehydrogenase** katalysiert nun die zweite Oxidationsreaktion der β-Oxidation der Fettsäuren. Das Oxidationsmittel ist diesmal NAD^+, Reaktionsprodukte sind **3-Ketoacyl-CoA** und $NADH/H^+$
- Im letzten Schritt der β-Oxidation wird unter Katalyse der **β-Ketothiolase** ein Molekül **Acetyl-CoA** vom 3-Ketoacyl-CoA abgespalten. Die Reaktionsprodukte sind Acetyl-CoA und ein um zwei C-Atome verkürztes Acyl-CoA. Dieses kann erneut in die β-Oxidation eintreten, sodass auf diese Weise die vollständige Zerlegung geradzahliger Fettsäuren zu Acetyl-CoA möglich ist

Alle Enzyme für die β-Oxidation werden von nucleären Genen in Form von Präkursorproteinen exprimiert. Ihre N-terminal gelegenen Signalsequenzen erlauben die Translokation in die mitochondriale Matrix, wo sie mit Hilfe entsprechender Chaperone ihre endgültige Raumstruktur erhalten.

! Fettsäuren werden als Carnitinester durch die innere Mitochondrienmembran transportiert.

Die Enzyme der β-Oxidation der Fettsäuren sind ausschließlich im mitochondrialen **Matrixraum** lokalisiert. Der weitaus größte Teil des für die β-Oxidation verwendeten Acyl-CoA entsteht jedoch im Cytosol, sei es als Folge der Aufnahme von Fettsäuren aus dem extrazellulären

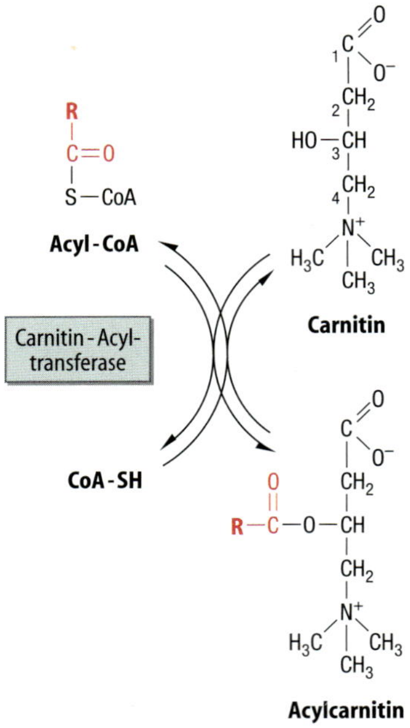

Abb. 12.8. Reversible Bildung von Acylcarnitin aus Acyl-CoA und Carnitin

Raum, sei es durch intrazelluläre Lipolyse. Da Acyl-CoA die mitochondriale Innenmembran nicht passieren kann, muss ein Transportsystem eingeschaltet werden: Mit der **Carnitin-Acyltransferase 1** (Synonym: Carnitin-Palmitoyltransferase 1, CPT1) wird der Thioester durch Kopplung an L-Carnitin (γ-Trimethylamino-β-hydroxybutyrat) zum **Acyl-Carnitin** umgeestert und CoA freigesetzt (Abb. 12.8). Acyl-Carnitin kann im Gegensatz zu Acyl-CoA mit Hilfe eines entsprechenden Transportsystems, der **Carnitin-Acylcarnitin-Translokase**, die innere Mitochondrienmembran passieren (Abb. 12.9). Dies geht u.a. aus der experimentellen Beobachtung hervor, dass die Geschwindigkeit der β-Oxidation in einer Mitochondriensuspension, der langkettige Fettsäuren als Substrat angeboten werden, durch Carnitin beträchtlich beschleunigt werden kann. Auf der Innenseite der mitochondrialen Innenmembran findet der umgekehrte Vorgang statt. Der Fettsäurerest des Acyl-Carnitins wird durch die **Carnitin-Acyltransferase 2** auf Coenzym A übertragen, wobei Acyl-CoA entsteht und freies Carnitin regeneriert wird.

Carnitin kommt in den meisten Organen vor. Die Muskelzelle, deren Kapazität zur β-Oxidation beträchtlich ist, besitzt auch einen besonders hohen Carnitingehalt.

! Beim Abbau ungeradzahliger Fettsäuren entsteht Propionyl-CoA.

Beim Abbau von Fettsäuren mit einer ungeraden Zahl von C-Atomen erfolgt die β-Oxidation nach demselben Mechanismus wie bei geradzahligen Fettsäuren. Dabei bleibt allerdings beim letzten Durchgang der β-Oxidation anstelle eines Acetyl-CoA ein aus drei C-Atomen bestehendes Acyl-CoA, das **Propionyl-CoA**, übrig.

Für die Einschleusung dieses Produktes in den Citratzyklus sind insgesamt drei weitere Enzyme notwendig, die die in Abb. 12.10 dargestellte Reaktionsfolge katalysieren.

- Zunächst wird Propionyl-CoA durch die biotinabhängige Propionyl-CoA-Carboxylase (▶ Kap. 23.3.7) zum D-Methylmalonyl-CoA carboxyliert
- Durch eine Racemase erfolgt die Umlagerung zum L-Methylmalonyl-CoA. Aus diesem entsteht durch eine Vitamin-B_{12}-katalysierte Umgruppierung (▶ Kap. 23.3.9) der Substituenten am C-Atom 2 das Succinyl-CoA, welches als Zwischenprodukt des Citratzyklus leicht oxidiert werden kann

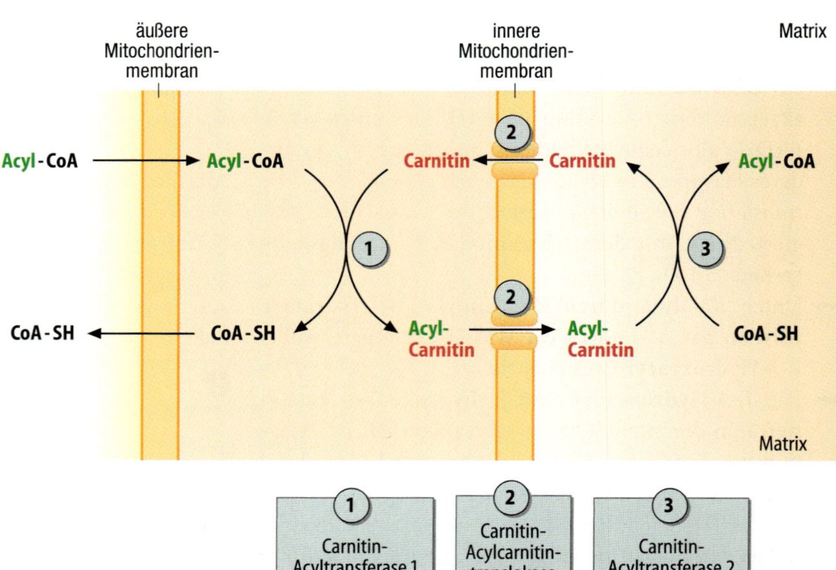

Abb. 12.9. Carnitin als Carrier im Transport langkettiger Fettsäuren durch die mitochondriale Innenmembran

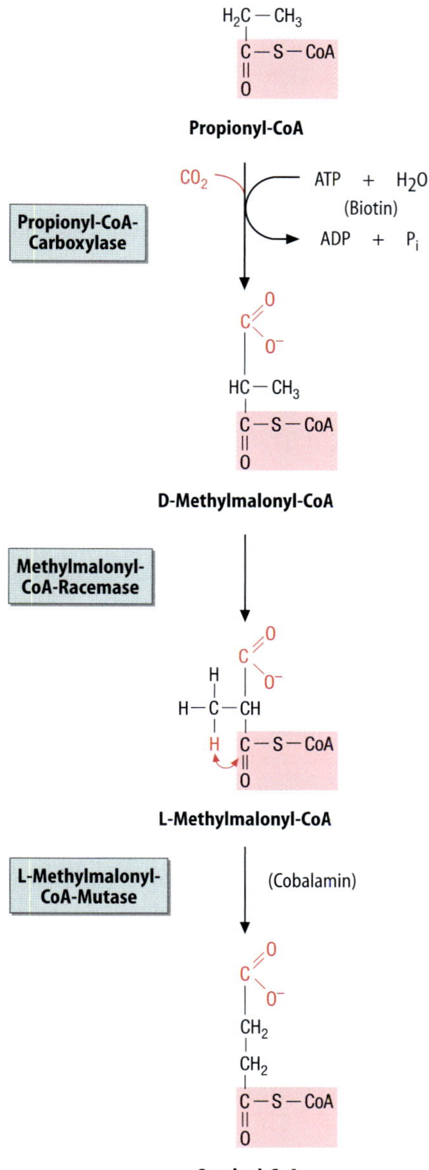

Abb. 12.10. Carboxylierung von Propionyl-CoA zu Methylmalonyl-CoA und anschließende Umlagerung zu Succinyl-CoA

! Für den Abbau ungesättigter Fettsäuren werden Hilfsenzyme benötigt.

Da in den natürlichen Fettsäuren die Doppelbindung in der *cis*-, bei den Zwischenprodukten der β-Oxidation der Fettsäuren jedoch in der *trans*-Konfiguration auftreten, ergeben sich für den Abbau ungesättigter Fettsäuren gewisse Schwierigkeiten. Sie können durch die Enzyme der β-Oxidation abgebaut werden, bis ein Δ^3-*cis*- oder ein Δ^4-*cis*-Enoyl-CoA in Abhängigkeit von der jeweiligen Position der Doppelbindung entsteht. Δ^3-*cis*-Enoyl-CoA wird durch eine **Δ^3-*cis*-Δ^2-*trans*-Enoyl-CoA-Isomerase** zu Δ^2-*trans*-Enoyl-CoA umgelagert (Abb. 12.11, linker Teil). Da jetzt eine *trans*-Konfiguration an den C-Atomen 2 und 3 erzielt ist, verläuft der weitere Abbau in der β-Oxidation ohne Schwierigkeiten.

Das Δ^4-*cis*-Enoyl-CoA wird zunächst von der Acyl-CoA-Dehydrogenase zum Δ^2-*trans*-Δ^4-*cis*-Dienoyl-CoA oxidiert (Abb. 12.11, rechter Teil). Dieses wird in einer NADPH-abhängigen Reaktion zum Δ^3-*cis*-Enoyl-CoA reduziert. Durch die oben erwähnte Isomerase entsteht dann aus Δ^3-*cis*-Enoyl-CoA das Δ^2-*trans*-Enoyl-CoA, das durch die Enzyme der β-Oxidation weiter abgebaut werden kann.

! Bei der β-Oxidation der Fettsäuren entstehen große Mengen von $NADH/H^+$ und $FADH_2$.

Vom Stearyl-CoA aus, lässt sich ein einmaliger Durchgang durch die β-Oxidation nach Gleichung (1) formulieren. Für die komplette Oxidation von Stearyl-CoA ergibt sich dann Gleichung (2).

$$(1)\ CH_3\text{-}(CH_2)_{16}\text{-CO-S-CoA} + FAD + NAD^+ + H_2O + \text{CoA-SH} \rightarrow CH_3\text{-}(CH_2)_{14}\text{-CO-S-CoA} + CH_3\text{-CO-S-CoA} + FADH_2 + NADH + H^+$$

$$(2)\ \text{Stearyl-CoA} + 8\ FAD + 8\ NAD^+ + 8\ H_2O + 8\ \text{CoA-SH} \rightarrow 9\ \text{Acetyl-CoA} + 8\ FADH_2 + 8\ NADH + 8H^+$$

Tabelle 12.1. Maximale Energieausbeute bei der β-Oxidation von 1 mol Stearyl-CoA und der Oxidation des gebildeten Acetyl-CoA im Citratzyklus (Alle Angaben in mol)

Schritt	Gebildete Reduktionäquivalente		ATP-Gewinn bei der Reoxidation von[a]		ATP-Gewinn durch Substratketten-Phosphorylierung[b]
	$NADH/H^+$	$FADH_2$	$NADH/H^+$	$FADH_2$	
Stearyl-CoA → 9 Acetyl-CoA	8	8	18,4	11,2	–
9 Acetyl-CoA → 18 CO_2 + 18 H_2O	27	9	62,1	12,6	9
ATP-Gewinn (Summe)			113.3[c]		

[a] über die ATP-Ausbeute bei der Reoxidation von $NADH/H^+$ und $FADH_2$ in der oxidativen Phosphorylierung ► Kap. 15.1.4.
[b] energiereiche Phosphate, die zunächst bei der Substratkettenphosphorylierung im Citratzyklus als GTP gebildet werden.
[c] Bezogen auf Stearinsäure müssen von diesem Wert noch 2 energiereiche Phosphate abgezogen werden, die bei der Aktivierung von Stearinsäure zu Stearyl-CoA verbraucht werden.

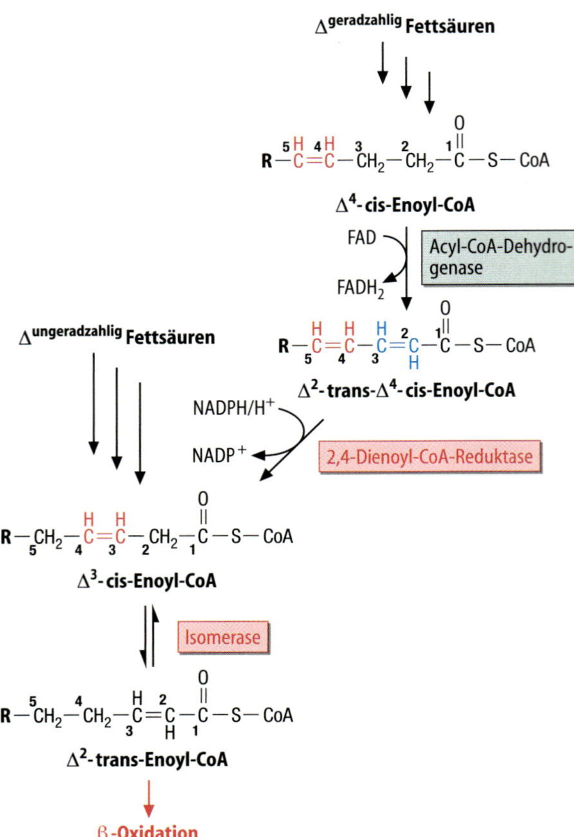

Abb. 12.11. Für die Oxidation ungesättigter Fettsäuren benötigte Hilfsmechanismen. Die benötigten Enzyme sind rot hervorgehoben. (Einzelheiten ► Text)

Bei der vollständigen Oxidation von Stearyl-CoA zu Acetyl-CoA fallen 8 × 2 [H] als $FADH_2$ sowie 8 × 2 [H] als $NADH+H^+$ an. Beide Wasserstoff-übertragenden Coenzyme werden in der Atmungskette reoxidiert. Da hierbei pro NADH 2,3 ATP und pro $FADH_2$ 1,4 ATP gebildet werden (► Kap. 15.1.4), ist die Energieausbeute der Fettsäureoxidation im Vergleich zur Oxidation von Glucose bzw. Aminosäuren beträchtlich. Tabelle 12.1 gibt eine Übersicht über die maximal mögliche Energieausbeute bei der β-Oxidation der Fettsäuren. Die β-Oxidation kann nur unter aeroben Bedingungen erfolgen, da es in den Mitochondrien keinerlei Hilfsreaktionen gibt, die $FADH_2$ bzw. $NADH/H^+$ in Abwesenheit von Sauerstoff reoxidieren könnten.

! In Peroxisomen findet in beträchtlichem Umfang Fettsäureoxidation statt.

Außer in Mitochondrien können Fettsäuren in den Peroxisomen der Leber und wahrscheinlich auch anderer Gewebe oxidiert werden. Im Prinzip laufen dabei die gleichen Reaktionen wie bei der mitochondrialen β-Oxidation ab, allerdings ergeben sich einige Einschränkungen und für einzelne Enzyme beträchtliche mechanistische Unterschiede. So ist die Einschleusung von Acyl-CoA in die Peroxisomen offensichtlich nicht Carnitin-abhängig. Die **peroxisomale Acyl-CoA-Dehydrogenase** katalysiert folgende Reaktion:

$$\text{Acyl-CoA} + O_2 \rightarrow \textit{trans}\text{-}\Delta^2\text{-Enoyl-CoA} + H_2O_2$$

Das Enzym benötigt FAD als Cofaktor. Das entstehende H_2O_2 wird durch eine entsprechende peroxisomale **Katalase** (► Kap. 15.2.1) eliminiert. Der weitere Verlauf der peroxisomalen β-Oxidation entspricht der der Mitochondrien. Allerdings gibt es in Peroxisomen keinerlei Mechanismen zur $NADH/H^+$-Reoxidation, sodass dieses über die Abgabe von Reduktionsäquivalenten in den cytosolischen Raum reoxidiert werden muss.

Eine weitere Schwierigkeit liegt darin, dass Peroxisomen nicht die Enzyme des Citratzyklus enthalten und daher Acetyl-CoA nicht zu CO_2 abbauen können. Hierzu wird ein Transfer von Acetyl-Resten in den mitochondrialen Matrixraum benötigt.

Im Gegensatz zur mitochondrialen β-Oxidation verläuft die peroxisomale nur über zwei bis maximal fünf Zyklen. Offensichtlich dient sie eher der Verkürzung langkettiger Fettsäuren als der vollständigen Oxidation zu Acetyl-CoA. Interessanterweise führt ein erhöhter Lipidgehalt der Nahrung zu einer Vergrößerung von Peroxisomen sowie zu einer vermehrten Biosynthese von Enzymen der peroxisomalen β-Oxidation der Fettsäuren. Verbindungen, die die Enzyme der mitochondrialen β-Oxidation hemmen, sind häufig Induktoren der peroxisomalen β-Oxidation. Hierzu gehört eine große Zahl von Xenobiotica.

12.2.2 Biosynthese und Abbau der Ketonkörper

Schon Ende des 19. Jahrhunderts war bekannt, dass in Blut und Urin von Diabetikern **Aceton, β-Hydroxybuttersäure** und **Acetessigsäure** nachweisbar sind. Wegen ihrer strukturellen Verwandtschaft zum Aceton wurden die letzteren beiden Verbindungen auch als **Ketonkörper** bezeichnet und die diabetische Hyperketonämie als entscheidendes Ereignis beim Zustandekommen der diabetischen Stoffwechselentgleisung erkannt (► Kap. 26.4). Heute weiß man, dass die Biosynthese von Ketonkörpern ein auch unter physiologischen Bedingungen ablaufender Vorgang ist, der in enger Beziehung zum Fettsäurestoffwechsel steht. Auch im Blut des Gesunden sind Ketonkörper nachweisbar und ihre Oxidation in extrahepatischen Geweben, besonders in der Muskulatur, kann u.U. beträchtliche Ausmaße annehmen.

! Ketonkörper werden ausschließlich in der Leber synthetisiert.

Die Leber hat als einziges Organ die Fähigkeit zur Ketonkörperbiosynthese, kann Ketonkörper allerdings nicht verwerten. Daher besteht ein ständiger Fluss von Ketonkörpern von der Leber zu den extrahepatischen Geweben hin.

Abbildung 12.12 gibt den Ablauf der mitochondrial lokalisierten Ketonkörperbiosynthese wieder. Sie erfolgt in einer dreistufigen Reaktion:

- Durch Umkehr der Reaktion der **β-Ketothiolase**, des letzten Enzyms der β-Oxidation der Fettsäuren, entsteht aus zwei Molekülen Acetyl-CoA **Acetacetyl-CoA**
- Unter Katalyse durch die **β-Hydroxy-β-Methylglutaryl-CoA-Synthase** wird ein weiteres Molekül Acetyl-CoA an den Carbonyl-Kohlenstoff des Acetacetyl-CoA geheftet. Hierbei entsteht **β-Hydroxy-β-Methylglutaryl-CoA** (HMG-CoA) (über die Bedeutung des cytosolischen HMG-CoA für die Cholesterinbiosynthese ▶ Kap. 18.3.1)
- In einer dritten Reaktion spaltet die **HMG-CoA-Lyase** unter Freisetzung von **Acetacetat ein Acetyl-CoA** ab. Je zwei der C-Atome des Acetacetates stammen aus dem Acetyl-CoA bzw. dem Acetacetyl-CoA

Acetacetat wird durch eine NADH/H$^+$-abhängige D-β-Hydroxybutyrat-Dehydrogenase, die außer in der Leber auch in vielen anderen Geweben vorkommt, zu **D-β-Hydroxybutyrat** reduziert. Durch spontane nichtenzymatische Decarboxylierung kann aus Acetacetat auch **Aceton** entstehen. **D-β-Hydroxybutyrat** macht den Hauptanteil der Ketonkörper in Blut und Urin aus.

Die Verwertung der Ketonkörper erfordert ihre Aktivierung mit Coenzym A.

Abbildung 12.13 stellt die zur Verwertung von Ketonkörpern in extrahepatischen Geweben benötigten Reaktionen zusammen. D-β-Hydroxybutyrat wird zunächst zu Acetacetat oxidiert. Anschließend erfolgt eine Transacylierung, bei der der Succinylrest eines Succinyl-CoA gegen Acetacetat ausgetauscht wird. Das hierfür verantwortliche Enzym ist die **Succinyl-CoA-Acetacetyl-CoA-Transferase**. Das dabei gebildete Acetacetyl-CoA kann in die β-Oxidation eingeschleust werden.

Von wesentlich geringerer Bedeutung ist eine direkte, ATP-abhängige Aktivierung von Acetacetat mit Hilfe der Acetacetat-Thiokinase:

Acetacetat + ATP + CoA-SH →
Acetacetyl-CoA + AMP + Pyrophosphat

Durch Decarboxylierung von Acetacetat entstandenes Aceton kann nicht in nennenswertem Umfang verwertet werden.

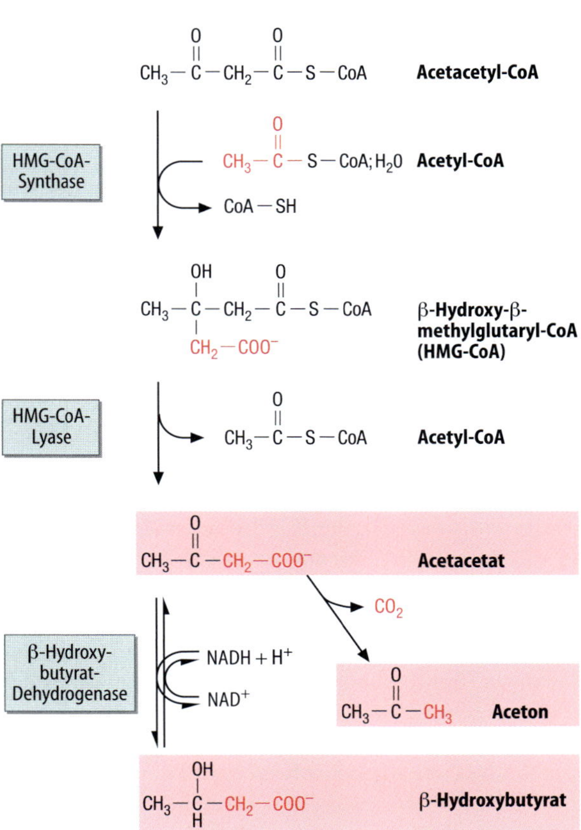

Abb. 12.12. Biosynthese der Ketonkörper Acetacetat, β-Hydroxybutyrat und Aceton aus Acetacetyl-CoA und Acetyl-CoA

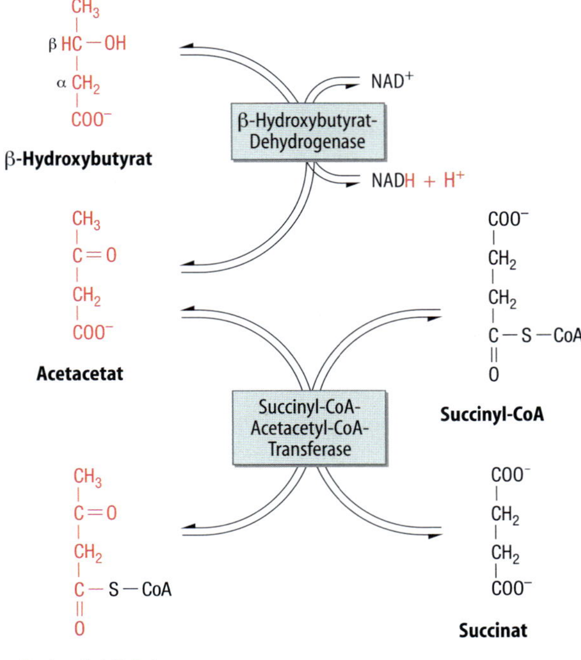

Abb. 12.13. Succinyl-CoA-abhängige Aktivierung von Ketonkörpern zu Acetacetyl-CoA

12.2.3 Biosynthese gesättigter Fettsäuren

Die Biosynthese gesättigter Fettsäuren findet im Cytosol statt und benötigt Malonyl-CoA.

In den meisten Zellen können zum Teil in beträchtlichem Umfang langkettige Fettsäuren mit einer geraden Anzahl von C-Atomen aus Acetylresten synthetisiert werden. Dieser Vorgang ist keine Umkehr der β-Oxidation der Fettsäuren, da bei allen Eukaryoten die Fettsäurebiosynthese im **Cytosol** stattfindet und von der Anwesenheit von $\mathbf{CO_2}$ abhängt. Den Arbeitsgruppen von Feodor Lynen und Roy Vagelos ist die Aufklärung der einzelnen bei der Fettsäurebiosynthese beteiligten Reaktionen gelungen. Sie konnten zeigen, dass die energetisch ungünstige Umkehr des β-Keto-Thiolaseschritts bei der β-Oxidation dadurch bewerkstelligt wird, dass für die Kondensation der Acetylreste an die wachsende Fettsäurekette nicht Acetyl-CoA sondern **Malonyl-CoA**, also das CoA-Derivat einer aus drei C-Atomen bestehenden Dicarbonsäure, benutzt wird. Die bei der zur Kettenverlängerung notwendigen Decarboxylierungen freiwerdende Energie verschiebt dann das Gleichgewicht der Reaktion auf die Seite der Kondensation. Außerdem fanden sie, dass die Einzelreaktionen der Fettsäurebiosynthese an einem **Multienzymkomplex** ablaufen, an den alle Zwischenprodukte covalent gebunden sind.

Das für die Kondensationsreaktion benötigte Malonyl-CoA wird durch eine Carboxylierungsreaktion aus Acetyl-CoA und CO_2 unter Katalyse der Biotin-abhängigen **Acetyl-CoA-Carboxylase** bereitgestellt (Abb. 12.14).

Der Mechanismus der Acetyl-CoA-Carboxylase entspricht damit dem anderer Biotin-abhängiger Carboxylierungen (► Kap. 23.3.7).

Die Fettsäuresynthase katalysiert sämtliche Teilreaktionen der Fettsäurebiosynthese.

Bei der Fettsäurebiosynthese werden an ein als Startermolekül dienendes Acetyl-CoA sukzessive Bruchstücke aus zwei C-Atomen gehängt, die vom Malonyl-CoA abstammen. Das bedeutet, dass zur Synthese von Palmitat 7 mol, zur Synthese von Stearat 8 mol Malonyl-CoA pro mol synthetisierter Fettsäure verbraucht werden.

Die Teilreaktionen der Fettsäuresynthase. Die verschiedenen für die Fettsäurebiosynthese aus Acetyl-CoA und Malonyl-CoA notwendigen Reaktionsschritte werden durch den dimeren Multienzymkomplex der **Fettsäuresynthase** (► u.) katalysiert. Im Fettsäuresynthase-Komplex kommen in jedem Monomer zwei für seine Funktion essentielle **SH-Gruppen** vor, eine sog. zentrale und eine periphere. Die zentrale Sulfhydrylgruppe gehört zu einem Molekül, das sich auch als Bestandteil des Coenzym A findet. Es handelt sich um das **4′-Phosphopantethein** (Abb. 12.15). Dieses ist covalent mit einem Serylrest der **Acyl-Carrier-Domäne** der Fettsäuresynthase verknüpft, die gelegentlich auch als Acyl-Carrier-Protein (ACP) bezeichnet wird. Die periphere Sulfhydrylgruppe gehört zu einem Cysteinylrest im aktiven Zentrum der kondensierenden Domäne.

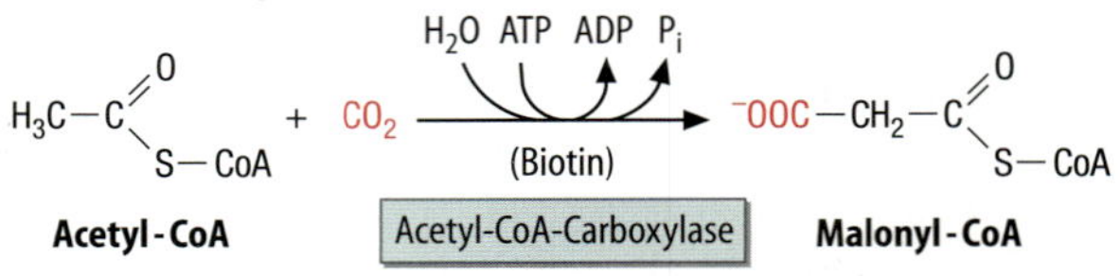

Die Fettsäurebiosynthese mit Hilfe der Fettsäuresynthase läuft in folgenden Schritten ab (Abb. 12.16):

- Ein Acetylrest des Startermoleküls Acetyl-CoA wird an der zentralen Sulfhydrylgruppe gebunden
- Der Acetylrest wird auf die periphere Sulfhydrylgruppe übertragen
- Die jetzt wieder freie zentrale Sulfhydrylgruppe übernimmt einen Malonylrest vom Malonyl-CoA. Für diese Reaktionen ist die Malonyl/Acetyltransferase-Domäne (MAT) der Fettsäuresynthase (Abb. 12.17) verantwortlich
- Die Ketoacyl-Synthase-Domäne (kondensierende Domäne) der Fettsäuresynthase katalysiert die Kondensation des Acetyl- mit dem Malonylrest, wobei unter Decarboxylierung ein Acetacetyl-Rest entsteht, der an die zentrale SH-Gruppe gebunden ist. Bei allen weiteren Reaktionen bleibt dieser Acylrest als Thioester an dieser Stelle.
- Die erste Reduktion besteht in einer NADPH/H^+-abhängigen Reaktion zum D-β-Hydroxybutyrylrest. Die zugehörige Domäne wird als β-Ketoacylenzym-Reduktase-Domäne (Ketoreduktase, KR) bezeichnet
- Durch eine Dehydratase-Domäne (DH) wird ein Δ^2-Enoylrest erzeugt

Abb. 12.14. Biotinabhängige Carboxylierung von Acetyl-CoA zu Malonyl-CoA

Abb. 12.15. 4′-Phosphopantethein als prosthetische Gruppe des Acyl-Carrier-Proteins

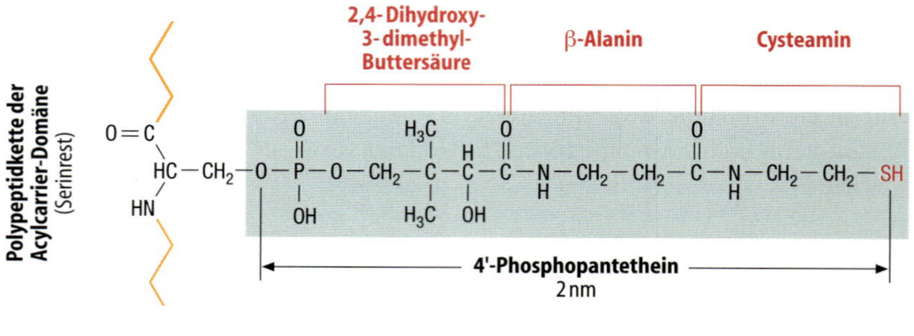

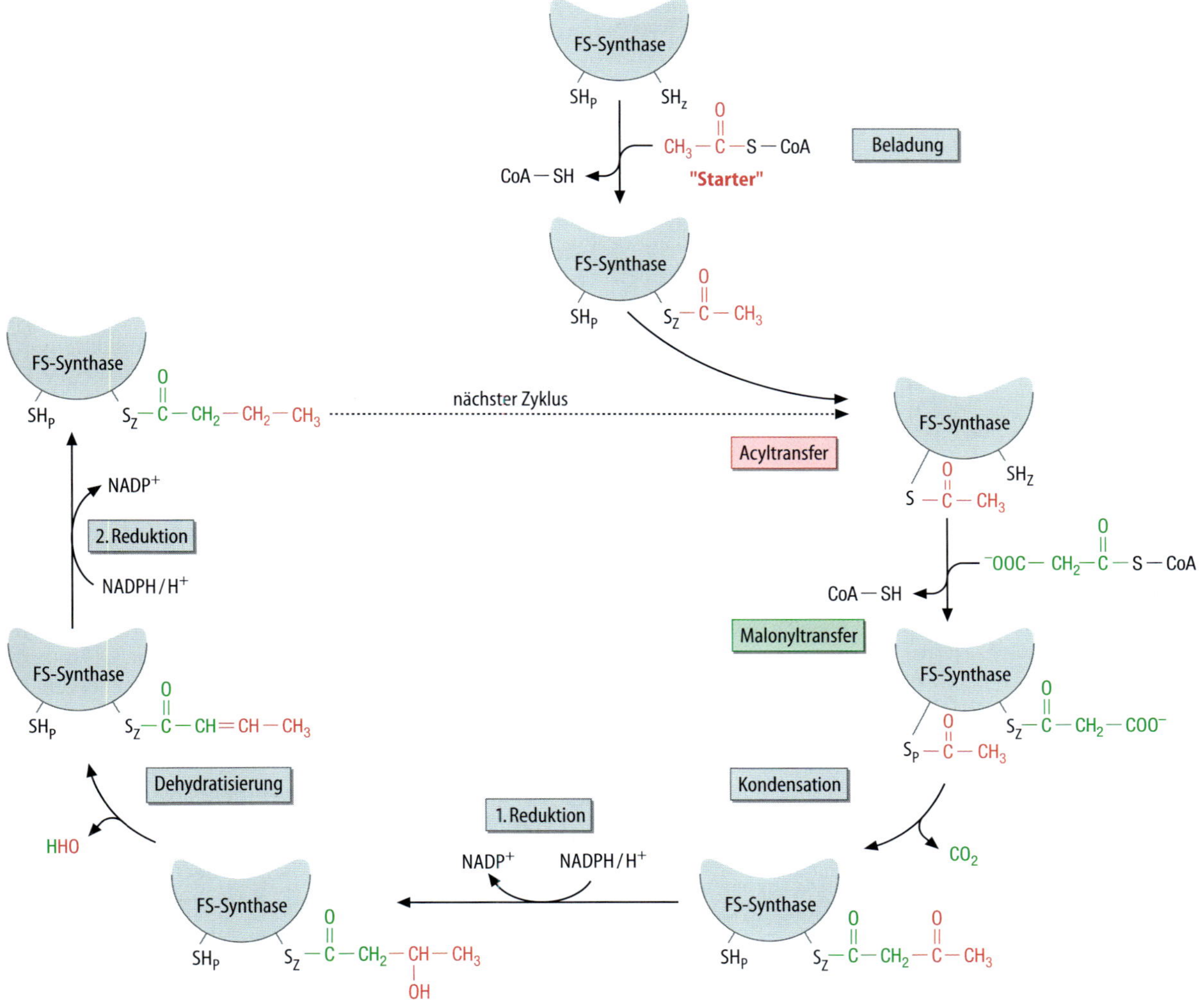

Abb. 12.16. Einzelreaktionen der Biosynthese langkettiger, geradzahliger Fettsäuren aus Acetyl-CoA. SH_P = periphere SH-Gruppe; SH_Z = zentrale SH-Gruppe (Einzelheiten ► Text)

- Die zweite Reduktion, die wiederum $NADPH/H^+$-abhängig verläuft, wandelt den ungesättigten in einen gesättigten Acylrest um. Dieser wird im folgenden Zyklus von der zentralen auf die periphere SH-Gruppe übertragen, die nun freie zentrale Sulfhydrylgruppe übernimmt den nächsten Malonylrest und der Zyklus beginnt erneut

Die oben beschriebenen Zyklen wiederholen sich, bis der Acylrest auf eine Länge von 16–18 C-Atomen angewachsen ist, anschließend wird er durch die Thioesterase-Domäne abgespalten.

Die Summengleichung dieser in Abb. 12.16 dargestellten Reaktion beträgt demnach für die Synthese der Palmitinsäure:

$$CH_3\text{-}CO\text{-}S\text{-}CoA + 7\,HOOC\text{-}CH_2\text{-}CO\text{-}S\text{-}CoA + 14\,NADPH + 14\,H^+ \rightarrow CH_3\text{-}(CH_2)_{14}\text{-}COOH + 7\,CO_2 + 6\,H_2O + 8\,CoA\text{-}SH + 14\,NADP^+$$

Abspaltung und Aktivierung der synthetisierten Fettsäure. In der Hefe und in einigen Mikroorganismen wird die Palmitin- bzw. Stearinsäure von der zentralen Sulfhydrylgruppe direkt auf freies Coenzym A übertragen und somit als Acyl-CoA aus dem Synthasekomplex entlassen. Bei der Fettsäurebiosynthese in tierischen Organen wird die Fettsäure durch Hydrolyse aus dem Enzymkomplex freigesetzt. Danach muss sie zu ihrer weiteren Verwendung im Stoffwechsel in einer ATP-abhängigen Reaktion durch eine **Acyl-CoA-Synthetase** (► Kap. 12.2.1) zum Acyl-CoA aktiviert werden.

Prinzipiell gleichen also die Reaktionsschritte der Fettsäurebiosynthese denen der β-Oxidation, allerdings ist die Reihenfolge umgekehrt. Ein Unterschied ist, dass als Zwischenprodukte die D-Isomeren anstelle der bei der β-Oxidation auftretenden L-Isomeren entstehen und dass die beiden Reduktionsschritte $NADPH/H^+$ als Wasserstoffdonator benutzen.

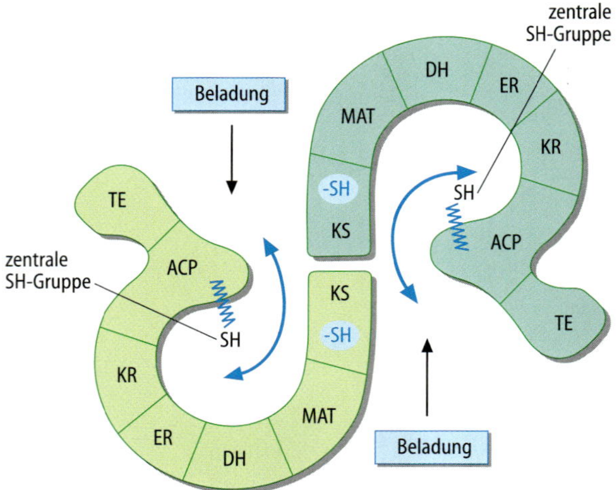

Abb. 12.17. Aufbau der tierischen Fettsäuresynthase. Die tierische Fettsäuresynthase liegt als dimeres Protein vor, wobei jede Untereinheit die für die vollständige Synthese von Fettsäuren aus Acetyl-CoA und Malonyl-CoA benötigten Untereinheiten als funktionelle Domänen trägt. KS Ketoacyl-Synthase; MAT Malonyl/Acetyl-Transferase; DH Dehydratase; ER Enoylreduktase; KR Ketoreduktase; ACP Acyl-Carrier-Domäne (-Protein); TE Thioesterase. Das Protein hat eine Größe von etwa 200 Å × 150 Å. Der Pantetheinrest der zentralen SH-Gruppe ist durch die gezackte Linie angedeutet, die periphere SH-Gruppe befindet sich in der KS-Domäne. Die blauen Doppelpfeile geben die möglichen Reaktionspartner des ACP bei der Beladung wieder. (Weitere Einzelheiten ▶ Text)

! Die tierische Fettsäuresynthase besteht aus einem dimeren Komplex zweier multifunktioneller Proteine.

12

Bei vielen Bakterien, Pflanzen und einigen Einzellern finden sich die Teilaktivitäten der Fettsäuresynthase als individuelle, katalytisch einzeln wirksame Enzymproteine zusammen mit dem Acyl-Carrier-Protein als Multienzymkomplex, der durch geeignete Behandlung in seine Einzelkomponenten zerlegt werden kann. Anders ist es dagegen mit der Fettsäuresynthase tierischer Organismen. Diese liegt als dimeres multifunktionelles Protein vor, das sämtliche zu einem vollständigen Reaktionszyklus benötigte Enzymaktivitäten als Domänen auf einer Peptidkette enthält (Abb. 12.17). N-terminal befindet sich die Domäne der Ketoacylsynthase, gefolgt von der Malonyl/Acetyltransferase, der Dehydratase, der Enoyl-Reduktase, der Ketoreduktase, des Acyl-Carrier-Proteins sowie schließlich der für die Abspaltung der fertigen Fettsäure benötigten Thioesterase.

Die beiden das funktionelle Enzym bildenden identischen Untereinheiten sind so assoziiert, dass zwei katalytische Zentren entstehen (Abb. 12.17). Diese bestehen jeweils aus der Dehydratase-, Enoylreduktase-, Ketoreduktase- und Thioesterasedomäne einer Untereinheit. Die Acyl-Carrier-Domäne einer Untereinheit kann mit der Malonyl/Acetyltransferase- und der Ketoacylsynthasedomäne der eigenen und auch der anderen Untereinheit reagieren. Wie aus Abbildung 12.17 hervorgeht, ist also die Beladung des dimeren Fettsäuresynthase-Komplexes für jedes katalytische Zentrum prinzipiell von beiden Seiten möglich. Nach erfolgter Kondensation kann dann nur noch das zur jeweiligen Acyl-Carrier-Domäne gehörige aktive Zentrum benutzt werden. Der Phosphopantheteinrest der Acyl-Carrier-Domäne jeder Untereinheit dient als Schwingarm, der die wachsende Fettsäurekette trägt. Interessanterweise ist eine einzelne isolierte Untereinheit nicht aktiv, wahrscheinlich weil im monomeren Zustand die korrekte Konformation nicht aufrechterhalten werden kann.

Damit stellt der Fettsäuresynthase-Komplex tierischer Zellen eine vollautomatische biologische Produktionsanlage dar, bei der ein größtmöglicher Wirkungsgrad mit der geringsten Störanfälligkeit durch konkurrierende enzymatische Nebenreaktionen verbunden ist. Der oben dargestellte Mechanismus macht verständlich, dass sich der Kohlenstoff des Acetyl-CoA, das als Starter für die Fettsäurebiosynthese diente, beispielsweise im Palmitat als die C-Atome 15 und 16 wiederfindet. Alle anderen Kohlenstoffeinheiten werden über Malonyl-CoA eingebracht. Wirkt dagegen Propionyl-CoA als Startermolekül, so entsteht eine langkettige Fettsäure mit einer ungeraden Zahl von C-Atomen. Derartige Fettsäuren werden besonders bei Wiederkäuern gefunden, da in ihrem Magen durch bakteriellen Abbau neben Acetat auch Propionat entsteht.

! Die für die Fettsäurebiosynthese benötigten Substrate entstammen der Glycolyse oder dem Citratzyklus.

Abbildung 12.18 stellt die Beziehungen zwischen Fettsäurebiosynthese und Kohlenhydratstoffwechsel dar. Dieser kann sowohl den für die Fettsäurebiosynthese benötigten Wasserstoff als auch den Kohlenstoff liefern.

Herkunft des Wasserstoffs. Für die beiden während der Fettsäurebiosynthese ablaufenden Reduktionsschritte wird Wasserstoff in Form von $NADPH/H^+$ benötigt. Dieser stammt zu einem großen Teil aus dem oxidativen Abbau der Glucose über den **Hexosemonophosphatweg** (▶ Kap. 11.1.2). Bezeichnenderweise sind diejenigen Gewebe, die über eine beträchtliche Aktivität dieses Stoffwechselwegs verfügen, auch im Besitz einer besonders aktiven Lipogenese. Zu ihnen gehören die Leber, das Fettgewebe und die laktierende Milchdrüse. Da sowohl der Hexosemonophosphatweg als auch die Fettsäurebiosynthese im Cytoplasma ablaufen, können beide Prozesse den cytoplasmatischen $NADPH/H^+$-Pool ohne Behinderung durch Permeabilitätsschranken benutzen.

Läuft die Fettsäurebiosynthese mit maximaler Geschwindigkeit ab, so genügt der aus dem Hexosemonophosphatweg zur Verfügung gestellte Wasserstoff nicht mehr. In diesem Fall kann $NADPH/H^+$ über die extramitochondriale **Isocitratdehydrogenase** erzeugt werden (▶ Kap. 14.2). Wichtiger ist aber die dehydrierende Decarboxylierung von Malat zu Pyruvat, die durch das ebenfalls im Cytosol lokalisierte **Malatenzym** (▶ Kap. 14.4) katalysiert wird. Da

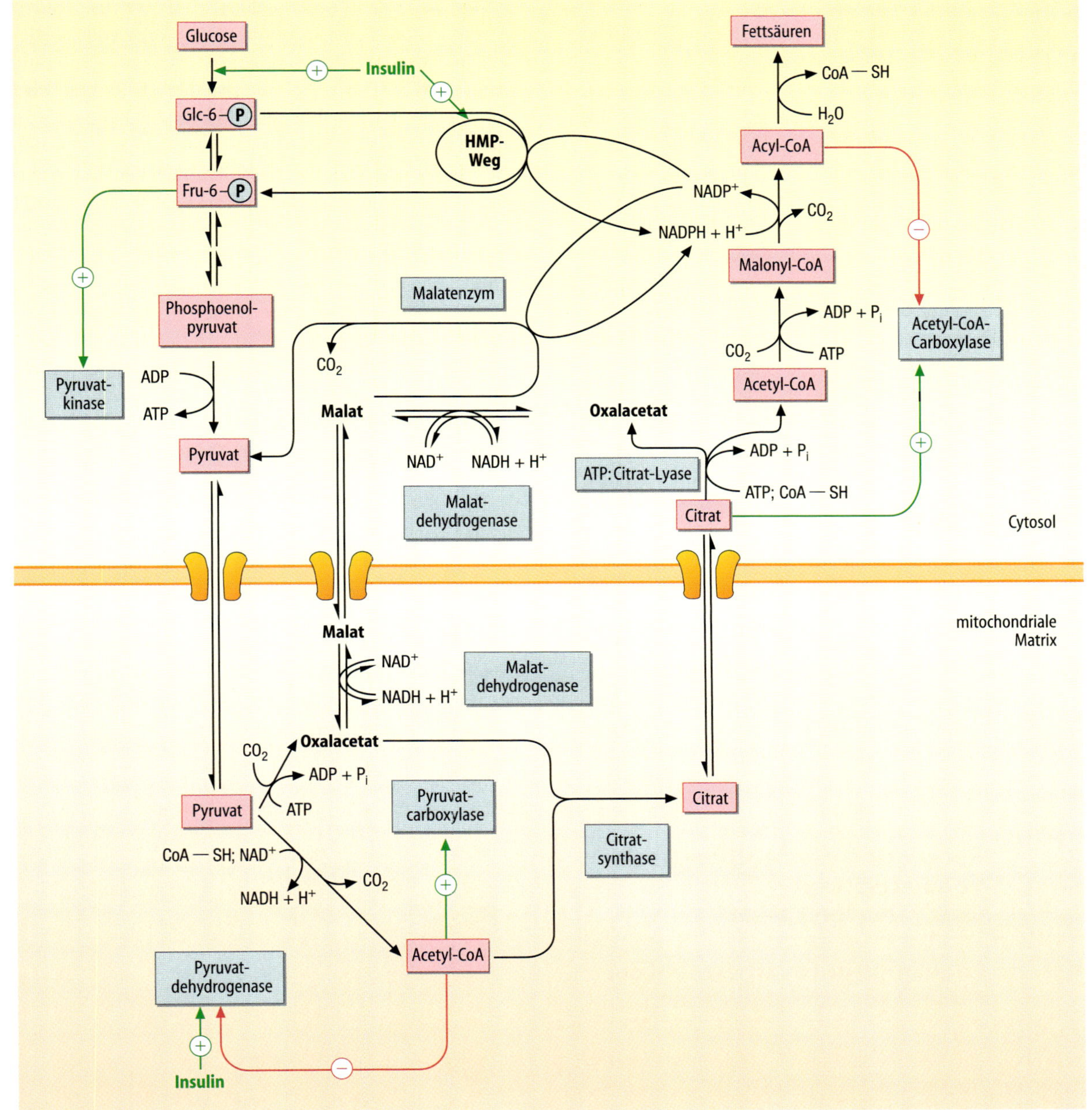

Abb. 12.18. Wechselbeziehungen zwischen Glucoseabbau und Fettsäurebiosynthese. Die für die Fettsäurebiosynthese aus Glucose wichtigen Zwischenprodukte sind rot gerastert. Geschwindigkeitsbestimmende Enzyme dieses Prozesses unterliegen einer hormonalen bzw. metabolischen Regulation, die durch die grünen und roten Pfeile dargestellt ist. HMP-Weg = Hexose-Monophosphat-Weg. (Einzelheiten ► Text)

das für diese Reaktion benötigte extramitochondriale Malat aus Oxalacetat stammt, ergibt das Zusammenspiel von Malatdehydrogenase ① und Malatenzym ② in der Bilanz eine Wasserstoffübertragung von NADH/H^+ auf $NADP^+$ ③:

① Oxalacetat + NADH + H^+ $\rightleftharpoons$ Malat + NAD^+
② Malat + $NADP^+$ $\rightleftharpoons$ Pyruvat + CO_2 + NADPH + H^+
③ Oxalacetat + NADH + H^+ + $NADP^+$ $\rightleftharpoons$
Pyruvat + CO_2 + NAD^+ + NADPH + H^+

Herkunft des Kohlenstoffs. Acetyl-CoA ist die Kohlenstoffquelle für die Biosynthese der Fettsäuren, da es sowohl das Startermolekül wie auch die Ausgangssubstanz für die Biosynthese von Malonyl-CoA darstellt. Ein Teil des Acetyl-CoA entsteht durch dehydrierende Decarboxylierung von Pyruvat durch die **Pyruvatdehydrogenase** (► Kap. 14.2). Pyruvat ist das Endprodukt des glycolytischen Abbaus der Kohlenhydrate unter aeroben Bedingungen. Die für die Glycolyse benötigten Enzyme sind im Cytosol der Zelle lokalisiert. Da die Pyruvatdehydrogenase ein mitochondriales Enzym ist, muss Pyruvat durch einen entsprechenden Transporter von Mitochondrien aufgenommen werden. In der mitochondrialen Matrix wird durch die Pyruvatdehydrogenase aus Pyruvat Acetyl-CoA erzeugt. Um seinen Kohlenstoff für die cytosolische Fettsäurebiosynthese nutzbar zu machen, muss dieses wieder aus dem mitochondrialen Matrixraum ausgeschleust werden. Da jedoch Acetyl-CoA die mitochondriale Innenmembran nicht permeieren kann, wird es durch Reaktion mit Oxalacetat zu Citrat umgewandelt, wofür die **Citratsynthase** zur Verfügung steht. Citrat kann nun durch ein spezifisches Transportsystem (▶ Kap. 15.1.1) aus dem mitochondrialen in den cytosolischen Raum transportiert werden. Durch die hier lokalisierte **ATP-Citratlyase** wird Citrat in Oxalacetat und Acetyl-CoA umgewandelt:

$$\text{Citrat} + \text{ATP} + \text{CoA-SH} \rightarrow \text{Oxalacetat} + \text{Acetyl-CoA} + \text{ADP} + P_i$$

Auf diese Weise kann Glucosekohlenstoff über den Umweg der mitochondrialen Citratbildung in Form von Acetyl-CoA der cytosolischen Fettsäurebiosynthese zur Verfügung gestellt werden. Das dabei entstehende Oxalacetat wird durch die NADH/H^+-abhängige **Malatdehydrogenase** zu Malat reduziert, welches ohne Schwierigkeit durch den Dicarboxylat-Carrier in den mitochondrialen Raum zurücktransportiert werden kann. Eine weitere Möglichkeit für das cytosolische Oxalacetat besteht in der oben erwähnten Umwandlung zu Pyruvat und CO_2 durch Einschalten des Malatenzyms.

Insulin führt in zweifacher Weise zu einer raschen Stimulation der Lipogenese:
- es stimuliert die Glucoseaufnahme und die Glycolyse (▶ Kap. 11.4, 11.6) und
- überführt die Pyruvat-Dehydrogenase von der inaktiven in die aktive Form (▶ Kap. 14.2)

In Kürze

Fettsäuren werden intramitochondrial durch β-Oxidation zu Acetyl-CoA abgebaut, das dann der Energiegewinnung oder den verschiedensten Biosynthesen zur Verfügung steht. In den Peroxisomen sind Teilstrecken der β-Oxidation lokalisiert, die v.a. der Fettsäureverkürzung dienen.

Bei stark gesteigerter β-Oxidation entstehen in der Leber aus Acetyl-CoA die Ketonkörper als wasserlösliche Derivate von Fettsäuren, die gute Substrate für eine Reihe extrahepatischer Gewebe sind.

Auch die Fettsäurebiosynthese geht vom Acetyl-CoA aus. Sie ist im Cytosol lokalisiert und findet an einem Multienzymkomplex, der Fettsäuresynthase, statt. Ihr eigentliches Substrat ist jedoch das durch Carboxylierung von Acetyl-CoA entstehende Malonyl-CoA.

12

12.3 Regulation des Stoffwechsels von Fettsäuren und Triacylglycerinen

12.3.1 Regulation der Synthese und des Abbaus von Triacylglycerinen

In Anbetracht der Bedeutung von Triacylglycerinen für den Energiehaushalt des Organismus ist es verständlich, dass ihr Stoffwechsel sehr genau reguliert werden muss. Die hierfür bekannten Mechanismen sind in den ◘ Abb. 12.19 und 12.20 zusammengestellt.

! Die hormonsensitive Lipase wird durch Interkonvertierung reguliert.

Obwohl im Fettgewebe eine Reihe von Lipasen vorkommen (◘ Abb. 12.1), ist bisher nur für die hormonsensitive Lipase (HSL) eine hormonelle Regulation beschrieben worden, die für die Dynamik der Lipolyse unter verschiedenen metabolischen Zuständen verantwortlich sein kann. ◘ Abb. 12.19 stellt die beteiligten Mechanismen dar. Im dephosphorylierten, inaktiven Zustand liegt das Enzym im Cytosol vor. Die Fetttröpfchen, welche die Substrate für die HSL enthalten (z.B. Triacylglycerine in Adipozyten oder Cholesterin-

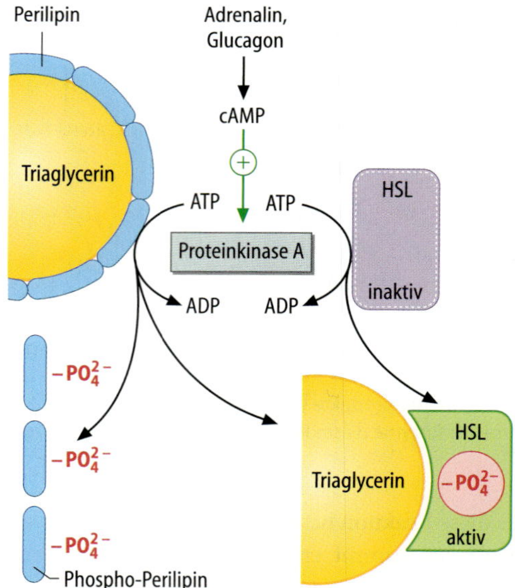

◘ **Abb. 12.19. cAMP-abhängige Phosphorylierung von Perilipin und hormonsensitiver Lipase bei der Lipolyse.** HSL = Hormonsensitive Lipase; PKA = Proteinkinase A. (Einzelheiten ▶ Text)

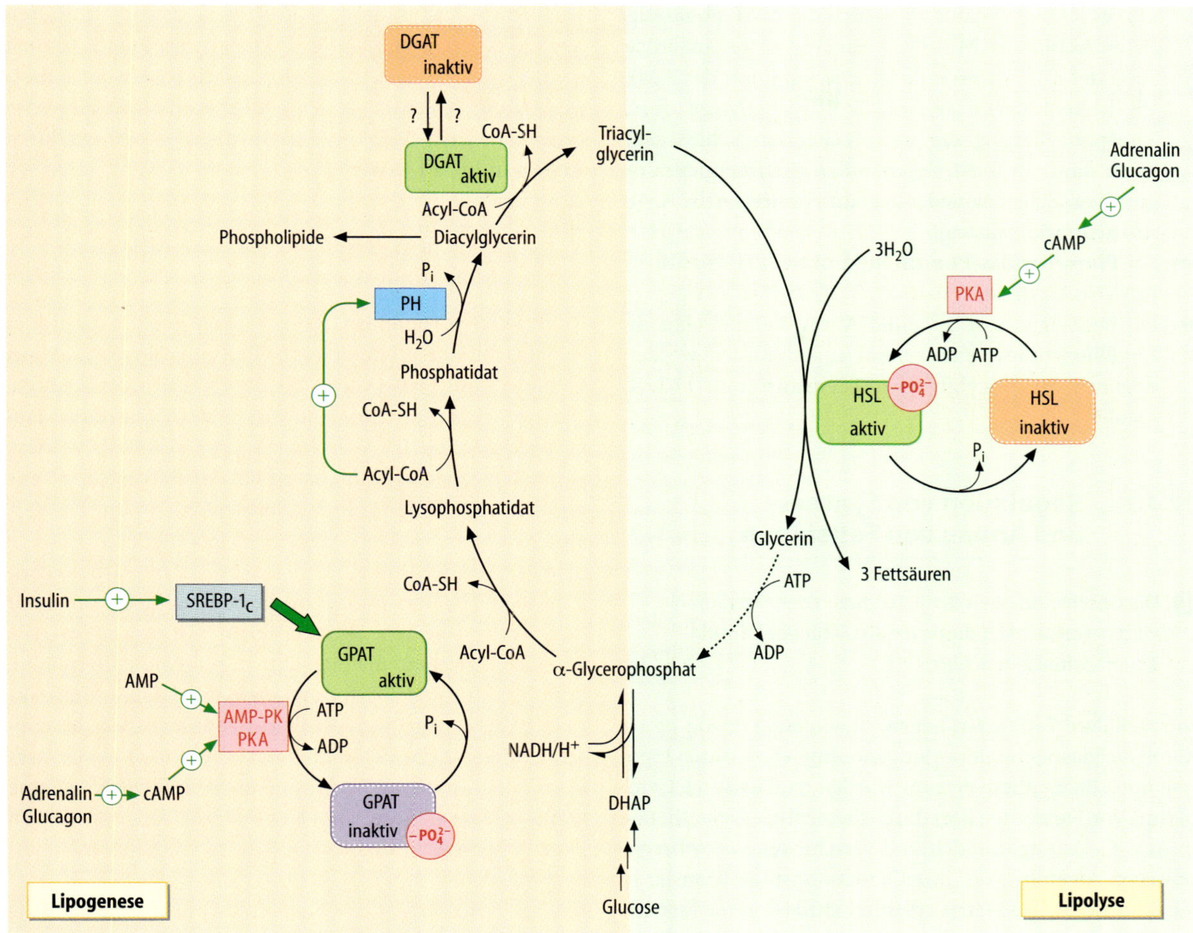

Abb. 12.20. Regulation von Lipolyse und Lipogenese. AMP-PK = AMP-abhängige Proteinkinase; DGAT = Diacylglycerin-Acyltransferase; DHAP = Dihydroxyacetonphosphat; GPAT = Glycerophosphat-Acyltransferase; HSL = hormonsensitive Lipase; PH = Phosphatidat-Phosphohydrolase; PKA = Proteinkinase A; SREBP = *sterol response element binding protein*. Dicke Pfeile bedeuten Induktion (*grün*) bzw. Repression (*rot*), dünne Pfeile Aktivierung (*grün*) bzw. Hemmung (*rot*). Die gestrichelt dargestellte Phosphorylierung von Glycerin kommt nur in der Leber und im Intestinaltrakt vor. (Einzelheiten ▶ Text)

ester in der Nebennierenrinde, den Ovarien oder in Testes) sind mit einer »Hülle« aus dem Protein **Perilipin** umgeben, die die Wechselwirkung zwischen HSL und Substrat verhindert. Phosphorylierung des Perilipins durch die cAMP-abhängige Proteinkinase (PKA) führt zu dessen Abdissoziation vom Lipidtropfen. Gleichzeitig wird die HSL durch die PKA phosphoryliert; sie wird aus dem Cytosol zum Fetttropfen transloziert und beginnt nun mit der Spaltung ihres jeweiligen Substrates. Sinkt der cAMP-Spiegel, z.B. bei erhöhten Insulinkonzentrationen, so werden Perilipin und HSL durch Proteinphosphatase PP1 dephosphoryliert und damit die Lipolyse abgeschaltet.

Über die Regulation der Fettgewebs Triacylglycerinlipase ATGL ist zur Zeit noch wenig bekannt, außer dass ihre Aktivität bei Nahrungsmangel steigt.

! Die Enzyme der Lipogenese werden durch den Ernährungszustand und Hormone reguliert.

Viele experimentelle Daten haben eindeutig gezeigt, dass die Aktivität der Triacylglycerinbiosynthese in vielen Geweben vom Ernährungszustand abhängig ist. Bei Nahrungskarenz werden keine Triacylglycerine mehr synthetisiert. Füttert man jedoch Versuchstiere nach längerer Nahrungskarenz für einige Tage mit kohlenhydratreicher Kost, so steigt die Lipogenese dramatisch an. Da die einzelnen, für die Lipogenese verantwortlichen Enzyme erst seit kurzer Zeit charakterisiert sind, ist über ihre Regulation im Gegensatz zur hormonsensitiven Lipase noch relativ wenig bekannt (Abb. 12.20):

- Die **Glycerophosphat-Acyltransferase** (GPAT) wird durch **Insulin** induziert, wobei die Beteiligung des Transkriptionsfaktors SREBP-1c (▶ Kap. 11.6.1) gesichert ist. Außerdem wird das Enzym durch Interkonvertierung reguliert, es kann durch Proteinkinasen phosphoryliert und damit inaktiviert werden. Gesichert scheint dies für die Proteinkinase A, darüber hinaus

gibt es Hinweise dafür, dass auch die **AMP-abhängige Proteinkinase** (AMP-PK, ► Kap. 16.1.4) zur Inaktivierung der GPAT imstande ist. Die Funktion der AMP-PK besteht darin, anabole Stoffwechselwege durch Phosphorylierung der entsprechenden Schlüsselenzyme dann zu inaktivieren, wenn die Energieversorgung von Zellen danieder liegt und deswegen die AMP-Konzentration ansteigt
- Die **Phosphatidat-Phosphohydrolase** (PH) wird durch Acyl-CoA aktiviert
- Da Diacylglycerin an einer Verzweigungsstelle der Lipidbiosynthese steht, muss angenommen werden, dass auch die **Diacylglycerin-Acyltransferase** (DGAT) reguliert wird

12.3.2 Regulation von Synthese und Abbau von Fettsäuren

! Die Geschwindigkeit der β-Oxidation der Fettsäuren wird hauptsächlich durch die Aktivität der Carnitin-Acyltransferase reguliert.

Intrazelluläre Fettsäuren liegen, unabhängig davon ob sie durch die Plasmamembran aufgenommen bzw. durch Lipolyse oder Biosynthese erzeugt wurden, zunächst im Cytoplasma vor. Sie werden dort durch die Acyl-CoA-Synthetase in Acyl-CoA umgewandelt und verschiedenen Stoffwechselwegen zugeführt. Für ihre Oxidation ist der Transfer in die mitochondriale Matrix erforderlich, da dort die Enzyme der β-Oxidation der Fettsäuren lokalisiert sind. Hierfür ist eine Umesterung auf Carnitin unter Bildung von Acylcarnitin mit der Carnitin-Acyltransferase-1 (► Kap. 12.2.1) notwendig. Dies ist der geschwindigkeitsbestimmende Schritt der β-Oxidation der Fettsäuren. Das Enzym wird durch folgende Mechanismen reguliert (■ Abb. 12.21):
- **Malonyl-CoA** ist ein Inhibitor der Carnitin-Acyltransferase-1. Hohe Spiegel von Malonyl-CoA treten immer bei gesteigerter Fettsäurebiosynthese auf (► Kap. 12.2.3). Unter diesen Umständen wäre es sinnlos, die synthetisierten Fettsäuren der Oxidation zuzuführen
- **Langkettige Fettsäuren** steigern die Expression der Carnitin-Acyltransferase-1. Hierfür ist der Transkriptionsfaktor PPARα (*peroxisome proliferator activated receptor*) verantwortlich, der möglicherweise durch Metaboliten von langkettigen Fettsäuren aktiviert wird. PPARα wird außerdem durch eine als **Fibrate** bezeichnete Gruppe von Arzneimitteln aktiviert, die zur Bekämpfung von Hyperlipidämien (► Kap. 18.6.2) eingesetzt werden
- **Schilddrüsenhormone** induzieren die Expression der Carnitin-Acyltransferase. Dies dient dazu, den unter dem Einfluss von Schilddrüsenhormonen erhöhten Energiebedarf durch Steigerung der β-Oxidation der Fettsäure zu decken

Die in die mitochondriale Matrix translozierten Fettsäuren werden überwiegend von den dort lokalisierten Enzymen der β-Oxidation zu Acetyl-CoA abgebaut, das in den Citratzyklus eingeschleust wird. Es gibt experimentelle Hinweise dafür, dass auch einige der Enzyme der β-Oxidation durch PPARα induziert werden.

! Die Fettsäurebiosynthese wird auf der Stufe der Pyruvatdehydrogenase, der Acetyl-CoA-Carboxylase und der Fettsäuresynthase reguliert.

Pyruvatdehydrogenase. Bei fettarmer Ernährung findet in beträchtlichem Umfang eine Fettsäurebiosynthese aus Glucose statt. Dabei muss das durch Glycolyse erzeugte Pyruvat intramitochondrial durch **dehydrierende Decarboxylierung** in Acetyl-CoA umgewandelt werden, wonach der Acetylkohlenstoff in Form von Citrat aus den Mitochondrien ausgeschleust werden kann (► Kap. 12.2.3). Der reaktionsgeschwindigkeitsbestimmende Schritt in dieser Reaktionsfolge ist die **Pyruvatdehydrogenase**, die in einer phosphorylierten inaktiven und einer dephosphorylierten aktiven Form vorkommt (► Kap. 14.2). In Geweben, die eine aktive Lipogenese betreiben, besteht eine direkte Proportionalität zwischen dem aktiven Anteil der Pyruvatdehydrogenase sowie der Geschwindigkeit der Fettsäurebiosynthese. Am besten untersucht ist in dieser Beziehung das Fettgewebe, wo eine lebhafte Lipogenese aus Kohlenhydraten stattfinden kann. Hier spielt **Insulin** (► Kap. 26.1.6) eine entscheidende Rolle:
- Es beschleunigt den Glucosetransport in die Fettzelle und erhöht dadurch das Pyruvatangebot als Substrat für die mitochondriale Pyruvatdehydrogenase
- Unter dem Einfluss von Insulin wird die Pyruvatdehydrogenase aus der inaktiven in die aktive Form überführt. Ohne Insulin, also im Hunger oder bei Diabetes mellitus, liegen weniger als 10% der Pyruvatdehydrogenase des Fettgewebes in der aktiven Form vor

Außer dieser hormonellen findet sich auch eine **metabolische Regulation** der Pyruvatdehydrogenase. Die im Hunger und bei Insulinmangel auftretende Lipolyse (► Kap. 16.1.4) führt zu einer Beschleunigung der β-Oxidation mit Erhöhung der intramitochondrialen Quotienten Acetyl-CoA/CoA-SH sowie $NADH/NAD^+$. Änderungen dieser Quotienten führen zu einer Hemmung der Aktivität des Pyruvatdehydrogenase-Komplexes (► Kap. 14.2).

Acetyl-CoA-Carboxylase. Die Acetyl-CoA-Carboxylase ist das geschwindigkeitsbestimmende Enzym der Fettsäurebiosynthese aus Acetyl-CoA. Es unterliegt einer komplexen Regulation durch allosterische Effektoren, covalente Modifikation und Beeinflussung seiner Genexpression (■ Abb. 12.21):

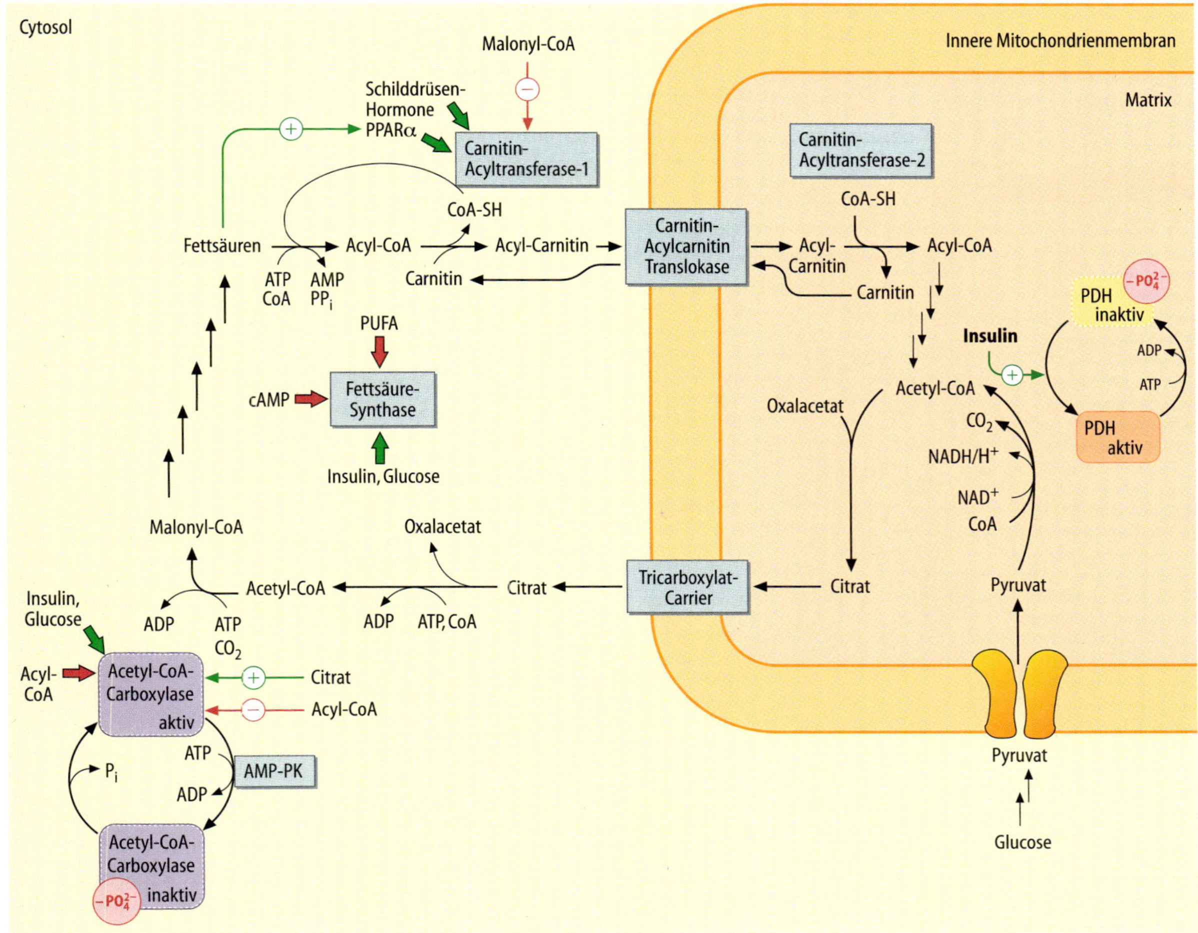

Abb. 12.21. Regulation der β-Oxidation der Fettsäuren sowie der Fettsäurebiosynthese. AMP-PK = AMP-abhängige Proteinkinase; SREBP = *sterol response element binding protein;* PPAR = Peroxisomen Proliferator Aktivator Rezeptor; PUFA = mehrfach ungesättigte langkettige Fettsäuren; PDH = Pyruvatdehydrogenase. Dicke Pfeile bedeuten Induktion (*grün*) bzw. Repression (*rot*), dünne Pfeile Aktivierung (*grün*) bzw. Hemmung (*rot*). (Einzelheiten ► Text)

- Die Acetyl-CoA-Carboxylase kommt in einer inaktiven monomeren Form und einer aktiven polymeren Form vor. Das aktive polymere Enzym setzt sich aus 10–20 Protomeren zusammen und erscheint im Elektronenmikroskop als filamentöse Struktur. Der Übergang in die aktive, polymere Form wird *in vitro* durch Tricarboxylatanionen, besonders Citrat, stimuliert
- Acyl-CoA ist ein Inhibitor der Acetyl-CoA-Carboxylase. Das Auftreten dieses Metaboliten bedeutet, dass der Acyl-CoA-Pool aufgefüllt ist und eine weitere Fettsäuresynthese nicht notwendig ist
- Die Acetyl-CoA-Carboxylase kann durch die AMP-abhängige Proteinkinase (► Kap. 16.1.4) phosphoryliert und inaktiviert werden. Damit wird verhindert, dass bei einem zellulären Energiemangel mit Erhöhung der AMP-Spiegel Fettsäuren synthetisiert werden
- Schließlich wird die Acetyl-CoA-Carboxylase durch Glucose und Insulin induziert und durch Acyl-CoA reprimiert. Diese Regulation gewährleistet, dass bei überschüssiger Zufuhr von Nahrungsstoffen, insbesondere von Kohlenhydraten, eine Speicherung dieser Nahrungsstoffe in Form von Fettsäuren und Triacylglycerinen erfolgen kann

Fettsäuresynthase. Anders als bei der Pyruvatdehydrogenase und der Acetyl-CoA-Carboxylase ist für die Fettsäuresynthase keine Regulation durch allosterische Effektoren oder Interkonvertierung bekannt. Das Enzym wird aber durch eine Reihe unterschiedlicher Faktoren induziert oder reprimiert (Abb. 12.21):

- **Insulin** ist zusammen mit Glucose ein starker Induktor der Fettsäuresynthase, wobei wiederum der Transkriptionsfaktor SREBP-1c beteiligt ist. Dies erklärt die starke Zunahme der Fettsäurebiosynthese bei kohlenhydratreicher Ernährung

- Hormone, die zu einer Steigerung der cAMP-Konzentration führen, z.B. **Katecholamine** oder **Glucagon**, reprimieren die Fettsäuresynthase
- **Langkettige, mehrfach ungesättigte Fettsäuren** sind starke Repressoren der Fettsäuresynthase

Diese Regulationsmechanismen erlauben eine wirkungsvolle Anpassung der Fettsäurebiosynthese und damit der Lipogenese an das Nahrungsmittelangebot und gewährleisten eine Hemmung der Fettsäuresynthese bei Nahrungskarenz.

In Kürze

Substratzufuhr bzw. Substratmangel bestimmen das Verhältnis von Lipogenese bzw. Lipolyse. Nahrungskarenz führt zu einer Inaktivierung der lipogenetischen Enzyme und zu einem Überwiegen der lipolytischen.

Die cAMP-abhängige Proteinkinase A phosphoryliert und aktiviert die hormonsensitive Lipase und stimuliert die Lipolyse. Für die Lipogenese ist das Insulin als Aktivator der α-Glycerophosphat-Acyltransferase wichtig. Dieses Enzym wird außerdem durch Phosphorylierung inaktiviert, wofür die Proteinkinase A sowie die AMP-aktivierte Proteinkinase verantwortlich sind. Die Phosphatidat-Phosphohydrolase wird durch Acyl-CoA aktiviert, über die Regulation der Diacylglycerin-Acyltransferase ist wenig bekannt.

Die Translokation von Acylresten durch die innere Mitochondrienmembran stellt den geschwindigkeitsbestimmenden Schritt der β-Oxidation der Fettsäuren dar. Die hierfür verantwortliche Carnitin-Acyltransferase-1 wird durch Malonyl-CoA gehemmt und durch Schilddrüsenhormone und Aktivatoren des Transkriptionsfaktors PPARα induziert.

Die Acetyl-CoA-Carboxylase ist das geschwindigkeitsbestimmende Enzym der Fettsäuresynthese. Sie wird durch Acyl-CoA gehemmt und durch Citrat aktiviert. Reversible Phosphorylierung durch die AMP-abhängige Proteinkinase führt zur Inaktivierung. Insulin und Glucose sind starke Induktoren, Acyl-CoA ist ein Repressor des Enzyms.

Insulin und Glucose induzieren die Fettsäuresynthase, cAMP und mehrfach ungesättigte Fettsäuren reprimieren sie.

12.4 Ungesättigte Fettsäuren und Eikosanoide

12.4.1 Biosynthese ungesättigter Fettsäuren

Sowohl der Schmelzpunkt von Triacylglycerinen als auch die Membranfluidität (► Kap. 2) hängen vom Anteil ein- oder mehrfach ungesättigter Fettsäuren in den entsprechenden Lipiden ab. Ungesättigte Fettsäuren sind darüber hinaus Vorläufer essentieller Signalmoleküle wie beispielsweise der Eikosanoide. Aus diesem Grund überrascht es nicht, dass die Einführung von Doppelbindungen in die durch die Fettsäuresynthase gebildeten gesättigten Fettsäuren eine außerordentlich wichtige Funktion ist, die im Tier- und Pflanzenreich sowie bei Mikroorganismen vorkommt.

Die für den Stoffwechsel des Säugerorganismus wichtigen ungesättigten Fettsäuren sind in ◻ Tabelle 12.2 zusammengestellt. Wegen der spezifischen Eigenschaften der tierischen **Fettsäuredesaturasen** (► u.) können lediglich Palmitolein- und Ölsäure in tierischen Zellen synthetisiert werden. Linol- und Linolensäure müssen dagegen mit der Nahrung zugeführt werden, sind also **essentielle Fettsäuren**. Die in ◻ Tabelle 12.2 angeführte Arachidonsäure, die für die Biosynthese von Eikosanoiden von besonderer Bedeutung ist, kann zwar durch Kettenverlängerung und Desaturierung synthetisiert werden, benötigt jedoch Linolsäure als Ausgangsmaterial.

◻ **Tabelle 12.2.** Für den Säuger wichtige ungesättigte Fettsäuren (Auswahl)

Einfach ungesättigte Fettsäuren: Summenformel $C_nH_{2n-1}COOH$				
Trivialname	**Chemischer Name**	**Formel**	**Mol.-Gew.**	**Vorkommen**
Palmitoleinsäure	cis-Δ^9-Hexadecensäure	$C_{16}H_{30}O_2$	254,42	In Milchfett und Depotfett, Bestandteil der Pflanzenöle
Ölsäure	cis-Δ^9-Octadecensäure	$C_{18}H_{34}O_2$	282,47	Hauptbestandteil aller Fette und Öle
Nervonsäure	cis-Δ^{15}-Tetracosensäure	$C_{24}H_{46}O_2$	366,63	In Cerebrosiden
Mehrfach ungesättigte Fettsäuren				
Trivialname	**Chemischer Name**	**Formel**	**Mol.-Gew.**	**Vorkommen**
Linolsäure	$\Delta^{9,12}$-Octadecadiensäure	$C_{18}H_{32}O_2$	280,45	In Pflanzenölen und Depotfett
Linolensäure	$\Delta^{9,12,15}$-Octadecatriensäure	$C_{18}H_{30}O_2$	278,44	In Pflanzenölen
Arachidonsäure	$\Delta^{5,8,11,14}$-Eicosatetraensäure	$C_{20}H_{32}O_2$	304,48	In Fischölen, Bestandteil vieler Phosphoglyceride

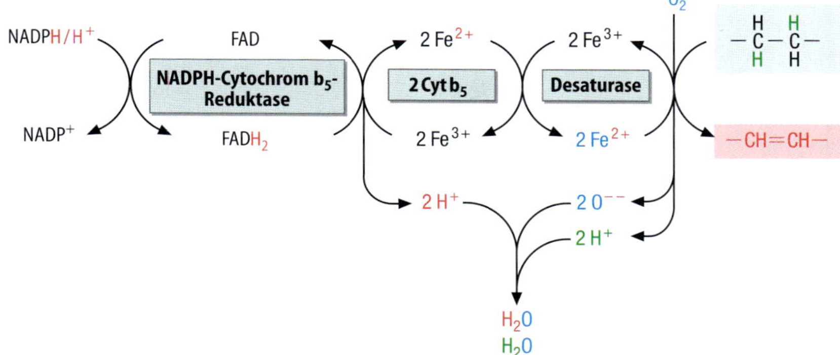

Abb. 12.22. Mechanismus der durch Desaturasen katalysierten Biosynthese ungesättigter Fettsäuren aus gesättigten Fettsäuren. Die dargestellte Reaktionsfolge findet unter Katalyse eines Membran-gebundenen Enzymkomplexes aus NADPH-Cytochrom b_5-Reduktase, Cytochrom b_5 und Desaturase statt. (Weitere Einzelheiten ▶ Text)

! Für die Biosynthese ungesättigter Fettsäuren aus gesättigten Fettsäuren werden Desaturasen benötigt.

Desaturasen sind an das endoplasmatische Retikulum gebundene Enzymkomplexe aus einer **NADPH/H⁺-Cytochrom b_5-Reduktase**, **Cytochrom b_5** und der eigentlichen **Desaturase** (Abb. 12.22). Ihr Reaktionsmechanismus entspricht dem mischfunktioneller Oxygenasen. Zunächst werden Elektronen von $NADPH/H^+$ auf FAD übertragen, das als Coenzym der NADPH-Cytochrom b_5-Reduktase dient. Das Hämeisen des Cytochrom b_5 wird dadurch zur zweiwertigen Form reduziert. Von ihm werden Elektronen auf ein binucleäres Eisenzentrum der Desaturase übertragen. Zwei Elektronen reagieren danach mit dem Sauerstoff und dem gesättigten Acyl-CoA. Dabei entsteht eine Doppelbindung und zwei Moleküle Wasser werden freigesetzt. Zwei der Elektronen entstammen dem $NADPH/H^+$, zwei weitere der Einfachbindung des Acyl-CoA.

! In tierischen Zellen kommen nur Δ^9-, Δ^6- und Δ^5-Desaturasen vor.

Die Desaturasen tierischer Zellen zeichnen sich dadurch aus, dass sie nur Doppelbindungen erzeugen können, die nicht weiter als 9 C-Atome von der Carboxylgruppe entfernt sind. Man unterscheidet im Einzelnen:

Δ^9-Desaturasen. Sie bilden eine Gruppe von Enzymen, die als Substrate Palmityl- und v.a. Stearyl-CoA verwerten, weswegen sie auch als **Stearyl-CoA-Desaturasen** bezeichnet werden. Wie ihr Name sagt, führen sie eine Doppelbindung am C-Atom 9 dieser Fettsäuren ein, sodass als Reaktionsprodukte **Palmitoleyl-CoA** bzw. **Oleyl-CoA** entstehen. Beide Fettsäuren werden in Triacylglycerine und die verschiedenen Membranlipide eingebaut. Man kennt inzwischen vier Isoformen der Δ^9-Desaturasen, die sich durch unterschiedliche Organverteilungen auszeichnen.

Δ^6- und Δ^5-Desaturasen. Diese Gruppe von Enzymen führt Doppelbindungen an den C-Atomen 5 bzw. 6 von **ungesättigten** Fettsäuren ein. Bevorzugte Substrate sind **Linoleyl-CoA** ($\Delta^{9,12}$-Octadecadienoyl-CoA) bzw. **Linolenyl-CoA** ($\Delta^{9,12,15}$-Octadecatrienoyl-CoA). In diese Fettsäuren, die von tierischen Organismen nicht synthetisiert werden können und deshalb als **essentielle Fettsäuren** bezeichnet werden, fügen die Δ^6- und Δ^5-Desaturasen weitere Doppelbindungen ein, sodass weitere mehrfach ungesättigte Fettsäuren (*polyunsaturated fatty acids*, PUFA) entstehen. Auch diese werden in Phospholipide eingebaut, denen jedoch v.a. der Biosynthese einer wichtigen Gruppe von Signalmolekülen, der Eikosanoide

! Mehrfach ungesättigte Fettsäuren entstehen durch Kettenverlängerung und Desaturierung.

Durch Kombination von Desaturierung und Kettenverlängerung können mehrfach ungesättigte Fettsäuren synthetisiert werden. Die hierfür benötigten **Linolsäure und Linolensäure** stammen v.a. aus dem Pflanzenreich, wo entsprechende Desaturasen vorkommen. In tierischen Organismen können sie nicht synthetisiert werden und gehören damit zu den essentiellen Fettsäuren. Diese liefern die für die Biosynthese der sog. Eikosanoide benötigten Substrate, v. a. die **Arachidonsäure**, deren Biosynthese aus Linolsäure in Abb. 12.23 dargestellt ist. In einem ersten Schritt wird dabei in Linoleyl-CoA durch die Δ^6-Desaturase eine neue Doppelbindung eingeführt, wobei ein $\Delta^{6,9,12}$-Octadecatrienoyl-CoA gebildet wird. Dieses kann nun um zwei C-Atome verlängert werden. Hierfür ist ein im endoplasmatischen Retikulum lokalisiertes **Kettenverlängerungssystem** notwendig. Es benutzt Malonyl-CoA als Substrat, der Mechanismus entspricht demjenigen der Fettsäurebiosynthese, allerdings befinden sich die einzelnen hierfür notwendigen Enzyme im endoplasmatischen Retikulum und die Substrate liegen als Thioester mit Coenzym A vor. Das Reduktionsmittel ist jedoch $NADPH/H^+$. Auf diese Weise entsteht aus der dreifach ungesättigten C 18-Fettsäure das $\Delta^{8,11,14}$-Eikosatrienoyl-CoA mit 20 C-Atomen. In diese Verbindung wird durch die Δ^5-Desaturase eine weitere Doppelbindung eingeführt, sodass das $\Delta^{5,8,11,14}$-Eikosatetraenoyl-CoA, das **Arachidonyl-CoA**, entsteht.

Mit Hilfe ähnlicher Reaktionen gelingt auch die Biosynthese anderer, mehrfach ungesättigter Fettsäuren. Allerdings kann im tierischen Organismus jede neue Doppelbindung nur zwischen bereits vorhandenen Doppelbin-

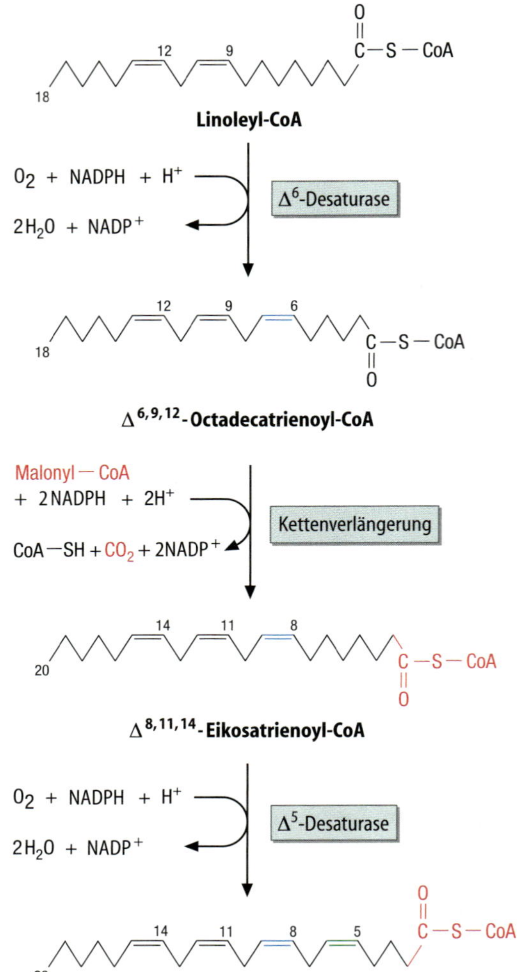

Abb. 12.23. Biosynthese von Arachidonyl-CoA aus Linoleoyl-CoA

dungen und der Carboxylgruppe der Fettsäure eingeführt werden (▶ o.).

12.4.2 Prostaglandine, Thromboxane und Leukotriene

Prostaglandine, Thromboxane und Leukotriene sind Derivate mehrfach ungesättigter Fettsäuren, insbesondere der Arachidonsäure. Sie entstehen in den meisten tierischen Geweben, wo sie eine große Zahl hormoneller und anderer Stimuli modulieren. Darüber hinaus spielen sie eine wichtige Rolle bei Überempfindlichkeits- und Entzündungsreaktionen. Sie werden unter der Summenbezeichnung **Eikosanoide** zusammengefasst. Thromboxane und Prostaglandine werden auch als **Prostanoide** bezeichnet.

> Prostaglandin H-Synthasen sind die geschwindigkeitsbestimmenden Enzyme für die Prostanoidsynthese.

Abb. 12.24 zeigt die einzelnen Schritte der Biosynthese von Prostanoiden:

- Das wichtigste Substrat für die Prostanoidsynthese ist **Arachidonat**. Dieses ist häufig mit der OH-Gruppe 2 des Glycerinteils von Membran-Phosphoglyceriden (z.B. Phosphatidyl-Cholin, Phosphatidyl-Serin) verestert. Für seine Freisetzung wird deshalb eine **Phospholipase A_2** (▶ Kap. 18.1.2) benötigt
- In einer sauerstoffabhängigen Reaktion entsteht unter Katalyse der **Prostaglandin H-Synthase** (PGHS) das **Prostaglandin H_2** (PGH_2) als Muttersubstanz der Prostaglandine (PG) I_2, E_2 und F_2 sowie des Thromboxans A_2 (aus Eikosatriensäure entstehen die Prostaglandine der Serie 1 (PG_1), aus Eikosapentaensäure diejenigen der Serie 3 (PG_3))
- Es gibt zwei Isoformen der Prostaglandin H-Synthase, die als PGHS-1 und PGHS-2 bezeichnet werden
- Beide PGHS-Isoformen enthalten eine **Cyclooxygenase**- sowie eine **Peroxidaseaktivität**. Erstere ist für die Umwandlung von Arachidonsäure zu Prostaglandin G_2 verantwortlich, letztere für die anschließende **Reduktion** der 15-Hydroperoxylgruppe des Prostaglandins G_2 zur 15-Hydroxylgruppe des Prostaglandins H_2
- PGHS-1 wird konstitutiv in vielen Zellen exprimiert, PGHS-2 unterliegt dagegen einer vielfältigen Regulation. Als allgemeine Regel gilt, dass die Aktivität der PGHS-2 durch Wachstumsfaktoren und Entzündungsmediatoren wie **Interleukin-1** oder **TNFα** induziert wird. Dagegen reprimieren **Glucocorticoide** und **antiinflamatorische Cytokine** die PGHS-2-Expression
- Jeweils spezifische Prostaglandin-Synthasen führen zu den weiteren Prostaglandinen (PGD_2, PGE_2, $PGF_{2\alpha}$, PGI_2) sowie zum Thromboxan A_2

> Prostaglandine und Thromboxane haben vielfältige Wirkungen als Signalmoleküle.

Die Gewebsverteilung der PGHS sowie der Prostaglandin-Synthasen, die an der Biosynthese der anderen Prostaglan-

Tabelle 12.3. Überblick über die biologischen Effekte von Prostaglandinen und Thromboxanen

Verbindung	Wichtigste biologische Aktivität
Prostaglandin E_2	Bronchodilatation, Vasodilatation, Hemmung der Cl^--Sekretion im Magen, Antilipolyse im Fettgewebe, Erzeugung von Fieber, Entzündungsreaktion, Entzündungsschmerz, Aktivierung von Osteoklasten
Prostaglandin D_2	Bronchokonstriktion, Schlaferzeugung
Prostaglandin $F_{2\alpha}$	Bronchokonstriktion, Vasokonstriktion, Konstriktion der glatten Muskulatur
Thromboxan A_2	Bronchokonstriktion, Vasokonstriktion, Plättchenaggregation
Prostaglandin I_2 (Prostacyclin)	Vasodilatation, Zunahme der Gefäßpermeabilität, Hemmung der Plättchenaggregation, Entzündungsreaktion

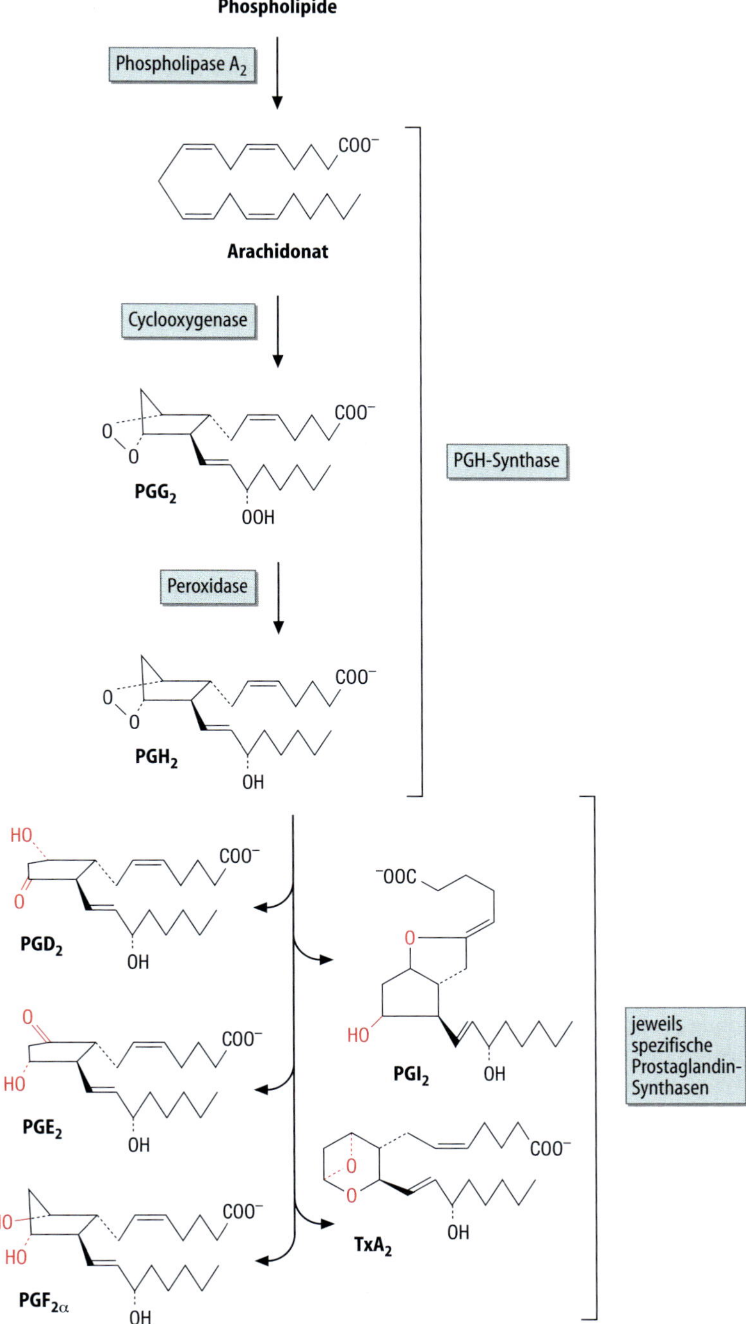

Abb. 12.24. Biosynthese der Prostaglandine und Thromboxane aus Arachidonat. Durch eine Phospholipase A_2 wird Arachidonat aus Phospholipiden abgespalten. Die Prostaglandin H-Synthase (PGH-Synthase) führt zum Prostaglandin H_2 als Muttersubstanz der weiteren Prostaglandine und des Thromboxans A_2. PG = Prostaglandin; Tx = Thromboxan

dine beteiligt sind, zeigt, dass nahezu alle Gewebe zur Prostaglandin-Biosynthese befähigt sind. Allerdings haben die sezernierten Prostaglandine Halbwertszeiten zwischen einigen Sekunden und wenigen Minuten. Man geht infolgedessen davon aus, dass sie im Wesentlichen para- bzw. autokrin wirken und damit eine Funktion als Gewebshormone haben. Ihr Wirkungsprofil hängt dabei entscheidend davon ab, welche Prostaglandinrezeptoren (▶ u.) in der unmittelbaren Nachbarschaft der Prostaglandin-synthetisierenden Zellen exprimiert werden.

Prostaglandineffekte sind außerordentlich vielfältig und schwer unter dem Aspekt eines einheitlichen Wirkungsmechanismus zu verstehen (Tabelle 12.3)

- **Prostaglandin D_2** führt zu einer Bronchokonstriktion und ist, wie andere Prostaglandine auch, mit der Entstehung von Asthma bronchiale in Verbindung gebracht worden
- In vielen, allerdings nicht allen bis jetzt untersuchten Geweben führt **Prostaglandin E_2** zu einer Zunahme des cAMP-Gehalts, was z.B. eine Relaxierung der glatten

Muskulatur hervorruft (▶ Kap. 26.3.4). Dies zeigt sich besonders deutlich an der Uterusmuskulatur, an einer allgemeinen Vasodilatation sowie einer Erweiterung des Bronchialsystems. Im Magen hat Prostaglandin E_2 einen cytoprotektiven Effekt, da es die Mucinsekretion stimuliert. Am Fettgewebe ist Prostaglandin E_2 nach Insulin die am stärksten wirksame antilipolytische Verbindung, da es hier eine Senkung des cAMP-Spiegels auslöst

- **Prostaglandin $F_{2\alpha}$** hat in vielen Aspekten einen zum Prostaglandin E_2 antagonistischen Effekt. So führt es zu einer Bronchokonstriktion und Vasokonstriktion sowie zu einer auch klinisch ausgenützten Kontraktion der Uterusmuskulatur
- Von besonderem Interesse sind die Beziehungen zwischen dem **Prostaglandin I_2** (Syn. Prostacyclin) und **Thromboxan A**. Das Letztere entsteht bevorzugt in Blutplättchen aus Prostaglandin H_2. Es induziert die Plättchenaggregation sowie die damit verbundene Freisetzungsreaktion (▶ Kap. 29.5.2) und spielt somit eine wichtige Rolle bei der Blutstillung. Seine Wirkung wird über einen Abfall der cAMP-Konzentration in Thrombozyten vermittelt. Ein Thromboxanantagonist ist das Prostaglandin I_2, das in Gefäßendothelzellen aus Prostaglandin $F_{2\alpha}$ entsteht. Es ist ein Aktivator der Adenylatcyclase in vielen Geweben und damit auch in Blutplättchen und hemmt somit die Plättchenaggregation

Störungen im Verhältnis von Thromboxan A_2 und Prostaglandin I_2 scheinen bei einer Reihe von pathologischen Zuständen eine wichtige Rolle zu spielen. So findet sich bei Diabetes mellitus mit Gefäßkomplikationen eine Hemmung der Prostaglandin I_2-Bildung und eine Steigerung der Thromboxan-Biosynthese. Auch für die Entstehung der Arteriosklerose wird eine Störung des Gleichgewichts zwischen Thromboxanen und Prostaglandin I_2 verantwortlich gemacht. Auf jeden Fall muss angenommen werden, dass das arteriosklerotisch geschädigte Gefäßendothel eine verringerte Kapazität zur Prostaglandin I_2-Synthese hat, weswegen allein schon die Plättchen-aggregierende Wirkung der Thromboxane überwiegt. Dies ist die Basis für die durch zahlreiche Studien bekräftigte Therapie der Coronarsklerose mit Hemmstoffen der Cyclooxygenase (▶ u.).

In ◘ Tabelle 12.4 sind die bis heute bekannten Prostaglandin-Rezeptoren zusammengefasst. Es handelt sich in jedem Falle um Rezeptoren mit sieben Transmembrandomänen, die an große, heterotrimere G-Proteine gekoppelt sind (▶ Kap. 25.6). Sie führen je nach Typ zu einer Stimulierung bzw. Hemmung der Adenylatcyclase mit entsprechenden Veränderungen der cAMP-Konzentration oder beeinflussen die zelluläre Calciumkonzentration über den Phosphatidylinositol-Zyklus (▶ Kap. 25.6.3).

Prostaglandine sind eine vielfältige Gruppe von Gewebshormonen, die von sehr vielen Zellen synthetisiert werden können. Allerdings zeigen unterschiedliche Zellen ausgeprägte Unterschiede bezüglich ihrer Fähigkeit zur Synthese spezifischer Prostaglandine und, was noch wichtiger ist, zur Spezifität ihrer Prostaglandinrezeptoren. Hier zeichnet sich ein besonders fein differenziertes Bild ab. So konnte z.B. durch *in situ*-Hybridisierung gezeigt werden, dass in der Niere der Subtyp EP_3 der Prostaglandin-E-Rezeptoren vornehmlich in den medullären Tubulusepithelien lokalisiert ist, der Subtyp EP_1 in den Sammelrohren der Papille und der Subtyp EP_2 in den Glomeruli. Man nimmt an, dass diese Verteilung die durch Prostaglandin E_2 ermittelten Regulationen von Ionentransport, Wasserreabsorption und glomerulärer Filtrationsrate ermöglicht. Bei der Analyse der Prostaglandin E_2-Rezeptoren des Nervensystems hat sich gezeigt, dass der Subtyp EP_3 des Prostaglandin E-Rezeptors in kleinen Neuronen der Ganglien der dorsalen Wurzel besonders hoch exprimiert ist. Man spekuliert, dass sich hierin die durch Prostaglandin E_2 vermittelte Hyperalgesie (Schmerzempfindlichkeit) widerspiegelt.

◘ Tabelle 12.4. Rezeptoren für Prostaglandine

Rezeptor für	Effekt	Nachgewiesen in
PG D_2	Anstieg von cAMP	Ileum
PG E_2		
Subtyp EP 1	Zunahme von IP_3	Nieren
Subtyp EP 2	Zunahme von cAMP	Thymus, Lunge, Myokard, Milz, Ileum, Uterus
Subtyp EP 3	Abfall von cAMP	Fettgewebe, Magen, Nieren, Uterus
PG $F_{2\alpha}$	Zunahme von IP_3	Nieren, Uterus
Thromboxan A_2	Abfall von cAMP	Thrombozyten, Thymus, Lunge, Nieren, Myokard
Prostaglandin I_2	Zunahme von cAMP	Thrombozyten, Thymus, Myokard, Milz

! Für die Erzeugung von Leukotrienen aus Arachidonsäure sind Lipoxygenasen verantwortlich.

Eine alternative Modifikation der Arachidonsäure wird durch **Lipoxygenasen** erzeugt. Die 5-Lipoxygenase führt zur Bildung einer Hydroperoxydstruktur am C-Atom 5 der Arachidonsäure, aus der durch Umlagerung der Doppelbindungen eine Verbindung mit drei konjugierten Doppelbindungen, das **Leukotrien A_4** entsteht (◘ Abb. 12.25, Reaktion (2)). Dieses ist der Ausgangspunkt für die Biosynthese der anderen Leukotriene. Durch die Leukotrien A_4-Epoxyd-Hydrolase entsteht Leukotrien B_4 (◘ Abb. 12.25, Reaktion (3)). Alternativ heftet die Leukotrien C_4-Synthase über eine Thioetherbrücke Glutathion an das Leukotrien A_4, wodurch **Leukotrien C_4** entsteht (◘ Abb. 12.25, Reaktion (4)). Durch schrittweise Abtrennung von Glutamat und Glycin entstehen aus dem Leukotrien C_4 die **Leukotriene**

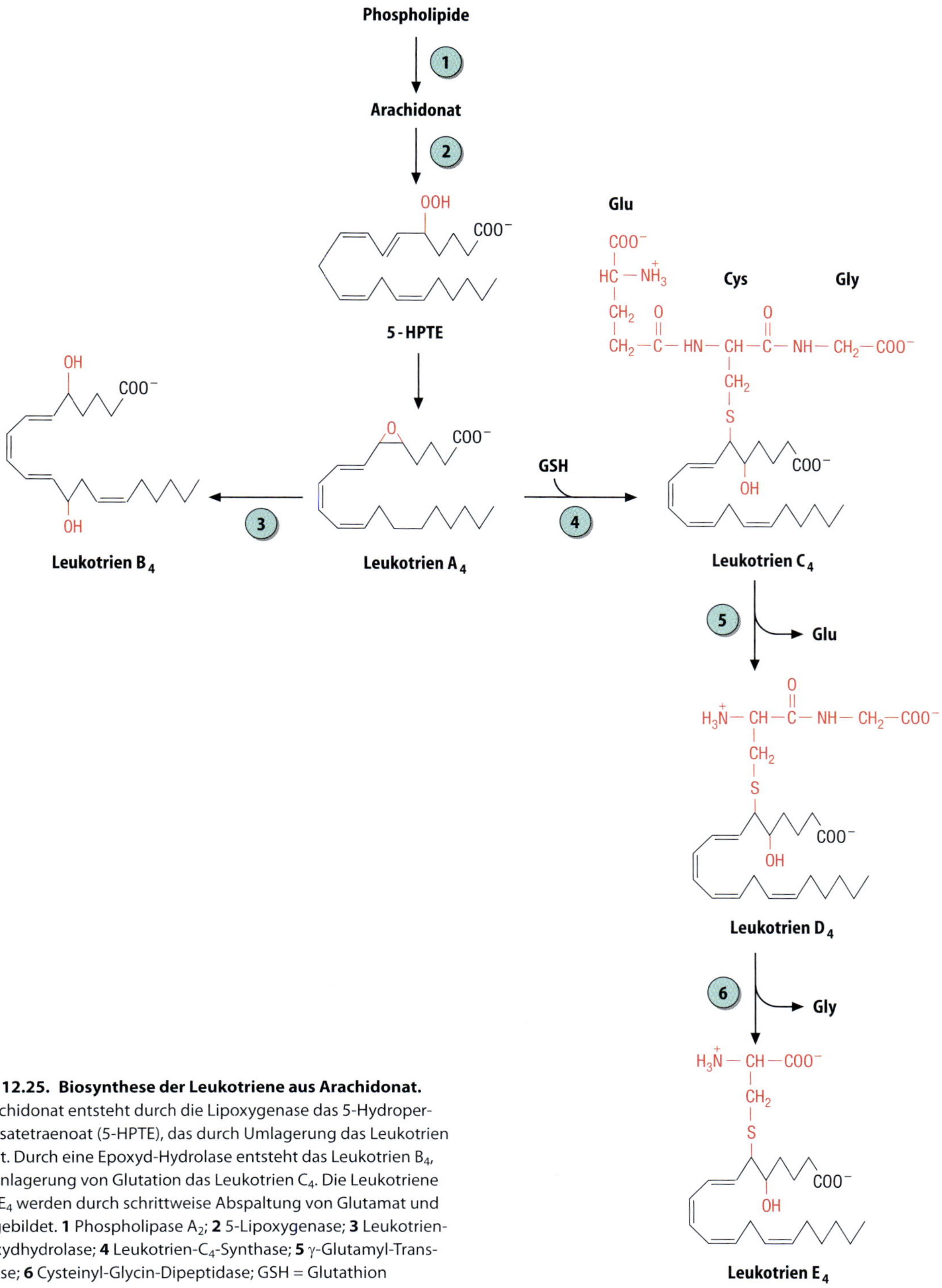

Abb. 12.25. Biosynthese der Leukotriene aus Arachidonat. Aus Arachidonat entsteht durch die Lipoxygenase das 5-Hydroperoxyeikosatetraenoat (5-HPTE), das durch Umlagerung das Leukotrien A_4 liefert. Durch eine Epoxyd-Hydrolase entsteht das Leukotrien B_4, durch Anlagerung von Glutation das Leukotrien C_4. Die Leukotriene D_4 und E_4 werden durch schrittweise Abspaltung von Glutamat und Glycin gebildet. **1** Phospholipase A_2; **2** 5-Lipoxygenase; **3** Leukotrien-A_4-Epoxydhydrolase; **4** Leukotrien-C_4-Synthase; **5** γ-Glutamyl-Transpeptidase; **6** Cysteinyl-Glycin-Dipeptidase; GSH = Glutathion

D_4 und E_4 (Abb. 12.25, Reaktionen (5) und (6)). Außer der 5-Lipoxygenase ist in verschiedenen Geweben eine 12- bzw. 15-Lipoxygenase nachgewiesen worden. Sie ist für die Bildung von 12- bzw. 15-Hydroperoxyeikosatetraen-Säuren (12-, 15-HPETE) verantwortlich. Über die biologische Bedeutung dieser Arachidonsäurederivate ist noch relativ wenig bekannt.

! Leukotriene sind Mediatoren der Entzündungsreaktion.

Schon Mitte des letzten Jahrhunderts wurde beobachtet, dass aus mit Kobragift behandelter Lunge eine Substanz freigesetzt wird, die die glatte Muskulatur zur Kontraktion bringt. Später ergab sich, dass diese als *slow reacting substance* (*SRS*) bezeichnete Verbindung zusammen mit anderen Mediatoren bei durch Immunglobulin E vermittelten Überempfindlichkeitsreaktionen entsteht und dass es sich bei ihr um ein Gemisch aus den **Leukotrienen C_4, D_4 und E_4** handelt. Sie gehören zu den stärksten Constrictoren der Bronchialmuskulatur. Das Leukotrien C_4 ist beispielsweise 100–1000 mal wirksamer als Histamin und spielt bei der Entstehung von Asthmaanfällen eine entscheidende Rolle.

Auch in eine Reihe von entzündlichen Phänomenen sind Leukotriene eingeschaltet. Sie erhöhen die Kapillarpermeabilität und führen zu Ödemen. Das **Leukotrien B_4** hat dagegen einen chemotaktischen Effekt auf Leukozyten. Man vermutet aus diesem Grund, dass es an der Wanderung von weißen Blutzellen in Entzündungsgebiete beteiligt ist.

Die eigentliche physiologische Funktion der Leukotriene ist allerdings nach wie vor ungeklärt. Knockout-Mäuse (► Kap. 7.4.5), bei denen das 5-Lipoxygenase-Gen ausgeschaltet wurde, waren erwartungsgemäß nicht mehr zur Leukotrienbiosynthese imstande, entwickelten sich jedoch normal und überstanden eine Reihe von experimentell ausgelösten Entzündungs- und Schockreaktionen besser als die Wildtypmäuse.

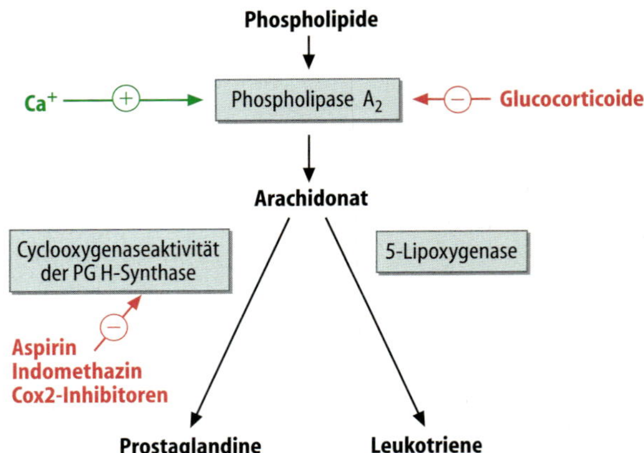

Abb. 12.26. Pharmakologische Hemmung der Eikosanoidbiosynthese. Glucocorticoide führen zu einer Hemmung der cytosolischen Phospholipase A_2, die auch durch Hemmung der intrazellulären Calciumakkumulation negativ beeinflusst werden kann. Nichtsteroidale Entzündungshemmer (Aspirin, Indomethazin) sind dagegen Hemmstoffe der Cyclooxygenasen

! Natürliche und pharmakologische Hemmstoffe von Eikosanoiden haben vielfältige Wirkungen.

Die Bedeutung von Arachidonsäuremetaboliten besonders für die Vermittlung von Entzündungs- und Überempfindlichkeitsreaktionen, aber auch für die Schmerzperzeption, geht aus dem Wirkungsspektrum spezifischer Hemmstoffe, ihrer Biosynthese bzw. der von Rezeptorantagonisten hervor.

Abb. 12.26 fasst die verschiedenen Angriffspunkte derartiger Medikamente zusammen:

- **Nichtsteroidale Entzündungshemmer** (NSAIDs, *non steroidal antiinflammatory drugs*). Unter dieser Bezeichnung fasst man Wirkstoffe zusammen, die die Prostaglandinbiosynthese durch Hemmung der PGHS vermindern. Dieser Gruppe von Arzneimitteln ist gemeinsam, dass beide Isoformen des Enzyms in gleicher Weise in ihrer Aktivität reduziert werden. Das bekannteste derartige Arzneimittel ist das **Aspirin** (Acetylsalicylsäure), das die beiden PGHS-Isoformen an einem Serylrest acetyliert und damit die Bindung des Substrats Arachidonsäure hemmt. Ein anderer Wirkstoff aus dieser Gruppe ist das **Indomethacin**, das als kompetitiver Hemmstoff an der Arachidonsäure-Bindungsstelle wirkt. Nichtsteroidale Entzündungshemmer haben vielfältige Effekte. Sie wirken vermutlich durch eine Hemmung der Biosynthese von Prostaglandin E_2 schmerzstillend und dämpfen Entzündungsreaktionen. Außerdem hemmen sie die Thromboxanbiosynthese und vermindern damit die Plättchenaggregation, während die ebenfalls ausgelöste Hemmung der Prostaglandin I_2-Synthese demgegenüber weniger ins Gewicht fällt. Dies ist die Grundlage der **Aspirindauerbehandlung** bei der Bekämpfung der mit einer Coronarsklerose einhergehenden coronaren Herzerkrankung, bei der eine Störung des Gleichgewichts zwischen Thromboxanen und Prostaglandin I_2 vorliegt. Eine allen nicht-steroidalen Entzündungshemmern gemeinsame Nebenwirkung betrifft die Mucinproduktion des Magens, die durch Prostaglandin E_2 gesteigert wird (► Kap. 32.1.6). Jede Hemmung der Prostaglandinsynthese führt also zu einer verminderten Mucinsynthese und damit zum Wegfall eines wichtigen Faktors, der die Magenmukosa vor der Selbstverdauung v.a. durch die Salzsäure schützt. Immerhin erkranken etwa 1% der Patienten, die diese Arzneimittel in Dauermedikation nehmen, an Magengeschwüren und anderen schweren gastrointestinalen Komplikationen
- **COX 2-Inhibitoren.** Eine neue Gruppe von Inhibitoren der Prostaglandinbiosynthese sind die sog. COX 2-Inhibitoren. Diese Verbindungen hemmen spezifisch die Cyclooxygenaseaktivität der PGHS-2. Da dieses Enzym in der Magenschleimhaut nicht vorkommt, fällt bei Verwendung von COX 2-Inhibitoren die oben beschriebene Nebenwirkung weg, während die erwünschten Wirkungen weitgehend erhalten bleiben
- **Phospholipase A_2-Inhibitoren.** Die sog. nicht-steroidalen Entzündungshemmer beeinflussen aufgrund ihres Wirkungsspektrums nicht die Leukotrienbiosynthese. Für die Hemmung der Biosynthese aller Eikosanoide muss die durch die cytosolische **Phospholipase A_2** ($cPLA_2$) ausgelöste Arachidonsäurefreisetzung gehemmt werden.

Hier spielen Glucocorticoide eine wichtige Rolle:

Sie reprimieren die cPLA2 und induzieren **Lipocortin-1**. Dieses zur Annexin-Familie gehörende Protein hemmt die durch Phospholipase A2 katalysierte Arachidonsäurefreisetzung.

Eine weitere Möglichkeit zur Beeinflussung der Phospholipase A_2-Aktivität, außer der Verwendung direkter Hemmstoffe für das Enzym, beruht auf der Tatsache, dass es in einer inaktiven Form im Cytosol lokalisiert ist. Sämtliche Signale, die zu einer Erhöhung der intrazellulären Calciumkonzentration führen, katalysieren die Translokation der $cPLA_2$ an die Plasmamembran, wo es zu seiner Aktivierung kommt. Außerdem wird das Enzym durch Phosphorylierung aktiviert. Wirkstoffe, die in diese Vorgänge eingreifen, beeinflussen die Eikosanoidproduktion, jedoch sind die bisher entwickelten Verbindungen zu unspezifisch und eignen sich nicht für den klinischen Einsatz

! Mangel an essentiellen Fettsäuren löst ein unspezifisches Krankheitsbild aus.

Versucht man im Tierexperiment durch Weglassen essentieller Fettsäuren in der Nahrung Mangelerscheinungen zu erzeugen, so beobachtet man

- eine Wachstumsverlangsamung
- Schäden des Hautepithels und der Nieren sowie
- Fertilitätsstörungen

Alle diese Änderungen bilden sich nach Zusatz von essentiellen Fettsäuren wieder zurück.

Beim Menschen lassen sich Ausfallerscheinungen, die auf einen Mangel an essentiellen Fettsäuren zurückzuführen sind, nicht so deutlich nachweisen. Man hat jedoch beobachtet, dass Hautveränderungen bei Kleinkindern, die mit einer speziell fettarmen Diät ernährt wurden, nach Zugabe von Linolsäure verschwinden.

In Kürze

In gesättigte Fettsäuren können Doppelbindungen eingefügt werden, allerdings nicht weiter als 9 C-Atome von der Carboxylgruppe entfernt. Aus essentiellen Fettsäuren wird durch Einführung neuer Doppelbindungen und Kettenverlängerung die Arachidonsäure synthetisiert. Sie ist Ausgangspunkt für die Biosynthese der Eikosanoide. Diese bilden eine Gruppe sehr wirkungsvoller Gewebshormone, die Prostanoide und Leukotriene. Prostanoide wirken über heptahelicale Rezeptoren und beeinflussen u.a. die Entzündungs- und Schmerzreaktion sowie die Kontraktion der glatten Muskulatur.

12.5 Pathobiochemie

Störungen des Stoffwechsels von Triacylglycerinen und Fettsäuren sind häufige Begleiterscheinungen oder Folgen von unterschiedlichsten Erkrankungen. Diese werden in anderen Kapiteln besprochen (Tabelle 12.5)

Tabelle 12.5. Hinweise zur Pathobiochemie

Erkrankung	Siehe
Adipositas	Kap. 21.1
Fettleber	Kap. 33.6.1
Diabetes mellitus	Kap. 26.4
Dyslipidämie	Kap. 18.6.2

Literatur

Asturias FJ, Chadick JZ, Cheung IK, Stark H, Witkowski A, Joshi AK, Smith S (2005) Structure and molecular organization of mammalian fatty acid synthase. Nature Struct Mol Biol 12:225–232

Brinkmann JFF, Abumrad NA, Ibrahimi A, Vusse GJ, Glatz JFC (2002) New insights into long-chain fatty acid uptake by heart muscle: a crucial role for fatty acid translocase/CD36. Biochem J 367:561–570

Coleman RA, Lewin TM, Muoio DM (2000) Physiological and nutritional regulation of enzymes of triacylglycerol synthesis. Annu Rev Nutr 20:77–103

Ferre P (2004) The Biology of Peroxisome Proliferator – Activated Receptors. Relationship with Lipid Metabolism and Insulin Sensitivity. Diabetes 53 (Suppl. 1):S43–S50

Gibbons FG, Islam K, Pease RJ (2000) Mobilisation of triacylglycerol stores. Biochim Biophys Acta 1483:37–57

Goldberg I, Merkel M (2001) Lipoprotein Lipase: Physiology, Biochemistry and Molecular Biology. Front Biosci 6:D388–405

Haemmerle G, Zimmermann R, Hayn M, Theussl C, Waeg G, Wagner E, Sattler W, Magin TM, Wagner EF, Zechner R (2002) Hormone-sensitive lipase deficiency in mice causes diglyceride accumulation in adipose tissue, muscle and testis. J Biol Chem 277:4806–4815

Heller AR, Theilen HJ, Koch T (2003) Fish or Chips? News Physiol Sci 18:50–54

Horton JD, Goldstein JL, Brown MS (2002) SREBPs: activators of the complete program of cholesterol and fatty acid synthesis in the liver. J Clin Invest 109:1125–1131

Igal RA, Wang S, Gonzalez-Baro M, Coleman RA (2001) Mitochondrial Glycerol Phosphate Acyltransferase Directs the Incorporation of Exogenous Fatty Acids into Triacylglycerol. J Biol Chem 276:42205–42212

Jump DB, Clarke SD (1999) Regulation of gene expression by dietary fat. Annu Rev Nutr 19:63–90

Kanaoka Y, Boyce JA (2004) Cysteinyl Leukotrienes and Their Receptors: Cellular Distribution and Function in Immune and Inflammatory Responses. J Immunol 173:1503–1510

Kim KH (1997) Regulation of mammalian acetyl-coenzyme A carboxylase. Annu Rev Nutr 17:77–99

Liu Y-M, Moldes M, Bastard JP, Bruckert E, Viguerie N, Hainque B, Basdevabt A, Langin D, Pairault J, Clement K (2004) Adiponutrin: A New Gene Regulated by Energy Balance in Human Adipose Tissue. J Clin Endocrinol Metab 89:2684–2689

Munday, M R (2002) Regulation of mammalian acetyl-CoA carboxylase. Biochem Soc Trans 30:1059–64

Nakamura MT, Nara TY (2004) Structure, Function and Dietary Regulation of Δ^6, Δ^5 and Δ^9 Desaturases. Annu Rev Nutr 24:345–76

Narumiya S, FitzGerald GA (2001) Genetic and pharmacological analysis of prostanoid receptor function. J Clin Invest 108:25–30

Raben DM, Baldassare JJ (2005) A new lipase in regulating lipid mobilization: hormone-sensitive lipase is not alone. Trends Endocr Metab 16:35–37

Smith WL, DeWitt DL, Garavito RM (2000) Cyclooxygeases: strucutural, cellular and molecular biology. Annu Rev Biochem 69:145–182

Stahl A, Gimeno RE, Tartaglia LA, Lodish HF (2001) Fatty acid transport proteins: a current view of a growing family. Trends in Endocrinology & Metabolism 12:266–273

Sul HS, Wang D (1998) Nutritional and hormonal regulation of enzymes in fat synthesis: Studies of fatty acid synthase and mitochondrial glycerol-3-phosphate acyltransferase gene transcription. Annu Rev Nutr 18:331–51

Links im Netz

▶ www.lehrbuch-medizin.de/biochemie

13 Stoffwechsel der Aminosäuren

Klaus-Heinrich Röhm

13.1 Stoffwechsel des Stickstoffs – 428
13.1.1 Stickstoffkreislauf in der Natur – 428
13.1.2 Ammonium-Assimilation – 428
13.1.3 Stickstoffausscheidung – 429
13.1.4 Funktionen der Aminosäuren im Organismus – 429

13.2 Stickstoffhaushalt des Menschen – 430
13.2.1 Stickstoffhomöostase – 430
13.2.2 Stickstoffbilanz – 431

13.3 Reaktionen und Enzyme im Aminosäurestoffwechsel – 432
13.3.1 Stoffwechsel der α-Aminogruppe – 432
13.3.2 Transaminierungen – 433
13.3.3 Desaminierung – 434
13.3.4 Weitere Reaktionen – 436

13.4 Übersicht über den menschlichen Aminosäurestoffwechsel – 438
13.4.1 Aminosäurebedarf des Menschen – 438
13.4.2 Stoffwechsel der nicht essentiellen Aminosäuren im Überblick – 439
13.4.3 Abbau der essentiellen Aminosäuren im Überblick – 439
13.4.4 Subzelluläre Lokalisation des Aminosäureabbaus – 442
13.4.5 Biosynthese der essentiellen Aminosäuren im Überblick – 442

13.5 Aminosäurestoffwechsel der Organe – 444
13.5.1 Überblick – 444
13.5.2 Aminosäurestoffwechsel der Leber – 445
13.5.3 Aminosäurestoffwechsel des Darms – 451
13.5.4 Aminosäurestoffwechsel der Nieren – 451
13.5.5 Aminosäurestoffwechsel der Muskulatur – 453
13.5.6 Aminosäurestoffwechsel des Zentralnervensystems – 453

13.6 Stoffwechsel einzelner Aminosäuren – 454
13.6.1 Alanin, die sauren Aminosäuren und deren Amide – 454
13.6.2 Serin, Glycin und Threonin – 457
13.6.3 Prolin, Ornithin und Arginin – 459
13.6.4 Schwefelhaltige Aminosäuren – 462
13.6.5 Verzweigtkettige Aminosäuren – 466
13.6.6 Aromatische Aminosäuren – 468
13.6.7 Histidin und Lysin – 473

Literatur – 476

Einleitung

Die Aminosäuren dienen nicht nur als Bausteine zur Synthese von Proteinen, sondern erfüllen im Stoffwechsel weitere Aufgaben:
- Für einige Gewebe stellen sie bevorzugte Substrate zur ATP-Produktion dar
- Sie sind die wichtigsten Vorstufen zur Neubildung von Glucose
- Sie liefern chemische Gruppen zur Biosynthese von Purinen, Pyrimidinen, Phospholipiden und vielen weiteren Biomolekülen
- Sie wirken selbst als Signalstoffe oder dienen als Vorstufen für solche Moleküle

Wegen der großen Zahl der Aminosäuren und ihrer sehr unterschiedlichen Struktur sind die Stoffwechselwege zu ihrem Auf-, Ab- und Umbau weniger übersichtlich als dies z.B. bei Kohlenhydraten der Fall ist. Trotzdem zeigen auch die Wege des Aminosäurestoffwechsels viele Gemeinsamkeiten.

13.1 Stoffwechsel des Stickstoffs

13.1.1 Stickstoffkreislauf in der Natur

Stickstoff ist ein Hauptbestandteil von Proteinen, Nucleotiden und anderen Biomolekülen und damit ein unentbehrliches Makroelement. Als N_2-Molekül steht Stickstoff in der Erdatmosphäre in fast unbegrenzten Mengen zur Verfügung, kann in dieser Form aber nur von wenigen Lebewesen genutzt werden. Der **Stickstoffkreislauf** in der Natur ist in ◻ Abb. 13.1 in vereinfachter Form dargestellt.

! Nur Mikroorganismen können elementaren Stickstoff nutzen.

Die Fähigkeit zur **Stickstoff-Fixierung** – d.h. zur Reduktion von N_2 zu NH_4^+ – ist auf einige Bakterien beschränkt, die häufig in Symbiose mit Pflanzen leben. **N_2-fixierende Organismen** stellen einen großen Teil der für die Landwirtschaft wichtigen Ammoniumsalze bereit und sind deshalb ökologisch sehr wichtig.

Für Pflanzen und bestimmte Bakterien stellen Nitrate (NO_3^-) und Nitrite (NO_2^-) alternative Stickstoffquellen dar, die ebenfalls zu Ammoniak (NH_3) reduziert werden müssen, bevor sie in organische Moleküle eingebaut werden können (Nitratreduktion, Ammonifizierung).

Andere Bakterien oxidieren NH_3 zu Nitrat und wandeln dieses weiter in N_2 um. Diese Prozesse (Nitrifizierung und Denitrifizierung) entziehen der Biosphäre leicht nutzbaren Stickstoff.

! Unter physiologischen Bedingungen liegt Ammoniak zu 99% protoniert vor.

NH_3 und NH_4^+. Im tierischen Stoffwechsel kommt Stickstoff fast ausschließlich auf der Oxidationsstufe von **Ammoniak (NH_3)** vor (eine der wenigen Ausnahmen ist NO, ► Kap. 13.6.3). Tiere können Stickstoff nur in Form von Ammoniumionen verwerten und sind deshalb auf die Anwesenheit vorgefertigter Aminosäuren in ihrer Nahrung angewiesen (► Kap. 13.4.1).

Ammoniak ist eine mittelstarke Base mit einem pK_a-Wert von 9.2. Beim pH-Wert des Blutes (7,40) liegen demnach etwa 98,5% des Ammoniaks als **Ammonium-Ionen (NH_4^+)** vor. Im Zellinneren wo der pH-Wert zwischen 6,0 und 7,1 liegt, ist dieser Prozentsatz sogar noch höher. Das Protonierungsgleichgewicht zwischen NH_3 und der konjugierten Säure NH_4^+ ist mit dem CO_2/ Hydrogencarbonat-System (► Kap. 28.1.7) gekoppelt, d.h.

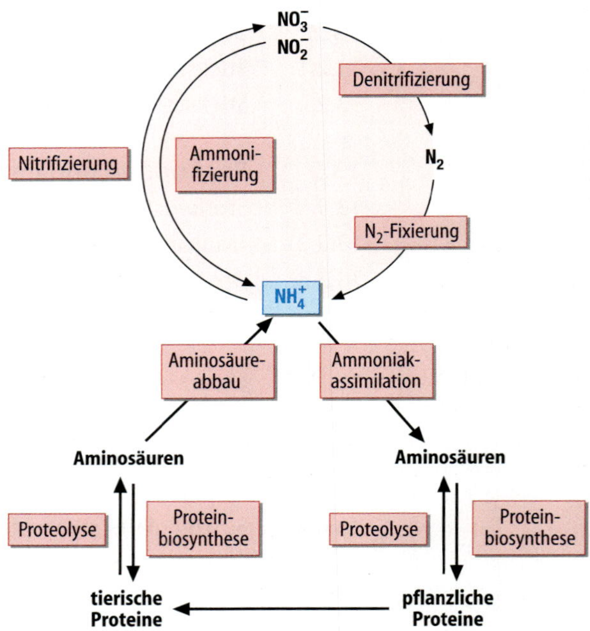

◻ **Abb. 13.1. Stickstoffkreislauf.** (Einzelheiten ► Text)

$$NH_3 + CO_2 + H_2O \rightleftharpoons NH_4^+ + HCO_3^-$$

In der Literatur wird häufig vereinfachend von »Ammoniak« gesprochen, auch wenn das physiologische Gleichgewichtsgemisch von 99% NH_4^+ und 1% NH_3 gemeint ist. Hier wird die Bezeichnung »Ammoniak« nur dann verwendet, wenn es tatsächlich um die freie Base NH_3 geht.

13.1.2 Ammonium-Assimilation

! Pflanzen und Bakterien fixieren Ammoniumionen in Form der Aminosäure Glutamat.

13

Ammonium-Assimilation. Prozesse, bei denen Ammoniumionen in organischer Bindung fixiert werden, bezeichnet man als »Ammonium-Assimilation«. In Bakterien und Pflanzen ist der wichtigste Assimilationsweg die Bildung der Aminosäure **Glutamat** aus α-Ketoglutarat und NH_4^+. Dazu gibt es zwei Möglichkeiten:

- die reduktive Aminierung von α-Ketoglutarat und
- den GS/GOGAT-Weg

Bei hohem NH_4^+-Angebot dominiert die **Glutamat-Dehydrogenase** (GLDH, ▶ Kap. 13.3.3), die Glutamat durch NAD(P)H-abhängige reduktive Aminierung von α-Ketoglutarat erzeugt

$$(1)\ \alpha\text{-Ketoglutarat} + NH_4^+ + NAD(P)H + H^+ \rightarrow \text{Glutamat} + NAD(P)^+$$

Bei niedrigen Ammoniumkonzentrationen wird vorwiegend der GS/GOGAT-Weg beschritten. Dabei aminiert zunächst die **Glutamin-Synthetase** (GS) in einer ATP-abhängigen Reaktion Glutamat zu Glutamin, das daraufhin von der **Glutamatsynthase** (GOGAT) mit einem weiteren Molekül α-Ketoglutarat zu zwei Molekülen Glutamat umgesetzt wird (das für Reaktion 2 notwendige Glutamat wird also regeneriert). Netto entsteht im GS/GOGAT-Weg-wie bei der GLDH-Reaktion – Glutamat aus α-Ketoglutarat und NH_4^+, mit dem Unterschied dass zusätzlich ATP verbraucht wird.

$$(2)\ \text{Glutamat} + NH_4^+ + ATP \rightarrow \text{Glutamin} + ADP + P_i$$

$$(3)\ \text{Glutamin} + \alpha\text{-Ketoglutarat} + NADPH + H^+ \rightarrow 2\ \text{Glutamat} + NADP^+$$

$$(2+3)\ \alpha\text{-Ketoglutarat} + NH_4^+ + NADPH + H^+ + ATP \rightarrow \text{Glutamat} + NADP^+ + ADP + P_i$$

Die GOGAT kommt nur in Mikroorganismen und Pflanzen vor, während Tiere diesen Weg nicht nutzen können. Auch die Stickstoffassimilation über die GLDH-Reaktion (Reaktion 1) spielt im Stoffwechsel der Säugetieren quantitativ kaum eine Rolle, weil der K_M-Wert der GLDH für NH_3 relativ hoch ist und der NH_4^+-Spiegel im Organismus ständig sehr niedrig gehalten wird (▶ Kap. 13.5.2). Säugetiere benötigen deshalb in ihrer Nahrung vorgefertigte Aminogruppen in Form von Proteinen und Aminosäuren. Die der Nahrung entnommenen Aminosäuren werden entweder in eigene Proteine eingebaut oder in α-Ketosäuren und NH_4^+ zerlegt. Während α-Ketosäuren wertvolle Metabolite darstellen, ist NH_4^+ toxisch und wird deshalb zum größten Teil ausgeschieden.

13.1.3 Stickstoffausscheidung

Landlebende Tiere wandeln NH_4^+ in weniger giftige Ausscheidungsprodukte um.

Ausscheidungsformen. Die Art und Weise, wie Tiere Stickstoff ausscheiden, ist sehr unterschiedlich und wird vor allem von ihrer Lebensweise bestimmt. Fische und andere wasserlebende Tiere geben NH_4^+ über Haut oder die Kiemen direkt ins Wasser ab. Diese **ammonotelische** Form der Exkretion steht landlebenden Tieren nicht zur Verfügung. Sie integrieren NH_4^+ in weniger toxische Verbindungen, wie **Harnstoff, Harnsäure, Guanin** oder **Kreatinin** und geben diese Substanzen über Nieren oder Kloaken nach außen ab.

Die Bildung von Harnsäure (die so genannte **uricotelische** Form der Ausscheidung) wird u.a. von Vögeln und Reptilien genutzt. Sie ist besonders wassersparend, weil die schwer lösliche Harnsäure in fester Form abgegeben werden kann. Deshalb können uricotelische Tiere auch in extrem trockenen Umgebungen überleben.

Die **ureotelische** Form (d.h. die Ausscheidung von Harnstoff mit dem Urin) ist zwangsläufig mit beträchtlichen Wasserverlusten verbunden. Deshalb kann es vorkommen, dass sich während der Individualentwicklung die Art der Stickstoffausscheidung ändert. So verwandeln sich ammonotelische Kaulquappen in ureotelische Frösche. Auch beim Menschen entwickelt sich die Fähigkeit zur Harnstoffbildung erst kurz vor der Geburt.

13.1.4 Funktionen der Aminosäuren im Organismus

Aminosäuren haben im Organismus eine Vielzahl von Funktionen, die in ◘ Tabelle 13.1 in einer Übersicht zusammengestellt sind. Aminosäuren oder von ihnen abgeleitete Verbindungen dienen u.a.

- als **Substrate des Energiestoffwechsels**. So decken z.B. Leukozyten und die Enterozyten des Darms ihren hohen ATP-Bedarf überwiegend durch die Oxidation von Aminosäuren (▶ Kap. 13.5.3)
- als **Bausteine von Biomolekülen**, z.B. Peptiden, Proteinen und Lipiden
- als **Vorläufer von Monosacchariden** z.B. in der Gluconeogenese
- als **Vorstufen für die Synthese von Nucleotiden, Aminozuckern und Porphyrinen**
- als **Transportmoleküle** für Aminogruppen
- als **Signalstoffe** und **Neurotransmitter** bzw. als Vorläufer solcher Substanzen
- als **Antioxidantien** oder Vorläufer für diese
- als **Regulatoren des Säure/Basenhaushalts**

Die Tabelle nennt für jede dieser Funktionen Beispiele.

Tabelle 13.1. Stoffwechselbedeutung der Aminosäuren im Überblick

Funktion	Organ(e)	Produkt(e)	Vorläufer
Energiestoffwechsel	Darm Muskel, Niere, Leber	ATP Kreatin	Glu, Gln, Asp Gly, Arg, Met
Intermediär- und Baustoffwechsel	alle	Proteine Nucleotide Phospho- und Sphingolipide Aminozucker	proteinogene Aminosäuren Gln, Gly, Asp Ser Gln
	Leber, Niere	Glucose	v.a. Gln, Ala, Asp
Stickstofftransport	Blut	Gln, Ala	andere Aminosäuren
Signalübertragung	Hormondrüsen	Hormone Peptide Katecholamine Jodthyronine	 proteinogene Aminosäuren Tyr Tyr
	Gehirn	Neurotransmitter Peptide Aminosäuren biogene Amine	 proteinogene Aminosäuren Glu, Gly Glu, Tyr,Trp
	Gefäßsystem	NO	Arg
Oxidationsschutz	viele Muskulatur	Glutathion Taurin	Glu, Cys, Gly Cys
Säure/Basen-Haushalt	Niere, Leber	NH_3, H^+	Glu, Gln

verändert nach Reeds, 2000

13.2 Stickstoffhaushalt des Menschen

In höheren Organismen sind Aufnahme und Ausscheidung stickstoffhaltiger Substanzen genau geregelt. Dies gilt insbesondere für den Aminostickstoff von Aminosäuren, Peptiden und Proteinen. Die Steuerung von Proteinaufbau und -abbau ist so präzise, dass bei Erwachsenen die so genannte **fettfreie Körpermasse** *(lean body mass)* über Jahrzehnte hinweg in engen Grenzen konstant bleibt, obwohl die Proteinaufnahme zeitlich und mengenmäßig in weiten Grenzen schwankt.

13.2.1 Stickstoffhomöostase

Die Stickstoffhomöostase wird vor allem über den Aminosäureabbau geregelt.

Der Körper eines Erwachsenen enthält etwa 10 kg Protein, von denen etwa 2,5 kg auf das inerte Kollagen entfallen. Da die meisten anderen Proteine relativ kurzlebig sind (► Kap. 9.3), werden täglich 250–300 g Protein ab- und etwa die gleiche Menge wieder aufgebaut. Besonders intensiv ist die Proteinsynthese in der Muskulatur (bis zu 100 g/Tag), in der Leber (etwa 50 g/Tag, davon entfallen allein 12 g auf Albumin) sowie in Immunzellen, die u.a. Antikörper bilden. Auch die Neusynthese von Hämoglobin im Knochenmark macht mit etwa 8 g/Tag einen erheblichen Teil der Gesamtsynthese aus (Abb. 13.2).

In den Industriestaaten der westlichen Welt liegt die tägliche Proteinzufuhr bei mindestens 100 g. Zu diesen Nahrungsproteinen kommen 70 g Protein hinzu, die mit den Verdauungssäften in den Darm sezerniert werden oder aus abgeschilferten Darmmukosazellen stammen. Die Darmschleimhaut gehört zu den wenigen Geweben des erwachsenen Organismus, die ihre Zellen ständig erneuern müssen.

Die Pools an freien Aminosäuren in den Geweben und im Blut machen zusammen 70–100 g aus. Sie stehen in ständigem Austausch mit den Körperproteinen.

Regulation. Komplexe Mechanismen sorgen dafür, dass in unterschiedlichen Stoffwechselsituationen (Resorptions- und Postresorptionsphase, Hunger) die Geschwindigkeiten

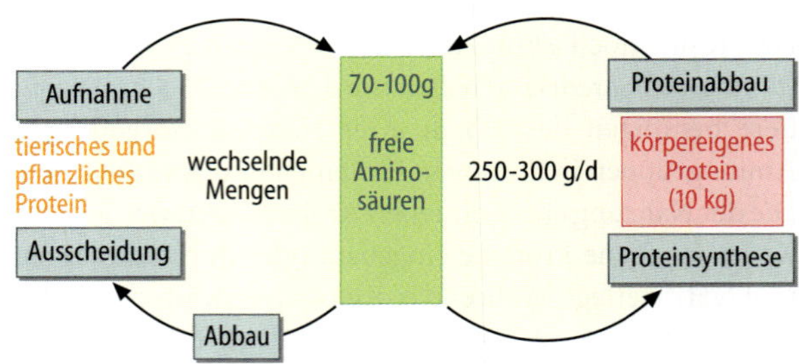

Abb. 13.2. Stickstoffhaushalt des Menschen. Beim Aminosäurepool des Erwachsenen halten sich die Zuflüsse und Abflüsse die Waage. Die Werte sind auf einen Erwachsenen von 70 kg Körpergewicht bezogen

von Proteinsynthese sowie von Protein- und Aminosäureabbau und Stickstoffausscheidung den jeweiligen Erfordernissen angepasst werden.

Da Menge und Qualität der Proteinzufuhr von den physiologischen Regulationssystemen des Körpers nicht zu beeinflussen sind, sind es vor allem der Abbau und die Ausscheidung von Aminosäuren, die zum Ausgleich der Stickstoffbilanz herangezogen werden. Weniger wichtige Angriffspunkte sind die Biosynthese und der Abbau körpereigener Proteine.

Stickstoffverluste. Die Ausscheidung von Stickstoff erfolgt vor allem in Form von **Harnstoff** über den Urin (etwa 85%) und in den Faeces (10–15%). Kleinere Mengen von Stickstoff (<5%) gehen auch mit dem Schweiß, abgeschilferten Hautzellen, ausgefallenen Haaren und mit anderen Körpersekreten verloren. Die ausgeschiedene Menge an Harnstoff spiegelt vor allem die aufgenommene Proteinmenge wider.

13.2.2 Stickstoffbilanz

! Die Stickstoffbilanz von Erwachsenen ist normalerweise ausgeglichen.

Bilanzmessungen. Als **Stickstoffbilanz** bezeichnet man die Differenz zwischen den pro Tag aufgenommenen und abgegebenen Stickstoffmengen. Um sie experimentell zu bestimmen, verabreicht man Versuchspersonen anfangs eine proteinarme Diät und erhöht dann im Laufe der Zeit die Proteinzufuhr. Dabei werden täglich die Stickstoffverluste gemessen und mit der aufgenommen Proteinmenge in Beziehung gesetzt.

Eine genaue Bestimmung der Stickstoffbilanz stößt auf erhebliche methodische Schwierigkeiten, z.B. lassen sich die N-Verluste über den Darm und die Haut schlecht quantifizieren. Zudem wird die Bilanz von vielen Faktoren beeinflusst, u.a. vom Alter, von der körperlichen Aktivität, vom Ernährungszustand und von der Menge und Qualität der zusätzlich aufgenommenen Nahrungsstoffe.

◘ Abb. 13.3 zeigt die Ergebnisse eines typischen Bilanzexperiments. Bei proteinfreier Ernährung war die Stickstoffbilanz der Versuchsperson negativ (es wurde mehr N ausgeschieden als aufgenommen). Mit zunehmendem Proteingehalt der Nahrung wurde die Bilanz positiver und war im vorliegenden Fall bei einer Zufuhr von 200 mg N/kg Körpergewicht und Tag – d.h. von etwa 1 g Protein/(kg d) – ausgeglichen. Unter diesen Bedingungen wurde die N-Zufuhr von den obligatorischen Verlusten von 50 mg N/(kg d) und den Verlusten durch Aminosäureabbau und Harnstoffausscheidung (150 mg N/kg d) gerade kompensiert.

Für normal ernährte Erwachsene ist eine ausgeglichene Stickstoffbilanz typisch. Eine positive Bilanz findet man vor allem bei Kindern im Wachstum oder bei Personen, die unter dem Einfluss anaboler Hormone stehen. Eine negative Bilanz, d.h. Nettoverluste an Stickstoff, beobachtet man im Hunger und als Begleiterscheinung verschiedener Erkrankungen. So treten nach Verletzungen oder größeren Operationen so genannte hyperkatabole Zustände auf bei denen Stresshormone den Proteinabbau stark stimulieren. Auch die bei Tumorpatienten häufig auftretende Kachexie kann zu einer stark negativen Stickstoffbilanz führen.

Infobox

Bei ausgeglichener Stickstoffbilanz kann man die pro Tag aufgenommene Proteinmenge grob aus dem Harnstoffgehalt des 24 h-Urins abschätzen. Der Stickstoffgehalt von Proteinen liegt bei etwa 16%, der von Harnstoff bei 47%. Näherungsweise gilt deshalb

aufgenommene Proteinmenge in g = ausgeschiedene Harnstoffmenge in g · 3

! Die optimale Proteinzufuhr hängt von vielen Faktoren ab.

Proteinbedarf des Menschen. Für die täglich notwendige Proteinzufuhr lassen sich keine allgemein gültigen Werte angeben. Die optimale Menge hängt u.a. vom Alter, vom körperlichen Zustand und vor allem von der Qualität des Proteins ab (► Kap. 21.5.1). Für Erwachsene wird (je nach

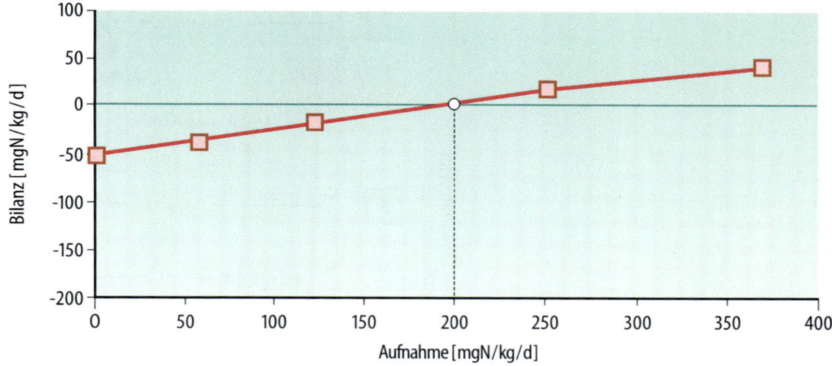

◘ **Abb. 13.3. Stickstoffbilanz.** Im dargestellten Beispiel war bei gemischter Kost die Bilanz bei einer täglichen Zufuhr von 200 mg Stickstoff pro kg Körpergewicht ausgeglichen

biologischer Wertigkeit des Proteins) eine tägliche Aufnahme von **0,5–1 g Protein/kg Körpergewicht** empfohlen, für Kinder bis zum 6. Lebensjahr liegt die Menge – bezogen auf das Körpergewicht – etwa doppelt so hoch. Wie bereits erwähnt, ist eine minimale Proteinaufnahme von 20–30 g Protein/Tag erforderlich, um die obligatorischen Stickstoffverluste von 30–50 mg N/(kg · d) auszugleichen. Weitere Einzelheiten ▶ Kapitel 21.5.1.

13.3 Reaktionen und Enzyme im Aminosäurestoffwechsel

Kohlenstoff wird im Intermediärstoffwechsel überwiegend durch katabole Stoffwechselwege zu CO_2 oxidiert und in dieser Form ausgeschieden. Dabei fallen Reduktionsäquivalente an, die zur Bildung energiereicher Triphosphate genutzt werden.

Zwar ließen sich auf diese Weise auch Stickstoffverbindungen oxidieren, jedoch wären die dabei anfallenden Produkte (Stickoxide unterschiedlicher Oxidationsstufen und die entsprechenden Säuren) so toxisch, dass tierische Zellen von dieser Möglichkeit keinen Gebrauch machen. Stattdessen setzen sie organisch gebundenen Stickstoff in Form von Ammoniumionen (NH_4^+) frei und scheiden diese direkt oder nach Einbau in weniger giftige Verbindungen aus.

13.3.1 Stoffwechsel der α-Aminogruppe

! Aminogruppen werden durch Transaminierung übertragen oder durch Desaminierung freigesetzt.

Desaminierung und Transaminierung. Der Aminostickstoff der verschiedenen Aminosäuren wird beim Abbau entweder als NH_4^+ abgespalten (Desaminierung) oder durch Transaminierung in andere Aminosäuren (vor allem Alanin, Aspartat oder Glutamat) eingebaut. Die Aminogruppen dieser Transaminierungsprodukte werden – je nach Stoffwechsellage – wieder für Biosynthesen verwendet oder zur Ausscheidung in Harnstoff eingebaut. Die drei genannten Aminosäuren bieten sich dafür an, weil der Stoffwechsel ihre Kohlenstoffskelette in Form der entsprechenden α-Ketosäuren ständig produziert.

Rolle von Glutamat. Eine Schlüsselstellung im Stoffwechsel der Aminosäuren nimmt **Glutamat** (α-Aminoglutarat) ein, das sozusagen die »Drehscheibe« dieses Stoffwechselsegments darstellt.

Wie ◘ Abb. 13.4 zeigt

- lassen sich Ammoniumionen durch Bildung von Glutamin aus Glutamat (Reaktion (1)) oder durch **Aminierung** von α-Ketoglutarat zu Glutamat (Reaktion (4)) in organischer Bindung fixieren
- können die Reaktionen (2) und (4) durch **Desaminierung** von Glutamin bzw. Glutamat auch Ammoniak freisetzen
- kann die Aminogruppe von Glutamat durch **Transaminierung** auf diverse α-Ketosäuren übertragen werden, wobei weitere Aminosäuren gebildet werden (Reaktion (3))
- Umgekehrt kann aus den entsprechenden Aminosäuren durch die gleiche reversible Reaktion auch Glutamat entstehen. Zusammen genommen bezeichnet man die Reaktionen (3) und (4) auch als **Transdesaminierung**
- kann die Aminogruppe von Glutamat durch reversible **Transaminierung** unter Bildung von **Aspartat** auf die α-Ketosäure Oxalacetat übertragen werden (Reaktion (5))
- ist das aus Glutamat gebildete Glutamin ein wichtiger **Stickstoffdonator** bei Biosynthesen (Reaktion (7)). Auch Aspartat kann diese Rolle spielen, wobei Fumarat entsteht (Reaktionen (6) und (8)). Zusammen mit der Regeneration von Aspartat aus Fumarat bilden Reaktionen (6) und (8) den so genannten **Aspartatzyklus**

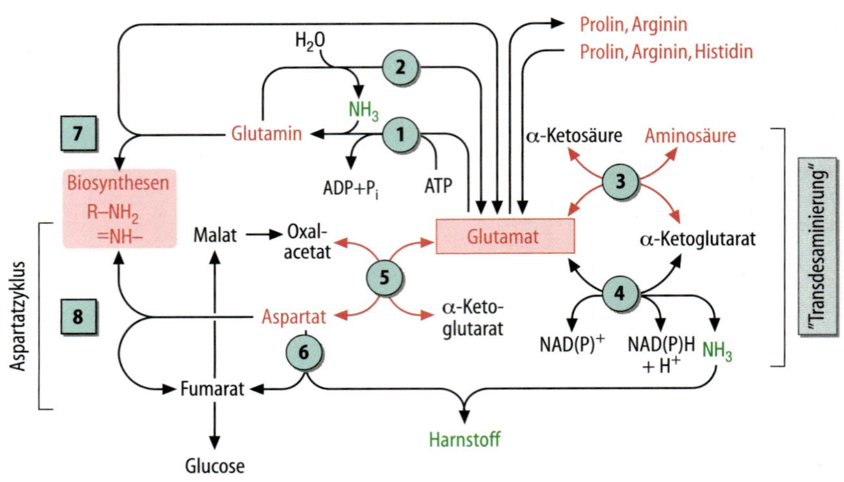

◘ **Abb. 13.4. Zentrale Rolle von Glutamat im Aminosäurestoffwechsel.** (Einzelheiten ▶ Text)

13

Tabelle 13.2. Von Pyridoxalphosphat abhängige Reaktionen

Reaktion	Enzym(e)	Beispiel	► Abb.
Reaktionen am α-C-Atom			
Transaminierung	Aminotransferasen	Glutamat + Pyruvat $\rightleftharpoons$ α-Ketoglutarat + Alanin	13.6
Decarboxylierung	Decarboxylasen	Ornithin → Putrescin + CO_2	13.26
Racemisierung	Racemasen	L-Alanin $\rightleftharpoons$ D-Alanin	–
Elimierung	Serin/Threonin-Hydroxymethyltransferase	Serin + THF $\rightleftharpoons$ Glycin + N^5,N^{10}-Methylen-THF	13.23
Reaktionen am β-C-Atom			
Substitution	Tryptophansynthase	Serin + Indol → Tryptophan	–
α,β-Eliminierung	Serindehydratase	Serin → Pyruvat + NH_3	13.8
	Cystathionin-β-Lyase	Cystathionin → Homocystein + Pyruvat + NH_3	13.28
Reaktionen am γ-C-Atom			
Substitution	Cystathionin-γ-Synthase	Succinylhomoserin + Cystein → Cystathionin	–
Eliminierung	Cystathionin-γ-Lyase	Cystathionin → Cystein + α-Ketobutyrat	13.28

- stellt Glutamat die Vorstufe für die Aminosäuren Prolin und Arginin dar bzw. entsteht bei deren Abbau sowie beim Abbau von Histidin (► Kap. 13.6.3, 13.6.7)

13.3.2 Transaminierungen

! An Transaminierungsreaktionen sind zwei Aminosäuren und zwei α-Ketosäuren beteiligt.

Aminotransferasen. Transaminierungsreaktionen werden von **Aminotransferasen** (Transaminasen) katalysiert (Enzymklasse 2.6.1). Diese Enzyme übertragen die Aminogruppe einer Aminosäure auf eine α-Ketosäure, wobei eine neue Aminosäure entsteht und von der ursprünglichen Aminosäure eine α-Ketosäure zurückbleibt.

$$\text{Aminosäure1} + \alpha\text{-Ketosäure2} \rightleftharpoons \alpha\text{-Ketosäure1} + \text{Aminosäure2}$$

Eines der beiden Aminosäure/α-Ketosäure- Paare wird in der Regel von Glutamat/α-Ketoglutarat gebildet. So katalysiert z.B. die **Aspartat-Aminotransferase** (ASAT, vgl. 13.6.1) die Reaktion

$$\text{Glutamat} + \text{Oxalacetat} \rightleftharpoons \alpha\text{-Ketoglutarat} + \text{Aspartat}$$

und die **Alanin- Aminotransferase** (ALAT) die Reaktion

$$\text{Glutamat} + \text{Pyruvat} \rightleftharpoons \alpha\text{-Ketoglutarat} + \text{Alanin}$$

Nicht nur α-Aminogruppen können transaminiert werden, sondern auch Aminogruppen in Seitenketten (► z.B. Abb. 13.24). Während der Reaktion wird die zu transferierende Aminogruppe vom enzymgebundenem Coenzym Pyridoxalphosphat übernommen, das in allen Aminotransferasen und vielen weiteren Enzymen des Aminosäurestoffwechsels vorkommt.

! Pyridoxalphosphat ist das wichtigste Coenzym im Stoffwechsel von Aminosäuren.

Pyridoxalphosphat (PALP, ► Kap. 23.3.5) ist ein ungewöhnlich vielseitiges Coenzym, das zahlreiche Umsetzungen im Aminosäurestoffwechsel unterstützt. PALP-abhängige Reaktionen finden nicht nur am α-C-Atom statt, sondern können auch die β- und γ-Atome in der Seitenkette betreffen. Wichtige Beispiele sind in Tab. 13.2 zusammengestellt.

Wirkungsweise. In Abwesenheit von Substraten ist die Aldehydgruppe des Pyridoxalphosphats in der Regel als **Aldimin** (»Schiff-Base«) covalent an einen Lysinrest des Enzyms gebunden. Zu Beginn der Reaktion verdrängt die α-Aminogruppe der zuerst gebundenen Aminosäure den Lysinrest und bildet mit dem Coenzym selbst ein Aldimin (Abb. 13.5, links).

Aus diesem Zwischenprodukt lässt sich der Wasserstoff am α-C-Atom leicht als Proton abspalten, weil die zurückbleibende negative Ladung in der **chinoiden Form** des Coenzyms delokalisiert werden kann (Abb. 13.5, rechts). In anderen Worten: Die Deprotonierung ist begünstigt, weil das gebildete Anion mesomeriestabilisiert ist. Dabei wirkt der Pyridinring von PALP als »Elektronenfalle«. Tatsächlich verlaufen fast alle der in Tabelle 13.2. genannten Reaktionen über ein derartiges chinoides Zwischenprodukt. Welcher Reaktionsweg von dort aus eingeschlagen wird, hängt von den Aminosäureresten des Enzyms ab, die mit der chinoiden Form in Wechselwirkung treten.

! Bei Transaminierungen tritt als covalentes Zwischenprodukt Pyridoxaminphosphat auf.

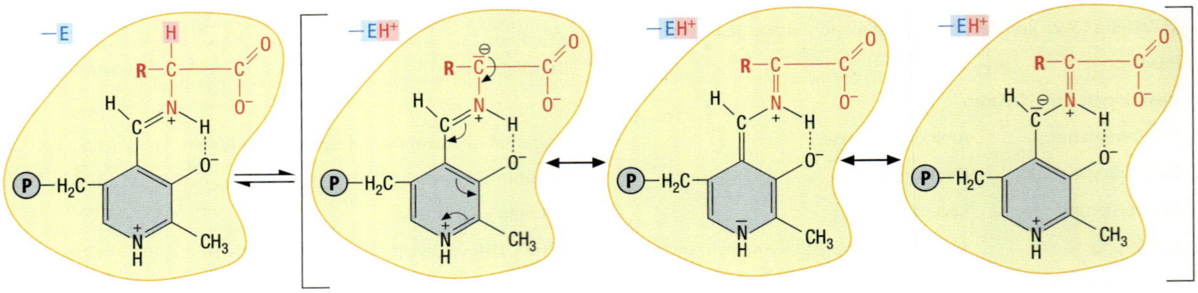

Abb. 13.5. Die chinoide Form von Pyridoxalphosphat als gemeinsames Intermediat PALP-abhängiger Reaktionen

Mechanismus der Transaminierung. Der Ablauf einer enzymkatalysierten Transaminierung ist in Abb. 13.6 im Einzelnen dargestellt. Zunächst bildet sich aus dem **Aldimin 1** die schon erwähnte **chinoide Form 1** (oben Mitte), die in das entsprechende **Ketimin** umgelagert wird. Die C = N-Doppelbindung dieses Zwischenprodukts lässt sich hydrolytisch spalten, wobei die Ketosäure 1 freigesetzt wird. Zurück bleibt **Pyridoxaminphosphat**, in dem die Aminogruppe der ehemaligen Aminosäure 1 covalent an das Coenzym gebunden ist.

Der zweite Teil der Reaktion (unten) ist die exakte Umkehrung des bisher beschriebenen Ablaufs: Die Ketosäure 2 bildet mit Pyridoxaminphosphat ein **Ketimin**, das nach Umlagerung zur **chinoiden Form** zum **Aldimin 2** protoniert wird. Dieses setzt schließlich die Aminosäure 2 frei, an deren Stelle wieder der Lysinrest des Enzyms tritt.

Aktives Zentrum. Wichtige funktionelle Gruppen PALP-abhängiger Enzyme sind basische Aminosäurereste (in Abb. 13.6 mit -E abgekürzt), die das aus der α-Position des Aldimins abgespaltene Proton binden. Weitere Aminosäurereste fixieren den positiv geladenen Pyridinium-Stickstoff und die Phosphatgruppe des Coenzyms sowie die Carboxylatgruppen der gebundenen Amino- bzw. Ketosäuren. Im Inset der Abb. 13.6 ist die Lage dieser Reste am Beispiel der Aldiminform einer **Aspartat-Aminotransferase** dargestellt (funktionell wichtige Aminosäurereste des Enzyms sind grün gefärbt, H-Atome der Übersichtlichkeit halber weggelassen). In der gezeigten Aminotransferase hat Lysin 258 eine Doppelfunktion: In Abwesenheit der Substrate verknüpft es das Coenzym PALP covalent mit dem Apoenzym; zusätzlich übernimmt es während der Katalyse die Rolle der Base –E. Das Coenzym ist u.a. durch elektrostatische Wechselwirkungen mit Asp-222 und Arg-266 sowie über eine Wasserstoffbrücke mit Asn-194 verbunden. Die beiden Carboxylatgruppen des covalent mit PALP verknüpften Aspartat-Restes sind durch elektrostatische Wechselwirkungen mit Arginin-Resten fixiert, von denen nur einer (Arg-386) dargestellt ist.

13.3.3 Desaminierung

! Desaminierungsreaktionen setzen NH_4^+ aus Aminosäuren frei.

Desaminierung. Als Desaminierungen bezeichnet man Reaktionen, bei denen die Aminogruppe einer Aminosäure als Ammoniumion (NH_4^+) freigesetzt wird. Nach ihrem Reaktionsmechanismus lassen sich mehrere Fälle unterscheiden (Abb. 13.7):

- die **oxidative** oder **dehydrierende Desaminierung** betrifft beim Menschen nur Glutamat, das durch die Glutamat-Dehydrogenase (GLDH) in NH_4^+, α-Ketoglutarat und NADH + H^+ zerlegt wird (Abb. 13.7a). In Mikroorganismen können auf diese Weise auch Alanin und Leucin abgebaut werden
- bei der **hydrolytischen Desaminierung** wird NH_4^+ durch Hydrolyse der Amidgruppen von Glutamin oder Asparagin freigesetzt (Abb. 13.7b)
- durch **eliminierende Desaminierung** werden im menschlichen Stoffwechsel nur Serin, Threonin (Abb. 13.7c) und Histidin abgebaut. In Pflanzen und Mikroorganismen gibt es weitere Ammoniak-Lyasen, z.B. die Aspartase, die Aspartat in Fumarat und NH_4^+ zerlegt. Beim Menschen kann Aspartat indirekt über den so genannten **Purinnucleotidzyklus** desaminiert werden (▶ Kap. 19.2)
- bei der **O_2-abhängigen oxidativen Desaminierung** werden biogene Amine wie Katecholamine (▶ Kap. 26.3) oder Histamin (▶ Kap. 13.6.5) in Aldehyde umgewandelt

! Die dehydrierende Desaminierung von Glutamat verläuft über ein Imin-Zwischenprodukt.

Die von der mitochondrialen Glutamat-Dehydrogenase (GLDH) katalysierte dehydrierende Desaminierung von Glutamat ist ein wichtiger Schritt beim Abbau von Aminosäuren.

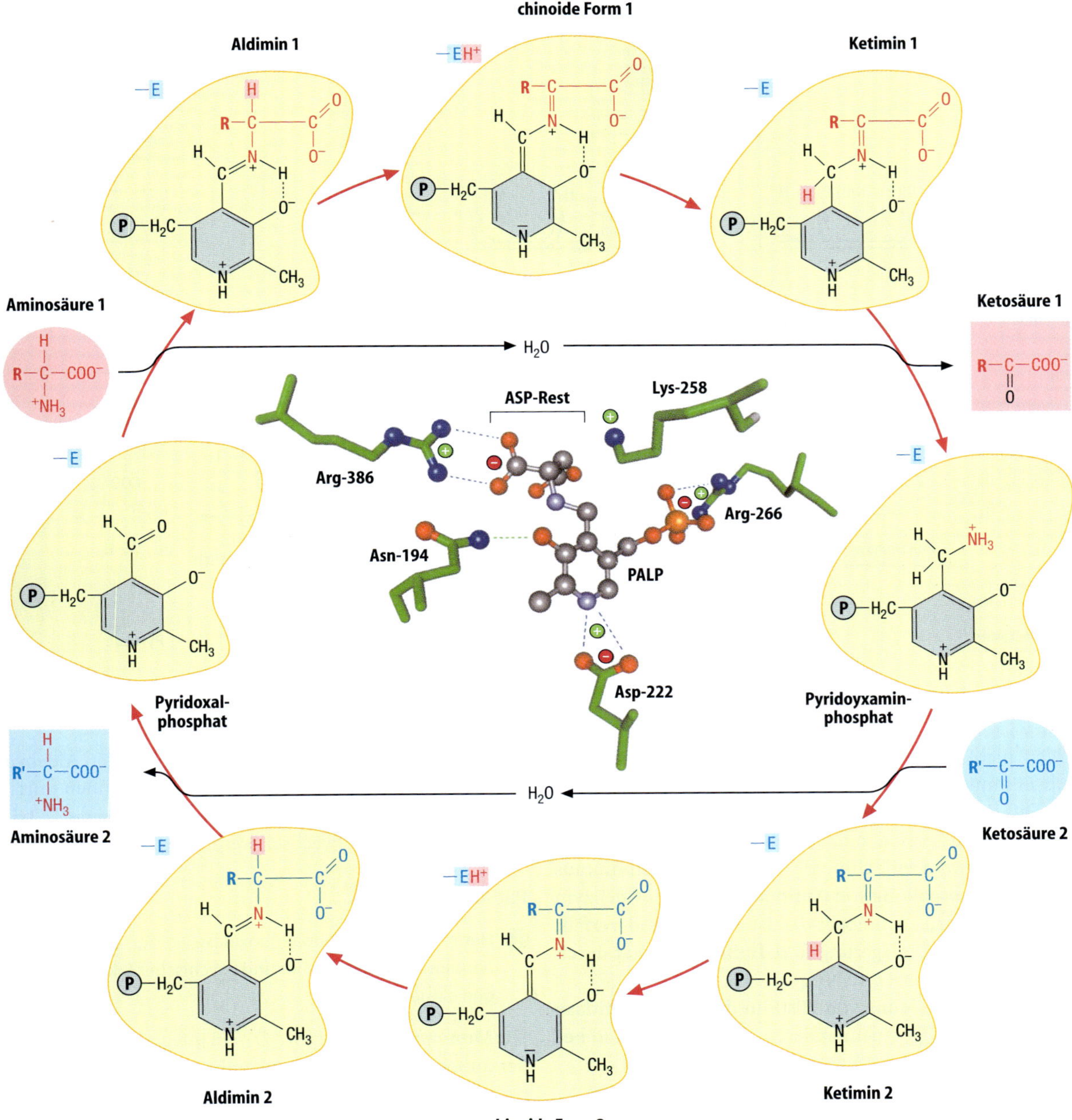

Abb. 13.6. Mechanismus der Transaminierung. Im Inset ist ein Teil des aktiven Zentrums der Aspartat-Aminotransferase dargestellt. (Einzelheiten ▶ Text)

Mechanismus der GLDH. Die GLDH-Reaktion läuft in zwei Schritten ab (Abb. 13.7a). Zunächst wird Glutamat an der α-Aminogruppe zum entsprechenden **Imin** (α-Iminoglutarat) oxidiert das – ähnlich wie das Ketimin bei Transaminierungsreaktionen – hydrolyseempfindlich ist und im zweiten Schritt unter Wasseraufnahme in NH_4^+ und α-Ketoglutarat gespalten wird.

Über die Regulation der GLDH-Aktivität und die Bedeutung des Enzyms im Stoffwechsel der Leber informiert Abschnitt 13.6.1.

Auch die eliminierende Desaminierung von Serin benötigt PALP.

Wie bereits erwähnt werden im menschlichen Organismus nur wenige Aminosäuren durch Eliminierung desaminiert. Zu ihnen gehören Histidin, Serin und Threonin.

Mechanismus der Serin/Threonin-Dehydratase. Wie schon ihr Name andeutet, setzt diese PALP-abhängige **Dehydratase** bei der Desaminierung ihrer Substrate Ammonium-

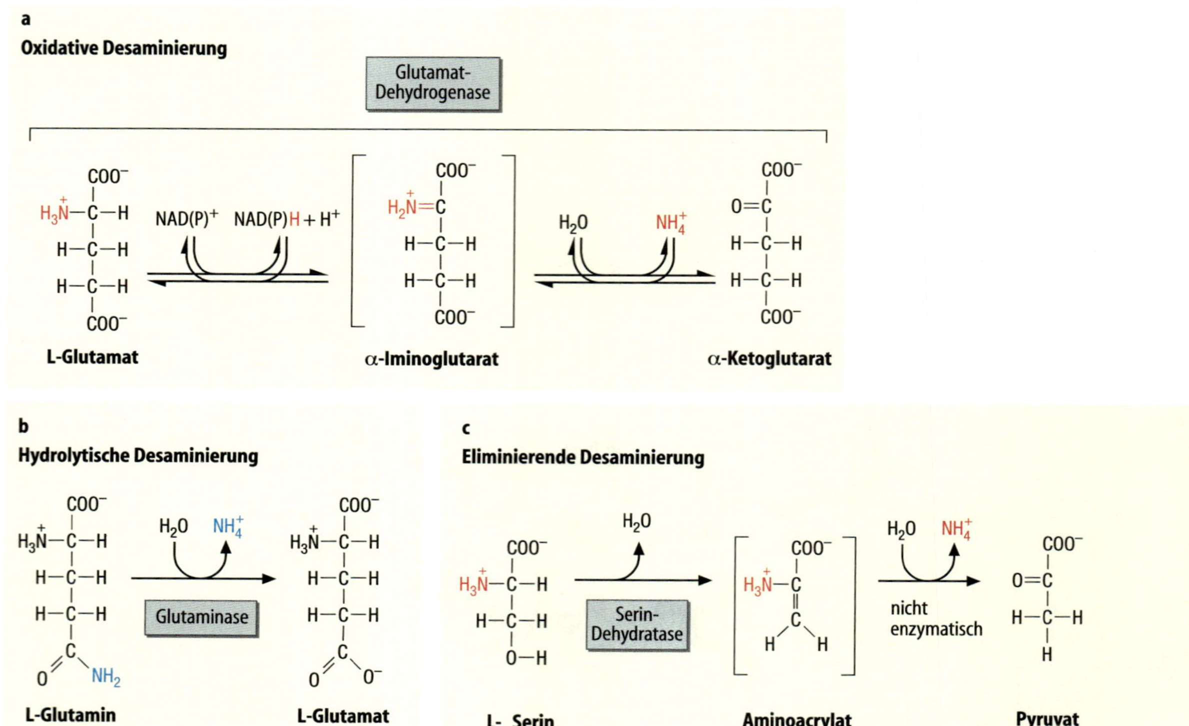

Abb. 13.7. Desaminierungsformen

ionen nicht direkt frei, sondern spaltet zunächst durch α,β-Eliminierung ein Wassermolekül ab (Abb. 13.8).

Die Rolle des Pyridoxalphosphats ähnelt derjenigen in Aminotransferasen, d.h. auch hier entstehen der Reihe nach ein Aldimin, eine chinoide Form und ein Ketimin, aus dem durch Abspaltung von **Aminoacrylat** freies Coenzym regeneriert wird. Aminoacrylat ist instabil und zerfällt nach spontaner Umlagerung in α-**Iminopropionat** durch Hydrolyse in Pyruvat und NH_4^+.

Die Desaminierung von Histidin durch die **Histidase** (Abb. 13.36) folgt einem anderen Mechanismus und benötigt kein PALP.

13.3.4 Weitere Reaktionen

Durch PALP-abhängige Decarboxylierung von Aminosäuren entstehen biogene Amine.

Decarboxylierung. Fast alle Aminosäuren lassen sich durch Pyridoxalphosphat-abhängige Enzyme zu **Aminen** (so genannten »biogenen Aminen«) decarboxylieren, die als Gewebshormone, Neurotransmitter oder Bestandteile von Coenzymen wirken (Tabelle 13.3).

Der Abbau der biogenen Amine wird – je nachdem, ob das Amin eine oder zwei Aminogruppen enthält – durch **Mono- bzw. Diaminoxidasen** katalysiert. Auch diese Enzyme oxidieren die Amine zunächst zu Iminen, deren hydrolytische Spaltung dann den entsprechenden Aldehyd und NH_4^+ ergibt. Die gebildeten Aldehyde können durch Dehydrierung zu Carbonsäuren und anschließende β-Oxidation weiter verstoffwechselt werden.

Pathobiochemie.

Hemmstoffe der Monoaminoxidase werden zur Behandlung neurologischer und psychischer Erkrankungen eingesetzt.

Die **Monoaminoxidase** (MAO), ein integrales Flavoenzym der äußeren Mitochondrienmembran, oxidiert u.a. Neurotransmitter wie Serotonin, Noradrenalin und Dopamin (► Kap. 26.3) und inaktiviert sie dadurch. Die Hemmung der Monoaminoxidase führt zu erhöhten Konzentrationen der betreffenden Transmitter im Gehirn und hat deshalb einen günstigen Einfluss auf depressive Zustände und andere Erkrankungen des Zentralnervensystems.

MAO kommt in zwei Isoformen (MAO-A und MAO-B) mit etwas unterschiedlicher Substratspezifität vor. Inhibitoren der Monoaminoxidase werden in selektive und nicht-selektive Wirkstoffe unterteilt. Selektive MAO-A-Inhibitoren haben eine vorwiegend antidepressive Wirkung. Gegen MAO-B gerichtete Wirkstoffe werden dagegen in erster Linie zur Behandlung der Parkinsonschen Erkrankung eingesetzt. Nicht-selektive irreversible MAO-Inhibitoren hemmen beide Isoenzyme.

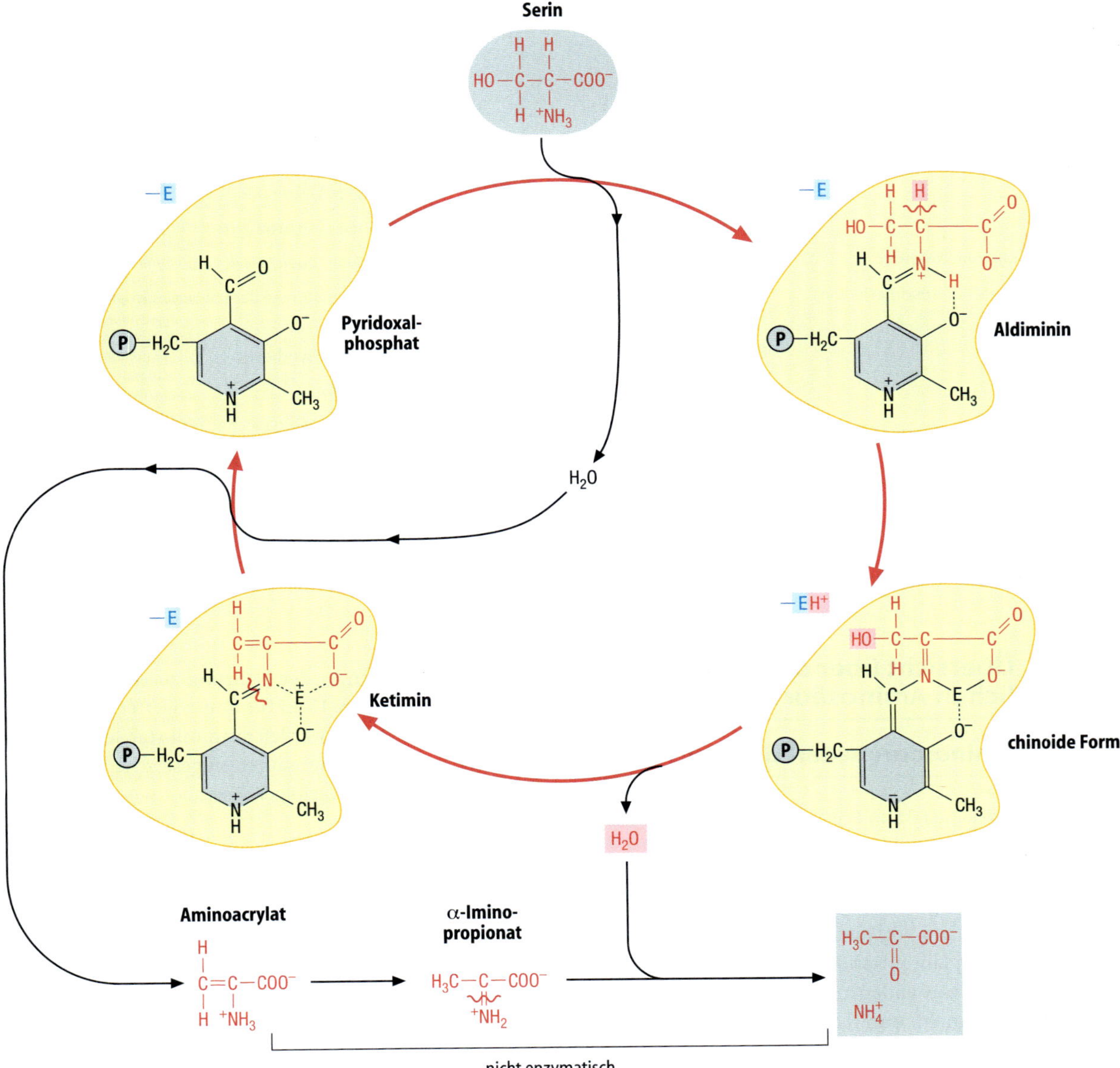

Abb. 13.8. Reaktionsmechanismus der Serin/Threonin-Dehydratase

Inhibitoren der MAO gelten als gut wirksam, sind jedoch nicht frei von unerwünschten Nebenwirkungen. So müssen z.B. Patienten, die nicht-selektive irreversible MAO-Hemmer einnehmen, eine streng tyraminarme Diät einhalten. Das in Käse und Nüssen enthaltene Tyramin kann bei gleichzeitiger Einnahme der genannten Inhibitoren zu einem gefährlichen Blutdruckanstieg führen.

Abbau durch Aminosäureoxidasen. In Leber- und Nieren gibt es weitere Enzyme, die Aminosäuren irreversibel desaminieren. Diese **Aminosäureoxidasen**, die nicht mit den Mono- und Diaminoxidasen verwechselt werden dürfen, greifen entweder die proteinogenen L-Aminosäuren oder die ungewöhnlichen D-Aminosäuren an:

- **D-Aminooxidasen** sind in den Peroxisomen (▶ Kap. 6.2.10) lokalisiert und benutzen FAD als Coenzym
- **L-Aminooxidasen** finden sich im endoplasmatischen Retikulum und arbeiten mit FMN

Die bei der Reaktion reduzierten Coenzyme werden durch molekularen Sauerstoff reoxidiert. Das dabei gebildete H_2O_2 wird in den **Peroxisomen** durch Katalase zu ½ O_2 und H_2O entgiftet.

Tabelle 13.3. Pyridoxalphosphat-abhängige Decarboxylierungen von Aminosäuren (Auswahl)

Aminosäuren	Amin	Bedeutung
Aspartat (in Mikroorganismen)	β-Alanin	Bestandteil von Coenzym A
Glutamat	γ-Aminobutyrat	Überträgerstoff im ZNS
Ornithin	Putrescin	Vorstufe der Polyamine
Lysin	Cadaverin	Produkt von Mikroorganismen im Darm
Arginin	Agmatin	Möglicherweise Überträgerstoff im ZNS
Cystein (in Mikroorganismen)	Cysteamin	Bestandteil von Coenzym A
Methionin (als S-Adenosylmethionin)	Decarboxyliertes S-Adenosylmethionin (»Methamin«)	Propylamindonator bei der Polyaminbiosynthese
Serin	Ethanolamin	Phospholipidbiosynthese
Histidin	Histamin	Gewebehormon
Tyrosin	Tyramin	Produkt von Mikroorganismen im Darm
3,4-Dihydroxyphenylalanin	3,4-Dihydroxyphenylethylamin (Dopamin)	Überträgerstoff im ZNS; Vorstufe bei der Katecholaminbiosynthese
Tryptophan	Tryptamin	Produkt von Mikroorganismen im Darm und von Leber- und Nierenzellen
5-Hydroxytryptophan	5-Hydroxytryptamin	Gewebshormon

13.4 Übersicht über den menschlichen Aminosäurestoffwechsel

13.4.1 Aminosäurebedarf des Menschen

! Der Mensch kann fast die Hälfte der proteinogenen Aminosäuren nicht mehr synthetisieren.

Die Fähigkeit zur Eigensynthese vieler proteinogener Aminosäuren ging frühen Vorläufern der heutigen Tiere schon vor Millionen von Jahren verloren. Da sich diese Vorläufer von den reichlich vorhandenen Pflanzen oder anderen Tieren ernähren konnten, waren die Reaktionen der Aminosäurebiosynthese für ihren Stoffwechsel eine unnötige Belastung. Mutationen, die durch Inaktivierung eines oder mehrerer Enzyme zum Verlust eines Biosynthesewegs führten, bedeuteten deshalb einen Selektionsvorteil, der umso größer war, je mehr Aminosäuren durch diesen Enzymmangel nicht mehr synthetisiert werden konnten.

Bakterien und Pflanzen, denen vorgefertigte Aminosäuren überhaupt nicht oder nicht in ausreichenden Mengen zugänglich sind, können auf eine komplette Ausstattung mit Enzymen zur Synthese der proteinogenen Aminosäuren bis heute nicht verzichten.

! Bei Aminosäuren ist »essentiell oder nicht« eine Frage der Definition.

Bis heute gibt es in der Literatur Kontroversen über Zahl und Art der für den Menschen essentiellen Aminosäuren. Die klassischen Untersuchungen zum Aminosäurebedarf des Menschen wurden an gesunden Erwachsenen durchgeführt. Als **essentiell** wurden diejenigen Aminosäuren eingestuft, deren Fehlen in der Nahrung zu einer negativen Stickstoffbilanz (► Kap. 13.2.2) und verzögertem Wachstum führte. In jüngerer Zeit werden auch mit stabilen Isotopen (^{13}C, ^{15}N) markierte Aminosäuren eingesetzt, deren Schicksal im Körper sich gut verfolgen lässt.

Essentielle Aminosäuren. Einigkeit besteht darüber, dass 8 proteinogene Aminosäuren absolut essentiell sind (Tabelle 13.4). Neben **Lysin** sind dies alle **verzweigtkettigen Aminosäuren** (Val, Leu, Ile, Thr), die aromatischen Aminosäuren **Phenylalanin** und **Tryptophan** sowie **Methionin**.

Von diesen Aminosäuren benötigen Erwachsene pro kg Körpergewicht täglich zwischen 5 und 40 mg (Tabelle 13.4, auch hierzu können die Angaben verschiedener Autoren erheblich voneinander abweichen). Die Tabelle nennt zudem die chemischen Ursachen für den essentiellen Charakter der jeweiligen Aminosäure (»Grund«), d.h. die chemische Komponente, die im tierischen Stoffwechsel nicht *de novo* gebildet werden kann. Über die ernährungsphysiologische Bedeutung der essentiellen Aminosäuren orientiert ► Kapitel 21.

Ob **Histidin** für Erwachsene essentiell ist oder nicht, ist immer noch umstritten, u.a. weil im Körper ein großer Histidinpool existiert, der dafür sorgt, dass bei histidinfreier Kost Mangelerscheinungen erst sehr spät auftreten. Bis heute fehlen jedenfalls Befunde, die eindeutig belegen, dass der menschliche Organismus Histidin in größeren Mengen synthetisieren kann. Für Säuglinge ist Histidin mit Sicherheit essentiell.

Bedingt essentielle Aminosäuren. Eine weitere Gruppe von 6–7 Aminosäuren sind nur deshalb nicht essentiell,

Tabelle 13.4. Aminosäurebedarf des Menschen

Nicht essentiell	Bedingt essentiell	Vorstufe	Essentiell	Bedarf [b] (mg/kg d)	Grund
Alanin	**Asparagin**	Aspartat	**Histidin** [a]	20	Imidazolring
Aspartat	**Arginin**	Glutamat	**Isoleucin**	18	Verzweigung
Glutamat	**Cystein**	Serin	**Leucin**	25	Verzweigung
Serin	**Glutamin**	Glutamat	**Lysin**	22	primäres Amin
	Glycin	Serin	**Methionin**	24	sekundäres Thiol
	Prolin	Glutamat	**Phenylalanin**	25	Aromat
	Tyrosin	Phenylalanin	**Threonin**	13	Verzweigung
			Tryptophan	6	Indolring
			Valin	18	Verzweigung

[a] siehe Text [b] nach J. Millward (1997) J. Nutr. 127, 1842–1846.

weil sie aus anderen Aminosäuren synthetisiert werden können, so z.B. **Tyrosin** aus Phenylalanin oder **Cystein** aus Serin bzw. Methionin. Solche Aminosäuren bezeichnet man als **bedingt essentiell**. Unter veränderten Stoffwechselbedingungen und bei raschem Wachstum können sie durchaus essentiell werden. Für Säuglinge und Kleinkinder sind – streng genommen – nur Alanin, Aspartat, Glutamat und Serin nicht essentiell.

Nicht essentielle Aminosäuren. Nicht essentiell im engeren Sinne sind Aminosäuren, die der Organismus aus leicht zugänglichen Vorstufen und mit ausreichender Geschwindigkeit selbst herstellen kann. So wäre der Mensch zwar in der Lage, mehrere essentielle Aminosäuren aus den entsprechenden α-Ketosäuren durch Transaminierung zu synthetisieren, keine dieser Vorstufen ist jedoch normalerweise in der Nahrung enthalten oder als Zwischenprodukt des Stoffwechsels zugänglich. Völlig von Grund auf – also ohne Beteiligung anderer Aminosäuren – kann ohnehin nur **Glutamat** gebildet werden (in der GLDH-Reaktion aus α-Ketoglutarat und NH_4^+).

! Pathobiochemie: In der Nahrung lassen sich α-Aminosäuren durch α-Ketosäuren ersetzen.

Die Tatsache, dass viele Ketosäuren die entsprechenden Aminosäuren in der Nahrung ersetzen können, wird therapeutisch bei Erkrankungen angewendet, bei denen die Belastung des Organismus mit stickstoffhaltigen Substanzen möglichst gering gehalten werden muss, weil die Entgiftung oder Ausscheidung dieser Stoffe gestört ist. Dazu gehören

- das hepatische Koma und
- das chronische Nierenversagen

bei denen mit einer derartigen Diät beachtliche Erfolge erzielt wurden.

13.4.2 Stoffwechsel der nicht essentiellen Aminosäuren im Überblick

Synthese und Abbau der nicht (oder bedingt) essentiellen Aminosäuren sind eng mit dem Citratzyklus und seinen Eingangsreaktionen verknüpft. Lediglich Serin und Glycin entstehen aus einem Zwischenprodukt der Glycolyse. Die meisten nicht essentiellen Aminosäuren werden zu denselben Verbindungen abgebaut, aus denen sie auch gebildet wurden. Die entsprechenden Prozesse sind in Abb. 13.9 im Vergleich dargestellt.

Biosynthese (Abb. 13.9a). Alanin, Aspartat und Glutamat entstehen durch Transaminierung aus den entsprechenden α-Ketosäuren. Glutamat ist auch die Vorstufe von Glutamin (Abb. 13.20) sowie von Arginin und Prolin (Abb. 13.24), während Aspartat zu Asparagin amidiert werden kann (Abb. 13.20). Serin entsteht aus 3-Phosphoglycerat (Abb. 13.22) und dient als Vorstufe für Glycin (Abb. 13.22) und Cystein (Abb. 13.27).

Abbau (Abb. 13.9b). Zum Abbau werden Alanin, Aspartat und Glutamat zu den entsprechenden α-Ketosäuren transaminiert. Prolin und Arginin werden in Glutamat überführt, während Serin, Glycin und Cystein überwiegend zu Pyruvat abgebaut werden (Abb. 13.22 und 13.29).

13.4.3 Abbau der essentiellen Aminosäuren im Überblick

! Der Abbau der essentiellen Aminosäuren liefert nur fünf Endprodukte.

Abbau. Die Abbauwege der essentiellen Aminosäuren sind komplizierter als die der nicht essentiellen (Abb. 13.10), aber auch sie ergeben eine kleine Zahl von Endprodukten,

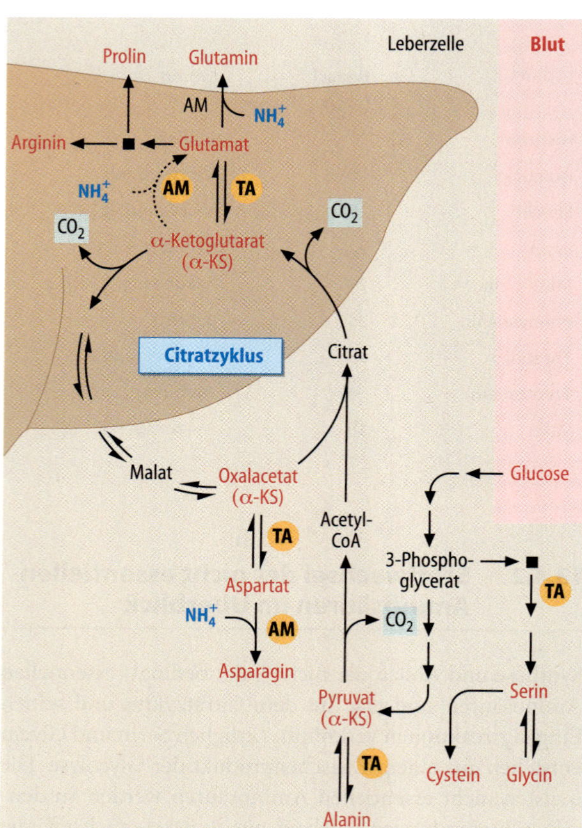

die entweder dem Citratzyklus angehören oder mit ihm in Verbindung stehen, nämlich

- **α-Ketoglutarat** (aus Histidin)
- **Succinyl-CoA** (aus Isoleucin und Valin)
- **Fumarat** (aus Phenylalanin)
- **Pyruvat** (aus Tryptophan) und
- **Acetyl-CoA** (aus Phenylalanin, Leucin, Isoleucin und Lysin)

Die meisten essentiellen Aminosäuren werden schon zu Beginn des Abbaus transaminiert oder desaminiert, wobei in der Regel α-Ketosäuren entstehen. Die α-Aminogruppen von Methionin und Tryptophan enden dagegen als Aminogruppen nicht essentieller Aminosäuren (Cystein bzw. Alanin). Mit Ausnahme von Histidin, das über einen besonderen Weg zu Glutamat abgebaut wird, werden die Kohlenstoffskelette der neun essentiellen Aminosäuren ganz oder teilweise in sechs α-Ketosäuren überführt (◘ Abb. 13.10), und zwar in

(1) α-Ketobutyrat (Methionin, Threonin)
(2) α-Keto-β-methylvalerat (Isoleucin)
(3) α-Ketoisovalerat (Valin)
(4) Phenylpyruvat (Phenylalanin)
(5) α-Ketoisocapronat (Leucin) oder
(6) α-Aminoadipat (Lysin, Tryptophan)

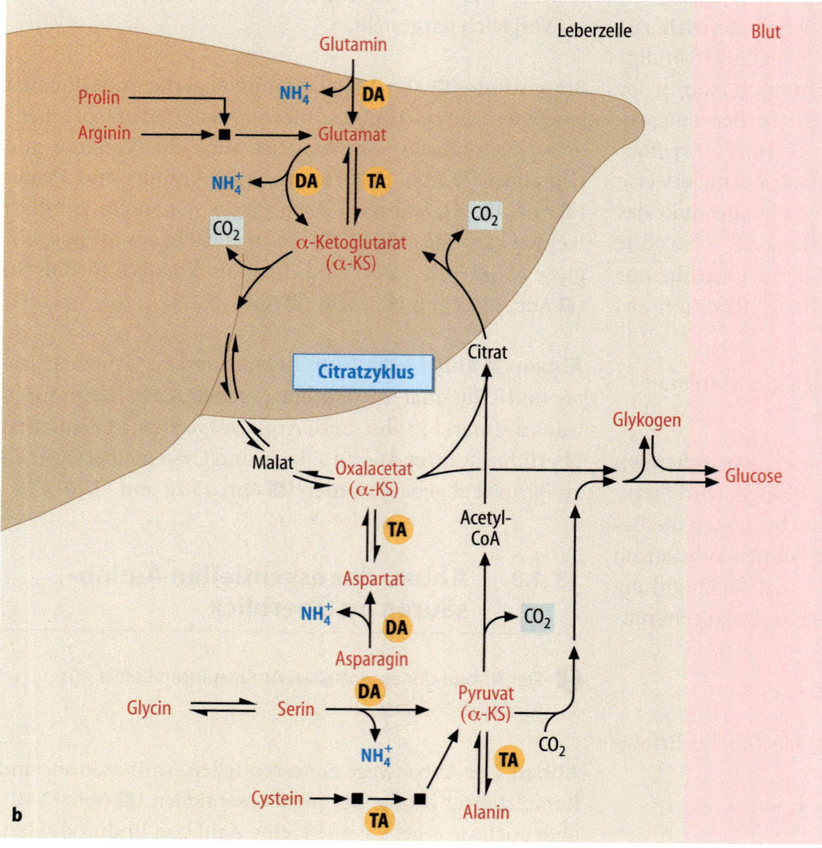

◘ Abb. 13.9. Stoffwechsel der nicht essentiellen Aminosäuren im Überblick. a Biosynthese **b** Abbau. AM = Aminierung, DA = Desaminierung, TA = Transaminierung, ■ = nicht näher definiertes Zwischenprodukt

13

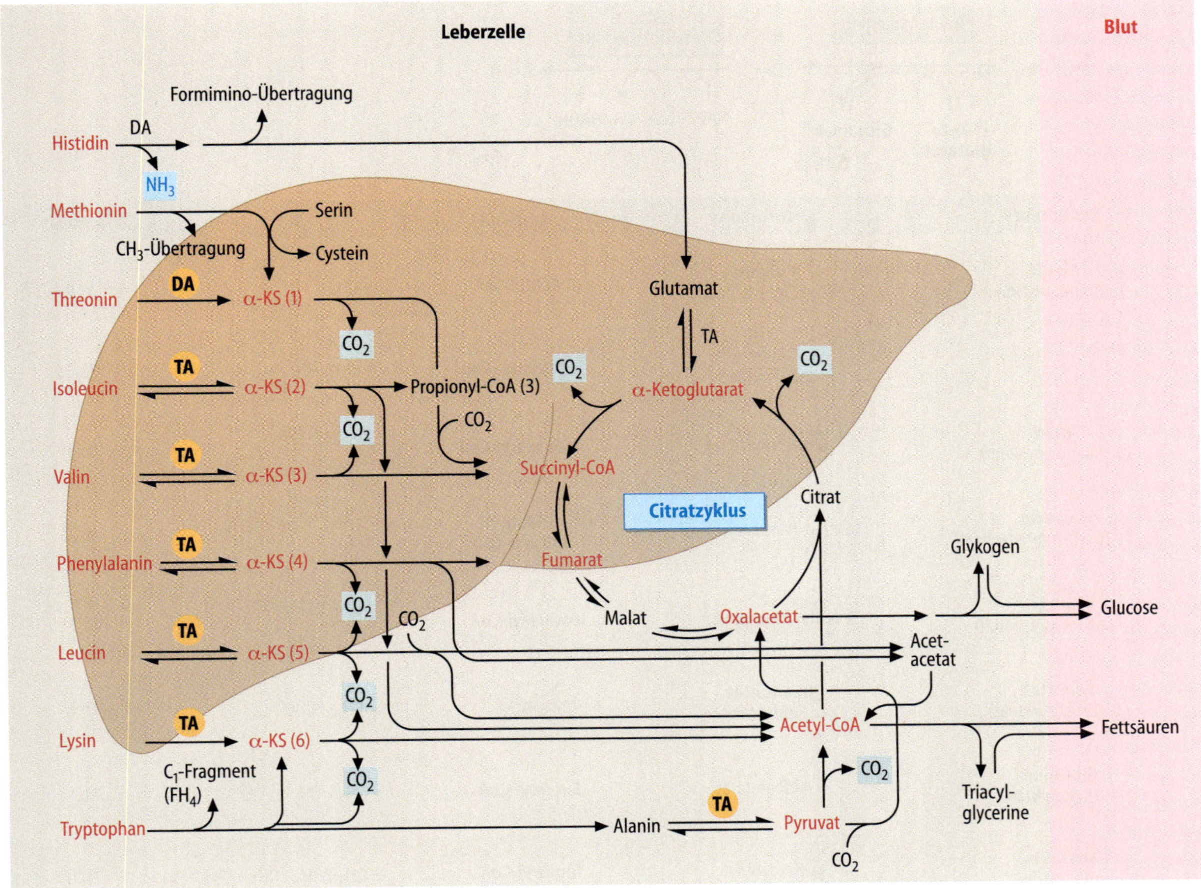

Abb. 13.10. Abbau der essentiellen Aminosäuren im Überblick. DA = Desaminierung, TA = Transaminierung. α-KS = α-Ketosäure. Die Ziffern hinter den α-Ketosäuren werden im Text erläutert

In der Mehrzahl der Fälle schließt sich der Transaminierung eine dehydrierende Decarboxylierung der α-Ketosäuren zu Coenzym A-Derivaten an wie sie aus dem Stoffwechsel von Pyruvat und α-Ketoglutarat bekannt ist. Um dieses Abbauprinzip anschaulicher zu machen, sind in Abbildung 13.11 die entsprechenden Reaktionen, Substrate und Produkte in einer Übersicht zusammengestellt. Die einzige der aufgeführten α-Ketosäuren, die im menschlichen Stoffwechsel nicht oxidativ decarboxyliert wird, ist Oxalacetat. Als Produkt würde Malonyl-CoA entstehen, dessen Hydrolyseprodukt Malonat ein potenter Hemmstoff der Succinat-Dehydrogenase ist.

Auch beim Aminosäureabbau sind **Multienzymkomplexe** für die oxidative Decarboxylierung zuständig. So werden die aus dem Abbau von Valin, Leucin und Isoleucin hervorgehenden α-Ketosäuren (2), (3) und (5) alle von einem so genannten **Verzweigtketten-Dehydrogenase-Komplex** umgesetzt (► Kap. 13.6.5).

> Nur zwei proteinogene Aminosäuren können nicht zu Glucose umgebaut werden.

Glucogene und ketogene Aminosäuren. Ein entscheidendes Zwischenprodukt der Gluconeogenese ist mitochondriales **Oxalacetat** (► Kap. 11.3). Alle Metabolite, deren Kohlenstoffskelett ganz oder teilweise in Oxalacetat umgebaut werden kann, sind deshalb auch Vorstufen der Gluconeogenese. Wie die Abbildungen 13.9 und 13.10 zeigen, trifft dies für fast alle proteinogenen Aminosäuren zu. Die einzigen Ausnahmen sind **Leucin** und **Lysin**, deren C-Skelette nur Acetyl-CoA liefern, dessen Acetylrest im Citratzyklus zu CO_2 oxidiert wird, bevor die Stufe des Oxalacetats erreicht wird (► Kap. 14.2).

Leucin und Lysin sind **rein ketogene** Aminosäuren. Die meisten anderen Aminosäuren (darunter alle nicht essentiellen) sind **rein glucogen,** während Threonin, Phenylalanin, Tyrosin und Tryptophan glucogene **und** ketogene Eigenschaften haben. Wie in ► Kapitel 11 besprochen, bilden glucogene Aminosäuren die wichtigsten Vorstufen der Gluconeogenese in Leber und Niere.

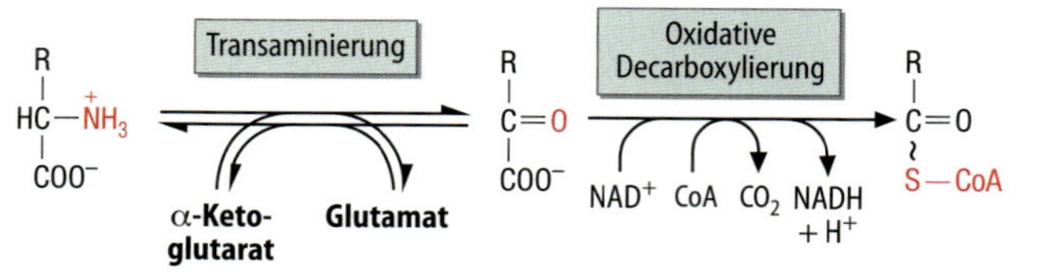

$R-HC(-NH_3^+)-COO^-$ —Transaminierung (α-Ketoglutarat → Glutamat)→ $R-C(=O)-COO^-$ —Oxidative Decarboxylierung (NAD^+, CoA → CO_2, NADH + H^+)→ $R-C(=O)\sim S-CoA$

Aminosäure	α-Ketosäure	Acyl-CoA	R	s. Abb.
Alanin (α-Aminopropionat)	**Pyruvat** (α-Ketopropionat)	**Acetyl-CoA**	$-CH_3$	13.9
–	α-Ketobutyrat (aus Thr, Met)	**Propionyl-CoA**	$-CH_2-CH_3$	13.23
Valin (α-Aminoisovalerat)	α-Ketoisovalerat	**Isobutyryl-CoA**	$-CH_2-CH_3$ $\ \ \lvert$ CH_3	13.31
Isoleucin (α-Amino-β-methylvalerat)	α-Keto-β-methylvalerat	**2-Methyl-butyryl-CoA**	$-CH_2-CH_2-CH_3$ $\ \ \lvert$ CH_3	13.31
Leucin (α-Aminoisocapronat)	α-Ketoisocapronat	**Isovaleryl-CoA**	$-CH_2-CH_2-CH_3$ $\qquad\lvert$ $\qquad CH_3$	13.31
Aspartat (α-Aminosuccinat)	**Oxalacetat** (α-Ketosuccinat)	~~Malonyl-CoA~~	$-CH_2-COO^-$	13.9
Glutamat α-Aminoglutarat	α-Ketoglutarat	**Succinyl-CoA**	$-CH_2-CH_2-COO^-$	13.9
aus Lysin α-Aminoadipat	α-Ketoadipat	**Glutaryl-CoA**	$-CH_3-CH_2-CH_2-COO^-$	13.37

Abb. 13.11. Transaminierung und dehydrierende Decarboxylierung im Aminosäureabbau. Im menschlichen Stoffwechsel wird als einzige der dargestellten α-Ketosäuren Oxalacetat **nicht** oxidativ decarboxyliert

13.4.4 Subzelluläre Lokalisation des Aminosäureabbaus

! Der Aminosäurestoffwechsel ist zwischen Cytosol und Mitochondrien aufgeteilt.

Subzelluläre Verteilung. Da die Endstrecke des Abbaus der meisten α-Ketosäuren in der Mitochondrienmatrix lokalisiert ist, gibt es in der inneren Mitochondrienmembran eine Reihe von Transportsystemen, die Aminosäuren oder die aus ihnen hervorgegangenen α-Ketosäuren aus dem Cytosol in die mitochondriale Matrix transportieren (Abb. 13.12). Von den Aminosäuren werden vor allem **Glutamat** und **Glutamin** in die Mitochondrien importiert. Glutamat gelangt im Cotransport mit H^+ oder als Teil des Malat-Shuttle (▶ Kap. 15.1.1) im Austausch gegen Aspartat in die mitochondriale Matrix. Die wichtigsten importierten α-Ketosäuren sind **Pyruvat, α-Ketobutyrat** und **α-Aminoadipat**, das durch den **Oxodicarboxylatcarrier** (ODC) im Austausch gegen α-Ketoglutarat aufgenommen wird.

Auch der **Harnstoffzyklus** (▶ Kap. 13.5.2) ist zwischen Cytosol und Mitochondrienmatrix aufgeteilt. Hier schafft ein als **ORNT1** bezeichneter Antiporter die Verbindung zwischen beiden Kompartimenten. Er tauscht Ornithin gegen Citrullin aus.

13.4.5 Biosynthese der essentiellen Aminosäuren im Überblick

! In Mikroorganismen und Pflanzen werden die für den Menschen essentiellen Aminosäuren gruppenweise gebildet.

Ohne an dieser Stelle auf Einzelheiten einzugehen, wird im Folgenden kurz das Prinzip der Biosynthese der essentiellen Aminosäuren in Mikroorganismen und Pflanzen erläutert.

Die Kohlenstoffgerüste für die Biosynthesen dieser Aminosäuren entstammen dem Kohlenhydratstoffwechsel. Da anabole Wege stets reduktive Schritte enthalten, wird

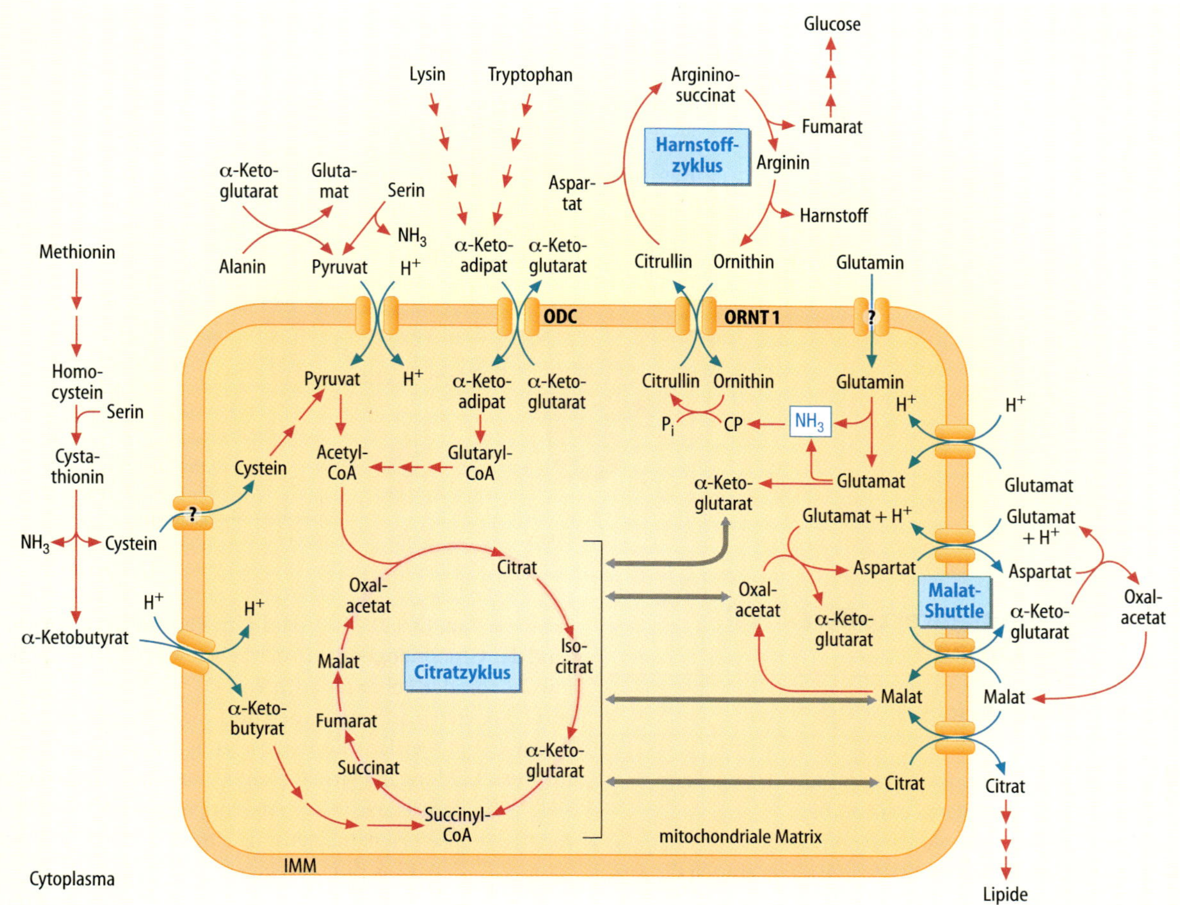

Abb. 13.12. Verteilung des Aminosäureabbaus zwischen Cytoplasma und Mitochondrienmatrix. CP = Carbamylphosphat, IMM = innere Mitochondrienmembran, ODC = Oxodicarboxylatcarrier, ORNT1 = Ornithin-Citrullin-Antiporter

NADPH + H^+ benötigt, das in Pflanzen vorwiegend durch Photosynthese und im Mikroorganismus im Pentosephosphatweg entsteht. Die Aminogruppen werden meist durch Transaminierung von Glutamat übernommen, das von diesen Organismen durch die GLDH aus α-Ketoglutarat gebildet werden kann (▶ Kap. 13.1.2).

Familien. Ausgangsmoleküle für die Biosynthese der essentiellen Aminosäuren sind andere Aminosäuren bzw. die entsprechenden α-Ketosäuren. Je nachdem, welche Carbonsäure die gemeinsame Vorstufe einer Gruppe von Aminosäuren bildet, unterscheidet man drei Familien:

- die **Aspartat-Familie** (aus Aspartat bzw. Oxalacetat entstehen Lysin, Methionin, Threonin und Isoleucin)
- die **Pyruvat-Familie** (Pyruvat ist die Vorstufe von Leucin und Valin) und schließlich
- die **Shikimat-Familie** (Shikimisäure, eine α-Ketosäure mit 7 C-Atomen, die aus Zwischenprodukten der Glycolyse und des Pentosephosphatwegs entsteht, ist Vorstufe der aromatischen Aminosäuren Phenylalanin, Tyrosin und Tryptophan)

Alle diese Wege sind kompliziert und benötigen bis zu 11 Enzyme. So sind für die Biosynthese

- von Tryptophan 11
- von Phenylalanin und Tyrosin je 10
- von Lysin und Leucin je 9
- von Methionin 7 und
- von Threonin, Valin und Isoleucin je 5

Enzyme erforderlich. Bei den nichtessentiellen Aminosäuren benötigt dagegen kein Syntheseweg mehr als 4 Enzyme (◘ Abb. 13.9).

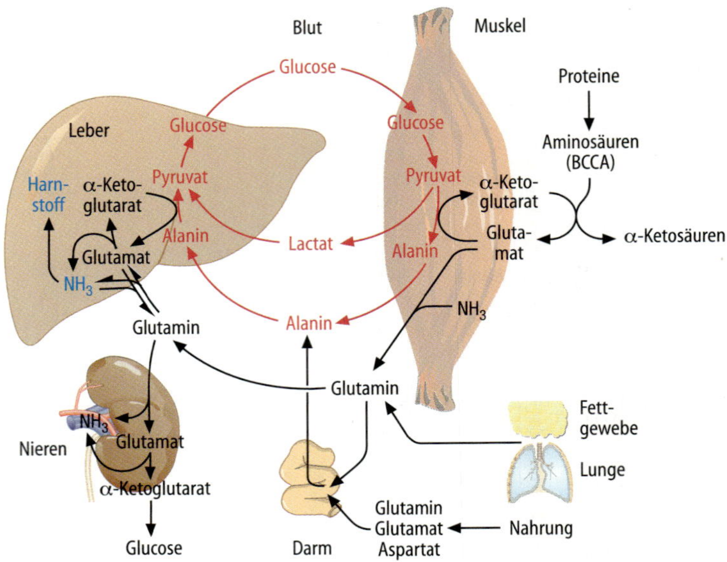

Abb. 13.13. Aminosäurestoffwechsel der Organe im Überblick. (Einzelheiten ▶ Text)

13.5 Aminosäurestoffwechsel der Organe

13.5.1 Überblick

> Im Blut wird Aminostickstoff vorwiegend in der Form von Glutamin und Alanin transportiert.

Im Aminosäurestoffwechsel der Tiere übernehmen die größeren Organe besondere Aufgaben. Sie produzieren oder verstoffwechseln bestimmte Aminosäuren und geben die Produkte ins Blut ab, um sie anderen Geweben zugänglich zu machen. Dabei ist sicher gestellt, dass nur geringe Mengen an Ammoniumionen (NH_4^+) entstehen, da diese stark neurotoxisch wirken (▶ Kap. 13.5.5). Als Transportmoleküle für Aminostickstoff im Blut dienen freie Aminosäuren, insbesondere **Glutamin** und **Alanin**, die mengenmäßig mehr als $^1/_3$ aller Aminosäuren im Plasma stellen (Tabelle 13.5).

Zentrales Organ des Aminosäurestoffwechsels ist – wie auch im Kohlenhydratstoffwechsel – die **Leber**. Sie ist als einziges Organ in der Lage, aus Glutamin und Alanin Ammoniak (NH_4^+/NH_3) freizusetzen und ihn zur Ausscheidung in den weit weniger giftigen **Harnstoff** umzuwandeln. Auch die Niere setzt Ammoniak aus Glutamin frei. Dieser Vorgang dient jedoch in erster Linie der pH-Regulation (▶ Kap. 28.1.7).

Abb. 13.13 zeigt in vereinfachter Form die Beteiligung der wichtigen Organe an Bildung und Verbrauch von Glutamin und Alanin. Die größten Mengen beider Aminosäuren werden von der **Muskulatur** abgegeben. Sie entstammen vor allem dem Proteinabbau oder dem Abbau verzweigtkettiger Aminosäuren (*branched-chain amino acids*, BCAA, ▶ Kap. 13.5.5). Auch die **Lunge** und das **Fettgewebe** bilden beträchtliche Mengen von Glutamin. Der **Darm** entlässt vor allem Alanin ins Blut, jedoch kaum Glutamin (▶ Kap. 13.5.3). Das Alanin im Plasma dient vorwiegend der **Gluconeogenese** in der Leber, während Glutamin sowohl von der Leber als auch von Darm, Nieren, Gehirn und Leukozyten aufgenommen und verstoffwechselt wird. In der Leber werden die freigesetzten Ammoniumionen zur Ausscheidung in Harnstoff eingebaut. Restmengen von NH_4^+, die dem Harnstoffzyklus entgangen sind, werden von perivenösen Hepatozyten abgefangen und in Form von Glutamin wieder ins Blut abgegeben (▶ Kap. 13.5.2).

Die **Nieren** nutzen Glutamin in erster Linie zur Freisetzung von NH_3, das sie zur Neutralisierung von saurem Urin einsetzen. Deshalb steigt der renale Glutaminverbrauch bei metabolischen Azidosen stark an (▶ Kap. 13.5.4). Das im proximalen Tubulus durch »Transdesaminierung« aus Glutamin gebildete α-Ketoglutarat wird zum größten Teil über Oxalacetat in die Gluconeogenese eingeschleust.

Weitere Glutaminverbraucher sind die Enterozyten des Darms (▶ Kap. 13.5.3) und die Lymphozyten, die Glutamin zur Energiegewinnung veratmen (▶ Kap. 13.5) Das **Gehirn** verbraucht Glutamin vor allem zur Synthese der Neurotransmitter Glutamat und GABA (▶ Kap. 13.5.6).

> Der Alaninzyklus stellt die Glucoseversorgung des arbeitenden Muskels sicher.

Cori- und Alaninzyklus. Das vom arbeitenden Muskel freigesetzte Alanin stammt vorwiegend aus dem anaeroben Glucoseabbau. Da Pyruvat bei Sauerstoffmangel nicht weiterabgebaut werden kann, wird es unter diesen Bedingungen entweder zu Lactat reduziert oder zu Alanin transaminiert. Beide Produkte gelangen über den Blutkreislauf zur Leber, wo sie durch die jeweiligen Umkehrreaktionen wieder zu Glucose aufgebaut werden. Die so gebildete Glucose wird ins Blut abgegeben und steht der Muskulatur erneut zur Verfügung. Die geschilderten Kreisläufe sind im Falle des Lactats als **Corizyklus**, beim Alanin als **Alaninzyklus** be-

13

Tabelle 13.5. Plasmaaminosäurekonzentrationen normaler Versuchspersonen im postabsorptiven Zustand (n = 10). (Nach Felig P, Marliss E, Pozefsky T, Cahill GF 1970). Mittelwerte ± Standardabweichung des Mittelwertes

Aminosäure	Konzentration [μmol/l]
Alanin	344 ± 29
Glycin	215 ± 8
Valin	212 ± 8
Prolin	175 ± 13
Lysin	164 ± 9
Threonin	134 ± 10
Leucin	112 ± 4
Serin	109 ± 7
1/2-Cystin	92 ± 5
Histidin	73 ± 4
Arginin	69 ± 8
Ornithin[b]	67 ± 9
Isoleucin	59 ± 2
Tyrosin	54 ± 4
Taurin[a]	51 ± 3
Phenylalanin	49 ± 2
Tryptophan	39 ± 6
Citrullin[b]	30 ± 3
Methionin	24 ± 1
α-Aminobutyrat[a]	20 ± 2
Aspartat	< 20
Glutamin	600–800
Glutamat	30– 70

[a] Taurin entsteht im Stoffwechsel aus Cystein, α-Aminobutyrat durch Transaminierung aus α-Ketobutyrat (Threonin- und Methioninabbau)

[b] Nichtproteinogene Aminosäuren, die an der Harnstoffbiosynthese teilnehmen

kannt. Natürlich leistet auch das von den Enterozyten des Darms freigesetzte Alanin einen Beitrag zum Alaninzyklus.

13.5.2 Aminosäurestoffwechsel der Leber

Die Leber verfügt als einziges Organ über eine komplette Enzymausstattung zum Abbau sämtlicher Aminosäuren. Zusätzlich enthält sie hohe Aktivitäten desaminierender Enzyme. Ebenfalls als einziges Organ ist die Leber in der Lage, die durch Desaminierung freigesetzten neurotoxischen Ammoniumionen wirksam zu entgiften.

! Die Leber hat auch im Aminosäurestoffwechsel eine Pufferfunktion.

Übersicht. Nach einer proteinreichen Mahlzeit kommt es zu einem starken Anstieg der Aminosäurekonzentrationen im Pfortaderblut, nicht jedoch im Systemkreislauf. Das ist darauf zurückzuführen, dass der größte Teil der im Darm resorbierten (und dort nicht abgebauten) Aminosäuren von der Leber aufgenommen wird. Dort werden sie

- entweder zur Biosynthese von Plasmaproteinen und lebereigenen Proteinen verwendet oder
- unter NH_4^+-Abspaltung in α-Ketocarbonsäuren umgewandelt, die dann in Glucose überführt oder unter ATP-Bildung zu Kohlendioxid und Wasser oxidiert werden

Die freigesetzten Ammoniumionen können als Baustein für die Biosynthese stickstoffhaltiger Substanzen dienen, überschüssiges NH_4^+ wird in der Leber in **Harnstoff** umgewandelt, der mit dem Blut zu den Nieren transportiert und dort in den Urin ausgeschieden wird. Außerdem fixiert die Leber NH_4^+ in Form von **Glutamin**, aus dem die Nieren Ammoniak freisetzen und in den Urin abgeben können.

! Die toxischen Wirkungen von NH_4^+ schädigen vor allem das ZNS.

Toxizität von NH_4^+. Im Blut ist die Konzentration von NH_3/NH_4^+ normalerweise sehr gering (15–60 μmol/l). Eine deutliche Erhöhung dieses Wertes kann bei Mensch und Tier schwere cerebrale Schäden verursachen.

Mögliche Ursachen der Neurotoxizität von Ammoniak werden im Abschnitt 13.5.6 diskutiert. Vorausgeschickt sei nur, dass für die Toxizität von NH_3 nicht in erster Linie seine basischen Eigenschaften verantwortlich sind. Trotzdem spielt der NH_3-Anteil im NH_4^+/NH_3-Gleichgewicht für den Übergang von Ammoniak aus dem Blut in die Gewebe eine wesentliche Rolle: Während NH_3 in Lipiden (und damit auch in biologischen Membranen) gut löslich ist, kann das geladene Ammoniumion Zellmembranen nur schlecht permeieren. Jede **Alkalisierung** des Blutes (Alkalose, ► Kap. 29.2.2) führt zu einer Verschiebung des Gleichgewichts und damit zum vermehrten Auftreten von lipidlöslichem NH_3 in Blut und Liquor. So verdoppelt sich z.B. bei einer pH-Erhöhung von 7.4 auf 7.7 der NH_3-Anteil im Gleichgewicht von 1.5% auf 3%.

Zwar enthält auch **Harnstoff**, das Diamid der Kohlensäure, zwei Aminogruppen. Wie bei allen Säureamiden besitzen diese Gruppen jedoch keine basischen Eigenschaften mehr, weil die freien Elektronenpaare der Stickstoffatome im mesomeren Harnstoffmolekül delokalisiert sind. Harnstoff ist deshalb ein gut membrangängiges, neutrales Molekül mit weit geringerer Toxizität als NH_4^+/NH_3.

! Zur Entgiftung baut die Leber NH_4^+ in Carbamylphosphat oder Glutamin ein.

Carbamylphosphat-Synthetase. In Abschnitt 13.3.1 wurden bereits zwei wichtige Reaktionstypen besprochen, die im tierischen Stoffwechsel für die Fixierung von NH_4^+ in Frage kommen

- Die ATP-abhängige Aminierung von Glutamat oder Aspartat zu Glutamin bzw. Asparagin
- Die reduktive Aminierung von α-Ketoglutarat zu Glutamat durch die Glutamat-Dehydrogenase (GLDH)

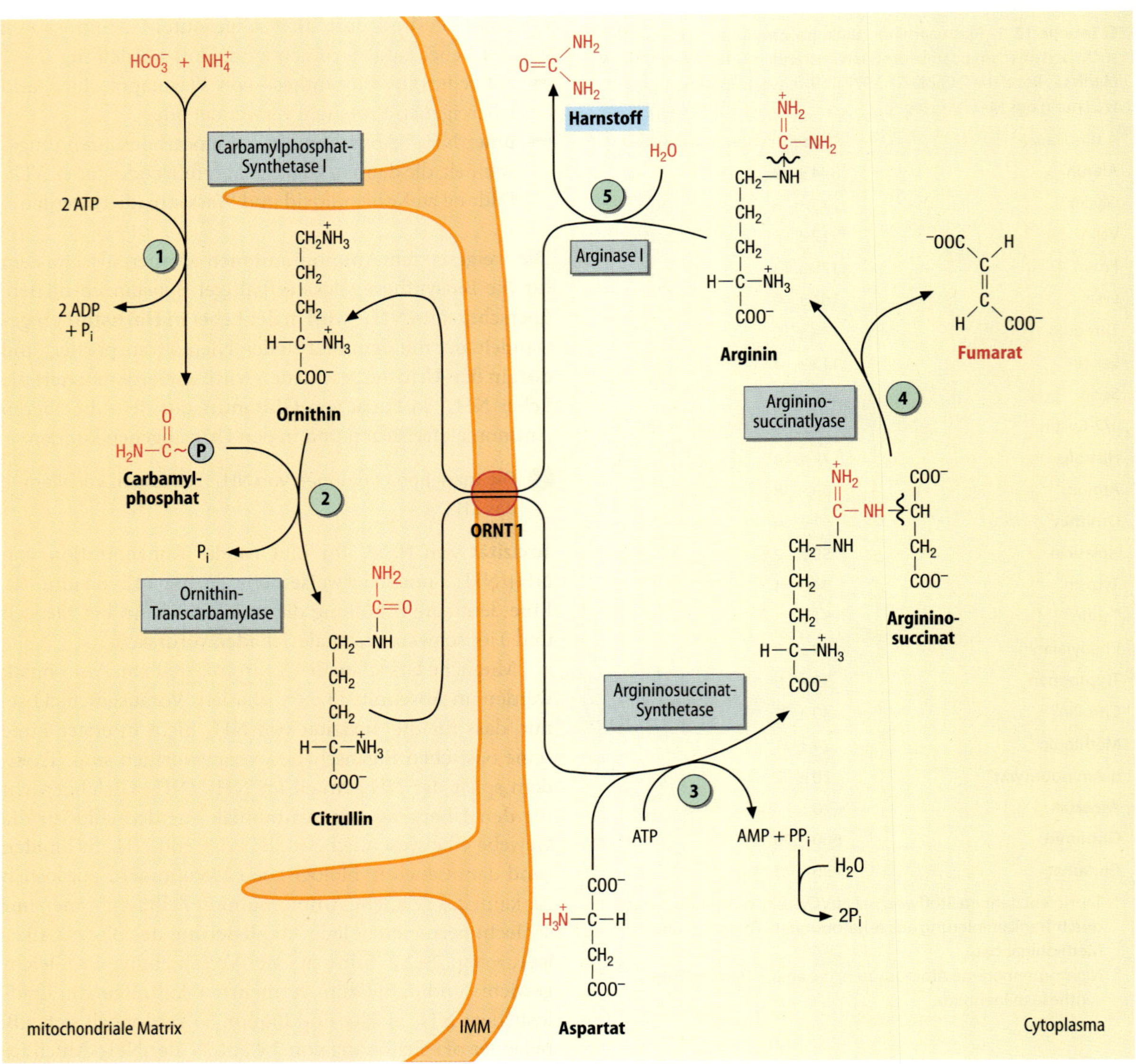

Abb. 13.14. Reaktionen des Harnstoffzyklus. ORNT1 = Ornithin-Citrullin-Antiport. (Einzelheiten ▶ Text)

Die dritte – und quantitativ wichtigste – Reaktion ist die **Eingangsreaktion des Harnstoffzyklus**, nämlich

- die ATP-abhängige Verknüpfung von NH_4^+ und HCO_3^- zu **Carbamylphosphat**, katalysiert durch die mitochondriale **Carbamylphosphat-Synthetase** I (CPS-I; Abb. 13.14, Reaktion (1))

Die CPS-I macht in der Matrix der Lebermitochondrien etwa 20% aller Proteine aus. Die hohe Konzentration des Enzyms und sein niedriger K_m-Wert für NH_4^+ (etwa 0,2 mmol/l) sind wesentlich für die Effizienz der Ammoniakfixierung in der Leber verantwortlich. Die ebenfalls mitochondrial lokalisierte Glutamat-Dehydrogenase hat einen viel höheren K_M-Wert als die CPS-I (etwa 3 mmol/l) und wird zudem durch ATP/GTP gehemmt. Unter physiologischen Bedingungen dürfte die GLDH daher nicht wesentlich zur NH_4^+-Fixierung beitragen.

Mechanismus. Die CPS-I-Reaktion verläuft in drei Teilschritten, wobei **zwei** Moleküle ATP zu ADP und P_i gespalten werden. Im ersten Schritt entsteht ein gemischtes Anhydrid aus Kohlensäure und Phosphorsäure, danach wird der Phosphatrest dieses Intermediats durch NH_4^+ substituiert, bevor im dritten Schritt das gebildete Carbamat durch das zweite ATP zu Carbamylphosphat phosphoryliert wird. Die Aktivität der CPS-I ist von der Anwesenheit von **N-Acetylglutamat** abhängig, das als allosterischer Aktivator der CPS-I fungiert (▶ u.).

> Der Harnstoffzyklus ist zwischen Cytosol und Mitochondrien verteilt.

13

Reaktionen des Harnstoffzyklus. Im Carbamylphosphat ist – auf den Stickstoff bezogen – bereits die Hälfte des späteren Harnstoffmoleküls enthalten. Zur weiteren Umsetzung überträgt zunächst die **Ornithin-Carbamyltransferase** die Carbamylgruppe (H_2N-CO-) auf die nicht-proteinogene Aminosäure **Ornithin** (Abb. 13.14, Reaktion (2)), wobei das ebenfalls nicht-proteinogene **Citrullin** entsteht. Dieses muss zunächst ins Cytosol transportiert werden, bevor es weiter umgesetzt werden kann. Das entsprechende Transportsystem in der inneren Mitochondrienmembran, **ORNT1**, ist ein Antiporter, der Citrullin gegen Ornithin austauscht.

Im nächsten Schritt wird die zweite Aminogruppe des späteren Harnstoffmoleküls eingeführt. Diese Zweischrittreaktion ist das bekannteste Beispiel für den so genannten **Aspartatzyklus**. Darunter versteht man Reaktionen, in denen Aspartat seine α-Aminogruppe abgibt, um als Fumarat aus der Reaktion hervorzugehen (Abb. 13.4, Reaktion (8)). Formal ließe sich das gebildete Fumarat über Malat und Oxalacetat wieder zu Aspartat regenerieren (daher »-zyklus«). Im Rahmen des Aminosäureabbaus in der Leber nimmt der größte Teil des Fumarats allerdings einen anderen Weg (▶ u.).

Die Kondensation von Citrullin mit Aspartat zu **Argininosuccinat** durch die **Argininosuccinat-Synthase** (Reaktion (3)) benötigt ebenfalls zwei energiereiche Bindungen, weil ATP zu AMP und Pyrophosphat (PP_i) gespalten wird. Dies bietet den Vorteil, dass durch nachfolgende enzymatische Hydrolyse des Pyrophosphats das Gleichgewicht der Reaktion weiter in Richtung der Produkte verschoben werden kann.

Im nächsten Schritt spaltet die **Argininosuccinat-Lyase** (Reaktion (4)) Fumarat ab, und das proteinogene **Arginin** bleibt zurück, in dem der spätere Harnstoff nun einen Teil der Guanidogruppe bildet. Die **Arginase** (Reaktion (5)) setzt schließlich aus Arginin hydrolytisch Isoharnstoff frei, der sich spontan zu **Harnstoff** umlagert. Als zweites Produkt entsteht **Ornithin**, das über ORNT1 ins Mitochondrium zurückkehrt, um an einer weiteren Runde des Zyklus teilzunehmen.

Bilanz. Die Synthese von Harnstoff ist energieaufwendig: Für jedes Harnstoffmolekül wird das Äquivalent von 4 Molekülen ATP verbraucht. Die Gesamtbilanz ist:

$$NH_4^+ + HCO_3^- + 3ATP + \text{Aspartat} + 2H_2O \rightarrow \text{Harnstoff} + 2ADP + AMP + 4P_i + \text{Fumarat}$$

Neben der Entgiftung von NH_4^+ sorgt der Harnstoffzyklus dafür, dass das bei der Oxidation von Aminosäuren anfallende **Hydrogencarbonat** (HCO_3^-) verbraucht wird und fängt damit größere Verschiebungen im Säure-Basen-Haushalt ab. Beim Aminosäureabbau entsteht HCO_3^-, weil die Oxidation der negativ geladenen Carboxylatgruppen von α-Ketosäuren zu ungeladenem CO_2 aus Gründen der Elektroneutralität stets auch äquimolare Mengen an HCO_3^- liefert.

! Der Harnstoffzyklus wird über das Aminosäureangebot reguliert.

Regulation. Da die Harnstoffbildung im Wesentlichen dazu dient, die Ammonium-Konzentration in den Körperflüssigkeiten niedrig zu halten, unterliegt nur die CPS-I (das einzige NH_4^+-fixierende und zudem das geschwindigkeitsbestimmende Enzym des Zyklus) einer besonderen Regulation.

N-Acetylglutamat. In Abwesenheit von N-Acetylglutamat ist die CPS-1 praktisch inaktiv, während sie in Gegenwart ausreichender Mengen dieser Verbindung in einer Art »Alles-oder-Nichts«-Reaktion voll aktiv wird. Die Bildung von N-Acetylglutamat aus Acetyl-CoA und Glutamat wird in den Mitochondrien durch eine besondere Synthase katalysiert (Abb. 13.15, Reaktion (10)), die durch **Arginin** aktiviert wird. Auch ein hohes Angebot des Substrats **Glutamat** erhöht die Aktivität der Acetylglutamat-Synthase. Es hat daher den Anschein, dass nicht der Ammoniakspiegel sondern das Aminosäureangebot im Hepatozyten die Harnstoffbildung steuert. Dies ist auch sinnvoll, da der NH_4^+-Spiegel nicht zu sehr ansteigen darf.

Langfristig werden bei hohem Aminosäureangebot, sowie im Hunger und in hyperkatabolen Zuständen mit gesteigerter Proteolyse die Enzyme des Harnstoffzyklus sowie die N-Acetylglutamat-Synthase und ORNT1 über eine Aktivierung der Transkription vermehrt gebildet. Verantwortlich für diese Induktionsprozesse sind vor allem die Hormone **Glucagon** und **Cortisol**.

! Der Harnstoffzyklus ist eng mit der Gluconeogenese verknüpft.

Herkunft von NH_4^+ und Aspartat. Die für die Bildung von Carbamylphosphat benötigten Ammoniumionen gelangen entweder als solche in die Mitochondrien oder sie werden dort durch die mitochondriale **Glutaminase** aus Glutamin freigesetzt (Abb. 13.15, Reaktion (6)).

Woher das in Reaktion (3) in den Zyklus eingeführte **Aspartat** stammt, ist weniger leicht zu beantworten. Wie bereits erwähnt, sind die Aspartatspiegel im Blut gering, während andererseits neben Glutamin erhebliche Mengen an **Alanin** zur Verfügung stehen. Im unteren Teil von Abb. 13.15 ist ein Weg zur Umwandlung von Alanin in Aspartat dargestellt, der mit den heute verfügbaren Daten in Einklang steht: Zunächst wandelt die cytosolische **Alanin-Aminotransferase** (Reaktion (7)), die in Hepatozyten in hoher Aktivität vorkommt, Alanin und α-Ketoglutarat in Glutamat und Pyruvat um. Beide Produkte gelangen in die Mitochondrienmatrix (Glutamat durch den Glutamat/Aspartat Antiporter und Pyruvat im Cotransport mit H^+). Dort wird das importierte Glutamat durch die **Aspartat-Aminotransferase** zu Aspartat trans-

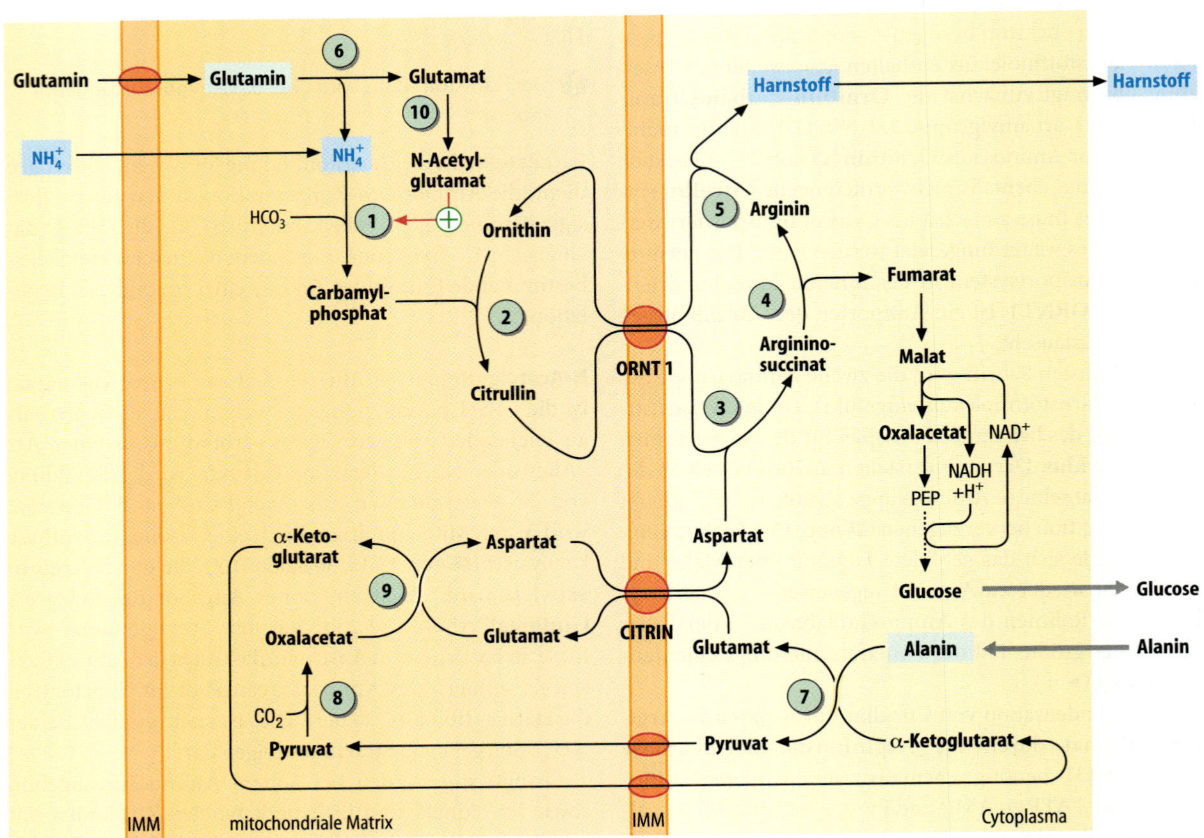

Abb. 13.15. Stellung des Harnstoffzyklus im Aminosäurestoffwechsel. Enzyme 1–5: Abb. 13.14. Weitere Enzyme: 6 = Glutaminase; 7 = Alanin-Aminotransferase; 8 = Pyruvatcarboxylase; 9 = Aspartat-Aminotransferase; 10 = N-Acetylglutamatsynthase. ORNT1 = Ornithin-Citrullin-Antiporter. (Einzelheiten ► Text)

aminiert (Reaktion (9)). Das dazu notwendige Oxalacetat kann in der Mitochondrienmatrix durch die **Pyruvatcarboxylase** (Reaktion (8)) aus Pyruvat gebildet werden, ohne die Funktion des Citrazyklus zu beeinträchtigen. Schließlich werden die Produkte von Reaktion (9) (Aspartat und α-Ketoglutarat) über entsprechende Transportsysteme wieder ins Cytosol exportiert, wo sie den Reaktionen (3) und (7) erneut zur Verfügung stehen.

Dass der Aspartat-Glutamat-Austausch für den Harnstoffzyklus eine wesentliche Rolle spielt, wird u.a. daran deutlich, dass Defekte dieses auch als **Citrin** bezeichneten Transporters zu Störungen der NH_4^+-Entgiftung führen können (Tabelle 13.6).

Schicksal des Fumarats. Obwohl das in Reaktion 4 anfallende Fumarat durch Reaktionen des **Aspartatzyklus** (Abb. 13.4) wieder in Aspartat umgewandelt werden könnte, ist fraglich, ob diese Reaktionsfolge in der Leber in größerem Umfang stattfindet. Auch energetische Überlegungen sprechen gegen einen solchen Mechanismus. So lässt sich berechnen, dass bei der vollständigen Oxidation der Tagesmenge von 100 g Aminosäuren zu CO_2 und H_2O in der Leber weit mehr ATP anfallen würde, als diese in dieser Zeit überhaupt bilden und verbrauchen kann. Man nimmt deshalb an, dass mehr als die Hälfte der aus dem Aminosäureabbau stammenden Kohlenstoffskelette über Fumarat, Malat und Oxalacetat in die **Gluconeogenese** eingeschleust werden (Abb. 13.15). Dies geschieht wohlgemerkt nicht nur bei Glucosemangel, sondern gerade in der Resorptionsphase, um die Oxidationskapazität der Leber nicht zu überfordern. Die gebildete Glucose wird dann wie üblich zur Glycogenbildung oder zur Versorgung anderer Organe eingesetzt.

! Perivenöse Hepatozyten fixieren Rest-Ammoniak in Form von Glutamin.

Zonierung. Genauere Untersuchungen zur Verteilung der Enzyme des Aminosäureabbaus in der Leber zeigten, dass auch in dieser Hinsicht nicht alle Hepatozyten äquivalent sind (Abb. 13.16). Die **periportalen Hepatozyten** im äußeren Bereich der Leberläppchen enthalten **Glutaminase** und die Enzyme des **Harnstoffzyklus** in hohen Aktivitäten. Sie entgiften die im Pfortaderblut vorhandenen Ammoniumionen und bauen hierzu einen großen Teil des mit den arteriellen Zuflüssen in die Leber gelangenden Glutamins ab.

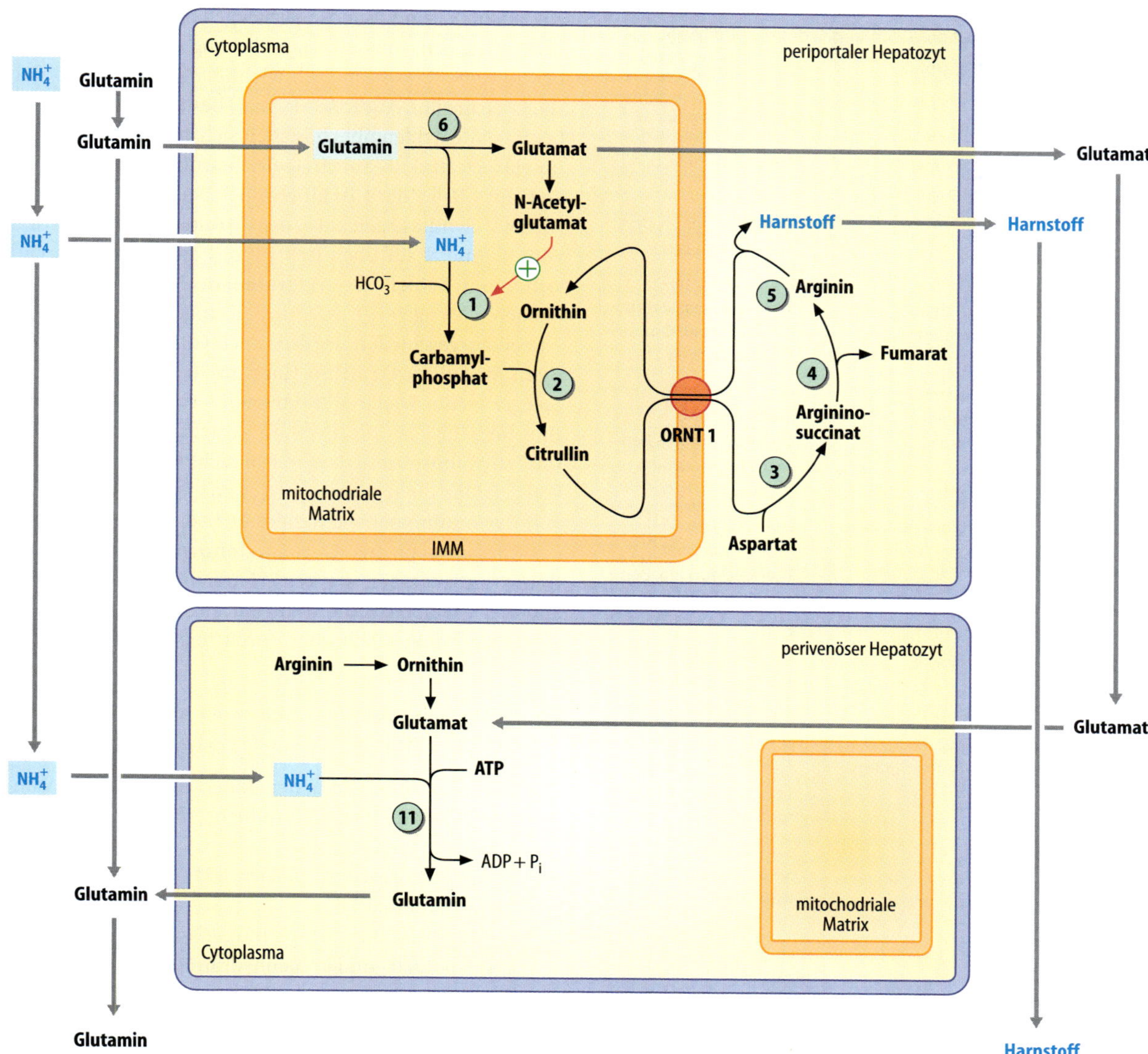

Abb. 13.16. Zonierung des NH_4^+-Stoffwechsels im Leberläppchen. Enzyme 1–6: s. Abb. 13.15. Enzym 11 = Glutamin-Synthetase. (Einzelheiten ► Text)

Eine dünne Schicht von Hepatozyten rund um die Zentralvene, die **perivenösen Hepatozyten** , sind darauf spezialisiert, mit Hilfe der cytosolischen **Glutamin-Synthetase** restlichen Ammoniak, der den periportalen Zellen entgangen ist, in organischer Bindung zu fixieren und wieder in Form von Glutamin freizusetzen. Im Gegensatz zur Glutamat-Dehydrogenase hat die Glutamin-Synthetase einen relativ günstigen K_M-Wert für NH_4^+ (etwa 1 mmol/l) und wird nicht durch ATP gehemmt. Das zur Fixierung notwendige Glutamat wird von den perivenösen Hepatozyten wahrscheinlich aus Arginin erzeugt, das von den Nieren synthetisiert und ins Blut abgegeben wird (► Kap. 13.5.4).

Vom oben beschriebenen Vorgang einmal abgesehen, ist die räumlich getrennte Expression von Glutaminase und Glutamin-Synthetase in unterschiedlichen Hepatozyten ohnehin notwendig, da sonst ein ATP-verbrauchender »sinnloser Zyklus« entstehen würde.

! Pathobiochemie: Angeborene Defekte des Harnstoffzyklus sind relativ häufig.

Hyperammoniämien. Da der Harnstoffzyklus während der Embryonalentwicklung noch nicht benötigt wird, machen sich angeborene Defekte in diesem Bereich bis zur Geburt kaum bemerkbar. Sie gehören deshalb zu den häufigeren erblichen Stoffwechselerkrankungen (etwa 1 Fall unter 30 000 Lebendgeburten).

Schon in den ersten Lebenstagen führen homozygote Defekte von Komponenten des Harnstoffzyklus zu massiven **Hyperammoniämien** mit Spitzenwerten von 2000 μmol/l NH_4^+ und mehr, die auf Grund von Gehirnschädigungen letal enden können, wenn sie nicht recht-

Tabelle 13.6. Angeborene Störungen des Harnstoffzyklus

Krankheit	Betroffenes Gen/ Enzym	Bemerkungen
Hyperammoniämie Typ I	*CPS1 2q35*	NH_3, Glutamat ↑
	Carbamylphosphat-Synthetase I (CPS-I)	Citrullin, Arginin ↓
		Therapie: Arginin, Benzoat, Phenylacetat
Hyperammoniämie Typ II	*OTC Xp21.1* Ornithincarbamyl-Transferase	Häufigste Form, X-chromosmal vererbt NH_3, Glutamat, Orotat ↑ Citrullin, Arginin ↓
Citrullinämie Typ I	*ASS 9q34* Argininosuccinat-Synthase	NH_3 ↑ Citrullin ↑ (bis >1000 µM) Therapie: Arginin, Benzoat, Phenylacetat
Argininosuccinaturie	*7cen-q11.2* Argininosuccinat-Lyase	NH_3 ↑ Citrullin ↑ (100–300 µM), Argininosuccinat ↑ Therapie: Arginin, Benzoat
Hyperargininämie	*6q23* Arginase	Selten NH_3 ↑ Arginin ↑ Therapie: Arginin- und proteinarme Diät
N-Acetylglutamatsynthetasemangel	*17q21.31* N-Acetylglutamat-Synthetase	NH_3 ↑ Therapie: Carbamylglutamat zur Aktivierung der CPS-I
Citrullinämie Typ II	– »Citrin« (Glutamat-Aspartat-Antiporter)	*»late onset«* NH_3 ↑ Citrullin ↑ Arginin ↓

zeitig erkannt und behandelt werden. Heterozygote Träger zeigen in der Regel keine oder nur geringfügige Symptome, da die verbliebene Aktivität von 50% für eine wirksame Entgiftung ausreicht. Patienten mit Restaktivitäten unter 50% sind während der Neugeborenenphase weitgehend symptomfrei, erkranken aber oft in der Jugend oder im frühen Erwachsenenalter (*late onset*). Zu den typischen Spätfolgen von Zyklusdefekten gehören Entwicklungsstörungen und Minderungen der Intelligenz. Unter Stress können auch immer wieder Schübe von Hyperammoniämie auftreten.

Molekulare Ursachen. Wichtige Defekte des Harnstoffzyklus, ihre Ursachen und ihre Auswirkungen sind in Tabelle 13.6 zusammengestellt. Nicht nur Enzyme des Zyklus können betroffen sein, sondern auch die Synthese des Aktivators N-Acetylglutamat und Transportsysteme, die Vor- und Zwischenstufen des Zyklus durch die innere Mitochondrienmembran schleusen.

Bei Neugeborenen sind die ersten Symptome einer gestörten NH_4^+-Entgiftung (Lethargie, Appetitlosigkeit, Erbrechen, Krämpfe) wenig charakteristisch und könnten z.B. auch auf eine Azidose zurückgehen. Ist eine Azidose auszuschließen, müssen zur Sicherung der Diagnose unbedingt die Plasmaspiegel wichtiger Zyklusmetabolite (NH_4^+, Citrullin, Argininosuccinat) bestimmt werden. Wie bei Enzymdefekten üblich, stauen sich auch bei Störungen im Harnstoffzyklus Substrate der betroffenen Enzyme an. So kann z.B. bei der **Citrullinämie I**, bei der die Argininosuccinat-Synthase defekt ist, der Citrullinspiegel im Serum von 50 µmol/l auf über 1000 µmol/l ansteigen, während sich beim Fehlen der **Argininosuccinat-Lyase** neben kleineren Mengen von Argininosuccinat (es kann über die Nieren ausgeschieden werden) auch Citrullin ansammelt. Beim Ausfall der **Ornithin-Carbamyltransferase** sind die Spiegel beider Metabolite unverändert, dafür taucht im Blut und im Urin die Pyrimidinvorstufe Orotat auf. Da Carbamylphosphat in diesem Fall nicht mehr zur Synthese von Citrullin dienen kann, wird es im Cytosol zur Synthese von Pyrimidinbasen verwendet (▶ Kap. 19). Bei Defekten des Eingangsenzyms **Carbamylphosphat-Synthetase-I** treten außer einer starken Hyperammoniämie keine anderen Metabolitveränderungen auf. Auch der seltene **Arginase-Mangel** fällt eher durch neurologische Symptome auf.

! Zur Therapie von Harnstoffzyklusdefekten werden alternative Wege der Stickstoffausscheidung genutzt.

Therapie. Zur Behandlung der akuten Phasen von Störungen der Harnstoffbildung gibt es mehrere Ansätze, die meist gleichzeitig verfolgt werden

- die rasche Erniedrigung des NH_4^+-Spiegels im Blut durch Hämodialyse
- die Verabreichung einer möglichst stickstoffarmen, dafür aber fett- und kohlenhydratreichen Diät
- die Substitution fehlender Metabolite (v.a. in Form von Arginin) und
- die Gabe von Substanzen, die zusätzliche Wege zur Stickstoffausscheidung eröffnen (▶ u.)

Langfristig geht es darum, die neurologischen Folgen der Hyperammoniämie zu mildern.

Zur Substitution der fehlenden Metabolite verabreicht man in der Regel **Arginin**, das nicht nur Ornithin bilden sondern auch als Proteinbaustein dienen kann. Um dem Organismus zusätzlichen Stickstoff zu entziehen, gibt man außerdem Substanzen, die in der Leber mit Glycin oder Glutamin konjugiert werden können. Beide Aminosäuren werden in freier Form in der Niere rückresorbiert, als Konjugate jedoch mit dem Urin ausgeschieden. Wirksame Konjugationspartner sind **Benzoesäure**, die mit Glycin **Hippursäure** liefert (▶ Kap. 28.2.2) und **Phenylacetat**, das mit Glutamin zu **Phenylacetylglutamin** konjugiert wird. Sie werden über Wochen in relativ hohen Dosen von 300–500 mg/kg/d verabreicht. Gaben von Phenylbutyrat, das durch β-Oxidation zu Phenylacetat abgebaut wird, haben die gleiche Wirkung.

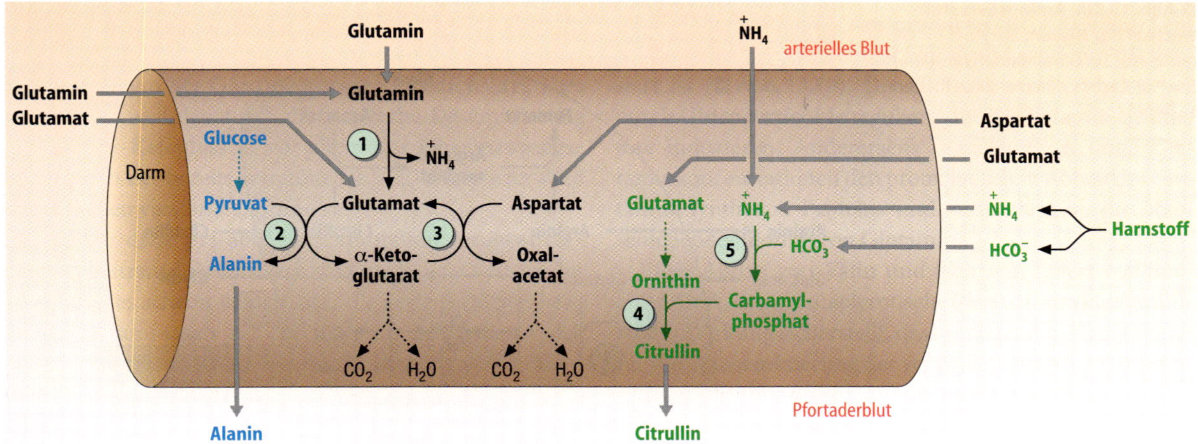

Abb. 13.17. Aminosäurestoffwechsel der Enterozyten. Enzyme: 1 = Glutaminase; 2 = Alanin-Aminotransferase; 3 = Aspartat-Aminotransferase; 4 = Ornithintranscarbamylase; 5 = Carbamylphosphat-Synthetase. (Einzelheiten ► Text)

Auch Defekte der N-Acetylglutamat-Synthetase können die Ursache von Hyperammoniämien sein. Hier können Gaben von **Carbamylglutamat** helfen, das wie N-Acetylglutamat die CPS-I aktiviert, im Gegensatz zu diesem aber in den Hepatozyten nicht enzymatisch abgebaut wird.

Eine Heilung von Defekten des Harnstoffzyklus ist zurzeit nur durch eine Lebertransplantation (in Zukunft vielleicht auch durch Gentherapie) möglich.

13.5.3 Aminosäurestoffwechsel des Darms

Auch die Enterozyten des Dünndarms betreiben einen sehr aktiven Aminosäurestoffwechsel.

> **!** Enterozyten decken ihren Energiebedarf vor allem durch Oxidation der sauren Aminosäuren.

Die Zellen der Darmschleimhaut haben wegen der zahlreichen dort ablaufenden aktiven Transportprozesse einen hohen Bedarf an ATP. Sie decken ihn überwiegend durch den oxidativen Abbau von **Glutamin**, **Glutamat** und **Aspartat** (Abb. 13.17). Diese Aminosäuren werden dem Blut fast vollständig entnommen und auch die aus dem Darm resorbierten Mengen der drei Aminosäuren erreichen den Systemkreislauf nur zu einem geringen Teil. Glutamin wird nach Desaminierung zu Glutamat über α-Ketoglutarat und den Citratzyklus abgebaut und so zur ATP-Synthese genutzt. Aspartat nimmt nach Transaminierung zu Oxalacetat denselben Weg. Auch einige der essentiellen Aminosäuren wie Threonin, Leucin, Lysin und Phenylalanin werden von Enterozyten verstoffwechselt.

> **!** Die Darmschleimhaut produziert Alanin und fixiert NH_4^+ in Form von Citrullin.

Von der Glucose, die mit dem Blut oder durch Resorption die Enterozyten erreicht, wird nur ein geringer Prozentsatz zur Energiegewinnung genutzt. Nützlich ist die aufgenommene Glucose dagegen als Vorstufe zur Bildung von Pyruvat, das überwiegend zu **Alanin** transaminiert wird. In dieser Form verlässt der größte Teil des Stickstoffs der abgebauten Aminosäuren die Darmschleimhaut (Abb. 13.17).

Etwa ¼ des in der Leber gebildeten Harnstoffs gelangt nicht in den Urin sondern durch Diffusion aus dem Blut ins Darmlumen. Dort wird er durch die **Urease** der Darmbakterien zu einem großen Teil wieder in NH_4^+ und HCO_3^- gespalten. Die Enterozyten können diese Produkte wieder in organischer Bindung fixieren, indem sie mit Hilfe der CPS-I **Citrullin** bilden. Das dazu notwendige Ornithin wird aus Glutamat hergestellt (Abb. 13.24). Vom Darm produziertes Citrullin wird nicht von der Leber aufgenommen sondern dient vor allem der renalen **Argininsynthese** (► Kap. 13.5.4).

13.5.4 Aminosäurestoffwechsel der Nieren

Die Nieren beteiligen sich am Aminosäurestoffwechsel des Gesamtorganismus durch die Synthese von **Arginin** aus Citrullin sowie von **Serin** aus Glutamin und Glycin. Zusätzlich sind sie in der Lage, zur Neutralisierung von saurem Urin den beim Aminosäureabbau gebildeten Ammoniak in das Tubuluslumen abzugeben und beteiligen sich auf diese Weise maßgeblich an der Regulation des Säure-Basenhaushalts (Abb. 13.18). Das Kohlenstoffskelett des Glutamins wird zur **Gluconeogenese** genutzt, die nicht nur in der Leber sondern auch in den Tubuluszellen der Niere ablaufen kann (► Kap. 11.3).

> **!** Extrahepatisch gebildetes Arginin stammt überwiegend aus den Nieren.

Leberzellen enthalten wegen des dort lokalisierten Harnstoffzyklus eine sehr hohe Arginase-Aktivität und geben

Gehirn in kurzer Zeit irreversibel schädigen. Typische Symptome einer Ammoniakvergiftung sind
- ein Flattertremor der Hände
- eine verwaschene Sprache
- Sehstörungen
- Verwirrung und
- in schweren Fällen Koma und Tod

Im Gehirn sind vor allem die **Astrozyten** betroffen, die als Zellen der Makroglia u.a. für die Verstoffwechselung von NH_4^+-Ionen verantwortlich sind. Trotz intensiver Bemühungen sind die Ursachen für die Neurotoxizität von Ammoniumionen noch nicht geklärt. Diskutiert werden u.a. Stoffwechselveränderungen als Folge des zu hohen Angebots an NH_3 bzw. NH_4^+:
- Eine Verarmung der Zellen an Glutamat und/oder α-Ketoglutarat auf Grund einer verstärkten Glutaminsynthese
- Ein ATP-Mangel durch Stimulation der Na^+/K^+-ATPase oder Hemmung der Atmungskette
- Änderungen des intramitochondrialen Redoxzustands der wasserstoffübertragenden Coenzyme und
- die gesteigerte Permeabilität der inneren Mitochondrienmembran (ein so genannter mitochondrialer Permeabilitätsübergang, *mitochondrial permeability transition*, MPT), gefolgt vom Anschwellen der Mitochondrien und oxidativem Stress

Nach anderen Vorstellungen ist in erster Linie die Signalweiterleitung im ZNS betroffen, z.B. durch
- Störungen der Transmitterbiosynthese
- Interferenz der NH_4^+-Ionen mit der Funktion der ähnlich großen K^+-Ionen und damit Beeinträchtigungen der Erregungsleitung oder
- Störungen von Signaltransduktionswegen, vor allem solcher, die von NMDA-Rezeptoren (▶ Kap. 31.3.2) ausgehen

13

Am wahrscheinlichsten ist, dass alle diese Vorgänge (und weitere noch unbekannte Effekte) zur Neurotoxizität von Ammoniak und Ammoniumionen beitragen.

13.6 Stoffwechsel einzelner Aminosäuren

Im Folgenden werden wichtige Wege des menschlichen Aminosäurestoffwechsels im Detail besprochen. Die einzelnen Aminosäuren sind dabei zu Gruppen zusammengefasst, deren Einteilung an Wechselbeziehungen im Stoffwechsel orientiert ist. Bei essentiellen Aminosäuren werden nur die Abbauwege berücksichtigt.

13.6.1 Alanin, die sauren Aminosäuren und deren Amide

Die Aminosäuren dieser Gruppe zeichnen sich dadurch aus, dass sie sich durch eine oder höchstens zwei Reaktionen in α-Ketosäuren überführen lassen, die als Vorstufen oder Zwischenprodukte des Citratzyklus im Zwischenstoffwechsel von zentraler Bedeutung sind. Entsprechend vielfältig sind auch die physiologischen Funktionen dieser Aminosäuren (◘ Tabelle 13.7).

Stoffwechselbedeutung. Alanin ist neben Glutamin das wichtigste Transportmolekül für Aminostickstoff im Blut (▶ Kap. 13.5.1) und ein bedeutendes Substrat der Gluconeogenese in der Leber. **Aspartat**, **Glutamat** und das von Glutamat abgeleitete **GABA** wirken im Gehirn als Neurotransmitter, wobei die beiden letztgenannten aus Glutamin gebildet werden (▶ Kap. 31.1.1). Im Stoffwechsel beteiligen sich Aspartat, Glutamat und Glutamin als **NH_2-Donoren** an zahlreichen Reaktionen. Aspartat und Glutamat fungieren außerdem als Ausgangssubstanzen für die Biosynthese weiterer Aminosäuren (◘ Abb. 13.9).

! Alanin, Aspartat und Glutamat lassen sich durch Aminotransferasen ineinander überführen.

Biosynthese und Abbau. Alanin, Aspartat und Glutamat stehen über zwei ubiquitär vorkommende Transaminierungsreaktionen miteinander im Gleichgewicht (▶ Kap. 13.3.2 und ◘ Abb. 13.20).

Sowohl die **Aspartat-Aminotransferase** (in der Klinik mit »ASAT«, »AST«, oder »GOT« abgekürzt) wie auch die **Alanin-Aminotransferase** (»ALAT«, »ALT«, »GPT«) kommen als cytosolische und mitochondriale Isoenzyme vor. Wichtig ist dies u.a. für den Transport von Reduktionsäquivalenten über den **Malat-Shuttle**, an dem die beiden ASAT-Isoenzyme beteiligt sind. Während die ASAT in den meisten Geweben vertreten ist, findet sich die ALAT vorwiegend in der Leber, wo sie im Rahmen des **Alaninzyklus** (▶ Kap. 13.5.1) eine besondere Rolle spielt.

! Pathobiochemie: Enzyme des Glutamatstoffwechsels in der klinischen Diagnostik.

Serumenzymdiagnostik. ASAT und **ALAT** gehören zu den Enzymen, deren Übertritt ins Blut diagnostische Hinweise auf Gewebeschädigungen liefern kann. Zusammen mit der **Glutamat-Dehydrogenase** (GLDH) und der **γ-Glutamyltransferase** (γ-GT, ▶ Kap. 13.6.4) sind beide Aminotransferasen vor allem zur Erkennung und Differentialdiagnose von Lebererkrankungen nützlich. Mit Ausnahme der ASAT, die auch im Herzen und in der Skelettmuskulatur in hohen Aktivitäten vorkommt, sind die erwähnten Enzyme weitgehend leberspezifisch. Zur weiteren Differenzierung der Befunde kann man das Verhältnis der Serumaktivitäten von ASAT und ALAT (den *de-Ritis-Quotienten*) heranziehen. Bei leichteren Leberzellschäden ist der Quo-

Tabelle 13.7. Stoffwechselbedeutung von Alanin, der sauren Aminosäuren und ihrer Amide

Aminosäure	Produkt	Funktion als/bei	in/im	siehe
Alanin		NH_2-Transport (Alaninzyklus)	Blut	Kap. 13.5.1, 16.2.3
	→ Pyruvat	Gluconeogenesevorstufe	Leber	Kap. 11.3
	→ Selenocystein	Vorstufe		Kap. 9.1.5
Aspartat		Neurotransmitter	Gehirn	
	→ Oxalacetat	Gluconeogenesevorstufe	Leber	Kap. 11.3, 13.3.1
	→ Argininosuccinat	NH_2-Donor (Harnstoffzyklus)	Leber	Kap. 13.5.2
	→ Carbamylaspartat	NH_2-Donor (Pyrimidinsynthese)		Kap. 19.1.2
	→ AICAR	NH_2-Donor (Purinsynthese)		Kap. 19.1.1
	→ Adenylosuccinat	NH_2-Donor (Nucleotidsynthese)		Kap. 19.1.1
	→ Asparagin	Vorstufe		
	→ Lysin, Methionin,	Vorstufe	Pflanzen,	
	→ Threonin		Mikrorganismen	
	→ β-Alanin	Vorstufe	Mikrorganismen	
Glutamat		Neurotransmitter	Gehirn	Kap. 31.3.2
	→ γ-Aminobutyrat	Neurotransmitter-Vorstufe	Gehirn	Kap. 31.3.4
	→ andere Aminosäuren	NH_2-Donor (Transaminierung)		Kap. 13.6.1
	→ NH_4^+/NH_3	Vorstufe (Desaminierung)	Leber, Niere	Kap. 13.3.3
	→ α-Ketoglutarat	Gluconeogenesevorstufe	Leber, Niere	Kap. 28.1.9, 13.3.1
	→ Glutamin, Prolin, Ornithin, Arginin	Vorstufe		Kap. 13.6.3
	→ N-Acetylglutamat	Vorstufe	Leber	Kap. 13.5.2
Asparagin		Stickstoffspeicher	Pflanzen	
	→ Aspartat	Gluconeogenesevorstufe		Kap. 13.4.2, 13.6.1
Glutamin		NH_2-Transport	Blut	Kap. 13.5.1
	→ Glutamat	Gluconeogenesevorstufe	Leber, Niere	Kap. 13.5.4
	→ Glutathion	Vorstufe		Kap. 13.6.4
	→ Asparagin	NH_2-Donor		Kap. 13.3.3
	→ Glucosamin-6-P	NH_2-Donor (Aminozuckersynthese)		Kap. 17.2.2
	→ Carbamylphosphat	NH_2-Donor (Pyrimidinsynthese)		Kap. 19.1.2
	→ Phosphoribosylamin	NH_2-Donor (Purinsynthese)		Kap. 19.1.1
	→ Formylglycinamidin-Ribonucleotid	NH_2-Donor (Purinsynthese)		Kap. 19.1.1
	→ GMP	NH_2-Donor (Nucleotidsynthese)		Kap. 19.1.1
	→ NAD^+	NH_2-Donor (NAD^+-Synthese)		Kap. 23.3.4
	→ Glutaminkonjugate	Biotransformation (Phase II)	Leber	Kap. 33.3.1

tient in der Regel < 1 weil die vorwiegend cytosolisch lokalisierte hepatische ALAT leichter ins Blut übertritt als die hauptsächlich mitochondrial lokalisierte ASAT-Aktivität. Bei schweren Leberschäden mit Zerfall der Mitochondrien und ganz besonders bei Myokardinfarkten und schweren Muskeltraumen dominiert die ASAT, sodass der Quotient auf Werte bis über 2 ansteigen kann.

! Die Amide Glutamin und Asparagin werden ATP-abhängig gebildet und durch Hydrolasen abgebaut.

Glutamin und Asparagin. Wie in Abschnitt 13.5.2 besprochen, ist neben der CPS-1-Reaktion die Bildung von Glutamin aus Glutamat die zweite wichtige Reaktion zur NH_4^+-Fixierung. Katalysiert wird sie durch die **Glutamin-Synthetase**, die die γ-Carboxylgruppe von Glutamat ATP-abhängig amidiert. Als Zwischenprodukt tritt enzymgebundenes γ-Glutamylphosphat auf. Im menschlichen Organismus läuft die Glutaminsynthese vor allem in der Muskulatur, in den Lungen und im Fettgewebe ab. Die Umkehrreaktion wird durch die mitochondriale phosphat-

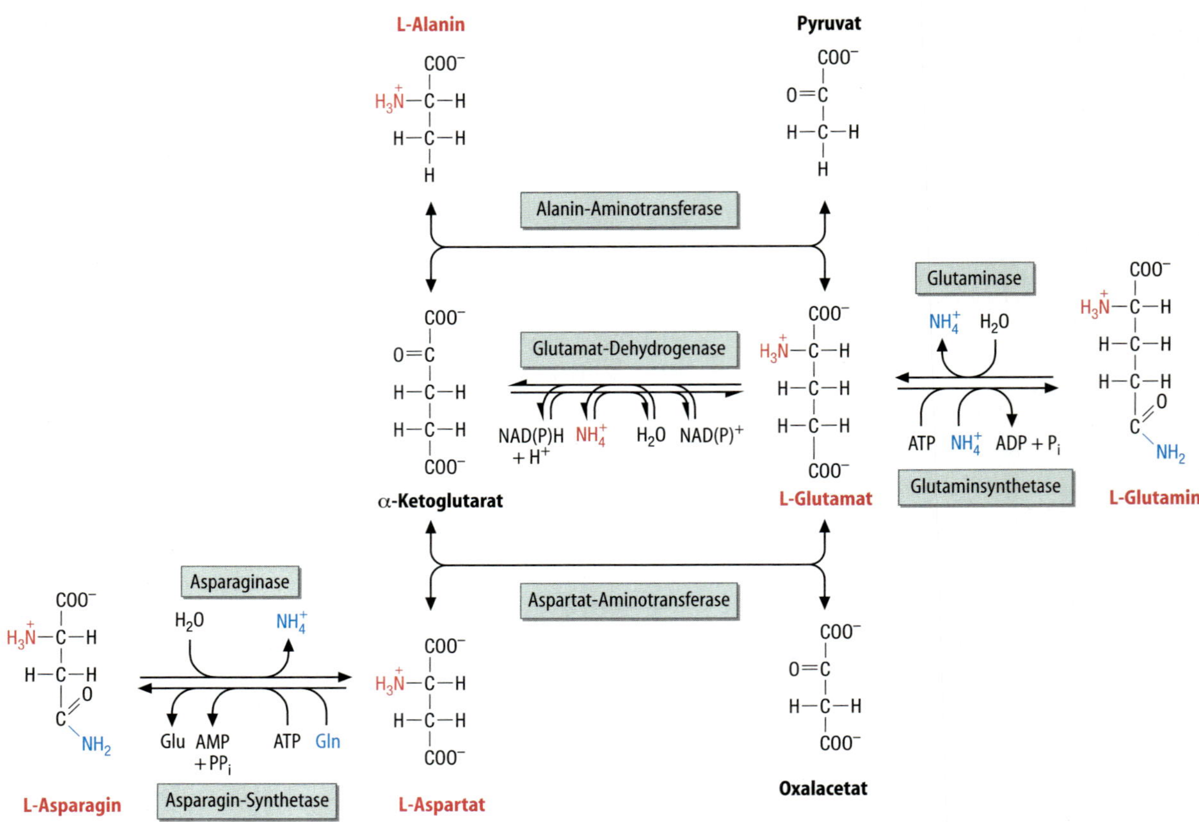

Abb. 13.20. Stoffwechsel von Alanin, der sauren Aminosäuren und ihrer Amide. (Einzelheiten ► Text)

abhängige **Glutaminase** katalysiert, die aus Glutamin durch hydrolytische Desaminierung wieder NH_4^+ freisetzt (Abb. 13.20).

Ähnlich wie Glutamat und Glutamin werden auch Aspartat und Asparagin ineinander umgewandelt. Im Gegensatz zur Glutamin-Synthetase verwendet die **Asparagin-Synthetase** allerdings als NH_2-Donor nicht NH_4^+ sondern Glutamin. Da Asparagin – anders als Glutamin – nicht dem Stickstofftransport dient, sind die Blutspiegel von Asparagin und Aspartat und die Aktivitäten von Asparagin-Synthetase und Asparaginase im tierischen Organismus vergleichsweise niedrig.

Pathobiochemie: Mikrobielle Asparaginasen werden zur Behandlung von Leukämien eingesetzt.

Zu den wenigen Enzymen, die einen festen Platz in der Therapie von Tumorerkrankungen gefunden haben, gehören bakterielle **Asparaginasen**, die zusammen mit anderen Cytostatika seit über 30 Jahren erfolgreich gegen die **akute lymphatische Leukämie** (ALL) eingesetzt werden. Die Wirkung der Asparaginasen (heute wird klinisch nur noch ein Enzym aus *Escherichia coli* eingesetzt) beruht auf der Tatsache, dass die für ALL verantwortlichen transformierten Leukozytenvorläufer (Blasten) kaum Asparagin-Synthetase-Aktivität enthalten und deshalb auf die Zufuhr von Asparagin angewiesen sind. Die Gabe von Asparaginase senkt die Asparaginkonzentration im Blut so weit, dass die Proliferation der Blasten massiv gehemmt wird. Ein schwerwiegender Nachteil der Asparaginasetherapie sind immunologische Reaktionen gegen das bakterielle Protein, die allergische Reaktionen auslösen und das verabreichte Enzym unwirksam machen können.

Die menschliche GLDH unterliegt einer komplexen Regulation.

Wie unter ► Kap. 13.3.3 besprochen, sind Desaminierungen beim Abbau von Aminosäuren die Ausnahme. Die wichtigste Reaktion dieser Art ist die **dehydrierende Desaminierung** von Glutamat, die nicht nur NH_4^+ freisetzt, sondern mit $NAD(P)H+H^+$ und α-Ketoglutarat zwei weitere Produkte bildet, die zur mitochondrialen ATP-Synthese beitragen.

Regulation der GLDH. Die menschliche GLDH ist in der Mitochondrienmatrix lokalisiert und besteht aus 6 identischen Untereinheiten. Sie kommt in allen Geweben vor, die weitaus höchsten Aktivitäten finden sich jedoch in der Leber (Abb. 13.21). Obwohl das Gleichgewicht der GLDH-Reaktion auf der Seite der Glutamatbildung liegt, dominiert in der Leber unter physiologischen Bedingungen wahrscheinlich die Desaminierungsreaktion weil

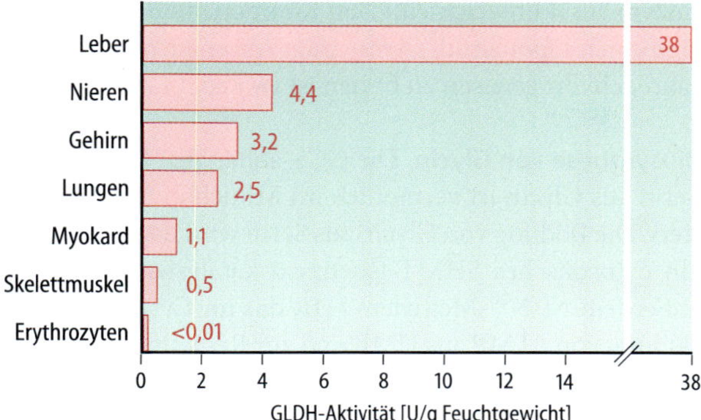

Abb. 13.21. Aktivitäten der Glutamatdehydrogenase (GLDH) in menschlichen Organen. (nach Schmidt E, Schmidt FW 1969)

- der K_M-Wert der GLDH für Ammoniak mit etwa 3 mmol/l relativ hoch ist, während die NH_4^+-Konzentration in Hepatozyten durch Glutamin-Synthetase und CPS I sehr niedrig gehalten wird (▶ Kap. 13.5.2)
- ATP und GTP die GLDH allosterisch hemmen, während ADP und Leucin das Enzym aktivieren

Die Tatsache, dass die GLDH-Aktivität durch den Energiestatus der Zelle (d.h. vom ATP/ADP-Verhältnis) kontrolliert wird, legt nahe, dass die Reaktion nicht in erster Linie der Freisetzung oder Fixierung von NH_4^+ dient, sondern der Bereitstellung von Vorstufen für die ATP-Bildung (d.h. α-Ketoglutarat und $NADH+H^+$).

! Pathobiochemie: Mutationen der GLDH können eine Hyperinsulinämie auslösen.

Die Vorstellung, dass die Desaminierung von Glutamat zu α-Ketoglutarat der ATP-Synthese dient, wird durch die Symptome der seltenen **Hyperininsulinämischen Hypoglykämie des Kindesalters (HHI)** gestützt. Bei dieser erblichen Stoffwechselerkrankung ist die Regulation der Insulinausschüttung aus den β-Zellen des Pankreas gestört (▶ Kap. 26.1.3). Als eine der möglichen Ursachen wurden Mutationen im Glutamat-Dehydrogenase-Gen identifiziert, die das Enzym gegen die allosterische Hemmung durch ATP und GTP unempfindlich und dadurch aktiver machen. In der Folge kommt es nicht nur zu einer (in der Regel milden) **Hyperammoniämie** (mit Blutspiegeln um 100 µmol/l), sondern auch zu einer **Hypoglykämie**. Offenbar führt die höhere GLDH-Aktivität zur Erhöhung des ATP-Spiegels in den β-Zellen und damit zur verstärkten Insulinausschüttung. Die bei der HHI beobachtete Hyperammoniämie resultiert nicht allein aus der gesteigerten NH_4^+-Freisetzung durch die höhere GLDH-Aktivität, sondern indirekt auch aus der verminderten Synthese von N-Acetylglutamat als Folge geringerer Glutamatkonzentrationen in der Mitochondrienmatrix. Dies senkt die Aktivität der CPS-1 und damit die Fähigkeit der Leber zur NH_4^+-Fixierung.

13.6.2 Serin, Glycin und Threonin

Zusammen mit den metabolisch eng verwandten Aminosäuren Serin und Glycin wird auch das essentielle Threonin besprochen, weil dessen wichtigster Abbauweg durch ein Enzym eingeleitet wird, das auch beim Abbau von Serin die entscheidende Rolle spielt.

Tabelle 13.8. Stoffwechselbedeutung von Glycin, Serin und Threonin

Aminosäure	Produkt	Funktion als/bei	in/im	siehe
Glycin		Neurotransmitter	Gehirn	Kap. 31.3.4
	→ Serin	Gluconeogenesevorstufe	Leber	Kap. 13.6.2
	→ N^5,N^{10}-CH_2-THF	C_1-Donor		Kap. 23.3.8
	→ Guanidinoacetat	Kreatinvorstufe	Niere	Kap. 16.2.2
	→ Glutathion	Vorstufe		Kap. 13.6.4
	→ δ-Aminolaevulinat	Häm-Vorstufe		Kap. 20.1.2
	→ Glycinamid-Ribonucleotid	Purin-Vorstufe		Kap. 19.1.1
	→ Glycocholsäure	Gallensäurebaustein	Leber	Kap. 32.1.4
	→ Glycinkonjugate	Biotransformation (Phase II)	Leber	Kap. 33.3.1
Serin	→ Pyruvat	Gluconeogenesevorstufe	Leber	Kap. 13.6.2
	→ Cystein	Vorstufe		Kap. 13.6.4
	→ Glycin	Vorstufe		Kap. 13.6.2
	→ Phosphatidylserin	Phospholipidbaustein		Kap. 18.1.1
	→ Ethanolamin	Vorstufe		Kap. 18.1.1
Threonin	→ Succinyl-CoA	Gluconeogenesevorstufe	Leber	Kap. 13.6.2

Stoffwechselbedeutung. Unter den drei Aminosäuren dieser Gruppe ist Glycin die vielseitigste. Es wirkt als hemmender Transmitter im Zentralnervensystem und dient als Vorstufe oder Baustein wichtiger Biomoleküle (◘ Tabelle 13.8). Der Abbau von Serin und Glycin versorgt außerdem den C_1-Pool mit N^5,N^{10}-Methylen-THF (► u.).

> ❗ Glycin und Serin lassen sich leicht ineinander umwandeln.

Biosynthese von Serin. Der wichtigste Weg zum **Serin** geht von 3-Phosphoglycerat aus, einem Zwischenprodukt von Glycolyse und Gluconeogenese (◘ Abb. 13.22, Reaktionen (1), (2) und (3)). Nach Oxidation der α-OH-Gruppe zur Ketogruppe wird die α-Aminogruppe durch Transaminierung eingeführt. Die Hydrolyse der Phosphorsäureesterbindung in 3-Stellung schließt die Synthese ab.

Alternativ dazu kann Serin durch die PALP-abhängige **Serin-Hydroxymethyltransferase** (SHMT) aus Glycin gebildet werden(◘ Abb. 13.22, Reaktion (5)). Die dazu notwendige Hydroxymethylgruppe stammt aus N^5,N^{10}-Methylen-THF, das beim Abbau eines weiteren Glycinmoleküls zu CO_2 und NH_4^+ entsteht. Für die letztere Reaktion ist das so genannte »**Glycin spaltende System**« (GCS, ◘ Abb. 13.22, Reaktion (6)) verantwortlich, ein komplexes Enzym aus 4 unterschiedlichen Komponenten, von denen eine einen Liponamid-«Arm« trägt wie er auch in α-Ketosäuredehydrogenasen zu finden ist (► Kap. 14.2).

Biosynthese von Glycin. Die GCS-abhängige Bildung von Serin aus Glycin ist vermutlich im Mitochondrium lokalisiert. Die Bildung von Glycin aus Serin wird dagegen durch ein cytosolisches SHMT-Isoenzym katalysiert. Es liefert außerdem N^5,N^{10}-Methylen-THF, das im Cytosol u.a. zur Bildung von dTMP aus UMP und zur Remethylierung von Homocystein (► Kap. 13.6.4) benötigt wird.

> ❗ Serin und Threonin werden über mehrere Wege abgebaut.

Abbau. Wie oben besprochen, wird **Glycin** durch das GCS gespalten und/oder in Serin umgewandelt. Zum Abbau von **Serin** gibt es mehrere Möglichkeiten:
- die direkte Desaminierung zu Pyruvat (◘ Abb. 13.22, Reaktion (4))
- die Transaminierung zu Hydroxypyruvat (◘ Abb. 13.22, Reaktion (9))
- den durch die SHMT katalysierten Abbau zu Glycin (◘ Abb. 13.22, Reaktion (5)) und
- die Umwandlung in Cystein (◘ Abb. 13.27)

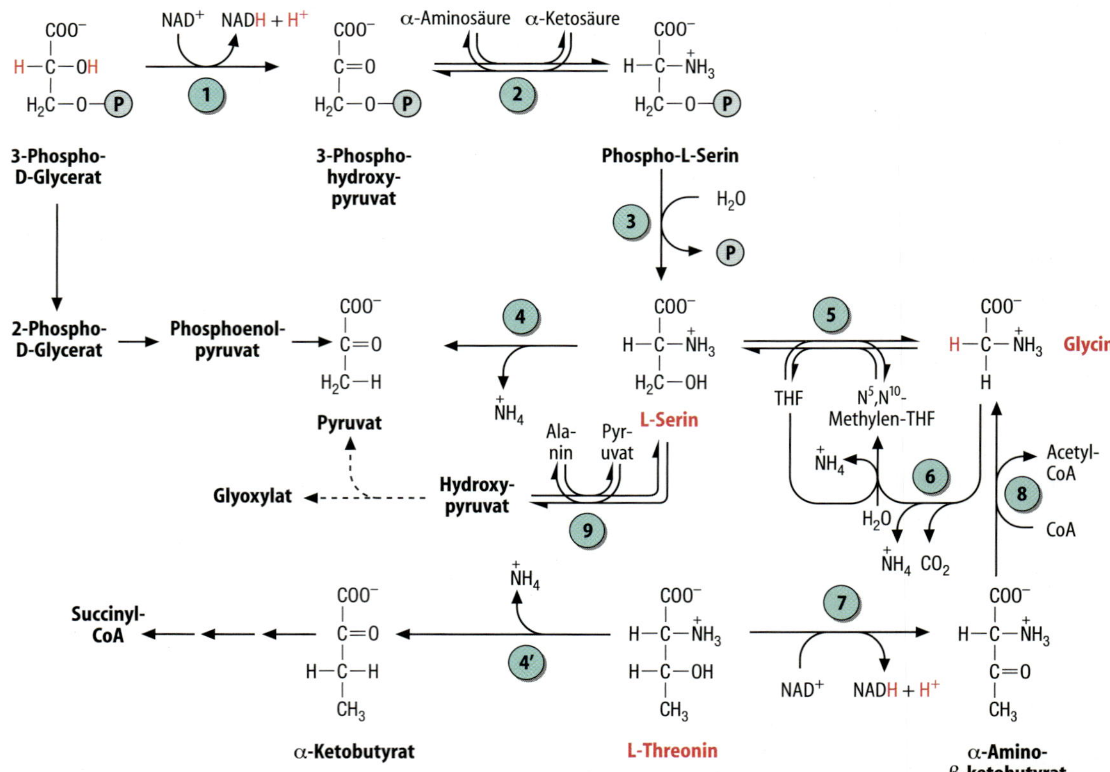

◘ **Abb. 13.22. Stoffwechsel von Serin, Threonin und Glycin.** Enzyme: 1 = Phosphoglycerat-Dehydrogenase; 2 = Phosphoserin-Transaminase; 3 = Phosphoserin-Phosphatase; 4, 4′ = Serin/Threonin-Dehydratase; 5 = Serin-Hydroxymethyltransferase; 6 = Glycin spaltendes System; 7 = Threonin-Dehydrogenase; 8 = α-Amino-β-ketobutyrat-CoA Ligase. (Einzelheiten ► Text)

Die eliminierende Desaminierung von **Serin** zu Pyruvat durch die **Serindehydratase** (▫ Abb. 13.22, Reaktion (4)) wird in Abschnitt 13.3.3 im Einzelnen dargestellt. Alternativ dazu wandelt eine kurz als **Serin-Pyruvat-Transaminase** (SPT) bezeichnete Aminotransferase Serin und Pyruvat in Alanin und Hydroxypyruvat um, das über weitere Zwischenstufen (nicht dargestellt) in Glyoxylat oder in Pyruvat übergehen kann. Welcher dieser beiden Wege zum Serinabbau dominiert, hängt vom Organismus und vom untersuchten Organ ab.

Threonin wird im menschlichen Organismus zu einem geringen Anteil zu α-Amino-β-ketobutyrat dehydriert und anschließend zu Acetyl-CoA und Glycin zerlegt (▫ Abb. 13.22, Reaktionen (7) und (8)). Der überwiegende Teil wird jedoch zu α-Ketobutyrat desaminiert (▫ Abb. 13.22, Reaktion (4′)). Verantwortlich für diese Reaktion ist dieselbe Lyase, die auch Serin desaminiert und deshalb statt Serindehydratase zutreffender als **Serin/Threonindehydratase** bezeichnet werden sollte. Das gebildete α-Ketobutyrat wird zunächst oxidativ zu Propionyl-CoA decarboxyliert (▫ Abb. 13.11). Die anschließende dreistufige Umwandlung von Propionyl-CoA in Succinyl-CoA stellt den Anschluss an den Citratzyklus her und wird als gemeinsame Endstrecke von mehreren katabolen Wegen genutzt (▫ Abb. 13.23). Diese sind

- die Abbauwege der Aminosäuren Threonin, Methionin, Isoleucin, und Valin
- der Abbau ungeradzahliger Fettsäuren und
- der Abbau von Thymin

Zunächst wird Propionyl-CoA zu D-Methylmalonyl-CoA carboxyliert (▫ Abb. 13.23, Reaktion (1)), das nach Isomerisierung zum L-Epimeren (▫ Abb. 13.23, Reaktion (2)) durch eine Coenzym-B_{12}-abhängige Isomerase in Succinyl-CoA umgelagert wird. Diese **Methylmalonyl-CoA-Mutase** (▫ Abb. 13.23, Reaktion (3)) ist neben der Methionin-Synthase (▸ Kap. 13.6.4), das einzige menschliche Enzym, das ein Cobalamid als Coenzym benötigt (▸ Kap. 23.3.9).

Pathobiochemie: Störungen des Propionyl-CoA-Stoffwechsels.

Propionacidämie Patienten mit einem Defekt der **Propionyl-CoA-Carboxylase** (▫ Abb. 13.23, Reaktion (1)) weisen hohe Plasmaspiegel von Propionsäure auf, die durch Hydrolyse von Propionyl-CoA entsteht. Zu den therapeutischen Maßnahmen zählen eine Beschränkung der Proteinzufuhr und die Beseitigung der durch Propionsäure bedingten metabolischen Azidose.

Methylmalonacidämie und -urie Genetische Defekte der **Methylmalonyl-CoA-Mutase** (▫ Abb. 13.23, Reaktion (2)) führen zum Anstieg von Methylmalonat im Plasma und zur Ausscheidung in den Urin. Da Vitamin B_{12}-Mangel ähnliche Auswirkungen hat, ist die Methylmalonat-Konzentration im Plasma ein Kriterium zur Bewertung der Versorgung mit diesem Vitamin.

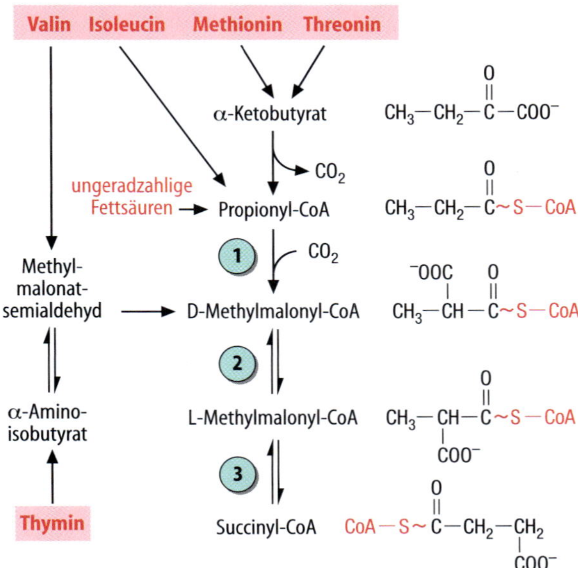

▫ **Abb. 13.23. Stoffwechsel von Propionyl-CoA.** Enzyme: 1 = Propionyl-CoA-Carboxlase; 2 = Methylmalonyl-CoA-Epimerase; 3 = Methylmalonyl-CoA-Mutase. (Einzelheiten ▸ Text)

13.6.3 Prolin, Ornithin und Arginin

Die Aminosäuren dieser Gruppe bilden zusammen mit Glutamin die **Glutamatfamilie**. Alle können aus Glutamat synthetisiert und durch Umkehrung der Syntheseschritte wieder zu Glutamat abgebaut werden.

Stoffwechselbedeutung. Die zyklische Aminosäure Prolin ist vor allem als Proteinbestandteil und als Vorstufe von posttranslational gebildetem **Hydroxyprolin** wichtig (▸ Kap. 24.2.1). Ornithin und Arginin sind Intermediate im **Harnstoffzyklus**. Arginin dient außerdem als Vorstufe für **Stickstoffmonoxid** (NO) und **Kreatin**, während Ornithin die Muttersubstanz der so genannten **Polyamine** ist (▫ Tabelle 13.9).

Glutamat, Arginin und Prolin lassen sich leicht ineinander überführen.

Biosynthese und Abbau. Die Stoffwechselschritte, die Ornithin bzw. Arginin und Prolin mit Glutamat verknüpfen, sind weitgehend reversibel und dienen deshalb sowohl der Biosynthese wie auch dem Abbau der betreffenden Aminosäuren. Gemeinsame Zwischenprodukte beider Wege sind **Glutamat-γ-semialdehyd** bzw. dessen unter Wasserabspaltung gebildete zyklische Form **Δ^1-Pyrrolincarboxylat**.

Während der freie Semialdehyd über eine Transaminierungsreaktion mit Ornithin in Beziehung steht (▫ Abb. 13.24, Reaktion 2), lassen sich Δ^1-Pyrrolincarboxylat und Glutamat durch eine Dehydrogenase ineinander überführen (▫ Abb. 13.24, Reaktion (1)). Eine weitere Dehydrogenase

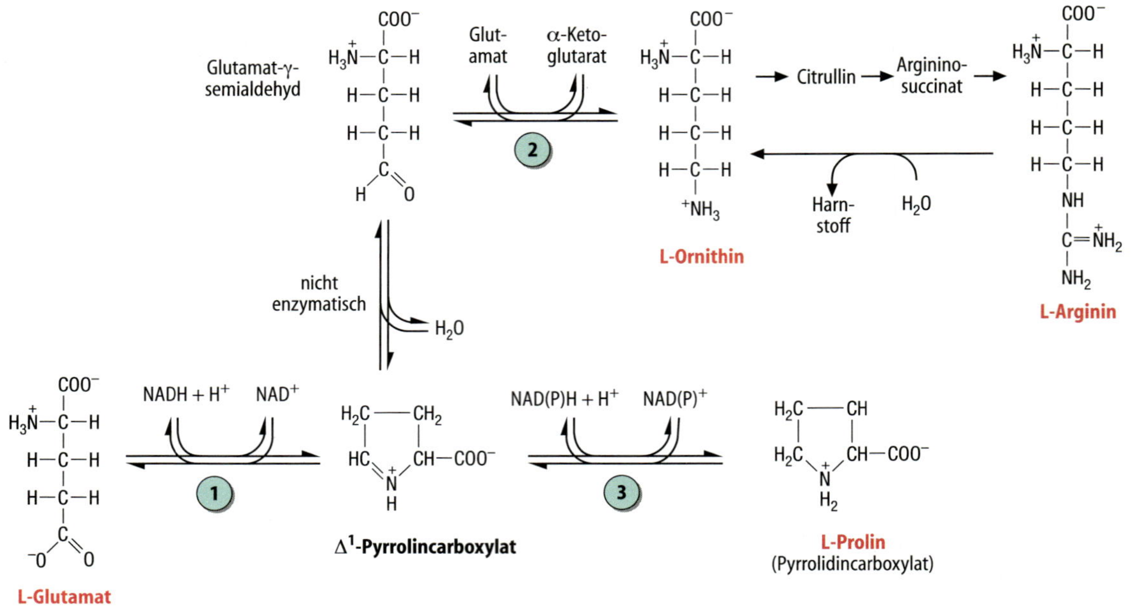

Abb. 13.24. Stoffwechsel von Prolin, Ornithin und Arginin. Enzyme: 1 = Pyrrolincarboxylat-Dehydrogenase; 2 = Ornithin-Transaminase; 3 = Pyrrolincarboxylat-Reduktase. (Einzelheiten ► Text)

(Abb. 13.24, Reaktion (3)) katalysiert die Gleichgewichtseinstellung zwischen Δ^1-Pyrrolincarboxylat und Prolin. Arginin kann deshalb sowohl zu Glutamat als auch zu Prolin abgebaut werden. Ein weiterer (nicht im Detail dargestellter) Abbauweg des Arginins führt über das biogene Amin **Agmatin** und das Polyamin **Putrescin** (► u.) zum Succinat.

Die Biosynthese von **Arginin** findet überwiegend extrahepatisch statt, weil in der Leber keine größeren Argininmengen aus dem Harnstoffzyklus abgezweigt werden können. Die Argininsynthese teilen sich die **Enterozyten** des Darms (Umwandlung von Glutamat in Citrullin, Abb. 13.17) und die Niere (Citrullin in Arginin, Abb. 13.18). Das extrahepatisch gebildete Arginin wird u.a. zur Synthese von Kreatin und NO sowie zur Bereitstellung von Glutamat in perivenösen Hepatozyten genutzt.

! Der Mediator Stickstoffmonoxid (NO) wird aus Arginin gebildet.

NO-Synthese. Stickstoffmonoxid (NO) ist ein kurzlebiges Radikal mit Signalfunktion (► Kap. 25.9.1). Es reguliert u.a. die Blutgefäßweite, wirkt als Neurotransmitter und beeinflusst das Immunsystem sowie die Hämostase. Wegen seiner begrenzten Lebensdauer muss NO in der Nähe des jeweiligen Wirkorts gebildet werden. Das dafür verantwortliche Enzym, die **NO-Synthase** (NOS), kommt in mehreren Formen vor: Konstitutiv gebildet werden das **neuronale** (**nNOS**) und das **endotheliale** Isoenzym (**eNOS**). Beide werden durch Ca^{2+}- Calmodulin aktiviert, während die so genannte **induzierbare** NOS (**iNOS**) durch diverse Stimuli calciumunabhängig induziert wird.

Tabelle 13.9. Stoffwechselbedeutung von Prolin, Ornithin und Arginin

Aminosäure	Produkt	Funktion als/bei	in/im	siehe
Prolin	→ Glutamat	Gluconeogenesevorstufe	Leber	Kap. 13.6.3
	→ Hydroxyprolin	Vorstufe		Kap. 24.2.1
Ornithin	→ Glutamat	Gluconeogenesevorstufe	Leber	
	→ Citrullin	Harnstoffzyklusintermediat	Leber	Kap. 13.5.2
	→ Putrescin	Polyaminvorstufe		Kap. 13.6.3
Arginin	→ Glutamat	Gluconeogenesevorstufe	Leber	Kap. 13.6.3
	→ Harnstoff	Harnstoffzyklusintermediat	Leber	Kap. 13.5.2
	→ Guanidinoacetat	Kreatinvorstufe	Niere	Kap. 16.2.2
	→ NO	Vorstufe		Kap. 13.6.3
	→ Agmatin	Vorstufe		Kap. 13.6.3

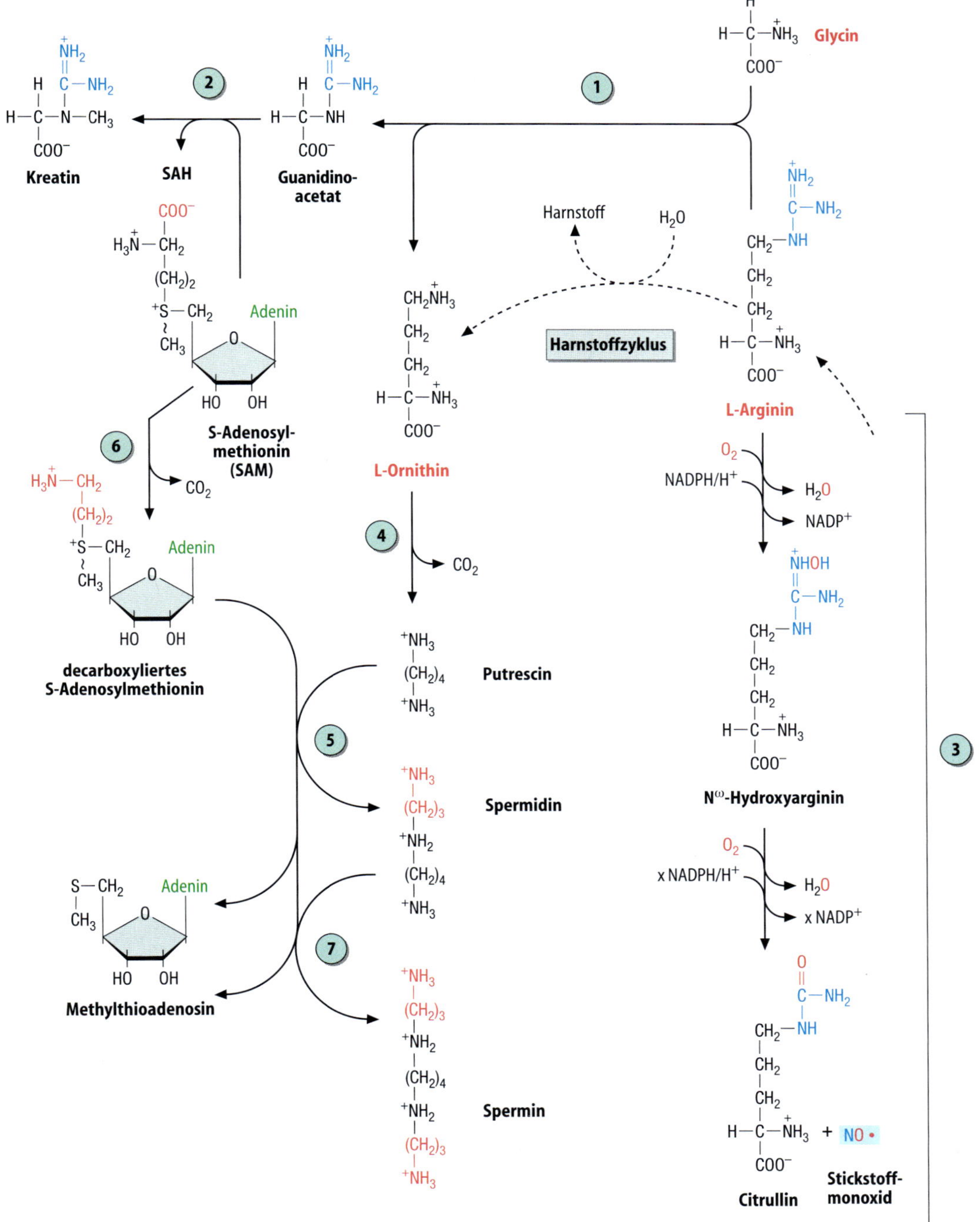

Abb. 13.25. Umwandlungsreaktionen von Arginin. Enzyme: 1 = Glycinamidinotransferase; 2 = Guanidinoacetat-Transmethylase; 3 = NO-Synthase; 4 = Ornithin-Decarboxylase; 5 = Spermidin-Synthase; 6 = Adenosylmethionin-Decarboxylase; 7 = Spermin-Synthase; SAH = S-Adenosylhomocystein. Zu Reaktion ③ ▶ auch Abb. 13.26. (Einzelheiten ▶ Text)

Mechanismus. Die Biosynthese von NO aus Arginin ist ein komplizierter, noch nicht völlig verstandener Prozess, der zwei Oxidationsschritte vom Monooxygenasetyp umfasst. Als enzymgebundenes Intermediat tritt **N^{ω}-Hydroxyarginin** auf (◘ Abb. 13.25, Reaktion (3)). Die N-terminale **Oxygenasedomäne** der NO-Synthese (NOS) (◘ Abb. 13.26) enthält eine Hämgruppe sowie als weiteren Cofaktor Tetrahydrobiopterin (BH_4) (◘ Abb. 13.32). Die C-terminale Reduktasedomäne, die im Falle von nNOS und eNOS auch den Aktivator Ca^{2+}-Calmodulin bindet, überträgt Reduktionsäquivalente von $NADPH+H^+$ über FAD und FMN zum Oxygenasezentrum.

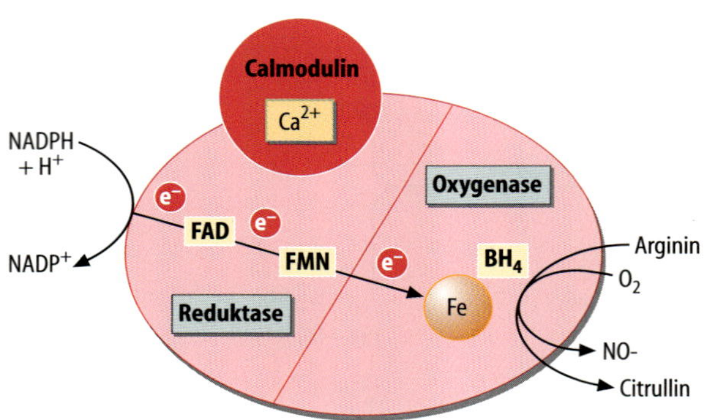

Abb. 13.26. Struktur der NO-Synthase. (Einzelheiten ► Text)

Polyamine regulieren Zellproliferation und Apoptose.

Polyamine. **Putrescin**, **Spermidin** und **Spermin** (Abb. 13.25) sind di-, tri- bzw. tetravalente organische Kationen, die in tierischen Zellen in millimolaren Konzentrationen vorkommen und für den normalen Ablauf der Zellproliferation notwendig sind. Ihre Wirkung beruht auf ihren amphipathischen Eigenschaften: Während die Methylengruppen (-CH_2-) hydrophobe Wechselwirkungen eingehen können, interagieren die positiv geladenen N-Atome mit negativen Ladungen, z.B. den Phosphatresten der DNA. Auf Grund dieser Eigenschaften sind die Polyamine in der Lage, DNA-Protein- und Protein-Proteinwechselwirkungen zu modifizieren und dadurch in die Regulation von Zellzyklus und Apoptose einzugreifen (► Kap. 7.1.5).

Biosynthese. Die Synthese der Polyamine geht von **Ornithin** aus, das von der **Ornithindecarboxylase** (ODC) (Abb. 13.25, Reaktion (4)) zu **Putrescin** (1,4-Diaminobutan) decarboxyliert wird. Mit Halbwertszeiten von wenigen Stunden ist die ODC eines der kurzlebigsten zellulären Proteine. An den beiden nachfolgenden Reaktionen, der Umwandlung von Putrescin in **Spermidin** und von Spermidin in **Spermin** ist ein ungewöhnlicher Cofaktor beteiligt, nämlich **decarboxyliertes S-Adenosylmethionin,** das als Donor für 3-Aminopropylreste fungiert.

Über Synthese und Funktion von **Kreatin** informiert ► Kap. 30.5.

13

13.6.4 Schwefelhaltige Aminosäuren

Stoffwechselbedeutung. Der Stoffwechsel der schwefelhaltigen Aminosäuren Cystein und Methionin ist eng verzahnt. **Cystein** gehört zu den bedingt essentiellen Aminosäuren, weil seine SH-Gruppe aus dem Abbauweg des essentiellen **Methionins** stammt. **Methionin** ist gleichzeitig Vorstufe für **S-Adenosylmethionin**, das wichtigste methylierende Coenzym im Stoffwechsel (► u.). Aus Cystein entstehen u.a. die nichtproteinogene Aminosäure **Taurin**, das nicht-enzymatisch oder posttranslational gebildete Disulfid **Zystin** und das als Antioxidans wirksame Tripeptid **Glutathion** (Tabelle 13.10).

Abbau von Methionin. Der Abbauweg des Methionins (Abb. 13.27) durchläuft zunächst Teile des so genannten **Methioninzyklus** (► u.) wobei die S-Methylgruppe entfernt wird. Das dabei gebildete Homocystein wird im nächsten Schritt durch die PALP-abhängige Cystathionin-β-Synthase auf Serin übertragen wobei Cystathionin entsteht. Dessen Spaltung durch die ebenfalls PALP-abhängige Cystathionin-γ-Lyase (Tabelle 13.2) liefert **Cystein** und **α-Ketobutyrat** (»Transsulfurierung«). Menschliche Föten und Frühgeborene besitzen noch keine ausreichende Cystathionin-γ-Lyase-Aktivität. Für sie gehört Cystein deshalb zu den essentiellen Aminosäuren.

Das aus Methionin gebildete α-Ketobutyrat wird zu Succinyl-CoA abgebaut (Abb. 13.23) oder in peripheren Geweben, denen die α-Ketobutyrat-Dehydrogenase fehlt, zunächst zu α-Aminobutyrat transaminiert, das in der Leber weiter verstoffwechselt wird.

Der Methioninzyklus liefert aktivierte CH_3-Gruppen für Methylierungsreaktionen.

S-Adenosylmethionin. Der Methioninzyklus (Abb. 13.28) ist ein geschlossener Kreislauf, in dessen Verlauf zunächst aus Methionin das Coenzym **S-Adenosylmethionin** (SAM, AdoMet) gebildet wird, der wichtigste Cofaktor bei Methylierungsreaktionen an Stickstoff- und Sauerstoffatomen. Bis heute wurden mehr als 40 SAM-abhängige Methyltransferasen identifiziert. Wichtige Beispiele sind in Tabelle 13.11 zusammengestellt. Nach Decarboxylierung von S-Adeno-

Tabelle 13.10. Stoffwechselbedeutung von Cystein und Methionin

Aminosäure	Produkt	Funktion als/bei	in/im	siehe
Cystein	→ Pyruvat	Gluconeogenesevorstufe	Leber	Kap. 13.6.4
	→ Taurin	Vorstufe		Kap. 13.6.4
	→ Cystin	Vorstufe		Kap. 13.6.4
	→ Glutathion	Vorstufe		Kap. 13.6.4
Methionin	→ Succinyl-CoA	Gluconeogenesevorstufe	Leber	
	→ Cystein	Vorstufe		Kap. 13.6.4
	→ S-Adenosylmethionin	Vorstufe, CH_3-Donor		Kap. 13.6.3, 13.6.4

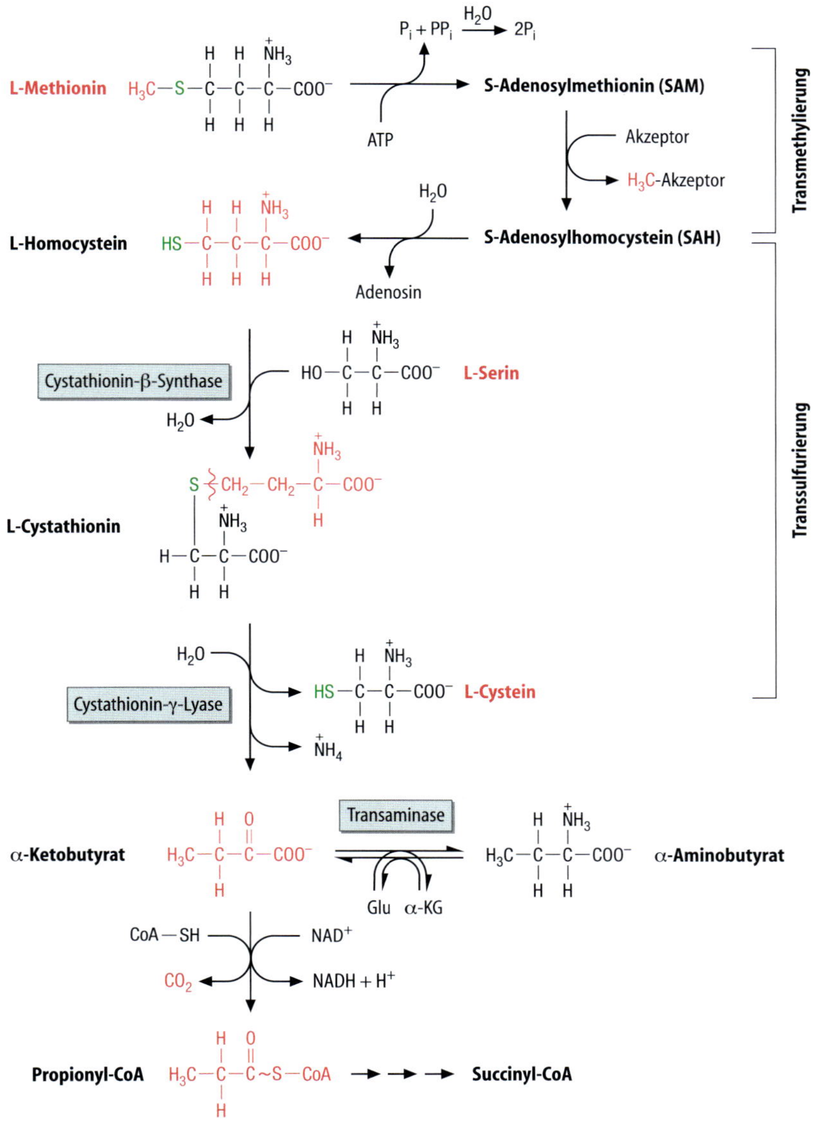

Abb. 13.27. Abbau von Methionin. (Einzelheiten ▶ Text)

sylmethionin kann auch der entstehende Aminopropylrest für Biosynthesen verwendet werden (Abb. 13.25). Die meisten Enzyme des Methioninstoffwechsels sind auch in extrahepatischen Geweben zu finden, da Methylgruppen für Methylierungen überall benötigt werden.

Transmethylierung. Zur Bildung von S-Adenosylmethionin wird durch eine Transferase der Adenosylrest von ATP auf das Schwefelatom von Methionin übertragen (Abb. 13.28, Reaktion (1)). Die CH_3-Gruppe gelangt dadurch auf hohes chemisches Potential und kann leicht auf andere Moleküle übertragen werden (»Transmethylierung«). Außerdem werden anorganisches Phosphat und Pyrophosphat frei. Da letzteres noch durch eine Pyrophosphatase gespalten wird, »kostet« die Methioninaktivierung zwei energiereiche Bindungen.

Tabelle 13.11. Verbindungen, deren Methylgruppe von S-Adenosylmethionin stammt (Auswahl)

Ausgangssubstanz	Methyliertes Produkt
Methylierung von Mikromolekülen	
Ethanolamin	Cholin (dreifache Methylierung)
Guanidinoacetat	Creatin
N-Acetylserotonin	N-Acetyl-5-methoxyserotonin (Melatonin)
Noradreanlin	Adrenalin
Pharmaka	Methylierte Pharmaka
Methylierung von Makromolekülen	
Basen der DNA und RNA (im Nucleinsäurenverband)	Methylierte Basen
Histidin (im Proteinverband)	3-(oder τ-)Methylhistidin

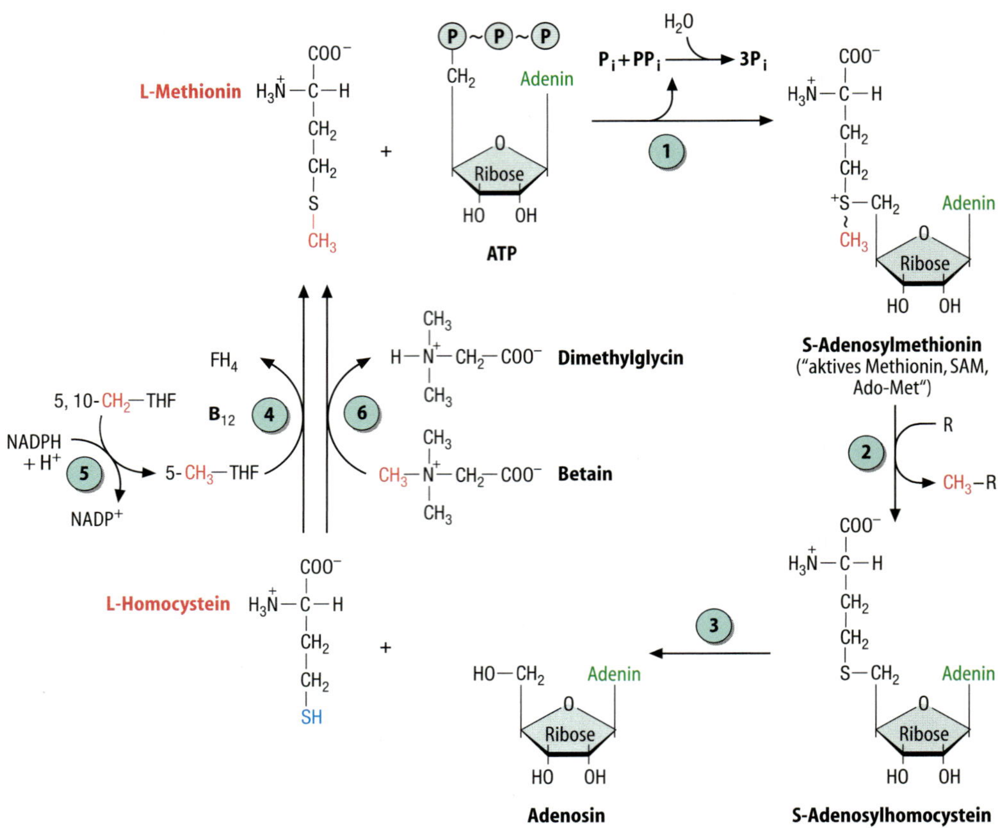

Abb. 13.28. Methioninzyklus. Enzyme: 1 = Methionin-Adenosyltransferase; 2 = diverse Methyltransferasen; 3 = Adenosyl-Homocysteinhydrolase; 4 = Methioninsynthase; 5 = Methylen-THF-Reduktase; 6 = Betain-Homocystein-Transmethylase. (Einzelheiten ▶ Text)

13

Bei Transmethylierungen geht SAM in **S-Adenosylhomocystein** über (Abb. 13.28 Reaktion (2)), das im nächsten Schritt hydrolytisch in Adenosin und das im Vergleich zu Cystein um eine CH_2-Gruppe verlängerte **Homocystein** gespalten wird (Abb. 13.28, Reaktion (3)). Adenosin wird über mehrere Schritte wieder zu ATP rephosphoryliert und steht dann erneut für die Methioninaktivierung zur Verfügung.

Remethylierung Homocystein wird entweder in Methionin zurückverwandelt (»remethyliert«) oder durch Transsulfurierung (▶ o.) weiter abgebaut. Zur Remethylierung von Homocystein gibt es zwei Möglichkeiten

- Die **Methionin-Synthase** (Abb. 13.28, Reaktion (4)) enthält als Cofaktor **Methylcobalamin** (B_{12}-Coenzym). Primärer CH_3-Donor ist N^5-Methyltetrahydrofolat (5-CH_3-THF), das durch die **Methylen-THF-Reduktase** (MTHFR, Abb. 13.28, Reaktion (5)) unter NADPH-Verbrauch aus N^5,N^{10}-Methylen-THF hergestellt wird
- Die **Betain-Homocysteinmethylase** (Abb. 13.28, Reaktion (6)) bezieht die Methylgruppe von Betain (N-Trimethylglycin), das dabei in Dimethylglycin übergeht

Die Methionin-Synthase ist neben der Methylmalonyl-CoA-Mutase (Abb. 13.23) das einzige Vitamin B_{12}-abhängige Enzym im tierischen Stoffwechsel.

! Pathobiochemie: Erhöhte Homocystein-Spiegel sind ein Risikofaktor für cardiovaskuläre Erkrankungen und M. Alzheimer.

Homozystinurie. Homocystein findet sich im Plasma normalerweise in Konzentrationen um 10 µmol/l. Es liegt dort hauptsächlich in Form des Disulfids Homozystin oder gebunden an Albumin vor. Schon geringfügige Erhöhungen der Homozystinkonzentration im Blut führen zu Schäden an den Gefäßendothelien und dadurch zu einem deutlich höheren Risiko für kardiovaskuläre Erkrankungen. Auch das Risiko, an der Alzheimer'schen Krankheit zu erkranken, ist signifikant erhöht.

Neben einem Mangel der Vitamine, die für die Remethylierung oder Transsulfurierung von Homocystein benötigt werden (Folsäure, B_6 oder B_{12}), kann eine Homozystinurie auch auf einen autosomal-rezessiv vererbten Defekt der Cystathionin-β-synthase zurückgehen. Die Methionin-Synthase oder das Hilfsenzym Methylen-THF-Reduktase (▶ o.) können ebenfalls betroffen sein. In allen Fällen staut sich Homozystin im Blut und in den Geweben

Abb. 13.29. Abbau von Cystein. (Einzelheiten ► Text)

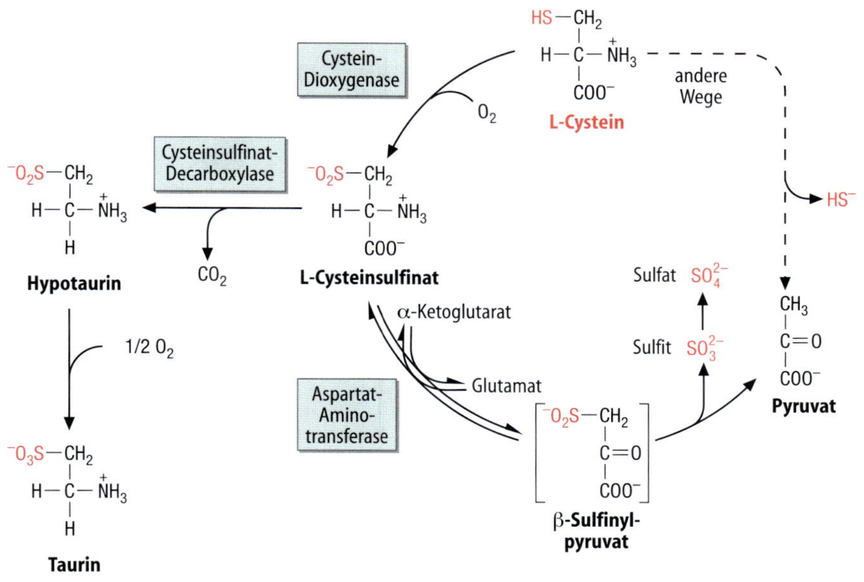

an und verursacht bei homozygoten Formen schwere Endothelschäden, die schon im frühen Alter zu Gefäßverschlüssen und damit zu Myokardinfarkten und Gehirnschlägen (Apoplexien) führen können. Cystein, das beim Menschen zu den bedingt essentiellen Aminosäuren zählt, wird durch diese Enzymdefekte absolut essentiell. Verantwortlich für die Endothelschädigung bei Homozystinämie ist wahrscheinlich die Bildung des äußerst zytotoxischen Metaboliten **Homocysteinthiolacton**.

Die Therapie der Homozystinurie besteht in einer Diät, die wenig Methionin enthält dafür aber mit Cystein und Vitaminen angereichert ist.

! Cystein wird über mehrere Wege zu Pyruvat abgebaut.

Cysteinabbau. Zum Abbau von Cystein gibt es mehrere Wege (Abb. 13.29). Im menschlichen Stoffwechsel vorherrschend ist die O_2-abhängige Oxidation zu **Cysteinsulfinat**, das durch die ubiquitär vorhandene Aspartat-Aminotransferase (► Kap. 13.6.1) unter Bildung von Glutamat zu **Sulfinylpyruvat** transaminiert wird. Dieses Intermediat zerfällt schließlich in Pyruvat und Sulfit (SO_3^{2-}), das durch Oxidation mit Hilfe der Sulfitoxidase in Sulfat (SO_4^{2-}) übergeht. Cystein lässt sich außerdem durch die Abspaltung von Hydrogensulfid (HS-) über Aminoacrylat in Pyruvat überführen (vgl. Abb. 13.7).

! In vielen Geweben gehört Taurin zu den häufigsten Aminosäuren.

Taurinsynthese. Im menschlichen Stoffwechsel wird etwa $^1/_3$ des Cysteins zu **Taurin** abgebaut. Diese nichtproteinogene Aminosäure (eine β-Aminosulfonsäure) wird durch Decarboxylierung und nachfolgende Oxidation der Sulfinatgruppe aus Cysteinsulfinat gebildet (Abb. 13.29). Während die Konzentrationen von Taurin im Blut gering sind (Tab. 13.5), kann es intrazellulär Konzentrationen bis 50 mmol/l erreichen. In Muskulatur, Gehirn und Leukozyten ist es sogar die häufigste Aminosäure.

In den Zellen entfaltet Taurin vor allem cytoprotektive Wirkungen. Unter anderem wirkt es als Osmolyt und puffert die Auswirkungen osmotischer Schwankungen der Körperflüssigkeiten ab. Taurin schützt außerdem vor oxidativen Zellschäden, hemmt Entzündungsreaktionen und aktiviert bestimmte Immunzellen. Diese noch nicht voll verstandenen Wirkungen werden teilweise durch **Taurinchloramin** vermittelt, das bei der Reaktion von Taurin mit hypochloriger Säure entsteht. Schon länger bekannt ist die Rolle des Taurins als Baustein konjugierter Gallensäuren (► Kap. 32.1.4).

! Glutathion (GSH) ist das wichtigste intrazelluläre Antioxidans.

Cystin. Wie alle Thiole wird Cystein durch Luftsauerstoff und andere Oxidationsmittel rasch zum Disulfid **Cystin** oxidiert. In Proteinen stellen Disulfidbrücken aus zwei verknüpften Cysteinresten die einzigen konformationsstabilisierenden Wechselwirkungen covalenter Art dar. Cystin kann auf nichtenzymatischem Wege durch Disulfidaustausch wieder zu Cystein reduziert werden, es gibt aber auch Enzyme, die es in NH_4^+, Pyruvat und Thiocystein zerlegen (Abb. 13.30, Reaktion (5)). Das letztere zerfällt spontan zu Cystein und H_2S.

Glutathion. Das cysteinhaltige Tripeptid **Glutathion** (GSH, γ-Glu-Cys-Gly) ist mit intrazellulären Konzentrationen zwischen 0,5 und 10 mmol/l das wichtigste **Antioxidans** des menschlichen Organismus. Seine Funktion beruht auf der stark reduzierenden Wirkung der Thiolgruppe, die

Tabelle 13.12. Stoffwechselbedeutung der aromatischen Aminosäuren

Aminosäure	Produkt	Funktion als/bei	in/im	siehe
Phenylalanin	→ Tyrosin	Gluconeogenesevorstufe	Leber	Kap. 13.6.6
	→ Tyrosin	Lipidvorstufe		Kap. 13.6.6
Tyrosin	→ Fumarat	Gluconeogenesevorstufe	Leber	
	→ Acetacetat	Lipidvorstufe		
	→ DOPA	Melaninvorstufe		Kap. 13.6.6
	→ DOPA	Katecholaminvorstufe		
	→ 3-Iodotyrosin	Hormonvorstufe (T_3, T_4)		Kap. 27.2.4
Tryptophan	→	Gluconeogenesevorstufe	Leber	Kap. 13.6.6
	→ Acetyl-CoA	Lipidvorstufe		Kap. 13.6.6
	→ Chinolinat	NAD^+-Vorstufe		Kap. 13.6.6
	→ 5-Hydroxytryptophan	Vorstufe für Serotonin und Melatonin		Kap. 32.3.6

DOPA = Dihydroxyphenylalanin

Von hier an unterscheidet sich der Valinabbau deutlich von dem der beiden anderen Aminosäuren. In drei Schritten wird das Intermediat 3-Hydroxyisobutyryl-CoA zu **Propionyl-CoA** abgebaut.

Beim Abbau von Leucin und Isoleucin folgt auf die Hydratisierung die Abspaltung von **Acetyl-CoA** (C-C-Spaltung), wobei im Falle des Isoleucins das hydratisierte Enoyl-CoA vorher noch oxidiert wird. Zurück bleiben **Propionyl-CoA** (aus Valin und Isoleucin) bzw. **Acetacetat** (aus Leucin). Da Leucin nur Acetyl-CoA und Acetat liefert ist es neben Lysin die einzige rein ketogene Aminosäure.

Die weitere Umwandlung von Propionyl-CoA in Succinyl-CoA ist in Abb. 13.23 im Einzelnen dargestellt.

13

Pathobiochemie: Verzweigtkettenkrankheit (»Ahornsirupkrankheit«).

Bei dieser Störung liegt ein Defekt der oxidativen Decarboxylierung der drei aus BCAA gebildeten α-Ketosäuren vor. Da die Verzweigtketten-Dehydrogenase aus drei Komponenten besteht, können Mutationen in allen drei Genen zu Aktivitätsänderungen des Multienzymkomplexes führen. Entsprechend stark ist die molekulare Heterogenität der Erkrankung.

Eine frühe Diagnose ist äußerst wichtig. Erste Hinweise gibt der seltsame Geruch von Urin und Schweiß, der an den Sirup des amerikanischen Zuckerahorns oder – bei uns besser bekannt – an Maggi-Würze erinnert. Neben den drei Aminosäuren werden auch die entsprechenden α-Ketosäuren und die durch Hydrierung entstehenden α-Hydroxysäuren vermehrt im Urin ausgeschieden. Außerdem tritt im Plasma und Urin die ungewöhnliche Aminosäure **L-Alloisoleucin** auf.

Falls nicht sofort mit einer Diät begonnen wird, die arm an (aber nicht frei von) Valin, Leucin und Isoleucin ist, treten schwere zentralnervöse Schädigungen (verbunden mit Atemnot und Cyanose) und eine Azidose auf, die meist schon in den ersten Lebenswochen zum Tode führen.

13.6.6 Aromatische Aminosäuren

Stoffwechselbedeutung. Tyrosin und Tryptophan sind Vorstufen für eine Reihe wichtiger Signalstoffe (Tabelle 13.12). Dazu gehören die von Tyrosin abgeleiteten Katecholamine **Dopamin, Noradrenalin** und **Adrenalin**, die als Neurotransmitter bzw. Hormone wirken. Tyrosin ist zudem Vorstufe der braunen oder roten **Melanine**, die in Haut und Haaren abgelagert werden und vor den Auswirkungen von UV-Strahlung schützen. Aus Tryptophan entsteht **Serotonin** und **Melatonin**, welches den circadianen Rhythmus reguliert. In begrenzten Mengen kann aus Tryptophan auch der **Nicotinamidring** von $NAD(P)^+$ synthetisiert werden.

Tyrosin entsteht durch Hydroxylierung von Phenylalanin.

Phenylalanin-Hydroxylase. Da der menschliche Stoffwechsel (mit Ausnahme des aromatischen Rings der Östrogene, ▶ Kap. 27.6.2) keine aromatischen Ringsysteme aufbauen kann, sind Tryptophan und Phenylalanin essentielle Aminosäuren. Im Gegensatz dazu ist Tyrosin nur bedingt essentiell, weil es unter normalen Stoffwechselbedingungen in ausreichenden Mengen aus Phenylalanin gebildet werden kann. Die Tyrosinbildung verbraucht normalerweise etwa ¾ des mit der Nahrung aufgenommenen Phenylalanins, der Rest wird zum größten Teil in Proteine eingebaut.

Für die Tyrosinsynthese verantwortlich ist die **Phenylalanin-Hydroxylase** (PAH, Abb. 13.32, Reaktion (1)), eine hauptsächlich in der Leber vorkommende, eisenhaltige Monooxygenase, die molekularen Sauerstoff (O_2) und als Cofaktor 5,6,7,8-Tetrahydrobiopterin (BH_4) benötigt.

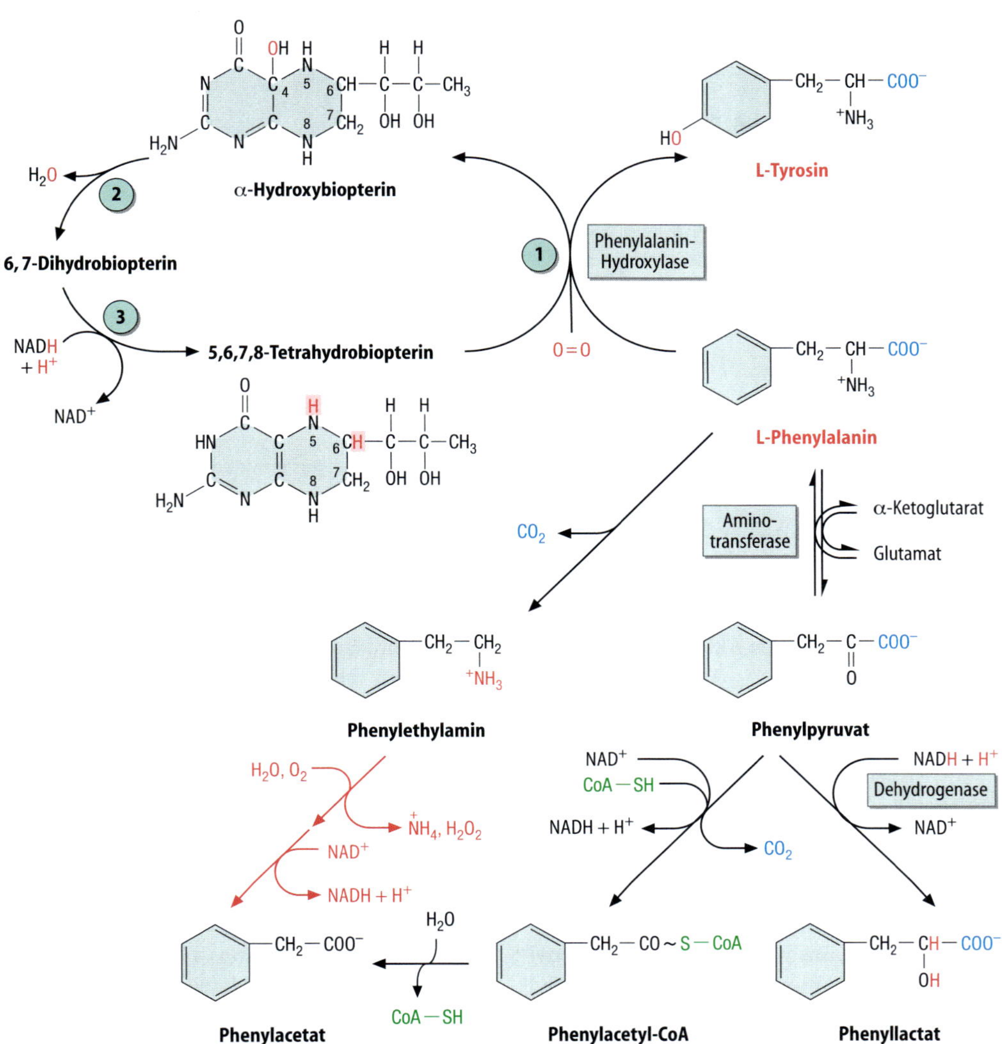

Abb. 13.32. Umwandlungsreaktionen des Phenylalanins. (Einzelheiten ► Text)

Das Gen für die PAH liegt auf Chromosom 12. Während die mRNA 2,4 kb lang ist, weist das PAH-Gen eine Länge von über 90 kbp auf. Der für das Enzymprotein codierende Bereich ist auf 13 Exons verteilt (Abb. 13.33). Die Phenylalanin-Hydroxylase gewinnt ihre volle Aktivität erst nach der Geburt, in der Leber menschlicher Feten sind nur geringe Mengen nachweisbar.

Reaktionsmechanismus. Wie bei allen Monooxygenasen baut die PAH eines der beiden Sauerstoffatome von O_2 unter Bildung von p-Hydroxyphenylalanin (Tyrosin) in das Substrat Phenylalanin ein. Das zweite O-Atom erscheint zunächst als Hydroxylgruppe im Biopterincofaktor bevor es als Wassermolekül freigesetzt wird. Der oxidierte Cofaktor, das so genannte **chinoide Biopterin**, wird schließlich wieder zu BH_4 reduziert. Die beiden regenerierenden Reaktionen werden durch spezielle Hilfsenzyme (Reaktionen (2) und (3)) katalysiert.

! Pathobiochemie: Die Phenylketonurie ist die häufigste genetisch bedingte Störung des Aminosäurestoffwechsels.

Phenylketonurie. Defekte der Phenylalanin-Hydroxylase stellen die häufigste genetische Anomalie des Aminosäurenstoffwechsels dar. Allein in Deutschland werden jährlich etwa 100 Kinder mit **homozygoter Phenylketonurie** geboren (1 Fall auf 10 000 Neugeborene). Die Häufigkeit heterozygoter Träger in der Bevölkerung beträgt etwa 1:50. Auf Grund der fehlenden Phenylalanin-Hydroxylase-Aktivität wird Phenylalanin nicht mehr oder nur noch langsam in Tyrosin überführt und häuft sich deshalb in den Zellen und im Blut an. Die Plasmakonzentration des Phenylalanins, die normalerweise bei 50–100 µmol/l (1–2 mg/dl) liegt, kann bei den Patienten auf das 50-Fache erhöht sein.

Durch den Defekt der Phenylalanin-Hydroxylase wird Tyrosin zur essentiellen Aminosäure. Da der vorherrschende

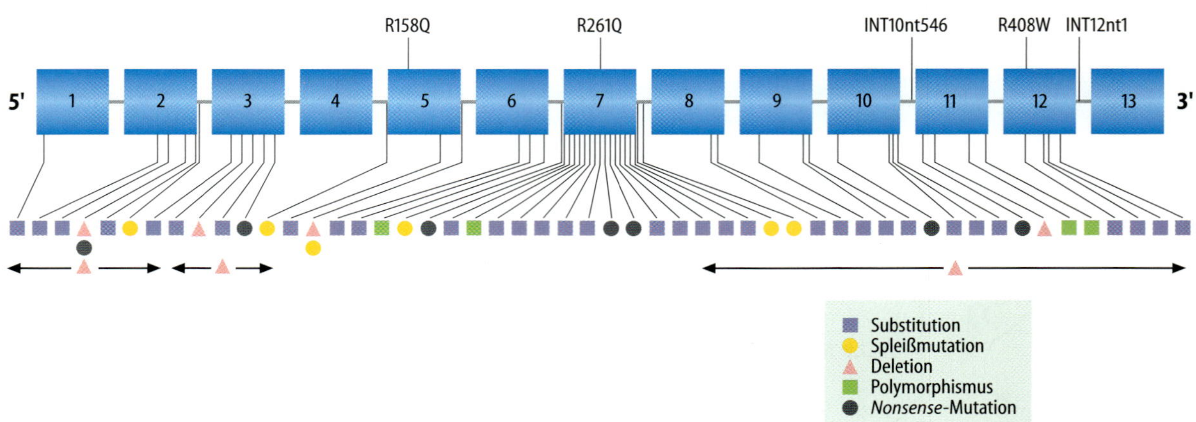

Abb. 13.33. Mutationen im Phenylalaninhydroxylase-Gen. Oben sind die in Europa häufigsten Mutationen dargestellt, unten eine Auswahl aus den fast 500 bekannten Polymorphismen

Abbauweg über Tyrosin ausfällt, wird Phenylalanin bei den Patienten über alternative Stoffwechselwege abgebaut, die bei Gesunden wegen ihrer geringen Aktivität kaum ins Gewicht fallen (Abb. 13.32):
- Durch Transaminierung entsteht aus Phenylalanin die α-Ketosäure **Phenylpyruvat**, deren Auftreten in Blut und Urin der Krankheit ihren Namen verliehen hat
- Das gebildete Phenylpyruvat wird entweder zu **Phenyllactat** reduziert oder durch dehydrierende Decarboxylierung in **Phenylacetyl-CoA** überführt, das nach Konjugation mit Glutamin als **Phenylacetylglutamin** im Urin nachgewiesen werden kann
- Ein Teil des Phenylalanins wird außerdem zu **Phenylethylamin** decarboxyliert und anschließend zu **Phenylacetat** dehydriert und desaminiert

Symptome. Die schwerwiegendsten Symptome der unbehandelten Krankheit sind eine geistige Retardierung bis hin zum Schwachsinn und progressiv verlaufende neurologische Ausfälle. Die biochemischen Ursachen sind noch nicht abschließend geklärt. Diskutiert werden u.a.
- Eine durch Phenylalanin bedingte Hemmung des Transports anderer Aminosäuren durch die Blut-Hirn-Schranke und daraus resultierende Störungen der Proteinbiosynthese im Gehirn
- Defekte in der Biosynthese der Neurotransmitter Dopamin, Noradrenalin und Serotonin und
- Störungen der Myelinisierung bzw. Demyelinisierung von Nervenfasern durch Phenylalaninmetabolite

> ! Mindestens 500 verschiedene Mutationen im Phenylalanin-Hydroxylase-Gen können eine Phenylketonurie auslösen.

Durch molekularbiologische Analysen des Phenylalanin-Hydroxylase-Gens von Patienten wurden bisher fast 500 verschiedenen Mutationen identifiziert (Abb. 13.33). Die meisten Patienten sind gemischt heterozygot, d.h. die beiden Phenylalanin-Hydroxylase-Allele weisen unterschiedliche Mutationen auf.

Bei einzelnen Patienten erklären die beobachteten Genotypen die individuelle Ausprägung der Krankheit. Manche Individuen weisen überhaupt keine Enzymaktivität mehr auf, andere besitzen noch Restaktivitäten bis zu etwa 30%. Unterschiede in der Verteilung und Häufigkeit der Mutationen sprechen für verschiedene geographische und ethnische Ursprünge der Phenylketonurie. In Europa herrschen fünf Mutationen vor: die Substitution von Arginin durch Glutamin in den Positionen 158 oder 261 (R158Q bzw. R261Q), die Substitution R408W sowie Mutationen in den Introns 10 und 12 (Int10nt546 bzw. Int12nt1). Die letztere Mutation führt – ähnlich wie bei β-Thalassämien – zu einer abnormen mRNA-Prozessierung (▶ Kap. 8.3). Bei Orientalen dominiert dagegen die Substitution R243Q.

> ! Die frühzeitige Diagnose der Phenylketonurie durch Reihenuntersuchungen erlaubt eine wirkungsvolle Behandlung.

Diagnose. An Phenylketonurie erkrankte Säuglinge werden ohne erkennbare Störungen geboren. Erst durch die Trennung vom mütterlichen Stoffwechsel und nach der ersten Nahrungszufuhr kommt es zum drastischen Anstieg des Phenylalaninspiegels.

Da eine phenylalaninarme Diät die Entwicklung des Schwachsinns bei den Patienten verhindern kann, ist eine frühzeitige Diagnose unerlässlich. Reihenuntersuchungen zur Erkennung der Phenylketonurie werden in der Regel zwischen dem 4. und 6. Lebenstag durchgeführt. Inzwischen werden diese statt mit dem klassischen mikrobiologischen Phenylalaninnachweis durch den **Guthrie-Test** mit Hilfe der Tandem-Massenspektrometrie durchgeführt. Dies hat den Vorteil, mit einer Messung ein ganzes Spektrum von Störungen des Aminosäure- und Fettstoffwechsels diagnostizieren zu können. Phenylalaninkonzentratio-

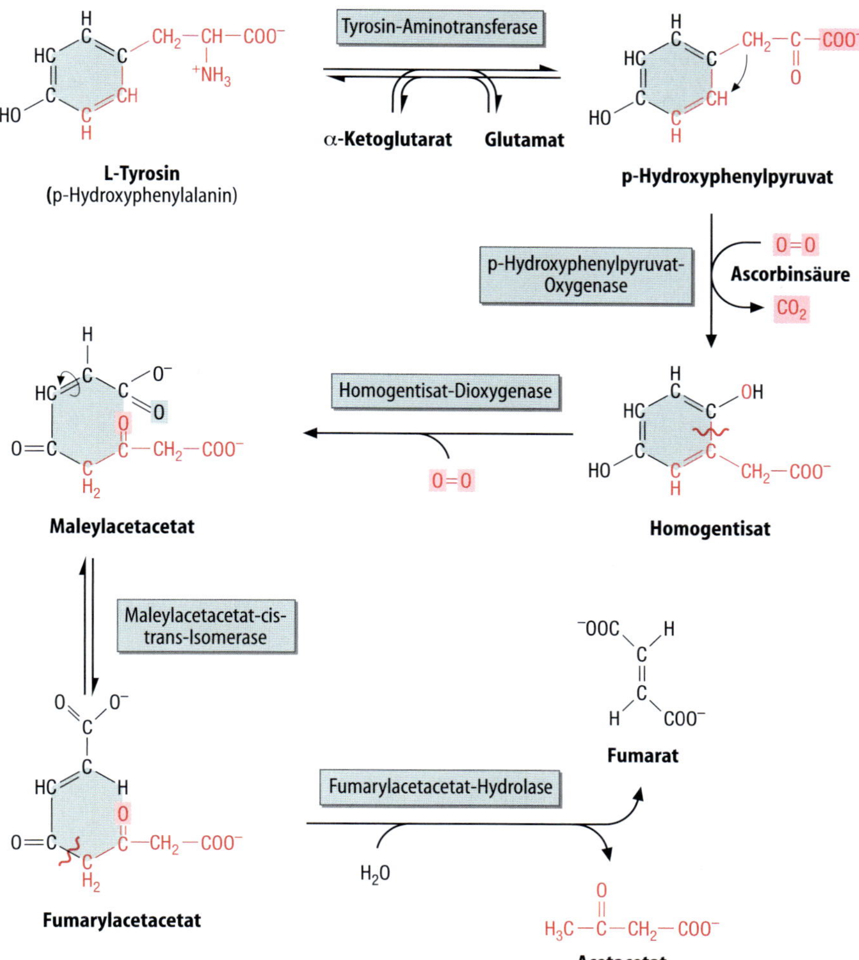

Abb. 13.34. Abbau von Tyrosin. (Einzelheiten ▶ Text)

nen über 240 µmol/l (3,5 mg/dl) gelten als verdächtig und ziehen weitere Untersuchungen nach sich.

Therapie. Die Therapie, die mindestens 10 Jahre lang durchgeführt werden muss, besteht in einer speziellen phenylalaninarmen, aber nicht phenylalaninfreien Diät (Phenylalanin ist eine essentielle Aminosäure). Da der Phenylalaninanteil natürlicher Proteine mit 4–5% relativ hoch ist, wird der Proteinbedarf der Patienten durch spezielle – im Handel erhältliche – Produkte gedeckt, denen das Phenylalanin weitgehend entzogen wurde. Die sonstige Nahrung sollte möglichst proteinfrei sein. Mit einer solchen Kost gelingt es in den meisten Fällen, die Blutphenylalaninspiegel dauerhaft unter 500 µmol/l (10 mg/dl) zu halten und damit die Folgen der Phenylketonurie zu verhindern.

> Die aromatischen Ringe von Tyrosin und Tryptophan werden durch Dioxygenasen aufgespalten.

Tyrosinabbau. Wie bei vielen anderen Aminosäuren auch, leitet eine Transaminierung den Tyrosinabbau ein (Abb. 13.34). Der aromatische Ring des gebildeten **p-Hydroxyphenylpyuvats** wird dann in zwei aufeinander folgenden oxidativen Schritten aufgespalten. Diese Schritte werden durch **Dioxygenasen** katalysiert, d.h. Enzyme, die (im Gegensatz zu den Monooxygenasen) beide Sauerstoffatome eines O_2-Moleküls in ihre Substrate einbauen. Im ersten Schritt, an dem **Ascorbinsäure** (Vitamin C) als Cofaktor beteiligt ist, wird die Ringspaltung vorbereitet: ein- und dasselbe Enzym decarboxyliert und hydroxyliert p-Hydroxyphenylpyruvat und verschiebt die Seitenkette innerhalb des Moleküls. Dann spaltet eine zweite Dioxygenase das gebildete (immer noch aromatische) **Homogentisat** unter Bildung von **Maleylacetacetat**. Nach Isomerisierung des *cis*-konfigurierten Maleylacetacetats in die *trans*-Verbindung **Fumarylacetacetat** setzt eine abschließende hydrolytische Spaltung die Endprodukte, den Ketonkörper **Acetacetat** und die Gluconeogenesevorstufe **Fumarat**, frei. Tyrosin (und natürlich auch seine Vorstufe Phenylalanin) gehören deshalb zu den Aminosäuren, die gleichzeitig glucogen **und** ketogen sind.

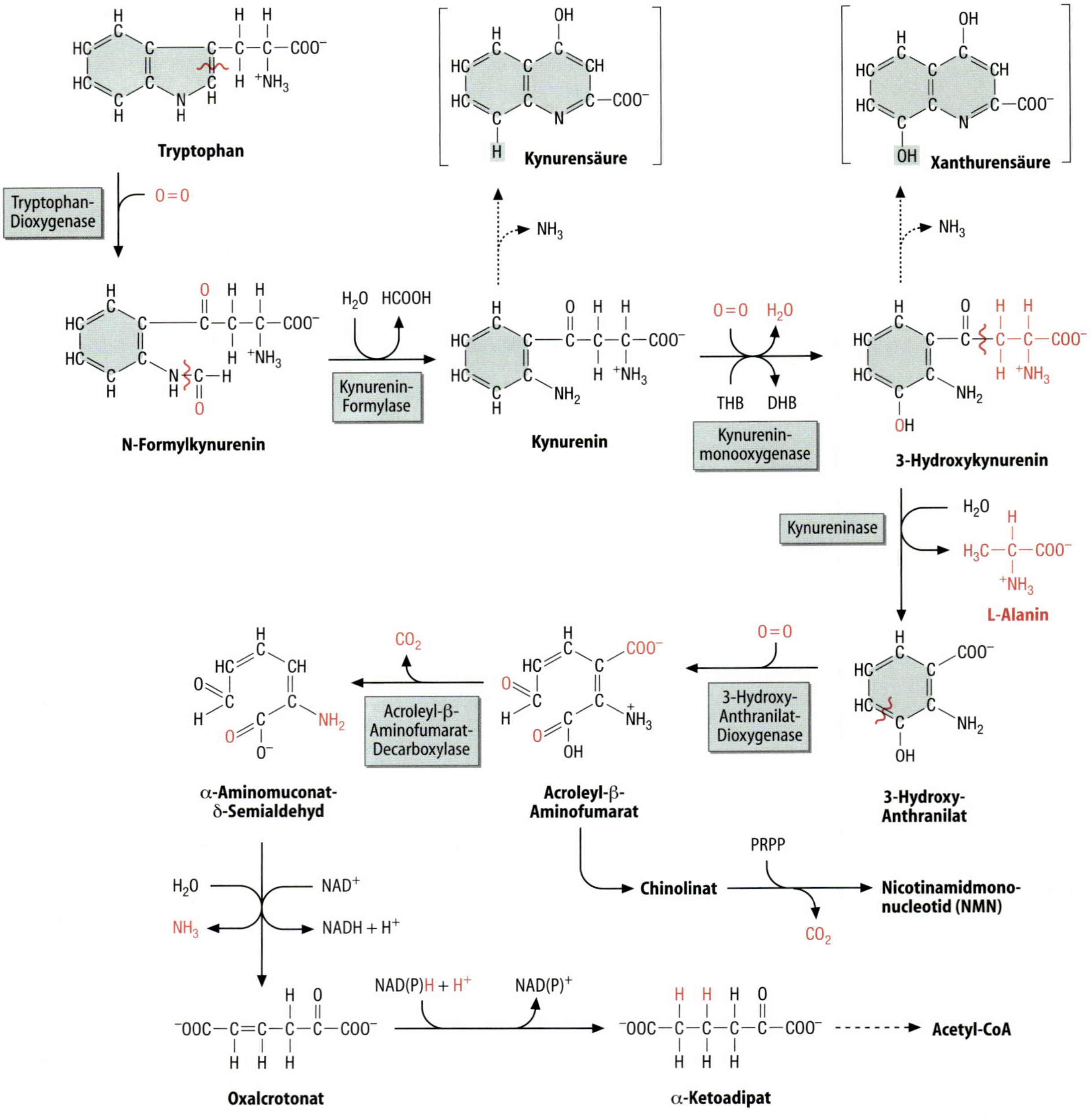

Abb. 13.35. Abbau von Tryptophan. (Einzelheiten ► Text)

Tryptophanabbau. Im Menschen wird Tryptophan fast ausschließlich über den so genannten **Kynureninweg** abgebaut. Im Gegensatz zu den anderen Abbauwegen enthält er keinen Transaminierungs- oder Desaminierungsschritt, weil der aliphatische Teil des Tryptophanmoleküls während des Abbaus in unveränderter Form als **Alanin** freigesetzt wird (Abb. 13.35).

In der Leber beginnt der Tryptophanabbau mit der oxidativen Spaltung des Pyrrolanteils des fünfgliedrigen Indolrings durch die **Tryptophan-Dioxygenase**. Das Produkt der Reaktion, **N-Formylkynurenin**, wird zunächst zu **Kynurenin** deformyliert und dann im Ring hydroxyliert, bevor die schon erwähnte Abspaltung von Alanin erfolgt. Der aromatische Sechsring des Reaktionsprodukts **3-Hydroxyanthranilat** wird durch eine zweite Dioxygenase in **Acroleyl-β-aminofumarat** gespalten, das schließlich über eine Reihe weiterer Reaktionen α-**Ketoadipat** liefert, wie es auch beim Abbau von Lysin entsteht. Der weitere Abbau verläuft über Glutaryl-CoA (Abb. 13.11) und Acetacetyl-CoA zu **Acetyl-CoA**.

Pathobiochemie: Bei Pyridoxinmangel werden Kynurensäure und Xanthurensäure gebildet.

Bei Mangel an Vitamin B_6 (Pyridoxin) weicht der Tryptophanabbau auf einen sonst nicht benutzten Weg aus, der auch in einer Reihe extrahepatischer Gewebe (v.a. den Nieren) abläuft. Sinkt die Kynureninase-Aktivität wegen des Fehlens von Pyridoxalphosphat stark ab, stauen sich Kynurenin und 3-Hydroxykynurenin an und zyklisieren nach Transaminierung durch eine vom PALP-Mangel weniger betroffene Kynurenin-Aminotransferase spontan zu **Kynurensäure** bzw. **Xanthurensäure** (▣ Abb. 13.35). Diese Reaktionen bilden die Grundlage eines klinischen Funktionstests, bei dem zum Nachweis einer B_6-Hypovitaminose die Xanthurensäure-Ausscheidung im Urin nach oraler Tryptophangabe bestimmt wird.

! Tryptophan ist Provitamin für die Nicotinsäuresynthese.

NAD⁺-Synthese. Von **Acroleyl-β-aminofumarat** zweigt der Biosyntheseweg der Nicotinsäure ab (▣ Abb. 13.35). Die Isomerisierung zum *cis*-Isomeren und dessen nicht enzymatische Kondensation führen zum Pyridinderivat Chinolinsäure (Pyridin-2,3-dicarbonsäure), das nach Verknüpfung mit Phosphoribosylpyrophosphat (PRPP) und Decarboxylierung die NAD^+-Vorstufe **Nicotinsäuremononucleotid** (NMN) liefert.

Angesichts dieses Stoffwechselwegs kann man Nicotinsäure nur bedingt zu den Vitaminen zählen. Der Mensch benötigt etwa 4 mmol Tryptophan in der Nahrung, um 0,1 mmol Nicotinsäure zu ersetzen. Die empfohlene tägliche Tryptophanzufuhr reicht im Allgemeinen zur Deckung des Nicotinsäurebedarfs aus. Nahrungsbedingte Mangelzustände wie die **Pellagra** (▶ Kap. 23.3.4) sind deshalb eher als Kombinationen aus Protein-(d.h. Tryptophan-) und Vitaminmangel zu betrachten.

! Pathobiochemie: Tryptophan und seine Metabolite beeinflussen Zellproliferation, Immunantwort und Transmitterfunktionen im Zentralnervensystem.

Die physiologische Bedeutung von Tryptophan beruht nicht nur auf seiner Eigenschaft als Vorstufe für Serotonin und Melatonin – auch die Aminosäure selbst und die beim Abbau entstehenden Metabolite haben wichtige physiologische Wirkungen. Schon lange ist bekannt, dass hohe intrazelluläre Tryptophan-Konzentrationen die Proteinsynthese und die Zellproliferation stimulieren. Umgekehrt wirkt eine Verarmung der Zellen an Tryptophan cytostatisch – ein Effekt, der auch im Organismus von Bedeutung zu sein scheint.

Während die Tryptophan-Dioxygenase auf die Leber beschränkt und für die Regulation des Tryptophanspiegels im Plasma verantwortlich ist, exprimieren periphere Gewebe ein zweites Enzym mit ähnlicher Wirkungsspezifität, die so genannte **Indolamin-2,3-Dioxygenase** (IDO). Man geht heute davon aus, dass die cytostatische Wirkung von Interferon-γ ganz oder teilweise auf einer Aktivierung der Indolamin-2,3-Dioxygenase und nachfolgender Tryptophanverarmung in den Tumorzellen beruht. Hinzu kommt, dass einige Tryptophanmetabolite, z.B. 3-Hydroxykynurenin, zytotoxische Wirkung haben.

Ein zweiter Prozess, bei dem die Indolamin-2,3-Dioxygenase eine Rolle zu spielen scheint, ist die T-Zell-Aktivierung durch Antigen präsentierende Zellen (▶ Kap. 34.3.3). Die lange rätselhafte Tatsache, dass das Immunsystem der Mutter während einer Schwangerschaft den Fötus toleriert, beruht zumindest teilweise darauf, dass über die Aktivierung der Indolamin-2,3-Dioxygenase die Proliferation und Reaktivität der mütterlichen T-Zellen herabgesetzt ist. Tatsächlich ließ sich zeigen, dass Indolamin-2,3-Dioxygenase-Hemmstoffe wie 1-Methyltryptophan zur Abstoßung des Fötus führen können.

Schließlich beeinflussen Tryptophanmetabolite auch die Funktion des Nervensystems. So interagieren Chinolinsäure (als Agonist) und Kynurensäure (als Antagonist) mit Glutamatrezeptoren vom NMDA-Typ. Man schreibt diesen Verbindungen deshalb eine Rolle bei der Pathogenese verschiedener neurologischer Erkrankungen zu.

13.6.7 Histidin und Lysin

Die essentiellen Aminosäuren Lysin und Histidin werden über besondere Wege abgebaut, die keine Beziehungen zueinander und zu den Abbauwegen der anderen Aminosäuren erkennen lassen.

Stoffwechselbedeutung. N-Trimethyllysin ist die Vorstufe des Acylcarriers **Carnitin** (▶ Kap. 12.2.1). Posttranslational gebildetes **5-Hydroxylysin** ist neben Hydroxyprolin ein typischer Baustein von Kollagen (▶ Kap. 24.2). Da Hydroxylysin – ebenso wie Hydroxyprolin – für die Kollagenbiosynthese nicht wiederverwendet werden kann, wird es entweder unverändert im Urin ausgeschieden oder über α-Aminoadipat abgebaut. Das Aktin aller Muskelfasern und das Myosin der weißen Fasern enthält die ungewöhnliche Aminosäure **3-Methylhistidin** (π-Methylhistidin) (▶ Kap. 30.2.2), die ebenfalls posttranslational gebildet und nach dem Abbau der Muskelproteine nicht reutilisiert wird. Die mit dem Urin ausgeschiedene Menge von 3-Methylhistidin dient deshalb als Indikator für den Proteinumsatz in der Muskulatur.

! Histamin ist ein vielseitiger Mediator zellulärer Funktionen.

Biosynthese und Abbau. Die PALP-abhängige Decarboxylierung von Histidin führt zum biogenen Amin **Histamin**. Für diese Decarboxylierung gibt es zwei Enzyme:

- die in Gehirn, Nieren und Leber vorkommende **aromatische L-Aminosäuredecarboxylase** hat ein breites Substratspektrum (Phenylalanin, Tyrosin, 3,4-Dihydroxyphenylalanin (DOPA), Tryptophan, 5-Hydroxytryptophan) während

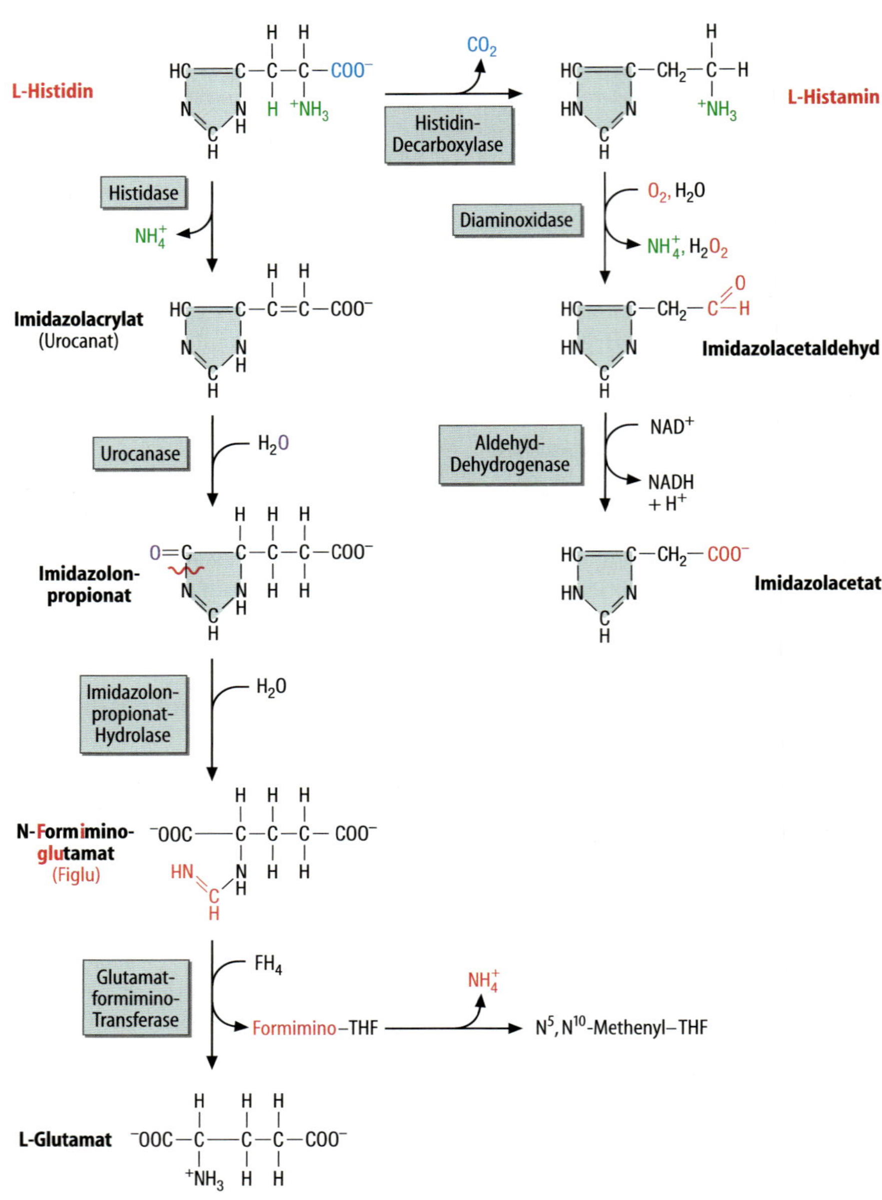

Abb. 13.36. Abbau von Histidin. (Einzelheiten ► Text)

- die **Histidin-Decarboxylase** (in Mastzellen, basophilen Granulozyten, den ECL-Zellen der Magenmukosa und weiteren Geweben) für Histidin spezifisch ist

Der Abbau von Histamin kann ebenfalls zwei Wege nehmen:

- die oxidative Desaminierung durch die kupferhaltige **Diaminoxidase** (Histaminase) ergibt den entsprechenden Aldehyd, dessen Dehydrierung durch Aldehyd-Dehydrogenase **Imidazolacetat** liefert (Abb. 13.36) oder
- durch N-Methylierung des Imidazolrings und anschließende Oxidation des Produkts zu N(τ)-Methylimidazolacetat (nicht gezeigt)

Die Aktivitäten aller Enzyme des Histamin-Aufbaus und -Abbaus werden durch mehrere Hormone und Cytokine kontrolliert.

Funktionen. Histamin ist ein Mediator mit vielen Wirkungen. Über **H_1-Rezeptoren** führt es zur Kontraktion der glatten Muskulatur im Respirations- und Gastrointestinaltrakt. In Gefäßendothelzellen fördert es dagegen die Freisetzung von NO (Abb. 13.25), welches sekundär die Relaxation glatter Muskelzellen und damit eine Gefäßerweiterung verursacht. Auf den Belegzellen der Magenschleimhaut bindet Histamin an G-Protein-gekoppelte **H_2-Rezeptoren** und stimuliert so die Freisetzung von Magensäure (► Kap. 32.1.2). Die Funktionen der Rezeptoren vom

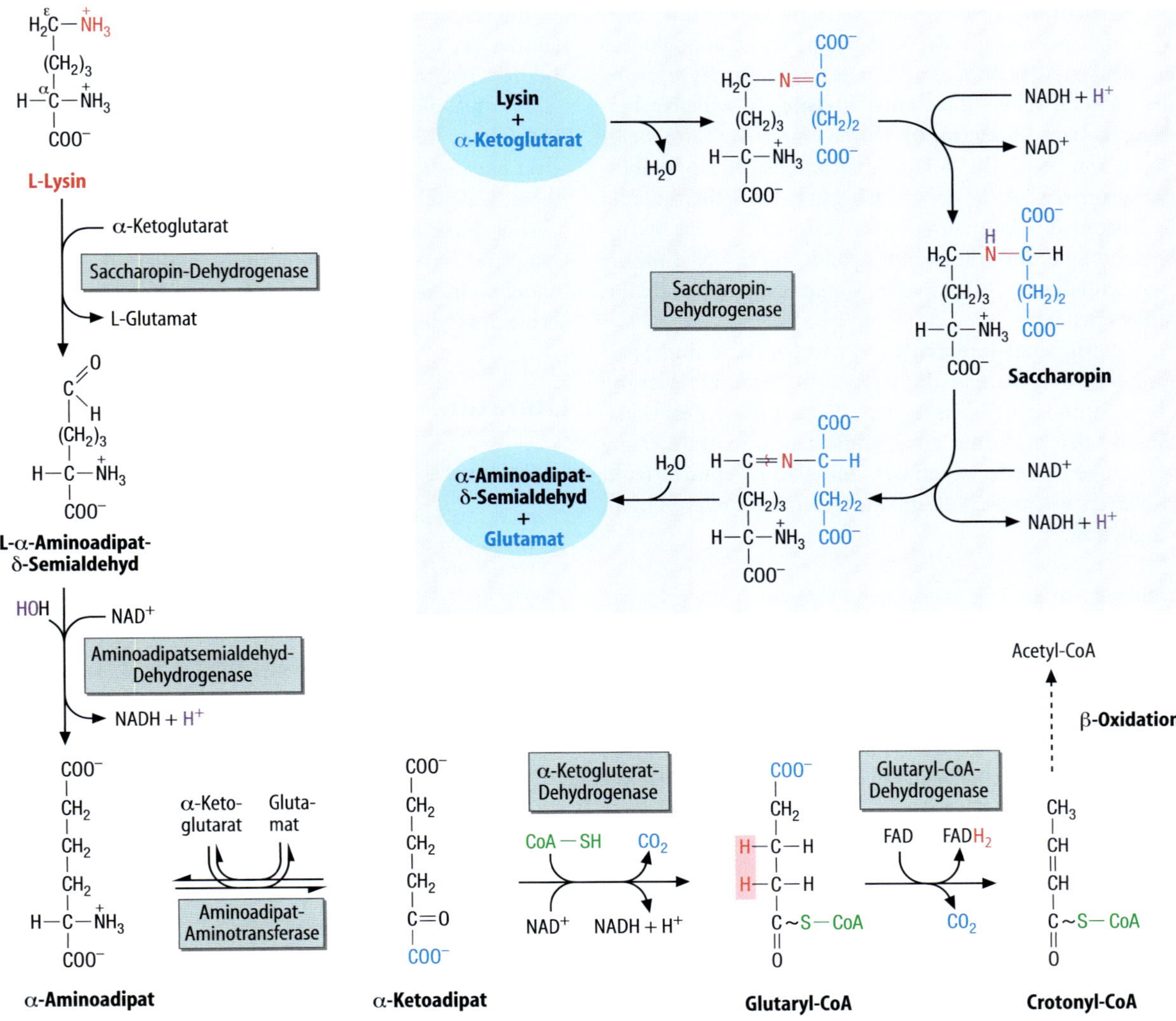

Abb. 13.37. Abbau von Lysin. Im Inset ist der Mechanismus der Saccharopin-Dehydrogenase im Detail dargestellt. (Einzelheiten ► Text)

Typ H_3 und H_4 sind noch wenig untersucht. Histaminantagonisten (Antihistaminika) werden zur Behandlung von allergischen Reaktionen und Magengeschwüren eingesetzt.

! Histidin wird zu Glutamat abgebaut.

Histidinabbau. Beim Histidinabbau (Abb. 13.36) wird zunächst die α-Aminogruppe durch **eliminierende Desaminierung** als Ammoniumion freigesetzt. Im Gegensatz zur Serin/Threonindehydratase (Abb. 13.22) benötigt die dafür verantwortliche Lyase (Histidase) kein Pyridoxalphosphat. Im nächsten Schritt wird das gebildete Urocanat zu Imidazolonpropionat hydratisiert, dessen Amidbindung hydrolytisch gespalten werden kann. Die Formiminogruppe des Zwischenprodukts »Figlu« wird von Tetrahydrofolsäure (THF, ► Kap. 23.3.8) übernommen und Glutamat bleibt zurück. Das gebildete Formimino-THF wird schließlich durch eine Desaminase in das Folsäurederivat **N^5,N^{10}-Methenyl-THF** überführt.

Bei Patienten mit einem Folsäuremangel ist die Abspaltung der Formiminogruppe gestört. Ein derartiger Mangel lässt sich deshalb durch Bestimmung von Formiminoglutamat im Urin nach Histidingabe diagnostizieren (Histidinbelastungstest).

! Der Lysinabbau beginnt mit einer besonderen Transaminierung.

Lysin kann über verschiedene Wege abgebaut werden. Im menschlichen Stoffwechsel ist der **Saccharopin-Weg** (Abb. 13.37) vorherrschend.

ε-Transaminierung. Die einleitende Reaktion des Saccharopinweges entspricht im Ergebnis einer Transaminierung, nimmt aber einen völlig anderen Verlauf. Das verantwortliche Enzym, die **Saccharopin-Dehydrogenase** (eine neuere Bezeichnung ist Aminoadipat-Semialdehyd-Synthase) findet sich in hoher Konzentration in der Leber und in geringeren Mengen auch in anderen Geweben.

Zunächst wird die ε-Aminogruppe des Lysins unter Wasserabspaltung mit der Ketogruppe von α-Ketoglutarat kondensiert (Abb. 13.37, Inset). Durch Hydrierung dieser Schiffschen Base entsteht eine Zwischenverbindung namens **Saccharopin**. Durch eine NAD^+-abhängige Oxidation wird die Stickstoff-Kohlenstoff-Doppelbindung vom α-C-Atom des ehemaligen α-Ketoglutarats zum ε-C-Atom des Lysinanteils hin verschoben. Die hydrolytische Spaltung dieser neu gebildeten C = N-Bindung lässt schließlich α-Aminoadipat-δ-semialdehyd und Glutamat entstehen.

Zusammengenommen bewirken Synthese und Spaltung von Saccharopin die irreversible Transaminierung der ε-Aminogruppe des Lysins. Warum diese Reaktionsfolge in der Evolution einer einfachen Transaminierung vorgezogen wurde ist unklar, zumal im Peptidverband (Kollagen, ► Kap. 24.2) die direkte Desaminierung von Lysin möglich ist.

Weiterer Abbau. Der entstandene Semialdehyd wird – wie bei Semialdehyden üblich – zunächst zur Dicarbonsäure dehydriert und anschließend zu **α-Ketoadipat** (einem Homologen von α-Ketoglutarat) transaminiert. Als α-Ketocarbonsäure kann α-Ketoadipat durch dehydrierende Decarboxylierung (Abb. 13.11) in **Glutaryl-CoA** überführt werden, das nach einer weiteren decarboxylierenden Dehydrierung **Crotonyl-CoA** liefert. Als Intermediat der β-Oxidation lässt sich diese Verbindung auf dem üblichen Weg zu **Acetyl-CoA** abbauen. Da Acetyl-CoA das einzige Reaktionsprodukt darstellt, ist Lysin – wie auch Leucin – eine rein ketogene Aminosäure.

Ein weiterer (hier nicht im Einzelnen dargestellter) Abbauweg des Lysins führt über L-Pipecolinsäure, die sich ebenfalls α-Aminoadipat-δ-semialdehyd überführen lässt.

Regulation. Ein erhöhter Proteingehalt der Nahrung bewirkt eine Steigerung der Lysinoxidation. Dabei wird der Abbau wahrscheinlich durch das einleitende Enzym (die Saccharopin-Dehydrogenase), und den Lysintransport vom Cytoplasma in das Mitochondrium reguliert, da die intramitochondriale Lysinkonzentration wesentlich geringer ist als die des Cytoplasmas.

Literatur

Brosnan JT (2003) Interorgan amino acid transport and its regulation. J Nutr 133:2068S–2072S

Jungas RL, Halperin ML, Brosnan JT (1992) Quantitative analysis of amino acid oxidation and related gluconeogenesis in humans. Physiol Rev 72:419–448

Katagiri M, Nakamura M (2003) Reappraisal of the 20th-century version of amino acid metabolism. Biochem Biophys Res Commun 312: 205–208

Reeds PJ (2000) Dispensable and indispensable amino acids for humans. J Nutr 130:1835S–1840S

Taylor L, Curthoys NP (2004) Glutamine Metabolism. Role in Acid-Base Balance. Biochem Mol Biol Education (BAMBED) 32:291–304

Waterlow JC (1999) The mysteries of nitrogen balance. Nutrition Research Reviews, 12:25–54

Watford (2003) The urea cycle: teaching intermediary metabolism in a physiological setting. Biochem Mol Biol Education (BAMBED) 31:289–297

Links im Netz

► www.lehrbuch-medizin.de/biochemie

13

14 Der Citratzyklus

Georg Löffler, Ulrich Brandt

 **Einleitung**

Acetyl-CoA wird bei vielen katabolen Stoffwechselvorgängen gebildet. Es entsteht aus Pyruvat, dem Produkt der Glycolyse, bei der β-Oxidation der Fettsäuren sowie beim Abbau vieler Aminosäuren. Der Mechanismus des Abbaus von Acetyl-CoA wurde von Hans Adolf Krebs aufgeklärt. Er fand heraus, dass hierfür ein zyklischer Prozess verantwortlich ist, in dessen Verlauf der Acetyl-Rest unter Bildung von Citrat zunächst auf Oxalacetat übertragen wird. Citrat wird danach schrittweise bis zur Rückgewinnung des Oxalacetats oxidiert und decarboxyliert. Die dabei gewonnenen Reduktionsäquivalente werden in der Atmungskette unter ATP-Gewinn auf Sauerstoff übertragen.

14.1 Stellung des Citratzyklus im Stoffwechsel

Die Stoffwechselwege für den Abbau von Kohlenhydraten, Fetten und Aminosäuren enden auf der Stufe des **Acetyl-CoA** oder der **α-Ketosäuren mit drei bis fünf C-Atomen** (Propionyl-CoA, Pyruvat, Oxalacetat, α-Ketoglutarat) (► Kap. 11.1.1, 12.2.1). Große Teile des Kohlenstoffskeletts der abgebauten Verbindungen bleiben somit erhalten, energieliefernde Redoxreaktionen sind nur in beschränktem Umfang möglich, und die Energieausbeute ist relativ gering. Eine wesentliche Steigerung des Energiegewinns ist nur zu erwarten, wenn die abgebauten Substrate möglichst vollständig zerlegt werden. In ◻ Tabelle 14.1 ist die verfügbare freie Energie am Beispiel des Glucoseabbaus angegeben. Erfolgt der Glucoseabbau z.B. unter anaeroben Bedingungen über die Glycolyse bis auf die Stufe des Lactats (► Kap. 11.1.1), entspricht dies einer Änderung der freien Energie von –197 kJ pro mol Glucose. Die vollständige Zerlegung des Glucosemoleküls in CO_2 und H_2O, die allerdings nur in Anwesenheit von Sauerstoff möglich ist, geht dagegen mit einer um mehr als das zehnfache höheren Änderung der freien Energie einher. Unter diesen Bedingungen steht der Zelle also ein ungleich größerer Energiebetrag für die zu leistende Arbeit zur Verfügung.

Ähnliches gilt für den Abbau von Lipiden und Aminosäuren (► Kap. 12 und 13). Dabei entstehende Endprodukte sind entweder Acetyl-CoA, Propionyl-CoA, Pyruvat (α-Ketopropionat), Succinyl-CoA, Oxalacetat (α-Ketosuccinat) oder α-Ketoglutarat.

Nachdem Albert Szent-Györgyi, Franz Knoop und Carl Martius gezeigt hatten, dass Citrat in α-Ketoglutarat und Succinat in Oxalacetat überführt werden können, gebührt dem deutsch-englischen Biochemiker Sir Hans Adolf Krebs das Verdienst, als erster Licht in das Dunkel der gemeinsamen **oxidativen Endstrecke** des Substratabbaus gebracht zu haben,. In einer Serie von eleganten Untersuchungen, die Ende der 30er Jahre begonnen und nach dem 2. Weltkrieg abgeschlossen wurden, konnte er zeigen, dass der Substratabbau im Rahmen eines zyklischen Prozesses abläuft, bei dem Citrat als charakteristisches Zwischenprodukt auftritt.

◻ **Tabelle 14.1.** Änderung der freien Energie bei anaerobem (glycolytischem) und aerobem Abbau von Glucose

Abbauweg	ΔG^0
Glucose → 2 Lactat	– 197 kJ/mol
Glucose + 6 O_2 → 6 CO_2 + 6 H_2O	–2881 kJ/mol

Der danach **Citratzyklus** (Krebs-Zyklus, Tricarbonsäurezyklus) genannte Prozess übernimmt die Aufgabe einer zentralen Drehscheibe zwischen Substratabbau und oxidativer Phosphorylierung und führt bei einem Durchgang formal zur Zerlegung eines Moleküls Acetat in 2 Moleküle CO_2 und 8 Wasserstoffatome (◻ Abb. 14.1).

Die besondere Bedeutung des Citratzyklus für den oxidativen Stoffwechsel wird durch die Tatsache unterstrichen, dass kein anderes Bindeglied zwischen Substratabbau und Endoxidation nachgewiesen werden konnte. In allen bisher untersuchten aerob arbeitenden Zellen wurde die enzymatische Ausstattung für den Citratzyklus gefunden. Reaktionen, die einzelne Schritte des Zyklus umgehen, werden in vielen Organismen zu besonderen, meist biosynthetischen Zwecken verwendet.

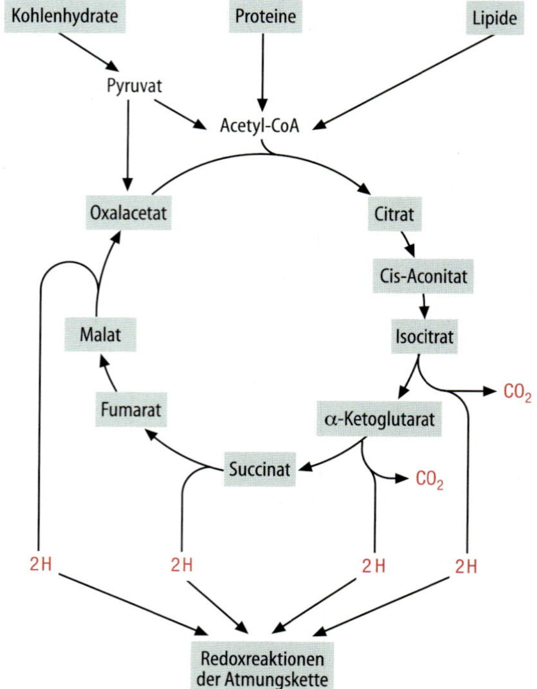

◻ **Abb. 14.1. Beziehungen des Citratzyklus zum Kohlenhydrat-, Fett- und Proteinstoffwechsel sowie zur biologischen Oxidation**

Innerhalb der Zelle enthalten die **Mitochondrien** im Matrixraum den vollständigen Satz der für den Citratzyklus notwendigen Enzyme. Er befindet sich somit in engster Nachbarschaft zu der in ► Kapitel 15.1 geschilderten Energiewandlung durch oxidative Phosphorylierung, die in der inneren Mitochondrienmembran abläuft. Diese Tatsache hat für die Regulation des Citratzyklus zentrale Bedeutung (► u.).

In Kürze

Beim Stoffwechsel von Kohlenhydraten, Lipiden und in gewissem Umfang von Proteinen entsteht Acetyl-CoA.

Dieses wird im Citratzyklus oxidiert und decarboxyliert, wobei 2 Moleküle CO_2 freigesetzt und 8 Wasserstoffatome für die Endoxidation bereitgestellt werden. Der vollständige Satz der für den Citratzyklus notwendigen Enzyme befindet sich in der mitochondrialen Matrix.

14.2 Reaktionsfolge des Citratzyklus

In ◘ Abb. 14.2 ist die Reaktionsfolge des Citratzyklus dargestellt. Die Abbildung zeigt auch die für den Anschluss an die Glycolyse erforderliche Reaktion: Das bereitgestellte Pyruvat wird zunächst durch dehydrierende Decarboxylierung zu Acetyl-CoA.

Der Citratzyklus selbst lässt sich formal in zwei Teile einteilen:

- Bildung von Citrat aus Oxalacetat (●-Ketosuccinat) und Acetyl-CoA, und anschließende Wiedergewinnung einer C-4 Dicarbonsäure (Succinat) durch zweimalige Oxidation und zweimalige Decarboxylierung
- Regenerierung von Succinat zu Oxalacetat, das damit wieder zur Reaktion mit Acetyl-CoA zur Verfügung steht (► Kap. 12.2.1). Die dabei beschrittene Reaktionssequenz hat formal Ähnlichkeit mit den ersten drei Reaktionen der Fettsäureoxidation

> **!** Acetyl-CoA entsteht aus Pyruvat durch dehydrierende Decarboxylierung von Pyruvat.

Die Oxidation von Kohlenhydraten deckt den Hauptteil des Energiebedarfs der Zelle. Um Kohlenhydrate in den Citratzyklus einschleusen zu können, muss Pyruvat als Endprodukt der Glycolyse in **Acetyl-CoA** umgewandelt werden. Dies geschieht in einer mehrstufigen, als **dehydrierende Decarboxylierung von Pyruvat** bezeichneten Reaktion. Sie wird von einem kompliziert aufgebauten Multienzymkomplex, dem **Pyruvatdehydrogenasekomplex** (PDH-Komplex) katalysiert.

Die dehydrierende Decarboxylierung von α-Ketosäuren wie Pyruvat wird auch als oxidative Decarboxylierung bezeichnet. Der erste Ausdruck beschreibt die molekularen Vorgänge jedoch besser, da Sauerstoff an der Reaktion nicht beteiligt ist, sondern dem Substrat Wasserstoff entzogen wird (Dehydrierung).

Die Einzelreaktionen der durch den PDH-Komplex katalysierten Reaktionen sind in ◘ Abb. 14.3 dargestellt:

- Pyruvat wird decarboxyliert. Hierzu ist die Addition des dem Stickstoff benachbarten, sehr reaktionsfähigen C-Atom des Thiazolrings im Thiaminpyrophosphat an die Carbonylgruppe des Pyruvates notwendig. Die für die Decarboxylierung zum Hydroxyethylthiaminpyrophosphat erforderliche Elektronenverschiebung wird dadurch erleichtert, dass dieser Ring das Intermediat mesomer stabilisieren kann. Diese Reaktion wird durch die Pyruvatdecarboxylase-Untereinheit katalysiert
- Hydroxyethylthiaminpyrophosphat kann als »aktiver« Acetaldehyd betrachtet werden. Durch die an das Enzym gebundene oxidierte α-Liponsäure wird er zum Acetylrest oxidiert und dabei auf die Liponsäure übertragen. Diese ist außerdem der Akzeptor des bei der Oxidation frei werdenden Elektronenpaares. Die Energie der Redoxreaktion wird zur Bildung des energiereichen Thioesters im S-Acetylhydrolipoat genutzt
- Der als energiereicher Thioester an das Enzym gebundene Acetylrest wird auf CoenzymA übertragen, wobei Acetyl-CoA und reduziertes Lipoat entsteht. Die für die Oxidation sowie Transacetylierung verantwortliche Untereinheit des Pyruvat-Dehydrogenase-Komplexes wird als Lipoattransacetylase bezeichnet
- Das reduzierte Lipoat wird durch Dihydrolipoatdehydrogenase reoxidiert. Dieses FAD-haltige Enzym, kann seine Reduktionsäquivalente im Gegensatz zu anderen FAD-Enzymen auf NAD^+ übertragen, da das Redoxpotential des Flavins aufgrund der spezifischen Proteinumgebung negativer als das des Nicotinamid-Cosubstrates ist

In der Thioesterkonfiguration des Acetyl-CoA liegt eine sog. »**energiereiche Verbindung**« vor. Der bei Oxidation des Acetaldehyds zum Acetylrest freiwerdende Energiebetrag ist jedoch so groß, dass die Pyruvatdehydrogenase trotz der Bildung eines Thioesters mit einem $\Delta G^{0'}$ von –34 kJ/mol stark exergon und damit unter physiologischen Bedingungen praktisch irreversibel arbeitet.

In ◘ Abb. 14.4 ist schematisch der Aufbau der für Säugergewebe typischen Form des PDH-Komplexes dargestellt. Insgesamt sind am Aufbau des Enzymkomplexes die 4 Komponenten, E_1, E_2, E_3 und E_3BP beteiligt.

- Die E_1-Komponente ist ein Tetramer der Zusammensetzung $\alpha_2\beta_2$, die die geschwindigkeitsbestimmende Teilreaktion der PDH katalysiert. Die $E_1\alpha$-Untereinheiten tragen das **Thiaminpyrophosphat**. Wahrscheinlich

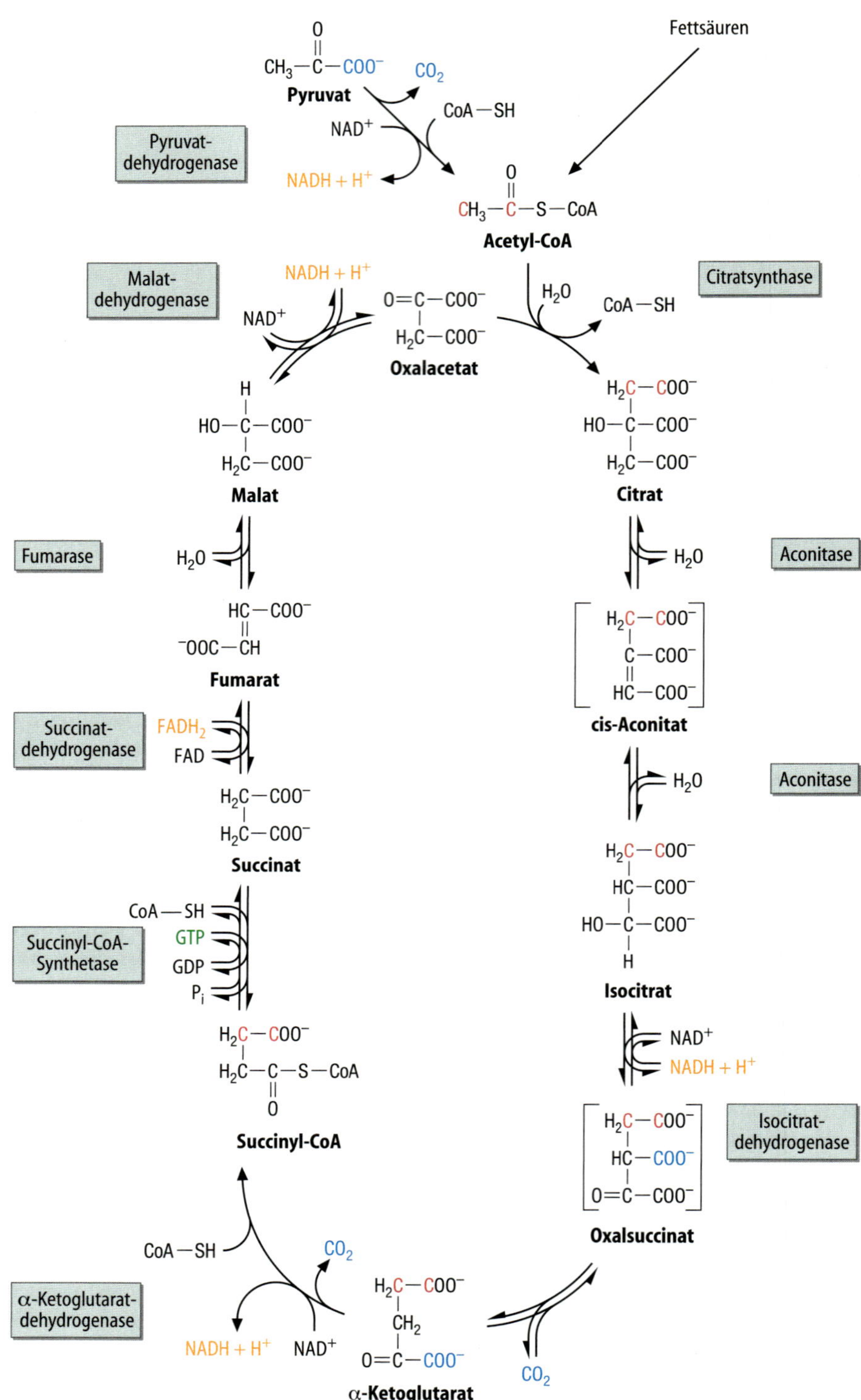

Abb. 14.2. Reaktionsfolge des Citratzyklus. Die beiden vom Acetyl-CoA abstammenden C-Atome sind rot hervorgehoben. Die Asymmetrie der Aconitase führt dazu, dass der bei den beiden Decarboxylierungsreaktionen in Form von CO_2 abgespaltene Kohlenstoff nicht dem Acetyl-CoA-Kohlenstoff entstammt. Dieser findet sich nach einmaligem Durchlauf des Zyklus im Oxalacetat wieder, ist hier jedoch auf alle 4C-Atome verteilt, da Succinat eine symmetrische Verbindung ist

14

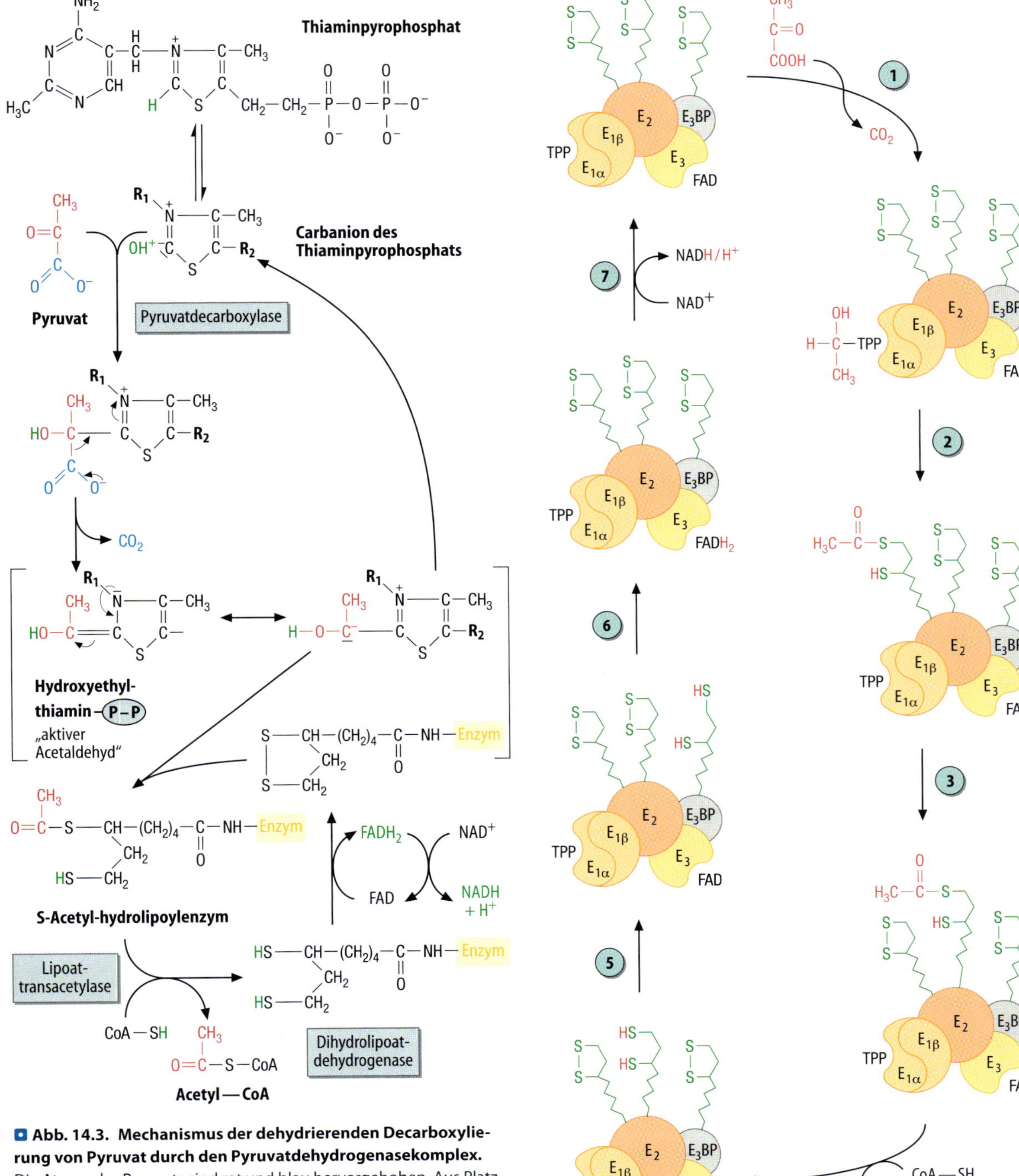

Abb. 14.3. Mechanismus der dehydrierenden Decarboxylierung von Pyruvat durch den Pyruvatdehydrogenasekomplex. Die Atome des Pyruvats sind rot und blau hervorgehoben. Aus Platzgründen ist lediglich der Thiazolring des Thiaminpyrophosphats dargestellt

Abb. 14.4. Die Beteiligung der PDH-Untereinheiten am Reaktionszyklus. In der Reaktion1 erfolgt die Bindung des Substrates an Thiaminpyrophosphat (TPP) sowie die Decarboxylierung. Die Oxidation zum Acetylrest durch Liponsäure geschieht in Reaktion 2. Den Reaktionen 3 und 4 entspricht die Übertragung des Acetylrestes auf CoA, in den Reaktionen 5, 6 und 7 wird das reduzierte Lipoat reoxidiert, wobei letztlich NADH gebildet wird. (Einzelheiten ► Text) (Nach Patel MS, Roche TE, 1990)

wird die Decarboxylierung des Pyruvates zum Thiaminpyrophosphat-gebundenen Hydroxyethylrest durch die Untereinheit $E_1\beta$ katalysiert

- Die Untereinheit E_2 trägt zwei Lipoatreste, das *dihydrolipoamide binding protein* E_3BP einen Lipoatrest. Während des Katalysezyklus wird der Hydroxyethylrest (▶ o.) unter Oxidation zunächst auf das erste Lipoat der E_2-Untereinheit übertragen, wobei dort ein **Acetylrest** entsteht, der durch eine Thiotransferaseaktivität auf den zweiten Lipoatrest gelangt. Von diesem wird er mit CoenzymA unter Bildung von **Acetyl-CoA** abgespalten. Der Lipoatrest auf der Untereinheit E_3BP ist das unmittelbare **Oxidationsmittel** für den Lipoatrest der Untereinheit E_2
- Die Untereinheit E_3, an welche **FAD** gebunden ist, reoxidiert nun den Lipoatrest im E_3BP, wobei das FAD der Untereinheit E_3 reduziert wird. Dieses wird mit Hilfe von NAD^+ reoxidiert, womit der Ausgangszustand des Komplexes wieder hergestellt ist

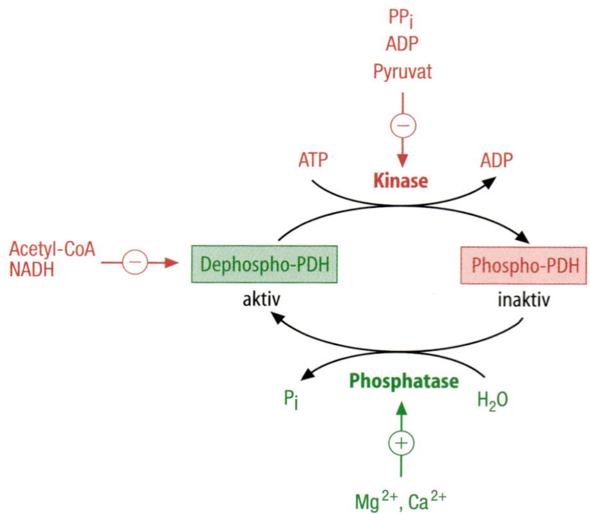

Abb. 14.5. Regulation der Pyruvatdehydrogenase durch Interconversion. (Einzelheiten ▶ Text)

Der tierische PDH-Komplex hat eine sehr hohe molekulare Masse. Er besteht aus etwa 22 E_1-Tetrameren, etwa 60 E_2-Komponenten sowie je 6 E_3BP- und E_3-Komponenten.

Die **primär biliäre Lebercirrhose**, eine relativ seltene Form der Lebercirrhose ist wahrscheinlich eine Autoimmunerkrankung. Man findet bei den betroffenen Patienten regelmäßig Autoantikörper, die meist gegen die E_2-und E_3Bp-Untereinheit des Pyruvatdehydrogenase-Komplexes gerichtet sind. Man hat allerdings noch keine Vorstellung darüber, wie diese Autoimmunreaktion mit der Entwicklung der biliären Cirrhose in Zusammenhang zu bringen ist.

Die α-Untereinheit von E_1 kann durch eine spezifische **Kinase** phosphoryliert und inaktiviert, sowie durch eine spezifische **Phosphatase** dephosphoryliert und aktiviert werden. Die Phosphorylierung findet sequenziell an drei Serylresten der α-Untereinheit statt, wobei die Phosphorylierung des ersten Serylrestes bereits mit einer Inaktivierung um 60–70% der Ausgangsaktivität einhergeht. Sowohl die Kinase wie auch die Phosphatase sind Bestandteil des PDH-Komplexes, beide Enzyme können durch spezifische Effektoren aktiviert oder gehemmt werden (Abb. 14.5).

14

Der Pyruvatdehydrogenasekomplex gehört damit in die Gruppe der sog. **interconvertierbaren Enzyme** (▶ Kap. 4.2.1). Der biologische Vorteil dieses weit verbreiteten Prinzips besteht darin, dass durch die Phosphorylierung bzw. Dephosphorylierung die Aktivität des Enzymkomplexes sehr rasch »ab- bzw. angeschaltet« werden kann.

! Durch die Reaktion von Acetyl-CoA mit Oxalacetat entsteht Citrat, aus dem durch zweimalige Decarboxylierung Succinat entsteht.

Nachdem in der Eingangsreaktion aus Oxalacetat (α-Ketosuccinat) und einem Acetylrest Citrat entstanden ist, wird dieses in der ersten Teilsequenz des Citratzyklus oxidativ um ein Kohlenstoffatom zu **α-Ketoglutarat** verkürzt. Dieses wird anschließend weiter oxidiert und ebenfalls decarboxyliert, sodass mit Succinat wieder eine Dicarbonsäure mit vier Kohlenstoffatomen entsteht. Dabei finden folgende Reaktionen statt (Abb. 14.2):

- Katalysiert von der **Citratsynthase** reagiert Oxalacetat mit Acetyl-CoA unter Bildung von Citrat. Bei dieser Reaktion handelt es sich formal um eine Aldoladdition, da sich die durch die Thioester-Bindung aktivierte, »CH-azide« CH_3-Gruppe des Acetyl-CoA nucleophil an die polarisierte Carbonylgruppe des Oxalacetats addiert. Da die Thioesterbindung dabei gelöst und CoenzymA freigesetzt wird, liegt das Gleichgewicht der Reaktion ganz auf der Seite der Citratbildung
- Unter Katalyse durch das Enzym **Aconitase** erfolgt die Umwandlung von Citrat zu Isocitrat, wobei intermediär enzymgebundenes *cis*-Aconitat entsteht. Citrat ist eine prochirale Verbindung, da sich die beiden CH_2-COOH-Gruppen des Moleküls wie Bild und Spiegelbild verhalten. Die Aconitase erkennt die Prochiralität des Citrats und bindet ihr Substrat so, dass die Hydroxylgruppe nur auf den vom Oxalacetat stammenden CH_2-COOH-Rest übertragen werden kann
- Durch die **Isocitratdehydrogenase** wird Isocitrat zu enzymgebundenem Oxalsuccinat dehydriert und dann sofort zu α-Ketoglutarat decarboxyliert.

Die meisten tierischen und pflanzlichen Gewebe sowie Mikroorganismen enthalten zwei verschiedene Isocitratdehydrogenasen, die die Reaktion

$$\text{Isocitrat} + NAD^+ (NADP^+) \rightleftharpoons \alpha\text{-Ketoglutarat} + CO_2 + NADH (NADPH) + H^+$$

katalysieren. Während die $NADP^+$-abhängige Isocitratdehydrogenase in den Mitochondrien und im Cytosol

Infobox

Die Aconitase ist ein bifunktionelles Protein

Schon 1973 wurde neben der mitochondrialen eine cytosolische Aconitase entdeckt. Die beiden Proteine sind außerordentlich ähnlich, die Aminosäuresequenz zeigt etwa 31% Identität. Die Funktion der cytosolischen Aconitase besteht allerdings weniger in der Bildung von Isocitrat aus Citrat. Es hat sich vielmehr gezeigt, dass dieses Enzym identisch mit einem Protein ist, welches als transaktivierender Faktor eisenabhängige Gene aktiviert. Es wird infolgedessen auch als IRE-Bp (*iron responsive element binding protein*) bezeichnet (▶ Kap. 22.2.1). Wie die mitochondriale Aconitase kann auch die cytoplasmatische Aconitase ein Eisen-Schwefel-Zentrum enthalten. Dieses ist für ihre Funktion als Aconitase notwendig. Für die Funktion der cytoplasmatischen Aconitase als IRE-Bp ist allerdings die Abspaltung des Eisen-Schwefel-Zentrums erforderlich.

Die cytosolische Aconitase ist das am besten untersuchte Beispiel für sog. bifunktionelle Proteine. Andere Proteine mit zweierlei Funktionen sind die Thymidylatsynthase (▶ Kap. 19.1.4), die Dihydrofolatreduktase (▶ Kap. 19.1.3), die Glycerinaldehyd-3-Phosphatdehydrogenase (▶ Kap. 11.1.1) und die Glutamatdehydrogenase (▶ Kap. 13.6.1).

gefunden wird, kommt das NAD^+-abhängige Enzym ausschließlich in den Mitochondrien vor. Man nimmt an, dass das NAD^+-abhängige Enzym für den Citratzyklus benutzt wird, während die $NADP^+$-abhängige Isocitratdehydrogenase eine Nebenstrecke des Zyklus darstellt (▶ Kap. 14.4)

- Das Enzym **α-Ketoglutarat-Dehydrogenase** setzt α-Ketoglutarat durch dehydrierende Decarboxylierung in Succinyl-CoA um. Der Reaktionsmechanismus der α-Ketoglutaratdehydrogenase entspricht demjenigen der Pyruvatdehydrogenase. Das Enzym benötigt Thiaminpyrophosphat, α-Liponsäure, Coenzym A, NAD^+ und FAD als Cofaktoren. Ähnlich wie bei der Pyruvatdehydrogenase sind die einzelnen, für die Reaktionssequenz verantwortlichen Enzyme, in einem **Multienzymkomplex** zusammengefasst. Dieser wird jedoch im Gegensatz zur Pyruvatdehydrogenase nicht per Interconversion durch reversible Phosphorylierung reguliert. Die Änderung der freien Energie der α-Ketoglutaratdehydrogenasereaktion liegt wie bei der dehydrierenden Decarboxylierung von Pyruvat bei –34 kJ/mol
- In der nächsten, durch die **Succinyl-CoA-Synthetase** katalysierten Reaktion wird aus Succinyl-CoA durch Abspaltung von CoA mit Phosphat das energiereiche Succinylphosphat gebildet. Dieses wird anschließend unter Erhaltung einer energiereichen Bindung auf einen spezifischen Histidylrest des Enzyms übertragen und

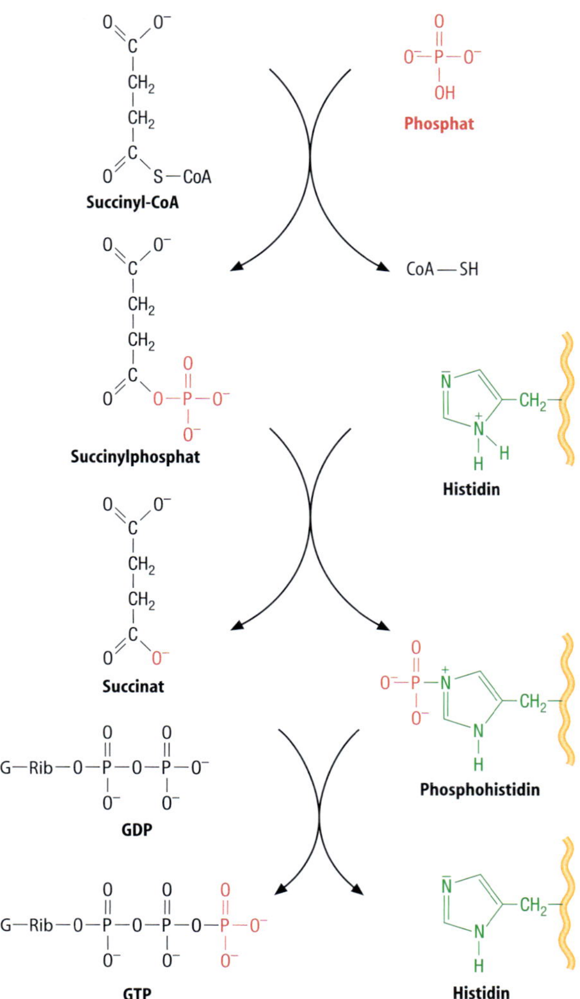

Abb. 14.6. Reaktionsmechanismus der Succinyl-CoA-Synthetase. (Einzelheiten ▶ Text)

anschließend von hier aus zur Bildung eines GTP aus GDP verwendet (Abb. 14.6)
- Durch **Phosphatgruppentransfer** nach der Gleichung

$$GTP + ADP \rightleftharpoons GDP + ATP$$

kann ATP aus GTP erzeugt werden. Diese Reaktion wird von der **Nucleosiddiphosphatkinase** katalysiert

Bei der **Succinyl-CoA-Synthetase**-Reaktion wird also die in der vorangegangenen Redoxreaktion gewonnene, freie Energie in Form von GTP konserviert, das leicht in ATP überführt werden kann. Im Gegensatz zur oxidativen Phosphorylierung wird diese Form der ATP-Gewinnung auch als **Substratkettenphosphorylierung** bezeichnet (▶ Kap. 4.1.2).

! Succinat wird zu Oxalacetat oxidiert.

Tabelle 14.2. Energiebilanz der einzelnen Schritte des Citratzyklus

Schritt	H-Akzeptor	ATP-Ausbeute[a]
Isocitrat → α-Ketoglutarat	$NAD^+ \rightarrow NADH+H^+$	2,3
α-Ketoglutarat → Succinyl-CoA	$NAD^+ \rightarrow NADH+H^+$	2,3
Succinyl-CoA → Succinat	(Substratkettenphosphorylierung)	1
Succinat → Fumarat	$FAD \rightarrow FADH_2$	1,4
Malat → Oxalacetat	$NAD^+ \rightarrow NADH+H^+$	2,3
	Summe	9,3

[a] Über die ATP-Ausbeute bei der oxidativen Phosphorylierung ► Kap. 15.1.4

Die Rückgewinnung von Oxalacetat aus Succinat erfolgt in einer Serie von Schritten, die große Ähnlichkeit mit denjenigen der Fettsäureoxidation (► Kap. 12.2.1) haben:

- Durch die **Succinat-Dehydrogenase** wird Succinat zu Fumarat oxidiert. Die Succinat-Dehydrogenase ist Teil des Komplexes II der Atmungskette, der die Reduktionsäquivalente über FAD auf Ubichinon überträgt (► Kap. 15.1.2)
- Durch Katalyse des Enzyms **Fumarase** wird Wasser in einer reversiblen Reaktion an Fumarat angelagert, sodass Malat entsteht
- Durch die **Malatdehydrogenase** wird Malat schließlich unter Gewinnung eines weiteren Reduktionsäquivalentes zu Oxalacetat oxidiert

! Die Energieausbeute des Citratzyklus beträgt rund 9 ATP pro oxidiertem Acetylrest.

Die Summengleichung des Citratzyklus lautet:

$$CH_3COOH + 2\,H_2O \rightarrow 2\,CO_2 + 8\,H$$

Damit dient der Zyklus formal der vollständigen Dehydrierung von Acetat zu CO_2 und H_2. Der Acetatabbau erfolgt durch Bindung an ein **Trägermolekül** (Oxalacetat), an dem die Dehydrierung stattfindet (► auch Harnstoffbiosynthese, ► Kap. 13.5.2). Tabelle 14.2 gibt die energetische Ausbeute der Acetatdehydrierung im Citratzyklus bei Kopplung an die oxidative Phosphorylierung wieder.

Die hohe Energieausbeute im Citratzyklus kommt also nur durch die enge Verbindung des Zyklus mit der oxidativen Phosphorylierung zustande. Ohne diese Kopplung könnte Energie im Verlauf des Citratzyklus nur durch die Substratkettenphosphorylierung konserviert werden.

In Kürze

Der Citratzyklus dient dem oxidativen Abbau von Acetyl-CoA. Eine wichtige Acetyl-CoA-liefernde Reaktion ist neben der β-Oxidation der Fettsäuren die dehydrierende Decarboxylierung von Pyruvat. Der hierfür verantwortliche Multienzymkomplex der Pyruvatdehydrogenase ist intramitrochondrial lokalisiert und benötigt die Vitamine Thiamin, Pantothensäure, Riboflavin und Nicotinamid sowie das Lipoat in Form ihrer jeweiligen Coenzyme.

Die Reaktionssequenz des Citratzyklus umfasst folgende Schritte:

Acetyl-CoA wird unter Abspaltung von CoA-SH auf Oxalacetat übertragen, wobei Citrat entsteht.

Citrat wird nach Umlagerung zu Isocitrat zweimal oxidiert und decarboxyliert, wobei schließlich aus Succinyl-CoA unter Gewinnung eines GTP Succinat entsteht.

Succinat wird durch zweimalige Oxidation in Oxalacetat, das Trägermolekül des Citratzyklus, umgewandelt.

14.3 Regulation des Citratzyklus

! Die PDH wird durch Acetyl-CoA und NADH gehemmt und durch Pyruvat aktiviert.

Das für den Citratzyklus notwendige mitochondriale Acetyl-CoA wird vor allem durch Fettsäureoxidation oder dehydrierende Decarboxylierung von Pyruvat bereitgestellt. Während die Geschwindigkeit des ersten Vorgangs im Wesentlichen durch das mitochondriale Fettsäureangebot bestimmt wird, wird die Geschwindigkeit der Pyruvatoxidation zu Acetyl-CoA komplex reguliert. Dabei kommt der Tatsache, dass die Pyruvatdehydrogenase ein interconvertierbares und zugleich allosterisch regulierbares Enzym ist, besondere Bedeutung zu (► Kap. 4.5).

Die aktive dephosphorylierte Form des Enzyms wird durch **Acetyl-CoA** und **NADH** gehemmt (Abb. 14.5). Andere Effektoren regulieren die Enzymaktivität durch Beeinflussung des Gleichgewichts zwischen aktiver dephosphorylierter und inaktiver phosphorylierter Form des Enzyms. Eine Aktivierung wird durch Erhöhung der Konzentration von Pyruvat, ADP und Pyrophosphat erreicht, da

Tabelle 14.3. Aktivatoren und Inhibitoren einzelner Enzyme des Citratzyklus in tierischen Zellen

Enzymatischer Schritt	Aktivierung	Hemmung
Citratsynthase		ATP, NADH, Citrat
NAD-Isocitrat-dehydrogenase	ADP, Mg^{2+}, Ca^{2+}	ATP, NADH
Succinat-dehydrogenase	Succinat, Fumarat	Oxalacetat
Pyruvat-dehydrogenase	Pyruvat, ADP, Mg^{2+}	Acetyl-coA, ATP, NADH

diese Metabolite die Kinase hemmen. So führt beispielsweise eine gesteigerte Fettsäureoxidation (Hunger, Nahrungskarenz, Diabetes) über die Erhöhung des Acetyl-CoA-Spiegels und indirekt über die vermehrte Umwandlung von ADP in ATP zu einer weitgehenden Abschaltung des Enzyms (Tabelle 14.3). Dies hat beispielsweise zur Folge, dass Pyruvat nicht mehr in Acetyl-CoA umgewandelt werden kann und so die Glucosevorräte geschont werden. Umgekehrt führt ein Anstieg der Ca^{2+} – Ionenkonzentration, der häufig mit einem erhöhten Energiebedarf einhergeht, über die Aktivierung der Phosphatase zur vermehrten Bildung der aktiven PDH.

! Der zelluläre Energiebedarf ist der wichtigste Regulator des Citratzyklus.

Die Geschwindigkeit der Acetyl-CoA-Oxidation im Citratzyklus muss sehr genau dem zellulären Energiebedarf angepasst sein. Im Einzelnen spielen dabei folgende Faktoren eine wichtige Rolle:

- **Kinetische Kontrolle der Citratsynthase.** Die Konzentrationen von Acetyl-CoA und Oxalacetat liegen in der Regel weit unterhalb der Substratsättigung, sodass die Citratsynthase weit unter ihrer V_{max} arbeitet. Daraus folgt unmittelbar, dass die Geschwindigkeit, mit der das Substrat Acetyl-CoA aus der dehydrierenden Decarboxylierung von Pyruvat (► Kap. 14.2) bzw. aus der β-Oxidation der Fettsäuren (► Kap. 12.2.1) angeliefert wird, den metabolischen Fluss durch den Citratzyklus direkt bestimmt
- **Hemmung durch NADH.** Ein Anstieg der NADH-Konzentration signalisiert, dass die durch das ADP-Angebot limitierte Geschwindigkeit der Atmungskette (► Kap. 15.1.5) nicht ausreicht, um das gebildete NADH zu reoxidieren. Dies ist gleichbedeutend mit einem generellen Überschuss an energiereichen Verbindungen. Deshalb drosselt NADH die Geschwindigkeit des Citratzyklus indem es die Citratsynthase, die Isocitratdehydrogenase, die α-Ketoglutaratdehydrogenase sowie die Pyruvatdehydrogenase hemmt
- **Hemmung durch ATP.** Ähnlich wie NADH signalisiert ATP ein hohes Angebot energiereicher Verbindungen. Es ist deshalb folgerichtig, dass die Citratsynthase, die Isocitratdehydrogenase sowie die Pyruvatdehydrogenase durch ATP gehemmt werden
- **Aktivierung durch ADP.** ADP signalisiert Energiemangel. Entsprechend aktiviert ADP die Isocitratdehydrogenase, sowie die Pyruvatdehydrogenase
- **Aktivierung durch Calcium.** Calcium ist ein Aktivator vieler zellulärer Funktionen (► Kap. 25.4.5) und erhöht so den Energiebedarf. Es ist daher sinnvoll, dass Calcium durch Aktivierung der Pyruvatdehydrogenase-Phosphatase (► Kap. 14.2), der Isocitratdehydrogenase und der α-Ketoglutaratdehydrogenase den Substratumsatz im Citratzyklus und damit die Energiebereitstellung stimuliert
- **Hemmung durch Zwischenprodukte.** Die α-Ketoglutaratdehydrogenase wird durch Succinyl-CoA, die Succinatdehydrogenase durch Oxalacetat gehemmt. Succinat führt dagegen zu einer Aktivierung der Succinatdehydrogenase

Eine Reihe von Stoffwechselgiften hemmt verschiedene Enzyme des Citratzyklus. Sie haben sich als wertvolle Hilfsmittel bei der Erforschung der Reaktionssequenz des Zyklus erwiesen. So blockieren Fluoracetat bzw. Fluorcitrat die Aconitase, Malonat die Succinatdehydrogenase und Fluoroxalacetat bzw. Fluormalat die Malatdehydrogenase.

In Kürze

Die Geschwindigkeit der Acetyl-CoA-Oxidation im Citratzyklus ist eng mit dem zellulären Energiehaushalt verknüpft:
- NADH und ATP hemmen den Citratzyklus.
- ADP und Calcium sind Aktivatoren des Citratzyklus.

Die Pyruvatdehydrogenase als wichtigstes Acetyl-CoA lieferndes Enzym wird außer durch die genannten Faktoren durch reversible Phosphorylierung/Dephosphorylierung reguliert.

14.4 Amphibole Natur des Citratzyklus

Bald nach der Aufklärung der Reaktionssequenz des Citratzyklus wurde klar, dass er nicht einfach als Endstrecke des oxidativen Abbaus der Substrate aufgefasst werden kann, sondern dass er neben dieser »**katabolen**« Funktion auch Ausgangspunkt für eine Vielzahl biosynthetischer »**anaboler**« Reaktionssequenzen ist. In ◘ Abb. 14.7 sind die Beziehungen des Citratzyklus zu anderen Stoffwechselwegen dargestellt. Da die meisten Biosynthesen im cytosolischen und nicht im mitochondrialen Raum ablaufen, ist der Transport von Zwischenprodukten durch die mitochondriale Membran notwendig. Unter bestimmten Bedingungen werden nicht alle Intermediate mit ausreichender Geschwindigkeit transportiert, sodass Teilsequenzen des Citratzyklus auch im extramitochondrialen Raum mit Hilfe cytosolischer Isoenzyme ablaufen können. Es handelt sich um die Strecken Citrat → α-Ketoglutarat sowie Fumarat → Oxalacetat.

Besondere Bedeutung als anabole Reaktionssequenz hat der Citratzyklus für:

- die Fettsäurebiosynthese
- die Hämbiosynthese
- die Gluconeogenese sowie
- die Biosynthese nicht essentieller Aminosäuren

Fettsäurebiosynthese. Von besonderer Bedeutung für die im Cytosol stattfindende **Fettsäurebiosynthese** ist das Acetyl-CoA. Diese Verbindung entsteht in der mitochondrialen Matrix, kann aber nicht über die innere Mitochondrienmembran transportiert werden. Um Acetyl-CoA im Cytosol bereitzustellen, muss es daher zunächst im ersten Schritt des Citratzyklus auf Oxalacetat übertragen werden. Das mitochondriale Citrat wird dann mit Hilfe eines spezifischen Transportsystems (► Kap. 15.1.1) in das Cytosol transportiert und dort nach der Reaktion

$$\text{Citrat} + \text{coA-SH} + \text{ATP} \rightleftharpoons \text{Oxalacetat} + \text{Acetyl-coA} + \text{ADP} + P_i$$

durch die **ATP-Citratlyase** gespalten. Wegen seiner Fähigkeit zur Erzeugung von cytosolischem Acetyl-CoA kommt

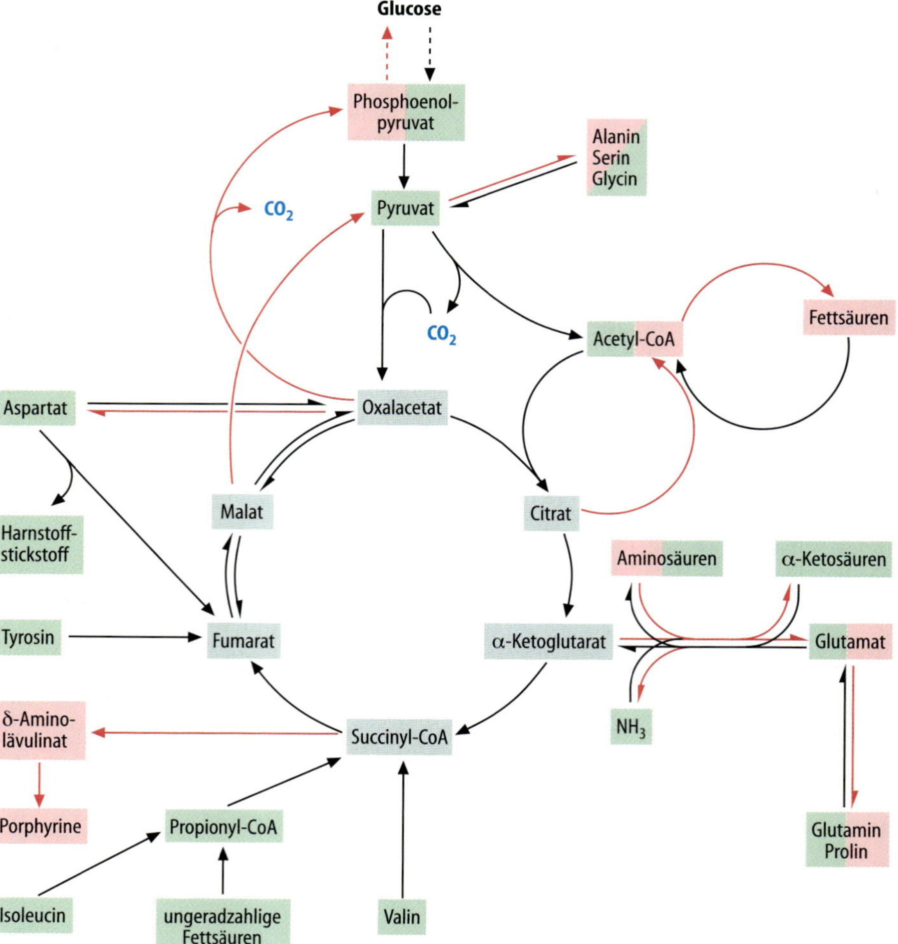

◘ **Abb. 14.7. Beziehungen des Citratzyklus zu anderen Stoffwechselwegen.** (*Rot*) biosynthetische (»anabole«) Reaktionen; (*grün*) abbauende (»katabole«) Reaktionen

diesem Enzym eine Schlüsselrolle bei der Fettsäurebiosynthese zu.

Tatsächlich findet es sich in hoher Aktivität in Geweben mit großer Kapazität zur Fettsäurebiosynthese, z.B. in der Leber oder dem Fettgewebe. Gewebe ohne die Fähigkeit zur Fettsäurebiosynthese, wie z.B. die Muskulatur, haben dagegen nur geringe ATP-Citratlyaseaktivität.

Die Bedeutung der **extramitochondrialen $NADP^+$-Isocitratdehydrogenase** liegt in der Erzeugung cytosolischen α-Ketoglutarats mit seinen vielfältigen Beziehungen zum Stoffwechsel der Aminosäuren (▶ Kap. 13.4.2). Gleichzeitig werden Reduktionsäquivalente in Form von NADPH bereitgestellt, die für cytosolische Biosynthesen, v.a. der Fettsäurebiosynthese, benötigt werden.

Hämbiosynthese. Succinyl-CoA ist der Startpunkt für die Hämbiosynthese (▶ Kap. 20.1). Durch Kondensation mit Glycin nach der Reaktion

$$\text{Succinyl-coA} + \text{Glycin} \longrightarrow \delta\text{-Aminolävulinat} + \text{coA} - \text{SH}$$

entsteht δ-Aminolävulinat, von dem die weitere Hämsynthese ausgeht.

Gluconeogenese. Für die Gluconeogenese aus glucogenen Aminosäuren (▶ Kap. 13.4.3) bzw. aus Lactat/Pyruvat ist die Bildung von Oxalacetat aus diesen Verbindungen erforderlich. Die hierfür notwendigen Reaktionen sind in ▶ Kap. 13.3 und ▶ Kap. 14.2 beschrieben. Die erste für die Gluconeogenese spezifische Reaktion wird durch die Phosphoenolpyruvat-Carboxykinase katalysiert:

$$\text{Oxalacetat} + \text{GTP} \rightleftharpoons \text{Phosphoenolpyruvat} + \text{GDP} + CO_2$$

Biosynthese nicht essentieller Aminosäuren. Die Biosynthese der nicht essentiellen Aminosäuren startet von Pyruvat bzw. den beiden α-Ketosäuren des Citratzyklus, Oxalacetat und α-Ketoglutarat (▶ Kap. 13.4.2).

Anaplerotische Reaktionen. Die Konzentrationen der verschiedenen Zwischenprodukte des Citratzyklus sind mit 10^{-5}–10^{-4} mol/l relativ gering. Da sie alle mit Ausnahme von Acetyl-CoA eine katalytische Funktion haben, d.h. bei einmaligem Durchgang durch den Zyklus regeneriert werden, ist eine optimale Durchsatzgeschwindigkeit trotzdem gewährleistet. Dies trifft allerdings nur zu, wenn der ständige Abfluss von Zykluszwischenprodukten für Biosynthesen wieder ausgeglichen wird. Die hierfür verantwortlichen Reaktionen werden nach einem Vorschlag von Hans Leo Kornberg als **anaplerotische Reaktionen** (griech.: auffüllende Reaktionen) bezeichnet. Neben den Transaminierungsreaktionen vor allem von Pyruvat mit Aspartat bzw. Glutamat, bei denen Oxalacetat bzw. α-Ketoglutarat (▶ Kap. 13.3) gebildet werden, ist die wichtigste anaplerotische Reaktion die Oxalacetatbiosynthese durch Carboxylierung von Pyruvat nach

$$\text{Pyruvat} + CO_2 + \text{ATP} \rightleftharpoons \text{Oxalacetat} + \text{ADP} + P_i$$

Das für die Reaktion verantwortliche Enzym, die **Pyruvatcarboxylase**, ist biotinabhängig und kommt in besonders hoher Aktivität in der Leber vor. Das Enzym wird durch Acetyl-CoA bereits in sehr geringen Konzentrationen aktiviert, sodass das für die Citratbildung notwendige Oxalacetat gebildet werden kann. Anaplerotisch wirken kann ferner das cytosolische **Malatenzym**, das die Malatbildung aus Pyruvat nach

$$\text{Pyruvat} + CO_2 + \text{NADPH} + H^+ \rightleftharpoons \text{Malat} + NADP^+$$

katalysiert. Malat kann dann in die Mitochondrien transportiert werden. Die eigentliche Bedeutung des Enzyms liegt jedoch wahrscheinlich eher in der Bildung von cytosolischem NADPH in der Rückreaktion.

In Kürze

Eine Reihe von Zwischenprodukten des Citratzyklus liefern Bausteine für folgende wichtige Biosynthesen:
- Fettsäurebiosynthese
- Hämbiosynthese
- Gluconeogenese
- Biosynthese nicht essentieller Aminosäuren

Diese Biosynthesen führen zum Verlust wichtiger Zwischenprodukte des Citratzyklus. Durch die sog. anaplerotischen Reaktionen wird dieser Abfluss kompensiert. Neben der Bildung von Oxalacetat und α-Ketoglutarat aus Aminosäuren ist die wichtigste anaplerotische Reaktion die Biosynthese von Oxalacetat durch Carboxylierung von Pyruvat.

Literatur

Ackrell BA (2000) Progress in understanding structure-function relationships in respiratory chain complex II. FEBS Lett 466 (1):1–5

Attwood PV (1995) The structure and mechanism of action of pyruvate carboxylase. Int J Biochem Cell Biol 27:231–249

Hansford RG, Zorov D (1998) Role of mitochondrial calcium transport in the control of substrate oxidation. Moll Cell Biochem 184 (1–2): 359–69

Zhou ZH, McCarthy DB, O Connor CM et al. (2001) The remarkable structural and functional organization of the eukaryotic pyruvate dehydrogenase complexes. Proc Natl Acad Sci USA 98 (26):14802–14807

Nishio A, Coppel R, Ishibashi H, Gershwin ME (2000) The pyruvate dehydrogenase complex as a target autoantigen in primary biliary cirrhosis. Baillieres Best Pract Res Clin Gastroenterol 14 (4): 535–47

Patel MS, Roche TE (1990) Molecular biology and biochemistry of pyruvate dehydrogenase complexes. FASEB J 4:3224–3233

Perham RN, Reche PA (1998) Swinging arms in multifunctional enzymes and the specificity of post-translational modification. Biochem Soc Trans 26 (3):299–303

Rustin P, Bourgeron T, Parfait B et al. (1997) Inborn errors of the Krebs cycle:a group of unusual mitochondrial diseases in human. Biochmim Biophys Acta 1361 (2):185–97

Links im Netz

► www.lehrbuch-medizin.de/biochemie

15 Redoxreaktionen, Sauerstoff und oxidative Phosphorylierung

Ulrich Brandt

15.1 Energieumwandlung in den Mitochondrien – 490

15.1.1 Voraussetzungen der oxidativen Phosphorylierung – 490

15.1.2 Elektronen- und Protonentransport in der Atmungskette – 494

15.1.3 ATP-Synthese – 500

15.1.4 Energiebilanz der oxidativen Phosphorylierung – 502

15.1.5 Kontrolle und Regulation der oxidativen Phosphorylierung – 503

15.2 Oxidoreduktasen – 506

15.2.1 Klassifizierung der Oxidoreduktasen – 506

15.2.2 Monooxygenasen – 507

15.3 Oxidativer Stress – 509

15.4 Pathobiochemie – 512

15.4.1 Pathogenese von Störungen im OXPHOS-System – 512

15.4.2 Angeborene Störungen – 513

15.4.3 Degenerative Erkrankungen und Altern – 513

Literatur – 514

 **Einleitung**

Alle bekannten Lebensformen müssen aus ihrer Umgebung ständig Energie wie Nährsubstrate oder Licht aufnehmen, um ihre hoch geordneten, komplexen Strukturen aufrecht zu erhalten und die unterschiedlichen biologischen Aktivitäten zu entfalten. Wachstum und Vermehrung und somit die Fähigkeit einer Lebensform, sich durchzusetzen, hängen deshalb von der Effizienz und Anpassungsfähigkeit der Versorgung ihrer Zellen mit Energie ab. Außer bei photosynthetischen Organismen sind es letztlich immer exergone Redoxreaktionen, die für die Bereitstellung der beiden »Energiewährungen« der Zelle, der reduzierten wasserstoffübertragenden Coenzyme und ATP, verantwortlich sind.

Durch Oxidation der Nahrung werden Elektronen freigesetzt, die direkt als Reduktionsäquivalente für Biosynthesen oder als Energiequelle genutzt werden können. Zur oxidativen Bildung von ATP werden die Elektronen auf ein niedermolekulares Oxidationsmittel übertragen. Dieser terminale Elektronenakzeptor ist bei **aeroben Zellen** molekularer Sauerstoff.

Einige **Mikroorganismen** verwenden alternativ z.B. Schwefel oder einfache organische Säuren wie Fumarsäure.

Neben der an die Reduktion von Sauerstoff gekoppelten besonders hohen Energieausbeute bildet die auf der wasserspaltenden Photosynthese der Pflanzen beruhende universelle Verfügbarkeit und quasi unerschöpfliche Regenerierbarkeit des Sauerstoffs die Grundlage des großen evolutionären Erfolges **aerober Zellen**.

In Eukaryonten sind es die Mitochondrien, die sich auf die Oxidation von Nahrungsstoffen und die sauerstoffabhängige Energiekonservierung spezialisiert haben. Sie stammen mit großer Wahrscheinlichkeit von aeroben, heterotrophen Prokaryonten ab.

Der stark exergone Charakter von Umsetzungen des Sauerstoffs mit organischen Verbindungen birgt jedoch auch erhebliche Gefahren für die Zellen. Die hohe Reaktivität radikalischer Zwischenstufen der Sauerstoffreduktion kann zur unkontrollierten Oxidation zellulärer Verbindungen und Strukturen mit weit reichenden Folgen führen. Aerobe Zellen haben deshalb ein ganzes Arsenal von Schutzmechanismen zur Bewältigung dieses »oxidativen Stresses« entwickelt.

15.1 Energieumwandlung in den Mitochondrien

Der mitochondriale Energiestoffwechsel ist der Hauptlieferant der Zelle für das als universelle Energiequelle eingesetzte ATP. Die grundlegende Erkenntnis, dass diese Energieversorgung auf einer Art »kalter Verbrennung« der Nahrung beruht, lässt sich bis in das 18. Jahrhundert auf Antoine Laurent de Lavoisier zurückverfolgen. Lavoisier wies nach, dass tierische Organismen Luftsauerstoff aufnehmen und Kohlendioxid und Wasser abgeben. Otto Warburg leitete aus der Hemmbarkeit der Zellatmung durch Cyanid die Existenz eines eisenhaltigen Atmungsferments zur Aktivierung des Sauerstoffs ab und erkannte damit als Erster, dass es sich bei der »Verbrennung« der Nahrung um einen enzymatischen Prozess handelt. David Keilin entdeckte die **Cytochrome** als Träger dieses katalytisch aktiven Eisens, denen erst viel später von Helmut Beinert und Kollegen die **Eisen-Schwefel-Proteine** an die Seite gestellt wurden. Heinrich Wieland zeigte, dass den Nährsubstraten durch spezifische Enzyme, den **Dehydrogenasen**, zunächst Wasserstoff entzogen wird. Es war wiederum Warburg, der nachwies, dass das von Karl Lohmann entdeckte ATP durch die Oxidation von Glycolyseprodukten gebildet werden konnte. Damit war das grundlegende Prinzip der **oxidativen Phosphorylierung (»OXPHOS«)** formuliert, welche besonders durch grundlegende Arbeiten von Albert L. Lehninger und David Green bald den Mitochondrien zugeordnet wurde. Lange Zeit blieb jedoch unklar, wie zwei so unterschiedliche Prozesse wie die Oxidation des Substratwasserstoffs und die Kondensation von ADP und anorganischem Phosphat energetisch aneinander gekoppelt sind. Erst in den sechziger Jahren des 20. Jahrhunderts setzte sich die von Peter Mitchell formulierte **chemiosmotische Hypothese** durch, welche die **Kopplung** der ATP-Synthese an den Elektronentransport mittels eines elektrochemischen **Protonengradienten** über die innere Mitochondrienmembran beschreibt.

15.1.1 Voraussetzungen der oxidativen Phosphorylierung

 Die Endstrecken des katabolen Stoffwechsels von Nahrungsstoffen liefern an Coenzyme gebundenen Wasserstoff.

Wie in den vorherigen Kapiteln besprochen, werden die Nahrungsbestandteile im katabolen Stoffwechsel letztlich zu Kohlendioxid oxidiert. Dies geschieht jedoch nicht durch direkte Reaktion mit molekularem Sauerstoff. Vielmehr wird ihnen während ihres Abbaus schrittweise Wasserstoff entzogen, bis schließlich über die Zwischenstufe einer Carboxylgruppe die Kohlenstoffatome einzeln als CO_2 abgespalten werden. Der Sauerstoff der Carboxylgruppe stammt dabei entweder aus der ursprünglichen Verbindung, z.B. dem Kohlenhydrat, oder aus der Wasseranlagerung an eine vorher durch Dehydrierung gebildete Doppelbindung. Nach diesem grundlegenden Schema verlaufen insbesondere die Reaktionen der Pyruvatdehydrogenase, des Citratzyklus und der β-Oxidation (▶ Kap. 14, 12).

15

Da Wasserstoff sehr klein und flüchtig ist, muss er zunächst als sog. **Reduktionsäquivalent** in Form von **NADH** und **FADH$_2$** zwischengespeichert werden. Dies ist ein sehr effizientes Verfahren, denn das für den Energiegehalt entscheidende Redoxpotential dieser beiden Coenzyme ist nur wenig positiver als das des Wasserstoffs. Die Umsetzung des so gebundenen Wasserstoffs mit molekularem Sauerstoff in der **Atmungskette** entspricht damit formal annähernd der Knallgasreaktion:

$$H_2 + \frac{1}{2}O_2 \rightarrow H_2O; \Delta G^{o'} = -235 \text{ kJ/mol}$$

Während NADH ein reversibel an das jeweilige Enzym bindendes Cosubstrat ist, liegt FADH$_2$ immer als fest gebundene prosthetische Gruppe vor. Die Folge sind grundsätzliche Unterschiede im Transport und in der Verwertung der Reduktionsäquivalente bei der oxidativen Phosphorylierung.

! Die in den Reduktionsäquivalenten gespeicherte Energie wird zur Erzeugung einer Phosphorsäureanhydrid-Bindung im ATP benutzt.

ATP entsteht in einer stark endergonen Reaktion durch Kondensation von ADP und anorganischem Phosphat. Die gebildete »energiereiche« Phosphorsäureanhydrid-Bindung besitzt ein sehr hohes **Gruppenübertragungspotential**. Die in den Reduktionsäquivalenten gespeicherte Energie muss also im Verlauf der oxidativen Phosphorylierung in eine chemisch völlig verschiedene Energieform umgewandelt werden. Die Mitochondrien lösen dieses Problem dadurch, dass sie die Redoxenergie in Form eines elektrochemischen **Protonengradienten** über ihre innere Membran zwischenspeichern (Abb. 15.1). Dieser Gradient wird durch die **Atmungskettenkomplexe** gebildet, welche die Elektronen der Reduktionsäquivalente schrittweise bis auf den Sauerstoff übertragen, und dann zur ATP-Synthese genutzt. Daraus folgt, dass eine sehr dichte Membran, über die sich ein ausreichend stabiler Protonengradient ausbilden kann, unbedingte Voraussetzung für die oxidative Phosphorylierung ist.

! Die mitochondrialen Membranen bilden funktionelle Kompartimente.

Aufbau und Organisation der Mitochondrien (▶ Kap. 6.2.9) sind in hervorragender Weise an die bisher skizzierten Aufgaben angepasst: Wahrscheinlich als Relikt ihres evolutionären Ursprungs als eigenständige Organismen sind die Mitochondrien von zwei Membranen umgeben, die mehrere Kompartimente definieren:

- Im Inneren der Mitochondrien, der mitochondrialen **Matrix**, findet v.a. die Endoxidation der Nahrungsmetabolite statt
- Für den Elektronentransport auf den Sauerstoff und die daran gekoppelte ATP-Synthese sind Enzyme zuständig, die in die vielfach gefaltete **innere Mitochondrienmembran** integriert sind (Abb. 15.1)

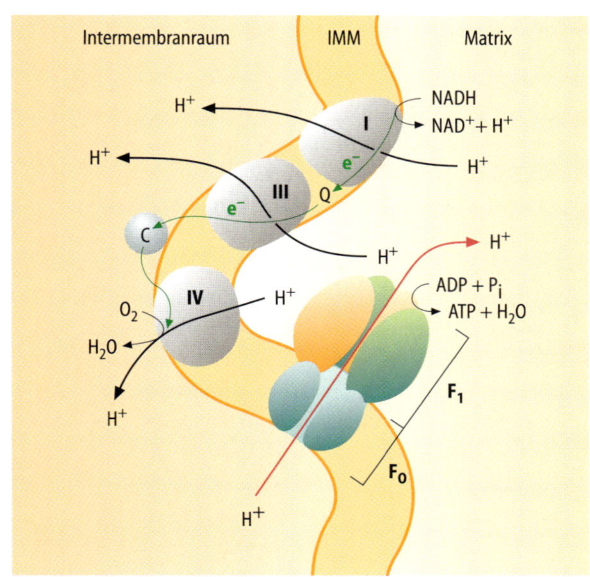

Abb. 15.1. Übersicht über die oxidative Phosphorylierung. Vom NADH stammende Elektronen werden vom Atmungskettenkomplex I auf Ubichinon (Q) übertragen. Der Komplex III transportiert sie zum Cytochrom c (C), von wo sie über den Komplex IV zum Sauerstoff gelangen und diesen unter Wasserbildung reduzieren. Der Elektronentransport über die Komplexe I, III und IV geht mit einer Translokation von Protonen aus dem Matrixraum in den Intermembranraum einher. Die F$_1$/F$_O$-ATP-Synthase nutzt den Protonengradienten zur Synthese von ATP aus ADP und anorganischem Phosphat. Der Komplex II ist nicht dargestellt, da er keine Protonentranslokation katalysiert. IMM = Innere Mitochondrienmembran

- Die **äußere Mitochondrienmembran** markiert die Grenze zum Cytoplasma
- Der zwischen den beiden Membranen angesiedelte **Intermembranraum** beherbergt zwei Proteine, die wichtig für die oxidative Phosphorylierung sind: Cytochrom *c*, ein wasserlöslicher Elektronenüberträger der Atmungskette, und die Adenylat-Kinase (»Myokinase«), die über die Reaktion

$$AMP + ATP \rightleftharpoons 2\ ADP$$

im anabolen Stoffwechsel entstandenes AMP der oxidativen Phosphorylierung zuführt

! Spezifische Transportsysteme sind für den Stoffaustausch zwischen dem Intermembranraum und der mitochondrialen Matrix verantwortlich.

Aus dem bisher Gesagten ergibt sich, dass zur Endoxidation Substrate wie Pyruvat und Fettsäuren aus dem Cytoplasma über zwei Membranen in die mitochondriale Matrix transportiert werden müssen. Da die ATP-Synthese an der Innenseite der inneren Mitochondrienmembran stattfindet, gilt dies auch für ADP und anorganisches Phosphat. Das gebildete ATP muss anschließend zurück in das Cytoplasma gelangen.

Infobox

Protonen, Puffer, Potentiale

Eine Besonderheit der oxidativen Phosphorylierung (»OXPHOS«) besteht darin, dass die aus der Oxidation der Reduktionsäquivalente stammende Energie als Protonengradient zwischengespeichert wird, der dann für Transportvorgänge und v.a. die ATP-Synthese genutzt wird. Wie z.B. beim Aufbau neuronaler Aktionspotentiale ist dabei zunächst der Ladungsgradient, also das über die Membran aufgebaute elektrische Potential entscheidend. Allerdings gibt es einen wesentlichen Unterschied, der sich aus dem besonderen Verhalten von Protonen in wässriger Lösung ergibt: Im Gegensatz zu Ionen wie Na^+ oder K^+ ist die freie Konzentration von Protonen in der Zelle extrem gering, denn bei einem pH-Wert von 7,0 ist die H^+-Konzentration definitionsgemäß 0,1 µmol/l. Wenn Protonen über die innere Mitochondrienmembran gepumpt werden, ändert sich deshalb ihr Konzentrationsverhältnis auf beiden Seiten signifikant, sodass auch ihr osmotischer Gradient berücksichtigt werden muss. Man spricht deshalb von einem chemiosmotischen Potential $\Delta\tilde{\mu}H$, das sich aus einer elektrischen Komponente $\Delta\Psi$ (dem Ladungsgradienten) und einer osmotischen Komponente ΔpH (dem Konzentrationsgradienten) wie folgt zusammensetzt:

$$\Delta\mu H = F \cdot \Delta\Psi - 2{,}3 \times RT \times \Delta pH$$

F ist die Faraday-Konstante, die Umkehrung des Vorzeichens und der Faktor 2,3 ergeben sich aus pH = –log [H^+].

$\Delta\tilde{\mu}H$ hat die Dimension einer Energiedifferenz (kJ/mol) und kann nach Mitchell analog zur »elektronenmotorischen Kraft« eines galvanischen Elements in eine »protonenmotorische Kraft« Δp umgerechnet werden:

$$\Delta p = \Delta\mu H / F$$

Δp hat die Dimension einer Spannungsdifferenz, die bei aktiver oxidativer Phosphorylierung in Mitochondrien 180–200 mV beträgt.

Wegen der sehr niedrigen Konzentration freier Protonen sollte man erwarten, dass der Konzentrationsgradient den größten Teil der protonenmotorischen Kraft ausmacht. Tatsächlich beträgt der Anteil des osmotischen Terms in Mitochondrien jedoch nur 10–20%. Ursache ist eine weitere Besonderheit von Protonen, ihr Verhalten gegenüber Puffern: Sowohl die mitochondriale Matrix als auch der Intermembranraum (Raum zwischen innerer und äußerer Mitochondrienmembran) enthalten eine hohe Konzentration biologischer Puffer, v.a. in Form von Phosphat, organischen Säuren und Proteinen. Durch diese Puffer werden die gepumpten Protonen innen ständig »nachgeliefert« und außen »weggebunden«. Damit ändert sich der pH-Wert kaum und der Konzentrationsgradient wird größtenteils wieder in einen Ladungsgradienten umgewandelt. Diese freie Umwandelbarkeit von ΔpH in $\Delta\Psi$ und umgekehrt wurde experimentell nachgewiesen. Sie stellt ein wesentliches Prinzip der oxidativen Phosphorylierung dar.

Die **äußere Mitochondrienmembran** ist mit einem **Porin** genannten Protein besetzt, das sie für kleine Moleküle (<4000–5000 Da) frei durchlässig macht. Allerdings erfordert es der Mechanismus der oxidativen Phosphorylierung, dass die **innere Mitochondrienmembran** selbst für Protonen weitgehend undurchlässig sein muss. Tatsächlich können diese Membran grundsätzlich nur kleine, ungeladene Moleküle wie CO_2, O_2 und Wasser ungehindert passieren. Es folgt, dass es spezielle Systeme geben muss, die einen selektiven Transport von Metaboliten über die innere Mitochondrienmembran ermöglichen, ohne gleichzeitig ein »Leck« für Protonen zu erzeugen. Im Einzelnen unterscheidet man:

- mitochondriale Carrier für Anionen
- Transportsysteme für Redoxäquivalente und
- Kationentransporter

Mitochondriale Carrier für Anionen. Um den notwendigen Stoffaustausch zwischen mitochondrialer Matrix und den übrigen zellulären Kompartimenten zu gewährleisten, enthält die innere Mitochondrienmembran eine große Zahl von Transportproteinen, die alle zur selben Proteinfamilie gehören und als **mitochondriale Carrier** bezeichnet werden. Deshalb gilt der in ◻ Abb. 15.2 am Beispiel des Adeninnucleotid-Carriers illustrierte, generelle Mechanismus wahrscheinlich für alle Vertreter dieser Familie. Im Genom der Hefe *Saccharomyces cerevisiae* wurden 35 Gene gefunden, die für Proteine dieser Familie codieren können. Allerdings ist bisher nicht geklärt, ob alle diese Gene funktionell exprimiert werden. Vierzehn mitochondriale Carrier, deren Funktion bekannt ist, sind in ◻ Tabelle 15.1 zusammengestellt. Mitochondriale Carrier katalysieren meist im **Symport** oder **Antiport** den Transport von Anionen über die innere Mitochondrienmembran, der auch an die Übertragung eines Protons gekoppelt sein kann. Entsprechend werden die mitochondrialen Transportproteine in vier Klassen eingeteilt (◻ Tabelle 15.1):

- Bei einem **elektrogenen Carrier** wird mit den Substraten eine Ladung über die Membran transportiert. Dies geht im Sinne eines **sekundär aktiven Transports** zu Lasten des Protonengradienten über die innere Mitochondrienmembran, und muss daher bei der Bilanz der oxidativen Phosphorylierung berücksichtigt werden (▶ u.). Mit mehr als 10% des Proteins der inneren Mitochondrienmembran ist der **Adeninnucleotid-Carrier** der wichtigste Vertreter dieser Gruppe (◻ Abb. 15.2). Er

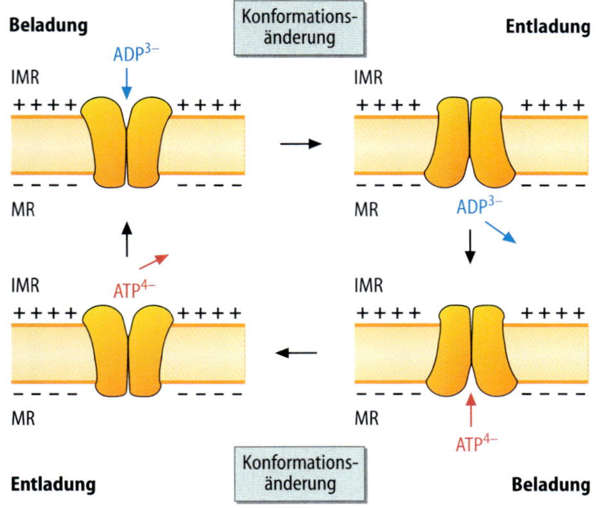

Abb. 15.2. Mechanismus des Adeninnucleotidcarriers. Die Abbildung stellt einen Katalysezyklus des Carriers dar, bei dem ein ADP in den Matrixraum und anschließend ein ATP in den Intermembranraum transportiert wird. Der Adeninnucleotidcarrier enthält eine Bindungsstelle für Adeninnucleotide, die normalerweise entweder mit ATP oder mit ADP beladen werden kann. Die Adeninnucleotide werden über die Membran transportiert. Wegen des Ladungsgradienten (positiv außen) über der inneren Mitochondrienmembran erfolgt der Transport von ATP^{4-} von innen nach außen etwa 30-mal schneller als der Transport von ADP^{3-}, welches im Gegenzug schneller in die andere Richtung transportiert wird. IMR = Intermembranraum; MR = Matrixraum

katalysiert die Austauschreaktion der Adeninnucleotide über die innere Mitochondrienmembran. ADP, welches durch ATP-verbrauchende Prozesse im Cytoplasma entstanden ist, wird im Austausch gegen ATP in die mitochondriale Matrix transportiert. Bei jedem Austausch wird netto eine negative Ladung mehr nach außen als nach innen transportiert. **Atraktylosid**, das Gift der Distel Atractylis gummifera hemmt den Adeninnucleotid-Carrier, indem es ihn in einer bestimmten Konformation festhält

- Beispiel für einen **elektroneutralen, protonenkompensierten Carrier** ist der **Phosphat-Carrier**. Im Symport mit einem Proton wird ein Phosphat-Anion ($H_2PO_4^-$) in die mitochondriale Matrix transportiert, wo es zur ATP-Synthese aus ADP benötigt wird. Ein weiterer wichtiger Vertreter ist der **Pyruvat-Carrier**, der in der aeroben Glycolyse für den Substrat-Transport in die Mitochondrien verantwortlich ist. Auch Glutamat und verzweigtkettige Aminosäuren gelangen nach diesem Mechanismus in die Matrix
- Eine Reihe **elektroneutraler Austausch-Carrier** sind für den Austausch von Di- und Tricarboxylaten zwischen Cytoplasma und mitochondrialer Matrix zuständig. Oft sind diese Transportsysteme für die Verknüpfung von Stoffwechselwegen über die Grenzen der Kompartimente hinweg bedeutsam. So dient beispielsweise der **Citrat/Malat-Carrier** dem Transport von Acetyl-Resten für die Fettsäuresynthese aus der Matrix in das Cytoplasma
- Ein **neutraler Carrier** ist der **Carnitin-Carrier**, der die Fettsäuren, gekoppelt an das zwitterionische Carnitin, für die β-Oxidation in die mitochondriale Matrix liefert (► Kap. 12.2.1). V.a. in Mitochondrien der Leber und der Nieren transportiert der ebenfalls neutrale **Glutamin-Carrier** Glutamin für die Harnstoffsynthese in den Matrixraum (► Kap. 13.5.2)

Zusammengenommen sorgen die mitochondrialen Carrier für einen bedarfsgerechten Strom von Metaboliten, der ein reibungsloses Zusammenspiel cytoplasmatischer und mitochondrialer Stoffwechselwege sicherstellt. In einigen Fällen, wie im Falle des bereits erwähnten Carnitin-Carriers oder des Citrat/Malat-Carriers, werden Moleküle gekoppelt an eine Trägersubstanz transportiert, die dann nach ihrer »Entladung« in das ursprüngliche Kompartiment zurückkehrt. Solche Transportzyklen bedienen sich in manchen Fällen gleich mehrerer Carrier bzw. Enzyme und werden dann auch als **Substrat-shuttle** bezeichnet.

Transport von Reduktionsäquivalenten. Das Zusammenspiel von zwei Carriern und vier Enzymen ermöglicht den in vielen Stoffwechselsituationen wichtigen Transport von Reduktionsäquivalenten zwischen Cytoplasma und mitochondrialer Matrix. Für den Transport von cytoplasmatischem NADH, z.B. aus der Glycolyse, in die Matrix dient der als **Malat/Aspartat-shuttle** bezeichnete Transportzyklus (Abb. 15.3): Zunächst wird cytoplasmatisches Oxalacetat mit NADH zu Malat reduziert. Nach Transport mit Hilfe des α-Ketoglutarat/Malat-Carriers wird das Malat unter Bildung von NADH in der Matrix zu Oxalacetat reoxidiert. Da kein Carrier für Oxalacetat existiert, muss vor dem Rücktransport des Kohlenstoffgerüsts zunächst Oxalacetat mit Glutamat zu Aspartat und α-Ketoglutarat transaminiert werden. Der Aspartat/Glutamat-Carrier ermöglicht nun den Austausch mit dem Cytoplasma. Die Umkehrung des Transaminierungsschrittes vervollständigt den Zyklus.

Kationen-Transport. Neben den Transportproteinen aus der Familie der mitochondrialen Carrier enthält die innere Mitochondrienmembran Systeme für den aktiven Transport von mono- und divalenten Kationen. Von besonderer Bedeutung ist die durch das mitochondriale Membranpotential getriebene Aufnahme von bis zu 3 mmol Calcium pro mg Mitochondrienprotein. Das hierfür verantwortliche Transportprotein wurde noch nicht identifiziert. Funktionelle Untersuchungen haben jedoch gezeigt, dass es sich um ein **hochselektives Kanalprotein** mit sehr hoher Affinität für Ca^{2+} handelt. Es ist offenbar immer nur sehr kurzzeitig und begrenzt auf kleine Bereiche der inneren Mitochondrienmembran geöffnet. Dies führt lokal zu einem kurz-

Tabelle 15.1. Auswahl mitochondrialer Transportproteine. (Nach Krämer u. Palmieri 1992)

	Transportprotein	Wichtiges Substrat	Transport-mechanismus	Stoffwechselbedeutung	Hauptsächliches Vorkommen
A	**Elektrogene Carrier**				
	Adeninnucleotid-Carrier	ADP^{3-}/ATP^{4-}	Antiport	Energietransfer	ubiquitär
	Aspartat/Glutamat Carrier	Asp/Glu	Antiport	Malat/Aspartatzyklus Gluconeogenese, Harnstoffsynthese	
	Thermogenin	H^+	Uniport	Thermogenese	braunes Fettgewebe
B	**Elektroneutrale, protonen-kompensierte Carrier**				
	Phosphat-Carrier	Phosphat/H^+	Symport	Phosphat-Transfer	ubiquitär
	Pyruvat-Carrier	Phosphat/H^+, Ketonkörper/H^+	Symport	Citratzyklus, Gluconeogenese	ubiquitär
	Glutamat-Carrier	Glutamat/H^+	Symport	Harnstoffsynthese	Leber
	Carrier für verzweigtkettige Aminosäuren	verzweigtkettige Aminosäuren/H^+	Symport	Abbau verzweigtkettiger Aminosäuren	Skelettmuskel, Herzmuskel
C	**Elektroneutrale Austausch-Carrier**				
	Ketoglutarat/Malat-Carrier	Ketoglutarat/Malat, Succinat	Antiport	Malat/Aspartatzyklus Gluconeogenese	ubiquitär
	Dicarboxylat/Phosphat-Carrier	Malat, Succinat/Phosphat	Antiport	Gluconeogenese, Harnstoffsynthese	Leber
	Citrat/Malat-Carrier	Citrat/Isocitrat, Malat, Succinat Phosphoenolpyruvat	Antiport	Lipogenese, Gluconeogenese	Leber
	α-Glycerophosphat/Dihydroxyacetonphosphat-Carrier	α-Glycerophosphat/Dihydroxyacetonphosphat	Antiport	Glycerophosphatzyklus	ubiquitär
	Ornithin-Carrier	Ornithin, Citrullin	Antiport	Harnstoffsynthese	Leber
D	**Neutrale Carrier**				
	Carnitin-Carrier	Carnitin/Acylcarnitin	Antiport	Fettsäureoxidation	ubiquitär
	Glutamin-Carrier	Glutamin	Uniport	Glutaminabbau	Leber, Niere

zeitigen Zusammenbruch der oxidativen Phosphorylierung. Hohe Calciumkonzentrationen im Cytosol aktivieren den Calcium-Kanal. Die nachfolgende Erhöhung des mitochondrialen Calciums führt über die Aktivierung verschiedener Dehydrogenasen wie der Pyruvatdehydrogenase, der Isocitratdehydrogenase und der α-Ketoglutaratdehydrogenase zu einer Stimulierung des Energiestoffwechsels.

15

15.1.2 Elektronen- und Protonentransport in der Atmungskette

! Die Multiproteinkomplexe der Atmungskette sind durch mobile Substrate verbunden.

Wie in Abb. 15.4 gezeigt, erfolgt der Elektronentransport über mehrere große Multiproteinkomplexe, die oft mit römischen Zahlen bezeichnet werden (Tabelle 15.2). In den letzten Jahren wurde nachgewiesen, dass die Komplexe I, III und IV in der inneren Mitochondrienmembran nicht wie dargestellt voneinander getrennt vorliegen, sondern zu **Superkomplexen** zusammengelagert sein können. Die genaue Anordnung der einzelnen Komplexe ist aber ebenso wie die funktionelle Bedeutung der Superkomplexe noch weitgehend ungeklärt. Bemerkenswert ist aber, dass Komplex I in menschlichen Mitochondrien nur im Superkomplex stabil ist. Die schrittweise Übertragung der Elektronen des gebundenen Wasserstoffs auf den Sauerstoff erlaubt es den Komplexen I, III und IV, die freiwerdende Energie zu nutzen, um Protonen über die innere Mitochondrienmembran zu pumpen und so in Form eines Membranpotentials zwischenzuspeichern. Obwohl insbesondere durch die Aufklärung molekularer Strukturen mehrerer Atmungskettenkomplexe in den letzten Jahren große Fortschritte im Verständnis der Mechanismen des Redox-getriebenen Protonentransports gemacht wurden, ist das Wissen auf diesem Gebiet noch sehr lückenhaft.

Die Übertragung der Elektronen zwischen den Komplexen wird von zwei mobilen Substraten, dem **Cytochrom c** und dem **Ubichinon** übernommen:

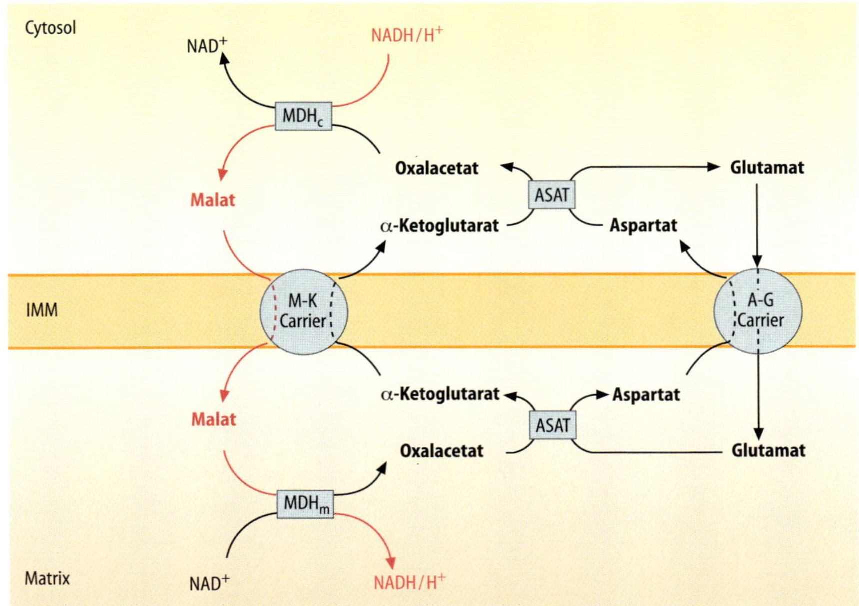

Abb. 15.3. Malat/Aspartat-Shuttle zum Transport von Reduktionsäquivalenten über die innere Mitochondrienmembran. Der Transport vom Cytosol in die Mitochondrien ist rot hervorgehoben. Da es sich um reversible Reaktionen handelt, kann der Transport auch in umgekehrter Reihenfolge erfolgen. IMM = Innere Mitochondrienmembran, ASAT = Aspartat-Aminotransferase, MDH = Malat-Dehydrogenase (Einzelheiten ▶ Text)

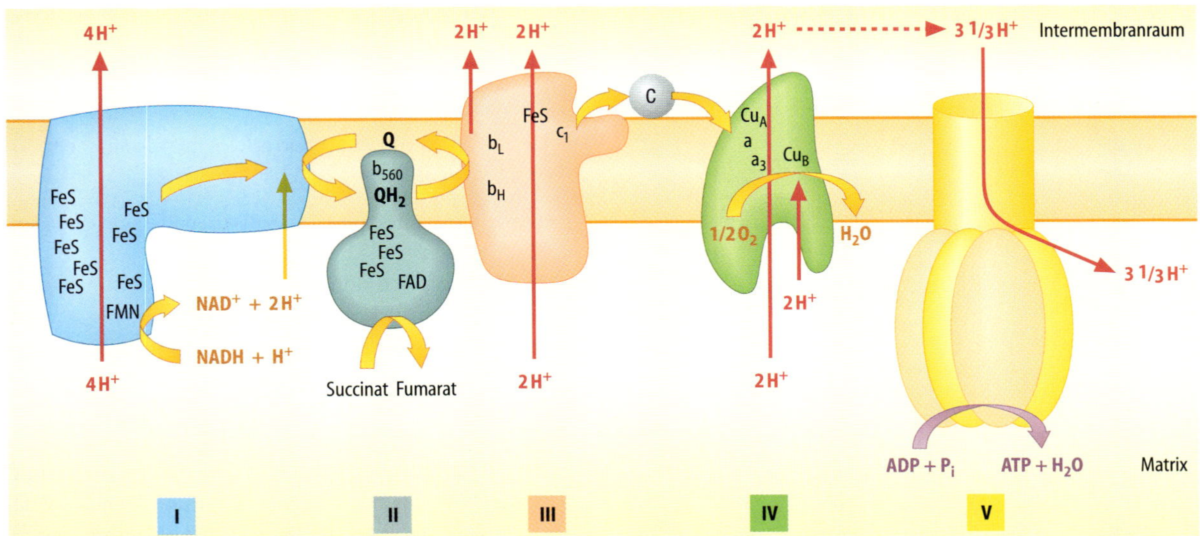

Abb. 15.4. Die fünf Komplexe der oxidativen Phosphorylierung. Der Elektronentransport über die vier Komplexe der Atmungskette erfolgt über die mobilen Substrate Ubichinon (Q/QH_2) und Cytochrom c (C). Pro oxidiertem NADH werden 10 Protonen, pro oxidiertem Succinat 6 Protonen über die Membran gepumpt. Die ATP-Synthase benötigt rechnerisch 3 Protonen zur Synthese von einem ATP. Zusätzlich wird jeweils ein Proton für den Transport von ADP, P_i und ATP verbraucht. (nicht gezeigt, Einzelheiten ▶ Text)

- Das **Cytochrom c** ist ein kleines basisches Protein (▶ Kap. 3.7.2), das ein covalent gebundenes Häm c-Zentrum (Abb. 15.5) als prosthetische Gruppe trägt. Wie bei allen Cytochromen kann das zentrale Eisenatom der Hämgruppe durch Redoxwechsel zwischen Fe^{3+} und Fe^{2+} **ein** Elektron aufnehmen und wieder abgeben. Cytochrom *c* ist lose mit der Außenseite der inneren Mitochondrienmembran assoziiert und dient der Elektronenübertragung von Komplex III auf Komplex IV
- Das **Ubichinon** ist ein extrem hydrophobes Isoprenoid, dessen Kopfgruppe durch Wechsel zwischen der oxidierten **Chinon-** und der reduzierten **Hydrochinon-Form** *zwei* Elektronen aufnehmen und wieder abgeben kann (Abb. 15.6). Die einfach reduzierte Form wird

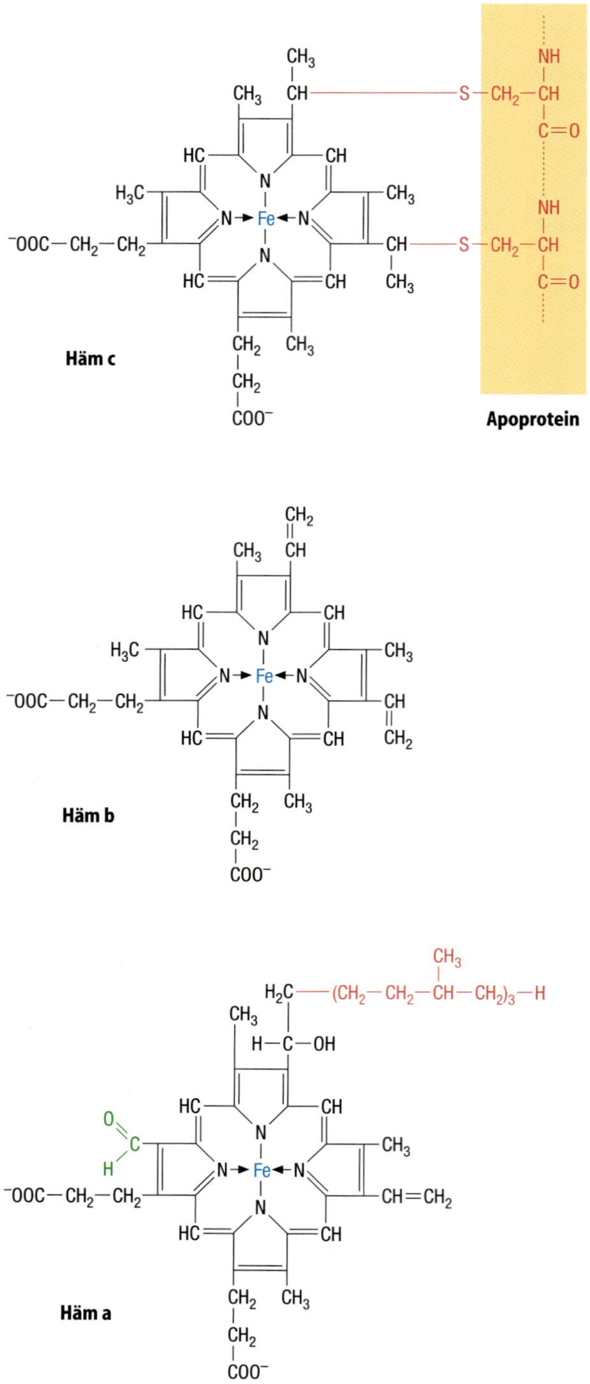

Abb. 15.5. Struktur der Hämzentren. Häm c ist über zwei Thioetherbrücken mit Cysteinylresten des Apoproteins covalent verknüpft. Häm b besitzt den unveränderten Protoporphyrin IX-Ring. Beim Häm a ist der Porphyrinring durch einen Formyl- und einen langen Farnesylrest modifiziert

als **Semichinon** bezeichnet. Anders als beim Cytochrom *c* müssen bei vollständiger Reduktion des Ubichinons gleichzeitig zwei Protonen zur **Ladungskompensation** aufgenommen werden. Diese Kopplung einer Redoxreaktion an eine Protonenaufnahme bzw. -abgabe stellt ein allgemeines Prinzip dar, das z.B. vom Komplex III für die Protonen-Translokation genutzt wird (▶ u.)

Anders als früher angenommen und vielfach beschrieben wird tatsächlich, außer beim Eintritt der Elektronen in die Kette, an keiner Stelle der mitochondrialen Atmungskette Wasserstoff übertragen. Vielmehr folgen Protonen immer einer durch Aufnahme bzw. Abgabe von Elektronen bedingten Ladungsänderung, was formal, aber nicht mechanistisch, einer Wasserstoffübertragung entspricht. Dieser zentrale Punkt wird am Beispiel der Redoxintermediate des Ubichinons (Abb. 15.6) besonders deutlich: Erst mit der vollständigen Reduktion zum Hydrochinon werden zwei Protonen aufgenommen. Das Ubichinon diffundiert frei in der inneren Mitochondrienmembran, übernimmt Elektronen von allen Dehydrogenasen und überträgt diese auf den Komplex III. Beim Ubichinon treffen sich also die verschiedenen Eingangsrouten der Reduktionsäquivalente (▶ u.) zu einer gemeinsamen Endstrecke. Da Ubichinon im stöchiometrischen Überschuss vorliegt, kann es als Redoxpuffer zwischen den verschiedenen Dehydrogenasen dienen. Man spricht auch von der **Poolfunktion** des Ubichinons.

! Die Reduktion von Ubichinon erfolgt mit spezifischen Dehydrogenasen.

Ubichinon kann mit einigen spezifischen Dehydrogenasen reduziert werden:
- der NADH:Ubichinon-Oxidoreduktase
- der Succinat:Ubichinon-Oxidoreduktase
- der ETF (*electron transferring flavoprotein*): Ubichinon-Oxidoreduktase sowie
- der Glycerophosphat:Ubichinon Oxidoreduktase

NADH:Ubichinon-Oxidoreduktase (Komplex I). Dieser mit Abstand größte Enzymkomplex der Atmungskette oxidiert das v.a. im Citratzyklus, in der β-Oxidation und durch die Pyruvatdehydrogenase gebildete NADH und reduziert Ubichinon in der inneren Mitochondrienmembran. Die freiwerdende Redoxenergie wird zum Transport von vier Protonen aus der Matrix (M) in den Intermembranraum (IMR) genutzt:

$$\text{NADH} + E^+ + \text{Ubichinon} + 4\,H^+\,(M) \rightarrow \text{NAD}^+ + \text{Ubihydrochinon} + 4\,H^+\,(\text{IMR})$$

In Säugetiermitochondrien besteht der **L-förmige Komplex** aus 46 verschiedenen Proteinen mit einer molekularen Masse von insgesamt fast 1000 kDa. Da 14 dieser Unter-

Tabelle 15.2. Die Enzymkomplexe der Atmungskette

Komplex	Bezeichnung	Molekulare Masse (kDa)	Untereinheiten[a]	Prosthetische Gruppen	Ladungstransport
I	NADH: Ubichinon-Oxidoreduktase	940	46 (7)	FMN 8-Eisen-Schwefel-Zentren	2 q/e⁻
II	Succinat: Ubichinon-Oxidoreduktase	125	4 (0)	FAD 3 Eisen-Schwefel-Zentren Häm b_{560}	–
III	Ubihydrochinon: Cytochrom *c*-Oxidoreduktase	240	11 (1)	Häm b_L/Häm b_H Häm c_1 1 Eisen-Schwefel-Zentrum	1 q/e⁻
IV	Cytochrom *c*-Oxidase	205	13 (3)	Cu_A-Zentrum Häm *a* Häm a_3/Cu_B (»binucleäres Zentrum«)	2 q/e⁻

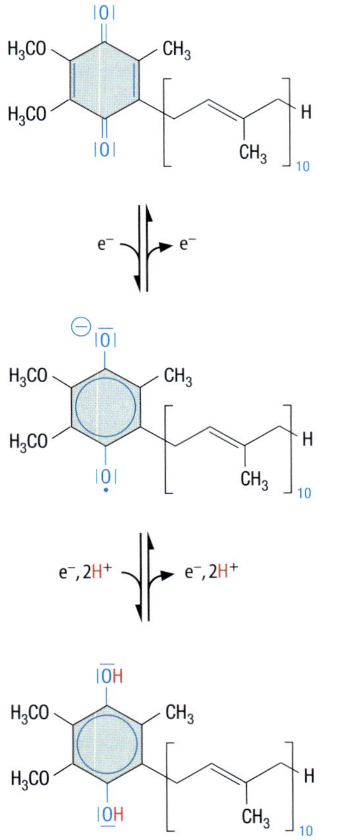

Abb. 15.6. Struktur und Redoxstufen des Ubichinon-10. Ubichinon kann in zwei Stufen zum Ubihydrochinon reduziert werden. Die Reduktion vom Semichinon zum Hydrochinon ist an die Aufnahme von zwei Protonen gekoppelt. Beim Menschen besteht die Seitenkette aus 10 Isopreneinheiten. Bei anderen Eukaryoten liegt diese Zahl zwischen 6 und 10

einheiten auch im funktionell vergleichbaren bakteriellen Enzym vorhanden sind, geht man davon aus, dass nur diese **»zentralen« Untereinheiten** für die katalytische Funktion des Komplex I erforderlich sind. Die Aufgabe der übrigen 32 Untereinheiten ist weitgehend unbekannt. Einen ähnlichen Aufbau aus zentralen, katalytischen und peripheren, **»akzessorischen« Untereinheiten** findet sich auch bei den Komplexen III und IV. Sieben besonders hydrophobe zentrale Untereinheiten des Komplexes I werden durch das mitochondriale Genom codiert. Die sieben übrigen zentralen Untereinheiten tragen keine Transmembran-Domänen und befinden sich im peripheren Arm des Komplexes, der in den Matrixraum hineinragt (Abb. 15.4). Sie tragen das Coenzym **FMN** und acht sog. **Eisen-Schwefel-Zentren**. FMN übernimmt, wahrscheinlich durch Hydrid-Transfer, beide Elektronen gleichzeitig vom NADH und überträgt diese einzeln auf eine lineare Kette aus sieben der acht zwei- und vierkernigen Eisen-Schwefel-Zentren (Abb. 15.7). Obwohl sie mehrere mit anorganischem Schwefel verbrückte Eisenatome enthalten, können Eisen-Schwefel-Zentren immer nur ein einziges Elektron aufnehmen und wieder abgeben. Schließlich werden die Elektronen auf Ubichinon übertragen, was mit der Aufnahme von zwei Protonen aus dem Matrixraum einhergeht. Es wurde experimentell bestimmt, dass die vom Komplex I katalysierte Redoxreaktion an den Transport von vier Protonen pro oxidiertem NADH über die innere Mitochondrienmembran gekoppelt ist. Der Mechanismus dieses Protonentransports ist unbekannt.

Für den Komplex I wurde eine große Zahl Chinonanaloger Hemmstoffe gefunden. Der Bekannteste ist das aus Leguminosen isolierbare **Rotenon**, aber auch höhere Konzentrationen von **Barbituraten**, wie z.B. Amytal, hemmen den Komplex I.

Succinat:Ubichinon-Oxidoreduktase (Komplex II). Der zweite Atmungskettenkomplex ist wesentlich kleiner und besteht in Säugetieren aus nur vier Untereinheiten. Die beiden hydrophilen Untereinheiten entsprechen der Succinat-Dehydrogenase des Citratzyklus (▶ Kap. 14.2). Das dort gebildete $FADH_2$ überträgt also seine Elektronen im selben Enzymkomplex gleich weiter auf Ubichinon. Dabei werden keine Protonen gepumpt:

$$\text{Succinat} + \text{Ubichinon} \longrightarrow \text{Fumarat} + \text{Ubihydrochinon}$$

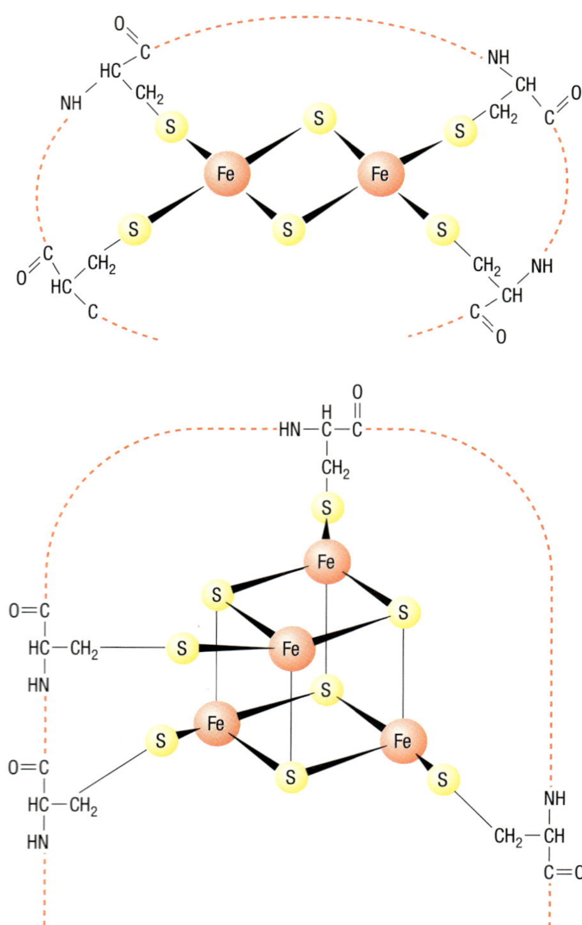

Abb. 15.7. Raumstruktur von zwei- und vierkernigen Eisen-Schwefel-Zentren

Wiederum dient das Flavin dazu, die paarweise übernommenen Elektronen einzeln auf das erste einer Kette von drei Eisen-Schwefel-Zentren zu übertragen. Neben diesen Eisen-Schwefel-Zentren enthält der Komplex II ein Häm b_{560}-Zentrum. Aus der molekularen Struktur eng verwandter, bakterieller Fumarat-Reduktasen kann man schließen, dass sich dieses Häm-Zentrum im Transmembranbereich befindet. Ob es am Elektronentransport beteiligt ist, ist jedoch bisher ungeklärt.

15

ETF:Ubichinon-Oxidoreduktase. Außer über die genannten großen Komplexe können noch über andere Wege Reduktionsäquivalente in die Atmungskette eingeschleust werden: Da $FADH_2$ als prosthetische Gruppe nicht frei diffundieren kann, reduziert die Acyl-CoA-Dehydrogenase der β-Oxidation (► Kap. 12.2.1) zunächst ein kleines Überträgerprotein, das **ETF** (*electron transferring flavoprotein*) genannt wird. Dieses FAD-haltige Protein wird von der **ETF:Ubichinon-Oxidoreduktase** oxidiert, die dann, wiederum unter Beteiligung eines Eisen-Schwefel-Zentrums, Ubichinon reduziert.

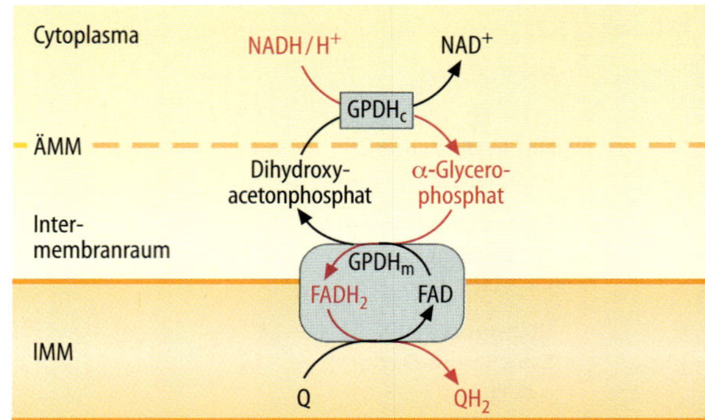

Abb. 15.8. Verknüpfung des Glycerophosphatzyklus mit der Atmungskette. Auf der cytosolischen Seite wird durch die cytoplasmatische Glycerophosphatdehydrogenase ($GPDH_c$) Dihydroxyacetonphosphat mit NADH zu α-Glycerophosphat reduziert. Durch die in der inneren Mitochondrienmembran lokalisierte Glycerophosphatdehydrogenase ($GPDH_m$) erfolgt eine Flavin-abhängige Oxidation des Glycerophosphats zu Dihydroxyacetonphosphat. $FADH_2$ wird mit Hilfe von Ubichinon reoxidiert. ÄMM = Äußere Mitochondrienmembran; IMM = Innere Mitochondrienmembran

Glycerophosphat:Ubichinon Oxidoreduktase (Glycerophophat-Dehydrogenase). Im **Glycerophosphatzyklus** (Abb. 15.8) besteht eine weitere Möglichkeit, cytoplasmatische Reduktionsäquivalente in die Atmungskette zu übertragen. Auf der cytoplasmatischen Seite wird Dihydroxyacetonphosphat durch die cytoplasmatische Glycerophosphat-Dehydrogenase ($GPDH_C$) NADH-abhängig zu α-Glycerophosphat reduziert. Dieses wird durch die mit der inneren Mitochondrienmembran assoziierte **Glycerophosphat-Dehydrogenase** ($GPDH_M$) FAD-abhängig reoxidiert, wobei Ubichinon zu Ubihydrochinon reduziert wird.

! Der Cytochrom *bc*$_1$-Komplex (Komplex III) reduziert Cytochrom *c*.

In Säugetiermitochondrien wird Ubihydrochinon ausschließlich durch die **Ubihydrochinon: Cytochrom c-Oxidoreduktase (Komplex III)** reoxidiert, die wegen ihrer charakteristischen Hämzentren häufig als **Cytochrom bc$_1$-Komplex** bezeichnet wird:

$$\text{Ubihydrochinon} + 2\ \text{Cyt. c}^{3+} + 2\ \text{H}^+\ (\text{M}) \rightarrow \text{Ubichinon} + 2\ \text{Cyt. c}^{2+} + 4\ \text{H}^+\ (\text{IMR})$$

Obwohl nach dieser Gleichung vier Protonen im Intermembranraum freigesetzt werden, werden nur zwei Protonen pro oxidiertem Ubihydrochinon über die Membran transportiert. Dies wird durch Betrachtung der Ladungsbilanz deutlich, nach der die beiden zusätzlichen Protonen im Intermembranraum durch die Aufnahme von zwei Elektronen durch das auf derselben Seite befindliche Cytochrom *c* kompensiert werden.

In Säugetiermitochondrien besteht der Komplex III aus 11 Untereinheiten, von denen drei den katalytischen Kern

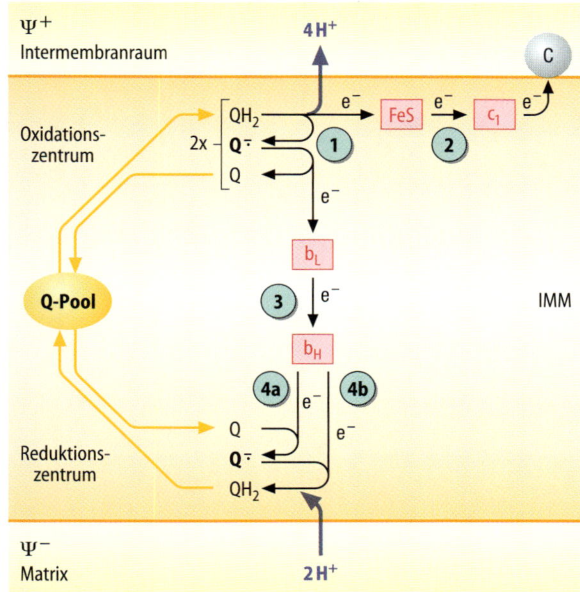

Abb. 15.9. Reaktionsschema des Protonentransports durch den Ubichinon-Zyklus im Komplex III. ① Verzweigte Oxidation von Ubihydrochinon auf der cytosolischen Seite (Intermembranraum) und Übertragung des ersten Elektrons auf das Eisen-Schwefel-Protein (FeS) und des zweiten Elektrons auf Häm b_L. ② Elektronenübertragung auf Häm c_1. ③ Elektronenübertragung von Häm b_L auf Häm b_H. ④ Reduktion von Ubichinon zu Ubisemichinon **a**, bzw. Ubisemichinon zu Ubihydrochinon **b** auf der Matrixseite der inneren Mitochondrienmembran. IMM = Innere Mitochondrienmembran. (Einzelheiten ► Text)

bilden: Das sehr hydrophobe Cytochrom *b* wird vom mitochondrialen Genom codiert und besitzt zwei Häm *b*-Zentren (Häm b_L und Häm b_H), die einen Elektronentransportweg über die Membran ausbilden. Das Cytochrom c_1 trägt sein Häm *c*-Zentrum, ebenso wie das ›Rieske‹-Eisen-Schwefel-Protein sein zweikerniges Eisen-Schwefel-Zentrum, in einer peripheren Domäne auf der cytoplasmatischen Seite der inneren Mitochondrienmembran.

Mechanismus des Protonentransports im Komplex III. Am Mechanismus des Protonentransports im Komplex III, der über den sog. Ubichinon-Zyklus (auch »Q-Zyklus«) verläuft, lässt sich das bereits angesprochene Grundprinzip der Ladungskompensation verdeutlichen (Abb. 15.9): Der Komplex III hat zwei aktive Zentren, ein Ubihydrochinon-Oxidationszentrum auf der dem Cytoplasma zugewandten Seite der inneren Mitochondrienmembran und ein Ubichinon-Reduktionszentrum auf der Matrixseite. Da die beiden Zentren »elektrisch« über die beiden Häm *b*-Gruppen verbunden sind, können Elektronen, die auf der einen Seite durch Oxidation freigesetzt werden, auf der anderen Seite zur Reduktion verwendet werden, wobei gleichzeitig ein Ladungstransport über die Membran stattfindet. Da der Redoxwechsel des Ubichinons mit einer Protonenabgabe bzw. -aufnahme gekoppelt ist (► o., Abb. 15.6), können so in der Summe Protonen über die Membran transportiert werden, ohne dass sie im eigentlichen Sinne »gepumpt« werden. Um diesen Ladungstransport anzutreiben, müssen die Elektronen, die auf das Cytochrom *b* übertragen werden sollen, zunächst auf ein höheres Energieniveau gebracht werden. Dies geschieht in einer Art »Redox-Wippe« dadurch, dass jeweils das erste Elektron des Ubihydrochinons in einer exergonen Reaktion auf das ›Rieske‹-Eisen-Schwefel-Zentrum übertragen wird, wobei ein stark reduzierendes Ubisemichinon entsteht, das dann Cytochrom *b* reduzieren kann. Aus dieser **Verzweigung** im Elektronentransport und der **Rückübertragung** jedes zweiten Elektrons auf ein Ubichinon im Reduktionszentrum ergibt sich, dass in einem vollständigen Zyklus zwei Moleküle Ubihydrochinon auf der cytoplasmatischen Seite oxidiert und ein Molekül Ubichinon auf der Matrixseite reduziert werden müssen, um netto die Oxidation von einem Ubihydrochinon zu ergeben. Eine bemerkenswerte Erkenntnis aus der vor einigen Jahren aufgeklärten molekularen Struktur des Cytochrom bc_1-Komplexes ist, dass die für die Energiekonservierung entscheidende Verzweigung des Elektronentransports offenbar durch einen regelrechten »molekularen Schalter« sichergestellt wird: Um das vom Ubihydrochinon aufgenommene Elektron auf Cytochrom c_1 und schließlich auf Cytochrom *c* übertragen zu können, muss sich die hydrophile Domäne des ›Rieske‹-Proteins jedes Mal um 60° drehen, sodass nie gleichzeitig »elektrischer Kontakt« mit Elektronendonor und -akzeptor besteht.

Zur Aufklärung des Q-Zyklus hat in hohem Maß die Verfügbarkeit spezifischer, Chinon-analoger Hemmstoffe des Komplex III beigetragen. So blockieren **Myxothiazol** und **Stigmatellin** das Ubihydrochinon-Oxidationszentrum und **Antimycin** das Ubichinon-Reduktionszentrum.

! Die Cytochrom c-Oxidase reduziert Sauerstoff zu Wasser.

Der letzte Komplex der Atmungskette, die **Cytochrom c-Oxidase** (Komplex IV) überträgt die Elektronen von Cytochrom *c* auf Sauerstoff. Gleichzeitig werden je Sauerstoffatom (»½ O_2«) zwei Protonen über die Membran gepumpt:

$$2\ \text{Cyt. c}^{2+} + \tfrac{1}{2}O_2 + 4\ H^+\ (M) \rightarrow 2\ \text{Cyt. c}^{3+} + H_2O + 2\ H^+\ (IMR)$$

In diesem Fall werden zwei zusätzliche Protonen, die für die Wasserbildung benötigt werden, von der Matrixseite her aufgenommen. Da dieser Protonenaufnahme die Abgabe von zwei Elektronen durch Cytochrom *c* auf der **anderen** Seite der Membran gegenübersteht, ergibt sich ein vektorieller Transport von zwei weiteren Ladungen über die innere Mitochondrienmembran. Die Protonenbilanz wird formal durch die beiden »chemischen« Protonen des Komplex III ausgeglichen. Insgesamt pumpt die Cytochrom *c*-Oxidase also vier Ladungen für jedes reduzierte Sauerstoffatom.

In Säugetiermitochondrien besteht die Cytochrom *c*-Oxidase aus 13 Untereinheiten, von denen drei den katalytischen Kern bilden und im mitochondrialen Genom codiert werden. Zwei dieser Untereinheiten tragen die Redoxzentren: Die Bindungsstelle für Cytochrom *c* und ein zweikerniges, mit $\mathbf{Cu_A}$ bezeichnetes Kupferzentrum (Abb. 15.10a) befinden sich in der Untereinheit 2. Vom Cu_A-Zentrum, das wie die Eisen-Schwefel-Zentren nur ein Elektron auf- und wieder abgeben kann, fließen die Elektronen über das **Häm a-Zentrum** (Abb. 15.5) der Untereinheit 1 auf das sog. **binukleäre Zentrum** (Abb. 15.10b). Das binukleäre Zentrum aus **Häm** $\mathbf{a_3}$ und einem als $\mathbf{Cu_B}$ bezeichneten Kupferatom ist die Reduktionsstelle für den Sauerstoff und befindet sich ebenfalls in der Untereinheit 1. Bemerkenswerterweise kann der Sauerstoff erst binden, wenn das binukleäre Zentrum mit zwei Elektronen »vorgeladen« ist. So kann das Sauerstoffmolekül unmittelbar zur Peroxid-Stufe reduziert und in seine beiden Einzelatome gespalten werden. Auf diese Weise wird effektiv die Bildung von schädlichen Superoxid-Radikalen verhindert (▶ u.). Der Mechanismus der Protonen-Translokation im Komplex IV ist noch nicht vollständig aufgeklärt. Jedoch ist klar, dass das in der Membran weiter auf der cytoplasmatischen Seite gelegene binukleäre Zentrum für die Pumpfunktion verantwortlich ist und über zwei Protonenkanäle mit der Matrixseite in Verbindung steht. Auch hier scheint das Prinzip der Ladungskompensation eine entscheidende Rolle zu spielen. In jüngster Zeit konnte die Beteiligung eines Tyrosyl-Radikals am Mechanismus nachgewiesen werden.

Die Cytochrom *c*-Oxidase wird durch eine Reihe Sauerstoff-ähnlicher Moleküle kompetitiv gehemmt, die ebenfalls mit Eisen komplexieren können. Beispiele sind **Cyanid, Kohlenmonoxid** und **Azid. Stickstoffmonoxid** (NO), das inzwischen als wichtiges Gewebshormon bekannt ist, hemmt ebenfalls und wird langsam zu Lachgas (N_2O) reduziert. Inwieweit dies Bedeutung für die Wirkung und den Abbau des NO hat, ist noch nicht abschließend geklärt.

15

Pro NADH werden 10 und pro Succinat 6 Protonen aus der Matrix gepumpt.

Angetrieben durch schrittweise Übertragung der Elektronen auf den Sauerstoff, pumpen die Komplexe I, III und IV der mitochondrialen Atmungskette insgesamt 10 Protonen pro oxidiertem NADH über die innere Mitochondrienmembran (Abb. 15.4). Da bei der Einschleusung von Elektronen über den Komplex II und die übrigen Dehydrogenasen der Komplex I umgangen wird, tragen in diesem Fall nur die Komplexe III und IV mit 6 Protonen zur Ausbildung des Protonengradienten bei.

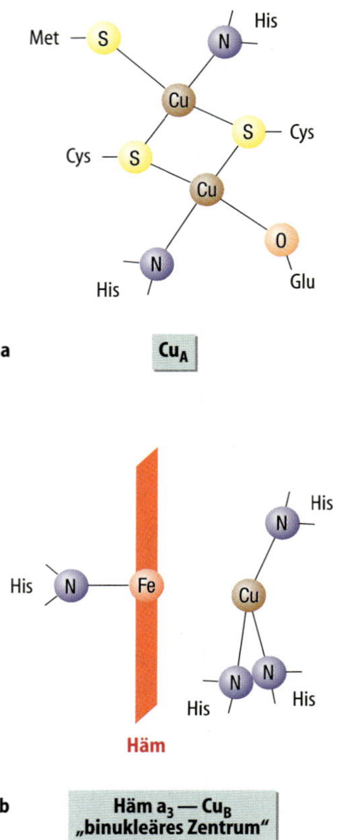

Abb. 15.10a,b. Raumstruktur der Kupferzentren der Cytochrom c-Oxidase. a Cu_A enthält zwei Kupferatome und wird durch Seitenketten der Untereinheit 2 ligiert. **b** Cu_B bildet zusammen mit Häm a_3 das »binukleäre Zentrum« welches zwischen Kupfer- und Eisenatom den Sauerstoff bindet und reduziert

15.1.3 ATP-Synthese

Die F_1-F_O-ATP-Synthase katalysiert die ATP-Bildung.

Die Nutzung des Protonengradienten zur ATP-Synthese erfolgt durch die manchmal auch als **Komplex V** bezeichnete **F_1-F_O-ATP-Synthase**:

$$ADP + P_i + 3\tfrac{1}{3}\,H^+(M) \rightarrow ATP + H_2O + 3\tfrac{1}{3}\,H^+(IMR)$$

Pro gebildetem ATP müssen rechnerisch 3⅓ Protonen zurückfließen. Diese Zahl hat unmittelbare Konsequenzen für die Energiebilanz der oxidativen Phosphorylierung (▶ u.) und damit z.B. auch der aeroben Glycolyse. Die Ursache für die Abweichung von einer ganzzahligen Stöchiometrie wird durch eine Betrachtung der Struktur, die in den letzten Jahren weitgehend aufgeklärt werden konnte, und des Mechanismus der ATP-Synthase deutlich:

Die F_1-F_O-ATP-Synthase besteht aus 16 Untereinheiten.

Die pilzförmige F_1/F_O-ATP-Synthase aus Säugetier-Mitochondrien setzt sich aus 16 verschiedenen Untereinheiten

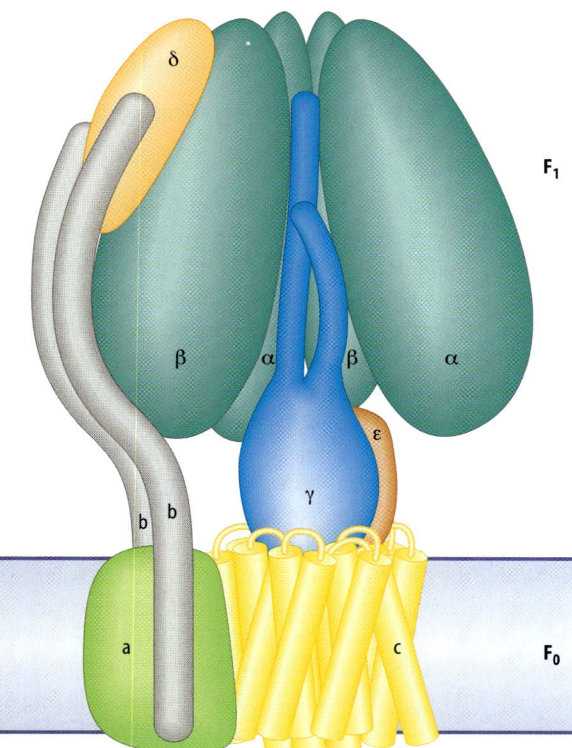

Abb. 15.11. Aufbau der F_1/F_O-ATP-Synthase. Eine α- und eine β-Untereinheit ist nicht gezeigt, um die Sicht auf den zentralen Stiel freizugeben. Außerdem fehlen in dieser Darstellung acht weitere Untereinheiten, die für die Funktion der ATP-Synthase nicht unmittelbar von Bedeutung sind. (Einzelheiten ► Text) (Nach Junge et al. 1997)

zusammen, wobei zwei mitochondrial codiert werden (Abb. 15.11). Diese Untereinheiten, von denen einige in mehreren Kopien vorkommen, bilden den **membranständigen F_O-Teil**, durch den die Protonen fließen, und den **in die Matrix hineinragenden F_1-Teil**, welcher die Nucleotid-Bindungsstellen enthält. Der F_O-Teil besteht aus der Untereinheit a und 10 Kopien der Untereinheit c. Neben weiteren nicht gezeigten kleinen Untereinheiten enthält er noch ein Protein, welches den Hemmstoff der ATP-Synthese **Oligomycin** bindet, dem dieser Teil die Bezeichnung F_O verdankt. Der F_1-Teil ist ein **Hexamer aus drei α- und drei β-Untereinheiten** ($\alpha_3\beta_3$). Eine β-Untereinheit trägt die **δ-Untereinheit**, die wiederum zwei **b-Untereinheiten** verankert, welche Teil des sog. peripheren Stils sind. Der periphere Stil verbindet F_1- und F_O-Teil. Ein weiterer, zentraler Stil, der bis in die Spitze des F_1-Teils ragt, wird durch die **γ-Untereinheit** gebildet, deren Kontakt mit den **ringförmig angeordneten c-Untereinheiten** des F_O-Teils durch die **ε-Untereinheit** verstärkt wird. Während der isolierte F_1-Teil sehr wohl zur ATP-Hydrolyse in der Lage ist, ist nur der vollständige F_1/F_O-Komplex zur ATP-Synthese bzw. der Umkehrung dieser Reaktion, dem ATP-getriebenen Protonenpumpen, fähig.

! Die ATP-Synthese beruht auf einer Rotation von Teilen der ATP-Synthase.

Die ringförmige Anordnung der α- und β-Untereinheiten im F_1-Teil und der c-Untereinheiten im F_O-Teil suggeriert die Beteiligung einer Drehbewegung am Mechanismus der ATP-Synthase. Tatsächlich wurden, schon vor der Strukturaufklärung des F_1-Teils durch John Walker und seine Kollegen vor einigen Jahren, Rotationsmechanismen der ATP-Synthese vermutet, die auf kinetischen Messungen beruhten. Die von Paul Boyer vorgeschlagene Variante wurde durch die Struktur vollständig bestätigt. Inzwischen wurde die Drehung von Teilen der ATP-Synthase auch mit verschiedenen Methoden experimentell gezeigt. Die Energie des Protonengradienten treibt also zunächst eine Drehbewegung des c-Rings an, die dann »mechanisch« über eine Konformationsänderung die ATP-Bildung ermöglicht.

! Der Protonengradient treibt eine Drehbewegung im F_O-Teil.

Der sich drehende Teil der ATP-Synthase (»Rotor«) besteht aus dem Ring aus **c-Untereinheiten** im F_O-Teil und dem zentralen Stil aus den Untereinheiten γ und ε. Jede **c-Untereinheit** trägt einen essentiellen Asparaginsäure-Rest im hydrophoben Bereich. Man nimmt an, dass immer eine dieser sauren Gruppen durch die **a-Untereinheit** »maskiert« wird. Untereinheit **a** besitzt außerdem zwei Protonenkanäle, die Protonen an die saure Gruppe heran und wieder weg führen können. Induziert nun ein Proton, das sich durch diese Kanäle von einer Seite der Membran zur anderen bewegt, das **Weiterrücken des Rings** um eine c-Untereinheit, so entsteht eine Drehbewegung, die über den zentralen Stil in den F_1-Teil übertragen wird. Wie bei jedem Motor muss verhindert werden, dass sich der F_1-Teil (»Stator«) als Ganzes mitdreht. Diese Aufgabe übernimmt der periphere Stil, der auch die **a-Untereinheit** festhält. Damit entspricht die Funktionsweise des F_O-Teils der eines Flagellenmotors, der ebenfalls durch einen Protonengradienten angetrieben werden.

! Der F_1-Teil nutzt die Rotation zur ATP-Synthese.

Wie eine durch die Rotation des zentralen Stils induzierte Rotationsbewegung zur Ausbildung einer »energiereichen« Phosphorsäureanhydrid-Bindung genutzt werden kann, geht aus der Struktur des F_1-Teils hervor: Jeweils gemeinsam aus einer α- und einer β-Untereinheit gebildet, besitzt jeder F_1-Teil drei katalytische Zentren, die in drei verschiedenen Konformationen vorliegen (Abb. 15.12). In der **L-Form** (*loose*) bindet das Zentrum ADP und Phosphat, während in der **O-Form** (*open*) die Affinität sowohl für ADP+P_i als auch für ATP gering ist. Die dritte Konformation ist entscheidend für die Ausbildung der Phosphorsäureanhydridbindung des ATP. Diese **T-Form** (*tight*), die während der ATP-Synthese aus der mit ADP+P_i beladenen L-Form entsteht, bindet ATP mit sehr hoher Affinität, was

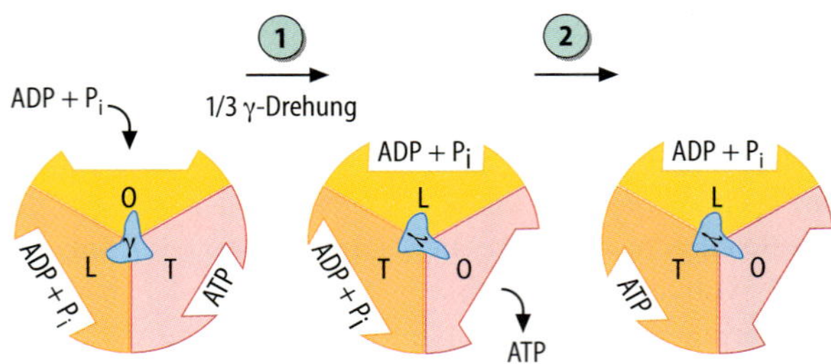

Abb. 15.12. Mechanismus der ATP-Bildung durch die F_1/F_O-ATP-Synthase. Der zentrale Stil ist gekoppelt an den Ring aus c-Untereinheiten und rotiert, angetrieben durch den Rückstrom der Protonen, relativ zu den drei αβ-Paaren. Durch die Asymmetrie der γ-Untereinheit durchlaufen die αβ-Paare verschiedene Konformationszustände. In der T-Form wird ATP gebildet, das unter Energieaufwand beim Übergang in die O-Form freigesetzt wird. (Einzelheiten ► Text)

seine Bildung aus ADP+P_i begünstigt. Außerdem wird in dieser Konformation Wasser aus der Bindungstasche ausgeschlossen, was die Reaktion ebenfalls in Richtung der Kondensation verschiebt. Tatsächlich konnte für die T-Form eine Gleichgewichtskonstante abgeleitet werden, nach der sich ATP unter diesen Bedingungen praktisch spontan bildet. Der Preis hierfür ist jedoch eine sehr feste Bindung des ATP an die T-Form, sodass Energie benötigt wird, um das Produkt der Reaktion freizusetzen. Diese Energie wird dadurch geliefert, dass die asymmetrisch rotierende γ-Untereinheit einen Übergang der T-Form in die O-Form erzwingt, die eine sehr niedrige Affinität für ATP hat. Da sich jeweils ein katalytisches Zentrum in der O-, L- und T-Form befindet, werden so bei einer vollständigen Rotation der γ-Untereinheit 3 ATP synthetisiert.

! Die Zahl der c-Untereinheiten bestimmt die Protonen-Stöchiometrie.

Da der Ring aus c-Untereinheiten die Drehung der γ-Untereinheit und damit die ATP-Synthese antreibt, ergibt sich die Zahl der Protonen, die für die Synthese eines ATP benötigt werden, daraus, wie viele Protonen für eine Umdrehung des c-Rings aus dem Intermembranraum in die Matrix zurückfließen müssen. Wenn der Ring wiederum mit jedem Proton jeweils eine c-Untereinheit weiterrückt, müsste diese Zahl direkt der Zahl der c-Untereinheiten entsprechen. Vieles spricht sogar dafür, dass die Zahl der c-Untereinheiten bei verschiedenen Organismen unterschiedlich sein kann. Damit könnte die »Übersetzung« der ATP-Synthase an die jeweiligen Bedingungen angepasst werden. Die ATP-Synthase der Mitochondrien besitzt 10 c-Untereinheiten, was dem Verbrauch von 3⅓ Protonen pro ATP entspricht. Es wird angenommen, dass der Bruch der Rotationssymmetrie zwischen F_O- und F_1-Teil nicht zufällig entstanden ist, sondern die Rotationsbewegung in Gang hält, indem in der ATP-Synthase immer eine Restspannung verbleibt.

15.1.4 Energiebilanz der oxidativen Phosphorylierung

! Der P/O-Quotient gibt an, wie viel ATP pro verbrauchtem Sauerstoff gebildet wird.

Aus der Kenntnis der Protonentranslokations-Stöchiometrie für die einzelnen Schritte der oxidativen Phosphorylierung ergibt sich, wie viele ATP (»P«) pro verbrauchtem Sauerstoffatom (»O«) gebildet werden können. Bei der Berechnung dieses sog. **P/O-Quotienten** muss berücksichtigt werden, dass ADP und P_i in die Mitochondrien hinein und ATP wieder heraus transportiert werden muss. Wie bereits besprochen, ist der Gegentausch von ATP und ADP durch den Adeninnucleotid-Carrier mit einem Ladungstransport gekoppelt. Der Phosphat-Transport erfolgt elektroneutral im Symport mit einem Proton (► Kap. 15.1.1, Tab. 15.1). Insgesamt entspricht dies dem Rückstrom eines Protons, was zu den durch die ATP-Synthase verbrauchten Protonen dazugerechnet werden muss. Pro gebildetem und exportiertem ATP gelangen also 4⅓ Protonen in die Matrix zurück. Für NADH, bei dessen Oxidation 10 Protonen gepumpt werden, ergibt sich ein P/O-Quotient von 2,3. Für Succinat und andere Substrate, die die Elektronen über FAD direkt an Ubichinon abgeben und bei deren Oxidation daher nur 6 Protonen gepumpt werden, ergibt sich ein P/O-Quotient von 1,4. Wegen eines gewissen unproduktiven Protonenrückstroms durch die Membran (»*leak*«) und anderer Transportprozesse, die den Protonengradienten nutzen, sind diese Werte als Maximalwerte zu betrachten, die *in vivo* sicher nicht erreicht werden.

! Der Wirkungsgrad der oxidativen Phosphorylierung liegt bei knapp 60%.

Aus der Differenz der Redoxpotentiale für $NADH/NAD^+$ von –320 mV und H_2O/O_2 von +820 mV lässt sich über die Beziehung

$$\Delta G^{o\prime} = -n \times F \times \Delta E_o{}'$$

eine maximale Energieausbeute von –220 kJ/mol pro oxidiertem NADH berechnen. Setzt man aufgrund der unter physiologischen Bedingungen herrschenden Konzentrationsverhältnisse ein ΔG von etwa +50 kJ/mol für die ATP-Synthese an, so ergibt sich, dass mit einem NADH maximal 4 ATP gebildet werden könnten. Da aber nur maximal 2,3 ATP entstehen, liegt der Wirkungsgrad der oxidativen Phosphorylierung knapp unter 60%. Mit Hilfe der Redoxpotentiale für Ubichinon (+80 mV) und Cytochrom *c* (+250 mV) lässt sich auch die den einzelnen protonenpumpenden Atmungskettenkomplexen zur Verfügung stehende Energie berechnen. Komplex I stehen 77 kJ/mol zur Verfügung, Komplex III 33 kJ/mol und Komplex IV 110 kJ/mol. In diesen Zahlen spiegelt sich gut der Beitrag dieser Komplexe zum Ladungstransport über die innere Mitochondrienmembran wider (Abb. 15.4).

15.1.5 Kontrolle und Regulation der oxidativen Phosphorylierung

! Substratoxidation und ATP-Bildung sind strikt gekoppelt.

Lange bevor Einzelheiten über die Komponenten des Systems der oxidativen Phosphorylierung bekannt waren, wurde beobachtet, dass isolierte, intakte Mitochondrien nur dann schnell Substrat oxidieren, wenn ihnen ADP und anorganisches Phosphat zur Verfügung stehen. Diese strikte Kopplung von Substratoxidation und ATP-Bildung wird auch als **Atmungskontrolle** bezeichnet. ◘ Abb. 15.13 stellt dieses Phänomen an isolierten Lebermitochondrien der Ratte dar. In Anwesenheit von Sauerstoff und Succinat als Substrat erhöht sich die Geschwindigkeit des Sauerstoffverbrauchs erst nach Zugabe von ADP um das fünf- bis sechsfache und geht wieder zurück, wenn das zugesetzte ADP komplett zu ATP phosphoryliert worden ist. Ist ausreichend Substrat vorhanden, kann die Atmungsrate durch erneute Zugabe von ADP nochmals erhöht werden. Anhand derartiger Experimente hat Britton Chance bereits 1956 fünf Fließgleichgewichtszustände definiert, bei denen die Atmungsgeschwindigkeit durch jeweils verschiedene Faktoren kontrolliert wird (◘ Tabelle 15.3). Besonders wichtig sind die Zustände 3 und 4.

- Im **Zustand 3**, der auch als **aktiver Zustand** bezeichnet wird, sind ausreichend Sauerstoff, Substrat, ADP und Phosphat vorhanden, sodass die oxidative Phosphorylierung mit maximaler Geschwindigkeit abläuft
- Im **Zustand 4**, der auch als **kontrollierter Zustand** bezeichnet wird, limitiert das Fehlen von ADP den Sauerstoffverbrauch. Unter diesen Bedingungen erreicht die protonenmotorische Kraft ihren Maximalwert und bremst den Elektronentransport der Atmungskettenkomplexe

! Entkoppler heben die Atmungskontrolle auf.

◘ Tabelle 15.3. Fließgleichgewichtszustände der Atmungskette

	Im Überschuss vorhanden	Atmungsgeschwindigkeit begrenzt durch
Zustand 1	O_2	ADP und Substrat
Zustand 2	O_2, ADP	Substrat
Zustand 3 »aktiv«	O_2, ADP, Substrat	$\Delta\tilde{\mu}H$
Zustand 4 »kontrolliert«	O_2, Substrat	ADP
Zustand 5	ADP, Substrat	O_2
Entkoppelt	O_2, Substrat[a]	Maximalgeschwindigkeit des Elektronentransports

[a] In diesem Zustand hat ADP keinen Einfluss auf die Atmungsgeschwindigkeit.

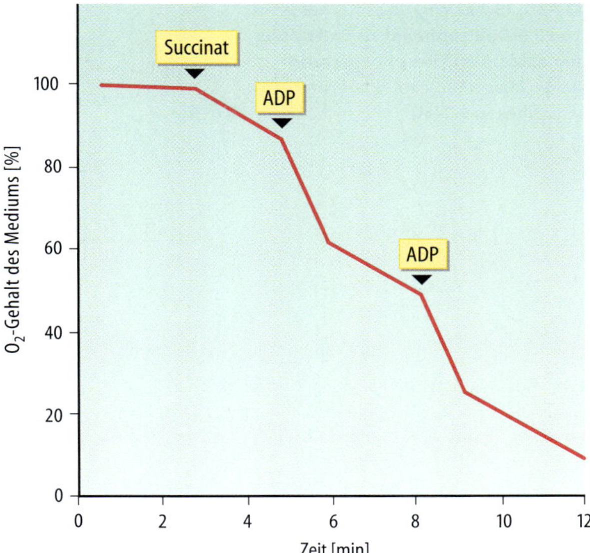

◘ Abb. 15.13. Experiment zur Atmungskontrolle an isolierten Lebermitochondrien der Ratte. Isolierte Rattenlebermitochondrien wurden mit Succinat als Substrat versetzt. Mit Hilfe einer Sauerstoffelektrode wurde der Sauerstoffverbrauch gemessen. An den gekennzeichneten Stellen wurden jeweils 0,1 µmol/ml ADP zugesetzt. Der Übergang in den aktiven Zustand wird durch die Erhöhung der Atmungsrate sichtbar. Nachdem das zugesetzte ADP verbraucht ist, gehen die Mitochondrien wieder in den kontrollierten Zustand über. (► auch ◘ Tabelle 15.3)

Die Tatsache, dass die Atmungskontrolle von der Dichtigkeit der inneren Mitochondrienmembran abhängt, lässt sich leicht daran zeigen, dass die Atmungsrate auch in Abwesenheit von ADP einen Maximalwert annimmt, wenn man durch Zugabe eines **Entkopplers** den passiven Rückstrom von Protonen ermöglicht und so das elektrochemische Potential aufhebt (◘ Tabelle 15.3). Ein Beispiel für einen Entkoppler ist Dinitrophenol (◘ Abb. 15.14). Allgemein haben lipophile, schwache organische Säuren meist entkoppelnde Eigenschaften, da sie sowohl in der protonierten als auch in der deprotonierten Form frei über die Membran diffundieren können und so einen Zusammenbruch des Protonengradienten bewirken.

! Das Entkopplungsprotein dient der Thermogenese.

Im entkoppelten Zustand wird die im Protonengradienten gespeicherte Energie nicht im ATP gespeichert, sondern als Wärme frei. Bemerkenswerterweise nutzen Säugetierzellen diesen Umstand zur Thermogenese aus. Martin Klingenberg konnte zeigen, dass v.a. Mitochondrien des braunen Fettgewebes ein auch **Thermogenin** genanntes Entkopplungsprotein enthalten, das zur Familie der mitochondrialen Carrier gehört (◘ Tabelle 15.1). Es katalysiert einen passiven, elektrogenen Uniport von Protonen und entkoppelt so die mitochondriale Atmung, was zu einer Erwärmung des Gewebes führt. Das Entkopplungsprotein wird durch Purinnucleotide, v.a. GDP, und wahrscheinlich auch

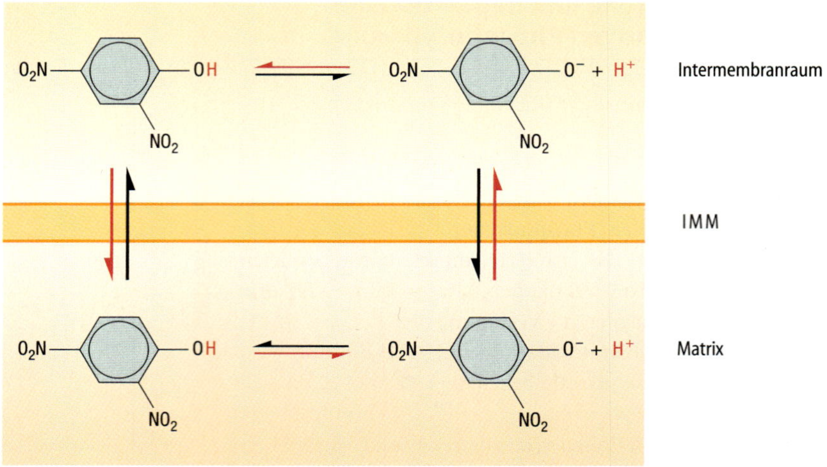

Abb. 15.14. Wirkungsmechanismus von 2,4-Dinitrophenol als Entkoppler der oxidativen Phosphorylierung. IMM = Innere Mitochondrienmembran. (Einzelheiten ▶ Text)

Ubichinon reguliert, sodass zwischen Thermogenese und ATP-Bildung umgeschaltet werden kann. In den letzten Jahren wurden im Menschen mehrere Isoformen des Entkopplungsproteins nachgewiesen und gezeigt, dass es entgegen früherer Vorstellungen in fast allen Gewebetypen exprimiert wird. Außerhalb des braunen Fettgewebes ist über seine Regulation und Bedeutung jedoch bisher wenig bekannt. Im **braunen Fettgewebe**, das bei allen bisher untersuchten Säugetieren in unterschiedlichem Ausmaß subscapular und entlang der großen Gefäße vorkommt, dient es der Thermogenese. Beim Menschen ermöglicht es dem **Neugeborenen** die Aufrechterhaltung der Körpertemperatur, indem es durch den mit der Geburt einhergehenden Kälteschock aktiviert wird. In Abb. 15.15 ist der Mechanismus der Thermogeneseauslösung dargestellt. Hypothalamische Signale führen zu einer Stimulierung des sympathischen Nervensystems, was zu einer gesteigerten Freisetzung von Katecholaminen an den Nervenendigungen führt. Über besonders im braunen Fettgewebe nachweisbare **β_3-Rezeptoren** kommt es zum Anstieg der cyclo-AMP Konzentration im braunen Fettgewebe und zur gesteigerten Lipolyse. Die dabei freigesetzten Fettsäuren werden in der mitochondrialen Matrix oxidiert und die dabei gebildeten Reduktionsäquivalente über die Atmungskette oxidiert. Gleichzeitig induziert die hohe cAMP-Konzentration die Transkription einiger für die Thermogenese wichtiger Proteine. Eines von ihnen ist die Lipoproteinlipase, die die Aufnahme extrazellulärer Lipide durch die braunen Adipozyten ermöglicht (▶ Kap. 12.1.3). Das zweite ist das Thermogenin, das in die innere Mitochondrienmembran integriert wird und dort die Steigerung der Wärmebildung bewirkt. Da das braune Fettgewebe ungewöhnlich gut durchblutet ist, kann die produzierte Wärme leicht abgeführt werden und dient der Aufrechterhaltung der Körpertemperatur. Außer der Thermogenese bei Neugeborenen dient das braune Fettgewebe auch als Wärmeproduzent für **Winterschläfer**, bei denen es eine rasche und effektive Erhöhung der Körpertemperatur während der im Verlauf des Winterschlafs auftretenden intermittierenden Aufwachphasen erlaubt.

! Die Transhydrogenase nutzt den Protonengradienten um Reduktionsäquivalente von NADH auf $NADP^+$ zu übertragen.

Auch in der mitochondrialen Matrix wird NADPH z.B. zur Regeneration von Glutathion benötigt. Da dieses nicht über die innere Mitochondrienmembran transportiert werden kann, muss es in der Matrix gebildet werden. Diese Aufgabe übernimmt die Transhydrogenase, die ein Hydridion von NADH auf $NADP^+$ übertragen kann (Abb. 15.16):

$$NADH + NADP^+ \rightarrow NAD^+ + NADPH$$

Allerdings ist die Reaktion dieses integralen Membranproteins der inneren Mitochondrienmembran zwingend an den Rückstrom eines Protons aus dem Intermembranraum gekoppelt. So wird sichergestellt, dass nur dann NADPH synthetisiert wird, wenn die Mitochondrien ausreichend energetisiert sind.

! Die zelluläre ATP-Synthese wird an den jeweiligen Energieverbrauch angepasst.

In der intakten Zelle wird die Geschwindigkeit der Substratoxidation nicht nur durch die Verfügbarkeit von ADP kontrolliert. Eine große Zahl energieverbrauchender Stoffwechselprozesse liefert zwar ADP und anorganisches Phosphat, jedoch unterliegt auch die Bereitstellung von oxidierbarem Substrat einer komplexen Regulation und kann damit geschwindigkeitsbestimmend werden. Unter Umständen kann dies in einigen Geweben auch für die Versorgung mit Sauerstoff gelten. Abb. 15.17 fasst die wichtigsten Regulationsmöglichkeiten zusammen. Es erscheint zunächst einleuchtend, dass auch in der intakten Zelle eine durch gesteigerte Arbeitsleistungen vermehrte ADP-Bildung zu einer erhöhten Substratoxidation in den Mitochondrien führt. Allerdings wird in den seltensten Fällen

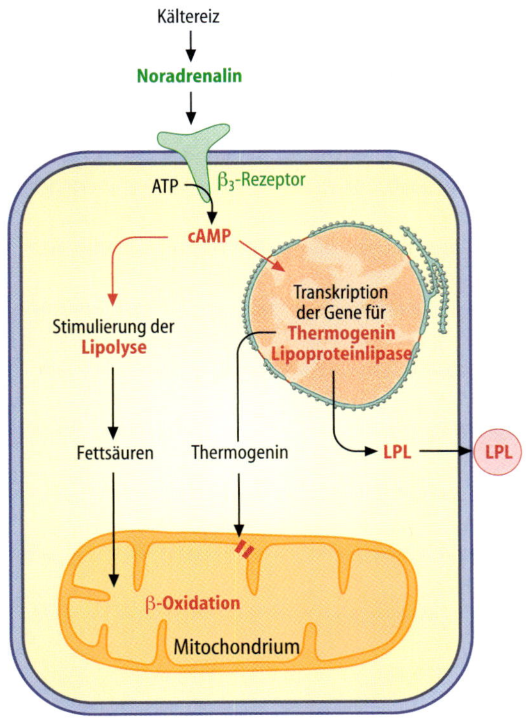

Abb. 15.15. Induktion der Thermogenese durch einen Kältereiz. Die durch Noradrenalin erhöhten cAMP-Spiegel führen nicht nur zu einer Erhöhung der Lipolyse, sondern auch zu einer gesteigerten Expression der Gene für Lipoproteinlipase (LPL), die aus der Zelle exportiert wird, und Thermogenin, das in die Mitochondrien importiert wird

tatsächlich eine Zunahme des cytoplasmatischen ADP-Spiegels infolge gesteigerter Arbeit beobachtet. Dies liegt v.a. daran, dass einige Gewebe über ein **Phosphokreatin-Kreatinsystem** (▶ Kap. 16.2.2) verfügen, das der kurzfristigen Auffüllung der ATP-Speicher dient. In einigen Fällen konnte beobachtet werden, dass ein gesteigertes Angebot von Reduktionsäquivalenten zu einer Erhöhung der Atmungsrate führt, ohne dass sich das ATP zu ADP Verhältnis ändert. In diesem Zusammenhang könnten die in allen Geweben vorhandenen Isoformen des Thermogenins von Bedeutung sein, deren Aktivierung zu einer von der ATP-Synthese unabhängigen Erhöhung des Sauerstoffverbrauchs führen könnte. Eine weitere Möglichkeit besteht darin, dass eine Erhöhung des cytoplasmatischen Calciums zu einer verstärkten Aufnahme von Calcium in die Mitochondrien führt, wo es den Citratzyklus aktiviert. Eine direkte Regulation über die Sauerstoffversorgung kann ausgeschlossen werden, da die Michaelis-Konstante der den Sauerstoff verbrauchenden Cytochrom *c*-Oxidase mit weniger als 100 nmol/l extrem klein ist. Allerdings wird spekuliert, dass unter mikroaeroben Bedingungen eine Kompetition mit NO physiologische Bedeutung haben könnte. Schließlich wurde in jüngster Zeit gezeigt, dass die Aktivität der Cytochrom *c*-Oxidase in gewissem Maße über allosterische Nucleotid-Bindungsstellen reguliert werden kann.

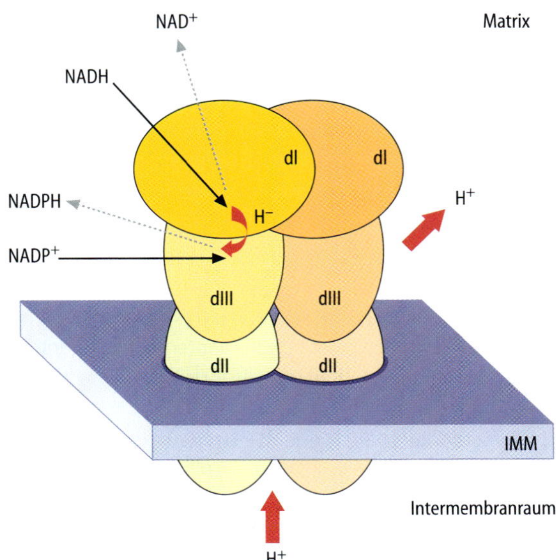

Abb. 15.16. Aufbau und Funktion der Transhydrogenase. Die mit der Untereinheit dII in der inneren Mitochondrienmembran verankerte Transhydrogenase überträgt unter Ausnutzung des Protonengradienten ein Hydrid-Anion von NADH auf $NADP^+$ (nach Rodrigues und Jackson 2002)

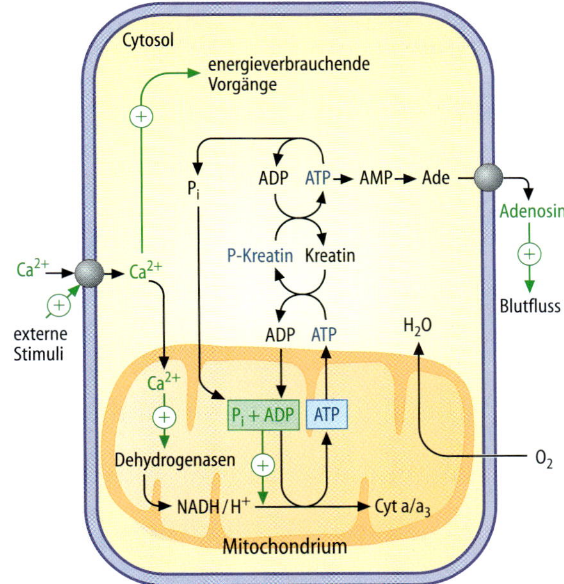

Abb. 15.17. Zelluläre Regulation der oxidativen Phosphorylierung. Eine Beschleunigung von Elektronentransport und ATP-Synthese in den Mitochondrien kann prinzipiell durch zwei im Cytosol stattfindende Prozesse ausgelöst werden. Zum einen kann ein erhöhter Energiebedarf zu einer beschleunigten ATP-Hydrolyse führen, sodass sich der ATP/ADP-Quotient verkleinert. Dies kann kurzzeitig über die P-Kreatin-Reserve ausgeglichen werden. Zum anderen kann es durch externe Stimuli zu einer Erhöhung der cytosolischen und damit sekundär der mitochondrialen Calcium-Konzentration kommen. Dies führt zu einem gesteigerten Substratabbau, indem die Dehydrogenasen des Citratzyklus in der Matrix aktiviert werden. Die vermehrt anfallenden Reduktionsäquivalente müssen über die Atmungskette reoxidiert werden

In Kürze

Die oxidative Phosphorylierung (OXPHOS) ist der Hauptlieferant für ATP in aeroben Organismen. Als Energiequelle dient die Oxidation von gebundenem Wasserstoff, der den Nährstoffen im katabolen Stoffwechsel entzogen und auf NAD^+ oder FAD übertragen wurde. In Eukaryonten findet die oxidative Phosphorylierung in den Mitochondrien statt.

Die Redoxenergie wird zunächst von der Atmungskette durch schrittweise Übertragung der Elektronen auf Sauerstoff in einen Protonengradienten über die innere Mitochondrienmembran umgewandelt, der dann zur ATP-Synthese genutzt wird.

Metabolite, ADP, P_i und ATP werden mit Hilfe mitochondrialer Carrier über die innere Mitochondrienmembran transportiert. Reduktionsäquivalente werden über *shuttle*-Mechanismen transportiert.

Am Elektronentransport auf Sauerstoff sind vier Multiproteinkomplexe beteiligt, die über Ubichinon und Cytochrom c als mobile Substrate verbunden sind. An der Elektronenübertragung in den Komplexen sind Flavine, Eisen-Schwefel-Zentren, Cytochrome und Kupferzentren beteiligt. Bei der Oxidation von NADH werden 10 Protonen, bei der Oxidation von Succinat und anderer FAD abhängiger Substrate 6 Protonen über die Membran gepumpt. Die ATP-Synthase (Komplex V) nutzt den Protonengradienten zur ATP-Synthese. Im F_O-Teil wird durch den Rückstrom der Protonen eine Drehbewegung erzeugt, die im F_1-Teil durch eine Konformationsänderung die ATP-Freisetzung bewirkt. Der P/O-Quotient für NADH beträgt maximal 2,3 und für Succinat maximal 1,4 gebildete ATP pro reduziertem Sauerstoffatom. Der Wirkungsgrad der oxidativen Phosphorylierung liegt bei knapp 60%.

Entkoppler machen die innere Mitochondrienmembran durchlässig für Protonen und verhindern so die ATP-Synthese. Der Protonen-Carrier Thermogenin entkoppelt die Mitochondrien im braunen Fettgewebe und dient so der Thermogenese.

15.2 Oxidoreduktasen

15.2.1 Klassifizierung der Oxidoreduktasen

Oxidoreduktasen sind Enzyme, die Redoxreaktionen katalysieren. Hämhaltige Oxidoreduktasen werden wegen ihrer rotbraunen Farbe auch als **Cytochrome** bezeichnet.

Nach ihrem Mechanismus können sie in 5 Gruppen eingeteilt werden (Tabelle 15.4):

- **Dehydrogenasen** katalysieren die Oxidation einer Vielzahl von Substraten und dienen dem Elektronentransport. Als Elektronendonor oder -akzeptor dient oft NAD(P)H bzw. $NAD(P)^+$. Als prosthetische Gruppen kommen Flavinnucleotide, Eisen-Schwefel-Zentren, sowie Hämzentren vor
- **Oxidasen** übertragen die Elektronen des Substrats auf Sauerstoff. Dabei sind in den allermeisten Fällen wiederum Flavinnucleotide, aber auch proteingebundenes

Tabelle 15.4. Klassifizierung der Oxidoreduktasen

Gruppe	Katalysierte Reaktion	Funktionelle Gruppen	Wichtige Vertreter
Dehydrogenasen			
a) NAD^+-abhängig bzw. $NADP^+$-abhängig	$SH_2 + NAD(P)^+ \rightarrow S + NAD(P)H + H^+$	NAD^+, $NADP^+$	Malat-Dehydrogenase, Lactat-Dehydrogenase, uvm.
b) FMN- bzw. FAD-abhängig	$SH_2 + FAD(FMN) \rightarrow S + FADH_2(FMNH_2)$ $FADH_2(FMNH_2) + A \rightarrow FAD(FMN) + AH_2$	FMN, FAD	NADH-Dehydrogenase, Succinat-Dehydrogenase, Acyl-CoA-Dehydrogenase, uvm.
c) Cytochrome	$SH_2 + 2\ Häm\ (Fe^{3+}) \rightarrow S + 2\ H^+ + 2\ Häm\ (Fe^{2+})$	Häm A, B, C	Atmungskettenkomplexe III und IV
Oxidasen	$SH_2 + O_2 \rightarrow S + H_2O_2$ $4\ Häm\ (Fe^{2+}) + O_2 + 4\ H^+ \rightarrow 4\ Häm\ (Fe^{3+}) + 2\ H_2O$	FAD, FMN, Fe, Mo Häm, Cu	Aminoxidasen, Xanthinoxidase Cytochrom *c*-Oxidase
Hydroperoxidasen			
a) Peroxidase	$SH_2 + H_2O_2 \rightarrow S + 2\ H_2O$	Häm	Peroxidasen
b) Katalase	$H_2O_2 + H_2O_2 \rightarrow O_2 + 2\ H_2O$	Häm	Katalasen
Dioxygenasen	$S + O_2 \rightarrow SO_2$	Häm, Fe	Tryptophandioxygenase Homogentisatdioxygenase
Monooxygenasen	$SH + O_2 + NADPH^a + H^+ \rightarrow SOH + H_2O + NADP^+$	Häm, Fe	Cytochrom P_{450}-Hydroxylasen, Prolin-Hydroxylase, Phenylalanin-Hydroxylase, Tyrosinase

15

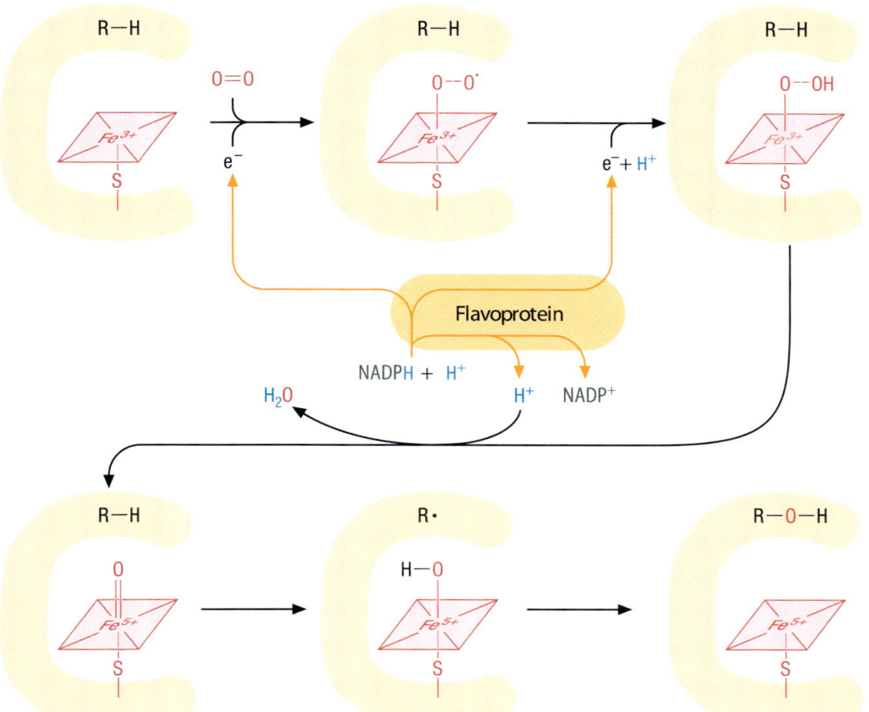

Abb. 15.18. Reaktionsmechanismus der Hydroxylierung durch die Cytochrom P_{450}-Monooxygenasen. Nach Anlagerung des Substrats R-H an Cytochrom P_{450} erfolgt die Reduktion des Häm-Zentrums mit anschließender Sauerstoffbindung, das zum gebundenen Superoxidradikal reduziert wird. Nach Übertragung eines weiteren Elektrons entsteht ein Peroxy-Intermediat, das in Wasser und ein Oxoferryl-Intermediat zerfällt. Schließlich wird der verbleibende Sauerstoff nach einem radikalischen Mechanismus auf das Substrat übertragen. Cytochrom P_{450} wird über ein Flavoprotein durch NADPH reduziert. (weitere Einzelheiten ▶ Text)

Eisen und Molybdän beteiligt. I.d.R. werden nur zwei Elektronen auf molekularen Sauerstoff übertragen, sodass zytotoxisches Wasserstoffperoxid (H_2O_2) und nicht Wasser entsteht. Wichtige Ausnahme ist die schon besprochene Cytochrom *c*-Oxidase, die kein Flavoprotein ist und molekularen Sauerstoff mit vier Elektronen vollständig zu Wasser reduziert

- **Hydroperoxidasen** dienen der Entgiftung von H_2O_2. Durch Oxidation ihres Substrats übertragen sie zwei weitere Elektronen auf das Wasserstoffperoxid, sodass zwei Moleküle Wasser entstehen. Ein Spezialfall der Peroxidasen ist die Katalase, die Wasserstoffperoxid auch als Elektronendonor verwendet, sodass zwei Moleküle H_2O_2 zu zwei Molekülen Wasser und einem Molekül Sauerstoff disproportionieren. Katalase ist wie die anderen Peroxidasen ein Hämoprotein
- **Dioxygenasen** bauen beide Atome eines Sauerstoffmoleküls in das Substrat ein. Dioxygenasen spielen besonders beim Aminosäurestoffwechsel und bei der Prostaglandinsynthese eine wichtige Rolle. Sie sind meist ebenfalls Hämoproteine oder enthalten Eisen bzw. Kupfer
- **Monooxygenasen** werden auch als mischfunktionelle Hydroxylasen bezeichnet und bauen ein Atom des molekularen Sauerstoffs als Hydroxylgruppe in das Substrat ein. Gleichzeitig wird das andere Sauerstoffatom i.d.R. durch NADPH zu Wasser reduziert. Wegen ihrer großen Bedeutung bei der Synthese der Steroidhormone und der Biotransformation werden die Monooxygenasen im folgenden Abschnitt genauer besprochen

15.2.2 Monooxygenasen

! Cytochrom P_{450} bildet das katalytische Zentrum der Monooxygenasen.

Abb. 15.18 fasst den molekularen Mechanismus der durch die Monooxygenasen katalysierten Hydroxylierungsreaktion zusammen. Die zentrale Gruppe, das **Cytochrom P_{450}**, das besonders im glatten endoplasmatischen Retikulum von Leber und Niere gefunden wird, bindet den Sauerstoff und das zu hydroxylierende Substrat. Bevor der Sauerstoff binden kann, muss das Hämzentrum des Cytochrom P_{450} zunächst von Fe^{3+} zu Fe^{2+} reduziert werden. Dieses wird aber durch den Sauerstoff gleich wieder oxidiert, der somit als Superoxidradikal am Häm-Eisen gebunden wird. Das übertragene Elektron stammt fast immer vom NADPH, das von einem Flavoprotein oxidiert wird. Das Flavinnucleotid

Tabelle 15.5. Familien von Cytochrom P_{450}-Enzymen (Auswahl)

Familie No.	Lokalisation	Elektronen-donor	Funktion	Induktor	Besprochen in Kapitel
I	ER	NADPH	Hydroxylierung von Methylcholanthren, polycyclischen aromatischen Kohlenwasserstoffen, Dioxin u.a.	Substrate	35.8.2
IIA–IIH	ER	NADPH	Hydroxylierung vieler Pflanzentoxine, Pestizide, Pharmaka u.a.	z.B. Phenobarbital	33.3.1
III	ER	NADPH	Hydroxylierung vieler Steroidhormone, Xenobiotika u.a.	z.B. Rifampicin	33.3.1
IV	ER	NADPH	ω-Oxidation von Fettsäuren, Eikosanoidsynthese (?)	?	12.4
XI	Mito-chondrien	Adrenodoxin	Steroidhormonbiosyntehese: 11β-Hydroxylierung, Bildung von Pregnenolon aus Cholesterin	ACTH	27.3.3
XVII	ER	NADPH	17α-Hydroxylierung von Steroidhormonen	ACTH	27.3.3
XIX	ER	NADPH	Aromatisierung von Androgenen zu Östrogenen	FSH	27.6.2
XXI	ER	NADPH	21-Hydroxylierung von C21-Steroiden (Progesteron, 17α-Hydroxyprogesteron, 11β,17α-Dihydroxy-progesteron	?	27.3.3
XXVI	Mito-chondrien	Ferredoxin	26-Hydroxylierung von Cholesterin, Biosynthese von Gallensäuren	?	32.1.4

des Flavoproteins trennt die beiden Elektronen und überträgt sie einzeln auf das Cytochrom. Durch das zweite Elektron wird das gebundene Superoxid zur Peroxy-Form reduziert. Anschließend spaltet sich die O-O-Bindung und es wird H_2O freigesetzt. Das am Häm-Zentrum verbleibende Sauerstoffatom liegt nun als sog. Oxoferryl-Gruppe vor. Um die Bindung des neutralen Sauerstoffatoms in diesem Zustand korrekt darzustellen, muss die Oxidationstufe des Häm-Eisens formal auf 5+ (V) erhöht werden. Schließlich wird das Sauerstoffatom, vermutlich über einen radikalischen Mechanismus, in die C-H-Bindung des zu hydroxylierenden Substrats »eingeschoben«. Das Cytochrom P_{450} bleibt in der Fe^{3+}-Form zurück.

! Monooxygenasen bilden eine der größten Enzymfamilien und haben vielfältige Aufgaben.

Die Monooxygenasen bilden eine der größten bekannten Enzymfamilien und sind an den unterschiedlichsten Stellen des prokaryotischen und eukaryotischen Stoffwechsels von Bedeutung. Monooxygenasen kommen außer im glatten endoplasmatischen Retikulum auch in den Mitochondrien vor. Diese Enzyme haben große Ähnlichkeit mit prokaryotischen Monooxygenasen und besitzen zusätzlich ein Eisen-Schwefel-Protein. Eng verwandt mit den Monooxygenasen sind die der NO-Bildung dienenden NO-Synthasen (► Kap. 25.9.1). Bis heute sind weit mehr als 200 Enzyme dieses Typs beschrieben worden, die sich funktionell in Unterfamilien einteilen lassen (Tabelle 15.5).

Unspezifische Monooxygenasen hydroxylieren Fremdstoffe. Die vielen Mitglieder der Familien I und II (Tabelle 15.5) katalysieren die Hydroxylierung der verschiedensten Fremdstoffe, der sog. **Xenobiotica**. Es handelt sich dabei v.a. um hydrophobe Pflanzentoxine, Pestizide, verschiedene Kohlenwasserstoffe, aber auch Pharmaka und andere toxische Verbindungen, die vom Organismus aufgenommen und durch sog. **Biotransformation** (► Kap. 33.3) entgiftet und dann nach Konjugation mit hydrophilen Resten ausgeschieden werden können. Charakteristisch für Monooxygenasen dieses Typs ist eine sehr geringe Substratspezifität, die erst eine Entgiftung fast beliebiger Xenobiotica ermöglicht. Häufig wird die Expression bestimmter Isoformen durch ein Substrat, z.B. ein Arzneimittel, induziert; dies hat dann große Bedeutung für dessen Stoffwechsel und Halbwertszeit. Meist sind damit eine abnehmende Wirksamkeit und gegebenenfalls unerwünschte Wechselwirkungen mit anderen Medikamenten verbunden.

Spezifische Monooxygenasen hydroxylieren Hormone und andere Metabolite. Zahlreiche andere Monooxygenasen hydroxylieren hochspezifisch ein bestimmtes Substrat. Sie sind wichtige Enzyme bei der Biosynthese der Steroidhormone, der Hydroxylierung von Fettsäurederivaten, der Gallensäuresynthese, dem Bilirubinstoffwechsel und dem Aminosäurestoffwechsel.

In Kürze

Unter dem Begriff Oxidoreduktasen fasst man die Enzyme zusammen, die Redoxreaktionen katalysieren. Sie werden in 5 Gruppen eingeteilt:

- Dehydrogenasen
- Oxidasen
- Hydroperoxidasen
- Dioxygenasen
- Monooxygenasen

Die Monooxygenasen hydroxylieren im Rahmen der Biotransformation Xenobiotica und sind an zahlreichen Schritten der Synthese der Steroidhormone und anderer Substanzen beteiligt.

15.3 Oxidativer Stress

Die Fähigkeit, den durch Photosynthese entstandenen Sauerstoff zur vollständigen Oxidation von Nahrungsstoffen zu verwenden, hat die Effizienz der biologischen Energieversorgung wesentlich verbessert und stellt ohne Zweifel eine der wichtigsten Voraussetzungen für die Entstehung höherer Lebensformen dar. Allerdings birgt der Umgang mit Sauerstoff auch beträchtliche Gefahren. Sauerstoff selbst und v.a. seine besonders **reaktionsfähigen Radikale** sind imstande, nahezu alle Biomoleküle anzugreifen und funktionell schwer zu beeinträchtigen. Um dieser Gefährdung entgegenzuwirken, verfügen alle aerob lebenden Zellen über ein vielfältiges Arsenal enzymatischer und nichtenzymatischer Schutzmechanismen.

> Die wichtigste Quelle reaktiver Sauerstoffspezies ist die Ein-Elektronenreduktion von molekularem Sauerstoff.

Überwiegend entstehen reaktive Sauerstoffspezies durch die Ein-Elektronenreduktion von molekularem Sauerstoff zum **Superoxid-Radikal $O_2^{\bar{\cdot}}$.** Sie kann physikalisch durch UV-Licht, Röntgen- und Gammastrahlen induziert werden oder durch **Autoxidation** reduzierter Zwischenprodukte des Stoffwechsels erfolgen. Grundsätzlich autoxidabel sind Semichinone, Flavine, Glutathion und andere Thiole, sowie Hämoglobin und andere Komplexe von Übergangsmetallen. Obwohl autoxidable Zwischenprodukte gewöhnlich gegen die direkte Reaktion mit Sauerstoff abgeschirmt sind oder nur in sehr geringer Konzentration vorliegen, entstehen in Nebenreaktionen vieler enzymatischer Umsetzungen signifikante Mengen an Superoxid-Radikalen. Bedeutend sind in diesem Zusammenhang die Nebenreaktionen des **Cytochrom P_{450}**, bei denen direkt oder über die Bildung und Freisetzung spontan autoxidabler Semichinone freies Superoxid entstehen kann (Abb. 15.19). Auch die Reduktion von molekularem Sauerstoff durch das in der mitochondrialen Atmungskette gebildete **Ubisemichinon** spielt eine wichtige Rolle. Allerdings scheint hier Superoxid-Bildung im Wesentlichen nur unter extremen Stoffwechselbedingungen und bei vorgeschädigten Atmungskettenkomplexen stattzufinden (► u.). Bemerkenswerterweise nutzen Granulozyten die Bildung reaktiver Sauerstoffspezies zur Abwehr von Bakterien. In einem als »*oxidative burst*« bezeichneten Prozess erzeugen diese Zellen mit Hilfe einer membranständigen NADH-Oxidoreduktase oder NADPH-Oxidase extrazellulär Superoxid, das bakterizid wirkt.

Die **Superoxid-Dismutase** wandelt zwei Superoxid-Moleküle durch Disproportionierung in Sauerstoff und **Wasserstoffperoxid** um. In Säugetieren gibt es drei verschiedene Typen von Superoxid-Dismutasen, die sich sowohl durch ihre Lokalisation als auch in ihrem aktiven

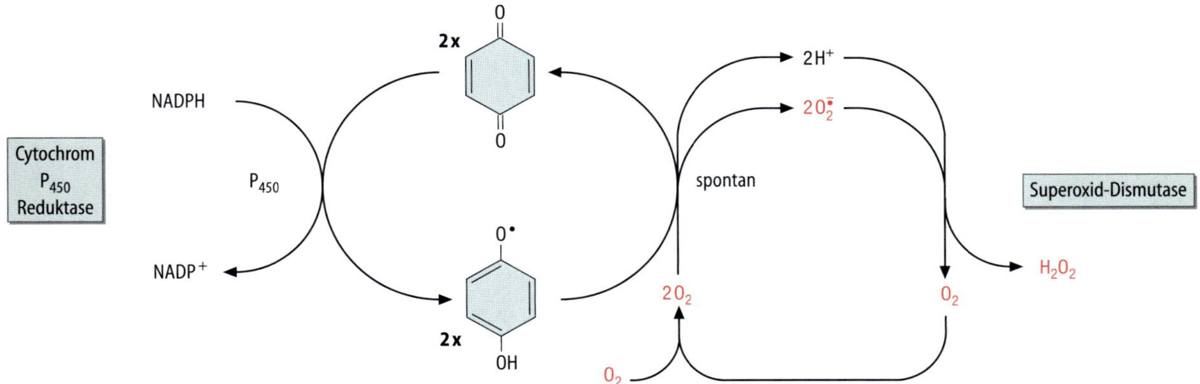

Abb. 15.19. Bildung von Superoxid-Radikalen durch Cytochrom P_{450}. In einer Nebenreaktion der Monooxygenasen können aus Chinonen Semichinonradikale entstehen, die unter Superoxidbildung spontan mit molekularem Sauerstoff reagieren. Entsprechend kann in der Atmungskette Superoxid durch Oxidation von Ubisemichinon entstehen. Zwei Superoxidradikale können mit Hilfe der Superoxid-Dismutase zu H_2O_2 und Sauerstoff disproportionieren

Zentrum unterscheiden. Die dimere CuZn-Superoxid-Dismutase (SOD1) wird fast ausschließlich im Cytoplasma gefunden, die tetramere Mn-Superoxid-Dismutase (SOD2) befindet sich in den Mitochondrien und die tetramere CuZn-Superoxid-Dismutase (SOD3) wird in den extrazellulären Raum abgegeben. Wasserstoffperoxid, das auch direkt durch die Aktivität verschiedener Oxidasen (► o.) entstehen kann, ist weniger aggressiv. Es kann jedoch in Gegenwart von Fe^{2+} und anderen Übergangsmetallionen durch Übertragung eines dritten Elektrons in ein Hydroxyl-Ion und das äußerst reaktive **Hydroxylradikal (OH•)** gespalten werden (sog. Fenton-Reaktion). Hydroxylradikale können auch direkt durch Radiolyse von Wasser entstehen.

! Reaktive Sauerstoffspezies schädigen Biomoleküle aller Art.

Reaktive Sauerstoffspezies führen zu Schäden an vielen Biomolekülen:

- In der **DNA** werden durch die reaktiven Sauerstoffspezies infolge einer Modifikation der Desoxyribose **Strangbrüche** induziert. Außerdem kommt es zur Zerstörung bzw. Veränderung der verschiedenen Basen und damit zu Fehlpaarungen und Mutationen. Besonders häufig ist die Bildung von **Thymin-Dimeren** (► Kap. 7.3) und die Entstehung von **8-Hydroxydeoxyguanosin**
- In **Proteinen** sind besonders **Methionin-**, **Histidin-** und **Tryptophanreste**, aber auch die Thiolgruppen der **Cysteine** empfindlich gegenüber reaktiven Sauerstoffspezies. Diese Reaktionen können direkt Reste im aktiven Zentrum modifizieren oder über Veränderungen der Raumstruktur der betroffenen Proteine erhebliche Auswirkungen auf die biologische Aktivität haben. So führt beispielsweise die Oxidation von Methionin 358 im aktiven Zentrum des **α_1-Antitrypsins** zu einer drastischen Abnahme der Hemmwirkung auf Elastase. Dies wiederum wird mit der Entstehung von Lungenemphysemen, speziell bei Rauchern, in Verbindung gebracht. Mit Hilfe eines gentechnologisch hergestellten artifiziellen α_1-Antitrypsins, bei dem das Methionin 358 durch ein Valin ersetzt ist, wird dieses Protein unempfindlicher gegenüber reaktiven Sauerstoffspezies. Im Experiment konnte derartig modifiziertes α_1-Antitrypsin die Entstehung eines Lungenemphysems verhindern
- Über die Schädigung von **Kohlenhydraten** durch oxidativen Stress ist noch nicht sehr viel bekannt. Immerhin weiß man, dass Hyaluronsäure und Proteoglycane oxidativ geschädigt werden können. In der Synovialflüssigkeit vorkommende Superoxid-Dismutase schützt diese Verbindungen und verhindert eine oxidativ bedingte Depolymerisierung
- Die Auswirkung reaktiver Sauerstoffspezies auf **Membranlipide** ist besonders gut untersucht. Speziell die **mehrfach ungesättigten Fettsäuren** werden in einer Reihe charakteristischer, als **Lipidperoxidation** bezeichneten Reaktionen modifiziert. Ausgangspunkt für die Lipidperoxidation ist z.B., dass ein Hydroxylradikal unter Wasserbildung ein Wasserstoffatom von einer zwischen zwei Doppelbindungen gelegenen CH_2-Gruppe abstrahiert und ein **Alkylradikal** zurücklässt:

$$-CH_2^- + OH^\bullet \rightarrow -^\bullet CH^- + H_2O$$

- Auch das protonierte Superoxid, das **Perhydroxylradikal** ist in der Lage auf diese Weise Wasserstoff zu abstrahieren. Treffen zwei Alkylradikale aufeinander, können diese eine C-C-Bindung ausbilden. Weit wahrscheinlicher ist aber die Reaktion mit molekularem Sauerstoff zum **Peroxylradikal R-OO•**. Die Peroxylradikale sind so reaktiv, dass sie unter Bildung eines **Lipid-Hydroperoxids** ihrerseits ein Wasserstoffatom von einem weiteren Lipidmolekül abstrahieren können (■ Abb. 15.20). Auf diese Weise werden in einer Art Kettenreaktion eine ganze Reihe von Lipidmolekülen durch ein einziges Hydroxyl- oder Perhydroxylradikal modifiziert. In Folgereaktionen können verschiedene weitere Sauerstoffderivate der Lipide entstehen, von denen z.B. das Alkoxylradikal (R-O•) ebenfalls zur Wasserstoffabstraktion in der Lage ist. Es ist klar, dass durch derartige Modifikationen die Eigenschaften der Lipide so tief greifend verändert werden können, dass sich schwer-

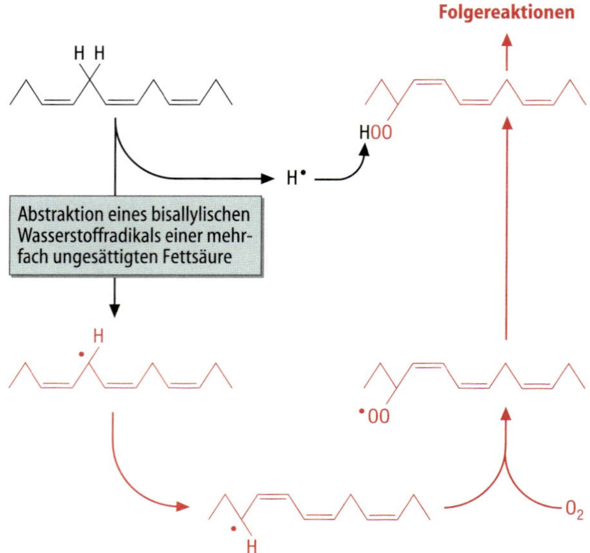

■ **Abb. 15.20. Entstehung von Lipidperoxiden.** Bisallylische Fettsäureradikale entstehen z.B. unter der Einwirkung reaktiver Sauerstoffspezies auf mehrfach ungesättigte Fettsäuren. Die anschließende Anlagerung von O_2 führt zur Bildung von Peroxylradikalen. Diese werden durch Abstraktion eines H-Radikals aus einer weiteren ungesättigten Fettsäure in die entsprechenden Peroxide umgewandelt, sodass ein zyklischer Prozess entsteht, der große Mengen von Fettsäureperoxiden liefern kann

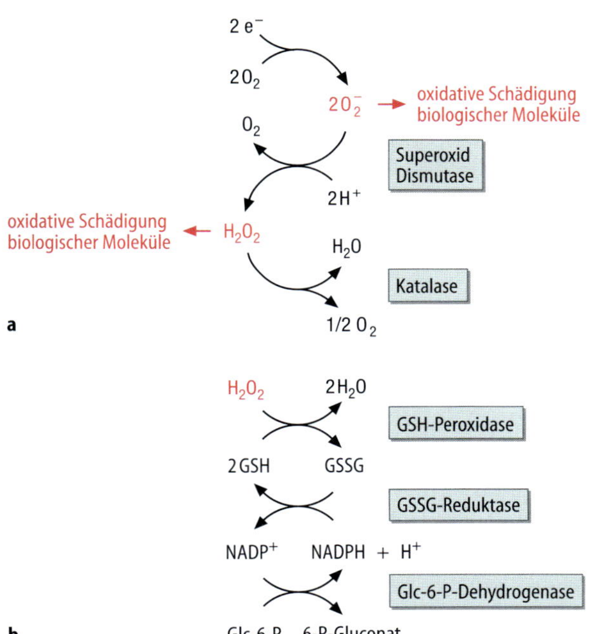

Abb. 15.21a,b. Entstehung und Abbau reaktiver Sauerstoffspezies. a Das Superoxidradikal entsteht durch 1-Elektronenreduktion von Sauerstoff im Gefolge einer Reihe von biologischen Oxidationen. Durch zwei Dismutationsreaktionen entstehen letztlich Wasser und O_2. **b** Durch GSH-Peroxidase und GSSG-Reduktase wird H_2O_2 abgebaut. Die Glucose-6-phosphat-Dehydrogenase ist das wichtigste Enzym zur Bereitstellung von NADPH. Glc-6-P = Glucose-6-phosphat GSH = Glutathion; GSSG = oxidiertes Glutathion

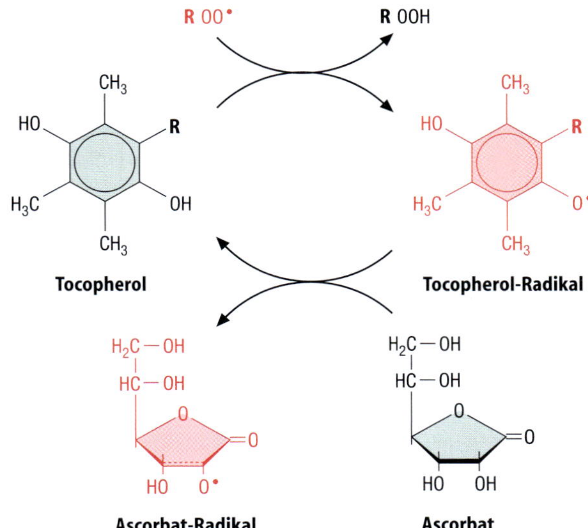

Abb. 15.22. Nicht-enzymatische Unterbrechung der Lipidperoxidationskette durch *α*-Tocopherol (Vitamin E). Peroxylradikale von Fettsäuren reagieren mit dem lipophilen Tocopherol unter Bildung des entsprechenden Radikals. Durch Umsetzung mit Ascorbat wird Tocopherol regeneriert. Die Ascorbatradikale sind nur schwach reaktiv und können zu Ascorbat und Dehydroascorbat disproportionieren

wiegende funktionelle Konsequenzen für die Zelle ergeben. Dies wird am Beispiel der oxidierten LDL besonders deutlich, die eine wichtige Rolle bei der Entstehung der Arteriosklerose spielen (▶ Kap. 18.6.2). Es sei an dieser Stelle erwähnt, dass ähnliche, jedoch spezifisch durch Enzyme katalysierte Oxidationen von Lipiden bei der Bildung von **Eikosaniden** (▶ Kap. 12.4) stattfinden. In diesem Fall entstehen natürlich keine schädlichen Zwischenprodukte, sondern wichtige Signalmoleküle

! Die Entgiftung reaktiver Sauerstoffspezies erfolgt über enzymatische und nichtenzymatische Mechanismen.

Um die zerstörerische Wirkung reaktiver Sauerstoffspezies unter Kontrolle zu halten, haben alle aeroben Organismen verschiedene Strategien entwickelt. Zum einen werden im Sinne einer Prävention Nebenreaktionen sauerstoffabhängiger Metalloenzyme möglichst zurückgedrängt. Eindrucksvollstes Beispiel ist die Cytochrom *c*-Oxidase, bei der die Superoxidstufe übersprungen und sofort nach Binden des Sauerstoffs die O-O-Bindung gespalten wird. Eine weitere Ebene der Prävention sind Mechanismen, die reaktive Verbindungen abfangen, bevor diese ein Elektron auf Sauerstoff übertragen können. Ein Beispiel hierfür sind die **Glutathion-S-Transferasen**, die reaktive Verbindungen wie Semichinone durch Bildung von **Thioethern** neutralisieren, die dann über entsprechende Transportsysteme in den extrazellulären Raum gebracht werden. Sind reaktive Sauerstoffspezies erst einmal entstanden, sorgen effektive enzymatische und nicht-enzymatische Mechanismen für ihre Entgiftung.

- Die enzymatische Entfernung der Sauerstoffradikale übernehmen Enzyme wie die Superoxid-Dismutase, Katalase und Glutathionperoxidase (Abb. 15.21)
- Nicht-enzymatisch abgefangen werden Sauerstoffradikale durch verschiedene Antioxidantien, von denen v.a. das wasserlösliche Ascorbat (Vitamin C) und das lipidlösliche α-Tocopherol (Vitamin E) von Bedeutung sind (▶ Kap. 23.3.1, 23.2.3). α-Tocopherol ist in der Lage Lipid-Peroxylradikale zu »entschärfen« und so die Lipidperoxidationskette zu unterbrechen. Das dabei entstehende Tocopherolradikal kann durch Ascorbat neutralisiert werden (Abb. 15.22)

Sind trotz dieser Schutzmechanismen oxidative Schäden aufgetreten so versucht die Zelle diese durch zahlreiche Reparaturmechanismen zu beheben. Während diese Reparatur bei DNA tatsächlich auf eine Instandsetzung hinausläuft, werden beschädigte Proteine und Lipide gezielt abgebaut und durch neue ersetzt.

In Kürze

Reaktive Sauerstoffspezies entstehen meist durch Ein-Elektronenreduktion von molekularem Sauerstoff. Häufig tritt dies im Gefolge von Nebenreaktionen der Oxidoreduktasen oder durch energiereiche Strahlung auf.

Reaktive Sauerstoffspezies können zahlreiche zelluläre Strukturen schädigen und Mutationen verursachen. Antioxidantien und Enzyme wie Superoxid-Dismutase, Katalase und Glutathionperoxidase wirken diesem »oxidativen Stress« entgegen.

15.4 Pathobiochemie

Angesichts der fundamentalen Bedeutung für die Energieversorgung der Zelle erscheint es zunächst schwer vorstellbar, dass Defekte im System der oxidativen Phosphorylierung (›OXPHOS‹) mit dem Leben vereinbar sind. Tatsächlich sind Substanzen, welche die Zellatmung bzw. den Sauerstofftransport im Blut blockieren, wie Cyanid und Kohlenmonoxid, hochgiftig. Auch die schwerwiegenden Folgen einer Unterbrechung der Sauerstoffversorgung des Herzens beim Infarkt oder des Gehirns bei einem Schlaganfall bzw. bei einem Herzstillstand unterstreichen die extreme Abhängigkeit des menschlichen Organismus vom aeroben Energiestoffwechsel. In den letzten Jahren ist jedoch die Zahl der Erkrankungen, die mit Defekten im mitochondrialen Energiestoffwechsel in Zusammenhang gebracht werden, sehr schnell gestiegen. Dabei reicht das Spektrum von schwersten, angeborenen neuromuskulären Erkrankungen, die schon kurz nach der Geburt zum Tod führen, bis hin zu degenerativen Erscheinungen, die mit dem normalen Alterungsprozess einhergehen. Es ist unmöglich im Rahmen dieses Kapitels die ganze Vielfalt dieser Erkrankungen abzudecken (▫ Tabelle 15.6). Allerdings sollen einige grundlegende Prinzipien der OXPHOS- Erkrankungen besprochen und insbesondere Zusammenhänge mit dem oxidativen Stress aufgezeigt werden. An dieser Stelle müssen ebenfalls Erkrankungen, die auf seltene Defekte anderer Oxidoreduktasen zurückzuführen sind, unerwähnt bleiben. Die pharmakologische Bedeutung der Cytochrom P_{450}-Monooxygenasen wurde bereits erwähnt.

▫ Tabelle 15.6. Klinische Symptome bei ausgewählten mitochondrialen angeborenen Enzephalomyopathien. (Nach DiMauro et al. 1985)

Symptome	MERRF (mt-tRNA^{Lys}-Defekt)	MELAS (mt-tRNA^{Leu}-Defekt)	CPEO/KSS (mtDNA Deletion)
Ophthalomplegie	–	–	+
Degen. der Retina	–	–	+
Herzblock	–	–	+
Myoklonien	+	–	–
Ataxie	+	–	±
Muskelschwäche	+	+	±
Cerebrale Anfälle	+	+	–
Episod. Erbrechen	–	+	–
Corticale Blindheit	–	+	–
Hemiparesen	–	+	–
Lactatazidose	+	+	+
ragged red fibers	+	+	+

MERRF Myoklonale Epilepsie mit *ragged red fibers*; MELAS Mitochondriale Enzephalomyopathie mit Lactatazidose und Schlaganfallähnlichen Episoden; CPEO Chronisch Progressive Externe Ophthalmoplegie; KSS Kearns-Sayre-Syndrom.

15.4.1 Pathogenese von Störungen im OXPHOS-System

Die Besonderheiten und die vielfältigen Erscheinungsformen von Störungen im OXPHOS-System haben ihre Ursache v.a. darin, dass eine Reihe der katalytisch besonders wichtigen Untereinheiten der beteiligten Komplexe (▶ Kap. 15.1.2) vom **mitochondrialen Genom** codiert werden. Jede Zelle enthält viele Mitochondrien (Hepatozyten z.B. 1000–2000) und jedes Mitochondrium etwa zehn Kopien des mitochondrialen Genoms. Demzufolge kann ein einzelnes Mitochondrium eine variable Zahl defekter Gene enthalten und in einer Zelle können »gesunde« und mehr oder weniger »kranke« Mitochondrien gemeinsam vorkommen. Folge dieser ausgeprägten **Heteroplasmie** ist, dass der Grad und die Art der Erkrankung nicht nur vom genetischen Defekt, sondern v.a. auch vom Anteil defekter, mitochondrialer Gene und Mitochondrien in den Zellen abhängt. Die mitochondriale DNA (mtDNA) ist außerdem erheblich anfälliger für Mutationen als die chromosomale DNA im Kern, weil ihr die Histone und ein effektiver Reparaturapparat fehlen. Deshalb kommt es im Laufe des Lebens zu einer Akkumulation defekter mitochondrialer Genome, was den **progressiven Verlauf** der meisten OXPHOS-Erkrankungen erklärt. Offenbar wird die zunehmende Ansammlung von Defekten der mtDNA auch dadurch begünstigt und beschleunigt, dass durch bereits defekte Atmungskettenkomplexe die Bildung **reaktiver Sauerstoffspezies** ansteigt, was eine höhere Mutationsrate der mitochondrialen DNA zur Folge hat. Bedingt durch diese komplexen Prozesse, ist es im Einzelfall schwierig, einen kausalen Zusammenhang zwischen einem bestimmten genetischen Defekt und den spezifischen Symptomen und dem Verlauf einer Erkrankung herzustellen. Allgemein lässt sich jedoch feststellen, dass kleinere Defekte i.d.R. eingrenzbare zentralnervöse Erkrankungen wie eine Schädigung des Sehnervs oder epileptische Anfälle zur Folge haben, und dass mit zunehmender Schwere generalisierte Ausfälle des ZNS (**Enzephalopathie**) und ausgeprägte **Myopathien** hinzukommen.

15.4.2 Angeborene Störungen

Defekte der mitochondrialen DNA werden maternal vererbt. Betroffen sind entweder Strukturgene der Atmungskettenkomplexe oder tRNA- und rRNA-Gene, die für die mitochondriale Proteinbiosynthese benötigt werden. In einigen Fällen können auch ganze Bereiche des mitochondrialen Genoms deletiert sein (■ Tabelle 15.6). Da ein völliger Ausfall der OXPHOS mit dem Leben unvereinbar wäre, findet man in Patienten mit angeborenen Defekten der mt-DNA praktisch immer auch intakte mitochondriale Sequenzen, wobei der Grad der Heteroplasmie und damit die Ausprägung der Störung in hohem Maße gewebsspezifisch sein kann. Je nachdem wie groß der Anteil defekter Genome ist, sind schon bei der Geburt klinische Symptome feststellbar oder kommt es später, z.T. erst im zweiten Lebensjahrzehnt, zur Erkrankung. Selbstverständlich kommen auch angeborene Defekte in den im Kern befindlichen Genen der übrigen Komponenten des OXPHOS-Systems als Ursache für Erkrankungen in Betracht. Auch hierfür sind in den letzten Jahren zahlreiche Beispiele gefunden worden. Die Symptome sind ähnlich und meist stark ausgeprägt. Erster Hinweis auf eine schwere Störung der OXPHOS beim Neugeborenen ist eine Lactatazidose, die unmittelbar durch die gestörte Endoxidation entsteht. Allerdings kommen für dieses klinische Bild auch andere Ursachen in Betracht.

15.4.3 Degenerative Erkrankungen und Altern

Großes Interesse hat die erst vor kurzem gemachte Beobachtung geweckt, dass auch beim gesunden Menschen die Zahl der defekten mtDNA-Kopien im Laufe des Lebens kontinuierlich zunimmt. Dies lässt sich leicht nachweisen, da es besonders zu einer Anhäufung von großen Deletionen kommt, durch die das mitochondriale Genom um mehrere Kilobasen verkürzt wird. Parallel dazu lassen sich mit steigendem Alter ein progressiver Abfall im ATP zu ADP-Verhältnis und eine zunehmende Produktion von Sauerstoffradikalen nachweisen. Weiterführende Untersuchungen scheinen zu bestätigen, dass der »Teufelskreis« aus Akkumulation mitochondrialer Defekte und Bildung reaktiver Sauerstoffspezies für das komplexe Phänomen des Alterns von erheblicher Bedeutung ist. Auch an der Entstehung einer Reihe klinisch manifester, v.a. neurodegenerativer Erkrankungen des Alters scheinen OXPHOS-Defekte beteiligt zu sein. So wurden in einigen Fällen Hinweise auf einen Zusammenhang mit dem Morbus Alzheimer gefunden. Für bestimmte Hemmstoffe des Komplex I konnte gezeigt werden, dass sie spezifisch zu einer Zerstörung der **Substantia nigra** im Gehirn führen und damit Morbus Parkinson auslösen können. Dieses Beispiel stellt noch einen anderen Zusammenhang her, dessen Bedeutung sich noch schwer beurteilen lässt: Unter bestimmten Bedingungen kann die Hemmung der Atmungskette offenbar den mitochondrialen Signalweg des programmierten Zelltodes, der Apoptose (► Kap. 7.1.5), auslösen. Hierbei kommt es zur Öffnung einer hypothetischen und in ihrer Zusammensetzung noch unbekannten *»permeability transition pore«*, durch welche Cytochrom *c* und andere mitochondriale Proteine freigesetzt werden, die dann im Cytoplasma durch Aktivierung von Caspasen die Apoptose auslösen. Eine interessante Frage in diesem Zusammenhang ist, wie verhindert wird, dass die im Laufe des Lebens akkumulierten Defekte an die Nachkommen weitergegeben werden. Zum einen könnte man sich vorstellen, dass die Eizellen keine oder weniger Schäden in ihrer mtDNA akkumulieren, weil sie schon in der Embryonalzeit angelegt werden und dann bis zu ihrer Reifung in einem Ruhezustand vorliegen. Zum anderen scheint es einen als *»bottle neck«*-Phänomen bezeichneten Prozess zu geben, bei dem nach der meiotischen Teilung die Zahl der Mitochondrien pro Keimzelle auf wenige Exemplare reduziert wird. Offenbar können in diesem Zustand einer stark reduzierten Heteroplasmie normalerweise nur die Keimzellen überleben und sich zu Oogonien entwickeln, welche eine intakte mtDNA besitzen. Defekte, die zu ererbten Störungen der OXPHOS führen, überstehen offenbar diesen Selektionsmechanismus.

In Kürze

Störungen im OXPHOS-System haben ihre Ursache v.a. in Defekten der mitochondrialen DNA. Angeborene Störungen dieses Typs werden maternal vererbt. Typische Symptome sind Lactazidose, Fehlfunktionen des ZNS und Muskelschwäche. Die progressive Akkumulation von mitochondrialen Defekten ist wahrscheinlich am Alterungsprozess und an degenerativen Erkrankungen im Alter beteiligt.

Literatur

Original- und Übersichtsarbeiten

Abrahams JP, Leslie AGW, Lutter R, Walker JE (1994) Structure at 2.8 A resolution of F_1-ATPase from bovine heart mitochondria. Nature 370:621–628

Berry EA, Guergova-Kuras M, Huang LS, Crofts AR (2000) Structure and function of cytochrome bc complexes. Annu Rev Biochem, 69:1005–1075

Brand MD (ed) (2001) Mitochondrial control and efficacy. Biochim Biophys Acta – Bioenergetics 1504 (1):1–172

Brandt U (2006) Energy converting NADH:quinone oxidoreductases. Annu Rev Biochem 75

Darrouzet E, Moser CC, Dutton PL, Daldal F (2001) Large scale domain movement in cytochrome *bc1*: a new device for electron transfer in proteins. Trends Biochem Sci 26:445–451

Di Mauro S, Bonilla E, Zeviani M et al. (1985) Mitochondrial myopathies. Ann Neurol (United States) 17 (6):521–538

Ferguson-Miller S (2006) Mitochondrial Electron Transport Annu Rev Biochem 75

Frey TG, Mannella CA (2000) The internal structure of mitochondria. Trends Biochem Sci 25:319–324

Huizing M, Ruitenbeek W, van den Heuvel LP, Dolce V, Iacobazzi V, Smeitink JA, Palmieri F, Trijbels JM (1998) Human mitochondrial transmembrane metabolite carriers:tissue distribution and its implication for mitochondrial disorders. J Bioenerg Biomembr 30:277–284

Hunte C, Koepke J, Lange C, Michel H (2000) Structure at 2.3 angstrom resolution of the cytochrome bc(1) complex from the yeast Saccharomyces cerevisiae co-crystallized with an antibody Fv fragment. Structure 8:669–684

Krämer R, Palmieri F (1992) Metabolite carriers in mitochondria. In: Ernster L (ed) Molecular Mechanisms in Bioenergetics. New Comprehensive Biochemistry, Vol. 23, Elsevier, Amsterdam London New York Tokyo

Lancaster CRD, Krüger A, Auer M, Michel H (1999) Structure of fumarate reductase from Wolinella succinogenes at 2.2 angstrom resolution. Nature 402:377–385

Leslie AGW (2006) Structural insights into the mechanism of F1FO-ATP Synthase, Annu Rev Biochem 75

Meunier B, de Vissier SP, Shaik S (2004) Mechanism of oxidartion reactions catalyzed by cytochrome P-450 enzymes. Chem Rev 104: 3947–3980

Michel H (1999) Cytochrome c oxidase:Catalytic cycle and mechanisms of proton pumping-A discussion. Biochemistry US 38:15129–15140

Miles CS, Ost TWB, Noble MA, Munro AW, Chapman SK (2000) Protein engineering of cytochromes P-450. Biochim Biophys Acta – Prot Struct Mol Enzymol 1543:383–407

Ohnishi T, Moser CC, Page CC, Dutton PL, Yano T (2000) Simple redox-linked proton-transfer design:new insights from structures of quinol-fumarate reductase. Structure 8:XXIII–XXXII

Raha S, Robinson BH (2000) Mitochondria, oxygen free radicals, disease and ageing. Trends Biochem Sci 25:502–508

Rodrigues DJ, Jackson JB (2002) a conformational change in the isolated NADP(H)-binding component (dIII) of transhydrogenase induced by low pH:a reflection of events during proton translocation by the complete enzyme. Bioc him Biophys Acta 1555:8–13

Sies H (1997) Oxidative stress:oxidants and antioxidants. Exp Physiol 82:291–295

Smeitink J, Van den Heuvel L, DiMauro S (2001) The genetics and pathology of oxidative phosphorylation. Nature Reviews Genetics 2:342–352

Stock D, Gibbons C, Arechaga I, Leslie AGW, Walker JE (2000) The rotary mechanism of ATP synthase. Current Opinion in Structural Biology 10:672–679

Tsukihara T, Aoyama H, Yamashita E, Tomizaki T, Yamaguchi H, Shinzawa-Itoh K, Nakashima R, Yaono R, Yoshikawa S (1996) The whole structure of the 13-subunit oxidized cytochrome c oxidase at 2.8. Science 272:1136–1144

Wallace DC (2005) A mitochondrial paradigm of metabolic and degenerative diseases, aging, and cancer: a dawn for evolutionary medicine. Annu Rev Gen 39:359–407

Yagi T, Matsuno-Yagi A (2001) Complex I. J Bioener Biomem 33 (3): 1–266

Zelko IN, Mariani TJ, Folz RJ (2002) Superoxide dismutase multigene family: a comparison of the CuZn (SOD1), Mn-SOD (SOD2) and EC-SOD (SOD3) gene structures, evolution, and expression. Free Rad Biol Med 33:337–349

Monographien und Lehrbücher

Nicholls DG, Ferguson SJ (1997) Bioenergetics 2. Academic Press, London

Pon LA, Schon EA (eds) (2001) Mitochondria. Methods in Cell Biology, Vol. 65, Academic Press, London

Scheffler IE (1999) Mitochondria. John Wiley & Sons, New York

Links im Netz

▶ auch www.lehrbuch-medizin.de/biochemie

16 Koordinierung des Stoffwechsels

Georg Löffler

 **Einleitung**

Der Stoffwechsel in einem aus verschiedenen Organen und Geweben zusammengesetzten Organismus ist davon abhängig, dass die Stoffwechselleistungen einzelner Gewebe und Organe optimal aufeinander abgestimmt sind. Dies setzt komplexe Wechselwirkungen zwischen Geweben und Organen voraus, deren Störungen Krankheitswert besitzen.

Anhand von zwei Beispielen soll in diesem Kapitel dieses Netzwerk von Organ- und Gewebsbeziehungen geschildert werden. Im Einzelnen sind dies:

- Stoffwechsel bei Nahrungsaufnahme und Nahrungskarenz
- Stoffwechseländerungen beim Übergang von der Ruhe in den Zustand körperlicher, muskulärer Aktivität

16.1 Nahrungszufuhr und Nahrungskarenz

Beim Menschen erfolgt wie bei allen anderen höheren Organismen die Nahrungszufuhr diskontinuierlich. Ein wichtiges Prinzip des Stoffwechsels ist daher, dass während der Nahrungszufuhr im Überschuss aufgenommene Nahrungsstoffe in dafür spezialisierten Geweben des Organismus gespeichert werden, um dann während Phasen der Nahrungskarenz dem Organismus zur Verfügung zu stehen. Als Speicherorgane bzw. Substratverbraucher sind für diese Vorgänge die Leber, die Skelettmuskulatur und das Fettgewebe von besonderer Bedeutung.

16.1.1 Leber und extrahepatische Gewebe bei Nahrungszufuhr

! Über die Pfortader kommt der größte Teil der resorbierten Nahrungsstoffe zunächst mit der Leber in Kontakt.

Die besondere Funktion der Leber während der Resorptionsphase (Nahrungszufuhr) erklärt sich aus ihrer anatomischen Lage. Sie nimmt die über den Intestinaltrakt resorbierten Nahrungsstoffe, Vitamine und Elektrolyte auf. Eine Ausnahme hiervon machen die Nahrungslipide, die über die Lymphbahnen des Intestinaltrakts gesammelt und über den Ductus thoracicus in den großen Kreislauf verteilt werden und dementsprechend in größerer Verdünnung zur Leber gelangen. Damit ist die Leber als einziges Organ daran angepasst, ein sowohl von der Quantität als auch von der Qualität her sehr variables Stoffangebot zu bewältigen.

Die während der Resorptionsphase angefluteten Substrate können von der Leber zu einem beträchtlichen Teil gespeichert werden.

! In der Leber wird ein großer Teil der Nahrungskohlenhydrate zur Glycogensynthese verwendet.

Die Tatsache, dass die Leber in der Resorptionsphase Glucose aufnimmt, in der Postresorptionsphase (▶ Kap. 11.4) diese dagegen abgibt, erfordert einen Mechanismus zur Unterscheidung zwischen oral aufgenommener, resorbierter und endogen produzierter Glucose. Hierfür ist das sog. **portale Signal** verantwortlich. Resorbierte und über die Pfortader aufgenommene Glucose löst in den Hepatozyten nicht nur eine Steigerung der Glucoseaufnahme, sondern auch eine Stimulierung der Glycolyse und vor allem der **Glycogenbiosynthese** aus. Gleichzeitig wird die endogene Glucoseproduktion supprimiert. Die intravenöse Gabe einer äquivalenten Glucosemenge zeigt diese Effekte nicht.

Die molekulare Natur des portalen Signals ist noch nicht bekannt. Für seine Auslösung ist die Differenz der Glucosekonzentrationen in der Arteria hepatica und der Pfortader verantwortlich. Diese benützen intrahepatische Nerven zur Erzeugung eines cholinergen Signals (▶ Kap. 31.3). Die Aufnahme und Speicherung von **Glucose** durch die Hepatozyten ist bereits in allen Einzelheiten beschrieben (▶ Kap. 11.4) und läuft in folgenden Schritten ab:

- Glucoseaufnahme unter Vermittlung des Glucose-Carriers GLUT-2
- Phosphorylierung von Glucose durch die Glucokinase sowie
- Einschleusung eines großen Teils des dabei entstehenden Glucose-6-phosphats in die Glycogenbiosynthese

Neben einer gesteigerten Glycogenbiosynthese führt die enterale Zufuhr von Kohlenhydraten in den Hepatozyten auch zu einer Steigerung der **Glycolyse** und dem anschließenden oxidativen Abbau. Ihr Ausmaß hängt sehr stark von der metabolischen Situation ab, z.B. von der Fettsäurekonzentration, dem Insulinspiegel (▶ Kap. 16.1.3) und der körperlichen Aktivität.

Ein signifikanter Teil der zu Lactat abgebauten Glucose wird allerdings als sog. **indirekte Glycogenbiosynthese** wieder für die Glucose- und Glycogenbiosynthese verwendet. Die Ursache für dieses Phänomen beruht auf der metabolischen Zonierung des Leberparenchyms (▶ Kap. 33.1.2). Glucose wird durch perivenöse Hepatozyten des Leberazinus aufgenommen und zunächst für die Glycogenbiosynthese verwendet. Mit zunehmender Füllung der Glycogenspeicher wird Glucose auch glycolytisch abgebaut, wobei allerdings wegen der relativen Sauerstoffarmut in diesem Areal überwiegend **Lactat** gebildet wird. Dieses gelangt an die periportalen Hepatozyten, wo es über gesteigerte Gluconeogenese in Glucose-6-phosphat umgewandelt und anschließend in Glycogen eingebaut wird.

! Die *de novo* Lipogenese aus Nahrungskohlenhydraten ist von untergeordneter Bedeutung.

Die vollständige Biosynthese von Triacylglycerinen aus Nichtlipidvorstufen, vor allem aus Glucose, wird als ***de novo* Lipogenese** bezeichnet. Hierbei muss sowohl der Glycerin- als auch der Fettsäureanteil der Triacylglycerine aus Glucosekohlenstoff synthetisiert werden. Wie durch eine Reihe von Messungen mit stabilen Isotopen gezeigt werden konnte, lässt sich beim Menschen unter physiologischen Bedingungen weder in der Leber noch im Fettgewebe eine nennenswerte *de novo* Lipogenese nachweisen. Als allgemeine Regel lässt sich ableiten, dass – solange die Kohlenhydratzufuhr niedriger als der Gesamtenergieverbrauch ist – Kohlenhydrate bevorzugt oxidativ abgebaut bzw. als Glycogen gespeichert werden. Eine Lipidneusynthese wird immer aus den zugeführten Nahrungslipiden gedeckt. Diese Beziehung ändert sich erst, wenn extrem kohlenhydratreiche Kost zugeführt wird. In einer kontrollierten Studie an schwerstkranken, über eine enterale Sonde ernährte Patienten, konnte gezeigt werden, dass die *de novo* Lipogenese in der Leber vom relativen Kohlenhydratgehalt der infundierten Nahrungsstoffe abhängt und bei 75% Kohlenhydraten einem Wert von etwa 20% der zugeführten Kohlenhydrate entsprach.

Der Grund für die Unfähigkeit zur *de novo* Lipogenese bei der üblichen lipidreichen Alltagskost liegt offensichtlich darin, dass die Expression einiger an diesem Vorgang beteiligter Enzyme wie Pyruvatdehydrogenase, Acetyl-CoA-Carboxylase und v.a. Fettsäuresynthase durch mehrfach ungesättigte Fettsäuren der Nahrung reprimiert wird (► Kap. 12.3.2).

! Triacylglycerine der Nahrung werden nach Spaltung durch die hepatische Lipase von der Leber aufgenommen.

◘ Abb. 16.1 gibt eine schematische Übersicht über die Rolle der Leber bei der Metabolisierung der Nahrungslipide, die ihr v.a. in Form von **Chylomikronen** und **Chylomikronen-Remnants** (► Kap. 18.5.2) angeboten werden. Die in diesen Lipoproteinen enthaltenen Triacylglycerine werden durch die **hepatische Lipase** gespalten. Außerdem können Hepatozyten diese Lipoproteine mit Hilfe spezifischer Rezeptoren aufnehmen und dann weiter verwerten.

Die durch hepatische Lipase freigesetzten Fettsäuren werden von den Hepatozyten mit Hilfe von Fettsäure-Transportproteinen (FATP, ► Kap. 12.1.3) aufgenommen. Intrazellulär erfolgt dann eine Aktivierung zum entsprechenden Acyl-CoA.

Die jeweilige Stoffwechsellage bestimmt das Schicksal der aufgenommenen Fettsäuren. Durch **β-Oxidation** können sie zur Deckung des Energiebedarfs der Hepatozyten dienen. Hierzu müssen sie als Carnitinester in die mitochondriale Matrix transportiert werden. Die dazu benötigte Carnitin-Palmityltransferase 1 wird durch Malonyl-CoA

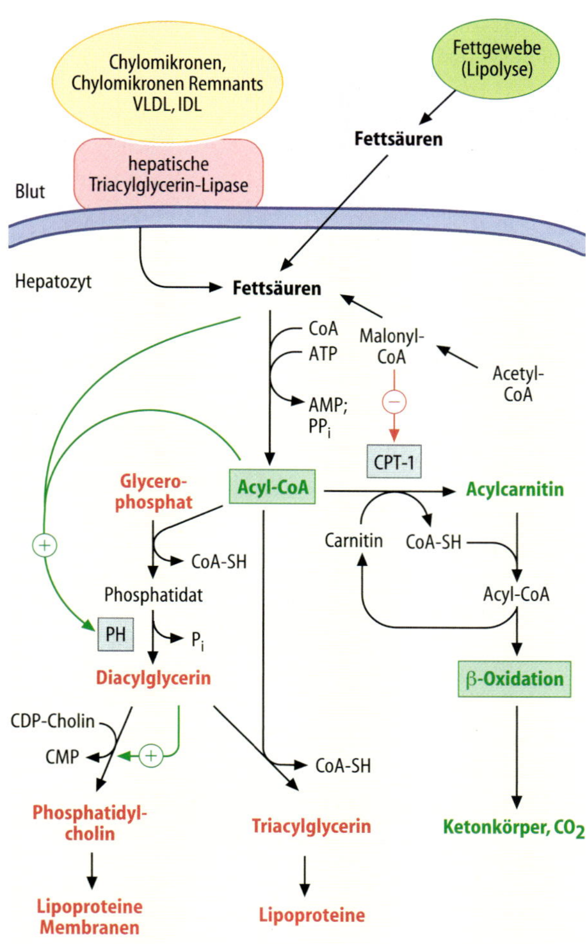

◘ **Abb. 16.1. Die Aufnahme von triacylglycerinreichen Lipoproteinen und Fettsäuren durch die Leber.** Durch Katalyse der hepatischen Triacylglycerin-Lipase werden die Triacylglycerine in verschiedenen Lipoproteinen gespalten und deren Fettsäuren vom Hepatozyten aufgenommen. Diese Fettsäuren können entweder abgebaut oder aber zu Triacylglycerinen und Phospholipiden verestert werden. Außerdem werden bei allen Zuständen mit gesteigerter Lipolyse im Fettgewebe Fettsäuren vermehrt durch die Leber aufgenommen. CPT-1 = Carnitin-Palmityltransferase 1; PH = Phosphatidat-Phosphohydrolase. (Einzelheiten ► Text)

gehemmt, dessen Konzentration von der Aktivität der Fettsäurebiosynthese abhängt. Wesentlich wichtiger ist allerdings in der Resorptionsphase die Veresterung der aufgenommenen Fettsäuren zu Triacylglycerinen. Die hierfür benötigte Phosphatidat-Phosphohydrolase wird durch hohe Konzentrationen an Acyl-CoA stimuliert (► Kap. 12.3.1). Neu synthetisierte Triacylglycerine werden in **VLDL-Lipoproteine** eingebaut, die anschließend sezerniert werden.

An der Bindung von Triacylglycerinen an das für die VLDL typische Apolipoprotein B_{100} ist das **Triacylglycerin-Transfer-Protein** beteiligt. Seine experimentelle Überexpression führt zu einer drastisch gesteigerten VLDL-Synthese und -Sekretion.

Aminosäuren der Nahrung dienen als Substrate für die Protein- und Glycogenbiosynthese.

Etwa 20% der von der Leber aufgenommenen Aminosäuren werden für die Biosynthese der verschiedenen, von der Leber synthetisierten und zumeist auch sezernierten Proteine verwendet (▶ Kap. 33.2.3). Ungefähr ein Viertel der resorbierten Aminosäuren gelangt in den systemischen Kreislauf. Mehr als 50% der resorbierten Aminosäuren werden demnach in der Leber für folgende Vorgänge verwendet:

- Die glucogenen Aminosäuren werden transaminiert und dienen als Substrate der Gluconeogenese (▶ Kap. 11.3, 13.5.2)
- Die Kohlenstoffskelette der essentiellen Aminosäuren **Leucin** und **Lysin** sowie Teile des Kohlenstoffskeletts des **Isoleucins, Phenylalanins** und **Tryptophans** liefern Acetyl-CoA. Dieses kann für Acetyl-CoA-abhängige Biosynthesen (Cholesterin, Fettsäuren, Ketonkörper) verwendet werden
- Speziell die Aminosäuren Glutamin und Aspartat spielen eine besondere Rolle bei der Biosynthese stickstoffhaltiger Verbindungen. Zu diesen gehören **Harnstoff, Purin-** und **Pyrimidinbasen, Aminozucker** sowie **Asparagin**
- Außerdem werden einige Aminosäuren durch Pyridoxalphosphat-abhängige Decarboxylierung in die entsprechenden Amine umgewandelt, die wichtige Funktionen als **Gewebshormone** und **Neurotransmitter** (▶ Kap. 13.3.4) besitzen

Die Skelettmuskulatur speichert Glycogen und Triacylglycerine.

In der Resorptionsphase, besonders nach kohlenhydratreichen Mahlzeiten, kommt es zu einem Anstieg der Blutglucosekonzentration (▶ Kap. 26.1.3). Die vermehrt angebotene Glucose wird im Ruhezustand von den Skelettmuskelzellen aufgenommen und in **Glycogen** eingebaut.

Erst wenn die Glycogenkonzentration in der Skelettmuskelzelle den maximal möglichen Wert (1-1,5% Glycogen pro Gramm Skelettmuskulatur) erreicht hat, kommt es zu einer Rückkopplungshemmung der Glycogenbiosynthese durch vorhandenes Glycogen. Glucose-6-phosphat wird jetzt vermehrt zu Lactat bzw. CO_2 abgebaut.

Aus den Nahrungslipiden werden in der Resorptionsphase Chylomikronen gebildet, die über die enteralen Lymphwege in die Blutbahn gelangen (▶ Kap. 32.2.2). Auch im Kapillarendothel der Skelettmuskulatur befindet sich die **Lipoproteinlipase**, die die Triacylglycerine in triacylglycerinreichen Lipoproteinen, v.a. Chylomikronen und VLDL, zu Fettsäuren und Glycerin spaltet (▶ Kap. 12.1.3). Fettsäuren werden über Fettsäuretransportsysteme von den Skelettmuskelzellen aufgenommen und im Ruhezustand vorwiegend für die Synthese von Triacylglycerinen verwendet.

16

Das Fettgewebe ist das wichtigste Organ der Energiespeicherung.

Die Fähigkeit des Organismus zur Substratspeicherung in Form von Kohlenhydraten und Proteinen ist begrenzt. Rechnet man die Glycogenvorräte in Leber und Muskulatur zusammen, so ergibt sich eine maximale Menge von 400 g, deren Oxidation die Energie für wenig mehr als 24 Stunden ergeben würde. Wesentlich größer ist die Menge des im Organismus gespeicherten Proteins. Dieses kann jedoch nur teilweise zur Deckung des Energiebedarfs herangezogen werden. Die Körperproteine bilden schließlich u.a. die kontraktilen Elemente, Enzyme, Plasmaproteine und Immunglobuline und gehören deswegen zu den essentiellen Bauteilen des Organismus. Ganz anders ist dagegen die Situation bei der Energiespeicherung in Form von **Triacylglycerinen**. Der Körper verfügt über ein spezialisiertes Gewebe, dessen einzige Aufgabe die Speicherung von Triacylglycerinen ist, das **Fettgewebe**.

Beim normalgewichtigen Menschen macht das Fettgewebe etwa 12% des Körpergewichts aus. Da es zu 95% aus Triacylglycerin besteht, ergibt dies eine Fettmasse von etwa 8 kg, entsprechend etwa 308000 kJ. Bei einem durchschnittlichen Energieverbrauch von täglich 8400 kJ würde diese Menge den Energiebedarf des menschlichen Körpers für 37 Tage decken. Bedenkt man, dass bei schweren Formen des Übergewichts 50 kg Fett und mehr gespeichert werden, so lässt sich leicht errechnen, für welche Zeiträume dieser Energiespeicher theoretisch ausreicht.

Das Fettgewebe ist ein sehr stoffwechselaktives Organ. **Lipogenese** (Triacylglycerin-Biosynthese) sowie **Lipolyse** (Triacylglycerin-Hydrolyse) laufen nebeneinander ab. Sie benutzen getrennte Stoffwechselwege, die einer unterschiedlichen Regulation unterliegen (▶ u.). Außerdem wird ein nicht unbeträchtlicher Teil der durch die Fettzellen während der Lipolyse gebildeten Fettsäuren erneut aktiviert und im **Reveresterungszyklus** mit α-Glycerophosphat verestert. Der Spiegel an nicht veresterten Fettsäuren in der Fettzelle ist demnach das Resultat aus der Geschwindigkeit von Lipogenese, Lipolyse und Reveresterung. Das Verhältnis dieser drei Größen wird sehr genau reguliert. Es ist von Ernährungsgewohnheiten, der Nahrungszusammensetzung und von hormonellen Einflüssen abhängig. Der Spiegel an nicht veresterten Fettsäuren in der Fettzelle wiederum ist von ausschlaggebender Bedeutung für die Konzentration der Fettsäuren im Blut, da das Fettgewebe die einzige Quelle der **Serumfettsäuren** darstellt.

Die Tatsache, dass Fettsäuren im Blut nur eine Halbwertszeit von 1–2 Minuten haben, macht ihren raschen Umsatz im Organismus deutlich. Sie dienen vielen Organen, v.a. der Muskulatur, der Leber, dem Myokard oder der Nierenrinde als gut oxidierbares Substrat und werden von diesen Geweben gegenüber der Glucose bevorzugt oxidiert.

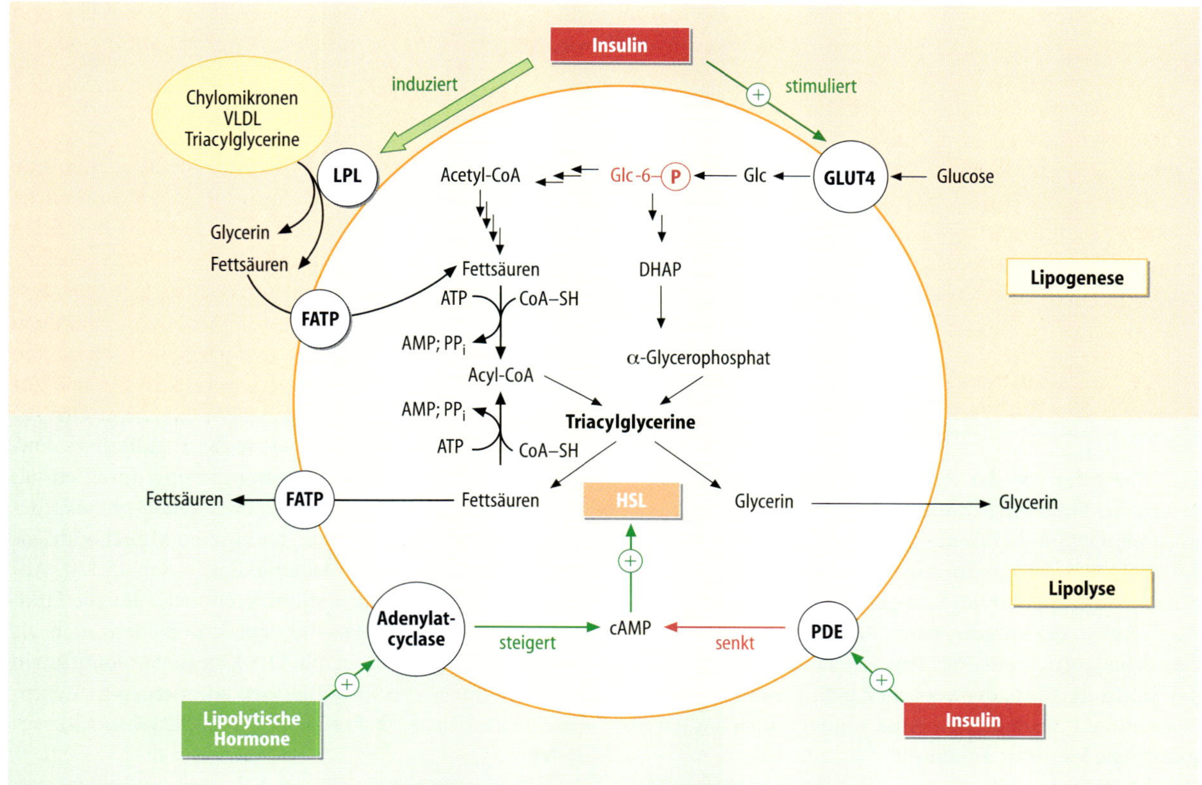

Abb. 16.2. Metabolische Aktivitäten der Fettzelle. Obere Hälfte Lipogenese: Insulin induziert die Biosynthese der Lipoproteinlipase und stimuliert die Glucoseaufnahme, was zu vermehrter Triacylglycerin-Biosynthese führt. Untere Hälfte Lipolyse: Lipolytische Hormone (wie Glucagon, Adrenalin) aktivieren dagegen die Adenylatcyclase und damit die Lipolyse. DHAP = Dihydroxyacetonphosphat; GLUT 4 = Glucose-Carrier-4; FATP = Fettsäuretransporter; HSL = hormonsensitive Lipase; PDE = Phosphodiesterase; LPL = Lipoproteinlipase. (Einzelheiten ▶ Text)

> Das wichtigste Substrat für die Lipogenese sind in Lipoproteinen enthaltene Triacylglycerine.

Abbildung 16.2 stellt die wesentlichen metabolischen Aktivitäten der Fettzelle zusammen. Eine ihrer wichtigsten Funktionen ist die Aufnahme von Fettsäuren aus den **Triacylglycerinen**, die extrazellulär als **Chylomikronen** bzw. **VLDL** (▶ Kap. 18.5.2) zum Fettgewebe transportiert werden. Diese Triacylglycerine entstehen als Folge der Fettresorption im Intestinaltrakt oder einer gesteigerten Synthese durch die Leber im Plasma, gelangen zur Fettzelle und werden entweder bereits am Endothel der das Fettgewebe versorgenden Kapillaren oder an der Außenseite der Plasmamembran der Fettzellen selbst zu Glycerin und Fettsäuren hydrolysiert. Das hierfür verantwortliche Enzym ist die **Lipoproteinlipase**. Wegen ihrer äußerst geringen Glycerokinase-Aktivität kann das beim extrazellulären Triacylglycerin-Abbau entstehende Glycerin von der Fettzelle nicht verwertet werden. Dagegen werden die Fettsäuren sehr rasch durch verschiedene Transportsysteme (▶ Kap. 12.1.3) aufgenommen, durch die **Thiokinase** in Acyl-CoA überführt und zur Triacylglycerin-Biosynthese verwendet. Das benötigte α-Glycerophosphat wird durch Reduktion von **Dihydroxyacetonphosphat** bereitgestellt und stammt somit aus dem Glucoseabbau. Nur unter ganz bestimmten Bedingungen ist das Fettgewebe zur Triacylglycerin-Biosynthese ausschließlich aus Glucose imstande. Hierzu wird Glucose vollständig zu Pyruvat abgebaut und durch dehydrierende Decarboxylierung (Pyruvatdehydrogenase) in **Acetyl-CoA** umgewandelt. Nach dem Transport von Acetyl-CoA aus den Mitochondrien in den cytoplasmatischen Raum (▶ Kap. 12.2.1) dient Acetyl-CoA zur Biosynthese von Fettsäuren. Die hierfür benötigten Reduktionsäquivalente in Form von NADPH/H^+ können durch Abbau von Glucose im **Hexosemonophosphatweg** erzeugt werden.

Der Anteil dieser *de novo* Lipogenese (DNL, ▶ o.) aus Glucose an der Gesamtlipogenese des Fettgewebes variiert von Spezies zu Spezies beträchtlich und hängt außerdem vom Fettgehalt der Nahrung ab. Bei unter Laborbedingungen gehaltenen Nagern, die eine besonders fettarme Kost erhalten, spielt die Lipogenese aus Kohlenhydraten eine große Rolle. Die Bedeutung der Kohlenhydratmast für den Fettansatz ist seit langer Zeit für viele Nutztiere bekannt. Im Gegensatz dazu sind im menschlichen Fettgewebe die für die Fettsäuresynthese aus Kohlenhydraten benötigten Enzyme Pyruvatdehydrogenase, ATP-Citratlyase,

Acetyl-CoA-Carboxylase sowie Fettsäuresynthase nur in sehr geringen Aktivitäten nachweisbar. Da auch in der Leber des Menschen nur sehr geringe Aktivitäten dieser Lipogeneseenzyme nachweisbar sind, ist eine Triacylglycerin-Biosynthese aus Kohlenhydraten für den Menschen normalerweise ohne große Bedeutung. Da der Fettgehalt der menschlichen Nahrung, zumindest in den höher entwickelten Ländern, etwa 40% der zugeführten Kalorien beträgt, wird der Fettsäurebedarf des Menschen nahezu vollständig durch das Nahrungsfett gedeckt.

16.1.2 Leber und extrahepatische Gewebe bei Nahrungskarenz

Der Übergang von der Resorptionsphase zur Nahrungskarenz bedeutet eine dramatische Umstellung des Stoffwechsels. Der für die Deckung des Energiebedarfs benötigte Substratnachschub kann nun nicht mehr aus den resorbierten Nahrungsstoffen bezogen werden, sondern muss durch Abbau der körpereigenen Reserven gedeckt werden. Das dabei auftretende Problem ist die adäquate Deckung des Substratbedarfs der verschiedenen Gewebe, wobei es nicht nur auf die Substratmenge, sondern auch auf jeweils spezifische Substrate ankommt.

Gewebe, die obligat auf die Zufuhr von Glucose angewiesen sind, sind das **Nierenmark** und die **Erythrozyten**. Auch das **Nervengewebe** benötigt normalerweise ausschließlich Glucose, kann allerdings nach länger anhaltendem Fasten auch Ketonkörper zur Deckung seines Energiebedarfs oxidieren (▶ Kap. 31.1.1). Alle anderen Gewebe und Organe benötigen Glucose nicht als obligatorisches Substrat zur Deckung ihres Energiebedarfs, sondern können ebenso auf Fettsäuren oder Aminosäuren zurückgreifen.

Zur Deckung des Energiebedarfs der obligaten Glucoseverbraucher müssen in 24 Stunden etwa 200 g Glucose bereitgestellt werden. Geht man davon aus, dass der Energiebedarf der restlichen Gewebe überwiegend mit Fettsäuren oder den aus ihnen stammenden Ketonkörpern (▶ Kap. 12.2.2) gedeckt wird, so ergibt sich ein Verbrauch von etwa 150–160 g Fettsäuren.

16

! Das Fettgewebe ist die einzige Quelle der Plasmafettsäuren.

Im Fettgewebe werden erhebliche Mengen an Triacylglycerinen gespeichert. Diese stehen bei Nahrungskarenz dem Organismus zur Deckung des Energiebedarfs der nicht ausschließlich auf Glucose angewiesenen Gewebe zur Verfügung. Allerdings ist hierzu die vorherige Spaltung der Triacylglycerine in Fettsäuren und Glycerin notwendig. Die hierfür verantwortlichen Lipasen sind in ▶ Kapitel 12.1.2 beschrieben. Vom Fettgewebe abgegebene Fettsäuren werden in Bindung an Serumalbumin zu den Geweben transportiert, dort aufgenommen und überwiegend in den Mitochondrien oxidiert. Das ebenfalls abgegebene Glycerin wird von der Leber für die Gluconeogenese verwertet.

! Im braunen Fettgewebe werden Fettsäuren unter Thermogenese abgebaut.

Eine besondere Form des Fettgewebes ist das so genannte **braune Fettgewebe**. Der Grund für seine gelb-bräunliche Farbe besteht darin, dass es besonders viele Mitochondrien enthält, cytochromreich und außerdem sehr gut vaskularisiert ist. Braunes Fettgewebe zeichnet sich dadurch aus, dass es nach Stimulierung der Lipolyse mit den Katecholaminen Adrenalin bzw. Noradrenalin die entstehenden Fettsäuren selber oxidiert und die dabei freiwerdende Energie zur **Wärmeproduktion** (Thermogenese) heranzieht. Der zugrunde liegende Mechanismus ist die regulierbare Entkopplung der oxidativen Phosphorylierung durch ein als **Thermogenin** (Synonym: UCP, *uncoupling protein*) bezeichnetes Protein, welches in der inneren Mitochondrienmembran einen Protonenkanal bildet (▶ Kap. 15.1.4). Adrenalin und Noradrenalin stimulieren nicht nur die Lipolyse im braunen Fettgewebe, sondern dienen auch als Induktoren für Thermogenin. Der Katecholamineffekt am braunen Fettgewebe wird über den adrenergen β_3-Rezeptor, eine Isoform der β-Rezeptoren (▶ Kap. 25.6, 26.3.4), vermittelt.

Das braune Fettgewebe enthält eine bemerkenswert hohe Aktivität an **Glycerokinase**, sodass es, im Gegensatz zum weißen Fettgewebe, das während der Lipolyse freigesetzte Glycerin phosphoryliert, und entweder zur Reveresterung oder zur Oxidation benutzen kann.

Braunes Fettgewebe findet sich bei allen Säugern einschließlich des Menschen während der Neugeborenenphase. Es dient hier der Aufrechterhaltung der Körpertemperatur, da andere Mechanismen, die im adulten Leben für eine Konstanz der Körpertemperatur sorgen (z.B. Wärmeisolierung durch subcutanes Fettgewebe, Muskelzittern), noch nicht funktionsfähig sind. Nagetiere, besonders Ratten, können auch im adulten Zustand lange Kältephasen besonders gut überstehen. Sie sind imstande, unter Einwirkung von Katecholaminen, weiße Fettzellen in braune Fettzellen umzuwandeln und somit ihr Fettgewebe zur Thermogenese zu benutzen. Ein ähnlicher Mechanismus konnte beim Menschen bisher nicht gefunden werden.

Für **Winterschläfer**, z.B. Igel, ist das braune Fettgewebe von ganz besonderer Bedeutung. Da sie während des Winterschlafs in regelmäßigen Abständen unter Anhebung ihrer Körpertemperatur aufwachen müssen, werden erhebliche Anforderungen an ihre Thermogenese-Kapazität gestellt.

! Während der Nahrungskarenz oxidiert die Leber Fettsäuren und produziert Glucose und Ketonkörper.

Die Leber kann maximal 150 g Glycogen speichern. Im Zustand der Nahrungskarenz wird dieses Glycogen zunächst abgebaut und als Glucose freigesetzt, die den obli-

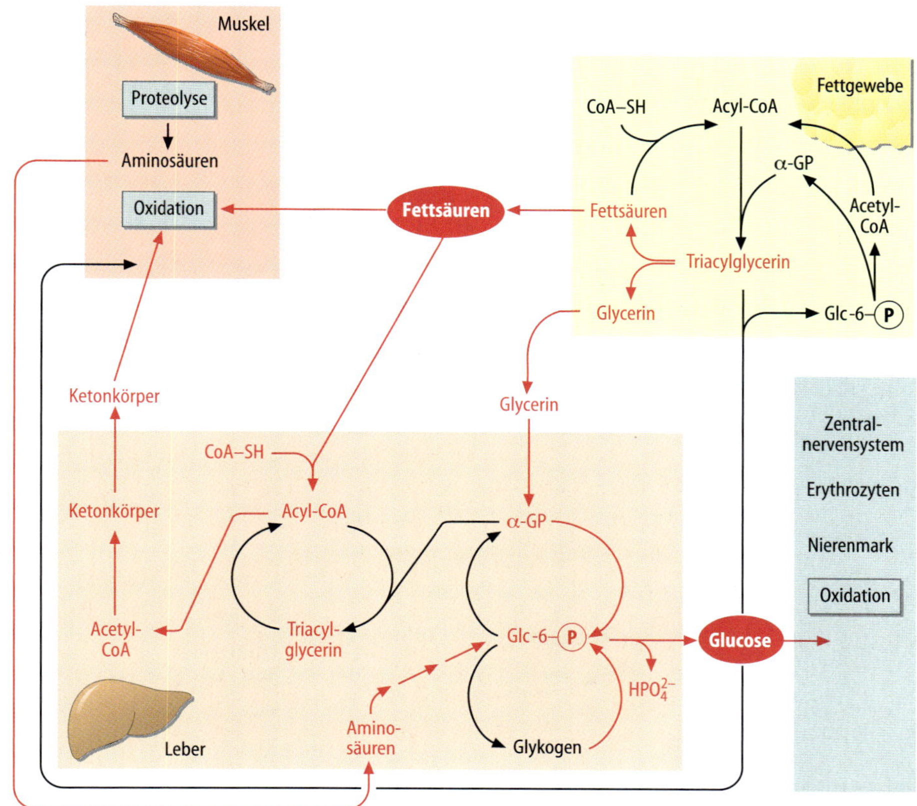

Abb. 16.3. Die Bedeutung gesteigerter Lipolyse im Fettgewebe für die Substratversorgung verschiedener Gewebe. Rote Pfeile = beschleunigt ablaufende Reaktionen; schwarze Pfeile = verlangsamt ablaufende Reaktionen. (Einzelheiten ► Text)

gaten Glucoseverbrauchern, vor allem dem Nervensystem, zur Verfügung steht (► Kap. 31.1.1).

Angesichts eines täglichen Glucosebedarfs von etwa 200 g kann das Leberglycogen den Glucosebedarf für weniger als 24 Stunden decken. Da aber mehrere Wochen gehungert werden kann, ist es logisch, dass Glucose neu synthetisiert werden muss. Auch hierfür ist das Hauptorgan die Leber. Sie verfügt über die enzymatische Ausstattung der Gluconeogenese, wobei als Substrate aus der Muskulatur und anderen Organen Lactat und glucogene Aminosäuren sowie aus dem Fettgewebe Glycerin geliefert wird.

Während der Nahrungskarenz deckt die Leber ihren eigenen Energiebedarf vorwiegend durch Oxidation von Fettsäuren, die unter diesen Umständen überwiegend aus dem Fettgewebe stammen. Sie ist jedoch imstande, mehr Fettsäuren zu oxidieren als ihrem Energiebedarf entspricht und wandelt im Überschuss aufgenommene Fettsäuren in Ketonkörper um (Acetacetat und β-Hydroxybutyrat) (► Kap. 12.2.2). Diese werden von der Leber an das Blut abgegeben und tragen zur Erhöhung der metabolisierbaren Substratkonzentration im Blut bei.

> Während der Nahrungskarenz oxidiert die Muskulatur Fettsäuren und Ketonkörper und produziert Aminosäuren für die Gluconeogenese.

Abbildung 16.3 stellt die während der Nahrungskarenz auftretenden metabolischen Beziehungen zwischen Fettgewebe, Leber und Skelettmuskulatur dar. Ähnlich wie für die Leber sind auch für die Skelettmuskulatur aus dem Fettgewebe stammende **Fettsäuren** die wichtigsten Substrate zur Deckung des Energiebedarfs während der Nahrungskarenz. Daneben spielen die von der Leber bereitgestellten **Ketonkörper** eine bedeutende Rolle.

Unter den Bedingungen der Nahrungskarenz wird in der Skelettmuskulatur die **Proteolyse** stimuliert und die dabei frei werdenden Aminosäuren ebenso wie das bei der Glycolyse entstehende Lactat an das Blut abgegeben. Aminosäuren und Lactat gelangen zur Leber und dienen dort als Substrate für die Gluconeogenese (► auch Corizyklus, ► Kap. 16.2.3). Dies bedeutet, dass mit der Nahrungskarenz ein Schwund der Proteinvorräte des Organismus, vor allem derjenigen in der Muskulatur, einhergeht. Da Proteine wesentliche Strukturelemente des Organismus darstellen, ist dadurch die Fähigkeit des Organismus zur Proteolyse und Bereitstellung glucogener Aminosäuren limitiert. Deswegen hinterlassen sehr lange Hungerperioden bleibende Schäden.

> Durch die gesteigerte Fettsäureoxidation werden Glucoseaufnahme und Glycolyse der Muskelzelle gehemmt.

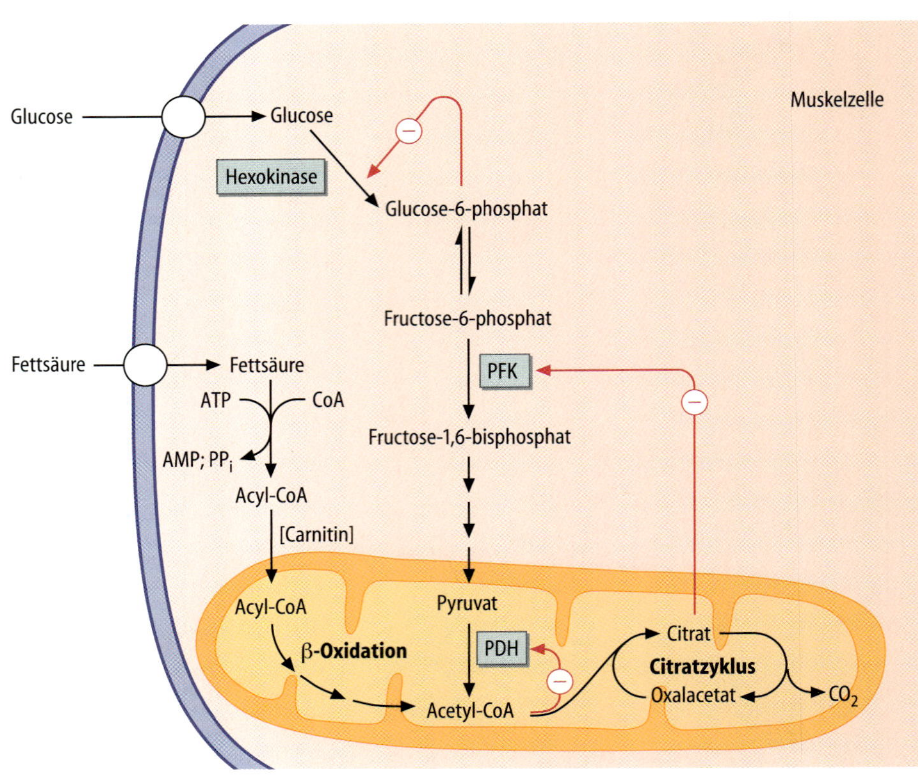

Abb. 16.4. Glucose-Fettsäurezyklus. PDH = Pyruvatdehydrogenase; PFK = Phosphofructokinase. (Einzelheiten ► Text)

Die vermehrte Fettsäureoxidation im Muskel hemmt die Aufnahme und den Abbau der Glucose in der Glycolyse. Damit wird erreicht, dass die Blutglucose bevorzugt zur Deckung des Energiebedarfs der obligaten Glucoseverwerter, z.B. des Zentralnervensystems, zur Verfügung steht. Dieser glucosesparende Effekt einer gesteigerten Fettsäureoxidation wird als **Glucose-Fettsäure-Zyklus** bezeichnet (Abb. 16.4). Die Oxidation von Fettsäuren führt zu einer Erhöhung der Konzentration von Acetyl-CoA und Citrat. Beide Metabolite wirken als allosterische Effektoren. Acetyl-CoA hemmt die Pyruvatdehydrogenase, Citrat die Phosphofructokinase-1. Durch Rückstau kommt es zu einer Erhöhung der Glucose-6-phosphat-Konzentration, wodurch die Hexokinase gehemmt wird.

16

16.1.3 Hormonelle Regulation des Stoffwechsels bei Nahrungszufuhr

! Gemischte Mahlzeiten lösen Änderungen der Metabolit- und Hormonkonzentrationen im Blutplasma aus.

Nach den üblichen gemischten Mahlzeiten ändert sich die Zusammensetzung des Blutplasmas, d.h.:
- Anstieg der Konzentrationen von **Glucose** und in geringerem Umfang von **Aminosäuren**
- Zunahme des Gehalts an **Chylomikronen**
- Anstieg der Konzentration an **Insulin**

! Insulin ist der wichtigste Koordinator der Substratspeicherung in der Resorptionsphase.

Die oben besprochenen Vorgänge der Substratspeicherung müssen koordiniert erfolgen und setzen eine der Nahrungszufuhr adäquate Bereitstellung von Insulin voraus. Wie in ► Kap. 26.1.3 ausführlich dargestellt, wird diese v.a. durch die mit der Kohlenhydratresorption einhergehende Erhöhung der Blutglucosekonzentration ausgelöst, die allerdings auch noch durch andere Nahrungsbestandteile wie Aminosäuren oder Fettsäuren beeinflusst wird. Der Anstieg der Insulinkonzentration hat spezifische Effekte auf den Stoffwechsel von Leber, Skelettmuskulatur und Fettgewebe, die in Tabelle 16.1 zusammengestellt sind. Sie betreffen alle Bereiche des Stoffwechsels und machen verständlich, dass ein Mangel oder Fehlen von Insulin zu dem rasch lebensbedrohlichen Krankheitsbild des Typ I Diabetes mellitus (► Kap. 26.4.1) führt.

! Mit Belastungstests kann die Fähigkeit zur Insulin-induzierten Glucoseverwertung überprüft werden.

Die durch die resorptive Hyperglykämie ausgelöste Insulinsekretion bewirkt, dass beim Gesunden jede Steigerung der Blutglucosekonzentration, auch durch exzessive alimentäre Zufuhr, rasch durch die blutzuckersenkende Wirkung des Insulins abgefangen wird (Abb. 26.4). Die Blutzuckerreaktion des Organismus auf eine Kohlenhydratbelastung ist dabei so zuverlässig, dass sie die Grundlage von Suchtests

Tabelle 16.1. Spezifische Effekte von Insulin auf den Stoffwechsel von Leber, Fettgewebe und Muskulatur. + Stimulierung; – Hemmung; Ø kein Effekt

Vorgang	Leber	Fettgewebe	Muskulatur
Glucoseaufnahme	+ (indirekt)	+	+
Glycogen-Biosynthese	+	Ø	+
Glycogenolyse	–	Ø	–
Glycolyse	+	+	+
Gluconeogenese	–	Ø	Ø
Aminosäureaufnahme	+	Ø	+
Proteinbiosynthese	+	Ø	+
Induktion der Lipoproteinlipase	Ø	+	+
Triacylglycerinsynthese	+	+	Ø
Lipolyse	Ø	–	Ø
VLDL-Synthese und Sekretion	+	Ø	Ø

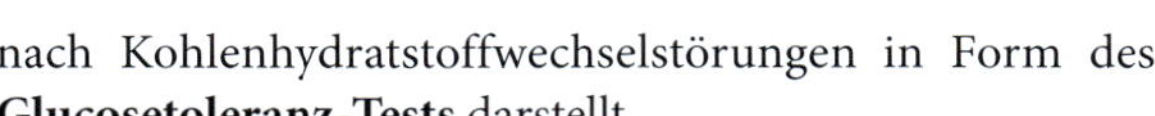

nach Kohlenhydratstoffwechselstörungen in Form des **Glucosetoleranz-Tests** darstellt.

Abbildung 16.5 zeigt den Verlauf der Blutglucosekonzentration bei einem oralen Glucosetoleranz-Test (OGTT), bei dem der Proband 100 g Glucose als Trinklösung zu sich nimmt. Es kommt zunächst zu einem raschen Anstieg der Blutglucose innerhalb der ersten 30 Minuten, wonach die insulininduzierte Gegenreaktion einsetzt und sich bis spätestens zwei Stunden nach Beginn der Belastung eine weitgehende Normalisierung des Blutzuckers einstellt. Bei Patienten mit einer Insulinresistenz (▶ Kap. 26.4.2) oder beim Diabetes mellitus (▶ Kap. 26.4) ist neben einem steileren Anstieg des Blutzuckers in der ersten Phase der Belastung vor allem der Abfall stark verzögert.

Man spricht in diesem Fall von gestörter Glucosetoleranz. Der OGTT erlaubt allerdings keine Aussage darüber, ob der Defekt auf einem Fehlen des Insulins oder auf einer Insulinresistenz beruht.

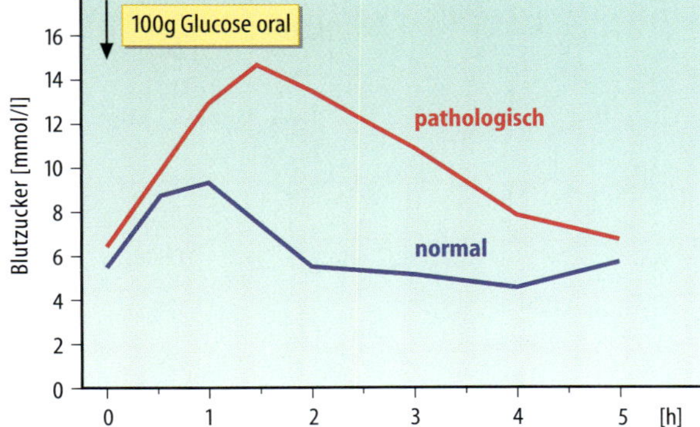

Abb. 16.5. Oraler Glucosetoleranztest. Blaue Linie Verlauf der Blutglucosekonzentration bei Gesunden; rote Linie pathologischer Verlauf der Blutglucosekonzentration, z.B. bei Diabetes mellitus

Abb. 16.6. Fettsüchtige ob/ob-Maus. Die rechts dargestellte Maus kann infolge einer Punktmutation im Leptingen kein Leptin produzieren. Sie leidet an einer dadurch ausgelösten Hyperphagie, die zur Fettsucht führt. Links: ein Wurfgeschwister ohne Defekt. (Freundlicherweise zur Verfügung gestellt von Prof. Dr. L. Herberg, Düsseldorf)

Das Fettgewebe ist ein endokrines Organ.

Ungeachtet eines sehr variablen und vielfältigen Nahrungsangebotes und der nahezu unbegrenzten Fähigkeit zur Insulin-induzierten Triacylglycerinspeicherung im Fettgewebe wird bei normalgewichtigen Personen die Fettmasse des Organismus erstaunlich konstant gehalten. Mit der 1994 erfolgten Entdeckung des von Fettzellen sezernierten Peptidhormons **Leptin** ist man der Frage nach dem Mechanismus dieser Regulation ein gutes Stück näher gekommen. Ausgangspunkt für die Entdeckung des Leptins war die Identifizierung des Gens, das für die Entstehung der Fettsucht bei genetisch fettsüchtigen (engl. *obese*) **ob/ob-Mäusen** (Abb. 16.6) verantwortlich ist. Sein Genprodukt ist ein vom Fettgewebe produziertes und sezerniertes Protein aus 167 Aminosäuren inklusive der für Sekretproteine typischen Signalsequenz. Durch eine zu einem Stopcodon führende Mutation wird dieses Protein bei der ob/ob-Maus nicht mehr produziert. Behandlung derartiger Mäuse mit rekombinantem Leptin führt innerhalb kurzer Zeit zu einer deutlichen Gewichtsabnahme, die auf einer Einschränkung der Nahrungsaufnahme und einer Erhöhung des Energieverbrauchs beruht. Damit ergibt sich das in Abb. 16.7 dargestellte Schema der Gewichtsregulation durch Leptin:

- Leptin wird vom Fettgewebe besonders während aktiver Lipogenese und Zunahme der Fettmasse an das Blut abgegeben. Es bindet an einen im Hypothalamus lokalisierten Leptinrezeptor, der zur Familie der Rezeptoren mit assoziierten Proteinkinasen (▶ Kap. 25.8.3) gehört. Dies führt zu einer **verminderten Produktion von Neurohormonen**, welche die Nahrungsaufnahme stimulieren. Zu diesen gehört u.a. das **Neuropeptid Y**
- Über Leptinrezeptoren in anderen Geweben, vor allem dem Fettgewebe, wird in diesem der Energieverbrauch

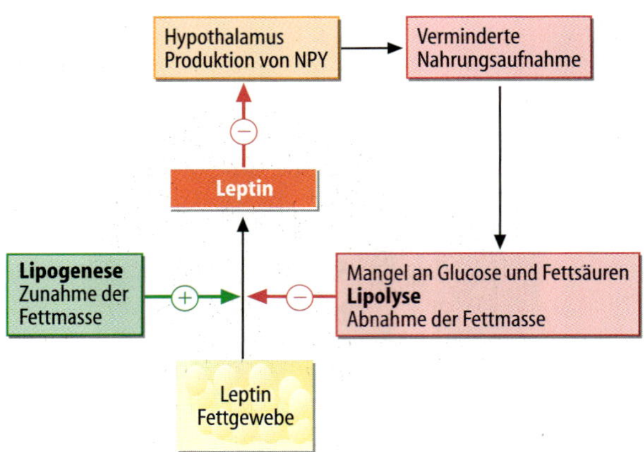

Abb. 16.7. Regulation der Nahrungsaufnahme durch Leptin. (Einzelheiten ► Text)

Tabelle 16.2. Vom Fettgewebe produzierte und sezernierte Mediatoren und Hormone (Auswahl)

Mediator/Hormon	Wirkungsweise	Produziert von
IGF-1	parakrin	Adipocyten
TNFα	parakrin	Adipocyten
Estrogene	systemisch	Stromazellen
Leptin	systemisch	Adipocyten
Adiponectin	systemisch	Adipocyten
Angiotensinogen	systemisch	Adipocyten, Stromazellen

gesteigert (erhöhte Energiedissipation). Die hierbei zugrunde liegenden Mechanismen sind noch nicht endgültig geklärt

- Die verminderte Nahrungsaufnahme zusammen mit dem gesteigerten Energieverbrauch löst eine Abnahme der Lipogenese und eine Verringerung der Fettmasse aus. Dies führt zu einem Rückgang der Leptinsekretion durch das Fettgewebe

Da unter den in Europa und Nordamerika herrschenden Ernährungsbedingungen die Fettsucht außerordentlich häufig ist, ergibt sich die Frage, ob hieran ein Defekt in dem oben geschilderten Regulationssystem beteiligt ist. Nach den bis jetzt vorliegenden Untersuchungen korrelieren die Leptinspiegel im Plasma, auch bei übergewichtigen Patienten, deutlich mit der Körperfettmasse. Ein Defekt der Leptingenexpression scheint also bei menschlichen Fettsuchtsformen nicht vorzuliegen. Es wird aber vermutet, dass eine Resistenz des Leptinrezeptors eine mögliche Ursache für die menschliche Fettsucht ist.

Die Entdeckung des Hormons Leptin hat gezeigt, dass das Fettgewebe nicht nur durch Triacylglycerinbiosynthese bei Nahrungszufuhr und Lipolyse bei Nahrungskarenz in den Energiestoffwechsel des Organismus eingeschaltet ist. Es nimmt darüber hinaus aktiv an der Regulation der Körper- und Fettmasse teil. Eine Suche nach weiteren endokrinen Faktoren, die vom Fettgewebe produziert werden, hat zu der überraschenden Erkenntnis geführt, dass das Fettgewebe eine Art endokrines Organ ist. Eine Auswahl der vom Fettgewebe synthetisierten und sezernierten Faktoren ist in Tabelle 16.2 zusammengestellt.

Fettgewebe produziert einmal eine Reihe von parakrin wirkenden Faktoren. Zu diesen gehört der insulinähnliche Wachstumsfaktor **IGF-1** (*insulin like growth factor-1*), welcher als parakriner Faktor bei der Bereitstellung neuer Fettzellen aus den entsprechenden Vorläuferzellen, den Präadipozyten, wirkt. Auch das vom Fettgewebe sezernierte **TNFα** (*tumor necrosis factor* α) wirkt primär lokal, allerdings als Antagonist zum IGF-1. Es führt zu einer Hemmung der Lipogenese und einer Steigerung der Lipolyse. Darüber hinaus hemmt es die Differenzierung von Präadipozyten und kann eine Apoptose bereits existierender Adipozyten auslösen.

Außer parakrinen Faktoren sezerniert das Fettgewebe weitere Hormone oder deren Präkursoren. Es ist beim Mann während des ganzen Lebens und bei der Frau nach der Menopause die einzige Produktionsstätte für **Estrogene**. Da Estrogenrezeptoren auf den Fettzellen selbst nicht nachweisbar sind, muss man annehmen, dass Fettgewebe zur Estrogenversorgung des Organismus beiträgt. Das vom Fettgewebe freigesetzte Peptidhormon **Adiponectin** wirkt ebenfalls systemisch. Es hemmt v.a. durch Repression der PEP-CK die Gluconeogenese und damit die Glucosefreisetzung in der Leber und stimuliert die Oxidation von Fettsäuren in der Skelettmuskulatur. Auf diese Weise kann es die Folgen einer mit einem metabolischen Syndrom einhergehenden Insulinresistenz beheben (► Kap. 26.4.2). Ob die **Angiotensinogen**-Produktion und -sekretion des Fettgewebes etwas mit der beim metabolischen Syndrom häufig anzutreffenden Hypertonie zu tun hat, ist noch unklar.

! Die Steigerung der Proteinbiosynthese als Antwort auf den Proteingehalt der Nahrung wird durch die Proteinkinase mTOR koordiniert.

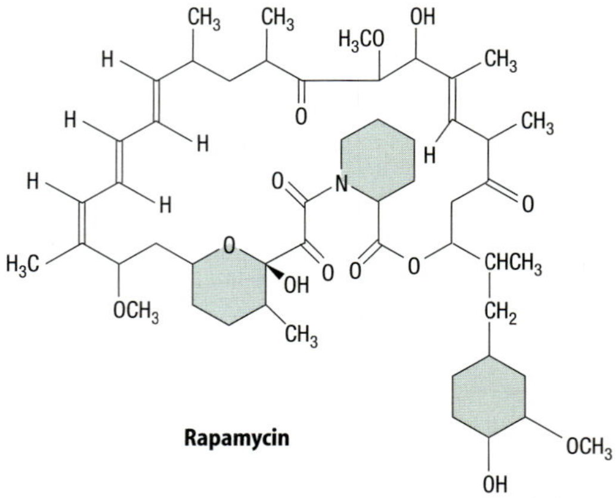

Rapamycin

Abb. 16.8. Struktur des Rapamycin

Infobox

Auf der Suche nach neuen Antibiotika wurden Anfang der 70er Jahre des vergangenen Jahrhunderts in einer von der Osterinsel stammenden Bodenprobe der Bakterienstamm *Streptomyces hygroscopicus* isoliert. Dieser produzierte einen Metaboliten, der sich als sehr wirkungsvoll gegen Pilzinfektionen erwies. Die Osterinsel heißt in der Eingeborenensprache Rapanui, der neue Metabolit, ein makrozyklisches Lacton (◻ Abb. 16.8), wurde infolgedessen als Rapamycin bezeichnet. In den folgenden Jahren stellte sich heraus, dass Rapamycin ein potentes Immunsuppressivum ist und außerdem Wachstum und Proliferation vieler Zellen hemmt. Es ist unter dem Handelsnamen Sirolimus® erhältlich. Der wachstumshemmende Effekt von Rapamycin wird auch in der Kardiologie ausgenutzt. Beschichtet man nämlich die zum Offenhalten verengter Koronargefäße verwendeten Stents (kleine Gitterröhrchen) mit Rapamycin, so ist die Häufigkeit einer durch übersteigertes Zellwachstum ausgelösten Restenosierung wesentlich geringer.

Die biochemische Untersuchung der Rapamycinwirkung hat zu der Entdeckung geführt, dass seine einzige molekulare Wirkung die Bindung an eine Proteinkinase ist, die dadurch inaktiviert wird. Dementsprechend wird diese Proteinkinase auch als TOR (*target of rapamycin*) bezeichnet.

TOR ist eine Proteinkinase, die sich bei allen Eukaryoten von der Hefe bis zu den komplexen Zellen von Säugetieren nachweisen lässt. Sie ist immer für die Koordinierung des Stoffwechsels bei Nahrungsangebot, speziell bei Angebot von Aminosäuren, verantwortlich. Bei einzelligen Organismen löst TOR hauptsächlich eine Steigerung der Proteinbiosynthese sowie daran anschließend der Proliferation aus. Auch bei den Zellen höherer Organismen steht dieser Effekt der Proteinkinase TOR im Vordergrund, allerdings ist ihr Wirkungsspektrum ebenso wie die Regulation ihrer Aktivität wesentlich komplexer (◻ Abb. 16.9):

Bei Säugetieren ist die Proteinkinase **mTOR** (*mammalian* TOR) nur im Komplex mit assoziierten Proteinen aktiv. Substrate von mTOR sind Proteine, deren Phosphorylierung eine Steigerung der zellulären **Translationsaktivität, Ribosomenbiogenese**, aber auch der **Zelldifferenzierung** und gegebenenfalls der **Proliferation** auslöst. Diese Erkenntnisse beruhen überwiegend auf der Hemmwirkung von Rapamycin, da die entsprechenden molekularen Mechanismen nur im Einzelfall aufgeklärt sind.

Angesichts des vielfältigen Wirkungsspektrums von mTOR ist es nicht verwunderlich, dass die Aktivität dieser Proteinkinase genau reguliert wird (◻ Abb. 16.9). Für die mTOR-Aktivität ist das kleine G-Protein **Rheb** essentiell. Dieses unterliegt einer komplexen Regulation durch Wachstumsfaktoren oder Insulin auf der einen und Nahrungsbestandteile, besonders Aminosäuren, auf der anderen

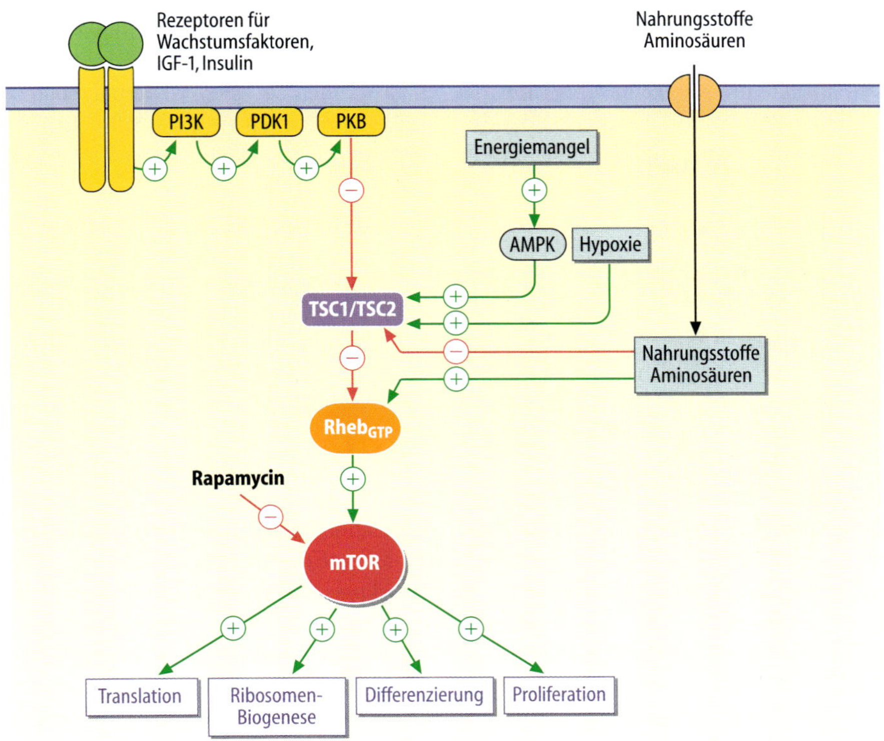

◻ **Abb. 16.9. Regulation und Wirkungsweise der Proteinkinase mTOR.** PI3 K = Phosphatidylinositid-3-Kinase; PDK1 = *phospholipid-dependent kinase-1*; PKB = Proteinkinase B; AMPK = AMP-abhängige Proteinkinase. (Weitere Einzelheiten ► Text)

Seite. Im Zentrum dieser Regulation steht das heterodimere Tumorsuppressorprotein **TSC1/TSC2**:
- TSC1/TSC2 wirkt als **GTPase-aktivierendes** Protein auf Rheb/GTP und inaktiviert es damit
- Phosphorylierung von TSC1/TSC2 durch die **Proteinkinase B** (PKB) führt zu dessen Inaktivierung
- PKB wird über beschriebene Reaktionskaskaden (▶ Kap. 25.7.1 und 26.1.7) unter Zwischenschaltung der Kinasen PI3-Kinase und PDK-1 durch Insulin, IGF-1 bzw. solche Wachstumsfaktoren aktiviert, die über Rezeptoren mit Tyrosinkinaseaktivität verfügen

Besonders die aus den Nahrungsproteinen gewonnenen Aminosäuren führen ebenfalls zu einer Aktivierung der Proteinkinase mTOR. Dabei stehen zwei Effekte im Vordergrund, allerdings sind die molekularen Mechanismen noch nicht bekannt. Aminosäuren hemmen einerseits TSC1/TSC2, aber zusätzlich gibt es auch Hinweise dafür, dass sie das G-Protein Rheb direkt stimulieren. Energiemangel, der zu einer Aktivierung der AMP-abhängigen Proteinkinase (s.u.) führt, löst ebenso wie Hypoxie eine Aktivierung des TSC1/TSC2-Proteins und damit eine Hemmung von Rheb aus, die zur Inaktivierung von mTOR führt. Die TSC17TSC2-Proteine haben damit eine wichtige Funktion bei der Regulation von mTOR. Die Phosphorylierung von TSC17TSC2-Proteinen durch die PKB führt zu ihrer Inaktivierung, die alternative, an einer anderen Stelle erfolgende Phosphorylierung durch AMPK zu ihrer Aktivierung.

Damit steht die Proteinkinase mTOR im Zentrum eines komplexen Regulationssystems, das in allen Zellen nachweisbar ist. Es ist für die Steigerung von Translation und Zellwachstum sowie auch für die Zellproliferation bei Überschuss an Nahrungsstoffen und entsprechender Stimulation durch Wachstumsfaktoren und Insulin verantwortlich.

16.1.4 Die hormonelle Regulation der Substratmobilisierung bei Nahrungskarenz

! Das Fehlen von Nahrungsstoffen führt in allen Zellen zu einer Aktivierung der AMP-abhängigen Proteinkinase.

In Abwesenheit von oxidierbaren Nahrungsstoffen ergibt sich für alle Zellen das Problem, dass sie ihre biologischen Aktivitäten aufrechterhalten müssen, obwohl ihnen als oxidierbare Substrate nur die im Einzelfall geringen Mengen an Energiespeichern wie Glycogen oder Triacylglycerine zur Verfügung stehen. Ein Mangel an Nahrungsstoffen wird deshalb eine Verlangsamung der ATP-liefernden Vorgänge durch die oxidative Phosphorylierung zur Folge haben. Da die energieverbrauchenden Prozesse aber weiterlaufen, kommt es zu einer Erniedrigung der ATP- und Erhöhung der ADP-Konzentration. Durch die in allen Zellen vorkommende **Adenylatkinase** kann der ATP-Mangel durch die Bildung von ATP aus 2 ADP unter Bildung von AMP gebessert werden. Wegen des damit verbundenen Anstiegs der AMP-Konzentration nimmt der Quotient ATP/AMP deutlicher ab als das Verhältnis ATP/ADP (▫ Abb. 16.10).

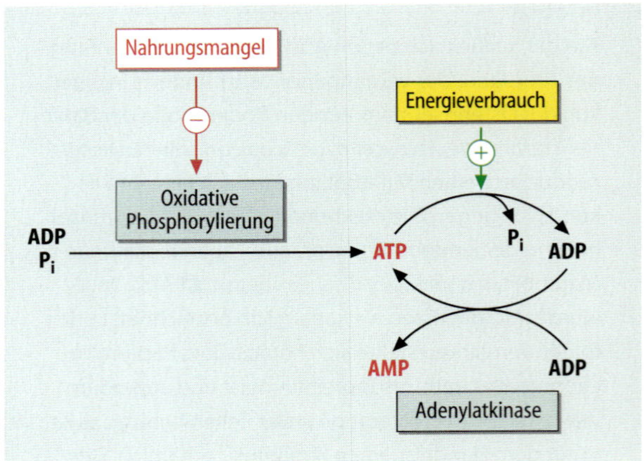

▫ **Abb. 16.10. Funktion der Adenylatkinase bei gesteigertem Energieverbrauch.** (Einzelheiten ▶ Text)

Ein in allen eukaryoten Zellen von der Hefe bis zu Säugetierzellen vorhandener Regulationsmechanismus gewährleistet unter den Bedingungen des zellulären Energiemangels eine Reduktion der Biosynthesevorgänge gleichzeitig mit einer Stimulierung kataboler Stoffwechselreaktionen, die für eine Auffüllung des zellulären ATP-Bestands sorgen können. Er beruht auf der Verwendung von **AMP** als Signal für zellulären Energiemangel. Die Einzelheiten dieses Mechanismus sind in ▫ Abb. 16.11 dargestellt und beruhen auf der Aktivierung einer spezifischen Proteinkinase durch AMP, der AMP-abhängigen Proteinkinase (AMPK) sowie der Phosphorylierung eines ganzen Satzes von Proteinen durch dieses Enzym.

Aktivierung der AMP-abhängigen Proteinkinase. AMPK kommt in einer inaktiven dephosphorylierten und einer aktiven phosphorylierten Form vor. Die Bindung von AMP an die nicht phosphorylierte inaktive AMPK macht diese zu einem Substrat der konstitutiv aktiven Proteinkinase LKB1 und löst auf diese Weise die Bildung der aktiven, phosphorylierten AMPK aus. Hohe ATP-Konzentrationen hemmen dagegen die AMPK-Phosphorylierung. Für die Inaktivierung der phosphorylierten AMPK ist eine Phosphoproteinphosphatase verantwortlich, über deren Regulation noch nichts bekannt ist.

Effekte der aktiven AMP-abhängigen Proteinkinase. Die aktive AMPK phosphoryliert eine Reihe von Enzymen und Transkriptionsfaktoren und ändert auf diese Weise in einer »konzertierten Aktion« deren Aktivität in dem Sinne, dass energieverbrauchende Synthesevorgänge wie Glycogenbiosynthese, Fettsäurebiosynthese, Cholesterinbiosynthese und Proteinbiosynthese abgeschaltet und dafür energieliefernde Vorgänge wie Glycolyse und ß-Oxidation der Fettsäuren angeschaltet werden.

Tabelle 16.3. Metabolische Konsequenzen einer Aktivierung der AMP-abhängigen Proteinkinase AMPK (Auswahl). ChREBP *carbohydrate response element binding protein*

Enzym/Protein	Effekt	Organ	Biologische Bedeutung
Direkte Phosphorylierung:			
HMG-CoA-Reduktase	Enzymaktivität ↓	Leber	Cholesterinbiosynthese ↓
Acetyl-CoA-Carboxylase	Enzymaktivität ↓	Leber, Muskulatur	Fettsäurebiosynthese ↓ Fettsäureoxidation ↑
Glycogensynthase	Enzymaktivität ↓	Muskulatur	Glycogenbiosynthese ↓
Fructose-6-Phosphat-2-Kinase	Enzymaktivität ↑	Muskulatur	Glycolyse ↑
TSC1/TSC2	Aktivität ↑	Verschiedene Zelllinien	mTOR-Aktivität ↓; Proteinbiosynthese ↓
Indirekte Wirkungen			
ChREBP	DNA-Bindung ↓	Leber	Expression von Glycolyse-Enzymen ↓
PEP-CK	Genexpression ↓	Leber	Gluconeogenese ↓
GLUT 4	Translokation in Plasmamembran ↑	Muskulatur	Glucoseaufnahme ↑
Hexokinase	Enzymaktivität ↑	Muskulatur	Glycolyse ↑

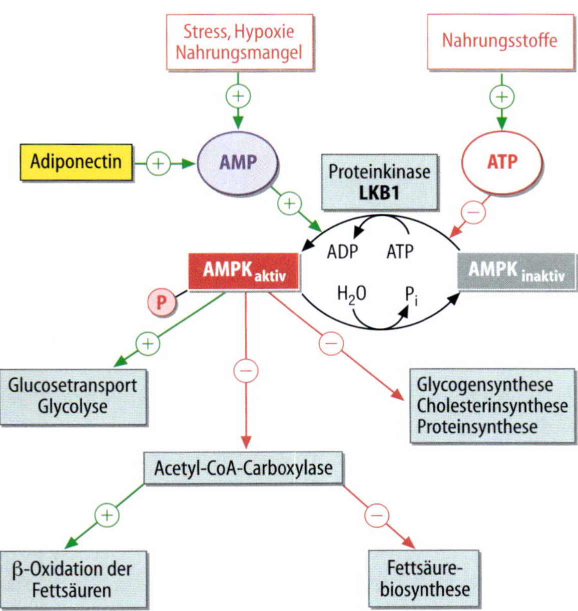

Abb. 16.11. Regulation und Wirkungsweise der AMP-abhängigen Proteinkinase. AMPK = AMP-abhängige Proteinkinase; LKB1 = Proteinkinase LKB1. (Einzelheiten ► Text)

Wie den in Tabelle 16.3 zusammengestellten Daten zu entnehmen ist, kommen die Effekte der aktivierten AMPK zum Teil durch direkte Phosphorylierung von Schlüsselenzymen der betreffenden Stoffwechselwege zustande. Die **Glycogensynthase** und **HMG-CoA-Reduktase** werden durch Phosphorylierung gehemmt, sodass Glycogen- und Cholesterinbiosynthese nur noch mit verminderter Geschwindigkeit ablaufen. Die durch Phosphorylierung der **Acetyl-CoA-Carboxylase** ausgelöste Verminderung der Enzymaktivität führt wegen des dadurch ausgelösten Abfalls der Konzentration von Malonyl-CoA zu einem Rückgang der Fettsäurebiosynthese. Da Malonyl-CoA gleichzeitig ein starker Inhibitor der Carnitin-Palmityl-CoA-Transferase ist, führt jede Verminderung seiner Konzentration zu einem gesteigerten Einstrom von Acyl-Carnitin in die mitochondriale Matrix und damit zu gesteigerter β-Oxidation der Fettsäuren (► Kap. 12.3.2). Die Phosphorylierung der **Fructose-6-phosphat-2-Kinase** in der Muskulatur löst eine gesteigerte Bildung von Fructose-2,6-bisphosphat und damit eine Stimulierung der Glycolyse aus (► Kap. 11.6.2). Von besonderem Interesse ist die Phosphorylierung des Tumorsuppressor-Proteins **TSC1/TSC2**. Sie aktiviert dieses Protein und führt damit zu einer Hemmung der Proteinkinase mTOR (► Kap. 16.1.3). Die Folge ist ein Rückgang der Proteinbiosynthese.

Der Mechanismus einer Reihe weiterer Effekte der aktivierten AMPK ist eher indirekt. Er betrifft die Änderung der Genexpression verschiedener Enzyme, in der Regel durch Phosphorylierung entsprechender Transkriptionsfaktoren oder die Änderung der zellulären Lokalisation von Transportproteinen.

Die AMP-abhängige Proteinkinase AMPK steht damit im Zentrum eines Netzwerks von Stoffwechselreaktionen, die Zellen das Überleben bei Energiemangel erlaubt. Außer durch Mangel an Nahrungsstoffen wird das Enzym auch durch Hypoxie und eine Reihe von Stresssituationen aktiviert. Von besonderem Interesse ist die Aktivierung der AMPK durch das vom Fettgewebe sezernierte Protein **Adiponectin**, das in ► Kapitel 26.4.2 besprochen ist.

! Die Stoffwechsellage bei Nahrungskarenz ist durch das Überwiegen insulinantagonistischer Hormone gekennzeichnet.

Die oben geschilderte Aktivierung der AMPK sichert das Überleben von Zellen, wenn ein absoluter Mangel an Nahrungsstoffen besteht. Dies ist jedoch bei der Nahrungskarenz höherer Organismen zunächst nicht der Fall. Diese verfügen über einen beträchtlichen Vorrat an gespeicherten Energieträgern und sind außerdem imstande, für manche Organe essentielle Nahrungsstoffe (z.B. Glucose für das Zentralnervensystem) zu synthetisieren. Die Stoffwechsellage bei Nahrungskarenz muss deshalb folgende Gegebenheiten berücksichtigen:

- Für die obligaten Glucoseverbraucher muss Glucose bereitgestellt werden und
- für alle anderen Gewebe Fettsäuren und Ketonkörper

Damit ist klar, dass bei Nahrungskarenz eine koordinierte Umstellung der Stoffwechselaktivitäten von Fettgewebe, Leber und Skelettmuskulatur erfolgen muss. Hierfür ist eine Änderung der Sekretion der an der schnellen Stoffwechselregulation beteiligten Hormone notwendig, sodass sich:

- niedrige Konzentrationen von Insulin sowie
- leicht bis mäßig erhöhte Konzentrationen von Adrenalin, Noradrenalin sowie Glucagon einstellen

Insgesamt ergibt sich damit ein Überwiegen der insulinantagonistischen Hormone in Fettgewebe, Leber und Skelettmuskulatur (◻ Abb. 16.12, ◻ Tabelle 16.4).

◻ Tabelle 16.4. Wirkung insulinantagonistischer Hormone auf Leber, Fettgewebe und Muskulatur. + Stimulierung; – Hemmung; Ø kein direkter Effekt

Vorgang	Leber	Fettgewebe	Muskulatur
Glycogen-Biosynthese	–	Ø	–
Glycogenolyse	+	Ø	+
Glycolyse	–	Ø	+
Gluconeogenese	+	Ø	Ø
Triacylglycerinsynthese	–	–	Ø
Lipolyse	Ø	+	Ø
Proteinbiosynthese	Ø	Ø	–
Proteolyse	Ø	Ø	+

Fettgewebe. Das Überwiegen insulinantagonistischer Hormone, vor allem der Katecholamine, führt über eine Aktivierung von β_2-Rezeptoren (▶ Kap. 26.3.4) zu erhöhten cAMP-Spiegeln und einer vermehrten Aktivität der hormonsensitiven Lipase. Die niedrigen Insulinspiegel im Plasma lösen eine Hemmung der cAMP-spezifischen Phosphodiesterase aus, was zusätzlich zu der Stimulierung der Adenylatcyclase und zu hohen cAMP-Spiegeln führt. Insgesamt ergibt sich damit für das Fettgewebe eine Situation, die durch das Überwiegen **lipolytischer Prozesse** gekennzeichnet ist.

Beim Menschen zeigt das Fettgewebe eine deutlich unterschiedliche Verteilung zwischen den Geschlechtern. Diesem morphologischen Unterschied entspricht auch ein funktioneller. So zeigen Fettzellen aus den **gynoiden Prädilektionsstellen** an den Oberschenkeln und am Gesäß außer den β_2-Rezeptoren für Katecholamine auch **α_2-Rezeptoren**. Diese führen über die Stimulierung eines inhibitorischen G-Proteins (▶ Kap. 25.6.1) zur Hemmung der Adenylatcyclase. Dadurch wird das spezifisch weibliche, gynoide Fettgewebe relativ unempfindlich gegenüber der lipolytischen Wirkung von Katecholaminen. Die Zahl der α_2-Rezeptoren vermindert sich jedoch während der Schwangerschaft und der Lactationsphase und man nimmt an, dass die dann vermehrt freigesetzten Fettsäuren für die Biosynthese der Milchfette bereitgestellt werden.

Einen wesentlichen Einfluss auf die lipolytische Aktivität des Fettgewebes übt das **sympathische Nervensystem** aus, dessen Nervenendigungen im Fettgewebe jeder Fettzelle verbunden sind. Bei seiner Erregung wird durch **Noradrenalin** die Lipolyse im Fettgewebe stimuliert. Denervierung, Ganglienblockade oder pharmakologische Entleerung der Noradrenalinspeicher bringen die Sympathikuswirkung zum Verschwinden.

Die Bedeutung der hormonellen Regulation der Lipolyse des Fettgewebes wird bei der Untersuchung der tief greifenden Stoffwechseländerung beim **Diabetes mellitus** des Menschen sowie beim experimentellen Diabetes des Tiers deutlich. Bei Insulinmangel kommt es zu einem be-

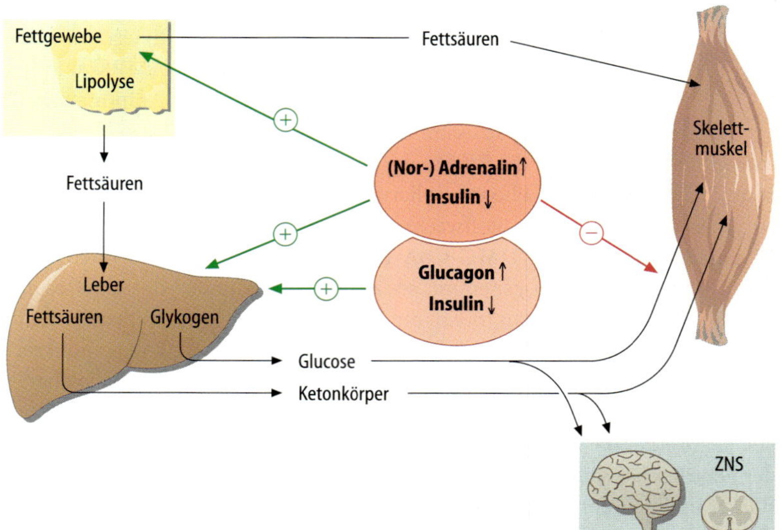

◻ Abb. 16.12. Konzertierte Wirkung insulinantagonistischer Hormone auf den Stoffwechsel von Fettgewebe, Leber und Muskulatur. Entscheidend ist das jeweilige Verhältnis der Insulinantagonisten zu Insulin. Nimmt dieses zu, so kommt es im Fettgewebe zur Lipolyse, in der Leber zu β-Oxidation der Fettsäuren und Ketonkörperproduktion sowie in der Muskulatur zu einer Hemmung der Glucoseaufnahme und Steigerung der β-Oxidation der Fettsäuren. Bei länger dauernder Nahrungskarenz kann das Zentralnervensystem auch Ketonkörper oxidieren

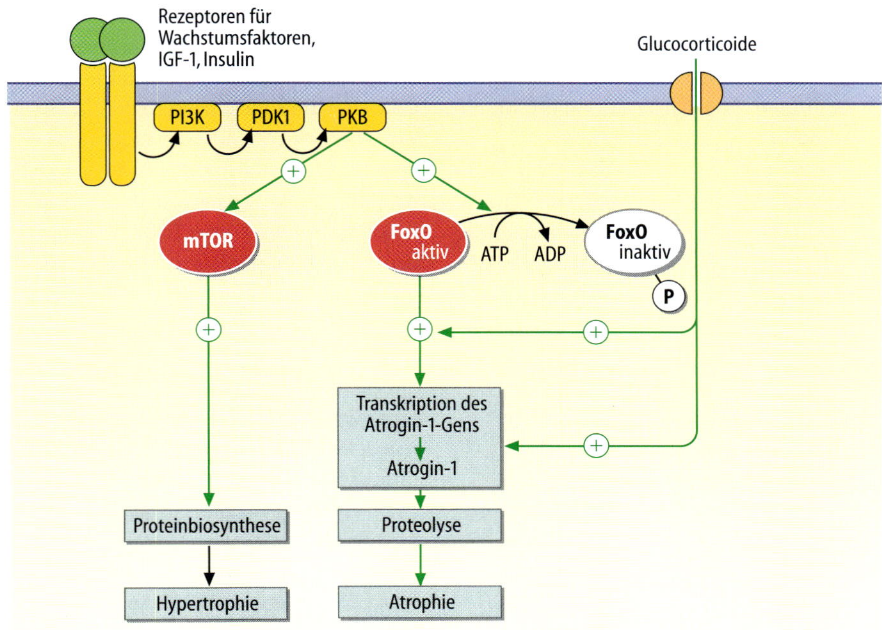

Abb. 16.13. Regulation von Proteinbiosynthese und Proteolyse in der Muskulatur. PI3K = Phosphatidylinositid-3-Kinase; PDK1 = *phospholipid-dependent kinase-1*; PKB = Proteinkinase B. (Einzelheiten ▶ Text)

sonders raschen Abbau der Fettspeicher. Der Blutspiegel an nicht veresterten Fettsäuren steigt auf ein Mehrfaches an, mit ihm eng verbunden ist eine Beschleunigung der **Ketonkörperbildung** in der Leber. Die hiermit verbundene **Azidose** ist für einen großen Teil der daraus resultierenden und letztendlich zum Tod führenden Stoffwechseländerungen verantwortlich (▶ Kap. 26.4.1). Sowohl beim Tier als auch beim Menschen gehen diese Veränderungen nach Insulingabe rasch auf die Norm zurück, womit diesem Hormon als Gegenspieler der Katecholamine ein ganz entscheidender Einfluss auf den Fettgewebsstoffwechsel zukommt.

Leber. Auch in der Leber überwiegen die insulinantagonistischen Hormone, wobei hier das aus den α-Zellen der Langerhans'schen Inseln des Pankreas freigesetzte Glucagon (▶ Kap. 26.2.3) eine besondere Rolle spielt. Durch Aktivierung der Adenylatcyclase sowie Hemmung der Phosphodiesterase kommt es in der Leber

- zu einer gesteigerten Glycogenolyse zusammen mit einer Hemmung der Glycogensynthese
- zu einer gesteigerten Gluconeogenese sowie
- zu einer Steigerung der β-Oxidation der Fettsäuren und der Ketonkörpersynthese mit Freisetzung von Acetacetat und β-Hydroxybutyrat

Bei Nahrungskarenz setzt die Leber damit Glucose und Ketonkörper in die Zirkulation frei.

Skelettmuskulatur. Ketonkörper und Fettsäuren sind das bevorzugte Substrat der Skelettmuskulatur bei Nahrungskarenz. Der besondere von der Skelettmuskulatur für die Bewältigung der Nahrungskarenz geleistete Beitrag besteht jedoch in der Steigerung der muskulären Proteolyse. Dies führt zu einer Abgabe von Aminosäuren an das Blutplasma, zu deren Transport zur Leber und zu ihrer Einschleusung in die Gluconeogenese.

Das Phänomen der gesteigerten Proteolyse in der Skelettmuskulatur tritt nicht nur bei Nahrungskarenz, sondern auch bei einer Reihe von pathologischen Zuständen wie Inaktivitätsatrophie, Cachexie oder Sepsis auf und führt zur Muskelatrophie. Obwohl schon lange bekannt, herrscht über den molekularen Mechanismus der gesteigerten Proteolyse noch keine Klarheit. Fest stehen folgende Tatsachen:

- Eine Voraussetzung der gesteigerten Proteolyse ist die Ubiquitinylierung (▶ Kap. 9.3.5) der abzubauenden Proteine
- Die Proteolyse erfolgt in den Proteasomen (▶ Kap. 9.3.5)
- Bei Nahrungskarenz wird vor allem die Ubiquitin-Ligase **Atrogin-1** induziert und man nimmt an, dass dies ein entscheidender Faktor für die Proteolyse ist

Die Regulation des Atrogin-1 Gens ist komplex und Teil eines regulatorischen Netzwerks, welches in der Skelettmuskulatur das Gleichgewicht zwischen Proteinbiosynthese und Proteolyse steuert. Überwiegt die Erstere, so kommt es zur **Hypertrophie** der Muskulatur, überwiegt die Letztere zur **Atrophie**. Glucocorticoide und Wachstumsfaktoren, v.a. IGF-1 und Insulin, spielen dabei eine wichtige Rolle als Antagonisten (Abb. 16.13). Im Zentrum steht die durch Insulin, IGF-1 und andere Wachstumsfaktoren stimulierte Proteinkinase B (PKB). Sie

- aktiviert über die schon oben beschriebenen Wege (► Kap. 16.1.3) die Proteinkinase **mTOR** und löst damit eine gesteigerte Proteinbiosynthese aus, und
- phosphoryliert den im Cytosol lokalisierten Transkriptionsfaktor **FoxO** und verhindert damit dessen Translokation in den Zellkern. FoxO gelangt nur unphosphoryliert in den Zellkern, wo er als starker Aktivator der Transkription des Atrogin-1 Gens wirkt

Bei Nahrungskarenz und anderen zur Atrophie führenden Zuständen sind die Spiegel an Insulin und IGF-1 deutlich erniedrigt. Wegen der dann fehlenden PKB wird mTOR inaktiviert und gleichzeitig FoxO nicht mehr phosphoryliert. Die Folgen sind eine Hemmung der Proteinbiosynthese und Aktivierung der Proteolyse. Die Expression des Atrogin-1-Gens wird außer durch FoxO durch Glucocorticoide stimuliert. Dieser Effekt ist allerdings indirekt, da im Atrogin-1-Gen kein *glucocorticoid response element* nachweisbar ist.

In Kürze

Nahrungszufuhr bzw. Nahrungskarenz sind durch sehr unterschiedliche Anforderungen an das Stoffwechselverhalten des Organismus gekennzeichnet. Besondere Anforderungen werden an Leber, Skelettmuskulatur und Fettgewebe gestellt, da sie von ihrer Masse her die bedeutendsten Substratverbraucher sind. Allerdings können sie auch in größerem Umfang Substrate speichern.

Die Leber verwendet während der Resorption von Nahrungsstoffen:

- Glucose der Nahrungskohlenhydrate zur Glycogenbiosynthese und zu einem relativ kleinen Teil zum Abbau in der Glycolyse
- Fettsäuren aus den Nahrungslipiden überwiegend zur Triacylglycerin-Biosynthese und der Abgabe an die Zirkulation in Form von VLDL und
- Aminosäuren aus den Nahrungsproteinen überwiegend für die Biosynthese von der Leber genutzter bzw. von ihr in die Zirkulation abgegebener Proteine. Der darüber hinausgehende Anteil wird ebenfalls für die Glycogensynthese verwendet, soweit es sich um glucogene Aminosäuren handelt.

In der Skelettmuskulatur werden Kohlenhydrate zur Glycogensynthese und Lipide zur Triacylglycerinsynthese verwendet.

Das Fettgewebe ist das quantitativ wichtigste Organ der Energiespeicherung. Die Nahrungslipide werden nach Transport in Form triacylglycerinreicher Lipoproteine durch die Lipoproteinlipase in Fettsäuren und Glycerin gespalten. Fettsäuren werden aufgenommen und zu Triacylglycerinen verestert und auf diese Weise gespeichert. Da das Fettgewebe eine außerordentlich große Kapazität zur Expansion hat, sind die Möglichkeiten zur Triacylglycerinspeicherung sehr groß.

Für die genannten Stoffwechselumstellungen ist das Hormon Insulin von besonderer Bedeutung, da es Glucoseaufnahme und Glycogensynthese in Leber und Muskulatur sowie die Bereitstellung von Fettsäuren aus Chylomikronen und deren Einbau in Acylglycerine im Fettgewebe stimuliert. Für die Steigerung von Proteinbiosynthese und Zellwachstum sind neben Aminosäuren Insulin und Wachstumsfaktoren mit ähnlichem Wirkungsspektrum verantwortlich.

Bei Nahrungskarenz muss für die obligaten Glucoseverbraucher Zentralnervensystem, Nierenmark und Erythrozyten Glucose bereitgestellt werden und die Nichtglucoseverbraucher müssen mit Fettsäuren bzw. von diesen abgeleiteten Ketonkörpern versorgt werden.

Für die Bereitstellung ausreichender Glucosemengen stehen zwei Mechanismen zur Verfügung:

- Die Glycogenolyse, wobei im Wesentlichen die Glycogenvorräte der Leber eine Rolle spielen, sowie
- die Gluconeogenese, vornehmlich in der Leber. Substrate hierfür sind Lactat aus den verschiedensten Geweben, Glycerin aus dem Fettgewebe sowie glucogene Aminosäuren vor allem aus der Muskulatur

Die Bereitstellung der benötigten Substrate für die Nicht-Glucoseverbraucher erfolgt durch:

- Lipolyse im Fettgewebe mit Freisetzung von Fettsäuren und Glycerin sowie
- Umwandlung von Fettsäuren in Ketonkörper in der Leber

Die für die Gluconeogenese benötigten glucogenen Aminosäuren stammen überwiegend aus der Muskulatur, wo das Gleichgewicht von Proteinbiosynthese und Proteolyse zugunsten der Letzteren verschoben ist. Die verstärkte Aminosäurefreisetzung beruht auf einer Stimulierung der Proteolyse im Proteasom. Bei der Koordinierung der genannten Stoffwechselvorgänge spielen neben einer Aktivierung der AMP-abhängigen Proteinkinase ein Anstieg der Konzentrationen von Katecholaminen und Glucagon sowie ein Abfall der Insulinkonzentration eine wichtige Rolle.

Hierdurch kommt es zu einer Steigerung der

- Lipolyse im Fettgewebe,
- Glycogenolyse und Gluconeogenese in der Leber,
- Fettsäureoxidation in vielen Geweben, sowie
- Biosynthese der Ketonkörper und Abgabe durch die Leber

16.2 Muskelarbeit

16.2.1 Stoffwechsel der Muskelzelle in Ruhe

! In der Skelettmuskulatur werden bevorzugt Glucose und Fettsäuren als Substrate oxidiert.

Glucose und nichtveresterte Fettsäuren sind die wichtigsten Substrate für den Stoffwechsel des Muskels. In Gegenwart von Sauerstoff werden beide zu CO_2 und Wasser oxidiert. Bei Sauerstoffmangel kann das in der Glycolyse gebildete Pyruvat in Lactat überführt werden, sodass eine beschränkte ATP-Bildung auch unter anaeroben Bedingungen möglich ist (▶ Kap. 11.1.1). Die Oxidation von Aminosäuren zur Deckung des Energiebedarfs spielt nur eine untergeordnete Rolle, da auch bei länger dauernder Arbeit die Harnstoffausscheidung des Organismus nicht zunimmt. Nur verzweigtkettige Aminosäuren wie Leucin werden vor allem in den Typ-I-Fasern der Skelettmuskulatur oxidiert, die die von diesen Aminosäuren abstammenden Aminogruppen als Alanin oder Glutamin abgeben.

16.2.2 Herkunft des für den Kontraktions-Relaxations-Vorgang benötigten ATP

! Der begrenzte ATP-Vorrat des Muskels wird durch das energiereiche Kreatinphosphat ergänzt.

Sowohl bei der Kontraktion als auch bei der Relaxation der Muskelzelle wird ATP hydrolysiert (▶ Kap. 30.3). Da der ATP-Vorrat des Muskels jedoch begrenzt ist, muss für jede längere Muskeltätigkeit durch oxidative Phosphorylierung ATP aus ADP und Phosphat regeneriert werden. Die hierfür benötigten Reduktionsäquivalente entstehen durch den oxidativen Abbau von Glucose, Fettsäuren und in geringem Umfang von Aminosäuren. Diese Substrate werden entweder durch Mobilisierung muskeleigener Speicher (Glycogen, Triacylglycerine) gewonnen oder von der Muskelzelle aus dem Blutplasma aufgenommen.

Zur schnellen Überbrückung der Energieversorgung enthalten Muskeln als zusätzliches energiereiches Phosphat das **Kreatinphosphat** (◼ Abb. 16.14).

Kreatinphosphat steht mit ADP über die **Kreatinkinase** in folgender Beziehung:

$$\text{Kreatinphosphat} + \text{ADP} \rightleftharpoons \text{Kreatin} + \text{ATP}; \quad \Delta G^{0\prime} = -12{,}6\ \text{kJ/mol}$$

Bei dem im Cytosol der Muskelzelle herrschenden leicht sauren pH liegt das Gleichgewicht der Kreatinkinasereaktion ganz auf der Seite der ATP-Bildung. Dies ermöglicht die Aufrechterhaltung des ATP-Spiegels in einem großen Bereich (▶ u.).

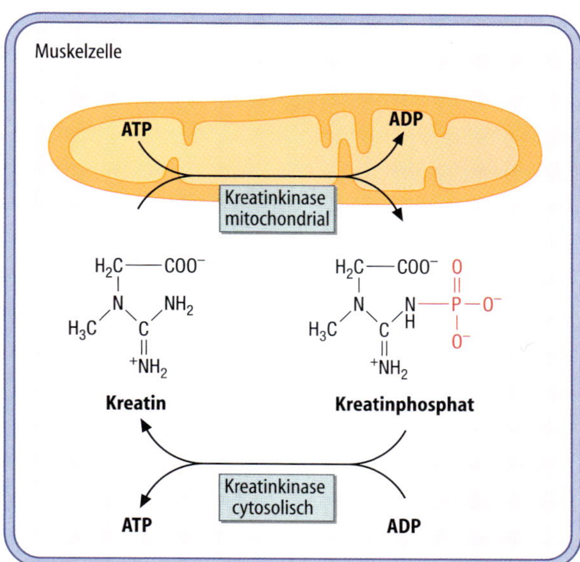

◼ **Abb. 16.14. Regeneration von ATP durch Kreatinphosphat.** (Einzelheiten ▶ Text)

In der Erholungsphase erfolgt eine rasche Rephosphorylierung des Kreatins zu Kreatinphosphat (◼ Abb. 16.14). Hierfür ist nicht die cytosolische, sondern die an der Außenseite der Innenmembran der Muskelmitochondrien lokalisierte mitochondriale Kreatinkinase verantwortlich. Durch ihre spezifische Lokalisation ist eine rasche Kreatinrephosphorylierung durch ATP aus der oxidativen Phosphorylierung gewährleistet.

Die Kreatinkinase besitzt eine besondere Bedeutung bei der Diagnose des Herzinfarkts. Dabei hat sich die Bestimmung des herzmuskelspezifischen Enzyms der Kreatinkinase (CK-MB) bewährt (▶ Kap. 4.6.4).

! Die Kreatinbiosynthese startet mit der Aminosäure Glycin.

Die Biosynthese von Kreatin vollzieht sich in zwei Schritten (◼ Abb. 16.15):

- Im ersten Schritt der Kreatinbiosynthese wird die Guanidinogruppe von Arginin auf Glycin übertragen und
- anschließend wird im zweiten Schritt das entstandene Guanidinoacetat methyliert. Als Methylgruppendonator dient S-Adenosylmethionin (▶ Kap. 13.6.4). Die beiden dazu notwendigen Enzyme Transaminidase und die Transmethylase kommen beim Menschen in Leber, proximalen Nierentubuli, Pankreas und Milz vor. Da die Transmethylase nicht in der Muskelzelle nachweisbar ist, wird der Kreatinstoffwechsel in der Muskelzelle durch die Aufnahme von Kreatin aus dem Blut bestimmt

! Kreatin wird als Kreatinin mit dem Urin ausgeschieden.

Der zur Bildung von **Kreatinin** aus Kreatin notwendige Ringschluss erfolgt unter Abspaltung von anorganischem

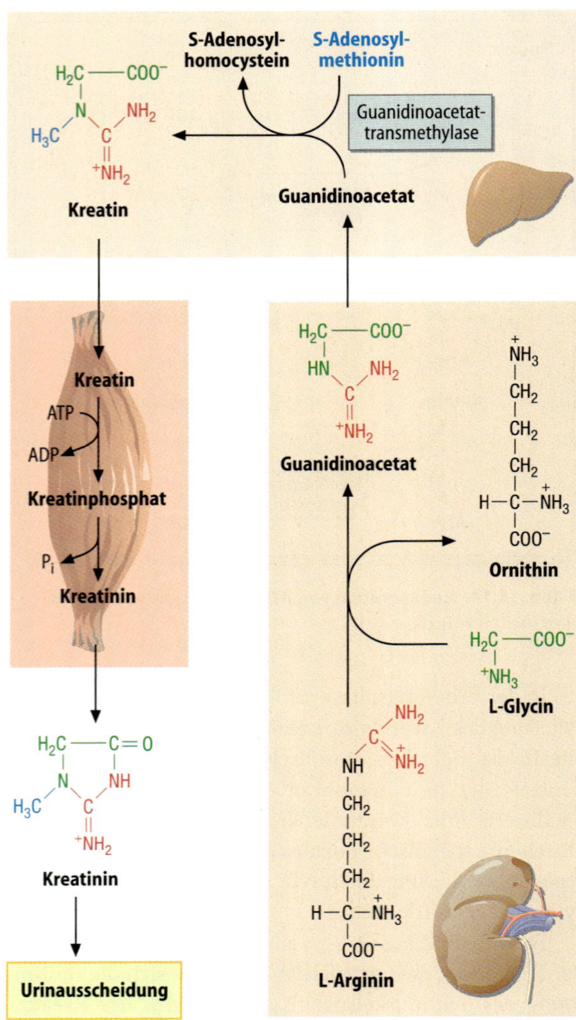

Abb. 16.15. Biosynthese und Ausscheidung von Kreatin. Die Biosynthese erfolgt aus Glycin, der Guanidinogruppe des Arginins und der Methylgruppe des Methionins. Für seine Ausscheidung zyklisiert Kreatinphosphat unter Phosphatabspaltung zu Kreatinin, welches im Urin ausgeschieden wird

Phosphat aus Kreatinphosphat (Abb. 16.15). Kreatinin wird in den Nieren glomerulär filtriert und ausgeschieden. Da die Geschwindigkeit der Ausscheidung nur von der Muskelmasse abhängt, ist bei normaler Muskelfunktion die Erhöhungen des Kreatinins im Plasma ein Zeichen für Nierenfunktionsstörungen.

16

16.2.3 Mobilisierung der für Muskelarbeit benötigten Substrate

Mäßige körperliche Arbeit führt zu einer etwa 10-fachen Steigerung des Energieumsatzes.

Welche Auswirkungen körperliche Arbeit auf die metabolische Aktivität hat, hängt sehr stark von der Art der körperlichen Aktivität ab. Die energetischen und metabolischen Anforderungen sind bei einem 10-km-Lauf ganz andere als beim Gewichtheben. Da Ausdauerleistungen wie Dauerlaufen und ähnliche Sportarten in der Medizin für die Prävention von Kreislauferkrankungen von großer Bedeutung sind, sollen die mit ihnen einhergehenden Stoffwechselumstellungen an dieser Stelle besprochen werden.

Tabelle 16.5. Sauerstoff- und Energieverbrauch bei Ruhe, beim Gehen und Joggen (Daten nach Coyle 2000). Die angegebenen Daten beziehen sich auf einen Probanden mit einem maximalen O_2-Verbrauch von 3 l/min und einem Körpergewicht von 66 kg

Tätigkeit	% des maximalen O_2-Verbrauchs (%)	VO_2 (l/min)	Energieverbrauch (MJ/h)
Ruhe	8	0,22	0,25
Gehen	33	1,0	1,25
Joggen	65	2,0	2,5

Aus den in Tabelle 16.5 zusammengestellten Daten geht hervor, dass bei einem 10-km-Lauf, der zu einem Sauerstoffverbrauch von etwa 65% des maximal Möglichen führt, der Energieverbrauch gegenüber dem Grundumsatz etwa um den Faktor 10 zunimmt. Darin spiegelt sich die vermehrte, der muskulären ATP-Gewinnung dienende O_2-abhängige Substratoxidation in den Mitochondrien wider.

In der Arbeitsphase verwertet die Muskulatur neben Substraten aus dem Blutplasma zelleigene Speicher.

Im Prinzip stehen der Skelettmuskulatur zur Deckung des gesteigerten Energiebedarfs als Substrate zelleigene Glycogen- und Triacylglycerinvorräte sowie aus dem Blutplasma angebotene Glucose und nichtveresterte Fettsäuren zur Verfügung. Die Letzteren entstammen vor allem der Leber und dem Fettgewebe. Erst bei sehr langen körperlichen Belastungen reichen diese Vorräte nicht mehr aus. Unter diesen Bedingungen müssen kohlenhydratreiche Mahlzeiten zugeführt werden.

In Abb. 16.16 ist der Anteil der genannten Substrate an dem Energieumsatz in Ruhe sowie bei körperlicher Arbeit von 25 bzw. 65% des maximal möglichen O_2-Verbrauchs zusammengestellt. In Ruhe sind Fettsäuren und Plasmaglucose die Hauptenergieträger. Der Anteil der Glucose am Energieumsatz nimmt bei körperlicher Aktivität zu, insgesamt ist jedoch ihr Anteil relativ gering. Als Substrat zur Deckung des Energiebedarfs sind dagegen die Plasmafettsäuren von wesentlich größerer Bedeutung. Allerdings kann ihr Anteil beim Übergang von leichter bis mittelschwerer körperlicher Arbeit nicht gesteigert werden. Der hierfür notwendige zusätzliche Energiebedarf entstammt dem Abbau von muskeleigenen Substratspeichern, nämlich von Glycogen und Triacylglycerinen. Bei länger dauernder Arbeitsbelastung (5–6 Stunden) ändert sich zwar das Verhältnis von Kohlenhydraten und Lipiden als Substrate zur Deckung des Energiebedarfs nur wenig, da aber die endogenen Glycogen- und Triacylglycerin-

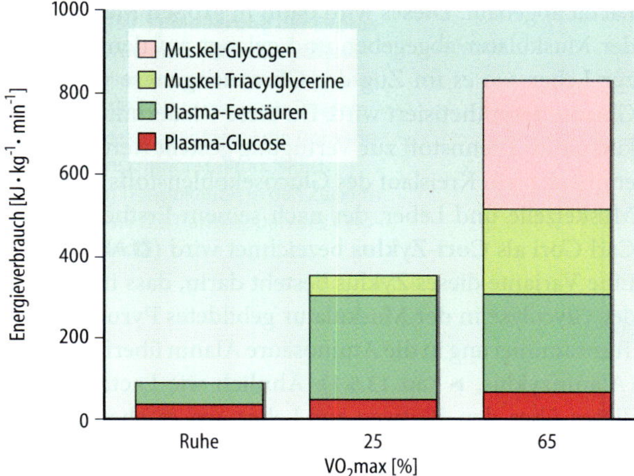

Abb. 16.16. Substratverbrauch nüchterner Probanden in Ruhe sowie nach Arbeitsbelastung mit 25 bzw. 65% der maximalen Sauerstoffaufnahme. (Einzelheiten ▶ Text. Nach Coyle 2000)

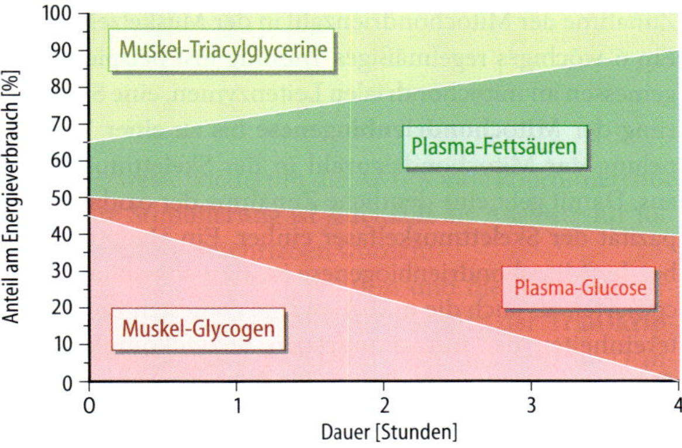

Abb. 16.17. Substratverbrauch nüchterner Probanden bei einer Arbeitsbelastung von 65–75% der maximalen Sauerstoffaufnahme während längerer Arbeitsbelastung. (Nach Coyle 2000)

vorräte der Muskulatur während dieser Zeit stark abnehmen, gewinnt der aus dem Blutplasma bezogene Teil an Substraten entsprechend an Bedeutung (Abb. 16.17). Die Aufnahme von Fettsäuren aus dem Blutplasma in die Muskelzelle erfolgt über die schon beschriebenen Fettsäuretransportproteine (▶ Kap. 12.1.3) entlang eines Konzentrationsgradienten. Der größte Teil der gesteigerten Glucoseaufnahme erfolgt über den GLUT 4-Glucosetransporter. Dieser wird nämlich nicht nur durch Insulin aus intrazellulären Vesikeln in die Plasmamembran verlagert (▶ Kap. 11.4.1), sondern auch durch Muskelkontraktion, wahrscheinlich über eine Aktivierung der AMPK (▶ u.).

Angesichts der sehr hohen Aufnahme von Glucose aus dem Blutplasma muss dafür gesorgt werden, dass die Blutglucosekonzentration nicht zu sehr absinkt. Sind die Glycogenspeicher der Leber aufgebraucht, was nach einigen Stunden Arbeit der Fall ist, müssen Nahrungskohlenhydrate zugeführt werden, andernfalls kommt es zu schweren Ermüdungserscheinungen (»Hungerast«).

Diese Daten wurden an Probanden nach 12-stündiger Nahrungskarenz erhoben. Interessanterweise lässt sich wenigstens während der ersten zwei Stunden nach Beginn mittelschwerer körperlicher Belastung die Oxidation von Lipiden zur Deckung des Energiebedarfs dadurch supprimieren, dass vor der körperlichen Belastung eine kohlenhydratreiche Mahlzeit eingenommen wird.

! Das Verhältnis von Katecholaminen und Insulin beeinflusst die Substratoxidation im arbeitenden Muskel.

Die in den Abbildungen 16.16 und 16.17 dargestellten Zusammenhänge zwischen Substratoxidation und Arbeitsleistung führen zu der Frage nach den Signalen, die für die Auswahl der jeweiligen Substrate benötigt werden. Für den Fall der Arbeitsleistung nach Nahrungskarenz kann man dabei:
- von niedrigen Plasmainsulinspiegeln sowie
- von erhöhten Plasmakatecholaminspiegeln ausgehen

Diese lösen im Fettgewebe eine Steigerung der Lipolyse sowie in der Leber eine Steigerung der Glycogenolyse aus.

Hiermit werden die aus dem Blutplasma angelieferten Substrate (▶ o.) bereitgestellt.

Die Einnahme von kohlenhydratreichen Mahlzeiten vor der Arbeitsleistung ändert die Verhältnisse insofern dramatisch, als unter diesen Bedingungen die Insulinkonzentration ansteigt und damit eine Reihe von Stoffwechseländerungen auslöst. Von großer Bedeutung ist hierbei, dass Insulin über schon besprochene Mechanismen (▶ Kap. 16.1.1) die Lipolyse im Fettgewebe sowie die Glycogenolyse in der Leber und auch in der Skelettmuskulatur hemmt. Dies führt dazu, dass ein großer Teil der aufgenommenen Kohlenhydrate vom Muskel aufgenommen und oxidiert wird. Unter ungünstigen Bedingungen kann das sogar zu einem Abfall der Blutglucosekonzentration zu Beginn der körperlichen Aktivität führen.

Nach den gängigen Vorstellungen spielen die Katecholamine eine wichtige Rolle als primäre Auslöser der für gesteigerte körperliche Aktivität benötigten Stoffwechselumstellungen. Es wird jedoch immer wieder diskutiert, ob nicht die Muskelzellen in Abhängigkeit von ihrer jeweiligen Belastung Signalstoffe abgeben, die dafür sorgen, dass im Fettgewebe und in der Leber die entsprechenden Mechanismen der Mobilisierung von Speichersubstraten stattfinden. Der Vorteil eines derartigen Mechanismus wäre, dass die Substratmobilisierung aus diesen Geweben direkt von der jeweiligen muskulären Aktivität abhängen würde. Tatsächlich gibt es Hinweise dafür, dass Muskelzellen besonders unter starker Arbeitsbelastung imstande sind, das Cytokin Interleukin 6 zu synthetisieren und an die Zirkulation proportional zur Arbeitsbelastung abzugeben. Von Interleukin 6 ist bekannt, dass es im Fettgewebe Lipolyse stimuliert und in der Leber die Glycogenolyse aktiviert. Es sind jedoch noch weiterführende Untersuchungen notwendig, um diese Vorstellung der »muskelinduzierten Substratmobilisierung« in Fettgewebe und Leber abzusichern.

Literatur

Original- und Übersichtsarbeiten

Coyle EF (2000) Physical activity as a metabolic stressor. Am J Clin Nutr 72 (suppl):512S–520S

Hardie DG, Hawley SH, Scott JW (2006) AMP-activated protein kinase – development of the energy sensor concept. J. Physiol. published online Apr 27, 2006;

Hayashi T, Wojtaszewski JFP, Goodyear LJ (1997) Exercise regulation of glucose transport in skeletal muscle. Am J Physiol 273 (Endocrinol Metab 36):E1039–E1051

Hood DA (2001) Invited review: Contractile activity-induced mitochondrial biogenesis in skeletal muscle. J Appl Physiol 90:1137–1157

Jungermann K, Stumpel F (1999) Role of hepatic, intrahepatic and hepatoenteral nerves in the regulation of carbohydrate metabolism and hemodynamics of the liver and intestine. Hepatogastroenterology 2:1414–1417

Kahn BB, Alquier T, Carling D, Hardie DG (2005) AMP-activated protein kinase: Ancient energy gauge provides clues to modern understanding of metabolism. Cell Metabolism 1:15–25

Kang S, Davis RA (2000) Cholesterol and hepatic lipoprotein assembly and secretion. Biochim Biophys Acta 1529:223–230

Kiens B (2006) Skeletal muscle lipid metabolism in exercise and insulin resistance. Physiol Rev 86:205–243

Muoio DM, Seefeld K, Witters LA, Coleman RA (1999) AMP-activated kinase reciprocally regulates triacylglycerol synthesis and fatty acid oxidation in liver and muscle: evidence that sn-glycerol-3-phosphate acyltransferase is a novel target. Biochem J 338:783–791

Nonogaki K (2000) New insights into sympathetic regulation of glucose and fat metabolism. Diabetologia 43:533–549

Pedersen BK, Steensberg A, Schjerling P (2001) Muscle-derived interleukin-6: possible biological effects. J Physiol 536.2:329–337

Shah OJ, Anthony JC, Kimball SR, Jefferson LS (2000) 4E-BP1 and S6K1: translational integration sites for nutritional and hormonal information in muscle. Am J Physiol Endocrinol Metab 279:E715–E729

Stalmans W, Cadefau J, Wera S, Bollen M (1997) New insight into the regulation of liver glycogen metabolism by glucose. Biochem Soc Trans 25:19–25

Wullschleger S, Loewith R, Hall MN (2006) TOR Signaling in Growth and Metabolism. Cell 124:471–484

Links im Netz

▶ www.lehrbuch-medizin.de/biochemie

IV Stoffwechsel der Zelle: Biosynthese von Speicher und Baustoffen

17 Biosynthese von Kohlenhydraten

Georg Löffler

17.1 Biosynthese und Stoffwechsel von Monosacchariden – 540
17.1.1 Bedeutung von Nucleosiddiphosphat-Monosacchariden – 540
17.1.2 Stoffwechsel des Glucuronats – 540
17.1.3 Stoffwechsel von Lactose und Galactose – 542
17.1.4 Pathobiochemie: Stoffwechsel einzelner Monosaccharide – 543

17.2 Biosynthese der Zuckerbausteine von Glycoproteinen und Glycosaminoglycanen – 543
17.2.1 Biosynthese von Galactose, Mannose und Fucose – 543
17.2.2 Biosynthese von Aminozuckern – 544

17.3 Biosynthese von Oligosacchariden und Heteroglycanen – 546
17.3.1 Allgemeine Prinzipien – 546
17.3.2 Biosynthese N-glycosidisch verknüpfter Glycoproteine – 546
17.3.3 Biosynthese O-glycosidisch verknüpfter Glycoproteine – 547
17.3.4 Biologische Bedeutung der Proteinglycosylierung sowie der Glycoproteine – 548
17.3.5 Biosynthese der Proteoglycane – 549
17.3.6 Biosynthese der Hyaluronsäure – 550
17.3.7 Penicillin und die Glycopeptidbiosynthese der bakteriellen Zellwand – 550
17.3.8 Pathobiochemie: Defekte des Aufbaus von Zuckerstrukturen – 552

Literatur – 552

 **Einleitung**

Glucose dient dem Aufbau von Glycogen als Energiespeicher sowie dem oxidativen Abbau zur Deckung des zellulären Energiebedarfes. Weiterhin ist Glucose Baustein für die Biosynthese der verschiedensten Monosaccharide, da diese bis auf Fructose und Galactose nur in geringen Konzentrationen in der Nahrung vorkommen. Monosaccharide werden als solche – sowie nach Modifikation zu Uronsäuren, Aminozuckern sowie deren N-acetylierten Derivaten – für die Biosynthese von Oligosacchariden und Heteroglycanen benötigt. Diese sind Bestandteile von Glycoproteinen, Proteoglycanen sowie der Hyaluronsäure. Fehler in der Biosynthese führen zu schweren Störungen, da sie essentielle Funktionen für Wachstum, Differenzierung und viele zelluläre Funktionen haben.

17.1 Biosynthese und Stoffwechsel von Monosacchariden

17.1.1 Bedeutung von Nucleosid-diphosphat-Monosacchariden

Glucose stellt die Ausgangssubstanz für die Biosynthese der verschiedenen in **Disacchariden** und **Heteroglycanen** vorkommenden Monosaccharide bzw. deren Derivate dar. Im Wesentlichen handelt es sich dabei um

- Galactose
- Mannose
- Fucose
- einige Uronsäuren sowie
- die verschiedenen Aminozucker

Die Strukturen dieser Verbindungen wurden bereits in ► Kapitel 2 besprochen.

! Monosaccharide müssen zu Nucleosiddiphosphat-Derivaten aktiviert werden.

Sowohl die Biosynthese der obigen Zucker sowie deren weitere Reaktionen erfordern die vorherige Aktivierung der jeweiligen Monosaccharide. Sie erfolgt durch Reaktion eines Monosaccharid-1-phosphats mit einem Nucleosidtriphosphat (NTP):

$$\text{Monosaccharid-1-phosphat} + \text{NTP} \rightleftharpoons \text{NDP-Monosaccharid} + \text{Pyrophosphat}$$

Ein Beispiel für eine derartige Reaktion ist die schon besprochene Bildung von UDP-Glucose aus Glucose-1-phosphat und UTP, die für die Biosynthese von Glycogen und Glucuronsäure benötigt wird (► Kap. 11.2.1). Die für solche Reaktionen verwendeten Enzyme werden allgemein als **Glycosyl-1-phosphat-Nucleotid-Transferasen** oder **Glycosyl-Pyrophosphorylasen** bezeichnet.

Die Bildung des NDP-Monosaccharids erfolgt in einer frei reversiblen Reaktion. Erst die Hydrolyse des dabei gebildeten Pyrophosphats zu zwei anorganischen Phosphaten mit Hilfe der in jedem Gewebe vorkommenden Pyrophosphatasen verschiebt das Gleichgewicht der Reaktion in Richtung der Biosynthese des aktivierten Zuckers.

In tierischen Zellen ist das bevorzugte Nucleosidtriphosphat zur Zuckeraktivierung das **UTP**. Daneben finden das **GTP** im **Mannosestoffwechsel** und das **CTP** im **Acetyl-Neuraminsäurestoffwechsel** Verwendung.

Auf diese Weise aktivierte Monosaccharide können vielfältige Reaktionen eingehen. Die wichtigsten sind

- Oxidationen
- Reduktionen
- Epimerisierungen sowie
- Übertragung auf andere Zucker oder Zuckerpolymere

17.1.2 Stoffwechsel des Glucuronats

 UDP-Glucuronat entsteht durch Oxidation von UDP-Glucose.

Biosynthese. Uronsäuren (oder besser Uronate) entstehen durch Oxidation der Hydroxylgruppe am C-Atom 6 von Hexosen. Die Biosynthese der aus Glucose abgeleiteten **Glucuronsäure** (des Glucuronats) ist in ◻ Abb. 17.1 dargestellt:

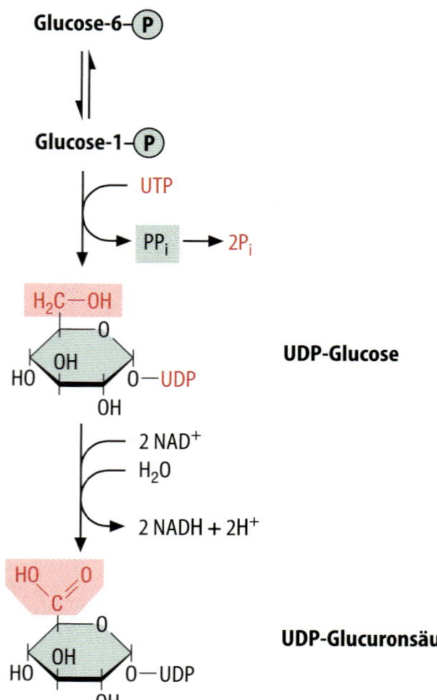

◻ **Abb. 17.1. Biosynthese von UDP-Glucuronsäure aus Glucose-6-phosphat**

17

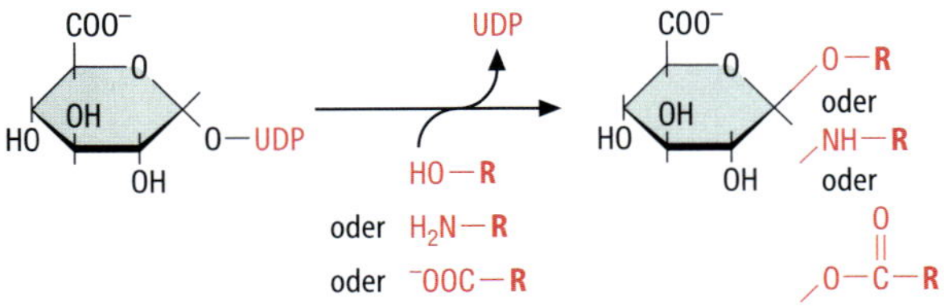

■ **Abb. 17.2. Biosynthese von Glucuroniden aus UDP-Glucuronat**

- Glucose-6-phosphat wird nach Überführung in Glucose-1-phosphat mit UTP unter Bildung von UDP-Glucose umgesetzt (▶ Glycogenbiosynthese, Kap. 11.2.1)
- Oxidation von UDP-Glucose am C-Atom 6 in zwei Schritten zu **UDP-Glucuronat** durch die NAD^+-abhängige **UDP-Glucose-Dehydrogenase**

UDP-Glucuronat stellt die aktive Form des Glucuronats dar und wird für deren weitere Reaktionen benötigt.

> **!** Viele Verbindungen werden durch Glucuronidierung ausscheidungsfähig gemacht.

Glucuronide. Viele körpereigene und körperfremde Verbindungen reagieren mit UDP-Glucuronat unter Bildung von **Glucuroniden**. Diese enthalten Glucuronat in β-glycosidischer Bindung mit den entsprechenden Aglykonen verknüpft (■ Abb. 17.2). Als Substrate kommen

- Alkohole
- Phenole
- Thiole
- primäre Amine, aber auch
- Verbindungen mit Carboxylgruppen infrage

Dabei handelt es sich um körpereigene (Steroide, Bilirubin) Verbindungen, aber auch Nahrungsbestandteile, Arzneimittel und viele Xenobiotica. Die Zahl der möglichen Substrate geht in die Tausende.

Glucuronat-Transferasen. Die für diese Reaktionen verantwortlichen Enzyme werden als **UDP-Glucuronat-Transferasen** (UGT's) bezeichnet. Sie bilden eine Großfamilie mit beim Menschen insgesamt 16 Mitgliedern, die sich von zwei Vorläufern, dem UGT1 und dem UGT2 ableiten. Die einzelnen Mitglieder der Großfamilie weisen zwar unterschiedliche Spezifitäten auf. Diese erstrecken sich allerdings mehr auf chemische Gruppen als auf definierte Moleküle, was das außerordentlich breite Substratspektrum erklärt. UGT's kommen im Intestinaltrakt und in besonders hoher Aktivität in der Leber vor, wo sie für die zweite Phase der Biotransformation von besonderer Bedeutung sind (▶ Kap. 33.3.1).

> **!** Aus Glucuronsäure werden andere Uronsäuren, Ascorbinsäure und Pentosen synthetisiert.

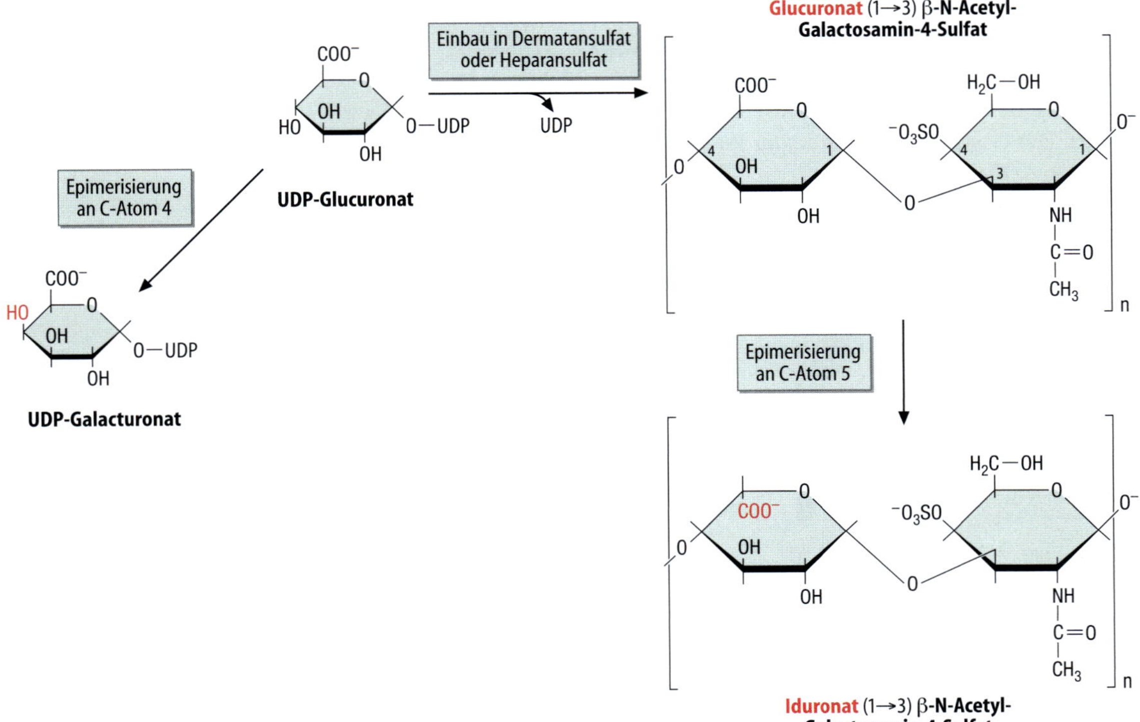

■ **Abb. 17.3. Synthese von UDP-D-Galacturonat und L-Iduronat.** Die Epimerisierung von Iduronat aus Galacturonat erfolgt erst nach Einbau in Heparan- bzw. Dermatansulfat

Abkömmlinge des Glucuronats. Aus UDP-Glucuronat werden weitere Verbindungen gebildet (Abb. 17.3):

- Durch Epimerisierung am C-Atom 4 entsteht aus UDP-D-Glucuronat **UDP-D-Galacturonat**
- Nach Einbau von UDP-Glucuronat in Heparan- bzw. Dermatansulfat (▶ Kap. 17.3.5) kann dieses durch Epimerisierung am C-Atom 5 in **L-Iduronat** umgewandelt werden
- Durch hydrolytische Abspaltung von UDP bzw. unter Einwirkung von lysosomalen Glucuronidasen entsteht aus UDP-Glucuronat bzw. Glucuroniden das **Glucuronat**

Aus diesem entsteht D-Xylitol, welches mit NAD^+ zu D-Xylulose oxidiert und damit in den Pentosephosphatweg eingeschleust werden kann.

Außer bei Primaten und Meerschweinchen ist Glucuronat auch der Ausgangspunkt für die **Ascorbinsäure-Synthese** (▶ Kap. 23.3.1).

17.1.3 Stoffwechsel von Lactose und Galactose

> Galactose wird nach Aktivierung über UDP-Galactose zu UDP-Glucose epimerisiert.

Stoffwechsel von Lactose. Das Hauptkohlenhydrat der Milch ist das Disaccharid **Lactose**. Sein Stoffwechsel ist v.a. beim Säugling und Kleinkind von größter Bedeutung. Wie andere Disaccharide wird Lactose im Intestinaltrakt durch die dort anwesenden **Disaccharidasen** (▶ Kap. 32.2.1) hydrolytisch gespalten und die der Lactose zugrunde liegenden Monosaccharide **Glucose** und **Galactose** in die Pfortader resorbiert. Der Galactoseabbau findet im Wesentlichen in der Leber statt (Abb. 17.4):

- ATP-abhängige Phosphorylierung von **Galactose** durch eine spezifische Galactokinase zu **Galactose-1-phosphat**
- Reaktion von Galactose-1-Phosphat mit UDP-Glucose unter Bildung von **UDP-Galactose** und **Glucose-1-phosphat**. Diese durch das Enzym **Galactose-1-phosphat-Uridyltransferase** vermittelte Reaktion besteht also in einem Austausch von Galactose und Glucose am Uridindiphosphat
- Epimerisierung von UDP-Galactose am C-Atom 4. Das hierfür verantwortliche Enzym ist die **UDP-Galactose-4-Epimerase.** Ihr Produkt ist **UDP-Glucose**. Die entstandene UDP-Glucose kann in Glycogen eingebaut und auf dem Weg der Glycogenolyse in den Stoffwechsel eingeschleust werden

> Für die Lactosesynthese in der Brustdrüse wird Lactalbumin als Cofaktor benötigt.

Biosynthese von Lactose. Lactose ist das Hauptkohlenhydrat der Milch aller Säuger. Ihre Biosynthese erfolgt durch Übertragung von UDP-Galactose auf Glucose unter Bildung von Lactose nach der Gleichung:

$$\text{UDP-Galactose} + \text{Glucose} \rightarrow \text{UDP} + \text{Lactose}.$$

Das hierfür benötigte Enzym ist die **Lactosesynthase**. Sie ist ein heterodimeres Enzym aus den beiden Untereinheiten A und B. Die Untereinheit A ist eine außer in den Epithelzellen der Brustdrüse in vielen anderen Zellen vorkommende **Galactosyltransferase**, welche die Reaktion:

$$\text{UDP-Galactose} + \text{N-Acetylglucosamin} \rightarrow \text{UDP} + \text{N-Acetyllactosamin}$$

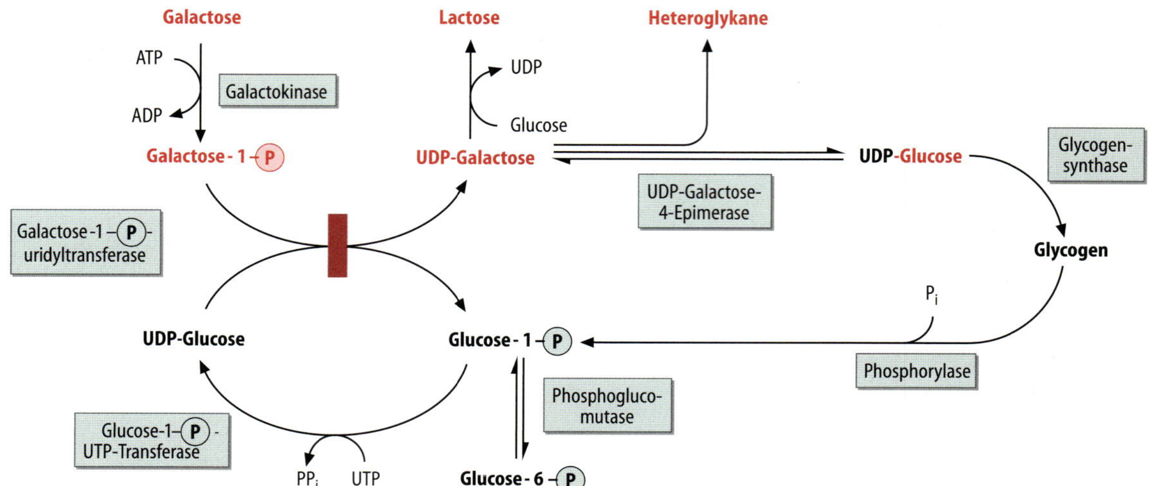

Abb. 17.4. Stoffwechsel der Galactose. (Einzelheiten ▶ Text) Der *rote Balken* gibt den Stoffwechseldefekt bei der hereditären Galactosämie wieder

katalysiert. Diese Untereinheit gehört damit zu den für die Heteroglycansynthese (▶ Kap. 17.3.2) verantwortlichen Enzymen.

Zur Biosynthese von Lactose ist sie alleine nicht imstande, weil ihre K_M für Glucose als Akzeptor außerordentlich groß ist. Erst zusammen mit der Untereinheit B, dem **α-Lactalbumin**, wird die Spezifität der Untereinheit A derart modifiziert, dass Glucose als Akzeptor bevorzugt wird. Während der Schwangerschaft werden die Zellen der Milchdrüse durch die Hormone Insulin (▶ Kap. 26.1), Cortisol (▶ Kap. 27.3.7) und Prolactin (▶ Kap. 27.7.3) in sekretorische Zellen umgewandelt und dabei die Biosynthese der Untereinheit A induziert. Im Gegensatz dazu wird die Biosynthese der Untereinheit B durch Progesteron gehemmt. Mit dem unmittelbar vor der Geburt einsetzenden Progesteronabfall erlischt diese Hemmung, sodass mit Beginn der Milchbildung Lactose in benötigtem Umfang synthetisiert werden kann.

17.1.4 Pathobiochemie: Stoffwechsel einzelner Monosaccharide

Hereditäre Störungen des Stoffwechsels einzelner Monosaccharide haben interessante Einblicke in die regulatorischen Mechanismen geliefert (▶ Kap. 11):

Galactosämien. Es handelt sich um Erkrankungen, die sich durch erhöhte Serum-Galactosespiegel bereits unmittelbar nach der Geburt auszeichnen. Sie kommen mit einer Häufigkeit von etwa 1:40000 vor.

Bei der leichten Form der Erkrankung ist die **Galactokinase** defekt. Die sich anhäufende Galactose wird mit einer Aldosereduktase (▶ Kap. 11.1.1) zu Galactitol reduziert, welches die Entstehung von frühkindlichen Linsenkatarakten auslöst.

Die schwere Form der Erkrankung wird auch als »klassische Galactosämie« bezeichnet. Ihr liegt ein Mangel der **Galactose-1-phosphat-Uridyl-Transferase** zugrunde. Da die Aktivität der Galactokinase normal ist, kommt es zu einem beträchtlichen Anstieg des Galactose-1-phosphats. Dieses hemmt die Phosphoglucomutase, Glucose-6-Phosphatase und Glucose-6-phosphat-Dehydrogenase, führt also zu einer schweren Störung des Glucosestoffwechsels. Die hohe Galactose-1-phosphat-Konzentration bindet darüber hinaus einen großen Teil des zellulären Phosphats. Deswegen wird die mitochondriale ATP-Regenerierung aus ADP und P_i und damit der gesamte Energiestoffwechsel schwer beeinträchtigt.

Die Betroffenen erkranken unmittelbar nach der Geburt an Erbrechen, Durchfällen, Gewichtsabnahme und Ikterus. Bei Belastung mit Galactose kommt es zu schweren, protrahierten Hypoglykämien, die auf eine Hemmung der Gluconeogenese zurückzuführen sind. Die Synthese von UDP-Galactose verläuft bei den Patienten ungestört, da die UDP-Gal-4-Epimerase ja in normaler Aktivität vorhanden ist. Die Betroffenen sind also auch bei galactosefreier Kost, die die einzig erfolgreiche Therapie des Leidens darstellt, zur Synthese der Galactose enthaltenden Glycoproteine und Ganglioside befähigt.

Gilbert Syndrom und Crigler-Najjar Syndrom. Bei diesen Erkrankungen handelt es sich um angeborene Störungen der Bilirubin-Glucuronidierung. Sie beruhen auf jeweils unterschiedlichen Defekten der Uridindiphosphat-Glucuronyltransferase 1A1. Weiteres ▶ Kap. 20.4.2.

In Kürze

Die im Stoffwechsel benötigten Monosaccharide werden überwiegend aus Glucose synthetisiert:
- UDP-Glucose ist der Ausgangspunkt für die Biosynthese von Glucuronat, den Glucuroniden und, mit Ausnahme der Primaten und des Meerschweinchens, der Ascorbinsäure
- UDP-Glucose wird zu UDP-Galactose epimerisiert und dient der Lactosesynthese
- Aus Lactose stammende Galactose wird zu UDP-Galactose aktiviert und anschließend zu UDP-Glucose epimerisiert

17.2 Biosynthese der Zuckerbausteine von Glycoproteinen und Glycosaminoglycanen

17.2.1 Biosynthese von Galactose, Mannose und Fucose

! Nucleosiddiphosphat-Derivate sind die Zwischenprodukte für die Synthese von Galactose, Mannose und Fucose.

Biosynthese von Galactose. Galactose ist Bestandteil einer Reihe von Heteroglycanen (▶ Kap. 2.1.4). Daraus ergibt sich die Notwendigkeit, diesen Zucker auch dann zur Verfügung zu haben, wenn die Nahrung galactosefrei ist. Da die UDP-Galactose-4-Epimerase (◘ Abb. 17.4) frei reversibel ist, kann die benötigte Galactose leicht aus UDP-Glucose hergestellt werden, wobei UDP-Galactose entsteht.

Biosynthese von Mannose und Fucose. Mannose und Fucose sind wichtige Bestandteile vieler Glycoproteine und

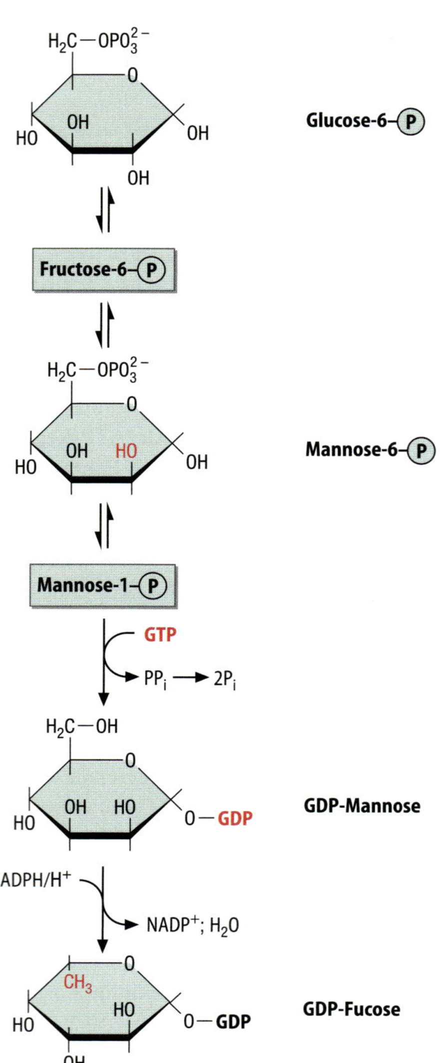

Abb. 17.5. Biosynthese von GDP-Mannose und GDP-Fucose aus Glucose-6-phosphat. (Einzelheiten ► Text)

werden mit folgenden Reaktionen aus Glucose synthetisiert (Abb. 17.5, 17.6):

- Isomerisierung von Glucose-6-Phosphat zu **Fructose-6-phosphat** mit Hilfe des Glycolyseenzyms **Phosphohexose-Isomerase**
- Unter sterischer Umkehr am C-Atom 2 Bildung von **Mannose-6-phosphat** durch eine zweite Isomerase
- Umwandlung zu Mannose-1-phosphat
- Aktivierung von Mannose-1-phosphat mit GTP zu **GDP-Mannose**. Der Mechanismus gleicht demjenigen der Bildung von UDP-Glucose aus Glucose-1-Phosphat

GDP-Mannose ist nicht nur Substrat für die Biosynthese von mannosehaltigen Glycoproteinen, sondern auch für die des 6-Desoxyzuckers L-Fucose, der ebenfalls in Glycoproteinen vorkommt (► Kap. 2.1.4). Formal ist dieser komplizierte, mehrstufige Prozess eine mit einer Wasserabspaltung einhergehende Reduktion der CH_2OH-Gruppe des C-Atoms 6 zu einer Methylgruppe (Abb. 17.5):

$$\text{GDP-D-Mannose} + \text{NADPH} + \text{H}^+ \rightarrow \text{GDP-L-Fucose} + \text{NADP}^+ + \text{H}_2\text{O}$$

17.2.2 Biosynthese von Aminozuckern

Die NH_2-Gruppe der Aminozucker wird durch Glutamin bereitgestellt.

Sowohl in den Oligosacchariden der Glycoproteine als auch in Glycosaminoglycanen kommen häufig Monosaccharide mit Aminogruppen vor, die meist zusätzlich acetyliert sind. Diese befinden sich immer am C-Atom 2 des zugrunde liegenden Monosaccharides. Die Grundzüge der Biosynthese dieser Aminozucker sind in Abb. 17.6 zusammengestellt.

N-Acetyl-Glucosamin. Da es sich um eine Substitution am C-Atom 2 handelt, beginnt die Biosynthese mit der Isomerisierung von Glucose-6-phosphat zu **Fructose-6-phosphat**. Dieses reagiert anschließend mit dem Amid-Stickstoff des Glutamins unter Bildung von **Glucosamin-6-phosphat** (GlcN-6-P). Eine zweite Möglichkeit der Glucosamin-6-phosphat-Biosynthese besteht in der direkten Phosphorylierung von Glucosamin. Durch Acetylierung mit Acetyl-CoA entsteht aus Glucosamin-6-phosphat das **N-Acetylglucosamin-6-phosphat** (GlcNAc-6-P). Nach Verlagerung der Phosphatgruppe zum GlcNAc-1-P reagiert dieses mit UTP zum UDP-GlcNAc, das für die Glycoproteinbiosynthese verwendet wird.

N-Acetyl-Galactosamin und N-Acetyl-Neuraminsäure. N-Acetyl-Galactosamin entsteht durch Epimerisierung von UDP-GlcNAc zu UDP-GalNAc in einer Reaktion, die der Epimerisierung von UDP-Glc zu UDP-Gal entspricht (Abb. 17.4)

Die Biosynthese der N-Acetyl-Neuraminsäure (Sialinsäure, ► Kap. 17.1.1) beginnt mit der ATP-abhängigen Umwandlung von UDP-GlcNAc zu **N-Acetyl-Mannosamin-6-phosphat** (ManNAc-6-P), das anschließend mit Phosphoenolpyruvat reagiert. Dabei addiert sich das nach Phosphatabspaltung entstehende Enolat-Ion des Pyruvats an das Carbonyl-C-Atom des **N-Acetylmannosamin-6-phosphats**, sodass N-Acetylneuraminat-9-Phosphat entsteht. Dieses wird analog zu schon geschilderten Reaktionen diesmal mit CTP zu **CMP-N-Acetyl-Neuraminat** aktiviert und steht damit der Glycoprotein-Biosynthese zur Verfügung (► Kap. 17.3.2).

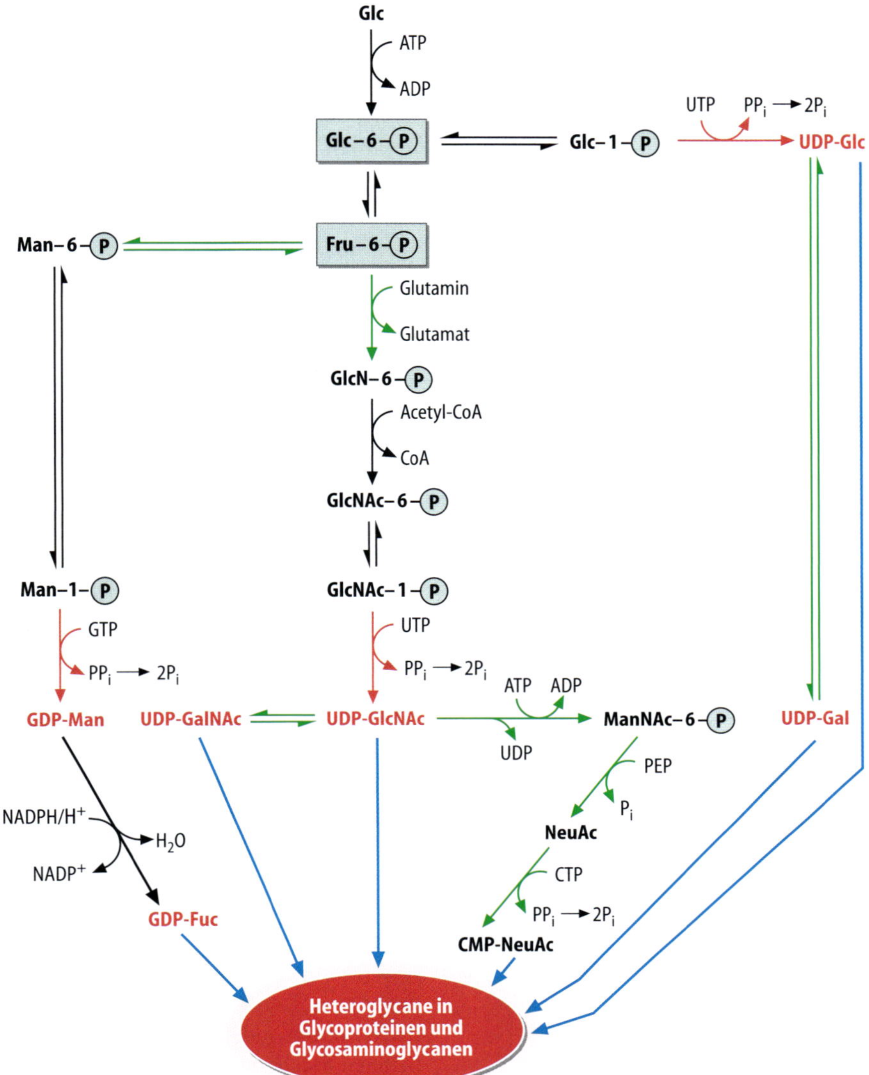

Abb. 17.6. Biosynthese wichtiger Zuckerbausteine in Glycoproteinen und Glycosaminoglycanen. Glc = Glucose, Fru = Fructose, Man = Mannose, Fuc = Fucose, Gal = Galactose, GlcN = Glucosamin, GlcNAc = N-Acetyl-Glucosamin, GalNAc = N-Acetyl-Galactosamin, ManNAc = N-Acetyl-Mannosamin, NeuAc = N-Acetyl-Neuraminsäure (Sialinsäure) *grüne Pfeile* = Epimerisierungen; *rote Pfeile* = Aktivierungen; *blaue Pfeile* = Einbau in Heteroglycane; unmittelbare Substrate für die Heteroglycansynthese sind rot hervorgehoben (Einzelheiten ▶ Text)

In Kürze

Die Biosynthese der Zuckerbausteine von Heteroglycanen und Glycosaminoglycanen geht von Glucose aus:

- Glucose-6-phosphat liefert UDP-Glucose und UDP-Galactose,
- Fructose-6-phosphat liefert GDP-Mannose und GDP-Fucose,
- Fructose-6-phosphat ist Ausgangspunkt für die Biosynthese der Aminozucker UDP-GlcNAc, UDP-GalNAc und CMP-N-Acetyl-Neuraminsäure.

17.3 Biosynthese von Oligosacchariden und Heteroglycanen

17.3.1 Allgemeine Prinzipien

Im Gegensatz zur Biosynthese von Nucleinsäuren (► Kapitel 7, 8) oder Proteinen (► Kapitel 9) erfolgt die Biosynthese von Oligosacchariden und Heteroglycanen nicht nach einem in einer Matrize (DNA für Nucleinsäuren oder mRNA für Proteine) codierten Plan. Sie beginnt vielmehr mit der Anheftung des ersten Glycosylrestes, der dazu in **Nucleosiddiphosphat-aktivierter** Form vorliegen muss, an einen Akzeptor (◘ Abb. 17.7). Die hierfür nötige Glycosyltransferase hat jeweils die erforderliche Spezifität hinsichtlich des Akzeptors sowie des Nucleosiddiphosphatzuckers. Weitere Glycosyltransferasen mit jeweils genau erforderlichen Spezifitäten übernehmen danach die schrittweise Verlängerung der wachsenden Kohlenhydratkette. Häufig verzweigte Oligosaccharide kommen in Glycoproteinen, Heteroglycanen, Proteoglycanen und in der Hyaluronsäure vor, außerdem in den in Kapitel 18 besprochenen Glycolipiden.

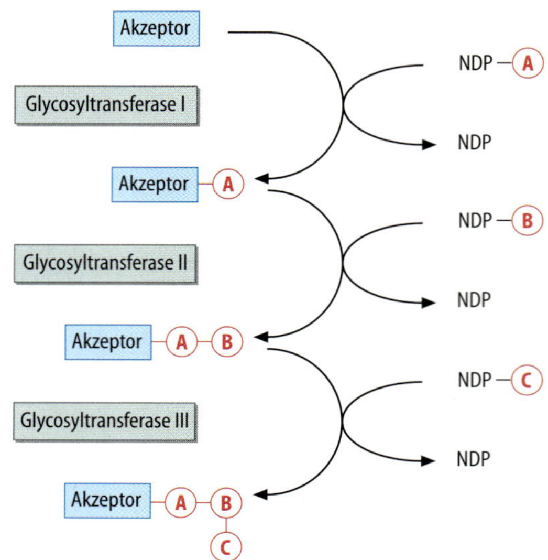

◘ **Abb. 17.7. Schema der Biosynthese von Heteroglycanen.** An einen Akzeptor wird mit Hilfe der ersten Glycosyltransferase das innerste Monosaccharid der wachsenden Polysaccharidkette geheftet. Weitere Glycosyltransferasen mit jeweils verschiedener Spezifität übernehmen die Verknüpfung mit den nächsten Monosaccharidresten

17.3.2 Biosynthese N-glycosidisch verknüpfter Glycoproteine

In Glycoproteinen kommen zwei Typen von Sacchariden vor. Zum größeren Teil sind sie über **N-glycosidische Bindungen** mit einem Asparaginylrest des Glycoproteins verknüpft, zum kleineren Teil über **O-glycosidische Bindungen** mit Seryl- bzw. Threonyl-Resten.

> Die N-glycosidisch an Glycoproteine gebundenen Oligosaccharidketten werden an einem Lipidanker synthetisiert.

Ein großer Teil der in tierischen Organismen vorkommenden, N-glycosidisch verknüpften Glycoproteine ist vom **komplexen Typ** und trägt damit verzweigte Oligosaccharide (► Kap. 2.1.4). Die Fertigstellung derartiger Glycoproteine ist ein mehrstufiger Vorgang:

Synthese der Oligosaccharide. Die Biosynthese der N-glycosidisch verknüpften Oligosaccharide von Glycoproteinen erfolgt in einem zweistufigen Prozess am endoplasmatischen Retikulum sowie im Golgi-Apparat.

An den Membranen des endoplasmatischen Retikulums wird die innere Kernregion (Core-Region) der Saccharidkette zusammengesetzt. Der Akzeptor für die schrittweise Anheftung Nucleosiddiphosphat-aktivierter Zucker ist allerdings zunächst nicht das jeweilige Protein, sondern das Isoprenderivat **Dolicholphosphat** (► Kap. 2.2.5), welches für eine Verankerung der wachsenden Saccharidkette in den Membranen des endoplasmatischen Retikulums sorgt (◘ Abb. 17.8). Dolicholphosphat ist dabei so in die Membran des endoplasmatischen Retikulums integriert, dass der Phosphatrest auf die cytosolische Seite ragt. An diese Phosphatgruppe wird zunächst ein aus UDP-GlcNAc stammendes N-Acetylglucosamin-1-phosphat geknüpft, sodass ein N-Acetyl-Glucosaminyl-Pyrophosphoryl-Dolichol (Dol-PP-GlcNAc) entsteht. In den nächsten Schritten werden an dieses ein weiteres GlcNAc sowie fünf Mannosereste geheftet. Anschließend erfolgt mit Hilfe einer »Flippase« eine Translokation des Dol-PP-Saccharides durch die Membran, sodass der Pyrophosphat-Rest mit der angehefteten Saccharidkette jetzt ins Lumen des endoplasmatischen Retikulums ragt. Hier erfolgt die Anheftung weiterer Saccharidketten aus Mannose- bzw. Glucoseresten.

Übertragung des Oligosaccharids. Nachdem das Oligosaccharid fertig gestellt ist, wird es in einem Schritt auf einen spezifischen Asparaginylrest der Polypeptidkette übertragen. Das hierfür verantwortliche membrangebundene Enzym erkennt u.a. die Aminosäuresequenz **Asn-X-Ser/Thr** in Proteinen. Von dem während der Übertragungsreaktion entstehenden Dolicholpyrophosphat wird Phosphat abgespalten, der Dolichyl-Rest wird durch die Membran transloziert und steht damit dem nächsten Zyklus zur Verfügung.

Trimmen des Glycoproteins. Noch in den Membranen des endoplasmatischen Retikulums, aber auch im Golgi-Apparat, erfolgt nun das sog. **Trimmen** des noch unfertigen Glycoproteins (◘ Abb. 17.9). Es beginnt mit der schrittweisen Entfernung von Glucose- und Mannoseresten und der Anheftung eines N-Acetyl-Glucosamins,

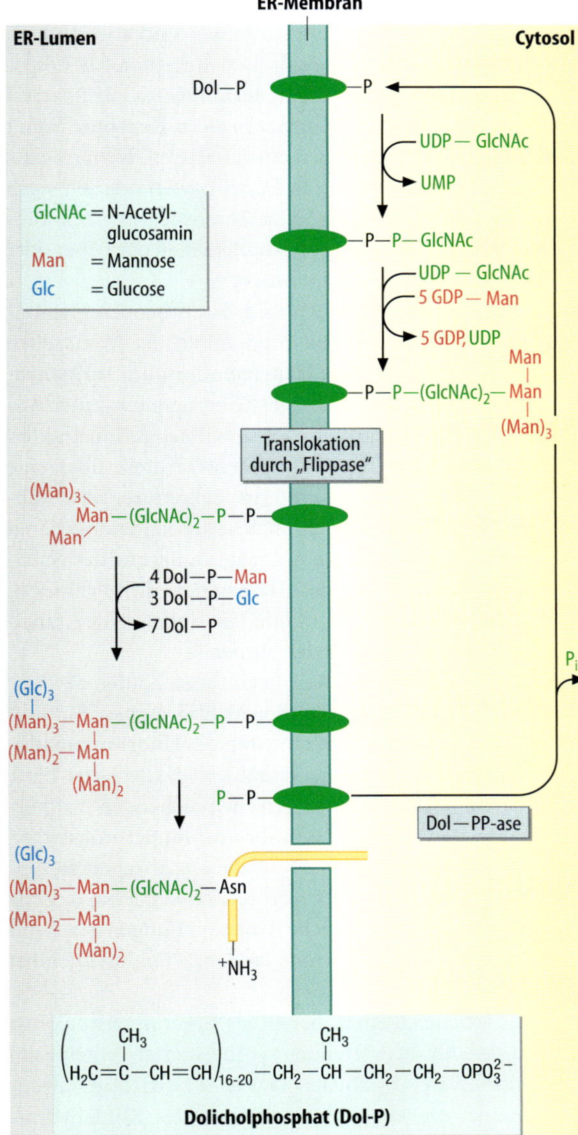

Abb. 17.8. Biosynthese N-glycosidisch verknüpfter Zuckerstrukturen in Glycoproteinen. In den Membranen des endoplasmatischen Retikulums wird an Dolicholphosphat als Lipidanker die dargestellte Oligosaccharidstruktur synthetisiert. Für jeden Verknüpfungsschritt sind besondere Glycosyltransferasen notwendig. Der biologische Vorteil dieses Verfahrens besteht darin, die wachsende Saccharidkette mit dem Dolicholphosphatrest in der Lipidphase der Membran zu verankern. (Einzelheiten ▶ Text)

sodass schließlich eine Kernregion übrig bleibt, die nur noch N-Acetylglucosamin- und Mannosereste trägt. An diese werden nun, hauptsächlich im medialen und *trans*-Golgi-Apparat, mit Hilfe spezifischer Glycosyltransferasen die für das jeweilige Glycoprotein typischen peripheren Saccharidreste angeheftet. Im Einzelnen handelt es sich um N-Acetyl-Glucosamin-, Galactose-, Fucose- und Sialinsäurereste.

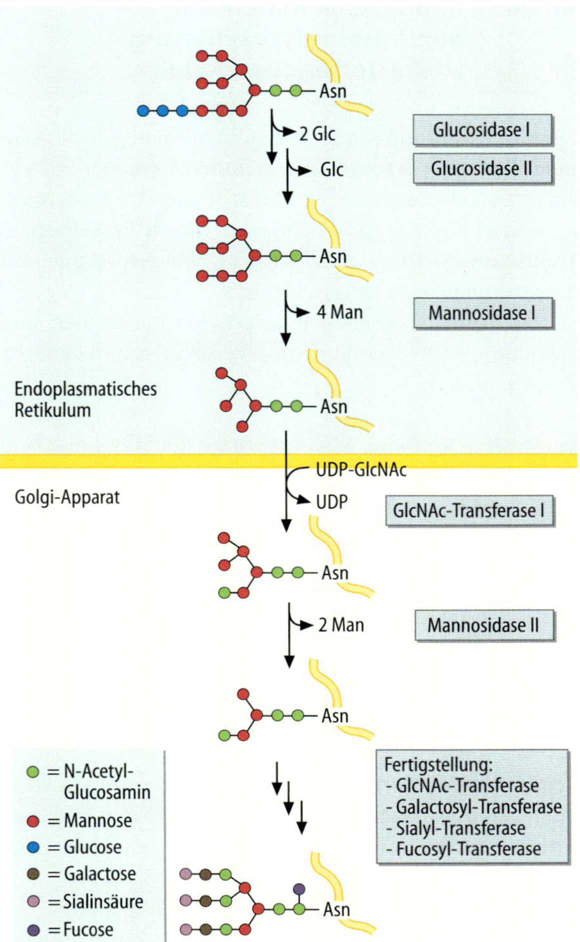

Abb. 17.9. Prozessierung N-glycosidisch verknüpfter Zuckerstrukturen von Glycoproteinen. Dieser auch als Trimmen bezeichnete Schritt findet während der Passage des Glycoproteins vom endoplasmatischen Retikulum durch die Zisternen des Golgi-Apparates statt. Schrittweise werden Glucose- und Mannosereste entfernt, sodass schließlich eine Kernregion übrig bleibt, an die hauptsächlich im medialen und *trans*-Golgi-Apparat die für das jeweilige Glycoprotein typischen peripheren Saccharidreste angeheftet werden

17.3.3 Biosynthese O-glycosidisch verknüpfter Glycoproteine

O-glycosidisch an Glycoproteine geknüpfte Saccharidketten werden im Golgi-Apparat schrittweise aufgebaut.

Die Biosynthese O-glycosidisch verknüpfter Glycoproteine findet anders als bei den N-glycosidisch verknüpften Glycoproteinen **posttranslational** in den Zisternen des Golgi-Apparates statt. Die Anheftung der Glycosylreste erfolgt mit Hilfe jeweils spezifischer **Glycosyltransferasen** zunächst auf den betreffenden Seryl- bzw. Threonylrest der Peptidkette, danach auf das wachsende Saccharid. Substrate sind in jedem Fall die Nucleosiddiphosphat-Derivate der jeweiligen Zucker.

17.3.4 Biologische Bedeutung der Proteinglycosylierung sowie der Glycoproteine

Die Glycosylierung von Proteinen ist die häufigste Proteinmodifikation. Glycoproteine kommen besonders in eukaryoten Zellen vor, finden sich aber auch in Archaebakterien und Viren. Sie sind häufig **sezernierte Proteine** bzw. **Membranproteine,** wobei dann der Kohlenhydratanteil auf die extrazelluläre Seite gerichtet ist.

Die von Glycoproteinen ausgeübten Funktionen sind vielfältig und hängen ganz überwiegend vom jeweiligen Proteinanteil ab.

Sezernierte Proteine. Mit Ausnahme des Albumins sind alle im **Blutplasma** vorkommenden Proteine Glycoproteine. Sie dienen im Blutplasma

- als Immunglobuline der körpereigenen Abwehr
- als Bindeproteine für Vitamine, Lipide usw. dem Transport im Plasma
- als Hormone der extrazellulären Signalübertragung sowie
- als Plasmaenzyme dem Blutgerinnungs-, Fibrinolyse- oder Komplementsystem

Extrazelluläre Matrix. Glycoproteine der extrazellulären Matrix sind **Kollagen** bzw. **Elastin**. In Form von **Mucinen** wirken Glycoproteine als Schmiermittel sowie wichtige Schutzfaktoren auf epithelialen Oberflächen.

Membranglycoproteine. Die Funktionen von Membranglycoproteinen sind vielfältig. Sie bilden u.a.

- Rezeptoren für extrazelluläre Liganden, z.B. für Hormone, Cytokine und Wachstumsfaktoren
- Adhäsionsmoleküle für Zell-Zell- bzw. Zell-Matrix-Wechselwirkungen sowie
- Transportproteine

Obwohl die Biosynthese der Heteroglycan-Bestandteile von Glycoproteinen vom Organismus einen besonderen Aufwand verlangt (für jede glycosidische Bindung wird ein spezifisches Enzym benötigt), weiß man über die eigentlichen Funktionen des Saccharidanteils von Glycoproteinen relativ wenig. Folgende Tatsachen sind gesichert:

- Die vollständige Abtrennung der Glucosereste während des Trimmens (▶ o.) ist nur bei korrekt gefalteten Proteinen möglich. Einzelne Glucosylreste an fehlgefalteten Glycoproteinen dienen noch im rauen endoplasmatischen Retikulum als **Retentionssignale**, die eine erneute Wechselwirkung des Glycoproteins mit Chaperonen auslösen, sodass sich die korrekte Faltung einstellen oder das fehlgefaltete Protein abgebaut werden kann (▶ Kap. 9.2.1)
- Von besonderer Bedeutung sind die terminalen **Sialinsäurereste**. Werden diese von im Blutplasma zirkulierenden Glycoproteinen abgespalten, so werden sie sehr rasch von der Leber aufgenommen und abgebaut, da Hepatozyten einen spezifischen Rezeptor für Oligosaccharidketten mit einem terminalen Galactoserest besitzen, den sog. **Asialoglycoprotein-Rezeptor**. Somit erkennen Hepatozyten sialinsäurefreie Glycoproteine. Auch intakte Zellen, z.B. Erythrozyten werden nach Verlust der terminalen Sialinsäurereste ihrer Zelloberflächenkomponenten von Kupfferzellen der Leber oder Milzmakrophagen phagozytiert
- Einige Mikroorganismen und Viren benutzen sialinsäurehaltige Membrankomponenten der Wirtszellen als Eintrittspforte. Das Hämagglutinin des **Influenza-Virus** verwendet derartige Komponenten zum Andocken an die Epithelzellen des Respirationstraktes. Diese Viren verfügen als weiteres Protein über eine Neuraminidase. Diese entfernt Sialinsäuren, die während der Infektion auch an Virusproteine angehängt werden. Damit wird die Autoagglutinierung der Nachkommenviren über das Hämagglutinin verhindert. Hemmstoffe dieser Neuraminidase sind potente Arzneimittel für die Therapie der Influenza
- Der Oligosaccharidanteil beeinflusst häufig die biologische Aktivität von Glycoproteinhormonen. Entfernt man z.B. die Kohlenhydratketten des **Choriongonadotropins** (▶ Kap. 27.6.9), so verhält sich das deglycosylierte Hormon noch gegenüber den entsprechenden Antikörpern wie ein natives Hormon und bindet mit derselben Kinetik und Affinität an die spezifischen Rezeptoren der Zielzellen. Es zeigt jedoch keine biologische Wirkung mehr. Ähnliche Untersuchungen sind mit dem thyreotropen Hormon (▶ Kap. 27.2) durchgeführt worden
- Oligosaccharidketten dienen als Erkennungsregionen und sind für die Verteilung synthetisierter Proteine auf intrazelluläre Organellen (▶ Kap. 9.2) wichtig. Glycoproteine, die am äußersten Ende des Kohlehydratrestes **Mannose-6-phosphat** tragen, werden in Lysosomen aufgenommen (▶ Kap. 6.2.7). Bei Fehlen dieses Mannose-6-phosphat-Restes infolge eines hereditären Enzymdefektes wird dieses Protein nicht in Lysosomen aufgenommen, sondern in großem Umfang von den entsprechenden Zellen sezerniert (I-Zellenkrankheit, ▶ Kap. 6)
- **Lectine** sind zelluläre Proteine, die spezifische Kohlenhydratstrukturen erkennen und binden können. Dies trifft auch für die sog. **Selectine** zu, die auf Endothelien vorkommen, Saccharidketten auf Leukozyten bzw. Lymphozyten erkennen und diese Zellen an Endothelien binden
- Bei einer Reihe von Proteinen des Zellkerns, aber auch des Cytosols ist eine Glycosylierung mit nur **einem** N-Acetyl-Glucosaminrest an Seryl- oder Threonyl-Resten beschrieben worden. Da diese Modifikation rasch reversibel ist und häufig an den Stellen erfolgt, die

auch phosphoryliert werden können, hat sie mit großer Wahrscheinlichkeit eine regulatorische Bedeutung

17.3.5 Biosynthese der Proteoglycane

Proteoglycane sind essentielle Bestandteile der extrazellulären Matrix. Ihre im Einzelnen spezifischen Funktionen werden in ► Kapitel 24 besprochen.

! In Proteoglycanen sind Ketten aus repetitiven Disacchariden mit einem Core-Protein verknüpft.

Aufbau und Einteilung. Proteoglycane bestehen aus einem sog. Core-Protein, an das lange unverzweigte Polysaccharidketten aus repetitiven Disaccharideinheiten (► Kap. 2.1.3, 2.1.4) geheftet sind. Sie werden in

- Chondroitinsulfat
- Dermatansulfat
- Keratansulfat
- Heparin und
- Heparansulfat

unterteilt.

Die Variabilität der zugehörigen Proteine ist außerordentlich groß. Bis heute sind mehr als 100 Gene für die in Proteoglycanen vorkommenden sog. **Core-Proteine** beschrieben worden (► Kap. 2.1.4).

Biosynthese. Das Prinzip der Proteoglycansynthese ist in ◘ Abb. 17.10 dargestellt:

- An eine **Serylgruppe** innerhalb einer spezifischen Sequenz des Core-Proteins wird ein aus vier Monosacchariden bestehendes Oligosaccharid geknüpft. Die Struktur Xyl – Gal – Gal – GlcUA ist allen Proteoglycanen gemeinsam
- Dieses Tetrasaccharid wird nun durch alternierende Addition von zwei Monosacchariden verlängert, einem Aminozucker und Glucuronat, jeweils als UDP-aktivierte Verbindung (► Kap. 17.1.1)
- Im Heparin und Heparansulfat kommt der Aminozucker **N-Acetylglucosamin**, im Chondroitin- und Dermatansulfat **N-Acetyl-Galactosamin vor**

Durch jeweils unterschiedliche Epimerisierung von Glucuronat zu **Iduronat** (► Kap. 17.1.2; 2.1.4) und unterschiedliche **Sulfatierung** kommen Unterschiede zwischen

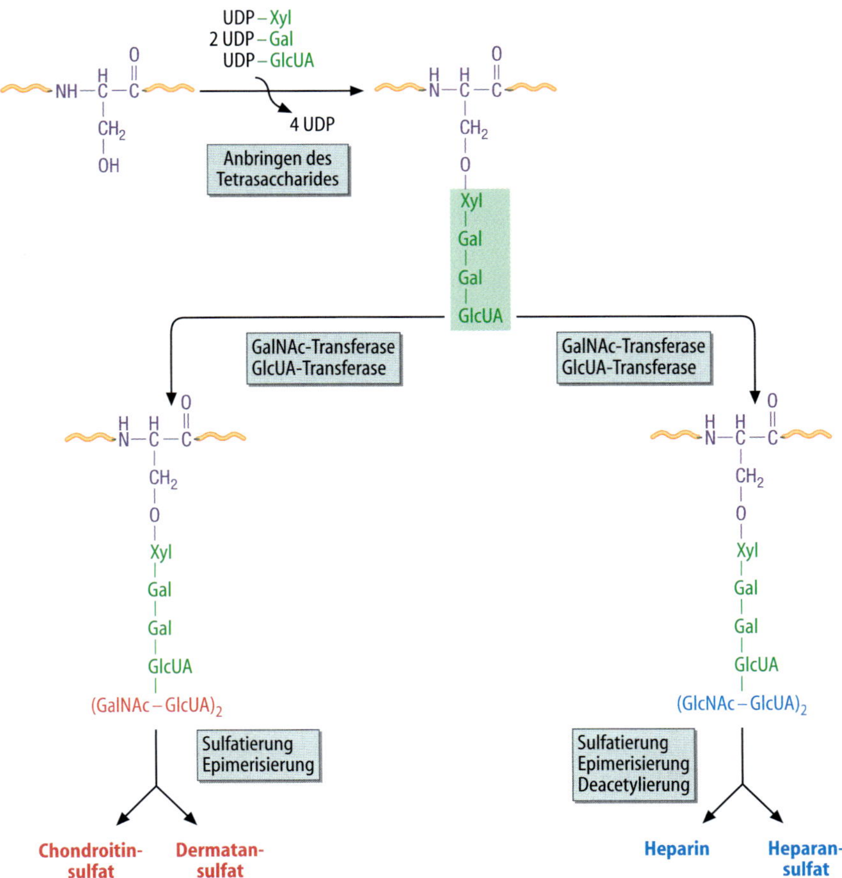

◘ **Abb. 17.10. Biosynthese von Proteoglycanen.** Xyl = Xylose; Gal = Galactose; GlcUA = Glucuronat; GalNAc = N-Acetyl-Galactosamin; GlcNAc = N-Acetyl-Glucosamin. (Einzelheiten ► Text)

den einzelnen Saccharidketten zustande. Substrat für die Sulfatierungsreaktionen, die durch gesonderte Enzymaktivitäten katalysiert werden, ist **3′-Phosphoadenosyl-5′-Phosphosulfat** (PAPS, ► Kap. 28.7.2). Zusammen mit der großen Zahl unterschiedlicher Core-Proteine entsteht dadurch eine nahezu unüberschaubare Vielzahl von Proteoglycanen.

Die Proteoglycan-synthetisierenden Enzyme sind im endoplasmatischen Retikulum oder Golgi-Apparat lokalisiert.

17.3.6 Biosynthese der Hyaluronsäure

Hyaluronsäure ist ein proteinfreies Glycosaminoglycan besonderer Größe.

Aufbau und Vorkommen. Hyaluronsäure ist ein Heteroglycan, in dem Glucuronat und N-Acetylglucosamin alternierend vorkommen und eine lineare Struktur bilden (► Kap. 2.1.4).

Die Zahl der repetitiven Disaccharide kann bei über 30000 liegen, woraus sich eine Molekülmasse von mehr als 10^7 Da ergibt.

Hyaluronat kommt in tierischen Geweben ubiquitär vor und bildet einen wichtigen Bestandteil der extrazellulären Matrix, wird jedoch auch von verschiedenen Bakterien als Bestandteil ihrer Zellwand gebildet. Seine Funktionen sind vielfältig:

- Es moduliert die Zellwanderung und Differenzierung während der Embryogenese
- reguliert die Organisation der extrazellulären Matrix und
- nimmt an der Metastasierung, der Wundheilung und der Entzündung teil

In verschiedenen Geweben variiert die Halbwertszeit von Hyaluronsäure von weniger als einem Tag in der Epidermis bis zu 1–3 Wochen im Knorpel.

Biosynthese. Hyaluronsäure enthält kein Protein und ihre Biosynthese unterscheidet sich grundsätzlich von der der Proteoglycane. Die repetitiven Disaccharideinheiten werden Schritt für Schritt in Form ihrer Nucleosiddiphosphat aktivierten Monosaccharide an die wachsende Zuckerkette angeheftet. Die hierfür verantwortliche **Hyaluronat-Synthase** verfügt über zwei Bindungsstellen für die beiden UDP-Monosaccharide. Beim Menschen kommen drei unterschiedliche Hyaluronat-Synthasen vor, die untereinander beträchtliche Ähnlichkeiten aufweisen. Sie sind mit sieben Transmembranhelices in der Plasmamembran verankert, das aktive Zentrum ist zum Cytosol gerichtet.

Über die Funktion von Proteoglycanen ► auch Kapitel 2 und 24.

17.3.7 Penicillin und die Glycopeptidbiosynthese der bakteriellen Zellwand

Penicillin (Abb. 17.11) ist das erste Antibiotikum, welches zur Bekämpfung von Infektionskrankheiten eingesetzt werden konnte. Der **bakteriostatische Effekt** des Penicillins beruht auf einer Hemmung der Biosynthese der bakteriellen Zellwand.

Diese auch als **Murein** (► Kap. 2.1.4) bezeichnete Struktur stellt ein netz- oder käfigartiges Makromolekül mit Glycopeptidstruktur dar. Es besteht aus einer linearen Kette eines repetitiven Disaccharids aus N-Acetyl-Glucosamin und N-Acetyl-Muraminsäure. Die N-Acteyl-Muraminsäurereste sind covalent mit je einem Tetrapeptid der Struktur Ala – D-Gln – Lys – D-Ala verknüpft. Pentaglycinbrücken zwischen dem Lysylrest in Position 3 des einen Tetrapeptides und dem Alanylrest in Position 4 des nächstfolgenden sind für die **Quervernetzung** zwischen den Zuckerketten verantwortlich (Abb. 17.12a). Wie Jack Strominger zeigen konnte, hemmt Penicillin die letzte Reaktion der Murein-Biosynthese, nämlich die Quervernetzung. Diese Reaktion wird durch das Enzym **Glycopeptid-Transpeptidase**, das einen für die Reaktion essentiellen Serylrest besitzt, katalysiert und läuft in folgenden Teilschritten ab (Abb. 17.12a):

- An die N-Acetyl-Muraminsäurereste wird zunächst nicht das spätere Tetrapeptid, sondern ein um ein D-Alanin verlängertes Peptid aus insgesamt 5 Aminosäuren synthetisiert. Es hat die Struktur Ala – D-Gln – Lys – D-Ala – **D-Ala** (in Abb. 17.12a hervorgehoben)
- Das Enzym Glycopeptid-Transpeptidase greift die Peptidbindung zwischen den zwei D-Alaninresten des an die Zuckerkette geknüpften Peptids an. Unter Abspaltung des terminalen D-Alanins wird ein Acyl-Enzym-Zwischenprodukt gebildet. (Abb. 17.12b)
- Die so entstandene Esterbindung zwischen Alanin und Enzym wird durch die terminale Aminogruppe des Pentaglycins gespalten. Dabei wird das Enzym regeneriert und die für die Quervernetzung verantwortliche Peptidbindung gebildet

Penicillin ist ein außerordentlich wirksamer **Inhibitor** der Glycopeptid-Transpeptidase. Der für alle Penicillin-Antibiotika typische, sehr reaktive **β-Lactamring** ähnelt in seiner Raumstruktur der terminalen D-Ala-D-Ala-Einheit. Aus diesem Grund ist das Penicillin ein gutes Substrat der Glycopeptid-Transpeptidase. Mit Hilfe ihrer reaktiven OH-Gruppe spaltet sie den β-Lactamring und bildet einen **Penicilloyl-Enzym-Komplex**, der die Glycopeptid-Transpeptidase irreversibel inaktiviert und damit die Biosynthese der bakteriellen Zellwand verhindert (Abb. 17.13).

17

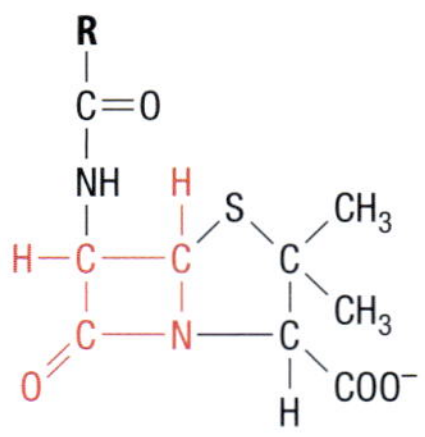

Abb. 17.11. Das Antibiotikum Penicillin. Penicillin besteht aus einem Thiazolidinring, an den ein viergliedriger β-Lactamring geknüpft ist. Dieser trägt zusätzlich eine variable Gruppe, z.B. eine Benzylgruppe beim Benzyl-Penicillin

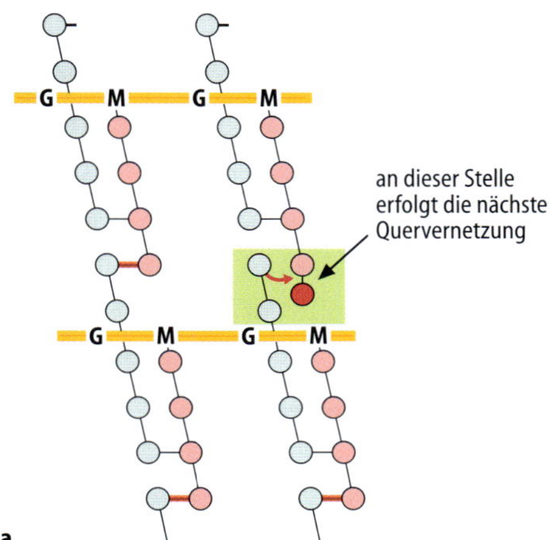

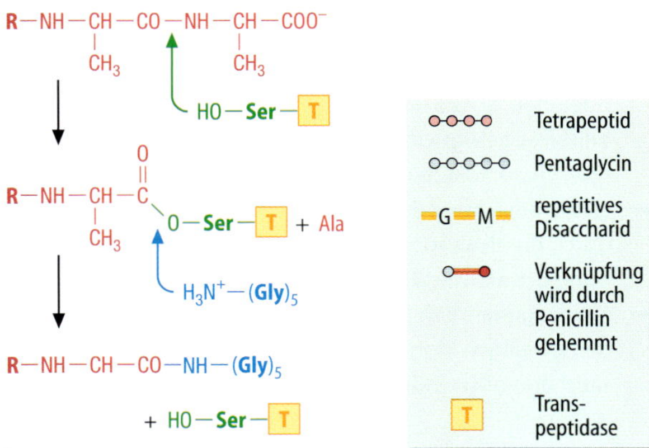

Abb. 17.12a,b. Mechanismus der Biosynthese des Mureinmoleküls. a Das Mureinmolekül ist ein Glycopeptid und besteht aus einer linearen Sequenz eines repetitiven Disaccharids. An jeden zweiten Zucker ist ein Tetrapeptid geknüpft. Die Tetrapeptide sind über Pentaglycinketten quervernetzt. Diese Quervernetzung stellt den letzten Schritt der Mureinbiosynthese dar. **b** Für die Quervernetzung ist die Glycopeptid-Transpeptidase verantwortlich. Das Enzym reagiert zunächst mit den an die Zuckerreste geknüpften Peptiden, die teminal zunächst mit einen Dialanylrest synthetisiert werden. Die die beiden Alaninreste verknüpfende Peptidbindung wird durch das Enzym unter Bildung eines Acyl-Enzym-Zwischenproduktes gespalten, das anschließend durch die Aminogruppe des Pentaglycinpeptides unter Bildung der Quervernetzung angegriffen wird. G = N-Acetyl-Glucosamin; M = N-Acetyl-Muraminsäure (Einzelheiten ► Text)

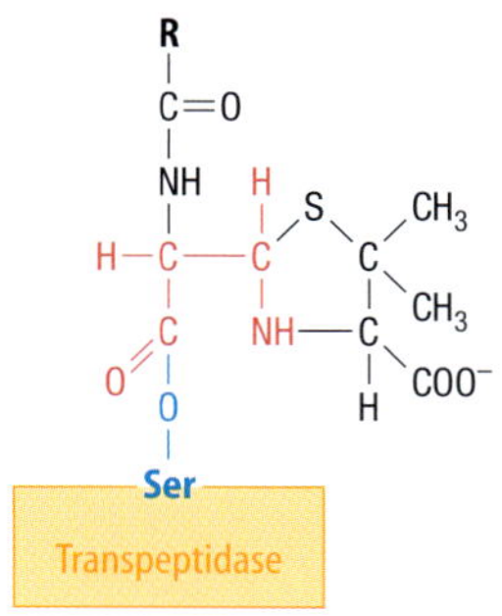

Abb. 17.13. Struktur des enzymatisch inaktiven Penicilloyl-Enzym-Komplexes. Dieser Komplex kann nicht mehr gespalten werden, sodass das Enzym irreversibel inaktiviert wird

Infobox

Penicillin: »That is funny!«

Der englische Mikrobiologe **Alexander Fleming** (1881–1955) hatte 1922 das Lysozym entdeckt. Danach arbeitete er weiter auf der Suche nach einer Bakterien tötenden Substanz. 1928 erhielt er den Auftrag, einen Handbuchartikel über Staphylokokken zu schreiben. Dazu untersuchte er im Auflichtmikroskop Staphylokokkenkolonien, die er in Petrischalen auf Gallertnährböden gezüchtet hatte. Die Petrischalen lagen dabei längere Zeit unbedeckt unter dem Mikroskop, öfters wurden durch den Luftzug Schimmelpilze auf die Nährböden verfrachtet. Das war bekannt. Er klagte seinem Kollegen Melvin Pryce »Immer fällt etwas aus der Luft herein«, ergriff eine solche Schale und wollte sie herzeigen. Plötzlich hielt er inne, blickte lange auf die Bakterienkolonie und sagte dann die historischen Worte »That is funny!«

In dieser Schale war der Nährboden ebenso mit Schimmel bedeckt wie in den anderen, aber hier waren rings um den Schimmelpilz die Staphylokokkenkolonien zugrunde gegangen. Fleming versuchte den Pilz zu bestimmen und kam zu dem Schluss, es sei Penicillium chrysogenum. Erst zwei Jahre später wurde dieser Schimmelpilz in den USA als Penicillium notatum identifiziert. Er wurde zum Ausgangspunkt für die Penicillinproduktion. 1945 erhielt Sir Alexander Fleming den Nobelpreis für Medizin, gemeinsam mit dem Biochemiker Ernst Boris Chain und dem Pathologen Sir Howard Walter Florey.

17.3.8 Pathobiochemie: Defekte des Aufbaus von Zuckerstrukturen

Glycoproteine, Proteoglycane und Hyaluronsäure gehören zu den am vielfältigsten modifizierten Makromolekülen vielzelliger Organismen. Sie haben für das Leben essentielle Funktionen. Im Prinzip kann jedes der vielen bei der Biosynthese der entsprechenden Moleküle beteiligte Enzym von einer Mutation betroffen sein und dann schwere Krankheitsbilder auslösen. Durch die Möglichkeiten der modernen Molekularbiologie ist die gezielte Ausschaltung einzelner für die Biosynthese verantwortlicher Gene möglich geworden (▶ Kap. 7.4.4). Sehr häufig ergeben sich dabei Missbildungen, die bereits in der Embryonalzeit tödlich sind.

Tabelle 17.1 fasst einige beim Menschen vorkommende Erkrankungen zusammen, die auf **Enzymdefekten** der Heterosaccharidsynthese beruhen. Im Allgemeinen handelt es sich um zwar seltene, aber äußerst schwer verlaufende Krankheitsbilder, die mit schweren Entwicklungsstörungen der Betroffenen einhergehen und meist tödlich verlaufen.

Tabelle 17.1. Kongenitale Defekte der Heterosaccharidsynthese (Auswahl)

Name	Betroffener Stoffwechselweg	Kapitel
Kongenitale Glycosylierungsdefekte (CGD´s)	Biosynthese der Mannose	17.2.1
	Biosynthese von Dolicholphosphat-gebundenen Oligosacchariden	17.3.2
	Fehlerhaftes Trimmen der N-glycosidisch verknüpften Oligosaccharide	17.3.2
	Störung der Mannose-6-phosphat Bildung (I-Zellkrankheit)	6.2.7
Defekte der Glycosaminoglycan-Sulfatierung (Chondrodystrophien)	Sulfattransport	28.7.2
	Sulfataktivierung	28.7.2
	Sulfatierung der Glycosaminoglycan-Ketten	17.3.5
Mucopolysaccharidosen	Defekte des Abbaus von Glycosaminoglycanen	6.2.5

In Kürze

Heteroglycane kommen vor in
- den Kohlenhydratketten der Glycoproteine
- den repetitiven Disaccharidsequenzen von Proteoglycanen
- der Hyaluronsäure

Der **Biosyntheseweg** der Heteroglycane verläuft jeweils unterschiedlich:
- Für die Biosynthese von N-glycosidisch verknüpften Oligosaccharidketten in Glycoproteinen werden Grundstrukturen der Saccharideinheiten an Dolicholphosphat synthetisiert und dann in einem Stück auf die Peptidkette übertragen. O-glycosidisch verknüpfte Zuckerketten werden dagegen Schritt für Schritt unter Verwendung der Nucleosiddiphosphat-aktivierten Zucker durch spezifische Enzyme auf das jeweilige Protein übertragen
- Proteoglycane werden an sog. Core-Proteinen synthetisiert. Dieses erhält zunächst eine Tetrasaccharideinheit, an die dann die repetitiven Disaccharideinheiten angefügt werden. Diese werden durch Epimerisierung und Sulfatierung noch modifiziert
- Hyaluronsäure enthält kein Core-Protein und wird durch die Hyaluronat-Synthase direkt unter Verwendung der aktivierten Monosaccharide synthetisiert
- Für die genannten Biosynthesen ist die Aktivierung des jeweiligen Monosaccharides zu einem NDP-Monosaccharid notwendig

Literatur

Lander AD, Selleck SB (2000) The Elusive Functions of Proteoglycans: In Vivo Veritas. J Cell Biol 148:227–232

Parodi AJ (2000) Protein glucosylation and its role in protein folding. Annu Rev Biochem 69:69–93

Prydz K, Dalen KT (2000) Synthesis and Sorting of proteoglycans. J Cell Sci 113:193–205

Pummill PE, DeAngelis PL (2002) Evaluation of Critical Structural Elements of UDP-Sugar Substrates and Certain Cysteine Residues of a Vertebrate Hyaluronan Synthase. J Biol Chem 277:21610–21616

Schauer R (2004) Victor Ginsburg's influence on my research of the role of sialic acids in biological recognition. Arch Biochem Biophys 426:132–141

Taylor ME, Drickamer K (2003) Introduction to Glycobiology. Oxford University Press

Tukey RH, Strassburg CP (2001) Genetic Multiplicity of the Human UDPGlucuronosyltransferases and Regulation in the Gastrointestinal Tract. Mol Pharmacol 59:405–414

Yoshida M, Itano M, Yamada Y, Kimata K (2000) *In Vitro* Synthesis of Hyaluronan by a Single Protein Derived from Mouse HAS1 Gene and Characterization of Amino Acid Residues Essential for the Activity. J Biol Chem 275:497–506

Links im Netz

▶ www.lehrbuch-medizin.de/biochemie

18 Stoffwechsel von Phosphoglyceriden, Sphingolipiden und Cholesterin

Georg Löffler

18.1 Stoffwechsel der Phosphoglyceride – 554
18.1.1 Biosynthese der Phosphoglyceride – 554
18.1.2 Abbau der Phosphoglyceride – 558

18.2 Stoffwechsel der Sphingolipide – 559
18.2.1 Biosynthese der Sphingolipide – 559
18.2.2 Abbau der Sphingolipide – 561
18.2.3 Biosynthese von Membranen – 562

18.3 Stoffwechsel der Isoprenlipide und des Cholesterins – 564
18.3.1 Biosynthese des Cholesterins – 564
18.3.2 Stoffwechsel und Abbau des Cholesterins – 568
18.3.3 Regulation der Cholesterinbiosynthese – 568

18.4 Lipide und Signalmoleküle – 571

18.5 Transport der Lipide im Blut – 572
18.5.1 Aufbau der Lipoproteine – 572
18.5.2 Stoffwechsel der Lipoproteine – 575

18.6 Pathobiochemie – 580
18.6.1 Pathobiochemie der Phosphoglyceride und Sphingolipide – 580
18.6.2 Pathobiochemie des Lipoproteinstoffwechsels – 581

Literatur – 583

Einleitung

Eine wichtige Funktion von Lipiden ist ihre Beteiligung am Aufbau sämtlicher zellulärer Membranen, wodurch die Existenz von Zellen ermöglicht wird, deren Inneres gegen die Außenwelt abgeschirmt ist. Für diese Aufgabe sind amphiphile Lipide wie Phosphoglyceride und Sphingolipide besonders geeignet, die neben den für Lipide typischen hydrophoben Alkanketten auch über hydrophile, polare und geladene Gruppen verfügen und somit die für alle zellulären Membranen typischen Doppelschichten ausbilden können. Auch Cholesterin ist ein essentieller Bestandteil aller tierischen Membranen.

Lipide sind darüber hinaus Ausgangspunkt für die Biosynthese einer großen Zahl biologisch aktiver Moleküle. So leiten sich vom Cholesterin sämtliche Steroidhormone ab, aus Phosphoglyceriden und Sphingolipiden werden wichtige Signalmoleküle gebildet, Derivate ungesättigter Fettsäuren bilden die Gruppe der als Eikosanoide bezeichneten Gewebshormone.

Diesen vielfältigen Funktionen der Lipide steht ein Problem gegenüber, das gelegentlich pathobiochemische Konsequenzen hat. Lipide müssen im Organismus im Blut und der extrazellulären Flüssigkeit transportiert werden, was wegen der wässrigen Natur dieser Transportmedien naturgemäß schwierig ist. Der Transport erfolgt in Form von Lipoproteinen, Komplexen aus spezifischen Proteinen mit definierten Mischungen der einzelnen Lipide. Überschreiten derartige Lipoproteine die normalen Konzentrationen, so kann es zu Ablagerungen von Lipiden in Blutgefäßen, zur Verengung des Lumens der Blutgefäße und damit zu einer Reihe bedrohlicher Krankheitsbilder kommen.

18.1 Stoffwechsel der Phosphoglyceride

Unter dem Begriff **amphiphile Moleküle** werden Verbindungen zusammengefasst, die sich sowohl durch hydrophile als auch durch hydrophobe Eigenschaften auszeichnen. Phosphoglyceride und Sphingolipide gehören, wie schon in ▶ Kapitel 2.2 ausgeführt, in die Kategorie der **amphiphilen Lipide**, da ihre Kopfgruppen hydrophil, die Alkanketten ihrer Fettsäurereste jedoch hydrophob sind. Dies erklärt ihre besondere Bedeutung für die Synthese von zellulären Membranen, deren strukturelle Basis eine Lipiddoppelschicht ist (▶ Kap. 2.2.6).

In Membranen vorkommende Lipide sind
- **Phosphoglyceride**
- **Sphingolipide** und
- **Cholesterin**

Unter dem gelegentlich verwendeten Begriff der **Phospholipide** fasst man die phosphathaltigen amphiphilen Lipide zusammen. Es handelt sich dabei um die Phosphoglyceride und das Sphingomyelin.

18.1.1 Biosynthese der Phosphoglyceride

! Für die Biosynthese von Phosphoglyceriden werden CDP-aktivierte Zwischenprodukte benötigt.

In den ersten Reaktionen gleichen sich die Biosynthesewege von Phosphoglyceriden und Triacylglycerinen. Zunächst muss durch Veresterung von zwei Hydroxylgruppen des α-Glycerophosphats mit zwei Molekülen Acyl-CoA eine Phosphatidsäure hergestellt werden (▶ Kap. 12.1.4). Aus ihr entsteht durch Abspaltung von anorganischem Phosphat ein 1,2-Diacylglycerin.

Dieses verfügt über eine freie OH-Gruppe, an die über eine Phosphorsäurediester-Bindung die für Phosphoglyceride typischen hydrophilen Gruppen geknüpft werden. Im Einzelnen handelt es sich dabei um
- Cholin
- Ethanolamin
- Serin oder
- den zyklischen Alkohol Inositol

Diese Verbindungen müssen jeweils über eine Phosphorsäurediesterbindung mit dem Diacylglycerin verknüpft werden.

Die hierzu verwendeten Biosynthesewege unterscheiden sich beträchtlich (◘ Abb. 18.1). Im Fall der Biosynthese von Phosphatidylcholin bzw. -ethanolamin werden zunächst die stickstoffhaltigen Verbindungen Cholin bzw. Ethanolamin aktiviert. Zu diesem Zweck werden sie in einer ATP-abhängigen Reaktion phosphoryliert, sodass Phosphorylcholin bzw. Phosphorylethanolamin entstehen. Ähnlich der Aktivierung bei der Biosynthese von Zuckern (▶ Kap. 17.1.1) wird jetzt im nächsten Schritt ein Nucleotidderivat von Cholin bzw. Ethanolamin hergestellt. Phosphorylcholin bzw. Phosphorylethanolamin reagieren hierbei unter Pyrophosphat-Abspaltung mit Cytidintriphosphat (CTP), sodass Cytidindiphosphatcholin bzw. Cytidindiphosphatethanolamin (CDP-Cholin, CDP-Ethanolamin) entstehen. Das dabei beteiligte Enzym ist die **CTP-Phosphocholin-** (bzw. Phosphoethanolamin-)**Cytidyltransferase**. Im letzten Schritt der Biosynthese reagieren diese »aktivierten« Verbindungen mit dem 1,2-Diacylglycerin, sodass unter CMP-Abspaltung Phosphatidylcholin bzw. Phosphatidylethanolamin gebildet werden.

Bei der Biosynthese von Phosphatidylinositol wird nicht der Alkohol, sondern das Diacylglycerin aktiviert. Die Phosphatidsäure reagiert mit Cytidintriphosphat, wobei wiederum unter Abspaltung von Pyrophosphat ein CDP-

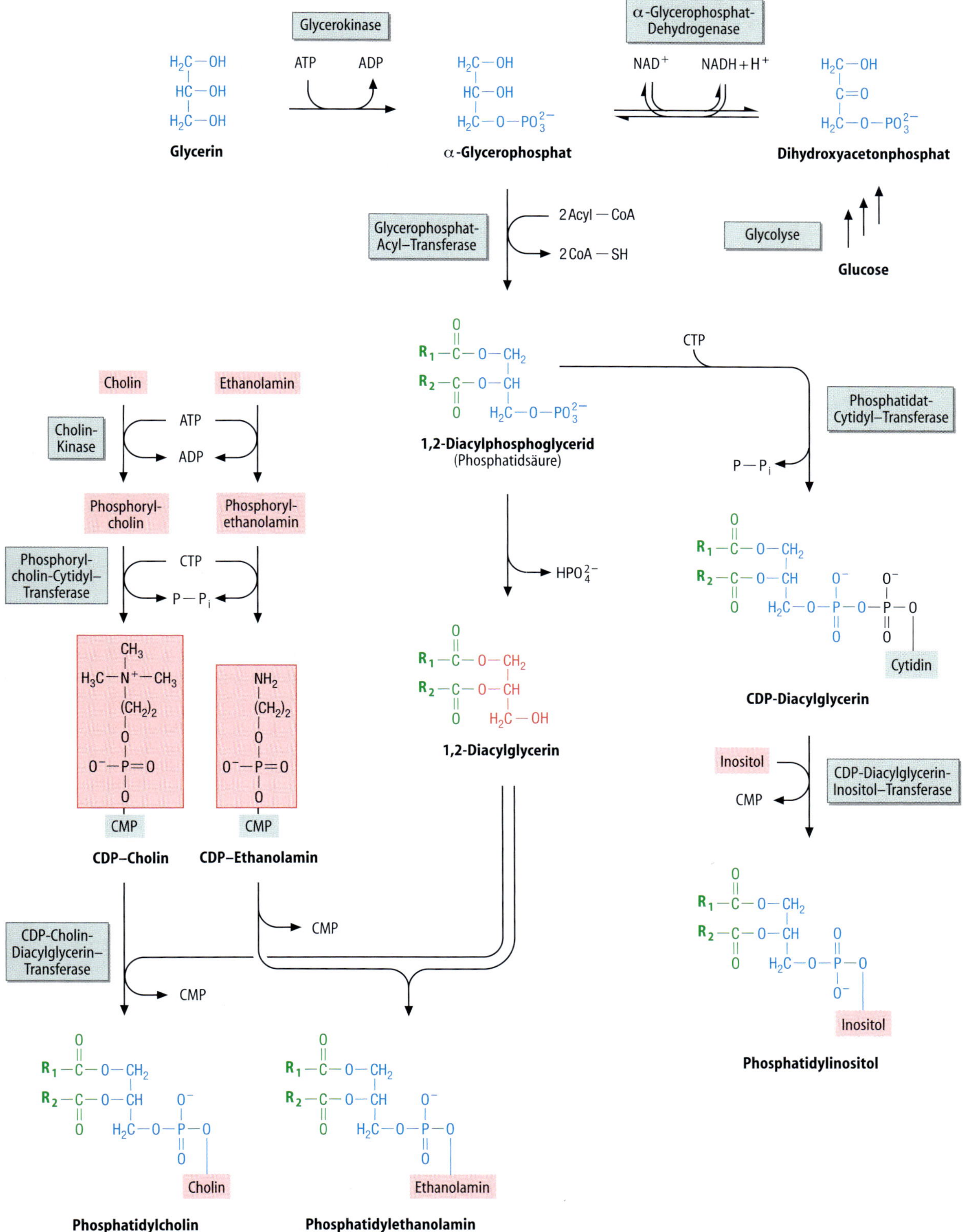
Glycerokinase
α-Glycerophosphat-Dehydrogenase
ATP
ADP
NAD+
NADH+H+
Glycerin
α-Glycerophosphat
Dihydroxyacetonphosphat
Glycerophosphat-Acyl–Transferase
2 Acyl — CoA
2 CoA — SH
Glycolyse
Glucose
CTP
1,2-Diacylphosphoglycerid
(Phosphatidsäure)
Phosphatidat-Cytidyl–Transferase
P — Pi
Cholin
Ethanolamin
Cholin-Kinase
Phosphoryl-cholin
Phosphoryl-ethanolamin
Phosphoryl-cholin-Cytidyl–Transferase
HPO4 2−
CDP-Diacylglycerin
Cytidin
1,2-Diacylglycerin
Inositol
CMP
CDP-Diacylglycerin-Inositol–Transferase
CDP–Cholin
CDP–Ethanolamin
CDP-Cholin-Diacylglycerin–Transferase
Phosphatidylinositol
Phosphatidylcholin
Phosphatidylethanolamin

Abb. 18.1. Biosynthese der Phosphoglyceride. (Einzelheiten ► Text)

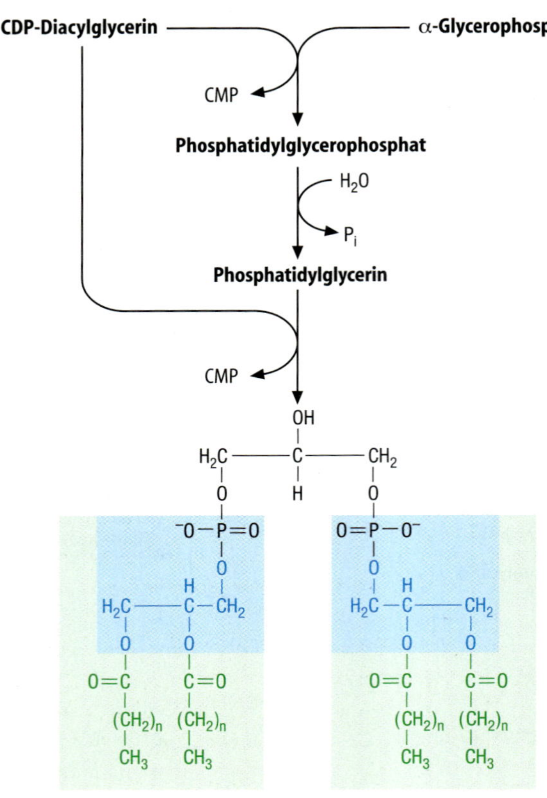

Abb. 18.2. Biosynthese von Cardiolipin

Diacylglycerin entsteht. Dieses reagiert unter Abspaltung von CMP mit Inositol, sodass Phosphatidylinositol gebildet wird.

Damit spielt das CTP bei der Biosynthese der Phosphoglyceride eine ähnlich entscheidende Rolle wie das UTP bei der Biosynthese von Polysacchariden (► Kap. 17.1.1). Entsprechende Nucleotidderivate müssen als aktivierte Zwischenprodukte vorliegen, damit die Biosynthese erfolgen kann.

Ein Phosphoglycerid, das in besonders großer Menge in Mitochondrienmembranen, daneben aber auch in der Wand von Bakterien vorkommt, ist das Diphosphatidylglycerin oder **Cardiolipin** (► Kap. 2.2.3). Es entsteht durch Reaktion von CDP-Diacylglycerin mit α-Glycerophosphat unter Bildung von Phosphatidylglycerophosphat und Abspaltung von CMP. Im Phosphatidylglycerophosphat liegt nun eine Phosphatidsäure vor, bei der der Phosphatrest als Diester mit einem Molekül Glycerophosphat verbunden ist. Durch hydrolytische Abspaltung des Phosphats entsteht Phosphatidylglycerin, welches mit einem weiteren Molekül CDP-Diacylglycerin unter Bildung des Diphosphatidylglycerins reagiert (Abb. 18.2).

! Phosphoglyceride können ineinander überführt werden.

Phosphoglyceride stellen integrale Bauteile aller biologischen Membranen dar. Dabei ist das Verhältnis der verschiedenen Phosphoglyceride untereinander von großer Bedeutung für den Funktionszustand der jeweiligen Membranen. Um jederzeit ausreichende Mengen von Phosphoglyceriden zur Verfügung zu haben, besteht außer der

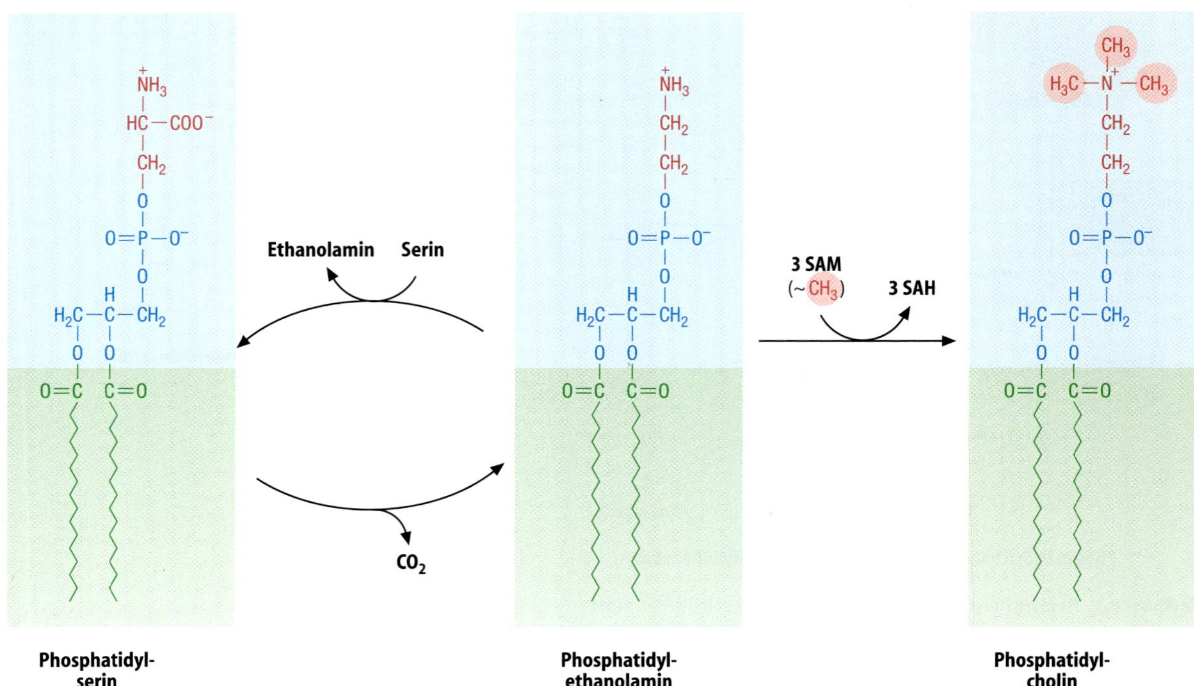

Abb. 18.3. Umwandlungen der N-haltigen Phosphoglyceride. SAM = S-Adenosyl-Methionin; SAH = S-Adenosyl-Homocystein

18

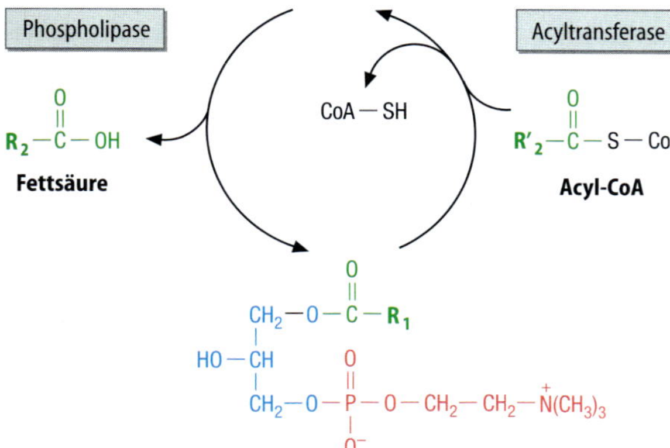

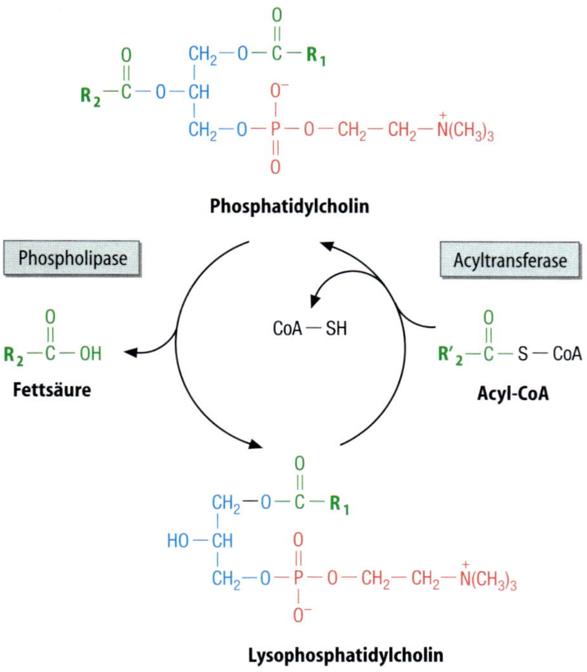

Abb. 18.4. Acylierungszyklus des Phosphatidylcholins. Durch eine Phospholipase wird Phosphatidylcholin in Lysophosphatidylcholin umgewandelt, welches wiederum mit Acyl-CoA acyliert werden kann. R_1, R_2, R_3 = Alkanketten von Fettsäuren

oben geschilderten *de novo*-Synthese aus den einzelnen Bauteilen die Möglichkeit der Umwandlung einzelner Phosphoglyceride ineinander, was in Abb. 18.3 dargestellt ist. Hier nimmt das Phosphatidylethanolamin eine zentrale Position ein. Es kann durch dreifache Methylierung am Stickstoff in Phosphatidylcholin umgewandelt werden. Der Reaktionspartner ist das S-Adenosylmethionin (▶ Kap. 13.6.4), das dabei in Adenosylhomocystein umgewandelt wird. Durch Austausch von Ethanolamin gegen Serin kann aus Phosphatidylethanolamin Phosphatidylserin entstehen. In einer weiteren Reaktion kann schließlich Phosphatidylserin decarboxyliert werden, wobei Phosphatidylethanolamin entsteht.

In manchen Organen wie Nervengewebe oder Leber haben Phosphoglyceride einen besonders hohen Umsatz. Dieser wird dann nicht nur durch *de novo*-Synthese aus den einzelnen Bauteilen oder durch Überführung einzelner Phosphoglyceride ineinander gedeckt, sondern zum Teil auch durch Resynthese aus nur teilweise abgebauten Phosphoglyceriden betrieben. Diesem Zweck dient der in Abb. 18.4 am Beispiel des Phosphatidylcholins dargestellte Acylierungszyklus. Unter Einwirkung einer **Phospholipase** (s.u.) entsteht das entsprechende Lysophosphoglycerid, in diesem Fall das Lysophosphatidylcholin. Dieses kann durch direkte Acylierung mit Acyl-CoA wieder zu Phosphatidylcholin umgewandelt werden. Auf diese Weise ist ein rascher Austausch von Acylresten in Phosphoglyceriden möglich. Ein weiteres, den Acylaustausch katalysierendes Enzym ist die im Blut vorkommende **Lecithin-Cholesterin-Acyltransferase (LCAT)**, die folgende Reaktion katalysiert:

$$\text{Cholesterinester} + \text{Lysophosphatidylcholin} \rightleftharpoons \text{Cholesterin} + \text{Phosphatidylcholin}$$

(Über die physiologische Bedeutung der LCAT ▶ Kap. 18.5.1, 18.5.2).

! Ätherlipide sind Phosphoglyceride mit besonderen chemischen Eigenschaften.

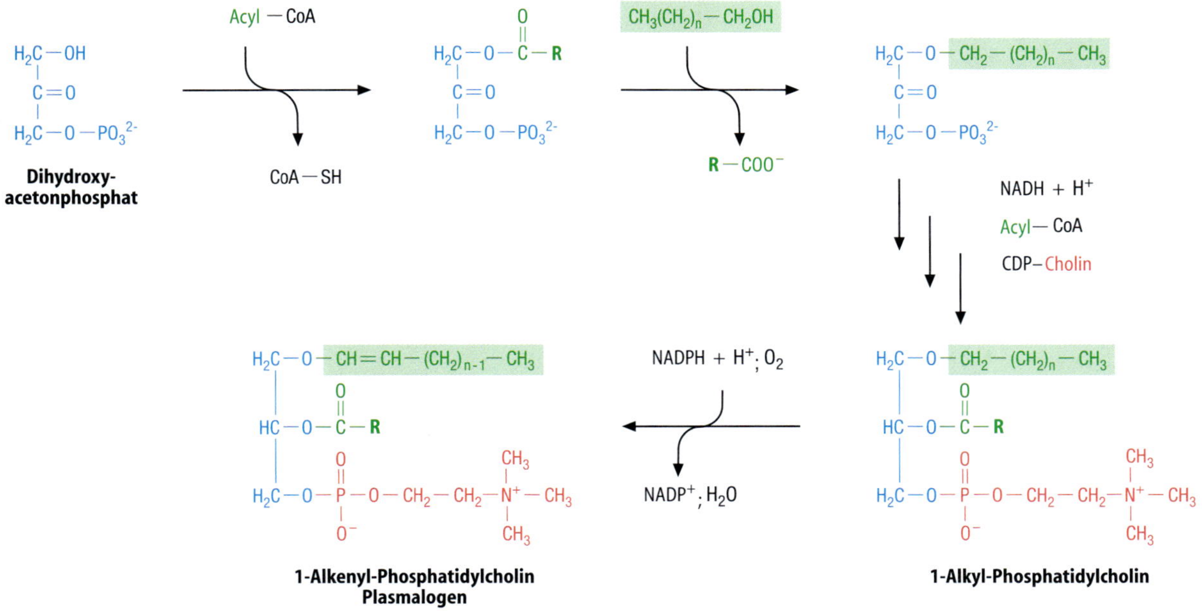

Dihydroxyacetonphosphat; Acyl — CoA; CoA — SH; $CH_3(CH_2)_n-CH_2OH$; R — COO⁻; NADH + H⁺; Acyl — CoA; CDP-Cholin; NADPH + H⁺; O₂; NADP⁺; H₂O

1-Alkyl-Phosphatidylcholin

1-Alkenyl-Phosphatidylcholin Plasmalogen

Abb. 18.5. Biosynthese von 1-Alkyl-Phosphatidylcholin und des zugehörigen Plasmalogens. (Einzelheiten ▶ Text)

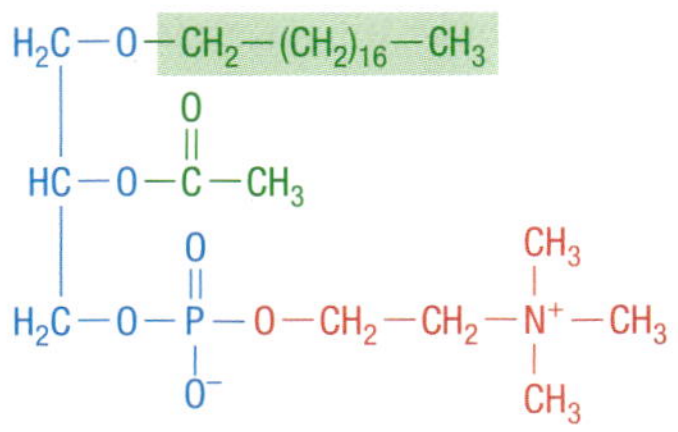

Abb. 18.6. ***platelet activating factor*** (PAF = 1-Octadecyl-2-Acetyl-Phosphatidylcholin)

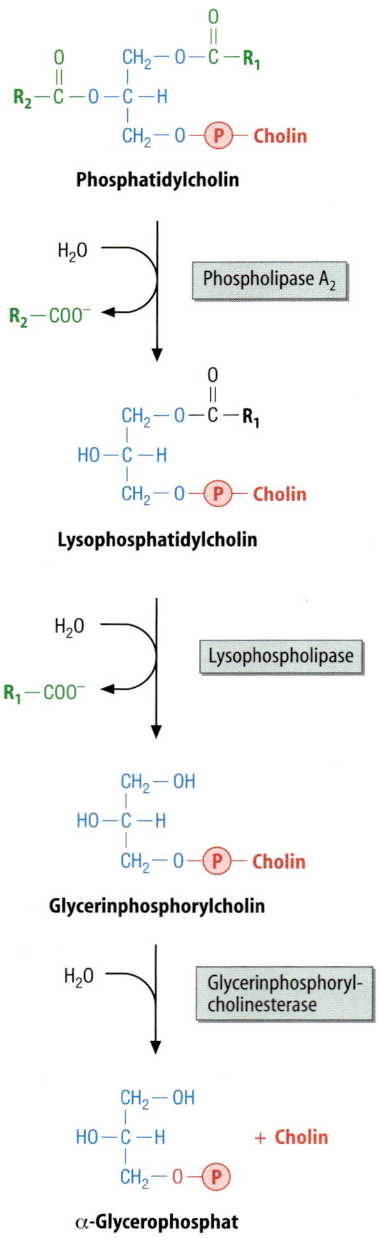

Abb. 18.7. Abbau von Phosphatidylcholin

Für die Biosynthese der **Ätherlipide** wird ein grundsätzlich anderer Weg benutzt (Abb. 18.5). Dihydroxyacetonphosphat wird zunächst in Position 1 mit Acyl-CoA acyliert. In einer in ihren molekularen Einzelheiten noch nicht völlig geklärten Reaktion wird die Esterbindung mit einem langkettigen Alkohol (meist C16 oder C18) unter Einführung einer Ätherbindung gespalten. Nach Reduktion der Ketogruppe erfolgt die Acylierung sowie die Anheftung einer Cholin- bzw. Ethanolamin-Gruppe. Derartige **Alkylphosphoglyceride** können durch Einführung einer der Ätherbindung vicinalen Doppelbindung in Alkenylphosphoglyceride oder **Plasmalogene** umgewandelt werden.

Über die physiologische Bedeutung von Ätherlipiden, die beispielsweise im Zentralnervensystem, dem Herzmuskel oder der Skelettmuskulatur 20–30% der Phospholipide stellen, ist wenig bekannt. Der in Abb. 18.6 dargestellte Blutplättchen aktivierende Faktor *platelet activating factor* (PAF) ist ein derartiges Ätherlipid und löst bereits in einer Konzentration von 10^{-11} mol/l (!) die Aggregation von Thrombozyten aus. Neben dieser Wirkung ist er als Mediator an Entzündungsreaktionen sowie an der Regulation des Blutdrucks beteiligt.

18.1.2 Abbau der Phosphoglyceride

Für den Abbau von Phosphoglyceriden sind in allen Geweben vorkommende **Phospholipasen** verantwortlich. Abbildung 18.7 zeigt dies am Beispiel des Phosphatidylcholin-Abbaus. In einer ersten, durch **Phospholipase A$_2$** katalysierten Reaktion wird die am C-Atom 2 (β-C-Atom) des Glycerins veresterte Fettsäure hydrolytisch abgespalten. Dabei entsteht Lysophosphatidylcholin. Dieses wird durch eine **Lysophospholipase** weiter in Glycerinphosphorylcholin gespalten. Durch den Angriff einer spezifischen **Esterase** entstehen schließlich α-Glycerophosphat und Cholin.

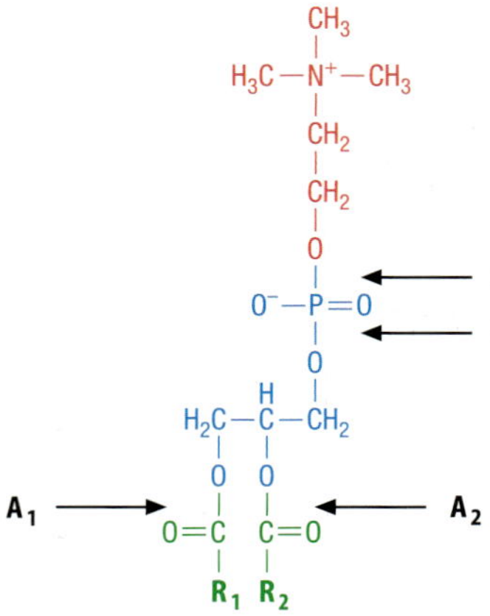

Abb. 18.8. Spaltstellen der Phospholipasen A$_1$, A$_2$, C und D am Phosphatidylcholin. Als Phospholipase B wird ein Gemisch aus den Phospholipasen A$_1$ und A$_2$ bezeichnet

Extrazelluläre Phospholipasen des Typs A kommen außer im Intestinum u.a. im Bienen- und Schlangengift vor. Unter ihrer Einwirkung entstehende Lysophosphoglyceride, besonders Lysophosphatidylcholin, hämolysieren die Membranen der roten Blutkörperchen. Ein Teil der biologischen Wirkung der genannten Gifte lässt sich mit der in großem Umfang stattfindenden Lysophosphoglycerid-Bildung in den biologischen Membranen erklären.

Am intrazellulären Abbau von Phosphoglyceriden beteiligte Phospholipasen sind in ◘ Abbildung 18.8 dargestellt.

- Die Phospholipasen A_1 bzw. A_2 spalten die entsprechenden Fettsäurereste ab
- Phospholipasen des Typs C spalten die Phosphorsäurediester-Bindung zum Glycerinrest
- Phospholipasen des Typs D spalten die Phosphorsäurediester-Bindung zur hydrophilen Kopfgruppe

Neben dieser Spezifität hinsichtlich der gespaltenen Esterbindung (Stellungsspezifität) zeigen die verschiedenen Phospholipasen auch eine hohe Spezifität für die jeweils durch ihre Kopfgruppen charakterisierten Phosphoglyceride (► Kap. 18.4).

In Kürze

Phosphoglyceride sind für den Aufbau aller zellulären Membranen unerlässlich. Für ihre Biosynthese
- reagieren Diacylglycerine mit CDP-aktiviertem Cholin bzw. Ethanolamin unter Bildung von Phosphatidycholin bzw. -ethanolamin und
- reagiert Inositol mit CDP-aktiviertem Diacylglycerin zu Phosphatidylinositol

Die amphiphilen Lipide in Membranen befinden sich in einem dynamischen Zustand. Sie unterliegen einem permanenten Umbau, der auch ihren Abbau durch Phospholipasen beinhaltet. Für jede der 4 Esterbindungen von Phosphoglyceriden kommen jeweils spezifische Phospholipasen vor.

18.2 Stoffwechsel der Sphingolipide

18.2.1 Biosynthese der Sphingolipide

! Sphingolipide enthalten als Alkohol Sphingosin.

1874 entdeckte der deutsche Arzt Johann Ludwig Thudichum in Nervengewebe eine neue Lipidart, die er wegen ihrer für ihn rätselhaften Funktion nach der griechischen Sagenfigur Sphinx als Sphingolipide bezeichnete. In den **Sphingolipiden** ist das Glycerin der Phosphoglyceride durch den Aminodialkohol des **Sphingosin** ersetzt (über die Zusammensetzung der verschiedenen Sphingolipide ► Kap. 2.2.4).

Die Sphingolipidbiosynthese erfolgt im endoplasmatischen Retikulum sowie im Golgi-Apparat, wobei allerdings Sphingosin nicht als Zwischenprodukt auftritt. Zunächst wird nämlich an der cytosolischen Seite des endoplasmatischen Retikulums als gemeinsames Zwischenprodukt Ceramid synthetisiert (◘ Abb. 18.9):

- Palmityl-CoA reagiert in einer Pyridoxalphosphat-abhängigen Reaktion unter CO_2-Abspaltung mit Serin, wobei 3-Ketosphinganin entsteht
- Dieses wird an der Ketogruppe reduziert und reagiert dann mit Acyl-CoA, wobei das Dihydroceramid entsteht
- In einer FAD-abhängigen Reaktion wird dieses zu Ceramid oxidiert

Ceramid ist der Ausgangspunkt für die Biosynthese aller Sphingolipide, die z.T. im endoplasmatischen Retikulum, z.T. im Golgi-Apparat stattfindet:

- **Sphingomyeline** werden nach dem Transfer von Ceramid in das Lumen des Golgi-Apparats synthetisiert, wobei zwei Möglichkeiten bestehen (◘ Abb. 18.10). Entweder reagiert Ceramid mit **CDP-Cholin** unter CMP-Abspaltung oder es findet alternativ eine Austauschreaktion mit **Phosphatidylcholin** statt, wobei Sphingomyelin und Diacylglycerin entstehen
- Die Biosynthese der **Ganglioside**, die in besonders hohen Konzentrationen im Nervensystem vorkommen, findet im Golgi Apparat statt. Zunächst wird an der cytosolischen Seite des Golgi-Apparats ein aus UDP-Glucose stammender Glucosylrest an das Ceramid geheftet. Das entstandene Glucosyl-Ceramid wird anschließend auf die luminale Seite des Golgi-Apparats transloziert, wo die weitere Anheftung von Monosaccharidresten zur Biosynthese von Gangliosiden erfolgt (◘ Abb. 18.11). Wie bei den Heteropolysacchariden dienen UDP-aktivierte Zucker, im Fall der N-Acetylneuraminsäure die CMP-N-Acetylneuraminsäure, als aktivierte Bausteine
- Nach der Translokation von Ceramid auf die luminale Seite des Golgi-Apparats werden Galactosyl-Cerebroside synthetisiert. Dabei reagiert **Ceramid** mit UDP-Galactose (► Kap. 17.1.3) unter Abspaltung von UDP. Dabei entsteht das mit Galactose substituierte Sphingolipid, das **Cerebrosid** (◘ Abb. 18.12)
- Für die Sulfatidbiosynthese ist schließlich noch die Einführung eines Sulfatrests, im Allgemeinen an das C-Atom 3 der Galactose, notwendig. Für diese Sulfatierung wird das aktive Sulfat **3′-Phosphoadenosin-5′-Phosphosulfat** (► Kap. 28.7.2) verwendet

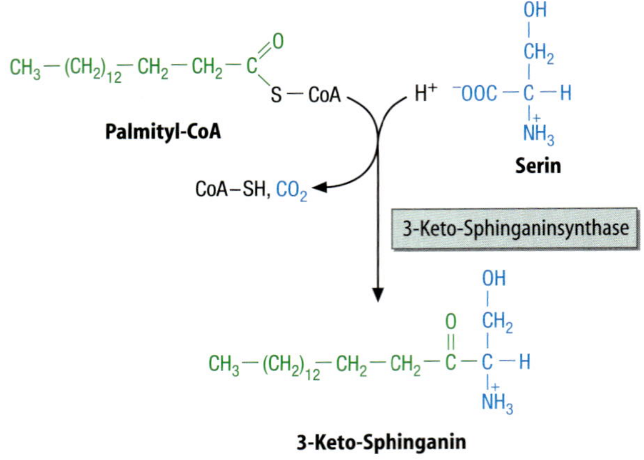

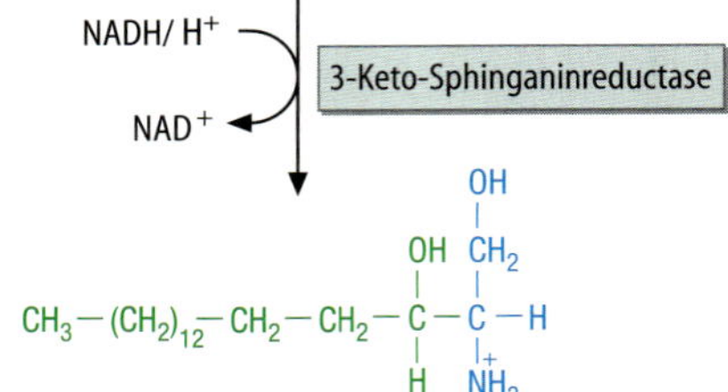

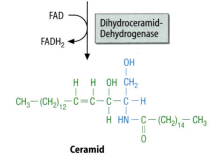

Abb. 18.9. Biosynthese von Ceramid aus Palmityl-CoA und Serin

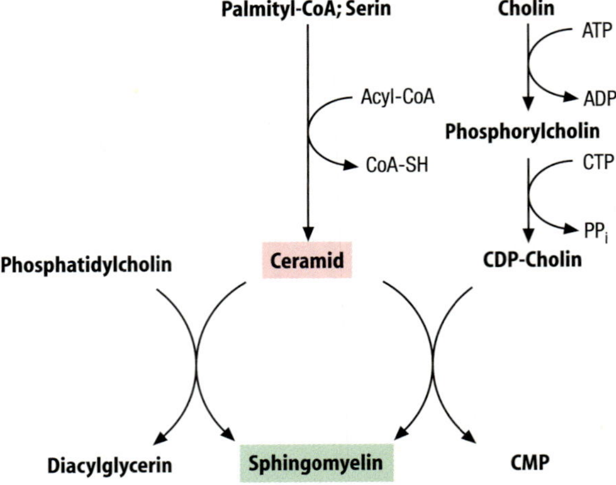

Abb. 18.10. Biosynthese von Sphingomyelin. Sphingomyelin entsteht aus Ceramid durch Übernahme eines Phosphorylcholinesters. Dieser stammt entweder von CDP-Cholin oder von Phosphatidylcholin

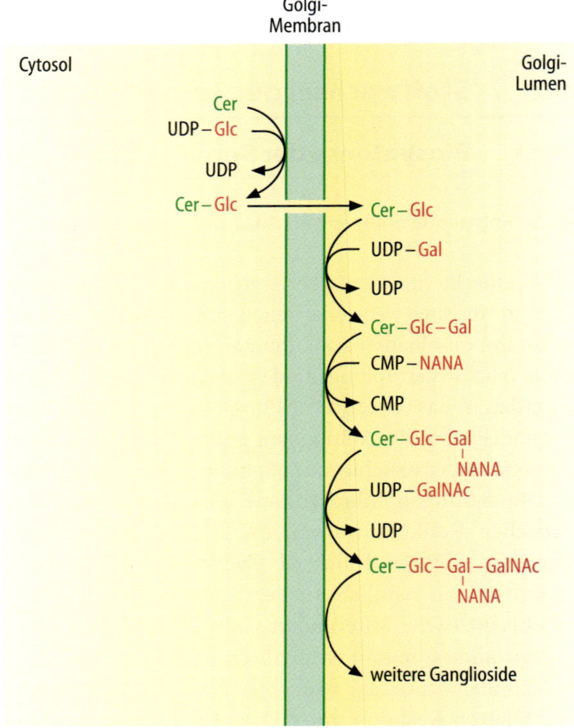

Abb. 18.11. Biosynthese von Gangliosiden. Cer = Ceramid; Glc = Glucose; Gal = Galactose; GalNAc = N-Acetyl-Galactosamin; NANA = N-Acetyl-Neuraminsäure. (Einzelheiten ► Text)

18

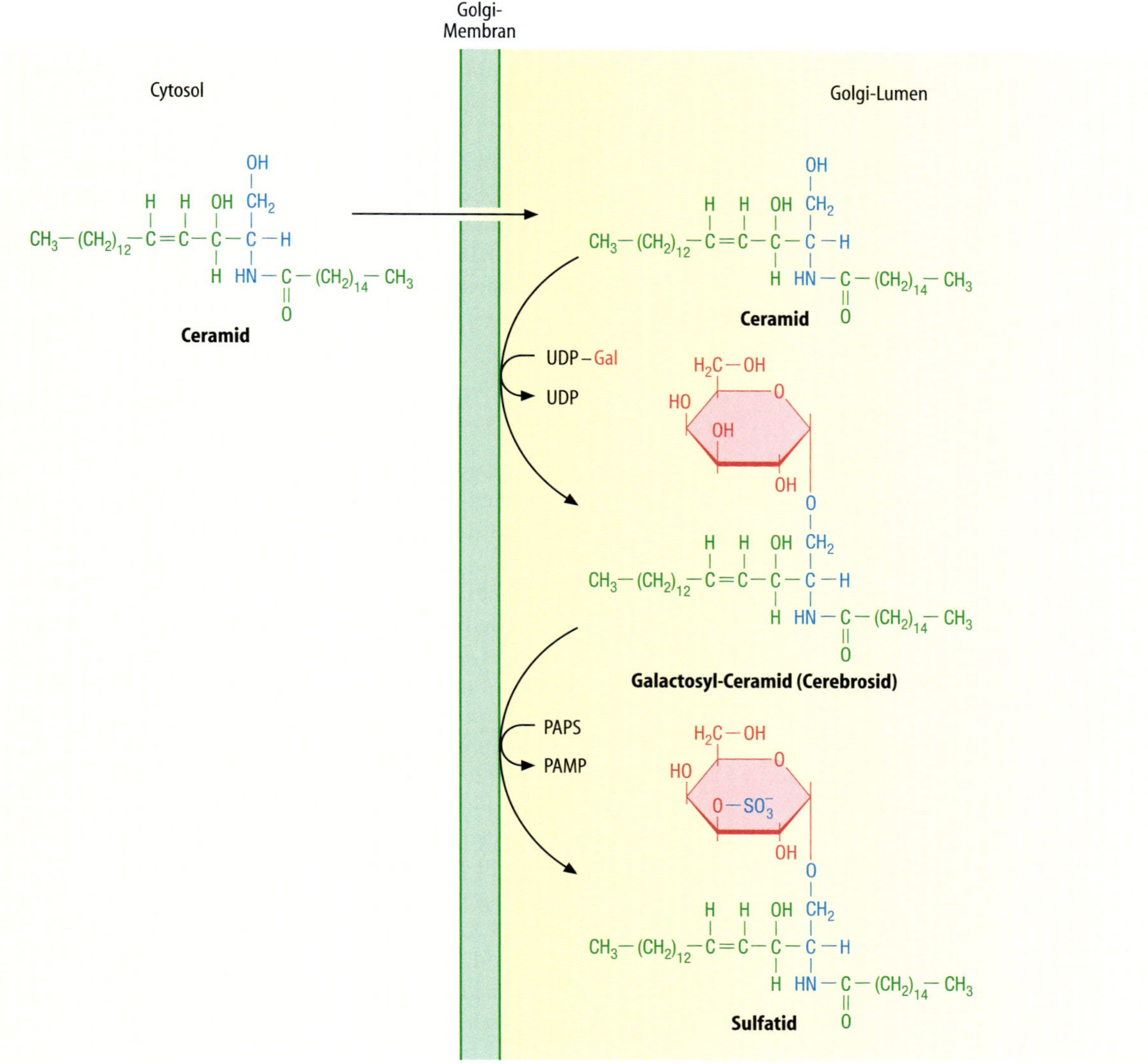

Abb. 18.12. Biosynthese von Cerebrosid und Sulfatid. PAPS = 3'-Phosphoadenosin-5'-Phosphosulfat, PAMP = 3'-Phosphoadenosin-5'-Monophosphat

18.2.2 Abbau der Sphingolipide

> Der Abbau der Sphingolipide erfolgt hauptsächlich in den Lysosomen.

Ähnlich wie die Phosphoglyceride haben auch Sphingolipide einen raschen Umsatz, der die Dynamik der Zellmembranstrukturen widerspiegelt. Für ihren Abbau sind eine Reihe lysosomaler Hydrolasen verantwortlich. Bei **Glycosphingolipiden** und **Gangliosiden** erfolgt der Abbau von der Kohlenhydratseitenkette aus, wobei z.B.

- durch β-Galactosidasen die Galactosylreste
- durch Neuraminidasen die Neuraminsäurereste sowie
- durch Hexosaminidasen die acetylierten Galactosaminreste gespalten werden

Bei den **Sulfatiden** sind spezifische Sulfatidasen für die Sulfatabspaltung verantwortlich.

Das Problem, wie die genannten wasserlöslichen Enzyme mit den Sphingolipiden in den Membranen und Membranvesikeln interagieren, wird von der Zelle offensichtlich so gelöst, dass hierfür zusätzliche **Sphingolipidaktivatorproteine** (SAP's) benötigt werden. Es handelt sich um Glycoproteine, die die abzubauenden Sphingolipide binden und damit erst den Angriff der oben genannten lysosomalen Hydrolasen ermöglichen.

Der Abbau der Sphingomyeline wird durch spezifische **Sphingomyelinasen** katalysiert, die unter Abspaltung des Phosphorylcholinrests **Ceramid** bilden (Abb. 18.13). Man unterscheidet

- saure Sphingomyelinasen für den lysosomalen Sphingomyelinabbau

Sphingomyelin

Cholin

Sphingomyelinase

Ceramid

H_2O

$CH_3-(CH_2)_{14}-COO^-$

Ceramidase

Sphingosin

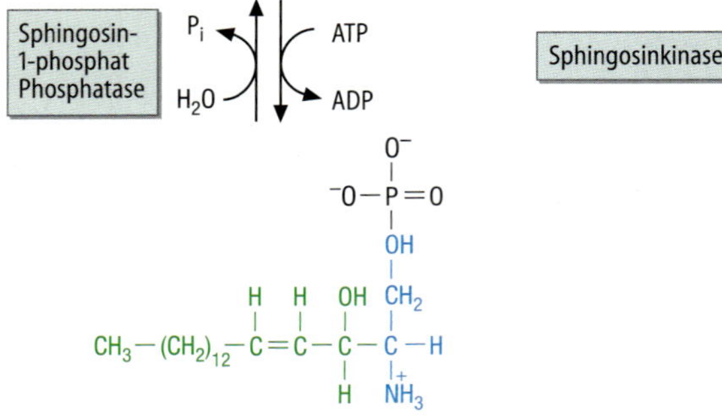

Abb. 18.13. Entstehung von Ceramid, Sphingosin und Sphingosin-1-phosphat beim Abbau von Sphingomyelin. (Einzelheiten ► Text)

- alkalische Sphingomyelinasen, die zu den Verdauungsenzymen des Intestinaltrakts gehören
- neutrale, membrangebundene Sphingomyelinasen, die in verschiedenen Isoformen vorkommen

Das durch Sphingomyelinasen gebildete Ceramid kann durch die **Ceramidase** deacyliert werden, wobei **Sphingosin** entsteht (Abb. 18.13). Nach Phosphorylierung zu **Sphingosin-1-phosphat** wird dieses durch die **Sphingosin-1-phosphat-Lyase** zu Palmitaldehyd und Phosphorylcholin gespalten.

18.2.3 Biosynthese von Membranen

! Im glatten endoplasmatischen Retikulum werden Membranlipide und damit alle zellulären Membranen synthetisiert.

Sämtliche für die Phospholipidsynthese benötigten Enzyme sind in den Membranen des glatten endoplasmatischen Retikulums verankert, allerdings bewirkt ihre Lokalisation eine asymmetrische Verteilung der neu synthetisierten Lipide. So ist beispielsweise:
- die Sphingomyelin-Biosynthese auf der luminalen Seite des ER lokalisiert. Da neu synthetisierte Sphingomyeline in Vesikeln zu ihren Zielmembranen transportiert werden, erscheinen sie nach Membranfusion im äußeren Blatt der Plasmamembran (► u.)
- dagegen sind die Enzyme der Phosphoglyceridbiosynthese auf der cytosolischen Seite des ER lokalisiert, sodass die neu synthetisierten Phosphoglyceride bevorzugt auf der cytosolischen Seite der Plasmamembran erscheinen

Diese durch die Topologie der Enzymverteilung vorgegebene Asymmetrie muss der jeder einzelnen Membran entsprechenden Lipidverteilung dadurch angepasst werden, dass einzelne Lipide von einem Blatt der Doppelschicht in das andere wechseln. Weil dabei die polaren Kopfgruppen durch die Alkanphase der Lipiddoppelschicht bewegt werden müssen, tritt dieser Vorgang spontan nur selten auf. Für den benötigten raschen Austausch sorgt im endoplasmatischen Retikulum ein auch als **Scramblase** (*to scramble* = verquirlen, vermischen) bezeichnetes Transportprotein (► u.).

! Lipidtransferproteine und Membranvesikel sind die wichtigsten Transportmöglichkeiten für Membranlipide.

Nachdem das endoplasmatische Retikulum der einzige Ort der Membranbiosynthese ist, ergibt sich die Frage, auf welche Weise die dort synthetisierten Phosphoglyceride in andere Membranen wie die Plasmamembran, die Mitochondrienmembran oder die Membranen des Golgi-Apparats kommen. Die hierfür grundsätzlich in Frage kommenden

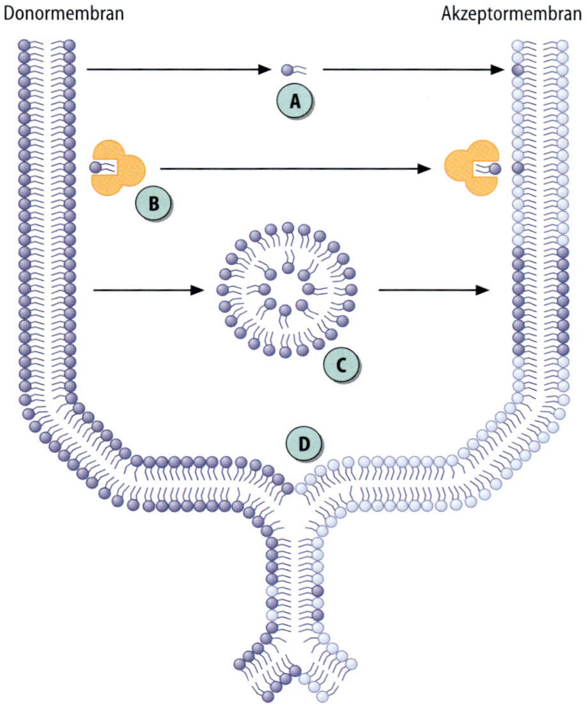

Abb. 18.14. Mechanismen für den Austausch von Phosphoglyceriden zwischen dem endoplasmatischen Retikulum und anderen Membranen. a Transport durch Diffusion; **b** Transport mit löslichen Carrierproteinen; **c** Vesikeltransport; **d** Membranfusion

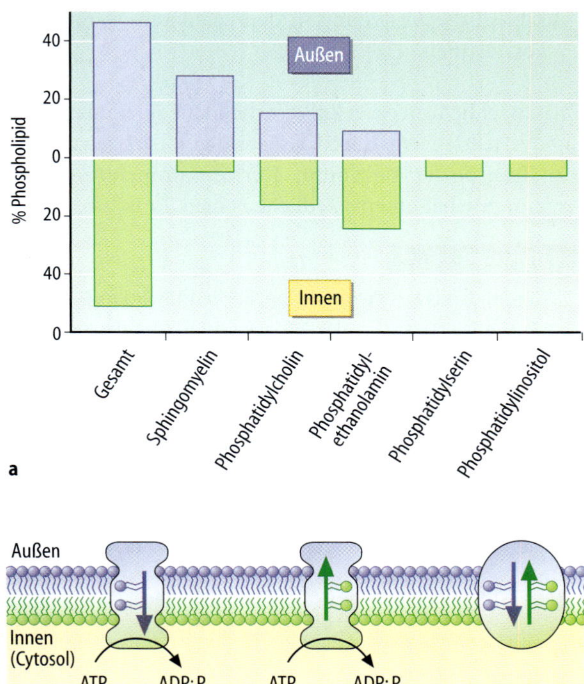

Abb. 18.15a,b. Asymmetrische Verteilung von Phosphoglyceriden der Plasmamembran. a Verteilung von Phosphatidylcholin, -serin, -ethanolamin und -inositol sowie Sphingomyelin auf die beiden Seiten der Plasmamembran. **b** Wirkungsweise von Flippasen, Floppasen und Scramblasen. (Einzelheiten ► Text)

Mechanismen sind in Abb. 18.14 zusammengestellt. In Anbetracht der relativ geringen Löslichkeit von Phospholipiden in wässrigen Medien ist die Diffusion von monomeren Phosphoglyceriden wahrscheinlich ein eher seltenes Ereignis. Gut charakterisiert ist jedoch der Austausch von Phospholipiden zwischen der Membran des endoplasmatischen Retikulums und beispielsweise den mitochondrialen Membranen durch **Lipidtransferproteine**. Diese sind imstande, einzelne Phosphoglyceridmoleküle zu binden und zu den Mitochondrien zu transportieren. Der Austausch zwischen den Membranen des endoplasmatischen Retikulums, des Golgi-Apparats und der Plasmamembran erfolgt über den Transport durch **Membranvesikel** (► Kap. 6.2). Einzelne Membranbestandteile lassen sich außerdem noch während der reversiblen **Fusion** zweier Doppelmembranen austauschen.

! ATP-abhängige Phospholipidtransporter sind für die Asymmetrie der Plasmamembran verantwortlich.

Abbildung 18.15a zeigt die für **Plasmamembranen** typische asymmetrische Verteilung der Phospholipide. Sphingomyelin ist ganz überwiegend auf dem zur extrazellulären Seite gelegenen Blatt der Lipid-Doppelschicht lokalisiert, Phosphatidylethanolamin, -serin und -inositol dagegen auf dem cytosolischen Blatt. Diese Asymmetrie wird durch spezifische Transporter aufrechterhalten (Abb. 18.15b):

- **Flippasen** sind Phospholipidtransporter, die in einer ATP-abhängigen Reaktion Phospholipide vom äußeren Blatt zum cytosolischen Blatt der Plasmamembran transportieren. Von besonderer Bedeutung hierbei ist die **Aminophospholipid-Translocase**, die Phosphatidylserin und mit geringerer Aktivität Phosphatidylethanolamin transportiert
- **Floppasen** katalysieren dagegen den ATP-abhängigen Transport von Phospholipiden vom inneren zum äußeren Blatt der Plasmamembran. Strukturell gehören sie zur Familie der MDR-Proteine *(multi drug resistance proteins)* (► Kap. 6.1.5)
- Unter dem Begriff **Scramblasen** fasst man eine Gruppe von nicht-ATP-abhängigen Transportern zusammen, die den Transport in beide Richtungen katalysieren und somit zu einer gleichmäßigen Verteilung der Membranphospholipide führen. Scramblasen kommen im endoplasmatischen Retikulum, aber auch in der Plasmamembran und anderen zellulären Membranen vor. Bisher sind vier verschiedene Scramblasen beschrieben worden, die sich durch unter-

schiedliche Verteilung in den zellulären Membranen auszeichnen

Die tatsächliche in einer Zelle vorhandene Asymmetrie der Lipidverteilung wird durch das jeweilige Gleichgewicht der o.g. Transporter bestimmt. Der Zusammenbruch der Asymmetrie hat unterschiedliche Folgen. Er ist z.B.:

- eine Voraussetzung der Thrombozytenaktivierung (▶ Kap. 29.5.2)
- ein frühes Zeichen der Erythrozytenalterung
- am Substraterkennungsvorgang von Makrophagen (▶ Kap. 29.3.1, 34) oder
- an der Auslösung der Apoptose beteiligt

In Kürze

Ceramid, das aus Palmityl-CoA, Serin und einem Acyl-CoA synthetisiert wird, ist der Ausgangspunkt für die Biosynthese folgender Sphingolipide:
- Sphingomyelin
- Cerebroside
- Sulfatide und
- Ganglioside

Hierbei reagiert Ceramid jeweils mit den entsprechenden aktivierten Bestandteilen.

Der Sphingolipidabbau erfolgt lysosomal durch entsprechende Hydrolasen, die jeweils spezifisch für die in Sphingolipiden vorkommenden Ester- bzw. Glycosidbindungen sind. Das durch Sphingomyelinasen gebildete Ceramid wird weiter zu Sphingosin und dieses nach Phosphorylierung zu Palmitaldehyd und Phosphorylcholin gespalten.

Die Biosynthese der Membranlipide erfolgt in den Membranen des glatten endoplasmatischen Retikulums. Durch z.T. ATP-abhängige Translocasen wird die für jede Membran typische Verteilung von Lipiden im inneren bzw. äußeren Blatt der Doppelschicht eingestellt.

18.3 Stoffwechsel der Isoprenlipide und des Cholesterins

Vom menschlichen Organismus wird täglich etwa 1 g Cholesterin in Form von Gallensäuren ausgeschieden, eine ebenso große Menge muss infolgedessen nachgeliefert werden. Der größte Teil davon entsteht durch Neusynthese, da bei ausgeglichener Ernährung nur etwa 0,3 g Cholesterin/Tag mit den Nahrungsmitteln aufgenommen werden.

Cholesterin ist ein typisches Produkt des tierischen Stoffwechsels und kommt daher in größeren Mengen nur in Nahrungsmitteln tierischen Ursprungs wie Muskelfleisch, Leber, Hirn und Eigelb vor.

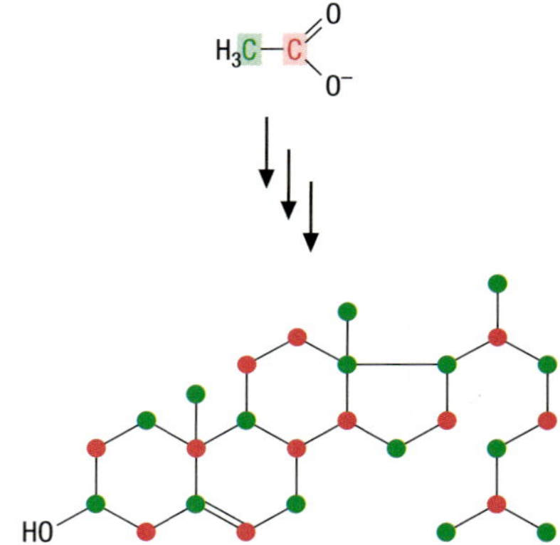

Abb. 18.16. Herkunft der C-Atome des Cholesterins. Inkubiert man Cholesterin-synthetisierende Zellen mit Methyl- bzw. Carboxyl-markiertem Acetat, finden sich im Cholesterinmolekül in regelmäßiger Folge Methyl- und Carboxyl-C-Atome des Acetats

18.3.1 Biosynthese des Cholesterins

In Anbetracht der Tatsache, dass Cholesterin ein essentieller Bestandteil tierischer Membranen ist, muss man davon ausgehen, dass alle Zellen des Organismus zur Cholesterinbiosynthese befähigt sind. Alle Schritte der Cholesterinbiosynthese sind mit Ausnahme der ersten Reaktionen im endoplasmatischen Retikulum der Zellen lokalisiert.

Sämtliche C-Atome des Cholesterins stammen vom **Acetyl-CoA** ab (Abb. 18.16). Inkubiert man Cholesterin synthetisierende Zellen mit Methyl- bzw. Carboxyl-markiertem Acetat, so findet man, dass sich in dem aus Acetat synthetisierten Cholesterin in sehr regelmäßiger Folge Methyl- und Carboxyl-C-Atome des Acetats abwechseln. Daraus folgt, dass ein lineares, aus Acetylresten aufgebautes Molekül ein Präkursor des Cholesterins ist. Die einzelnen Schritte der Cholesterinbiosynthese wurden in den Arbeitsgruppen von Konrad Bloch und Feodor Lynen aufgeklärt. Entscheidend war bei ihren Arbeiten die Erkenntnis,

- dass das aus fünf C-Atomen bestehende **Isopren** (2-Methyl-1,3-Butadien, Abb. 2.21) der Grundkörper nicht nur für die Biosynthese der Isoprenlipide, sondern auch des **Cholesterins** ist, wobei als Zwischenprodukt das lineare, aus 30 C-Atomen bestehende **Squalen** auftritt und
- dass Isopren aus Acetyl-CoA synthetisiert werden kann, wobei das aus sechs C-Atomen bestehende **Mevalonat** (Mevalonsäure) ein Zwischenprodukt ist

Dem entsprechend wird die Cholesterinbiosynthese in vier Phasen eingeteilt:

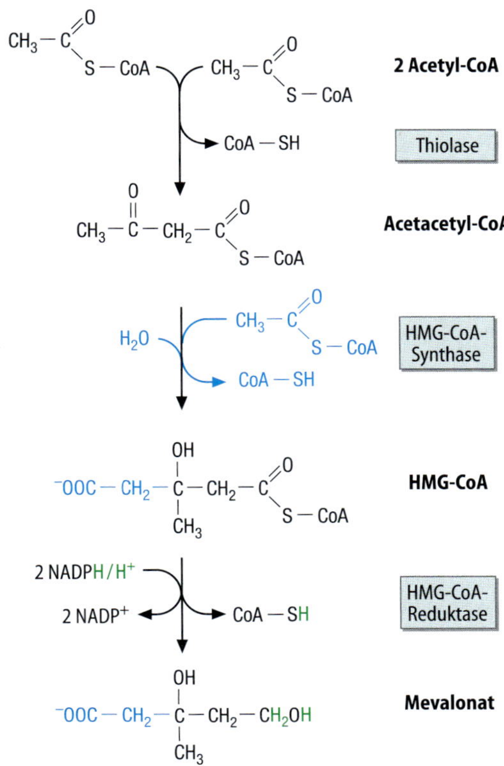

Abb. 18.17. Biosynthese von Mevalonat aus Acetyl-CoA. Die dargestellte Reaktionsfolge findet im Cytosol statt. (Weitere Einzelheiten ▶ Text)

- aus Acetyl-CoA entsteht Mevalonat (Mevalonsäure)
- aus Mevalonsäure wird das »aktive Isopren« Isopentenylpyrophosphat gebildet
- aus Isopentenylpyrophosphat kondensiert Squalen
- Squalen zyklisiert zum zu Cholesterin

! Für die Biosynthese von Mevalonsäure werden drei Acetyl-CoA benötigt.

Bildung von Mevalonat. Abb. 18.17 stellt die erste Phase der Cholesterinbiosynthese, nämlich die Bildung von **Mevalonat** dar. Zunächst kondensieren zwei Acetyl-CoA unter Abspaltung von CoA-SH zu Acetacetyl-CoA. An dieses lagert sich ein weiteres Acetyl-CoA an, sodass **β-Hydroxy-β-Methylglutaryl-CoA** (HMG-CoA) entsteht. Diese Reaktionssequenz findet sich auch bei der mitochondrial lokalisierten Biosynthese der Ketonkörper (▶ Kap. 12.2.2). Im Gegensatz zur Ketonkörperbiosynthese wird allerdings das für die Mevalonatsynthese benötigte HMG-CoA im Cytosol erzeugt. Durch die **HMG-CoA-Reduktase** wird HMG-CoA unter Verbrauch von 2 NADPH reduziert. Die Reduktion erfolgt an der den Thioester tragenden Carboxylgruppe des HMG-CoA unter Abspaltung von CoA-SH, das Produkt ist Mevalonat.

! Aktives Isopren wird aus Mevalonat synthetisiert.

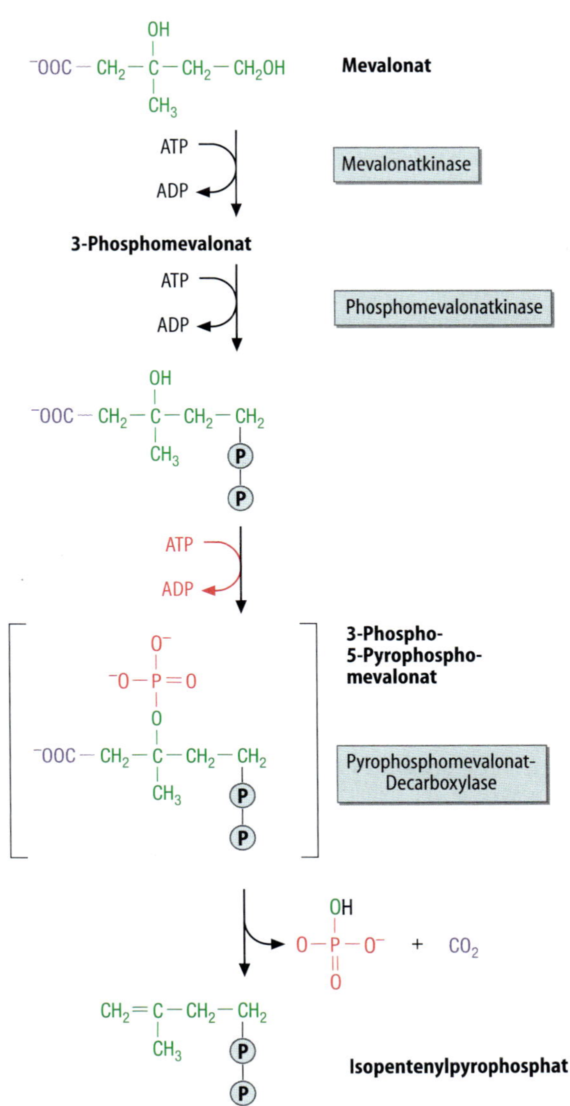

Abb. 18.18. Biosynthese von »aktivem Isopren« aus Mevalonat. (Einzelheiten ▶ Text)

Bildung von aktivem Isopren. Die zweite Phase der Cholesterinbiosynthese besteht in der Herstellung des aktiven Isoprens **Isopentenylpyrophosphat** (Abb. 18.18), welches sich formal vom 2-Methyl-1,3-Butadien herleitet. Isopentenylpyrophosphat ist Ausgangsprodukt nicht nur für die Biosynthese des Cholesterins, sondern auch für die der Terpene, die die verschiedensten Funktionen in der Natur übernehmen (▶ Kap. 2.2.5, 18.3.2).

Die vom Mevalonat zum aktiven Isopren führenden Reaktionen sind in Abbildung 18.18 zusammengestellt. Die für sie verantwortlichen Enzyme sind sowohl im Cytosol als auch in den Peroxisomen nachweisbar.

- Mevalonat wird durch zweimalige ATP-abhängige Phosphorylierung an der CH_2OH-Gruppe über das Zwischenprodukt 5′-Phosphomevalonat in **5′-Pyrophosphomevalonat** umgewandelt

- Eine dritte, ATP-abhängige Phosphorylierung führt zur Veresterung auch der Hydroxylgruppe am C-Atom 3 des Mevalonats, sodass das Zwischenprodukt **3′-Phospho-5′-Pyrophosphomevalonat** entsteht
- Dieses wird decarboxyliert und unter Mitnahme des aus der Hydroxylgruppe stammenden Sauerstoffs dephosphoryliert, sodass als Zwischenprodukt **Isopentenylpyrophosphat**, das sog. aktive Isopren, entsteht

> ! Vom Isopentenylpyrophosphat gehen Kondensationsreaktionen aus, die zu den Isoprenlipiden und zum Squalen führen.

Bildung von Squalen. Squalen entsteht durch eine Serie von Kondensationsreaktionen, die vom Isopentenylpyrophosphat ausgehen.

Die Kondensationsreaktion von aktiven Isoprenresten erfolgt in folgenden Schritten unter Katalyse **der Isopentenylpyrophosphat-Isomerase** und der **Prenyltransferase** (◘ Abb. 18.19). Zunächst wird Isopentenylpyrophosphat durch die Isopentenylpyrophosphat-Isomerase zu **Dimethylallylpyrophosphat** isomerisiert und damit ein weiteres aktives Isopren erzeugt. Grundlage der folgenden Kondensationsreaktionen ist eine Kopf-Schwanz-Kondensation:

- Vom enzymgebundenen Dimethylallylpyrophosphat wird Pyrophosphat eliminiert
- An das dadurch als Intermediat entstehende **Carbokation** kondensiert Isopentenylpyrophosphat, wobei ein neues Carbokation gebildet wird, aus dem durch Abspaltung eines Protons **Geranylpyrophosphat** entsteht
- Die Prenyltransferase katalysiert nach einem gleichartigen Mechanismus die Kondensation von Geranylpyrophosphat mit Isopentenylpyrophosphat. Das Reaktionsprodukt ist das aus 15 C-Atomen bestehende **Farnesylpyrophosphat**

Durch Kondensation von zwei Molekülen Farnesylpyrophosphat entsteht unter Katalyse der **Squalensynthase** das aus insgesamt 30 C-Atomen bestehende **Squalen.** Bei dieser Reaktion handelt es sich um eine Kopf-Kopf-Kondensation, bei der ebenfalls nach Pyrophosphat-Eliminierung ein Carbokation als Intermediat auftritt. Außerdem ist eine NADPH-abhängige Reduktion des Zwischenprodukts Präsqualen-Pyrophosphat erforderlich.

> ! Die durch Kondensation von aktiven Isoprenresten gebildeten Zwischenprodukte sind Ausgangspunkt für die Biosynthese einer großen Zahl von Naturstoffen.

Aus den bei der Kondensation der aktiven Isoprene entstehenden Verbindungen werden außer dem Squalen viele Naturstoffe gebildet (◘ Abb. 18.20). Zu ihnen gehören u.a.

- Das Cholesterin und seine Abkömmlinge
- das Dolichol (► Kap. 2.2.5)
- das Ubichinon (► Kap. 15.1.2)
- die Carotinoide (Vitamin A, ► Kap. 23.2.1)
- das Tocopherol (Vitamin E, ► Kap. 23.2.3)

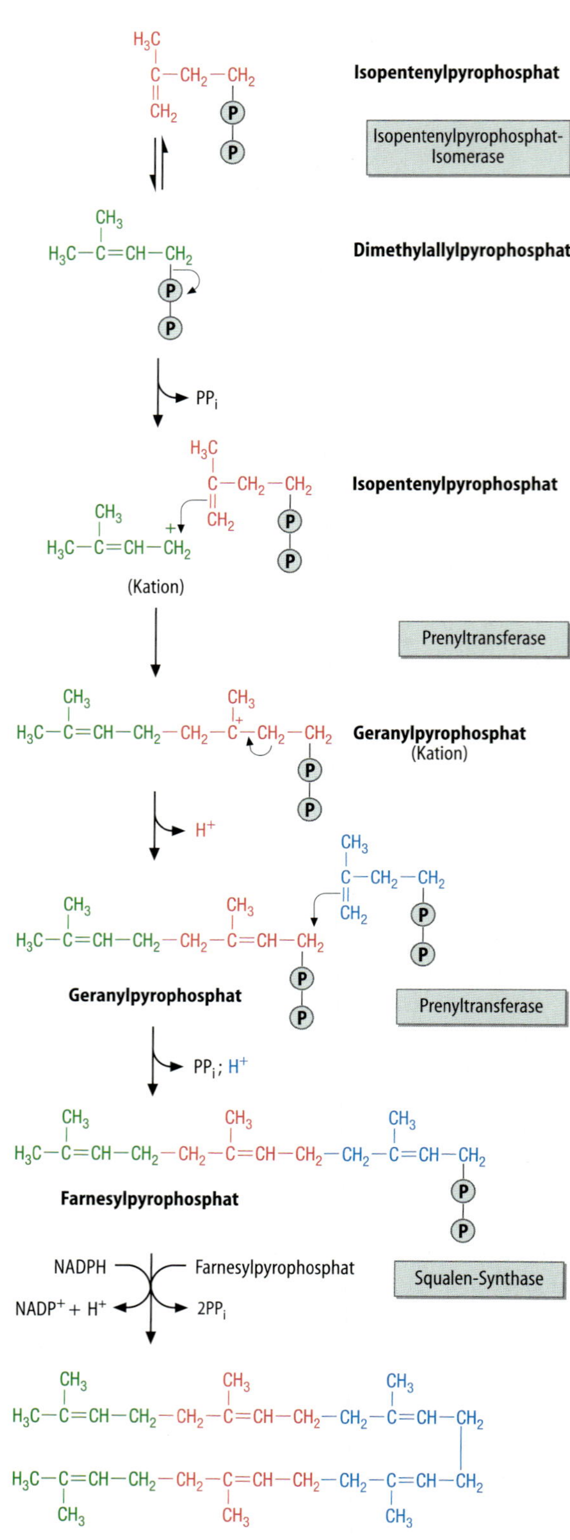

◘ **Abb. 18.19. Reaktionsmechanismus der Prenyltransferase.** Durch Pyrophosphateliminierung entsteht ein Carbokation aus dem Dimethylallylpyrophosphat. An dieses kondensiert Isopentenylpyrophosphat. An das entstehende Geranylpyrophosphat kann unter Farnesylpyrophosphat-Bildung ein weiteres Isopentenylpyrophosphat ankondensieren. (Einzelheiten ► Text)

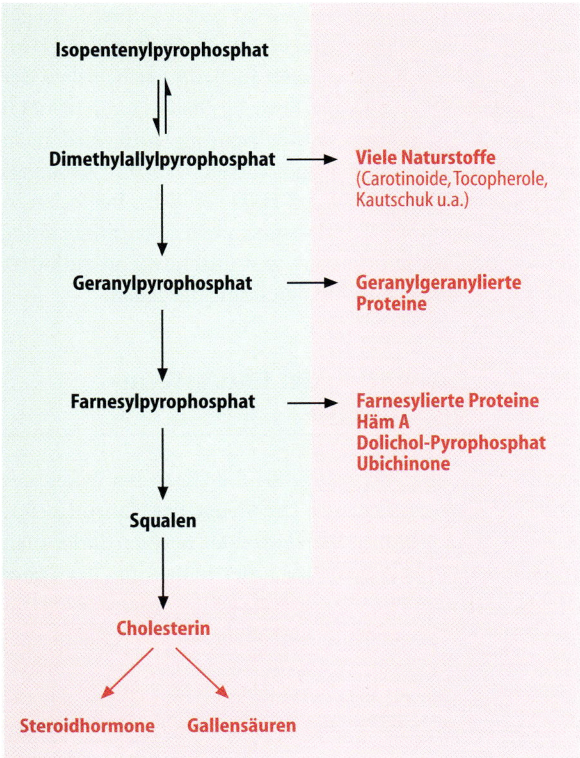

Abb. 18.20. Biosynthese wichtiger Verbindung aus »aktivem Isopren« in Säugerzellen. (Einzelheiten ► Text)

- die Phyllochinone (Vitamin K, ► Kap. 23.2.4), aber auch
- eine große Zahl pflanzlicher Metabolite, u.a. Kautschuk

Darüber hinaus werden einige vor allem an Regulationsvorgängen beteiligte Proteine durch Geranylierung oder Farnesylierung mit den entsprechenden Gruppen covalent verknüpft und erhalten damit einen **Membrananker** (► Kap. 9.2.4).

! Cholesterin entsteht in 22 Teilreaktionen aus Squalen.

Synthese von Cholesterin aus Squalen. Squalen ist ein Vorläufer des Cholesterins (Abb. 18.21). Zunächst entsteht in einer mehrstufigen Reaktion unter Ringschluss **Lanosterin**. Dabei wandert eine Methylgruppe auf das C-Atom 13 und eine weitere auf das C-Atom 14. In einer Sauerstoff-abhängigen Reaktion wird schließlich am C-Atom 3 eine Hydroxylgruppe eingeführt. Durch dreimalige Demethylierung an den C-Atomen 4 und 14 entsteht aus Lanosterin das **Zymosterin**. Es unterscheidet sich von **Cholesterin** nur noch durch die Lage der Doppelbindung sowie durch eine weitere Doppelbindung in der Seitenkette.

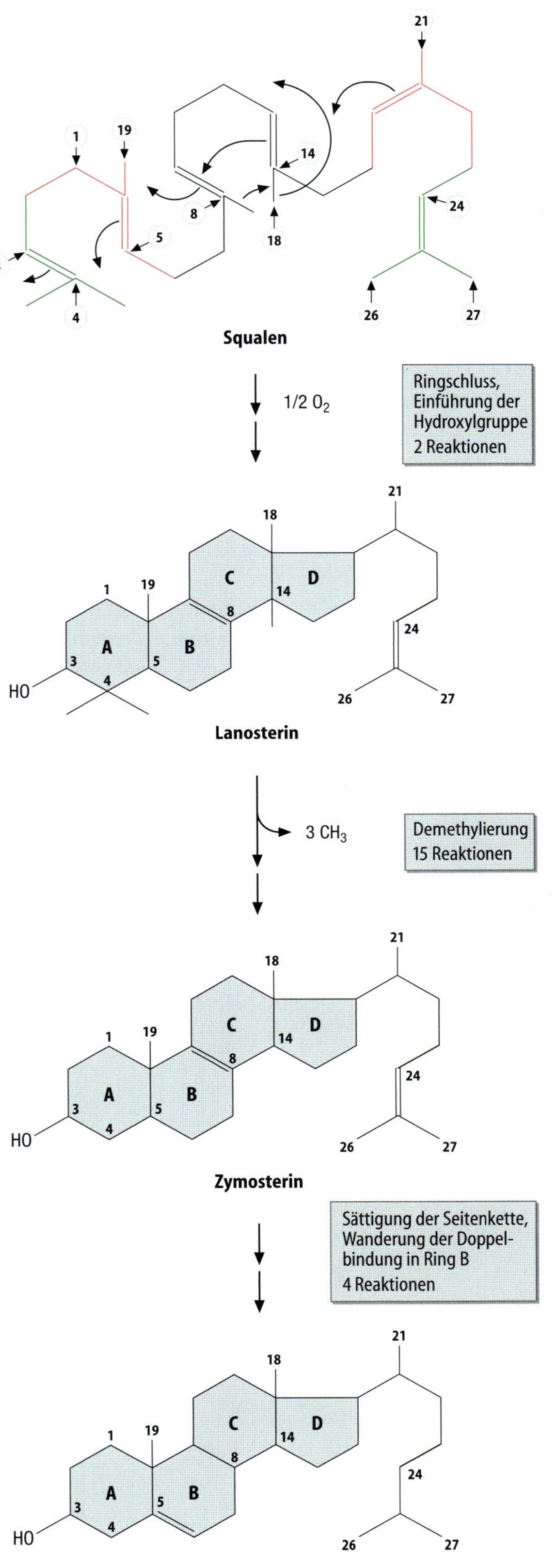

Abb. 18.21. Biosynthese von Cholesterin aus Squalen. Die Nummerierung der C-Atome in den Zwischenprodukten entspricht der Nummerierung im Cholesterin. (Einzelheiten ► Text)

18.3.2 Stoffwechsel und Abbau des Cholesterins

Cholesterin kann von allen Zellen synthetisiert werden. Allerdings ist es auch ein Bestandteil der Nahrung, sodass die Biosynthese auf die Zufuhr abgestimmt sein muss, um eine Cholesterinüberladung zu vermeiden (► Kap. 18.3.3). In Form von Cholesterinestern wird darüber hinaus Cholesterin in vielen Zellen gespeichert. Cholesterin ist eine Verbindung, die im Zellstoffwechsel an lebenswichtigen Vorgängen beteiligt ist (◘ Abb. 18.22):

- Cholesterin ist ein unerlässlicher Bestandteil zellulärer Membranen (► Kap. 2.2.6)
- Aus Cholesterin werden alle Steroidhormone einschließlich der D-Hormone synthetisiert (Vitamin D, ► Kap. 23.2.2)
- Aus Cholesterin entstehen Gallensäuren, die für eine geordnete Lipidverdauung essentiell sind (► Kap. 32.1.4)

Da alle aus Cholesterin entstehenden Verbindungen, aber auch das Cholesterin in den Membranen einem raschen Umsatz unterliegen, sind Abbau und Ausscheidung von Cholesterin wichtige Vorgänge. Das Steranskelett kann allerdings im Organismus nicht gespalten werden.

Cholesterin selbst wird hauptsächlich über die Galle ausgeschieden. Die einzige Modifikation des Steranskeletts, die dem Organismus möglich ist, ist die Umwandlung von Cholesterin in **Gallensäuren** (► Kap. 32.1.4).

Beim Menschen wird etwa 1 g Cholesterin/24 h in der Leber in Gallensäuren umgewandelt. Ein großer Teil des intestinalen Gallensäurepools wird rückresorbiert und gelangt wieder in die Leber, um erneut via Galle in den Darm ausgeschieden zu werden (enterohepatischer Kreislauf der Gallensäuren, ► Kap. 32.1.4). Etwa 1 g Gallensäuren pro 24 h gelangt in die tieferen Darmabschnitte und wird nach bakterieller Zersetzung ausgeschieden. Dorthin gelangtes Cholesterin wird teilweise mit Hilfe von Darmbakterien zu **Koprosterin** reduziert und ausgeschieden. Steroidhormone werden oxidativ modifiziert und anschließend sulfatiert oder glucuronidiert und in den Urin abgegeben.

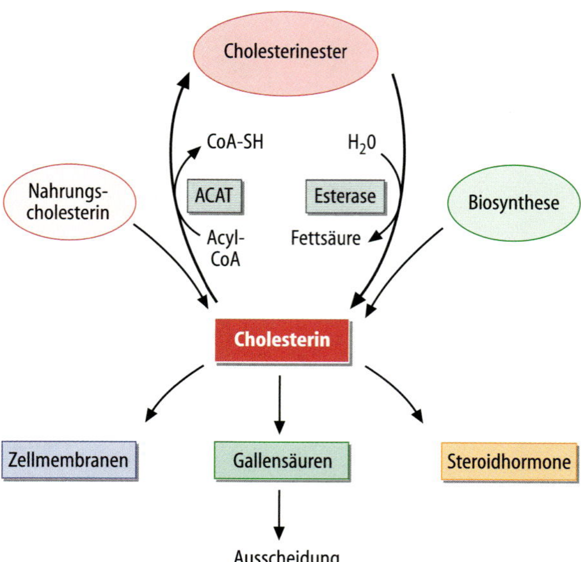

◘ **Abb. 18.22. Übersicht über den Stoffwechsel von Cholesterin.** Zellen gewinnen ihr Cholesterin entweder durch Biosynthese oder durch Aufnahme aus Lipoproteinen. Intrazellulär wird Cholesterin entweder durch die ACAT (Acyl-CoA-Cholesterin-Acyltransferase) als Ester gespeichert oder, je nach Gewebe, für weitere Reaktionen verwendet

18.3.3 Regulation der Cholesterinbiosynthese

Es ist schon lange bekannt, dass die Geschwindigkeit der Cholesterinbiosynthese von der Menge des Nahrungscholesterins abhängt. Innerhalb einzelner Spezies findet man große Unterschiede hinsichtlich der Bedeutung der Leber als Quelle des endogenen Cholesterins. Während bei Hund und Ratte die Leber für den Großteil der Biosynthese verantwortlich ist, überwiegt beim Menschen die extrahepatische Biosynthese (über den Einfluss von LDL auf die extrahepatische Cholesterinbiosynthese ► Kap. 18.5.2). Ungeachtet dieser Tatsache ist auch beim Menschen der Cholesteringehalt des Plasmas von der Menge des mit der Nahrung aufgenommenen Cholesterins abhängig. Durch Reduktion der Cholesterinaufnahme lässt sich deswegen der Cholesterinspiegel im Plasma senken. Umgekehrt führt eine Mehraufnahme von 100 mg Cholesterin/Tag zu einer Erhöhung des Cholesterinspiegels um etwa 5 mg/100 ml (0,13 mmol/l) Plasma.

Cholesterin ist ein für viele Lebensvorgänge unerlässliches Molekül (► Kap. 18.3.2). Es ist praktisch unlöslich in wässrigen Medien und zeigt u.a. bei erhöhter Plasmakonzentration die Tendenz zur Ablagerung, z.B. in der Wand von Blutgefäßen mit entsprechenden Konsequenzen (► Kap. 18.6.2). Aus diesem Grund müssen endogene Cholesterinsynthese und Cholesterinzufuhr mit der Nahrung möglichst gut aufeinander abgestimmt werden.

! Cholesterin hemmt die Transkription der Enzyme der Cholesterinbiosynthese.

Das die Reaktionsgeschwindigkeit der Cholesterinbiosynthese bestimmende Enzym ist die **HMG-CoA-Reduktase**. Bei Nahrungskarenz ist die Aktivität dieses Enzyms deutlich reduziert, was das Absinken des Cholesterinspiegels beim Fasten erklärt. Ähnlich niedrige HMG-CoA-Reduktaseaktivitäten finden sich auch beim Diabetes mellitus. Hier können allerdings die Cholesterinspiegel im Blut hoch sein, wahrscheinlich wegen einer Verlangsamung des Cholesterinumsatzes und der Cholesterinausscheidung. Eine dem Diabetes mellitus ähnliche Konstellation findet man bei der Schilddrüsenunterfunktion, der Hypothyreose (► Kap. 27.2.9). Die Hyperthyreose geht dagegen trotz Erhö-

18

hung der HMG-CoA-Reduktaseaktivität mit erniedrigten Cholesterinspiegeln im Blut einher, wahrscheinlich weil gleichzeitig Cholesterinumsatz und -ausscheidung gesteigert sind. Auch Gallensäuren hemmen die Cholesterinbiosynthese (▶ Kap. 32.1.4). Wird die Rückresorption der Gallensäuren im Darm durch die Bindung an einen nicht resorbierbaren Ionenaustauscher unterbunden, so kommt es zu einer Steigerung der Cholesterinbiosynthese in der Leber. Da jedoch gleichzeitig die Gallensäureneubildung aus Cholesterin beträchtlich beschleunigt ist, sinkt der Serumcholesterinspiegel trotzdem ab.

Auf molekularer Ebene ist die Regulation der HMG-CoA-Reduktase außerordentlich komplex und hängt mit der Expression anderer Enzyme bzw. Proteine zusammen:

- Zufuhr von Nahrungscholesterin oder Gabe von Sterolen und Mevalonsäure zu kultivierten Zellen führt zu einer raschen Abnahme der mRNA aller an der Cholesterinsynthese beteiligter Gene, besonders der **HMG-CoA-Reduktase**, der **HMG-CoA-Synthase**, der **Prenyltransferase,** aber auch des **LDL-Rezeptors** (▶ Kap. 18.5.2)
- Bei Cholesterinmangel nimmt dagegen die Transkription dieser Gene zu

Die Gene der genannten Proteine haben in ihrer Promotorregion in mehreren Kopien ein aus acht Nucleotiden bestehendes sog. **Sterolregulationselement 1** (SRE-1, *sterol regulatory element*). Die Entfernung dieser Elemente bringt die Transkriptionsabhängigkeit von Cholesterin und anderen Sterolen zum Verschwinden. SRE-1 ist ein *enhancer* (▶ Kap. 8.5.2), der die Transkription der o.g. Gene dann aktiviert, wenn Transkriptionsfaktoren an ihn binden, die als SREBPs (*sterol response element binding protein*) bezeichnet werden. SREBPs kommen in drei Isoformen, SREBP-1a, -1c und -2 vor. Für die Regulation der Gentranskription durch Cholesterin ist v.a. SREBP-2 zuständig. Seine Aktivierung erfolgt in folgenden Schritten: (◘ Abb. 18.23):

- SREBP-2 ist ein aus drei Domänen bestehendes Protein, das haarnadelartig in die Membran des endoplasmatischen Retikulums integriert ist. Die N-terminale sowie die C-terminale Domäne ragt ins Cytosol. Die N-terminale Domäne ist ein Transkriptionsfaktor der Helix-Loop-Helix-Familie (▶ Kap. 8.5.2), die C-terminale Domäne hat eine regulatorische Funktion
- Die C-terminale Domäne bindet an ein als Scap (SREBP *cleavage-activating protein*) bezeichnetes, mit 8 Transmembrandomänen im endoplasmatischen Retikulum verankertes Protein
- 5 der 8 Transmembransegmente von Scap wirken als Sensoren für in die Membran eingebautes Cholesterin
- Ist die Cholesterinkonzentration hoch, so bindet der Komplex aus SREBP-2 und Scap an ein als Insig-Protein (*insulin induced gene*) bezeichnetes Membranprotein des endoplasmatischen Retikulums und fixiert auf diese Weise SREBP-2

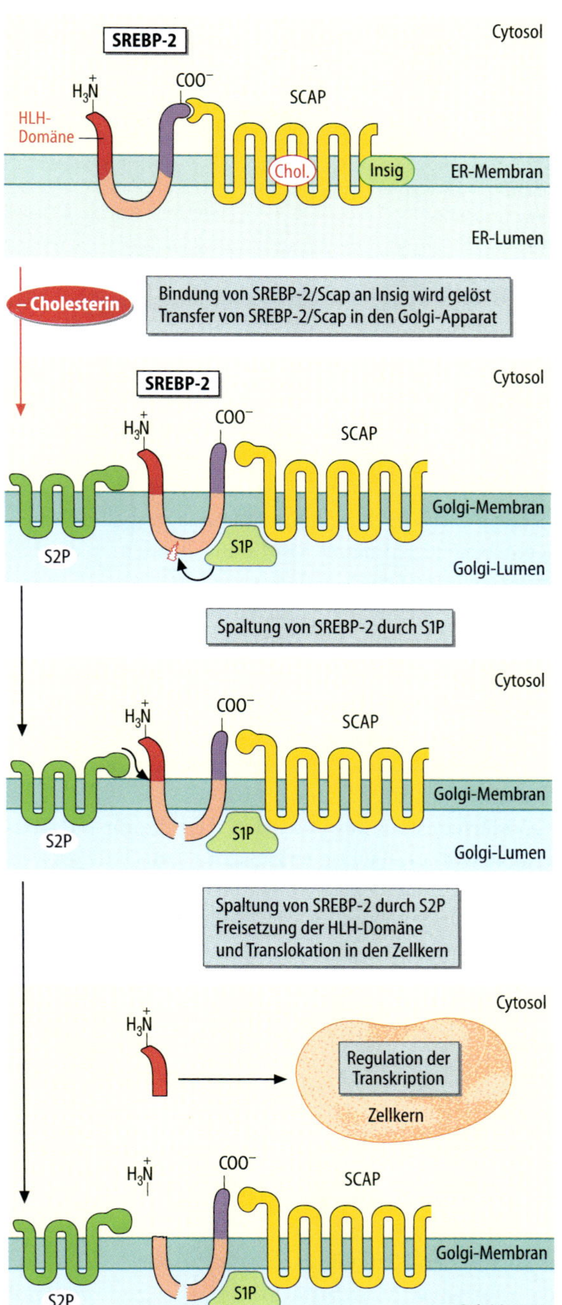

◘ **Abb. 18.23. Regulation der Cholesterinbiosynthese durch proteolytische Aktivierung von SREBP-2.** SREBPs und damit auch SREBP-2 sind integrale Membranproteine des endoplasmatischen Retikulums, die dort einen Komplex mit Scap (SREBP *cleavage-activating protein*) bilden. Scap hat eine Cholesterin-bindende Domäne. Bei hohen Cholesterinkonzentrationen wird der SREBP-2/Scap-Komplex an das Insig-Protein (*insulin induced gene*) gebunden. Die Freisetzung der als Transkriptionsfaktor dienenden N-terminalen Domäne des SREBP-2 erfolgt bei niedrigen Cholesterinkonzentrationen nach Translokation in den Golgi-Apparat. Sie wird durch eine Spaltung durch die Protease S1P eingeleitet. Nach der ersten Spaltung wird die Protease S2P aktiv und spaltet den DNA-bindenden Teil des SREBPs ab. Dieser gelangt in den Zellkern und wirkt als Transkriptionsfaktor. (Einzelheiten ▶ Text)

Tabelle 18.1. Proteine, deren Expression durch SREBPs aktiviert wird (Auswahl)

SREBP-2 Aktiviert durch Cholesterinmangel	SREBP-1a Aktiviert durch Mangel an ungesättigten Fettsäuren	SREBP-1c Aktiviert durch Insulin
HMG-CoA Synthase HMG-CoA Reductase Alle Enzyme bis zum Isopentenylpyrophosphat Prenyltransferase Squalensynthase Enzyme vom Squalen bis zum Cholesterin LDL-Rezeptor	Acetyl-CoA-Carboxylase Fettsäuresynthase Fettsäure-Elongasen Fettsäure-Desaturasen	GLUT-2 Glucokinase Malatenzym Acetyl-CoA-Carboxylase Fettsäuresynthase Glycerophosphat-Acyltransferase

- Bei niedrigen Cholesterinkonzentrationen bindet das Scap kein Cholesterin, löst sich von der Bindung an Insig und der SREBP/Scap-Komplex wird vesikulär zum Golgi-Apparat transportiert
- Durch eine als S1P bezeichnete Protease wird dort SREBP-2 in der luminalen Domäne gespalten. Beide cytosolische Domänen sind danach noch in die ER-Membran integriert
- Erst durch die S2P-Protease wird die N-terminale Domäne freigesetzt, in den Zellkern transloziert und wirkt dann als Transkriptionsfaktor. S2P ist nur aktiv, wenn S1P die luminale Domäne geschnitten hat
- Die Transkription aller an der Cholesterinbiosynthese beteiligter Gene wird durch SREBP-2 gesteigert

Dieser Mechanismus gewährleistet, dass die für die Cholesterinbiosynthese benötigten Gene nur dann aktiviert werden, wenn die Zelle arm an Cholesterin ist (Tabelle 18.1).

SREBPs sind nicht nur an der Regulation des Cholesterinstoffwechsels beteiligt, sondern greifen auch in die Fettsäure- und Triacylglycerinsynthese, die Aufnahme von Cholesterin und Fettsäuren in Zellen und sogar in den Glucosestoffwechsel ein (Tabelle 18.1). Die Aktivierung ist in diesem Fall allerdings nicht cholesterin-, sondern insulinabhängig (► Kap. 11.6.1).

! Eine Erhöhung des zellulären Cholesteringehalts senkt die Halbwertszeit der HMG-CoA-Reduktase.

Die HMG-CoA-Reduktase ist ebenfalls ein Protein des endoplasmatischen Retikulums. Eine cytosolische Domäne trägt die Enzymaktivität. In die Membran ist das Enzym mit acht Transmembrandomänen integriert. Diese sind eng mit den acht Transmembrandomänen von Scap verwandt, dienen also auch als Cholesterinsensor. Bindung von Cholesterin an diese Domänen löst einen gesteigerten Abbau von HMG-CoA-Reduktase und damit eine Verminderung der Cholesterinbiosynthese aus.

! Die HMG-CoA-Reduktase wird durch reversible Phosphorylierung inaktiviert.

Durch die **AMP-aktivierte Proteinkinase** (AMPK), die auch die Acetyl-CoA-Carboxylase phosphoryliert und inaktiviert (► Kap. 16.1.4), wird die HMG-CoA-Reduktase inaktiviert. Eine Phosphoproteinphosphatase macht diesen Effekt rückgängig. AMP als der Aktivator der AMPK fällt immer dann an, wenn in Zellen Energiemangel herrscht. In diesem Zustand erscheint es sinnvoll, Energie verbrauchende Biosynthesen wie die Fettsäure- oder Cholesterinbiosynthese abzuschalten.

! Zur Behandlung von Hypercholesterinämien werden Inhibitoren der HMG-CoA-Reduktase verwendet.

Von besonderer Bedeutung für die Behandlung von Hypercholesterinämien (► Kap. 18.6.2) sind eine Reihe spezifischer Pilzmetabolite. Es handelt sich um Verbindungen wie **Mevinolin** oder **Compactin**, deren Derivate als **Statine** bezeichnet und für die Behandlung von Hypercholesterinämien verwendet werden (Abb. 18.24). Wegen einer dem Mevalonat entsprechenden Gruppe sind sie kompetitive Inhibitoren der HMG-CoA-Reduktase. Da sie eine besonders hohe Affinität zu diesem Enzym besitzen, kann mit ihnen die Biosynthese von Isoprenderivaten und Cholesterin vollständig gehemmt werden. Interessanterweise nimmt allerdings die Menge der immunologisch nachweisbaren HMG-CoA-Reduktase unter Behandlung mit den genannten Inhibitoren um ein bis zwei Größenordnungen zu. Dies beruht auf einer durch die erniedrigten zellulären Cholesterinspiegel ausgelösten Steigerung der Expression der HMG-CoA Reduktase sowie einer Verlangsamung ihres Abbaus (► o.). Ihre Halbwertszeit beträgt normalerweise etwa zwei Stunden und verlängert sich in Gegenwart von Mevinolin ungefähr auf 11 Stunden, während die Zugabe von Mevalonsäure und Hydroxysterolen die Halbwertszeit auf weniger als 40 Minuten verkürzen.

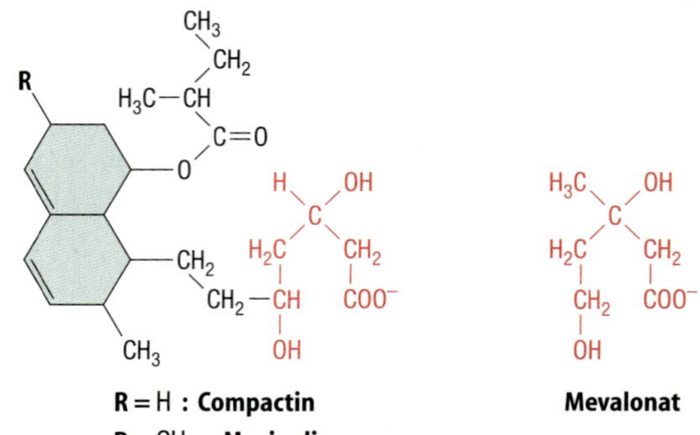

Abb. 18.24. Struktur von Compactin und Mevinolin. Der zum Mevalonat strukturhomologe Teil ist hervorgehoben

In Kürze

Die Isopren-Lipide bilden eine eigene Gruppe von Lipiden mit eminenter biologischer und medizinischer Bedeutung. Sie entstehen durch Kondensation von aktiven Isopreneinheiten, dem Dimethylallylpyrophosphat und Isopentenylpyrophosphat. Durch diese Kondensationsreaktion entsteht eine große Zahl von Naturstoffen, zu denen viele Vitamine, aber auch das intrazellulär synthetisierte Ubichinon gehören.

Ein besonders wichtiges Isoprenderivat ist das Cholesterin, das ein essentieller Bestandteil zellulärer Membranen ist, daneben aber auch den Ausgangspunkt für die Biosynthese der Steroidhormone sowie der Gallensäuren darstellt.

Das Ringsystem des Cholesterins sowie der anderen Steroide kann vom tierischen Organismus nicht gespalten werden. Deswegen wird Cholesterin als solches oder nach Umwandlung in Gallensäuren ausgeschieden.

Da Cholesterin sowohl mit der Nahrung zugeführt als auch endogen synthetisiert wird, muss seine Synthese genau reguliert werden. Dabei sind folgende Prinzipien wirksam:

- Cholesterin hemmt die Aktivierung von SREBP-2, das als Transkriptionsfaktor das geschwindigkeitsbestimmende Enzym der Cholesterinbiosynthese (HMG-CoA-Reduktase), andere Enzyme der Cholesterinsynthese, aber auch der Lipidspeicherung induziert
- Cholesterin verkürzt die Halbwertszeit der HMG-CoA-Reduktase
- Die HMG-CoA-Reduktase wird durch reversible Phosphorylierung inaktiviert

18.4 Lipide und Signalmoleküle

Phospholipide, Sphingolipide und Cholesterin sind nicht nur die für den Membranaufbau benötigten Lipidbausteine, sondern erfüllen wichtige Funktionen im Bereich der **Signaltransduktion**, d.h. der Umsetzung extrazellulärer Signale in intrazelluläre Änderungen des Stoffwechsels und anderer zellulärer Aktivitäten (◘ Tabelle 18.2).

Phosphoglyceride. Die Spaltprodukte von **Phosphoglyceriden** durch spezifische Phospholipasen liefern:

- **Inositoltrisphosphat**, das die cytosolische Calciumkonzentration erhöht (▶ Kap. 25.4.5)
- **Diacylglycerin** als Aktivator der Proteinkinase C (▶ Kap. 25.7.1) sowie
- **Arachidonsäure**, die den Ausgangspunkt für die Biosynthese der Eikosanoide darstellt (▶ Kap. 12.4.1)

Phosphatidylinositol-Bisphosphat kann durch die PI3-Kinase phosphoryliert werden. Das entstehende **Phosphatidylinositol-(3,4,5)trisphosphat** bleibt in der Membran verankert. Es dient als Andockplatz für spezifische Proteine, v.a. die 3-Phosphoinositid-abhängige Kinase-1 (PDK1) sowie die Proteinkinase B (PKB). Diese Kinasen spielen eine wichtige Rolle bei der Signaltransduktion von Wachstumsfaktoren (▶ Kap. 25.7.1) und Insulin.

Für alle aus Phosphoglyceriden gebildeten Signalstoffe gilt natürlich, dass ihre Biosynthese einer genauen Regulation unterliegt.

Sphingolipide. Die in ◘ Abb. 18.13 dargestellten Möglichkeiten des Sphingolipidabbaus liefern Zwischenprodukte, die verschiedene zellbiologische Phänomene beeinflussen:

- **Ceramid**, das durch *de novo* Biosynthese (◘ Abb. 18.9) oder aus Sphingomyelin durch die Sphingomyelinase

◘ **Tabelle 18.2.** Lipide und Lipidderivate, die für die zelluläre Signalvermittlung eine Rolle spielen (Auswahl)

Molekül	Synthetisiert aus	Beteiligtes Enzym	Zelluläre Effekte	Kapitel
IP_3	PIP_2	Phospholipase Cβ bzw. Cγ	Calciummobilisierung aus ER	25.4.5
Diacylglycerin	Phosphoglyceride	Phospholipase Cβ bzw. Cγ	Aktivierung der Proteinkinase C	25.4.5
		Phospholipase C; Phospholipase D mit Phosphohydrolase	Aktivierung der Proteinkinase C	25.7.1
Arachidonat	Phosphoglyceride	Phospholipase A_2	Synthese von Eikosanoiden	12.4.2
PIP_3	PIP_2	PI3-Kinase	Aktivierung der PDK_1 und der PK B	25.7.1, 26.1.7
Ceramid	Sphingomyelin	Spingomyelinase	Auslösung der Apoptose Hemmung der Proteinkinase C	18.4
Sphingosin	Ceramid	Ceramidase	Hemmung der Apoptose	18.4
Sphingosin-1-Phosphat	Sphingosin	Sphingosin-1-Kinase	Proliferation	18.4
Cholesterin	Acetyl-CoA	–	Hemmung der Expression von Enzymen der Cholesterin-Biosynthese	18.3.3

IP_3 = Inositoltrisphosphat; PIP_2 = Phosphatidylinositol-4,5-bisphosphat; PIP_3 = Phosphatidylinositol-3,4,5-trisphosphat.

entsteht, ist in vielen Zellen an der Auslösung der Apoptose (▶ Kap. 7.1.5) beteiligt

- **Sphingosin** entsteht durch die Ceramidase aus Ceramid und ist ein Inhibitor der Proteinkinase C (▶ Kap. 25.7.1)
- **Sphingosin-1-phosphat** wird durch die Sphingosinkinase gebildet und durch die Sphingosin-1-phosphat-Phosphatase zu Sphingosin abgebaut. Es lässt sich extrazellulär nachweisen und wirkt über spezifische Sphingosin-1-phosphat-Rezeptoren. Es stimuliert in vielen Zellen die Proliferation und wirkt antiapoptotisch
- Die an Bildung und Abbau der genannten Sphingolipide beteiligten Enzyme werden in komplizierter Weise durch Wachstumsfaktoren, Ca^{2+} und verschiedene Proteinkinasen reguliert

Cholesterin. Auch das Cholesterin greift an verschiedenen Stellen in Vorgänge der Signaltransduktion ein oder ist Ausgangspunkt für die Herstellung von Signalmolekülen. Cholesterin

- bildet den Ausgangspunkt für die Biosynthese aller Steroidhormone
- hemmt die Aktivierung von SREBP-1a und
- vermindert die Halbwertszeit der HMG-CoA-Reduktase

In Kürze

Im Lipidstoffwechsel entstehen wichtige Signalmoleküle. Aus dem Stoffwechsel der Phosphoglyceride sind dies

- verschiedene Phosphatidylinositolphosphate
- Inositoltrisphosphat
- Diacylglycerin
- Eikosanoide

Aus dem Stoffwechsel der Sphingolipide entstehen:

- Ceramid
- Sphingosin
- Sphingosin-1-phosphat

18.5 Transport der Lipide im Blut

Extrahiert man die Lipide des Blutplasmas mit geeigneten organischen Lösungsmitteln oder trennt sie mit chemischen Methoden auf, so finden sich hauptsächlich

- Cholesterin und Cholesterinester
- Phosphoglyceride sowie
- Triacylglycerine und
- in geringeren Mengen unveresterte langkettige Fettsäuren (◘ Tabelle 18.3)

Bei Lipiden überwiegen die hydrophoben Eigenschaften. Es ist deswegen verständlich, dass ihr Transport im wässrigen Medium Blutplasma schwierig ist. Für die mengenmäßig unbedeutende Fraktion der nicht veresterten Fettsäuren steht als Transportvehikel das **Serumalbumin** zur Verfügung. Alle anderen Lipide des Plasmas müssen durch Bindung an spezifische Transportproteine in Form der **Lipoproteine** transportiert werden.

◘ Tabelle 18.3. Konzentrationsbereiche der im Serum von Gesunden vorkommenden Lipide

Lipid	Konzentrationsbereich	
	[mg/100 ml]	[mmol/l]
Triacylglycerine	50–200	0,62–2,5
Phosphoglyceride	160–250	2,2–3,4
Cholesterin (frei + verestert)	150–220	3,9–6,2
Nichtveresterte Fettsäuren	14–22	0,5–0,8

18.5.1 Aufbau der Lipoproteine

> Aufgrund ihrer Dichte können Lipoproteine in vier Hauptklassen eingeteilt werden.

Die im Plasma vorkommenden Lipoproteine werden nach einer Reihe unterschiedlicher Kriterien eingeteilt, die in ◘ Abb. 18.25 zusammengestellt sind.

Zunächst einmal können sie entsprechend ihrer Dichte in der präparativen Ultrazentrifuge (▶ Kap. 3.2.2) klassifiziert werden. Nach ansteigender Dichte werden Lipoproteine in folgende Klassen eingeteilt:

- **Chylomikronen**
- ***very low density lipoproteins*** **(VLDL)**
- ***low density lipoproteins*** **(LDL)** und
- ***high density lipoproteins*** **(HDL)**

Diese Lipoproteine unterscheiden sich sowohl bezüglich ihres Lipidgehalts als auch bezüglich des Verhältnisses von Lipiden zu Proteinen.

In den Chylomikronen beträgt dieses Verhältnis 98:2, 90% der Lipide sind Triacylglycerine, 6% Cholesterin und nur 4% Phospholipide. Über VLDL, LDL und HDL nimmt das Lipid-Protein-Verhältnis bis auf etwa 50:50 bei den HDL ab. In der gleichen Reihenfolge sinkt auch der Anteil von transportierten Triacylglycerinen. Den höchsten Cholesteringehalt zeigt die LDL-Fraktion, den höchsten Phosphoglyceridgehalt die HDL-Fraktion (◘ Tabelle 18.4).

Dass sich die einzelnen Lipoproteinklassen auch bezüglich ihrer Proteinzusammensetzung unterscheiden, wird

Abb. 18.25. Einteilung und Eigenschaften der Serumlipoproteine. (Einzelheiten ► Text)

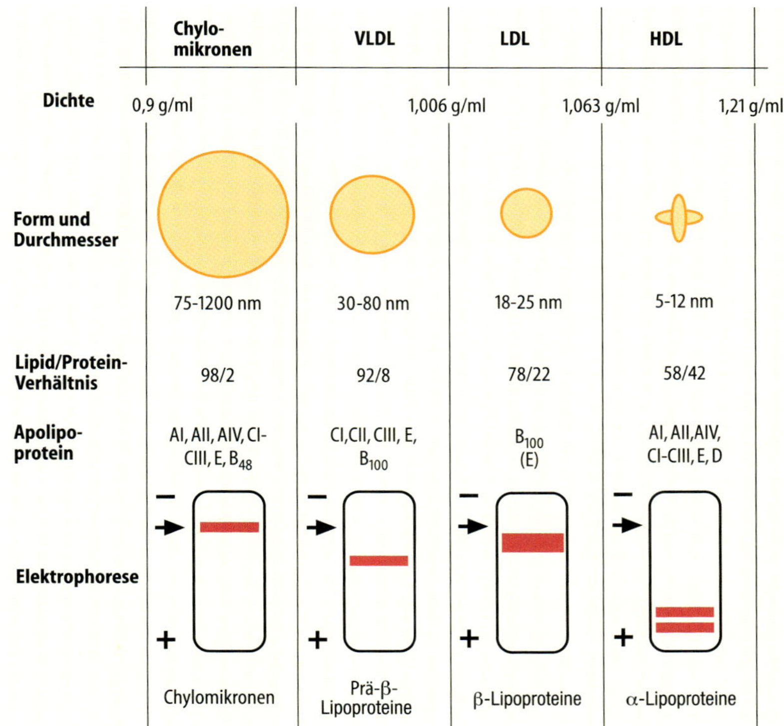

aus ihrem elektrophoretischen Verhalten klar, welches eine weitere Einteilungsmöglichkeit liefert (Abb. 18.25). Während Chylomikronen keine elektrophoretische Beweglichkeit haben, wandern LDL mit der β-Globulin-Fraktion und HDL mit der α-Globulin-Fraktion. Sie werden dementsprechend als β- bzw. α-**Lipoproteine** bezeichnet. VLDL wandern dagegen in der Elektrophorese den β-Globulinen voraus und werden dementsprechend als **Prä-β-Lipoproteine** bezeichnet.

> **!** Für die verschiedenen Lipoproteinklassen sind spezifische Apolipoproteine charakteristisch.

Inzwischen ist es gelungen, die einzelnen auch als Apolipoproteine bezeichneten, in Lipoproteinen vorkommenden

Tabelle 18.4. Physikalische Eigenschaften, chemische Zusammensetzung und Hauptapolipoproteine der verschiedenen Lipoproteinklassen

	Chylomikronen	VLDL	LDL	HDL
Dichte [g/ml]	0,93	0,93–1,006	1,019–1,063	1,063–1,21
Durchmesser [nm]	75–1200	30–80	18–25	5–12
Triacylglycerine [%]	86	55	6	4
Cholesterin und Cholesterinester [%]	5	19	50	19
Phospholipide [%]	7	18	22	34
Apolipoproteine [%] davon	2	8	22	42
Apo A I	+	–	–	+
Apo A II	+	–	–	+
Apo A IV	+	–	–	+
*Apo B_{48}	+ (48%)	–	–	–
*Apo B_{100}	–	+ (25 %)	+ (95 %)	–
Apo C I	(+)	+	–	+
Apo C II	+	+	–	+
Apo C III	+	+	–	+
Apo D	–	–	–	+
Apo E	(+)	+	(+)	+

* Nicht austauschbare Apolipoproteine. Nur für diese ist in Klammern der prozentuale Anteil an der Gesamtmenge der Apolipoproteine angegeben.

Tabelle 18.5. Klassifizierung und Funktion der Apolipoproteine des menschlichen Serums

Apolipoprotein	Lipoprotein	Molekülmasse [kDa]	Funktion
A I	Chylomikronen, HDL	29	Aktivator der LCAT
A II	Chylomikronen, HDL	17	Strukturelement, Aktivator der hepatischen Lipase
A IV	Chylomikronen, HDL	46	Unbekannt
B_{100}[a]	VLDL, LDL	513	Ligand des $ApoB_{100}$-Rezeptors
B_{48}[a]	Chylomikronen	241	Strukturelement
C I	Chylomikronen, VLDL, HDL	7,6	Aktivator der LCAT
C II	Chylomikronen, VLDL, HDL	8,9	Aktivator der LPL
C III	Chylomikronen, VLDL, HDL	8,7	Inhibitor der LPL
D	HDL	33	Aktivator der LCAT, Strukturelement
E	VLDL, HDL, (LDL)	34	Ligand des ApoE-Rezeptors

[a] Nicht austauschbare Apolipoproteine.
LCAT = Lecithin-Cholesterin-Acyltransferase; LPL = Lipoproteinlipase

Proteine zu klassifizieren und wenigstens teilweise strukturell aufzuklären (Tabelle 18.5). **VLDL** enthalten im Wesentlichen die Apolipoproteine CI–CIII sowie die Apolipoproteine B_{100} und E. **Chylomikronen** besitzen darüber hinaus das Apolipoprotein B_{48} sowie AI und AIV. **LDL** enthalten hauptsächlich das Apolipoprotein B_{100}, daneben das Apolipoprotein E. In der Gruppe der **HDL** finden sich außer den Apolipoproteinen der C-Gruppe auch die Apolipoproteine AI, AII, AIV und E.

Strukturell können die Apolipoproteine in zwei Gruppen eingeteilt werden:
- $ApoB_{100}$ und $ApoB_{48}$ werden als nicht austauschbare Apolipoproteine bezeichnet, die nicht zwischen den verschiedenen Lipoproteinen wechseln können. Sie sind praktisch unlöslich in Wasser
- Die Apolipoproteine der Gruppen A, C, D und E sind in freier Form wasserlöslich und werden zwischen Lipoproteinen ausgetauscht (s.u.)

Die Primärstruktur der entsprechenden Apolipoproteine ist inzwischen aus den zugehörigen cDNA-Sequenzen ermittelt worden. Wie aus physikalisch-chemischen Untersuchungen hervorgeht, nehmen Apolipoproteine erst in Gegenwart von Phosphoglyceriden ihre endgültige räumliche Konformation an. Diese zeichnet sich durch einen relativ großen Gehalt an α-helicalen Bereichen aus, die häufig als so genannte **amphiphile Helices** organisiert sind. Dies bedeutet, dass sich auf der einen Hälfte der Helixoberfläche überwiegend hydrophile und auf der anderen Hälfte dagegen überwiegend hydrophobe Aminosäureseitenketten befinden. Grundlage aller Strukturmodelle von Lipoproteinen bildet die Annahme, dass der Kern jedes Lipoproteins aus Lipiden besteht. Die Apolipoproteine »schwimmen« mit ihren hydrophoben Strukturen auf der Lipidphase und treten mit ihren hydrophilen Domänen mit der wässrigen Umgebung in Wechselwirkung.

Für den Aufbau der LDL-Klasse bestehen experimentell einigermaßen gesicherte Vorstellungen (Abb. 18.26), die auf der Strukturaufklärung des Apolipoproteins B_{100} ($ApoB_{100}$) beruhen. Dieses außerordentlich große Protein besteht aus 4527 Aminosäureresten und lässt sich in fünf Domänen einteilen (Abb. 18.26a). Beginnend vom N-Terminus findet sich zunächst eine Lipovitellin-ähnliche Domäne. Lipovitellin ist das Lipoprotein des Eidotters und es wird angenommen, dass diese Domäne für die Lipidbeladung des LDL verantwortlich ist. In den folgenden vier Domänen bis zum C-Terminus wechseln sich amphipathische β-Faltblattstrukturen mit ebenfalls amphipathischen α-Helices ab. In Abb. 18.26b,c ist der Aufbau des LDL schematisch dargestellt:
- In einem Kernbereich des LDL befinden sich apolare Lipide wie Triacylglycerine und Cholesterinester. Um diesen herum legt sich eine Schale aus Cholesterin und amphiphilen Lipiden, v.a. Phosphoglyceriden
- Ein Molekül $ApoB_{100}$ ist um das kugelförmige Lipidpartikel gewunden. Dabei tauchen die β-Faltblattstrukturen $β_1$ und $β_2$ in die Phosphoglyceridstruktur ein

Außer ihrer strukturgebenden Funktion haben Apolipoproteine wichtige Aufgaben im Rahmen des Metabolismus der Lipoproteine zu erfüllen (Tabelle 18.5). So sind die Apolipoproteine B_{100} sowie E Liganden für spezifische Rezeptoren, die die Internalisierung der Lipoproteine und damit ihren weiteren Stoffwechsel vermitteln. Das Apolipoprotein CII ist ein unerlässlicher Aktivator der Lipoproteinlipase (LPL), die Apolipoproteine AI, CI und D aktivieren die Lecithin-Cholesterin-Acyltransferase (LCAT).

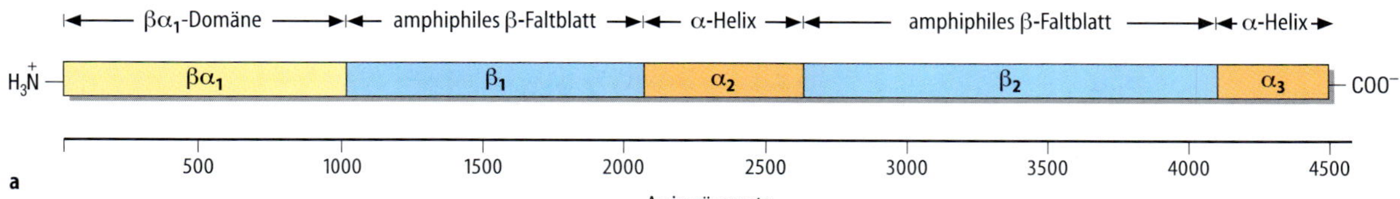

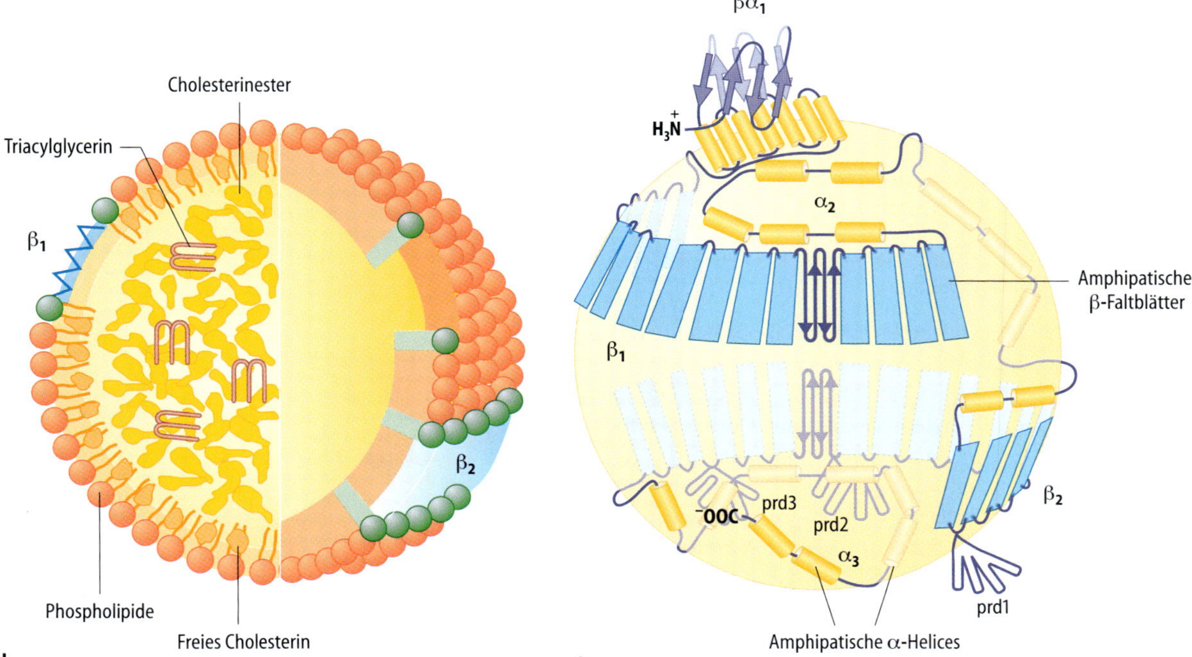

Abb. 18.26a,b,c. Aufbau eines LDL-Lipoproteins. a. Domänen des Apolipoprotein B_{100} (Apo B_{100}). N-terminal befindet sich eine dem Lipovitellin ähnliche Domäne, die wegen ihrer Zusammensetzung auch als $\beta\alpha_1$-Domäne bezeichnet wird. Die als β_1 und β_2 bezeichneten Domänen zeichnen sich durch einen hohen Gehalt an β-Faltblatt-Struktur aus, während die Domänen α_2 und α_3 (C-Terminus) überwiegend α-helicale Elemente aufweisen. **b** Querschnitt durch ein LDL-Partikel. Man erkennt den inneren, aus Triacylglycerinen und Cholesterinestern zusammengesetzten Kern (*gelb*); die ihn umgebenden amphiphilen Lipide sind orange dargestellt, Phospholipide in der Nachbarschaft des blau gezeichneten Faltblattanteils von $ApoB_{100}$ sind grün. **c** LDL in der Aufsicht. Man erkennt, wie sich $ApoB_{100}$ mit α-helicalen und β-Faltblatt-Anteilen um den Lipidkern windet. Die hell dargestellten Anteile sind hinter dem Lipidkern gelegen. Prd1–prd3 = Prolinreiche Domänen, die für die Bindung an den LDL-Rezeptor wichtig sind. (Mit freundlicher Genehmigung von Jere P. Segrest und Journal of Lipid Research)

18.5.2 Stoffwechsel der Lipoproteine

! Triacylglycerinreiche Lipoproteine entstehen in Darm und Leber.

Chylomikronen und VLDL sind die besonders triacylglycerinreichen Lipoproteine. Die ersteren sind für den Transport mit der Nahrung aufgenommenen Triacylglycerine, die letzteren für den Transport der in der Leber aus endogenen Quellen synthetisierten Triacylglycerine verantwortlich.

Chylomikronen. Chylomikronen entstehen in den Mukosazellen der duodenalen Schleimhaut:

- Im rauen endoplasmatischen Retikulum der Mukosazellen assoziieren Phospholipide cotranslational mit dem Apolipoprotein B_{48}, wobei kleine, unreife Chylomikronen entstehen
- Die bei der Resorption durch die Pankreaslipase gespaltenen Triacylglycerine werden im glatten endoplasmatischen Retikulum zu Triacylglycerinen resynthetisiert (▶ Kap. 32.2.2)
- Mit Hilfe eines Triacylglycerin-Transferproteins assoziieren unreife Chylomikronen und Triacylglycerine. Die Reifung von Chylomikronen wird durch Aufnahme weiterer Lipide wie Cholesterin und Phosphoglyceride sowie der Apolipoproteine AI und AII abgeschlossen
- Vom rauen endoplasmatischen Retikulum gelangen die Chylomikronen in den Golgi-Apparat, wo sie in Sekretgranula gespeichert und (▶ Kap. 6.2.4) durch Exocytose in den extrazellulären Raum abgegeben werden

- Hier sammeln sie sich in den intestinalen Lymphgängen und gelangen über den Ductus thoracicus in den Blutkreislauf

VLDL. Prinzipiell gleichartig wie die der Chylomikronen erfolgt die Bildung der VLDL:
- die Lipide werden im glatten endoplasmatischen Retikulum synthetisiert
- durch Lipidtransfer-Proteine gelangen sie zum rauen endoplasmatischen Retikulum und assoziieren mit dem Apolipoprotein B_{100}
- Die Assemblierung mit den Apolipoproteinen CI–III, B100 und E erfolgt ebenfalls im Golgi-Apparat, von wo aus VLDL-Partikel in Sekretgranula gespeichert und von Hepatozyten sezerniert werden.

! Triacylglycerinreiche Lipoproteine werden durch die Lipoproteinlipase abgebaut.

Am Abbau der triacylglycerinreichen Lipoproteine sind in besonderem Umfang die extrahepatischen Gewebe beteiligt. Allerdings bestehen beträchtliche Unterschiede in den Abbauwegen für Chylomikronen und VLDL (Abb. 18.27).

Chylomikronen. Unmittelbar nach ihrem Erscheinen im Blut ändert sich die Oberfläche der **Chylomikronen** (Abb. 18.27a). In Abhängigkeit von der Konzentration von HDL, besonders der Untergruppe HDL_2 (► u.), erfolgt ein Austausch der Apolipoproteine des Typs C und E zwischen HDL und Chylomikronen. Besonders wichtig ist das Apolipoprotein CII als ein Cofaktor der **Lipoproteinlipase**. Dieses lipolytisch wirksame Enzym (► Kap. 12.1.3) ist an den Endothelzellen der Kapillaren sowie an der Plasmamembran der extrahepatischen Gewebe lokalisiert und katalysiert die Spaltung von Triacylglycerin zu Glycerin und Fettsäuren. Die Fettsäuren werden von den extrahepatischen Geweben aufgenommen und verstoffwechselt (► Kap. 16.1.1), dagegen gelangt Glycerin zur Leber, um dort phosphoryliert und anschließend in den Stoffwechsel eingeschleust zu werden.

Beim Abbau der Chylomikronen durch die Lipoproteinlipase gehen 70–90% des Triacylglyceringehalts verloren. Gleichzeitig werden ein beträchtlicher Teil der Apolipoprotein AI-Moleküle sowie Cholesterin auf HDL-Vorstufen, so genannte discoidale HDL, übertragen, wobei die Fraktion HDL_3 entsteht. Das Überbleibsel des Chylomikronenabbaus, welches auch als *remnant* (*engl.* Überbleibsel) bezeichnet wird, gelangt zur Leber. Dort erfolgen über spezifische Rezeptoren für die Apolipoproteine B und E eine Internalisierung und damit schließlich ein Abbau dieses Restpartikels.

18

VLDL. Im Gegensatz zu Chylomikronen werden VLDL in der Leber synthetisiert. Nach der Sekretion erfolgt durch Wechselwirkung mit HDL-Partikeln eine Anreicherung

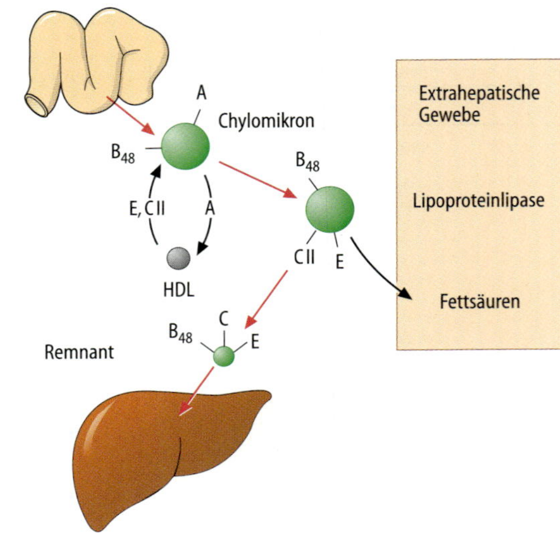

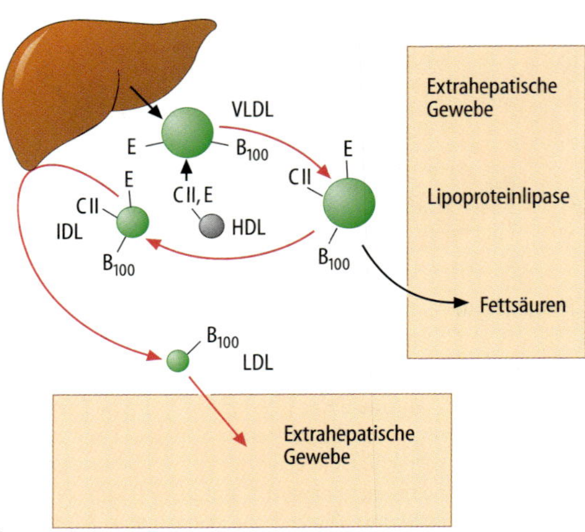

Abb. 18.27a,b. Abbau der Triacylglycerin-reichen Lipoproteine. **a** Abbau von Chylomikronen. **b** Abbau von VLDL. (Einzelheiten ► Text)

mit den Apolipoproteinen E und C, besonders CII (Abb. 18.27b). Aus diesem Grund werden VLDL-Partikel am Kapillarendothel durch die dort vorhandene Lipoproteinlipase zu Glycerin und Fettsäuren abgebaut, wobei ein Partikel intermediärer Dichte, das **IDL** (IDL, *intermediate density lipoprotein*) entsteht. Auf einem in seinen Einzelheiten nicht aufgeklärten Weg werden in der Leber aus IDL die **LDL-Partikel** gebildet. Die letzteren enthalten überwiegend das Apolipoprotein B_{100}. Die auf dem IDL-Partikel noch vorhandenen Apolipoproteine C und der größte Teil der Apolipoproteine E gehen bei dieser Umwandlung verloren. Zum Teil erfolgt dies durch Austausch mit HDL-Partikeln, jedoch ist auch eine Wechselwirkung mit dem Apolipoprotein B- und E-Rezeptor der Hepatozyten notwendig.

Damit kommt den triacylglycerinreichen Lipoproteinen eine klare Funktion im Lipidstoffwechsel zu. Als

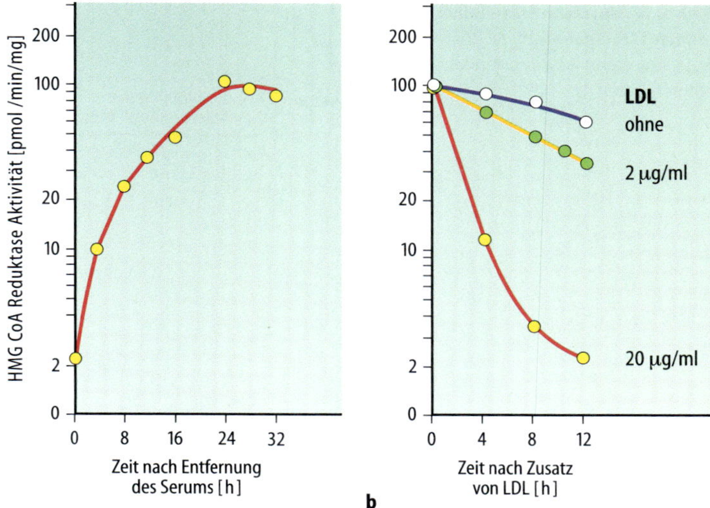

Abb. 18.28a,b. Beziehung zwischen der Plasmacholesterinkonzentration und der Aktivität der HMG-CoA-Reduktase. a Kultiviert man humane Fibroblasten in Anwesenheit von LDL-haltigem Serum, so ist die Aktivität der HMG-CoA-Reduktase sehr gering. Entfernt man die LDL aus dem Serum und damit das Serumcholesterin, so steigt die HMG-CoA-Reduktase-Aktivität und die Cholesterinbiosynthese stark an. **b** Gibt man zu einer serumfreien Kultur humaner Fibroblasten LDL-haltiges Serum, fällt die Aktivität der HMG-CoA-Reduktase rasch ab. (Mit freundlicher Genehmigung von J.L. Goldstein)

Chylomikronen transportieren sie Nahrungstriacylglycerine, als VLDL endogen synthetisierte Triacylglycerine vom Darm bzw. der Leber in das Kapillarendothel und extrahepatische Gewebe. Dort erfolgt der Abbau eines großen Teils ihrer Acylglycerine, was mit einer Formänderung sowie mit einem Apolipoproteinaustausch, vor allem mit HDL-Lipoproteinen, einhergeht. Hierbei entstehen im Fall der Chylomikronen die HDL_3 sowie von der Leber abgebaute *remnants*, im Fall der VLDL über die Zwischenstufe der IDL schließlich die LDL.

! Die LDL transportieren Cholesterin zu den extrahepatischen Geweben und regulieren deren Cholesterinbiosynthese.

Von den Plasmalipoproteinen enthalten die **LDL** am meisten Cholesterin und Cholesterinester, die entsprechend der Herkunft der LDL aus der Leber stammen und von dort zu den extrahepatischen Geweben transportiert werden, wo sie meist als Membranbauteil Verwendung finden. Besondere Mechanismen sind allerdings notwendig, um die Cholesterinzufuhr mit LDL und die endogene Cholesterinsynthese aufeinander abzustimmen.

Untersucht man die Aktivität der HMG-CoA-Reduktase und damit indirekt die Geschwindigkeit der Cholesterinbiosynthese in extrahepatischen Geweben *in vivo* oder in Zellkultur unter dem üblichen Serumzusatz (jedes Serum enthält LDL), so findet sich nur ein sehr niedriger Wert. Entfernt man jedoch die LDL aus dem Kulturmedium durch Delipidierung des Serums, so steigt die Aktivität der HMG-CoA-Reduktase sehr deutlich an (Abb. 18.28a). Diese Beziehung zwischen der LDL-Konzentration in der extrazellulären Flüssigkeit und der Aktivität der HMG-CoA-Reduktase zeigt sich auch bei Zusatz von cholesterinhaltigem LDL zu Zellkulturen in delipidiertem Serum (Abb. 18.28b). Je mehr LDL zugesetzt werden, umso niedriger ist die Aktivität der HMG-CoA-Reduktase.

Dieser Befund führte zur Entdeckung der in Abb. 18.30 dargestellten Beziehung zwischen dem in den LDL transportierten Cholesterin und der Cholesterinbiosynthese extrahepatischer Gewebe.

Entscheidend hierfür ist, dass zunächst die LDL-Partikel an einen spezifischen, in der Plasmamembran der Zielzelle gelegenen Rezeptor, den **LDL-Rezeptor**, binden. Sein Ligand ist das Apolipoprotein B_{100}.

Die 1985 mit dem Nobel-Preis für Medizin ausgezeichneten Arbeiten von Joseph Goldstein und Michael Brown haben zur Strukturaufklärung des LDL-Rezeptors und zur Aufklärung seiner Wirkungsweise geführt. Der LDL-Rezeptor (Abb. 18.29) besteht aus 839 Aminosäuren und ist

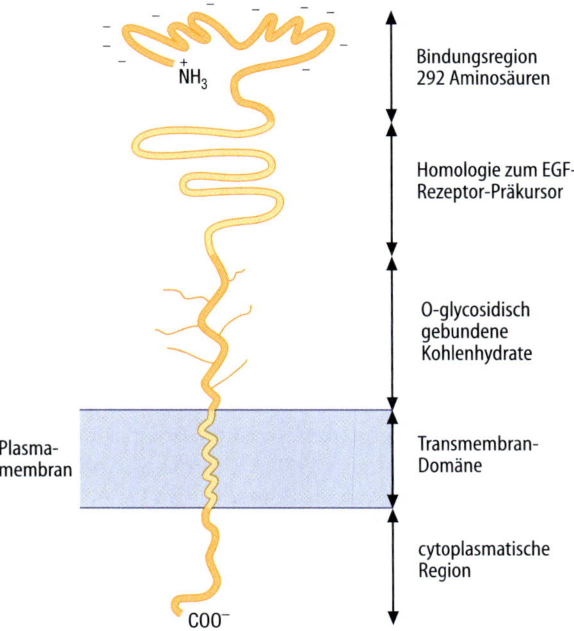

Abb. 18.29. Aufbau des LDL-Rezeptors aus verschiedenen Domänen

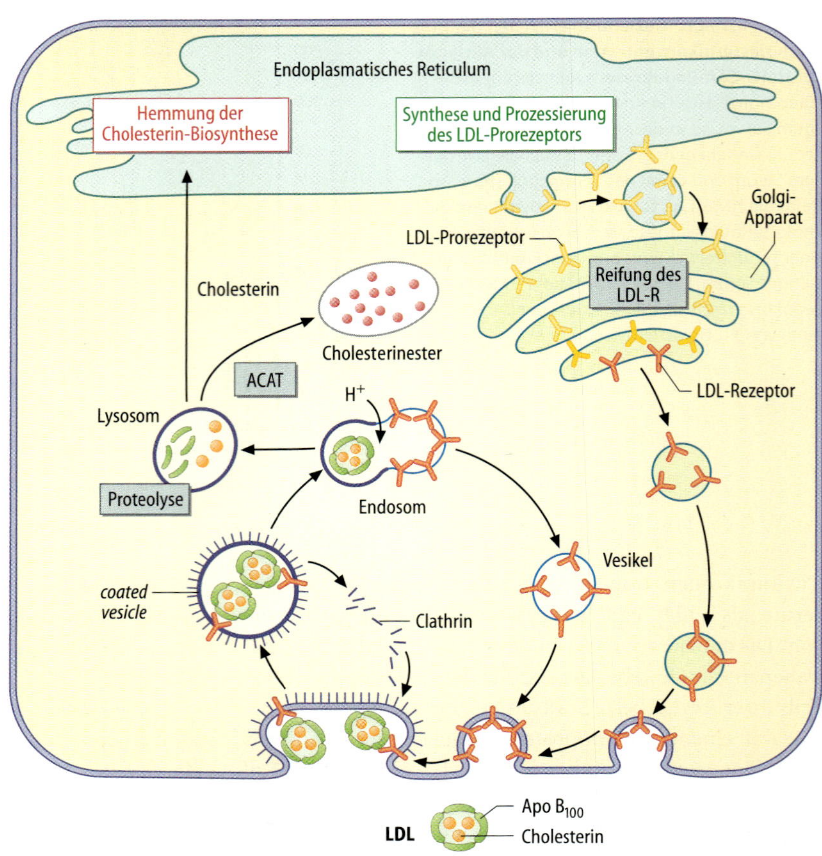

Abb. 18.30. Der intrazelluläre Kreislauf des LDL-Rezeptors. ACAT = Acyl-CoA-Cholesterin-Acyltransferase. (Einzelheiten ► Text)

ein Membranprotein mit fünf für seine Funktion wichtigen Domänen. Der N-Terminus des Rezeptorproteins entspricht dem extrazellulären Anteil. Es enthält zunächst eine aus 292 Aminosäuren bestehende Domäne, die die Bindungsstelle für Apolipoprotein B_{100} und Apolipoprotein E enthält. Wie bei vielen Rezeptoren finden sich hier gehäuft Cysteinreste, darüber hinaus eine Anhäufung negativer Ladungen. An diese Ligandenbindungsdomäne schließt eine weitere aus 400 Aminosäuren bestehende Domäne an, die Homologie zum EGF-Rezeptor-Präkursor zeigt. Auf sie folgt eine aus etwa 58 Aminosäuren bestehende Domäne, die zahlreiche O-glycosidische Zuckereste enthält und die Verbindung zur Transmembrandomäne darstellt, die aus 22 hydrophoben Aminosäuren besteht und den LDL-Rezeptor in der Plasmamembran verankert. Im Cytosol liegt schließlich das C-terminale Ende des Rezeptors, das aus 50 Aminosäuren besteht.

Der LDL-Rezeptor wird im rauen endoplasmatischen Retikulum in Form eines Präkursorproteins synthetisiert und wie alle Glycoproteine dort sowie im Golgi-Apparat prozessiert (◘ Abb. 18.30). Etwa 45 Minuten nach seiner Synthese erscheint er in korrekter Orientierung auf der Zelloberfläche. Der cytoplasmatische Teil des Rezeptorproteins kann über das Adaptorprotein AP2 mit Clathrin in Wechselwirkung (► Kap. 6.2.5) treten, sodass sich der Rezeptor in *coated pits* sammelt. Nach Bindung von LDL an den LDL-Rezeptor kommt es innerhalb von 3–5 Minuten zur Endocytose der LDL/LDL-Rezeptor-Komplexe, wobei *coated vesicles* entstehen. Nach Verlust der Clathrinschicht fusionieren diese mit frühen Endosomen. In diesen sinkt der pH-Wert wegen des Vorhandenseins einer ATP-getriebenen Protonenpumpe (► Kap. 6.2.7) auf Werte unter 6,5, sodass es zur Dissoziation von LDL und Rezeptor kommt. Dieser kehrt in Form kleiner Vesikel wieder zur Zelloberfläche zurück (*receptor recycling*) und steht für die Bindung weiterer Lipoproteine zur Verfügung. Die für einen derartigen Transportzyklus benötigte Zeit beträgt etwa 10 Minuten. Die LDL werden in Lysosomen abgebaut. Die in den LDL-Partikeln enthaltenen Cholesterinester werden durch eine **lysosomale saure Lipase** hydrolysiert, wonach das freie Cholesterin das Lysosom verlässt. An den Membranen des endoplasmatischen Retikulums beeinflusst Cholesterin nun zwei Vorgänge:

- zum einen reduziert es die Aktivität sämtlicher an der Cholesterinbiosynthese beteiligter Enzyme durch eine Reduktion der Transkription der zugehörigen Gene
- zum anderen aktiviert es hauptsächlich über einen allosterischen Effekt die Acyl-CoA-Cholesterin-Acyltransferase (ACAT), was zu einer Veresterung des Cholesterins mit Speicherung der entstehenden Cholesterinester in den Lipidtropfen der Zelle führt

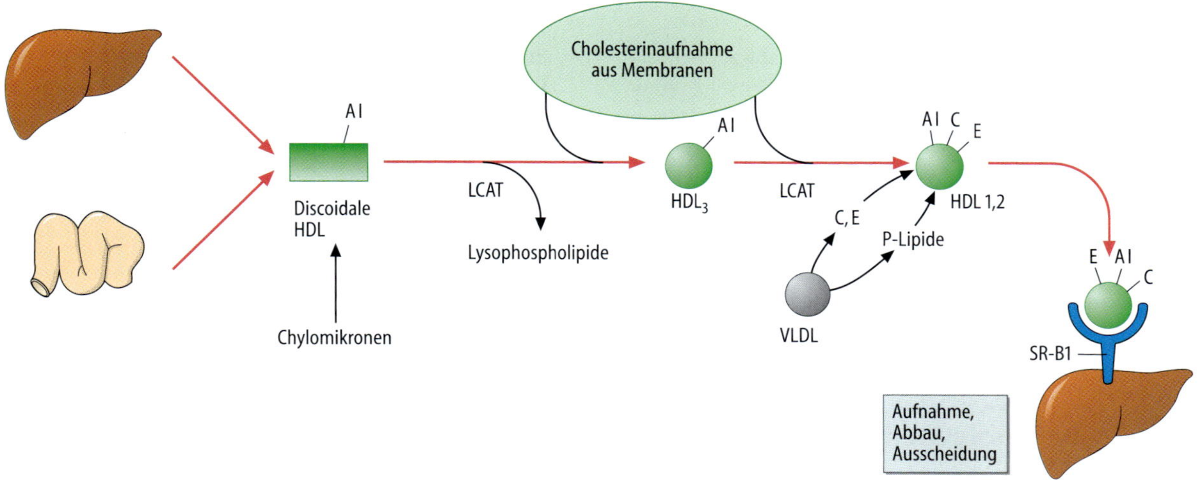

Abb. 18.31. Die Funktion der HDL beim reversen Cholesterintransport. LCAT = Lecithin-Cholesterin-Acyltransferase; SR-B1 = hepatischer *scavenger-receptor*-B1. (Einzelheiten ► Text)

Auf diese Weise spielt der LDL-Rezeptor extrahepatischer Gewebe eine bedeutende Rolle im Cholesterinstoffwechsel. Er ist für die Bindung und Aufnahme der cholesterinreichen LDL-Partikel verantwortlich und sorgt damit für eine Senkung des Cholesterinspiegels im Plasma. Zusätzlich vermittelt er eine Hemmung der Cholesterinbiosynthese extrahepatischer Gewebe und verhindert so eine Überschwemmung der Zellen mit Cholesterin. (Über die Bedeutung der LDL-Rezeptoren bei der familiären Hypercholesterinämie ► Kap. 18.6.2).

! Die HDL sind für den reversen Cholesterintransport verantwortlich.

Im Gegensatz zu anderen Lipoproteinen ist die Fraktion der **HDL** nicht einheitlich. Aufgrund eines unterschiedlichen Gehalts an Apolipoproteinen sowie unterschiedlichem Lipidgehalt können mindestens drei HDL-Gruppen unterschieden werden, die als HDL_1, HDL_2 und HDL_3 bezeichnet werden.

Abbildung 18.31 fasst die Vorstellungen über die Funktion der HDL zusammen. Es gilt als gesichert, dass beim Abbau von Chylomikronen in extrahepatischen Geweben **discoidale HDL-Partikel** entstehen, welche bevorzugt das Apolipoprotein A, Phospholipide und Cholesterinester enthalten. Außerdem liefern auch der Darm und die Leber entsprechende HDL-Vorstufen. Dank ihres Gehalts an Apolipoprotein AI sind solche Partikel imstande, das von der Leber synthetisierte und sezernierte Enzym **Lecithin-Cholesterin-Acyltransferase** (LCAT) zu binden.

Das Enzym katalysiert die Reaktion:

$$\text{Cholesterin} + \text{Phosphatidylcholin} \rightleftharpoons \text{Cholesterinester} + \text{Lysophosphatidylcholin}$$

Durch die Einwirkung der LCAT nimmt der Gehalt der HDL an Cholesterinestern zu, gleichzeitig verringert sich ihr Gehalt an Phosphoglyceriden, da das gebildete Lysophosphatidylcholin wegen seiner besseren Wasserlöslichkeit von den HDL-Partikeln abdiffundiert. Hierdurch nehmen die HDL ihre runde Form als mizelläre Partikel an. Da die durch LCAT gebildeten Cholesterinester in den apolaren Kern der HDL-Partikel wandern, entsteht auf der HDL-Oberfläche Platz, in den das aus den Membranen extrahepatischer Gewebe stammende Cholesterin eingelagert werden kann. Für den Cholesterintransport durch die Plasmamembran wird der ATP-abhängige Transporter ABC-1 benötigt. Dadurch entsteht zunächst die Fraktion der **HDL_3**, durch weiteren Angriff der LCAT und Übernahme von Material, welches beim Abbau der VLDL entsteht (Phospholipide, Apolipoproteine C, E) auch die **HDL_2** und **HDL_1**. Die Aufnahme von HDL in die Leber erfolgt durch Bindung an einen Rezeptor, der als SR-B1-Rezeptor (Scavenger Receptor-B1) bezeichnet wird. Das internalisierte Cholesterin wird direkt oder nach Umwandlung in Gallensäuren ausgeschieden. Dieser Mechanismus steht mit der Vorstellung in Übereinstimmung, dass eine der Hauptfunktionen der HDL im **reversen Cholesterintransport** besteht, nämlich dem Transport von extrahepatischem Cholesterin zur Leber als dem Hauptausscheidungsort des Cholesterins.

In Kürze

Im Blutplasma erreichen die Lipide Konzentrationen, die ihre Löslichkeit weit übersteigen. Sie werden infolgedessen als Proteinkomplexe in Form von Lipoproteinen transportiert:
- Chylomikronen sind für den Transport von mit der Nahrung aufgenommenen Triacylglycerinen und anderen Lipiden verantwortlich
- VLDL transportieren im Wesentlichen in der Leber synthetisierte Triacylglycerine sowie Phospholipide und Cholesterin
- Beim VLDL-Abbau durch die Lipoproteinlipase entstehen LDL als Cholesterin-reiche Lipoproteine, die rezeptorvermittelt v.a. von extrahepatischen Geweben aufgenommen werden
- Für den reversen Cholesterintransport zur Leber und damit zum Ort der Ausscheidung sind die HDL verantwortlich

18.6 Pathobiochemie

18.6.1 Pathobiochemie der Phosphoglyceride und Sphingolipide

! Autoantikörper gegen Phospholipide führen zum Antiphospholipidsyndrom.

Von Graham Hughes wurde 1983 ein Krankheitsbild beschrieben, das durch Thrombosen, Thrombozytopenie und immer wiederkehrende Aborte gekennzeichnet ist und als **Antiphospholipidsyndrom** bezeichnet wird. Für die Erkrankung ist typisch, dass hohe Titer von Autoantikörpern gegen verschiedene, meist negativ geladene Phospholipide auftreten. Am häufigsten handelt es sich um Antikörper gegen das mitochondriale Phospholipid **Cardiolipin**. Über die pathogenetischen Mechanismen, die die beschriebene Symptomatik mit den Autoantikörpern verknüpfen, herrscht noch keine Klarheit.

! Enzymdefekte des Sphingolipidabbaus verursachen Lipidspeicherkrankheiten.

Eine Reihe von erblichen Stoffwechseldefekten ist durch pathologische Lipidansammlungen in verschiedenen Geweben charakterisiert, weswegen für diese Erkrankungen auch der Sammelbegriff Lipidspeicherkrankheiten oder **Lipidosen** verwendet wird. Häufig ist das Zentralnervensystem, nicht selten aber auch Leber und Niere betroffen.

Die spezielle Bezeichnung **Sphingolipidose** wird auf bestimmte, in der Regel autosomal-rezessiv vererbte Stoffwechseldefekte angewendet, die meist schon im Kindesalter auftreten. Bei diesen Erkrankungen finden sich abnorme Ablagerungen von gelegentlich falsch aufgebauten Sphingolipiden in den betroffenen Geweben. Die Ursache dieser Sphingolipidspeicherung lässt sich auf genetisch bedingte Defekte der spezifischen, für den Abbau der betreffenden Lipide verantwortlichen Hydrolasen zurückführen, seltener auch auf Defekte der Sphingolipidaktivatorproteine. ◘ Abbildung 18.32 stellt die wichtigsten heute bekannten Sphingolipidosen zusammen. Die Diagnose kann durch die Bestimmung des gespeicherten Lipids und v.a. durch den Nachweis des entsprechenden Enzymdefekts, häufig mit molekularbiologischen Methoden, in Gewebeproben von Haut, Leber, Dünndarm und auch in den Leukozyten gesichert werden. Selbst beim noch ungeborenen Kind können durch Amniocentese aus dem Fruchtwasser Zellen gewonnen und angezüchtet werden, in denen der Lipidosenachweis durch Enzymbestimmung oder Genanalyse durchgeführt wird. Für die Behandlung einer der Sphingolipidosen, des **Morbus Gaucher**, gibt es inzwischen ein gut eingeführtes Verfahren. Die Erkrankung, die mit einer Häufigkeit von 1:40 000 vorkommt, beruht auf dem Mangel einer spezifischen **Glucocerebrosidase**. Sie geht mit der Ablagerung großer Mengen an Glucocerebrosid in den Makrophagen einher und befällt verschiedene Organe und Gewebe. Im Knochenmark kommt es zu einer schweren Störung der

Krankheit	gespeicherte Verbindung	defektes Enzym
Niemann-Pick	Cer–(P) ǀ –Cholin	Sphingomyelase
Gaucher	Cer ǀ –Glc	β-Glucocerebrosidase
metachromatische Leukodystrophie	Cer–Gal ǀ –OSO_3^-	Sulfatidase
Angiokeratoma corporis diffusum (Fabry)	Cer–Glc–Gal ǀ –Gal	β-Galactosidase
Tay-Sachs	Cer–Glc–Gal ǀ –GalNAc (Gal–NANA)	Hexosaminidase
generalisierte Gangliosidose	Cer–Glc–Gal–GalNAc ǀ –Gal (Gal–NANA)	β-Galactosidase

◘ **Abb. 18.32. Enzymdefekte, die Sphingolipidosen verursachen (Auswahl).** Cer = Ceramid; Gal = Galactose; GalNac = N-Acetyl-Galactosamin; Glc = Glucose; NANA = N-Acetyl-Neuraminat. Der schwarze Balken gibt die Lokalisation des Enzymdefekts beim Sphingolipidabbau an, aus dem sich die pathologisch gespeicherte Verbindung ableitet

18

Hämatopoese, am Knochen treten Nekrosen und Frakturen auf, Leber und Milz können extrem vergrößert sein.

Für die Therapie injiziert man den Patienten die ihnen fehlende Glucocerebrosidase. In nativer Form wird dieses Enzym allerdings eher von Hepatozyten als von Makrophagen aufgenommen und ist deswegen ziemlich wirkungslos. Besser ist die Verwendung modifizierter Glucocerebrosidasen, die vermehrt mannosehaltige Kohlenhydratseitenketten aufweisen und deswegen viel besser von Makrophagen internalisiert werden können. Hiermit sind bei einer Reihe von Patienten gute Erfolge erzielt worden.

18.6.2 Pathobiochemie des Lipoproteinstoffwechsels

Sehr häufig sind Erkrankungen, die durch Veränderungen im Lipoproteinmuster des Plasmas gekennzeichnet sind. Generell kann man Hypo- und Hyperlipoproteinämien unterscheiden.

Neben primären Lipoprotein-Stoffwechselstörungen, die auf genetischen Defekten beruhen, kommen wesentlich häufiger sekundäre Lipoprotein-Stoffwechselstörungen vor, die durch Diätfehler oder andere Primärerkrankungen verursacht werden.

! Hypolipoproteinämien beruhen meist auf genetischen Defekten.

A-β-Lipoproteinämie. Die A-β-Lipoproteinämie ist charakterisiert durch eine Verminderung oder das Fehlen der LDL und anderer, das Apolipoprotein B tragender Lipoproteine im Plasma. Ursache dieser Erkrankung ist entweder eine Störung der Apolipoprotein-B-Biosynthese oder Mutationen im Bereich des Triacylglycerin-Transferproteins (► Kap. 18.5.2). Da beide Proteine für die Freisetzung von Apolipoprotein B enthaltenden Lipoproteine notwendig sind, findet sich bei den Patienten eine Verminderung der Chylomikronen, VLDL und LDL. Nach oraler Fettbelastung kommt es nicht zu einer Freisetzung von Chylomikronen. Als Ausdruck der Transportstörung findet sich eine ausgeprägte Erhöhung des Triacylglyceringehalts der Darmmukosa und der Leber. Die Patienten haben zwar ein erniedrigtes Risiko für kardiovaskuläre Erkrankungen, jedoch ein erhöhtes Risiko für Karzinome und Erkrankungen des Gastrointestinaltraktes sowie der Lungen, das derzeit nicht erklärt werden kann.

Hypo-α-Lipoproteinämie (Tangier-Erkrankung). Diese Erkrankung wurde erstmalig bei Geschwistern, die auf der Tangier-Insel in Virginia lebten, entdeckt. Im Plasma dieser Patienten sind der Spiegel an HDL und damit auch der Cholesteringehalt extrem erniedrigt; es kommt dagegen zu einer Cholesterinspeicherung in den Zellen des retikuloendothelialen Systems. Die Ursache dieser Erkrankung besteht in einer Mutation des ABC-1-Transporters. Dies führt zu einer Unfähigkeit, HDL-Vorstufen entsprechend mit Cholesterin zu beladen. Dem entsprechend finden sich Cholesterinablagerungen bei den betroffenen Patienten im retikuloendothelialen System. Eine Erhöhung des Risikos für kardiovaskuläre Erkrankungen ist nicht bei allen Patienten nachweisbar.

Tabelle 18.6. Risikofaktoren bei koronarer Herzerkrankung und arterieller peripherer Verschlusskrankheit

Koronare Herzerkrankung	Hyper-. und Dyslipoproteinämie Zigarettenrauchen Hypertonie Diabetes mellitus Übergewicht
Arterielle periphere Verschlusskrankheit	Zigarettenrauchen Hyper- und Dyslipoproteinämie Diabetes mellitus

! Hyperlipoproteinämien stellen ein schweres Gesundheitsrisiko dar.

In Deutschland starben 2004 etwa 370 000 Personen an Krankheiten des Herz-Kreislauf-Systems, was ungefähr 45% aller Todesfälle ausmacht. Die Häufigkeit dieser Erkrankungen steigt von Jahr zu Jahr, wobei die koronare Herzerkrankung ein besonderes Gewicht hat. Diese beruht auf einer arteriosklerotischen Erkrankung der Koronararterien und führt u.a. zum Herzinfarkt (► Kap. 11.5, 18.6.2). Untersucht man die Betroffenen, so finden sich außerordentlich häufig die in Tabelle 18.6 zusammengestellten Risikofaktoren. Neben Adipositas, Diabetes mellitus, Hypertonie oder Homocysteinämie und Zigarettenrauchen nehmen Hyper- und Dyslipoproteinämien einen ganz besonders hohen Rang ein. In einer Reihe von Studien konnte gezeigt werden, dass eine Korrelation zwischen der Höhe des Cholesterinspiegels und der Mortalität an koronarer Herzerkrankung besteht. Darüber hinaus haben mehrere prospektive Langzeitstudien zu der Erkenntnis geführt, dass eine Senkung des Cholesterinspiegels in der Tat das Koronarrisiko vermindert. Natürlich sind über den Faktor Hyperlipidämie hinaus noch eine Reihe weiterer pathophysiologischer Mechanismen entscheidend an der Entstehung der koronaren Herzerkrankung beteiligt (Abb. 18.33). Zu diesen gehören Störungen der Plättchenaggregation und die Hypertonie mit ihren Folgeerkrankungen.

! Primäre Hyperlipoproteinämien beruhen auf genetischen Defekten des Lipoproteinstoffwechsels.

Man weiß heute zwar, dass die einzelnen Lipoproteine nicht statische, für den Transport einer bestimmten Lipidart spezialisierte Transporteinheiten sind, sondern in einem dynamischen Gleichgewicht untereinander stehen und ineinander übergehen können. Trotzdem lassen sich Krankheitsbilder definieren, bei denen häufig nur ein Lipoproteintyp eine erhöhte Konzentration gegenüber der Norm aufweist.

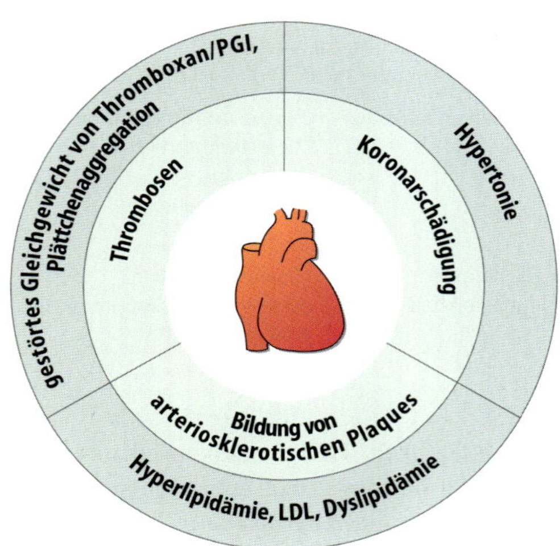

Abb. 18.33. An der Entstehung der koronaren Herzkrankheit beteiligte Risikofaktoren

Soweit es sich dabei um primäre, d.h. genetisch fixierte Defekte handelt, ist die Zuordnung zu bestimmten Apoproteindefekten wenigstens teilweise möglich. Aufgrund ihres Erscheinungsbildes lassen sich fünf Typen von primären Hyperlipoproteinämien unterscheiden.

Hyperlipoproteinämie Typ I. Bei der Hyperlipoproteinämie Typ I sind auch nach 12-stündiger Nahrungskarenz Chylomikronen im Plasma nachweisbar. Aus dem trüben, lipämischen Serum setzt sich beim Stehen eine dicke Fettschicht ab. Der Triacylglyceringehalt des Serums ist entsprechend erhöht, jedoch kann auch der Cholesteringehalt gesteigert sein. Der Grund für diesen Anstieg der Plasmatriacylglycerine ist ein Mangel an Lipoproteinlipase, der autosomal-rezessiv vererbt wird. In manchen Fällen fehlt auch das Apolipoprotein C II, sodass es nicht zur Aktivierung der Lipoproteinlipase kommt. Dieser Mangel an Lipoproteinlipase-Aktivität führt dazu, dass Nahrungsfette zwar resorbiert und als Chylomikronen in das Blut eingespeist, aber nicht rasch genug verwertet werden können. Die Therapie der Erkrankung besteht in einer Reduktion der Fettzufuhr auf weniger als 3 g/Tag. Dabei sollten Triacylglycerine mit Fettsäuren kurzer und mittlerer Kettenlänge bevorzugt werden, da diese direkt an das Pfortaderblut abgegeben und nicht in Chylomikronen eingebaut werden (▶ Kap. 21.6.2).

Hyperlipoproteinämie Typ II (familiäre Hypercholesterinämie). Diese autosomal-dominant vererbte Erkrankung ist durch eine sehr starke Erhöhung der Cholesterinkonzentration des Serums gekennzeichnet, die mit einer Erhöhung der LDL-Fraktion einhergeht. Die Triacylglycerinkonzentration kann normal (Typ IIa) bzw. leicht erhöht (Typ IIb) sein. Heterozygote kommen mit einer Häufigkeit von 1:500 vor und machen etwa 5% der Patienten aus, die jünger als 60 Jahre sind und bereits einen Myocardinfarkt hinter sich haben. Homozygote Träger der Erkrankung kommen mit einer Frequenz von 1:1 000 000 vor und leiden schon in der Kindheit an einer schweren Arteriosklerose mit koronarer Herzerkrankung und Cerebralsklerose.

Die Ursache des Defektes liegt in einem Funktionsdefekt des LDL-Rezeptors. Aufgrund molekularbiologischer Untersuchungen des LDL-Rezeptors bzw. seines Gens an einer großen Zahl homozygoter Patienten konnten vier Klassen von Mutationen definiert werden, die das Krankheitsbild auslösen können. Am häufigsten (ca. 50% der Fälle) findet sich ein Rezeptormangel. In anderen Fällen wird der Rezeptor zwar synthetisiert jedoch nicht posttranslational prozessiert und glycosyliert, sodass er nicht in die Membran eingebaut werden kann. Gelegentlich fanden sich Defekte der LDL-Bindungsstellen des Rezeptors oder infolge von Mutationen am C-terminalen Teil des Rezeptors, eine Störung der Assoziation mit Clathrin und damit der Bildung der für die Rezeptorinternalisierung wichtigen *coated pits*. Die genannten Defekte führen ohne Ausnahme zu einer Hemmung der LDL-Aufnahme und damit zum Anstieg des Serumcholesterins. Auf der anderen Seite fällt die Hemmung der endogenen Cholesterinbiosynthese der extrahepatischen Gewebe durch die LDL-Aufnahme (▶ Kap. 18.5.2) weg, sodass es zur überschüssigen Cholesterinbiosynthese kommt. Dies erhöht die Serumcholesterinkonzentration und damit das Arterioskleroserisiko weiter.

Die Behandlung besteht bei Homozygoten darin, das Plasma in regelmäßigen Abständen durch Affinitätschromatographie an einer mit einem Apolipoprotein B-Antikörper dotierten Matrix zu behandeln. Daneben muss die Cholesterinzufuhr gesenkt und der Cholesterinspiegel durch Gaben von Cholestyramin (▶ Kap. 32.1.4) und Nicotinsäure gesenkt werden.

Ein weiteres Therapieprinzip, das bei heterozygoten Patienten eingesetzt werden kann, besteht in der Behandlung mit Hemmstoffen der HMG-CoA-Reduktase (Mevinolin, Abb. 18.23), die außerdem zu einer vermehrten Synthese von LDL-Rezeptoren führen. Bei Homozygoten ist wegen des Befalls beider Allele des LDL-Rezeptor-Gens eine derartige Therapie nicht sinnvoll.

Hyperlipoproteinämie Typ III. Kennzeichnend für diese Erkrankung ist das Auftreten einer besonders breiten Lipoproteinbande im β-Globulinbereich der Lipidelektrophorese. Die in dieser Bande wandernden Lipoproteine gehören ihrer Dichte nach zu den VLDL. Aus der gegenüber normalen VLDL geänderten elektrophoretischen Wanderungsgeschwindigkeit kann geschlossen werden, dass es sich um ein **atypisches VLDL** mit geänderter Apolipoprotein-Zusammensetzung handelt. Die Patienten sind homozygot für eine als Apo E_2 bezeichnete Variante des Apolipoprotein E. Lipoproteine mit diesem Protein werden nicht vom LDL-Rezeptor erkannt, weswegen sich im Blut relativ cholesterinreiche Apolipoproteine ansammeln, die von einem spezifischen, als **Scavenger Rezeptor** bezeichneten Makrophagenrezeptor gebunden werden. Dies führt zur Internalisierung und zur Umwandlung von Makrophagen in lipidreiche Schaumzellen. Im Serum finden sich erhöhte Triacylglycerin- und Cholesterinspiegel, außerdem lagert sich Cholesterin in der Haut der Erkrankten ab. Das Arterioskleroserisiko ist extrem hoch. Die Behandlung besteht in einer Reduktion der Cholesterinzufuhr.

Hyperlipoproteinämie Typ IV. Diese Form der Hyperlipoproteinämie zeichnet sich durch eine deutliche Zunahme der Triacylglycerine mit einem geringgradigen Anstieg des Cholesteringehalts im Serum aus. Das Serum ist in Abhängigkeit vom Ausmaß der Triacylglycerinvermehrung klar bis milchig trüb. Vermehrt sind die VLDL. Die Konzentration der Lipoproteine wird durch eine kohlenhydratreiche Mahlzeit deutlich erhöht, weswegen die Erkrankung auch als kohlenhydratinduzierte Hyperlipämie bezeichnet wird. Der metabolische Defekt der Erkrankung ist nicht bekannt, häufig handelt es sich um Patienten mit auffallendem Übergewicht, Diabetes mellitus und Hyperurikämie. Die Therapie besteht in einer Reduktion der Energie- und Kohlenhydratzufuhr.

Hyperlipoproteinämie Typ V. In ihrem Erscheinungsbild entspricht diese Form der Hyperlipoproteinämie einer Mischform der Typen I und IV. Charakteristisch sind eine exzessive Vermehrung der Triacylglycerine und eine mäßige Vermehrung des Cholesterins im Serum. In der Elektrophorese findet sich eine Zunahme der Chylomikronen und der VLDL. Der primäre Defekt der Erkrankung ist nicht bekannt, das Krankheitsbild ist außer der Änderung der Blutfettkonzentrationen durch Ablagerung von Cholesterin in der Haut gekennzeichnet. Ein besonderes Arterioskleroserisiko besteht nicht.

 20–25% der erwachsenen Bevölkerung leiden an sekundärer Hypercholesterinämie.

Sekundäre Hypercholesterinämie. 20–25% der erwachsenen Bevölkerung Deutschlands leiden an einer Erhöhung der Serum-Cholesterinkonzentration über den Normalbereich. Man nimmt an, dass bei diesen Patienten eine genetische Disposition zu erhöhten LDL-Konzentrationen besteht, die jedoch durch zusätzliche exogene Faktoren wie Übergewicht oder Bewegungsmangel verstärkt werden muss.

Sekundäre Hyperlipoproteinämien können die verschiedensten Ursachen haben.

Bei einer Reihe von Erkrankungen wie Diabetes mellitus, Übergewicht, Verschlussikterus, nephrotisches Syndrom, Gicht, Pankreatitis, Alkoholismus, Schwangerschaft und Hypothyreose entstehen Hyperlipoproteinämien, bei denen häufig spezifische Lipoproteine vermehrt vorkommen. Am häufigsten handelt es sich um Hyperlipoproteinämien des Typs IV, gelegentlich auch des Typs II. Eine sekundäre Hyperlipoproteinämie des Typs I findet sich nur bei unbehandeltem Diabetes Typ 1 und ist dementsprechend heute sehr selten. Beim Verschlussikterus sowie der Hyperthyreose finden sich darüber hinaus atypische Lipoproteine.

In Kürze

Störungen im Stoffwechsel von Phosphoglyceriden und Sphingolipiden, z.B. das Antiphospholipidsyndrom oder die Lipidspeicherkrankheiten, sind seltene Erkrankungen.

Häufig sind dagegen Störungen der Lipoproteinzusammensetzung oder des Lipoproteinstoffwechsels.

Man unterscheidet Hypo- und Hyperlipidämien, die letzteren werden auch als Dyslipidämien bezeichnet.

Genetische Formen dieser Erkrankungen betreffen Mutationen in den Genen für:

- Apolipoproteine
- die Assemblierung von Lipoproteinen
- lipolytische Enzyme sowie
- Rezeptoren, die für die Lipoproteinaufnahme benötigt werden

Erworbene Hyperlipoproteinämien betreffen häufig das Verhältnis von LDL zu HDL und sind von einer Hypercholesterinämie begleitet. Sie gelten als Risikofaktoren für Arteriosklerose und koronare Herzerkrankung.

Literatur

Original- und Übersichtsarbeiten

Bevers EM, Comfurius P, Dekkers DWC, Zwaal RFA (1999) Lipid translocation across the plasma membrane of mammalian cells. Biochim Biophys Acta 1439:317–330

Bodzioch M, Orso E, Klucken J, Langmann T, Bottcher A, Diederich W, Drobnik W, Barlage S, Buchler C, Porsch-Ozcurumez M, Kaminski WE, Hahmann HW, Oette K, Rothe G, Aslanidis C, Lackner KJ, Schmitz G (1999) The gene encoding ATP-binding cassette transporter 1 is mutated in Tangier disease. Nat Genet 22:347–351

Brown MS, Jin Ye, Rawson RB, Goldstein JL (2000) Regulated intramembrane proteolysis: a control mechanism conserved from bacteria to humans. Cell 100:391–398

Fielding CJ, Fielding PE (2000) Cholesterol and caveolae: structural and functional relationships. Biochim Biophys Acta 1529:210–222

Funk CD (2001) Prostaglandins and leukotrienes: advances in eicosanoid biology. Science 294:1871–1875

Futerman AH, Hannun YA (2004) The complex life of simple sphingolipids. EMBO reports 5:777–782

Goldstein JL, Brown MS (2001) The cholesterol quartet. Science 292:1310–1314

Goldstein JL, DeBose-Boyd RA, Brown MS (2006) Protein Sensors for Membrane Sterols. Cell 124:35–46

Hardie DG (2004) The AMP-activated protein kinase pathway – new players upstream and downstream. J Cell Sci 117:5479–5487

Hardie DG, Sakamoto K (2006) AMPK: A Key Sensor of Fuel and Energy Status in Skeletal Muscle. Physiology 21:48–60

Hla T, Lee M, Ancellin N, Paik JH, Kluk MJ (2001) Lysophospholipids: receptor revelations. Science 294:1875–1878

Horton JD, Shah NA, Warrington JA, Anderson NN, Wook Park S, Brown MS, Goldstein JL (2003) Combined analysis of oligonucleotide microarray data from transgenic and knockout mice identifies direct SREBP target genes. Proc Natl Acad Sci (USA) 100:12027–12032

Huwiler A, Kolter T, Pfeilschifter J, Sandhoff K (2000) Physiology and pathophysiology of sphingolipid metabolism and signaling. Biochem Biophys Acta 1485:63–99

Katso R, Okkenhaug K, Ahmadi K, White S, Timms J, Waterfield MD (2001) Cellular function of phosphoinositide 3-kinases: implications for development, immunity, homeostasis, and cancer. Annu Rev Cell Dev Biol 17:615–75

von Landenberg P, von Landenberg C, Schölmerich J, Lackner KJ (2001) Antiphospholipid syndrome. Pathogenesis, molecular basis and clinical aspects. Med Klin 96 (6):331–342

Liu J, Chang, CC, Westover EJ, Covey DF, Chang TY (2005) Investigating the allosterism of acyl-CoA:cholesterol acyltransferase (ACAT) by using various sterols: in vitro and intact cell studies. Biochem J 391:389–397

Pyne S, Pyne NJ (2000) Sphingosine 1-phosphate signalling in mammalian cells. Biochem J 349:385–402

Segrest JP, Jones MK, De Loof H, Dashti N (2001) Structure of apolipoprotein B-100 in low density lipoproteins. J Lipid Res 42:1346–1367

Willnow TE (1999) The low-density lipoprotein receptor gene family: multiple roles in lipid metabolism. J Mol Med 77:306–315

Links im Netz

▶ www.lehrbuch-medizin.de/biochemie

19 Stoffwechsel der Purine und Pyrimidine

Georg Löffler, Monika Löffler

19.1 Biosynthese von Purin- und Pyrimidinnucleotiden – 586
19.1.1 Biosynthese von Purinnucleotiden – 586
19.1.2 Biosynthese von Pyrimidinnucleotiden – 590
19.1.3 Biosynthese von Desoxyribonucleotiden – 591
19.1.4 Regulation der Biosynthese von Purin- und Pyrimidinnucleotiden – 593
19.1.5 Hemmstoffe der Purin- und Pyrimidinbiosynthese – 596

19.2 Wiederverwertung von Purinen und Pyrimidinen – 597

19.3 Abbau von Nucleotiden – 599
19.3.1 Abbau von Purinnucleotiden – 599
19.3.2 Abbau von Pyrimidinnucleotiden – 601

19.4 Pathobiochemie – 602
19.4.1 Purinstoffwechsel – 602
19.4.2 Pyrimidinstoffwechsel – 604

Literatur – 605

Einleitung

Purine und Pyrimidine haben als Bausteine von Coenzymen wichtige Aufgaben, darüber hinaus dienen sie in Form ihrer zugehörigen Nucleinsäuren der Informationsspeicherung und -weitergabe in biologischen Systemen. Für die Biosynthese der Purin- und Pyrimidinbasen werden einfache Bausteine als Substrate verwendet, wobei häufig als Zwischenprodukte die reaktionsfreudigeren Nucleotide benutzt werden.

Die Kenntnis der Biosynthesewege hat nicht nur zu einem tieferen Verständnis der Regulation der beteiligten Vorgänge geführt, sondern lieferte auch die Ansatzpunkte zur erfolgreichen Entwicklung von Arzneimitteln, die durch Beeinträchtigung der Purin- bzw. Pyrimidinbiosynthese als Cytostatica verwendet werden. Darüber hinaus hat sich die Möglichkeit zur Entwicklung von Arzneimitteln eröffnet, die zur Behandlung der Gicht als einer der klassischen, seit Jahrtausenden bekannten und gefürchteten Erkrankungen des Menschen eingesetzt werden können.

19.1 Biosynthese von Purin- und Pyrimidinnucleotiden

19.1.1 Biosynthese von Purinnucleotiden

! Das Puringerüst wird aus Glutamin, Aspartat, Glycin sowie Formiat und HCO_3^- aufgebaut.

Schon in den fünfziger Jahren konnte experimentell durch Einsatz isotopenmarkierter Verbindungen die Herkunft der einzelnen, am Aufbau des Puringerüstes beteiligten C- und N-Atome nachgewiesen werden (Abb. 19.1).

! Purine werden als Ribonucleotide synthetisiert.

Der Mechanismus dieser Biosynthese wurde erst verständlich, als gezeigt werden konnte, dass entgegen den Erwartungen nicht zuerst das Puringerüst synthetisiert und danach die N-glycosidische Bindung mit Ribose geknüpft wird. Die Biosynthese erfolgt vielmehr von der ersten Reaktion an in Form eines zunächst offenen, später ringförmigen **Ribonucleotids**. Dazu ist zunächst die Biosynthese eines reaktionsfreudigen Derivats des Ribose-5-phosphats notwendig.

Biosynthese von 5-Phosphoribosyl-1-α-Pyrophosphat. Um die reaktionsfähige Verbindung **5-Phosphoribosyl-1-α-Pyrophosphat** (PRPP) herzustellen, wird ein Zwischenprodukt des Hexosemonophosphatwegs (▶ Kap. 11.1.2), nämlich Ribose-5-phosphat, pyrophosphoryliert (Abb. 19.2). Diese Reaktion ist insofern ungewöhnlich, als eine aus dem β- und γ-Phosphat des ATP bestehende Pyrophosphatgruppe in α-Stellung auf das C1-Atom des Ribose-5-phosphats übertragen wird. Die für diese Reaktion verantwortliche PRPP-Synthetase ist nicht ausschließlich für die Biosynthese von Purinnucleotiden spezifisch, sondern wird auch bei der Biosynthese von Pyrimidinnucleotiden benötigt.

Biosynthese von Inosinmonophosphat. Durch schrittweise Anlagerung der einzelnen C- und N-Atome an das PRPP wird nun der Purinring aufgebaut. In insgesamt 10 Reaktionsschritten entsteht Inosinmonophosphat (IMP) (Abb. 19.3):

- Anlagerung des **N-Atoms 9** des Puringerüsts. Der Stickstoff entstammt dem Amid-Stickstoff des **Glutamins** und wird unter Abspaltung der Pyrophosphatgruppe und gleichzeitiger Inversion am C-Atom 1 der Ribose angelagert, sodass **5-Phosphoribosyl-1β-Amin** (PRA) entsteht (Schritt (1))
- Anlagerung der Atome 4, 5 und 7 des Puringerüsts. An PRA wird in einer ATP-abhängigen Reaktion **Glycin** unter Bildung einer Säureamidbindung zwischen seiner Carboxylgruppe und der Aminogruppe des 5-Phosphoribosylamins angelagert, wobei **Glycinamidribonucleotid** (GAR) entsteht (Schritt (2))

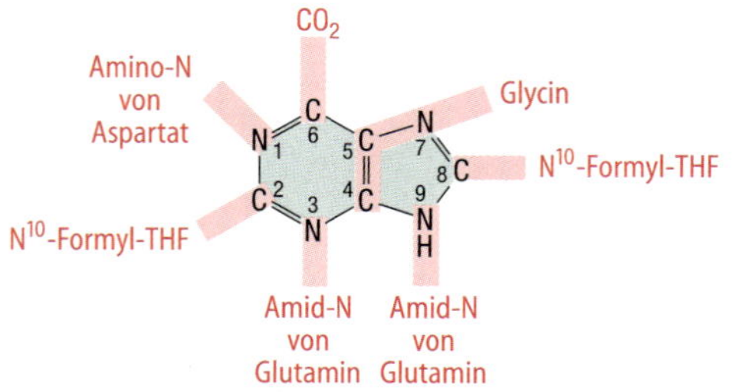

Abb. 19.1. Herkunft der Kohlenstoff- und Stickstoffatome im Puringerüst. THF = Tetrahydrofolat

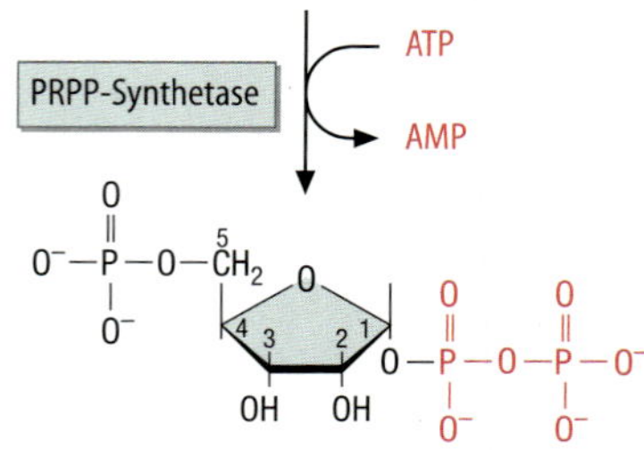

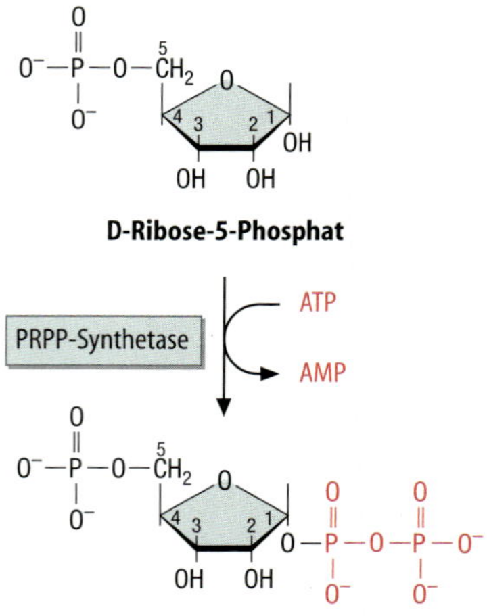

Abb. 19.2. Pyrophosphorylierung von D-Ribose-5-Phosphat

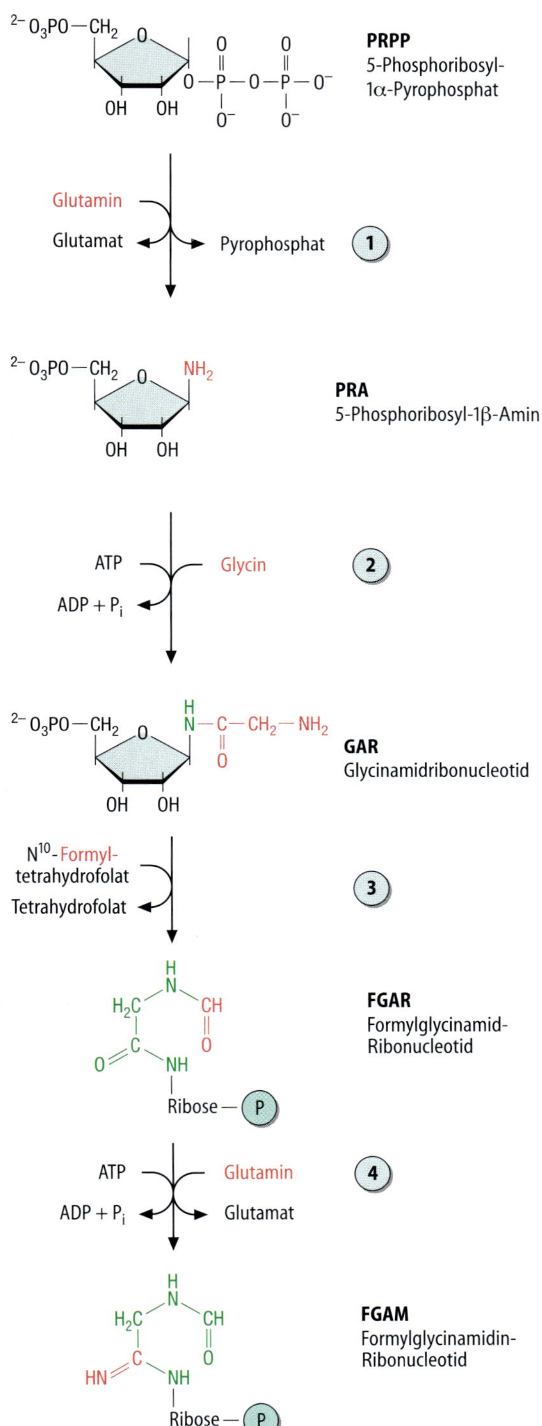

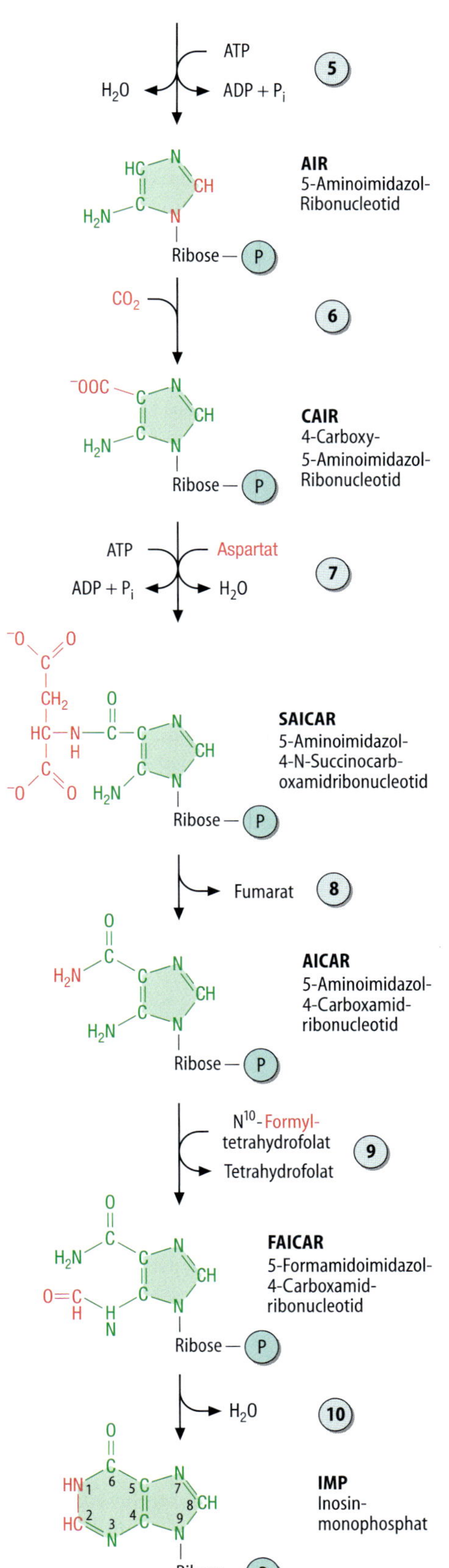

Abb. 19.3. Reaktionen der Purinbiosynthese bei Vertebraten. (Einzelheiten ▸ Text)

- Anlagerung des C-Atoms 8 des Puringerüsts an die freie Aminogruppe des GAR. Es wird als Formylrest durch **N^{10}-Formyltetrahydrofolat** übertragen, wobei **Formylglycinamid-Ribonucleotid** (FGAR) entsteht (Schritt (3))
- Anlagerung des N-Atoms 3 des Puringerüsts. In einer ATP-abhängigen Reaktion wird das C-Atom 4 amidiert. Der Stickstoff stammt wiederum vom Amid-Stickstoff des Glutamins, das dabei in Glutamat übergeht. Es entsteht **Formylglycinamidin-Ribonucleotid** (FGAM) (Schritt (4))
- Bildung des Imidazolrings des Puringerüsts. Diese erfolgt in einer wiederum ATP-abhängigen Reaktion durch Ringschluss zwischen dem C-Atom 8 und N-Atom 9. Es entsteht **Aminoimidazol-Ribonucleotid** (AIR) (Schritt (5))
- Anlagerung des C-Atoms 6 des Puringerüsts. An AIR wird in einer reversiblen Reaktion CO_2 angelagert, womit auch das C-Atom 6 des Purinkörpers gebildet ist und das **4-Carboxy-5-Aminoimidazol-Ribonucleotid** (CAIR) entsteht. Auffallenderweise erfolgt die Carboxylierung ohne Einschaltung von Biotin. Im Gegensatz zu Mikroorganismen benötigen Vertebraten dazu kein ATP (Schritt (6))
- Anlagerung des N-Atoms 1 des Puringerüsts. Hierfür werden zwei Reaktionen benötigt. Zunächst wird in einer ATP-abhängigen Reaktion am C-Atom 6 Aspartat angelagert, sodass **5-Aminoimidazol-4-N-Succinocarboxamidribonucleotid** (SAICAR) entsteht (Schritt (7))
- Von dieser Verbindung wird **Fumarat** abgespalten, sodass **5-Aminoimidazol-4-Carboxamidribonucleotid** (AICAR) entsteht. Diese Art der Übertragung einer Aminogruppe kommt auch bei verschiedenen Reaktionen des Aminosäurestoffwechsels und beim Harnstoffzyklus (► Kap. 13.5.2) vor. Aspartat stellt gewissermaßen das Trägermolekül für die Aminogruppe dar (Schritt (8))
- Anheftung des C-Atoms 2 des Puringerüsts. Das noch fehlende C-Atom 2 wird wieder als Formylrest durch N^{10}-Formyltetrahydrofolat an das Atom 3 angelagert, sodass **5-Formamidoimidazol-4-Carboxamid-Ribonucleotid** (FAICAR) entsteht (Schritt (9))
- Durch einfache Wasserabspaltung zwischen dem C-Atom 2 und dem N-Atom 1 erfolgt ohne ATP der Schluss des zweiten Rings, wobei Inosinmonophosphat (IMP, Inosinsäure) gebildet wird (Schritt (10))

! IMP ist der Startpunkt der Biosynthese von AMP und GMP.

Vom IMP startet die Biosynthese der beiden anderen Purinnucleotide **Adenosinmonophosphat** (AMP, Adenylsäure) und **Guanosinmonophosphat** (GMP, Guanylsäure) (Abb. 19.4).

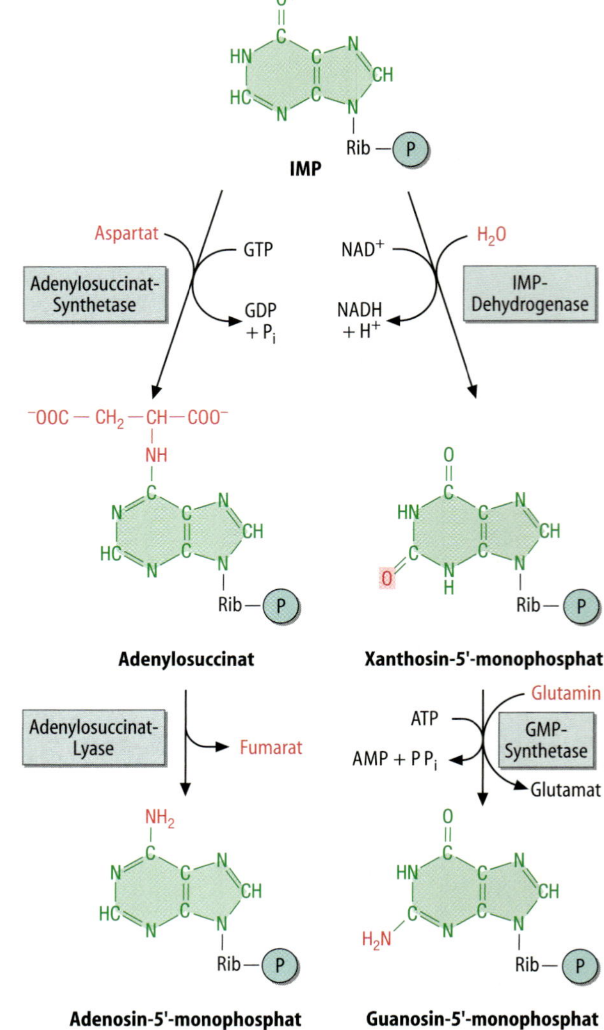

Abb. 19.4. Biosynthesen von AMP und GMP aus IMP. (Einzelheiten ► Text)

AMP-Biosynthese. Zur AMP-Biosynthese ist der Ersatz des Sauerstoffs am C-Atom 6 des IMP durch eine Aminogruppe notwendig, der in einer zweistufigen Reaktion erfolgt, wobei Aspartat wieder der Donor der Aminogruppe ist:
- Aspartat wird in einer GTP-abhängigen Reaktion unter Wasserabspaltung an das C-Atom 6 des IMP geheftet. Es entsteht das **Adenylosuccinat** oder Succinoadeninnucleotid
- Durch Abspaltung von Fumarat wird nun **Adenosinmonophosphat** (AMP) gebildet

GMP-Biosynthese. Auch die Biosynthese des GMP erfolgt in einer zweistufigen Reaktion:
- Zunächst wird IMP am C-Atom 2 oxidiert, wobei **Xanthosinmonophosphat** (Xanthylsäure) entsteht
- An dieses wird in einer ATP-abhängigen Reaktion unter Bildung von **Guanosinmonophosphat** eine

Aminogruppe geheftet. Der Stickstoff entstammt dem Amid-Stickstoff des Glutamins

Bildung von Nucleosiddi- und -triphosphaten. Für die Überführung von AMP und GMP in die entsprechenden Di- und Triphosphate steht eine Reihe von transphosphorylierenden Reaktionen zur Verfügung:
- die Nucleosidmonophosphat-Kinase

$$\text{Nucleosidmonophosphat} + \text{ATP} \rightleftharpoons \text{Nucleosiddiphosphat} + \text{ADP}$$

- sowie die Nucleosiddiphosphat-Kinase (Adenylatkinase, weitere Bedeutung. ► Kap. 25.6.2)

$$\text{Nucleosiddiphosphat} + \text{ATP} \rightleftharpoons \text{Nucleosidtriphosphat} + \text{ADP}$$

! Drei multifunktionelle Enzyme sind bei Vertebraten an der IMP-Biosynthese beteiligt.

Die oben geschilderten Reaktionssequenzen für die Biosynthese von Purinnucleotiden sind bei Pro- und Eukaryoten identisch. Bei Prokaryoten sind inzwischen sämtliche Enzyme für die 10 benötigten Reaktionen isoliert und charakterisiert worden. Wie aus ◘ Tabelle 19.1 zu entnehmen ist, sind beim Menschen und anderen Vertebraten drei **multifunktionelle Enzyme** an der Purinnucleotidbiosynthese beteiligt, deren Gene auf unterschiedlichen Chromosomen lokalisiert sind:
- Das **GART-Gen** codiert für ein multifunktionelles Protein mit einer GAR-Synthetase-, GAR-Transformylase- und AIR-Synthetase-Aktivität (Enzyme 2–5)
- Das **AIRC-Gen** codiert für ein multifunktionelles Protein mit einer AIR-Carboxylase- und SAICAR-Synthetase-Aktivität (Enzyme 6–7)
- Das **IMPS-Gen** codiert für ein multifunktionelles Protein mit einer die AICAR-Transformylase- und IMP-Cyclohydrolase-Aktivität (Enzym 9–10)

Lediglich der erste Schritt der Biosynthesekette, die **Glutamin-PRPP-Amidotransferase**, und die **Adenylosuccinat-Synthetase** stellen monofunktionelle Proteine dar. Die **Adenylosuccinatlyase** katalysiert jedoch außer der Reaktion 8 der IMP-Biosynthese die Umwandlung von Adenylosuccinat zu AMP, ist also für zwei Reaktionen verantwortlich.

Die Enzyme der Purinbiosynthese sind damit ein weiteres eindrucksvolles Beispiel für die in höheren Eukaryoten zu findende Tendenz, die Enzyme für längere Biosynthesen als multifunktionelle Proteine zusammenzufassen und damit unter die Kontrolle nur eines oder weniger Promotoren zu bringen (► Kap. 12.2.3, 19.1.2). Außerdem ermöglichen multifunktionelle Enzyme die allosterische Regulation der einzelnen Domänen und halten die beteiligten Aktivitäten in genau gleichen stöchiometrischen Verhältnissen zueinander. Sie bieten zudem instabilen Substraten/Zwischenprodukten einen Schutz vor Zerfall oder Abbau.

◘ Tabelle 19.1. Gene und Enzyme der IMP-Biosynthese. Die Angaben über die chromosomale Lokalisation beziehen sich auf die humanen Gene

Gen	Chromosom	Schritt	Enzym
GPAT	4	1	Glutamin-PRPP-Amidotransferase
GART	21	2	GAR-Synthetase
GART	21	3	GAR-Transformylase
GART	21	5	AIR-Synthetase
FGAMS	14	4	FGAM-Synthetase
AIRC	4	6	AIR-Carboxylase
AIRC	4	7	SAICAR-Synthetase
ASL	22	8	Adenylosuccinatlyase
IMPS	2	9	AICAR-Transformylase
IMPS	2	10	IMP-Cyclohydrolase

GAR Glycinamid-Ribonucleotid; *AIR* 5-Aminoimidazol-Ribonucleotid; *FGAM* Formyl-Glycinamidin-Ribonucleotid; *SAICAR* 5-Amino-imidazol-4-N-Succinocarboxamid-Ribonucleotid; *AICAR* 5-Amino-imidazol-4-Carboxamid-Ribonucleotid.

◘ Tabelle 19.2. Energieverbrauch bei der Purinbiosynthese

Biosynthese von	Benötigtes Nucleotid	Zahl der benötigten energiereichen Bindungen	kJ/mol
PRPP	ATP	2	60
Glycinamidribonucleotid	ATP	1	30
N-Formylglycinamidin-Ribonucleotid	ATP	1	30
5-Aminoimidazol-Ribonucleotid	ATP	1	30
5-Aminoimidazol-4-N-Succinocarboxamid-Ribonucleotid	ATP	1	30
Adenylosuccinat	GTP	1	30
Guanosinmonophosphat	ATP	2	60
Gesamtverbrauch für die Biosynthese von IMP	5 ATP	6	180
Gesamtverbrauch für die Biosynthese von AMP	5 ATP + 1 GTP	7	210
Gesamtverbrauch für die Biosynthese von GMP	6 ATP	8	240

! Sechs bzw. sieben ATP werden für die Biosynthese von AMP bzw. GMP benötigt.

In ◘ Tabelle 19.2 ist der für die Purinbiosynthese benötigte Energieverbrauch zusammengestellt. Für die *de novo*-Biosynthese von IMP werden insgesamt 5 mol ATP benötigt,

19.4 Pathobiochemie

19.4.1 Purinstoffwechsel

Es ist klar, dass Störungen des Purinstoffwechsels den Zellstoffwechsel erheblich beeinträchtigen. So verursachen beispielsweise durch Metabolitanaloga hervorgerufene Hemmungen der Purinnucleotidbiosynthese deswegen den Zelltod, weil die Biosynthese der Nucleinsäuren mangels Vorstufen oder infolge von Imbalanzen zwischen Purin- und Pyrimidinnucleotiden blockiert wird. Jede Überproduktion von Purinnucleotiden wird dagegen eine Zunahme ihrer Abbaugeschwindigkeit und damit der Harnsäureproduktion nach sich ziehen.

! Hyperurikämien können zur Gicht führen.

Infolge ihrer geringen Wasserlöslichkeit sind dem Transport der Harnsäure im Blut relativ enge Grenzen gesetzt. Schon der normale Serumharnsäurespiegel (ca. 0,4 mmol/l entsprechend 7 mg/dl)) ist nur deshalb möglich, weil ein Teil der Serumharnsäure an Proteine gebunden ist. Vermindert sich die renale Ausscheidung oder fällt Harnsäure vermehrt im Stoffwechsel an, so kommt es zur **Hyperurikämie**. Da ein niedriger pH-Wert und erniedrigte Temperatur die Löslichkeit noch weiter herabsetzen, kann es zur Entstehung von Natrium-Urat-Kristallen in bradytrophen Geweben mit einem hohen Gehalt an sauren Proteoglykanen und Kollagen kommen. Uratablagerungen in Gelenkflüssigkeit, Bindegewebe, Sehnenscheiden, Ohrknorpel, peripheren Gelenken und im Nierenmark bestimmen die klinische Symptomatik der **Gicht**, die häufig von akuten, mit erheblichen Schmerzen verbundenen Entzündungsschüben begleitet ist. Man nimmt an, dass in der Bundesrepublik Deutschland etwa 1–2% der männlichen und bis zu 0,4% der weiblichen Erwachsenen an einer häufig unerkannten Gicht leiden. Bezeichnenderweise sinkt, ähnlich wie beim Diabetes mellitus (► Kap. 26.4) die Gichthäufigkeit in Notzeiten auf Werte von 0,1–0,2% der Bevölkerung. Offenbar führt Luxuskonsum nicht nur zu einer Zunahme der Kohlenhydratstoffwechselstörungen, sondern – wahrscheinlich wegen des überhöhten Fleischkonsums – zu einem hohen Angebot an Purinbasen, deren Abbau bei entsprechender genetischer Konstellation eine Gicht auslösen kann. Man unterscheidet **primäre** (familiäre) und **sekundäre Hyperurikämien**:

- Bei der **primären Hyperurikämien** handelt es sich um hereditäre Störungen des Purinstoffwechsels, wobei sowohl die Biosynthese als auch die Ausscheidung betroffen sein kann
- Bei den **sekundären Hyperurikämien** liegt keine Störung im Bereich des Purinstoffwechsels vor. Hier ist das Krankheitsbild die Folge von Erkrankungen, bei denen durch vermehrten Zelluntergang ein Übermaß an Purinbasen zum Abbau gelangt oder aber durch erworbene Nierenerkrankungen die Harnsäureausscheidung beeinträchtigt ist

Primäre Hyperurikämie. Die primäre Hyperurikämie ist durch eine allmähliche Zunahme der Gesamtmenge der im Körperwasser gelösten Harnsäure, also des Harnsäurepools, von normal 6 mmol (entsprechend ca. 1 g, ► o.) bis auf 180 mmol und mehr gekennzeichnet. Mehrere ursächliche Faktoren sind als Auslöser dieses Krankheitsbildes bekannt (▫ Tabelle 19.3):

Bei einem großen Teil der Betroffenen (75–80%) handelt es sich um eine **renale Störung der Harnsäureausscheidung**. Im Vordergrund steht dabei eine gesteigerte tubuläre Rückresorption von Harnsäure. Da diese im Wesentlichen von der Aktivität des Urat-Austauschers URAT 1 abhängt, werden Regulationsstörungen diskutiert, die die Aktivität dieses Proteins erhöhen. Eine sehr seltene Erkrankung ist die **familiäre juvenile hyperurikämische Nephropathie**. Es handelt sich um eine autosomal-dominant vererbte Erkrankung, die mit Hyperurikämie, verminderter Uratausscheidung im Urin und einer chronischen Nephropathie einhergeht und zum Nierenversagen führt.

Bei dem anderen, etwa 20–25% umfassenden Teil der Patienten mit Hyperurikämie beruht die Erkrankung nicht auf einer Störung der renalen Ausscheidung, sondern vielmehr auf einer **gesteigerten Biosynthese von Purinen** aufgrund verschiedener Enzymdefekte:

- Am häufigsten ist ein Gendefekt der **Hypoxanthin-Guanin-Phosphoribosyltransferase**, der zur verminderten Aktivität des Enzyms führt. Deshalb kommt es zu einem durch einen Minderverbrauch ausgelösten Anstieg der PRPP-Konzentration und in der Folge zu einer Aktivierung der PRPP-Amidotransferase (► Kap. 19.1.4) mit einer Steigerung der Purinbiosynthese. Insgesamt führt der Enzymdefekt zu einer schon im juvenilen Alter auftretenden Gicht, die sich dadurch auszeichnet, dass die Harnsäurekonzentrationen im Serum auch bei purinarmer Ernährung nicht absinken
- Vollständiges Fehlen der **Hypoxanthin-Guanin-Phosphoribosyltransferase** liegt beim **Lesch-Nyhan-Syn-**

▫ Tabelle 19.3. Ursachen der primären Hyperurikämie

	Ursache	Häufigkeit
Überproduktion von Harnsäure	PRPP-Synthetase: Zunahme der Aktivität; Glutamin-PRPP-Amidotransferase: Aufhebung der Rückkoppelungshemmung; Xanthinoxidoreduktase: Zunahme der Aktivität; Hypoxanthin-Guanin-Phosphoribosyltransferase: Abnahme oder Fehlen der Aktivität; Adeninphosphoribosyltransferase: Fehlen des Enzyms	20–25% der Gichtfälle
Hemmung der renalen Ausscheidung	Steigerung der Reabsorption von Harnsäure	75–80% der Gichtfälle

Aminogruppe geheftet. Der Stickstoff entstammt dem Amid-Stickstoff des Glutamins

Bildung von Nucleosiddi- und -triphosphaten. Für die Überführung von AMP und GMP in die entsprechenden Di- und Triphosphate steht eine Reihe von transphosphorylierenden Reaktionen zur Verfügung:

- die Nucleosidmonophosphat-Kinase

$$\text{Nucleosidmonophosphat} + \text{ATP} \rightleftharpoons \text{Nucleosiddiphosphat} + \text{ADP}$$

- sowie die Nucleosiddiphosphat-Kinase (Adenylatkinase, weitere Bedeutung. ► Kap. 25.6.2)

$$\text{Nucleosiddiphosphat} + \text{ATP} \rightleftharpoons \text{Nucleosidtriphosphat} + \text{ADP}$$

! Drei multifunktionelle Enzyme sind bei Vertebraten an der IMP-Biosynthese beteiligt.

Die oben geschilderten Reaktionssequenzen für die Biosynthese von Purinnucleotiden sind bei Pro- und Eukaryoten identisch. Bei Prokaryoten sind inzwischen sämtliche Enzyme für die 10 benötigten Reaktionen isoliert und charakterisiert worden. Wie aus ◻ Tabelle 19.1 zu entnehmen ist, sind beim Menschen und anderen Vertebraten drei **multifunktionelle Enzyme** an der Purinnucleotidbiosynthese beteiligt, deren Gene auf unterschiedlichen Chromosomen lokalisiert sind:

- Das **GART-Gen** codiert für ein multifunktionelles Protein mit einer GAR-Synthetase-, GAR-Transformylase- und AIR-Synthetase-Aktivität (Enzyme 2–5)
- Das **AIRC-Gen** codiert für ein multifunktionelles Protein mit einer AIR-Carboxylase- und SAICAR-Synthetase-Aktivität (Enzyme 6–7)
- Das **IMPS-Gen** codiert für ein multifunktionelles Protein mit einer die AICAR-Transformylase- und IMP-Cyclohydrolase-Aktivität (Enzym 9–10)

Lediglich der erste Schritt der Biosynthesekette, die **Glutamin-PRPP-Amidotransferase**, und die **Adenylosuccinat-Synthetase** stellen monofunktionelle Proteine dar. Die **Adenylosuccinatlyase** katalysiert jedoch außer der Reaktion 8 der IMP-Biosynthese die Umwandlung von Adenylosuccinat zu AMP, ist also für zwei Reaktionen verantwortlich.

Die Enzyme der Purinbiosynthese sind damit ein weiteres eindrucksvolles Beispiel für die in höheren Eukaryoten zu findende Tendenz, die Enzyme für längere Biosynthesen als multifunktionelle Proteine zusammenzufassen und damit unter die Kontrolle nur eines oder weniger Promotoren zu bringen (► Kap. 12.2.3, 19.1.2). Außerdem ermöglichen multifunktionelle Enzyme die allosterische Regulation der einzelnen Domänen und halten die beteiligten Aktivitäten in genau gleichen stöchiometrischen Verhältnissen zueinander. Sie bieten zudem instabilen Substraten/Zwischenprodukten einen Schutz vor Zerfall oder Abbau.

◻ Tabelle 19.1. Gene und Enzyme der IMP-Biosynthese. Die Angaben über die chromosomale Lokalisation beziehen sich auf die humanen Gene

Gen	Chromosom	Schritt	Enzym
GPAT	4	1	Glutamin-PRPP-Amidotransferase
GART	21	2	GAR-Synthetase
GART	21	3	GAR-Transformylase
GART	21	5	AIR-Synthetase
FGAMS	14	4	FGAM-Synthetase
AIRC	4	6	AIR-Carboxylase
AIRC	4	7	SAICAR-Synthetase
ASL	22	8	Adenylosuccinatlyase
IMPS	2	9	AICAR-Transformylase
IMPS	2	10	IMP-Cyclohydrolase

GAR Glycinamid-Ribonucleotid; *AIR* 5-Aminoimidazol-Ribonucleotid; *FGAM* Formyl-Glycinamidin-Ribonucleotid; *SAICAR* 5-Aminoimidazol-4-N-Succinocarboxamid-Ribonucleotid; *AICAR* 5-Aminoimidazol-4-Carboxamid-Ribonucleotid.

◻ Tabelle 19.2. Energieverbrauch bei der Purinbiosynthese

Biosynthese von	Benötigtes Nucleotid	Zahl der benötigten energiereichen Bindungen	kJ/mol
PRPP	ATP	2	60
Glycinamidribonucleotid	ATP	1	30
N-Formylglycinamidin-Ribonucleotid	ATP	1	30
5-Aminoimidazol-Ribonucleotid	ATP	1	30
5-Aminoimidazol-4-N-Succinocarboxamid-Ribonucleotid	ATP	1	30
Adenylosuccinat	GTP	1	30
Guanosinmonophosphat	ATP	2	60
Gesamtverbrauch für die Biosynthese von IMP	5 ATP	6	180
Gesamtverbrauch für die Biosynthese von AMP	5 ATP + 1 GTP	7	210
Gesamtverbrauch für die Biosynthese von GMP	6 ATP	8	240

! Sechs bzw. sieben ATP werden für die Biosynthese von AMP bzw. GMP benötigt.

In ◻ Tabelle 19.2 ist der für die Purinbiosynthese benötigte Energieverbrauch zusammengestellt. Für die *de novo*-Biosynthese von IMP werden insgesamt 5 mol ATP benötigt, von denen jedoch eines zu AMP und Pyrophosphat (entsprechend 2 Pi) gespalten wird. Um zum AMP zu kommen, wird eine weitere energiereiche Bindung in Form von GTP benötigt, die Biosynthese von GMP aus IMP erfordert ein ATP, das jedoch wieder zu AMP und Pyrophosphat (entsprechend 2 P_i) gespalten wird.

19.1.2 Biosynthese von Pyrimidinnucleotiden

Aspartat und Carbamylphosphat liefern die C- und N-Atome des Pyrimidingerüsts.

Das Pyrimidingerüst wird aus **Aspartat** und **Carbamylphosphat** aufgebaut (Abb. 19.5):

- Durch Kondensation von Aspartat mit Carbamylphosphat entsteht **Carbamylaspartat** (Ureidosuccinat), das damit bereits die Atome 1–6 des Pyrimidinskeletts enthält
- Durch Wasserabspaltung zwischen dem N-Atom 1 sowie dem C-Atom 6 des Carbamylaspartats wird **Dihydroorotat** gebildet, womit das Grundskelett der Pyrimidine synthetisiert ist
- Durch die Dihydroorotat-Dehydrogenase entsteht **Orotat**
- Orotat reagiert mit PRPP zum **Orotidin-5′-monophosphat** (OMP). Im Gegensatz zur Purinbiosynthese, die ja von Anfang an in Form des entsprechenden Nucleotids erfolgt, kommt es also bei der Pyrimidinbiosynthese erst relativ spät zur Anlagerung eines Ribosephosphats
- Durch Decarboxylierung von OMP wird **Uridinmonophosphat** (UMP) gebildet, das den Grundbaustein für die anderen Nucleotide der Pyrimidinreihe abgibt

Aus UMP entstehen die weiteren Pyrimidinnucleotide.

Abb. 19.6 gibt einen Überblick über die Biosynthese der weiteren Pyrimidinnucleotide aus UMP. Dieses kann in zwei ATP-abhängigen Reaktionen zu **Uridindiphosphat** (UDP) und **Uridintriphosphat** (UTP) phosphoryliert werden. In einer Glutamin-abhängigen Reaktion wird durch die CTP-Synthetase eine Aminogruppe an das C-Atom 4 des UTP geheftet, wobei **Cytidintriphosphat** (CTP) entsteht. Über die Biosynthese von Thyminnucleotiden ▶ Kap. 19.1.3.

Auch für die Pyrimidinbiosynthese werden multifunktionelle Enzyme verwendet.

Im Gegensatz zu Prokaryonten und niederen Eukaryonten werden bei Vertebraten für die sechs Reaktionen der Pyrimidinbiosynthese lediglich drei Enzymproteine benötigt, von denen zwei multifunktionelle Proteine sind:

- Das vom sog. CAD-Gen codierte trifunktionale **CAD-Enzym** ist im Cytosol lokalisiert und enthält in seinen

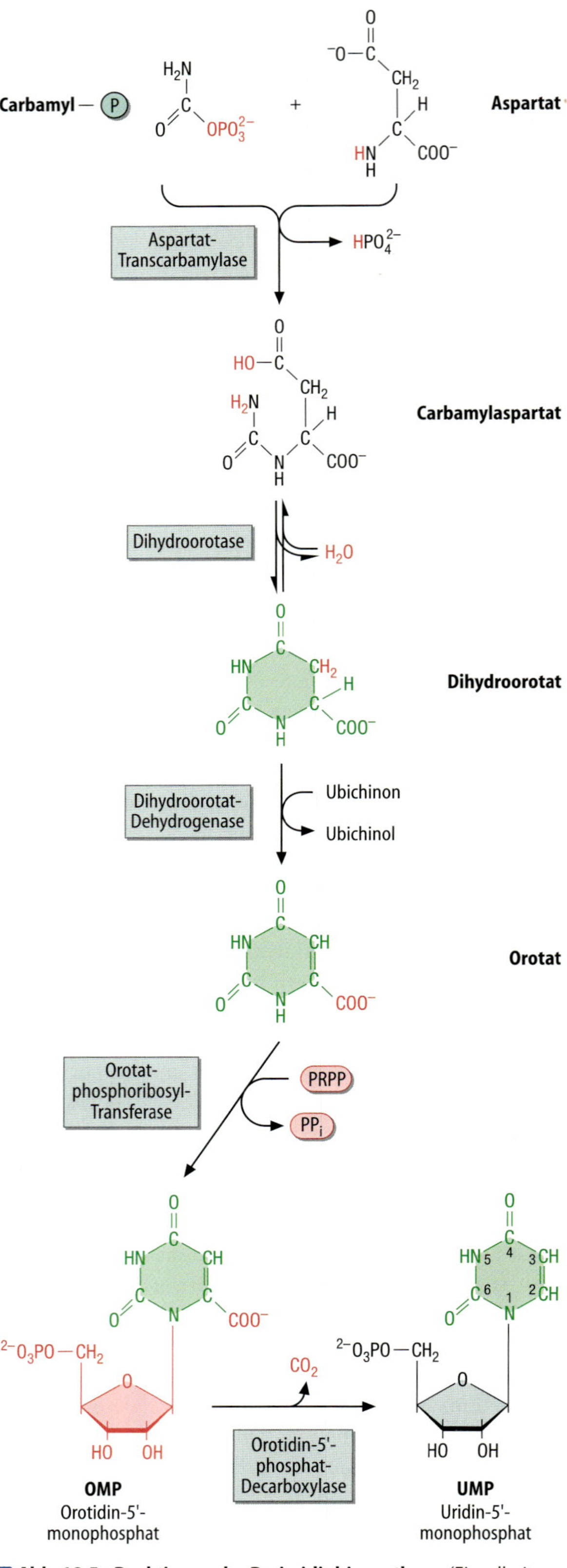

Abb. 19.5. Reaktionen der Pyrimidinbiosynthese. (Einzelheiten ▶ Text)

19

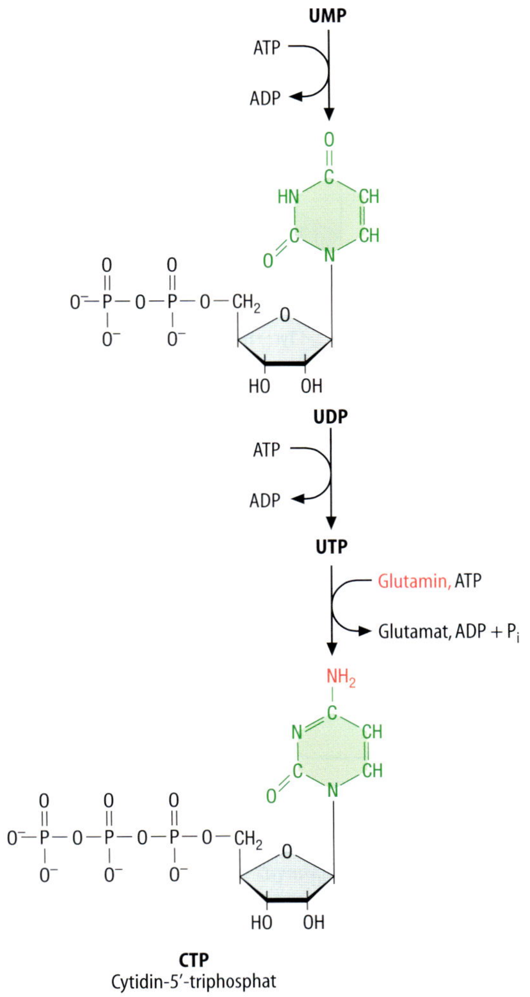

UMP
ATP
ADP
UDP
ATP
ADP
UTP
Glutamin, ATP
Glutamat, ADP + P_i
CTP
Cytidin-5′-triphosphat

Abb. 19.6. Biosynthese von Uridin- und Cytidinnucleotiden. (Einzelheiten ► Text)

drei Domänen eine **C**arbamylphosphat-Synthetase-, eine **A**spartattranscarbamylase- und eine **D**ihydroorotase-Aktivität. Von besonderem Interesse ist die Carbamylphosphat-Synthetase-Aktivität, die auch als **Carbamylphosphat-Synthetase II** bezeichnet wird. Im Gegensatz zu der Carbamylphosphat-Synthetase I des Harnstoffzyklus ist bei ihr der Donor für die NH_3-Gruppe des Carbamylphosphats nicht Ammoniak, sondern die Amidgruppe der Aminosäure Glutamin, sodass die **Carbamylphosphat-Synthetase II** eine **Glutaminase** als zusätzliche Domäne enthält. Die von diesem Enzym katalysierte Reaktion lautet

$$2\ ATP + Glutamin + HCO_3^- \rightarrow Carbamylphosphat + 2\ ADP + P_i + Glutamat$$

- Die **Dihydroorotat-Dehydrogenase** ist ein aus einer Peptidkette bestehendes Flavin-Enzym. Es ist in der inneren Mitochondrienmembran lokalisiert und benutzt das Ubichinon der Atmungskette als Elektronenakzeptor
- Für die letzten beiden Teilreaktionen wird ein von einem Gen codiertes, diesmal bifunktionales Enzym verwendet, das als **UMP-Synthase** bezeichnet wird. Es verfügt über eine **Orotat-Phosphoribosyltransferase** - sowie eine **OMP-Decarboxylase- Domäne** und ist wiederum im Cytosol lokalisiert

19.1.3 Biosynthese von Desoxyribonucleotiden

Die Ribonucleotid-Reduktase katalysiert die Reduktion des Riboserestes von Ribonucleotiden zum Desoxyriboserest.

Bilanzgleichung der Ribonucleotid-Reduktase. Ein entscheidender Schritt für alle Reaktionen, bei denen DNA synthetisiert wird (► Kap. 7.2, ► Kap. 6.2.9) ist die Umwandlung von Ribonucleotiden zu Desoxyribonucleotiden, die von der **Ribonucleotid-Reduktase** katalysiert wird:

$$Ribonucleosiddiphosphat + NADPH + H^+ \rightarrow Desoxyribonucleosiddiphosphat + NADP^+ + H_2O$$

Ungeachtet dieser relativ einfachen Summengleichung handelt es sich um eine komplizierte Reaktionssequenz, bei der sowohl der Reaktionsmechanismus als auch die Herkunft des benötigten Wasserstoffes von besonderem Interesse sind.

Reaktionsmechanismus der Ribonucleotid-Reduktase. Die Ribonucleotid-Reduktase ist ein tetrameres Enzym aus je zwei R1- und R2-Untereinheiten, die zusammen zwei katalytische Zentren bilden. Die R1-Untereinheiten tragen Bindungsstellen für allosterische Effektoren und andere Regulatoren, außerdem die zwei für die Katalyse wichtigen **Thiolgruppen**. Die R2-Untereinheit ist an der Substratbindung beteiligt und enthält ein **Tyrosylradikal**, dessen ganz ungewöhnliche Stabilität durch einen Eisencofaktor hervorgerufen wird. Der Mechanismus der Ribonucleotid-Reduktase ist in vereinfachter Form in Abb. 19.7 dargestellt.

- Das Tyrosylradikal greift an der Position 3′ des Riboserestes an, sodass ein 3′-Ribonucleotid-Radikal entsteht, welches das am C-Atom 2′ nach Austritt von OH^- entstehende Kation stabilisiert
- Dieses wird zweimal reduziert, wobei die beiden Thiole zum Disulfid oxidiert werden
- Der letzte Schritt der Reaktion besteht nun in der Rückgewinnung des Tyrosylradikals, der Abgabe des Desoxynucleosiddiphosphats und der Reduktion des Disulfids mit Thioredoxin

Interessanterweise kann die Xanthindehydrogenase in eine O_2-abhängige **Xanthinoxidase** umgewandelt werden. Sie katalysiert dann die gleichen Reaktionen, verwendet allerdings O_2 als Oxidationsmittel, wobei das Superoxidradikal $O_2^{-\bullet}$. entsteht. Dieses wird durch die Superoxid-Dismutase in H_2O_2 umgewandelt. Die Umwandlung der Xanthindehydrogenase in eine Xanthinoxidase kann entweder reversibel durch Oxidation von Cysteinylresten des Enzymproteins erfolgen oder irreversibel durch limitierte Proteolyse. Es gibt einige Hinweise dafür, dass die Xanthinoxidase eine Rolle bei der Entstehung reaktiver Sauerstoffspezies (▶ Kap. 15.3) spielt

- Harnsäure ist ein Enol und kann in die Ketoform tautomerisieren. Ihr Säurecharakter erklärt sich aus dem pK-Wert von 5,4 der OH-Gruppe am C-Atom 8

! Harnsäure ist bei Primaten, Vögeln und einigen Reptilien das Endprodukt des Purinabbaus.

Harnsäure kann von Primaten und damit auch dem Menschen, außerdem von Vögeln und einigen Reptilien nicht weiter metabolisiert werden und ist deswegen das Endprodukt des Purinabbaus. Andere Lebewesen können Harnsäure zu besser wasserlöslichen Produkten abbauen. Die meisten Säuger exprimieren das Enzym **Uricase**, welches die Harnsäure zu dem wesentlich besser löslichen **Allantoin** spaltet, Fische sind in der Lage, Allantoin nach Ringspaltung zu Allantoinsäure in **Harnstoff** und **Glyoxylsäure** umzuwandeln und marine Invertebraten spalten schließlich Harnstoff mit Hilfe der **Urease** zu **Ammoniak** und CO_2.

Im Gegensatz zur Oxidation von Kohlenhydraten, Fetten oder Aminosäuren kann der Purinabbau von der Zelle nicht zur Energiegewinnung herangezogen werden, da weder eine Substratkettenphosphorylierung noch die Gewinnung von Reduktionsäquivalenten zur Energiegewinnung in der Atmungskette möglich sind.

! Die Nieren sind das Hauptorgan der Harnsäureausscheidung.

In zwei Organen wird die Hauptmenge der im Organismus entstehenden Harnsäure gebildet:

- In der **Leber** wird der größte Teil der im Stoffwechsel entstehenden und abzubauenden Purine in Harnsäure umgewandelt und
- im **Darm** werden die in der Nahrung enthaltenen Purine in Harnsäure umgewandelt, die dann über den Blutweg zur Leber gelangt

Die Gesamtmenge der durch intrazellulären Purinabbau entstandenen und an die Körperflüssigkeit abgegebenen **Harnsäure** beträgt beim Menschen etwa 4–6 mmol/Tag entsprechend etwa 0,65–1 g/Tag. Von dieser Menge wird der größte Teil (gut $^2/_3$) mit dem Urin ausgeschieden (~0,4–0,7 g/24 Std.). Die kalkulierte Geschwindigkeit der Purin-

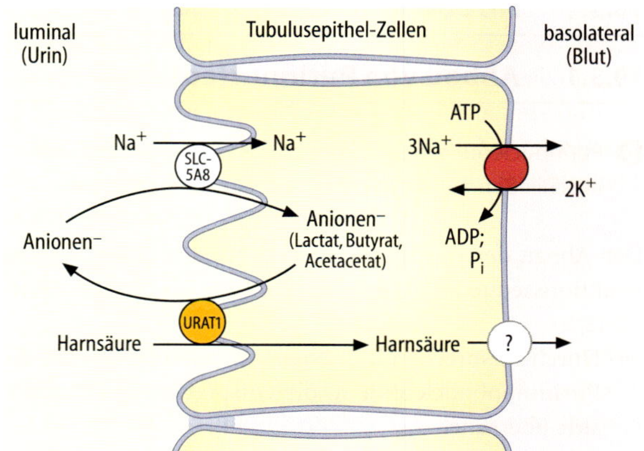

Abb. 19.17. Tubuläre Reabsorption von Harnsäure. Glomerulär filtrierte Harnsäure wird mit Hilfe des Anionen-Antiporters URAT1 in den renalen Tubuli reabsorbiert. SLC5A8 = Na^+-abhängiger Anionentransporter. (Weitere Einzelheiten ▶ Text)

biosynthese (▶ o.) entspricht somit ziemlich genau der täglichen Harnsäureausscheidung. Bis zu $^1/_3$ kann über den Gastrointestinaltrakt ausgeschieden werden.

! Beim Menschen wird die renale Harnsäureausscheidung durch das Verhältnis von glomerulärer Filtration und tubulärer Reabsorption bestimmt.

Die von der Leber an das Blut abgegebene Harnsäure wird zunächst glomerulär filtriert. Anschließend erfolgt jedoch eine tubuläre Reabsorption der Harnsäure, sodass schließlich weniger als 10% der filtrierten Menge ausgeschieden werden.

Für die Reabsorption der Harnsäure ist ein spezifisches Anionen-Austauschprotein verantwortlich, das **URAT-Protein** (Abb. 19.17). Dieses reabsorbiert luminale Harnsäure im Austausch gegen eine Reihe verschiedener organischer Anionen, z.B. Lactat, Butyrat, oder Acetacetat. Die letzteren werden durch sekundär aktiven, Na^+-abhängigen Transport wieder in die Tubulusepithelien aufgenommen. Es ist noch nicht bekannt, auf welchem Weg Harnsäure auf der basolateralen Seite die Tubulusepithelien verlässt. Die bei manchen Säugern nachgewiesene tubuläre Sekretion von Harnsäure spielt beim Menschen wenn überhaupt dann nur eine sehr geringe Rolle. Infolge des Fehlens von Uricase und der damit einhergehenden hohen Serumharnsäurespiegel bestünde sonst die Gefahr, dass Harnsäure im Tubuluslumen während der Urinkonzentrierung ausfällt.

Das URAT1-Protein ist mit 12 Transmembranhelices in der apicalen Membran der Tubulusepithelien verankert. Auf der cytosolischen Seite sind Sequenzmotive vorhanden, die die Phosphorylierung durch die Proteinkinasen A und C und damit eine spezifische Regulation des Transporters ermöglichen.

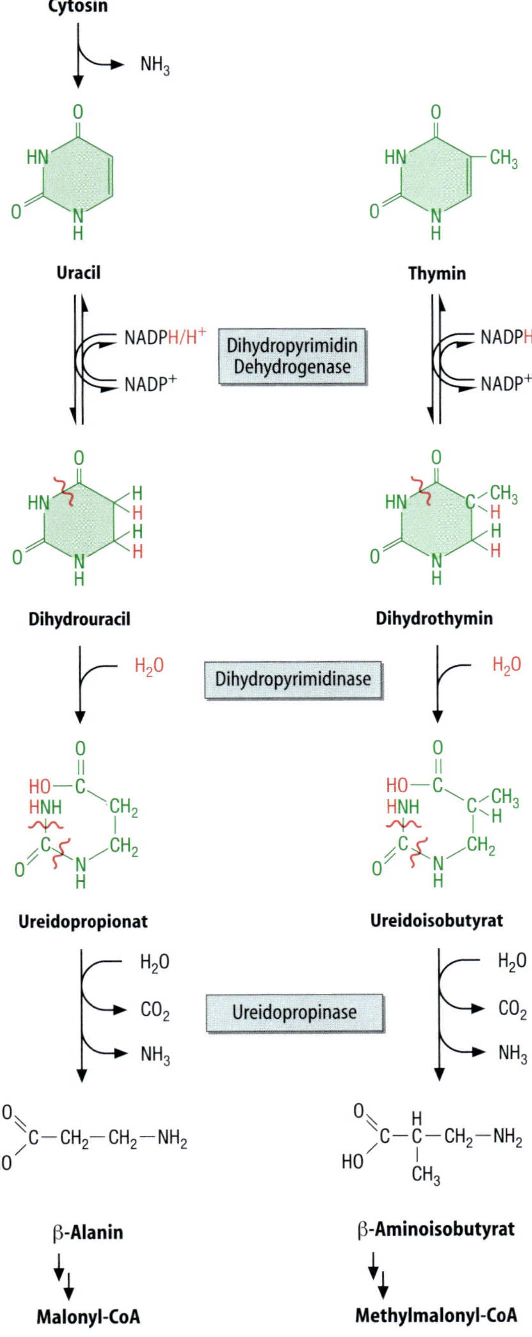

Abb. 19.18. Reaktionen des Pyrimidinabbaus. (Einzelheiten ► Text)

19.3.2 Abbau von Pyrimidinnucleotiden

Der Pyrimidinabbau erfolgt im Wesentlichen in der Leber und in den Nieren. Cytidin wird mit Hilfe der Cytidin-Desaminase zu Uridin desaminiert. Anschließend erfolgt – ähnlich wie bei den Purinnucleosiden – die Phosphorolyse der Nucleoside Uridin und Thymidin zu Ribose-1-phosphat und den Basen Uracil bzw. Thymin, deren weiterer Abbau in Abb. 19.18 dargestellt ist. In einem zweistufigen Mechanismus erfolgt die Ringspaltung. Zunächst kommt es durch Reduktion zu **Dihydrouracil** bzw. **Dihydrothymin**. Durch Wasseranlagerung können nun die Pyrimidinringe zwischen den Positionen 1 und 6 gespalten werden. Es entstehen **Ureidopropionat** aus Dihydrouracil bzw. **Ureidoisobutyrat** aus Dihydrothymin. Von beiden Verbindungen können CO_2 und NH_3 abgespalten werden, sodass β-Alanin bzw. β-Aminoisobutyrat entstehen, die zu Malonyl-CoA bzw. Methylmalonyl-CoA abgebaut werden. Im Gegensatz zum Purinabbau entstehen beim Pyrimidinabbau also oxidierbare Verbindungen, sodass für die Zelle der Abbau der Pyrimidinbasen mit einem gewissen Energiegewinn verbunden ist. Berücksichtigt man, dass auch während der Pyrimidinbiosynthese die Oxidation des Dihydroorotats durch die Verknüpfung mit der Atmungskette ATP liefert (► Kap. 19.1.2), stellt sich der gesamte Pyrimidinstoffwechsel als sehr ökonomisch dar.

In Kürze

Der Abbau von Purinnucleotiden führt über eine Reihe von Reaktionen zur Harnsäure, die bei Primaten, Vögeln und einigen Reptilien das Endprodukt des Purinabbaus ist:

- Durch Nucleotidasen werden Nucleotide in die entsprechenden Nucleoside überführt. Aus diesen entstehen durch die Nucleosid-Phosphorylasen die Basen Hypoxanthin, Xanthin und Guanin
- Die Xanthinoxidoreduktase wandelt diese in einer NAD^+- abhängigen Reaktion in Harnsäure um

Pyrimidinnucleotide werden zu CO_2 und Ammoniak abgebaut.

19.4 Pathobiochemie

19.4.1 Purinstoffwechsel

Es ist klar, dass Störungen des Purinstoffwechsels den Zellstoffwechsel erheblich beeinträchtigen. So verursachen beispielsweise durch Metabolitanaloga hervorgerufene Hemmungen der Purinnucleotidbiosynthese deswegen den Zelltod, weil die Biosynthese der Nucleinsäuren mangels Vorstufen oder infolge von Imbalanzen zwischen Purin- und Pyrimidinnucleotiden blockiert wird. Jede Überproduktion von Purinnucleotiden wird dagegen eine Zunahme ihrer Abbaugeschwindigkeit und damit der Harnsäureproduktion nach sich ziehen.

! Hyperurikämien können zur Gicht führen.

Infolge ihrer geringen Wasserlöslichkeit sind dem Transport der Harnsäure im Blut relativ enge Grenzen gesetzt. Schon der normale Serumharnsäurespiegel (ca. 0,4 mmol/l entsprechend 7 mg/dl)) ist nur deshalb möglich, weil ein Teil der Serumharnsäure an Proteine gebunden ist. Vermindert sich die renale Ausscheidung oder fällt Harnsäure vermehrt im Stoffwechsel an, so kommt es zur **Hyperurikämie**. Da ein niedriger pH-Wert und erniedrigte Temperatur die Löslichkeit noch weiter herabsetzen, kann es zur Entstehung von Natrium-Urat-Kristallen in bradytrophen Geweben mit einem hohen Gehalt an sauren Proteoglykanen und Kollagen kommen. Uratablagerungen in Gelenkflüssigkeit, Bindegewebe, Sehnenscheiden, Ohrknorpel, peripheren Gelenken und im Nierenmark bestimmen die klinische Symptomatik der **Gicht**, die häufig von akuten, mit erheblichen Schmerzen verbundenen Entzündungsschüben begleitet ist. Man nimmt an, dass in der Bundesrepublik Deutschland etwa 1–2% der männlichen und bis zu 0,4% der weiblichen Erwachsenen an einer häufig unerkannten Gicht leiden. Bezeichnenderweise sinkt, ähnlich wie beim Diabetes mellitus (► Kap. 26.4) die Gichthäufigkeit in Notzeiten auf Werte von 0,1–0,2% der Bevölkerung. Offenbar führt Luxuskonsum nicht nur zu einer Zunahme der Kohlenhydratstoffwechselstörungen, sondern – wahrscheinlich wegen des überhöhten Fleischkonsums – zu einem hohen Angebot an Purinbasen, deren Abbau bei entsprechender genetischer Konstellation eine Gicht auslösen kann. Man unterscheidet **primäre** (familiäre) und **sekundäre Hyperurikämien**:

- Bei der **primären Hyperurikämien** handelt es sich um hereditäre Störungen des Purinstoffwechsels, wobei sowohl die Biosynthese als auch die Ausscheidung betroffen sein kann
- Bei den **sekundären Hyperurikämien** liegt keine Störung im Bereich des Purinstoffwechsels vor. Hier ist das Krankheitsbild die Folge von Erkrankungen, bei denen durch vermehrten Zelluntergang ein Übermaß an Purinbasen zum Abbau gelangt oder aber durch erworbene Nierenerkrankungen die Harnsäureausscheidung beeinträchtigt ist

Tabelle 19.3. Ursachen der primären Hyperurikämie

	Ursache	Häufigkeit
Überproduktion von Harnsäure	PRPP-Synthetase: Zunahme der Aktivität; Glutamin-PRPP-Amidotransferase: Aufhebung der Rückkoppelungshemmung; Xanthinoxidoreduktase: Zunahme der Aktivität; Hypoxanthin-Guanin-Phosphoribosyltransferase: Abnahme oder Fehlen der Aktivität; Adeninphosphoribosyltransferase: Fehlen des Enzyms	20–25% der Gichtfälle
Hemmung der renalen Ausscheidung	Steigerung der Reabsorption von Harnsäure	75–80% der Gichtfälle

Primäre Hyperurikämie. Die primäre Hyperurikämie ist durch eine allmähliche Zunahme der Gesamtmenge der im Körperwasser gelösten Harnsäure, also des Harnsäurepools, von normal 6 mmol (entsprechend ca. 1 g, ► o.) bis auf 180 mmol und mehr gekennzeichnet. Mehrere ursächliche Faktoren sind als Auslöser dieses Krankheitsbildes bekannt (Tabelle 19.3):

Bei einem großen Teil der Betroffenen (75–80%) handelt es sich um eine **renale Störung der Harnsäureausscheidung**. Im Vordergrund steht dabei eine gesteigerte tubuläre Rückresorption von Harnsäure. Da diese im Wesentlichen von der Aktivität des Urat-Austauschers URAT 1 abhängt, werden Regulationsstörungen diskutiert, die die Aktivität dieses Proteins erhöhen. Eine sehr seltene Erkrankung ist die **familiäre juvenile hyperurikämische Nephropathie**. Es handelt sich um eine autosomal-dominant vererbte Erkrankung, die mit Hyperurikämie, verminderter Uratausscheidung im Urin und einer chronischen Nephropathie einhergeht und zum Nierenversagen führt.

Bei dem anderen, etwa 20–25% umfassenden Teil der Patienten mit Hyperurikämie beruht die Erkrankung nicht auf einer Störung der renalen Ausscheidung, sondern vielmehr auf einer **gesteigerten Biosynthese von Purinen** aufgrund verschiedener Enzymdefekte:

- Am häufigsten ist ein Gendefekt der **Hypoxanthin-Guanin-Phosphoribosyltransferase**, der zur verminderten Aktivität des Enzyms führt. Deshalb kommt es zu einem durch einen Minderverbrauch ausgelösten Anstieg der PRPP-Konzentration und in der Folge zu einer Aktivierung der PRPP-Amidotransferase (► Kap. 19.1.4) mit einer Steigerung der Purinbiosynthese. Insgesamt führt der Enzymdefekt zu einer schon im juvenilen Alter auftretenden Gicht, die sich dadurch auszeichnet, dass die Harnsäurekonzentrationen im Serum auch bei purinarmer Ernährung nicht absinken
- Vollständiges Fehlen der **Hypoxanthin-Guanin-Phosphoribosyltransferase** liegt beim **Lesch-Nyhan-Syn-**

19

drom vor. Das Krankheitsbild ist durch eine schwere Gicht und Nephrolithiasis gekennzeichnet, zusätzlich findet sich ein neurologisches Krankheitsbild mit Spastik, verzögerter geistiger und motorischer Entwicklung und einer auffallenden Tendenz zur Selbstverstümmelung
- Eine sehr seltene Enzymopathie ist eine Erhöhung der Harnsäurebildung infolge einer gesteigerten Aktivität der **PRPP-Synthetase**
- Darüber hinaus gibt es Fälle, bei denen die Rückkopplungshemmung der **Glutamin-PRPP-Amidotransferase** durch Endprodukte der Biosynthese, Adenin- und Guaninnucleotide, gestört ist

Infobox

Gichtfamilien

Die primäre Hyperurikämie ist eine hereditäre Stoffwechselstörung. Es gibt daher sog. »Gichtfamilien«, wobei die Vererbung vornehmlich vom Vater auf den Sohn erfolgt. Dazu gehören die Medici, englische Könige und auch die Familie Hohenzollern:

Friedrich Wilhelm (1620–1688), der Große Kurfürst. Mit 40 Jahren hatte er seinen ersten Gichtanfall. Seit dieser Zeit musste er wegen quälender Gelenkschmerzen pelzgefütterte Juchtenstiefel tragen. Er strapazierte seinen Stoffwechsel durch ein Übermaß von »köstlichen Speisen und edlen Weinen« sowie durch »Bechergelage, des Podagra nicht achtend«.

Friedrich I. (1657–1713), der erste Preußenkönig. Beim Feiern, im Essen wie im Trinken, entwickelte er dieselbe Leidenschaft wie sein Vater. Seit der Jugend hatte er Gichtanfälle.

Friedrich Wilhelm I. (1688–1740), der Soldatenkönig. Die Gicht bereitete ihm derartige Qualen, dass er oftmals an den Rollstuhl gefesselt war und sich mit Abdankungsgedanken trug, denn »dieses leiden unertreglich, aber viehisch ist.«

Friedrich II. (1712–1786), der Große. Als Neunundzwanzigjähriger bekam er den ersten Gichtanfall, die Krankheit begleitete ihn sein ganzes Leben lang.

Sekundäre Hyperurikämien. Wie aus Tabelle 19.4 hervorgeht, können **sekundäre Hyperurikämien** viele Ursachen haben. Sie kommen zustande durch Überproduktion von Harnsäure infolge gesteigerten Nucleinsäureumsatzes. Dies tritt z.B. bei lymphatischen und myeloischen Leukämien, chronisch hämolytischen Anämien und der Psoriasis auf. Eine gesteigerte *de novo*-Biosynthese findet sich beim hereditären Glucose-6-Phosphatase-Mangel, der Glycogenose Typ 1 (▸ Kap. 11.7.2). Die Verwertungsstörung des Glucose-6-phosphats führt zu einer vermehrten Überführung von Glucose in den Pentosephosphatweg und damit zur gesteigerten PRPP-Bildung. Eine Verminderung der renalen Ausscheidung als Ursache für die sekundäre, d.h. erworbene Hyperurikämie findet sich bei verschiedenen Nierenerkrankungen, so z.B. bei chronischen Nephropathien, bei Schwermetallvergiftungen oder der Schwangerschaftstoxikose. Die bei fortgeschrittenem Alkoholabusus oftmals bestehende metabolische Azidose wird als Mitursache für die ebenfalls häufig beobachteten Gichterkrankungen dieses Personenkreises angesehen, da hohe Lactat- und Ketosäure-Spiegel durch Stimulation des URAT1-Transporters die Harnsäureeliminierung vermindern können (Abb. 19.17). Auch bei nichtbehandeltem Typ I Diabetes ist das Risiko einer Gichterkrankung stark erhöht.

Tabelle 19.4. Ursachen der sekundären Hyperurikämie

Überproduktion durch Zunahme des Nucleinsäureumsatzes	Psoriasis, lymphatische und myeloische Leukämien, chronisch-hämolytische Anämien
Überproduktion durch gesteigerte De-novo-Biosynthese	Glucose-6-Phosphatasemangel
Verminderung der renalen Ausscheidung	Chronische Nierenerkrankungen, Bleivergiftung, Berylliumvergiftung, Alkoholintoxikation, Schwangerschaftstoxikose, diabetische Ketose, Dehydratation, Behandlung mit Diuretika, Salicylaten

! Hyperurikämien werden mit Diät und spezifischen Arzneimitteln behandelt.

Zur korrekten Diagnose von Harnsäure bedingten Erkrankungen, sollte nicht nur der Harnsäurespiegel im Blut sondern auch die Harnsäure-Clearance geprüft werden. Konzentrationsänderungen in Plasma und Urin müssen nicht immer gleichartig verlaufen. Die Feststellung einer erniedrigten Harnsäurekonzentration im Blut kann anderweitige Störungen im Purinstoffwechsel anzeigen, wie z.B. einen Mangel an Purinnucleotidase, Purinphosphorylase, Xanthindehydrogenase oder Molybdän-Cofaktor. Auch hereditäre Defekte im Harnsäurerücktransportsystem können eine Hypourikämie bedingen.

Folgende Maßnahmen eignen sich für die Behandlung von Hyperurikämien:
- Diätetische Einschränkung der Purinzufuhr, die durch Nahrungsmittel wie mageres Fleisch, Wild, Innereien, Krustentiere, und Hülsenfrüchte besonders hoch ist
- Gabe von sog. **Uricosurica**. Diese (z.B. Probenecid) hemmen die tubuläre Reabsorption von Harnsäure und führen auf diese Weise zu einem Anstieg der Uratausscheidung
- Therapie mit **Allopurinol** (Abb. 19.19). Dieses Strukturanaloge des Hypoxanthins ist »Suicid«-Hemmstoff

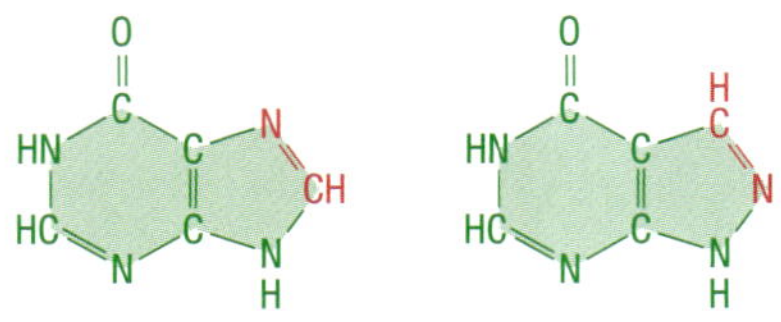

Hypoxanthin Allopurinol

Abb. 19.19. Hypoxanthin und Allopurinol

der Xanthinoxidase (▶ Kap. 4.4.2, 4.6.2). Wird es in therapeutischen Dosen gegeben, so kommt es zu einer weitgehenden Hemmung der Harnsäurebildung. Endprodukte des Purinabbaus sind nunmehr Xanthin und Hypoxanthin. Die Serum- und Urinkonzentrationen dieser beiden Purinbasen steigen auch tatsächlich stark an. Da sie sich jedoch von der Harnsäure durch ihre bessere Löslichkeit unterscheiden, können sie wesentlich leichter über die Nieren ausgeschieden werden

! Der hereditäre Adenosindesaminase-Mangel geht mit einem schweren Immundefekt einher.

Die Adenosindesaminase katalysiert die Desaminierung von Adenosin und 2′-Desoxyadenosin zu den entsprechenden Inosinnucleosiden. Als relativ seltener hereditärer Enzymdefekt (Häufigkeit etwa 1:100000 Geburten) kommt ein Mangel dieses Enzyms vor. Die Erkrankung ist meist mit einem schweren Immundefekt vergesellschaftet, dessen Ursache auf einer Proliferationshemmung der Lymphozyten beruht. Durch den Enzymdefekt kommt es nämlich zur Akkumulierung von Adenosin und 2′-Desoxyadenosin in den Lymphozyten. Beide Verbindungen werden jedoch durch die Nucleosidkinasen rasch phosphoryliert, sodass sich schließlich ATP und dATP anhäufen. Die letztere Verbindung ist der wichtigste allosterische Inhibitor der Ribonucleotid-Reduktase (▶ Kap. 19.1.4), sodass in den Lymphozyten die zur Proliferation benötigten Desoxyribonucleotide nicht mehr erzeugt werden können. Am Adenosindesaminase-Mangel herrscht derzeit großes Interesse, da weltweit eine Reihe von Protokollen zur Gentherapie dieser Erkrankung existiert.

19.4.2 Pyrimidinstoffwechsel

Im gesamten Pyrimidinstoffwechsel gibt es bisher neun erkannte genetische Defekte. Tabelle 19.5 fasst die wichtigsten von ihnen zusammen.

Die am besten beschriebene genetische Erkrankung des Pyrimidinstoffwechsels ist die **hereditäre Orotacidurie**. Es handelt sich um eine relativ seltene Erkrankung, zu deren Symptomatik eine megaloblastäre Anämie, Leukopenie, Verlangsamung von Wachstum und geistiger Entwicklung und massive Ausscheidung von Orotsäure im Urin gehören. Die Ursache der Erkrankung ist ein Enzymdefekt der UMP-Synthase (Abb. 19.10). Dabei sind die Aktivitäten der **Orotatphosphoribosyltranferase** sowie der **OMP-Decarboxylase** (Abb. 19.5) nur noch in Spuren nachweisbar. Dies führt zu einem beträchtlichen Anstau von Orotsäure, die im Urin ausgeschieden werden muss. Durch den Enzymdefekt kommt es zusätzlich zu einem Sistieren der Bildung von Uridinnucleotiden, was eine Verminderung des UTP-Spiegels zur Folge hat. Dadurch wird die für die Pyrimidinbiosynthese geschwindigkeitsbestimmende Carbamylphosphat-Synthetase II enthemmt. Es kommt zur verstärkten Orotsäurebildung ohne nennenswerte Hemmung der Dihydroorotat-Dehydrogenase durch ihr Produkt. Schwere Störungen des Zellstoffwechsels infolge des UTP-Mangels sind unvermeidlich. Entwicklungsstörungen, Anämie und Immundefizienz führten bei den betroffenen Kindern zum frühen Tod. Eine Therapie der Erkrankung ist jedoch dadurch möglich, dass Uridin in Dosen von mehreren Gramm pro Tag lebenslang zugeführt wird. Das Nucleosid kann durch die Uridin-Cytidin-Kinase in UMP umgewandelt werden und zum Aufbau der anderen Pyriminnucleotide verwendet werden. Durch den angeborenen Enzymdefekt ist somit das Uridin, das sonst leicht durch Biosynthese hergestellt werden könnte, zu einer essentiellen Substanz geworden, die wie essentielle Aminosäuren mit der Nahrung zugeführt werden muss.

Der häufigste Defekt des Pyrimidinstoffwechsels ist die gesteigerte Ausscheidung von **β-Aminoisobutyrat**, einem Zwischenprodukt des Thyminabbaus (Abb. 19.18). Zu-

Tabelle 19.5. Hereditäre Störungen des Pyrimidinstoffwechsels (Auswahl)

Defektes Enzym	Symptome	Häufigkeit
Orotatphosphoribosyltransferase und OMP-Decarboxylase	Orotacidurie, hämatologische Störungen, Verlangsamung der geistigen Entwicklung	selten
β-Aminoisobutyrat-Transaminase	Ausscheidung von β-Aminoisobutyrat	5–50% der Bevölkerung
Dihydropyrimidin-Dehydrogenase	Neurologische Symptome, Epilepsie, Ausscheidung von Thymin und Uracil	selten
Dihydropyrimidinase	Neurologische Symptome	selten
	Ausscheidung von Dihydrouracil und Pyrimidinbasen	
Thymidinphosphorylase, mitochondrial	*mitochondrial neurogastrointestinal encephalomyopathy*	selten
Thymidinkinase 2, mitochondrial	Schwere Myopathie	selten

grunde liegt wahrscheinlich eine Störung der Transaminierung von β-Aminoisobutyrat zu Methylmalonsäuresemialdehyd. 5–10% der weißen Bevölkerung sowie bis zu 50% der Asiaten sind Träger dieses Merkmals, das jedoch keinerlei pathologische Bedeutung hat.

Andere eher seltene Störungen im Abbauweg, wie der Mangel an **Dihydropyrimidinase** oder **Ureidopropionase** sind mit schweren körperlichen und geistigen Entwicklungsstörungen der betroffenen Kinder verbunden. Der ursächliche Zusammenhang ist nicht geklärt.

Auch bei asymptomatischen Trägern eines Dihydropyrimidin-Dehydrogenase- oder Dihydropyrimidinasemangels kommt es bei Behandlung mit 5-Fluorouracil, welches ebenfalls über diesen Weg abgebaut wird, zu unerwartet hohen Nebenwirkungen.

Erst in neuerer Zeit hat man Störungen im mitochondrialen Desoxyribonucleotid-Stoffwechsel diagnostiziert. Infolge von Mutationen im Thymidinphophorylase-Gen kommt es zu verheerenden Störungen der Mitochondrienfunktion (*mitochondrial neurogastrointestinal encephalomyopathy*), die sich in Muskelatrophie, Malabsorption, und einer Myopathie der Augen- und Skelettmuskeln äußert. Eine defekte mitochondrienspezifische Thymidinkinase 2, die sowohl Thymidin, als auch Desoxycytidin und Desoxyuridin phosphoryliert und somit die DNA-Synthese in Mitochondrien ermöglicht, verursacht ebenfalls schwere Myopathien.

Ähnlich wie bei der Pathobiochemie des Purinstoffwechsels gibt es auch sekundäre Störungen des Pyrimidinstoffwechsels. So kommt es bei gesteigertem Nucleinsäureumsatz zu einer Steigerung der Orotsäureausscheidung. Eine Orotacidurie ist bei Kindern mit Ornithintranscarbamylase-Mangel (► Kap. 13.5.3) beobachtet worden. Offenbar kann unter diesen Umständen auch das von der Carbamylphosphat-Synthetase I zum Zweck der Harnstoffbildung bereitgestellte mitochondriale Carbamylphosphat für die cytosolische Pyrimidinbiosynthese verwendet werden. Schließlich führt eine Reihe von Pharmaka zur Orotacidurie. Es handelt sich v.a. um die oben besprochenen Antimetaboliten 6-Azauridin und Allopurinol. So kommt es aufgrund der Bildung von Oxopurinol-Ribose-Phosphat aus Allopurinol zu Störungen der UMP-Synthase Aktivität.

In Kürze

Störungen im Purin- bzw. Pyrimidinstoffwechsel kommen als primäre, genetisch verursachte bzw. erworbene Erkrankungen vor:

- Die primäre Hyperurikämie ist die Folge einer verminderten Ausscheidung oder Überproduktion von Harnsäure infolge genetischer Erkrankungen. 20–25% werden durch eine Überproduktion von Harnsäure ausgelöst und beruhen auf Defekten der Hypoxanthin-Guanin-Phosphoribosyltransferase, der PRPP-Synthetase sowie der Glutamin-PRPP-Amidotransferase. 75–80% der Fälle primärer Hyperurikämie beruhen auf Störungen der renalen Ausscheidung
- Sekundäre Hyperurikämien führen zu einer Harnsäureüberproduktion bzw. verminderten Ausscheidung auf Grund von Störungen, die nicht im Bereich des Purinstoffwechsels liegen

Die wichtigste genetische Erkrankung des Pyrimidinstoffwechsels ist die hereditäre Orotacidurie.

Abbaustörungen können die Entgiftung von Antimetabolit-Pharmaka stark verändern. Das klinische Bild der Pyrimidin- und Purin-Stoffwechselstörungen ist sehr breit, heterogen und oft von neurologischen Erkrankungen begleitet. Die Diagnose ist deswegen erheblich erschwert.

Literatur

Monographien und Lehrbücher

Wehnert M (2000) Störungen des Purin- und Pyrimidinstoffwechsels. In: Ganten D, Ruckpaul K (Hrsg) Monogen bedingte Erbkrankheiten. Springer, Berlin Heidelberg New York, pp 278–333

Original- und Übersichtsarbeiten

Carreras CW (1995) The catalytic mechanism and structure of thymidylate synthase. Annu Rev Biochem 64:721–762

Carrey EA (1995) Key enzymes in the biosynthesis of purines and pyrimidines:their regulation by allosteric effectors and by phosphorylation. Biochem Soc Transact 23:899–902

Choi, HK, Mount DB, Reginato AM (2005) Pathogenesis of Gout. Ann Intern Med 143:499–516

Chu E, Copur SM, Ju J, Chen TM, Khleif S, Voeller DM, Mizunuma N, Patel M, Maley GF, Maley F, Allegra CJ (1999) Thymidylate Synthase Protein and p53 mRNA Form an In Vivo Ribonucleoprotein Complex. Mol Cell Biol 19:1582–1594

Evans DR, Guy HI (2004) Mammalian pyrimidine biosynthesis:fresh insight into an ancient pathway. J Biol Chem 279:33035–33038

Graves LM, Guy HI, Kozlowski P, Huang M, Lazarowski E, Pope RM, Collins MA, Dahlstrand EN, Earp HS 3rd, Evans DR (2000) Regulation of carbamoylphosphate synthetase by MAP-kinase. Nature 403:328–332

Hatse S, DeClercq E, Balzarini J (1999) Role of Antimetabolites of Purine and Pyrimidine Nucleotide Metabolism in Tumor Cell Differentiation. Biochem Pharmacol 55:539–555

Hediger MA, Johnson RJ, Miyazaki H, Endou H (2005) Molecular Physiology of Urate Transport. Physiology 20:125–133

Huang A, Holden AM, Raushel FM (2001) Channeling of substrates and intermediates in enzyme-catalyzed reactions. Annu Rev Biochem 70:149–180

Jordan A, Reichard P (1998) Ribonucleotide Reductases. Annu Rev Biochem 67:71–98

Kappock TJ, Ealick SE, Stubbe JA (2000) Modular evolution of the purine biosynthetic pathway. Current Opinion in Chemical Biology 4:567–572

Einleitung

Porphyrine sind farbige Verbindungen, die ubiquitär im Pflanzen- und Tierreich auftreten. Strukturell bestehen sie aus 4 Pyrrolringen, die über Methinbrücken zu einem Tetrapyrrolsystem verbunden sind. Dieses konjugierte Ringsystem mit 11 Doppelbindungen bildet leicht Komplexe mit Übergangsmetallen. Erfolgt die Komplexbildung mit Eisenionen, entsteht die Hämgruppe, die im Stoffwechsel nahezu aller Organismen als prosthetische Gruppe von Hämproteinen eine essentielle Bedeutung hat. Der Proteinanteil seinerseits bestimmt, welche Funktionen das Eisenporphyringerüst im Proteinverband übernimmt: so den Transport, die Speicherung oder Aktivierung von Sauerstoff im Hämoglobin, Myoglobin bzw. Cytochrom P_{450}, den Abbau von H_2O_2 in den Enzymen Katalase und Peroxidase oder den Transport von Elektronen durch die verschiedenen Cytochrome der Atmungskette. Im Pflanzenreich erfolgt eine Komplexbildung mit Magnesium unter Bildung des für die Photosynthese notwendigen Chlorophyll.

Beim Menschen werden die Porphyrine in praktisch allen Zellen in einer Sequenz von acht enzymatischen Schritten aus Glycin und Succinyl-CoA synthetisiert und kommen dort als Bestandteile der verschiedenen Hämproteine vor. Quantitativ am bedeutendsten ist die Porphyrinsynthese in den Erythroblasten des Knochenmarks, dem Ort der Hämoglobin-Synthese.

Aufgrund der elementaren Funktionen der Porphyrine ist das vollständige Fehlen eines der Enzyme der Porphyrinbiosynthese mit dem Leben nicht vereinbar. Partielle Defekte einzelner Enzyme der Hämbiosynthese treten jedoch auf und verursachen neuroviszerale oder neuropsychiatrische Symptomenkomplexe, die bei Nichterkennung lebensbedrohlichen Charakter annehmen können.

20.1 Biosynthese des Häms

20.1.1 Übersicht über die Hämbiosynthese

Die Hämgruppe ist ein essentieller Bestandteil der so genannten **Häm-Proteine**. Hierzu gehören u.a.

- die Cytochrome der Atmungskette
- die das Cytochrom P_{450} enthaltenden Monooxigenasen
- die Fettsäuredesaturasen
- Katalase und Peroxidase sowie
- die Sauerstoff transportierenden Proteine Hämoglobin und Myoglobin

Hieraus folgt, dass alle Zellen die Fähigkeit zur Biosynthese der Hämgruppe besitzen müssen. Allerdings haben die höchste Kapazität zur Hämbiosynthese die erythroiden Vorläuferzellen der Erythrozyten im Knochenmark (ca. 85% der gesamten Hämbiosynthese), da diese für die Biosynthese des Hämoglobins verantwortlich sind.

Jeder Schritt der Hämbiosynthese wird durch ein spezifisches Enzym katalysiert. Dabei finden sich keinerlei Unterschiede in den Biosynthesewegen von erythroiden Vorläuferzellen des Knochenmarks und denjenigen in anderen Geweben. Allerdings unterliegt die Hämbiosynthese im Knochenmark einer anderen Regulation als diejenige in den übrigen Geweben. Dies wird durch die organspezifische Existenz von Isoenzymen gewährleistet.

Die Biosynthese von Porphyrinen ist ähnlich wie die des Harnstoffs auf die mitochondriale Matrix und das Cytosol verteilt. Intramitochondrial erfolgt aus Succinyl-CoA und Glycin die Synthese von δ-Aminolaevulinat, das in das Cytosol transportiert wird, in dem über verschiedene Zwischenstufen das für die Hämgruppe typische Tetrapyrrol-Ringsystem synthetisiert wird. Die Fertigstellung der Hämgruppe, zu der Decarboxylierungen und Dehydrierungen sowie der Einbau von Eisen gehören, erfolgt wiederum intramitochondrial.

20.1.2 Einzelschritte der Hämbiosynthese

Für die Biosynthese der Hämgruppe sind acht enzymatische Schritte notwendig. Ihr Reaktionsmechanismus ist in allen Geweben identisch, jedoch werden die Einzelschritte teilweise durch gewebsspezifisch exprimierte Isoenzyme katalysiert.

> **!** Die Hämgruppe wird aus Glycin und Succinyl-CoA synthetisiert.

Synthese von δ-Aminolävulinat. Ausgehend von Succinyl-CoA und Glycin entsteht in der mitochondrialen Matrix unter Abspaltung von CoA das labile Zwischenprodukt α-Amino-β-ketoadipat, das als β-Ketosäure spontan zu **δ-Aminolävulinat** (δ-ALA) decarboxyliert. Dieser Schritt wird durch die **δ-Aminolävulinatsynthase** (δ-ALA-Synthase) katalysiert (Abb. 20.1). Da dieses Enzym Pyridoxalphosphat-abhängig ist, führt ein Vitamin B_6-Mangel (► Kap. 23.3.5) zu einer Verringerung der Hämbiosynthese. Die δ-ALA-Synthase-Reaktion ist der geschwindigkeitsbestimmende Schritt der Porphyrinbiosynthese, da das Enzym eine sehr kurze Halbwertszeit von nur 30 Minuten aufweist.

Beim Menschen codieren zwei Gene für zwei δ-ALA-Synthasen:

- das δ-ALA-S1-Gen (Chromosom 3p21) trägt die Information für ein in allen Geweben vorkommendes Pro-Enzym (*house keeping enzyme*)
- das δ-ALA-S2-Gen (X-Chromosom p11–21) codiert für ein Pro-Enzym, das nur in den Erythroblasten vorkommt

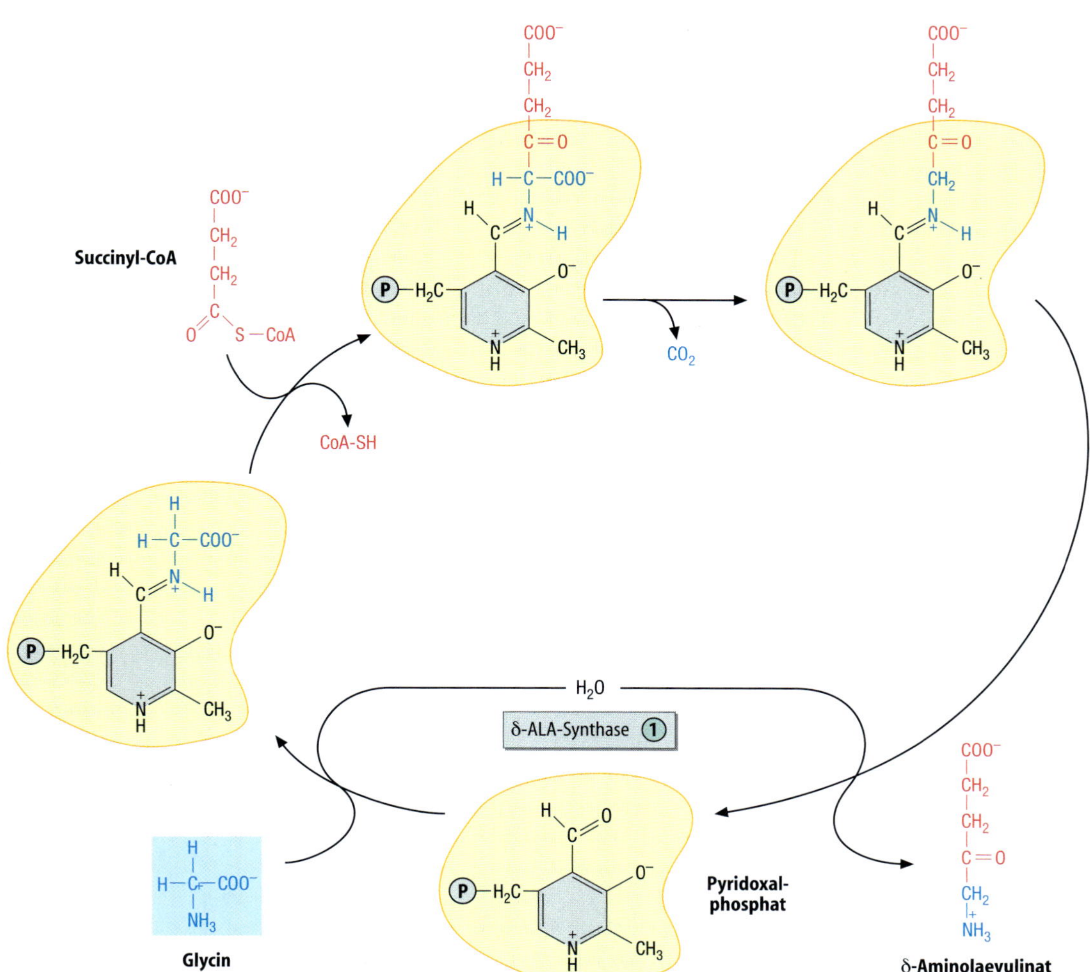

Abb. 20.1. Bildung von δ-Aminolävulinat (δ-ALA) aus Glycin und Succinyl-CoA. Die durch die δ-Aminolaevulinatsynthase katalysierte Reaktion beginnt mit der Bildung einer Schiff'schen Base zwischen Pyridoxalphosphat und der Aminosäure Glycin. Dadurch wird die Bildung einer Bindung zwischen dem α-C-Atom des Glycins mit der CO-S-CoA-Gruppe des Succinyl-CoA ermöglicht. Anschließend werden CoA und CO_2 abgespalten und das gebildete δ-Aminolaevulinat freigesetzt. Die Reihenfolge der zur Hämsynthese benötigten Reaktionen ist in den Abb. 20.1 bis 20.3 durch die Zahlen 1–8 angezeigt. Dies ist Reaktion 1

Synthese von Porphobilinogen. Nach dem Übertritt ins Cytosol kondensieren zwei Moleküle δ-Aminolävulinat zu **Porphobilinogen (PBG)**, der Pyrrolvorstufe (der Porphyrine (Abb. 20.2). Diese Reaktion wird durch die **Porphobilinogensynthase** (δ-Aminolävulinatdehydratase) katalysiert. Das Enzym kommt in zwei Isoformen vor, von denen die eine in allen Geweben, die andere nur in Erythroblasten nachweisbar ist.

Synthese von Hydroxymethylbilan. Unter dem katalytischen Einfluss der **PBG-Desaminase** kondensieren sukzessive vier Porphobilinogenmoleküle unter Abspaltung von vier Molekülen Ammoniak und Bildung von **Hydroxymethylbilan**. Seine Pyrrolringe werden mit A, B, C, D bezeichnet, wobei als Ring A derjenige bezeichnet wird, der über eine CH_2OH-Gruppe verfügt (Abb. 20.3). Beim

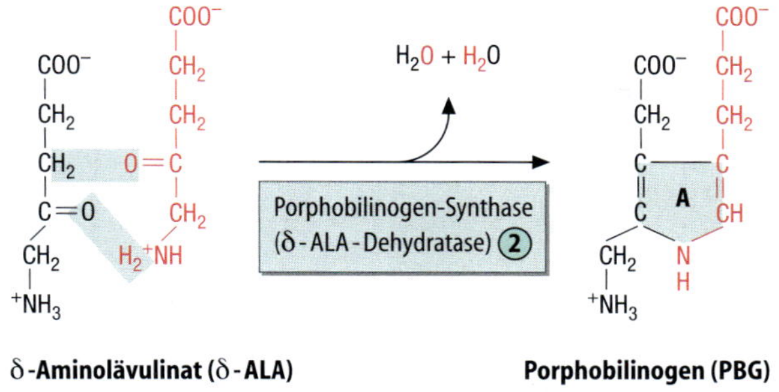

$H_2O + H_2O$

Porphobilinogen-Synthase (δ-ALA-Dehydratase) ②

δ-Aminolävulinat (δ-ALA) → Porphobilinogen (PBG)

Abb. 20.2. Bildung des Monopyrrols Porphobilinogen (PBG). Durch Kondensation von zwei Molekülen δ-Aminolävulinat durch die Porphobilinogen-Synthase (oder δ-ALA-Dehydratase) wird unter Abspaltung von 2 H_2O Porphobilinogen gebildet. Die Reihenfolge der zur Hämsynthese benötigten Reaktionen ist in den Abb. 20.1 bis 20.3 durch die Zahlen 1–8 angezeigt. Dies ist Reaktion 2

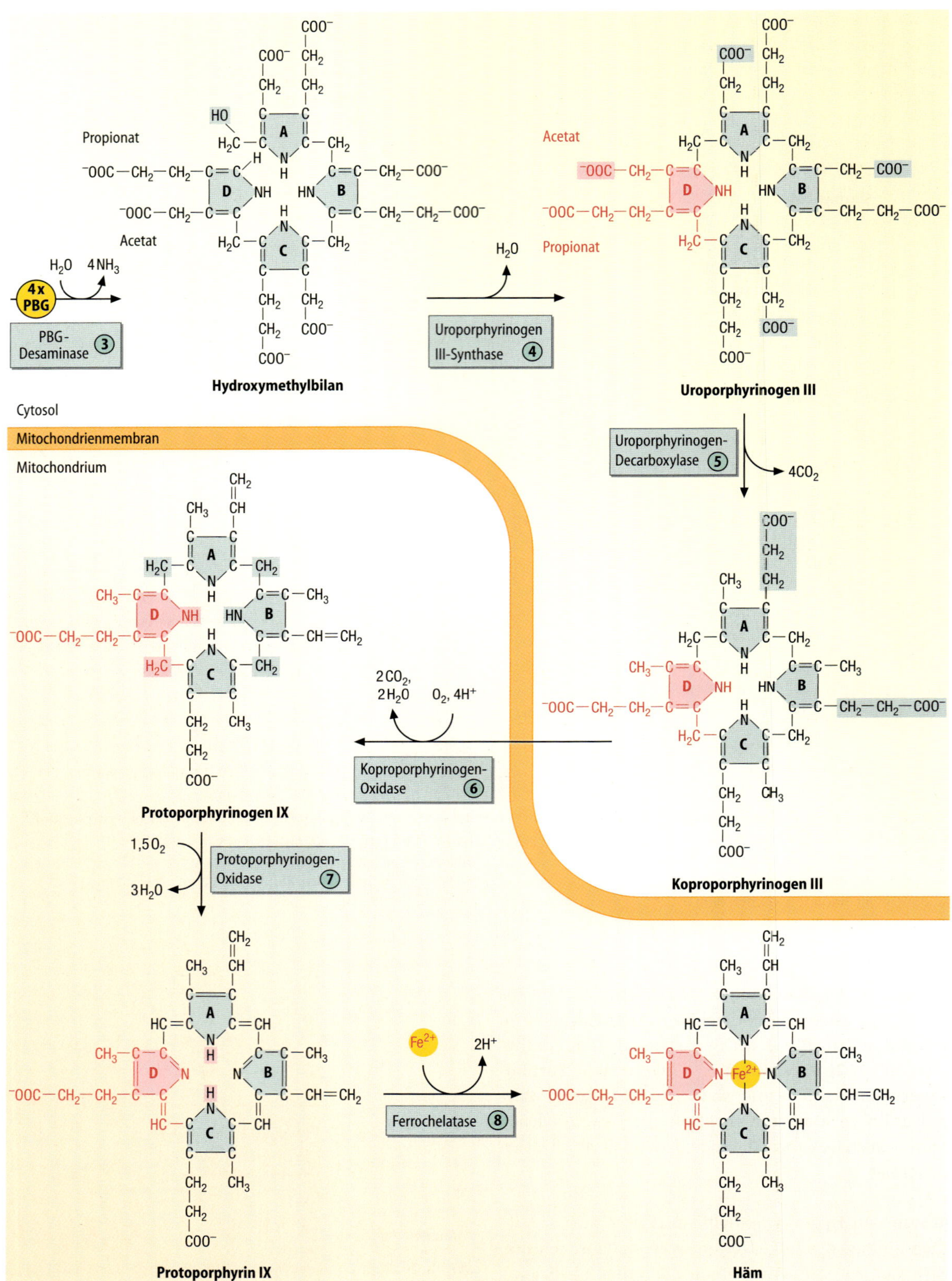

Abb. 20.3. Biosynthese von Häm aus Porphobilinogen. Durch sukzessive Kondensation von 4 Molekülen PBG (3,4), mehrfache Decarboxylierung der Seitenketten (5,6), Dehydrierung des Ringsystems (7) und anschließendem Einbau von zweiwertigem Eisen entsteht Häm (8). Die Reaktionssequenz ist auf das cytosolische und mitochondriale Kompartiment verteilt. Die Reihenfolge der zur Hämsynthese benötigten Reaktionen ist in den Abb. 20.1 bis 20.3 durch die Zahlen 1–8 angezeigt. (Einzelheiten ► Text)

Menschen wird die PBG-Desaminase durch ein 10 kb-Gen mit 15 Exons auf Chromosom 11q24 codiert. Die bei der Transkription entstehende prä-mRNA kann unterschiedlich gespleißt werden, sodass aus einem Gen zwei Isoenzyme entstehen:

- das Erythroblasten-Isoenzym mit einer Molekülmasse von etwa 42 kDa enthält den 3′-Anteil von Exon 3 sowie die Exons 4 bis 15
- das »*House-Keeping*«-Isoenzym mit einer Molekülmasse von etwa 44 kDa besteht aus Exon 1 sowie den Exons 3 bis 15

Wie sich diese Enzyme funktionell voneinander unterscheiden, ist noch nicht bekannt. Je nachdem in welchem Genabschnitt eine Mutation auftritt, wird die Bildung eines der beiden Enzyme oder beider Isoformen beeinflusst.

Synthese von Uroporphyrinogen III. Hydroxymethylbilan (Pro-Uroporphyrinogen) wird unter Katalyse der **Uroporphyrinogen III-Synthase** zyklisiert. Dabei findet im Ring D ein Austausch der Acetat- und Propionatseitenketten statt, sodass das durch die asymmetrische Reihenfolge seiner Substuenten charakterisierte **Uroporphyrinogen III** entsteht (◻ Abb. 20.3). Nicht von der Uroporphyrinogen III-Synthase umgesetztes Hydroxymethylbilan zyklisiert spontan zu Uroporphyrinogen I, in dem die Sequenz der Acetat- und Propionatseitenkette derjenigen im Hydroxymethylbilan entspricht.

Synthese von Koproporphyrinogen III. Die Acetatgruppen aller vier Ringe des Uroporphyrinogen III werden unter Katalyse der im Cytosol lokalisierten Uroporphyrinogen-Decarboxylase zu Methylgruppen decarboxyliert, wobei **Koproporphyrinogen III** entsteht (◻ Abb. 20.3).

Synthese von Protoporphyrinogen IX. Durch die mit der mitochondrialen Innenmembran assoziierte **Koproporphyrinogen-Oxidase** (◻ Abb. 20.3) werden die Propionatseitenkette der Ringe A und B des Koproporphyrinogen III zu Vinylseitenketten dehydriert und decarboxyliert. Bei dieser Reaktion wirkt molekularer Sauerstoff als Wasserstoffakzeptor. Im Vergleich zum Uroporphyrinogen III ist das bei dieser Reaktion entstandene **Protoporphyrinogen IX** wegen der Abspaltung von insgesamt sechs Carboxylgruppen wesentlich hydrophober geworden.

Synthese von als Protoporphyrin IX. In dieser durch die **Protoporphyrinogen-Oxidase** (◻ Abb. 20.3) katalysierten Reaktion kommt es zur Dehydrierung der die einzelnen Ringe verbindenden Methylengruppen zu Methingruppen. Aus einem nicht konjugierten farblosen System mit acht Doppelbindungen ist damit ein konjugiertes farbiges Tetrapyrrolsystem mit 11 Doppelbindungen gebildet worden. Es wird als **Protoporphyrin IX** bezeichnet.

Synthese der Hämgruppe. Durch den Einbau von Eisen in das Protoporphyrin wird die Hämbiosynthese abgeschlossen. Die Reaktion wird durch die **Ferrochelatase** katalysiert, die zweiwertiges Eisen benötigt (◻ Abb. 20.3). Das Enzym ist an die zur mitochondrialen Matrix zeigenden Seite der inneren Mitochondrienmembran gebunden.

Von den 8 enzymatischen Schritten der Hämbiosynthese verbraucht nur der Erste wegen der Spaltung des CoA-Thioesters im Succinyl-CoA Energie. Alle übrigen Schritte verlaufen spontan, sind allerdings z. T. von der Anwesenheit von molekularem Sauerstoff abhängig. Inwieweit die Transportvorgänge zwischen Cytosol und Mitochondrium (und umgekehrt) für die einzelnen Zwischenprodukte der Biosynthese Energie erfordern, ist noch unbekannt.

20.1.3 Regulation der Hämbiosynthese

! Die Hämbiosynthese in Leber und Knochenmark wird unterschiedlich reguliert.

Wegen der allgemeinen Bedeutung der Hämgruppe für die korrekte Funktion der lebensnotwendigen Häm-Proteine muss die Hämbiosynthese in den Geweben sehr genau auf die jeweiligen zellulären Bedürfnisse abgestimmt sein. Untersuchungen zur Regulation der Hämbiosynthese sind aus experimentellen Gründen bevorzugt an der Leber, daneben auch an zahlreichen Mikroorganismen durchgeführt worden. Eine prinzipiell andere Regulation der Hämbiosynthese ist in den Erythroblasten notwendig, da hier die für die Hämoglobinbiosynthese notwendigen Hämgruppen bereitgestellt werden müssen.

Regulation in der Leber. Die Regulation der Häm-Biosynthese in der Leber (und anderen Geweben) erfolgt über eine Rückkoppelungshemmung des ersten Enzyms, der δ-Aminolävulinat-Synthase (δ-ALA-Synthase-1). Häm kann seine Wirkung über drei unterschiedliche Mechanismen entfalten (◻ Abb. 20.4a):

- Häm reprimiert die Transkription des δ-ALA-Synthase-1-Gens. Für Enzyme mit regulatorischer Funktion ist eine hohe Umsatzrate Voraussetzung, wenn die Regulation über eine Änderung der Biosynthese- oder Abbaugeschwindigkeit des Enzyms erfolgen soll. So besitzt die δ-ALA-S1 auch nur eine sehr kurze Halbwertszeit von 30 Minuten. Bei Hämmangel kann die Enzymkonzentration durch Derepression bis auf das fünfzigfache gesteigert werden.
- Häm hemmt den Transport des neu synthetisierten Proenzyms in das Mitochondrium. Das δ-ALA-S1-Gen codiert für ein Proenzym (Pro-δ-ALA-S1), welches in der für den mitochondrialen Import verantwortlichen N-terminalen Sequenz über ein hämregulatorische

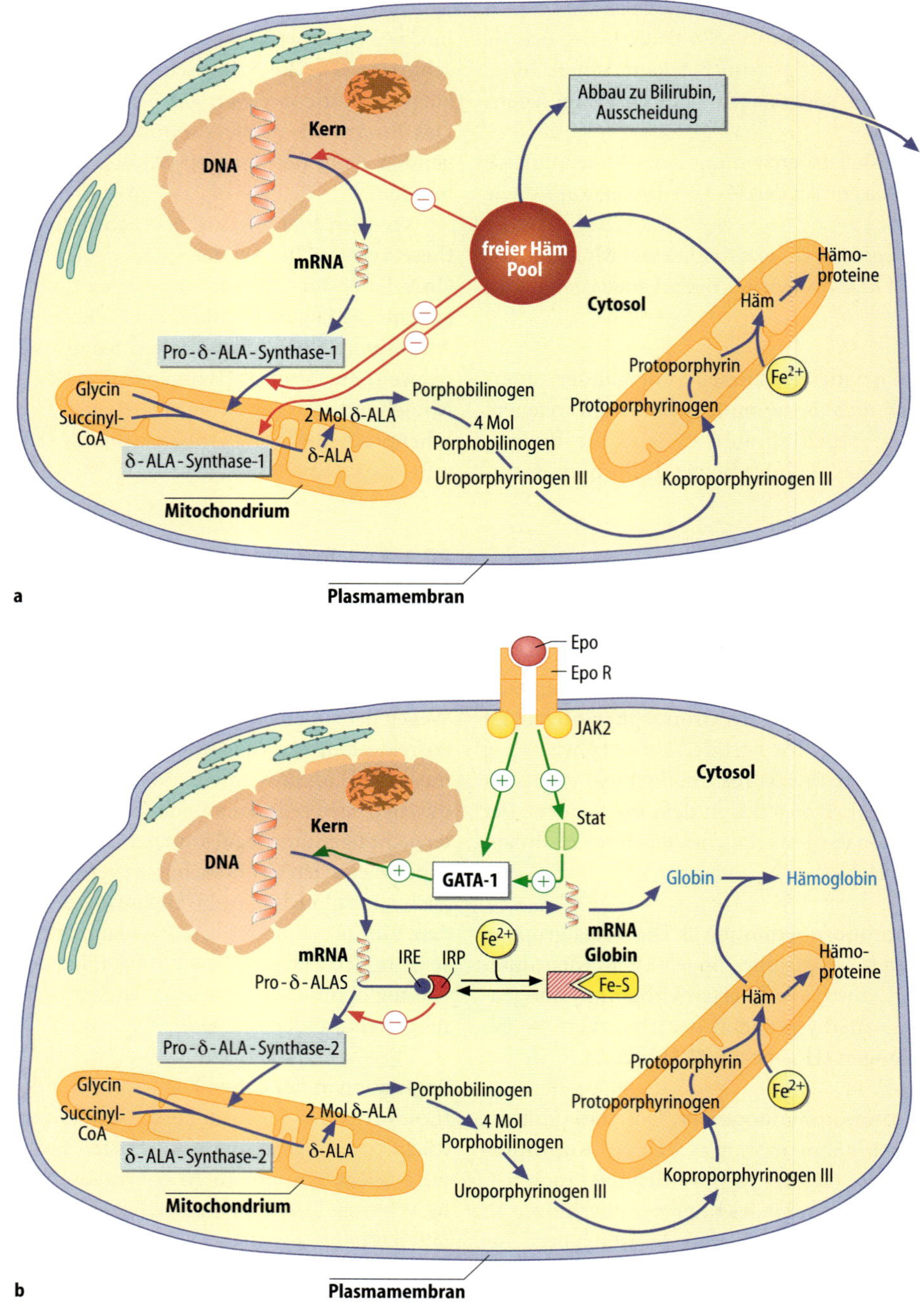

Abb. 20.4. Regulation der Hämbiosynthese. a Hämbiosynthese in Leber und anderen Geweben. **b** Hämbiosynthese in Erythroblasten. δ-ALA = δ-Aminolaevulinat; Epo = Erythropoietin; EpoR = Erythropoietin-Rezeptor; JAK2 = Januskinase 2; Stat = *signal tranducer and activator of transcription*; IRE = *iron responsive element*; IRP = *iron regulatory protein*. (Einzelheiten ► Text)

Element mit der Sequenz Cys-Pro-X-Asp-His verfügt. Ist ausreichend Häm im Cytosol vorhanden, bindet es an dieses hämregulatorische Element des Proenzyms und hemmt dessen Import in das Mitochondrium, welches an diesem Enzym verarmt.

- Häm hemmt die Enzymaktivität über einen allosterischen Effekt.

Daneben wird die Enzymaktivität durch Nahrungskarenz (Fasten) erhöht bzw. Glucose reduziert. Dieser Effekt kommt dadurch zustande, dass bei Nahrungskarenz in der Leber PGC-1α (PPRγ Coactivator 1α) unter Vermittlung des CREB/cycloAMP-Systems (► Kap. 16.1.2) vermehrt exprimiert wird. PGC-1α aktiviert die Traskriptionsfaktoren FOXO1 und NRF1, die ihrerseits die Expression der ALA-Synthase 1 stimulieren. Vermehrte Glucosezufuhr hemmt dagegen diese Stoffwechselwege und damit die Expression der ALA-Synthase 1, was therapeutisch ausgenutzt wird (► Kap. 20.2.2).

Die Konzentration an freiem Häm wird außer durch die Biosyntheserate auch durch den Einbau in Hämoproteine wie Cytochrom P_{450} und den Abbau durch die Hämoxygenase (► u.) bestimmt. Deshalb beeinflussen diese Faktoren ebenfalls die Regulation der Hämbiosynthese. So stimulieren Stoffe, welche die Synthese von **Cytochrom P_{450}-Proteinen** induzieren, über nucleäre Rezeptoren (z. B. den konstitutive Androstanrezeptor CAR sowie den Pregnan-X-Rezeptor PXR, ► Kap. 33.3.1) die Expression des δ-ALA-S1-Gens.

Regulation in den Erythroblasten des Knochenmarks. Die Erythroblasten des Knochenmarks sind die Hauptproduzenten an Häm im Organismus. Während die Hämsynthese in übrigen Geweben auf schnelle Veränderungen des Bedarfs reagiert, ist die Synthese im Knochenmark eher auf die kontinuierliche Produktion sehr großer Mengen für die Produktion von Hämoglobin im Erythrozyten mit einer Lebensdauer von 120 Tagen angelegt (► Kap. 29.2.3). Hierbei spielen zwei Faktoren eine besondere Rolle:

- Proliferation und Differenzierung der Erythroblasten des Knochenmarks wird durch die Aktivität des Hormons **Erythropoietin** reguliert, das in der Niere bei Abfall der Sauerstoffspannung freigesetzt wird (► Kap. 28.1.10)
- Die Verfügbarkeit von **Eisen** für die Häm-Biosynthese

Beide Faktoren beeinflussen auf unterschiedliche Weise die δ-ALA-Synthase-2 (◻ Abb. 20.4b):

- **Stimulierung der Transkription.** Erythropoietin stimuliert die Transkription des ALA-Synthase-2-Gens. Nach Bindung an seinen Rezeptor in der Erythroblastenmembran wird eine JAK2-Kinase aktiviert, was außer der Globinsynthese die Synthese der Enzyme der Hämbildung induziert (◻ Abb. 22.6). Insbesondere wird – unter Vermittlung des Transkriptionsfaktors GATA 1 – die Transkription des δ-ALA-Synthase-2-Gens erhöht
- **Stimulierung der Translation.** In der mRNA der δ-ALA-Synthase befindet sich ein sog. eisenregulatorisches Element (IRE, *iron responsive element*, ► Kap. 22.2.1). An dieses bindet bei niedrigen zellulären Eisenkonzentrationen ein eisenregulatorisches Protein (IRP, *iron regulatory protein*) und verhindert damit die Translation der δ-ALA-Synthase-2 mRNA. Gleichzeitig wird die Transferrin-Rezeptor-mRNA vermehrt translatiert, was die Eisenaufnahme in den Erythroblasten fördert. Durch Erhöhung der zellulären Eisenkonzentration kommt es zur Bildung von Eisen-Schwefel-Clustern (► Kap. 22.2.1), die an das IRP binden, damit seine Struktur ändern. Es ist nicht mehr zur Wechselwirkung mit der δ-ALA-Synthase-2-mRNA imstande, sodass die Translation nun nicht mehr gehemmt ist

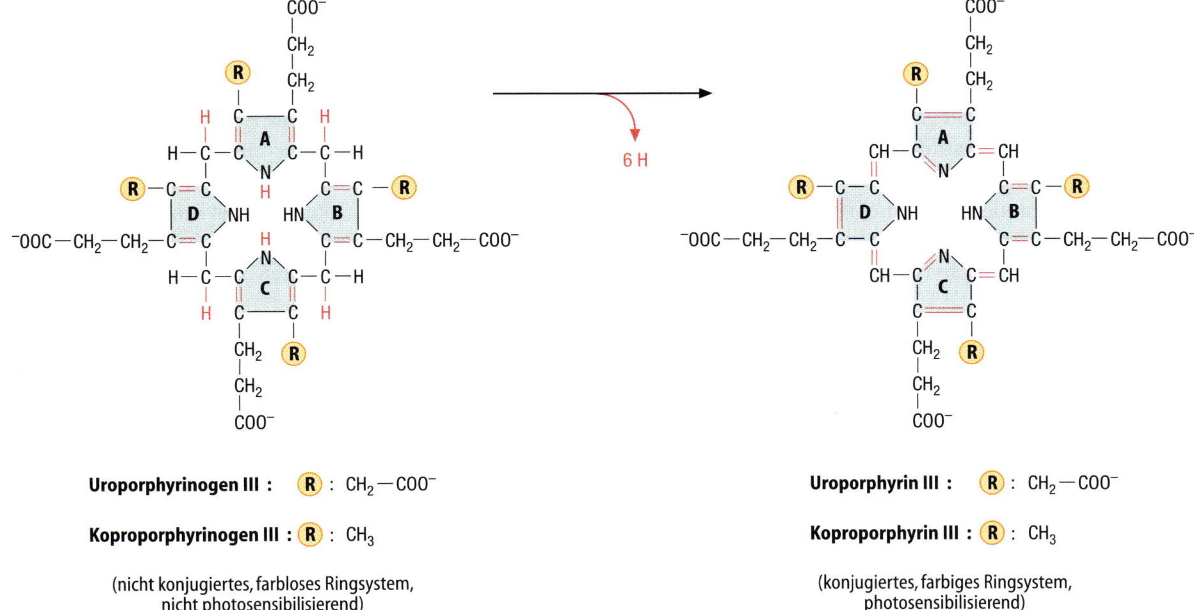

◻ **Abb. 20.5. Bildung von Uroporphyrin III (mit Acetatseitenketten) und Koproporphyrin III (mit Methylseitenketten) aus Uroporphyrinogen III bzw. Koproporphyrinogen III**

bezeichnet wird. Bei Bestrahlung mit UV-Licht zeigen Porphyrine eine **rote Fluoreszenz**, die auch als Grundlage für Nachweisreaktionen dienen kann. Kopro- und Uroporphyrine besitzen andere Absorptionsspektren als Häm, da mit der Komplexbildung mit Metallionen eine Änderung der Absorption im sichtbaren Bereich des Spektrums einhergeht. Diese Eigenschaften der Porphyrine erklären auch, warum ihre Ablagerung in der Haut zu lokalen Schädigungen durch **Photosensibilisierung** führt. Die Porphyrin-induzierte Photosensibilität manifestiert sich normalerweise auf zwei Wegen:

- einer erhöhten Fragilität der lichtexponierten Haut, insbesondere der Regionen, die den Handrücken und die Unterarme bedecken und
- einer akuten Rötung, Brennen und Jucken der lichtexponierten Haut, besonders im Gesicht und den Handinnenflächen

Diese unterschiedlichen Manifestationen sind wahrscheinlich darauf zurückzuführen, dass das hydrophobe Protoporphyrin in anderen subzellulären Strukturen der Zelle akkumuliert als die hydrophilen Uro- und Koproporphyrine. Protoporphyrin häuft sich vorwiegend in **Mitochondrien** an, in denen es normalerweise unter Aufnahme von Eisen in Häm überführt wird. Aufgrund seiner Hydrophobizität soll Protoporphyrin in biologischen Membranen interkalieren. Im Gegensatz dazu akkumulieren Uroporphyrine vorwiegend in **Lysosomen**. Die photosensibilisierenden Wirkungen der Porphyrine sind auf ihre Eigenschaft, Licht zu absorbieren, zurückzuführen. Am wirksamsten ist die Wellenlänge im UV-A-Bereich um 400 nm, durch die die Elektronen des Porphyrins in einen angeregten Zustand überführt werden, von dem sie auf ihr ursprüngliches Niveau zurückfallen und dabei einen Teil der Energie auf molekularen Sauerstoff übertragen. **Aktivierter Sauerstoff** kann die Zelle über verschiedene Mechanismen schädigen, wie z. B. die Peroxidation von Membranlipiden, die Vernetzung von Proteinen oder Schädigung von Nucleinsäuren (► Kap. 15.3). Die Schädigung von Membranen der Lysosomen, die Uroporphyrine enthalten, kann zu einer Freisetzung von Hydrolasen und Proteasen in das Cytosol und damit zu einer Selbstverdauung der Zelle führen. Das Licht mit einer Wellenlänge um 400 nm, welches Porphyrine anregt, durchdringt normales Fensterglas, sodass die Photosensibilisierung durch Fenster von Häusern, Büros und Automobilen erfolgen kann. Die Wellenlänge des UV-B-Bereiches (um 280–315 nm) wird dagegen durch Fensterglas absorbiert. Damit können sich Patienten mit Porphyrien vor einer Photosensibilisierung nicht dadurch schützen, dass sie sich vorwiegend in Häusern aufhalten.

Tabelle 20.1. Angeborene Porphyrien (die Zahlen geben die Enzymschritte in den Abb. 20.2 und 20.3 an)

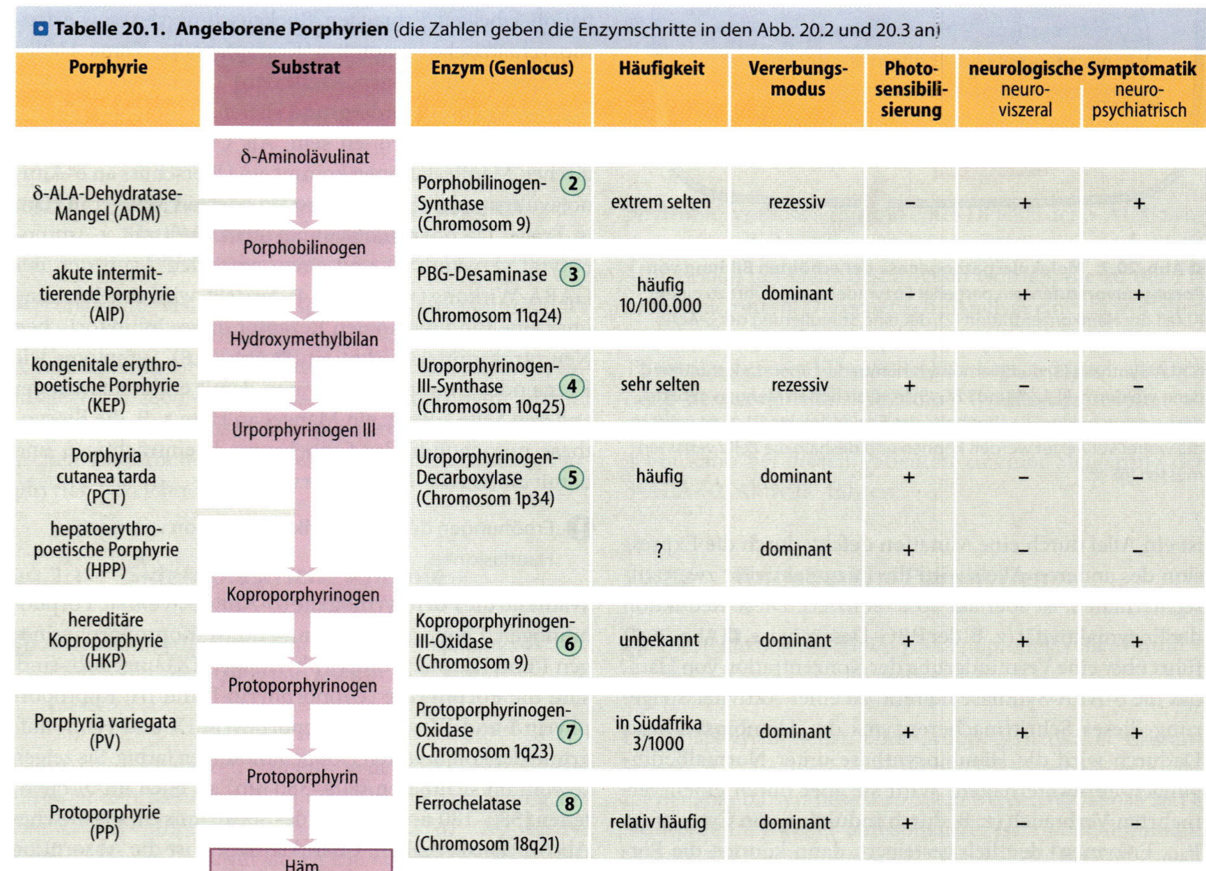

Porphyrie	Substrat	Enzym (Genlocus)	Häufigkeit	Vererbungsmodus	Photosensibilisierung	neurologische Symptomatik neuroviszeral	neurologische Symptomatik neuropsychiatrisch
δ-ALA-Dehydratase-Mangel (ADM)	δ-Aminolävulinat	Porphobilinogen-Synthase (2) (Chromosom 9)	extrem selten	rezessiv	–	+	+
akute intermittierende Porphyrie (AIP)	Porphobilinogen	PBG-Desaminase (3) (Chromosom 11q24)	häufig 10/100.000	dominant	–	+	+
kongenitale erythropoetische Porphyrie (KEP)	Hydroxymethylbilan	Uroporphyrinogen-III-Synthase (4) (Chromosom 10q25)	sehr selten	rezessiv	+	–	–
Porphyria cutanea tarda (PCT)	Urporphyrinogen III	Uroporphyrinogen-Decarboxylase (5) (Chromosom 1p34)	häufig	dominant	+	–	–
hepatoerythropoetische Porphyrie (HPP)			?	dominant	+	–	–
hereditäre Koproporphyrie (HKP)	Koproporphyrinogen	Koproporphyrinogen-III-Oxidase (6) (Chromosom 9)	unbekannt	dominant	+	+	+
Porphyria variegata (PV)	Protoporphyrinogen	Protoporphyrinogen-Oxidase (7) (Chromosom 1q23)	in Südafrika 3/1000	dominant	+	+	+
Protoporphyrie (PP)	Protoporphyrin	Ferrochelatase (8) (Chromosom 18q21)	relativ häufig	dominant	+	–	–
	Häm						

 **Die Molekularpathologie der Porphyrien wird zunehmend besser verstanden.**

Genetisch determinierte Defekte aller Enzyme der Hämbiosynthese sind bekannt (◘ Tabelle 20.1). Seitdem es allerdings gelungen ist die Gene der beteiligten Enzyme zu klonieren, kann auch die Molekularpathologie dieser Erkrankungen besser analysiert werden. Die bisherigen Analysen zeigen, dass sich – in Einklang mit den klinischen Beobachtungen – die molekularen Veränderungen von Patient zu Patient erheblich unterscheiden können. Ähnlich wie bei den Thalassämien (► Kap. 29.2.4) findet sich auf molekularer Ebene eine extreme Heterogenität: die Mutationsanalyse zeigt eine Fülle verschiedener Mutationen bei Genträgern dieser Erkrankungen. Während früher zwischen erythropoetischen und hepatischen Porphyrien unterschieden wurde, werden die einzelnen Porphyrien heute nach dem verursachenden **Enzymdefekt** besprochen. Es handelt sich um Krankheiten, die den gesamten Organismus betreffen. Bei der Mehrzahl der Patienten wird die genetische Disposition zur Porphyrie erst dann klinisch manifest, wenn eine bestimmte Umweltexposition (wie mit Medikamenten) erfolgt (niedrige Penetration). Warum sich zudem die phänotypische Expression einer genetischen Störung der Hämbiosynthese von Genträger zu Genträger unterscheiden kann, ist noch unbekannt.

PBG-Synthase-Mangel tritt nur selten auf.

Bei dieser extrem seltenen Porphyrie treten schwere anfallsartige Beschwerden auf, im Rahmen derer große Mengen an δ-Aminolävulinat und Koproporphyrin in den Urin ausgeschieden werden. Die Aktivität der PBG-Synthase ist auf deutlich unter 50% der Norm reduziert, was dafür spricht, dass offenbar nur homozygote Zustände klinisch manifest werden.

PBG-Desaminase-Mangel verursacht die akut intermittierende Porphyrie (AIP).

Dieser Erkrankung liegt ein partieller Defekt der PBG-Desaminase zugrunde. Bei betroffenen Individuen beträgt die Aktivität des Enzyms etwa 50%, was den autosomal dominanten Charakter der Erkrankung anzeigt. Die meisten Menschen mit dieser genetischen Enzymkonstellation bleiben jedoch asymptomatisch (geringe Penetranz). Klinische Manifestationen in Form akuter Anfälle werden auf **auslösende Faktoren** wie Medikamente, Alkohol oder Stress zurückgeführt. Auf der anderen Seite können die Attacken durch Gabe von Glucose behandelt werden, da diese die δ-ALA-Synthase hemmt (► Kap. 20.1.3). Bisher sind über 230 Mutationen in den 15 Exons und 14 Introns des PBG-Desaminase-Gens nachgewiesen worden. Die Position der Mutation bestimmt, ob die klassische AIP vorliegt, bei der *house keeping* und Erythroblastenenzym betroffen sind, oder die variante Form, bei der nur das *house keeping-enzyme* mutiert ist, sodass die Bestimmung der PBG-Desaminase im Erythrozyten einen Normalwert ergibt. **Leitsymptome** der akuten intermittierenden Porphyrie sind neurologische und psychiatrische Veränderungen: am häufigsten sind eine autonome Neuropathie, die abdominelle Koliken (akutes Abdomen), Erbrechen und Obstipation verursacht, eine Tachykardie und ein labiler Hochdruck. Motorische Lähmungen können auftreten, die die Bulbär- und Atem-Muskulatur betreffen und damit lebensbedrohlich werden. In selten Fällen treten epileptische Anfälle auf, die entweder auf δ-ALA oder eine Hyponatriämie [bedingt durch eine inadäquate ADH-Sekretion (► Kap. 28.3.2)] zurückzuführen sind. Im akuten Anfall führt die deutlich erhöhte Synthese von δ-Aminolävulinat und Porphobilinogen wegen der langsamen Überführung in Uroporphyrinogen III zu einer Akkumulation im Cytosol der Zelle, sodass die beiden Zwischenprodukte ins Blut übertreten und in den Urin ausgeschieden werden. Behandelt werden akute Attacken durch das Weglassen der auslösenden Medikamente sowie die intravenöse Gabe von Glucose und/oder Häm (das als Medikament Hämarginat verfügbar ist), die beide die δ-ALA-Synthase hemmen.

 **Uroporphyrinogen III-Synthase-Mangel führt bei Kleinkindern zur Rotverfärbung der Windeln.**

Diese Porphyrie wurde als Erste 1874 von Schultz in Greifswald beschrieben. Bei Kleinkindern ist die **Rotfärbung der Windeln** (hauptsächlich durch Uroporphyrin I bedingt) der erste Hinweis auf das Vorliegen dieser Erkrankung. Die klinischen Manifestationen sind sehr unterschiedlich und reichen von milden Hautreaktionen über Rotverfärbung der Zähne (Ablagerung von Porphyrinen im Dentin) bis hin zur schweren hämolytischen Anämie (aufgrund hoher intraerythrozytärer Porphyrinspiegel, die die Erythrozytenmembran schädigen). Bisher sind 35 verschiedene Mutationen sind im defekten Gen beschrieben worden.

Infobox

Porphyrie

Es ist bis heute ungeklärt, ob der mythischen Vorstellung eines Blut saugenden Vampirs, etwa in der Gestalt von »Dracula«, vielleicht bestimmte Krankheitssymptome zugrunde liegen. Eine originelle Hypothese geht davon aus, es könnte sich um Manifestationen einer kutanen Porphyrie gehandelt haben:

- Lichtempfindlichkeit der Haut, daher erwacht der Vampir erst in der Nacht
- Verstümmelungen an Gesicht und Händen
- Weißfärbung der Haut infolge Anämie, deshalb auch Bluthunger
- Rotfärbung der Zähne

Die Wurzel des Vampirglaubens liegt in der Vorstellung vom fortlebenden Toten und seiner Gier nach Leben, welches er durch Blutsaugen zurück zu gewinnen sucht

Uroporphyrinogendecarboxylase-Mangel verursacht Blasen an Hand- und Fingerrücken.

Die durch einen Defekt der Uroporphyrinogendecarboxylase verursachte autosomal dominante **Porphyria cutanea tarda** (PCT) ist die häufigste Porphyrie. Sie ist durch die Ablagerung von Porphyrinen in der Haut gekennzeichnet. Durch den Einfluss der Sonnenstrahlung (etwa 400 nm) treten Hautsymptome einige Tage nach Sonnenexposition auf: charakteristisch sind **Blasen an Hand- und Fingerrücken** (◘ Abb. 20.9) sowie leichte Verletzbarkeit der Haut und Hypertrichosis (»Affenmensch«)

Koproporphyrinogen III- und Protoporphyrin-oxidasemangel bedingen neurologische und kutane Symptome.

Durch einen hetero- oder homozygoten (Manifestation bereits in der Kindheit) Defekt der Koproporphyrinogenoxidase kommt es zu einem mäßig bis deutlichen Anstieg der Koproporphyrin III-Ausscheidung in den Stuhl und zu einem geringeren Ausmaß in den Urin. Gleichzeitig ist bei akuten Anfällen auch die Urinausscheidung von δ-ALA und PBG erhöht. Aufgrund dieses Ausscheidungsmusters treten bei dieser hereditären Koproporphyrie sowohl neurologische (wie bei der akut intermittierenden Porphyrie) als auch kutane Manifestationen (ähnlich wie bei der Porphyria cutanea tarda) auf.

Der Porphyria variegata liegt ein partieller Defekt der Protoporphyrinogenoxidase zugrunde. Asymptomatische Träger der Erkrankung weisen eine normale Urinausscheidung von Porphyrinen und Porphyrinvorstufen auf, während akuter Anfälle kommt es zu einer deutlichen Zunahme der Stuhlausscheidung von Koproporphyrinen und Protoporphyrin und der Urinausscheidung von δ-ALA und PBG. Daraus lassen sich die klinischen Manifestationen (neurologische Dysfunktion, Photodermatitis) ableiten.

Ferrochelatase-Mangel bedingt eine Akkumulation von Protoporphyrin IX in den Erythrozyten.

Ursache der erythropoetischen Protoporphyrie ist ein heterozygoter Ferrochelatase-Mangel. Die Diagnose wird durch den Nachweis eines erhöhten Spiegels von Protoporphyrin IX in Erythrozyten, Plasma und Stuhl gestellt, in den es bevorzugt wegen seiner **schlechten Wasserlöslichkeit** (Verlust von 6 Carboxylgruppen, ◘ Abb. 20.3) ausgeschieden wird. Die hauptsächliche klinische Manifestation der Protoporphyrie stellt die **Photosensibilität** dar. Die Patienten klagen über Brennen, Jucken oder Schmerz in der Haut nach Sonnenexposition, manchmal innerhalb einiger Minuten. Dies wird von einem Erythem und Ödem im Bereich der sonnenexponierten Haut gefolgt. Blasen treten nur dann auf, wenn die Sonnenexposition länger anhält, sodass die Hautläsionen von denen bei der Porphyria cutanea tarda unterschieden werden können. Die unterschiedlichen Hautmanifestationen sind durch die Hydrophobizität des Protoporphyrins bedingt, das sich vorzugsweise in **Mitochondrien** anhäuft (▶ Kap. 20.1.2). Da die Protoporphyrine auch im Hepatozyten abgelagert werden können, treten bei einzelnen Betroffenen auch Störungen der Leberfunktion auf. Die molekularpathologische Analyse der Protoporphyrie zeigt über 70 verschiedene Mutationen als Ursache des Enzymdefekts.

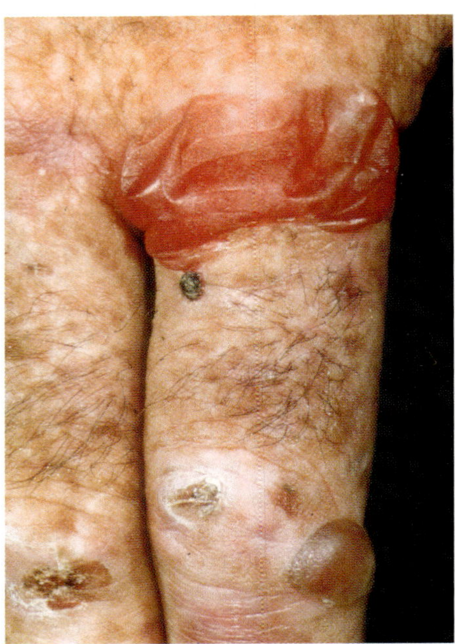

◘ Abb. 20.9. Hautveränderungen bei Porphyria cutanea tarda (Aufnahme von I. Frank, Maastricht)

Die biochemische Diagnose der Porphyrien erfolgt über die Analyse von Porphyrin(vorstuf)en im Urin und Stuhl.

Bei klinischem Verdacht auf eine Porphyrie (akute Attacken, Rotverfärbung des Urins, Hautveränderungen) wird zunächst der Schnelltest nach Samuel Schwartz und Cecil Watson durchgeführt, der auf der Zugabe eines Aldehydreagens zu Patientenurin beruht. Enthält der Urin im akuten Anfall die Porphyrinvorstufe Porphobilinogen, so führt die Zugabe des Reagens zu einer **intensiven Rotfärbung**. PBG und δ-ALA können im Urin auch nicht-enzymatisch zu Uroporphyrinogen kondensieren, das dann zu Uroporphyrin oxidiert und den Urin bei längerem Stehen unter Lichteinfluss rot werden lässt. Eine weitere Differenzierung ist durch Analyse der einzelnen Porphyrine im Stuhl (Koproporphyrine) und Urin (Uroporphyrine) möglich (◘ Abb. 20.10). Die Bestätigung der Verdachtsdiagnose erfolgt durch die Enzymbestimmung. Nach Diagnose einer Porphyrie können heute zudem mögliche **Genträger** in der Familie des Patienten durch molekularbiologische Methoden ermittelt werden.

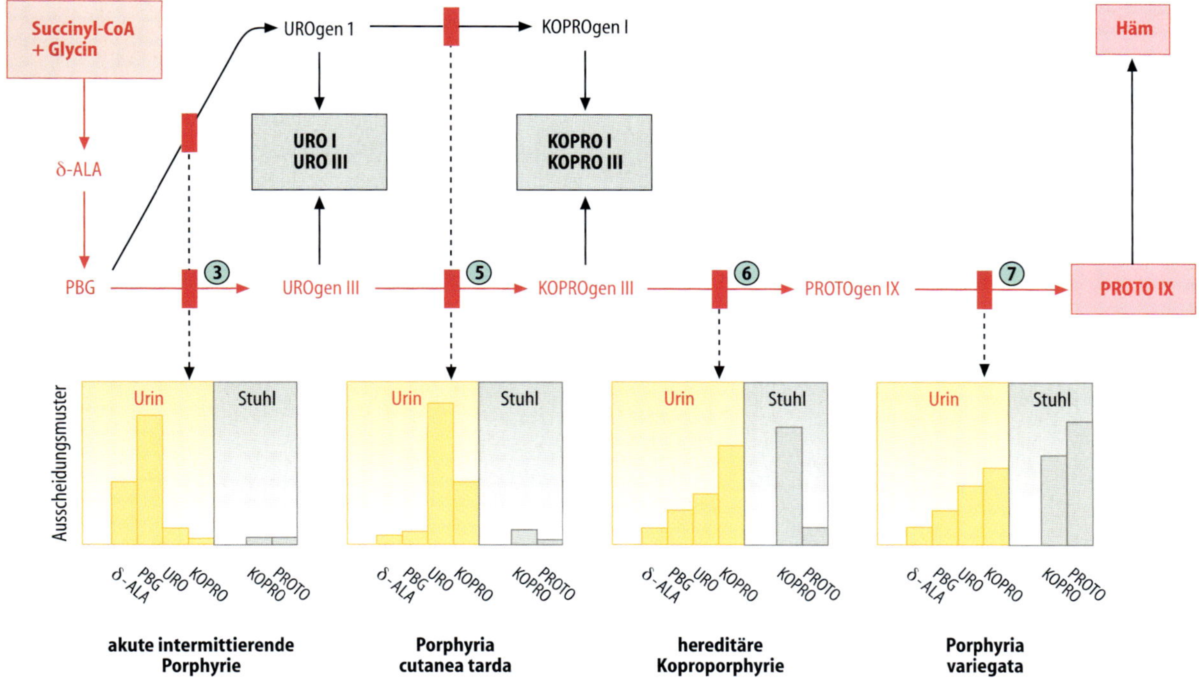

Abb. 20.10. Urinausscheidungsmuster bei den einzelnen Porphyrien. Der Nachweis von PBG erfolgt im akuten Anfall mit dem Schwartz-Watson-Schnelltest, ansonsten im 24-Stunden-Urin. Die Zahlen geben den Enzymdefekt an. δ-ALA = δ-Aminolävulinat; PBG = Porphobilinogen; URO = Uroporphyrin; KOPRO = Koproporphyrin; PROTO = Protoporphyrin

20.2.3 Erworbene Porphyrien

Erworbene Porphyrien sind nicht durch einen Anstieg der δ-ALA- und PBG-Urinausscheidung gekennzeichnet.

Bei verschiedenen Erkrankungen lässt sich eine mittelgradige Erhöhung der Urin-Porphyrinausscheidung (weniger als drei- bis vierfache Erhöhung gegenüber dem Normwert), insbesondere von Koproporphyrinen nachweisen. Patienten mit erhöhter Porphyrinausscheidung können sowohl abdominelle Beschwerden, Übelkeit, Erbrechen als auch andere Symptome entwickeln, die auf eine akute Porphyrie hinweisen. Aufgrund der erhöhten Porphyrinausscheidung in den Urin wird häufig fälschlicherweise eine primäre Porphyrie diagnostiziert. Die primären akuten Porphyrien sind jedoch immer mit einer Erhöhung der Urinausscheidung von δ-ALA und/oder PBG vergesellschaftet. Mit Ausnahme einer Bleivergiftung, bei der Blei andere Metalle von aktiven Zentren von Enzymen verdrängt oder mit SH-Gruppen reagiert, sind sekundäre Porphyrien dagegen nicht mit einem Anstieg der Urinausscheidung von δ-ALA und PBG vergesellschaftet. Blei hemmt die Enzyme Porphobilinogen-Synthase und Ferrochelatase, sodass im Urin eine Erhöhung der δ-Aminolävulinat-Konzentration auftritt (► Kap. 22.2.12). Da die Galle einen wesentlichen Ausscheidungsweg für die Porphyrine darstellt, steigen die Urin-Porphyrinspiegel bei verschiedenen hepatobiliären Erkrankungen an, wenn die Gallebildung gestört ist. Bei einer extrahepatischen Galle-Obstruktion (► Kap. 20.3.1) wird der Anstieg der Urin-Koproporphyrinausscheidung von einem höheren Anteil des Typ-I-Isomers begleitet. Dies spiegelt die Tatsache wider, dass das Typ-I-Isomer, welches normalerweise vorzugsweise in die Galle ausgeschieden wird, den Organismus dann über die Niere verlässt. Die sekundären Porphyrien können von den asymptomatischen Formen der hereditären Koproporphyrie und der Porphyria variegata durch die **quantitative Bestimmung der Stuhlporphyrine** unterschieden werden: während bei den sekundären Porphyrien die Stuhlporphyrine normal oder nur geringgradig erhöht sind, sind sie bei den primären Porphyrien deutlich erhöht.

In Kürze

- Partielle Defekte einzelner Enzyme der Hämbiosynthese verursachen die Porphyrien: je nach Enzymdefekt wird zwischen akuten und chronischen Porphyrien unterschieden
- Bei den akuten Porphyrien sind die Porphyrinvorstufen δ-Aminolävulinat (δ-ALA) und Porphobilinogen (PBG) erhöht, die aufgrund der Ähnlichkeit von δ-ALA mit γ-Aminobutyrat zu neuroviszeralen und -psychiatrischen Symptomen führen. Zudem sind sie durch intermittierende Attacken gekennzeichnet, die durch bestimmte Medikamente oder Stress ausgelöst werden können
- Bei den chronischen Porphyrien hingegen akkumulieren Porphyrine, die aufgrund ihrer konjugierten Doppelbindungen photosensibilisierend sind, in der Haut und verursachen Hautreaktionen
- Durch die Klonierung der Gene aller Enzyme der Hämbiosynthese ist die genetische Analyse von Patienten mit diesen Erkrankungen möglich geworden: bei der akut intermittierenden Porphyrie sind inzwischen über 230 verschiedene Mutationen identifiziert worden, die auch die schnelle Erkennung von asymptomatischen Genträgern erlauben

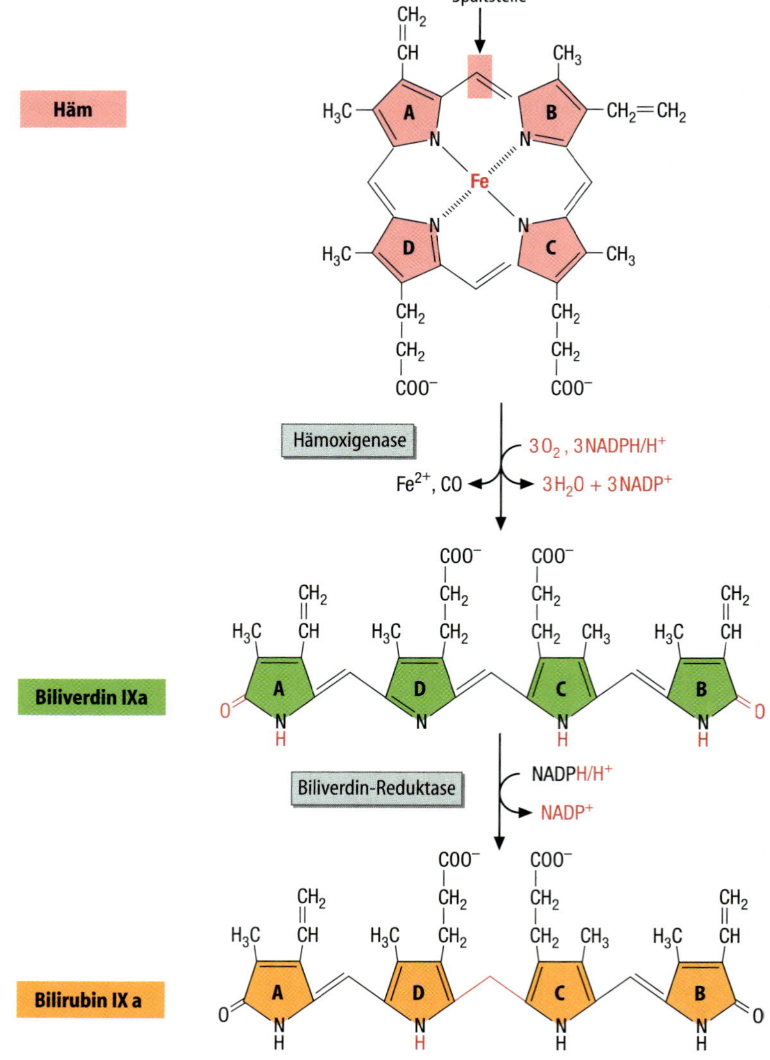

Abb. 20.11. Abbau von Häm zu Bilirubin. (Einzelheiten ► Text)

20.3 Abbau des Häms zu Gallenfarbstoffen

20.3.1 Abbau zu Bilirubin

Häm wird über Biliverdin zu Bilirubin abgebaut und anschließend mit Glucuronat verestert.

Die beim Abbau von Hämoglobin und anderen Hämproteinen freiwerdenden Aminosäuren sowie das Eisen werden wiederverwertet, nicht jedoch das Porphyringerüst. Stattdessen wird es im Monozyten-Makrophagen-System von Leber, Milz und Knochenmark in zwei Reaktionen zunächst oxidativ zu Biliverdin gespalten und anschließend zu Bilirubin reduziert (**prähepatische** Phase des Hämabbaus, Abb. 20.11). Dieses wird über die Galle (sein Name leitet sich vom lat. Bilis, Galle ab) ausgeschieden. Die einzelnen Reaktionen sind:

- **Bildung von Biliverdin.** Unter Katalyse der Häm-Oxygenase wird der Eisenporphyrinring des Häms selektiv an der Methinbrücke zwischen den Pyrrolringen A und B gespalten. Der Reaktionsmechanismus der Häm-Oxygenase entspricht dem einer mischfunktionellen Oxygenase. Die Ringspaltung erfolgt also oxidativ, die Methingruppe wird als CO freigesetzt und das Reduktionsmittel für die Wasserbildung ist $NADPH/H^+$. Bei der Ringspaltung können theoretisch eine Reihe isomerer Formen entstehen. Die bei Säugern und damit auch beim Menschen vorkommende Häm-Oxigenase bildet als Produkt das Biliverdin IXa. Es zeichnet sich durch eine grüne Farbe aus (lat. viridis, grün)
- **Bildung von Bilirubin.** Biliverdin IXa wird unter Katalyse einer cytosolischen Biliverdin-Reduktase zu dem aufgrund seiner rot-orangen Farbe als Bilirubin IXa (lat. ruber, rot) bezeichneten Molekül reduziert. Dabei wird die Methingruppe zwischen den Ringen C und D in eine Methylengruppe umgewandelt. Von den möglichen isomeren Formen überwiegt dabei die in Abb. 20.12 dargestellte Z,Z-Form

Bilirubin ist trotz der Existenz der zwei polaren Carboxylgruppen in den Propionat-Seitenketten schlecht wasserlöslich. Dies ist darauf zurückzuführen, dass diese mit den NH-Gruppen und dem in Lactamkonfiguration vorliegenden Sauerstoff (–NH–C=O) der Pyrrolringe intramolekulare Wasserstoffbrückenbindungen bilden (Abb. 20.12).

Warum Biliverdin in das schlechter lösliche Bilirubin umgewandelt wird, ist zunächst unverständlich. Die hydrophoben Eigenschaften des Bilirubins bergen nämlich eine Reihe von Nachteilen, z. B. seine Neurotoxizität, Neigung zur Bildung von Gallensteinen und vor allen Dingen die Notwendigkeit einer weiteren Metabolisierung. Sie werden aber offensichtlich dadurch wettgemacht, dass Bilirubin ein wichtiges **lipophiles Antioxidans** (▶ Kap. 15.3) ist.

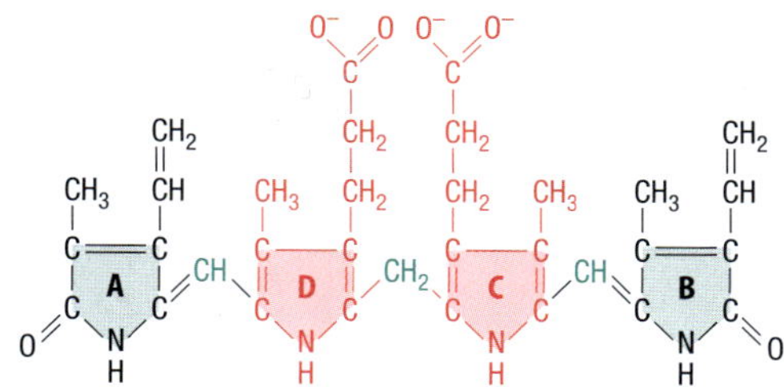

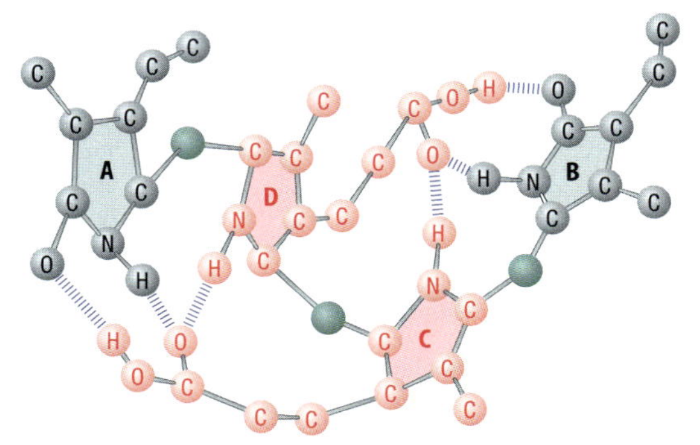

Abb. 20.12. Bildung von Wasserstoffbrücken im Bilirubin. Die übliche Darstellung des Z,Z-Bilirubin IXa (oben) gibt keine Erklärung für die Unlöslichkeit des Moleküls in Wasser. Das Raummodell dagegen (Mitte) zeigt, dass die Propionsäureseitenketten der Pyrrolringe D und C über Wasserstoffbrückenbindungen (blau gestrichelte Linien) mit Sauerstoff- und Stickstoffatomen der Ringe B und A (B zu D; A zu C) in Verbindung treten. Dadurch ist das Molekül unpolar und unlöslich. Die covalente Bindung von Glucuronidgruppen zur Bildung des Bilirubindiglucuronids (unten) verhindert diese intramolekulare Wasserstoffbrückenbindungen und erhöht damit stark die Löslichkeit des Moleküls in Wasser

Da der weitere Stoffwechsel von Bilirubin in der Leber stattfindet (**intrahepatische** Phase), muss in Knochenmark und Milz gebildetes Bilirubin über das Blut dorthin transportiert werden. Aufgrund seiner schlechten Löslichkeit im Plasma erfolgt dieser Transport in Bindung an **Albumin**. Der normale Plasmaspiegel an Albumin gebundenen Bilirubins liegt zwischen 1,7 und 20,5 µmol/l (0,1–1,2 mg/100 ml). Im Dissé-Raum der Leber oder an der sinusoidalen Oberfläche der Hepatozyten dissoziiert das Bilirubin von seinem Trägerprotein, welches nicht in die Leberzelle eintritt (Abb. 20.13).

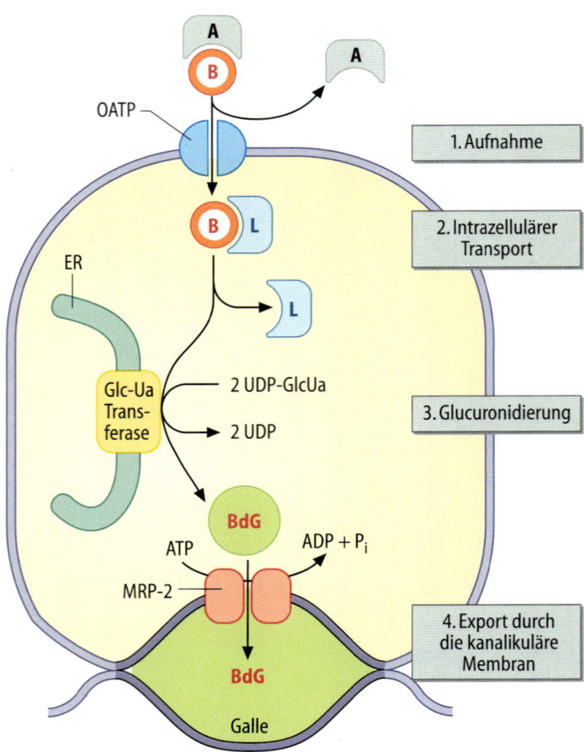

Abb. 20.13. Der Transport von Bilirubin aus dem Plasma in das Gallengangsystem. A = Albumin; OATP = *organic anion transport protein*; B = Bilirubin; L = Ligandin oder anderer Carrier; BdG = Bilirubin-Diglucuronid; MRP = *multidrug resistance related protein*. (Einzelheiten ► Text)

Nach Abkoppelung von Albumin wird Bilirubin über Membrantransporter der OATP-Familie (*organic anion transport protein*), möglicherweise auch durch einfache Diffusion, in die Leberzelle aufgenommen und dort an intrazelluläre Trägerproteine (z. B. Ligandin) gebunden (Abb. 20.13). Dieses transportiert Bilirubin in das endoplasmatische Retikulum. Dort erfolgt die Veresterung der Propionatreste von Bilirubin mit **Glucuronat** durch eine UDP-Glucuronat-Transferase (► Kap. 17.1.2), die zur Phase 2 des Biotransformationssystems, (► Kap. 33.3.1) gehört. Hierdurch werden die intramolekularen Wasserstoffbrücken gelöst und das Molekül wird wasserlöslicher (Abb. 20.12). Das Gen für die Bilirubin-UDP-Glucuronyltransferase trägt die Information für drei mRNAs, die durch alternierendes Spleißen entstehen: sie unterscheiden sich in der 5′-Region, sind in der 3′-Region identisch und codieren für zwei Bilirubin-konjugierende Isoenzyme und ein Phenol-konjugierendes Enzym. Einzelne Enzyme werden auch in extrahepatischen Geweben gebildet, wo das Ausmaß der Glucuroniderung erheblich sein kann.

Als Mono- und Diglucuronid wird Bilirubin-Glucuronid ATP-abhängig durch das MRP2 (*multidrug resistance related protein 2*)-System (► Kap. 33.4.1) aus der Leberzelle in die Galle ausgeschieden (Beginn der **posthepatischen** Phase). Bei Verlegung der Gallenwege wird es aktiv durch das MRP3-System der lateralen Membran in das Blut abgegeben und über die Nieren eliminiert.

20.3.2 Nachweismethoden für Bilirubin im Blutplasma

Die beiden Bilirubinspecies im Plasma reagieren unterschiedlich schnell mit dem Diazoreagens.

Da Bilirubinkonjugate aufgrund ihrer leichten Oxidierbarkeit relativ instabil sind, erfolgt ihre quantitative Bestimmung vorwiegend über die stabilen Dipyrrolderivate, die in der sog. **Diazoreaktion** gebildet werden. In dieser Reaktion wird die Methylengruppe zwischen den Ringen C und D unter Freisetzung zweier diazotierter Dipyrrole gespalten und als Formaldehyd freigesetzt. Plasma enthält zwei Bilirubinspecies: Die eine reagiert mit dem Diazoreagens innerhalb von Minuten, die andere mit der gleichen Geschwindigkeit nur in Gegenwart von »Beschleunigern« wie z. B. Methanol. Diese Stoffe wirken dabei wahrscheinlich über eine Lösung der intramolekularen Wasserstoffbrückenbindungen im Bilirubinmolekül (Abb. 20.14). Das schnell reagierende Bilirubin, das auch als **direkt reagierendes oder konjugiertes** bezeichnet wird, stellt glucuronidiertes Bilirubin dar, das langsam reagierende – auch als **indirekt reagierendes** bezeichnet – das Albumin gebundene oder unkonjugierte Bilirubin im Plasma. Normalerweise macht das glucuronidierte Bilirubin etwa 10–20% des Gesamtbilirubins im Plasma aus, d. h. 80–90% des Bilirubins sind an Albumin gebunden.

20.3.3 Abbau des Bilirubins im Darm

Durch Bakterien wird Bilirubin im Darm in Stercobilin überführt.

Nach Passage des Dünndarms wird Bilirubin im Dickdarm durch anaerobe Bakterien weiter abgebaut (Abb. 20.15). Nach Abspaltung der Glucuronatreste durch eine β-Glucuronidase erfolgt die schrittweise Reduktion zum **Stercobilinogen** (lat. stercus, Stuhl). Zuerst entstehen durch Hydrierung der Vinylgruppen zu Ethylgruppen das Zwischenprodukt **Mesobilirubin** (griech. mesos, zwischen) und durch Hydrierung der Methingruppen (– CH =) zwischen den Ringen A und D sowie B und C zu Methylengruppen das Zwischenprodukt **Mesobilirubinogen**. Diese Überführung von Doppel- in Einfachbindungen ist mit einem Verlust der Farbe verbunden. Durch einen weiteren Hydrierungsschritt (an den Pyrrolringen A und B) entsteht **Stercobilinogen**, das durch Dehydrierung der Methylengruppe am Ring D zu einer Methingruppe in **Stercobilin** überführt wird (Ausscheidung etwa 40–280 mg/Tag). Bei Sterilisierung des Darms unter hochdosierter oraler Antibiotikatherapie kann die Vernichtung der Anaerobier die Ausscheidung von

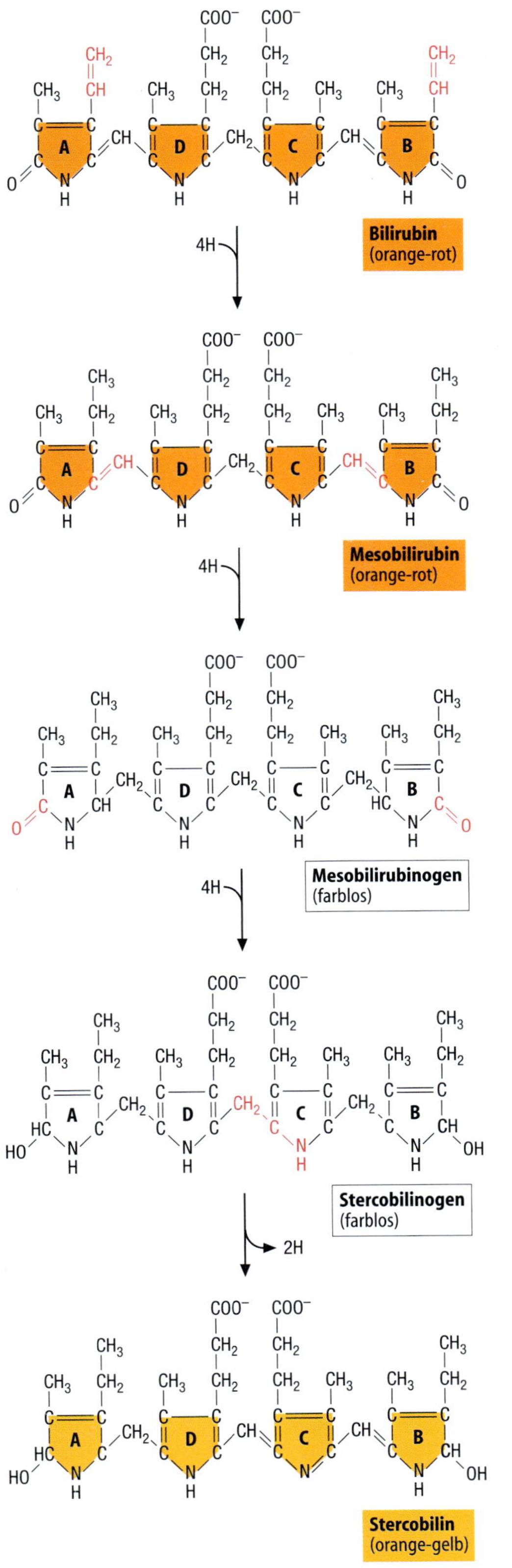

Bilirubin (orange-rot)

Mesobilirubin (orange-rot)

Mesobilirubinogen (farblos)

Stercobilinogen (farblos)

Stercobilin (orange-gelb)

Abb. 20.14. Abbau von Bilirubin zu Stercobilin. (Einzelheiten ► Text)

chemisch unverändertem Bilirubin verursachen, das durch Oxidation bei Zutritt von Luftsauerstoff in Biliverdin umgewandelt wird (**grünliche Verfärbung** des Stuhls). Ein Teil des Stercobilinogens wird durch bakterielle Enzyme weiter in Dipyrrole zerlegt (Mesobilifuchsin, Bilifuchsin). Stercobilin und diese Dipyrrole tragen zur normalen Stuhlfarbe bei. Bis zu 20% der im Darm aus Bilirubin entstehenden Produkte werden reabsorbiert und über die Pfortader der Leber zugeführt, wo sie erneut ausgeschieden werden (enterohepatischer Kreislauf). Ein geringer Teil gelangt über das Blut zu den Nieren, wo es als **Urobilin** oder **Urobilinogen** im Harn nachgewiesen werden kann den (im Mittel etwa 0,64 mg, maximal 4 mg/24-h-Urin). Bei Leberfunktionsstörungen werden diese Produkte vermehrt in den Urin ausgeschieden.

20.3.4 Hämoglobin- und Bilirubinumsatz

! Täglich werden etwa 250 mg Gallenfarbstoffe produziert.

Geringe Mengen von Hämoglobin werden ständig aus gealterten, im Blut zirkulierenden Erythrozyten in das Plasma freigesetzt und dort an α_2-Haptoglobin gebunden. Dieses Protein besteht aus 2α- (83 Aminosäuren) und β- (245 Aminosäuren) Untereinheiten, von denen die β-Untereinheit eine Homologie mit Serinproteasen aufweist. Der Hämoglobin-Haptoglobin-Komplex wird schnell durch Aufnahme in das retikuloendotheliale System aus dem Blut entfernt (Halbwertszeit 10–30 min), wohingegen die Halbwertszeit freien Haptoglobins etwa 5 h beträgt. Aus Hämoglobin freigesetztes Häm wird im Blut an das Protein Hämopexin gebunden und langsam eliminiert (Halbwertszeit 7–8 h).

Da Hämoglobin den bei weitem größten Teil des Häms im Organismus enthält, entspricht die tägliche Ausscheidung an Gallenfarbstoffen ungefähr der Menge an Hämoglobin, das täglich gebildet und abgebaut wird. Im Hämoglobin entspricht der Porphyrinanteil (nach Abzug des Eisens) 3,5% des Hämoglobingewichts, d. h. beim Abbau von 1 g Hämoglobin entstehen 35 mg Bilirubin. Bei einem Erwachsenen mit 70 kg Körpergewicht beträgt der tägliche Hämoglobinumsatz etwa 90 µmol (6,25 g) oder 1,3 mmol/kg Körpergewicht. Das bedeutet, dass täglich etwa 220 mg oder 380 mmol Bilirubin beim Abbau von Hämoglobin entstehen. Dazu kommen das beim Abbau von anderen Hämoproteinen (Myoglobin, Cytochrome) freigesetzte Bilirubin sowie die Nebenprodukte der Hämbiosynthese, womit sich die Gesamtproduktion von Gallenfarbstoffen beim Menschen auf etwa 250 mg erhöht.

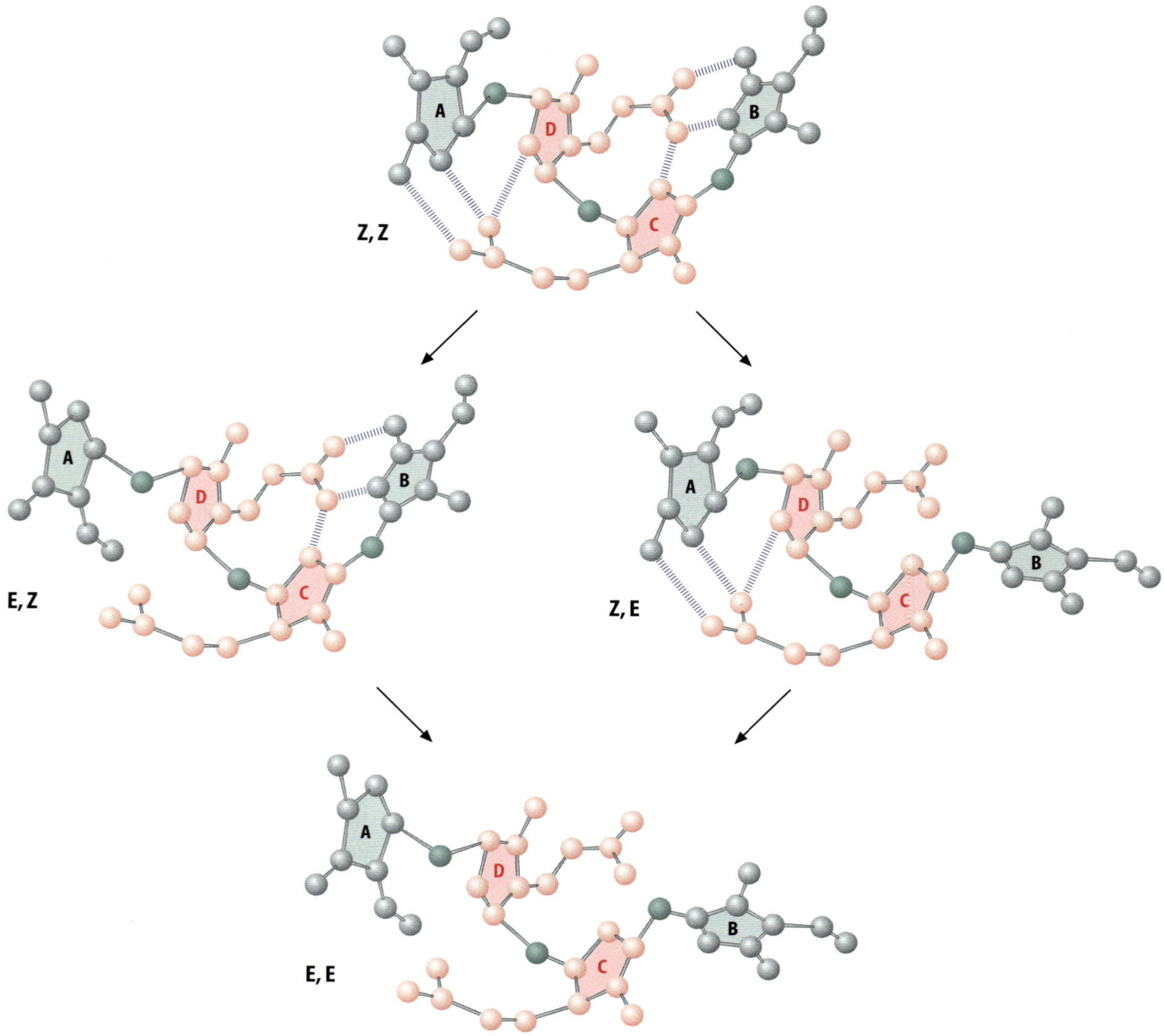

Abb. 20.15. Photoinduzierte Änderung der Konformation des unkonjugierten Bilirubins. Die Ausscheidung unkonjugierten Bilirubins IXa in die Galle wird durch die Bestrahlung mit blauem Licht im Wellenbereich von 400 bis 500 nm erleichtert. Das natürlich vorkommende Z,Z-Isomer ist schwer löslich. Photoisomere dagegen, die durch eine Umstellung von Ring A (zur Bildung des E,Z-Isomers), Ring B (zur Bildung des Z,E-Isomers) oder der Ringe A und B (um das E,E-Isomer zu bilden) entstehen, sind polarer. Deshalb können sie ohne vorherige Konjugation durch den Hepatozyten transportiert und in die Galle ausgeschieden werden. In der Galle bilden sich diese Photoisomere leicht zur Z,Z-Form zurück

20.4 Pathobiochemie: Störungen des Bilirubinstoffwechsels

Ein Ikterus tritt als Folge einer Hyperbilirubinämie auf.

Steigt der Gehalt an Gesamtbilirubin über eine Konzentration von 2–3 mg/100 ml (34–51 µmol/l) Plasma an, so liegt eine Hyperbilirubinämie vor und das Bilirubin tritt in die Gewebe über. Die damit verbundene **Gelbverfärbung der Haut und Skleren** bezeichnet man als Gelbsucht oder **Ikterus**. Eine Gelbsucht kann die Folge

- einer gesteigerten Bildung von Bilirubin sein, die die Ausscheidungskapazität der gesunden Leber übersteigt, oder
- einer Störung der Bilirubinkonjugation bzw. Ausscheidung in der Leber sein oder
- auf einem Verschluss der ableitenden Gallenwege beruhen, der zu einer Unterbrechung des Gallenflusses und damit der Bilirubinausscheidung führt

Je nachdem, welcher Mechanismus der Bilirubinerhöhung zugrunde liegt, wird zwischen **prä-, intra- und posthepatischem Ikterus** unterschieden. Oft gibt es auch Mischformen dieser Gelbsuchtarten. Beim Vorliegen eines Ikterus wird als Erstes untersucht, ob die Bilirubinämie direkter oder indirekter Natur ist. Dadurch können Hämolysen oder gestörte hepatische Konjugationen von hepatobiliären Erkrankungen unterschieden werden.

20.4.1 Erworbene Hyperbilirubinämien

Der erhöhte Abbau von Erythrozyten kann zum Ikterus führen.

Alle Zustände, die mit einem erhöhten Abbau von Erythrozyten (hämolytische Krisen) einhergehen, führen zu einer gesteigerten Bildung der Abbauprodukte des Häms, d. h. der Gallenfarbstoffe. Übersteigt die Bilirubinbildung die Glucuronidierung und anschließende Ausscheidung in die Galle, so kommt es zur Hyperbilirubinämie und damit zum hämolytisch bedingten Ikterus, bei dem das nichtkonjugierte (d. h. an Albumin gebundene) Bilirubin im Plasma erhöht ist (prähepatischer Ikterus).

Schädigung der Hepatozyten beeinträchtigt den Bilirubinexport, Blockade der Gallenwege führt zum Stau.

Medikamente oder Hepatitisviren (► Kap. 10.3) können zu einer Schädigung der Leberparenchymzelle mit Störungen des Bilirubinexports in die Gallenkapillaren (Erhöhung des konjugierten Bilirubins) führen. Oft verursachen dabei die akut entzündlichen Veränderungen auch eine mechanische Beengung intrahepatischer Gallenkapillaren mit nachfolgendem intrahepatischem Gallenstau (intrahepatischer Ikterus).

Bei einer Blockade der ableitenden Gallenwege in bzw. nach der Leber kommt es in den Leberzellen zu einem Stau des Bilirubins, das weiterhin von der arteriellen Seite her aufgenommen und glucuronidiert wird. Durch Rückstau tritt das glucuronidierte Bilirubin in die Interzellulärspalten, die Lymphgefäße und die ableitenden Lebervenen über (posthepatischer Ikterus).

Bei **Neugeborenen** können spezielle Ikterusformen auftreten. Verglichen mit dem Erwachsenen hat jedes Neugeborene eine Hyperbilirubinämie, und etwa 50% aller Neugeborenen sind innerhalb der ersten 5 Lebenstage ikterisch. Normalerweise steigt bei Neugeborenen der Bilirubinspiegel innerhalb der ersten 3 Tage von 1 bis 2 mg/100 ml (17–34 μmol/l) auf 5–6 mg/100 ml (85–102 μmol/l) (vorwiegend an Albumin gebunden) an und fällt dann innerhalb von einer Woche auf Normalwerte ab. Dieser **physiologische Ikterus** ist das Resultat einer erhöhten Produktion (infolge des Abbaus von HbF-haltigen Erythrozyten), die der Reifung der Ausscheidungsmechanismen in der Leber zeitlich vorangeht. Kommt es während dieser Periode jedoch zu einer stärkeren Hämolyse (z. B. bei einer Rh-Inkompatibilität, ► Kap. 29.2.3), so tritt ein **pathologischer Neugeborenenikterus** auf, der bei Nichtbehandlung mit Austauschtransfusionen zur Schädigung bestimmter Hirnkerne (deshalb auch als Kernikterus bezeichnet) führen kann.

Durch photochemische Behandlung kann Bilirubin in ein polareres Derivat überführt werden.

Die **Phototherapie** Neugeborener zur Behandlung der unkonjugierten Hyperbilirubinämie hat sich als sicher und wirkungsvoll erwiesen, wenn die Serumbilirubinkonzentrationen über 5 mg/100 ml liegen. Die Bestrahlung mit blauem Licht einer Wellenlänge von 400 bis 500 nm führt zu einer Photoisomerisierung des Bilirubins und zu einer nachfolgenden Ausscheidung des unkonjugierten Bilirubins in die Galle. Die Konformation der Methinbrücken eines oder beider äußeren Pyrrolringe des Bilirubins IXa (Z,Z, ◻ Abb. 20.15) – des natürlich auftretenden Isomers – schlägt um, was zur Bildung einer Mischung relativ instabiler Isomere führt (Z,E; E,Z; E,E). Diese Photoisomere, die man insgesamt als **Photobilirubin** bezeichnet, können keine intramolekularen Wasserstoffbindungen bilden, wie sie für das Z,Z-Isomer charakteristisch sind. Demzufolge ist Photobilirubin polarer als Bilirubin und kann deshalb leicht in die Galle ausgeschieden werden, ohne dass es dafür mit Glucuronsäure konjugiert werden müsste. Die photochemische Umwandlung des Bilirubins in Photobilirubin durch blaues Licht erfolgt wahrscheinlich direkt in der Haut und in subcutanen Geweben und nicht in der Mikrozirkulation. Während Photoisomere nach Photoaktivierung aus der Haut in das Blut freigesetzt werden, werden sie gleichzeitig durch Bilirubin IXa (Z,Z-Isomer) aus dem Plasma ersetzt, sodass schließlich die Gesamtplasmabilirubinkonzentration abfällt. Der relative Anteil der einzelnen unter der Phototherapie entstehenden Isomere ist zwar nicht bestimmt worden, aber insgesamt machen sie etwa 15% des Gesamtbilirubingehalts bei ikterischen Neugeborenen aus.

Photobilirubin wird an Albumin im Plasma gebunden, in der Leber aufgenommen und ohne Konjugierung in die Gallenwege sezerniert. In der Galle fallen die instabilen geometrischen Isomere wieder in die stabile Bilirubin Xα (Z,Z)-Form zurück, die Wasserstoffbrückenbindungen aufweist, und gelangen dann in den enterohepatischen Kreislauf. Da Photobilirubin sogar bei der niedrigen Intensität des normalen Tageslichts gebildet wird, werden geringe Mengen der Photoisomere wahrscheinlich stets gebildet und von ikterischen Kindern und Patienten mit unkonjugierter Hyperbilirubinämie, wie z. B. bei der Crigler-Erkrankung (► u.), ausgeschieden.

20.4.2 Angeborene Hyperbilirubinämien

Ein genetischer Defekt der UDP-Glucuronyltransferase führt zur Hyperbilirubinämie.

Beim **Morbus Meulengracht** (in Frankreich 1906 von Gilbert beschrieben, deshalb auch als Gilbert-Syndrom bezeichnet) tritt eine vorwiegend unkonjugierte Hyperbilirubinämie (bis 6 mg/100 ml) auf, wobei das Gesamtbilirubin oft erst unter Belastung (Nahrungskarenz, Infekte, Medikamente) ansteigt. Ursachen dieser Hyperbilirubinämie sind bei Europäern Mutationen im Bereich des **Promotoranteils** des UDP-Glucuronyltransferase I-Gens. Es wird geschätzt, dass der Morbus Meulengracht bei 3–10% der Bevölkerung vorkommt. Möglicherweise haben die Betroffenen eine höhere Empfindlichkeit gegenüber bestimmten Medikamenten.

Sind die 5 Exonregionen des Gens von Mutationen betroffen, so liegt das **Crigler-Najjar-Syndrom** vor, das in zwei Formen (I und II) vorkommt:
- Die extrem seltene autosomal-rezessive Form I mit residueller Enzymaktivität von <1% und hochgradiger Hyperbilirubinämie (428–769 µmol/l oder 25–40 mg/100 ml), die therapierefraktär ist, sodass die Kinder an Kernikterus sterben, und
- die autosomal-dominante Form II, die bei einer residuellen Enzymaktivität von <10% mit Plasmabilirubinwerten von 103 bis 428 µmol/l (6–25 mg/100 ml) einhergeht. Während normalerweise mehr als 90% des konjugierten Bilirubins als Diglucuronid ausgeschieden werden, ist das Monoglucuronid beim Crigler-Najjar-Syndrom II das Hauptausscheidungsprodukt. Eine Besserung kann bei dieser Variante durch Phenobarbitalbehandlung erreicht werden, was dafür spricht, dass bei der Form II nur eine partielle Störung des Glucuronidierungssystems vorliegt

Die Analyse des Gens von Patienten hat auch hier eine molekulare Heterogenität (mehr als 50 verschiedene Mutationen) erbracht: so z. B. den Verlust von 13 Basenpaaren (Exon 2), eine Punktmutation, die zum vorzeitigen Kettenabbruch führt (bei Form I) oder verschiedene Aminosäuresubstitutionen bei Form II.

! Genetische Defekte des Bilirubintransportes rufen ebenfalls eine Hyperbilirubinämie hervor.

Beim **Dubin-Johnson**- und **Rotor-Syndrom** liegen Mutationen im MRP2-Gen (▶ Kap. 33.4.1) des Bilirubintransports durch den Hepatozyten vor. Das Dubin-Johnson-Syndrom ist durch eine chronische oder intermittierende Gelbsucht mit einer Erhöhung des konjugierten oder unkonjugierten Bilirubins gekennzeichnet. Charakteristisch sind große Mengen eines gelbbraunen oder schwarzen Pigments in den hepatischen Lysosomen, dessen chemische Zusammensetzung noch nicht geklärt ist. Das Rotor-Syndrom ist durch eine chronische konjugierte Hyperbilirubinämie charakterisiert.

In Kürze

- Beim Abbau von Hämproteinen wird Häm freigesetzt und in Makrophagen zu Bilirubin abgebaut
- Im Blutplasma wird Bilirubin entweder in Bindung an Albumin (unkonjugiertes oder indirektes Bilirubin) transportiert oder in glucuronidierter Form (konjugiertes oder direktes Bilirubin) gelöst
- Bilirubin wird mit der Galle in den Darm ausgeschieden, wo es durch ortsständige Bakterien weiter abgebaut wird
- Ein geringer Prozentsatz dieser Produkte kann in einem enterohepatischen Kreislauf reabsorbiert und wieder über Leber oder Nieren (als Urobilinogen) ausgeschieden werden
- Erhöhungen des Bilirubinspiegels treten bei übermäßigem Abbau von Erythrozyten, Leberfunktionsstörungen oder Galleabflussstörungen aus der Leber in den Darm auf
- Da bei Neugeborenen die Blut-Hirn-Schranke für Bilirubin noch durchlässig ist, können starke Bilirubinerhöhungen bei ihnen zu Hirnschädigungen führen, wenn die Bilirubinerhöhung nicht durch Phototherapie beherrscht wird

Literatur

Albers JW, Fink JK (2004) Porphyric neuropathy. Muscle Nerve 30:410–422

Bosma PJ (2003) Inherited disorders of bilirubin metabolism. J Hepatol 38:107–117

Brasch, L, Zang C, Haverkamp T, Schlechte H, Heckers H, Petrides PE (2004) Molecular analysis of acute intermittent porphyria: mutation screening in 20 patients in Germany reveals 11 novel mutations. Blood Cells, Mol Dis 32:309–314

Burden A, Sellers VM, Wang BC, Wu CK, Dailey HA, Rose JP, (2001) The 2.0 Å structure of human ferrochelatase, the terminal enzyme of heme biosynthesis. Nature Structural Biology 8:154–160

Costa E (2006) Hematologically important mutations: Bilirubin UDP-glucuronyltransferase gene mutations in Gilbert and Crigler-Najjar syndromes. Bloods Cells, Mol Dis 36: 77-80

Gutierrez PP, Widerholt T, Bolsen K Gardlo K, Schnabel C, Steinau G, Lammert F, Bartz C, Kunitz O, Frank J (2005) Diagnostik und Therapie der Porphyrien. Dt.Ärzteblatt 101:A1250–1255

Handschin C, Lin J, Rhee J, Peyer A-K, Chin S, Wu P-H, Meyer UA, Spiegelman BM (2005) Nutritional regulation of hepatic heme biosynthesis and porphyria through PGC-1alpha. Cell 122: 505-515

Kamasiko T, Kobayashi Y, Takeuchi K, Ishihara T, Higuchi K, Tanaka Y, Gabazza EC, Adachi Y (2000) Recent advances in bilirubin metabolism research: the molecular mechanism of hepatocyte transport and its clinical relevance. J Gastroenterol 35:659–664

Kauppinen R (2005) Porphyrias. Lancet 365:241–252

Kiang TK, Ensom MH, Chang TK (2005) UDP-Glucuronyltransferases and clinical drug interactions. Pharmacol Ther 106:97–132

Kraemer D, Scheuerlen M (2002) Morbus Gilbert und Crigler-Najjar-Syndrom Typ I und Typ II beruhen auf Mutationen im selben Genlocus UGT1A1. Med Klinik 97:528–532

Lecha M, Herrero C, Ozalla D (2003) Diagnosis and treatment of the hepatic porphyrias. Dermatologic Therapy 16:65–72

McDonagh AF (2001) Turning green to gold. Nature Structural Biology 8:198–200

Munakata H, Sun JY, Yoshida K, Nakatani T, Honda E, Hayakawa S, Furuyama K, Hayashi N (2004) Role of the Heme Regulatory Motif in the Heme-Mediated Inhibition of Mitochondrial Import of 5-Aminolevulinate Synthase. J. Biochem. 136:233–238

Murphy G (2003) Diagnosis and management of the erythropoietic porphyrias. Dermatologic Therapy 16:57–64

Napler I, Ponka P, Richardson DR (2005) Iron trafficking in the mitochondrium: novel pathways revealed by disease. Blood 105:1867–1874

Ortiz de Montellano PR (2000) The mechanism of heme oxygenase. Current Opinion in Chemical Biology 4:221–227

Petrides PE (1998) Acute intermittent porphyria: mutation analysis and identification of gene carriers in a German kindred by PCR-DGGE analysis. Skin Pharmacol Appl Skin Physiol 11:374–380

Petrides PE, Ganten D, Ruckpaul L (Hrsg.) (2000) Akute intermittierende Porphyrie. In: Handbuch der Molekularen Medizin 6:442–453 Springer-Verlag, Heidelberg, New York

Roche SP, Kobos R (2004) Jaundice in the adult patient. Am Fam Physician 69:299–304

Shoolingin-Jordan PM (1995) Porphobilinogen deaminase and uroporphyrinogen III synthase: structure, molecular biology, and mechanism. J Bioenerg Biomembr. 27:181–95

Zhao W, Kitidis C,. Fleming MD,. Lodish HF, Ghaffari S (2006) Erythropoietin stimulates phosphorylation and activation of GATA-1 via the PI3-kinase/AKT signaling pathway. Blood 107:907–915

Links im Netz

► www.lehrbuch-medizin.de/biochemie

V Stoffwechsel des Organismus: Bedeutung von Nahrungskomponenten

21 Ernährung

Hannelore Daniel, Uwe Wenzel

21.1 Energiebilanz – 632

21.1.1 Grundlagen der Energiebilanz des Körpers – 632

21.1.2 Physiologische Verbrennung der Makronährstoffe – 633

21.1.3 Energieverbrauch und Energiebedarf – 635

21.1.4 Experimentelle Ermittlung des Energieumsatzes – 636

21.2 Der Ernährungszustand – 638

21.3 Veränderungen der Energiebilanz – 639

21.3.1 Ausgeglichene Energiebilanz auf niedrigem Niveau (Kalorienrestriktion) 639

21.3.2 Positive Energiebilanz – 639

21.3.3 Negative Energiebilanz – 640

21.4 Kontrollmechanismen der Nahrungsaufnahme, Energie- und Nährstoffzufuhr – 642

21.5 Die Stoffwechselbedeutung einzelner Nährstoffe und ihre Beteiligung an der Homöostase – 644

21.5.1 Aminosäuren und Proteine – 644

21.5.2 Kohlenhydrate – 646

21.5.3 Lipide – 647

21.5.4 Alkohol – 649

21.5.5 Ballaststoffe – 651

21.6 Besondere Ernährungserfordernisse – 652

21.6.1 Ernährung in speziellen Lebenssituationen – 652

21.6.2 Klinische Ernährung – 652

21.6.3 Alternative Ernährungsformen – 654

Literatur – 654

Einleitung

Ernährung beschreibt die für das Wachstum, die Reproduktion sowie die Aufrechterhaltung aller Körperfunktionen und der Gesundheit notwendige Aufnahme und Verwertung von Nahrung durch den Organismus. Um dies zu gewährleisten, müssen Wasser, Kohlenhydrate, Proteine oder Aminosäuren, Lipide, Vitamine, Mineralstoffe und Spurenelemente mit Lebensmitteln und Getränken zugeführt werden. Aufgrund der im Vergleich zu Vitaminen und Mineralstoffen erforderlichen hohen Zufuhr an Kohlenhydraten, Proteinen und Fetten werden diese als Makronährstoffe oder Hauptnährstoffe bezeichnet. Während Kohlenhydrate und Lipide vor allem als Energielieferanten dienen, können Proteine bzw. Aminosäuren zwar auch energetisch verwertet werden, besitzen jedoch im menschlichen Körper vor allem eine Bedeutung als strukturelle und funktionelle Komponenten. Das Stoffwechselgeschehen ist Ausdruck einer beständigen Anpassung an variable Ernährungsbedingungen und beinhaltet alle Prinzipien der biologischen Regulation. Nicht nur die Aufnahme von Nahrung als solche sowie Menge und Verhältnis der Energie liefernden Makronährstoffe, sondern auch diverse Vitamine und Spurenelemente beeinflussen Genexpression und Biosynthese von Proteinen und deren katalytische oder strukturelle Funktionen. Ernährung umfasst somit die Bedeutung der Nährstoffe als Energieträger, ihre spezifische Rolle für Syntheseleistungen des Organismus und ihre Funktion bei der Kontrolle des Stoffwechselgeschehens.

21.1 Energiebilanz

21.1.1 Grundlagen der Energiebilanz des Körpers

! Im menschlichen Organismus wird Energie für mechanische, chemische, osmotische und elektrische Arbeit benötigt.

Zur Aufrechterhaltung der biologischen Arbeitsleistungen werden bevorzugt Kohlenhydrate und Fettsäuren im Zellstoffwechsel unter ATP-Bildung oxidiert. Teile der über die Nahrung zugeführten Energie werden in Form von **Glycogen** in Leber und Muskel und als Fettsäuren in den **Triacylglycerinen** des Fettgewebes gespeichert. In Phasen der Nahrungskarenz können diese Energiereservoirs genutzt werden. Beim Erwachsenen ist für die Aufrechterhaltung eines konstanten Körpergewichts das Gleichgewicht zwischen Energieaufnahme und Energieverbrauch eine notwendige Voraussetzung. Ist die Energieaufnahme langfristig höher als der Energieverbrauch, so wird die überschüssige Energie in Form von Triacylglycerinen im Fettgewebe gespeichert (▶ Kap. 21.3.2). Dies führt in Abhängigkeit von der Höhe des Energieüberschusses und der Dauer einer positiven Energiebilanz zu **Übergewicht** und **Adipositas** (Fettsucht). Ist die Energieaufnahme langfristig geringer als der Energieverbrauch, so kommt es zum fortschreitenden Gewichtsverlust, der in schweren Fällen zur Protein-Energie-Malnutrition führt (▶ Kap. 21.3.3).

! Die Energiebilanz des Organismus ist die Summe aller Energie verbrauchenden und Energie erzeugenden Reaktionen, die in individuellen Zellen und Organsystemen ablaufen.

Der überwiegende Teil der durch biologische Oxidationsprozesse gewonnenen Energie wird in die Form energiereicher Phosphate überführt. Dies ist neben **Adenosintriphosphat** (ATP) als wichtigstem Energieträger des Zellstoffwechsels vor allem **Kreatinphosphat**, das durch die Kreatinkinase aus ATP und Kreatin gebildet wird und somit eine Speicherform von ATP darstellt. Ein Teil der aus der Substratoxidation hervorgegangenen Energie wird nicht in die Synthese von ATP eingeleitet, sondern in Form von Wärme abgegeben. Dieser Prozess dient vornehmlich der Aufrechterhaltung der Körpertemperatur. Die Umwandlung der in Nahrungsmitteln enthaltenen chemischen Energie in ATP und Wärme wird als Energieumsatz bezeichnet (◘ Abb. 21.1).

Die Wärmeproduktion im Zellstoffwechsel hat eine essentielle, eine obligatorische und eine regulatorische Komponente. Die **essentielle Wärmeproduktion** ist eine Konsequenz des Verbrauchs und der Resynthese von ATP und erfolgt damit innerhalb anaboler und kataboler Zyklen, die u.a. für die Erneuerung von Geweben notwendig sind. Die **obligatorische Wärmeproduktion** resultiert vor allem aus Energie verbrauchenden molekularen Transportprozessen. Einen großen Beitrag zur obligatorischen Wärmeproduktion liefert die in allen Zellen des Säugers vorkommende Na^+/K^+-ATPase. Deren Transportaktivität hält den von extrazellulär nach intrazellulär gerichteten Na^+-Gradienten aufrecht und liefert damit die Voraussetzung für die Erregbarkeit von Nervenzellen oder die zelluläre Aufnahme von Nährstoffen wie Aminosäuren oder Intermediaten, die häufig im Cotransport mit Na^+-Ionen erfolgt (▶ Kap. 32.2.3). Die Aktivität der Na^+/K^+-ATPase ist nach Schätzungen für 20–40% des Ruheumsatzes verantwortlich, d.h. für den Energieverbrauch, der zur Aufrechterhaltung der Vitalfunktionen, wie Körpertemperatur, Kreislauf, Atmung und Ausscheidung benötigt wird. In homöothermen Organismen, wie dem Menschen, stellt die **regulatorische Wärmeproduktion** eine dritte Komponente dar, die der Aufrechterhaltung der Körpertemperatur bei variierenden Umgebungstemperaturen dient. Zittern als Antwort gegenüber einer Kälteexposition bedeutet eine erhebliche Zunahme der Kontraktion der Skelettmuskulatur, die in einem stark gestiegenen ATP-Umsatz und damit der Wärmeproduktion

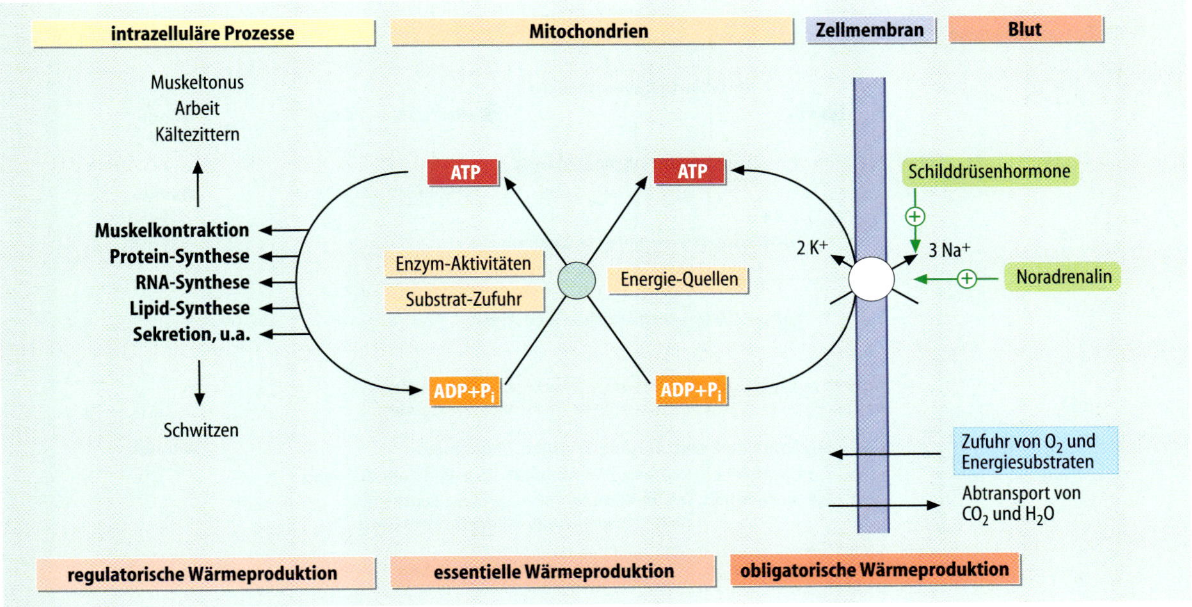

Abb. 21.1. Biochemische Prozesse der Wärmeproduktion. (Einzelheiten ► Text)

einhergeht. Höhere Umgebungstemperaturen führen zur Schweißbildung mit den Folgen der Wärmeabgabe durch erhöhte Evaporation.

Die Wärmeproduktion innerhalb von Zellen wird durch zahlreiche neurale und endokrine Faktoren beeinflusst. So stimulieren z.B. Schilddrüsenhormone die Na^+/K^+-ATPase und zahlreiche Komponenten der mitochondrialen Elektronentransportkette. Sie fördern ebenso den Fett-, Kohlenhydrat- und Proteinmetabolismus und den O_2-Verbrauch und erhöhen damit die Wärmeproduktion (Abb. 21.1).

! Die Maßeinheit für die Energie ist nach Einführung der SI-Einheiten das Kilojoule (kJ).

Die Maßeinheit **Kilojoule** (kJ) hat die früher gebräuchliche **Kilokalorie** (kcal) ersetzt, die in der Praxis aber noch sehr häufig verwendet wird. Zwischen Kalorie und Joule besteht folgende Beziehung:

$$1\,\text{kcal} = 4{,}184\,\text{kJ oder } 1\,\text{kJ} = 0{,}239\,\text{kcal.}$$

21.1.2 Physiologische Verbrennung der Makronährstoffe

! Die Makronährstoffe haben unterschiedliche physiologische Brennwerte.

Der Netto-ATP-Gewinn bei der Oxidation der Makronährstoffe hängt einerseits davon ab, wie viel Energie der Organismus aufwenden muss, um die Energieträger zu metabolisieren, andererseits davon, wie viel Energie in der Substratkettenphosphorylierung und oxidativen Phosphorylierung (► Kap. 15.1) des jeweiligen Nährstoffs gewonnen wird.

Im Vergleich zum physikalischen Brennwert der Nahrung, d.h. der Energie die bei vollständiger Verbrennung im Kalorimeter als Wärme freigesetzt wird, ist der physiologische Brennwert, d.h., die dem Organismus tatsächlich zur Verfügung stehende Energie, geringer. So gehen etwa 5–10% des physikalischen Brennwerts durch unvollständige Verdauung und Resorption der Kohlenhydrate, Lipide und Proteine der Nahrung im Magen-Darm-Trakt verloren. Entsprechend bezeichnet man die in den Körper gelangende Energiemenge als »**verdauliche oder resorbierte Energie**«. Weitere 5–10% der aufgenommenen Energie werden für den Transport, die Speicherung und die biochemischen Umwandlungsprozesse der verschiedenen Nährstoffe benötigt (Abb. 21.2). Ein nicht unerheblicher Teil der physikalischen Energie geht letztlich als Wärme bei der Nährstoffoxidation und dem Umsatz von ATP verloren, während der Rest in Form energiereicher Phosphate konserviert wird (Abb. 21.2). Wird die durch Ausscheidung über Urin und Faeces verlorene Energie berücksichtigt, ergeben sich mittlere **physiologische Brennwerte** von 4, 9 und 4 kcal/g für Kohlenhydrate, Fette und Proteine wenn diese Makronährstoffe über eine gemischte Kost zugeführt werden. Der physiologische Brennwert von Alkohol beträgt etwa 7 kcal/g. Da die Kost in Menge, Art und Zusammensetzung extrem variabel ist und Verdaulichkeit wie Metabolismus auch variabel sind, weichen die realen physiologischen Brennwerte zum Teil beträchtlich von den genannten Mittelwerten ab. Während sich die physiologischen Brennwerte für Kohlenhydrate und Lipide kaum von den physikalischen Brennwerten unterscheiden, ist er im Fall der

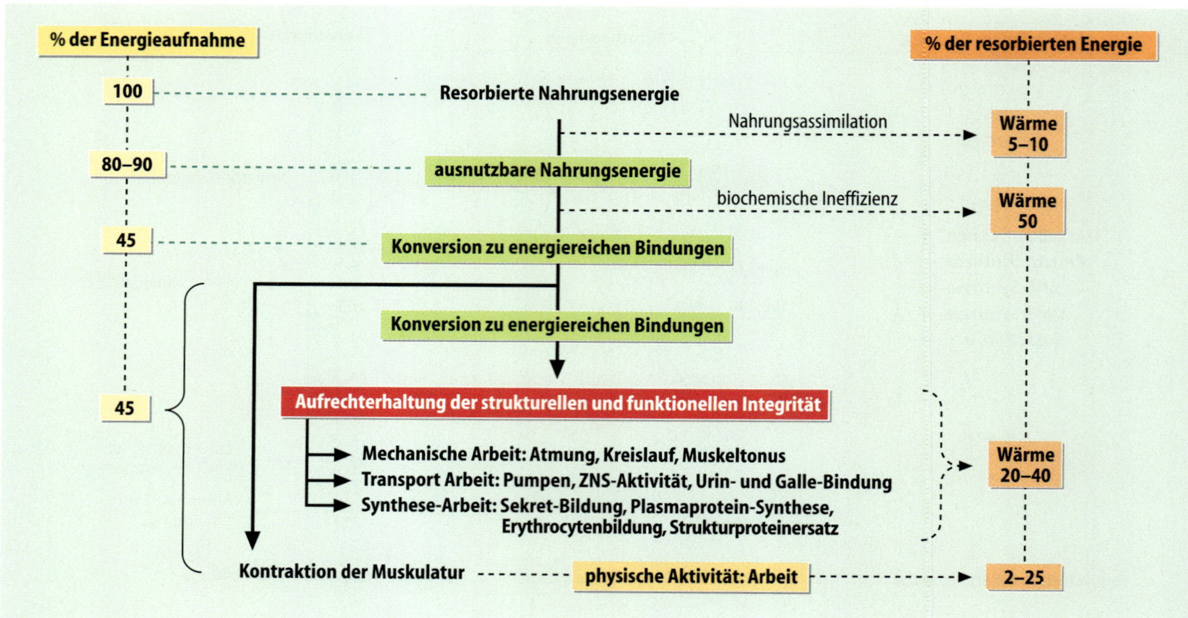

Abb. 21.2. Die Umwandlung absorbierter Nahrungsenergie in Wärme und Arbeit. Ein Teil der mit der Nahrung aufgenommenen Energie wird für Digestionsprozesse verbraucht. Der Rest der Energie wird für die Aufrechterhaltung metabolischer Prozesse verwendet. Wie bei allen Formen der Energieumsetzung geht ein Teil der Energie als Wärme verloren

Proteine um bis zu 1,65 kcal/g niedriger als der physikalische Brennwert. Dies ist darin begründet, dass bei der biologischen Oxidation der Protein-Stickstoff unter Energieverlust in Harnstoff überführt und ausgeschieden werden muss.

! Die Effizienz der Energieausbeute bei der Nährstoffoxidation ist beeinflussbar.

Die Energieausbeute bei der Oxidation der Nährstoffe, d.h. die Effizienz mit welcher der mitochondriale Elektronentransport an die ATP-Synthese gekoppelt wird, kann durch pharmakologische Wirkstoffe wie Dinitrophenol, Koffein, Nikotin und Amphetamine beeinflusst werden. Sie können den transmembranären Protonengradienten der inneren mitochondrialen Membran und damit die treibende Kraft für die ATP-Synthese reduzieren. Die damit einhergehende Verminderung des ATP/ADP-Quotienten führt kompensatorisch zu erhöhtem O_2-Verbrauch bei gleichzeitig gesteigerter Oxidation von $NADH/H^+$ und $FADH_2$. Diese Entkopplung der oxidativen Phosphorylierung bedeutet, dass ein größerer Teil der bei der Oxidation freiwerdenden Energie nicht als chemische Energie konserviert wird, sondern in Wärme umgewandelt wird. In gleicher Weise dient die physiologische Entkopplung bei Säugetieren in kalten Klimaregionen und beim Neugeborenen zur Aufrechterhaltung der Körpertemperatur. Die innere Mitochondrienmembran des braunen Fettgewebes von Neugeborenen enthält dafür größere Mengen des auch *uncoupling protein 1* (UCP1) genannten Proteins **Thermogenin**, das den Rückfluss von Protonen in den mitochondrialen Matrixraum ohne die Erzeugung von ATP erlaubt, sodass das chemiosmotische Potential des Protonengradienten als Wärme verloren geht. Während Erwachsene kaum noch braunes Fettgewebe und damit kaum UCP1 besitzen, kommen seine Varianten UCP2 und UCP3 in vielen Geweben des Menschen vor und unterliegen einer nutritiven Kontrolle ihrer Synthese. Bei Nagern führt eine fettreiche Diät zu verstärkter UCP2-Expression, wodurch in Folge der Energieverbrauch bei erhöhter Energiezufuhr über Wärmebildung reguliert werden kann. Das UCP2 des Menschen wurde auf dem Chromosom 11 lokalisiert. Interessanterweise lassen sich in verschiedenen Spezies die Genloci für UCP-Proteine mit der Entwicklung von Hyperinsulinämie und Adipositas assoziieren. Veränderungen der Funktion oder der Expressionshöhe dieser, die Effizienz der Energieausbeute regulierenden, Faktoren könnten somit die Suszeptibilität zur Entwicklung von Adipositas beeinflussen. Wenngleich Assoziationen zwischen bestimmten Polymorphismen, besonders in der Promotorregion von UCP2, und dem Auftreten von Adipositas belegt werden konnten, ist bislang unklar, welchen Beitrag UCPs für die genetisch bedingte Komponente der Adipositas liefern. Unabhängig davon, ob UCP2 beim Menschen für die Adaptation der ATP-Ausbeute bei der Oxidation der Nährstoffe bedeutsam ist, lässt sich zeigen, dass die Thermogenese und damit der Ruheumsatz an die Energiezufuhr angepasst werden kann. Unterzieht man gesunde Versuchspersonen einer längeren Restriktion der Nahrungszufuhr, so erfolgt neben der Abnahme des Körpergewichts auch eine Reduktion des (auf das Körpergewicht bezogenen) Grundumsatzes, was als Verbesse-

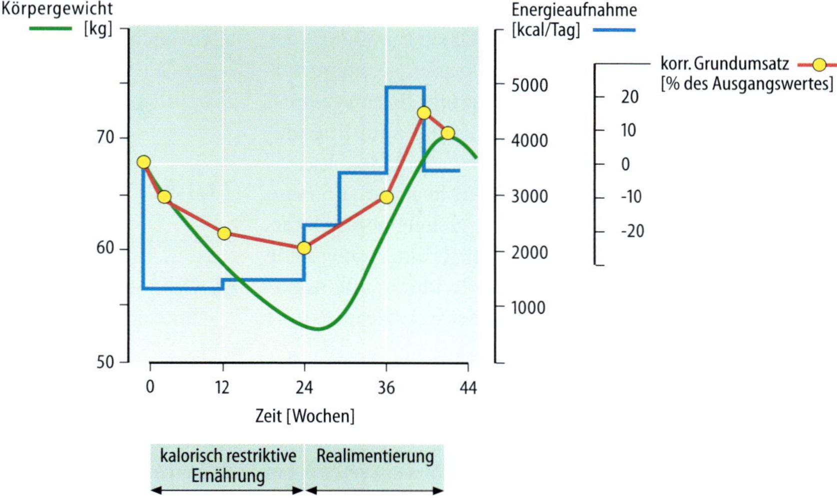

Abb. 21.3. Nahrungsaufnahme, Körpergewicht und Grundumsatz bei kalorisch restriktiver Ernährung und Realimentierung im Langzeitexperiment. Versuchspersonen wurden während der angegebenen Zeiten zuerst kalorisch restriktiv ernährt und anschließend realimentiert. Der adaptative Grundumsatz wurde für Veränderungen in fettfreier Körpermasse und Fettmasse adjustiert. (Einzelheiten ▶ Text)

rung der Effizienz bei der Oxidation von Nahrungsstoffen aufgefasst werden kann. Realimentierung führt umgekehrt zur Zunahme von Körpergewicht und Grundumsatz (Abb. 21.3).

21.1.3 Energieverbrauch und Energiebedarf

! Der Energiebedarf wird durch den Energieverbrauch determiniert.

Der größte Teil des täglichen Energieverbrauchs (metabolische Rate) entsteht durch den **Grundumsatz**, der dazu dient, metabolische Funktionen aufrecht zu erhalten. Zur Abschätzung des Grundumsatzes dienen folgende Näherungen:

- Grundumsatz = 4,2 kJ/kg Körpergewicht × Stunde oder
- Grundumsatz = 1 kcal/kg Köpergewicht × Stunde

Der Grundumsatz ist in der Praxis schwierig exakt zu bestimmen. Es wird daher in der Regel der sog. **Ruheenergieumsatz** bestimmt. Dieser liegt etwa 5–15% über dem Grundumsatz und macht bei einer sitzenden Person etwa 60–75% des täglichen **Gesamtenergieumsatzes** aus. Metabolisch besonders aktive Organe wie Gehirn, Leber, Niere und Herz, die nur 5–6% des Körpergewichts ausmachen, sind für mehr als 50% des Ruheenergieumsatzes verantwortlich (Abb. 21.4). Auf Gramm bezogen ist die metabolische Rate (kcal/g Organmasse) dieser Organe 15–40 mal höher als die des ruhenden Muskels und 50–100 mal höher als die des Fettgewebes. Die Skelettmuskulatur trägt aufgrund ihrer vergleichsweise hohen Masse ebenfalls signifikant zum Ruheenergieumsatz bei. Abb. 21.4 dokumentiert die unterschiedlichen Anteile einzelner Organe am Ruheumsatz der Energie in Abhängigkeit vom Lebensalter.

Zum Gesamtenergiebedarf des Körpers tragen außer dem Ruheenergieumsatz der Erhaltungsbedarf und der Leistungsbedarf bei. Der **Erhaltungsbedarf** entspricht der zusätzlichen Energiemenge, die für Nahrungsaufnahme, Verdauung und Resorption, die Regeneration von Geweben sowie für alltägliche Bewegungsabläufe wie z.B. Aufstehen, Waschen, Anziehen notwendig ist. Der Erhaltungsbedarf ist außerdem von der Umgebungstemperatur abhängig. Ein beachtlicher Teil des Erhaltungsbedarfs wird durch die in Folge der Nahrungsaufnahme ausgelösten Thermogenese verursacht. Diese **postprandiale Thermogenese** entspricht etwa 18–24% der mit Proteinen, 4–7% der mit Kohlenhydraten und 2–4% der mit Fett aufgenommenen Energiemenge. Unter üblichen Ernährungsbedingungen sind 8–15% des täglichen Energieumsatzes auf die postprandiale Thermogenese zurückzuführen.

Der **Leistungsbedarf** entsteht durch körperliche Aktivität oder besondere physiologische Leistungen während

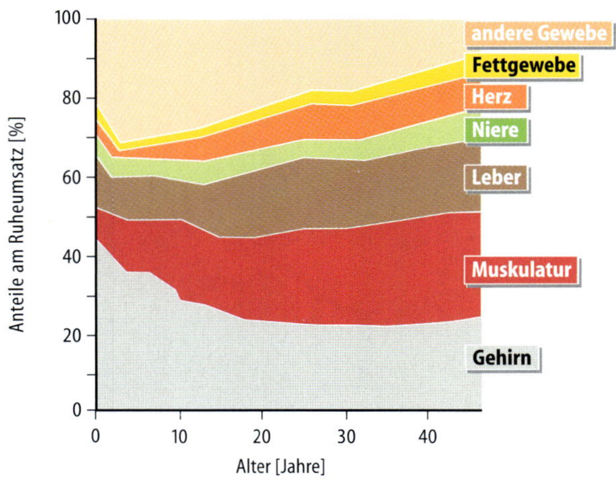

Abb. 21.4. Der Anteil verschiedener Organe am Ruheenergieumsatz in Abhängigkeit vom Alter

Wachstum, Schwangerschaft und Stillzeit. Physische Aktivitäten können je nach Intensität und Dauer für 30-50% des Gesamtenergieumsatzes verantwortlich sein. Spontane motorische Aktivitäten (*non-exercise activity thermogenesis*) tragen mit großer individueller Variabilität zum Energieverbrauch bei. Experimentell lässt sich zeigen, dass Individuen täglich zwischen 200 kcal und 900 kcal nur aufgrund spontaner motorischer Aktivität verbrauchen. Diese Unterschiede sind für die zum Teil beträchtlich unterschiedliche Körpergewichtsentwicklung von Individuen mit annähernd gleicher Konstitution bei gleicher Energieaufnahme verantwortlich.

! Die metabolische Rate wird durch eine Vielzahl neuronaler und hormoneller Faktoren beeinflusst.

Durch Aktivierung des sympathischen Nervensystems bei Stress wird durch die Katecholamine Adrenalin und Noradrenalin der Glycogenabbau gefördert und die Fettsäurefreisetzung stimuliert. Im Zusammenspiel mit anderen Hormonen, wie z.B. den Schilddrüsenhormonen (► Kap. 21.1.1) wird dann die Verwertung von Glucose und Fettsäuren und damit die metabolische Rate erhöht. Insulin und Glucagon beeinflussen die metabolische Rate in antagonistischer Weise. Während Insulin die Glycogensynthese, aber auch die Glycolyse und Glucoseoxidation fördert, führt Glucagon in der Leber zur Glycogenolyse und Gluconeogenese mit erhöhter Abgabe der Glucose ins Blut. Steroide wie Estrogene und Progesteron erhöhen die Speicherung von Triacylglycerinen im Fettgewebe während Testosteron hier antagonistisch wirkt. Die Bedeutung der hormonellen Konstellation für die metabolische Rate wird nach Stress mit einer Erhöhung des Katecholaminspiegels beispielsweise bei Verletzungen, Fieber, Infektionen oder im Hungerstoffwechsel erkennbar. So führt die Steigerung der Körpertemperatur um 1°C zu einer Zunahme der metabolischen Rate um etwa 13%. Bei Infektionen ist insbesondere eine erhöhte zelluläre Aufnahme von Trijodthyronin festzustellen, das im Gegensatz zu den Katecholaminen eine längerfristige Erhöhung der metabolischen Rate bewirken kann. Die meisten Erkrankungen sind mit einem erhöhten Umsatz und somit auch Bedarf an Energie verbunden. Dies beruht vor allem auch auf der vermehrten Bildung von Cytokinen und deren Wirkungen auf das Immunsystem und den Intermediärstoffwechsel (► Kap. 25.5).

21.1.4 Experimentelle Ermittlung des Energieumsatzes

! Der Energieverbrauch wird vorwiegend durch direkte und indirekte Kalorimetrie bestimmt.

Bei der **direkten Kalorimetrie** wird die Wärmeabgabe von Zellen, Geweben oder Gesamtkörpern in geschlossenen Kammern (Kalorimetern) gemessen. Die **indirekte Kalorimetrie** nimmt dagegen den O_2-Verbrauch als Maß der Wärmeproduktion, da dieser in aerob lebenden Organismen nahezu vollständig die Oxidation der Nährstoffe unter O_2-Verbrauch widerspiegelt (■ Abb. 21.5). Am Beispiel der vollständigen Oxidation von Glucose lässt sich ableiten:

- Der Glucoseoxidation liegt folgende Beziehung zugrunde:

$$C_6H_{12}O_6 + 6\,O_2 \rightarrow 6\,CO_2 + 6\,H_2O;\ \Delta G^{0'} = 2898\ \text{kJ}$$

- Pro Mol Glucose werden demnach 6 × 22,4 l (pro g Glucose 0,75 l) Sauerstoff verbraucht und
- Beim Verbrauch von 1 l Sauerstoff wird eine Wärmemenge von = 21,6 kJ (5,1 kcal) freigesetzt (► Oxidationsgleichung für Glucose). Diese beim Verbrauch von 1 l Sauerstoff freigesetzte Energiemenge bezeichnet man als **energetisches Äquivalent** von Sauerstoff für Glucose. Entsprechende Gleichungen bestehen für die Oxidation von Fettsäuren oder Aminosäuren (■ Tabelle 21.1).

Da das energetische Äquivalent von Sauerstoff für die drei wichtigsten Nährstoffe in der Nahrung des Menschen fast gleich ist (■ Tabelle 21.1), verwendet man für die Be-

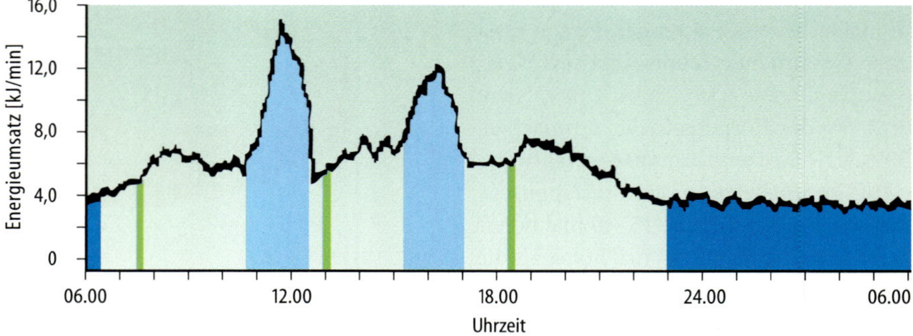

■ **Abb. 21.5. 24-Stunden Registrierung des Energieverbrauchs** bei einem Probanden, der sich in einem indirekten Kalorimeter oder in einer Respirationskammer aufhält. Der Energieverbrauch beträgt 4,2 kJ (1 kcal/min) während des Schlafens (*dunkelblau*) und ist während körperlicher Aktivität (*hellblau*) und nach Mahlzeiten (*grün*) erhöht

Tabelle 21.1. Respiratorischer Quotient und energetisches Äquivalent für Sauerstoff für die einzelnen Nährstoffe. *RQ* respiratorischer Quotient

Nährstoff	Beispiel	Gleichung	RQ	Freigesetzte Wärme (kJ/g bzw. kcal/g)		Energetisches Äquivalent (kJ bzw. kcal/l O_2)	
Kohlenhydrat	Glucose	$C_6H_{12}O_6 + 6\,O_2 \rightarrow 6\,CO_2 + 6\,H_2O$	6/6 = 1,00	16,8	4,0	21,0	5,0
Fett	Triolein	$C_{57}H_{104}O_6 + 80\,O_2 \rightarrow 57\,CO_2 + 52\,H_2O$	57/80 = 0,71	39,7	9,46	19,7	4,7
Protein	Alanin	$2\,C_3H_7O_2N + 6\,O_2 \rightarrow (NH_2)_2CO + 5\,CO_2 + 5\,H_2O$	5/6 = 0,83	18,1	4,32	19,3	4,6

rechnung des Energieumsatzes aus dem Sauerstoffverbrauch einen Durchschnittswert von 20 kJ (4,8 kcal)/l O_2. Beträgt der Sauerstoffverbrauch in Ruhe z.B. 250 ml/min, so errechnet sich der Grundumsatz pro 24 Stunden wie folgt:

$$0{,}250 \times 60 \times 24 \times 20 = 7200\ \text{kJ}\ (1721\ \text{kcal})$$

Aufgrund des unterschiedlichen Gehalts an Kohlenstoff, Wasserstoff und Sauerstoff in den einzelnen Nährstoffen ergeben sich im Verhältnis von gebildeten Mol CO_2 pro Mol an verbrauchtem O_2 bei der Verbrennung unterschiedliche **respiratorische Quotienten** (V_{CO2}/V_{O2}). Diese betragen 1,00 für Kohlenhydrate, 0,80 für Proteine und 0,71 für Fette. Für Alkohol beträgt der respiratorische Quotient 0,67. Anhand des experimentell ermittelten respiratorischen Quotienten lässt sich somit auch auf den primär oxidierten Nährstoff schließen. Für eine Mischkost beträgt der respiratorische Quotient etwa 0,85.

Eine andere indirekte Methode zur Bestimmung des Energieverbrauchs, **die Isotopendilutionsmethode**, bedient sich der Isotope ^2H und ^{18}O in doppelt markiertem Wasser. Der Vorteil dieser Technik besteht darin, dass sie bei normal lebenden Menschen den Energieverbrauch über 10–14 Tage erfassen kann. Während das Isotop ^2H den Organismus als Wasser verlässt, verteilt sich ^{18}O auf Wasser und CO_2. Die Bildung von CO_2 und damit der Einbau von ^{18}O in CO_2 wird dabei durch die Carboanhydrasereaktion katalysiert. Durch Bestimmung der Isotopverteilung im Wasseranteil der Körperflüssigkeiten kann der Energieverbrauch anhand der Differenzen der Verlustraten ermittelt werden (Abb. 21.6). Nach Bestimmung der Größe des Körperwasserpools mit derselben Methode kann man bei Kenntnis der Zusammensetzung der Kost oder unter Annahme eines mittleren respiratorischen Quotienten von 0,85 aus der ermittelten CO_2-Produktion den Sauerstoffverbrauch und daraus den Gesamtenergieumsatz berechnen.

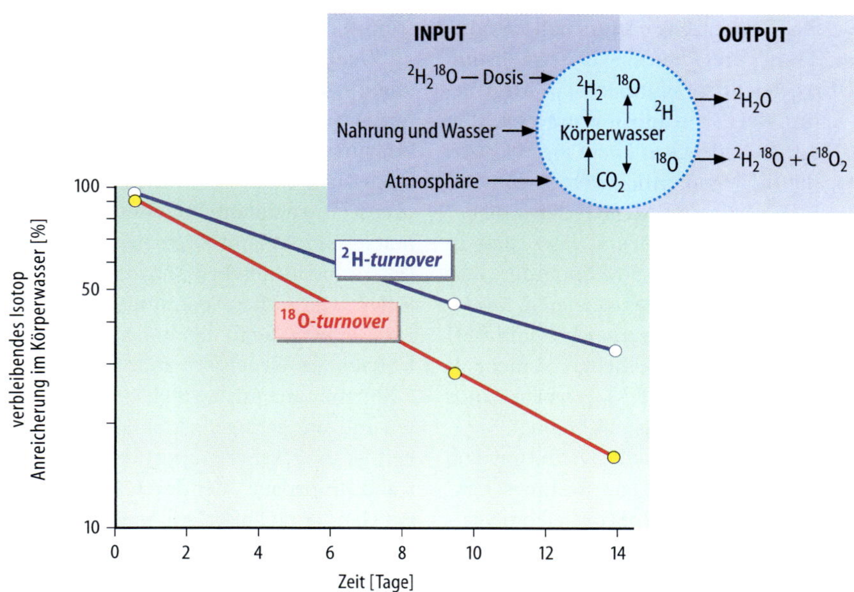

Abb. 21.6. Prinzip der Isotopendilutionsmethode. Doppelt markiertes Wasser $^2H_2{}^{18}O$ markiert den Wasserpool und wird mit der Atemluft als CO_2 abgeatmet. Aus den unterschiedlichen Verlustraten von ^2H und ^{18}O im Körperwasser lässt sich berechnen, wie viel CO_2 aus der Nährstoffverbrennung gebildet bzw. wie viel O_2 verbraucht wurde und damit auf den Energieverbrauch schließen

In Kürze

Von der mit der Nahrung zugeführten Energie
- werden etwa 40% in chemische Energie in Form von ATP umgewandelt
- der Rest dient der Wärmeproduktion oder Thermogenese

Die Thermogenese wird eingeteilt in
- essentielle
- regulatorische und
- obligate Thermogenese

Die einzelnen Nährstoffe sind
als Energiequellen bis zu einem gewissen Grad austauschbar, bei gleichzeitigem Angebot von Glucose und Fettsäuren in der Nahrung hat die Glucose unter dem Einfluss von Insulin Vorrang bei der Oxidation.

Der Energiegehalt der Makronährstoffe lässt sich durch zwei Parameter ausdrücken:
- den physikalischen Brennwert, ein Maß der außerhalb des Körpers bei vollständiger Verbrennung des Nährstoffs freiwerdenden Energie
- den physiologischen Brennwert, ein Maß der innerhalb des Körpers bei der Verbrennung des Nährstoffs freiwerdenden Energie

Der Energieumsatz des Menschen setzt sich zusammen aus:
- Grundumsatz, durch den im Ruhezustand lebensnotwendige Funktionen aufrechterhalten werden
- Erhaltungsbedarf, durch den Verdauung, Regeneration und alltägliche Bewegungsabläufe ermöglicht werden
- Leistungsbedarf, der alle über den Ruheumsatz und Erhaltungsbedarf hinausgehenden Aktivitäten ermöglicht

21.2 Der Ernährungszustand

Der Ernährungszustand eines Individuums lässt sich anhand des Körpergewichtes und der Mengenverteilung von Körperfett und Muskelmasse beschreiben.

Einkompartiment-Modell: Das Einkompartiment-Modell bedient sich des **Körpergewichts**, als einfachstem Parameter zur Erfassung des Ernährungszustands. Da das Körpergewicht auch von der Körpergröße bestimmt wird, verwendet man das relative Körpergewicht, d.h. die Körpermasse in Bezug zur Körpergröße, den **Body-Mass-Index** (BMI = Körpergewicht/Körpergröße^2 [kg/m^2]. Der Normalbereich liegt für Männer und Frauen zwischen 18,5 und 24,9 kg/m^2. Von **Übergewicht** spricht man bei BMI-Werten von 25,0–29,9 kg/m^2. Bei der **Adipositas** unterscheidet man anhand des BMI drei Grade: Grad I liegt vor bei BMI-Werten von 30–34,9 kg/m^2, Grad II bei Werten von 35–39,9 kg/m^2 und Grad III bei einem BMI-Wert über 40 kg/m^2. Basierend auf dieser Klassifizierung lässt sich in Deutschland Übergewicht bei etwa 40–50% und Adipositas bei etwa 16–20% der Erwachsenen diagnostizieren. Moderate Tag zu Tag Schwankungen in Körpergewicht und BMI sind normal. Änderungen des Körpergewichts von mehr als 500 g pro Tag sind neben Änderungen des Gewebebestands meist durch Alterationen des Wassergehalts bedingt.

Zweikompartiment-Modell: Für die Definition von Fettsucht oder auch für die Beurteilung von Trainingseffekten im Leistungssport ist es notwendig, das Zweikompartiment-Modell anzuwenden, das den Körper in die Kompartimente **Körperfett** und **fettfreie Masse** (Magermasse) unterteilt. Das Körperfett kann nochmals in Struktur- und Depotfett unterteilt werden. **Strukturfett** bildet z.B. die Auskleidung der Augenhöhlen oder des Nierenlagers. Seine Masse beträgt etwa 5 kg und ist weitgehend unabhängig vom Ernährungszustand. Das **Depotfett** liegt im Unterhautfettgewebe und im Bauchraum, seine Masse beträgt beim Mann >15 kg und bei der Frau >20 kg.

Da etwa 70% des Körperfetts subkutan gespeichert ist, kann durch Bestimmung der Hautfaltendicke an charakteristischen Messpunkten (Biceps, Triceps, subscapular, suprailiacal, am Abdomen, am Oberschenkel) und mit Hilfe empirisch ermittelter Faktoren auf den Körperfettgehalt geschlossen werden. Aus diesem wird nach Bestimmung des Körpergewichts die fettfreie Körpermasse berechnet. Die fettfreie Masse hat den größten Energieumsatz und bestimmt den Energiebedarf des Menschen.

Dreikompartiment-Modell: Dieses Modell unterscheidet die Kompartimente Fett und fettfreie Körpermasse und unterteilt diese nochmals in **Zellmasse** und **Extrazellulärmasse**. Heute dient die **Bioelektrische Impedanzanalyse** (BIA), eine nichtinvasive Methode, der Messung der drei Kompartimente Gesamtkörperfett, fettfreie Körpermasse und Gesamtkörpermasse. Die BIA basiert auf der unterschiedlichen Leitfähigkeit der Gewebe bei einer angelegten elektrischen Spannung. In fettfreiem Gewebe ist die Leitfähigkeit durch den hohen Anteil an Wasser und Elektrolyten im Gegensatz zum Fettgewebe höher, während Zellmembranen sich wie elektrische Kondensatoren verhalten und eine geringe Leitfähigkeit aufweisen. Die Leitfähigkeit ist umgekehrt proportional zum elektrischen Widerstand (Impedanz), der durch Anlegen von zwei Elektroden am Hand- und Fußgelenk gemessen wird und aus dem mittels empirischer Formeln die Fettmasse, die fettfreie Masse und das Gesamtwasser berechnet werden können.

In Kürze

Die Verwendung von Kompartimentmodellen ermöglicht die Beurteilung des Ernährungszustands.
- Beim Einkompartiment-Modell wird das Körpergewicht zugrunde gelegt. Der *body mass index* BMI ermöglicht eine sichere Beurteilung des Ernährungszustands
- Beim Zweikompartiment-Modell wird zwischen fettfreier Masse und Körperfett unterschieden
- Das Dreikompartiment-Modell unterteilt die fettfreie Masse in Zellmasse und extrazelluläre Masse

21.3 Veränderungen der Energiebilanz

21.3.1 Ausgeglichene Energiebilanz auf niedrigem Niveau (Kalorienrestriktion)

! Eine kalorisch restriktive Ernährung bei sonst ausreichender Zufuhr aller essentiellen Nährstoffe verlängert die Lebensspanne nahezu aller Spezies.

Eine Reduktion der normal zugeführten Energiemenge um 30% zeigt ausgeprägte Effekte auf die Verlangsamung von Alterungsprozessen. Vor allem bei Nagern zeigten sich unter kalorisch restriktiver Ernährung Besserungen der altersbedingten Fehlregulation des Blutglucosespiegels sowie positive Wirkungen auf Aktivitäten antioxidativer Enzymsysteme, Reparaturmechanismen der DNA, Immunfunktionen, Lernfähigkeit, sowie Proteinsynthese und Erhalt der Muskelmasse. Gleichzeitig zeigte sich eine verminderte Oxidation langlebiger Proteine, eine reduzierte Bildung freier Radikale in Mitochondrien, sowie eine Reduktion oxidativer Gewebeschädigungen. Bei ausreichender Zufuhr aller essentiellen Nährstoffe, zeigte sich ein deutlich verzögertes Auftreten typischer Krankheiten reiferen Alters, wie Autoimmunerkrankungen, Krebs, grauer Star, Diabetes, Hypertonie oder Nierenversagen. Auch bei Rhesusaffen war die langfristige Kalorienrestriktion mit signifikant erniedrigten Spiegeln oxidativ veränderter Proteine und einer Verbesserung der Insulinsensitivität assoziiert. Zwei 1989 und 1994 begonnene Studien an Rhesusaffen sollen prüfen, inwieweit auch die maximale Lebensspanne der Primaten durch kalorisch restriktive Kost erhöht werden kann. Mit ersten Ergebnissen dazu wird ca. 2020 gerechnet.

! Sirtuine vermitteln die Effekte einer Kalorienrestriktion auf Alterungsprozesse.

Als gemeinsames Bindeglied in der Regulation von Alterungsprozessen wurden in Organismen wie Saccharomyces cerevisiae und Drosophila die **Sirtuine** (*silent information regulators*) identifiziert. In der Hefe wird SIR2 und in der Nematode C. elegans SIR2.1 für die alterungsverzögernden Wirkungen einer Kalorienrestriktion verantwortlich gemacht. Das Säugetier-Ortholog SIRT1 reprimiert u.a. im Fettgewebe die durch PPAR-γ vermittelte Transaktivierung von Genen, deren Produkte beispielsweise an der Fettsäurebiosynthese beteiligt sind (▶ Kap. 21.5.3). Angesichts der Tatsache, dass die Fettgewebsmasse negativ mit der Lebensspanne und positiv mit dem Auftreten von Insulinresistenz und Arteriosklerose in verschiedenen Säugetierspezies korreliert, kann vermutet werden, dass den Sirtuinen auch beim Menschen entsprechende Wirkungen in der Verzögerung von Alterungsprozessen zugeschrieben werden können. Sirtuine sind NAD^+-abhängige Histon-Deacetylasen, die dann aktiviert werden, wenn die Substratoxidation niedrig und damit der NAD^+/NADH-Quotient hoch ist. Ihre Aktivierung führt u.a. zu verminderter Acetylierung von Histonen und zur Hemmung der Transkription von Genen wie z.B. dem Apoptose-induzierenden p53-Gen. SIRT1 hemmt in Herzmuskelzellen die p53-vermittelte Apoptose und seine Expression in Myozyten und Gehirn könnte mit der Regulation der Zellmasse, die besonders in diesen Organen durch Stress-induzierte Apoptose altersabhängig abnimmt, in Zusammenhang stehen.

21.3.2 Positive Energiebilanz

! Übergewicht und Adipositas sind die Folgen einer langfristig positiven Energiebilanz.

Bereits eine Nahrungsaufnahme, die über längere Zeit um 1–2% über dem Energieverbrauch liegt, führt mit der Zeit zu einer nennenswerten Gewichtszunahme. An der Entwicklung von Übergewicht und Adipositas sind genetische Faktoren maßgeblich beteiligt. Dies lässt sich anhand von Zwillingsexperimenten, Familienuntersuchungen und Adoptionsstudien gut belegen. Nur etwa 33% der Variabilität des BMI lässt sich nicht-genetischen Faktoren zuschreiben. Insbesondere für die intraabdominelle Ansammlung von Fettgewebe wird eine sehr starke genetische Prädisposition angenommen. Allerdings sind die beteiligten Gene noch nicht identifiziert. Auch wenn der Mensch offenbar eine multi-genetische Prädisposition für Adipositas besitzt, kann sich diese nur in einer Ernährungsumwelt mit einem Überangebot an Nahrungsenergie bei gleichzeitig niedriger körperlicher Aktivitätsrate auswirken.

Nur in sehr seltenen Fällen ist die Adipositas als monogene Erkrankung zu diagnostizieren. So sind bisher nur wenige Menschen als homozygote Träger von Mutationen im **Leptingen,** im **Leptinrezeptor-Gen** (▶ Kap. 16.1.3), oder im **Melanocortin-4-Rezeptor-Gen** identifiziert wor-

wendige Energie gewinnt sie aus der Oxidation von Fettsäuren und Ketonkörpern.

Eine länger andauernde Nahrungskarenz ist mit markanten Änderungen der Metabolitflüsse verbunden und führt zur:

- Fähigkeit des Gehirns zur Ketonkörperverwertung
- Verminderung der Glucoseoxidation und vermehrter Utilisation von Fettsäuren
- Verminderung der Proteolyse und insgesamt reduzierter Stickstoffausscheidung
- Reduktion der Harnstoffbiosynthese und vermehrter renaler Ammoniakausscheidung

21.4 Kontrollmechanismen der Nahrungsaufnahme, Energie- und Nährstoffzufuhr

! Vielfältige neuronale und humorale Faktoren regulieren die Nahrungsaufnahme.

Die Kontrolle der Nahrungsaufnahme über Hunger- und Sättigungswahrnehmungen wird über eine Vielzahl von Faktoren gesteuert, die nicht nur den Energiestatus des Organismus abbilden, sondern ebenso seine Versorgung mit einzelnen Nährstoffgruppen. Die Kalorienzufuhr durch die Nahrung wird dem Energieverbrauch angepasst und zum Erhalt der Energiehomöostase über mehrere sensorische Systeme erfasst und reguliert. Als zentrales Steuerungselement dient das Gehirn, wo alle Informationen über den Ernährungszustand integriert werden und eine koordinierte Antwort auf die eingehenden Signale erfolgt. **Afferente Signale** können neuronaler oder humoraler Art sein, während **efferente Signale** des Gehirns zu einer motorischen Steigerung der Aktivität zur Nahrungsaufnahme führen.

! Sensorische Wahrnehmungen wie Geruch, Geschmack und Aussehen der Nahrung haben unmittelbare Wirkung auf die Nahrungsaufnahme.

Afferente Signale mit unmittelbarer Wirkung auf die Nahrungsaufnahme sind z.B. die sensorischen Wahrnehmungen wie Geruch, Geschmack und Aussehen der Nahrung, sowie die präabsorptiven und postprandialen Signale, die durch Verdauung, Absorption und Metabolismus der Nährstoffe erzeugt werden (Tab. 21.3). Dem Gastrointestinaltrakt kommt dabei die Rolle des multiplen Sensorsystems zu. So wird z.B. die Menge der aufgenommenen Nahrung über Dehnungsrezeptoren im Magen registriert und die Zusammensetzung der Nahrung durch ein Spektrum gastrointestinaler Peptide erfasst, die über Nahrungsbestandteile im Darmlumen spezifisch freigesetzt und ins Blut abgegeben werden. Die Sekretion von **Cholecystokinin** wird u.a. durch Produkte der Protein- und Fettverdauung ausgelöst und verursacht durch Aktivierung vagaler afferenter Nerven im Gehirn Signale, die zu einer Reduktion der Nahrungszufuhr führen. **Ghrelin** ist ein erst kürzlich entdecktes Peptidhormon, das beim Fasten und vor der Nahrungsaufnahme verstärkt vom Fundus des Magens sezerniert wird und die Nahrungsaufnahme zu initiieren scheint (Abb. 21.9, ► Kap. 27.7.1, 32.1.6). Neben den neuronalen und humoralen afferenten Signalen werden auch von den in die Blutbahn resorbierten Nährstoffen selbst Informationen ans Gehirn vermittelt, die Nahrungszufuhr und Appetit reduzieren.

! Auch das Fettgewebe ist beteiligt an der langfristigen Regulation der Nahrungsaufnahme.

Afferente Signale, die der Langzeitregulation, der Energiehomöostase und der Kalorienzufuhr dienen, gehen beispielsweise von den Energiespeichern des Organismus, also hauptsächlich vom Fettgewebe aus. Mit der Entdeckung des Peptidhormons **Leptin** (► Kap. 16.1.3) gelang es einen maßgeblichen Faktor zu identifizieren, der das Gehirn über die Größe der vorhandenen Fettgewebsspeicher und damit Energiereservoirs informiert. Seine Bildung ist unmittelbar abhängig von der Fettsäuresynthese bzw. den Wirkungen des Insulins. Leptin reduziert nicht nur die Nahrungsaufnahme nach Bindung an **Leptinrezeptoren** im Gehirn, sondern erhöht über periphere Rezeptoren auch den Ener-

Tabelle 21.3. Afferente Signale mit Beteiligung an der Kontrolle der Nahrungsaufnahme

Sensorisch	Aussehen
	Geruch
	Geschmack
Gastrointestinal	Cholecystokinin
	Bombesin
	gastric-insulinotropic peptide (GIP)
	Enterostatin
	Ghrelin
Metabolisch	Glucose
	Aminosäuren
	Fettsäuren
	Ketonkörper
	Insulin
	Glucagon
	Leptin

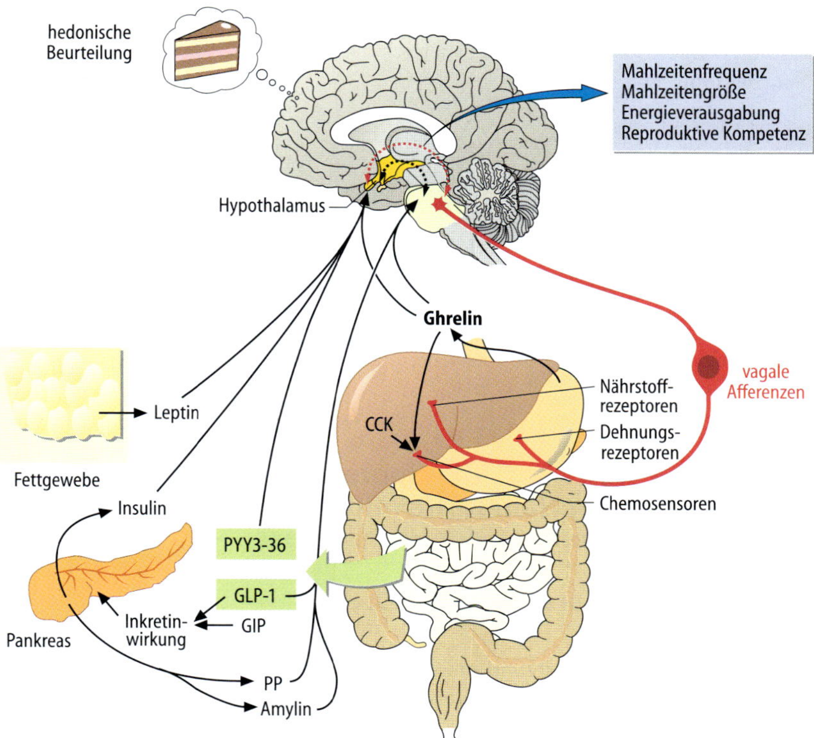

Abb. 21.9. Das Gehirn als Sensor und Signalgeber für die Kontrolle der langfristigen Energiebilanz. Neben der Erfassung der Größe der Energiespeicher vor allem des Fettgewebes (u.a. durch Leptin) werden durch die Nahrungsaufnahme zahlreiche gastrointestinale Peptidhormone (Grehlin, Cholecystokinin (CCK), *glucagon like peptide-1* (GLP-1), Gastroinhibitorisches Peptid (GIP), Peptid YY (PYY) freigesetzt, die zusammen mit Insulin dem Gehirn den Ernährungsstatus vermitteln. Nach Integration vor allem in hypothalamischen Zentren erfolgt die Steuerung der Nahrungsaufnahme und des Energieverbrauchs. Die Größe der Energiereservoirs (Fettgewebe) ist auch für die reproduktive Kompetenz des Organismus von Bedeutung

gieumsatz, trägt also bei Zunahme der Fettgewebsmasse zu deren Reduktion durch erhöhten Energieverbrauch bei. So war es nahe liegend zu vermuten, dass bei der Adipositas ursächlich eine Fehlregulation in der Bildung des Leptins oder auf Ebene seiner Interaktion mit Leptinrezeptoren vorliegt. Heute wird davon ausgegangen, dass die bei Adipositas fast proportional zur Fettmasse erhöhten zirkulierenden Leptinspiegel zu einer chronischen peripheren Desensibilisierung des Rezeptorwegs (ähnlich zur peripheren Insulinresistenz) führen sowie mit einer unzureichenden Aufnahme von Leptin ins Gehirn assoziiert sind.

! Die Steuerung der Nahrungsaufnahme erfolgt vom Hypothalamus aus.

Innerhalb des ventromedialen Bereichs stellt der **paraventrikuläre Nukleus** die Region dar, welche Sättigungssignale integriert, während im **lateralen Hypothalamus** die Region lokalisiert ist, die die Stimulation der Nahrungsaufnahme auslöst. Vor allem tierexperimentelle Studien haben eine Vielzahl von Neuromodulatoren identifiziert, die veränderte Aktivitäten in diesen Hirnregionen herbeiführen und somit die Nahrungsaufnahme beeinflussen (Tabelle 21.4). Die vom Gehirn ausgehenden Signale auf die Nahrungsaufnahme werden durch das sympathische und parasympathische Nervensystem geleitet. Während das sympathische Nervensystem die Nahrungsaufnahme inhibierend beeinflusst, wird sie durch den Parasympathikus stimuliert. Appetitzügler wie die Amphetamine wirken beispielsweise durch Stimulation des Sympathikus. Die Komplexizität der

Tabelle 21.4. Neuromodulatoren der Nahrungsaufnahme

Neuromodulatoren mit hemmender Wirkung auf die Nahrungsaufnahme	
Neurotransmitter	**Peptidhormone**
Serotonin	Neurotensin
Dopamin	Cholecystokinin
Noradrenalin	Somatostatin
Adrenalin	Enterostatin
GABA	Anorectin
	Bombesin
	Glucagon
	Calcitonin
	Arginin-Vasopressin
	CRH
Neuromodulatoren mit stimulierender Wirkung auf die Nahrungsaufnahme (nach Injektion in das Gehirn von gesättigten Tieren)	
Neurotransmitter	**Peptidhormone**
Serotonin	Grehlin
GH-RH	Opioide, β-Endorphin,
GABA	Galanin
Noradrenalin	Neuropeptid Y
	Peptid YY
	pancreatic polypeptide

21

Kontrollmechanismen der Nahrungsaufnahme stellt einen besonders interessanten Forschungsbereich der modernen Neurowissenschaften dar.

In Kürze

Die Nahrungsaufnahme wird reguliert durch
- Sensorische Wahrnehmungen wie Geruch und Geschmack der Nahrungsstoffe
- dem Fettgewebshormon Leptin
- aus dem Gastrointestinaltrakt stammenden Hormonen, v.a. Cholecystokinin und Ghrelin
- sowie einer großen Zahl von Neuromodulatoren

21.5 Die Stoffwechselbedeutung einzelner Nährstoffe und ihre Beteiligung an der Homöostase

21.5.1 Aminosäuren und Proteine

! Die Aminosäuren der Nahrungsproteine dienen der Biosynthese von Körperproteinen und als Energiesubstrate für die Oxidation.

Primär dienen die Aminosäuren der Nahrungsproteine als Bauelemente für die Biosynthese der Körperproteine und in Form ihrer Kohlenstoffgerüste als Energiesubstrate für die Oxidation. Die **glucogenen Aminosäuren** tragen auch zur Aufrechterhaltung des Glucosespiegels bei. Darüber hinaus sind die Aminosäuren die dominanten Nahrungsquellen von Stickstoff und organischem Schwefel für eine Vielzahl spezifischer Synthesen im Intermediärstoffwechsel (Purine, Pyrimidine, Porphyrine, sulfatierte Proteine u.a.). Der tägliche Umsatz von Aminosäuren im Rahmen der Proteinsynthese und -degradation überwiegt mit etwa 37 mmol/kg Körpergewicht (4,4 g/kg Körpergewicht) pro Tag den der Lipide um 30% und den der Kohlenhydrate um 40%. Am Energiegewinn aus der Substratoxidation partizipieren die Aminosäuren jedoch – abhängig von der Stoffwechsellage – nur mit etwa 15 bis 20%.

! Bei ausgeglichener Stickstoff-Bilanz ersetzt das über die Nahrung zugeführte Protein den Stickstoff-Verlust des Körpers.

Die beständige Synthese der körpereigenen Proteine erfordert die Verfügbarkeit aller Aminosäuren, vor allem aber der **essentiellen Aminosäuren** (► Kap. 13.4). Der zelluläre Pool an Aminosäuren für die Proteinbiosynthese wird dabei einerseits aus dem endogenen Proteinabbau, andererseits durch die alimentär zugeführten Proteine gespeist. Die Bilanz zwischen Proteinabbau- und Proteinbiosyntheserate wird durch eine Vielzahl anabol und katabol wirkender Hormone determiniert und kann somit an unterschiedliche Stoffwechsel- und Versorgungsstadien angepasst werden.

Für eine ausgeglichene Proteinbilanz ist sowohl der Ersatz derjenigen Proteinmenge notwendig, die abgebaut und nach Oxidation der Aminosäuren meist als Harnstoff renal eliminiert wird, als auch eine hinreichende Energiezufuhr um die Verwendung von Aminosäuren für die Energiegewinnung zu unterdrücken. Der tägliche Proteinumsatz eines stoffwechselgesunden 70 kg schweren Erwachsenen beträgt etwa 300 g pro Tag und überschreitet damit mehr als 10-fach den minimalen Proteinbedarf von 0,376 g/kg Körpergewicht und Tag, d.h., von etwa 26 g. Die Proteinsyntheserate ist beim Säugling am höchsten und sinkt mit zunehmendem Alter; entsprechend sinkt auch der Bedarf an Nahrungsprotein und an essentiellen Aminosäuren. Bei einer mittleren täglichen Proteinzufuhr mit der Nahrung von etwa 100 g in Deutschland wird heute der Proteinbedarf mehrfach überschritten. Die Nahrungsproteine unterscheiden sich im Gehalt von nicht-essentiellen und essentiellen Aminosäuren zum Teil beträchtlich und können damit nicht in gleicher und idealer Weise für die Proteinbiosynthese beim Menschen genutzt werden. Die Qualität eines Nahrungsproteins für eine optimale endogene Proteinsyntheserate wird als **biologische Wertigkeit** bezeichnet. Sie beschreibt in welchem Maße das resorbierte Nahrungsprotein im Körper retiniert werden kann. Meist ist die biologische Wertigkeit pflanzlicher Proteinquellen geringer als die tierischer Produkte. Als Bezugsgröße wird aus historischen Gründen das Volleiprotein mit einer biologischen Wertigkeit von 100 verwendet. Basierend auf Bilanzstudien am Gesunden kann die biologische Wertigkeit verschiedener Proteinquellen ermittelt und verglichen werden (Tabelle 21.5). Die Kombination unterschiedlichster Proteinquellen – was bei moderner Ernährungsweise die Regel ist – sichert eine hohe biologische Wertigkeit, sodass die Proteinversorgung in industrialisierten Ländern heute weder quantitativ noch qualitativ ein Problem darstellt.

Tabelle 21.5. Die biologische Wertigkeit (B.W.) verschiedener Proteinkombinationen

Prozentuales Mengenverhältnis (N-Prozente)		B.W.
36 % Vollei	plus 64 % Kartoffel	136
70 % Lactalbumin	plus 30 % Kartoffel	134
75 % Milch	plus 25 % Weizenmehl	125
60 % Vollei	plus 40 % Soja	124
68 % Vollei	plus 32 % Weizen	123
76 % Vollei	plus 24 % Milch	119
51 % Milch	plus 49 % Kartoffel	114
88 % Vollei	plus 12 % Mais	114
78 % Rindfleisch	plus 22 % Kartoffel	114
36 % Vollei	plus 65 % Bohnen	109
52 % Bohnen	plus 48 % Mais	99
84 % Rindfleisch	plus 16 % Gelatine	98

! Eine Kachexie ist stets mit massivem Proteinabbau verbunden.

Proteinmangelzustände treten bei schweren **Maldigestions-** und **Malabsorptionssyndromen** sowie bei **Kachexie** in Folge von schweren Verletzungen, Tumorerkrankungen oder chronischen Infektionen und AIDS auf. Die Kachexie geht einher mit einem vermehrten Proteinabbau, vor allem in der Muskulatur. Dies ist mit einer Aktivierung des Calpainwegs und der ubiquitinabhängigen proteasomalen Proteindegradation verbunden (▶ Kap. 9.3.5). Die calciumabhängige Calpain-regulierte Ablösung der Myofilamente vom Sarkomer ist eine frühe und vermutlich auch die geschwindigkeitsbestimmende katabole Antwort der Muskulatur. Die Myofilamentproteine werden in der Folge ubiquitiniert und im 26S Proteasom abgebaut (▶ Kap. 6.2.7, 30.4).

In Entwicklungsländern finden sich noch immer, meist bei Kindern, die klassischen Proteinmangelzustände mit den Krankheitsbildern des **Marasmus** als einem kombinierten Protein- und Energiemangel und **Kwashiokor** als selektivem Proteinmangel bei sonst ausreichender Energiezufuhr. Die in Folge des Proteinmangels auftretende Hypoalbuminämie bedingt beim Kwashiokor die ausgeprägten Ödeme. Bei Marasmus kommt es neben Hypoalbuminämie und Ödemen auch zu Fett-Infiltrationen der Leber, zu Wachstumsretardierungen, Anämien, erhöhter Infektionsanfälligkeit, Anorexie und Apathie.

! Das Gleichgewicht zwischen Proteinsynthese und -degradation unterliegt der hormonellen Regulation.

Unter den Organen zeigt die Leber die höchste fraktionelle Proteinsyntheserate gefolgt von Herz- und Skelettmuskulatur. Die Halbwertszeit der Proteine schwankt zwischen Minuten (Signalproteine), Stunden (Plasmaproteine, Enzyme) und Monaten (Strukturproteine wie Kollagen). Der beständige Abbau von Proteinen erfolgt vorwiegend in **Proteasomen** und **Lysosomen** (▶ Kap. 6.2.7) und speist den zellulären Pool an essentiellen und nicht-essentiellen Aminosäuren. Dieser wird durch die aus dem Blut bzw. der Nahrung stammenden Aminosäuren ergänzt. Da ein Mangel an essentiellen Aminosäuren sofort die Proteinbiosynthese zum Erliegen bringen würde, wird die Neusynthese von Proteinen zunächst aus dem zellulären Aminosäurepool gespeist und dieser dann durch fortschreitende Proteolyse, vor allem der Muskelproteine ergänzt, um essentielle Funktionsproteine synthetisieren zu können. Ein länger bestehender alimentärer Mangel an essentiellen Aminosäuren führt somit in kurzer Zeit zu einer fortschreitenden negativen Proteinbilanz durch verminderte Proteinsynthese bei gleichzeitig erhöhtem Abbau.

Das Gleichgewicht zwischen Proteinsynthese und -degradation unterliegt der hormonellen Regulation durch Peptidhormone, Steroide und Schilddrüsenhormone. Die stärksten Effekte, z.B. auf die Proteinbilanz des Muskels, üben Insulin und Wachstumshormon aus, letzteres vorwiegend über IGF-1 (▶ Kap. 27.7.2). Auch die Spiegel der zirkulierenden IGF-Bindeproteine unterliegen einer Kontrolle durch den Ernährungsstatus und regulieren damit sekundär die verfügbare Menge an IGF-1 für die Interaktion mit den Wachstumsfaktor-Rezeptoren. Während Insulin zunächst eine anti-proteolytische Wirkung zeigt, ist eine starke Zunahme der Proteinsyntheserate und damit anabole Insulinwirkung dann zu beobachten, wenn das Angebot von Aminosäuren im Extrazellulärraum steigt. Dies mag vor allem mit den ausgeprägten akuten Wirkungen von Insulin auf die Transportsysteme für Aminosäuren in der Plasmamembranen zusammenhängen, die nur dann einen erhöhten Influx von Aminosäuren in die Zelle herbeiführen können, wenn das Angebot aus dem Blut entsprechend groß ist. Da der zelluläre Aminosäurepool aus dem endogenen Proteinabbau und der Aufnahme aus dem Extrazellulärraum gespeist wird, müssen die Wirkungen der extrazellulären Signalgeber (Hormonspiegel) mit der Größe des Pools an verfügbaren Aminosäuren in der Zelle synchronisiert werden. Daher verfügt die Zelle offenbar über ein eigenes Rezeptorsystem für Aminosäuren, das mit den intrazellulären Insulin/IGF1-Signalketten und der **AMP-aktivierten Proteinkinase** (AMPK) verknüpft ist (◘ Abb. 21.10). Zentrales zelluläres Sensor-Element des intrazellulären Aminosäurestatus ist das Protein **mTOR** (*mammalian target of rapamycin*), eine Kinase, die das ursprünglich als bakterielles Makrolid identifizierte Rapamycin bindet und dadurch inhibiert wird (▶ Kap. 16.1.3). Ein Ausschalten des mTOR-Gens bei Mäusen ist lethal und zeigt damit seine überragende Bedeutung als zellulärer Sensor des Aminosäurestatus. Der mTOR-Weg wird bei einem entsprechend hohen Angebot an Aminosäuren in der Zelle – vor allem durch Leucin – aktiviert und vernetzt letztlich diese Information mit den intrazellulären Signalkaskaden der Tyrosinrezeptorkinasen der Zellmembran. Die integrierte Zellantwort besteht in einer erhöhten Ribosom-Genese und erhöhter mRNA-Translationsrate von Zielproteinen. Durch mTOR werden vor allem die Signalwege der ribosomalen sog. p70 S6 Kinase aktiviert und eine Hemmung des eukaryoten Translations-Repressor-Bindeproteins (4E-BP1) herbeigeführt, was die Bildung von Initiationskomplexen fördert, die dann die 40S-Ribosomenuntereinheiten zu den 5′-Enden der mRNA rekrutieren und die vermehrte Proteinsynthese ermöglichen (◘ Abb. 21.10).

Die Proteinabbauprozesse werden am stärksten durch die Kombination der Stresshormone Glucagon, Adrenalin und Glucocorticoide bei gleichzeitig abfallendem Insulinspiegel gefördert, wobei jedes Hormon alleine meist nur sehr schwache Wirkungen entfaltet. Sowohl im Falle einer sistierenden Hypo- wie auch einer Hyperthyreose wird eine negative Proteinbilanz beobachtet.

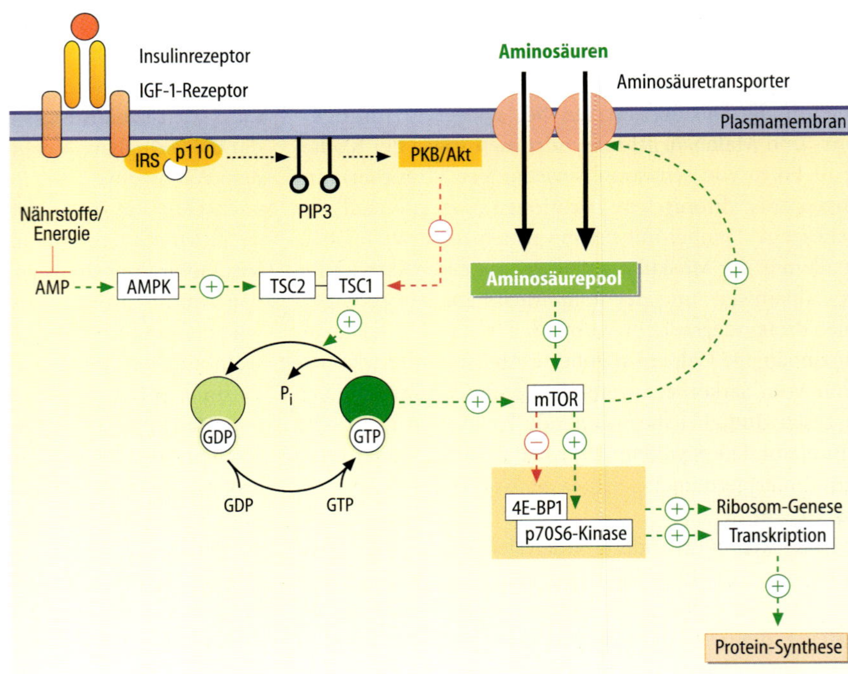

Abb. 21.10. Der mTOR-Signalweg. Dargestellt ist ein Modell für die über den mTOR-Signalweg vermittelte Erfassung des zellulären Aminosäurestatus und seine Einbettung in die Signalketten der Tyrosinrezeptorkinasen und der AMP-Kinase. (Einzelheiten ► Text)

21.5.2 Kohlenhydrate

! Kohlenhydrate sind die primären Energiesubstrate.

Kohlenhydrate sind die primären Energiesubstrate, die mit über 50% der täglichen Substratoxidation in die Energiebilanz eingehen. Im Gegensatz zum Fett und Protein sind die Körperpools der Kohlenhydrate sehr begrenzt und stehen daher auch nur zur Überbrückung kurzer Zeiten der Nahrungskarenz für die Aufrechterhaltung des Glucosespiegels des Bluts zur Verfügung. Danach erfolgt die Bereitstellung der Glucose durch Förderung der Gluconeogenese aus den Ketosäuren des Aminosäureabbaus und aus dem Glycerin des Triacylglycerinabbaus.

Die Zufuhr der Kohlenhydrate über die Nahrung erfolgt in erster Linie in Form von Stärke pflanzlicher Lebensmittel und in geringerem Umfang als Glycogen des Muskelfleischs. Die Aufnahme von Disacchariden (Saccharose und Maltose) sowie der Monosaccharide (Glucose, Fructose) ist vor allem durch die breite Verwendung gesüßter Getränke gestiegen. Als einzige verfügbare Kohlenhydratquelle der Milch besitzt die Lactose in der Säuglingsernährung naturgegeben eine besondere Bedeutung. Die in der Humanmilch enthaltenen hochmolekularen Oligosaccharide, deren Gehalt bis zu 8 g/Liter betragen kann, gelten als unverdaulich und dienen vor allem als Substrate für die Fermentation durch Bakterien im Dickdarm des Säuglings. In diesem Sinne können sie als lösliche Ballaststoffe der Muttermilch angesehen werden.

Ein expliziter Bedarf an Kohlenhydraten kann nicht definiert werden. Eine mittlere Zufuhr von ca. 120 g pro Tag wird aber als ausreichend erachtet, um einer ketoazidotischen Stoffwechsellage vorzubeugen. Auch um die Fettzufuhr zu reduzieren empfehlen Fachgesellschaften eine Kohlenhydratzufuhr, die etwa 50% der Nahrungsenergie liefert. Diese sollte in Form komplexer Kohlenhydrate aus Vollkornprodukten, Kartoffeln, Gemüse und Obst erfolgen. Der Vorteil ist hierbei, dass diese Quellen gleichzeitig zu einer erhöhten Zufuhr an Ballaststoffen, Vitaminen sowie Spurenelementen führen.

! Die Blutzuckerwirksamkeit der Nahrungskohlenhydrate ist unterschiedlich.

Die Blutzuckerwirksamkeit der Nahrungskohlenhydrate, d.h., die Dynamik der Anflutung von Glucose aus dem intestinalen Abbau der Kohlenhydrate in das Blut und die Kinetik der Insulinfreisetzung, sind je nach Quelle und Matrix, d.h. dem physikalischen Zustand der Stärke (roh, gekocht) sowie dem Vorhandensein anderer Begleitstoffe, stark unterschiedlich. Dies wird im sog. **glykämischen Index** erfasst, der die AUC (*area under the curve*) des Blutglucoseverlaufs als Funktion der Zeit bei Gabe gleicher Mengen an Glucose aus verschiedenen Nahrungsquellen beschreibt. So führt die gleiche Menge an Glucose als Monosaccharid oder Stärke verabreicht zu recht stark unterschiedlichen Blutzuckerverläufen, da die Stärke – abhängig von ihrem Quellzustand – unterschiedlich schnell gespalten wird und damit die Resorption der Glucose entsprechend langsamer erfolgt. Auch der Fettgehalt der Nahrung bewirkt über die Verzögerung der Magenentleerung einen flacheren Anstieg des Blutzuckerspiegels bei gleichzeitiger Gabe mit Kohlenhydraten. Inwieweit auch die gastrointestinalen Peptidhormone GIP (*gastric insulinotropic polypeptide*) bzw. GLP-1 (*glucagon like peptide 1*), die nur nach oraler Gabe von Kohlenhydraten aus enteroendokrinen Zellen ins Blut freigesetzt werden und die Insulinsekretion fördern, für die unterschiedlichen glykämischen Indices unterschiedlicher Kohlenhydratquellen verantwortlich sind, bleibt zu klären. Es sei hier aber darauf hingewiesen, dass nur für wenige definierte Lebensmittel verlässliche Werte über den glykämischen Index vorliegen.

! Nahrungsfett hemmt die Lipacidogenese aus Kohlenhydraten.

In der Resorptionsphase wird die Glucose unter der Wirkung von Insulin durch vermehrte Insertion des Glucosetransporters GLUT-4 in die Plasmamembran der Muskel- und Fettgewebszellen schnell aus dem Blut extrahiert. In der Leber dient die Glucose der Auffüllung der Glycogenspeicher, der Aufrechterhaltung des Blutzuckerspiegels und, wie in anderen Körperzellen auch, als primäres Substrat der Oxidation. Die Lipacidogenese, d.h., die *de novo* Biosynthese von Fettsäuren bei einem hohen Angebot an Acteyl-CoA aus dem Glucoseabbau scheint beim Menschen in Leber und Fettgewebe nur in sehr begrenztem Umfang stattzufinden. Selbst bei Kohlenhydratzufuhrrarten von 500 g/Tag über längere Zeiträume bleibt die Neubildung von Fett bei weniger als 10 g/Tag. Eine Fettzufuhr von nur 4% der Nahrungsenergie bewirkt bereits eine Hemmung der *de-novo* Fettsäurebildung durch Hemmung der Acetyl-CoA-Carboxylase, des Schlüsselenzyms der Fettsäurebiosynthese (▶ Kap. 12.2.3). Die endogene Fettsäuresyntheserate liegt daher bei einer normalen Kost mit Fettzufuhren von 100 g pro Tag bei weniger als 1 bis 2 g/Tag. Bei einer hyperkalorischen Ernährung werden dem entsprechend Fettsäuren bevorzugt in die körpereigenen Depots des Fettgewebes eingelagert und die Kohlenhydrate oxidiert.

! Der Glucoseumsatz unterliegt einer komplexen hormonellen und neuronalen Kontrolle.

Der gesamte Kohlenhydratstoffwechsel, vor allem aber der Glucoseumsatz, unterliegt bekanntlich einer komplexen Kontrolle. Dies betrifft gleichermaßen die schnellen Stoffwechselantworten unter Insulin-, Glucagon- und Katecholaminwirkungen als auch die langsameren Effekte durch Wirkungen der Steroide und Schilddrüsenhormone. Bisher gelten die extrazellulären Signalgeber als primäre Steuerungsgrößen der adaptiven Veränderungen des Glucosestoffwechsels, die am Ende in akute Veränderungen der Aktivitäten von Zielenzymen und in veränderte Transkriptionsraten der für sie codierenden Gene münden. Dabei hat sich die zelluläre AMP-aktivierte Proteinkinase (AMPK) als ein zentrales intrazelluläres Zielprotein für die koordinierte Stoffwechselantwort herausgestellt (▶ Kap. 16.1.4). Sie kann den zellulären Energiestatus anhand des AMP/ATP-Quotienten direkt in veränderte Aktivitätszustände übersetzen und steht somit als zelluläres Signalprotein an der Schnittstelle zwischen den Signalketten der Hormone und dem Energiestatus. Die AMPK kann durch Phosphorylierung entsprechender Schlüsselenzyme und durch Beeinflussung ihrer Transkription die Energie verbrauchenden Biosynthesewege ab- und Energie liefernden Abbauprozesse anschalten (▶ Kap. 16.1.4).

Zahlreiche neuere Studien lassen vermuten, dass auch Metabolite des Glucosestoffwechsels, vor allem Glucose-6-phosphat, direkt an der Transkriptionskontrolle einiger Gene des Kohlenhydrat- und Fettstoffwechsels teilhaben. So lässt sich die Induktion der L-Pyruvatkinase (L-PK), der Acetyl-CoA-Carboxylase und Fettsäuresynthase der Leber auch in Abwesenheit von Insulin zeigen, wenn Glucose-6-phosphat vermehrt durch die Glucokinase bereitgestellt wird. Die Induktion der Glucokinase und der Enzyme der Lipacidogenese unterliegen ihrerseits jedoch der Regulation durch SREBP-1c (*sterol-regulatory element binding protein; isoform 1c*) und der Insulinwirkung (▶ Kap. 11.6.1). Promotorstudien haben in den Genen der L-PK sowie der Acetyl-CoA-Carboxylase und Fettsäuresynthase auch ChRE (carbohydrate response element) nachgewiesen, das reziprok durch Glucose und cAMP reguliert wird. Dazu dient ein ChREBP (carbohydrate response element binding protein), das an ChRE im Kern bindet. ChREBP wird bei niedrigem zellulärem Glucosespiegel durch die AMP-aktivierte Proteinkinase bzw. durch die cAMP-abhängige Proteinkinase A phosphoryliert, was seine Translokation in den Zellkern blockiert. Wenn der zelluläre Spiegel an Glucose steigt aktiviert ein Glucosemetabolit die Proteinphosphatase 2A, was eine Dephosphorylierung und Aktivierung von ChREBP auslöst. Auch Xylulose-5-phosphat aus dem Pentosephosphatweg scheint über diesen Mechanismus an der Transkriptionskontrolle von Genen der Glycolyse und Lipacidogenese zu partizipieren (▶ Kap. 11.1.2). Weiterhin wirkt auch der zelluläre Zinkstatus auf die Expression der Gene von Glycolyse und Gluconeogenese sowie des Fettauf- und Abbaus durch die Zinkfingerproteine, die als Transkriptionsfaktoren fungieren. ◻ Abb. 21.11 zeigt vereinfacht die Integration der Signalketten, die den Hormonspiegel (vor allem von Insulin) mit den zellulären Metabolitkonzentrationen (vor allem des Glucose-6-phosphats) in eine koordinierte Genexpressionskontrolle und Stoffwechselanpassung übersetzen.

21.5.3 Lipide

! Die Fettfraktion der Nahrung ist komplex zusammengesetzt.

Der größte Teil der Nahrungslipide wird dem Körper in Form von Triacylglycerinen zugeführt. Darüber hinaus sind Phospholipide, Sphingolipide, Cholesterin sowie die pflanzlichen Sterole und Carotinoide und die fettlöslichen Vitamine Bestandteile der Fettfraktion der Nahrung. Die

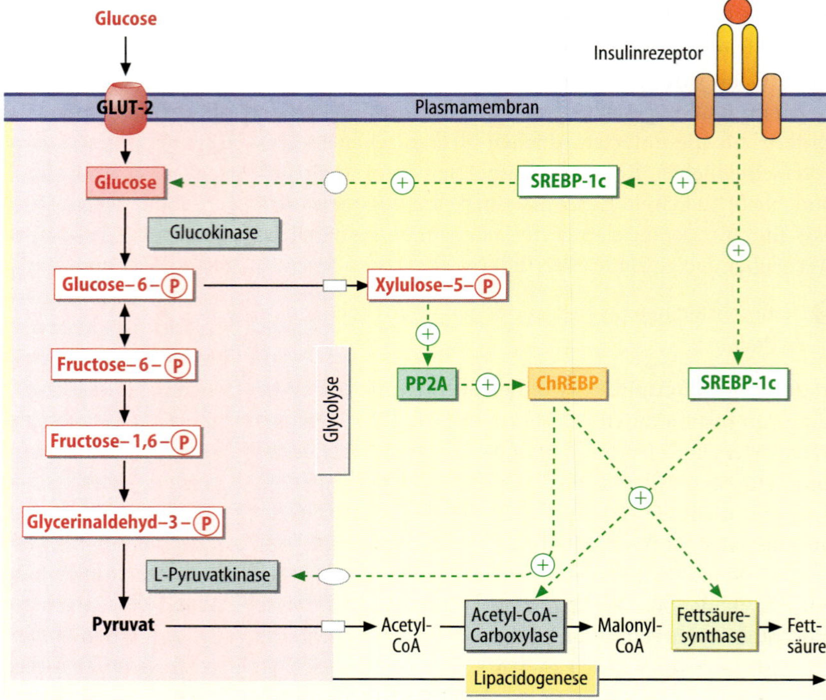

Abb. 21.11. Regulation von Enzymen der Glycolyse und der Fettsäuresynthese durch regulierte Transkriptionsfaktoren. Dargestellt ist die Regulation der Transkriptionsfaktoren ChREBP (*carbohydrate responsive element binding*) und SREBP-1c (*sterol regulatory element binding protein-1c*) durch Insulin und Glycolysezwischenprodukte. (Einzelheiten ► Text)

durchschnittliche tägliche Fettaufnahme beträgt heute etwa 100–130 g. Hiermit werden etwa 40–45 g gesättigte, 30–40 g einfach ungesättigte und 20–25 g mehrfach ungesättigte Fettsäuren aufgenommen. Von Befunden epidemiologischer Studien, die den Zusammenhang zwischen quantitativer und qualitativer Fettaufnahme und Erkrankungshäufigkeiten, vor allem des kardiovaskulären Systems, untersuchten sind die Empfehlungen von Fachgesellschaften zur Fettaufnahme abgeleitet. Danach sollte Fett nicht wesentlich mehr als 30% der täglichen Energieaufnahme (derzeit etwa 40%) liefern und dabei sollte die Zufuhr von ungesättigten Fettsäuren bei etwa 20%, die der gesättigten Fettsäuren bei etwa 10% der Nahrungsenergie liegen. Von den mehrfach ungesättigten Fettsäuren zeichnen sich die ω-3-Fettsäuren durch eine besondere Gefäß-protektive Wirkung aus. Daher ist ein Verhältnis der ω-6- zu ω-3-Fettsäuren von 5:1 anzustreben.

Nach der intestinalen Resorption werden die Lipidkomponenten vor allem über die Chylomikronen in Lymphe und Blut verteilt und den Zellen zugeführt. Die Triacylglycerine werden nach Hydrolyse in die Adipozyten aufgenommen und nach Reveresterung gespeichert. Ein Kilogramm Fettgewebe hält eine Energiereserve von etwa 29 000 kJ (7000 kcal) vor und kann bei Nahrungskarenz und einem mittleren täglichen Energieumsatz von 2500 kcal den Energiebedarf etwa 3 Tage lang decken. Die Mobilisierung des Depotfetts unterliegt vielfältiger hormoneller und neuronaler Kontrolle und freigesetzte Fettsäuren werden als bevorzugte Energiesubstrate im katabolen Stoffwechsel von den meisten Geweben utilisiert. In der Leber dient das aus der β-Oxidation der Fettsäuren hervorgegangene Acetyl-CoA bei ausgelasteter Oxidationsrate der Bildung der Ketonkörper (► Kap. 12.2.2).

! Die unterschiedlichen Fettsäureklassen besitzen unterschiedliche nutritive Bedeutung.

Die unterschiedlichen über die Nahrung zugeführten Fettsäuren nehmen im Stoffwechsel verschiedene Funktionen wahr:
- Langkettige gesättigte Fettsäuren sind vor allem Energieträger als Substrate der β-Oxidation
- Ungesättigte Fettsäuren besitzen als Bestandteile der Phospholipide der Plasma- und Organellmembranen strukturgebende Bedeutung und beeinflussen damit die Fluidität und Funktionalität der Membranen
- Die essentiellen Fettsäuren dienen vor allem als Substrate für die Synthese der unterschiedlichen Eikosanoidklassen und beeinflussen damit inflammatorische Prozesse
- Triacylglycerine mit mittelkettigen Fettsäuren (Kettenlängen von 8 bis 12 C-Atomen) werden im Darm weitgehend unabhängig von der Anwesenheit von Gallensäuren schnell und überwiegend ohne Hydrolyse resorbiert und gelangen vorwiegend direkt über die Portalvene zur Leber. Hier werden sie durch Lipasen gespalten und die freigesetzten Fettsäuren unter Umgehung des Carnitin-Acyl-Carrier-Systems der mitochondrialen Oxidation zugeführt. Aufgrund dieser Eigenschaften finden sie im Rahmen der klinischen Ernährung in parenteralen Lösungen und oral bei

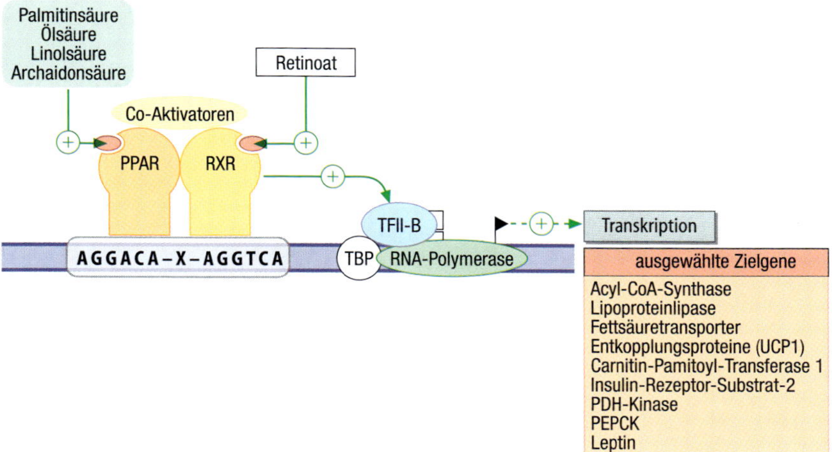

Abb. 21.12. Transkriptionelle Regulation von ausgewählten Zielgenen durch PPARs im Zusammenspiel mit RXR. PPAR = Peroxisomen-Proliferation-Aktivierte Rezeptoren; RXR= = Retinoid-X-Rezeptor (Einzelheiten ▶ Text)

Fettresorptionsstörungen als effiziente Energiequellen Einsatz.

- Bei den sog. Transfettsäuren stehen die Wasserstoffatome von Doppelbindungen nicht wie bei natürlichen Fettsäuren in *cis*-Position, sondern in *trans*-Position (▶ Kap. 2.2.2). Sie entstehen in größerem Umfang vor allem bei der Raffination von Speisefetten. Aufgrund epidemiologischer Studien und anhand ihrer Wirkungen auf den Anstieg des Plasma-LDL-Cholesterins bzw. Abfall des HDL-Cholesterins werden Transfettsäuren als kardiovaskuläre Risikofaktoren eingestuft. Fachgesellschaften empfehlen daher, dass die Nahrung nicht mehr als 1% Transfettsäuren enthalten sollte. Eine Besonderheit bildet die ***cis*-9, *trans*-11 konjugierte Linolsäure** (CLA), die etwa 90% der Linolsäurefraktion in Milch und anderen Produkten von Wiederkäuern ausmacht. Auch wenn ihr eine Reihe gesundheitsfördernder Eigenschaften zugesprochen werden, scheint eine abschließende Beurteilung ihrer gesundheitlichen Bedeutung gegenwärtig nicht möglich.

! Fettsäuren aktivieren Transkriptionsfaktoren.

In Abhängigkeit von der Nahrungsaufnahme und den davon abhängigen Hormonspiegeln, werden Fettsäuren im Interorganstoffwechsel zwischen Fettgewebe, Leber und peripheren Geweben der Speicherung oder der Oxidation zugeführt. Fettsäuren selbst regulieren aber ebenfalls den Stoffwechsel indem sie die Genexpression von Funktionsproteinen des Lipid- und Energiestoffwechsels beeinflussen. Dabei stehen die Transkriptionsfaktoren **SREBP-1c** (*sterol responsive element binding protein 1c*) (▶ Kap. 21.5.2, 11.6.1) sowie die verschiedenen Isoformen des **Peroxisomen-Proliferator-aktivierten-Rezeptors** (PPAR) im Mittelpunkt. Die Aktivierung von SREBP-1c induziert ein Spektrum von lipogenen Enzymen in der Leber. Mehrfach ungesättigte Fettsäuren hemmen im Gegensatz dazu deren Expression und beeinflussen die Prozessierung von SREBP-1c.

Die Wirkungen freier Fettsäuren auf die Genexpression werden vorwiegend über PPARs vermittelt. PPARs sind Transkriptionsfaktoren, die in hetereodimeren Komplexen mit den **Retinoatrezeptoren** der RXR-Klasse vor allem die Genexpression von Proteinen für die zelluläre Fettsäureaufnahme, die mitochondriale und peroxisomale Fettsäureoxidation und die *de novo* Fettsäuresynthese (Lipacidogenese) beeinflussen (Abb. 21.12). In der Leber führt die Aktivierung des dort vorkommenden PPAR-α durch mehrfach ungesättigte Fettsäuren mit Ausnahme von Linolsäure zur vermehrten Bildung von Enzymen für die Verwertung der Fettsäuren und Ketonkörperbildung sowie einer verminderten Synthese der Proteine für die Lipacidogenese (Abb. 21.13). Auch Prostaglandine (u.a. PGE_2) wirken als Liganden von PPAR-α. Im Fettgewebe findet sich vor allem PPAR-γ, der nach Aktivierung eine erhöhte Insulinwirksamkeit herbeiführt, die die Fettsäureaufnahme und deren Reveresterung begünstigt und die Fettsäureabgabe unterdrückt (Abb. 21.13). Im Muskelgewebe findet sich PPAR-δ, der nach Ligandenbindung die vermehrte Synthese von Proteinen für die Oxidation der Fettsäuren und deren Veresterung bedingt (Abb. 21.13). Aufgrund ihrer Wirkungen sind die PPARs pharmakologische Zielproteine u.a. für die Therapie des Typ-II Diabetes und der Ateriosklerose mit spezifischen Agonisten wie den Fibraten für PPAR-α oder den Thiazolidindionen für PPAR-γ.

21.5.4 Alkohol

! Alkohol ist eine bedeutende Energiequelle.

Zwar wird Ethanol (Ethylalkohol) vorwiegend über Genussmittel zugeführt und ist im klassischen Sinne kein Nährstoff, doch wird er häufig in Mengen aufgenommen, die seine Berücksichtigung in der Energiebilanz des Körpers notwendig machen. So decken männliche Erwachsene in Deutschland ihren Energiebedarf im Durchschnitt zu 5%

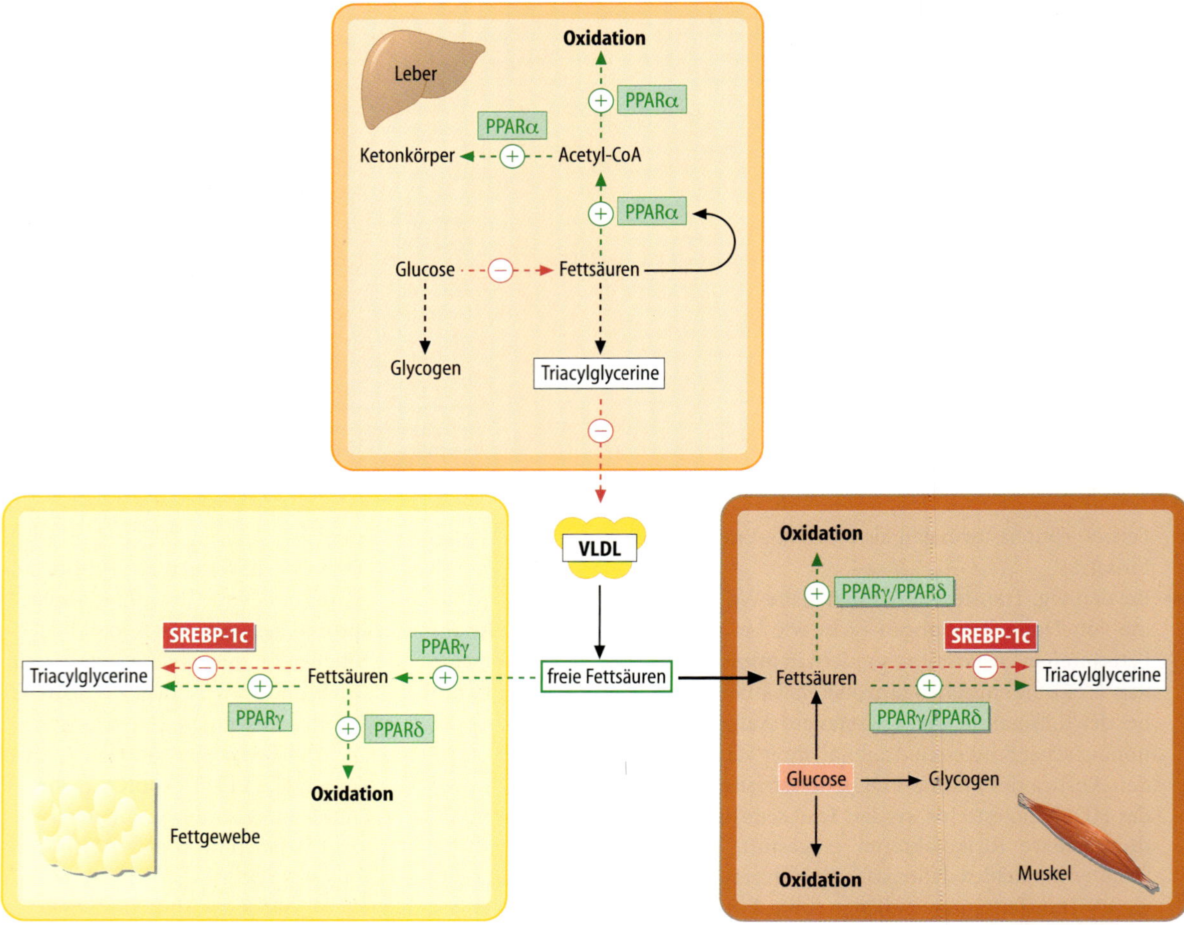

Abb. 21.13. Gewebespezifische Wirkungen der verschiedenen PPAR-Isoformen auf den Kohlenhydrat- und Fettstoffwechsel. (Einzelheiten ► Text)

mit alkoholischen Getränken. Damit trägt auch die Ethanolaufnahme zur zunehmenden Überernährung der Bevölkerung bei. Der **Alkoholgehalt** wird in Volumenprozent angegeben. Die **Alkoholmenge** in g/100 ml lässt sich mit dem Korrekturfaktor von 0,79 (Dichte des Alkohols) berechnen (Tabelle 21.6). Der Energiegehalt von 1 g Alkohol beträgt 30 kJ (7,1 kcal). In Getränken muss im Hinblick auf den Energiegehalt auch der Kohlenhydratgehalt, z.B. in Likören, Weinen und Bieren, berücksichtigt werden.

Die **Resorption** von Alkohol beginnt bereits im Mund (Mundschleimhaut), erfolgt aber großteils im oberen Magen-Darm-Trakt. Es sind erhebliche interindividuelle Schwankungen zu beobachten. Eine vorherige Nahrungsaufnahme kann die Alkoholresorption verlangsamen, während Alkohol in warmen Getränken (Glühwein, Punsch, Grog), in Kombination mit Kohlensäure (Sekt) und im Nüchternzustand schneller resorbiert wird. Da Ethanol beständig auch von einigen Bakterienspezies der Darmflora produziert wird, die ihre Energie aus der Vergärung von Zucker zu Ethanol gewinnen, findet sich in der Portalvene stets eine geringe Menge Alkohol.

! Isoformen der Alkoholdehydrogenase bestimmen die Geschwindigkeit des Ethanolabbaus.

Das Vorkommen der unterschiedlichen Isoformen der Alkoholdehydrogenase und deren genetische Heterogenität in verschiedenen ethnischen Gruppen und Individuen bedingt eine recht variable Geschwindigkeit der Elimination des Ethanols und seiner Überführung in Acetaldehyd. Auch das mikrosomale Ethanol oxidierende NADPH-abhängige System und die Peroxidase partizipieren am Ethanolabbau. Nach Reduktion des Acetaldehyds zu Acetat kann dieses in Acetyl-CoA überführt und in den Stoffwechsel eingeschleust werden. In der Leber führt Ethanol wahrscheinlich wegen der Produktion großer Mengen an $NADH/H^+$ bei seiner Metabolisierung zu einer Hemmung der β-Oxidation der Fettsäuren. Gleichzeitig wird die Triacylglycerinbiosynthese stimuliert. Ein Teil der Triacylglycerine wird als VLDL in die Zirkulation abgegeben, ein Teil in der Leber abgelagert. Hieraus ergeben sich die pathobiochemischen Veränderungen der Leber bei chronischem Alkoholkonsum (► Kap. 33.6.1).

Tabelle 21.6. Alkoholgehalt verschiedener Getränke

	g/100 ml
Leichtbier	2
Weißbier	3
Export	4
Märzen, Bock	4,5–5,5
Porter, Ale	6–7
Apfelwein	5–6
deutsche Tafelweine (Mosel, Rhein, Pfalz)	7–10
Spätlesen	9–12
Burgunder, Bordeaux	10–12
Schaumweine	7–10
Wermut	14
Portwein	15–17
Liköre	24–42
Cognac	38
Steinhäger, Obstwässer	35–45
Whisky	40–45
Wodka	40–50
Arrak	50–52
Rum	40–70

21.5.5 Ballaststoffe

Ballaststoffe können als Quellstoffe oder als Substrate des intestinalen bakteriellen Metabolismus dienen.

Als Ballaststoffe (häufig auch als Nahrungsfasern bezeichnet) werden die in den Lebensmitteln pflanzlicher Herkunft enthaltenen Gerüst- und Speichersubstanzen bezeichnet, die von den Enzymen des Magen-Darm-Trakts des Menschen nicht gespalten werden können. Es handelt sich um Polysaccharide (Zellulose, Hemizellulose, Lignin und Pektin), um Nicht-Stärkepolysaccharide (Inulin, Methylcellulose) und resistente Stärke (Stärke in kristalliner Struktur). Man unterscheidet **wasserlösliche** (Inulin, Pektine und andere Quellstoffe sowie lösliche Hemizellulosen) und **wasserunlösliche Ballaststoffe** (Zellulose, unlösliche Hemizellulose, Lignin).

Manche Ballaststoffe quellen im Darm auf und beeinflussen somit die Viskosität des Chymus und der Faeces und regen darüber die Darmmotilität an. Außerdem besitzen einige die Eigenschaften von Ionenaustauschern und binden Gallensäuren. Lösliche Ballaststoffe sind wichtige Energiesubstrate für den mikrobiellen Stoffwechsel im Dickdarm. Dieser liefert kurzkettige Fettsäuren (Acetat, Propionat, Butyrat, Lactat), die ihrerseits als Energiesubstrate im menschlichen Stoffwechsel genutzt werden. Nach ihrer Resorption werden Propionat und Acetat ins Pfortaderblut abgegeben, während Butyrat als Substrat bevorzugt dem Stoffwechsel der Dickdarmmukosa dient und die Proliferation der Epithelzellen fördert. Die kurzkettigen Fettsäuren senken den pH-Wert des Darminhalts ab und verbessern dadurch u.a. die Verfügbarkeit von Calcium und anderen Elektrolyten sowie von Spurenelementen. Die energetische Verwertung der von der Flora gebildeten kurzkettigen Fettsäuren bedingt beim Menschen einen physiologischen Brennwert der löslichen und fermentierbaren Ballaststoffe von etwa 1,5 bis 2 kcal pro g. Der Energiegehalt (bzw. die Energiedichte) ballaststoffreicher Lebensmittel ist generell geringer als der von ballaststoffarmen Lebensmitteln. Dagegen ist der Sättigungseffekt ballaststoffreicher Lebensmittel meist höher. Aufgrund ihrer gesundheitsfördernden Wirkungen auf Darmfunktionen und der geringeren Energiedichte ballaststoffreicher Lebensmittel wird von Fachgesellschaften eine hohe alimentäre Ballaststoffzufuhr empfohlen.

In Kürze

Proteine:
- liefern Aminosäuren für die körpereigene Proteinbiosynthese
- sind Energiesubstrate
- stellen Stickstoff und Schwefel für andere Synthesen bereit

Proteine sollten in einer Menge von 0,8 g/kg Körpergewicht zugeführt werden, wobei deren unterschiedliche biologische Wertigkeit beachtet werden muss.

Der Proteinumsatz des Organismus wird durch Hormone in vielfältiger Weise reguliert. Als zellulärer Sensor des Aminosäurestatus dient die Proteinkinase mTOR, die mit den Insulin/IGF-1 Signalketten und der AMP-aktivierten Proteinkinase verknüpft ist.

Kohlenhydrate sind:
- Energielieferanten und dienen in Form von Glycogen als Energiespeicher
- Kohlenstoffquellen für die Biosynthese von Fettsäuren und einzelnen Aminosäuren
- Bausteine der Heteroglykan-Komponenten von Protein- und Lipidkomplexen

Der Kohlenhydratstoffwechsel wird vor allem durch Insulin und Glucagon reguliert. Als intrazelluläre Bindeglieder dienen die AMP-aktivierte Proteinkinase, SREBP-1c und ChREBP, welche die koordinierte Stoffwechselantwort u.a. durch die Transkription von Schlüsselenzymen des Glucose- und Fettsäurenstoffwechsels regulieren.

▼

Lipide sind:
- Als Triaclyglycerine und Fettsäuren Energielieferanten
- Integrale, strukturgebende Bestandteile von Membranen und Vorläufer von Signalmolekülen
- In Form der essentiellen ω-3- und ω-6-Fettsäuren Vorstufen für die Synthese von Prostanoiden und Leukotrienen

Fettsäuren beeinflussen durch Aktivierung von PPARs (Peroxisomen-Proliferator Aktivierter-Rezeptor) u.a. die Genexpression von Proteinen für die zelluläre Fettsäureaufnahme, die mitochondriale und peroxisomale Fettsäureoxidation und die Lipacidogenese.

Alkohol:
hat einen physiologischen Brennwert von 29,4 kJ (7 kcal) und wird überwiegend in der Leber oxidiert.

Ballaststoffe sind:
- Bestandteile der pflanzlichen Kost
- Einflussfaktoren der Motilität des Darms
- Substrate für die Fermentation durch Darmbakterien und stellen darüber kurzkettige Fettsäuren zur Verfügung

21.6 Besondere Ernährungserfordernisse

21.6.1 Ernährung in speziellen Lebenssituationen

 Schwangerschaft, Stillen, Wachstum, Alter und akute Erkrankungen stellen besondere Ansprüche an die Nährstoffzufuhr.

Schwangerschaft und Stillzeit gehen mit erhöhten Syntheseleistungen und Veränderungen im Stoffwechselgeschehen einher. Die Zufuhr von essentiellen Nährstoffen sollte entsprechend in diesen Lebensabschnitten höher sein. Der Mehrbedarf an Energie liegt in der zweiten Schwangerschaftshälfte bei etwa 1300 kJ (300 kcal) pro Tag. Für die Stillzeit gilt als Orientierungsgröße eine zusätzliche Aufnahme von etwa 420 kJ (100 kcal) pro 100 ml sezernierter Muttermilch. Die Muttermilchmenge liegt im Durchschnitt bei 750 ml pro Tag.

Im **Wachstum** ist neben einer erhöhten Energiezufuhr auch eine ausreichende Versorgung mit essentiellen Nährstoffen wichtig. Als Richtwerte des Energieaufwands für das Wachstum nennt die WHO 21 kJ (5 kcal) pro g Gewebezuwachs. Kinder und Jugendliche nehmen von Tag zu Tag je nach Freizeitbeschäftigung und Belastung sowie Nahrungspräferenzen unterschiedliche Mengen an Nahrung und damit Energie auf. Da sich diese Unterschiede jedoch über längere Zeiträume ausgleichen, kann auch in diesem Alter das Körpergewicht zur Kontrolle des Ernährungsstatus dienen.

Im **Alter** treten quantitative und qualitative Änderungen des Stoffwechsels und der Organfunktionen auf. Mäßigkeit, Regelmäßigkeit und Vielseitigkeit spielen bei der Ernährung des älteren Menschen eine große Rolle. Gleichzeitig sollte für eine angemessene körperliche und geistige Betätigung sowie hinreichende soziale Kontakte Sorge getragen werden. Der Bedarf an Nährstoffen ist in aller Regel nicht erhöht, die Resorption einzelner Nährstoffe kann jedoch reduziert sein. Wegen des geringeren Energiebedarfs im Alter ist eine höhere Nährstoffdichte der verzehrten Lebensmittel notwendig. Die Nahrung alter Menschen sollte leicht verdaulich, besonders appetitanregend und mild gewürzt sein. Bei alten Menschen ist besonders auf die Wasseraufnahme zu achten, da mit zunehmendem Alter das Empfinden für Durst abnimmt. Eine Exsikkose führt bei alten Menschen nicht selten zu Verwirrungszuständen. Neuere Studien zeigen, dass für den alten Menschen ein Körpergewicht von 10% über dem Sollwert mit einer größeren Lebenserwartung einhergeht. Diese Beziehung gilt nicht für den jungen Menschen (► Kap. 21.3.1).

Die Veränderung des Stoffwechsels bei **akuten Erkrankungen** verursacht in der Regel einen erhöhten Bedarf an Energie und essentiellen Nährstoffen. So steigt auch der Bedarf an Vitaminen, die Coenzymfunktion haben. Der mit erhöhter Körpertemperatur verbundene Verlust von Wasser und Mineralstoffen muss ebenfalls zeitnah ersetzt werden. Bei diversen Krankheiten ergeben sich Nährstoff- und Wasserverluste durch Störungen der intestinalen Resorption, durch Diarrhö oder über Wundsekrete und Drainagen, die entsprechend eine Substitution notwendig machen. Eine kalorisch wie an essentiellen Nährstoffen unzureichende Ernährung führt auch zu Funktionseinbußen des humoralen und zellulären Immunsystems, was den weiteren Krankheitsverlauf bzw. die Prognose negativ beeinträchtigen kann.

21.6.2 Klinische Ernährung

 Bei bestimmten Krankheitsbildern muss die orale Nahrungsaufnahme umgangen werden.

Als **künstliche Ernährung** bezeichnet man jegliche Form von Nahrungszufuhr auf nicht-physiologischem Weg. In aller Regel werden dazu die Patienten, die nicht normal es-

Tabelle 21.7. Vergleich des oralen und parenteralen Bedarfs an Aminosäuren insgesamt und an essentiellen Aminosäuren. (Nach Munro 1974)

Zugeführt auf	Gruppe	Bedarf [mg/kg Körpergewicht]		
		Aminosäuren insgesamt	Essentielle Aminosäuren	Prozentualer Anteil der essentiellen Aminosäuren
Oralem Weg	Kinder[a]	1600	680	43
	10–12 Jahre[a]	700	260	36
	Erwachsene[a]	425	80	19
Parenteralem Weg	Erwachsene[a] (normal)	<770	<140	<25
Parenteralem Weg	Kinder (postoperativ)[b]	2000–3000	500–1500	25–50
	Erwachsene (postoperativ)[b]	1600–2000	400–1000	25–50
	Erwachsene (normal)[b]	800–1600	200–800	25–50
	Erwachsene (urämisch)[b]	400	100–200	25–50

[a] Experimentell ermittelte Werte.
[b] Empfohlene Werte.

sen können, dürfen oder wollen, enteral oder parenteral mit nährstoff- oder chemisch definierten Gemischen ernährt.

Bei der **enteralen Ernährung** erfolgt der Zugang über eine Sonde in Magen oder Dünndarm. Die enterale Ernährung ist bei gegebener Indikation im Vergleich zur intravenösen Ernährung die preisgünstigere und risikoärmere Alternative um dem Patienten hinreichende Mengen einer definierten Flüssignahrung zuzuführen. Die Ernährungssonden können entweder transnasal über die Speiseröhre oder auch perkutan (perkutane endoskopische Gastrostomie, PEG) in den Magen oder das Duodenum gelegt werden. Die nährstoffdefinierte Kost (Eiweiß, Stärke und Fette), bzw. entsprechende chemisch definierte Diäten auf der Grundlage von Proteinhydrolysaten, Oligosacchariden (Maltodextrine) und meist mittelkettigen Triacylglycerinen, ist in kontrollierter und hygienisch einwandfreier und bilanzierter Form mit diesen Flüssignahrungen zuzuführen. Die Osmolarität von Sondennahrungen sollte den physiologischen Wert von etwa 300 mosmol/l nicht wesentlich überschreiten, da sonst osmotische Durchfälle auftreten. Vorteile der enteralen Ernährung bestehen darin, dass die digestive und resorptive Funktion des Magen-Darm-Trakts sowie seine immunologische Barrierefunktion, die auch eine bakterielle Translokation von Mikroorganismen des Darms ins Blut verhindern kann, intakt bleiben.

Die intravenöse Nahrungszufuhr im Rahmen der **parenteralen Ernährung** ist teurer und risikoreicher als die enterale Ernährung. Hypertone Infusionslösungen verursachen an peripheren Venen Entzündungen und können bei einem zentralen Venenkatheter eine Kathetersepsis auslösen. Eine ausschließlich parenterale Ernährung schwächt scheinbar die Barrierefunktion der Darmschleimhaut und erhöht das Risiko einer bakteriellen Translokation. Eine zu rasche Zufuhr von Nährstoffen kann bei parenteraler Ernährung zu Stoffwechselentgleisungen, z.B. Hyperglykämien, führen.

Die **intravenöse Proteinversorgung** erfolgt mit definierten Aminosäuregemischen. Diese weichen jedoch in ihrer Zusammensetzung von denen der Nahrungsproteine bei oraler Ernährung ab (Tabelle 21.7), da die parenteral zugeführten Aminosäuren nur partiell die Leber passieren. Bei schweren Funktionsstörungen von Leber und Nieren werden speziell adaptierte Aminosäurelösungen mit einem erhöhten Gehalt an verzweigtkettigen Aminosäuren eingesetzt, da diese bevorzugt in peripheren Geweben metabolisiert werden. Glutamin ist ein bevorzugtes Energiesubstrat für Zellen des Immunsystems und von Epithelzellen des Dünndarms. Im Postaggressionsstoffwechsel kommt es zu einer Depletion des Glutaminpools in der Muskulatur, sodass eine hinreichende intravenöse Glutaminzufuhr zu empfehlen ist. Neuerdings werden dazu glutaminhaltige Dipeptide (z.B. Alanyl-Glutamin) in Infusionslösungen eingesetzt, da Glutamin allein in wässriger Lösung schlecht löslich ist und in Ammoniak und Pyroglutamat zerfällt.

Fettemulsionen haben den Vorteil, dass in einem relativ kleinen Volumen einer isotonischen Lösung große Energiemengen angeboten werden können. Die modernen Fettemulsionen bestehen je zur Hälfte aus lang- und mittelkettigen Fettsäuren und enthalten meist etwa 20% Eilecithin als Emulgator. Mittelkettige Fettsäuren haben den Vorteil, dass sie im Vergleich zu den langkettigen Fettsäuren bevorzugt und schnell oxidiert werden (▶ Kap. 21.5.3). Heute werden Fettemulsionen auch mit langkettigen ω–3-Fettsäuren angereichert, um diese als Vorstufen für die Synthese von Eikosanoiden mit anti-inflammatorischer Potenz den Patienten zuzuführen. Eine parenterale Ernährung muss auch eine ausreichende Versorgung mit allen Vitaminen, Elektrolyten und Spurenelementen gewährleisten.

21

21.6.3 Alternative Ernährungsformen

Alternative Ernährungsformen sind meist ganzheitlich durch eine besondere Lebensweise geprägt.

Eine alternative Ernährungsform stellt z.B. **Vegetarismus** dar. Vegetarier verzichten häufig vollständig auf Genussmittel und bewegen sich wesentlich intensiver. Extreme Außenseiterdiäten haben meist eine starke weltanschauliche oder metaphysische Komponente. Die jeweiligen Kostformen entsprechen häufig nicht den gesicherten Erkenntnissen der Wissenschaft. Eine streng **vegane Ernährung** (z.B. Makrobiotik) verzichtet auf Fleisch, Fisch, Milch, Milchprodukte und Ei. Diese Ernährungsweise kann – abhängig von der Zeit – zu Mangelzuständen bei Vitamin B_{12}, Vitamin D, Calcium, Eisen und Zink und bei Kleinkindern aufgrund eines Energiemangels auch zu Wachstumsverzögerung führen. Eine **ovo-lacto-vegetabile Kost**, bei der nur auf Fleisch und Fisch verzichtet wird, ist dagegen bei sorgfältiger Auswahl der Lebensmittel vollwertig zu gestalten. Epidemiologische Studien belegen, dass Menschen, die diese Ernährungsweise pflegen, meist einen guten Gesundheitszustand aufweisen.

In Kürze

Ein erhöhter Nährstoff und Energiebedarf besteht
- während der Schwangerschaft und Stillzeit
- im Wachstumsalter
- im Alter
- bei akuten Erkrankungen und schweren Verletzungen

Im Rahmen der klinischen Ernährung erfolgt die Zufuhr an Energie und Nährstoffen
- enteral über nasogastrale Sonden oder PEG mit partiell hydrolysierten Nährstoffgemischen
- parenteral (intravenös) mit chemisch definierten Nährstofflösungen

Literatur

Original- und Übersichtsarbeiten

Badman MK, Flier JS (2005) The gut and energy balance: visceral allies in the obesity wars. Science 307:1909–1914

Dentin R, Girard J, Postic C (2005) Carbohydrate responsive element binding protein and sterol regulatory binding protein-1c: the two regulators of glucose metabolism and lipid synthesis in liver. Biochemie 87:81–86

Dullo AG, Seydoux J, Jaquet J (2004) Adaptative thermogenesis and uncoupling proteins: a reappraisal of their roles in fat metabolism and energy balance. Physiology and Behavior 83:587–602

Flatt JP (1992) The biochemistry of energy expenditure. In: Obesity (Bjorntorp P and Brodoff B, eds.), pp 100–116. J. P. Lippincott, Philadelphia

Himms-Hagen J (1989) Brown adipose tissue thermogenesis and obesity. Prog Lipid Res 28:67–115

Kaput J, Rodriguez RL (2004) Nutritional genomics: the next frontier in the postgenomic era. Physiol Genomics 16:166–177

Kota BP, Huang TH, Roufogalis BD (2005) An overview on biological mechanisms of PPARs. Pharmacclocial Research 51:85–94

Lindsey JE, Rutter J (2004) Nutrient sensing and metabolic decisions. Comparative Biochemistry and Physiology 139:543–559

McBride BW, Kelly JM (1990) Energy cost of absorption and metabolism in the ruminant gastrointestinal tract and liver: a review. J Anim Sci 68:2997–3010

Roche HM (2004) Dietary lipids and gene expression. Biochem Soc Transact 32:999–1002

Wolf G (2006) Calorie Restriction Increases Life Span: A Molecular Mechanism. Nutrition Reviews 64:89–92

Wood JG, Rogina B, Lavu S, Howitz K, Helfand SL, Tatar M, Sinclair D (2004) Sirtuin activators mimic caloric restriction and delay ageing in metazoans. Nature 430:686–689

Zainal TA, Oberley TD, Allison DB, Szweda LI, Weindruch R (2000) Caloric restriction of rhesus monkeys lowers oxidative damage in skeletal muscle. FASEB J 14:1825–1836

Links im Netz

▶ www.lehrbuch-medizin.de/biochemie

22 Spurenelemente

Petro E. Petrides

22.1 Allgemeine Grundlagen – 656
22.1.1 Einteilung der Spurenelemente – 656
22.1.2 Wirkungsweise der Spurenelemente – 657
22.1.3 Klinische Bedeutung der Spurenelemente – 658

22.2 Die einzelnen Spurenelemente – 658
22.2.1 Eisen – 658
22.2.2 Kupfer – 667
22.2.3 Molybdän – 671
22.2.4 Kobalt – 672
22.2.5 Zink – 672
22.2.6 Mangan – 673
22.2.7 Fluorid – 673
22.2.8 Jod – 675
22.2.9 Chrom – 675
22.2.10 Selen – 676
22.2.11 Cadmium – 676
22.2.12 Blei – 677
22.2.13 Quecksilber – 677

Literatur – 678

Einleitung

Viele Elemente kommen in Geweben in so geringen Konzentrationen vor (1×10^{-6} bis 10^{-12} g/g Feuchtgewicht des Organs), dass es mit den früher verfügbaren analytischen Methoden unmöglich war, ihre Konzentration zu bestimmen. Man sagte deshalb, dass sie in Spuren vorkommen und bezeichnete sie demzufolge als Spurenelemente.

Die systematische Einteilung der Spurenelemente ist mit erheblichen Schwierigkeiten verbunden, da ihre einzige Gemeinsamkeit darin besteht, dass sie in Zellen von Mikroorganismen, Pflanzen und Tieren in geringen Konzentrationen vorkommen. Die Höhe der Konzentration unterscheidet sich ganz erheblich von Element zu Element, von Spezies zu Spezies und von Organ zu Organ. So benötigen Säugetiere beispielsweise sehr viel mehr Zink und Kupfer als Jod und Selen, und in tierischen Zellen sind die Konzentrationen von Zink und Eisen sehr viel höher als die von Mangan und Kobalt. Einige offenbar nicht lebensnotwendige Spurenelemente kommen in Blut und Geweben des Organismus in Konzentrationen vor, die höher sind als die der essentiellen Spurenelemente.

22.1 Allgemeine Grundlagen

22.1.1 Einteilung der Spurenelemente

Spurenelemente werden nach ihrer Lebensnotwendigkeit eingeteilt.

Die Spurenelemente können nach ihrer Lebensnotwendigkeit in drei Gruppen eingeteilt werden (Tabelle 22.1):

- Die essentiellen
- die möglicherweise essentiellen und
- die nichtessentiellen Spurenelemente

Tabelle 22.1. Die Spurenelemente (in Klammern die Atomgewichte zur Umrechnung in molare Einheiten)

	Gesamtbestand des 70 kg schweren Erwachsenen [g]	Plasmaspiegel [mmol/l]
Essentiell		
Eisen (56)	4–5	13–22
Kupfer (64)	0,04–0,08	13–23
Zink (65)	2–4	15–20
Molybdän (96)	–	0,16
Kobalt (59)	0,0011	–
Mangan (55)	0,012–0,020	0,27
Jod (127)	0,01–0,02	0,006–0,047
Zinn (119)	–	–
Selen (79)	0,030	–
Vanadium (51)	–	–
Möglicherweise essentiell		**Nichtessentiell**
Fluor (19)		Antimon (122)
Chrom (52)		Blei (207)
Nickel (59)		Quecksilber (201)
Brom (80)		
Arsen (75)		
Cadmium (112)		
Barium (137)		
Strontium (88)		
Silicium (28)		
Aluminium (27)		

11 Spurenelemente werden als lebensnotwendig bezeichnet (Tabelle 1.1 in Kap. 1.1, Tabelle 22.1). Interessanterweise gehören sie mit wenigen Ausnahmen zu den Metallen, was für Überlegungen zu ihrer Funktion von Bedeutung ist (► Kap. 22.1.2).

Es ist häufig schwierig, experimentell festzustellen, ob ein Spurenelement essentiell ist oder nicht. Oft reichen schon die geringsten Mengen des jeweiligen Elements aus, um Mangelerscheinungen des Organismus zu verhindern. Versuchstiere werden zu diesem Zweck in einer Umgebung gehalten, die eine Kontamination mit Spurenelementen verhindert. Man verwendet dazu Isolatoren mit Acrylkäfigen, da Plastikmaterial die in ihm enthaltenen Spurenelemente viel schlechter abgibt als z.B. Gummi, Glas oder Metalle. Die im Luftstaub enthaltenen Spurenelemente werden durch starke Luftfilter entfernt. Die Tiere erhalten eine Nahrung, die aus chemisch reinen Aminosäuren (statt Proteinen, die oft Spurenelemente in fester Bindung enthalten) und anderen Stoffen besteht und der ein bestimmtes Spurenelement fehlt. Ist dieses Element lebensnotwendig, so treten **Wachstums- und andere Störungen** auf, die sich durch eine normale Nahrung wieder beheben lassen.

Abb. 22.1 (unterer Teil) zeigt eine Ratte, die 20 Tage in einem Isolator eine fluor-, zinn- und vanadiumfreie Nahrung erhielt. Die Ratte im oberen Teil der Abbildung erhielt zwar dieselbe Nahrung, wurde jedoch in einem normalen Käfig gehalten. Offensichtlich genügen die in Staub und anderen Verunreinigungen enthaltenen Mengen dieser Spurenelemente, um einen Mangelzustand völlig zu verhindern. Welche biochemischen Veränderungen bei einem Spurenelementmangel zu den Wachstumsstörungen führen, ist bisher nur in wenigen Fällen bekannt. Ein Teil der nichtessentiellen Spurenelemente wirkt schon in relativ niedrigen Konzentrationen toxisch (Blei und Quecksilber). Für die anderen Spurenelemente gilt, was **Theophrastus Paracelsus** vor fast 500 Jahren formulierte:

Abb. 22.1. Spurenelementmangel. Die Ratte im unteren Teil wurde 20 Tage in einem Spurenelementisolator gehalten, das gesunde Tier im oberen Teil erhielt dieselbe Nahrung, wurde jedoch unter normalen Bedingungen gehalten. (Aufnahme von K. Schwarz, Long Beach)

»Was ist das nit gifft ist? Alle ding sind gifft/und nichts ohn gifft/allein die dosis macht das ein ding kein gifft ist«, d.h. alle essentiellen Spurenelemente können **toxisch** sein, wenn sie über einen bestimmten Zeitraum in hohen Konzentrationen verabreicht werden. Während einige Spurenelemente für alle Lebewesen essentiell sind (wie z.B. Eisen), sind andere nur für bestimmte Gruppen von Lebewesen lebensnotwendig. So wird von den meisten Pflanzen kein Jod benötigt, Tiere hingegen benötigen kein Bor.

22.1.2 Wirkungsweise der Spurenelemente

Spurenelemente sind an katalytischen Vorgängen beteiligt.

Die geringe Konzentration der Spurenelemente in der Zelle deutet darauf hin, dass sie an katalytischen Vorgängen beteiligt sind. So wirken die meisten Spurenelemente – die bis auf Jod und Bor Metalle sind – vorwiegend bei der Enzymkatalyse. Nahezu 30% aller Enzyme und alle Ribozyme (RNA-Enzyme ▶ Kap. 4.2.4) enthalten ein **Metallion** als wesentlichen Bestandteil. Enzyme, die Metallionen benötigen, können in zwei Gruppen eingeteilt werden:
- die Metallenzyme und
- die metallaktivierten Enzyme

Metallenzyme. Bei den **Metallenzymen** sind die Metallionen **fest** an bestimmte Stellen des Enzymproteins gebunden, sodass jedes Enzymmolekül eine bestimmte Anzahl von Metallionen besitzt. Diese können nur unter Verlust der katalytischen Aktivität des Enzyms entfernt werden. Unter günstigen Umständen kann die Aktivität des metallfreien Proteins (Apoenzyms) durch Zufügung des ursprünglichen Metallions wiederhergestellt werden. Von einigen seltenen Ausnahmen abgesehen, führt die Hinzufügung eines anderen Metalls nicht zur Wiederherstellung der enzymatischen Aktivität. Die Wechselwirkung zwischen dem jeweiligen Metall und dem Apoenzym muss demzufolge **hochspezifisch** sein. Metallenzyme enthalten häufig Übergangsmetalle wie Fe^{3+}, Fe^{2+}, Cu^{2+}, Zn^{2+} oder Mn^{2+}. Für bestimmte Reaktionstypen werden häufig spezifische Metallione benutzt so
- Cu^{2+} bei Oxidasen
- Zn^{2+} bei mehreren Dehydrogenasen und Hydrolasen
- Fe^{3+}/Fe^{2+} bei einer Reihe Elektronen-übertragender Enzyme und Oxygenasen

Metallaktivierte Enzyme. Die zweite Enzymgruppe, die Metallionen benötigt, wird von den metallaktivierten Enzymen gebildet. Bei ihnen ist das Metall nur **locker** an das Protein gebunden, auch hier ist es jedoch wichtig für die volle enzymatische Aktivität. Bei dieser Enzymgruppe kann das Metall bei der chemischen Reindarstellung vom Protein abgetrennt werden, ohne dass das metallfreie Protein seine Aktivität vollständig verliert. Diese weniger enge Bindung lässt vermuten, dass die Beteiligung des Metallions für die Aktivität des Enzymproteins von geringerer Bedeutung ist. Trotzdem weisen auch Enzymproteine dieses Typs eine hohe Spezifität für das betreffende Metallion auf. Zu den Metallen, die Enzyme aktivieren, gehören die Spurenelemente Eisen, Kupfer, Zink, Mangan, Molybdän und Kobalt sowie die Erdalkalimetalle Magnesium und Calcium und die Alkalimetalle Natrium und Kalium.

Metalle können in Proteinen strukturgebende Funktionen ausüben.

Außer ihrer katalytischen Funktion sind Metalle für eine Reihe von Proteinen zur Ausbildung der korrekten dreidimensionalen Struktur notwendig. Bekannte Beispiele sind die als Transkriptionsfaktoren wirkenden Zinkfingerproteine (▶ Kap. 8.5.2), oder das Calmodulin, welches nach Bindung von Calcium als Untereinheit der Phosphorylasekinase (▶ Kap. 25.4.5) wirkt.

! Metalloproteine dienen dem Transport oder der Speicherung von Metallen.

Spurenelemente können ihre Funktionen nur in Form der entsprechenden Ionen wahrnehmen. In freier Form sind diese jedoch häufig toxisch, da sie z.B. als Eisen- oder Kupferionen die Bildung reaktiver Sauerstoffspezies (▶ Kap. 15.3) fördern. Es gibt infolgedessen eine große Zahl von Proteinen, deren Funktion der Transport oder die Speicherung von Metallionen ist. Beispiele sind für den Eisenstoffwechsel das Transferrin für den extrazellulären Transport oder das Ferritin für die intrazelluläre Speicherung. Für den intrazellulären Transport zwischen einzelnen Kompartimenten dienen die sog. Metallochaperone, zu denen die verschiedenen Kupferchaperone, aber auch das für den mitochondrialen Eisentransport benötigte Frataxin gehören.

22.1.3 Klinische Bedeutung der Spurenelemente

! Der Mangel an Spurenelementen schädigt den Organismus.

Unzureichende Zufuhr von Spurenelementen verursacht Mangelzustände, so z.B. die Jodmangelstruma (Kropf in Jodmangelgebieten) oder die Eisenmangelanämie. Fluor beispielsweise wird therapeutisch zur Bekämpfung der Karies eingesetzt. Insbesondere in Gebieten, in denen Menschen an Protein- und Energiemangelernährung leiden, treten nicht selten Spurenelementmangelzustände auf. Auch bei der Ernährung des kranken Menschen, z.B. auf parenteralem Weg oder mit speziellen Diäten bei genetischen Stoffwechseldefekten, muss die ausreichende Versorgung mit Spurenelementen gesichert sein. Außerdem reduziert nach einer Reihe **epidemiologischer Studien** der Zusatz von Spurenelementen wie Selen zur Nahrung oder im Trinkwasser die Häufigkeit verschiedener Krankheiten (z.B. Krebserkrankungen und kardiovaskuläre Schäden).

! Spurenelemente schädigen bei Kumulation den Organismus.

Auf der anderen Seite wirken einige Spurenelemente bereits in geringen Mengen toxisch. Werden Eisen bzw. Kupfer aufgrund **angeborener genetischer Veränderungen** vermehrt aufgenommen bzw. nicht ausreichend ausgeschieden, kommt es zur Ablagerung dieser Spurenelemente mit konsekutiver Schädigung der Zelle.

Da Spurenelemente als Abfall industrieller Produktionsprozesse auftreten, besteht bei unzureichenden Vorsichtsmaßnahmen die Gefahr einer Umweltbelastung. So starben Hunderte von Japanern an der Itai-Itai-Krankheit, einer Vergiftung durch Cadmium, welches in den Abwässern einer Zinkraffinerie enthalten war, die zur Bewässerung von Reisfeldern verwendet wurden.

In Kürze

- Obwohl Spurenelemente nur in extrem geringen Mengen im Organismus (etwa 4% des Gesamtkörpergewichtes) vorkommen, sind sie für die Aufrechterhaltung der Gesundheit von enormer Bedeutung
- Diese geringen Mengen – von einigen Gramm bis zu weniger als 100 mg – deuten darauf hin, dass die Elemente an Katalysen von Protein- und RNA-Enzymen beteiligt sind
- 10 Spurenelemente sind essentiell, bei weiteren 10 ist dies noch nicht endgültig gesichert
- Erworbene Mangelzustände von Spurenelementen (Eisen, Jod) – bedingt durch unzureichende Nahrungszufuhr, reduzierte Bioverfügbarkeit oder vermehrten Verlust – verursachen Krankheiten (Anämie, Struma)
- Die genetisch bedingte gesteigerte intestinale Resorption (Eisen) oder mangelnde Ausscheidung (Kupfer) führt zur Akkumulation und damit zu schweren Zellschäden

22.2 Die einzelnen Spurenelemente

22.2.1 Eisen

 Eisen ist an Redoxreaktionen beteiligt.

Eisen ist das vierthäufigste aller Elemente und das häufigste Übergangsmetall auf der Erdoberfläche und in lebenden Organismen. Es nimmt an Redoxreaktionen durch Elektronenübergänge zwischen seiner oxidierten Fe^{3+} und reduzierten Fe^{2+}-Form teil. In der Natur tritt es vorzugsweise als Fe^{3+} auf, welches allerdings bei neutralem pH-Wert in Wasser praktisch nicht löslich ist. Für Aufnahme und Stoffwechsel des Eisens haben sich deshalb in allen Organismen komplexe Redox- und Transportsysteme entwickelt, durch die Eisen immer in gebundener Form vorliegt. Bei einem Eisenüberschuss entstehendes **freies Eisen** ist durch seine Neigung zu Redoxreaktionen toxisch: Fe^{2+} reagiert in der Fenton-Reaktion (▶ Kap. 15.3) mit H_2O_2 unter Bildung von Fe^{3+} und hochreaktiven **Hydroxylradikalen**. Diese können Membranlipide, Proteine oder Nucleinsäuren schädigen.

Seit Beginn dieses Jahrtausends sind eine Reihe von Genen und dazugehörigen Proteinen identifiziert worden, die den Zugang zum Verständnis der molekularen Grundlagen des Eisenstoffwechsels erlauben. Da die Funktion einzelner Proteine und vor allem auch die Wechselwirkungen zwischen ihnen noch nicht bekannt sind, sind die Vorstellungen von den molekularen Vorgängen des Eisenstoffwechsels noch stetigen Änderungen unterworfen.

! In Proteinen wirkt Eisen als Sauerstoff- oder Elektronentransporteur.

Eisen kann entweder über ein Porphyringerüst (Häm(o)-proteine) oder als Nichthäm-Eisen, meist in Form von Eisen-Schwefelzentren (▶ Kap. 15.1.2) an das Protein gebunden werden.

Während Metallionen normalerweise mit Anionen reagieren können, weist Eisen wie auch Kupfer die Besonderheit auf, dass es auch mit neutralen Molekülen wie Sauerstoff reagiert. Eisen ist deshalb Bestandteil des Hämoglobins, des für den Sauerstofftransport im Blut verantwortlichen Proteins (▶ Kap. 3.3.5, 29.2.2).

- In den **Hämproteinen** wird die Funktion des Hämgerüsts durch die Struktur des Proteins determiniert, in das es eingebaut ist: im **Hämoglobin** ist das Eisenporphyrin auf einer Seite des Gerüsts an Histidin gebunden, auf der anderen Seite bindet es molekularen Sauerstoff. Im **Cytochrom c** bindet es an Cystein und Methionin (▶ Kap. 15.1.2) und wirkt als Elektronentransporteur. Im **Cytochrom P450** bindet es zum einen Cystein, zum anderen Sauerstoff, der zur Hydroxylierung der jeweiligen Substrate verwendet wird (▶ Kap. 15.2.2)
- Bei den **Nichthämeisen-Proteinen** werden z.B. mehrere über Sulfidbrücken zusammengehaltene Eisenatome mit Cysteinresten des Proteins verbunden (z.B. Eisen-Schwefelzentren der Atmungskette ▶ Kap. 15.1.2). Einen Sonderfall stellt das **eisenregulatorische Protein** dar. Bei zellulärem Eisenmangel ist es ein mRNA-bindendes Protein, das die **Translation einer Reihe eisenabhängiger Proteine** beeinflusst. Ist die Zelle dagegen ausreichend mit Eisen versorgt, so nimmt das eisenregulatorische Protein ein Eisen-Schwefelzentrum auf. Dies geht mit dem Verlust seiner Fähigkeit einher, spezifische mRNA-Sequenzen zu binden. Stattdessen gewinnt das Protein Aconitase-Aktivität (▶ Kap. 14.2)

! Hämoglobin enthält fast zwei Drittel des Körpereisenbestandes.

Das Gesamtkörpereisen beträgt beim gesunden Menschen etwa 3000–5000 mg (54–90 mmol) bzw. 45 bis 60 mg (0,81–1,08 mmol)/kg Körpergewicht und ist – wie ◘ Tabelle 22.2 zeigt – auf verschiedene Fraktionen (Funktions-, Transport- und Depoteisen) verteilt. Etwa 65% sind im **Hämoglobin** gebunden, 4,5% im Myoglobin und 2% in Enzymen, die mit molekularem Sauerstoff (Cytochrom a/a_3, Dioxygenasen, Hydroxylasen, NO-Synthase) oder H_2O_2 (Peroxidasen, Katalasen) arbeiten und in allen Geweben vorkommen. Rund 10% des Eisens liegen in einer Form vor, bei der das Eisen nicht in einem Porphyringerüst, sondern direkt an die Peptidkette gebunden ist. Dies ist z.B. in dem Enzym **Ribonucleotid-Reduktase** (das Ribonucleotide in Desoxyribonucleotide umwandelt, ▶ Kap. 19.1.3) der Fall, was die Bedeutung von Eisen für die **Zellproliferation** erklärt.

Im Blutplasma erfolgt der Eisentransport in – nicht reaktiver – Bindung an das Protein **Transferrin**, in Geweben wird Eisen mit den Proteinen **Ferritin** und **Hämosiderin** gespeichert.

! Die molekularen Grundlagen der Eisenresorption im Dünndarm werden zunehmend besser bekannt.

Die Eisenresorption stellt einen komplexen Mehrschrittprozess dar, an dem verschiedene Proteine beteiligt sind. Vom Darmlumen muss Eisen die apikalen und basolateralen Membranen der **Dünndarm-Mukosazelle** passieren, um in das Blut zu gelangen. Dabei ist die Aufnahme im Duodenum am stärksten und nimmt Richtung Ileum kontinuierlich ab. Von dem mit der Nahrung zugeführten Eisen werden etwa 10% resorbiert, der Prozentsatz steigt mit der Höhe des Eisenbedarfs des Organismus bis auf 40% an. Der Großteil des Eisens in der Nahrung liegt als **dreiwertiges anorganisches Eisenion** (z.B. in Gemüse oder Getreide) oder als dreiwertige organische Eisenverbindung (Hämei-

◘ Tabelle 22.2. Absolute und relative Konzentrationen der Hämeisen- und der Nichthämeisen enthaltenden Eisenverbindungen bei Männern und Frauen mit optimalem Gesamtkörper-Eisenpool

Männer (70 kg)		Fe-haltige Fraktion	Menstruierende Frauen (60 kg)	
mg	% des Pools		mg	% des Pools
2800	66,1	Hämoglobin-Fe	2180	62,3
200	4,7	Myoglobin-Fe	150	4,2
10	0,2	Cytochrome, Katalasen, Peroxidasen	5	0,2
420	10	Nichthäm-Eisen	360	10,3
10	0,2	Transport-Fe (Transferrin)	5	0,2
800	18,8	Depot-Fe (Ferritin, Hämosiderin)	800	22,8
4240	100	Gesamtkörper-Fe-Pool	3500	100

sen, z.B. in rotem Fleisch) vor. Im sauren Milieu des Magens werden diese Verbindungen in freie Eisenionen und locker gebundenes organisches Eisen gespalten. Für die Aufspaltung sind sowohl die Magensalzsäure als auch organische Säuren (in Nahrungsmitteln und Verdauungssäften) von Bedeutung. Reduzierende Substanzen in Nahrungsmitteln, wie Sulfhydrylgruppen-enthaltende Aminosäuren (Cystein in Proteinen) oder vor allem Ascorbinsäure (z.B. in Fruchtsäften) sowie eine mit der Mukosaoberfläche assoziierte **Ferrireduktase** (auch als Dcytb für duodenales Cytochrom b bezeichnet) wandeln dreiwertiges Eisen in die **zweiwertige Form** um, in der es besser löslich und damit besser resorbierbar ist. Die Resorption des mit der Nahrung angebotenen anorganischen Eisens läuft in **drei Phasen** ab:

- die Aufnahme, der Import aus dem Darmlumen in die Mukosazelle (luminaler Transfer)
- den proteinvermittelten **transzellulären Transport** und
- die Abgabe, der **Export an das Eisentransportsystem im Blutplasma** (basolateraler Transfer)

Die Aufnahme in die Mukosazelle erfolgt über den transmembranären Transporter für zweiwertige Metalle **DMT1** (Divalenter Metall-Transporter 1, auch als NRAMP-2 oder ***n****atural* ***r****esistance* ***a****ssociated* ***m****acrophage* ***p****rotein* bezeichnet), der neben Eisen auch andere **zweiwertige** Metalle wie Mangan, Kobalt, Kupfer, Cadmium und Blei transportiert (◘ Abb. 22.2). Die Bedeutung von DMT1 wird u.a. durch eine sehr seltene Mutation belegt, die zu einer Eisenmangelanämie führt.

In der Mukosazelle hat Eisen zwei potentielle Schicksale: es kann im **Ferritin**, einem Eisenspeicherprotein (▶ u.), gespeichert (und in die Faeces ausgeschieden werden, wenn das alternde Darmepithel nach 48 Stunden abgeschilfert wird) oder mit dem *shuttle*-Protein **Mobilferrin** zur basolateralen Membran transportiert werden.

In die Zelle aufgenommenes **Hämeisen** wird wahrscheinlich durch die Hämoxygenase (▶ Kap. 20.3) aus dem Porphyringerüst freigesetzt und in den Mobilferrin-*shuttle* eingeschleust.

Als Exporter auf der basolateralen Membran wirkt ein Komplex aus dem Metalltransporter **Ferroportin**, der auch als IREG (*iron regulated protein)* bezeichnet wird und **Hephaestin**, einem Caeruloplasmin-ähnlichen Protein, das Fe^{2+} wieder zu Fe^{3+} oxidiert. Von diesem System wird das Eisen auf das Eisentransportprotein des Plasmas, **Transferrin** (▶ unten), übertragen und mit diesem über die Pfortader in die Leber transportiert. Die Menge des in der Membran der Mukosazelle vorhandenen Ferroportins bestimmt das Schicksal des Eisens: bei **hohem Gehalt an Ferroportin** wird Eisen in das Pfortaderblut abgegeben, bei **niedrigem Ferroportingehalt** verbleibt es in der Mukosazelle und geht mit ihr im Stuhl verloren (▶ unten).

Ferroportin ist der einzige Eisentransporter, der für den zellulären **Eisenexport** verwendet wird. Es wird daher

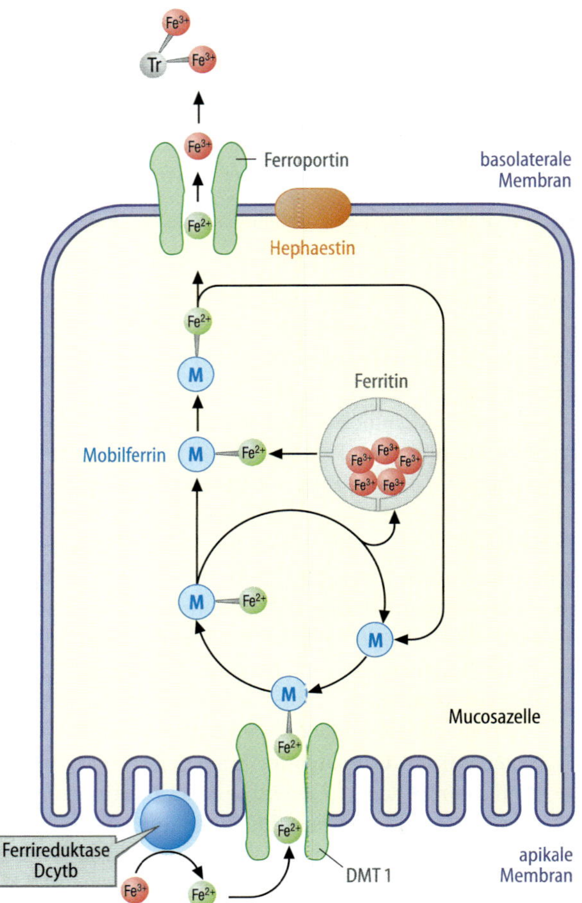

◘ **Abb. 22.2. Intestinale Eisenresorption.** Entscheidende Proteine sind Ferrireduktase (Dcytb), Mobilferrin, Ferritin und der Ferroportin (IREG)/Hephaestin-Komplex; Tr = Transferrin. (Einzelheiten ▶ Text)

außer in den Zellen der intestinalen Mukosa v.a. in Eisen-speichernden Zellen exprimiert, z.B. in Makrophagen oder Hepatozyten.

! Die Eisenresorption wird durch die veränderte Expression von Proteinen der Dünndarmmukosa reguliert.

Durch Änderung der Genexpression aller beteiligten Proteine wird die Eisenresorption reguliert. Bei einem nahrungsbedingten Eisenmangel kommt es zu einer Stimulation der Expression der Gene für DMT1, Dcytb (jeweils auf das etwa 10-fache) und Ferroportin (auf das 2–3-fache). Auf der anderen Seite bewirken hohe orale Eisendosen die *downregulation* der apicalen Ferrireduktase Dcytb und des DMT1, sodass die Mukosazellen gegenüber zusätzlichem Eisen resistent werden (sog. Mukosablock). Die Regulation erfolgt über eisenempfindliche Elemente, die in den mRNAs von DMT1 und Ferroportin enthalten sind (▶ unten).

! Eisen wird im Blutplasma an Transferrin gebunden.

Aus der Mukosazelle freigesetztes Eisen wird im Blutplasma an Transferrin, das für den Eisentransport verantwortliche

Protein, gebunden. Die Proteinbindung ist deshalb notwendig, weil das dreiwertige Eisen im wässrigen Medium nur eine sehr begrenzte Löslichkeit besitzt und bei physiologischem pH-Wert zur Polymerisation neigt.

Das Eisentransportprotein Transferrin ist ein Glycoprotein mit einer Molekülmasse von 79,5 kDa, das elektrophoretisch mit dem β_1-Globulin wandert und von dem bisher über 20 genetische Varianten bekannt sind. Außerdem kann es unterschiedlich glycosyliert sein; da Alkoholabusus zu einer Hemmung der Glycosylierung führt, kann die Bestimmung des sog. **CD** (*Carbohydrate Deficient*)-**Transferrins** zur seiner Diagnose herangezogen werden.

Jedes Transferrinmolekül bindet – unter der gleichzeitigen Aufnahme eines Hydrogencarbonatanions – **zwei Atome dreiwertiges Eisen**. Wahrscheinlich ist mit der Eisenbindung eine Konformationsänderung des Proteins verbunden, die dazu führt, dass eisenbeladenes Transferrin leichter an die Membran der Zelle, an die Eisen abgegeben werden soll, gebunden werden kann. Für die Membranbindung ist offenbar auch der Kohlenhydratanteil des Moleküls von Bedeutung.

Die Transferrinkonzentration im Plasma beträgt 220–370 mg/100 ml (26–42 µmol/l). Die Gesamtmenge von 7 bis 15 g Transferrin ist beim erwachsenen Menschen etwa zu gleichen Teilen auf Plasma und Interstitialraum verteilt. Durch seine Funktion als Transporteur des Eisens im Blut dient Transferrin auch als Puffer **zum Schutz der Gewebe** vor der toxischen (d.h. oxidierenden) Wirkung freier Eisenionen und verhindert außerdem den Verlust von Eisen in den Urin.

! Aus Eisen- und Transferrinkonzentration errechnet sich die Eisen-Transferrin-Sättigung.

Wie der überwiegende Teil der Plasmaproteine wird Transferrin in der Leber gebildet und zirkuliert im Blut mit einer Halbwertszeit von 8 bis 10 Tagen. Der normale Gehalt des proteingebundenen Eisens im Plasma liegt

- bei Männern zwischen 60 und 160 µg/dl (10–29 µmol/l) und
- bei Frauen zwischen 40 und 150 µg/dl (7–27 µmol/l)

Damit beträgt die Gesamteisenmenge im Blutplasma etwa 3–4 mg (54–72 µmol).

Da die Plasmaeisenkonzentration tageszeitlichen Schwankungen unterworfen ist (morgens sind die Werte am höchsten, abends am niedrigsten), soll die Blutabnahme zur Eisenbestimmung immer morgens und nüchtern erfolgen.

Die Transferrinkonzentration wird mit immunchemischen Methoden bestimmt. Da ein Molekül Transferrin zwei Fe^{3+}-Ionen bindet, errechnet sich bei einem Molekulargewicht von etwa 79,5 kDa eine Bindungsfähigkeit von etwa 1,41 mg Eisen/mg Transferrin. Hieraus folgt für die Errechnung der **prozentualen Eisen-Transferrin-Sättigung**.

$$\text{Fe-Transferrin-Sättigung (\%)} = \frac{\text{Plasmaeisen } (\mu g/dl) \cdot 100}{\text{Transferrin } (mg/dl) \cdot 1{,}41}$$

Bei einem Normalbereich des Transferrins von 220 bis 370 mg/100 ml beträgt die normale Eisen-Transferrin-Sättigung des Erwachsenen etwa 20–40%. Eine Erhöhung der Eisen-Transferrin-Sättigung bei Nüchtern-Blutabnahme zeigt deshalb eine Überladung des Organismus mit Eisen, eine Erniedrigung einen Mangel an (► unten).

! Nach Aufnahme in die Zelle recyclisiert der Transferrinrezeptor in die Plasmamembran.

Rund 70–90% des an Transferrin gebundenen Eisens werden durch die Erythrozytenvorstufen im Knochenmark für die **Hämoglobinbiosynthese** verbraucht, der Rest wird für die Biosynthese von Enzymen und Coenzymen verwendet oder wandert in die Eisenspeicher ab. In den Zellen, die das Transferrin gebundene Eisen in großen Mengen aufnehmen (Erythroblasten, Leberzellen, Makrophagen (auch Kupffer-Zellen der Leber), Syncytiotrophoblasten der Placenta während der Schwangerschaft (► unten) sowie proliferierende Zellen verschiedener Gewebe wie z.B. den Tubuli seminiferi des Hodens), wird Transferrin an einen spezifischen Membranrezeptor, den **Transferrin-Rezeptor 1**, TfR1, gebunden, der aus zwei identischen Untereinheiten mit einer Molekülmasse von jeweils etwa 90 kDa besteht (■ Abb. 22.3). Der N-terminale Anteil (mit 61 Aminosäuren) des Transferrinrezeptors ist in das Cytosol gerichtet, an das hydrophobe transmembranäre Segment schließt sich der extrazelluläre C-terminale Anteil mit 671 Aminosäuren an, in dem die beiden Proteinuntereinheiten über eine Disulfidbrücke covalent verbunden sind. An den Transferrinrezeptor gebundenes Transferrin wird von der Zelle zusammen mit dem Rezeptor durch Endozytose aufgenommen. Durch Ansäuerung des Endosomeninhalts löst sich die Bindung des Eisens an den Transferrin/TfR-1-Komplex, es wird zu Fe^2 reduziert und durch den DMT1 ins Cytosol transportiert. Der Transferrin/TfR-1-Komplex wird nicht lysosomal abgebaut, sondern durch Exozytose in die Plasmamembran verlagert, wo eine Freisetzung von Transferrin erfolgt.

In einzelnen Zellen (Hepatozyten, duodenale Kryptenzellen, Erythroblasten) kommt zusätzlich ein mit TfR1 homologer Rezeptor, der **TfR2** vor: dieser hat eine geringere Affinität zu Transferrin (1/25), weist eine hohe Expression in Hepatozyten auf und wird nicht durch Eisenüberladung des Hepatozyten downreguliert. Da Mutationen des TfR2-Gens zu einer Eisenüberladung führen, wird eine Funktion des Rezeptors als Eisen-Sensor diskutiert. Möglicherweise entfaltet TfR2 seine Wirkung über eine Modulation der Expression von Hepcidin (► u.).

Mit dem TfR1 ist das HFE-Protein assoziiert, dessen Funktionsausfall durch Mutation für die Hämochromatose

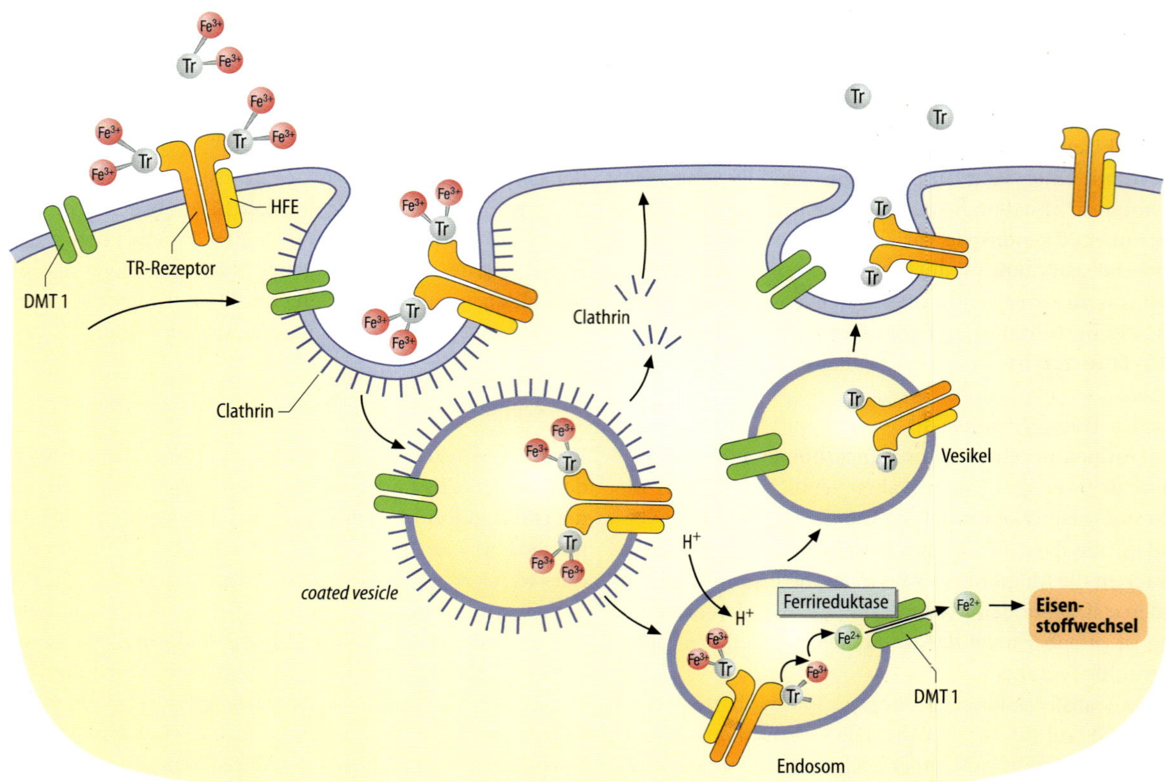

Abb. 22.3. Aufnahme von Eisen in eine Zelle über den Transferrin-Rezeptor-1, der einen Komplex mit dem HFE-Protein bildet. Nach Bindung des Eisens wird der Rezeptor in Endosomen internalisiert. Durch Ansäuerung wird Eisen freigesetzt und an die Zelle abgegeben; der Transferrin-Rezeptor-1 kehrt anschließend wieder in die Zellmembran zurück. Tr = Transferrin. (Einzelheiten ► Text)

verantwortlich ist. HFE ist ein MHC-I-ähnliches Molekül, welches an β_2-Mikroglobulin bindet und einen Komplex mit dem Transferrinrezeptor bildet. Dadurch wird die TfR1-vermittelte Eisenaufnahme in die Zelle stimuliert (Abb. 22.3).

Der Eisenstoffwechsel steht unter der hormonellen Regulation durch Hepcidin.

Viele Jahrzehnte war nicht bekannt, wie der Eisenstoffwechsel reguliert wird. In den letzten Jahren hat eine Reihe von Beobachtungen zu der Annahme geführt, dass **Hepcidin** das Schlüsselmolekül der Regulation des Eisenstoffwechsels darstellt. Hepcidin ist ein kleines Peptidhormon aus 25 Aminosäuren mit 4 Disulfidbrücken, das in der Leber (»Hep«) gebildet wird, im Plasma zirkuliert und in den Urin ausgeschieden wird. Unter *in vitro* Bedingungen wirkt es auch antimikrobiell (»cidin«). Das Hormon reguliert die intestinale Eisenresorption, die Eisenrecyclisierung durch Makrophagen und die Eisenfreisetzung aus der Leber. Diese Wirkung wird über eine Hemmung des **Ferroportin** vermittelten Eisenexports erzielt (Abb. 22.4). Dabei bindet Hepcidin an Ferroportin, welches internalisiert und abgebaut wird. Dadurch kann kein Eisen mehr exportiert werden. Bei ausreichenden Eisenspeichern oder einem hohen Sauerstoffangebot wird Hepcidin von der Leber produ-

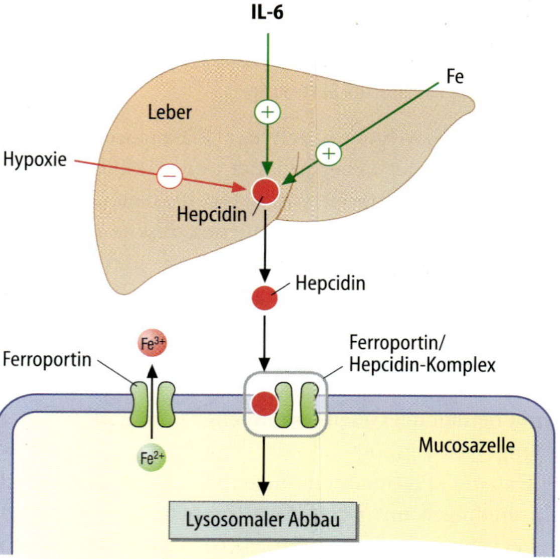

Abb. 22.4. Funktion des Hepcidins bei der Eisenresorption. Das von der Leber sezernierte Hepcidin bindet an das Ferroportin der Mukosazellen, was zu dessen Internalisierung und anschließendem Abbau führt. Die Hepcidinsekretion durch die Leber wird bei Hypoxie gehemmt und damit die Eisenresorption gesteigert. Eisenüberschuss sowie die Interleukine IL-2 und v.a. IL-6 sind Stimulatoren der Hepcidinsekretion und damit Hemmstoffe der Eisenresorption

ziert, allerdings ist über die beteiligten Signaltransduktionswege nichts bekannt. Bei leeren Eisenspeichern ist die Hepcidinproduktion in der Leber dagegen gehemmt, sodass Ferroportinmoleküle an der basolateralen Membran stark exprimiert werden und Eisen auf Transferrin übertragen. Über einen ähnlichen Mechanismus reguliert Hepcidin die Freisetzung von Eisen aus Makrophagen. Das kürzlich identifizierte Protein **Hämojuvelin (HJV)** soll die Hepcidinproduktion modulieren.

Die Synthese von Hepcidin steht auch unter dem Einfluss von **Interleukin-6**, welches zu einem Hepcidinanstieg im Plasma führt. Die dadurch herbeigeführte Blockierung der Eisenfreisetzung aus Speichern erklärt den häufig bei Entzündungen beobachteten Abfall der Serumeisenkonzentration und Fe-Transferrin-Sättigung.

Ferritin ist der Eisenspeicher im Organismus.

Das nicht für die Biosynthese von Hämoglobin und anderen wichtigen Proteinen verwendete Eisen wird erst als Fe^{3+} im **Ferritin** (25 Gewichtsprozent Fe) und – wenn der Ferritinspeicher gefüllt ist – als **Hämosiderin** (35 Gewichtsprozent Fe) abgelagert. Diese Speicherproteine finden sich v.a.

- in den Zellen des Leberparenchyms und
- in den retikuloendothelialen Zellen von Knochenmark, Milz und Leber und
- in der Dünndarmmukosa

Benötigt der Organismus vermehrt Eisen, so kann das Metall aus dem mukosalen Ferritinspeicher mobilisiert werden. Ist der Eisenbedarf des Organismus gedeckt, so geht das mukosale Ferritin nach zwei bis drei Tagen mit der **physiologischen Desquamation** der Darmepithelien verloren. Das Ausmaß der Eisenresorption steigt mit fallendem Gesamtkörpereisenbestand, der indirekt durch die Konzentration des auch im Plasma nachweisbaren Ferritins bestimmt werden kann. Mit zunehmender Verringerung des Plasmaferritinspiegels wird ein höherer Prozentsatz einer konstanten Menge oral zugeführten Eisens resorbiert (Abb. 22.5).

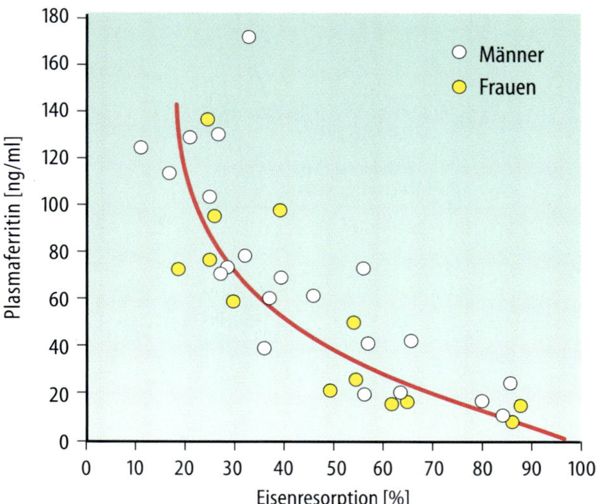

Abb. 22.5. Verhältnis zwischen dem Ausmaß der Eisenresorption und der Menge des Gesamtkörpereisens, die indirekt durch Bestimmung des Plasmaferritins ermittelt wurde. Die Eisenresorption wurde durch eine Gesamtkörpermessung nach Gabe von 10 µmol Eisenascorbinsäure quantifiziert. (Nach Valberg L.S. et al. 1976)

Apoferritin ist ein Protein mit einem Molekülmasse von 440 kDa, das aus 24 Untereinheiten besteht, die insgesamt bis zu 4500 Eisenatome aufnehmen können. Das Protein besteht aus zwei verschiedenen Untereinheiten, den sauren leichten **L-Ketten** und den basischen schweren **H-Ketten**. Die in verschiedenen Geweben synthetisierten Ferritine weisen eine **Mikroheterogenität** auf, d.h. es existieren Isoferritine mit verschiedenen antigenen Eigenschaften und isoelektrischen Punkten (► Kap. 3.1.3). Dieser Mikroheterogenität liegt eine unterschiedliche Zusammensetzung aus L- und H-Ketten zugrunde. Leber- und Milzferritin haben ihren isoelektrischen Punkt im Basischen (höherer Anteil an H-Ketten), während Ferritine aus Herz, Nieren, Placenta und Tumoren einen sauren isoelektrischen Punkt aufweisen (höherer Anteil an L-Ketten). Alle Gewebe setzen Ferritine **in Abhängigkeit von ihrem Eisengehalt** in das Blut frei. Beim gesunden Erwachsenen beträgt die Gesamt-Ferritinkonzentration im Serum (entsteht nach der Blutabnahme aus Plasma) zwischen 20 und 200 ng/ml (Frau) bzw. 30 und 300 ng/ml (Mann). Ein auf unter 30 ng/ml reduzierter Ferritinwert zeigt zuverlässig eine Erschöpfung der Gesamtkörpereisenreserven an. Auf der anderen Seite ist das Ferritin bei **Eisenüberladung** (Hämochromatose, ► u.) auf Werte von über 300 ng/ml erhöht. Die Ferritinbestimmung ist ein besserer **Indikator für den Gesamt-Körpereisenbestand** als die Bestimmung der Serum-Eisen-Konzentration (die nur Information über den Eisengehalt des Blutes gibt).

Beim Eisenmangel bzw. bei -überladung korrelieren die Plasmaferritinspiegel mit den jeweils bestehenden Gesamtkörpereisenreserven. Bei einzelnen Konstellationen wie Lebererkrankungen, akuten Entzündungen, Tumoren und genetischen Erkrankungen ist diese Korrelation jedoch aufgehoben, da Ferritin

- bei **Leberzellschädigung** vermehrt aus den Hepatozyten freigesetzt wird
- als **Akutphase-Protein** (► Kap. 29.6.4) bei Entzündungen und Infekten vermehrt synthetisiert wird
- von **Tumorzellen** vermehrt gebildet werden kann
- beim sog. **Hyperferritin-Katarakt-Syndrom** durch eine genetisch bedingte Überproduktion von Ferritin L-Ketten vermehrt synthetisiert wird und in der Linse abgelagert wird

Als Substrat für die Eisenspeicherung im Ferritin dient Fe^{2+}. Dieses wird durch eine Ferrooxidaseaktivität des Ferritins zu Fe^{3+} oxidiert:

$$2Fe^{2+} + O_2 + 4H_2O \rightarrow 2FeO(OH) + H_2O_2 + 4H^+$$

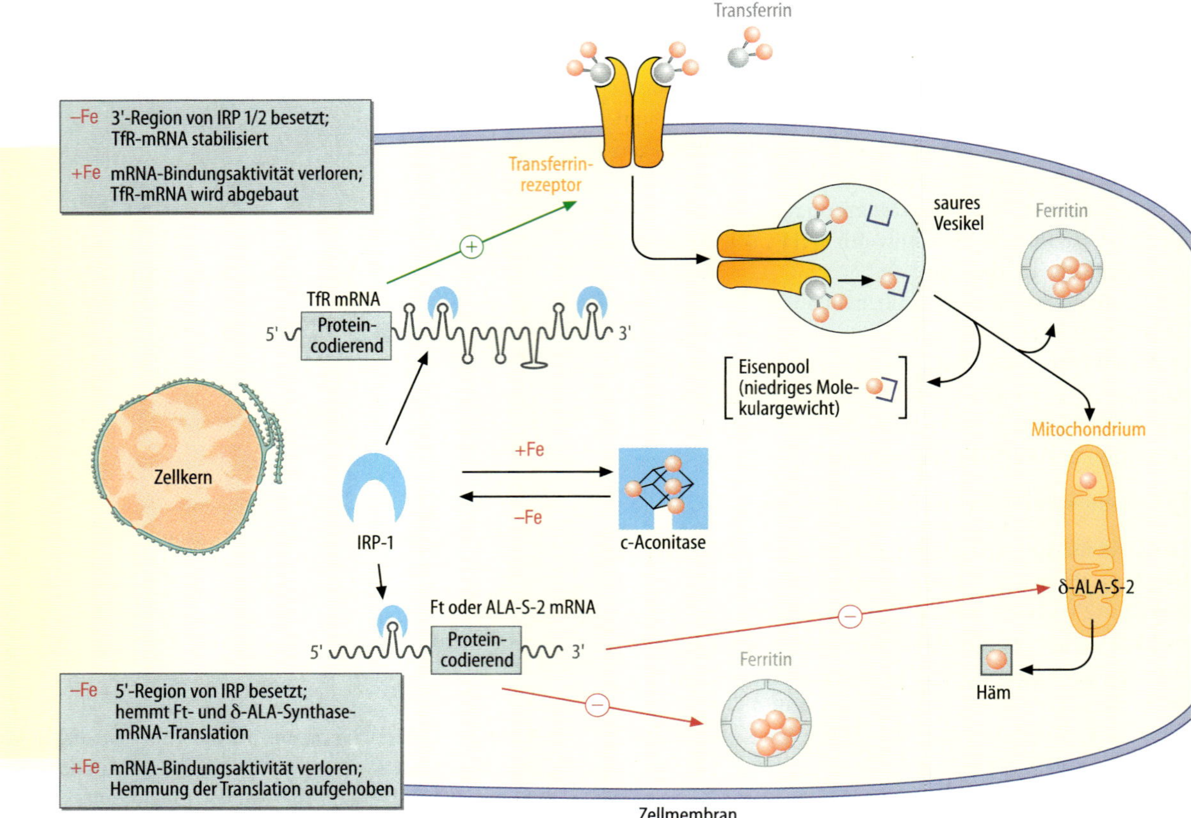

Abb. 22.6. Funktion von IRP-1 und IRP-2 für die intrazelluläre Eisenhomöostase. TfR = Transferrinrezeptor; Ft = Ferritin; δ-ALA-2-S = δ-ALA-Synthase-2. (Nach O'Halloran 1993)

Die Menge des auf diese Weise im Ferritin als Fe^{3+} gespeicherten Eisens beträgt bei gesunden Erwachsenen etwa 1500 mg (27 mmol). Der Mechanismus der Eisenfreisetzung aus Ferritin ist noch nicht genau bekannt. Sehr viele Befunde sprechen dafür, dass Ferritin zur Eisenfreisetzung lysosomal abgebaut werden muss. Da das freigesetzte Fe^{3+} praktisch unlöslich ist, muss es durch Ferrireduktasen reduziert werden und steht dann dem Eisenstoffwechsel zur Verfügung. Für den Eisenexport mit Hilfe von Ferroportin ist allerdings eine erneute Oxidation mit Hilfe der Ferrooxidase Hephaestin notwendig.

Bei der als **Caeruloplasmin** bezeichneten Ferrooxidase (Ferooxidase I) handelt es sich um ein heterogenes, d.h. in genetischen Varianten existierendes Glycoprotein, das aus 8 Untereinheiten besteht. Es wird in der Leber synthetisiert und ans Plasma abgegeben. Da die Ferrooxidase I ein Kupferenzym ist, stellt sie die molekulare Verbindung von Eisen- und Kupferstoffwechsel dar. Etwa 80% des Plasmakupfers finden sich im Caeruloplasmin. Sein *knockout* führt allerdings bei Mäusen zu keinerlei Störung des Kupferstoffwechsels. Caeruloplasmin oxidiert auch aromatische Diamine wie Adrenalin, Noradrenalin, Serotonin und Melatonin. Es soll deshalb an der Regulation des Plasmaspiegels dieser Amine beteiligt sein. Ein weiteres Enzym, die **Ferrooxidase II**, oxidiert ebenfalls Eisen, aber nicht Diamine.

Hämosiderin ist wahrscheinlich ein Kondensationsprodukt von Apoferritin und Zellbestandteilen wie Nucleotiden oder Lipiden. Aus beiden Depots wird Eisen bei Blutverlusten und erhöhter Erythrozytenneubildung abgegeben. Während das Metall aus Ferritin rasch mobilisiert werden kann, ist Eisen aus dem Hämosiderin jedoch wesentlich schwerer mobilisierbar.

! Die Regulation des zellulären Eisenstoffwechsels erfolgt über eisenregulatorische Proteine.

Die Aufnahme, Speicherung und intrazelluläre Verwertung von Eisen, z.B. in den Hämoglobin produzierenden Erythroblasten des Knochenmarks wird durch die konzertierte Biosynthese von Transferrinrezeptoren (TfR1), der L- und H-Ketten des Ferritins, des Ferroportins und der δ-ALA-Synthase-2 (► Kap. 20.1.2) bestimmt. Verantwortlich hierfür sind **eisenregulatorische Proteine** (*iron regulatory proteins*, IRP-1 und IRP-2), welche die Translation der mRNA für die genannten Proteine modulieren (Abb. 22.6). Bei einer niedrigen intrazellulären Eisenkonzentration binden IRP's an **eisenregulatorische Elemente** (*iron regulatory elements*, IRE´s). Es handelt sich um mRNA-Abschnitte von etwa 30 Basen Länge, die sich im Fall der Ferritin-, δ-ALA-Synthase-2 und des Ferroportins in der 5'-nichttranslatierten Region der mRNA und im Fall der Transferrinrezeptor1-

mRNA in der 3'-nichttranslatierten Region befinden. Die Bindung von IRP's am 5'-Ende verhindert die Initiation am Ribosom und hemmt damit die Translation der Ferritin-, Ferroportin- und δ-ALA-Synthase-2-mRNA. Durch Bindung von IRP an das IRE am 3'-Ende der mRNA des Transferrinrezeptors wird deren Stabilität erhöht, was zu einer gesteigerten Translation dieser mRNA führt. Damit wird vermehrt Transferrinrezeptor1 synthetisiert, sodass die Zelle die Eisenaufnahme erhöhen kann. Ist der intrazelluläre Eisenspiegel angestiegen, so verliert das IRP seine RNA-Bindungsaktivität, sodass die Translation von Ferritin und δ-ALA-Synthase-2 erhöht werden kann. Damit kann das aufgenommene Eisen intrazellulären Speichern und der Hämsynthese zugeführt werden (◘ Abb. 22.6). Beim IRP-1 geht dieser Verlust der Bindungsfähigkeit an die mRNA mit der Aufnahme eines **Eisen-Schwefelclusters** (◘ Abb. 15.7) einher. Interessanterweise gewinnt das Protein damit Aconitase-Aktivität, kann also Citrat in Isocitrat überführen (▶ Kap. 14.2). Tatsächlich entspricht das IRP-1 der cytosolischen Isoform der Aconitase, über deren Bedeutung lange Zeit keine Klarheit herrschte. IRP-2 wird bei ausreichendem zellulären Eisengehalt vermehrt proteolytisch abgebaut.

! Der physiologische Eisenverlust ist extrem niedrig.

Eine Besonderheit des Eisenstoffwechsels ist die Unfähigkeit des Organismus, größere Eisenmengen auszuscheiden. Der Mann und die Frau nach der Menopause scheiden etwa 1–2 mg (18–36 µmol) pro Tag aus. Damit ist die Bilanz von Resorption und Ausscheidung ausgeglichen. Das Eisen geht im Organismus mit der Desquamation von Darmepithel- und Hautzellen, in Urin, Galle und Schweiß verloren. Das im Stuhl enthaltene Eisen stammt hauptsächlich aus dem Ferritin der Darmepithelzellen, die nach einer Lebensdauer von 2 bis 3 Tagen von der Zottenspitze abgestoßen werden. Im strengen Sinne handelt es sich nicht um eine Ausscheidung, da dieses Eisen nur vorübergehend in den Organismus aufgenommen wurde.

Größere Eisenverluste treten bei **Blutungen** durch die damit verbundenen Hämoglobinverluste auf. Da **1 g Hämoglobin** 3,4 mg Eisen (oder 1 mol Hämoglobin 4 mol Eisen) besitzt, enthält 1 ml Blut mit einer Hämoglobinkonzentration von 15 g/100 ml (2,3 mmol/l) ungefähr 0,5 mg (9 µmol) Eisen. Mit der **Menstruation** gehen etwa 25–60 ml Blut verloren, wodurch 12,5–30 mg (225–540 µmol) Eisen im Monat ausgeschieden werden. Von großer Bedeutung ist auch der bei der Schwangerschaft eintretende Eisenverlust, der etwa 300 mg (5,4 mmol) beträgt. Den größten Teil dieses Verlusts stellt dabei das dem Fetus über die Placenta zugeführte Eisen dar. Hinzu kommen der Blutverlust während der Geburt und der Eisenverlust durch die anschließende Stillzeit. Dieser Eisenverlust wird aber dadurch nahezu kompensiert, dass die Menstruation nach der Schwangerschaft einige Monate ausbleibt.

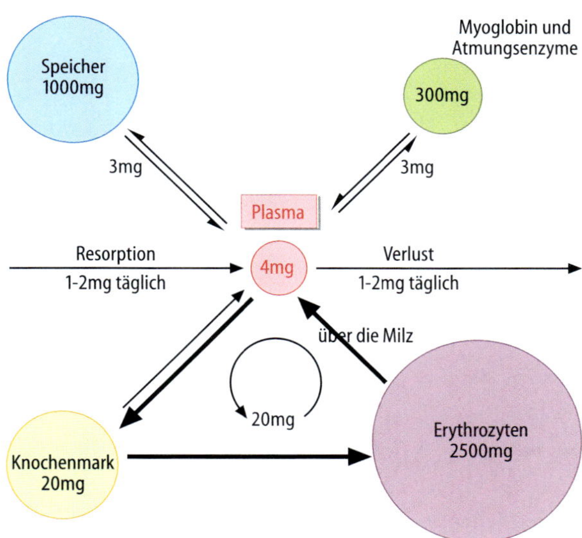

◘ **Abb. 22.7. Übersicht über den täglichen Eisenumsatz im menschlichen Organismus.** (Einzelheiten ▶ Text)

! Das Plasmaeisen ist die Drehscheibe des Eisenstoffwechsels.

Da Eisen zu den wenigen Elementen gehört, die in nur äußerst geringen Mengen ausgeschieden werden, hält der Organismus aufgenommenes Eisen sehr lange fest. Beim Mann ist intravenös injiziertes radioaktives Eisen etwa 12 Jahre im Organismus nachweisbar. Um die Bilanz aufrechtzuerhalten, muss der Organismus nur 1–2 mg (18–36 µmol) Eisen resorbieren (◘ Abb. 22.7) Das Plasmaeisen [4 mg (72 µmol)] stellt die **Drehscheibe des Eisenstoffwechsels** dar, über die Resorption und Ausscheidung mit dem inneren Eisenstoffwechsel verbunden sind. Da der normale Erythrozyt eine Lebensdauer von 120 Tagen besitzt, werden täglich etwa 0,8% der zirkulierenden Erythrozyten in der Milz abgebaut und im Knochenmark neu synthetisiert. Da – wie oben erwähnt – 1 ml Blut etwa 0,5 mg (9 µmol) Hämoglobin gebundenes Eisen enthält, besitzt der gesunde Erwachsene in seinen 5 Litern Blut 2500 mg (45 mmol) Hämoglobineisen. Von dieser Menge werden 0,8%, d.h. 20 mg (360 µmol), täglich beim Hämoglobinabbau und -aufbau umgesetzt. Zusammen mit den 5 mg (90 µmol) für den Umsatz an Enzym- und Speichereisen ergibt dies einen **täglichen Umsatz von 25 mg (450 µmol)**.

! 10 mg Eisen müssen zur Deckung des Tagesbedarfs oral aufgenommen werden.

Geht man davon aus, dass der tägliche Eisenverlust bei gesunden Männern 0,5–1 mg (9–18 µmol) beträgt, so sollte täglich dieselbe Menge resorbiert werden, um eine ausgeglichene Bilanz aufzuweisen. Bei menstruierenden und schwangeren Frauen sowie während des Wachstums erhöht sich dieser Wert (◘ Tabelle 22.3). Da das Eisen der meisten Nahrungsmittel zu 5–10% resorbiert wird, muss die zuge-

Tabelle 22.3. Täglicher Eisenbedarf und notwendige tägliche Eisenzufuhr für verschiedene Altersgruppen (1 mg Eisen = 18 µmol Eisen)

	Täglicher Eisenbedarf [mg]	Notwendige tägliche Eisenzufuhr bei einer Resorption von 10 % [mg]
Männer	0,5–1,0	5–10
Menstruierende Frauen	1,0–2,0	10–20
Schwangere Frauen	2,0–4,0	20–40
Jugendliche	1,5–3,0	15–30
Kinder	0,5–1,5	5–15
Kleinkinder	9–27	90–270

führte Menge etwa das Zehn- bis Zwanzigfache betragen. Fleisch ist der beste Eisenlieferant.

! Chronische Eisenüberladung führt zur Störung der Zellfunktion.

Die Überladung des Organismus mit einem Stoff ist Folge einer gestörten Bilanz, die entweder durch eine übermäßige Zufuhr oder eine verringerte Ausscheidung zustande kommt. Als Ursache für die Überladung des Organismus mit Eisen kommt jedoch nur eine erhöhte Aufnahme in Frage, da die Ausscheidung dieses Elements sehr gering ist. Überschüssiges Eisen wird zunächst als Hämosiderin in den Makrophagen des retikuloendothelialen Systems abgelagert, ohne dass dadurch Parenchymschäden hervorgerufen werden. Durch häufige Erythrozytentransfusionen kann eine **Hämosiderose** hervorgerufen werden, da mit einem 500 ml Erythrozytenkonzentrat 250 mg (4,5 mmol) Eisen zugeführt werden.

Wird Eisen jedoch in den Parenchymzellen abgelagert und schädigt das Gewebe, so spricht man von einer **Hämochromatose**. Damit wird eine Gruppe angeborener Krankheiten bezeichnet, die sich durch eine mit der Geburt beginnende langsame Eisenakkumulation auszeichnen. Bei Hämochromatosen kann der Gesamteisenbestand des Organismus von normalerweise 3000–5000 mg (54–90 mmol) auf 20000–40000 mg (360–720 mmol) erhöht sein.

Die autosomal rezessive **Hämochromatose Typ I** stellt nicht nur die häufigste Eisenüberladung, sondern mit einer Inzidenz von 1:225 auch die häufigste genetische Erkrankung in Nordeuropa dar. Laborchemisch ist sie an einer erhöhten Eisen-Transferrin-Sättigung erkennbar, die eine kontinuierliche Vergrößerung des Plasma-Eisen-Pools anzeigt. Ursache sind Mutationen im **HFE-Gen** (hauptsächlich Homozygotie für Cys282Tyr oder His63Asp), die zu einer Steigerung der intestinalen Eisenresorption führen. Allerdings ist der molekulare Mechanismus dieser Störung noch nicht geklärt. Als Folge wird Eisen in fast allen Organen, insbesondere aber in Hepatozyten, endokrinem Pankreas, Myokard, Hypophyse, Gelenken und Hoden abgelagert. In der Leber bewirkt die toxische Wirkung des Eisens (Fenton-Reaktion, ▶ Kap. 15.3) eine Zellschädigung, die in eine Fibrose übergehen kann. Aus dieser können sich eine Cirrhose und ein Karzinom entwickeln. Eisenablagerungen können die Entwicklung eines Diabetes mellitus, eine Herzmuskelschwäche (Cardiomyopathie) und eine Arthropathie begünstigen. Da ein Teil der Schäden reversibel ist, sollte bei Diabetikern eine Hämochromatose als mögliche Ursache ausgeschlossen werden.

Die vermehrte Eisenablagerung in der Leber kann

- invasiv durch **Leberbiopsie** (mit anschließender quantitativer Eisenbestimmung in der Probe) oder
- nichtinvasiv mit dem sog. **SQUID-Biosuszeptometer** (in Deutschland nur am Universitätsklinikum Eppendorf Hamburg verfügbar) quantifiziert werden, welches das durch Eisen induzierte Magnetfeld über der Leber misst

Vorteil der Leberbiopsie ist, dass auch eine Faserbildung bei der histologischen Beurteilung miterfasst wird, Vorteil der SQUID-Methode ist, dass es sich um ein nichtinvasives Verfahren handelt, das den Eisengehalt der gesamten Leber erfasst (und nicht nur in der »Stichprobe« der Biopsie) und mit dem leichter Verlaufsuntersuchungen möglich sind.

Da sich die Folgen der genetischen Konstellation über viele Jahrzehnte entwickeln, muss die tägliche Eisenresorption von normalerweise 1–2 mg (18–36 µmol) auf das Doppelte erhöht sein, um die bei Hämochromatosepatienten im Alter von 50 Jahren gefundenen Eisenablagerungen zu erklären. Wichtig ist die frühzeitige Diagnose, um die Entwicklung einer Lebercirrhose zu verhindern. Nach Diagnosestellung werden die Patienten durch zunächst wöchentliche **Aderlässe** behandelt, wobei dem Organismus mit jeweils 500 ml Blut 250 mg (4,5 mmol) Eisen entzogen werden.

Weitere – sog. Nicht-HFE – Hämochromatoseformen werden durch Mutationen in den Genen für **Hämojuvelin** (Typ IIA) und **Hepcidin** (Typ IIB), **TfR2** (Typ III) und **Ferroportin** (Typ IV) verursacht. Die Typ II-Hämochromatosen werden als juvenile Formen bezeichnet, da sie bereits im 2. bis 3.Lebensjahrzehnt zu Krankheitssymptomen führen. Mit Ausnahme der Ferroportin-Hämochromatose (dominant) werden alle übrigen Formen rezessiv vererbt.

! Ein Eisenmangel ist an einem erniedrigten Ferritinspiegel erkennbar.

Der Eisenmangel bzw. die dadurch verursachte Anämie ist der auf der Erde am meisten verbreitete Mangelzustand, da er nicht nur in unterentwickelten Ländern, sondern auch in Industriestaaten vorkommt. Einem Eisenmangel kann

- eine **unzureichende Eisenaufnahme** infolge mangelnder Zufuhr (z.B. bei Vegetariern) oder durch Hemmung der Resorption bei Entzündungen
- ein **erhöhter Eisenverlust** (durch Darmblutungen bei Krebs oder Ulcera oder verstärkte Monatsblutung bei Frauen) oder

- ein **erhöhter Eisenbedarf** in der Schwangerschaft und während des Wachstums

zugrunde liegen.

Störungen der duodenalen Eisenresorption können mit einem **oralen Eisenbelastungstest** nachgewiesen werden, mit dem der Serumeisenspiegel vor und drei Stunden nach der Eiseneinnahme gemessen wird. Ein inadäquater Anstieg veranlasst zu einer Magen-Dünndarmspiegelung.

Ein gastrointestinaler blutungsbedingter Eisenverlust kann durch die Anwendung des **Haemokkult-Tests** erkannt werden, bei dem im Stuhl aus Erythrozyten freigesetztes Hämoglobin über seine **Pseudoperoxidase-Aktivität** (Blaufärbung von Guaiac nach Zugabe von H_2O_2) nachgewiesen wird. Ein positiver Test veranlasst zu einer Dickdarmspiegelung und ggf. auch einer Magen-Dünndarmspieglung. Ein Eisenmangelzustand entwickelt sich über mehrere Phasen: ein leichter oder latenter ist nur an einem erniedrigten Ferritinspiegel erkennbar, da das Blutbild aufgrund der Priorität, die das Knochenmark gegenüber anderen Geweben bei der Eisenvergabe genießt noch normal bleibt. Erst im fortgeschrittenen Stadium ist die Erythropoiese beeinträchtigt, was an einem Hämoglobinabfall und einer Verringerung des Volumens der Erythrozyten erkennbar ist (hypochrome Anämie, ▶ Kap. 29.2.2). Der latente Eisenmangel kann von Symptomen wie Konzentrationsschwäche oder Müdigkeit begleitet sein, da wichtige Gehirnfunktionen eisenabhängig sind. Eisenmangelzustände können durch perorale oder auch intravenöse Gaben zweiwertiger Eisenpräparate behandelt werden.

In Kürze

- Eisen ist das quantitativ bedeutendste Spurenelement im Organismus. Es ist als Redoxsystem oder Sauerstofftransporteur tätig. In Proteinen ist es über das Hämgerüst oder direkt an den Proteinanteil gebunden
- Eisen ist in wässrigen Lösungen schlecht löslich und findet sich in Organismen deshalb immer in gebundener Form. Eisenüberschuss führt über die Fenton-Reaktion zur Bildung von zellschädigenden Radikalen
- Die Eisenresorption im Dünndarm erfolgt über das koordinierte Zusammenspiel verschiedener Mukosaproteine wie DMT1, Dcytb, Ferritin und Ferroportin. Eine Reihe experimenteller Belege der vergangenen Jahre spricht dafür, dass Hepcidin ein wichtiger hormoneller Regulator des Eisenstoffwechsels ist
- In Zellen mit einem hohen Eisenumsatz wie den Erythroblasten des Knochenmarks wird die Biosynthese der Proteine, die an Eisenaufnahme (Transferrinrezeptor 1), -speicherung (Ferritin) und -verwertung (δ-ALA-Synthase-2) beteiligt sind, über einen Metallsensor koordiniert. Dieses Protein bindet an die mRNAs der genannten Proteine und moduliert dadurch ihre Translation
- Trotz der extrem geringen Eisenausscheidung sind Eisenmangelzustände häufig. Sie sind Folge von unzureichender Zufuhr, Resorptionsstörungen oder chronischer Blutungen der verschiedensten Ursachen
- Bei der Hämochromatose wird Eisen vermehrt resorbiert. Nach Jahrzehnten tritt eine Eisenüberladung in verschiedenen Organen auf, die Diabetes mellitus, Arthritis oder Cardiomyopathie verursachen kann. Mutationen in mindestens 5 verschiedenen Genen (HFE, Hämojuvelin, Hepcidin, TfR2, Ferroportin) können eine Hämochromatose verursachen. Entscheidend ist die frühe Erkennung der Erkrankung, da durch eine konsequente Aderlasstherapie Eisen dem Organismus wieder entzogen werden kann und die potentiellen Folgen der Eisenüberladung damit vermieden werden können

22.2.2 Kupfer

Kupferhaltige Proteine sind am Elektronentransport beteiligt.

Wegen ihres Redoxpotentials sind Kupferionen Bestandteile von Enzymen, die Elektronen auf Sauerstoff übertragen (Tabelle 22.4) Zu ihnen gehört v.a. die Cytochrom-c-Oxidase der Atmungskette (Komplex IV), Kupferenzyme sind außerdem die Superoxid-dismutase (antioxidativer Schutz), Dopamin-β-Hydroxylase (Katecholaminsynthese), Monoaminoxidase (Aminabbau), Tyrosinase (Melaninbiosynthese) und die Peptidylglycin-α-amidierende Monoxygenase (PAM), die an der Prozessierung von Neuropeptiden beteiligt ist. Da auch die **Lysyloxidase**, ein wichtiges Enzym der Kollagen- und Elastinbiosynthese (▶ Kap. 24.2), ein Kupferprotein ist, besitzt Kupfer eine Schlüsselstellung im Bindegewebestoffwechsel. **Ferrooxidase I** (Caeruloplasmin) und

Tabelle. 22.4. Kupferabhängige Enzyme (Auswahl)

Enzym	Funktion
Superoxiddismutase (Cu,Zn)	Beseitigung von O_2^--Radikalen
Cytochrom c Oxidase	Komplex IV der Atmungskette
Tyrosinase	Produktion von Melanin
Caeruloplasmin	Ferrooxidase im Plasma
Hephaestin	Ferrooxidase
Lysyl-Oxidase	Kollagenstoffwechsel
Dopamin-β-Hydroxylase	Katecholaminsynthese
Peptidylglycin-α-amidierende Monooxigenase (PAM)	Prozessierung von Neuropeptiden

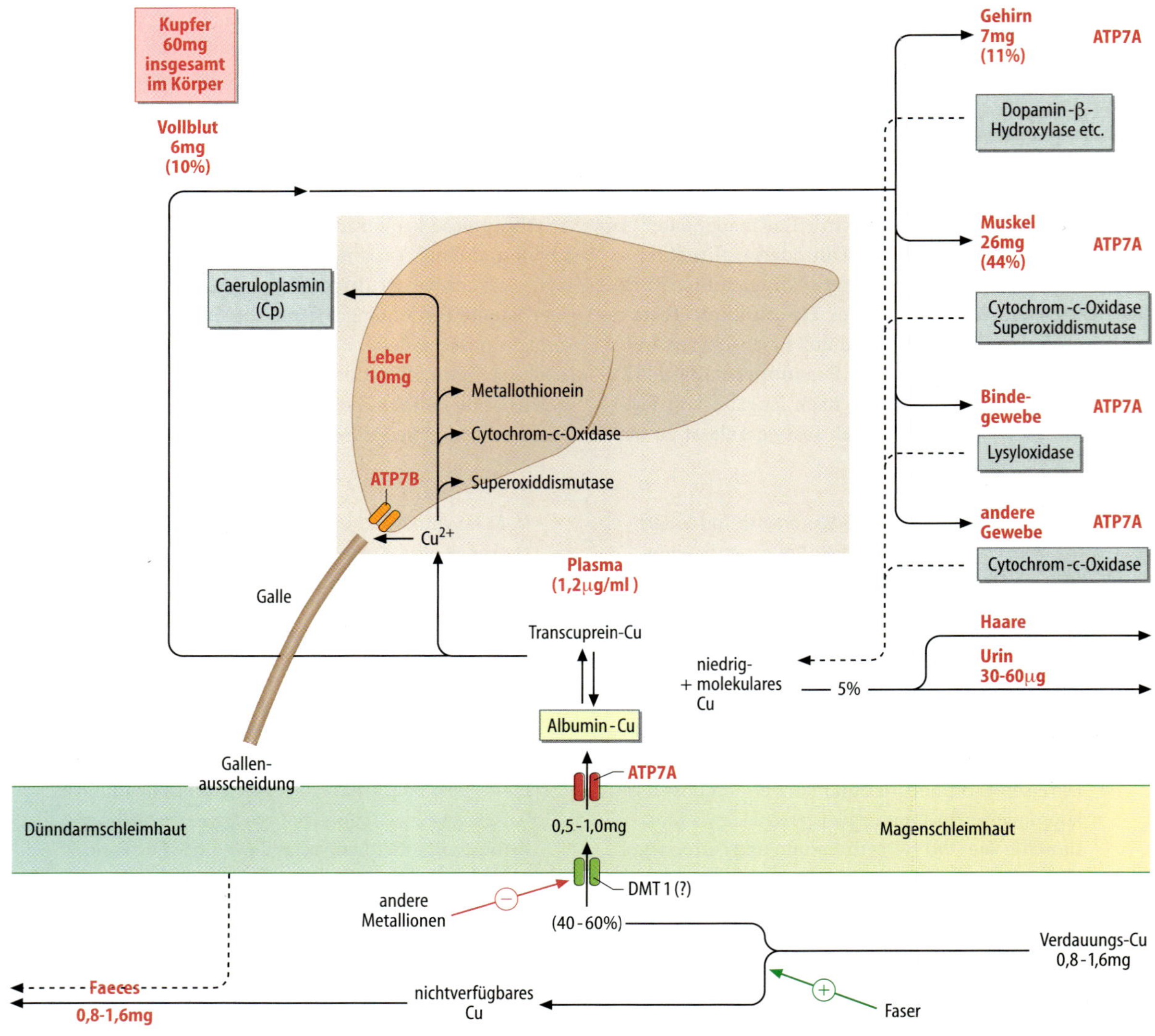

Abb. 22.8. Überblick über den Kupferstoffwechsel beim Menschen. Die Werte (in mg oder µg) geben geschätzte Umsätze pro Tag an. Die Gewebeverteilung der Kupfer-ATPasen ATP7A und ATP7B ist rot angegeben. (Weitere Einzelheiten ► Text)

Hephaestin sind kupferhaltige Enzyme; damit bestehen auch zwischen Kupfer- und Eisenstoffwechsel enge Verbindungen (► Kap. 22.2.1).

> ! Die Leber ist das zentrale Organ des Kupferstoffwechsels, da sie nicht nur für die Kupferaufnahme, sondern auch für seine Ausscheidung verantwortlich ist.

Der Kupferbestand des Menschen beträgt etwa 40–80 mg (1,6–2,4 µmol). Hohe Kupferkonzentrationen finden sich v.a. in Leber und Gehirn. Bei einer täglichen Kupferzufuhr von 2–5 mg (32 bis 80 mmol) mit der Nahrung [Bedarf 2,5 mg (40 mmol)] ist die Kupferbilanz ausgeglichen. Mit der Nahrung aufgenommenes Kupfer wird vorwiegend in die Mukosazellen des **Magens** und **Duodenums** über einen im Einzelnen noch nicht geklärten Mechanismus aufgenommen an dem möglicherweise der für die Eisenaufnahme verantwortliche **DMT-1-Transporter** beteiligt ist (► Abb. 22.8). Für den Export aus den Mukosazellen wird eine als **ATP7A** (Menkes-Protein) bezeichnete Cu-ATPase benutzt. Das die Darmmukosazellen verlassende Kupfer wird im Portalblut locker an die Transportproteine **Albumin** und **Transcuprein** gebunden. Dieses locker gebundene wird auch (unpräzise) als freies Kupfer bezeichnet. Seine Konzentration beträgt etwa 120 µg/100 ml Plasma.

Vom Darm gelangt Kupfer in die Leber. In den Kupferpool des Plasmas tritt auch Kupfer aus den Geweben (Abb. 22.8). In der **Leber** wird Kupfer in die in verschiedenen subzellulären Kompartimenten lokalisierten Kupferenzyme der Parenchymzelle eingebaut (► u.) oder an Metallothionein gebunden und gespeichert. Eine Besonderheit der Leberparenchymzellen ist ihr hoher Gehalt an einer weiteren Cu-ATPase, dem **ATP7B-Protein** (Wilson Protein). Dieses Enzym ist bei ausgeglichenem Kupferhaushalt in den Membranen des *trans*-Golgi-Netzwerks lokalisiert und

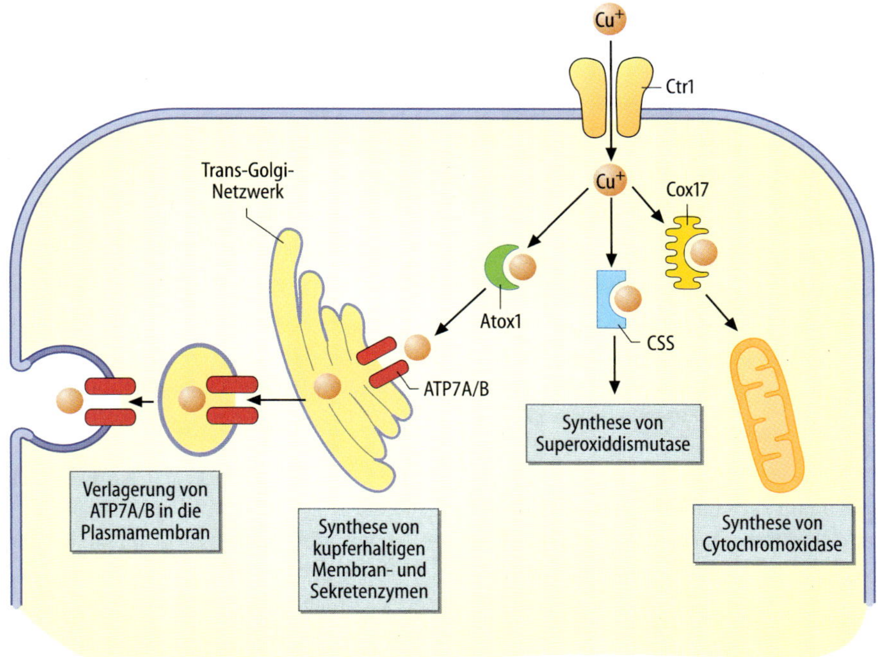

Abb. 22.9. Kupferaufnahme und Kupferstoffwechsel in Hepatozyten und anderen Zellen. Nach Aufnahme durch den Transporter Ctr1 wird Kupfer von verschiedenen Metallchaperonen gebunden. Diese transportieren Kupfer an die Orte der Biosynthese kupferhaltiger Proteine oder zur Ausscheidung. Atox1 = Chaperon für den Transport in das *trans*-Golgi-Netzwerk; Cox17 = Chaperon für den Transport in die Mitochondrien; MT = Metallothionein, CCO = Cytochrom C Oxidase, CCS = Chaperon für SOD, SOD = Superoxid-Dismutase. (Weitere Einzelheiten ▶ Text)

liefert das für die dort ablaufende Caeruloplasminsynthese benötigte Kupfer. Bei Kupferüberschuss verlagert sich das Transportprotein ATP7B jedoch in die kanalikuläre Membran der Hepatozyten und transportiert überschüssiges Kupfer in die Gallenflüssigkeit, mit der es ausgeschieden wird.

Nicht von der Leber benötige Kupferionen werden über die Blutzirkulation auf die extrahepatischen Gewebe verteilt. Ähnlich wie in der Leber werden sie nach ihrer Aufnahme zur Synthese von Kupferenzymen benutzt. Als Cu-ATPase kommt hier nur das Menkes-Protein ATP7A vor, das u.a. für den Kupferexport verantwortlich ist (▶ u.).

! Membranständige Transportproteine und Metallchaperone verteilen Kupfer in der Zelle.

Alle Zellen verwenden zur Aufnahme von Kupfer einen als **Ctr1** (*copper transporter*, SLC31) bezeichneten Carrier (Abb. 22.9). Es handelt sich um ein bei Eukaryoten hoch konserviertes Protein, welches mit 3 Transmembrandomänen in der Plasmamembran verankert ist. Ähnlich wie Eisen (▶ Kap. 15.3) ist freies Kupfer toxisch, da es mit H_2O_2 unter Bildung von Hydroxylradikalen reagieren kann. Infolgedessen erfolgt der intrazelluläre Kupfertransport bis zu seinem Einbau in entsprechende Proteine in Bindung an sog. **Metallochaperone**. Dadurch ist gewährleistet, dass die Konzentration an freien Kupferionen bei etwa 10^{-18} mol/l liegt. Im Einzelnen unterscheidet man folgende Metallochaperone (Abb. 22.9):

- **Atox1** transportiert Kupferionen zu den in den Membranen des *trans*-Golgi-Netzwerks gelegenen CuATPasen ATP7B (Leber) bzw. ATP7A (übrige Gewebe). Im *trans*-Golgi-Netzwerk wird Kupfer dann zur jeweils gewebstypischen Synthese kupferhaltiger Proteine Caeruloplasmin (Leber), Tyrosinase (Melanozyten) oder Lysyloxidase (Bindegewebe) benutzt. In Neuronen und Astrozyten stellt die ATPase ATP7A einen wichtigen Kupfertransporter dar, der Kupfer für die Enzyme PAM (▶ o.) und Dopamin-ß-Hydroxylase (▶ Kap. 26.3.2) zur Verfügung stellt
- **Cox17** ist für den Kupfertransport in die Mitochondrien notwendig, wo es zur Synthese des Komplexes IV der Atmungskette benötigt wird
- **CCS** ist schließlich das Metallochaperon, das für den Einbau von Kupfer in die Superoxiddismutase (▶ Kap. 15.3) benötigt wird. Die Biosynthese von Superoxiddismutase ist insofern besonders komplex, als das Enzym ein zweites Metall, nämlich Zink braucht

Interessanterweise gelangen in der Krebstherapie wichtigen **Platinderivate** (Cisplatin, Carboplatin, Oxaliplatin) über Ctr1 in die Zelle und werden wie Kupfer durch ATP7A und 7B wieder aus der Zelle transportiert.

22

Abb. 22.10. Membranintegration des bei der Wilson Erkrankung defekten Kupfer-Transportproteins ATP7B. Das Protein weist die Charakteristika einer typischen P-ATPase auf. Die Kupfer bindenden Domänen befinden sich N-terminal, die ATPase-Aktivität C-terminal

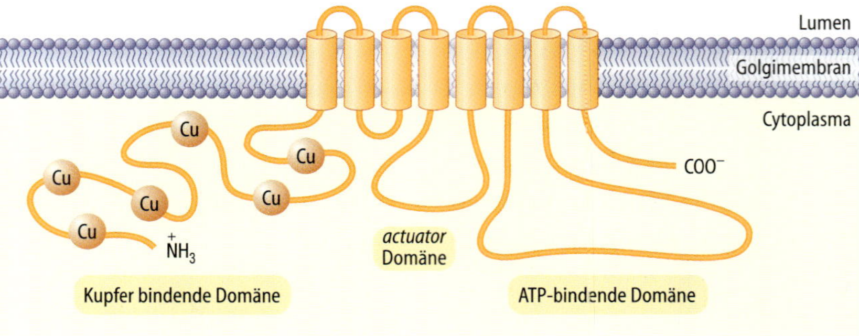

! Cu-ATPasen werden für den Transport von Kupfer in das *trans*-Golgi-Netzwerk oder zum Kupferexport aus Zellen benötigt.

Bei Säugetieren und damit auch beim Menschen lassen sich zwei Cu-ATPasen nachweisen, die für den ATP-abhängigen Transport von Kupfer durch Membranen verantwortlich sind. Es handelt sich um die ATPasen **ATP7A** (Menkes-Protein) und **ATP7B** (Wilson- Protein), die in die Familie der P-ATPasen gehören. Abb. 22.10 zeigt den aus der Aminosäuresequenz abgeleiteten Aufbau des Transporters ATP7B. Das Protein ist mit insgesamt 8 Transmembrandomänen in die Membran integriert. N-terminal finden sich insgesamt 6 für die Kupferbindung verantwortliche Sequenzmotive, im C-Terminus sind die ATPase-Aktivität und die Translokationsaktivität lokalisiert. Die Cu-ATPase ATP7A zeigt große Homologie zu ATP7B. Die wichtigen Unterschiede zwischen den beiden Cu-ATPasen sind funktioneller Natur und ergeben sich aus ihrer unterschiedlichen Gewebs- und Organverteilung (Abb. 22.8):

- ATP7A wird in vielen extrahepatischen Geweben exprimiert. In den Mukosazellen ist es für den Kupferexport auf die basolaterale Seite und damit für die Kupferaufnahme verantwortlich, In den meisten anderen Zellen reagiert ATP7A mit Atox1, transportiert Kupfer ins Lumen des *trans*-Golgi-Netzwerks, wo es für die Synthese kupferhaltiger Proteine verwendet wird. Bei hohem Kupferangebot verlagert sich ATP7B in die Plasmamembran und exportiert Kupfer in den Extrazellulärraum. Besonders wichtig ist dies in den Epithelien der Blut-Hirnschranke für den Kupfertransport ins Nervensystem, in der Placenta für die Kupferversorgung des Föten und in den Zellen der laktierenden Brustdrüse für die Kupferversorgung des Säuglings
- ATP7B wird hauptsächlich in den Hepatozyten exprimiert. Seine intrazelluläre Funktion entspricht derjenigen des ATP7A. Bei hohem Kupferangebot wird der Transporter in die kanalikuläre Membran der Hepatozyten verlagert, was zu einer Kupferausscheidung in die Galle führt

! Genetische Defekte der Kupferpumpen ATP7B bzw. ATP7A verursachen Verteilungsstörungen von Kupfer im Gewebe.

Hepatolenticuläre Degeneration (Morbus Wilson). Die häufigste Störung des Kupferstoffwechsels ist eine autosomal-rezessiv vererbte Erkrankung, die erstmalig 1912 von dem Londoner Neurologen **Kinnier Wilson** beschrieben wurde.

Die Pathogenese beruht auf zwei Störungen des Kupferstoffwechsels:

- einer Abnahme der biliären Kupferausscheidung
- einer Abnahme des Einbaus von Kupfer in Caeruloplasmin

Diese führen zu einer **Akkumulation** dieses Metalls in der **Leber** (durch Leberbiopsie quantitativ erfassbar, siehe auch Hämochromatose) mit zunehmender Leberfunktionsstörung (mitochondriale Dysfunktion, Zellschädigung und Fibrose) und der konsekutiven **Ablagerung** von Kupfer im **Gehirn** mit Koordinationsstörungen (Nucleus lenticularis der Basalganglien) und Verhaltensveränderungen. Die Krankheit wird deshalb auch als hepatolenticuläre Degeneration bezeichnet. Die Kupferablagerung in der **Descemet-Membran des Auges** kann eine goldbraune, gelbe oder grüne Umrandung der Cornea (Kayser-Fleischer-Ring, Abb. 22.11) verursachen.

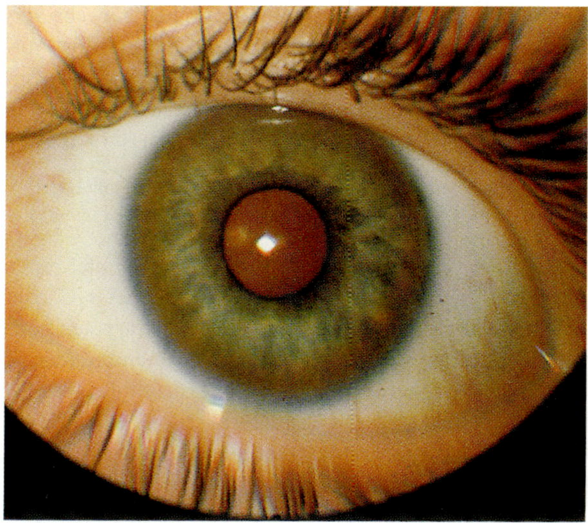

Abb. 22.11. Kayser-Fleischer-Ring beim Morbus Wilson. (Aus Kritzinger u. Wright 1985)

Tabelle 22.5. Laborbefunde bei Patienten mit Morbus Wilson (6 µmol = 1 mg Kupfer)

	Normalwerte	Morbus Wilson
Plasmakupfer [µmol/l]	13–23	< 11,5
Direkt reagierendes Kupfer im Plasma [µmol/l]	< 3	> 3
Caeruloplasmin [mg/100 ml]	20–40	< 10
Urinkupfer [µmol/24 h]	< 1,6	> 6,4
Leberkupfer [µmol/g Trockengewicht]	< 1,6	> 8(16)
Urinaminostickstoff [mg/24 h]	< 400	> 500

Bei der Krankheit ist das Gesamtkupfer des Serums erniedrigt, da der Caeruloplasminspiegel reduziert ist. Das an Albumin locker gebundene Kupfer (»freies Kupfer«) ist dagegen erhöht. Durch eine Beeinträchtigung der Nierenfunktion ist außerdem die Ausscheidung von Kupfer (über 100 µg im 24 Std. Urin) und daneben auch die von Aminosäuren und Harnsäure mit dem Urin erhöht (Tabelle 22.5).

Ursache der Erkrankung ist eine Mutation im Gen für die ATPase7B (Chromosom 13q14.3) zugrunde (Abb. 22.10), das vor allem in der Leber und exprimiert wird. Über 200 verschiedene Mutationen (Insertionen, Deletionen, Missense-, Nonsense-, Spleißmutationen) können die Erkrankung hervorrufen. Die häufigste in Europa sind die His1069Gln und in Asien die Arg778Leu-Mutationen (www.lehrbuch-medizin.de). Die meisten Patienten sind gemischt-heterozygot. Durch die Mutation wird der Import von Kupfer ins *trans*-Golgi-Netzwerk und v.a. der Export von überschüssigem Kupfer in die Galle beeinträchtigt. Die **Therapie** hat das Ziel, die Kupferzufuhr zu reduzieren, die vorhandenen Kupferablagerungen durch Steigerung der Kupferausscheidung zu mobilisieren und dann eine erneute Überladung zu vermeiden. Das wird durch eine **kupferarme Kost**, durch medikamentösen Kupferentzug mit Chelatbildnern wie dem Cysteinderivat **D-Penicillamin** und die Gabe von Zink (das die Kupferaufnahme kompetitiv hemmt) erreicht. D-Penicillamin ist ein Cystein, das in ß-Stellung zwei Methylgruppen enthält (β,β-Dimethylcystein, Abb. 22.12), wodurch seine Lipidlöslichkeit und damit die Permeationsfähigkeit durch Membranen erhöht wird.

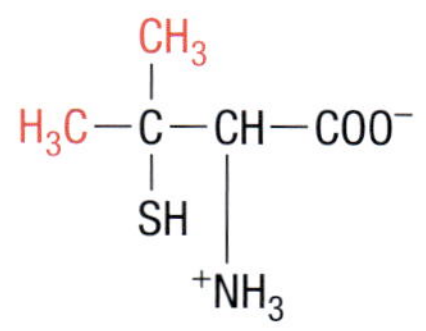

Abb. 22.12 D-Penicillamin (β,β-Dimethylcystein), das durch zwei hydrophobe Methylgruppen substituierte D-Isomer des Cysteins

Menkes-Erkrankung. Diese X-chromosomal vererbte neurodegenerative Erkrankung wird durch Mutationen im Gen der ATPase ATP7A verursacht. Dem entsprechend ist nicht nur die Kupferresorption beeinträchtigt, sondern auch der Einbau von Kupfer in die Proteine, deren Synthese die im *trans*-Golgi-Netzwerk abgeschlossen wird. Zusätzlich ist der Kupfertransport ins Zentralnervensystem gestört. Die Symptome der Menkes Erkrankung entsprechen einem schweren Kupfermangel. Es kommt zu

- einer fortschreitenden Nervendegeneration (Dopamin-β-Hydroxylase-Mangel)
- Hypopigmentierung (Tyrosinasemangel)
- Bindegewebsdefekten (Cutis laxa, Lysyloxidasemangel, ► Kap. 24.8.5) und dadurch
- frühem Tod in der Kindheit

In Kürze

- Fast alle kupferhaltigen Enzyme sind Oxidasen, d.h. sie übertragen Elektronen auf das Sauerstoffmolekül. Wie Eisen ist auch freies Kupfer toxisch, sodass Transportsysteme existieren, die verhindern, dass Kupfer in ungebundener Form auftritt
- Zu den genannten Transportsystemen gehören der Kupfertransporter Ctr1, verschiedene Metallochaperone und die beiden Cu-ATPasen ATP7A und ATP7B
- Der durch Mutationen ausgelöste partielle Ausfall von ATP7B in der Leber ist die Grundlage der Wilson-Erkrankung, bei der das Metall im Hepatozyten akkumuliert und dadurch die Leberfunktion – bis hin zum kompletten Ausfall – stört
- Durch Chelatbildner kann Kupfer aus dem Organismus bei Patienten mit M. Wilson entfernt werden

22.2.3 Molybdän

Auch Molybdän ist an Elektronenübertragungen beteiligt.

Molybdän ist am **Elektronentransferprozess** der Flavoenzyme wie Xanthin-, Aldehyd- oder Sulfitoxidase beteiligt. Auch die Stickstofffixierung, d.h. die Umwandlung atmosphärischen Stickstoffs in Ammoniak durch bestimmte Prokaryote (► Kap. 1.1), ist ein Redoxvorgang, der an die Gegenwart von Molybdän gebunden ist. Wegen des stufenweisen Ablaufs der Redoxreaktion überrascht es nicht, dass für manche Vorgänge mehrere Metalle notwendig sind. So sind die meisten Molybdänenzyme auf die Gegenwart von Eisen (Xanthinoxidase und Aldehydoxidase) angewiesen.

Wahrscheinlich werden bei der enzymatischen Reaktion die Elektronen vom Substrat über Molybdän und Flavin auf Eisen übertragen.

! Über den Molybdänstoffwechsel ist bisher nur wenig bekannt.

Die Molybdänkonzentration in den Geweben ist sehr gering. Da dieses Metall nur eine geringe praktische Bedeutung in der Ernährung des Menschen besitzt, liegen bisher nur wenige Untersuchungen über seinen Stoffwechsel vor.

22.2.4 Kobalt

! Kobalt- und Vitamin-B_{12}-Stoffwechsel sind eng verbunden.

Die Funktion dieses Metalls ist an die von **Vitamin B_{12}** gebunden, in dessen Corrinring es fest eingebaut ist (► Kap. 23.3.9). Dieses Vitamin ist als Coenzym an der Isomerisierung von Methylmalonyl-CoA zur Succinyl-CoA und der Methylierung von Homocystein zu Methionin (► Kap. 23.3.9) beteiligt.

! Kobalt wird im Organismus schnell umgesetzt.

Der Kobaltbestand des Menschen beträgt etwa 1,1 mg (19 mmol). Mit der Nahrung aufgenommenes Kobalt wird beim Menschen – im Gegensatz zu Tieren – zu 70–100% resorbiert, dann jedoch schnell wieder mit dem Urin ausgeschieden.

Bei Versuchstieren sowie gesunden Versuchspersonen führt die Gabe von Kobaltionen (z.B. in Form von Kobaltchlorid) zu einer Steigerung der Erythrozytenproduktion, als deren Ursache eine vermehrte Biosynthese von Erythropoetin in den Nieren diskutiert wird (► Kap. 28.1.10).

22.2.5 Zink

! Zink ist Cofaktor von mehr als 300 Enzymen.

Zink ist Bestandteil und Cofaktor von mehr als 300 Enzymen (z.B. Carboanhydrase, Pankreascarboxypeptidase, verschiedene Dehydrogenasen (Alkohol-, Glutamat-, Malat-, Lactat-, Retinol-), alkalische Phosphatase und Matrix-Metalloproteinasen), in denen es – anders als Eisen und Kupfer – zwei Wirkungen besitzt:

- es hält durch **koordinative Bindungen** mehrere Aminosäureseitenketten des Enzymproteins in einer Anordnung fest, die zur Einleitung der chemischen Reaktion günstig ist (strukturunterstützende Funktion)
- darüber hinaus kann es selbst durch weitere koordinative Bindungen das Substrat festhalten, polarisieren und zur Reaktion aktivieren (katalytische Funktion)

Zink wirkt weiterhin als **Stabilisator biologischer Membranen** und ist **Bestandteil genregulatorischer Transkriptionsfaktoren**. Diese weisen bestimmte Domänen auf, die für die Bindung des Proteins an die DNA verantwortlich sind. Das Architekturprinzip dieser Proteinabschnitte beruht auf dem Verbund von Cysteinylresten oder Cysteinyl- und Histidylresten und zwei oder drei Zinkatomen. Je nach der Zahl der beteiligten Cystein- und Histidinresten unterscheidet man zwischen C2H2-Zinkfingern, C4-Zinkfingern und C6-Zinkfingern. In den ß-Zellen des endokrinen Pankreas nimmt Zink an der Speicherform des **Insulin** teil (► Kap. 26.1.1).

Die Verteilung von Zink in eukaryoten Organismen erfolgt unter Vermittlung von zwei **Zinktransport-Systemen**: der **CDF-** (*cation diffusion facilitator*) und Transportern der der **ZIP-Familie**.

CDF-Transporter (Synonym SLC30) enthalten 6 Transmembrandomänen mit intrazellulären N- und C-Termini, die histidinreiche Bezirke zur Zinkbindung aufweisen. Sie sind für den Export von Zink oder die intrazelluläre Verpackung in Vesikel und Vakuolen verantwortlich. ZIP-Transporter (Synonym SLC39) vermitteln die Aufnahme von Zink in die Zelle oder die Freisetzung von gespeichertem Zink. Sie enthalten 8 membranassoziierte Domänen mit extracytoplasmatischen N- und C-Termini.

! Zink wird im Plasma an Albumin gebunden.

Ein gesunder Erwachsener enthält etwa 2–3 g (30–45 mmol) Zink. Davon befinden sich 99% im Intrazellulärraum. Verhältnismäßig hohe Konzentrationen weisen

- die Inselzellen des Pankreas (Insulinspeicher)
- Iris und Retina des Auges (Retinoldehydrogenase) und
- Leber, Lungen und Zähne auf
- besonders hoch ist die Zinkkonzentration in Prostata, Epididymis, Testes [und damit Spermien (Chromatinstabilisierung)] und Ovarien

Zink wird im **Jejunum** und **Ileum** unter Vermittlung der Zinktransporter ZnT1 (aus der CDF-Familie) und ZIP 5 (aus der ZIP-Familie) resorbiert. Resorbiertes Zink wird im Blut an **Albumin** gebunden, von dem es zur Aufnahme in die Gewebe wieder freigesetzt wird. Das im α_2-Makroglobulin nachweisbare Zink ist nicht leicht austauschbar und repräsentiert – ähnlich wie Caeruloplasmin für Kupfer – damit kein transportiertes Zink. Das albumingebundene Zink macht 22% des Zinks im Blut aus, der Rest findet sich in den Erythrozyten (75%, Carboanhydrase) und Leukozyten (3%, alkalische Phosphatase, Calprotectin). Die Normalkonzentration im Plasma beträgt 100–140 µg/100 ml (15–20 µmol/l). Der **Plasmazinkspiegel** unterliegt einer circadianen Rhythmik. Er wird durch Hormone und Cytokine beeinflusst: Glucocorticoide stimulieren die Zinkaufnahme in die Leber, Interleukin-1 und -6 führen im Rahmen der Akutphaseantwort (► Kap. 29.6.4) zu einem Abfall des Zinkspiegels durch Aufnahme in verschiedene Gewebe. Die Ausscheidung von Zink aus dem Organismus erfolgt vorwiegend über den Stuhl. Der tägliche Zinkbedarf liegt bei 10 bis 15 mg und wird mit der in den Industriestaaten üblichen Ernährung gedeckt.

Zinkmangel kann das Immunsystem beeinträchtigen.

Angeborener Zinkmangel (Acrodermatitis enteropathica). Für diese Krankheit sind – wie ihr Name sagt – u.a. Hauteffloreszenzen (Vesikel- und Pustelbildung durch gestörte Basalzellproliferation) sowie gastrointestinale Symptome (Diarrhö) charakteristisch. Zugrunde liegt ein genetischer Defekt des **Zinktransportsystems ZIP 4 in den Mukosazellen,** der über einen Abfall des Plasmazinkspiegels zu den genannten Symptomen führt. Durch hohe Zinkgaben kann eine komplette klinische Remission erzielt werden, da bei hohem Zinkangebot offenbar andere Transportsysteme aktiviert werden.

Erworbener Zinkmangel. Ein Zinkmangel kann in vielen Fällen an einer Erniedrigung des Plasmazinkspiegels erkannt werden. Ein Abfall ist für die Diagnose eines Zinkmangels jedoch **nicht** ausreichend, da dieser auch bei **akuten Entzündungen** (als Teil der Akutphaseantwort) und als Antwort auf Stresssituationen auftreten kann. Leichter ist die Diagnose bei **chronischen Zuständen** wie langzeitiger parenteraler Ernährung (unzureichende Zufuhr), Malabsorptionssyndromen (unzureichende Resorption) oder Leberzirrhose (persistierende Funktionsstörung). Erworbener Zinkmangel kann sich ebenfalls an Haut und Schleimhäuten manifestieren und mit Störungen der humoralen und zellulären Immunantwort (reduzierte Thymulinaktivität, ▸ o.) verbunden sein.

22.2.6 Mangan

Mangan spielt eine wichtige Rolle als Coenzym glucogenetischer Enzyme.

Eine Reihe von Enzymen kann *in vitro* durch Mangan aktiviert werden. Diese Funktion kann jedoch auch von anderen zweiwertigen Kationen übernommen werden. Die Pyruvatcarboxylase und die PEP-Carboxykinase, zwei wichtige Enzyme der Gluconeogenese, sowie die Arginase und die Mn-Superoxiddismutase sind Manganproteine. Eine spezifische Funktion besitzt Mangan bei der Biosynthese von Mucopolysaccharid-Protein-Komplexen (Proteoglykanen, ▸ Kap. 17.3.5) des Knorpels.

Mitochrondrien enthalten viel Mangan.

Mangan wird im Gastrointestinaltrakt auf noch unbekannte Weise in geringem Ausmaß resorbiert. Nach Bindung an ein β_1-**Globulin** im Blut wird es schnell von den Geweben und dort v.a. von den **Mitochondrien** aufgenommen. Mitochondrienreiche Gewebe weisen deshalb meist eine höhere Mangankonzentration auf. Der Gesamtmanganbestand des Organismus beträgt 10–20 mg (180–360 mmol) und damit $^1/_5$ des Kupfer- und $^1/_{100}$ des Zinkbestands. Die Manganausscheidung erfolgt fast vollständig in den Darm, v.a. über die Galle, aber auch über den Pankreassaft.

Ein Manganmangel ist bisher nur bei Tieren beschrieben worden.

Tierexperimenteller Manganmangel führt zu Wachstums- und Fertilitätsstörungen sowie Skelettdeformierungen, denen die Beeinträchtigung des manganabhängigen Knorpelstoffwechsels zugrunde liegt.

22.2.7 Fluorid

Fluor ist ein Halogen, das aufgrund seiner Reaktivität in der Natur fast ausschließlich als Fluorid vorkommt. Ob Fluorid als für den Menschen lebensnotwendiges Spurenelement angesehen wird, hängt von den angewendeten Kriterien zur Beantwortung dieser Frage ab. Fluorid ist zwar nicht zum Überleben notwendig, fördert aber unter den derzeitigen Lebensbedingungen Gesundheit und Wohlbefinden, da optimale Fluoridgaben das Ausmaß der Karies, d.h. die Zersetzung der Zähne, reduzieren.

Bei den für die Herstellung von Zahnpasta verwendeten Fluoriden wird zwischen **anorganischen Fluoriden** (Natriumfluorid, NaF; Natriummonofluorphosphat, Na_2PO_3F; Zinnfluorid, SnF_2) und **organischen Fluoriden**, bei denen das Fluoridion an einen organischen Fettsäureaminrest gebunden ist, unterschieden. Letztere Kombination einer hydrophoben Kohlenwasserstoffkette mit einem hydrophilen Kopf ist typisch für **Tenside**, die sich an Oberflächen schnell und geordnet anreichern.

Fluorid besitzt eine hohe Affinität zum Knochen- und Zahnhartgewebe.

Fluorid ist ein beim Menschen gut untersuchtes Spurenelement. Die in Nahrungsmitteln (Fleisch, Fisch, fluoridiertem Speisesalz, Fluoridtabletten), Getränken (Tee, Bier oder Fruchtsäfte), verschiedenen Medikamenten (z.B. Fluorosteroide) oder Zahnpasta enthaltenen Fluoride werden im Magen-Darm-Trakt bis zu 100% resorbiert. Die Resorption hängt von der jeweiligen Fluoridverbindung ab: leicht lösliche Verbindungen wie NaF oder SnF_2 werden schnell und nahezu komplett, schwer lösliche wie CaF_2 langsam und unvollständig resorbiert.

Die Konzentration des im Plasma vorwiegend frei vorliegenden Fluorids beträgt 0,01–0,02 mg/100 ml (5–10 μmol/l). Nach oraler Fluoridgabe steigt der Spiegel innerhalb von Minuten rasch an, um nach Erreichen eines Spitzenwerts nach etwa 30 Minuten innerhalb einer Stunde wieder abzufallen. Die Plasmakonzentration wird dadurch konstant gehalten, dass Fluorid rasch in das Knochensystem

(Skelett und Zähne) und langsamer in Weichgewebe (Herz, Leber) aufgenommen wird. Eine rasche Ausscheidung erfolgt über die Nieren, in geringen Mengen auch mit dem Stuhl, Schweiß und **Speichel** der Parotis- und Submandibularis-Drüsen.

Beim Erwachsenen finden sich 99% der Gesamtfluorkonzentration im Skelett und in den Zähnen, der Rest in den übrigen Geweben und im Extrazellulärraum. Im Skelett wird es als schwer löslicher **Fluorhydroxylapatit** gebunden, der durch Austausch von Fluoridionen gegen Hydroxylionen im Apatitkristallgitter entsteht (▶ Kap. 24.7.1). Aus der Verteilung im Organismus geht hervor, dass Fluorid eine ausgesprochene Affinität zum **Knochen- und Zahnhartgewebe** besitzt. Bis zur Hälfte des resorbierten Fluorids kann vom Skelett retiniert werden, wenn die vorausgegangene Fluorzufuhr sehr niedrig war. Bei anhaltender täglicher Zufuhr kleiner Fluoridmengen, wie sie z.B. bei der unten beschriebenen Trinkwasserfluoridierung vorliegen, bildet sich ein Gleichgewicht zwischen Skelett und extrazellulärem Körperwasser aus, d.h. es kommt nicht zu einem ständigen Anstieg der Fluoridkonzentration des Skeletts. Beim erwachsenen Menschen werden durchschnittlich 30% des aufgenommenen Fluorids im Skelett eingelagert, der Rest mit dem Urin ausgeschieden. Gleichzeitig wird durch die Aktivität der Osteoklasten ebenso viel Fluorid mobilisiert und durch die Nieren ausgeschieden, wie durch den Knochenanbau fixiert wird. Bei höherer Fluoridaufnahme stellt sich die Fluoridkonzentration im Knochen auf ein höheres Niveau ein, jedoch bleibt die Fluoridbilanz selbst beim Konsum eines Trinkwassers mit einem Gehalt von 6–8 mg (315 bis 420 mmol) Fluorid/Liter noch ausgeglichen. Eine Fluoridakkumulation in Organen und anderen Weichgeweben findet nicht statt.

! Karies entsteht durch Demineralisierung der Zahnoberfläche.

Die Zahnhartsubstanz (Schmelz und Dentin) stellt ein schwer lösliches Salz in einer wässrigen Lösung (Speichel) dar. Normalerweise besteht an der Zahnoberfläche ein Gleichgewicht zwischen De- und Remineralisierung. Dieses Gleichgewicht geht jedoch bei Plaquebesiedelung und zuckerreicher Ernährung verloren. Die Plaques bestehen aus Ablagerungen hochmolekularer Dextrane, in denen **säurebildende Bakterien** am Zahnschmelz haften. Die Dextrane werden hauptsächlich durch bestimmte anaerobe Streptokokken synthetisiert, denen Saccharose (▶ Kap. 2.1.3) als Substrat dient. Der wesentliche zweite Schritt bei der Kariesbildung beruht auf der Bildung von Säuren (Lactat) aus niedermolekularen Kohlenhydraten wie Saccharose durch Streptokokken und Lactobacillen (anaerobe Glycolyse) in der Plaque. Aufgrund der Säureproduktion überwiegt die **Demineralisierung**, sodass sich zunächst eine kariöse Läsion bildet, die schließlich in eine Kavität übergeht. Die Demineralisierung wird durch die Protonierung des Phosphats im Apatit von Schmelz und/oder Dentin eingeleitet ($PO_4^{3-} + H^+ \rightarrow HPO_4^{2-}$). Dadurch kann Calcium nicht mehr gebunden werden und wird freigesetzt. Daran schließt sich die Zersetzung des Dentins und des Zements durch den bakteriellen Abbau der Proteinmatrix an.

! Fluorid wirkt über eine direkte Reaktion mit dem Zahnschmelz kariesprotektiv.

Fluorid wirkt vor allem über eine Reaktion mit der Schmelzoberfläche, auf der es sich als calciumfluoridähnliches Präzipitat einlagert. Dadurch werden Protonen entfernt und eine Wiedereinlagerung des Calciums ermöglicht. Die früher angenommene systemische Wirkung auf die Apatitbildung [$Ca_5OH(PO_4)_3$] des Zahnmaterials über eine Verdrängung des Hydroxylions (aus Hydroxylapatit) durch Fluorid (unter Bildung von Fluorapatit) wird heute eher als von untergeordneter Bedeutung angesehen. Physiologische Fluoriddosen fördern die Remineralisierung um das Mehrfache. Der kariostatische Effekt von Fluorid kommt vor allem über eine **direkte Wirkung auf die Zahnoberfläche** durch die Applikation fluoridierter Zahnpasta und Mundpflegepräparate zustande. Daneben gelangt Fluorid nach seiner Resorption über das Blut in den Speichel. In diesen wird es zwar nur in geringeren Konzentrationen, dafür aber ständig freigesetzt.

Daneben kann Fluorid den bakteriellen Kohlenhydratstoffwechsel hemmen, indem es als Flusssäure in das Bakterium eindringt und zu einer Übersäuerung des Cytoplasmas führt. Dies kann zu einer Hemmung der Glykolyse und des Zuckertransports in das Bakterium führen.

Die Weltgesundheitsorganisation (WHO) empfiehlt die generelle Fluoridanwendung zur Prophylaxe der Karies, die die häufigste chronische und progressive Krankheit bei Kindern und Jugendlichen darstellt. Nach den Erfahrungen in Nordamerika, Holland, Schweden und der ehemaligen DDR scheint die Trinkwasserfluoridierung die wirkungsvollste Form der systematischen Fluoridverabreichung zu sein. Auch in der Bundesrepublik Deutschland wurde schon 1974 die gesetzliche Grundlage zur Einführung der Trinkwasserfluoridierung geschaffen. Da diese jedoch nicht realisiert worden ist, erfolgt die individuelle Kariesprophylaxe durch Fluoridtabletten, fluoridiertes Speisesalz und lokale Fluoridapplikation durch fluoridhaltige Zahnpasta.

! Fluorid wird auch zur Behandlung der Osteoporose eingesetzt.

Ein Teil der Wirkung von Fluorid wird über die Verdrängung von Hydroxyl- durch Fluoridionen erzielt, gleichzeitig hemmt Fluorid aber auch eine spezifische Phosphotyrosin-Phosphatase in den Osteoblasten, die neue Knochenmatrix synthetisieren.

Die **Zahnfluorose** ist die häufigste Nebenwirkung einer erhöhten Fluoridzufuhr. Infolge einer Störung der Ameloblastentätigkeit kommt es zu einer fleckenförmigen Unterentwicklung des Zahnschmelzes (gesprenkelte Zähne). Die Zahnfluorose tritt nur bei Fluoridzufuhr während der

Zahnbildung auf, also innerhalb der ersten 8–10 Lebensjahre; ältere Kinder und Erwachsene können nicht mehr an Zahnfluorose erkranken.

22.2.8 Jod

Die einzig bekannte Funktion von Jod ist die eines essentiellen Bestandteils der Schilddrüsenhormone **Tri- und Tetrajodthyronin** (Thyroxin, ▶ Kap. 27.2.4).

75% des Gesamtkörperjods finden sich in der Schilddrüse.

In der Nahrung liegt Jod vorwiegend als anorganisches Jodid vor und wird in dieser Form fast vollständig im Magen-Darm-Trakt resorbiert. Die meisten Nahrungsmittel mit Ausnahme von **Meerfisch** enthalten wenig Jod. Im Blut ist die Konzentration des **anorganischen** Jodids sehr niedrig [0,08–0,60 µg/100 ml (6–47 nmol/l)], der Hauptteil ist **organisches** Jod in Form der Schilddrüsenhormone, von denen nur etwa 1‰ nicht an Trägerproteine des Plasmas gebunden sind. Etwa 75% des gesamten Körperjods [10–20 mg (79–158 µmol)] finden sich in der Schilddrüse. Damit ist eine einzigartige Anreicherung eines Spurenelements in einem Organ gegeben, da die Schilddrüse nur etwa 0,05% des Körpergewichts ausmacht. Diese Anreicherung wird durch die Gegenwart von Jodidtransportern wie dem **Natrium/Iodid-Symporter** (NIS) oder **Pendrin** ermöglicht (▶ Kap. 27.2.4).

Interessanterweise wird der NIS auch in der laktierenden Mamma (Jodidausscheidung in die Milch) und beim Mammakarzinom stark exprimiert.

Der Rest des Jods findet sich in der Muskulatur, Galle, Hypophyse, in Speicheldrüsen und bestimmten Teilen des Auges, insbesondere dem Fettgewebe der Augenhöhle und dem M. orbicularis. Beim Abbau der Schilddrüsenhormone freigesetztes Jod kann für die Biosynthese dieser Hormone reutilisiert werden.

Die Jodausscheidung erfolgt hauptsächlich mit dem **Urin**, daneben auch mit dem Schweiß und den Faeces. Bei ausreichender Jodzufuhr [100–200 µg (0,79–1,58 µmol)/Tag] mit der Nahrung soll die Jodausscheidung im Urin zwischen 75 und 150 µg (0,59 und 1,18 µmol)/Tag liegen.

Der Jodmangel ist weit verbreitet.

Jodmangel, der in Deutschland wegen des niedrigen Jodidgehalts der Böden und damit auch der Agrarprodukte häufig auftritt, führt zu einer als **endemische Struma** bezeichneten Störung der Schilddrüsenfunktion (▶ Kap. 27.2.9), da der Schilddrüse nicht genügend Bausteine angeboten werden. Daher wurde in verschiedenen Staaten die Strumaprophylaxe durch jodiertes Kochsalz (Vollsalz) gesetzlich eingeführt.

Zur Erfassung des **Jodstatus** ist die Jodausscheidung in den Urin ein wichtiger Parameter, da sie eng mit der Jodzufuhr korreliert. Der Sollwert der Jodausscheidung liegt bei 150 µg/Tag. Tatsächlich liegt die mittlere Jodausscheidung in Deutschland nur bei etwa 60 µg/Tag.

Eine besondere Bedeutung besitzt die ausreichende Jodversorgung während der Schwangerschaft und der Stillzeit, da eine Steigerung des mütterlichen Grundumsatzes auftritt und die fetale Schilddrüse etwa ab der 12. Schwangerschaftswoche mit der eigenen Hormonsynthese beginnt.

Experten plädieren deshalb für die gesetzliche Einführung der Jodprophylaxe mit Hilfe von jodiertem Kochsalz. Solange hierfür noch keine gesetzliche Grundlage existiert, sollen alle Ärzte an der Aufklärung der Bevölkerung aktiv teilnehmen, das **jodierte Kochsalz** freiwillig zu benutzen. Mit Jodid angereichertes Kochsalz enthält 15–25 µg/g, d.h. bei einem täglichen Salzverbrauch von 5 g beträgt die Jodidzufuhr 75–125 µg. Es besteht auch keine Gefahr einer jodinduzierten Überfunktion der Schilddrüse, die erst bei täglichen Dosen von mehr als 500 µg (4 mmol) auftritt.

22.2.9 Chrom

Chrom verbessert die Glucosetoleranz.

Über die biochemische Funktion von Chrom ist bisher nur wenig bekannt. Bei Ratten, die chromarm ernährt werden, tritt eine Beeinträchtigung der Glucosetoleranz (▶ Kap. 16.1.3) auf, die sich durch Chromgaben wieder beheben lässt. Es wurde spekuliert, dass ein chromhaltiger Glucosetoleranzfaktor existiert; dieser konnte aber bisher nicht isoliert werden. Tierexperimenteller Chrommangel führt zu Wachstumsstörungen und Beeinträchtigungen des Glucose-, Fett- und Proteinstoffwechsels. Beim Menschen werden Störungen der Glucosetoleranz beobachtet.

Chrom kann zur Markierung von Erythrozyten verwendet werden.

Chrom wird nur in geringem Ausmaß resorbiert, wobei die Resorption von sechswertigem Chrom besser als die von dreiwertigem ist.

- Das resorbierte sechswertige Chromanion tritt durch die Erythrozytenmembran und bindet an den Globinanteil des **Hämoglobins**
- Dagegen kann das dreiwertige Chromkation nicht die Erythrozytenmembran durchdringen und bindet an β-Globulin und Transferrin

Diese Beobachtungen führten zur Entwicklung von Methoden, mit denen durch **Chrommarkierung** die Lebensdauer von Erythrozyten und Plasmaproteinen bestimmt werden kann. Die Chromausscheidung erfolgt vorwiegend mit dem Urin, in kleinen Mengen auch mit der Galle, durch den Darm und die Haut. Über die Chromverteilung in Geweben ist nur wenig bekannt. Interessanterweise nimmt der Chromgehalt des Organismus [normal etwa 6 mg (115 µmol)] – im Gegensatz zu den meisten anderen Spurenelementen – mit zunehmendem Alter ab.

22.2.10 Selen

! Selen ist als Selenocystein Bestandteil von Proteinen.

Beim Menschen sind mindestens 30 Selenoproteine bekannt: dazu gehören die Familien der Glutathion-Peroxidasen (GPX), Thioredoxin-Reduktasen und Thyroxin-Dejodasen (► Kap. 27.2.6). In diesen kommt Selen als **Selenocystein** vor, das bei physiologischem pH-Wert vollständig ionisiert ist und damit als sehr effektiver **Redox-Katalysator** wirkt.

Die Biosynthese von Selenocystein unterscheidet sich von der aller anderen Aminosäuren. Zunächst wird die für den Einbau von Selenocystein in Proteine benötigte $tRNA^{sec}$ mit der Aminosäure Serin beladen, sodass Ser-$tRNA^{sec}$ entsteht. Dieses wird in einer weiteren, komplexen Reaktion unter Verwendung von Selenphosphat in **Sec-$tRNA^{sec}$** umgewandelt und in Selenoproteine eingebaut. Bei der Biosynthese der Selenoproteine verwendet Sec-$tRNA^{sec}$ das Codon UGA, welches normalerweise als Stopcodon dient (► Kap. 9.1.2). Beispiele für Selenoenzyme sind:

- Die **Glutathionperoxidasen** sind wichtige Bestandteile des antioxidativen Schutzsystems aller Zellen, kommen aber auch im Extrazellulärraum vor (GPX 3) (◘ Abb. 22.13). Ihre besondere Bedeutung liegt in der Eliminierung von Lipidperoxiden, die durch Protonierung von organischen Dioxyl-Radikalen entstehen (► Kap. 15.3). Das Enzym kommt in verschiedenen Isoformen (GPX 1–6) vor, von denen einige mit durch Peroxidation geschädigten Membranphospholipiden, andere dagegen mit oxidierten Lipiden in Lipoproteinen reagieren
- **Thioredoxin-Reduktasen** sind Proteine, die Thiol-Disulfid- Austauschreaktionen katalysieren. Sie spielen z.B. für die Ribonucleotidreduktase (► Kap. 19.1.3), aber auch für die Ausbildung von Disulfidbrücken bei der Proteinfaltung eine wichtige Rolle
- **Thyroxin-Dejodasen** katalysieren die Entfernung von Jod aus der 5- bzw. 5'-Position von Thyroxin und spielen somit eine wichtige Rolle bei Biosynthese und Abbau der Schilddrüsenhormone in verschiedenen Geweben (► Kap. 27.2.6)

! Selen besitzt eine relativ geringe therapeutische Breite.

Die Resorption von Selen wird durch die Wertigkeit und Verbindung, in der es vorliegt (gute bei Natrium-Selenit, schlechter bei Selenocystein und Selenmethionin), sowie die Menge des zugeführten Elements bestimmt. Im Blut erfolgt der Transport durch die Bindung an Plasmaproteine (Selenoprotein P), wonach Selen in alle Gewebe einschließlich Knochen, Haare, Erythrozyten und Leukozyten gelangt. Am höchsten sind die Selenkonzentrationen in der Schilddrüse, darauf folgen Nierenrinde, Pankreas, Hypophyse und Leber. Ausgeschieden wird Selen mit den Faeces, dem Urin und mit der Ausatmungsluft. Die Deutsche Gesellschaft für Ernährung empfiehlt eine tägliche Selenzufuhr von 100 µg, die jedoch mit den mit der Nahrung aufgenommenen Mengen nicht gedeckt wird. Nahrungsmittel mit hohem Selengehalt sind Eigelb, Fisch und Fleisch. Selen besitzt im Vergleich zu anderen Spurenelementen eine relativ **geringe therapeutische Breite**, da bereits ab der zehnfach empfohlenen Tagesdosis toxische Wirkungen auftreten.

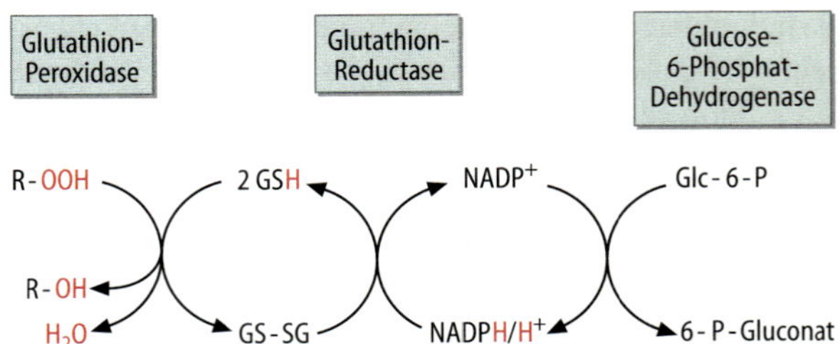

◘ **Abb. 22.13. Funktion der Glutathionperoxidase bei der Eliminierung von Lipidperoxiden.** Die Glutathionperoxidase reduziert organische Peroxide, z.B. Lipidperoxide. Für die Glutathionregenerierung wird als Hilfsenzym die Glutathion-Reduktase benötigt, für die $NADPH^+$/Regenerierung beispielsweise die Glucose-6-phosphatdehydrogenase. GSH Glutathion, reduziert; GS-SG Glutathiondisulfid

! Selenmangel beeinträchtigt die Schilddrüsenfunktion.

Da Selen essentieller Bestandteil eines wichtigen Enzyms des Schilddrüsenhormonstoffwechsels ist, führt ein Selenmangel zur Beeinträchtigung der Bildung von Trijodthyronin. Auf der anderen Seite hemmt die orale Verabreichung von Selen die Produktion von Autoantikörpern gegen die Thyreoperoxidase (► Kap. 7.4.2). Wie die Schädigung der Herz- und Skelettmuskulatur zustande kommt, die bei den in China endemischen Selenmangelerkrankungen (Keshan- und Kashin-Beckkrankheit) beobachtet wird, ist noch unklar. Selenmangel wird auch als Folge langandauernder parenteraler Ernährung und bei Malabsorptionen beobachtet.

Da Selen immunmodulierende Wirkungen aufweist, wird die Gabe von Selen zur Krebsprophylaxe und Unterstützung von Tumortherapien propagiert.

22.2.11 Cadmium

! Cadmium gehört zu den in geringen Mengen toxischen Spurenelementen.

Bisher sind keine cadmiumenthaltenden Metallenzyme beschrieben worden. In Leber, Nieren und anderen Organen des Menschen findet sich eine Familie von Proteinen, die Cadmium und Zink binden und als **Metallothioneine** bezeichnet werden. Metallothionein enthält **20 Cysteinylreste** (bei insgesamt 62 Aminosäuren). Es bindet 7 Atome Cadmium und/oder Zink pro Proteinmolekül. Daneben werden auch Kupfer und Quecksilber gebunden. Da Cadmiumionen die Biosynthese des Metallothioneins aktivieren, wird diesem Protein eine Funktion bei der Bindung überschüssiger Cadmiummengen zugeschrieben. Dabei werden die schädlichen Cadmiumionen durch die Bindung an das Protein eingekapselt und nur sehr langsam wieder ausgeschieden. Daneben induzieren auch

- andere Metalle wie Zink, Kupfer oder Wismut
- Hormone (Cortisol, Adrenalin) und
- Cytokine (Interleukin-1, Interleukin-6)

die Metallothioneinsynthese, d.h. das Protein wird im Rahmen einer allgemeinen Stressantwort vermehrt gebildet.

! Der Stoffwechsel des Cadmiums interferiert mit dem ähnlicher Metalle.

Über Aufnahme und Ausscheidung von Cadmium liegen bisher keine gesicherten Erkenntnisse vor. Der Gesamtbestand des Organismus an Cadmium beträgt etwa 30 mg (270 µmol), davon findet sich $^1/_3$ in den Nieren und etwa 4 mg (36 µmol) in der Leber (Metallothionein), der Rest in Pankreas, Milz, Placenta und Milchdrüsen. Cadmium beeinflusst aufgrund seiner chemischen Ähnlichkeit den Stoffwechsel von Zink, Kupfer und anderen Metallen.

! Cadmium ist ein Kumulationsgift.

Im Tierexperiment ist Cadmium – wahrscheinlich auch aufgrund seiner zink- und kupferantagonistischen Wirkung – toxisch: Beschrieben wurden kardiovaskuläre Erkrankungen (Bluthochdruck), Nierenleiden, Hodennekrose, Fehlgeburten und angeborene Missbildungen. In Japan trat Ende der 50er Jahre eine cadmium-induzierte tödliche Krankheit auf, die durch Decalcifikation der Skelettknochen und Frakturen (Itai-Itai-Krankheit) gekennzeichnet war. Nach epidemiologischen Studien sind in Gebieten mit hohem Cadmiumgehalt der Luft (Industrieabgase) Todesfälle an hypertonischen, kardiovaskulären Leiden signifikant höher, da das Metall offenbar in die Nahrungskette gelangt. Cadmiumverbindungen werden auch für Dekors von Porzellan- und Keramikgeschirr verwendet. Dieses Cadmium kann von der Geschirrglasur beim Kochen abgegeben werden, sich im Magen mit der Salzsäure zum giftigen Cadmiumchlorid umsetzen und in den Organismus eintreten. Da Cadmium im Meerwasser enthalten ist, nehmen z.B. auch **Miesmuscheln**, die pro Stunde bis zu 40 l Wasser filtern, dieses Schwermetall auf. Von allzu häufigem Verzehr von Muscheln wird deshalb abgeraten. Cadmium ist ein typisches **Kumulationsgift**, das erst nach Jahren oder Jahrzehnten manifeste Organschäden hervorruft. Zielorgan sind die Nieren, in denen es aufgrund seiner langen Halbwertszeit angereichert und praktisch nicht mehr ausgeschieden wird.

22.2.12 Blei

Blei ist in Pflanzen und Böden weit verbreitet. In den Menschen gelangt es über Nahrungsmittel, die praktisch nicht mehr bleifrei sind, und die Atemluft. In der Bundesrepublik beträgt die tägliche Bleizufuhr mit der Nahrung etwa 250 µg (1,2 µmol). Dazu kommt das mit der Atemluft aufgenommene Blei, dessen Menge dank der Verwendung bleifreier Kraftstoffe seit 1970 auf etwa ein Zehntel zurückgegangen ist. Dem entsprechend sind auch die Bleispiegel im Blut zurückgegangen und liegen jetzt bei etwa 33 µg/l (0,15 µmol/l) bei Kindern und 45,3 µg/l (0,21 µmol/l) bei Erwachsenen. Als Grenzwert, ab dem mit gesundheitlichen Schädigungen zu rechnen ist, gelten Werte über 150 µg/l (0,7 µmol/l). Die Wirkung von Blei kommt durch Bindung an Sulfhydrylgruppen von Enzymen und Struktur-Proteinen zustande. Viele der toxischen Wirkungen dieses zweiwertigen Kations beruhen zudem auf seiner Ähnlichkeit mit Calcium, dessen Effekte es hemmen oder auch imitieren kann. Die wichtigsten toxischen Wirkungen spielen sich am Gehirn und peripheren Nervensystem ab. Da die δ-ALA-Dehydratase, ein Schlüsselenzym der Porphyrinbiosynthese (► Kap. 20.1.2), durch Blei gehemmt wird, ist die Ausscheidung von **δ-Aminolävulinat** in den Urin ein wichtiger Indikator einer Bleivergiftung.

Die Bleiausscheidung aus dem Organismus erfolgt über die Nieren, ein Teil des Bleis wird auch im Knochen gespeichert.

Die **akute** Bleivergiftung (hohe Blut-Bleispiegel verursacht durch bleihaltiges Geschirr, bestimmte Kosmetika) ist durch Anämie (Beeinträchtigung der Porphyrinsynthese verursacht Hämoglobinmangel), Koliken, Lähmungen und Bewusstseinseinschränkungen gekennzeichnet. Die Behandlung der Vergiftung erfolgt mit Komplexbildnern, die Blei zur Ausscheidung in den Urin mobilisieren.

22.2.13 Quecksilber

Quecksilber wird industriell als Katalysator verwendet. Mit Abwässern in Seen und Flüsse gelangtes metallisches Quecksilber wird von Mikroorganismen in **Dimethylquecksilber** überführt, das über den Fischverzehr in den Menschen gelangt. Aufgrund seiner Lipidlöslichkeit (hydrophobe Methylgruppen!) kann es die Blut-Hirn-Schranke passieren und damit im ZNS akkumulieren. Quecksilber ist zu etwa 50% in dem Zahnfüllmaterial **Amalgam** enthalten (der Rest besteht aus einer Mischung von Silber, Zinn, Kupfer und Zink). Amalgamfüllungen setzen kontinuierlich kleine Mengen **Quecksilberdampf** frei, der durch Nasen- und Mundschleimhäute und alveolar resorbiert wird. Wie Dimethylquecksilber kann Quecksilber-Dampf in das Gehirn gelangen, wo es zu der toxischen Form Hg^{2+} oxidiert wird, die – wie Blei – an Thiolgruppen bindet. Damit trägt Amalgam wesentlich zur Quecksilberbelastung des Menschen bei.

22

In Kürze

- Zink ist Cofaktor von mehr als 300 Enzymen. Dazu gehören Metalloproteinasen, die Komponenten der extrazellulären Matrix abbauen, und Transkriptionsfaktoren. Ein Zinkmangel, der z.B. bei parenteraler Ernährung oder Resorptionsstörungen auftritt, kann die Immunantwort beeinträchtigen
- Fluorid besitzt eine kariesprotektive Wirkung und wirkt durch Einbau in die anorganische Substanz im Knochen der Osteoporose entgegen
- Jodid ist obligater Bestandteil der Schilddrüsenhormone, sodass in Jodmangelgebieten wie Deutschland Mangelzustände häufig zu einer Beeinträchtigung der Schilddrüsenfunktion führen
- Chrom soll die Glucosetoleranz verbessern und Selen ist Bestandteil antioxidativer Schutzsysteme
- Einige Spurenelemente, die vom Menschen nicht benötigt werden, sind bereits in geringen Mengen schädlich. Dazu gehören Cadmium, Blei und Quecksilber, die bei chronischer Exposition im Körper akkumulieren und dadurch toxisch wirken

Literatur

Übersichtsarbeiten

Aschner JL, Aschner M (2005) Nutritional aspects of manganese homeostasis. Mol Aspects Med 26:353–362

Bertinato J, L'Abbe MR (2004) Maintaining copper homeostasis: regulation of copper trafficking proteins in response to copper deficiency or overload. J Nutr Biochem 15:316–322

Beckett GJ, Arthur JR (2005) Selenium and endocrine systems. J Endocrin 184:455–465

Cazzola M (2005) Role of Ferritin and ferroportin genes in unexplained hyperferritinaemia. Best Practice & Research Haematology 18:251–263

Eide DJ (2004) The SLC39 family of metal ion transporters. Pflügers Arch – Eur J Physiol 447:796–800

Ferenci P (2004) Pathophysiology and clinical features of Wilson disease. Metabolic Brain Dis 19:229–239

Fleming RE, Bacon B (2005) Iron homeostasis. New Engl J Med 352:1741–1744

Ford D (2004) Intestinal and placental zinc transport pathways. Proc Nutr Soc 63:21–29

Ganz T, Nemeth E (2006) Iron imports. IV. Hepcidin and regulation of body iron metabolism. Am J Physiol Gastrointest Liver. Physiol 290: G199–G203

Harris ED (2003) Basic and clinical aspects of Copper. Crit Rev Clin lab Sci 40:547–586

Hellwig E, Lennon AM (2004) Systemic versus topical fluoride. Caries Res 38:258–262

Hentze MW, Muckenthaler MU, Andrews NC (2004) Balancing acts: Molecular control of mammalian iron metabolism. Cell 117:285–297

Miret S, Simpson RJ, McKie AT (2003) Physiology and molecular biology of dietary iron absorption. Annu Rev Nutr 23:283–301

Mutter J, Naumann J, Walach H, Daschner F (2005) Amalgam: eine Risikobewertung unter Berücksichtigung der neuen Literatur bis 2005. Gesundheitswesen 67:204–216

Needleman H (2005) Lead poisoning. Annu Rev Med 55:209–222

Petrides PE, Beutler E (2002) Molecular and clinical aspects of human iron metabolism. Blood Cells Mol & Dis 29:296–573

Petris MJ (2004) The SLC31 (Ctr) copper transporter family. Pflugers Arch – Eur J Physiol 447:752–755

Pietrangelo A (2004) Medical Progress: Hereditary hemochromatosis – a new look at an old disease: New Engl J Med 350:2383–2397

Prohaska JR, Gybina AA (2004) Intracellular copper transport in mammals. J Nutr 134:1003–1006

Roetto A, Camaschella C (2005) New Insights into iron homeostasis through the study of non-HFE hereditary haemochromatosis. Best Pract & Res Haematology 18:235–250

Safaei R, Howell SB (2005) Copper transporters regulalute the cellular pharmacology and sensivity to Pt drugs. Crit Revs Onc/Hem 53:13–23

Selverstone Valentine J, Doucette PA, Zittin Potter S (2005) Copper zinc superoxide dismutase and amyotrophic lateral sclerosis. Annu Rev Biochem 74:563–593

Zimmer S, Jahn K-R, Roxane Barthel C (2003) Empfehlungen zur Kariesprophylaxe mit Fluorid. Prophylaxe Impuls 7:11–17

Monographien

Kritzinger EE, Wright BE (1985) Auge und Allgemeinkrankheiten. 1. Auflage. Springer, Berlin Heidelberg New York

Testa U (2002) Proteins of Iron metabolism. CRC Press, Boca Rato

Links im Netz

► www.lehrbuch-medizin.de/biochemie

23 Vitamine

Georg Löffler, Regina Brigelius-Flohé

23.1 Allgemeine Grundlagen und Pathobiochemie – 680
23.1.1 Definition und Einteilung – 680
23.1.2 Täglicher Bedarf an Vitaminen – 680
23.1.3 Pathobiochemie – 680

23.2 Fettlösliche Vitamine – 683
23.2.1 Vitamin A – 683
23.2.2 Vitamin D – 688
23.2.3 Vitamin E – 691
23.2.4 Vitamin K – 695

23.3 Wasserlösliche Vitamine – 697
23.3.1 Vitamin C – 697
23.3.2 Vitamin B1 – 699
23.3.3 Vitamin B2 – 700
23.3.4 Niacin und Niacinamid – 700
23.3.5 Vitamin B6 – 703
23.3.6 Pantothensäure – 704
23.3.7 Biotin – 705
23.3.8 Folsäure – 707
23.3.9 Vitamin B12 – 709

23.4 Vitaminähnliche Substanzen – 711

Literatur – 712

 **Einleitung**

Bei den großen Seefahrten zu Beginn der Neuzeit wurde beobachtet, dass Menschen unter lang dauernder, einseitiger Ernährung spezifische Krankheitsbilder entwickeln. Aber erst Ende des 19. Jahrhunderts wurde die Entstehung dieser Krankheiten tierexperimentell durch das Verfüttern so genannter Mangeldiäten untersucht, was letztendlich zur Disziplin der modernen Ernährungswissenschaft führte. Versuchstiere starben trotz ausreichender Energiezufuhr, wenn sie mit einer nur aus hoch gereinigten Kohlenhydraten, Fetten, Proteinen und Elektrolyten bestehenden Diät ernährt wurden. Die Erkenntnis, dass das Fehlen einer bestimmten Komponente in der Nahrung krank machen kann, war insofern eine Revolution, als man hierfür bis zu diesem Zeitpunkt nur giftige oder verdorbene Nahrungsbestandteile verantwortlich machte. Die für das Überleben fehlenden Bestandteile wurden Vitamine genannt, weil man annahm, dass es sich ausschließlich um stickstoffhaltige Verbindungen handle. Später zeigte sich allerdings, dass viele Vitamine keinen Stickstoff enthalten, dass Vitamine untereinander keinerlei chemische Verwandtschaft aufweisen und ihr Wirkungsspektrum alle Aspekte der Biochemie höherer Zellen umfasst.

23.1 Allgemeine Grundlagen und Pathobiochemie

23.1.1 Definition und Einteilung

! Vitamine sind organische, in Mikromengen benötigte essentielle Nahrungsbestandteile.

Vitamine sind Verbindungen, die in geringen Konzentrationen für die Aufrechterhaltung fast aller physiologischen Funktionen benötigt werden. Pflanzen und Mikroorganismen können diese Verbindungen selbst produzieren, höher organisierte Lebensformen haben im Zuge der Evolution diese Fähigkeit eingebüßt. Ihnen fehlen die für die Biosynthese von Vitaminen benötigten Enzyme, sodass für sie Vitamine zu **essentiellen Nahrungsbestandteilen** geworden sind [vgl. essentielle Aminosäuren (► Kap. 13.4), essentielle Fettsäuren (► Kap. 12.4.1)].

Dem mengenmäßig geringen täglichen Bedarf an Vitaminen entspricht ihre **katalytische** bzw. **regulatorische** Funktion. Vitamine

- wirken als **Coenzyme** oder
- Hormone
- sind Wasserstoff- Donoren bzw. Akzeptoren
- sind an Redoxprozessen beteiligt
- sind an der Modifizierung und damit der Regulation der Aktivität von Proteinen beteiligt
- sind Liganden für **Transkriptionsfaktoren**

Nach ihren chemischen Eigenschaften werden die Vitamine in wasser- bzw. fettlösliche Vitamine eingeteilt (■ Tabelle 23.1). Diese Einteilung hat aber keinerlei Bezug zur biochemischen Funktion.

23.1.2 Täglicher Bedarf an Vitaminen

! Der tatsächliche Vitaminbedarf hängt von individuellen Gegebenheiten ab.

Exakte Zahlen für den täglichen Minimalbedarf wurden an Versuchspersonen für einige Vitamine ermittelt. Die optimale Versorgung ist jedoch in den meisten Fällen nicht genau bekannt. Man begnügt sich daher mit Empfehlungen für die wünschenswerte Höhe der Zufuhr, bei denen

- die individuellen Schwankungen
- der veränderte Bedarf bei erhöhtem/erniedrigtem Kalorienverbrauch
- Wachstum
- Schwangerschaft und Stillzeit

sowie ein angemessener Sicherheitszuschlag berücksichtigt sind (■ Tabelle 23.2).

Wegen der üblich gewordenen Einnahme großer Mengen an Vitaminen mit Nahrungsergänzungsmitteln, wurden im Jahr 2000 für einige Vitamine eine obere tolerierbare Zufuhr (*tolerable upper intake level,*) eingeführt, welche die Menge eines Vitamins angibt, die täglich aufgenommen werden kann, ohne dass es zu unerwünschten Nebenwirkungen kommt (■ Tabelle 23.2).

23.1.3 Pathobiochemie

 Hypo- und Hypervitaminosen führen zu unterschiedlichen Krankheitsbildern.

Die mangelhafte Versorgung mit einem Vitamin führt in der leichten Form zur **Hypovitaminose**, in der schweren, voll ausgebildeten zur **Avitaminose**. Ein Vitaminmangel kann bedingt sein durch

- eine unzureichende Zufuhr
- gestörte intestinale Resorption oder
- genetische Defekte

Da viele Vitamine, besonders diejenigen aus der Gruppe der wasserlöslichen, Coenzyme der Enzyme von Hauptstoffwechselwegen sind, ist die Symptomatik von Hypovitaminosen häufig unspezifisch, da meist der gesamte Intermediärstoffwechsel gestört ist. Betroffen sind vor allem Gewebe mit hoher Stoffwechselleistung (z. B. Myocard, Gastrointestinaltrakt) oder hoher Zellteilungsrate (Blut bildende Gewebe des Knochenmarks, epitheliale Gewebe).

Tabelle 23.1. Einteilung der Vitamine nach ihrer Löslichkeit

Buchstabe	Name	Biologisch aktive Form	Biochemische Funktion
Fettlösliche Vitamine			
A	Retinol	Retinoat bzw. Retinal	Photorezeption, Stabilisierung von Membranen, Glycoproteinbiosynthese, Genexpression, Kontrolle von Wachstum und Differenzierung
D	Cholecalciferol	1,25-Dihydroxycholecalciferol	Regulation der extrazellulären Calciumkonzentration
E	α-Tocopherol	Tocopherol	Schutz von Membranlipiden vor (Per-)Oxidation, Rolle in der Reproduktion und bei der neuromuskulären Signalübertragung
K	Phyllochinon	Difarnesylnaphthochinon	Carboxylierung von Glutamylresten in Proteinen (Coenzym)
Wasserlösliche Vitamine			
Buchstabe	**Name**	**Biologisch aktive Form**	**Biochemische Funktion**
C	Ascorbinsäure	Ascorbinsäure	Redoxsystem, Hydroxylierungen
B1	Thiamin	Thiaminpyrophosphat	Dehydrierende Decarboxylierungen (Coenzym)
B2	Riboflavin	FMN, FAD	Wasserstoffübertragungen (Coenzym)
	Niacin(amid)	NAD^+, $NADP^+$	Wasserstoffübertragungen (Coenzym)
B6	Pyridoxin	Pyridoxalphosphat	Transaminierungen, Decarboxylierungen, Transsulfurierung (Coenzym), Aldolspaltungen
	Pantothensäure	CoA-SH, Phosphopantethein	Acylübertragungen (Coenzym)
	Biotin	Biocytin (Biotin an Carboxylase gebunden)	Carboxylierungen (Coenzym)
	Folsäure	Tetrahydrofolsäure	1-Kohlenstoffatomübertragungen (Coenzym)
B12	Cobalamin	5′-Desoxyadenosylcobalamin Methylcobalamin	C-C-Umlagerungen (Coenzym) 1-Kohlenstoffatomübertragungen (Coenzym)

Tabelle 23.2. Referenzwerte für die tägliche Vitaminzufuhr für gesunde Erwachsene (linke Spalte) und obere tolerierbare Zufuhr (rechte Spalte) jeweils in mg.

Fettlösliche Vitamine		
Vitamin A	$0{,}8–1{,}1^{a,D}/0{,}7–0{,}9^{F}$	3^{F}
Vitamin D	$0{,}005^{b}$	$0{,}05^{F}$
Vitamin E	12–15	$1000^{f,F}$
Vitamin K	$0{,}06–0{,}08^{D}/0{,}09–0{,}12^{F}$	
Wasserlösliche Vitamine		
B1, Thiamin	1,0–1,3	
B2, Riboflavin	$1{,}2–1{,}50/1{,}0–1{,}1^{F}$	
Niacin	13–17	
B6, Pyridoxin	1,2–1,6	100^{F}
Pantothensäure	$6^{D}/5^{F}$	
Biotin	$0{,}03–0{,}06^{D}/0{,}03^{F}$	
Folsäure	$0{,}4^{d}$	1^{F}
B12, Cobalamin	$0{,}003^{D}/0{,}0024^{F}$	
Vitamin C, Ascorbinsäure	100^{e}	2000^{F}

[a] mg Retinol-Äquivalente
[b] ab 65 Jahre bis zu 0,015 mg/Tag
[d] Frauen mit Kinderwunsch: zusätzlich 0,4 mg
[e] Raucher: 150 mg
[f] von der europäischen Kommission wurde hier ein Wert von 300 eingesetzt
[D] Empfehlungen der Deutschen Gesellschaft für Ernährung
[F] Empfehlungen des »Food and Nutrition Board« der USA

Ein Vitaminmangel kann – besonders auch im präklinischen Stadium – durch die Bestimmung einer vitaminabhängigen biochemischen Funktion erfasst werden: So z. B. die Ausscheidung eines Metaboliten im Urin, wenn das Vitamin für dessen enzymatische Umsetzung fehlt. Durch orale Gabe der umzusetzenden Substanz in **Belastungstests** kann die Ausscheidung des Metaboliten noch provoziert werden. Weiterhin ist die Aktivitätsminderung bestimmter Enzyme in Erythrozyten nachweisbar, wenn die aus Vitaminen gebildeten Coenzyme nicht in ausreichender Konzentration vorliegen (Tabelle 23.3). Zu den durch Vitaminmangel bedingten Störungen mit unspezifischer Symptomatik kommen mit fortschreitender Dauer des Mangels morphologische Veränderungen an den verschiedensten Organen. Nach dem Aufbrauchen der Speicher treten Störungen des Zellstoffwechsels auf, die graduell abgestuft sein können. Danach folgen klinische Symptome und anatomische Veränderungen (Abb. 23.1). Die Erkennung und Behandlung eines Vitaminmangels ist von außerordentlicher praktischer Bedeutung. Zurzeit sind zwar die Bewohner der sog. westlichen Länder durch ein ausreichendes und vielseitiges Nahrungsangebot sowie von Vitaminpräparaten vor Hypovitaminosen weitgehend geschützt. Wegen der oft einseitigen Ernährung sind ältere Menschen eher von Vitaminmangelsituationen bedroht. Auch während der Gravidität und Stillperiode, bei einseitigen Ernährungsformen oder Abmagerungskuren kann es zu Vitaminman-

23

Tabelle 23.3. Biochemische Tests zur Erfassung von Vitaminmangelzuständen

Vitamin	Beobachtung bei Mangelzuständen
Phyllochinone	Verlängerung der Gerinnungszeit
L-Ascorbinsäure	Ausscheidung von p-Hydroxyphenylpyruvat im Urin nach Belastung mit Tyrosin
Thiamin	Verminderung der Aktivität der Transketolase in den Erythrozyten
Riboflavin	Vermehrte Ausscheidung von Kynurenin und 3-Hydroxykynurenin im Urin nach Belastung mit Tryptophan
Pyridoxin	Verringerte Aktivität von Transaminasen in den Erythrozyten; vermehrte Ausscheidung von Xanthurensäure, Hydroxykynurenin und Kynurensäure im Urin nach Belastung mit Tryptophan
Folsäure	Vermehrte Ausscheidung von N-Formiminoglutamat im Urin nach Belastung mit Histidin
Cobalamin	Ausscheidung von Methylmalonsäure im Urin

gel kommen. Infolge der weltweit zunehmenden Nahrungsmittelknappheit ist anzunehmen, dass in nicht allzu ferner Zukunft die Hypovitaminosen in erschreckendem Umfang zunehmen werden und entsprechend ärztlicher Behandlung bedürfen.

Während überschüssige Mengen wasserlöslicher Vitamine mit dem **Urin** ausgeschieden werden, trifft dies nicht für alle fettlöslichen Vitamine zu. So können **Hypervitaminosen** nach hoher Gabe Vitamin A oder D-Supplemente auftreten. Abgesehen von den Beobachtungen, dass der Genuss größerer Mengen Eisbärenleber (bei Eskimos) oder die bevorzugte Ernährung mit Karottensäften zu einer Vitamin A-Hypervitaminose führen kann, sind Hypervitaminosen durch einseitige Ernährungsformen nicht bekannt geworden.

! Störungen im Vitaminstoffwechsel gehen häufig mit der Symptomatik eines Vitaminmangels einher.

Viele Vitamine fungieren als Coenzyme bei enzymatischen Reaktionen Tabelle 23.1. Abbildung 23.2 fasst dabei die einzelnen Schritte zusammen, die von der Aufnahme eines Vitamins in den Organismus bis zu seinem Einbau in ein Apoenzym durchlaufen werden müssen. Vitamine werden in meist spezifischen Prozessen intestinal resorbiert. Ihr Transport über das Blut zu den Zielzellen erfolgt häufig in Bindung an **spezifische Transportproteine**. Nach Aufnahme in die Zielzellen erfolgt die Umwandlung des Vitamins zum entsprechenden **Coenzym**, das an das Apoenzym assoziiert, und das fertige **Holoenzym** entsteht. Wie klinisch-biochemische Untersuchungen gezeigt haben, lassen sich eine Reihe von Erkrankungen mit der Symptomatik eines Vitaminmangels auf Defekte im Vitaminstoffwechsel zurückführen, sind also nicht durch Fehlernährung verursacht. Solche Defekte beruhen häufig auf Mutationen in Genen für Proteine bzw. Enzyme des Stoffwechsels des

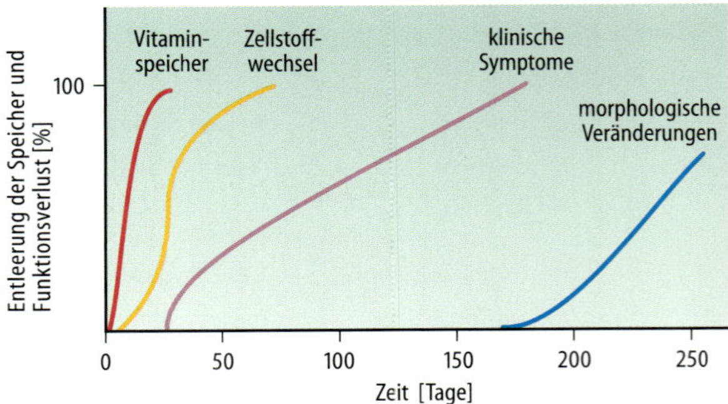

Abb. 23.1. Zeitlicher Verlauf der durch einen Vitaminmangel verursachten Störungen am Beispiel des Thiamins

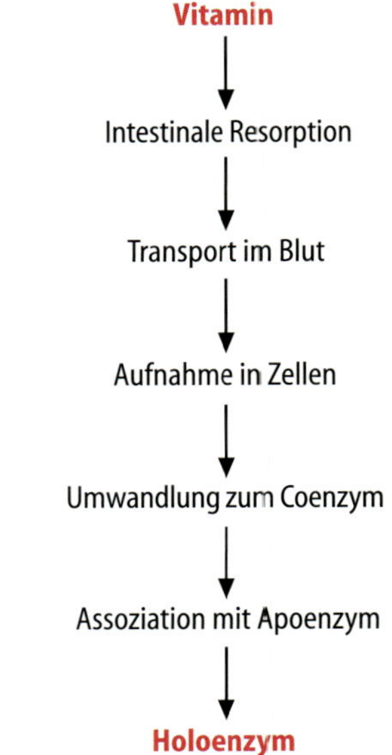

Abb. 23.2. Überblick über die einzelnen Schritte des Vitaminstoffwechsels

betreffenden Vitamins. Sie sind bisher für die Vitamine Biotin, Cobalamin, Tocopherol, Folsäure, Pyridoxin, Riboflavin und Thiamin beschrieben worden und können jeden individuellen Schritt im Vitaminstoffwechsel betreffen.

Es handelt sich um relativ seltene Erkrankungen, deren Symptomatik durch Zufuhr supra-nutritiver Mengen des betroffenen Vitamins behoben werden kann.

! Antivitamine sind Derivate von Vitaminen, die deren biochemischen Wirkungsmechanismus hemmen.

Bereits geringfügige strukturelle Änderungen der für die Wirkung eines Vitamins verantwortlichen Struktur können zum Verlust der biologischen Aktivität führen. Wenn derartige Verbindungen das eigentliche Vitamin wegen ihrer strukturellen Ähnlichkeit von seinem Wirkort, meist einem Enzym, verdrängen, spricht man von **Antivitaminen**. Diese werden erfolgreich in der klinischen Medizin verwendet, z. B. als Folsäureantagonisten bei der Behandlung von Tumorerkrankungen.

In Kürze

Vitamine sind essentielle Nahrungsbestandteile, die dem Organismus täglich in Mikromengen zugeführt werden müssen und ohne die der normale Ablauf der Stoffwechselprozesse nicht möglich ist. Ihrer chemischen Natur nach kann man sie in fett- bzw. wasserlösliche Vitamine einteilen. Vitaminmangelzustände (Hypovitaminosen bzw. Avitaminosen) führen zu oft schweren Krankheitsbildern mit meist unspezifischer Symptomatik. Hypervitaminosen sind lediglich für fettlösliche Vitamine beschrieben worden und werden in aller Regel nicht durch Fehlernährung, sondern durch zu hohe Supplementierung ausgelöst.

23.2 Fettlösliche Vitamine

23.2.1 Vitamin A

Retinolderivate sind für den Sehvorgang, und für die Regulation von Zellwachstum und -differenzierung wichtig.

Chemische Struktur. Die Bezeichnung Vitamin A umfasst alle Verbindungen, die qualitativ die gleiche biologische Aktivität wie Retinol besitzen. Die Bezeichnung **Retinoide** schließt alle natürlichen Formen von Vitamin A und zusätzlich synthetische Analoga ein. Vitamin A besteht aus **4 Isopreneinheiten** (20 C Atomen), von denen die Atome 1–6 zu einem Iononring geschlossen sind. Es hat 5 Doppelbindungen und eine polare Gruppe am azyklischen Ende, die ein Alkohol (Retinol), ein Aldehyd (Retinal) oder eine Säure (Retinsäure) sein kann (Abb. 23.3). Als **Pro-Vitamin A** werden **Carotinoide** bezeichnet, die 8 Isoprenein-

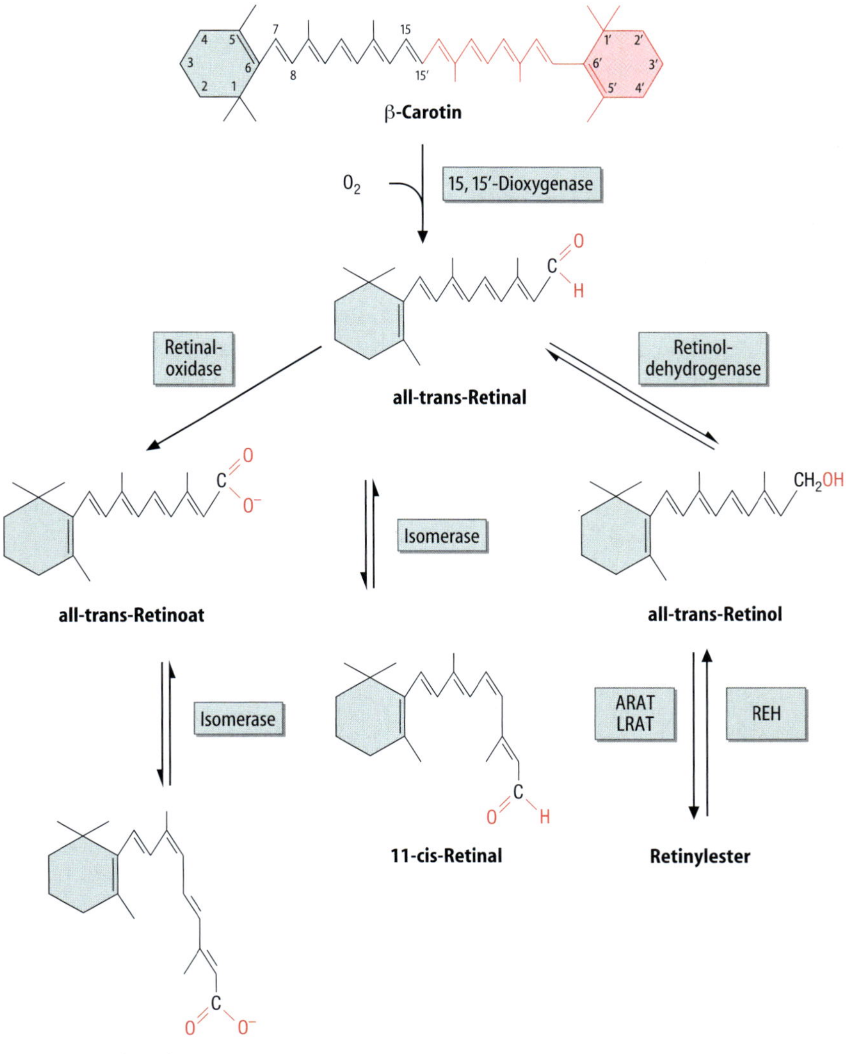

Abb. 23.3. Vom β-Carotin abgeleitete Vitamin A-Derivate. β-Carotin wird durch die 15,15'-Dioxygenase zu all-*trans*-Retinal gespalten, welches zu 11-*cis*-Retinal isomerisieren kann. Durch Oxidation der Aldehydgruppe entsteht aus all-*trans*-Retinal das all-*trans*-Retinoat, das zu 9-*cis*-Retinoat isomerisiert werden kann. Durch Reduktion der Aldehydgruppe des all-*trans*-Retinals kommt man zum all-*trans*-Retinol, die Reduktionsäquivalente werden vom NADPH/H^+ geliefert. Oxidation von Retinal liefert in einer nicht reversiblen Reaktion Retinsäure bzw. Retinoat. REH = Retinylesterase; ARAT = Acyl-CoA: Retinol-Acyltransferase; LRAT = Lecithin: Retinol-Acyltransferase

heiten aufweisen und von denen β-Carotin die ergiebigste Vitamin A-Vorstufe ist.

Vorkommen. Tierische Quellen – wie Leber, Milch, Eier oder Fisch – enthalten Retinoide, die als langkettige Fettsäureester von Retinol, bevorzugt als Retinylpalmitat, vorliegen. Pflanzliche Quellen sind vor allem gelbe Gemüse und Früchte (z. B. Karotten und gelbe Pfirsiche) sowie die Blätter der grünen Gemüse (Spinat, Fenchel, Grünkohl), die Carotinoide, also Provitamin A enthalten.

Resorption und Verteilung. Retinylester werden im Darmlumen durch Pankreaslipasen oder Esterasen, an der Mukosamembran durch eine Retinylesterase (REH) gespalten. Für die intestinale Resorption ist eine Mizellenbildung nötig, für die Gallensäuren einen unerlässlichen Cofaktor darstellen. Die Resorption erfolgt analog der Fettresorption (► Kap. 32.2.2). Für den intrazellulären Transport wird Vitamin A an Rezeptoren gebunden, die in ◻ Tabelle 23.4 zusammengefasst sind. Retinol- und Retinoat-Bindeproteine gehören zu einer Gruppe von Lipid-Transportproteinen, die als **Lipocaline** bezeichnet werden.

In den Mukosazellen des Intestinaltrakts (Enterozyten) wird Retinol wieder verestert. Die beteiligten Enzyme sind die Lecithin: Retinol Acyltransferase (LRAT) oder die Acyl-CoA: Retinol Acyltransferase (ARAT). Die LRAT verestert nur an CRBP-II (◻ Tab. 23.4) gebundenes Retinol, während die ARAT auch freies Retinol akzeptiert. Dies stellt sicher, dass auch bei hohen Konzentrationen, wenn die zellulären Bindeproteine gesättigt sind, kein freies Retinol vorliegt.

β-Carotin wird zu Retinal gespalten, eine Reaktion, die von der 15,15'-Dioxygenase katalysiert wird. (◻ Abb. 23.3). Das entstehende **Retinal** wird zu Retinol reduziert und verestert. Retinylester werden in Chylomikronen eingebaut und in die Lymphe sezerniert. Daneben besteht die Möglichkeit des Transports von freiem Retinol über die V. portae zur Leber.

An der Plasmamembran werden Retinylester wieder gespalten und freigesetztes Retinol an CRBP-I (◻ Tab. 23.4) gebunden. In dieser Form wird Retinol zu den metabolisierenden Enzymen transportiert (◻ Abb. 23.3) oder zur Speicherung mit Palmitat verestert. Die Speicherung in der Leber erfolgt in den sog. **Stern- oder Ito-Zellen** (► Kap. 33.5). Die in diesen Zellen gespeicherte Vitamin A-Menge ist beträchtlich und sichert den Bedarf für mehrere Monate. Zur Verteilung in periphere Zellen wird Retinol an das Retinol-bindende Protein (RBP) gebunden und ins Blut abgegeben. Da RBP nur 21,2 kDa groß ist und deshalb über die Niere ausgeschieden würde, wird der RBP-Retinol Komplex im Blut an Transthyretin assoziiert. Leber- und periphere Zielzellen haben einen Rezeptor, der RBP erkennt und RBP-gebundenes Retinol aufnimmt.

Metabolismus. In den Zellen wird Retinol in die benötigte funktionelle Form umgewandelt, wobei die Oxidation von Retinal zu Retinsäure irreversibel ist (◻ Abb. 23.3). Retinaldehyd und Retinsäure werden isomerisiert, Retinol und Retinsäure hydroxyliert oder zum Zweck der Ausscheidung glucuronidiert.

Funktion. Die verschiedenen Formen von Vitamin A haben spezifische biologische Funktionen:
- verestertes Retinol dient als Speicherform von Vitamin A
- Retinal ist für den Rhodopsinzyklus im Auge essentiell
- Retinsäure steuert über die Regulation von Genaktivitäten Wachstum und Entwicklung von Zellen

Molekulare Vorgänge bei der Photorezeption. Vitamin A ist in Form des **11-*cis*- bzw. all-*trans*-Retinals** Bestandteil des Sehpigments **Rhodopsin** in den Stäbchen der Retina. Rhodopsin (Molekulargewicht ca. 27 kD) besteht aus dem Transmembranprotein Opsin und Retinal, das covalent an die ε-Aminogruppe eines Lysylrests des Opsins gebunden ist.

◻ Tabelle 23.4. Extra- und intrazelluläre Retinolbindeproteine

Name	Natürlicher Ligand	Wirkort	Funktion
Retinol-Bindeprotein RBP	all-trans-Retinol	Blut	Extrazellulärer Transport von Retinol
Zelluläres Retinol-Bindeprotein, Typ 1 CRBP-I	all-trans-Retinol	In Zellen Vitamin A-empfindlicher Gewebe	intrazellulärer Transport von Retinol zu den veresternden Enzymen (LRAT)
Zelluläres Retinol-Bindeprotein, Typ II CRBP-II	all-trans-Retinol all-trans-Retinal	Intestinale Mukosazellen	Intrazellulärer Transport von Retinol zu den metabolisierenden Enzymen. Schutz vor Oxidation. Schutz der Zelle vor freiem Retinol, das die Struktur von Membranen stören kann
Zelluläres Retinsäure-Bindeprotein, Typ I CRABP-I	all-trans-Retinoat	In Zellen Vitamin A-empfindlicher Gewebe	Intrazellulärer Transport von Retinsäure in den Zellkern
Zelluläres Retinsäure-Bindeprotein, Typ II CRABP-II	all-trans-Retinoat	Hautzellen	Intrazellulärer Transport von Retinsäure in den Zellkern

Opsin gehört zu den heptahelicalen G-Protein-gekoppelten Rezeptoren für chemische Signalstoffe (▶ Kap. 25.6). Der Einbau des Pigments Retinal wandelt also einen Rezeptor für chemische Signalstoffe einen solchen für Lichtquanten um.

Die in den für das Farbsehen verantwortlichen Zapfen (▶ u.) vorkommenden lichtempfindlichen Pigmente mit Absorptionsmaxima von

- 420 nm (Blau-empfindlich)
- 530 nm (Rot-empfindlich) und
- 560 nm (Grün-empfindlich)

sind grundsätzlich gleichartig aufgebaut.

Nur minimale Unterschiede in der Primärstruktur des Opsins führen zu drastischen Veränderungen der jeweiligen Absorptionsmaxima.

Diese Befunde haben zur Aufklärung der molekularen Grundlagen der **Rot-Grün-Blindheit** geführt. Durch Southern-Blot-Hybridisierung der genomischen DNA von Patienten mit angeborener Rot-Grün-Blindheit mit den klonierten Genen für die Rot- bzw. Grün-empfindlichen Photopigmente wurde nachgewiesen, dass die Erkrankung Folge einer Genkonversion bzw. nichtreziproken Rekombination ist. Dies führt entweder zum völligen Verlust oder zu Strukturdefekten im Bereich des für das rotempfindliche bzw. grünempfindliche Pigment codierenden Gens.

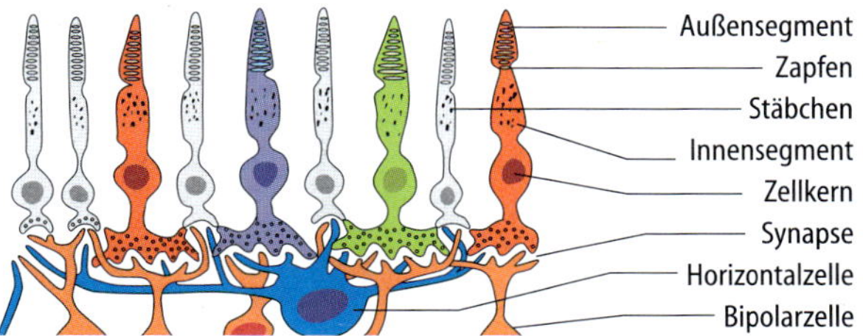

Abb. 23.4. Schematisierte Darstellung von Stäbchen und Zapfen der Retina. (Einzelheiten ▶ Text). Modifiziert nach Schmidt, Lang, Thews (2005)

Stäbchen und Zapfen, die Sehzellen der Wirbeltiere, sind morphologisch und funktionell in mehrere Abschnitte gegliedert (Abb. 23.4). Das Außensegment eines Stäbchens ist mit flachen Membransäcken oder -scheiben angefüllt, die wie Münzen einer Geldrolle innerhalb der Hüllmembran gestapelt sind. Sie enthalten ebenso wie die Hüllmembran das Rhodopsin. Ein Stäbchenaußensegment besteht z. B. bei der Ratte aus etwa 1000 derartigen Membransäckchen. Im Innensegment des Stäbchens befinden sich in großer Zahl Mitochondrien und endoplasmatisches

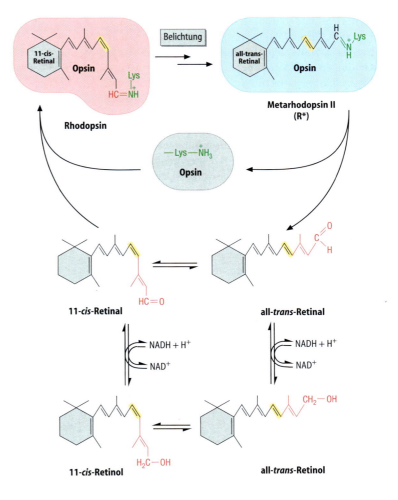

Abb. 23.5. Rhodopsin-Spaltung und Zyklus des Retinals bei der Belichtung der Photorezeptormembran. Die *cis*- bzw. *trans*-Doppelbindungen sind gelb unterlegt (Einzelheiten ▶ Text)

Retikulum, an dem u.a. die Biosynthese des Opsins stattfindet. Darauf folgen der Abschnitt mit dem Zellkern und ein längerer Fortsatz, der mit der nachfolgenden Nervenzelle eine Synapse bildet. Über diese Schaltstelle wird die Erregung aus der Lichtsinneszelle weitergeleitet.

Die Zapfen unterscheiden sich von den Stäbchen durch ihre konische Form und den abweichenden Aufbau des Membransystems im Außensegment. Die flachen Einfaltungen der Photorezeptormembran werden nicht als flache Säckchen abgeschnürt, sondern behalten ihre Verbindung zur Außenmembran. Statt Rhodopsin enthalten Zapfen die oben geschilderten farbempfindlichen Photopigmente.

Im Dunkeln, sind in den Plasmamembranen der Stäbchen und Zapfen Natriumkanäle geöffnet, was eine **Depolarisierung** dieser Zellen bewirkt. Dies hat die Öffnung von spannungsregulierten Calciumkanälen zur Folge. Die nach Calciumeinstrom erhöhte intrazelluläre Calciumkonzentration löst die Freisetzung des Transmitters **Glutamat** an der Synapse zwischen der Photorezeptorzelle und den afferenten Neuronen, den Bipolarzellen der Retina, aus. Diese verfügen über unterschiedliche Glutamatrezeptoren, die das »Dunkelsignal« weitergeben.

Bei Belichtung der Photorezeptormembran kommt es zu einer **photoinduzierten Stereoisomerisierung** der 11-*cis*- zur all-*trans*-Form des Retinals, und zur schrittweisen Konformationsänderungen des Opsins, bis schließlich Retinal vom Opsin abgespalten wird (Abb. 23.5). Eine der Zwischenverbindungen wird als Metarhodopsin II (**aktives Rhodopsin**, R*) bezeichnet und ist für die in Abb. 23.6 dargestellte Signalübermittlung verantwortlich. Metarhodopsin II bindet an **Transducin**, ein oligomeres Membranprotein, das zur Gruppe der heterotrimeren G-Proteine gehört (► Kap. 25.6.1). Es löst den Austausch des an die α-Untereinheit von Transducin gebundenen GDP durch GTP aus. Die GTP-beladene α-Untereinheit wird freigesetzt und übernimmt die inhibitorische γ-Untereinheit einer **cGMP-spaltenden Phosphodiesterase (PDE)**. Diese wird dadurch aktiviert, was zu einem außerordentlich raschen Abfall des cGMP-Spiegels im Stäbchen bzw. Zapfen führt.

Da cGMP die für die Depolarisierung notwendigen Ionenkanäle offen hält, schließen sich diese, und es kommt zu einer mit einem Abfall der intrazellulären Calciumkonzentration einhergehenden Hyperpolarisierung der Sehzelle. Die Glutamatfreisetzung an der Synapse wird beendet, was als »Lichtsignal« dient.

Für die erforderliche schnelle Löschung des Lichtsignals sind v.a. zwei Vorgänge verantwortlich:

- GTP wird an der α-Untereinheit des Transducins durch dessen intrinsische GTPase-Aktivität hydrolysiert. Die α-Untereinheit erlangt so eine Konformation, in der sie die Transducin β/γ-Untereinheiten erneut binden kann. Die inhibitorischen γ-Untereinheiten der cGMP-spaltenden PDE assoziieren anschließend an das Enzym und inaktivieren es. Die Guanylatzyklase wird aktiviert, die cGMP-Spiegel steigen an, die Ionenkanäle werden geöffnet, die intrazelluläre Calciumkonzentration steigt an und das »Dunkelsignal« ist wieder aktiv
- Auch am Opsin finden Abschaltreaktionen statt. Während der Lichtreaktion kommt es mit der Abnahme der Ca^{2+}-Konzentration zur Aktivierung einer Rhodopsinkinase und damit zur Phosphorylierung des Metarhodopsins II, die mit Dauer und Stärke des Lichtreizes zunimmt. Das phosphorylierte Metarhodopsin II bindet **Arrestin** (► Kap. 6.2.5), was eine erneute Aktivierung von Transducin verhindert. Die anschließende Dephosphorylierung führt zu Dissoziation von Arrestin (Dunkeladaptation), wonach Metarhodopsin II in Opsin und all-*trans*-Retinal zerfällt. Anschließend wird Rhodopsin regeneriert

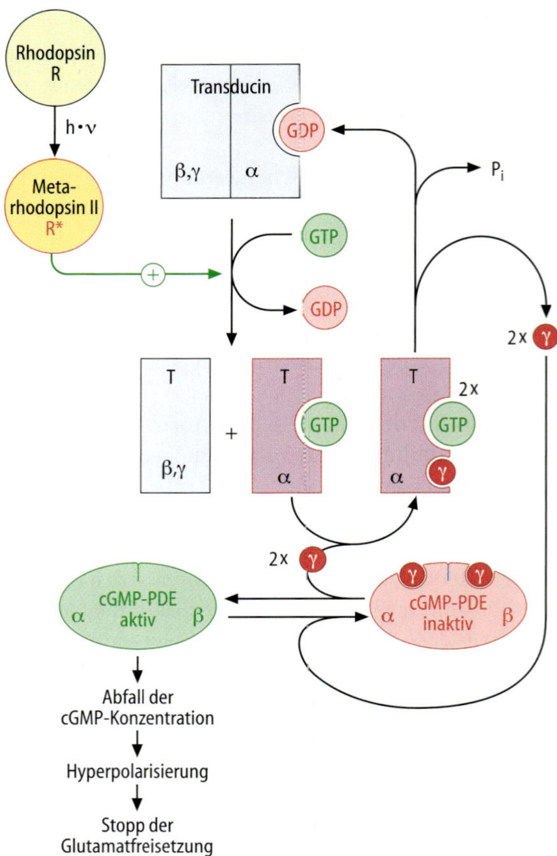

Abb. 23.6. Reaktionskaskaden bei der Reizübertragung in photosensiblen Zellen. (Einzelheiten ► Text)

Dieser Vorgang erfolgt durch die enzymatische Isomerisierung des all-*trans*- zum 11-*cis*-Retinal mit anschließender Assoziation an das Opsin. Bei sehr starker Belichtung kommt es zusätzlich zur Reduktion von Retinal zu Retinol, das wieder oxidiert werden muss. Unter normalen Umständen sind in der Retina die Geschwindigkeiten der Rhodopsinspaltung und -regeneration gleich groß. Bei Retinolmangel ist jedoch die Regeneration des Rhodopsins verlangsamt, was mit Nachtblindheit assoziiert ist.

Regulation der Genexpression. Eine Vielzahl essentieller biologischer Vorgänge ist Vitamin A-abhängig. Hier sind vor allem zu nennen:
- Reproduktion
- Embryogenese
- Morphogenese
- Wachstum und Differenzierung von Zellen

Die Notwendigkeit von Vitamin A für die Differenzierung von Zellen ist Grund für seine Funktion in der Immunabwehr sowie in der Aufrechterhaltung der Integrität epithelialer Barrieren im Gastrointestinaltrakt, in der Lunge und im Genitaltrakt. Eine besondere Rolle spielt Vitamin A in der **Reproduktion**. Retinsäure, in geringem Maß auch Retinol, ist unerlässlich für eine ungestörte Implantation des Embryos bis zur Geburt lebensfähiger Nachkommen. Speziell ist die Entwicklung von Herz, Lunge, Skelett, Gefäß- und Nervensystem Retinsäure-abhängig. Die Ausbildung von Extremitäten und die Polarisierung der Körperachse sind abhängig von Konzentrationsgradienten von Retinsäure und/oder seiner metabolisierenden Enzyme. Retinsäure sorgt auch für eine ungestörte Spermatogenese, was die Essentialität von Vitamin A für die Reproduktion generell deutlich macht.

Retinsäure übt ihre genregulatorischen Funktionen über Liganden-aktivierte nukleäre Rezeptoren aus. Nukleäre Rezeptoren, zu denen auch die Steroidhormonrezeptoren (▶ Kap. 25.3.1) gehören, besitzen charakteristische Domänen: eine variable N-terminale Region, eine konservierte DNA-bindende Domäne (DBD) mit 2 **Zinkfingern** (▶ Kap. 8.5.2) und eine Liganden-Bindedomäne (LBD). An beiden Enden befinden sich Regionen, die für die Transkriptionsaktivierung erforderlich sind, AF-1 am N-Terminus und AF-2 am C-Terminus. Während sich AF-1 in einer hypervariablen Region befindet und unabhängig von einer Ligandenbindung agieren kann, ist AF-2 am C-Terminus konserviert und Liganden-abhängig (◻ Abb. 23.7). Der Ligand stabilisiert eine Konformation des Rezeptors, die in der Lage ist, mit Co-Aktivatoren zu interagieren. Dies geschieht über ein Leu-X-X-Leu-Leu-Motiv in der Sequenz von AF-2. In dieser aktiven Konformation wird die Bindung eines Co-Repressors verhindert. Der Liganden-beladene nukleäre Rezeptor bildet Dimere (▶ unten) und bindet an bestimmte Sequenzen in den Promotoren der regulierten Gene, die als Hormon-responsive Elemente bezeichnet werden. Ihre Sequenz (Consensus-Sequenz) kommt häufig in einer hintereinander geschalteten Wiederholung, DR (*direct repeat*) vor, die je nach Promotor und Rezeptortyp durch 1–5 Basenpaare getrennt ist (◻ Abb. 23.8).

Die Retinsäurerezeptoren lassen sich in zwei Gruppen mit jeweils verschiedenen Isoformen einteilen:
- Der natürliche Ligand für die klassischen Retinsäure-Rezeptoren RAR (*retinoic acid receptor*) mit den Isoformen α, β und γ ist die all-*trans*-Retinsäure

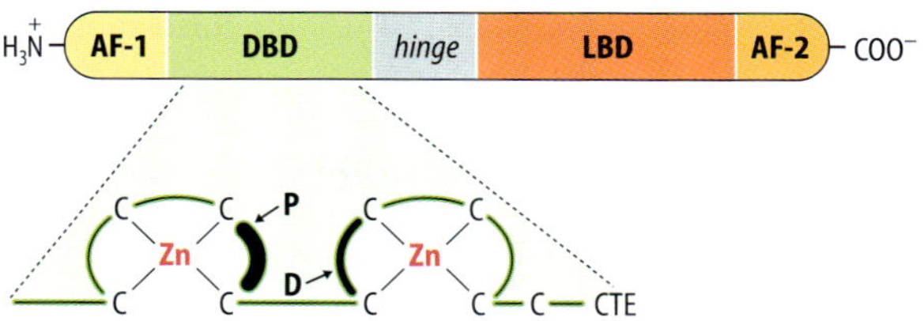

◻ **Abb. 23.7. Domänenaufbau von nukleären Rezeptoren.** AF1 = Liganden-unabhängige Transaktivierungsdomäne; DBD = DNA-Bindedomäne mit 2 Zinkfingern; *hinge* = Scharnier- Domäne; LBD = Ligandenbindedomäne AF-2 = Liganden-abhängige Transaktivierungsdomäne; P = für die Erkennung des responsiven Elements nötige P-Box; D = für die Dimerisierung benötigte D-Box; CTE = für eine Monomer-Bindung benötigte C-terminale Extension. Die Zinkatome in den Zinkfingern der DBD sind an je 4 Cysteinen koordiniert

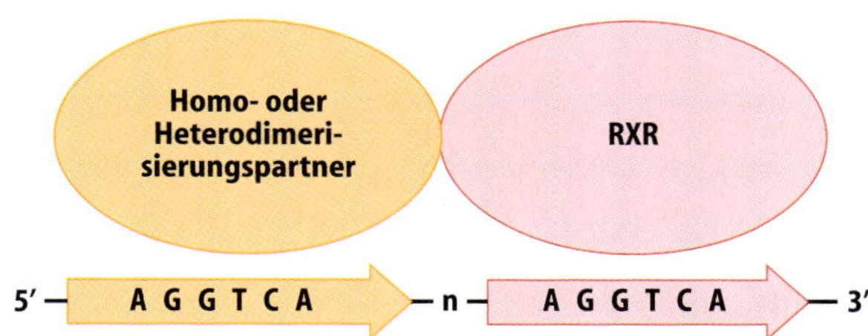

◻ **Abb. 23.8. Mit RXR homo- oder heterodimerisierende nukleäre Rezeptoren und ihre DNA-Erkennungssequenzen.** Die DNA-Erkennungssequenzen sind oft direkte Wiederholungen von z. B. AGGTCA. Sie sind je nach Promotor bzw. nukleärem Rezeptor durch ein bis fünf Nucleotide getrennt. Homo- bzw. Heterodimerisierungspartner für RXR (RXR = 9-*cis*-Retinsäure-X-Rezeptor) sind RXR selbst, RAR (RAR = all-*trans*-Retinsäurerezeptor), VDR (VDR = Vitamin D-Rezeptor), TR (TR = T_3-Rezeptor), PPAR (PPAR = Peroxisomen Proliferator-aktivierter Rezeptor (*peroxisome proliferator-activated receptor*)) oder CRABPI (CRABPI = zelluläres Retinsäure-bindendes Protein I (◻ Tabelle 23.4)). (Weitere Einzelheiten ▶ Text)

- Der Retinsäure-X-Rezeptor (RXR), welcher ebenfalls in drei Isoformen α, β und γ vorkommt, wird durch 9-*cis*-Retinsäure aktiviert

Während Steroidhormon-Rezeptoren als Homodimere an die DNA binden, binden nicht-steroidale Rezeptoren als **Homo- oder Heterodimere** an ihre Erkennungssequenz. Der häufigste Partner für nukleäre Rezeptoren ist RXR. Insofern kann RXR selbst als mit 9-*cis*-Retinsäure beladenes Homodimer die Transkription aktivieren oder als Heterodimerisierungspartner für RAR, für Rezeptoren für Schilddrüsenhormone (TR, ▶ Kap. 27.2.2; 27.2.6), Vitamin D (VDR, ▶ Kap. 23.2.2) oder PPARs (▶ Kap. 21.5.3) dienen. Über 500 Gene werden direkt oder indirekt von Retinsäure reguliert. Zu den direkt regulierten Genen gehören solche, die Retinoide selbst transportieren, metabolisieren oder für die Retinoidfunktion nötig sind oder **Homeobox Gene**. Beispiele sind:
- die Retinolbindeproteine (▶ Kap. 23.2.1)
- Alkoholdehydrogenase 1C
- αβ-Crystallin (beteiligt an der Photorezeption)
- Dopamin D2 Rezeptor

Bei indirekt regulierten Genen ist u.a. die Regulation der RNA-Stabilität oder die Aktivierung anderer nucleärer Rezeptoren Vitamin A-abhängig. Beispiele sind

- Apolipoprotein AI (▶ Kap. 18.5.1)
- die PEP-Carboxykinase (▶ Kap. 11.3)
- sowie verschiede Keratine (▶ Kap. 24.8.2)

Pathobiochemie. Hypovitaminose: Das klassische Früh-Symptom eines Vitamin A-Mangels ist die **Nachtblindheit** (Hemeralopie). Es handelt sich um eine mehr oder weniger ausgeprägte Störung der **Rhodopsinregenerierung**.

Ist der Retinolmangel so weit fortgeschritten, dass es zu einer Abnahme der Plasmakonzentration kommt, macht sich die fehlende Wirkung von Retinol auf die Epithelien bemerkbar. Normales sekretorisches Epithel wird durch ein trockenes verhorntes Epithel ersetzt, das besonders leicht von Mikroorganismen angegriffen wird. Die **Xerophthalmie**, eine zur Blindheit führende Verhornung der Cornea, ist ein spätes Symptom des Retinolmangels. Sie ist besonders bei Kindern in Entwicklungsländern eine der Hauptursachen der Blindheit.Bei Jugendlichen treten zusätzliche Störungen des Wachstums und der Knochenbildung auf.

Hypervitaminose: Hypervitaminosen wurden nach Aufnahme hoher Dosen synthetischer Vitamin A-Präparate bei Kindern und Heranwachsenden beobachtet. Hauptsymptome sind Schmerzattacken, Verdickung des Periosts der langen Knochen sowie Verlust der Haare (Alopezie). Nach Vitamin A-Überdosierung während der Schwangerschaft sind auch teratogene Wirkungen bekannt geworden.

23.2.2 Vitamin D

> Vitamin D ist an der Regulation der Calciumhomöostase und der Expression von Genen beteiligt.

Chemische Struktur. Die D-Vitamine oder Calciferole gehören zur Gruppe der **Steroide** (▶ Kap. 2.2.1, 2.2.5). Die beiden wichtigsten Calciferole sind:

- Vitamin D_2 (Ergocalciferol) und
- Vitamin D_3 (Cholecalciferol)

Sie entstehen aus ihren Provitaminen Ergosterol bzw. 7-Dehydrocholesterin durch eine Spaltung des Rings B des Steranskeletts, die durch die **UV-Strahlung des Sonnenlichts** katalysiert wird (Abb. 23.9). Ergocalciferol (nicht gezeigt) unterscheidet sich vom Cholecalciferol lediglich durch den Besitz einer Doppelbindung zwischen C22 und C23 sowie einer zusätzlichen Methylgruppe an C24 in der Seitenkette.

Vorkommen. In hoher Konzentration kommen Calciferole in Meeresfischen vor (Lebertran). Daneben finden sich beträchtliche, allerdings mit der Jahreszeit schwankende, Mengen auch in Milchprodukten und Eiern.

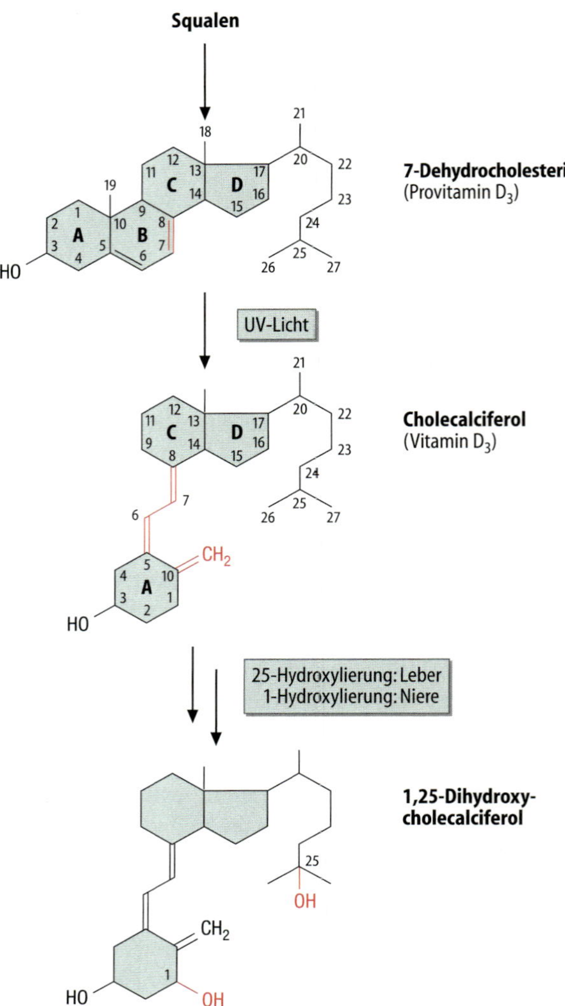

Abb. 23.9. Biosynthese von 1,25-Dihydroxycholecalciferol aus 7-Dehydrocholesterin. (Einzelheiten ▶ Text)

Stoffwechsel. 7-Dehydrocholesterin (Provitamin D_3) kann im Organismus (Leber) aus Squalen (▶ Kap. 18.3.1) synthetisiert werden. Calciferole sind deshalb keine Vitamine im eigentlichen Sinn und könnten auch den Hormonen zugerechnet werden (▶ u.). Durch Bestrahlung mit ultraviolettem Licht wird das in der Haut abgelagerte Provitamin in das Vitamin D_3, das Cholecalciferol, umgewandelt. Tatsächlich ist ein Vitamin D-Mangel bei Naturvölkern, die mit minimaler Bekleidung im Wesentlichen im Freien leben, unbekannt. Erst die durch die Zivilisation und Industrialisierung geänderte Lebensweise hat die durch die Sonnenbestrahlung begrenzte Kapazität des Organismus zur Vitamin D-Biosynthese gezeigt. Das Auftreten des Vitamin D-Mangelsyndroms **Rachitis** bei Kindern, der erhöhte Vitaminbedarf in der Wachstumsphase, der Schwangerschaft und der Lactationsperiode macht eine adäquate Substitution mit Vitamin D notwendig.

Auch Cholecalciferol stellt noch nicht die biologisch aktive Form der D-Vitamine dar, sondern wird – nach dem

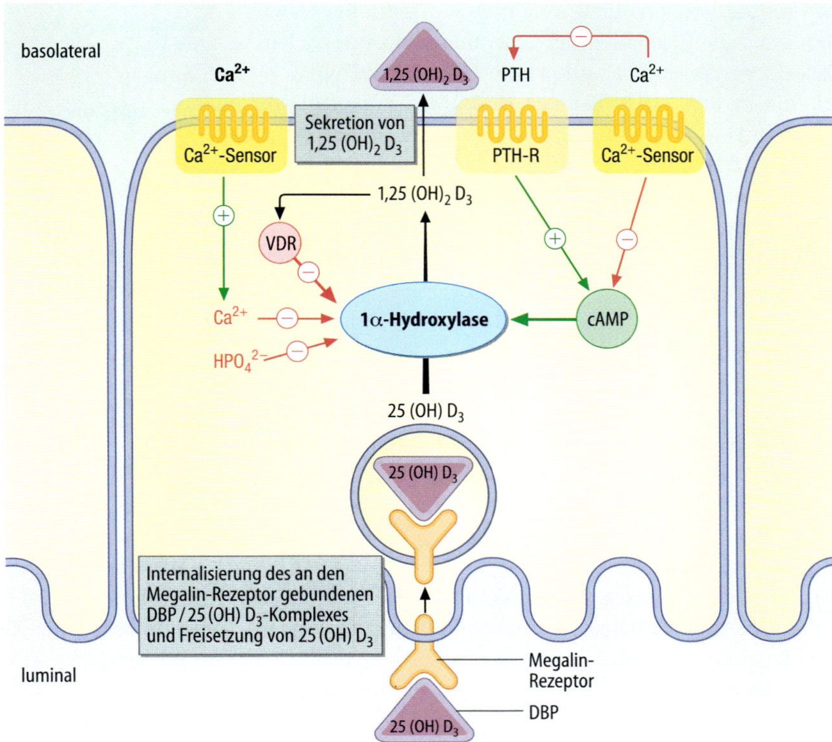

Abb. 23.10. Regulation der Bildung von 1,25-Dihydroxycholecalciferol in den Epithelien der proximalen Tubuli der Nieren. (Einzelheiten ► Text). DBP = Vitamin D-Bindeprotein; VDR = Vitamin D-Rezeptor; PTH = Parathormon; PTHR = PTH-Rezeptor; 25(OH)D_3 = 25-Hydroxycholecalciferol; 1,25(OH)$_2D_3$ = 1,25-Dihydroxycholecalciferol

Transport in die Leber – zu 25-Hydroxycholecalciferol hydroxyliert (Abb. 23.9). 25(OH)D_3 verlässt die Leber und gelangt über das Blut zu den Nieren, wo es durch ein mitochondriales Enzym erneut – diesmal in Position 1 – hydroxyliert wird. Es entsteht **1,25-Dihydroxycholecalciferol** (1,25(OH)$_2D_3$, Calcitriol), die biologisch aktive Form von Vitamin D. In der Niere wird auch 24,25-Dihydroxycholecalciferol gebildet, das als Ausscheidungsform gilt, aber auch eigene Wirkungen zu haben scheint.

Wegen der Bedeutung der Calciferole für die Regulation der extrazellulären Calciumkonzentration (► Kap. 28.6.3) wird die Biosynthese von 1,25-Dihydroxycholecalciferol sehr genau reguliert. Dies betrifft weniger die hepatische Bildung von 25-Hydroxycholecalciferol, welche lediglich einer einfachen Produkthemmung unterliegt, sondern vielmehr die Biosynthese der für die 1,25-Dihydroxycholecalciferol-Bildung notwendigen **1α-Hydroxylase** in den proximalen Tubulusepithelien der Niere (Abb. 23.10):

- Für den Transport von Calciferolen im Blut wird ein spezifisches Protein, das **Vitamin D-Bindungsprotein** (DBP) benötigt. Calciferol, besonders 25-Hydroxycholecalciferol, wird als Komplex mit diesem Protein glomerulär filtriert. Um einen Verlust an 25-Hydroxycholecalciferol im Urin zu verhindern, verfügen die proximalen Tubulusepithelzellen über den **Megalinrezeptor** aus der Familie der Lipoproteinrezeptoren (► Kap. 18.5). Er bindet den Komplex aus DBP und 25-Hydroxycholecalciferol, was dessen Internalisierung und die intrazelluläre Freisetzung von 25-Hydroxycholecalciferol auslöst
- Die 1α-Hydroxylase wird auf der Ebene der Genexpression reguliert. **cAMP** ist der wichtigste Induktor, während **Phosphat, Calcium** und 1,25(OH)$_2D_3$ die Transkription des 1α-Hydroxylasegens hemmen
- **Parathormon** (PTH) ► Kap. 28.6.3) wird bei niedrigem Serum Ca^{2+}-Spiegel von der Nebenschilddrüse ausgeschüttet. Es wird über den PTH-Rezeptor von den renalen Tubulusepithelzellen aufgenommen und ist der wichtigste Aktivator der Adenylatcyclase und deswegen für erhöhte cAMP-Spiegel verantwortlich. Freisetzung von Parathormon führt also zu einer verstärkten Bildung von 1,25(OH)$_2D_3$. Ähnlich wie in den Nebenschilddrüsen ist auch in den proximalen Tubulusepithelien ein **Calcium-Sensorprotein** nachgewiesen worden. Es gehört zur Familie der heptahelicalen Rezeptoren (► Kap. 25.3.3). Seine Aktivierung durch hohe Serum Ca^{2+}-Konzentrationen führt über entsprechende G-Proteine zu einer Hemmung der Adenylatcyclase sowie zu einer Zunahme der freien intrazellulären Calciumkonzentration der Tubulusepithelzellen und löst somit eine Hemmung der 1α-Hydroxylaseaktivität aus. Dies bedeutet eine verminderte Bildung von biologisch aktivem Vitamin D
- Steigen die Serum-Ca^{2+}-Spiegel, wird die Ausschüttung von PTH vermindert, die Wirkung auf die Niere bleibt aus, die Produktion von 1,25-Dihydroxycholecalciferol wird gebremst

23

Wirkungen von Vitamin D. Wichtige Funktion der Calciferole ist die Regulation der Calciumhomöostase (▶ Kap. 28.6.3), an der auch Parathormon (▶ o.) und Thyreocalcitonin (▶ Kap. 28.6.3) beteiligt sind. Der Nettoeffekt von Vitamin D ist immer eine Erhöhung des **Plasmacalciumspiegels**. Dies wird erreicht durch:
- vermehrte intestinale Calciumresorption
- gesteigerte renale Calciumreabsorption und
- gesteigerte Calciummobilisation aus dem Skelettsystem

Hauptzielorgane von Vitamin D sind demnach Darm, Niere und Knochen (◘ Abb. 28.32).

Wirkung von Calciferolen auf die intestinale Calciumresorption: Für die intestinale Calciumresorption ist ein **transzellulärer Transport** von Calciumionen von der luminalen auf die basolaterale Seite notwendig. Dieser benötigt folgende Komponenten:
- einen **elektrogenen Calciumkanal** auf der luminalen Seite der Enterozyten, der für die Calciumaufnahme in die Mukosazellen verantwortlich ist
- **Calbindin**, ein Calcium bindendes Protein mit einer Molekülmasse von 9 kD sowie
- eine auf der basolateralen Seite der intestinalen Mukosazelle lokalisierte **Calcium-ATPase**

1,25-Dihydroxycholecalciferol induziert sowohl Calbindin als auch die Calcium-ATPase.

Darüber hinaus stimuliert 1,25-Dihydroxycholecalciferol die Phosphatresorption im Intestinaltrakt. Hierbei spielt offensichtlich die gesteigerte Expression eines **Na^+/P_i-Symporters** eine wichtige Rolle.

Wirkung von Calciferolen auf die Nieren: Wichtigster Effekt von 1,25-Dihydroxycholecalciferol in den Nieren ist die Steigerung der Calciumrückresorption. Außerdem wird auch die Phosphatrückresorption gesteigert, ein Effekt, der sich allerdings nur dann nachweisen lässt, wenn Parathormon vorhanden ist. Ausreichendes bzw. überschüssiges $1,25(OH)_2D_3$ hemmt die Transkription des **1α-Hydroxylase-Gens,** also seine eigene Synthese. Dieser *feed back* Mechanismus führt zu verminderter Produktion von aktivem Vitamin D. Durch gleichzeitige Stimulierung der 24-Hydroxylase-Aktivität entsteht aus 25-Hydroxycholecalciferol 24,25-Dihydroxycholecalciferol (▶ oben).

Wirkung von Calciferolen auf den Knochenstoffwechsel: In **Osteoblasten** induziert 1,25-Dihydroxycholecalciferol eine Reihe von Proteinen, die am Aufbau der Knochenmatrix und der Calcifizierung beteiligt sind (◘ Tabelle 23.5).

In Osteoklasten, in denen keine Gene aktiviert werden, da sie keine Vitamin D Rezeptoren (▶ unten) enthalten, wird besonders bei Hypocalcämie die **Demineralisierung** des Knochens stimuliert. Man nimmt an, dass ein durch Calciferole in Knochenmarksstammzellen und/oder Osteoblasten gebildeter Faktor für die Differenzierung von Osteoklasten aus Promonozyten des Knochenmarks und für deren Aktivierung verantwortlich ist.

◘ **Tabelle 23.5.** Proteine, deren Expression durch 1,25-Dihydroxycholecalciferol reguliert wird (Auswahl); *PTH-RP* PTH-Related Polypeptide

Expression induziert	Expression reprimiert
Protein	Protein
24-Hydroxylase	1α-Hydroxylase
Calbindin	Parathormon
Osteocalcin	PTH-RP
Osteopontin	Kollagen I
p21Ras	c-myc
β_3-Integrin	Interleukin-2
Vitamin D-Rezeptor	Calcitonin

Weitere Wirkungen von Calciferolen: Vitamin D-hat eine Reihe weiterer biologischer Effekte. Es reguliert die Expression von Genen, deren Produkte beteiligt sind an der:
- Stimulierung der Differenzierung von Zellen des hämatopoetischen Systems
- Stimulierung der Differenzierung epidermaler Zellen
- Modulation der Aktivität des Immunsystems

Damit hat Vitamin D neben seiner Calcium-mobilisierenden Wirkung auch anti-kanzerogene und immunsuppressive Wirkungen. Deren Ausnutzung wird durch die immer auftretenden hypercalcämischen Effekte bei Vitamin D-Gabe erschwert, weswegen man versucht, diese durch Herstellung synthetischer Calciferole für die Therapie zu unterdrücken. Eine Auswahl von Genen, deren Expression durch 1,25-Dihydroxycholecalciferol reguliert wird, ist in ◘ Tabelle 23.5 zusammengestellt.

Wirkungsmechanismus von Calciferolen. Die meisten Effekte von Vitamin D werden durch Aktivierung der **Transkription** spezifischer Gene bewirkt. **1,25-Dihydroxycholecalciferol** bindet an einen im Kern lokalisierten Rezeptor, der wie der Rezeptor von Vitamin A zu den nukleären Rezeptoren gehört (▶ dort, ◘ Abb. 23.7 und 23.8). Ähnlich wie der bereits besprochene Retinsäurerezeptor, RAR, oder der Schilddrüsenhormonrezeptor, TR, (▶ Kap. 27.2.6) bindet auch der aktive Vitamin D-Rezeptor (VDR) als **Heterodimer** mit einem Retinsäurerezeptor des Typs RXR an die DNA (▶ Kap. 23.2.1).

Pathobiochemie. Hypovitaminose: Die bekannteste Hypovitaminose des Vitamin D ist die **Rachitis**. Es handelt sich um ein im Wachstumsalter auftretendes Krankheitsbild, das durch eine schwere Mineralisierungsstörung des Skelettsystems gekennzeichnet ist.

Entscheidend ist der Calciummangel, der durch Fehlen der intestinalen Calciumresorption infolge des Calciferol-

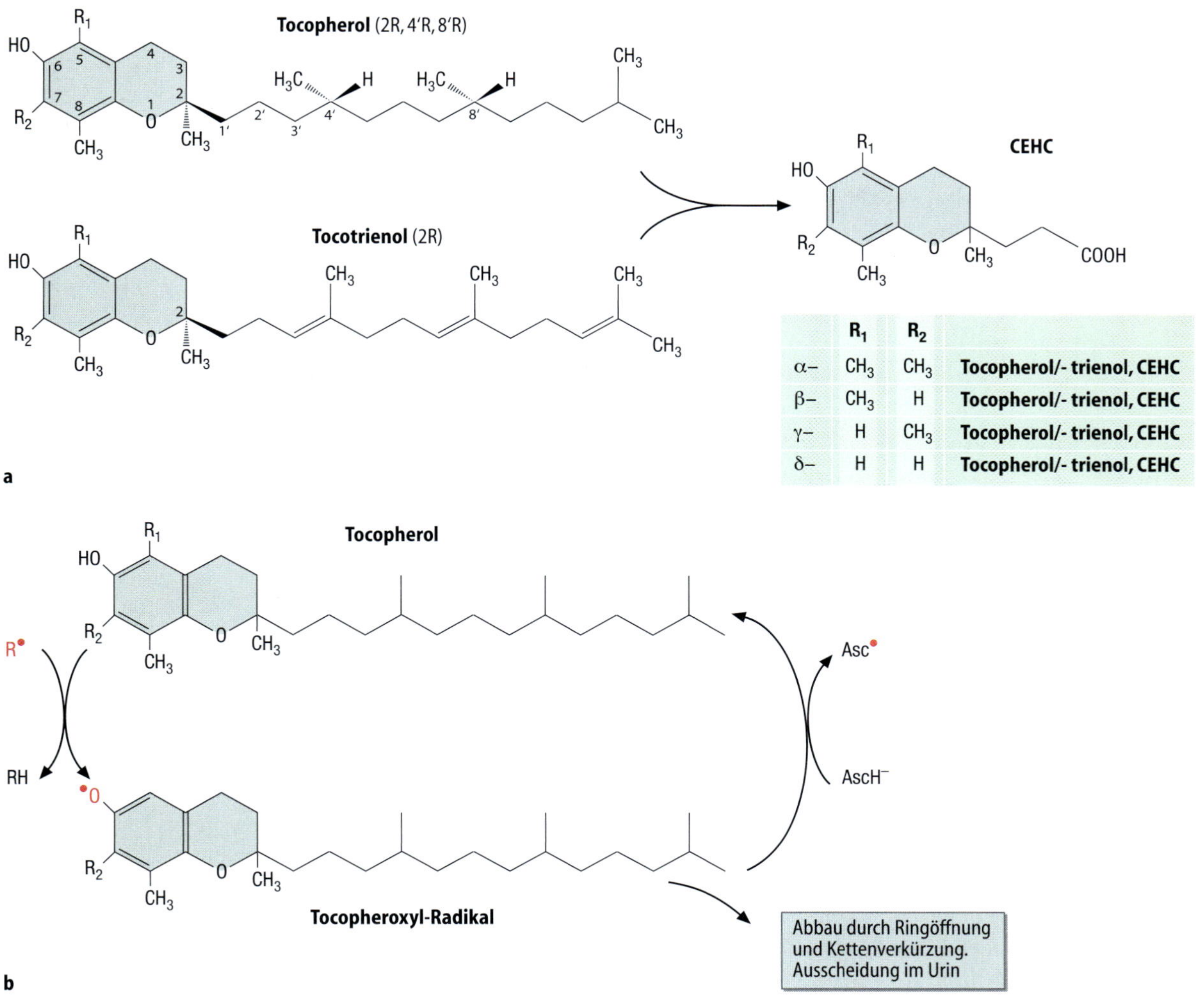

	R_1	R_2	
α–	CH_3	CH_3	**Tocopherol/- trienol, CEHC**
β–	CH_3	H	**Tocopherol/- trienol, CEHC**
γ–	H	CH_3	**Tocopherol/- trienol, CEHC**
δ–	H	H	**Tocopherol/- trienol, CEHC**

Abbau durch Ringöffnung und Kettenverkürzung. Ausscheidung im Urin

Abb. 23.11. Metabolismus von Vitamin E. a Physiologischer Abbauweg. CEHC = Carboxyethylhydroxychroman (Einzelheiten siehe Text). **b** Reaktionen als Antioxidans. Tocopherol reagiert mit einem Radikal ($R^•$) zum Tocopheroxylradikal. Wenn dieses nicht wieder durch z. B. Ascorbat zum Tocopherol regeneriert wird, wird es abgebaut und ausgeschieden

mangels hervorgerufen wird. Diese Krankheit trat erstmals nach Industrialisierung in England auf und wurde deshalb auch ‚Englische Krankheit' genannt. Grund für die Krankheit waren neben unzureichender Zufuhr auch die unzureichende Sonneneinstrahlung durch das Arbeiten in geschlossenen Räumen oder unter Tage sowie die langen Winter.

Vitamin D-Mangel beim Erwachsenen wird als **Osteomalacie** (▶ u.) bezeichnet. Sie tritt als Folge von Störungen der Vitamin D-Resorption (z. B. bei chronischem Gallengangverschluss) auf. Bei chronischen Leber- und Nierenerkrankungen kommt es sehr häufig zum Calciumschwund des Skelettsystems, der wahrscheinlich durch eine verminderte Umwandlung von Calciferol in 1,25-Dihydroxycholecalciferol ausgelöst ist (sekundärer Hyperparathyreoidismus, ▶ Kap. 28.6.4).

Hypervitaminose: Eine Hypervitaminose des Vitamin D durch Fehlernährung ist unbekannt, kann aber bei Überdosierung von Vitamin D-Präparaten vorkommen. Nettoeffekt ist eine Hypercalcämie. Außerdem kommt es zu einer Osteoporose. Das hierbei freigesetzte Calcium muss über die Nieren ausgeschieden werden. In Extremfällen erreicht es im Nierentubulus eine so hohe Konzentration, dass es zur Ausfällung von Calciumphosphat und damit zur Nephrocalcinose kommt.

23.2.3 Vitamin E

! Vitamin E ist mehr als ein Antioxidans.

Chemische Struktur. Vitamin E ist ein Sammelbegriff für 4 Tocopherole (α, β, γ und δ) und 4 Tocotrienole (α, β, γ und δ). Sie gehören zu den Prenyllipiden. Alle bestehen aus einem in 6 Stellung hydroxylierten Chromanring, der in Position 2 mit einer aliphatischen Seitenkette (C16) verknüpft ist, die in Tocopherolen gesättigt ist und in Tocotrienolen 3 Doppelbindungen aufweist (Abb. 23.11). Die Anzahl und Stellung der Methylgruppen am Chromanring

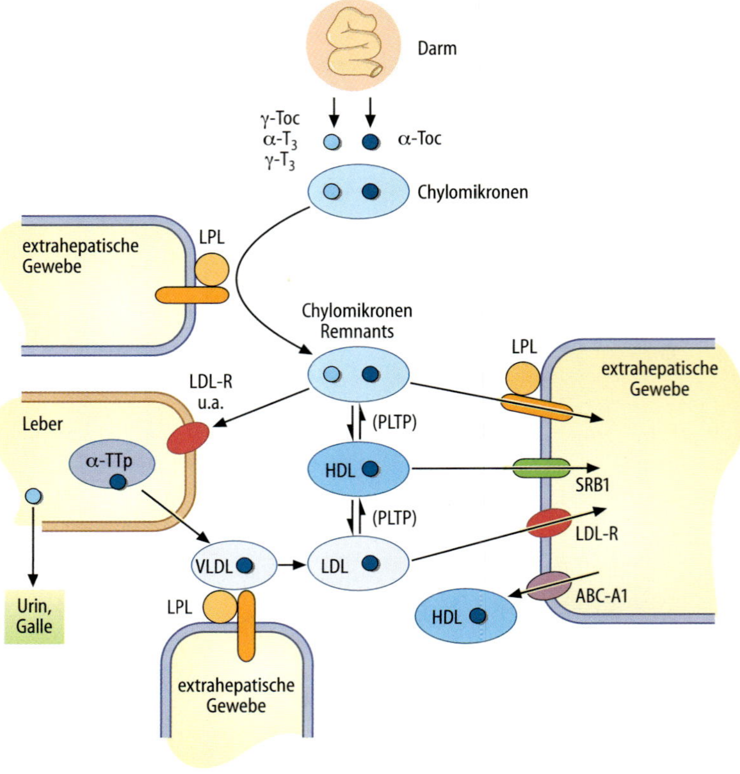

Abb. 23.12. Resorption, Transport und Verteilung von Vitamin E. ABC-A1 = ABC-Transporter A1; Toc = Tocopherol; T3 = Tocotrienol; PLTP = Phospholipid-Transferprotein; SR-B1 = *scavenger*-Rezeptor B1; LDL = *low density lipoprotein;* LDL-R = LDL-Rezeptor; LPL = Lipoproteinlipase; VLDL = *very low density lipoprotein;* HDL = *high density lipoprotein*. (Einzelheiten ▶ Text.)

bestimmt die Zugehörigkeit zu den α-, β-, γ-, δ-Formen. Tocopherole haben 3 Chiralitätszentren, Tocotrienole eines, die natürlicherweise in der *RRR*-Konfiguration vorliegen. Synthetische Tocopherole sind Racemate aus den möglichen Kombinationen von R- und S-Konfiguration.

Vorkommen. Vitamin E wird nur von Pflanzen und einigen Cyanobakterien synthetisiert. Oliven, Weizenkeime, Sonnenblumenkerne und Kerne der Färberdistel sind reich an α-Tocopherol, Mais und Sojapflanzen enthalten γ-Tocopherol. Tocotrienole findet man in Samen der Ölpalme, in Reis, Weizen, Gerste und Hafer.

Resorption und Verteilung. Die Absorption aller Formen von Vitamin E erfolgt mit den Fetten in die Enterozyten des Dünndarms (Abb. 23.12). In der Mukosazelle wird Vitamin E an Chylomikronen assoziiert und so, zusammen mit anderen fettlöslichen Vitaminen, Triglyzeriden, Cholesterin und Phospholipiden, in die Lymphe sezerniert. Über Chylomikronen-Remnants gelangt es in die Leber.

In der Leber wird α-Tocopherol aus allen ankommenden Tocopherolen und Tocotrienolen mit Hilfe des α-Tocopherol-Transferproteins (α-TTP) aussortiert, in VLDL eingebaut und wieder ins Plasma sezerniert. Die Affinitäten von α-TTP zu nicht-α-Tocopherolen und zu Tocotrienolen ist vergleichsweise niedrig. Sie beträgt für β-Tocopherol 38, γ-Tocopherol 9, δ-Tocopherol 2 und α-Tocotrienol 12% der Affinität für α-Tocopherol, was die Präferenz des menschlichen und tierischen Organismus für α-Tocopherol entscheidend mitbestimmt.

Die Aufnahme von Vitamin E in periphere Zellen erfolgt je nach Zelltyp oder Lipoprotein

- beim Abbau von Chylomikronen oder VLDL durch die Lipoproteinlipase
- über Lipidtransferproteine
- über Rezeptor-vermittelte Endozytose oder
- über die Aufnahme durch Rezeptoren, die selektiv Lipide innerhalb der Lipoproteine erkennen, wie z. B. über den Scavenger-Rezeptor-B1 (▶ Kap. 18.6.2)

Die Abgabe von α-Tocopherol aus den peripheren Geweben verläuft wahrscheinlich ähnlich der von Cholesterin und es sind auch hier Transporter der ABC (*ATP-binding cassette*)-Familie beteiligt.

Der α-Tocopherol Plasmaspiegel ist abhängig vom Lipidgehalt des Plasmas. Als Normalwerte für Erwachsene gelten 12–46 μmol/L bzw. 4–7 μmol/mmol Cholesterin oder 0,8 mg/g Gesamtlipid. Die Plasmakonzentration von γ-Tocopherol ist etwa 1/10 der Konzentration von α-Tocopherol. α-Tocopherol Plasmaspiegel sind sättigbar. Unabhängig von der Dauer oder Höhe einer Supplementation kann der α-Tocopherol-Plasmaspiegel nur etwa 2–3-fach erhöht werden.

Die höchsten Vitamin E Gewebskonzentrationen findet man in der Leber, im Fettgewebe und in der Nebenniere. Der Umsatz im Plasma ist mit einem $t_{1/2}$ von 5–7 Tagen relativ schnell. Der Umsatz im Fettgewebe ist dagegen langsam. Fettgewebe dient jedoch nicht als Speicher; typische Speicher, wie z. B. für Vitamin A, existieren für Tocopherole nicht.

Nicht aufgenommenes Tocopherol wird über Faeces, nicht in peripheres Gewebe eingebaute Tocopherole und Tocotrienole über die Galle eliminiert. Carboxyethylhydroxychromane (CEHCs, ► u.) werden glucuronidiert oder sulfatiert und im Urin ausgeschieden.

Metabolismus. Die ersten Tocopherolmetabolite wurden in den 50er Jahren beschrieben. Hierbei handelt es sich um Tocopheronsäure und Tocopheronolacton, die durch einen geöffneten Chromanring und eine verkürzte Seitenkette gekennzeichnet sind. Der geöffnete Chromanring wurde als Hinweis dafür genommen, dass Tocopherol als Antioxidanz gewirkt haben musste, und wurde als Beweis für die antioxidative Funktion von Vitamin E *in vivo* gewertet. Der größte Teil der Metabolite sind aber solche mit verkürzter Seitenkette aber intaktem Chromanring, sie können also nicht aus oxidativ zerstörtem Tocopherol entstanden sein. Der initiale Schritt der Seitenkettenverkürzung ist eine ω-Hydroxylierung, die Oxidation der Hydroxylgruppe zur Carboxylgruppe, und dann eine β-Oxidation, wie sie für Fettsäuren mit Methylverzweigungen oder Doppelbindungen üblich ist. Die Endprodukte sind die entsprechend methylierten Carboxyethylhydroxychromane (CEHC; ◘ Abb. 23.11a), deren Vorstufen die Carboxymethylbutylhydroxychromane (CMBHC). Der Abbauweg ist für alle Formen von Vitamin E gleich. Der Anteil, der verstoffwechselt wird, ist jedoch für die einzelnen Vitamere deutlich verschieden. Während α-Tocopherol nur zu einem geringen Teil abgebaut wird, wird von den anderen Formen ein Anteil von bis zu 50% beschrieben. Vollständige Bilanzen, die auch längerkettige Vorstufen von CEHC berücksichtigen, wurden allerdings bislang nicht beschrieben. Der quantitativ unwesentliche Abbau von α-Tocopherol wird neben der Spezifität des α-TTP als Erklärung für die bevorzugte Nutzung von α-Tocopherol herangezogen. Die hohe Metabolismusrate der anderen Formen von Vitamin E dürfte deren Effizienz *in vivo* begrenzen (► u.).

Biochemische Funktionen. Antioxidative Funktion: Alle Formen von Vitamin E haben antioxidative Eigenschaften, was im strengen Sinn als die Fähigkeit, mit einem Radikal zu reagieren, definiert wird. Die hierfür nötige Gruppe im Molekül ist die OH-Gruppe an Position 6 des Chromanrings (◘ Abb. 23.11b). Alle Formen von Vitamin E besitzen diese Gruppe und somit reagieren alle als Antioxidantien, jedoch mit unterschiedlicher Reaktivität und Spezifität. Als lipophiles Molekül wird Vitamin E in Membranen oder Lipoproteine eingebaut und reagiert hauptsächlich mit Lipidradikalen (**LO$^\bullet$**). Es wird daher als wichtigstes lipophiles Antioxidans bezeichnet, das Membranen vor oxidativer Zerstörung schützt. Tocopherol (TOH) reagiert mit Lipidoxy/Alkoxy (**LO$^\bullet$** (**RO$^\bullet$**))- und Peroxyl-Radikalen (**LOO$^\bullet$** (**ROO$^\bullet$**)) nach folgenden Gleichungen:

$$\mathrm{TOH + LO^\bullet(RO^\bullet) \rightarrow TO^\bullet + LOH(ROH)}$$

$$\mathrm{TOH + LOO^\bullet(ROO^\bullet) \rightarrow TO^\bullet + LOOH(ROOH)}$$

Die antioxidativen Eigenschaften nehmen in der Reihenfolge $\alpha > \beta = \gamma > \delta$ ab. Eine Regeneration von Tocopherol ist über das Ascorbat/Ascorbylradikal-System möglich, das ein negativeres Redoxpotential (280–320 mV) als das Tocopheroxylradikal/Tocopherol System (480–500 mV) hat. Während die Radikalreaktionen von Tocopherolen *in vitro* bis ins Detail untersucht und beschrieben sind, gibt es für solche Reaktionen *in vivo* nur wenig überzeugende Beweise. Das Tocopheroxylradikal kann auch als Radikal weiterreagieren und wirkt so pro-oxidativ, in physiologischen Konzentrationen allerdings mit geringer Effizienz.

Die Reaktivität von γ-Tocopherol gegenüber Stickstoff-Radikalen ist weitaus höher als die von α-Tocopherol, da die freie Position 5 im Chromanring eine Nitrierung des Rings erlaubt. Die Bildung von 5-Nitro-γ-Tocopherol (γ-NO_2-TOH) ist sowohl durch die Reaktion mit Peroxynitrit ($ONOO^-$) als auch mit $NO_2^\bullet$, das aus Peroxynitrit entsteht, möglich.

Inwieweit dies mit den beobachteten anti-inflammatorischen und anti-kanzerogenen Effekten von γ-Tocopherol in Zusammenhang steht, bedarf der Klärung.

Nicht-antioxidative Funktionen: Vitamin E wurde als Faktor entdeckt, der in der Lage war, in Ratten die Resorption von Föten zu verhindern. Diese Eigenschaft wird zur Bestimmung der biologischen Effizienz herangezogen. Im sog. Resorption-Gestations Test ergab sich eine abgestufte Wirksamkeit von α-Tocopherol (100%) > β-Tocopherol (57%) > γ-Tocopherol (37%) > α-Tocotrienol (30%) > β-Tocotrienol (5%) > δ-Tocopherol (1,4%). Die antioxidative Wirkung individueller Tocopherole und Tocotrienole *in vitro* korreliert also nicht mit ihrer biologischen Aktivität. Deshalb wird seit einigen Jahren verstärkt nach Funktionen von Vitamin E gesucht, die seine Essentialität besser erklären können.

α-Tocopherol hemmt die Blutgerinnung, die Plättchenaggregation, die Expression zellulärer Adhäsionsmoleküle, die Freisetzung von Interleukin-1 aus stimulierten Makrophagen und die Proliferation von glatten Muskelzellen. Auf Enzymebene hemmt α-Tocopherol die Aktivität der NADPH-Oxidase, der Phospholipase A2 und der 5-Lipoxygenase. Somit hemmt es Entzündungsprozesse, stimuliert aber auch die Apoptose und verbessert die Zell-vermittelte Immunität. Viele dieser Effekte lassen sich durch die Hemmung der Proteinkinase C (PKC) erklären, die wiederum durch Stimulierung der Proteinphosphatase 2A (PP2A) erreicht wird. PP2A dephosphoryliert und inaktiviert so PKC. Ein hauptsächlich von γ-Tocopherol ausgeübter Effekt ist die Hemmung der Cyclooxygenase 2 (◘ Tabelle 23.6).

relativ schnell. Der Umsatz im Fettgewebe ist dagegen langsam. Fettgewebe dient jedoch nicht als Speicher; typische Speicher, wie z. B. für Vitamin A, existieren für Tocopherole nicht.

Nicht aufgenommenes Tocopherol wird über Faeces, nicht in peripheres Gewebe eingebaute Tocopherole und Tocotrienole über die Galle eliminiert. Carboxyethylhydroxychromane (CEHCs, ► u.) werden glucuronidiert oder sulfatiert und im Urin ausgeschieden.

Metabolismus. Die ersten Tocopherolmetabolite wurden in den 50er Jahren beschrieben. Hierbei handelt es sich um Tocopheronsäure und Tocopheronolacton, die durch einen geöffneten Chromanring und eine verkürzte Seitenkette gekennzeichnet sind. Der geöffnete Chromanring wurde als Hinweis dafür genommen, dass Tocopherol als Antioxidanz gewirkt haben musste, und wurde als Beweis für die antioxidative Funktion von Vitamin E *in vivo* gewertet. Der größte Teil der Metabolite sind aber solche mit verkürzter Seitenkette aber intaktem Chromanring, sie können also nicht aus oxidativ zerstörtem Tocopherol entstanden sein. Der initiale Schritt der Seitenkettenverkürzung ist eine ω-Hydroxylierung, die Oxidation der Hydroxylgruppe zur Carboxylgruppe, und dann eine β-Oxidation, wie sie für Fettsäuren mit Methylverzweigungen oder Doppelbindungen üblich ist. Die Endprodukte sind die entsprechend methylierten Carboxyethylhydroxychromane (CEHC; ◘ Abb. 23.11a), deren Vorstufen die Carboxymethylbutylhydroxychromane (CMBHC). Der Abbauweg ist für alle Formen von Vitamin E gleich. Der Anteil, der verstoffwechselt wird, ist jedoch für die einzelnen Vitamere deutlich verschieden. Während α-Tocopherol nur zu einem geringen Teil abgebaut wird, wird von den anderen Formen ein Anteil von bis zu 50% beschrieben. Vollständige Bilanzen, die auch längerkettige Vorstufen von CEHC berücksichtigen, wurden allerdings bislang nicht beschrieben. Der quantitativ unwesentliche Abbau von α-Tocopherol wird neben der Spezifität des α-TTP als Erklärung für die bevorzugte Nutzung von α-Tocopherol herangezogen. Die hohe Metabolismusrate der anderen Formen von Vitamin E dürfte deren Effizienz *in vivo* begrenzen (► u.).

Biochemische Funktionen. Antioxidative Funktion: Alle Formen von Vitamin E haben antioxidative Eigenschaften, was im strengen Sinn als die Fähigkeit, mit einem Radikal zu reagieren, definiert wird. Die hierfür nötige Gruppe im Molekül ist die OH-Gruppe an Position 6 des Chromanrings (◘ Abb. 23.11b). Alle Formen von Vitamin E besitzen diese Gruppe und somit reagieren alle als Antioxidantien, jedoch mit unterschiedlicher Reaktivität und Spezifität. Als lipophiles Molekül wird Vitamin E in Membranen oder Lipoproteine eingebaut und reagiert hauptsächlich mit Lipidradikalen (**LO•**). Es wird daher als wichtigstes lipophiles Antioxidans bezeichnet, das Membranen vor oxidativer Zerstörung schützt. Tocopherol (TOH) reagiert mit Lipidoxy/Alkoxy (**LO•** (**RO•**))- und Peroxyl-Radikalen (**LOO•** (**ROO•**)) nach folgenden Gleichungen:

$$\mathrm{TOH + LO^{\bullet}(RO^{\bullet}) \rightarrow TO^{\bullet} + LOH(ROH)}$$

$$\mathrm{TOH + LOO^{\bullet}(ROO^{\bullet}) \rightarrow TO^{\bullet} + LOOH(ROOH)}$$

Die antioxidativen Eigenschaften nehmen in der Reihenfolge $\alpha > \beta = \gamma > \delta$ ab. Eine Regeneration von Tocopherol ist über das Ascorbat/Ascorbylradikal-System möglich, das ein negativeres Redoxpotential (280–320 mV) als das Tocopheroxylradikal/Tocopherol System (480–500 mV) hat. Während die Radikalreaktionen von Tocopherolen *in vitro* bis ins Detail untersucht und beschrieben sind, gibt es für solche Reaktionen *in vivo* nur wenig überzeugende Beweise. Das Tocopheroxylradikal kann auch als Radikal weiterreagieren und wirkt so pro-oxidativ, in physiologischen Konzentrationen allerdings mit geringer Effizienz.

Die Reaktivität von γ-Tocopherol gegenüber Stickstoff-Radikalen ist weitaus höher als die von α-Tocopherol, da die freie Position 5 im Chromanring eine Nitrierung des Rings erlaubt. Die Bildung von 5-Nitro-γ-Tocopherol (γ-NO_2-TOH) ist sowohl durch die Reaktion mit Peroxynitrit ($ONOO^-$) als auch mit $NO_2^{\bullet}$, das aus Peroxynitrit entsteht, möglich.

Inwieweit dies mit den beobachteten anti-inflammatorischen und anti-kanzerogenen Effekten von γ-Tocopherol in Zusammenhang steht, bedarf der Klärung.

Nicht-antioxidative Funktionen: Vitamin E wurde als Faktor entdeckt, der in der Lage war, in Ratten die Resorption von Föten zu verhindern. Diese Eigenschaft wird zur Bestimmung der biologischen Effizienz herangezogen. Im sog. Resorption-Gestations Test ergab sich eine abgestufte Wirksamkeit von α-Tocopherol (100%) > β-Tocopherol (57%) > γ-Tocopherol (37%) > α-Tocotrienol (30%) > β-Tocotrienol (5%) > δ-Tocopherol (1,4%). Die antioxidative Wirkung individueller Tocopherole und Tocotrienole *in vitro* korreliert also nicht mit ihrer biologischen Aktivität. Deshalb wird seit einigen Jahren verstärkt nach Funktionen von Vitamin E gesucht, die seine Essentialität besser erklären können.

α-Tocopherol hemmt die Blutgerinnung, die Plättchenaggregation, die Expression zellulärer Adhäsionsmoleküle, die Freisetzung von Interleukin-1 aus stimulierten Makrophagen und die Proliferation von glatten Muskelzellen. Auf Enzymebene hemmt α-Tocopherol die Aktivität der NADPH-Oxidase, der Phospholipase A2 und der 5-Lipoxygenase. Somit hemmt es Entzündungsprozesse, stimuliert aber auch die Apoptose und verbessert die Zell-vermittelte Immunität. Viele dieser Effekte lassen sich durch die Hemmung der Proteinkinase C (PKC) erklären, die wiederum durch Stimulierung der Proteinphosphatase 2A (PP2A) erreicht wird. PP2A dephosphoryliert und inaktiviert so PKC. Ein hauptsächlich von γ-Tocopherol ausgeübter Effekt ist die Hemmung der Cyclooxygenase 2 (◘ Tabelle 23.6).

23

Tabelle 23.6. Von Vitamin E beeinflusste biologische Prozesse

Hemmung	Aktivierung
Proliferation glatter Muskelzellen, Fibroblasten, einiger Krebszellen	
Plättchenaggregation	
Aktivität der PKC	Phosphoproteinphosphatasen
Aktivität der Cyclooxygenase-2 und der 5-Lipoxygenase	

Vitamin E – und hier wiederum hauptsächlich α-Tocopherol – kann die Aktivität von Genen beeinflussen. So wird die Expression einer Reihe von Atherosklerose-relevanten Genen, wie z. B. des *Scavenger* Rezeptors CD36, von Adhäsionsmolekülen oder Collagen α1(1), inhibiert. Die Expression Apoptose-stimulierender Gene, wie CD95L, wird inhibiert, während Apoptose-hemmende Gene wie Bcl2-L1, induziert werden. Dies entspräche einer anti-inflammatorischen Wirkung. Zellzyklus-stimulierende Gene, wie z. B. CyclinD1 oder E, werden inhibiert. Produkte Zellzyklus-hemmender Gene, wie z. B. p27 werden induziert, Ereignisse, die eher zu den antikanzerogenen zu zählen wären. Die HMG-CoA-Reduktase, der LDL-Rezeptor oder α-TTP, Proteine, die den Lipid- und Vitamin E-Stoffwechsel bestimmen, werden induziert (Tabelle 23.7).

Viele dieser nicht-antioxidativen Funktionen können die viel diskutierte anti-atherosklerotischen und anti-kanzerogenen Funktionen von Vitamin E stützen, erklären aber nicht seine Essentialität. Ein gemeinsamer regulatorischer Mechanismus, der alle genannten Effekte auf die Genexpression erklären könnte, ist bisher nicht beschrieben. Insbesondere wurde noch kein spezifischer Vitamin E-Rezeptor gefunden, der wie im Falle von Vitamin D oder A ein Transkriptionsfaktor wäre.

Pathobiochemie. Hypovitaminosen: Einen nahrungsbedingten isolierten Vitamin E-Mangel gibt es beim Menschen praktisch nicht. Eine ausreichende Vitamin E-Zufuhr ist offenbar ohne Supplemente möglich. Vitamin E muss aber zusammen mit Fetten aufgenommen werden. Bei gestörter Fettresorption, wie sie z. B. bei Sprue, cystischer Fibrose, chronischer Pankreatitis oder Cholestase auftritt, kommt es häufig zu Vitamin E Mangel. Schwerer Vitamin E-Mangel tritt auch bei genetisch bedingten Erkrankungen auf. Ein Defekt im Gen für das α-Tocopherol-Transferprotein führt zu extrem niedrigen Plasma-Vitamin E-Spiegeln und zur Entwicklung schwerer neurologischer Störungen, die denen der Friedreich'schen Ataxie ähneln. Symptome sind progressive periphere Neuropathien, die in den typischen Ataxien resultieren. Die Krankheit wird deshalb auch als ***Ataxia with Vitamin E Deficieny*** (AVED) oder ***Familial, Isolated Vitamin E deficieny*** (FIVE) bezeichnet. Weitere Folgen sind Tremor, Muskelschwäche und geistige Retardierung, manchmal auch Retinitis pigmentosa. α-TTP wurde zuerst in der Leber entdeckt. Es wird aber auch im Gehirn exprimiert, insbesondere in Bergmann-Glia-Zellen, die die Purkinje-Zellen des cerebralen Cortex umgeben und diese mit Nährstoffen versorgen. Die Lokalisation von α-TTP im Gehirn und die Symptome bei seinem Fehlen deuten auf eine Rolle von Vitamin E bei der neuro-muskulären Signalübertragung hin, die aber keinesfalls verstanden ist. Durch sehr hohe Dosen von α-Tocopherol (bis 2 g pro Tag) können die Plasma α-Tocopherol-Spiegel der AVED Patienten auf ein normales Maß gebracht werden und die Progredienz der pathologischen Symptome weitgehend beherrscht werden. Kürzlich wurde α-TTP auch in

Tabelle 23.7. Beispiele für Proteine, deren Gene von Vitamin E reguliert werden

Form von Vitamin E	Induktion	Repression
α-Tocopherol:		sog. Scavenger-Rezeptoren: CD36, SR-B1, SR-AI, SR-AII
	Cytoskelettprotein:	Proteine der extrarzellulären Matrix:
	α-Tropomyosin	E-Selectin, L-Selectin, ICAM-1, einige Integrine, Kollagen α1(I), Glycoprotein IIb
	Cytokine und Wachstumsfaktoren: connective tissue growth factor Apoptosehemmer: Bcl2-L1	Cytokine und Wachstumsfaktoren: MCP-1, IL-8, TGF-β, IL-4, IL-1β Apoptoseaktivator: CD95 Ligand
	andere: HMG-CoA Reduktase LDL-Rezeptor CRABP-II γ-Glutamyl-Cystein-Synthetase	
γ-Tocopherol	PPARγ, endotheliale-NO Synthase	
α- und γ-Tocopherol	Zellzykluskontrolle: p27	Zellzykluskontrolle: Cyclin D1, Cyclin E
α- und δ-Tocopherol	Vitamin E Metabolismus α-TTP, CYP3A	

menschlichen Plazenten gefunden. Ein Zusammenhang mit der essentiellen Rolle von Vitamin E im Fertilitätsgeschehen konnte bisher aber noch nicht nachgewiesen werden.

Bei Tieren ist Vitamin E für die Reproduktion, die Funktion des Nervensystems, der Muskulatur sowie der endokrinen Drüsen (Hypophyse, Nebennierenrinde) von Wichtigkeit. Bei einer Vitamin E-Unterversorgung kommt es zu degenerativen Veränderungen an Skelett- und Herzmuskulatur, am Bindegewebe, am Gefäßsystem, an den endokrinen Drüsen und der Leber sowie zur Hämolyseneigung (Akanthozytose). Vitamin E-arm ernährte Tiere sind außerdem sehr anfällig für Infektionskrankheiten. Die Symptome sind von Spezies zu Spezies unterschiedlich stark ausgeprägt.

Hypervitaminosen: Vitamin E-Hypervitaminosen gibt es praktisch nicht. Nur bei Supplementierung mit sehr hohen Dosen kann es zu Blutungsneigungen kommen, vor allem bei Patienten, die wegen vorausgegangener kardiovaskulären Störungen unter Antikoagulationstherapie stehen.

23.2.4 Vitamin K

Vitamin K ist Coenzym für die Carboxylierung von Glutamylresten in Proteinen.

Chemische Struktur. Vitamin K ist der Überbegriff für **2-Methyl-1,4-naphthochinon** (Menadion)-Derivate mit antihämorrhagischer Aktivität. Die einzelnen Vitamin K Vitamere sind Seitenkettenhomologe (Abb. 23.13):

- Vitamin K_1 (Phyllochinon) trägt eine Phytylseitenkette
- Vitamin K_2 (Menachinon, MK) besitzt eine Seitenkette mit 4-13 Isopreneinheiten (MK4-13)
- Vitamin K_3 (Menadion) hat keine Seitenkette

Für die biologische Wirkung ist die Methylgruppe in Position 2 essentiell.

Vorkommen. Phyllochinone kommen in allen grünen Pflanzen (daher der Name) und vielen Ölen in größeren Mengen vor. Menachinone werden von Mikroorganismen des menschlichen Darms synthetisiert.

Stoffwechsel. Als lipophile Verbindungen werden Phyllochinone zusammen mit den Lipiden resorbiert, wofür die Anwesenheit von Gallensäuren notwendig ist.

Die biologisch aktive Form der K2-Vitamine ist das **Difarnesylnaphthochinon** (MK6). Der Difarnesylrest wird in der Leber nach Abspaltung etwaiger anderer Seitenketten angeheftet.

Biochemische Funktion. Die einzige bekannte Funktion für Vitamin K bei höheren Organismen ist die eines Cofaktors für die Carboxylierung von Glutamylresten in Proteinen.

R = ; **Vit. K_1** (Pyllochinon): n = 3

R = ; **Vit. K_2** (Menachinon, MK): n = 4–13

R = H; **Vit. K_3, Menadion**

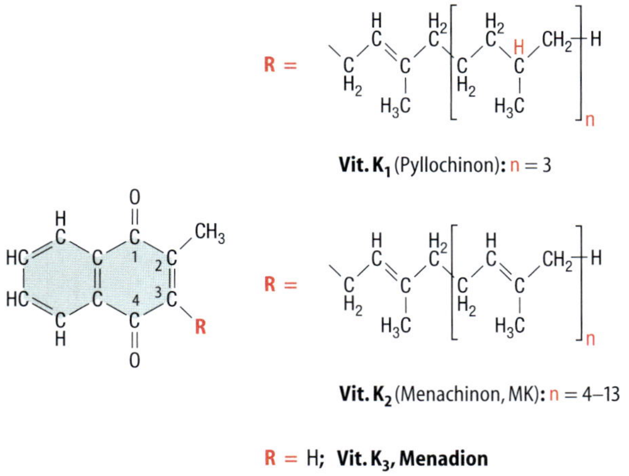

Abb. 23.13. Strukturen von Vitamin K

γ-Carboxyglutamylreste enthaltende Proteine werden als **Vitamin K-abhängige Proteine** bzw. VKD-Proteine (VKD, *Vitamin K-dependent*) oder als Gla-Proteine (Gla = Carboxyglutamat Domäne) bezeichnet.

Zu Zeit sind ungefähr 12 Mitglieder der VKD-Proteine bekannt (Tabelle 23.8). Von besonderer medizinischer Bedeutung sind die für die **Blutgerinnung** notwendigen γ-carboxylierten Faktoren, zu denen die Faktoren VII, IX und X, sowie Prothrombin und die Proteine C und S gehören. Durch die γ-Carboxylierung erhalten die Proteine eine größere Anzahl negativer Ladungen, die die Wechselwirkungen der Blutgerinnungsproteine mit den für die Aktivierung notwendigen Phospholipiden und Calcium ermöglichen (▶ Kap. 29.5.3).

Weitere Gla-Proteine sind Osteocalcin, Matrix Gla Protein und Protein S im Knochen, ein Protein im Zahnschmelz, sowie unter pathologischen Bedingungen das Atherocalcin in arteriosklerotischen Plaques der Arterien und ein Gla-Protein in Nierensteinen. Dies alles sind calcifizierte Matrices, deshalb nimmt man an, dass sie in den Calcifizierungsprozess eingeschaltet sind.

Tabelle 23.8. Vitamin K-abhängige Proteine (Auswahl)

Protein	Funktion
Prothrombin	Blutgerinnung
Faktor VII	Blutgerinnung
Faktor IX	Blutgerinnung
Faktor X	Blutgerinnung
Protein C	Antikoagulation
Protein S	Antikoagulation
Osteocalcin	Knochen-Morphogenese
Matrix Gla Protein, Gas 6	hemmt die Calcifizierung von nicht-Knochengewebe Ligand für Rezeptortyrosinkinasen, reguliert Zellwachstum?
Protein Z	Koagulationshemmer

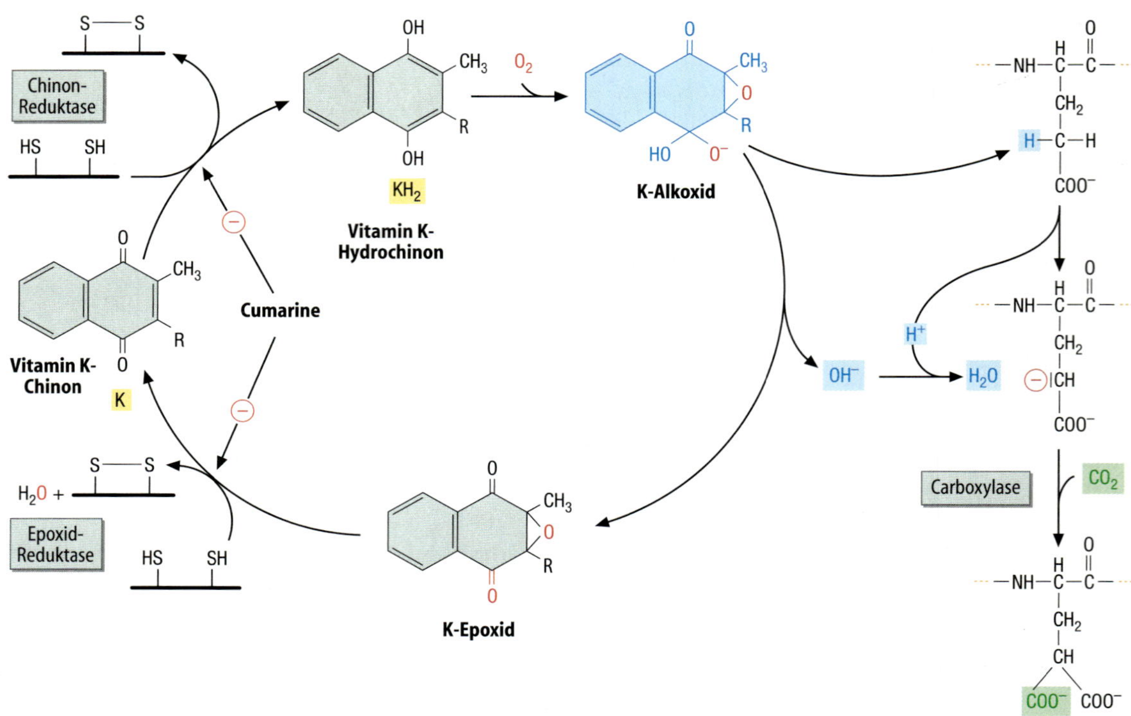

Abb. 23.14. Reaktionsmechanismus der Vitamin K abhängigen Carboxylierung von γ-Glutamylresten. (Einzelheiten ▶ Text)

Der Mechanismus der γ-Glutamyl-Carboxylierung ist in Abb. 23.14 zusammengefasst:

- Vitamin K wirkt in der Hydrochinonform und muss deshalb zunächst über die Chinonreduktase zum **Vitamin K-Hydrochinon** reduziert werden
- Dieses reagiert mit Sauerstoff, sodass als starke Base das **Vitamin K-Alkoxid** entsteht
- Dieses zieht ein Proton von dem zu modifizierenden Glutamylrest eines VDK-Proteins ab, es entsteht ein Carbanion, an das unter Bildung eines γ-Carboxyglutamylrests CO_2 angelagert werden kann
- Außer dem K-Alkaloid entsteht unter Abgabe eines OH^- das **Vitamin K-Epoxid**, das durch eine entsprechende Epoxidreduktase wieder in die Chinonform umgewandelt wird

Sowohl die Epoxidreduktase als auch die Chinonreduktase enthalten vicinale SH-Gruppen, die die Reduktionsäquivalente liefern und die bei der Reduktion zu intramolekularen Disulfiden oxidiert werden. Die Reduktion der SH-Gruppen benötigt Thioredoxin. Vitamin K Antagonisten, wie z. B. Cumarine, blockieren diese SH-Gruppen und verhindern die Regeneration von Vitamin K Hydrochinon. Alternativ kann sowohl das Epoxid als auch das Chinon von entsprechenden NADPH-abhängigen mikrosomalen Dehydrogenasen reduziert werden. Diese Enzyme haben aber einen wesentlich höheren K_m-Wert und sind deshalb erst bei hohen Konzentrationen von Epoxid bzw. Chinon aktiv.

Pathobiochemie. Hypovitaminose: Die Entstehung eines Phyllochinonmangels durch Fehl- oder Mangelernährung ist beim Erwachsenen praktisch nicht möglich, da das Vitamin in ausreichender Konzentration in den Nahrungsmitteln vorkommt und außerdem intestinale Mikroorganismen Menachinone synthetisieren. Bei Vernichtung der gastrointestinalen Mikroorganismen durch lang dauernde orale Therapie mit Antibiotika und gleichzeitiger nutritiver Unterversorgung kann es zu Vitamin K-Mangel kommen. Wie bei anderen fettlöslichen Vitaminen führt eine Störung der intestinalen Fettresorption zur verminderten Resorption von Vitamin K.

Ein funktioneller Vitamin K-Mangel kann durch Dauertherapie mit Cumarinderivaten (▶ Kap. 29.5.3) ausgelöst werden, die bei allen Zuständen verwendet werden, bei denen die Blutgerinnungszeit verlängert werden soll (Thrombose- und Infarktprophylaxe). Eine Überdosierung mit Vitamin K-Antagonisten kann durch große Mengen an Vitamin K behoben werden. Die durch Cumarinderivate gesenkten Prothrombinspiegel normalisieren sich gewöhnlich 12–36 h nach der Gabe des Vitamins. Eine oft übersehene Folge eines Vitamin K-Mangels ist die verminderte Bildung von Osteocalcin. Der dadurch gestörte Calciumstoffwechsel im Knochen führt zu Osteoporose und vermehrten Knochenbrüchen.

In Kürze

Vitamin A ist als Retinal in den Sehvorgang und als Retinoat in die Regulation der Genexpression eingeschaltet. Vitamin D steuert die Calcium-Homöostase, sowie Wachstum und Differenzierung von Zellen überwiegend durch Regulation der hierfür benötigten Gene.

Vitamin E hat unabhängig von seiner Antioxidans-Funktion essentielle Funktionen bei der Reproduktion und in der Regulation von neuromuskulären Signalübertragungen, deren Mechanismen noch nicht verstanden werden..

Vitamin K ist das Coenzym für die γ-Carboxylierung von Glutamylresten in spezifischen Proteinen, v.a. solchen, die für die Blutgerinnung notwendig sind.

23.3 Wasserlösliche Vitamine

23.3.1 Vitamin C

Vitamin C wirkt als redoxaktiver Cofaktor von Hydroxylasen bzw. schützt enzymgebundenes Fe^{2+} vor der Oxidation zu Fe^{3+}.

Chemische Struktur. Vitamin C oder L-Ascorbinsäure wird chemisch als 2,3-Endiol-L-Gulonsäure-γ-Lacton (2,3-didehydro-L-threo-hexano-1,4-lacton) bezeichnet. Die oxidierte Form ist Dehydroascorbinsäure (DHA) (Abb. 23.15).

Vorkommen. Ascorbinsäure kommt in erheblichen Mengen in grünen und roten Paprikaschoten, Petersilie, dem Saft von Tomaten, Zitronen, Apfelsinen und Grapefruit sowie in Spinat, Kartoffeln, Zwiebeln und Rosenkohl vor.

Ascorbinsäure wird durch Kochen – besonders in Gegenwart von Kupfer, Eisen und anderen Metallen – leicht zerstört. Mit Ausnahme von Primaten, einschließlich Menschen, und des Meerschweinchens können alle Tierspezies L-Ascorbinsäure aus Glucose synthetisieren (▶ Kap. 17.1.2). Menschen und Tieren, die L-Ascorbinsäure nicht bilden können, fehlt das Enzym **L-Gulonolacton-Oxidase**, das L-Gulonolacton zu 2-Ketogulonolacton oxidiert, aus dem spontan, d. h. nichtenzymatisch, L-Ascorbinsäure entsteht.

Stoffwechsel. Nach der intestinalen Resorption wird L-Ascorbinsäure als Dehydroascorbinsäure über das Blut zu Geweben transportiert, wo sie wieder zu Ascorbinsäure reduziert wird. Fast alle Organe können Ascorbinsäure über Natrium-abhängige Vitamin C Transporter (SVCT, *sodium dependent vitamin C transporter*) aufnehmen. Wesentlich schneller gelangt Vitamin C als Dehydroascorbinsäure über die Glucosetransporter GLUT1 und GLUT3 in die Zellen wo es wieder zu Ascorbinsäure reduziert wird (▶ unten). Den höchsten Ascorbinsäuregehalt weist die Nebennierenrinde auf. Das Vitamin wird entweder als solches, als Diketogulonsäure oder Oxalat über die Nieren ausgeschieden.

Biochemische Funktion. Vitamin C ist ein starkes Reduktionsmittel. Ascorbinsäure wird in zwei 1-Elektronenschritten zu Dehydroascorbinsäure oxidiert, als Zwischenstufe entsteht das relativ stabile Ascorbyl-Radikal (Abb. 23.15). Diese Reaktionsfähigkeit macht es zu einem effizienten Elektronendonor in vielen biologischen Prozessen, die auch das Abfangen freier Radikale einschließt:

$$AscH^- + X^{\bullet -} \rightarrow Asc^{\bullet} + XH$$

Entsprechend ihrem Redoxpotential kann Ascorbinsäure mit den radikalischen Formen von Tocopherolen und Glutathion reagieren und so regenerieren. Das Ascorbylradikal wird von einer NADPH-abhängigen Reduktase zu Ascorbinsäure reduziert oder durch Reaktion zweier Moleküle Ascorbylradikal zu Ascorbinsäure und Dehydroascorbinsäure dismutiert. Dehydroascorbinsäure wird über eine GSH-abhängige DHA-Reduktase, Glutaredoxin oder die NADPH-abhängige Thioredoxinreduktase zu Ascorbinsäure reduziert.

Neben generellen antioxidativen Effekten hat Vitamin C – wie alle Vitamine – spezifische Funktionen, die für sei-

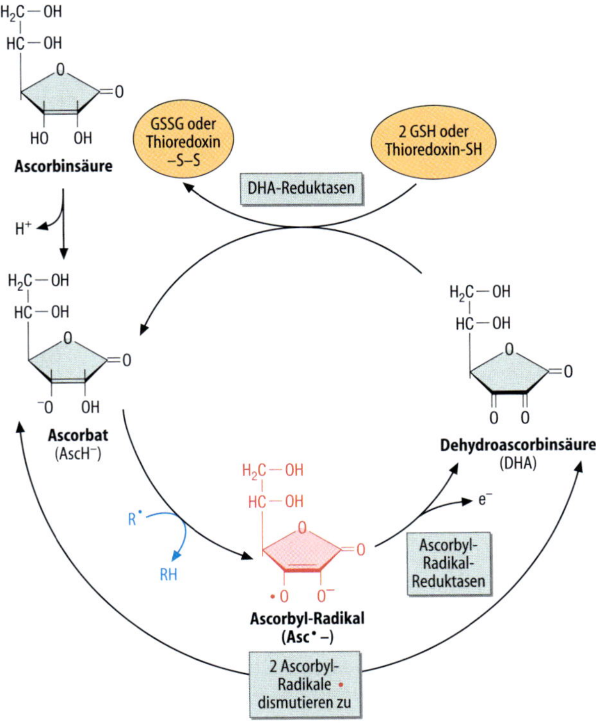

Abb. 23.15. Ascorbinsäure als Redoxsystem

23

Tabelle 23.9. Enzymatische Reaktionen, die durch Ascorbinsäure beeinflusst werden

Vorgang	Reaktion	Name des Enzyms	Beteiligtes Metallion	Cosubstrate
Kollagenbiosynthese	Prolinhydroxylierung Prolinhydroxylierung Lysinhydroxylierung	Prolyl-4-Hydroxylase Prolyl-3-Hydroxylase Lysyl-Hydroxylase	Fe^{2+} Fe^{2+} Fe^{2+}	α-Ketoglutarat, O_2 α-Ketoglutarat, O_2 α-Ketoglutarat, O_2
Carnitinbiosynthese	Hydroxylierung von Trimethylysin	Trimethyllysin-Hydroxylase	Fe^{2+}	α-Ketoglutarat, O_2
Noradrenalinbiosynthese	β-Hydroxylierung von Dopamin	Dopamin-β-Monooxigenase	Cu^{2+}	O_2
Tyrosinabbau	Bildung von Homogentisat aus 4-Hydroxyphenylpyruvat	4-Hydroxyphenylpyruvat-Hydroxylase	Fe^{2+}	O_2
Herstellung von Peptidhormonen aus Präkursoren	Amidierung eines Peptids mit C-terminalem Glycin	Peptidylglycin-amidierende Monooxigenase	Fe^{2+}	O_2

ne Essentialität entscheidend sind. Ascorbinsäure ist Co-Faktor für eine Reihe von Enzymen, die Übergangsmetallionen benötigen. Die Rolle von Vitamin C ist die Aufrechterhaltung des für die Aktivität benötigten reduzierten Zustandes der Metallionen (Tabelle 23.9). Solche Enzyme sind:

- die Prolylhydroxylase
- die Hydroxylasen in der Carnitinbiosynthese
- die Dopamin-β-Monooxygenase
- die 4-Hydroxyphenyl-Pyruvathydroxylase sowie
- die Peptidylglycin α-amidierende Monooxygenase

Bei den ersten beiden Enzymen sorgt Vitamin C für die Aufrechterhaltung des zweiwertigen Eisens im aktiven Zentrum, während es bei den letzten drei als Elektronendonor fungiert.

Die Prolyl-4-Hydroxylase hydroxyliert cotranslational Prolinreste in Kollagenmolekülen (Abb. 23.16). In seiner aktiven Form enthält das Enzym Fe^{2+}. Für die Reaktion werden O_2 und α-Ketoglutarat benötigt. Während der Reaktion wird α-Ketoglutarat decarboxyliert und ein Atom des Sauerstoffmoleküls in Prolin eingebaut, das andere zur Oxidation der Carbonylgruppe des nach Decarboxylierung von α-Ketoglutarat entstehenden Succinatsemialdehyds verwendet. Die Prolylhydroxylase ist somit eine Dioxygenase. Als Endprodukte entstehen Succinat und hydroxylierte Prolinreste im Kollagen. Findet der Reaktionszyklus jedoch in Abwesenheit von Kollagen statt, wird nur α-Keto-

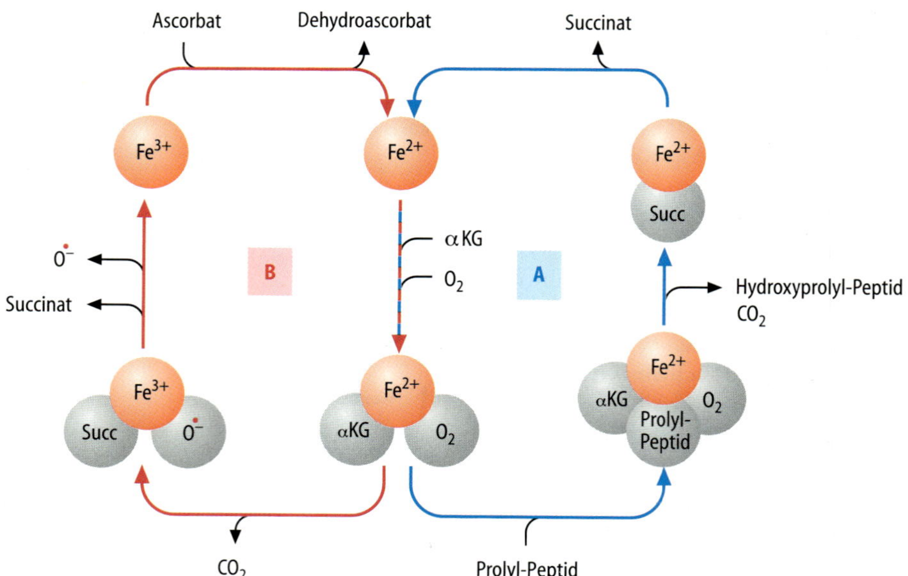

Abb. 23.16. Schema des Mechanismus der Prolylhydroxylierung durch die Prolyl-4-Hydroxylase. Beim normalen Reaktionszyklus (A) entsteht ein Hydroxyprolyl-Peptid unter Decarboxylierung und Oxidation von α-Ketoglutarat zu Succinat. Die Wertigkeit des enzymgebundenen Eisens ändert sich nicht. Bei entkoppeltem Reaktionszyklus (B) kommt es zur Decarboxylierung und Oxidation von α-Ketoglutarat, Sauerstoff wird dabei als $O^{\bullet-}$ abgespalten und Fe^{2+} zu Fe^{3+} oxidiert. Eine Regenerierung des Enzyms mit Fe^{2+} ist mit Hilfe von Ascorbat möglich. (Nach Padh 1990)

glutarat decarboxyliert, das zweite Sauerstoffmolekül verbleibt als reaktiver Eisen-Oxo-Komplex im Enzym. Der Sauerstoff wird als $O^{-\bullet}$ abgespalten. Dabei wird Fe^{2+} zu Fe^{3+} oxidiert und das Enzym so inaktiviert. Fe^{3+} wird durch Ascorbinsäure reduziert und so reaktiviert. Damit übernimmt Ascorbinsäure beim Kollagenstoffwechsel und analog bei der Carnitinbiosynthese eine **Schutzfunktion**. Neuere Arbeiten beschreiben darüber hinaus einen direkten Einfluss von Vitamin C auf die Transkription von Kollagen, was seine Rolle bei der Kollagenbiosynthese noch wichtiger macht.

Des weiteren ist Ascorbinsäure an der O_2-abhängigen Hydroxylierung der α-Untereinheit des **Transkriptionsfaktors HIF** (*hypoxia inducible factor*, ► Kap. 28.1.10) beteiligt, der ein wichtiger Sensor der Sauerstoffhomöostase ist und die Aktivität von Genen für Proteine reguliert, die für die Anpassung von Zellen an ein niedriges Sauerstoffangebot nötig sind. Hierzu gehören z. B. Erythropoietin (► Kap. 28.1.10), der vasculäre endotheliale Wachstumsfaktor (VEGF), und der Glucosetransporter GLUT-1.

Pathobiochemie. Hypovitaminose: Die klassische Vitamin C Mangelkrankheit ist **Skorbut**. Sie ist vor allem von Seefahrern bekannt, die zu Beginn der Neuzeit ohne ausreichende Versorgung mit Vitamin C-haltigen Lebensmitteln auf lange Seereisen gingen. Die Krankheit beginnt nach einer Latenzzeit von wenigen Monaten mit schweren Störungen des Bindegewebestoffwechsels (mangelnde Bildung von Kollagen in Knochen, Gelenken und Blutgefäßen, ► Kap. 24.2.1). Es kommt zu Zahnfleischbluten, Zahnausfall, gestörter Wundheilung, Knochen- und Gelenkveränderungen.

23.3.2 Vitamin B1

! Vitamin B1 (Thiamin) ist Coenzym der α-Ketosäure-Decarboxylasen sowie der Transketolase.

Chemische Struktur. Thiamin (■ Abb. 23.17) besteht aus einem mit einer CH_3- und NH_2-Gruppe substituierten **Pyrimidinring**, der über eine CH_2-Gruppe mit einem 4-Methyl-5-Hydroxyethylthiazol verbunden ist. Ersatz der Methylgruppe am Pyrimidinring durch Ethyl-, Propyl- oder Butylreste führt zu einer weitgehenden Aktivitätseinbuße, der Ersatz der Aminogruppe durch eine Hydroxylgruppe zum vollständigen Verlust der Vitamin B_1-Aktivität. Die CH-Gruppe zwischen dem N und S Atom im Thiazolring ist wesentlich saurer als die meisten anderen CH-Gruppen. Durch Dissoziation entsteht ein Carbanion, das leicht an Aldehyde und Ketone addiert, was die biologische Aktivität von Thiamin bestimmt.

Vorkommen. Thiamin kommt praktisch in allen pflanzlichen und tierischen Nahrungsmitteln vor. Die höchsten Konzentrationen finden sich in ungemahlenen Getreidesorten, in Leber, Herz, Nieren, Gehirn und magerem Schweinefleisch. Bei langem Kochen geht das Vitamin verloren.

Stoffwechsel. In den meisten Nahrungsmitteln liegt Vitamin B_1 als biologisch aktives **Thiaminpyrophosphat** vor und wird gelegentlich auch als Thiamindiphosphat bezeichnet. Da in dieser Form eine Resorption nicht möglich ist, wird der Pyrophosphatrest im Darm durch Pyrophosphatasen abgespalten. Die Resorption im Darm erfolgt über den Thiamintransporter-2 (THTR2), die Abgabe in die Zirkulation über den THTR1. Die Thiamintransporter gehören zur Familie der ›*soluble carrier* Proteine‹ (SLC19A).

Intrazellulär erfolgt die Phosphorylierung zum Thiaminpyrophosphat unter Bildung von AMP durch die mitochondriale Thiaminkinase. Im Blut nachweisbares Thiamin befindet sich zum größten Teil in den Blutzellen.

Biochemische Funktion. Thiaminpyrophosphat ist Coenzym der **oxidativen Decarboxylierung** von α-Ketosäuren [α-Ketopropionat (Pyruvat), α-Ketoglutarat, α-Ketoisovalerianat, α-Ketoisocapronat und α-Keto-β-methylvalerianat], an der außerdem Liponamid, Coenzym A, FAD und NAD^+ beteiligt sind (► Kap. 14.2).

Thiaminpyrophosphat ist auch Coenzym der **Transketolase**, eines Enzyms des Glucoseabbaus über den Hexosemonophosphat-Weg. Bei Thiaminmangel ist als Erstes die Transketolase betroffen. Dies macht sich in einem Anstieg von Pentosephosphaten bemerkbar, der leicht in Erythrozyten gemessen werden kann (■ Tabelle 23.3). Erst danach treten schwerere Symptome auf.

Pathobiochemie. Hypovitaminosen: Das klassische Vitaminmangelsyndrom ist die **Beriberi**-Krankheit, die auch heute noch endemisch dort vorkommt, wo polierter Reis das Hauptnahrungsmittel ist (durch Polieren geht die Vitamin B_1-enthaltende Keimanlage verloren). Besonders betroffen sind die Gewebe mit hohem Glucoseumsatz (Nervensystem, Gastrointestinaltrakt und kardiovaskuläres System). Die Symptome sind Appetitmangel, Übelkeit, Erbrechen, Müdigkeit, periphere Nervenstörungen, geistige Störungen, Muskelatrophie und gelegentlich eine Enzephalopathie. Die Erkrankung stellt immer noch ein Problem in Entwicklungsländern dar. Ein der Beriberi sehr ähnliches

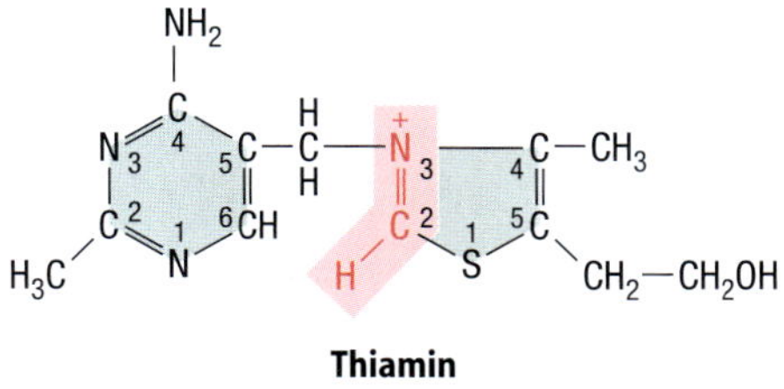

Thiamin

■ **Abb. 23.17. Thiamin.** Der für die Wirkung verantwortliche Teil des Moleküls ist *rot* hervorgehoben

Krankheitsbild findet sich häufig bei chronischem Alkoholismus (Wernicke-Korsakoff-Syndrom). Der Vitaminmangel ist dabei auf unzureichende Nahrungszufuhr und erhöhten Bedarf bei Alkoholabusus zurückzuführen. Auch in der Schwangerschaft kommt es gelegentlich zu Thiaminhypovitaminosen.

23.3.3 Vitamin B2

❗ Vitamin B2 (Riboflavin) ist als Bestandteil von Flavinnucleotiden am Wasserstoff- und Elektronentransport beteiligt.

Chemische Struktur. Riboflavin ist ein substituierter Isoalloxazin-Ring, der mit einem Ribitol verbunden ist ◘ Abb. 23.18. Phosphorylierung führt zum **Riboflavin-5′-Phosphat** oder **Flavinmononucleotid** (FMN), Verknüpfung von FMN mit AMP (aus ATP) zum **Flavin-Adenin-Dinucleotid** (FAD). Die Bezeichnung Flavinmononucleotid ist nicht ganz korrekt, da es sich nicht um ein Nucleotid, d. h. ein N-Glycosid des Ribosephosphats, sondern um ein Derivat des Zuckeralkohols Ribitol handelt.

Vorkommen. Riboflavin ist im Pflanzen- und Tierreich weit verbreitet. Milch, Leber, Nieren und Herzmuskel sind gute Quellen. Viele Gemüse enthalten es in ausreichenden Mengen, Getreideprodukte haben jedoch einen niedrigen Riboflavingehalt. Bei der Keimung steigt die Riboflavinkonzentration in Weizen, Gerste und Mais an.

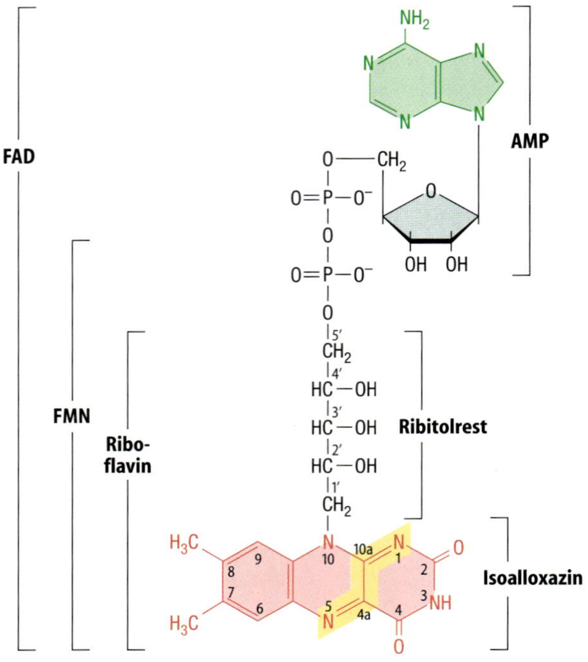

◘ **Abb. 23.18. Riboflavin und die von ihm abgeleiteten Coenzyme FMN und FAD**

Stoffwechsel. Riboflavin befindet sich als solches oder als Protein-gebundenes FMN oder FAD in der Nahrung. Im Dünndarm wird Riboflavin freigesetzt, in die Mukosazelle aufgenommen und dort wieder phosphoryliert. Der Transport im Plasma erfolgt als Riboflavin oder FMN über Riboflavin-spezifische Plasmaproteine. Die intrazelluläre Umwandlung in FMN wird von der Flavokinase katalysiert, die in FAD von der FAD Synthetase. Biologisch aktive Formen sind FMN und FAD.

Biochemische Funktion. Riboflavin ist Baustein der beiden Coenzyme von **Wasserstoff übertragenden Flavoproteine** (◘ Abb. 23.18):

- Flavinmononucleotid (FMN) ist u.a. Bestandteil des Komplexes I der Atmungskette (▶ Kap. 15.1.2) und der L-Aminooxidase (▶ Kap. 13.3.4)
- Flavin-Adenindinucleotid (FAD) ist die prosthetische Gruppe bzw. covalent gebundener Bestandteil einer Reihe von Flavoproteinen

Flavoproteine katalysieren

- oxidative Desaminierungen (z. B. Aminosäureoxidasen, ▶ Kap. 13.3.4)
- Dehydrierungen von CH_2-CH_2-Gruppen zu CH = CH-Gruppen (z. B. Acyl-CoA-Dehydrogenase, ▶ Kap. 12.2.1)
- Oxidationen von Aldehyden zu Säuren (z. B. Xanthinoxidase, ▶ Kap. 19.3.1) sowie
- Transhydrogenierungen (Dihydrolipoatdehydrogenase, ▶ Kap. 14.2, Glutathionreduktase, ▶ Kap. 29.2.1, Thioredoxinreduktase, ▶ Kap. 19.1.3)

Dabei übernimmt eines der in ◘ Abb. 23.18 hervorgehobenen Stickstoffatome ein Hydridanion, das andere ein Proton. Es können aber auch radikalische Zwischenstufen bei dem Redoxprozess durchlaufen werden.

Pathobiochemie. Hypovitaminose: Der seltene isoliert auftretende Riboflavinmangel ist durch charakteristische Schäden der Lippen, Mundwinkelfissuren (Cheilosis), lokalisierte seborrhoische Dermatitis des Gesichts sowie eine besondere Form der Glossitis (Landkartenzunge) und verschiedene funktionelle und organische Störungen des Auges gekennzeichnet.

23.3.4 Niacin und Niacinamid

❗ NAD^+ und $NADP^+$ enthalten Niacin als den für ihre Funktion essentiellen Bestandteil.

Chemische Struktur. Niacin ist die Bezeichnung für Pyridin-3-Carboxylsäure und Derivate. Die gängigsten Vertreter sind Nicotinsäure und Nicotin(säure)amid (auch Niacinamid genannt). Für die biologische Wirkung ist die Carboxyl- bzw. Säureamidgruppe notwendig, Substitutionen führen zu wirkungslosen Verbindungen bzw. zu Antivitaminen (3-Acetylpyridin, Isonicotinsäurehydrazid).

Vorkommen. Das Vitamin kommt bei Tieren vorwiegend als Nicotinamid, in Pflanzen als Nicotinsäure vor. Besonders reiche Quellen sind Hefe, mageres Fleisch, Leber und Geflügel. Beim Rösten von Kaffee entsteht Nicotinsäure in beträchtlichen Mengen. In Mais liegt Niacin als Niacytin, d. h. an kleine Peptide gebunden, vor und muss durch alkalische Hydrolyse freigesetzt werden (traditionelles Einweichen von Mais in Kalkwasser in der zentralamerikanischen Küche).

Stoffwechsel. Niacin wird nach seiner Resorption von allen Geweben des Organismus aufgenommen und zur NAD^+- bzw. $NADP^+$-Biosynthese (◘ Abb. 23.19) verwendet. Hierbei kondensiert Nicotinat zunächst mit 5′-Phosphoribosylpyrophosphat, wobei Nicotinat-Mononucleotid entsteht. Dieses reagiert unter Pyrophosphat-Abspaltung mit ATP. Die Nicotinat-Gruppe des dabei entstandenen Desamido-NAD^+ wird mit Glutamin unter Verbrauch von ATP zur Nicotinamid-Gruppe aminiert und das so gebildete NAD^+ gegebenenfalls mit ATP zu $NADP^+$ umgesetzt.

Die N-glycosidische Bindung ist eine energiereiche Bindung, die eine Übertragung der ADP-Ribose ermöglicht (► unten).

Im $NADP^+$ trägt der Adenosinteil in 2′-Stellung einen dritten Phosphatrest (◘ Abb. 23.19).

Das bei der Synthese von NAD^+ als Zwischenprodukt auftretende Nicotinatmononucleotid kann auch endogen aus **Tryptophan** (► Kap. 13.6.6) gebildet werden. Das Ausmaß der Nutzung von Tryptophan für die Niacinbildung ist abhängig von der Tryptophanzufuhr, von hormonellen und wahrscheinlich von genetischen Faktoren. Außerdem sind zur Niacinsynthese auch Vitamin B6, Riboflavin und Eisen nötig, sodass bei genereller Mangelernährung schwer abzuschätzen ist, inwieweit Tryptophan zur Niacin-Versorgung beiträgt. Als Faustregel gilt, dass aus 60 mg Tryptophan 1 mg Niacin gebildet werden kann. Die Ausscheidung von Niacin erfolgt nach Methylierung zum 1-Methylnicotinsäureamid in der Leber über den Urin.

Biochemische Funktion. Als Bestandteil von zwei Wasserstoff übertragenden Coenzymen,
- dem Nicotinamid-Adenindinucleotid (NAD^+) und
- dem Nicotinamid-Adenindinucleotidphosphat ($NADP^+$)

ist Niacin an einer Vielzahl von Redoxreaktionen und Wasserstoffübertragungen des Intermediärstoffwechsels beteiligt, was die Essentialität von Niacin in der Ernährung des Menschen verständlich macht. Über die Funktion von NAD^+ bzw. $NADP^+$ bei Redoxreaktionen (► Kap. 4.1.2).

Außer als Wasserstoff übertragendes (Hydrid-akzeptierendes) Coenzym wird NAD^+ für eine Reihe von Proteinmodifikationen sowie bei der Signaltransduktion benötigt. Es ist Substrat für
- ADP-Ribosylierungen sowie
- für die Biosynthese von cyclo-ADP-Ribose

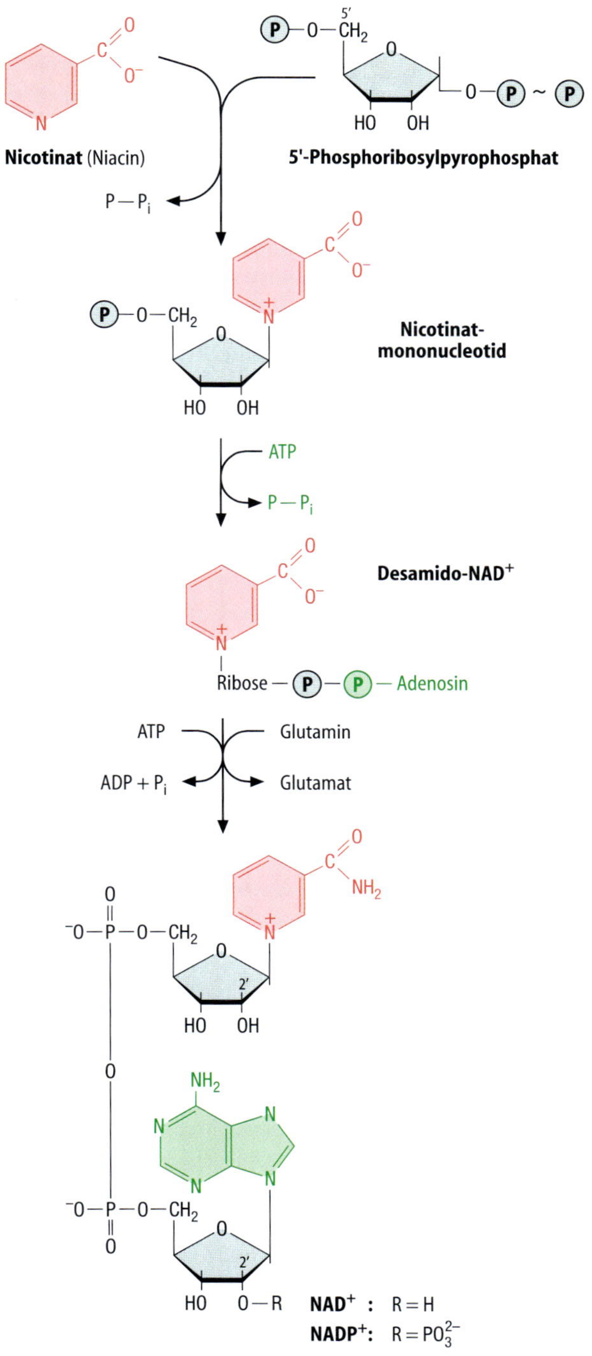

ADP-Ribosylierung: Bei der **Mono-ADP-Ribosylierung** wird ein aus dem NAD^+ stammender ADP-Ribose-Rest auf entsprechende Akzeptoraminosäuren spezifischer Proteine

◘ **Abb. 23.19. Biosynthese von NAD^+ und $NADP^+$ aus Niacin**

übertragen. Niacin wird hierbei freigesetzt (◘ Abb. 23.20). Die Funktion einer **ADP-Ribosyltransferase** wurde zuerst bei bakteriellen Toxinen entdeckt. Das bekannteste Beispiel ist die ADP-Ribosylierung der $G_{s\alpha}$-Untereinheit von an die Adenylatcyclase gekoppelten heterotrimeren G-Proteinen durch das **Choleratoxin** (► Kap. 25.6.2). Dies führt zu Hemmung der intrinsischen GTPase-Aktivität der $G_{s\alpha}$-Untereinheit und damit zur Daueraktivierung der Adenylatcyclase.

Die **Poly-ADP-Ribosylierung** dient zur posttranslationalen Modifizierung von Proteinen des Zellkerns und wird von der Poly(ADP-Ribose)Polymerase (PARP) katalysiert. Diese wird durch DNA Strangbrüche aktiviert. Als Folge werden ADP-Ribose Reste an PARP selbst aber auch an Histone, Topoisomerasen oder DNA Polymerasen geknüpft. Diese Reste können linear oder verzweigt sein. Die dadurch negativ geladenen Proteine verlieren ihre Affinität zu DNA und somit ihre Aktivität. DNA wird dadurch zugänglich. Die Funktion der PARP ist nicht vollständig geklärt. Sie ist beteiligt an Reparaturmechanismen geschädigter Basen in der DNA insbesondere in nicht-transkribierten Bereichen. PARP, ADP-Ribosylierung und damit Niacin kommt somit eine wichtige Funktion bei der Erhaltung der genomischen Integrität zu. ADP-Ribose Polymere werden von der poly (ADPR) Glycohydrolase wieder gespalten.

cyclo-ADP-Ribose: cyclo-ADP-Ribose entsteht durch die Aktivität von NAD^+-Glycohydrolasen/ADP-Ribosylcyclasen aus NAD^+ unter Abspaltung von Nicotinsäureamid (◘ Abb. 23.21). Cyclo-ADP-Ribose ist ein aktivierender Ligand des **Ryanodinrezeptors** (► Kap. 30.3.2) und führt auf diese Weise zu einer Erhöhung der cytosolischen Calciumkonzentration.

Nicotinsäure-Adenindinucleotid-Phosphat ($NAADP^+$): $NAADP^+$ (*nicotinic acid adenine dinucleotide phosphate*) entsteht durch Austausch von Nicotinamid gegen Nicotinsäure in $NADP^+$. Seine Bildung wird z. B. von Glucose stimuliert. $NAADP^+$ ist der potenteste Mediator einer intrazellulären Erhöhung des Ca^{2+}-Spiegels, wobei die Ca^{2+}-Quellen und die Mechanismen der Freisetzung nicht bekannt sind.

Pathobiochemie. Hypovitaminose: Klassisches Symptom eines Niacinmangels ist die **Pellagra** (Pelle agra, schwarze oder raue Haut). Niacin-Mangel trat in Europa erstmals nach der Einführung von Mais aus Süd- und Mittelamerika nach Spanien auf. Mais enthält Niacin in Form von Niacytin und ist zudem Tryptophan-arm (► Vorkommen). Wie bei Vitaminmangelzuständen, die durch eine allgemeine Fehlernährung gekennzeichnet sind, ist auch Niacinmangel mit dem anderer Vitamine (Thiamin, Riboflavin und Pyridoxin) vergesellschaftet. Auch Alkoholismus kann durch Fehlernährung zu Pellagra führen.

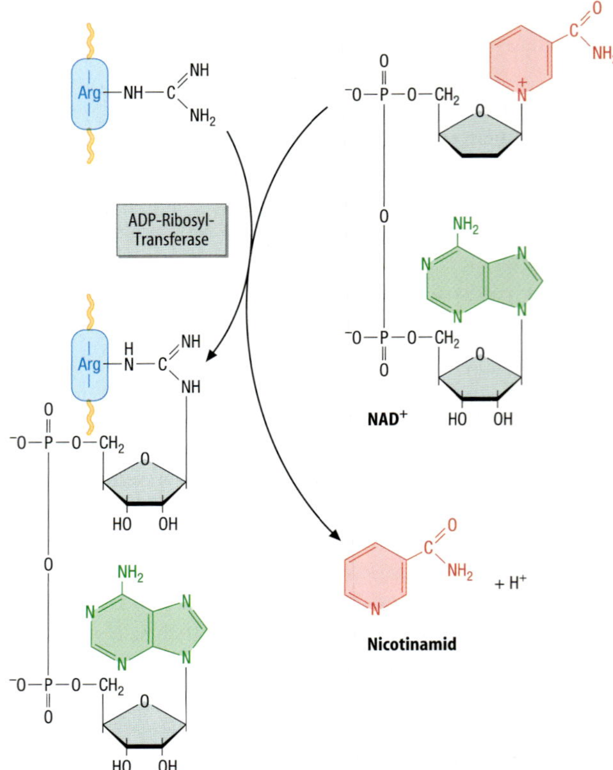

◘ **Abb. 23.20. Mechanismus der (Poly)ADP-Ribosylierung.** (Einzelheiten ► Text)

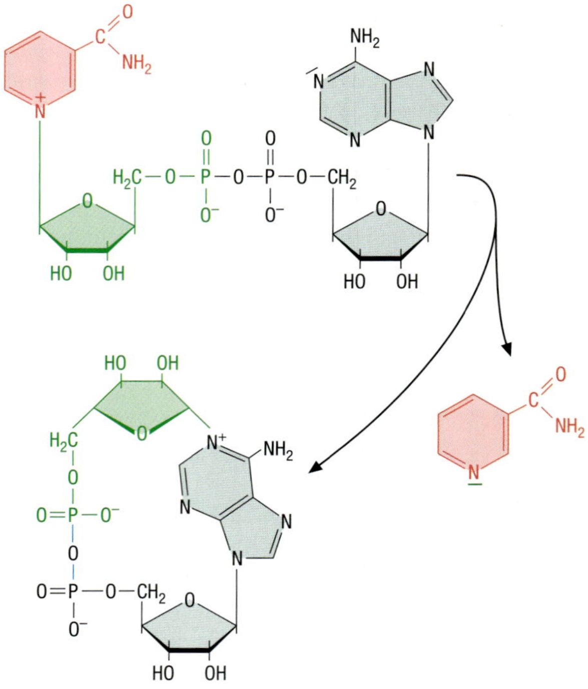

◘ **Abb. 23.21. Bildung von cyclo-ADP-Ribose aus NAD^+.** (Einzelheiten ► Text)

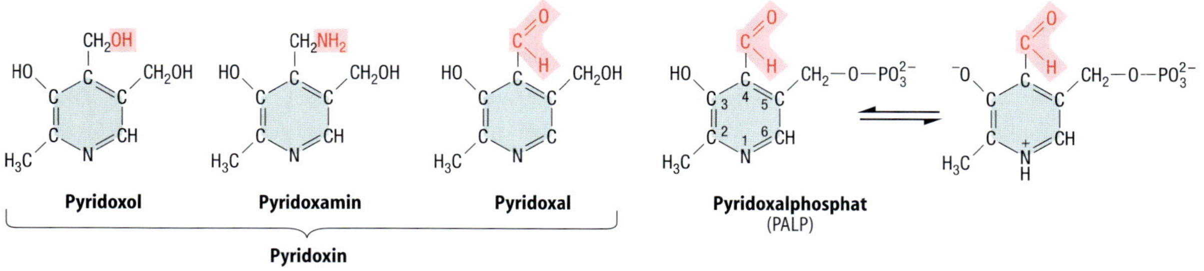

Pyridoxol

Pyridoxamin

Pyridoxal

Pyridoxin

Pyridoxalphosphat (PALP)

Abb. 23.22. Pyridoxol, Pyridoxamin und Pyridoxal sowie das Coenzym Pyridoxalphosphat. Wegen der leicht basischen Natur des Pyrimidinstickstoffs und der leicht sauren der OH-Gruppe kommen die beiden tautomeren Formen des PALP vor

23.3.5 Vitamin B6

Das vom Pyridoxin abgeleitete Pyridoxalphosphat ist das zentrale Coenzym des Aminosäurestoffwechsels.

Chemische Struktur. Vitamin B6 beschreibt 3-Hydroxy-2-Methylpyridin Derivate mit der biologischen Aktivität von Pyridoxin. Zur Vitamin B6 Gruppe gehören Pyridoxol (Pyridoxin, Alkohol), Pyridoxamin (Amin) und Pyridoxal (Aldehyd) Abb. 23.22.

Vorkommen. In hoher Konzentration ist das Vitamin in Hefe, Weizen, Mais, Fisch, Leber und in etwas geringerer in Milch, Eiern und grünen Gemüsen enthalten.

Stoffwechsel. Resorbiertes Pyridoxol und Pyridoxal werden im Blut zu den Geweben transportiert und dort durch die ATP-abhängige Pyridoxalkinase zu **Pyridoxalphosphat (PALP)** phosphoryliert. Zur Ausscheidung mit dem Urin wird Pyridoxal in der Leberzelle durch die Aldehydoxidase (▶ Kap. 33.6.1) zur biologisch inaktiven Pyridoxinsäure oxidiert.

Biochemische Funktion. Pyridoxalphosphat ist das Coenzym des **Aminosäurestoffwechsels** (▶ Kap. 13.6.6, 13.6.7).

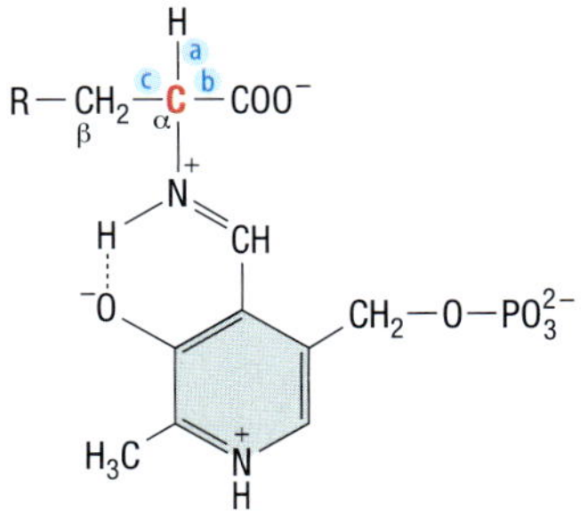

a : Transaminierung
b : Decarboxylierung
c : Spaltung der $\alpha-\beta$ - Bindung

Abb. 23.23. Reaktionen am α-C-Atom der an Pyridoxalphosphat gebundenen Aminosäure. a Transaminierung; **b** Decarboxylierung; **c** Spaltung der α, β-Bindung (Gruppenübertragung, Eliminierung, Isomerisierung). (Einzelheiten ▶ Text)

In pyridoxalphosphatabhängigen Enzymen ist Pyridoxalphosphat als Schiff'sche Base an ein Lysin des Enzyms gebunden. Für die zu katalysierende Reaktion wird das Lysin durch die Aminosäure verdrängt. Die Bindung wird durch eine kationische Gruppe des aktiven Zentrums des Enzyms stabilisiert. Durch die Elektronen anziehende Wirkung des Pyridinstickstoffs (und auch der kationischen Gruppe) kommt es zu Elektronenverschiebungen innerhalb des Coenzym-Substrat-Komplexes, die die Schwächung einzelner Bindungen am α-C-Atom der Aminosäure bewirken. Je nachdem, welche Bindung – in Abhängigkeit vom Enzymprotein – labilisiert wird, werden

- Transaminierungen
- Decarboxylierungen
- Eliminierungen unterschieden (Abb. 23.23)

Eine Auswahl Pyridoxalphosphat-abhängiger Reaktionen ist in Tabelle 23.10 zusammengefasst. Pyridoxalphosphat ist außerdem Bestandteil der Glycogenphosphorylase (▶ Kap. 11.2.2) wo es als Säure-Basen-Katalysator fungiert.

Pathobiochemie. Hypovitaminose: Die Symptome des tierexperimentellen Pyridoxinmangels sind uncharakteristisch und unterscheiden sich von Spezies zu Spezies (Dermatitis, Wachstumsstörungen, Anämien (▶ Kap. 23.1.3)).

Wegen der weiten Verbreitung von Pyridoxin tritt beim Menschen ein Mangel nur selten auf. Sollte er auftreten, kommt es zu ähnlichen Störungen wie bei Tieren, außerdem zu zentralnervösen Funktionsstörungen (Ataxien, Paresen), die vermutlich mit Störungen des Glutamatstoffwechsels zusammenhängen (pyridoxalphosphatabhängige Decarboxylierung von Glutamat zum Neurotransmitter γ-Aminobutyrat, ▶ Kap. 31.3.4).

Da einige enzymatische Schritte im Tryptophanabbau Pyridoxin-abhängig sind, können verschiedene Zwischen- und Nebenprodukte des Tryptophanabbaus beim Pyridoxinmangel vermehrt im Urin nachgewiesen werden (Tabelle 23.3). Bei Behandlung der Tuberkulose mit Isonicotinsäurehydrazid (INH) muss gleichzeitig Pyridoxin verabreicht werden, da INH als Pyridoxinantagonist wirkt.

Tabelle 23.10. Pyridoxalphosphat-abhängige Enzyme

Enzym	Reaktion
Aminotransferasen	Austausch einer Aminogruppe gegen eine Ketogruppe in Aminosäuren
Aminosäure Decarboxylasen	Synthese biogene Amine (Histamin, Tyramin, Tryptamin) und von Neurotransmittern (Dopamin, Serotonin, γ-Aminobuttersäure)
Aminosäurespaltende Enzyme	
Serinhydroxymethyltransferase	Bildung von Glycin und einer Hydroxymethylgruppe, die auf Tetrahydrofolsäure übertragen wird, aus Serin
Threoninaldolase	Bildung von Glycin und Acetaldehyd aus Threonin
Kynureninase	Bildung von 3-Hydroxyanthranilsäure aus 3-Hydroxy Kynurenin im Tryptophanabbau
Cystathionin-β-Synthase	Bildung con Cystathionin aus Homocystein und Serin bei der Cysteinsynthese im Transsulfurierungsweg
δ-Aminolävulinsäure-Synthase	Bildung von δ-Aminolävulinsäure aus Succinyl-CoA und Glycin (Hämbiosynthese)
Lysyloxidase	Quervernetzung von Kollagenfibrillen
Serin-Palmityl-Transferase	Bildung von 3-Ketosphinganin in der Biosynthese von Ceramid
Glycogenphosphorylase	Phosphorolytische Spaltung von Glucogen, Bildung von Glucose-1-phosphat

23.3.6 Pantothensäure

Coenzym A und Fettsäuresynthese enthalten Pantothensäure.

Chemische Struktur. Pantothensäure (Abb. 23.24) entsteht durch Kondensation von β-Alanin mit 2,4-Dihydroxy-3,3-Dimethylbutyrat (Pantoinsäure). Säuger können Pantoinsäure und β-Alanin nicht miteinander verknüpfen.

Vorkommen. Pantothensäure ist fast in allen (daher der Name) pflanzlichen und tierischen Nahrungsmitteln enthalten. Besonders hoch ist die Konzentration in Eigelb, Nieren, Leber und Hefe. Außerdem wird Pantothensäure von Darmbakterien gebildet.

Stoffwechsel. Die biologisch aktive Form der Pantothensäure ist das **Coenzym A,** das in der Zelle durch Koppelung mit ATP und Cystein entsteht (Abb. 23.24).

Biochemische Funktion. Die Aktivierung von Metaboliten erfolgt durch Bindung an die Sulfhydrylgruppe von Coenzym A unter Ausbildung eines **Thioesters.** Thioester gehören zur Gruppe der sog. **energiereichen Verbindungen.** Die bei der Hydrolyse von Thioestern auftretende Änderung der freien Enthalpie (► Kap. 4.1.2) liegt bei 30–42 kJ/mol und damit im Bereich der Hydrolyseenergie von ATP. Wegen der Bedeutung der Sulfhydrylgruppe des Pantetheinrests für den Umsatz des Coenzyms A, hat es sich eingebürgert, neben CoA auch die Abkürzung **CoA-SH** zu verwenden.

CoA-Verbindungen sind zentrale Metabolite im Intermediärstoffwechsel.

- **Acetyl-CoA,** das mit Recht als der Drehpunkt des Intermediärstoffwechsels bezeichnet wird, stellt ein Endprodukt des Kohlenhydrat-, Fett- und Aminosäurestoffwechsels dar
- **Acetyl-CoA** ist der Ausgangspunkt für die Biosynthese von Ketonkörpern (► Kap. 12.2.2) sowie des Cholesterins und anderer Isoprenlipide (► Kap. 18.3.1)
- Durch Addition von Acetyl-CoA an Oxalacetat werden Kohlenhydrat-, Fett- und Aminosäurekohlenstoffatome in den **Citratzyklus** (► Kap. 14) eingeschleust
- Acetyl-CoA reagiert mit Cholin unter Bildung von Acetylcholin (► Kap. 31.3.3) oder mit Arzneimitteln, die zu ihrer Ausscheidung acetyliert werden müssen (► Kap. 33.3.1)
- Succinyl-CoA, eine weitere wichtige Zwischenstufe im Citratzyklus, reagiert mit Glycin zum δ-Aminolävulinat, dem ersten Zwischenprodukt der Hämbiosynthese (► Kap. 20.1.2). Aus diesem Grund findet sich bei Pantothensäuremangel im Tierversuch häufig eine Anämie
- Im **Lipidstoffwechsel** (► Kap. 12.2.1) ist CoA unabdinglich für die Aktivierung der Fettsäuren durch Bildung des entsprechenden Acyl-CoA-Derivats, dem ersten Schritt in der Fettsäureoxidation
- In der β-Oxidation wird die Abtrennung von Acetylresten durch thiolytische Spaltung mit Hilfe von Coenzym A bewirkt (► Kap. 12.2.1)
- Bei der **Fettsäurebiosynthese** ist Pantothensäure in proteingebundener Form Bestandteil des Acyl-Carrier-Proteins (► Kap. 12.2.3)

Weitere Funktionen umfassen:

- die Acetylierung von Proteinen, wobei besonders die Acetylierung von Histonen, die bei der Regulation von Genaktivitäten eine wichtige Rolle spielt, zu nennen ist, und die
- Acylierung von Proteinen mit z. B. Palmitinsäure, über die Signalproteine an der Zellmembran verankert werden, Membranrezeptoren reguliert werden oder eine Neuordnung des Cytoskeletts nach Stimulierung bewerkstelligt wird

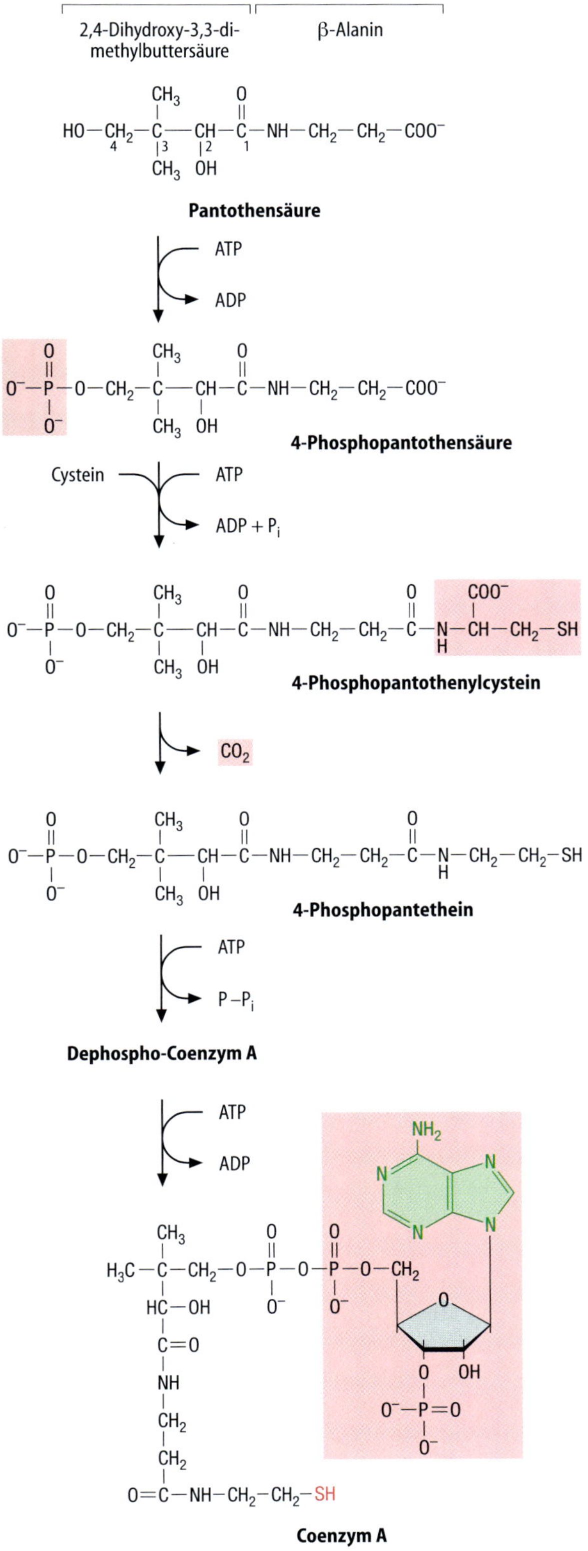

2,4-Dihydroxy-3,3-dimethylbuttersäure
β-Alanin
Pantothensäure
ATP
ADP
4-Phosphopantothensäure
Cystein
ATP
ADP + Pi
4-Phosphopantothenylcystein
CO2
4-Phosphopantethein
ATP
P–Pi
Dephospho-Coenzym A
ATP
ADP
Coenzym A

Abb. 23.24. **Biosynthese von Coenzym A aus Pantothensäure**

Somit übernimmt Pantothensäure nicht nur Funktionen im Metabolismus von Zellen, sondern ist auch an der Regulation von Wachstum und Differenzierung beteiligt.

23.3.7 Biotin

> Biotin wird ATP-abhängig carboxyliert und dient als Überträger von Carboxylgruppen durch Carboxylasen.

Chemische Struktur. Biotin ist formal eine Verbindung aus Harnstoff und einem mit Valeriansäure substituierten Thiophanring (Abb. 23.25).

Vorkommen. Besonders biotinreich sind Leber, Niere, Eigelb und Hefe.

Stoffwechsel. Biotin ist covalent in einer Säureamidbindung an die ε-Aminogruppe eines Lysylrests an Enzymproteine gebunden. Über die Nahrung gelangt es als Biotinen-

Biotin
Harnstoff
Thiophanring
Valeriansäure
H2O
H2N–Lys–
Apo-Carboxylase
Biotin
ATP, HCO3−
ADP, Pi
R–CH2–COO−
R–CH3
Holocarboxylase

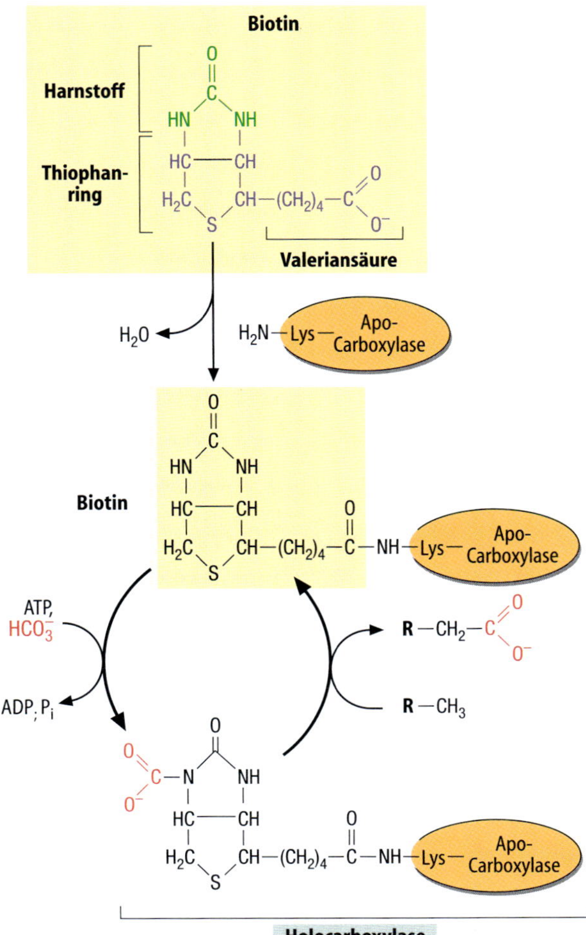

Abb. 23.25. **Biotin und seine Funktion als Coenzym bei Carboxylierungen**

Abb. 23.26. Der Biotin-Zyklus. (Einzelheiten ► Text)

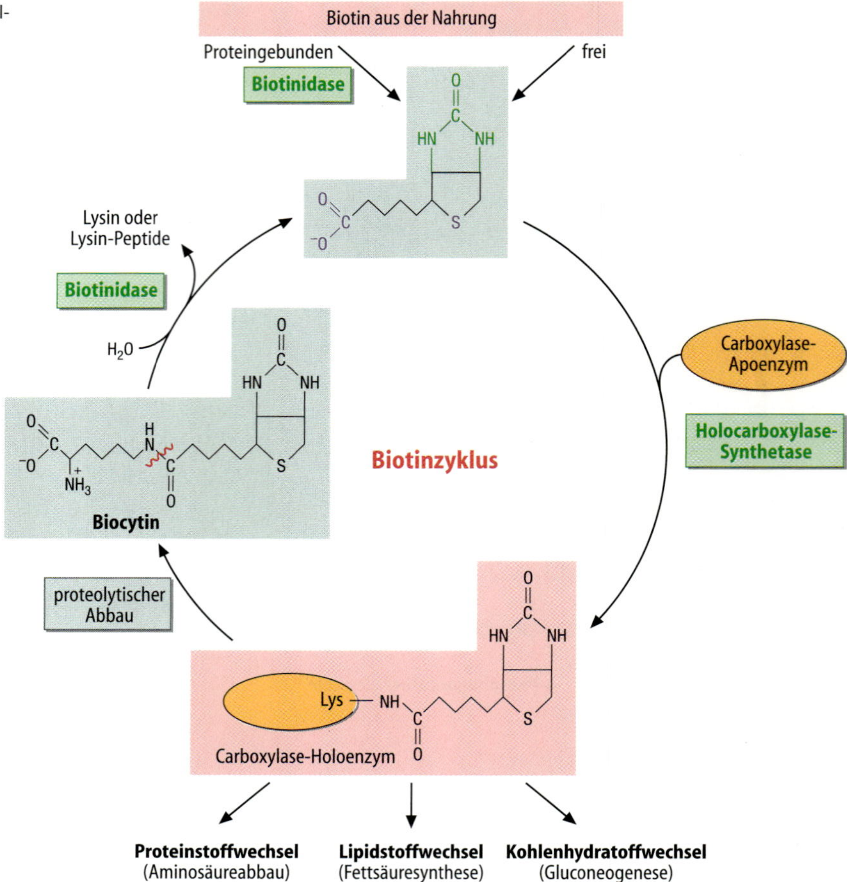

zym oder nach proteolytischem Abbau desselben als **Biocytin** (ε-N-Biotinyllysin) in den Gastrointestinaltrakt. Dort wird Biotin über die **Biotinidase** freigesetzt und wahrscheinlich über Natrium-abhängige Multivitamin Transporter (SMVT, *sodium dependent multivitamin transporter*) oder über ›*solute carrier*‹ (SLC) resorbiert. Intrazellulär wird Biotin an die entsprechenden Biotin-abhängigen Carboxylasen gebunden. Das hierfür zuständige Enzym ist die Holocarboxylase Synthetase. Durch proteolytischen Abbau entsteht wieder Biocytin, das von der intrazellulären Biotinidase gespalten wird (◘ Abb. 23.26).

Biochemische Funktion. Biotin ist das Coenzym für vier **Carboxylasen** des Menschen. Es bindet ATP-abhängig eine Carboxylgruppe in Form von HCO_3^- und überträgt diese auf die zu carboxylierenden Substrate (◘ Abb. 23.25).

Die vier Carboxylasen sind:

- Acetyl-CoA-Carboxylase (► Kap. 12.2.3)
- Pyruvatcarboxylase (► Kap. 11.3)
- Propionyl-CoA-Carboxylase (► Kap. 12.2.1) und
- Methylcrotonyl-CoA-Carboxylase

Davon besitzen beim Warmblüter die quantitativ größte Bedeutung die Acetyl-CoA-Carboxylase und die Pyruvatcarboxylase. Erstere ist die Startreaktion zur Fettsäurebiosynthese (► Kap. 12.2.3), letztere gehört zu den sog. **anaplerotischen Reaktionen** des Citratzyklus (► Kap. 14.4). In dieser Reaktion wird aus Pyruvat Oxalacetat gebildet, um ausreichende Mengen des Kondensationspartners von Acetyl-CoA zur Citratbildung zur Verfügung zu stellen. Über die Beziehungen der Pyruvatcarboxylasereaktion mit der Gluconeogenese (► Kap. 11.3). Die Propionyl-CoA-Carboxylase wird beim Abbau ungeradzahliger Fettsäuren und verzweigtkettiger Aminosäuren benötigt, die Methylcrotonyl-CoA-Carboxylase beim Leucinabbau.

Pathobiochemie. Hypovitaminose: Ein ernährungsbedingter Biotinmangel beim Menschen ist selten, da die Darmbakterien substantielle Mengen Biotin synthetisieren, die aber nicht bedarfsdeckend sind. Nur bei biotinarmer Ernährung mit medikamentöser Stilllegung der Darmflora, z. B. mit Antibiotika, kommt es zu einem Biotinmangel, dessen Symptome in Dermatitiden, Haarausfall, nervösen Störungen und EKG-Veränderungen bestehen. Ein ähnliches Krankheitsbild kann durch Aufnahme größerer Mengen von rohem Hühnereiweiß erzeugt werden. Dieses enthält das Glycoprotein **Avidin**, das Biotin mit hoher Affinität bindet und biotinkatalysierte Reaktionen hemmt.

Genetische Defekte der Holocarboxylase Synthetase oder der Biotinidase führen zu schwerem Biotinmangel (multipler juveniler Carboxylasemangel), der sich in Methylcrotonylglycinurie, Hautausschlägen, Haarausfall, Muskelschwäche, Entwicklungsrückstand, progressiven neurologischen Symptomen, schweren Azidosen und Krämpfen äußert und der ohne lebenslange Supplementierung mit sehr hohen Dosen Biotin zum Tod führt.

23.3.8 Folsäure

Folsäure ist das Coenzym für Ein-Kohlenstoffübertragungen.

Chemische Struktur. Folsäure (Pteroylpolyglutamat) ist aus einem **Pteridinkern, p-Aminobenzoesäure** und **L-Glutamat** aufgebaut (Abb. 23.27). In der Nahrung kommen unterschiedliche Formen vor, die sich lediglich in der Anzahl der Glutamylreste, die am Pteridin-p-Aminobenzoesäure-Komplex angeheftet sind, unterscheiden.

Vorkommen. Besonders reich an Folsäure sind dunkelgrünes Blattgemüse (lat. folium, das Blatt), Avocados, Bohnen, Spargel, Weizenkeimöl, Leber, Nieren und Hefe.

Stoffwechsel. Mikroorganismen bilden Pteroylmonoglutamat aus p-Aminobenzoesäure, Glutamat und dem Pteridinring (Abb. 23.27). Die antibakterielle Wirkung von Sulfonamiden beruht auf der kompetitiven Hemmung des Einbaus von p-Aminobenzoesäure. Damit kommt die Folsäurebiosynthese pathogener Mikroorganismen zum Erliegen.

Mit der Nahrung aufgenommene Folsäure wird über den SLC 19A1 in den Enterozyten resorbiert und im Plasma in Bindung an Folsäure-bindende Proteine transportiert. Die Aufnahme in die Zellen wird durch einen spezifischen Transporter vermittelt, dessen geringe Affinität für Folsäure durch Interaktion mit einem Folatrezeptor, welcher mit Hilfe eines Glycosylphosphatidylinositol (GPI)-Ankers in die Plasmamembran eingebaut ist, deutlich gesteigert wird.

Die biologisch aktive Form der Folsäure ist die **Tetrahydrofolsäure (THF)**, die durch Reduktion der Folsäure zu Dihydrofolsäure und anschließend zu Tetrahydrofolsäure mit Hilfe der NADPH/H^+-abhängigen Folatreduktase bzw. Dihydrofolatreduktase entsteht (Abb. 23.27).

Biochemische Funktion. Die Vitamine der Folsäuregruppe sind die Coenzyme für Übertragungen von **C1-Gruppen** (Methyl-, Formyl-, Formiat-, Hydroxymethylreste).

Träger der C1-Gruppen sind die **N-Atome** in Position5 bzw. 10 des Pteroylrests (Abb. 23.28). Durch Dehydrogenase- bzw. Isomerasereaktionen können die 1-Kohlenstoffreste ineinander überführt werden. Abbildung 23.28 gibt gleichzeitig darüber Aufschluss, aus welchen Quellen die 1-Kohlenstoffreste stammen und welche weiteren Reaktionsmöglichkeiten ihnen im Intermediärstoffwechsel zur Verfügung stehen.

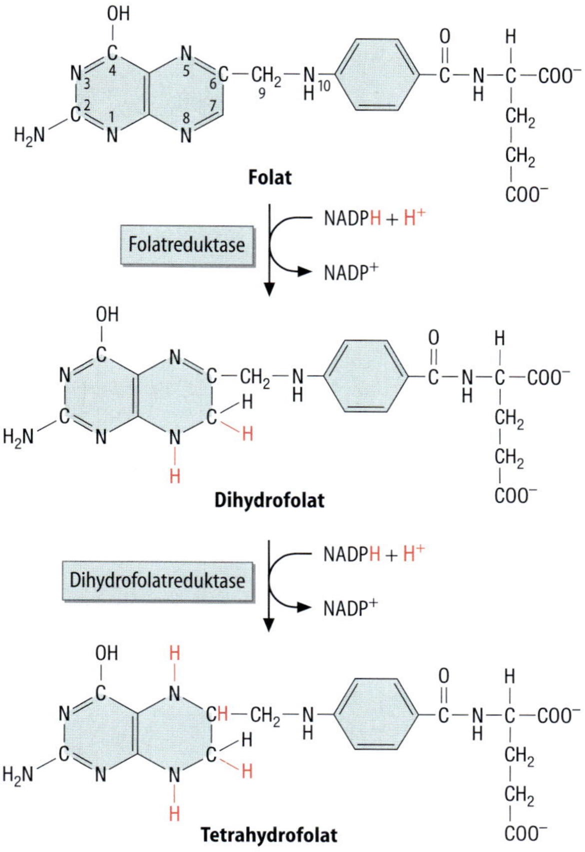

Abb. 23.27. **Die Bildung von Tetrahydrofolat aus Folat**

Herkunft der C1-Gruppen: Folsäure übernimmt und überträgt C1-Gruppen unterschiedlicher Oxidationsstufen. Die höchste Oxidationsstufe hat Formiat, das als N^5-Formyl-, N^{10}-Formyl-, N^5-Formimino- oder N^5, N^{10}-Methenyl-Rest an die Tetrahydrofolsäure gebunden ist. Die nächst niedrigere Oxidationsstufe ist die des Formaldehyd in der N^5, N^{10}-Methylen-THF, die niedrigste ist die Stufe des Methanol in der N^5-Methyl-THF. Formiat kann ATP-abhängig über die Formyl-THF-Synthetase direkt an Tetrahydrofolsäure angelagert werden. Da der Formiatspiegel in der Zelle gering ist, hat diese Reaktion unter physiologischen Bedingungen jedoch nur geringe Bedeutung. Wichtiger ist die Bildung von N^5, N^{10}-Methylen-THF durch Übertragung des β-Kohlenstoffs des Serins als Hydroxymethylgruppe (▶ Kap. 13.5.4, 13.6.2). Sehr wahrscheinlich erfolgt zunächst eine Anlagerung der Hydroxymethylgruppe an N^5 gefolgt von einer intramolekularen Wasserabspaltung, sodass die reaktionsfreudige N^5, N^{10}-Methylenkonfiguration entsteht. In ähnlicher Weise werden die Methylgruppen von Methionin, Cholin und Thymin nach Oxidation zur Hydroxymethylgruppe in die Tetrahydrofolsäure eingebaut. Die beim Histidinabbau entstehende Formiminogruppe von Formiminoglutamat wird als N^5-Formimino-THF eingebaut,

23

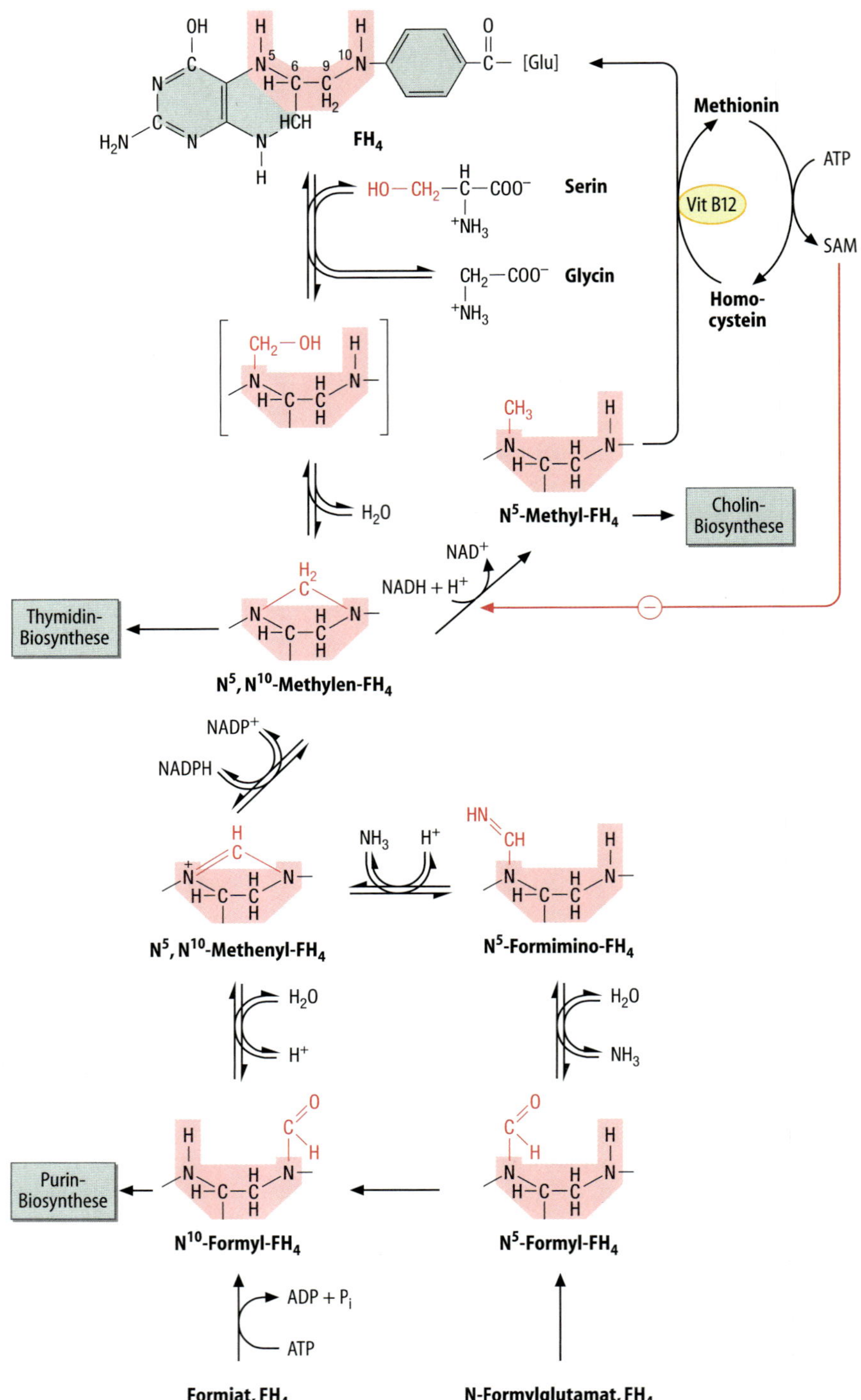

Abb. 23.28. Funktion der Tetrahydrofolsäure als Coenzym bei Übertragungen von 1-Kohlenstoffresten. (Einzelheiten ▶ Text)

zum N^5-Formyl-THF desaminiert und danach in N^5, N^{10}-Methylen-THF umgewandelt.

Schicksal der 1-Kohlenstoffreste: N^{10}-Formyl-THF ist Kohlenstofflieferant für die C-Atome 2 und 8 des Purinkerns (▶ Kap. 19.1.1). Außerdem stellt es die Formylgruppe der N-Formylmethionin-tRNA, die bei Prokaryonten die Biosynthese von Proteinen startet. N^5, N^{10}-Methylen-THF liefert den Kohlenstoff für die Methylgruppen von Thymin und Hydroxymethylcytosin, sowie den β-Kohlenstoff des Serins bei der Umwandlung von Glycin in Serin (▶ Kap. 13.6.2). In einer NAD^+-abhängigen Reaktion wird N^5, N^{10}-Methylen-THF irreversibel durch die N^5,N^{10}-Methylen-THF-Reduktase zu N^5-Methyl-THF reduziert. Die Methylgruppe von N^5-Methyl-THF wird für die Cholinbiosynthese benötigt und bei der Methioninbiosynthese auf Homocystein übertragen (▶ Kap. 13.6.2). Letztere Reaktion ist Vitamin B12 abhängig. Methionin wird in S-Adenosylmethionin (SAM) eingebaut, als welches es wie THF als Methylgruppendonor fungiert. SAM hemmt die N^5,N^{10}-Methylen-THF-Reduktase. Bei Vitamin B12 Mangel kann N^5-Methyl-THF nicht zu THF demethyliert werden. Gleichzeitig wird wenig SAM gebildet, sodass eine Hemmung der N^5,N^{10}-Methylen-THF-Reduktase unterbleibt. Es kommt zu ungehinderter Synthese von N^5-Methyl-THF, das nicht weiter verstoffwechselt werden kann. So kann es trotz Folsäurezufuhr bei Vitamin B12-Mangel zu einem funktionellen Folsäuremangel kommen. Das Phänomen der Anhäufung von N^5-Methyl-THF nennt man auch ›Methylfalle‹.

Pathobiochemie. Hypovitaminose: Die Essentialität der Folsäure für die Biosynthese von Purinen und Pyrimidinen wird besonders beim **Wachstum** und bei der **Zellteilung** deutlich. Da die blutbildenden Zellen des Knochenmarks eine besonders hohe Teilungsrate haben, sind Störungen des Blutbilds ein frühes Zeichen des Folsäuremangels. Bei länger dauerndem Mangel kommt es zu einer generellen Störung des Zellstoffwechsels. Es ist nicht nur die Nucleinsäuresynthese, sondern auch der Phospholipidstoffwechsel (Cholinbiosynthese) und der Aminosäurestoffwechsel beeinträchtigt. Beim Menschen tritt ein im Blutbild nachweisbarer Folsäuremangel (megaloblastäre Anämie) dann auf, wenn über 6 Monate weniger als 5 µg Folsäure/Tag zugeführt werden. Eine gleichartige Symptomatik zeigt sich auch beim Cobalaminmangel (▶ Kap. 23.3.9), die jedoch nur durch Gaben von Cobalamin und nicht durch Folsäure behoben werden kann. Deswegen sollte bei megaloblastären Anämien grundsätzlich der Folsäure- **und** der Cobalaminspiegel des Serums gemessen werden. Eine Behandlung dieser Anämien nur durch Folsäure würde die durch gleichzeitigen B12-Mangel verursachten neurologischen Schäden irreversibel machen (▶ Kap. 23.3.9). Im **Histidinbelastungstest** kann eine gesteigerte Ausscheidung von Formiminoglutaminsäure im Urin als Folge eines Folsäuremangels nachgewiesen werden (▶ o.) (◘ Tabelle 23.3).

Medikamentös kann Folsäuremangel durch **Folsäureantagonisten** hervorgerufen werden. Durch Substitution der Hydroxylgruppe an Position 4 des Pteridinkerns der Folsäure durch eine Aminogruppe entsteht die 4-Aminofolsäure, das **Aminopterin**. Wird gleichzeitig an Stellung 10 methyliert, kommt man zum **Amethopterin** (◘ Abb. 19.12). Beide Verbindungen wirken als Antivitamine, da sie durch Hemmung der **Dihydrofolatreduktase** die Bildung von Tetrahydrofolat aus Folsäure blockieren.

Durch beide Folsäureantagonisten kommt es zu einer Konzentrationsabnahme besonders von N^5,N^{10}-Methylen-THF. Dadurch werden die Biosynthesen von Purin- und Pyrimidinnucleotiden schwer beeinträchtigt (▶ Kap. 19.1.1, 11.1.3).

Amethopterin (Methotrexat) ist ein besonders effektiver Hemmstoff der Dihydrofolatreduktase. Deshalb wird Amethopterin als Cytostaticum bei diversen Karzinomen und Sarkomen verwendet.

Täglicher Bedarf. Der Folsäuremangel ist der am weitesten verbreitete Vitaminmangel in Nordamerika und Europa. Besonders Frauen mit Kinderwunsch sollten auf ihren Folsäurestatus achten, da ein Mangel Neuralrohrdefekte bei Neugeborenen zur Folge hat. Häufig kann der Bedarf nicht durch die Nahrung gedeckt werden.

Folsäuremangel tritt außerdem bei Alkoholismus, hämolytischer Anämie, tropischer und nichttropischer Sprue sowie bei malignen Erkrankungen auf. Der tägliche Bedarf wird mit 400 µg Folsäure angegeben, während der Schwangerschaft sollten es 600 µg/Tag sein.

23.3.9 Vitamin B12

Vitamin B12 (Cobalamin) wird für intramolekulare Umlagerung von Alkylresten sowie für die Methylierung von Homocystein benötigt.

Chemische Struktur. Der innere Teil des Cobalamin-(Vitamin-B_{12}-) Moleküls (◘ Abb. 23.29) besteht aus vier reduzierten und voll substituierten Pyrrolringen, die um ein zentrales Kobaltion gelagert sind, das koordinativ an die Stickstoffatome der Pyrrolringe gebunden ist (Corrin-Ringsystem). Cobalamin ist der einzige Naturstoff, in dem Kobalt (Name!) bisher nachgewiesen wurde. Im Gegensatz zu den ähnlich aufgebauten Porphyrinen (▶ Kap. 22.1.2) sind zwei der Pyrrolringe (I und IV) direkt und nicht durch einen Methinkohlenstoff verbunden.

Cobalamin enthält weiterhin ein 5,6-Dimethylbenzimidazol-Ribonucleotid, das über Aminoisopropanol an eine eine Seitenkette des Rings IV gebunden ist. Von dort bildet es eine Brücke zur 5. Koordinationsstelle des Kobaltions. Die 6. Koordinationsstelle kann mit verschiedenen Resten (R) substituiert sein (◘ Abb. 23.29). Im 5-Desoxyadenosylcobalmin ist der 5-Desoxyadenosylrest (Ado) covalent über das C5-Atom der Desoxyribose an das Kobalt gebunden. Dies ist eine der nur 2 bekannten Kohlenstoff-Metallbindung in der Biologie.

Vorkommen. Die besten Quellen für die Versorgung des Menschen mit Cobalamin sind tierische Lebensmittel. Nur Mikroorganismen, zu denen auch die Bakterien der Darmflora gehören, können dieses Vitamin synthetisieren.

Eine besonders hohe Vitamin B12-Konzentration findet sich im Pansen von Wiederkäuern, was wahrscheinlich auf den dort vorhandenen Bakterienreichtum zurückzuführen ist. Auch die Leber von Wiederkäuern ist wesentlich reicher an Cobalamin als die von Nichtwiederkäuern.

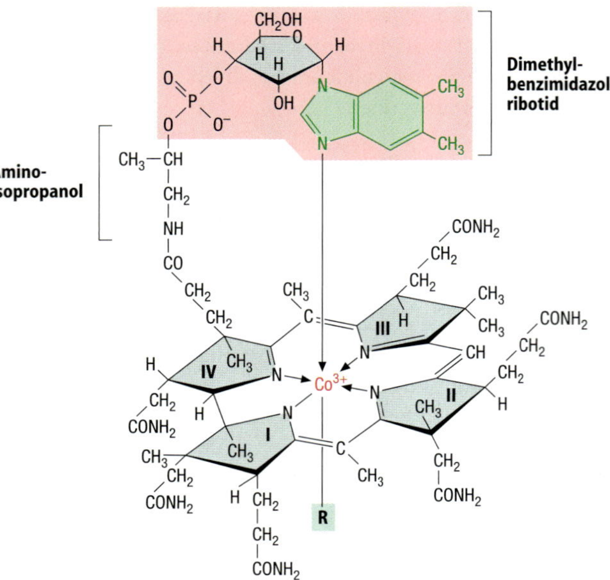

Rest R	Name des Derivates
NH_2 N N CH CH_2 N N O H H H H OH OH	**5'-Desoxyadenosylcobalamin** (kovalente Bindung zum Kobalt)
CH_3	**Methylcobalamin** (kovalente Bindung zum Kobalt)
CN	**Cyanocobalamin** (kovalente Bindung zum Kobalt) entsteht bei der Aufarbeitung

Abb. 23.29. Struktur von Cobalamin (Vitamin B_{12})

Stoffwechsel. In der Nahrung liegt Cobalamin in proteingebundener Form vor. Durch proteolytische Prozesse im Magen und vor allem im Duodenum wird es freigesetzt und bindet an ein von den Belegzellen der Magenschleimhaut gebildetes, speziesspezifisches Glycoprotein mit einem Molekulargewicht von etwa 50 kD, das als *intrinsic factor (IF)* bezeichnet wird. Das Protein weist einen hohen Neuraminsäuregehalt auf, der es vor dem Abbau durch Pankreasenzyme schützt. Im Gegensatz zu den übrigen Nahrungsbestandteilen erfolgt die Resorption des Cobalamins im unteren Ileum. Die dort lokalisierten Enterozyten enthalten einen spezifischen Rezeptor der den Cobalamin-*intrinsic-factor*-Komplex bindet, was dessen Endozytose auslöst. In Lysosomen erfolgt die Trennung vom Rezeptor sowie der proteolytische Abbau des *intrinsic factors*. Freies Cobalamin wird an ein zweites Transportprotein gebunden, das **Transcobalamin II**, welches für den Transport von Cobalamin im Blutplasma verantwortlich ist. Die Aufnahme von Transcobalamin II-gebundenem Cobalamin in periphere Zellen geschieht über einen weiteren spezifischen Rezeptor ebenfalls durch Endozytose des Komplexes. Transcobalamin II wird lysosomal abgebaut. Das freigesetzte Cobalamin wird im Cytosol in Methylcobalamin oder in den Mitochondrien in 5'-Desoxyadenosylcobalamin umgewandelt.

Biochemische Funktion. In Abhängigkeit vom Rest R (Abb. 23.29) unterscheidet man zwei Coenzymformen des Cobalamins,

- das 5'-Desoxyadenosylcobalamin und
- das Methylcobalamin

Die Biosynthese des 5'-Desoxyadenosylcobalamins erfolgt in einer zweistufigen Reaktion: Zuerst wird Kobalt FAD- und NAD^+-abhängig in die 1-wertige Form reduziert, danach die aus ATP stammende 5'-Desoxyadenosylgruppe gebunden, wobei die drei Phosphatgruppen des ATP in Form von anorganischem Trimetaphosphat freigesetzt werden.

Eine katalytische Funktion des 5'-Desoxyadenosylcobalamins ist die intramolekulare **Umlagerung von Alkylresten** wie z. B. die Isomerisierung von Methylmalonyl-CoA zu Succinyl-CoA beim Abbau ungeradzahliger Fettsäuren (► Kap. 12.2.1). Diese Reaktion erfolgt über einen Mechanismus, der die Bildung freier Radikale einschließt (Abb. 23.30). Die Reaktion beginnt mit einer homolytischen Spaltung des 5'-Desoxyadenosylrests vom Co^{3+}. Es entsteht Co^{2+} und ein 5'-Desoxyadenosyl-Radikal (Ado-Radikal). Dieses abstrahiert ein H-Atom von der Methylgruppe des Methylmalonyl CoA. Das entstehende Radikal greift das C-Atom der Thioestergruppe an, es entsteht ein indermediäres Radikal am Sauerstoff der Thioestergruppe. Die Bindung zwischen dem α- und β-C-Atom des Malonylteils löst sich, es entsteht das Succinyl-Gerüst. Danach wird wieder das Ado-Radikal gebildet, das mit dem Co^{2+} reagiert, das Co^{3+}-Ado ist regeneriert. Die Rolle des 5'-Desoxyadenosylrests ist somit die eines Generators, eines Radikals in der Mutase-Reaktion. Bei Cobalaminmangel wird Methylmalonyl-CoA zu Methylmalonsäure hydrolysiert und mit dem Urin ausgeschieden. Die Ausscheidung dieser Säure ist deshalb ein empfindlicher Indikator eines Cobalaminmangels (Tabelle 23.3). Methylcobalamin ist an der folatabhängigen **Remethylierung** von Homocystein zu Methionin (Verknüpfung von Folat- und Cobalaminstoffwechsel!, ► Kap. 23.3.8, 13.6.2), beteiligt.

Pathobiochemie. Länger dauernder Cobalaminmangel führt zu **perniziöser** oder **megaloblastärer Anämie** (► Kap. 23.3.8). Der Mangelzustand wird dabei seltener durch einseitige Ernährung (wobei Veganer eher betroffen sind als Vegetarier) ausgelöst. Seine häufigsten Ursachen sind eine verminderte Resorption bei Erkrankungen der Dünndarmmukosa (z. B. Sprue, ► Kap. 33.2.7) oder eine fehlende

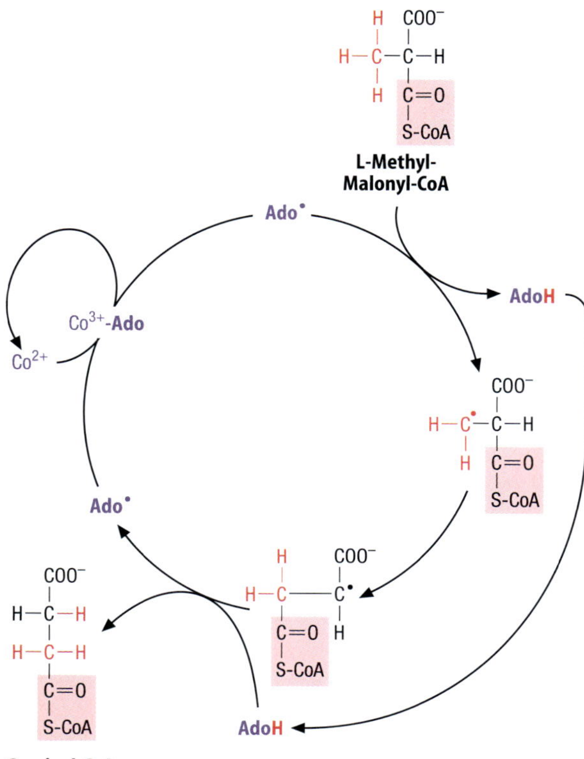

Abb. 23.30. Postulierter Radikalischer Mechanismus der Vitamin B12-katalysierten Methylmalonyl-CoA-Isomerisierung in der Methylmalonyl-CoA-Mutase-Reaktion. Co^{3+}-Ado = 5′-Desoxyadenosyl-Cobalamin; Ado = 5′Desoxyadenosylrest; Co^{2+} = Cobalamin mit zweiwertigem Kobaltion (Einzelheiten ► Text)

oder mangelhafte Sekretion des für die Resorption unerlässlichen *intrinsic factor*. Diese kommt bei Erkrankungen der Magenschleimhaut, nach Gastrektomie sowie im Gefolge spezifischer Autoimmunerkrankungen vor.

Darüber hinaus sind eine Reihe hereditärer Störungen des Cobalamin-Transports und intrazellulären Stoffwechsels beschrieben worden, die ebenfalls zur Symptomatik der perniziösen Anämie führen. Die Störungen können dabei in allen Schritten des Cobalamin-Stoffwechsels lokalisiert sein, beginnend mit einem Defekt der Bildung von *intrinsic factor* oder *intrinsic factor*-Rezeptoren, von Transcobalamin II-Rezeptoren, Störungen der intrazellulären Prozessierung der aufgenommenen Cobalamin-Transportprotein-Komplexe bis zur Methylierung oder Adenosylierung von Cobalamin.

Da die Leber beträchtliche Mengen an Cobalamin speichern kann, vergehen meist Jahre bis zur Manifestation des Krankheitsbildes. Hauptsymptome sind Störungen der Erythropoiese sowie eine Leuko- und Thrombozytopenie. In vielen Fällen treten **neurologische** Störungen des peripheren und zentralen Nervensystems vor den hämatologischen Veränderungen auf. Es kommt zu funiculärer Myelose, einer herdförmigen Entmarkung der Hinterstrang- und Pyramidenbahnen mit ataktisch spastischen Störungen und zu ähnlichen Polyneuropathien an peripheren Nerven. Diese Störungen sind eine Folge der durch den Vitaminmangel ausgelösten Verminderung der Cholin- und damit Phospholipidsynthese sowie der Nucleinsäurebiosynthese.

23.4 Vitaminähnliche Substanzen

Außer den eigentlichen Vitaminen gibt es noch einige vitaminähnliche Wirkstoffe, über deren Vitamincharakter, d. h. Biosyntheseweg bzw. Fähigkeit der menschlichen Zelle zur Biosynthese des betreffenden Stoffes, noch keine Klarheit existiert. Dazu zählt man Inositol, Cholin, Carnitin, Ubichinone, Flavonoide und die Liponsäure.

In Kürze

Mit Ausnahme von Ascorbinsäure und Thiamin werden alle wasserlöslichen Vitamine nach Überführung in die jeweils biologisch aktive Form als Gruppen-übertragende Coenzyme verwendet. Übertragene Gruppen sind
- Wasserstoff (Niacin und Riboflavin)
- CO_2 (Biotin)
- Acyl-Reste (Pantothensäure) und
- C1-Gruppen (Folsäure, Vitamin B_{12})

Thiamin ist als Coenzym der oxidativen Decarboxylierung von α-Ketosäuren beteiligt. Ascorbinsäure ist ein effizientes Reduktionsmittel und hält Eisen- bzw. Kupferionen in Enzymen in der für die Katalyse notwendigen reduzierten Form.

Literatur

Übersichtsarbeiten und Originalarbeiten

Aranda A, Pascual A (2001) Nuclear hormone receptors and gene expression. Physiol Rev 81:1269–1304

Baumgartner ER, Suormala T (1999) Inherited defects of biotin metabolism. Biofactors 10:287–290

Berkner KL (2000) The Vitamin K-Dependent Carboxylase. J Nutr 130:1877–1880

Brigelius-Flohé R, Kelly FJ, Salonen J, Neuzil J, Zingg JM, Azzi A (2002) The European perspective on vitamin E: current knowledge and future research. Am J Clin Nutr 76:703–716

DeLuca HF (2004) Overview of general physiological features and functions of vitamin D. Am J Clin Nutr 80:1689S–1696S

Deutsche Gesellschaft für Ernährung (2000) Referenzwerte für die Nährstoffzufuhr. Umschau/Braus, Frankfurt am Main

Duarte TL, Lunec JL (2005) When is an antioxidant not an antioxidant? A review on novel actions and reactions of vitamin C. Free Radic Res 39:671–686

Duester G (2000) Families of retinoid dehydrogenases regulating vitamin A function. Production of visual pigment and retinoic acid. Eur J Biochem 267:4315–4324

Hausinger RP (2004) Fe(II)/α-Ketoglutarate-Dependent Hydroxylases and Related Enzymes. Crit Rev Biochem Mol Biol 39:21–68

von Lintig J, Vogt K (2004) Vitamin A formation in animals: molecular identification and functional characterization of carotene cleaving enzymes. J Nutr 134:251S–156S

Padh H (1990) Cellular functions of ascorbic acid. Biochem Cell Biol 68:1166–1173

Ridge KD, Abdulaev NG, Sousa M, Palczewski K (2003) Phototransduction: crystal clear. Trends Biochem Sci 28:479–87

Said HM (2004) Recent Advances in Carrier-Mediated Intestinal Absorption of Water-Soluble Vitamins. Annu Rev Physiol 66:419–46

Stocker R, Keaney JF Jr. (2004) Role of oxidative modifications in atherosclerosis. Physiol Rev 84:1381–1478

Ziegler M (2000) New functions of a long-known molecule. Emerging roles of NAD in cellular signaling. Eur J Biochem 267:1550–1564

Zile MH (2001) Function of Vitamin A in Vertebrate Embryonic Development. J Nutr 131:705–708

Links im Netz

▶ www.lehrbuch-medizin.de/biochemie

VI Stoffwechsel des Organismus: spezifische Gewebe

24 Binde- und Stützgewebe

Rainer Deutzmann, Leena Bruckner-Tuderman, Peter Bruckner

24.1 Zusammensetzung der extrazellulären Matrix (ECM) – 716

24.2 Kollagene – 716
24.2.1 Fibrilläre Kollagene – 716
24.2.2 Nichtfibrilläre Kollagene – 722
24.2.3 Angeborene Erkrankungen des Kollagen-Stoffwechsels – 723

24.3 Elastische Fasern – 724

24.4 Proteoglykane – 727
24.4.1 Aggrecan – 728
24.4.2 Kleine leucinreiche Proteoglykane – 728
24.4.3 Membrangebundene Proteoglykane – 729

24.5 Nichtkollagene, zelladhäsive Glycoproteine – 730
24.5.1 Fibronectin – 731
24.5.2 Laminine – 732
24.5.3 Integrine – 733

24.6 Abbau der extrazellulären Matrix – 736

24.7 Biochemie und Pathobiochemie des Skelettsystems – 737
24.7.1 Die extrazelluläre Matrix von Knorpel und Knochen – 737
24.7.2 Synthese von Knochen und Knorpel durch Chondrozyten und Osteoblasten – 738
24.7.3 Differenzierung von Osteoklasten und Abbau und Umbau von Knochen und Knorpel – 742
24.7.4 Regulation des Knochenwachstums bis zur Pubertät – 744
24.7.5 Homöostase des Skelettsystems – 744
24.7.6 Osteoporose und Regulation des Knochenumbaus durch Cytokine und Steroidhormone – 745
24.7.7 Knochenerkrankungen – 746

24.8 Biochemie der Haut – 747
24.8.1 Aufbau und Funktionen der Haut – 747
24.8.2 Die Epidermis – 748
24.8.3 Die dermo-epidermale Junktionszone – 749
24.8.4 Die Dermis – 749
24.8.5 Pathobiochemie der Haut – 751

Literatur – 754

 **Einleitung**

Das Bindegewebe durchzieht den gesamten Organismus. Um den vielfältigen Aufgaben als Gerüst- und Stützsubstanz gerecht zu werden, kommt es in den unterschiedlichsten Ausprägungen vor. Dazu gehören feste Strukturen wie Knorpel, Sehnen und Bänder, aber auch das aus locker gepackten fibrillären Strukturen bestehende interstitielle Bindegewebe, das den Extrazellulärraum ausfüllt und Organe umgibt. Das Bindegewebe ist aber weit mehr als nur das strukturgebende Element des Körpers. Eine Vielzahl von extrazellulären Matrix-Molekülen binden über spezifische Rezeptoren an Zellen und beeinflussen Wachstum, Differenzierung und Funktion fast aller Zellen des Körpers. Eindrucksvoll konnte dies an Mäusen gezeigt werden, bei denen Rezeptoren oder deren extrazelluläre Liganden inaktiviert waren. Im Extremfall kam es nicht einmal zur Ausbildung des zweiblättrigen Keimblatts.

Aufgrund des komplexen Aufbaus und der ubiquitären Verteilung ist das Bindegewebe an zahlreichen Krankheiten beteiligt. Dazu gehören angeborene Störungen, die auf Defekten in Genen für Strukturproteine oder Zelladhäsionsmoleküle beruhen. Darüber hinaus spielt das Bindegewebe eine entscheidende Rolle bei vielen atrophisierenden und fibrosierenden Prozessen. Pathologische Veränderungen treten bei entzündlichen Reaktionen wie den rheumatischen Erkrankungen auf. Auch die Metastasierung von Tumoren wird vom Bindegewebe beeinflusst.

24.1 Zusammensetzung der extrazellulären Matrix (ECM)

Die verschiedenen Formen des Bindegewebes leiten sich vom embryonalen Bindegewebe, dem Mesenchym ab. Die Bindegewebszellen im engeren Sinne sind die **Fibroblasten/ Fibrozyten**. Abkömmlinge sind die **Chondroblasten/ Chondrozyten** des Knorpels und die **Osteoblasten/Osteozyten** des Knochens. Diese Zelltypen synthetisieren den größten Teil der extrazellulären Matrix, jedoch produzieren auch Epithel- und Endothelzellen sowie glatte Muskelzellen eine Reihe von extrazellulären Matrix-Molekülen, insbesondere die meisten Bestandteile der Basalmembran. Die von den verschiedenen Zelltypen sezernierten Proteine können in vier Gruppen eingeteilt werden:

- **Kollagene**. Sie stellen quantitativ die bedeutendsten Proteine des Organismus dar und sind die strukturgebenden Proteine von Haut, Sehnen, Bändern sowie der organischen Grundsubstanz von Hartgeweben und der Basalmembranen
- **Elastin.** Dieses Protein verleiht Strukturen elastische Eigenschaften, z.B. in der Aortenwand
- **Proteoglykane.** Diese Proteinklasse ist wesentlich durch ihren Kohlenhydratanteil definiert. Durch Anheften von sauren repetitiven Disaccharid-Einheiten (▶ Kap. 2.1.4) stellen sie Polyanionen dar und sind sowohl für die Schaffung von elastischen wassergefüllten Kompartimenten (z.B. Knorpel) notwendig als auch für die Regulation der Kollagenfibrillen-Bildung. Proteoglykane sind als Zelloberflächen-assoziierte Co-Rezeptoren essentiell (z.B. Kooperation von Syndecanen mit Integrinen, Beteiligung verschiedener Heparansulfatproteoglykane an Bindung/Rezeptor-Präsentation von Wnt und Hedgehog, FGF-α TGFβ-Proteinen)
- **nichtkollagene Glycoproteine**. Die Gruppe der nichtkollagenen Glycoproteine umfasst eine Vielzahl von Molekülen, die für die Zellfunktion essentiell sind. Die bekanntesten Moleküle dieser Gruppe sind die Laminine und das Fibronectin

24.2 Kollagene

 Kollagene sind Moleküle, die aus Polypeptidketten mit vielfach wiederholten Gly-X-Y-Sequenzmotiven bestehen, die sich zu tripelhelicalen Strukturen zusammenlagern. Durch Kombination von tripelhelicalen und globulären Domänen entsteht eine Vielzahl von Proteinen mit unterschiedlichen Eigenschaften.

Das gemeinsame Strukturmerkmal aller Kollagene sind starre stabförmige Abschnitte, die eine **tripelhelicale Konformation** (▶ Kap. 3.3.2) besitzen. Diese Konformation ist durch monoton wiederholte Triplet Sequenzen aus Gly-X-Y bedingt, wobei X und Y häufig Prolin und Hydroxyprolin sind. Ferner tritt in Y-Position bisweilen das für Quervernetzungen wichtige Hydroxylysin auf (▶ u.).

Zur Zeit sind wenigstens 40 verschiedene Kollagenketten sequenziert, die zu 27 distinkten trimeren Kollagenmolekülen assemblieren können. Dabei unterscheiden sich die einzelnen Kollagentypen strukturell in der Länge der tripelhelicalen Abschnitte, kurzen Unterbrechungen in der Tripelhelix und/oder in der Existenz zusätzlicher globulärer Domänen. Durch die Kombination dieser Module und Merkmale erhalten die Kollagene ihre spezifischen biologischen Eigenschaften. Einige Vertreter der Familie sind in ◘ Tab. 24.1 aufgelistet.

24.2.1 Fibrilläre Kollagene

 Die fibrillären Kollagene sind die Hauptkollagene des Bindegewebes von Haut, Knochen, Knorpel, Sehnen und Bändern und besitzen charakteristische Faserstrukturen.

Tabelle 24.1. Kollagen-Typen (Auswahl) und repräsentative Expressionsorte

Typ	typische Molekül-Zusammensetzung	typisches Vorkommen	charakteristische Merkmale
Fibrillen-bildende Kollagene			
I	$[\alpha 1(I)]_2\,\alpha 2(I)$	Haut, Knochen, Sehnen, Bänder	häufigstes Kollagen, bildet besonders zugfeste Fibrillen
II	$[\alpha 1(II)]_3$	Knorpel, Glaskörper	häufigstes Knorpelkollagen
III	$[\alpha 1(III)]_3$	dehnbare Gewebe wie Haut, Gefäße	Vorkommen zumeist zusammen mit Typ-I-Kollagen
V	$[\alpha 1(V)]_2\alpha 3(V)$	Haut, Cornea,	Nebenkomponente, zusammen mit Typ-I-Kollagen exprimiert
XI	$\alpha 1(XI)\alpha 2(XI)\alpha 2(XI)$, $[\alpha 1(XI)]_2\alpha 2(V)$	Knorpel, Glaskörper	Nebenkomponente, zusammen mit Typ-II-Kollagen exprimiert
Basalmembrankollagene			
IV	$[\alpha 1(IV)]_2\alpha 2(IV)$	fast alle Basalmembranen	flächiges Netzwerk, Hauptstrukturprotein der Basalmembran
	$\alpha 3(IV)\alpha 4(IV)\alpha 5(IV)$	Nierenglomeruli	
	$[\alpha 5(IV)]_2\alpha 6(IV)$ + $[\alpha 1(IV)]_2\alpha 2(IV)$	Bowmannsche Kapsel	
Multiplexine, Basalmembran-assoziierte Kollagene			
XV	$[\alpha 1(XV)]_3$	vor allem vaskuläre und epitheliale Basalmembranen	C-terminales Fragment hemmt Angiogenese
XVIII	$[\alpha 1(XVIII)]_3$		C-terminales Fragment (=Endostatin) hemmt Angiogenese, Mutationen führen zur Erblindung
Fibrillen-assoziierte(FACIT) Kollagene			
IX	$\alpha 1(IX)\alpha 2(IX)\alpha 3(IX)$	mit Typ II-Kollagen assoziiert	knock-out-Mäuse entwickeln Arthrose
XII	$[\alpha 1(XII)]_3$	hauptsächlich mit Typ I-Kollagen assoziiert	Bindung an ECM-Moleküle (Proteogykane), Regulation der Fibrillenbildung / Modifikation der Interaktion zwischen Fibrillen (?)
XIV	$[\alpha 1(XIV)]_3$		
Netzwerk-bildende Kollagene			
VIII	$[\alpha 1(VIII)_2]\,\alpha 2(VIII)$	Endothel, Descemet Membran (Auge)	Bildung hexagonaler Netzwerke
X	$[\alpha 1(X)]_3$	hypertrophierender Knorpel	
Transmembrankollagene			
XIII	$[\alpha 1(XIII)]_3$	breite Gewebsverteilung	Zell-Zell- und Zell-Matrix-Verankerung
XVII	$[\alpha 1(XVII)]_3$	Hemidesmosomen der Haut	Adhäsion von Keratinozyten an die Basalmembran, Mutationen führen zur Epidermolysis bullosa junctionalis
Sonstige			
VI	$\alpha 1(VI)\alpha 2(VI)\alpha 3(VI)$	ubiquitär	bildet Mikrofibrillen
VII	$[\alpha 1(VII)]_3$	Anker-Fibrillen	exprimiert an der Dermis-Epidermis-Grenze, Verankerung der Basalmembran im interstitiellen Bindegewebe

Die wichtigsten fibrillären Kollagene sind die in Tab. 24.1 aufgelisteten »klassischen« Typen I, II, III, V, und XI. Die Aufgabe der fibrillären Kollagene ist die Bildung von festen Fasern, die Druck- oder Zugbelastungen aushalten. Im Elektronenmikroskop lassen sie einen Aufbau aus quer gestreift erscheinenden **Fibrillen** mit einer **Periodizität von 67 nm** erkennen (Abb. 24.1, Abb. 24.4), jedoch sind Anordnung und Dicke in verschiedenen Geweben recht unterschiedlich (Abb. 24.1). Die dreidimensionalen Strukturen sind den Anforderungen entsprechend optimiert. In Sehnen z.B., die überwiegend Typ-I-Kollagen enthalten, sind alle Fibrillen parallel angeordnet, sodass sie maximale Stabilität in Richtung einer Zugbelastung besitzen, während sie in der Haut (vor allem Typ-I- und Typ-III-Kollagen) kreuz und quer liegen, um eine Dehnung in alle Richtungen zu ermöglichen. Knorpel hingegen besitzt dünnere Fasern (überwiegend Typ-II-Kollagen), die ein dreidimensionales auf Druckbelastung ausgelegtes Netzwerk ausbilden. Diese morphologischen Befunde beruhen auf unterschiedlichen Eigenschaften der Polypetidketten und Zusammenwirken mit Fibrillendicke-regulierenden Proteinen.

Die Polypeptidketten der fibrillären Kollagene besitzen homologe Aminosäuresequenzen und nahezu identische Domänen-Strukturen (Abb. 24.2). Das charakteristische Strukturmerkmal ist eine große zentrale Domäne. Sie be-

24

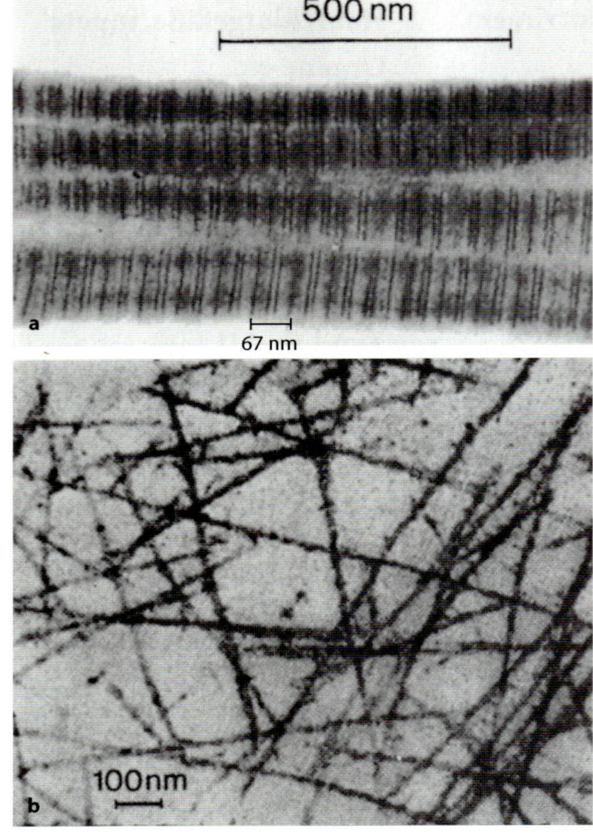

Abb. 24.1a,b. Transmissionselektronenmikroskopische Aufnahmen. **a** Kollagen-Mikrofibrillen aus Rattenschwanzsehnen. **b** Epiphysenknorpel des Hühnerembryos

steht aus einer **tripelhelicalen Domäne** von 340 Gly-X-Y-*repeats* in ununterbrochener Reihenfolge, welche von zwei etwa 20 Aminosäuren langen nichttripelhelicalen **Telopeptiden** flankiert ist. Diese Telopeptide sind für die Ausbildung von Quervernetzungen essentiell. Neu synthetisierte Kollagenmoleküle enthalten noch zusätzliche Domänen an den Enden, das **N-Propetid** bzw. **C-Propeptid**, die je nach Kollagentyp im reifen Molekül jedoch nicht mehr oder nur noch teilweise vorhanden sind. Zusätzlich besitzen die Ketten noch eine Prä-Sequenz zur Translokation ins endoplasmatische Retikulum.

Biosynthese der fibrillären Kollagene am Beispiel von Typ-I-Kollagen

> In der Zelle wird Prokollagen gebildet, das charakteristische Hydroxylierungen von Prolinen und Lysin aufweist.

Intrazelluläre Biosyntheseschritte. Die Kollagenketten werden am rauen endoplasmatischen Retikulum (RER) gebildet. Die Synthese erfolgt in das Lumen des RER, wobei die Signalsequenz (Präsequenz) abgespalten wird. Etwa 50% der Proline und einige Prozent der Lysine werden in der Y-Position des Gly-X-Y-Triplets **hydroxyliert** (Abb. 24.3a). Untersuchungen haben gezeigt, dass tripelhelicale Abschnitte keine Substrate der Prolyl-Hydroxylase oder Lysyl-Hydroxylase darstellen, sodass diese Modifikationen vor der Faltung zum Prokollagen abgeschlossen sein müssen. Die beiden Propeptide bilden im ER intramolekulare Disulfidbrücken, das C-Propeptid wird zusätzlich noch mit N-glycosidisch gebundenen Zuckerresten derivatisiert. An die hydroxylierten Lysine werden häufig noch O-glycosidisch verknüpfte Disaccharide aus Galactose und Glucose (-O-Gal-Glc) angehängt.

Anschließend assemblieren drei Polypeptidketten zum Prokollagen-Molekül. Dieser Prozess wird durch Aneinanderlagerung der C-terminalen Pro-Domänen eingeleitet. Die Struktur dieser Domänen legt fest, ob Homo- oder Heterotrimere gebildet werden, da nur bestimmte Assoziationen stabil sind. Danach faltet sich die Tripel-Helix vom C-terminalen zum N-terminalen Ende hin (Abb. 24.3a). Das entstehende **Prokollagen** ist das Endprodukt der intrazellulären Biosyntheseabschnitte.

> Die Hydroxylgruppen der Hydroxyproline bilden Wasserstoffbrücken zwischen den benachbarten Polypeptidketten, sodass die Tripelhelix bei physiologischen Temperaturen stabil ist.

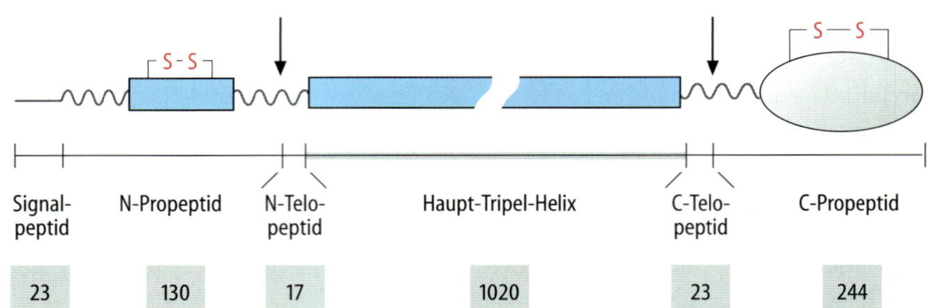

Abb. 24.2. Schematische Darstellung der Struktur der Polypeptidkette von fibrillären Kollagenen am Beispiel der α1(III)-Kette. Die »tripelhelicalen« Bereiche, d.h. die Bereiche, die mit zwei weiteren Kollagenketten eine Tripelhelix ausbilden, sind hellblau dargestellt, die Spaltstellen für die N- und C-Propeptidasen sind durch Pfeile gekennzeichnet. Die Zahlen geben die Anzahl der Aminosäuren in den einzelnen Domänen an

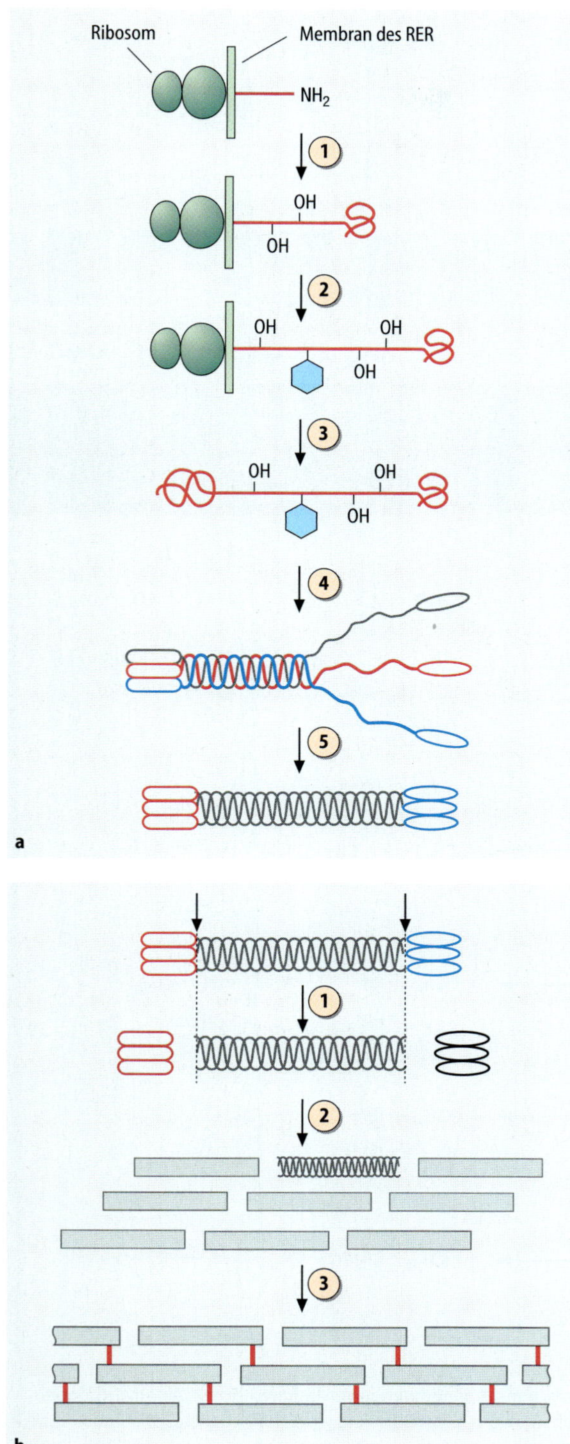

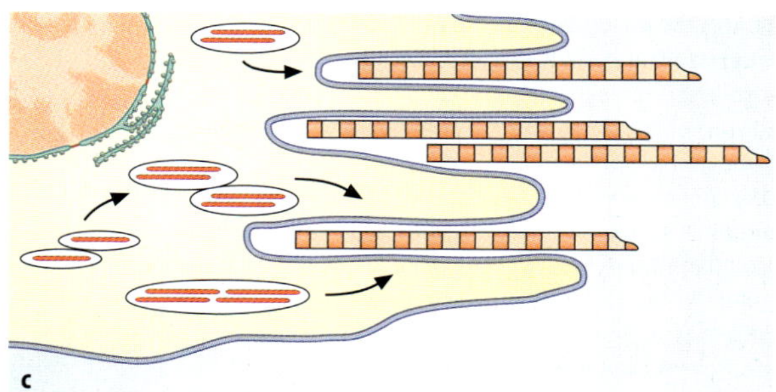

Abb. 24.3a–c. Biosynthese und Sekretion der fibrillären Kollagene. a Intrazelluläre Schritte: **1** cotranslationale Hydroxylierung von Prolin- und Lysin-Resten; **2** Glycosylierung einzelner Hydoxylysin-Reste; **3** Freisetzung der Polypeptidkette mit disulfidverbrückten und N-glycosylierten Propeptiden; **4** Zusammenlagerung dreier Polypeptidketten über die C-Propeptide und Beginn der Tripelhelix-Bildung; **5** Bildung des fertigen tripelhelicalen Prokollagen-Moleküls. **b** Extrazelluläre Schritte. **1** Abspaltung der Propeptide; **2** Aggregation zu Mikrofibrillen; **3** covalente Quervernetzung. **c** Schematische Darstellung der Fusion von Kollagen-Molekülen in extrazellulären Kompartimenten des Fibroblasten

Die Hydroxylierung ist absolut essentiell für die Strukturfunktion des Kollagens. Kollagene mit wenig Hydroxyprolin, wie sie bei vielen in kaltem Wasser lebenden Organismen vorkommen, besitzen Schmelzpunkte (= Temperatur, bei der sich die Tripelhelix wieder entfaltet) unter 37 °C. Sie würden sich bei der Biosynthese im Menschen also nicht falten und daher abgebaut werden. Durch die Hydroxylierung wird der Schmelzpunkt jedoch auf über 40°C heraufgesetzt. Die Hydroxylierung ist Vitamin-C abhängig (► 23.3.1). Das Auftreten von **Skorbut bei Vitamin-C-Mangel** ist im Wesentlichen durch das **Fehlen von neu gebildetem Kollagen** bedingt.

Extrazelluläre Biosyntheseschritte. Im Extrazellulärraum, z.T. in Einbuchtungen der Plasmamembran (Abb. 24.3c), erfolgt die **Abspaltung der N- und C-Propeptide** durch die **Aminopropeptidase** und die **Carboxypropeptidase**, und die tripelhelicalen Moleküle lagern sich zu langen Fibrillen aneinander (Abb. 24.3b).

> **!** Die Assemblierung von Kollagen wird durch die charakteristische Verteilung von hydrophoben und polaren geladenen Aminosäuren gelenkt.

Die miteinander wechselwirkenden Aminosäuren sind in vier homologen, je 67 nm langen Regionen (D1–D4) angeordnet (Abb. 24.4). Daher lagern sich die Moleküle jeweils um 67 nm versetzt (»*D-stagger*«=67 nm) aneinander, um maximale hydrophobe und elektrostatische Wechselwirkungen mit den Nachbarmolekülen zu erreichen. Diese Anordnung erklärt auch die elektronenmikroskopisch zu beobachtende **Querstreifung**. In regulären Abständen von 67 nm treten Lücken zwischen aufeinander folgenden Kollagenmolekülen auf, in die der Farbstoff bei Negativstaining eingelagert wird.

> **!** Die Kollagenfibrillen werden zur Stabilisierung miteinander quervernetzt.

Die Quervernetzungen bilden sich zwischen Lysinen/Hydroxylysinen im N-terminalen Telopeptid und dem benachbarten Bereich der Tripelhelix mit entsprechenden

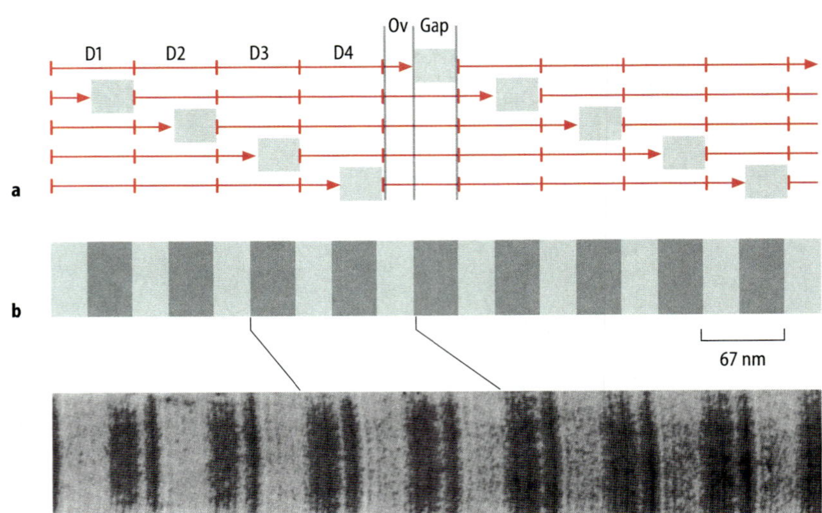

Abb. 24.4a–c. Zustandekommen der Querstreifung von Kollagen-Fibrillen. **a** Kollagen-Moleküle lagern sich um je 67 nm versetzt (= *D-stagger*) aneinander. Dabei entstehen in periodischen Abständen Lücken. **b** In diese Lücken wird Phosphowolframsäure bei Negativ-Staining eingelagert und bewirkt die Dunkelfärbung der Fibrillen bei Betrachtung im Elektronenmikroskop. **c** Elektronenmikroskopische Aufnahme mit Negativkontrast

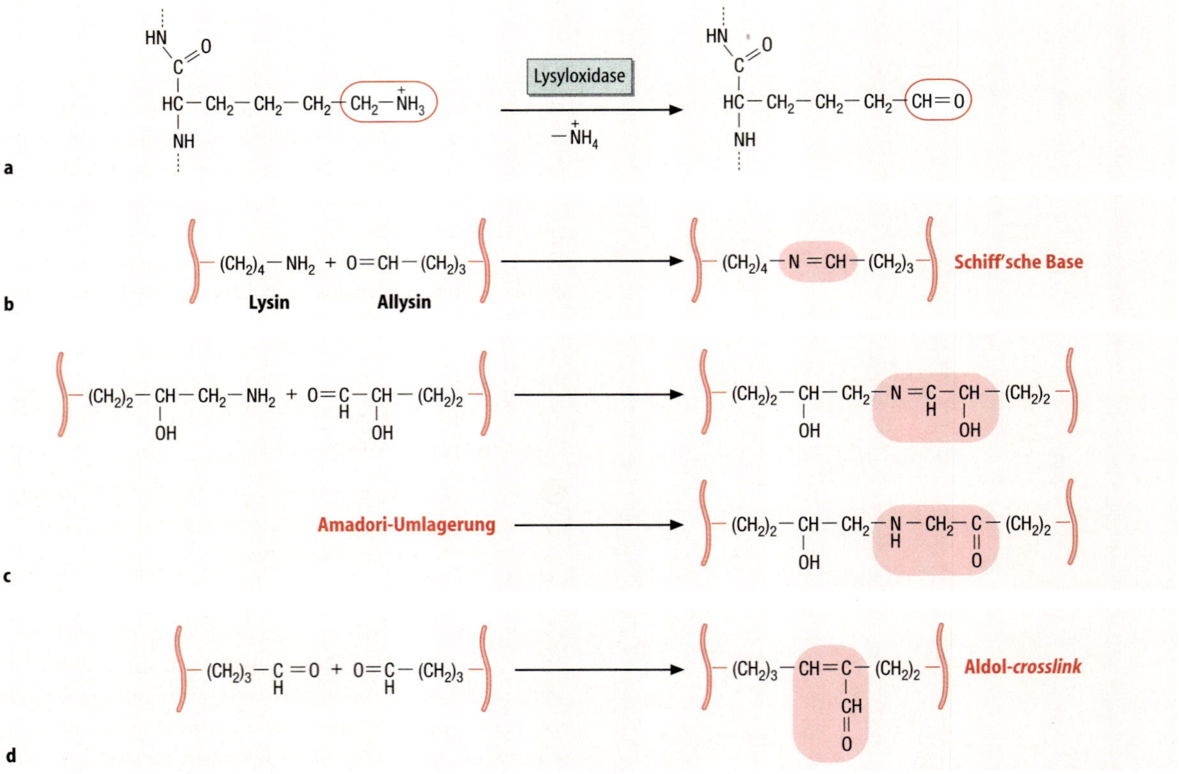

a $HC(-C(=O)-NH\cdots)(-NH\cdots)-CH_2-CH_2-CH_2-CH_2-\overset{+}{N}H_3 \xrightarrow[-\overset{+}{N}H_4]{\text{Lysyloxidase}} HC(-C(=O)-NH\cdots)(-NH\cdots)-CH_2-CH_2-CH_2-CH=O$

b $-(CH_2)_4-NH_2 + O=CH-(CH_2)_3-$ (Lysin, Allysin) $\longrightarrow -(CH_2)_4-N=CH-(CH_2)_3-$ **Schiff'sche Base**

c $-(CH_2)_2-CH(OH)-CH_2-NH_2 + O=C(H)-CH(OH)-(CH_2)_2- \longrightarrow -(CH_2)_2-CH(OH)-CH_2-N=C(H)-CH(OH)-(CH_2)_2-$

Amadori-Umlagerung $\longrightarrow -(CH_2)_2-CH(OH)-CH_2-N(H)-CH_2-C(=O)-(CH_2)_2-$

d $-(CH_2)_3-C(H)=O + O=C(H)-(CH_2)_3- \longrightarrow -(CH_2)_3-CH=C(-CH=O)-(CH_2)_2-$ **Aldol-*crosslink***

Abb. 24.5a–d. Grundlegende Quervernetzungsreaktionen zwischen Lysin- und Allysin-Resten von Kollagen-Polypeptidketten. **a** Bildung von Allysin durch Oxidation von Lysinresten in der Peptidkette durch Lysyloxidase **b** Bildung von Schiff'schen Basen zwischen ε-Aminogruppen von Lysinen und der Aldehyd-Gruppen von Allysinen. **c** Stabilisierung von Schiff'schen Basen durch Amadori-Umlagerung im Falle einer Quervernetzung zwischen hydroxylierten Lysinen/Allysinen. **d** Aldol-Kondensation zweier Allysin-Reste

Resten im C-terminalen Telopeptid und dem davor liegenden Teil der Tripelhelix. Voraussetzung für die Ausbildung der Crosslinks ist die Oxidation eines Teils der Lysin/Hydroxylysinreste zu Allysin (Abb. 24.5a) durch das kupferabhängige Enzym **Lysyloxidase**. Im einfachsten Fall kondensiert ein Allysin mit einem Lysin zu einer Schiff'schen Base. Durch die **Amadori-Umlagerung** kann dieses Produkt zu einem nicht mehr säureempfindlichen Produkt umgelagert werden (Abb. 24.5c). Daneben sind aber auch erheblich kompliziertere Reaktionen beobachtet worden, bei denen drei Aminosäuren unter Ausbildung von Pyridin-Derivaten beteiligt sind.

> Prokollagen wird in extrazellulären Kompartimenten von Fibroblasten prozessiert und zu Fibrillen aneinander gelagert.

Die intrazellulär synthetisierten Prokollagen-Moleküle werden nicht einfach in den Extrazellulärraum sezerniert, vielmehr findet die Prozessierung und Bildung fibrillärer Segmente in **extrazellulären Kompartimenten** des Fibroblasten statt. Wie in ◘ Abb. 24.3c angedeutet, reichen Einbuchtungen bis tief in den Fibroblasten hinein. Sekretorische Vakuolen mit Prokollagen fusionieren miteinander und mit der Zellmembran, sodass lange, enge Kanäle entstehen, in denen die Fibrillenbildung abläuft. Im Extrazellulärraum erfolgt dann eine Aneinanderlagerung der fibrillären Segmente, begleitet von Zusammenlagerung zu Bündeln, die gewebsspezifisch zu weiteren Lagen organisiert werden können (◘ Abb. 24.1).

Dicke und Zusammensetzung von Kollagenfibrillen

> Natürlich vorkommende Fibrillen sind in der Regel **Mischfibrillen**.

Da die tripelhelicalen Abschnitte der verschiedenen Kollagentypen die gleiche Länge besitzen, können sie in die gleiche Fibrille eingebaut werden. So bestehen Fibrillen der Cornea z.B. aus einer Mischung von Typ-I- und Typ-V-Kollagen. Sehnen enthalten fast ausschließlich Typ-I-Kollagen, mit geringen Beimischungen der Typen-III und –V, während die Fibrillen der Haut aus den Kollagen-Typen-I und –III aufgebaut sind. Knorpel hingegen enthält Mischfibrillen aus Typ–II und Typ-XI. Typ-XI-Kollagen ist zwar nur eine Nebenkomponente (5–10%), aber notwendig, damit sich überhaupt Fibrillen bilden können.

> Wichtige, die Fibrillendicke regulierende Faktoren sind Mischung verschiedener Kollagentypen, Interaktion mit Proteoglykanen und Fibrillen assoziierten (FACIT)-Kollagenen.

Die verschiedenen Kollagentypen unterscheiden sich von Hause aus in der maximal erreichbaren Fibrillendicke. Wenigstens teilweise beruht dies darauf, dass bei den Kollagenen Typ-III, Typ-V und Typ-XI die **N-terminalen Propeptide nur zum Teil abgespalten werden**, und so die Fibrillenbildung sterisch inhibieren. Es konnte außerdem gezeigt werden, dass die Fibrillenbildung durch das kleine Proteoglykan Decorin (► Kap. 24.4.2) reguliert wird. Die Bedeutung der FACIT-Kollagene wird im nächsten Abschnitt behandelt.

> Fibroblasten können Kollagenfibrillen organisieren.

Werden in einer Petrischale Fibroblasten in einem Netzwerk aus lockeren Kollagen-Molekülen kultiviert, wird dieses Kollagen-Gel bis auf einen kleinen Bruchteil des Ausgangsvolumens kontrahiert (◘ Abb. 24.6). Fibroblasten können über Integrin-Rezeptoren in der Plasmamembran sezernierte Kollagene binden und bündeln. Solche Prozesse dürften unter anderem auch für die **Kontraktion von Wundrändern** essentiell sein.

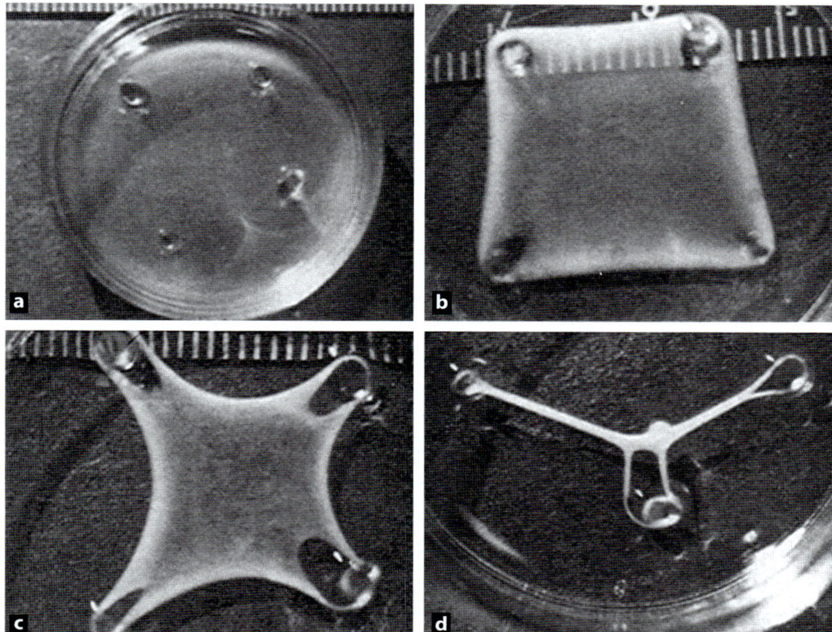

◘ Abb. 24.6a–d. Kontraktion von Kollagen-Gelen durch Fibroblasten. Fibroblasten wurden in Petrischalen in Kollagen-Gele eingebettet, die vier Fixpunkte aus Polystyrol enthielten. Anfangs zufällig verteilte Kollagenmoleküle werden durch die Fibroblasten ausgerichtet und gebündelt. Die Abbildung zeigt das Fortschreiten der Kontraktion. **a** Nach 36 Stunden; **b** nach 48 Stunden; **c** nach 3 Tagen; **d** nach 14 Tagen (ein Fixpunkt wurde bei der Kontraktion herausgerissen). (Aus Stopak u. Harris 1982. Stopak D, Harris AK (1982) Connective Tissue Morphogenesis by Fibroblast Traction. Developmental Biol 90:383–398)

24

24.2.2 Nichtfibrilläre Kollagene

Die nichtfibrillären Kollagene bilden eine Vielzahl verschiedener Strukturen mit unterschiedlichen Aufgaben.

Im Gegensatz zu den fibrillären Kollagenen bilden die übrigen Kollagene eine sehr heterogene Gruppe. Einige Strukturen, die weiter unten noch diskutiert werden, sind in ▫ Abb. 24.7 dargestellt. Die tripelhelicalen Segmente sind von unterschiedlicher Länge und z.T. durch längere nicht-tripelhelicale Segmente unterbrochen, die die Moleküle flexibler machen. Ein weiteres Kennzeichen ist die Gegenwart von zahlreichen nichtkollagenen Domänen. z.B. enthält das Kollagen-Typ-VI zahlreiche Kopien von Domänen, die Sequenzabschnitten des von-Willebrand-Faktors homolog sind, während Kollagen-Typ-VII eine Anzahl von Fibronectin-Typ-III-Domänen enthält. Die für die fibrillären Kollagene typische Prozessierung von Propeptiden findet meist nicht statt. Wichtige nichtfibrilläre Kollagene sind:

- **FACIT-Kollagene** (*fibril **a**ssociated **c**ollagens with **i**nterrupted **t**riple helices*). Diese Gruppe umfasst neben den in ▫ Tab. 24.1 aufgeführten Kollagenen Typ-IX, -XII und -XIV noch eine Reihe weiterer, z.T. noch nicht näher charakterisierter Kollagene (XVI, XIX bis XXIII). Für Kollagen Typ-IX wurde gezeigt, dass es in regelmäßigen Abständen als monomeres Protein an die Oberfläche von Kollagen-Typ-II-Fibrillen bindet (▫ Abb. 24.7e). Der größte Teil des Moleküls ist an der Typ-II-Fibrille fixiert, während der N-terminale Teil, der in einer nichtkollagenen globulären Domäne endet, von der Fibrille wegzeigt. Zusätzlich trägt Kollagen-Typ-IX häufig noch eine Chondroitinsulfat-Proteoglykan-Seitenkette, sodass die Oberfläche der Kollagen-II-Fibrille einen hydrophilen Charakter aufweist. Interessanterweise erkrankten Mäuse mit inaktiviertem Kollagen-IX-Gen im Alter von einigen Monaten an Arthrose, sodass Kollagen IX dem Gelenkknorpel sozusagen als Gelenkschmiermittel eine hydrophile Oberfläche verleiht, die ihn vor mechanischer Abnutzung schützt
- Die beiden Kollagene Typ-XII und Typ-XIV hingegen sind überwiegend mit Typ-I-Kollagen-Fibrillen assoziiert. Sie besitzen eine ähnliche Struktur, bestehend aus einer C-terminalen, Kollagen-bindenden Domäne, und eine große nichtkollagene N-terminale Domäne mit der Fähigkeit an Proteoglykan-Seitenketten und andere ECM-Moleküle zu binden. Man nimmt an, dass die Funktion der beiden Kollagene darin besteht, Wechselwirkungen mit anderen extrazellulären Matrix-Molekülen einzugehen um so mitzuhelfen, den Aufbau der ECM-Struktur zu regulieren. Weiterhin wird eine Rolle bei der Regulation der Fibrillenbildung diskutiert, da Anlagerung an die Oberfläche einer Fibrille ein weiteres Dickenwachstum inhibieren könnte

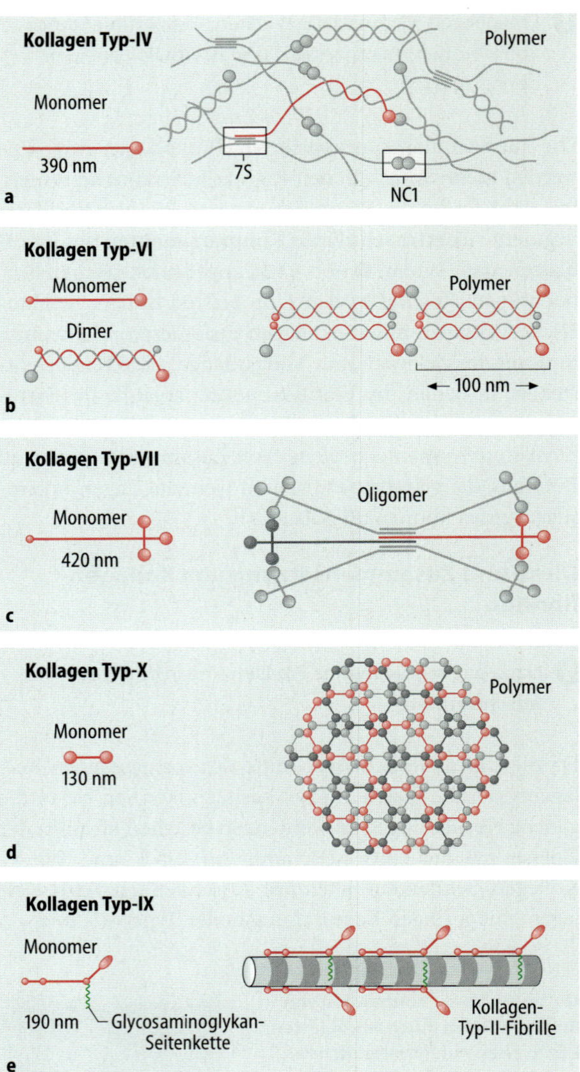

▫ **Abb. 24.7a–e. Schematische Darstellung der Struktur einiger ausgewählter nichtfibrillärer Kollagene. a** Kollagen Typ IV (NC1 = C-terminale nicht-kollagene Domäne; 7 S = N-terminale Quervernetzungsdomäne); **b** Kollagen Typ VI; **c** Kollagen Typ VII; **d** Kollagen Typ X, **e** Kollagen Typ IX

- **Kollagen-Typ-IV.** stellt die Hauptstrukturkomponente der Basalmembran dar und ist für alle tierischen Vielzeller lebenswichtig. Es besitzt eine fast 400 nm lange tripelhelicale Domäne und zusätzlich eine globuläre Domäne (NC1) am C-terminalen Ende. Durch zahlreiche, nur wenige Aminosäuren lange Unterbrechungen der Tripelhelix ist das Molekül flexibler als die fibrillären Kollagene. Kollagen Typ IV bildet ein **flächiges Netzwerk**: Durch covalente Verknüpfungen über die C-terminalen globulären Domänen werden Dimere gebildet, die lateral miteinander aggregieren können. Zusätzlich können vier Moleküle über die N-terminalen Abschnitte der Tripelhelix (sog. 7S-Domäne) aggregieren, sodass eine Struktur entsteht, wie sie in ◘ Abb. 24.7a dargestellt ist. Insgesamt existieren sechs verschiedene α-Ketten. In den meisten Basalmembranen hat Kollagen IV die Zusammensetzung $[\alpha1(IV)_2\alpha2(IV)]$, in einigen Basalmembranen findet man jedoch auch andere Kombinationen (◘ Tab. 24.1). So enthalten die Basalmembranen der Glomeruli überwiegend Moleküle der Zusammensetzung $[\alpha3(IV)\alpha4(IV)\alpha5(IV)]$, die funktionell nicht durch die α1 und α2-Ketten ersetzt werden können, wie die Analyse von Gendefekten zeigt (▶ u.)

- Mit Basalmembranen assoziiert sind die beiden homologen **Kollagene Typ-XV** und **Typ-XVIII**. Sie kommen in den epithelialen und endothelialen Basalmembranen einer Reihe von Geweben vor. Ca. 20 kDa große Spaltprodukte der C-terminalen Domäne (**Endostatin** im Falle von Col-XVIII) hemmen die **Angiogenese**. Mutationen im Gen für Col-XVIII führen aus noch unbekannten Gründen zur **Makuladegeneration** im Auge
- **Kollagen-Typ-VI** ist ein in den meisten interstitiellen Bindegeweben vorkommendes Kollagen. Es ist der Hauptbestandteil der gebänderten Mikrofibrillen (◘ Abb. 24.7b). Diese Strukturen werden in völlig anderer Art und Weise als die Fibrillen der Kollagene I-III und V gebildet. Zunächst lagern sich zwei monomere Moleküle antiparallel zu Dimeren zusammen, die weiter zu Tetrameren aggregieren. Diese Tetramere polymerisieren schließlich über die globulären Enden
- **Kollagen-Typ-VII** verankert die Basalmembran von Plattenepithelien mit Ankerplatten im darunter liegenden Gewebestroma. Nach Abspaltung einer C-terminalen, 30 kDa großen globulären Domäne bildet Kollagen VII antiparallele Dimere, die zu Bündeln aggregieren
- **Kollagen-Typ-X** wird nur in **hypertrophierendem Knorpel** exprimiert und stellt daher ein wichtiges Markerprotein dar. Das monomere Molekül besitzt die Form einer Hantel und polymerisiert zu einem hexagonalen Netzwerk. Ähnlich aufgebaut ist **Kollagen VIII**, das aber eine breitere Verteilung besitzt, und vor allem in der Descemet-Membran und in der subendothelialen Matrix prominent ist
- **Transmembrankollagene.** Nicht alle Kollagene werden sezerniert, einige besitzen Transmembrandomänen (Typen XIII, XVII, XXIII, XXV). Eine Funktion der Transmembrankollagene ist die Stabilisierung von Zell-Zell- und Zell-Matrix-Interaktionen. Kollagen-**Typ-XVII** ist ein Bestandteil der Hemidesmosomen und bindet an Laminin und α6-Integrin, Mutationen führen zu schweren Erkrankungen (Epidermolysis bullosa junctionalis, ▶ u.). Eine interessante Eigenschaft von Kollagen **Typ-XXV** ist die Bindung an Alzheimer Amyloid-Plaques

24.2.3 Angeborene Erkrankungen des Kollagen-Stoffwechsels

Störungen der Kollagen-Expression können auf unterschiedlichen Ebenen auftreten:

- Störung der Regulation einzelner Gene, wodurch die gewebsspezifische Zusammensetzung der einzelnen Kollagen-Typen verändert wird
- Mutationen von Kollagenen und Enzymen für die posttranslationalen Modifikationen. Dies führt meist zu Defekten in der makromolekularen Organisation des Kollagens und somit zur Veränderung der biomechanischen Eigenschaften, die letztlich für die klinischen Symptome verantwortlich sind

Osteogenesis imperfecta (OI). Die Erkrankung beruht auf einer Synthesestörung von Kollagen I. Betroffen sind alle Kollagen-reichen Organe, dominant ist jedoch der Knochen-Phänotyp (wiederholte, zu schweren Skelettdeformationen führende Knochenbrüche bei Belastung). Man unterscheidet verschiedene Formen der OI, die schwerste Form führt zum Tod im Mutterleib oder kurz nach der Geburt. Über 200 verschiedene Mutationen sind beschrieben, darunter Deletionen, Insertionen und Spleiß-Variationen. Die meisten Mutationen bestehen in einer Substitution von Glycinen im Gly-X-Y-Triplet. Dies kann zur Folge haben, dass die Tripelhelix-Bildung verlangsamt wird oder sich überhaupt nicht mehr falten kann, sodass die Ketten im Fibroblasten abgebaut werden. Andere Mutationen verursachen Knicke in der Tripelhelix und interferieren so mit dem Wachstum der Fibrillen.

Ehlers-Danlos-Syndrom (EDS). Das **Ehlers-Danlos-Syndrom** ist durch Überdehnbarkeit der Haut und Überstreckbarkeit der Gelenke charakterisiert. Trotz der relativ einheitlichen Symptomatik liegen der Erkrankung sehr heterogene Ursachen zugrunde, und man unterscheidet neun verschiedene Typen, z.B.:

- **Typ-IV** beruht auf Defekten in der Kollagen-III-Synthese. Da Blutgefäße, besonders die großen Arterien, einen hohen Anteil an Kollagen-III besitzen, besteht Neigung zu Gefäßrupturen
- **Typ-V** beruht auf einer defekten Lysyloxidase, sodass die Quervernetzung von Kollagen gestört ist. Da dieses Enzym Kupfer-abhängig ist, treten ähnliche Effekte auch beim Mencke-Syndrom, einer Resorptionsstörung von Kupfer, auf
- **Typ-VI** beruht ebenfalls auf einer Störung der Quervernetzung von Kollagenfibrillen, in diesem Fall jedoch aufgrund einer defekten Lysylhydroxylase
- **Typ-VII** beruht auf einer gestörten Abspaltung der Propeptide, indem entweder die Peptidasen inaktiv oder wenig aktiv sind oder die Erkennungsstelle für die Proteasen mutiert ist

Alports-Syndrom. Das **Alports-Syndrom** stellt eine progressive Erbkrankheit dar, die durch Mutationen in den $\alpha3$-, $\alpha4$-, besonders aber der $\alpha5$-Kette des Typ-IV-Kollagens verursacht wird. Die Folge ist eine Verschlechterung der Nierenfunktion mit Hämaturie und Proteinurie aufgrund von Strukturveränderungen der glomerulären Basalmembran. Zusätzlich ist die Erkrankung durch Innenohrschwerhörigkeit und Augenveränderungen gekennzeichnet.

Chondrodysplasien. Eine Vielzahl von Mutationen im Kollagen-II-Gen korreliert mit einer Reihe von **Chondrodysplasien**, die zu Zwergwuchs, Gelenkdeformationen oder anderen Skelettfehlbildungen führen können, da es aufgrund von Kollagen-II-Synthesestörungen zu Störungen in der Knorpelbildung und damit zu Störungen der enchondralen Ossifikation kommt. Mutationen des Typ X-Kollagens sind die Ursache für die **Chondrodysplasia metaphysaria vom Typ Schmid**, klinische Symptome sind Verkürzung der Gliedmaßen und verkrümmte Beine.

Epidermolysis bullosa dystrophica beruht auf Defekten des Kollagens Typ VII (▶ Kap. 24.8.5)

In Kürze

Kollagene sind die wichtigsten Strukturproteine des Körpers, inzwischen sind wenigstens 27 verschiedene Typen bekannt.

Alle Kollagen-Moleküle bestehen aus drei Polypeptidketten. Gemeinsames Strukturmerkmal sind vielfach wiederholte Gly-X-Y-Sequenzen, wobei X und Y häufig Prolin und Hydroxyprolin darstellen. Hydroyxprolin erhöht den Schmelzpunkt der Tripelhelix auf über 40°C. Die Hydroxylierung von Prolin und Lysin ist Vitamin-C abhängig. Weitere für Kollagen typische modifizierte Aminosäuren sind Hydroxylysin und Allysin.

- Die größte Gruppe innerhalb der Kollagene sind die fibrillären Kollagene (Typ-I, -II, -III, -V, und -XI), die gebänderte Fibrillen bilden (z.B. in Sehnen, Bändern, Haut und Knorpel). Sie kommen überwiegend in Form von Mischfibrillen vor.

  Die komplexe Biosynthese der fibrillären Kollagene lässt sich in mehrere Abschnitte unterteilen:
  - intrazelluläre Schritte: Biosynthese am RER, cotranslationale Hydroxylierung, Assemblierung der drei Polypeptidketten zu Prokollagen
  - Abspaltung der N- und C-Propeptide in extrazellulären Kompartimenten und Assemblierung zu größeren Einheiten
  - Bildung von Fibrillen und Stabilisierung durch Quervernetzung (zwischen Lysin und Allysin) im Extrazellulärraum
  - Organisation der Fibrillen durch Fibroblasten
- Fibrillen-assoziierte Kollagene modifizieren die Oberflächen von Fibrillen. So verleiht das Kollagen Typ IX den Typ-II-Fibrillen des Knorpels den hydrophilen Charakter (wichtig für die Gelenkfunktion)
- Viele Kollagene bilden keine Fibrillen und sind nicht mit Fibrillen assoziiert. Ein besonders wichtiger Vertreter dieser Gruppe ist das Typ-IV-Kollagen, ein essentieller Bestandteil aller Basalmembranen

Defekte in den Kollagen-Genen führen zu einer Reihe von Erkrankungen wie Osteogenesis imperfecta und Ehlers-Danlos-Syndrom (Mutationen bzw. Defekte in der Prozessierung von Typ-I-Kollagen), Alports Syndrom (Defekte im Typ-IV-Kollagen), Chondrodysplasien (Defekte im Typ-II-Kollagen).

24.3 Elastische Fasern

Aufgrund ihrer starren Tripelhelix sind die Kollagene nur bedingt geeignet, Strukturen (z.B. Wände der großen Arterien, Lunge) elastische Eigenschaften zu verleihen. Dafür haben die Vertebraten spezielle elastische Fasern entwickelt, die je nach Gewebetyp in morphologisch unterscheidbaren Netzwerken vorkommen.

Die elastischen Fasern bestehen aus einem Kern aus **Elastin**, der in elektronenmikroskopischen Aufnahmen keine Struktur aufweist und daher »amorph« genannt wird. Der Elastin-Kern wird von einem Mantel aus Mikrofibrillen umgeben. Letztere bestehen aus **Fibrillin**-Molekülen, an denen Elastin während der Biosynthese der elastischen Fasern polymerisiert (▶ u. und ◻ Abb. 24.8). Zusätzlich enthalten die elastischen Fasern noch eine Reihe weiterer Proteine, wie z.B. Mikrofibrillen-assoziierte Glycoproteine (MAGPs), Emiline und Fibuline. Diese Proteine sind für die Bildung der korrekten Architektur der elastischen Fasern wichtig (▶ u.).

! Elastin verleiht den Geweben elastische Eigenschaften.

Elastin ist ein unlösliches, quervernetztes Polymer aus monomeren **Tropoelastin**-Untereinheiten. Dieses 70 kDa große Protein setzt sich zum großen Teil aus alternierenden **hydrophoben** Bereichen und α-helicalen **Quervernetzungs-Domänen** zusammen (◻ Abb. 24.9a).

Die **hydrophoben Bereiche** sind reich an Glycin, Alanin, Valin und Prolin. Sie besitzen einen hohen Anteil an β-Faltblatt-Strukturen und β-Turns. Diese Strukturen können in mehreren, leicht ineinander überführbaren Konformationen vorliegen, besitzen also eine hohe **Flexibilität**. In dieser Hinsicht ist Tropoelastin ein atypisches Protein, denn normalerweise liegen die hydrophoben Domänen im Inne-

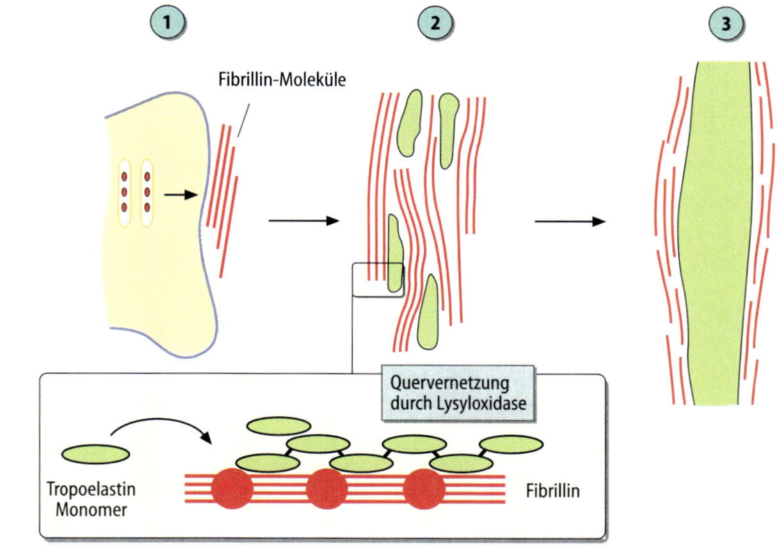

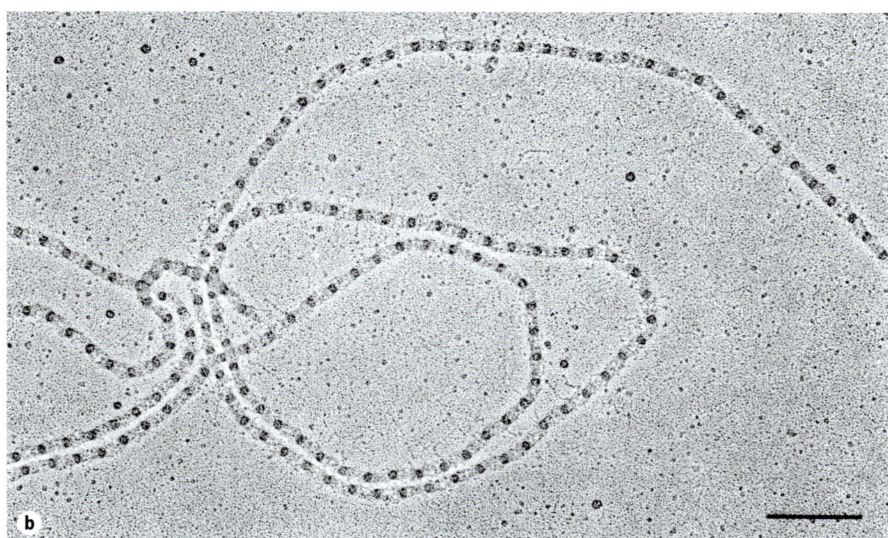

Abb. 24.8a,b. Architektur und Biosynthese elastischer Fasern. **a** Fibrillin-Moleküle (*rot*) assemblieren an der Zelloberfläche und reifen zu Mikrofibrillen (**1**), danach werden Tropelastinmoleküle (*grün*) an die Mikrofibrillen angelagert und durch Lysyloxidase quervernetzt (**2**). Die Polymere aus Elastin wachsen später zusammen und drängen die Mikrofibrillen zum Rand (**3**). **b** Elektronenmikroskopische Aufnahme nach Rotations-Kegelbedampfung von Fibrillen aus Fibrillin. Der Strich entspricht 100 nm. (Aus Ren ZX 1991. Ren ZX et al. (1991) An Analysis by Rotary Shadowing of the Structure of the Mammalian Vitreous Humor and Zonular Apparatus. J Struct Biol 106:57–63)

ren des Proteins verborgen und besitzen eine feste, kompakte Struktur. Eine zweite atypische Eigenschaft besteht darin, dass die hydrophoben Bereiche des Tropoelastins von einem **Wassermantel** umgeben sind. Diese Hydratisierung wird als wesentlich für das **elastische Verhalten** erachtet: Bei Dehnung der Peptidkette werden mehr hydrophobe Seitenketten der Aminosäuren dem Wasser ausgesetzt, sodass das Wasser eine geordnetere Struktur (= Entropieabnahme) einnehmen muss (wie bei der Grenzfläche zu einem Öltröpfchen). Wenn die Zugbelastung nachlässt, können die hydrophoben Seitenketten wieder stärker miteinander interagieren, die geordnete Hydrathülle kann sich wieder statistisch orientieren (= Entropiezunahme), sodass eine elastische Rückstellkraft resultiert.

Die **Quervernetzungsdomänen** enthalten 40 Lysin-Reste, von denen etwa 35 durch **Lysyloxidase** zu **Allysin** oxidiert werden, nach dem gleichen Mechanismus wie bei Kollagen (s.o). Die Mehrzahl der Allysinreste bildet Crosslinks mit verbliebenen Lysinresten. Dabei entstehen z.T. die gleichen Produkte wie beim Kollagen, zusätzlich werden aber auch elastinspezifische ringförmige Moleküle wie **Desmosin** und **Isodesmosin** aufgebaut (Abb. 24.9b).

Die Quervernetzungen erfolgen intra- und intermolekular. Dabei entsteht ein hochelastisches, inertes Polymer,

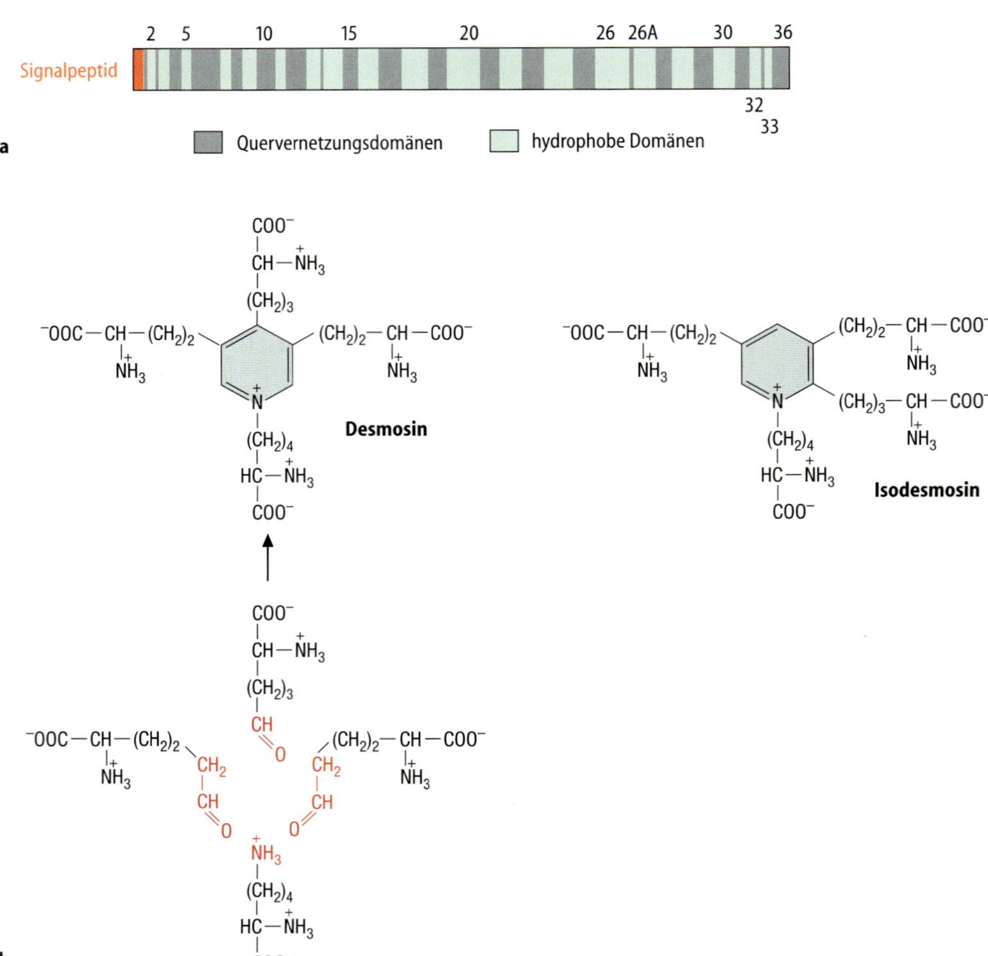

Abb. 24.9a,b. Tropoelastin. a Schematische Darstellung der Proteinstruktur, bestehend aus alternierenden hydrophoben Domänen und Quervernetzungsdomänen. Jede Domäne wird von einem separaten Exon kodiert. Die Nummerierung orientiert sich am Tropoelastin des Rindes, die Exons 34 u. 35 fehlen beim Protein des Menschen. **b** Struktur der durch Kondensation von vier Lysin-/Allysinresten entstehenden, Elastin-spezifischen Desmosin- und Isodesmosinmoleküle. Für Desmosin ist angedeutet wie die vier Moleküle interagieren müssen, um die ringförmige Struktur aufzubauen

das bei einem gesunden Menschen zeitlebens erhalten bleibt. Über die Anordnung und Struktur des Tropoelastins im Polymer ist noch nicht viel bekannt. Schon eine Strukturanalyse von monomerem Tropoelastin durch 2D-Kernresonanzspektroskopie oder Röntgenbeugung war aufgrund seiner **Flexibilität** bisher nicht möglich.

Wegen des Fehlens von Strukturdaten ist bisher keine exakte Beschreibung des elastischen Verhaltens möglich. Daher wurden verschiedene Modelle entwickelt, darunter eines, das den gleichen Mechanismus wie bei der Gummielastizität annimmt. Allgemein akzeptiert ist jedoch lediglich die Vorstellung, dass die Elastizität durch Entropieänderungen bei der Dehnung bedingt ist, in Übereinstimmung mit dem oben beschriebenen Verhalten der hydrophoben Domänen.

Mikrofibrillen aus Fibrillin sind für die Funktion der elastischen Fasern unentbehrlich.

Fibrillin. Fibrillin besitzt eine Molekülmasse von etwa 350 kDa und existiert in mindestens drei Isoformen. Während Elastin nur bei Vertebraten vorkommt, werden Fibrilline auch von allen Invertebraten gebildet, sind also evolutionär viel älter. Fibrillin-Monomere polymerisieren zu charakteristischen **Filamenten** (Abb. 24.8b). Die Assemblierung der Monomeren und Reifung der Filamente zu den Fibrillen mit den typischen, periodischen Verdickungen wird durch transiente Bindung der Monomeren an die Zelloberfläche und Interaktion mit Proteinen wie den Mikrofibrillen-assoziierten Glykoproteinen gefördert.

Mikrofibrillen aus Fibrillin besitzen bereits für sich alleine elastische Eigenschaften und kommen in geringem Umfang als eigenständige Strukturen im Organismus vor, z.B. in den Zonulafasern des Auges. In der Regel sind sie aber mit Elastin assoziiert.

Defekte im Gen für Fibrillin-1 sind die Ursache des **Marfan-Syndroms** (► Kap. 24.8.5). Das Marfan-Syndrom ist durch Hochwuchs, Arachnodaktylie und Linsenveränderungen gekennzeichnet. Entscheidend für den Verlauf der Krankheit sind jedoch Störungen in den Gefäßwänden. Es kommt zur Bildung von Aneurysmen und zu Aortenrupturen.

Eine der historischen Persönlichkeiten, die an Marfan-Syndrom litten, war wahrscheinlich der amerikanische Präsident Abraham Lincoln.

Biosynthese der elastischen Fasern. Zunächst entstehen Mikrofibrillen, die später mit Elastin zusammenwachsen, das die Hauptkomponente in den ausgereiften elastischen Fasern darstellt (◘ Abb. 24.8), der Elastinanteil ist allerdings von Gewebe zu Gewebe unterschiedlich. Man nimmt an, dass die Tropoelastinmoleküle durch Bindung an Mikrofibrillen eine Konformation einnehmen, in der die zu vernetzenden Lysine/Allysine in der richtigen Position für die Quervernetzung durch Lysyloxidase liegen. Wie neueste Untersuchungen gezeigt haben sind für die Assemblierung des Elastins noch weitere Proteine wie die Emiline und Fibuline erforderlich. Auf molekularer Ebene sind diese Prozesse allerdings erst unzureichend charakterisiert.

Elastische Fasern werden hauptsächlich während der **Wachstumsphase der Organe** angelegt, später nur noch in begrenztem Umfang. Dies erklärt, warum bei degenerativen oder entzündlichen Reaktionen, bei denen Elastin durch z.B. von Leukozyten gebildete **Elastasen** degradiert wird, die elastischen Eigenschaften weitgehend verloren gehen.

In Kürze

Elastische Fasern erlauben eine reversible Dehnung und Kontraktion.

Elastische Fasern sind im Wesentlichen aus Elastin und Fibrillin aufgebaut:

- Elastin ist ein Polymer, das durch Quervernetzung von monomeren Tropoelastin-Einheiten entsteht. Die Quervernetzung erfolgt wie beim Kollagen über Lysin/Allysin, dabei entstehen u.a. die Elastin-spezifischen Produkte Desmosin und Isodesmosin
- Fibrillin bildet Mikrofibrillen, die für die Organisation des Elastins notwendig sind

Defekte im Gen für Fibrillin-1 führen zum Marfan-Syndrom.

24.4 Proteoglykane

Proteoglykane sind eine heterogene Gruppe von Proteinen, die durch Glycosaminoglykan(GAG)-Seitenketten, modifiziert sind.

Proteoglykane sind ubiquitäre Zelloberflächen- und Extrazelluläre-Matrix-Proteine. Im Unterschied zu den meisten Proteinen, die aufgrund ihrer Aminosäuresequenz in verschiedene Familien eingeteilt werden, sind die Proteoglykane durch covalent mit dem Proteingerüst verknüpfte Glycosaminoglykan-Seitenketten (GAG) definiert. Diese stellen nichtverzweigte Polymere aus repetitiven Disaccharideinheiten dar und werden entsprechend der Struktur der Grundbausteine in **Chondroitinsulfat, Keratansulfat, Dermatansulfat** und **Heparansulfat** unterteilt. Zur Darstellung der Strukturen und Biosynthese dieser Kohlenhydrate sei auf ► Kap. 2.14, und ► Kap. 17.3.5, verwiesen, wo diese Themen bereits diskutiert worden sind. Die Glycosaminoglykan-Seitenketten können Größen von einigen 10 kDa besitzen und so die Eigenschaften des Proteins bestimmen.

Proteoglykane zeigen eine fast unüberschaubare Struktur-Vielfalt (◘ Tabelle 24.2). Diese ist durch zwei Faktoren bedingt:

- **Modifikation der Glykane.** Die Modifikationen umfassen:
  - Anheftung von O-Sulfat-Resten an verschiedenen Positionen
  - Umwandlung von N-Acetylglucosamin in Glucose-N-Sulfat und
  - Isomerisierung von Glucuronsäure zu Iduronsäure

  Da diese Modifikationen nur sporadisch innerhalb der Ketten erfolgen, ergibt sich ein komplexes Produktspektrum.
- **Vielzahl von Proteingerüsten.** Die Core-Proteine der Proteoglykane werden von mehr als einhundert Genen kodiert. Die Größe der Polypeptidketten reicht von etwa 10 kDa bis über 400 kDa, sie besitzen daher eine große Strukturvielfalt

Viele Funktionen der Proteoglykane lassen sich mit den **biophysikalischen Eigenschaften**, dem polaren Charakter und der negativen Ladungen durch Uron- und Sulfonsäuren der Glykanketten, erklären. Aufgrund der negativen Ladungen stellen Proteoglykane eine **Filtrationsbarriere** in den Glomeruli der Niere dar. Das Heparansulfat-Proteoglykan **Perlecan** verhindert, vermutlich zusammen mit anderen Proteoglykanen, den Durchtritt anionischer Serumproteine in den Urin. Eine weitere Funktion ist die Bildung wassergefüllter Kompartimente, z.B. im Knorpel. Die GAG-Ketten besitzen je nach Typ eine bis vier Sulfatgruppen pro Disaccharid-Einheit, was eine Ladungsdichte von 1–5 Ladungen pro nm ergibt. Die Sulfatreste sind bei physiologischen pH-Werten voll ionisiert, die fixierten negativen Ladungen ziehen Gegenionen an, vor allem Na^+- und Ca^{2+}-Ionen. Die hohe lokale Ionenkonzentration verursacht

Tabelle 24.2. Übersicht über wichtige Proteoglykane (Auswahl)

Proteoglykan	Core-Protein (kDa)[a]	Typ u. Anzahl der GAG-Ketten[b]	Vorkommen/Funktion
Basalmembran-Proteoglykane			
Perlecan	400–470	HS/CS (3)	Integraler Bestandteil der Basalmembran, Filtrationsbarriere
Agrin	225	HS (3)	Aggregation von Acetylcholin-Rezeptoren
Hyalectane[c]			
Aggrecan	220–250	CS/KS (~130)	Knorpel, Bildung eines hydratisierten Gels
Versican	180–370	CS (~20)	Stroma, hydratisiertes Gel, Modulation v. Zell-Matrix-Interaktionen
Kleine leuzinreiche Proteoglykane			
Decorin	36	CS/DS (1)	Bindung an Kollagen I, Rolle in der Fibrillen-Bildung, Bindung an TGFβ
Fibromodulin	42	KS (4)	Bindung an Kollagen I, Rolle in der Fibrillen-Bildung
Membrangebundene Proteoglykane			
Betaglykan	100–110	HS/CS (2)	Bindung von TGFβ
Syndecane	20–45	HS/CS (3)	FGF-Bindung, Zelladhäsion

[a] Die Variationen in den Größen ergeben sich durch Spezies-Unterschiede und alternatives Spleißen.
[b] Art und Anzahl der angehefteten Glycosaminoglykan (GAG)-Seitenketten können von Zelltyp zu Zelltyp variieren. HS = Heparansulfat; CS = Chondroitinsulfat; KS = Keratansulfat; Hya = Hyaluronsäure.
[c] Komplexe mit Hyaluronsäure und Link-Proteinen.

einen **osmotisch bedingten Wassereinstrom** aus den umliegenden Regionen. Das Ausmaß hängt stark von der Konzentration ab, die in verschiedenen Kompartimenten sehr unterschiedlich ist. Im Knorpel etwa beträgt die extrazelluläre Na^+ -Konzentration 250–350 mM und die Osmolalität 350–450 mosm, verglichen mit etwa 290 mosm der normalen Extrazellulärflüssigkeit.

Mit solchen Funktionen sind die Proteoglykane aber nur unzureichend charakterisiert. Sie sind darüber hinaus von Bedeutung als **Corezeptoren für Wachstumsfaktoren**, als **Modulatoren der Zell-Zell-** und **Zell-Matrix-Interaktion** und bei der **Regulation der Aktivität einiger Proteasen** (Heparin-Thrombin-Antithrombin III) (▶ Kap. 29.5.3).

24.4.1 Aggrecan

Aggrecan ist ein lebensnotwendiger Knorpelbaustein. Es ist essentiell für die Funktion des Knorpels als druckelastische Struktur.

Aggrecan ist das wichtigste Proteoglykan des Knorpels. Das Core-Protein hat eine Größe von etwa 250 kDa. Die N- und C-terminalen Bereiche bilden globuläre Domänen, der Mittelteil hingegen besitzt eine elongierte Struktur, die mit etwa 30 Keratansulfat- und ungefähr 100 (!) Chondroitinsulfat-Seitenketten substituiert ist, sodass das komplette Protein eine **Molekülmasse** von etwa **3 MDa** besitzt und eine hohe Konzentration an negativen Ladungen aufweist (■ Abb. 24.10b). Aggrecan kommt im Knorpel nicht isoliert vor, sondern bildet riesige **Aggregate mit Hyaluronsäure** (■ Abb. 24.10a), die selbst schon ein ungewöhnlich großes lineares Polymer aus bis zu 25000 Disaccharideinheiten von Glucuronsäure und N-Acetyl-Glucosamin darstellt (▶ Kap. 2.1.4). Die nichtcovalente Bindung an Hyaluronsäure wird durch die N-terminale globuläre Domäne des Aggrecans vermittelt und durch ein kleines Protein, das so genannte **Link-Protein**, stabilisiert. Mutationen, die zu einem nichtfunktionellen Protein führen, sind letal. Embryonen von Hühnchen und Maus zeigen eine stark verminderte Knorpelbildung und damit auch eine gestörte Knochenbildung. Unmittelbar letal ist vermutlich der Kollaps der Luftröhre. Ein ähnlicher Phänotyp tritt bei Mangel an **Sulfattransferasen** auf, weil durch Fehlen der sulfatierten Zucker die Ladungskonzentration erniedrigt ist und so die Bildung eines hyperosmotischen (▶ o.), reversibel deformierbaren Gels verhindert wird.

Ein strukturell mit Aggrecan verwandtes großes Proteoglykan ist das in vielen extrazellulären Matrices vorkommende **Versican**. Dieses Proteoglykan schafft ebenfalls eine lockere hydratisierte Matrix. Darüber hinaus kann es auch Prozesse wie Zellwanderung und -Proliferation beeinflussen.

24.4.2 Kleine leucinreiche Proteoglykane

Proteoglykane wie Decorin, Biglykan und Fibromodulin regulieren die Kollagen-Fibrillenbildung.

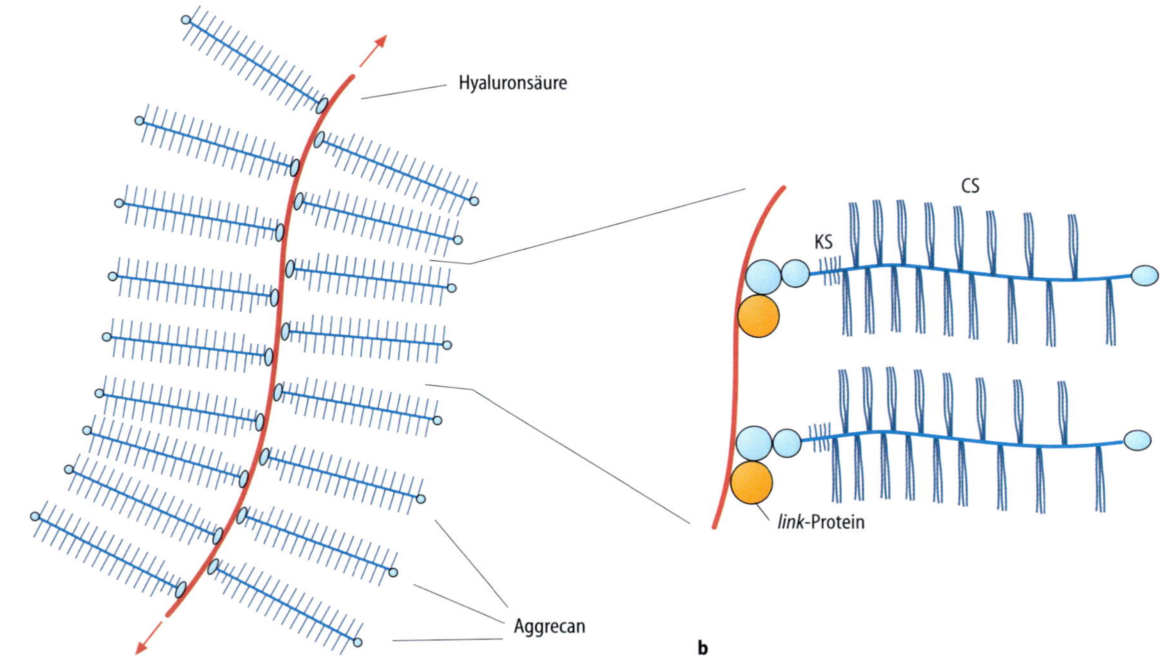

◻ Abb. 24.10a,b. Schematische Darstellung der Aggregate des Proteoglykans Aggrecan mit Hyaluronsäure. a Aggrecan bindet in vielen Kopien entlang des Hyaluronsäure-Fadens und schafft so ein wässriges, elastisches Kompartiment. **b** Aggrecan-Moleküle binden über ihre N-terminale globuläre Domäne an Hyaluronsäure. Die Bindung wird durch ein sog. *Link*-Protein verstärkt. KS = Keratansulfat; CS = Chondroitinsulfat

Die kleinen leucinreichen Proteoglykane besitzen etwa 40 kDa große *core*-Proteine mit einer N-terminalen, die Glycosaminoglykan-Seitenketten tragenden Domäne, gefolgt von einer Domäne, die aus leucinreichen *repeats* besteht. Eine wichtige Funktion dieser Proteine ist die Organisation von Kollagenfibrillen. **Decorin** bindet mit seinem *core*-Protein an die **Gap-Region** (◻ Abb. 24.4) von Kollagen-Fibrillen, während die Glycosaminoglykan-Seitenkette nach außen gerichtet ist. Dies erschwert die weitere Anlagerung von Kollagenmolekülen, verhindert die laterale Fusion von Fibrillen und fördert so die korrekte Fibrillenbildung. Entsprechend besitzen Decorin-Knockout-Mäuse eine gestörte Kollagen-Fibrillen-Morphologie und die Haut zeigt eine deutlich reduzierte mechanische Belastbarkeit.

24.4.3 Membrangebundene Proteoglykane

! Viele membrangebundene Proteoglykane sind Corezeptoren für Wachstumsfaktoren.

Zellkulturuntersuchungen aus den frühen 90er Jahren hatten gezeigt, dass die Wirkung von **FGF** (Fibroblasten-Wachstumsfaktor, ► Kap. 25.1.3) in Abwesenheit von Heparansulfat drastisch reduziert ist. Röntgenstrukturanalysen haben inzwischen die molekulare Ursache geklärt. Eine Heparansulfat-Seitenkette, die für eine hochaffine Bindung noch ein spezielles Sulfatierungsmuster besitzt, bindet zwei Ligand-Rezeptor-Komplexe und hält sie so in der richtigen Konformation, dass die intrazelluläre Tyrosinkinase-Aktivität des FGF-Rezeptors, eines typischen Tyrosinkinase-Rezeptors (► 25.7) durch Autophosphorylierung aktiviert werden kann. Neben FGF sind eine Reihe anderer Wachstum und Differenzierung regulierender Faktoren (TGFβ, Wnt, Hedgehog) auf zellgebundene Proteoglykane als Cofaktoren angewiesen. Dies können entweder Membranproteine sein wie **Betaglykan** und die **Syndecane**, oder über einen Lipidanker befestigte Moleküle wie **Glypican**. Betaglykan bildet über sein *core*-Protein mit **TGFβ** (► Kap. 25.1.3, 25.7.2) einen Komplex, der mit dem TGF-Rezeptor interagiert. Die Aktivierung von Wachstumsfaktoren durch Syndecane und Glypicane hingegen erfordert die Interaktion mit den Heparansulfatketten.

Nicht nur Zelloberflächenproteine binden Wachstumsfaktoren, sondern auch einige sezernierte Proteoglykane. Seit langem ist z.B. der **wachstumshemmende Effekt von Heparin** bekannt. Dieser dürfte darauf beruhen, dass Proteoglykane in der extrazellulären Matrix mit Heparin um die Bindung der Wachstumsfaktoren konkurrieren und so die Konzentration an freien Cytokinen regulieren. Andererseits werden auf diese Weise Wachstumsfaktoren in der ECM gespeichert und können bei Bedarf durch Hydrolyse der Bindungspartner wieder freigesetzt werden.

24

In Kürze

Proteoglykane sind eine heterogene Gruppe von Proteinen, die mit Glycosaminoglykan-Seitenketten substituiert sind.

Glycosaminoglykane sind aufgrund von sulfatierten Zuckern und Uronsäuren stark negativ geladen. Man unterscheidet 4 Klassen:

- Chondroitinsulfat
- Keratansulfat
- Dermatansulfat
- Heparansulfat/Heparin

Viele Funktionen der Proteoglykane ergeben sich aus den biophysikalischen Eigenschaften der negativ geladenen Zuckerketten, z.B.:

- Filtrationsbarriere in den Glomeruli (z.B. durch Perlecan)
- wassergefüllte hydrophile Kompartimente (z.B. durch Hyaluronsäure und Aggrecan im Knorpel)

Einige Proteoglykane (wie Decorin) sind wichtig bei der Regulation der Kollagen-Fibrillenbildung.

Einige membrangebundene Proteoglykane (z.B. Syndecane) sind Corezeptoren für Wachstumsfaktoren (FGF, TGFβ) oder für die Zelladhäsion.

24.5 Nichtkollagene, zelladhäsive Glycoproteine

Die extrazelluläre Matrix besitzt nicht nur Strukturfunktionen, sondern sie reguliert auch zelluläre Funktionen.

! Die extrazelluläre Matrix dient als Substrat für **Zell-Adhäsion** und **-Wanderung**.

Mit Ausnahme einiger hämatopoetischer Zellen sind alle Zellen des Organismus ständig an Substrate wie die Basalmembran oder das lockere Bindegewebe gebunden, die Bindung erfolgt über spezifische zelluläre Rezeptoren, vor allem die **Integrine** (► u.). Je nach Substrat werden die Zellen zur Wanderung angeregt, haften fest oder versuchen sogar, das Substrat zu meiden. Bei der Gastrulation z.B. wandern die Mesoderm-Zellen über eine Schicht aus **Fibronectin** (► u.), das gleichsam als Leitschiene für die Zellen dient. Zellwanderungen sind auch im adulten Organismus z.B. im Falle der Fibroblasten und in pathologischen Situationen wie der Wundheilung oder Rekrutierungen von Leukozyten zu Entzündungsherden erforderlich.

! Die extrazelluläre Matrix beeinflusst Zellfunktion, Zelldifferenzierung, Zellproliferation und Apoptose.

Tabelle 24.3. Matrix-Glycoproteine, die Zellfunktionen beeinflussen (Auswahl)

Protein(-Typ)	biologische Wirkungen (Auswahl)
matricellular proteins Proteine, die Zellrezeptoren, ECM-Moleküle, Zytokine und Proteasen binden; Modulatoren der Zell-Matrix-Interaktion; wegen der Vielzahl möglicher Interaktionen unterschiedliche Wirkung an verschiedenen Geweben möglich, Beispiele:	
SPARC* (= BM40, Osteonectin)	*knock-out*-Phänotyp: Linsentrübung, erhöhte Adipogenese, Störung der Kollagen-Fibrillenbildung.
Thrombospondine	Aktivierung von TGFβ, Regulation der Kollagenfibrillenbildung, Regulation der Angiogenese, Plättchenaggregation
Tenascin-C, -X, -R, -Y, -W	hohe Expression während der Gewebsbildung in der Embryonalentwicklung, Reexpression während Wundheilung und Tumorbildung. Bei Ausfall: geringe neurologische Defekte (TN-C, -R), erhöhte Aktivität an MMPs und verstärkte Tumor-Metastasierung (TN-X)
Osteopontin	Regulation der Calcifizierung, Bindung an Hydroxyapatit
bone sialoprotein	Regulation der Calcifizierung, Bindung an Hydroxyapatit
zelladhäsive Proteine	
Vitronectin	Vorkommen im Blut und in der ECM, beteiligt an der Regulation der Blutgerinnung und dem proteolytischen Abbau der ECM, bindet mehrere Integrine, vor allem $\alpha_v\beta3$ (Modulation von Zellwanderung, Angiogenese)
Fibronectin	wichtigstes Zelladhäsionsmolekül in der ECM, Einzelheiten s. Text
Laminine	wichtigstes Zelladhäsionsmolekül der Basalmembran, Einzelheiten s. Text
Agrin	Basalmembranprotein, verschiedene Spleißvarianten mit unterschiedlichen Aktivitäten; notwendig für die Differenzierung der neuromuskulären Synapse (Aggregation der Acetylcholin-Rezeptoren), *knock-out* letal

* SPARC = *secreted protein acidic and rich in cysteine*

Zellen müssen in der richtigen Umgebung angesiedelt sein und die richtige Polarität (apikal-basale Polarität bei Epithelzellen) besitzen, um ihre korrekten Funktionen auszuüben. Dies erfordert die Ausbildung spezifischer Zell-Zell- und Zell-Matrix-Kontakte. Die wichtigsten Rezeptoren für extrazelluläre Matrixmoleküle sind die **Integrine**, ihre Aktivierung ermöglicht in vielen Fällen erst, dass Wachstumsfaktoren/Hormone ihre Wirkung entfalten (**Synergismus**). Darüber hinaus beeinflussen ECM-Moleküle über Rezeptoren wie die Integrine aber auch direkt die Genexpression.

Man kennt inzwischen eine große Anzahl von ECM-Molekülen, die eine regulatorische Funktion ausüben, einige sind in Tab. 24.3 aufgelistet. Aus der Vielfalt an Faktoren sollen im Folgenden die beiden wichtigsten Zelladhäsionsproteine, das **Fibronectin** und die **Laminine,** vorgestellt werden. Im Anschluss werden die **Integrine**, die wichtigste ECM-Rezeptor-Familie besprochen.

24.5.1 Fibronectin

Fibronectin ist ein Heterodimer aus zwei etwa 230 kDa großen Polypeptidketten, die nahe am C-terminalen Ende durch Disulfidbrücken zusammen gehalten werden (Abb. 24.11). Durch alternatives »Spleißen« der RNA eines einzigen Gens entstehen Moleküle mit unterschiedlichen Eigenschaften.

- In der Leber wird die als lösliches **Plasma-Fibronectin** bezeichnete Spleißvariante synthetisiert. Das Protein liegt im Plasma in einer Konzentration von ca. 300 mg/l vor und spielt eine wichtige Rolle bei der **Wundheilung**. Bei der Blutgerinnung wird Fibronectin in das Fibrin-Gerinnsel eingebaut, sodass der Blutpfropf nicht nur die defekte Stelle verschließt, sondern gleichzeitig auch ein Zelladhäsionsmolekül enthält, das von Keratinozyten, Fibroblasten und Zellen des Immunsystems erkannt wird, umso gleichzeitig die Regeneration zu stimulieren
- Fibroblasten hingegen bilden eine andere Spleißvariante (**unlösliches Fibronectin**), die in die extrazelluläre

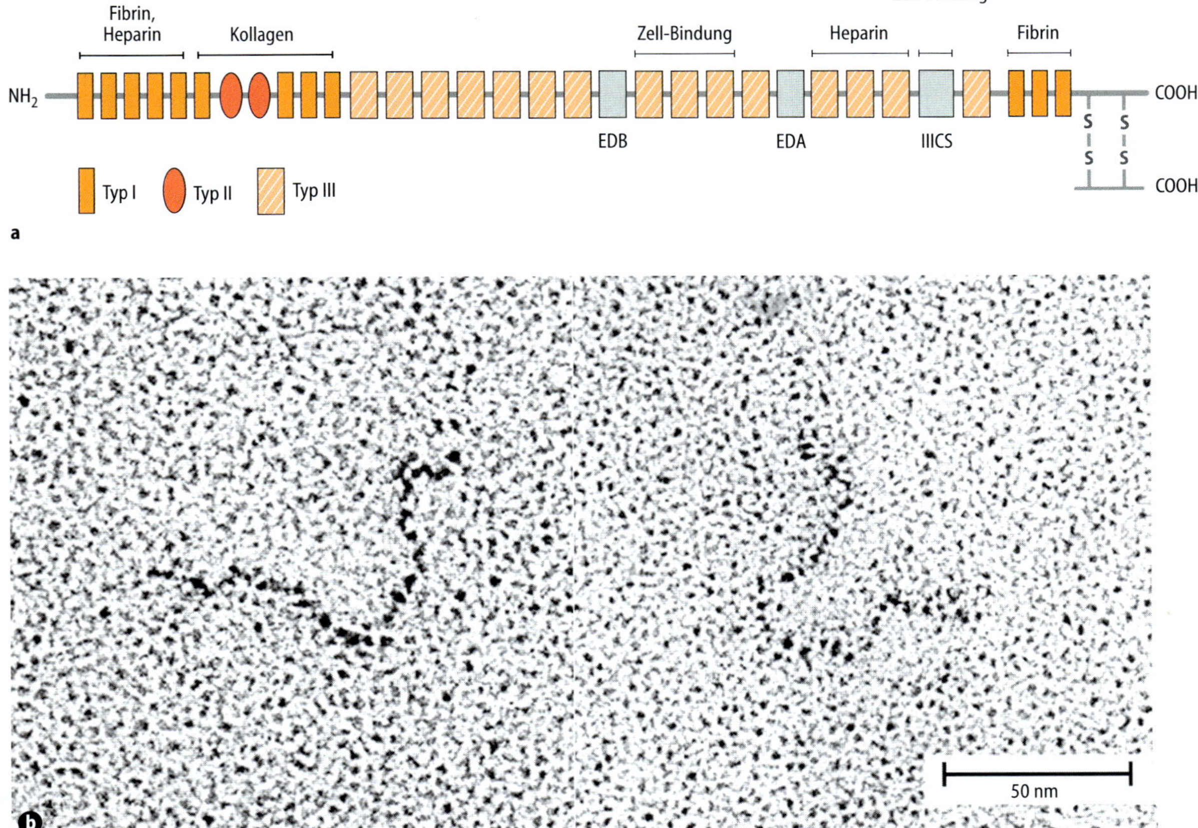

Abb. 24.11a,b. Struktur von Fibronectin. a Schematische Darstellung des modularen Aufbaus einer Fibronectin Untereinheit. Die Polypeptidkette (MG ca. 230 kDa) besteht aus einer Vielzahl von 40–90 Aminosäuren langen Domänen, die aufgrund ihrer Homologie in drei verschiedene Strukturtypen (Typ-I, Typ-II, Typ-III) eingeteilt werden. EDA, EDB und IIICS sind Module, die alternativ gespleißt werden können. Entlang der Polypeptidkette befinden sich verschiedene Bindungsregionen für weitere ECM- und Zelloberflächen-Moleküle. **b** Elektronenmikroskopische Aufnahme (Rotary Shadowing Verfahren) einzelner Fibronectin-Moleküle. Zwei Polypeptidketten werden über C-terminale Disulfidbrücken verknüpft. (Aufnahme von J. Engel, Basel)

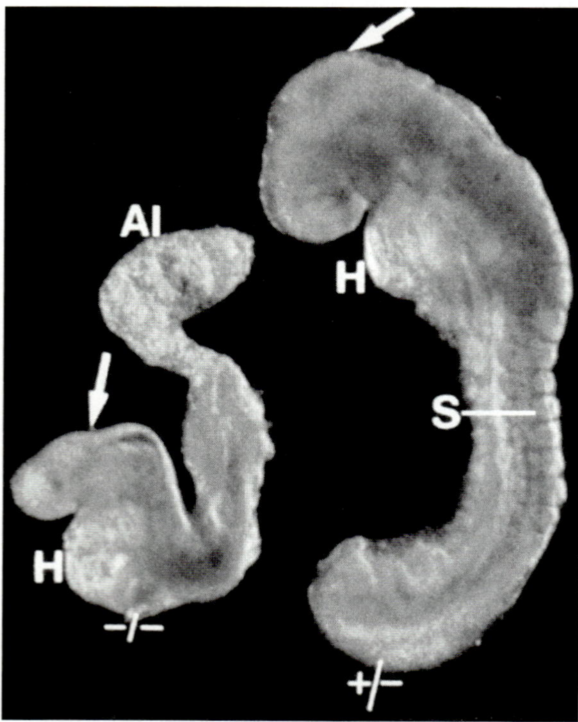

Abb. 24.12. Auswirkung der Inaktivierung des Fibronectin-Gens auf die Embryonalentwicklung der Maus. Homozygote (–/–) Mäuse zeigen im Vergleich zu normal aussehenden heterozygoten (+/–) Mäusen eine stark verkürzte anteriore/posteriore Achse. Somiten fehlen sowie differenzierte Strukturen im kaudalen Bereich, die Kopffalte ist fehlgebildet (*Pfeil*). Die Aufnahme wurde im Entwicklungsstadium E8.5 (Tag 8.5 nach Coitus) gemacht. H Herz; Al Allantois; S Somit. (George EL, Georges-Labouesse EN, Patel-King RS, Rayburn H, Hynes RO (1993) Defects in mesoderm, neural tube and vascular development in mouse embryos lacking fibronectin. Development 119:1079–1091)

Matrix in Form von unlöslichen Fibrillen eingelagert wird. Dieses Fibronectin besitzt eine **Brückenfunktion** zwischen Kollagenfibrillen und anderen ECM-Molekülen, es dient als **Adhäsionsmolekül** für verschiedene Zellen, und reguliert dadurch Wanderung und Differenzierung

Den verschiedenen biologischen Funktionen entsprechend besitzt Fibronectin eine Reihe von spezifischen Bindungsstellen für extrazelluläre Proteine (Fibrin, Heparin, Kollagen) und je nach Spleißvariante eine oder mehrere Zellbindungsregionen. Letztere binden an **Integrine** in der Plasmamembran der adhärierenden Zellen und lösen so eine Signaltransduktionkette aus. Der wichtigste Fibronectin-Rezeptor ist das α5β1-Integrin (▶ Kap. 24.5.3).

Die Bedeutung der Fibronectin-vermittelten Zell-Matrix-Interaktion für den Organismus zeigt am deutlichsten die Tatsache, dass die Inaktivierung des Fibronectin-Gens embryonal letal ist (Abb. 24.12): Die Gastrulation ist gehemmt (bei der normale Gastrulation wandern die Mesodermzellen über eine Matrix aus Fibronectinmolekülen) und die mutanten Embryonen zeigen dramatische Störungen in der Morphogenese mesodermaler Organe (Fehlen stimulierender Signale durch Integrin-vermittelte Signaltransduktion).

24.5.2 Laminine

! Multiple Isoformen verleihen Basalmembranen organspezifische Funktionen.

Während sich die Fibronectine aus einem Gen durch alternatives Spleißen ableiten und in der ECM deponiert werden, stellen die Laminine eine **Multigen-Familie** dar und werden in Basalmembranen eingebaut. Die Laminine sind Heterotrimere, bestehend aus je einer α-, β- und γ-Kette. Bisher sind fünf α-, vier β- und drei γ-Ketten bekannt, die zu mehr als einem Dutzend verschiedener Lamininvarianten assembliert werden können. Die Mehrzahl der Moleküle besitzt eine asymmetrische kreuzförmige Struktur aus drei kurzen und einem langen Arm (Abb. 24.13). Einige Moleküle besitzen jedoch verkürzte Ketten und zeigen daher abweichende Formen. Laminine stellen die **nichtkollagene Hauptkomponente** in allen Basalmembranen dar. Sie polymerisieren über die drei terminalen Domänen der drei kurzen Arme zu einem Netzwerk, das über *linker*-Proteine wie das Nidogen mit dem Gerüst des Kollagens Typ IV verknüpft ist. Zusätzlich sind in die Basalmembran noch das Heparansulfatproteoglykan Perlecan und andere Glycosaminoglykane eingelagert, an die Laminin mit seiner Heparinbindungsstelle am Ende des langen Arms binden kann.

Die Laminine werden entwicklungs- und organspezifisch exprimiert. Laminin-1 (α1β1γ1) ist vorwiegend in embryonalen Basalmembranen zu finden. Laminin-2 (α2β1γ1) ist die dominierende Isoform in Muskel und peripheren Nerven, neuromuskuläre Synapsen hingegen enthalten Laminin-4 (α1β2γ1). In den Basalmembranen der Haut findet sich Laminin-5 (α3β3γ3), in vielen epithelialen Basalmembranen ist Laminin-10 (α5β1γ1) die dominierende Isoform.

! Die einzelnen Laminin-Isoformen können sich funktionell nicht gegenseitig ersetzen. Der Ausfall jeder der bisher untersuchten Lamininketten erzeugt schwerste Defekte oder ist embryonal letal.

So führt z.B. das Fehlen der α2-Kette zur Muskeldystrophie, das Fehlen der β2-Kette zur Blockierung der neuromuskulären Signalübertragung, da die Schwannschen Zellen entlang der veränderten Basalmembran in den synaptischen Spalt hineinwachsen. Inaktivierung des Gens der in fast allen Isoformen vorkommenden γ1-Kette ist bereits im frühen Blastocysten-Stadium letal. Diese Ergebnisse zeigen, wie wichtig die korrekte Proteinzusammensetzung der Basalmembran für die Entwicklung und die Funktion der adhärierenden Zellen ist.

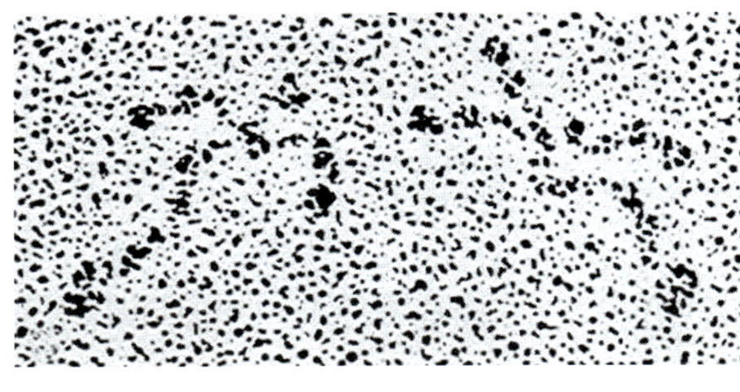

a

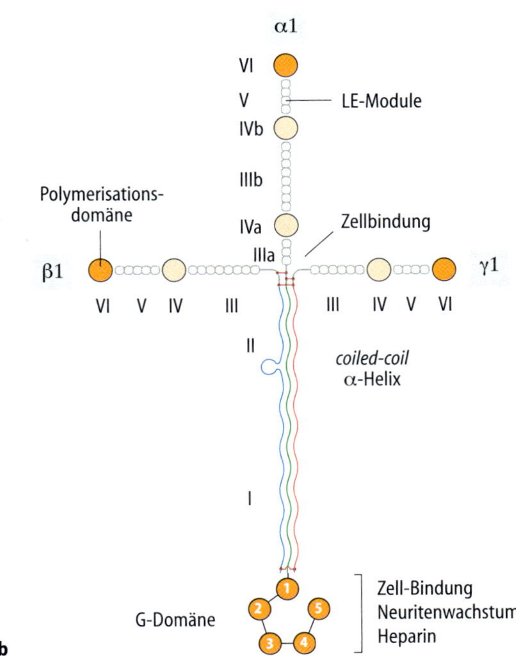

Abb. 24.13a,b. Typische Struktur von Lamininen, dargestellt am Beispiel von Laminin-1. a Elektronenmikroskopische Aufnahme (nach Rotary Shadowing) von Laminin-1 aus einem Maus-Tumor. **b** Schematische Darstellung des Aufbaus der kreuzförmigen Struktur aus drei unterschiedlichen Polypeptidketten mit Molekulargewichten zwischen 220 und 440 kDa. Alle drei Ketten zeigen einen homologen Aufbau aus sechs unterschiedlichen globulären und stäbchenförmigen Domänen (I–VI). Die stäbchenförmigen Domänen der kurzen Arme sind aus einer Vielzahl je acht Cystein-Reste enthaltender LE-Module (EGF-ähnliche Lamininmodule) aufgebaut. Der Stab des langen Arms besitzt eine *coiled-coil* Struktur. Zusätzlich enthält die α1-Kette noch eine große C-terminale globuläre Domäne. Einige wichtige biologisch aktive Regionen sind in der Abbildung gekennzeichnet. G-Domäne = globuläre, C-terminale Domäne)

24.5.3 Integrine

Man kennt eine Reihe von zellulären Rezeptoren, die ECM-Proteine binden, darunter die vor allem als Corezeptoren agierenden **membrangebundenen Proteoglykane** und das **Dystroglykan** (▶ Kap. 30.2.3). Die am besten untersuchten und universellsten Rezeptoren stellen jedoch die Integrine dar (Abb. 24.14).

! Integrine sind die größte Rezeptorfamilie für ECM-Moleküle.

Alle Integrine sind heterodimere, aus einer α- und einer β-Untereinheit bestehende Transmembranproteine. Beide Ketten sind nichtcovalent miteinander assoziiert und besitzen Molmassen im Bereich zwischen 100 und 200 kDa. Es gibt wenigstens **18α-Ketten** und **8β-Ketten**. Aus der Vielzahl der theoretisch möglichen Kombinationen werden jedoch nur 24 verschiedene Integrine gebildet. Die Rezeptoren für ECM-Moleküle sind meist Heterodimere aus der β1-Kette mit verschiedenen α-Ketten. So ist **α2β1** ein Kollagen-Rezeptor, **α5β1** ein Fibronectin-Rezeptor und **α6β1** ein typischer Laminin-Rezeptor.

Die Integrine müssen eine Vielzahl von Liganden erkennen. Eine Gemeinsamkeit ist, dass die Liganden einen Aspartat-Rest in der Bindungsregion enthalten müssen. Die β-Ketten besitzen nämlich ein unvollständig koordiniertes Kation, in der Regel Mg^{2+}, die Koordination wird durch Bindung eines Aspartat-Rests des Liganden vervollständigt (Abb. 24.14a). Für einige Integrine ist die Erkennung der Tripeptidsequenz Arg-Gly-Asp (so genannte **RGD-Sequenz**) für die Bindung des Liganden ausreichend. Meist werden aber komplexere Proteinstrukturen des Liganden erkannt, die mit beiden Integrin-Untereinheiten wechselwirken.

Nicht alle Integrine sind Rezeptoren für ECM-Moleküle. So ist zum Beispiel αIIb/β3 der wichtigste Rezeptor auf Blutplättchen für Fibrinogen (▶ Kap. 29.5.2) und β2-Integrine vermitteln die Interaktion von Lymphozyten mit Endothelzellen, z.B. bei der Extravasation an Entzündungsherden (▶ Kap. 34.6.1).

Integrine sind **bidirektionale Rezeptoren**. Viele Integrin-Rezeptoren liegen normalerweise in einer inaktiven Konformation vor, wie z.B. der Plättchenrezeptor αIIb/β3. Erst bei Aktivierung der Thrombozyten nach Gefäßverletzungen (u.a. durch Bindung von subendothelialem Kollagen an das ständig aktive α2β1-Integrin) wird der Rezeptor über eine intrazelluläre Signaltransduktionskette in die bindungskompetente Konformation überführt (*inside-out-signaling*). Die bedarfsabhängige Aktivierung von αIIb/β3 verhindert in diesem Falle eine unkontrollierte Blutgerin-

24

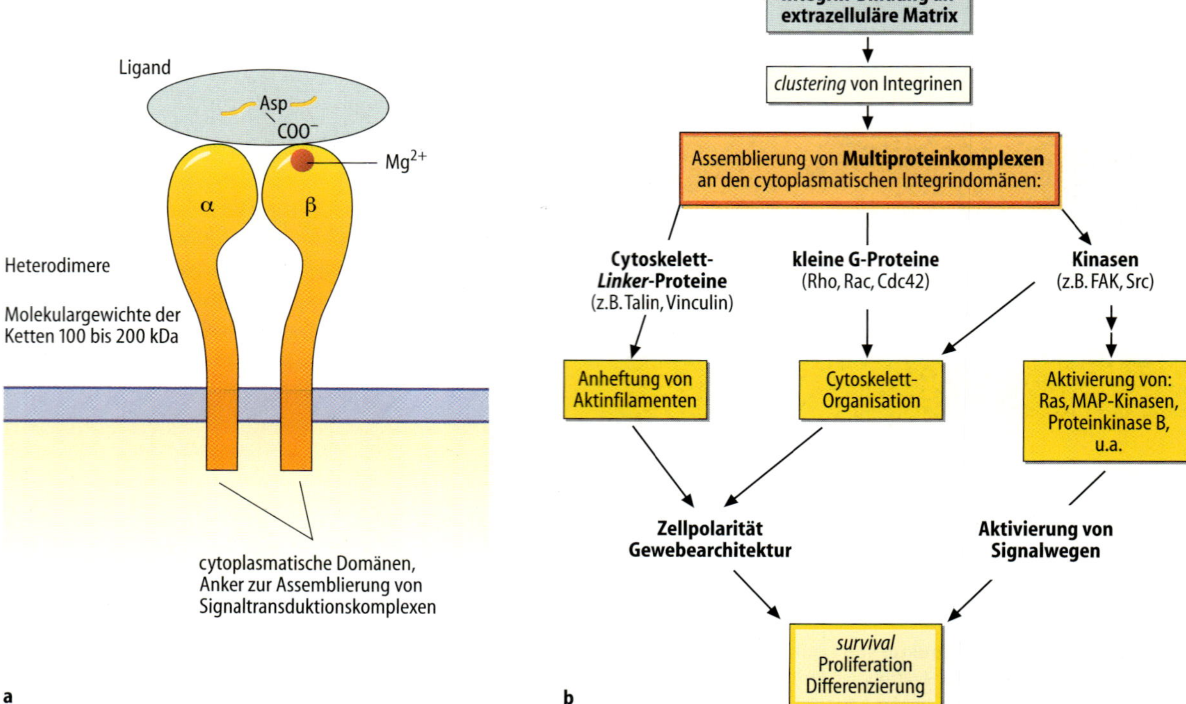

Abb. 24.14a,b. Struktur und Signaltransduktion der Integrine. **a** Schematische Darstellung der Struktur eines Integrins, bestehend aus einer α- und einer β-Untereinheit. An der Ligandenbindung sind die N-terminalen Domänen beider Untereinheiten beteiligt, die Ligandenbindungsregion der β-Untereinheit enthält ein zweiwertiges Kation (Mg^{2+}), das einen Aspartatrest in der Bindungsregion des Liganden bindet. **b** Schematische Darstellung der durch Aktivierung der Integrine ausgelösten Signalwege. (Einzelheiten ► Text)

Tabelle 24.4. Effekte von Mutationen in Ingegrin-Genen auf die Mausentwicklung (Beispiele)

Integrin-Untereinheit	Phänotyp
α3	Perinatal letal, Defekte in der Nierenentwicklung
α4	Embryonal letal, Defekte in der Plazenta- und Herzentwicklung
α5	Embryonal letal, Defekte in der Mesoderm-Bildung
α6	Perinatal letal, Hautablösung
α7	Lebensfähig, Entwicklung einer Muskeldystrophie
α8	Perinatal letal, Fehlbildung der Nieren
αv	Perinatal letal, Rupturen von Gefäßen
β1	Letal, Degeneration der Inneren Zellmasse der Blastocyste
β7	Fehlen von Lymphozyten im Darmbereich

nung. Demgegenüber ist das *outside-in-signaling* der normale Signalübertragungsweg von außen in die Zelle.

! Integrine erfüllen lebensnotwendige Aufgaben.

Inaktivierung der Gene für einzelne Integrin-Untereinheiten verursacht in den meisten Fällen einen charakteristischen Phänotyp (Tabelle 24.4). Die Befunde reichen von Letalität im Blastocystenstadium (► u.) bis hin zu relativ milden Effekten wie dem Fehlen der Peyerschen Plaques.

! Integrine organisieren das Cytoskelett und aktivieren eine Vielzahl von Signaltransduktionswegen.

Die Integrine besitzen nur kurze cytoplasmatische Domänen, die keinerlei eigene enzymatische Aktivitäten aufweisen. Entsprechend läuft die Signaltransduktion auch anders ab als bei »konventionellen« Rezeptoren. Die cytoplasmatischen Domänen dienen als Anker für die Assemblierung von Multiprotein-Komplexen. Die wichtigsten Reaktionen sind in Abb. 26.14b zusammengefasst:

- Adhärieren Zellen an **immobilisierte** Moleküle in der ECM, lagern sich die vorher mehr oder weniger frei in der Membran diffusiblen Integrine an den Kontaktstellen zusammen. Über Linker-Proteine wie **Vinculin** und **Talin** werden Verbindungen zu **Aktin-Filamenten** her-

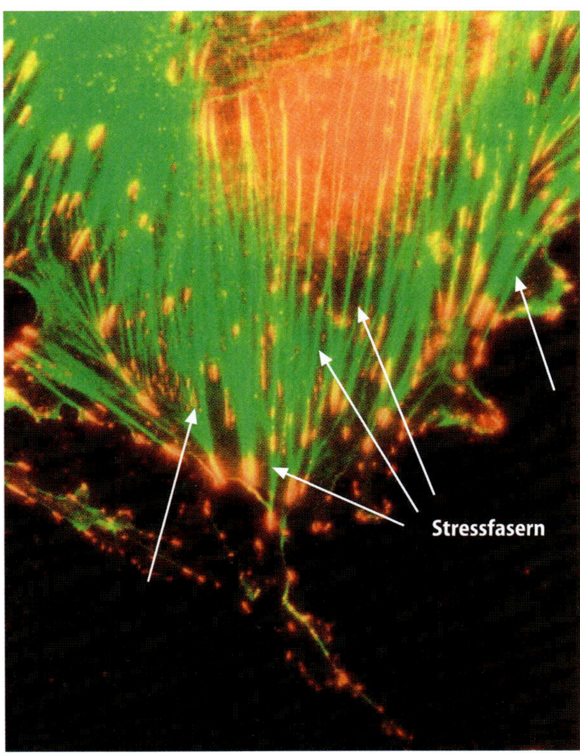

Abb. 24.15. Nachweis erhöhter Tyrosin-Phosphorylierung in Fokal-Kontakten durch Doppel-Immunfluoreszenz. Fluoreszein-markiertes Phalloidin (*Grünfärbung*) und Rhodamin-konjugierte Antikörper (*Rotfärbung*) wurden benutzt, um Aktinfilamente bzw. Phospho-Tyrosin-Reste in Proteinen anzufärben. An den Fokal-Kontakten treffen Rot- und Grünfärbung zusammen, sodass eine Orangefärbung eintritt. (Aus Burridge K et al. 1992. Burridge K et al. (1992) Signals from Focal Adhesions. Curr Biol 2:537-539)

gestellt. Es kommt also sowohl zur *cluster*-Bildung der Rezeptoren als auch der Aktin-Filamente. Dieser Prozess führt zur Ausbildung der so genannten **Fokal-Kontakte** (*focal adhesions*): Dies sind Aggregate von Integrinen mit Cytoskelett-Linkerproteinen und Signaltransduktionsproteinen (▶ u.), die sich lichtmikroskopisch (!) darstellen lassen. Abb. 24.15 zeigt als Beispiel einen Fibroblasten, bei dem die *focal adhesions* mit einem Rhodamin-gekoppelten, gegen phosphorylierte Tyrosinreste gerichteten Antikörper sichtbar gemacht wurden (Rotfärbung, in *focal adhesions* werden Tyrosinkinasen aktiviert, ▶ u.). Zusätzlich wurden Aktinfasern mit einem Phalloidin-gekoppelten zweiten Antikörper sichtbar gemacht (Grünfärbung, Phalloidin ist ein aktinbindendes Toxin des weißen Knollenblätterpilzes). Man erkennt, dass ein großer Teil der Aktinfasern in den *focal adhesions* endet. Die Aktinfasern bilden dicke Bündel, die straff aufgespannt erscheinen. Diese Fasern werden **Stressfasern** genannt. Sie enthalten nicht nur Aktin, sondern auch Myosin. Wie beim glatten Muskel können diese Fasern daher verkürzt werden, sodass die Fasern gespannt werden, was z.B. bei der Zellwanderung wichtig ist, aber auch beim Aufbau der Zellarchitektur

- Die Bildung von Strukturen wie der Stressfasern erfordert 1) Anheften von Aktin(-Myosin)-Filamenten an Integrine, 2) Neubildung von Aktinfilamenten, und 3) Straffen der Filamente. Diese komplexen Prozesse werden von kleinen **G-Proteinen** aus der Rho-Familie reguliert, die zu den Kontaktstellen rekrutiert und dort durch Guaninnukleotid-Austauschfaktoren GEFs (▶ Kap. 25.4.4) aktiviert werden
- Durch ähnliche Mechanismen werden bei wandernden Zellen die etwas kleineren fokalen Komplexe gebildet, von denen aus die Aktinfasern zu Strukturen wie **Lamellipodien** und **Filopodien** organisiert werden
- In die Fokal-Kontakte werden weitere Signalmoleküle eingelagert (Abb. 24.14b). Darunter sind **Tyrosinkinasen der Src- Familie** und die *focal-adhesion*-**Kinase** (**FAK**). Letztere kommt nur in Fokal-Kontakten vor, und ihre Aktivierung ist strikt an die Bildung solcher Adhäsionsplaques gekoppelt. Diese Kinasen können Tyrosinreste von Proteinen in den Adhäsionsplaques phosphorylieren. An diese binden (über SH2-Domänen) Adapter-Proteine, die häufig mehrere **SH2**- und **SH3-Domänen** enthalten und so eine Reihe von Signaltransduktionsprozessen initiieren können (▶ Kap. 25.4.2)
- In Epithelzellen der Haut und einigen anderen Epithelien wird die stabile Verankerung und Signaltransduktion durch einen zweiten Mechanismus, der Bildung von Hemidesmosomen über das $\alpha6\beta4$-Integrin (▶ Kap. 24.8.4), bewerkstelligt

Dieses etwas ungewöhnliche Zusammenspiel der Rekrutierung von Signaltransduktionsmolekülen und der Wirkungen auf das Cytoskelett resultiert in folgender Besonderheit der Signaltransduktion:

> ! Typisch für Integrine ist die Kopplung der Signaltransduktion an ein organisiertes Cytoskelett.

Diese Kopplung soll vermutlich sicherstellen, dass eine Zelle nur in dem richtigen Kontext funktioniert. Beispielsweise sollten Epithelzellen nur im Zellverband, d.h. adhäriert an der Basalmembran und im Kontakt zu den Nachbarzellen funktionieren. Losgelöst und vielleicht in der Blutbahn an einen fremden Ort verfrachtet, sollten sie hingegen ihre Funktion einstellen.

Der Integrin-vermittelte Kontakt zur Basalmembran ist essenziell für die Ausbildung der korrekten **Zellarchitektur** und der **Zellpolarität**. Wird dieser Kontakt verhindert, degeneriert die Zelle. Das eindruckvollste Beispiel ist sicherlich die Degeneration des Embryos, wenn die Integrin-abhängige Ausbildung der Basalmembran zwischen dem primitiven Ekto- und Endoderm unterbleibt. Es kommt nicht zur Bildung des zweiblättrigen Keimblatts!

Auch weitere durch Integrine stimulierte Reaktion lassen sich mit der Annahme, dass ein *priming* der Zelle durch Integrin-abhängige Zelladhäsion erforderlich ist, erklären:

- **Integrine wirken synergistisch mit Wachstumsfaktoren.** Einige Integrine können ebenso wie Wachstumsfaktoren (▶ Kap. 25.4.3) über SH2/SH3-Adapterproteine **Ras** aktivieren. Die Zellen müssen adhärent sein, damit die Wachstumsfaktoren wirken können. In Suspension teilen sich nichttransformierte Zellen nicht
- **Integrine sind permissiv für die Zelldifferenzierung.** In einigen Zelltypen bewirkt die Adhäsion Austritt aus dem Zellzyklus und Differenzierung

In Kürze

Nichtkollagene Glycoproteine der ECM wie Fibronectin und Laminin sind wichtige Mediatoren
- von Zelladhäsion und -wanderung und
- beeinflussen Zellfunktion, -differenzierung und -proliferation

Fibronectin kommt in zahlreichen Spleiß-Varianten vor. Es bindet
- sowohl an andere ECM-Moleküle wie Kollagen und Heparin als auch
- über Integrine an Zellen

Im adulten Organismus ist Fibronectin von Bedeutung
- bei der Wundheilung und
- der Regulation der Aktivität von (Bindegewebs-)-Zellen

Während der Embryonalentwicklung ist Fibronectin u.a. essentiell für die Bildung mesodermaler Strukturen. Laminine stellen eine große Molekülfamilie aus drei Polypeptidketten dar, die meisten Moleküle besitzen eine typische kreuzförmige Struktur.

Laminine sind
- obligatorische Bestandteile der Basalmembran und
- werden gewebs- und entwicklungsspezifisch exprimiert

Der Ausfall der verschiedenen Iso-Formen hat einen charakteristischen, oft letalen Phänotyp.
Integrine
- sind die wichtigsten Zelloberflächen-Rezeptoren für ECM-Moleküle
- bilden eine große Familie von heterodimeren Molekülen aus je einer α- und einer β-Kette
- können in verschiedenen Kombinationen unterschiedliche Liganden binden
- binden an die ECM, was für die Ausbildung der Fokal-Kontakte wichtig ist. Dabei organisieren Integrine das Aktin-Cytoskelett, führen zur Aktivierung von Proteinkinasen und beeinflussen dadurch Signaltransduktionswege und den Funktionszustand der Zellen

Inaktivierung von Integrin-Genen verursacht schwerste Schäden.

24.6 Abbau der extrazellulären Matrix

Die extrazelluläre Matrix des Erwachsenen besitzt in der Regel einen recht geringen Stoffumsatz. So werden ca. 2–3% des Hautkollagens täglich erneuert, im gesunden Gelenkknorpel beträgt die Halbwertszeit viele Jahre. In bestimmten Situationen sind jedoch ein schneller Abbau bzw. Umbau erforderlich. Großflächige Umstrukturierungen finden z.B. bei der Rückbildung des Uterus nach der Geburt und bei der Wundheilung statt, während lokal eng begrenzte Abbauprozesse beim Durchtritt von weißen Blutkörperchen aus der Blutbahn ins Interstitium erfolgen. Der Abbau von ECM-Molekülen wird durch spezifische Proteasen vermittelt. Einige davon sind **Serinproteasen**, die meisten gehören jedoch zur Familie der **Metalloproteinasen**:

- Zwei für den Abbau der ECM wichtige Serinproteasen sind **tPA** (*tissue-type-plasminogen activator*) und **uPA** (*urokinase-type-plasminogen-activator*). Beide wandeln durch Spaltung einer einzigen Peptidbindung Plasminogen in **Plasmin** um. Plasminogen/Plasmin sind wegen ihrer Rolle bei der Auflösung von Blutgerinnseln durch Spaltung von Fibrin bekannt (▶ Kap. 29.5.3), sind aber auch an Umbauprozessen der ECM beteiligt. Plasmin ist in der Lage, verschiedene ECM-Proteine wie Fibronectin und Laminin zu verdauen. Eine Besonderheit von uPA besteht darin, dass durch Bindung an den Zelloberflächen-Rezeptor uPAR gezielt die ECM in der direkten Umgebung dieser Zelle verdaut werden kann, z.B. bei der Extravasation von Leukozyten.
- Die **Matrix-Metallo-Proteinasen** (**MMPs**) stellen eine Familie von inzwischen über 20 **Zink-abhängigen Proteasen** dar (◘ Tabelle 24.5), die entweder sezerniert werden oder in der Membran verankert sind. Alle Enzyme besitzen eine konservierte Protease-Domäne, in der drei Histidin-Reste das **Zinkatom** im katalytischen Zentrum komplexieren. Zusätzlich finden sich bei den meisten Mitgliedern noch eine oder mehrere C-terminale Domänen, die für Substraterkennung und -bindung wichtig sind.

! Die Matrix-Metallo-Proteinasen werden als inaktive Pro-Formen (Zymogene) gebildet.

Tabelle 24.5. Matrix-Metalloproteinasen und ihre Substrate (Auswahl) Col = Kollagen

Enzym	Alternative Namen	Typische Substrate
Kollagenasen		
MMP-1	Kollagenase-1, Fibroblasten-Kollagenase	Col I, II, III, VII, X, Pro-MMP-2 u.-9
MMP-8	Kollagenase-2, Neutrophilen-Kollagenase	Col I, II, III, Aggrecan
MMP-13	Kollagenase-3	Col I, II, III, Aggrecan
Gelatinasen		
MMP-2	Gelatinase A	Gelatine, Col IV, Col I, V, X, Elastin, Aggrecan, Link-Protein
MMP-9	Gelatinase B	Gelatine, Col IV, Col V, XI, Elastin, Aggrecan, Link-Protein
Stromelysine		
MMP-3	Sromelysin-1, Proteo-glykanase	Kollagene u. nichtkollagene ECM-Proteine, Pro-MMP-1,-8,-9,-13, E-Cadherin, L-Selektin, Inaktivierung v. Protease-Inhibitoren
MMP-10	Stromelysin-2	ähnlich wie MMP-3, schwächer aktiv als MMP-3
Membran-MMPs		
MMP-14	MT1-MMP	Col I, II, III, Fibronectin, Laminin, Proteoglykane
MMP-16	MT3-MMP	Pro-MMP-2
Sonstige		
MMP-7	Matrilysin, PUMP-1	ECM-Proteine, Pro-MMP-1,-2 u.-9
MMP-12	Metalloelastase	Elastin und weitere ECM-Moleküle
MMP-20	Enamelysin	Amelogenin

Die Pro-Form enthält eine N-terminale Domäne, die Pro-Domäne, die das katalytische Zentrum blockiert. Die Aktivierung der Protease erfolgt durch proteolytische Abspaltung des Propeptids im Extrazellulärraum. Lediglich **Stromelysin-3** und die **membrangebundenen MMPs (MT-MMPs)** werden bereits im Golgi-Apparat aktiviert.

> Die Matrix-Metallo-Proteinasen besitzen zum Teil eine sehr hohe Substratspezifität.

Die **Kollagenasen** MMP-1, -8 und -13 spalten die fibrillären Kollagene I–III, nicht aber Kollagen-Typ-IV. Die Spaltung erfolgt an einer einzigen Gly-Ile/Leu-Bindung. Die Tripelhelix der Fragmente ist thermisch nicht mehr so stabil und kann von anderen Proteasen, darunter die ebenfalls zu den MMPs gehörenden **Gelatinasen** (MMP-2 und MMP-9), weiter verdaut werden. Letztere vermögen auch das Typ-IV-Kollagen in zwei Fragmente zu zerlegen.

Die Bedeutung der MMPs wurde in jüngerer Zeit auch durch Ausschalten der entsprechenden Gene in Mäusen offenbar. So können Makrophagen von Mäusen, denen MMP-12 fehlt, weder *in vitro* noch *in vivo* durch die Basalmembran penetrieren. MMP-9 defiziente Mäuse zeigen verzögertes Wachstum der langen Knochen mit abnorm verdickter Wachstumszone, was auf eine Verzögerung des Abbaus der knorpeligen ECM bei der indirekten Ossifikation zurückzuführen ist (s.u.).

> Die Aktivität von MMPs und Serinproteasen wird strikt reguliert.

Eine überschießende Reaktion würde leicht zu einer Gewebszerstörung führen. Daher erfolgt die Aktivierung lokal begrenzt an der Zelloberfläche von Fibroblasten. Gelatinase wird bei Bedarf durch die membranständige MT1-MMP aktiviert, die gleichzeitig einen Rezeptor für das aktive Enzym darstellt. Darüber hinaus gibt es eine Reihe von Inhibitoren der MMPs, die **TIMP** (*tissue inhibitors of metalloproteinases*) genannt werden. Normalerweise herrscht ein fein reguliertes Gleichgewicht zwischen den MMPs und TIMPs. Störungen des Gleichgewichts führen zu einem erhöhten Kollagenabbau (z.B. bei Metastasierungen) oder zu erniedrigtem Kollagenabbau (Fibrose).

24.7 Biochemie und Pathobiochemie des Skelettsystems

24.7.1 Die extrazelluläre Matrix von Knorpel und Knochen

Knorpel. Knorpel findet sich an den Stellen, wo flexible, druckresistente Strukturen benötigt werden. Er hat als Gelenkknorpel und Zwischenwirbelscheibe mechanische Aufgaben. Darüber hinaus ist Knorpel die Vorstufe für die durch indirekte Ossifikation entstehenden Knochen. Die extrazelluläre Matrix des Knorpels wird von Chondrozyten gebildet, die von ihren eigenen Syntheseprodukten eingeschlossen werden, sodass sie nur noch durch Diffusion von außen ernährt werden können, denn Knorpel ist nicht vaskularisiert. Die Knorpelmatrix stellt im Wesentlichen ein **faserverstärktes Gel** dar. Der Gelcharakter ist durch polyanionische Aggregate aus **Hyaluronsäure** mit **Proteoglykanen** (**Aggrecan**) bedingt (► Kap. 2.1.4, 24.4.1), die zu hohen osmotischen Drücken führen. Daher besitzt Knorpel die Fähigkeit anzuschwellen, der Wasseranteil beträgt etwa 70–80%. Dieses Gel wird durch quervernetzte Fibrillen aus **Kollagen-Typ-II** in Form gehalten. Dieses Kollagen ist das mengenmäßig dominierende Knorpelkollagen. Daneben findet man noch geringere Mengen der physiologisch ebenfalls wichtigen **Kollagene Typ-XI und Typ-IX** (► Kap. 24.2.1). Knorpel ist meist von einem Perichondrium umgeben, dies trifft jedoch nicht zu für die Gelenkflächen, die Knorpel-Knochen-Grenze der Gelenke und die Wachstumszone. Im **Perichondrium finden sich Kollagene Typ-I, -II und -V**. Zusätzlich zu den Kollagenen und Proteoglykanen enthält die Korpel-Matrix noch weitere Proteine, darunter **Protease-inhibitoren** und die in drei Isoformen bekannten **Matriline** (auch *cartilage matrix protein* genannt). Die mit den Thrombospondinen (◘ Tabelle 24.3) verwandten Matriline besitzen möglicherweise eine Bedeutung in der Assemblierung der Knorpelmatrix oder vermitteln die Adhäsion der Chondrozyten an Knorpel-Matrix-Proteine.

Knochen. Im Gegensatz zum Knorpel ist der Knochen gut durchblutet und innerviert. Die eigentlichen Knochenzellen sind die Knochenmatrix synthetisierenden **Osteoblasten/Osteozyten** und die Knochenmatrix ab-/umbauenden **Osteoklasten**. Der Knochen erfüllt mehrere Funktionen. Zum einen ist er ein hochdifferenziertes **Stützgewebe**, das für die Bewegungen des Körpers und zum Schutz von Organen wie dem Gehirn essentiell ist, zum anderen dient er als **Speicher für Calcium- und Phosphationen**. Darüber hinaus beherbergt der Knochen das **Knochenmark** als Stätte der Blutbildung. Das anorganische Knochenmaterial setzt sich vorwiegend aus Calciumphosphaten zusammen, die sehr dem **Hydroxylapatit** [$3Ca_3(PO_4)_2 \cdot Ca(OH)_2$] ähneln. Zusammen mit 10% Wasser machen die anorganischen Bestandteile des Knochens etwa 80% aus. Die restlichen 20% entfallen auf organisches Material. Die Hauptkomponente stellt das **Kollagen-Typ-I** dar, das dem Knochen die mechanische Festigkeit verleiht. Die anorganische Matrix alleine ist zu brüchig, um Belastungen Stand zu halten, sie bildet mit dem Kollagen zusammen eine Art »Verbundwerkstoff«. Nichtkollagene Proteine machen nur etwa 10% der organischen Matrix aus, sind aber dennoch für die Knochenentwicklung und Homöostase wichtig. Zu den nichtkollagenen Proteinen gehören **Proteoglykane** wie Decorin und Biglykan und Zelladhäsionsproteine wie **Fibronectin.** Weiterhin enthält Knochen eine Reihe von **matrizellulären Proteinen** (◘ Tab. 24.3) wie Tenascin, Thrombospondin, Osteopontin und *bone sialoprotein.* Diese auch in der extrazellulären Matrix von Nicht-Knochen-Gewebe weit verbreiteten Proteine unterstützen u.a. die Differenzierung/Funktion von Osteoblasten und Osteoklasten. Fehlen dieser Proteine äußert sich u.a. in einer erhöhten Knochenbrüchigkeit und einer verlangsamten Heilung von Knochenbrüchen. Osteopontin und *bone-sialoprotein* sind integrinbindende, phosphorylierte und sulfatierte Glycoproteine, denen aufgrund ihrer Fähigkeit Hydroxylapatit zu binden eine Funktion in der Mineralisierung zugeschrieben wird. Wichtig für die Ossifikation sind auch Proteine mit Vitamin-K abhängig gebildeten γ-Carboxy-Glutamat-Resten (= Gla), z.B. **Matrix-GLA-Protein** und **Osteocalcin** (► Kap. 23.2.4). Mäuse mit inaktivierten Genen für Matrix-GLA-Protein und Osteocalcin zeigen überraschenderweise eine verstärkte (!) Knochenbildung. Mäuse ohne GLA-Protein sterben in den ersten beiden Monaten nach der Geburt aufgrund einer exzessiven, abnormalen Calzifizierung der Arterien. Trotz ihrer Fähigkeit an Apatit zu binden, scheint also die Funktion dieser Proteine eher in der kontrollierten Abscheidung von Hydroxylapatit und der Verhinderung einer überschießenden Ossifikation zu liegen.

Ein wichtiges Markerenzym für die Osteoblastenaktivität ist eine knochenspezifische alkalische Phosphatase, deren physiologische Funktion allerdings noch nicht genau bekannt ist.

24.7.2 Synthese von Knochen und Knorpel durch Chondrozyten und Osteoblasten

Chondroblasten und Osteoblasten leiten sich von mesenchymalen Stammzellen ab, aus denen in anderen Differenzierungsprogrammen auch Fibroblasten, Myoblasten und Adipozyten entstehen. Sie sind die beiden zentralen Zelltypen, die die Knochen- und Knorpelsubstanz aufbauen.

Knorpelbildung. An der Bildung der Knorpelsubstanz sind lediglich die Chondroblasten und Chondrozyten (in Knorpelmatrix eingebettete Chondroblasten) beteiligt. Sie synthetisieren die charakteristischen Knorpelbestandteile wie das Typ-II-Kollagen und Aggrecan.

Knochenbildung. Die Bildung des Knochens verläuft wesentlich komplexer. Bei der **direkten oder desmalen Ossifikation** differenzieren mesenchymale Zellen direkt zu Osteoblasten. Zunächst wird eine Osteoid genannte organische Matrix aus Kollagen Typ I, Proteoglykanen, Mucinen und weiteren nichtkollagenen Proteinen wie Osteocalcin und Osteopontin abgelagert, die anschließend verkalkt. Die Osteoblasten werden in diese verkalkte Substanz eingemauert, bleiben aber über Zellfortsätze miteinander in Kontakt. Diese Art der Knochenbildung ist auf relativ wenige Bereiche wie z.B. die Bildung des knöchernen Schädeldachs beschränkt. Die häufigste Art der Knochenbildung ist die **indirekte oder enchondrale Ossifikation**. Einen

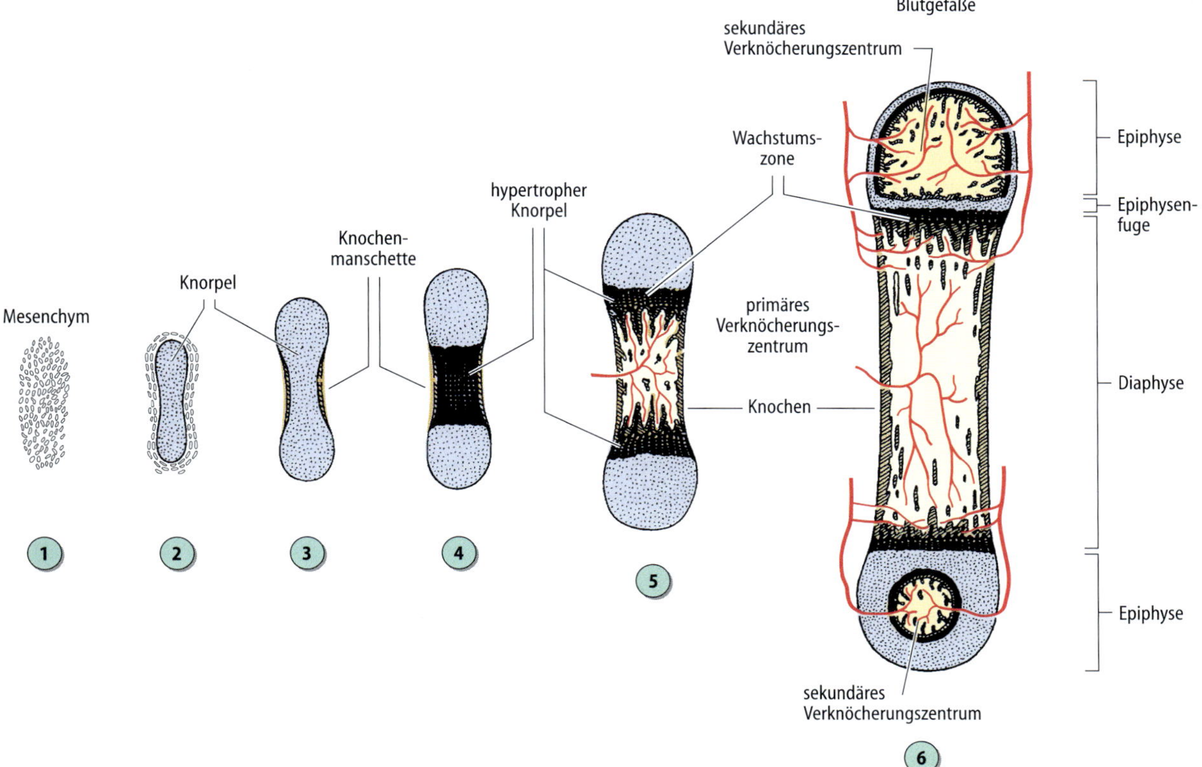

Abb. 24.16. Schematische Darstellung der enchondralen Ossifikation von Röhrenknochen. Mesenchymale Zellen (**1**) kondensieren zu einer Knorpelanlage (Knorpelblastem) (**2**), das Knorpelmodell erhält eine perichondrale Knochenmanschette (**3**), die umschlossenen Chondrozyten hypertrophieren, verkalken und gehen durch Apoptose zugrunde (**4**), Blutgefäße wandern ein (**5**) und mit ihnen Chondroklasten, die die Reste der Knorpelzellen abbauen. In die entstandene Markhöhle wandern Osteoblasten-Vorläuferzellen ein und leiten die primäre Ossifikation ein (**5**). Das Längenwachstum erfolgt an der Wachstumszone zu beiden Seiten der Markhöhle (► auch Abb. 26.17a). In späteren Entwicklungsstadien, vor allem nach der Geburt entsteht in den Epiphysen das sekundäre Ossifikationszentrum (**6**, dargestellt sind zwei sekundäre Ossifikationszentren in unterschiedlichen Entwicklungsstadien)

Überblick gibt Abb. 24.16. Eingeleitet wird sie durch Kondensation von Mesenchymzellen. Während die Zellen an der Peripherie das Perichondrium bilden und sich direkt zu Osteoblasten entwickeln, differenzieren die Zellen im Zentrum zu Knorpelzellen. Im Gegensatz zur Chondrogenese bleibt die Differenzierung aber nicht auf der Stufe der Chondrozyten stehen, sondern sie differenzieren über verschiedene Zwischenstadien zu hypertrophen Zellen, die durch Apoptose zugrunde gehen. Die Hypertrophierung ist durch **Umschalten der Synthese von Kollagen-Typ-II auf Typ-X** und schließlich die Mineralisierung der Knorpelmatrix gekennzeichnet. Von den hypertrophen Knorpelzellen sezerniertes **VEGF** (= *vascular endothelial growth factor*) führt zur Vaskularisierung der mineralisierten Knorpelmatrix. Mit den Blutgefäßen dringen Zellen ein, die zu Chondroklasten werden und die Knorpelreste abbauen, und schließlich **Osteoblasten-Progenitorzellen,** die die endgültige Ossifikation einleiten.

Die Knochenmatrix-synthetisierenden Osteoblasten sind spezialisierte, aber noch nicht terminal differenzierte Zellen. Einige werden schließlich in die Knochenmatrix eingebettet und differenzieren zu den nicht mehr teilungsfähigen Osteozyten, die über ein Netzwerk von Zellfortsätzen miteinander verbunden bleiben, aber kaum noch Osteoid synthetisieren. Andere sterben durch Apoptose ab.

Auf molekularer Ebene werden Chondrogenese und Osteogenese durch eine Reihe von Faktoren reguliert, die man in zwei Gruppen unterteilen kann:

- **Schlüsseltranskriptionsfaktoren.** Sie bewirken die Differenzierung von mesenchymalen Vorläuferzellen zu Chondrozyten bzw. Osteoblasten. Diese Faktoren werden im Laufe der Embryonalentwicklung an entscheidenden Weichenstellungen exprimiert. Sind sie nicht vorhanden, wird die ganze Zell-Linie (z.B. Chondroblasten) nicht gebildet. Welche Faktoren die Induktion dieser Transkriptionsfaktoren zum richtigen Zeitpunkt an der richtigen Position bewirken, ist meist erst unvollständig aufgeklärt
- **Parakrine Wachstumsfaktoren und Hormone**. Eine Übersicht ist in Tab. 24.6 dargestellt. Im Folgenden sind nur die wichtigsten Faktoren dargestellt

24

! Die wichtigsten Transkriptionsfaktoren für die Bildung von Chondrozyten und Osteoblasten sind **SOX9** und **CBFA-1** (**Runx2**).

SOX-9 reguliert die frühe Differenzierung der kondensierenden **Mesenchymzellen zu Knorpelzellen** und die folgenden Differenzierungsstadien. SOX-9 stimuliert zusammen mit weiteren Mitgliedern der SOX-Familie die Transkription einer Reihe von Matrix-Genen, darunter Typ-II-Kollagen und Aggrecan.

Für die späte Differenzierung von Chondrozyten zu hypertrophen Chondrozyten übernimmt ein zweiter Transkriptionsfaktor, **CBFA-1** (= *core binding factor-1*), Synonym: **Runx-2** (= *runt related transcription factor-2*), eine zentrale Rolle.

CBFA-1 ist gleichzeitig der Schlüsseltranskriptionsfaktor für die **Differenzierung von Mesenchymzellen zu Osteoblasten**. Ohne CBFA-1 bilden sich zwar noch die knorpeligen Vorläufer der Knochen, aber die Osteoblasten-Differenzierung und somit die Ossifikation unterbleiben. CBFA-1 ist auch für die Expression von Osteoblasten-spezifischen Genen erforderlich und wurde in der Tat erstmals als ein die Transkription von Osteocalcin stimulierender Faktor isoliert.

! Parakrin sezernierte Faktoren aus den Familien der BMPs und FGFs besitzen eine Schlüsselfunktion bei allen Stadien der Chondrozyten-Differenzierung.

Die *bone morphogenetic proteins* (**BMPs**) aus der TGFβ-Superfamilie wurden aufgrund ihrer Fähigkeit entdeckt, enchondrale Knochenbildung zu induzieren, wenn sie subkutan in Mäuse injiziert wurden. Die BMP-Proteine kommen in zahlreichen entwicklungsspezifisch exprimierten Isoformen vor und binden an mehrere unterschiedliche Rezeptoren. Einige Vertreter (BMP-4) sind für die Kondensation der Mesenchymzellen wichtig, für jeden Knochen muss eine Anlage von aggregierten Mesenchymzellen gebildet werden. Die Aggregation der Mesenchymzellen wird u.a. durch Expression von Zelladhäsionsmolekülen aus der Cadherin-Familie bewirkt. Außerdem halten BMPs die SOX-Expression aufrecht. BMPs sind auch an den weiteren Schritten der Chondrogenese beteiligt, wobei in jedem Stadium ein charakteristisches Muster an BMPs exprimiert wird.

Darüber hinaus sind BMP-Proteine auch für die Osteoblastenentwicklung essenziell, von der Differenzierung der Mesenchymzellen über die Reifung der Osteoblasten bis hin zur Apoptose von Osteozyten.

Die **Fibroblastenwachstumsfaktoren** (**FGFs**) stellen eine Gruppe von Cytokinen dar, die mit Tyrosinkinaserezeptoren (**FGFRs**) der Targetzelle interagieren. Viele der insgesamt 22 FGF-Gene und der vier FGF-Rezeptorgene werden in allen Stadien der Knorpel- und Knochenentwicklung exprimiert. Eine der bekanntesten Wirkungen ist die Induktion der Extremitätenknospen und die Regulation des proximal-distalen Wachstums durch FGF8, und legt so die Grundlagen für die Arm- und Beinentwicklung. In der Wachstumsfuge wirken sie antagonistisch zu den BMPs (► u.).

Störungen der FGF-Signaltransduktion sind verantwortlich für häufige erblich bedingte Fehlregulationen der Knochenbildung: Die **Achondrodysplasie**, die häufigste Form von Zwergwuchs, wird durch aktivierende Mutationen des FGFR-3-Rezeptors verursacht, was zu einer verfrühten terminalen Differenzierung der Chondroblasten führt.

Die **Kraniosynostose** ist die vorzeitige Verknöcherung der Schädelnähte. Sie wird meist durch aktivierende Mutationen des FGFR-2-Rezeptors verursacht, übermäßig starkes *signaling* durch FGF stimuliert die Differenzierung von Osteoblasten.

! Ein Regelkreis aus **Ihh** und **PTHrP** kontrolliert die Länge der Zone der proliferierenden Chondrozyten in der Wachstumsfuge.

Das Längenwachstum der Röhrenknochen erfolgt an den Wachstumsfugen und ist durch eine charakteristische Abfolge ruhender, proliferierender und hypertrophierender Chondrozyten gekennzeichnet (■ Abb. 24.17a). Die verschiedenen Differenzierungsschritte müssen strikt reguliert und koordiniert werden. Werden z.B. unter pathologischen Bedingungen Chondrozyten zu einem vorzeitigen Übergang von der proliferativen Phase zum hypertrophierten Zustand stimuliert, wird das Längenwachstum des Knochens verlangsamt, mit Zwergwuchs als Folge.

Die kontrollierte Abfolge von Reifungsprozessen wird durch komplexe Regelkreise gesteuert, an denen Hormone (Wachstumshormon, IGFs, Schilddrüsenhormone, ► u.) und Wachstumsfaktoren (BMPs, FGFs, ■ Abb. 24.17b) beteiligt sind. Ein wichtiger Regelkreis zur Kontrolle der Chondrozyten-Proliferation und -Reifung wird durch *indian hedgehog* (**Ihh**) und *parathormon-related-peptide* (**PTHrP**) gebildet. (■ Abb. 24.17a,b).

Indian hedgehog (**Ihh**) ist ein Mitglied der Hedgehog Familie von lokal wirkenden, sezernierten Proteinen, die nach Bindung an den Rezeptor *patched* den Transkriptionsfaktor Gli (so benannt nach Mutationen die zu **Glio**blastomen führen) aktivieren. Ihh wird in prähypertrophen und frühen hypertrophen Chondrozyten exprimiert. Es stimuliert zum Einen die **Proliferation** der zum Gelenkende hin gelegenen Chondrozyten (die zur späteren Markhöhle gelegenen Chondrozyten sind nicht mehr teilungsfähig). Zum Anderen verhindert Ihh die vorzeitige Hypertrophierung der Chondrozyten. Dieser Effekt wird indirekt über Stimulierung der PTHrP-Expression vermittelt (► u.). Eine weitere wichtige Funktion von Ihh ist die Förderung der Bildung von **Osteoblasten** in der primären Spongiosa und der Knochenmanschette.

Parathormon-*related-peptide* (**PTHrP**) bindet an den gleichen Rezeptor wie PTH und wurde in der Tat auch als

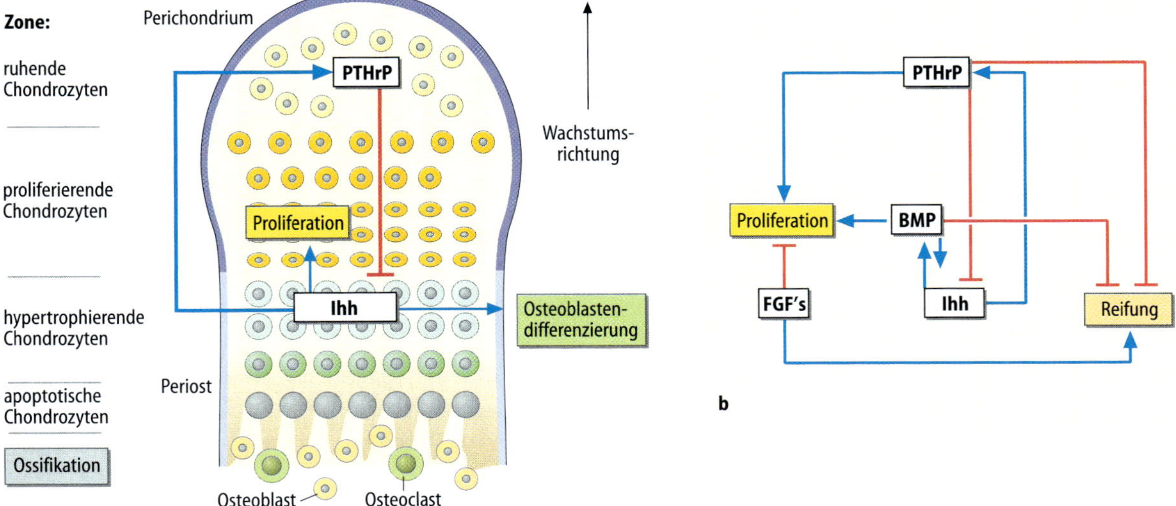

Abb. 24.17a,b. Interaktion von PTHrP, Ihh, BMPs und FGFs bei der Regulation der Chondrozytenproliferation und Reifung in der Wachstumszone (spätere Epiphysenfuge, vgl. Abb. 26.16, 5 u. 6). **a** biologische Wirkungen von Ihh und negative Rückkopplung zwischen Ihh und PTHrP, **b** Darstellung des Antagonismus zwischen FGFs und BPMs und Beziehung zu Ihh und PTHrP. (Einzelheiten ► Text)

Faktor entdeckt, der die Hypercalcämie bei bestimmten Tumoren bewirkt. Erst später wurde seine Bedeutung bei der Knochenentwicklung erkannt. PTHrP wird unter der Wirkung von Ihh von Perichondrium-Zellen und den frühen proliferativen Chondrozyten an den periartikulären Enden der langen Knochen exprimiert, der Mechanismus ist noch nicht bekannt. PTHrP wirkt primär, indem es die **Chondrozyten im proliferierenden Zustand** hält. Wenn Chondrozyten nicht mehr genügend durch durch PTHrP stimuliert werden, können sie nicht mehr zur Proliferation angeregt werden und beginnen, Ihh zu synthetisieren. Durch diesen Regelkreis wird die Länge der proliferativen Zone vorgeben (Abb. 24.17a). Die Bedeutung des Ihh/PTHrP-Systems erkennt man am besten aus der Tatsache, dass Fehlen von Ihh zu schwersten Wachstumsstörungen führt: Das Wachstum der Röhrenknochen ist praktisch komplett inhibiert, und es werden keine Osteoblasten gebildet.

An der Wachstumsfuge müssen noch weitere Faktoren aktiv werden, damit eine normale Knochenentwicklung erfolgt:

! BMPs und FGFs sind Antagonisten bei der Regulation der Chondrozyten-Differenzierung in der Epiphysenfuge.

BMPs werden in proliferierenden und hypertrophierenden Chondrozyten sowie im Perichondrium exprimiert. Sie **fördern die Proliferation von Chondrozyten und verzögern/inhibieren ihre terminale Differenzierung**. Sie stimulieren die Expression von Ihh (und umgekehrt). **FGFs hingegen vermindern die Proliferation von Chondrozyten und beschleunigen die Differenzierung** von hypertrophen Chondrozyten zu terminal differenzierten Chondrozyten. Daher ist das Knochenwachstum vom richtigen Verhältnis der beiden Cytokine abhängig (Abb. 24.17b).

! Parakrine Faktoren regulieren Chondro- und Osteogenese zusammen mit Hormonen.

An der Entwicklung und Homöostase von Knorpel/Knochengewebe sind eine Reihe von Hormonen beteiligt (Tab. 24.6). PTH, Calcitonin und Dihydroxycalciferol regulieren den **Calcium-Haushalt**. Die wichtigsten Hormone, die das Längenwachstum während der Embryonalentwicklung und der Kindheit regulieren, sind das **Wachstumshormon** (GH) und die *insulin-like growth factors*-1, -2 (► u.), die **Schilddrüsenhormone** und die **Glucocorticoide**, während des Heranwachsens gewinnen die **Androgene** und **Östrogene** an Bedeutung. Sowohl Chondrozyten als auch Osteoblasten besitzen Rezeptoren für diese Hormone. Die Biochemie dieser Hormone wird im Kap. 27 besprochen. Hier soll nur kurz die Beziehung zu den parakrinen Faktoren abgegrenzt werden.

Auf den ersten Blick scheinen Hormone und parakrine Faktoren redundante Funktionen in der Embryonalentwicklung und der Wachstumsphase zu besitzen, da beide Proliferation und Differenzierung unterstützen. Aber da sowohl Störungen des Hormon-Haushalts als auch Defekte in der Signaltransduktion durch parakrine Wachstumsfaktoren zu definierten Defekten im Skelettsystem führen, können sie sich offensichtlich nicht gegenseitig ersetzen. Beide Komponenten sind essenziell.

Einige Funktionen lassen sich klar voneinander abgrenzen. In der Embryonalentwicklung sind **morphogenetische Prozesse** wie Kondensation der Mesenchymzellen zu Knor-

Tabelle 24.6. Faktoren, die das Knochenwachstum beeinflussen (Auswahl)

Faktor	Effekte
Hormone	
T3	erforderlich für die normale Knochenentwicklung, bei Mangel Wachstumsverlangsamung, bei Überschuss beschleunigtes Knochenwachstum, fördern hypertrophe Differenzierung von Chondrozyten, Stimulierung der Transkription von IGF und GH
Glucocorticoide	Rezeptoren in proliferierenden und hypertrophierenden Chondrozyten und Osteoblasten, Osteoblastenproliferation↓, Osteoblastendifferenzierung↑, Knochenmatrixproduktion↓, Knochenresorption↑
GH	IGF-Produktion (Leber)↑, Wirkung an der Wachstumsfuge (Epiphysenwachstum): IGF-abhängige und unabhängige Mechanismen, GH postnatal erforderlich, pränatal nicht essentiell
IGF's	Epiphysenwachstum↑
Vitamin D	Stimulierung der Knochenbildung (vor allem durch Erhöhung des Ca^{2+} -Spiegels), Stimulierung der Osteoblasten (weniger wichtig), Stimulierung von Osteoklasten
PTH	Ca^{2+} -Mobilisierung aus dem Knochen, kurze Pulse von PTH wirken Osteoporose entgegen
Prostaglandin E2	Osteoklastengenese
Wachstumsfaktoren	
Ihh	produziert von postmitotischen Chondrozyten, Chondrozyten-Proliferation und -Differenzierung↑, Osteoblasten-Differenzierung↑, PTHrP-Bildung↑, Osteoblasten-Differenzierung im Perichondrium↑, Ihh-/- Mäuse: kleine Knorpel-Elemente, vermehrt hypertrophierender Knorpel
PTHrP	Bindet an PTH-Rezeptor, Proliferation von Chondrozyten, verzögerte Hypertrophierung,
FGFs	Chondrozyten: Proliferation↓, terminale Differenzierung↑, Osteoblasten: Regulation von Proliferation und Differenzierung; Effekte hängen vom Entwicklungsstadium ab
BMPs	Mesenchym-Kondensationen↑, Chondrozyten-Proliferation↑, terminale Differenzierung↓, Antagonismus zu FGF
Interleukine	Osteoklastogenese
Transkriptionsfaktoren	
SOX9	Differenzierung von Vorläuferzellen zu Chondrozyten↑, alle Stadien der Chondrozytendifferenzierung↑, Transkription von ECM-Proteinen↑
Cbfa1 (Runx2)	Differenzierung von Vorläuferzellen zu Osteoblasten↑, bei Mangel abnorme Chondrozytenreifung

pelanlagen, Induktion der Extremitätenknospe primär die Domäne der parakrinen Faktoren (BMPs und FGFs). Auf der anderen Seite sind **Koordination von Wachstumsprozessen** primär die Aufgabe von Hormonen, z.B. kontrolliert das GH/IGF-System das proportionales Wachstum aller Knochen und die Koordination mit dem Muskelwachstum. Hormone koppeln auch das Wachstum an die **Stoffwechsellage und Energieversorgung**, hierbei sind die Schilddrüsenhormone und Glucocorticoide involviert.

An vielen Prozessen sind aber Hormone und parakrine Faktoren gleichermaßen involviert (Tab. 24.6). So regulieren T3/4, GH/IGF-1,2 auf der einen Seite und PTHrP/Ihh, BMP und FGF auf der anderen Seite zusammen die Proliferation und Differenzierung von Chondroblasten und Osteoblasten. Man weiß inzwischen, dass die Biosynthese von PTHrP und dessen Rezeptor zumindest teilweise unter Kontrolle der Schilddrüsenhormone steht, sodass sie den Regelkreis zwischen Ihh und PTHrP und somit auch die Länge des Zone zwischen Ruheknorpel und hypertrophierendem Knorpel (Abb. 24.17a) beeinflussen. Auch stimulieren Schilddrüsenhormone die Biosynthese von Heparansulfatproteoglykan, einem essenziellen Cofaktor der FGF-Rezeptors (► o.). In den meisten Fällen sind die molekularen Mechanismen aber noch unbekannt.

Die Wirkung der parakrinen Faktoren ist nicht auf die Wachstumsphase begrenzt. Einige Wachstumsfaktoren wie **TGFβ, BMPs und FGFs** werden auch im reifen Knochen gebildet und in der Knochenmatrix gespeichert. Sie spielen eine wichtige Rolle bei Umbau- und Regenerationsprozessen.

24.7.3 Differenzierung von Osteoklasten und Abbau und Umbau von Knochen und Knorpel

Osteoklasten sind die Zellen, die die Knochensubstanz auflösen und so für den Umbau des Skelettsystems unentbehrlich sind (► u.).

Im Gegensatz zu den Chondroblasten und Osteoblasten leiten sich die Osteoklasten von Vorläuferzellen der Makrophagen ab.

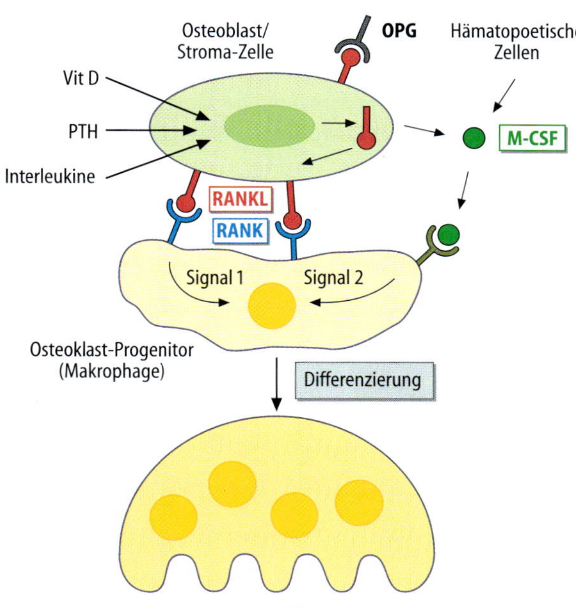

Abb. 24.18. Mechanismus der Differenzierung von Osteoklasten aus Makrophagen-ähnlichen Vorläufern. Es werden zwei Signale benötigt: 1 direkte Interaktion von RANKL auf der Oberfläche von Osteoblasten/Stroma-Zellen mit dem Rezeptor RANK auf dem Makrophagen; 2 Bindung M-CSF an seinen Rezeptor auf der Vorläuferzelle; OPG = Osteoprotegrin; Vit D = Vitamin D; PTH = Parathormon. (Einzelheiten ▶ Text)

Die Osteoklasten besitzen bis auf die terminale Differenzierung den gleichen Differenzierungsweg wie die Makrophagen. Progenitorzellen werden über die Blutzirkulation rekrutiert, durch Fusion von einkernigen Vorläufern entstehen schließlich die reifen, **vielkernigen** Osteoklasten (Abb. 24.18).

> **!** Zwei Osteoblasten-Proteine, M-CSF und RANKL, sind notwendig und hinreichend, um die Osteoklastogenese zu stimulieren.

Aufgrund der gleichen Abstammung ist nicht verwunderlich, dass der Wachstumsfaktor **M-CSF** (*macrophage colony-stimulating factor*), der die Proliferation und Differenzierung der Makrophagen-Vorläuferzellen stimuliert, auch die Osteoklastenbildung reguliert. M-CSF kann von Osteoblasten gebildet werden oder auf dem Blutweg den Knochen erreichen.

Zusätzlich ist ein **direkter Kontakt zwischen Osteoblasten und Osteoklasten-Progenitorzellen** zwingend erforderlich. Ohne die Anwesenheit von Osteoblasten werden keine Osteoklasten gebildet. Auf diese Weise werden Knochenabbau und -Aufbau miteinander gekoppelt, und einem überschießenden Knochenabbau kann weitgehend vorgebeugt werden.

Osteoblasten stimulieren die Osteoklastenbildung über das in der Cytoplasmamembran verankerte Protein **RANKL** (Ligand für RANK, alternativ auch TRANCE genannt). RANKL bindet an den Rezeptor **RANK** (*receptor for activation of nuclear factor kappa B*, auch OPGL, Osteoprotegrin-Ligand, genannt), der auf den Osteoklasten/Makrophagen-Vorläuferzellen exprimiert wird (Abb. 24.18). Aktivierung von RANK durch RANKL führt zur terminalen Differenzierung und Aktivierung der Makrophagen. RANKL und RANK sind Mitglieder der *Tumor-Necrosis-Factor*-(**TNF**)- **und** *Tumor-Necrosis-Factor-Receptor*-(**TNFR**)-**Familie**. Wie bei diesen assoziiert RANK mit TNF-Rezeptor-assoziierten Proteinen (TRAFs), die letztlich zu einer Aktivierung von NFκB und MAP-Kinasen führen (▶ Kap. 25.4.3).

Das Ausschalten der Gene für RANK oder RANKL führt neben schwerwiegenden Störungen im Immunsystem zur vollständigen Unterdrückung der Osteoklastogenese. Kürzlich wurde ein Antagonist zu RANKL gefunden, **OPG** (**Osteoprotegrin**) genannt. OPG konkurriert mit dem eigentlichen Rezeptor RANK um die Bindung von RANKL, vermag aber als frei lösliches Protein keine Signaltransduktion auszulösen und inhibiert so die Wirkung von RANKL. In Mäusen kann man durch Variation der Expression des Rezeptors RANK, des Liganden RANKL und des kompetitiven Inhibitors OPG die Osteoklasten-Bildung regulieren und alle Zustände von schwerer Osteopetrose bis zur massiven Osteoporose (▶ Kap. 24.7.6) erzeugen. Viele Mediatoren wie PTH, Vitamin-D und Prostaglandine führen zu einer Erhöhung der Expression von RANKL. Daher nimmt man an, dass dieser Weg den gemeinsamen Endpunkt für viele Osteoklasten-aktivierende Prozesse darstellt.

> **!** Osteoklasten erzeugen ein abgeschlossenes extrazelluläres Kompartiment, in dem die Knochenmatrix resorbiert wird.

Der erste Schritt im Knochenabbau besteht in der Anheftung der Osteoklasten an die Knochenoberfläche. Dies ist mit einer **Polarisierung** der Zelle verbunden. Die Plasmamembran gegenüber der Knochenmatrix faltet sich mehrfach ein, wodurch die resorbierende Oberfläche vergrößert wird, während der äußere Rand eine umlaufende dichte Verbindung zwischen Knochen und Zelle aufbaut, sodass ein **isoliertes extrazelluläres Kompartiment** entsteht, in dem der Knochenabbau vonstatten geht (Abb. 24.19). Diese Abdichtung wird durch Bindung des Integrins $\alpha v\beta 3$ an ECM-Moleküle vermittelt. $\alpha v\beta 3$-defiziente Osteoklasten können Knochen nur unvollständig auflösen, was mit einer Erhöhung der Skelettmasse und einem niedrigen Blut-Calcium-Spiegel verbunden ist. Die Bedeutung der Erzeugung eines abgeschlossenen extrazellulären Kompartimentes wird klar, wenn man den Mechanismus der Resorption betrachtet (Abb. 24.19). Zunächst muss die anorganische Knochenmatrix abgebaut werden. Dies geschieht durch **pH-Erniedrigung** in dem abgeschlossenen Raum, wodurch der Hydroxylapatit in Lösung geht. Die Ansäuerung erfolgt ähnlich wie bei der Sezernierung von HCl im Magen durch Sezernierung von H^+-Ionen durch eine Protonen-

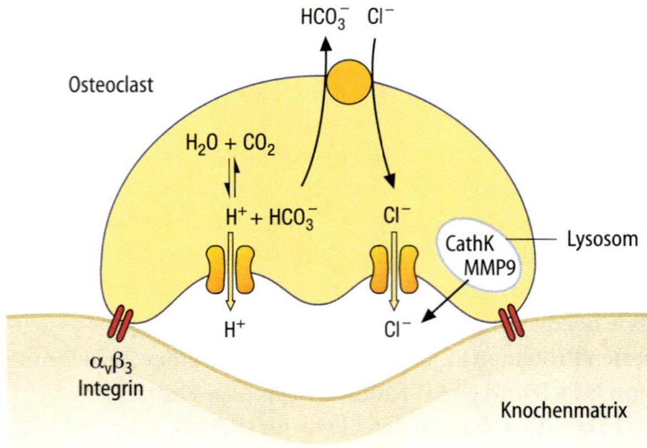

Abb. 24.19. Mechanismus der Knochenresorption durch Osteoklasten. (Einzelheiten ► Text)

ATPase, wobei die Elektroneutralität durch einen ladungsgekoppelten Chlorid-Kanal gewahrt bleibt. Der intrazelluläre pH wird durch HCO_3^-/Cl^- Austausch auf der dem Knochen abgewandten Seite des Osteoklasten aufrechterhalten. Daraufhin wird die entmineralisierte Knochenmatrix durch lysosomale Proteasen abgebaut, eine Schlüsselstellung nimmt dabei **Kathepsin K** ein.

24.7.4 Regulation des Knochenwachstums bis zur Pubertät

> Die Geschwindigkeit des **postnatalen** Skelettwachstums wird durch das Wachstumshormon aus der Hypophyse (**GH**) reguliert.

Aktivierung von GH-Rezeptoren auf Chondrozyten der Wachstumsfuge führt zur lokalen Produktion von IGF-1 (► Kap. 27.7.2), das an den IGF-Rezeptor, eine Rezeptortyrosinkinase, der Chondrozten bindet. In wie weit systemisch in der Leber unter Einfluss von GH gebildetes IGF-1 **am Knochen** eine Rolle spielt, ist noch umstritten. IGF-1 stimuliert die **Proliferation** von Chondrozyten und deren **Größenwachstum** (= Zunahme des Zellvolumens). Zusätzlich scheint GH auch direkte Effekte zu besitzen, indem es Chondrozyten der Ruhezone zur Proliferation anregt. Ein Fehlen von IGF-1 führt zu Zwergwuchs, die Proportionen des Skeletts bleiben dabei jedoch erhalten.

Im Gegensatz zum postnatalen Wachstum wird in der Embryonalentwicklung die Chondrozytenproliferation vor allem durch unabhängig von GH gebildetes IGF-1 und IGF-2 vermittelt.

Für den Wachstumsschub während der Pubertät und die geschlechtsspezifische Ausprägung des Körperbaus sind die Sexualhormone (Testosteron und Östrogen, ► Kap. 27.5.5, 27.6.5) verantwortlich. Das Längenwachstum der Knochen endet mit **Schließung der Epiphysenfuge** während der Pubertät, ebenfalls unter dem Einfluss von Sexualhormonen.

> Die Schließung der Epiphysenfuge wird beim Mann und der Frau durch **Östrogen** vermittelt.

Indiz dafür ist z.B., dass bei einem 28-jährigen Mann mit defektem Östrogenrezeptor (ER) aber normalem Testosteronspiegel die Epiphysenfugen noch nicht vollständig geschlossen waren. Ähnliche Effekte waren bei Mäusen mit inaktiviertem ER-α-Östrogenrezeptor-Gen sowie bei männlichen Ratten, bei denen durch Gabe von Aromatase-Inhibitoren die Bildung von Östrogenen inhibiert worden war, zu beobachten.

24.7.5 Homöostase des Skelettsystems

In der Wachstumsphase steht durch die Aktivität der Hormone und der verschiedenen Wachstums-/Differenzierungsfaktoren die Bildung neuer Knochensubstanz im Vordergrund. Nach Beendigung des Wachstums geht das Skelettsystem nicht in einen ruhenden Zustand über, sondern bleibt nach wie vor sehr aktiv, denn es erfolgt ein **steter Umbau** des Knochens.

Dies ist erforderlich, da die Knochen einerseits als **Calcium-Speicher** fungieren und bei Bedarf Calcium freigesetzt werden muss. Zum anderen wird das Skelettsystem den **mechanischen Erfordernissen** angepasst, die Knochenbälkchen werden in Richtung der maximalen Belastung angeordnet, ein Prozess der noch weitestgehend unverstanden ist, aber immense physiologische Bedeutung besitzt, da sonst der Knochen bei mechanischer Belastung leicht brechen würde. Ständig wird Knochensubstanz durch die Osteoklasten abgebaut und gleichzeitig neue Knochensubstanz durch die Osteoblasten hergestellt. Man schätzt, dass dies im menschlichen Skelett an etwa 1 bis 2 Millionen Stellen gleichzeitig geschieht. Etwa alle zehn Jahre ist das Skelettsystem einmal erneuert. Beim jungen Erwachsenen sind Aufbau und Abbau exakt ausbalanciert, mit zunehmendem Alter verschiebt sich das Gleichgewicht jedoch zugunsten der Osteoklasten, es kommt zur **Osteoporose**, die ein großes gesundheitliches Problem darstellt, insbesondere bei Frauen nach der Menopause.

Die Osteoblasten- und Osteoklastenaktivität kann auf zwei Wegen reguliert werden. Zum einen können reife Zellen zu Knochenaufbau bzw. Knochenabbau aktiviert werden. Zum anderen können Vorläuferzellen zur Proliferation und Differenzierung stimuliert werden, umso mehr Zellen zur Verfügung zu stellen. Beide Wege werden durch die verschiedenen lokalen und systemischen Faktoren unterstützt. Es ist in vielen Fällen jedoch noch unklar, auf welchen Mechanismen die Wirkungen beruhen.

24.7.6 Osteoporose und Regulation des Knochenumbaus durch Cytokine und Steroidhormone

Regulation durch Cytokine. Der Einfluss von Cytokinen auf die Knochenbildung wurde aufgrund der Beobachtung entdeckt, dass stimulierte Monozyten Faktoren ins Blut ausschütten, die die Knochenresorption fördern.

❗ Cytokine stimulieren die Knochenresorption und fördern so die Osteoporose.

Diese Aktivität wurde Osteoklasten-aktivierender Faktor (OAF) genannt und später als **Interleukin 1 (IL-1)** identifiziert. In der Folgezeit wurde eine Vielzahl von weiteren Cytokinen entdeckt, die die Knochenresorption stimulieren (darunter TNF-α, IL-6, IL-11, IL-15 und IL-17). Es wurden aber auch andere Interleukine gefunden, die die Knochenresorption inhibieren (IL-4, IL-10, IL-13, IL-18, IFN-γ). TGF-β und Prostaglandine können sowohl inhibieren als auch stimulieren, je nach Funktionszustand der Zellen. Die Wirkung am Knochen von Interleukinen und anderen Cytokinen, die eigentlich aufgrund ihrer Funktion bei der Immunabwehr bekannt sind, wird leichter verständlich, seit man weiß, dass die Osteoklasten sich von den Makrophagen ableiten.

Die Cytokine werden teils in den Stromazellen/Osteoblasten, teils in den hämatopoetischen Zellen/Osteoklasten exprimiert und bilden im Knochen ein komplexes Netzwerk. IL-1 kann zum Beispiel durch autokrine und parakrine Mechanismen seine eigene Biosynthese und die von weiteren Interleukinen wie IL-6 stimulieren. Als Resultat der Cytokin-Wirkungen kommt es zu einer Stimulierung der Proliferation, Differenzierung und Aktivierung von Osteoklasten. Die Aktivierung der Osteoklasten kann auf zwei verschiedenen Wegen erfolgen:

- Cytokine können **direkt** an Rezeptoren auf Osteoklasten binden und intrazelluläre Signale auslösen
- Sie können auf **indirektem** Wege wirken, indem die verschiedenen Interleukin-vermittelten Reaktionen in der Bildung von M-CSF und RANKL einmünden, die dann wie bereits diskutiert die Osteoklasten aktivieren

Regulation durch Steroidhormone. Steroidhormone besitzen einen großen Einfluss auf die Homöostase des Skelettsystems. Von großer Bedeutung sind vor allem zwei Gruppen von Hormonen, die **Sexualhormone** und die **Glucocorticoide**.

❗ Östrogene und Androgene bewirken bei Mann und Frau eine positive Bilanz der Knochendichte mit verbesserten biomechanischen Eigenschaften.

Die Sexualhormone wirken wahrscheinlich primär an den Osteoblasten, obwohl auch Osteoklasten Rezeptoren für Östrogene bzw. Androgene besitzen. Die Wirkungen auf Proliferation und Differenzierung der Osteoblasten sind komplex und molekular noch nicht gut verstanden, da Osteoblasten bzw. deren Vorläuferzellen je nach Differenzierungszustand und Umgebung unterschiedlich auf Sexualhormone ansprechen. Neben der positiven Wirkung auf die Knochendichte sind die Sexualhormone, wie in Kap. 24.7.4 dargelegt, auch für die geschlechtsspezifische Ausprägung des Knochenbaus und für die Schließung der Epiphysenfugen verantwortlich.

❗ Östrogene und Androgene verhindern ein Überschießen der Osteoklastentätigkeit und wirken so antiosteoporotisch.

Östrogene und Androgene inhibieren die Transkription einer Reihe von den Knochenabbau stimulierenden Cytokinen (► o.) wie IL-1, IL-6, TNF-α, CSF und Prostaglandin E_2. Die Effekte werden durch die gleichzeitige Inhibition der Expression von Cytokin-Rezeptoren noch verstärkt, wie im Falle des IL-6 Rezeptors gezeigt worden ist. Zusätzlich können Östrogene die durch RANKL vermittelte Aktivierung von Osteoklasten blockieren. Darüber hinaus kann Östrogen die Apoptose von Osteoklasten fördern. Es wird angenommen, dass an diesem Prozess TGFβ beteiligt ist, dessen Transkription im Gegensatz zu den meisten Cytokinen durch Sexualhormone erhöht wird.

In der Summe führen die Effekte der Sexualhormone daher zu einer Verminderung der Osteoklastentätigkeit und wirken so einer Osteoporose entgegen.

❗ Hohe Spiegel an Glucocorticoiden führen zur Entmineralisierung des Knochens.

Über die physiologische Rolle der Glucocorticoide im Knochenstoffwechsel weiß man noch wenig, dagegen sind die durch Hormonüberschuss verursachten Effekte gut untersucht, wie im Falle des *Cushing*-Syndroms oder heute häufiger bei Einsatz von Cortisolderivaten als Immunsuppressiva. Zielzelle der Hormonwirkung ist der **Osteoblast**. Dieser besitzt Rezeptoren für Glucocorticoide, in Osteoklasten hingegen sind bisher noch keine Glucocorticoid-Rezeptoren nachgewiesen worden. Glucocorticoide hemmen die Bildung und Aktivierung von Osteoblasten und damit auch die Neubildung von Osteoklasten (► Kap. 24.7.3). Zusätzlich ist die Apoptoserate der Osteoblasten und Osteozyten erhöht. Als Teil der entzündungshemmenden Wirkung der Glucocorticoide wird die Expression von Kollagenase und Interleukin 6 inhibiert. Diese Effekte sollte zu einer Verminderung des Knochenabbaus führen. Dennoch kommt es wegen einer verstärkten Aktivierung der vorhandenen Osteoklasten letztlich zur Osteoporose. Ein Effekt, der dabei eine Rolle spielt, ist eine verminderte Transkription der RNA für Osteoprotegrin bei gleichzeitiger Erhöhung der Transkription seines Liganden (► Kap. 24.7.3).

24.7.7 Knochenerkrankungen

Das Skelettsystem ist einer Reihe von pathophysiologischen Veränderungen unterworfen, beginnend von angeborenen Fehlbildungen bis hin zu erworbenen Schädigungen durch Fehlhaltung und falsche Belastung und Störungen der Knochenhomöostase. Aufgrund der damit verbundenen langfristigen gesundheitlichen Beeinträchtigung sind Knochenerkrankungen daher von großer volkswirtschaftlicher Bedeutung. Im Folgenden sollen einige Krankheiten im Zusammenhang mit Störungen der Knochenhomöostase dargestellt werden.

Osteoporose. Die Verringerung der Knochenmasse verbunden mit einer Verschlechterung der Knochenarchitektur nach dem 40sten Lebensjahr stellt ein großes gesundheitliches Problem dar, da bereits ein 10%iger Verlust an Knochenmasse das Risiko eines Knochenbruchs verdoppelt. Man hat abgeschätzt, dass allein in den Vereinigten Staaten mehr als 25% der Frauen in der Postmenopause eine um 10 bis 25% reduzierte Knochendichte besitzen und etwa 5 Millionen Frauen bereits einen Knochenbruch erlitten haben. Die häufigste Ursache der Osteoporose bei Frauen ist der Abfall an Östrogen in der Menopause. Da Östrogene den Spiegel an Cytokinen wie IL-1, IL-6 und TNF-α senken, führt ein Abfall des Östrogenspiegels natürlich zu einer Erhöhung der Cytokinspiegel und damit zu verstärktem Knochenabbau. Nicht nur Frauen, sondern auch Männer im fortgeschrittenen Alter leiden unter fortschreitender Osteoporose, vermutlich bedingt durch einen Abfall an Sexualhormonen. Aber auch die Tatsache, dass mit fortschreitendem Alter immer weniger teilungsfähige fibroblastenartige Zellen vorhanden sind, dürfte eine wesentliche Rolle spielen. Die dritthäufigste Ursache ist inzwischen die Behandlung mit Cortison-Präparaten. Weitere Ursachen sind Multiple Myelomatose, Hyperparathyreoidismus und Hyperthyreoidismus.

Paget-Krankheit. Diese Erkrankung betrifft etwa 3% der über 40-jährigen Nordeuropäer und der weißen Bevölkerung Nordamerikas. Die Erkrankung ist durch Verkrümmung und Verdickung einzelner Röhrenknochen mit Neigung zu Spontanfrakturen gekennzeichnet. Die Ursache ist noch nicht vollends geklärt, beruht aber vermutlich auf einer Infektion mit Paramyxoviren, zu denen auch das Masernvirus gehört. *In vitro* konnte durch Transfektion von Osteoklasten-Vorläuferzellen mit retroviralen Vektoren, die das Gen für Masern-Nukleocapsidprotein trugen, eine Aktivierung der Expression von RANK, Aktivierung von NFκB und erhöhte Empfindlichkeit gegenüber Vitamin D beobachtet werden. Dafür spricht auch, dass bei einer autosomal dominanten juvenilen Variante der Paget-Krankheit aktivierende Mutationen des RANK-Gens nachgewiesen wurden.

Entzündliche Knochenerkrankungen. Rheumatische Erkrankungen sind durch Zerstörung des Gelenkknorpels und eine exzessive subchondrale Knochenresorption gekennzeichnet. In den entzündeten Regionen erhöht sich die Konzentration verschiedener Cytokine, darunter IL-1, Oncostatin M, IL-6, IL-13, IL-17 und PTHrP. In der rheumatischen Synovialmembran finden sich vermehrt Makrophagen sowie aktivierte Fibroblasten und T-Zellen. Die beiden letzteren Zelltypen exprimieren RANKL, das die Osteoklastenbildung ohne Beteiligung von weiteren Zelltypen stimulieren kann.

> **Infobox**
>
> **Knochenstoffwechsel**
>
> Seit seinem 14. Lebensjahr war der großartige Maler Henri Toulouse-Lautrec (1864–1901) nicht mehr gewachsen. Er blieb 1,52 m groß und wurde zu einem deformierten Zwerg. Seine Beine waren die eines Kindes, beim Gehen war er behindert und musste einen Stock benutzen. Er sagte: »Ich gehe schlecht wie ein Enterich.« Im Zoo stellte er vor den Pinguinen fest: »Die watscheln ja genau wie ich!«
>
> Sein Leiden war eine seltene Erbkrankheit der Skelettentwicklung mit der Bezeichnung Pyknodysostose. Man weiß inzwischen, dass diese Erkrankung auf Mutationen im Gen für Kathepsin K beruhen. Dies führt zu einem gestörten Abbau der organischen Knochenmatrix. Die Resorptionslakunen der Osteoblasten enthalten große Mengen unverdauter Kollagenfibrillen. Es resultiert zwar eine röntgenologisch vermehrte Knochendichte, jedoch kommt es zur abnorm gesteigerten Brüchigkeit.
>
> Die Ursache von Lautrecs zwergenhafter Gestalt war also nicht, wie oft behauptet, schlecht verheilte Knochenbrüche, sondern eine rezessiv-autosomal erbliche Skelettdysplasie. Der später weltberühmte Maler ist im 37. Lebensjahr gestorben.

Therapiemöglichkeiten. Zur Behandlung der nach der Menopause auftretenden Osteoporose werden in erster Linie Östrogene gegeben, um den Abfall des Hormonspiegels zu kompensieren. Da eine Östrogenbehandlung mit einem erhöhten Risiko für Unterleibskrebs verbunden ist, wird es in Verbindung mit einem Gestagen verabreicht. In den letzten Jahren wurden Agenzien entwickelt, die die Wirkung von Östrogen ganz oder teilweise nachahmen können, so genannte **selektive Östrogen Rezeptor Modulatoren (SERMs)**. Der erste Vertreter dieser Substanzklasse war das Triphenylethylen-Derivat Tamoxifen. Mit derartigen Wirkstoffen wird es in der Zukunft wahrscheinlich gelingen, die positive Wirkung von Östrogen am Knochen zu substituieren, ohne die negativen Effekte in Kauf nehmen zu müssen. Eine andere Klasse von antiosteoporotisch wirkenden Substanzen sind die **Bisphosphonate**, in denen der Sauerstoff von Pyrophosphat ($-O_3P-O-PO_3-$) durch eine Methylengruppe ($-O_3P-CH_2-PO_3-$) mit verschiedenen Seitenketten ersetzt ist. Diese Substanzen werden von Osteoklasten aufgenommen und wirken wahrscheinlich durch Inhibition der Farnesylpyrophosphatsynthase (▶ Kap. 18.3.1) und hemmen so die Prenylierung und damit die Membranverankerung von kleinen G-Proteinen wie Rho, Rab und Cdc42, die für die Aktivierung und das Überleben der Osteoklasten wichtig sind. Aufgrund ihres Wirkungsmechanismus können die Bisphosphonate Knochenresorption unabhängig von der Ursache verhindern.

In Kürze

Knorpel und Knochen besitzen eine sehr spezialisierte ECM:

- Knorpel stellt im Wesentlichen ein elastisches hydratisiertes Gel dar, das aus riesigen Komplexen zwischen Hyaluronsäure und dem Proteoglykan Aggrecan besteht und durch Typ II Kollagen-Fasern in Form gehalten wird
- Knochen besitzt eine aus Hydroxyapatit aufgebaute ECM, die durch Kollagen Typ I-Fasern ihre Stabilität erlangt
- Darüber hinaus enthalten Knochen und Knorpel noch eine Reihe von anderen, nichtkollagenen Proteinen, die z.T. für die Interaktion der Zellen mit der ECM von Bedeutung sind

Knochen- und Knorpel-spezifische Zellen sind die Chondrozyten, Osteoblasten/Osteozyten und die Osteoklasten.

- Chondrozyten und Osteoblasten leiten sich von Fibroblasten ab. Die Differenzierung ist von Transkriptionsfaktoren wie SOX-9 und CBFA-1 und Wachstums-/Differenzierungsfaktoren wie Ihh und PTHrP und verschiedenen Isoformen aus den TGFβ/BMP- und FGF-Familien abhängig. Zusätzlich ist eine Reihe von Hormonen (GH, IGF, T3, Glucocorticoide) involviert
- Osteoklasten leiten sich von der Monozyten/Makrophagen-Linie ab. Die Differenzierung erfordert das Zusammenwirken zweier unterschiedlicher Signale:
  - sezernierte Faktoren: Bindung von M-CSF an Rezeptoren auf den Vorläuferzellen
  - direkte Zell-Zell-Kontakte mit Osteoblasten: Interaktion des Zellmembranproteins RANKL auf Osteoblasten mit RANK auf den Präkursorzellen

Osteoklasten bauen Knochen durch Erzeugung eines abgeschlossenen extrazellulären Kompartiments ab, in das HCl und lysosomale Enzyme sezerniert werden.

Die Homöostase des Skelettsystems erfordert eine komplexe hormonelle Regulation:

- Knochenwachstum unter Einfluss von Wachstumshormonen (GH und IGF), Schließung der Epiphysenfuge in der Pubertät unter Einfluss von Östrogen
- Hormone des Calcium-Stoffwechsels (PTH, Vitamin D, Calcitonin): Mineralisation und Demineralisation
- Androgene und Östrogene: positive Bilanz, geschlechtsspezifische Ausprägung
- Glucocorticoide: hohe Spiegel bewirken Entmineralisierung
- Cytokine (Interleukine): stimulieren Knochenabbau

Das Skelettsystem ist einer Reihe von pathophysiologischen Veränderungen unterworfen. Am bedeutendsten sind:

- Osteoporose, besonders in der Postmenopause bei Frauen
- entzündliche Knochenerkrankungen wie Rheuma mit erhöhten Cytokin-Spiegeln

24.8 Biochemie der Haut

24.8.1 Aufbau und Funktionen der Haut

Die Haut ist das Grenzorgan zur Umwelt. Sie besteht von außen nach innen aus drei Schichten:

- Die **Epidermis** ist ein vielschichtiges Plattenepithel und ist Träger der Hornschicht, der äußersten, nicht mehr vitalen Hautschicht. Sie enthält drei Hauptzelltypen, die **Keratinozyten**, die **Melanozyten** und die immunkompetenten **Langerhans-Zellen**
- Durch eine Basalmembran von der Epidermis getrennt, ist die **Dermis** das bindegewebige Gerüst der Haut und gleichzeitig der vaskularisierte Versorgungsteil
- Die **Subkutis** ist ein Fettgewebspolster, das auf den Faszien der darunter liegenden Muskulatur aufliegt

Die Haut erfüllt folgende Funktionen:

- Barrierefunktion gegen die Umwelt, einschließlich Mikroorganismen
- Schutz vor Wasserverlust
- mechanischer Schutz gegen Traumen
- Schutz vor physikalischen Einwirkungen, wie UV-Licht, Hitze oder Kälte
- Regulation der Körpertemperatur
- immunologische Abwehr
- Sinnesfunktionen wie Tast- und Schmerzreize

Zur Erfüllung spezifischer Aufgaben weist die Haut regionale Unterschiede auf, die sich in der Beschaffenheit und Dimensionierung der einzelnen Schichten und der makromolekularen Zusammensetzung manifestieren.

24.8.2 Die Epidermis

Die Epidermis besteht aus Schichten von **Keratinozyten** unterschiedlichen Reifungszustands (◘ Abb. 24.20). Diese entstehen aus Stammzellen und machen eine Reihe von Differenzierungsschritten durch bis sie abgeschilfert werden (Desquamation). In der normalen Haut besteht ein Gleichgewicht zwischen Proliferation und Desquamation, was zu einer vollständigen Erneuerung in etwa 28Tagen führt.

In der Epidermis stellen **Keratine** die Hauptbestandteile terminal differenzierter Strukturen dar, die schützende Funktion aufweisen (Stratum corneum, Haare, Nägel). Sie gehören zu einer Großfamilie mit über 50 Proteinen (K1, K2, K3 etc.), die sich zu Cytoskelett-Filamenten mit einem Durchmesser von 10 nm zusammenlagern, die als **Intermediärfilamente** (IF) (► Kap. 6.3.3) bezeichnet werden (◘ Abb. 24.21). Alle Keratine besitzen eine zentrale α-helicale Domäne mit 310 bis 350 Aminosäuren, die von einer nichthelicalen Kopf- und Schwanzregion flankiert wird. Letztere unterscheidet sich erheblich durch Länge und Zusammensetzung. Die α-helicale Domäne zeichnet sich durch eine **Heptapeptid-Wiederholung** aus, in der jede erste und vierte Aminosäure hydrophob ist, und durch eine periodische Verteilung sich abwechselnder positiver und negativer Ladungen. Die Heptapeptid-Wiederholung wird durch kurze Verbindungssequenzen unterbrochen. Aufgrund der Anordnung der hydrophoben Reste bilden Keratine spontan Dimere, indem sich zwei α-Helices zu einer *coiled-coil-α-Helix* in Parallelanordnung umeinander winden. Diese assoziieren ihrerseits zu einem Tetramer in antiparalleler Anordnung (Protofilament). Je zwei Protofilamente bilden eine Protofibrille, die Grundstruktur der **10 nm Fibrille** (◘ Abb. 24.21). Die beiden Keratinsubtypen (I und II) unterscheiden sich durch Größe (40–57,5 kDa bzw. 53–67 kDa) und Ladung (sauer bzw. basisch-neutral). Dies ist insofern von Bedeutung, als Keratine immer Heterodimere aus Typ I- und II-Ketten darstellen. Die Zusammensetzung der keratinhaltigen Intermediärfilamente ist Gewebsepithel-spezifisch und vom Differenzierungszustand der Zelle abhängig. So erfolgt bei Keratinozyten im Rahmen der Differenzierung eine Umschaltung von Keratin 14 (Typ I)/Keratin 5 (Typ II) auf Keratin 10 (Typ I)/Keratin 1 (Typ II).

Die Intermediärfilamente lagern sich in Keratinozyten zu einem Netzwerk zusammen. Normalerweise nimmt diese architektonische Struktur ihren Ausgang an einem den Zellkern umschließenden Ring, zieht durch das Cytoplasma und endet an Verbindungskomplexen an der Membran, den Desmosomen und Hemidesmosomen (► Kap. 6.2.6). Diese Komplexe sind für die Aufrechterhaltung der Integrität der Epidermis entscheidend. Bei der normalen Differenzierung werden die Keratin-Intermediärfilamente durch Wechselwirkung mit **Filaggrin**, einem Matrixprotein, in eine hochorganisierte Struktur überführt. Bei der

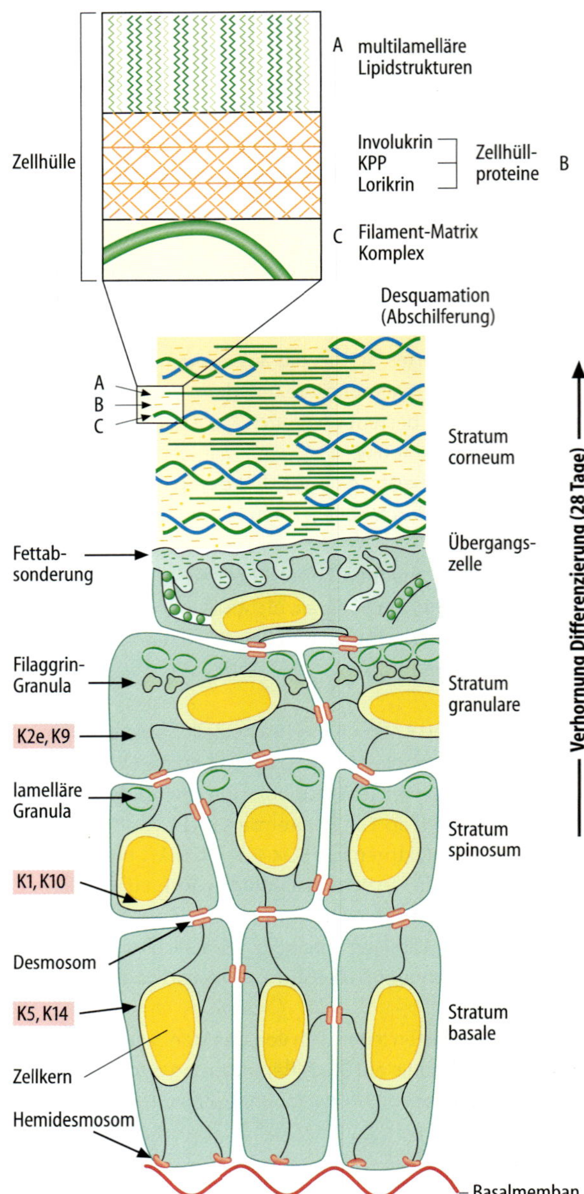

◘ **Abb. 24.20. Verteilung der Keratine in der Haut.** K5 und K14 im Stratum basale, K1 und K10 im Stratum spinosum, K2 e und K9 im Stratum granulare. Diese Keratine bilden die Intermediärfilamente, die den Zellkern umschließen und mit den Desmosomen der Zellmembran verbinden. Im Zuge der Differenzierung treten die Keratin-Intermediärfilamente mit Filaggrin, einem Matrixprotein, zu einer hochorganisierten Struktur zusammen. Die Zellhülle ersetzt die Plasmamembran terminal differenzierter Keratinozyten. Sie besteht aus covalent verknüpften Proteinen, an die Lipide gebunden sind und dem Intermediärfilament-Matrix Komplex. Die Lipide stammen aus den lamellären Granula, aus denen sie beim Übergang zum Stratum corneum abgegeben werden. KPP = kleines prolinreiches Protein

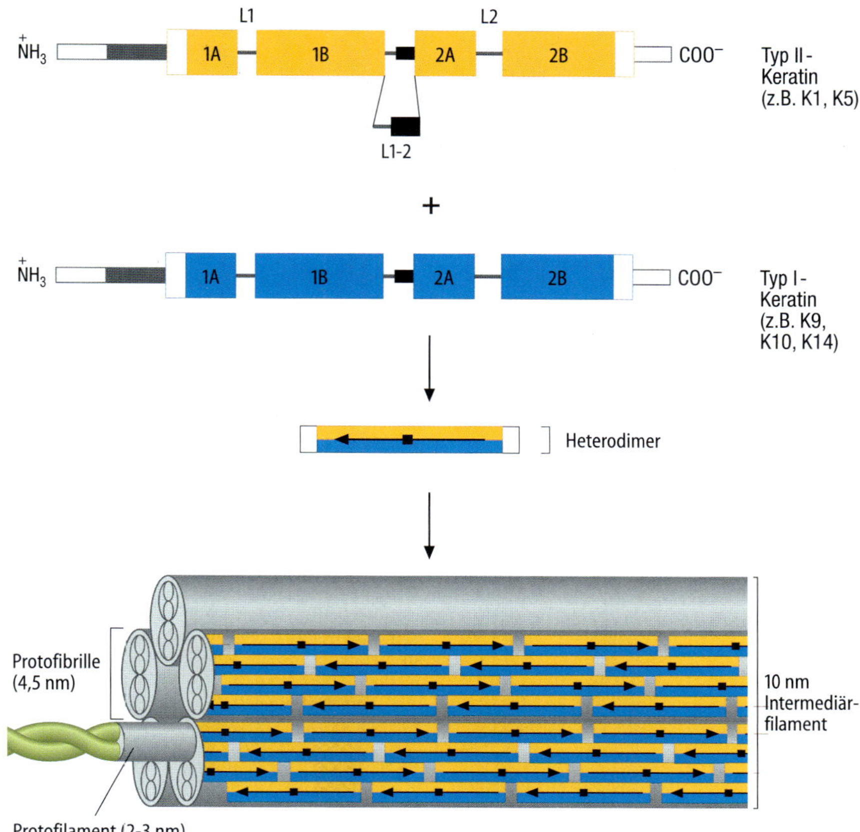

Abb. 24.21. Aufbau der Typ I- und II-Keratine. (1A, 1B, 1B,2B helicale Abschnitte; L1, L1–2, L2 nicht helicale Abschnitte) parallele Anordnung zum Heterodimer, antiparallele Anordnung zum Protofilament. Supramolekulare Assoziation zur Protofibrille und zum Intermediärfilament (ZF)

Differenzierung werden außerdem unter dem Einfluss der **Transglutaminase 1 und -3** (**TG1, TG3**) Glutaminyl- und Lysylreste von Proteinen covalent verknüpft, wodurch die Plasmamembran zunehmend durch eine Zellhülle ersetzt wird. Diese Zellhülle enthält außerdem Lipide auf ihrer Außenfläche und den sog. Filament-Matrix-Komplex an ihrer Innenfläche. Die Transglutaminase K (TGK) verknüpft ein membrangebundenes Protein mit **Involukrin**, einem Cytoplasmaprotein. Dieses Gerüst wird durch Verknüpfung anderer Proteine wie **Cornifinen**, den kleinen prolinreichen Proteinen (**KPP**) oder **Lorikrin** weiter verstärkt, bis die gesamte innere Oberfläche der Zellmembran bedeckt ist. Die durch Filaggrin aggregierten Keratinfilamente treten dann mit der verstärkten Proteinhülle in Verbindung.

24.8.3 Die dermo-epidermale Junktionszone

Die dermo-epidermale Junktionszone ist eine **spezialisierte Basalmembranzone**, die für den Zusammenhalt der Epidermis mit der Dermis und dadurch für die Unversehrtheit der Haut sorgt. Sie filtriert Moleküle anhand ihrer Größe und Ladung, ermöglicht jedoch unter gewissen Umständen die Passage bestimmter Zellen, z.B. der Langerhans-Zellen oder Lymphozyten. Ferner beeinflusst sie die Proliferation, Differenzierung und Migration der basalen Keratinozyten in der Epidermis und spielt damit eine wichtige Rolle z.B. in der Wundheilung.

Die supramolekularen Teilstrukturen der dermo-epidermalen Junktionszone sind im Elektronenmikroskop darstellbar (Abb. 24.22a). Diese enthalten die in Abb. 24.22b schematisch dargestellten Makromoleküle des dermo-epidermalen Verankerungskomplexes, der für den festen Zusammenhalt der Hautschichten essentiell ist.

24.8.4 Die Dermis

Die Dermis ist ein fibroelastisches Gewebe von **hoher Reißfestigkeit** und **Elastizität** und gleichzeitig Träger der versorgenden **Gefäße** und **Nerven**. Sie enthält mehrere Typen von diskreten **fibrösen Netzwerken**. Zwischen den Maschen dieser Fasernetze liegen die Zellen der Dermis, darunter die Fibroblasten, Mastzellen, Makrophagen, und gelegentlich Lymphozyten.

Zu den molekularen Komponenten der extrazellulären Matrix in der Dermis zählen viele Kollagene, Proteoglykane und Glycoproteine, die alle zu unlöslichen, supramolekularen Aggregat-Netzwerken polymerisieren. Das prominenteste Fibrillennetzwerk besteht aus losen, vernetzten Faserbündeln aus Kollagen- und Proteoglykan-haltigen Fibrillen

24

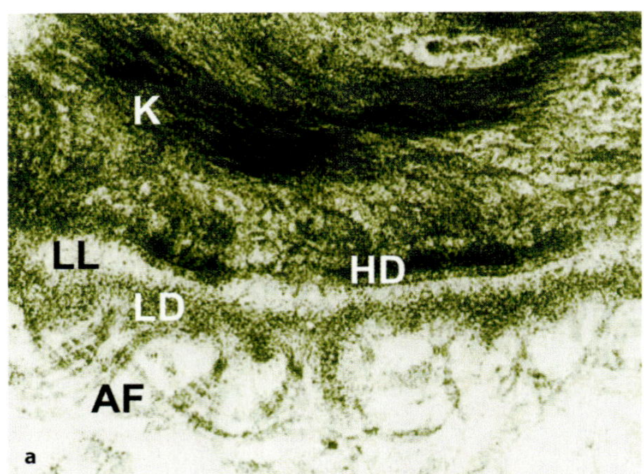

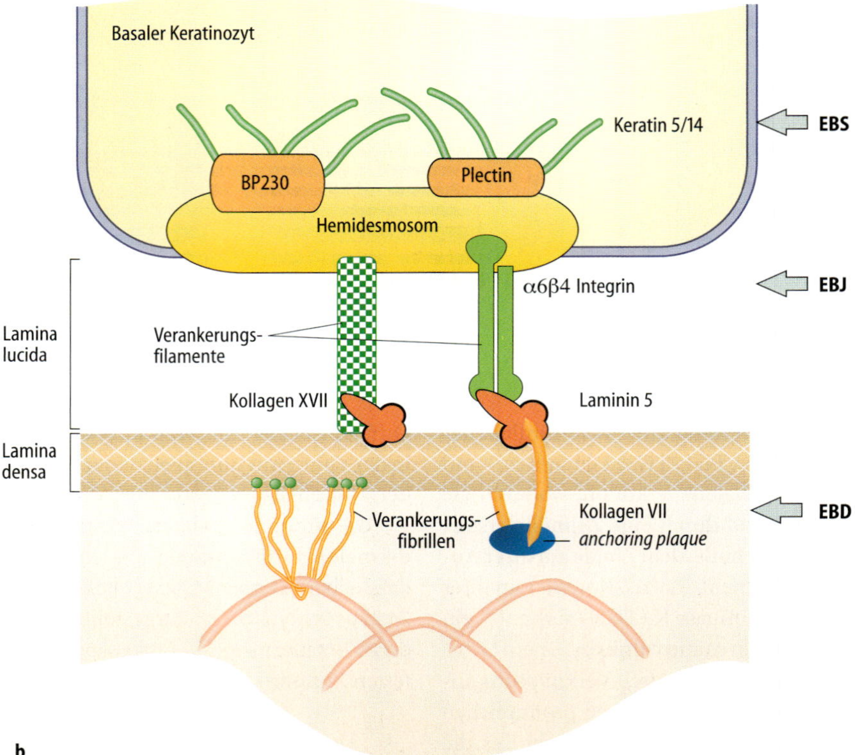

Abb. 24.22a,b. Elektronenmikroskopische Aufnahme der dermo-epidermalen Junktion. a Der basale Keratinozyt (K) sitzt auf einer zweischichtigen Basalmembran bestehend aus einer elektronenoptisch hellen Zone, Lamina lucida (LL), und aus einer elektronenoptisch dunklen Zone, Lamina densa (LD). Die intrazellulären, dunkel gefärbten feinen Intermediärfilamente docken an den knopfförmigen Hemidesmosomen (HD) ein. Die feinen Verankerungsfilamente zwischen den Hemidesmosomen und der Lamina densa sind kaum sichtbar. Dagegen sind die quer gestreiften Verankerungsfibrillen (AF = *anchoring fibrils*) unterhalb der Lamina densa prominent. **b** Schematische Darstellung der molekularen Komponenten der dermo-epidermalen Junktion. Die Hemidesmosomen an der Plasmamembran der basalen Zelle sind Proteinaggregate, die eine Verbindung zwischen den Keratinfilamenten und der Basalmembran sichern. Auf der intrazellulären Seite vermitteln BP230 und Plectin als Linker-Proteine die Bindung zwischen den Keratinfilamenten und dem Hemidesmosom, während auf der extrazellulären Seite die Laminin 5- und Kollagen Typ XVII-haltigen Verankerungsfilamente die Lamina lucida durchspannen. Dabei funktionieren die Transmembranproteine Integrin $\alpha6\beta4$ und Kollagen Typ XVII auch als Zelladhäsionsrezeptoren. Die Lamina densa, eine ultrastrukturell amorphe Schicht, ist durch Kollagen Typ VII-haltige Verankerungsfibrillen mit dem unterliegenden Bindegewebe verankert. Ein Verankerungskomplex mit Hemidesmosomen, Verankerungsfilamenten und Verankerungsfibrillen ist charakteristisch für die Haut und kommt in anderen Basalmembranen nicht vor. Mutationen in den erwähnten Proteinen führen zum verminderten Zusammenhalt der Hautschichten und zur Blasenbildung als Symptom (Epidermolysis-bullosa-Gruppe). Rechts ist die Blasenbildungsebene bei den verschiedenen Epidermolysis-bullosa-Formen markiert (*Pfeile*). Die Blasenbildungsebene ist von der Lokalisation des betroffenen Proteins abhängig. Die entsprechenden Gendefekte sind in Tabelle 26.8 aufgelistet. EBS = Epidermolysis bullosa simplex; EBJ = Epidermolysis bullosa junctionalis; EBD = Epidermolysis bullosa dystrophica

(D-Periodizität: 64 nm). Außerdem finden sich elastische Fasern, die mit perlenkettenartigen Mikrofibrillen vergesellschaftet sind (► Kap. 24.2.1, 24.3). Andere Netzwerke werden z.B. durch Fibronectin gebildet. Schließlich kommen auch Filamente mit einer Periodizität von 100 nm vor, deren Hauptkomponente das Kollagen Typ VI ist. Die Information für den Aufbau einer gegebenen Aggregatstruktur ist in der Zusammensetzung der makromolekularen Bestandteile, sowie in deren Primärstruktur enthalten und die Polymerisierung der Fibrillen-Netzwerke ist auf molekularer Ebene hierarchisch und streng reguliert.

Die Dermis enthält **mindestens 12 verschiedene Kollagentypen** (◘ Tabelle 24.1). Typische dermale Fibrillen sind immer Mischfibrillen, die mehrere Kollagentypen sowie nichtkollagene Komponenten enthalten. Die charakteristischen, im Elektronenmikroskop sichtbaren quer gestreiften Fibrillen in der Dermis enthalten als Hauptkomponente das ubiquitäre Kollagen Typ I, gemischt mit etwa 10–15% Typ III. Ferner finden sich geringe Mengen der Kollagene Typ V, Typ XII und Typ XIV, die jedoch für die Fibrillenorganisation essentiell sind. Der Kollagen Typ III-Gehalt nimmt mit dem Alter ab.

Die Kollagen Typen IV, VII, VIII, XVII und XVIII kommen in den verschiedenen epithelialen und vaskulären Basalmembranzonen in der Haut vor und sind dort Bestandteile von diskreten Suprastrukturen.

Die Elastizität der Haut beruht auf der Struktur der **elastischen Fasern**, die in verschiedenen Dermis-Schichten in unterschiedlicher Zusammensetzung vorkommen. Die Fasern sind unterschiedlich dick und zum Teil verzweigt. Ultrastrukturell sind zwei Komponenten erkennbar, eine amorphe Masse, die die dehnbare Komponente darstellt, und 10–12 nm dicke Mikrofibrillen, die die elastischen Fasern mit dem angrenzenden Gewebe verbinden. Das amorphe Material besteht vorwiegend aus **Elastin**, einem stark quervernetzten Protein, das β-Faltblatt-Elemente enthält. Die mikrofibrilläre Komponente der Fasern sorgt für deren Festigkeit und Begrenzung der Dehnbarkeit, ihr Hauptbestandteil ist Fibrillin-1, ein Makromolekül, das mit anderen Proteinen wie Fibrillin-2 zu Mikrofibrillen polymerisiert.

Zwischen den Fibrillennetzwerken ist eine **amorphe extrafibrilläre Matrix** eingelagert. Deren Hauptkomponenten sind neben Wasser Proteoglykane (z.B. Versican, Decorin), Hyaluronan und Glycoproteine. Die extrafibrilläre Matrix hat in der Haut nicht nur eine wichtige Füll- und Stützfunktion, sondern ist auch biologisch aktiv. Viele Glycoproteine und Proteoglykane sind wesentlich für den korrekten Aufbau der Gewebearchitektur und liefern spezifische Informationen an die Zellen. Heparansulfatseitenketten der Proteoglykane und kleine Proteoglykane, z.B. Decorin und Biglykan, funktionieren auch als Speicher oder Modulatoren von Wachstumsfaktoren der FGF- und TGFβ-Familien.

Die dermalen **Glycoproteine** besitzen adhäsive Eigenschaften und sind an der Regulation der Fibrillenbildung und bestimmter zellulärer Funktionen beteiligt. Ein wichtiges multifunktionelles Glycoprotein ist **Fibronectin** (► Kap. 24.5.1). Das im Plasma in einer löslichen, globulären Form vorkommende Protein polymerisiert in der extrazellulären Matrix vieler Gewebe, u.a. in der Dermis, zu Fibrillen, welche die Adhäsion, die Migration und die Differenzierung von vielen verschiedenen Zellen regulieren.

24.8.5 Pathobiochemie der Haut

Verhornungsstörungen. Vielfältige genetische Defekte mit Hautmanifestationen sind bekannt, betroffen können alle Hautschichten sein. Verhornungsstörungen sind die Konsequenz von Mutationen in den Genen für epidermale Strukturproteine. Zum Beispiel führen Mutationen in den Genen für Keratin 1, Keratin 10 oder Transglutaminase-1 (◘ Tabelle 24.7) zu erblichen **Ichthyosen** (Fischschuppenkrankheit). Die durch die Transglutaminase vernetzten Keratinfilament-Aggregate des Stratum Corneum werden unter diesen Umständen nicht mehr normal gebildet und mit der Zellhülle verknüpft, was zu einer charakteristischen, grob lamellären Schuppenbildung führt.

Bindegewebskrankheiten. Mutationen in den Genen für die Hautkollagene, für das Elastin sowie für die Fibrilline führen zu einem breiten Spektrum von erblichen Hautkrankheiten oder Syndromen mit Hautbeteiligung ◘ Tabelle 24.7). Die durch Kollagenmutationen herbeigeführten molekularen Defekte zeichnen sich durch eine abnormale Struktur oder Stabilität der kollagenhaltigen Fasern und damit eine **stark erhöhte Dehnbarkeit oder verminderte Reißfestigkeit der Dermis** aus. Diese Situation findet sich z.B. bei verschiedenen Formen des **Ehlers-Danlos-Syndroms** (◘ Abb. 24.23a). In ähnlicher Weise sind Mutationen im Fibrillin-1-Gen die Ursache für das **Marfan-Syndrom** und im Fibrillin-2-Gen für die **kongenitale kontrakturale Arachnodaktylie**. Elastin-Mutationen können autosomal dominante Formen von *Cutis laxa* verursachen (◘ Abb. 24.23b).

Blasen bildende Hautkrankheiten. Ein illustratives Beispiel für die unterschiedlichen Ursachen von Hautkrankheiten stellen die Defekte der dermo-epidermalen Junktionszone dar (◘ Abb. 24.23c). Daran lassen sich die genetischen und erworbenen molekularen Abnormitäten einander gegenüberstellen, bzw. miteinander korrelieren.

Die **Epidermolysis bullosa** (**EB**) gehört zu einer Gruppe von erblichen Krankheiten, bei denen durch minimale Verletzungen Blasenbildung hervorrufen wird. Ursachen sind Mutationen in den Genen für Proteine des Verankerungskomplexes und dadurch Verminderung des dermo-epidermalen Zusammenhalts. Es werden drei EB-Hauptgruppen unterschieden: EB simplex, EB junctionalis und EB dystrophica.

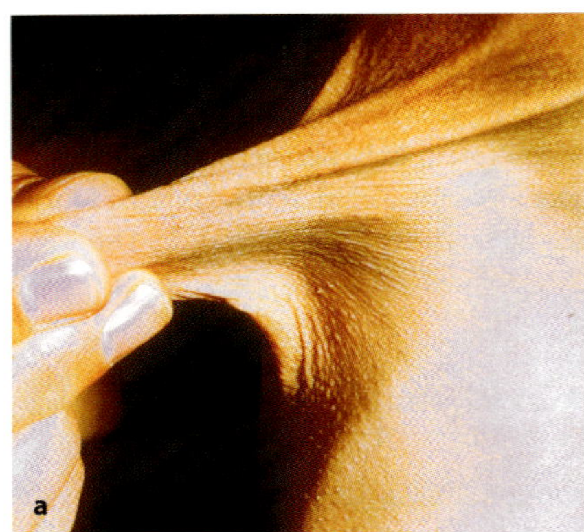

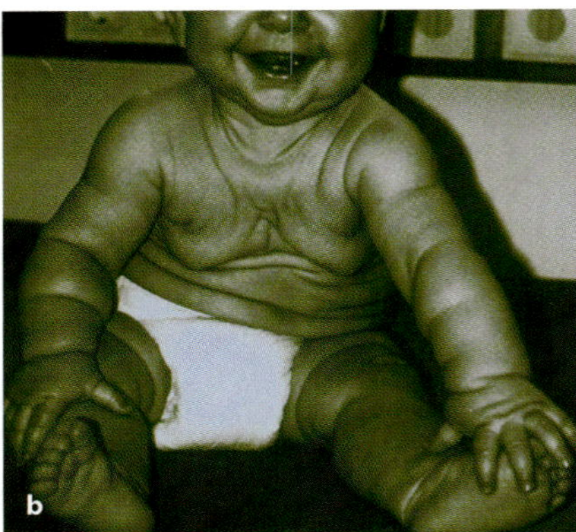

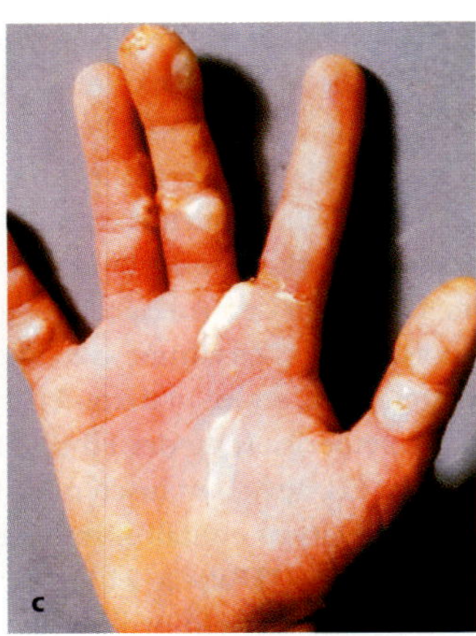

Abb. 24.23a–c. Klinische Symptome von genetischen Hautkrankheiten. Mutationen in den Genen für Strukturproteine der Haut können vielfältige Symptome verursachen. Typische Beispiele sind in a–c dargestellt. **a** Dünne und stark dehnbare Haut beim Ehlers-Danlos-Syndrom (Kollagen-Typ-I-Mutation). **b** Schlaffe, »zu große« Haut bei Cutis laxa (Elastin Mutation). **c** Blasenbildung an der Hand nach minimaler mechanischer Belastung (Kollagen Typ XVII Mutation)

Im Fall der *EB simplex* (**EBS**) erfolgt die Blasenbildung innerhalb des Stratum basale. Abnormale Intermediärfilamente sind die Folge von Mutationen in den Genen für die Keratine 5 und 14 oder Plectin. Diese Makromoleküle sind für den Aufbau und die Verankerung des Intermediärfilament-Netzwerks der Zelle essentiell. Bei der *EB junctionalis* (**EBJ**) tritt die Spaltbildung entlang der Lamina lucida aufgrund von abnormalen Verankerungsfilamenten auf. Hier sind Mutationen in den Genen für Laminin 5, $\alpha6\beta4$-Integrin und Kollagen Typ XVII ursächlich beteiligt (Abb. 24.23c). Die Mutationen führen zu abnormalen Proteinstrukturen und zu ultrastrukturell rudimentären Hemidesmosomen, die nicht funktionell sind. Bei der *Epidermolysis bullosa dystrophica* (**EBD**) findet die Spaltung unterhalb der Lamina densa auf der Ebene der Verankerungsfibrillen statt. Bei der EBD sind die Verankerungsfibrillen entweder abnormal oder in ihrer Anzahl vermindert. Für alle molekular identifizierten EBD-Varianten sind Mutationen im Gen für Kollagen Typ VII verantwortlich.

Bis heute sind zahlreiche Mutationen in den Genen für die erwähnten Proteine bekannt (Tabelle 24.8). Null-Mutationen, die zum vollständigen Fehlen eines

Tabelle 24.7. Erbliche Hautkrankheiten oder -symptome durch mutierte Strukturproteine. *EB* Epidermolysis bullosa

Protein	Gen	Krankheit	Hautsymptome
Keratin 1	KRT1	Ichthyose (epidermolytische Hyperkeratose)	Starke Schuppung und Rötung der Haut
Keratin 10	KRT10	Ichthyose (epidermolytische Hyperkeratose)	Starke Schuppung und Rötung der Haut
Kollagen Typ I	COL1A1	Ehlers-Danlos-Syndrom Typ I	Schwere Form; dünne, dehnbare Haut
		Ehlers-Danlos-Syndrom Typ VII A & VII B	dünne, dehnbare Haut
Kollagen Typ III	COL3A1	Ehlers-Danlos-Syndrom Typ IV	Fragilität, Hämatombildung
Kollagen Typ V	COL5A1	Ehlers-Danlos-Syndrom Typ I	Schwere Form; dünne, dehnbare Haut
	COL5A2	Ehlers-Danlos-Syndrom Typ I	Schwere Form; dünne, dehnbare Haut
Kollagen Typ VI	COL6A1	Ullrich-Syndrom	Muskeldystrophie und teigige Haut
Kollagen Typ VII	COL7A1	EB dystrophica	Blasenbildung
Kollagen Typ XVII	COL17A1	EB junctionalis	Blasenbildung
Laminin 5	LAMA3 LAMB3 LAMC2	EB junctionalis	Blasenbildung
Fibrillin 1	FBN1	Marfan-Syndrom	Dünne, leicht dehnbare Haut
Elastin	ELN	Cutis laxa	Schlaffe »zu große« Haut

Tabelle 24.8. Molekulare Grundlagen der Epidermolysis bullosa (*EB*)

EB-Subtyp	Gen	Protein	Abnormale Struktur
EB simplex	KRT5	Keratrin 5	Keratinfilamente
EB simplex	KRT14	Keratin 14	Keratinfilamente
EB simplex-MD[a]	PLEC1	Plectin	Hemidesmosom
EB junctionalis	LAMA3	Laminin 5 (α3-Kette)	Verankerungsfilamente
EB junctionalis	LAMB3	Laminin 5 (β3-Kette)	Verankerungsfilamente
EB junctionalis	LAMC2	Laminin 5 (γ2-Kette)	Verankerungsfilamente
EB junctionalis	COL17A1	Kollagen Typ XVII	Verankerungsfilamente
EB junctionalis	ITGA6	α6β4-Integrin	Hemidesmosom
EB junctionalis	ITGB4	α6β4-Integrin	Hemidesmosom
EB dystrophica	COL7A1	Kollagen Typ VII	Verankerungsfibrillen

[a] MD mit Muskeldystrophie. Plectin kommt in der Haut und im Muskel vor.

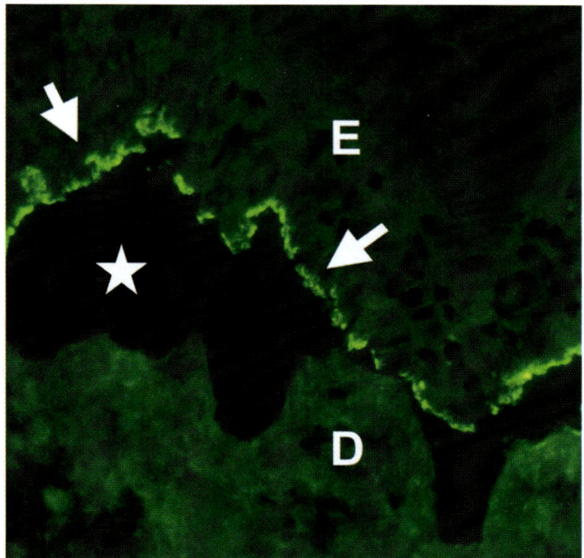

Abb. 24.24. Immunfluoreszenz-Färbung der Haut beim bullösen Pemphigoid. Die Epidermis ist durch eine Blase von der Dermis getrennt (*Stern*). Autoantikörper gegen Kollagen Typ XVII (*grüne Fluoreszenzfärbung, Pfeile*) sind am Blasendach sichtbar. E = Epidermis; D = Dermis

dieser Proteine führen, sind in der Regel mit schweren Krankheitsbildern assoziiert. Andere Mutationen, z.B. Aminosäuresubstitutionen oder kleine Deletionen oder Insertionen, verursachen meistens mildere Symptome (Abb. 24.23c).

Autoimmunkrankheiten. Erworbene Blasen bildende Hautkrankheiten können durch Autoantikörper verursacht werden, die gegen Strukturproteine der dermo-epidermalen Junktionszone gerichtet sind. Man vermutet, dass die Bindung der Autoantikörper zu einer Funktionsverminderung der Proteine und damit zum geschwächten dermo-epidermalen Zusammenhalt führen. Zum Beispiel kommen beim **bullösen Pemphigoid** sowohl zirkulierende als auch gewebeständige Autoantikörper gegen Kollagen Typ XVII oder Laminin 5 vor, oder bei der *Epidermolysis bullosa acquisita* Autoantikörper gegen Kollagen Typ VII. Die Autoantikörper können durch Immunfluoreszenzfärbung in der Haut nachgewiesen werden (Abb. 24.24).

In Kürze

Die Haut ist das Grenzorgan zur Umwelt. Sie besteht aus drei Schichten:
- Epidermis
- Dermis und
- Subkutis

Dermis und Epidermis sind durch die dermo-epidermale Junktionszone verbunden.

Hauptbestandteil der terminal differenzierten Strukturen (Corneum, Haare, Nägel) sind die Keratine, eine Großfamilie von etwa 40 verschiedenen Proteinen. Die Keratine bilden 10 nm-dicke Keratin-Intermediärfilamente: Die Assemblierung erfolgt über Dimere mit einer *coiled-coil* α-helicalen Struktur, die über Proteofilamente und Proteofibrillen zu den reifen 10 nm-Fibrillen polymerisieren.

Das Stratum corneum bildet eine hochorganisierte Struktur aus Keratin-Fibrillen, zusammen mit Filaggrin und weiteren Proteinen und Lipiden. Durch Transglutaminase 1 und 3 wird das Netzwerk zur Stabilisierung extensiv quervernetzt.

Der Zusammenhalt zwischen Dermis und Epidermis wird durch eine spezialisierte Basalmembran-Region, die

▼

24

dermo-epidermale Junktionszone, vermittelt: Hemidesmosomen an der basalen Seite der Keratinozyten stehen über das Integrin $\alpha 6\beta 4$, Laminin-5 und das Transmembran-Kollagen XVII mit Ankerfibrillen aus Kollagen VII und dem interstitiellen Bindegewebe in Verbindung.

Die Dermis ist ein fibroelastisches Gewebe mit mehreren Typen von fibrösen Netzwerken aus mindestens 12 verschiedenen Kollagentypen, Proteoglykanen und Fibronectin. Die Elastizität der Haut wird durch elastische Fasern aus Elastin und Fibrillin gewährleistet.

Die fibrillären Strukturen sind in eine amorphe Matrix aus Hyaluronäure und Proteoglykanen wie Versican eingebettet.

Alle Hautschichten können von vielfältigen genetischen Defekten betroffen sein. Die bekanntesten sind:
- Verhornungsstörungen (Ichthyosen)
- Mutationen in Bindegewebsproteinen, die zu einer erhöhten Dehnbarkeit/verminderten Reißfestigkeit führen (z.B. beim Marfan-Syndrom)
- Blasen-bildende Krankheiten aufgrund von Defekten in der dermo-epidermalen Junktionszone (verschiedene Formen der Epidermolysis bullosa)

Eine der bekanntesten Autoimmunerkrankung ist das bullöse Pemphigoid, bei der Autoantikörper gegen das Kollagen Typ XVII gebildet werden.

Literatur

Monographien und Lehrbücher

Kreis T, Vale R (1999) Guidebook to the Extracellular Matrix, Anchor, and Adhesion Proteins, 2nd edn. A Sambrook and Tooze publication at Oxford University Press, New York

Iozzo R (2000) Proteoglycans: Structure, Biology and Molecular Interactions. Marcel Dekker Press

Bilezikian JP, Raisz LG, Rodan GA (2002) Principles of Bone Biology. Academic Press, San Diego, USA

Original- und Übersichtsarbeiten

Myllyharju J, Kivirikko KI (2001) Collagens and Collagen-related diseases. Ann Med 33:7–21

Prockop DJ,Kivirikko KI (1995) Collagens: Molecular Biology, Diseases, and Potentials for Therapy. Annu Rev Biochem 64:403–434

Kielty CM, Sheratt MJ, Shuttleworth A (2002) Elastic fibres. J Cell Sci 115:2817–2828

Kornblihtt AR, Pesce CG, Alonso CR, Cramer P, Srebrow A, Werbajh S, Muro AF (1996) The fibronectin gene as a model for splicing and transcription FASEB J 10:248–257

Nature Insight Reviews: Bone and Cartilage (2003) Nature 423:315–361

a) Kronenberg HM. Developmental regulation of the growth plate, pp 423:332–336

b) Boyle WJ, Simonet WS, Lacey DL. Osteoclast differentiation and activation. pp 337–342

c) Harada S, Rodan GA. Control of osteoblast function and regulation of bone mass. pp 349–355

Rodan GA, Martin TJ (2000) Therapeutic Approaches to Bone Diseases. Science 289:1508–1514

Jilka RL (1998) Cytokines, bone remodelling, and estrogen deficiency: a 1998 update. Bone 23:75–81

Yurchenco PD, Amenta PS (2004) Basement membrane assembly, stability and activities observed through a developmental lens. Matrix Biol 22:521–538

Hynes RO (2002) Integrins: Bidirectional, Allosteric Signaling Machines. Cell 110:673–687

Miner JH, Yurchenco PD (2004) Laminin Functions in Tissue Morphogenesis. Annu Rev Cell Dev Biol 20:255–284

Bruckner-Tuderman L, Bruckner P (1998) Genetic diseases of the extracellular matrix: more than just connective tissue disorders. J Mol Med 76:226–237

Nievers MG, Schaapveld RQ, Sonnenberg A (1999) Biology and function of hemidesmosomes. Matrix Biol 18:5–17

Schumann H, Beljan G, Bruckner-Tuderman L (2001) Epidermolysis bullosa: eine interdisziplinäre Herausforderung. Neues über Genetik, Pathophysiologie und Management. Deutsches Ärzteblatt 98: A1559–1563

Jainta S, Schmidt E, Bröcker, E-B, Zillikens D (2001) Diagnostik und Therapie bullöser Autoimmunerkrankungen der Haut. Deutsches Ärzteblatt 98:A1320–1325

Alford AI, Hankenson KD (2006) Matricellular proteins: Extracellular modulators of bone development, remodeling, and regeneration. Bone, 38:749–757

Links im Netz

▶ www.lehrbuch-medizin.de/biochemie

25 Kommunikation zwischen Zellen: Extrazelluläre Signalmoleküle, Rezeptoren und Signaltransduktion

Peter C. Heinrich, Serge Haan, Heike M. Hermanns, Georg Löffler, Gerhard Müller-Newen, Fred Schaper

25.1 Extrazelluläre Signalmoleküle und die Kommunikation zwischen Zellen – 757
25.1.1 Kommunikation zwischen Zellen – 757
25.1.2 Kommunikation und ihre Entsprechung in biologischen Systemen – 758
25.1.3 Glanduläre Hormone und Gewebshormone – 758

25.2 Stoffwechsel und Analyse von Hormonen und Cytokinen – 760
25.2.1 Biosynthese und Sekretion – 760
25.2.2 Transport im Blut – 760
25.2.3 Abbau und Ausscheidung – 761
25.2.4 Methoden zur Konzentrationsbestimmung – 761

25.3 Rezeptoren für Hormone und Cytokine – 763
25.3.1 Nucleäre Rezeptoren – 763
25.3.2 Liganden-regulierte Ionenkanäle als Rezeptoren – 765
25.3.3 Membranrezeptoren – 767

25.4 Prinzipien der Signaltransduktion von Membranrezeptoren – 769
25.4.1 Rezeptoraktivierung – 770
25.4.2 Rekrutierung cytoplasmatischer Effektorproteine an die Plasmamembran – 770
25.4.3 Organisierte Kinasekaskaden – 772
25.4.4 G-Proteine – 773
25.4.5 Second messenger – 773

25.5 Einteilung der Cytokine – 777
25.5.1 Wachstumsfaktoren – 778
25.5.2 Interleukine – 778
25.5.3 Interferone – 778
25.5.4 Chemokine – 779

25.6 Signaltransduktion G-Protein-gekoppelter Rezeptoren – 779
25.6.1 G-Protein-gekoppelte Rezeptoren signalisieren über heterotrimere G-Proteine – 779
25.6.2 Rezeptoren, die an das Adenylatcyclase-System gekoppelt sind – 780

25.6.3 Rezeptoren, die an die Phospholipase Cβ gekoppelt sind und zur Ca^{2+}-Freisetzung führen – 783
25.6.4 Die GPCR-vermittelte Signaltransduktion am Beispiel von Interleukin-8 – 783

25.7 Signaltransduktion von Rezeptor-Tyrosinkinasen und Rezeptor-Serin/Threoninkinasen – 785
25.7.1 Rezeptor-Tyrosinkinasen – 785
25.7.2 Rezeptor-Serin/Threoninkinasen – 790

25.8 Signaltransduktion über Rezeptoren mit assoziierten Kinasen – 791
25.8.1 Interleukin-1-Signaltransduktion – 791
25.8.2 TNF-Signaltransduktion – 792
25.8.3 Interleukin-6-Signaltransduktion – 794
25.8.4 Interferon-Signaltransduktion – 796
25.8.5 Pathobiochemie: Septischer Schock und multiples Organversagen – 798

25.9 Besondere Aktivierungsmechanismen – 801
25.9.1 Stickstoffmonoxid (NO) und lösliche Guanylatcyclasen – 801
25.9.2 Membrangebundene Guanylatcyclasen – 802
25.9.3 cGMP-Effektormoleküle – 803

25.10 Regulation der Signaltransduktion – 804
25.10.1 Rezeptorexpression – 804
25.10.2 Rückkopplungsmechanismen – 805

Literatur – 807

Einleitung

Extrazelluläre Signalmoleküle spielen eine entscheidende Rolle für die Kommunikation zwischen Organen und Zellen. Die innerhalb des Organismus synthetisierten und sezernierten Botenstoffe lassen sich in die Gruppen der Hormone und Cytokine einteilen. Sie werden von bestimmten Zellen auf definierte Reize hin freigesetzt und wirken auf Zellen, die den passenden Rezeptor tragen. Die Zielzellen antworten nach Initiation einer Signalkaskade mit Änderungen einer Vielzahl von biochemischen und biologischen Prozessen.

Störungen der Kommunikation zwischen Zellen und Organen führen, soweit es Hormone betrifft, zu klinisch gut definierten Krankheitsbildern. In verstärktem Maße werden vor allem akut und chronisch entzündliche Erkrankungen auch als Konsequenzen einer gestörten Regulation durch Cytokine verstanden, sodass speziell dieser Gruppe von Signalmolekülen eine zunehmende klinische Bedeutung zukommt. Daher werden im folgenden Kapitel die verschiedenen Unterfamilien der Cytokine (Interleukine, Interferone, Wachstumsfaktoren und Chemokine), deren Rezeptoren und die intrazelluläre Signaltransduktion besprochen.

25.1 Extrazelluläre Signalmoleküle und die Kommunikation zwischen Zellen

25.1.1 Kommunikation zwischen Zellen

Extrazelluläre Signalmoleküle erreichen ihre Zielzellen auf unterschiedlichen Wegen.

Die Entwicklung vielzelliger, arbeitsteilig organisierter Lebewesen aus dem Zusammenschluss von Einzelzellen stellt einen gewaltigen Fortschritt in der Evolution dar. Eine seiner wesentlichen Voraussetzungen ist die Signalübermittlung von Zelle zu Zelle bzw. von Organ zu Organ. In Abb. 25.1 sind die verschiedenen realisierten Mechanismen der interzellulären Kommunikation zusammengestellt. Die Signale werden auf **humoralem Weg** (lat. humor, Flüssigkeit) in Form chemischer Verbindungen als Signalvermittler übertragen. Die Signalmoleküle wirken nur auf solche Zellen, die einen passenden **Rezeptor** tragen. Die spezifische Bindung des Signalmoleküls (**Ligand**) an den Rezeptor löst eine zelluläre Reaktion aus.

Erfolgt die Signalübermittlung durch Diffusion von der sezernierenden direkt auf eine benachbarte Zelle, so spricht man von **parakriner Signaltransduktion** (Abb. 25.1a).

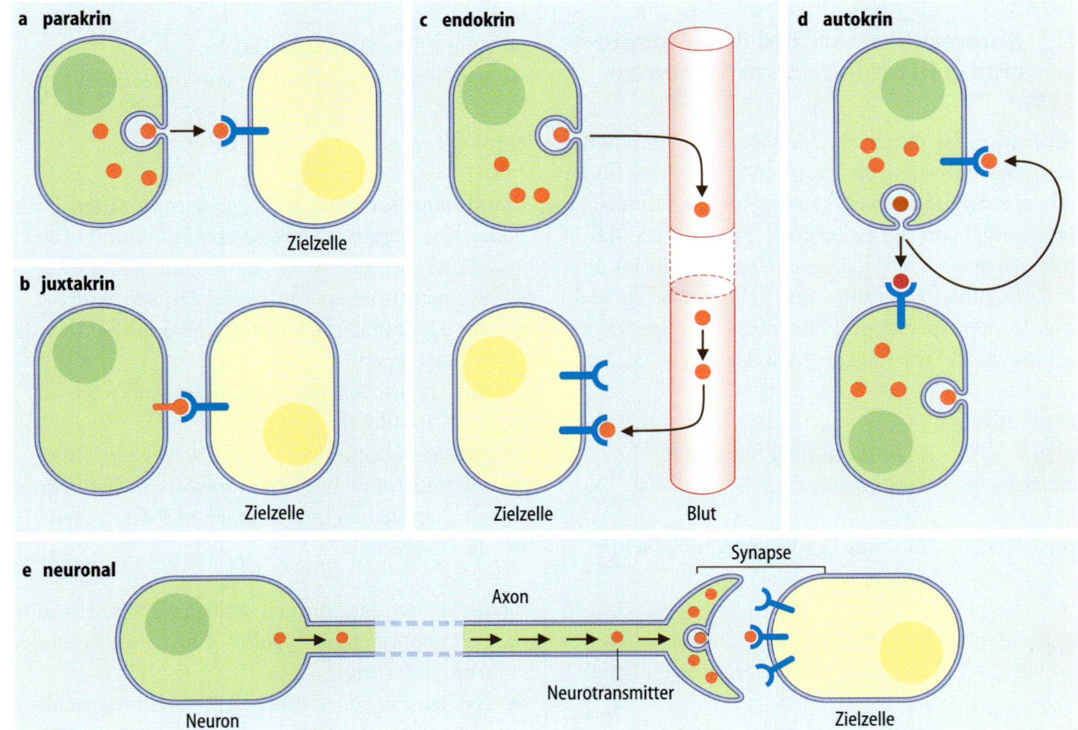

Abb. 25.1. Mechanismen der interzellulären Signalübermittlung. (**a**) parakrine, (**b**) juxtakrine, (**c**) endokrine, (**d**) autokrine, (**e**) neuronale Signalübertragung. (Einzelheiten ► Text)

Einen Sonderfall stellt die **juxtakrine** Signalübermittlung (Abb. 25.1b) dar, bei der das Signalmolekül in der Plasmamembran der produzierenden Zelle verankert ist und für die Wechselwirkung mit dem entsprechenden Rezeptor auf der Zielzelle ein direkter Zell-Zell-Kontakt notwendig ist.

Wird dagegen das Signalmolekül von einer spezifischen, sezernierenden Zelle in die Blutbahn abgegeben, um seine Wirkung an einer oft weit entfernten Zielzelle auszuüben, so handelt es sich um eine **endokrine** Signalübertragung (Abb. 25.1c).

Von parakriner und endokriner Signaltransduktion abzugrenzen ist schließlich die **autokrine** Signalweiterleitung (Abb. 25.1d). Sie beruht darauf, dass von einer sezernierenden Zelle gebildete Signalmoleküle auf diese Zelle selbst bzw. auf Nachbarzellen vom gleichen Zelltyp einwirken. So wirkt beispielsweise das von einer stimulierten T-Zelle sezernierte Interleukin-2 autokrin und führt zur Proliferation der T-Zelle.

Die autokrine Sekretion von Wachstumsfaktoren spielt auch bei manchen Tumoren eine wichtige Rolle. So konnte gezeigt werden, dass bestimmte Mammakarzinomzellen in großer Menge den insulinähnlichen Wachstumsfaktor-1 (IGF-1, ► Kap. 27.7.2) abgeben, der auf die Tumorzellen als Proliferationsfaktor wirkt.

Einen weiteren Sonderfall der interzellulären Kommunikation stellt die neuronale Signalübertragung dar (Abb. 25.1e und ► Kap. 31.3.1).

25.1.2 Kommunikation und ihre Entsprechung in biologischen Systemen

Kommunikation ist durch eine Abfolge von Ereignissen charakterisiert, die auch in biologischen Systemen zu finden ist. Hier beginnt die Signalweiterleitung mit der Stimulation einer Zelle gefolgt von Signalrezeption, Signaltransduktion, biologischer Antwort, z.B. Expression von Zielgenen, Proliferation, Apoptose, Migration und schließlich Signalabschaltung. Dementsprechend können die einzelnen Kommunikationsschritte wie folgt gegliedert werden:

Kommunikation

Allgemein	**in biologischen Systemen**
Signalentstehung	Freisetzung eines Botenstoffs
∇	∇
Signalaufnahme	Bindung des Botenstoffs an seinen Rezeptor
∇	∇
Signalweiterleitung	Umwandlung des extrazellulären Signals in ein intrazelluläres Signal
∇	∇
Signalentschlüsselung	Aktivierung von intrazellulären Signalkaskaden
∇	∇
Signalverarbeitung	biologische Antworten
∇	∇
Signalabschaltung	Hemmung durch Rückkopplung *(feedback inhibition)*

Es gibt eine sehr große Zahl exogener und endogener Signale auf die Zellen ansprechen. Hierzu zählen z.B.

- Licht
- Wärme
- akustische Reize
- mechanische Reize
- Geruchsstoffe
- Geschmacksstoffe
- Pheromone (Sexuallockstoffe)
- Komponenten der extrazellulären Matrix
- Zelloberflächen-Glycoproteine und -Glycolipide
- Antigene
- Hormone
- Cytokine

Von den genannten Signalmolekülen spielen für die Kommunikation zwischen Zellen Hormone und Cytokine eine sehr wichtige Rolle.

25.1.3 Glanduläre Hormone und Gewebshormone

Endogen synthetisierte extrazelluläre Signalmoleküle können in

- glanduläre Hormone und
- aglanduläre Hormone = Gewebshormone

eingeteilt werden.

Glanduläre Hormone werden in endokrinen Drüsen gebildet, von diesen sezerniert und auf dem Blutweg zu den jeweiligen Zielzellen transportiert, an denen sie spezifische Wirkungen entfalten. Endokrine Drüsen sind:

- der Hypothalamus und die Hypophyse (Vorder- und Hinterlappen)
- die Langerhans'schen Inseln des Pankreas
- die Schilddrüse
- die Nebenschilddrüsen (Epithelkörperchen)
- die Nebennieren (Nebennierenmark und -rinde)
- die männlichen und weiblichen Keimdrüsen
- die Placenta

Bis auf wenige Ausnahmen sind glanduläre Hormone

- Polypeptide (z.B. Insulin, Glucagon, adrenocorticotropes Hormon)
- Aminosäure-Derivate (z.B. Schilddrüsenhormone: Thyroxin, T4 und Trijodthyronin, T3; Katecholamine: Adrenalin, Noradrenalin oder Neurotransmitter: Serotonin)

Tabelle 25.1. Einteilung der Cytokine (Auswahl) und ihre biologischen Funktionen

Wachstumsfaktoren	Interleukine	Interferone	Chemokine

Signaltransduktion über Rezeptor-Tyrosinkinasen
– *brain-derived nerve growth factor* (BDNF)
– *colony stimulating factor* (CSF)
– *epidermal growth factor* (EGF)
– *fibroblast growth factor* (FGF)
– *insulin-like growth factor* (IGF)
– *keratinocyte growth factor* (KGF)
– *macrophage colony stimulating factor* (MCSF)
– *nerve growth factor* (NGF)
– *platelet derived growth factor* (PDGF)
– *stem cell factor* (SCF)
– *vascular endothelial growth factor* (VEGF)
 	
Signaltransduktion über Rezeptor-Serin/Threonin-kinasen
– *transforming growth factor β* (TGFβ)
– *bone morphogenetic protein* (BMP)
– Aktivine
	pro-inflammatorische Cytokine
	– Interleukin-1 (IL-1)
	– Tumor-Nekrose-Faktor (TNF)
	
	Signaltransduktion über die *common β* Kette
	– Interleukin-3 (IL-3)
	– Interleukin-5 (IL-5)
	– *granulocyte macrophage colony stimulating factor* (GM-CSF)
	
	Signaltransduktion über die *common γ* Kette
	– Interleukin-2 (IL-2)
	– Interleukin-4 (IL-4)
	– Interleukin-7 (IL-7)
	– Interleukin-9 (IL-9)
	– Interleukin-15 (IL-15)
	– Interleukin-21 (IL-21)
	
	IL-6-Typ-Cytokine (pro- und anti-inflammatorisch)
	– Interleukin-6 (IL-6)
	– Interleukin-11 (IL-11)
	– Interleukin-27 (IL-27)
	– Oncostatin M (OSM)
	– *leukemia inhibitory factor* (LIF)
	– *ciliary neurotrophic factor* (CNTF)
	– *cardiotrophin-1* (CT-1)
	– *cardiotrophin-like cytokine* (CLC)
	– Neuropoetin (NP)
	
	Signaltransduktion über homodimere Rezeptoren
	– Erythropoetin (EPO)
	– *growth hormone* (GH)
	– *granulocyte colony stimulating factor* (GCSF)
	– Leptin
	– Thrombopoetin (TPO)
		Typ-1-Interferone
		– Interferon-α (IFNα1,-2,-4,-5,-6,-7,-8,-10,-13,-14,-16,-17,-21)
		– Interferon-β (IFNβ)
		– Interferon-ε (IFNε)
		– Interferon-κ (IFNκ)
		– Interferon-ω (IFNω1, IFNω2)
		
		Typ-2-Interferon
		– Interferon-γ (IFNγ)
		
		Interferon-ähnliche Cytokine
		– Interleukin-10 (IL-10)
		– Interleukin-19 (IL-19)
		– Interleukin-20 (IL-20)
		– Interleukin-22 (IL-22)
		– Interleukin-24 (IL-24)
		– Interleukin-28 (IL-28)
		– Interleukin-29 (IL-29)
			CC-Chemokine (CCL1 bis CCL28)
			– Eotaxine
			  - Eotaxin 1 (CCL11)
			  - Eotaxin 2 (CCL24)
			  - Eotaxin 3 (CCL26)
			– *macrophage inflammatory proteins*
			  - MIP1α (CCL3)
			  - MIP1β (CCL4)
			  - MIP1δ (CCL15)
			  - MIP3α (CCL20)
			  - MIP3β (CCL19)
			– *regulated on activation, normal T-cell expressed and secreted* (RANTES) (CCL5)
			– *monocyte chemoattractant proteins*
			  - MCP1 (CLC2)
			  - MCP2 (CLC8)
			  - MCP3 (CLC7)
			  - MCP4 (CLC13)
			
			CXC-Chemokine (CXCL1 bis CXCL15)
			– Interleukin-8 (IL-8, CXCL8)
			– *stromal derived factor* 1 (SDF1, CXCL12)
			– *growth related oncogenes*
			  - GROα (CXCL1)
			  - GROβ (CXCL2)
			  - GROγ (CXCL3)
			
			XC-Chemokine
			– Lymphotactin (XCL1)
			– SCM-1β (XCL2)
			
			CX3C-Chemokine
			– Fractalkin (CX3CL1)

Biologische Funktion:			
Proliferation, Differenzierung	**Immunabwehr, Entzündung, Hämatopoese, Apoptose**	**Virusabwehr, Proliferationshemmung, Apoptose**	**Migration, Chemotaxis**

- Steroide (z.B. Glucocorticoide: Cortisol; Mineralocorticoide: Aldosteron; männliche Sexualhormone: Testosteron; weibliche Sexualhormone: Östradiol)

Die Funktionen der glandulären Hormone sind im Einzelnen in den Kapiteln 26 und 27 besprochen.

Aglanduläre Hormone = Gewebshormone. Im Gegensatz zu den glandulären Hormonen werden die **Gewebshormone** oder **aglandulären Hormone** von in den verschiedensten Geweben verstreuten Zellen synthetisiert. Gewebshormone, die keine Polypeptide sind, werden von der großen Gruppe der Cytokine, die alle zu den Polypeptiden zählen, abgegrenzt.

Zur Gruppe der Gewebshormone, die keine Polypeptide sind, zählen

- biogene Amine (Histamin, Serotonin)
- Eikosanoide (Prostaglandine, Leukotriene)
- Gase (Stickstoffmonoxid (NO))
- Neurotransmitter (Acetylcholin, γ-Aminobuttersäure (GABA), Glutamat, Glycin)

Zu den **Cytokinen** gehören (Tab. 25.1)
- Wachstumsfaktoren
- Interleukine
- Interferone
- Chemokine

Im Einzelfall kann die Zuordnung eines extrazellulären Signalmoleküls zu einer der oben genannten Gruppen schwierig sein.

Die aglandulären nicht-peptidischen Hormone werden weiter unten und in den Kapiteln 13, 26, 27, 31, 34 behandelt.

25

In Kürze

Die Kommunikation zwischen verschiedenen Geweben und Organen im vielzelligen Organismus erfolgt mit Hilfe endogener Signalmoleküle. Diese können dabei als endokrine Faktoren von den Drüsen, in denen sie produziert werden, über den Blutweg an ihre Zielzellen gelangen, als parakrine Faktoren auf benachbarte Zellen einwirken oder aber als autokrine Faktoren auf die Zellen zurückwirken, von denen sie produziert werden.

Neben den in den endokrinen Drüsen gebildeten Hormonen kommt im Organismus eine große Zahl von Gewebshormonen vor, welche durch endokrin aktive, in den Geweben verstreute, einzelne Zellen gebildet werden.

25.2 Stoffwechsel und Analyse von Hormonen und Cytokinen

25.2.1 Biosynthese und Sekretion

Cytokine sind immer Polypeptide und werden meist *de novo* synthetisiert. **Glanduläre Hormone** gehören dagegen chemisch zu den unterschiedlichsten Verbindungen. Sie können Derivate von Aminosäuren, Abkömmlinge des Cholesterins aber auch Peptide und Proteine sein. Dementsprechend unterschiedlich sind natürlich auch die Mechanismen ihrer Biosynthese. Besonders die Peptid- und Proteohormone (z.B. Insulin, Glucagon, Parathormon) werden wie andere sekretorische Proteine in Form höhermolekularer Vorstufen synthetisiert. Gelegentlich tragen derartige Vorläufer (*precursors*) sogar mehrere unterschiedliche Hormone, die durch entsprechende proteolytische Spaltung freigesetzt werden (z.B. Proopiomelanocortin, ► Kap. 32.3.8, Glicentin, ► Kap. 26.2.2).

Bei vielen Peptid- und Proteohormonen, aber auch bei Aminosäurederivaten wie den Katecholaminen erfolgt eine Speicherung in Form **intrazellulärer Sekretvesikel**. Einen besonderen Fall stellen die Schilddrüsenhormone dar, die als Teil des Thyreoglobulin extrazellulär in großen Mengen in der Schilddrüse gespeichert werden (**Kolloid**). Andere Hormone, z.B. Steroidhormone oder das Parathormon (PTH) werden nur in geringem Umfang gespeichert. Daher muss in diesen Fällen die Biosynthese sehr genau reguliert werden.

Die Sekretion der in Vesikeln gespeicherten Signalmoleküle erfolgt entsprechend den zellbiologischen Vorgängen beim **regulierten vesikulären Transport** (► Kap. 6.2.4). Ein wichtiger Auslöser ist meist die Erhöhung der cytosolischen Calciumkonzentration. Bei einer Reihe von endokrinen Zellen ist experimentell nachgewiesen worden, dass ein intaktes **mikrotubuläres System** für den Transport der sekretorischen Vesikel vom Golgi-Apparat zur Plasmamembran notwendig ist. Dieser Transport ist ATP-abhängig und man nimmt an, dass **Kinesin** (► Kap. 6.3.1) den für den Transport notwendigen Motor darstellt.

Während die meisten Cytokine für ihre Sekretion mit einem N-terminalen Signalpeptid synthetisiert werden, gibt es Ausnahmen. Ohne dass eine klassische Signalsequenz vorliegt, werden die Cytokine Interleukin-1 (IL-1), *tumor necrosis factor* (TNF), *ciliary neurotrophic factor* (CNTF) und *macrophage migration inhibitory factor* (MIF) über einen im Detail noch unbekannten Mechanismus sezerniert.

25.2.2 Transport im Blut

Die glandulären Hormone gelangen über den Blutkreislauf an ihren Wirkungsort. Im Allgemeinen sind die Serumkonzentrationen von Hormonen äußerst gering. Für Peptid- und Proteohormone liegen sie bei etwa 10^{-12}–10^{-10} mol/l, für Schilddrüsen- und Steroidhormone zwischen 10^{-9} und 10^{-6} mol/l.

Die vom Cholesterin abgeleiteten Steroidhormone sowie die Hormone der Schilddrüse sind besonders hydrophob. Aus diesem Grund können sie nur durch Bindung an spezifische **Transportproteine** im Serum transportiert werden. Aufgrund der hohen Affinität dieser Hormone zu ihren Transportproteinen liegen immer nur sehr geringe Mengen der betreffenden Hormone in freier und damit biologisch aktiver Form vor. Daher ist nicht nur die Konzentration des Hormons, sondern auch die seines Bindeproteins für die biologische Aktivität von Bedeutung.

Im Unterschied zu den Hormonen, die in der Regel im Blut transportiert werden, wirken die meisten Cytokine eher lokal. Bei akuten und chronischen Entzündungen lassen sich jedoch Cytokine wie IL-1, TNF, IL-6 und IL-8 im Blut nachweisen. Die Bioaktivität dieser Cytokine im Blut wird häufig durch lösliche Rezeptoren moduliert.

25.2.3 Abbau und Ausscheidung

Besonders unter pathologischen Bedingungen kann die Geschwindigkeit des Abbaus und der Ausscheidung von Hormonen für ihre Serumkonzentration und damit für ihre biologische Aktivität wichtig werden. Cytokine, Peptid- und Proteohormone werden durch Endozytose von den Zielzellen aufgenommen und durch anschließende **Proteolyse** abgebaut. Die hierfür wichtigen Organe sind v.a. die Leber, daneben aber auch die Nieren.

Für den Abbau und die Ausscheidung von Steroid- bzw. Schilddrüsenhormonen oder Katecholaminen sind wesentlich spezifischere Mechanismen notwendig. Auch hierfür ist das wichtigste Organ die Leber. Die Metabolisierungsreaktionen für die genannten Hormone finden nach den Mechanismen der Phase I und II des **Biotransformationssystems** (▶ Kap. 33.3.1) statt.

Bei Funktionsstörungen des Leberzellparenchyms sind naturgemäß auch diese Reaktionen betroffen, sodass es dann zu entsprechenden Störungen im Stoffwechsel dieser Hormone kommt.

25.2.4 Methoden zur Konzentrationsbestimmung

! Biologische Nachweisverfahren beruhen auf der Quantifizierung zellulärer Effekte von Signalmolekülen.

Grundlage der biologischen Nachweisverfahren für Hormone und Cytokine ist deren biologische Aktivität am intakten Tier, in Gewebspräparaten oder an isolierten Zellen. Dieser Nachweis ist der für die biologische Funktion wichtigste Test, da in ihm inaktive Vorstufen oder Abbauprodukte des Hormons oder Cytokins nicht wirksam sind. V.a. zur Aufdeckung neuer hormonell aktiver Verbindungen sind biologische Nachweisverfahren unerlässlich, da bis zur endgültigen Strukturaufklärung des Signalmoleküls andere Methoden (▶ u.) nicht anwendbar sind.

Ein Nachteil biologischer Testverfahren liegt in der Komplexität und Störanfälligkeit der Bestimmungsmethode. Es ist außerordentlich schwierig, die für derartige Tests benötigten Gewebe oder Zellpräparationen in gut reproduzierbarer Form herzustellen. Darüber hinaus werden gelegentlich auch von anderen Signalmolekülen ähnliche zelluläre Antworten ausgelöst, sodass häufig auch die Spezifität solcher Analysen nicht sehr groß ist.

! Für alle Hormone und Cytokine stehen spezifische und sensitive immunologische Nachweisverfahren zur Verfügung.

Die Entdeckung des Prinzips der **immunologischen Konzentrationsbestimmungen** durch Solomon Berson und Rosalyn Yalow Anfang der 60er Jahre hat die Endokrinologie in ihrer heutigen Form erst möglich gemacht, da nur diese Verfahren die notwendige Spezifität und Empfindlichkeit für die Konzentrationsbestimmung von Hormonen und Cytokinen in Körperflüssigkeiten liefern. Die Methode beruht auf der Reaktion mit spezifischen Antikörpern, die inzwischen gegen jedes bekannte Hormon oder Cytokin in ausreichender Spezifität und Menge gewonnen werden können. Der Vorteil der immunologischen Konzentrationsbestimmungen liegt in der Einfachheit ihrer Durchführung

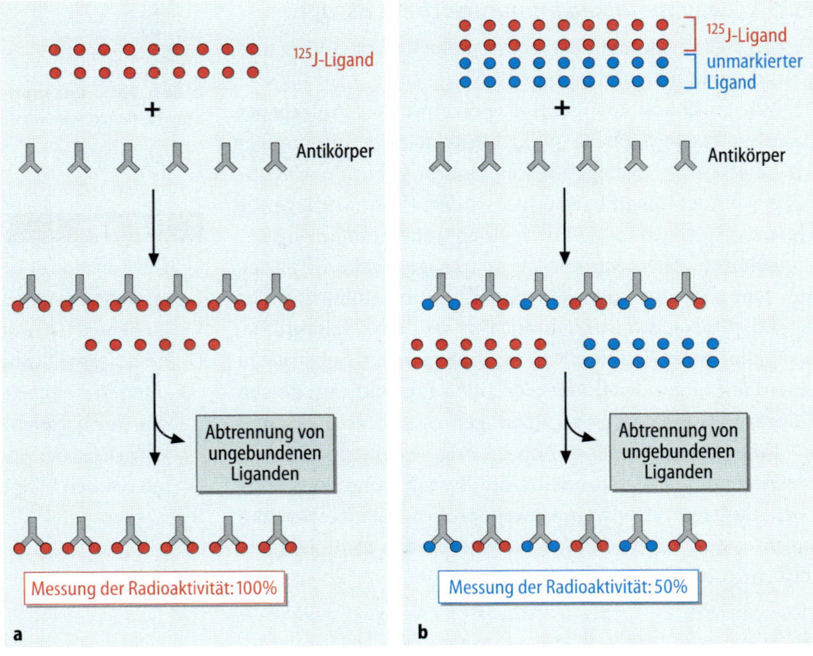

Abb. 25.2. Prinzip des Radioimmunoassays (RIA). (Einzelheiten ▶ Text)

und in der hohen Empfindlichkeit des Nachweises. Ihr Nachteil ist, dass auch Vorstufen oder Abbauprodukte vom Antikörper gebunden werden, wenn sie nur das für die Antikörperbindung notwendige Epitop enthalten. Daher ist es manchmal zur Lösung bestimmter Fragestellungen notwendig, neben der immunologischen Bestimmung auch die biologische Aktivität eines Hormons oder Cytokins zu messen.

Radioimmunoassay (RIA)

Es wird eine konstante Menge Hormon- bzw. Cytokinspezifischer Antikörper mit einer im Überschuss vorhandenen Menge radioaktiv markierten Hormons/Cytokins (in ◘ Abb. 25.2 als Ligand (rot) bezeichnet) inkubiert. Alle Antikörper binden radioaktiv (meist ^{125}J) markierten Liganden (maximal gebundene Radioaktivität = 100%). Überschüssige ^{125}J-Liganden werden von Antikörper-gebundenen abgetrennt und die Antikörper-gebundene Radioaktivität wird gemessen (◘ Abb. 25.2a). Ist neben dem radioaktiv markierten Liganden auch noch nicht markierter Ligand (blau), dessen Konzentration bestimmt werden soll, vorhanden, tritt dieser mit dem radioaktiv markierten Liganden in Konkurrenz um die Bindung an den Antikörper (◘ Abb. 25.2b). Wenn die Zahl der nicht markierten Liganden gleich groß wie die ^{125}J-Liganden ist, wird nach Bindung an die Antikörper und Trennung von freien und gebundenen Liganden nur die Hälfte der Radioaktivität für die Zahl der ^{125}J-Ligand/Antikörper-Komplexe gemessen. Durch Zugabe verschiedener Mengen eines bekannten unmarkierten Standardpräparats, lässt sich eine Eichkurve erstellen. Die Messung der Ligandenkonzentration in unbekannten Proben erfolgt dann durch Vergleich mit dem Standard.

ELISA (*enzyme-linked immunosorbent assay*)

Der ELISA vermeidet die Gefahren der Radioaktivität und wird deshalb heute bevorzugt.

Wie in ◘ Abb. 25.3 gezeigt wird ein erster Antikörper (blau) an eine Festphase (Mikrotiterplatte) gebunden. Der im Überschuss vorliegende Festphasen-gebundene Antikörper bindet das in der zu messenden Probe vorliegende Hormon/Cytokin (rot). Durch einen mit einem Enzym gekoppelten zweiten Antikörper (gelb) gegen weitere Epitope auf dem zu messenden Hormon/Cytokin erfolgt nun das eigentliche Nachweisverfahren. Das an den Zweitantikörper gekoppelte Enzym setzt ein zugegebenes Substrat zu einem farbigen oder fluoreszierenden Produkt um, dessen Konzentration hoch empfindlich gemessen werden kann.

Eine Variante des in ◘ Abb. 25.3 dargestellten immunometrischen Testverfahrens ist die Bestimmung von Antikörperkonzentrationen in Gewebeproben oder Körperflüssigkeiten mit Hilfe von an Mikrotiterplatten immobilisiertem Hormon/Cytokin.

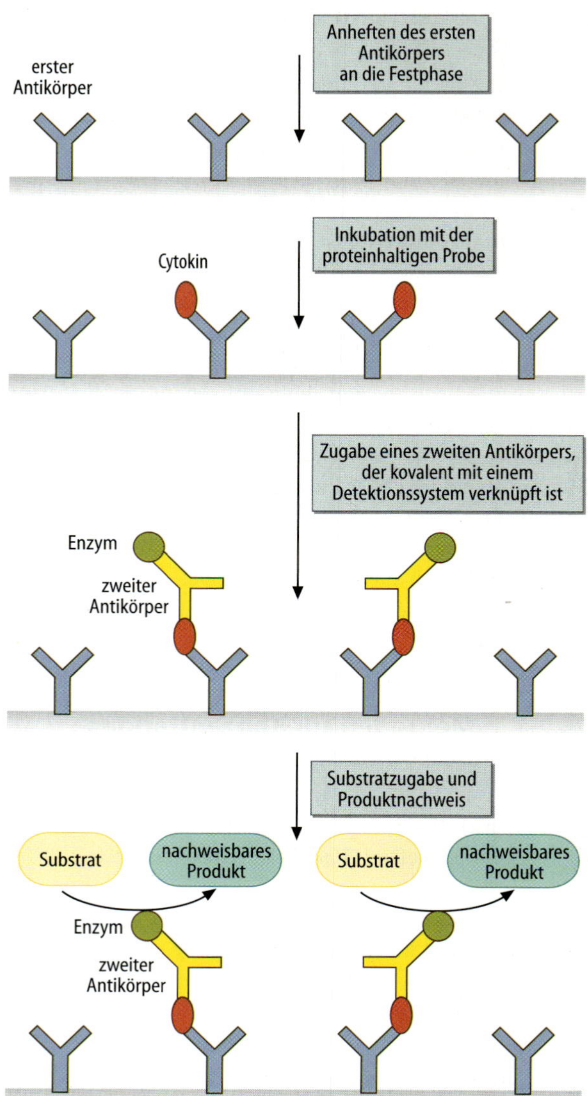

◘ **Abb. 25.3. Enzym-gekoppelter Immunoadsorptionstest (ELISA,** *enzyme-linked immunosorbent assay*). (Einzelheiten ► Text)

In Kürze

Die Konzentrationen von Hormonen und Cytokinen in der extrazellulären Flüssigkeit liegen in einem Bereich zwischen 10^{-6} und 10^{-10} mol/l. Die Entwicklung immunologischer Bestimmungsverfahren für diese Verbindungen stellt einen Meilenstein in der Endokrinologie dar, da nur durch sie derartig geringe Konzentrationen in spezifischer und gut reproduzierbarer Weise ermittelt werden können.

25.3 Rezeptoren für Hormone und Cytokine

Unabhängig von Wirkort und Wirkungsspektrum muss man für alle extrazellulären Signalmoleküle (Liganden) annehmen, dass sie primär mit einem **Rezeptor** interagieren und dass der dabei entstehende Ligand-Rezeptor-Komplex für die Ausbildung der intrazellulären Signale verantwortlich ist:

Extrazelluläres Signalmolekül + Rezeptor
→ Ligand-Rezeptor-Komplex → intrazelluläre Signale

Rezeptoren sind immer **Proteine** und die Kinetik der Bindung des Signalmoleküls an seinen Rezeptor verläuft analog zur Bindung eines Substrats an das aktive Zentrum eines Enzyms (▶ Kap. 4.2.1). Da die Anzahl der Rezeptoren einer Zelle begrenzt ist, erreicht die Ligandenbindung mit steigender Ligandenkonzentration eine **Sättigung**. Man kann eine Bindungskonstante bestimmen, die Informationen über die **Affinität** des Liganden zum Rezeptor liefert.

Die meisten Rezeptoren durchspannen die Plasmamembran. Einige liegen jedoch im Zellinnern vor und binden ihre lipophilen Liganden nach deren Transport durch die Plasmamembran. Man unterscheidet die drei Klassen der

- Nucleären Rezeptoren
- Liganden-regulierte Ionenkanäle
- Membranrezeptoren

Die intrazellulär vorliegenden nucleären Rezeptoren können selbst als mobile Signalweiterleiter angesehen werden, die nach Ligandenbindung die Information bis in den Zellkern und an die DNA tragen können. Dies ist verständlicherweise für die Ionenkanäle und die membranverankerten Rezeptormoleküle nicht möglich. Im Fall der Ionenkanäle führt die Ligandenbindung zur Änderung der Durchlässigkeit für bestimmte Ionen, meist Na^+, K^+, Ca^{2+} oder Cl^- Ionen. An die Aktivierung membranverankerter Rezeptoren schließen sich auf deren cytoplasmatischer Seite **Signaltransduktionskaskaden** an, bei denen aufeinander folgend verschiedene Proteine aktiviert werden. Diese Aktivierungen sind häufig mit Phosphorylierungen (dem Anhängen eines Phosphatrests an die Seitenketten von Aminosäuren wie Serin, Threonin oder Tyrosin) verbunden oder durch den Austausch von an G-Proteinen gebundenem GDP durch GTP gekennzeichnet. In selteneren Fällen kann die Aktivierung auch über eine Dephosphorylierung der Proteine erfolgen.

Sowohl für nucleäre als auch für membranverankerte Rezeptoren führt die Signaltransduktion zu gesteigerter oder verminderter Transkription von Zielgenen und der entsprechenden Proteinexpression, zu Stoffwechseländerungen, Differenzierung, Proliferation, Apoptose oder Migration.

25.3.1 Nucleäre Rezeptoren

Einige extrazelluläre Signalmoleküle wie die **Steroid**- oder **Schilddrüsenhormone** (▶ Kap. 8.5.2, 27.2), aber auch **Retinsäure** (▶ Kap. 23.2.1) oder die **D-Vitamine** (▶ Kap. 23.2.2) können aufgrund ihrer lipophilen Eigenschaften durch die Plasmamembran gelangen. Nach ihrer Aufnahme in die Zelle binden sie an intrazellulär vorliegende **spezifische Rezeptorproteine**. Durch die Interaktion des Hormons/Vitamins mit seinem Rezeptor entsteht ein Komplex, der durch Bindung an spezifische Promotorregionen responsiver Gene (*enhancer/silencer*) deren **Transkription** positiv (◻ Abb. 25.4a) oder negativ beeinflussen kann.

! Durch die Bindung des Signalmoleküls an intrazelluläre Rezeptoren entsteht ein Komplex, der als Transkriptionsfaktor wirkt.

Die Mitglieder der Superfamilie der nucleären Rezeptoren weisen untereinander eine große Ähnlichkeit auf. Ihre Struktur ist modular, d.h. aus verschiedenen Domänen aufgebaut. Beginnend vom N-Terminus besitzen nucleäre Rezeptoren eine variable Region, die essentielle Bereiche zur Regulation der Genexpression enthält, eine DNA-Bindungsdomäne, eine Kern-Lokalisationssequenz und die Ligandenbindungsdomäne, die immer C-terminal zu finden ist (◻ Abb. 25.4b). Die Homologie der Rezeptoren ist besonders im Bereich der DNA-Bindungsdomäne sehr hoch.

Soweit bisher bekannt binden alle nucleären Rezeptoren die DNA als Dimere. Sie erkennen zwei konservierte DNA-Sequenzen aus je sechs Basen, die entweder auf dem gleichen DNA-Strang als sogenannte *direct repeats* oder auf entgegengesetzten Strängen, d.h. als *inverted repeats* vorliegen (◻ Abb. 25.5). Während die in homodimerer Form bindenden Steroidhormonrezeptoren, z.B. Glucocorticoidrezeptor und Östrogenrezeptor, an *inverted repeats* binden, erkennen die in heterodimerer Form bindenden Rezeptoren für Vitamin D_3, Retinsäure und Schilddrüsenhormone *direct repeats*. Inzwischen gibt es gute Vorstellungen über die Raumstruktur der DNA-Bindungsdomäne der Hormonrezeptoren. Sie enthalten häufig Cystein-reiche Sequenzen, die Zink-Ionen koordinativ binden und werden daher »Zinkfingermotive« genannt (▶ Kap. 8.5.2).

Die Spezifität der Bindung wird im Fall der Steroidhormonrezeptoren über feine Unterschiede in der DNA-Erkennungssequenz (z.B. AGAACA (Glucocorticoid) im Vergleich zu AGGTCA (Östrogen)) oder im Fall der heterodimeren nucleären Rezeptoren durch den Abstand der beiden Sequenzen zueinander, der zwischen einem und fünf Basenpaaren variieren kann, bestimmt (◻ Abb. 25.5).

Der Aktivierungsmechanismus der nucleären Rezeptoren unterscheidet die in homodimerer Form an die DNA bindenden Steroidhormonrezeptoren von den in heterodimerer Form bindenden Rezeptoren für Vitamin D_3,

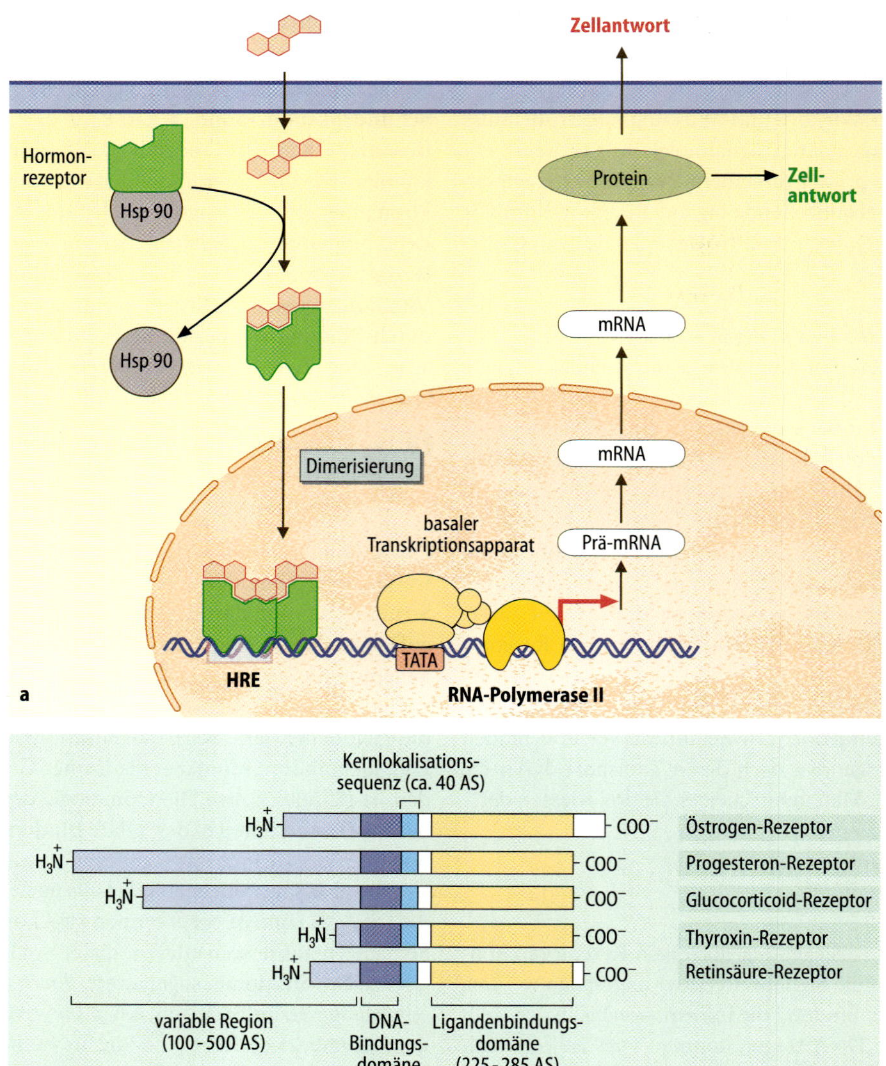

Abb. 25.4. Signaltransduktion nucleärer Rezeptoren. (**a**) Aktivierung intrazellulärer Rezeptoren durch Liganden. Die Abbildung zeigt den bei Glucocorticoiden aufgeklärten Mechanismus. Glucocorticoide diffundieren durch die Zellmembran und binden an den intrazellulären Glucocorticoidrezeptor. Das zuvor an diesen gebundene Hitzeschockprotein Hsp90 löst sich ab und gibt die Kernlokalisationssequenz des Rezeptors frei. Dieser wird in dimerer Form in den Zellkern transportiert, bindet dort an *enhancer*-Sequenzen responsiver Gene und führt zur Aktivierung des basalen Transkriptionsapparats. (**b**) Domänenstruktur einiger nucleärer Rezeptoren. AS = Aminosäuren

Retinsäure (▶ Kap. 23.2.2) und Schilddrüsenhormone (▶ Kap. 27.2). Die Rezeptoren für die D-Vitamine, Retinsäure und Schilddrüsenhormone sind ausschließlich nucleär lokalisiert. In Abwesenheit der Hormone (= Liganden) reprimieren sie als Monomere die Transkription bestimmter Gene. Nach Ligandenbindung erfolgt eine drastische Konformationsänderung und nach Rekrutierung des zweiten Rezeptors die Aktivierung der Gentranskription.

Im Gegensatz dazu sind die Rezeptoren für Steroidhormone in Abwesenheit ihrer Liganden cytoplasmatisch lokalisiert, meist gebunden an Proteine, die ihre DNA-Bindungsdomäne blockieren. Als solches ist u.a. das **Hitzeschockprotein** (▶ Kap. 9.2.1) **Hsp90** identifiziert worden. Die Bindung des Hormons an den Rezeptor führt zur Dissoziation der Hitzeschockproteine und anschließend zur Bildung von homodimeren Formen der jeweiligen Hormonrezeptoren. Abb. 25.4a gibt die heutigen Vorstellungen über die Aktivierung derartiger intrazellulärer Hormonrezeptoren durch ihre jeweiligen Liganden wieder.

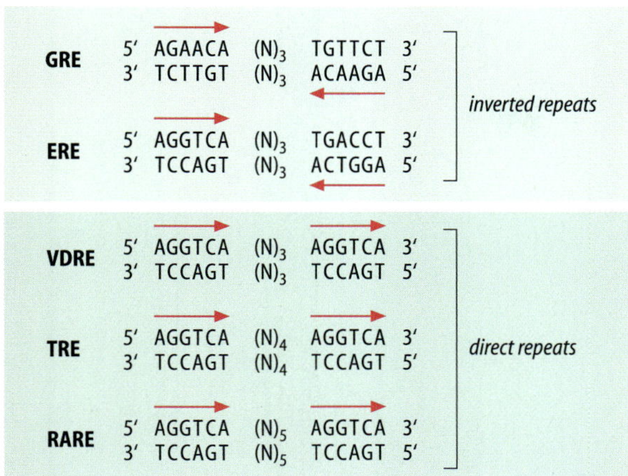

Abb. 25.5. *Enhancer*-Sequenzen, die durch aktivierte, dimere Hormonrezeptor-Komplexe erkannt werden. GRE = *glucocorticoid response element*; ERE = *estrogen response element*; VDRE = *vitamine D response element*; TRE = *thyroid hormone response element*; RARE = *retinoic acid response element*; N: beliebige Base (A, G, C oder T) (die Sequenzen können in einzelnen Genen leicht von den oben dargestellten *enhancer*-Sequenzen abweichen)

25.3.2 Liganden-regulierte Ionenkanäle als Rezeptoren

Im Gegensatz zu den intrazellulären Rezeptoren für Signalmoleküle sind die Liganden-regulierten Ionenkanäle ihrer Natur nach immer Membranproteine. Wie für Ionenkanäle üblich (▶ Kap. 6.1.3, 6.1.4, 32.2.2), sind sie für den nicht-ATP-abhängigen Transport verschiedener Ionen durch die Membran verantwortlich. Viele Ionenkanäle zeichnen sich dadurch aus, dass ihr Öffnungszustand und damit ihr Substratfluss regulierbar ist. Anders als bei den spannungsgesteuerten Ionenkanälen, die sich in Abhängigkeit vom Membranpotential öffnen oder schließen, beruht der Regulationsmechanismus hier darauf, dass die Bindung spezifischer Liganden den Öffnungszustand des Kanals beeinflusst. Liganden-aktivierte Ionenkanäle kommen in der Plasmamembran sowie in intrazellulären Membranen vor (Tabelle 25.2).

Extrazelluläre Liganden sind beispielsweise die Neurotransmitter

- γ-Aminobutyrat (GABA)
- Acetylcholin
- Glutamat
- Serotonin

Intrazellulär aktivierte Ionenkanäle spielen u.a. bei der Regulation der intrazellulären Calciumkonzentration z.B. durch Inositolphosphate eine wichtige Rolle (▶ Kap. 25.6.3).

Liganden-regulierte Ionenkanäle vermitteln die schnellsten bekannten zellulären Reaktionen auf Signalstoffe, da die Bindung des Liganden unmittelbar mit der spezifischen Antwort, nämlich dem Öffnen oder Schließen eines Ionenkanals verknüpft ist. Im Unterschied zu den anderen Rezeptortypen (▶ u.) ist die Erzeugung eines intrazellulären Boten- oder zweiten Signalstoffs (*second messenger*) für die Signaltransduktion nicht notwendig.

Die durch extrazelluläre Liganden aktivierten Ionenkanäle haben eine gemeinsame Grundstruktur. Sie sind jeweils aus fünf Proteinuntereinheiten zusammengesetzt. So hat z.B. der nikotinische Acetylcholinrezeptor die Struktur $\alpha_2\beta\gamma\delta$ (Abb. 25.6). Jede der Untereinheiten besteht aus einem integralen Membranprotein mit vier Transmembrandomänen. Der N- sowie der C-Terminus liegen extrazellulär, außerdem findet sich eine relativ große cytoplasmatische Schleife. Die durch intrazelluläre Liganden regulierten Ionenkanäle zeigen einen etwas anderen Aufbau und sind im Einzelnen im ▶ Kap. 25.3.2 besprochen.

Tabelle 25.2. Liganden-regulierte Ionenkanäle (Beispiele)

Rezeptor (Kanal)	Ligand	Ionenselektivität	Besprochen in Kapitel
Extrazellulär aktivierte Ionenkanäle			
Nikotinischer Acetylcholinrezeptor	Acetylcholin	Na^+, K^+, Ca^+	31.3.2, 31.3.3
$GABA_A$-Rezeptor	GABA	Cl^-, HCO_3^-	31.3.4
Glycinrezeptor	Glycin	Cl^-, HCO_3^-	31.3.4
Intrazellulär aktivierte Ionenkanäle			
IP_3-abhängiger Calciumkanal	Inositol-(1,4,5)-trisphosphat	Ca^{2+}	31.3, 25.4.5
Ryanodinrezeptor	cyclo-ADP-Ribose	Ca^{2+}	30.3.2
Na^+-Kanal der Stäbchen in der Retina	cyclo-GMP	Na^+	

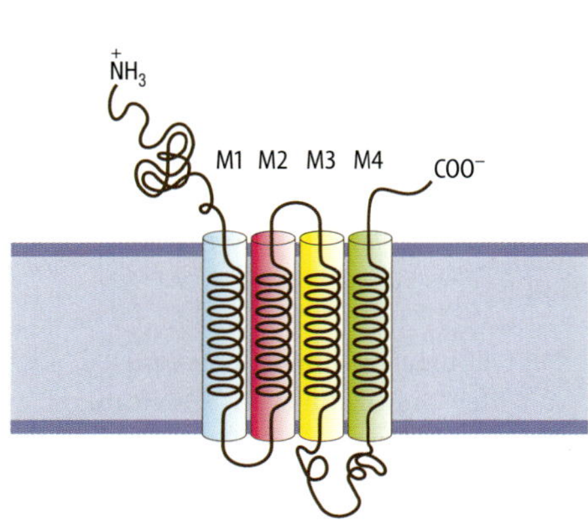

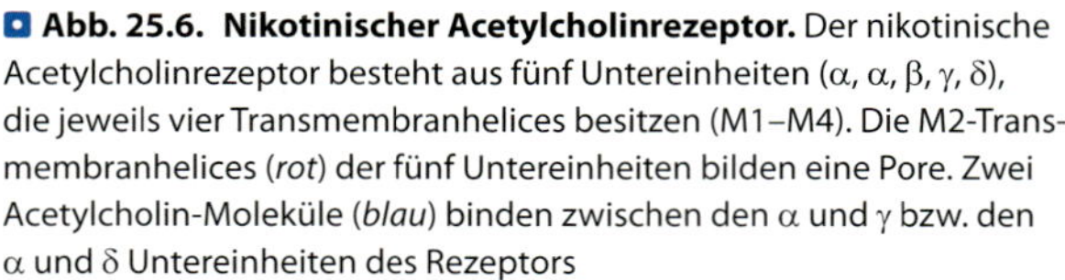

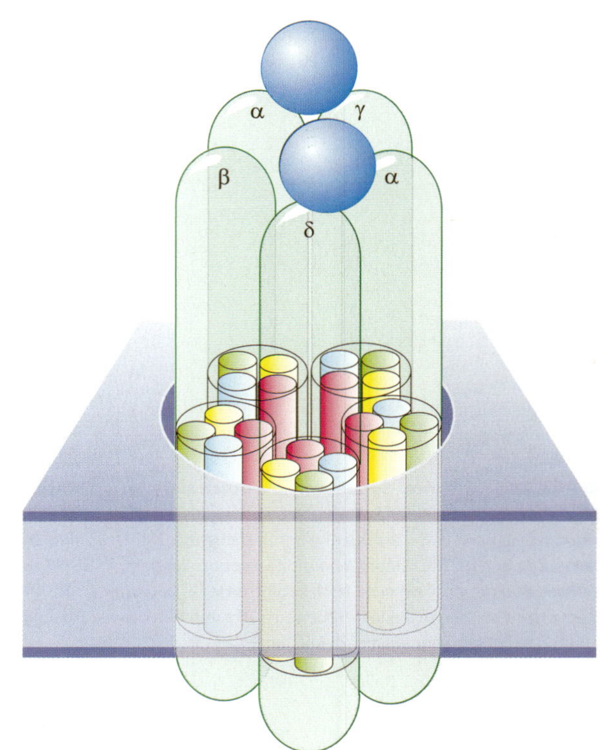

Abb. 25.6. Nikotinischer Acetylcholinrezeptor. Der nikotinische Acetylcholinrezeptor besteht aus fünf Untereinheiten (α, α, β, γ, δ), die jeweils vier Transmembranhelices besitzen (M1–M4). Die M2-Transmembranhelices (*rot*) der fünf Untereinheiten bilden eine Pore. Zwei Acetylcholin-Moleküle (*blau*) binden zwischen den α und γ bzw. den α und δ Untereinheiten des Rezeptors

Infobox

Myasthenia gravis (myo: Muskel; asthenia: Schwäche; gravis: schwer) ist eine relativ seltene neurologische Erkrankung, die mit einem Verlust der nikotinischen Acetylcholin-Rezeptoren auf der postsynaptischen Membran einhergeht. Dies resultiert in einer Schwäche und Erschöpfung der quer gestreiften Muskulatur, die lebensbedrohlich enden kann. Es handelt sich um eine Antikörper-vermittelte Autoimmunerkrankung, deren Entstehung bis heute nicht vollständig geklärt ist.

Der erste Patient wurde vermutlich schon 1672 von Thomas Willis in De Anima Brutorum (wörtlich: Von der Seele der Tiere) beschrieben, wo er von einer Frau berichtet, die lang-anhaltende Paralysen der Extremitäten und der Zunge aufwies. Zwei Jahrhunderte später beschrieben Erb und Goldflam die genauen klinischen Symptome von Myasthenia gravis. Der Name selbst wurde aber erst von Jolly 1895 geprägt.

Im Serum von etwa 85% der *Myasthenia gravis*-Patienten konnten erhöhte Spiegel von Acetylcholin-Rezeptor-spezifischen Antikörpern (hauptsächlich IgG1 und IgG3) nachgewiesen werden. Die Wirkungsweise der Autoantikörper ist vielfältig. So aktivieren einige das Komplement-System und führen damit zur Lyse der Muskelmembran, andere verbrücken zwei Acetylcholin-Rezeptoren in der Membran und beschleunigen so deren Degradation.

Etwa 75% der *Myasthenia gravis*-Patienten weisen Thymus-Abnormalitäten auf (z.B. Hyperplasie der Keimzentren oder Thyome) und eine Thymektomie führte bei einigen Patienten zur Linderung der Symptome. Nachdem erkannt wurde, dass es sich um eine Autoimmunerkrankung handelt, hat sich der Langzeiteinsatz von Steroiden oder Azathioprinen (Imuran®) zur Immunsuppression als erfolgreich herausgestellt.

Infobox

Curare und Neurotoxine

Das Pflanzengift **Curare** (»*ourari*« aus der Sprache der Tupi-Indianer bedeutet so viel wie »Flüssigkeit, die einen Vogel töten kann«) wird aus *Curarea* bzw. *Strychnos toxifera* oder *Chondrodendron tomentosum* gewonnen und wurde von den südamerikanischen Indianern als Pfeilgift genutzt. Seine todbringende Wirkung entfaltet es hauptsächlich über die Lähmung der Atemmuskulatur. Es verhindert das Öffnen der Kanäle im nikotinischen Acetylcholin-Rezeptor der motorischen Endplatte, indem es die

▼

Bindungsorte für Acetylcholin kompetitiv blockiert. Somit wirken bei Curare-Vergiftungen alle Stoffe, die die Acetylcholin-Menge im synaptischen Spalt erhöhen können (z.B. die Acetylcholinesterase-Hemmer Neostigmin oder Physostigmin), als Gegenmittel.

Mitte des 20. Jahrhunderts wurde Curare als Relaxans bei chirurgischen Eingriffen verwendet. Dies war nicht ohne Risiko, da die lähmende Wirkung erst im Laufe der Zeit gut kontrolliert werden konnte. Zu Beginn des 20. Jahrhunderts wurde das Gift auch therapeutisch gegen Tollwut, Epilepsie, Tetanus und Morbus Parkinson eingesetzt.

Neurotoxine sind Substanzen, die eine normale Neurotransmission stören. Hierbei handelt es sich interessanterweise oft um Schlangen- oder Spinnengifte, wie z.B. das α-Bungarotoxin der Bungarus-Schlangen, das α-Dendrotoxin der schwarzen Mamba, das α-Latrotoxin der schwarzen Witwe oder die Agatoxine der Trichterspinnen. Diese Substanzen hemmen entweder den nikotinischen Acetylcholin-Rezeptor oder andere Ionenkanäle.

25.3.3 Membranrezeptoren

! Die Stimulierbarkeit eines Zelltyps durch hydrophile Signalmoleküle ist davon abhängig, ob auf der Zelloberfläche Rezeptoren für diese Moleküle vorhanden sind.

Die extrazelluläre Bindung eines Liganden an seinen Rezeptor löst **intrazelluläre Reaktionskaskaden** aus. Häufig werden hierbei intrazelluläre Botenstoffe gebildet, die auch als *second messenger* und dementsprechend die primären Signalstoffe als *first messenger* bezeichnet werden. In Abhängigkeit von ihrer Struktur und den Mechanismen der Signalweiterleitung im Cytoplasma unterscheidet man drei Arten von Membranrezeptoren (Abb. 25.7a,b,c)

- G-Protein-gekoppelte Rezeptoren
- Rezeptor-Tyrosinkinasen und Rezeptor-Serin/Threoninkinasen
- Rezeptoren mit assoziierten Kinasen

Bei den Membranrezeptoren kann es sich um **ein einzelnes Protein**, um **Multimere eines Proteins** (homooligomere Rezeptoren) oder **Multimere aus mehreren unterschiedlichen Proteinen** (heterooligomere Rezeptoren) handeln.

G-Protein-gekoppelte Rezeptoren

G-Protein-gekoppelte Rezeptoren (*G-protein-coupled receptors*, GPCR) durchspannen die Plasmamembran siebenmal und werden daher auch als heptahelicale, 7-Transmembrandomänen- oder Serpentin-Rezeptoren bezeichnet. Sie bilden die größte Familie der Membranrezeptoren. Ihr Aufbau ist in Abb. 25.7a dargestellt. Es handelt sich um Proteine aus 350–800 Aminosäuren und Molekularmassen zwischen 40 und 90 kDa. Der N-Terminus liegt extrazellulär, der C-Terminus intrazellulär. Auffallend ist bei vielen GPCR eine große intrazelluläre Schleife zwischen der 5. und 6. Transmembrandomäne. Teile von ihr sind für den Signaltransduktionsmechanismus verantwortlich, bei dem immer heterotrimere (α,β,γ) G-Proteine beteiligt sind (▸ Kap. 25.4.4 und 25.6) (Abb. 25.7a). Diese sind mittels covalenter Verknüpfung mit einem hydrophoben Molekül (Myristoylierung, Palmitoylierung, Prenylierung) in der Zellmembran verankert (▸ Kap. 9.2.4).

G-Protein-gekoppelte Rezeptoren werden von den unterschiedlichsten Signalmolekülen als Signalvermittler genutzt. Zu ihnen gehören glanduläre Hormone, Cytokine (v.a. die Gruppe der Chemokine), Neurotransmitter, aber auch Geschmacks- und Geruchsstoffe sowie divalente Kationen und sogar Lichtquanten.

Rezeptor-Tyrosinkinasen und Rezeptor-Serin/Threoninkinasen

Die Rezeptoren für eine Vielzahl von Wachstumsfaktoren gehören zur Familie der Rezeptor-Tyrosinkinasen. Hierbei handelt es sich um integrale Membranproteine mit einer Transmembranhelix (Abb. 25.7b). Der N-Terminus des Proteins befindet sich auf der Außenseite der Zelle, während der C-Terminus im Zellinnern lokalisiert ist (**Typ-I-Transmembranproteine**). Rezeptor-Tyrosinkinasen sind Glycoproteine, die aus meist Immunglobulin-ähnlichen Domänen modular aufgebaut sind.

Die Bindung des Liganden erfolgt auf der extrazellulären Seite des Rezeptors und wird über spezifische, nichtcovalente Wechselwirkungen zwischen definierten Regionen des Liganden und entsprechenden Bereichen des Rezeptors vermittelt (▸ Kap. 25.7).

Der Name Rezeptor-Tyrosinkinase leitet sich von einer Domäne mit Enzymaktivität in der cytoplasmatischen Region des Proteins ab, die nach Stimulation unter ATP-Verbrauch Proteine an Tyrosinseitenketten phosphorylieren kann.

Insulin (▸ Kap. 26.1.7) und eine Reihe von Wachstumsfaktoren sind Liganden von Rezeptor-Tyrosinkinasen. Einzelheiten zum Aufbau dieser Membranrezeptoren finden sich in ▸ Kap. 25.7.1.

Eine Besonderheit stellt der Rezeptor für TGF-β dar. Hier werden nicht Tyrosin-, sondern Serin-Seitenketten phosphoryliert. Solche Rezeptoren werden als Rezeptor-Serin/Threoninkinasen bezeichnet.

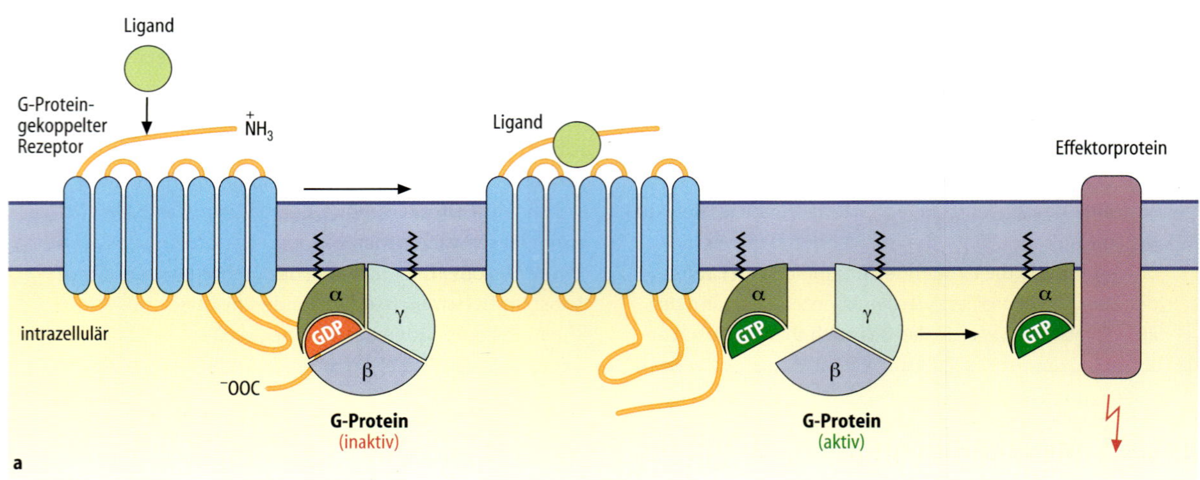

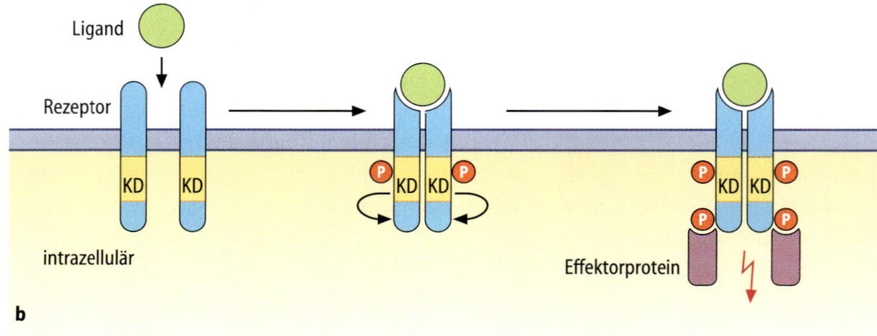

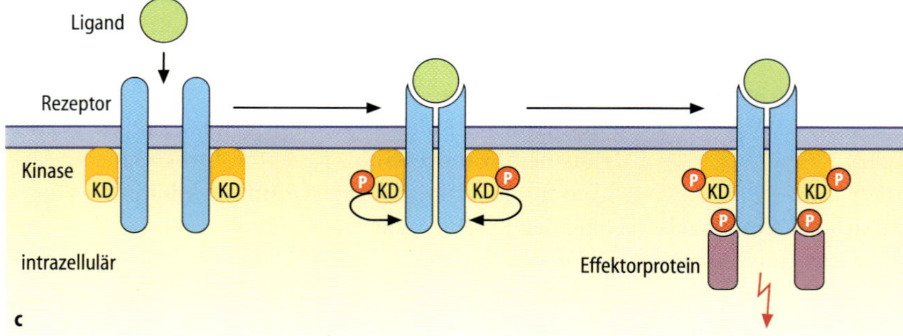

Abb. 25.7. Membranständige Rezeptoren. Aktivierungsmechanismen von G-Protein-gekoppelten Rezeptoren (**a**), Rezeptoren mit intrinsischer Kinaseaktivität (**b**) und assoziierter Kinaseaktivität (**c**). KD = Kinase-Domäne; P = Phosphat

Rezeptoren mit assoziierten Kinasen

Die meisten Kinase-assoziierten Rezeptoren haben prinzipielle Ähnlichkeit mit den Rezeptor-Tyrosinkinasen mit dem Unterschied, dass die enzymatische Aktivität nicht auf dem selben Polypeptid vorliegt, sondern als separates Protein konstitutiv an den Membranrezeptor gebunden ist (Abb. 25.7c).

Auch die Kinase-assoziierten Rezeptoren gehören zur Familie der Typ-I-Transmembranproteine. Der Großteil der Interleukine und die Interferone, aber auch einige Wachstumsfaktoren (z.B. Wachstumshormon, Erythropoetin und Prolactin) signalisieren über Rezeptoren dieser Familie.

Die Bindung des Liganden erfolgt extrazellulär an spezifische Bereiche (▸ Kap. 25.4.1). Viele Rezeptoren dieser Gruppe weisen in diesem Bereich mindestens ein Cytokinrezeptor-Homologiemodul auf. Die Interferonrezeptoren enthalten dieses Modul nicht.

Die intrazellulären Regionen dieser Rezeptoren sind in weiten Teilen wenig homolog und strukturell noch nicht näher charakterisiert. Im Unterschied zu den Rezeptor-Tyrosinkinasen besitzen sie keine Enzymaktivität. Sie enthalten aber zwei membrannah liegende konservierte Regionen, die der dauerhaften Assoziation mit cytoplasmatischen Tyrosinkinasen dienen. Nach Ausbildung eines signaltransduzierenden Rezeptorkomplexes kommt es zur Aktivierung dieser assoziierten Tyrosinkinasen.

Wichtige Ausnahmen bilden z.B. die Rezeptoren der Cytokine Interleukin-1 und Tumor-Nekrose-Faktor, die in ▶ Kap. 25.8.1 und 25.8.2 ausführlich besprochen sind, sowie die Toll-*like* Rezeptoren, die eine zentrale Rolle bei der angeborenen Immunität spielen (▶ Kap. 25.8.5 und ▶ Kap. 34.1).

In Kürze

Die Interaktion mit einem spezifischen Rezeptor ist der erste Schritt in der Wirkung von Hormonen und Cytokinen. Intrazellulär lokalisierte Hormonrezeptoren gehören i. Allg. zur Gruppe der ligandenaktivierten Transkriptionsfaktoren. Diese treten mit *enhancer*-Sequenzen der entsprechenden Gene in Wechselwirkung und kontrollieren so die Genexpression. Ein großer Teil von Rezeptoren ist in zellulären Membranen, i. Allg. in die Plasmamembran, integriert. Nach ihrem Aufbau können Rezeptoren in ligandenaktivierte Ionenkanäle, G-Protein-gekoppelte Rezeptoren oder Rezeptoren mit intrinsischer oder assoziierter Kinaseaktivität unterteilt werden.

25.4 Prinzipien der Signaltransduktion von Membranrezeptoren

Die Plasmamembran einer Zelle stellt in vielerlei Hinsicht eine Barriere dar, nicht zuletzt auch für die meisten Hormone und alle Cytokine. Nur die lipophilen Hormone können die Membran passieren und an Rezeptoren im Zellinneren binden (▶ Kap. 25.3.1). Für die übrigen hydrophilen Mediatoren erfolgt die Signaltransduktion an integralen Membranproteinen der Plasmamembran. Im Falle der Liganden-gesteuerten Ionenkanäle ist diese Umwandlung sehr direkt. Nach Ligandenbindung wird die Membran augenblicklich für bestimmte Ionen passierbar. Im Vergleich dazu erfolgt die Signaltransduktion anderer Membranrezeptoren eher indirekt. Die Ligandenbindung an der extrazellulären Region der Rezeptoren muss über die Transmembranhelices in ein cytoplasmatisches Signal übersetzt werden. Auf der cytoplasmatischen Seite sind unterschiedliche Signalproteine in die Signalweiterleitung eingebunden. Dieser komplexe Mechanismus bietet aber auch eine Reihe von Möglichkeiten. So kann ein einzelner aktivierter Membranrezeptor eine Vielzahl von nachgeschalteten Signalproteinen aktivieren und damit zu einer **Signalamplifikation** (◘ Abb. 25.8) beitragen. Durch die Rekrutierung verschiedener Signalproteine an einen Rezeptor entsteht eine regelrechte **Signalplattform** auf der cytoplasmatischen Seite der Plasmamembran, die durch Adapterproteine und *scaffold* (Gerüst)-Proteine weiter ausgebaut

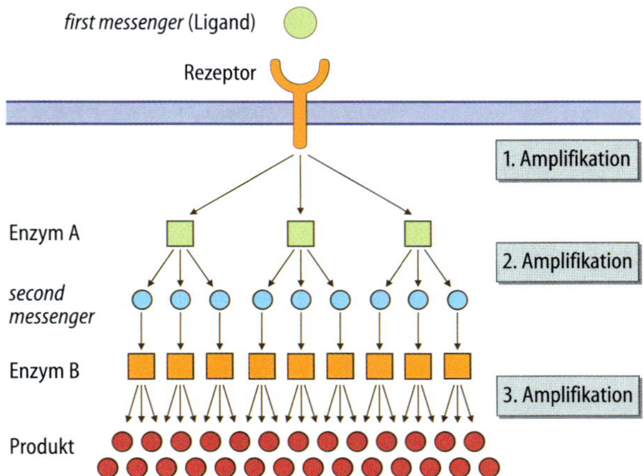

◘ **Abb. 25.8. Signalamplifikation bei der Signalweiterleitung**

werden kann (◘ Abb. 25.11b). Es gibt Hinweise, dass bestimmte Bereiche der Plasmamembran mit veränderter Lipidkomposition (*lipid rafts*, ▶ Kap. 2.2.6) für die Ausbildung solcher Plattformen prädestiniert sind. Verschiedene Signalwege können sich wechselseitig beeinflussen (*crosstalk*), wodurch die Komplexität der Signaltransduktion weiter gesteigert wird. Letztlich ist die Zelle gefordert, aus der Vielzahl der auf sie einwirkenden Mediatoren mit Hilfe der **Signalintegration** die vom Gesamtorganismus gewünschte biologische Antwort hervorzurufen. Die Untersuchung dieser komplexen Signaltransduktionsvorgänge ist ein hochaktuelles Forschungsgebiet.

! Bei allen Membranrezeptoren muss das extrazelluläre Signal in eine intrazelluläre Reaktion umgewandelt werden.

Der allgemeine Mechanismus der Umwandlung des extrazellulären Signals beruht auf folgenden Schritten:
- Zuerst erfolgt die spezifische Bindung des Liganden (*first messenger*) an den Membranrezeptor
- Die Ligandenbindung führt zu einer Konformationsänderung des Rezeptors, die mit einer Oligomerisierung einhergehen kann
- Die Konformationsänderung initiiert eine intrazelluläre Signalkaskade

Aktivierte Membranrezeptoren lösen verschiedene intrazelluläre Reaktionen aus, wie z.B.:
- die Rekrutierung von Signalproteinen an den Rezeptor
- die Aktivierung oder Inaktivierung von Enzymen durch covalente Modifikation (häufig Phosphorylierung) und
- die Bildung von *second messengern* (z.B. cAMP oder Ca^{2+})

Die daraus resultierenden zellulären Antworten äußern sich in Veränderungen
- der Genexpression
- des Stoffwechsels

- des Cytoskeletts und der Migration
- der Proliferation und der Apoptose
- der Differenzierung der Zelle

25.4.1 Rezeptoraktivierung

Die Bindung des Liganden an den Membranrezeptor ist der erste Schritt einer jeden Signaltransduktionskaskade. Die Ligand-Rezeptor-Wechselwirkung ist durch Spezifität und hohe Affinität charakterisiert.

25

! Die Bindung eines Liganden an den Extrazellulärteil eines Rezeptormoleküls wird über mehrere nichtcovalente Wechselwirkungen vermittelt.

Die **Rezeptorkinasen** (► Kap. 25.7) und die **Rezeptoren mit assoziierten Tyrosinkinasen** (► Kap. 25.8) werden erst nach ihrer Dimerisierung oder Oligomerisierung aktiviert. Eine einzelne, starre Transmembranhelix könnte extrazelluläre Konformationsänderungen nur schlecht ins Zellinnere weitergeben. Die Oligomerisierung wird durch multivalente Liganden erreicht, die mit mehreren Rezeptorproteinen gleichzeitig interagieren. Bei der Bindung von Cytokinen an Rezeptorkomplexe, die aus mehr als einer Proteinspezies aufgebaut sind (Heterooligomere), kann häufig eine definierte Reihenfolge der Bindungsereignisse festgestellt werden. Das Cytokin bindet zunächst an eine der beteiligten Rezeptoruntereinheiten. Erst nach Bindung einer weiteren Rezeptoruntereinheit entsteht ein signalisierender Komplex auf der Zellmembran.

In diesem Zusammenhang werden auch vorgeformte Komplexe aus Rezeptoruntereinheiten auf der Zellmembran diskutiert, die durch Ligandenbindung nur noch in eine aktivierte, signaltransduzierende Konformation gebracht werden müssen. Es ist jedoch nicht genau verstanden, wie die Bindung des Liganden zur Aktivierung der Kinasen führt.

Im Fall von **G-Protein-gekoppelten Rezeptoren** (► Kap. 25.6) scheint die Liganden-induzierte Rezeptor-Oligomerisierung eher von untergeordneter Bedeutung. Hier kann die Bindung des Liganden auf der extrazellulären Seite die Orientierung der an sich starren Transmembranhelices zueinander verändern. Diese Konformationsänderung des Rezeptors wird auf der cytoplasmatischen Seite von den assoziierten trimeren G-Proteinen erkannt und führt zur Auslösung der Signalkaskaden.

25.4.2 Rekrutierung cytoplasmatischer Effektorproteine an die Plasmamembran

Nach Aktivierung von Membranrezeptoren gehen alle weiteren Signaltransduktionsvorgänge von der zellinneren Seite der Plasmamembran aus. Hierzu werden cytoplasma-

Infobox

Bindung von Cytokinen an Rezeptoren

Für eine Reihe von Cytokinen konnten die Bereiche, mit denen sie in Kontakt zu ihren Rezeptoren treten, definiert werden. Ebenso ließen sich die an der Bindung beteiligten Bereiche auf den entsprechenden Rezeptoren identifizieren. Beispielhaft lässt sich diese Wechselwirkung am Komplex aus Wachstumshormon (*growth hormone*, GH, welches auf Grund struktureller Merkmale der Familie der helicalen Cytokine zugeordnet wird) und seinem Rezeptor in ▫ Abb. 25.9 veranschaulichen. Dargestellt ist ein Komplex aus zwei Wachstumshormon-Rezeptoruntereinheiten (rot und grün) und dem gebundenen Wachstumshormon (blau). Von den beiden Rezeptoren sind nur die Extrazellulärdomänen gezeigt. Hierbei handelt es sich um zwei je etwa 100 Aminosäuren lange Fibronektin-Typ-III-Domänen. Jede Fibronektin-Typ-III-Domäne ist aus sieben β-Strängen aufgebaut.

Die Interaktionsflächen zwischen Ligand und Rezeptoren bestehen aus einem hydrophoben Zentrum (gelb), das von einem Rand aus polaren Aminosäuren umgeben ist. Die Spezifität der Wechselwirkung wird dabei durch die polaren interaktionen vermittelt, während die van-der-Waals-Wechselwirkungen im Zentrum der Interaktionsflächen den entscheidenden Beitrag zur Bindungsenergie liefern.

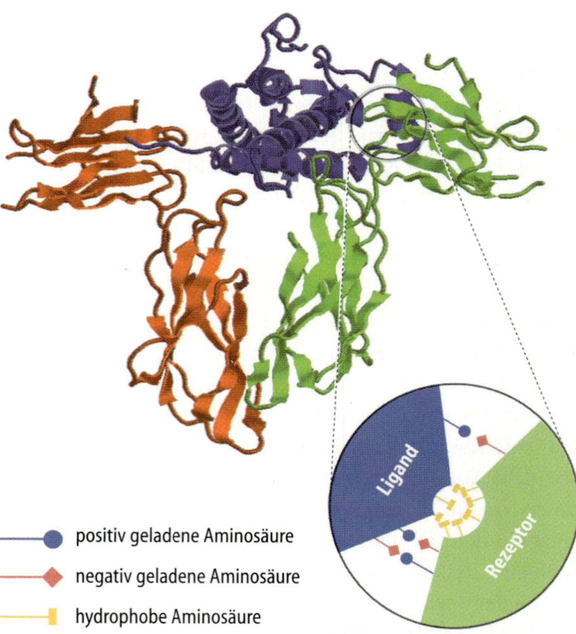

▫ **Abb. 25.9. Erkennung eines Liganden durch seinen Rezeptor.** Kristallstruktur des Komplexes aus Wachstumshormon (*blau*) und den extrazellulären Regionen zweier Wachstumshormon-Rezeptoren (*grün* und *rot*) (DeVos, Ultsch, Kossiakoff 1992). Das Prinzip der Erkennung des Liganden durch den Rezeptor ist vergrößert dargestellt. (Einzelheiten ► Infobox)

tische Signalproteine an die Plasmamembran rekrutiert. Die Lokalisierung an die Membran wird erreicht durch

- Protein-Protein-Wechselwirkungen
- Protein-Membranlipid-Wechselwirkungen
- Lipidanker

Protein-Protein-Wechselwirkungen

Diese spielen in der Signaltransduktion eine wichtige Rolle. An den aktivierten Rezeptor werden weitere Signalmoleküle rekrutiert, die wiederum in Wechselwirkung miteinander treten. Die Ausbildung dieser Komplexe wird über spezifische Interaktionsdomänen ermöglicht, welche zum Beispiel an phosphorylierte Aminosäureseitenketten oder an Proteinabschnitte mit definierten Aminosäuresequenzen binden. Es handelt sich hierbei um eine 1:1 Signalübertragung, im Unterschied zur häufig beobachteten Signalverstärkung über *second messenger* (Abb. 25.8).

! SH2-Domänen und PTB-Domänen binden spezifisch an Phosphotyrosin-Motive (Abb. 25.10).

Die Phosphotyrosin-Seitenketten im cytoplasmatischen Teil eines aktivierten Cytokinrezeptors oder einer aktivierten Rezeptortyrosinkinase dienen als Rekrutierungsstellen für weitere Signalmoleküle. Proteine mit **SH2-Domänen-** (*src-homology 2 domains*) oder **PTB-Domänen** (*phosphotyrosine binding domains*) binden spezifisch an Phosphotyrosin-Motive. Die spezifische Interaktion zwischen Proteinen ist ein grundlegendes Prinzip der Signaltransduktion. Die Erkennung von Phosphotyrosin-Motiven durch SH2-Domänen ist in Abb. 25.10 verdeutlicht. Obwohl Proteine mit SH2-Domänen prinzipiell Phosphotyrosin-Motive erkennen, ist es von grundlegender Bedeutung für eine gerichtete, spezifische Signaltransduktion, dass nur bestimmte SH2-Domänen enthaltende Proteine (z.B. Protein 1 in Abb. 25.10) mit bestimmten phosphorylierten Proteinen (Protein 3) interagieren. Aus diesem Grund enthalten SH2-Domänen eine konservierte Region, die die Erkennung von Phosphotyrosinen gewährleistet (rot) sowie eine variable Region (blau), die für die spezifische Erkennung der C-terminal zum Phosphotyrosin liegenden Aminosäuren (orange bzw. grün) zuständig ist. Diese duale Erkennung gewährleistet, dass nur bestimmte Proteine mit einer festgelegten Aminosäure-Sequenz in phosphorylierter Form gebunden werden.

Auf diese Weise können z.B. Transkriptionsfaktoren wie die STAT-Faktoren (▶ Kap. 25.8.3) an den Rezeptor gebunden und dort aktiviert werden. Die STAT-Proteine werden am Rezeptor phosphoryliert, dimerisieren und wandern daraufhin in den Zellkern um Zielgene zu induzieren. Ähnlich funktioniert die Aktivierung der Smad-Proteine im Rahmen der TGF-β Signaltransduktion (▶ Kap. 25.7.2). Nur ist hier eine Serin-Phosphorylierung des Rezeptors der Auslöser. Entsprechend verfügen Smad-Proteine über **MH-Domänen** (*MAD homology domains*), die spezifisch mit Phosphoserin-Motiven interagieren.

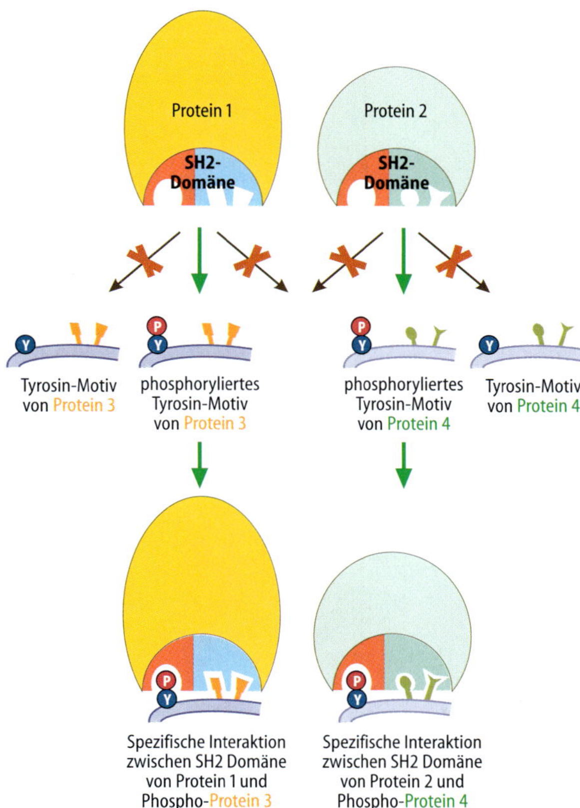

Abb. 25.10. Prinzip der spezifischen Erkennung von Phosphotyrosin-Motiven durch SH2-Domänen enthaltende Proteine. Dargestellt sind zwei Proteine mit SH2-Domänen, die jeweils nur spezifische Tyrosin-Motive in der phosphorylierten Form erkennen. Diese spezifische Erkennung ist die Grundlage für die Spezifität der Signalweiterleitung

Nicht alle Interaktionsdomänen binden an aktivierte Strukturen. Häufig existieren auch konstitutive Protein-Protein-Interaktionen. So ermöglichen **SH3-Domänen** (*src homology 3 domains*) die Interaktion mit Prolin-reichen Peptidabschnitten anderer Signalmoleküle.

Interaktionen zwischen den **Todes-Domänen** (*DD, death domains*) der Signalmoleküle aus den TNF- und Fas-Signalkaskaden ermöglichen die Zusammensetzung großer Signalmolekülkomplexe, die Apoptose induzieren (▶ Kap. 7.1.5). Um eine permanente Interaktion von *death*-Domänen enthaltenden Proteinen zu verhindern, werden sie durch die Bindung an **SODD** (*silencer of death domains*)-Proteine blockiert.

Proteine, die in der Signaltransduktion als **Adapter** fungieren, besitzen mehrere Interaktionsdomänen und können so unterschiedliche Signalproteine zusammenführen.

Protein-Membranlipid-Wechselwirkungen

Eine Rekrutierung von Signalmolekülen an die Zellmembran kann auch durch die **Modifizierung von Membranlipiden** erreicht werden. Bestimmte **Lipidkinasen** wie die

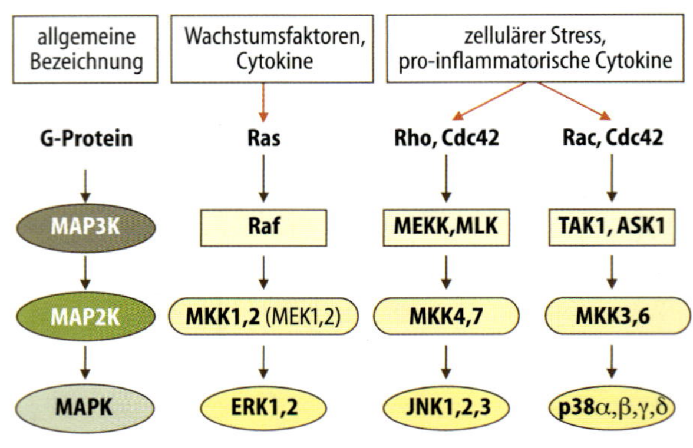

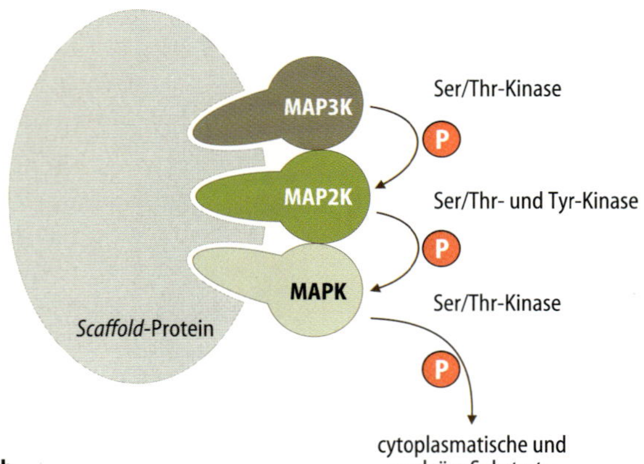

Abb. 25.11. MAP-Kinase-Kaskaden. (**a**) Die drei Familien der MAP-Kinasen. MEK = ***m****itogen-activated/****e****xtracellular signal-activated kinase* ***k****inase*; MKK = ***m****itogen-activated protein* ***k****inase* ***k****inase*; ERK = *extracellular signal-regulated kinase*; MEKK = ***m****itogen-activated/****e****xtracellular signal-activated kinase* ***k****inase* ***k****inase*; MLK = ***m****ixed-****l****ineage* ***k****inase*; ASK = ***a****poptosis* ***s****ignalling* ***k****inase*; TAK = ***T****GFβ-****a****ctivated* ***k****inase*; JNK = *c-****J****un* ***N****-terminal* ***k****inase* (**b**) Aktivierung der MAP-Kinasen am *scaffold*-Protein

Phosphatidylinositid-3-Kinase (PI3K) phosphorylieren Phosphatidylinositolphosphate. Proteine mit **PH-Domänen** (*pleckstrin-homology domains*) binden spezifisch an die so erzeugten Phosphatidylinositolphosphate. Dieser Mechanismus spielt eine wichtige Rolle bei dem anti-apoptotischen PI3K/PKB-Signalweg (▶ Kap. 25.7.1).

Lipidanker

Proteine können auch über einen Lipidanker an die Innenseite der Plasmamembran gebunden sein. Wird die Myristinsäure (eine gesättigte Fettsäure aus 14 C-Atomen) an den N-Terminus eines Proteins gebunden, so spricht man von **Myristoylierung**. Bei der **Palmitoylierung** wird die Palmitinsäure über eine Thioesterbindung an eine Cysteinseitenkette des Proteins gebunden. Auch Isopren-Derivate können an Cysteine gebunden werden wie z.B. bei der **Farnesylierung** von Proteinen (▶ Kap. 9.2.4).

25.4.3 Organisierte Kinasekaskaden

Ein weit verbreiteter Signalweg, der sowohl von G-Protein-gekoppelten Rezeptoren als auch von Rezeptorkinasen und Rezeptoren mit assoziierten Kinasen genutzt wird, ist die so genannte **Mitogen-aktivierte Proteinkinase (MAPK)-Kaskade**. Seit der Entdeckung der ersten Kinase dieser Familie im Jahre 1987 wurden große Fortschritte in der Entschlüsselung ihrer Aktivierungs- und Wirkungsweise gemacht. Heute weiß man, dass es drei Familien von MAP-Kinasen gibt (◘ Abb. 25.11a), die aufgrund ihrer aktivierenden Faktoren in zwei Gruppen eingeteilt werden können:

- die hauptsächlich bei wachstumsfördernden Prozessen aktivierten Kinasen **ERK1** und **ERK2** (*extracellular signal regulated kinases*)
- die durch extrazellulären Stress (wie z.B. UV-Licht, oxidativen Stress, Hungersignale, osmotische Veränderungen) und pro-inflammatorische Cytokine aktivierte Familie der **p38-Kinasen** (p38α, β, γ, δ; benannt nach ihrer Molekülmasse von 38 kDa) und die **JNK-Familie** (c-Jun N-terminale Kinase) (JNK1, -2 und -3).

Die erwähnten Kinasen können nicht direkt von den Membranrezeptoren aktiviert werden, sondern stehen als ausführende (*executive*) Kinasen am Ende einer wohl organisierten Kinasen-Kaskade aus drei einzelnen Kinasen mit unterschiedlichen Kinaseaktivitäten:

- MAP-Kinase Kinase Kinase (**MAP3K**)
- MAP-Kinase Kinase (**MAP2K**)
- MAP-Kinase (**MAPK**)

Dieses Modul ist für alle drei MAPK-Familien ähnlich organisiert (◘ Abb. 25.11a). Die MAP3K ist immer eine Serin/Threoninkinase, d.h. sie aktiviert die unter ihr stehende MAP2K über eine Phosphorylierung spezifischer Seryl- und/oder Threonylreste. Die MAP2K hingegen ist eine dual-spezifische Kinase, d.h. sie besitzt sowohl eine Serin/Threoninkinase- als auch eine Tyrosinkinase-Aktivität, eine Fähigkeit, die sehr wenige Kinasen aufweisen. Diese duale Kinaseaktivität ist erforderlich, da die unter ihr stehende MAPK durch die Phosphorylierung eines, in allen MAPK konservierten, Tyrosin-X-Threonin Motivs aktiviert wird (wobei »X« im Fall der ERKs Glutamat, im Fall der JNKs Prolin und im Fall der p38 Glycin ist). Die MAPK selbst sind wieder reine Serin-/Threoninkinasen, d.h. sie aktivieren ihre Substrate über eine Phosphorylierung von Seryl- und/oder Threonylresten (◘ Abb. 25.11b).

Es ist leicht einzusehen, dass eine solche Abfolge von Phosphorylierungsreaktionen eine räumliche Nähe der drei MAPK zueinander erfordert. In der Tat ist in den letzten Jahren klar geworden, dass es so genannte Gerüst- (*scaffold*) Proteine gibt, die alle drei Kinasen gleichzeitig binden können und somit in unmittelbare räumliche Nähe zueinander bringen (◘ Abb. 25.11b).

Während die Anzahl der MAPK und der MAP2K relativ gering zu sein scheint, werden immer wieder neue Kinasen beschrieben, die den MAP3K zuzuordnen sind. Sie stellen mit Sicherheit die sowohl strukturell als auch funktionell variabelste Gruppe dar.

Zusätzlich erlaubt ein solcher kaskadenartiger Ablauf einer Aktivierung eine enorme Signalamplifikation. So besitzt eine normale Säugerzelle ca. 10.000 Moleküle der MAP3K Raf-1, aber schon 36–80.000 Moleküle der MAP2K MEK1 und ca. 1.000.000 Moleküle der MAPK ERK1 und ERK2.

Bevor die MAP3K die Kaskade auslösen kann, muss sie ihrerseits aktiviert werden. Hierzu sind die kleinen G-Proteine der Ras- und der Rho-Familie notwendig (▶ Kap. 25.4.4).

> **Infobox**
>
> **Ras – ein Protoonkogen**
>
> Das kleine G-Protein Ras liegt in 30% aller menschlichen Krebsformen in einer mutierten, konstitutiv aktiven Form vor. Im Fall des Prostatakarzinoms liegt die Mutationsrate sogar bei nahezu 100%, bei Colonkarzinomen bei 50%. Es ist hauptsächlich involviert in Zellwachstum und verhindert die Einleitung apoptotischer Prozesse. Hauptaktivatoren von Ras sind Wachstumsfaktoren. Ras kommt in drei Isoformen vor (H-Ras, N-Ras, K-Ras), die alle C-terminal über einen Lipidanker membranlokalisiert vorliegen (▶ Kap. 9.2.4).

25.4.4 G-Proteine

Häufig sind an der Signaltransduktion Guaninnucleotid-bindende Proteine (**G-Proteine**) beteiligt.

! G-Proteine dienen als molekulare Schalter bei der Signaltransduktion.

G-Proteine sind nicht nur für hormonelle, sondern auch für nichthormonelle Signaltransduktions-Mechanismen als molekulare Schalter von großer Bedeutung. Wie aus ◘ Abb. 25.12 hervorgeht, kommen G-Proteine in zwei unterschiedlichen Zuständen vor, die sich nur durch das jeweils gebundene Guaninnucleotid unterscheiden. In aktiver Form sind sie mit **GTP** beladen und imstande, eine Reihe unterschiedlicher Proteine zu aktivieren (▶ u.). Für die Überführung der aktiven in die inaktive Form des G-Proteins wird die intrinsische **GTPase-Aktivität** des G-Proteins genutzt. Diese wird oft durch einen Hilfsfaktor, ein sog. **GTPase-aktivierendes Protein** (GAP) induziert. Soll das inaktive, GDP-beladene G-Protein wieder in die aktive Form überführt werden, so ist zunächst die Dissoziation des GDP notwendig. Hierfür werden Proteine unterschiedlichster Art benötigt, die allgemein als *guanine nucleotide-exchange factors* (GEF) bezeichnet werden. Das Guaninnucleotid-freie G-Protein hat eine hohe Affinität für GTP und nimmt dieses rasch auf, womit es wieder in den aktiven Zustand überführt wird.

Bis heute sind mehr als 50 unterschiedliche Isoformen von G-Proteinen isoliert und charakterisiert worden. Sie lassen sich in drei Untergruppen einteilen (◘ Tabelle 25.3):

- heterotrimere G-Proteine, die durch G-Protein-gekoppelte Rezeptoren (▶ Kap. 25.6) aktiviert werden
- kleine G-Proteine, die als Schalter bei der Regulation von Wachstum und Differenzierung, beim Vesikeltransport und bei vielen anderen Vorgängen benötigt werden sowie
- Translationsfaktoren mit ubiquitärem Vorkommen

25.4.5 Second messenger

Einige Signalwege führen zur Synthese oder Freisetzung eines niedermolekularen zweiten Botenstoffs (*second messenger*), der sich im Cytoplasma verteilt. So aktivieren bestimmte G-Protein-gekoppelte Rezeptoren (GPCR) über trimere G-Proteine die membranständige Adenylatcyclase (◘ Abb. 25.13a). Diese synthetisiert **zyklisches AMP** (**cAMP**) aus ATP. Ein aktiviertes Adenylatcyclase-Enzym

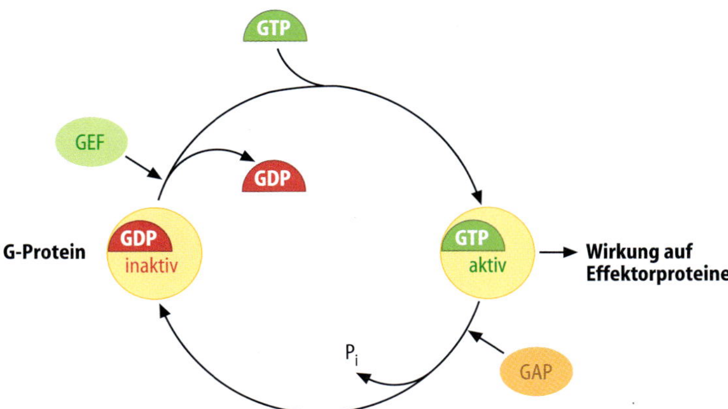

◘ **Abb. 25.12. Der Aktivierungszyklus der G-Proteine.** G-Proteine werden durch den Austausch von GDP durch GTP aktiviert und wirken als »molekulare Schalter«. (Einzelheiten ▶ Text) GEF = *guanine nucleotide-exchange factor*; GAP = GTPase aktivierendes Protein

25

Tabelle 25.3. Die Großfamilie der G-Proteine

Familie	Bezeichnung	Funktion
heterotrimere G-Proteine	G_s	Aktivierung der Adenylatcyclase
	G_{olf}	Aktivierung der Adenylatcyclase
	G_i	Hemmung der Adenylatcyclase
	G_o	Aktivierung der PLC-β
	G_t	Aktivierung der cGMP-Phosphodiesterase
	G_g	unbekannt
	G_q	Aktivierung der PLC-β
	G_{13}	Aktivierung der Rho-Kinase
kleine G-Proteine	Ras-Proteine	Wachstum, Differenzierung, Genexpression
	Rho/Rac/Cdc42-Proteine	Organisation des Zytoskeletts, Genexpression
	Rab-Proteine	Vesikulärer Transport (*vesicle trafficking*)
	Sar1/Arf-Proteine	Vesikel-Knospung (*vesicle budding*)
	Ran-Proteine	nukleozytoplasmatischer Transport, Organisation von Mikrotubuli
Translationsfaktoren	eIF-2	Initiation der Translation
	eEF-Tu; eEF-1; eEF-2	Elongation

kann viele tausend cAMP-Moleküle synthetisieren. Auf diese Weise trägt der *second messenger* zur effizienten Amplifikation des Signals bei und verteilt die Information von der Plasmamembran ausgehend über die gesamte Zelle (Abb. 25.8). cAMP aktiviert die Proteinkinase-A (PKA) und nimmt damit unter anderem Einfluss auf den Glycogenmetabolismus (► Kap. 11.2). Über diese amplifizierende Signalkaskade führt die Aktivierung von wenigen Membranrezeptoren zur Freisetzung von Glucose-Molekülen wie sie z.B. für die Aufrechterhaltung des Blutzuckerspiegels durch die Leber notwendig ist. Durch das Enzym Phosphodiesterase wird 3′,5′-cAMP in 5′-AMP umgewandelt und damit das Signal abgeschaltet.

Der *second messenger* **zyklisches GMP (cGMP)** entsteht analog zu cAMP durch die Umsetzung von GTP durch Guanylatcyclasen. Die Stimulation der löslichen Guanylatcyclasen erfolgt über **Stickstoffmonoxid (NO)** (► Kap. 25.9.1).

Weitere *second messenger* sind **Inositoltrisphosphat (IP_3), Diacylglycerin (DAG)** und **Calcium (Ca^{2+})**. Das Enzym Phospholipase C (PLC), von dem mehrere Isoformen existieren, spaltet Phosphatidylinositol-4,5-bisphosphat (PIP_2) in IP_3 und DAG. Abb. 25.13b zeigt die Aktivierung verschiedener PLC-Isoformen durch Rezeptor-Tyrosinkinasen (PLCγ) oder G-Protein-gekoppelte Rezeptoren (PLCβ). Über IP_3 wird anschließend Ca^{2+} aus dem endoplasmatischen Retikulum freigesetzt. DAG und Ca^{2+} aktivieren unter anderem die Proteinkinase C (PKC) (Abb. 25.23c und Abb. 25.24) und induzieren so die zelluläre Antwort.

! Eine Vielzahl zellulärer Prozesse wird über die cytosolische Calciumionen-Konzentration gesteuert.

Jede Erhöhung der cytosolischen Calciumkonzentration führt zu markanten Änderungen des Zellstoffwechsels. So kommt es u.a. zu einer Stimulierung des **Glycogenabbaus** in Leber und Muskulatur, zu einer Stimulierung **sekretorischer Prozesse** (► Kap. 6.2), sowie zur Verstärkung einer Reihe von cAMP-vermittelten Effekten.

Die cytosolische Calciumkonzentration wird durch verschiedene Transportsysteme sehr genau reguliert (Abb. 25.14).

- Mechanismen für die schnelle Bereitstellung von Ca^{2+} im Cytoplasma:
  - Calciumeinstrom aus intrazellulären Calciumspeichern durch die **IP_3-aktivierten Calciumkanäle** (①) des endoplasmatischen Retikulums. In vielen Geweben, besonders in der Skelettmuskulatur, finden sich zusätzlich als Liganden-aktivierte Calciumkanäle des sarkoplasmatischen Retikulums sog. **Ryanodinrezeptoren**. Sie werden durch Spannungs- oder Liganden-regulierte Calciumkanäle in der Plasmamembran aktiviert. Möglicherweise ist das aus NAD^+ gebildete cyclo-ADP-Ribosemolekül der natürliche Ligand dieses Rezeptors
  - Calciumeinstrom aus dem extrazellulären Raum durch **spannungsregulierte Calciumkanäle** (②). Die Öffnung derartiger Kanäle, die in einer Reihe unterschiedlicher Isoformen vorkommen, erfolgt nach Depolarisierung von Zellen. Interessanterweise kann die Öffnungswahrscheinlichkeit des spannungsregulierten Calciumkanals, z.B. im Herzmuskel dadurch vergrößert werden, dass das Kanalprotein durch die cAMP-abhängige Proteinkinase A phosphoryliert wird. Dies ist eine der Möglichkeiten, die intrazelluläre Calciumkonzentration durch Hormone zu regulieren

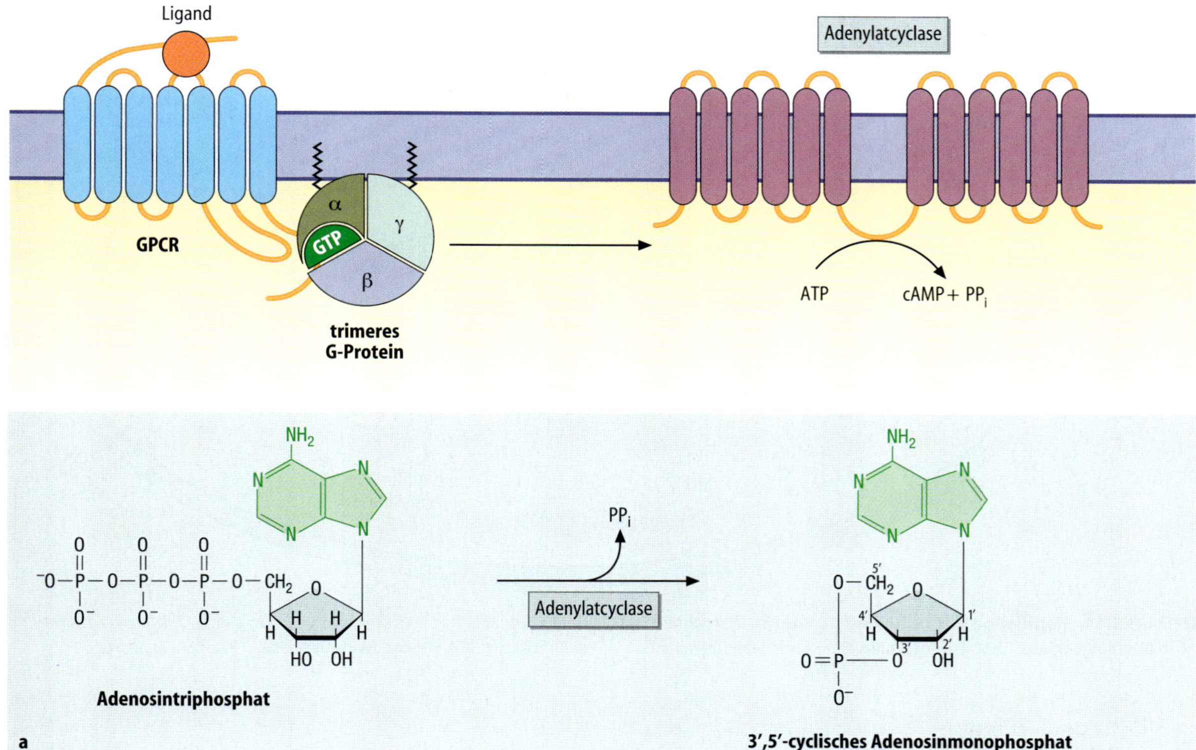

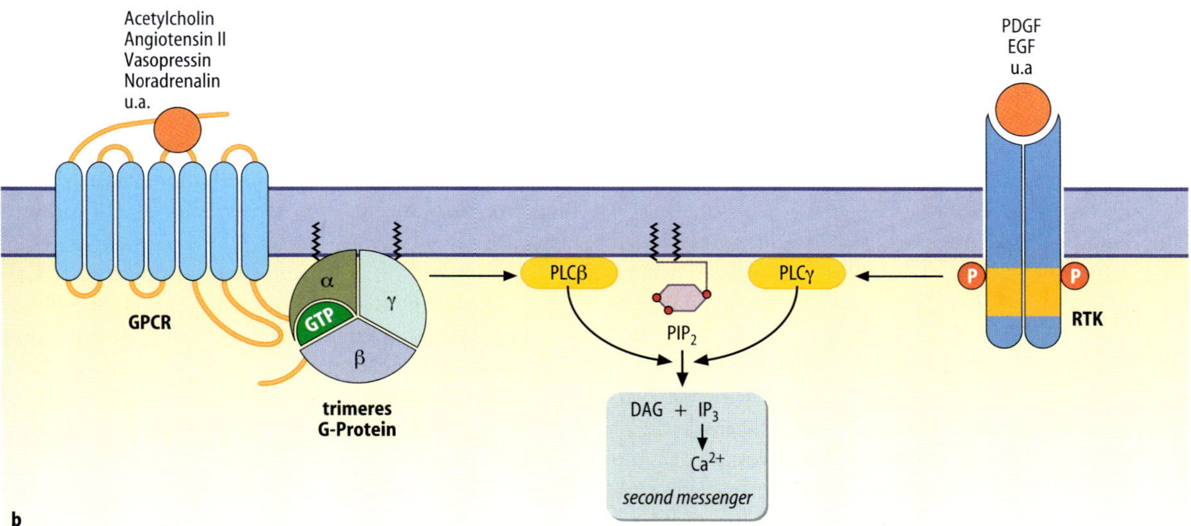

Abb. 25.13. Synthese der *second messenger* Moleküle cAMP und IP$_3$. (**a**) Generierung von cAMP aus ATP nach Stimulation der Adenylatcyclase durch trimere G-Proteine. (**b**) Entstehung der *second messenger* Inositol-1,4,5-trisphosphat (IP$_3$) und Diacylglycerin (DAG) durch Phospholipase C-vermittelte Spaltung von Phosphatidylinositol-4,5-bisphosphat (PIP$_2$). Während G-Protein-gekoppelte Rezeptoren (GPCR) über trimere G-Proteine die Phospholipase Cβ (PLCβ) aktivieren, können Rezeptor-Tyrosinkinasen (RTK) Phospholipase Cγ (PLCγ) rekrutieren und aktivieren. Die Bildung von DAG und IP$_3$ führt zur Aktivierung der Proteinkinase C bzw. zur Ca^{2+}-Freisetzung

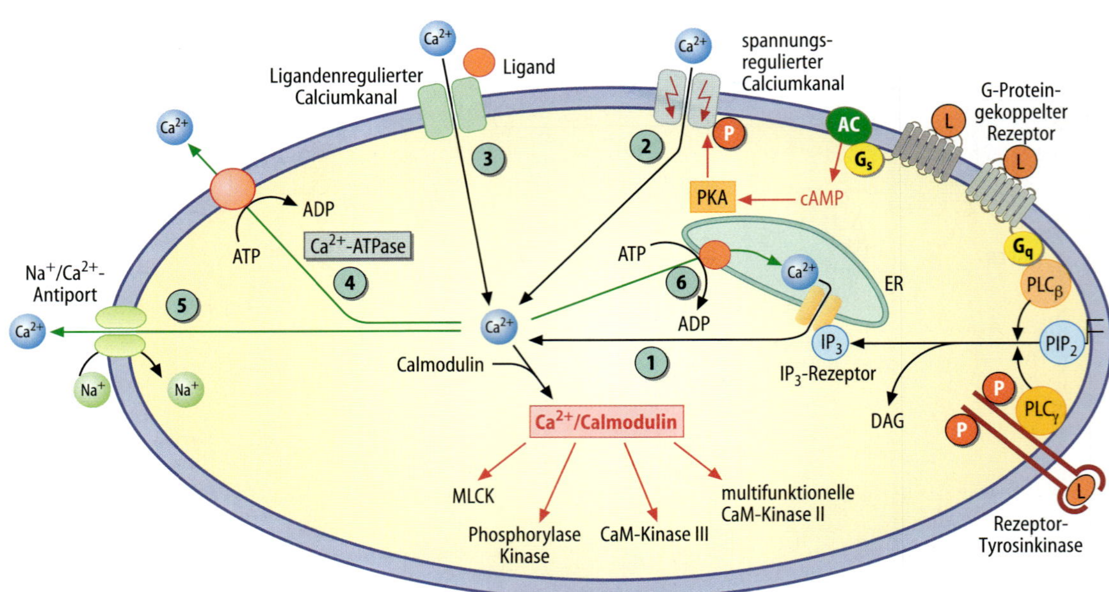

Abb. 25.14. Regulation des zellulären Calciumstoffwechsels. AC = Adenylatcyclase; CaM = Calmodulin; ER = endoplasmatisches Retikulum; G = trimeres G-Protein; L = Ligand; MLCK = *myosin light chain kinase*; PKA = Proteinkinase A; PLC = Phospholipase C

- Calciumeinstrom aus dem extrazellulären Raum durch **Liganden-regulierte Calciumkanäle** (③). Derartige Kanäle öffnen sich dann, wenn entsprechende Liganden, meist Hormone, gebunden werden. Hierzu gehören Vasopressin, Leukotriene oder extrazelluläres ATP (Purinrezeptoren)

- Mechanismen für den Export von Ca^{2+} aus dem Cytoplasma:
  - eine in der Plasmamembran aller Zellen nachweisbare **Ca^{2+}-ATPase** (④)
  - ein **Ca^{2+}/Na^{+}-Antiport** (⑤), ein System welches den mit Hilfe der Na^{+}/K^{+}-ATPase erzeugten Natrium-Gradienten über der Zellmembran sekundär zum aktiven Calciumexport benutzt
  - eine im endoplasmatischen Retikulum lokalisierte **Ca^{2+}-ATPase** (⑥), die die Sequestrierung von Calcium in diesen Organellen ermöglicht sowie
  - ein nur bei Calciumüberladung von Zellen benutztes System, das die Akkumulierung von Calcium als Calciumphosphat in den Mitochondrien ermöglicht (in Abb. 25.14 nicht dargestellt)

Die genannten Exportsysteme sind dafür verantwortlich, dass im Ruhezustand im Cytoplasma eine niedrige Calcium-Konzentration aufrechterhalten wird.

! Calcium-bindende Proteine vermitteln die Calciumwirkung auf zelluläre Systeme.

Die cytosolische Ca^{2+}-Konzentration tierischer Zellen liegt im Ruhezustand bei etwa 10^{-7} mol/l und kann nach voller hormoneller Aktivierung auf etwa 10^{-5} mol/l ansteigen. Jede Wechselwirkung enzymatischer Systeme mit intrazellulärem Ca^{2+} kann aufgrund dieser Tatsache nur dann erfolgen, wenn sie über hochaffine Bindungsstellen für Calcium verfügen. Darüber hinaus müssen solche Bindungsstellen sehr spezifisch für Calcium sein, da intrazellulär andere zweiwertige Kationen, v.a. Magnesium, in einer Konzentration von etwa 10^{-3} mol/l vorkommen.

Calcium wirkt meist nicht direkt, sondern über Calcium-bindende Proteine auf die enzymatischen Systeme ein. Das Vorkommen calciumbindender Proteine war schon aus Untersuchungen über die Skelettmuskel-Kontraktion bekannt. Hier ist **Troponin** das Calcium-bindende Protein (► Kap. 30.2.2). Weiterhin wurde als Calcium-bindendes Protein das **Calmodulin** nachgewiesen, ein aus einer einzelnen Peptidkette aus 148 Aminosäuren bestehendes Protein, das große Ähnlichkeit mit Troponin C hat (► Kap. 30.3.2). Nach Bindung von Calcium ändert Calmodulin seine Konformation und kann dann an weitere Effektorproteine wie z.B. Calmodulin-abhängige Kinasen oder Phosphatasen binden. So spielt beispielsweise die Calcium-regulierte Phosphatase **Calcineurin** bei der T-Zell-Rezeptor Signaltransduktion eine wichtige Rolle.

Tabelle 25.4. Beispiele Calmodulin-bindende Proteine

Calmodulin bindendes Protein	Effekt der Calmodulin-Bindung	Funktion des Proteins	Vgl. Kapitel
CaM-Kinase III	?	Rolle bei der Proteinbiosynthese	9.1.4
CaM-Kinase II	Freigabe der autoinhibierenden Domäne (AID)	pleiotrope Funktionen; wichtig für die synaptische Plastizität	31.2
Myosin light-chain kinase (MLCK)	Freigabe der AID	beeinflusst den Kontraktionszyklus der glatten Muskulatur	30.3.2
Phosphorylasekinase	?	Bedeutung für die Glycogenolyse	11.5
Anthrax Adenylatcyclase	Konformationsänderung im aktiven Zentrum	Ödemischer Faktor beim Milzbrand	25.4.5
Ca^{2+}-aktivierter K^+-Kanal	Dimerisierung von Kanal-Untereinheiten	Regulation der neuronalen Erregung	31.2.2

Infobox

Calmodulin

Viele der zellulären Funktionen von Calcium werden durch mit Ca^{2+} beladenem Calmodulin vermittelt. Etwa 1% des gesamten zellulären Proteins tierischer Zellen besteht aus Calmodulin, welches nicht nur im Cytosol vorkommt, sondern auch an verschiedene zelluläre Strukturen wie Mitosespindeln, Aktinfilamente und Intermediärfilamente assoziiert ist.

Calmodulin verfügt über vier hochaffine Bindungsstellen für Calcium. Diese zeichnen sich dadurch aus, dass das Calcium über eine Reihe von Carboxylaten sowie Carbonyl-Gruppen der Peptidbindung fixiert wird (► Kap. 3.1.2). Das mit Ca^{2+} beladene Calmodulin kann unterschiedliche Konformationen annehmen und auf diese Weise mit vielen Proteinen interagieren. In ► Tabelle 25.4 sind einige durch Calmodulin regulierte Proteine aufgeführt.

Pathobiochemie:

Aktivierung der *Anthrax Adenylatcyclase* durch Calmodulin: Das Milzbrand (Anthrax) auslösende Bakterium *Bacillus anthracis*, das selbst kein Calmodulin exprimiert, nutzt Calmodulin, um auf die Zellen eines infizierten Organismus zu wirken. Hierbei wird die Aktivität eines der bakteriellen Toxine, einer löslichen Adenylatcyclase, durch die Bindung von Calmodulin bis zu 1000-fach verstärkt. Als Konsequenz werden 20% bis 50% des zellulären ATPs zu cAMP umgesetzt, die Membranpermeabilität verändert sich und es kommt zu einem Flüssigkeitsverlust im infizierten Gewebe. Die Adenylatcyclase ist somit die Ödem-auslösende Komponente von Anthrax. Die Nutzung des Calmodulins ist für das Bakterium sinnvoll, da es ubiquitär exprimiert wird und die Aminosäuresequenz des Calmodulins in allen Vertebraten hoch konserviert ist.

In Kürze

Aktivierung von Membranrezeptoren durch ihre Liganden können folgende Mechanismen der Signaltransduktion auslösen:
- Konformationsänderung der Rezeptoren
- Aktivierung von Kinasen
- Rekrutierung von Effektorproteinen an die Plasmamembran und deren Aktivierung
- Überführung von G-Proteinen in die aktive, mit GTP beladene Form
- Bildung von *second messengern*

25.5 Einteilung der Cytokine

Cytokine entfalten im Unterschied zu den Hormonen, die endokrin über den Blutstrom weit entfernte Zielgewebe/-zellen erreichen, ihre Wirkung über sehr viel kürzere Distanzen (wenige Micrometer) entweder parakrin oder autokrin.

Merkmale, die auf Cytokine zutreffen, sind im Folgenden zusammengestellt.

Cytokine
- sind Polypeptide mit Molekulargewichten von ca. 15–25 kDa
- werden nach auslösenden Reizen/Noxen, schnell synthetisiert und sezerniert
- werden selten als präformierte Moleküle gespeichert
- werden von verschiedenen Zelltypen produziert
- wirken im pico- bis nanomolaren Bereich
- wirken auf unterschiedliche Zelltypen (**Pleiotropismus**), aber auch autokrin

- wirken über spezifische Rezeptoren auf der Oberfläche von Zielzellen
- unterschiedlicher Art können auf ihren Zielzellen Gleiches bewirken (**Redundanz**)
- beeinflussen die Synthese anderer Cytokine
- beeinflussen die Wirkung anderer Cytokine additiv, synergistisch oder antagonistisch
- spielen eine wichtige Rolle für die Regulation der Genexpression in den Zielzellen
- können Differenzierung, Proliferation, Migration oder Apoptose der Zielzellen induzieren

Eine Dysregulation der Cytokin-Signaltransduktion kann zu schwerwiegenden akuten und chronischen Entzündungen, Autoimmunerkrankungen und Neoplasien führen. Daher ist das Verständnis der molekularen Mechanismen der Cytokin-Signaltransduktionskaskaden für therapeutische Ansätze von großer Bedeutung.

Infobox

Lösliche Rezeptoren als Cytokin-Inhibitoren

Im Blutplasma, häufig auch im Urin, kann man lösliche Formen von Cytokinrezeptoren nachweisen. Die löslichen Rezeptoren bestehen aus der Extrazellulärregion des Rezeptors, die Transmembrandomäne und der cytoplasmatische Teil fehlen. Lösliche Rezeptoren entstehen durch Translation einer alternativ gespleißten mRNA oder durch limitierte proteolytische Spaltung membranständiger Rezeptoren (*shedding*). Sie binden ihren Liganden mit vergleichbarer Affinität und Spezifität wie der membranständige Rezeptor. Cytokine, die an den löslichen Rezeptor gebunden sind, können nicht mehr an den membranständigen Rezeptor binden und sind daher unwirksam. Lösliche Rezeptoren wirken deswegen mit wenigen Ausnahmen als Cytokin-Inhibitoren. Man nimmt an, dass sie bei der Modulation von Cytokinsignalen eine wichtige Rolle spielen (▶ Kap. 25.10.1).

Chronische Entzündungen werden durch eine Überproduktion von pro-inflammatorischen Cytokinen wie Interleukin-1 (IL-1), Tumor-Nekrose-Faktor (TNF) und Interleukin-6 (IL-6) aufrechterhalten. Daher ist die gezielte Hemmun pro-inflammatorischer Cytokine ein vielversprechender Therapieansatz. Der lösliche TNF-Rezeptor wird in dimerer Form in großen Mengen biotechnologisch produziert und als TNF-Inhibitor mit Erfolg zur Behandlung von Morbus Crohn sowie rheumatischer Erkrankungen eingesetzt (Etanercept/Enbrel®). Weitere Cytokin-Inhibitoren auf der Basis löslicher Rezeptoren befinden sich im Entwicklungsstadium.

Cytokine lassen sich nach verschiedenen Gesichtspunkten klassifizieren: Im Hinblick auf ihre Funktionen kann eine Einteilung nach den biologischen Antworten erfolgen. Weiterhin sind Einteilungen nach strukturellen Gesichtspunkten möglich, z.B. nach der dreidimensionalen Struktur der Cytokine oder nach gemeinsam genutzten Rezeptorkomponenten.

In ◘ Tabelle 25.1 findet sich ein Überblick über die verschiedenen Cytokine, die sich nach ihren biologischen Funktionen und der Natur ihrer Rezeptoren in **Wachstumsfaktoren, Interleukine, Interferone** und **Chemokine** einteilen lassen.

25.5.1 Wachstumsfaktoren

> **!** Wachstumsfaktoren regulieren die Entwicklung von Vorläuferzellen zu differenzierten Zelltypen und stimulieren die Zellproliferation.

Innerhalb der Wachstumsfaktoren ist eine Einteilung nach funktionellen Eigenschaften schwierig. Die meisten Wachstumsfaktoren signalisieren über Rezeptoren mit **intrinsischer Kinaseaktivität** (Rezeptor-Tyrosinkinasen oder Rezeptor-Serin/Threoninkinasen). Ein gemeinsamer, zentraler Mechanismus in den Signalwegen aller Wachstumsfaktoren besteht in der Aktivierung der Ras/Raf/MAPK-Kaskade (▶ Kap. 25.4.3).

25.5.2 Interleukine

> **!** Interleukine besitzen vielfältige Aufgaben in der Regulation der Immunabwehr, der Entzündungsreaktion, der Hämatopoese und der Apoptose.

Bisher sind 33 Interleukine bekannt. Andere Cytokine wie z.B. Tumor-Nekrose-Faktor (TNF), Leptin, Erythropoetin (EPO), Thrombopoetin (TPO) werden auch zur Gruppe der Interleukine gerechnet. Die meisten Interleukine signalisieren über Rezeptoren mit assoziierten Kinasen und nutzen als gemeinsamen zentralen Signalweg die Janus Kinase/*signal transducer and activator of transcription* (JAK/STAT)-Kaskade (▶ Kap. 25.8.3). TNF und IL-1 nehmen innerhalb der Interleukin-Familie im Hinblick auf ihre Rezeptoren und Effektorproteine (NF-κB) eine Sonderstellung ein (▶ Kap. 25.8.1, 25.8.2).

25.5.3 Interferone

> **!** Die mit den Interleukinen nahe verwandten Interferone spielen eine wesentliche Rolle bei Immunabwehr (besonders nach Virusinfektionen) und Apoptose, sie wirken stark wachstumshemmend.

Von den Interleukinen werden die sehr nahe verwandten Interferone abgegrenzt. Auch die Interferone signalisieren über Rezeptoren mit assoziierten Kinasen und nutzen die JAK/STAT-Signalkaskade (▶ Kap. 25.8.4).

Die Interferone selbst werden in zwei Klassen eingeteilt. Alpha-Interferone (IFN-α), β-Interferon (IFN-β), ε-Interferon (IFN-ε), κ-Interferon (IFN-κ) und ω-Interferone (IFN-ω) gehören zu den **Typ-1-Interferonen**. Sie signalisieren über die gleichen Rezeptorheterodimere. Von den α-Interferonen sind derzeit 13, von den ω-Interferonen zwei Subtypen und von den β-, ε-, κ-Interferonen nur jeweils eine Form bekannt. IFN-γ ist das einzige derzeit bekannte **Typ-2-Interferon**. Es bindet als Dimer an IFN-γ-spezifische Rezeptor-Heterodimere. Die Cytokine der Interleukin-10-Familie gehören trotz ihrer anders lautenden Bezeichnung strukturell gesehen zu den Typ-2-Interferonen.

25.5.4 Chemokine

! Chemokinrezeptoren gehören zur Klasse der G-Protein-gekoppelten Rezeptoren und vermitteln Chemotaxis.

Der Name Chemokine (***chemo**tactic cyto**kine***) stellt die Funktion dieser Cytokine als Migration-auslösende Faktoren heraus. Chemokine sind für die Immunantwort von Bedeutung. Im Unterschied zu den Wachstumsfaktoren, Interleukinen und Interferonen signalisieren die Chemokine über G-Protein-gekoppelte Rezeptoren. Die Ligandenbindung an den Rezeptor führt zur Aktivierung trimerer G-Proteine, die mit den cytoplasmatischen Schleifen der Rezeptoren assoziiert sind.

Chemokine werden in zwei Haupt-Klassen unterteilt: CC- und CXC-Chemokine. **CXC-Chemokine** enthalten zwischen zwei konservierten, N-terminal lokalisierten Cysteinen (C) eine weitere Aminosäure, während bei **CC-Chemokinen** diese Cysteine direkt benachbart sind. Entsprechend ihrer Liganden werden auch die Chemokinrezeptoren in CXC- und CC-Rezeptoren unterteilt. Einzelne Chemokine sind in der Lage, verschiedene Rezeptoren der gleichen Klasse zu binden. Interleukin-8 ist trotz seines Namens bei den CXC-Chemokinen einzuordnen.

In Kürze

Cytokine werden nach ihrer biologischen Funktion eingeteilt in:
- Wachstumsfaktoren
- Interleukine
- Interferone
- Chemokine

Die meisten Wachstumsfaktoren signalisieren über Rezeptor-Tyrosinkinasen. Interleukine und Interferone signalisieren über Rezeptoren mit assoziierten Tyrosinkinasen. Chemokine benutzen G-Protein gekoppelte Rezeptoren.

25.6 Signaltransduktion G-Protein-gekoppelter Rezeptoren

Mit etwa 950 identifizierten Genen stellen die G-Protein-gekoppelten Rezeptoren (*G-protein-coupled receptors*; GPCR) die größte Rezeptorklasse dar. Die Rezeptoren dieser Familie weisen typischerweise sieben Transmembrandomänen auf. Sie vermitteln die Effekte vieler unterschiedlicher Liganden (von Aminosäurederivaten wie Adrenalin bis zu den Chemokinen wie Interleukin-8). Die Struktur von GPCRs ist in ◘ Abb. 25.15 am Beispiel des α1B-adrenergen Rezeptors verdeutlicht. Während die extrazellulären Schleifen des Rezeptors für die Ligandenbindung verantwortlich sind, vermitteln die intrazellulären Schleifen die Rekrutierung der trimeren G-Proteine. ◘ Tabelle 25.5 zeigt die Einteilung der trimeren G-Proteine.

Infobox

Medizin-Nobelpreis 2004

Für ihre Arbeiten zur Funktionsweise des Geruchssinns erhielten Linda Buck und Richard Axel im Jahr 2004 den Medizin-Nobelpreis. Die Forscher zeigten, dass etwa zwei Prozent der menschlichen Gene für Geruchsrezeptoren codieren. Bei diesen Rezeptoren handelt es sich um GPCRs, die durch Aktivierung der Adenylatcyclase zur Bildung von zyklischem AMP führen und über dieses Ionenkanäle aktivieren (▶ Kap. 25.6.2). Beim Menschen scheinen viele der etwa 600 Geruchsrezeptoren degeneriert zu sein. Über die etwa 350 funktionellen Rezeptoren können jedoch rund 10.000 verschiedene Gerüche wahrgenommen werden.

25.6.1 G-Protein-gekoppelte Rezeptoren signalisieren über heterotrimere G-Proteine

In ◘ Abb. 25.16 ist das Prinzip der Signaltransduktion von G-Protein-gekoppelten Rezeptoren dargestellt. Ihnen allen ist gemeinsam, dass sie über heterotrimere G-Proteine signalisieren, deren Aktivierungs-/Inaktivierungszyklus sich in folgende Schritte einteilen lässt:
- Das inaktive, an den Rezeptor gebundene heterotrimere G-Protein besteht aus den drei Untereinheiten α, β und γ, wobei die α-Untereinheit mit GDP beladen ist
- Der durch den entsprechenden Liganden aktivierte Rezeptor dient als GEF (*guanine nucleotide exchange factor*) und bewirkt den Austausch des an die α-Untereinheit gebundenen GDP durch GTP
- Das aktivierte G-Protein zerfällt in seine α- und βγ-Untereinheiten und löst sich vom Rezeptor
- Die mit GTP beladene α-Untereinheit oder die βγ-Untereinheiten des G-Proteins assoziieren mit den für

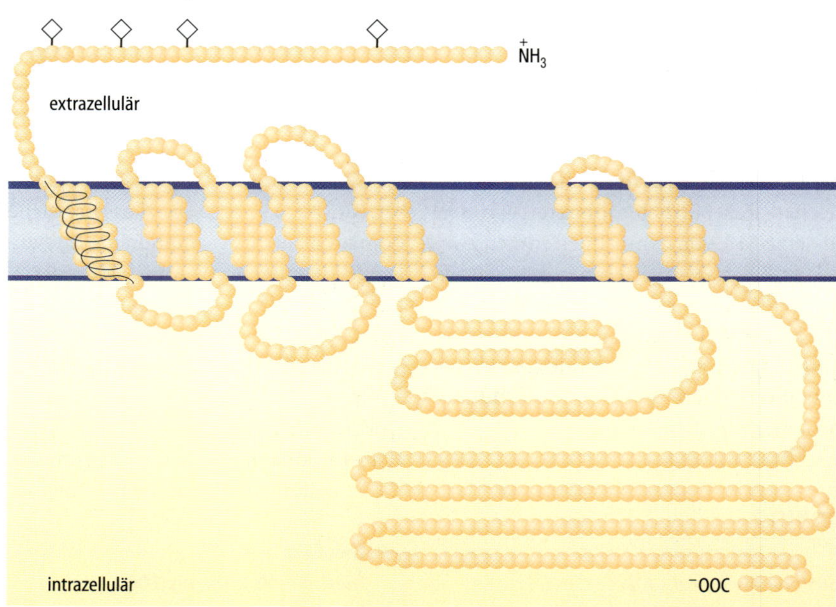

Abb. 25.15. Aufbau von G-Protein-gekoppelten Rezeptoren. Der für heptahelicale Membranrezeptoren typische Aufbau mit sieben Transmembrandomänen ist am Beispiel des α1B-adrenergen Rezeptors dargestellt. G-Protein-gekoppelte Rezeptoren bestehen i. Allg. aus 350–800 Aminosäuren. Der N-Terminus ist extrazellulär, der C-terminale Bereich intrazellulär lokalisiert. Der extrazelluläre Bereich des Rezeptors enthält Kohlenhydrat-Ketten (*durch Rauten dargestellt*)

Tabelle 25.5. Einteilung der trimeren G-Proteine

G-Protein Familie	Untergruppen (Auswahl)	Liganden, die zur Aktivierung des G-Proteins führen (Beispiele)	Effekt auf Schlüsselenzyme (Auswahl)	weitere Effekte (Auswahl)
Gs-Familie	G_s	Katecholamine, Histamin, Glucagon, LSH, FSH, TSH, Vasopressin, Prostaglandin E2	Aktivierung der Adenylatcyclase	cAMP ↑
	G_{olf}	Geruchsstoffe	Aktivierung der Adenylatcyclase	cAMP ↑
Gi-Familie	G_i	Angiotensin, Somatostatin, Glutamat, Opiate, Chemokine, Histamin, Katecholamine	Hemmung der Adenylatcyclase	cAMP ↓
	G_t	Photonen, Opsin, Rhodopsin	Aktivierung der cGMP-Phosphodiesterase	cGMP ↓
	G_{gust}	Geschmacksstoffe	Aktivierung der cGMP-Phosphodiesterase	cGMP ↓
Gq-Familie	G_q	Bradykinin, Bombesin, Angiotensin, Katecholamine	Aktivierung der PLCβ	IP_3↑, DAG ↑ Ca^{2+}-Influx
G12/13-Familie	G13	Bradykinin, Bombesin, TSH	Aktivierung der Rho-Kinase	Wirkung auf das Cytoskelett

die biologische Antwort verantwortlichen Effektorproteinen. Diese werden dadurch aktiviert oder inaktiviert

- Eine intrinsische GTPase-Aktivität der α-Untereinheit sorgt für die Spaltung des gebundenen GTP zu GDP und anorganischem Phosphat (P_i). Diese Hydrolyse wird durch GTPase-aktivierende Proteine (GAP) beschleunigt. Damit ist die α-Untereinheit inaktiviert und das Signal abgeschaltet
- Die GDP-beladene α-Untereinheit assoziiert mit den βγ-Untereinheiten und dem Rezeptor, womit der Ausgangszustand wieder hergestellt ist

25.6.2 Rezeptoren, die an das Adenylatcyclase-System gekoppelt sind

! Das Adenylatcyclase-System besteht aus Rezeptoren, heterotrimeren G-Proteinen und Adenylatcyclasen.

Eine große Zahl von Signalstoffen bedient sich des **Adenylatcyclase-Systems** zur Signaltransduktion. Wichtige Beispiele sind neben Geruchsstoffen die Botenstoffe Glucagon, Adrenalin und Serotonin. Der extrazelluläre Ligand wird auch als erster Botenstoff oder *first messenger* bezeichnet. Er

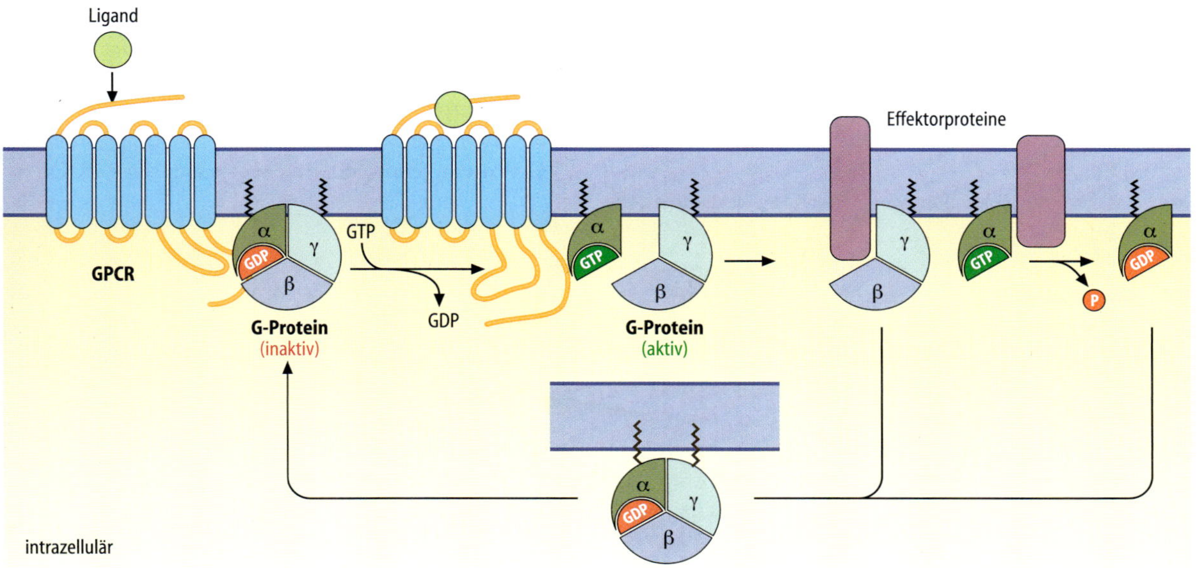

Abb. 25.16. Prinzip der Signaltransduktion von trimeren G-Proteinen. Nach der Aktivierung des trimeren G-Proteins zerfällt dieses in eine α- und eine βγ-Untereinheit, die dann auf verschiedene Effektorproteine wirken. GPCR = G-Protein-gekoppelter Rezeptor

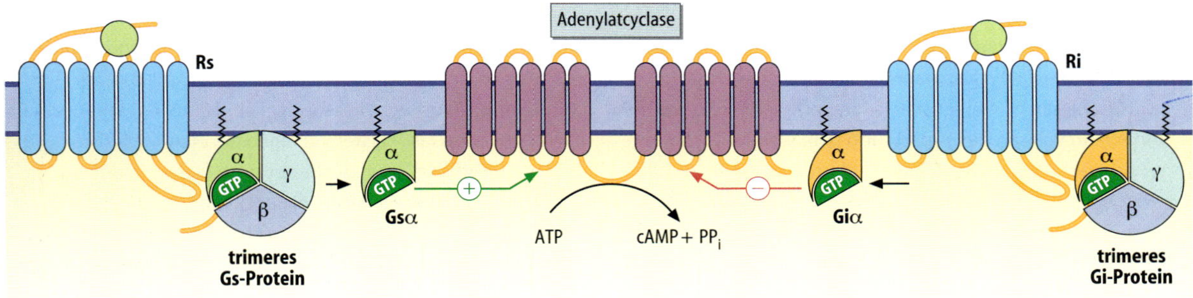

Abb. 25.17. Das Adenylatcyclase-System. Die katalytische Domäne der Adenylatcyclase kann durch stimulierende Gsα-Untereinheiten oder inhibierende Giα-Untereinheiten reguliert werden. Auf die Darstellung der Regulation der Adenylatcyclasen durch die βγ-Untereinheiten wurde verzichtet. Rs = stimulierender Rezeptor; Ri = inhibierender Rezeptor; Gs = stimulierendes G-Protein; Gi = inhibierendes G-Protein; PP$_i$ = Pyrophosphat

bindet an seinen spezifischen GPCR und aktiviert über ein heterotrimeres G-Protein die auf der Innenseite der Zellmembran lokalisierte katalytische Domäne der **Adenylatcyclase** (▶ Infobox). Diese katalysiert die Reaktion:

$$\text{ATP} \rightarrow 3',5'\text{-cyclo-AMP} + \text{Pyrophosphat}$$

Der amerikanische Biochemiker Earl Sutherland entdeckte als Erster, dass das Nucleotid 3′,5′-cyclo-AMP (cAMP, Abb. 25.13a, ▶ Kap. 5.1.2) als intrazellulärer Vermittler der Wirkung vieler Hormone eine einzigartige Rolle spielt. Aus diesem Grund wird für diese Verbindung auch die Bezeichnung zweiter Botenstoff (*second messenger*) verwendet.

In Abb. 25.17 ist das in die Plasmamembran integrierte Adenylatcyclase-System dargestellt. Zu diesem System gehören die Rezeptoren für Adenylatcyclase **stimulierende** bzw. **hemmende Hormone** oder Substanzen (Rs bzw. Ri), über die die zelluläre cAMP Konzentration gesteigert oder gesenkt werden kann. Durch die Bindung des Liganden an den Rezeptor wird das entsprechende heterotrimere G-Protein aktiviert. Während die **stimulatorischen G-Proteine (Gs-Proteine)** über ihre α-Untereinheit ***Gsα*** die Adenylatcyclase aktivieren können, führen die **inhibitorischen G-Proteine (Gi-Proteine)** zu einer Hemmung der Adenylatcyclase durch die **Giα**-Untereinheit.

Die Rolle der βγ-Untereinheiten trimerer G-Proteine:

In den vergangenen Jahren wurde gezeigt, dass die βγ-Untereinheiten der trimeren G-Proteine ebenfalls eine Rolle bei der Regulation der GPCR-vermittelten Signale spielen (z.B. Chemotaxis/Migration). Folgende Funktionen können durch die βγ-Untereinheiten ausgeübt werden:

- Die $\beta\gamma$-Untereinheiten sind von Bedeutung für die Interaktion des trimeren G-Proteins mit dem GPCR
- Sie inhibieren die spontane Dissoziation des an die α-Untereinheit gebundenen GDPs und erfüllen so die Funktion eines *guanine nucleotide dissociation inhibitors* (GDI)
- Sie aktivieren bzw. hemmen verschiedene Isoformen der Adenylatcyclase
- Sie aktivieren weitere Effektorenzyme wie z.B. die Phospholipase Cβ (PLCβ; ► Kap. 25.6.3) oder die Phosphatidylinositid-3 Kinase-γ (PI3K-γ)
- Sie steuern die Aktivität von Ionenkanälen
- Sie regulieren die an der Signalabschaltung beteiligten **G-Protein-gekoppelten Rezeptorkinasen (GRK)**

25

Infobox

Adenylatcyclasen

Alle Mitglieder der Adenylatcyclase-Familie zeichnen sich durch einen ähnlichen Aufbau aus insgesamt 12 Transmembrandomänen aus. Zwischen der 6. und 7. Transmembran-Helix sowie am C-terminalen Ende existiert jeweils ein großer cytoplasmatischer Bereich (◘ Abb. 25.18). Beide Regionen besitzen eine Tertiärstruktur und bilden zusammen die katalytische Domäne der Adenylatcyclase, die in ihrer Struktur der DNA-Polymerase ähnelt. Dies ist verständlich, da beide Enzyme eine ähnliche Reaktion katalysieren: Während die Adenylatcyclase die Bildung einer intramolekularen 3′,5′-Diester-Bindung vermittelt, katalysiert die DNA-Polymerase die Bildung einer intermolekularen 3′,5′-Diester-Bindung.

Bis heute sind neun Isoformen der membrangebundenen Adenylatcyclase nachgewiesen worden, die eine unterschiedliche Gewebsverteilung aufweisen. So werden Adenylatcyclasen des Typs IV und IX in vielen Geweben exprimiert und solche des Typs I, II und VIII kommen vorwiegend in neuronalem Gewebe vor. Adenylatcyclasen des Typs III finden sich in olfaktorischem Gewebe und die des Typs V und VI werden verstärkt in Leber, Lunge, Nieren und Herzmuskel exprimiert. Unterschiede zwischen den einzelnen Subtypen liegen in ihrer Aktivierung und Inaktivierung durch die verschiedenen α- und $\beta\gamma$-Untereinheiten der trimeren G-Proteine, aber auch z.B. in der unterschiedlichen Regulation durch *second messenger*-aktivierte Kinasen wie PKC und PKA.

Pathobiochemie:

Wegen der Vielzahl an G-Protein-gekoppelten Rezeptoren und ihrer großen Bedeutung bei nahezu allen physiologischen Prozessen wurde diese Rezeptorklasse zum wichtigsten Ziel für therapeutische Interventionen. Über die Hälfte der verschreibungspflichtigen Medikamente beeinflussen GPCR-vermittelte Signale.

Es ist von besonderem medizinischen Interesse, dass die Effekte einiger Bakterientoxine offensichtlich über Wechselwirkungen mit den G-Proteinen vermittelt werden. So führt beispielsweise das **Choleratoxin** des Cholera-Erregers Vibrio cholerae zu einer ADP-Ribosylierung (► Kap. 23.3.4) der $G_s\alpha$ Untereinheit, wodurch diese irreversibel aktiviert wird und das Adenylatcyclase-System in einen permanent aktiven Zustand überführt (über die Bedeutung dieses Effekts für die intestinale Symptomatik bei der Cholera ► Kap. 32.2.4). Das Toxin des **Keuchhusten-Erregers** Bordetella pertussis ADP-ribosyliert dagegen die $G_i\alpha$-Untereinheit und hält diese in einer inaktiven Form. Wie beim Choleratoxin wird also die Adenylatcyclase in einen permanent aktiven Zustand überführt, allerdings über einen anderen Mechanismus.

! cAMP aktiviert die Proteinkinase A und löst damit spezifische Phosphorylierungskaskaden aus.

cAMP übt mehrere intrazelluläre Funktionen aus; es aktiviert:
- die **Proteinkinase A** (PKA)
- einige *cyclic nucleotide gated* (CNG) Kationenkanäle
- bestimmte *guanine nucleotide exchange factors* (GEF), die kleine G-Proteine aktivieren

Eine Hauptfunktion von cAMP ist die Aktivierung der Proteinkinase A. ◘ Abb. 25.19 stellt den Aufbau der PKA dar. Es handelt sich um ein tetrameres Enzym, welches aus zwei **regulatorischen (*regulatory*) R-Untereinheiten** sowie zwei **katalytischen (*catalytic*) C-Untereinheiten** besteht. In Abwesenheit von cAMP werden durch die R-Untereinheiten die Substratbindungsstellen der C-Untereinheiten blockiert. Die Bindung von jeweils zwei cAMP-Molekülen an jede R-Untereinheit führt zu einer Konformationsänderung, die eine Dissoziation der beiden katalytischen C-Untereinheiten auslöst. Dadurch werden die Substratbindungsstellen der PKA freigelegt und diese somit in die Lage versetzt, ihre Substrate an Serylresten zu phosphorylieren.

Erhöhte zelluläre cAMP-Spiegel aktivieren bzw. inaktivieren nicht nur Stoffwechselenzyme, sondern lösen auch die Transkription spezifischer Gene aus. Derartige cAMP-abhängige Gene enthalten in ihrer Promotorregion eine spezifische Sequenz,

5′-TGACGTCA-3′,

die als *cAMP-response-element* oder **CRE** bezeichnet wird. Die Aktivierung von Genen, die CRE als *enhancer*-Element enthalten, erfolgt nach Bindung eines spezifischen Transkriptionsfaktors, des **CREB** (*cAMP response-element bind-*

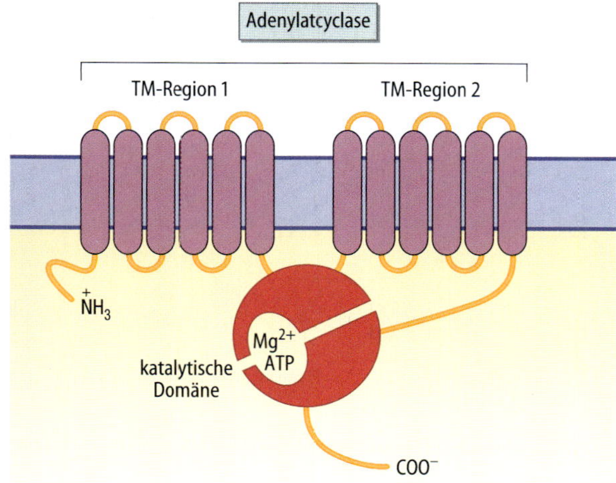

Abb. 25.18. Schematische Darstellung der Adenylatcyclase. Die meisten Adenylatcyclasen sind integrale Membranproteine mit 12 Transmembrandomänen. Sie enthalten eine große cytoplasmatische Schleife zwischen den 6. und 7. Membran-durchspannenden Helices sowie einen längeren cytoplasmatischen C-terminalen Bereich. Diese beiden Bereiche bilden zusammen die katalytische Domäne der Adenylatcyclase. In ihrem katalytischen Zentrum binden Mg^{2+}-Ionen und das Substrat ATP

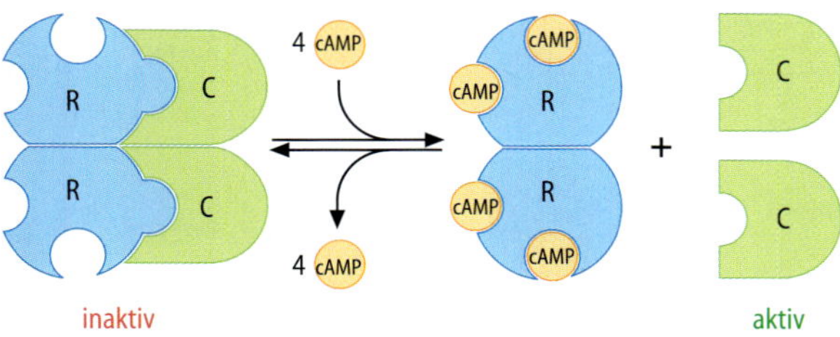

Abb. 25.19. Mechanismus der PKA-Aktivierung. Die Bindung von cAMP an die regulatorischen Untereinheiten der PKA führt zur Freisetzung der enzymatisch aktiven C-Untereinheiten

ing protein). CREB ist ein dimeres Protein, mit einer **Leucin-Zipper-Struktur**, die für die Dimerisierung verantwortlich ist. Das dimere CREB wird durch die in den Zellkern translozierte PKA phosphoryliert und kann danach mit dem **Transkriptionsfaktor TF II D** sowie der **RNA-Polymerase II** assoziieren und die Transkription von Zielgenen induzieren. Beispiele für CRE-Elemente enthaltende Gene sind diejenigen für Somatostatin, Parathormon, für die Schlüsselenzyme der Gluconeogenese (▶ Kap. 11.3) und das vasoaktive intestinale Peptid (VIP).

25.6.3 Rezeptoren, die an die Phospholipase Cβ gekoppelt sind und zur Ca^{2+}-Freisetzung führen

G-Protein-gekoppelte Rezeptoren wie die Rezeptoren für **Katecholamine** (▶ Kap. 26.3.4), **Acetylcholin, Histamin, Angiotensin, Vasopressin, Pankreozymin, Serotonin,** ***thyreotropin releasing hormone*** (TRH) sowie für **Chemokine** und **Geruchsstoffe** führen nach Bindung des jeweiligen Liganden über ein heterotrimeres G-Protein nach Austausch von GDP mit GTP zur Aktivierung der **Phospholipase Cβ**, welche in mehreren Isoformen vorkommt. Interessanterweise binden **Rezeptor-Tyrosinkinasen** (▶ Kap. 25.7.1) nach Aktivierung die **Phospholipase Cγ**, was ebenfalls zur Hydrolyse von PIP_2 führt (Abb. 25.13b).

Phosphatidylinositol-4,5-bisphosphat (PIP_2) wird durch zweimalige, ATP-abhängige Phosphorylierung von **Phosphatidylinositol** (▶ Kap. 2.2.3) gebildet (Abb. 25.20). Die genannten Phospholipasen spalten PIP_2 in **Inositol-(1,4,5)-trisphosphat (IP_3)** und **Diacylglycerin (DAG)**. IP_3 löst einen Anstieg der **intrazellulären Ca^{2+}-Konzentration** aus, was zu Änderungen des Stoffwechsels der Zielzellen führt. Das in der Membran zurück bleibende Diacylglycerin erfüllt ebenfalls eine wichtige Funktion bei der Signalweiterleitung. Es aktiviert zusammen mit Ca^{2+} spezifische Kinasen, die **Proteinkinasen C (PKC)** (▶ Kap. 25.7.1, Infobox Proteinkinase C)

! IP_3 vermittelt die calciumabhängige Zellaktivierung.

IP_3 ist imstande, die cytoplasmatische Calciumkonzentration zu erhöhen. Die Calciummobilisierung erfolgt hierbei im Wesentlichen aus intrazellulären Calciumspeichern, welche im endoplasmatischen Retikulum lokalisiert sind. Dort finden sich die **IP_3-Rezeptoren**, von denen 3 Subtypen bekannt sind. Es handelt sich um ligandenaktivierte Ionenkanäle mit zwei Membrandomänen und einer großen cytoplasmatischen N-terminalen Schleife. Man nimmt an, dass hier die Bindungsstelle für IP_3 liegt. Insgesamt bilden vier derartige Rezeptormoleküle ein Homotetramer, das einen durch den Liganden IP_3 aktivierten Calciumkanal darstellt.

25.6.4 Die GPCR-vermittelte Signaltransduktion am Beispiel von Interleukin-8

Interleukin-8 (auch CXCL-8 genannt) ist ein pro-inflammatorisches, chemotaktisch wirkendes Cytokin, das zur Gruppe der CXC-Chemokine gehört. Es wird im Zuge einer Cytokinkaskade produziert: So stimuliert z.B. Tumor-Nekrose-Faktor (TNF) die Freisetzung von Interleukin-1β (IL-1β), das seinerseits die Bildung von Interleukin-8 induziert. IL-8 ist einer der potentesten chemotaktischen Faktoren für neutrophile Granulozyten, spielt aber auch eine Rolle bei Angiogenese und Zellteilung.

! Die Produktion von Interleukin-8 im Entzündungsherd ist von zentraler Bedeutung für die Rekrutierung von neutrophilen Granulozyten.

Das sezernierte IL-8 bildet im Gewebe einen Konzentrationsgradienten aus und wird an der Innenseite der Blutgefäßwand präsentiert. Zusätzlich bewirken die ebenfalls

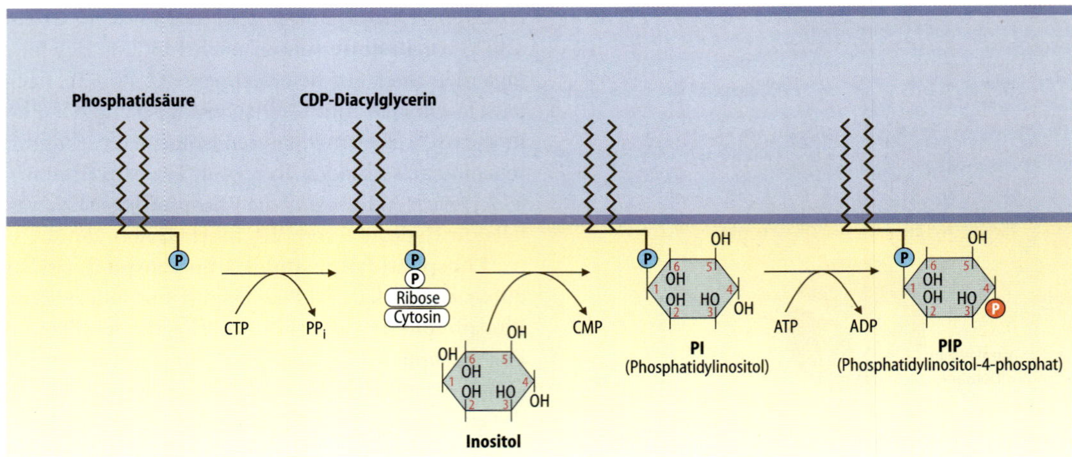

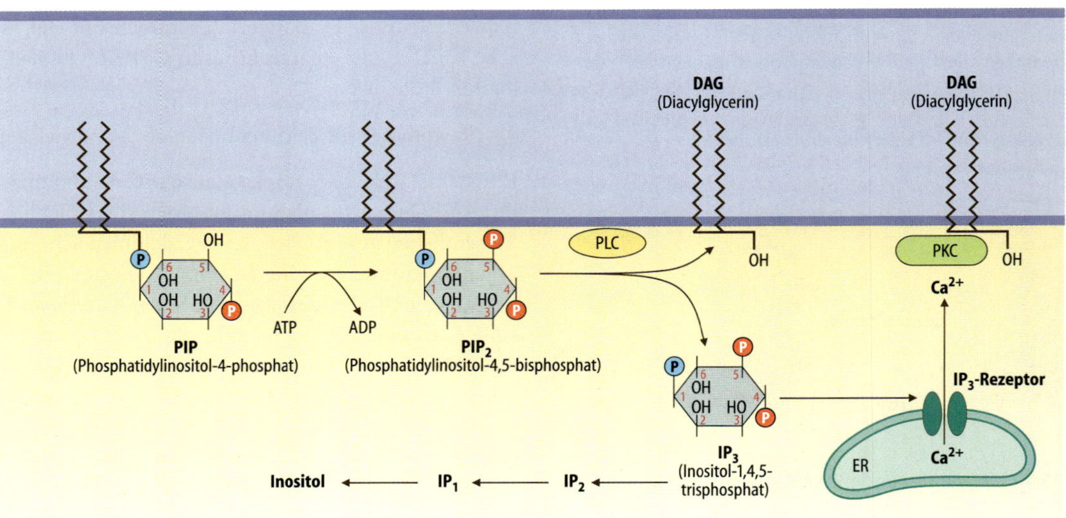

Abb. 25.20. Biosynthese und Spaltung von Phosphatidyl-4,5-bisphosphat (PIP$_2$). ER = endoplasmatisches Retikulum; PKC = Proteinkinase C; PLC = Phospholipase C

ausgeschütteten Cytokine TNF und IL-1 die Bildung von Adhäsionsmolekülen durch Endothelzellen. Die im Blut zirkulierenden Neutrophilen heften sich an die Endothelzellen an und rollen durch wiederholtes Binden und Lösen an diesen entlang. Das präsentierte IL-8 aktiviert die heranrollenden Leukozyten, bewirkt eine vermehrte Integrin-Expression an deren Oberfläche und führt somit zu einer stabilen Anheftung an die Endothelzellen und zur Passage durch die Gefäßwand in das Gewebe (Diapedese). Im Gewebe bewegen sich die Neutrophilen entlang des IL-8-Konzentrationsgradienten zum Entzündungsherd. Die Bekämpfung der Pathogene erfolgt durch reaktive Sauerstoffspezies und freigesetzte Proteasen (u.a. Kathepsin G).

Auf molekularer Ebene werden die beschriebenen Prozesse folgendermaßen vermittelt:

Die Interleukin-8-Rezeptoren – CXCR1 und CXCR2 – sind G-Protein-gekoppelte Rezeptoren (Abb. 25.21). Während CXCR1 vorwiegend durch IL-8 aktiviert wird, bindet CXCR2 in erster Linie Groα, einen Mitose-aktivierenden Faktor, und MIP2, das Monozyten aktiviert.

Nach IL-8-Stimulus werden G-Protein-vermittelt PI3-Kinase, Phospholipase Cβ_2 und Rho A aktiviert. Rho A gehört zur Gruppe der kleinen G-Proteine (Abb. 25.11a). Es beeinflusst die Aktin-Polymerisation und damit die Organisation des Cytoskeletts und die Zellmigration. Die PI3-Kinase katalysiert einerseits die Phosphorylierung verschiedener Phosphatidylinositole an Position 3 des Inositolringes. Wie unter 25.6.3 besprochen, führt die Phospholipase Cβ_2 zur Freisetzung der *second messenger* IP$_3$, DAG und Ca^{2+}.

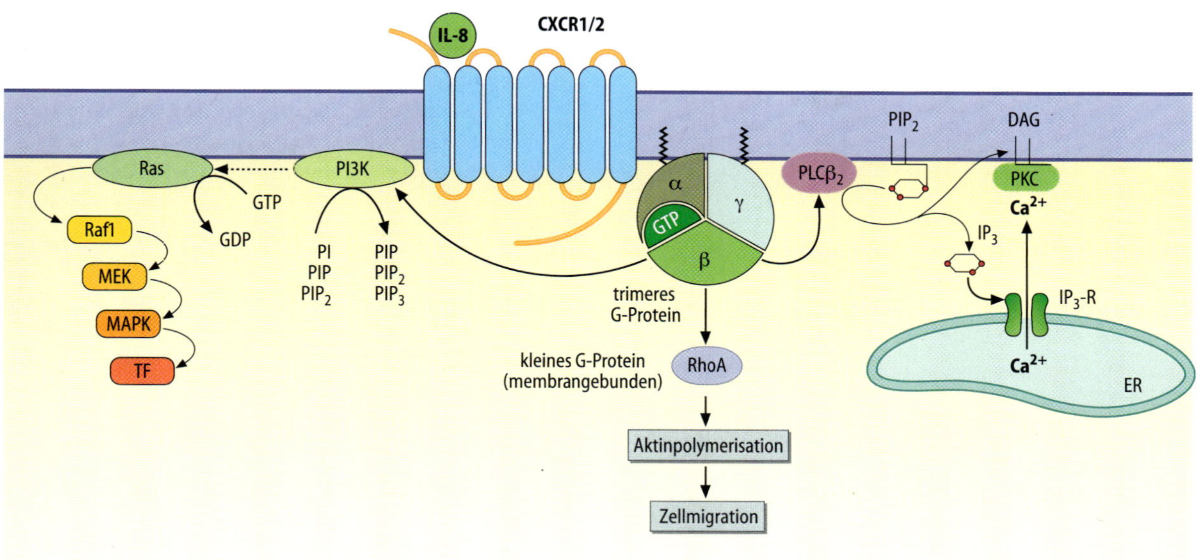

Abb. 25.21. Interleukin-8 Signaltransduktion. IL-8 bindet an die G-Protein-gekoppelten Rezeptoren CXCR1 oder CXCR2. Diese aktivieren ein heterotrimeres G-Protein, welches neben dem MAPK-Weg und der Erhöhung des cytoplasmatischen Ca^{2+}-Spiegels die Aktivierung des membrangebundenen kleinen G-Proteins RhoA induziert. ER = endoplasmatisches Retikulum; PI3 K = Phosphatidylinositid-3-Kinase; TF = Transkriptionsfaktor

In Kürze

G-Protein-gekoppelte Rezeptoren sind mit sieben Transmembrandomänen in der Plasmamembran verankert. Sie können durch eine Vielzahl von extrazellulären Signalen aktiviert werden und signalisieren über heterotrimere G-Proteine.

Die Adenylatcyclase ist ein Membranenzym, das durch verschiedene G-Proteine aktiviert (Gs-Proteine) bzw. inhibiert (Gi-Proteine) wird. Sie ist für die Synthese des intrazellulären *second messengers* cAMP verantwortlich, das unter anderem die Proteinkinase A aktiviert und dadurch in den Stoffwechsel vieler Gewebe eingreift.

Ein weiteres durch G-Proteine reguliertes Enzym ist die Phospholipase Cβ. Sie spaltet das Membranphospholipid PIP_2, wobei Diacylglycerin und IP_3 gebildet werden. IP_3 löst eine Calciumfreisetzung aus dem endoplasmatischen Retikulum aus, die zur Zellaktivierung und zusammen mit Diacylglycerin zur Aktivierung der Proteinkinase C führt.

25.7 Signaltransduktion von Rezeptor-Tyrosinkinasen und Rezeptor-Serin/Threoninkinasen

Alle Rezeptorkinasen bestehen aus einer Liganden-bindenden Extrazellulärregion, einer einzelnen Transmembrandomäne und einem cytoplasmatischen Teil, der die Kinasedomäne enthält. Die Rezeptorkinasen lassen sich in die großen Familien der Rezeptor-Tyrosinkinasen und der Rezeptor-Serin/Threoninkinasen unterteilen. In beiden Fällen führt die Ligandenbindung am extrazellulären Teil des Rezeptors zur Aktivierung der cytoplasmatischen Kinasedomäne.

25.7.1 Rezeptor-Tyrosinkinasen

Seit der vollständigen Sequenzierung des menschlichen Genoms weiß man, dass der Mensch Gene für 58 verschiedene **Rezeptor-Tyrosinkinasen** besitzt. Rezeptor-Tyrosinkinasen sind modulartig aufgebaut. Sie enthalten alle eine cytoplasmatische Tyrosinkinase-Domäne, während sich die extrazellulären Bereiche von Rezeptor zu Rezeptor beträchtlich unterscheiden können (Abb. 25.22). Die Familie der Rezeptor-Tyrosinkinasen umfasst eine Reihe medizinisch relevanter Proteine (siehe Info-Box: ErbB2 und Brustkrebs), die fundamentale biologische Prozesse steuern. So ist der Rezeptor für den *vascular endothelial growth factor* (VEGFR) für die Bildung neuer Blutgefäße von Bedeutung (Angiogenese). Durch Inhibition der VEGFR-Signaltransduktion versucht man die Vaskularisierung von Tumoren zu verhindern und dadurch ihr Wachstum zu bremsen. Auch der Insulinrezeptor ist eine Rezeptortyrosinkinase. Wegen der herausragenden Bedeutung der Insulinrezeptor Signaltransduktion für die Glucose-Homöostase und den Diabetes mellitus ist ihm ein gesondertes Kapitel gewidmet (► Kap. 26.1.7).

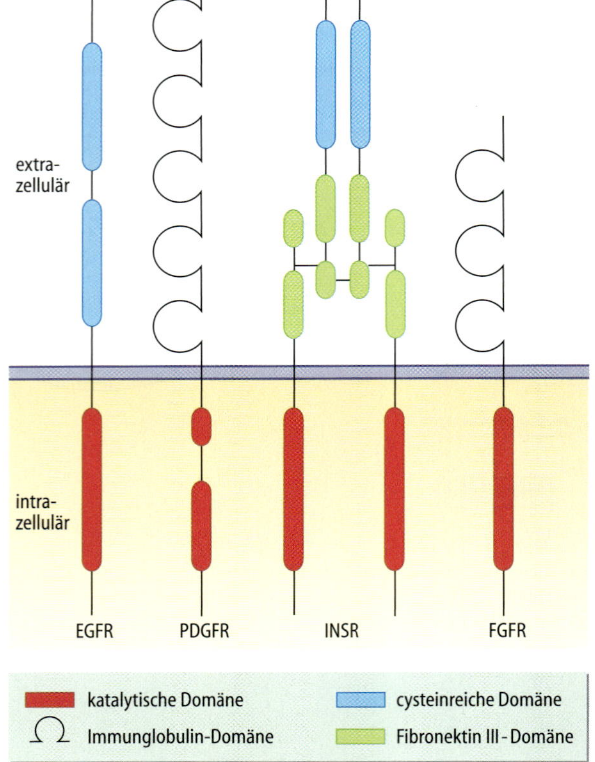

Abb. 25.22. Aufbau von Rezeptor-Tyrosinkinasen. Während sich die extrazellulären Bereiche der verschiedenen Rezeptor-Tyrosinkinase-Familien unterscheiden, sind alle Rezeptoren durch eine konservierte intrazelluläre Tyrosinkinase-Domäne charakterisiert. EGFR = *epidermal growth factor* Rezeptor; PDGFR = *platelet-derived growth factor* Rezeptor; INSR = Insulinrezeptor; FGFR = *fibroblast growth factor receptorr*

Die Bindung des Liganden an eine Rezeptortyrosinkinase führt zur Aktivierung der cytoplasmatischen Tyrosinkinasedomäne mit der Konsequenz der **Phosphorylierung** cytoplasmatischer Tyrosylreste des Rezeptors. Die resultierenden Phosphotyrosinmotive sind spezifische Bindungsstellen für Proteine mit **SH_2-Domänen** (Abb. 25.10) oder **PTB-Domänen** (► Kap. 25.4.2). Die auf diese Weise an den Rezeptor rekrutierten Proteine lösen die weiteren Signalkaskaden aus. Interessanterweise treten Vernetzungen der Signaltransduktion dieser Rezeptoren mit anderen, insbesondere den G-Protein-gekoppelten Rezeptoren auf, die auch als »*receptor crosstalk*« bezeichnet werden. Die Grundzüge der Rezeptortyrosinkinase-Signaltransduktion sollen im Folgenden am Beispiel der PDGF-Rezeptoren erläutert werden.

! Die wichtigsten durch Rezeptor-Tyrosinkinasen aktivierten Signalwege sind der Ras/Raf/MAPK-Weg, der Phosphatidylinositid-3-Kinase (PI3K)-Weg und der Phospholipase Cγ (PLCγ)-Weg.

Infobox

ErbB2 und Brustkrebs

Rezeptor-Tyrosinkinasen aktivieren häufig mitogene und anti-apoptotische Signalwege, die gemeinsam zur Zellproliferation führen. Eine Dysregulation solcher Signalwege trägt zur Krebsentstehung bei. In der Tat ist in einer Vielzahl von Brustkrebstumoren die Rezeptor-Tyrosinkinase ErbB2 (auch Her2 genannt), die zur Familie der *epidermal growth factor* Rezeptoren (EGFR) gehört, vermehrt auf der Zelloberfläche zu finden. Zudem ist der Rezeptor in diesen Krebszellen dauerhaft aktiviert und trägt damit zum unkontrollierten Zellwachstum bei.

Die Blockierung von ErbB2 ist eine vielversprechende Strategie bei der Brustkrebstherapie. Man hat daher gegen die extrazelluläre Domäne des humanen Rezeptors eine Reihe von monoklonalen Antikörpern in Mäusen produziert und in Zellkulturexperimenten ihr inhibitorisches Potential analysiert. Dabei wurde ein besonders wirksamer neutralisierender Antikörper identifiziert. In humanisierter Form wird dieser Antikörper (Herceptin®) nun mit Erfolg in der Brustkrebstherapie eingesetzt, wobei etwa 30% der Patientinnen auf diese Behandlung ansprechen.

Platelet-derived growth factor (PDGF) (Abb. 25.23) ist ein Wachstumsfaktor, der auch chemotaktische Aktivitäten besitzt. PDGF liegt in seiner biologisch aktiven Form als Homo- oder Heterodimer vor. Die beiden PDGF-A- und PDGF-B-Polypeptide sind im Dimer über Disulfid-Brücken verknüpft. Die Zusammensetzung des Dimers aus zwei A-Polypeptiden, zwei B-Polypeptiden oder jeweils eines A- und eines B-Polypeptids ist für die Rezeptorbindung von Bedeutung. PDGF-C entsteht im Unterschied zu PDGF-A und PDGF-B nach proteolytischer Spaltung aus einer Prä-PDGF-C-Form. PDGF-C enthaltende Heterodimere sind noch nicht beschrieben. Ebenfalls durch limitierte Proteolyse entsteht aus dem vor kurzem identifizierten Prä-PDGF-D das aktive PDGF-D. Bisher ist nur das PDGF-D-Homodimer bekannt.

PDGF/PDGF-Rezeptor-Interaktion. Die Bindung von PDGF an seinen Rezeptor führt zur Dimerisierung zweier PDGF-Rezeptor-Tyrosinkinasen. Der entstehende PDGF-Rezeptor-Komplex kann dabei aus zwei α-Rezeptoren, zwei β-Rezeptoren oder aus je einem α- und β-Rezeptor zusammengesetzt sein. Die PDGF-Typen AA, AB, BB und CC binden α-Rezeptor-Dimere (Abb. 25.23a). PDGF-Dimere, die PDGF-B enthalten, sowie das PDGF-C-Homodimer binden α/β-Rezeptor-Heterodimere. PDGF-B- und PDGF-D-Homodimere binden β/β-Rezeptor-Homodimere.

PDGF-A und -B haben eine unterschiedliche Bedeutung in der Embryonalentwicklung. In Knockout-Mäusen wurde gezeigt, dass PDGF-B bzw. der PDGF-β-Rezeptor

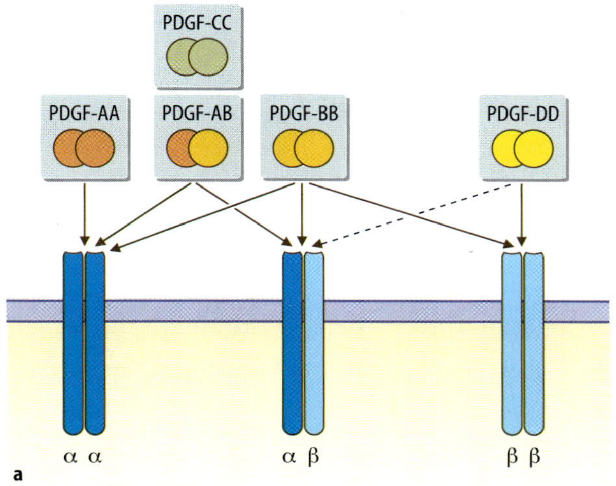

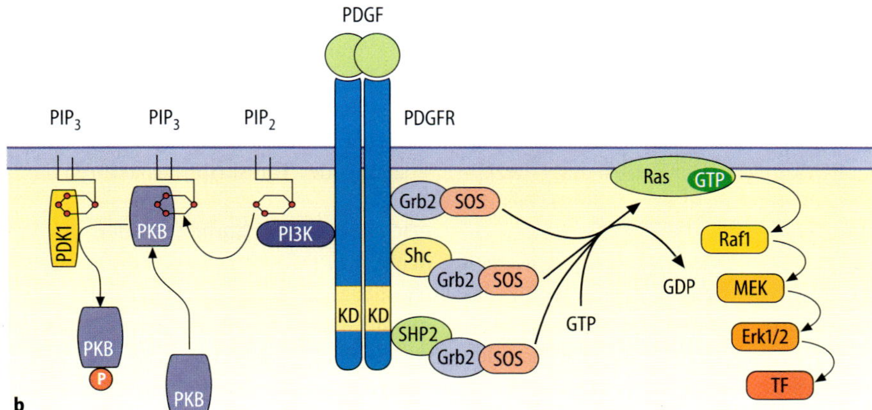

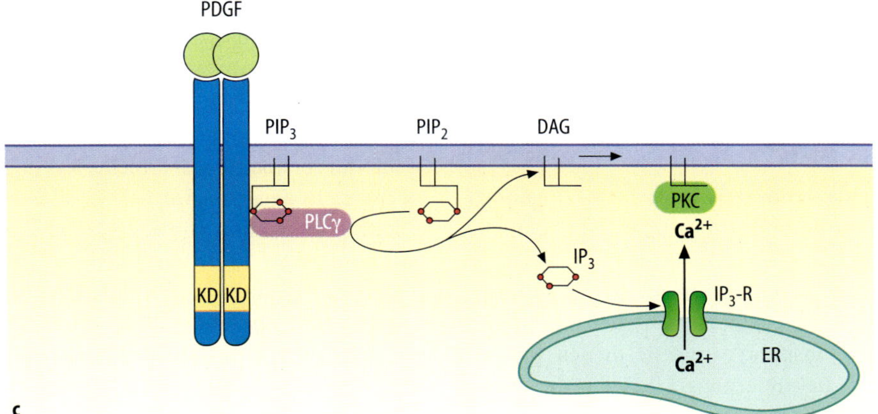

Abb. 25.23. PDGF-Signaltransduktion. (**a**) Aktivierung der PDGF-Rezeptoren durch die verschiedenen PDGF-Isoformen A, B, C und D. PDGF-Isoformen binden als Dimere an den PDGF-Rezeptor. Der gestrichelte Pfeil verdeutlicht eine niedrig-affine Bindung. (**b**) Vom aktivierten Rezeptor können verschiedene Signaltransduktionswege ausgehen: Grb2/SOS-Assoziation löst die Aktivierung der MAPK-Kaskade aus (*rechts*); Bindung der PI3-Kinase resultiert in der PKB-Aktivierung (*links*). (**c**) Assoziation der PLCγ führt zur Erhöhung der cytoplasmatischen Ca^{2+}-Konzentration und zur Aktivierung der Proteinkinase C (PKC). ER = endoplasmatisches Retikulum; KD = Kinase-Domäne; PDK = *phospholipid-dependent kinase*; PI3 K = Phosphatidylinositid-3-Kinase; PKB = Proteinkinase B; PLC = Phospholipase C

Tabelle 25.6. Signaltransduktionsmoleküle, die an den PDGF-Rezeptor binden

Signaltransduktionsmolekül	Funktion	Interaktionsdomänen*
Phosphatidylinositid-3-Kinase (PI3K)	Lipidkinase	SH2, SH3
Phospholipase Cγ (PLCγ)	Lipase	SH2, SH3, PH
Src	Tyrosinkinase	SH2, SH3
SH2-*containing tyrosine phosphatase* (SHP2)	Tyrosinphosphatase, Adapterprotein	SH2
Signal transducer and activator of transcription (STAT1, 3 und 5)	Transkriptionsfaktor	SH2
Shc	Adapterprotein	SH2, PTB
Grb2	Adapterprotein	SH2, SH3,
Grb7	Adapterprotein	SH2, SH3
Nck	Adapterprotein	SH2, SH3
Crk	Adapterprotein	SH2, SH3

* SH2- und PTB-Domänen binden Phosphotyrosin-Motive; SH3-Domänen binden Prolin-reiche Sequenzen; PH-Domänen binden Phosphatidylinositolphosphate

essentiell für die Nierenentwicklung, PDGF-A jedoch wichtig für die Lungenentwicklung ist. Der Verlust des α-Rezeptors führt zu weiterreichenden Fehlentwicklungen als der Verlust des PDGF-A-Gens; dies lässt sich dadurch erklären, dass über den PDGF-α-Rezeptor sowohl PDGF-A als auch PDGF-B und PDGF-C signalisieren. Die hier für das PDGF-System exemplarisch beschriebenen Kombinationsmöglichkeiten bei der Zusammensetzung der Liganden und der Rezeptorkomplexe ermöglichen verschiedenen Zellen – bedingt durch eine Zelltyp-spezifische Expression der Liganden- und Rezeptoruntereinheiten – jeweils individuell zu reagieren. Dieses Prinzip ist von genereller Bedeutung innerhalb der Familie der Rezeptor-Tyrosinkinasen, aber auch für die Wirkung anderer Cytokine und wird in ► Kap. 25.8.3 im Zusammenhang mit der Signaltransduktion von Interleukin-6 skizziert.

PDGF-induzierte Rezeptoraktivierung. Die Liganden-induzierte Rezeptordimerisierung führt zur Autophosphorylierung und damit zur Aktivierung der Rezeptor-Tyrosinkinasen. Die aktivierten Kinasen phosphorylieren daraufhin Tyrosylreste im cytoplasmatischen Teil der Rezeptorkette. Diese Phosphotyrosinreste dienen weiteren Signalmolekülen als Rekrutierungsstellen. Für die spezifische Bindung dieser Moleküle ist die Aminosäuresequenz in unmittelbarer Nähe zum Phosphotyrosin entscheidend. Die rekrutierten Proteine besitzen SH2- oder PTB-Domänen, um mit den Phosphotyrosin-Motiven des Rezeptors interagieren zu können. Für die in Tabelle 25.6 beschriebenen Proteine sind die Interaktionsstellen am PDGF-Rezeptor bekannt.

Häufig besitzen die an den Rezeptor rekrutierten Proteine mehrere Interaktionsdomänen und können darüber mit weiteren Proteinen assoziieren. Viele dieser Proteine dienen ausschließlich als Adaptermoleküle, andere stellen Enzyme oder Transkriptionsfaktoren dar.

PDGF-induzierte Signalkaskaden. Im Wesentlichen werden nach PDGF-Stimulation drei Signalkaskaden aktiviert (Abb. 25.23b,c):

- die Mitogen-aktivierte-Proteinkinase-(MAPK)-Kaskade
- die Phosphatidylinositid-3-Kinase-(PI3K)-Kaskade
- die Phospholipase Cγ (PLCγ)-Kaskade

Die **Mitogen-aktivierte-Proteinkinase (MAPK)-Kaskade** (► Kap. 25.4.3) beginnt mit der Rekrutierung eines Grb2/SOS-Proteinkomplexes an den Rezeptor (Abb. 25.23b). Hierbei kann Grb2/SOS entweder direkt oder über die Adapter Shc oder SHP2 an den PDGF-Rezeptor gebunden werden. SOS gelangt hierdurch in die Nähe des in der Membran verankerten G-Proteins Ras und bewirkt dessen Übergang in die aktivierte, GTP-bindende Form. Die nun mögliche Interaktion von Ras-GTP mit der Serin/Threoninkinase Raf-1 führt zur Raf-1-Aktivierung. Raf-1 ist wiederum der Aktivator der MAP-Kinase-Kinase (MEK). Diese dualspezifische Threonin/Tyrosin-Kinase phosphoryliert schließlich die Mitogen-aktivierten-Proteinkinasen ERK1 und ERK2, deren Substrate unter anderem Transkriptionsfaktoren sind.

Die **Phosphatidylinositid-3-Kinase** (PI3K), die aus einer regulatorischen und einer katalytischen Untereinheit besteht, bindet über die regulatorische Untereinheit ebenfalls an den aktivierten PDGF-Rezeptor (Abb. 25.23b). Dies führt zur Aktivierung der katalytischen Untereinheit der PI3K und somit zur Phosphorylierung von Phosphatidylinositol-4,5-bisphosphat (PIP_2). Das entstehende Phosphatidylinositol-3,4,5-trisphosphat (PIP_3) wird von der Pleckstrin-Homologie-Domäne (PH-Domäne) der Proteinkinase B (PKB, auch Akt-Kinase genannt) gebunden. Die Rekrutierung der PKB an die Zellmembran ist ein essentieller Schritt für die Phosphorylierung und Aktivierung der PKB durch die Threonin-Kinase-PDK1 (*phospholipid-dependent kinase*), die ebenfalls über ihre PH-Domäne an PIP_3 gebunden wird. Über weitere Phosphorylierungen spezifischer Serin- und Threoninseitenketten von bestimmten Apoptose-regulierenden Proteinen wirkt die aktivierte PKB anti-apoptotisch. Aktivierte PKB kann auch in den Zellkern translozieren und reguliert dort Transkriptionsfaktoren, die für die Zellproliferation wichtig sind und trägt somit zur proliferationsfördernden Wirkung des Wachstumsfaktors bei. Im Rahmen der Insulin-Signaltransduktion sorgt der PI3K/PKB-Signalweg für eine verstärkte Glycogensynthese (► Kap. 11.2.1).

Phospholipase Cγ (PLCγ) wird ebenfalls am PDGF-Rezeptor durch Tyrosinphosphorylierung aktiviert (◘ Abb. 25.23c). PIP_2 ist sowohl Substrat der PI3K als auch der PLCγ. Nach Aktivierung am PDGF-Rezeptor bindet PLCγ mit ihrer PH-Domäne an das durch die PI3K-generierte PIP_3. Sie hydrolysiert PIP_2 zu Inositol-(1,4,5)-trisphosphat (IP_3) und Diacylglycerin (DAG). Cytoplasmatisches IP_3 führt zur Freisetzung des *second messengers* Ca^{2+} aus dem endoplasmatischen Retikulum. Der zweite *second messenger* Diacylglycerin aktiviert zusammen mit dem freigesetzten Ca^{2+} die Serin/Threonin-Proteinkinase-C (PKC) (► u.). Diese ist wiederum ein Regulator für Transkriptionsfaktoren und beeinflusst somit auch die Genexpression.

Auch der JAK/STAT-Signalweg kann durch Rezeptor-Tyrosinkinasen aktiviert werden. Mitglieder der Familie der *signal transducers and activators of transcription* (STAT1, STAT3 und STAT5) werden an den PDGF-Rezeptor rekrutiert und durch Tyrosin-Phosphorylierung aktiviert (in ◘ Abb. 25.23 nicht dargestellt). Der JAK/STAT-Signalweg spielt bei der Signaltransduktion der meisten Interleukine und der Interferone eine zentrale Rolle und wird in den ► Kapiteln 25.8.3 und 25.8.4 genauer beschrieben.

Infobox

Proteinkinase-C

Die Proteinkinasen-C (PKC) wurden ursprünglich als eine Familie von durch Calcium-Ionen aktivierbaren Kinasen beschrieben (daher PK**C**). Heute versteht man darunter eine aus mindestens 12 Mitgliedern bestehende Familie von Proteinkinasen, die in konventionelle PKC (cPKC), neue PKC (nPKC) und atypische PKC (aPKC) unterteilt wird. Nur die cPKC zeigen die charakteristische Aktivierbarkeit durch Diacylglycerin (DAG) und Calcium-Ionen. Die PKC spielen eine wichtige Rolle bei der Signaltransduktion, der Regulation von Wachstum und Differenzierung sowie der Krebsentstehung.

◘ Abb. 25.24 stellt den Aufbau von Enzymen der PKC-Familie dar. Die PKC-Proteine lassen sich in eine durch eine Art Scharnierregion verbundene N-terminale regulatorische und C-terminale katalytische Region unterteilen. In der N-terminalen Region finden sich zwei Domänen, die die Regulierbarkeit des Enzyms durch **Diacylglycerin** bzw. **Calcium** vermitteln. Am weitesten N-terminal liegt eine Pseudosubstrat-Region (PSR), die für die Regulation des Enzyms von großer Bedeutung ist. Die katalytische Domäne enthält eine gut konservierte ATP-Bindungsregion sowie eine Substratbindungsstelle mit relativ breiter Substratspezifität.

Die Aktivierung der verschiedenen PKC-Isoformen erfordert ein komplexes Zusammenspiel von Membranlipiden und Proteinkinasen. So genannte pflanzliche **Phorbolester** können die aktivierende Rolle von DAG nachahmen. Da sie nur langsam abgebaut werden, können sie die PKC über längere Zeit aktivieren und wirken daher als **Tumorpromotoren**.

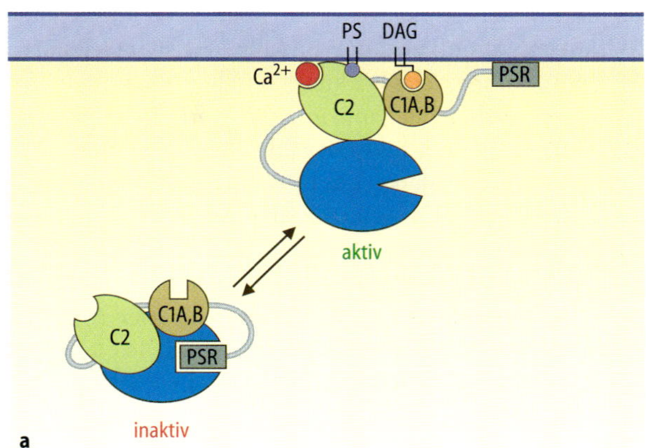

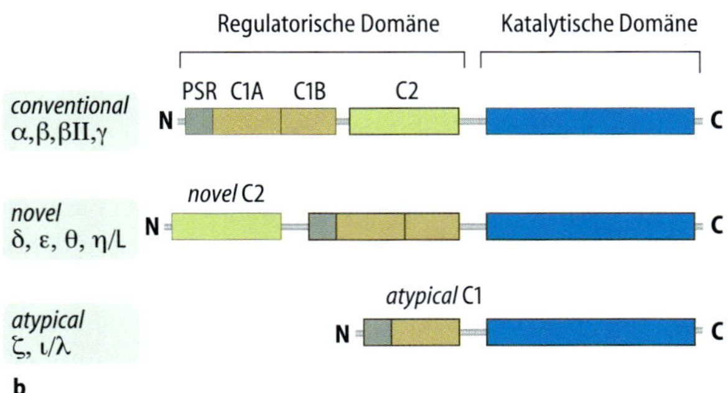

◘ **Abb. 25.24. Schematische Darstellung des Aufbaus der Proteinkinase C.** (**a**) Aktivierung der Proteinkinase C durch Diacylglycerin (DAG), Phosphatidylserin (PS) und Calcium-Ionen. PSR = Pseudosubstrat-Region (**b**) Aufbau verschiedener Isoformen der Proteinkinase C. (Einzelheiten ► Infobox)

25.7.2 Rezeptor-Serin/Threoninkinasen

Im Unterschied zu Rezeptor-Tyrosinkinasen folgt nach Ligandenbindung an eine Rezeptor-Serin/Threoninkinase die Phosphorylierung von Serin- und Threonin-Seitenketten von Signalproteinen.

Alle Cytokine, die über Rezeptor-Serin/Threoninkinasen signalisieren, gehören zur ***transforming growth factor* β-Familie** (TGFβ), die sich in drei Gruppen einteilen lässt:

- TGFβ-Isoformen TGFβ1 bis TGFβ3
- die Gruppe der *bone morphogenetic proteins* (BMP)
- Aktivine

! Die Moleküle der TGFβ-Familie spielen eine wichtige Rolle in der Regulation der Gewebehomöostase und bei der Entwicklung vielzelliger Organismen.

Entsprechend ihrer Heterogenität vermitteln die Mitglieder der TGFβ-Familie vielfältige biologische Antworten: Die TGFβ-Isoformen kontrollieren die Proliferation epithelialer und mesenchymaler Zellen (wachstumsinhibierende Wirkung), stimulieren die Bildung der extrazellulären Matrix (profibrotische Wirkung) und können Immunantworten unterdrücken (anti-inflammatorische Wirkung). Diese Eigenschaften sind mit Hilfe von *knockout*-Mäusen belegt worden, bei denen das Fehlen der jeweiligen TGFβ-Isoformen gravierende Fehlentwicklungen in verschiedenen Organen und Geweben zur Folge hat. Darüber hinaus weisen TGFβ1-*knockout*-Mäuse multifokale Entzündungsherde auf und sterben infolge unkontrollierter Lymphozyten-Infiltration. TGFβ1 spielt daher zusätzlich eine bedeutende Rolle in der Modulation von Immunantworten.

! Die BMP induzieren die Bildung von Knochen- und Knorpelgewebe. Aktivine beeinflussen die Erythropoese und die Neuralentwicklung im Stadium der Gastrulation.

Die Signaltransduktion dieser Cytokine wird im Folgenden am Beispiel von TGFβ-Rezeptoren dargestellt.

TGFβ-Moleküle binden als Dimere an ihre Rezeptoren (◘ Abb. 25.25). Die Bindung des Ligandendimers an den dimeren **TGFβ-Typ-II-Rezeptor** ist Voraussetzung dafür, dass ein Dimer aus **TGFβ-Typ-I-Rezeptoren** rekrutiert wird. Bei beiden Rezeptortypen handelt es sich um Serin/Threonin-Kinasen. Der Typ-II-Rezeptor ist konstitutiv aktiv und phosphoryliert nach Assoziation den Typ-I-Rezeptor. Das Typ-I-Rezeptordimer leitet das Signal des Liganden an cytoplasmatische Effektorproteine weiter, die als **Smad-Proteine** bezeichnet werden. Die **R-Smad-Proteine** (*receptor activated Smads*) Smad 2 und Smad 3 werden über das membranverankerte Hilfsprotein *SARA* (*Smad anchor for receptor activation*) an den Typ-I-Rezeptor rekrutiert. SARA interagiert dabei sowohl mit dem Rezeptor als auch mit dem R-Smad-Protein. Die Kinase-Domäne des Typ-I-Rezeptors phosphoryliert das R-Smad-Protein an bestimmten

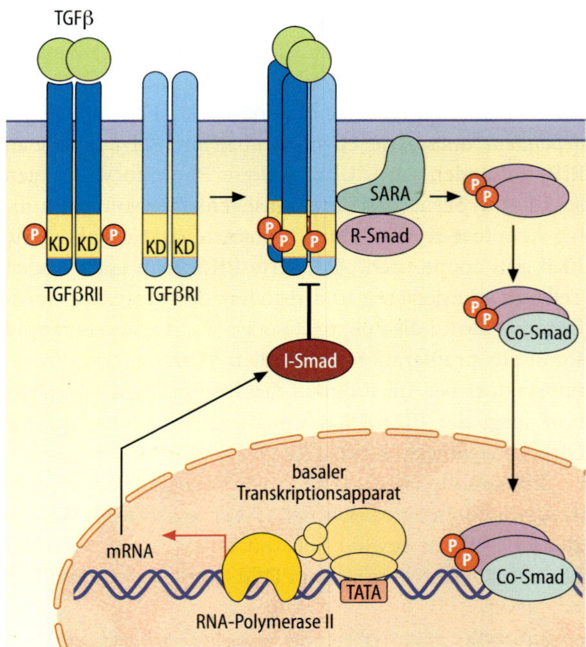

◘ **Abb. 25.25. TGFβ Signaltransduktion.** TGFβ-Isoformen binden als Dimere an TGFβ-Rezeptoren vom Typ II. Nachfolgend werden Typ-I-TGFβ-Rezeptoren rekrutiert, welche das Signal an R-Smad-Proteine weitergeben. Aktivierte R-Smad-Proteine müssen ein Co-Smad-Protein binden, um in den Zellkern zu gelangen. Die Aktivierung von R-Smads wird durch I-Smad-Proteine inhibiert. SARA = (*Smad anchor for receptor activation*); Smad = Kunstwort aus Sma (ein Protein des Fadenwurms Caenorhabditis elegans) und dem verwandten Protein Mad (*mothers against decapentaplegic*) aus der Fruchtfliege Drosophila melanogaster

Serinresten. Dies führt zur Dimerisierung und zur nachfolgenden Assoziation mit einem Co-Smad (*common partner Smad*), dem Smad 4. Die Anlagerung des Co-Smad-Proteins ist für die Translokation des entstehenden Heterotrimers in den Zellkern notwendig. Dort assoziieren weitere Transkriptionsfaktoren oder Cofaktoren und die Transkription von TGFβ-Zielgenen wird induziert.

Eine *feedback*-Inhibition der TGFβ-Signaltransduktion erfolgt unter anderem über das TGFβ-induzierte **I-Smad-Protein** (*Inhibitory Smad*) Smad 7, das die Phosphorylierung und Dimerisierung der R-Smad-Moleküle blockiert.

An der BMP-Signaltransduktion sind die R-Smad-Proteine Smad 1, Smad 5 und Smad 8 und die I-Smad-Proteine Smad 6 und Smad 7 beteiligt.

In Kürze

Rezeptor-Tyrosinkinasen aktivieren nach liganden-induzierter Phosphorylierung von Tyrosylresten eine Reihe von Signalproteinen. Zu diesen gehören die MAP-Kinasen, die Phospholipase Cγ und die PI3-Kinase.

Rezeptor-Serin/Threoninkinasen signalisieren über den Smad-Signalweg.

25.8 Signaltransduktion über Rezeptoren mit assoziierten Kinasen

Neben Rezeptor-Tyrosinkinasen und Rezeptor-Serin/Threoninkinasen existieren Rezeptoren ohne intrinsische Kinasedomänen. Diese Rezeptoren binden Tyrosin- oder Serin/Threoninkinasen entweder direkt oder über Adapterproteine. Hierzu gehören die Rezeptoren für die pro-inflammatorischen Cytokine IL-1 und TNF, die Rezeptoren für IL-6-Typ-Cytokine sowie die Interferon-Rezeptoren; letztere vermitteln anti-virale Wirkungen.

25.8.1 Interleukin-1-Signaltransduktion

Interleukin-1 wird als 31 kDa Präkursor ohne Signalpeptid synthetisiert und zunächst im Cytoplasma zurückgehalten. Erst durch Aktivierung der Cysteinprotease ICE (*interleukin-1 converting enzyme* = Caspase 1) entsteht durch limitierte Proteolyse das reife 17,5 kDa IL-1, welches über einen nicht-klassischen Sekretionsweg die Zelle verlässt. Der Mechanismus dieser Sekretion ist noch nicht aufgeklärt.

Das pro-inflammatorische Cytokin Interleukin-1 kommt in zwei Isoformen (IL-1α und IL-1β) vor, die sich in ihren biologischen Wirkungen kaum unterscheiden. Sie signalisieren über einen Rezeptorkomplex, der aus zwei Polypeptid-Ketten besteht: dem Interleukin-1-Rezeptor-I (IL-1RI) und dem Interleukin-1-*receptor accessory protein* (IL-1RAcP) (◘ Abb. 25.26).

Nach Ligandenbindung und Oligomerisierung des Rezeptors werden verschiedene Signalmoleküle rekrutiert. Zunächst bindet MyD88 (*myeloid-differentiation*) über seine TIR (*Toll/IL-1 receptor*)-Domäne an die TIR-Domäne des IL-1-Rezeptors I. MyD88 verfügt neben seiner TIR-Domäne noch über eine *death-domain* (DD), die zur Rekrutierung der IL-1 Rezeptor-assoziierten Kinasen (IRAK) 1 und 4 dient. *Death domains* wurden ursprünglich im Rahmen apoptotischer Signalwege beschrieben (► Kap. 7.1.5, 25.8.2), finden aber auch als Proteininteraktionsdomänen in anderen Signalwegen Verwendung. Nach Phosphorylierung von IRAK1 wird der *TNF-receptor-associating factor* TRAF6 an den Rezeptorkomplex rekrutiert und aktiviert. Nach Ubiquitinylierung dissoziiert TRAF6 vom Rezeptorkomplex und bindet an einen Komplex aus der Serin/Threoninkinase TAK1 (*TGF-β activated kinase*) und den TAB (*TAK-binding protein*)-Proteinen TAB1 und TAB2. In diesem Komplex wird TAK1 durch Phosphorylierung aktiviert. In der Folge wird der IκB (*inhibitor of NF-κB*)-Kinase(IKK)-Komplex, der aus den drei Untereinheiten IKKα, IKKβ und IKKγ aufgebaut ist, durch Phosphorylierung aktiviert. Nach Phosphorylierung von IκB, welches im Komplex mit NF-κB vorliegt, wird dieses an Lysin-Resten ubiquitinyliert und über das Proteasom abgebaut. Das freigesetzte NF-κB – bestehend aus den beiden Untereinheiten p50 und p65 – transloziert in den Zellkern und bindet hier an *enhancer*-Elemente von Zielgenen. Wichtige Zielgene, die in der pro-inflammatorischen Phase von Entzündungsreaktionen durch NF-κB induziert werden, sind die für die Chemokine Interleukin-8 und RANTES. Diese Cytokine wirken chemotaktisch auf Granulozyten. Auch Interferon-γ und IL-6 werden nach IL-1-Stimulation verstärkt exprimiert. Über die ebenfalls beobachtete Induktion der Cyclooxygenase 2 (COX2) werden andere Entzündungsmediatoren, wie die fieberauslösenden Prostaglandine generiert (► Kap. 12.4.2).

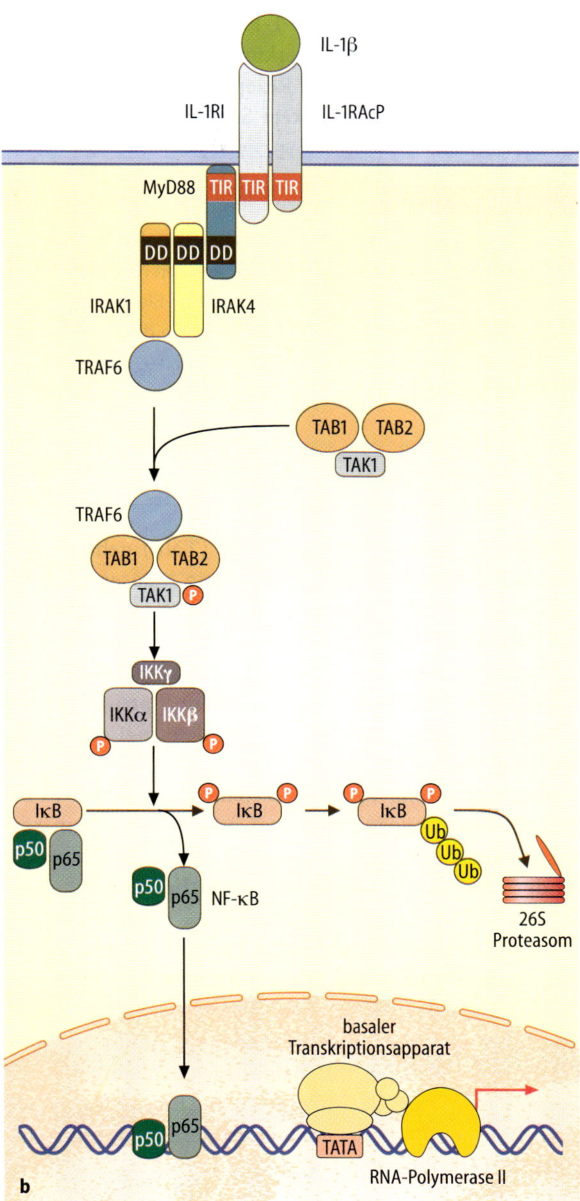

◘ **Abb. 25.26. Interleukin1-Signaltransduktion.** Nach Bindung des IL-1 an den IL-1-Rezeptorkomplex wird der NF-κB-Signaltransduktionsweg aktiviert. Dies resultiert in der Induktion pro-inflammatorischer Zielgene. (Abkürzungen ► Text)

In Kürze

TNF führt sowohl zur NF-κB-Aktivierung als auch zur Apoptose. Hierfür sind Effektormoleküle mit so genannten *death-domains* verantwortlich. Die Apoptose wird durch Caspasen ausgelöst.

25.8.3 Interleukin-6-Signaltransduktion

Eine Besonderheit der Cytokinwirkung ist ihre **Redundanz**, d.h. verschiedene Cytokine können gleiche zelluläre Antworten hervorrufen. Dieses Phänomen beruht auf der Tatsache, dass verschiedene Cytokine über gemeinsame Rezeptoruntereinheiten signalisieren (Abb. 25.28).

Die wichtigsten gemeinsam genutzten Rezeptoruntereinheiten sind

- die *common* β (βc)-Kette für die Cytokine IL-3, IL-5 und den *granulocyte macrophage-colony stimulating factor* (GM-CSF)
- die *common* γ (γc)-Kette für die Cytokine IL-2, IL-4, IL-7, IL-9, IL-15 und IL-21
- das Glycoprotein 130 (gp130) für die Mitglieder der Interleukin-6-Typ Cytokinfamilie (Abb. 25.28, Tab. 25.1)

Die Mechanismen der Signaltransduktion über gemeinsam genutzte Rezeptoruntereinheiten sind ähnlich und sollen hier am Beispiel der IL-6-Typ-Cytokine erläutert werden.

Die Mitglieder dieser Familie, der neben IL-6 auch IL-11, IL-27, *leukemia inhibitory factor* (LIF), *oncostatin M* (OSM), *ciliary neurotrophic factor* (CNTF), *cardiotrophin-1* (CT-1), *cardiotrophin-like cytokine* (CLC) und *Neuropoetin* (NP) angehören, weisen eine gemeinsame dreidimensionale Struktur auf: sie gehören zu den so genannten langkettigen 4-α-Helix-Bündel-Cytokinen und üben vielfältige physiologische Funktionen aus. Die IL-6-Typ-Cytokine sind an der Akutphase-Reaktion des Körpers, an der Hämatopoese, der Differenzierung und dem Wachstum von B- und T-Zellen sowie an der neuronalen Differenzierung beteiligt. Die Familie ist durch die Nutzung einer gemeinsamen Rezeptoruntereinheit, dem Glycoprotein 130 (gp130), charakterisiert (Abb. 25.28, 25.29a).

Als zweite Signal-weiterleitende Untereinheit kann je nach Cytokin ein LIF-Rezeptor, ein OSM-Rezeptor oder ein zweites gp130 beteiligt sein.

IL-6 und IL-11 führen zu einer Homodimerisierung von gp130. CNTF, LIF und CT-1 signalisieren über ein gp130/LIFR-Heterodimer. OSM ist das einzige Cytokin, das über zwei Rezeptorkomplexe, nämlich gp130/LIFR und gp130/OSMR, signalisieren kann.

Während LIF und OSM direkt an die signaltransduzierenden Rezeptor-Untereinheiten binden können – LIF an den LIFR und OSM an gp130 – benötigen IL-6, IL-11 und CNTF spezifische, nicht signalisierende α-Rezeptoren. Die α-Rezeptoren für IL-6, IL-11 und CNTF kommen außer in Membran-ständiger auch in löslicher Form vor. Im Gegensatz zu vielen anderen löslichen Rezeptoren, die eine antagonistische Wirkung zeigen, können die löslichen α-Rezeptoren für IL-6, IL-11 und CNTF nach Bindung ihrer Liganden die signaltransduzierenden Ketten dimerisieren und somit agonistisch wirken.

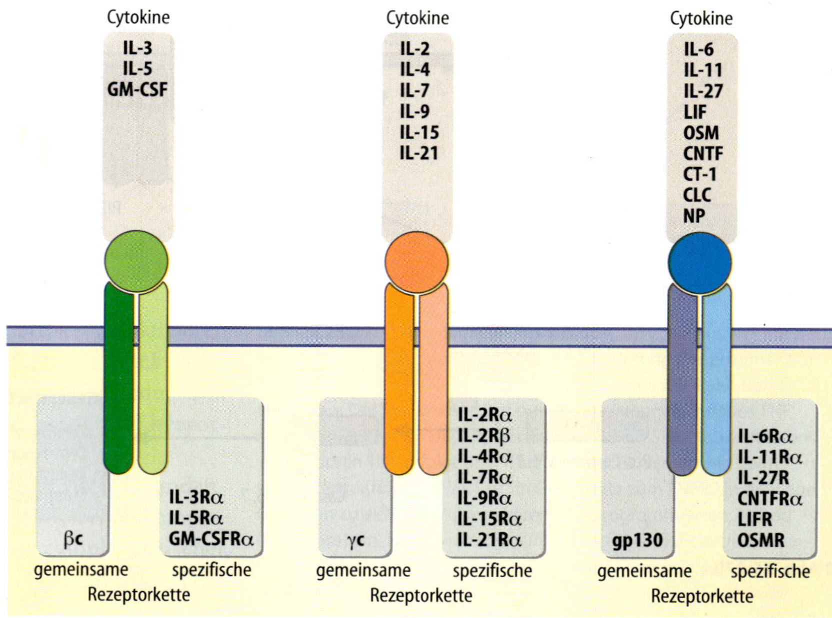

Abb. 25.28. Cytokin-Familien nutzen gemeinsame Rezeptorketten. Die Cytokinrezeptoren *common* β-Kette (βc), *common* γ-Kette (γc) und gp130 dienen unterschiedlichen Cytokin-Familien als gemeinsame signaltransduzierende Rezeptor-Untereinheit. Die Cytokine können nur dann ihre Wirkung entfalten, wenn neben der gemeinsamen Rezeptorkette auch eine Cytokin-spezifische Rezeptorkette exprimiert wird. (Abkürzungen ► Text)

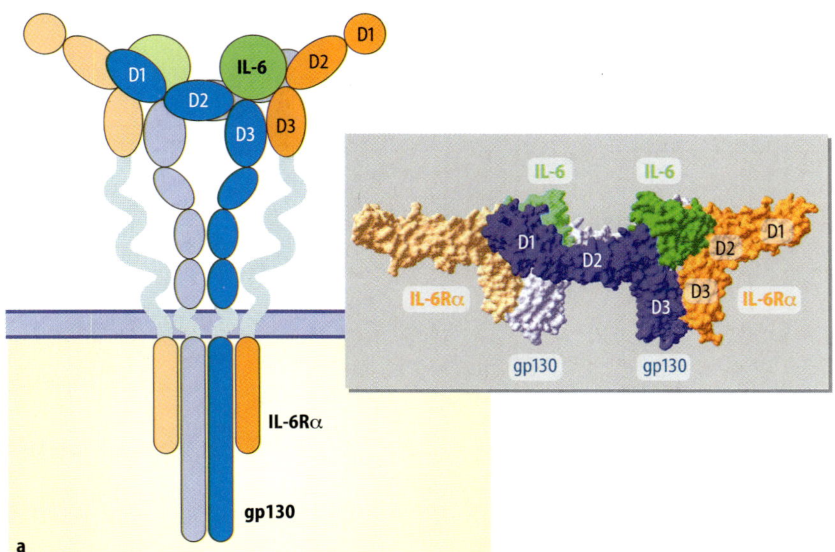

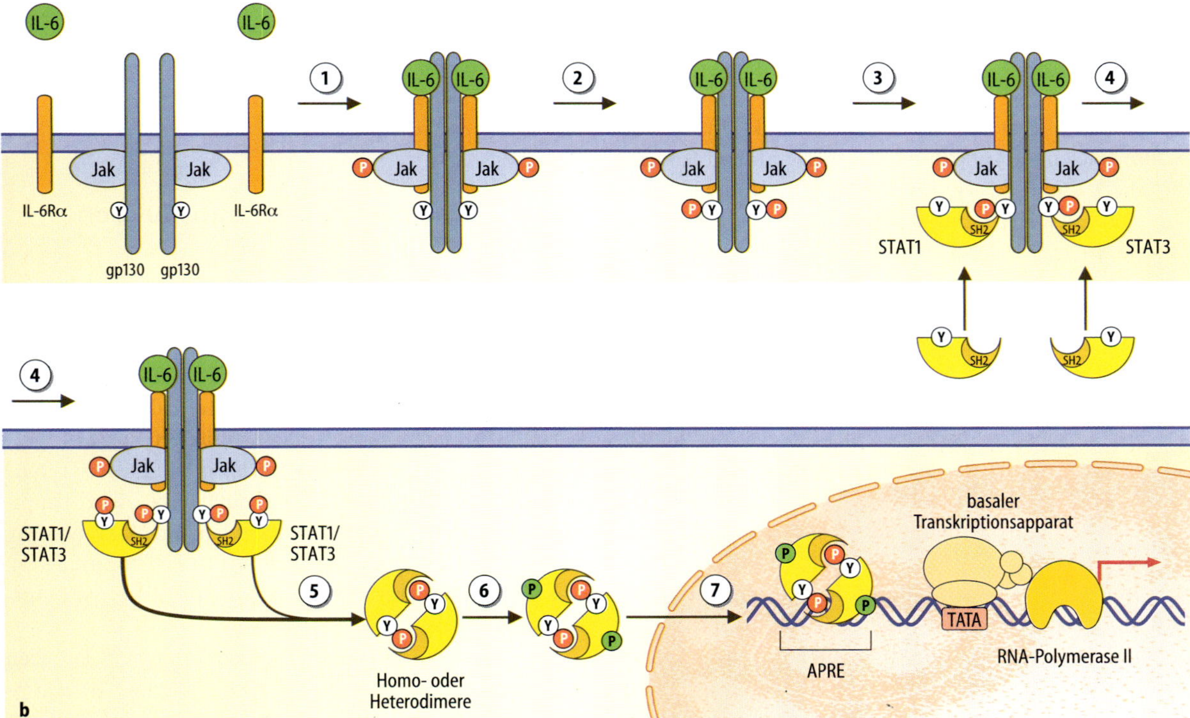

Abb. 25.29. Interleukin-6 Signaltransduktion. (**a**) Schematische Darstellung (*links*) und Kristallstruktur (*rechts*) des signalkompetenten IL-6-Rezeptorkomplexes bestehend aus zwei IL-6-Molekülen (*grün*), zwei IL-6Rα (*orange*) und zwei gp130 Signaltransduktor-Untereinheiten (*blau*). Die extrazellulären Domänen D1, D2 und D3 von gp130 und IL-6Rα sind gekennzeichnet. (**b**) Ablauf der IL-6-induzierten Jak/STAT-Signaltransduktion. (Einzelheiten ► Text) (**c**) Neben dem Jak/STAT-Weg kann ausgehend von aktiviertem gp130 auch die MAPK-Kaskade initiiert werden. Die Protein-Tyrosin-Phosphatase SHP2 fungiert hierbei als Adapterprotein. APRE = Akutphase responsives Element; Jak = Janus-Kinase; STAT = *signal transducer and activator of transcription*

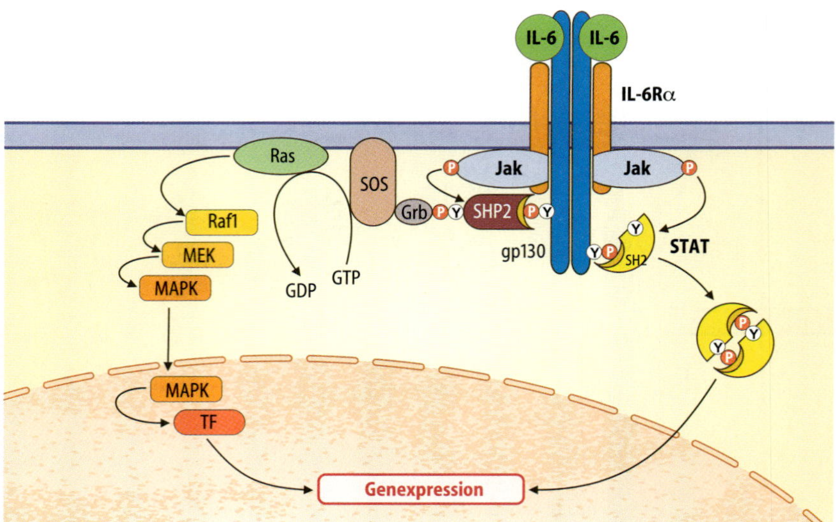

■ **Abb. 25.29c**

Ligandenbindung führt zur Dimerisierung/Multimerisierung der Rezeptorketten und zur Aktivierung von konstitutiv assoziierten Tyrosin-Kinasen der Janus-Familie.

Bei der IL-6-Typ-Cytokin-Signaltransduktion (■ Abb. 25.29b) spielen die konstitutiv assoziierten **Janus-Kinasen** Jak1, Jak2 und Tyk2 eine Rolle. Nach Ligandenbindung aktivieren sich die Janus-Kinasen durch Tyrosin-Phosphorylierung ① und phosphorylieren anschließend Tyrosin-Reste im cytoplasmatischen Bereich der Cytokin-Rezeptoren ②. Diese Phosphotyrosin-Reste fungieren dann als Rekrutierungsstellen für Proteine mit SH2 (*src homology 2*)-Domänen wie **STAT** (*signal transducer and activator of transcription*) Transkriptionsfaktoren, die Tyrosinphosphatase **SHP2**, oder *feed-back-inhibitor-Proteine* der **SOCS-Familie** (*suppressors of cytokine signaling*) (► Kap. 25.10). Im Fall der IL-6-Signaltransduktion assoziieren STAT3 und STAT1 an Rezeptoruntereinheiten ③ und werden ihrerseits Tyrosin-phosphoryliert ④, verlassen den Rezeptorkomplex, homo- bzw. heterodimerisieren ⑤, werden Serin-phosphoryliert ⑥ und translozieren in den Zellkern. Hier binden die STAT-Dimere an *enhancer*-Elemente verschiedener Zielgene ⑦ und beeinflussen deren Transkription (■ Abb. 25.29b). Der aktivierte Signaltransduktor gp130 bindet die Phosphatase SHP2, (■ Abb. 25.29c) und aktiviert wie für PDGF (► Kap. 25.7.1) beschrieben die Ras/Raf/MAP-Kinase-Kaskade.

Infobox

Janus-Kinasen

Janus – Römischer Gott mit einem Kopf und zwei Gesichtern. Janus-Tyrosinkinasen besitzen zwei Kinase-Domänen, von denen nur eine enzymatische Aktivität besitzt.

In Kürze

Mitglieder der Familie der IL-6-Typ-Cytokine führen zur Aktivierung assoziierter Tyrosinkinasen der Janus-Familie. Diese aktivieren Transkriptionsfaktoren der STAT-Familie, sowie die MAP-Kinasen.

25.8.4 Interferon-Signaltransduktion

Interferone sind Cytokine, die die Virusvermehrung hemmen.

Die Biosynthese von Interferonen wird durch Viren, Bakterien, Antigene und Cytokine wie Interleukin-1, Interleukin-2 und Tumor-Nekrose-Faktor stimuliert. Zu den Typ-1-Interferonen werden die **Interferon-α**-Mitglieder (IFNα) und das **Interferon-β** (IFNβ) gezählt. IFNα wird hauptsächlich von Lymphozyten, Monozyten und Makrophagen, IFNβ von nahezu allen differenzierten Zellen produziert. Das Typ-2-Interferon IFNγ wird von T-Zellen und natürlichen Killerzellen sezerniert.

Die antivirale Wirkung der Interferone greift auf allen Ebenen der Virusreplikation: Virus-Aufnahme, Transkription, Translation, Reifung und Freisetzung. Zellzyklus-Komponenten wie c-myc, Retinoblastom-Protein (Rb), oder Cyclin D3 (► Kap. 7.1.3) sind Ziele der antiproliferativen und apoptotischen Wirkung der Interferone. Die immunoregulatorische Wirkung insbesondere von Interferon-γ besteht in der Induktion der Expression von Antigen-präsentierenden MHC-Proteinen der Klasse I und II sowie der Modulation der **Antigen-Prozessierung** durch das Proteasom.

Typ-1- und Typ-2-Interferone signalisieren über unterschiedliche Oberflächen-Rezeptoren. Der Rezeptor für Interferon-α/β besteht aus zwei Untereinheiten: Interferon-α/β-Rezeptor-1 (IFNAR1) und Interferon-α/β-Rezeptor-2

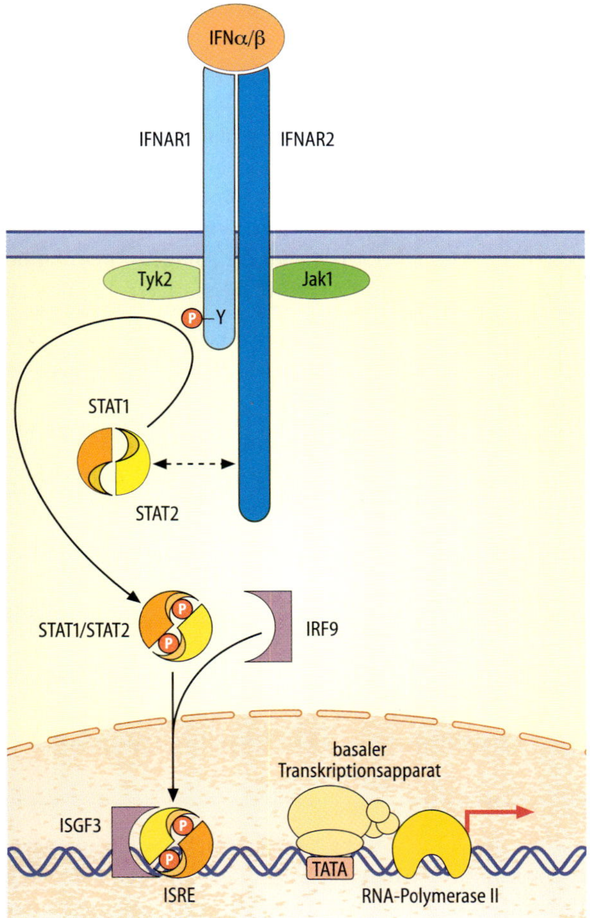

Abb. 25.30. Interferon-α/β Signaltransduktion. IFNα/β bindet an einen Rezeptorkomplex aus IFNAR1 und IFNAR2. Nach Tyrosin-Phosphorylierung des IFNAR1 durch assoziierte Janus-Kinasen werden STAT1/STAT2-Komplexe phosphoryliert. Diese induzieren nach Bindung eines weiteren Proteins (IRF9 = *interferon regulatory factor* 9) die Transkription spezifischer Gene. Die STAT-Faktoren liegen möglicherweise in prä-assoziierter Form an den IFNAR2 gebunden vor (*gestrichelter Doppelpfeil*). IFNAR = Interferon-α/β-Rezeptor; ISGF = *interferon-α-stimulated gene factor;* ISRE = *interferon-stimulated response element*

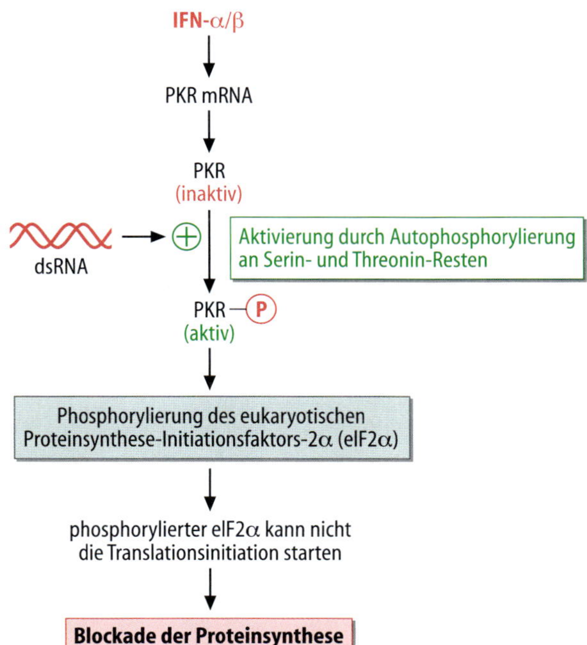

Abb. 25.31. Antivirale Wirkung von IFNα/β durch Blockade der Proteinsynthese. Die Signaltransduktion von IFNα/β führt zur Expression von inaktiver Protein-Kinase R (PKR). Nach Bindung doppelsträngiger RNA (dsRNA) während der Virusreplikation wird das Enzym aktiviert. Dies führt zur Hemmung der Initiation der Proteinsynthese

(IFNAR2) (Abb. 25.30). IFNAR1 bindet die Janus-Kinase Tyk2, IFNAR2 die **Janus-Kinase** Jak1. Nach Ligandenbindung dimerisieren die Rezeptoren, die Janus-Kinasen werden durch Tyrosin-Phosphorylierung aktiviert und phosphorylieren Tyrosin-Reste im cytoplasmatischen Teil des IFNAR1. Die am IFNAR2 präassoziierten dimerisierten **STAT**-Faktoren STAT1 und STAT2 werden anschließend über einen noch unverstandenen Mechanismus am IFNAR1 rekrutiert und Tyrosin-phosphoryliert. Die aktivierten STAT1/STAT2-Heterodimere binden nach Ablösung vom Rezeptor den Transkriptionsfaktor IRF9, der zur *interferon regulatory factor* (IRF)-Familie gehört. Der Komplex aus STAT1, STAT2 und IRF9 wird auch als *interferon-stimulated gene factor-3* (ISGF3) bezeichnet. Dieser Komplex transloziert in den Zellkern und bindet hier an *interferon stimulated regulatory elements* (ISRE) von Interferon-α/β-Zielgenen. IFN-α/β-induziert die Expression von Protein-Kinase R (PKR). Dieses Enzym liegt zunächst in inaktiver Form vor, wird aber durch Bindung an doppelsträngige RNA, die nach Virusreplikation gebildet wird, durch Autophosphorylierung an Serin-Threonin-Resten aktiviert (Abb. 25.31). Die aktivierte PKR phosphoryliert den eukaryotischen Protein-Synthese-Initiationsfaktor 2α (eIF2α, ► Kap. 9.1.5). Der modifizierte eIF2α kann nicht mehr die Proteinsynthese initiieren und hemmt somit auch die Bildung viraler Proteine.

Neben der Hemmung der Proteinbiosynthese induziert Interferon α/β auch die 2′-5′-Oligo-A-Synthetase-Expression (2′-5′-OASE) (Abb. 25.32). Die 2′-5′-OASE wird über doppelsträngige RNA aktiviert. Die aktive 2′-5′-OASE homopolymerisiert ATP zu 2′-5′-Oligoadenylat. Im Unterschied zu den üblichen 3′-5′-Phosphodiesterbindungen handelt es sich hier um eine 2′-5′-Phosphodiesterbindung. 2′-5′-Oligo-A bindet inaktive RNAseL und aktiviert dieses Enzym, welches virale mRNA zu Nucleotiden abbaut.

Im Unterschied zu Interferon-α/β wirkt **Interferon-γ** (IFNγ) als Dimer (Abb. 25.33). Es bindet an einen Rezeptorkomplex, der aus zwei α- und zwei β-Ketten besteht. An die α-Ketten bindet konstitutiv Jak1, an die β-Ketten die Janus-Kinase Jak2. Nach Ligandenbindung und Rezeptoraktivierung werden die Janus-Kinasen durch Trans-

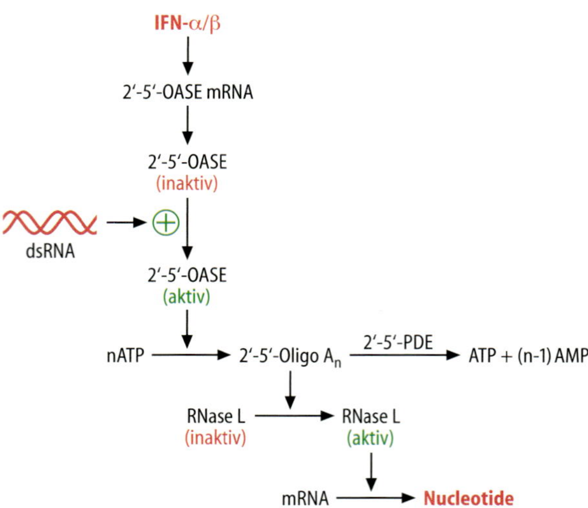

Abb. 25.32. Antivirale Wirkung von IFNα/β durch mRNA-Abbau nach Aktivierung von RNaseL. Die Signaltransduktion von IFNα/β führt zur Expression inaktiver 2'-5'-Oligo-A-Synthetase (OASE). Nach Bindung doppelsträngiger RNA während der Virusreplikation wird das Enzym aktiviert. Es synthetisiert daraufhin 2'-5'-Oligo A, welches nach Bindung die RNaseL aktiviert. Diese hydrolysiert mRNA, weshalb keine Proteinsynthese in der Zelle mehr stattfinden kann. PDE = Phosphodiesterase

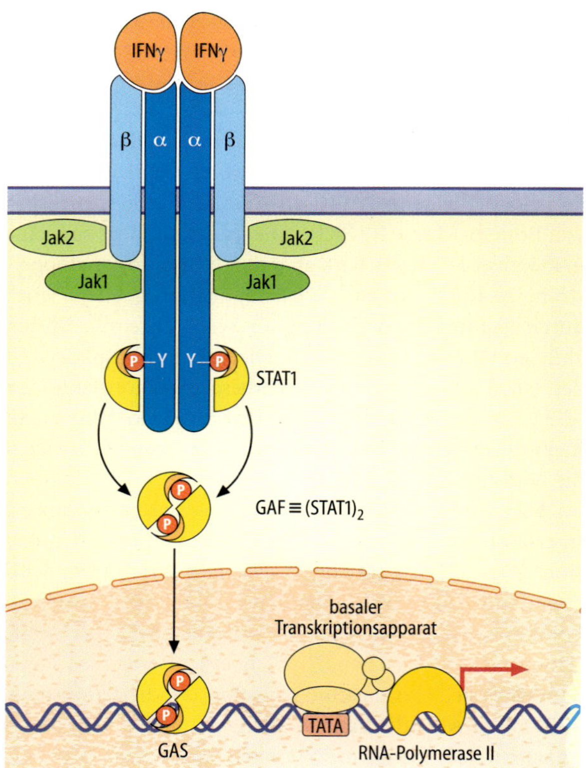

Abb. 25.33. Interferon-γ-Signaltransduktion. IFNγ bindet als Dimer an einen Komplex aus zwei α- und zwei β-Rezeptorketten. Der aktivierte Rezeptor löst die Jak/STAT-Signaltransduktionskaskade aus. Dies führt zur Bildung von STAT1-Homodimeren (GAF = γ *interferon activated factor*), die nach Translokation in den Zellkern an GAS-Elemente binden (GAS = γ *interferon activated site*)

phosphorylierung aktiviert und können Tyrosin-Reste im cytoplasmatischen Teil der α-Rezeptor-Untereinheit phosphorylieren. Nach Rekrutierung von STAT1 an die Phosphotyrosin-Reste der α-Rezeptorketten sowie dessen folgender Tyrosin-Phosphorylierung löst sich der Transkriptionsfaktor STAT1 vom Rezeptor, homodimerisiert und transloziert in den Zellkern. Das Dimer bindet hier an so genannte *interferon-γ activated sequences* (GAS Elemente) von IFN-γ-Zielgenen, wie die für die Antigen-Präsentation wichtigen MHC-I und MHC-II Gene, deren Expression hierdurch stimuliert wird.

In Kürze

Interferone hemmen die Virusvermehrung in nahezu allen Zellen. Über Änderung der Bildung von Zellzykluskomponenten, Induktion der Antigenpräsentation sowie durch Hemmung der Translation und Abbau der mRNA wird die Virusreplikation inhibiert. Interferone signalisieren über den Jak/STAT-Weg.

25.8.5 Pathobiochemie: Septischer Schock und multiples Organversagen

Für die Abwehr lokaler bakterieller Infekte ist die **unspezifische Immunantwort** von großer Bedeutung (► Kap. 34.1). Ihre frühen Ereignisse sind die Freisetzung pro-inflammatorischer Cytokine (TNFα, IL-1, IL-6, IL-12 und IL-18) sowie die Bildung von chemotaktischen Faktoren (Chemokine, Komplementfaktoren C_{3a}, C_{5a}), Prostaglandinen, Thromboxanen und Prostazyklinen, die auf die Gefäße im Sinne einer Vasodilatation und Permeabilitätszunahme wirken. Diese Vorgänge sind lokal und leiten die spezifische Immunantwort u.a. durch Bildung von IL-12 und IL-18 sowie IL-4 und IL-10 ein.

! Der Übertritt bakterieller Infektionen in die Zirkulation führt zu einer systemischen generalisierten Entzündungsreaktion.

Die Reaktionen der unspezifischen Immunantwort sind normalerweise streng lokalisiert und haben den Sinn, die bakterielle Infektion auf den Ort ihrer Entstehung zu beschränken und zu beenden (► Kap. 34.5).

Kommt es jedoch zu einem Übertritt von Bakterien, z.B. Gram-negative Pathogene und bakteriellen Endotoxinen in die Blutbahn, so entwickelt sich eine Sepsis. Diese verläuft unter einer Symptomatik, die auch nach schweren Traumen oder Verbrennungen vorkommt und als systemische Entzündungsreaktion oder SIRS (*systemic inflammatory response syndrome*) bezeichnet wird. Unter dem Begriff Sepsis versteht man heute ein durch bakterielle Infektion ausgelöstes SIRS. Es handelt sich hierbei um eine akut

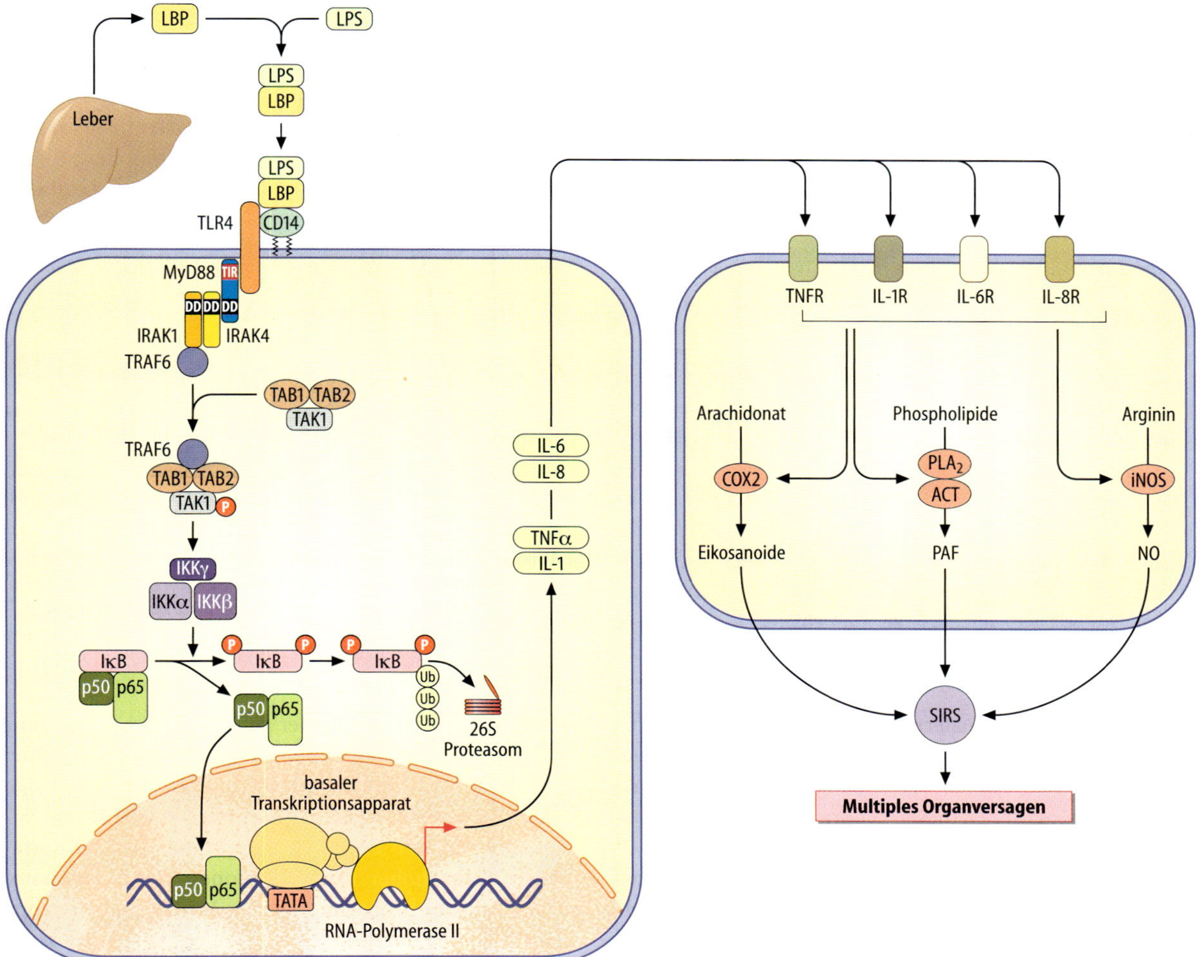

Abb. 25.34. Aktivierung von Zellen durch das bakterielle Lipopolysaccharid. LPS = bakterielles Lipopolysaccharid; LBP = LPS-Bindeprotein; TLR-4 = *toll like receptor-4*; IL = Interleukin; IFN = Interferon; TRAF = *TNF-receptor associated factor;* MyD88 = *myeloid differentiation* (88 kDa), Mal = *MYD88 adapter-like*; IRAK = IL-1 *receptor associated kinase*; TAK = TGFβ-*activated kinase*; TAB = TAK *binding protein*; NF-κB = *nuclear factor* κ*B*; IκB = *inhibitor of NF-*κ*B*; IKK = IκB Kinase, PLA_2 = Phospholipase A2, ACT = Acetyltransferase

lebensbedrohliche Situation. Man schätzt, dass z.B. in den USA jährlich 300.000–500.000 Sepsisfälle vorkommen, wobei die Mortalität zwischen 20 und 40% liegt. In den frühen Stadien der Sepsis ist ein nicht beherrschbares Absinken des Blutdrucks, ein septischer Schock, die häufigste Todesursache. In späteren Stadien der Sepsis kommt es zum Multiorganversagen oder MOF (*multi organ failure*). Dieser Zustand ist mit einer Mortalität von 60–70% verknüpft.

Die bakteriellen Toxine haben eine direkte toxische Wirkung. Daneben ist die **generalisierte Aktivierung** von Mediatorzellen wie Makrophagen und Granulozyten durch die bakteriellen Toxine eine Hauptursache für den lebensbedrohlichen Verlauf des SIRS. Besonders gut ist dies für das so genannte **Lipopolysaccharid** (LPS) gezeigt, einem wichtigen Bestandteil der Zellwand Gram-negativer Bakterien. In Abb. 25.34 sind wichtige Schritte beim Zustandekommen des SIRS zusammengestellt. Die einzelnen Stufen sind:

- Von Gram-negativen Bakterien erzeugtes LPS wird im Blut gebunden an das **LPS-Bindeprotein** transportiert. Dieser Komplex ist ein Ligand für einen als **CD14** bezeichneten Rezeptor auf Makrophagen/Monozyten und neutrophilen Granulozyten. Darüber hinaus bestehen Anhaltspunkte dafür, dass LPS auch direkt Endothelzellen der Blutgefäße aktivieren kann
- CD14 ist ein GPI-verankertes Protein (▶ Kap. 9.2.4) ohne cytoplasmatische Domäne, kann also keine Signalweiterleitung ins Cytosol auslösen
- Der LPS/CD14-Komplex bindet an den **TLR-4** (*toll like receptor 4*). Dieser gehört zu einer aus 10 Mitgliedern bestehenden Familie von Rezeptoren, die wegen ihrer Ähnlichkeit mit dem bei Drosophila vorkommenden Membranrezeptor Toll als *toll like* bezeichnet werden und für die Erkennung von bakteriellen Strukturen verantwortlich sind

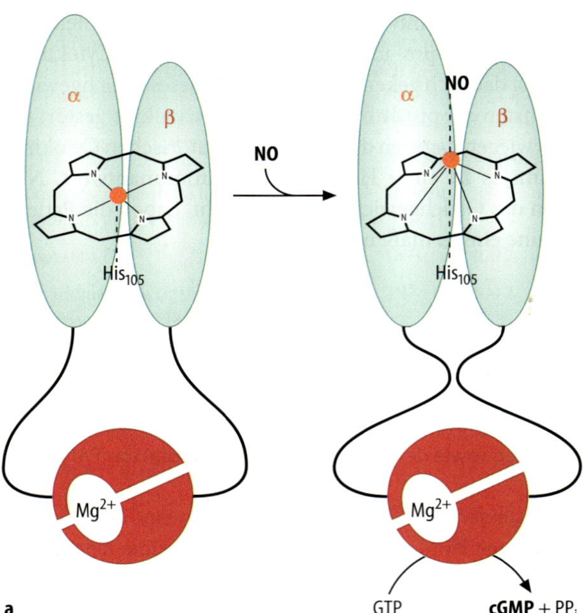

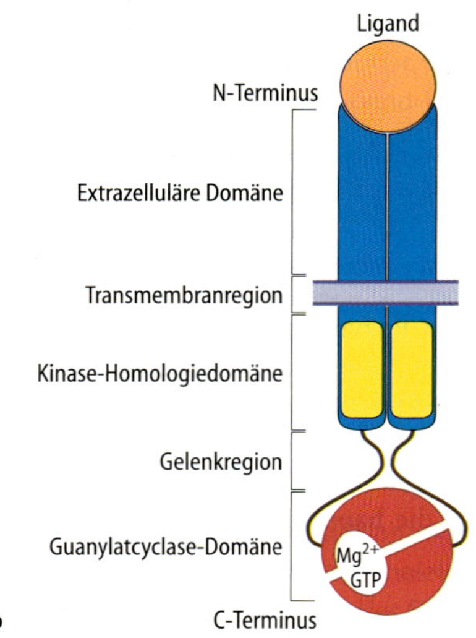

Abb. 25.38. Guanylatcyclasen. (**a**) Lösliche Guanylatcyclasen. Diese bestehen aus zwei verschiedenen Untereinheiten (α und β), die im N-terminalen Bereich ein als prosthetische Gruppe gebundenes Häm enthalten, welches die Bindung mit NO eingeht. Im C-terminalen Bereich befinden sich die Guanylatcyclase-Domänen. (**b**) Membrangebundene Guanylatcyclasen. Diese bilden Homodimere und binden über die extrazelluläre Region ihre Liganden. Intrazellulär findet sich die Kinase-Homologiedomäne, die Gelenkregion und im C-Terminus die Guanylatcyclase-Domäne

und anderen Zellen des Immunsystems vorkommt, nicht Ca^{2+}-abhängig reguliert, sondern durch eine Reihe von Cytokinen induziert.

Seine physiologische Wirkung entfaltet NO hauptsächlich über die Aktivierung der NO-sensitiven, **löslichen Guanylatcyclasen** (GC) (Abb. 25.38a). Diese werden in nahezu allen Säugetierzellen exprimiert und bestehen aus zwei verschiedenen Untereinheiten (α und β). Nur die gemeinsame Expression beider Untereinheiten führt zu einer katalytisch aktiven GC. In den C-Termini beider Untereinheiten befinden sich die Cyclase-Homologiedomänen, die die katalytische Aktivität besitzen und stark den entsprechenden Domänen der Adenylatcyclasen ähneln. Die Aktivität dieser Enzyme verhält sich proportional zur vorhandenen NO-Konzentration. Im N-terminalen Bereich ist an konservierte Histidinreste eine prosthetische Hämgruppe gebunden, die essentiell für die Bindung von NO an die GC ist.

Die Guanylatcyclase katalysiert die folgende Reaktion:

$$GTP \rightarrow 3',5'\text{-cyclo-GMP} + \text{Pyrophosphat}$$

cGMP ist eine dem cAMP analoge Verbindung.

Außer seiner Funktion als Stimulator der löslichen Guanylatcyclase dient NO im Nervensystem als **Neurotransmitter** (nitrinerge Neuronen) bzw. im Immunsystem als Bestandteil des Verteidigungssystems gegen Bakterien.

25.9.2 Membrangebundene Guanylatcyclasen

Membrangebundene Guanylatcyclasen sind Rezeptoren für natriuretische Peptide und Guanyline.

Membranständige Guanylatcyclasen unterscheiden sich von den Adenylatcyclasen dadurch, dass sie nur eine einzige Transmembran-Domäne enthalten und durch extrazelluläre Liganden-Bindung aktiviert werden (Abb. 25.38b). Im Gegensatz zu den heterodimer vorliegenden löslichen Guanylatcyclasen bilden die membrangebundenen Guanylatcyclasen Homodimere.

Membranständige Guanylatcyclasen kommen in sieben Isoformen vor: GC-A bis GC-G. Bislang sind nur die physiologischen Liganden für GC-A, GC-B und GC-C bekannt:

- GC-A und GC-B binden das atriale natriuretische Peptid (ANP), sowie die natriuretischen Peptide B und C (► Kap. 28.4.2)
- GC-C bindet die Guanyline, eine aus drei Typen bestehende Klasse von Peptiden, die im Intestinaltrakt, den Nieren sowie im lymphatischen Gewebe gebildet werden

Infobox

Reise-Diarrhöe

Das hitzestabile Enterotoxin von Enterobakterien bindet ebenfalls an die membranständige GC-C Isoform und kann diese aktivieren. Der Anstieg der intrazellulären cGMP-Spiegel führt in der Folge zu einer Verschiebung des Elektrolyt-Gleichgewichts. Pathophysiologische Folge dieser Veränderung der Elektrolyt-Homöostase ist die bekannte Durchfallerkrankung.

Die membranständige Guanylatcyclase besteht aus einer extrazellulären Ligandenbindungsregion, einer Transmembran-Domäne und einer Intrazellulärregion. Der cytoplasmatische Bereich enthält eine Kinase-Homologiedomäne, eine amphipathische Gelenkregion und die Cyclase-Homologiedomäne (▫ Abb. 25.38b). Es wird angenommen, dass die Kinase-Homologiedomäne ihre katalytische Aktivität verloren hat, da katalytisch wichtige Aminosäuren mutiert sind. Sie scheint jedoch einen negativ-regulatorischen Einfluss auf die Cyclaseaktivität zu haben. Die Gelenkregion vermittelt bei der Dimerisierung den Kontakt der beiden Untereinheiten.

Nach Bindung des Liganden kommt es zur Phosphorylierung des intrazellulären Teils des Rezeptors, zur Aktivierung des Enzyms und somit zur Bildung des *second messengers* cGMP.

cGMP-abbauende Phosphodiesterasen hydrolysieren cGMP zu GMP und sind in Säugergeweben weit verbreitet. Sowohl die Dauer als auch die Intensität eines cGMP-vermittelten Signals werden durch Phosphodiesterasen (PDE) reguliert. Bislang sind elf PDE-Isoformen bekannt, wobei PDE5, PDE6 und PDE9 eine hohe Spezifität für cGMP aufweisen.

Infobox

Sildenafil (Viagra®)

Sowohl die Dauer als auch das Ausmaß einer Erektion hängt vom Blutfluss in das Corpus cavernosum penis ab. Dieses ist ein arterieller Schwellkörper, der im nicht erigierten Zustand aufgrund der angespannten ringförmigen Muskulatur in der Arterienwand blutleer gehalten wird. Im Verlauf der Erektion wird Stickstoffmonoxid (NO) produziert, welches in den betreffenden Muskelzellen die Bildung von cGMP induziert. Die Muskeln entspannen sich und arterielles Blut kann in den Schwellkörper fließen und damit die Erektion auslösen.

Viagra® wird zur Behandlung erektiler Dysfunktionen eingesetzt und stellt einen potenten selektiven Inhibitor der cGMP-spezifischen PDE5 dar, die das im *Corpus cavernosum* gebildete cGMP wieder zu GMP abbaut. Somit kommt es beim Einsatz von Viagra® im Verlaufe einer normalen sexuellen Stimulation durch Verhinderung des Abbaus von cGMP zu einem erhöhten intrazellulären Spiegel und damit zu einer verstärkten Erektion. Ohne die sexuelle Erregung löst Viagra® keine Erektion aus.

Fatale Folgen können eintreten, wenn Viagra® gleichzeitig mit Nitrat-/Nitrithaltigen Medikamenten oder NO-Donatoren eingenommen wird. Zu diesen gehören auch die als Rauschmittel verwendeten und unter dem *slang*-Namen **Poppers** bekannten Drogen. Sie bestehen aus den leicht flüchtigen Substanzen Amylnitrit, Butylnitrit oder Isobutylnitrit und werden direkt aus Glasampullen inhaliert. Durch die kombinierte Wirkung von NO-Donatoren und Viagra®, welches die Wirkung von NO verlängert, droht ein akuter lebensbedrohlicher Blutdruckabfall.

25.9.3 cGMP-Effektormoleküle

cGMP aktiviert cGMP-abhängige Kinasen und cGMP-regulierte Ionenkanäle.

Wie für cAMP sind eine Reihe von intrazellulären cGMP-bindenden Proteinen beschrieben worden (▫ Tabelle 25.8).

cGMP-abhängige Proteinkinasen. Diese zur Familie der Serin-/Threoninkinasen gehörenden Enzyme finden sich in besonders hoher Konzentration in glatten Muskelzellen, Thrombozyten und im Kleinhirn. Die wichtigste Funktion der cGMP-abhängigen Proteinkinase der glatten Muskulatur beruht auf ihrer **relaxierenden Wirkung**. Dies ist übrigens auch das therapeutische Prinzip aller NO-freisetzenden Vasodilatatoren wie Nitroprussit oder dem zur Behandlung der akuten koronaren Herzkrankheit eingesetzten Nitroglycerin. Ähnlich der Proteinkinase C (▫ Abb. 25.24) enthält der N-terminale Bereich der cGMP-abhängigen Proteinkinasen eine autoinhibitorisch wirksame Pseudosubstrat-Region. Durch die Bindung von cGMP an die Kinase wird die negativ-regulatorische Wirkung der Pseudosubstrat-Region aufgehoben.

▫ Tabelle 25.8. Intrazelluläre cGMP-Bindungsproteine

Bindungsprotein	Vorkommen	Effekt
cGMP-abhängige Proteinkinasen	glatte Muskulatur Thrombocyten	Relaxation Hemmung der Aggregation
cGMP-abhängige Na^+-Kanäle	Retina (Zapfen und Stäbchen)	Photorezeption
	olfaktorisches Epithel	olfaktorische Rezeption
	renales Sammelrohr	Natriurese
cGMP-abhängige Phosphodiesterasen	viele Zellen	cGMP-Abbau

Substrate der cGMP-abhängigen Proteinkinasen sind z.B. Proteine, die an der Regulation der intrazellulären Calcium-Konzentration beteiligt sind wie die IP_3-Rezeptoren (► Kap. 25.4.3).

cGMP-abhängige Ionenkanäle. Sie finden sich in den Photorezeptorzellen, einzelnen olfaktorischen sensorischen Neuronen sowie dem Epithel der renalen Sammelrohre (Tabelle 25.8). In den ersten beiden Systemen spielt der cGMP-abhängige Natriumkanal eine wichtige Rolle bei der Aufrechterhaltung des im unstimulierten Zustands niedrigen Membranpotentials dieser Zelle. Erst durch Aktivierung einer cGMP-spezifischen Phosphodiesterase kommt es zur Hyperpolarisierung dieser Sinneszellen und damit zur Reizweiterleitung (► Kap. 23.2.1). In den Sammelrohrepithelien ist der cGMP-abhängige Natriumkanal möglicherweise verantwortlich für die Stimulierung der Natriurese durch das atriale natriuretische Peptid (► Kap. 28.4.2).

cGMP-abhängige Proteinkinasen und Ionenkanäle enthalten ein so genanntes cNMP (*cyclic nucleotide monophosphate*)-Motiv als cGMP-bindende Sequenz.

25

In Kürze

Stickstoffmonoxid (NO) ist ein wichtiger intra- bzw. interzellulär wirkender Signalmetabolit. Es aktiviert lösliche Guanylatcyclasen. Das dabei entstehende cGMP wirkt relaxierend auf glatte Muskelzellen und ist ein Ligand für Ionenkanäle und aktiviert Phosphodiesterasen. Außer durch lösliche Guanylatcyclasen kann cGMP auch durch membrangebundene Guanylatcyclasen gebildet werden. Diese stellen Rezeptoren für die natriuretischen Peptide und Guanyline dar.

25.10 Regulation der Signaltransduktion

Die Termination einer Signalkaskade muss ebenso genau kontrolliert werden wie ihre Initiation. Rückkopplungsmechanismen sind daher von großer pathophysiologischer Bedeutung. Ein Ausfall dieser Mechanismen innerhalb einer Signaltransduktionskaskade führt zu ähnlichen Erscheinungen wie eine Hyperstimulation. So verursacht z.B. die Dysregulation der Signaltransduktion eines pro-inflammatorischen Cytokins den Übergang von akuter zu chronischer Entzündung, die im Falle der Leber zur Cirrhose führen und schließlich in der Manifestation eines hepatozellulären Karzinoms enden kann.

25.10.1 Rezeptorexpression

Die primäre Voraussetzung, damit eine Zelle auf Cytokine reagieren kann, ist das Vorhandensein von spezifischen Rezeptoren auf der Zelloberfläche. Zusätzlich ist die Zugänglichkeit des Rezeptors für das Hormon/Cytokin von Bedeutung: Eine polarisierte Epithelzelle, die auf endokrine Botenstoffe reagieren soll, muss die notwendigen Rezeptoren auf ihrer basolateralen, dem Blut zugewandten Seite exprimieren. In den cytoplasmatischen Bereichen einer Reihe von Transmembranrezeptoren sind Signalsequenzen für die polare Expression identifiziert worden, die den Transport des Rezeptors an die basolaterale oder apikale Seite einer polaren Zelle vermitteln. Somit ist nicht nur die Anzahl der Rezeptoren, sondern auch ihre Lokalisation von zentraler Bedeutung für die Stimulierbarkeit einer Zelle.

Infobox

Messung der Rezeptorexpression

Neben den bereits erwähnten Methoden der Ligandenbestimmung (RIA, ELISA, ► Kap. 25.2.4) existieren verschiedene Verfahren, um die Anzahl der Rezeptoren für extrazelluläre Signalmoleküle auf Zellmembranen zu bestimmen.

Die Anzahl der Cytokinrezeptoren auf Zelloberflächen ist im Unterschied zu nutritiven Rezeptoren (z.B. dem LDL-Rezeptor) sehr gering. Man findet zwischen 100 und 5.000 Cytokinrezeptoren im Vergleich zu 500.000 LDL-Rezeptoren pro Zelle. Dennoch lassen sich diese relativ niedrigen Rezeptorzahlen mit Hilfe der so genannten **FACS-(*fluorescence activated cell sorting*)-Analyse** im Durchflusszytometer bestimmen. Die Rezeptoren werden auf der Zelloberfläche über die spezifische Bindung eines Fluoreszenz-markierten Antikörpers nachgewiesen. Diese Methode ermöglicht auch die Sortierung lebender Zellen nach der Oberflächenexpression bestimmter Proteine. Alternativ lässt sich die Zahl der Oberflächenrezeptoren auch mit Hilfe von Bindungsstudien mit radioaktiv markierten Liganden ermitteln. Hierbei wird die spezifische radioaktive Bindung als Differenz der gesamten Bindung und der unspezifischen Bindung errechnet. Durch die Wahl geeigneter Auswertungsverfahren (*Scatchard-plots*) kann die Anzahl der Bindungsstellen (Rezeptoren) und deren Bindungsaffinitäten zum Liganden (Cytokin) ermittelt werden.

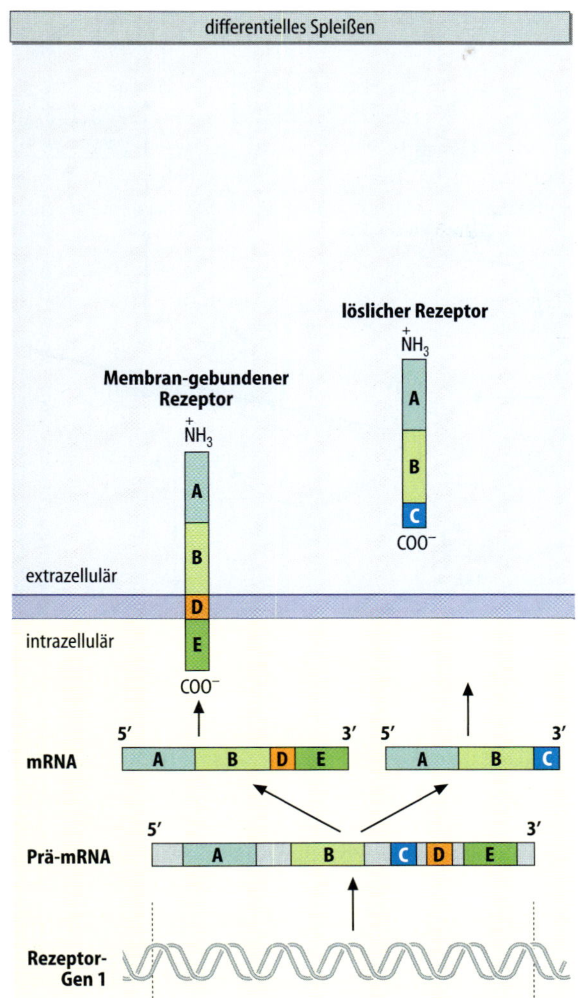

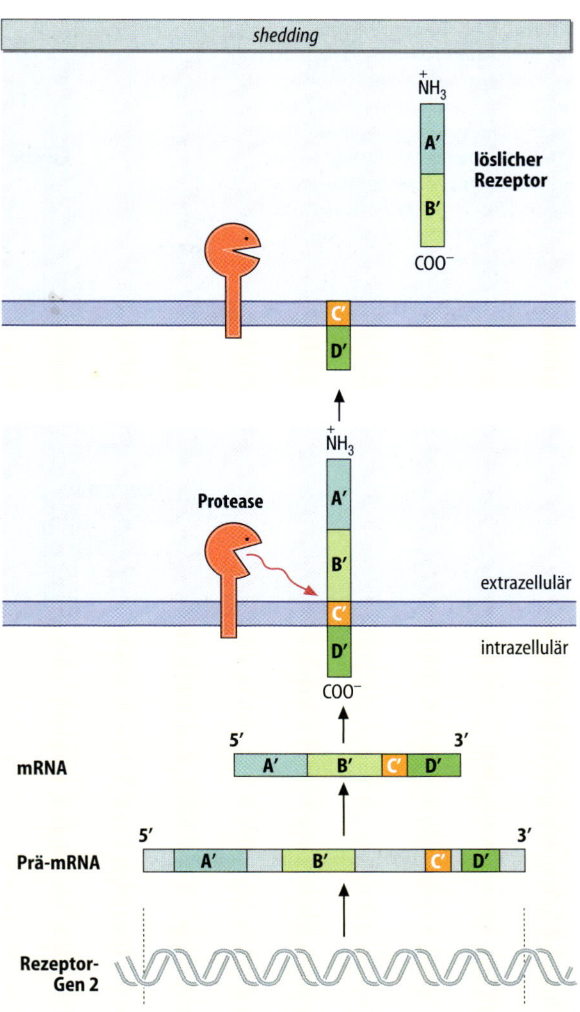

Abb. 25.39. Biosynthese löslicher Rezeptoren. Differentielles Spleißen (*links*) einer Rezeptor-prä-mRNA resultiert in der Expression unterschiedlicher Proteine. Während der Membran-gebundene Rezeptor transmembranäre und cytoplasmatische Bereiche enthält (D, E), besteht der lösliche Rezeptor nur aus den extrazellulären Domänen und einem alternativen Carboxy-Terminus (C). Bei der limitierten proteolytischen Spaltung (rechts) im Extrazellulärteil eines membranständigen Rezeptors durch eine spezifische Protease (*shedding*) entsteht ein löslicher Rezeptor, der keinen alternativen Carboxy-Terminus enthält

Einige Cytokine signalisieren über Rezeptorkomplexe, in denen Liganden-bindende Untereinheiten mit Signal-transduzierenden Untereinheiten assoziiert sind. Häufig ist die Stimulierbarkeit einzelner Zellen über die Expression der Liganden-bindenden Rezeptoruntereinheit reguliert. Das Fehlen dieser Untereinheit kann in einigen wenigen Fällen durch das Vorhandensein ihrer löslichen Form kompensiert werden. Dabei assoziieren Ligand und lösliche Rezeptoruntereinheit, binden an die Signal-transduzierenden Rezeptorketten und lösen dort die Signalkaskade aus.

In der Regel hemmen aber lösliche Rezeptoren die Signaltransduktion, indem sie den Liganden binden und so seine Assoziation mit Membran-ständigen Rezeptoren verhindern.

Lösliche Rezeptoren entstehen entweder durch alternatives Spleißen der Prä-mRNA des Transmembranrezeptors oder werden durch eine Protease-vermittelte Abspaltung des extrazellulären Teils des Membran-ständigen Rezeptors (*receptor-shedding*) generiert (Abb. 25.39).

25.10.2 Rückkopplungsmechanismen

Zellen reagieren häufig nur transient auf eine Cytokin-Stimulation. Es existieren mehrere Rückkopplungsmechanismen, um die Signaltransduktion bei andauernder Cytokin-Präsenz zu dämpfen oder sogar ganz zu hemmen. Eine Überstimulation – besonders an Orten der Cytokinfreisetzung – wird somit verhindert.

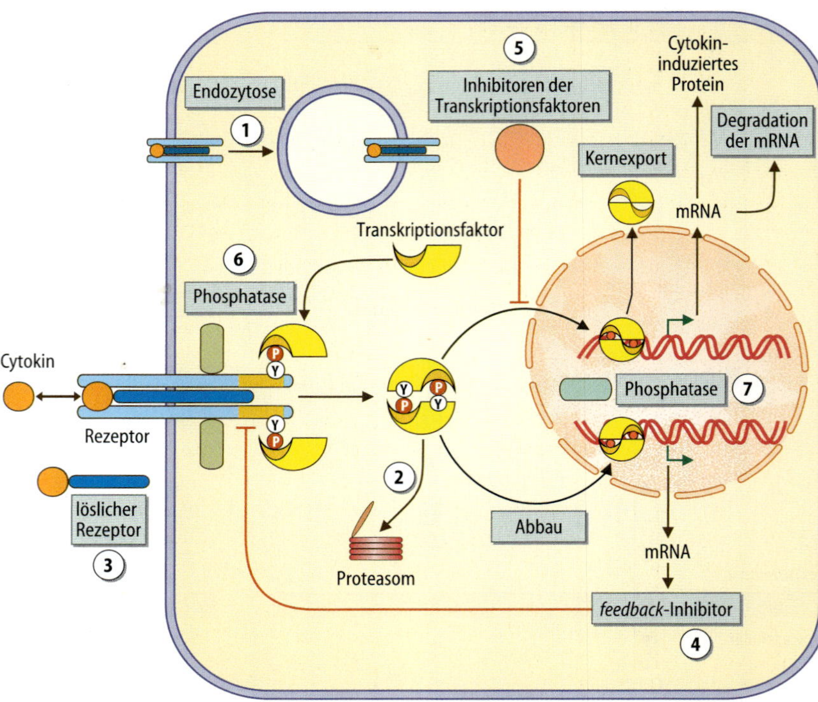

Abb. 25.40. Negative Regulation der Signaltransduktion. Die Modulation und Termination eines Cytokin-induzierten Signals kann auf verschiedenen Ebenen der Signaltransduktion erfolgen: neben der Verfügbarkeit von Rezeptorkomponenten entscheidet das Vorhandensein von cytoplasmatischen Inhibitoren über die Signalintensität. (Einzelheiten ► Text)

Rezeptoren können Liganden-abhängig durch **Endozytose** internalisiert werden (Abb. 25.40) ①. Sie stehen dann für eine weitere Stimulation nicht mehr zur Verfügung. Die Zelle ist desensitisiert. Internalisierte Rezeptorkomplexe können nach Ablösung des Liganden zurück zur Zellmembran transportiert (*recycling*) oder abgebaut werden. Degradierte Rezeptoren werden durch Neusynthese ersetzt.

Die Desensitisierung durch Phosphorylierung und Internalisierung von G-Protein-gekoppelten Rezeptoren ist in weiten Teilen verstanden. Die Phosphorylierung der Rezeptoren erfolgt an Serin- oder Threonin-Seitenketten und kann durch *second messenger*-aktivierte Kinasen (z.B. PKA oder PKC) oder über die so genannten **G-Protein-gekoppelten Rezeptorkinasen** (**GRK**) erfolgen. Ein Beispiel hierfür ist die Kinase für den β-adrenergen Rezeptor (β-ARK bzw. GRK2). Die Phosphorylierung des Rezeptors erlaubt die Rekrutierung von Proteinen der Arrestin-Familie. Eine Funktion der Arrestine besteht in der Verhinderung der erneuten Bindung von trimeren G-Proteinen und führt somit zu einer Desensitisierung des Rezeptors. Sie bewirken zudem die Internalisierung des Rezeptors. Beide Mechanismen resultieren in einer länger anhaltenden Desensitisierung. Die Internalisierung der phosphorylierten Rezeptoren ist oft Voraussetzung für deren Dephosphorylierung und die erneute Präsentation an der Plasmamembran.

Prinzipiell können alle Signalmoleküle durch Abbau eliminiert werden: So werden nach Cytokin-Stimulation **Proteasen** sezerniert, die das stimulierende Cytokin abbauen. Häufig werden Transkriptionsfaktoren durch das **Proteasom** abgebaut ② (Abb. 25.40). Im Unterschied dazu dient die Degradation von Inhibitoren der Signalweiterleitung (IκB-Degradation, Abb. 25.26). Die Bindung **inhibitorischer Proteine** an aktivierte Signalmoleküle ist auf allen Ebenen der Signaltransduktion zu finden: Liganden können durch lösliche Rezeptoren abgefangen ③, Kinasen durch spezifische Inhibitoren gehemmt ④, Transkriptionsfaktoren durch Bindung an Inhibitor-Proteine an der Kerntranslokation und/oder DNA-Bindung gehindert werden ⑤.

! Die reversible Phosphorylierung von Signalmolekülen ist bei der Modulation der Cytokin-Signaltransduktionswege von zentraler Bedeutung.

Stimulation mit Wachstumsfaktoren, Interleukinen oder Interferonen löst Phosphorylierungskaskaden aus. Aktivierte Kinasen können durch Kinase-Inhibitoren in ihrer enzymatischen Aktivität gehemmt und so an der Signalweiterleitung gehindert werden. Der Phosphorylierungsstatus der Signalmoleküle wird durch Serin/Threonin**kinasen** oder Tyrosin**kinasen** und deren Gegenspielern, den **Phosphatasen** bestimmt ⑥ ⑦ (Abb. 25.40). Für viele Wachstumsfaktor-, Interleukin- und Interferon-Rezeptoren ist bekannt, dass sich neben Kinasen auch Phosphatasen im aktivierten Rezeptorkomplex befinden ⑥. Andere Phosphatasen wirken im Zellkern ⑦. Für einige Cytokine ist beschrieben, dass die Inaktivierung basal aktiver Phosphatasen einen initialen und essentiellen Schritt für die Signalweiterleitung darstellt. Erst nach Inhibierung der Phosphatasen kommt es zu einer effizienten Phosphorylierung weiterer Signalproteine durch die Kinasen.

Die bei der Signaltransduktion über G-Protein-gekoppelte Rezeptoren aktivierten trimeren G-Proteine werden durch eine intrinsische GTPase Aktivität nach Interaktion mit **GTPase aktivierenden Proteinen** (**GAP**) inaktiviert. Beispiele für GAP sind die *regulators of G-protein signalling* (RGS) und die *Gα-interacting proteins* (GAIP). Auch die *second messenger* können abgebaut werden. So werden z.B. cAMP und cGMP durch Phosphodiesterasen hydrolysiert, IP_3 zu Inositol dephosphoryliert, DAG nach Phosphorylierung wieder zu Phospholipiden umgebaut oder die Ca^{2+}-Konzenteration in der Zelle durch aktiven Export aus dem Cytosol reduziert.

Interleukine induzieren so genannte *suppressors of cytokine signalling* (SOCS)-Proteine. Diese sehr früh nach Cytokin-Stimulation nachweisbaren Proteine binden und hemmen aktivierte Janus-Kinasen oder kompetieren mit STAT-Faktoren um die Bindung am Rezeptor. SOCS-Proteine selbst werden sehr schnell durch das Proteasom abgebaut und können daher nur kurzfristig in die Signalweiterleitung eingreifen. Ähnlich wie die SOCS-Proteine werden auch an Rezeptor-Tyrosinkinasen inhibitorische Proteine rekrutiert: APS (*adapter-containing PH* and *SH2 domains*) bindet an den aktivierten PDGF-Rezeptor und inhibiert die Expression PDGF-induzierbarer Gene. *Slap (src-like adaptor protein)* kompetiert mit der Src-Kinase um die Assoziation am aktivierten PDGF-Rezeptor. Schließlich wird die Ubiquitinylierung und anschließende Degradation des PDGF-R durch die Bindung des Cbl-Proteins an den aktivierten PDGF-R initiiert.

! Die Kerntranslokation von Transkriptionsfaktoren ist ein entscheidender Schritt der Signaltransduktion.

Häufig werden Transkriptionsfaktoren im Cytoplasma zurückgehalten und translozieren erst nach Stimulation der Zelle in den Zellkern (Abb. 25.40). Zum Beispiel bindet IκB an NF-κB und deckt dabei dessen Kernlokalisierungssequenz ab. Erst der Abbau von IκB ermöglicht die Kerntranslokation von NF-κB (▶ Kap. 28.4.3). Eine Hormon-induzierte erhöhte Expression von IκB kann einer NF-κB-Aktivierung somit entgegenwirken. STAT-Faktoren translozieren als phosphorylierte Dimere in den Zellkern und binden dort an *enhancer*-Sequenzen Cytokin-induzierter Gene. *Protein inhibitors of activated STATs* (**PIAS**)-Proteine assoziieren spezifisch mit STAT-Dimeren und verhindern so die Promotoraktivierung. Ähnlich wirken Smad 6 und Smad 7 in der TGF-β-Signalkaskade (▶ Kap. 25.6.2).

Schließlich findet man in den *enhancer*-Sequenzen von Promotoren meist Bindungsstellen für verschiedene Transkriptionsfaktoren. Diese Transkriptionsfaktoren kompetieren um DNA-Bindungsstellen, wenn diese überlappen (*cross-talk*).

In Kürze

Die Cytokin-Signaltransduktion wird reguliert durch:
- die Anzahl und Lokalisation von Rezeptoren auf der Plasmamembran
- lösliche Rezeptoren
- Phosphorylierung/Dephosphorylierung von Signalmolekülen
- Bindung inhibitorischer Proteine an aktivierte Signalmoleküle
- Blockierung der Kerntranslokation von Transkriptionsfaktoren sowie

eine Reihe von Inhibitionsmechanismen wie Internalisierung von Rezeptoren durch Endozytose, proteolytischer Abbau von Cytokinen, Rezeptoren und Transkriptionsfaktoren.

Literatur

Baggiolini M, Loetscher P (2000) Chemokines in inflammation and immunity. Immunol Today 21:418–420

Baud V, Karin M (2001) Signal transduction by tumor necrosis factor and its relatives. Trends Cell Biol 11:372–377

Beutler B (2005) The Toll-like receptors: analysis by forward genetic methods. Immunogenetics 57:385–392

Beutler B, Rietschel ET (2003) Innate immune sensing and its roots: the story of endotoxin. Nat Rev Immunol 2:169–176

Bochud PY, Calandra T (2003) Pathogenesis of sepsis: new concepts and implications for future treatment. Brit Med J 326:262–266

Boulanger MJ, Chow DC, Brevnova EE, Garcia KC (2003) Hexameric structure and assembly of the interleukin-6/IL-6 alpha-receptor/gp 130 complex. Science 300:2101–2104

Cooper DM (2003) Regulation and organization of adenylyl cyclases and cAMP. Biochem J 375:517–529

Darnell JE Jr, Kerr IM, Stark GR (1994) Jak-STAT pathways and transcriptional activation in response to IFNs and other extracellular signaling proteins. Science 264:1415–1421

de Vos AM, Ultsch M, Kossiakoff AA (1992) Human growth hormone and extracellular domain of its receptor: crystal structure of the complex. Science 255:306–312

Gschwind A, Fischer OM, Ullrich A (2004) The discovery of receptor tyrosine kinases: targets for cancer therapy. Nat Rev Cancer 4:361–370

Hanoune J, Pouille Y, Tzavara E, Shen T, Lipskaya L, Miyamoto N, Suzuki Y, Defer N (1997) Adenylyl cyclases: structure, regulation and function in an enzyme superfamily. Mol Cell Endocrinol 128:179–194

Heinrich PC, Behrmann I, Müller-Newen G, Schaper F, Graeve L (1998) Interleukin-6-type cytokine signalling through the gp130/Jak/STAT pathway. Biochem J 334 (Pt 2):297–314

Heinrich PC, Behrmann I, Haan S, Hermanns HM, Müller-Newen G, Schaper F (2003) Principles of interleukin (IL)-6-type cytokine signalling and its regulation. Biochem J 374:1–20

Hoeflich KP, Ikura M (2002) Calmodulin in action: diversity in target recognition and activation mechanisms. Cell 108:739–742

Hubbard SR, Till JH (2000) Protein tyrosine kinase structure and function. Annu Rev Biochem 69:373–398

Karima R, Matsumoto S, Higashi H, Matsushima K (1999) The molecular pathogenesis of endotoxic shock and organ failure. Mol Med Today 5:123–132

Kopperud R, Krakstad C, Selheim F, Doskeland SO (2003) cAMP effector mechanisms. Novel twists for an ‚old' signaling system. FEBS Lett 546:121–126

Lambright DG, Noel JP, Hamm HE, Sigler PB (1994) Structural determinants for activation of the alpha-subunit of a heterotrimeric G protein. Nature 369:621–628

Liu SF, Malik AB (2006) NF-kappa B activation as a pathological mechanism of septic shock and inflammation. Am J Physiol Lung Cell Mol Physiol 290:L622–L645

Lucas KA, Pitari GM, Kazerounian S, Ruiz-Stewart I, Park J, Schulz S, Chepenik KP, Waldman SA (2000) Guanylyl cyclases and signaling by cyclic GMP. Pharmacol Rev 52:375–414

Lütticken C, Wegenka UM, Yuan J, Buschmann J, Schindler C, Ziemiecki A, Harpur AG, Wilks AF, Yasukawa K, Taga T, Kishimoto T, Barbieri G, Pellegrini S, Sendtner M, Heinrich PC, Horn F (1994) Association of transcription factor APRF and protein kinase Jak1 with the interleukin-6 signal transducer gp130. Science 263:89–92

Mangelsdorf DJ, Thummel C, Beato M, Herrlich P, Schütz G, Umesono K, Blumberg B, Kastner P, Mark M, Chambon P, Evans RM (1995) The nuclear receptor superfamily: the second decade. Cell 83:835–839

Massague J, Wotton D (2000) Transcriptional control by the TGF-beta/Smad signaling system. Embo J 19:1745–1754

Newton AC (2003) Regulation of the ABC kinases by phosphorylation: protein kinase C as a paradigm. Biochem J 370:361–371

O'Neill LA, Dinarello CA (2000) The IL-1 receptor/toll-like receptor superfamily: crucial receptors for inflammation and host defense. Immunol Today 21:206–209

Olayioye MA, Neve RM, Lane HA, Hynes NE (2000) The ErbB signaling network: receptor heterodimerization in development and cancer. Embo J 19:3159–3167

Piek E, Heldin CH, Ten Dijke P (1999) Specificity, diversity, and regulation in TGF-beta superfamily signaling. Faseb J 13:2105–2124

Renauld JC (2003) Class II cytokine receptors and their ligands: key antiviral and inflammatory modulators. Nat Rev Immunol 3:667–676

Ronnstrand L, Heldin CH (2001) Mechanisms of platelet-derived growth factor-induced chemotaxis. Int J Cancer 91:757–762

Schlessinger J (2000) Cell signaling by receptor tyrosine kinases. Cell 103:211–225

Simonds WF (1999) G protein regulation of adenylate cyclase. Trends Pharmacol Sci 20:66–73

Takai Y, Sasaki T, Matozaki T (2001) Small GTP-binding proteins. Physiol Rev 81:153–208

Tallquist M, Kazlauskas A (2004) PDGF signaling in cells and mice. Cytokine Growth Factor Rev 15:205–213

Thelen M (2001) Dancing to the tune of chemokines. Nat Immunol 2:129–134

Monographien und Lehrbücher

Gerhard Krauss (2003) Biochemistry of Signal Transduction and Regulation 3. Auflage. Wiley-VCH Verlag GmbH & Co. KGaA, Weinheim. ISBN 3-527-30591-2

Bastien D Gomperts, Ijsbrand M Kramer, Peter ER Tatham (2003) Signal Transduction. 4. Auflage. Elsevier Academic Press, San Diego, California, USA. ISBN: 0-12-289632-7

Links im Netz

► www.lehrbuch-medizin.de/biochemie

26 Die schnelle Stoffwechselregulation

Harald Staiger, Norbert Stefan, Monika Kellerer, Hans-Ulrich Häring

26.1 Insulin – 810
26.1.1 Struktur – 810
26.1.2 Biosynthese – 811
26.1.3 Sekretion – 812
26.1.4 Plasmakonzentration und Abbau – 816
26.1.5 Insulinanaloga – 816
26.1.6 Biologische Wirkungen – 817
26.1.7 Molekularer Wirkungsmechanismus – 820

26.2 Glucagon – 823
26.2.1 Struktur – 823
26.2.2 Biosynthese und Sekretion – 823
26.2.3 Biologische Wirkungen – 825
26.2.4 Molekularer Wirkungsmechanismus – 825

26.3 Katecholamine – 826
26.3.1 Struktur – 826
26.3.2 Biosynthese und Sekretion – 827
26.3.3 Biologische Wirkungen – 829
26.3.4 Molekularer Wirkungsmechanismus – 829
26.3.5 Plasmaspiegel und Abbau – 831

26.4 Pathobiochemie: Diabetes mellitus – 832
26.4.1 Typ 1-Diabetes mellitus – 832
26.4.2 Typ 2-Diabetes mellitus – 834
26.4.3 Diabetes-assoziierte Erkrankungen – 836

Literatur – 838

Einleitung

Die Funktion einer Reihe von Hormonen besteht darin, die Energie-liefernden und -verbrauchenden Stoffwechselprozesse rasch an akute Änderungen des Aktivitäts- und Ernährungszustandes des Organismus anzupassen.

Insulin als das wichtigste anabole Hormon ist für die Substrataufnahme und -speicherung in einer Reihe von Geweben notwendig. Sein Mangel löst Diabetes mellitus aus, eine Erkrankung, deren klinischer Verlauf und Symptomatik schon sehr genau in den medizinischen Papyri der alten Ägypter beschrieben wurden.

Glucagon ist einer seiner direkten Gegenspieler. Es ist verantwortlich für die Anpassung des Stoffwechsels an fehlende Nahrungszufuhr und wirkt überwiegend auf die Leber, wo es die Bereitstellung des Brennstoffs Glucose durch Glycogenabbau und Gluconeogenese stimuliert.

Die Katecholamine sind schließlich die wichtigsten Hormone für die rasche Mobilisierung von gespeicherten Substraten. Sie spielen eine wesentliche Rolle bei der Reaktion des Organismus auf Stresssituationen und haben ein außerordentlich breites Wirkungsspektrum, das von der Regulation der Durchblutung verschiedener Gewebsgebiete bis zur Steuerung des Stoffwechsels reicht.

26.1 Insulin

26.1.1 Struktur

Entdeckung des Insulins. Insulin wurde 1921 erstmalig von Frederick Banting und Charles Best aus Rinderpankreas isoliert. Seither steht es für die Therapie der Zuckerkrankheit zur Verfügung. Erst nach dem 2. Weltkrieg gelang Frederick Sanger die Strukturaufklärung des Insulins.

> Insulin ist ein 5,8 kDa großes Proteohormon aus zwei Peptidketten, der A-Kette (21 Aminosäuren) und der B-Kette (30 Aminosäuren).

A- und B-Kette sind durch zwei **Disulfidbrücken** miteinander verknüpft, eine dritte Disulfidbrücke innerhalb der A-Kette trägt zur Stabilisierung der Raumstruktur des Insulins bei (Abb. 26.1).

Tierische Insuline. Bis heute ist die Primärstruktur der Insuline von weit mehr als 20 Arten aufgeklärt worden. Soweit bis jetzt bekannt, ist der Bauplan aller Insuline identisch, wenn auch eine Reihe von Aminosäuren variiert. Die größte Ähnlichkeit mit dem Humaninsulin hat das **Schweine-Insulin**, bei dem nur das carboxyterminale Threonin der B-Kette gegen ein Alanin ausgetauscht ist. Die Insuline des Schafes, des Pferdes und des Rindes unterscheiden sich vom Schweine-Insulin durch Veränderungen der drei Aminosäuren unter der Disulfidbrücke der A-Kette. Bei anderen Arten sind bis zu 29 der insgesamt 51 Aminosäuren ausgetauscht. Dennoch unterscheiden sich diese Insuline in verschiedenen experimentellen Testsystemen kaum in ihrer biologischen Aktivität.

Oligomerisierung. In den Insulin-Speichergranula der β-Zellen der Langerhans'schen Inseln (▶ u.) liegt das Insulin in stark kondensierter Form als Zinkkomplex vor. Im Blut zirkuliert Insulin sehr wahrscheinlich nur in monomerer Form. Bei stärkerer Konzentration und v.a. in Anwesenheit von **Zinkionen** bilden sich *in vitro* **hexamere** und **dimere** Insuline, die leicht kristallisieren. Insulinkristalle haben die

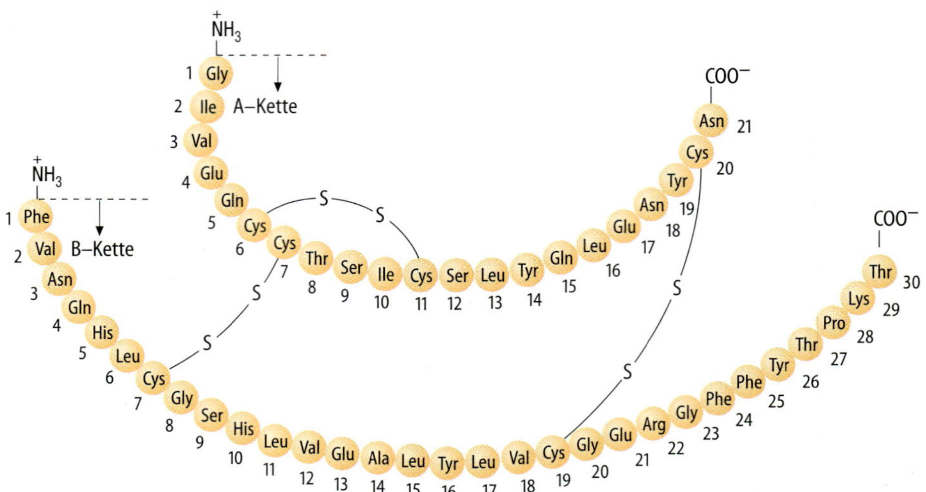

Abb. 26.1. Primärstruktur des Humaninsulins

Infobox

Die bedeutendste Entdeckung im Rahmen der Erforschung der Zuckerkrankheit endete mit einem Eklat
1921 war es Dr. Frederick Banting (1891–1941) und dem damals 22-jährigen Studenten Charles Best gelungen, im Labor von Professor John J.R. McLeod in Toronto das Hormon Insulin aus Pankreasextrakten von Versuchstieren zu gewinnen (Banting, F. G., Best C. H. and MacLeod, J. J. R. The internal secretion of the pancreas. Am. J. Physiol. 59:479, 1922).

Damit stand das entscheidende Heilmittel zur Verfügung, die bislang unheilbare Krankheit Diabetes mellitus zu behandeln. Bereits 2 Jahre später, also 1923, erhielten Banting und McLeod, letzterer war während der entscheidenden Experimente gar nicht im Labor, den Nobelpreis für Medizin. Charles Best aber wurde als zu jung befunden und ging leer aus – zu Unrecht.

Die Ausgezeichneten bewiesen jedoch Fairness. Banting teilte seine Preishälfte demonstrativ mit Best, McLeod die seine mit James B. Collip, der bei der erstmaligen Insulinreinigung aus Bauchspeicheldrüsen einen wichtigen Beitrag geleistet hatte.

Übrigens: Banting und Best verzichteten auf die Reichtümer, die sie mit der Insulinentdeckung hätten verdienen können. Für einen symbolischen Betrag von einem Dollar vergaben sie die Lizenz zur Insulinherstellung an alle Firmen, die sich der Einhaltung von Qualitätsstandards bei der Herstellung verpflichteten. Aus diesem Grund konnten sehr schnell nach der Entdeckung viele sonst dem Tod geweihte Zuckerkranke zu einem vertretbaren Preis behandelt werden.

Röntgenstrukturanalyse des Insulinmoleküls ermöglicht (▶ Kap. 3.5.1). Dabei hat sich gezeigt, dass große Teile der A-Kette des Moleküls nach außen exponiert sind, während die B-Kette mehr im Inneren des Moleküls liegt. Diese Tatsache hat zur Annahme geführt, dass die A-Kette den größeren Anteil an der biologischen Aktivität des Insulinmoleküls hat, während die B-Kette beispielsweise für die Ausbildung von Insulinoligomeren verantwortlich ist.

26.1.2 Biosynthese

Das endokrine Pankreas. Für die Insulinbiosynthese, -speicherung und -sekretion ist der endokrine Teil des Pankreas verantwortlich. Er besteht aus den Langerhans'schen Inseln, kleinen homogen über das Pankreas verteilten und in das exokrine Drüsengewebe eingebetteten Zellaggregaten, in denen verschiedene Zelltypen nachzuweisen sind (◻ Abb. 26.2):

- Die **α-Zellen** (ca. 20% der Inselzellen), die für die Glucagonbiosynthese (▶ Kap. 26.2) verantwortlich sind
- die Insulin-produzierenden **β-Zellen** (70–80% der Inselzellen)
- die **δ-Zellen** (max. 5% der Inselzellen), die Somatostatin (▶ Kap. 28.6) produzieren, sowie
- die **PP-Zellen** (max. 2% der Inselzellen), die das Pankreatische Polypeptid bilden und sezernieren (in ◻ Abb. 26.2 nicht dargestellt)

> **!** Biosynthese und Sekretion von Insulin finden in den β-Zellen der Langerhans'schen Inseln des Pankreas statt.

Aufbau der Langerhans'schen Insel. Die vier Zellarten sind in der Langerhans'schen Insel in typischer Weise verteilt. Die β-Zellen befinden sich im Zentrum der Insel, umgeben von den α-, δ- und *PP*-Zellen. Die arterielle Blutversorgung der Langerhans'schen Insel gestaltet sich derart, dass die β-Zellen im Zentrum zuerst erreicht werden und dann erst die anderen Zelltypen. Hierdurch wird eine rasche Antwort auf Änderungen der Blutglucose-Konzentration ermöglicht. Im elektronenmikroskopischen Bild lassen sich die Zellarten aufgrund ihrer unterschiedlichen **Sekretgranula** differenzieren.

> **!** Der einkettige Insulinpräkursor wird als Proinsulin bezeichnet.

Synthese des Proinsulins. An einem menschlichen Inselzelltumor konnte der Mechanismus der **Insulinbiosynthese** von Donald Steiner aufgeklärt werden. Er zeigte, dass die beiden Ketten des Insulins Teile eines einkettigen Vorläufermoleküls sind. Inzwischen ist auch die Struktur des auf dem kurzen Arm von Chromosom 11 gelegenen Insulingens bekannt, sodass der in ◻ Abb. 26.3 dargestellte Syntheseweg gesichert ist. Das Insulingen enthält zwei Introns. Die nach Transkription und Spleißen entstehende mRNA des Insulins codiert für ein Protein, das vom N- zum C-Terminus zunächst eine Signalsequenz (▶ Kap. 9.2.2) aus 24 Aminosäuren enthält, an die sich die vollständige Sequenz der B-Kette anschließt. Nach einem 35 Aminosäuren langen **C-Peptid** folgt dann die Sequenz der A-Kette. Dieses 11,5 kDa große Translationsprodukt ist das **Prä-Proinsulin**. Wie andere Exportproteine wird auch Prä-Proinsulin an den Ribosomen des rauen endoplasmatischen Retikulums synthetisiert, wobei das Signalpeptid für die Einfädelung der synthetisierten Peptidkette in das Lumen des ER verantwortlich ist. Dort erfolgt die Abtrennung des Signalpeptids, sodass das etwa 9 kDa große **Proinsulin** entsteht. Strukturell gehört Proinsulin zu einer Familie stoffwechselaktiver Wachstumsfaktoren, zu denen auch die *insulin-like growth factors* (IGF, ▶ Kap. 27.7.2) und die Relaxine (▶ Kap. 27.6.8) gehören.

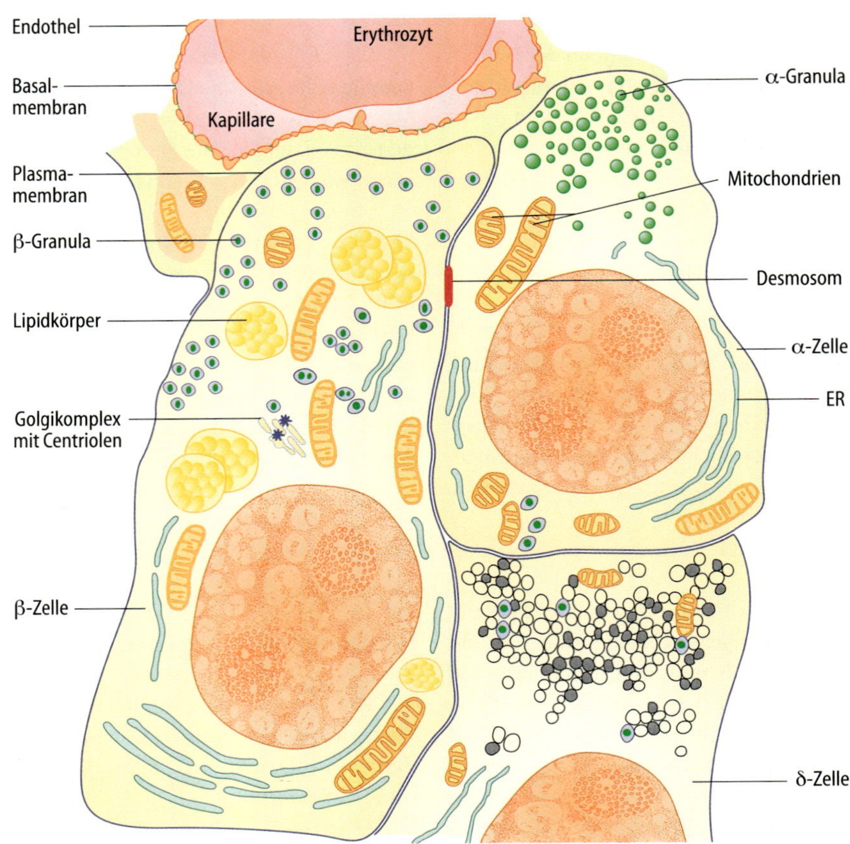

Abb. 26.2. Aufbau einer Langerhans'schen Insel. Schematische Darstellung einer elektronenmikroskopischen Aufnahme. Vergrößerung 10 000×

Reifung des Insulins. Insulin wird unter Einschaltung spezifischer Proteasen aus der Familie der **Prohormon-Konvertasen** durch Entfernung des C-Peptids gebildet (Abb. 26.3). Dabei wird der entstandene C-Terminus der B-Kette durch **Carboxypeptidase E** noch um zwei Argininreste verkürzt. Dieser Vorgang findet im Golgi-Apparat sowie innerhalb der β-Granula statt. Ein kleiner Teil des Proinsulins entgeht diesem Reifungsprozess und gelangt mit dem reifen Insulin in den Blutstrom. Plasma-Proinsulin weist nur etwa 8% der biologischen Aktivität des reifen Insulins auf. Das C-Peptid (3 kDa) wird wie die B-Kette durch Carboxypeptidase E am C-Terminus um zwei basische Aminosäuren (RR bzw. RK) verkürzt, danach aber nicht weiter proteolytisch abgebaut, sodass sich in den im Golgi-Apparat entstehenden Sekretgranula Insulin und C-Peptid in äquimolarem Verhältnis befinden. Bei der Sekretion von Insulin (► u.) wird auch C-Peptid in gleichen Mengen freigesetzt. Diese Tatsache ist insofern von klinischer Bedeutung, als bei Insulin-pflichtigen Diabetikern durch spezifische immunologische Bestimmung der **C-Peptid-Konzentration** im Plasma ein Rückschluss auf die noch vorhandene körpereigene Restsekretion von Insulin möglich ist. Eine biologische Aktivität des C-Peptids ist bislang nicht zweifelsfrei belegt.

! Das Insulingen zählt zu den sehr schnell regulierten Genen, den sog. *immediate early genes*.

Regulation der Insulinexpression. Der wichtigste Faktor für die Expression des Insulingens ist **Glucose**. Viele Beobachtungen haben gezeigt, dass jede Erhöhung der extrazellulären Glucosekonzentration eine Zunahme der Prä-Pro-insulinsynthese auslöst. Die Transkription des Insulingens wird rasch initiiert und erreicht ihr Maximum bereits 30 min nach dem Glucose-Reiz. Dies dient dem zügigen Wiederauffüllen der intrazellulären Insulinvorräte, die sich infolge der Glucose-stimulierten Insulinsekretion teilweise erschöpfen. Außerdem konnte gezeigt werden, dass extrazelluläres Insulin selbst die Transkription seines eigenen Gens induzieren kann. Längerfristig erhöhte Insulinkonzentrationen führen dagegen zu einer Hemmung der Expression des Insulingens.

26.1.3 Sekretion

Insulinsekretion der β-Zelle. Nach seiner Biosynthese und posttranslationalen Modifikation wird Insulin zusammen mit dem C-Peptid in den vom Golgi-Komplex abgeschnür-

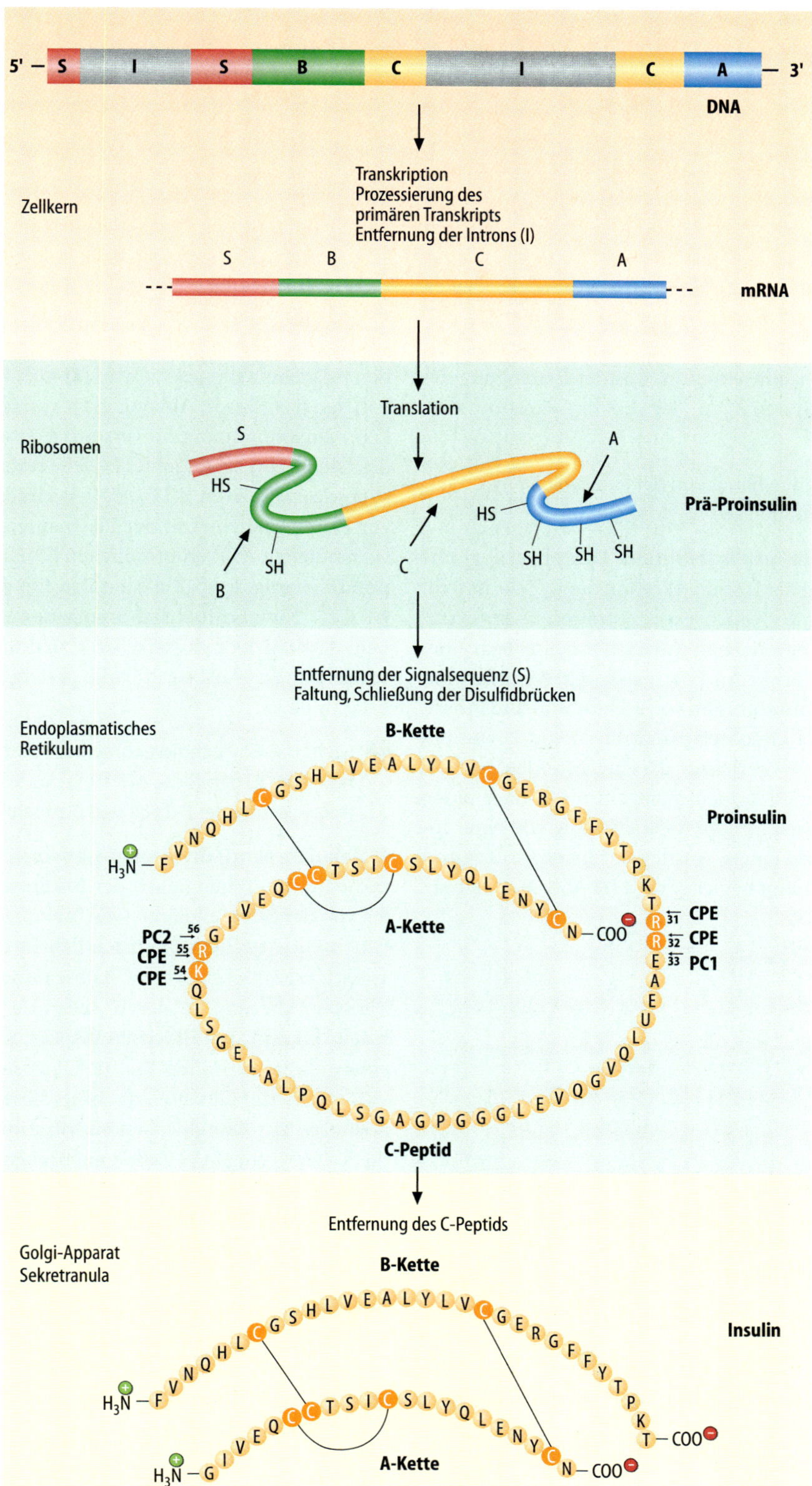

Abb. 26.3. Biosynthese des Insulins. Das Insulingen enthält zwei große Introns (I). Diese werden posttranskriptionell entfernt. Nach Translation der dabei entstehenden mRNA entsteht Prä-Proinsulin, welches posttranslational prozessiert werden muss, damit natives Insulin entsteht. S = Signalsequenz; PC1/2 = Prohormon-Konvertase-1/-2; CPE = Carboxypeptidase E. (Einzelheiten ► Text)

ten Sekretgranula in konzentrierter Form gespeichert. Jeder zur Sekretion führende Reiz bewirkt unter Beteiligung des mikrotubulären Systems eine Wanderung der **β-Granula** an die innere Zellmembranoberfläche. Hier verschmilzt die Granulamembran mit der Plasmamembran, an der Nahtstelle reißt die Membran auf, sodass der Granulainhalt jetzt in den perikapillären Raum entleert werden kann. Der Sekretionsvorgang, der also dem klassischen Ablauf der regulierten Exozytose (▶ Kap. 6.2.3 und 6.2.4) entspricht, ist abhängig von der Aufrechterhaltung einer physiologischen **Calciumkonzentration** im extrazellulären Raum. **Colchicin** und **Vinca-Alkaloide** (▶ Kap. 6.3) sind wirkungsvolle Hemmstoffe der Insulinsekretion, was der Beteiligung des mikrotubulären Systems an der Insulinsekretion entspricht.

! Die Insulinsekretion hängt von der extrazellulären Glucosekonzentration ab.

Glucose-stimulierte Insulinsekretion. Der physiologische Reiz zur Auslösung der Insulinsekretion der β-Zelle besteht in einer Erhöhung der Glucosekonzentration in der extrazellulären Flüssigkeit, wie man sie beispielsweise nach einer Mahlzeit beobachten kann. Die Insulinsekretion beginnt bei einer Glucosekonzentration von 2–3 mmol/l und nimmt danach bis zu einer Glucosekonzentration von 15 mmol/l zu. Diese Tatsache gewährleistet, dass im gesunden Zustand jede Erhöhung der Blutglucosekonzentration über einen Grenzwert von etwa 3 mmol/l dosisabhängig von einer Insulinfreisetzung und einem Anstieg der Insulinkonzentration im peripheren Blut begleitet wird (◘ Abb. 26.4). Dieses

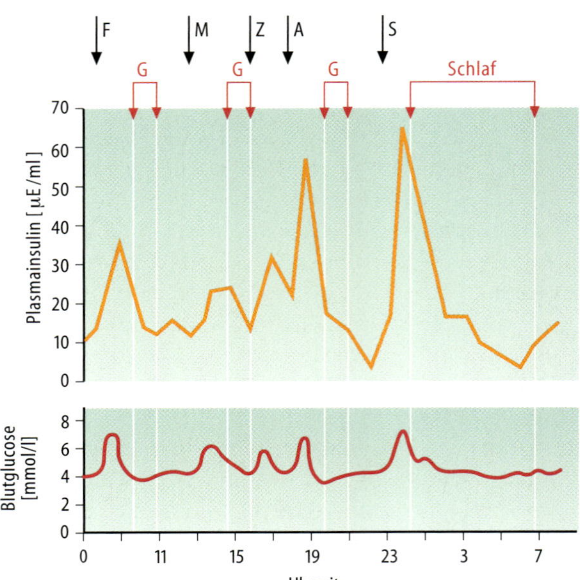

◘ **Abb. 26.4. Zusammenhang zwischen Blutglucose- und Plasmainsulin-Konzentration.** 24-Stunden-Profil einer normalgewichtigen Versuchsperson. F = Frühstück; M = Mittagessen; Z = Zwischenmahlzeit; A = Abendessen; S = Spätmahlzeit; G = 1 Stunde gehen. (Nach Molnar 1972)

Phänomen ist die Grundlage der **Glucosetoleranz-Tests** zur Diagnose von Vorstadien des Diabetes mellitus (▶ Kap. 16.1.2). Nur bei normaler Insulinsekretion ist der etwa 30 min nach der Glucosebelastung erfolgende Abfall der Blutglucose möglich.

Mechanismus der Glucose-stimulierten Insulinsekretion. Durch kombinierte biochemische und elektrophysiologische Untersuchungen hat man heute eine einigermaßen sichere Vorstellung vom biochemischen Mechanismus, mit Hilfe dessen das Signal einer erhöhten extrazellulären Glucosekonzentration in die Exozytose der Insulin-enthaltenden β-Granula umgesetzt wird (◘ Abb. 26.5). Glucose wird von den β-Zellen in Abhängigkeit von ihrer Konzentration (s.u.) aufgenommen und verstoffwechselt. Jede Steigerung des Glucoseumsatzes in der β-Zelle resultiert in einem Anstieg des zellulären **ATP/ADP-Verhältnisses**. Dies führt zur Hemmung eines in der Plasmamembran der β-Zellen vorhandenen ATP-empfindlichen **K^+-Kanals,** was eine **Depolarisierung** der β-Zelle auslöst. Ein spannungsregulierter **Ca^{2+}-Kanal** öffnet sich infolgedessen und führt zu einem Anstieg der cytosolischen Calciumkonzentration, die wiederum der Auslöser für die gesteigerte Exozytose von β-Granula ist.

! Nicht das Glucosemolekül selbst, sondern das bei seinem Abbau gebildete ATP stellt das Signal für die Depolarisierung der β-Zelle und die Insulinsekretion dar.

Molekulare Natur des Glucosesensors. Die molekulare Ursache für die Abhängigkeit der Insulinsekretion der β-Zellen von der extrazellulären Glucosekonzentration und vom Glucoseumsatz liegt offensichtlich in einem gewebstypischen Zusammenspiel von Glucoseaufnahme und Glucose-Phosphorylierung. In den β-Zellen der Langerhans'schen Inseln kommt das Glucosetransportprotein **GLUT-2** mit einer besonders hohen K_M für Glucose (etwa 40 mmol/l) vor, sodass die Glucoseaufnahme dieser Zellen stets proportional zur Blutglucosekonzentration ist. Ähnlich wie die Leber verfügen β-Zellen auch über eine hohe **Glucokinase-Aktivität**. Die Glucokinase der β-Zellen hat ebenfalls eine hohe K_M (etwa 8 mmol/l), sodass die Glucose-Phosphorylierung und damit die Glycolyserate direkt von der intrazellulären Glucosekonzentration abhängen. Die Ausstattung der β-Zelle mit GLUT-2 und Glucokinase sorgt also dafür, dass die Glycolyserate direkt proportional der Blutglucosekonzentration ist.

Modulation der Insulinsekretion. Verschiedene Verbindungen modulieren die Antwort der β-Zelle auf den Glucose-Reiz. Außer einigen Monosacchariden können Aminosäuren (v.a. Arginin), Fettsäuren und Ketonkörper zur Insulinfreisetzung führen. Allerdings ist in jedem Fall die Anwesenheit von Glucose notwendig, sodass eigentlich die Glucose-stimulierte Insulinsekretion durch die genannten Verbindungen lediglich verstärkt wird.

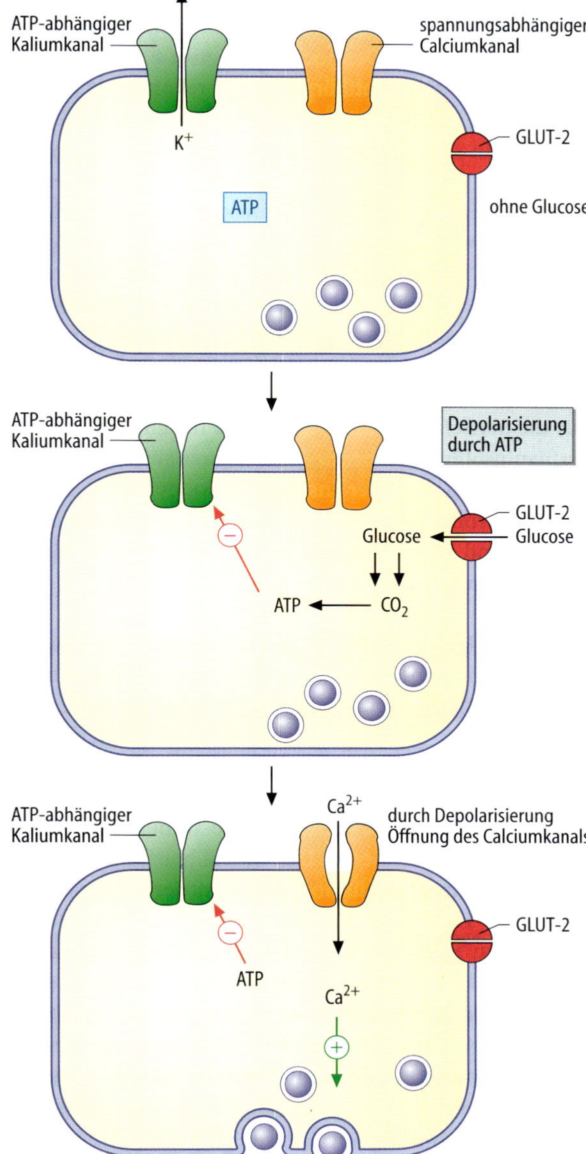

Abb. 26.5. Mechanismus der Glucose-induzierten Insulinsekretion. Der Glucosestoffwechsel der β-Zellen der Langerhans'schen Inseln führt in Abhängigkeit von der extrazellulären Glucosekonzentration zu einer Steigerung des ATP/ADP-Quotienten, der das metabolische Signal für das Schließen eines ATP-abhängigen K^+-Kanals darstellt. Die sich dadurch ergebende Depolarisierung bewirkt die Öffnung eines spannungsabhängigen Ca^{2+}-Kanals und eine Zunahme der cytosolischen Calciumkonzentration. Diese ist der Auslöser für die gesteigerte Exozytose der β-Granula

Harnstoff

a: $R_1-SO_2-NH-CO-NH-R_2$

b: Cl, OCH_3 – C_6H_3 – $CO-NH-CH_2-CH_2-C_6H_4-SO_2-NH-CO-NH$ – H

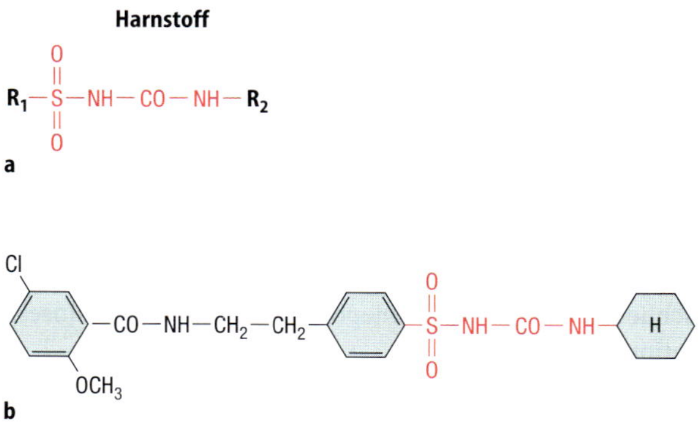

Abb. 26.6a,b. Struktur der Sulfonylharnstoffe. a Allgemeine Struktur. **b** Glibenclamid als Beispiel für einen häufig verwendeten Sulfonylharnstoff

> Hormone üben eine regulierende Wirkung auf die Insulinfreisetzung durch die β-Zelle aus.

Hemmung der Insulinsekretion. Noradrenalin und besonders Adrenalin hemmen die Insulinsekretion. Dieser Effekt wird allerdings durch α_2-Antagonisten wieder aufgehoben. Dies weist darauf hin, dass die inhibitorische Wirkung der Katecholamine α_2-Adrenozeptor-vermittelt ist. Ob Insulin seine eigene Sekretion zu hemmen vermag, ist nach wie vor Gegenstand der Diskussion. Dagegen ist es sicher, dass **Somatostatin**, welches u.a. in den δ-Zellen der Langerhans'schen Inseln gebildet wird, die Insulinsekretion unterdrückt. Die physiologische Bedeutung dieses Befundes ist jedoch noch weitgehend unklar.

Insulinotrope Hormone. Seit langem ist bekannt, dass die gleiche Menge Glucose oral verabreicht zu höheren Plasmainsulin-Konzentrationen führt als bei intravenöser Gabe. Dies ist die Folge einer durch bestimmte gastrointestinale Hormone (Enterohormone, ► Kap. 32.1.6) gesteigerten Insulinsekretion.

> Enterohormone, die Glucose-abhängig sezerniert werden und die Insulinsekretion steigern, werden als Inkretine bezeichnet.

Von besonderer Bedeutung ist hier das **gastroinhibitorische Peptid (GIP)** (► Kap. 32.1.6), dessen Plasmakonzentration besonders nach kohlenhydratreichen Mahlzeiten auf Werte ansteigt, die die Insulinsekretion deutlich stimulieren. Ähnlich verhält sich das aus dem Prä-Proglucagon der intestinalen Mukosazellen entstehende ***Glucagon-like peptide-1* (GLP-1)** (► Kap. 26.2.2). Beide Inkretine binden an spezifische heptahelicale Transmembranrezeptoren der β-Zelle und stimulieren die Insulinfreisetzung über eine Aktivierung des Adenylatcyclasesystems (► Kap. 25.6.2).

Insulinsekretion-stimulierende Pharmaka. Von besonderer Bedeutung sind hierbei die von den Sulfonamiden abgeleiteten **Sulfonylharnstoffe** (Abb. 26.6), welche neben den Insulinresistenz-vermindernden Pharmaka als sog. orale Antidiabetica zur Therapie des Typ 2-Diabetes (► Kap. 26.4.2) eingesetzt werden. Sulfonylharnstoffe führen direkt zu einer Depolarisierung der β-Zelle. Inzwischen ist es gelungen, den **Sulfonylharnstoff-Rezeptor** der β-Zelle zu klonieren und zu charakterisieren. Dieses auch als *Sulfonylurea receptor* (SUR) bekannte Transmembranprotein ist

Tabelle 26.2. Stoffwechselwirkungen von Insulin

Wirkungstyp	Effekte	Stoffwechselwirkung
Schnell	Steigerung des Glucosetransports in Skelettmuskel und Adipocyt	Senkung der Blutglucosekonzentration; Steigerung der Glycogensynthese und Glycolyse der Skelettmuskulatur; Steigerung der Triacylglycerinsynthese im Fettgewebe
	Aktivierung der Glycogensynthase	Steigerung der Glycogensynthese in Leber und Skelettmuskulatur
	Aktivierung der cAMP-spezifischen Phosphodiesterase	Senkung des cAMP-Spiegels; im Fettgewebe Hemmung der Lipolyse; in Leber und Skelettmuskel Hemmung der Glycogenolyse und Stimulierung der Glycogensynthese; in Leber Hemmung der Gluconeogenese
	Steigerung des Aminosäuretransports im Skelettmuskel	Steigerung der zellulären Aminosäurekonzentration; Stimulierung der Proteinbiosynthese
	Induktion der Lipoproteinlipase	Steigerung der Spaltung von VLDL-Triacylglycerinen; Stimulierung der Triacylglycerinbiosynthese
Langsam	Induktion von Glucokinase, Phosphofructokinase, Pyruvatkinase	Stimulierung der Glycolyse
	Repression von Pyruvat-Carboxylase, PEP-Carboxykinase, Fructose 1,6-Bisphosphatase und Glucose-6-Phosphatase	Hemmung der Gluconeogenese

26

! Insulin stimuliert den Glucosestoffwechsel in Fettgewebe und Skelettmuskel.

Steigerung des Glucosetransports. Die am längsten bekannte und wichtigste Wirkung des Insulins wurde in den 1940er Jahren von Rachmiel Levine entdeckt, als er zeigen konnte, dass Insulin die Glucoseaufnahme der Skelettmuskulatur stimuliert. Später konnte eine gleichartige Insulinwirkung auch im Fettgewebe nachgewiesen werden. Die hierdurch gesteigerte Glucoseverwertung führt im Gesamtorganismus zu einem raschen **Blutglucoseabfall**. Für die Glucoseaufnahme sowohl der Muskel- als auch der Fettzelle ist der Glucosetransporter **GLUT-4** (► Kap. 11.4.1) verantwortlich, welcher die Glucoseaufnahme durch erleichterte Diffusion katalysiert. GLUT-4 -Transporter sind nicht nur in der Plasmamembran verankert, sondern befinden sich auch in intrazellulären Membranvesikeln, wo sie zur schnellen Mobilisierung bereitstehen. Die Wirkung des Insulins beruht darauf, dass es solche Vesikel in die Plasmamembran verlagert (► Kap. 11.4.1). Ein derartiger Mechanismus passt gut zu den Ergebnissen kinetischer Untersuchungen, wonach Insulin die Maximalgeschwindigkeit und nicht etwa die K_M des Glucosetransportsystems verändert. Im Gegensatz zur Fett- und Muskelzelle verfügt die **Leberzelle** nicht über ein Insulin-abhängiges Glucosetransportsystem. Sie besitzt wie die β-Zelle den Glucosetransporter **GLUT-2**, welcher aufgrund seiner K_M eine Glucoseaufnahme in Abhängigkeit von der extrazellulären Glucosekonzentration gewährleistet. Eine Insulin-abhängige Translokation zwischen Plasmamembran und intrazellulären Vesikeln findet beim GLUT-2 nicht statt. Da Hepatozyten eine sehr aktive **Glucokinase** besitzen, wird von ihnen Glucose proportional dem Glucoseangebot der extrazellulären Flüssigkeit metabolisiert (► Kap. 11.4.2).

Wirkungen auf den Glucosemetabolismus. Die gesteigerte Glucoseaufnahme in Muskel- und Fettzelle führt zu einer Reihe von charakteristischen Stoffwechseleffekten. In der **Muskelzelle** kommt es v.a. zu einer Zunahme der Glycogenbiosynthese, daneben zu gesteigerter Glycolyse. In der **Fettzelle** wird ein beträchtlicher Teil der vermehrt aufgenommenen Glucose im Hexosemonophosphatweg unter Bildung von $NADPH/H^+$ abgebaut. Außerdem steigt auch in der Fettzelle die Geschwindigkeit der Glycolyse, wobei das gebildete Pyruvat zu Acetyl-CoA decarboxyliert und danach gegebenenfalls für die Fettsäurebiosynthese verwendet wird (► Kap. 16.1.1). Vermehrt synthetisierte Fettsäuren werden in Triacylglycerine eingebaut, womit Insulin auch in der Fettzelle den Aufbau von Speichermolekülen begünstigt. Von besonderer Bedeutung hierfür ist die durch das Insulin ausgelöste Aktivierung des in den Mitochondrien lokalisierten **Pyruvatdehydrogenase-Komplexes**. Dies führt zu einer vermehrten Bereitstellung von Acetyl-CoA für die Fettsäurebiosynthese.

! Insulin senkt den cAMP-Spiegel in Leber und Fettgewebe.

Senkung der cAMP-Konzentration in Hepatozyten. In der Leber treten Stoffwechseleffekte des Insulins mehr als bei anderen Organen im Gegenspiel zu Insulin-Antagonisten, also Glucagon oder Katecholaminen auf. Da die Glucoseaufnahme der Leberzelle Insulin-unabhängig verläuft, müssen etwaige Angriffspunkte des Insulins an der Leber über andere Wege als über das Glucosetransportsystem vermittelt werden. So vermag Insulin wirkungsvoll die durch Glucagon (► u.) stimulierte Gluconeogenese zu hemmen, daneben stimuliert es die Glycolyse sowie die Glycogensynthese. Die genannten Effekte gehen mit einer durch Insulin verursachten Senkung des cAMP-Spiegels einher. Ursächlich hierfür ist eine durch Insulin hervorgerufene Aktivierung der für den cAMP-Abbau verantwortlichen **Phosphodiesterase**. Jeder Abfall der cAMP-Konzentration muss zwangsläufig zu einer Hemmung des Glycogenabbaus und zu einer Stimulierung der Glycogensynthese führen. Darüber hinaus verursacht eine niedrige cAMP-Konzentration eine verminderte Phosphorylierung der Fructose-6-phosphat-2-Kinase, was nach dem in ► Kap. 11.6.2 dargestellten Mechanismus zur gesteigerten Bildung von **Fructose-2,6-bisphosphat** und damit zur gesteigerten Glycolyse führen muss. Wahrscheinlich beruht die unter Insulin beobachtete Hemmung der Ketonkörperproduktion auch auf dem beschriebenen Abfall des cAMP.

Senkung der cAMP-Konzentration in Fettzellen. In der Fettzelle, nicht aber in der Muskelzelle erzielt Insulin eine ähnliche inhibitorische Wirkung auf die durch Insulin-antagonistische Hormone stimulierte cAMP-Bildung. Dieses Phänomen bildet die Basis des schon lange bekannten antilipolytischen Effektes von Insulin am Fettgewebe. Dieser äußert sich besonders eindrucksvoll in dem in ◘ Abb. 26.8 dargestellten Verhalten von Blutglucose- und Fettsäurekonzentration bei der Therapie eines Patienten mit diabetischem Koma. Neben der Senkung der Blutglucosespiegel zeigt sich auch ein deutlicher Abfall der Fettsäurespiegel als Hinweis dafür, dass Insulin die Lipolyse der Fettzelle hemmt.

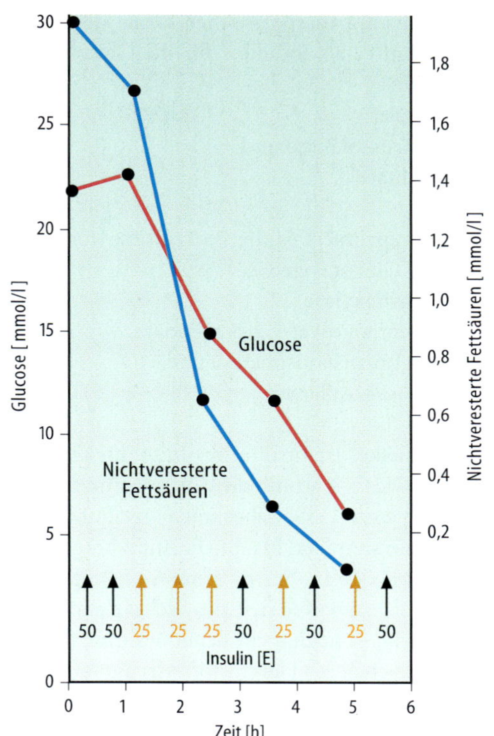

◘ **Abb. 26.8. Antilipolytischer Effekt des Insulins.** Konzentrationsabfall von Glucose und nicht-veresterten Fettsäuren im Blutplasma während der Therapie eines Coma diabeticum

Stimulierung der K^+-Aufnahme. Besonders in Fettgewebe und Muskulatur, aber auch in anderen Geweben, kommt es nach Insulingabe sehr schnell zu einer Steigerung der K^+-Aufnahme. Dieser Effekt kommt dadurch zustande, dass das Hormon – ähnlich wie bei der Steigerung der Glucoseaufnahme (► o.) – eine schnelle Translokation von intrazellulär vesikulär gebundenen Na^+/K^+-ATPase-Molekülen in die Plasmamembran stimuliert (► Kap. 28.5.1).

! Insulineffekte auf Wachstum und Proteinbiosynthese sind erst nach Stunden bis Tagen nachweisbar.

Langfristige Insulinwirkungen. Die Latenzzeit bis zum Wirkungseintritt der oben genannten Insulineffekte beträgt einige Sekunden bis höchstens wenige Minuten. Anders ist es dagegen mit Insulinwirkungen auf Wachstum und Proteinbiosynthese. Diese spielen sich auf der Ebene der Induktion bzw. Repression einzelner Enzyme ab oder bestehen in einer allgemeinen Stimulierung des Wachstums. Auf jeden Fall benötigen sie erhebliche Latenzzeiten.

Insulin-abhängige Genregulation. Von immer mehr Genen wird bekannt, dass ihre Transkription durch Insulin reguliert wird. Meist handelt es sich um Enzyme, die an Schlüsselstellen des Kohlenhydrat- oder Fettstoffwechsels stehen. ◘ Tab. 26.3 enthält eine Auswahl derartiger Enzyme. Im **Fettgewebe** wird die Expression der für die Umwandlung von Glucose in Fettsäuren benötigten Transportproteine und Enzyme durch Insulin induziert. Ein weiteres wichtiges, unter Insulinregulation stehendes Enzym ist die **Lipoproteinlipase**. Dieses für die Aufnahme von Triacylglycerinen aus den VLDL des Plasmas verantwortliche Enzym fehlt bei Insulinmangel im Fettgewebe fast vollständig, seine Aktivität lässt sich jedoch durch Zugabe von Insulin normalisieren (► Kap. 12.1.3). Auch in der **Leber**

◘ **Tabelle 26.3.** Enzyme, deren Biosynthese durch Insulin reguliert wird (Auswahl)

Gewebe	Insulin	
	Induziert	*Reprimiert*
Fettgewebe	GLUT-4 Phosphofructokinase Pyruvatkinase Acetyl-CoA-Carboxylase Fettsäuresynthase Lipoproteinlipase	
Leber	Glucokinase Phosphofructokinase Pyruvatkinase Acetyl-CoA-Carboxylase Fettsäuresynthase	Pyruvatcarboxylase PEP-Carboxykinase Fructose-2,6-Bisphosphatase Glucose-6-Phosphatase
Muskulatur	GLUT-4 Aminosäure-transport-Systeme	

beeinflusst Insulin in spezifischer Weise den Enzymbestand. So dient es als Induktor für die Glycolyse-spezifischen Enzyme
- Glucokinase
- Phosphofructokinase und
- Pyruvatkinase

Gleichzeitig reprimiert es die Biosynthese von Schlüsselenzymen der Gluconeogenese wie
- Pyruvatcarboxylase
- Phosphoenolpyruvat-Carboxykinase
- Fructose-1,6-Bisphosphatase und
- Glucose-6-Phosphatase

Im **Skelettmuskel** ist Insulin ein Induktor des Glucosetransporters GLUT-4, womit die Glucoseaufnahme und der Glucoseumsatz dieses Gewebes unter Insulinkontrolle stehen. Außerdem stimuliert Insulin die Aufnahme der Aminosäuren Alanin, Glycin, Serin, Threonin, Prolin, Histidin und Methionin; in wieweit sich dies auch auf andere Aminosäuren erstreckt, ist noch nicht sicher bekannt. Dieser Insulineffekt lässt sich durch Hemmstoffe der Proteinbiosynthese blockieren und beruht möglicherweise auf einer Insulinabhängigen Induktion der für die einzelnen Aminosäuren benötigten Transportsysteme.

Wachstumswirkung des Insulins. Aus Untersuchungen an isolierten Geweben und Zellen weiß man, dass Insulin die Proteinbiosynthese stimuliert. Diese Wirkung beruht dabei nicht nur auf einem gesteigerten Aminosäuretransport (► o.), sondern auch auf einer Insulin-abhängigen Phosphorylierung ribosomaler Proteine und einer damit verbundenen Beschleunigung der Translationsmaschinerie.

! Insulin ist das wichtigste anabole Hormon des Organismus.

Fasst man die geschilderten Insulinwirkungen auf den Stoffwechsel von Leber, Muskulatur und Fettgewebe zusammen, so stellt sich Insulin als ein anabol wirksames Hormon dar. Seine Sekretion wird durch ein erhöhtes Substratangebot im Blut, vornehmlich durch Glucose ausgelöst. Es sorgt durch seine Wirkung auf die Glucosetransportsysteme von Muskulatur und Fettzelle mit nachgeschalteten Effekten auf verschiedene Enzymsysteme für die effiziente Speicherung dieses Substratangebotes in Form von Glycogen und Triacylglycerinen. Unterstützt wird diese Insulinwirkung durch die gleichzeitig erfolgende Blockade der Stoffwechseleffekte kataboler Hormone (Glucagon, Katecholamine). Insulin fördert die Aufnahme verschiedener Aminosäuren in die Gewebe und damit die Proteinbiosynthese.

26.1.7 Molekularer Wirkungsmechanismus

Während das physiologische Wirkungsspektrum des Insulins ein klares Bild seiner biologischen Funktionen ergibt, kann die Frage nach seinem molekularen Wirkungsmechanismus auch heute noch nicht in allen Teilen befriedigend beantwortet werden. Fest steht, dass die primäre Insulinwirkung auf molekularer Ebene auf der Bindung des Insulins an einen spezifischen Transmembranrezeptor, den **Insulinrezeptor**, beruht.

 Der Insulinrezeptor ist ein tetrameres integrales Membranprotein.

Die Struktur des Insulinrezeptors. In ◻ Abb. 26.9 sind der Aufbau und die Membranintegrierung des Insulinrezeptors dargestellt. Er ist ein tetrameres integrales Membranprotein aus je zwei identischen Untereinheiten der Struktur $\alpha_2\beta_2$ und einer Molekülmasse von ca. 460 kDa. Die einzelnen Untereinheiten sind durch Disulfidbrücken miteinander verknüpft. Ein tetrameres Rezeptormolekül bindet jeweils ein Insulinmolekül. Für die **Insulinbindung** sind die beiden nicht in die Plasmamembran integrierten α-Untereinheiten verantwortlich. Jede β-Untereinheit stellt eine typische **Rezeptor-Tyrosinkinase** (► Kap. 25.7.1) dar.

Biosynthese des Insulinrezeptors. Das **Insulinrezeptor-Gen** liegt auf Chromosom 19. Es umfasst 22 Exons; je 11 dieser Exons codieren für eine α- und eine β-Untereinheit. Das primäre Translationsprodukt des Insulinrezeptor-Gens ist zunächst ein einkettiger Prorezeptor. Die im endoplasmatischen Retikulum erfolgende Dimerisierung von zwei Prorezeptoren wird durch die Ausbildung von zwei Disulfidbrücken stabilisiert. Im Golgi-Apparat erfolgt dann die proteolytische Spaltung der dimerisierten Prorezeptoren durch eine Prohormon-Konvertase und die N-Glycosylierung an den α-Untereinheiten, sodass der fertige Rezeptor in die Plasmamembran eingebaut werden kann.

 Die Phosphorylierung definierter Tyrosinreste in der β-Untereinheit des Insulinrezeptors ist eine unabdingbare Voraussetzung für die Weiterleitung des Insulinsignals in die Zelle.

Aktivierung des Insulinrezeptors. Die Bindung des Insulinmoleküls an die extrazellulär gelegenen α-Untereinheiten des Insulinrezeptors löst eine Konformationsänderung im Rezeptormolekül aus, welche die Tyrosinkinase im cytosolischen Abschnitt der β-Untereinheit aktiviert. So kann die ATP-abhängige **Autophosphorylierung** der β-Untereinheiten an mehreren Tyrosinresten in Gang gesetzt werden. Durch Phosphorylierung des Tyrosin 960 nahe der Plasmamembran wird eine Bindungsstelle für Insulinrezeptorsubstrat-1 (IRS-1, ► u.) geschaffen. Die zusätzliche Phosphorylierung dreier Tyrosinreste innerhalb der Tyrosinkinase-Domäne bewirkt eine maximale Aktivierung der Tyrosinkinase.

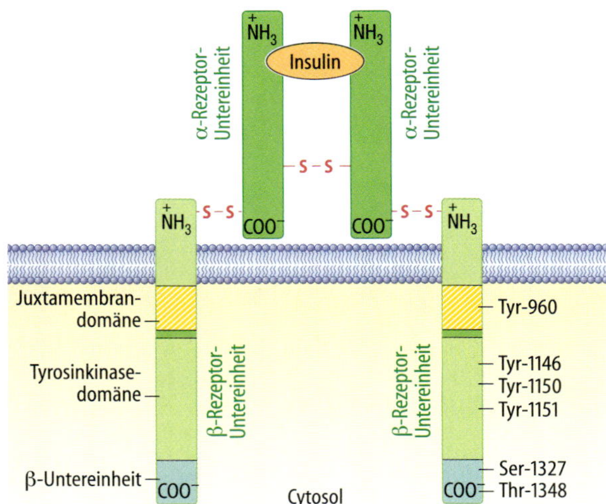

Abb. 26.9. Struktur des Insulinrezeptors. Die beiden etwa 135 kDa großen α-Untereinheiten des Insulinrezeptors bestehen aus je 731 Aminosäuren und sind über eine Disulfidbrücke miteinander verknüpft. Sie bilden die Insulin-bindende Domäne des Rezeptors. Die beiden 95 kDa großen β-Untereinheiten bestehen aus je 620 Aminosäuren mit einer extrazellulären, einer transmembranären und einer cytosolischen Domäne. Letztere enthält die Tyrosinkinase-Aktivität, die Bindungsstelle für IRS-Proteine (Juxtamembrandomäne) sowie eine C-terminale regulatorische Sequenz

Modulation der Rezeptor-Tyrosinkinase-Aktivität. Der Insulinrezeptor kann neben der Phosphorylierung an Tyrosinresten auch an Serin- und Threoninresten phosphoryliert werden. Es gibt Hinweise dafür, dass der Insulinrezeptor selbst eine intrinsische Serinkinaseaktivität besitzt und hierdurch eine Serinphosphorylierung im Bereich der β-Untereinheit auslösen kann. Daneben kann der Insulinrezeptor auch als Substrat verschiedener Serinkinasen wie beispielsweise der **Proteinkinase C** (► Kap. 25.7.1) und der **Proteinkinase A** (► Kap. 25.6.2) dienen. Obwohl man die Serinphosphorylierung des Insulinrezeptors insgesamt noch nicht vollständig versteht, scheint nach bisherigen Erfahrungen hierdurch in den meisten Fällen eine negative Rückkoppelung auf das Insulinsignal, also eine Hemmung des Signalkomplexes ausgelöst zu werden.

! Die Insulinrezeptorsubstrate werden in den Geweben des Körpers unterschiedlich stark exprimiert, wodurch eine Gewebe-spezifische Weiterleitung des Insulinsignals möglich ist.

Weiterleitung des Insulinsignals. Nach Aktivierung der Tyrosinkinase sowie Autophosphorylierung der β-Untereinheit kommt es zur Bindung sog. *docking*-Proteine (Adapter-Proteine) an definierte Phosphotyrosine des Insulinrezeptors. Die wichtigsten *docking*-Proteine sind die **Insulinrezeptorsubstrate (IRS)**. Von diesen sind inzwischen drei hoch homologe Formen (IRS-1, -2 und -4) mit Molekülmassen von 130–190 kDa beim Menschen beschrieben worden (IRS-3 kommt nur im Genom von Nagern vor). Zu den bevorzugten Substraten des Insulinrezeptors gehören IRS-1 und IRS-2. Sie werden von der Insulinrezeptor-Tyrosinkinase an zahlreichen Tyrosinresten phosphoryliert, die sich durch die Erkennungssequenz Tyr-Met-X-Met (YMXM) auszeichnen. Diese Phosphotyrosinreste bilden wiederum Bindungsstellen für weitere Proteine, v.a. die **Phosphatidylinositol-3-Kinase (PI3K)** sowie das Protein **GRB2**.

Phosphatidylinositol-3-Kinase. Die PI3K bindet mit ihrer regulatorischen Untereinheit p85 an IRS-1, wodurch die katalytische Untereinheit des Enzyms (p110) aktiviert wird (Abb. 26.10). Hierdurch wird Phosphatidylinositol-4,5-bisphosphat (PIP-4,5-P_2) zu Phosphatidylinositol-3,4,5-trisphosphat (PIP-3,4,5-P_3) phosphoryliert. An das so modifizierte Membranphospholipid binden v.a. zwei Enzyme:
- Die ***phosphoinositide-dependent kinase*** **(PDK)** wird hierdurch aktiviert und phosphoryliert die
- **Proteinkinase B (PKB)** an Seryl- und Threonyl-Resten, wodurch das Enzym aktiviert wird. Allerdings muss es hierfür vorher an PIP-3,4,5-P_3 gebunden haben

! Durch Einsatz von Inhibitoren und gezielte Mutagenese konnte gezeigt werden, dass PI3K und PKB wichtig für die metabolischen Effekte des Insulins sind.

Die gezielte gentechnische Ausschaltung einzelner Proteine des oben dargestellten Signaltransduktionsmechanismus hat gezeigt, dass die PI3K-abhängige Aktivierung der PKB eine notwendige Voraussetzung für die Insulin-stimulierte **Translokation von GLUT-4** in die Plasmamembran ist. Es ist allerdings auch klar, dass sie alleine nicht ausreicht, um den Insulineffekt auf die Glucoseaufnahme zu erklären. Die Natur dieses PI3K-unabhängigen Schrittes ist noch unklar. Auf jeden Fall sind zusätzliche Signalprozesse nötig, die, wie zumindest in Fettzellen gezeigt werden konnte, in den **Caveolae** (► Kap. 2.2.6) ablaufen. Auslöser ist eine direkte Interaktion des Insulinrezeptors mit den Hauptstrukturproteinen der Caveolae, den Caveolinen. Dies induziert durch Protein-Protein-Wechselwirkungen eine Kaskade von Vorgängen, welche zur Aktivierung des kleinen G-Proteins **TC10** und zur GLUT-4-Translokation führt. Auch der TC10-Weg, der im Detail noch nicht ausreichend charakterisiert ist, ist alleine nicht in der Lage, eine maximale Glucoseaufnahme zuzulassen, sondern bewirkt dies synergistisch mit dem PI3K-Signalweg. Neben der Rolle der PKB für die Aktivierung des Glucosetransportsystems wurde inzwischen auch gezeigt, dass PKB ein zentrales Signalelement für die Insulin-stimulierte Glycogensynthese darstellt (Abb. 26.10). Sie phosphoryliert und inaktiviert die **Glycogensynthasekinase-3 (GSK3)**, wodurch die Glycogensynthase in der aktiven, dephosphorylierten Form bleibt (► Kap. 11.5). In Leber und Skelettmuskel aktiviert Insulin über PI3K und PKB außerdem die cAMP-spezifische **Phosphodiesterase-3B (PDE3B)**, welche cAMP zu AMP hydrolysiert und so die intrazellulären cAMP-Spiegel sinken lässt.

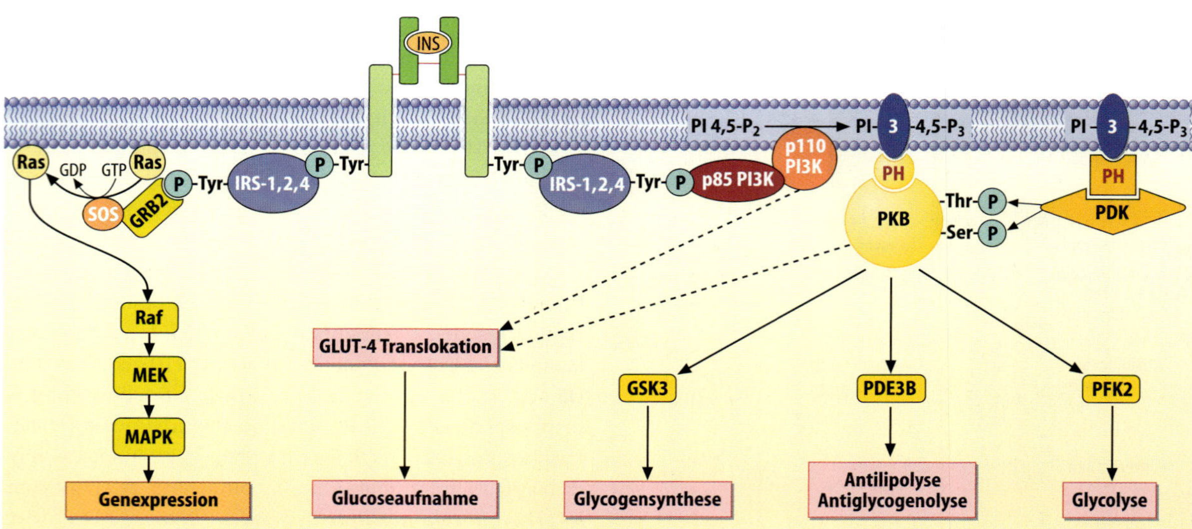

26

Abb. 26.10. Intrazelluläre Signalübertragung des Insulins. Nach Phosphorylierung von IRS-Proteinen an YMXM-Motiven durch den Insulinrezeptor bestehen zwei Möglichkeiten: Bindung und Aktivierung der PI3-Kinase führt zu metabolischen Insulineffekten (*rechts*), alternativ kommt es durch Bindung von GRB2 und die anschließende Aktivierung der MAP-Kinasekaskade zu Änderungen der Genexpression (*links*). (Einzelheiten ► Text)

Dies hat unweigerlich im Muskel eine Abnahme der Glycogenolyse und im Fettgewebe eine Hemmung der Lipolyse zur Folge. Auch eine Reihe weiterer Insulineffekte auf die Glycolyse in Leber, Skelettmuskulatur und Herzmuskel sind offensichtlich von der Aktivierung von PI3K und PKB abhängig, wenngleich der molekulare Mechanismus nicht in jedem Fall vollständig aufgeklärt ist (► Kap. 11.5). Die PKB-abhängige Aktivierung der **Phosphofructokinase-2** (**PFK2**) stellt eine Möglichkeit der Insulin-abhängigen Stimulation der Glycolyse dar.

GRB2. Auf der Ebene der IRS-Proteine führt eine weitere Reaktionskaskade zur Regulation der Genexpression. Diese wird, wie in Abb. 26.10 dargestellt, über die Signalproteine GRB2, SOS und Ras hin zur **Mitogen-aktivierten Proteinkinase** (**MAPK**)-Kaskade (► Kap. 25.4.3) geleitet. Proteinkinasen der MAPK-Familie können zudem IRS-1 an bestimmten Serinen phosphorylieren. Hierdurch wird IRS-1 in seiner Aktivität inhibiert, sodass man heute davon ausgeht, dass MAPK das Insulinsignal in Form einer negativen Rückkoppelung wieder abschalten können.

In Kürze

Insulin wird in den β-Zellen der Langerhans'schen Inseln des Pankreas gebildet. Es ist das wichtigste anabole Hormon des Organismus. Es hat folgende Wirkungen:
- Insulin beeinflusst den Kohlenhydratstoffwechsel akut durch **Stimulierung des Glucosetransportes** in Fettgewebe und Muskulatur sowie längerfristig durch **Induktion** von Glycolyse-Enzymen und **Repression** von Gluconeogenese-Enzymen
- Durch die Aktivierung einer **cAMP-Phosphodiesterase** führt es zu erniedrigten intrazellulären cAMP-Konzentrationen. Hierdurch werden Glycogenabbau und Lipolyse gehemmt und die Glycogensynthese und Liponeogenese stimuliert
- Darüber hinaus hat Insulin einen direkten stimulierenden Einfluss auf Glycogensynthese, Liponeogenese und Proteinbiosynthese

Alle Wirkungen des Insulins beruhen auf seiner Bindung an einen membranständigen Insulinrezeptor, der zur Familie der Tyrosinkinase-Rezeptoren gehört. Die Insulinbindung an den Rezeptor löst eine Rekrutierung von Insulinrezeptorsubstrat an den Rezeptor aus, von dem aus die verschiedenen Insulineffekte ihren molekularen Ursprung nehmen.

26.2 Glucagon

26.2.1 Struktur

Glucagon ist ein Peptidhormon aus 29 Aminosäuren mit einer Molekülmasse von 3,485 kDa. Es wird in den **α-Zellen** der Langerhans'schen Inseln des Pankreas, also in unmittelbarer Nachbarschaft zum Produktionsort des Insulins gebildet. Alle Aminosäuren des Glucagons sind für seine biologische Aktivität erforderlich.

26.2.2 Biosynthese und Sekretion

Glucagonbiosynthese und -reifung. Glucagon, dessen Gen auf dem humanen Chromosom 2 zu finden ist, wird wie viele Peptidhormone in Form eines wesentlich größeren Präkursor-Moleküls synthetisiert. Es handelt sich um das etwa 18 kDa große **Prä-Proglucagon**, welches außer in den α-Zellen der Langerhans'schen Inseln auch in der intestinalen Mukosa (Enteroglucagon, ► Kap. 32.1.6) und im Zentralnervensystem vorkommt. N-terminal trägt es eine Signalsequenz, die wie bei Prä-Proinsulin für die Einschleusung des entstehenden Peptids in das Lumen des endoplasmatischen Retikulums verantwortlich ist. Nach der Abtrennung der Signalsequenz im ER entsteht das etwa 12 kDa große **Proglucagon** (160 Aminosäuren). ◘ Abb. 26.11 zeigt seinen Aufbau sowie seine proteolytische Prozessierung.

> **!** Neben dem Glucagon enthält das Proglucagon-Molekül die Aminosäuresequenz für zwei weitere Peptide, deren Strukturen der des Glucagons homolog sind und die infolgedessen als Glucagon-like peptide-1 (GLP-1) (29 Aminosäuren) und GLP-2 (33 Aminosäuren) bezeichnet werden.

Die jeweiligen Peptide sind durch Sequenzen basischer Aminosäuren voneinander getrennt, welche Spaltstellen für **Prohormon-Konvertasen** darstellen. In den **α-Zellen** der Langerhans'schen Inseln entsteht durch Prohormon-Konvertase-2-katalysierte Proteolyse zunächst ein N-terminales, als Glicentin bezeichnetes Protein sowie ein C-terminales Fragment, das Major Proglucagonfragment. Das letztere wird jedoch in den α-Zellen vollständig abgebaut. Glicentin wird durch Prohormon-Konvertase-2 weiter proteolytisch gespalten, wobei je nach Spaltstelle das 9 kDa große 9K-Glucagon bzw. das Oxyntomodulin als Zwischenprodukte entstehen, die jedoch rasch zu fertigem Glucagon prozessiert werden.

GLPs. In der **intestinalen Mukosa** und im **Gehirn** wird Proglucagon durch ein Zusammenspiel der Prohormon-Konvertasen-1 und -2 prozessiert. Hier sind die wichtigsten aus der proteolytischen Spaltung hervorgehenden Produkte GLP-1 und GLP-2. Von beiden weiß man, dass sie nach der Nahrungsaufnahme von den L-Zellen des Intestinaltrakts freigesetzt werden. GLP-1 ist ein Inkretin und stimuliert als solches die Insulinsekretion der β-Zellen

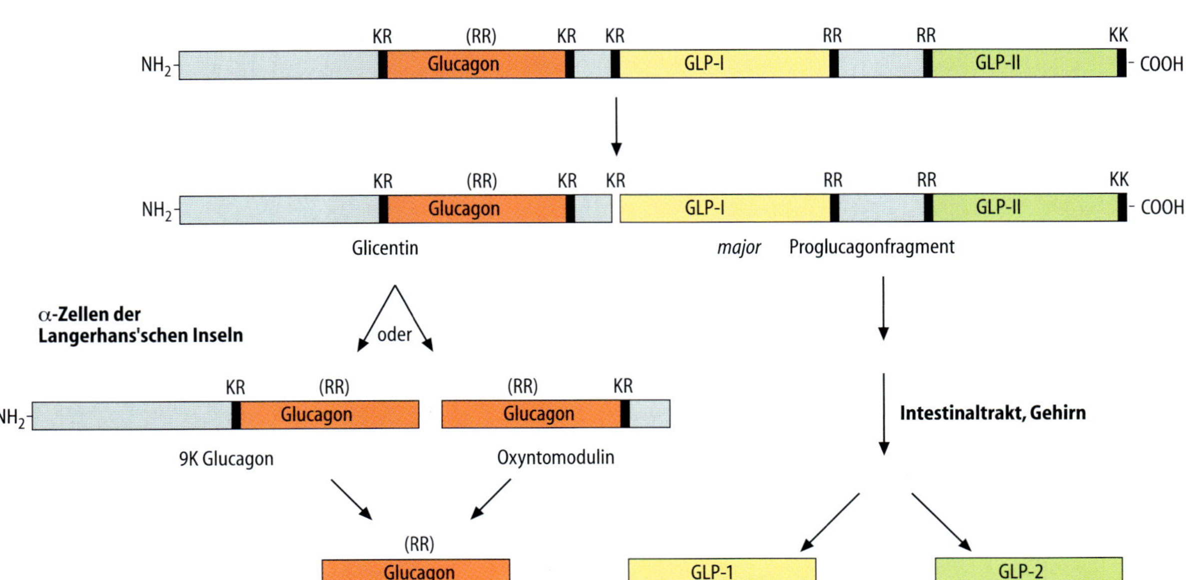

◘ **Abb. 26.11. Aufbau und proteolytische Prozessierung des Proglucagons.** Das Präkursorprotein enthält die Sequenzen von Glucagon sowie GLP-1 und GLP-2. In den α-Zellen der Langerhans'schen Inseln des Pankreas erfolgt eine schrittweise Spaltung dieses Präkursors an basischen Aminosäuren (K und R), sodass als wichtigstes Spaltprodukt Glucagon entsteht. Die verschiedenen Zwischenprodukte der Spaltungsreaktion konnten ebenfalls in den α-Zellen nachgewiesen werden

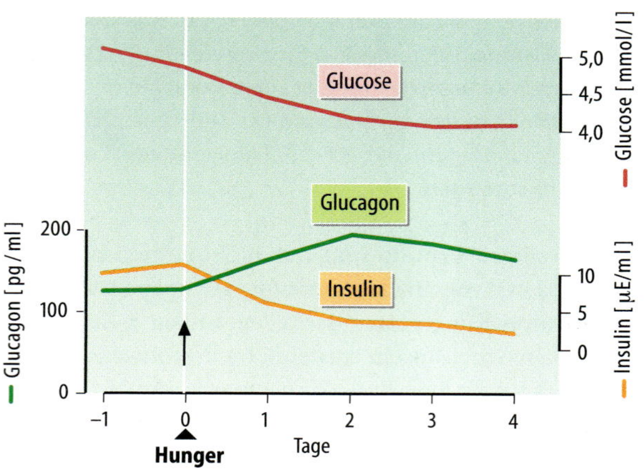

Abb. 26.12. Zusammenhang zwischen Blutglucose-, Plasmainsulin- und Plasmaglucagon-Konzentrationen. Mittlere Glucagon-, Insulin- und Glucosekonzentrationen vor und während 3–4-tägigem totalen Fastens. Die Bestimmungen wurden jeweils um 9 Uhr morgens durchgeführt

der Langerhans'schen Inseln (► Kap. 26.1.2). Daneben deuten neuere Daten darauf hin, dass GLP-1 auch auf das hypothalamische Appetitzentrum Einfluss nehmen und als Sättigungsfaktor wirken kann. GLP-2 reguliert die Motilität und Nährstoffresorption des Dünndarms sowie das Wachstum der gastrointestinalen Epithelzellen. Die Rezeptoren für GLP-1 und GLP-2 sind eng mit dem Glucagonrezeptor (► u.) verwandt.

Glucagonsekretion. Auch die Glucagonsekretion erfolgt in Abhängigkeit von der extrazellulären Glucosekonzentration.

> Glucose beeinflusst die Sekretion von Insulin und Glucagon in reziproker Weise.

Anders als beim Insulin ist ein **Abfall der Glucosekonzentration** der auslösende Stimulus für die Glucagonabgabe. So lässt sich nach mehrtägiger Nahrungskarenz ein Abfall der Insulin- und ein Anstieg der Glucagonkonzentration im Blut beobachten, der zeitlich genau dem Abfall der Blutglucosekonzentration entspricht (Abb. 26.12). Auch an isolierten Langerhans'schen Inseln führt jeder Anstieg der Glucosekonzentration im Medium zu einem Abfall der Glucagonsekretion. Dieser Befund trifft allerdings nicht für alle physiologischen Bedingungen zu. Außer durch Glucose kann nämlich die Glucagonsekretion auch durch die Nahrungszusammensetzung beeinflusst werden. Während nach einer kohlenhydratreichen Mahlzeit die Insulinkonzentration im Blut ansteigt und diejenige des Glucagons abfällt, findet sich nach einer **proteinreichen Mahlzeit** ein Anstieg sowohl der Insulin- als auch der Glucagonkonzentration (Abb. 26.13). Der biologische Sinn dieses Effektes liegt wohl darin, dass die nach einer proteinreichen Mahlzeit vermehrt resorbierten Aminosäuren die Insulinsekretion übermäßig stimulieren und dadurch eine Hypoglykämie auslösen könnten. Diese wird durch die gesteigerte Glucagonsekretion verhindert. Verbindungen, die die vermehrte Glucagonsekretion auslösen, sind sowohl die

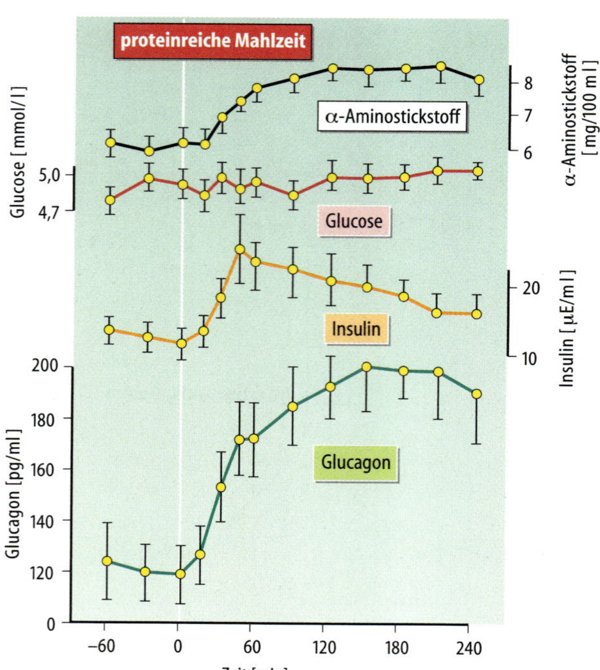

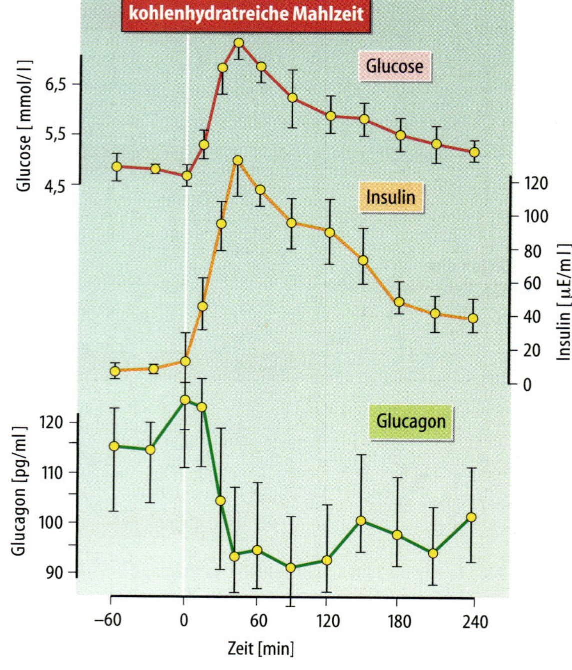

Abb. 26.13. Insulin- und Glucagonsekretion nach verschiedenen Mahlzeiten. *Links*: Nach einer proteinreichen Mahlzeit (Mittelwerte +/– Standardabweichung). *Rechts*: Nach einer kohlenhydratreichen Mahlzeit (Mittelwerte +/– Standardabweichung)

resorbierten **Aminosäuren** selbst wie auch das bei proteinreichen Mahlzeiten gesteigert produzierte **Cholecystokinin-Pankreozymin** (▶ Kap. 32.1.6).

Modulation der Glucagonsekretion. β-adrenerge Stimulation sowie die Inkretine GIP und GLP-1 (▶ Kap. 26.1.3) stimulieren die Glucagonfreisetzung. Erhöhte Spiegel von Fettsäuren, Insulin und Somatostatin hemmen die Glucagonfreisetzung.

Plasmakonzentration. Die Plasmakonzentration des Glucagons variiert nach 12-16stündigem Fasten individuell zwischen 25 und 150 pg/ml.

26.2.3 Biologische Wirkungen

Wirkung auf die Glucosehomöostase. Die wohl wichtigste biologische Funktion von Glucagon ist die Sicherung und Aufrechterhaltung einer ausreichenden Glucosefreisetzung aus der Leber.

> **!** Glucagon ist wesentlich an der Aufrechterhaltung normaler Blutglucosespiegel und der Korrektur von Hypoglykämien beteiligt, wozu es auch therapeutisch eingesetzt wird.

Der Hauptwirkort des Glucagons ist die **Leber**, an die das Hormon nach seiner Sekretion zunächst und in höchster Konzentration gelangt. Am Hepatozyten stimuliert Glucagon die **Adenylatcyclase**, sodass seine Effekte auf den Leberstoffwechsel sich auf die dadurch erhöhten cAMP-Konzentrationen zurückführen lassen. So kommt es zu gesteigerter Glycogenolyse durch Aktivierung der Phosphorylase mit gleichzeitig gehemmter Glycogenbiosynthese. Darüber hinaus führt cAMP über die in ▶ Kap. 11.6 geschilderten Mechanismen zu einer Hemmung der hepatischen Glycolyse und Stimulierung der Gluconeogenese. Damit ist Glucagon an der Leber ein Insulin-antagonistisch wirkendes Hormon, dessen Aktivität bei kataboler Stoffwechsellage notwendig ist. Es wird bei **Substratmangel** (Glucosemangel) im Blut aus den α-Zellen der Langerhans'schen Inseln freigesetzt und stimuliert die Mobilisierung von Glucosespeichern wie auch die Glucoseneusynthese.

Langfristige Glucagonwirkung. Unterstützt wird die rasche Glucagonwirkung durch die langfristige cAMP-Wirkung auf die **Genexpression**. cAMP dient als Repressor von Schlüsselenzymen der Glycolyse und als Induktor von solchen der Gluconeogenese (▶ Kap. 11.6).

Extrahepatische Glucagonwirkungen. Inzwischen ist klar, dass Glucagonrezeptoren auf unterschiedlichen Zellarten vorkommen. So werden in letzter Zeit auch immer mehr nicht-klassische Wirkungen von Glucagon bekannt. Glucagonrezeptoren finden sich im Bereich der **Nebennierenrindenzellen**. Beim Menschen ruft eine kurzzeitige intravenöse Gabe von Glucagon eine deutliche **Zunahme der Blutcortisolspiegel** hervor, sodass man eine stimulatorische Wirkung von Glucagon auf die Glucocorticoidsynthese der Nebennierenrinde annehmen kann. Welche physiologische Bedeutung dieser nicht-klassischen Wirkung von Glucagon zukommt, ist bisher noch nicht ausreichend erforscht. Eine Antwort könnte jedoch in der Stressantwort bei Hypoglykämie liegen. So könnte die vermehrte Glucagonfreisetzung im Rahmen einer akuten Hypoglykämie auch die Freisetzung des Stresshormons Cortisol direkt beeinflussen und hierdurch zu einer adäquaten kompensatorischen Reaktion auf die Unterzuckerung beitragen, da auch Cortisol die hepatische Glucosefreisetzung stimuliert. Glucagon ist imstande, im **Fettgewebe** von Nagern und anderen Versuchstieren in physiologischen Konzentrationen die Adenylatcyclase zu aktivieren. Dadurch wirkt es lipolytisch und Insulin-antagonistisch. Auch am menschlichen Fettgewebe sind Glucagonrezeptoren nachweisbar.

26.2.4 Molekularer Wirkungsmechanismus

Der Glucagonrezeptor. Alle bekannten Glucagoneffekte werden durch einen in der Plasmamembran lokalisierten Glucagonrezeptor vermittelt. Er wird in einer Reihe von Geweben exprimiert, wobei die **Leber** ohne Zweifel der wichtigste Ort für die Glucagonwirkung ist.

> **!** Der 55 kDa große Glucagonrezeptor ist ein klassischer Vertreter der heptahelicalen Transmembranrezeptoren und ist über heterotrimere stimulatorische G-Proteine an das Adenylatcyclase-System gekoppelt.

Dies macht verständlich, warum viele Glucagonwirkungen durch cAMP imitiert werden können. Außerdem interagiert der Glucagonrezeptor mit dem G-Protein Gq, welches eine Erhöhung der cytosolischen Ca^{2+}-Konzentration einleitet. Sowohl die intrazelluläre cAMP-Erhöhung als auch die Erhöhung der intrazellulären Calciumspiegel sind für das intrazelluläre Glucagonsignal verantwortlich (◘ Abb. 26.14).

Weiterleitung des Glucagonsignals. Glucagon bindet an den extrazellulären Bereich des Rezeptors, wobei sowohl der N-terminale Bereich als auch die transmembranären Regionen eine wesentliche Rolle spielen. Infolge der Ligandenbindung kommt es zu einer Konformationsänderung im Rezeptorprotein, welche nun die intrazelluläre Bindung und Aktivierung des **stimulatorischen G-Proteins (G_s)** verursacht (▶ Kap. 25.6.2). Für die Kopplung von G_s-Protein an die intrazelluläre Region des Glucagonrezeptors sind nach neueren Erkenntnissen Sequenzen aus der zweiten und dritten intrazellulären Schleife notwendig. Die Aktivierung des G_s-Proteins beruht auf einem Austausch von GDP

26

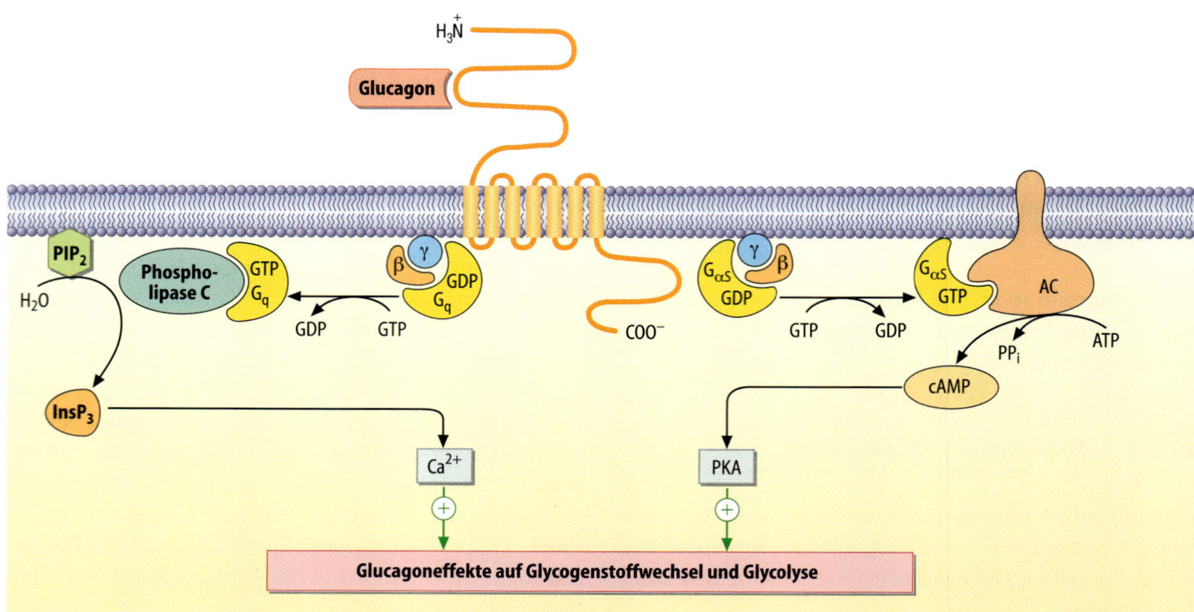

Abb. 26.14. Signalweiterleitung über den Glucagonrezeptor. Glucagon bindet an die extrazelluläre Domäne des Rezeptors und löst eine Konformationsänderung aus. Hierdurch kann ein heterotrimeres stimulatorisches G-Protein (G_S) vom Rezeptor gebunden und aktiviert werden. Die α-Untereinheit von G_S löst dann eine Aktivierung der Adenylatcyclase mit Erhöhung der intrazellulären cAMP-Spiegel aus (*rechts*). Auch das G-Protein G_q wird durch den Rezeptor aktiviert, welches die Phospholipase C und damit den Inositol-1,4,5-trisphosphat-Weg stimuliert. Dies führt zur Erhöhung der intrazellulären Calciumspiegel (*links*). Beide intrazellulären Signale sind für die metabolischen Wirkungen des Glucagons erforderlich

gegen GTP. Schließlich dissoziiert die α-Untereinheit des aktiven G_s-Proteins ab und stimuliert die **Adenylatcyclase**, welche eine Erhöhung der intrazellulären cAMP-Spiegel hervorruft. Hierdurch kann die Proteinkinase A aktiviert werden (Abb. 26.14). Außerdem initiiert der aktivierte Rezeptor einen GDP-GTP-Austausch im heterotrimeren G-Protein G_q, welches die Phospolipase Cβ aktiviert und so die IP_3-Kaskade auslöst (► Kap. 25.6.3). Dies wiederum löst die Erhöhung der cytosolischen Ca^{2+}-Konzentration aus. Weitere intrazelluläre Signalschritte bis zur Auslösung der biologischen Effekte des Glucagons folgen. Diese sind jedoch bislang noch nicht im Detail aufgeklärt.

In Kürze

Glucagon ist das zweite Hormon der Langerhans'schen Inseln des Pankreas und an der Leber ein bedeutender Insulinantagonist. Es wird beim Absinken der Blutglucosekonzentration, z.B. bei Nahrungskarenz freigesetzt und dient der Bereitstellung des Brennstoffs Glucose für alle obligat auf Glucose angewiesenen Gewebe. Dies wird durch eine cAMP-vermittelte Stimulation der hepatischen Glycogenolyse und Gluconeogenese bewerkstelligt. Außer in den α-Zellen der Langerhans'schen Inseln wird der Glucagonpräkursor auch im Intestinaltrakt synthetisiert. Hier wird er jedoch proteolytisch im Wesentlichen zu GLP-1 und GLP-2 prozessiert. GLP-1 und GLP-2 werden bei Nahrungszufuhr freigesetzt. GLP-1 ist ein wichtiger Stimulator der Insulinsekretion.

26.3 Katecholamine

26.3.1 Struktur

Das Nebennierenmark ist entwicklungsgeschichtlich ein Abkömmling eines sympathischen Ganglions, in welchem die postganglionären Zellen ihre Axone verloren haben und die von ihnen synthetisierten Transmitter als Hormone direkt in die Blutbahn abgeben. Dementsprechend ist auch bei einigen Species **Noradrenalin** (früher: Norepinephrin) das im Nebennierenmark synthetisierte Hormon. Bei anderen Arten, z.B. dem Menschen oder dem Hund, wird dagegen im Wesentlichen **Adrenalin** (früher: Epinephrin) synthetisiert, das durch Methylierung von Noradrenalin entsteht (Abb. 26.15). Adrenalin und Noradrenalin werden auch als **Katecholamine** bezeichnet, da sie chemisch gesehen Derivate des Katechols (1,2-Dihydroxybenzol) sind (► Kap. 31.3.5). Außer durch das Nebennierenmark wird Noradrenalin auch durch die synaptischen Endigungen der adrenergen Neuronen gebildet und gespeichert. Es wirkt hier als Neurotransmitter.

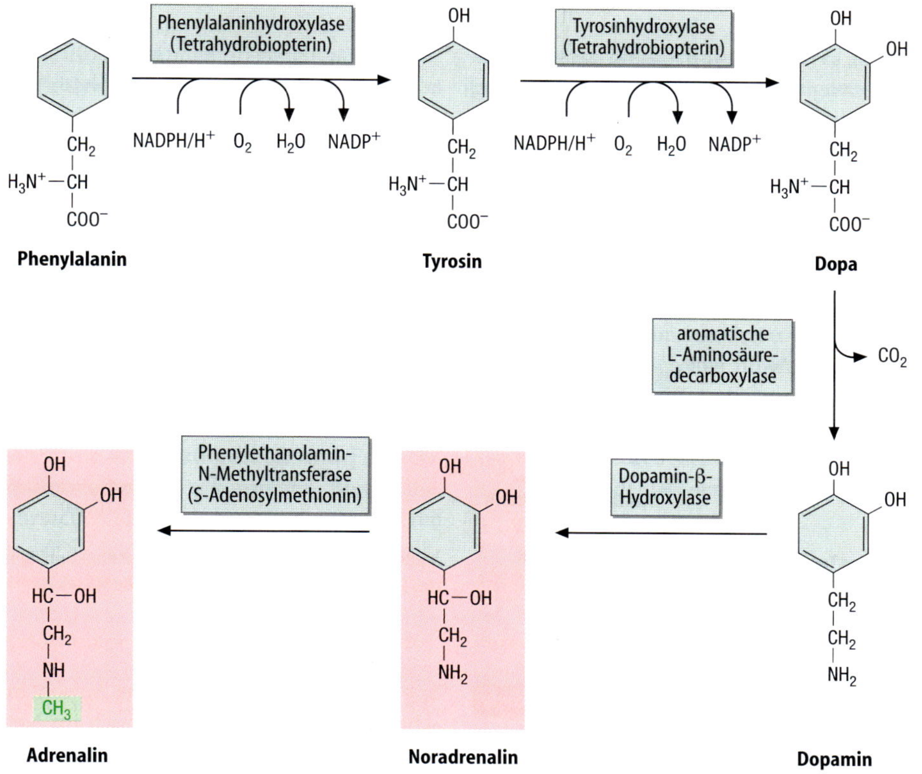

Abb. 26.15. Biosynthese der Katecholamine

26.3.2 Biosynthese und Sekretion

Katecholaminbiosynthese. Die Enzyme der Katecholaminbiosynthese finden sich sowohl in den adrenergen, postganglionären Nervenendigungen als auch in den Zellen des Nebennierenmarks.

> Ausgangspunkt für die Katecholaminbiosynthese ist die Aminosäure Tyrosin, welche aus der Nahrung stammt oder in der Leber aus Phenylalanin synthetisiert worden ist.

Die Biosyntheseschritte sind in Abb. 26.15 dargestellt. Bis zum Noradrenalin hin ist der Syntheseweg im Nebennierenmark und in postganglionären Nervenzellen identisch. Da sich die beteiligten Enzyme in verschiedenen Kompartimenten der Zelle befinden, müssen die Biosynthesezwischenprodukte zusätzlich Transportschritte durchlaufen. Das erste Enzym der Katecholaminbiosynthese ist die **Tyrosinhydroxylase**. Sie benötigt das Coenzym Tetrahydrobiopterin, zweiwertiges Eisen und molekularen Sauerstoff. Das bei der Reaktion entstehende Dihydrobiopterin muss mit $NADPH/H^+$ wieder reduziert werden, um einem erneuten Reaktionszyklus zur Verfügung stehen zu können (Abb. 26.16). Das aus Tyrosin gebildete Dihydroxyphenylalanin (Dopa) wird im nächsten Schritt zum biogenen Amin Dihydroxyphenylamin (Dopamin) decarboxyliert. Die **aromatische L-Aminosäuredecarboxylase** zeigt eine breite Spezifität für aromatische L-Aminosäuren und ist auch an der Bildung der biogenen Amine Tyramin, Serotonin und Histamin beteiligt. Durch einen spezifischen Carrier wird Dopamin in die **chromaffinen Granula** des Nebennierenmarks bzw. der postganglionären Neuronen aufgenommen. Hier erfolgt als weiterer Schritt die Bildung von Noradrenalin aus Dopamin. Das hierfür benötigte Enzym, die **Dopamin-β-Hydroxylase**, ist eine Monooxygenase, welche zweiwertiges Kupfer und Ascorbinsäure benötigt (► Kap. 15.2.2). Mit Hilfe der **Phenylethanolamin-N-Methyltransferase** erfolgt als letzte Reaktion die N-Methylierung von Noradrenalin zu Adrenalin. Die hierfür benötigte Methylgruppe stammt vom S-Adenosylmethionin (► Kap. 13.6.4). Da dieses Enzym im Cytosol vorliegt, wird hierzu Noradrenalin aus den Granula ins Cytosol transportiert und das Reaktionsprodukt Adrenalin wieder von den Granula aufgenommen.

Regulation der Katecholaminbiosynthese. Angesichts der Bedeutung der Katecholamine für Stressreaktionen aller Art, einschließlich körperlicher Aktivität, Kälteadaptation u.a. ist klar, dass die Katecholaminsynthese sehr genau reguliert sein muss. Dabei spielen sowohl nervale als auch hormonelle Faktoren eine wichtige Rolle (Abb. 26.17).

> Die Katecholaminbiosynthese wird nerval und durch Glucocorticoide reguliert.

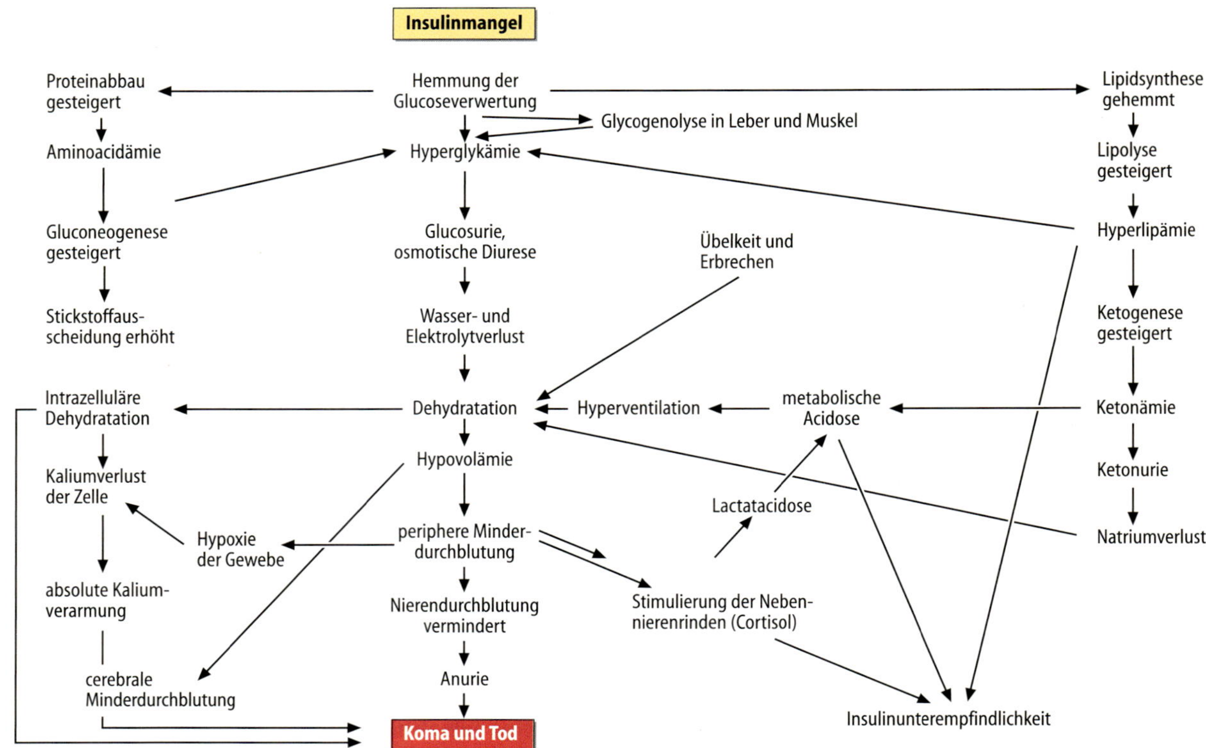

Abb. 26.21. Mechanismen der Entstehung des Coma diabeticum. (Einzelheiten ► Text)

26.4.2 Typ 2-Diabetes mellitus

> Der Typ 2-Diabetes beruht sowohl auf einer Verzögerung der Insulinsekretion der β-Zelle als auch auf einer Insulinresistenz verschiedener Gewebe.

Im Gegensatz zum Typ 1-Diabetes findet beim Typ 2-Diabetes kein durch eine Autoimmunreaktion bedingter Untergang von β-Zellen statt. Die Erstmanifestation der Krankheit trat in den vergangenen Jahrzehnten beim Typ 2-Diabetes typischerweise im höheren Lebensalter (über 40. Lebensjahr) auf. In neuerer Zeit erkranken allerdings auch zunehmend junge Menschen. Die epidemieartige Ausbreitung dieser Erkrankung weltweit stellt somit ein gesundheitspolitisches Problem ersten Ranges dar. Der klinische Verlauf ist nicht abrupt wie beim Typ 1-Diabetes sondern eher schleichend. Die Hyperglykämie kann anfangs nur milde ausgeprägt sein bei gleichzeitig erhöhten Insulinspiegeln. Dies zeigt, dass die β-Zellen noch hohe Mengen an Insulin freisetzen können, obwohl in diesem Stadium durchaus Störungen in der Kinetik der Insulinsekretion beobachtet werden. Ungeachtet der hohen Insulinspiegel kommt es zur Hyperglykämie, da eine **Insulinresistenz** in den Zielgeweben Skelettmuskel, Fettgewebe und auch Leber besteht, deren Ursachen noch nicht vollständig geklärt sind. Es hat sich jedoch gezeigt, dass in fast allen Fällen kein defektes Insulin- oder Insulinrezeptormolekül vorliegt, und dass die Störung vor allem auf Postrezeptorebene liegt. Für die Entstehung der gestörten Insulinsekretion und der Insulinresistenz sind sowohl eine genetische Prädisposition als auch Umweltfaktoren, wie insbesondere fettreiche Ernährung, Übergewicht und Bewegungsmangel verantwortlich. Ca. 70% der Typ 2-Diabetiker sind zumindest in der Anfangsphase der Erkrankung übergewichtig. Daneben weist eine ebenso hohe Zahl auch eine Dyslipidämie und arterielle Hypertonie auf. Diese Kombination wird auch als **Metabolisches Syndrom** bezeichnet und bessert sich meist nach Gewichtsreduktion, sodass gelegentlich sogar die Behandlungsbedürftigkeit des Diabetes verschwindet. Der **Adipositas** kommt eine Schlüsselrolle bei der Entwicklung der Insulinresistenz und damit auch des Typ 2-Diabetes zu.

> Erhöhte Plasmakonzentrationen von freien Fettsäuren tragen zur Insulinresistenz bei.

Wodurch genau Übergewicht zur Insulinresistenz führen kann, ist noch nicht vollständig geklärt; ein wichtiger Faktor scheint jedoch auch die Fettverteilung zu sein. So hat man Hinweise dafür, dass in erster Linie eine **Vergrößerung der viszeralen Fettdepots** eine Insulinresistenz auslöst. Diese sind besonders empfindlich für lipolytische Hormone, weswegen bei viszeraler Adipositas die Plasmakonzentration an freien Fettsäuren erhöht ist. Dies vermindert die Glucoseaufnahme in die Skelettmuskulatur, erhöht die hepatische Glucosefreisetzung (► Kap. 16.1.4) und führt da-

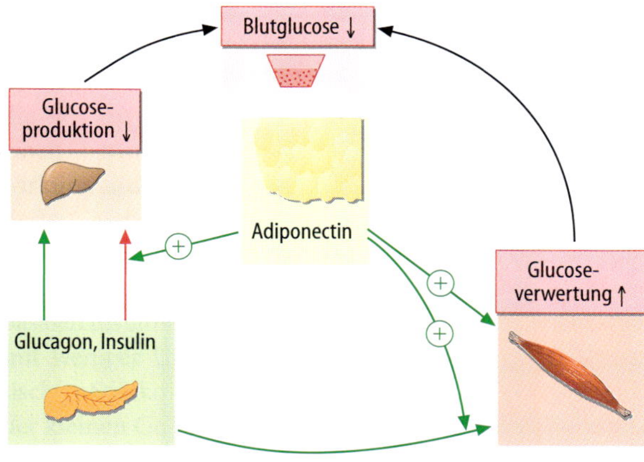

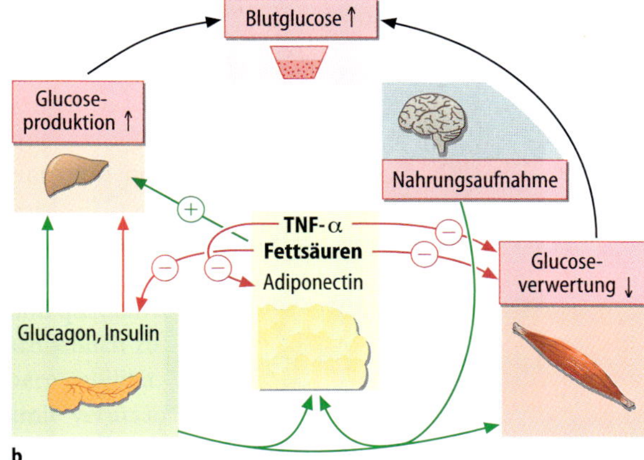

Abb. 26.22a,b. Rolle des Fettgewebes in der Pathogenese des Typ 2-Diabetes. a Rolle des Fettgewebes bei der Glucosehomöostase des Normalgewichtigen. **b** Fettgewebshypertrophie-induzierte Störungen der Glucosehomöostase bei Adipositas. Grüne Pfeile = Stimulierung; rote Pfeile = Hemmung. (Einzelheiten ► Text)

neben auch zu einer gestörten Insulinsekretion der β-Zelle, eine Wirkung die als Lipotoxizität an der β-Zelle beschrieben wurde (Abb. 26.22b).

! Auch Adipocytokine spielen eine wichtige Rolle bei der Entstehung der Insulinresistenz.

Seitdem die Rolle des Fettgewebes als endokrines Organ und die Produktion sog. Adipocytokine entdeckt wurde (► Kap. 16.1.3), hat man Proteine identifiziert, die sowohl Insulinresistenz als auch Insulinempfindlichkeit induzieren:

- **Tumor-Nekrose-Faktor-α (TNF-α):** Dieses Cytokin hemmt die Weiterleitung des Insulinsignals bereits am Insulinrezeptor. Sein Hauptproduktionsort ist neben dem Fettgewebe auch das Immunsystem (► Kap. 25.8.2). Aktivierte Makrophagen, welche vor allem in das viszerale Fettgewebe einwandern, produzieren sogar den größten Anteil des im Gewebe und im Blut vorkommenden TNF-α
- **Adiponectin:** Einer der wichtigsten TNF-α-Antagonisten ist das Hormon **Adiponectin**. Es ist das im menschlichen Blut in der höchsten Konzentration vorkommende Hormon und wird fast ausschließlich im Fettgewebe produziert. Es hat Insulin-sensitivierende Eigenschaften im Muskel, in der Leber und scheint auch, zumindest bei Mäusen, im Hypothalamus eine Rolle in der Hemmung des Appetits zu spielen. Seine Wirkung beruht auf einer Aktivierung der AMP-aktivierten Proteinkinase (AMPK, ► Kap. 16.1.4). Auf den ersten Blick scheint es paradox, dass die Adiponectinspiegel mit steigender Fettgewebsmasse im Blut abfallen. Es wird allerdings vermutet, dass vor allem der Anstieg seiner direkten Antagonisten wie TNF-α und Interleukin-6, deren Produktion mit zunehmender Fettgewebsmasse ansteigt, hierfür verantwortlich ist

Nach diesen neuesten Erkenntnissen hat sich folgende Hypothese für die **Adipositas-induzierte Insulinresistenz und Insulinsekretionsstörung** entwickelt (Abb. 26.22a und b): Mit der Zunahme von Fettgewebsmasse und Fettzellgröße kommt es zu einem Anstieg der Freisetzung von freien Fettsäuren sowie der Expression und Sekretion von Adipocytokinen wie TNF-α oder Interleukin-6. Gleichzeitig vermindert sich die Expression und Sekretion von Adiponectin. Dies hat zur Folge, dass die Insulin-induzierte Glucoseverwertung des Muskels abnimmt und die Insulin-induzierte Hemmung der hepatischen Glucoseproduktion ebenfalls vermindert ist. Folglich kommt es zu einem Anstieg der Blutglucose. Die im Frühstadium der Insulinresistenz bestehende Hyperinsulinämie mit ihren anabolen Effekten sowie eine vermehrte Nahrungsaufnahme führen zunächst zu einer weiteren Zunahme des Fettgewebes, was diesen Prozess weiter verstärkt. Im weiteren Verlauf kommt es durch Gluco- und Lipotoxizität zu einem Abfall der Insulinsekretion. Durch diesen relativen Insulinmangel fällt der hemmende Effekt von Insulin auf die Glucoseproduktion der Leber weg und es tritt ein Ungleichgewicht zwischen Insulin- und Glucagonproduktion auf. Bestehen gleichzeitig endogene Defekte in der Insulinsignalkaskade im Muskel und/oder in der Leber, so wird dieser Prozess weiter beschleunigt.

Genetische Prädisposition. Eine große Zahl von Untersuchungen hat deutliche Hinweise dafür gebracht, dass bei der Entstehung des Typ 2-Diabetes eine **genetische Komponente** eine große Rolle spielt. Amerikanische Indianer oder Bewohner von Pazifik-Inseln zeigen bei westlicher Ernährungsweise eine Inzidenz an Typ 2-Diabetes von 30–40%, was weit über der Häufigkeit dieser Erkrankung in der europäischen Bevölkerung (4%) liegt. Interessanterweise war zu Beginn des Jahrhunderts der Diabetes innerhalb dieser Bevölkerungsgruppen eine ausgesprochen seltene Erkrankung. Erst mit dem Übergang zu der in der westlichen Zivilisation üblichen Diät mit unbeschränktem Zugang zu einer großen Auswahl an Nahrungsmitteln kam es zu diesem gehäuften Auftreten des Metabolischen Syn-

sprechen und als AGEs bezeichnet werden. Diese rufen sowohl Struktur- als auch Funktionsänderungen von Proteinen hervor. Sie treten beim Diabetiker weitaus häufiger auf als beim Nichtdiabetiker, betreffen u.a. Endothelien und könnten so für das verfrühte Auftreten von Gefäßveränderungen bei Diabetes verantwortlich sein. Pathologische Mechanismen, welche durch Bildung von AGEs hervorgerufen werden, beinhalten u.a. eine vermehrte Permeabilität der Kapillarwand der Blutgefäße, Induktion von Entzündungsprozessen vermittelt durch Makrophagen und Mesangialzellen und die Expression von prokoagulatorischen und proinflammatorischen Molekülen durch die Endothelzellen. Große Studien in Patienten mit Typ-1 Diabetes haben gezeigt, dass der AGE-Inhibitor Aminoguanidin sowohl das Fortschreiten der Nephropathie als auch der Retinopathie verlangsamt. Als wichtiger Parameter zur Beurteilung der Stoffwechselqualität eines Diabetikers hat sich die Bestimmung der **Glycohämoglobine** (▶ Kap. 11.7.1, 29.2.4) erwiesen. Normalerweise machen diese nur bis zu 6% des gesamten Erwachsenenhämoglobins aus. Dabei korreliert ihr Anteil nicht mit der aktuellen Blutglucosekonzentration, sondern – was entscheidend für die Frage ist, ob ein Diabetiker nicht nur zum Zeitpunkt der Untersuchung sondern langfristig gut eingestellt ist – mit der über einen längeren Zeitraum erhöhten Blutglucosekonzentration. Nicht die Dauer des Diabetes oder Art der Therapie sind für die Höhe dieser glykierten Hämoglobine entscheidend, sondern allein die Häufigkeit und Stärke der Konzentrationsveränderungen von Glucose im Blut und damit in den Erythrozyten.

3. Aktivierung der Proteinkinase C (PKC). Die Familie der PKC-Proteine beinhaltet mindestens elf Isoformen. Aktivierung der PKC-β Isoform durch vermehrte Glucose-induzierte Diacylglycerinsynthese führt zu einer Störung des Blutflusses in der Retina und in der Niere. Dies ist wahrscheinlich durch eine Hemmung der NO-Produktion und/oder eine Erhöhung der Aktivität der Endothelin-1-Aktivität vermittelt. Weiterhin hat man gefunden, dass die durch Glucose induzierte erhöhte Permeabilität der Endothelzellen durch Aktivierung der PKC-α Isoform vermittelt wird. Außerdem führt eine Aktivierung der PKC über eine Induktion von TGF-β1 zu einer vermehrten Bildung von mikrovaskulären Matrixproteinen. Dieser Mechanismus wurde bislang vor allem hinsichtlich der Pathogenese der Nephropathie untersucht. Im Tierversuch hat man durch spezifische Hemmung der PKC-β Isoform eine Normalisierung der durch den Diabetes induzierten erhöhten glomerulären Filtrationsrate und einen Rückgang der Urin-Albuminausscheidung erreicht. Weiterhin wurde die glomeruläre mesangiale Proliferation verhindert.

4. Vermehrter Glucose-Durchsatz durch den Hexosamin-Weg. Ein vermehrter Durchsatz der Glucose durch diesen Stoffwechselweg führt zu einer vermehrten Bildung von Glucosamin und somit zu einer erhöhten Produktion von TGF-α, TGF-β1 und PAI-1. Das resul-tiert u. a. in einer Hemmung der endothelialen NO-Synthase und in einer Aktivierung verschiedener PKC-Isoformen.

In Kürze

Der Diabetes mellitus ist die häufigste Störung im Bereich der rasch wirksamen Stoffwechselhormone.

- **Als Typ 1-Diabetes beruht er auf einem absoluten Insulinmangel durch weitgehende Zerstörung der Insulin-produzierenden β-Zellen**
- **Als Typ 2-Diabetes spiegelt er eher eine gestörte Regulationskette wider, die durch eine Insulinresistenz v.a. der Leber und der Skelettmuskulatur gekennzeichnet ist und häufig mit Übergewicht, Hypertonie, Hyperlipidämie, einhergeht. Sie wird dann als Metabolisches Syndrom bezeichnet**

Literatur

Original- und Übersichtsarbeiten

Al-Khalili L, Yu M, Chibalin AV (2003) Na^+,K^+-ATPase trafficking in skeletal muscle: insulin stimulates translocation of both α1- and α2-subunit isoforms. FEBS Letters 536:198–202

Brownlee M (2001) Biochemistry and molecular cell biology of diabetic complications. Nature 414:813–820

De Meyts P (2004) Insulin and its receptor:structure, function and evolution. Bioessays 26:1351–62

Gallwitz B (Hrsg) (2004) GLP-1 – Therapiepotential bei Diabetes mellitus. UNI-MED, Bremen London Boston

Hirsch IB (2005) Drug therapy: insulin analogues. N Engl J Med 352:174–183

Jiang G, Zhang BB (2003) Glucagon and regulation of glucose metabolism. Am J Physiol Endocrinol Metab 284:E671–8

Johnson M (1998) The beta-adrenoceptor. Am J Respir Crit Care Med 158:S146–53

Lee YH, White MF (2004) Insulin receptor substrate proteins and diabetes. Arch Pharm Res 27:361–70

Matschinsky FM (2002) Regulation of pancreatic beta-cell glucokinase: from basics to therapeutics. Diabetes. 51 Suppl 3:S394–404

Mayo KE, Miller LJ, Bataille D, Dalle S, Goke B, Thorens B, Drucker DJ (2003) International Union of Pharmacology. XXXV. The glucagon receptor family. Pharmacol Rev 55:167–94

Michelotti GA, Price DT, Schwinn DA (2000) Alpha 1-adrenergic receptor regulation: basic science and clinical implications. Pharmacol Ther 88:281–309

Molnar GD, Taylor WF, Langworthy AL (1972) Plasma immunoreactive insulin patterns in insulin-treated diabetics. Studies during continuous blood glucose monitoring. Mayo Clin Proc (United States) 47:709–719

Nagatomo T, Ohnuki T, Ishiguro M, Ahmed M, Nakamura T (2001) Beta-adrenoceptors: three-dimensional structures and binding sites for ligands. Jpn J Pharmacol 87:7–13

Neel JV (1962) Diabetes mellitus: a »thrifty« genotype rendered detrimental by »progress«? Am J Hum Genet 14:353–362

Proks P, Reimann F, Green N, Gribble F, Ashcroft F (2002). Sulfonylurea stimulation of insulin secretion. Diabetes. 51 Suppl 3:S368–76

Rothenberg ME, Eilertson CD, Klein K et al. (1995) Processing of Mouse Proglucagon by Recombinant Prohormone Convertase 1 and Immunopurified Prohormone Convertase 2 in vitro. J Biol Chem 270:10136–10146

Saltiel AR, Pessin JE (2003) Insulin Signaling in Microdomains of the Plasma Membrane. Traffic 4:711–716

Schuit FC, Huypens P, Heimberg H, Pipeleers DG (2002) Glucose sensing in pancreatic beta-cells: a model for the study of other glucose-regulated cells in gut, pancreas, and hypothalamus. Diabetes 50:1–11

Stumvoll M, Goldstein BJ, van Haeften TW (2005) Type 2 diabetes: principles of pathogenesis and therapy. Lancet 365:1333–1346

Ullrich A et al. (1985) Human insulin receptor and its relationship to the tyrosine kinase family of oncogenes. Nature 313:756–761

Watson RT, Kanzaki M, Pessin JE (2004) Regulated membrane trafficking of the insulin-responsive glucose transporter 4 in adipocytes. Endocr Rev 25:177–204

White MF (1996) The IRS-signalling system in insulin and cytokine action. Philos Trans R Soc Lond B Biol Sci 351:181–189

Yip CC, Ottensmeyer P (2003) Three-dimensional structural interactions of insulin and its receptor. J Biol Chem 278:27329–32

Links im Netz

- ► www.lehrbuch-medizin.de/biochemie

27 Hypothalamisch-hypophysäres System und Zielgewebe

Josef Köhrle, Petro E. Petrides

27.1 Hypothalamisch-hypophysäre Beziehungen – 843

27.1.1 Hypothalamus – 843

27.1.2 Hypophyse – 845

27.1.3 Regulation von Hypothalamus und Hypophyse durch die Zielgewebe – 845

27.1.4 Hormone des Hypophysenmittel- und -hinterlappens – 846

27.2 Hypothalamus-Hypophysen-Schilddrüsenhormonachse – 847

27.2.1 TRH Biosynthese, Freisetzung und Abbau – 847

27.2.2 Wirkung von TRH auf die TSH-Bildung in der Adenohypophyse – 848

27.2.3 TSH-regulierte Synthese und Freisetzung von Schilddrüsenhormonen – 850

27.2.4 Schritte des Iodstoffwechsels und der Schilddrüsenhormonsynthese – 850

27.2.5 Verteilung und Transport der Schilddrüsenhormone im Blut – 854

27.2.6 Regulierte Aufnahme, Aktivierung und Inaktivierung von Schilddrüsenhormonen in Zielzellen der Hormonwirkung – 855

27.2.7 Zelluläre Wirkungen der Schilddrüsenhormone – 857

27.2.8 Molekularer rezeptorvermittelter Wirkungsmechanismus von Schilddrüsenhormonen – 858

27.2.9 Pathobiochemie – 859

27.3 Hypothalamus-Hypophysen-Nebennierenrinden-(Zona fasciculata-)Achse – 862

27.3.1 Regulatorische Polypeptide des Hypothalamus und der Hypophyse – 862

27.3.2 Regulation von Hypothalamus und Hypophyse – 863

27.3.3 Hormone der Zona fasciculata der Nebennierenrinde – 863

27.3.4 Transport des Cortisols im Blut – 865

27.3.5 Abbau des Cortisols – 865

27.3.6 Molekularer Wirkungsmechanismus des Cortisols – 866

27.3.7 Zelluläre Wirkungen des Cortisols – 866

27.3.8 Zusammenhänge zwischen hypothalamisch-hypophysärer NNR-Achse und Immunsystem – 868

27.3.9 Synthetische Glucocorticoidhormone – 868

27.3.10 Pathobiochemie – 869

27.4 Hypothalamus-Hypophysen-Gonadenachse – 870

27.4.1 Der hypothalamische GnRH-Pulsgenerator – 870

27.4.2 Hormonelle Regulation des hypothalamischen GnRH-Pulsgenerators und der hypophysären Gonadotropinsekretion – 871

27.4.3 Entwicklung steroidproduzierender Gewebe: Nebenniere und Gonaden – 873

27.5 Zielgewebe der Gonadotropine beim Mann – 874
27.5.1 Funktionen von Leydig- und Sertolizellen des Hodens – 874
27.5.2 Transport der Androgene im Blut – 876
27.5.3 Periphere Aktivierung oder Umwandlung von Testosteron – 876
27.5.4 Abbau der Androgene – 877
27.5.5 Zelluläre Wirkungen des Testosterons – 877
27.5.6 Molekularer Wirkungsmechanismus des Testosterons – 877
27.5.7 Synthetische Androgene und Antiandrogene – 877
27.5.8 Pathobiochemie – 877

27.6 Zielgewebe der Gonadotropine bei der Frau – 878
27.6.1 Regulatorische Polypeptide des Hypothalamus und der Hypophyse – 878
27.6.2 Hormone des Ovars (Östrogene und Progesterone) – 880
27.6.3 Transport der Hormone im Blut – 882
27.6.4 Abbau der Hormone – 882
27.6.5 Zelluläre Wirkungen der Hormone – 882
27.6.6 Molekularer Wirkungsmechanismus der Hormone – 883
27.6.7 Synthetische Progesterone, Östrogene und Phytoöstrogene – 884
27.6.8 Weitere Hormone des Ovars – 884
27.6.9 Hormone der Placenta – 884

27.7 Die Wachstumshormon-IGF-Achse – 885
27.7.1 Regulation der GH-Sekretion durch hypothalamisches GHRH, Somatostatin und durch Ghrelin aus der Magenmukosa – 885
27.7.2 Direkte GH Wirkungen und Effekte über das GH-regulierte Mediatorsystem IGF1-IGF1-Bindeproteine – 887
27.7.3 Prolactin – 888
27.7.4 Pathobiochemie – 889

27.8 Antidiuretisches Hormon (Vasopressin) und Oxytocin – 890

Literatur – 891

Einleitung

Das hypothalamisch-hypophysäre System stellt zusammen mit seinen Zielgeweben ein komplexes neuroendokrines System dar, das die Funktionsfähigkeit elementarer Lebensvorgänge wie Wachstum, Fortpflanzung oder adäquate Reaktionen auf Stress garantiert. Dieses System besteht aus Hypothalamus, Hypophysenvorderlappen und verschiedenen Hormone produzierenden peripheren Geweben wie Schilddrüse, Zona fasciculata der Nebennierenrinde, Keimdrüsen (Hoden bzw. Ovarien) und Leber. Die Kommunikation zwischen den einzelnen Bestandteilen dieses Systems erfolgt über Hormone, Wachstumsfaktoren und Cytokine. Der Hypothalamus integriert biochemische Informationen aus verschiedenen Hirnarealen und gibt diese an die Hypophyse weiter, in der sie in endokrine, d.h. die Regulation entfernter Zielorgane bestimmende Informationen umgesetzt werden. Von den Zielorganen erfolgt eine hormonelle Rückkoppelung über den Blutweg. Angeborene und erworbene Störungen dieser verschiedenen Achsen führen zu Krankheiten, die an Störungen des Wachstums und der Entwicklung, der Fertilität oder der Reaktion auf Stresssituationen erkennbar sind. Da praktisch alle an diesen Systemen beteiligten Hormone oder ihre Analoga chemisch synthetisiert oder gentechnologisch hergestellt werden können, sind die Achsen durch synthetische Hormone gezielt beeinflussbar geworden.

27.1 Hypothalamisch-hypophysäre Beziehungen

27.1.1 Hypothalamus

! Der Hypothalamus kommuniziert mit der Hypophyse über Peptidhormone.

Der **Hypothalamus** (Abb. 27.1) erhält Informationen von der Hirnrinde (Cortex), dem limbischen System (Hippocampus, Nucleus amygdalae, Septumregion), dem Thalamus, dem retikulären ascendierenden System und von Nervenfasern des Rückenmarks. Diese Einflüsse werden integriert und über **neuroendokrine Zellen**, d.h. spezialisierte Neurone mit endokriner Funktion, an die Hypophyse weitergegeben. Diese neuroendokrinen Zellen werden durch Neurotransmitter aktiviert, die an den synaptischen Verbindungen der verschiedenen Neuronen, die sich an diesen Zellen treffen, freigesetzt werden. Die Aktivierung der neuroendokrinen Zellen führt zur Freisetzung von Polypeptiden mit regulatorischer Funktion, den sog. ***releasing*-Hormonen** (RH) über welche die Freisetzung (= engl. *release*) von Hormonen aus dem Hypophysenvorderlappen (**Adenohypophyse**) gesteuert wird (Tabelle 27.1). Die regulatorischen Polypeptide des Hypothalamus stellen eine Gruppe von Molekülen mit Längen von 3 bis etwa 60 Aminosäuren dar, die sich u.a. dadurch auszeichnen, dass ihr C-terminaler Rest amidiert und damit vor Proteolyse geschützt ist. Alle hypothalamischen Hormone entstehen durch **limitierte Proteolyse** aus hochmolekularen Vorstufen. Die Klonierung der Vorstufen für die einzelnen Polypeptide hat gezeigt, dass jeweils ein in der Vorstufe dem C-Terminus anliegender Glycylrest als Amiddonor für die enzymatische Amidierung dient. Fast alle hypothalamischen Regulatorhormone finden sich auch in extrahypothalamischen Arealen und anderen Geweben des Organismus, ohne dass jedoch ihre dortige Funktion in jedem Fall bekannt ist.

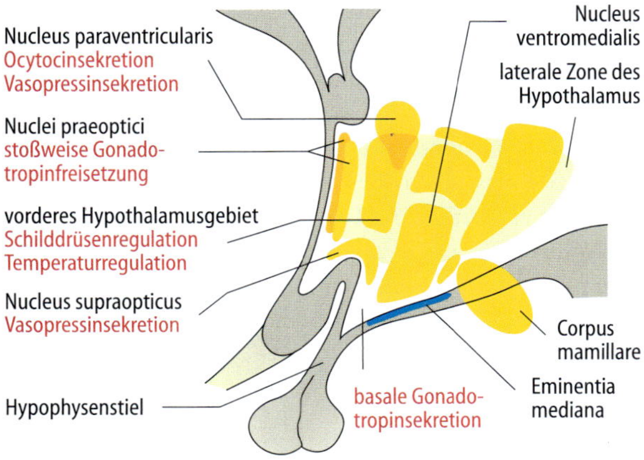

Abb. 27.1. Die einzelnen Anteile des Hypothalamus

! *releasing*-Hormone werden pulsatil aus dem Hypothalamus freigesetzt.

Einen weiteren essentiellen Bestandteil des neuroendokrinen Systems stellt eine biologische Uhr dar, die verschiedene hormonelle Zyklen steuert, die auch mit dem Schlaf-Wach-Rhythmus verbunden ist. Wie diese Uhr circadiane Rhythmen wie den der Cortisolsekretion (▶ Kap. 27.3.7) hervorbringt, ist noch unbekannt. Andere reproduzierbare Veränderungen werden nicht von einer tageszeitlichen Rhythmik bestimmt, sondern z.B. davon, wann man einschläft: So kommt es etwa 60–90 min. nach dem Einschlafen zu einem starken Anstieg der Wachstumshormonsekretion. Eine weitere bedeutende Form der Periodizität findet sich z.B. bei der Sekretion des *releasing*-Hormons GnRH (aber auch bei den anderen *releasing*-Hormonen): die **pulsatile Freisetzung**, d.h. das Hormon wird nicht kontinuierlich, sondern stoßweise in Abständen von 90–120 min. aus dem Hypothalamus sezerniert. Dieses Sekretionsmuster, das eine wesentliche Voraussetzung für die biologische Wirkung der *releasing*-Hormone darstellt, bleibt auch dann

Tabelle 27.1. Hypothalamische *releasing-hormone* (RH, Liberine) und adenohypophysäre glandotrope Hormone (Tropine)

Hypothalamisches *releasing* oder *release inhibiting hormone*	Abkürzung	Anzahl Aminosäuren	reguliertes hypophysäres Hormon	Abkürzung	Anzahl Aminosäuren
Corticotropin *releasing hormone* (Corticoliberin)	CRH	41	Adrenocorticotropes Hormon (Corticotropin)	ACTH	29
Thyrotropin *releasing hormone* (Thyroliberin)	TRH	3	Thyroidea stimulierendes Hormon (Thyrotropin)	TSH	112 + 89*
Gonadotropin *releasing hormone* (Gonadoliberin)	GnRH	10	Luteinisierendes Hormon (Luteotropin)	LH	118 + 89*
			Follikel stimulierendes Hormon (Follitropin)	FSH	115 + 89*
growth hormone (Somatotropin) *releasing hormone* (Somatoliberin)	GHRH	44	*growth hormone* Somatotropin Wachstumshormon	GH	191
Somatostatin	SSt	14/28	*growth hormone* Somatrotropin Wachstumshormon	GH	191
Dopamin	–	–	Prolaktin	PRL	198

* TSH, LH und FSH haben eine gemeinsame α-Untereinheit aus 89 Aminosäuren.

bestehen, wenn z.B. in pathologischen Situationen die Rückkoppelung von der Peripherie gestört ist.

> **!** Die hypothalamischen Neuropeptidhormone Neuromedin U, Galanin, und Calcitonin-Gen-verwandtes Peptid modulieren hypothalamische Funktionen, Verhalten, Schmerzempfindung, physiologische Regulationsvorgänge.

Im Hypothalamus werden noch weitere neurohypophysäre Hormone gebildet:

Neuromedin U, ein aus 23-Aminosäuren bestehendes Neuropeptid, welches über zwei verschiedene G-Protein gekoppelte Rezeptoren wirkt. Der Neuromedin U-Rezeptor 2 ist vorwiegend im paraventrikulären Nucleus, entlang des 3. Ventrikels und im Hippocampus exprimiert. Im Tiermodell erhöht Neuromedin U die Freisetzung von ACTH. Intracerebrale Injektion von Neuromedin U stimuliert über noradrenerge Neurone in magnozellulären Neuronen den Neuromedin U-2-Rezeptor, welcher auf die Freisetzung von Vasopressin und Oxytocin (▶ Kap. 27.8) in der Neurohypophyse positive Effekte ausübt.

Galanin, ein Peptid aus 29 Aminosäuren, wird ebenfalls im Hypothalamus in hohen Konzentrationen gefunden. Über drei verschiedene gewebespezifisch exprimierte heptahelicale G-Protein gekoppelte Rezeptoren beeinflusst es Nahrungsaufnahme, Reproduktionsverhalten, Schmerzempfindung und Immunmodulation. Osmotische Stimuli erhöhen die Galaninexpression in magnozellulären Nuclei und wirken damit wiederum aktivierend auf die Neurophypophyse durch Steigerung der Vasopressin- und Oxytocinsekretion.

Ein aus 60 Aminosäuren bestehendes **Galanin ähnliches Peptid** (*galanin like peptide*, GALP), dessen Aminosäuren 9-21 identisch mit dem N-Terminus von Galanin sind, wird vorwiegend im **anteroventralen periventrikulären Nucleus** (AVP) und der Neurohypophyse exprimiert. GALP stimuliert die Nahrungsaufnahme, den Stoffwechsel und die GnRH-Freisetzung. Chronischer Stress oder chronische Entzündung erhöhen die GALP Expression und steigern die Sekretion von Vasopressin, Oxytocin und ACTH. Damit kann GALP die adrenale Corticoidausschüttung erhöhen unter Bedingungen wo CRH erniedrigt ist z.B. bei chronischem Stress.

Durch alternatives Spleißen entsteht im Hypothalamus aus der Calcitonin-Prä-mRNA das **Calcitonin-Gen-verwandte Peptid** CGRP (*calcitonin gene related peptide*) (▶ Kap. 8.5.3, 28.6.3). CGRP wirkt über G-Protein gekoppelte Rezeptoren auf das kardiovaskuläre System durch Erhöhung der Herzfrequenz, des Blutdrucks und auch der Noradrenalinsekretion, wenn die Substanz dem Versuchstier intracerebral gegeben wird. Die periphere Anwendung führt zur Vasodilatation mit Tachykardie und erhöhter Katecholaminsekretion. Die biologische Funktion des CGRP ist vermutlich der Grund, warum dieses Gen in der Evolution beibehalten wurde, da **Calcitonin**, welches in den neuroendokrin aktiven Calcitonin produzierenden C-Zellen der Schilddrüse gebildet wird, beim Menschen nicht lebenswichtig ist.

27.1.2 Hypophyse

Zwischen den hypothalamischen Kernen und der Hypophyse bestehen enge anatomische und funktionelle Beziehungen (▣ Abb. 27.2). Entwicklungsgeschichtlich setzt sich die **Hypophyse** aus zwei verschiedenen Zelltypen zusammen:
- der Neurohypophyse (Hinterlappen), die über das Infundibulum (Hypophysenstiel) mit dem Hypothalamus verbunden ist, und
- der Adenohypophyse (Vorderlappen), in der die Hormone gebildet werden, deren Sekretion durch die regulatorischen Polypeptide des Hypothalamus gesteuert wird. Die verschiedenen in der Adenohypophyse vorkommenden Zelltypen sind in ▣ Tabelle 27.2 zusammengestellt.

! Die hypophysären Hormone sind untereinander strukturverwandt.

Bisher sind sechs Hormone der **Adenohypophyse** charakterisiert worden (▣ Tabelle 27.1): TSH, LH und FSH sind Dimere, die eine identische α-Untereinheit besitzen und sich nur durch die β-Untereinheit voneinander unterscheiden. Prolactin und Somatotropin (Wachstumshormon) leiten sich von einem gemeinsamen Vorläufergen ab, da sie etwa 50% Homologie besitzen. Die Vorstufe von ACTH, das Präpro-Opiomelanocortin, besitzt strukturelle Ähnlichkeit mit dem Arginin-Vasopressin-Neurophysin, der Vorstufe des Vasopressins in der Neurohypophyse (▶ Kap. 28.3.2).

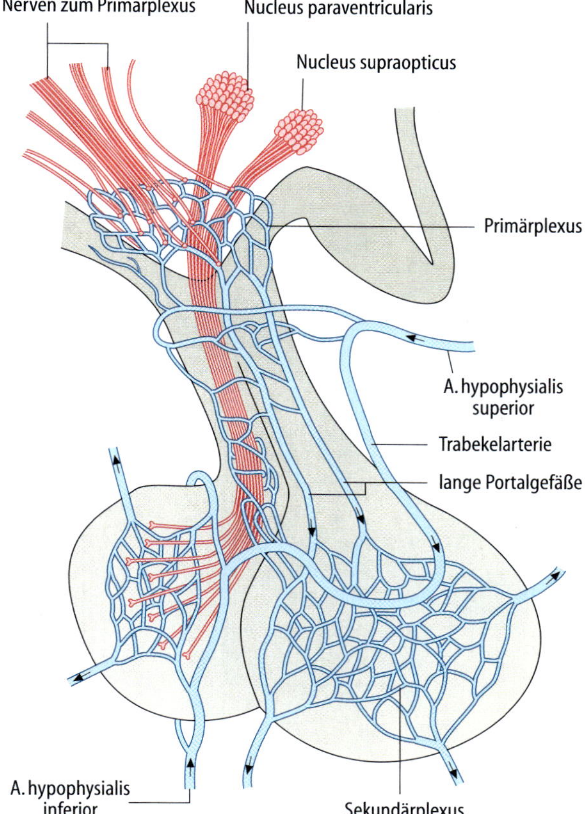

▣ **Abb. 27.2. Vasculäre und neurale Verbindungen zwischen Hypothalamus und Hypophyse.** Fast das gesamte Blut, das den Hypophysenvorderlappen erreicht, muss zuerst das Gebiet der Eminentia mediana des Hypothalamus passieren. Dieses Netzwerk ermöglicht den Transport hypothalamischer regulatorischer Polypeptide in die Hypophyse. Blut aus der Eminentia mediana fließt durch einen primären Kapillarplexus in die hypophysären Portalvenen

27.1.3 Regulation von Hypothalamus und Hypophyse durch die Zielgewebe

Die aus der Hypophyse freigesetzten Hormone wirken auf bestimmte periphere Gewebe, in denen sie die Biosynthese und Sekretion **gewebespezifischer Hormone** hervorrufen. Über diese Hormonprodukte, aber auch Substrate, wie z.B. Glucose, erfolgt eine **Rückkoppelungshemmung** (▣ Abb. 27.3) auf der Ebene des Hypothalamus und/oder der Hypophyse (*long loop feedback*). So verursacht z.B. ein Abfall der Plasmakonzentration von Cortisol eine vermehrte ACTH-Produktion und -Sekretion durch die Hypophyse, während auf der anderen Seite hohe Plasmacortisol-

▣ **Tabelle 27.2.** Zellen und Hormone der Adenohypophyse

Zelltyp	Anteil	Produkt	Zielorgan
Corticotrop	15–20%	ACTH β-Lipotropin	Nebenniere Adipozyten Melanozyten
Thyrotrop	3–5%	TSH	Schilddrüse
Gonadotrop	10–15%	LH, FSH	Gonaden
Somatotrop	40–50%	GH	alle Gewebe, Leber, Knochen
Lactotrop	10–15%	PRL	Brustdrüse, Gonaden
Folliculo-Stellarzellen	10–20%	Cytokine, Wachstumsfaktoren	Hormon sezernierende Zellen der Adenohypophyse

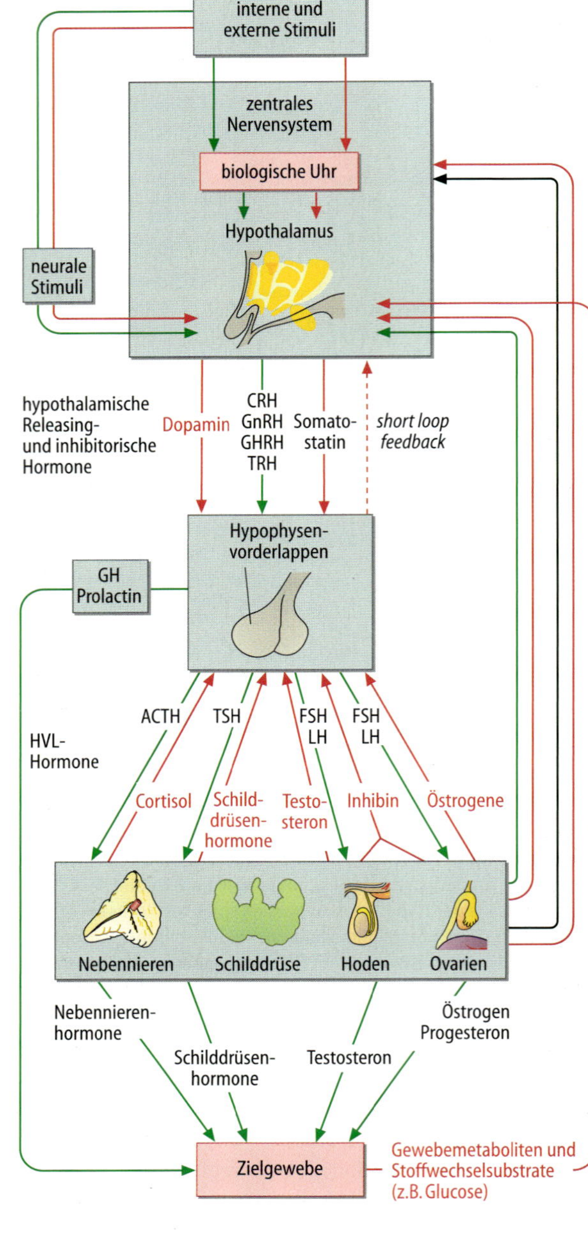

Abb. 27.3. Prinzip der Regulation des hypothalamisch-hypophysären Systems und seiner peripheren Zielgewebe. (Einzelheiten ► Text)

konzentrationen die ACTH-Sekretion hemmen. Neben der Hemmung durch von den peripheren Zielgeweben gebildete Hormone bilden einzelne Gewebe, wie z.B. die Gonaden, Proteohormone, die spezifisch auf hypophysärer Ebene hemmend (Inhibin) oder aktivierend (Aktivin) wirken.

Darüber hinaus besteht offenbar auch zwischen Hypophyse und Hypothalamus eine Rückkoppelungshemmung (*short loop feedback*).

27.1.4 Hormone des Hypophysenmittel- und -hinterlappens

Im Hypophysenmittellappen finden sich bei vielen Vertebraten, aber nicht beim Menschen, Hormone, die die Melaninablagerungen in den Melanozyten und damit die Pigmentierung der Haut stimulieren. Die beiden bisher charakterisierten Melanozyten stimulierenden Hormone (MSH) α- und β-MSH (► Kap. 31.3.8) besitzen strukturelle Ähnlichkeit mit ACTH, einem Hormon des Hypophysenvorderlappens (► Kap. 27.3.1). Im Hypophysenhinterlappen finden sich die beiden Polypeptidhormone Ocytocin und Vasopressin, über deren Bedeutung bei der Regulation des Wasser- und Elektrolythaushalts in ► Kapitel 28.3.2 berichtet wird.

In Kürze

- Das hypothalamisch-hypophysäre System ist ein komplexes neuroendokrines Regelwerk. Seine Kommunikation erfolgt über *releasing*-Peptidhormone, die nicht kontinuierlich, sondern pulsatil in bestimmten zeitlichen Abständen aus dem Hypothalamus sezerniert werden
- Unter dem spezifischen Einfluss hypothalamischer Faktoren werden aus der Hypophyse Hormone freigesetzt, die die Schilddrüse, die Nebennierenrinden, die männlichen oder weiblichen Geschlechtsgewebe sowie die Leber und sekundär den Knochen beeinflussen
- Die in diesen Erfolgsorganen gebildeten Hormone binden an oder in ihren Zielzellen Rezeptoren, deren Aufbau ein gemeinsames Strukturprinzip zugrunde liegt
- Über Rückkoppelungsmechanismen werden die Systeme auf Hypophysen- bzw. Hypothalamusebene reguliert

27.2 Hypothalamus-Hypophysen-Schilddrüsenhormonachse

27.2.1 TRH Biosynthese, Freisetzung und Abbau

Thyrotropin-*releasing*-Hormon (Thyroliberin, TRH) wird im paraventrikulären Nucleus des Hypothalamus aus einem großen Vorläuferprotein durch spezifische proteolytische Prozessierung und nach posttranslationaler Modifikation freigesetzt.

Hypothalamische TRH-Biosynthese und -Freisetzung. Das menschliche TRH-Gen codiert für das TRH-Prohormon (Prä-Pro-TRH), welches 6 Kopien des TRHs enthält (Abb. 27.4). Im Lumen des endoplasmatischen Retikulums werden aus dem Pro-TRH-Protein mit Hilfe der **Prohormonkonvertasen** PC1 und PC2, die an monobasischen oder dibasischen Peptidsequenzen schneiden, 6 TRH-Vorläuferpeptide der Sequenz Arg-Gln-His-Pro-Gly-Arg freigesetzt.

Für die Bildung des Tripeptids TRH aus dieser Sequenz sind folgende Schritte notwendig:

- Entfernung des Argininrests am N-Terminus durch die **Aminopeptidase B**
- Entfernung des Argininrests am C-Terminus durch die **Carboxypeptidase E**
- Bildung von **Pyroglutamin** aus dem N-terminalen Glutamin mit Hilfe des Enzyms **Glutaminylcyclase**. Diese Modifikation schützt TRH vor zu schnellem Abbau durch Exopeptidasen. Ein analoger Schutzmechanismus findet sich auch bei anderen hypothalamischen Neuropeptiden, z.B. beim GnRH oder Vasopressin
- Durch das Enzym **Peptidylglycin-α-Monooxygenase** (PAM) erfolgt eine Modifikation am C-Terminus. Die beiden enzymatischen Aktivitäten der PAM katalysieren durch eine α-Monooxygenase-Aktivität unter Sauerstoffverbrauch und Reduktion die Hydroxylierung des N-terminalen Glycins zum **α-Hydroxyglycin**. Mit der zweiten enzymatischen Aktivität, einer Peptidyl-Aminoglycolat-Lyase, wird unter Freisetzung von Glycolat das C-terminale **Prolinamid** im TRH gebildet

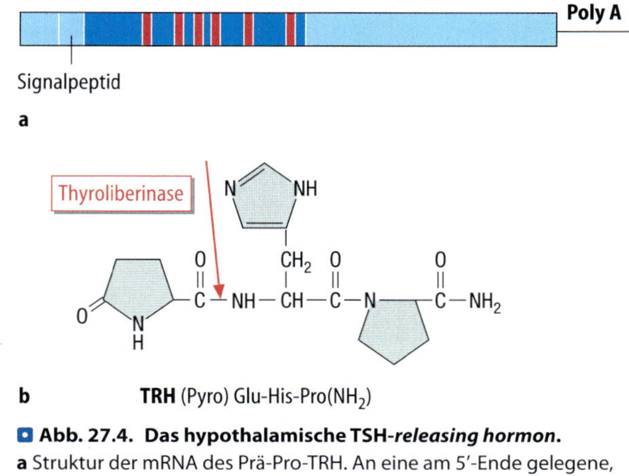

Abb. 27.4. Das hypothalamische TSH-*releasing* hormon. **a** Struktur der mRNA des Prä-Pro-TRH. An eine am 5'-Ende gelegene, nicht translatierte Region (5'-UTR) schließt sich das Signalpeptid an. Darauf folgt die Sequenz des Pro-TRH, die insgesamt sechsmal die TRH-Vorläuferpeptide (*dunkelrot*) enthält. Am 3'-Ende befindet sich eine große nicht translatierte Region sowie das Poly-A-Ende. **b** Struktur des TRH. Die Spaltstelle der Thyroliberinase ist angegeben. (Weitere Einzelheiten ► Text)

Das jetzt biologisch aktive TRH-Neuropeptid PyroGlu-His-Pro-amid wird durch Stimulation der TRH produzierenden, neuroendokrinen Zellen in Pulsen freigesetzt. Anschließend erfolgt der Transport über den Portalkreislauf des Hypophysenstiels zu den thyreotropen Zellen der Hypophyse.

Die Biosynthese und Freisetzung von TRH wird als Teil des negativen Feedbacks durch das biologisch aktive Schilddrüsenhormon T_3 unterdrückt (Abb. 27.5). Die TRH-Freisetzung weist einen Tagesrhythmus mit einem Maximum in den Abendstunden und zu Beginn der Nacht auf. Die Freisetzung von TRH wird positiv durch das von Adipozyten gebildete Hormon **Leptin** (► Kap. 16.1.3) beeinflusst, während die Neurotransmitter GABA und Noradrenalin, sowie Somatostatin und Dopamin die Biosynthese und Freisetzung hemmen. Auch Glucocorticoide inhibieren die TRH-Produktion und Freisetzung.

Auch die Prozessierung des TRH-Vorläuferpeptids wird durch Leptin beeinflusst. Leptin stimuliert die Ex-

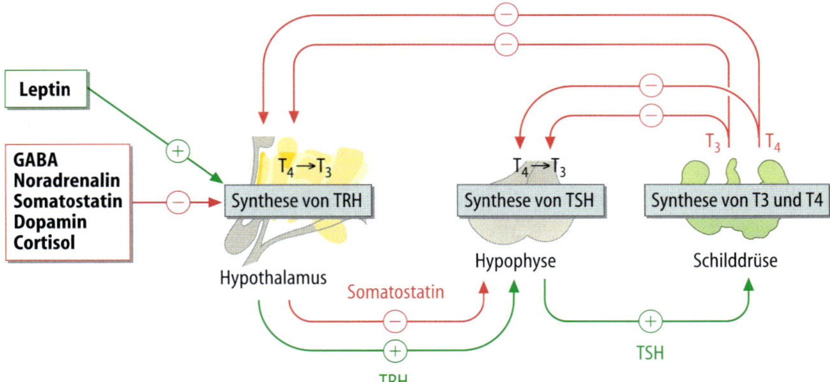

Abb. 27.5. Regulation der TRH- bzw. TSH-Sekretion durch die Schilddrüsenhormone und andere Faktoren. (Einzelheiten ► Text)

pression der **Prohormonkonvertasen** PC1 und PC2 der Furinfamilie und führt damit zu einer verstärkten TRH-Produktion. Im Gegensatz dazu löst Nahrungsentzug eine Verringerung der PC1- und PC2-Genexpression im paraventrikulären Nucleus des Hypothalamus aus. Seltene Störungen der endgültigen Prozessierung der TRH-Tripeptide durch Defekte der Carboxypeptidase E führen zu einer Beeinträchtigung der TRH abhängigen Regulation der Körpertemperatur und der Gewichtsregulation.

Hypothalamischer TRH-Abbau: TRH hat eine sehr kurze Halbwertszeit von ca. 2 Minuten. Der Abbau erfolgt durch ein hochspezifisches Enzym, welches hormonell reguliert wird und vorwiegend auf den lactotropen Zellen der Adenophypophyse exprimiert ist. Das TRH-degradierende Ektoenzym Pyroglutamylaminopeptidase II oder **Thyroliberinase** spaltet TRH unter Freisetzung des Pyroglutamylrests und Bildung des Histidinprolinamids und beendet somit die TRH-Wirkung (▫ Abb. 27.4). Auch die Regulation des TRH degradierenden Ektoenzyms unterliegt dem Rückkopplungsmechanismus der Schilddrüsenhormonachse. Durch das aktive Schilddrüsenhormon Triiodthyronin T_3 wird nämlich dessen Expression stimuliert, durch Estradiol dagegen gehemmt.

Extrahypothalamisches TRH. Außer im Hypothalamus wird TRH auch noch im Zentralnervensystem und in peripheren Geweben, z.B. im Pankreas, Gastrointestinaltrakt und Hoden exprimiert, wo es als neurotransmitterartige Substanz wirkt und von einem konstitutiv exprimierten zweiten TRH degradierenden Ektoenzym abgebaut werden kann, welches nicht unter der für die Hypophyse beschriebenen hormonellen Kontrolle steht.

Im ZNS wirkt TRH über den TRH-Rezeptor II als Neurotransmitter und ist mit verschiedenen anderen neuroaktiven Substanzen in Interneuronen colokalisiert. TRH beeinflusst verschiedene hypothalamische Funktionen, Anorexie, Körpertemperaturerhöhung und Unterdrückung der Flüssigkeitsaufnahme und aktiviert extrahypothalamische Funktionen, wie Schmerzempfindung, Verhaltensmuster im Sinne einer Aktivierung und antidepressiven Wirkung. Im Rückenmark wirkt es excitatorisch und aktiviert sympathische Nervenbahnen, wobei die exakte physiologische und pathophysiologische Rolle dieser Wirkung noch erforscht wird.

Infobox

Entdeckung des TRH

TRH wurde aus den Hypothalami von ca. 1 Million Schweinen bzw. 2 Millionen (!) Schafen als erstes hypothalamisches neuroendokrines Peptid von Roger Guillemins und Andrew V. Schallys Arbeitsgruppen isoliert, die dafür 1972 mit dem Nobelpreis ausgezeichnet wurden. Als dritte erhielt in diesem Jahr Rosalyn S. Yalow, die Pionierarbeiten durch die Entwicklung von Radioimmunoassays für Hormone geleistet hatte, den Nobelpreis.

27.2.2 Wirkung von TRH auf die TSH-Bildung in der Adenohypophyse

TRH stimuliert im Hypophysenvorderlappen die Biosynthese und Sekretion des Glycoproteinhormons Thyrotropin.

Das pulsatil freigesetzte TRH erreicht in hohen Konzentrationen über den Portalkreislauf des Hypophysenstiels die thyreotropen und lactotropen Zellen des Hypophysenvorderlappens. Über die Aktivierung des TRH-Rezeptors I in thyreotropen Zellen werden Biosynthese, Glycosylierung und Sekretion des **Thyrotropins** oder **Thyreoidea-stimulierenden Hormons** (TSH) stimuliert (▫ Abb. 27.5).

Der TRH-Rezeptor I gehört in die Gruppe der G-Protein-gekoppelten heptahelicalen Rezeptoren. Er wirkt über das G-Protein Gq11, wodurch die Bildung von Inositol-3-Phosphat als *second messenger* gesteigert wird. Dies löst eine Steigerung der intrazellulären cytosolischen Calciumkonzentration und eine Aktivierung der Proteinkinase C aus. Außer in der Adenohypophyse wird der TRH-Rezeptor in neuroendokrinen Gehirnregionen und im autonomen Nervensystem exprimiert.

Außer dem TRH-Rezeptor I kommt ein TRH-Rezeptor II vor, der sich, was seine Bindungsaffinität oder Spezifität aufweist, nicht vom TRH-Rezeptor I unterscheidet. Er wird v.a. in neuronalen Geweben exprimiert.

Ein Fehlen von TRH bei Mensch und Tier reduziert die TSH-Biosynthese auf basale Werte und verringert seine biologische Aktivität wegen des dann veränderten Glycosylierungsmusters Die Stimulation der hypophysären TSH-Produktion und -sekretion in thyrotropen Hypophysenzellen wird durch T_3 reduziert, das hierfür den Schilddrüsenhormonrezeptor TRβ2 benutzt. Auch in lactotropen Zellen wird die Prolactinfreisetzung und Synthese durch TRH stimuliert.

Der TRH-Rezeptor I der thyreotropen Zellen wird invers zum TRH degradierenden Ektoenzym Thyroliberinase reguliert. T_3 supprimiert die Expression und hypothyreote Stoffwechselbedingungen stimulieren die Expression des thyrotropen TRH-Rezeptors I, was wiederum eine Komponente des negativen Feedback-Systems der Hypothalamus-Hypophysen-Schilddrüsenachse darstellt.

Das unter der Einwirkung von TRH in den thyrotrophen Zellen der Adenohypophyse produzierte und sezernierte Glycoproteohormon TSH besteht aus zwei Untereinheiten (▫ Abb. 27.6). Diesen Aufbau zeigen auch andere hypophysäre Glycoproteohormone wie das luteinisierende Hormon, das Follikel-stimulierende Hormon oder das menschliche Chorion Gonadotropin. Die genannten Hormone unterscheiden sich lediglich durch ihre ß-Untereinheit, während die α-Untereinheit für alle identisch ist.

Die α-Untereinheit der hypophysären Glycoproteohormone wird auf Chromosom 6 in 4 Exons codiert, die TSH β-Untereinheit auf Chromosom 1 in drei Exons. Die α-Un-

Abb. 27.6. Ähnlicher Aufbau der hypophysären Glycoproteohormone und des plazentaren hCG aus einer identischen α-Untereinheit und einer verwandten aber unterschiedlichen β-Untereinheit. (Einzelheiten ► Text)

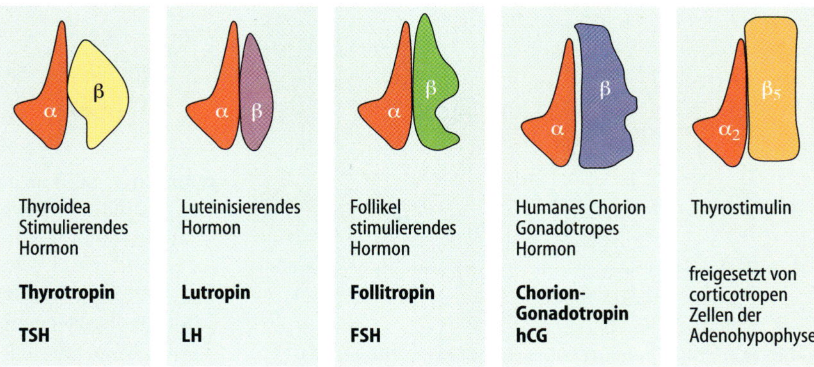

tereinheit enthält 92 Aminosäuren, die TSH-β-Untereinheit 110 Aminosäuren, was eine Molekularmasse von 26 kDa für das dimere TSH Protein nach Glycosylierung verschiedener Reste ergibt. Für die biologische Wirkung an den Zielorganen müssen die hypophysären Glycoproteohormone als glycosylierte Dimere vorliegen, da die Rezeptorinteraktion sowohl die α- als auch die β-Untereinheit zur Signaltransduktion erfordert (Abb. 27.7).

Verglichen mit der sehr kurzen Halbwertszeit von TRH im Minutenbereich weist TSH eine biologische Halbwertszeit von ca. 50–70 Minuten auf (Tab. 27.3). Die tägliche Sekretion von TSH liegt im Bereich von 50–200 µg und zeigt ein ausgesprochenes circadianes Profil, unterbrochen und überlagert von einzelnen pulsatilen episodischen TSH-Peaks. Die höchsten TSH-Spiegel werden am späten Abend und in der ersten Nachthälfte erreicht (Abb. 27.8). Schlafentzug, Hunger sowie verschiedene pathophysiologische Konstellationen hemmen den nächtlichen TSH-Anstieg und unterbrechen auch die pulsatile Freisetzung des TSH.

Die TSH-Bestimmung im Serum ist der erste wichtige Nachweisparameter des Funktionszustands der Schilddrüsenhormonachse und erlaubt in der größten Zahl der Fälle bereits erste diagnostische Rückschlüsse. Berücksichtigt werden muss jedoch, dass es Unterschiede zwischen immunologisch nachgewiesenem TSH und dem am Schilddrüsen-TSH-Rezeptor wirksamen biologisch aktiven TSH geben kann, welche u.a. vom Glycosylierungsstatus dieses Hormons abhängig sind.

Außerhalb der thyrotropen Zellen der Hypophyse wurde keine TSH-Produktion und Sekretion gefunden. TSH

Abb. 27.7. Thyrotropin Rezeptor-Thyrotropin Interaktion. Die Abbildung stellt die Bindung von TSH an den TSH-Rezeptor dar. Die Darstellung **b** ist im Vergleich zu der in **a** um 90° gedreht. Die α- und β-Kette des TSH sind blau und grün dargestellt, der TSH-Rezeptor violett und grau. Man kann deutlich erkennen, dass beide Untereinheiten des TSH an den Rezeptor binden müssen. (Mit freundlicher Genehmigung von Thyroid u. R.N. Miguel. Nach Miguel RN et al. Thyroid 2004;14:991–1011)

Tabelle 27.3. Biologische Halbwertszeiten einiger menschlicher Hormone

Hormon	Anzahl Aminosäuren bzw. Molekularmasse*	Plasmahalbwertszeit (min)
TRH	3	5
Oxytocin	9	3
Antidiuretisches Hormon	9	15
α MSH	13	< 5
GnRH	10	2–5
Gastrin	17	7–8
ACTH	29	5–29
Glucagon	29	5–10
β Endorphin	31	15
Calcitonin	32	3
CCK	33	2
Insulin	51	3–4
Proinsulin	86	18–25
C-Peptid	31	30
GH	200	20–30
Prolactin	199	10
TSH	28000*	60
LH	32000*	136
FSH	32000*	220
Cortisol	300*	90
Aldosteron	300*	35
T4	777*	7 Tage
T3	651*	24 h

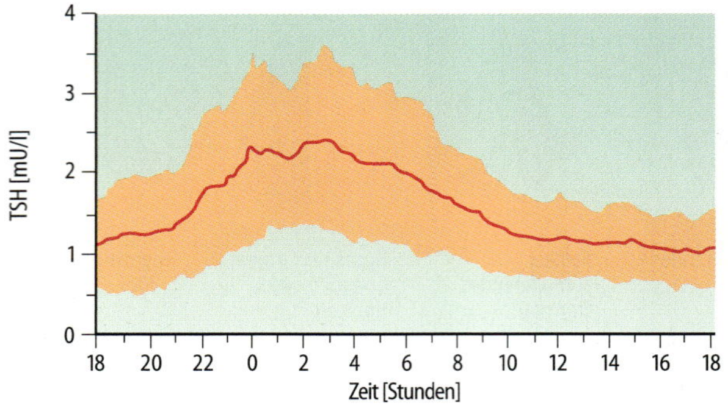

Abb. 27.8. 24-Stunden-TSH-Tagesprofil der mittleren TSH-Serumkonzentration von 26 gesunden Männern. Die Blutentnahme erfolgte in Abständen von 10 Minuten. (Mit freundlicher Genehmigung von Internist und G. Brabant, nach Brabant, G., Internist 1998; 39:619-622)

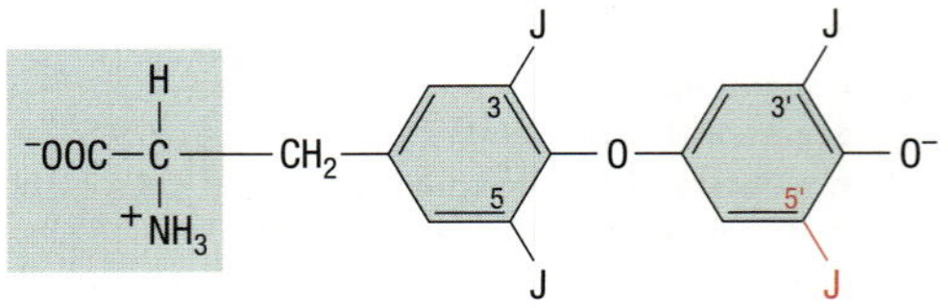

Abb. 27.9. Struktur der Schilddrüsenhormone T_3 und T_4. *Rot* = zusätzliches Iodatom im T_4

produzierende Hypophysenadenome sind äußerst selten, bei denen es zur übermäßigen Produktion von TSH ohne negative Rückkopplung kommen kann. Nachgewiesen sind jedoch auch in seltenen Fällen konstitutiv aktivierende Mutationen des TRH-Rezeptors, welche ebenfalls zur kontinuierlichen und erhöhten TSH-Sekretion führen können. Auch seltene inaktivierende Mutationen des TRH-Rezeptors sind beschrieben, bei denen die TRH-Stimulation nicht funktioniert und damit hypothyreote Stoffwechsellagen entstehen können.

Unter pathophysiologischen Bedingungen stimuliert TRH in geringem Umfang die Sekretion von Wachstumshormon (z.B. bei Akromegalie und Diabetes mellitus) und von ACTH beim *Cushing*-Syndrom.

Vor kurzem wurde in den corticotrophen Zellen der Adenohypophyse ein weiteres Hypophysenglycoprotein, das **Thyrostimulin** entdeckt (Abb. 27.6), welches ebenfalls in der Lage ist, den TSH-Rezeptor der Schilddrüse zu aktivieren. Die biologische Relevanz dieses Hormons als mögliches *backup*-System zu TSH (Thryrotropin) muss noch geklärt werden. Thyrostimulin ist ein Heterodimer der Glycoproteinhormonuntereinheit $\alpha 2$ und der Glycoprotein $\beta 5$-Untereinheit. Neben der Expression in corticotropen Adenohypophysenzellen wurde Thyrostimulin auch noch in Haut, Retina und Hoden gefunden.

27.2.3 TSH-regulierte Synthese und Freisetzung von Schilddrüsenhormonen

! Der TSH-Rezeptor steuert die Schilddrüsenhormonsynthese und Sekretion.

Das hypophysäre Glycoproteohormon TSH stimuliert in Thyrozyten der Schilddrüse die Biosynthese der Schilddrüsenhormone Tetraiodthyronin (T_4) und Triiodtyronin (T_3) (Abb. 27.9). Der **TSH-Rezeptor** gehört zu den $G_{S\alpha}$-Protein gekoppelten heptahelicalen Rezeptoren und stimuliert vorwiegend die Produktion von cAMP durch Aktivierung der Adenylatcyclase. In geringem Umfang und bei hohen TSH-Konzentrationen wird jedoch auch der Phosphoinositol-Signalweg in Thyrozyten aktiviert. Der auf der basolateralen Zelloberfläche der Thyrozyten lokalisierte TSH-Rezeptor weist, wie die anderen Rezeptoren der Glycoproteohormonfamilie, eine sehr große Extrazellulärdomäne auf, die aus neun leucinreichen, repetitiven Sequenzen eine so genannte Hufeisenstruktur bildet und für die Bindung des intakten glycosylierten TSH verantwortlich ist (Abb. 27.7). Im Gegensatz zu den anderen Rezeptoren dieser Familie hat der TSH-Rezeptor bereits ohne Ligandenbindung eine gewisse Grundaktivität, die zu einer niedrigen basalen, aber messbaren Aktivierung der Adenylatcyclase und damit der Schilddrüsenhormonproduktion und Freisetzung ohne TSH-Stimulation führt.

Der TSH-Rezeptor reguliert faktisch alle wichtigen Schritte der Schilddrüsenhormonproduktion, -Synthese und -Freisetzung und wird damit als zentraler Regulator der Schilddrüsenhormonachse angesehen.

27.2.4 Schritte des Iodstoffwechsels und der Schilddrüsenhormonsynthese

Die Schilddrüse produziert Schilddrüsenhormone im Kolloidraum an der extrazellulären Oberfläche von Follikeln, die aus einschichtigem Thyrozytenepithel endodermalen Ursprungs gebildet werden.

Die normale Schilddrüse ist bei ausreichender Iodversorgung beim Mann 18–25 ml, bei der Frau 15–20 ml groß. Die schmetterlingsförmig angeordneten beiden Schilddrüsenlappen sind durch einen so genannten Isthmus verbunden und liegen vor dem Kehlkopf als tastbares, jedoch bei normaler Iodversorgung von außen nicht sichtbares Organ. Die Schilddrüse ist von einer Kapsel umgeben und eines der am stärksten durchbluteten Organe des Menschen. Die funktionelle Einheit der Schilddrüse sind die **Follikel**, welche aus einschichtigem, polarisiertem Epithel mit stark ausgeprägten *tight junctions* kugelförmig das so genannte **Kolloid** umschließen, das aus abgelagertem Thyroglobulin besteht (Abb. 27.10).

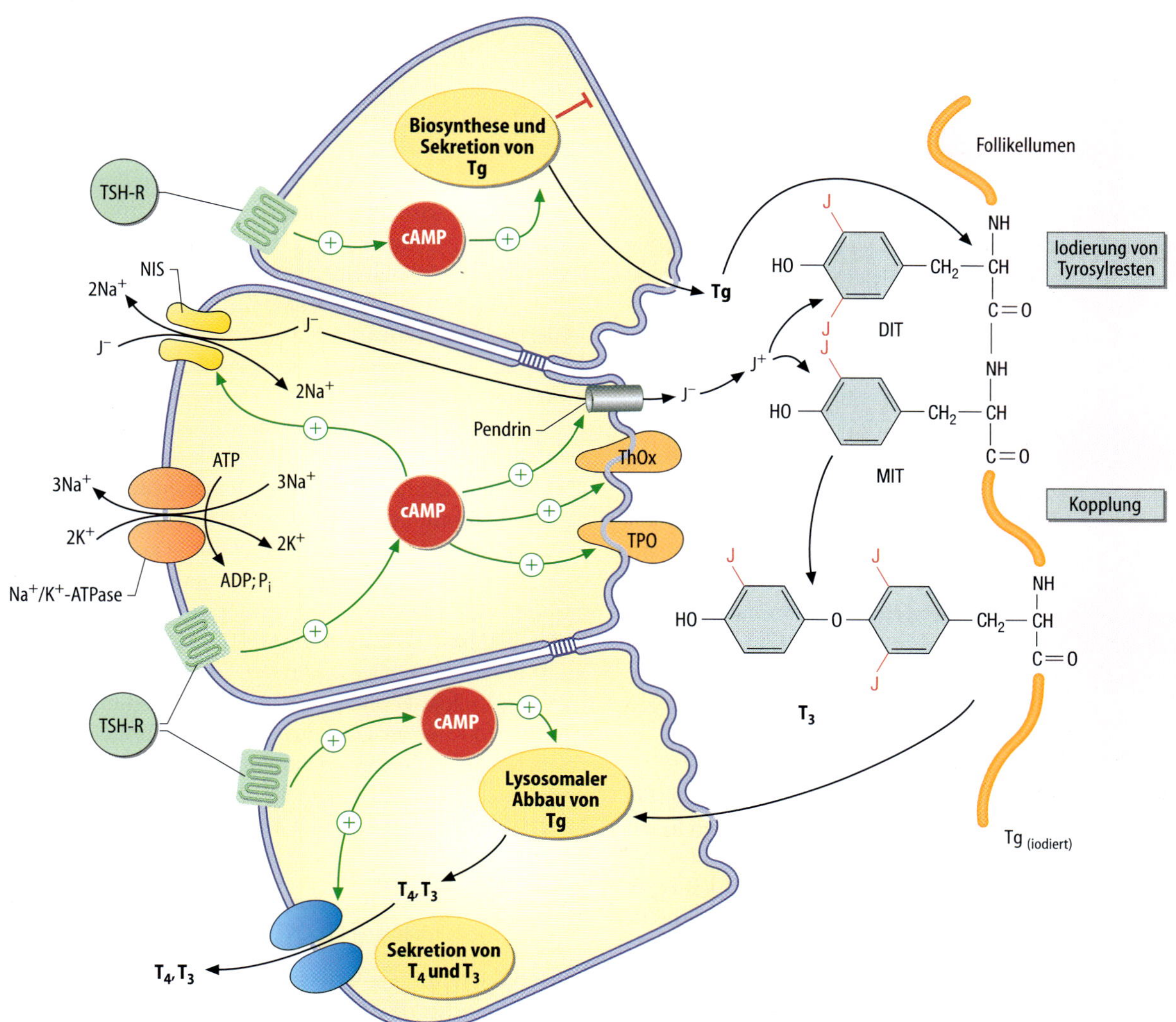

Abb. 27.10. Biosynthese der Schilddrüsenhormone. J^- wird über den Transporter NIS in die Thyreozyten aufgenommen und konzentriert. Durch den Ionenkanal Pendrin wird Iodid ins Follikellumen abgegeben und dort mit H_2O_2 in Iodonium-Ionen umgewandelt. Diese dienen der Iodierung von Tyrosylresten im Thyreoglobulin. Mit Hilfe der Thyreoperoxidase erfolgt die Kopplung iodierter Tyrosylreste im Proteinverbund des Thyroglobulins, sodass T_3 und T_4 modifizierte Aminosäurereste dieses Proteins darstellen. Thyreoglobulin wird von Thyrozyten aus dem Follikellumen aufgenommen und intrazellulär lysosomal abgebaut, wobei die Schilddrüsenhormone T_4 und T_3 freigesetzt und anschließend sezerniert werden. Die genannten Vorgänge werden durch cAMP stimuliert, das unter dem Einfluss von TSH über einen heptahelicalen TSH-Rezeptor in der Thyrozytenmembran gebildet wird. TSH-R = TSH-Rezeptor; ThOx = Thyrooxidase; TPO = Thyreoperoxidase; Tg = Thyreoglobulin. (Weitere Einzelheiten ► Text)

! Calcitonin wird in C-Zellen neuroektodermalen Ursprungs gebildet.

Zwischen den Follikeln oder auch Thyrozyten sind vereinzelt die **Calcitonin** (► Kap. 28.6.3) produzierenden so genannten **C-Zellen** neuroektodermalen Ursprungs eingelagert. Thyrozyten sind endodermalen Ursprungs und entstehen durch Ausstülpung und anschließende Wanderung der Schilddrüsenanlage aus dem endodermalen Keimblatt.

! Das in der Schilddrüse synthetisierte Thyreoglobulin und die aus ihm entstehenden Schilddrüsenhormone ▼ Thyroxin (Tetraiodthyronin, T_4) und Triiodthyronin (T_3) sind die wichtigsten iodhaltigen Verbindungen im Organismus.

Da Iodid zu den Spurenelementen (► Kap. 22.2.8) gehört, muss die Schilddrüse neben den enzymatischen Systemen zur Biosynthese der von ihr produzierten Hormone auch ein effizientes System zur spezifischen Aufnahme des Spurenelements Iodid enthalten.

In der basolateralen Thyrozytenmembran ist der vor wenigen Jahren identifizierte **Natrium-Iodid-Symporter** (NIS) lokalisiert, der unter stimulatorischer Kontrolle des TSH-Rezeptors gegen einen bis zu 50-fachen Gradienten

Iodid aus dem Serum in die Thyrozyten zusammen mit 2 Natriumionen transportiert (■ Abb. 27.10). Dieser nicht elektroneutral aktive Symporter wird durch den Natriumgradienten betrieben, der durch die ebenfalls in der basolateralen Zellmembran lokalisierte **Na^+/K^+-ATPase** mit Hilfe von cytosolischem ATP betrieben wird. Der Natrium-Iodid-Symporter transportiert außer Iodid andere große, voluminöse Anionen, wie z.B. Cyanat, Thiocyanat, Nitrat, was einen Teil der Erklärung negativer Auswirkungen des Rauchens auf die Schilddrüsenfunktion darstellt. Das voluminöse Anion Perchlorat (ClO_4^-) wird nicht mehr transportiert und »friert« den Natrium-Iodid-Symporter NIS inhibitorisch ein. Mit Hilfe dieser Substanz kann die Iodidaufnahme in die Schilddrüse effektiv blockiert werden. Für die Diagnostik von Schilddrüsenerkrankungen ist wichtig, dass NIS auch **Pertechnat** (TcO_4^-) aufnimmt. Mit metastabilem 99-Pertechnat kann die normale Schilddrüsenfunktion hervorragend über das Isotopen basierte bildgebende Verfahren der Szintigraphie ermittelt werden. Pertechnat weist eine sehr kurze Halbwertszeit auf und wird nicht in Schilddrüsenhormone eingebaut, sodass es nicht zu radiochemischen Störungen der Schilddrüsenfunktion kommt.

! Das aufgenommene Iodid wird in den Kolloidraum abgegeben.

Das aufgenommene Iodid wird schnell von den Thyrozyten über den in der apikalen Zellmembran lokalisierten Ionenkanal **Pendrin** (■ Abb. 27.10) in den kolloidalen Raum abgegeben. Möglicherweise ist auch ein **a**pikaler **I**odid**t**ransporter (AIT) an dem Export des akkumulierten Iods in den Kolloidraum beteiligt. Pendrin transportiert auch Chlorid. Störungen dieses Moleküls können zur Strumabildung führen. Die Expression von Pendrin wird durch einen ebenfalls in der apikalen Thyrozytenmembran lokalisierten, spannungsabhängigen **Chloridkanal ClC5** reguliert, dessen Fehlen auch zu einer Herunterregulation von Pendrin und ebenfalls zur Strumabildung führen kann.

Neben dem apikalen Export von Iodid kann es auch durch noch wenig charakterisierte Reaktionen zu einer Bildung von Iodlipiden (■ Abb. 27.11) intrazellulär oder in der Thyrozytenmembran kommen. Das Iodolipid Iodohexadecanal und andere Metabolite ungesättigter Fettsäuren wurden in Thyrozyten beschrieben und für die Feinregulation des Iodidhaushalts verantwortlich gemacht.

! Das Protein Thyreoglobulin ist das Synthese-, Träger- und Speicherprotein der Schilddrüsenhormone und wird als Kolloid im Follikellumen gespeichert.

Für die Biosynthese von Schilddrüsenhormonen ist neben einer ausreichenden Iodidversorgung auch die Synthese und apikale Sekretion des Schlüsselproteins der Schilddrüsenhormonbiosynthese **Thyreoglobulin** (Tg) erforderlich (■ Abb. 27.10). Tg liegt als Dimer vor und ist mit einer Molekülmasse von 2 × 330 kDa eines der größten Proteine des Menschen. Es wird über komplexe posttranslationale Prozessierung, Glycosylierung und Modifikation als dimeres Protein in das Kolloidlumen sezerniert.

Die Schilddrüsenhormonbiosynthese beginnt mit der Iodierung von Tyrosinresten und deren anschließender Kopplung zu **Thyroninen** im intakten Thyreoglobulin. Zwar kann Tg an vielen seiner Tyrosine iodiert werden, jedoch sind nur ausgewählte Tyrosinreste an der Bildung der Schilddrüsenhormone Thyroxin (T_4) und Triiodthyronin (T_3) beteiligt. Die hormonogenen Domänen des Tg sind im N- und C-Terminus lokalisiert, wobei in 3 dieser Domänen bevorzugt Thyroxin, in einer Domäne jedoch bevorzugt Triiodthyronin gebildet wird, insbesondere bei unzureichender Iodversorgung. Tg ist das wichtigste Protein des Follikellumens, das nach Iodierung und Bildung des Hormons innerhalb der Tg-Peptidkette im **Kolloid** abgelagert wird. Im Kolloid können Tg-Konzentrationen im Bereich von 700–1000 mg/ml entstehen und in »semisolider« Form die Schilddrüsenhormonversorgung bis zu drei Monaten ohne weitere Iodzufuhr beim Menschen sicherstellen. Nur 1% des Tg wird bei adäquater Iodversorgung pro Tag für die Hormonfreisetzung wiederverwertet.

! Die Iodierung von Tyrosylresten des Thyreoglobulins erfolgt extrazellulär im Follikellumen.

Die Iodierung von Tyrosylresten im Thyreoglobulin erfolgt in zwei Schritten (■ Abb. 27.10):

- Extrazelluläre Bildung von H_2O_2. Für die Iodierung von Tyrosylresten im Thyreoglobulin muss das im Kolloidlumen vorhandene Iodid oxidiert werden. Dies geschieht mit Hilfe von H_2O_2. Seine Synthese erfolgt durch eine als **Thyrooxidase** (ThOx) bezeichnete NADPH-Oxidase. Diese ähnelt einem auch in Leukozyten vorkommenden Enzym (▶ Kap. 29.3.1). ThOx ist ein integrales Membranprotein, das mit Hilfe von intrazellulärem $NADPH/H^+$ extrazelluläres H_2O_2 erzeugt
- Iodierung von Tyrosylresten. Durch das bifunktionelle Hämprotein **Thyreoperoxidase** (TPO) wird zunächst Iodid auf die Stufe des Iodoniums (I^+) oder des Iodradikals oxidiert. Dieses dient dann anschließend zur Iodierung von Tyrosinresten des Thyreoglobulins

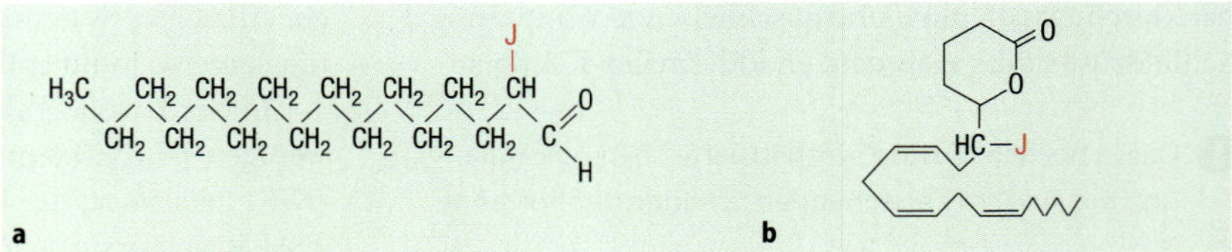

■ Abb. 27.11. Struktur der Iodolipide α-Iodohexadecanal (a) und 6-Iodo-5-hydroxy-8, 11, 14-eicosatrienoat-δ-lacton (b)

- Neben der Mono- und Diiodierung von Tyrosinresten in 3- und 5-Position katalysiert die Thyreoperoxidase auch die **H_2O_2 katalysierte Kopplung von iodierten Tyrosinresten**, immer noch Träger gebunden im Tg, zu den Iodthyroninen Thyroxin oder Triiodthyronin. Der detaillierte Reaktionsmechanismus ist nicht endgültig geklärt und verläuft wahrscheinlich über Ein-Elektronentransfer-Reaktionen unter Bildung radikalischer Zwischenstufen der mono- oder diiodierten Tyrosinreste. Die Kopf-Schwanz-Konjugation der iodierten Tyrosinreste unter Ausbildung einer Diphenyläther-struktur der Iodthyronine lässt im Tg die Aminosäure Dehydroalanin zurück, da ein Aromatenrest auf ein iodiertes Tyrosin übertragen wird (◘ Abb. 27.12)

Bei adäquater Iodidversorgung wird vorwiegend Thyroxin, bei inadäquater Iodversorgung auch Triiodthyronin an den hormonogenen Domänen des Tg-Proteins gebildet und im Kolloid abgelagert.

Da für die effektive und essentielle Schilddrüsenhormonbiosynthese lebenslänglich eine TSH regulierte, extrazelluläre Produktion von H_2O_2 erforderlich ist, hat sich auch ein antioxidatives Defensesystem gegen exzessiv gebildetes oder bei Iodmangel nicht adäquat verbrauchtes H_2O_2 herausgebildet. Dieser Abbau von H_2O_2 erfolgt vorwiegend durch eine ebenfalls von Thyrozyten über die apikale Membran sezernierte Glutathionperoxidase 3, ein Selenoenzym, welches H_2O_2 zu Wasser abbauen kann (► Kap. 15.3). Die Expression dieses Schutzsystems für die Thyrozyten ist vermutlich der Grund dafür, dass die Schilddrüsen unter allen Körperorganen den relativ höchsten Selengehalt pro Masseneinheit aufweisen.

TPO ist der pharmakologische Angriffspunkt der Hemmung der Schilddrüsenhormonbiosynthese durch Blockade des Hämoproteins TPO durch Thioharnstoffderivate (◘ Abb. 27.13). Auch nutritive Goitrogene (kropfbildende Substanzen), die z.B. in Pflanzen und Früchten von Kreuzblütlern (z.B. Kohlarten) enthalten sind oder endokrin aktive Substanzen der Umwelt können die TPO-Aktivität hemmen und bei gleichzeitig bestehender unzureichender Iodversorgung zur Strumabildung (► Kap. 27.2.9) führen.

! TSH-stimuliert wird hormonhaltiges Thyreoglobulin des Kolloids durch Mikropinozytose an der apikalen Membran in Thyrozyten aufgenommen und aus ihm werden durch komplette lysosomale Proteolyse die Schilddrüsenhormone freigesetzt.

Die Stimulation der Thyreozyten durch TSH katalysiert auch die Aufnahme von Tg aus dem Kolloidraum in die Thyreozyten durch Mikropinozytose (◘ Abb. 27.10). Das aufgenommene Tg wird dann in Lysosomen abgebaut. Die vollständige Proteolyse des Tg in den Lysosomen beginnt durch Einwirkung von Kathepsinen. Die dabei entstehenden Tg-Fragmente werden anschließend durch weitere Einwirkung von Dipeptidyl-Peptidasen und Exopeptidasen

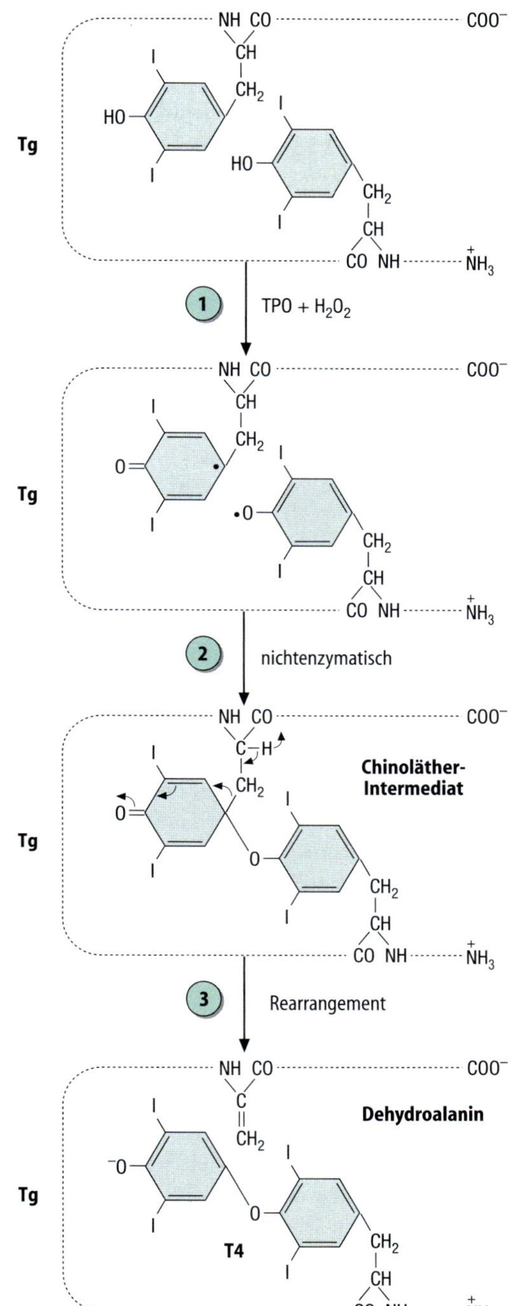

◘ Abb. 27.12. Mechanismus der durch die Thyreoperoxidase katalysierten Kopplung von iodierten Tyrosylresten im Thyreoglobulin. Mit Hilfe von H_2O_2 katalysiert die Thyreoperoxidase die Abstraktion von Wasserstoff an zwei benachbarten Tyrosylresten. Diese reagieren unter Bildung eines Chinol-Äther-Zwischenprodukts aus dem durch Rearrangement ein T_4-Rest als modifizierte Aminosäure im Thyreoglobulin sowie ein Dehydroalaninrest entstehen. Tg = Thyreoglobulin; TPO = Thyreoperoxidase

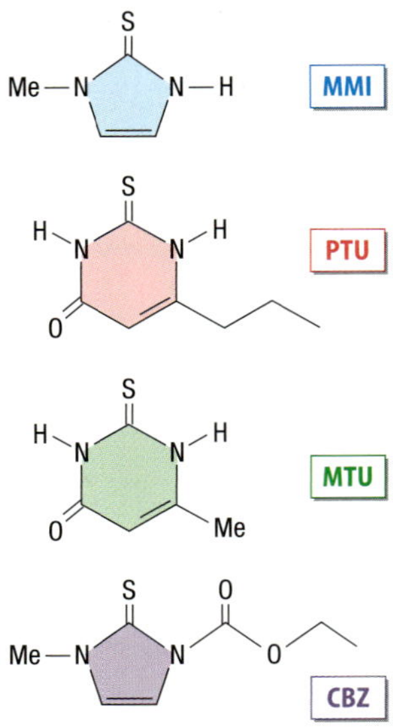

Abb. 27.13. Antithyroidale Substanzen, welche als Inhibitoren der Thyreoperoxidase wirken. MMI = Methimazol; PTU = 6-Propyl-2-Thio-Uracil; MTU = 6-Methyl-2-Thio-Uracil; CBZ = Carbimazol

gespalten und dabei Thyroxin (T_4) und Triiodthyronin (T_3) freigesetzt. Die meisten dieser letzten Teilschritte der Schilddrüsenhormonbiosynthese werden ebenfalls durch TSH stimuliert. T_4 und T_3 werden über die basolaterale Zellmembran an den Extrazellulärraum und die Blutbahn abgegeben. Der Mechanismus der Sekretion der Schilddrüsenhormone ist bisher nicht geklärt, vermutlich sind jedoch in der basolateralen Zellmembran spezifische Transport- und Exportsysteme (z.B. MCT8 oder OATP14) lokalisiert, welche diese mehrfach geladenen Aminosäurederivate über die Zellmembran abgeben.

Iodtyrosinreste des Tg, welche nicht zur Biosynthese von T_4oder T_3 verwendet werden, können durch das ebenfalls auf der extrazellulären Kolloid orientierten Seite der apikalen Plasmamembran lokalisierte Enzym **Iodtyrosindehalogenase** (Dehal) metabolisiert werden, welches zu einer Wiedergewinnung des Iodids für die Hormonbiosynthese führt. Insgesamt scheint sich im Laufe der Evolution der Landlebewesen ein aufwendiger, jedoch hocheffektiver, nachhaltiger Mechanismus der Akkumulation des essentiellen Spurenelements Iodids in der Schilddrüse entwickelt zu haben, welcher durch vielfältige Feinregulation und raffinierte Mechanismen dafür sorgt, dass einmal akkumuliertes Iodid hoch angereichert in der Schilddrüse zur Hormonbiosynthese verwendet und auch wieder verwendet wird.

Die Biosynthese der Schilddrüsenhormone beginnt bereits in der 12. Schwangerschaftswoche, die Akkumulation von Iodid findet bereits im ersten Drittel der Schwangerschaft in der fetalen Schilddrüse statt. Die Regulation durch den TSH-Rezeptor entwickelt sich erst im letzen Drittel der Schwangerschaft. Beim natürlichen Geburtsvorgang und in geringerem Ausmaß bei einer Sectio kommt es zu einer starken TRH-Ausschüttung beim Neugeborenen, durch welche die kindliche Schilddrüse und damit der Stoffwechsel aktiviert werden.

27.2.5 Verteilung und Transport der Schilddrüsenhormone im Blut

! Der Transport der Schilddrüsenhormone im Plasma erfolgt wegen ihrer Hydrophobizität in Bindung an die drei Bindeproteine Thyroxin-bindendes Globulin (TBG), Transthyretin (TTR) und Albumin.

Schilddrüsenhormone sind als iodierte Aromaten sehr hydrophob und werden nach ihrer Sekretion aus den Schilddrüsenfollikeln in die Kapillaren der Schilddrüse an **Hormonverteilungs- und Transportproteine** des Bluts gebunden. Die T_4-Konzentration im Blut liegt bei ca. 110 nmol/l, die von T_3 bei 2,1 nmol/l.

Pro Tag werden beim normalen Erwachsenen 130 nmol T_4pro 70 kg Körpergewicht von der Schilddrüse produziert und sezerniert, die die einzige T_4-Quelle des Körpers ist. Die T_3-Gesamtproduktion von Normalpersonen liegt bei 50 nmol, wobei der 60–80%, des T_3 durch Deiodaseenzyme z.T. außerhalb der Schilddrüse aus T_4 gebildet wird (► u.).

Die Transport- und Verteilungsproteine für Schilddrüsenhormone haben unterschiedliche Affinität und Bindungskapazität für die Hormone und puffern einen Bereich von 6 Größenordnungen ab von der Konzentration des freien T_4 im Blut bei 30 pmol/l bis zur Löslichkeitsgrenze von T_4 die bei 2 μmol/l liegt (Tabelle 27.4).

Das **Thyroxin-bindende Globulin** (TBG) ist ein von der Leber sezerniertes Glycoprotein mit einer Molekular-

Tabelle 27.4. Transportproteine für Schilddrüsenhormone

Bindungsprotein	Thyroxin		Triiodthyronin	
	K_A [M^{-1}]	k_d [sec^{-1}]	K_A [M^{-1}]	k_d [sec^{-1}]
Thyroxin bindendes Globulin	10^{10}	0,018	$4,6 \times 10^8$	0,16
Transthyretin	7×10^7	0,1	$1,4 \times 10^7$	0,7
Albumin	7×10^5	1,3	10^5	–

K_A = Assoziationskonstante, k_d = Dissoziationsgeschwindigkeitskonstante.

masse von 54 kDa. Ungefähr 70% des T_4 und 80% des T_3 sind im Blut an TBG gebunden. Es gehört wie andere Hormonbindeproteine (z.B. für Steroide) zur Gruppe der Serinproteinase-Inhibitoren (Serpine), jedoch ist bisher keine Serinproteinase gefunden worden, die durch TBG spezifisch gehemmt wird. Es gibt seltene Mutationen von TBG, die zu einem partiellen oder kompletten Verlust der T_4-Bindung führen. Dies hat veränderte Schilddrüsenhormon-Konzentrationen im Serum zur Folge, jedoch sind bisher keine pathophysiologischen Konsequenzen nachgewiesen worden. In der Schwangerschaft und unter Steroidhormon-Therapie (Antibaby-Pille!) steigen die TBG-Konzentrationen im Blut an, da der Abbau von TBG verringert wird, möglicherweise wegen eines veränderten Glycosylierungsmusters.

Transthyretin besteht aus vier identischen Untereinheiten mit einer Masse von je 13,5 kDa. Ca. 10% von T_4 und T_3 sind an Transthyretin gebunden, das vorwiegend von der Leber sezerniert wird, jedoch auch vom Plexus Choroideus synthetisiert und in die Cerebrospinalflüssigkeit abgegeben wird.

Etwa 20% des T_4 und 10% des T_3 sind lose an Albumin gebunden. Die so gebundenen Schilddrüsenhormone stehen für schnellen Austausch und Aufnahme in Zielzellen der Schilddrüsenhormon-Wirkung zur Verfügung.

Gemeinsam bewirken die drei Bindeproteine, dass sich die stark hydrophoben Schilddrüsenhormone nicht in die Lipidmembran einlagern und nicht direkt mit der glomerulären Filtration verloren gehen, sondern an ihre Zielzellen verteilt werden können. Die Proteinbindung von Schilddrüsenhormonen ist auch der Grund für ihre relativ langen Halbwertszeiten. Diese liegen für T_4 bei sieben Tagen und für T_3 bei etwa einem Tag. Mehr als 99,9% des T_4 im Serum sind proteingebunden und mehr als 99,5% des T_3.

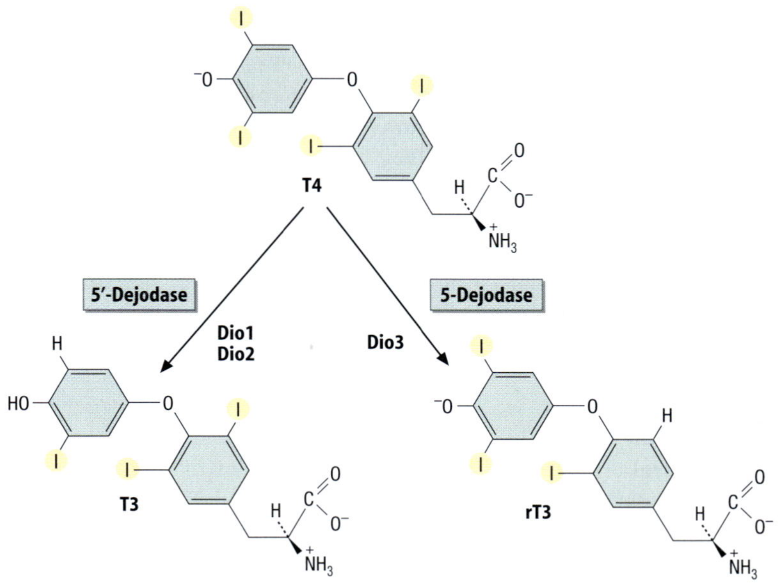

Abb. 27.14. Wirkung der Deiodasen auf Thyroxin. Die 5′-Deiodasen DIO1 und DIO2 entfernen das Iod in der Position 5′ des Thyroxins und wandeln dieses in das biologisch aktive T_3 um. Die 5-Deiodase DIO3 entfernt das Iod in der Position 5 und wandelt Thyroxin in reverses T_3 um, das keine biologische Aktivität zeigt. (Weitere Einzelheiten ► Text)

27.2.6 Regulierte Aufnahme, Aktivierung und Inaktivierung von Schilddrüsenhormonen in Zielzellen der Hormonwirkung

! Schilddrüsenhormone sind geladene hydrophobe Aminosäurederivate und werden von spezifischen Transportern reguliert durch die Plasmamembran der Zielzellen transportiert.

Schilddrüsenhormone sind iodierte hydrophobe Derivate der Aminosäure Tyrosin und damit bei neutralem pH des Serums geladene Moleküle. Die Alaninseitenkette bei T_4 und T_3 liegt als geladenes Zwitterion vor. Wegen der *ortho*-Iod-Substitution ist die 4′-OH-Gruppe des T_4 bei neutralem pH als Phenolat dissoziiert (pKa = 6.8) und negativ geladen. T_3 liegt bei neutralem pH an der 4′-OH-Gruppe (pKa = 8.4) in undissoziierter Form vor. Somit ergibt sich, wie für andere Aminosäuren, die Notwendigkeit Schilddrüsenhormone über erleichterten oder aktiven Transport in Zielzellen aufzunehmen. Vor kurzem wurden die ersten Transporter für Schilddrüsenhormone identifiziert und charakterisiert. Der **Monocarboxylattransporter 8** (MCT8) nimmt T_3 bevorzugt vor T_4 in Zellen auf und ist auch am geregelten Export von T_3 beteiligt (Abb. 27.15). Die Expression von MCT8 wurde in mehreren Geweben beschrieben, u.a. Leber, Niere, Schilddrüse, Neuronen, Follikulostellarzellen der Hypophyse und anderen Zelltypen. Daneben gibt es einen weiteren spezifischen Schilddrüsenhormontransporter aus der Familie der organischen Anionentransportproteine: OATP1C1. Dieser transportiert sowohl T_4 als auch T_3.

! T_3 ist die biologisch aktive Form der Schilddrüsenhormone.

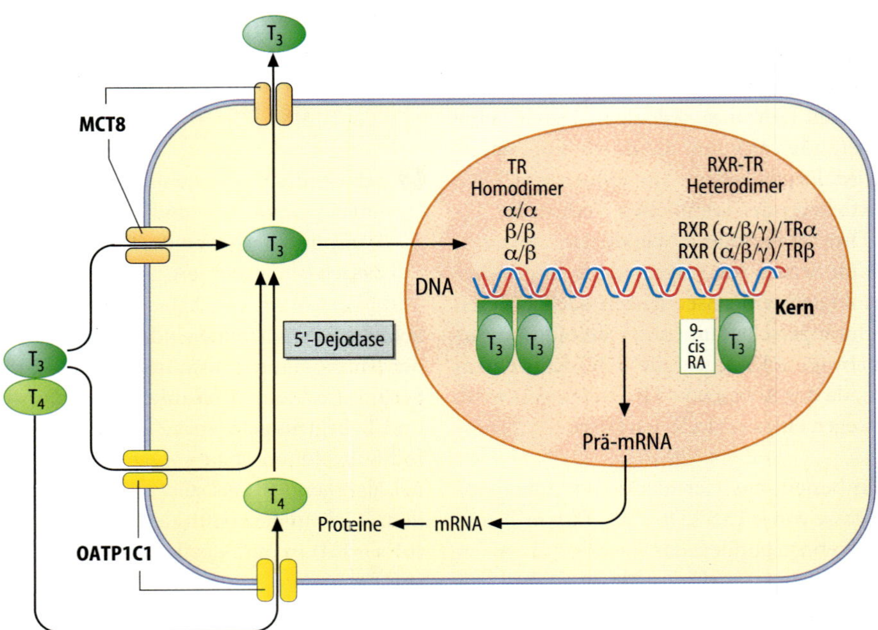

Abb. 27.15. Molekularer Wirkungsmechanismus der Schilddrüsenhormone. Die Schilddrüsenhormone T_3 und T_4 werden durch die Transporter MCT 8 bzw. OATP 1C1 in die Zielzellen aufgenommen. T_4 wird dort durch die 5'-Deiodasen in T_3 umgewandelt. Nach Translokation in den Zellkern bindet T_3 an den T_3-Rezeptor. Dieser wirkt entweder als Homodimer oder häufiger als Heterodimer mit dem Retinoatrezeptor RXR und bindet in dieser Form an entsprechende Enhancerelemente der DNA. Dies führt zur veränderten Transkription entsprechender Gene. TR = T_3-Rezeptor; RXR = Retinoat-X-Rezeptor; RA = Retinoat. (Weitere Einzelheiten ▶ Text)

Für T_4 sind bisher keine direkten biologischen Wirkungen nachgewiesen worden, da es im Gegensatz zum biologisch aktiven T_3 nicht an die **Schilddrüsenhormonrezeptoren** (TR) in Zellen bindet. Da T_4 durch Deiodasen (▶ u.) in T_3 umgewandelt werden kann, erfüllt eher es die Funktion eines Prohormons.

Der größte Teil der T_3-Bildung im Körper erfolgt nicht durch direkte Hormonsynthese in der Schilddrüse sondern durch **enzymatische reduktive Monodeiodierung von T_4** in 5′-Position des phenolischen Rings unter Bildung des biologisch aktiven T_3 (Abb. 27.14). Zwei von unterschiedlichen Genen codierte Enzyme, katalysieren diese Reaktion in Zielzellen der Schilddrüsenhormonwirkung sowie in parenchymalen Geweben, die **Typ I und die Typ II 5′-Deiodase** (DIO1 und DIO2). Der physiologische Cofaktor dieser reduktiven Deiodierung ist bisher nicht identifiziert worden. Beide 5′-Deiodasen gehören zur Gruppe der Selenocystein-haltigen Enzyme und sind gewebespezifisch und entwicklungsabhängig unterschiedlich exprimiert und reguliert. Sie zeigen auch unterschiedliche Substrataffinität und -spezifität. DIO1 ist vor allem in Leber, Niere, Schilddrüse der euthyreoten Adenohypophyse und einigen anderen Zellen exprimiert, weist mit einem K_M-Wert von 2 μmol/l relativ niedrige Affinität für T_4 auf und wird durch Schilddrüsenhormone induziert. Kohlenhydratentzug, proinflammatorische Cytokine, verschieden Pharmaka und Nahrungsinhaltsstoffe hemmen die Aktivität dieses Enzyms. Es wird angenommen, dass die DIO1 für einen Großteil der Produktion des im Serum zirkulierenden T_3 verantwortlich ist, wobei die genaue Verteilung der anteiligen T_3 Produktion auf die unterschiedlichen Organe noch unklar ist. Dio2 weist für T_4 eine wesentlich höhere Affinität mit einem K_M-Wert von 2 nmol/l auf. Die Expression dieses Enzyms wurde in Astrozyten, der hypothyreoten Adenohypophyse, der hypothyreoten Schilddrüse, im Muskel sowie einigen anderen Zelltypen und Organen beschrieben. Bisher wird angenommen, dass dieses Enzym für die lokale T_3-Produktion in den entsprechenden Zellen aus T_4 verantwortlich ist und nicht in größerem Umfang zum im Serum zirkulierenden T_3 beiträgt. DIO2 weist eine recht kurze Halbwertszeit von weniger als einer Stunde auf, wird durch das Substrat T_4 inaktiviert und durch verschiedene physiologische und pharmakologische Agenzien in der Expression verändert. Der Liganden induzierte, mit der enzymatischen Katalyse verbundene Abbau der DIO2 erfolgt über proteosomale Inaktivierung. Die **Typ 3 5-Deiodase** (DIO3) wird durch ein drittes Gen codiert und ist das wichtigste Enzym der Inaktivierung der Schilddrüsenhormone durch 5-Deiodierung am Tyrosylring. DIO3 kann Thyroxin zu reversem T_3 (3,3′,5′-Triiodthyronin, rT_3) abbauen. rT_3 ist biologisch inaktiv, bindet nicht an die T_3-Rezeptoren, weist jedoch möglicherweise regulatorische Funktionen während der Embryonalentwicklung, der neuroglialen Migration während der ZNS-Entwicklung und als kompetitiver Inhibitor der DIO1 auf. Dio3 kann auch T_3 unter Bildung von 3,3′-T2 abbauen, das ebenfalls weitgehend biologisch inaktiv zu sein scheint. Das DIO3 Enzym ist vor allem in jenen Geweben und Zellen exprimiert, die nicht auf Schilddrüsenhormone ansprechen. Es hat eine zentrale Bedeutung beim Schutz von Zellen und Organen vor inappropriater T_3-Expression, was Zeitpunkt, Konzentration und Ort anbelangt. Hohe Konzentrationen der DIO3 werden in Neuronen, Haut, Plazenta und einigen anderen Organen gefunden, insbesondere auch in vielen Geweben während der Embryonalentwicklung. Unter pathophysiologischen Konstellationen kann es zu einer »Neoexpression« der DIO3 in Leber, Herz, Schilddrüse und anderen Organen kommen, wo das Enzym beim gesunden Erwachsenen in der Regel nicht zu finden ist.

Schilddrüsenhormone sind als Phenole auch Substrate für Sulfotransferasen und Glucuronidasen. Die **Konjugation der Schilddrüsenhormone** durch Glucuronidierung führt zur Inaktivierung unter Verlust der Rezeptorbindungsfähigkeit und Ausscheidung über Galle und Fäzes. Sulfotransferasekonjugation kann ebenfalls zur Elimination der Schilddrüsenhormone führen. Von Bedeutung ist jedoch, dass sulfatierte Iodthyronine auch der Deiodierungsreaktion zugeführt werden können. T_3-Sulfat ist ein wesentlich besseres Substrat für die DIO1 als unkonjugiertes T_3 und wird deshalb bevorzugt durch das DIO1-Enzym durch 5-Deiodierung (!) am Tyrosylring inaktiviert. Die an der Schilddrüsenhormonkonjugation beteiligten Sulfotransferasen sind auch am Steroidhormonstoffwechsel und Xenobiotikametabolismus beteiligt.

! T_3, T_4 und andere Iodthyronine werden in weitere biologisch aktive Substanzen umgewandelt.

In geringem Umfang erfolgt auch eine Verstoffwechselung der Schilddrüsenhormone durch Umbau und Abbau der Alaninseitenkette. Durch oxidative Decarboxylierung entstehen die auch im Serum nachweisbaren Schilddrüsenhormonderivate der Tetraiodthyro-Essigsäure (TETRAC) und Triiodthyro-Essigsäure (TRIAC). Die letzteren Metabolite sind sehr kurzlebig und werden durch die Deiodaseenzyme vor ihrer Ausscheidung weiter deiodiert. Vor kurzem wurde auch beschrieben, dass durch kombinierte Decarboxylierung und Deiodierung Monoiodthyronamin (T1AM) und das iodfreie Thyronamin (T0AM) gebildet werden und spezifische Wirkungen über so genannte *trace-amine associated* Rezeptoren (TAAR) entfalten können. In aktivierten Monozyten und Makrophagen können Schilddrüsenhormone auch durch Spaltung der Diphenyletherstruktur unter Bildung von Diiodtyrosin (DIT) und oxidativer Zerstörung des phenolischen Ringanteils abgebaut werden. Anstiege der DIT-Produktion und Konzentration im Serum werden z.B. bei Sepsis beobachtet. Es wird angenommen, dass Iodid, welches bei diesem Abbauweg unter oxidativen Bedingungen freigesetzt wird, zur oxidativen Iodierung von körperfremden Proteinen verwendet werden kann, die damit »antigener« werden und der zellulären Immunabwehr und Phagozytosereaktion zugeführt werden.

27.2.7 Zelluläre Wirkungen der Schilddrüsenhormone

 Schilddrüsenhormone wirken auf Stoffwechsel, Wachstum und Differenzierung sowie die Kontraktionskraft des Myokards.

Schilddrüsenhormone beeinflussen den Intermediärstoffwechsel. Sie aktivieren die Gluconeogenese, Glycogenolyse und Liponeogenese. Die Liponeogenese wird durch Stimulierung des Malatenzyms, der Glucose-6-phosphat-Dehydrogenase und der Fettsäuresynthase vermittelt. T_3 wirkt auch auf den **Cholesterinstoffwechsel**, da ein Abfall der T_3-Konzentration mit einer Erhöhung des Plasmacholesterinspiegels verbunden ist, sowie auf die Expression der Gene der **Na^+/K^+-ATPase**. Dieses ATP-abhängige Enzym ist für einen beträchtlichen Anteil des Sauerstoffverbrauchs der Gewebe verantwortlich. T_3 stimuliert dieses Enzymsystem, sodass der Sauerstoffverbrauch vieler Gewebe unter dem Einfluss von Schilddrüsenhormonen steigt. Ein Teil der bei der ATP-Spaltung freiwerdenden Energie wird in Form von Wärme frei und trägt wesentlich zur Thermogenese bei. T_3 führt außerdem zusammen mit einer adrenergen Stimulation von β_3-Rezeptoren zu einer gesteigerten Expression des mitochondrialen Entkopplungsproteins UCP1 (► Kap. 15.1.5) am braunen Fettgewebe.

Die Transkription der Gene für verschiedene lysosomale Enzyme steht ebenfalls unter dem Einfluss von T_3. Möglicherweise führt die verringerte Expression des Hyaluronidasegens bei T_3-Mangel zu der bei Schilddrüsenunterfunktion auftretenden Störung des Bindegewebsstoffwechsels (Myxödem).

T_3 fördert das Wachstum zum einen über eine Stimulierung der Biosynthese von Wachstumshormon in der Hypophyse (► Kap. 27.7.1) und zum anderen über einen direkten Effekt auf den Knochen, der möglicherweise durch Polypeptidwachstumsfaktoren (wie z.B. IGF und EGF, ► Kap. 25.5) vermittelt wird. T_3 besitzt auch eine Schlüsselfunktion bei Differenzierungsvorgängen wie z.B. der Hirnentwicklung bei Neugeborenen durch Förderung der Dendritenbildung (möglicherweise unter Vermittlung neurotropher Faktoren, ► Kap. 31.4.5) und der Myelinisierung (► Kap. 31.4.1).

T_3 verringert den peripheren Gefäßwiderstand, erhöht die Kontraktilität des Herzmuskels und besitzt einen positiv chronotropen Effekt am Herzen. Die Wirkungen werden über eine Verstärkung der Aktion von Katecholaminen durch Zunahme der β_1-Rezeptoren im Herzmuskel vermittelt. Am Myokard fördert T_3 weiterhin die Expression der Gene für die sarkoplasmatische Ca^{2+}-ATPase, Na^+/K^+-ATPase sowie verschiedene Kaliumkanäle und hemmt die von Phospholamban, Adenylatcyclasen V und VI, des T_3-Rezeptors-α sowie des Na^+/Ca^{2+}-Austauschers. Damit können elektrochemische und -mechanische Eigenschaften des Herzmuskels beeinflusst werden.

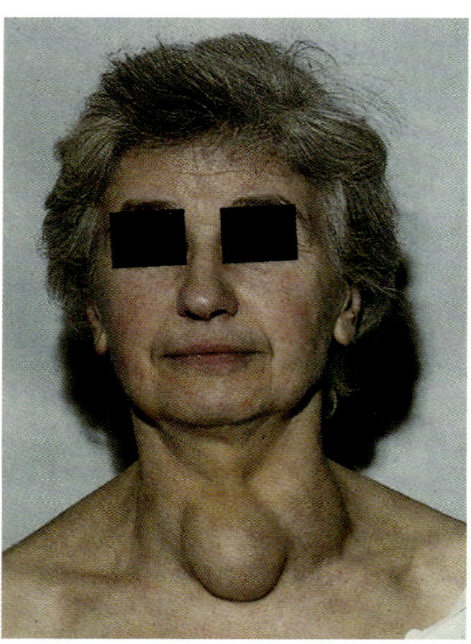

Abb. 27.17. Patientin mit iodmangelbedingtem Kropf. (Aus: Der Internist (1998):8 Titelseite)

tionen des TSH-Rezeptors oder des G_s-Proteins gefunden. Die Bildung von Adenomen und in Iodmangelregionen vorwiegend auftretenden follikulären Schilddrüsenkarzinomen kann als Konsequenz erfolgen. Iodmangel induzierte Schilddrüsenfehlfunktionen sind weltweit noch immer die wichtigste Ursache vermeidbarer Entwicklungsstörungen, Beeinträchtigungen der Intelligenzentwicklung und verschiedener schilddrüsenhormonabhängiger Stoffwechselstörungen bei Kindern und Erwachsenen.

> Stimulierende Autoantikörper gegen den TSH-Rezeptor lösen eine Schilddrüsenüberfunktion aus.

Hyperthyreose. Pathophysiologisch relevant ist, dass der TSH-Rezeptor auch das Ziel von Schilddrüsenautoantikörpern ist. Die durch sie ausgelöste Erkrankung wird auch als **Morbus Basedow** (engl. *Graves' disease*) bezeichnet. Das pathogenetische Prinzip der Erkrankung sind Autoantikörper, die den TSH-Rezeptor stimulieren. Dadurch wird vermehrt Schilddrüsenhormon produziert und sezerniert. Da unter dieser Konstellation die Funktion der TSH-Rezeptoren durch das fehlregulierte Immunsystem nicht mehr unter der negativen Rückkopplungskontrolle der Hypothalamus-Hypophysenachse steht, kommt es zur **Hyperthyreose** mit allen schwerwiegenden Folgen. Klinisches Zeichen der Überfunktion sind Tachykardie, Nervosität, vermehrte Schwitzneigung, Wärmeintoleranz und Gewichtsverlust. Bei Patienten mit Hyperthyreose treten Tachykardie, vergrößerte Blutdruckamplitude und vermehrtes Herzzeitvolumen auf. Dem liegt eine erhöhte adrenerge Aktivität des Myokards bei normalen Plasma-Katecholaminspiegeln zugrunde. Ursache dafür sind Änderungen der Expression der Gene für β1-Rezeptoren, Adenylatcyclasen etc. Die Therapie erfolgt entweder mit Substanzen, welche die TPO-katalysierte Schilddrüsenhormonsynthese blockieren (Thyrostatika), durch chirurgische komplette Entfernung der Schilddrüse oder Zerstörung der Schilddrüse durch Gabe von radioaktivem Iodid. Eine direkte Hemmung der Produktion der TSH-Rezeptor stimulierenden Autoantikörper ist bisher nicht gelungen.

Durch die kontinuierliche Stimulation des TSH-Rezeptors durch die Autoantikörper wird nicht nur die Biosynthese von Schilddrüsenhormonen stimuliert, sondern auch durch den Phosphoinositol-Signalweg Wachstum und Proliferation der Thyrozyten. Deswegen kommt es trotz Schilddrüsenüberfunktion zur Bildung eines Kropfs (Struma). Da TSH-Rezeptoren auch im dermalen und retroorbitalen Bindegewebe vorkommen, findet sich beim Morbus Basedow auch eine Störung der Glycosaminglykan-Produktion sowie eine Proliferation der retroorbitalen Fibroblasten und Fettzellen mit Raumforderung, die zum klinisch schwierigen und schwer therapierbaren Bild des **endokrinen Exophthalmus** führt.

> Blockierende TSH-Autoantikörper führen zur Zerstörung der Schilddrüse.

Hypothyreose. Beim **Morbus Hashimoto** kommt es zur Bildung von blockierenden Antikörpern gegen die TSH-Rezeptoren, sodass die Schilddrüsenhormonproduktion abnimmt. Darüber hinaus führt diese Autoimmunerkrankung zur langsamen aber kontinuierlichen zytotoxischen Zerstörung der Thyrozyten unter Fibrosierung des Gewebes, sodass es im Laufe der Zeit zu einem kompletten Verlust funktioneller Thyrozyten und Follikelstrukturen des Organs mit der Folge der durch synthetische Schilddrüsenhormone behandlungspflichtigen **Hypothyreose** kommt. Diese Autoimmunerkrankungen der Schilddrüse treten prinzipiell in allen Lebensphasen auf, sind jedoch am häufigsten bei Frauen im geschlechtsreifen Alter zu beobachten (wie die meisten anderen Autoimmunerkrankungen). Die Ursachen für diese geschlechtsspezifischen Unterschiede sind bisher nicht geklärt. Es gibt jedoch Hinweise, dass die Östrogenspiegel der geschlechtsreifen Frauen durch Aktivierung der induzierbaren NO-Synthase in Antigen präsentierenden Zellen zu einer fehlerhaften Überaktivierung des Immunsystems führen, die auch körpereigene Antigene erfasst.

> Angeborene Hypothyreosen kommen bei 1 auf 3500 Neugeborenen vor und werden durch ein weltweit obligatorisches neonatales TSH-Screening in einem Blutstropfen nachgewiesen.

Die Entwicklung der Schilddrüse erfolgt im ersten Drittel der Schwangerschaft. Dazu ist die kombinierte und sequenziell organisierte Expression von mindestens vier Transkriptionsfaktoren erforderlich. Störungen der Expression oder Mutation in diesen vier Transkriptionsfaktoren (TTF1, PAX8, NKX2.1 und HEX) führen zu beeinträchtigter Organentwicklung oder Hormonsynthese oder zum kompletten Ausfall der Organentwicklung. Eines von 3500 Neugeborenen weltweit weist eine Störung oder komplettes Fehlen der Schilddrüsenanlage oder -funktion auf. Im Rahmen des obligatorischen Neugeborenen-Screenings auf erhöhtes TSH im Blut können diese Säuglinge identifiziert werden und müssen innerhalb der ersten zwei Lebenswochen einer T_4-Substitutionstherapie zugeführt werden. Diese muss lebenslänglich aufrechterhalten werden, um normale körperliche und geistige Entwicklung und Stoffwechselfunktionen sicher zu stellen. Während der Schwangerschaft kann das mütterliche Schilddrüsenhormon T_4 die normale körperliche und geistige Entwicklung des Embryonen und Fetus ermöglichen, natürlich nur unter der Voraussetzung, dass die mütterliche Schilddrüsenfunktion normal ist.

! Störungen der »nachhaltigen Bewirtschaftung« des essentiellen Spurenelements Iod in Schilddrüsenfollikeln können zur angeborenen Hypothyreose, zu Strumabildung und zu Schilddrüsentumoren führen.

Störungen der Funktion oder Expression einzelner Komponenten der Schilddrüsenhormonbiosynthese führen in der Regel zur Hypothyreose und Strumabildung. Dies ist jedenfalls für die seltenen Mutationen von Tg, TPO, Thox und Dehal sowie TSH-Rezeptor beschrieben worden.

! Funktionsstörungen der Deiodase-Selenoenzyme haben starke Auswirkungen auf die Schilddrüsenhormonhomöostase und die Bildung des hormonell aktiven T_3.

Funktionsstörungen der drei Deiodase-Enzyme wirken sich unterschiedlich auf die Homöostase der Schilddrüsenhormone aus. Eine Überexpression der DIO2 in Mesotheliomen (gutartige Tumoren der Pleura) und bei Schilddrüsenkarzinomen kann zur erhöhten T_3-Bildung und Sekretion in die Zirkulation beitragen, wodurch eine hyperthyreote Stoffwechsellage entstehen kann. Diese Tumoren sind sehr selten. Die Überexpression des Schilddrüsenhormon inaktivierenden DIO3 wurde bei kindlichen Hämangiomen beschrieben (gutartige Gefäßgeschwulste). Hier kann es durch die teilweise extrem hohe Inaktivierungskapazität der DIO3 zu einer so genannten konsumtiven Hypothyreose kommen, bei der sämtliche Schilddrüsenhormone abgebaut werden. Über- oder Unterexpression der DIO1 auf Grund von Erkrankungen wurde nicht beschrieben, jedoch ist bekannt, dass bei schweren Allgemeinerkrankungen, Kohlenhydratentzug, nach chirurgischen Eingriffen sowie bei Ausschüttung proinflammatorischer Cytokine die Aktivität der DIO1 gehemmt und die der DIO3 stimuliert werden kann, sodass es zu einem starken Abfall der Serum-T_3-Spiegel, Anstieg von reversem T_3 bei normalem bis erniedrigtem T_4 und teilweise nicht verändertem TSH kommen kann. Diese Konstellation wird als das so genannte Nieder-T_3-Syndrom oder NTI (*non thyroidal illness*) oder ESS Syndrom (*euthyroid sick syndrome*) bezeichnet. Es wird davon ausgegangen, dass dies eine adaptive protektive Schutzreaktion des Körpers bei derartigen pathophysiologischen Stoffwechselveränderungen und Erkrankungen darstellt, weil T_3-abhängige Stoffwechselprozesse heruntergefahren werden. Auch globale Störungen der Selenoproteinbiosynthese wirken sich auf die Deiodaseexpression und Funktion aus. So haben Mutationen des Selencysteinbindeproteins 2 (SBP2), eines Schlüsselproteins der kontranslationalen Selenoproteinbiosynthese und des Einbaus am Ribosom zur Folge, dass insbesondere die DIO2-Aktivität beeinträchtigt ist, die Schilddrüsenhormonökonomie negativ beeinflusst wird und betroffene Kinder Wachstums- und Gedeihstörungen sowie verzögerten Pubertätseintritt zeigen.

In Kürze

- Die Biosynthese der Schilddrüsenhormone wird durch das hypothalamisch-hypophysäre System reguliert. Es besteht aus dem hypothalamischen TRH und dem hypophysären TSH, deren Biosynthese und Sekretion durch ein komplexes System aus stimulierenden und inhibierenden Faktoren gesteuert wird
- Die Schilddrüsenhormone Thyroxin (T_4) und Triiodthyronin (T_3) sind iodierte Verbindungen, deren Biosynthese durch Iodierung von Tyrosylresten des Proteins Thyreoglobulin mit anschließender Kopplung noch im Proteinverbund erfolgt
- Die freien Hormone T_4 und T_3 werden durch Proteolyse aus Thyreoglobulin freigesetzt
- Im Blutplasma werden die Schilddrüsenhormone in Bindung an Proteine transportiert. Aus dem als Prohormon dienenden T_4 wird das biologisch aktive T_3 durch intrazelluläre Deiodasen gebildet
- Die Rezeptoren für T_3 gehören zur Klasse der ligandenaktivierten Transkriptionsfaktoren. Sie beeinflussen Intermediärstoffwechsel, Wachstum und Differenzierung. Ein spezielles Zielorgan stellt das Myokard dar
- Iodmangel führt über eine vermehrte TSH-Sekretion zur Struma. Auto-Antikörper gegen den TSH-Rezeptor können diesen stimulieren oder blockieren und zu einer Hyper- oder Hypothyreose führen

27.3 Hypothalamus-Hypophysen-Nebennierenrinden-(Zona fasciculata-)Achse

27.3.1 Regulatorische Polypeptide des Hypothalamus und der Hypophyse

CRH besitzt eine Schlüsselfunktion bei der Stressantwort.

Die Regulation der corticotropen Zellen der Hypophyse durch den Hypothalamus erfolgt durch das **Corticotropin-*releasing*-Hormon (CRH)**, ein am C-Terminus amidiertes Polypeptid. Auch CRH entsteht durch proteolytische Prozessierung eines Prohormons (Abb. 27.18). Dieses zeigt strukturelle Ähnlichkeiten mit den Proopiomelanocortin- (► Kap. 31.3.8) und Arginin-Vasopressin-Neurophysin-II-Vorstufen (► Kap. 28.3.2), was für die Existenz einer gemeinsamen phylogenetischen Vorstufe spricht.

27

CRH ist ein wichtiger Bestandteil der **Stressantwort**. Bei dieser Reaktion, die auch als allgemeines Adaptationssyndrom bezeichnet wird, handelt es sich um ein stereotypisches Muster physiologischer Reaktionen, die sich im gesamten Säugetierreich finden. Die Aktivierung des Stresssystems erhöht die Aufmerksamkeit, die Muskelreflexe und die Konzentration, senkt Appetit und sexuelle Erregbarkeit und erhöht die Schmerzschwelle. Die Stressantwort wird durch das Gehirn vermittelt und integriert. Dabei haben das hypothalamisch-hypophysäre Nebennierenrinden-(NNR-)System und das sympathische Nervensystem eine Schlüsselfunktion. Die Verabreichung von CRH in den Hirnventrikel von Versuchstieren führt zu Verhaltensänderungen sowie kardiovaskulären und Stoffwechseländerungen, die große Ähnlichkeiten mit der Stressantwort aufweisen.

CRH wird in den parvozellulären Neuronen des Nucleus paraventricularis (Abb. 27.1) gebildet. Daneben können CRH und seine beiden CRH-Rezeptoren auch in verschiedenen Teilen des limbischen Systems und in Hirnarealen, die die Verbindung zum sympathischen Nervensystem herstellen, nachgewiesen werden (Abb. 27.19). Die Rezeptoren kommen darüber hinaus noch in weiteren Spleißvarianten vor, von denen z.B. der CRH-2α-Rezeptor für Nahrungsaufnahme und Abwehrverhalten verantwortlich

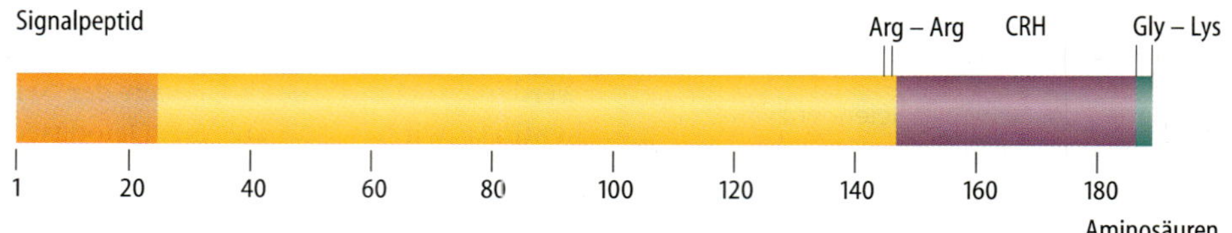

Abb. 27.18. Präpro-Hormonstruktur des CRH. Die CRH-Sequenz am C-Terminus ist violett hervorgehoben

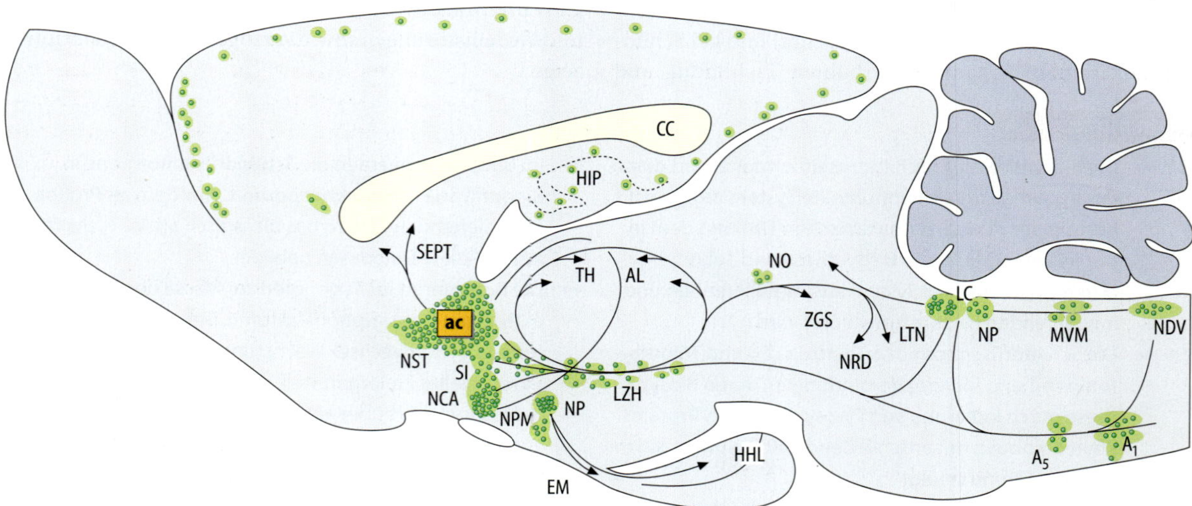

Abb. 27.19. CRH-immunoreaktive Zellen im Rattenhirn (*grün hervorgehoben*). Die wesentlichen Fasern, die den Hypophysenvorderlappen regulieren, entstehen aus dem Nucleus paraventricularis (NP), jedoch gibt es auch andere CRH-positive Regionen, insbesondere um den Hypothalamus herum. A1 und A5 = noradrenerge Zellgruppen 1 bzw. 5; NST = Nucleus der Stria terminalis; CC = Corpus callosum; NCA = Nucleus centralis (Amygdala); ZGS = zentrale graue Substanz; NRD = Nucleus raphes dorsalis; NDV = Nucleus dorsalis n. vagi; HIP = Hippocampus; LC = Locus coeruleus; LTN = lateraler tegmentaler Nucleus; LZH = laterale Zone des Hypothalamus; EM = Eminentia mediana; THAL = Thalamuskerne der Mittellinie; NPM = Nucleus praeopticus medialis; MVM = Nucleus vestibularis medialis; NP = Nucleus parabrachialis; NO = Nucleus n. oculomotorii; HHL = Hypophysenhinterlappen; SEPT = Septumregion; SI = Substantia innominata

ist. CRH und noradrenerge Neurone innervieren und stimulieren sich gegenseitig. Die Aktivität des hypothalamischen CRH-Neurons wird durch mindestens zwei Stimulusarten reguliert, von denen eine stressinduziert ist und die andere einem biologischen Rhythmus folgt, der für die circadiane ACTH- und Cortisolsekretion (► u.) verantwortlich ist.

ACTH entsteht durch Proteolyse aus dem Prohormon Pro-Opiomelanocortin.

Adrenocorticotropes Hormon (**ACTH, Corticotropin**) wird in den basophilen Zellen der Hypophyse synthetisiert und in Sekretgranula gespeichert. Die Biosynthese erfolgt über ein hochmolekulares Prohormon, das Pro-Opiomelanocortin (**POMC**), das auch die Information für die opioiden Peptide β-Endorphin, β-Lipotropin und α- und β-MSH enthält (► Kap. 31.3.8). Die proteolytische Prozessierung des Prohormons erfolgt durch Prohormonconvertasen (PC) der Furinfamilie in Regionen, die sich durch die Aufeinanderfolge von Aminosäuren mit basischer Seitenkette (Lysin, Arginin) auszeichnen. Außer CRH sind auch noch andere Hormone wie z.B. Arginin-Vasopressin, Cholecystokinin und die Katecholamine an der basalen oder stressinduzierten Sekretion des ACTH beteiligt. ACTH besteht aus 39 Aminosäuren, von denen die 24 N-terminalen für die biologische Aktivität verantwortlich sind. Für Diagnostik und Therapie wird deshalb ein chemisch synthetisiertes Polypeptid verwendet, das nur diese Aminosäuren enthält. β-Endorphin und die anderen Peptide können mit ACTH cosezerniert werden. Die Nachlieferung von ACTH erfolgt über eine Stimulierung der Transkription des POMC-Gens durch CRH.

CRH und ACTH werden pulsatil sezerniert.

Die menschliche Hypophyse enthält etwa 250 μg ACTH, von denen täglich etwa 10 bis 20% sezerniert werden. Die Halbwertszeit des Hormons im Plasma beträgt 20 bis 25 Minuten. Der gesunde, nicht gestresste Mensch hat jeden Tag etwa 7 bis 10 kurz andauernde Perioden, in denen es zu einer vermehrten ACTH-Sekretion kommt. Der Großteil dieser Sekretionsperioden tritt in den frühen Morgenstunden auf und ist für den morgendlichen Plasma-Cortisolanstieg verantwortlich (Abb. 27.20). Der kurzdauernde Anstieg der ACTH-Sekretion ist seinerseits durch kurzfristige Anstiege der CRH-Konzentration im hypophysären Portalsystem (2–3 Stöße pro Stunde) bedingt.

27.3.2 Regulation von Hypothalamus und Hypophyse

Cortisol ist für die negative Rückkopplungshemmung verantwortlich: Es hemmt sowohl die CRH-Sekretion auf Hypothalamusebene als auch die ACTH-Biosynthese über eine Hemmung der POMC-Transkription und -Sekretion auf Hypophysenniveau.

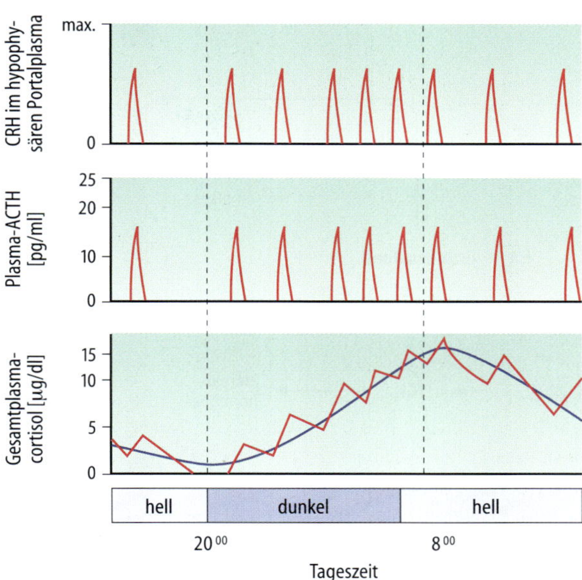

Abb. 27.20. Täglicher Plasma-CRH-, ACTH- und Cortisolrhythmus bei einem gesunden, nicht gestressten Menschen. Die Phasen, in denen ACTH sezerniert wird (etwa 7 bis 10 mal/24 h), treten häufig in den frühen Morgenstunden auf. Die entsprechende Cortisolausscheidung zu dieser Zeit führt als Folge der relativ langen Plasmahalbwertszeit des Cortisols zu einer Akkumulation und damit zu dem täglichen Cortisolanstieg am Morgen. Somit führt eine Veränderung der Frequenz der ACTH-Sekretionsstöße zu einer Modulation der Amplitude des täglichen Cortisolrhythmus. Die sekretorischen Phasen des Cortisols sind auf eine entsprechende Anzahl von Phasen zurückzuführen, in denen CRH in das hypophysäre Portalblut sezerniert wird

Verschiedene **Cytokine** wie Interleukin-1, TNF-α und Interleukin-6 oder Lipidmediatoren stimulieren das hypothalamisch-hypophysäre Nebennierenrindensystem auf allen drei Ebenen. Sie stellen damit eine Verbindung zwischen dem Stresssystem und der immunvermittelten Entzündung her. Auf der anderen Seite hemmt Leptin das hypothalamisch-hypophysäre NNR-System, wahrscheinlich über eine Hemmung der Cortisolsynthese via Leptinrezeptoren in den NNR-Zellen.

27.3.3 Hormone der Zona fasciculata der Nebennierenrinde

Cortisol leitet sich vom Cholesterin ab.

Die Wechselwirkung von ACTH mit seinem Zellmembranrezeptor auf Zellen der Zona fasciculata führt zur Aktivierung der cAMP-abhängigen Proteinkinase A, die eine Cholesterinesterhydrolase phosphoryliert und damit aktiviert. Durch dieses Enzym wird **Cholesterin** aus den zahlreichen, cytosolisch gelegenen Lipidtröpfchen mobilisiert, in denen es als Ester gespeichert ist. In Steroidhormon produzierenden Zellen ist das in den Lipidtröpfchen gespeicherte Cholesterin entweder durch Neusynthese aus Acetyl-CoA

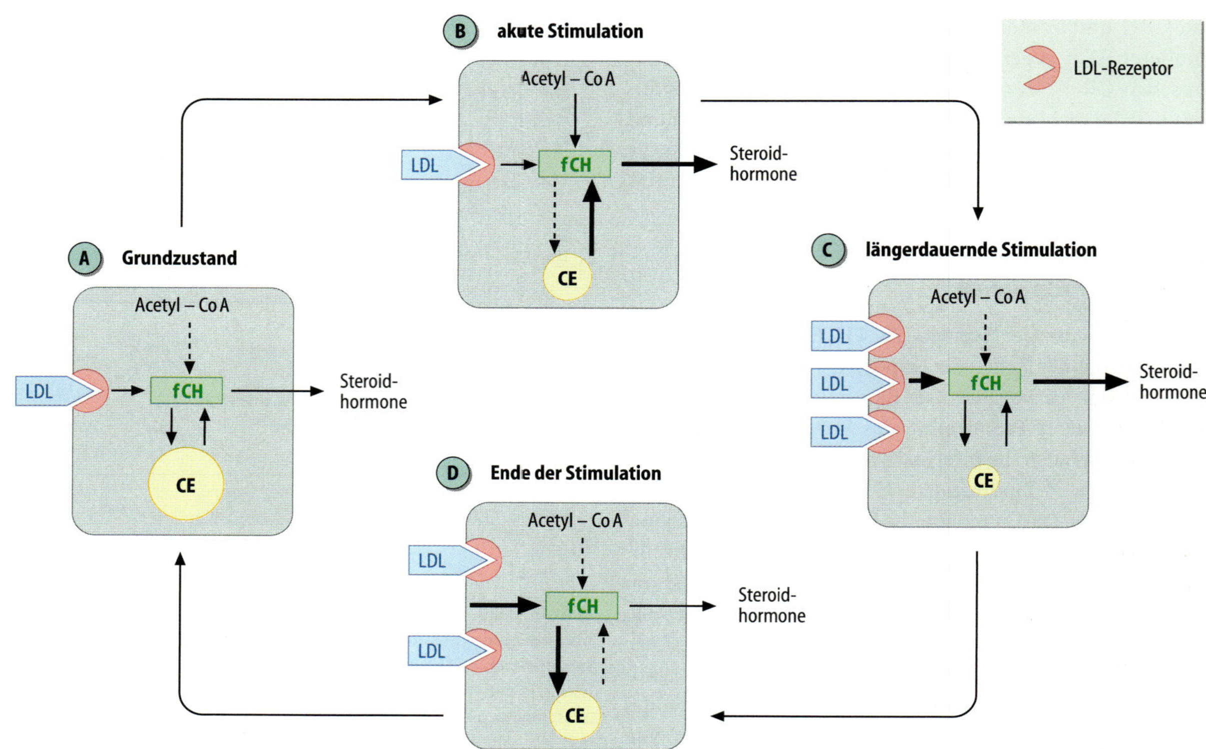

Abb. 27.21. Bildung des freien Cholesterins (fCH) in der Steroidhormon produzierenden Zelle. Die Zelle gewinnt freies Cholesterin durch Freisetzung aus Lipoproteinen (LDL), Cholesterinestern (CE) oder durch Biosynthese aus Acetyl-CoA in Abhängigkeit von der Dauer der Stimulierung [akut (**B**) oder länger anhaltend (**C**)]. (Einzelheiten ► Text)

entstanden oder aus *low-density*-Lipoproteinen (LDL, ► Kap. 18.5.2) aufgenommen worden. Steroide produzierende Zellen besitzen deshalb eine höhere Anzahl an LDL-Rezeptoren als Zellen, die keine Steroide synthetisieren. Bei akuter Stimulation der Zona fasciculata durch ACTH wird die Neusynthese aus Acetyl-CoA durch Aktivierung der HMG-CoA-Reduktase erhöht (► Kap. 18.3.3). Nach längerer Stimulation durch ACTH verarmen die Zellen an Cholesterin und reagieren darauf mit einer Vermehrung der LDL-Rezeptoren an der Zelloberfläche, sodass vermehrt Cholesterin aus dem Extrazellulärraum aufgenommen werden kann (Abb. 27.21).

! Die Cortisolbiosynthese ist auf zwei Zellkompartimente verteilt.

Der initiale Schritt bei der Biosynthese **aller Steroidhormone** (Glucocorticoide, Mineralocorticoide, Androgene, Östrogene, Gestagene) besteht in der Umwandlung von Cholesterin in Pregnenolon. Für diese Reaktion ist das Enzym **Cholesterin-Desmolase** (*cytochrome P_{450}-side chain cleavage enzyme* (P_{450} SCC)) verantwortlich. Es ist in der mitochondrialen Innenmembran lokalisiert. Pregnenolon entsteht durch Abspaltung der Seitenkette zwischen den C-Atomen 20 und 22 des Steroidgerüsts mit Einführung einer Ketogruppe am C-Atom 20 (Abb. 27.22). Nach seiner Bildung verlässt Pregnenolon die Mitochondrien und wird durch Enzyme des endoplasmatischen Retikulums in die weiteren Zwischenprodukte der Steroidhormonbiosynthese umgewandelt.

In Anbetracht der Tatsache, dass die Produktion von Steroidhormonen vom Organismus sehr genau reguliert wird, ergibt sich die Frage nach dem geschwindigkeitsbestimmenden Schritt dieser Biosynthesen, der natürlich möglichst am Anfang der jeweiligen Biosynthesekette liegen sollte. Aufgrund sorgfältiger Analyse entsprechender Mutanten konnte schließlich ein Protein identifiziert werden, das diese regulatorische Funktion übernehmen kann und demzufolge als *steroidogenic acute regulatory protein* (StAR-Protein) bezeichnet wurde. Das StAR-Protein dient als Cholesterin-Translokator, der den Transfer des Cholesterins aus dem Cytosol durch die äußere Mitochondrienmembran zur inneren Mitochondrienmembran katalysiert, mit der die Cholesterin-Desmolase assoziiert ist. Die Expression des StAR-Proteins ist genau reguliert. Alle Faktoren, die in den verschiedensten endokrin aktiven Geweben die Produktion von Steroidhormonen stimulieren, stimulieren auch die Expression des StAR-Proteins. Dies trifft besonders zu für ACTH, FSH und LH (► Kap. 27.1.2). Allen genannten Faktoren ist gemeinsam, dass sie über heptahelicale Rezeptoren wirken, die G-Protein-vermittelt die Adenylatcyclase stimulieren. Tatsächlich findet sich im Promotor des StAR-Gens ein cAMP-responsives Element.

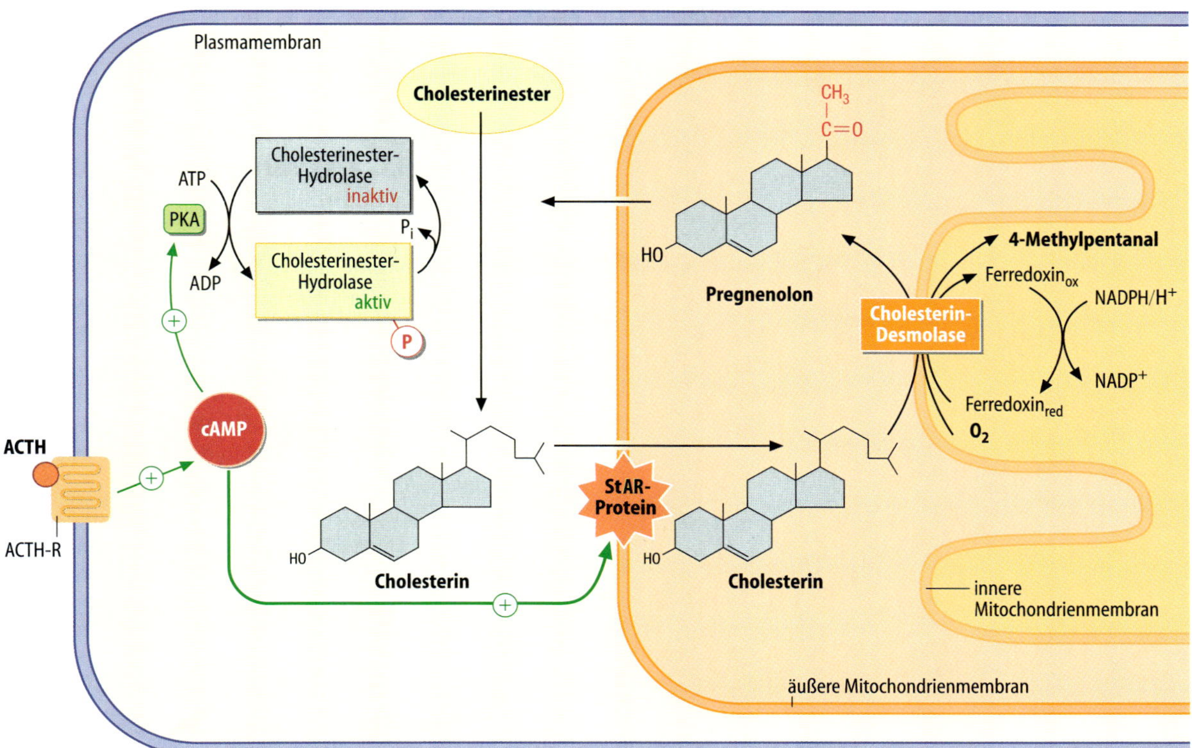

Abb. 27.22. Entstehung von Progesteron in den Zona fasciculata-Zellen der Nebennierenrinde. Nach Stimulation des ACTH-Rezeptors und Anstieg der cAMP-Konzentration wird die Cholesterinesterhydrolase durch Phosphorylierung aktiviert. Das durch dieses Enzym freigesetzte Cholesterin wird vom StAR-Protein gebunden und durch die äußere Mitochondrienmembran transloziert, sodass es von der in der inneren Mitochondrienmembran gelegenen Cholesterin-Desmolase umgesetzt werden kann. Die Reaktion benötigt O_2 und reduziertes Ferredoxin. Als Produkte entstehen Progesteron, 4-Methylpentanal und oxidiertes Ferridoxin. (Weitere Einzelheiten ► Text)

Nach Verlassen des Mitochondriums wird Pregnenolon durch eine 3β-Hydroxysteroid-Dehydrogenase und $\Delta^{4,5}$-Ketosteroid-Isomerase in **Progesteron** umgewandelt (Abb. 27.23). Durch ein weiteres spezifisches Cytochrom-P_{450}-Enzym (P_{450c17}) erfolgt anschließend die Hydroxylierung zu 17α-Hydroxyprogesteron (17α-Steroid-Hydroxylase). Dieses Produkt wird in Stellung 21 hydroxyliert. Für die 21β-Hydroxylase existieren ein Gen und ein Pseudogen auf Chromosom 6 im Bereich der MHC-Gene (► Kap. 34.2.2). Das entstehende Derivat diffundiert nun wieder in das Mitochondrium zurück, wo es durch erneute Hydroxylierung – diesmal in Stellung 11 – in Cortisol überführt wird (11β-Steroid-Hydroxylase). Die Gene aller an der Cortisolbiosynthese beteiligten Hydroxylasen werden bei länger dauernder Stimulation durch ACTH vermehrt transkribiert. Pro Tag werden von der Zona fasciculata 5 bis 30 mg (14–84 µmol) Cortisol sezerniert.

27.3.4 Transport des Cortisols im Blut

Cortisol, das wie andere Steroidhormone auch nicht zellulär gespeichert sondern auf Bedarf produziert wird, wird nach Sekretion aus den Zona fasciculata-Zellen im Blutplasma aufgrund seiner schlechten Wasserlöslichkeit in Bindung an **Transcortin**, ein von der Leber sezerniertes α-Globulin, transportiert. Da Progesteron (► Kap. 27.6.2) ebenfalls eine hohe Affinität zu diesem Bindeprotein besitzt, kann es Cortisol verdrängen und damit zu einem Anstieg des freien Hormons im Blut führen. Bei sehr hoher Cortisolkonzentration im Blut kommt es auch zur Bindung an Albumin.

Im Ruhezustand beträgt der radioimmunologisch bestimmte Plasma-Cortisolspiegel 5–25 µg/100 ml (0,14–0,69 µmol/l) Plasma. Dieser Wert gilt für die morgendliche Nüchternblutabnahme (8.00 Uhr), da der Cortisolspiegel einem circadianen Rhythmus (Abb. 27.20) unterliegt.

27.3.5 Abbau des Cortisols

Cortisol wird im **Hepatozyten** durch NADPH/H^+-abhängige, enzymatische Hydrierung am Ring und durch NADH/H^+- oder NADPH/H^+-abhängige Hydrierung der Ketogruppen inaktiviert. Die so entstandenen Tetrahydroverbindungen – aber auch noch nicht hydrierte, unveränderte Steroidhormone – werden anschließend in Glucuronid- oder Sulfatester umgewandelt. Bei den 17-Hydroxyverbin-

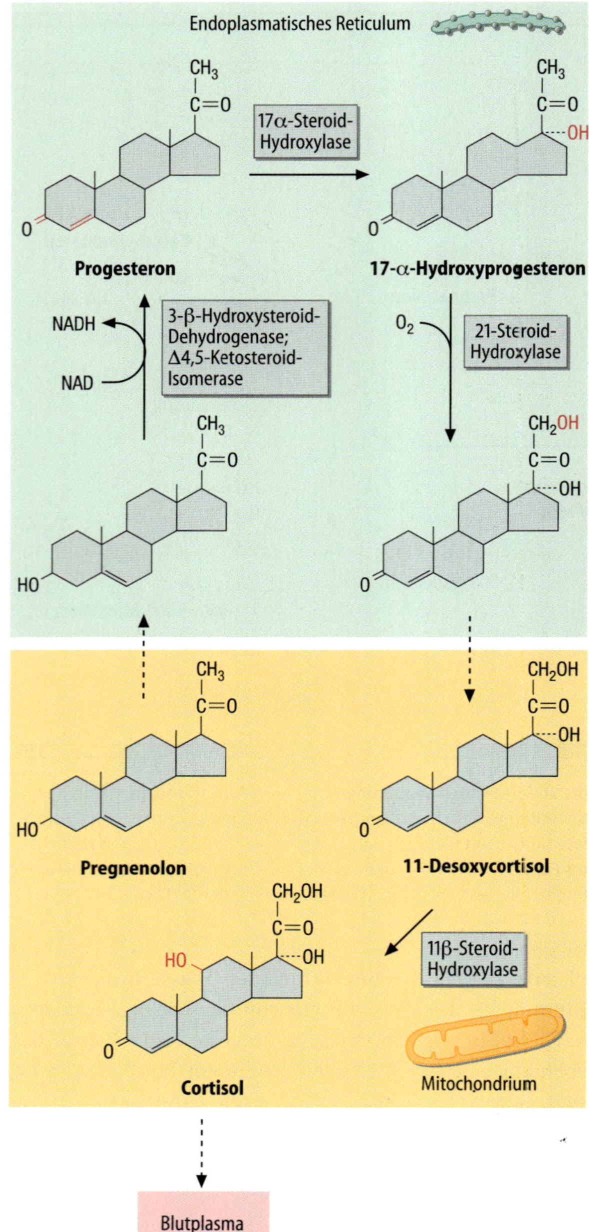

Abb. 27.23. Biosynthese des Cortisols in verschiedenen zellulären Kompartimenten. (Einzelheiten ▶ Text)

dungen kann die Seitenkette abgespalten werden; es entstehen 17-Ketosteroide, die eine zusätzliche Keto- bzw. Hydroxygruppe am C-Atom 11 tragen. Freie und konjugierte Glucocorticoide werden über die Galle in den Darm sezerniert und z.T. über den enterohepatischen Kreislauf reabsorbiert, der Großteil wird in überwiegend konjugierter Form über die Nieren ausgeschieden. Da Cortisol primär in der Leber abgebaut wird, sind bei oraler therapeutischer Anwendung weitaus höhere Mengen als bei intravenöser Applikation erforderlich. Die Steroide gelangen nach enteraler Resorption über den Pfortaderkreislauf zuerst in die Leber und werden dort bereits z.T. inaktiviert (*first pass effect*).

27.3.6 Molekularer Wirkungsmechanismus des Cortisols

Nach seiner Aufnahme durch Diffusion in die Zielzelle wird Cortisol an den **Cortisolrezeptor** gebunden. Dieser ist ein Mitglied der Steroid/Schilddrüsenhormonrezeptor-Großfamilie. Der Rezeptor liegt in nicht-aktivierter Form in Bindung an die ***heatshock*-Proteine** HSP70 und 90 im Cytosol vor. Durch Bindung von Cortisol löst sich der Rezeptor von diesen Proteinen, wird in den Zellkern transloziert und reguliert dort nach Dimerisierung die Transkription bestimmter Gene. Der Rezeptor zeigt den typischen Aufbau mit einer DNA-Bindungsregion mit Zinkfingerarchitektur, die von einer N-terminalen, Species-spezifischen und einer C-terminalen, Liganden bindenden Region flankiert wird (▶ Kap. 25.3.1).

27.3.7 Zelluläre Wirkungen des Cortisols

Cortisol spielt eine wichtige Rolle als Regulator des Intermediärstoffwechsels und als Modulator des Immunsystems. Die ubiquitäre Präsenz von Cortisolrezeptoren in praktisch allen Zellen des Organismus erklärt die Vielfalt der Wirkungen dieses Hormons. Der Plasmacortisolspiegel unterliegt einer circadianen Rhythmik, die durch negative Rückkopplung auf Hypophyse und Hypothalamus reguliert wird. In welchem Zusammenhang diese Rhythmik mit der biologischen Wirkung des Cortisols steht, ist noch unklar. Auf diese Rhythmik lagern sich die stressinduzierten Cortisolspiegel-Erhöhungen auf, die zu einer Unterdrückung der körpereigenen Abwehrreaktionen führen. Dadurch werden offenbar ein Überschießen dieser Reaktionen und damit eine Störung der Homöostase verhindert.

Cortisol wird in bestimmten Zellen, die nicht für Cortisol responsiv sind, durch das Enzym 11β-Hydroxysteroid-dehydrogenase zum inaktiven Cortison abgebaut. Dieses Enzym kann durch hohe Konzentrationen des Lakritzeninhaltsstoffes Glycirhetin gehemmt werden.

! Cortisol stimuliert die Gluconeogenese.

Synergistisch mit Glucagon und den Katecholaminen wirkt Cortisol als **Gegenspieler des Insulins** bei der Regulation des Plasmaglucosespiegels (Abb. 27.24). Während erstere schnell wirken, tritt die Wirkung von Cortisol langsamer ein, da eine Transkription von Genen erforderlich ist. Seine wesentliche Aktion liegt in der Verstärkung und Verlängerung des durch Glucagon oder Adrenalin hervorgerufenen Blutglucoseanstiegs. Der Effekt kommt über eine Förderung der Gluconeogenese und Glycogenolyse in der Leber

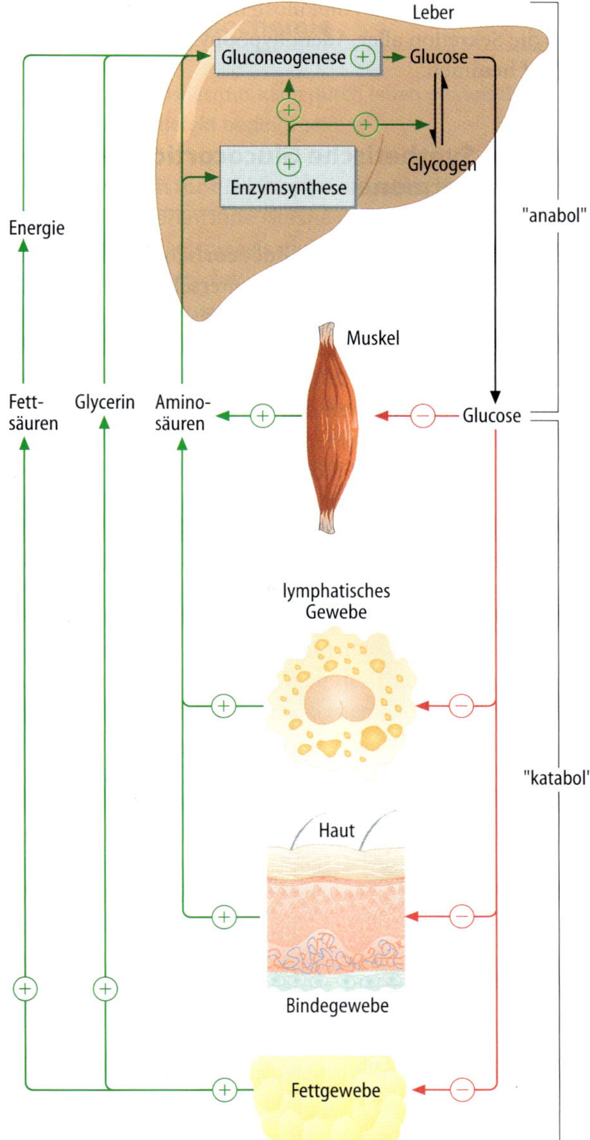

Abb. 27.24. Stoffwechseleffekte des Cortisols. (Einzelheiten ▸ Text)

und über die gleichzeitige Hemmung der Glucoseaufnahme und -utilisierung im peripheren Gewebe wie Fettgewebe, Fibroblasten oder Lymphozyten zustande. Daher stammt auch die Bezeichnung **Glucocorticoid** für Cortisol. Das Ausmaß der Hyperglykämie wird durch die Nahrungszufuhr und Insulin als Antagonisten des Cortisols bestimmt: so führt z.B. die Gabe synthetischer Glucocorticoide beim Nichtdiabetiker zwar zu einer Erhöhung des Nüchternblutzuckers, der jedoch i. Allg. noch im Normbereich liegt, wohingegen beim Diabetiker aufgrund der eingeschränkten Insulinproduktion eine wesentlich ausgeprägtere Hyperglykämie auftritt. Die Stimulierung der Gluconeogenese durch Cortisol erfolgt durch

- Induktion der Phosphoenolpyruvat-Carboxykinase
- vermehrte Bereitstellung von Substraten für die Gluconeogenese aus peripheren Geweben sowie
- eine Verstärkung der Wirkung von Adrenalin und Glucagon auf die Glucoseneubildung

Durch Hemmung der Proteinbiosynthese und gleichzeitige Stimulierung der Proteolyse (über die Aktivierung von Proteinasen) in Muskeln, Fettgewebe und Lymphozyten kommt es zur vermehrten Freisetzung von Aminosäuren. Weiterhin wird die Gluconeogenese durch Freisetzung von Glycerin aus Adipozyten (verstärkte Lipolyse) und freie Fettsäuren (die als Energiequelle dienen) unterstützt.

! Cortisol wirkt antiinflammatorisch.

Erhöhte Cortisolkonzentrationen führen zu einer Unterdrückung immunologischer und entzündlicher Vorgänge. **Synthetische Cortisolderivate** werden deshalb dann therapeutisch eingesetzt, wenn überschießende Entzündungs- oder Abwehrreaktionen zu Schädigungen des Organismus führen. Die physiologische Bedeutung der vermehrten Cortisolsekretion in Stresssituationen (wie z.B. bei Infektion oder nach Operation) ist im Einzelnen noch nicht bekannt. Möglicherweise werden damit Autoimmunprozesse (▸ Kap. 34.7.3) als Reaktion auf die Freisetzung von Antigenen bei der Zerstörung von Zellen unterdrückt. Entzündliche Reaktionen werden über eine Hemmung

- der Produktion von Cytokinen
- der Bewegung von Leukozyten in entzündete Gewebe über Adhäsionsmoleküle und
- der Funktion immunkompetenter Zellen unterdrückt

So hemmen Glucocorticoide die Produktion von Prostaglandinen durch vermehrte Bildung von **Lipocortin**, das die Phospholipase A2 hemmt (▸ Kap. 18.1.2). Außerdem werden die **Cyclooxygenase 2** (COX-2, Bildung von *Platelet-activating factor*) und die **NO-Synthase 2** (Bildung von Stickstoffmonoxid) gehemmt. Die Gabe von Glucocorticoiden führt zu einer Abnahme der zirkulierenden Lymphozyten, Monozyten und Eosinophilen, die durch eine Umverteilung dieser Zellen aus der Zirkulation in andere Kompartimente oder den **programmierten Zelltod** (Apoptose, ▸ Kap. 7.1.5) zustande kommt. Gleichzeitig kommt es zu einem Anstieg der polymorphkernigen Leukozyten. Die Zahl dieser Zellen (wie auch von Makrophagen und Lymphozyten) in entzündeten Geweben ist deshalb stark reduziert. Glucocorticoide beeinflussen auch die Lymphozytenfunktion: so ist z.B. die klonale Antwort von T-Lymphozyten auf einen antigenen Reiz blockiert, was über eine Hemmung der Freisetzung des autokrinen Wachstumsfaktors Interleukin-2 zustande kommt. Außerdem wird die Bildung von γ-Interferon blockiert, sodass der T-Lymphozyt im Rahmen der Immunantwort keine Makrophagen mehr aktivieren kann. Die Wirkung von Glucocorticoiden auf B-Lymphozyten ist wesentlich geringer ausgeprägt als

In Kürze

- Das im Hypothalamus (und anderen Hirnarealen) aus Pro-CRH freigesetzte CRH stimuliert in der Adenohypophyse die Freisetzung von ACTH. Auch das Peptidhormon ACTH entsteht aus einer Vorstufe, dem POMC. Sowohl CRH als auch ACTH werden in Stößen sezerniert
- CRH ist wichtiger Teil der Stressantwort, wobei auch enge Beziehungen zwischen dem Stresssystem und der immunvermittelten Entzündung bestehen
- ACTH stimuliert in der Zona fasciculata der Nebennierenrinde die Biosynthese und Sekretion von Cortisol. Dieses Hormon entsteht in einem auf zwei Zellkompartimente verteilten Syntheseprozess aus Cholesterin
- Cortisol stimuliert die Gluconeogenese, wirkt antiinflammatorisch auf Entzündungszellen und hat verschiedene Wirkungen auf andere Zielzellen
- Synthetische Glucocorticoidhormone finden eine breite Anwendung in der ärztlichen Praxis bei der Behandlung von z.B. Asthma oder Autoimmunerkrankungen
- Unter- und Überfunktionen der Zona fasciculata der Nebennierenrinde können angeboren oder erworben sein: Enzym- oder Rezeptordefekte und Tumoren mit konsekutiver Hormonüberproduktion stellen die häufigsten Ursachen dar

27.4 Hypothalamus-Hypophysen-Gonadenachse

27.4.1 Der hypothalamische GnRH-Pulsgenerator

> ! Die hormonelle Regulation der Gonadenfunktion bei Frau und Mann wird vom neuroendokrin aktiven hypothalamischen Peptid (GnRH) gesteuert, dessen pulsatile Sekretion in Amplitude und Frequenz moduliert wird.

Die GnRH-Neuronen des mediobasalen Hypothalamus (◘ Abb. 27.2) setzen GnRH (*gonadotropin-releasing hormone*) in das portale Gefäßnetzwerk des Hypophysenstiels frei, über das es die gonadotropen Hypophysenzellen erreicht. Die ca. 2000 GnRH produzierenden hypothalamischen Neurone sind eng untereinander verschaltet und über kollaterale Dendriten vernetzt. Projektionen zu den GnRH produzierenden Zellen sind in über 50 Gehirnregionen nachgewiesen. Damit wird der GnRH-Pulsgenerator im Hypothalamus nicht nur von internen Signalen (metabolischer Zustand, hormonelle Konstellation, endogene Rhythmen) sondern auch durch Einflüsse der Umgebung, die über das ZNS verarbeitet werden, beeinflusst (Umwelt, Umgebungsfaktoren wie Temperatur, Licht, Gesellschaft und sonstige emotionale Komponenten).

Das GnRH-Netzwerk – von Ernst Knobil als **Pulsgenerator** bezeichnet – weist intrinsische synchronisierte Aktivitätsrhythmen der beteiligten Neurone auf. Die hormonelle Regulation, Synchronisation und Koordination wird über weitere benachbarte und verschaltete Neurone moduliert, teils gehemmt, teils stimuliert. Davon abhängig kommt es zur rhythmischen, pulsatilen GnRH-Freisetzung. Neben neuronalen und hormonellen Einflüssen wird die Aktivität des Pulsgenerators auch durch Funktion und Sekretionsprodukte der umgebenden Astrozyten und Gliazellen beeinflusst.

Das aus 10 Aminosäuren bestehende GnRH-Decapeptid (◘ Tabelle 27.1) wird aus dem vom GnRH-Gen codierten 92-Aminosäuren langen Präprohormon gebildet. Über die biologische Aktivität des ebenfalls bei diesem Prozess freigesetzten, vom GnRH-Gen codierten 56-Aminosäuren langen **GnRH assoziierten Peptid** (GAP) ist wenig bekannt.

Beim Menschen und bei einigen anderen Spezies gibt es ein zweites GnRH-Gen, das jedoch in anderen Gehirnregionen und nicht in den hypothalamischen Neuronen exprimiert wird. Die Gonadenfunktion bei Mann und Frau ist obligat von der geregelten Freisetzung von GnRH abhängig (◘ Abb. 27.3, ◘ Abb. 27.26). Die pulsatile Sekretion von GnRH kann direkt nur im Portalkreislauf analysiert werden, da GnRH eine sehr kurze biologische Halbwertszeit hat (◘ Tabelle 27.2). Die einzelnen Pulse der Freisetzung dauern nur wenige Minuten und in der hypophysären portalen Zirkulation können regelmäßige GnRH-Pulse im Abstand von ein bis drei Stunden gemessen werden, die sich dann in der Peripherie in Form von hypophysären LH-Pulsen widerspiegeln, welche gut nachweisbar sind (► u.).

> ! Amplitude und Frequenz der GnRH- und der nachgeschalteten Gonadotropin-Pulse variieren während der Lebensphasen und steuern die Produktion von Sexualhormonen.

Störungen der pulsatilen GnRH-Sekretion und experimentelle oder therapeutische Dauergabe von GnRH-Analoga führen zu einer Unterbrechung der Gonadotropinsekretion der Hypophysenzellen. Die Dauerapplikation von GnRH oder GnRH-Analoga führt zur Desensitivierung der hypophysären GnRH-Rezeptoren und der nachgeschalteten Signaltransduktion. Manche Störungen der GnRH-Produktion, die zu einer verzögerten oder ausbleibenden Pubertätsentwicklung führen, können mit pulsatiler GnRH-Anwendung behandelt werden. Andererseits kann durch Anwendung kontinuierlicher GnRH-Gabe oder lang wirksamer GnRH-Analoga die hypophysäre Gonadotropinsekretion blockiert werden, was bei vorzeitiger Pubertät, bei der Behandlung Gonadotropin abhängiger Erkrankungen (Prostatakarzinom) oder auch in der experimentellen Fertilitätskontrolle angewendet wird.

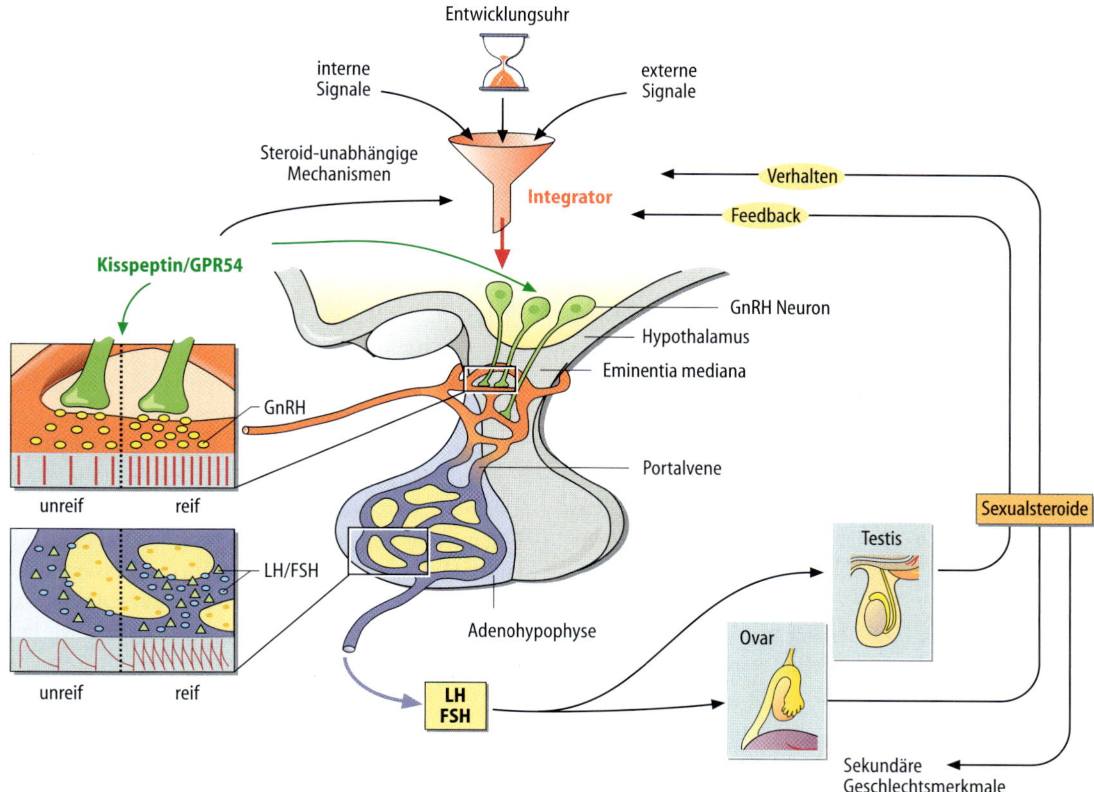

Abb. 27.26. Einfluss von Kisspeptin und GnRH auf die Funktion männlicher und weiblicher Gonaden. GnRH Neuronen projizieren in die Eminentia mediana und steuern direkt die hypophysäre Sekretion der Gonadotropine FSH und LH, welche die gonadale Steroidproduktion regeln. Kisspeptin stimuliert über seinen heptahelicalen Rezeptor GPR54 die GnRH-Bildung. (Weitere Einzelheiten ▶ Text). (modifiziert nach Sisk CL, Forrester DL Nature Neuroscience 2004; 7:1040-1047)

Die Aktivität der GnRH produzierenden Neurone wird auch durch Wachstumsfaktoren der benachbarten Gliazellen und der Endothelzellen sowie Prostaglandin E2 reguliert. Zu den lokal aktiven Faktoren der GnRH-Neuronregulation gehören TGFβ, TGFα sowie Inhibine der TGFβ-Familie und Aktivin sowie Follistatin, die ebenfalls lokal im Hypothalamus produziert und sezerniert werden (▶ Kap. 27.4.2).

Vor kurzem wurde erst ein weiterer wichtiger Faktor des hypothalamischen GnRH-Pulsgeneratorsystems identifiziert, **Kisspeptin** (Abb. 27.26). Das Kiss1-Gen codiert ein Protein aus 145 Aminosäuren, welches durch Prohormonkonvertasen zum **Kisspeptin-54** (54 Aminosäuren) oder **Metastin** verkürzt wird.

> **Infobox**
>
> **Kisspeptin**
>
> Kisspeptin wurde ursprünglich als Peptid identifiziert, welches das Wachstum von Tumormetastasen hemmt (Metastin). Die Bezeichnung für das pubertätsauslösende hypothalamische Hormon erinnert an die berühmte Schokoladenmarke Kiss aus der Heimatstadt der Entdecker dieses Peptids, Hershey, USA.

Kisspeptin stimuliert die Gonadotropinsekretion der Hypophyse über die Regulation der GnRH-Bildung. Kisspeptin bindet an seinen heptahelicalen Rezeptor GPR54, der auf GnRH-Neuronen exprimiert ist.

27.4.2 Hormonelle Regulation des hypothalamischen GnRH-Pulsgenerators und der hypophysären Gonadotropinsekretion

Das hypothalamische GnRH stimuliert die Produktion und Freisetzung der hypophysären Gonadotropine **Luteinisierendes Hormon** (LH, Luteotropin) und **Follikelstimulierendes Hormon** (FSH, Follitropin) aus den gonadotropen Zellen des Hypopyhsenvorderlappens (Abb. 27.27). Sowohl LH als auch FSH gehören wie TSH (▶ Kap. 27.1.2) zur Familie der dimeren hypophysären Glycoproteinhormone, die sich nur durch ihre β-Untereinheit unterscheiden, alle aber die selbe α-Untereinheit benutzen.

Die Aktivität der GnRH-Neurone unterliegt verschiedenen Regulationsmechanismen, zeigt ein spezifisches Aktivitätsprofil nach der Geburt, eine Suppression der Aktivität zwischen dem zweiten Lebensjahr und Beginn der Pu-

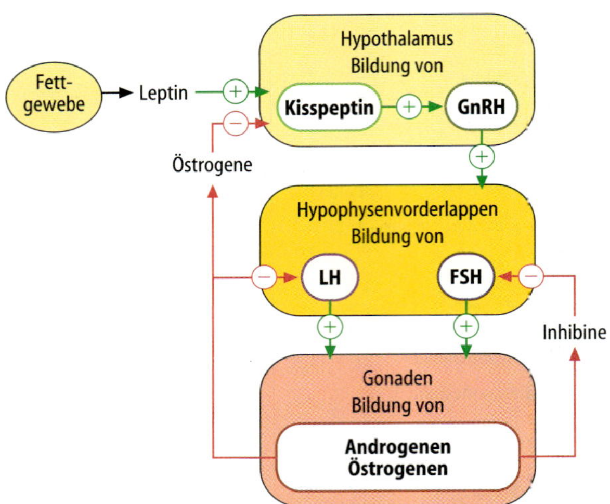

Abb. 27.27. Stimulierung der Produktion von Sexualsteroiden durch das hypothalamisch-hypophysäre System und Rückkopplungshemmung durch Östrogene und Inhibine. (Einzelheiten ▶ Text)

27

bertät, eine deutliche Aktivierung während der Pubertät und wiederum verändertes Sekretionsverhalten im erwachsenen und alternden Menschen.

> **!** Die gonadalen Sexualsteroide und Leptin regulieren im Hypopthalamus die Expression des neuroendokrinen Peptides Kisspeptin, das über den heptahelicalen GPR54-Rezeptor den GnRH-Pulsgenerator steuert und an der Auslösung der Pubertät beteiligt ist.

Die Regulatoren der postnatal hohen Aktivität und der Suppression des GnRH-Pulsgenerators während der vorpubertären Phase sind zurzeit noch unklar. In dieser Phase wird jedoch im männlichen Kleinkind die Testosteronproduktion über diesen Regelkreis stimuliert. Störungen der Funktion des GPR54-Kisspeptin-Rezeptors führen zur verzögerten Pubertät und zum hypogonadotropen Hypogonadismus. Komplette Inaktivierung des GPR54 durch Mutationen hat die Infertilität mit niedrigen Serumspiegeln von Gonadotropin und Sexualsteroiden sowie unterentwickelter Gonaden zur Folge. Alle anderen Körperfunktionen scheinen sich jedoch normal zu entwickeln. Der GPR54 überträgt sein Signal über Gq/G_{11} -Proteine und Calcium als *second messenger*. Kisspeptin-Genexpression wird vor allem in *Nucleus arcuatus* und im **anteroventralen periventrikulären Nucleus** des Hypothalamus bzw. des ZNS gefunden. Die Expression des Kiss-Gens in beiden Kernen wird durch **Estradiol** und Testosteron reguliert, wobei Testosteron seine Wirkung erst nach lokaler Umwandlung zu Estradiol durch das Enzym Aromatase (▶ Kap. 27.6.2) ausüben kann. Interessanterweise ist die Antwort der Sexualsteroidhormon regulierten Kiss1-Genexpression in diesen beiden Kernen genau gegensätzlich. Während die Sexualsteroide im *Nucleus arcuatus* die Kiss1-Expression **hemmen**, wird sie im **anteroventralen periventrikulären Nucleus (AVPV) stimuliert**. Man geht davon aus, dass die Stimulation der Kiss-Expression im AVPV-Kern an der positiven Feedback-Regulation der Gonadotropinsekretion während der präovulatorischen Phase des Menstruationszyklus bei Frauen beteiligt ist, während die Suppression der Kiss1-Expression im Nucleus arcuatus bei der negativen Feedback-Regulation postovulatorisch eine Rolle spielt (▶ Kap. 27.4.2). Mutationen im Kisspeptidgen oder im Gen für den Rezeptor GPR-54 lösen eine verzögerte Pubertät oder sogar das Ausbleiben der Pubertät aus. Hieraus ergibt sich, dass das Kisspeptin/GPR-54 System eine besondere Rolle bei der Auslösung der zur Pubertät führenden Vorgänge spielt. Von besonderem Interesse ist, dass Kisspeptin sezernierende Neurone über **Leptinrezeptoren** verfügen. Da Leptin in Abhängigkeit von der Fettgewebsmasse produziert wird (▶ Kap. 16.1.3), erlaubt dieser Regelkreis den Beginn der Pubertät vom Vorhandensein entsprechender Fettdepots abhängig zu machen. Dies ist besonders für den weiblichen Organismus von großer Bedeutung. Ob neben Leptin noch andere Faktoren an der Kisspeptin-Expression und Stimulation der Pubertät beteiligt sind, ist zurzeit unklar.

Glucocorticoide der Nebennierenrinde sowie licht- und umgebungsabhängige Signale, die über höhere Gehirnzentren und den suprachiasmatischen Nucleus und Vasopressin an Kiss positive Neurone vermittelt werden, sind weitere Modulatoren der GnRH-Bildung und -freisetzung. Die Effekte von Kisspeptin und damit von GnRH sind wesentlich stärker auf die LH- als auf die FSH-Bildung, wobei jedoch Pulsfrequenz und Amplitude der GnRH-Freisetzung berücksichtigt werden müssen, da die LH-Produktion und -freisetzung bereits durch niedrigere GnRH-Pulskonzentrationen gesteigert wird.

> **!** Inhibine und Aktivine sind Cytokine der TGFβ-Superfamilie, die die Sekretion der Gonadotropine modulieren.

Sehr komplex ist die Feinregulation der beiden Gonadotropine LH und FSH. Die Tatsache, dass ihre Biosynthese und Sekretion in den gonadotrophen Zellen der Hypophyse durch GnRH stimuliert wird, gibt keine Erklärung dafür, dass beide Hormone mit unterschiedlichen Geschwindigkeiten sezerniert werden und während des weiblichen Zyklus unterschiedliche Konzentrationsverläufe zeigen (▶ Kap. 27.6.1). Eine Erklärung hierfür liefert die Existenz dreier zusätzlicher Cytokine, die zur TGFβ-Superfamilie gehören, den Inhibinen, Aktivinen und Follistatinen:

- **Inhibine** werden überwiegend von den Sertoli-Zellen des Hodens (▶ Kap. 27.5.1) und von den Granulosazellen des Ovars freigesetzt und hemmen in der Hypophyse spezifisch die Sekretion von FSH
- **Aktivine** werden sowohl in den Sertolizellen des Hodens und den Follikelepithelzellen der Ovarien, aber auch in Zellen des Hypophysenvorderlappens synthetisiert und sind Stimulatoren der FSH-Biosynthese und Sekretion
- **Follistatin** hemmt die Aktivinwirkung durch hoch affine Aktivinbindung

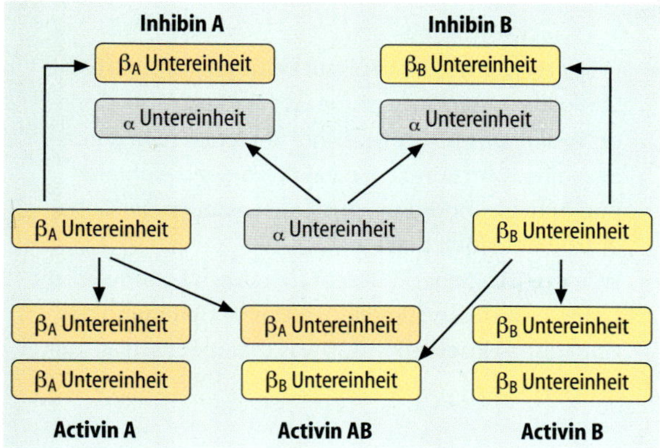

Abb. 27.28. Aufbau der Inhibinfamilie und Aktivin-Familie aus Untereinheiten. Aktivine entstehen durch Kombinationen von je 2 β-Untereinheiten, Inhibine durch Kombination einer α- mit einer β-Untereinheit. Inhibine supprimieren und Aktivine stimulieren die FSH Freisetzung

Wie Abb. 27.28 zeigt, werden Inhibine und Aktivine durch unterschiedliche Dimerisierung zweier ß-Untereinheiten und einer α-Untereinheit erzeugt.

27.4.3 Entwicklung steroidproduzierender Gewebe: Nebenniere und Gonaden

Alle Steroidhormone sind vom Cholesterin abgeleitet und werden in hohen Konzentrationen in bestimmten Organen auf Bedarf produziert und ohne weitere Speicherung sezerniert.

Die **Nebennierenrinde** ist das Organ, welches von der Embryonalentwicklung bis zum Lebensende Steroidhormone produziert (Abb. 27.29). Die von der Zona reticularis gebildeten Androgene **Dehydroepiandrosteron** (DHEA) und **Dehydroepiandrosteron-Sulfat** (DHEAS) zirkulieren im Serum in der höchsten Konzentration aller Steroidhormone (2–20 nmol/l). Die **Gonaden** produzieren vorwiegend die Sexualsteroide Östrogen, Progesteron und Androgene bei der Frau sowie Androgene beim Mann. Während der Schwangerschaft werden auch Steroidhormone in größerer Menge von der **Plazenta** produziert und sezerniert. Viele Zellen des Körpers, einschließlich der neuronalen Zellen, haben darüber hinaus die Möglichkeit, aus zirkulierenden Androgenen oder ihren Vorläufern, insbesondere aus DHEA und DHEAS der Nebenniere, lokal weitere Steroidhormone zu bilden und vor allem Testosteron über **Aromatase** zu Östradiol oder DHEA zu Androstendion umzuwandeln. Auch wird Testosteron gewebe- und zellspezifisch in verschiedenen Geweben durch die 5α-Reduktasen zum spezifischen Androgen **Dihydrotestosteron** metabolisiert.

In verschiedenen Zellen wurden auch die Enzyme der Steroidogenese nachgewiesen, sodass auch aus Cholesterin

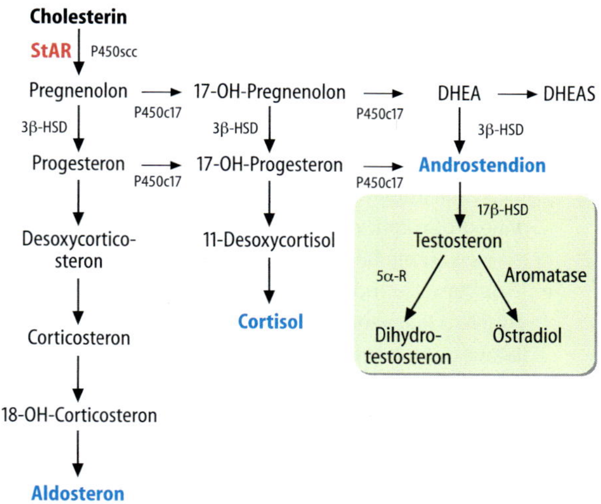

Abb. 27.29. Biosynthese von Steroidhormonen in der Nebennierenrinde. In der Nebennierenrinde werden das Mineralocorticoid Aldosteron, das Glucocorticoid Cortisol und das Androgen Androstendion synthetisiert. In peripheren Geweben (*Kasten*) können die angegebenen Umwandlungen zu Testosteron, Dihydrotestosteron und Östradiol durchgeführt werden. P450 scc = Cholesterin-Desmolase; 3β-HSD = 3β-Hydoxysteroid-Dehydrogenase; 17β-HSD = 17β-Hydoxysteroid-Dehydrogenase; P450c17 = 17α-Steroid-Hydroxylase; 5α-R = 5α-Reduktase; StAR = steroid acute regulatory protein

entsprechende hormonell aktive Metabolite unabhängig von der Produktion in Nebenniere, Gonaden oder Plazenta gebildet werden können. Die lokale Produktion, Umwandlung und auch der Abbau von Steroiden ist ein zentraler Prozess der gewebespezifischen Feinregulation der hormonellen Wirkung und ist für mittlerweile fast alle Aktivierungs- und Inaktivierungsprozesse von Steroidhormonen beschrieben worden. Insbesondere während der Embryonalentwicklung, der Vorgänge des Alterungsprozesses sowie der Tumorigenese und Anpassung des Organismus an verschiedene pathophysiologische Konstellationen muss mit veränderter **lokaler Aktivierung oder Inaktivierung der Steroidhormone** einschließlich der Sexualsteroidhormone gerechnet werden. Die klassische Vorstellung, dass nur Gonaden Sexualsteroide produzieren oder die klassischen hormonproduzierenden Drüsen ausschließliche Quelle der Steroide seien entspricht nicht mehr dem aktuellen Wissensstand. Insbesondere geben die neuen Erkenntnisse auch die Grundlage für den Einsatz von gewebespezifischen Aktivatoren oder Inhibitoren der Steroidhormonproduktion oder des Abbaus, was für die Behandlung von hormonabhängigen Tumoren ebenso relevant ist, wie für die therapeutische Beeinflussung von Hormonstoffwechselstörungen oder gestörter Hormonwirkung.

In Kürze

Bei beiden Geschlechtern wird die Funktion der Gonaden durch das hypothalamisch-hypophysäre System reguliert:
- Im Hypothalamus wird pulsatil das GnRH freigesetzt. Seine Biosynthese und Sekretion wird wird durch den hypothalamischen Pulsgenerator reguliert, der durch eine große Zahl von Verbindungen mit dem Zentralnervensystem beeinflusst wird
- Eine stimulierende Funktion für den hypothalamischen Pulsgenerator hat das ebenfalls im Hypothalamus gebildete Hormon Kisspeptin
- Sexualhormone, besonders Östrogene, sind für die Rückkopplung des Pulsgenerators verantwortlich
- In der Hypophyse löst pulsatil freigesetztes GnRH eine Stimulation von Biosynthese und Sekretion der Gonadotropine LH und FSH aus. Ihre Sekretion wird durch Sexualhormone und z.T. parakrin wirkende Inhibine und Aktivine moduliert. Auch die Sekretion der Gonadotropine erfolgt pulsatil
- Werden FSH- oder LH-Rezeptoren durch kontinuierliche GnRH-Gabe dauerstimuliert, tritt eine Hemmung der Gonadotropinsekretion auf, was therapeutisch ausgenutzt wird

27

27.5 Zielgewebe der Gonadotropine beim Mann

27.5.1 Funktionen von Leydig- und Sertolizellen des Hodens

Zielgewebe der Wirkungen von FSH und LH sind die **Hoden**, die aus zwei funktionellen Kompartimenten bestehen:
- dem Zwischenzellkompartiment mit den die Androgene produzierenden **Leydig-Zellen** und
- dem Tubuli seminiferi-Kompartiment mit den Keimzellen und **Sertoli-Zellen**

Zur Vereinfachung werden die beiden in Wechselwirkung miteinander stehenden Kompartimente gesondert besprochen.

! LH stimuliert die Androgenbiosynthese in den Leydig-Zellen.

Die Bindung von LH an spezifische heptahelicale Membranrezeptoren (► Kap. 25.3.3) der Leydig-Zellen in den Testes führt zur Stimulierung der Testosteronbiosynthese (◘ Abb. 27.30). Wie andere Steroidhormon produzierende Zellen enthalten auch Leydig-Zellen große Mengen endoplasmatischen Retikulums, zahlreiche Lipidtröpfchen und viele Mitochondrien. Über einen Proteinkinase A-vermittelten Effekt wird die Umwandlung von Cholesterin in Pregnenolon (◘ Abb. 27.22) und nachfolgend die Biosynthese der Androgene stimuliert, die auf zwei Wegen ablaufen kann, die vom Pregnenolon bzw. Progesteron ausgehen (◘ Abb. 27.31). Zur Produktion von Androgenen aus 17α-Pregnenolon muss die Seitenkette durch eine C17,20-Lyase abgespalten werden. Das Enzym überführt 17α-Hydroxypregnenolon zu Dehydroepiandrosteron (DHEA) bzw. 17α-Hydroxyprogesteron zu Androstendion. Letzteres wird durch Reduktion der 17-Ketogruppe in **Testosteron** umgewandelt. DHEA wird zu 5-Androstendiol hydriert und anschließend durch einen Dehydrogenase-Isomerase-Komplex in Testosteron überführt. Dank einer Aromataseaktivität (► u.) können in den Leydigzellen auch Androgene in Östrogene umgewandelt werden.

Da eine fast identische Enzymausstattung für die Biosynthese der Androgene auch in der Nebennierenrinde existiert, können auch dort Androgene gebildet werden. In der Nebennierenrinde gebildetes Dehydroepiandrosteron (DHEA) wird jedoch dort sulfatiert, in das Plasma abgege-

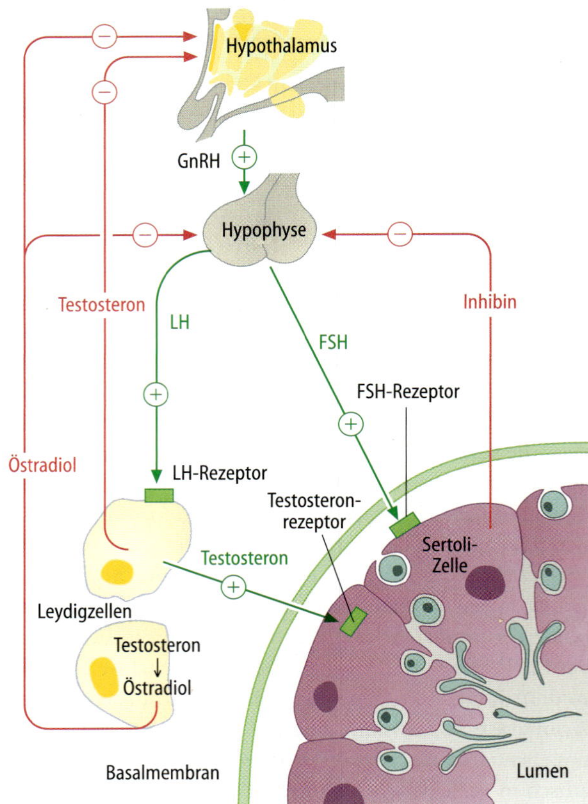

◘ **Abb. 27.30. Wirkung des hypothalamisch-hypophysären Systems auf Leydig- und Sertolizellen.** Die Syntheseprodukte beider Zellen, Testosteron, Östrogene und Inhibin sind für die Rückkopplungshemmung verantwortlich

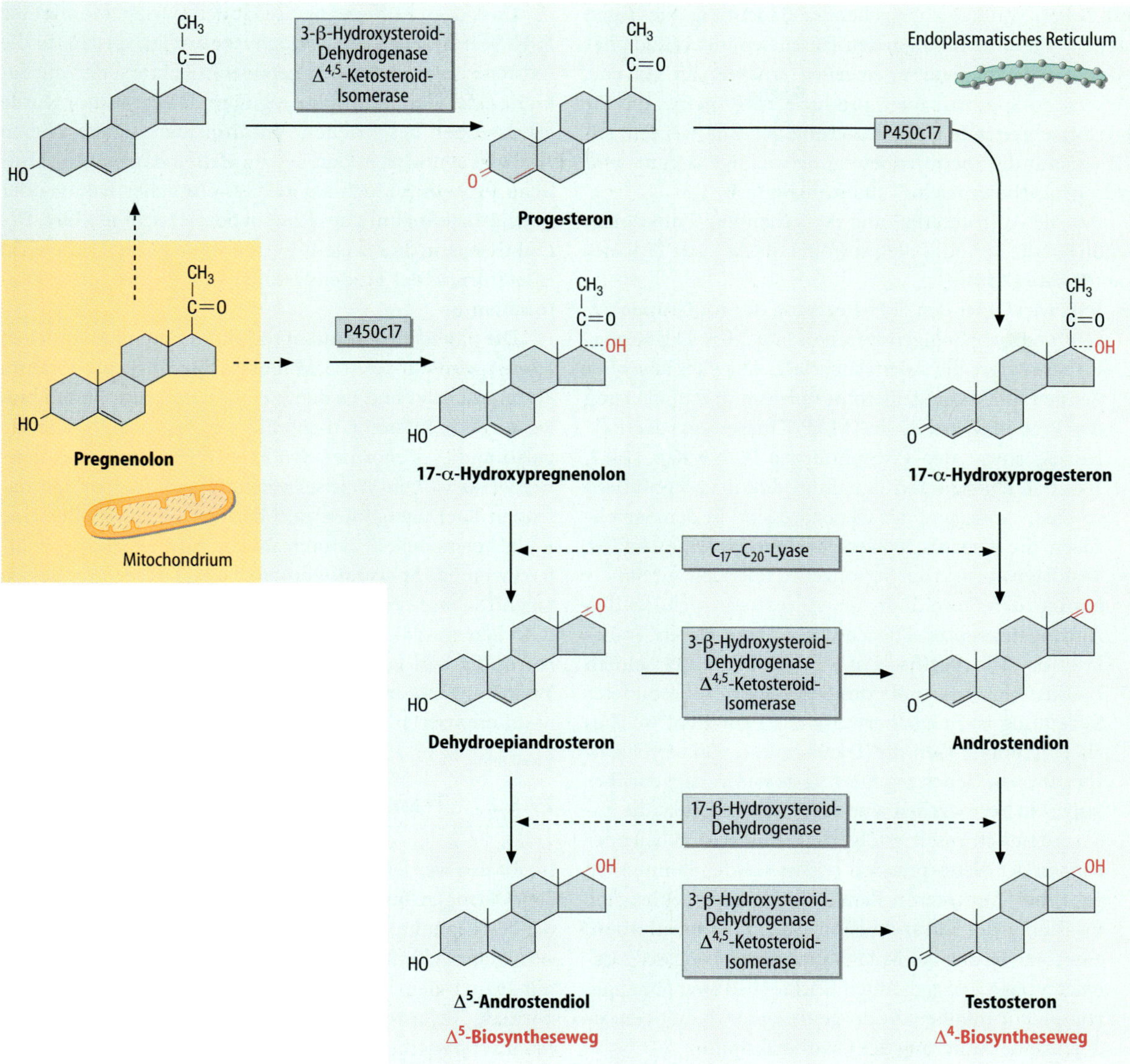

Abb. 27.31. Biosynthese des Testosterons aus Pregnenolon. P450c17 = 17α-Steroid-Hydroxylase. (Einzelheiten ▶ Text)

ben und nach Aufnahme in die Testes als Testosteronvorläufer verwendet.

Beim erwachsenen Mann werden täglich 4–12 mg (im Mittel 7 mg) Testosteron sezerniert. Im Vergleich dazu werden von der Nebennierenrinde etwa 0,2 mg/Tag gebildet. Auch die Sekretion von Testosteron erfolgt nicht kontinuierlich, sondern stoßweise.

Im Sinne einer negativen Rückkopplung hemmt Testosteron die LH-Freisetzung in der Hypophyse sowie die GnRH-Freisetzung im Hypothalamus.

! Prolactin moduliert die LH-Wirkung.

Prolactin potenziert die Wirkung von LH auf Leydig-Zellen und wirkt synergistisch mit Testosteron am männlichen Reproduktionstrakt und an androgenempfindlichen Geweben.

Die Überproduktion von Prolactin durch als **Prolactinome** bezeichnete Hypophysentumore führt zur Hemmung der Testosteronsynthese, u.U. durch die *down*-Regulation von LH-Rezeptoren an Leydig-Zellen. Ebenso werden Prolactinrezeptoren an Zielgeweben *down*-reguliert, sodass es zur peripheren Testosteronresistenz kommt. Durch die Gabe von Testosteron kann deshalb die dabei auftretende Impotenz nicht beseitigt werden, sondern nur dann, wenn gleichzeitig die Prolactinkonzentration im Plasma durch Dopaminagonisten (wie Bromoergokryptin) gesenkt wird.

! FSH und Testosteron sind durch Stimulation der Sertoli-Zellen essentiell für die Produktion von Spermatozoen.

Für die in mehreren definierten Schritten erfolgende Umwandlung von Spermatogonien in Spermien sind die **Ser-**

toli-Zellen von ausschlaggebender Bedeutung. Sie liegen auf einer Basalmembran in den Tubuli Seminiferi und phagozytieren beschädigte Samenzellen, ernähren die sich entwickelnden Spermatozoen, produzieren Proteine, die für ihre fortschreitende Differenzierung benötigt werden, sowie eine für die Spermienbewegung wichtige kalium- und hydrogencarbonatreiche Tubulusflüssigkeit.

Für die Aufrechterhaltung der genannten Funktionen benötigen die Sertoli-Zellen sowohl FSH als auch Testosteron (Abb. 27.30):

- **FSH** wirkt über den FSH-Rezeptor, der zur Gruppe der G-Protein-abhängigen Rezeptoren gehört. Der Rezeptor stimuliert die Adenylatcyclase. Die sich anschließenden Effekte sind allerdings pleiotrop: Stimulierung der Proteinkinase A, des MAP-Kinasewegs, der PI3-Kinase sowie der Phospholipase A_2 (▶ Kap. 12.4.2, 18.1.2). Die genannten Signaltransduktionswege führen zu einer Änderung der Genexpression in den Sertolizellen, die mehr als 300 verschiedene Proteine umfasst
- **Testosteron** wirkt auf Sertolizellen über den zur Superfamilie der Steroidhormon-Rezeptoren gehörenden Androgenrezeptor. Die Zahl der Gene, deren Transkription sich spezifisch in Sertolizellen unter seinem Einfluss ändert, ist allerdings gering. Von besonderer Bedeutung ist möglicherweise das **Pem-Gen**, welches als Homöobox-Gen die Transkription von sertolizellspezifischen Genen reguliert. Testosteron zeigt darüber hinaus in Sertolizellen eine Reihe von Effekten, die außerordentlich rasch erfolgen und nicht durch Änderungen der Genexpression erklärt werden können (so genanntes Testosteron-Paradox). Zu ihnen gehört eine Erhöhung der intrazellulären Calciumkonzentration, eine Aktivierung des MAP-Kinasewegs sowie der Adenylatcyclase. Die genannten Effekte sind zwar abhängig von einem intakten Androgenrezeptor, benötigen jedoch keine Änderung der Gentranskription

Damit wirken **Testosteron und FSH** in konzertierter Aktion auf das Tubulusepithel. FSH initiiert die Spermiogenese, und Testosteron hält diesen Prozess aufrecht. Testosteron wirkt auf die Spermatogonien und Spermatozyten I. Ordnung durch Förderung der mitotischen und meiotischen Teilungen. FSH ermöglicht die Reifung der Spermatiden zu Spermatozoen.

Dass nach Entfernung der Hoden (Orchiektomie) die FSH-Sekretion aus der Hypophyse ansteigt, spricht für die Existenz eines im Hoden gebildeten Faktors, der die Sekretion der Gonadotropine reguliert. Dieser Faktor wurde als das oben beschriebene **Inhibin** identifiziert. Neben Androgenen wird in den Leydig-Zellen das **Insulin-ähnliche Protein 3** (auch als Relaxin ähnlicher Faktor oder Leydig-insulinähnliches Protein bezeichnet) gebildet. Die Inaktivierung dieses Gens in transgenen Mäusen bewirkt eine Störung des Hodendescensus und führt zum **Kryptorchismus**.

Die tägliche Spermienproduktion im menschlichen Hoden wird auf 3,5–7,5 Millionen Spermien pro Gramm Testis geschätzt und ist damit einer der produktivsten biologischen Prozesse im menschlichen Organismus. Die Regulation dieses enormen Synthese- und Differenzierungsnetzwerks ist von Wechselbeziehungen zwischen den reifenden Spermatogonien und den Sertolizellen über eine Reihe hormoneller Faktoren abhängig. So exprimieren differenzierende **Spermatogonien** den **KIT-Rezeptor**, dessen Ligand *Stemcell-Factor* von **Sertolizellen** gebildet wird. Sertolizellen sezernieren auch den **Gliazell abgeleiteten neurotrophischen Faktor** GDNF aus der TGFβ-Familie der Wachstumsfaktoren, welcher die weitere Differenzierung undifferenzierter Spermatogonien reguliert.

27.5.2 Transport der Androgene im Blut

Im Plasma werden Androgene zu 98% von einem **Testosteron-Östrogen-bindenden Protein**, auch Sexhoromon bindendes Globulin (SHBG) gennant, oder – mit wesentlich geringerer Affinität – von Albumin transportiert, sodass nur 2% in freier, d.h. biologisch aktiver Form vorliegen. Die normale Testosteronkonzentration im Plasma liegt bei Männern zwischen 3 und 10 ng/ml (10 und 35 nmol/l).

27.5.3 Periphere Aktivierung oder Umwandlung von Testosteron

Unter dem Einfluss des Enzyms 5α-Reduktase wird Testosteron in den meisten seiner Zielgewebe zu **5-α-Dihydrotestosteron** (5αDHT) (Abb. 27.32), reduziert, wodurch sei-

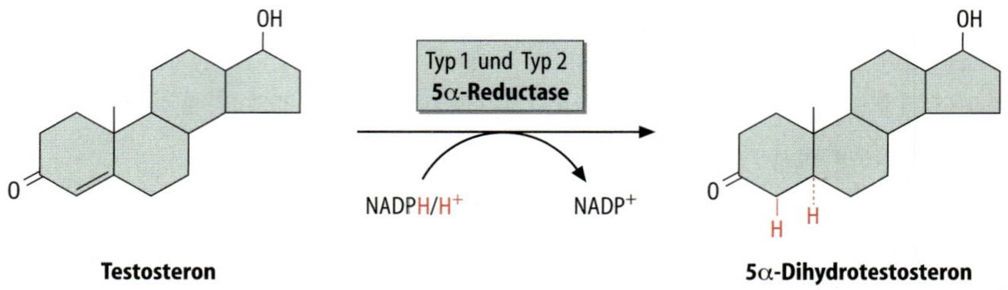

Typ 1 und Typ 2 **5α-Reductase**
NADPH/H^+ → NADP$^+$
Testosteron → **5α-Dihydrotestosteron**

Abb. 27.32. Periphere Umwandlung von Testosteron in 5α -Dihydrotestosteron. (Einzelheiten ▶ Text)

ne biologische Aktivität um etwa das zweieinhalbfache zunimmt. Im menschlichen Genom existieren zwei Gene (auf den Chromosomen 2 und 5) für die 5α-Reduktasen, die für zwei Isoenzyme codieren:

- das Typ-1-Enzym findet sich in niedrigen Konzentrationen in der Prostata
- das Typ-2-Enzym wird in der Prostata in hohen Spiegeln exprimiert, aber auch in vielen anderen, androgenempfindlichen Geweben (Samenbläschen, Talgdrüsen, Nieren, Hoden und Gehirn)

Testosteron dient als Prohormon für die Biosynthese von Östrogenen. Hierfür ist das Enzym **Aromatase** (► Kap. 27.6.2) notwendig, das außer im Ovar und der Plazenta im Fettgewebe, Leydig- und Sertolizellen, vielen anderen Geweben sowie während der Embryogenese im Gehirn nachweisbar ist. Östradiol wirkt über eine negative Rückkopplungshemmung auf Hypothalamus und Hypophyse (◘ Abb. 27.27; ◘ Abb. 27.30).

27.5.4 Abbau der Androgene

Der Abbau von 5αDHT erfolgt in peripheren Geweben (30–50%) und in der Leber (50–70%) durch eine 3α-Hydroxy-Steroiddehydrogenase zu 3α-Androstendiol. Die im weiteren Abbau entstehenden 17-Ketosteroide Androsteron und Etiocholanolon treten in das Blutplasma über und werden entweder in freier Form oder als sulfatierte bzw. glucuronidierte Derivate in den Urin ausgeschieden.

27.5.5 Zelluläre Wirkungen des Testosterons

Testosteron fördert Wachstum und Differenzierung der **männlichen Fortpflanzungsorgane** wie Samenleiter, Prostata, Vesikulardrüsen und Penis (androgene Wirkung) während der Embryogenese und nach der Geburt. Ebenso ist die Ausbildung sekundärer Geschlechtsmerkmale wie Bartwuchs, virile Behaarung, Vergrößerung des Kehlkopfs und Verdickung der Stimmbänder androgenabhängig. Androgene stimulieren auch die Produktion von **Erythropoietin** (► Kap. 28.1.10). Weiterhin fördern sie das Wachstum der Pektoralmuskulatur und fördern Libido und Potenz. Für einen Teil dieser Wirkungen ist die vorherige Umwandlung von Testosteron in 5*a*DHT in der Zielzelle notwendig. Außerdem ist Testosteron für die normale Spermatogenese erforderlich. Dagegen sind Wachstum und Differenzierung der Hoden von der Gegenwart der Gonadotropine (FSH und LH) abhängig. Unter dem Einfluss von Androgenen kommt es v.a. in der Pubertät zum typisch männlichen Muskel- und Skelettwachstum (anabole Wirkung). Inwieweit Polypeptidwachstums- und -differenzierungsfaktoren und deren Rezeptoren (► Kap. 25) an der Vermittlung der androgenen Wirkung beteiligt sind, ist Gegenstand intensiver Untersuchungen.

27.5.6 Molekularer Wirkungsmechanismus des Testosterons

Wie andere Steroidhormone bindet Testosteron oder – nach Aktivierung – Dihydrotestosteron an einen spezifischen, cytosolischen Rezeptor, der zur Großfamilie der Steroidrezeptoren gehört. Mit diesen Rezeptoren hat der **Androgenrezeptor**, ein Protein mit einer Molekülmasse von 86 kDa (Gen auf dem X-Chromosom), Architekturmerkmale und Wirkungsweise gemeinsam. Der ligandenbesetzte Androgenrezeptor transloziert in den Zellkern und reguliert dort die Expression androgenabhängiger Gene.

27.5.7 Synthetische Androgene und Antiandrogene

Wie bei den Glucocorticoiden sind auch Androgenderivate chemisch synthetisiert worden, die sich vom Testosteron ableiten. 19-Nortestosteron stellt ein Derivat mit anabolen, aber geringeren androgenen Wirkungen dar. **Antiandrogene**, d.h. Antagonisten des Testosterons, wie z.B. Cyproteronacetat oder Flutamid, verdrängen endogenes Testosteron kompetitiv vom cytosolischen Rezeptor und heben somit die Wirkung des Hormons auf. Sie finden klinische Anwendung z.B. beim Prostatakarzinom, einem androgenabhängigen Tumor, bei dem die wachstumsfördernde Wirkung der Hormone auf die Tumorzellen antagonisiert werden soll.

27.5.8 Pathobiochemie

Wie bei anderen Systemen können auch hier Mutationen in den Genen aller beteiligten Faktoren auftreten, so z.B. eine **Keimbahn-Mutation in der β-Untereinheit von LH**, die zum Verlust der Fähigkeit von LH führt, an seinen Rezeptor zu binden. Im homozygoten Zustand führt diese Mutation zu einem Verlust der Pubertätsentwicklung mit konsekutiver Infertilität. Bei heterozygoten Männern treten eine Störung der Testosteronsynthese und häufig eine Infertilität trotz normaler sekundärer Geschlechtsmerkmale auf. Weibliche Heterozygote weisen eine normale sexuale Entwicklung auf und sind fertil.

Ein **5α-Reduktasemangel** führt dazu, dass die Umwandlung von Testosteron in Dihydrotestosteron gestört ist, und damit die Entwicklung der äußeren Geschlechtsmerkmale (Penis und Scrotum).

Mutationen im **Androgenrezeptorgen** verursachen ein breites Spektrum phänotypischer Veränderungen, die dadurch bedingt sind, dass aufgrund der androgenen Resistenz die Spiegel von Androgenen und Östrogenen ansteigen und damit östrogenempfindliche Gewebe vermehrt stimuliert werden.

Bei Patienten mit metastasiertem **Prostatakarzinom** treten somatische Mutationen im Androgenrezeptorgen auf, die die Rezeptoren durch eine Aminosäuresubstitution konstitutiv aktivieren und damit von der Androgenzufuhr unabhängig machen. Damit können diese Rezeptoren auch nicht mehr durch Antiandrogene blockiert werden (▶ o.).

In Kürze

- Zielgewebe der Gonadotropine LH und FSH sind die Hoden, in denen LH die Androgenbiosynthese in den Leydig-Zellen und FSH die Spermatozoenproduktion in den Keimepithelien stimuliert
- Endprodukt der Androgenbiosynthese aus Pregnenolon ist Testosteron, das in Zielgeweben in das aktive 5αDHT überführt wird
- Testosteron und 5αDHT entfalten ihre Wirkung über den Androgenrezeptor, dessen Aktivierung Wachstum und Differenzierung männlicher Fortpflanzungsorgane stimuliert. Er ist ein ligandenaktivierter Transkriptionsfaktor
- Prolactin, das ebenfalls in der Hypophyse gebildet wird, moduliert die Wirkung von LH. Eine Überfunktion von Prolactin führt durch *down*-Regulation der LH-Rezeptoren zur peripheren Androgenresistenz
- Da nicht nur gesundes Prostatagewebe, sondern auch Prostatakarzinomzellen androgenabhängig sind, kann diese Krebserkrankung durch hormonelle Blockade der FSH-Sekretion oder Antiandrogene behandelt werden. Treten allerdings somatische Mutationen im Androgenrezeptorgen auf, so werden die Tumorzellen antiandrogen-resistent

27

27.6 Zielgewebe der Gonadotropine bei der Frau

27.6.1 Regulatorische Polypeptide des Hypothalamus und der Hypophyse

! Auch bei der Frau wird GnRH pulsatil sezerniert.

Wie beim männlichen Organismus sind GnRH und die Gonadotropine LH und FSH die entscheidenden regulatorischen Polypeptide. Auch bei der Frau ist die pulsatile Sekretion von GnRH für die Aufrechterhaltung der ebenfalls stoßweisen Gonadotropinsekretion essentiell.

Vor der Etablierung der Menstruationszyklen tritt eine Reifung der hypothalamisch-hypophysären Achse ein, die sich in wechselnden Mustern der Gonadotropinsekretion widerspiegelt (◘ Abb. 27.33). In den ersten 2–4 Monaten des postnatalen Lebens wird ein starker Anstieg der FSH- und – zu einem geringeren Ausmaß – auch der LH-Konzentration im Plasma beobachtet. Damit geht ein Anstieg der Plasmaspiegel von Östradiol und 17α-Hydroxyprogesteron einher (▶ u.). In den nächsten 3–4 Jahren kommt es dann wieder zu einem kontinuierlichen Abfall der Gonadotropinspiegel.

Mit dem Einsetzen der Pubertät kann erstmalig die pulsatile Sekretion der Gonadotropine beobachtet werden, die jedoch vorerst nur während des Schlafs auftritt. Die Sekretion von FSH und LH steigt an, wobei jedoch die Amplitude der LH-Pulse größer ist als die des FSH. Mit der weiteren Reifung des Systems verschwindet das schlafbezogene Sekretionsmuster, d.h. pulsatile Sekretionen treten jetzt während des gesamten 24 h-Tages auf. Am Ende der reproduktiven Phase bei der Frau führt die abfallende Hormonproduktion der Peripherie zu einem Fehlen des negativen Rückkoppelungsmechanismus (durch Steroide des Ovars und Inhibin, ▶ u.) und damit zu einer ungehemmten Sekretion der Gonadotropine durch die Hypophyse.

Entscheidend für die biochemische Wirkung von GnRH ist die Bindung an spezifische GnRH-Rezeptoren der Hypophysenzellmembran. Die Konzentration dieser Rezeptoren wird durch GnRH selbst reguliert: Mit Zunahme der Amplitude der GnRH-Sekretion nimmt auch die Rezeptoranzahl zu.

! Östrogene regulieren die Freisetzung von GnRH.

Die in den Ovarien gebildeten Steroidhormone (Östrogene und Progesteron) regulieren die Gonadotropinsekretion durch die Hypophyse über eine Änderung der Amplitude oder der Häufigkeit der GnRH-Freisetzung aus dem Hypothalamus. Von besonderer Bedeutung ist dabei das Kisspeptin-System (▶ Kap. 27.4.1): je nach der Phase des Menstruationszyklus bewirken Sexualhormone, bes. Östrogene, eine positive oder negative Rückkopplung der GnRH-Sekretion (▶ u.). Progesteron kann ebenfalls den GnRH-Effekt verstärken, jedoch nur nach vorheriger Exposition der Hypophysenzellen mit Östradiol. Somit sind die synergistischen Wirkungen beider Hormone entscheidend für den LH- und FSH-Anstieg während des Menstruationszyklus (▶ u.). Im Gegensatz zu seiner Wirkung auf die LH-Sekretion hemmt Östradiol die Freisetzung von FSH. Eine zusätzliche – selektive – Hemmung der FSH-Sekretion erfolgt durch Inhibin (▶ Kap. 27.4.2), das in der Follikelflüssigkeit des Ovars nachweisbar ist.

! Theca-Interna und Granulosa-Zellen sind die hormonproduzierenden Zellen des Ovars.

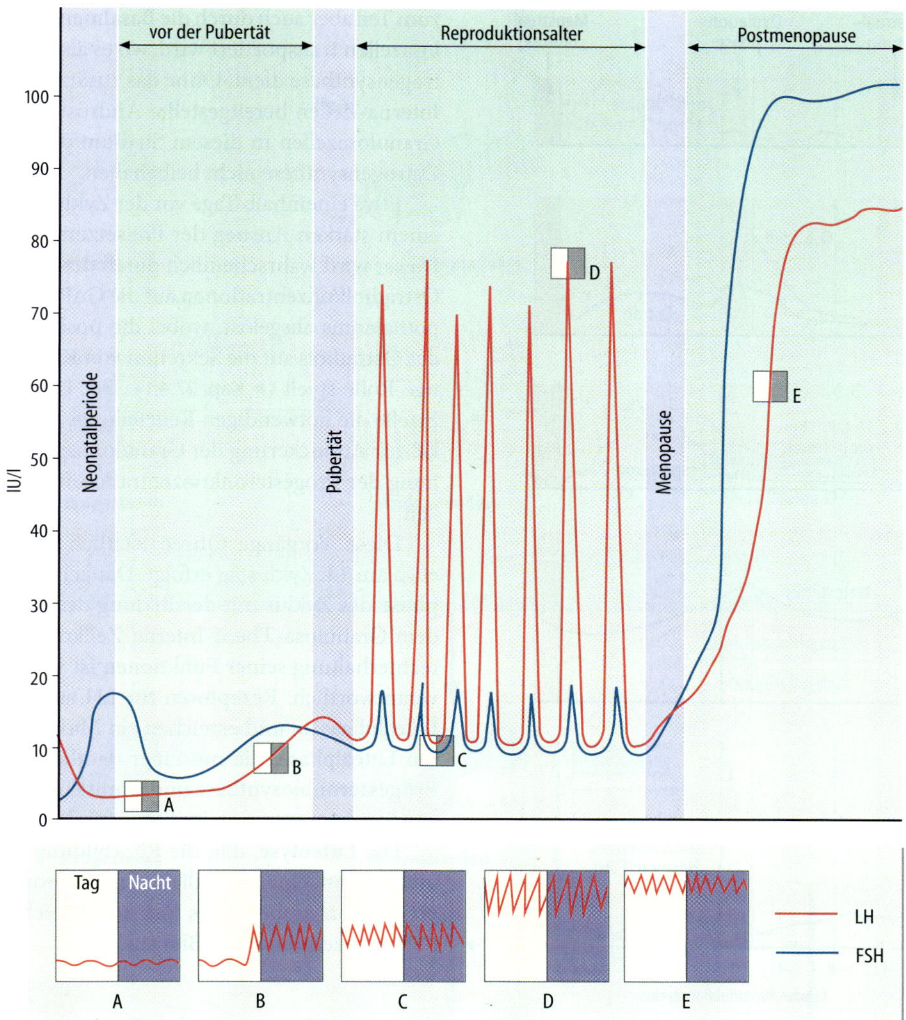

Abb. 27.33. Gonadotropinsekretion bei der Frau. Während der neonatalen und präpubertalen Phase ist die FSH-Sekretion ausgeprägter als die von LH; die stoßweise LH-Sekretion fehlt (**A**). Mit der Annäherung an die Pubertät steigt die LH-Sekretion während der Schlafphase (**B**). Nach Abschluss der Pubertät wird das für die erwachsene Frau typische Muster erreicht, das zu einer stärkeren LH- als FSH-Sekretion führt (**C**) und zu den zyklischen LH-Anstiegen (**D**) während der reproduktiven Phase. In der Zeit um die Menopause kommt es zu einem Sistieren der zyklischen LH-Ausschüttungen (**E**); die Spiegel beider Gonadotropine steigen aufgrund fehlender Rückkoppelung von den Ovarien an

Die beiden weiblichen Sexualhormone sind das

- zu den Gestagenen gerechnete **Progesteron**, das auch als Zwischenprodukt bei der Biosynthese von Glucocorticoiden, Mineralocorticoiden und Androgenen auftritt, sowie
- die Östrogene, v.a. das **Östradiol**, welche aus Androgenen synthetisiert werden

Die Biosynthese von Progesteron und Östrogenen ist dabei im Ovar auf zwei zelluläre Kompartimente verteilt, die bei Frauen im Reproduktionsalter während des Ovulationszyklus eine Reihe charakteristischer funktioneller Veränderungen durchmachen (Abb. 27.34).

Unmittelbar nach Beendigung der Menstruation in der **Follikelphase des Zyklus** steigt die Plasmakonzentration des von der Hypophyse gebildeten **FSH** an. Dies führt zur Selektion eines Primärfollikels, dessen Oozyte in den folgenden Tagen bis zur Ovulation reifen soll. Während dieses Vorgangs beginnen die **Granulosazellen** zu proliferieren und allmählich ansteigende Mengen an **Östradiol** abzugeben, welches u.a. für die weitere Reifung der Oozyte benötigt wird, jedoch auch in die Blutbahn abgegeben wird. Die allmählich ansteigenden Östradiolkonzentrationen führen zu einem Absinken der FSH-Sekretion in der Hypophyse. Wegen der Proliferation der Granulosazellen kann eine hohe Östrogenproduktion auch bei sinkenden FSH-Spiegeln aufrechterhalten werden.

Unter dem Einfluss von LH beginnt in den Zellen der Theca Interna die Produktion von **Androstendion** aus Cholesterin, welches zum Teil in die Blutbahn abgegeben,

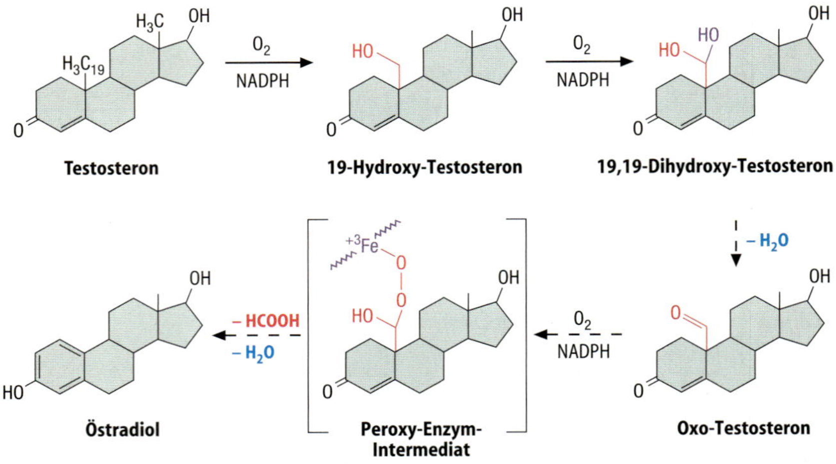

Abb. 27.36. Reaktionsmechanismus des Cytochrom P450-Aromatase-Komplexes. Der Komplex besteht aus dem Hämprotein Cytochrom P_{450} XIXA I (*Aromatase*) und der NADPH: Cytochrom P_{450}-Reduktase. Die Reaktion beginnt mit einer zweimaligen Hydroxylierung der Methylgruppe am C-Atom 19, wobei aus Testosteron das 19,19-Dihydroxytestosteron entsteht. Das nach Wasserabspaltung gebildete 19 Oxo-Testosteron wird ein drittes Mal mit O_2 und NADPH/H^+ umgesetzt, wobei unter Bildung eines hypothetischen Peroxy-Enzym-Intermediates das C-Atom 19 als Ameisensäure abgespalten und der Ring A aromatisiert wird

Nach der Menopause (d.h. nach Einstellung der Funktion des Ovars) produziert das Ovar nur minimale Mengen von Östradiol bzw. Östron, sodass die Nebennierenrinde der wesentliche Faktor bei der Östrogensynthese wird. Dieses Organ setzt jedoch nicht Östrogene frei, sondern deren Prohormon **Androstendion**, das in extragonadalen Geweben, die den Aromatasekomplex besitzen (v.a. Fettgewebe aber auch Muskel, Leber, Haarfollikel, Knochen oder Gehirn), in Östron überführt wird.

Östron kann zu Östronsulfat konjugiert werden, das eine Speicherform darstellt, die in Östron rücküberführt werden kann. Östriol (E_3) wird in der Schwangerschaft vom Syncytiotrophoblasten durch Aromatisierung von 16α-Hydroxyandrostendion gebildet, das durch Desulfatierung aus dem fetalen 16α-Hydroxyepiandrosteronsulfat, einem Produkt der fetalen Nebennierenrinde, entsteht. Die Kooperation von fetaler Nebennierenrinde und Leber mit der Plazenta wird als »fetoplazentare Einheit der Steroidbiosynthese« bezeichnet.

27.6.3 Transport der Hormone im Blut

Das Sexhormonbindeprotein (SHBG) im Plasma (▶ Kap. 27.5.3) transportiert auch die Östrogene. Der Transport von Progesteron im Plasma erfolgt in Bindung an **Transcortin**, das Cortisol bindende α-Globulin (▶ Kap. 27.3.4).

27.6.4 Abbau der Hormone

Östrogene werden hauptsächlich über **Hydroxylierungsreaktionen** abgebaut, die zu 2-, 4- oder 16-Hydroxymetaboliten (Katechol-Östrogene) führen. Die 2- und 4-Hydroxyderivate werden durch die **Catechol-O-Methyltransferase** (▶ Kap. 26.3.5) methoxyliert.

Bei der Verstoffwechselung der endogenen Östrogene durch die einzelnen Hydroxylierungswege bestehen **individuelle Unterschiede**; so ist z.B. die 2-Hydroxylierung bei Raucherinnen erhöht, bei Frauen, die einen Polymorphismus im Cytochrom P1A1-Gen aufweisen, erniedrigt. Da die Hydroxymetabolite als potentiell **karzinogen** gelten, die Methoxyderivate aber nicht, sollen Frauen mit niedrigerer Catechol-O-Methyltransferase-Aktivität ein **höheres Brustkrebsrisiko** aufweisen. Ein Teil gelangt auch mit der Galle in den Darm und kann in geringerem Ausmaß über den enterohepatischen Kreislauf resorbiert werden. Ein mangelnder Abbau und eine ungenügende Ausscheidung, z.B. bei einer Lebercirrhose, führen beim Mann zum Anstieg der Plasmaöstradiolspiegel und zur Feminisierung mit Gynäkomastie (weiblicher Brustbildung) und zur Abdominalglatze (Verlust der männlichen Behaarung).

Progesteron bzw. sein Hauptmetabolit 17α, 20α-Dihydroxyprogesteron werden – nach Glucuronidierung oder Sulfatierung – zu gleichen Teilen über die Galle in den Darm und in den Urin ausgeschieden.

27.6.5 Zelluläre Wirkungen der Hormone

! Östrogene wirken unter Vermittlung von Polypeptidwachstumsfaktoren.

Eine Konsequenz der komplexen Wechselwirkungen der einzelnen Bestandteile des Hypothalamus-Hypophysen-Ovar-Systems ist die Vorbereitung des Endometriums des **Uterus** auf die Implantation eines befruchteten Eies. Die Sequenz von

- Wachstum (proliferative Phase)
- Differenzierung (sekretorische Phase) und
- Rückbildung (Menstruation) des Endometrium wird durch die in den Ovarien gebildeten Steroidhormone reguliert.

Die Expression der Rezeptoren für beide Hormone ist ebenfalls zyklischen Schwankungen unterworfen. Der Östrogenrezeptor steigt zum Zeitpunkt der Zyklusmitte an und erreicht die maximale Expression während des mittleren bis späten Abschnittes der proliferativen Phase des Endometriums. Nach der Ovulation fällt der Östrogenrezeptorspiegel wieder ab.

Östrogene induzieren die Proliferationsphase und bereiten den **Uterus** auf die anschließende Gestagenwirkung und die Schwangerschaft vor. Vermutlich unter der Vermittlung von Polypeptidwachstumsfaktoren (▶ Kap. 25.5) kommt es zum Aufbau der Uterusschleimhaut, Verlängerung der uterinen Drüsen, Wachstum und Vermehrung der Muskelfasern und zunehmender Vaskularisierung. Gleichzeitig finden sich charakteristische Veränderungen im Eileiterepithel und in der **Vagina**. Diese beginnen unmittelbar nach Beendigung der letzten Regelblutung. Weiterhin sind Östrogene auch für die Ausprägung und Aufrechterhaltung der sekundären weiblichen Geschlechtsmerkmale verantwortlich (z.B. den Mammae). Östrogene beeinflussen in der Brust Stimulation von Wachstum und Differenzierung des Gangepithels, Induktion der mitotischen Aktivität von Gangzylinderepithelien und des Wachstums des Bindegewebes. Sie wirken auf den **Stoffwechsel der Lipoproteine**, indem sie die Konzentrationen von ApoB und ApoE erhöhen und diejenige der HDL erniedrigen (▶ Kap. 18.5).

Am **Knochen** hemmen Östrogene den Knochenabbau und fördern die Produktion anderer Hormone, die die Knochendichte erhöhen, wie 1,25-Dihydroxy-Vitamin D_3, Wachstumshormon und IGF-1 (▶ Kap. 24.7.8). Dies erklärt die Abnahme der Knochendichte bei Frauen nach der Menopause (Osteoporose). In der Leber führen Östrogene zu einer gesteigerten Synthese bestimmter Proteine, so z.B. des Thyroxin bindenden Globulins.

Aufgrund ihres lipophilen Charakters sind Östrogene auch mit Hautpflastern anwendbar, durch die das Hormon **transdermal** in das Blut diffundiert.

! Progesteron bereitet die Nidation des befruchteten Eies vor.

Progesteron wird im Menstruationszyklus nach der Ovulation gebildet und führt zum Wachstum des Uterus sowie zur Umwandlung des Endometriums vom Proliferations- zum **Sekretionsstadium**, wodurch die Nidation des befruchteten Eies und die Ernährung des entstehenden Embryos vorbereitet werden. Progesteron hemmt die Ovulation und über eine hypothalamische Rückkoppelung die Sekretion von LH durch die Hypophyse.

Kommt es nicht zur Befruchtung, so fallen ungefähr am 26.Tag des Zyklus die Hormonspiegel an Östrogenen und Progesteronen steil ab (Abb. 27.34), und die Uterusschleimhaut wird in der Menstruation (beim Beginn des neuen Zyklus) abgestoßen. **Prostaglandine** sollen an diesem Prozess beteiligt sein. Die nicht auftretende Coagulation des Menstruationsbluts wird auf die Gegenwart **fibrinolytischer Aktivitäten** zurückgeführt (▶ Kap. 29.5.4).

Kommt es zur Befruchtung, dann bleibt das Corpus luteum erhalten und wandelt sich in das Corpus luteum graviditatis mit gesteigerter Progesteronbiosynthese um, die dann in der zweiten Schwangerschaftshälfte von der Plazenta (▶ Kap. 27.6.9.) übernommen wird. In den Mammae bewirkt Progesteron die Ausbildung eines sekretionsfähigen Milchgangsystems. Eine direkte Einwirkung des Progesterons auf das Temperaturzentrum im Gehirn führt zu einem Anstieg der Körpertemperatur um 0,4–0,8°C (thermogener Effekt, Abb. 27.34). Extragenital wirken die Gestagene, wenn auch nur schwach, ähnlich wie Aldosteron oder Cortisol auf die Natriumretention und auf den Proteinkatabolismus.

27.6.6 Molekularer Wirkungsmechanismus der Hormone

Beide Steroidhormone binden an spezifische cytosolische Rezeptoren: für **Östradiol** existieren zwei Isoformen (α- und β-), die aus 5 funktionellen Domänen (A-F) bestehen. Der klassische Östradiolrezeptor (auch als ERα bezeichnet) enthält 595 Aminosäuren mit einer zentralen DNA-bindenden Domäne (DBD) und einer C-terminalen Hormon bindenden Domäne (HBD, Abb. 27.37). Der neu entdeckte **Östradiolrezeptor** β (ERβ) enthält nur 530 Aminosäuren. In der DB-Domäne weisen die beiden Isoformen eine hohe Homologie von 95% auf. Die beiden Rezeptoren besitzen wahrscheinlich unterschiedliche physiologische Funktionen. Da die Homologie in der HB-Domäne nur 53% beträgt, überrascht es nicht, dass z.B. das pflanzliche Östrogen (Phytoöstrogen) **Genistein** selektiv an den ERβ

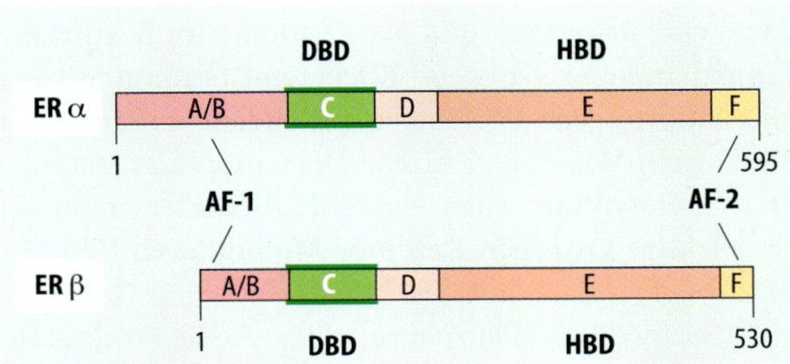

Abb. 27.37. Östradiolrezeptoren ERα und ERβ. Die beiden Östradiolrezeptoren sind nach dem allgemeinen Bauplan der Rezeptoren der Steroidhormon-Rezeptor-Familie aufgebaut. DBD = DNA-Bindungsdomäne; HBD = Hormon-Bindungsdomäne; AF-1 und AF-2 = Transaktivierungsdomänen

bindet. Die Ligandenbindung führt zur Translokation der Östradiolrezeptoren in den Zellkern und zur Transkriptionsmodulation Östrogen regulierter Gene. Die Östradiol-vermittelte Genaktivierung wird durch zwei unterschiedliche Transaktivierungs-Domänen (A/B = AF-1 und F = AF-2) stimuliert.

Die Expression der beiden Rezeptoren unterscheidet sich von Gewebe zu Gewebe: Granulosazellen und in Entwicklung begriffene Spermatiden exprimieren vorwiegend **Typ β**, welcher auch in Nieren, Darmmukosa, Lungenparenchym, Knochenmark, Knochen, Gehirn, Endothelzellen und Prostata nachweisbar ist. Dagegen enthalten Endometrium, Mammatumorzellen und Stroma der Ovarien vorwiegend **Typ α**-Rezeptoren.

Beim Mann führt der sehr seltene Mangel an Östrogenrezeptor zu schwerer Osteoporose und reduzierter Fertilität.

27

Für **Progesteron** steht der Progesteronrezeptor, ein Protein mit 930 Aminosäuren, zur Verfügung, der in den zwei Isoformen A und B vorkommt. Östradiol- und Progesteronrezeptoren besitzen ausgeprägte Homologie zueinander und zu den Rezeptorproteinen für Cortisol und die Schilddrüsenhormone. Die quantitative Bestimmung dieser Rezeptoren in maligne entartetem Mammagewebe ist Grundlage der Entscheidung, ob Östrogenantagonisten therapeutisch eingesetzt werden sollen.

27.6.7 Synthetische Progesterone, Östrogene und Phytoöstrogene

Eine Reihe synthetischer Progesterone und Östrogene ist verfügbar. Sie werden in der Leber nur verzögert abgebaut, sodass sie oral verabreichbar sind. Sie werden zur Hormonsubstitution (nach der Menopause) oder Antikonzeption eingesetzt.

Antagonisten der Östrogene wurden bisher als Antiöstrogene bezeichnet. Der wichtigste Vertreter ist **Tamoxifen**, das initial über seine antiproliferative Wirkung auf gutartiges und maligne transformiertes Mammagewebe charakterisiert wurde. Später zeigte sich, dass Tamoxifen aber auch östrogenähnliche Wirkungen auf den Knochen, den Fettstoffwechsel und das Endometrium aufweist. Tamoxifen kann östrogene Effekte auf bestimmte Gene und antiöstrogene Wirkungen auf andere entfalten, und dies sogar in derselben Zielzelle. Die Gruppe der Stoffe, als deren Prototyp Tamoxifen gilt, werden deshalb heute besser als **selektive Östrogen-Rezeptor Modulatoren** (SERMs) bezeichnet.

Verschiedene Pflanzenprodukte weisen strukturelle Ähnlichkeiten mit Östrogenen auf und werden deshalb als **Phytoöstrogene** bezeichnet. Genistein (das Enzyme der Steroidsynthese und Tyrosinkinasen hemmt) und Daidzein sind Isoflavonoide in Sojabohnen und Klee. Grüner Tee und verschiedene Hülsenfrüchte enthalten die Lignane Enterolacton und Enterodiol. Phytoöstrogen-reiche Ernährung soll krebsvorbeugend sein.

27.6.8 Weitere Hormone des Ovars

 Relaxin wirkt über eine Stimulierung der Aktivität von Metalloproteinasen.

Ein weiteres weibliches Sexualhormon, das in den Ovarien (im Corpus luteum) gebildet wird, das aber auch in der Plazenta und im Blut von Schwangeren nachgewiesen werden kann, ist **Relaxin**, ein Proteohormon mit einem Molekulargewicht von etwa 6 kDa, das zu Insulin, dem insulinähnlichen Protein 3 und den insulinähnlichen Wachstumsfaktoren (IGFs) homolog ist. Auch Relaxin wird in Form einer einkettigen Vorstufe, dem Prorelaxin, gebildet, aus der durch Abspaltung eines – allerdings sehr langen (105 Aminosäuren) – C-Peptides das zweikettige Polypeptid entsteht.

Seine Wirkung besteht in einer Auflockerung der bindegewebigen Verbindung der Symphyse und der Ileosacralgelenke mit einer Auflösung und Quellung kollagener Fasern. Der Wirkung liegt wahrscheinlich die Aktivierung von Proteoglykan- und Kollagen abbauenden Enzymen zugrunde. Folge ist die Erweiterung des Beckenrings und damit die Geburtserleichterung.

27.6.9 Hormone der Plazenta

 Der Nachweis von hCG im Urin dient als Schwangerschaftstest.

Während der Schwangerschaft wird in der Plazenta eine Reihe von Hormonen gebildet. Jedes dieser Hormone besitzt ein Analogon in der Hypophyse oder im Hypothalamus. Zu diesen Hormonen gehören das **Choriongonadotropin** (CG) und das **Chorionsomatomammotropin** (CS). Weiterhin produziert die Plazenta ACTH-ähnliche Polypeptide, Endorphine sowie hypothalamische Polypeptide wie GnRH, TRH oder Somatostatin.

CG (oder auch hCG für humanes CG) besitzt eine Molekülmasse von 36–40 kDa und weist Strukturähnlichkeiten mit LH (► Kap. 27.1.2) auf: Wie dieses ist es aus zwei Untereinheiten aufgebaut, von denen die α-Untereinheit mit der des LH identisch ist, während die β-Untereinheit (für die 7 Gene auf Chromosom 7 existieren) die Spezifität des CG bestimmt. CG wird bereits 24 Stunden nach der Implantation des Eies vom Blastocysten und später vom **Syncytiotrophoblasten** der Plazenta gebildet. Der Nachweis von CG im Urin dient deshalb als Grundlage eines Schwangerschaftstests.

Maximale Werte werden zwischen dem 60. und 90. Tag der Schwangerschaft erreicht. Die Halbwertszeit des CG ist

– im Gegensatz zu jener der Gonadotropine – sehr lang und beträgt etwa 35 h. CG gestattet offenbar die Umwandlung des Corpus luteum in das Corpus luteum graviditatis und damit die kontinuierliche Produktion von Progesteron für die Entwicklung der Decidua, bis die Plazenta die Progesteronproduktion übernimmt. Verschiedene Organe wie Hypophyse, Hoden oder der obere Gastrointestinaltrakt enthalten CG-ähnliche Substanzen. Da verschiedene **Tumoren** (wie Leber, Pankreas, Magen oder Gonaden) CG produzieren (ektopische Produktion), findet hCG – insbesondere bei Chorionkarzinomen der Hoden oder der Ovarien – Verwendung als Tumormarker (▶ Kap. 35.10). Aufgrund der Strukturverwandtschaft mit TSH (▶ Kap. 27.1.2) können sehr hohe hCG-Konzentrationen im ersten Trimester der Schwangerschaft auch zur Stimulation der Schilddrüse über den TSH-Rezeptor führen.

Chorionsomatomammotropin (humanes CS, früher auch als plazentares Lactogen bezeichnet) wird ebenfalls vom **Syncytiotrophoblasten** gebildet. Dieses Polypeptid mit 191 Aminosäuren weist 91% Homologie mit dem Wachstumshormon (▶ Kap. 27.7) auf. Es besitzt qualitativ ähnliche biologische Wirkungen wie GH, aber nur etwa 3% von seiner biologischen Aktivität. Es wird diskutiert, dass dieses Hormon nach Freisetzung in den mütterlichen Kreislauf auf den Stoffwechsel der Mutter wirkt und die Substratflüsse zur besseren Versorgung des Fetus beeinflusst.

Auch die Decidua produziert Hormone, wie z.B. Relaxin oder Prolactin (▶ Kap. 27.7.3).

In Kürze

- In den Theca Interna-Zellen sowie im Corpus luteum des Ovars werden unter dem Einfluss von LH Progesteron und Androgene synthetisiert
- In den Granulosazellen des Ovars werden unter dem Einfluss von FSH aus Androgenen unter Vermittlung des Schlüsselenzymes Aromatase die Östrogene synthetisiert
- In der Postmenopause werden Androgene in der Nebennierenrinde synthetisiert und in peripheren Organen durch die Aromatase in Östrogene überführt
- Durch Aromatase-Inhibitoren kann die Östrogensynthese gehemmt werden, was therapeutisch bei der Behandlung des hormonabhängigen Mammakarzinoms ausgenutzt wird
- Östrogene werden im Blut in Bindung an Transportproteine befördert; ihr Abbau erfolgt durch Hydroxylierung an verschiedenen C-Atomen und mögliche anschließende Methoxylierung durch eine Catechol-O-Methyltransferase. Da der Abbau individuell verschieden sein kann, unterscheidet sich das Muster der in den Urin ausgeschiedenen Metabolite von Frau zu Frau
- Östrogene entfalten ihre biologische Wirkung über zwei Östradiolrezeptoren (α und β), die sich strukturell und funktionell unterscheiden
- Östrogene wirken auf den Uterus, die Mammae, den Fettstoffwechsel, den Knochen und die Leber
- In den Ovarien wird außerdem Relaxin gebildet, das den Beckenring zur Geburt erweitern kann
- In der Plazenta werden verschiedene Hormone produziert, zu denen auch HCG gehört, welches zum Schwangerschaftsnachweis bestimmt wird

27.7 Die Wachstumshormon-IGF-Achse

27.7.1 Regulation der GH-Sekretion durch hypothalamisches GHRH, Somatostatin und durch Ghrelin aus der Magenmukosa

❗ Die hypophysären Hormone Wachstumshormon und Prolactin sowie die plazentaren Wachstumshormonformen sind strukturverwandt und bestehen nur aus einer durch Disulfidbrücken verknüpften Peptidkette.

Das **Wachstumshormon** (*growth hormone*, GH, Somatotropin, STH) wird in somatotropen Zellen der Hypophyse gebildet. Es ist mit dem Prolactin (Prl) und dem plazentaren Chorionsomatomammotropin strukturverwandt, nicht glycosyliert und weist zwei intramolekulare Disulfidbrücken auf. Die GH-Polypeptidkette besteht aus 191 Aminosäuren, welche durch gezielte Proteolyse aus einem Prohormon während der Biosynthese als sezerniertes Protein prozessiert wird. Im Blutplasma zirkuliert GH gebunden an spezifische Bindeproteine, die eine lösliche Form des zellulären GH-Rezeptors darstellen.

Die Freisetzung von GH aus der Hypophyse erfolgt in Pulsen mit einem Tag-Nacht-Rhythmus, wobei die höchsten Werte schlafabhängig in der Nacht im Blut erreicht werden. Die GH-Freisetzung wird durch verschiedene Faktoren auf hypothalamischer und hypophysärer Ebene beeinflusst (◘ Abb. 27.38). Der wichtigste Stimulus ist das *growth hormone releasing hormone* (GHRH), ein aus 40 Aminosäuren bestehendes, einfaches Peptid, welches in parvozellulären, GHRH-positiven neuroendokrinen Zellen des Nucleus arcuatus und des ventromedialen Nucleus des Hypothalamus gebildet wird und über den hypophysären Portalkreis der Eminentia mediana die somatotropen Zellen der Adenohypophyse erreicht. Über GHRH-Rezeptoren, die G-Protein gekoppelt sind, wird die Synthese und

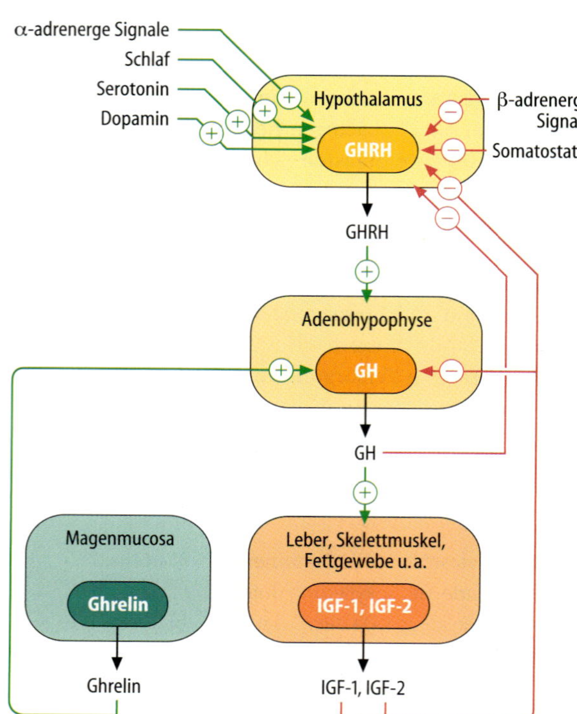

Abb. 27.38. Regulation der Sekretion von Wachstumshormon. Wachstumshormon (GH) wird vom Hypophysenvorderlappen synthetisiert und sezerniert. Das hypothalamische Peptid GHRH sowie das von der Magenmukosa gebildete Ghrelin stimulieren diesen Vorgang. GH löst in verschiedenen Geweben, v.a. in der Leber, die Sekretion von IGF-1 und IGF-2 aus. Diese sind neben Somatostatin die wichtigsten Inhibitoren der GHRH- und GH-Sekretion. (Weitere Einzelheiten ► Text)

Freisetzung von GH durch Aktivierung der Proteinkinase A sowie der Phospholipase C stimuliert. Für die GH-Synthese und Freisetzung ist ein basaler Tonus von Cortisol und Schilddrüsenhormonen erforderlich. Die GHRH-Produktion im Hypothalamus wird durch β-adrenerge Signale gehemmt, durch Schlaf, serotonerge, dopaminerge sowie α-adrenerge Signale stimuliert. 4–8 GH-Pulse werden über einen Tag beobachtet mit Steigerung nach Beginn des Schlafs. GH-Konzentrationen zeigen eine starke Abhängigkeit vom Lebensalter. Höchste Werte finden sich beim Fetus und Neugeborenen. Bis zur Pubertät werden nur niedrige GH-Konzentrationen beobachtet, bis dann wieder die Pulszahl und Pulshöhe zunehmen. Im Alter sinken die GH-Sekretion und GH-Spiegel wieder ab.

! Die GH-Freisetzung wird außer durch das hypopthalamische Neuropeptid GHRH durch das von der Magenmukosa sezernierte Hormon Ghrelin stimuliert und von Somatostatin gehemmt.

Vor Kurzem wurde ein zweiter wichtiger Stimulus der GH-Freisetzung identifiziert, das Hormon **Ghrelin**, welches von neuroendokrin aktiven oxyntischen Zellen der Magenmukosa produziert und ins Blut sezerniert wird (Abb. 27.39). Das nur in sehr niedrigen femtomolaren Konzentrationen

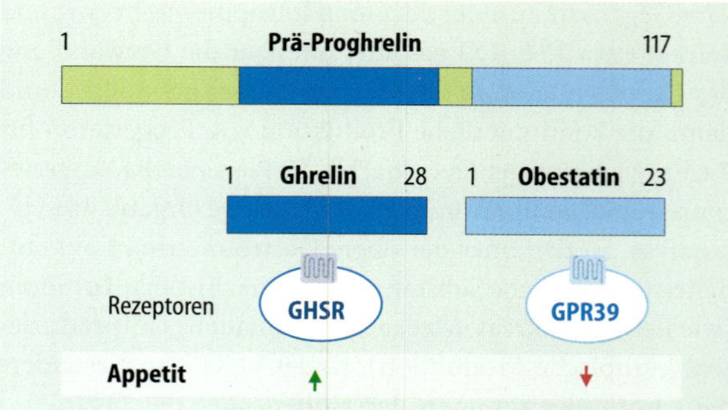

Abb. 27.39. Bildung von Ghrelin und Obestatin aus Prä-Proghrelin in Mukosazellen des Magens. Aus Prä-Proghrelin werden durch alternative posttranslationale Prozessierung Ghrelin bzw. Obestatin gebildet, die antagonisch auf die Appetitregulation wirken

im Serum zirkulierende Ghrelin ist ein aus 28 Aminosäuren bestehendes Peptidhormon, das, in der Endokrinologie bisher einmalig, als posttranslationale Modifikation am Serylrest 3 mit Octanoat verestert ist. Diese Octanoylierung ist essentiell für die biologische Wirkung am Ghrelinrezeptor. Die Ghrelin-Signalübertragung erfolgt über den G-Protein gekoppelten heptahelicalen **GH-Sekretagogrezeptor** (GHSR) durch Stimulation der Phospholipase Cβ. Ghrelin ist ein stärkerer GH-Stimulator als GHRH und wirkt über Erhöhung der intrazellulären Calciumkonzentration auf die GH-Sekretion.

Ghrelin wird antizipatorisch bereits vor der Nahrungsaufnahme sezerniert und beeinflusst die hypothalamischen Neuropeptid Y produzierenden Neurone. Ghrelin hat einen diabetogenen Effekt auf den Kohlenhydratstoffwechsel sowie verschiedene andere Wirkungen (Vasodilatation, positiv inotrop am Herzen, Wirkung auf die Prolactin- und ACTH-Freisetzung).

! Aus dem Ghrelinvorläufer wird auch ein Ghrelin Antagonist, Obestatin, alternativ gebildet.

In der Magenmukosa wird aus dem Ghrelinvorläufer ein weiteres Hormon durch alternative posttranslationale Prozessierung gebildet, **Obestatin**, das die Nahrungsaufnahme hemmt. Das neue Sättigungshormon Obestatin, ein vom Magen sezerniertes 23 Aminosäuren langes Peptid, das seine Bezeichnung vom lateinischen obedere (verschlingen) und statin (unterdrücken) erhielt, bewirkt über Bindung an seinen G-Protein gekoppelten heptahelicalen Rezeptor GPR39 im Hypothalamus eine Verringerung der Nahrungsaufnahme im Gegensatz zu Ghrelin, das appetitanregend wirkt. Somit wird durch alternatives Spleißen aus einem Gen ein antagonistisches Peptidpaar gebildet (Abb. 27.39), wobei die Regulation der Bildung dieser antagonistischen Peptidhormone aus einem Vorläufer noch unbekannt ist.

! Hypothalamisches Somatostatin ist der wichtigste Antagonist der GH Wirkung.

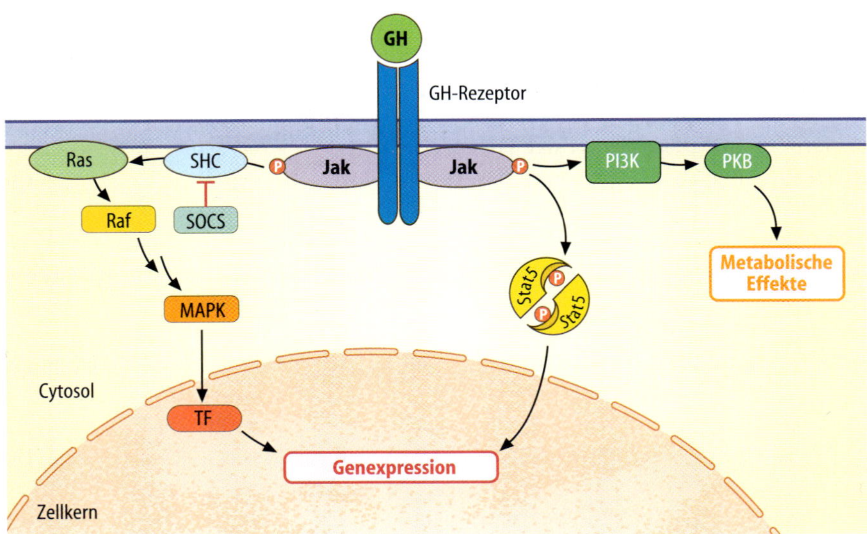

Abb. 27.40. Pleiotrope Signaltransduktionskaskade des GH-Rezeptors. Der GH-Rezeptor gehört in die Klasse der Cytokinrezeptoren. Bindung von GH führt zur Dimerisierung des Rezeptors und der Anlagerung und Aktivierung von Januskinasen. Von diesen gehen der STAT-Weg und der MAP-Kinase-Weg aus, die eine Änderung der Genexpression einleiten. Die ebenfalls vom GH-Rezeptor ausgehende Aktivierung der PI3-Kinase löst eine Reihe metabolischer Effekte aus. (Weitere Einzelheiten ▶ Text)

Das Peptid **Somatostatin** ist der wichtigste Inhibitor der GH-Sekretion. Es wird im Hypothalamus aus einem zunächst 116 Aminosäuren langen Präprosomatostatin über Prohormonkonvertasen zu dem aus 14 Aminosäuren bestehenden Peptid mit einer intramolekularen Disulfidbrücke gebildet. Weitere Syntheseorte sind verschiedene Neurone des ZNS, Inselzellen des endokrinen Pankreas sowie der Gastrointestinaltrakt. Somatostatin wirkt über verschiedene G-Protein gekoppelte heptahelicale Rezeptoren, die eine Hemmung der Adenylatcyclase auslösen. Somatostatinrezeptoren sind auf sehr vielen Zelloberflächen exprimiert, insbesondere auch auf Tumorzellen, die durch Somatostatinanaloga in ihrer Proliferation und Funktion blockiert werden können. Somatostatin hemmt auch die TSH-Freisetzung, die Insulin- und Glucagonfreisetzung des endokrinen Pankreas, die exokrine pankreatische Sekretion und blockiert auch die Magensäureproduktion, Sekretin, CCK, VIP-Produktion im Gastrointestinaltrakt, erhöht die Passagezeit der Nahrung.

27.7.2 Direkte GH Wirkungen und Effekte über das GH-regulierte Mediatorsystem IGF1-IGF1-Bindeproteine

> Viele Wirkungen des anabolen Hormons GH werden über GH-ahbängige lokale Bildung von IGF-I und IGF-Bindeproteinen vermittelt, welche zusammen Wachstum und Körperzusammensetzung kontrollieren.

Die Wirkung des GH wird ähnlich wie beim Prolactin über einen Cytokinrezeptor vermittelt. Die GH-Bindung an den **GH-Rezeptor** induziert die Rezeptordimerisierung, die nachgeschaltete Aktivierung der JAK/STAT-Signaltransduktionskaskade, gefolgt von der Aktivierung GH regulierter Gene (Abb. 27.40). Zu diesen gehören v.a. diejenigen für die wichtigsten Mediatoren der GH-Wirkung, nämlich die *Insulin like growth factors-1* und *-2* (IGF-1 und IGF-2). Diese wurden früher als Somatomedine bezeichnet, da sie einen Großteil der GH-Wirkung vermitteln. GH-Rezeptoren sind vor allem in der Leber exprimiert, jedoch auch in vielen anderen Körperzellen, z.B. Wachstumszonen auf Chondrozyten im Knochen, Knorpeln und verschiedenen anderen Geweben. Ein Großteil der zirkulierenden IGF-1-Spiegel entstammt der Leber, jedoch werden auch lokal IGFs gebildet, die dann auto- oder parakrin wirken.

IGF-1 besteht aus 67, IGF-2 aus 70 Aminosäuren. Beide Peptide werden aus Vorstufen durch limitierte Proteolyse gebildet. IGFs zeigen hohe Homologie zu Insulin und binden auch an Insulinrezeptoren. Sie zirkulieren im Blut, gebunden an mehrere **IGF-Bindeproteine** (IGF-BP), die reguliert und teilweise von GH und/oder IGF gesteuert produziert werden, sodass die wirksame freie IGF-Konzentration para- und autokrin reguliert wird.

Neben Interaktion mit dem Insulinrezeptor bindet IGF-1 v.a. an einen spezifischen, aus zwei unterschiedlichen α- und β-Untereinheiten aufgebauten tetrameren **IGF-1-Rezeptor**, der Strukturähnlichkeit mit dem Insulinrezeptor (▶ Kap. 26.1.7) aufweist. Die Signalübertragung erfolgt ähnlich, wie beim Insulinrezeptor durch Tyrosinkinaseaktivität der β-Untereinheit nach Bindung des IGF-1-Moleküls an die α-Untereinheit. Der **IGF-2-Rezeptor/Mannose 6-Phosphatrezeptor**, zeigt einen anderen Aufbau als der Insulin und IGF-I-Rezeptor und keine Tyrosinkinaseaktivität.

Hohe **IGF-1-Spiegel** werden neonatal und während der Pubertät gefunden. Die Serumkonzentration von IGF-1 wird diagnostisch als integrales Signal der GH-Wirkung verwendet, da die Analytik des GH wegen dessen kurzer Plasmahalbwertszeit sowie der pulsatilen und vom Lebensalter abhängigen Ausschüttung nur von Speziallabors sinnvoll durchgeführt und interpretiert werden kann.

Insbesondere für das Knochen- und Knorpelwachstum (▶ Kap. 24.7) sind IGF-1 und die IGF-BPs essentiell. *In vivo* stimuliert IGF-1 am intakten Rippenknorpel den Einbau von Sulfat in Proteoglykane und den von Thymidin in DNA. *In vitro* wirkt IGF-1 auf kultivierte Chondrozyten in niedriger Zelldichte nur mitogen, hat jedoch keinen Einfluss auf die Proteoglykansynthese. Wenn die Zellen konfluent sind und ihr Wachstum einstellen, fällt der Thymidineinbau ab und IGF-1 führt nur zur Synthese extrazellulärer Matrix. Demnach wird die Reaktion einer Zielzelle auf dieses Polypeptid durch ihren Proliferationszustand (Zellzyklus, ▶ Kap. 7.1) bestimmt. Knorpel in verschiedenen Geweben reagiert unterschiedlich auf IGF-1, so z.B. die Wachstumsregion im Knorpel der Röhrenknochen wesentlich besser als Gelenkknorpel. *In vivo* führen die IGF's bei hypophysektomierten Versuchstieren (die also kein Wachstumshormon bilden) zu einer Verbreiterung des Epiphysenknorpels der Tibia, zu einer Stimulierung des Thymidineinbaus in Rippenknorpel und einer Zunahme des Körpergewichts, wobei die Wirkung von IGF-1 ausgeprägter ist als die von IGF-2.

Über ihre Effekte auf das Knochenwachstum hinaus stimulieren die IGFs weitere Wachstums- und Differenzierungsvorgänge im Körper. Hierzu gehört beispielsweise ihre Beteiligung an der Differenzierung von Adipozyten aus entsprechenden Vorläuferzellen.

IGF-1 hemmt durch negative Rückkopplung auf hypothalamischer Ebene die GHRH-Produktion und auf hypophysärer Ebene die GH-Sekretion. GH hemmt hypothalamisch die GHRH-Sekretion, stimuliert die Somatostatin-Produktion und hemmt hypophysär die GH-Freisetzung, sodass ein mehrfach gesichertes, negatives Rückkopplungssystem das GH – IGF-I-System unter Kontrolle hält.

IGF-2 ist vor allem ein embryonaler und fetaler Wachstumsfaktor, zusammen mit Insulin.

Neben seinen Effekten auf die Biosynthese und Sekretion von IGFs hat GH direkte insulinantagonistische Wirkungen, z.B. eine Hemmung der Glucoseaufnahme in Muskel- und Fettgewebe, Förderung der Gluconeogenese und Fettmobilisierung durch Lipolyse und Ketogenese. All diese Reaktionen bewirken eine Erhöhung der Konzentration der Glucose und freien Fettsäuren im Blut. Als anaboles Hormon stimuliert GH in den meisten Geweben Aminosäureaufnahme und Proteinbiosynthese, im Muskel Fettsäureaufnahme und -Verwertung sowie Proteinbiosynthese.

27.7.3 Prolactin

Das dem GH strukturverwandte Prolactin wirkt über einen Rezeptor der Cytokinfamilie durch JAK-STAT-Phyosphorylierungskaskaden auf die Brustdrüsenentwicklung und Lactation.

Die lactotrophen Zellen der Hypophyse nehmen 20–50% der Adenohypophyse ein (▣ Tab. 27.2). Während der Schwangerschaft erhöht sich die Zahl und Größe der lactotrophen Zellen. Dieser physiologische Vorgang kann zu einer Vergrößerung der Adenohypophyse um bis zu 50% mit Nebenwirkungen auf die Sehnervenkreuzung führen, ist allerdings nach Beendigung von Schwangerschaft und Lactation rückläufig.

Das von lactotropen Zellen der Hypophyse freigesetzte, nicht posttranslational modifizierte **Prolactin** (molekulare Masse 23 kDa) ist strukturell verwandt mit GH, sowie dem plazentaren Chorionsomatomammotropin. Prolactin weist drei intramolekulare Disulfidbrücken auf und hat eine Plasmahalbwertszeit von ca. 15 Minuten.

Prolactin hat direkte Wirkungen auf die Entwicklung des Brustdrüsenepithels während der Schwangerschaft und es gibt Hinweise darauf, dass Prolactin an der Tumorentwicklung von Brust- und Prostatakarzinomen beteiligt ist. Prolactin wirkt über einen Klasse 1-Rezeptor der Cytokinrezeptorsuperfamilie, welche die Rezeptoren für GH, Leptin, Erythroproetin und verschiedene Interleukine umfasst (▶ Kap. 25.3.3). Die phosphorylierten Tyrosinreste des Prolactinrezeptors sind auch Andockstellen für die Adaptorproteine SHC, GRB 2 und GAB 2 (▶ Kap. 25.7.1). Dies hat die Bindung und Aktivierung von Ras und Raf und anschließende Aktivierung der MAP-Kinasewege zur Folge. Über diesen Signalweg wird die Proliferation des Brustdrüsenepithels vermittelt. Auch Kinasen der Src-Familien können an den Prolactinrezeptor binden und Proteinkinase B sowie Phosphatidylinositol 3-Kinasewege aktivieren. Diese Signalwege führen dann zur Hemmung der Apoptose und Stimulation der Zellproliferation.

Bisher gibt es kein spezifisches hypothalamisches *releasing*-Hormon für PRL und Dopamin ist der wichtigste Prolactin-Inhibiting Factor.

Für Prolactin gibt es bisher im Gegensatz zu den anderen Hypophysenhormonen kein hypothalamisches *releasing*-Hormon, welches die Prolactinfreisetzung stimuliert. Im Gegenteil wird die Prolactinsekretion durch hypothalamisches Dopamin inhibiert. Dieser Effekt wird über Dopamin D2-Rezeptoren vermittelt. Dopamin wird auch in der Literatur als *prolactin inhibiting factor* bezeichnet.

Erhöhte, andauernde Prolactinsekretion wird bei Adenomen der lactotrophen Zellen, sog. Prolactinomen, beobachtet und führt zur Amenorrhoe und Galactorrhoe und Infertilität junger Frauen sowie verringerter Libido und Impotenz bei Männern, da sekundär die Gonadotropinsekretion supprimiert wird. Prolactinome können durch Dopaminagonisten oder transsphenoidale, selektive Entfernung des Prolactinoms behandelt werden.

27.7.4 Pathobiochemie

! Fehlfunktionen der Wachstumshormon-IGF-Achse führen zu Gigantismus, Akromegalie oder Zwergwuchs und können durch Hemmung der GH-Produktion bzw. Therapie mit rekombinantem GH teilweise behandelt werden.

Störungen der GH-IGF-1-Achse können entweder zum Gigantismus oder Zwergwuchs führen. In transgenen Mausmodellen konnte klar die unterschiedliche Wirkung von GH, GH-Rezeptor, GH-Antagonisten und IGF-1 sowie der Rezeptoren gezeigt werden (◘ Abb. 27.41). Bemerkenswert sind dabei Befunde, dass Mäuse, bei denen die GH-IGF-1-Achse gestört ist, und die kleiner sind sowie niedrigeren Energieumsatz haben, deutlich länger leben.

Die erste medizinische Beschreibung des Krankheitsbilds **Akromegalie**, erhöhte GH-Bildung bei Erwachsenen, ist vom französischen Arzt Pierre Marie 1886 übermittelt, der diesem Krankheitsbild den Namen nach dem griechischen akron (= hervorspringende Körperenden) und mega (= groß) gab. Für Patienten mit Akromegalie ist appositionelles Knochenwachstum an den Augenbrauenwülsten, an Kinn und Fingerspitzen sowie eine Visceromegalie typisch. Oskar Minkowski erkannte 1888 den Zusammenhang mit der Vergrößerung der Hypophyse und Harvey William Cushing beschrieb 1909 die erhöhte GH-Sekretion und ihre Auswirkungen, insbesondere auf das Wachstum der Akren sowie der inneren Organe. Die erhöhte GH-Produktion und -freisetzung kann bereits während der Jugend (**Gigantismus**) oder auch im Erwachsenenalter nach Abschluss des Längenwachstums (**Akromegalie**) auftreten und ist in der Regel auf Adenome der eosinophilen somatotrophen Zellen der Adenohypophyse zurückzuführen. In seltenen Fällen sind die Ursachen in erhöhter GHRH-Produktion bzw. konstitutiver Aktivierung des GHRH- oder GH-Rezeptors zu suchen. Unzureichende GH-Produktion führt zum **Zwergwuchs** und verringertem Körperwachstum. Hier können unterschiedliche Ursachen vorliegen. Zu diesen gehören hypothalamische oder hypophysäre Läsionen, isolierter GH-Mangel oder kombinierter Ausfall mehrerer Hypophysenhormone, Insensitivität des GH-Rezeptors für GH, IGF-1-Mangel oder Insensivität des IGF-1-Rezeptors für das Hormon. Eine Störung der GH-Signaltransduktion am GH-Rezeptor führt zum Bild des **Laron-Zwergwuchses**, einer autosomal rezessiven Erkrankung. Entsprechend der negativen Rückkopplung zeigen diese Patienten erhöhte zirkulierende GH-Werte, niedrige IGF-1-Werte, verringertes Körperwachstum, niedrigem Blutzucker, verschlechterte Muskelentwicklung, Adipositas und Osteoporose. GH und das davon abhängige IGF-1 und IGF-BP-System üben also einen zentralen Einfluss sowohl auf das Körperwachstum als auch auf die Körperzusammensetzung aus.

GH-Mangel und IGF-1-Mangel können mittlerweile mit den entsprechenden rekombinanten Proteinen behandelt werden.

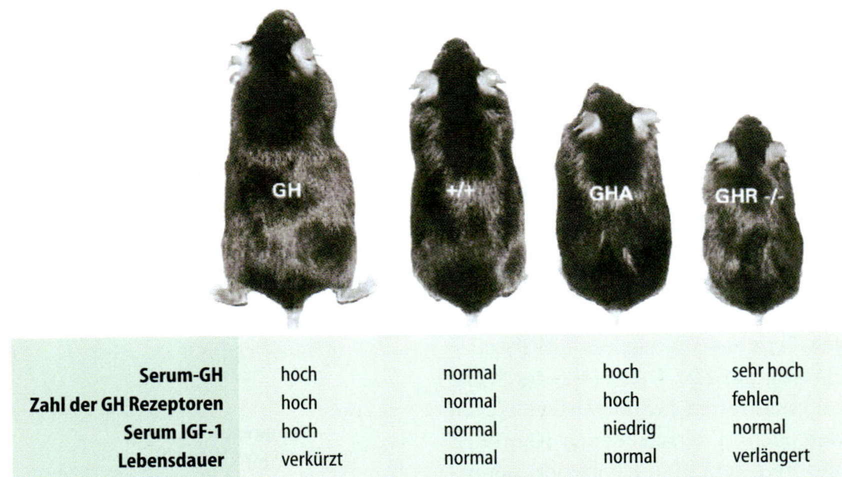

Serum-GH	hoch	normal	hoch	sehr hoch
Zahl der GH Rezeptoren	hoch	normal	hoch	fehlen
Serum IGF-1	hoch	normal	niedrig	normal
Lebensdauer	verkürzt	normal	normal	verlängert

◘ **Abb. 27.41. Phänotyp transgener Mäuse, die GH oder GH Antagonisten (GHA) überexprimieren oder keinen GH-Rezeptor (GHR $^{-/-}$) haben.** GH = Überexpression des GH-Gens; $^{+/+}$ = Normaltier; GHA = Überexpression des GH-Antagonisten; GHR $^{-/-}$ = GH-Rezeptor *knockout*. GH-Antagonisten sind GH-Analoga, die an den Rezeptor binden, aber keine Signaltransduktion auslösen. (Mit freundlicher Genehmigung von Hormone Research, Kopchick JJ 2003, 60, Suppl 3:103-112)

27

Infobox

Akromegalie heute:

Podoliantsi, Ukraine: 18. April 2004, AP, berichtet in der Frankfurter Rundschau vom 19.4.2004

2.53 Meter großer Mann wächst noch mit 33 Jahren. Das ungewöhnliche Wachstum begann nach Gehirnoperation im Alter von 14 Jahren. »Meine Grösse ist eine Strafe Gottes. Mein Leben hat keinen Sinn. … Mit dem Bus zu fahren ist für mich, wie wenn ein normal grosser Mensch in den Kofferraum eines Autos kriechen muss.«

In Kürze

- Die hypothalamischen Peptide GHRH und Somatostatin regulieren die Sekretion von Wachstumshormon (GH) durch die Hypophyse. Die Sekretion wird durch das im Magen gebildete Peptid Ghrelin gesteigert
- Die Wirkung von GH wird über die in der Leber und in anderen Geweben gebildeten insulinähnlichen Wachstumsfaktoren (IGF-1 und -2) vermittelt
- Der Transport der IGFs erfolgt in Bindung an Bindeproteine, ihre Wirkung wird über Insulinrezeptor-ähnliche Strukturen vermittelt. Die IGFs fördern das Wachstum v.a. über eine Beeinflussung der Wachstumsregion im Knorpel der Röhrenknochen
- Das von den lactotrophen Zellen des Hypophysenvorderlappens gebildete Prolactin hat strukturell große Ähnlichkeit mit GH. Es stimuliert die Entwicklung der Brustdrüse in der Schwangerschaft. Seine Sekretion wird durch Dopamin gehemmt
- Wachstumshormonmangel führt zum Minderwuchs, der mit rekombinantem Hormon behandelt wird. Hypophysentumore, die mit einer Überproduktion von GH verbunden sind, verursachen beim Erwachsenen die Akromegalie

27.8 Antidiuretisches Hormon (Vasopressin) und Oxytocin

! Magnozelluläre Neurone des Hypothalamus produzieren die aus 9 Aminosäuren bestehenden zyklischen Peptide Vasopressin (Antidiuretisches Hormon) und Oxytocin, die in der Neurohypophyse direkt aus den Nervenendigungen in die Blutbahn sezerniert werden.

In der Neurohypophyse münden die hypothalamischen Nervenendigungen der **Oxytocin** und **Vasopressin** bzw. **antidiuretisches Hormon** (ADH) produzierenden magnozellulären Neurone des paraventriculären (PVN) und supraoptischen Nucleus (SON) des Hypothalamus (◘ Abb. 27.2). Die Zellkörper dieser neuroendokrinen Zellen liegen im Hypothalamus. Aus den Nervenendigungen werden die in sekretorischen Granula gespeicherten neuroendokrin aktiven Peptide direkt in den Kapillarplexus der Neurohypophyse abgegeben, welche durch die Arteria hypophysialis inferior versorgt wird. Oxytocin, ein aus 9 Aminosäuren bestehendes zyklisches Peptid, ist strukturverwandt mit dem Arginin-Vasopressin (AVP) oder ADH (◘ Abb. 27.42) (► Kap. 28.3.2). Die beiden durch Disulfidbrücken von Cysteinresten gebildeten zyklischen Neuropeptide werden auch in verschiedenen Neuronen des ZNS gebildet und freigesetzt und haben dort neuromodulatorische Wirkungen. Beide neuroendokrin aktiven Substanzen sind in der Evolution hoch konserviert. Vasopressin zirkuliert im Plasma ohne Proteinbindung und hat nur eine kurze Halbwertszeit von circa 15 Minuten. Oxytocin ist mit einer Plasmahalbwertszeit von 3 bis 12 Minuten ein besonders kurzlebiges Hormon (◘ Tab. 27.3) und zirkuliert ohne Bindeproteine im Blut. Einzelheiten der Biosynthese beider Hormone sind in ► Kapitel 28.3.2 beschrieben.

! Das »Kuschelhormon« Oxytocin beeinflusst den Geburtsvorgang, die Milchsekretion, die Mutter-Kind- und Paarbindung.

Oxytocin (◘ Abb. 27.42) ist an der Milchproduktion während der Lactation sowie am Geburtsvorgang beteiligt. Während des Geburtsvorganges stimuliert Oxytocin die

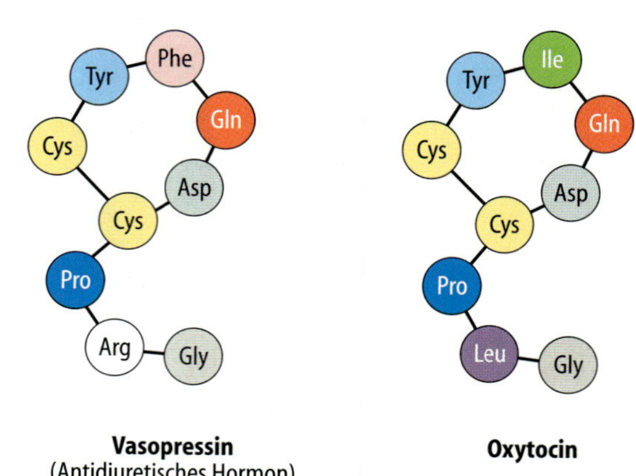

◘ **Abb. 27.42. Struktur von Vasopressin und Oxytocin.** Die strukturverwandten Neurohypophysenhormone Vasopressin (Andidiuretisches Hormon) und Oxytocin steigern die renale Wasserrückresorption (ADH) bzw. die Wehentätigkeit und Milchsekretion. Die intramolekulare Disulfidbrücke ist essentiell für die biologische Wirkung

glatten Muskelzellen des Endometriums, um die Uteruskontraktion zu erhöhen. Hier kommt es zu einem positiven Feedback durch Dehnungsrezeptoren im Geburtskanal, welche über zentrale neuronale Afferenzen die Oxytocinfreisetzung der hypothalamischen Neuronen verstärken bis der Geburtsvorgang mit der Austreibung des Neugeborenen beendet ist und damit der positive Feedback durch Beendigung der Uteruskontraktionen unterbrochen wird (▶ oben). Durch diesen Oxytocinanstieg wird auch bereits über myoepitheliale Zellen der Brustdrüse die Milchfreisetzung stimuliert. Durch den Saugvorgang des Neugeborenen an der Brust der Mutter wird über berührungssensitive Nervenendigungen der Brustwarze die Oxytocinfreisetzung ins Blut ebenfalls erhöht, wobei es durch parakrine Mechanismen von Oxytocin im **Supraoptischen Nucleus** des Hypothalamus zu einer pulsatilen Oxytocinfreisetzung kommt. Oxytocin scheint auch an der Entwicklung der Mutter-Kind-Bindung und der Paarbindung bei Menschen und Tieren beteiligt zu sein (sog. »Kuschelhormon«), wobei sowohl die vaginalen als auch die zentralen Freisetzungsmechanismen beteiligt zu sein scheinen. Daneben wird beim Mann Oxytocin auch beim Orgasmus in hohen Konzentrationen freigesetzt. Störungen der Funktionen von Oxytocin und dessen Rezeptoren sind bisher nicht beschrieben.

In Kürze

- In der Neurohypophyse werden die beiden im Hypothalamus synthetisierten Peptidhormone Vasopressin und Oxytocin gespeichert und sezerniert
- Vasopressin beeinflusst Blutdruck und Wasserhaushalt
- Oxytocin löst während der Geburt Kontraktionen der Uterusmuskulatur aus, stimuliert die Milchproduktion und beeinflusst die Paarbildung bei Menschen und Tieren

Literatur

Übersichten und Originalarbeiten

Molekularmedizinische Grundlagen von para- und autokrinen Regulationsstörungen. Springer Verlag Berlin, 2006

Ganten D, Ruckpaul K, Köhrle J, Guillemin R (2005) Hypothalamic hormones a.k.a. hypothalamic releasing factors. J Endocrinol 184 (1): 11–28

Zhu X, Lin CR, Prefontaine GG, Tollkuhn J, Rosenfeld MG (2005) Genetic control of pituitary development and hypopituitarism. Current Opinion in Genetics & Development 15 (3):332–340

Dungan HM, Clifton DK, Steiner RA (2006) Minireview: kisspeptin neurons as central processors in the regulation of gonadotropin-releasing hormone secretion. Endocrinology 147 (3):1154–1158

Chappell PE (2005) Clocks and the Black Box: Circadian Influences on Gonadotropin-Releasing Hormone Secretion. Journal of Neuroendocrinology 17 (2):119–130

Allaerts W, Vankelecom H (2005) History and perspectives of pituitary folliculo-stellate cell research. Eur J Endocrinol 153 (1):1–12

Mullis PE (2005) Genetic control of growth. Eur J Endocrinol 152 (1): 11–31

Smith RG, Jiang H, Sun Y (2005) Developments in ghrelin biology and potential clinical relevance. Trends Endocrinol Metab 16 (9):436–442

O'Rahilly S, Farooqi IS, Yeo GS, Challis BG (2003) Minireview: human obesity-lessons from monogenic disorders. Endocrinology 144 (9):3757-3764

Fukuhara M, Matsuda M, Nishizawa K, Segawa M, Tanaka K, Kishimoto Y, Matsuki M, Murakami T, Ichisaka H, Murakami E, Watanabe T, Takagi M, Akiyoshi T, Ohtsubo S, Kihara S, Yamashita M, Makishima T, Funahashi S, Yamanaka R, Hiramatsu Y, Matsuzawa, Shimomura I (2005) Visfatin: a protein secreted by visceral fat that mimics the effects of insulin. Science 307 (5708):426–430

Grüters A, Krude H, Biebermann H (2004) Molecular genetic defects in congenital hypothyroidism. Eur J Endocrinol 151 Suppl 3:U39–U44

Köhrle J, Jakob F, Contempré B, Dumont JE (2005) Selenium, the thyroid, and the endocrine system. Endocr Rev 24

Jansen J, Friesema EC, Milici C, Visser TJ (2005) Thyroid hormone transporters in health and disease. Thyroid 15 (8):757–768

Bassett JH, Harvey CB, Williams GR (2003) Mechanisms of thyroid hormone receptor-specific nuclear and extra nuclear actions. Mol Cell Endocrinol 213 (1):1–11

Santisteban P, Bernal J (2005) Thyroid development and effect on the nervous system. Rev Endocr Metab Disord 6 (3):217–228

Brennan J, Capel B (2004) One tissue, two fates: molecular genetic events that underlie testis versus ovary development. Nat Rev Genet 5 (7):509–521

Park SY, Jameson JL (2005) Minireview: transcriptional regulation of gonadal development and differentiation. Endocrinology 146 (3):1035–1042

Ebling FJ (2005) The neuroendocrine timing of puberty. Reproduction 129 (6):675–683

Payne AH, Hales DB (2004) Overview of Steroidogenic Enzymes in the Pathway from Cholesterol to Active Steroid Hormones. Endocr Rev 25 (6):947–970

Auchus RJ (2004) The backdoor pathway to dihydrotestosterone. Trends in Endocrinology and Metabolism 15 (9):432–438

Draper N, Stewart PM 2005() 11beta-hydroxysteroid dehydrogenase and the pre-receptor regulation of corticosteroid hormone action. J Endocrinol 186 (2):251–271

Labrie F, Luu-The V, Belanger A, Lin SX, Simard J, Pelletier G, Labrie C (2005) Is dehydroepiandrosterone a hormone? J Endocrinol 187 (2):169–196

Hammes A, Andreassen TK, Spoelgen R, Raila J, Hubner N, Schulz H, Metzger J, Schweigert FJ, Luppa PB, Nykjaer A, Willnow TE (2005) Role of endocytosis in cellular uptake of sex steroids. Cell 122 (5):751–762

Dusso AS, Brown AJ, Slatopolsky E (2005) Vitamin D. Am J Physiol Renal Physiol 289 (1):F8–28

Muff R, Born W, Lutz TA, Fischer JA (2004) Biological importance of the peptides of the calcitonin family as revealed by disruption and transfer of corresponding genes. Peptides 25 (11):2027–2038

Potter LR, Abbey-Hosch S, Dickey DM (2006) Natriuretic peptides, their receptors, and cyclic guanosine monophosphate-dependent signaling functions. Endocr Rev 27 (1):47–72

Kurosu H, Yamamoto M, Clark JD, Pastor JV, Nandi A, Gurnani P, McGuinness OP, Chikuda H, Yamaguchi M, Kawaguchi H, Shimomura I, Takayama Y, Herz J, Kahn CR, Rosenblatt KP, Kuro-o M (2005) Suppression of aging in mice by the hormone Klotho. Science 309 (5742):1829–1833

Klassische endokrine Publikationen:

Berthold AA (1849) Transplantation der Hoden. Arch Anat Physiol Wiss Med 16:42–46

Starling EH (1905) On the chemical correlation of the functions of the body. Lancet 166:339–341

Scharrer B, Scharrer E (1937) Über Drüsen-Nervenzellen und neurosekretorische Organe bei Wirbeltieren und Wirbellosen. Biol Rev 12:185–216

Tata JR (2005) One hundred years of hormones. EMBO Rep 6 (6):490–496

Links im Netz

► auch www.lehrbuch-medizin.de/biochemie

28 Funktion der Nieren und Regulation des Wasser- und Elektrolyt-Haushalts

Armin Kurtz

28.1 Die Niere – 895
28.1.1 Durchblutung der Niere – 895
28.1.2 Aufbau und Funktion der Glomeruli – 896
28.1.3 Aufbau des Harnkanalsystems – 899
28.1.4 Reabsorption von Elektrolyten und Wasser – 899
28.1.5 Reabsorption von Monosacchariden, Peptiden und Aminosäuren – 905
28.1.6 Säure-Basen-Transport der Tubulusepithelien – 906
28.1.7 Transport von Protonen und Hydrogencarbonat – 906
28.1.8 Ausscheidung harnpflichtiger Substanzen – 909
28.1.9 Energiegewinnung in der Niere – 909
28.1.10 Die Niere als endokrines Organ – 910

28.2 Der Endharn (Urin) – 914
28.2.1 Eigenschaften des Urins – 914
28.2.2 Chemische Zusammensetzung des Urins – 914
28.2.3 Pathobiochemie des Urins – 915
28.2.4 Harn- und Nierensteine – 916

28.3 Der Wasserhaushalt – 917
28.3.1 Wasserbilanz – 917
28.3.2 Hormonelle Regulation des Wasserhaushalts – 918
28.3.3 Pathobiochemie des Wasserhaushalts – 920

28.4 Der Natriumhaushalt – 921
28.4.1 Natriumbilanzierung – 921
28.4.2 Hormonelle Regulation des Natriumhaushalts – 922
28.4.3 Pathobiochemie des Natriumhaushalts – 926

28.5 Der Kaliumhaushalt – 928
28.5.1 Regulation des Kaliumhaushalts – 928
28.5.2 Pathobiochemie des Kaliumhaushalts – 929

28.6 Der Calcium- und Phosphathaushalt – 930
28.6.1 Calciumhaushalt – 930
28.6.2 Phosphathaushalt – 932
28.6.3 Hormonelle Regulation des Calcium- und Phosphatstoffwechsels – 933
28.6.4 Pathobiochemie des Phosphat- und Calciumhaushalts – 938

28.7 Der Magnesium- und Sulfathaushalt – 939
28.7.1 Magnesiumhaushalt – 939
28.7.2 Schwefelhaushalt – 941

28.8 Der Säure-Basen-Haushalt – 942
28.8.1 Notwendigkeit der Konstanthaltung der Protonenkonzentration – 942
28.8.2 Entstehung von Säuren im Stoffwechsel – 942
28.8.3 Verteilung der Protonen zwischen Intra- und Extrazellulärraum – 943
28.8.4 Puffersysteme – 944
28.8.5 Regulation der Protonenkonzentration – 945
28.8.6 Pathobiochemie des Säure-Basen-Haushalts – 946

Literatur – 950

Einleitung

Die Nieren scheiden endogen gebildete organische wasserlösliche Stoffwechsel-Endprodukte, anorganische Stoffe sowie exogen zugeführte, nicht abbaubare Substanzen wie Medikamente oder Vitamine aus. Sie dienen darüber hinaus der Erhaltung der Konstanz der Extrazellulärflüssigkeit, regulieren Volumen und Osmolarität der Körperflüssigkeiten durch selektive Reabsorption oder Ausscheidung von Ionen und Wasser. Sie greifen durch Ausscheidung überschüssiger Säuren und Basen im Zusammenwirken mit den Lungen in das Säure-Basen-Gleichgewicht ein. Darüber hinaus sind die Nieren an der Regulation des Blutdrucks, der Erythropoiese und des extrazellulären Calciumspiegels beteiligt und synthetisieren wichtige Verbindungen wie Glucose und γ-Aminobutyrat. Die Funktion der Nieren steht in engem Zusammenhang mit den Regelsystemen, die für den Wasser- und Elektrolythaushalt verantwortlich sind.

Für die Regulation des Wasserhaushalts und des Natrium- und Kaliumstoffwechsels sind die Hormone Vasopressin, Aldosteron und das atriale natriuretische Peptid von besonderer Bedeutung. Ihr Ziel ist es, Natrium- und Kaliumverluste gering zu halten und eine ausgeglichene Wasserbilanz zu erreichen.

Für die Regulation des wichtigen Calciumstoffwechsels stehen drei Hormone zur Verfügung, das Parathormon, das D-Hormon sowie das Thyreocalcitonin.

28.1 Die Niere

28.1.1 Durchblutung der Niere

Die Durchblutung der Niere bewirkt eine ausreichende **Versorgung mit Nährstoffen**, gleichzeitig bestimmt sie aber auch das zur **Filtration** gelangende Blutvolumen. Zudem beeinflusst die Nierenmarkdurchblutung noch die **Salz- und Wasserreabsorption**. Beim Erwachsenen erhalten im Normalfall beide Nieren zusammen ca. 20–25% des Herzminutenvolumens in Ruhe, d.h. ca. 1,0–1,2 l Blut pro Minute, was einer sehr hohen spezifischen Gewebedurchblutung von 4 ml × min^{-1} × g^{-1} entspricht.

! Die Nierenrinde ist wesentlich besser durchblutet als das Nierenmark.

Die Blutversorgung des Nierenmarks erfolgt nur über die efferenten Arteriolen derjenigen Glomeruli, die tief in der Rinde, nahe an der Rinden-Mark-Grenze (juxtamedullär) liegen. Diese Arteriolen gabeln sich, ziehen geradlinig und unverzweigt als vasa recta in Richtung Pyramidenspitze und übernehmen so die Versorgung des Parenchyms der Außen- und Innenzone des Marks. Wegen dieses speziellen Verteilungssystems fließen mehr als 90% des renalen Blutstroms nur durch die Nierenrinde, womit das Mark, welches immerhin mehr als 60% der Nierenmasse ausmacht, entsprechend wenig Blut erhält.

! Die Nierendurchblutung wird über die Widerstände der afferenten und efferenten Arteriolen reguliert.

Der renale Blutfluss (RBF) wird von der treibenden Blutdruckdifferenz (ΔP) zwischen A. und V. renalis und dem gesamten intrarenalen Gefäßwiderstand R bestimmt:

$$RBF = \Delta P/R$$

Die für die Nierendurchblutung bestimmenden Gefäßwiderstände werden hauptsächlich von den afferenten und efferenten Arteriolen gebildet, welche daher die wichtigsten, Regulationsorte der Nierendurchblutung sind. Die physiologischen Regulationen von afferentem und efferentem Widerstand sind dahingehend ausgerichtet, den Blutdruck innerhalb der Glomeruluskapillaren und den Blutfluss durch die Glomeruluskapillaren konstant zu halten.

Folgende Faktoren sind dabei von Bedeutung:

- Die Autoregulation der Nierendurchblutung bewirkt, dass sich der renale Perfusionwiderstand in einem Druckbereich von ca. 70–180 mmHg parallel mit dem Perfusionsdruck ändert und somit der renale Blutfluss (RBF = ΔP/R) in diesem Bereich konstant bleibt (■ Abb. 28.1, Einzelheiten ► Lehrbücher der Physiologie)

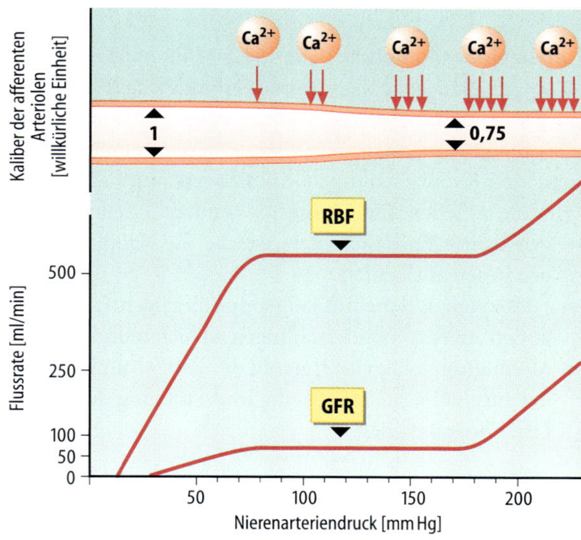

■ **Abb. 28.1. Abhängigkeit des renalen Blutflusses (RBF) und der glomerulären Filtrationsrate (GFR) vom Druck in der Nierenarterie.** Im oberen Bildteil ist schematisch die Druckabhängigkeit des inneren Durchmessers von afferenten Arteriolen sowie die Bedeutung des transmembranären Calciumeinstroms durch L-Typ-Calciumkanäle dargestellt. Eine druckabhängige Reduktion des Innendurchmessers um 25% führt dabei zu einem 3-fachen Anstieg des präglomerulären Strömungswiderstands (Hagen-Poiseuille-Gesetz) und bewirkt damit eine Konstanz von RBF und GFR

- Regulation durch Neurotransmitter, die aus den sympathischen Nierennerven freigesetzt werden. Noradrenalin führt über α_1-Rezeptoren und Aktivierung des Phospholipase-C-(PLC)-Signalwegs zur Gefäßkontraktion und damit zur Widerstandserhöhung, während Dopamin über D-1-Rezeptoren und Aktivierung des cAMP-Signalwegs die Arteriolen relaxiert und damit den Widerstand senkt. Bei stärkerer Aktivierung der Nierennerven überwiegt die konstriktorische Wirkung des Noradrenalins, was dazu führt, dass im Kreislaufschock die Niere durch den Blutdruckabfall bei gleichzeitigem Anstieg des Nierenperfusionswiderstands sehr schlecht durchblutet wird, was ein akutes Nierenversagen nach sich ziehen kann
- Die afferenten und efferenten Widerstände werden auch von einer Reihe von parakrinen Faktoren und von Hormonen beeinflusst. So erhöhen Angiotensin II, Serotonin, Endotheline und Thromboxan über den PLC-Signalweg den Widerstand, während PGE_2, PGI_2 über den cAMP-Signalweg und atriales natriuretisches Peptid (ANP) sowie das aus dem Endothel freigesetzte Stickoxid (NO) über den cGMP-Signalweg den Gefäßwiderstand erniedrigen

28

28.1.2 Aufbau und Funktion der Glomeruli

! In den Glomeruli werden wasserlösliche Plasmabestandteile nach ihrer Größe und Ladung als Primärharn abfiltriert.

Aufbau eines Glomerulus. Die 1–1,5 Millionen Glomeruli (■ Abb. 28.2) in jeder Nierenrinde verbinden das Blutgefäßmit dem Harnkanalsystem. Sie haben einen Durchmesser von 150–300 μm und bestehen aus ca. 30 miteinander verbundenen Kapillarschlingen, die sich aus einer afferenten Arteriole aufteilen. Ein Glomerulus enthält 3 Zelltypen:

- gefensterte Endothelzellen, welche die Kapillarschlingen innen auskleiden
- Podozyten, welche mit langen fußförmigen Fortsätzen außen auf den Kapillarschlingen aufsitzen und
- Mesangiumszellen im Inneren des Glomerulus, welche der mechanischen Halterung und Stützung der Kapillarschlingen dienen

Im Rahmen von immunologischen Abwehrprozessen können die Mesangiumszellen stimuliert werden, worauf sie über Expression von MHCII-Komplexen (► Kap. 34.2.2) zur Antigenpräsentation fähig werden und große Mengen an Cytokinen (z.B. IL-1β, TNF-α) bilden. Diese Vorgänge spielen eine Rolle bei intraglomerulären Entzündungsvorgänge (z.B. Glomerulonephritis).

Filtration nach Molekülgröße. Durch einen dreilagigen Filter, der aus dem fenestrierten Endothel im Kapillarinneren, der Basalmembran an der Außenseite der Kapillaren und den Schlitzen zwischen den Fußfortsätzen der Podozyten besteht (■ Abb. 28.2), wird in den Glomeruli aus dem Blutplasma der Primärharn abgefiltert und über die als Trichter wirkende Bowman-Kapsel dem Harnkanalsystem zugeleitet. Die Poren der Endothelzellen (Durchmesser 50–100 nm) verhindern den Durchtritt von Blutzellen. Die dreischichtige 300 nm dicke Basalmembran enthält Laminin, Fibronectin und Kollagen-Typ IV und stellt einen mechanischen Filter für Stoffe dar, deren relative Molekülmasse größer als 400 kDa ist. Je 2 Kollagen IV-Monomere assoziieren am C-Terminus und jeweils 4 Monomere am N-Terminus. Durch diese Assoziation bildet sich ein supramolekulares Maschenwerk aus (► Kap. 26.2.2). Die Tripelhelix des Kollagens IV wird aus unterschiedlichen α-(IV)-Ketten aufgebaut. Insgesamt sind bisher 6 Varianten der α-(IV)-Ketten bekannt. Eine dieser Ketten, die α-III(IV), findet sich nur in der Basalmembran der Nierenglomeruli, der Lungenalveolen und einigen anderen Basalmembranen. Das erklärt warum bei einzelnen Erkrankungen, die mit Schädigungen der Basalmembran einhergehen, bevorzugt Lungen und Nieren betroffen sind. Die Fortsätze der Podozyten stehen mit verbreiterten Füßchen direkt auf der Basalmembran und lassen zwischen sich Schlitze frei, welche *in vivo* schmäler als 5 nm sind. Der effektive Porenradius des Glomerulusfilters beträgt etwa 1,5–4,5 nm. Damit können im Prinzip Moleküle mit einer Masse bis zu 5 kDa ungehindert filtriert werden (■ Tabelle 28.1). Darunter fallen Stoffwechselendprodukte wie Harnstoff, Kreatinin, Harnsäure etc., aber auch für den Körper wertvolle Substanzen wie Wasser, Monosaccharide, Aminosäuren, Peptide, Elektrolyte etc.

Filtration nach Ladung. Die Fußfortsätze der Podozyten sind von einer dicken negativ geladenen neuraminsäurereichen Glycocalix (Hauptprotein Podocalixin, Mw 144 kDa) überzogen, welche die Moleküldurchlässigkeit durch die Filtrationsschlitze noch zusätzlich hinsichtlich der Ladung der Stoffe beeinflusst. Damit spielt für die Filtrierbarkeit neben der mechanischen Einschränkung durch die Molekülgröße auch die Nettoladung der Moleküle eine

■ Tabelle 28.1. Glomeruläre Filtrierbarkeit biologischer Moleküle

Molekül	Molekülmasse (Da)	Glomeruläre Filtrierbarkeit
Wasser	18	100%
Harnstoff	60	100%
Glucose	180	100%
Insulin	5500	99%
Myoglobin	16000	75%
Ovalbumin	43500	22%
Hämoglobin	64000	3%
Albumin	66248	1%

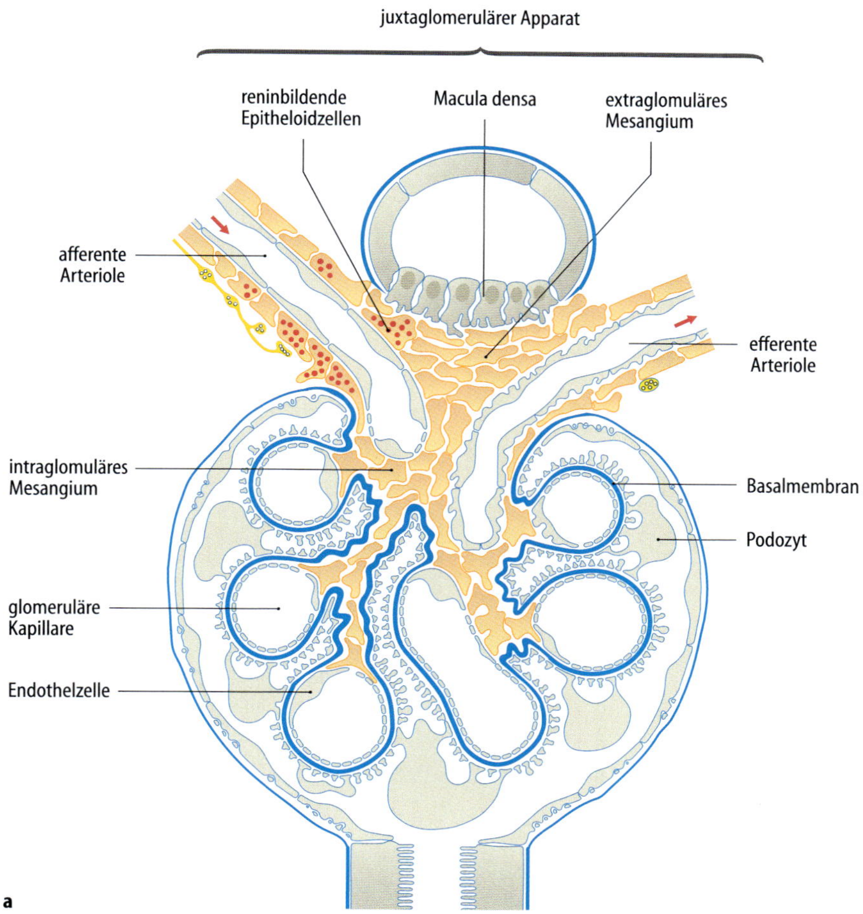

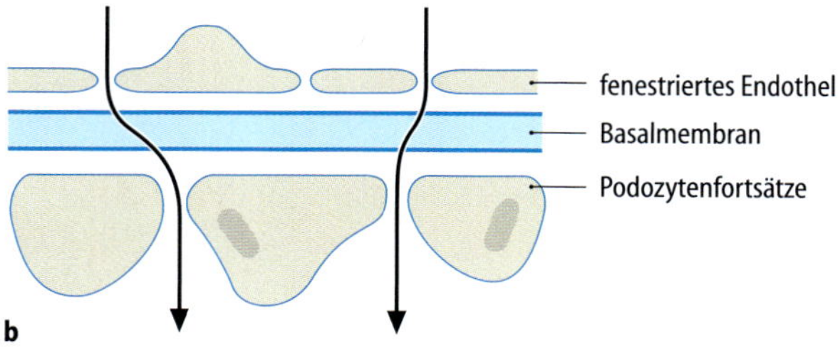

Abb. 28.2. a Schematische Darstellung eines Nierenglomerulus mit juxtaglomerulärem Apparat. Der juxtaglomeruläre Apparat besteht aus 3 Zelltypen, die alle miteinander in Kontakt stehen. Dies sind die extraglomerulären Mesangiumzellen, die sich zwischen der afferenten und efferenten Arteriole nach außerhalb erstrecken, die reninproduzierenden Epitheloidzellen in der Wand der afferenten Arteriolen im Einmündungsbereich in das Glomerulus und die tubulären Macula densa-Zellen, welche den Endabschnitt der dicken aufsteigenden Henle-Schleife (Abb. 28.3 in Kap. 28.1.3) bilden. (Aus Schmidt et al. 2000) **b** Schematische Darstellung der glomerulären Filtermembran

wichtige Rolle. Moleküle mit negativer Ladung treten schwerer als solche mit positiver Ladung in die Schlitze zwischen den negativ geladenen Podozytenfortsätzen ein. Das ist funktionell besonders bedeutsam für die Proteinfiltration, da die Plasma-Eiweißmoleküle in der Regel eine negative Überschussladung tragen, was neben ihrer Größe die Filtrierbarkeit zusätzlich reduziert.

! Mehrere Sicherungsmechanismen sorgen für eine Konstanz der glomerulären Filtration.

Aufgrund einer Druckdifferenz zwischen dem Kapillarinneren und der Bowman-Kapsel werden ca. 20% des durchfließenden Plasmavolumens als wässriger, zellfreier und eiweißarmer Primärharn abfiltriert. In beiden Nieren eines Erwachsenen werden zusammen pro Minute im Normalfall ca. 125 ml Plasma-Ultrafiltrat als Primärharn erzeugt. Dieser Wert wird als **glomeruläre Filtrationsrate** (GFR) bezeichnet.

Da die Nierenfunktion des Menschen auf eine gleich bleibende Filtrationsleistung (GFR) ausgelegt ist, haben

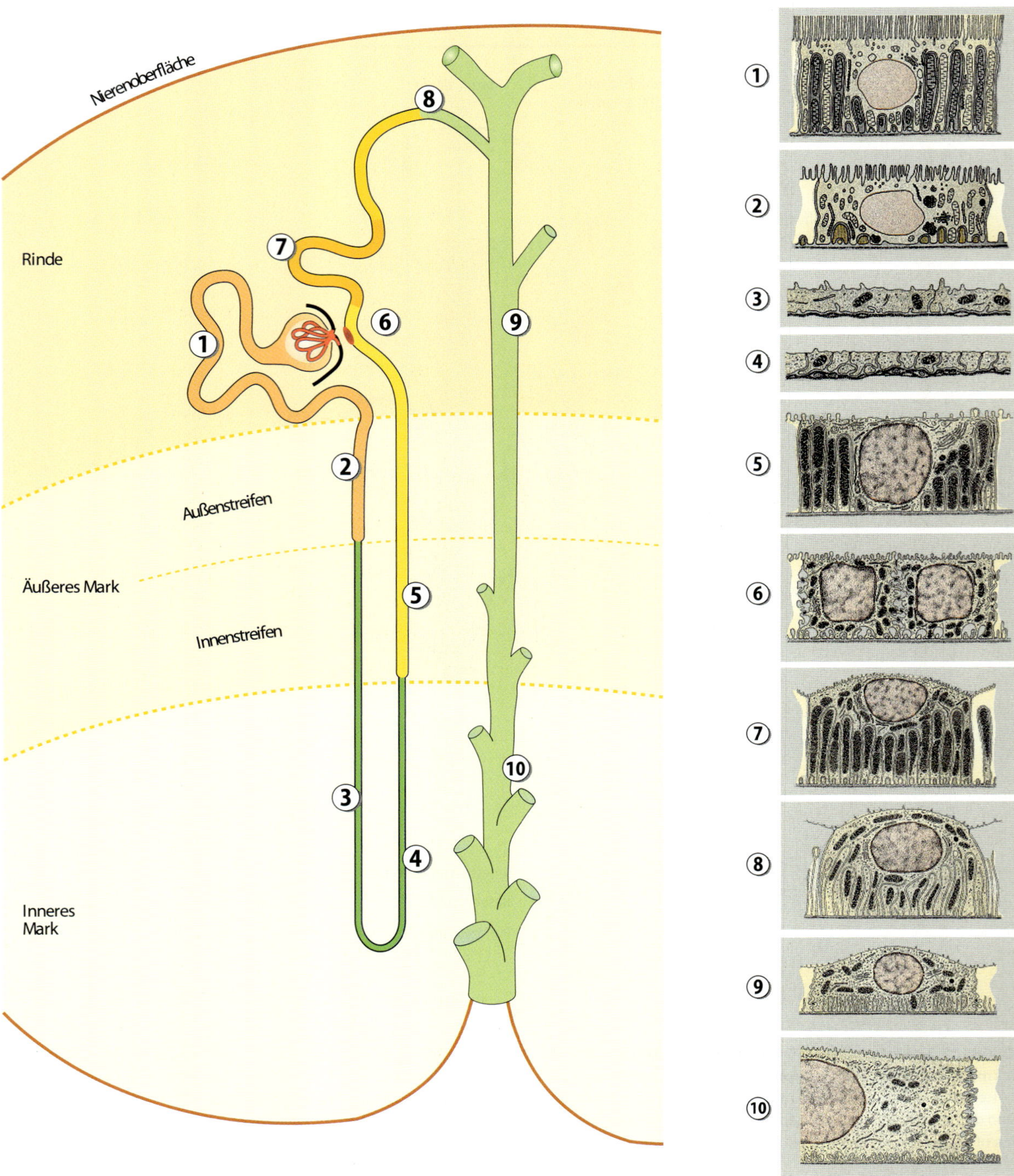

Abb. 28.3. Anordnung der Nephronsegmente und des Sammelrohrsystems in den verschiedenen Nierenzonen. Zu beachten ist die charakteristische Ultrastruktur der jeweiligen Tubulusabschnitte, insbesondere die Ausbildung des Bürstensaums zur Oberflächenvergrößerung und die Größe und Dichte von Mitochondrien als Ausdruck aerober Energiegewinnung. **1** proximaler Tubulus, gewundener Teil; **2** proximaler Tubulus, gerader Teil; **3** dünne absteigende Henle-Schleife; **4** dünne aufsteigende Henle-Schleife; **5** dicke aufsteigende Henle-Schleife; **6** Macula densa; **7** distaler Tubulus, gewundener Teil; **8** Verbindungstubulus; **9** corticales Sammelrohr (Hauptzelle); **10** innermedulläres Sammelrohr (Hauptzelle). (Modifiziert nach Kaissling u. Kriz aus Seldin u. Giebisch 2000)

sich verschiedene Mechanismen entwickelt, die möglichen Schwankungen der GFR entgegensteuern:

- Die Autoregulation der Nierendurchblutung (▶ o.), welche auf einer **myogenen Reaktion** der afferenten Arteriolen (◘ Abb. 28.1) und dem **tubulo-glomerulären Feedback** (TGF) beruht. Dabei setzen die Macula densa Zellen des juxtaglomerulären Apparates (◘ Abb. 28.2) bei erhöhtem Salztransport (infolge erhöhter GFR) ATP frei. Dieses wird durch die 5′-Ektonucleotidase in Adenosin gespalten, welches wiederum die afferenten Arteriolen konstringiert (A1-Rezeptoren)
- Bei Abfall des Nierenarteriendrucks sezernieren Epitheloidzellen des juxtaglomerulären Apparats am glomerulären Ende der afferenten Arteriolen das gespeicherte **Renin**, welches über eine Reaktionskaskade (Renin-Angiotensin-System, ▶ u.) zur Bildung von **Angiotensin II** führt. Angiotensin II erhöht den arteriellen Blutdruck und konstringiert in der Niere präferentiell die efferenten Arteriolen. Beide Ereignisse zusammen führen zu einem Wiederanstieg des hydrostatischen Drucks in den Glomeruluskapillaren und damit zur Aufrechterhaltung der GFR

28.1.3 Aufbau des Harnkanalsystems

! Die spezielle Struktur des Tubulussystems bestimmt die Ausscheidungsfunktion der Niere.

Im Primärharn befinden sich nicht nur ausscheidungspflichtige Verbindungen sondern auch Moleküle, welche für den Körper noch sehr wertvoll sind. Dazu gehören Monosaccharide, Aminosäuren, Oligopeptide, Salze und natürlich auch Wasser. Entsprechend findet sich im Anschluss an jeden Glomerulus ein Kanalsystem (Tubulussystem), dessen Aufgabe die Rückresorption der wertvollen Stoffe und die möglichst effiziente Eliminierung der giftigen Stoffwechselendprodukte ist.

Das System der Harnkanälchen besteht aus den **Nephronen** und aus dem **Sammelrohrsystem**, die sich ontogenetisch separat entwickeln (◘ Abb. 28.3).

Ein Nephron besteht aus:

- dem Glomerulus
- der Bowman-Kapsel
- dem proximalen Tubulus
- der Henle-Schleife
- der Macula densa
- dem Konvolut des distalen Tubulus sowie dem
- geraden Verbindungstubulus

Zwischen 8–10 Nephrone münden in die einzelnen Sammelrohre, die aus der Rinde in Richtung Papillenspitze ziehen. In der Innenzone des Marks konvergieren alle Sammelrohre zu immer größeren Röhren bis hin zu den 10–20 Ductus papillares einer Pyramide, welche schließlich in das Nierenbecken einmünden. Die Nephrone eines Menschen haben je nach Länge der Henle-Schleife eine Gesamtlänge von 3–4 cm, die Sammelrohre sind im Mittel noch 2 cm lang.

! Der Extrazellulärraum der Niere ist kompartimentiert.

Das Harnkanalsystem durchzieht zweimal die Nierenrinde und zweimal das Nierenmark und wechselt dabei jeweils die Umgebungsbedingungen im Extrazellulärraum: Zwischen Rinde und Mark bestehen wesentliche Unterschiede in den O_2-Partialdrucken (◘ Abb. 28.4). Wegen der relativ geringen Durchblutung des Nierenmarks nimmt die O_2-Versorgung von der Nierenrinde bis zur Papille hin ab. Dementsprechend findet man die höchsten mittleren O_2-Drucke in der Rinde (ca. 80 mmHg), die dann zur Papillenspitze bis auf 10 mmHg abfallen.

Zwischen Rinde und Mark bestehen auch wesentliche Unterschiede in der Osmolarität des Interstitiums, welche in der Rinde 290 mosmol beträgt und bis zur Papillenspitze auf 1300 mosmol/l ansteigt (◘ Abb. 28.4). Die Erhöhung der Osmolarität beruht je zur Hälfte auf einem Anstieg der interstitiellen NaCl und Harnstoffkonzentration. Dieser Osmolaritätsgradient ist für die Wasserresorption in der Niere essentiell (zu seiner Entstehung ▶ Lehrbücher der Physiologie).

! Die verschiedenen Funktionen der Niere sind jeweils verschiedenen Tubulussegmenten zugeordnet.

Die verschiedenen Tubulusabschnitte haben jeweils spezifische Funktionen zu erfüllen. Entsprechend werden die dafür notwendigen Funktionsproteine auch streng lokal exprimiert. Das gilt nicht nur für die zelluläre Expression als solche (◘ Abb. 28.5), sondern auch für die subzelluläre Lokalisation der Funktionsproteine, wobei deren selektiver Einbau entweder in die luminale oder basolaterale Zellmembran das Funktionsverhalten der verschiedenen Tubuluszellen bestimmt. Das wird beispielsweise bei der tubulären Natriumresorption deutlich, für die die verschiedenen Tubuluszellen unterschiedliche luminale Transportsysteme entwickelt haben, während sie als Gemeinsamkeit alle in der basolateralen Membran die Na^+/K^+-ATPase enthalten, mit welcher sie aus der Tubulusflüssigkeit eintretendes Natrium wieder in die Blutbahn zurückpumpen.

28.1.4 Reabsorption von Elektrolyten und Wasser

Wegen der Größe der glomerulären Filtrationsrate erbringen die Nieren eine gewaltige Leistung bei der notwendigen Reabsorption von Elektrolyten und Wasser. Hieran sind die verschiedenen Abschnitte des Nephron in unterschiedlichem Ausmaß beteiligt (◘ Tabelle 28.2). Die Reabsorption von Wasser und Natrium-Ionen macht mengenmäßig den größten Anteil aus.

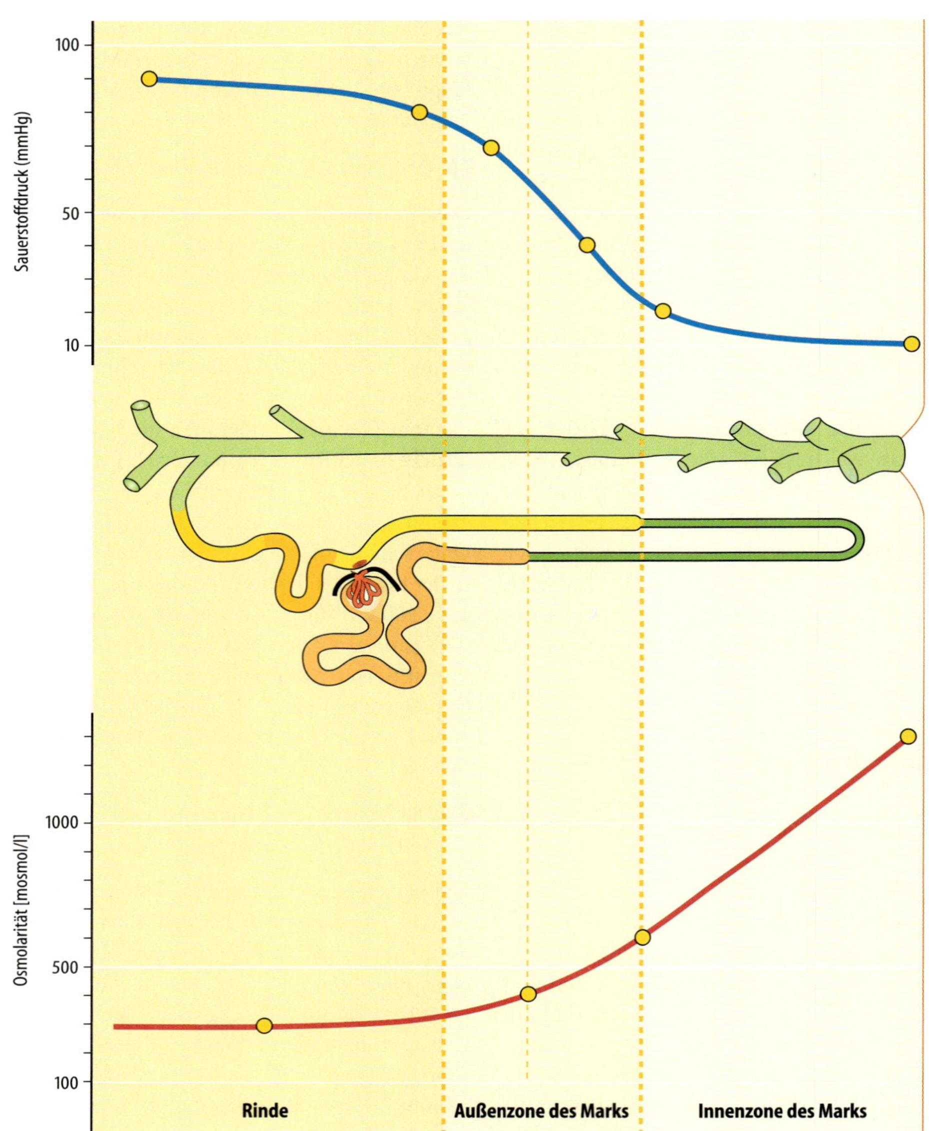

Abb. 28.4. Profil des Sauerstoffdrucks (*oben*) und der Osmolarität (*unten*) im Interstitium der verschiedenen Nierenzonen

Tabelle 28.2. Reabsorptionsleistung der verschiedenen Abschnitte des Nephrons

	Gesamt (mol/24 h)	Reabsorbiert in			
		Proximalem Tubulus	Henle-Schleife		Distalem Tubulus
			Dünnem Teil	Dickem, aufsteigendem Ast	Sammelrohr
Na^+	23	65%		25%	9%
K^+	0.7	80%		10%	
Ca^{2+}	0.2	65%		25%	9%
Mg^{2+}	0.1	15%		70%	10%
Cl^-	19	65%		25%	10%
HCO_3^-	4.3	80%		10%	10%
H_2O	10^4	65%	18%		10%

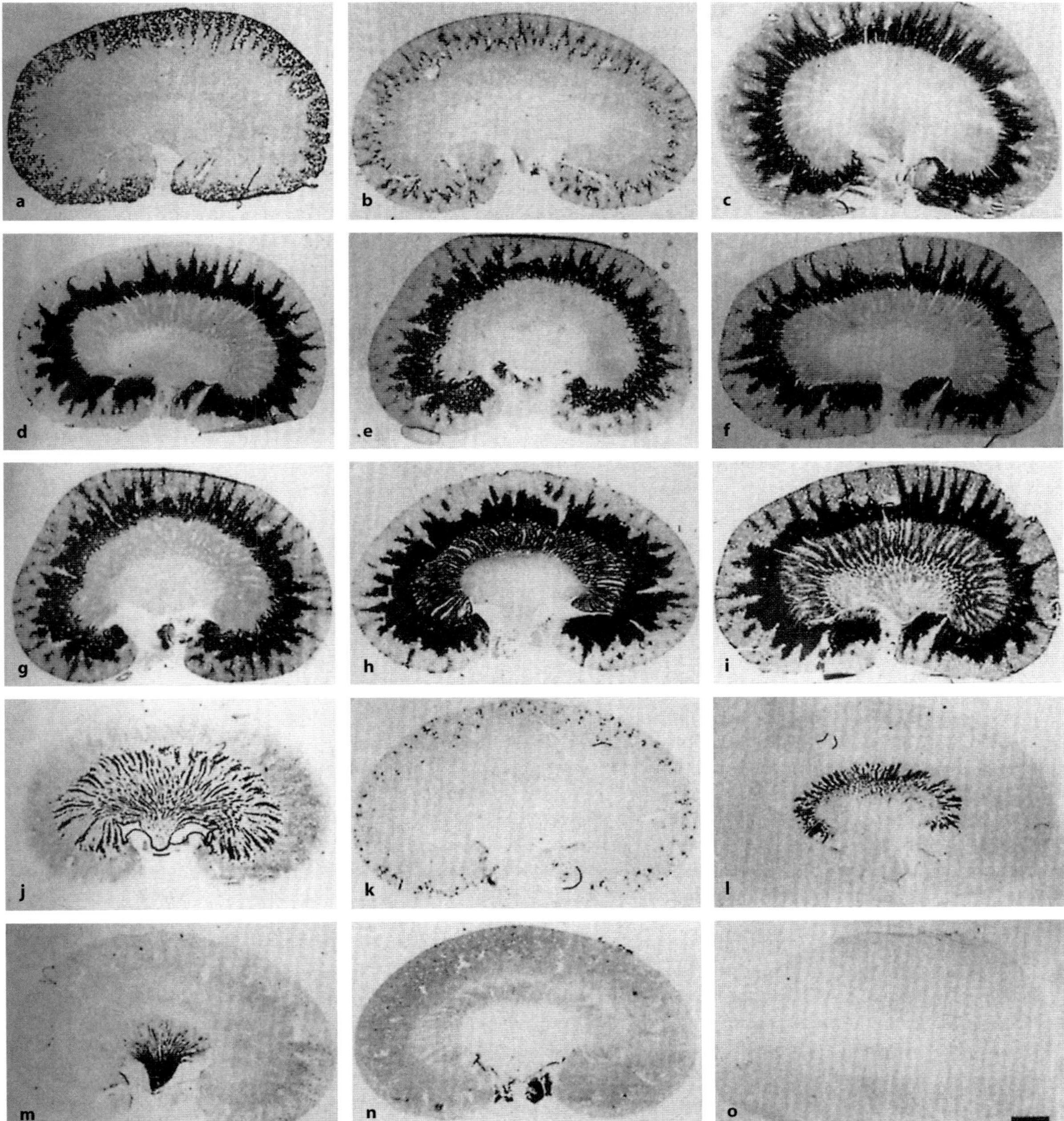

Abb. 28.5a–o. Zonal spezifische Expression von Membrantransport-Proteinen in der Rattenniere. Der Nachweis der Expression der jeweiligen Proteine erfolgte durch *in situ* Hybridisierung. **a** Natrium-Glucose-Cotransporter (SGLT2); **b** Natrium-Hydrogencarbonat Cotransporter; **c** Natrium-Vitamin-C-Cotransporter (SVCT1); **d** Peptid-Transporter (PEPT2); **e** Natrium-Dicarboxylat-Cotransporter (SDCT1); **f** Natrium-Glucose-Cotransporter (SLGT1); **g** Natrium-Dicarboxylat-Cotransporter (SDCT2); **h** Glutamat-Transporter; **i** Kationen-Transporter (DCT1); **j** Harnstofftransporter (UT3); **k** Natrium-Calcium-Austauscher; **l** Harnstofftransporter (UT2); **m** Harnstofftransporter (UT1); **n** Glutamat-Transporter (GLAST); **o** Kontrolle. Der Balken in (o) bezeichnet eine Länge von 2 mm. (Nach Berger et al. aus Seldin u. Giebisch 2000)

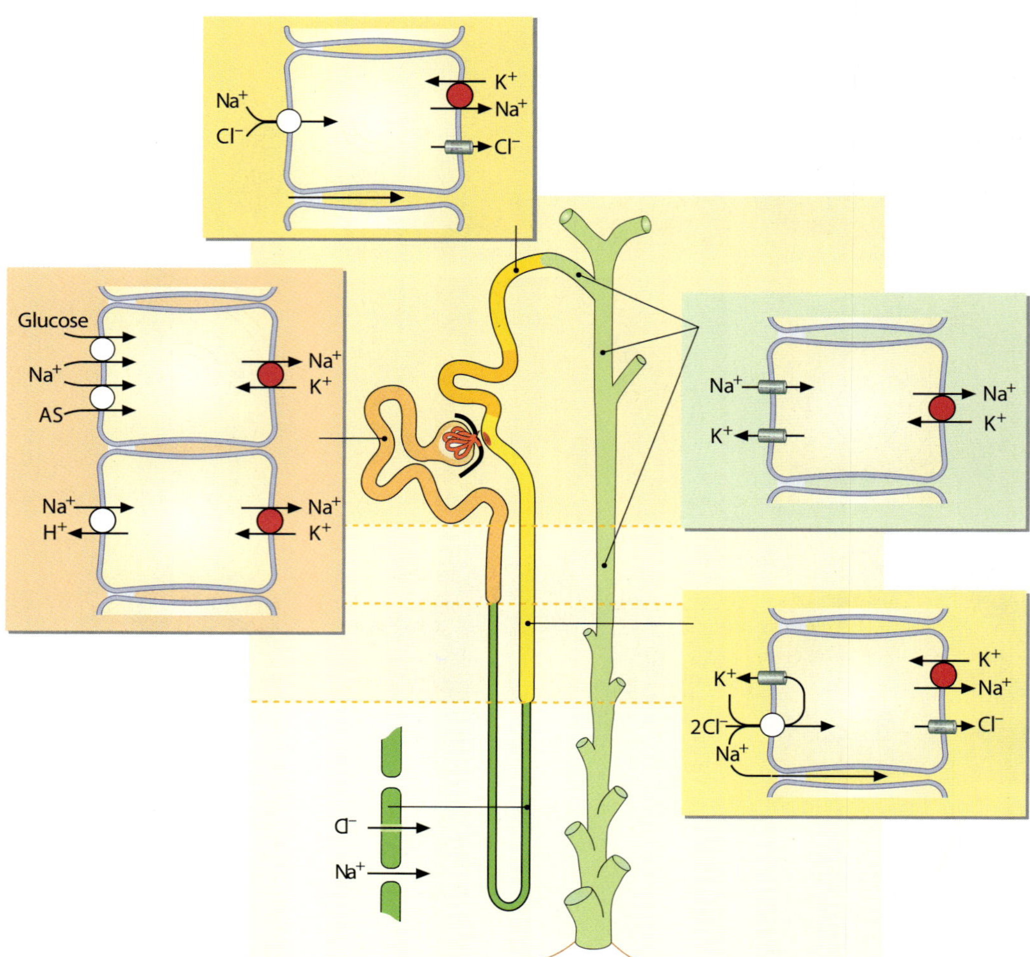

Abb. 28.6. Die Mechanismen der Natriumresorption in den verschiedenen Tubulusabschnitten. Geschlossene Symbole geben ATP-abhängige, offene Symbole sekundär aktive oder passive Transportvorgänge wieder. AS = Aminosäuren (Einzelheiten ▶ Text)

28

> Über 99% des filtrierten Natriums werden im Tubulussystem reabsorbiert.

Das glomerulär filtrierte Na^+ (23 mol/Tag) wird zu etwa 65% im proximalen Tubulus, zu 25% in der aufsteigenden Henle-Schleife, zu 7% im distalen Tubulus und zu 3% im Verbindungstubulus/Sammelrohr rückresorbiert. Im Normalfall werden weniger als 1% des filtrierten Natriums mit dem Urin ausgeschieden (Abb. 28.6).

Allgemeine Triebkraft für die Na^+-Resorption ist das zelleinwärts gerichtete Konzentrationsgefälle für Natrium zwischen der Tubulusflüssigkeit und der Tubuluszelle. Dieses Konzentrationsgefälle wird durch die Aktivität der Na^+/K^+-ATPase (▶ Kap. 6.1.5) erzeugt, welche in der basolateralen Membran der Tubuluszellen lokalisiert ist.

Der Mechanismus der Na^+-Aufnahme in die Tubuluszellen hängt von deren Lokalisation ab:

Proximaler Tubulus. Hier erfolgt die apikale Na^+-Aufnahme hauptsächlich durch **Symport** mit Glucose, Aminosäuren oder Säureanionen (▶ u.) oder durch **Antiport** mit Protonen. Der **Na^+/H^+-Austauscher** befördert pro eintretendem Na^+-Ion ein Proton aus der Tubuluszelle in die Tubulusflüssigkeit (Abb. 28.7). Der Mechanismus der Regenerierung der für den Na^+-Transport benötigten Protonen ist in Abb. 28.8 dargestellt und entspricht einem gleichartigen Transportsystem im Ileum (▶ Kap. 32.2.4). Eine nicht selektive passive Na^+-Resorption im proximalen Tubulus erfolgt zusätzlich durch den starken parazellulären Wasserfluss (*solvent drag*, ▶ u.). Die Na^+-Resorption im proximalen Tubulus wird durch Angiotensin II stimuliert (▶ Kap. 28.1.10).

Dünner aufsteigender Teil der Henle-Schleife. Hier wird Natrium passiv reabsorbiert. Diese Tubuluszellen besitzen eine hohe Chloridpermeabilität wegen zahlreicher **Chloridkanäle** (ClC-Ka, *chloride channel-kidney a*) in der luminalen und basolateralen Membran. Da die Interzellularkontakte in diesem Tubulusabschnitt für Kationen permeabel sind, diffundiert aufgrund eines starken Konzentrations-

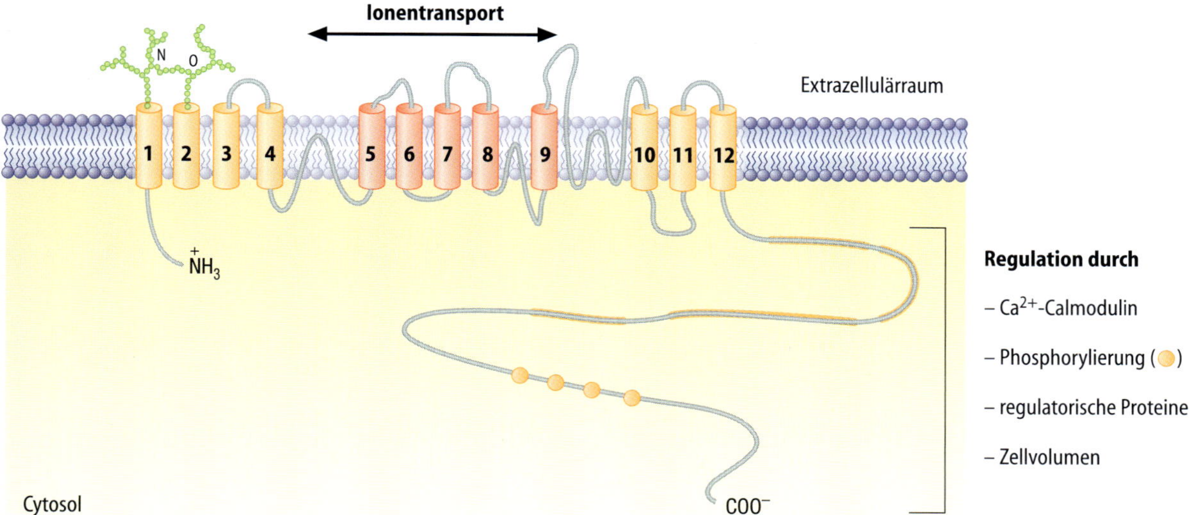

Abb. 28.7. Modell der Membranintegration des Na/H-Austauschers-1 (NHE-1). Die Zylinder stellen die transmembranären Domänen dar. Die für den Ionentransport verantwortlichen Domänen sind rot hervorgehoben. Die Regulation der Aktivität erfolgt über das C-terminale cytosolische Ende. In der Zellmembran bilden wahrscheinlich zwei Antiportmoleküle ein Dimer. (Verändert nach Ritter M et al. Cell Physiol Biochem 2001)

gradienten zwischen der aufkonzentrierten Tubulusflüssigkeit und dem Interstitium NaCl passiv aus der Tubulusflüssigkeit in das Interstitium.

Dicker aufsteigender Teil der Henle-Schleife. Na^+ wird hier über einen **Na^+/K^+-$2Cl^-$-Symport** in der luminalen Membran resorbiert. Über zahlreiche **Kaliumkanäle** in der luminalen Membran diffundieren die über den Cotransport in die Zelle eintretenden K^+-Ionen zum größten Teil in die Tubulusflüssigkeit zurück und stehen somit wieder für den Cotransport zur Verfügung. Die Cl^--Ionen verlassen mittels Diffusion die Zelle über spezifische Chloridkanäle (ClC-Kb, *chloride channel-kidney b*) und zu einem geringeren Teil über einen KCl-Symport an der basolateralen Seite. Dabei entsteht bei diesem Transport eine negative Überschussladung im Interstitium. Diese Potentialdifferenz treibt Kationen (Na^+, Mg^{2+}, Ca^{2+}, NH_4^+) parazellulär in das Interstitium.

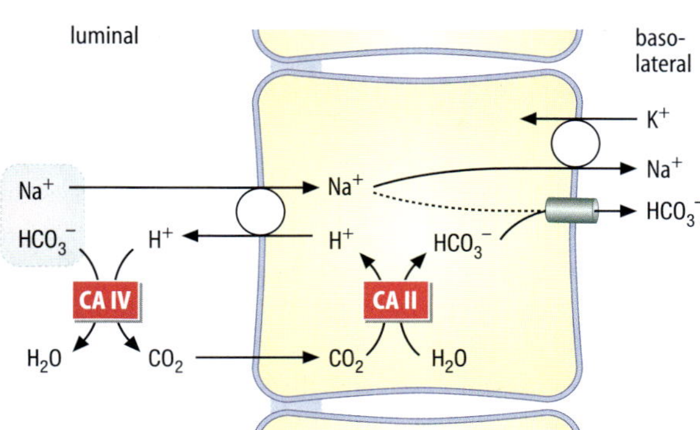

Abb. 28.8. Regenerierung von Protonen für den Na^+/H^+-Austausch im proximalen Tubulus bei gleichzeitiger Hydrogencarbonat-Resorption. CAII = Carboanhydrase II, im Cytosol lokalisiert; CAIV = Carboanhydrase IV, mit einem GPI-Anker in der Membran des Bürstensaums verankert

Konvolut des distalen Tubulus. Natrium wird über einen luminalen **NaCl-Symport** reabsorbiert, wobei auch hier das Konzentrationsgefälle für Natrium zwischen der Tubulusflüssigkeit und der Tubuluszelle die Triebkraft für den Cotransport liefert. Na^+ wird basolateral hinausgepumpt und Chlorid verlässt die Zelle über einen KCl-Symport. Das hierfür benötigte K^+ rezirkuliert über die Aktivität der Na^+/K^+-ATPase.

Überleitungsstück und Sammelrohr. Die Na^+-Reabsorption erfolgt über spezifische **Na^+-Kanäle** in der apikalen Membran der Hauptzellen, während K^+ im Gegenzug durch apikale **K^+-Kanäle** aus der Hauptzelle in die Tubulusflüssigkeit diffundiert. Da basolateral über die Na^+/K^+-ATPase Na^+ aus der Zelle und K^+ in die Zelle gepumpt werden, findet in den Hauptzellen somit netto eine Natriumresorption und eine Kaliumsekretion statt. Die Zahl und Aktivität der Na^+-Kanäle und der Na^+/K^+-ATPase in den Hauptzellen wird durch das Nebennierenrindenhormon **Aldosteron** (► u.) gesteigert.

Filtriertes Wasser wird zu 99% wieder reabsorbiert.

Das glomerulär filtrierte Wasser (180 l/Tag) wird zu etwa 65% im proximalen Tubulus, zu 18% in der dünnen absteigenden Henle-Schleife und im Konvolut des distalen Tubulus und zu 10% im Verbindungstubulus/Sammelrohr rückresorbiert (Abb. 28.9). Im Normalfall wird daher nur

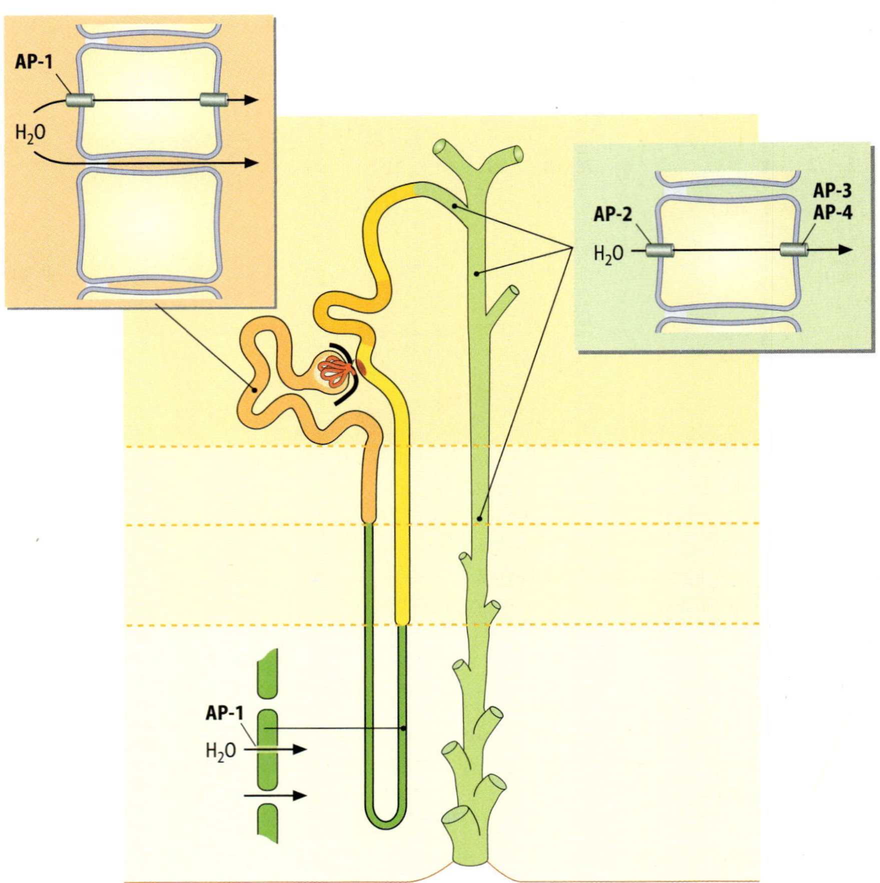

Abb. 28.9. Die Mechanismen der Wasserresorption in den verschiedenen Tubulusabschnitten. AP = Aquaporin (Einzelheiten ► Text)

weniger als 1% des filtrierten Wassers mit dem Urin ausgeschieden. Durch die transzelluläre Resorption von Natrium und anderen osmotisch wirksamen Molekülen (z.B. Monosaccharide, ► u.) im proximalen Tubulus sinkt die Osmolarität der Tubulusflüssigkeit gegenüber dem Niereninterstitium ab. Zum Osmolaritätsausgleich strömt nun Wasser aus dem Tubuluslumen in das Interstitium. Dies geschieht zum einen transzellulär durch spezifische Wasserkanäle (Aquaporin 1) in der Membran der proximalen Tubuluszellen und zum anderen parazellulär durch die Interzellularverbindungen zwischen den Zellen Bei diesem starken parazellulären Wasserfluss werden gleichzeitig Ionen (z.B. Na^+, K^+, Ca^{2+}, Mg^{2+} und Cl^-) entsprechend ihrer Konzentration mitgerissen (*solvent drag*) und so resorbiert.

Das Tubulusepithel des dünnen absteigenden Teils der Henle-Schleife enthält spezifische Wasserkanäle (Aquaporin 1) und ist daher gut wasserdurchlässig. Da das Interstitium des Nierenmarks und der Papille hyperton gegenüber dem Plasma ist (◘ Abb. 28.4), wird im Bereich der dünnen absteigenden Henle-Schleife Wasser aus der Tubulusflüssigkeit entzogen, wodurch der Harn konzentriert wird. Wie stark, hängt von der Länge der Schleife ab. Das Epithel des Konvoluts des distalen Tubulus in der Nierenrinde ist ebenfalls gut wasserdurchlässig. Da durch die Elektrolyt-Resorptionsaktivität der vorgeschalteten wasserimpermeablen dicken aufsteigenden Henle-Schleife die Tubulusflüssigkeit hypoton (100 mosmol/l) wurde, strömt im distalen Tubulus zum Osmolaritätsausgleich Wasser aus dem Tubulus in das Interstitium und wird so resorbiert.

Die Einstellung der endgültigen Urinosmolarität erfolgt über die Hauptzellen des Verbindungstubulus und des Sammelrohrs. Die Sammelrohre tauchen auf ihrem Wege von der Rinde (in den Markstrahlen) an die Papillenspitze in Regionen zunehmender Osmolarität ein (◘ Abb. 28.4). Da der aus dem distalen Tubulus in das Sammelrohrsystem geleitete Harn plasma-isoton ist, entsteht mit zunehmender Passage durch das Sammelrohrsystem ein immer größerer osmotischer Gradient zwischen dem Niereninterstitium und der Tubulusflüssigkeit und damit ein zunehmender Sog auf das Wasser im Tubuluslumen. Die Interzellularkontakte im Sammelrohr sind wasserimpermeabel. Deshalb kann das Wasser nur transzellulär durch die Zellen aus dem Tubulus in das Interstitium diffundieren.

Die Diffusion durch die luminale und basolaterale Membran erfolgt durch **Aquaporine** (► Kap. 6.1). In der luminalen Membran der Hauptzellen findet man Aquaporin 2, in der basolateralen Membran die Aquaporine 3 und 4 (Abb. 28.10). Die Anzahl der luminalen Aquaporin-2-Kanäle limitiert die transzelluläre Wasserdiffusion. Der Einbau der Aquaporinkanäle in die luminale Membran wird vor allem durch das Antidiuretische Hormon (ADH oder Synonym: Vasopressin) reguliert (Abb. 28.11). Dabei erhöht es in der apikalen Membran der Sammelrohrepithelien die Zahl der **Wasserkanal (Aquaporin 2)-Moleküle**, indem es eine Translokation von präformierten aber funktionslosen Wasserkanälen, die sich in intrazellulären Vesikeln befinden, in die apikale Plasmamembran induziert. Diese Wirkung wird durch den **V_2-Rezeptor** vermittelt. Ähnlich wie der V_1-Rezeptor gehört er zu den G-Protein gekoppelten Rezeptoren. Im Gegensatz zu diesem ist er jedoch an die Adenylatcyclase gekoppelt.

Bei optimalem Wasserdurchfluss durch die Sammelrohrzellen kann der Harn fast die Osmolarität des Niereninterstitiums annehmen, welche an der Papillenspitze bis zu 1300 mosmol/l beträgt. Je geringer die Wasserdurchlässigkeit der Sammelrohrzellen ist, umso weniger Wasser wird reabsorbiert, umso weniger konzentriert ist der Endurin und umso größer ist das produzierte Urinvolumen (Diurese). Die osmotische Konzentration des Urins kann dabei auf 50 mosmol/l absinken. ADH kontrolliert so mit seiner Aktivität ca. 10% der glomerulär filtrierten Wassermenge. Bei maximaler ADH-Sekretion kann das Urinvolumen auf etwa 0,7 Liter pro Tag reduziert werden (maximale Antidiurese), während bei starker ADH-Suppression das Urinvolumen auf 20 Liter pro Tag ansteigen kann (maximale Diurese).

28.1.5 Reabsorption von Monosacchariden, Peptiden und Aminosäuren

! Filtrierte Monosaccharide werden in der Regel im proximalen Tubulus vollständig reabsorbiert.

Die für die Reabsorption von Monosacchariden benötigten Transportsysteme sind in der luminalen und basolateralen Membran lokalisiert. **Glucose** wird aus dem Primärharn über luminale Na^+-gekoppelte Cotransporter **SGLT1** und **SGLT2** (*sodium dependent* ***gl****ucose* ***t****ransporter*) in die proximale Tubuluszelle transportiert (Abb. 6.8). SGLT1 und SGLT2 unterscheiden sich nicht nur in ihrer Struktur, sondern auch hinsichtlich ihrer Lokalisation, ihrer Transportaffinität und Transportkapazität. Im Anfangsbereich des proximalen Tubulus dominiert dabei der **SGLT2**, der ein Glucosemolekül zusammen mit einem Na^+-Ion transportiert. Mit diesem Transportsystem, welches eine hohe Kapazität aufweist, kann mit vergleichsweise niedrigem Energieaufwand (1 Na^+) bereits der Großteil der Glucose resorbiert werden. Da die Glucosekonzentration in der Tubulusflüssigkeit durch die Resorption immer weiter absinkt, müssen die Cotransport-Triebkräfte stärker werden, um

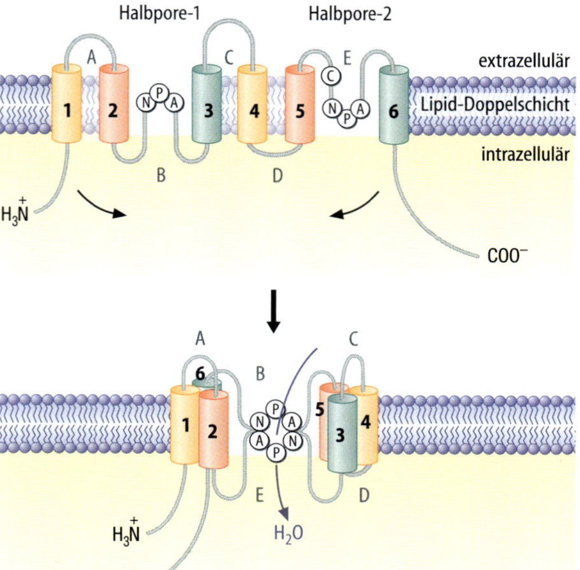

Abb. 28.10. Modellvorstellung zur Struktur eines Aquaporins (AP-1). Die Aquaporine bestehen aus 6 Transmembrandomänen (1–6). Die Verbindungsschleifen zwischen den Domänen 2 und 3 sowie 5 und 6 tauchen teilweise in die Lipiddoppelschicht ein und bilden darin jeweils eine halbe Pore. Durch Zusammenlagerung der beiden Halbporen entsteht dann ein Wasserkanal aus hydrophilen Aminosäuren. (Modifiziert nach Agre et al. aus Seldin u. Giebisch 2000)

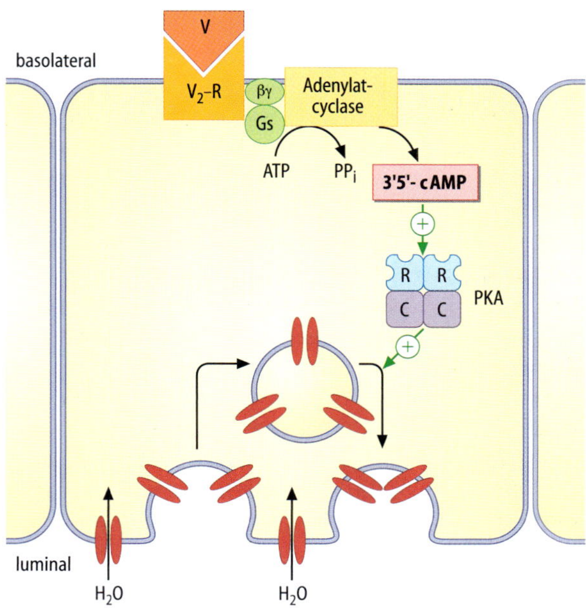

Abb. 28.11. Wirkungsmechanismus von Vasopressin (V) an den Sammelrohrepithelien der Nieren. Über V_2-Rezeptoren (V_2-R) kommt es zu einem Anstieg der zellulären cAMP-Konzentration. Diese löst über unbekannte Mechanismen eine Translokation von Wasserkanälen aus intrazellulären Vesikeln in die Plasmamembran aus. PKA = Proteinkinase A

Glucose weiter zu resorbieren. Dies wird dann durch den **SGLT1** bewerkstelligt, der ein Glucosemolekül zusammen mit zwei Na^+-Ionen transportiert. Dieses Monosaccharidtransportsystem hat zwar eine hohe Affinität für Glucose, kommt jedoch in geringerer Menge vor und hat deswegen eine niedrigere Transportkapazität. SGLT1, der auch die Glucoseresorption im Darm vermittelt, wird vor allem im Endabschnitt des proximalen Tubulus exprimiert und sorgt dafür, dass im Normalfall die gesamte filtrierte Glucose aus dem Primärharn rückresorbiert wird. Die luminal aufgenommene Glucose verlässt die proximale Tubuluszelle basolateral wieder mittels des spezifischen (Natrium-unabhängigen) Uniporters GLUT2 (▶ Kap. 11.4.1).

Die tubuläre Resorption von Galactose erfolgt ebenfalls über den SGLT1. Fructose hingegen wird luminal über einen Na-unabhängigen Uniporter (GLUT5) in die proximale Tubuluszelle transportiert.

! Filtrierte Proteine, Peptide und Aminosäuren werden fast vollständig resorbiert.

Trotz der weitgehenden Impermeabilität des glomerulären Filters gelangen täglich einige Gramm Albumin und eine Reihe anderer Proteine in das Primärfiltrat. Albumin wird wie auch andere Proteine mittels des **Megalinrezeptors** (▶ Kap. 23.2.2) über clathrinabhängige Endozytose in die proximale Tubuluszelle aufgenommen und darin lysosomal abgebaut.

Größere Peptide werden über **Endozytose** (Pinozytose) in die proximale Tubuluszelle aufgenommen und darin in Lysosomen in einzelne Aminosäuren zerlegt. Oligo- und Polypeptide werden durch **Peptidasen** des Bürstensaums in Bruchstücke zerlegt und dabei entstehende Di- und Tri-Peptide über einen **protonengekoppelten Transport** direkt in die proximale Tubuluszelle aufgenommen.

Freie Aminosäuren, welche entweder durch glomeruläre Filtration oder durch luminalen Proteinabbau in den proximalen Tubulus gelangen, werden dort vollständig reabsorbiert. Anionische (Glutamat, Aspartat) und neutrale Aminosäuren (Alanin, Glycin etc.) werden durch verschiedene luminale **Natrium-gekoppelte Cotransportportsysteme** aufgenommen, kationische (Arginin, Glutamin, Lysin, Ornithin) Aminosäuren und Zystin werden über Natrium-unabhängige Transportsysteme resorbiert.

Durch diese sehr effektiven Rückresorptionsmechanismen wird die Proteinurie im Endurin unter 30 mg pro Tag gehalten.

28.1.6 Säure-Basen-Transport der Tubulusepithelien

! Organische Basen und Säuren können im proximalen Tubulus sowohl resorbiert wie auch sezerniert werden.

Organische Kationen. Für die Ausscheidung zahlreicher kationischer Medikamente, die wegen ihres hydrophoben Charakters häufig an Plasmaproteine gebunden sind und deshalb glomerulär nicht filtriert werden können, stellt die tubuläre Sekretion den Haupteliminationsmechanismus dar. Ebenso werden endogene Kationen, wie z.B. Cholin, biogene Amine etc. im proximalen Tubulus in der Regel sezerniert. Dazu werden die organischen Kationen mittels des **polyspezifischen Uniporters OCT2** (*organic cation transporter*) basolateral in die Zelle aufgenommen und luminal über einen polyspezifischen Kationen/Protonen-Antiporter abgegeben.

Säureanionen. Anorganische (z.B. Phosphat etc.) aber auch kleine **organische** (z.B. Acetat etc.) **Anionen** werden normalerweise mittels Na^+-gekoppelten Cotransport-Systeme (Na^+-Mono(Di)carboxylat-Cotransporter, Na^+-Phosphat-Cotransporter etc.) über die luminale Membran aufgenommen und in den Zellen des proximalen Tubulus angereichert. Durch die basolaterale Membran werden diese Anionen mit Hilfe passiver Transportsysteme wieder ausgeschleust.

Zahlreiche größere Anionen, dazu zählen oft auch Medikamente, werden über den proximalen Tubulus in den Harn sezerniert. In diesem Fall werden die Anionen basolateral mittels des polyspezifischen **Anionenaustauscher OAT1** (*organic anion transporter*) in den proximalen Tubulus hineintransportiert und luminal über einen anderen Anionentransporter ausgeschleust.

Spezifität der Transportsysteme. Die Transportsysteme, welche die renale Sekretion von organischen Säuren und Basen vermitteln, sind **polyspezifisch**, das heißt, sie akzeptieren Substanzen unterschiedlicher Struktur als Substrat und unterscheiden nicht zwischen körpereigenen Substanzen oder Fremdstoffen. Da alle Transportsysteme ein begrenztes Transportmaximum haben, kann durch Fremdstoffe wie z.B. Medikamente die Sekretion von körpereigenen Abfallstoffen vermindert werden, was zur Akkumulation dieser Stoffe im Körper führen und entsprechende Krankheitserscheinungen auslösen kann.

Eine besondere Rolle spielen diese Zusammenhänge bei der Entstehung und der Therapie der Gicht (▶ Kap. 19.4.1).

28.1.7 Transport von Protonen und Hydrogencarbonat

! Protonensekretion und Hydrogencarbonatresorption sind miteinander gekoppelt und erfolgen im proximalen Tubulus und im Sammelrohr.

Im Stoffwechsel des Menschen entstehen täglich je nach Nahrungszusammensetzung 50–100 mmol nichtflüchtige Säuren, deren Protonen über die Niere ausgeschieden werden müssen. Dafür stehen drei Mechanismen zur Verfügung:

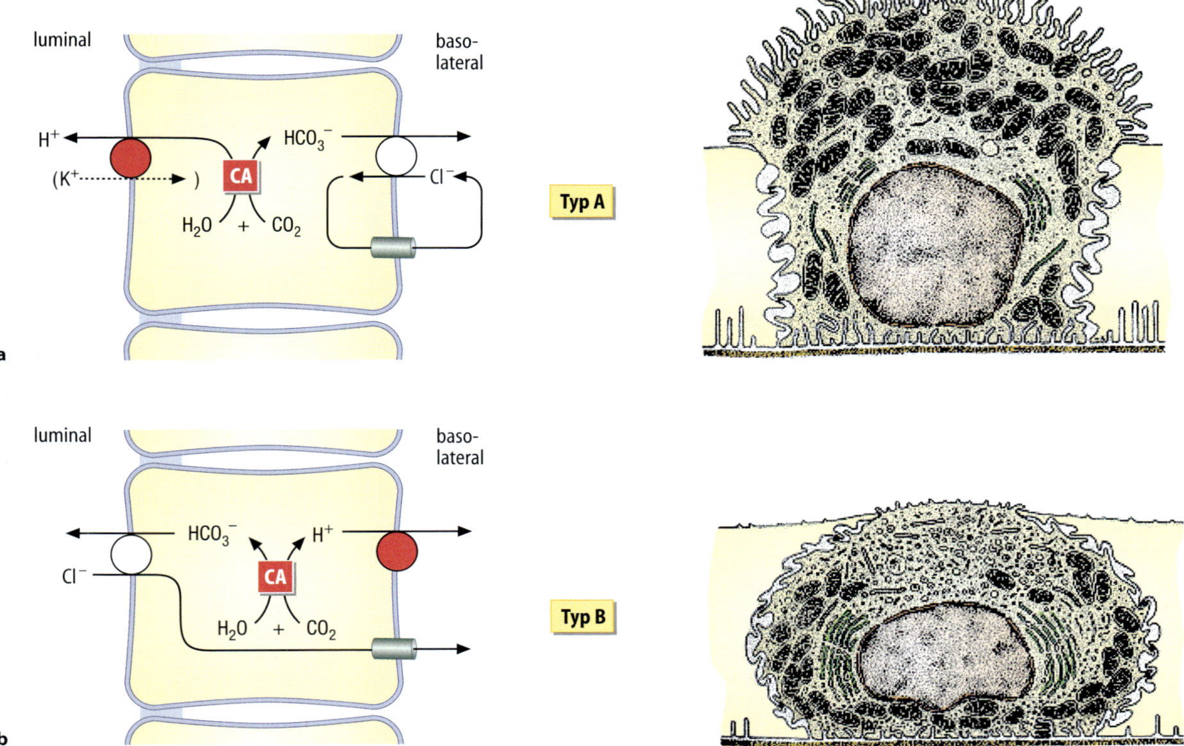

Abb. 28.12. Schaltzellen Typ A und B. a Protonen-sezernierende/Hydrogencarbonat-reabsorbierende Schaltzelle Typ A. **b** Hydrogencarbonat-sezernierende/Protonen-reabsorbierende Schaltzelle Typ B. *Links*: Funktionsschema. *Rechts*: Ultrastruktur. Es sei auf die Umordnung der Mitochondrien und der oberflächenvergrößernden Mikrovilli hingewiesen. (Modifiziert nach Kaissling und Kriz aus Seldin u. Giebisch 2000)

- **Na^+/H^+-Austausch im proximalen Tubulus.** Bei der Sekretion der Protonen in den Urin wird in der proximalen Tubuluszelle CO_2, das entweder aus dem Stoffwechsel der Zelle selbst stammt bzw. aus der Tubulusflüssigkeit oder dem Blut entnommen wird, unter Katalyse des Enzyms Carboanhydrase II in Hydrogencarbonat und Protonen umgewandelt. Während letztere im Austausch gegen Natrium in die Tubulusflüssigkeit diffundieren, tritt Hydrogencarbonat im Cotransport mit Natrium (Stöchiometrie 3:1) in den Extrazellulärraum (Abb. 28.8). Die intrazelluläre Kohlensäureproduktion ist dabei direkt abhängig vom pCO_2. Je höher der pCO_2 in der Zelle, umso mehr Protonen werden sezerniert und Hydrogencarbonat-Ionen reabsorbiert. Sinkt der pCO_2, dann sinken ebenfalls die Protonenausscheidung und die Hydrogencarbonatresorption
- **Protonen- und Hydrogencarbonatsekretion im Sammelrohr.** Schaltzellen des Typs A im Sammelrohr sezernieren Protonen in den Urin (**H^+-ATPasen**) und führen Hydrogencarbonat dem Extrazellulärraum zu (Abb. 28.12a). Schaltzellen des Typs B sezernieren Hydrogencarbonat in den Urin und führen Protonen dem Extrazellulärraum zu (Abb. 28.12b). Zugrunde liegt wiederum eine intrazelluläre Bildung von Hydrogencarbonat und Protonen. Das Verhältnis von Typ-A- zu Typ-B-Schaltzellen ist dabei variabel, da sie ineinander übergehen können. Je höher die Protonenkonzentration im Blut ist, umso höher ist die Zahl der protonensezernierenden Typ-A-Zellen und umgekehrt
- **Desaminierung von Glutamin im proximalen Tubulus.** Glutamin wird in den perivenösen Zellen der Leber unter Energieaufwand durch die Glutaminsynthetase aus Glutamat unter Verbrauch von NH_3 und H^+ synthetisiert (▶ Kap. 13.1.2). Glutamin wird von der Leber in die Zirkulation abgegeben, wo es mit 600–800 mmol/l die weitaus höchste Plasmakonzentration aller Aminosäuren erreicht. Es wird glomerulär filtriert und im proximalen Tubulus mit anderen Aminosäuren resorbiert. Zusammen mit der zusätzlichen Aufnahme aus dem Blut steht dem proximalen Tubulus damit Glutamin in beträchtlichem Umfang zur Desaminierung zu Glutamat zur Verfügung (Abb. 28.13). Das entstehende NH_4^+ enthält damit ein Proton, welches dem Leberstoffwechsel entnommen wurde. Durch eine weitere

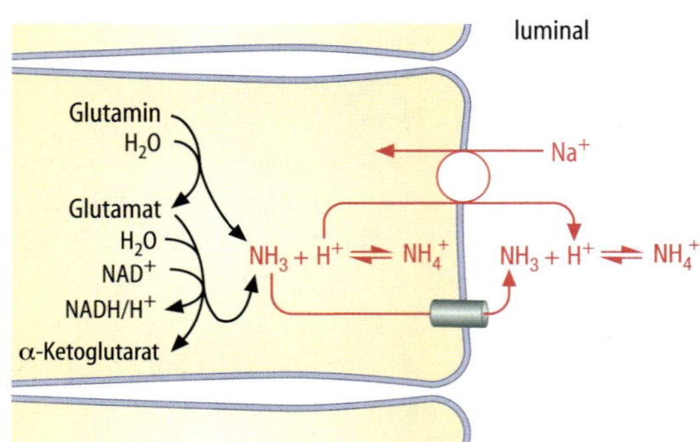

Abb. 28.13. Verknüpfung von Glutaminabbau und Protonenausscheidung. (Einzelheiten ► Text)

28

Desaminierung von Glutamat zu α-Ketoglutarat entsteht dann ein weiteres NH_4^+. Sein Proton entstammt der Protonierung der α-Aminogruppe des Glutamats und ist damit auch dem Stoffwechsel entzogen worden. Die Bereitstellung von Glutamin seitens der Leber und die Desaminierung von Glutamin in der Niere sind pH-abhängig: Beide Prozesse werden bei einem Anstieg der Protonenkonzentration aktiviert und bei einem Abfall entsprechend blockiert. Bei schwerer Azidose kann die Niere pro Tag 300–400 mmol NH_4^+ produzieren; allerdings benötigt sie für die erforderliche Anpassung mehrere Tage. NH_4^+-Ionen werden von der dicken aufsteigenden Henle-Schleife auch anstelle von K^+ mit dem $Na^+/K^+/2Cl^-$-Cotransporter resorbiert und so im Nierenmark akkumuliert, von wo sie direkt in das Sammelrohr diffundieren und so zum Teil zumindest den Weg durch die Rinde abkürzen

! Die Ausscheidung von Protonen über den Urin erfordert effektive Puffer.

Die Nieren des Menschen können so täglich bis zu 1000 mmol (1 mol) Protonen ausscheiden bzw. 300–400 mmol einsparen. Die Nierentubuli sind imstande, die Wasserstoffionenkonzentration im Urin bis auf das 1000-fache zu erhöhen, von 40 nmol/l (der Konzentration im Blut und Glomerulumfiltrat) auf 40000 nmol/l (der Konzentration im Urin bei einem pH von 4,4). Diese 0,04 mmol/l sind jedoch nur ein sehr geringer Teil der täglichen Produktion. Sollte die tägliche Bildung von durchschnittlich 60 mmol Protonen in der Tagesmenge von 1,5 l Urin ausgeschieden werden (entsprechend 40 mmol/l Urin), dann müsste ein Urin mit einem pH-Wert von 1,4 gebildet werden. Tatsächlich wird aber ein Urin-pH-Wert von 4,5 (Regelbereich 4,5–8,2) nicht unterschritten, weil die Protonenpumpen im Sammelrohr nur maximal gegen eine H^+-Konzentration von 30 mmol/l (pH 4.5) arbeiten können. Folglich können die anfallenden Protonen nur zum geringen Teil in freier Form, sondern hauptsächlich nur in gebundener (gepufferter) Form im Endharn ausgeschieden werden (► Kap. 28.2.1). Bei einem durchschnittlichen Urin-pH von 5,5 werden etwa nur 5 mmol H^+ pro Tag in freier Form ausgeschieden. Dass die täglich produzierte Menge Protonen dennoch ausgeschieden werden kann, ist auf die Anwesenheit von **Puffern im Urin** zurückzuführen, die die sezernierten Protonen wegfangen und damit die weitere Protonensekretion in Gang halten.

Dihydrogenphosphat-Hydrogenphosphat-System. Dieses Puffersystem weist im Glomerulumfiltrat eine annähernd gleiche Konzentration wie im Plasma auf (1 mmol/l) und liegt beim pH-Wert des Glomerulumfiltrats (7,40) zu 80% als Hydrogen- und zu 20% als Dihydrogenphosphat (Verhältnis 4:1) vor. Aufgrund der günstigen Lage seines pK'-Werts mit 6,80 (pH = pK' ± 1 bei nichtflüchtigen Puffersystemen!) eignet es sich vorzüglich zur Urinpufferung. Erst bei einem pH-Wert von 4,5 ist nahezu das gesamte Hydrogenphosphat durch Aufnahme von Protonen nach der Gleichung

$$HPO_4^{2-} + H^+ \rightleftharpoons H_2PO_4^-$$

in Dihydrogenphosphat umgewandelt. Auf diese Weise werden bis zu 50% der Protonen im Urin von diesem Puffersystem aufgenommen.

Durch Titration des Urins mit Base (NaOH 0,1 mol/l) wird diese Pufferung – *in vitro* – rückgängig gemacht und damit die abgepufferten Protonen quantitativ erfasst. Dieser als **titrierbare Acidität** des Urins bezeichnete Anteil beträgt beim Gesunden zwischen 10 und 40 mmol/24 h.

Die titrierbare Acidität des Urins steigt bei Säurebelastung spontan an.

Ammonium-/Ammoniak-System. Eine weitere Pufferungsmöglichkeit ist die Bildung von Ammoniak, die im Gegensatz zu der des Phosphatpuffersystems in den Tubuluszellen erfolgt. Da die Konzentration von Ammoniak im Extrazellulärraum und damit auch im Glomerulumfiltrat aufgrund der entgiftenden Aktivität der Hepatozyten sehr niedrig ist, muss das von den Tubuluszellen in den Urin freigesetzte Ammoniak aus anderen Quellen stammen. Wesentlicher Ammoniakdonator ist die Aminosäure Glutamin, die in verschiedenen Geweben (Muskulatur, Gehirn, Leber) aus Glutamat und freiem Ammoniak gebildet wird, in den Extrazellulärraum übertritt und von den Tubuluszellen aus dem arteriellen Blut entnommen wird. Das in den Zellen des distalen und proximalen Tubulus sowie der Sammelrohre durch enzymatische Hydrolyse aus Glutamin freigesetzte Ammoniak diffundiert in das Lumen und wirkt dort als Protonenakzeptor nach der Gleichung

$$NH_3 + H^+ \rightleftharpoons NH_4^+.$$

Das entstandene Ammoniumion kann aufgrund seiner Ladung die Tubulusmembran nicht permeieren und verbleibt daher im Urin.

Die NH_4^+-Ausscheidung beträgt beim Gesunden etwa 30–50 mmol/24 h. Während das Phosphatpuffersystem auf eine Säurebelastung sofort anspricht, steigt die Ammoniumausscheidung erst innerhalb mehrerer Tage allmählich an. Sie kann dafür jedoch erheblich stärker gesteigert werden als die titrierbare Acidität und Werte bis zu 500 mmol/24 h erreichen. Ammoniak eignet sich besonders als Puffer, da es als Endprodukt des Stickstoffstoffwechsels in nahezu unbegrenzter Menge zur Verfügung steht. Es wird zwar in Aminierungsreaktionen (Glutamatdehydrogenase- und Glutaminsynthetasereaktion) teilweise wieder fixiert (wie Kohlendioxid in Carboxylierungsreaktionen), in der tierischen Zelle gibt es jedoch keine Nettofixierung dieser Endprodukte. Bei Säurebelastungen – wie z.B. bei länger dauerndem Hunger, der mit einer Ketoazidose einhergeht – wird deshalb mehr Stickstoff in Form von Ammoniak als in Form von Harnstoff ausgeschieden.

Der **pK-Wert** des Ammonium-/Ammoniak-Puffersystems liegt mit 9,40 relativ ungünstig zum pH-Wert des Glomerulumfiltrats. Somit müsste dieser Puffer in einem geschlossenen System schlecht wirken. Da jedoch durch die Tubuluszellen ständig Ammoniak nachgeliefert wird, liegt der Puffer praktisch in einem offenen System vor. Dem Urin können hohe Säuremengen zugeführt werden, ohne dass sich der pH-Wert wesentlich ändert, weil in wässriger Lösung das Verhältnis von Ammonium-Ionen (NH_4^+) zu Ammoniak-Gas (NH_3) sehr hoch ist (100:1 bei pH 7,40).

28.1.8 Ausscheidung harnpflichtiger Substanzen

Die Eliminierung im Stoffwechsel entstehender toxischer Substanzen ist eine wichtige Funktion der Niere. Die dabei beteiligten Mechanismen sind in ◘ Tabelle 28.3 zusammengestellt.

! Bei Niereninsuffizienz steht eine verminderte Ausscheidungsfunktion im Vordergrund.

Ist die Ausscheidungsfunktion beider Nieren aufgrund einer Erkrankung oder Schädigung chronisch eingeschränkt, so kommt es zunächst zu einem Anstieg der harnpflichtigen Substanzen ohne allgemeine Vergiftungserscheinungen und später zur vollen Ausbildung des klinischen Bilds, zur **Urämie**.

Neben der Erhöhung der harnpflichtigen Substanzen lassen sich regelmäßig Fehlregulationen des Wasser- (Wasserretention, Anstieg der Plasmaosmolarität durch Harnstoff), Elektrolyt- (ungenügende Kaliumausscheidung) und des Säure-Basen-Haushalts (verminderte Protonenausscheidung) beobachten. Diese Veränderungen, sowie das Auftreten von **Urämietoxinen** wie Guanidinen, Phenolen und Aminen, führen zu gravierenden Störungen des Zellstoffwechsels (z.B. Hemmung der mitochondrialen ATP-Bildung).

Die Behandlung der chronischen Niereninsuffizienz besteht in der Entfernung der Urämietoxine und harnpflichtigen Stoffe sowie der Korrektur der Elektrolytentgleisungen durch Dialyseverfahren wie **Hämo-** oder **Peritonealdialyse**. Durch die Entwicklung immer spezifischerer und nebenwirkungsärmerer Immunsuppresiva ist die Nierentransplantation zur Erfolg versprechendsten Therapieform der Niereninsuffizienz geworden.

28.1.9 Energiegewinnung in der Niere

! Die Natriumresorption determiniert wesentlich den Energieverbrauch der Niere.

Die Zellen des proximalen Tubulus, der dicken aufsteigenden Henle-Schleife und des Konvoluts des distalen Tubulus besitzen eine hohe Dichte an Mitochondrien, welche palisadenartig an der basalen Zellmembran angeordnet sind. Dieser Mitochondrienreichtum ist ein Hinweis auf den hohen Bedarf an oxidativ erzeugter Energie in Form von ATP. 80% des Energieumsatzes wird zum Betrieb der Na^+/K^+-ATPase verwendet, welche in der basalen Membran sitzt und den für den Natriumtransport wichtigen transzellulären Natriumgradienten erzeugt und aufrecht erhält. Entsprechend korreliert der Energieverbrauch der Niere mit der tubulären Na^+-Resorption (◘ Abb. 28.14), da alle luminalen Na^+-Aufnahmesysteme von diesem Gradienten abhängig sind. Weil die tubuläre Na^+-Resorption von der filtrierten Na^+-Menge abhängt, wird der Energieverbrauch der Niere von der **glomerulären Filtrationsrate** (GFR) bestimmt.

◘ Tabelle 28.3. Die Mechanismen der Eliminierung der im Stoffwechsel entstehenden toxischen Substanzen

Verbindung	Entstehung	Mechanismus der Ausscheidung	Ausscheidung/24 h
Ammoniak	Aminosäurestoffwechsel	Tubuläre Desaminierung von Glutamin; Ausscheidung als Ammoniumionen	20–50 mmol
Harnstoff	Harnstoffzyklus	Glomeruläre Filtration, tubuläre Reabsorption	300–600 mmol
Harnsäure	Purinabbau	Glomeruläre Filtration, tubuläre Sekretion u. Reabsorption	2–12 mmol
Oxalat	Abbau von Glycin	Glomeruläre Filtration, tubuläre Sekretion u. Reabsorption	0,11–0,61 mmol
Kreatinin	aus Kreatinin	Glomeruläre Filtration	8–17 mmol

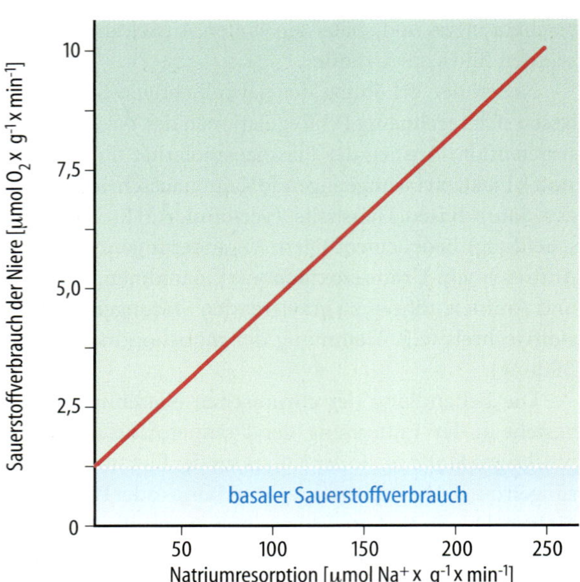

Abb. 28.14. Sauerstoffverbrauch der Niere in Abhängigkeit von der Natriumresorption

28

Die Sauerstoffversorgung der Niere ist inhomogen.

Die Niere erzeugt ATP hauptsächlich durch oxidative Phosphorylierung. Bei normaler GFR liegt der O_2-Verbrauch bei 0,06 ml × min^{-1} × g^{-1}. Da die Durchblutung mit 4 ml × min^{-1} × g^{-1} recht hoch ist, braucht die Niere damit nur ca 7% (0,015 ml O_2/ml Blut) des antransportierten Sauerstoffes zu extrahieren, wodurch der Sauerstoffdruck im Nierenvenenblut mit etwa 60 mmHg noch sehr hoch bleibt. Diese Luxusdurchblutung darf aber nicht darüber hinwegtäuschen, dass die Sauerstoffversorgung innerhalb der Niere recht inhomogen ist und die O_2-Drucke im schlecht durchbluteten inneren Nierenmark bis auf 10 mmHg absinken (Abb. 28.5). Entsprechend ist der spezifische O_2-Verbrauch in der Papille (0,004 ml × min^{-1} × g^{-1}) um den Faktor 20 niedriger als in der Rinde (0,09 ml×min^{-1} × g^{-1}).

Fettsäuren und Ketonkörper sind die Hauptsubstrate für die renale Energiegewinnung.

Die quantitativ bedeutsamsten Substrate für die oxidative Phosphorylierung in der Niere sind **Acetoacetat**, **β-Hydroxybutyrat** und **Fettsäuren**. Glucose spielt hierbei eine geringere Rolle, da der für die Glucosenutzung notwendige Glycolysestoffwechselweg im proximalen Tubulus fehlt, der hinsichtlich seiner Zellmasse und seines Energieumsatzes in der Niere dominiert. Dadurch fehlt dem proximalen Tubulus allerdings auch das Pyruvat, welches normalerweise nach Decarboxylierung als Acetyl-CoA in den Citratzyklus zur oxidativen Energiegewinnung eingespeist wird, weshalb Acetyl-CoA aus der β-Oxidation der Fettsäuren oder dem Abbau von Ketonkörpern gebildet wird.

Das Fehlen des glycolytischen Stoffwechselwegs, und damit der Möglichkeit der anaeroben Energiegewinnung im proximalen Tubulus hat allerdings nachteilig zur Folge, dass diese Zellen unbedingt auf Sauerstoff zur Energiegewinnung angewiesen sind. Sie reagieren deshalb sehr empfindlich auf eine unzureichende Sauerstoffversorgung.

In den nachgeschalteten Tubulusabschnitten wird dann Glucose verstoffwechselt und dabei nimmt die Aktivität des Glycolysestoffwechselwegs zum distalen Nephron hin zu.

Der proximale Tubulus ist hingegen zur **Gluconeogenese** fähig. Hierfür nutzt er die Aminosäure Glutamin, aus welcher 2-mal NH_3 abgespalten (Glutaminase und Glutamatdehydrogenase) wird und α-Ketoglutarat entsteht, welches als Ausgangssubstrat für die Gluconeogenese dient.

28.1.10 Die Niere als endokrines Organ

Renin-Angiotensin-System (RAS). Renin ist eine Aspartylprotease mit einer Molekülmasse von ca 40 kDa. Es wird als enzymatisch inaktive Vorstufe (Prorenin) von den Epitheloidzellen des juxtaglomerulären Apparats synthetisiert und darin in Speichergranula verpackt. In diesen Vesikeln wird es durch Proteolyse zu Renin aktiviert, welches durch regulierte Exozytose aus den Zellen ausgeschleust wird. Das Prorenin umgeht die teilweise Einschleusung in die sekretorischen Vesikel und wird konstitutiv sezerniert, weshalb im Plasma des Menschen im Gegensatz zu anderen Säugern sogar mehr Prorenin als Renin vorkommt.

Für Renin kennt man nur ein Substrat, nämlich das Glycoprotein **Angiotensinogen** (Molekülmasse ca. 60 kDa), das hauptsächlich in der Leber, daneben aber auch vom Fettgewebe gebildet wird. Renin spaltet im Plasma vom Angiotensinogenmolekül ein N-terminales Dekapeptid ab, das **Angiotensin I**, welches durch das *angiotensin-I-converting-enzyme* (ACE) um zwei Aminosäuren zum Oktapeptid **Angiotensin II** (AngII) verkürzt wird. Wegen ihrer hohen Aktivität an *converting enzyme* spielen die Lunge und die Niere eine besonders wichtige Rolle (Abb. 28.15).

Das menschliche ACE ist über eine C-terminale, hydrophobe, α-helicale Region in der Plasmamembran vieler Zellen, vor allen Dingen von Endothelzellen und glatten Muskelzellen verankert. In geringer Aktivität lässt sich ACE auch im Plasma nachweisen. Es wird von einem Gen von 21 kb Größe codiert, welches aus der Duplikation eines Vorläufergens entstanden sein muss, da es 2 alternative Promotoren enthält:

- Die unter Benutzung des 5′-gelegenen Promotors abgelesene mRNA codiert für das **somatische ACE**, welches ein Molekulargewicht von 170 kDa hat und zwei funktionelle Domänen mit je einem aktiven Zentrum enthält. Die Aminosäuresequenz am aktiven Zentrum entspricht derjenigen einer Zinkprotease
- Außer diesem somatischen ACE gibt es noch ein **Keimzell-ACE**, welches in reifen Spermatiden exprimiert wird, und welches für die männliche Fertilität wichtig ist. Es entsteht dadurch, dass der zweite Promotor des

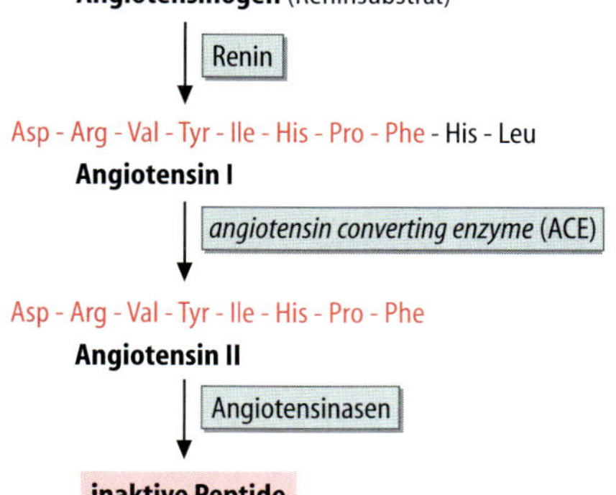

Abb. 28.15. Biosynthese und Abbau von Angiotensin II. Die Umwandlung von Angiotensin I in Angiotensin II erfolgt vor allen an den Gefäßendothelien durch das *angiotensin converting enzyme* (ACE)

ACE-Gens benutzt wird und führt zu einer ACE-Form, die nur über ein aktives Zentrum verfügt

AngII als das eigentliche Hormon des Systems, entfaltet verschiedene biologische Wirkungen, die in der Kontrolle des **Extrazellulärvolumens** und des **Blutdrucks** zusammenmünden. AngII löst in glatten Gefäßmuskelzellen eine Kontraktion aus, was in verschiedenen Gefäßgebieten zu einer Vasokonstriktion und damit zu einer Erhöhung des Kreislaufwiderstands führt. Diese rasch einsetzende Erhöhung des Kreislaufwiderstands führt so zu einem unmittelbaren Anstieg des Blutdrucks. Durch verschiedene Mechanismen bewirkt AngII weiterhin eine Zunahme des Natriumbestands und damit auch des Extrazellulärvolumens (▶ Kap. 28.2.3).

! An der Signaltransduktion von Angiotensin II sind AT1- und AT2-Rezeptoren beteiligt.

Alle Angiotensin II-Wirkungen werden über Angiotensin II-AT1-Oberflächenrezeptoren vermittelt. Sie gehören zur Familie der G-Protein gekoppelten Rezeptoren (▶ Kap. 25.6). Ihre Effekte beruhen auf einer Aktivierung des Phosphatidylinositolkaskade und damit auf einer Erhöhung der intrazellulären Calciumkonzentration und Stimulation der Proteinkinase C (▶ Kap. 25.4.5). AT1-Rezeptoren können außerdem die Adenylatcylase sowie bestimmte K^+-Kanäle hemmen und damit Zellen depolarisieren. In zahlreichen (vor allem fetalen) Geweben finden sich als weitere Isoform der Angiotensin-Rezeptoren die AT2-Rezeptoren. AT1- und AT2-Rezeptoren sind in der Aminosäuresequenz zu 34% identisch. Die physiologische Bedeutung und der Signaltransduktionsmechanismus des AT2-Rezeptors sind noch nicht eindeutig geklärt. Beim Erwachsenen wird der AT2-Rezeptor im Areal von Hautverletzungen besonders stark exprimiert. Man nimmt daher an, dass er eine Rolle bei der Wundheilung spielt. Beobachtungen an AT2-Knockout-Mäusen sprechen weiterhin dafür, dass AT2-Rezeptor-vermittelte Wirkungen die Blutdruckwirkungen des AT1-Rezeptors abschwächen.

! Die Aktivität des Renin-Angiotensin-Systems (RAS) wird durch Rückkopplung reguliert.

Die wesentliche physiologische Funktion des RAS von Erwachsenen besteht in der Erhöhung oder Normalisierung eines erniedrigten Extrazellulärvolumens oder Blutdrucks. Dabei kommt dem Renin eine Schlüsselfunktion zu:

- Seine Freisetzung wird durch einen Blutdruckabfall in den afferenten Arteriolen der Niere und durch eine Reduktion des Extrazellulärvolumens (z.B. bei Natriummangel) stimuliert (Abb. 28.16a)
- Weiterhin stimulieren Adrenalin und Noradrenalin (β_1-Rezeptoren) und Dopamin (D1-Rezeptoren) die Reninfreisetzung über die Aktivierung des cAMP-Signalwegs (Abb. 28.16b). Entsprechend führt auch eine Aktivitätssteigerung der **sympathischen Nierennervenfasern** zu einer Stimulation der Reninsekretion, was erklärt, warum Stresssituationen mit einer verstärkten Reninsekretion einhergehen
- Die blutdruck- und volumensteigernde Wirkung des RAS wird dadurch begrenzt, dass ein erhöhter Blutdruck bzw. Salzüberschuss die Reninfreisetzung wieder hemmt
- Auch **AngII** selbst hemmt im Sinne einer direkten negativen Rückkopplung über AT1-Rezeptoren die Reninfreisetzung (Abb. 28.16a), was sich auch daran erkennen lässt, dass die Behandlung mit AT1-Rezeptorblockern oder ACE-Inhibitoren zu einer deutlichen Steigerung der Reninsekretion führt

Auf zellulärer Ebene wird die Reningenexpression durch cAMP und durch Calcium (Phosphatidylinositolweg) gegenläufig reguliert (Abb. 28.16b).

! Pathobiochemisch ist nur die Hypersekretion von Renin relevant.

Ein durch eine primäre **Renin-Überproduktion und -Übersekretion** hervorgerufenes Krankheitsbild entwickelt sich bei **einseitiger Stenose** der Nierenarterien. Die dabei herabgesetzte renale Durchblutung löst in der befallenen Niere eine massiv gesteigerte Reninproduktion und -freisetzung aus, die zu einer Steigerung der Angiotensin-II-Konzentration im Blut und aufgrund der vasopressorischen Wirkung dieses Hormons zur **massiven Hypertonie** führt. Bei Patienten mit essentieller Hypertonie (ca. 95% aller Hypertonie-Formen!) sind zwar erhöhte Reninkonzentrationen im Plasma eher selten, trotzdem führt eine Behandlung mit **ACE-Hemmstoffen** meist zu einer sehr deutlichen Absenkung des Blutdrucks, woraus man auf die Existenz lokaler Renin-Angiotensin-Systeme (z.B. in der Gefäßwand, Herz etc.) schließt.

Erythropoietin. Das Cytokinhormon Erythropoietin (EPO) ist der zentrale hormonelle Regulator der Erythropoiese. Daneben mehren sich die Befunde, dass EPO zusätzlich in

28.2 Der Endharn (Urin)

28.2.1 Eigenschaften des Urins

! Der gesunde Mensch bildet in Abhängigkeit vom Alter und Geschlecht täglich zwischen 500 und 2000 ml Urin.

Das Urinvolumen wird durch die Flüssigkeits- und Nahrungsaufnahme sowie durch extrarenale Flüssigkeitsabgabe mit Schweiß (Klima!), Atmung und Stuhl (Durchfälle) beeinflusst. Man spricht von einer:
- Oligurie bei einem Harnvolumen von weniger als 400 ml/24 h (16 ml/h)
- Anurie bei einem Harnvolumen von weniger als 100 ml/24 h (4 ml/h) und
- Polyurie bei einem Harnvolumen von mehr als 2,5 l/24 h

Stickstoffreiche Kost erhöht die Urinausscheidung, da beim Abbau der Aminosäuren Harnstoff gebildet wird, dessen Ausscheidung über die Nieren Lösungsvolumen erfordert, wohingegen das beim Fettsäuren- und Kohlenhydratabbau freigesetzte Kohlendioxid mit der Atemluft abgeatmet werden kann.

Das spezifische Gewicht in g/l hängt von Konzentration und Art aller gelösten Stoffe ab. Es liegt bei ausgeglichener Flüssigkeitsbilanz zwischen 1015 und 1022 (H_2O = 1000), sinkt bei extremer Harnverdünnung auf 1001 (50 mosm/l H_2O) und steigt bei extremer Konzentrierung bis auf etwa 1040 (1300 mosm/l H_2O).

! Normaler Urin ist stroh- bis bernsteingelb.

Die wichtigsten Urinfarbstoffe sind die beiden **Urochrome A** und **B**, die sich spektralphotometrisch trennen lassen und 25 bzw. 70% des Harnfarbwerts ausmachen. Von untergeordneter Bedeutung ist der Gehalt an Uroerythrin (etwa 4%). Urochrom und Uroerythrin entstammen dem Hämabbau.

Die Farbe wird durch die Konzentration an gelösten Stoffen, durch pathologische Bestandteile, Arznei- und Nahrungsmittel beeinflusst. Die 3 klinisch wichtigsten Ursachen eines roten Urins sind **Hämaturie**, **Hämoglobinurie** und **Porphyrinurie**. Bilirubin färbt den Urin dunkelbraun.

Medikamentös und alimentär bedingte Urinverfärbungen sind ziemlich häufig. Zahlreiche Pharmaka und einige Nahrungsmittel bzw. deren Metaboliten können einen roten Urin verursachen. Grün gelbliche Fluoreszenz des Urins wird sehr häufig nach Einnahme von Multivitaminpräparaten, die Riboflavin enthalten, beobachtet.

! Frisch gelassener Urin riecht aromatisch.

Der Harngeruch kann nach dem Genuss mancher Speisen, Gewürze und Arzneimittel verändert werden (z.B. durch Knoblauch und Spargel). Der normale Harngeruch wird durch bakterielle Zersetzung von Harnstoff in Ammoniak (Ureasereaktion) stechend. Ein Obstgeruch weist auf die Ausscheidung von Aceton hin (Diabetes mellitus). Urin schmeckt bitter und salzig.

! Der Urin ist bei normaler Kost sauer.

Mit der pH-Messung (Normalbereich pH 5,6–7,0) werden nur die freien Protonen bestimmt, die weniger als 1% der von den Nieren täglich zu eliminierenden Wasserstoffionen ausmachen und somit keinen quantitativen Aufschluss über die Nierenleistung vermitteln. Daher müssen die »**titrierbare Säure**« sowie die **Ammoniumionenkonzentration** bestimmt werden. Bei der titrierbaren Säure handelt es sich um diejenige Menge von Basenäquivalenten, die benötigt werden, um den Urin auf einen pH-Wert von 7,4 zu bringen. Diese Menge entspricht damit praktisch den phosphatgebundenen Protonen im Urin (ca 30 mmol/l). Die im NH_4^+ gebundenen Protonen werden – wegen des hohen pK-Werts dieser Verbindung von 9 – damit nicht erfasst (sog. nicht titrierbare Säure). Nach längerem Stehen wird Urin durch die Aktivität harnstoffspaltender Bakterien (► o.) alkalischer.

28.2.2 Chemische Zusammensetzung des Urins

Die chemische Zusammensetzung des Urins wird durch Menge und Zusammensetzung der Nahrung (pflanzliche und/oder tierische Kost) sowie Alter und Geschlecht bestimmt (■ Tabelle 28.4). Da die Konzentration der gelösten Stoffe im Laufe eines Tages erhebliche Schwankungen zeigen kann (z.B. die Phosphatausscheidung), sind für quantitative chemische Analysen Durchschnittsproben des 24-h-Urins erforderlich. Der täglich von den Nieren ausgeschiedene Urin enthält durchschnittlich etwa 60 g (50–72 g) Trockensubstanz. Die im Urin vorkommenden Substanzen werden eingeteilt in solche, die physiologischerweise ausgeschieden werden (normale Harnbestandteile), und solche, die nur infolge von Krankheiten nachgewiesen werden können (pathologische Harnbestandteile).

! Die meisten ausgeschiedenen organischen Stoffe enthalten Stickstoff.

Außer den in ■ Tabelle 28.4 genannten harnpflichtigen Substanzen enthält Urin:
- **Nitrat:** Diese Substanz ist im Urin stets in geringen Mengen vorhanden und stammt aus dem Abbau von NO. Da bestimmte Bakterien Nitrat in Nitrit umwandeln, dient der Nitritnachweis im Urin (mit Teststreifen) als Hinweis für eine bakterielle Besiedelung der Harnwege
- **Freie Aminosäuren:** Der normale Urin kann 1–3 g Aminosäuren/Tag enthalten. Bei **Lebererkrankungen** steigt die Ausscheidung sehr stark an (Entfall der Puf-

Tabelle 28.4. Organische Bestandteile des Urins

Tägliche Ausscheidung	
Harnstoff (abhängig von der Aminosäurezufuhr)	0,33–0,58 mol
Harnsäure (abhängig von der Nahrungszufuhr)	2–11 mmol
Kreatinin Frauen: 88–222 µmol/kg Körpergewicht Männer: 160-280 µmol/kg Körpergewicht	8–17 mmol
Kreatin	54–135 µmol
Aminosäuren	1–3 g
Glucose	bis 1,1 mmol
Ketonkörper	30–150 mmol
δ-Aminolävulinat	unter 45 µmol
Porphobilinogen	unter 10 µmol
Koproporphyrine	unter 280 µg
Uroporphyrine	unter 20 µg
Proteine	3–40 mg
α-Amylase	100–2000 U/l

ferfunktion der Leber!) und kann zum Auskristallisieren von Leucin und Tyrosin führen

- **Aminosäurederivate (Hydroxyprolin, Methylhistidin und Pyridinolin-Derivate): Hydroxyprolin** ist fast ausschließlich im Kollagen vorhanden. Da das beim Kollagenabbau freigesetzte Hydroxyprolin nicht für die Biosynthese dieses Bindegewebeproteins reutilisiert werden kann, sondern entweder zu Kohlendioxid und Wasser oxidiert (85–90%) oder in den Urin ausgeschieden wird (10–15%), dient es als Indikator für einen veränderten Bindegewebestoffwechsel. Die Hydroxyprolinbestimmung wird zunehmend durch die Bestimmung der Pyridinolin-Abbauprodukte ersetzt (► Kap. 24.2). **3-Methylhistidin**, ein Bestandteil von Aktin und Myosin, gibt Informationen über den Muskelproteinumsatz (► Kap. 30.2.2). Weitere stickstoffhaltige Substanzen sind Hippursäure (0,1–1,0g/24 h), N-haltige Phenole und Indican (4–20 mg/24 h).
- **Proteine:** Je nach angewandter Untersuchungsmethode können 3–40 mg Protein im 24-h-Urin nachgewiesen werden. Sie bestehen zu $^{2}/_{3}$ aus Plasmaproteinen (Albumin 60%, Immunglobuline und andere Globuline jeweils 20%) und zu $^{1}/_{3}$ aus Gewebsproteinen. Glycoproteine (Mucine) stammen aus der Schleimhaut der Blase und kommen ebenfalls im normalen Urin vor
- **Schwefelhaltige Substanzen:** Der mit dem Urin ausgeschiedene Schwefel besteht im Wesentlichen aus **anorganischem Sulfat**. Da dieses beim Abbau der Aminosäuren Methionin und Cystein entsteht, wird seine täglich ausgeschiedene Menge (von 3–60 mmol/d durch die zugeführte Proteinmenge bestimmt. Etwa 10% des ausgeschiedenen Sulfats liegen als konjugiertes Sulfat (z.B. Phenole und Steroide) vor und werden deshalb als **Ätherschwefelfraktion** bezeichnet. Die übrigen schwefelhaltigen Verbindungen wie Cystein, Taurin und Thiocyanat werden unter dem Begriff **Neutralschwefel** zusammengefasst
- **Hormone und Vitamine:** Im Urin vorkommende diagnostisch wichtige Hormone sind Adrenalin, Noradrenalin, Steroide, Gonadotropine, Serotonin bzw. deren Abbauprodukte (Vanillinmandelsäure, 17-Hydroxy- und 17-Ketosteroide, 5-Hydroxyindolessigsäure). Von den Vitaminen sind – in Abhängigkeit von der zugeführten Menge – hauptsächlich die wasserlöslichen B-Vitamine und Vitamin C vertreten
- **Phosphat:** Die Ausscheidung von Phosphat ist nahrungsabhängig und tageszeitlichen Schwankungen unterworfen. Im Glomerulumfiltrat liegt Phosphat – wie im Blutplasma – bei einem pH-Wert von 7,4 zu 80% als Hydrogenphosphat und zu 20% als Dihydrogenphosphat vor. Verschiedene Krankheitszustände gehen mit einer Erhöhung (Hyperparathyreoidismus, ► Kap. 28.6.4) bzw. Erniedrigung (Hypoparathyreoidismus, ► Kap. 28.6.4) der Phosphatausscheidung einher

28.2.3 Pathobiochemie des Urins

Pathologische Urinbestandteile sind nach Schädigungen der Nieren (Permeabilitätsänderung der glomerulären Kapillarmembran bzw. Einschränkung der Tubulusfunktion) oder bei pathologischer Erhöhung der Plasmakonzentration eines Stoffes (Überlaufmechanismus) nachweisbar.

! Eine pathologische Proteinausscheidung tritt bei entzündlichen und degenerativen Nierenerkrankungen auf.

Bei Nierenerkrankungen, welche auch die glomeruläre Filterfunktion miterfassen, wird mehr Protein filtriert als in der proximalen Tubuluszelle maximal reabsorbiert werden kann. Entsprechend wird vermehrt Eiweiß im Endurin ausgeschieden.

Unter **Proteinurie** versteht man entweder eine Gesamtausscheidung von mehr als 150 mg Protein in 24 Stunden oder eine Abweichung vom Verteilungsmuster der physiologisch im Harn vorkommenden Proteine.

Eine Sonderstellung nimmt die **Mikroalbuminurie** ein. Eine erhöhte Albuminausscheidung in den Urin von 20–300 mg/24 h weist auf glomeruläre Schäden bei Diabetikern hin. Als **nephrotisches Syndrom** wird eine große Proteinurie mit mehr als 3,5 g pro Ausscheidung in 24 Stunden bezeichnet. Beim **Plasmocytom** ist das Bence-Jones-Protein nachweisbar.

Einschränkungen der Reabsorptionsleistung können ebenfalls zur Proteinurie führen. Am bekanntesten hierfür sind genetisch bedingte Funktionsveränderungen von Aminosäuretransportern, welche zur **Aminoazidurie** führen.

Die renale Glucoseresorption hat ein Transportmaximum; Glucosurie weist fast immer auf einen Diabetes mellitus hin.

Das Auftreten von Monosacchariden im Urin wird als Melliturie bezeichnet. Die wichtigste und häufigste Melliturie ist die **Glucosurie** (▶ Kap. 26.4.1). Ausscheidungen anderer Monosaccharide (Fructose, Lactose, Galactose, Pentosen) haben wegen ihres seltenen Auftretens nur geringe Bedeutung.

Die tubuläre Rückresorption von Glucose erfolgt über eine begrenzte Zahl von Transportmolekülen. Wenn die filtrierte Glucosemenge die **maximale Transportkapazität** der Na^+-gekoppelten Symportsysteme überschreitet, erscheint Glucose im Endharn (**Glucosurie**) und geht damit dem Körper verloren. Das geschieht, wenn die Glucosekonzentration im Plasma (Normalwert 5 mmol/l) und damit auch im Primärharn 10 mmol/l überschreitet (sog. Nierenschwelle).

Nahrungskarenz führt zur Ketonurie.

Die normalerweise geringe Ausscheidung (3–15 mg/24 h bzw. 30–150 mmol/24 h) der Ketonkörper (Aceton, Acetacetat, β-Hydroxybutyrat) ist erhöht im Hungerzustand, bei Diabetes mellitus, während der Schwangerschaft und bei einigen Alkaloseformen. Bei kohlenhydratarmer und fettreicher Kost sind aufgrund der erhöhten Lipolyserate ebenfalls Ketonkörper im Urin nachweisbar.

Die frühzeitige Diagnose der diabetischen Ketonurie ist wichtig, da sie eine **Stoffwechselentgleisung** anzeigt. Die Bestimmung muss mit frisch gelassenem Urin sofort durchgeführt werden, da Acetacetat spontan zu Aceton decarboxyliert, das flüchtig ist.

Rotverfärbung des Urins tritt bei Hämoglobinurie, Hämaturie und Porphyrien auf.

Hämaturie. Treten Erythrozyten in den Urin über, so liegt eine **Hämaturie** vor.

Hämoglobinurie. Freies Hämoglobin kann nach schwerer Hämolyse oder schweren Verbrennungen, Myoglobin nach Muskelverletzungen (»Crush-Syndrom«; quetschen, *engl. to crush*) in den Urin übertreten. Bei intravasaler Hämolyse tritt Hämoglobin in den Urin über sobald die Haptoglobinbindungskapazität des Plasmas ▶ Kap. 29.6.3) und die Reabsorptionskapazität der Tubuli für Hämoglobin überschritten werden. Das ist in der Regel bei Hämoglobinkonzentrationen über 1,2 g/l der Fall.

Porphyrinurie. Das Vorkommen von Uroporphyrinen sowie vermehrter Mengen von Koproporphyrinen im Urin wird als **Porphyrinurie** bezeichnet (▶ Kap. 20.2). Die normale Koproporphyrinausscheidung im Urin beträgt 90–430 nmol (60–280 mg)/24 h.

Über die Anwesenheit von Bilirubin, Urobilin und Urobilinogen und ihre Beziehung zur Gelbsucht informiert ▶ Kapitel 20.

28.2.4 Harn- und Nierensteine

Zwei Drittel aller Harnsteine sind Oxalatsteine.

Die Konzentrationsleistung der Nieren bei der Bildung des Urins ermöglicht die Ausscheidung mancher Stoffe in relativ hoher Konzentration. Dabei hängt die Löslichkeit derartiger Verbindungen weitgehend von der **Protonenkonzentration** des Urins ab, da die Wasserstoffionen des Lösungsmittels die Dissoziation gelöster Stoffe und damit deren Löslichkeit bestimmen (je polarer, desto wasserlöslicher). Unter bestimmten Umständen stellt der Urin für eine Reihe von Verbindungen, v.a. Calciumoxalat und Calciumphosphat, eine übersättigte Lösung dar. Citrat und einige Urinproteine (▶ u.) verhindern normalerweise das Ausfallen dieser Verbindungen und die Bildung von Steinen. Bei einem verminderten Gehalt des Urins an diesen Regulationsfaktoren und entzündlichen Veränderungen von Nieren und Harnwegen kommt es jedoch in Nieren (**Nephrolithiasis**), der Harnblase oder Harnröhre (**Urolithiasis**) zu Ablagerungen und zur Bildung kleinerer oder größerer Steine oder Konkremente. Da die Zusammensetzung des Urins weitgehend durch die aufgenommene Nahrung bestimmt wird, ist es wichtig, die chemische Zusammenset-

Tabelle 28.5. Zusammenstellung häufiger Nierensteine

Bezeichnung	Konkremente aus	Ursache	Häufigkeit (%)
Calciumoxalat-Steine	Calciumoxalat und Calciumphosphat	Hypercalciurie, Hyperoxalurie (selten)	70
Struvit-Steine	Magnesium-Ammonium-phosphat	Harnwegsinfekte mit harnstoffspaltenden Mikroorganismen. Dadurch gesteigerte Ammoniakbildung mit alkalischem Urin	15
Harnsäuresteine	Harnsäure	Hyperuricosurie wegen gesteigertem Purinabbau (Gicht) oder erhöhtem Zellumsatz bei Hyperacidität des Urins	10
Cystinsteine	Cystin	Cystinurie	selten

zung der Harn-(Nieren-)Steine zu kennen, um durch eine entsprechende Diät ihrer weiteren Bildung entgegenwirken zu können. Die häufigsten Steinformen sind in ◻ Tabelle 28.5 zusammengestellt.

Die Steine kommen selten in reiner Form vor, 90% enthalten einen oder mehrere zusätzliche kristalline Bestandteile. Außerdem sind immer Proteine und Glycoproteine, die etwa 3% des Gesamtgewichts des Steins ausmachen, vorhanden.

Nierensteine gelangen oft in den Harnleiter und können dort eine Kolik auslösen. Kleinere Blasensteine verfangen sich manchmal im inneren Harnröhrenostium und lösen so eine Kolik aus.

Verschiedene Nierenproteine hemmen die Steinbildung. **Nephrocalcin**, ein saures Glycoprotein, das die Aminosäure γ-Carboxyglutamat enthält, hemmt die Bildung von Calciumoxalatsteinen. Ähnlich wirkt das **Tamm-Horsfall-Glycoprotein**. **Uropontin**, ebenfalls von den Nieren gebildet, hemmt das Wachstum von Calciumoxalatkristallen. Möglicherweise begünstigen Konzentrationsveränderungen derartiger Proteine die Entwicklung von Steinen.

In Kürze

Der gesunde Mensch bildet in Abhängigkeit von Alter und Geschlecht täglich 500–2000 ml sauren Urin, der normal stroh- bis bernsteingelb ist und aromatisch riecht.

Der Urin enthält in höherer Konzentration die wasserlöslichen Endprodukte des Eiweißstoffwechsels, die damit stickstoffhaltig sind. Die Proteinausscheidung über den Urin ist normalerweise sehr gering, nur bei entzündlichen und degenerativen Nierenerkrankungen tritt eine pathologische Proteinausscheidung (Proteinurie) auf.

Der Urin enthält normalerweise keine Glucose. Eine Glucosurie weist deshalb fast immer auf einen Diabetes mellitus hin.

Bei Hungerzuständen steigt die Konzentration von Ketonkörpern im Urin (Ketonurie) an.

Rotverfärbung des Urins tritt bei Hämoglobinurie, Hämaturie und Porphyrien auf.

Durch Auskristallisieren von Salzen im Urin entstehen Harnsteine, wovon die häufigsten Oxalatsteine sind.

28.3 Der Wasserhaushalt

28.3.1 Wasserbilanz

 Das Körperwasser verteilt sich auf verschiedene Kompartimente.

Da das Fettgewebe im Vergleich zu anderen Körpergeweben einen sehr viel geringeren Wassergehalt besitzt, sollte das Körperwasser eigentlich auf die **fettfreie Körpermasse** (*lean body mass*) bezogen werden. Bei einer großen Zahl von Säugetieren einschließlich des Menschen beträgt der Wassergehalt der fettfreien Körpermasse konstant 72–74% (◻ Abb. 28.19). Da das Körperwasser mit der Isotopendilutionsmethode gut bestimmt werden kann, lässt sich diese Beziehung zur Berechnung des Körperfettgehalts verwenden:

$$\begin{aligned}\text{Körperfett} &= \text{Gesamtmasse} - \text{fettfreie Masse}\\ &= \text{Gesamtmasse} - (\text{Körperwasser}/0.73)\end{aligned}$$

Bezieht man den Wassergehalt auf die Gesamtmasse, so ist dieser im Wesentlichen vom Körperfett abhängig, das je nach Geschlecht und Lebensalter schwankt. Bei Säuglingen macht das Körperwasser noch etwa 75% der Körpermasse aus, beim erwachsenen Mann etwa 60%, und bei der erwachsenen Frau etwa 50% (wegen eines höheren Fettgewebsanteils).

Innerhalb des Körpers lassen sich 2 Wasserräume unterscheiden, nämlich der größere **Intrazellulärraum** (60–65% des Körperwassers) und der kleinere **Extrazellulärraum** (35–40% des Körperwassers). Der Extrazellulärraum lässt sich weiter unterteilen in den **interstitiellen Raum** (75% des Extrazellulärvolumens), das **Blutplasma** (25% des Extrazellulärvolumens) und die **transzelluläre Flüssigkeit** (z.B. Liquor cerbrospinalis etc.), die aber nur etwa 1 Liter beim Erwachsenen ausmacht.

 Die Wasserzufuhr dient der Kompensation obligater und nichtobligater Wasserverluste.

Der Mensch kann wochenlang auf die Zufuhr von Nahrungsstoffen verzichten, jedoch nur wenige Tage auf die von Wasser und Elektrolyten. Die Wasserbilanz eines 70 kg schweren Erwachsenen ist in ◻ Tabelle 28.6 zusammengestellt. Damit sie ausgeglichen ist, muss die Zufuhr die Wasserverluste kompensieren. Dabei ist zu beachten, dass fast 40% der Wasserverluste als Wasserdampf über die Lungen und die Haut erfolgen. Hierdurch gehen etwa 25% der Wärmeproduktion des Körpers verloren. Dieser obligate Wasserverlust spielt eine Rolle bei der Regulation der Körperwärme und nimmt auch bei hochgradigen Flüssigkeitsverlusten nur wenig ab.

Im Organismus entsteht Wasser bei der mitochondrialen Oxidation der Nahrungsstoffe (Biooxidation). Die Oxidation von 100 g Fett liefert 107 ml, die von 100 g

Tabelle 28.6. Tägliche Zufuhr und Verlust von Wasser beim Erwachsenen

Wasserzufuhr	ml	Wasserverlust	ml
Trinken (Wasser und Getränke)	**1200** (500–1600)	Urin	**1400** (600–1600)
Wasser der Nahrungsstoffe (Gehalt: 60–97% Wasser)	**900** (800–1000)	Lungen und Haut (Perspiration)	**900** (850–1200)
Oxidationswasser	**300** (200–400)	Faeces	**100** (50–200)
Insgesamt	**2400** (1500–3000)		**2400** (1500–3000)

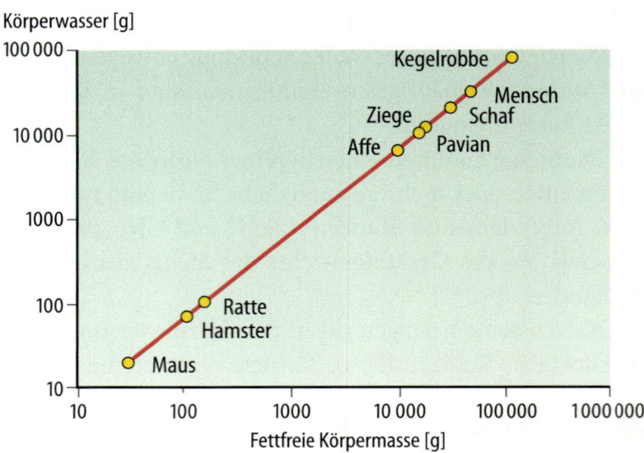

Abb. 28.19. Beziehung zwischen Körperwasser und fettfreier Körpermasse bei verschiedenen Säugern. (Daten nach Wang Z et al. 1999)

Kohlenhydraten 55 ml und die von 100 g Protein 41 ml Wasser. Die vom Menschen täglich gebildete Menge **Oxidationswasser** beträgt etwa 300 ml. Der darüber hinausgehende Teil der Wasserbilanz muss durch Getränke und den Wassergehalt der Nahrungsmittel ausgeglichen werden.

28

In die Bilanz gehen die 5–10 l Verdauungssekrete, die in den Magen-Darm-Trakt abgegeben werden, nicht mit ein, da sie schließlich wieder reabsorbiert werden. Sie sind aber beim Erbrechen oder bei Durchfällen von Bedeutung.

! Die Regulation des Wasserhaushalts erfolgt hauptsächlich durch Osmoregulation.

Der Wasserhaushalt des Körpers wird über die Osmolarität der Extrazellularflüssigkeit geregelt, die normalerweise bei ca. 290–295 mosmol/l liegt und deren Konstanz vom Körper angestrebt wird. Entscheidend für die **effektive Osmolarität** im Extrazellulärraum sind vorwiegend **Natriumionen**, welche in einer Konzentration von 140 mmol/l vorliegen, zusammen mit **Chlorid**- und **Hydrogencarbonat-Anionen**. Die Osmolarität im Intrazellulärraum entspricht der des Extrazellulärraums. Im Intrazellulärraum sind die Träger der effektiven Osmolarität im Wesentlichen **Kaliumionen** und die **organischen Phosphate** bzw. die **Proteine**.

Die Osmolarität wird ständig durch die **Osmorezeptoren** des **Hypothalamus** kontrolliert, die Änderungen der Osmolarität des Extrazellulärraums mit hoher Sensitivität erfassen.

Diese regeln die Wasseraufnahme und -ausscheidung derart, dass die Osmolarität im Extrazellulärraum konstant bleibt, sodass sich im Normalfall Wasseraufnahme und -ausscheidung die Waage halten.

28.3.2 Hormonelle Regulation des Wasserhaushalts

! Das antidiuretische Hormon (ADH) ist das zentrale Hormon in der Regulation des Wasserhaushalts.

Als blutdrucksteigerndes, antidiuretisches Peptid kommt im Hypophysenhinterlappen das aus 9 Aminosäuren bestehende **antidiuretische Hormon, ADH** (Synonym: Vasopressin oder Pitressin) vor (Abb. 28.20). Die Cysteine in den Positionen 1 und 6 bilden eine Disulfidbrücke. Ein sehr ähnliches, ebenfalls im Hypophysenhinterlappen vorkommendes Peptidhormon ist das **Ocytocin**. Es unterscheidet sich vom Vasopressin lediglich in 2 Aminosäuren. Das Phenylalanin des Vasopressins ist im Ocytocin durch Isoleucin ersetzt, das Arginin durch Leucin. Ocytocin ist die wichtigste zur **Uteruskontraktion** führende Substanz und wird infolgedessen im Rahmen der Geburtshilfe verwendet. Außerdem führt es zu einer Kontraktion der glatten Muskulatur der Brustdrüse, wodurch es zur Milchexkretion kommt.

! ADH (Vasopressin) wird als Prohormon im Hypothalamus gebildet.

Vasopressin wird – wie Ocytocin – in den neurosekretorischen Neuronen der paraventrikulären Kerne des Hypothalamus gebildet. Das Vasopressin-Gen (Abb. 28.21) ist ein Polyprotein-Gen, welches aus 3 Exons und 2 Introns besteht. Die nach Transkription und Entfernung der Introns entstehende mRNA codiert für Prä-Provasopressin. Nach Abtrennung der N-terminalen Signalsequenz entstehen Provasopressin und aus diesem durch weitere limitierte Proteolyse das N-terminal gelegene Nonapeptid **Vasopressin**, ein als **Neurophysin II** bezeichnetes Protein sowie ein Glycoprotein. Das Ocytocin-Gen ist sehr ähnlich aufgebaut und codiert für ein über weite Bereiche homologes Präproocytocin. Aus ihm entstehen **Ocytocin** sowie **Neurophysin I**. Eine zum Glycoprotein des Vasopressinpräkur-

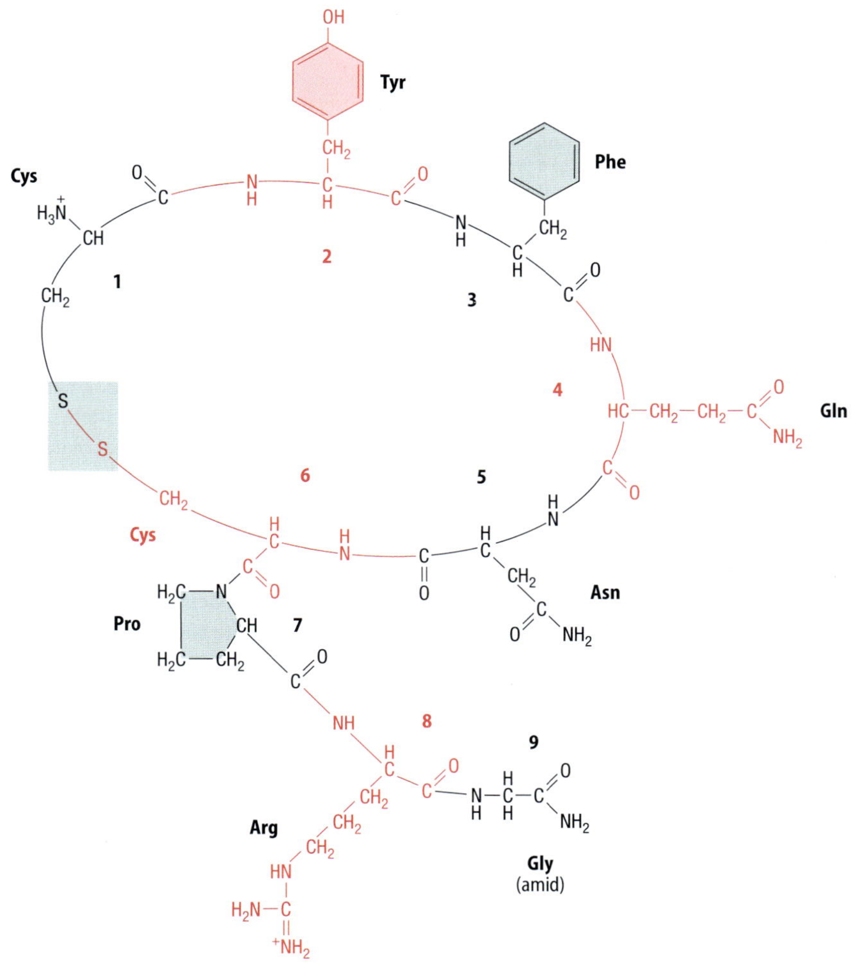

Abb. 28.20. Chemische Struktur des Nonapeptids Vasopressin. Die Cysteinreste in Position 1 und 6 sind durch eine Disulfidbrücke verknüpft, sodass eine zyklische Struktur entsteht. Im Ocytocin sind Phenylanalin durch Isoleucin und Arginin durch Leucin ersetzt

sors analoge Verbindung kommt beim Ocytocin nicht vor. Man nimmt an, dass das Vasopressin- und Ocytocin-Gen von einem gemeinsamen Vorläufer-Gen abstammen. Die Neurophysine dienen als Trägerproteine für Vasopressin bzw. Ocytocin während ihres Transports vom Ort der Biosynthese entlang entsprechender Axone in den Hypophysenhinterlappen, dem Ort ihrer Sekretion. Über die Funktion des C-terminalen Glycoproteins ist nichts bekannt.

> ADH (Vasopressin) wirkt vasokonstriktorisch über V_1-Rezeptoren und fördert die renale Wasserrückresorption über V_2-Rezeptoren.

Gefäßwirkungen. ADH (Vasopressin) löst über V_1-Rezeptoren eine Kontraktion der glatten Muskelzellen der Blutgefäße aus. Das bewirkt einen **Blutdruckanstieg** durch die Erhöhung des Kreislaufwiderstands. Die **V_1-Rezeptoren** gehören zur Familie der G-Protein gekoppelten Rezeptoren und sind an die Phosphatidylinositol-Kaskade gekoppelt, ihre Aktivierung führt also zu einer Erhöhung der cytosolischen Calciumkonzentration.

Renale Wirkungen. Über **V_2-Rezeptoren** wirkt ADH durch eine Stimulierung der **Wasserrückresorption** im Sammelrohrsystem der Niere (► Kap. 28.1.4).antidiuretisch. Da die Halbwertszeit des zirkulierenden ADH als Peptidhormon ca. 5 Minuten beträgt, wirken sich Änderungen der ADH-Freisetzung schnell auf die ADH-Konzentration im Plasma aus. So kann der Organismus sehr rasch auf Änderungen des Wasserbestands bzw. der Osmolarität reagieren und verhindern, dass es zu unerwünschten Volumenänderungen des Intrazellulärraums kommt.

> Die ADH-Freisetzung wird durch eine Erhöhung der Plasmaosmolarität, eine Verringerung des Extrazellulärvolumens und durch Hormone stimuliert.

Die Freisetzung von ADH aus dem Hypophysenhinterlappen wird durch osmotische und nichtosmotische Signale gesteuert:

- Die Plasmaosmolarität ist für die ADH-Sekretion von besonderer Wichtigkeit. Die Schwelle für die ADH-Freisetzung liegt bei ca. 275–280 mosmol/l, weshalb

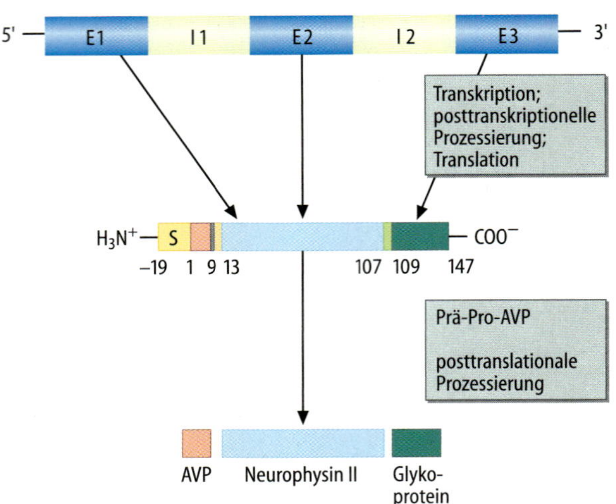

Abb. 28.21. Genstruktur und Biosynthese von Vasopressin. Das Vasopressin-Gen enthält 2 Introns und 3 Exons. Nach Transkription und posttranskriptionaler Prozessierung codiert die mRNA für das Präpro-Vasopressin, das posttranslational durch Entfernung der Signalsequenz sowie Spaltung zu Vasopressin, Neurophysin II und einem C-terminal gelegenen Glycoprotein prozessiert wird. Arginin-Vasopressin (AVP) ist ein Nonapeptid (rot)

28

auch bereits im Normalzustand ADH sezerniert wird. Ein Anstieg der Osmolarität um nur 1% führt bereits zu einer messbaren Zunahme der ADH-Sekretion. Der osmotische Druck wird kontinuierlich in verschiedenen Bereichen des **Hypothalamus** durch **spezifische Osmorezeptoren** erfasst, deren Signale auf die ADH produzierenden Zellen des **N. suprapopticus** und **N. paraventricularis** weitergegeben werden. Auch diese selbst sind an der Osmorezeption beteiligt

- Der Füllungszustand des Extrazellulärraums bzw. der Blutdruck beeinflusst die ADH-Freisetzung über Barosensoren. Dadurch kann unabhängig von der Osmolarität eine Steigerung der ADH-Produktion bei signifikantem Volumenmangel und/oder Blutdruckabfall ausgelöst werden. Eine Überfüllung des Extrazellulärraums bzw. ein Blutdruckanstieg wirkt sich dagegen dämpfend auf die ADH-Freisetzung aus. Hierfür genügen bereits Wasserdefizite oder Wasserzufuhr von 0,3–0,5 l
- Angiotensin II aktiviert die ADH-Sekretion durch einen direkten Effekt auf die Zellen des N. supraopticus und N. paraventricularis
- Am Hypophysenhinterlappen stimulieren Acetylcholin, Nikotin und Morphin die ADH-Freisetzung, Adrenalin und Ethanol sind dagegen Hemmstoffe

! Das Durstgefühl wird von Osmorezeptoren vermittelt.

Auch das **Durstgefühl** wird wesentlich über hypothalamische Osmorezeptoren ausgelöst, die jedoch nicht genau lokalisiert sind. Angiotensin II wirkt ebenfalls fördernd auf die Entwicklung des Durstgefühls. Die Schwelle für die Auslösung des Durstgefühls liegt nur 5–10 mosmol über der für die ADH-Freisetzung. Dadurch wird vermieden, dass es zu einer Erhöhung des osmotischen Drucks über den physiologischen Bereich (290–295 mosmol/l) kommt.

28.3.3 Pathobiochemie des Wasserhaushalts

Abweichungen des Wassergehalts vom Normalwert bezeichnet man als **Dehydratation** bzw. **Hyperhydration**. Dabei ist zu unterscheiden, ob es sich um isotone Veränderungen (Osmolarität bleibt normal) oder um hypo- bzw. hypertone Abweichungen handelt. Da hauptsächlich die Natriumkonzentration die Osmolarität des Extrazellulärraums bestimmt, definiert sie auch die Zuordnung der De- bzw. Hyperhydratation. Isotone Veränderungen des Wassergehalts treten in der Regel sekundär zur Veränderung des Natriumhaushalts auf. Sie werden deshalb in ▶ Kapitel 28.4 beschrieben. Nichtisotone Veränderungen gehen bei Wasserverlust (ohne Natriumverlust) in der Regel mit einer Hypertonizität (Hypernatriämie, Na^+ >150 mmol/l), bei Überwässerung (ohne zusätzliche Natriumzufuhr) mit einer Hypotonizität (Hyponatriämie, Na^+ <135 mmol/l) einher.

Dehydration bei Hypernatriämie. Sie entsteht durch den Verlust hypotoner Körperflüssigkeiten bei gleichzeitig unzureichender Wasserzufuhr.

Beispiele hierfür sind:

- starkes Schwitzen (Schweiß ist hypoton!)
- Wasserverlust über die Atemwege bei anhaltender Hyperventilation (z.B. bei Höhenaufenthalt)
- anhaltender Durchfall bzw. Erbrechen
- anhaltende Produktion eines hypotonen Harns (z.B. bei Diabetes insipidus, Verabreichung von Diuretika etc.)

Wegen der hohen Membranpermeabilität für Wasser vermindert sich bei einer solchen hypertonen Dehydratation nicht nur der Extrazellulärraum, sondern auch entsprechend der Intrazellulärraum, d.h. die Körperzellen schrumpfen. Besonders empfindlich auf Volumenänderungen reagieren dabei Neurone, weshalb im klinischen Beschwerdebild Störungen des Zentralnervensystems im Vordergrund stehen. Rasche Dehydratation kann so zu Bewusstseinstrübung bis hin zu Koma und Tod führen.

Wenn sich die hypertone Dehydratation langsam entwickelt, können Hirnzellen durch zusätzliche Bildung von Osmolyten (z.B. Inositol) ihre intrazelluläre Osmolarität erhöhen und so ihr Volumen weitgehend konstant halten.

Wassermangel und der damit assoziierte Anstieg der Plasmaosmolarität führen normalerweise zu einer maximalen ADH-Freisetzung und in Folge zur maximalen **Antidiurese,** sowie parallel dazu zu einer **Aktivierung** des **Durstgefühls**. Durch die Kombination von renaler Wasserretention und oraler Wasseraufnahme können Flüssigkeitsdefizite und die damit verbundene Erhöhung der Osmolarität in kurzer Zeit ausgeglichen werden.

Beim **Diabetes insipidus centralis** kann die Neurohypophyse kein ADH mehr sezernieren (z.B. Tumoren oder idiopathisch). Als Folge des fehlenden ADH-Effekts auf die Wasserreabsorption in der Niere werden große Volumina hypotonen Harns ausgeschieden, wobei im Extremfall Werte bis zu 40 l/Tag beobachtet wurden. Die Behandlung der Erkrankung erfolgt durch Vasopressinsubstitution.

Der ADH-resistente **Diabetes insipidus renalis** ist eine seltene, meist X-chromosomal vererbte Krankheit. Bei ihr liegt der Defekt in den Tubulusepithelien, die entweder keinen intakten Vasopressin-Rezeptor besitzen oder Mutationen in den Aquaporinen tragen, wodurch die Sammelrohre selbst bei sehr hohen ADH-Konzentrationen die Wasserresorption nicht steigern können.

Hyperhydratation bei Hyponatriämie. Sie entwickelt sich bei übermäßiger Zufuhr von hypotonen Flüssigkeiten (z.B. Wasser, Infusionen) wenn gleichzeitig die renale Wasserausscheidung vermindert ist. Durch den Abfall des osmotischen Drucks im Extrazellulärraum schwellen die Zellen an, was bei raschen Änderungen ein lebensgefährliches Hirnödem hervorrufen kann.

Eine gravierende Einschränkung der renalen Wasserausscheidung beobachtet man bei einer allgemeinen Einschränkung der exkretorischen Nierenfunktion (Niereninsuffizienz) oder bei pathologisch gesteigerter ADH-Sekretion.

Ein mit **gesteigerter ADH-Sekretion** einhergehendes Krankheitsbild (SIADH: *syndrome of inappropriate antidiuretic hormone secretion*) findet sich relativ häufig. Es kommt besonders bei kleinzelligen Bronchialkarzinomen, aber auch bei anderen Karzinomen (Pankreas-, Duodenal-, Blasenkarzinom, Lymphosarkom, Morbus Hodgkin) vor und wird durch eine ektopische Vasopressinsekretion der genannten Tumoren verursacht. Darüber hinaus kann das Krankheitsbild auch als Folge einer Reihe zentralnervöser Erkrankungen auftreten. Bei den Patienten findet sich eine Unfähigkeit, einen hypotonen Urin auszuscheiden. Dies führt zur Flüssigkeitsretention und infolge der dadurch ausgelösten Verdünnung zur Hyponatriämie. Die Patienten haben eine ausgeprägte Natriurese, die nicht durch Natriuminfusionen sondern nur durch Verringerung der Flüssigkeitszufuhr reduziert werden kann.

In Kürze

- Der Wassergehalt des Körpers sinkt mit zunehmendem Lebensalter und ist bei Männern höher als bei Frauen
- Die Wasserräume des Körpers gliedern sich in den größeren Intrazellulärraum und den kleineren Extrazellulärraum, welcher auch das Plasmavolumen umfasst
- Der Wasserhaushalt des Körpers wird vor allem durch ADH reguliert, welches die orale Wasseraufnahme (über das Durstgefühl) und die renale Wasserausscheidung aufeinander abgleicht. Die Sekretion von ADH wird wesentlich von der Osmolarität und dem Extrazellulärraum-Volumen bestimmt
- Übermäßige Wasserverluste bzw. Zufuhr von hypotonen Flüssigkeiten können zu Dehydratation bzw. Hyperhydratation führen
- Bei isotonen Veränderungen des Wasserbestandsverändert sich auch parallel der Natriumbestand des Körpers. Entsprechend ist die Regulation des Wasserhaushalts eng mit der Regulation des Natriumhaushalts verflochten

28.4 Der Natriumhaushalt

28.4.1 Natriumbilanzierung

Über 90% des Körpernatriums befinden sich in freier oder gebundener Form im Extrazellulärraum.

Der Gesamtnatriumbestand des Menschen liegt bei 55–60 mmol/kg Körpergewicht, welches sich zu 95% auf den Extrazellulär- und zu 5% auf den Intrazellulärraum verteilt. Davon befinden sich 30–40% des Natriums in gebundener Form im Knochen, weshalb nur 60–70% des Körpernatriums rasch austauschbar sind (Tabelle 28.7).

Die obligaten täglichen Natriumverluste betragen bei normaler Schweißproduktion weniger als 3 g NaCl pro Tag. Normalerweise führt man mit der Nahrung täglich 5–20 g NaCl (80–320 mmol) zu. Diese Menge liegt damit über dem täglichen Bedarf. Dabei enthält die täglich zugeführte Nahrung selbst selten mehr als 200 mmol Natrium, der Rest wird in Form von Tafelsalz (Kochen und Würzen) aufgenommen.

Die Ausscheidung erfolgt im Wesentlichen über den Urin und liegt in Abhängigkeit von der zugeführten Menge bei 100–150 mmol/24 h. Die Ausscheidung unterliegt einem 24-Stunden-Rhythmus.

Eine geringe Menge (5 mmol/24 h) wird auch über den Stuhl ausgeschieden. Die Verdauungssäfte enthalten zwar viel Natrium, da sie aber normalerweise im Darm reabsorbiert werden, geht dem Organismus kein Natrium verloren. Störungen der Reabsorption (Durchfälle) können dagegen zu Natriumverlusten führen.

Über die Haut geht bei starkem Schwitzen Natrium verloren (20–80 mmol/l). Dabei nimmt die Natriummenge mit steigendem Schweißvolumen zu.

Tabelle 28.7. Daten zum Natriumstoffwechsel

Verteilung von Natrium im Organismus		mmol/kg Körpergewicht	Prozentualer Anteil an der Gesamtmenge
Plasma		6,5	11,2
Interstitielle Flüssigkeit, Lymphe		16,8	29,0
Sehnen und Knorpel		6,8	11,7
Transzelluläre Flüssigkeit		1,5	2,6
Knochen (gesamte Menge)		25,0	43,1
Knochen (austauschbare Menge)		8,0	13,8
Gesamtmenge	im Extrazellulärraum (austauschbar)	39,6	68,3
	im Extrazellulärraum (gesamt)	**56,6**	**97,6**
	im Intrazellulärraum	1,4	2,4
	im Organismus	58,0	100,0
Natriumkonzentration des Blutplasmas	140 mmol/l		
Normalbereich	135–145 mmol/l		
Tägliche Ausscheidung mit dem Urin	100–150 mmol		
Tägliche Zufuhr mit der Nahrung	70–350 mmol		

28

! Eine Erhöhung der Natriumausscheidung erfordert oft auch eine Erhöhung der Wasserausscheidung.

Die natriumkonservierenden Mechanismen sind wie bei allen terrestrischen Lebewesen sehr effektiv, sodass es unter physiologischen Bedingungen und bei normaler Kost nicht zu einem signifikanten Natriummangel kommen kann. Da die durchschnittliche Natriumzufuhr deutlich über dem obligaten Natriumverlust liegt (▶ o.), ist die Konstanz des auch das Extrazellulärvolumen bestimmenden Natriumbestands des Organismus an die fortlaufende renale Elimination von überschüssigem Kochsalz gebunden. Dabei ist zu bedenken, dass wegen der Harnstoffausscheidung bei maximaler Konzentration des Endharns (1200 mosmol/l) die Konzentration von NaCl im Endharn höchstens 200 mmol/l (entspricht 400 mosmol/l) betragen kann. Entsprechend können höhere NaCl-Mengen nur über ein erhöhtes Urinvolumen ausgeschieden werden, was natürlich auch eine erhöhte Trinkmenge an freiem Wasser erfordert (▶ o.).

28.4.2 Hormonelle Regulation des Natriumhaushalts

Die Regulation der Natriumkonzentration des Intrazellulärraums erfolgt über die **Na^+/K^+-ATPase** (▶ Kap. 6.1.5), die des Extrazellulärraums über das **Renin-Angiotensin Aldosteron-System** und das **atriale natriuretische Peptid**.

! Das Renin-Angiotensin-Aldosteron-System (RAAS) sorgt für eine Zunahme des Natriumbestands.

Angiotensin II. Dieses aus Angiotensinogen gebildete Peptid ist das eigentliche Hormon des Renin-Angiotensin-Systems. Seine biologischen Wirkungen sind:
- zentrale Auslösung von **Durstgefühl** und **Salzappetit**, was die Salz- und Wasserzufuhr in den Körper erhöht (▶ Kap. 31.3.2)
- Steigerung der **ADH-Freisetzung** aus dem Hypophysenhinterlappen, welches die Wasserreabsorption in den Sammelrohren der Niere erhöht (▶ Kap. 31.3.2)
- Steigerung der **Natriumresorption** direkt am proximalen Tubulus
- Stimulation der Bildung des Mineralocorticoidhormons **Aldosteron** in der Zona glomerulosa der Nebennierenrinde

Der biochemische Mechanismus der Angiotensin II-Wirkung beruht auf den Angiotensin II-Rezeptoren AT1 und AT2, die zu den G-Protein gekoppelten Membranrezeptoren gehören (▶ Kap. 25.6)

! Aldosteron ist das wichtigste Mineralocorticoid des Menschen.

Aldosteronbiosynthese. Die Mineralocorticoide **11-Desoxycorticosteron** und **Aldosteron** werden aus Cholesterin synthetisiert (Abb. 28.22). Durch Oxidation am C-Atom 3 und Verschieben der Doppelbindung entsteht Progesteron, durch Hydroxylierung an den Positionen 21β, 18β und 11β wird daraus 18-Hydroxycorticosteron. Das beim Menschen wichtigste Mineralocorticoid, das **Aldosteron**, wird aus 18-Hydroxycorticosteron durch Oxidation der Hydroxylgruppe am C-Atom 18 gebildet. Die dabei entstehende Aldehydgruppe, welche dem Aldosteron seinen Namen gibt, kommt der Hydroxylgruppe am C-Atom 11 so

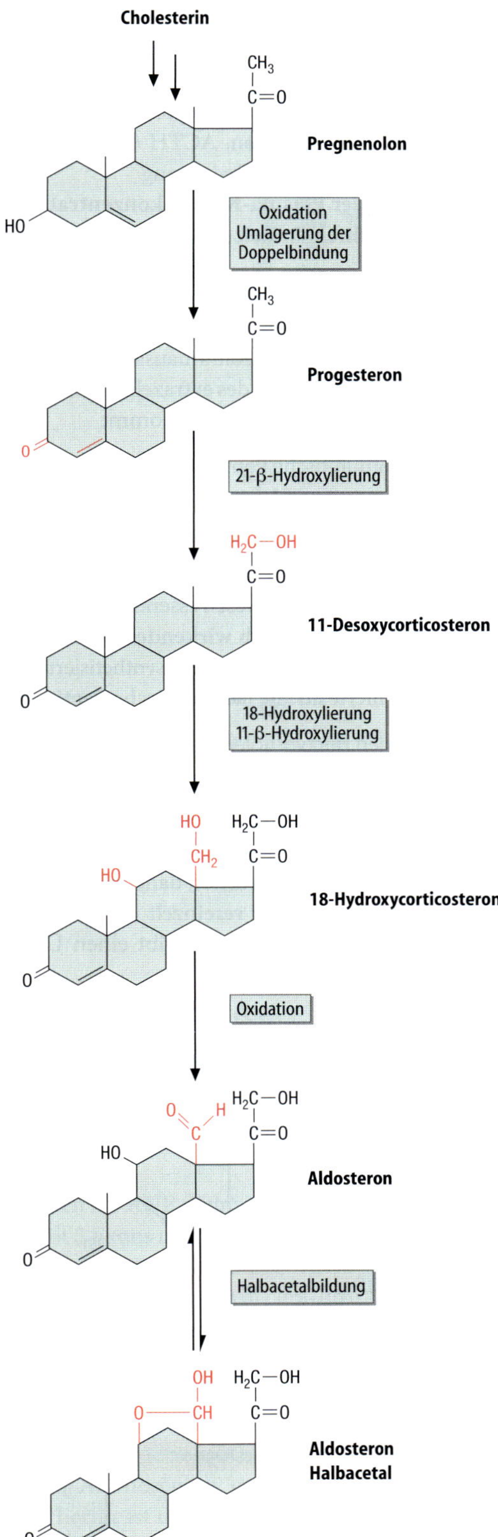

Abb. 28.22. Biosynthese der Mineralocorticoide 11-Desoxycorticosteron und Aldosteron. Für die Biosynthese des Aldosterons ist eine Hydroxylierung an den Positionen 21, 18 und 11 des Progesterons notwendig. Vgl. hierzu die Hydroxylierung bei der Biosynthese des Cortisols (► Kap. 27.3.3)

nahe, dass sich eine **Halbacetalform** des Aldosterons ausbilden kann, in der es in wässriger Lösung bevorzugt vorliegen dürfte. Durch Hydroxylierung in Position 11β wird 11-Desoxycorticosteron zum **Corticosteron**.

> Mineralocorticoide fördern die Natriumretention in der Niere.

Aldosteronwirkungen. Mit Ausnahme der Androgene steigern alle Corticosteroidhormone, besonders jedoch die Mineralocorticoide, die **Rückresorption** von Natriumionen in den Verbindungstubuli und Sammelrohren der Niere. Parallel zur gesteigerten Natriumretention kommt es zu einer gesteigerten Ausscheidung von Kalium-, Wasserstoff- und Ammoniumionen, was zu einer Abnahme der Kaliumkonzentration im Serum führt. Auch in den Schweißdrüsen, den Speicheldrüsen sowie im Intestinaltrakt wird die Ausscheidung von Natriumionen verlangsamt.

In ihrer Wirksamkeit auf den Mineralstoffwechsel unterscheiden sich die einzelnen Steroidhormone der Nebennierenrinde beträchtlich voneinander. Aldosteron ist 1000-mal wirksamer als Cortisol und ungefähr 35-mal effektiver als 11-Desoxycorticosteron.

> Aldosteron wirkt über einen Rezeptor aus der Superfamilie der Steroidhormonrezeptoren.

Der molekulare Wirkungsmechanismus des Aldosterons ähnelt dem der anderen Steroidhormone der Nebennierenrinde. Das Hormon wird in die Zelle aufgenommen und bindet an einen **cytosolischen Rezeptor**, der zur Superfamilie der Steroidhormon-Rezeptoren gehört (► Kap. 25.3.1).

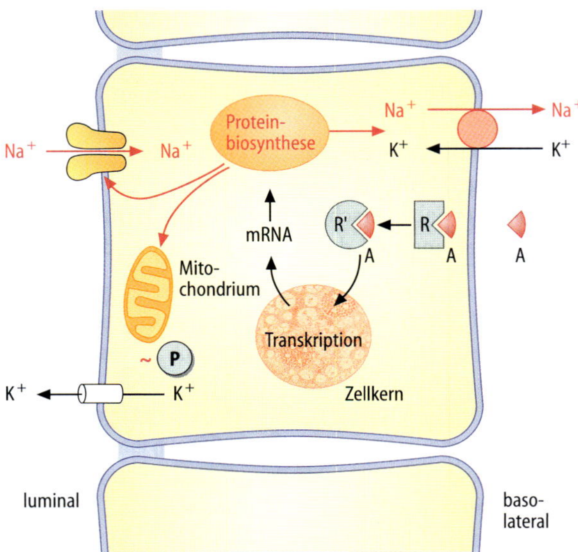

Abb. 28.23. Molekularer Mechanismus der Aldosteronwirkung auf die Tubulusepithelien. Aldosteron (A) bindet an ein Rezeptorprotein (R), das nach Konformationsänderung im Zellkern die Transkription spezifischer Gene induziert. Es kommt damit zur gesteigerten Biosynthese eines Natriumkanals, der Na^+/K^+-ATPase sowie verschiedener mitochondrialer Enzyme. (Einzelheiten ► Text)

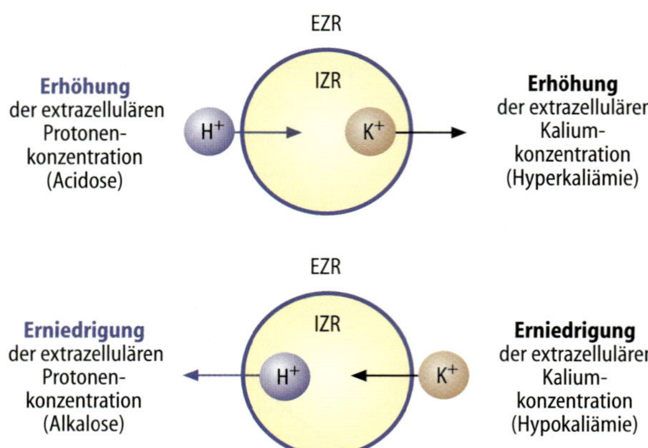

Abb. 28.29. Verschiebung von Kaliumionen zwischen Intra- (IZR) und Extrazellulärraum (EZR) bei Änderungen der Protonenkonzentration des Extrazellulärraums

bemerkbar; am Herzen treten Arrhythmien, bis hin zum Herzstillstand auf. Bei bedrohlicher Hyperkaliämie kann durch die gleichzeitige Verabreichung von Insulin und Glucose Kalium aus dem Extrazellulärraum in den Intrazellulärraum verschoben werden. Mit der oralen Gabe von Ionenaustauscherharzen kann die intestinale Resorption von Kalium gehemmt werden.

Kaliummangel und Hypokaliämie. Bei kaliumarmer Ernährung kann die tägliche renale Kaliumausscheidung bis auf ca. 8–10 mmol/Tag herabgesetzt werden. Voraussetzung für die Entwicklung eines Kaliummangels sind daher in der Regel neben einer reduzierten Zufuhr auch starke Verluste über die Niere oder den Magen-Darm-Trakt (Diarrhoe). Im Plasma liegt eine Hypokaliämie bei einen Kalium-Wert <3,5 mmol/l vor. Massive Essstörungen, wie z.B. bei Anorexia nervosa, aber auch Fehlernährung bei Alkoholismus, können die Kaliumzufuhr wesentlich vermindern. Ursachen für eine verstärkte renale Ausscheidung sind Hyperaldosteronismus oder massive Salzverluste durch Diuretika bzw. durch kongenitale genetische Salzverlustsyndrome, wie das Bartter-Syndrom oder das Liddle-Syndrom (► o.). Chronischer Kaliummangel führt zu degenerativen Veränderungen im Myokard und am Skelettmuskel, die funktionelle Störungen, wie Muskelschwäche und Paralyse, zur Folge haben. Hypokaliämie zeigt im EKG charakteristische Veränderungen, so z.B. ein Abflachen der T-Welle und Auftauchen der sog. U-Welle.

In Kürze

Kalium ist mengenmäßig das Hauption des Intrazellulärraums.

Da das Membranpotential der meisten Körperzellen vom Verhältnis der intra- und extrazellulären Kaliumkonzentration abhängt, ist es lebenswichtig, dass die relativ niedrige extrazelluläre Konzentration von Kalium in engen Grenzen gehalten wird.

Insulin stimuliert die Aufnahme von Kalium in die Zellen und senkt dadurch akut die Kaliumkonzentration im Extrazellulärraum.

Der Mensch nimmt mit der Nahrung mehr Kalium auf als er obligat abgibt. Entsprechend wird Kalium über die Nieren reguliert ausgeschieden. Ein wichtiger Regulator dabei ist das Nebennierenrindenhormon Aldosteron, dessen Produktion invers zur Plasmakaliumkonzentration reguliert wird und das die Kaliumausscheidung in der Niere stimuliert.

Störungen des Kaliumhaushalts sind häufig mit Störungen des Säure-Basen-Haushalts vergesellschaftet.

28.6 Der Calcium- und Phosphathaushalt

28.6.1 Calciumhaushalt

! Calcium ist an vielen zellulären Vorgängen beteiligt.

Knochenmineralisierung. Gemeinsam mit anorganischem Phosphat (► u.) bildet Calcium in Form einer dem Hydroxylapatit ähnlichen Struktur den anorganischen Anteil des Knochens sowie des – prinzipiell gleich aufgebauten – Dentins und Schmelzes der Zähne (► Kap. 24.7.1). Neben der mechanischen Funktion, die der Knochen als Stützgewebe erfüllt, dient das Knochengewebe auch als Speicherorgan für Calciumionen, aus dem es bei Calciummangel mobilisiert werden kann. Etwa 1% des Calciumpools der Knochen ist zu diesem Zweck verfügbar.

Blutgerinnung. Als freies Ion ist Calcium durch Bildung von Komplexen mit Phospholipiden und Gerinnungsfaktoren (Bindung an γ-Carboxyglutamylgruppen, ► Kap. 23.2.4) an der Aktivierung des extra- und intravaskulären Systems der Blutgerinnung beteiligt (► Kap. 29.5.3).

Stabilisierung des Membranpotentials. Die extrazelluläre Calciumkonzentration beeinflusst die neuromuskuläre Erregbarkeit dahingehend, dass kleinere Membranpotentialsänderungen nicht zur Auslösung eines Aktionspotentials führen. Sinkt die Calciumkonzentration nur wenig unter den Normwert, so stellt sich eine neuromuskuläre Übererregbarkeit bis zu tetanischen Krämpfen ein.

Zellaktivierung. Die Calciumkonzentration im Cytosol der meisten Säugetierzellen beträgt im Ruhezustand weniger als 10^{-7} mol/l. Da die extrazelluläre Konzentration an freien

Calciumionen bei etwa $1{,}7 \times 10^{-3}$ mol/l liegt, besteht damit an der Plasmamembran ein etwa 10000-facher zelleinwärts gerichteter Calciumgradient. Der gesamte Calciumgehalt der Zelle und der Pool des austauschbaren Calciums sind hingegen viel höher als es die cytosolische Calciumkonzentration vermuten lässt. Wäre z.B. das gesamte zelluläre Calcium ionisiert und gleichmäßig in der Zelle verteilt, so würde die intrazelluläre Calciumkonzentration etwa 2–10 mmol/l betragen und damit sogar über der Konzentration im Extrazellularraum liegen. Da durch die zahlreichen Phosphat-übertragenden Prozesse ständig freies anorganisches Phosphat im Cytosol der Zelle entsteht, würde sich das freie Calcium – wenn es in so hohen Konzentrationen vorläge – mit dem Phosphat zu einem unlöslichen Komplex verbinden, wie es im Knochen zu beobachten ist. Daher sind über 90% des Zellcalciums nicht ionisiert, sondern befinden sich als Calciumphosphat-Komplex in den Mitochondrien oder an Proteine gebunden im endoplasmatischen Retikulum.

Als Zellaktivierung bezeichnet man die Anregung einer Zelle zur Ausübung ihrer spezifischen Funktionen, z.B. Muskelkontraktion, Nervenleitung, Sekretion, Ionentransport, Stoffwechselfunktionen etc. Bei vielen dieser Prozesse besitzt Calcium eine Signalfunktion, da es als *second messenger* bei der Signaltransduktion durch extrazelluläre Signalmoleküle wirkt (▶ Kap. 25.4.5). Dabei steigt die cytosolischen Calciumkonzentration um den Faktor 10–100 an. Hierfür stehen prinzipiell 2 Möglichkeiten zur Verfügung, nämlich:

- **Einstrom** von Calcium aus dem Extrazellulärraum oder
- **Mobilisierung** intrazellulärer Calciumspeicher

❗ 99% des Körpercalciums befinden sich im Knochen.

Calciumbedarf. Der tägliche Bedarf an Calcium liegt bei 20 mmol (0,8 g) beim Erwachsenen, bei 37,5 mmol (1,5 g) in der Schwangerschaft und Lactation, bei 25 mmol (1,0 g) für Kinder und bei 30 mmol (1,2 g) in der Adoleszenz.

Intestinale Resorption. Das **Ileum** ist quantitativ der wesentliche Resorptionsort für Calcium, wobei Vitamin D ein entscheidender Regulator ist (▶ Kap. 23.2.2).

Von der täglich zugeführten Menge werden 25–40% resorbiert. Je niedriger die Calciumzufuhr ist, desto höher ist die prozentuale Resorption und umgekehrt. Das Ausmaß der Calciumresorption fällt mit zunehmendem Alter ab. Die intestinale Calciumresorption kann durch in der Nahrung enthaltene Verbindungen, wie Phytinsäure (z.B. im Hafer) und Oxalsäure (z.B. im Spinat), die schwer lösliche Calciumkomplexe bilden, beeinflusst werden.

Verteilung im Organismus. Der Gesamtbestand des Organismus beträgt 400 mmol/kg Körpergewicht (ca. 28 000 mmol beim Erwachsenen mit 70 kg). Im Knochen, der einem ständigen Auf- und Abbau unterliegt, befinden sich 99% des Körpercalciums. Der Rest des Körpercalciums ist auf den Extra- und Intrazellulärraum verteilt.

Calcium im Blut. Erythrozyten enthalten sehr wenig Calcium, da sie dieses ständig aus ihrem Inneren herauspumpen (▶ Kap. 29.2.1). So findet sich das gesamte Calcium im Blutplasma, und zwar in drei Fraktionen:

- **Ionisiertes Calcium**. Da es durch die Kapillarmembran in den interstitiellen Raum übertreten kann, wird es auch als diffusibles Calcium bezeichnet
- **Proteingebundes Calcium**. Es kann die Kapillarmembran nicht passieren (nichtdiffusibles Calcium). Albumin, aber auch Fetuin, ein spezielles, Calcium-bindendes Protein, spielen hierbei eine große Rolle
- Komplexiertes Calcium. Es macht nur eine kleine Menge aus, die wahrscheinlich als Citrat- und Phosphatkomplex vorliegt, und die in dieser Form in den interstitiellen Raum übertreten kann

Die ◻ Abb. 28.30 zeigt das Verhältnis der einzelnen Fraktionen, die miteinander im Gleichgewicht stehen. Die Calciumkonzentration liegt normalerweise zwischen 2,2 und 2,6 mmol/l (8,8–10,4 mg/100 ml). Obwohl sich mit weniger als 1% des Gesamtbestands nur ein sehr geringer Teil des Körpercalciums im Blutplasma befindet, und obwohl die tägliche Aufnahme und Ausscheidung im Stuhl und Urin wie auch die Ablagerungen im Knochen großen Schwankungen unterliegen, wird die Plasmakonzentration von Calcium bemerkenswert konstant gehalten.

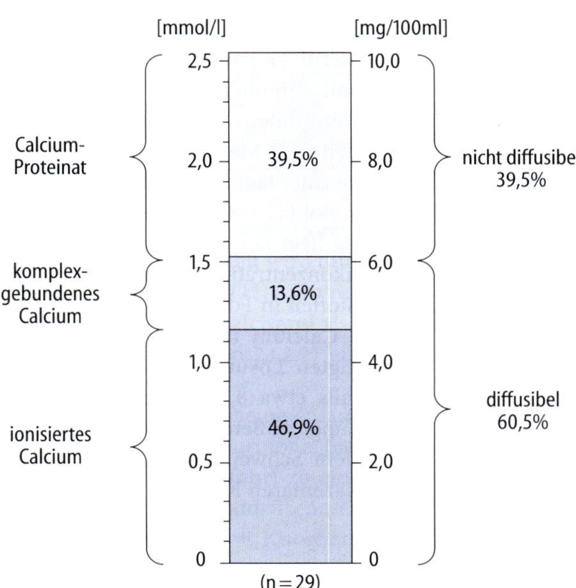

◻ **Abb. 28.30. Die einzelnen Fraktionen des Plasmacalciums.** Dargestellt sind die Mittelwerte von 29 Normalpersonen. (Nach Moore EW (1970) J Clin Invest 49:318)

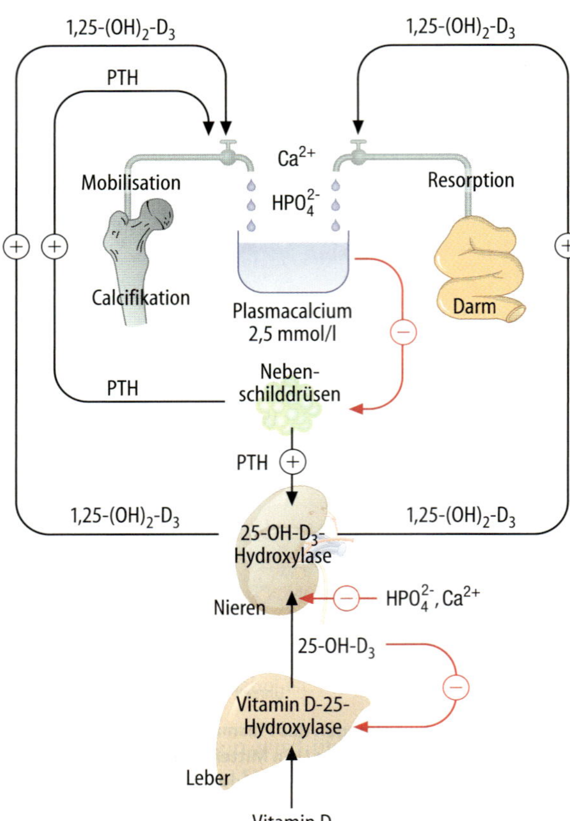

Abb. 28.32. Regulation der extrazellulären Calciumkonzentration. Ein Abfall des Plasmacalciums stimuliert die Freisetzung von Parathormon aus den Nebenschilddrüsen, das die Biosynthese von 1,25-$(OH)_2$-D_3 in den Nieren beschleunigt. Parathormon und 1,25-$(OH)_2$-D_3 fördern gemeinsam die Freisetzung von Calcium aus dem Skelettsystem. Außerdem fördert 1,25-$(OH)_2$-D_3 die intestinale Calciumresorption. Diese beiden Wirkungen führen dazu, dass der Plasmacalciumspiegel wieder den Normalwert erreicht. Das bei der Calciummobilisierung gleichzeitig aus dem Knochen freigesetzte oder im Darm resorbierte Phosphat hemmt direkt die Biosynthese von 1,25-$(OH)_2$-D_3 nach Art eines negativen Rückkoppelungsprozesses

! Parathormon entsteht durch limitierte Proteolyse eines Präkursors in den Nebenschilddrüsen.

Struktur des Parathormons. Parathormon (PTH) wird von den Nebenschilddrüsen sezerniert. Es sind meist 4 etwa linsengroße abgegrenzte Organe, die hinter den 4 Polen der Schilddrüse liegen. PTH ist ein Polypeptid aus 84 Aminosäuren. Die PTH verschiedener Spezies unterscheiden sich nur geringfügig, z.B. das des Rinds von dem des Schweins in nur 7 der 84 Aminosäuren. Untersuchungen mit synthetischen Teilsequenzen zeigten, dass für die biologischen Effekte des Hormons nur die ersten 27 N-terminalen Aminosäuren notwendig sind.

Biosynthese und Sekretion des Parathormons. Wie bei vielen anderen Polypeptidhormonen erfolgt auch die Biosynthese des PTH als größeres Vorläufermolekül. Die Abb. 28.33 zeigt den Aufbau des auf dem kurzen Arm von Chromosom 11 gelegenen **Prä-Pro-PTH-Gens**. Es codiert die aus 115 Aminosäuren bestehende Sequenz des Prä-Pro-PTH. Cotranslational wird im rauen endoplasmatischen Retikulum die aminoterminale Signalsequenz abgespalten, welche aus 25 Aminosäuren besteht, sodass als Zwischenprodukt das Pro-PTH entsteht (über die Funktion der Signalsequenz ► Kap. 9.2.2). Im Golgi-Komplex erfolgt unter Bildung des reifen PTH die proteolytische Abspaltung eines N-terminalen Hexapeptids aus meist basischen Aminosäuren.

! Die PTH-Sekretion wird durch die extrazelluläre Calciumkonzentration reguliert; PTH wird proteolytisch abgebaut.

Regulation der PTH-Sekretion. Da die Zellen der Nebenschilddrüsen nur relativ wenig Sekretgranula enthalten, kann man annehmen, dass PTH zum größten Teil kontinuierlich synthetisiert und konstitutiv sezerniert wird. Die Sekretion von PTH wird durch die Konzentration an **ionisiertem Calcium** im Blutplasma reguliert. Ein Abfall der Calciumkonzentration bewirkt einen Anstieg der cAMP-Konzentration und eine gesteigerte PTH-Sekretion (Abb. 28.34a). Bei erhöhter Plasmacalcium-Konzentration sinkt der intrazelluläre cAMP-Spiegel in den Epithelkörperchen und die PTH-Sekretion kommt zum Erliegen. Die Verbindung zwischen der extrazellulärer Calciumkonzentration und der intrazellulären cAMP-Konzentration besteht dabei in einem membranständigen **»Calciumrezeptor«-Protein**, welches zur Familie der G-Protein-gekoppelten Rezeptoren mit 7 Transmembrandomänen zählt. Ein Anstieg der extrazellulären Calciumkonzentration im physiologischen Bereich führt zur Aktivierung des Rezeptors und damit zur intrazellulären Calciummobilisierung über den Inositolphosphatweg. Ein Anstieg der Calciumkonzentration hemmt wahrscheinlich die Aktivität der Adenylatcyclase (Typ VI) und senkt so den intrazellulären cAMP-Spiegel, worauf sich die PTH-Sekretion vermindert (Abb. 28.34b).

Stoffwechsel des PTH. Sowohl innerhalb der Epithelkörperchen selbst als auch in der Leber und möglicherweise in den Nieren, erfolgt ein proteolytischer Abbau des PTH. Dabei kommt es zunächst zu einer Spaltung im ersten Drittel des PTH-Moleküls. Das dabei entstehende Bruchstück aus den Aminosäuren 1–33 besitzt noch die volle biologische Aktivität, das Bruchstück 34–84 ist dagegen inaktiv. Das N-terminale Fragment 1–33 wird offensichtlich schneller weiter abgebaut als das C-terminale. Jedenfalls geben Epithelkörperchen sehr viel größere Mengen dieses Fragments ans Blut ab als intaktes PTH und Fragment 1–33. Im Blut findet sich ein Gemisch aus vollständigem PTH sowie unterschiedlich biologisch aktiven Bruchstücken.

! PTH erhöht die Plasmacalciumkonzentration durch seine Wirkung an Knochen, Nieren und Dünndarm.

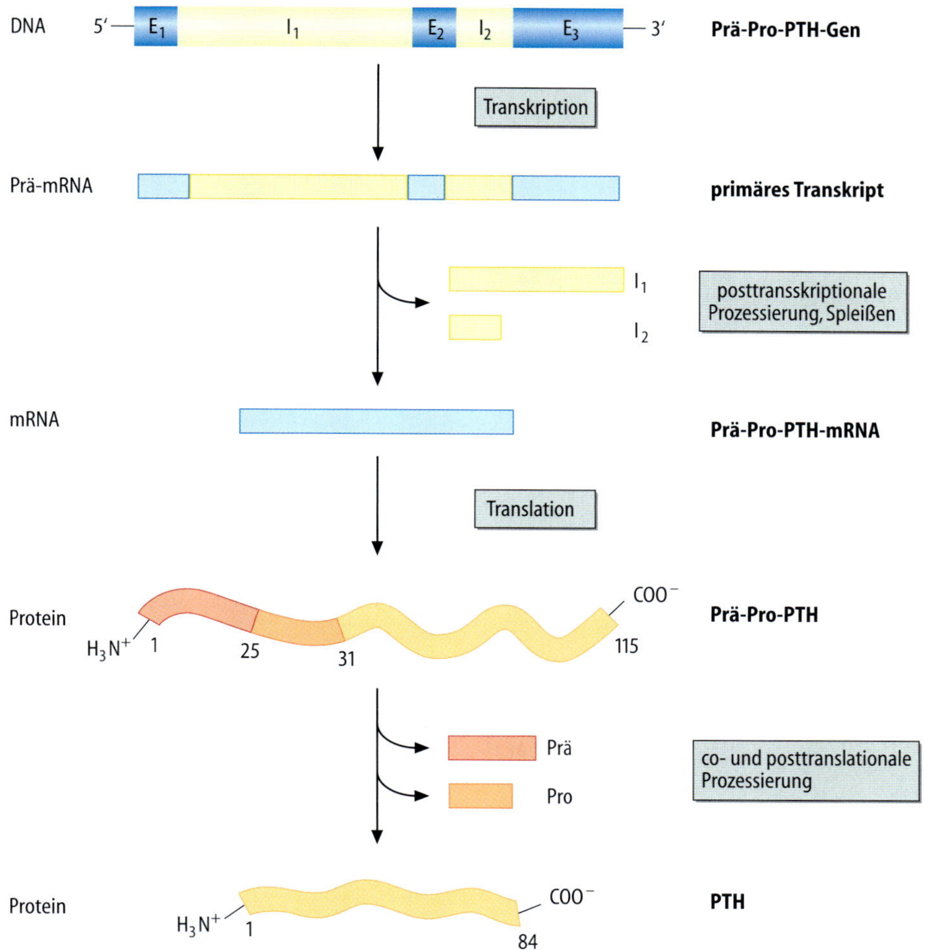

Abb. 28.33. Das Prä-Pro-PTH-Gen und die Prozessierung seines Transkriptions- und Translationsproduktes. (Einzelheiten ▶ Text)

Nach Zufuhr von PTH findet sich im Plasma ein Anstieg des Calciums sowie ein Abfall der Konzentration des anorganischen Phosphats. Diese Effekte lassen sich auf die PTH-Wirkung an den Knochen, den Nieren sowie der intestinalen Mukosa erklären:

- Am **Knochen** führt PTH durch die Aktivierung von Osteoklasten zu einer Freisetzung von Calcium. Darüber hinaus beeinflusst PTH die organische Knochenmatrix, in dem es zu einer Auflösung von Kollagen und Knochengrundsubstanz führt. Diese Wirkung beruht auf der Aktivierung von Kollagenasen und von lysosomalen Hydrolasen in den Osteoklasten. Als Folge wird vermehrt **Hydroxyprolin** aus dem Knochen freigesetzt. Die erhöhte Ausscheidung dieser Verbindung im Urin kann daher als diagnostischer Parameter für eine erhöhte PTH-Aktivität verwendet werden
- Die Regulation der renalen Calciumausscheidung erfolgt im distalen Tubulus (Pars convoluta) durch PTH und 1,25-$(OH)_2$-Cholecalciferol, welche dort die Calciumresorption stimulieren. Die Regulation der renalen Phosphatausscheidung erfolgt im proximalen Tubulus, wo Phosphat über einen Natriumcotransport (NaPi) resorbiert wird. NaPi wird in seiner Aktivität und auch in der Zahl der Transportmoleküle durch **Parathormon** und **Calcitonin** gehemmt. Entsprechend führen PTH und Calcitonin zu einer verstärkten Phosphatausscheidung im Urin (Phosphaturie). Bis zu 20% des filtrierten Phosphates können so ausgeschieden werden, was zu einem Abfall der Phosphatkonzentration im Plasma führt. Da die Konzentrationen von freiem Calcium und freiem Phosphat zusammen mit ihrem Produkt Calciumphosphat im reversiblen chemischen Gleichgewicht stehen, führt ein Abfall der Phosphatkonzentration gleichzeitig zu einem Anstieg der Calciumkonzentration
- Ein weiterer sehr wichtiger renaler Effekt des PTH besteht darin, dass es die **Hydroxylierung** von in der Leber gebildetem 25-Hydroxycholecalciferol zum biologisch aktiven 1,25-Dihydroxycholecalciferol stimuliert. Es führt zu einer gesteigerten Expression der für die 1,25$(OH)_2$–Cholecalciferolbildung notwendigen **1α-Hydroxylase** (▶ Kap. 23.2.2). Damit schafft es die

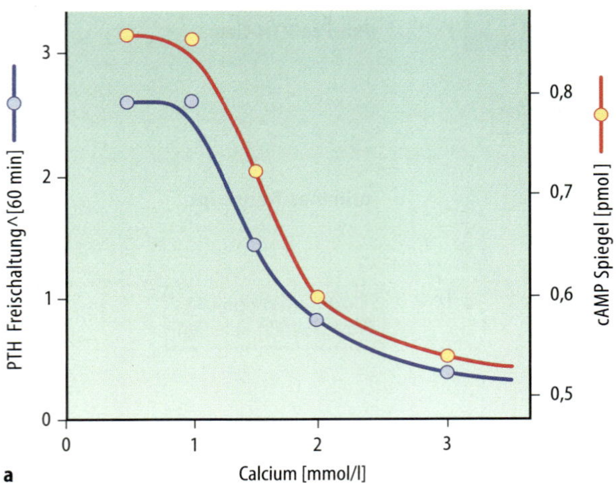

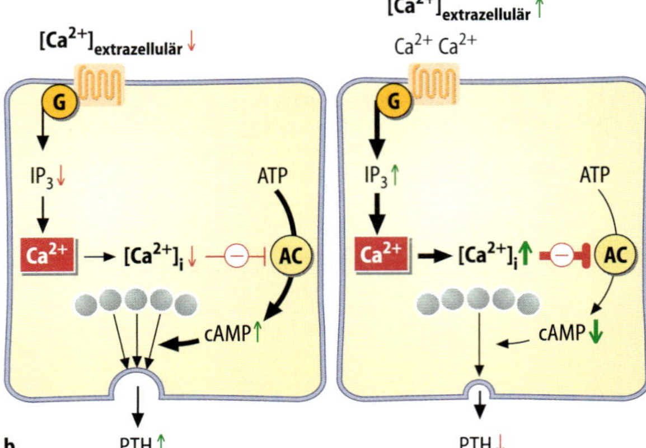

Abb. 28.34. cAMP-Konzentration und PTH-Freisetzung in Epithelkörperchen. a 10^5 isolierte Zellen aus Epithelkörperchen wurden mit Calcium in den jeweils angegebenen Konzentrationen inkubiert und danach die intrazelluläre cAMP-Konzentration sowie die PTH-Abgabe in das Medium gemessen. **b** Signalweg der Regulation der PTH-Sekretion aus Epithelkörperchen durch die extrazelluläre Calciumkonzentration. (Einzelheiten ► Text)

Voraussetzung zur Steigerung der intestinalen Calciumresorption bei erniedrigten Serumcalciumkonzentrationen. An der Dünndarmmukosa stimuliert PTH die Resorption von Calcium und Magnesium. Dieser Effekt ist jedoch im Vergleich zu den anderen Wirkungen des Hormons nur von geringer Bedeutung. Interessanterweise lässt er sich auch nur dann demonstrieren, wenn die Kost relativ calciumarm ist

! Der Parathormonrezeptor ist über G-Proteine mit der Adenylatcyclase gekoppelt.

Parathormon wirkt auf seine Zielzellen über einen **heptahelicalen Rezeptor**, welcher an heterotrimere, große G-Proteine gekoppelt ist und die **Adenylatcyclase** stimuliert. Die meisten, wenn nicht alle Effekte des PTH können durch Behandlung mit cAMP imitiert werden. Der Effekt des PTH auf die Adenylatcyclase der Tubulusepithelien der Nieren führt sogar zu einer deutlichen Ausscheidung von cAMP im Urin. Der PTH-Rezeptor reagiert auch mit dem *PTH related protein* (PTHrP) (► u.).

Mittlerweile sind Rezeptoren für PTH bzw. PTHrP in einer Vielzahl weiterer Gewebe nachgewiesen worden. Da man von diesen Geweben eigentlich nicht annehmen kann, dass sie eine besondere Bedeutung für die Regulation des Calcium- und Phosphatstoffwechsels haben, muss man vermuten, dass PTH und/oder das PTHrP (► u.) noch unbekannte weitere Funktionen haben.

! *Parathormon-related-protein* hat ähnliche Wirkungen wie PTH.

Es ist seit langem bekannt, dass bei verschiedenen **malignen Tumorerkrankungen** eine Hypercalciämie auftreten kann, welche auf die Bildung eines *PTH-related-proteins* (PTHrP) zurückzuführen ist. PTHrP ist ein aus 139 Aminosäuren bestehendes Protein, das jedoch in Fragmente mit biologischer Aktivität gespalten werden kann (PTHrP 1–36, 38–94 und 107–139). Die ersten 13 Aminosäuren sind identisch mit dem biologisch aktiven aminoterminalen Ende von PTH, was die dem PTH ähnliche biologische Wirkung erklärt. PTHrP wird auch in einer Reihe normaler Gewebe des Erwachsenen exprimiert, wie z.B. **Epidermis**, **Placenta**, **laktierende Mamma**, **Nebenschilddrüsen**, **Hirn**, **Magen** und **Leber**. PTHrP ist auch in der fetalen Nebenschilddrüse nachweisbar. Offensichtlich ist es wichtig für die Calciumhomöostase des Feten und für die Bereitstellung von Calcium für das fetale Knochenwachstum. PTHrP steuert die fetale Knochenentwicklung. Es wirkt relaxierend auf die Uterusmuskulatur, woraus geschlossen wurde, dass es für die Anpassung des Uterus an das fetale Wachstum und die Ruhigstellung des Uterus wichtig ist. Besonders auffallend ist, dass sehr hohe Konzentrationen von PTHrP in der Muttermilch nachweisbar sind. Geringere Mengen erscheinen in der mütterlichen Zirkulation und sind möglicherweise die Ursache der Calciummobilisierung aus dem mütterlichen Skelett. Die Ausschaltung des PTHrP-Gens durch *knockout* (► Kap. 7.4.5) ist letal.

PTHrP wirkt über den PTH-Rezeptor. Allerdings konnte gezeigt werden, dass PTHrP nicht nur sezerniert wird, sondern auch reversibel in den Zellkern transloziert werden kann. Sein dortige Funktion ist unklar.

! Thyreocalcitonin wird in der Schilddrüse gebildet.

Das in den C-Zellen der Schilddrüse gebildete, calciumsenkende **(Thyreo)calcitonin** scheint als spezifischer Gegenspieler des PTH besonders für die Feinregulation des Calciumspiegels im Blut verantwortlich zu sein.

Thyreocalcitonin ist ein Peptid aus 32 Aminosäuren, welches N-terminal eine Disulfidbrücke aufweist und dessen C-terminales Ende ein Glycinamid ist.

! Die Sekretion von Thyreocalcitonin wird durch Calcium stimuliert.

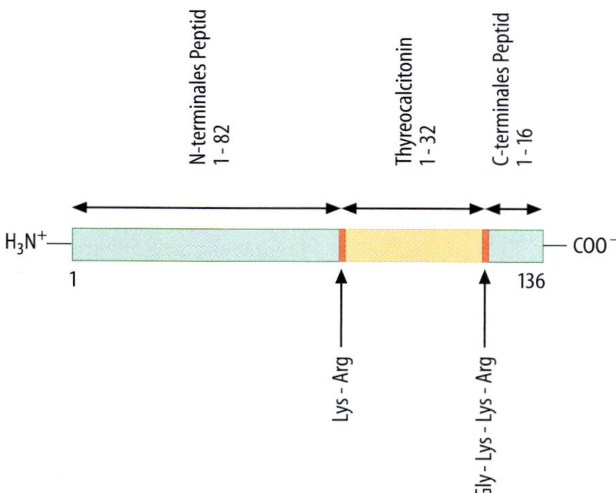

Abb. 28.35. Aufbau des Thyreocalcitonin-Präkursors bei der Ratte

Thyreocalcitonin entsteht durch proteolytische Prozessierung eines aus 136 Aminosäureresten bestehenden Präkursors (Abb. 28.35). Die Thyreocalcitonin-Sequenz ist von basischen Aminosäureresten flankiert, die die Signale für die proteolytische Abtrennung des Threocalcitonins sowie für die Aminierung des C-terminalen Glycins liefern. Ein über große Bereiche homologes Peptid, das *calcitonin gene related product* (CGRP) entsteht durch alternatives Spleißen desselben Gens, wird aber bevorzugt in Neuronen des zentralen und peripheren Nervensystems exprimiert. Es wirkt gefäßerweiternd und ist ein Chemokin für eosinophile Granulozyten.

Jede Erhöhung des Spiegels an ionisiertem Calcium im Plasma führt zu einer Thyreocalcitoninabgabe aus der Schilddrüse. Ähnlich wirken die gastrointestinalen Hormone Gastrin oder Pankreozymin.

Thyreocalcitonin senkt die Calciumkonzentration im Blut durch Wirkung auf Knochen, Darm und Niere.

Am Knochengewebe wirkt Thyreocalcitonin als direkter Antagonist des PTH, d.h. es hemmt die Calciumfreisetzung. Dabei wirkt sich der Hormoneffekt über eine Hemmung der Osteoklastentätigkeit und über die Stimulierung von Knochenanbauprozessen aus. Thyreocalcitonin senkt den Spiegel des ionisierten Calciums im Plasma in weniger als 30 Minuten, wirkt also rascher als PTH (60 min). Allerdings ist sein Effekt von kurzer Dauer, was auch aus den unterschiedlichen Halbwertszeiten für die beiden Hormone hervorgeht. Die Halbwertszeiten des Thyreocalcitonins sind mit 4–12 Minuten etwa 2- bis 3-mal kürzer als die des PTH. Neben der Hemmung der Osteolyse verringert Thyreocalcitonin auch die Magensaft- und Pankreassekretion sowie die intestinale Motilität. Das bewirkt eine Verlangsamung der Verdauungsvorgänge und damit der Calciumresorption, wodurch einer vorübergehenden Hypercalciämie entgegengewirkt wird. In den Nieren fördert es die Calciumausscheidung.

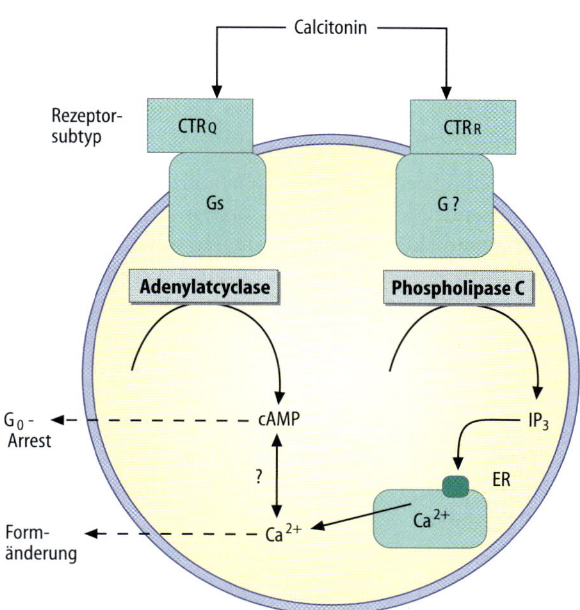

Abb. 28.36. Signaltransduktion des Thyreocalcitonin an Osteoklasten. Die beiden Rezeptorsubtypen sind über entsprechende G-Proteine an die Adenylatcyclase bzw. die Phospholipase C gekoppelt. Man nimmt an, dass die Erhöhung der cAMP-Konzentration sowie der zellulären Calciumkonzentration zur Fixierung von Osteoklasten in der G_0-Phase des Zellzyklus und zu der für ihre Inaktivität typischen Formänderung führt

Calcitoninrezeptoren sind über G-Proteine mit der Adenylatcyclase oder der Phospholipase C verbunden.

Calcitoninrezeptoren kommen in 2 Subtypen vor und sind Mitglieder der Familie von G-Protein gekoppelten Rezeptoren, zu denen auch die Rezeptoren für PTH, Sekretin, vasoaktives intestinales Peptid (VIP), *glucagon-like peptide 1* (GLP-1) und Glukagon gehören. Der Rezeptor ist je nach Subtyp, über G-Proteine an das Adenylatcyclasesystem bzw. die Phospholipase Cβ gekoppelt. Dementsprechend führt die Behandlung von Osteoklasten, aber auch anderer Zellen mit Thyreocalcitonin zur Erhöhung der cAMP- und Calciumkonzentrationen. Die Abb. 28.36 zeigt eine schematische Übersicht der molekularen Wirkung von Thyreocalcitonin an Osteoklasten.

1,25-Dihydroxycholecalciferol reguliert die intestinale Calciumresorption.

Eine Schlüsselstellung bei der intestinalen Calciumresorption nimmt das hierfür unerlässliche **1,25-Dihydroxycholecalciferol** ein (▶ Kap. 23.2.2). Damit kommt den Nieren eine wesentliche Funktion bei der Regulation der Calciumresorption und damit des Calciumbestands des Organismus zu. Da die renale Biosyntheserate von 1,25-Dihydroxycholecalciferol durch den Calciumspiegel reguliert wird, erhalten die Mukosazellen über diesen Metaboliten die Information über die Höhe des Plasmacalciumspiegels, die die Grundlage zur Förderung oder Hemmung der intestinalen Resorption bildet.

! Die Plasmaphosphatkonzentration wird über verschiedene Hormonsysteme reguliert.

Eine Erhöhung der Plasma-Phosphatkonzentration kommt durch folgende Mechanismen zustande:
- **Wachstumshormon** fördert die Phosphatreabsorption durch die Nieren und führt so zu einer höheren Plasmaphosphatkonzentration v.a. in der Wachstumsphase
- Vitamin D, Parathormon, Thyroxin aber auch eine Azidose fördern den Knochenabbau und damit die Freisetzung von Phosphat und Calcium in den Extrazellulärraum

Zu einer Erniedrigung der Plasma-Phosphatkonzentration kommt es durch:
- Parathormon, das eine Hemmung der Phosphatreabsorption im proximalen Tubulus auslöst
- Thyreocalcitonin, das die Plasma-Phosphatkonzentration über eine Hemmung der Knochenresorption senkt
- Insulin und Glucose, die zu einer vermehrten Aufnahme von Phosphat in den Intrazellulärraum führen und so einen Abfall der Plasmaphosphatkonzentration bewirken

28.6.4 Pathobiochemie des Phosphat- und Calciumhaushalts

! Eine Hypophosphatämie beeinträchtigt den ATP-Haushalt.

Gründe für eine **Hypophosphatämie** sind
- Phosphatverluste infolge Funktionsstörungen im Nierentubulus, denen entweder ein genetischer Defekt oder eine erworbene Schädigung zugrunde liegt, oder
- eine Verteilungsstörung, wenn z.B. bei parenteraler Ernährung eine gesteigerte Aufnahme von Phosphat in den Muskel und ins Fettgewebe erfolgt

Hypophosphatämien führen u.a. zum ATP- und 2,3-Bisphosphoglyceratmangel (2,3-BPG). Der Erstere löst u.a. eine allgemeine Muskelschwäche und Myokard-Insuffizienz aus, Letzteres führt zu einer Verschlechterung der Sauerstoffversorgung der peripheren Gewebe (▶ Kap. 29.2.2)

! Eine Hypercalciämie ist meist osteolytisch bedingt und beeinträchtigt die Funktion zahlreicher Organsysteme.

Bild der Hypercalciämie. Erhöhungen des Calciumspiegels im Blut über die obere Normgrenze (etwa 2,6 mmol/l) führen zu Funktionsstörungen verschiedener Organe. Hauptsächlich betroffen sind die Nieren (Polyurie, Polydipsie, Hyposthenurie, Hypokalikämie), der Gastrointestinaltrakt und das Herz (EKG-Veränderungen).

Verursacht werden Hypercalciämien durch eine gesteigerte Freisetzung von Calcium aus den Knochen oder eine vermehrte Resorption im Darm. Während ein Mangel an Thyreocalcitonin beim Menschen noch nicht als Ursache für eine Hypercalciämie nachgewiesen werden konnte, können Erhöhungen der Plasmacalciumkonzentration durch eine vermehrte Resorption bei der Überdosierung von Vitamin-D-Präparaten auftreten. Die wichtigste Ursache bilden jedoch die osteolytischen Syndrome, wobei man bedenken sollte, dass bei der Zerstörung von 1 g Knochen etwa 2,5 mmol (100 mg) Calcium freigesetzt werden.

Primärer und sekundärer Hyperparathyreoidismus. Die klassische Form für die osteolytischen Syndrome ist der **primäre Hyperparathyreoidismus**, bei dem durch Tumoren der Nebenschilddrüsen oder auch durch eine ektopische Hormonproduktion anderer Tumoren unabhängig vom Bedarf Parathormon sezerniert wird, das dann eine gesteigerte Osteolyse in Gang setzt. Dies führt zu einer massiven Knochenentkalkung mit Knochenverbiegungen, cystischen Entkalkungsherden und schließlich Spontanfrakturen. Neben den erhöhten Calciumkonzentrationen sind erniedrigte Phosphatkonzentrationen im Serum typisch für den primären Hyperparathyreoidismus.

Vom primären ist der **sekundäre Hyperparathyreoidismus** abzugrenzen, bei dem eine reaktive Überfunktion der Epithelkörperchen vorliegt. Sie wird durch Hypocalciämien aufgrund der verschiedensten Erkrankungen, wie Störungen der intestinalen Calciumresorption, Vitamin-D-Mangel, Nierenerkrankungen usw., ausgelöst. Typisch für dieses Krankheitsbild sind erniedrigte bis normale Serumcalciumspiegel bei erhöhten PTH-Konzentrationen.

Tumorhypercalciämie. Auch Tumoren, bei denen Tochtergeschwülste im Skelettsystem auftreten (z.B. bei Mamma- und Prostatakarzinom), können mit sog. malignen Hypercalciämien einhergehen. An der Entstehung von Tumorhypercalciämien sind von den Tumorzellen gebildete Hormone oder Cytokine (wie TNF-α oder *PTH-related-protein*) beteiligt, welche die Osteoklasten stimulieren.

! Eine Hypocalciämie kann verschiedene Ursachen haben; sie erhöht akut die neuromuskuläre Erregbarkeit und führt chronisch zu Entwicklungsstörungen.

Ursachen der Hypocalciämie. Erniedrigungen der Plasmacalciumkonzentration treten bei intestinalen Resorptionsstörungen, Unterfunktion der Nebenschilddrüsen (Hypoparathyreoidismus, ▶ u.), gesteigertem Calciumbedarf in der Schwangerschaft sowie gelegentlich bei Thyreocalcitoninüberproduktion auf. Ein akuter Abfall des ionisierten Calciums kann durch eine Hyperventilation bewirkt werden, da die dadurch verursachte Alkalose (▶ Kap. 28.8.6) die Bindung von Calcium an die Plasmaproteine erhöht.

Der Abfall des ionisierten Calciums führt zu Muskelkrämpfen (Tetanie) (► o.), die sich vor allem in der Perioralmuskulatur und der Fingermuskulatur bemerkbar machen.

Hypoparathyreoidismus. Die häufigste Ursache für eine Unterfunktion der Nebenschilddrüsen, einen Hypoparathyreoidismus, ist die unbeabsichtigte Entfernung der Nebenschilddrüsen bei Operationen an der Schilddrüse. In seltenen Fällen kann auch eine Autoimmunerkrankung zu einer Unterfunktion der Parathyreoidea führen.

Die Hauptsymptome sind **Muskelschwäche**, erhöhte **muskuläre Erregbarkeit** und **Tetanie**. Hypoparathyreoidismus im frühen Kindesalter führt zu einem Wachstumsstillstand, einer defekten Zahnentwicklung und einer geistigen Retardierung.

Das Serumcalcium ist erniedrigt, der Serumphosphatspiegel erhöht. Im Urin wird wenig bis kein Calcium ausgeschieden und auch die Phosphatausscheidung ist niedrig, ohne dass eine Nierenerkrankung vorliegt. Die Serumspiegel an Magnesium und Hydroxyprolin sind ebenfalls erniedrigt. Die PTH-Spiegel, die normalerweise schon sehr niedrig sind, sind weiter abgesenkt und liegen unterhalb der Nachweisgrenze.

Zur Behandlung des Hypoparathyreoidismus werden Calcium, PTH und besonders Vitamin D oder verwandte Verbindungen angewendet. Die Wirkung des Vitamins D beruht insbesondere auf einer Steigerung der Resorption von Calcium im Dünndarm und auf einer Stimulierung der Phosphatausscheidung durch die Nieren, der Calciumspiegel im Blut wird deshalb angehoben. Beim so genannten **Pseudohypoparathyreoidismus** liegt kein Hormonmangel vor, sondern die Nierentubuli sprechen wegen Rezeptordefekten nicht adäquat auf PTH an, weshalb die renale Ausscheidung von Calcium erhöht und von Phosphat vermindert ist.

Thyreocalcitoninüberproduktion. Eine Thyreocalcitoninüberproduktion findet man bei **Schilddrüsenkarzinomen**, die von den C-Zellen der Schilddrüse ausgehen. Trotz der teilweise erheblichen Thyreocalcitoninsekretion derartiger Tumoren kommt es nur bei einer Minderzahl der betroffenen Patienten zu einer Hypocalciämie. Der meist normale Calciumspiegel im Blut wird offensichtlich durch eine effektive Gegenregulation durch PTH aufrechterhalten. Auch bei **kleinzelligen Bronchialkarzinomen** sowie bei **Pankreaskarzinomen** kommt es häufig zu einer ektopischen Thyreocalcitoninproduktion.

In Kürze

Der Calcium- und Phosphatstoffwechsel sind nicht nur mit dem Stoffwechsel des Skelettsystems eng verknüpft, sondern auch mit der Aufrechterhaltung nahezu aller zellulärer Funktionen.

Die Regulation der extrazellulären Calciumkonzentration erfolgt durch die Hormone Parathormon (PTH), 1,25-Dihydroxycholecalciferol und Thyreocalcitonin. Zielgewebe dieser Hormone sind die Zellen der Darmmukosa, der Nierentubuli und der Knochen.

Das in den Nebenschilddrüsen gebildete Parathormon ist der wichtigste Regulator des Calciumspiegels im Extrazellulärraum. Jeder Abfall der Konzentration des ionisierten Calciums führt über einen spezifischen Calcium-Rezeptor in der Membran der Nebenschilddrüsenzellen zu einer erhöhten PTH-Sekretion. PTH erhöht die intestinale und renale Resorption von Calcium und verringert die tubuläre Reabsorption von Phosphat.

1,25-Dihydroxycholecalciferol, die aktive Form des Vitamin D, wird in Abhängigkeit von PTH in den Nieren aus 25-Hydroxycholecalciferol gebildet. Es fördert die Calciumresorption im Intestinaltrakt und erleichtert die Wirkung von Parathormon am Knochen.

Das in den parafolliculären Zellen der Schilddrüse produzierte Thyreocalcitonin senkt die extrazelluläre Konzentration an freiem Calcium.

28.7 Der Magnesium- und Sulfathaushalt

28.7.1 Magnesiumhaushalt

 Magnesium ist an intrazellulären Reaktionen von Phosphatgruppen beteiligt.

Magnesium nimmt an vielen Reaktionen teil, bei denen Phosphatgruppen übertragen, Phosphatester gespalten oder gebildet werden, da das Substrat dieser Enzyme (z.B. ATPasen in Membranen, alkalische und saure Phosphatasen, Pyrophosphatasen) ein ATP^{2-}-Mg^{2+}-Komplex ist. Magnesium macht dabei das Phosphat einem nucleophilen Angriff zugänglich. Auch bei der oxidativen Phosphorylierung in den Mitochondrien, verschiedenen Stufen der Proteinbiosynthese im Cytosol (Assoziation der ribosomalen Untereinheiten, Aktivierung der Aminosäuren) und der Nucleinsäurebiosynthese im Kern ist Magnesium beteiligt.

Von klinischer Bedeutung ist die calciumantagonistische Wirkung des Magnesiums. Es blockiert Calciumkanäle und damit den Einstrom von Calcium z.B. in synaptische Endköpfe (vermindert damit Transmitterfreisetzung), in die glatte Gefäßmuskulatur und die Herzmuskelzelle. Darauf beruht die Anwendung pharmakologischer Magnesiumgaben bei Muskelkrämpfen und Herzinfarkt mit Rhythmusstörungen.

! Über 95% des Körpermagnesiums befinden sich im Intrazellulärraum.

Magnesiumbedarf. Der Magnesiumbedarf des Menschen ist unbekannt. Er hängt nicht nur vom Gesundheitszustand, sondern auch von der Zusammensetzung der Nahrung und insbesondere deren Calcium- und Proteingehalt ab. Mit 8,2–12,3 mmol (200–300 mg) pro Tag ist die Bilanz ausgeglichen. Von der Deutschen Gesellschaft für Ernährung wird die tägliche Zufuhr von 14,4 mmol (350 mg) empfohlen. Reich an Magnesium ist grünes Blattgemüse aufgrund seines hohen Chlorophyllgehalts sowie Nüsse und Getreide.

Intestinale Resorption. Nur etwa 30% des mit der Nahrung zugeführten Magnesiums werden aufgenommen. Seine Resorption erfolgt über einen noch unbekannten Mechanismus durch die Dünndarmmukosa, in geringeren Mengen auch im Magen, nachdem das Magnesium des Pflanzenchlorophylls durch Salzsäure abgespalten worden ist. Vitamin D_3, Parathormon, Wachstums- und Schilddrüsenhormone steigern die intestinale Resorption.

28

Verteilung im Organismus. Die Magnesiumkonzentration im Blut beträgt 0,8–1,0 mmol/l. Davon sind etwa 32% an Proteine (Tabelle 28.9) gebunden. Der Liquor cerebrospinalis enthält mit 1,25–1,5 mmol/l fast doppelt soviel Magnesium. Aus dem Extrazellulärraum (1,3% des Gesamtbestands) gelangt Magnesium in die Körperzellen (95% des Gesamtbestands), wobei es v.a. in Apatit und Proteinen des Skeletts (67%) und in Organen mit hoher Stoffwechselaktivität wie Herz, Leber, Zentralnervensystem und Muskulatur (31%) angereichert wird.

Tabelle 28.9. Daten zum Magnesiumstoffwechsel

Verteilung von Magnesium im normalen Plasma	mmol/l	Prozentualer Anteil an der Gesamtmenge
Ionisiert	0,53	55
Proteingebunden	0,30	32
Komplexiert	0,07	7
Nicht identifiziert	0,06	6
Gesamtmenge	0,96	100
Normalbereich im Blutplasma	0,8–1,0 mmol	
Tägliche Ausscheidung mit dem Urin	3,0–6,0 mmol/24 h	
Gesamtbestand des Organismus	115–165 mmol/kg Körpergewicht	
Empfohlene tägliche Zufuhr mit der Nahrung	8–14 mmol	

Da die intrazelluläre Konzentration höher als die des Extrazellulärraums ist, weisen auch die Erythrozyten eine höhere Konzentration als das Blut auf (2,5–2,75 mmol/l). Im Knochen ist Magnesium nicht fest gebunden, sondern rasch mobilisierbar. Der Gesamtbestand des 70 kg schweren Erwachsenen beträgt bei 11,5–16,5 mmol/kg Körpergewicht 800–1150 mmol (etwa 24–25 g) und nimmt mit dem Alter ab.

Ausscheidung. Die Ausscheidung erfolgt fast ausschließlich über glomeruläre Filtration in der Niere und wird durch die Reabsorption in den Tubuli begrenzt (► o.). Im Normalfall werden ca. 5% des filtrierten Mg^{2+} mit dem Urin ausgeschieden (3–6 mmol/24 h). Wegen der Kompetition von Mg^{2+} mit Ca^{2+}, führt jede Erhöhung des Serumcalciumspiegels zu einer stärkeren Magnesiumausscheidung und umgekehrt.

In geringen Mengen wird Magnesium auch mit dem Schweiß und in den Darm ausgeschieden.

! Über die Regulation des Magnesiumstoffwechsels ist bisher nur wenig bekannt.

Die intrazelluläre Magnesiumkonzentration ist erstaunlich unabhängig von der extrazellulären Magnesiumkonzentration. In den Mitochondrien wird Magnesium in Form von $Mg_3(PO_4)_2$-Komplexen angereichert, weswegen der Magnesiumspiegel in Mitochondrien höher als im Cytosol ist. Die Schilddrüsenhormone beeinflussen den Plasma- (Erniedrigung) und Zellgehalt (Erhöhung) sowie die Urinausscheidung von Magnesium (Erhöhung). Da auch die intestinale Resorption gesteigert wird, entsteht unter der Gabe von Schilddrüsenhormonen insgesamt eine positive Magnesiumbilanz. Genau die entgegengesetzten Wirkungen werden bei der Schilddrüsenunterfunktion beobachtet.

! Ein Magnesiummangel wird durch vermehrten Verbrauch oder verminderte Aufnahme hervorgerufen.

Die Magnesiumaufnahme beim Menschen kann durch proteinreiche Ernährung (hoher Magnesiumbedarf und Hemmung der Resorption), calciumreiche Kost, Mangel an Thiamin (B_1) und Pyridoxin (B_6), durch höheren Alkoholkonsum (hemmt Magnesiumresorption), und durch Magnesiummangelernährung verringert sein. Auch die Beeinträchtigung der renalen Reabsorption von Magnesium kann einen Mangelzustand herbeiführen.

Symptome des Magnesiummangels sind nervöse Störungen mit Schwindelzuständen, Kribbeln in Händen und Füßen sowie Muskelkrämpfe, die sich mit der Funktion von Magnesium bei der synaptischen Erregungsübertragung (neuromuskuläre Endplatte!) erklären lassen.

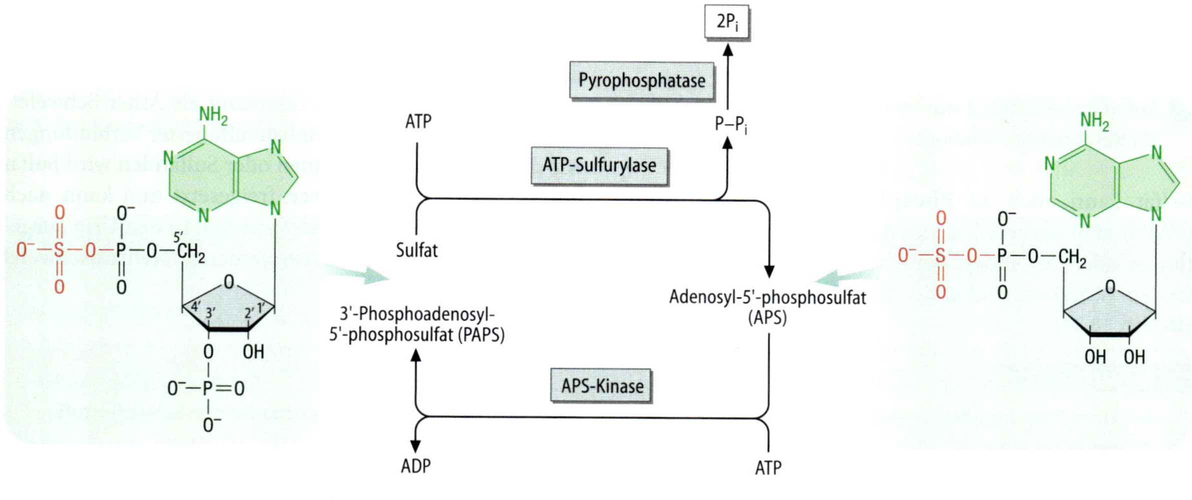

Abb. 28.37. Aktivierung von Sulfat

28.7.2 Schwefelhaushalt

> Sulfat ist Endprodukt des organischen Schwefelstoffwechsels.

Schwefel ist wesentlicher Bestandteil der Seitenketten der proteinogenen Aminosäuren Cystein und Methionin. Methionin kann in Cystein überführt werden, bei dessen Abbau zu Kohlendioxid, Wasser und ATP der Schwefel in Form von Schwefelwasserstoff frei wird. Dieser wird nach Oxidation zu anorganischem Sulfat (Plasmakonzentration 0,5–1,5 mmol/l) in der Niere glomerulär filtriert und im proximalen Tubulus im Cotransport mit 2Na$^+$ wieder reabsorbiert. Basolateral verlässt es den proximalen Tubulus dann wieder im elektroneutralen Austausch mit Cl$^-$. Nicht reabsorbiertes Sulfat wird in Begleitung von Kationen mit dem Urin ausgeschieden (anorganisches Sulfat). Die tägliche Sulfatausscheidung

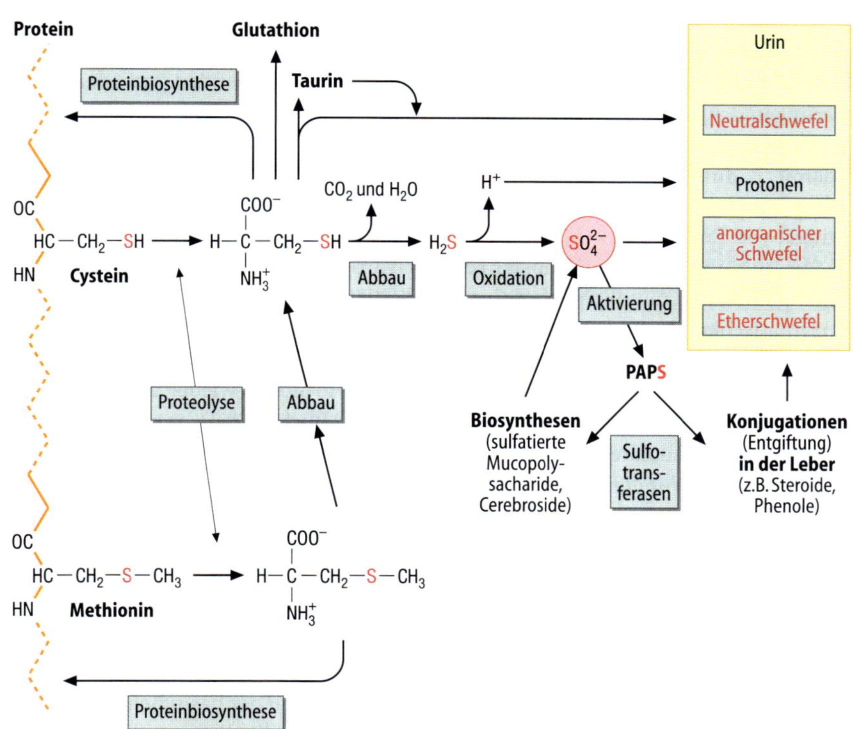

Abb. 28.38. Bildung, Verwendung und Ausscheidung von Sulfat

überwiegend als Dihydrogenphosphat vorliegt, geht im alkalischen Milieu des Darmes in Hydrogenphosphat unter Freisetzung von Protonen über.

- über H$^+$/(K$^+$)-ATPasen
- über die in vielen Zellen vorkommenden Cl$^-$/HCO$_3^-$-Antiporter bzw. Na$^+$/HCO$_3^-$-Cotransportsysteme, die

beträgt in Abhängigkeit von der zugeführten Protein- menge 30–60 mmol.

Die Konjugation mit Sulfat in der Leber ist Teil der Phase 2 des Biotransformationssystems (► Kap. 33.3.1); die

Einleitung

Blut ist das Trägermedium für die humorale Kommunikation zwischen den einzelnen Geweben, die durch das Gefäßsystem ermöglicht wird. Aufgrund seiner ständigen Bewegung eignet sich Blut mit seinen korpuskulären Elementen, Transportproteinen und seiner wässrigen Phase zum Transport der verschiedensten Stoffe. Mit Hilfe der Erythrozyten werden Sauerstoff von den Lungen zu den Geweben und Kohlendioxid in umgekehrter Richtung transportiert. Blut befördert weiterhin im Magen-Darm-Trakt resorbierte Nahrungsstoffe in gelöster Form oder in Bindung an Transportproteine über die Pfortader in die Leber und von dort aus in die peripheren Organe. Von den Organen gelangen Endprodukte des Stoffwechsels zu den Ausscheidungsorganen (Nieren, Lungen, Haut und Darm). Hormone werden von den endokrinen Drüsen zu den Erfolgsorganen und Metaboliten zwischen den verschiedenen Organen (z.B. Lactat und Alanin von der Muskulatur in die Leber, Ketonkörper von der Leber in die peripheren Organe) befördert. Im intrazellulären Stoffwechsel entstehende und an den Extrazellulärraum abgegebene Protonen und Kohlendioxid werden vom Blut wirksam abgepuffert und den Ausscheidungsorganen (Lungen und Nieren) zugeleitet. Aufgrund dieser Eigenschaften eignet sich das Blut in hervorragender Weise zur Analyse des Funktionszustands verschiedener Organe: die Untersuchung von durch Venenpunktion gewonnenem Blut erlaubt schnelle Rückschlüsse auf die Funktion von Nieren, Herz, Leber, Knochenmark und anderen Geweben. Gegen Viren und Bakterien kann Blut den Organismus durch den Besitz unspezifischer (Serumproteine wie C-reaktives Protein, Properdin, Faktoren des Komplements, Lysozym) und spezifischer (Antikörperproteine) Abwehrmechanismen schützen. Neutrophile Granulozyten sind durch ihre Fähigkeit, hochaktive Sauerstoffverbindungen zu erzeugen und Bakterien zu phagozytieren, entscheidender Bestandteil des zellulären Immunsystems. Aufgrund der hohen spezifischen Wärme von Wasser verteilt Blut die in einzelnen Organen gebildete Wärme (z.B. in der stoffwechselaktiven Leber) auf den Gesamtorganismus. Durch die Wasser anziehende Wirkung seiner Proteine nimmt Blut Einfluss auf den Austausch von Wasser und Stoffen zwischen der zirkulierenden und der Gewebeflüssigkeit. Zum Schutz vor dem Verlust dieses wichtigen Gewebes existiert ein komplexes Gerinnungssystem, das bei Gefäßverletzungen sofort aktiv wird. Eine Aktivierung dieses Systems ohne Verletzungen des Gefäßes kann zu Thrombosen führen.

29.1 Korpuskuläre Elemente des Bluts

Blut enthält eine Reihe korpuskulärer Elemente, die vorwiegend im Knochenmark gebildet werden und an der Erfüllung mehrerer Aufgaben des Bluts (Sauerstofftransport, Blutstillung, Abwehr) beteiligt sind. Dies sind die **Erythrozyten, Thrombozyten** und **Leukozyten**. Zu Letzteren gehören neutrophile, eosinophile und basophile Granulozyten sowie Monozyten.

! Die Hämatopoese wird durch Cytokine reguliert.

Ausgangspunkt der Bildung der korpuskulären Elemente im Knochenmark sind die **Stammzellen** (wegen des Besitzes des Oberflächenmarkers CD34 als CD34-positive Zellen bezeichnet), die die Fähigkeit zur Selbstreplikation mit Bildung von Tochterstammzellen besitzen. CD34+ Zellen sind in sehr geringen Mengen auch im Blut nachweisbar; dasselbe gilt für die sog. CD34+/-R2-Stammzellen, aus denen sich Endothelzellen entwickeln. Stammzellen sind **pluripotent**, d.h. sie können zu funktionell verschiedenen Zelltypen differenzieren. Dieser Vorgang läuft über mehrere Stufen ab, die mit einem schrittweisen Verlust der Pluripotenz einhergehen (◘ Abb. 29.1). Die frühesten differenzierten Zellen werden als determinierte Vorläuferzellen bezeichnet, die in ihrer weiteren Entwicklung bereits auf ein oder zwei Zelltypen festgelegt sind. Die Vorläuferzellen besitzen jedoch ein ausgeprägtes proliferatives Potential und produzieren so Tochterzellen des entsprechenden reifen Zelltyps. In vitro überleben oder proliferieren Knochenmarkzellen nur in Gegenwart regulatorischer Polypeptide. Da diese Experimente in Agarkultursystemen durchgeführt werden, in denen die Zellen unter Bildung von Kolonien wachsen, werden die entstehenden Kolonien als **CFU** (colony forming units) und die Polypeptide mit Hormoncharakter als **CSF** (colony stimulating factors) bezeichnet (◘ Abb. 29.1). Den CSF wird ein Präfix vorangestellt (z.B. GM), das die Zellpopulation angibt (**G**ranulozyten und **M**akrophagen), die unter dem stimulierenden Einfluss des betreffenden Proteins gebildet wird. T-Lymphozyten, Monozyten (und Makrophagen) und Stromazellen sind die Hauptquellen von Wachstumsfaktoren. Ausnahmen sind nur Erythropoietin (Nieren) und Thrombopoietin (Leber). Viele dieser auch als Cytokine bezeichneten Polypeptide stehen heute in rekombinanter Form für die Therapie beim Menschen zur Verfügung (◘ Tabelle 29.1). Sie finden vor allem bei der Stimulierung der hämatopoetischen Regeneration (nach Bestrahlung oder zytotoxischen Medikamenten), der Rekrutierung von CD34-Zellen in das Blut für die Stammzelltransplantation oder zur Verstärkung der Abwehr bei akuten Infektionen klinische Anwendung.

Nach Differenzierung im Knochenmark müssen die reifen Blutzellen auf einen adäquaten Reiz hin die **Knochenmark-Blut-Schranke** überwinden, um Anschluss an die Blutbahn zu gewinnen. Diese Schranke stellt eine dreischichtige Struktur dar, die aus Adventitiazellen (einer spezialisierten Fibroblastenart), einer Basalmembran und der Endothelschicht besteht (◘ Abb. 29.2). Die Überwindung der Schranke wird den reifen Blutzellen wahrscheinlich durch die Freisetzung von Proteasen wie Elastase oder MMPs (► Kap. 9.3.3) ermöglicht, die dieses Gitter reversibel öffnen können.

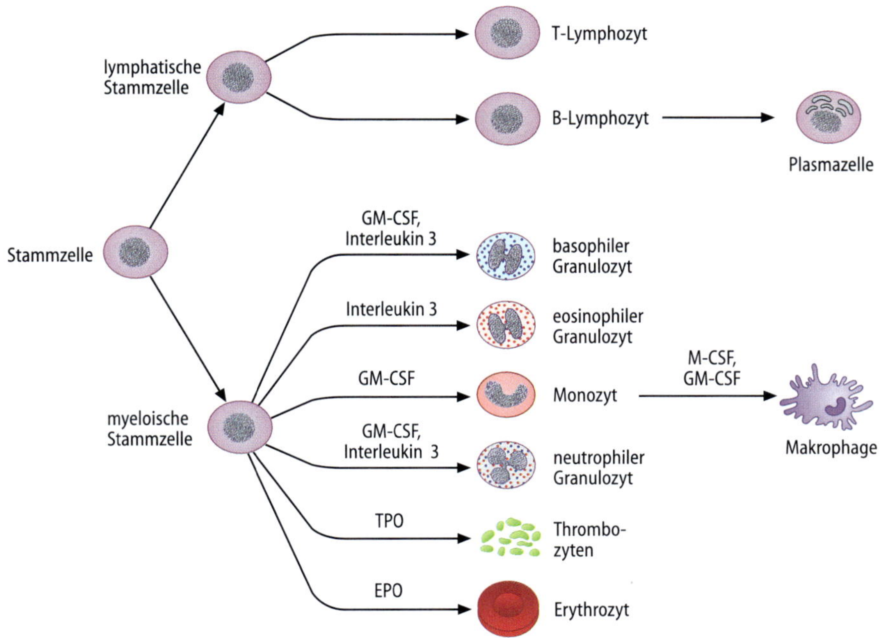

Abb. 29.1. Entwicklung der einzelnen Blutzellen aus einer pluripotenten Stammzelle im Knochenmark unter dem Einfluss hämatopoetischer Wachstumsfaktoren

Tabelle 29.1. Rekombinante hämatopoietische Wachstumsfaktoren (Cytokine) beim Menschen (Beispiele)

Bezeichnung	Synonym	Molekulargewicht	Produziert von	Genetische Information des Glykoproteins
Interleukin-3	Multi-CSF 1l-3	20–26 kDa	T-Lymphozyten	cDNA: 133 Aminosäuren enthaltendes Protein Chromosom 5
GM-CSF	CSF-α	14–35 kDa	T-Lymphozyten Endothelzellen Fibroblasten	cDNA: 127 Aminosäuren enthaltendes Protein Genstruktur: 4 Exons Chromosom 5
M-CSF	CSF-1	70 kDa (Dimer)	Monozyten Fibroblasten Endothelzellen	cDNA: 189 Aminosäuren enthaltendes Protein Chromosom 5
G-CSF	CSF-β	20 kDa	Monozyten Fibroblasten	cDNA: 177 Aminosäuren enthaltendes Protein Genstruktur: 5 Exons Chromosom 17
Erythropoietin	Epo	34–39 kDa	peritubuläre Nierenzellen	cDNA: 166 Aminosäuren enthaltendes Protein Genstruktur: 5 Exons Chromosom 7
Thrombopoietin	Tpo	35 kDa	Leber-, Nierenzellen	cDNA: 335 Aminosäuren enthaltendes Protein Genstruktur: 5 Exons Chromosom 3q26–27

29.2 Erythrozyten

29.2.1 Eigenschaften und Stoffwechsel der Erythrozyten

! Erythrozyten entstehen aus Erythroblasten durch den Verlust des Zellkerns.

Bei der Erythrozytenbildung (Erythropoiese) im Knochenmark differenzieren sich Proerythroblasten unter dem Einfluss des renalen Hormons **Erythropoietin** (molekularer Mechanismus, ► Kap. 28.1.10) aus pluripotenten Stammzellen und durchlaufen mehrere Zellteilungen. Die dabei entstehenden Erythroblasten sind in kleinen Inseln um eine zentrale Retikulumzelle angeordnet, die die Erythroblasten während des Reifungsprozesses mit notwendigen Stoffen versorgt. Während der Teilung der Proerythroblasten setzt die Biosynthese von **Hämoglobin**, des mengenmäßig bedeutendsten Proteins des Erythrozyten, ein. Gleichzeitig beginnt sich der Zellkern zusammenzuziehen, wird schließ-

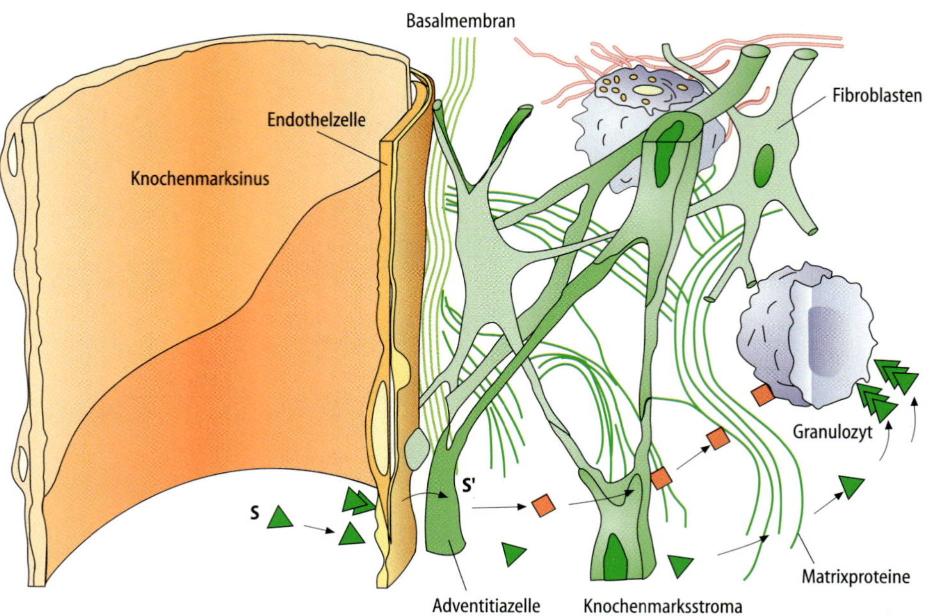

Abb. 29.2. Aufbau der Knochenmark-Blut-Schranke aus Endothelzellschicht, Basalmembran und den Adventitiazellen (*grün*), einer spezialisierten Fibroblastenart. Nach Stimulierung durch ein Signal S (wie z.B. Interleukin-8, *grünes Dreieck*), das entweder direkt auf den Granulozyten oder indirekt über ein zweites Signal (*rotes Viereck*) wirkt, wandern reife Granulozyten über die Schranke in den Knochenmarksinus

29

lich aus der Zelle ausgestoßen und von der zentralen Retikulumzelle aufgenommen. Nach dem Verlust des Zellkerns tritt der Erythrozyt, der deshalb nicht mehr als Zelle, sondern als korpuskuläres Element bezeichnet wird, in die Zirkulation über, in der er als Scheibe mit einer zentralen Delle erscheint (Abb. 29.3).

Von den älteren Erythrozyten, die schon längere Zeit im Kreislauf zirkulieren, unterscheidet sich der **junge Erythrozyt** durch den Besitz eines mit bestimmten Farbstoffen (z.B. Brilliantkresylblau) anfärbbaren Retikulums, das aus ribosomaler RNA und anderen Zellorganellen besteht und innerhalb der ersten 48 Stunden verloren geht. In diesem Stadium werden Erythrozyten als **Reticulozyten** (nicht zu verwechseln mit den Retikulumzellen) bezeichnet und dienen als Indikator der Erythrozytenproduktion. Während der Reifung verlieren die Erythrozyten auch ihre Mitochondrien und damit die mit diesem Zellorganell verbundenen Stoffwechselleistungen (z.B. Pyruvatdehydrierung und oxidative Phosphorylierung). Übrig bleiben ihnen cytosolische Stoffwechselwege wie die Glycolyse und der Pentosephosphatweg.

Abb. 29.3. Rasterelektronenoptische Aufnahme eines in einem Fibrinnetz liegenden Erythrozyten

Zwischen Erythrozytenauf und -abbau besteht ein dynamisches Gleichgewicht.

Die Lebenszeit des Erythrozyten, von denen jeder Mikroliter Blut 4–6 Millionen enthält, beträgt 110–130 Tage (Tabelle 29.2). Warum Erythrozyten nicht länger überleben, ist unbekannt, könnte aber auf die Aktivitätsminderung erythrozytärer Enzyme zurückzuführen sein, da eine Enzymneusynthese nicht mehr möglich ist. Nach Ablauf

Tabelle 29.2. Einige Lebensdaten des Erythrozyten

Lebensdauer	120 Tage (110–130 Tage)
Oberfläche aller Erythrozyten	3800 m^2
Gesamtmenge	25 000 Milliarden
Täglicher Bedarf	208 Milliarden
Erythrozytenproduktion/s	2,4 Millionen
Zurückgelegter Weg während 120 Tagen	400 km
Gewicht eines Erythrozyten	3×10^{-11} g (= 30 pg)

ihrer Lebenszeit werden die Erythrozyten von Zellen des retikuloendothelialen Systems (in Milz, Knochenmark und Leber) durch Phagozytose aufgenommen und abgebaut.

Die beim Abbau des Porphyringerüsts entstehenden **Gallenfarbstoffe** werden ausgeschieden (▶ Kap. 20.3), das frei werdende **Eisen** und die beim Globinabbau entstehenden **Aminosäuren** werden erneut für die Biosynthese verwertet.

Die Erythrozytenzahl und damit die Hämoglobinkonzentration im Blut werden in engen Grenzen konstant gehalten. Beim erwachsenen Mann beträgt die Erythrozytenzahl zwischen 4,5 und 6,0 Million/µl und die Hämoglobinkonzentration zwischen 14 und 18 g/100 ml (140 und 180 g/l entsprechend 8,7 und 11,2 mmol/l, wobei das Molekulargewicht des Monomers zugrunde liegt), bei der erwachsenen Frau zwischen 4,0 und 5,0 Millionen/µl bzw. 12 und 16 g/100 ml Blut. Störungen dieses Gleichgewichts können durch Änderungen von Abbau und/oder Biosynthese verursacht werden. Der prozentuale Anteil der Erythrozyten am Gesamtblut wird als **Hämatokrit** bezeichnet. Die Anzahl der Erythrozyten im strömenden Blut wird durch das renale Hormon **Erythropoietin** (▶ u.) reguliert. Eine vermehrte Erythrozytenmenge im Blut wird als **Polyzythämie**, die Abnahme der Erythrozytenmenge als **Anämie** bezeichnet. Der Verringerung der Konzentration kann eine Hämolyse, d.h. ein vermehrter Abbau von Erythrozyten vor Erreichen des normalen Lebensalters (**hämolytische Anämie**) oder eine verringerte Biosynthese aufgrund eines Eisen- (▶ Kap. 22.2.1) oder Vitamin-B_{12}-Mangels (▶ Kap. 23.3.9) zugrunde liegen. Beim Eisenmangel sind die Erythrozyten zudem kleiner (mikrozytäre Anämie), beim Vitamin B12-Mangel vergrößert (makrozytäre Anämie). Ist eine Schädigung der Stammzellen im Knochenmark die Ursache, so liegt eine **aplastische Anämie** vor.

! Die Regulation der Erythropoiese erfolgt über das Cytokin Erythropoietin.

Erythropoietin ist ein 34 kDa-Glycoprotein, das beim Fetus in der Leber und beim Erwachsenen in den peritubulären Fibroblasten der Nieren synthetisiert wird. Es expandiert die Menge unreifer roter Vorläuferzellen im Knochenmark. Rezeptoren für Erythropoietin finden sich nicht nur im Knochenmark, sondern auch in nicht-hämatopoietischen Zellen (ZNS, Endothelzellen, Leber, Uterus). Der Erythropoietinrezeptor gehört in die Gruppe der Cytokinrezeptoren (▶ Kap. 25.5.2, ◘ Tab. 25.1). Jeder Verlust von Erythrozyten (z.B. durch Blutverlust oder Hämolyse) reduziert die Versorgung peripherer Gewebe mit **Sauerstoff**, wodurch es zu einer Stimulierung der Expression des durch **Hypoxie induzierbaren Faktors** (*hypoxia induced factor*, HIF-1) (▶ Kap. 28.1.10) kommt, der die Erythropoietinproduktion reguliert.

Rekombinantes Erythropoietin wird zur Behandlung der Tumoranämie eingesetzt und von Sportlern als Dopingmittel verwendet.

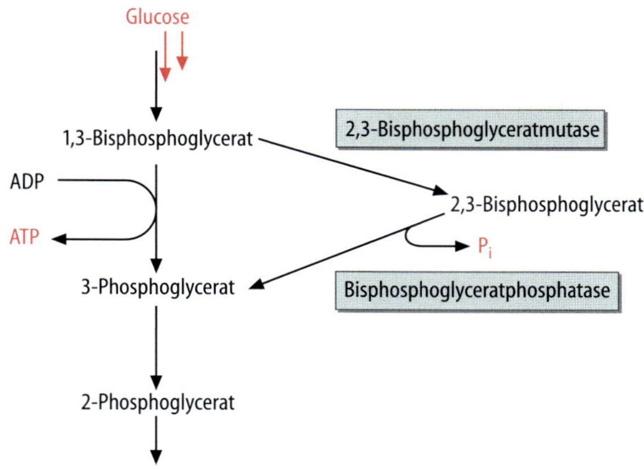

◘ Abb. 29.4. Entstehung des Signalmetaboliten 2,3-Bisphosphoglycerat in einem Nebenschritt der Glycolyse des Erythrozyten

! Für den Stoffwechsel des Erythrozyten stellt Glucose die wesentliche Energiequelle dar.

Nach Phosphorylierung zu Glucose-6-phosphat durch die Hexokinase beschreitet der weitere Abbau die beiden bekannten Wege: Etwa 5–10% werden zur Bildung von NADPH/H^+ dem Pentosephosphatweg zugeführt, die Hauptmenge (90–95%) wird zur Bildung von ATP in der Glycolyse herangezogen.

Eine Besonderheit des Erythrozytenstoffwechsels ist ein Nebenweg der Glycolyse, der bei 1,3-Bisphosphoglycerat abzweigt. Statt in der Phosphoglyceratkinasereaktion (◘ Abb. 29.4) ATP zu bilden, werden etwa 20% des 1,3-Bisphosphoglycerats durch eine Mutase in 2,3-Bisphosphoglycerat umgewandelt, das durch Abspaltung des Phosphatrests am C-Atom 2 (jedoch **ohne** ATP-Gewinn!) wieder in die Glycolyse einmünden kann. Sinn dieses – als **2,3-Bisphosphoglycerat-Nebenweg** bezeichneten – Stoffwechselwegs ist die Bereitstellung von 2,3-Bisphosphoglycerat. Dieses kann an die β-Ketten des Hämoglobins binden und damit – als **Signalmetabolit** – Einfluss auf die Sauerstoffaufnahme und -abgabe nehmen (▶ Kap. 3.3.5, 29.2.2).

! ATP wird zum Ionentransport und zur Glutathionsynthese benötigt.

Das in der Glycolyse gebildete ATP wird für den **aktiven Ionentransport** benötigt, durch den der Erythrozyt Natrium und Calcium eliminiert (die Natriumkonzentration beträgt in Erythrozyten etwa 10% des Plasmagehalts) und Kalium akkumuliert (die Konzentration beträgt etwa das Dreißigfache des Plasmagehalts).

Außerdem wird ATP für die Aufrechterhaltung der Form des Erythrozyten und für die Biosynthese von **Glutathion** benötigt. Dieses Tripeptid wird im Erythrozyten durch zwei jeweils ATP-abhängige Reaktionen aus Glutamat, Glycin und Cystein synthetisiert. Glutathion, das im Erythrozyten in hoher Konzentration vorliegt (etwa 2,5 µmol/ml) und dessen Halbwertszeit 3–4 Tage beträgt, wird nicht im Erythrozyten abgebaut, sondern ins Plasma abgegeben. Die Funktion wird durch die Sulfhydrylgruppe von Cystein bestimmt, die SH-Gruppen von Enzymen (z.B. Hexokinase, Glycerinaldehydphosphat-Dehydrogenase und Glucose-6-phosphat-Dehydrogenase), von Proteinen der Erythrozytenmembran und von Hämoglobin, das 6 Sulfhydrylgruppen enthält, vor einer **Oxidation** schützt.

Oxidiertes und reduziertes Glutathion bilden ein Redoxsystem, bei dem die reduzierte Form zu 98% vorliegt. Wegen des kontinuierlichen Verbrauchs von Glutathion muss das reduzierte Glutathion ständig durch eine **Glutathionreduktase**, die mit $NADPH/H^+$ aus dem Pentosephosphatweg arbeitet, regeneriert werden. Wasserstoffperoxid, das im Erythrozyten unter dem Einfluss bestimmter Medikamente (▶ unten) entstehen kann, oder unter Sauerstoffeinfluss entstehende Lipidperoxide in Membranlipiden von Erythrozyten werden durch eine **Selen-haltige Peroxidase**, die mit Glutathion als Cosubstrat arbeitet, entgiftet. Oxidiertes Glutathion wird auch aus dem Erythrozyten heraustransportiert.

Da Erythrozyten dem Blut ständig Glucose für ihren Stoffwechsel entnehmen, muss Blut zur Glucosebestimmung in Röhrchen mit Fluoridzusatz entnommen werden, da ansonsten der Wert bis zum Eintreffen der Blutprobe im Labor erniedrigt ist.

29

Von praktischer Bedeutung ist, dass schon eine geringgradige Hämolyse, wie sie z.B. bei der langsamen Blutabnahme aus einer Vene auftreten kann oder beim Stehen einer Blutprobe über Nacht, zum Austritt der in den Erythrozyten enthaltenen Enzyme und Elektrolyte führt. Diese kann eine **hohe LDH-Aktivität oder Kaliumkonzentration** im Serum verursachen.

! Erythrozyten müssen sich gut verformen können.

Da Erythrozyten einen Durchmesser von etwa 7,5 µm (ihre Dicke liegt bei etwa 1,5 µm), Kapillaren aber nur eine lichte Weite von 3 bis 5 µm aufweisen, ist eine Deformierbarkeit des Erythrozyten Voraussetzung für die ungehinderte Passage der Kapillaren. Durch den Verlust des Zellkerns und die Flexibilität der Membran, die durch das veränderte Verhältnis Oberfläche zu Volumen des Erythrozyten erreicht wird, verformen sich rote Blutkörperchen mit Leichtigkeit und zwängen sich durch engste Kapillaren (◘ Abb. 29.5). Normalerweise müsste die Oberfläche eines Erythrozyten bei seinem Volumen von 90 μm^3 (mittleres korpuskuläres Volumen, MCV) bei einer Kugelform 95 μm^2 betragen; tatsächlich ist die Oberfläche durch die bikonkave Scheibenform auf 140 μm^2 erhöht, was offenbar eine leichtere Deformierbarkeit zur Folge hat. Die in ◘ Abb. 29.3 gezeigte Form gilt jedoch – das sei ausdrücklich betont – aufgrund der mechanischen Einflüsse, denen der Erythrozyt ständig ausgesetzt ist, nur als Idealform, die intravital selten auftritt.

Die spezielle Erythrozytenform hat außerdem den Vorteil, dass durch die Eindellungen die **Diffusionsstrecken für den Sauerstoffaustausch** reduziert sind.

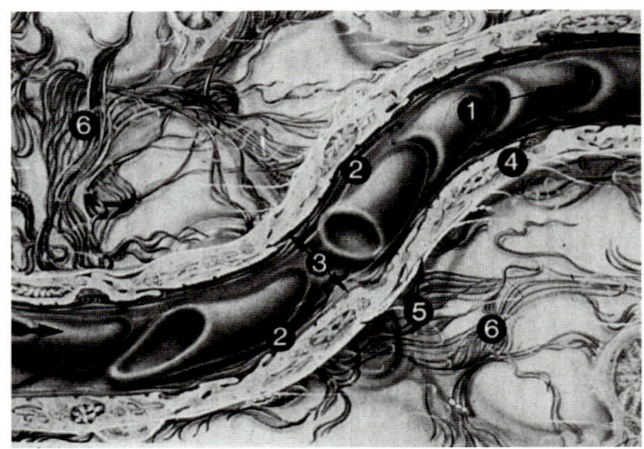

◘ **Abb. 29.5. Verformung der Erythrozyten im Kapillarbereich.** **1** Erythrozytenstrom; **2** Plasmasaum; **3** Kapillarlumen (etwa 5 µm Ø); **4** Endothelzelle; **5** Basalmembran; **6** kollagene Gitterfasern

! Die Architektur der Erythrozytenmembran wird durch den mechanischen Stress bestimmt.

Die Membran des Erythrozyten besteht wie die anderer Zellen aus der typischen Lipiddoppelschicht, in die Proteine eingebaut sind (▶ Kap. 2.2.6), weist aber durch den zusätzlichen Besitz eines Membranskeletts eine Strukturbesonderheit auf, die auf die speziellen Funktionen des Erythrozyten zugeschnitten ist. Sie enthält etwa zehn Hauptproteine, die durch SDS-Gelelektrophorese getrennt werden können (◘ Abb. 3.9, ▶ Kap. 3.2.2). Die Bezeichnung der einzelnen Proteine beruht auf ihrer elektrophoretischen Mobilität in SDS-Gelen. Quantitativ bedeutsam sind Proteine, die Erythrozytenantigene tragen (▶ Kap. 29.2.3), Rezeptoren (z.B. Glycophorine A und B) oder Transportproteine (z.B. Protein 3, der Anionenkanal oder Aquaporin, der Wasserkanal). Diese **Glycoproteine** liegen an der **äußeren** Membranoberfläche. Membranproteine **ohne Kohlenhydratanteil** befinden sich dagegen an der **inneren** Oberfläche. Dieser inneren Oberfläche liegen die sog. peripheren Membranproteine in Form eines zweidimensionalen Netzwerks an (◘ Abb. 29.6): dazu gehören Enzyme wie Glycerinaldehydphosphat-Dehydrogenase (Bande 6), Strukturproteine wie Spectrin (Banden 1 und 2) oder Aktin (Bande 5). Die peripheren Proteine sind mit der Membran assoziiert, untereinander verbunden oder mit den eigentlichen Membranproteinen verankert. Die entscheidenden Komponenten dieses Membranskeletts sind Spectrin, Aktin, Protein 4.1, Ankyrin (das aus den Proteinen 2.1, 2.2, 2.3 und 2.6 besteht) und die Bande 4.9. **Spectrin** ist ein Dimer aus zwei langen flexiblen Ketten (Protein 1 und 2), die parallel angeordnet und umeinander gewunden sind. An ihrem Kopfende bilden Spectrindimere durch Selbstassoziation Tetra- oder Oligomere, an ihrem Schwanzende binden die Spectrinmoleküle an kurze **Aktinfilamente**. Diese Bindung wird durch **Protein 4.1** verstärkt. Da ein Aktinfilament mit mehreren Spectrinmolekülen in

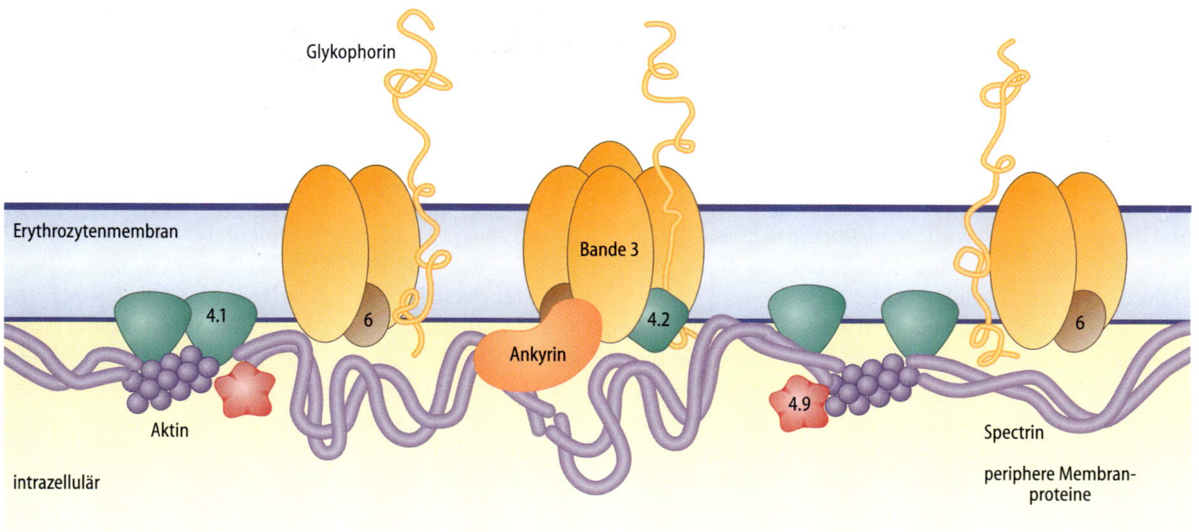

Abb. 29.6. Schematische Darstellung der Verteilung und molekularen Wechselwirkungen der wesentlichen Proteine der Erythrozytenmembran. Bande 3 ist ein Tetramer und Bestandteil eines Chlorid-Hydrogencarbonat-Anionenaustauschers, der die Proteine 4,1 4,2 und 4,9 enthält und als Anker für andere Proteine dient. Hierzu gehören Ankyrin (Bande 2,1), das an die β-Kette von Spectrin (Bande 2) bindet, Protein 4.2 und zahlreiche cytosolische Proteine wie Desoxy-Hämoglobin, Glycerinaldehyddehydrogenase (Bande 6) und Aldolase. Protein 4.1 bindet ebenfalls an Spectrin und an Aktinmoleküle

Wechselwirkung tritt, entstehen Spectrinverzweigungen und damit ein molekulares Netzwerk. Das Membranskelett ist mit der Lipiddoppelschicht über **Ankyrin** verbunden, das im Bereich der Kopfregion des Spectrins bindet und selbst mit dem cytosolischen Ende von Protein 3 verbunden ist.

29.2.2 Hämoglobin

Hämoglobin macht etwa ein Drittel der Zellmasse des Erythrozyten aus.

Der rote Farbstoff der Wirbeltiererythrozyten ist das Hämoglobin, ein zusammengesetztes Protein, das folgende Funktionen besitzt:

- Transport des Sauerstoffs im Blut
- Beteiligung am Transport des Kohlendioxids und Stickoxids im Blut
- Beteiligung an der Pufferung zur Aufrechterhaltung der normalen Wasserstoffionenkonzentration im Extrazellulärraum

Der Hämoglobingehalt des einzelnen Erythrozyten kann aus Hb-Gehalt und Erythrozytenzahl errechnet werden: Bei einer Hämoglobinkonzentration von 160 g/l Blut, das 5000 Milliarden Erythrozyten enthält, beträgt der Hämoglobingehalt eines einzelnen Erythrozyten (mittleres korpuskuläres Hämoglobin = MCH) 32 pg. Ausgehend von dem Durchschnittswert von 160 g/l Blut (16 g/100 ml oder 9,9 mmol/l) errechnet sich der Gesamtbestand an Hämoglobin bei einem 70 kg schweren »Normalerwachsenen« mit einem Blutvolumen von 5 Litern zu 800 g. Davon werden pro Tag etwa 6,25 g, das ist rund 1%, synthetisiert und abgebaut.

Eine Verminderung der Hämoglobinkonzentration im Blut (beim Mann unter 14 g/100 ml, bei der Frau unter 12 g/100 ml) wird als **Anämie** bezeichnet. Hinweise auf mögliche Ursachen gibt der MCH-Wert:

- bei einem Abfall des MCH-Werts liegt eine hypochrome Anämie vor: der ursächliche Eisen- (oder auch Kupfer- oder Vitamin B6-) mangel reduziert die Hämoglobinsynthese bei gleich bleibender Erythrozytenbildung
- bei einem Anstieg des MCH-Werts eine hyperchrome Anämien: der ursächliche Vitamin B_{12}- (oder Folsäure)-Mangel reduziert die Erythrozytenbildung bei gleich bleibender Hämoglobinsynthese
- Bei gleichzeitiger Verminderung von Hämoglobinkonzentration und Erythrozytenzahl und damit normalem MCH-Wert liegt eine normochrome Anämie, die z.B. durch eine Hämolyse (siehe oben) verursacht sein kann.

Hämoglobin ist ein Tetramer aus jeweils zwei α- und β-Ketten.

Hämoglobin ist ein kugelförmiges Molekül, das aus **4 Untereinheiten** besteht, von denen jede etwa ein Molekulargewicht von etwa 17 kD besitzt (► Kap. 3.3.5). Jede Untereinheit trägt in ihrem Inneren eine **Hämgruppe**, mit der sie über eine koordinative Bindung (Histidin) und hydrophobe Wechselwirkungen verbunden ist. Beim Sauerstofftransport wird der Sauerstoff reversibel an das Hämeisen angelagert (Oxygenierung), ohne dass Eisen im Schutz der koordinativen Bindung Fe-N (Histidin) oxidiert wird (▶ Kap. 3.3.5).

Von den vier Polypeptidketten des Hämoglobins, die insgesamt als sein **Globinanteil** bezeichnet werden, sind je zwei identisch. Man unterscheidet zwischen jenen der α- und der β-Familie: So wird z.B. das normale Erwachsenenhämoglobin aus 2α- und 2β-Ketten gebildet und als HbA (Adult) oder $Hb\alpha_2\beta_2$ bezeichnet.

Die Gene für die Globinketten liegen auf verschiedenen Chromosomen in der Reihenfolge, in der sie während der Ontogenie aktiviert werden (▣ Abb. 29.7). Die α-ähnlichen Gene auf **Chromosom 16** enthalten ein funktionelles embryonales ζ-Gen, das die Information für die embryonalen α-Gene trägt, gefolgt von einem Pseudo-ζ-Gen, dann ψ-α-Genen – die jeweils nicht exprimiert werden – und den eigentlichen α-Genen, die für die α-Kette des fetalen (HbF) und Erwachsenenhämoglobins (HbA) codieren. Die β-Globingenfamilie auf **Chromosom 11** enthält das embryonale ε-Globingen, zwei fetale Globingene (Gγ und Aγ), ein ψ-β-Gen und zwei Erwachsenenglobingene (δ und β). Der prinzipielle Aufbau der einzelnen Gene der beiden Familien ist praktisch identisch: Jedes Gen besteht aus **drei Exons**, die von zwei Introns unterbrochen werden. Die Sequenz am 5'-Ende enthält die Promotorregion, mit hochkonservierten Regionen für die Biosynthese der mRNA, am 3'-Ende dienen andere Sequenzen als Signale für die Beendigung der Transkription und Polyadenylierung der mRNA.

! Während der Embryofetalentwicklung sind andere Hämoglobine aktiv als in der Postnatalperiode.

Beim Embryo werden die Hämoglobine **Gower 1 und 2** gebildet, die Tetramere aus jeweils zwei ε- und ζ- bzw. α-Ketten darstellen (▣ Abb. 29.7). Im 3. Schwangerschaftsmonat werden die embryonalen durch die **fetalen** Hämoglobine ersetzt. Das fetale Hämoglobin weist besondere Charakteristika der Sauerstoffanlagerung auf, was für die Koppelung des fetalen an den mütterlichen Kreislauf erforderlich ist. Der Austausch von fetalem Hämoglobin HbF (F = fetal) gegen HbA (A = adult) beginnt durch Umschaltung der Kettenbiosynthese schon vor der Geburt, sodass bei der Geburt nur noch 60–80% fetales Hämoglobin im Erythrozyten vorliegen. Der Kind- und Erwachsenenerythrozyt enthält HbA (auch als HbA_1 bezeichnet) und daneben noch etwa 2,5% HbA_2, ein Hämoglobin, bei dem die β-Ketten durch δ-Ketten ersetzt sind ($\alpha_2\delta_2$). Diese Ketten bestehen ebenfalls aus 146 Aminosäuren, unterscheiden sich aber in 10 Positionen von der β-Kette, die für seine höhere Sauerstoffaffinität verantwortlich sind.

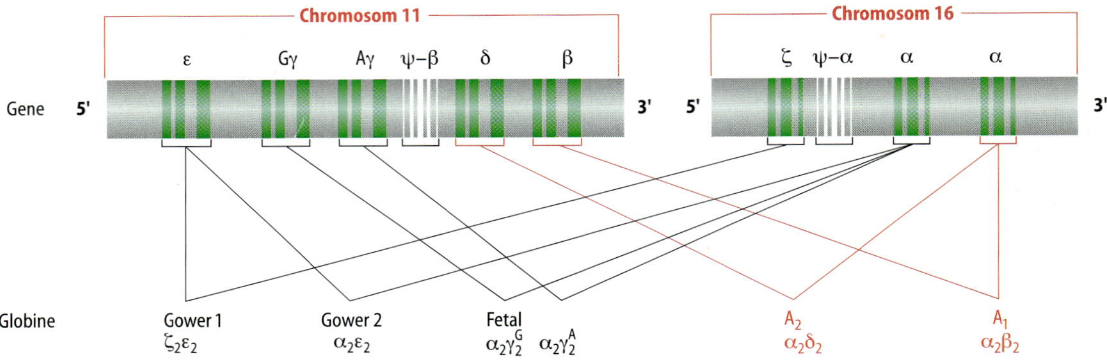

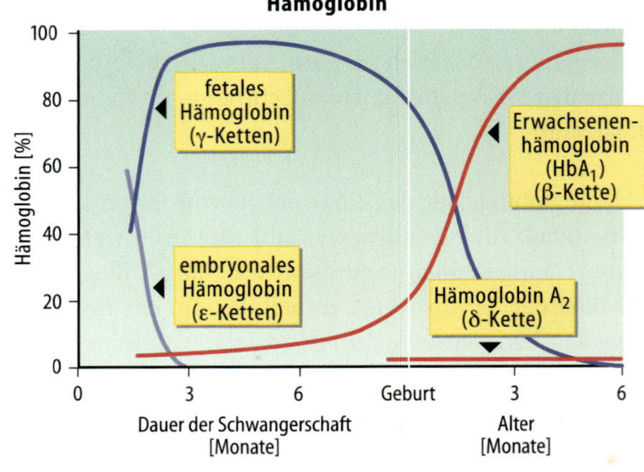

▣ **Abb. 29.7. Embryonales, fetales und Erwachsenen-Stadium der Hämoglobinbiosynthese beim Menschen.** Die embryonalen Globinketten (ε und ζ) werden in der frühen Embryonalentwicklung gebildet; zu diesem Zeitpunkt werden auch geringe Mengen der γ-Globinketten des Erwachsenen synthetisiert. Mit der Anschaltung der γ-Globingene wird fetales Hämoglobin gebildet. Am Ende der Fetalperiode erfolgt die Umschaltung auf die Produktion des Erwachsenenhämoglobins

29

Unterschiedlich beladene Hämoglobine werden anhand ihres Absorptionsspektrums unterschieden.

Alle Hämoglobine zeigen bei der Spektralanalyse eine charakteristische Absorptionsbande, die sog. **Soret-Bande** bei 400 nm, die durch den Porphyrinanteil hervorgerufen wird. Durch die übrigen Banden können unterschiedliche Hämoglobinderivate voneinander unterschieden werden (◻ Abb. 29.8). Da die Spektralkurven von CO-Hämoglobin und mit Sauerstoff beladenem Hämoglobin (Oxyhämoglobin) sehr ähnlich sind, behandelt man eine Blutprobe bei Verdacht auf eine Kohlenmonoxidvergiftung mit einem leichten Reduktionsmittel (z.B. Natriumdithionit): dadurch gibt Oxyhämoglobin seinen Sauerstoff ab und zeigt die charakteristische Absorptionsbande des desoxygenierten Hämoglobins, während in Gegenwart von CO-Hb keine Änderung der Absorptionsbande eintritt.

Hämoglobin transportiert den im Blut schlecht löslichen Sauerstoff.

Da Sauerstoff in polaren Lösungsmitteln wie dem Plasmawasser viel schlechter löslich ist als in unpolaren (1 l Blut löst und transportiert bei einem O_2-Partialdruck von 100 mmHg gerade 3 ml Sauerstoff) und die Transportstrecke von den Lungenalveolen, über die das Sauerstoffgas in den Organismus eintritt, zu den Gewebezellen sehr lang ist, könnten die Zellen durch einfache molekulare Diffusion des Sauerstoffs nicht ausreichend mit diesem lebensnotwendigen Gas versorgt werden. Deshalb ist die Anlagerung an ein spezifisches Transportprotein – das Hämoglobin – erforderlich, das mit seinem hydrophoben Porphyringerüst und seiner hydrophilen Oberfläche als Lösungsvermittler zwischen dem unpolaren Sauerstoff und dem polaren Plasmawasser wirkt. Den Vorgang der Anlagerung eines Sauerstoffmoleküls an das Porphyrineisen der Hämoglobinuntereinheit bezeichnet man als **Oxygenierung,** die Abgabe des Sauerstoffs als **Desoxygenierung**.

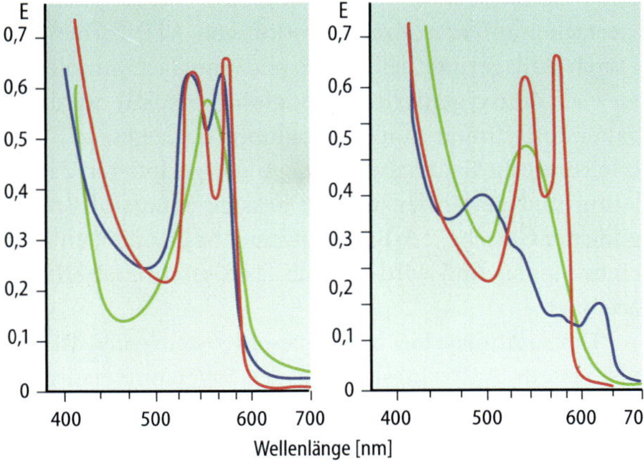

◻ **Abb. 29.8. Spektralkurven menschlichen Hämoglobins.** Links: Oxygeniertes Hämoglobin (*rot*), desoxygeniertes Hämoglobin (*grün*), Kohlenmonoxidhämoglobin (*blau*). Rechts: Oxygeniertes Hämoglobin (*rot*), Cyanmethämoglobin (*grün*) und Methämoglobin (*blau*)

Da die Konzentration des Hämoglobins im Vergleich zu anderen Blutproteinen mit etwa 160 g/l sehr hoch ist (im Vergleich dazu die Albumine mit 70 g/l), bietet die Verpackung im Erythrozyten insofern einen Vorteil, als das Protein dadurch kolloidosmotisch unwirksam wird und damit nicht den Wasseraustausch im Kapillarbereich beeinträchtigen kann.

Durch die Vermittlung des Transportproteins Hämoglobin kann pro Liter Blut die 70-fache Menge Sauerstoff, also etwa 200–210 ml (bei einem Hämoglobingehalt von 160 g/l), befördert werden.

Sauerstoffkapazität und -affinität des Bluts bestimmen den Sauerstoffaustausch.

Die Sauerstoffmenge, die vom Blut in den Lungen aufgenommen und in den Geweben an die Zellen abgegeben werden kann, wird von der Sauerstoffkapazität und der Sauerstoffaffinität bestimmt. Unter der **Sauerstoffkapazität** des Bluts versteht man seine maximale Aufnahmefähigkeit pro definierter Volumeneinheit (z.B. Liter). Sie hängt unter physiologischen O_2-Druckbedingungen (also etwa 100 mmHg in den Lungenalveolen) und bei normalen Temperaturen (also etwa 37°C) nahezu ausschließlich von der **Konzentration des Hämoglobins** ab. Dabei ist jedoch allein das sauerstoffanlagerungsfähige Hämoglobin entscheidend, da z.B. CO-Hämoglobin (Raucher!) und Methämoglobin keinen Sauerstoff transportieren können.

Als **Sauerstoffaffinität** des Bluts wird das Verhältnis zwischen O_2-Druck (sei es im Bereich der Lungen oder der Gewebe) und der Beladung des Hämoglobinmoleküls (O_2-Sättigung) mit Sauerstoff bezeichnet, d.h. sie gibt an, wie viel **Prozent des Hämoglobins** bei einem bestimmten Sauerstoffangebot beladen sind. Ein Maß für die Affinität ist der O_2-Druck, der eine Sättigung des Hämoglobins von 50% herbeiführt (Halbsättigungsdruck, P_{50}). Er beträgt bei pH 7,4 und 37°C bei gesunden Erwachsenen 26,6 mmHg. Da bei der Sauerstoffanlagerung und -abgabe eine Farbänderung des Hämoglobins auftritt (◻ Abb. 29.8), die für die unterschiedliche Färbung des Bluts in den Venen (dunkelrot) und Arterien (hellrot) verantwortlich ist, lässt sich das Ausmaß der O_2-Anlagerung mit Hilfe eines Spektralphotometers bequem quantitativ verfolgen. Man erhält dabei eine S-förmige Kurve (► u.), die typisch für einen **kooperativen** Anlagerungsprozess ist. Das bedeutet, dass bei der Anlagerung von vier Sauerstoffmolekülen an das Hämoglobintetramer das erste nur sehr langsam, das zweite und dritte schon wesentlich leichter und das vierte mehrere hundert Male schneller aufgenommen wird (»Der Appetit kommt beim Essen«.). Der biologische Vorteil des sigmoid(al)en Verlaufs der Sauerstoffanlagerungskurve liegt v.a. darin, dass Hämoglobin den Sauerstoff leicht bei dem im Bereich der Gewebezellen herrschenden niedrigen O_2-Druck (15–30 mmHg im Kapillarbereich) abgeben kann. Im Fall einer

hyperbolischen Anlagerungskurve (wie z.B. bei der isolierten β-Kette) würde ein erheblicher Teil des transportierten Sauerstoffs nicht an die Zellen abgegeben werden können.

! Temperatur, pH-Wert und CO_2-Partial-Druck beeinflussen die Sauerstoffanlagerungskurve.

Die Sauerstoffanlagerungskurve wird durch die Temperatur, den pH-Wert, den CO_2-Druck und andere Faktoren beeinflusst. Unter der Standard-O_2-Kurve versteht man den Kurvenverlauf bei 37 bzw. 38°C (je nach Übereinkunft) und pH 7,4.

- Die **Linksverlagerung** dieser Kurve bedeutet eine Zunahme der Sauerstoffaffinität, d.h. die O_2-Aufnahme in den Lungen wird erleichtert, die O_2-Abgabe in den Geweben erschwert
- Die **Rechtsverlagerung** bedeutet Abnahme der Sauerstoffaffinität, d.h. der Sauerstoff wird schwerer in den Lungen aufgenommen, aber besser in den Geweben abgegeben

Unter physiologischen Bedingungen stehen die Wirkungen von Änderungen des pH-Werts bzw. des CO_2-Drucks im Blut auf die Sauerstoffaffinität des Hämoglobins im Vordergrund. Beide Einflüsse werden nach ihrem Entdecker Christian Bohr (dem Vater von Niels Bohr) als **Bohr-Effekt** zusammengefasst. Ob die nach CO_2-Druckabnahme im Blut zu beobachtende Rechtsverlagerung der Sauerstoffanlagerungskurve ausschließlich auf den gleichzeitig damit einhergehenden Abfall des pH-Werts (Henderson-Hasselbalch-Gleichung!, ▶ Kap. 1.2.6) zurückzuführen ist oder ob außerdem eine spezifische Wirkung auf die O_2-Affinität des Hämoglobins existiert, ist noch unklar. Die Erleichterung der O_2-Abgabe im sauren und CO_2-reichen Gewebebereich ist biologisch ebenso sinnvoll wie die verbesserte O_2-Abgabe bei erhöhter Temperatur (z.B. beim arbeitenden Muskel). Typische Verlagerungen der O_2-Anlagerungskurve des menschlichen Bluts können auch hervorgerufen werden durch

- infolge von Genmutationen veränderte Hämoglobine
- die Art des Hämoglobins (HbF oder HbA)
- die Hämoglobin- und Kationenkonzentrationen im einzelnen Erythrozyten
- intraerythrozytäre Enzymdefekte (▶ Kap. 29.2.4) sowie
- den Gehalt der Erythrozyten an 2,3-Bisphosphogylcerat, auf dessen Einfluss genauer eingegangen werden soll

! 2,3-Bisphosphoglycerat verlagert die Sauerstoffanlagerungskurve nach rechts.

Die Sauerstoffaffinität des Hämoglobins nimmt nach Zusatz von 2,3-Bisphosphoglycerat zu Hämoglobinlösungen zu; ebenso verlagert der Konzentrationsanstieg dieser Phosphate im Erythrozyten die Sauerstoffanlagerungskurve nach rechts (◘ Abb. 29.9). Erythrozyten enthalten

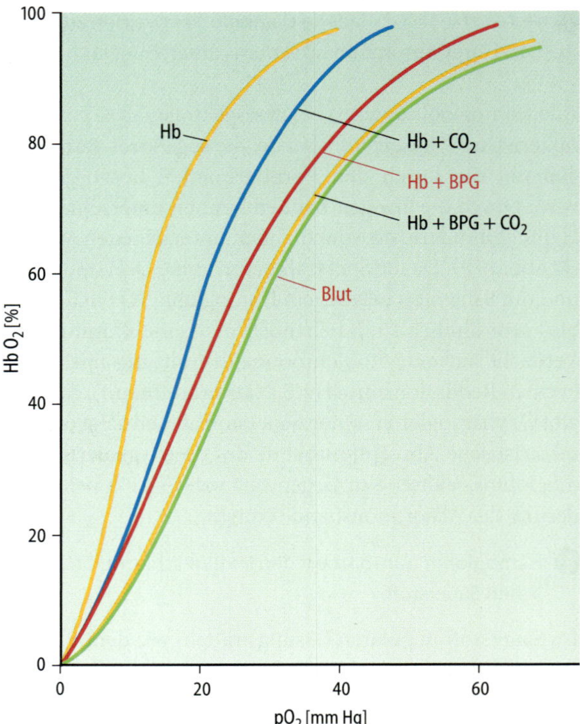

◘ **Abb. 29.9. Sauerstoffanlagerungskurven.** Von links nach rechts: Hämoglobin in Abwesenheit von 2,3-Bisphosphoglycerat (BPG); Hämoglobin in Gegenwart von 40 mmHg CO_2; Hämoglobin in Gegenwart von 2,3-Bisphosphoglycerat; Hämoglobin in Anwesenheit von 2,3-Bisphosphoglycerat und CO_2; Vollblut bei 40 mmHg CO_2. Der pH-Wert der Hb-Lösung betrug 7,22 bei 50% O_2-Sättigung. Der pH-Wert des Blutplasmas betrug 7,40 bei 50% O_2-Sättigung, was einem pH-Wert von 7,22 innerhalb der Erythrozyten entspricht. (1 mmHg = 133,3 Pa)

wesentlich mehr 2,3-Bisphosphoglycerat als andere Körperzellen. 2,3-Bisphosphoglycerat, das auf einem Nebenweg der Glycolyse gebildet und abgebaut wird (▶ o.), ist im menschlichen Erythrozyten etwa in der gleichen molaren Konzentration wie Hämoglobin und etwa in der vierfachen molaren Konzentration von ATP vorhanden. Durch Anlagerung des 2,3-Bisphosphoglyceratmoleküls an das desoxygenierte Hämoglobinmolekül wird die Sauerstoffaffinität von Hämoglobin herabgesetzt. Dies erleichtert die Sauerstoffabgabe in der peripheren Zirkulation und gewährleistet eine bessere Sauerstoffversorgung der Gewebe. 2,3-Bisphoglycerat besitzt die Funktion eines Signals und wird deshalb als **Signalmetabolit** bezeichnet.

Der Erythrozyt besitzt mit diesem System einen Mechanismus zur Aufrechterhaltung der Sauerstoffversorgung der Gewebe unter veränderten äußeren Bedingungen: so kommt es beim Aufenthalt in Gebirgshöhen ab 4500 m zu einer erheblichen Steigerung der 2,3-Bisphosphoglyceratkonzentration, die sich etwa 50 Stunden nach Rückkehr ins Flachland wieder normalisiert. Gleichzeitig mit dieser 2,3-Bisphosphoglyceraterhöhung ist der Halbsättigungsdruck erhöht, d.h. derjenige Sauerstoffpartialdruck im Blut, der Hämoglobin bei einem pH von 7,40 und einer Temperatur von 37 bzw. 38°C zu 50% mit Sauerstoff sättigt (P_{50}). Dies entspricht einer **Rechtsverlagerung der Sauerstoffanlagerungskurve**. Der Organismus reagiert mit diesem Kompensationsmechanismus auch auf eine Änderung der zirkulierenden Erythrozytenmenge. Im Tierexperiment zeigen Affenerythrozyten bereits 24 Stunden nach Entnahme von etwa 40% des Erythrozytenvolumens einen signifikanten 2,3-Bisphosphoglyceratanstieg mit entsprechender P_{50}-Erhöhung. Die 2,3-Bisphosphoglyceraterhöhung bei Anämien soll – durch die dadurch bedingte Rechtsverlagerung – zu einer Entlastung des Herzens führen, das sein Minutenvolumen (Lehrbücher der Physiologie) entsprechend dem Hämoglobinverlust erhöhen müsste, um die Sauerstoffversorgung der Gewebe sicherzustellen. Möglicherweise führt aber weniger die Anämie als vielmehr eine intraerythrozytäre pH-Erhöhung zur 2,3-Bisphosphoglyceratvermehrung.

! Der intraerythrozytäre pH-Wert ist der wichtigste Regulator der 2,3-Bisphosphoglyceratkonzentration.

Bei den Änderungen des 2,3-Bisphosphoglyceratspiegels, die z.B. während einer **Hypoxie** (Sauerstoffmangel der Gewebe), einer **Alkalose** (Zunahme des pH-Werts im Extrazellulärraum) oder **Azidose** (Abfall des pH-Werts im Extrazellulärraum) auftreten, spielt der pH-Wert im Erythrozyten die Schlüsselrolle (Abb. 29.10).

Bei der **Hypoxie** führt der Sauerstoffmangel zu einer Hyperventilation mit vermehrtem Kohlendioxidverlust, sodass der pH-Wert des Bluts und der Erythrozyten ansteigt (Alkalose). Gleichzeitig bedingt die vermehrte Bildung von Desoxyhämoglobin mit der damit verbundenen Aufnahme von Protonen (▶ Kap. 3.3.5) einen Anstieg des intraerythrozytären pH-Werts. Dies bewirkt die Abnahme der Konzentration von freiem 2,3-Bisphosphoglycerat, das bevorzugt an Desoxyhämoglobin bindet. Die **Alkalisierung** innerhalb des Erythrozyten führt über eine Aktivierung der Phosphofructokinase zu einer Erhöhung der Glycolyserate, wodurch vermehrt 1,3-Bisphosphoglycerat entsteht. Demzufolge nimmt auch die Produktion von 2,3-Bisphosphoglycerat zu. Da die 2,3-Bisphosphoglyceratphosphatase durch einen pH-Anstieg gehemmt wird, tragen Hypoxie und Alkalose auch über eine Hemmung dieses Enzyms zu einem Konzentrationsanstieg bei. Auf der anderen Seite führt eine Azidose zu einer Erniedrigung der 2,3-Bisphosphoglyceratkonzentration.

Der durch diese Vorgänge vermittelte Anstieg der 2,3-Bisphosphoglyceratkonzentration während einer Hypoxie oder Alkalose wird offenbar durch einen Rückkoppelungsprozess reguliert. Mit steigender Konzentration des nichtpermeablen 2,3-Bisphosphoglyceratanions sinkt der intraerythrozytäre pH-Wert wieder ab. Der Abfall des pH-Werts wirkt also dem durch die Hypoxie hervorgerufenen pH-Anstieg entgegen, d.h. die erhöhte 2,3-Bisphosphoglyceratbiosyntheserate wird bei hohen 2,3-Bisphosphoglyceratspiegeln wieder auf Normalwerte reduziert.

Wie oben dargelegt beeinflusst der Erythrozyten-pH-Wert nicht nur den 2,3-Bisphosphoglyceratstoffwechsel, sondern auch die Sauerstoffaffinität von Hämoglobin (Bohr-Effekt, ▶ o., ▶ Kap. 3.3.5). Ein Anstieg des pH-Werts verlagert die Sauerstoff-Anlagerungskurve nach links. Der gleiche Anstieg des pH-Werts verursacht jedoch einen Anstieg der 2,3-Bisphosphoglyceratkonzentration, der seinerseits eine Verlagerung der Kurve in die Gegenrichtung, nämlich nach rechts, hervorruft. Es erscheint somit wahrscheinlich, dass der 2,3-Bisphosphoglyceratmechanismus die pH-induzierte Änderung der Sauerstoffaffinität des Bluts bei chronischen Störungen des Säure-Basen-Haushalts (▶ Kap. 28.8.6) kompensiert.

! Im Bereich der Gewebekapillaren wird Kohlendioxid im Erythrozyten in Hydrogencarbonat überführt.

Das im Zellstoffwechsel produzierte Kohlendioxid gelangt in physikalischer Lösung in den interstitiellen Raum und diffundiert von dort in das Plasma der Gewebekapillaren. Unter Verwendung des molaren Löslichkeitskoeffizienten, der angibt, wie viel Millimol eines Gases sich in 1 Liter Flüssigkeit bei Einwirkung des Partialdrucks von 1 mmHg lösen, errechnet sich die physikalisch gelöste Konzentration bei einem CO_2-Partialdruck im venösen (arteriellen) Bereich von etwa 45 (39) mmHg mit 1,4 (1,2) mmol/l. Diese **physikalisch** gelöste Menge nimmt mit etwa 10% am Transport teil. Ein geringer Teil (etwa 0,1%) des Kohlendioxids wird zu Kohlensäure hydratisiert, die in Hydrogencarbonat

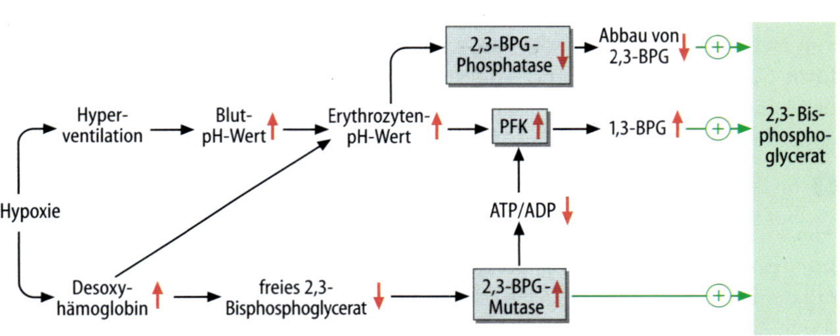

Abb. 29.10. Mechanismus des Hypoxie-induzierten Anstiegs des Erythrozyten-2,3-Bisphosphoglyceratspiegels. BPG = Bisphosphoglycerat; PFK = Phosphofructokinase. (Einzelheiten im Text)

und Protonen dissoziiert, wobei letztere von Plasmapuffern abgefangen werden. Die übrigen 90% werden in **chemischer** Bindung und als Hydrogencarbonat befördert. Aus dem Plasma diffundiert Kohlendioxid in den Erythrozyten und wird dort an Aminogruppen des Hämoglobins (wahrscheinlich N-terminale Valylreste) in Form der Carbaminobindung (10–15% des transportierten Kohlendioxids) gebunden. Die Reaktion verläuft nichtenzymatisch nach der Gleichung

$$R-NH_2+CO_2 \rightleftharpoons R-NHCOO^-+H^+$$

Mit protonierten Aminogruppen (NH_3^+) bildet CO_2 keine Carbaminoverbindungen. Derartige Bindungen können auch mit Plasmaproteinen zustande kommen.

Der größere Teil des Kohlendioxids, der in die Erythrozyten diffundiert ist, wird unter Katalyse der in den Erythrozyten vorkommenden Enzyme **Carboanhydrase I und II** reversibel hydratisiert. Carboanhydrase II ist eines der schnellsten Enzyme: Pro Sekunde kann jedes Enzymmolekül 10^6 CO_2-Moleküle in Protonen und Hydrogencarbonat umwandeln. Da dadurch für Hydrogencarbonat ein Konzentrationsgefälle ins Plasma entsteht, diffundiert es aus dem Erythrozyten ins Plasma. Die frei werdenden Protonen werden vom Hämoglobin aufgenommen, das bei der Sauerstoffabgabe in den Gewebekapillaren zu einer schwächeren Säure wird (Änderung des pK-Werts der Aminogruppe von Valylresten und der Imidazolgruppe von Histidylresten, ► Kap. 3.3.5). Diese Abwanderung der Hydrogencarbonatanionen als negative Ladungsträger würde die elektrische Neutralität zwischen Plasma und Erythrozyten stören, wenn nicht entweder die gleiche Menge Kationen ebenfalls aus dem Erythrozyten ins Plasma oder die gleiche Menge von Anionen aus dem Plasma in den Erythrozyten diffundieren würde. Da die Erythrozytenmembran für Kationen im Gegensatz zu Anionen schlecht permeabel ist, muss ein Anion in den Erythrozyten diffundieren. Dazu bietet sich das im Plasma in hoher Konzentration vorliegende Chloridanion an. Dieser als **Chloridverschiebung** bezeichnete Austausch von Hydrogencarbonat- gegen Chloridionen erfolgt über den Anionenkanal, ein transmembranäres Tetramer des **Protein 3** (auch als Chlorid/Hydrogencarbonat-Anionen-Exchanger AE1 bezeichnet, ◘ Abb. 29.6), und läuft bis zum Erreichen eines Gleichgewichtes ab. Dadurch steigt im Plasma die Konzentration von Hydrogencarbonat an, das die wesentliche Transportform (75–80%) von Kohlendioxid von den Geweben zu den Lungen darstellt. Die Carboanhydrasen bilden mit AE1 einen Komplex, sodass ein sog. **Metabolon** entsteht.

! Im Bereich der Lungenkapillaren wird Hydrogencarbonat über Kohlensäure zu Kohlendioxid überführt.

Im venösen Schenkel der Lungenkapillaren gerät das Blut mit dem CO_2-Partialdruck der Alveolarluft in Kontakt, der durch das Atemzentrum (Lehrbücher der Physiologie) auf 40 mmHg eingestellt wird. Aus dem Blut diffundiert jetzt so viel CO_2 in die Gasphase, bis die CO_2-Konzentration wieder 1,2 mmol/l beträgt. Das diffundierende Kohlendioxid stammt aus zwei Quellen: Zum einen werden aus den covalenten Carbaminobindungen der Plasmaproteine und des Hämoglobins wieder CO_2-Moleküle freigesetzt, zum anderen laufen in den Erythrozyten die umgekehrten Vorgänge wie im Bereich der Gewebekapillaren ab: Die durch die Sauerstoffaufnahme stärkere Säure Oxyhämoglobin gibt Protonen ab, die mit Hydrogencarbonat zu Kohlensäure zusammentreten. Die Carboanhydrase beschleunigt die Dehydratisierung von Kohlensäure zu Kohlendioxid, das den Erythrozyten verlässt und durch das Plasma in den Alveolarraum diffundiert. Da dadurch der Hydrogencarbonatspiegel im Erythrozyten abfällt, diffundiert Hydrogencarbonat aus dem Plasma nach, wobei die Erhaltung der Elektroneutralität wieder durch Chlorid, diesmal durch Abströmen durch den Anionenkanal ins Plasma, erfolgt.

Der größte Teil des CO_2-Transports verläuft also unter Vermittlung des Erythrozyten, der durch den Besitz der Carboanhydrase im Bereich der Gewebekapillaren aus dem CO_2 gut lösliches HCO_3^- für das Plasma bereitstellt und im Bereich der Lungenkapillaren das Hydrogencarbonat wieder in das auszuscheidende, gut diffusible Kohlendioxid zurückverwandelt. Da die Erythrozyten weniger als 1s in den Lungenkapillaren verweilen, würde diese Zeit für die nichtenzymatische Bereitstellung von CO_2 nicht ausreichen.

! Täglich werden etwa 12 mol Kohlendioxid über die Lungen abgeatmet.

Unter Ruhebedingungen beträgt die Gesamtmenge Kohlensäure in 1 Liter venösen Bluts 23,21 mmol, in derselben Menge arteriellen Bluts 21,53 mmol. Die Differenz von 1,68 mmol/l ist die Menge CO_2, die in 1 Liter Blut von den Geweben zu den Lungen transportiert wird und dort aus dem Blut in die Lungenalveolen diffundiert. Da die Lungen von 5 Liter Blut/min durchströmt werden, werden in dieser Zeit 8,4 mmol CO_2 abgegeben. Das bedeutet eine tägliche CO_2-Abgabe von 12100 mmol **unter Ruhebedingungen**.

Wie die Gesamt-CO_2-Menge im Blut auf Plasma und Erythrozyten verteilt ist, zeigt ◘ Tabelle 29.3. Bei einem Hämatokrit von 40% (Plasma 60%, Erythrozyten 40%) beträgt die CO_2-Konzentration in 600 ml venösen Plasmas 16,99 mmol, in derselben Menge arteriellen Plasmas 15,94 mmol. Die Differenz in Höhe von 1,05 mmol stellt die im **Plasma** von den Geweben zu den Lungen transportierte CO_2-Menge dar. Sie beträgt 62% der transportierten Gesamt-CO_2-Menge (1,68 mmol). Von diesem Betrag werden nur 0,09 mmol in physikalischer Lösung und 0,96 mmol in Form von Hydrogencarbonationen transportiert.

Die **Erythrozyten** (400 ml) transportieren 0,63 mmol CO_2 oder 38% der Gesamtmenge, d.h. der Großteil des CO_2-Transports erfolgt im Plasma. Da aber die Hydrogencarbonationen durch die intraerythrozytäre Carboanhy-

Tabelle 29.3. Blutwerte des Probanden A.V.B. Konzentration des Hämoglobins = 8,93 mmol/l Blut (dieser Angabe liegt das Molekulargewicht des Monomers mit 16,7 kD zugrunde), Hämatokrit = 40 %

	Venös	Artriell	Differenz
Gesamt-CO_2 [mmol/Blut]	23,21	21,53	+ 1,68
Gesamt-CO_2 im **Plasma** von 1 l Blut (= 600 ml)	16,99	15,94	+ 1,05
davon: als gelöstes CO_2	0,80	0,71	+ 0,09
als HCO_3^--Ionen	16,19	15,23	+ 0,96
pH	7,429	7,455	– 0,026
Netto-negative Ladungen an Plasmaproteinen	7,80	7,89	– 0,09
Chloridionen	58,72	59,59	– 0,87
Gesamt-CO_2 in der **Erythrozyten** von 1 l Blut (= 400 ml)	6,22	5,59	+ 0,63
davon: als gelöstes CO_2	0,39	0,34	+ 0,05
als Carbamino- CO_2	1,42	0,97	+ 0,45
als HCO_3^--Ionen	4,41	4,28	+ 0,13
Netto-negative Ladungen am Hämoglobin	21,15	22,60	– 1,45
Chloridionen	18,98	18,11	+ 0,87

Alle Angaben – mit Ausnahme des pH-Wertes (ohne Dimension) – in mmol/l.

drase gebildet und die entstehenden Protonen durch Hämoglobin abgepuffert werden, ist der Erythrozyt Voraussetzung für den CO_2-Transport.

Wie aus Tabelle 29.3 weiterhin hervorgeht, ändert sich die negative Ladung der Plasmaproteine, da sie 0,09 mmol Protonen aufnehmen, die aus der im Plasma gebildeten Kohlensäure stammen. Die dabei gebildeten 0,09 mmol Hydrogencarbonationen verbleiben im Plasma. Weil die gesamte transportierte Hydrogencarbonationenmenge 0,96 mmol beträgt, müssen 0,87 mmol (0,96–0,09) aus den Erythrozyten ins Plasma übergetreten sein.

Die Bedeutung des Hämoglobins für den CO_2-Transport ist aus dem unteren Teil von Tabelle 29.3 zu ersehen: Da Hämoglobin 1,45 Einheiten negative Ladungen verliert, müssen in Erythrozyten 1,45 mmol Protonen gebildet und von Hämoglobinmolekülen aufgenommen worden sein. Davon entstehen 0,45 mmol bei der Bildung von Carbaminoverbindungen ($R\text{–}NHCOO^-+H^+$), der Rest bei der Hydratisierung von 1 mmol CO_2 zu HCO_3^- und Protonen. Die Protonen beider Gruppen werden von Hämoglobinmolekülen abgepuffert.

Da sich die Chloridkonzentration um 0,87 mmol ändert, müssen von den 1 mmol entstandenen Hydrogencarbonationen (▶ oben) 87% ins Plasma übergetreten sein.

Das Entscheidende beim CO_2-Transport ist, dass jedes CO_2-Molekül, das zum Transport nicht physikalisch gelöst wird, nur unter Freisetzung von Protonen (durch Bildung von Hydrogencarbonationen und Carbaminoverbindungen) befördert werden kann. Die Funktion des Hämoglobins beim CO_2-Transport liegt darin, dass es den wesentlichen Teil der freigesetzten Protonen (1,45 mmol von 1,54 mmol; die restlichen 0,09 mmol werden von den Plasmaproteinen abgepuffert) aufnimmt.

Von den in Tabelle 29.3 angegebenen Messgrößen sind nur der pH-Wert, die Gesamtmenge CO_2 und der pCO_2 messbar, während für die Bestimmung von Hydrogencarbonationen und gelöstem CO_2 keine direkten Messmethoden existieren.

Sind die Gesamtmenge CO_2 und der pH-Wert bekannt, so können nach der Gleichung von Henderson und Hasselbalch (▶ Kap. 1.2.6) die Hydrogencarbonatkonzentration und der CO_2-Partialdruck berechnet werden:

$$pH = pK + \log \frac{[HCO_3^-]}{[CO_2]}.$$

Da die Konzentration des gelösten CO_2, die in der Gleichung für die Summe aus CO_2 und H_2CO_3 steht, dem CO_2-Partialdruck direkt proportional ist, kann unter Verwendung des molaren Löslichkeitskoeffizienten für CO_2 in der Gleichung statt $[CO_2]=[S\cdot pCO_2]$ gesetzt werden:

$$pH = pK + \log \frac{[HCO_3^-]}{[S \cdot pCO_2]}.$$

Da die Gesamtmenge CO_2 im Plasma die Summe aus gelöstem CO_2 und Hydrogencarbonationen darstellt, kann bei bekannter Gesamt-CO_2-Konzentration die Hydrogencarbonatkonzentration folgendermaßen errechnet werden:

$$\left[\text{Gesamtmenge } CO_2\right]_P = [CO_2]_P + [HCO_3^-]_P;$$
$$\left[\text{Gesamtmenge } CO_2\right]_P = [S \cdot pCO_2] + [HCO_3^-]_P;$$
$$[HCO_3^-]_P = \left[\text{Gesamtmenge } CO_2\right]_P - [S \cdot pCO_2].$$

Setzt man diesen Ausdruck für HCO_3^- in die obige Henderson-Hasselbalch-Gleichung ein, so entsteht:

$$pH = pK + \log \frac{[\text{Gesamtmenge } CO_2]_p - [S \cdot pCO_2]}{[S \cdot pCO_2]}.$$

Der pK-Wert, der von Bestimmungsmethode, Temperatur und pH-Wert abhängt, beträgt i. Allg. 6,10, der molare Löslichkeitskoeffizient für Plasma bei 37°C 0,0304.

$$pH = 6{,}10 + \log \frac{[\text{Gesamtmenge } CO_2]_p - [0{,}0304 \cdot pCO_2]}{[0{,}0304 \cdot pCO_2]}.$$

Diese Gleichung enthält drei Unbekannte: den pH-Wert, die Gesamt-CO_2-Konzentration im Plasma und den CO_2-Partialdruck. Sind zwei dieser Größen bekannt, so kann die dritte berechnet werden. Da die Gesamtmenge CO_2 im Plasma oft in Volumenprozent angegeben wird, muss sie unter Verwendung eines Umrechnungsfaktors vor Einsetzen in die Gleichung noch in mmol/l umgerechnet werden. Zur Berechnung der CO_2-Verteilung im Plasma werden also in Plasmaproben arteriellen und venösen Bluts der pH-Wert und die Gesamtmenge CO_2 bestimmt (◻ Tabelle 29.4).

29

Nach der Umrechnung der Volumenprozente in mmol/l Gesamtmenge CO_2 lassen sich aus der Henderson-Hasselbalch-Gleichung der CO_2-Partialdruck und damit auch die Konzentration des gelösten Kohlendioxids sowie die Hydrogencarbonatkonzentration errechnen oder aus speziellen Nomogrammen (◻ Abb. 29.11) ablesen.

Da die Erythrozyten einen wesentlichen Anteil am CO_2-Transport haben, kann auch die Verteilung des Kohlendioxids im Gesamtblut, d.h. Plasma und Erythrozyten, durch einfache – an dieser Stelle nicht erwähnte – Berechnungen ermittelt werden.

! Hämoglobin ist aufgrund seiner hohen Konzentration ein wichtiges Puffersystem im Blutplasma.

Nach dem Hydrogencarbonatpuffersystem (► Kap. 1.2.6) ist das Hämoglobinprotein das wichtigste Puffersystem im Blut, was auf die hohe Konzentration und die Histidylreste mit den günstigen pK-Werten (◻ Abb. 3.2, ► Kap. 3.1.3) zurückzuführen ist. Wie bereits erwähnt (► Kap. 3.3.5), führt die Oxygenierung des Hämoglobins zur Abgabe von Protonen, die Desoxygenierung zu deren Aufnahme. Normalerweise kann das Hämoglobinprotein pro Mol abgegebenen Sauerstoff 0,7 mol Protonen aufnehmen. Das bedeutet, dass bei einem respiratorischen Quotienten (RQ, ► Kap. 21.1.4) von 0,7 (Fettoxidation) alle durch den CO_2-Abtransport anfallenden Protonen von Hämoglobinmolekülen aufgenommen werden können. Bei einem RQ von 1,0 (Kohlenhydratoxidation) können nur 70% gepuffert werden. Deshalb weist das venöse Blut bei normalem Stoffwechsel (RQ>0,7) einen geringeren pH-Wert (= höhere Protonenkonzentration) als das arterielle auf.

◻ Tabelle 29.4. Berechnung von pCO_2, $[CO_2]_P$ und $[HCO_3^-]_P$ nach Bestimmung des pH-Wertes und der Gesamtmenge CO_2 in Plasmaproben arteriellen und venösen Blutes

Werte	Venös	Arteriell
Gemessen		
pH-Wert	7,39	7,44
Gesamt-CO_2 [Vol%]	62,0	59,4
Errechnet		
Gesamt-CO_s [mmol/l]	27,8	26,7
pCO_2 [mm Hg]	45	39
$[CO_2]_P$ [mmol/l]	1,4	1,2
$[HCO_3^-]$ [mmol/l]	26,4	25,5

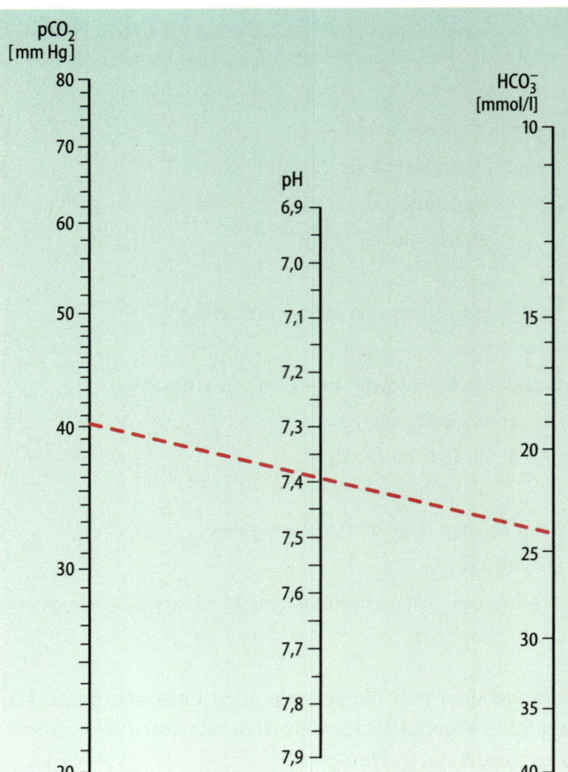

◻ Abb. 29.11. Nomogramm zur Ermittlung des CO_2-Partialdrucks, des pH-Werts und der Plasmahydrogencarbonatkonzentration. Sind zwei dieser drei Größen bekannt, so kann die dritte abgelesen werden

! Hämoglobin kann auch mit Stickoxid reagieren.

Hämoglobin kann Stickoxid (NO) sowohl durch Bindung an das Hämeisen inaktivieren (unter Bildung von Methämoglobin, siehe unten und Nitrat) oder reversibel an das Cystein in Position 93 der ß-Kette binden. Es wurde die Hypothese aufgestellt, dass NO bei fallender Sauerstoffspannung in der Mikrozirkulation aus der Hämoglobinbindung freigesetzt wird und die dadurch hervorgerufene

Vasodilatation den Blutfluss in die Region des örtlichen Sauerstoffbedarfs dirigiert.

29.2.3 Erythrozyten-Antigene

❗ Die AB0- und Rhesussysteme sind die für Transfusionen wichtigsten Blutgruppenantigene.

Die Blutgruppenunterteilungen innerhalb einer Species kommen dadurch zustande, dass bestimmte Mitglieder der Species auf ihrer Erythrozytenoberfläche Antigene (▶ Kap. 34.2.1) besitzen, die auf den Erythrozyten anderer Mitglieder derselben Species fehlen. Diese Antigene werden durch Serumantikörper entdeckt, die die Erythrozyten zur **Agglutination** (Zusammenballung) bringen. Die Blutgruppenantigene kommen nicht nur auf Erythrozyten, sondern auch auf sehr vielen anderen Zelloberflächen und in Körperflüssigkeiten vor. Aber sie beschränken sich nicht nur auf den Menschen: Blutgruppen und blutgruppenähnliche Verbindungen kommen bei allen Tieren und vielen Mikroorganismen vor. Deshalb werden diese Antigene als **heterophile Antigene** bezeichnet, d.h. es handelt sich um Antigene, die Affinität zu Antikörpern besitzen, die aufgrund ihrer Herkunft eigentlich nichts mehr mit dem betreffenden Antigen zu tun haben dürften. So entwickeln z.B. Kaninchen, die mit Meerschweinchenniere immunisiert wurden, hämolysierende Antikörper gegen Schafserythrozyten. Die Blutgruppenantigene heißen also nur deshalb so, weil sie zuerst an Erythrozyten entdeckt worden sind.

Beim Menschen sind vierzehn Blutgruppensysteme bekannt, die aus mehr als hundert verschiedenen Blutgruppenantigenen bestehen. Die am längsten bekannten sind das AB0-System (vor hundert Jahren entdeckt) und das Rhesussystem (vor fünfzig Jahren entdeckt).

Beim **AB0-System** werden Träger der Blutgruppe A, B oder AB unterschieden, in deren Serum die Antikörper Anti-B (β), Anti-A (α) bzw. keine Antikörper vorkommen. Bei Menschen mit der Blutgruppe 0 finden sich im Serum die Antikörper Anti-A und Anti-B (◘ Tabelle 29.5). Es gibt kein 0-Antigen: Gruppe-0-Erythrozyten besitzen das **H-Antigen**, die Bezeichnung Blutgruppe 0 wurde nur aus historischen Gründen beibehalten.

◘ Tabelle 29.5. Das ABO-System (die prozentuale Verteilung in Mitteleuropa)

Blutgruppe	Antigen auf Erythrozyten	Antikörper im Serum
A (40 %)	A	Anti-B (β)
B (16 %)	B	Anti-A (α)
AB (4 %)	A und B	–
0 (40 %)	H	Anti-A und Anti-B

Die Produktion dieser **Antikörper** (Isoagglutinine) wird durch blutgruppensubstanzhaltige Bakterien der Darmflora stimuliert. Genetisch bedingt ist nur die Fähigkeit, Antikörper mit einer derartigen Spezifität zu bilden. Die menschlichen Isoagglutinine sind also heterophile Antikörper. Das eigentliche antigene Stimulans, das bakterielle »Blutgruppenantigen«, hat mit Erythrozyten der menschlichen Population nur zufällig die determinante Gruppe gemeinsam. Isoagglutinine kommen außer im Blut auch in der Tränenflüssigkeit, im Vaginalsekret und im Speichel vor.

Klinische Bedeutung kommt den Blutgruppeneigenschaften bei **Erythrozytentransfusionen** (Gefahr der hämolytischen Reaktion infolge Transfusionen gruppenungleichen Bluts) und bei **Unverträglichkeitserscheinungen** (Inkompatibilität) der Blutgruppen von Mutter und Kind (fetale Erythroblastose) zu.

A- und/oder B-Antigene bzw. das H-Antigen kommen auf der Oberfläche wahrscheinlich aller Endothel- und vieler Epithelzellen sowie auf Erythrozyten, Thrombozyten, Leukozyten und Spermatozoen vor.

Bei diesen zellgebundenen Antigenen handelt es sich um Kohlenhydrate. Zusätzlich scheiden als Sekretoren bezeichnete Individuen (etwa 80% der Population) wasserlösliche Blutgruppensubstanzen aus, die in Urin, Speichel, Magensaft, Amnionflüssigkeit, Samenflüssigkeit, Cervicalschleim, in Ovarialzysten und im Meconium, dem ersten Stuhl des Neugeborenen, nachweisbar sind.

❗ Für die Biosynthese der ABH- Antigene sind Glycosyltransferasen erforderlich.

Beim chemischen Aufbau der Blutgruppenantigene unterscheidet man das **Trägermolekül** und die **antigene Determinante** (▶ Kap. 34.2.1). Letztere wird entweder durch ein **Oligosaccharid** – an dessen Aufbau vier verschiedene Saccharide teilnehmen können (Fucose, Galactose, N-Acetyl-D-Galactosamin, N-Acetyl-D-Glucosamin) – oder ein **Protein** gebildet. Die Kohlenhydrat-Antigene (ABH) sind covalent an Proteine und/oder Sphingolipide gebunden. Protein-Antigene (z.B. das Rhesussystem) werden von Proteinen, Glycoproteinen oder Proteinen mit GPI-Anker gebildet. Bei den Sphingolipiden besteht das Trägermolekül aus Ceramid (▶ Kap. 2.2.4). Die primäre Alkoholgruppe stellt die Bindungsstelle für den Oligosaccharidanteil dar. Glycoproteine weisen einen Kohlenhydratanteil von bis zu 85% auf.

Die Biosynthese der oligosaccharidhaltigen Antigene erfolgt durch **Glycosyltransferasen**, durch die schrittweise Monosaccharide (◘ Abb. 29.12) an eine aus D-Galactose und N-Acetyl-D-Glucosamin bestehende Disaccharidgrundstruktur gehängt werden. Je nachdem, ob die beiden Zucker (1.3)-β-glycosidisch oder (1.4)-β-glycosidisch miteinander verbunden sind, wird zwischen **Typ-1-** und **Typ-2-Ketten** unterschieden.

Wird an das Galactosemolekül der Grundstruktur ein Fucosylrest (1.2)-α-glycosidisch durch eine α-L-Fucosyltransferase gebunden, so entsteht eine Struktur mit H-Spe-

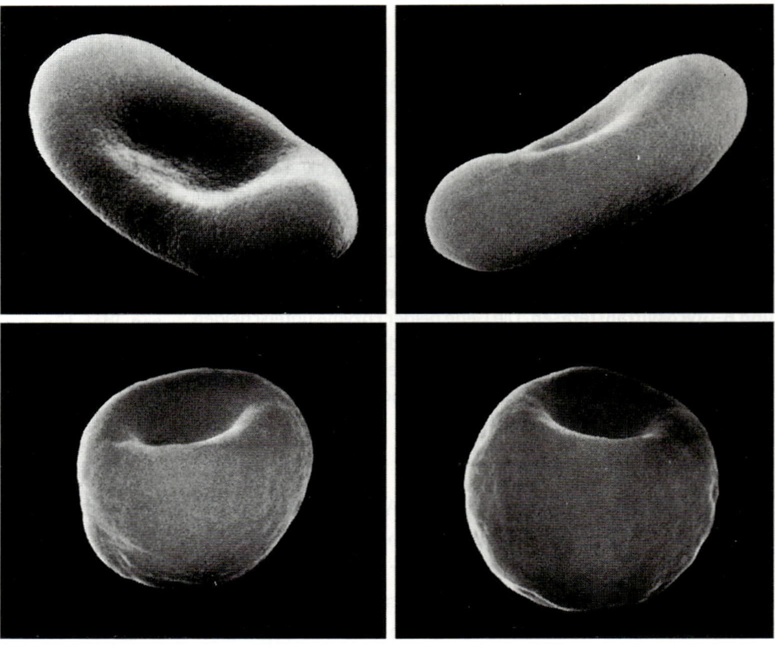

Abb. 29.15. Rasterelektronenmikroskopische Aufnahmen von Erythrozyten. Hereditäre Elliptozytose (*oben*), Sphärozytose (*unten*)

bezeichnet. Der Hämolyse können Störungen des Enzymstoffwechsels, der Membran oder des Hämoglobins zugrunde liegen.

> Glucose-6-phosphat-Dehydrogenasemangel schützt vor Malaria.

Von allen Enzymen des Erythrozytenstoffwechsels sind kongenitale Anomalien bekannt, von denen die wichtigste der **Glucose-6-phosphat-Dehydrogenase(G6PD)-Defekt** ist. Als Folge dieser Störung des Pentosephosphatwegs, von der weltweit ca. 400 Millionen Menschen betroffen sind, kann es zu einer Beeinträchtigung der Produktion von Glutathion kommen, das zum Schutz des Hämoglobins vor einer Oxidation benötigt wird. Heute sind über 400 G6PD-Varianten bekannt, von denen aber nur wenige eine Hämolyse verursachen. Die meisten Betroffenen haben deshalb keine klinischen oder biochemischen Zeichen einer Hämolyse; erst wenn auslösende Mechanismen wie eine Infektion, bestimmte Medikamente (wie z.B. das Sulfonamid Cotrimoxazol oder das Antiandrogen Flutamid) oder der Genuss von Acker- oder Saubohnen einen oxidativen Stress verursachen, werden die Genträger symptomatisch. Bohnen enthalten Glycoside, deren Abbauprodukte freie Sauerstoffradikale generieren. Diese führen zur Oxidation von SH-Gruppen im Hämoglobin, das in Monomere dissoziiert und in den Erythrozyten präzipitiert. Entstehende Einschlüsse in den Erythrozyten sind im Blutausstrich erkennbar. Genträger der G6PD-Mutationen haben einen Schutz vor Malaria, was die weite Verbreitung der Mutationen in Malariagebieten erklärt.

> Auch angeborene Membrandefekte können eine Hämolyse verursachen.

Die **hereditäre Elliptozytose** ist eine heterogene Gruppe von Erkrankungen, die morphologisch durch ovalgeformte Erythrozyten gekennzeichnet ist (Abb. 29.15). Ursache ist das Fehlen des **Proteins 4.1**, das zu einer Störung der Membranintegrität des Erythrozyten und damit zur Hämolyse führt. Bei der häufigen **hereditären Sphärozytose** (1 auf 2500 Menschen in Nordeuropa) liegt ebenfalls eine Störung der Architektur des Erythrozytenmembranskeletts vor [Defekt im Spectrinmolekül, Ankyrin, Bande 3 oder Protein 4.2]. Dadurch ist die Assoziation mit den anderen Membranskelettproteinen gestört, sodass der Erythrozyt Kugelform annimmt und deshalb Sphärozyt heißt (Abb. 29.15). Diese veränderten Erythrozyten werden bereits nach zehntägiger (!) Lebensdauer durch Phagozytose in der Milz aus dem Blut entfernt. Kann das Knochenmark den schnellen Abbau durch eine vermehrte Erythrozytenbildung ausgleichen, so liegt eine kompensierte Hämolyse vor. Erleidet dagegen ein Betroffener zusätzlich einen Infekt, so kann das Knochenmark diese Kompensation nicht mehr bewerkstelligen, sodass der Erythozytenwert abfällt (dekompensierte hämolytische Anämie). Bei dauerhafter Dekompensation besteht die Therapie in einer Entfernung der Milz, wodurch die Lebensdauer der Sphärozyten bis auf 80 Tage erhöht werden kann.

> Bei der erworbenen paroxysmalen nächtlichen Hämoglobinurie liegt eine somatische Mutation in dem Gen für die Synthese eines GPI-Ankerproteins vor.

Patienten mit dieser erworbenen Stammzellerkrankung leiden an häufig nachts auftretenden hämolytischen Attacken, die immer wieder ein Ausmaß annehmen, dass sich der **Urin dunkel** verfärbt. Die Verfärbung ist auf freies Hämoglobin zurückzuführen, das in so großen Mengen anfällt, dass es durch Haptoglobin nicht mehr gebunden werden kann und deshalb in den Urin übertritt.

Ursache der Hämolyse der von der Mutation (siehe unten) betroffenen Erythrozyten ist eine besondere Empfindlichkeit gegenüber dem Angriff durch das **Komplementsystem** (▶ Kap. 34.4). Bereits normale Erythrozyten sind ständig durch die zellzerstörenden Komplementfaktoren bedroht, die sich auf der Erythrozytenoberfläche ansammeln, wenn sie durch Antikörper und Bakterienprodukte aktiviert worden sind.

Zur Abwehr dieses lytischen Angriffs besitzen Erythrozyten drei membranverankerte Proteine:

- den zerfallbeschleunigenden Faktor (Decay-accelerating-factor, DAF),
- den **Membraninhibitor** der reaktiven Lyse (**CD59**) und
- ein C8-bindendes Protein.

Die von der Erkrankung betroffenen Erythrozyten sind extrem empfindlich gegenüber dem Komplementsystem, da ihnen diese drei schützenden Proteine fehlen. Allen drei Proteinen ist gemeinsam, dass sie nicht mit Hilfe einer transmembranären Proteindomäne, sondern über einen **G**lycosyl-**P**hosphatidyl-**I**nositol-**Anker** in der Membran verankert sind. Bei der PNH erwirbt eine Stammzelle im Knochenmark eine Mutation im Gen für die **Synthese** eines Glycosyl-Phosphatidyl-Inositolankers. Bei der PNH liegen verschiedene Mutationen im **GPI-A-Gen** vor, welches für das erste Enzym der GPI-Synthese codiert. Damit fehlt den drei oben genannten Proteinen ihr **Membrananker**. Im Gegensatz zu Keimbahnmutationen, die für die angeborenen Enzym- und Membrandefekte des Erythrozyten verantwortlich sind, liegt bei der PNH eine **erworbene, genetische Störung** vor. Sie kommt durch eine somatische Mutation in einer Knochenmarksstammzelle zustande. Der betroffene Zellklon übergibt diese Mutation an all seine Abkömmlinge, d.h. Erythrozyten, Leukozyten und Thrombozyten. Diese mutierten Zellen existieren gleichzeitig mit den normalen Blutelementen, wodurch ein hämatologisches Mosaik entsteht, bei dem das Verhältnis von gestörten zu normalen Erythrozyten im Blut den Schweregrad der Krankheit bestimmt.

! Durch die ständige Gegenwart von Glucose entsteht Glycohämoglobin auf nichtenzymatischem Weg.

Ein Glucose enthaltendes Hämoglobin (HbA_{1c}) ist in einer Konzentration von 4–6% im Erythrozyten nachweisbar. Dieses **Glycohämoglobin** ist bei Diabetikern häufig erhöht und dient zur Bewertung der Einstellung des Diabetes mellitus (▶ Kap. 26.4).

! Verschiedene Medikamente begünstigen die Bildung von Methämoglobin.

Wird das zweiwertige Eisen im Hämoglobin zu dreiwertigem oxidiert, so kann das entstandene **Methämoglobin** (Hämiglobin) keinen Sauerstoff mehr transportieren. *In vivo* wie *in vitro* kann Methämoglobin durch Einwirkung von Oxidationsmitteln wie Kaliumferricyanid, Wasserstoffperoxid oder aromatische Nitro- und Aminverbindungen (Nitroglycerin, Anilin) entstehen. Im Erythrozyten entsteht Methämoglobin ständig durch die Anlagerung des Sauerstoffs an Hämoglobin. Bei diesem als **Autoxidation** bezeichneten Vorgang führt die Übernahme eines Elektrons von Eisen zur Bildung von Methämoglobin und dem Superoxidanion (O_2^-). Dass die Methämoglobinkonzentration i. Allg. 1–2% nicht überschreitet, ist auf eine intraerythrozytäre NADH-abhängige **Methämoglobinreduktase** zurückzuführen. Das Superoxidanion wird durch eine Superoxiddismutase zu H_2O_2 reduziert und anschließend durch die in Kapitel 15.3 erwähnte Peroxidase zu H_2O und O_2 entgiftet. Ist die Aktivität der Methämoglobinreduktase – wie bei der familiären Methämoglobinämie – stark vermindert, so kann das ständig gebildete Methämoglobin nicht mehr ausreichend reduziert werden, sodass die Konzentration bis auf 30% ansteigt. Folge der dadurch verursachten mangelnden Sauerstoffversorgung der Gewebe ist eine Vermehrung der Erythrozyten im Blut (reaktive Polyzythämie). Bestimmte Medikamente mit Anilinderivatcharakter (siehe oben) wie Dapson, ein Lepramittel, sind Methämoglobinbildner. Bei Vergiftungen (Met-Hb>40%) wird ein Reduktionsmittel (Toloniumchlorid) als Antidot intravenös verabreicht, in schweren Fällen sind Austauschtransfusionen erforderlich.

! Hämoglobin besitzt eine 300-fach höhere Affinität zu Kohlenmonoxid als zu Sauerstoff.

Kohlenmonoxid (CO) ist ein giftiges Gas, das durch unvollständige Verbrennung organischer Verbindungen entsteht. Die Toxizität dieses farb- und geruchlosen Gases kommt dadurch zustande, dass es sich an Stelle des Sauerstoffs an das Hämoglobinmolekül anlagert und so den Sauerstofftransport blockiert. Da die Affinität des Hämoglobinmoleküls zu Kohlenmonoxid rund 300mal so hoch ist wie zu Sauerstoff (■ Abb. 29.16), führen schon geringe Mengen dieses Gases zu einer starken Reduktion der Sauerstofftransportfähigkeit des Bluts. Die daraus resultierende Hypoxie (Sauerstoffmangel der Gewebe) wird noch dadurch verstärkt, dass Kohlenmonoxid eine **Linksverlagerung** der Sauerstoffanlagerungskurve (▶ o.) bewirkt, sodass die Abgabe des noch transportierten Sauerstoffs im Bereich der Gewebe erschwert ist. Erst durch diesen Umstand wird es verständlich, dass eine CO-Vergiftung, die mit 60% CO-Hämoglobin einhergeht, eine tödliche Bedrohung darstellt, während eine Anämie mit 40% des normalen Hämoglobingehalts durchaus mit dem Leben vereinbar ist. Daneben blockiert Kohlenmonoxid auch **Myoglobin** und andere **eisenhaltige** Proteine. Wegen der reversiblen Anlagerung des Kohlenmonoxids an den Porphyrinanteil des Hämoglobins kann das CO-Hämoglobin durch hohe Sauerstoffdrucke in O_2-Hb überführt werden. Vergiftete sind deshalb schnell aus dem Kohlenmonoxid-haltigen Milieu (z.B. Abgasen in

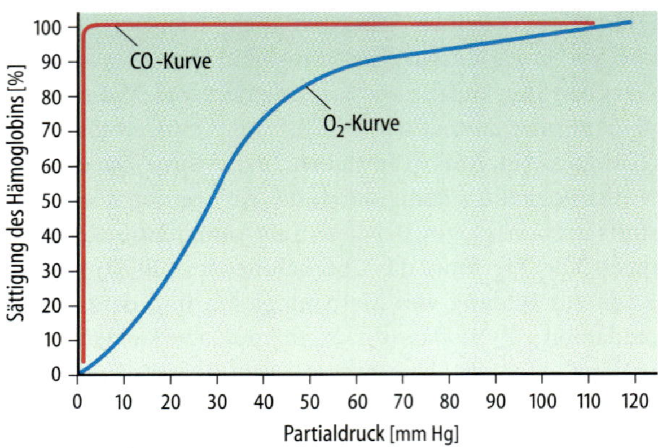

Abb. 29.16. Bindung von Kohlenmonoxyd bzw. Sauerstoff an Hämoglobin. Die Kurven zeigen, zu welchem Prozentsatz das Hämoglobin bei einem bestimmten Gasangebot (Sauerstoff bzw. Kohlenmonoxid) mit dem betreffenden Gas beladen ist. Aufgrund der hohen Affinität des Hämoglobins zu Kohlenmonoxid führen schon sehr geringe CO-Drucke zu einer 100%igen Sättigung des Hämoglobins, die beim Sauerstoff erst bei Drucken von etwa 120 mmHg erreicht wird. (1 mmHg = 133,3 Pa)

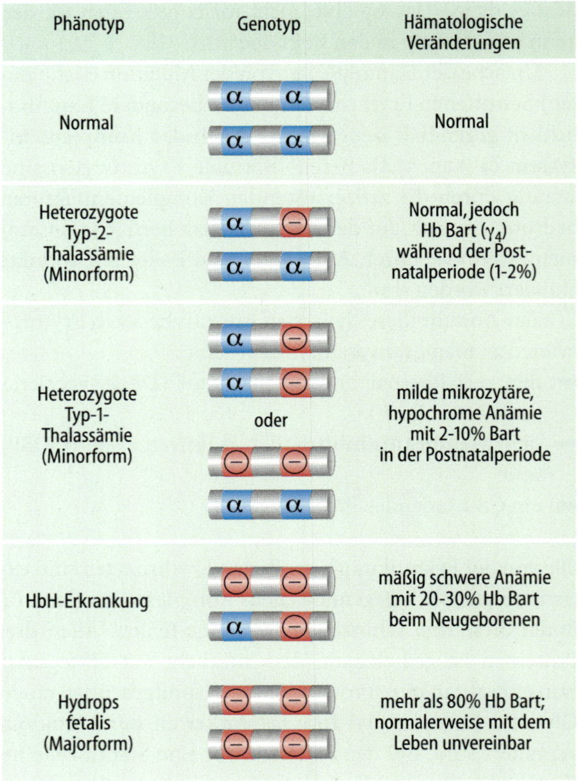

Garagen) zu bringen und mit Sauerstoff zu beatmen. Bei Zigarettenrauchern findet man im Durchschnitt 4–9%, bei stärkeren Rauchern auch Werte bis zu 15% CO-Hämoglobin (!).

! Die Thalassämien kommen durch quantitative Störungen der Globinkettenproduktion zustande.

Bei den Thalassämien ist die Biosynthese eines der beiden Kettentypen des Hämoglobins in den Erythroblasten des Knochenmarks gestört. Die **homozygote** Form (Thalassämia major) hat früher bereits im Kindesalter zum Tode geführt, heute hat die Lebenserwartung der Patienten aufgrund verbesserter Kenntnisse über die Erkrankung deutlich zugenommen. Genträger, also Individuen, die die **heterozygote** Form (Thalassämia minor) aufweisen, haben eine mikrozytäre Anämie, die keine Symptome verursacht. Aus diesem Grunde besitzen **die Identifizierung von Genträgern** und genetische Beratung für die Familienplanung von Betroffenen eine große Bedeutung.

α-Thalassämien. Deletionen treten häufiger in der α-Globinfamilie auf, da der gesamte Komplex Sequenzhomologien aufweist und die Verdoppelung der β- und α-Gene (Abb. 29.17) die Wahrscheinlichkeit der Fehlanlagerung während der Meiose erhöhen kann. Eine ungleiche Überkreuzung kann zu Chromosomen mit einer Überzahl oder verringerten Anzahl von α-Genen führen. Die Tatsache, dass vier α-Gene (jeweils zwei auf jedem Chromosom 16) existieren, erklärt, warum α-Thalassämien i. Allg. weniger dramatisch verlaufen als β-Thalassämien (Abb. 29.17). Die **homozygote** α-Thalassämie, die zum Hydrops fetalis (Morbus haemolyticus neonatorum) und zum Tod in utero führt, beruht auf einer Deletion aller vier Globingene. Die Hämoglobin-H-Erkrankung, eine milde, hypochrome, hämolytische Anämie, ist in vielen Fällen auf die Deletion von drei α-Genen zurückzuführen. Die beiden **heterozygoten** Zustände werden durch die Deletion von einem oder zwei α-Genen verursacht. Durch die Störung der Biosynthese der α-Ketten ist nicht nur die Produktion von HbA_1, sondern auch von HbA_2 und HbF verringert. Beim Embryo treten die überschüssigen γ-Ketten wegen der eingeschränkten α-Kettenbiosynthese zu **γ_4-Tetrameren** (Hb γ_4 oder HbBart) zusammen. Da nach der Geburt die γ-Ketten durch β-Ketten ersetzt werden, bilden β-Ketten, die keine α-Ketten zur Bildung des normalen $\alpha_2\beta_2$-Hämoglobins finden, **β_4-Tetramere** (HbH). HbBart und HbH zeigen keinen Bohr-Effekt mehr, sind unstabil und neigen zu Verklumpungen, wodurch die normale Lebensdauer der Erythrozyten, die bizarre Formen aufweisen können, herabgesetzt wird.

Phänotyp	Genotyp	Hämatologische Veränderungen
Normal	α α α α	Normal
Heterozygote Typ-2-Thalassämie (Minorform)	α ⊖ α α	Normal, jedoch Hb Bart (γ_4) während der Postnatalperiode (1-2%)
Heterozygote Typ-1-Thalassämie (Minorform)	α ⊖ α ⊖ oder ⊖ ⊖ α α	milde mikrozytäre, hypochrome Anämie mit 2-10% Bart in der Postnatalperiode
HbH-Erkrankung	⊖ ⊖ α ⊖	mäßig schwere Anämie mit 20-30% Hb Bart beim Neugeborenen
Hydrops fetalis (Majorform)	⊖ ⊖ ⊖ ⊖	mehr als 80% Hb Bart; normalerweise mit dem Leben unvereinbar

Abb. 29.17. Erscheinungsformen der α-Thalassämien. Alle vier Genloci werden gleich stark exprimiert. Die Existenz von vier a-Genen erklärt, warum die a-Thalassämien i. Allg. – mit Ausnahme der homozygoten Form – klinisch weniger dramatisch verlaufen als die β-Thalassämien. Der Verlust von 1, 2 oder 3 Genen wird zumindest teilweise durch die übrigen kompensiert

β-Thalassämien. Im Gegensatz zur α-Thalassämie wird die β-Thalassämie erst einige Wochen oder Monate nach der Geburt manifest, wenn die γ-Ketten durch β-Ketten ersetzt werden. Da die Biosynthese dieser Ketten jedoch reduziert ist (β^+) oder überhaupt nicht stattfindet (β°), treten überschüssige α-Ketten mit – auch im Erwachsenenalter bei der β-Thalassämie weiter synthetisierten – γ- oder δ-Ketten zusammen, wodurch bei der heterozygoten Form der Prozentsatz von HbA_2 ($\alpha_2\delta_2$) auf 4–6% (normal 2–3%) und von HbF ($\alpha_2\gamma_2$) auf 0,5–6% (normal nicht vorhanden) erhöht ist. Es werden keine α_4-Tetramere gebildet.

Die Instabilität der Erythrozyten von Patienten mit Thalassämien ist zumindest teilweise dadurch bedingt, dass freie α- und β-Ketten wesentlich rascher als im Tetramerverband des normalen Hämoglobins autoxidieren. Dadurch wird entsprechend mehr Superoxidanion gebildet und die Kapazität des Dismutasesystems überschritten, sodass Schäden an der Erythrozytenmembran durch die Peroxidation von Membranlipiden und SH-Gruppen von Proteinen resultieren. Die vermehrte Produktion von HbA_2 und HbF reicht jedoch nicht zur Kompensation der verringerten β-Globinsynthese aus. Gleichzeitig wird die Erythropoiese erheblich gesteigert (bis zum Faktor 10), aufgrund des Überschusses an α-Ketten ist sie jedoch ineffektiv, d.h. die erythrozytären Vorläufer gehen im Knochenmark durch **Apoptose** (► Kap. 7.1.5) zugrunde. Als wesentliche Komplikation der homozygoten bzw. gemischt-heterozygoten schweren Form der Thalassämie tritt aufgrund der **ineffektiven Erythropoiese** eine Überladung des Organismus mit Eisen (sekundäre Eisenüberladung) auf: der bei den Patienten zu beobachtende Abfall des Hepcidinspiegels führt dazu, dass im Gastrointestinaltrakt vermehrt Eisen resorbiert wird. Dadurch kommt es zu einer **Eisenakkumulation** mit konsekutiver Funktionsstörung von Herz, Leber und endokrinen Organen.

! Punktmutationen in Exonbereichen der Globingene führen zu qualitativ veränderten Hämoglobinen.

Abweichungen der normalen Sequenz der Globinketten werden bei etwa jedem 600sten Menschen beobachtet. Inwieweit der Austausch einer Aminosäure Einfluss auf die Struktur und Funktion des Hämoglobins besitzt, hängt davon ab, welcher Art die Substitution ist (z.B. Austausch einer hydrophoben durch eine hydrophile Aminosäure), und ob die ausgetauschte Aminosäure an der Oberfläche oder im Inneren des Moleküls liegt. Hämoglobinanomalien werden autosomal-rezessiv vererbt. Bei heterozygoten Trägern, die zur Hälfte ein normales und ein pathologisches Hämoglobin besitzen, reicht die Menge des normalen Hämoglobins zur Sauerstoffversorgung der Gewebe aus, während bei homozygoten Trägern schwere Anämien und in vielen Fällen der Tod eintreten. Die anomalen Hämoglobine werden mit den großen Buchstaben des Alphabets oder mit dem Klinik-, Ortschafts- oder Patientennamen bezeichnet, der mit ihrer erstmaligen Beschreibung in Zusammenhang steht (▫ Tabelle 29.6). Die Mutation wird entweder auf DNA-Ebene (z.B. GAG → GTG) oder Proteinebene (β^6Glu → Val oder Glu6Val) beschrieben, d.h. in diesem Fall ist der Glutamylrest in Stellung 6 der β-Ketten durch einen Valylrest ersetzt.

▫ Tabelle 29.6. Genetische Störung der Aminosäuresequenz von Hämoglobinen (Auswahl aus über 250 bekannten Varianten)

Hämoglobin	Substitution		Resultierende Störung
HbS	β6	Glu → Val	Sichelzellbildung
Chesapeake	α92	Arg → Leu	O_2-Affinität erhöht
Seattle	β70	Ala → Asp	O_2-Affinität reduziert
Nagoya	β97	His → Pro	instabil mit Hämolyse
Barcelona	β94	Asp → His	Erythrozytose (Polyzythämie)
Iwate	α87	His → Tyr	Methämoglobinbildung mit Zyanose

! Das Sichelzellgen schützt heterozygote Träger vor einer Malariainfektion.

Bei der homozygoten Form der Sichelzellkrankheit (HbS/HbS) kommt es im peripheren, d.h. sauerstoffarmen Blut zum Auftreten sichelförmiger Erythrozyten. Ursache ist eine Polymerbildung des desoxygenierten HbS, die durch die Substitution des hydrophilen Glutamats durch das hydrophobe Valin in Position 6 an der Oberfläche der ß-Kette zustande kommt (HbS = $\alpha_2\beta_2$6Glu → Val). Die Sichel-Erythrozyten adhärieren in der postkapillären Venule der Mikrozirkulation und führen dort zu einem (schmerzhaften) Gefäßverschluss. Weiterhin werden die irreversibel geschädigten Erythrozyten rasch abgebaut, sodass eine Anämie entsteht.

Der Selektionsvorteil heterozygoter Träger der HbS-Anlage beruht darauf, dass Erythrozyten, die den Malariaparasiten enthalten, sehr viel leichter als nicht infizierte Zellen sicheln, da sie einen niedrigeren pH-Wert aufweisen. Mit dem Sicheln im sauerstoffarmen Blut ist die Aktivierung des Kalium-Efflux-Kanals verbunden, der zum Verlust von Kaliumionen und dadurch zum Tod des Parasiten führt.

In Kürze

Erythrozyten sind für den Transport von Sauerstoff und Kohlendioxid im Blut verantwortlich. Die Nieren messen den peripheren Sauerstoffgehalt über den Hypoxie induzierbaren Faktor (HIF) und regulieren die Erythrozytenproduktion im Knochenmark über Erythropoietin. Der Erythrozyt bezieht seine Energie aus der ausschließlichen Verstoffwechselung von Glucose. Diese Energie wird zur Aufrechterhaltung von Ionengradienten und zum Schutz vor oxidativem Stress benötigt. Erythrozyten sind formflexibel und besitzen eine komplex aufgebaute Membran. Ver-

▼

schiedene angeborene Enzym- oder Membrandefekte führen zum frühzeitigen Abbau (Hämolyse), der bei unzureichender Kompensation durch eine Steigerung der Erythopoiese eine Anämie hervorrufen kann.

Bei der erworbenen paroxysmalen nächtlichen Hämoglobinurie wird ein GPI-Ankerprotein nicht mehr gebildet, sodass die Erythrozyten besonders empfindlich gegenüber Komplementfaktoren werden.

Hämoglobin transportiert Sauerstoff, Kohlendioxid, Protonen und möglicherweise auch Stickoxid.

Bei der Geburt erfolgt eine Umschaltung vom fetalen auf das Erwachsenen-Hämoglobin mit veränderten funktionellen Eigenschaften.

Die Sauerstoffanlagerungskurve wird durch Temperatur, pH-Wert, CO_2-Druck und 2,3-Bisphosphoglycerat beeinflusst.

Hämoglobin stellt aufgrund seiner hohen Konzentration ein wichtiges Puffersystem dar. Längerfristige Erhöhungen des Plasma-Glucosespiegels erhöhen die Glycohämoglobinkonzentration im Erythrozyten.

Letale CO-Vergiftungen beruhen auf der extrem hohen Affinität von Kohlenmonoxid zu Hämoglobin.

Die Thalassämien kommen durch quantitative Störungen der Globinkettenproduktion zustande.

Punktmutationen in Exonbereichen der Hämoglobinketten führen zu Hämoglobinopathien: die häufigste ist die Sichelzellanämie, die im heterozygoten Zustand vor Malaria schützt und im homozygoten Zustand zu Gefäßverschlüssen und Anämie führt.

Die unterschiedlichen Blutgruppenantigene A, B und 0 (auch als H bezeichnet) werden durch die individuell unterschiedliche Ausstattung mit Glycosyltransferasen verursacht. Die Rhesusantigene werden nicht durch Kohlenhydrate, sondern durch Proteine codiert.

29

29.3 Leukozyten

29.3.1 Funktion und Stoffwechsel der Leukozyten

Je nach Gestalt, Funktion und Biosyntheseort unterscheidet man Granulozyten, Lymphozyten und Monozyten. Da nur 1% der Lymphozyten in der Blutbahn kreist, ist der Lymphozyt streng genommen eine Gewebezelle und wird deshalb im Kap. Immungewebe (► Kap. 34) besprochen.

! Die Granula neutrophiler Granulozyten enthalten eine Vielzahl verschiedener Enzyme.

Unter den Granulozyten (neutrophile, eosinophile und basophile) kommt den Neutrophilen eine Schlüsselstellung bei der Infektabwehr zu. Die **neutrophilen Granulozyten** – auch als polymorphkernige Leukozyten bezeichnet – phagozytieren stark, sind reich an in Granula (Name!) verpackten **Hydrolasen** [Proteasen wie Elastase (► Kap. 6.2.7), Kollagenase oder Kathepsin G; Lysozym (Muraminidase, ► Kap. 4.3)] und können mit diesen und anderen Enzymen Bakterien auflösen. Bei der Reifung im Knochenmark macht der Granulozyt mehrere Phasen durch, wobei ab der zweiten Phase (also mit Ausnahme der Myeloblasten, die noch keine Granula besitzen) das Enzym **Myeloperoxidase** (► u.) nachgewiesen werden kann. Während des Reifungsprozesses nimmt die Anzahl der Mitochondrien ab, während Glycogenspeicherung und Glycolyserate zunehmen. Der Energiegewinn durch Glycolyse bietet dem Granulozyten insofern einen Vorteil, als mit Hilfe dieses Stoffwechselwegs Energie auch unter anaeroben Bedingungen wie im hypoxischen, entzündeten Gewebe gewonnen werden kann.

! Neutrophile Granulozyten müssen an das Endothel adhärieren, bevor sie die Zirkulation verlassen.

Die Adhäsion und die sich daran anschließende Wanderung durch das Endothel finden vor allem in den **postkapillären Venolen** statt. Dieser Prozess ist mit charakteristischen Änderungen der Granulozytenmorphologie verbunden. Der schwimmende Granulozyt gerät zuerst in kurzen Kontakt mit der Gefäßwand, verlangsamt daraufhin seine Bewegung und rollt sich am Endothel entlang. Einige Zellen lösen sich wieder von der Gefäßwandoberfläche, wohingegen andere zu einem Stillstand kommen und ihre Gestalt innerhalb von Sekunden ändern, indem sie eine abgeflachte, adhärente Struktur annehmen. Innerhalb der nächsten Minuten wandern die Zellen zwischen den Endothelzellen hindurch in das Gewebe (■ Abb. 29.18). Der entscheidende Faktor für die Rekrutierung dieser Granulozyten sind Wechselwirkungen zwischen den Zellen und dem Endothelium. Für das Andocken an die Endotheloberfläche sind lektinähnliche, Kohlenhydrat-bindende Proteine, die sog. **Selectine** (► Kap. 6.2.6) verantwortlich.

- **L-Selectin** findet sich auf den meisten **Leukozyten**
- wohingegen **E-Selectin** von Endothelzellen **nach Aktivierung** durch Cytokine synthetisiert und exprimiert wird
- **P-Selectin** wird vom aktivierten Endothel und von Thrombozyten (**Plättchen**) exprimiert

Jedes dieser Selectine erkennt spezifische Kohlenhydratsequenzen auf Leukozyten (so z.B. E-Selectin das sLe^x-Molekül) oder dem Endothel. Selectine sind für diese Andockungsfunktion gut geeignet, da sie lang ausgestreckt sind, sodass Leukozyten, die den entsprechenden Rezeptor auf-

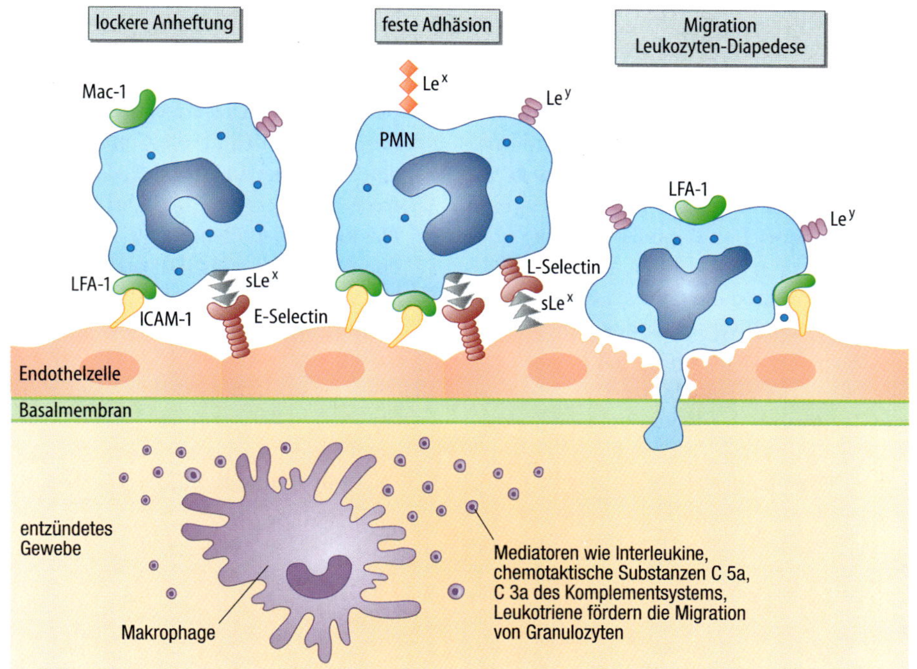

Abb. 29.18. Prozesse, die zur Auswanderung von neutrophilen Granulozyten aus dem Blutgefäßsystem bei Entzündungen führen. Im ersten Schritt kommt es zu einer lockeren Anhaftung, die über ICAM-1 und E-Selectin auf Endothelzellen vermittelt wird. Im zweiten Schritt wird diese Adhäsion durch zusätzliche Adhäsionsmoleküle, wie sLe auf Endothelzellen oder die L-Selectine auf Granulozyten, intensiviert. Dies ist die Voraussetzung für die Wanderung der Granulozyten zwischen zwei Endothelzellen hindurch durch die Gefäßwand. Von Makrophagen freigesetzte Mediatoren wie Interleukine, chemotaktische Substanzen des Komplementsystems oder Leukotriene fördern die gerichtete Wanderung der durchgetretenen Granulozyten in den Entzündungsbereich

weisen, eingefangen werden können. Die vorübergehende Natur dieser Wechselwirkung ist wichtig, da Leukozyten das Endothel auf spezifische Auslösefaktoren absuchen können, welche zu einer Aktivierung der Leukozyten und damit zu einer Auswanderung in entzündete Gewebe führen. Fehlen solche Faktoren, so führt die nur leichte Bindung an Selectine zu einer schnellen Lösung, sodass die Leukozyten im Blut weiterschwimmen können. Die feste Anhaftung an das Endothel wird durch Adhäsionsmoleküle vermittelt, die als **Integrine** bezeichnet werden (▶ Kap. 6.2.6, 24.5.3). Dazu gehören die β2-Integrine LFA-1 (Lymphozytenfunktion assoziiertes Antigen, CDLFA/CD 18), MAC-1 (Leukozyten-Adhäsionsrezeptor, CD 11 B/CD 18) und das β1-Integrin VLA-4, die am CAM-Molekül (▶ Kap. 6.2.6) wie ICAM-1 oder 2 an Endothelzellen binden (Abb. 29.18). Diese Integrine auf zirkulierenden Leukozyten binden nur dann gut an Endothelien, wenn ihre Bindungsaktivität durch Aktivierung erhöht wird. Diese Aktivierung erfolgt durch Signale, die vorwiegend von Endothelzellen freigesetzt werden und als chemotaktisch aktive Cytokine (**Chemokine wie z.B. Interleukin-8**) bezeichnet werden. Nach Adhäsion an das Endothel wandern Leukozyten unter dem Einfluss von Chemokinen in das Gewebe. Dazu gehören auch Fragmente des Komplementsystems wie **C5a** (▶ Kap. 34.4) oder das Leukotrien B4. Unter dem Einfluss lokal gebildeter Entzündungsfaktoren, wie z.B. Tumornekrosefaktor α (▶ Kap. 25.8.2) oder Interleukin-1 werden interzelluläre Adhäsionsmoleküle (wie z.B. ICAM-1) auf Endothelzellen verstärkt exprimiert, sodass noch mehr Leukozyten aus dem Blutstrom rekrutiert werden können.

Auf **chemotaktische Reize** ändern die Neutrophilen nach Einwanderung in das Gewebe ihre Gestalt, richten sich nach dem Gradienten aus und bewegen sich kontinuierlich auf den Ausgangspunkt der chemoattraktiven Substanz zu. Nach Kontakt mit dem Fremdkörper wird dieser von Cytosolausläufern (Pseudopodien) des Granulozyten umgeben und in den Zell-Leib aufgenommen. Dadurch, dass die Pseudopodien an der distalen Seite des Mikroorganismus fusionieren, entsteht eine von der Zellmembran umschlossene Phagozytosevakuole (als Phagosom bezeichnet), in die das Bakterium eingekapselt ist. Dieses **Phagosom** löst sich von der Zellperipherie und wandert zelleinwärts. Die Aufnahme eines Fremdkörpers stellt einen energieabhängigen Vorgang dar, der mit einer Aktivitätserhöhung ATP-produzierender Prozesse einhergeht.

! Degranulierung und Erzeugung hochaktiver Sauerstoffverbindungen ermöglichen die Vernichtung von Bakterien.

Die Aktivierung des Granulozyten bewirkt die Bildung von zwei intrazellulären Botenstoffen, des Inositol-1,4,5-trisphosphats und des Diacylglycerins. Während Inositoltrisphosphat Calcium aus intrazellulären Speichern mobilisiert, aktiviert Diacylglycerin Protein C-Kinasen, die ihrerseits Cytoskelett-Proteine wie Aktin, Aktin bindende Proteine, Profilin, Acumentin oder Gelsolin phosphorylieren. Das von Filamenten dieser Proteine gebildete Netzwerk bestimmt den physikalischen Zustand des Cytosols und damit die Bewegung der Pseudopodien und die Phagozytose.

Anschließend verschmelzen die Granula des Granulozyten mit dem Phagosom und verschwinden aus dem Cytosol (Degranulierung). Dabei ergießen sich die Enzyme der primären und sekundären Granula wie

- **Lysozym** zur Zerstörung der Bakterienwand (osmotischer Schock!)
- neutrale und saure **Hydrolasen** sowie
- **Lactoferrin**, das Eisen cheliert und damit den Mikroorganismen dieses für ihr Wachstum wichtige Metall entzieht

in die Vakuole, ohne jedoch in das Cytosol der Zelle zu gelangen. Gleichzeitig nimmt der nicht-mitochondriale Sauerstoffverbrauch des Granulozyten innerhalb von Sekunden auf das hundertfache (sog. *respiratory burst*) zu, da durch eine in der Plasmamembran lokalisierte **NADPH- Oxidase** Sauerstoff nach Reaktion

$$NADPH + 2O_2 \rightarrow NADP^+ + H^+ + 2O_2^-$$

zum Superoxidanion (O_2^-) reduziert wird.

Die **NADPH-Oxidase** ist ein Proteinkomplex aus katalytisch aktiven und regulatorischen Komponenten (Abb. 29.19). In der Membran trägt die Untereinheit p91 die katalytische Aktivität. Sie ist ein Flavoprotein und verfügt außerdem über zwei Cytochrom b_{558} -Gruppen, die für den Elektronentransport zum Sauerstoff verantwortlich sind. Die regulatorische Untereinheit p22 ist ebenfalls membrangebunden. Sie bindet eine Reihe von Faktoren, die bei der Aktivierung aus dem Cytosol rekrutiert werden. Im Einzelnen handelt es sich um

- Einen trimeren Proteinkomplex aus den Proteinen p47, p40 und p67. Diese werden nach Phosphorylierung durch die Proteinkinase C an p22 gebunden und sind eine Voraussetzung für die Aktivität der NADPH-Oxidase
- Das kleine G-Protein Rac-2. Aktivierende Signale lösen den Austausch von GDP gegen GTP aus, was ebenfalls von der Bindung an p22 gefolgt ist und die Aktivierung der Oxidase auslöst

Das Superoxidanion wird durch die Superoxiddismutase (▶ Kap. 15.3) zu Wasserstoffperoxid reduziert oder kann mit bereits gebildetem Wasserstoffperoxid unter Bildung hochaktiver Hydroxylradikale (OH) reagieren:

$$2O_2^- + 2H^+ \rightarrow H_2O_2 + O_2$$
$$O_2^- + H_2O_2 \rightarrow OH^\bullet + OH^- + O_2$$

Unter dem Einfluss des bereits erwähnten Enzyms **Myeloperoxidase** werden Chloridionen (oder auch Jodid) durch Wasserstoffperoxid unter Bildung von Hypochloritionen oxidiert:

$$H_2O_2 + Cl^- \rightarrow H_2O + OCl^-.$$

Diese Sauerstoffverbindungen verursachen die **Peroxidation** von Membranlipiden (Radikalreaktionen, ▶ Kap. 15.3) des Bakteriums. Wasserstoffperoxid wird auch durch eine D-Aminosäureoxidase (▶ Kap. 13.3.4) erzeugt, die bei der Vereinigung eines bakterienhaltigen Phagosoms mit einem Peroxisom die Oxidation von D-Aminosäuren der Bakterienwand katalysiert. Da H_2O_2 biologische Membranen relativ gut permeieren kann und dadurch aus dem Phagosom ins Cytosol gelangt, muss der Granulozyt sich durch Katalase (in Peroxisomen, ▶ Kap. 6.2.10) und Glutathion-abhängige Enzymsysteme (▶ Kap. 15.3) vor H_2O_2 schützen.

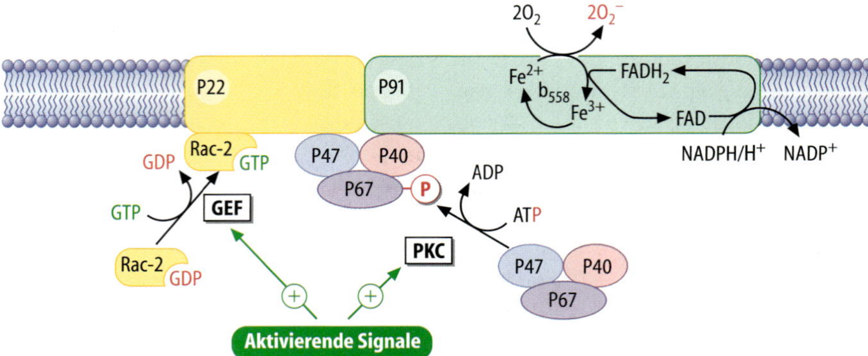

Abb. 29.19. Aufbau des NADPH/H$^+$-Oxidase-Systems in der Plasmamembran des Granulozyten. Der membrangebundene Komplex aus den Proteinen p91 und p22 wird durch Rekrutierung cytoplasmatischer Proteine aktiviert. Die aktivierenden Signale lösen die Phosphorylierung der p67 Untereinheit des p47/p40/p67-Komplexes und dessen Bindung an p22 aus. Außerdem führen sie zur Aktivierung von Rac-2 und dessen Bindung an p22. Erst dann ist die Oxidase aktiv. (Weitere Einzelheiten ▶ Text)

Das durch H_2O_2 oder Lipidperoxide oxidierte Glutathion wird durch mit dem Pentosephosphatweg gekoppelte Enzyme regeneriert.

Sauerstoffradikale können auch mit α_1-Antitrypsin reagieren und diesen Proteaseinhibitor durch Oxidation eines entscheidenden Methionylrests inaktivieren. Während diese Reaktion für die Bakterienabtötung keine Rolle spielt, kann sie bei Gewebeschädigungen durch Entzündungen mit Granulozytenaktivierung von Bedeutung sein.

Das Schicksal des neutrophilen Granulozyten ist mit dem der abgetöteten Bakterien unlösbar verbunden: Die mit den Enzymen angefüllte Phagozytenvakuole kann nicht mehr aus der Zelle entfernt werden; nach einigen Stunden wird ihre Wand durchlässig, der Inhalt ergießt sich in die Zelle und zerstört sie. Man bezeichnet das Phagosom deshalb auch als »*suicide bag*«. In neutrophilen Granulozyten übt das Cytoskelett-assoziierte Protein **Pyrin** (auch als Marenostrin bezeichnet) eine hemmende Wirkung auf die Stimulationskaskade der Granulozyten aus, sodass nur starke proinflammatorische Stimuli eine Aktivierung bewirken können. Gleichzeitig fördert Pyrin die Bildung antiinflammatorischer Inhibitoren, z.B. des C5a-Inhibitors, wodurch die Entzündungsreaktion reguliert wird. Mutationen im Pyringen beim **familiären Mittelmeerfieber** verursachen eine überschießende Aktivierung und Migration von Neutrophilen, die sich klinisch durch Fieber, Bauch- und Rippenfell- sowie Gelenkentzündungen manifestiert.

Auch eosinophile und basophile Granulozyten besitzen die Fähigkeit zur Phagozytose. Dadurch sind diese Zellen ebenfalls an Abwehrreaktionen (z.B. Wurminfektionen) beteiligt.

! Makrophagen besitzen eine Funktion als Antigen präsentierende Zellen.

Aus den Monozyten, die ebenfalls im Knochenmark gebildet werden, differenzieren sich die **Gewebemakrophagen**. Dabei nehmen sie unter Änderung ihrer Morphologie und ihres Stoffwechsels Eigenschaften an, die für das betreffende Gewebe charakteristisch sind. So gewinnen die Makrophagen in den **Lungenalveolen** ihre Energie vorwiegend durch oxidative Phosphorylierung, während Makrophagen im **Peritoneum** sie aus der Glycolyse beziehen. Der Ersatz von Gewebemakrophagen wird hauptsächlich durch den Zustrom von Blutmonozyten bestimmt, von einigen Ausnahmen – wie z.B. den Kupffer-Zellen – abgesehen, die sich *in situ* reduplizieren können. Monozyten enthalten wie die neutrophilen Granulozyten cytosolische **Granula**, in denen sich Peroxidase und lysosomale Enzyme befinden. Nach Aufnahme in die Gewebe und Differenzierung zum Makrophagen verschwinden die Peroxidase-haltigen Granula, wohingegen die lysosomalen Enzyme weiterhin synthetisiert werden, dann aber in kleineren Vesikeln verpackt sind.

Makrophagen nehmen durch ihre Fähigkeit zur Erkennung, Phagozytose, Prozessierung und Präsentation von Antigenen eine Schlüsselfunktion im Immunsystem ein (▶ Kap. 34). Sie interagieren dabei v.a. mit T-Lymphozyten. Durch die Existenz von membranständigen Fc-Rezeptoren (die den Fc-Anteil von IgG-Antikörpern binden, ▶ Kap. 34.3.4) und Rezeptoren für Komplementfaktoren werden v.a. die Antigene von Makrophagen leicht aufgenommen, die opsoniert worden sind, d.h. mit Antikörper und Komplement beladen sind. Im Rahmen der Phagozytose wird das Antigen internalisiert und durch proteolytische Enzyme zu Aminosäuren abgebaut. Ein kleiner Anteil des aufgenommenen Antigens entgeht jedoch dem vollständigen Abbau durch Proteasen, sodass Antigenfragmente zusammen mit MHC-II (HLH-)-Proteinen (▶ Kap. 34.2.2) in die Plasmamembran verlagert werden (Antigenpräsentation). Dieser bimolekulare Komplex wird jetzt von T-Lymphozyten erkannt, die natives, frei zirkulierendes Antigen nicht erkennen können. Die Erkennung führt zu einem direkten Zell-Zell-Kontakt zwischen T-Lymphozyten und Makrophagen, infolge dessen **Interleukin-1**, ein Polypeptid mit einem Molekulargewicht von etwa 17 kD, vom Makrophagen sezerniert wird. Dieses Lymphokin bindet an Interleukin 1-Rezeptoren des T-Lymphozyten und stimuliert diesen zur Sekretion von Interleukin-2 (▶ Kap. 25.5.2) und Immun- oder γ-Interferon (▶ Kap. 25.8.4), das weitere Makrophagen aktiviert. T-Lymphozyten erkennen somit – im Gegensatz zu B-Lymphozyten – antigene Determinanten (Epitope, ▶ Kap. 34.2.1) nicht an nativen Polypeptiden, sondern nur in denaturierten Proteinfragmenten.

! Cytokine aktivieren die Akutphase-Antwort.

Verschiedene Cytokine wie Interleukin-6, Interleukin-1, Tumornekrose-Faktor-α, Interferon-γ, TGF-ß oder Interleukin-8 werden während entzündlicher Vorgänge gebildet und stellen die Haupt-Stimulatoren der sog. Akutphase-Antwort dar. Diese Cytokine werden von einer Vielzahl verschiedener Zellen gebildet (Hepatozyten, Endothelzellen, Keratinozyten etc.), die wichtigsten sind aber die Makrophagen und Monozyten in Entzündungsregionen.

Die Akutphase-Antwort stellt eine koordinierte Reaktion des Organismus auf Infektionen oder Gewebeverletzungen dar. Zu dieser Reaktion (■ Abb. 29.20) gehören:
- Ein Anstieg der Biosynthese von etwa 30 Plasmaproteinen, den sog. Akutphase-Proteinen. Unter diesen stellt das **C-reaktive Protein** (**CRP**) das klinisch wichtigste dar (▶ Kap. 29.6.4)
- ein Anstieg der neutrophilen Granulozyten
- ein Abfall der Eisen- und Zinkkonzentration im Plasma, der eine vermehrte Freisetzung von Lactoferrin (▶ Kap. 29.3.1) aus neutrophilen Granulozyten mit anschließender Sequestrierung als Eisen-Lactoferrin-Komplex zugrunde liegt
- eine Steigerung der Proteolyse im Muskel mit Freisetzung von Aminosäuren sowie
- eine Temperaturverstellung im Wärmeregulationszentrum des Hypothalamus (Fieber als physiologische Antwort auf Infektionen)

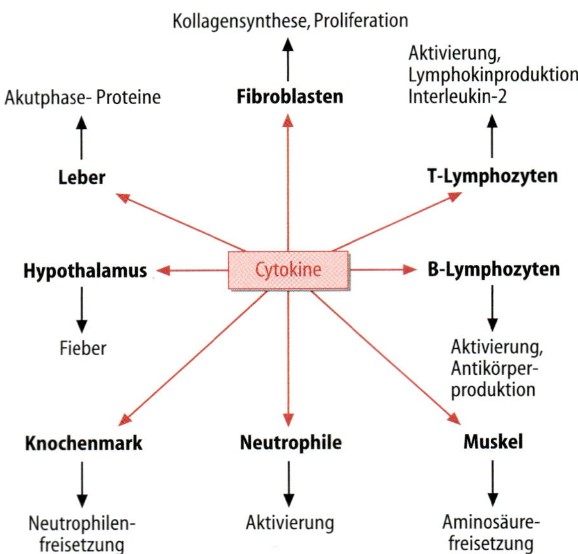

Abb. 29.20. Die Akutphase-Antwort. (Einzelheiten ► Text)

Darüber hinaus stimuliert Interleukin-1 die ACTH- und Cortisolsekretion (► Kap. 27.3).

Die Aktivierung durch γ-Interferon führt u.a. zur Freisetzung eines für Tumorzellen zytotoxischen Polypeptids (Molekularmasse 17,3 kD) aus dem Makrophagen, das als **Tumornekrosefaktor-α** (**TNF-α,** ► Kap. 25.8.2) oder auch **Kachektin** bezeichnet wird. Das Polypeptid tötet *in vitro* Tumorzellen ab und verursacht bei Versuchstieren Nekrosen in transplantierten Tumoren. Es unterdrückt auch die Expression der Lipoproteinlipase (► Kap. 12.1.3) und verhindert dadurch die Aufnahme und Speicherung von Triacylglycerinen durch das Fettgewebe. Bei Versuchstieren führt rekombinanter TNF-α zu Appetit- und Gewichtsverlust, daher auch das Synonym Kachektin für dieses Molekül.

29.3.2 Pathobiochemie

! Bei der septischen Granulomatose können die NADPH/H$^+$-Oxidase oder deren Aktivierung gestört sein.

Von den zahlreichen bekannten Störungen der Funktion polymorphkerniger Leukozyten ist die **chronische granulomatose Erkrankung** (septische Granulomatose) am besten untersucht. Klinisch stellt sie die wichtigste der verschiedenen Defekte des oxidativen Stoffwechsels des Granulozyten dar. Die Krankheit ist durch das Fehlen eines vermehrten Sauerstoffverbrauchs bei der oben diskutierten Reaktion auf Phagozytosestimuli gekennzeichnet. Die Leukozyten phagozytieren zwar die Mikroorganismen, können sie aber nicht abtöten. Die Patienten leiden deshalb an immer wieder auftretenden Infektionen mit Pilzen und Bakterien. Als Folge der chronischen Entzündung treten die für die Krankheit charakteristischen Granulome auf. In 60% der Fälle wird die chronische Granulomatose X-chromosomal, in den übrigen 40% autosomal-rezessiv vererbt. Die Diagnose wird durch einen funktionellen Test gestellt, der die respiratorische Aktivität misst: Normalerweise wird der **NBT-Test** verwendet, dem die Reduktion des Farbstoffs Nitroblautetrazolium (NBT) zu einem violetten, unlöslichen Präzipitat durch das unter der Einwirkung der aktivierten NADPH/H$^+$-Oxidase gebildeten Wasserstoffperoxids zugrunde liegt. Da bei der chronischen Granulomatose keine NBT-Reduktion nachweisbar ist, muss die NADPH/H$^+$-Oxidaseaktivität gestört sein. Biochemisch kann diese fehlende Aktivität durch ein defektes **Enzymprotein** oder auch durch einen gestörten **Aktivierungsmechanismus** verursacht werden. Dies wird durch den oben erwähnten unterschiedlichen Vererbungsmechanismus unterstrichen. So sind **Mutationen** als Ursache der septischen Granulomatose bei Patienten nicht nur im Gen für die 91 kD- und 22 kD-Untereinheiten des Enzyms beschrieben worden, sondern auch in den Genen für die 47 und 67 kD-Untereinheiten des Aktivatorproteins (Abb. 29.19).

In Kürze

Neutrophile Granulozyten müssen unter Vermittlung von Selectinen an das Gefäßendothel adhärieren, bevor sie das Gefäßsystem verlassen können. Die Granula der Granulozyten enthalten Enzyme, mit denen sie Bakterien vernichten können. Dazu ist auch die Erzeugung reaktiver Sauerstoffverbindungen erforderlich, die unter dem Einfluss der Enzymsysteme NADPH/H$^+$-Oxidase und Myeloperoxidase erfolgt. Makrophagen besitzen eine Schlüsselfunktion im Immunsystem als Antigen präsentierende Zellen.

29.4 Thrombozyten

! Thrombozyten sind für die Blutstillung zuständig.

Thrombozyten (Plättchen) entstehen durch Abschnürung aus dem Cytosol von **Megakaryozyten** des Knochenmarks. Dabei verformen sich diese Zellen und bilden Ausläufer, die sich zunehmend verlängern und den Megakaryozyten ein tintenfischartiges Aussehen verleihen. Aus diesen Ausläufern werden die Blutplättchen abgeschnürt. Das periphere Blut enthält 150.000–450.000 Thrombozyten pro Mikroliter. Die Regulation der Thrombozytenbildung unterliegt vor allem dem in Leber und Nieren gebildeten **Thrombopoietin**, das an den **c-MPL-Rezeptor** der Megakaryozyten bindet. Thrombozyten besitzen die im Cytosol lokalisierten Enzyme der **Glycolyse** und des Pentosephosphatwegs sowie **Mitochondrien**, die sie zur Ausführung der enzymatischen Schritte des Citratzyklus und der Elektronentransportphosphorylierung befähigen. Da sie noch

Tabelle 29.7. In Thrombocytengranula gespeicherte Moleküle

Dichte Granula (proaggregierende Faktoren)	Nucleotide	Adenin: ATP, ADP Guanin, GTP, GDP
	Amine divalente Kationen	Serotonin, Histamin Calcium, Magnesium
α-Granula (adhäsive u. heilende Faktoren)	Proteoglykane	β-Thromboglobulin, Plättchenfaktor 4, histidinreiches Glycoprotein
	adhäsive Glycoproteine	Fibronektin, Vitronektin, von-Willebrand-Faktor, Thrombospondin
	Gerinnungsfaktoren	Fibrinogen, Faktor V, VII, XI, XII, Protein S, Plasminogen
	Wachstumsfaktoren	PDGF, TGF-β, EGF, VEGF
	Protease-Inhibitoren	α2-Antitrypsin, α2-Makroglobulin
Lysosomen (abbauende Faktoren)	saure Proteasen	Cathepsine, Carboxypeptidasen, Collagenase
	Glycohydrolasen	Heparinase, β-Glucoronidase etc.

(mitochondriale) DNA und stabile RNA besitzen, können Blutplättchen in geringem Maß Proteine, wie z.B. den Fibrin-stabilisierenden Faktor (Faktor XIII, ► Kap. 29.6.4), synthetisieren. Die Glycolyse wird teilweise durch Glucoseaufnahme aus der Umgebung, zum überwiegenden Teil aber durch eigene Glycogenvorräte gespeist. Die aus dem Glucose- und auch Fettsäureabbau gewonnene Energie dient

- der Erhaltung der Thrombozytenstruktur (Lebensdauer 8–11 Tage)
- den plasmatischen Vorgängen der **Blutstillung**, der Hauptfunktion der Blutplättchen (Aktivierung des Plättchens) und
- der Speicherung verschiedener Substanzen, zu denen biogene Amine (Serotonin), Prostaglandine, Plasmaproteine, Polypeptid-Wachstumsfaktoren und lysosomale Enzyme gehören

In den Thrombozyten werden diese Substanzen in den dichten **Granula**, α-Granula oder Lysosomen gespeichert (Abb. 29.21). Jede der Granulapopulationen speichert bestimmte Moleküle (Tabelle 29.7): Die dichten Granula enthalten kleine Nichtprotein-Moleküle, die bei der Plättchenaggregation der Rekrutierung weiterer Plättchen dienen, die α-Granula enthalten große Proteine mit adhäsiver oder mitogener Aktivität. Lysosomen besitzen wie in anderen Zellen Hydrolasen. Neben den Granula enthalten Thrombozyten ein Cytoskelett (Aktinfilamente und Mikrotubuli) sowie komplexe **Membransysteme**: das sog. offene **kanikuläre System** schafft die Verbindung zwischen Cytosol und dem umgebenden Medium und das **dichte Tubulussystem** (DTS) enthält eine Reihe wichtiger Enzyme. So wird hier unter dem Einfluss der Enzyme Cyclooxygenase und Thromboxan-Synthetase **Thromboxan** gebildet. Bei der Thrombozytenaggregation wird Thromboxan freigesetzt und bindet an den Thromboxan-Rezeptor der Plättchenmembran, was über eine **autokrine Stimulation** zu einer Verstärkung der Plättchenaktivierung führt. Das DTS speichert auch Calcium und cycloAMP, die für die Plättchenaktivierung ebenfalls von entscheidender Bedeutung sind (► Kap. 29.5.2).

Ruhende Thrombozyten transportieren diese Substanzen ständig durch das Gefäßsystem (Abb. 29.21). Als Reaktion auf verschiedene Stimuli (siehe unten) werden sie aktiviert, ändern durch Rearrangement des Cytoskeletts ihre **Morphologie** (Abb. 29.21), setzen die Materialien aus den Granula frei und aggregieren untereinander (»Synapsenbildung«). Diese Freisetzungsreaktion, die große Ähnlichkeit mit der Exozytose in Neuronen aufweist (► Kap. 31.2.2), stellt einen wichtigen Schritt bei der im Folgenden beschriebenen Blutstillung dar (► Kap. 29.5).

Die Membran des Thrombozyten enthält eine Reihe von Glycoproteinen (GPI bis IX in absteigendem Molekulargewicht), die Rezeptoren bilden: **Glycoprotein Ib-V-IX** ist ein konstitutiv aktiver Rezeptor für den von Willebrand-Faktor, **Glycoprotein Ia-IIa** ein konstitutiv aktiver Kollagen-Rezeptor und **Glycoprotein IIb-IIIa** ist ein Rezeptor, der erst nach Aktivierung des Thrombozyten durch Konformationsänderung Fibrinogen erkennt.

Aus Thrombozyten können **Mikropartikel** (auch als »Plättchenstaub« bezeichnet) abgeschnürt werden, die Wechselwirkungen von Leukozyten untereinander und von Leukozyten und Gefäßendothelien vermitteln können.

! Die partielle Hemmung der Thrombozytenfunktion stellt ein wichtiges therapeutisches Prinzip dar.

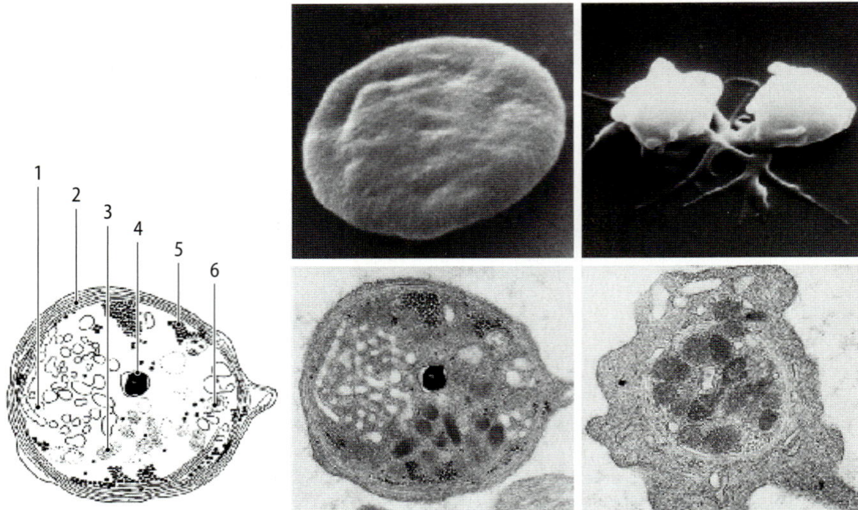

Abb. 29.21. Elektronenmikroskopische Aufnahmen ruhender und aktivierender Thrombozyten. *Oben*: Rasterelektronenoptische Aufnahmen normaler zirkulierender Plättchen in Scheibenform (links × 20000) und aktivierter Thrombozyten, die viele lange Pseudopodien ausgebildet haben (rechts × 20000). *Unten links*: Schematische Darstellung der subzellulären Strukturen; Mitte dazugehörige elektronenoptische Aufnahme (× 21000). *Rechts*: Darstellung eines aktivierten Plättchens mit einem Mikrotubulusring um die zentral angeordneten Granula und Ausbildung von Pseudopodien (× 30000). **1** kanikuläres System; **2** Mikrotubuli; **3** *α*-Granulum; **4** dichtes Granulum; **5** Glycogen; **6** Mitochondrium. (Aufnahmen von JG White, University of Minnesota)

29

Zur **Prophylaxe von Thrombosen** (z.B. Herz- oder Hirninfarkt), d.h. Thrombozytenaggregaten innerhalb der nicht eröffneten Strombahn, finden **Acetylsalicylsäure** (das die Thromboxansynthese durch irreversible Hemmung der Cyclooxygenase blockiert) sowie Hemmstoffe der thrombozytären **ADP-Rezeptoren** und **Glycoprotein IIb-IIIA-Blocker** Anwendung (► Kap.29.5.2).

In Kürze

Thrombozyten, die durch cytosolische Abspaltung aus Megakaryozyten entstehen, besitzen eine überragende Bedeutung für die normale Hämostase und für die Entstehung von Thrombosen. Die Bildung von Thrombozyten wird durch Thrombopoietin reguliert, das an den c-MPL-Rezeptor von Megakaryozyten bindet. Bei Gefäßverletzungen vermitteln thrombozytäre Glycoprotein-Rezeptoren die Bindung an das subendotheliale Gewebe, was zu einer Aktivierung mit nachfolgender Aggregation der Thrombozyten führt.

Medikamente, die die Thrombozytenfunktion hemmen, sind deshalb wichtig für die Therapie cardio- und cerebrovaskulärer Erkrankungen.

Infobox

Automatisierte Bestimmung korpuskulärer Elemente des Blutes.

Mit modernen Hämatologie-Analyzern können heute innerhalb von 5 Minuten komplette Blutzellzählungen durchgeführt werden: diese umfassen die Erythrozytenzahl (*red blood cell count*: RBC), die Leukozytenzahl (*white blood cell count*: WBC), die Thrombozytenzahl (*PlateLeT count*: PLT), den Hämatokrit (HCT), das mittlere Zellvolumen des Erythrozyten (MCV), den mittleren zellulären Hämoglobingehalt (MCHC) und die differenzierte Leukozytenzählung (Lymphozyten, Monozyten und Granulozyten). Daneben werden auch das mittlere Plättchenvolumen (MPV), die Größenverteilung der Erythrozyten (*red cell distribution width*: RDW) und die mittlere zelluläre Hämoglobinkonzentration (MCHC) ermittelt. Bei einzelnen Geräten ist auch die Bestimmung des C-reaktiven Proteins (CRP) integriert. Damit ist in der Praxis eine einfache und rasche Diagnose von Blutbildveränderungen und deren möglichen Ursachen sowie von akuten Entzündungen und deren Verlauf unter Therapie möglich.

29.5 Blutstillung

Mit dem Mechanismus der Blutstillung (Hämostase) besitzt der Organismus ein Werkzeug, mit dem er sich bei Gewebeverletzungen, bei denen auch kleine oberflächliche Gefäße eröffnet werden, wirksam gegen den Verlust des lebenswichtigen Organs Blut schützen kann.

Der komplexe Vorgang der Blutstillung ist ein Zusammenspiel von

- vaskulären (dem verletzten Blutgefäß)
- zellulären (insbesondere den Thrombozyten) und
- plasmatischen (auf die Blutstillung spezialisierten Plasmaproteinen) Vorgängen

Die plasmatischen Vorgänge werden auch als endgültige Blutstillung oder **Blutgerinnung** (Prokoagulation) bezeichnet. An die Blutstillung schließt sich die langsame Auflösung des Gerinnsels durch das **fibrinolytische System** (Antikoagulation) an, die Voraussetzung für die Rekanalisierung von Gefäßen und Heilung des geschädigten Gewebes ist. Daneben besitzt die Fibrinolyse die Aufgabe, das Blut in flüssigem Zustand zu erhalten, um Störungen der Hämodynamik zu verhindern.

Blutgerinnung und Fibrinolyse sind enzymatisch regulierte Vorgänge, die ständig nebeneinander im strömenden Blut ablaufen (**latente** Gerinnung und Fibrinolyse). Normalerweise stehen beide Vorgänge miteinander im Gleichgewicht.

Bei einer Störung dieses Gleichgewichts kann es einerseits zur Blutungsneigung, die durch mangelnde Gerinnung oder/und gesteigerte Fibrinolyse gekennzeichnet ist, und andererseits zur Thromboseneigung, die durch eine gesteigerte Gerinnung oder/und verminderte Fibrinolyse hervorgerufen wird, kommen.

29.5.1 Vaskuläre Blutstillung

Als Folge einer Verletzung kommt es zu einer reflektorischen Gefäßkontraktion. Die Gefäßkontraktion durch die Reizung glatter Muskulaturen dauert etwa 60 Sekunden. Sie wird durch die Freisetzung vasokonstriktorischer Substanzen (Serotonin, Katecholamine) aus **Thrombozyten** und der verletzten **Gefäßwand** unterstützt. Die Folge davon ist eine Verlangsamung des Blutstroms, die die zelluläre und plasmatische Blutstillung begünstigt.

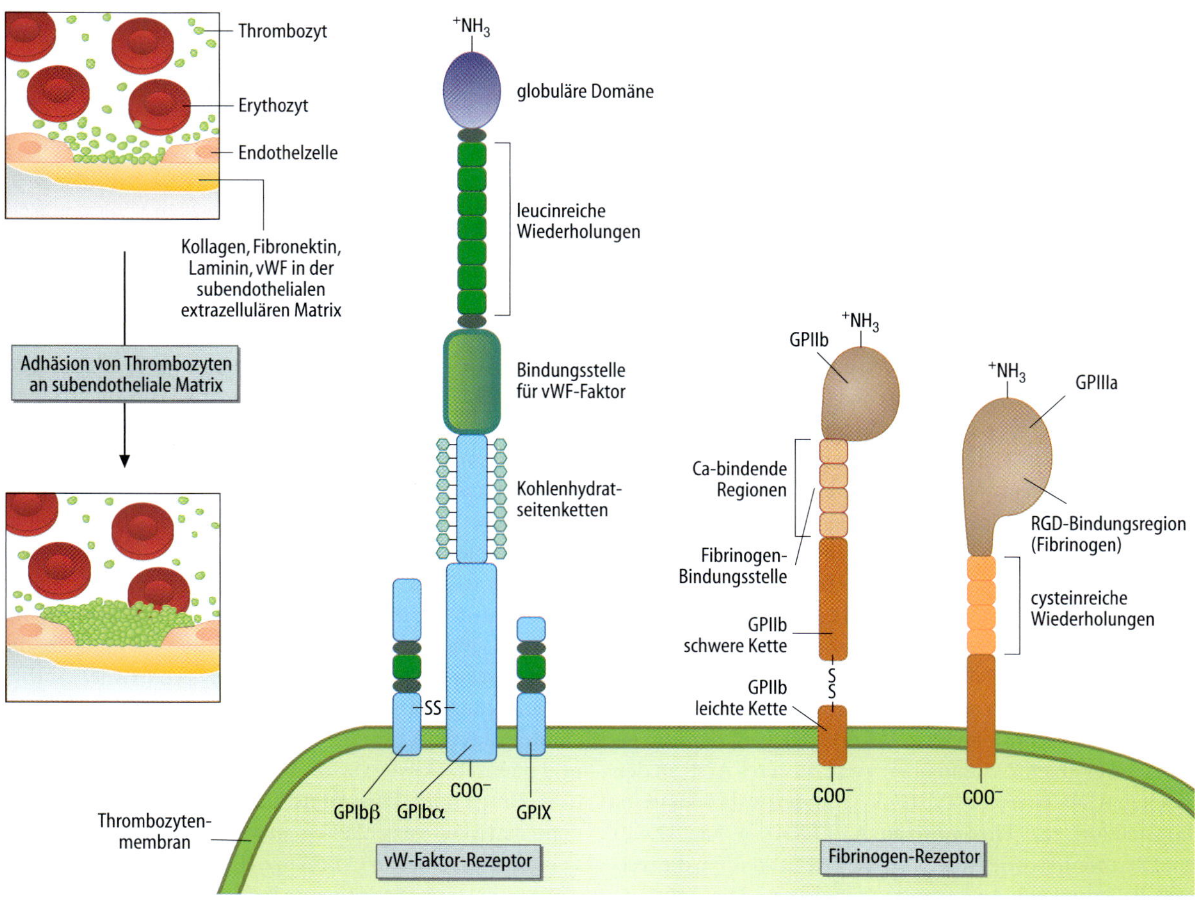

Abb. 29.22. Adhäsion von Thrombozyten an die subendotheliale Matrix unter Vermittlung des von-Willebrand-Faktor-Rezeptors und des Fibrinogenrezeptors auf der Thrombozytenmembran

29

29.5.2 Zelluläre Blutstillung (Thrombozytenadhäsion)

Normalerweise bleiben Thrombozyten weder am Gefäßendothel hängen noch verkleben sie untereinander. Gerät der Thrombozyt jedoch mit geschädigten **venösen** Gefäßen in Kontakt, deren Endothel zerrissen ist, so kann eine Wechselwirkung mit den darunter liegenden Matrixproteinen wie **Kollagen, Fibronektin** oder **Laminin** eintreten. Für jedes dieser Matrixproteine besitzt der Thrombozyt spezifische Membranrezeptoren, die den Integrinen (▶ Kap. 24.5.3) ähnlich sind. So besteht der **Lamininrezeptor** aus einer α_6-Untereinheit, die mit dem Glycoprotein IIa (GPIIa) assoziiert ist. Der **Fibronektinrezeptor** besteht aus einem Dimer aus den Thrombozytenglycoproteinen GPIc und GPIIa. Für die Wechselwirkung mit Kollagen Typ III sind verschiedene Membranproteinrezeptoren verantwortlich (GPIa/IIa, GPVI und möglicherweise GPIV und GPIIb).

Unter den Bedingungen **hoher Scherkräfte**, wie sie in **Arteriolen** und in der **Mikrozirkulation** vorherrschen, reichen die genannten Wechselwirkungen für diesen als Plättchenadhäsion bezeichneten Vorgang nicht aus. In diesem Bereich sind Wechselwirkungen zwischen dem **von-Willebrand-Faktor** (vWF) und seinem Thrombozytenrezeptor, dem **Glycoprotein Ib/V/IX**, erforderlich. Der von-Willebrand-Faktor ist ein multimeres Glycoprotein, das im Plasma im Komplex mit Faktor VIII (▶ Kap. 29.5.5) zirkuliert. Der vWF wird von Endothelzellen synthetisiert, die ihn in der subendothelialen Matrix deponieren und in das Plasma sezernieren, wie auch von Megakaryozyten (den Vorläufern der Thrombozyten), die es in α-Granula speichern. Für die optimale Plättchenadhäsion sind sowohl der subendotheliale als auch der lösliche vWF erforderlich. Der von-Willebrand-Faktor interagiert mit Kollagen und mit heparinähnlichen Glycosaminoglykanen im Subendothelium und schafft über den Glycoprotein Ib/V/IX-Komplex (◘ Abb. 29.22) die Brücke zwischen Thrombozyt und Gefäßsubendothel. Im Zuge der Anheftung an die Proteine der subendothelialen Matrix werden die genannten Membranrezeptoren aktiviert, was über intrazelluläre Botenstoffe zu einer Reihe von Folgereaktionen der Plättchen führt, die nach einer beträchtlichen Formveränderung unter Ausbildung von Pseudopodien ihren Abschluss in einer über mehrere Stufen verlaufenden Aggregation findet (◘ Abb. 29.21). Zunächst kommt es zur Ausschüttung von ADP aus den dichten Granula, das nach Bindung an den thrombozytären **ADP-P_2Y_1-Rezeptor** eine vorerst noch reversible Aggregation der Thrombozyten bewirkt. Sie geht dann in einen irreversiblen Zustand über, wenn weiteres ADP an den zweiten ADP-Rezeptor-Typ (P_2Y_{12}) bindet, wobei das vasokonstriktorische **Thromboxan A_2** (TXA_2, ▶ Kap. 12.4.2) und Serotonin sowie Adrenalin freigesetzt werden, die weitere Plättchen zur Aggregation veranlassen. Die Aggregation wird durch das Gerinnungsprotein Fibrinogen gefördert, welches an den **Fibrinogen** (GP IIb/GPIIIa)-**Rezeptor** (◘ Abb. 29.23) bindet und damit benachbarte Thrombozyten miteinander verknüpft. Dieser Rezeptor kann Fibrinogen erst nach Aktivierung durch die erwähnten intrazellulären Botenstoffe erkennen; die Erkennung erfolgt über eine Region in der γ-Kette und über die sog. **RGD-Domäne**, d.h. eine Sequenz von Arginin, Glycin und Glutamat, die in der α-Kette des Fibrinogens (und in vielen anderen Proteinen der extrazellulären Matrix) vorkommen. Im Rahmen der Thrombozytenaggregation kann auch die plasmatische Gerinnung beschleunigt werden. Diese Beschleunigung kommt dadurch zustande, dass der Blutgerinnungsfaktor V an die Thrombozytenmembran bindet und dadurch aktiviert wird. Der aus Thrombozyten gebildete Pfropf oder **Thrombus** kann das Gefäß jedoch nur dann dauerhaft verschließen, wenn ihm durch die anschließenden plasmatischen Vorgänge (Einbau von Fibrin in den Thrombus) eine ausreichende Festigkeit verliehen wird.

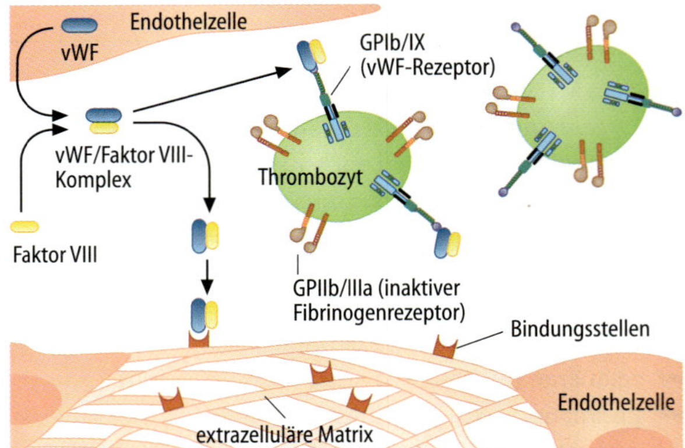

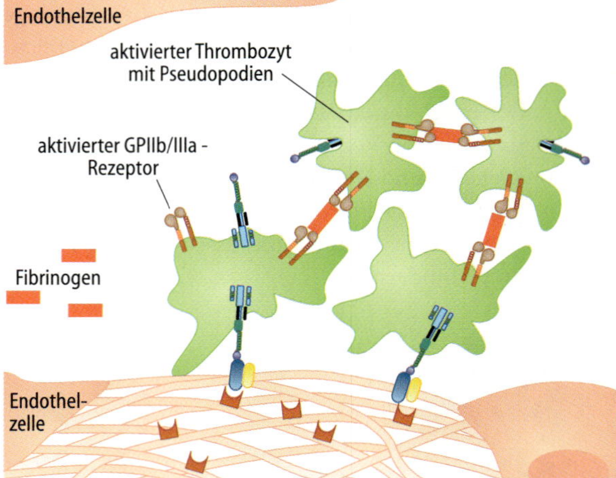

◘ **Abb. 29.23. Aktivierung des Thrombozyten durch Bindung des von-Willebrand-Faktor-VIII-Komplexes.** Nach Aktivierung bildet der Thrombozyt Pseudopodien aus und verändert die Struktur des GP-IIb/IIIa-Rezeptors, sodass unter Vermittlung von Fibrinogen Brücken zwischen den einzelnen Thrombozyten gebildet werden können

Das **Endothel** besitzt eine Reihe von Abwehrmechanismen, die der Prävention und der Rückbildung unerwünschter Aggregationen dienen. So setzen die Endothelzellen Prostacyclin (PGI_2) und den endothelzellproduzierten, relaxierenden Faktor (EDRF oder Stickstoffmonoxid) frei, die die Thrombozytenadhäsion, -aktivierung und -aggregation hemmen.

29.5.3 Plasmatische Vorgänge (Blutgerinnung)

Die klassische Theorie zum Ablauf der Blutgerinnung wurde von Paul Morawitz entwickelt.

An diesem Konzept sind vier Gerinnungsfaktoren beteiligt, von denen drei, nämlich Calciumionen (Faktor IV) und die beiden in Leberparenchymzellen gebildeten Plasmaproteine Fibrinogen (Faktor I) und Prothrombin (Faktor II), ständig im Blut zirkulieren. Diese Faktoren können eine Gerinnung jedoch nur dann in Gang setzen, wenn bei Gewebeverletzung der als **Gewebethromboplastin** (*tissue factor*, TF) bezeichnete Faktor III ins Blut übertritt. Dieser Faktor führt in Gegenwart von Calciumionen das Proenzym Prothrombin in **Thrombin** über, eine hochaktive Protease, die in kurzer Zeit große Mengen Fibrinogen in Fibrin umwandelt (Abb. 29.24). Die Bindung von Calciumionen an Prothrombin erfolgt dabei an N-terminal gelegene γ-Carboxyglutamylseitenketten (▶ Kap. 23.2.4). Der von Paul Morawitz beschriebene Weg der Thrombinaktivierung wird heute als **extravaskuläres** (**exogenes**) System der Blutgerinnung bezeichnet, weil ein extravaskulärer, d.h. nicht im Blut vorhandener Faktor die Gerinnung in Gang setzt. Zusätzlich besteht noch eine weitere Möglichkeit der Aktivierung über das **intravaskuläre** (**endogene**) System, auf dessen Existenz die Beobachtung hinweist, dass Blut auch beim Kontakt mit Glasoberflächen gerinnt. Es müssen also auch im Blut vorhandene Faktoren die Thrombinbildung in Gang setzen können.

Obwohl das klassische Konzept nach wie vor seine Gültigkeit besitzt, ist das gegenwärtige Bild vom Gerinnungsvorgang wesentlich differenzierter geworden, da erkannt worden ist, dass eine Reihe weiterer, meist mit römischen Ziffern benannter Faktoren beteiligt ist. Dabei handelt es sich vorwiegend um Proteinasen, die ihre Substrate durch limitierte Proteolyse aktivieren.

Die Faktor X und V stellen die gemeinsame Endstrecke des intra- und extravaskulären Systems dar.

Entscheidend für die Thrombinbildung ist die Überführung des Faktors X in eine aktive Form (Xa), die mit dem Faktor V, Calcium und Phospholipiden einen Komplex mit enzymatischer Aktivität bildet, der – als **Prothrombinase** bezeichnet – die Umwandlung von Prothrombin in Thrombin katalysiert. Da der Faktor X durch das intra- und extravaskuläre System aktiviert wird, bilden die Faktoren X und V die gemeinsame Endstrecke

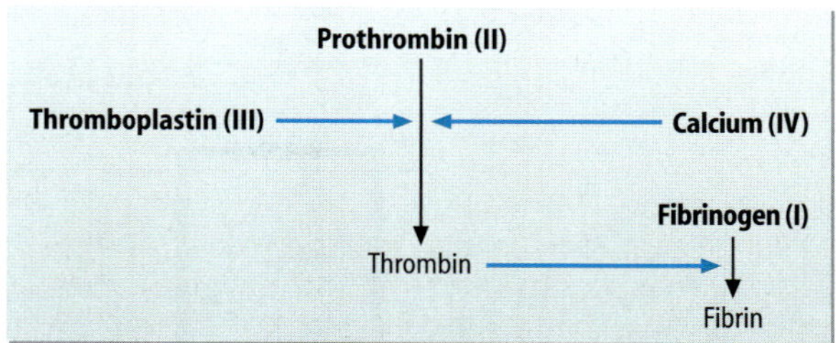

Abb. 29.24. Klassisches Schema der Blutgerinnung

beider Systeme (Abb. 29.25). Gewebsverletzungen bilden die Grundlage der Aktivierung des Faktor X durch das extravaskuläre System. Die Verletzung des Gewebes verursacht dabei die Freisetzung von **Gewebethromboplastin** (*tissue factor*, **TF**). Dieses stellt ein Membranprotein dar, das konstitutiv auf nichtvaskulären Zellen exprimiert wird. Der extrazelluläre Anteil des Moleküls ist der **Faktor VII-Rezeptor**, der mit dem Faktor VII, Phospholipiden und Calcium einen Komplex bildet, der den Faktor X zu Xa aktiviert (Abb. 29.25). Daneben wird auch der Faktor IX zu IXa aktiviert. Im Gegensatz zum extravaskulären System, das in Sekundenschnelle zur Aktivierung von Thrombin führt, läuft das endogene (= intravaskuläre) System erst nach einigen Minuten an. Die Aktivierung geschieht nach Art eines Wasserfalls (Kaskadensystem): zur Einleitung der Reaktion ist die Aktivierung von Faktor XII (des Hageman-Faktors) zu XIIa notwendig, die an Proteinen der extrazellulären (subendothelialen) Matrix oder auch Phospholipiden, die während der Plättchenaktivierung von der Innenschicht der Plasmamembran in die Außenschicht transloziert werden, erfolgt, der seinerseits den Faktor XI in die aktive Form XIa überführt. Faktor XIa wiederum aktiviert den Faktor IX, der an eine Zellmembranoberfläche bindet, bis er den dort ebenfalls gebundenen, bereits durch **Thrombin** aktivierten **Faktor VIIIa** (Abb. 29.25) trifft und mit diesem einen, als **Tenase** bezeichneten Komplex bildet (Abb. 29.25). Dieser Komplex verbleibt an der Membran, bis er auf den Faktor X trifft, den er zum Faktor Xa (wie beim extravaskulären System) aktiviert.

Durch Aktivierung von Prothrombin entsteht Thrombin, dessen Substrat Fibrinogen ist.

Fibrinogen ist ein längliches Protein (Molekulargewicht 340 kD), das sich aus zwei identischen Untereinheiten mit je drei Polypeptidketten (α, β und γ) aus je 400–700 Aminosäuren (Abb. 29.26) zusammensetzt. Die Gene für die α, β- und γ-Ketten des Fibrinogens liegen in einem 50 kb-Segment auf dem langen Arm von Chromosom 4. Die DNA-Sequenz weist erhebliche Homologien auf, sodass man davon ausgehen kann, dass die Gene durch Duplikation und anschließende Diversifikation eines gemeinsamen Vorläufergens entstanden sind. Von je zwei der Peptidketten (α, β) werden durch Thrombin kleine Bruchstücke (**Fi-**

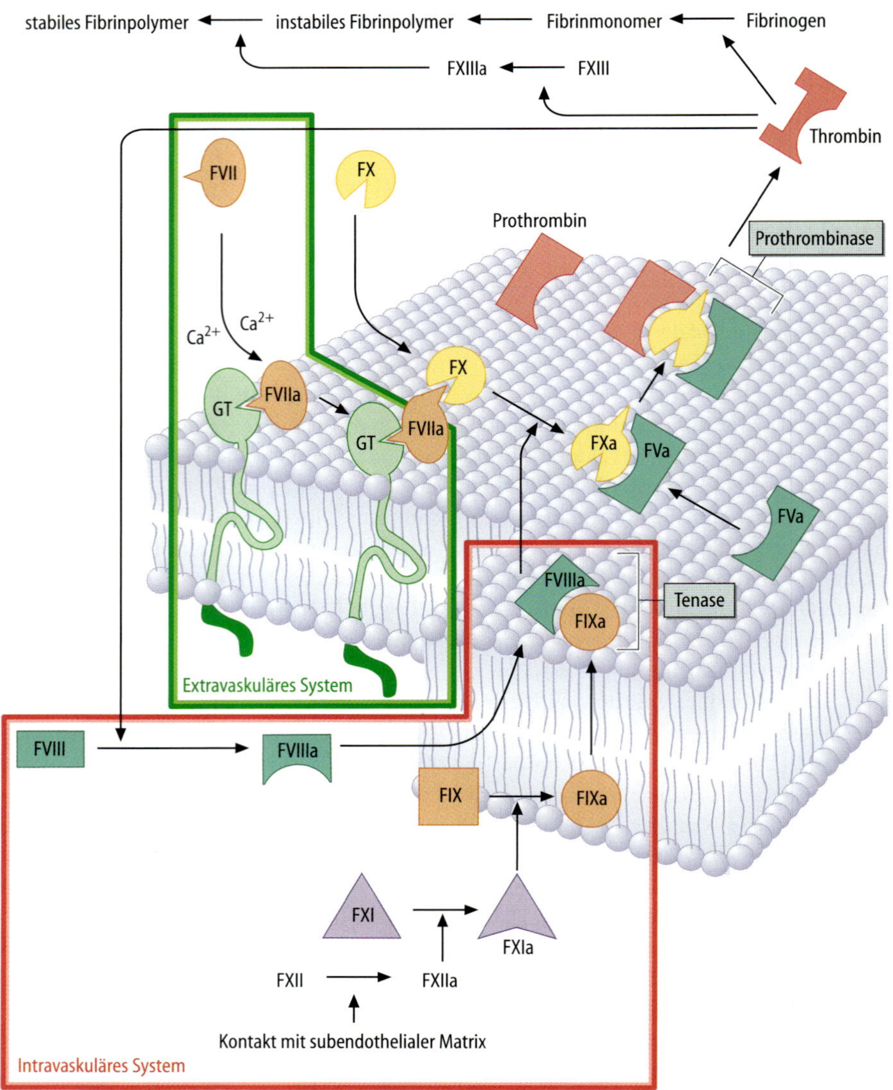

Abb. 29.25. Aktivierung der plasmatischen Gerinnung über das extravaskuläre und intravaskuläre System. Für beide Systeme ist die Aktivierung einzelner Faktoren an der Oberfläche von Zellmembranen von entscheidender Bedeutung, da nur so eine Beschränkung der Gerinnung auf den Ort der Gewebeverletzung möglich ist. GT = Gewebethromboplastin oder *tissue faktor*

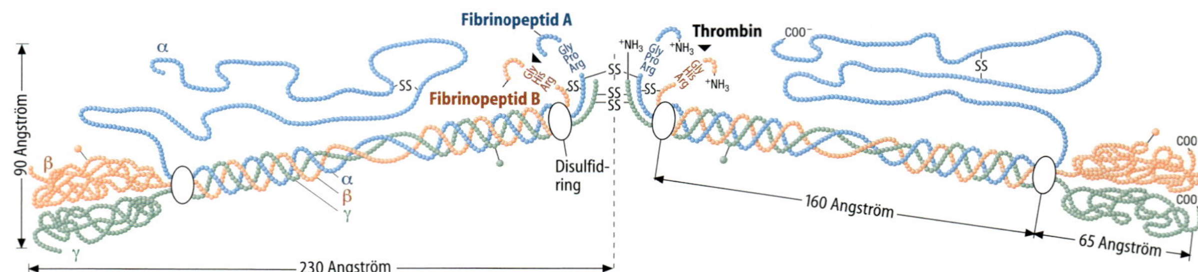

Abb. 29.26. Modell des Fibrinogendimers, das aus zwei Sätzen von drei (α, β und γ) Ketten besteht. Die Ketten sind untereinander über 29 Disulfidbrücken (-S-S-) verbunden, davon 13 in jeder Dimerhälfte und 3, die die beiden Hälften miteinander verbinden. Jeder Disulfidring enthält drei Disulfidbrücken (α>β, β>γ, a>γ). Zwischen den Disulfidringen liegen Tripel-a-Helices. An den Enden sind die β- und γ-Ketten hydrophob und relativ kompakt aufgebaut, wohingegen die a-Kette hydrophil ist und frei in der wassrigen Umgebung flottiert. An jedem Monomer befinden sich zwei Kohlenhydratseitenketten (Sechsecke). An den Bereichen, an denen die Freisetzung der Fibrinopeptide zu a- bzw. b-»Knöpfen« führt, sind die Aminosäuren angegeben

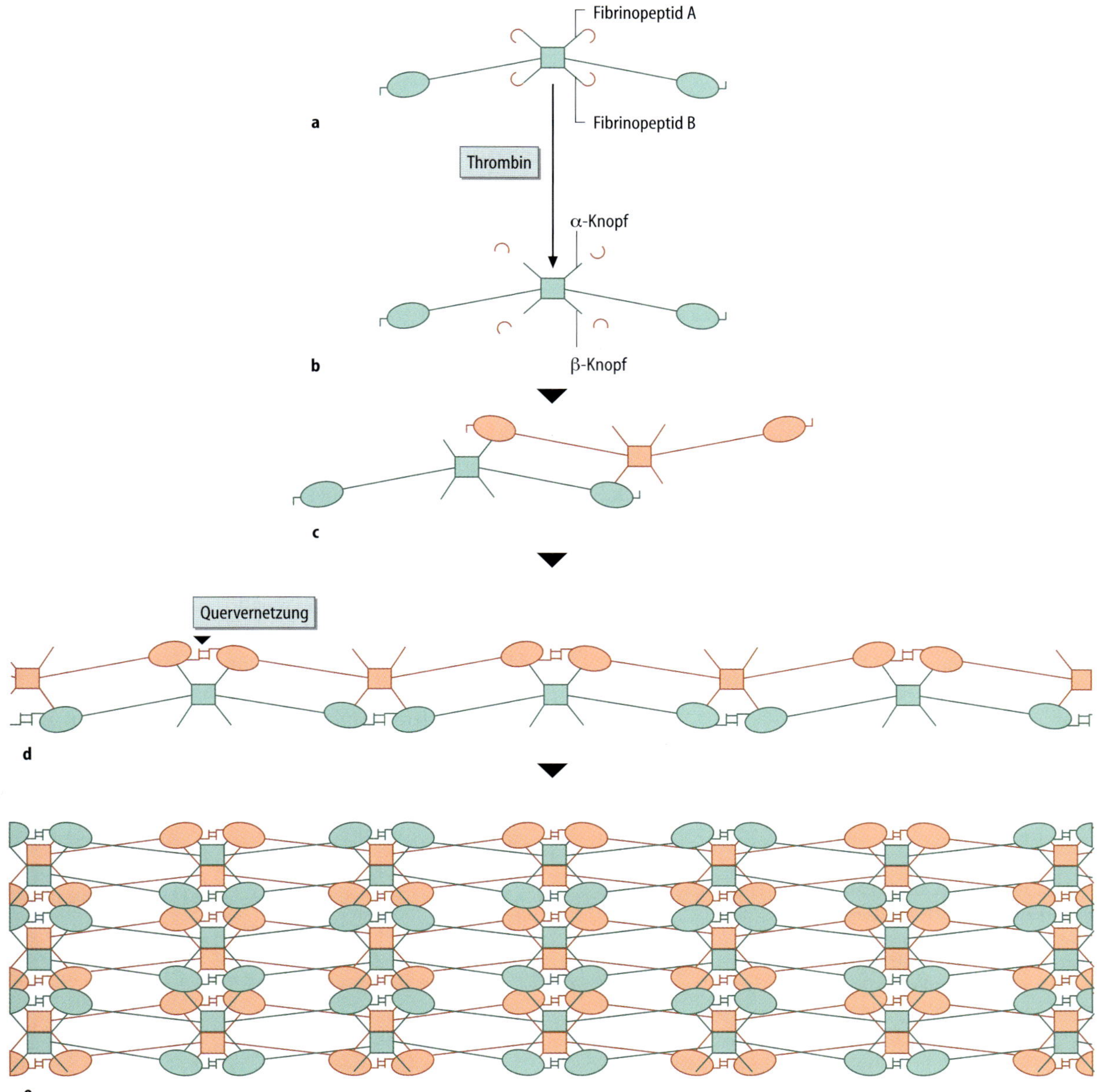

▫ Abb. 29.27a–e. Schematische Darstellung der Polymerisation von Fibrinogen zu Fibrin. a Fibrinogen wird durch Abspaltung der Fibrinopeptide A und B (an den N-Termini) in ein Fibrinmonomer überführt. **b** Die jetzt exponierten Enden dienen als »Knöpfe«, die mit Löchern in den terminalen Domänen in Wechselwirkung treten. **c** Dadurch kommt es zu einer Seit-zu-Seit-Anlagerung der Monomere. **d,e** Diese Anordnung wird zu einem langen Polymer verlängert, das durch die Ausbildung covalenter Quervernetzung stabilisiert wird

brinopeptide A und **B**) abgespalten, deren Molekulargewicht insgesamt rund 2% des Fibrinogens beträgt. Dadurch werden im Fibrinogenmolekül Bezirke freigelegt, die eine Zusammenlagerung der entstandenen Fibrinmonomeren zu Polymeren erlauben (▫ Abb. 29.27). Da die einzelnen Bestandteile des frisch gebildeten Fibringerinnsels nur über **nichtcovalente Bindungen** (hydrophobe Wechselwirkungen und Wasserstoffbrücken) verbunden sind, ist es mechanisch noch recht unstabil und kann durch Verbindungen, die diese Bindungen schwächen (*in vitro* durch Harnstoff), wieder aufgelöst werden [lösliches (solubles) Fibrin].

Erst durch die Wirkung des Faktors XIII, der durch Thrombin zu XIIIa aktiviert wird und Fibrinmonomere durch Ausbildung von Peptidbindungen zwischen den ε-Aminogruppen von Lysylresten und Carboxylgruppen von Glutaminylresten (im Bereich antiparallel zueinander angeordneter γ-Ketten) covalent verknüpft, wird dem Fibrinpolymer die notwendige Festigkeit [jetzt unlöslich (insoluble)] verliehen (▫ Abb. 29.28). Das Gerinnsel zieht sich zusam-

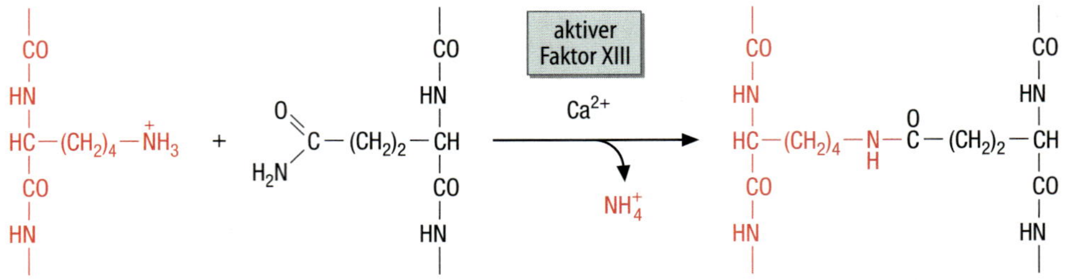

Lysylrest: –CO–HN–HC(–CO–HN–)–$(CH_2)_4$–$\overset{+}{N}H_3$ + Glutaminylrest: H_2N–C(=O)–$(CH_2)_2$–CH(–CO–HN–) —aktiver Faktor XIII, Ca^{2+}→ HC–$(CH_2)_4$–N(H)–C(=O)–$(CH_2)_2$–CH + NH_4^+

Abb. 29.28. Knüpfung einer covalenten Bindung zwischen Lysyl- und Glutaminylresten verschiedener Fibrinmonomere durch den aktiven Faktor VIIIa

men und presst dabei eine Flüssigkeit ab, die im Gegensatz zum Plasma kein Fibrinogen mehr besitzt (da dies ja verbraucht worden ist) und als Serum bezeichnet wird. Durch die Retraktion, bei der das Thrombosthenin noch intakter Thrombozyten eine wesentliche Rolle spielt, nähern sich die Wundränder stark an, was entscheidend zum Wundverschluss beiträgt.

Mit Hilfe der Intravitalmikroskopie kann die Thrombusbildung heute am Tiermodel visualisiert werden (Videoclips siehe unter www.lehrbuch-medizin.de)

! Die Blutgerinnungsfaktoren haben sich offenbar aus einem gemeinsamen Vorläufergen entwickelt.

Die Enzyme, die an der Blutgerinnung beteiligt sind, sind enge Verwandte der Verdauungsproteasen Trypsin und Chymotrypsin (► Kap. 4.5.3, 32.1.3). Da die Blutgerinnungsenzyme ihre Funktion im Gefäßsystem ausüben, ist eine präzise Regulation erforderlich, um diese potenten, prokoagulatorischen Aktivitäten in der Region der Gewebeverletzung zu halten.

Prothrombin und die Faktoren VII, IX und X weisen große Ähnlichkeiten auf (Abb. 29.29). Sie enthalten γ-Carboxyglutamat- oder **Gla-Domänen**, EGF-ähnliche Domänen und die drei Disulfidbrücken enthaltenden Kringle-Domänen, die für die Bildung von Proteinkomplexen von Bedeutung sind. Die Cofaktoren V und VIII sind mit den Proenzymen nicht strukturverwandt, zeigen aber untereinander eine erhebliche Homologie. *Tissue factor* unterscheidet sich von allen anderen Faktoren dadurch, dass es ein integrales Membranprotein mit einer cytosolischen, einer transmembranären und einer extrazellulären Domäne (Faktor VII-Rezeptor) darstellt. Die regulatorischen Proteine (► u.), Protein C und Protein S, weisen ebenfalls strukturelle

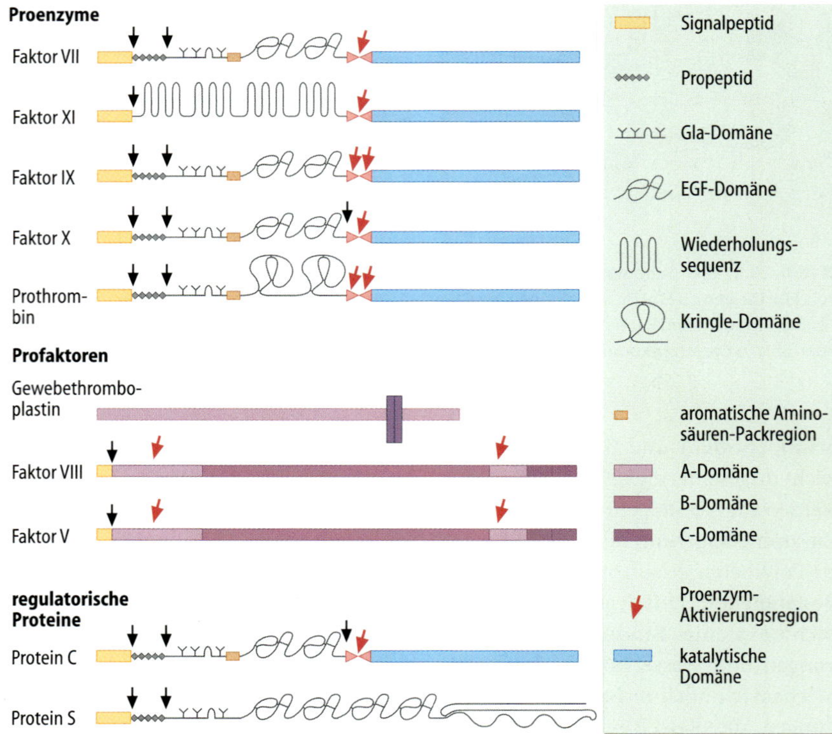

Abb. 29.29. Struktureller Aufbau der Proenzyme und Profaktoren der plasmatischen Gerinnung und Proteinen, die das System durch eine Hemmung regulieren. Die große Ähnlichkeit zwischen den Proteinen legt einen gemeinsamen Ursprung nahe

Tabelle 29.8. Blutgerinnungsfaktoren (die Existenz eines Faktors VI wird heute nicht mehr angenommen)

Faktor	Bezeichnungen	Biologische Halbwertszeit (Stunden bzw. Tage)	Biosynthese Vitamin K-abhängig	Angeborene Koagulopathien (mit Angabe der Häufigkeit)
I	Fibrinogen	ca. 5 Tage	–	Afibrinogenämie, Hypofibrinogenämie, A-, Hypo- bzw. Dysfibrinogenämie (1:1 Mio)
II	Prothrombin	2–3 Tage	+	Hypoprothrombinämie (1:2 Mio)
III	Gewebethromboplastin			
IV	Calcium			
V	Accelerin, Acceleratorglobulin, labiler Faktor	ca. 1 Tag	–	Hypoaccelerinämie (Parahämophilie) (1:1 Mio)
VII	Proconvertin, stabiler Faktor	5 h	+	Hypoproconvertinämie (1:500 000)
VIII	Antihämophiler Faktor A	15 h	–	Hämophilie A (1:10 000)
IX	Antihämophiler Faktor B, Christmas-Faktor	20 h	+	Hämophilie B (1:60 000)
X	Stuart-Power-Faktor	2 Tage	+	Stuart-Power-Faktor-Mangel (1:1 Mio)
XI	Plasma thromboplastin antecedent (PTA)	2 Tage	–	PTA-Mangel (1:1 Mio)
XII	Hageman-Faktor	2 Tage	–	Hageman-Faktor-Mangel
XIII	Fibrin-stabilisierender Faktor (FSF), Loki-Lorand-Faktor	ca. 5 Tage	–	FSF-Mangel (1:1 Mio)

Ähnlichkeiten mit den Proenzym-Gerinnungsfaktoren auf. Fast alle Gerinnungsfaktoren werden im Hepatozyten der Leber gebildet, ihre Halbwertszeit ist relativ kurz, sie liegt zwischen Stunden und wenigen Tagen (Tabelle 29.8).

! Antithrombotische Mechanismen sorgen dafür, dass die lokale Gerinnung sich nicht generalisiert.

Neben den prokoagulatorischen Blutgerinnungsfaktoren enthält das Blut Inhibitoren, die die Fibrinbildung verzögern und damit eine Schutzfunktion zur Aufrechterhaltung der Zirkulation und zur Vermeidung der Generalisierung der Gerinnung ausüben (Abb. 29.30). Zu diesen gehören

- Antithrombin III, das die aktivierten Faktoren XIIa, XIa, IXa, Xa und Thrombin durch Bildung eines stabilen Enzym-Inhibitor-Komplexes hemmt
- Protein C und S, die die Faktoren Va und IVa inaktivieren
- Plasminogenaktivator, der die Fibrinolyse durch Aktivierung von Plasminogen zu Plasmin fördert, und
- der Gewebethromboplastin-Inhibitor (*tissue factor pathway inhibitor*, TFPI)

Auch Endothelzellen sind an der Antikoagulation beteiligt: zum einen durch gebundene, heparinähnliche Glycosaminoglykane (▶ Kap. 2.1.4), die die Inaktivierung von Koagulationsproteasen durch Antithrombin III beschleunigen, zum anderen durch die Biosynthese von Prostaglandin I_2 (▶ Kap. 12.4.2) und durch die Sekretion von **Plasminogenaktivator** und Thrombomodulin, ein Thrombin bindendes Protein, das die Spezifität von Thrombin ändert, indem es

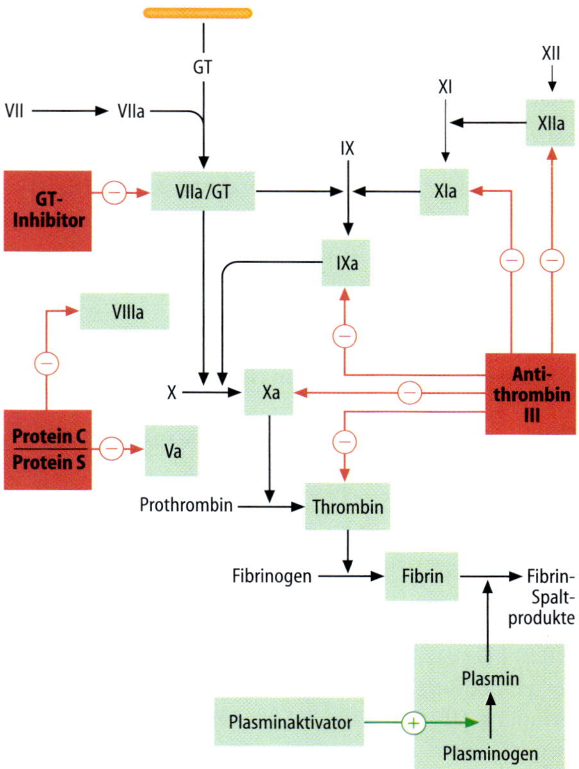

Abb. 29.30. Hemmung der Blutgerinnung. Wichtige Faktoren sind der Gewebethromboplastininhibitor (GTI, auch als TFPI = *tissue factor pathway inhibitor* bezeichnet), das ProteinC/Protein S-System, Antithrombin III und der Plasminogenaktivator. PC = Protein C; PS = Protein S; PT = Prothrombin; Th = Thrombin; PI = Plasmin

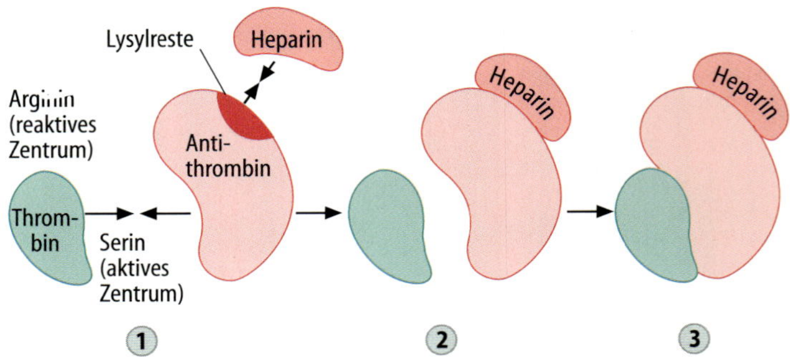

Abb. 29.31. Indirekte Hemmung von Thrombin durch Heparin. 1 schwache Bindung von Antithrombin an Thrombin; **2, 3** Bindung von Heparin an Lysylseitenketten von Antithrombin mit konsekutiver irreversibler Konformationsänderung von Antithrombin und damit hoher Affinität zu Thrombin

dieses in einen wirksamen Protein C-Aktivator umwandelt.

Die **medikamentöse Behandlung** mit gerinnungshemmenden Mitteln (sog. Antikoagulantien) ist dann angezeigt, wenn der Bildung von Thromben, d.h. Blutgerinnseln innerhalb der nicht-eröffneten Gefäßbahn vorgebeugt werden soll (z.B. nach Operationen oder Herzinfarkten). Dazu haben sich Heparine und Vitamin K-Antagonisten bewährt.

! Heparine hemmen Thrombin indirekt über eine Bindung an Antithrombin III.

Heparine werden in den basophilen Granula von **Mastzellen** im perikapillären Gewebe, in Lungen oder Leber (Name) und von Granulozyten des Bluts gebildet. Es handelt sich um ein Gemisch aus Molekülen mit unterschiedlicher Kettenlänge (Molekularmassen von 5–30 kDa, ► Kap. 2.1.4). Heparine, die nur parenteral verabreicht werden können, wirken über eine Bindung an **Antithrombin III**, die zu dessen Aktivierung führt (Abb. 29.31). Die Wirkung hängt vom Sulfatierungsgrad ab. Ein wesentlicher Vorteil des Heparins ist das schlagartige Einsetzen seiner Wirkung, die durch Verabreichung von organischen Proteinkationen (wie Protamin), die Heparin binden, ebenso schnell wieder aufgehoben werden kann. Der Abbau von Heparin erfolgt durch **Heparinasen** in der Leber.

! Protein C und Protein S inaktivieren die Faktoren Va und VIIIa.

Die Protease **Protein C** [so genannt, weil es bei den ersten Untersuchungen auf einer Ionenaustauschersäule (► Kap. 2.3.4) als 3. Peak (nach A und B) eluierte] stellt ein Polypeptid aus zwei Ketten mit Molekularmassen von 41 kDa und 21 kDa dar. Sie wird als inaktives Proenzym in der Leber synthetisiert. Dabei werden – ähnlich wie bei den Blutgerinnungsfaktoren – 10 Glutamylreste Vitamin K-abhängig carboxyliert. Bei einer Behandlung mit Vitamin K-Antagonisten (► u.) sinkt deshalb auch die Aktivität dieses Proenzyms ab. Für seine enzymatische Wirkung muss Protein C aktiviert werden (aktiviertes Protein C, APC). Das Proenzym wird zwar durch Thrombin aktiviert, der Vorgang läuft aber zu langsam ab, um physiologische Bedeutung zu besitzen. Eine wesentlich schnellere Aktivierung erfolgt unter Vermittlung von Thrombomodulin, einem Rezeptorprotein an der Endothelzelloberfläche (Abb. 29.32). Durch die Bindung von Thrombin (das ja eigentlich Teil der Prokoagulation ist) an Thrombomodulin wird Protein C in die aktive Form überführt. Das aktivierte Protein C kann mit Thrombozyten oder Endothelzelloberflächen in Wechselwirkung treten, optimal ist diese Interaktion jedoch nur in Gegenwart von Protein S (nach der Stadt Seattle, in der es entdeckt worden war).

Protein S wird ebenfalls Vitamin K-abhängig in der Leber synthetisiert. Im Blut zirkuliert es entweder in freier Form (Abb. 29.32), als Komplex mit dem C4b-Bindungsprotein (einem Inhibitor des Komplementsystems, ► Kap. 34.4) oder als Komplex mit einem Protein S-Bindungsprotein. Der Komplex aus aktiviertem Protein C und Protein S inaktiviert die aktivierten Faktoren Va und VIIIa und wirkt dadurch antikoagulierend. Gleichzeitig inaktiviert das Enzym einen Inhibitor des Gewebe-Plasminogenaktivators, sodass es indirekt auch als Stimulator der Fibrinolyse (► Kap. 34.4) wirkt.

! Vitamin K-Antagonisten wirken über eine Hemmung der γ-Carboxylierung von Blutgerinnungsfaktoren.

Die in der Praxis häufig verwendeten Derivate von 4-Hydroxycumarin und Indan-1,3-dion (Abb. 29.33) wirken indirekt über eine kompetitive Verdrängung von Vitamin K bei der posttranslationalen Modifikation der Faktoren II, VII, IX und X sowie von Protein C und Protein S in der Leber. Vitamin K ist Cofaktor einer Carboxylase, die Glutamylreste in den genannten Proteinen posttranslational in γ-Stellung carboxyliert (► Kap. 23.2.4); dabei entstehen γ-Carboxylglutamylreste, deren benachbarte Carboxylgruppen leicht Calcium binden können. Man nimmt an, dass alle Glutamylseitenketten in den Vitamin K-abhängig synthetisierten Faktoren carboxyliert werden. Vitamin K-Antagonisten verhindern die Carboxylierung durch Verdrängung des Vitamins K an der Carboxylase, sodass Faktoren entstehen, deren Glutamylreste nicht mehr verändert sind und die demnach nicht mehr Calcium und Phospholipide binden können. Sie verlieren dadurch ihre Aktivierbarkeit. Daraus wird verständlich, dass Vitamin K-Antagonisten nicht in vitro wirken und dass eine Wirkung erst nach einer

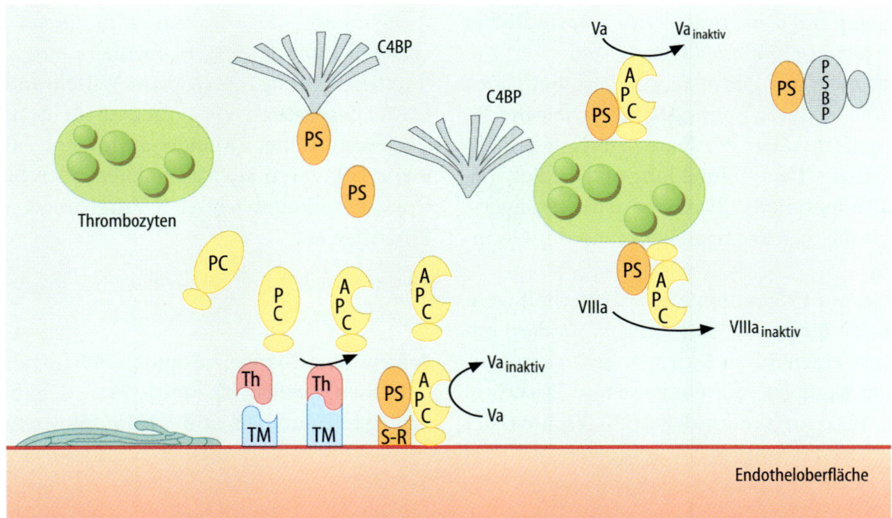

Abb. 29.32. Schematische Darstellung der Proteine und Zelloberflächen, die am Protein-C-Stoffwechsel beteiligt sind. TM = Thrombomodulin; Th = Thrombin; PC = Protein C; PS = Protein S; C4BP = C4-Bindungsprotein; PSBP Protein = PS-Bindungsprotein; SR = endothelialer Protein S-Rezeptor, APC = aktiviertes Protein C

ausreichenden Senkung (in der Regel nach 2–3 Tagen) des Blutspiegels der Faktoren II, VII, IX und X eintritt. Eine Überdosierung mit diesen Medikamenten wird durch Gabe von Vitamin K behandelt.

 Heparin, EDTA oder Citrat hemmen die Blutgerinnung *in vitro*.

Soll bei Blutuntersuchungen die Gerinnung verhindert werden, so kann durch Punktion gewonnenes Blut in heparinisierten Röhrchen gesammelt werden. Andere Möglichkeiten sind entweder der Zusatz von EDTA, das mit dem für die Gerinnung notwendigen Calcium einen Komplex bildet oder von Citrat, das mit Calcium ebenfalls einen Komplex bildet. Citrat wird auch zur Bereitung von Transfusionsblut verwendet.

29.5.4 Fibrinolyse

 Die Fibrinolyse ist ein wichtiger Gegenspieler der Blutgerinnung.

Mit Hilfe des fibrinolytischen Systems, das eine auffallende Ähnlichkeit mit dem Blutgerinnungssystem aufweist, werden Thromben lysiert, die sich im intakten Gefäßsystem gebildet haben. Auch in diesem System wird eine Endopeptidase, das **Plasmin**, aus der inaktiven Vorstufe Plasminogen durch limitierte Proteolyse gebildet. Die Aktivierung erfolgt über sog. **Plasminogenaktivatoren**. Es wird zwischen körpereigenen wie Urokinase und Gewebeplasminogenaktivator [auch t-(für *tissue*)PA] und externen wie Streptokinase (aus Streptokokken) unterschieden. **t-PA** ist ein Glykoprotein mit einem Molekulargewicht von 70 kD (527 Aminosäuren) und einem Kohlenhydratanteil von rund 10%. Es kommt in den meisten Geweben vor, wenn auch in unterschiedlichen Konzentrationen. In Blutgefäßen ist es an **Endothelzellen** gebunden und kann durch Thrombin freigesetzt werden. In der Blutbahn komplexiert t-PA als (Serin-)Protease schnell mit Proteaseinhibitoren und wird dadurch inaktiviert. t-PA wird schnell in der Leber abgebaut, sodass die Halbwertszeit nur 3 min beträgt. Aufgrund seiner hohen Affinität zu Fibrin wird t-PA selektiv dort, wo Fibrin abgelagert ist oder wo sich Thromben gebildet haben, aus dem Endothelspeicher freigesetzt. Im Gegensatz zu allen anderen bekannten Serinproteasen (▶ Kap. 9.3) entfaltet t-PA bereits in der Proform proteolytische Aktivität. Unter dem Einfluss von Plasmin wird das einkettige Polypeptid an der Peptidbindung Arg275-Ile276 gespalten, sodass ein Molekül mit einer schweren und einer leichteren Kette entsteht, die über Disulfidbrücken verbunden sind. Damit geht eine deutliche Erhöhung der Enzymaktivität einher. In Anwesenheit von Fibrin binden t-PA und Plasminogen an den Thrombus, sodass ein Komplex entsteht, der die Plasminogenaktivierung und damit die Fibrinauflösung bewirkt (lokale Lyse).

Beim Abbau von **Fibrin** entstehen Fibrinspaltprodukte, die auch als **D-Dimere** bezeichnet werden. Eine Erhöhung der D-Dimere zeigt eine reaktive Fibrinolyse bei vermehr-

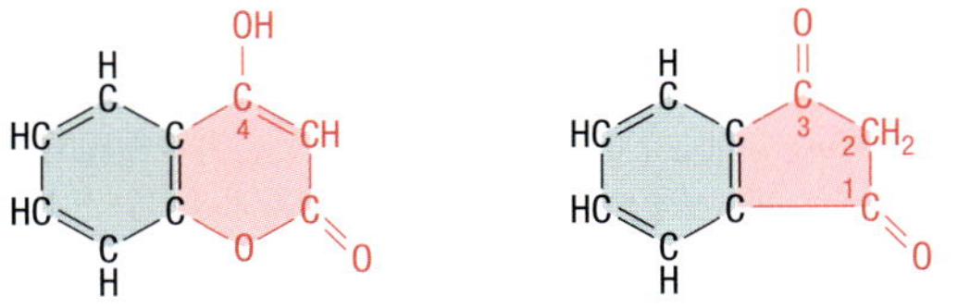

Abb. 29.33. Struktur von 4-Hydroxycumarin (*links*) und Indan-1,3-dion (*rechts*). Derivate dieser Verbindungen verdrängen Vitamin K kompetitiv bei der Biosynthese der Faktoren II, VII, IX sowie Protein C und Protein S in der Leber

ter Fibrinbildung an und dient deshalb als **empfindlicher Indikator** einer Gerinnselbildung (Thrombose).

Plasmin baut nicht nur Fibrin ab, sondern greift auch Fibrinogen und die Faktoren V und VIII an. Die beim Fibrinogenabbau entstehenden Produkte (Fibrinogenspaltprodukte) hemmen die Thrombinbildung und die Polymerisation von Fibrinmonomeren. Damit wird die gesteigerte Fibrinolyse durch die gleichzeitige Hemmung der Gerinnung unterstützt.

Streptokinase, ein Protein ohne enzymatische Eigenschaften, wirkt nicht direkt auf Plasminogen, sondern bildet mit diesem erst einen durch hydrophobe Wechselwirkungen bedingten Komplex, der dann weitere Plasminogenmoleküle in Plasmin umwandelt. Ein Nachteil der Streptokinase, die bei der Auflösung intravasaler Gerinnsel Anwendung findet, ist, dass bei Patienten, die eine Streptokokkeninfektion durchgemacht haben, Antikörper gegen Streptokinase auftreten können, die die therapeutisch zugeführte Streptokinase inaktivieren.

Während Streptokinase und Urokinase (ein aus menschlichem Urin gewonnener Aktivator, der Plasminogen ohne vorherigen Kontakt mit Fibrin aktiviert) schon seit Jahrzehnten zur Thrombolysetherapie eingesetzt werden, wird rekombinantes t-PA erst seit einigen Jahren bei arteriellen Verschlüssen (Herzinfarkt) und Lungenembolien angewendet.

! Die Fibrinolyse kann durch Medikamente gehemmt werden.

Die Bildung zu hoher Mengen freien Plasmins im Blut wird durch Protein mit Antiplasminaktivität wie α_2-Makroglobulin, Antithrombin III und α_1-Antitrypsin (Tabelle 29.9) verhindert. Eine pathologisch gesteigerte Fibrinolyse (z.B. bei Leukämien, Operationen an Fibrinolyseaktivator-reichen Organen wie Uterus, Prostata oder Lungen sowie beim Einbruch von Fruchtwasser in die Blutbahn) kann medikamentös durch Antifibrinolytica wie die Aminosäure ε-Aminocapronsäure, p-Aminomethylbenzoesäure oder Aprotinin unterbrochen werden, die außer Plasmin auch Trypsin, Chymotrypsin und die in erster Linie für die Kininfreisetzung verantwortlichen Kallikreine hemmen.

29.5.5 Pathobiochemie

Keimbahnmutationen in den Genen (auf Chromosom 17 q21 → 23) für den Komplex GP IIb/IIIa (den Fibrinogenrezeptor) führen zu einer seltenen, autosomal rezessiven Blutungserkrankung, die durch eine verlängerte Blutungszeit, normale Thrombozytenwerte und das vollständige Fehlen der Plättchenaggregation charakterisiert ist und als **Thrombasthenie Glanzmann** bezeichnet wird. Bei den Plättchen ist die Gerinnselretraktion herabgesetzt oder vollständig fehlend, da die Thrombozyten offenbar die Kraft der cytoskelettalen Kontraktion nicht auf das Fibrinnetzwerk übertragen können.

Synthese- oder Strukturänderungen des von-Willebrand-Faktors bedingen ebenfalls eine Thrombozytenfunktionsstörung. Da der **von-Willebrand-Faktor** für die Plättchenadhäsion von großer Bedeutung ist, fallen Patienten mit einem Mangel an diesem Faktor durch vermehrte Blutergüsse, Nasenbluten oder Monatsblutungen bzw. starke Blutungen nach Verletzungen oder operativen Eingriffen auf.

 Die Hämophilien (A und B) werden durch Fehlen der Faktoren VIII bzw. IX verursacht.

Angeborene Mangelzustände sind für alle Faktoren beschrieben worden (Tabelle 29.8). Die bekannteste und häufigste Krankheit ist die **Hämophilie A**, die durch den Mangel des Faktors VIII zustande kommt. Dadurch ist die Aktivierung von Faktor X durch das intravaskuläre System gestört, sodass die Aktivierung von Prothrombin verlangsamt oder ganz verhindert wird. Die Krankheit ist durch eine erhöhte Blutungsneigung charakterisiert, wobei v.a. Blutungen nach geringfügigen Verletzungen unstillbar sind. Eine Therapie erfolgt mit aus Plasma isoliertem oder gentechnologisch hergestellten Faktor VIII-Konzentrationen, die wegen der kurzen Halbwertszeit (6–20 h) häufig verabreicht werden müssen.

Das Gen für Faktor VIII macht etwa 0,1% des gesamten X-Chromosoms aus. Es enthält 186.000 Basenpaare mit 26 Exons, zwischen denen die Introns liegen, die etwa 95% des gesamten Gens ausmachen (Abb. 29.34). Die Exons codieren in ihrer Gesamtheit für das Protein mit 2351 Aminosäuren und einer Molekularmasse von 400 kDa (ohne die Kohlenhydratseitenketten). Da die Krankheit klinisch sehr heterogen ist, ist zu erwarten, dass – auch bedingt durch die Größe des Gens – viele verschiedene Mutationen als Ursache in Frage kommen: tatsächlich sind bisher 943 (!) **verschiedene** Missense-Mutationen und Deletionen (des gesamten Gens oder auch einer einzigen Base) beschrieben worden. Auf der anderen Seite zeigt die Analyse großer Patientenkollektive, dass bestimmte Punktmutationen, so z.B. **CG → TG-Transition** mit Bildung eines Nonsensecodons in den Exons 18 und 22 gehäuft auftreten (*mutational hot-spots*, ► u.). Außerdem müssen bei dieser Erkrankung zur Aufrechterhaltung ihrer Häufigkeit in der Population ***de novo*-Mutationen** auftreten (► Kap. 7.3). Die Hämophilie A tritt mit einer Häufigkeit von 1:10.000 beim männlichen Geschlecht auf und ist damit die häufigste, schwere Blutgerinnungsstörung des Menschen. Sie manifestiert sich klinisch nur bei Männern, heterozygote Frauen bleiben aufgrund ihres zweiten intakten X-Chromosoms ohne Symptome. Die Hämophilie A zeigt kein einheitliches Krankheitsbild. Dieses reicht von schwersten, sich bereits bei der Geburt oder im Säuglingsalter manifestierenden (Restaktivität <2%) Blutungsneigungen über mittlere (Restaktivität 2–5%) bis hin zu subklinischen Verlaufsformen (Restaktivität 6–30%), die oft erst im Erwachsenenalter erkannt werden.

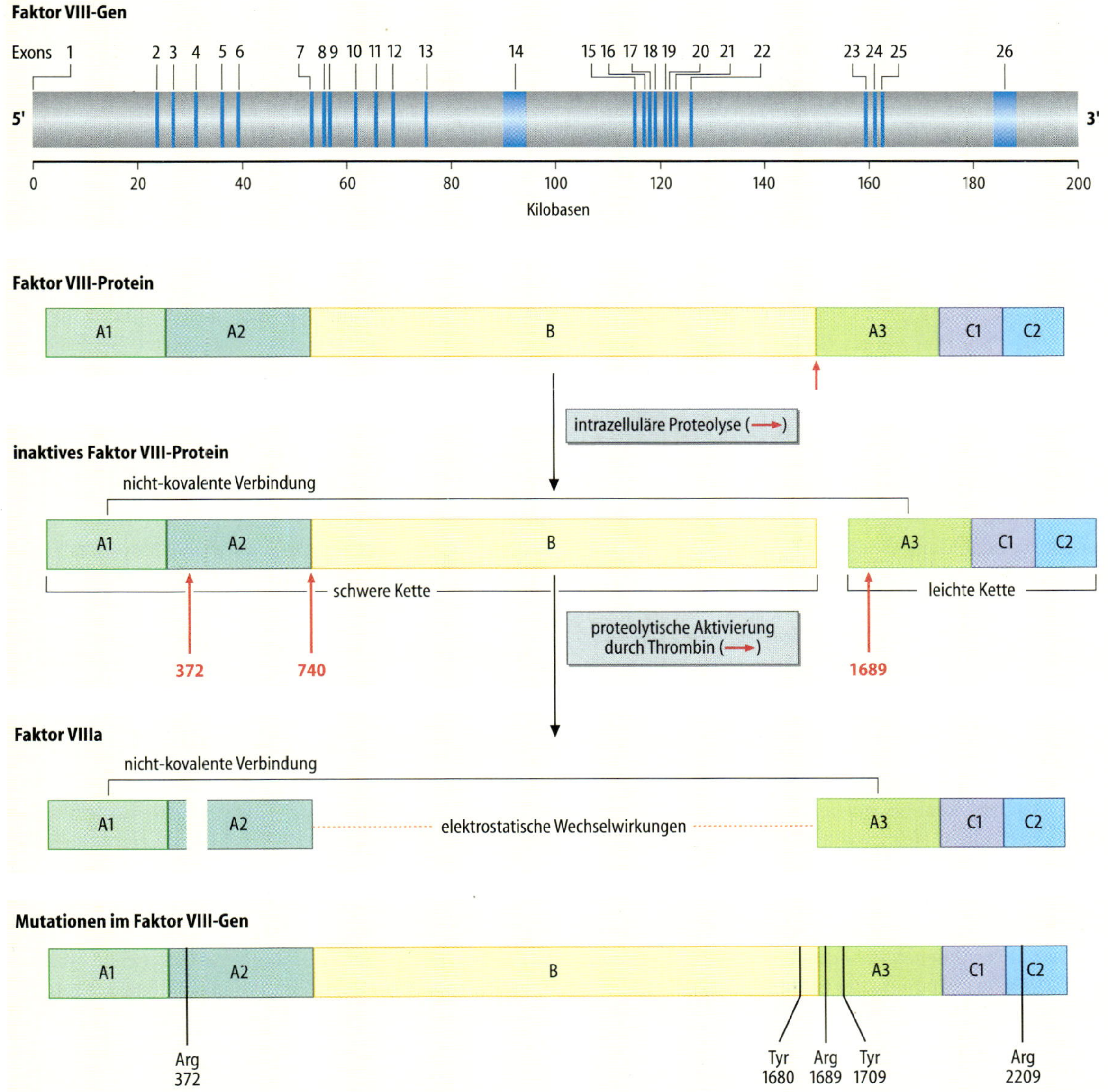

Abb. 29.34. Aufbau des humanen Faktor VIII. *Oben*: Struktur des menschlichen Faktor-VIII-Gens. Das aus 186000 Basenpaaren mit 26 Exons besteht. *Mitte*: Das Faktor VIII-Protein besitzt 6 Domänen. Durch intrazelluäre limitierte Proteolyse zwischen den B- und A3-Domänen entsteht ein Protein, dessen schwere und leichte Ketten durch nicht-covalente Wechselwirkungen zusammengehalten werden. Bei der proteolytischen Aktivierung durch Thrombin werden 3 Peptidbindungen gespalten (Positionen 372, 740 und 1689): die entstehenden Fragmente werden durch nichtcovalente Bindungen zusammengehalten. *Unten*: Mutationen, die zur Hämophilie führen: zwei der gezeigten Mutationen führen dazu, dass das Protein durch Thrombin nicht aktiviert werden kann

Etwa ein Drittel aller entdeckten Punktmutationen finden sich im CG-Basendinucleotid. Dieses Nucleotid ist ein Hotspot für C/T- und G/A-Mutationen (▶ Kap. 7.3). Das in dieser Kombination vorliegende Cytosin ist häufig methyliert, sodass nur ein Desaminierungsschritt nötig ist, um das Cytosin durch Thymin zu ersetzen. Auf dem codierenden Strang bewirkt die Mutation den Austausch eines Arginin-Codons (CGA) durch ein Stopcodon (TGA); auf dem nicht-codierenden Strang führt dieselbe Mutation zum Austausch der Aminosäure Arginin (CGA) durch Glutamin (CAA). Zusätzlich zu gerinnungsphysiologischen Untersuchungen werden heute Hämophilien durch molekularbiologische Analysen (z.B. Restriktions-Analyse PCR-amplifizierter DNA) untersucht. Diese methodischen Ansätze werden auch zur pränatalen Diagnostik der Hämophilien verwendet.

Die Mutationen haben z.T. auch erlaubt, Struktur-Funktions-Beziehungen des Faktor VIII-Gens besser zu verstehen. So führen z.B. Mutationen der Aminosäuren 372 bzw. 1689 zur Beeinträchtigung von Regionen, in denen die **Aktivierung durch Thrombin** stattfindet. Eine Mutation in Position 1709 hat Einfluss auf die Bindung des von-Willebrand-Faktors, eine andere Mutation in Position 1680 führt zum Verlust eines Tyrosylrests, dessen Sulfatierung ebenfalls an der Wechselwirkung mit dem von-Willebrand-Faktor beteiligt ist. Die Mutation von Arginin zu Glutamin in Position 2209 hat eine unterschiedliche Ausprägung zur Folge (von einer milden bis schweren Blutungsneigung), was dafür spricht, dass die Schwere der Erkrankung möglicherweise durch eine zweite Mutation oder durch Mutationen in anderen Proteinen, die mit der Faktor VIII-Funktion vergesellschaftet sind, bestimmt wird.

Das Fehlen bzw. der funktionelle Mangel des **Faktors IX** verursacht die als **Hämophilie B** bezeichnete Bluterkrankheit. Das Gen für diesen Faktor liegt ebenfalls auf dem X-Chromosom (Xq27) und besteht aus acht Exons mit einer Gesamtlänge von 40 kb. Die Expression des Gens in der Leber führt zur Bildung eines Prä-Profaktors IX, aus dem – nach Abspaltung eines Signalpeptids und einer Vorsequenz von 18Aminosäuren – das reife Protein mit 415 Aminosäuren entsteht. Während der Biosynthese finden Glycosylierungen und γ-Carboxylierungen statt. Auch hier existiert eine erhebliche molekulare Heterogenität, die seit der Klonierung des Gens genau analysiert werden kann. Zur Aktivierung des Faktors wird ein Peptid durch Spaltungen der Peptidbindungen Arg145-Ala146 und Arg180-Val181 entfernt. Bei der Mutation, bei der der Arginylrest in Position 145 durch einen Histidylrest ersetzt wird, ist die Konzentration des Profaktors im Plasma zwar normal, seine Aktivierung jedoch gestört. Dies führt nur zu einer milden Hämophilie, wohingegen die Mutation des Arginylrests 180 ein schweres Krankheitsbild bedingt. Dies spricht für eine unterschiedliche Bedeutung der beiden zu spaltenden Peptidbindungen für die Aktivierung von Faktor IX. Bei einer anderen Mutation führt die Substitution eines Arginyl- durch einen Serylrest im Proenzym dazu, dass die posttranslationale Prozessierung zum Enzym nicht stattfinden kann. Dadurch entsteht ein am N-terminalen Ende um 18 Aminosäuren verlängertes Polypeptid, das nicht als Substrat für die Vitamin K-abhängige Carboxylierung dienen kann, sodass γ-Glutamylreste nicht carboxyliert werden. Ein geringer Prozentsatz der Patienten (1%) bildet **Antikörper** gegen therapeutisch substituierten Faktor IX, was wahrscheinlich durch **Deletionen des Gens** bedingt ist (sodass das Protein als körperfremd angesehen wird).

Eine interessante Variante der Hämophilie B, die eine Störung der Regulation der Genexpression anzeigt, ist der **Leyden-Phänotyp**. Normalerweise wird die Faktor IX-Genexpression im dritten Trimester angeschaltet. Bei Patienten mit der Leyden-Variante erfolgt dies jedoch erst zu Beginn der Pubertät. Dies bedeutet, dass sich die Faktor IX-Spiegel bei Kindern mit einer milden bis schweren Hämophilie nach der Kindheit normalisieren. Alle bisher untersuchten Familien mit dieser Konstellation weisen unterschiedliche Punktmutationen in einer kleinen Gruppe, der sog. Leyden-spezifischen Region, im 5′-nichttranslatierten Anteil des Faktor IX-Gens auf. Diese Region ist offenbar für die altersabhängige Regulation der Transkription dieses Gens von Bedeutung.

! Mangel an Hemmstoffen der Blutgerinnung begünstigt die Entstehung von Thrombosen.

Die Entstehung von Thrombosen, d.h. die Bildung von Blutgerinnseln innerhalb der nicht-eröffneten Strombahn, wird durch den partiellen Mangel an Hemmstoffen der Blutgerinnung begünstigt. Dazu gehören vererbbare Protein C-, Protein S- oder Antithrombin III-Mangelzustände. Deshalb ist bei einer familiären Häufung von Thrombosen immer nach derartigen Mangelzuständen zu suchen. Die häufigste Ursache für thrombotische Geschehen ist allerdings die **sog. APC-Resistenz**, d.h. das aktivierte Protein C kann sein Substrat, den Faktor V, nicht spalten, da durch eine Mutation im Faktor V-Gen die Spaltstelle verändert wird.

In Kürze

Die Hämostase kommt durch das koordinierte Zusammenspiel vaskulärer, thrombozytärer und plasmatischer Vorgänge zustande.

Bei der zellulären Blutstillung adhärieren Thrombozyten an die Matrix von Endothelzellen. Der Kontakt führt zur Aktivierung der Plättchen mit konsekutiver Änderung der Morphologie, Aggregatbildung und Verschluss des verletzten Gefäßes.

Rezeptoren auf der Thrombozytenoberfläche für Laminin, Fibrinogen oder Fibronektin spielen eine Schlüsselrolle bei diesen Vorgängen.

An der Aktivierung des Thrombozyten sind die plättcheneigenen Thromboxane und ADP beteiligt, die über entsprechende Rezeptoren zu einer Autostimulation des Thrombozyten führen.

Prothrombinase und Tenase sind die wichtigsten Bestandteile der plasmatischen Gerinnungskaskade. Dabei entsteht aus Prothrombin Thrombin, welches Fibrinogen in Fibrin überführt.

Antithrombotische (oder fibrinolytische) Faktoren sorgen dafür, dass die Hämostase lokal begrenzt bleibt.

Die plasmatische Gerinnung kann therapeutisch durch die Gabe von Vitamin K-Antagonisten gehemmt werden, die die γ-Carboxylierung von Gerinnungsfaktoren blockieren.

Die häufigsten genetischen Defekte der Blutgerinnungsfaktoren sind die Hämophilie A und B. Über 600 ver-

▼

schiedene Mutationen können die klinisch unterschiedlichen Formen der Hämophilie A verursachen. Da die Faktoren VIII und IX in rekombinanter Form verfügbar sind, können sie zur Substitutionstherapie verwendet werden.

Genetische Störungen antithrombotischer Proteine wie Protein S, Protein C, Antithrombin III oder die APC-Resistenz können zur Entstehung von Thrombosen führen.

Thrombosen können durch Heparine, Acetylsalicylsäure oder Antagonisten bestimmter Thrombozytenrezeptoren behandelt oder vorgebeugt werden.

Die Bestimmung der Fibrin D-Dimere erlaubt eine Diagnose von Thrombosen.

29.6 Plasmaproteine

29.6.1 Konzentration, Biosynthese und Abbau von Plasmaproteinen

! Im gesamten menschlichen Blutvolumen zirkulieren zwischen 180 und 240 g Proteine.

Die Proteine des Plasmas stellen ein heterogenes Gemisch von wahrscheinlich über 100000 Proteinen (Proteom), meist Glycoproteinen dar, die zum überwiegenden Teil in der Leber und im Lymphgewebe synthetisiert werden. Viele von ihnen konnten aufgereinigt werden (Tab. 29.9). Der Gesamtproteingehalt des Plasmas (oder auch Serums) liegt zwischen **60 und 80 g/l** (6 und 8 g Protein/100 ml). Bei einem Gesamtblutvolumen von 5 Litern beträgt das Plasmavolumen bei einem Hämatokrit (▶ Kap. 29.2.1) von 40% 3 Liter, die darin enthaltene Proteinmenge zwischen 180 und 240 g. Darüber hinaus befinden sich Albumine auch im extravasalen Raum (15 l) in einer Konzentration von etwa 10 g/l (1 g/100 ml); sie stehen mit den intravasalen Plasmaproteinen im Gleichgewicht. Unter Einbeziehung der extravasalen Proteinmenge mit etwa 150 g ergibt sich eine Gesamtmenge des extrazellulären Proteins von rund 400 g, das sind 4% des Gesamtbestandes des Organismus von etwa 10 kg. Zwischen Biosynthese und Abbau der Plasmaproteine, der u.a. durch Ausscheidung in den Gastrointestinaltrakt und Verstoffwechselung in den peripheren Organen erfolgt, besteht ein **dynamisches Gleichgewicht**. Störungen dieses Gleichgewichts z.B. durch verringerte Biosynthese bei vermindertem Aminosäureangebot bei Nahrungskarenz oder infolge von Leberparenchym-Schädigungen, durch vermehrte Ausscheidung in den Gastrointestinaltrakt (exsudative Gastroenteropathie) und bei Nierenschädigungen (Proteinurie, ▶ Kap. 28.2.3) führen zum Absinken des Plasmaproteinspiegels (Hypoproteinämie). Andererseits kann eine vermehrte Biosynthese, z.B. aufgrund der klonalen Expansion von γ-Globulin produzierenden Plasmazellen (▶ Kap. 29.6.5) zu einer Erhöhung der Konzentration im Blut führen (Hyperproteinämie).

Da bei den Proteinbestimmungen nur die Konzentration, d.h. die Menge der Proteine pro Volumeneinheit, ermittelt wird, täuschen auch Vermehrungen oder Verminderungen des extrazellulären Wassers entsprechende Änderungen des Plasmaproteingehalts vor. So können beispielsweise Wasserverluste infolge von Diarrhöen eine Eindickung des Bluts (Hämokonzentration) und damit eine scheinbare Erhöhung der Proteinkonzentration verursachen. Deshalb sollte zur Unterscheidung von Störungen des Proteinstoffwechsels und Wasserhaushalts gleichzeitig der Hämatokrit ermittelt werden.

Die Bestimmung der Gesamtproteinkonzentration besitzt nur eine beschränkte Aussagekraft, da sie keine Information über die qualitative und quantitative Änderung einzelner Proteinfaktoren liefern kann. Deshalb ist man bestrebt, zusätzlich die große Zahl der Plasmaproteine in einzelne Fraktionen aufzutrennen, deren quantitative Veränderungen wertvolle diagnostische Hinweise geben können.

Von den zahlreichen in der Praxis angewendeten blutchemischen Untersuchungsmethoden nimmt die Trennung der Plasmaproteine in Einzelfraktionen eine wichtige Stellung ein.

29.6.2 Trennung von Plasmaproteinen in Einzelfraktionen

Zur analytischen Auftrennung der Plasmaproteine stehen die Trägerelektrophorese und die Immunelektrophorese zur Verfügung, bei der die Trägerelektrophorese mit einer Immunpräzipitation kombiniert wird.

! Bei der Elektrophorese werden Folien aus acetylierter Cellulose als Träger verwendet.

Bei der Untersuchung trägt man die Serumprobe nahe der Kathode auf dem Trägerstreifen auf, der dann in die Elektrophoresekammer eingelegt wird. Durch Anlegung einer definierten Gleichspannung beginnen die Proteine nach **Ladung** und **Teilchengröße** (je größer das Proteinmolekül, desto mehr Widerstand muss bei der Wanderung im wässrigen Medium überwunden werden) unterschiedlich schnell in Richtung Anode zu wandern. Nach Beendigung des Laufs entnimmt man den Trägerstreifen aus der Kammer und legt ihn in ein Färbebad, in dem die Proteine gefärbt und durch Denaturierung an die Folie fixiert werden. Anschließend erfolgt die photometrische Messung der entstandenen Farbbänder. Im gleichen Arbeitsgang wird durch Integration der Flächen unter den einzelnen Gipfeln der

Tabelle 29.9. Proteine des menschlichen Blutplasmas (Auswahl)

Proteine	Molekular-gewicht (kD)	Proteinanteil [%]	Normalbereich im Serum des Erwachsenen [g/l]	Funktion	Pathobiochemie
Albumine Präalbumin Albumin	61 69	99 100	0,1–0,4 35–55	Thyroxinbindung Transportfunktion, kolloid-osmotischer Druck	↓ bei schweren Leberleiden ↓ bei Leberzirrhose, Nephrose
α_1-Globuline Saures α_1-Glykoprotein (Orosomucoid)	44	62	0,55–1,40	Unklar	↑ bei entzündlichen Prozessen, die mit Gewebezerfall einhergehen (Akutphase-Reaktion)
α_1-Antitrypsin (α_1-Antiprotease)	54	86	2–4	Proteaseinhibitor (Trypsin, Chymotrypsin, Plasmin, Elastase)	↑ bei entzündlichen Prozessen (Akutphase-Reaktion); genetisch bedingter Mangel führt zum Lungenemphysem
α_1-Lipoprotein (high density lipoprotein)	200	45	2,90–7,70	Transport von Lipiden, Hormonen	↓ bei Lebererkrankungen
Prothrombin (Gerinnungsfaktor)	60		0,05–0,1 (Plasma)	Proenzym des Thrombins (Gerinnung)	↓ bei Lebererkrankungen Anticoagulantentherapie
Transcortin	45	86		Cortisolbindung	
Thyroxin-bindendes Globulin	45			Thyroxinbindung	
α_1-Antichymotrypsin	68	73	0,3–0,6	Chymotrypsininhibitor	↑ bei entzündlichen Prozessen (Akutphase-Reaktion)
α_1-Fetoprotein	68		$< 15 \times 10^{-6}$		Nur beim Fetus und Neugeborenen nachweisbar; bei Erwachsenen mit Lebercarcinom oder Hodentumoren
Gc-Globulin (*group-specific component*)	50	96	0,2--0,55	Vitamin D-Bindung	↓ bei schwerem Leberleiden
α_2-Globuline					
α_2-Caeruloplasmin (Ferrooxidase I)	160	89	0,2--0,6	Enzymatische Eisen-oxidation	↑ bei Schwangerschaft ↓ bei Morbus Wilson
α_2-Antithrombin III	65	85	0,17–0,3	Thrombininhibitor	↓ genetisch bedingter Mangel, Verbrauchscoagulopathie
α_2-Haptoglobin	100	81	0,8–3,0	Hämoglobinbindung	↓ Leberleiden und hämolytische Anämien ↑ bei Entzündungen (Akutphase-Reaktion)
α_2-Makroglobulin	820	92	Plasmininhibitor		
Serumcholinesterase (Pseudocholinesterese)	348	76 E/l	3000–8000	(z.B. Leberzirrhose)	↓ bei schweren Leberleiden
Plasminogen (Profibrinolysin)	143	91	0,06–0,25	Proenzym des Plasmins (Fibrinolysins)	↑ bei entzündlichen Prozessen (Akutphase-Reaktion)
β-Globuline					
β-Lipoprotein (*low density lipoprotein*)	3200	19	2,5–8	Transport von Lipiden	↑ Nephrose
β_1C-Globulin (C'3-Komponente)	185	97	0,8–1,4	Komplementfaktor	
Hämopexin (β_1B-Globulin)	80	77	0,5–1,15	Häminbindung	↓ bei hämolytischen Anämien

Tabelle 29.9 (Fortsetzung)

Proteine	Molekulargewicht (kD)	Proteinanteil [%]	Normalbereich im Serum des Erwachsenen [g/l]	Funktion	Pathobiochemie
Transferin (Siderophilin)	90	95	2–4	Bindung und Transport von Eisen	↑ in der Schwangerschaft und bei Einnahme von Ovulationshemmern ↑ Anämien, Leberkrankheiten, Infekte
Fibrinogen (Gerinnungsfaktor 1)	340	97	2–4,5 (Plasma)	Blutgerinnung	↑ bei Leberparenchymschäden, Hyperfibrinolyse, bei Entzündungen (Akutphase-Reaktion)
C-reaktives Protein	140	100	< 0,012	Phagozytoseförderung	↑ bei akut entzündlichen Prozessen (Akutphase-Reaktion)
γ-Globuline					
IgG (γG, γ_2, 7S-γ-Globulin)	150	97	8–18	Antikörper	↑ bei Leberleiden, chronischen Infekten ↓ bei Antikörpermangelsyndrom
IgA (γA, γ_1A, β_2A-Globulin)	160 sowie Aggregate	92	0,9–4,5	Antikörper (bes. in Sekreten)	Wie oben
IgM (γM, β_2M, 19S-γ-Globulin)	900 sowie Aggregate	89	♂ 0,6–2,5 ♀ 0,7–2,8	Antikörper (Isoagglutinine u.a.)	Wie oben ↑ Makroglobulinämie Waldenström
IgD (γD-Globulin)	170	88	< 0,15	Antikörper?	↑ bei Plasmozytom
IgE (γE-Globulin)	190	89	$< 6 \times 10^{-4}$	Antikörper (Reagine)	↑ bei Plasmocytom und Allergien
Lysozym (Muraminidase)	15	100	$5–15 \times 10^{-3}$	Bakterienauflösung	↑ beim Zerfall leukämischer Varianten von Monocyten/Granulozyten

Extinktionskurve der relative Anteil der einzelnen Proteine errechnet (Abb. 29.35).

Bei Kenntnis der Gesamtserumproteinkonzentration können die Relativwerte in Absolutkonzentrationen umgerechnet werden. Bei der allgemein üblichen Technik werden fünf Fraktionen beobachtet, in denen sich Proteine mit ähnlicher Ladung und Teilchengröße angesammelt haben (Tabelle 29.10): **Albumine** und **Globuline** mit den Untergruppen α_1, α_2, β und γ. Die klinische Bedeutung der Trägerelektrophorese ist die Erfassung von **Dysproteinämien** (► Kap. 29.6.5), d.h. Verschiebungen der Proportion der einzelnen Plasmaproteinfraktionen.

! Bei der Immunelektrophorese wird die Elektrophorese mit einer anschließenden Immunfällung kombiniert.

Dabei wird die Serumprobe zuerst in einem Agarosegel elektrophoretisch getrennt. Anschließend wird eine Rinne ausgestanzt, in die ein z.B. durch Immunisierung von Kaninchen gewonnenes Humanantiserum (► Kap. 34.3.4) gegeben wird. Das Antiserum diffundiert nun gegen die Proteine des Serums. Beim Zusammentreffen eines Serumproteins mit seinem entsprechenden Antikörper aus dem Antiserum kommt es im Verlauf mehrerer Stunden zu einer **Antigen-Antikörper-Reaktion**, die in Form einer halbkreisförmigen bis länglichen Präzipitationslinie sichtbar wird (Abb. 29.36).

Mit Hilfe der Immunelektrophorese können bis zu 40 Präzipitationslinien und damit Proteine im Serum nachgewiesen werden (Abb. 29.37 und Tabelle 29.9). Die bei der einfachen Trägerelektrophorese homogen erscheinenden Fraktionen, in denen sich Proteine ähnlicher Ladung und Teilchengröße ansammeln, können so in ihre verschiedenen Einzelbestandteile zerlegt werden. Die Immunelektrophorese gestattet jedoch nur eine qualitative

Tabelle 29.10. Normalwerte der Plasmaproteinfraktionen

Proteinfraktion	Relativprozent	Absolutkonzentration [g/dl] bei einer Konzentration von 7 g Protein/dl Serum
Albumine	55–70 (60)	3,85–4,90
α_1-Globuline	2–5 (4)	0,14–0,35
α_2-Globuline	5–10 (8)	0,35–0,7
β-Globuline	10–15 (12)	0,7–1,05
γ-Globuline	12–20 (16)	0,84–1,4

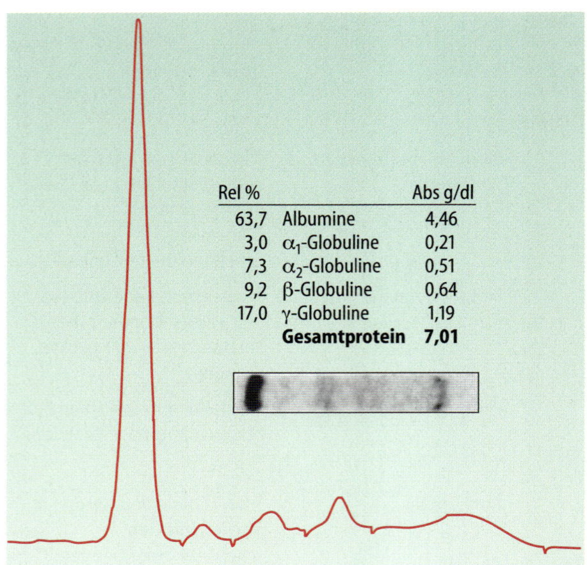

Abb. 29.35. Trennung der Proteine eines normalen Serums auf Celluloseacetatfolie. *Rechts*: Trägermaterial nach Beendigung der Elektrophorese. *Links*: Die bei der photometrischen Auswertung der Färbebänder entstandene Extinktionskurve; die Zahlen geben die Werte an, die bei der Integration der Flächen unter den einzelnen Gipfeln der Extinktionskurve ermittelt werden (Relativprozente). Bei bekanntem Gesamteiweißwert kann daraus die absolute Menge (g/dl) der einzelnen Fraktionen berechnet werden

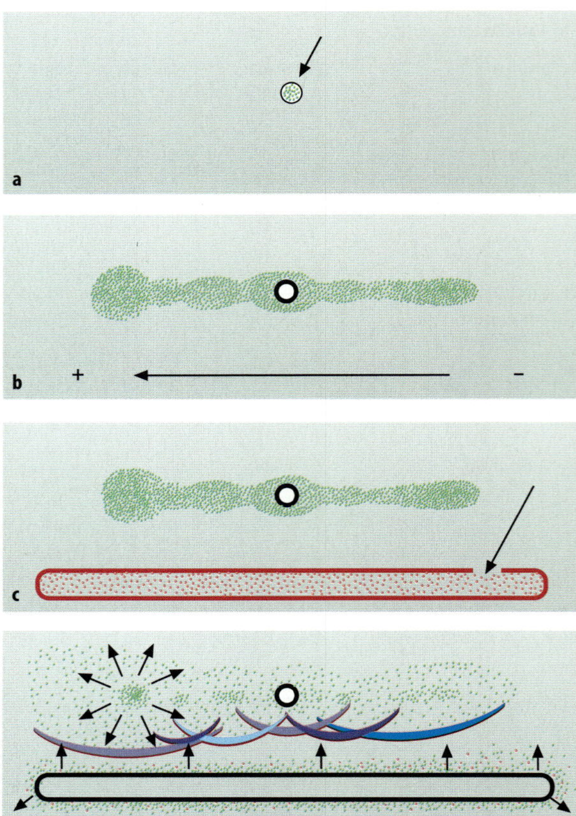

Abb. 29.36a–d. Prinzip der Immunelektrophorese. a Auftragung der Antigenmischung in das Probenloch. **b** Elektrophoretische Auftrennung. **c** Auftragung des Antiserums in die nach Abschluss der Elektrophorese ausgestanzte Rinne. **d** Bildung von Präzipitationslinien bei der Diffusion

und keine quantitative Bestimmung der verschiedenen Serumproteine. Soll die Konzentration eines bestimmten Serumproteins ermittelt werden, so kann dies unter Anwendung eines spezifischen Antikörperproteins, das durch Immunisierung von Versuchstieren gewonnen wird und im Handel erhältlich ist, erfolgen (ELISA, RIA etc., ► Kap. 25.2.4). Die Domäne der Immunelektrophorese ist die Diagnostik der sog. **monoklonalen Gammopathien** oder Paraproteinämien (► Kap. 29.6.5).

29.6.3 Die einzelnen Proteinfraktionen des Serums

! Die Albumine stellen mit 50–60% die Hauptfraktion der Serumproteine.

Vor den Albuminen wandern in der Elektrophorese die Präalbumine, die in beschränktem Umfang Thyroxin binden können. Die **Albumine** (Halbwertszeit 17–27 Tage) transportieren nicht-veresterte Fettsäuren, Tryptophan, Pharmaka, Vitamine, Kationen (Magnesium und Calcium), Spurenelemente sowie Abbau- und toxische Produkte und besitzen eine hohe Wasserbindungsfähigkeit. Sie sollen auch eine Aminosäurereserve für den Organismus darstellen. Die Albuminkonzentration des Serums gilt seit langem als Parameter für die Funktion der **Leber**, da die Albumine einen wesentlichen Teil der Proteine, die von der Leberzelle synthetisiert und in den Extrazellulärraum sezerniert werden, ausmachen. Es darf jedoch nicht vergessen werden, dass der Serumalbuminspiegel nur die Resultante von Biosynthese im Hepatozyten, Verteilung im Organismus und Abbau ist und dass über diese Prozesse, insbesondere die Regulation der Biosynthese – die durch die Ernährung, einzelne Aminosäuren, Hormone und den kolloidosmotischen Druck beeinflusst wird –, nur wenig bekannt ist. Bei einem Plasmaspiegel von 3,5–4,5 g/dl beträgt die täglich synthetisierte Albuminmenge beim erwachsenen Mann (Frau) 120–200 (120–150)mg/kg Körpergewicht. Nur etwa 40% des gesamten Albumins im menschlichen Organismus befinden sich im Plasma. Die Hauptmenge der restlichen 60% ist im Extrazellulärraum des Hautgewebes lokalisiert. Albumine können in der Tränenflüssigkeit, in Schweiß, Speichel, Magensaft und Ödemen nachgewiesen werden und kommen wahrscheinlich in jeder Körperflüssigkeit vor. Die Konzentrationen reichen dabei von weniger als 1 g/l bei Ödemen bis zu 20–30 g/l bei Exsudaten (durch Entzündung bedingter Austritt von Flüssigkeit aus den Blutgefäßen).

Die Globuline stellen eine äußerst heterogene Gruppe von Proteinen dar.

Globuline unterscheiden sich von den Albuminen durch ihre schlechtere Wasserlöslichkeit und ihr höheres Molekulargewicht. Mit Ausnahme der Proteine, die an anderer Stelle besprochen werden, wie z.B. die Lipoproteine (► Kap. 18.5.1), die Blutgerinnungsfaktoren (► Kap. 29.5.3), Caeruloplasmin (Ferrooxidase) und Transferrin (► Kap. 22.2.1), Enzyme (z.B. Pseudocholinesterase, Amylase), Hormone (z.B. Insulin und Hypophysenhormone) sowie die Immun-(γ-)Globuline (► Kap. 34.3.4), wird im Folgenden auf einige Globuline hingewiesen.

α_1-Globuline. Mit einem Kohlenhydratanteil von 38% ist das **saure α_1-Glycoprotein** das kohlenhydratreichste Serumprotein. Die Konzentration dieses Proteins, das als **Akutphase-Protein** (► Kap. 29.6.4) an der Immunmodulation beteiligt ist, ist bei akuten und chronischen Infekten, bei Karzinomen und während der Schwangerschaft erhöht. Zur α_1-Fraktion gehören auch die Proteaseinhibitoren α_1-Antitrypsin und α_1-Antichymotrypsin, Hormon bindende Proteine (Transcortin und Thyroxin-bindendes Globulin) und das **α_1-Fetoprotein**. Letzteres ist im fetalen Plasma in höherer Konzentration vorhanden (Bildungsort: Leber und Dottersack), beim gesunden Erwachsenen jedoch nur noch in geringen Konzentrationen. Es besitzt die Fähigkeit zur Östrogenbindung und könnte somit den Fetus vor einem Überschuss mütterlicher Östrogene schützen. Bei Patienten mit **Leberzellkarzinomen** und **Hodentumoren** findet eine Biosynthese dieses Proteins in den Tumorzellen statt, von denen es ins Plasma abgegeben wird und dort nachgewiesen werden kann (► Kap. 35.10).

α_2-Globuline. Haptoglobin kann das bei Hämolysen frei im Serum auftretende Hämoglobin binden, sodass dieses nicht in den Urin übertreten kann und ein Eisen- und Aminosäureverlust verhindert wird. Haptoglobin und Hämoglobin bilden einen Komplex, der schnell von der Leber aufgenommen wird. Bei Hämolysen ist deshalb der Serum-Haptoglobin-Spiegel erniedrigt.

β-Globuline. Zu diesen Globulinen gehören
- Hämopexin, das Hämin bindet
- Transferrin, das Eisen bindet
- Properdin, das in unspezifischer Weise zur Abwehr beiträgt
- Faktoren des Komplementsystems, das im Zusammenspiel mit Antikörpern bei der Immunabwehr wirkt (► Kap. 34.4), und
- das C-reaktive Protein (CRP)

Letzteres Protein hat diesen Namen erhalten, weil es in vitro mit dem C-Kohlenhydrat reagiert, das der Polysaccharidkapsel aller Pneumokokken (die z.B. Lungenentzündungen

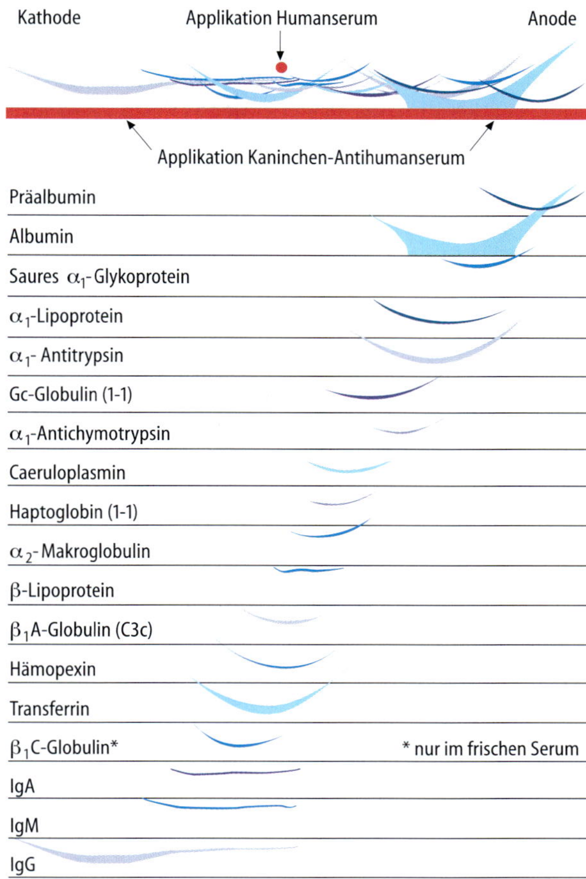

Abb. 29.37. Schematische Darstellung der immunelektrophoretisch nachweisbaren Präzipitationslinien der wichtigsten Serumproteine. Darüber das Nativpräparat einer Immunelektrophorese

verursachen) gemeinsam ist. Das C-reaktive Protein kommt beim Gesunden nur in sehr geringer Konzentration vor (<0,5 mg/100 ml). Es ist bei Prozessen erhöht, die mit Gewebeläsionen (bakterielle Infektionen, Entzündungen, bösartige Tumoren) einhergehen (► u.).

β_2-Mikroglobulin. Dieses Protein weist eine strukturelle Ähnlichkeit mit einem Abschnitt des Immunglobulins G auf und kann in Zellmembranen Teil des Histokompatibilitäts-Antigens (Klasse I-Antigene, ► Kap. 34.2.2) sein. Da das Protein ständig von Zellmembranen abgegeben wird, ist es in verschiedenen Körperflüssigkeiten nachweisbar (Liquor cerebrospinalis, Speichel, Colostrum, Spermaflüssigkeit, Amnionflüssigkeit, Serum und Urin). Die Serumwerte sind bei Krankheiten mit verändertem Zellumsatz, wie z.B. neoplastischen, entzündlichen oder immunologischen Prozessen, erhöht.

γ-Globuline. Bei den Proteinen, die bei der Elektrophorese im γ-Bereich wandern, handelt es sich um die **Antikörper**, die mit Hilfe der Immunelektrophorese in fünf Immunglobulinklassen (Abb. 29.37) getrennt und quantifiziert werden können (IgG, IgA, IgM, IgD, IgE). Ihre Struktur und Funktion wird ausführlich in ▶ Kapitel 34.3.4 diskutiert.

In diesem Bereich findet sich auch **Lysozym**, das die Mukopeptidschicht der Bakterienwand (▶ Kap. 2.1.4) spaltet und somit unspezifisch zur Immunabwehr beiträgt. Außer im Blut (als Produkt von Monozyten) wird dieses Enzym in den meisten Körpersekreten (Nasenschleim, Cervicalschleim, Haut, Tränenflüssigkeit) gefunden.

29.6.4 Funktionen der Plasmaproteine

Die Plasmaproteine tragen zur Erfüllung der genannten Aufgaben des Bluts bei. Ihre wichtigste Funktion, die insbesondere von den Albuminen ausgeführt wird, ist die Aufrechterhaltung eines **konstanten Plasmavolumens**. Weiterhin **transportieren** die Plasmaproteine (◘ Tabelle 29.9) wasserunlösliche Substanzen (Pharmaka, Fettsäuren, Cholesterin, Bilirubin), Metalle (Eisen, Kupfer), Hormone (Thyroxin, Cortisol) und Vitamine (Vitamin B_{12}) und leisten einen entscheidenden Beitrag bei der **Blutgerinnung** (Prothrombin und Fibrinogen) und **Fibrinolyse** (Plasminogen) sowie bei der Abwehr von **Infektionen** (γ-Globuline, Lysozym, C-reaktives Protein, Faktoren des Komplements). In beschränktem Umfang können Plasmaproteine auch als Puffer wirken.

> ! Plasmaproteine sind im Rahmen der Akutphase-Reaktion an Entzündungen beteiligt.

Die meisten Gewebeverletzungen (z.B. Trauma, Operation oder Infektion) gehen mit einer Reihe entzündungstypischer, zellbiologischer Veränderungen einher. Bei dieser unspezifischen Reaktion steigt die Plasmakonzentration mehrerer, meist im Hepatozyten gebildeten Proteine an (◘ Abb. 29.38). Von den etwa 30 beteiligten und als Proteine der akuten Phase (▶ Kap. 33.2.3) bezeichneten Moleküle ist das **C-reaktive Protein** (**CRP**) am besten für diagnostische Zwecke geeignet, da es leicht bestimmt werden kann. Die Synthese der Akutphase-Proteine unterliegt der Regulation durch verschiedene Cytokine (Interleukin-1, Interleukin-6, TNFα, Interferon-γ, TGFβ, epidermaler Wachstumsfaktor (EGF), Leukämie inhibierender Faktor (LIF)), die von Makrophagen und anderen Entzündungszellen auf die Verletzung hin gebildet werden (◘ Abb. 29.39).

> ! Plasmaproteine sind an der Aufrechterhaltung eines konstanten Plasmavolumens beteiligt.

Im Bereich der Kapillaren findet der Austausch von Stoffen zwischen intra- und extravasalem Raum statt. Pro Minute werden im Kapillarbereich etwa 70% des Plasmawassers ausgetauscht. Mit dem Wasser gelangen Nährsubstrate vom Blutplasma durch die Kapillarmembran ins Gewebe und Abfallprodukte von den Geweben ins Blut. Dabei ist die Entfernung von Stoffwechselmetaboliten ebenso wichtig wie die Bereitstellung von Sauerstoff und Nährsubstraten.

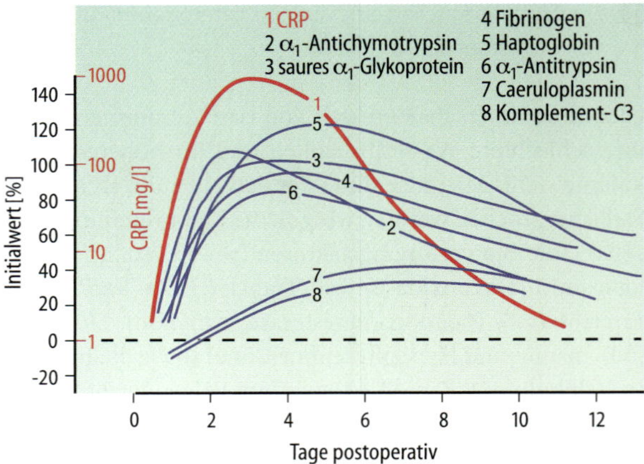

◘ **Abb. 29.38. Reaktion der Akutphase-Proteine nach Gallenblasenentfernung**

Treibende Kraft für den Flüssigkeitsaustausch durch die Kapillaren ist der hydrostatische Druck, der in den Kapillaren höher als außerhalb ist. Auf der anderen Seite verhindert die Wasser anziehende Kraft der Plasmaproteine, die als **kolloidosmotischer (onkotischer) Druck** bezeichnet wird, dass das Plasmawasser vollständig in den interstitiellen Raum abgepresst wird. Unterschiede in diesen beiden Drucken im arteriellen und venösen Schenkel der Kapillare (Starling-Mechanismus, Einzelheiten ▶ Lehrbücher der Physiologie) sorgen dafür, dass die Zelle stets in einem nährsubstratreichen Milieu gebadet wird, da mit der Flüssigkeit Glucose, Aminosäuren, Fettsäuren, Sauerstoff und andere lebenswichtige Stoffe an die Zelle herangeschwemmt werden. Auf dem gleichen Wege werden die Stoffwechselprodukte abtransportiert. Daraus wird verständlich, warum eine Reduktion des Plasmaproteinspiegels (Hypoproteinämie) Störungen des Wasseraustauschs im Kapillarbereich verursacht.

29.6.5 Pathobiochemie

> ! Homozygoter Mangel an α_1-Antitrypsin führt zum Lungenemphysem.

α_1-Antitrypsin (α_1-AT), das ein breites Spektrum von Proteasen hemmt, darunter auch die Elastasen neutrophiler Granulozyten, und deshalb besser als α_1-Antiprotease bezeichnet werden sollte, schützt die Lungen vor der Wirkung von Proteasen, die von Leukozyten und phagozytierenden Zellen freigesetzt werden. Normalerweise sind diese Proteasen für den Abbau beschädigter Lungenzellen und eingedrungener Bakterien erforderlich. Bei Patienten mit α_1-Antiproteasenmangel wird die protektive Funktion der Proteasen nicht durch Gegenspieler, d.h. Antiproteasen reguliert, sodass sie sich gegen intakte, körpereigene Substanzen, in diesem Fall das Elastin, und andere Proteine der extrazellulären Matrix wendet, die das architektonische

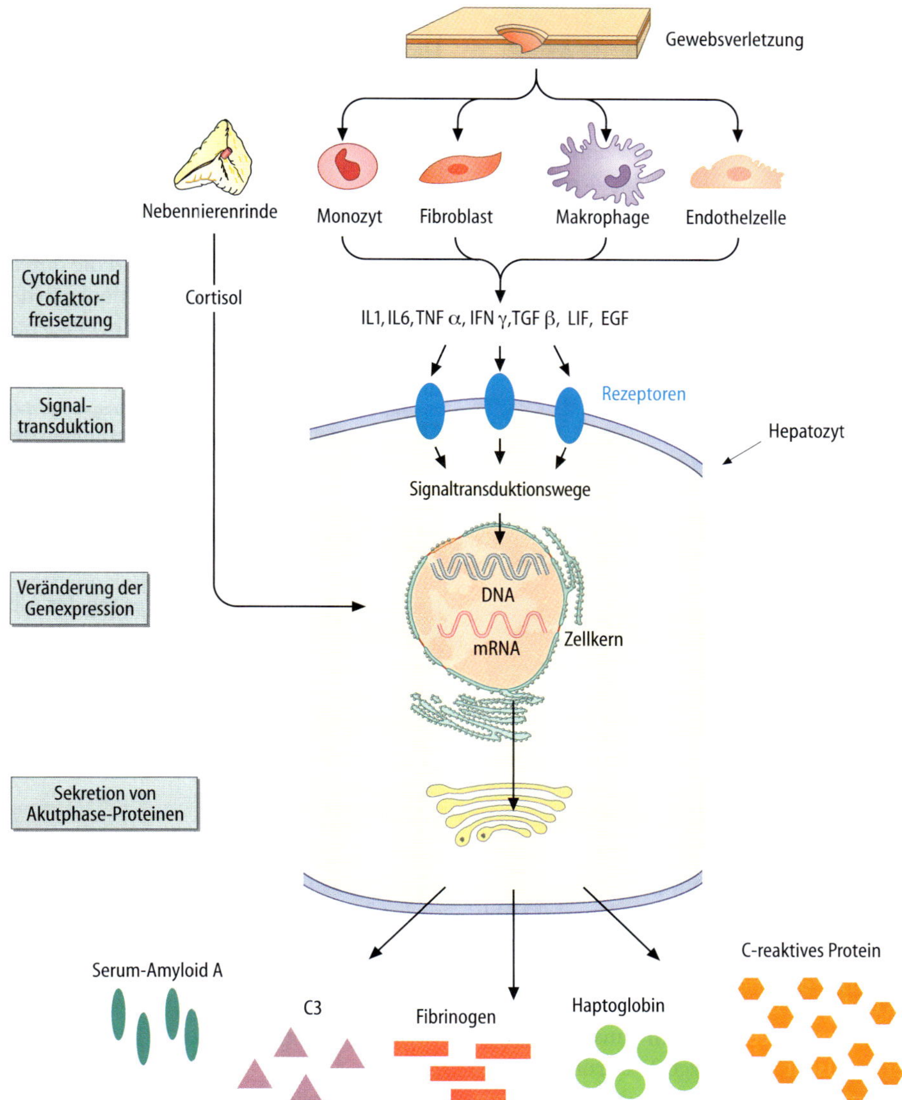

Abb. 29.39. Bildung der Proteine der Akutphase-Antwort. Nach Gewebeverletzung werden Entzündungszellen (Monozyten, Fibroblasten, Makrophagen) aktiviert, woraufhin sie Cytokine wie Interleukin-1, Interleukin-6 oder TNFα freisetzen, die in der Leber zur Synthese und Freisetzung von Akutphase-Proteinen führen. Die in Stresssituationen freigesetzten Corticosteroide wirken als Cofaktoren der Genexpression der Akutphase-Proteine

Rückgrat der dünnen Alveolarwände darstellen. Da die Lungenzellen postmitotisch sind, führt die kontinuierliche Zerstörung der Alveoli zum Emphysem.

α_1-Antitrypsin (394 Aminosäuren), das zu den sog. Akutphase-Proteinen (► Kap. 29.3.1, 33.2.3) gehört, wird hauptsächlich von **Hepatozyten** und in geringerem Maße von **Monozyten** und **Neutrophilen** gebildet. Das verantwortliche 12 kb-Gen liegt auf Chromosom 14q31 und besteht aus sieben Exons (Abb. 29.40). Die ersten drei Exons (1a–c) codieren für den Genpromotor, der wichtig für die Änderung der Genexpression im Rahmen der Akutphase-Antwort ist. Die anderen vier Exons enthalten die Information für das α_1-Antitrypsinprotein. Der normale Phänotyp wird als P_i-(Proteaseinhibitor)-Typ bezeichnet. Insgesamt sind nahezu 75 Allele für den P_i-Locus bekannt. Mindestens 20 von ihnen können zu Mangelzuständen führen.

! 95% der Mutationen führen zur Bildung des Z-Allels.

Die Nomenklatur für die α_1-Antitrypsin-Allele gründet sich auf der Wanderung des Proteins im elektrischen Feld, d.h. Varianten, die am schnellsten in Richtung Anode wandern, werden mit Buchstaben zu Beginn des Alphabets versehen. Die häufigen, normalen Varianten (M1 [Ala^{213}], M1 [Val^{213}], M2 und M3) wandern **in der Mitte** (daher »M«). Die häufige, mutierte **Z-Variante** ist positiv geladen und

Preissner KT (2004) Biochemie und Physiologie der Blutkoagulation und Fibrinolyse. Hämostaseologie 24:84–93

Rund D, Rachmilewitz E (2005) β-Thalassemia. N Engl J Med 353:1135–1146

Schechter AN, Gladwin MT (2003) Hemoglobin and the paracrine and endocrine functions of nitric oxide. N Engl J Med 348:1483–1485

Schenone M, Furie BC, Furie B (2004) The blood coagulation cascade. Curr Opin Hematol 11:272–277

Segal AW (2005) How neutrophils kill microbes. Annu Rev Immunol 23:197–223

Sim DS, Flaumenhaft R, Furie BC, Furie B (2005) Interactions of platelets, blood born tissue factor and fibrin during arteriolar thrombus formation in vivo. Microcircualtuion 12:301–311

Sivilotti MLA (2004) Oxidant stress and haemolysis of the human erythrocyte. Toxicol Rev 23:169–188

Stoller JK, Aboussouian LS (2005) Alpha 1-antritrypsin deficiency. Lancet 365:2225–2236

Stuart MJ, Nagel RL (2004) Sickle cell disease. Lancet 364:1343–1360

Wagener C, Deufel T, Lackmer K (2005) Proteomics in der klinischen Chemie. Dt.Ärzteblatt 102:A2875–2876

Wagner FF, Flegel WA (2004) Review: the molecular basis of the Rh blood group phenotypes. Immunohematology 20:23–36

Weisel JW (2004) The mechanical properties of fibrin for basic scientists and clinicians. Biophys Chem 112:267–276

Yamamoto F (2004) Review: ABO blood group system-ABH oligosaccharide antigens, anti-A and anti-B, A- and B-glcyosyltransferases and ABO genes. Immunohematology 20:3–22

Links im Netz

▶ www.lehrbuch-medizin.de/biochemie

30 Muskelgewebe

Dieter O. Fürst, Matthias Gautel, Petro E. Petrides

30.1 Feinstruktur der Muskulatur – 1002

30.1.1 Die quergestreifte Muskulatur – 1002

30.1.2 Die glatte Muskulatur – 1004

30.2 Die Proteine des kontraktilen Apparats – 1004

30.2.1 Myosin – 1004

30.2.2 Aktin – 1006

30.2.3 Das Cytoskelett der quergestreiften Muskelzellen – 1007

30.3 Molekularer Mechanismus der Muskelkontraktion und -relaxation – 1009

30.3.1 Der Querbrückenzyklus – 1009

30.3.2 Kopplung zwischen Erregung und Kontraktion – 1011

30.3.3 Molekularer Mechanismus der Muskelrelaxation – 1014

30.4 Regeneration der Muskelzelle – 1015

30.5 Pathobiochemie: Angeborene und erworbene Muskelerkrankungen – 1017

30.5.1 Angeborene Muskelerkrankungen – 1017

30.5.2 Erworbene Muskelerkrankungen – 1021

Literatur – 1022

Einleitung

Der Mensch benötigt einige 100 willkürlich schnell kontrahierbare Muskeln, um koordinierte, zielgerichtete Bewegungen durchführen zu können. Diese Muskeln, deren Zellen eine auffällige Querstreifung aufweisen, kommen außer als Bewegungsapparat des Skeletts auch in Auge, Zunge, Gesicht sowie in einer spezialisierten Form als Muskulatur des Herzens vor. Es gibt zwei zelluläre Formen von quergestreifter Muskulatur. Der Herzmuskel besteht aus einzelnen, elektrisch gekoppelten Zellen, den Cardiomyozyten, die alle synchron kontrahieren. Skelettmuskeln bestehen dagegen aus vergleichsweise riesigen Zellen, die jeweils ein Syncytium darstellen: aus vielen ursprünglich vorhandenen Einzelzellen bildet sich durch Zellfusionen ein lang gestrecktes Gebilde mit außerordentlich vielen peripher liegenden Zellkernen. Die entstehenden Muskelfasern können durch individuelle Innervation aktiviert werden.

Die glatte, vegetativ innervierte Muskulatur der Eingeweide (Gastrointestinal- und Urogenitaltrakt sowie Blutgefäße) weist dagegen keine Querstreifung auf, besteht aus einzelnen lang gestreckten Zellen, ist nicht willkürlich innerviert und kontrahiert wesentlich langsamer als quergestreifte Muskulatur. Die verschiedenen Muskeltypen zeichnen sich durch eine gewebespezifische Ausstattung mit unterschiedlichen Isoformen kontraktiler Proteine, Regulatorproteinen, Ionenkanalproteinen und Enzymen aus.

Viele Proteine der verschiedenen Muskelgewebe können durch Genmutationen strukturell so verändert werden, dass Muskelerkrankungen entstehen. So führen z.B. Mutationen von Cytoskelettproteinen des Skelettmuskels zum Muskelschwund (Dystrophie), solche von kontraktilen Proteinen und Regulatorproteinen im Herzen zu Cardiomyopathien und jene in Ionenkanalproteinen zu Lähmungserscheinungen der Skelettmuskulatur oder Herzrhythmusstörungen.

30.1 Feinstruktur der Muskulatur

30.1.1 Die quergestreifte Muskulatur

! Der quergestreifte Muskel weist eine hierarchische Organisationsstruktur auf.

Voraussetzung für das Verständnis des Mechanismus der Muskelkontraktion ist die Kenntnis der Feinstruktur der Muskulatur (◘ Abb. 30.1). **Quergestreifte** Muskeln in der Skelettmuskulatur (1 in ◘ Abb. 30.1) setzen sich aus Faserbündeln (2 in ◘ Abb. 30.1) zusammen, die noch mit bloßem Auge gut erkennbar sind. Sie werden von verschiedenen Nervenfasern erregt. Die einzelnen Muskelfasern des Bündels (3 in ◘ Abb. 30.1) sind lange Zellen mit einem Durchmesser von 10 bis 100 μm und Längen von wenigen mm bis zu mehreren cm. In einigen Fällen können sie die Gesamtlänge des Muskels durchlaufen und an beiden Enden in die bindegewebigen Sehnen übergehen. Die Muskelfasern enthalten in hoher Konzentration die Proteine **Aktin** und **Myosin**. Diese bilden faserförmig in der Längsrichtung der Muskelzelle angeordnete Komplexe, die als **Myofibrillen** bezeichnet werden und die ca. 80% des Gesamtvolumens der Zellen einnehmen. Bereits bei lichtmikroskopischer Betrachtung zeigen Skelettmuskelfasern eine charakteristische **Querstreifung**, die durch eine hochregelmäßige Anordnung des kontraktilen Apparats entsteht (◘ Abb. 30.2). Im Polarisationsmikroskop lassen sich anisotrope, doppelbrechende, proteinreiche A-Banden und isotrope, also weniger dichte und nicht doppelbrechende I-Banden, unterscheiden. Im Zentrum der I-Bande ist noch eine schmale, stark lichtbrechende Struktur, die Z-Scheibe, zu erkennen (4 in ◘ Abb. 30.1). Erst durch die höhere Auflösung elektronen mikroskopischer Bilder war die Bedeutung dieser Bandenmuster erklärbar (▸ u.).

! Das Sarkomer ist die funktionelle Einheit der Myofibrille.

Die grundlegende Baueinheit der Myofibrille ist das Sarkomer. Das Sarkomer ist ein Zylinder mit einem Durchmesser von etwa 1500 nm und einer Länge von etwa 2500 nm (2,5 μm). Eine Längenänderung vieler oder aller Einzelsarkomere, von denen z.B. der Bizepsmuskel etwa 10 Mio. besitzt, verursacht die Verkürzung oder Verlängerung des gesamten Muskels.

Das Sarkomer wird durch die oben erwähnten Z(wischen)-Scheiben begrenzt, die gleichsam die Grund- und Deckplatten des Zylinders bilden. Es handelt sich hierbei um Proteinkomplexe, in denen die Filamente **Aktin** und **Titin** sowie das α-Actinin die wichtigsten Rollen spielen. In beiden Z-Scheiben sind je ca. 2000 parallel zur Zylinderachse verlaufende **dünne Myofilamente** aus Aktin verankert. Entscheidend für den Kontraktionsmechanismus ist, dass die aus den benachbarten Sarkomeren in eine Z-Scheibe inserierenden dünnen Filamente entgegengesetzte Polarität besitzen. In der Mitte der im Ruhezustand ca. 2,5 μm langen Sarkomere befinden sich weitere Gerüstproteine (z.B. Myomesin), die in der sog. **M(ittel)-Bande** die ebenfalls parallel zur Zylinderachse angeordneten **dicken Myofilamente** aus **Myosin** verankern (1600 nm lang, je 800 nm diesseits und jenseits der zentralen M-Bande und 15 nm dick). In den Überlappungszonen, die sowohl dünne als auch dicke Filamente enthalten, bietet sich im Querschnitt des Sarkomers folgendes Bild: Jedes dicke Filament liegt im Mittelpunkt eines gleichseitigen Sechsecks, dessen Ecken von dünnen Filamenten gebildet werden (◘ Abb. 30.3). Jedes dünne Filament besitzt 3 »dicke« Nachbarn (9 in ◘ Abb. 30.1). Das Zahlenverhältnis dünner zu dicken Filamenten beträgt 2:1.

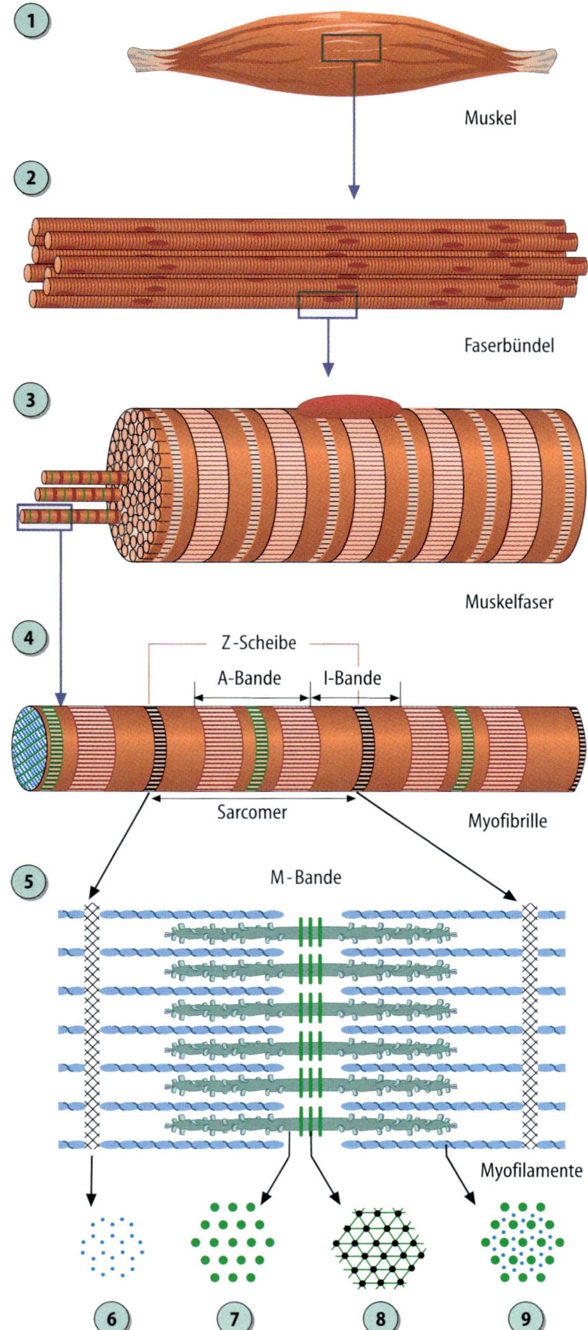

Abb. 30.1. Die einzelnen Organisationsebenen des quergestreiften Muskels. 1 Muskel; 2 Faserbündel; 3 Muskelfaser; 4 Myofibrille; 5 Aufbau des Sarkomers; 6 Querschnitt durch dünne Myofilamente im Bereich der Z-Scheibe; 7 Querschnitt durch dicke Myofilamente; 8 Querschnitt durch dicke Myofilamente im Bereich der M-Bande; 9 sich überlappende dicke und dünne Myofilamente. (Verändert nach Bloom W, Fawcett DW 1994)

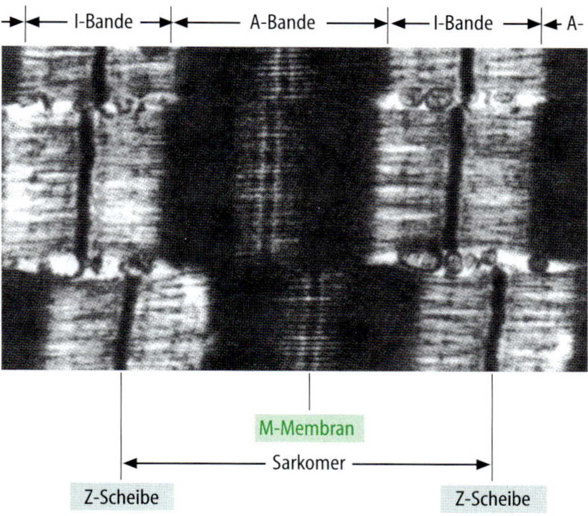

Abb. 30.2. Elektronenoptische Aufnahme (Längsschnitt) eines quergestreiften Muskels. (Aufnahme von H.E. Huxley, Cambridge). Vergrößerung 18 600:1

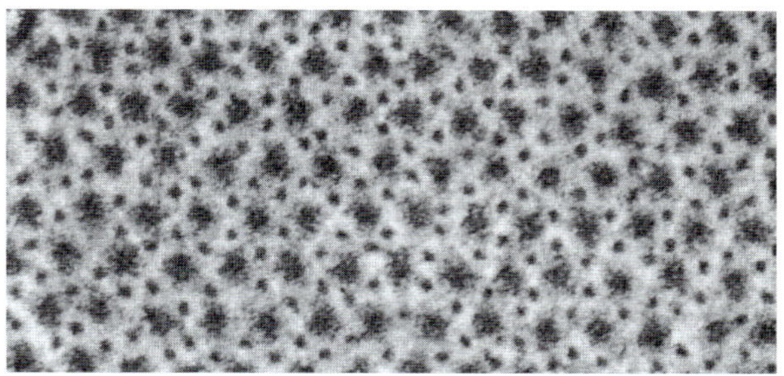

Abb. 30.3. Elektronenoptische Aufnahme (Querschnitt) eines quergestreiften Muskels. Jedes dicke Myosinfilament ist von 6 dünnen Aktinfilamenten umgeben. (Aufnahme von H.E. Huxley, Cambridge). Vergrößerung 155 000:1

! Durch die unterschiedliche Verwendung von Muskelprotein-isoformen entstehen unterschiedliche Myofibrillentypen.

Die Proteine der Myofibrillen kommen in **Isoformen** vor, die sich durch ihre physikalisch-chemischen Eigenschaften unterscheiden. Protein-Isoformen können durch **Multigenfamilien** (mehrere Gene) oder durch **alternierendes Spleißen** (ein Gen) gebildet werden. Die Vielfalt dieser Protein-Isoformen (zu denen noch fetale und neonatale Varianten kommen) erlaubt dem menschlichen Organismus, nach dem Baukastenprinzip Muskelfasern verschiedener Myofibrillenstruktur für spezielle Funktionen zu bilden und diese Strukturen veränderten Umweltanforderungen (z.B. Training) durch Adaptation anzupassen. Eine Störung dieses Systems (Maladaptation) dürfte entscheidend an der Entstehung von Krankheiten der Muskulatur beteiligt sein.

30.1.2 Die glatte Muskulatur

Im Gegensatz zur quergestreiften besteht die **glatte Muskulatur** aus spindelförmigen Zellen mit jeweils nur einem Kern. Glatte Muskelzellen enthalten zwar dicke und dünne Filamente, jedoch sind diese nicht zu Sarkomeren mit regelmäßigen Strukturmustern geordnet. Aus diesem Grund fehlt auch die Querstreifung. Die Enden der dünnen Filamente sind mit Hilfe sog. *»dense bodies«* am Cytoskelett der glatten Muskelzellen sowie an ihrer Plasmamembran befestigt.

In Kürze

Mehrere hundert Skelettmuskeln garantieren die koordinierten Bewegungen des Knochengerüsts, die schnell oder langsam und von längerer oder kürzerer Dauer sein können. Daneben sorgt die dauerarbeitende Herzmuskulatur für den Bluttransport und die glatte Muskulatur in Eingeweiden und Blutgefäßen für kontraktile Prozesse von langsamer Dauer. Die Vielfalt dieser unterschiedlichen Muskelfaser-Phänotypen wird zum einen durch die Expression für den einzelnen Typ spezifischer Proteine und zum anderen durch die Expression von Protein-Isoformen erreicht, deren Struktur an die jeweilige Funktion angepasst ist. Funktionelle Einheit der Myofibrille ist das Sarkomer, welches die dicken und dünnen Myofilamente sowie Cytoskelettproteine enthält. Die Proteine der Myofibrillen kommen in Isoformen vor, die durch Genfamilien oder alternierendes Spleißen gebildet werden. Durch die Vielfalt dieser Protein-Isoformen entstehen Muskelfasern unterschiedlicher Zusammensetzung, die sich veränderten Umweltanforderungen durch Adaptation anpassen können.

30.2 Die Proteine des kontraktilen Apparats

30.2.1 Myosin

Das Myosinhexamer ist das Hauptprotein der dicken Myofilamente.

Die **dicken Filamente** bestehen als Haupt-Strukturkomponente aus dem Myosin, einem Molekül, das einige besondere Eigenschaften aufweist: es ist extrem asymmetrisch gebaut und besitzt einen ca. 150 nm langen, stabförmig gestreckten Teil (»Schaft«) sowie an einem Ende zwei etwa 20 nm große »Köpfchen«. Die Fähigkeit des stabförmigen Teils zur Selbstassoziation ist die Grundlage für die Bildung der dicken Filamente, während die enzymatisch aktiven Köpfchen an Aktin binden können und die in ihnen ablaufende Hydrolyse von ATP eine Konformationsänderung bewirkt, welche die molekulare Grundlage der Muskelmechanik darstellt.

Jedes Myosinmolekül mit einer Molekülmasse von ca. 520 kD ist aus 6 Untereinheiten aufgebaut:

- Zwei **schwere Ketten** (*myosin heavy chain*, MHC) mit einer Masse von je 220 kD bestehen etwa zur Hälfte aus dem Schaft, während die aminoterminale Hälfte die Köpfchen aufbaut. Die stabförmigen Bereiche der schweren Ketten bilden eine prototypische α-helicale *»coiled-coil«*-Struktur aus, in der jede 3. und 4. Position von 7 (*heptad-repeat*) durch hydrophobe Aminosäuren besetzt sind
- Mit den Köpfchen assoziiert sind jeweils eine **essentielle** und eine **regulatorische leichte Kette** (*light chain*, LC), die strukturelle Ähnlichkeit zum Calcium-bindenden Protein Calmodulin aufweisen. Die leichten Ketten dienen je nach Myosintyp der Aktivierung (glatter Muskel) oder Feinregulation der Kontraktion (quergestreifter Muskel). Das Myosinmolekül weist demnach die Zusammensetzung $(MHC)_2(LC)_{2+2}$ auf

Im Muskelgewebe werden mindestens 13 unterschiedliche Gene für schwere Myosinketten exprimiert (▫ Tabelle 30.1), die in zwei Clustern auf den Chromosomen 14 und 17 liegen. Es besteht eine fast unbegrenzte Möglichkeit, die unterschiedlichen schweren und leichten Ketten miteinander zu kombinieren, wodurch sich eine verwirrende Zahl möglicher Myosinmoleküle ergibt. So sind alleine mehr als 9 verschiedene »schnelle« Myosin-Isoformen möglich, die oft nebeneinander in einem Muskel vorkommen! Die einzelnen Isoformen unterscheiden sich erheblich voneinander hinsichtlich ihrer ATPase-Aktivität und der maximalen lastfreien Verkürzungsgeschwindigkeit. Dadurch bietet sich die Möglichkeit einer feinen Abstimmung der Eigenschaften des Myosins auf gewünschte physiologische Zustände.

Um den strukturellen Bereichen der Myosinmoleküle spezifische biochemische Eigenschaften zuordnen zu können, war die gezielte Herstellung proteolytischer Fragmente von enormer Bedeutung. Die schwere Myosinkette ist an zwei Stellen besonders empfindlich gegenüber Proteolyse:

- Am Übergang vom Köpfchen zum Schaft und
- ca. 90 nm vom Ende des stabförmigen Teils entfernt

Dadurch lassen sich die folgenden Fragmente erhalten (▫ Abb. 30.4 und ▫ Tabelle 30.2):

- LMM (*light meromyosin*), der 90 nm lange carboxyterminale Teil des Schafts, der alleine eine Art dicker Filamente aufbauen kann

Tabelle 30.1. Nomenklatur der Myosin schweren Ketten und ihr Bezug zu bestimmten Fasertypen

Fasertyp	Nomenklatur der Myosin schweren Kette	Vorkommen in Fasertyp:
Embryonal	MHC_{emb}	Primäre Myotuben,
	(MYH3)	extraocular, infrafusale und regenerierende extrafusale Fasern (Muskelspindeln)
Fötal	MYH4	Fötale Fasern
Neonatal	MHC_{neo} (MYH8)	Neonatal, extraocular, M. masseter, intrafusale und regenerierende extrafusale Fasern (Muskelspindeln)
Schnell phasisch (»Typ II«)	MHC II a MHC II b MHC II d/x MHC_{eom} MHC II_m	II A, II AB, II DA, II C, I C II B, II BD, II AB II D, II BD, II DA Extraoculare und laryngeale Muskeln (auch „superschnell" genannt) masticatorische Muskeln
Langsam phasisch (»Typ I«)	MYH7 (cardial β) MHC Iα	I, I C, II C fötales Herz Extraocular Diaphragma, M. masseter, intrafusale Fasern (Muskelspindeln)
Langsam tonisch	MHC I_{ton}	Extraocular, M. tensor tympani, intrafusale Fasern (Muskelspindeln)
Cardial	MYHCA	Kardial
Glatter Muskel	MYH 11	Glatte Muskulatur

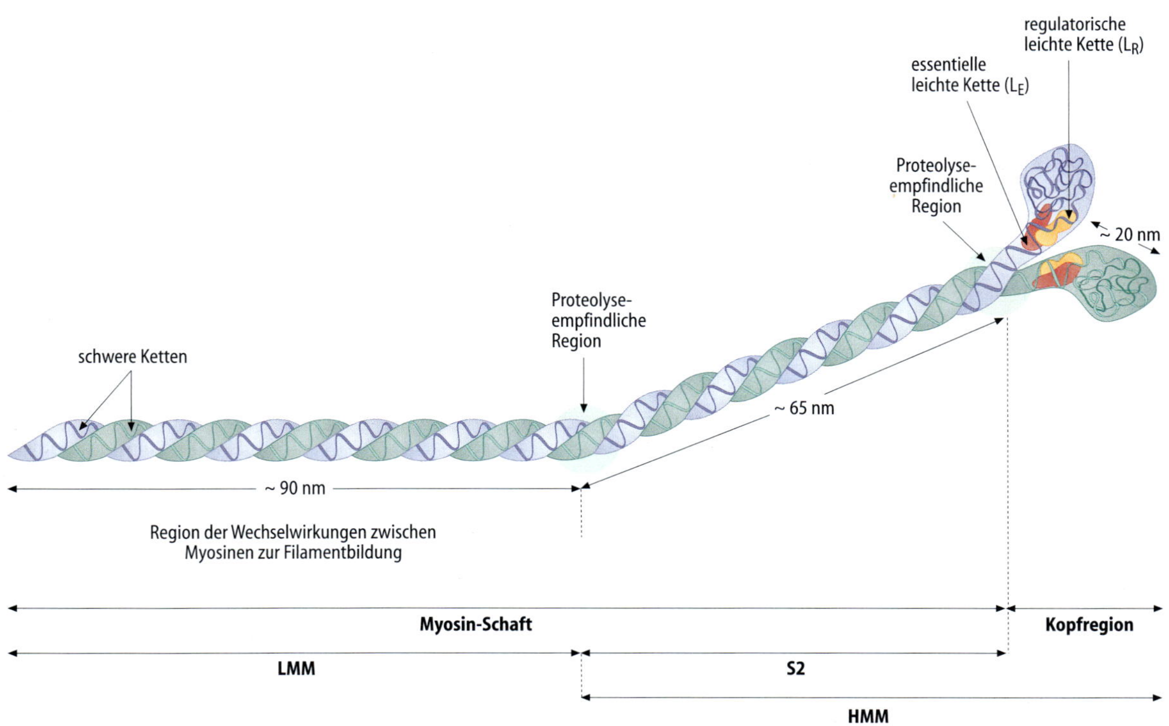

Abb. 30.4. Aufbau des Myosinhexamers aus 2 schweren und 2 Paaren von leichten Ketten

Tabelle 30.2. Größe und Eigenschaften proteolytischer Spaltprodukte von Myosin

	Native Molekülmasse	kDa in SDS-PAGE	Länge (nm)	ATPase-Aktivität	Actin-Bindung	Bildung von Filamenten
Schwere Kette	440	220	150 + 20	(+)	(+)	+
Stabförmiger Teil (Schaft)	150	120	150	–	–	+
LMM	$(150)_n$	75	90	–	–	+
HMM	340	140, 22, 17	60 + 20	+	+	–
S1	130	90, 22, 17	20	+	+	–
S2	45	45	60	–	–	–

- S2 (Subfragment 2), der 60 nm lange Rest des stabförmigen Teils, der alleine keine Filamente bilden kann
- S1 (Subfragment 1), einzelne Myosinköpfchen von ca. 20 nm, die eine Aktin-Bindungsstelle sowie die Fähigkeit der ATP-Spaltung besitzen
- HMM (*heavy meromyosin*), Paare von Myosinköpfchen, die über ihre S2-Anteile zusammenhängen

Die Myosinmoleküle assoziieren durch elektrostatische Wechselwirkungen ihrer stabförmigen (LMM) Anteile zu zylinderförmigen Filamenten (Abb. 30.5). In quergestreiften Muskeln geschieht diese Assoziation mit erstaunlicher Präzision, sodass wahrscheinlich jeweils genau 294 Moleküle ein Filament von 1,6 µm Länge aufbauen. Die Myosinköpfchen stehen von der Oberfläche des Zylinders radial nach außen ab und bilden die im elektronenmikroskopischen Bild sichtbaren **Querbrücken**, die dicke und dünne Filamente beim Kontraktionsvorgang verbinden. Die Moleküle sind in den dicken Filamenten mit den Köpfen nach beiden Seiten hin ausgerichtet, sodass in der Mitte eine köpfchenfreie Zone (»*bare zone*«) von 150 nm Breite entsteht. Dies bedeutet, dass die Myosinmoleküle in diesem Bereich über ihre gesamte Länge überlappen und man nur dort sowohl eine antiparallele als auch eine parallele Anordnung benachbarter Moleküle antrifft. Zu den Enden hin nimmt die Anzahl der Moleküle ab, und daher laufen die dicken Filamente spitz zu. Diese Art des Filamentaufbaus, in dem parallele, antiparallele und wieder parallele Bereiche einander abwechseln, stellt eine absolute Besonderheit in der Natur dar. In allen anderen bekannten makromolekularen Komplexen wiederholt sich eine bestimmte Anordnung der Moleküle von einem Ende zum anderen, und die Polarität ändert sich nicht (z.B. Aktinfilamente, Mikrotubuli, Intermediärfilamente, Kollagenfasern, bakterielle Flagellen etc.).

Die Regulation der quantitativen Verteilung dieser und anderer Proteine im Muskelgewebe unterliegt dem Einfluss von Cytokinen (FGF, TGF-β, IGF-1, Myostatin) und Hormonen; so führt z.B. die vermehrte Ausschüttung von Schilddrüsenhormonen zu einer Umschaltung der Synthese von V_3- zu V_1-Myosin im Ventrikel und damit zu einem Myosin mit höherer ATPase-Aktivität. Veränderungen der regionalen Verteilung der Expression dieser Isoproteine werden auch bei der pathologischen Herzhypertrophie gefunden.

30.2.2 Aktin

! Aktin ist das Hauptprotein der dünnen Filamente.

Die strukturgebende Komponente der dünnen Filamente ist das Aktin, dazu kommen als Regulatorproteine **Tropomyosin** und – nur im quergestreiften Muskel – der **Troponinkomplex**. Aktin ist ein annähernd globuläres Protein (**G-Aktin**, 42 kDa Molekülmasse), das unter physiologischen Bedingungen zu langen, fadenförmigen Ketten (F-Aktin) polymerisiert. Im Skelettmuskel lagern sich etwa 360 G-Aktinmoleküle zu 1 µm langen Filamenten zusammen. Durch eine seitlich etwas verschobene Bindung der Aktine aneinander ergibt sich das Bild einer Doppelhelix aus zwei schraubig umwundenen Strängen (Abb. 30.6).

! Tropomyosine und Troponine sind Aktin-assoziierte Proteine.

In den Rinnen zwischen den Aktinketten liegen die 40 nm langen, starren **Tropomyosinmoleküle**, von denen jedes aus 2 Polypeptidketten besteht. In einem dünnen Filament erstreckt sich ein Tropomyosinmolekül über 7 Aktinmoleküle, wobei auf jedem Tropomyosin zusätzlich noch der **Troponinkomplex** (I, C, T) sitzt. Aktin- und Myosinproteine verschiedener Muskelarten zeichnen sich durch das Vorkommen der Aminosäure **3-Methylhistidin** aus.

Die Tropomyosine stellen eine Familie nahe verwandter dimerer Proteine dar, die auf unterschiedlichen Spleißvarianten der Transkripte von vier Genen (TPM1 bis TPM4) beruhen. In allen adulten Muskeln kommen nur die von den langen Transkripten der TPM1- bis -3-Gene abgeleiteten Varianten einheitlicher Länge (284 Reste) vor, alle kürzeren Molekülvarianten findet man nur in Nichtmuskelzellen.

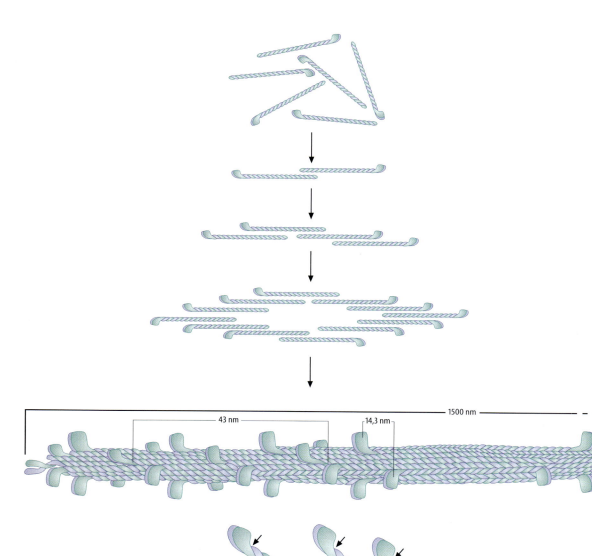

Abb. 30.5. Assoziation von Myosinhexameren zum dicken Myofilament. Die Myosinköpfe sind in 2 Bereichen (*Pfeile*) flexibel

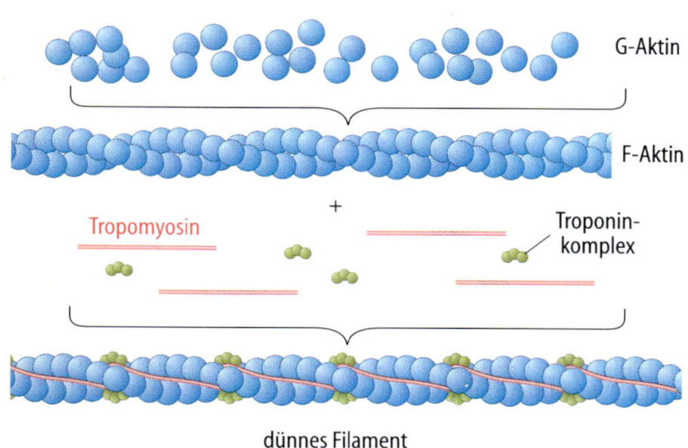

Abb. 30.6. Assoziation von Aktin, Tropmyosin und dem Troponin-Komplex zum dünnen Myofilament

30.2.3 Das Cytoskelett der quergestreiften Muskelzellen

Zusätzlich zu den kontraktilen Myofibrillenproteinen existieren im Muskel mehrere spezialisierte Cytoskelett-Domänen:

- Das sarkomere Cytoskelett, das die Z-Scheiben und M-Banden aufbaut, bestehend u. a. aus **Titin, Myomesin, MyBP-C** (C-Protein) und **Nebulin**
- Außerhalb des Sarkomers ein Gerüst aus Intermediärfilamenten mit Proteinen wie Desmin, Plectin, Synemin und Paranemin, über die auch Mitochondrien, Zellkerne und sarkolemmale Teile organisiert werden
- Ein Membrancytoskelett bestehend aus **Dystrophin** und damit assoziierten Glycoproteinen, die eine Ver-

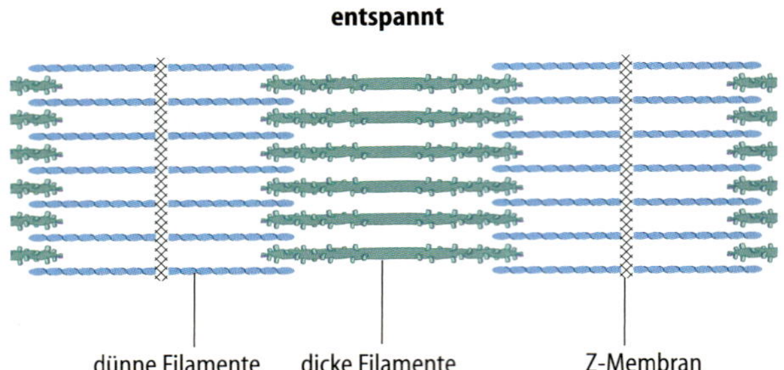

Abb. 30.9. Gleitmodell der Muskelkontraktion. Durch Aneinandervorbeigleiten der dicken und dünnen Myofilamente kommt es zur Verkürzung des Sarkomers

Die Myosin-Querbrücken binden in einer 90°-Konformation an Aktin, gehen in eine 45°-Konformation über und verschieben dabei die dicken gegen die dünnen Filamente. Dieser Vorgang läuft unter Spaltung von ATP zu ADP und Phosphat ab. Durch erneute Bindung von ATP an das Köpfchen dissoziieren die Köpfchen von Aktin und gehen in die ursprüngliche Konformation über. Diese auch als **Querbrückenzyklus** bezeichnete Abfolge von

- Bindung des Köpfchens an Aktin
- Konformationsänderung
- Abkopplung
- Konformationsänderung
- erneute Bindung an einem anderen Punkt des dünnen Filaments

wiederholt sich zyklisch, woraus in Summe eine Verkürzung des Sarkomers resultiert.

Die Myosinköpfe laufen gleichsam auf den Aktinmolekülen, wobei sie selbst auf der Stelle treten. Die Energie für diesen Prozess stammt wie für alle wesentlichen energieverbrauchenden Prozesse in der Zelle aus der Hydrolyse von ATP. Den Schlüssel zum Verständnis der Koppelung von ATP-Hydrolyse und Konformationsänderung des Myosins bot die Entdeckung, dass die Kopfregionen der Myosinmoleküle **ATPase-Aktivität** aufweisen, die auch als Myosin-ATPase bezeichnet wird.

> Die Konformationsänderung des Myosinkopfs ist die molekulare Grundlage des Querbrückenzyklus.

Die gegenwärtige Vorstellung über den molekularen Mechanismus des Querbrückenzyklus (Abb. 30.10) beruht auf der Beobachtung, dass die Bindung von ATP und die Freisetzung von ADP Lageveränderungen von Domänen

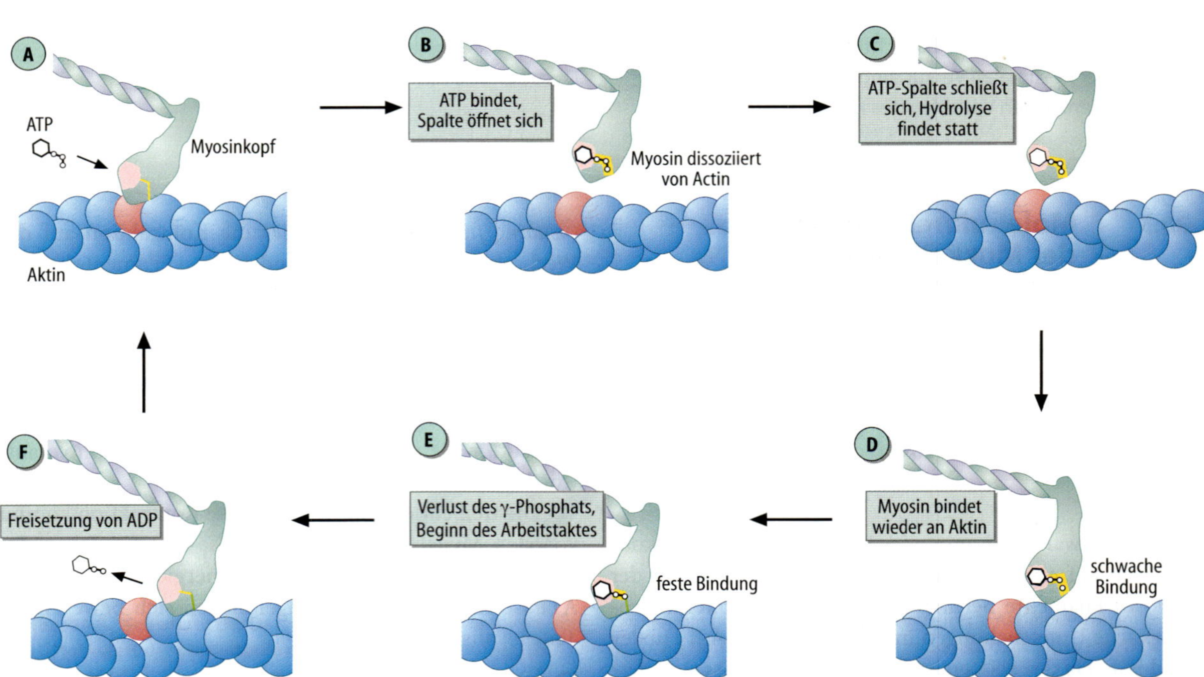

Abb. 30.10. Molekulares Modell der Kraftentwicklung im Muskel. Zwei Spalten im Bereich des globulären Myosinkopfs, d.h. eine ATP-Bindungsstelle (aktives Zentrum des Enzyms) und eine, die in der Mitte der Aktinbindungsstelle liegt, sind in der offenen und geschlossenen Form dargestellt. Der Arbeitstakt, in dem die Arbeit am Aktinfilament erfolgt, wird durch die Öffnung des ATP-bindenden Spalts (aktives Zentrum des Enzyms) nach Freisetzung der Produkte der ATP-Hydrolyse angetrieben. (Verändert nach Rayment I, Holden HM 1994)

des Myosinproteins und damit eine Konformationsänderung des Myosinkopfs hervorrufen, die die Grundlage der Bewegung darstellt. Man unterscheidet hierbei die eigentliche Motordomäne im S1-Bereich des Myosins und die ebenfalls in S1 lokalisierte Hebelarmdomäne (*lever arm*), die aus den Bindungsstellen der leichten Ketten und den beiden leichten Ketten selbst besteht.

In der globulären Region des Myosinkopfs liegen zwei Spalten, von denen eine als **Substratbindungsregion** für ATP dient (violett und gelb markiert in ◻ Abb. 30.10). Die zweite Spalte liegt im Bereich der **Aktinbindungsstelle** (grün markiert in ◻ Abb. 30.10). Während der Kraftentwicklung öffnen und schließen sich diese beiden Spalten. Diese Konformationsänderungen werden von einer als Konverterdomäne bezeichneten Region in Winkelveränderungen des Hebelarms umgesetzt. Das Myosinmolekül schlägt damit gewissermaßen rhythmisch mit dem Schwanz (dem Hebelarm). Dieser Vorgang durchläuft folgende Stadien:

- In Abwesenheit von ATP bildet Myosin eine starke Bindung mit Aktin aus (◻ Abb. 30.10, Zustand A)
- Wenn ATP an das aktive Zentrum im Myosin bindet, kommt es über eine Kommunikation mit der Aktin-Bindungsstelle zu einer Öffnung der Spalte und damit zu einer Schwächung der Bindung von Myosin an Aktin (Zustand B)
- Nach Lösung der Bindung führt das ATP im aktiven Zentrum zu einem Verschluss der ATP-Bindungsstelle (Zustand C), gleichzeitig wird es zu ADP und P_i hydrolysiert
- Daraufhin kann Myosin wieder eine schwache Bindung mit Aktin ausbilden (Zustand D)
- Der Übergang in den kraftproduzierenden Zustand ist mit der Freisetzung von anorganischem Phosphat und der Öffnung der ATP-Bindungsstelle verbunden, welche eine Bewegung der Kopf-Schaft-Verbindung von etwa 5 nm verursacht (Zustand E). Da Myosin fest an Aktin gebunden ist, wird diese Bewegung auf das Aktinfilament übertragen und führt so zu einer Bewegung. Somit wirkt die Halsregion des Myosinkopfs als schlagendes Ruder
- Am Ende des Arbeitstaktes (Zustand F) wird ADP freigesetzt und Myosin wieder fest an Aktin mit offener ATP-Bindungsstelle gebunden, welche zur erneuten ATP-Aufnahme bereit ist

Für eine rasche Muskelkontraktion muss eine große Zahl derartiger Zyklen ablaufen: Jedes dicke Filament verfügt über 600 Myosinkopfgruppen, von denen jede etwa 5 Querbrückenzyklen pro Sekunde durchmacht.

! *In vitro*-Motilitäts-Assay und Einzelmolekül-Experimente.

Für die Entstehung von Kraft und Bewegung sind ausschließlich die Myosin-Köpfchen, Aktin und die Hydrolyse von ATP erforderlich. Dies konnte eindrücklich durch den *in vitro*-Motilitäts-Assay (IMA) und in Experimenten mit einzelnen Myosinmolekülen demonstriert werden. Im IMA gleiten Aktinfilamente in Gegenwart von ATP über Myosin-beschichtete Oberflächen. In Einzelmolekülexperimenten kann die Funktion der molekularen Motoren weiter aufgelöst werden. So scheint es nun, dass ein einziger Myosinkopf durch Hydrolyse eines ATP-Moleküls eine Bewegung von ca. 5 nm bewirkt, wobei Kräfte im Piconewton-Bereich wirken. Diese Experimente erlauben nun auch die molekulare Analyse mutierter Motorproteine, wie sie z.B. bei hereditären Herzerkrankungen (► Kap. 30.5.1) vorkommen.

30.3.2 Kopplung zwischen Erregung und Kontraktion

! Calciumionen vermitteln die elektromechanische Koppelung.

Durch Übertragung der Erregung vom Nerv auf den Muskel an der **motorischen Endplatte** entsteht ein Aktionspotential. Dieser Erregungsprozess läuft an den äußeren Grenzmembranen (Sarkolemm) ab, die den extrazellulären Raum vom Faserinneren trennen. Die Kontraktion ist dagegen ein intrazellulärer Vorgang. Die zeitliche Koppelung der bioelektrischen und -mechanischen Phänomene setzt daher die Existenz eines Systems der Informationsvermittlung von der Zelloberfläche ins Innere der kontraktilen Fasern voraus. Calciumionen wirken dabei als Mittlersubstanzen zwischen Membranerregung und intrazellulärer Myofilamentverschiebung (elektromechanische Koppelung).

Der erste Schritt liegt in der **Steigerung der Calciumpermeabilität** der Membranen im Augenblick der Depolarisation. Calciumionen dringen dementsprechend während der Dauer des Aktionspotentials (im einfachsten Fall aus dem Extrazellulärraum) über **spannungsabhängige Calciumkanäle** (L-Typ-Calciumkanal, Dihydropyridinrezeptor) ins Faserinnere ein. Dort setzen sie die zur Kontraktion führenden Mechanismen in Gang (s.u.). Diese Kanäle werden im Laufe der Depolarisierung innerhalb von Millisekunden maximal aktiviert und bleiben während der Plateauphase des Aktionspotentials geöffnet. Dünne kontraktile Gebilde sind durch die eindiffundierenden Calciumionen ohne Schwierigkeit von der äußeren Zelloberfläche her aktivierbar. Bei den dickeren Fasern des Myokards oder der Skelettmuskulatur ist dagegen auf diese einfache Art wegen der viel weiteren Diffusionsstrecken kein rascher Anstoß des kontraktilen Systems von der äußeren Grenzmembran her möglich.

Bei dicken Muskelfasern erfolgt daher die elektromechanische Koppelung auf folgende Weise:

- Die äußeren Zellmembranen im Bereich der Z-Scheiben sind in Form **transversaler Tubuli** weit ins Faser-

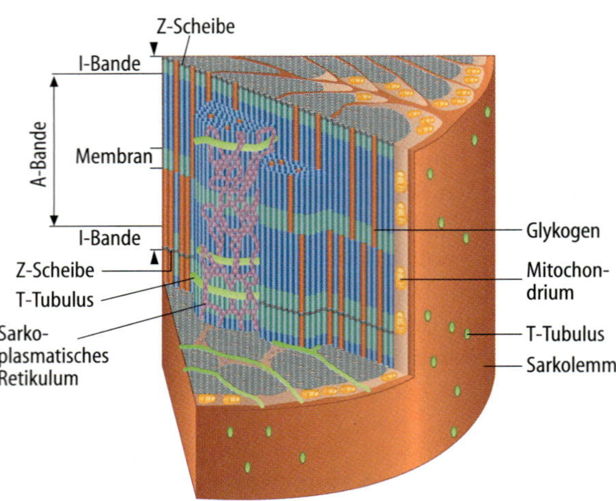

Abb. 30.11. Die transversalen Tubuli und das endoplasmatische Retikulum (auch als sarkoplasmatisch bezeichnet) in einer Muskelfaser. Parallel zu den Myofibrillen liegen Mitochondrien und Glycogengranula

innere eingestülpt (Abb. 30.11). Im Myokard verlaufen darüber hinaus auch Längsverbindungen zwischen den transversalen Tubuli eng parallel zu den Myofibrillen

- Zwischen den transversalen Tubuli befinden sich die longitudinalen Strukturen des **sarkoplasmatischen Retikulums**. Seiner Funktion nach ist es als intrazellulärer Calciumspeicher anzusehen
- Die transversalen Tubuli und das sarkoplasmatische Retikulum sind über synapsenartige Kontaktstellen, die sog. **Triaden**, verknüpft. Diese bestehen aus meist zwei sog. **terminalen Cisternen** des sarkoplasmatischen Retikulums, die sich an transversalen Tubuli anlagern

Bei der elektromechanischen Koppelung finden an den oben geschilderten Triaden folgende Vorgänge statt (Abb. 30.12, Tabelle 30.3):

- Die mit der Erregung einhergehende Öffnung der spannungsabhängigen Calciumkanäle führt zu einer lokalen Erhöhung der **cytosolischen Calciumkonzentration** im Bereich der Triade. Dies löst die Aktivierung eines auch als **Ryanodinrezeptor** bezeichneten ligandenaktivierten Calciumkanals des sarkoplasmatischen Retikulums aus, was mit einer Freisetzung großer Mengen von Calcium aus dem sarkoplasmatischen Retikulum in den cytosolischen Raum einhergeht. Dieser Vorgang wird auch als **Calcium-induzierte Calciumfreisetzung** bezeichnet (*calcium-induced calcium release*, CICR)
- Außerdem gibt es Hinweise dafür, dass die mit der Depolarisierung einhergehende Konformationsänderung des spannungsabhängigen Calciumkanals (**Dihydropyridin-Rezeptor**) direkt auf den Ryanodinrezeptor übertragen wird und so die Calciumfreisetzung aus dem endoplasmatischen Retikulum auslöst. Dieser Vorgang wird auch als **konformationsabhängige Calciumfreisetzung** bezeichnet (*conformationally coupled calcium release*, CCCR)
- Schließlich kann der Ryanodinrezeptor auch durch Liganden aktiviert werden. Zu diesen gehören **cyclo-ADP-Ribose** (► Kap. 23.3.4), **Acylcarnitin** (► Kap. 12.2.1) oder **reaktive Sauerstoffspezies** (ROS, ► Kap. 15.3)

Tabelle 30.3. Eigenschaften des Ryanodinrezeptors von Skelett- bzw. Herzmuskel

Eigenschaft	Skelettmuskel	Herzmuskel
Molekülmasse (kDa)	560	560
Aktivierung durch		
Ryanodin	++	++
Calcium	++ (μmol)	++ (μmol)
ATP	++	++
Acylcarnitin	++	–
cyclo-ADP-Ribose	–	++
Hemmung durch		
Magnesium	++	++
Calmodulin	++	++

Störungen des Zusammenspiels zwischen dem spannungsabhängigen Calciumkanal der Plasmamembran und dem Ryanodinrezeptor können zu schwerwiegenden Pathologien führen (► Kap. 30.5).

Etwas anders ist dagegen die Situation bei **Myokardfasern**. Hier entspricht zwar das transversale System weitgehend dem der Skelettmuskulatur. Die longitudinalen endoplasmatischen Calciumspeicher sind jedoch nur relativ schwach ausgebildet. Die elektromechanischen Koppelungsprozesse in den Myokardfasern sind daher stark

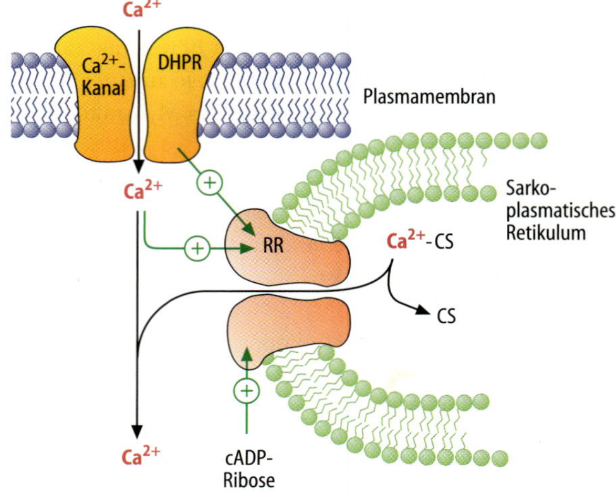

Abb. 30.12. Molekulare Mechanismen bei der Aktivierung der intrazellulären Calciumfreisetzung der Muskelzelle. CS = Calsequestrin; DHPR = Dihydropyridinrezeptor; RR = Ryanodinrezeptor. (Einzelheiten ► Text)

vom extrazellulären Calciumangebot abhängig und infolgedessen auch sehr vom Extrazellulärraum her im positiven oder negativen Sinne beeinflussbar (z.B. durch Calciumantagonisten).

! Calcium aktiviert den Actomyosinkomplex nur indirekt.

Steigt die Konzentration an freien Calciumionen im Cytosol von 10^{-8} auf 10^{-5} mol/l an, so kommt es im Sarkomer zur Kontraktion. Allerdings erfolgt die aktivierende Wirkung der Calciumionen nicht direkt auf den Actomyosinkomplex, sondern läuft über das sog. **Troponin-Tropomyosin-System** ab (Abb. 30.13).

- Das lang gestreckte Tropomyosinmolekül, welches in der Furche des F-Aktins liegt und sich über 7 Aktinmonomere erstreckt, blockiert in Abwesenheit von Calcium die Wechselwirkung zwischen Aktin und Myosin. Wahrscheinlich verdeckt es die spezifischen Bindungsstellen für die Myosinköpfe
- Durch den Troponinkomplex, der aus den 3 Untereinheiten Troponin C, I und T besteht, wird seine Lage auf dem F-Aktin stabilisiert. **Troponin C**, welches weitgehende Strukturhomologie zum Calmodulin zeigt, dient als Ligand für die während der Erregung freigesetzten Calciumionen und macht dabei eine Konformationsänderung durch. Diese wird über die Troponinuntereinheiten I und T auf das Tropomyosin weitergeleitet, welches dadurch die Myosinbindungsstellen freigibt, womit der Kontraktionsvorgang ausgelöst werden kann

Auch in der glatten Muskelzelle von Blutgefäßen, Lungenepithelien, Gallenblase, Myometrium oder Harnblase ist die Wechselwirkung zwischen den Myosinkopfgruppen und dem F-Aktin Grundlage des Kontraktionsprozesses. Dieser kann durch Wechselwirkungen mit dem F-Aktin oder alternativ dem Myosin reguliert werden (Abb. 30.14a,b):

- Glatte Muskelzellen enthalten zwar Tropomyosin, jedoch fehlt ihnen Troponin. Im relaxierten Zustand bindet ein als **Caldesmon** bezeichnetes Protein an das Tropomyosin des Aktins der glatten Muskelzellen und verhindert so dessen Wechselwirkung mit dem Myosin. Steigt die Calciumkonzentration an, binden die dann entstehenden Ca^{2+}-Calmodulinkomplexe an Caldesmon und entfernen es auf diese Weise aus seiner Bindung an Aktin. Die Aktin-Myosin-Wechselwirkung kann jetzt stattfinden
- Eine der beiden leichten Ketten des Myosins der glatten Muskulatur, die sog. regulatorische leichte Kette, hemmt die für den Kontraktionsvorgang notwendige Myosin-Aktin-Wechselwirkung. Diese Hemmung wird durch Phosphorylierung der regulatorischen leichten Kette aufgehoben. Die hierfür verantwortliche Myosin-leichte Kette-Kinase (*myosin light chain kinase*, MLCK) wird durch Calcium-Calmodulin aktiviert. Die MLCK kann

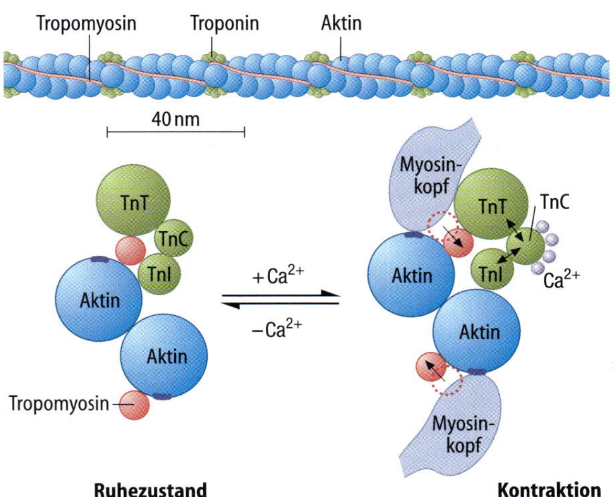

Abb. 30.13. Wechselwirkung von Aktin, Tropomyosin und Troponin C, I und T. In Abwesenheit von Calcium verdeckt Tropomyosin die Myosinbindungsstelle (*markiert in lila*) am Aktinmolekül. Anlagerung von Calcium an eine spezifische Bindungsregion des Troponin C führt über Konformationsänderungen der Troponine zur Freigabe der Myosinbindungsstelle. Durch Abfall des Calciumspiegels wird der ursprüngliche Zustand wieder hergestellt

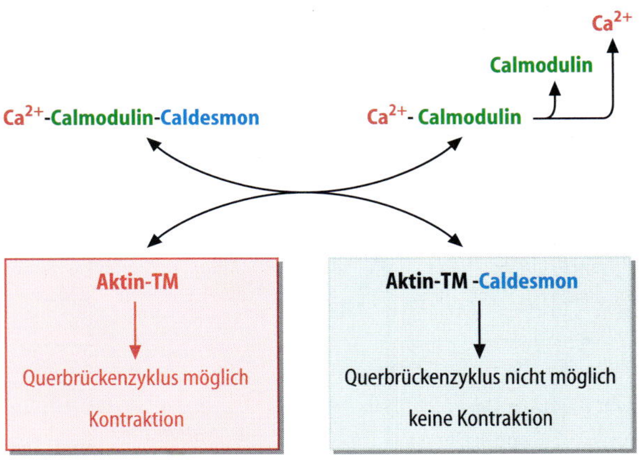

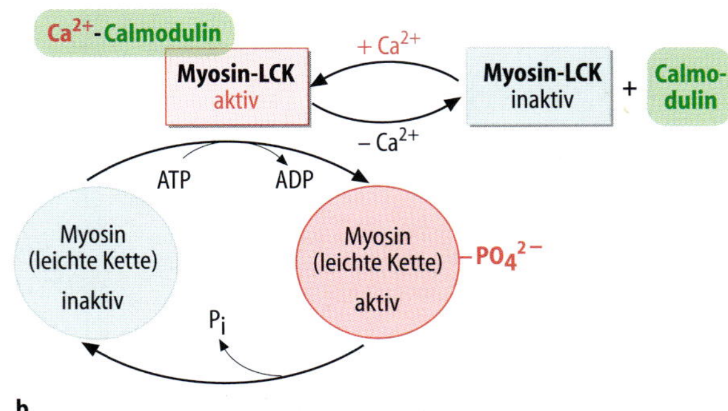

Abb. 30.14a,b. Regulation der Kontraktion der glatten Muskulatur. a Bedeutung von Caldesmon für die Wechselwirkung des Aktins mit Myosin. **b** Bedeutung der Myosin-leichte Kette-Kinase (Myosin-LCK = *light chain kinase*) für die Kontraktion der glatten Muskelzelle. (Weitere Einzelheiten ► Text)

u.a. durch die Proteinkinase A phosphoryliert werden und benötigt dann höhere Calcium-Calmodulin-Konzentrationen für ihre Aktivierung. Dies ist die Basis für die Relaxation der glatten Muskulatur durch Aktivatoren von β-Rezeptoren (▶ Kap. 26.3.4), z.B. bei der Asthmatherapie.

30.3.3 Molekularer Mechanismus der Muskelrelaxation

! Die Muskelrelaxation ist ebenfalls ein ATP-abhängiger Vorgang.

Grundlage der Relaxation von Muskeln ist die Senkung der cytosolischen Calciumkonzentration auf Werte unter 10^{-6} mol/l. Hierfür sind v.a. drei Vorgänge wichtig:

- Eine im sarkoplasmatischen Retikulum lokalisierte **Ca^{2+}-ATPase** katalysiert den ATP-abhängigen Transport von cytosolischen Calciumionen gegen ein Konzentrationsgefälle in das sarkoplasmatische Retikulum. Calcium wird dort durch das Protein **Calsequestrin** gebunden. Pro mol ATP werden 2 mol Calciumionen aktiv transportiert. Diese Calcium-ATPase wird durch das Protein **Phospholamban** gehemmt (▶ u.)
- In der Plasmamembran lässt sich neben einer Ca^{2+}-ATPase ein **Na^+/Ca^{2+}-Gegentransportsystem** nachweisen. Dieser Antiporter transportiert drei Na^+-Ionen im Austausch gegen ein Ca^{2+}-Ion in den cytosolischen Raum
- Ein Teil des Calciums wird auch in Mitochondrien aufgenommen. Dies dient jedoch über Calcium-empfindliche Dehydrogenasen hauptsächlich der Adaptation des oxidativen Stoffwechsels an den Energiebedarf der Muskelzelle (▶ Kap. 15.1.1)

Insgesamt werden für diese Calciumbewegungen etwa 25% der Energie der Muskelzellen aufgewendet.

Die mit der De- und Repolarisation der Plasmamembran verbundenen Änderungen der transmembranären Natrium- und Calciumgradienten werden durch die membranständige **Na^+/K^+-ATPase** rückgängig gemacht. Dieses Enzym kann myokardspezifisch durch **Herzglykoside** gehemmt werden, die häufig zur Stärkung der Herzkraft der Patienten eingesetzt werden. Die positiv inotrope Wirkung dieser Medikamente erklärt sich dadurch, dass die Hemmung der Na^+/K^+ -ATPase zu einer Erhöhung des intrazellulären Natriumspiegels führt. Dies hemmt den Na^+/Ca^{2+}-Antiporter und löst damit einen Anstieg der intrazellulären Calciumkonzentration aus.

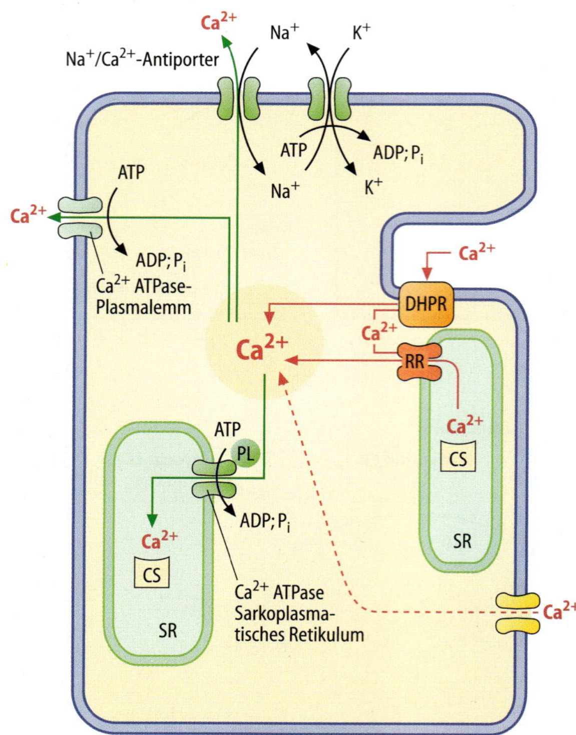

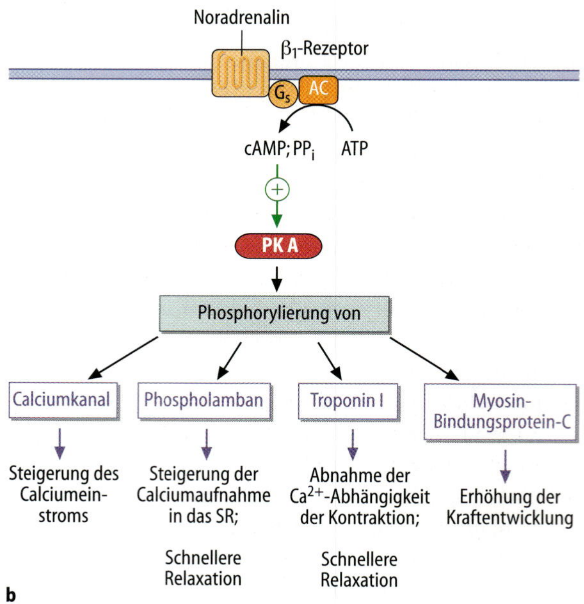

Abb. 30.15a,b. Regulation der cytosolischen Calciumkonzentration im Myokard. a Mechanismen der Calciumfreisetzung in das und des Calciumexports aus dem Cytosol. **b** Effekte von β1-Agonisten wie Noradrenalin auf die elektromechanische Koppelung im Myokard. AC = Adenylatcyclase; CS = Calsequestrin; DHPR = Dihydropyridinrezeptor (spannungsabhängiger Calciumkanal); Gs = stimulierendes G-Protein; PK A = Proteinkinase A; RR = Ryanodinrezeptor; SR = sarkoplasmatisches Retikulum. (Einzelheiten ▶ Text)

Neurotransmitter und Hormone regulieren den myokardialen Calciumstoffwechsel.

Die synchron ablaufenden und sich rhythmisch wiederholenden Kontraktionen des Myokards beruhen auf regelmäßigen Oszillationen der cytosolischen Calciumkonzentrationen. Diese spiegeln periodisch ablaufende Änderungen des Verhältnisses von Calciuminflux in das und Calciumefflux aus dem Cytosol wieder. Die wichtigsten Mechanismen sind hierbei (Abb. 30.15a):

- Die für die Kontraktion notwendige Erhöhung der cytosolischen Calciumkonzentration beruht zu etwa 30% auf einem Influx aus dem extrazellulären Raum und zu 70% aus dem sarkoplasmatischen Retikulum
- Die Senkung der cytosolischen Calciumkonzentration während der Relaxation erfolgt durch die sarkoplasmatische Calcium-ATPase sowie über den Na^+/Ca^{2+}-Antiporter. Die Calciumausschleusung durch die Ca^{2+}-ATPase des Plasmalemms oder durch Aufnahme in die Mitochondrien spielt demgegenüber nur eine geringe Rolle

Eine lastabhängige Anpassung der Herzleistung erfolgt im Gegensatz zum Skelettmuskel v.a. über **Katecholamine**, wobei eine Signaltransduktion über **β1-Rezeptoren** von besonderer Bedeutung ist (Abb. 30.15b). Durch Noradrenalin (Adrenalin) aktivierte β_1-Rezeptoren führen über stimulierende G-Proteine zur Aktivierung der Adenylatcyclase und gesteigerter cAMP-Bildung. Dieses aktiviert die **Proteinkinase A**, welche im Myokard folgende Phosphorylierungen auslöst, die am Zustandekommen des positiv inotropen Effekts von Katecholaminen beteiligt sind:

- Die Phosphorylierung des **spannungsabhängigen Calciumkanals** führt zu einer Steigerung und Beschleunigung des Calciumeinstroms
- Die Phosphorylierung des **Myosin-Bindungsproteins C** bewirkt eine Erhöhung der Kraftentwicklung
- Die Phosphorylierung von **Troponin I** löst eine Abnahme der Calciumabhängigkeit der Kontraktion und eine schnellere Relaxation aus
- Die Phosphorylierung von **Phospholamban** hebt dessen Hemmwirkung auf die sarkoplasmatische Ca^{2+}-ATPase auf. Infolgedessen wird Calcium vermehrt ins sarkoplasmatische Retikulum aufgenommen, was die Relaxationszeit verkürzt und die intrazellulären Calciumspeicher auffüllt

In Kürze

Die Muskelkontraktion kommt durch ATP-abhängige Wechselwirkungen von Aktin und Myosin zustande. Dabei verursacht die Bindung von ATP an den Myosinkopf eine Konformationsänderung, die die Bindung an Aktin schwächt und damit eine Gegenbewegung von Aktin und Myosin erlaubt (Querbrückenzyklus). Die Erregungsübertragung vom Nerven auf die Muskulatur erfolgt über Calcium-Ionen, die an Troponin C binden, wodurch Myosinbindungsstellen geöffnet werden, was den Kontraktionsvorgang auslöst. Bei der Muskelrelaxation wird ebenfalls ATP verbraucht, da die Calciumionen vom kontraktilen System entfernt werden müssen.

30.4 Regeneration der Muskelzelle

Die Frage, ob und in welchem Umfang Regenerationsvorgänge in den verschiedenen Muskeltypen des Organismus ablaufen können, ist von erheblicher praktischer Bedeutung, da Muskelgewebe häufig Verletzungen unterliegt. Generell sind Cardiomyozyten und Skelettmuskelzellen nicht mehr teilungsfähig. Sie können sich also nur durch Hypertrophie, d.h. Zunahme des Zellvolumens ausdehnen. In allen Muskeltypen finden sich allerdings neben Myozyten auch stromale Zellen, sodass sich die Frage erhebt, inwieweit diese zur Muskelregenerierung beitragen können.

Im Myokard machen die Myozyten zwar etwa 70% des Gewebevolumens, aber nur ein Drittel aller Zellen aus. Die Nichtmyozytenfraktion besteht hauptsächlich aus Fibroblasten, glatten Gefäßmuskelzellen, Endothelzellen und Makrophagen. Sie synthetisieren u.a. das kollagene Netzwerk, das die Anordnung der Myozyten im Rahmen der myokardialen Architektur bestimmt. Die Aktivität dieser Zelltypen ist für pathobiochemische Prozesse von großer Bedeutung. Ein Beispiel ist die Akkumulation von Typ I-Kollagen bei der pathologischen Myokardhypertrophie. Eine Neubildung von Muskelzellen aus den verschiedenen zellulären Elementen des Herzens ist offensichtlich nicht möglich, weswegen Myokardinfarkte nur narbig ausheilen. In letzter Zeit ist jedoch beobachtet worden, dass eine gewisse Neubildung von Cardiomyozyten durch embryonale oder adulte Stammzellen erfolgen kann.

Im Gegensatz zum Myokard kommen im Skelettmuskel einkernige Zellen ohne Myofibrillen vor, die als **Satellitenzellen** bezeichnet werden. Sie sind für die Neubildung von Muskelzellen nach Muskelverletzungen verantwortlich und liegen unter der Basalmembran der Skelettmuskelfasern, wo sie nur im elektronenoptischen Bild erkennbar sind.

Glatte Muskelzellen besitzen nicht nur die Fähigkeit zur Biosynthese extrazellulärer Matrixproteine (Elastin, Kollagen, Glycosaminoglykane), sondern können sich auch teilen. Als Bestandteil von Gefäßendothelien, in denen sie proliferieren können, besitzen glatte Muskelzellen deshalb

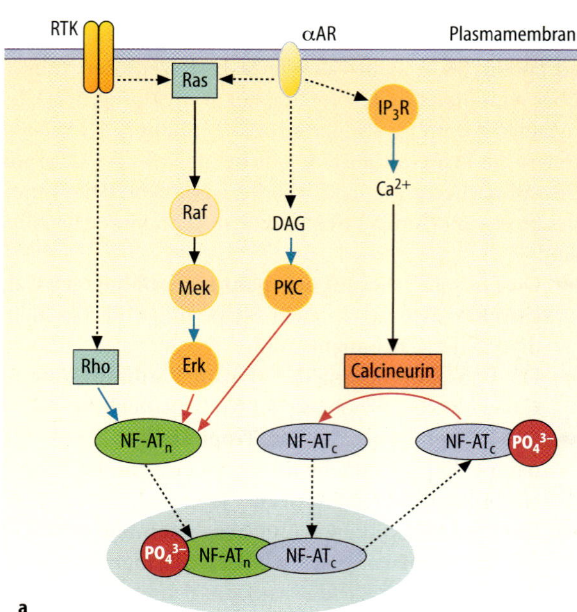

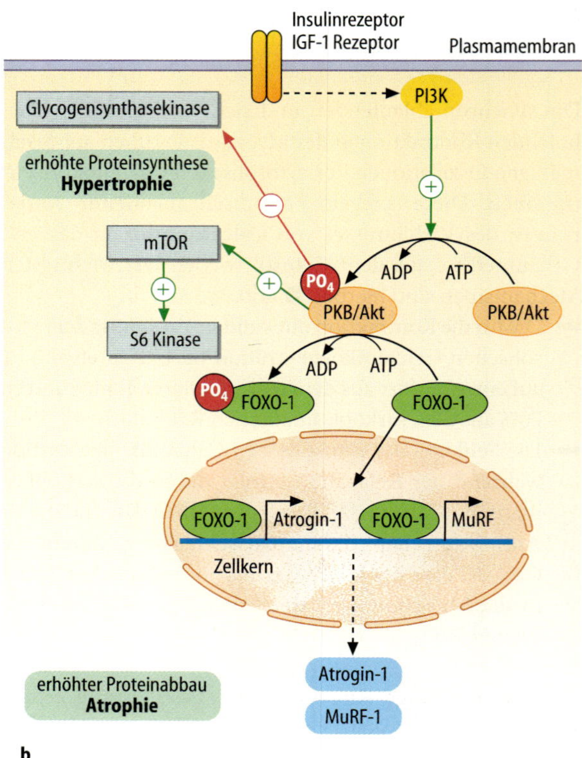

Abb. 30.16. Signalwege, die den Muskelaufbau bzw. -abbau regulieren. a Die Bedeutung von Calcineurin für die Genexpression der Muskelzelle: Die Regulation der Genexpression im Muskel wird durch komplizierte und erst teilweise verstandene Regelnetzwerke kontrolliert. Mehrere normalerweise mitogene Signalwege über Rezeptortyrosinkinasen oder α_1-adrenerge Rezeptoren führen zur Aktivierung kleiner G-Proteine (Ras und Rho-Familie) und schließlich zur Aktivierung von Proteinkinasen wie dem Ras-aktivierten MAP/ERK-Weg, oder zur Aktivierung von Protein Kinase C. Durch Phosphorylierung von Transkriptionsfaktoren (NF-AT_n, beispielsweise GATA-2 im Skelettmuskel oder GATA-4 im Herzmuskel) wird deren Transport in den Zellkern und ihre Transkriptionsaktivität kontrolliert. Durch Muskelaktivität oder Rezeptoraktivierung wird aus zellulären Speichern Calcium freigesetzt, wobei der Inositoltrisphosphat-Rezeptor wesentlich beteiligt ist. Durch die erhöhte intrazelluläre Calciumkonzentration wird die Ca^{2+}-abhängige Proteinphosphatase Calcineurin aktiviert. Sie dephosphoryliert im Cytosol den Transkriptionsfaktor NF-AT_c, der daraufhin in den Zellkern transportiert wird und zusammen mit den NF-AT_n transkriptionell aktiv wird. αAR = α-adrenerge Rezeptoren; RTK = Rezeptortyrosinkinasen; Raf = Ras-aktivierte Raf-Kinase; MEK = *mitogen-activated protein kinase kinase*; ERK = *extracellular signal regulated kinase/mitogen activated protein kinase*; IP3R = Inositol-tris-phosphat-Rezeptor; DAG = Diacylglycerin; PKC = Protein Kinase C **b** Regulation des Wechselspiels aus Muskelaufbau und Muskelabbau durch FOXO-1. Bei fehlender mechanischer Aktivität, bei Sepsis, Diabetes oder Kachexie kommt es über Abschaltung des Inositol-3-phosphat-Kinasenweg (PI3K) zu verringerter Aktivierung der Proteinkinase PKB. Damit wird die Phosphorylierung des Transkriptionsfaktors FOXO-1 (im Herzmuskel auch FOXO-3) reduziert. Der dephosphorylierte Transkriptionsfaktor wird in den Zellkern transportiert und aktiviert dort die Transkription von Atrophie-fördernden Genen (Atrogenen) wie MuRF oder Atrogin-1 (MAFbx1). Die erhöhte Expression dieser Proteine steigert den Proteinabbau über das Ubiquitin-Proteasom-System. Bei Aktivierung anaboler Signalwege, zum Beispiel über die Insulinrezeptorkinase (Insulin RK) oder den Rezeptor des insulinartigen Wachstumsfaktors-1 (IGF-1 RK) wird PKB vermehrt durch Phosphorylierung aktiviert, und über die Aktivität nachgeschalteter Proteinkinasen wie die Glycogen-Synthase-Kinase (GSK), mTOR und S6 Kinase (S6K) kommt es zu gesteigerter Proteinsynthese. Über diesen Signalweg stehen anabole und katabole Signale im dynamischen Gleichgewicht

30

große Bedeutung bei der Entstehung der Arteriosklerose und der erneuten Verengung (Restenose) der Herzkranzgefäße nach Traumen wie z.B. der Ballondilatation.

! Cytokine und Hormone regulieren Muskelwachstum und Hypertrophie sowie den Muskelabbau und Atrophie.

Wachstum und Hypertrophie von Muskelzellen werden durch muskelspezifische wie auch pleiotrope Transkriptionsfaktoren kontrolliert. Ihre Aktivität wird durch eine Vielzahl teilweise konvergierender Signalwege kontrolliert, die wiederum durch eine Reihe von Cytokin- oder hormonstimulierten Rezeptoren aktiviert werden. Auch die mechanische Aktivität des Muskels selbst wirkt als wachstumsstimulierender Reiz.

Als zentrales signalverarbeitendes Molekül bei vielen dieser Prozesse dient die Calcium-abhängige Proteinphosphatase **Calcineurin** (► Kap. 9.2.1). Sie wird u.a. durch erhöhte intrazelluläre Calciumkonzentrationen (wie sie durch andauernde Muskelaktivierung entstehen) sowie über hormonelle Stimulierung durch Wachstumsfaktoren wie IGF-1 ► Kap. 27.7.2) aktiviert. Durch ihre Phosphatase-Aktivität wird u.a. der Transkriptionsfaktor NF-ATc1 aktiviert und in den Zellkern transloziert, wo er zusammen mit anderen myogenen Faktoren wie NF-At$_c$, GATA-2 und -4, MyoD und MYF2 positiv auf die Transkription muskelspezifischer Gene wirkt (► Kap. 16.2.3). Über die parallele Aktivierung pleiotroper Genexpression, v.a. über den Transkriptionsfaktor NF-κB, kommt es zur Anpassung allgemeiner zellulärer Funktionen wie z.B. des Energiestoffwechsels (◘ Abb. 30.16).

Als Besonderheit sowohl des Herz- wie des Skelettmuskels gilt, dass in diesen postmitotischen Zellen die Aktivierung ansonsten mitogener Signalwege, wie z.B. der kleinen GTPasen Ras und Rho, oder der Tyrosinkinase Src, zur Zelldifferenzierung und Hypertrophie anstatt zur Dedifferenzierung und Proliferation führen. Auch die Aktivierung von Cytokinrezeptoren der IL-6-Familie mündet in muskulärer Hypertrophie.

Sowohl im Herz- wie auch im Skelettmuskel ist mechanische Aktivität einer der stärksten Regulatoren des Muskelwachstums über konvergierende Signalwege. Im Gegensatz dazu führt mechanische Inaktivität, wie beispielsweise bei Bettlägerigkeit oder bei Intensivpatienten, zum raschen Abbau von Muskelproteinen und zur transkriptionellen Repression ihrer Synthese (Inaktivitätsatrophie) (◘ Abb. 30.16.b). Aber auch humorale Faktoren steigern den Abbau von Muskelproteinen, wie z.B. Cytokine der Tumornekrosefaktor-Familie, die bei Sepsis und Kachexie erhöht sind, sowie verringerte Insulinspiegel wie bei Diabetes.

Die enge Beziehung zwischen Aktivität und Proteinumsatz wird wesentlich über das Ubiquitin-Proteasom-System reguliert, wobei muskelspezifische Ubiquitin-konjugierende Proteine (»Atrogene«) wie MuRF-1 und Atrogin-1 die zu degradierenden Muskelproteine mit Ubiquitin markieren und so dem Proteasom zuführen. Der Transkriptionsfaktor FOXO-1 reguliert hierbei die erhöhte Expression von Atrogin-1 und MuRF, sowie die Abschaltung speziell von Sarkomerproteinen. Durch anabole Signale, z.B. über den Insulinrezeptor und den Insulin-ähnlichen Wachstumsfaktor IGF-1, kommt es zur Phosphorylierung von FOXO-1 durch die Kinase PKB, wodurch FOXO-1 vom Zellkern ausgeschlossen und seine Funktion bei der Expression kataboler Gene gehemmt wird. In katabolen Situationen wird durch die verminderte Phosphorylierung von FOXO-1 dessen Translokation in den Zellkern ermöglicht, und damit die Expression von Atrogin-1 und MuRF erhöht.

In Kürze

Während der Herzmuskel ein postmitotisches Organ darstellt, das auf Schädigungen nur mit einer Fibrosierung reagieren kann, können Skelett- und glatte Muskelzellen durch Aktivierung von Stammzellen (Satellitenzellen) regenerieren. Für das hypertrophische Wachstum von Herz- und Skelettmuskel ist die Calcium-abhängige Proteinphosphatase Calcineurin von zentraler Bedeutung, welche die Aktivität muskelspezifischer Genexpression reguliert. Muskelabbau (Atrophie) wird durch die vermehrte Expression von Ubiquitinligasen (Atrogene) durch den Transkriptionsfaktor FOXO-1 vermittelt.

30.5 Pathobiochemie: Angeborene und erworbene Muskelerkrankungen

Die normale Funktion der Muskeln beruht auf einem komplexen Zusammenspiel des kontraktilen Apparats und des Cytoskeletts mit den Membrankompartimenten, welche die ionale Zusammensetzung des Cytoplasmas steuern. Eine übergeordnete Kontrolle üben hierbei neuronale, hormonelle oder metabolische Signale aus. Demgemäß können sich Störungen in auch nur einer der vielen beteiligten Komponenten schnell in einer Muskelerkrankung manifestieren. Es gibt bisher noch keine umfassende, akzeptierte Klassifizierung aller dieser Krankheitsbilder; ◘ Tabelle 30.4 versucht eine Gruppierung der wichtigsten Muskelerkrankungen vorwiegend nach funktionellen Gesichtspunkten.

Bei vielen der genannten Muskelerkrankungen erlaubten die raschen Fortschritte der Molekularbiologie durch die Methode der positionellen Klonierung die Identifizierung der verantwortlichen Gene. Eine molekulare Analyse der Zusammenhänge zwischen Genmutationen und den dadurch bedingten klinischen Manifestationen sowie die Entwicklung neuer molekular orientierter Behandlungsansätze stehen deshalb im Zentrum der Erforschung dieser Muskelerkrankungen.

30.5.1 Angeborene Muskelerkrankungen

! Muskeldystrophien sind durch den fortschreitenden Schwund der Muskulatur gekennzeichnet.

Bei Patienten mit der schweren Dystrophie vom **Duchenne-Typ** [beschrieben von **G. Duchenne** (Paris)] treten Symptome bereits im Alter von 2 bis 3 Jahren auf. Die Schwäche und Muskeldystrophie, v.a. der proximalen Muskulatur der unteren Extremität (◘ Abb. 30.17), schreitet unaufhaltsam fort, sodass die Patienten im Alter von 12 Jahren an den Rollstuhl gefesselt sind. Die meisten Patienten sterben im Alter von etwa 20 Jahren an Lungenkomplikationen. Bei der von **Becker** (Kiel) beschriebenen Dystrophie bleiben die Patienten bis etwa zum 15. Lebensjahr gehfähig.

Beiden Dystrophien liegen Mutationen im **Dystrophin-Gen** zugrunde, einem mit 2,5 Mb und fast 80 Exons

Tabelle 30.4. Krankheiten der Muskulatur

Krankheiten der Muskulatur
Muskuläre Dystrophien
Duchenne'sche Muskeldystrophie
Becker'sche Muskeldystrophie
Emery-Dreyfuss-Muskeldystrophie
Facioscapulohumerale Dystrophie
Oculopharyngeale Muskeldystrophie
Scapulohumerale Muskeldystrophie
Pelvifemurale Muskeldystrophie
Distale Myopathien
Gliedergürtel-Muskeldystrophien
dominant
rezessiv
X-chromosomal
Congenitale Muskeldystrophien (*central core*, Centronucleäre, Congenitale Muskeldystropie, Nemaline Rod Myopathie)
Muskelerkrankungen aufgrund veränderter Erregbarkeit des Sarcolemms
Maligne Hyperthermie
Paramyotonia Congenita
Hypokalämische periodische Paralyse
Dystrophe Myotonie
QT-Syndrom (Ionenkanäle)
Stoffwechselerkrankungen
Saure Maltase-Defizienz
Phosphorylase-Defizienz
Carnitin-Palmitoyltransferase-Defizienz
Erkrankungen des Fettstoffwechsels
Mitochondriale Krankheiten (z.B. MELAS-Syndrom)
McArdle-Syndrom
Endokrine Myopathien
Myopathien durch Drogen, Toxine und Nahrungsdefizienzen
Muskelerkrankungen aufgrund neuronaler Krankheiten und neuromuskulärer Transmissionsstörungen
Denervation
Spinale und Bulbospinale Muskelatrophie
Perineuritis
motor neuron disease
Myasthenia Gravis
Entzündliche Myopathien:
Polymyositis
Dermatomyositis
Acute virale Myositis
Parasitische Myositis
Calcinosis
Focale Myositis
Herzmuskel-Erkrankungen
Familiäre hypertrophe Kardiomyopathie
Dilatative Kardiomyopathie
X-chromosomale Kardiomyopathie
Barth-Syndrom
Kardiomyopathien durch hämodynamische Belastung
Weitere Muskelkrankheiten:
Multibrey-Syndrom *(Muscle-Liver-Brain-Eye Nanism)*
desmin-storage disease
Calciphylaxis
FSH-Dystrophie
Barnes-Myopathie

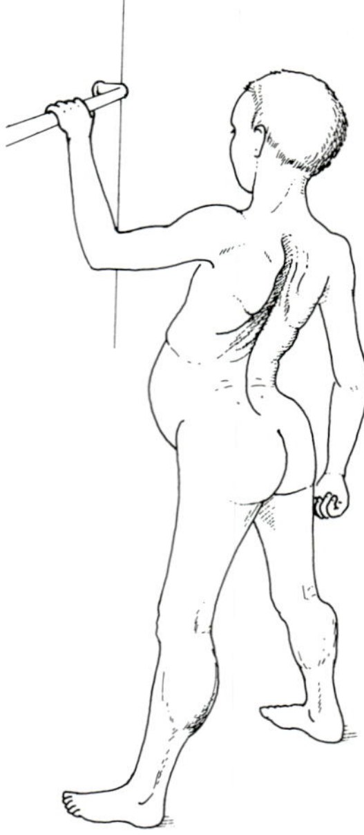

Abb. 30.17. Progressive Muskeldystrophie vom Typ Duchenne. Die Patienten zeigen Hyperlordose, Scapulae alatae, vorgestreckten Bauch, breitbeinigen Stand, atrophische Oberschenkelmuskulatur und Pseudohypertrophie der Waden (»Gnomenwaden«). (Aus Zöllner 1991)

sehr großen Gen auf dem X-Chromosom. Ein Drittel der Mutationen sind ***de-Novo*-Mutationen**. Das codierte Protein ist als Cytoskelettprotein in Assoziation mit den Plasmamembranen aller Muskel- (Herz, Gefäß, Skelett) und Fasertypen nachweisbar, weiterhin auch im zentralen und peripheren Nervensystem. In den einzelnen Geweben finden sich mindestens 5 verschiedene Dystrophinvarianten, je nachdem, wie das primäre Transkript gespleißt wird. Bei Duchenne-Patienten ist kein oder nur wenig Dystrophin mit der Western-Blot Technik nachweisbar, bei Becker-Patienten sind die Dystrophinmengen leicht reduziert oder die Größe des Proteins ist vermindert. Das Fehlen von Dystrophin führt zu einer Störung der Verbindung des subsarkolemmalen Cytoskeletts und dem Glycoprotein-Komplex im Muskel. Dadurch wird das Sarkolemm während der Muskelkontraktion geschädigt, sodass es zum Zelluntergang (Nekrose) kommt. Molekulare Ursache sind partielle Gendeletionen, Punktmutationen oder Duplikationen.

> **!** Myotone Muskelerkrankungen zeichnen sich durch eine verlangsamte Muskelrelaxation aus.

Die myotonen Muskelerkrankungen stellen eine heterogene Gruppe klinisch verwandter Krankheiten dar, die das gemeinsame Charakteristikum der **Myotonie** aufweisen, d.h. einer verlangsamten Relaxation des Muskels nach willkürlicher Kontraktion (Aktionsmyotonie) oder mechanischer Stimulation mit einem Reflexhammer (Perkussionsmyotonie). Bei der **klassischen** Myotonie bessert sich die Myotonie mit der Erwärmung der Muskulatur, während

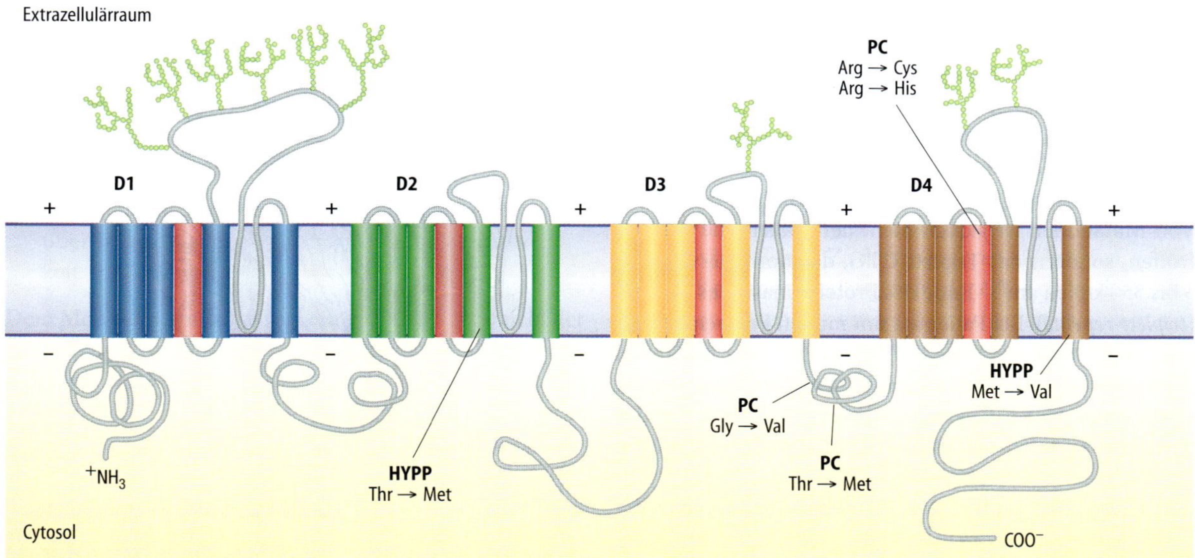

Abb. 30.18. Mutationen in den Domänen (D1-D4) des Natriumkanalproteins (lineare Darstellung) bei hyperkaliämischer Paralyse (hypP) und Paramyotonia congenita (PC). In rot der Spannungssensor. (Nach Ptacek et al. 1993)

sie sich bei der **paradoxen** Myotonie (Paramyotonie) mit wiederholter Muskelkontraktion verschlechtert. Elektrophysiologisch ist die Myotonie durch repetitive elektrische Aktivität von Muskelfasern charakterisiert. Die myotonen Muskelerkrankungen können auch mit Dystrophiezeichen vergesellschaftet sein.

> Nicht-dystrophe Myotonien werden durch Mutationen in Ionenkanalproteingenen verursacht.

Zu den nicht-dystrophen Myotonien gehören die **hyperkaliämische periodische Paralyse** (hypP), die **kongenitale Paramyotonie** und die **kongenitale Myotonie**. Patienten mit hypP erfahren plötzlich eine schmerzlose Schwäche der Extremitäten, sodass sie oft nicht mehr gehen oder sich aus einem Stuhl erheben können. Die Anfallsdauer unterscheidet sich bei den einzelnen Formen der hypP, meist kehrt die normale Muskelkraft nach einigen Stunden zurück. Die hypP und die kongenitale Paramyotonie sind durch Mutationen in der α-Untereinheit des Natriumkanalgens bedingt (Abb. 30.18). Bei beiden Krankheiten ist die Na-Kanalinaktivierung gestört, wenn erhöhte extrazelluläre Kaliumkonzentrationen vorliegen. Die Mutationen treten im S5-Segment (Abb. 30.18) der Domäne 2 und dem S6-Segment der Domäne 4 auf. Obwohl sie damit nicht in der Verbindung zwischen den Domänen 3 und 4 liegen, die das Inaktivierungstor des Natriumkanals bilden, sind diese Mutationen wie das Tor im Bereich der cytosolischen Oberfläche des Kanals lokalisiert. Wie beide Mutationen dieselbe hypP verursachen können, ist noch unklar.

Eine gestörte Inaktivierung des Natrium-Kanals liegt auch bei der kongenitalen Paramyotonie (Paramyotonia congenita, PC) vor. Klinische Symptome werden bei Abkühlung des Muskels hervorgerufen. Zwei der Mutationen treten in einem Arginylrest im S_4-Segment der Domäne 4 (Abb. 30.18) auf, d.h. dem Proteinanteil, der als **Spannungssensor** wirken soll. Die anderen beiden Mutationen liegen zwischen den Domänen 3 und 4, d.h. der Region, die als **Inaktivierungstor** dient.

Bei der kongenitalen Myotonie, deren Symptome sich nach Muskelarbeit bessern, liegen Mutationen im Chloridkanalgen vor (Insertionsmutanten mit nachfolgender Störung der Transkription).

> Maligne Hyperthermie, eine lebensbedrohliche Störung des Calciumhaushalts des Muskels.

Die maligne Hyperthermie (MH) bezeichnet eine Gruppe autosomal-dominant vererbter Funktionsvarianten des **Ryanodinrezeptors**, die normalerweise asymptomatisch sind. Es handelt sich also nicht im eigentlichen Sinne um eine genetische Erkrankung. Bestimmte sog. Triggersubstanzen, zu denen v.a. die volatilen Anästhetika wie Halothan sowie bestimmte Muskelrelaxantien wie Succinylcholin gehören, lösen bei den Trägern der MH-Mutationen einen erhöhten Ca^{2+}-Ausstrom aus dem SR des Skelettmuskels aus. Die stark erhöhten intrazellulären Ca^{2+}-Konzentrationen lösen an den sarkomerischen Proteinen, v.a. dem Ca-regulierenden System des dünnen Filaments, eine supramaximale Aktivierung und daraus resultierend einen stark erhöhten ATP-Umsatz des Myosins aus. Als Folge entstehen ein Hypermetabolismus im Muskel und ein schneller, dramatischer Temperaturanstieg auf weit über 40°C. Ohne raschen Entzug des Triggers und Blockade des Ryanodinrezeptors kann die MH tödlich enden.

> Dystrophe Myotonien entstehen durch die Vermehrung von Triplett-Repeats in einem Proteinkinase-Gen.

In Kürze

Molekularbiologische Methoden haben es ermöglicht, erstmalig die molekularen Ursachen einzelner Muskelerkrankungen zu erkennen.

Muskeldystrophien sind durch den fortschreitenden Schwund der Muskulatur gekennzeichnet. Mit Hilfe der positionellen Klonierung ist es gelungen, Mutationen im Gen für das Cytoskelettprotein Dystrophin bei der Duchenne-Muskeldystrophie als verantwortliches Gen zu identifizieren.

Bei den myotonen Muskelerkrankungen führen Mutationen in Kanalproteinen für Natrium- bzw. Chloridionen zu den klinischen Symptomen der verlangsamten Relaxation des Muskels nach willkürlicher Kontraktion.

Bei den dystrophen Myotonien treten Muskelschwund und Myotonien gleichzeitig auf. Bei diesen Patienten ist ein Gen für eine Proteinkinase mutiert, die Ionenkanalproteine phosphoryliert (Myotonien). Von der Mutation sind Triplett- (CTG-) Wiederholungen betroffen, die bei Gesunden normalerweise in etwa 5–35 Kopien am nichttranslatierten 3'-Ende des Gens vorliegen. Bei Patienten ist in Korrelation zum klinischen Schweregrad die Zahl der Tripletts auf 50 bis zu 2000 erhöht.

Hypertrophe Cardiomyopathien werden durch Mutationen in verschiedenen Sarkomerproteinen (Myosin-β-Schwereketten, Myosin-Leichtketten, Troponin-T, Tropomyosin, MyBP-C) verursacht. Die molekulare Heterogenität reflektiert die unterschiedliche klinische Ausprägung der Erkrankung, d.h. insbesondere auch das Risiko eines plötzlichen Herztods.

Die durch hämodynamische Belastungen entstehenden Cardiomyopathien sind die häufigsten und sehr schwerwiegenden erworbenen Muskelerkrankungen. Pathobiochemisch steht die Erforschung der Ursachen der für die veränderten strukturellen und funktionellen Eigenschaften des Myokards verantwortliche Genexpression im Vordergrund.

Literatur

30

Bücher und Monographien

Engel A, Franzini-Armstrong C (eds.) (1994) Myology (2 Bände). 2.Aufl., McGraw-Hill Inc., New York

Kreis T, Vale R (eds.) (1999) Guidebook to Cytoskeletal and Motor Proteins. Oxford University Press, Oxford

Pette D, Fürst DO (eds.) (1999) The Third Filament System. Rev. Physiol. Biochem. Pharmacol. 138. Springer Verlag, Berlin Heidelberg New York

Zöllner N (1991) Innere Medizin. Springer-Verlag, Berlin Heidelberg New York

Original- und Übersichtsarbeiten

Berchtold MW, Brinkmeier H, Müntener M (2000) Calcium Ion in Skeletal Muscle: Its Crucial Role for Muscle Function, Plasticity, and Disease. Physiological Reviews 80:1215–1265

Bers DM (2000) Calcium Fluxes Involved in Control of Cardiac Myocyte Contraction. Circ Res 87:275–281

Bloom W, Fawcett DW (1994) Textbook of Histology. Saunders, Philadelphia

Campbell KP (1995) Three muscular dystrophies: loss of cytoskeleton – extracellular matrix linkage. Cell 80:675–679

Crabtree GR (2001) Calcium, Calcineurin, and the Control of Transcription. J Biol Chem 276:2313–2316

Glass DJ (2005) Skeletal muscle hypertrophy and atrophy signaling pathways. Int J Biochem Cell Biol 37:1974–1984

Holmes KC, Geeves MA (2000) The structural basis of muscle contraction. Phil Trans Roy Soc Lond B 355:419–431

Huxley HE (1969) The Mechanism of Muscular Contraction. Science 164:1356–1366

Mackrill JJ (1999) Protein-protein interactions in intracellular Ca^{2+}-release channel function. Biochem J 337:345–361

Meissner G (1994) Ryanodine Receptor/Ca^{2+} release channels and their regulation by endogenous effectors. Annu Rev Physiol 56:485–508

Pette D, Staron RS (1997) Mammalian skeletal muscle fiber type transitions. Int Rev Cytol 170:143–223

Ptacek LJ et al. (1993) Genetics and physiology of the myotonic muscle disorders. New Engl J Med 328:482–489

Rayment I, Holden HM (1994) The three-dimensional structure of a molecular motor. TIBS 19:129–134

Schiaffino, S. and Serrano, A. (2002) Calcineurin signaling and neural control of skeletal muscle fiber type and size. Trends Pharmacol Sci 23:569–575

Steinberg SF (1999) The Molecular Basis for Distinct β-Adrenergic Receptor Subtype Actions in Cardiomyocytes. Circ Res 85:1101–1111

Towbin JA (1998) The role of cytoskeletal proteins in cardiomyopathies. Curr Opin Cell Biol 10:131–139

Winegrad S (1999) Cardiac Myosin Binding Protein C. Circ Res 84:1117–1126

Links im Netz

▶ www.lehrbuch-medizin.de/biochemie

31 Nervensystem

Astrid Scheschonka, Heinrich Betz, Cord-Michael Becker

31.1 Stoffwechsel des Gehirns – 1024
31.1.1 Energiestoffwechsel des Gehirns – 1024
31.1.2 Blut-Hirn-Schranke und Liquor cerebrospinalis – 1025

31.2 Neuronale Zellen – 1029
31.2.1 Struktur von Nervenzellen – 1029
31.2.2 Membranpotential und Erregungsleitung – 1030
32.2.3 Synapsen: Aufbau und Funktion – 1034

31.3 Chemische Signalübertragung zwischen Neuronen – 1036
31.3.1 Allgemeine Prinzipien – 1036
31.3.2 Glutamat – 1038
31.3.3 Acetylcholin – 1039
31.3.4 Glycin und γ-Aminobutyrat (GABA) – 1040
31.3.5 Dopamin, Noradrenalin und Adrenalin – 1041
31.3.6 Serotonin – 1042
31.3.7 ATP/Adenosin – 1044
31.3.8 Peptiderge Neurotransmitter – 1044

31.4 Nicht-neuronale Zellen – 1045
31.4.1 Gliazellen und Myelin – 1045
31.4.2 Demyelinisierungen und erbliche periphere Neuropathien – 1047
31.4.3 Besonderheiten des peripheren Nervensystems – 1047

31.5 Neurodegenerative Krankheiten – 1048
31.5.1 Morbus Alzheimer – 1048
31.5.2 Polyglutamin-Krankheiten – 1049
31.5.3 Morbus Parkinson – 1049
31.5.4 Prionkrankheiten – 1050

31.6 Neuronale Stammzellen und neurotrophe Faktoren – 1051

Literatur – 1051

 **Einleitung**

Das Nervensystem verarbeitet die von den Sinnesorganen aufgenommenen äußeren Reize, steuert die Motorik und koordiniert viele Vitalfunktionen des Organismus. Die komplexen Leistungen des Gehirns führen zu einem hohen Energiebedarf, der hauptsächlich durch Glucose gedeckt wird. Das zentrale Nervensystem (ZNS) ist vom Liquor cerebrospinalis umgeben, der durch Abfiltration von Blutplasma gebildet wird. Vor Schwankungen des Stoffwechsels und Schadstoffen wird das Gehirn durch die Blut-Hirn-Schranke geschützt. Vom Gehirn benötigte Substrate passieren die Endothelzellen des Schrankensystems durch Transzytose. Die Erregungsleitung im Nervensystem beruht auf den Funktionen der membranständigen Na^+/K^+-ATPase und spannungsregulierter Kanäle für Natrium-, Kalium-, Calcium- und Chloridionen. Die neuronale Erregungsleitung wird durch lipidhaltige Myelinscheiden beschleunigt. Neurone kommunizieren vorwiegend über chemische Synapsen, an denen ein Neurotransmitter aus der präsynaptischen Nervenendigung freigesetzt wird. Die Bindung des Transmitters an postsynaptische Rezeptoren führt zur Erregung oder Hemmung der nachgeschalteten Nervenzelle oder Muskelfaser. Nach seiner Freisetzung wird der Transmitter wieder in die präsynaptische Nervenendigung und umliegende Gliazellen aufgenommen oder durch enzymatischen Abbau inaktiviert. Die große molekulare Vielfalt der Ionenkanäle und Rezeptoren des Nervensystems trägt zur hohen Spezifität der neuronalen Informationsverarbeitung bei. Störungen von Reizleitung und synaptischer Erregungsübertragung können zu Lähmungen, Epilepsie, Depression und Demenz führen. Von besonderer Bedeutung für die Ontogenese des Nervensystems sind Wachstumsfaktoren und Adhäsionsmoleküle auf der Oberfläche von Neuronen und Gliazellen, welche die Verschaltung und das Wachstum von Nervenzellen regulieren.

31.1 Stoffwechsel des Gehirns

31.1.1 Energiestoffwechsel des Gehirns

! Das Gehirn benötigt eine ständige Glucosezufuhr, verwertet aber nach längerem Fasten und bei Säuglingen auch Ketonkörper.

Das Gehirn beansprucht einen hohen Anteil am Energiestoffwechsel des Körpers. Obwohl das Gehirn beim Erwachsenen mit 1,4 kg nur einen Anteil von 2% am Körpergewicht besitzt, entspricht seine Durchblutung von 750 ml/min mit 15% einem wesentlich größeren Anteil am 5 l umfassenden Minutenvolumens des Herzens. Rückschlüsse auf den Stoffwechsel des Gehirns gewinnt man durch Bestimmung des arteriovenösen Konzentrationsunterschieds der Metaboliten im Blut der Hirngefäße. Um die Substratextraktion bei einer Hirnpassage zu ermitteln, wird arterielles Blut aus einer Arterie des Arms und venöses Blut der V. jugularis interna entnommen. Wie aus ◘ Tabelle 31.1 hervorgeht, liegt der respiratorische Quotient, das Verhältnis von abgegebenem Kohlendioxid zu aufgenommenem Sauerstoff, unter Normalbedingungen bei 1.0. Dieser Wert besagt, dass das Gehirn hauptsächlich Kohlenhydrate verstoffwechselt (► Kap. 21.1.4). Weil das zentrale Nervensystem (ZNS) jedoch kaum Glycogen speichert, hängt es von einer kontinuierlichen Glucosezufuhr ab.

◘ Tabelle 31.1. Arteriovenöse Differenzen verschiedener Substrate nach Hirnpassage (Durchschnittswerte bei 50 ruhenden Probanden im Alter von 18–29 Jahren)

Substrat	Blutkonzentration [mmol/l]		Arterivenöse Differenz
	Arteriell	Venös	[mmol/l]
Sauerstoff	8,75	5,75	–3
Kohlendioxyd	21,5	24,4	+2,9
Glucose	5,1	4,6	–0,5
Lactat	1,1	1,27	+0,17
Pyruvat	0,1	0,12	+0,02

Infolge der Abhängigkeit des Gehirns von ständiger Glucosezufuhr führt ein Abfall des Blutglucosespiegels (Hypoglykämie) rasch zu Bewusstlosigkeit, irreversiblen Funktionsausfällen und schließlich zum Tod. Etwa 20% der ATP-Bildung werden für den Erhalt der Ionengradienten an den Membranen benötigt. Daher beeinflussen Änderungen der neuronalen Aktivität wiederum den ATP-Gehalt und somit Glucose- und Sauerstoffverbrauch des Gehirns. Die Stoffwechselaktivität des gesamten Gehirns schwankt bei gesunden Menschen trotz regionaler Unterschiede nur wenig und bleibt auch im Schlaf hoch. Im Koma nimmt der Stoffwechsel demgegenüber deutlich ab, während die Glucoseaufnahme bei einem epileptischen Anfall infolge der erhöhten neuronalen Aktivität massiv gesteigert ist. Die Glucoseaufnahme einzelner Hirnregionen lässt sich in der Positronen-Emissions-Tomographie (PET) mit dem nuklearmedizinischen Marker ^{18}F-Desoxyglucose (FDG) in Schnittbildern (Tomographien) erfassen.

Bei längerem Fasten stellt sich der Energiestoffwechsel des Gehirns um: Im Hungerzustand können die Ketonkörper **Acetacetat** und **β-Hydroxybutyrat** vom ZNS oxidiert werden und Glucose als Energielieferant weitgehend, aber nicht vollständig ersetzen. Nach 120-stündigem Fasten steigt die Ketonkörperverwertung auf das 20-fache (◘ Abb. 31.1). Gleichzeitig sinkt die Glucoseaufnahme um die Hälfte, wobei die aufgenommene Glucose überwiegend als Lactat abgegeben und wieder für die Gluconeogenese ver-

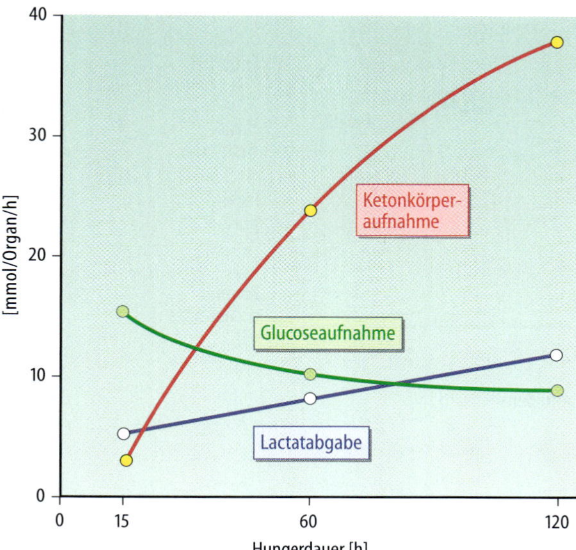

Abb. 31.1. Substratverwertung des menschlichen Gehirns bei längerem Hungern. Aus arteriovenösen Differenzen sowie der Durchblutung wurden Glucose- und Ketonkörperaufnahme sowie Lactatabgabe ermittelt

fügbar wird. Damit verhält sich das Gehirn im Hungerzustand ähnlich wie die Muskulatur (► Kap. 16.2.3). Während der Stillzeit verwendet das Säuglingsgehirn Ketonkörper viel effizienter als das Hirn eines Erwachsenen. Nach der Geburt steigen die Aktivitäten der Ketonkörper verwertenden Enzyme **β-Hydroxybutyrat-Dehydrogenase** und **Succinyl-CoA-Acetacetyl-CoA-Transferase** deutlich an und ermöglichen damit eine optimale Ausnutzung des hohen Fettanteils der Muttermilch. Infolgedessen tolerieren Säuglinge wesentlich geringere Blutglucosekonzentrationen (20–30 mg/dl, entspricht 1,2–1,8 mmol/l) ohne neurologische Ausfälle als Erwachsene. Glucose kann jedoch auch beim Säugling nicht vollständig durch Ketonkörper ersetzt werden. Nach dem Abstillen und der Umstellung des Kleinkindes auf kohlenhydratreiche Nahrung fallen die Ketonkörper metabolisierenden Enzymaktivitäten ab. Danach ist das Gehirn wieder überwiegend von Glucose abhängig.

! Aminosäuren sind wichtige Substrate des Gehirnstoffwechsels. Sie spielen im Nervensystem eine bedeutende Rolle als Neurotransmitter oder deren Vorläufer.

Glutamat ist nicht nur der wichtigste erregende Neurotransmitter im ZNS, sondern dient auch als Vorläufer des hemmenden Neurotransmitters **γ-Aminobutyrat** (GABA). Beide Transmitter werden in den präsynaptischen Vesikeln der Neurone in hohen Konzentrationen (bis zu 100 mmol/l) gespeichert. An Synapsen freigesetztes Glutamat wird großenteils von Gliazellen aufgenommen und durch Übertragung von Ammoniak in **Glutamin** überführt. Glutamat und Glutamin machen zusammen bis zu 60% der freien α-Aminosäuren des ZNS aus. Im **Glutamat-Glutamin-Zyklus** wird von Gliazellen freigesetztes Glutamin erneut von Neuronen aufgenommen und durch mitochondriale Glutaminase (► Kap. 13.5.2) der aktive Neurotransmitter Glutamat regeneriert. Alternativ kann das Kohlenstoffskelett von Glutamat aus Glucose synthetisiert werden: Pyruvat liefert durch Carboxylierung zu Oxalacetat oder dehydrierende Decarboxylierung zu Acetyl-CoA die Produkte, aus denen im Citratzyklus α-Ketoglutarat gebildet wird. Transaminierung von α-Ketoglutarat führt schließlich zu Glutamat. Auch das an der Synapse freigesetzte GABA unterliegt einem Stoffwechselzyklus, indem es in den GABA-*Shunt* (engl. GABA-Nebenweg) eingeht (► Kap. 31.3.4).

Tyrosin ist der Vorläufer für die Biosynthese der Neurotransmitter Dopamin und Noradrenalin sowie des Hormons Adrenalin (► Kap. 26.3.2, 31.3.5), während die Biosynthese von Serotonin und Melatonin von **Tryptophan** (► Kap. 13.6.6, 31.2.6) ausgeht.

31.1.2 Blut-Hirn-Schranke und Liquor cerebrospinalis

! Die Blut-Hirn-Schranke beruht auf der besonderen Architektur der Kapillaren des Gehirns und des Plexus choroideus, in dem der Liquor cerebrospinalis als proteinarmes Filtrat des Blutplasmas gebildet wird.

Die **Blut-Hirn-Schranke** isoliert das ZNS und den umgebenden **Liquor cerebrospinalis** (engl.: *cerebrospinal fluid*, CSF) von den übrigen Organen des Körpers. Dadurch trägt sie dazu bei, dass das extrazelluläre Milieu des Gehirns konstant gehalten wird. Der proteinarme Liquor füllt Gehirnventrikel und Subarachnoidalraum aus. Seine Zusammensetzung ähnelt derjenigen der interstitiellen Flüssigkeit es Gehirns (◘ Abb. 31.2). Das Liquorvolumen entspricht mit ca. 150 ml etwa einem Zehntel des Hirnvolumens. Die Blut-Hirn-Schranke stellt keine einheitliche Grenzfläche zwischen Blutplasma und ZNS dar, sondern umfasst zwei unterschiedliche Schrankenfunktionen, die den Stoffaustausch zwischen Körper, Gehirn und Liquor regulieren (◘ Abb. 31.2):

- Der Liquor wird im **Plexus choroideus** der Hirnventrikel aus Blutplasma abfiltriert. Diese Grenzfläche beruht auf der besonderen Architektur des Plexus choroideus und wird als **Blut-Liquor-Schranke** bezeichnet. Die Liquorsekretion erreicht mit ca. 0,4 ml/min ein Drittel der Urinbildung und erlaubt einen dreifachen Umsatz des Liquorvolumens pro Tag. Mit der interstitiellen Flüssigkeit des Gehirns tauscht sich der Liquor durch Diffusion aus
- Der direkte Stoffaustausch zwischen Blutplasma und Hirnparenchym erfolgt über die **Hirnkapillaren**, die ebenfalls eine charakteristische Architektur aufweisen und die **Blut-Hirn-Schranke** im engeren Sinne bilden

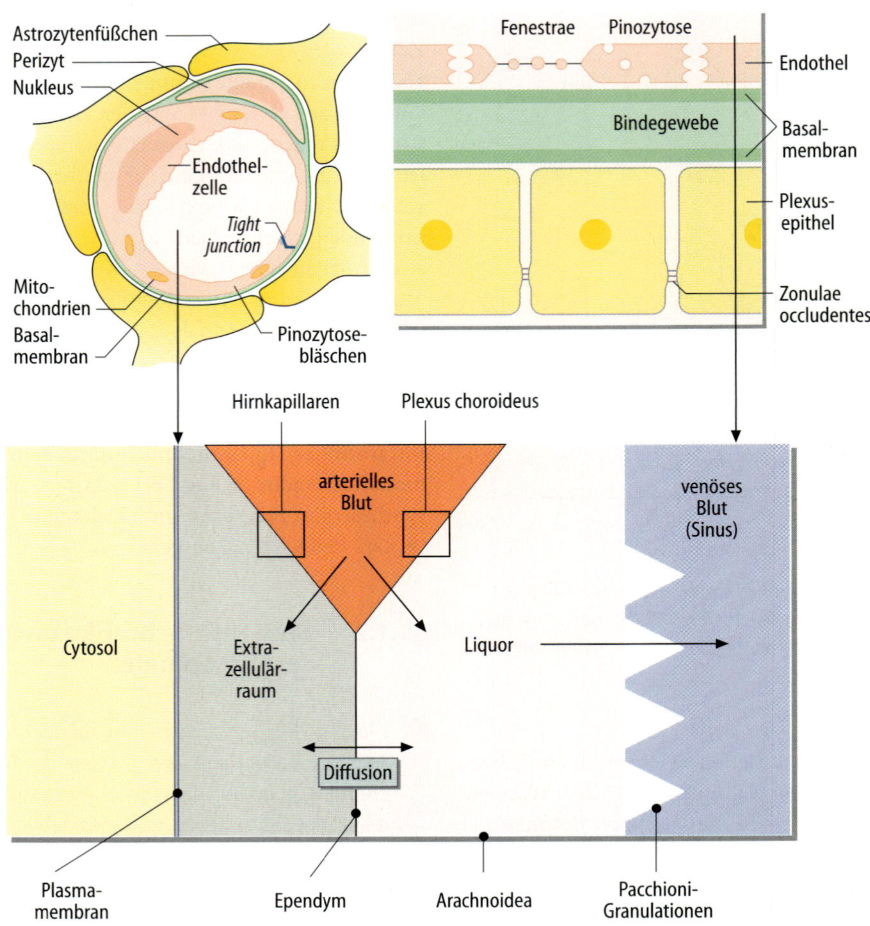

31

Abb. 31.2. Kompartimente der Blut-Hirn-Schranke. Schematische Darstellung der Flüssigkeitskompartimente im Gehirn und ihrer wechselseitigen Beziehungen. Die Neubildung von Liquor erfolgt durch Filtration am Plexus choroideus, ein weiterer Stoffaustausch erfolgt an den Hirnkapillaren. Über die Pacchioni-Granulationen wird der Liquor in die Sinus und damit ins venöse Blut drainiert. *Unten*: An der Bildung der Blut-Hirn- und der Blut-Liquor-Schranke beteiligte Strukturen. Innerhalb der Ventrikel wird der Extrazellulärraum durch das Ependym vom Liquorraum getrennt, an der Oberfläche von Gehirn und Rückenmark dagegen durch die Pia mater. *Oben links*: Blut-Hirn-Schranke mit Querschnitt durch eine Hirnkapillare. Die Endothelzellen bilden eine geschlossene Begrenzung der Kapillare; zwischen Endothelzellen und Perizyten bzw. Astrozyten liegt eine kontinuierliche Basalmembran. *Oben rechts*: Querschnitt durch die mehrschichtige Blut-Liquor-Schranke mit Endothel der Plexuskapillaren, Basalmembran und über Zonulae occludentes verbundenen Plexusepithelien. Das Endothel vermittelt einen regen Stofftransport durch Transzytose

Bei der Neubildung im **Plexus choroideus** wird Liquor als proteinarmes Filtrat durch eine mehrschichtige Barriere (Abb. 31.2) aus Blutplasma abgepresst. Der Übertritt von Plasmabestandteilen in den Liquor wird durch ihren hydrodynamischen Molekülradius und ihre Fettlöslichkeit bestimmt. Die erste Schicht des Filters wird durch Plexuskapillaren gebildet, die ein stark fenestriertes Endothel besitzen. Während hier korpuskuläre Blutbestandteile zurückgehalten werden, können große Proteine und sogar kleine Viren diese erste Barriere noch passieren. Zusätzlich vermitteln die Endothelzellen durch Transzytose in Vesikeln einen regen Stofftransport aus dem Blut in das Liquorfiltrat. Eine dichte **Basalmembran** aus Proteoglykanen und Kollagenfasern, die das Endothel umgibt, wirkt als Proteinfilter. Eine erheblich dichtere Barriere stellen jedoch die über Zonulae occludentes miteinander verbundenen **Plexusepithelien** dar. Diese Zonulae occludentes bilden an den Kontaktstellen der Zellen gelegene Poren aus und wirken als Mikrofilter, die größere Serumproteine wie Immunglobuline (z.B. IgG, IgM) zurückhalten, kleinere Moleküle aber eher passieren lassen. An der Blut-Liquor-Schranke korreliert die Permeabilität von wasserlöslichen Molekülen daher mit dem hydrodynamischen Radius. Lipophile Substanzen diffundieren dagegen durch die Zellmembranen des Endothels. Außerhalb des Plexus choroideus wird die Ventrikeloberfläche durch **Ependymzellen** ausgekleidet. Über das Ependym hinweg besteht zwischen Liquorraum und Interstitialflüssigkeit des Hirnparenchyms keine definierte Permeabilitätsbarriere, sondern ein Diffusionsgradient.

Der direkte Stoffaustausch zwischen Plasmaraum und Hirnparenchym erfolgt an der **Blut-Hirn-Schranke** (im engeren Sinne) über die **Hirnkapillaren**. Deren Aufbau unterscheidet sich vom Plexusendothel am Ort der Liquorfiltration. Die über **Schlussleisten** (*tight junctions*) fest miteinander verbundenen Endothelzellen der Hirnkapillaren werden von einer kontinuierlichen **Basalmembran** umgeben, auf der in dichter Anordnung Perizyten und Ausläufer von **Astrozyten** sitzen (▫ Abb. 31.2). Durch diesen Aufbau ist die Permeabilität der Kapillaren des Gehirns im Vergleich zu anderen Geweben relativ gering.

Im Gegensatz zur Liquorfiltration am Plexus choroideus wird der Stoffaustausch an den Hirnkapillaren durch membranständige Transporter bestimmt. Aminosäuren und Glucose, die entscheidenden Energiequellen des Gehirns, passieren die Blut-Hirn-Schranke durch **erleichterten Transport** über Aminosäuretransporter bzw. den **Glucosetransporter GLUT-1**. Ionen und andere Stoffe werden durch Diffusion oder aktiven Transport aufgenommen, während die Transzytose hier keine Rolle spielt. Zahlreiche lipophile Substanzen, darunter das am $GABA_A$-Rezeptor angreifende Beruhigungsmittel **Diazepam** (Valium®), können die Blut-Hirn-Schranke leicht überwinden. Andere lipophile Verbindungen werden jedoch durch Transportsysteme wie das **P-Glycoprotein** (► Kap. 6.1.5) wieder in das Kapillarlumen zurücktransportiert und dadurch an der Passage gehindert.

Beim Erwachsenen verhindert die Blut-Hirn-Schranke bei Erhöhung des Plasmaspiegels einen Bilirubindurchtritt. Da die Blut-Hirn-Schranke nach der Geburt noch nicht voll ausgebildet ist, kann bei der **persistierenden Hyperbilirubinämie** der Säuglinge Bilirubin in den Kerngebieten des Stammhirns abgelagert werden und zu Hirnschäden führen (Kernikterus, ► Kap. 20.4.1).

Von seinem Bildungsort in den Hirnventrikeln strömt der im Plexus choroideus abfiltrierte Liquor über den Aquaeduct in den Subarachnoidalraum, der den äußeren Liquorraum darstellt. Durch die über dem Großhirn gelegenen **Pacchioni-Granulationen** wird der Liquor in die venösen Sinus, entlang des Rückenmarks an den Abgängen der Spinalnerven in venöse Plexus oder Lymphgefäße drainiert. Entlang seiner ventrikulolumbalen Strömungsrichtung ändert sich die Zusammensetzung des Liquors, wobei insbesondere der Proteingehalt zunimmt.

! Blut-Hirn-Schranke und Liquor dienen der Konstanthaltung des extrazellulären Milieus im Zentralnervensystem.

In ihrer Gesamtheit ist die Blut-Hirn-Schranke:
- für Gase wie CO_2, O_2 und NH_3 permeabel
- für hydrophile, niedermolekulare Substanzen sowie
- für Elektrolyte wie HCO_3^- oder NH_4^+ und Aminosäuren jedoch kaum durchlässig

Das Gehirn wird durch die Blut-Hirn-Schranke vor Belastungen des Organismus, wie z.B. nichtrespiratorischen Störungen des Säure-Basen-Gleichgewichts (► Kap. 28.8.6) oder Störungen des Elektrolytstoffwechsels (Natrium, Kalium, Chlorid, ► Kap. 28.4.3, 28.5.2), geschützt. So kann die **Kaliumkonzentration** von Liquor cerebrospinalis und interstitieller Flüssigkeit des Gehirns auch bei Veränderungen des Plasmakaliums weitgehend konstant gehalten werden. Nur bei niedrigen extrazellulären Kaliumkonzentrationen ist die Funktion von Neuronen und Gliazellen gewährleistet, da der Kaliumgradient an der Plasmamembran das neuronale Transmembranpotential bestimmt. Dennoch kann sich die geringe Durchlässigkeit der Blut-Hirn-Schranke für Elektrolyte auch nachteilig auswirken, wenn die Plasmaosmolarität (► Kap. 1.2.3) z.B. infolge einer Hyperhydratation (► Kap. 28.3.3) abfällt. Bei Hyperhydratation bildet sich ein **osmotischer Gradient** zwischen Blut und Gehirn aus. Da die osmotisch aktiven Substanzen durch die Blut-Hirn-Schranke nur langsam ins Blut übertreten, strömt zum osmotischen Ausgleich Wasser aus dem Extrazellulärraum in Liquorraum und Gehirn ein. Dadurch entwickelt sich ein **Hirnödem** mit ansteigendem intrakraniellen Druck, der zum Absinken der Hirndurchblutung und zur Einklemmung lebenswichtiger Strukturen des Stammhirns führen kann.

! Der Hydrogencarbonatpuffer bestimmt den pH-Wert des Liquors.

Die Säure-Basen-Pufferung des Liquor cerebrospinalis erfolgt vorwiegend durch das **Kohlendioxid-Hydrogencarbonat-System** (► Kap. 1.2.6), da Liquor nur wenig Protein und kein Hämoglobin enthält. Aufgrund einer anderen Elektrolytzusammensetzung (▫ Tabelle 31.2) ist der pK'-Wert des Kohlendioxid-Hydrogencarbonat-Systems gegenüber Blut leicht erhöht. Als apolares Gas passiert CO_2 die Blut-Hirn-Schranke leichter als Hydrogencarbonationen. Daher teilen sich Änderungen der extrazellulären CO_2-Konzentration dem Liquorraum rasch mit, während die Hydrogencarbonatkonzentration im Liquor der Blutkonzentration nur verzögert und unvollständig folgt. So findet man bei chronischen nichtrespiratorischen Azidosen und Alkalosen, bei denen zunächst der Hydrogencarbonatspiegel betroffen ist, einen nahezu unveränderten pH-Wert des Liquor. Bei **respiratorischen Azidosen** und **Alkalosen** verschiebt sich dagegen das Liquor-pH gleichsinnig zum arteriellen Wert.

! Die Konzentrationen von Aminosäuren sind bis auf Glutamin im Liquor cerebrospinalis gering.

▫ Tabelle 31.2. Konzentrationsvergleich (mmol/l) der Ionenkonzentrationen in Liquor cerebrospinalis und Blutplasma

Substanz	Liquor	Plasma
Na^+	150	145
K^+	21,5	24,4
Ca^{2+}	5,1	4,6
Cl^-	1,1	1,27
HCO_3^-	0,1	0,12

Mit Ausnahme von Glutamin, das den gleichen Gehalt wie im Plasma aufweist, erreichen die meisten Aminosäuren im Liquor nur geringe Konzentrationen. So betragen die Liquorkonzentrationen der als Neurotransmitter wirkenden Aminosäuren Glutamat und Glycin nur 3–10% ihrer Plasmakonzentration. Ein Schlaganfall oder ein Schädel-Hirn-Trauma können zu einer freien Permeabilität von Aminosäuren in die interstitielle Flüssigkeit des Gehirns führen und die synaptische Signalübertragung durch Überaktivierung der Neurotransmitter-Rezeptoren erheblich beeinträchtigen (Exzitotoxizität; ► Kap. 31.3.2).

! Änderungen der Liquorzusammensetzung haben diagnostische Bedeutung.

Erkrankungen des Nervensystems gehen häufig mit Liquorveränderungen einher. So kommen Schrankenstörungen, d.h. Veränderungen der Permeabilität der Blut-Hirn-Schranke, häufig bei Entzündungen des ZNS vor. Zur Labordiagnostik wird Liquor durch **Lumbalpunktion** gewonnen und auf folgende Parameter untersucht:

- **Zellzahl:** Während normaler Liquor fast zellfrei ist (1–4 Zellen/ml), führt z.B. eine bakterielle Meningitis zu Zellvermehrungen auf >1000 Zellen/ml. In der akuten Phase handelt es sich überwiegend um Granulozyten
- **Glucose:** Der Glucosegehalt von Liquor cerebrospinalis liegt bei 60% des Blutglucosespiegels und ist daher nur im Vergleich mit dem Blutwert aussagekräftig. Abnahmen der Liquorglucose sind für bakterielle oder durch Tumoraussaat bedingte Entzündungen der Meningen charakteristisch
- **Lactat:** Zusammen mit einem Abfall des Liquorglucosespiegels weist ein erhöhter Lactatgehalt (>2,1 mmol/l) auf eine bakterielle oder neoplastische Erkrankung hin, z.B. eine tuberkulöse Meningitis
- **Gesamtprotein:** Liquor cerebrospinalis ist ein proteinarmes Plasmafiltrat, dessen Gesamtproteingehalt (<45 mg/dl) weniger als 1% des Proteingehalts von Plasma beträgt. Da die Blut-Hirn-Schranke größere Proteine zurückhält und Albumin die Hauptproteinfraktion im Plasma darstellt, lassen sich Störungen der Blut-Hirn-Schranke an erhöhten Albumingehalten im Liquor erkennen. Charakteristisch für Schrankenstörungen sind Erhöhungen des Liquor/Serum-Quotienten für Albumin ($Q_{alb} > 8 \times 10^3$)

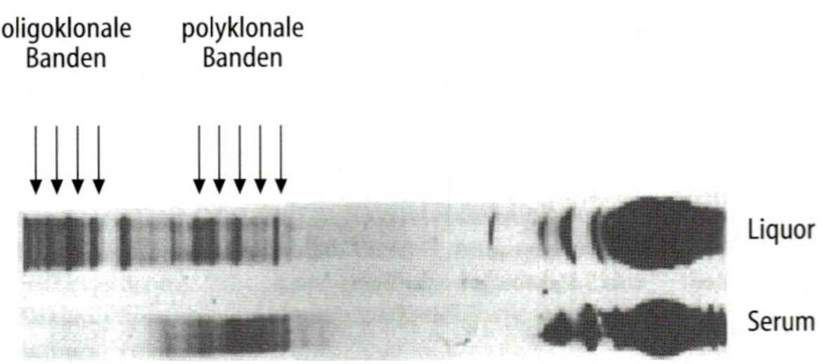

Abb. 31.3. Oligoklonale Immunglobulin-Banden in Liquor cerebrospinalis. Bei der Liquoruntersuchung durch isoelektrische Fokussierung werden zusätzlich oligoklonale Banden sichtbar, während im Serum nur polyklonale Banden gefunden werden. Dieser Befund weist auf eine lokale Synthese von Immunglobulinen im Liquorraum hin und ist für Entzündungen des ZNS typisch. (Aus: Poeck/Hacke, Neurologie)

- **Immunglobulin G:** Einerseits gelangen Immunglobuline mit dem Plasmafiltrat in den Liquor, andererseits werden sie bei chronischen Entzündungen des Nervensystems intrathekal, d.h. im Liquorraum, gebildet. Das Ausmaß der intrathekalen Immunglobulin G-Synthese wird erfasst, indem deren Liquor/Serum-Quotient (Q_{IgG}) mit dem Quotienten für Albumin (Q_{alb}) in Beziehung gesetzt wird. Aus dem Verhältnis von Q_{IgG} und Q_{alb} wird die Größe der lokal synthetisierten Immunglobulin-G-Fraktion ersichtlich, die z.B. bei **Neuroborreliose** (*Lyme Disease*) ein Drittel des Immunglobulin-G-Gehalts von Liquor erreichen kann. Da bei Entzündungen eine begrenzte Zahl von Plasmazellklonen gegen spezifische Antigene selektioniert werden, stellen sich in der elektrophoretischen Analyse (isoelektrische Fokussierung) von Immunglobulinen G oligoklonale Banden dar, die jeweils einem spezifischen Antikörper entsprechen. Der Nachweis eines vom Serum abweichenden oligoklonalen Bandenmusters im Liquor (Abb. 31.3) bestätigt eine intrathekale Immunreaktion, wie sie bei z.B. **Multipler Sklerose** fast regelmäßig nachgewiesen wird

Pathobiochemie: Das Auftreten von Proteinen, die normalerweise in Liquor cerebrospinalis nur in geringer Konzentration vorkommen, weist auf eine Schädigung des Gehirns oder seiner Hüllen durch Entzündungen, Tumoren oder degenerative Erkrankungen hin. Zu den differentialdiagnostisch verwertbaren Markern gehören das karzinoembryonale Antigen (CEA) bei Karzinomen und β_2-Mikroglobulin bei Lymphomen.

In Kürze

Das Gehirn deckt seinen Energiebedarf überwiegend mit Glucose. Ein plötzlicher Abfall des Blutglucosespiegels (Hypoglykämie) kann zu schweren Störungen der Gehirnfunktion führen. Im Säuglingsalter und nach langsamer Adaptation bei Nahrungskarenz kann das Gehirn Ketonkörper verwerten.

Die Blut-Hirn-Schranke trennt durch ihren besonderen Aufbau Gehirn und Blutkreislauf. Deshalb müssen sowohl vom Gehirn benötigte Substanzen als auch Stoffe, die ausgeschieden werden sollen, durch Transportsysteme der Endothelzellen bewegt werden.

Der einer ständigen Neubildung unterliegende Liquor cerebrospinalis wird in den Kapillaren des Plexus choroideus als proteinarmes Filtrat des Blutplasmas abgepresst. Er ähnelt in seiner Zusammensetzung der interstitiellen Flüssigkeit des Gehirns. Änderungen der Liquorzusammensetzung sind von erheblicher Bedeutung für die Diagnostik von Entzündungen und von Tumoren des Zentralnervensystems.

31.2 Neuronale Zellen

31.2.1 Struktur von Nervenzellen

Das menschliche Gehirn besitzt etwa 10^{11} Neurone, deren Verbund die zelluläre Basis für alle Gehirnleistungen schafft. Ein Neuron besteht aus (Abb. 31.4):

- einem **Zellkörper** (Soma) mit einer Vielzahl weit verästelter Fortsätze (Neuriten)
- **Dendriten**, die dem Erregungsempfang dienen. Sie leiten ihre Impulse als Potentialschwankungen überwiegend elektrotonisch, ohne Aktionspotentiale auszulösen, zum Soma weiter
- myelinisierten und nichtmyelinisierten **Axonen**. Diese leiten Erregungssignale in Form von Aktionspotentialen weiter bis zu den Nervenendigungen, wo sie die Freisetzung von Neurotransmittern auslösen

Neurone sind terminal differenzierte, nicht mehr zur Zellteilung fähige Zellen. Inzwischen steht aber fest, dass auch im erwachsenen Gehirn Vorläuferzellen existieren, aus denen neue Neurone gebildet werden können. Deren Regenerationsvermögen reicht jedoch nicht aus, um durch Schlaganfall oder Trauma zerstörte Hirnareale zu ersetzen.

Aufgrund ihrer besonderen Morphologie besitzen Neurone ein hochspezialisiertes **Cytoskelett**. Neben neuronenspezifischen Intermediärfilamenten, den **Neurofilamenten** (Tab. 6.6 in Kap. 6.3), finden sich zahlreiche **Aktinfilamente**, welche für das Neuritenwachstum essentiell sind. Axone sind besonders reich an **Mikrotubuli** (▶ Kap. 6.3.1), an denen der anterograde Transport von vesikulär verpackten Proteinen aus dem Zellkörper zur Nervenendigung und der retrograde Transport von dort durch Endozytose aufgenommenen Molekülen (z.B. Wachstumsfaktoren, Viren) zum Zellkörper erfolgt.

In Kürze

Neurone besitzen spezialisierte Zellfortsätze: Dendriten leiten eingehende Impulse in Form von elektrotonischen Potentialschwankungen zum Soma, von wo aus das Axon die Erregungen als Aktionspotentiale weiterleitet.

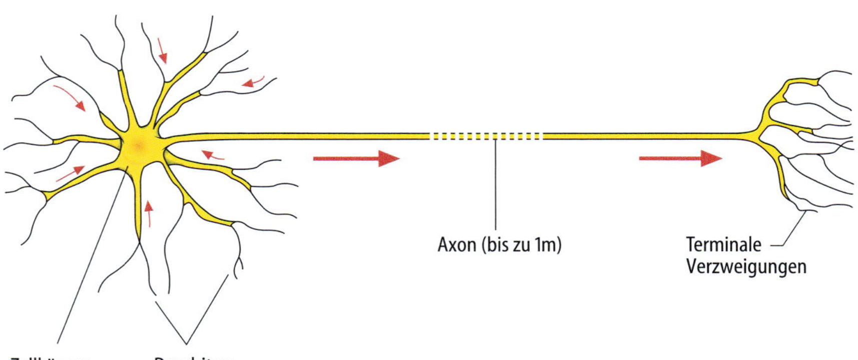

Abb. 31.4. Erregungsfortleitung im Neuron. Das Axon leitet Aktionspotentiale (Pfeile) vom Zellkörper zu den präsynaptischen Nervenendigungen (efferent), während Dendriten erregende und hemmende Signale von anderen Neuronen empfangen (afferent), welche im Zellkörper aufsummiert werden

31.2.2 Membranpotential und Erregungsleitung

! Ionengradienten werden durch energieabhängige Transport-ATPasen und Ionenkanäle aufrechterhalten.

Wie alle Körperzellen besitzen auch Nervenzellen ein negatives Membranpotential, das im Ruhezustand bei etwa – 70 mV liegt. Dieses kommt durch das Zusammenwirken der Aktivität der Na^+/K^+-ATPase (► Kap. 6.1.5) mit in der Plasmamembran der Nervenzellen lokalisierten sog. »passiven« Ionenkanälen zustande. Letztere bilden eine die Membran durchspannende Kanalpore, durch die Ionen ihrem Konzentrationsgefälle entsprechend fließen.

Zunächst entsteht durch die Aktivität der Na^+/K^+-ATPase ein Konzentrationsgradient von Natrium- und Kaliumionen, der dazu führt, dass die Kaliumkonzentration in der Zelle wesentlich höher als außerhalb ist. Umgekehrt sind Natriumionen extrazellulär höher konzentriert. Die Aufrechterhaltung dieser Ionengradienten verbraucht bis zu zwei Drittel der gesamten metabolischen Energie eines Neurons. Die neuronale Plasmamembran enthält Kaliumkanäle, die im Ruhezustand für Kaliumionen durchlässig sind und einen Leckstrom vermitteln (*leak channels*). Daher diffundieren Kaliumionen von innen nach außen. Dagegen werden die nicht diffusiblen negativ geladenen Ionen (Proteine, Phosphatester) im Zellinneren zurückgehalten, wodurch es zu einer negativen Aufladung des Zellinneren gegenüber der Außenseite kommt. Diese Ladungsdifferenz neutralisiert den Kaliumausstrom, sodass sich ein Gleichgewichtspotential einstellt, das dem **Ruhepotential** entspricht. Am Ruhepotential gleichen sich also der Kaliumausstrom, die Pumpaktivität der Na^+/K^+-ATPase und die Ladungsenergie der intrazellulären Anionen aus.

In Kürze

Das Ruhemembranpotential wird durch die Na^+/K^+-ATPase und Ionenkanäle aufrechterhalten.

Die Kaliumkonzentration ist intrazellulär hoch, extrazellulär niedrig. Die Natriumkonzentration ist intrazellulär niedrig, extrazellulär hoch.

! Die Öffnung von Natrium-Kanälen führt zur Depolarisation und Weiterleitung von Aktionspotentialen.

Jedes **Aktionspotential** von Nervenzellen beginnt mit einer Abnahme des Membranpotentials (**Depolarisation**). Sobald das Schwellenpotential für die Aktivierung von spannungsregulierten Natriumkanälen in der Plasmamembran erreicht wird, kommt es zu einer schnellen Öffnung dieser Kanäle. Der resultierende Natriumeinstrom in die Zelle führt zur weiteren Positivierung des Membranpotentials. Infolge dieser Depolarisation werden mit leichter Verzögerung spannungsregulierte Kaliumkanäle geöffnet, welche die Zellmembran durch gesteigerten K^+-Ausstrom repolarisieren und damit das Ruhepotential wieder herstellen. Der Zusammenbruch des Ionengradienten wird durch die Na^+/K^+-ATPase verhindert.

Eine Besonderheit der Nervenzellmembran ist ihre Fähigkeit, Aktionspotentiale rasch (1–120 m/s) und unidirektional über Axone fortzuleiten. Diese gerichtete Fortleitung basiert auf der Inaktivierung der spannungsregulierten Ionenkanäle, welche nach der Öffnung kurzfristig refraktär gegenüber einer erneuten Membrandepolarisation sind. Die hohe Leitgeschwindigkeit myelinisierter Nervenfasern beruht auf einem saltatorischen Fortleitungsmechanismus, bei dem das Aktionspotential von einem Ranvier'schen Schnürring zum nächsten springt. Ionenkanäle sind Transmembranproteine, welche einen selektiven Ionenfluss durch Lipidmembranen vermitteln und in Neuronen das Ruhemembranpotential sowie die Entstehung und Form von Aktionspotentialen kontrollieren.

Ionenkanäle besitzen eine zentrale Kanalpore, durch die Ionen definierter Größe und Ladung mit ihrer Hydrathülle sehr rasch hindurchfließen können. Die ionenselektiven Kanäle werden nach dem **hindurchfließenden Ion** benannt:
- **Natrium-**
- **Kalium-**
- **Calcium-** und
- **Chloridkanäle**

Kanalproteine von weniger ausgeprägter Ionenselektivität unterteilt man in:
- **Kationen- und**
- **Anionenkanäle**

Viele Ionenkanäle sind in der Lage, die Kanalpore für Ionen reguliert zu öffnen und zu schließen; diesen Vorgang bezeichnet man als »*gating*« (◘ Abb. 31.5). Bei **spannungsregulierten Ionenkanälen** wird die Öffnung (oder Schließung) von Änderungen des Membranpotentials gesteuert. **Ligandengesteuerte Ionenkanäle** werden dagegen durch Neurotransmitter oder andere extra- oder intrazelluläre Moleküle geöffnet (► Kapitel 31.3.1).

! Die verschiedenen Ionenkanäle weisen gemeinsame Architekturmerkmale auf.

Die **spannungsregulierten Ionenkanäle**, welche die Fortleitung von Aktionspotentialen in Neuronen und anderen erregbaren Zellen vermitteln, sind Glycoproteine mit Molekülmassen von 250–300 kD. Sie sind aus vier Untereinheiten bzw. Proteindomänen aufgebaut, die je **sechs Transmembransegmente (S1–S6)** besitzen (◘ Abb. 31.6). Zusätzlich können akzessorische Untereinheiten, die nicht an der Ausbildung der Kanalpore beteiligt sind, vorkommen. Charakteristisch für diese Kanalproteine ist ein viermal wiederholtes Motiv mit 6 Transmembransegmenten (6-TM). In jedem dieser Motive liegt zwischen den Segmenten S5 und S6 eine P-Schleife, welche die Ionenselektivität der Kanalpore bestimmt (◘ Abb. 31.6). Die wichtigsten Mitglieder dieser Familie sind:

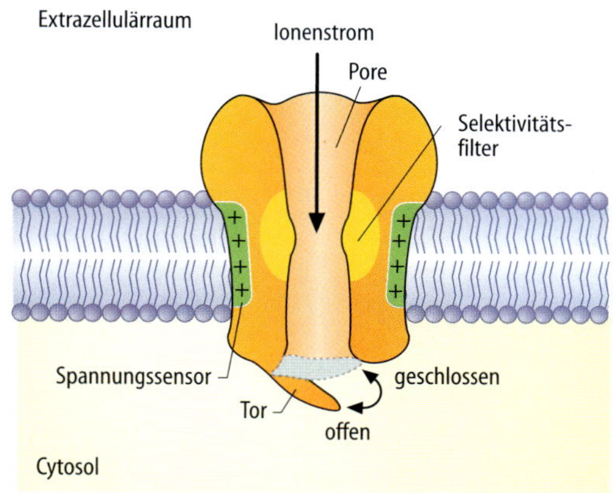

Abb. 31.5. Schematisches Modell eines spannungsregulierten Ionenkanals. Der in der Lipidmembran liegende Spannungssensor aus positiv geladenen Aminosäuren induziert das Öffnen und Schließen eines den Ionenfluss regulierenden »Tores« (*gate*). Ein in der Porenregion liegender Selektivitätsfilter ist für die Unterscheidung einzelner Ionen verantwortlich

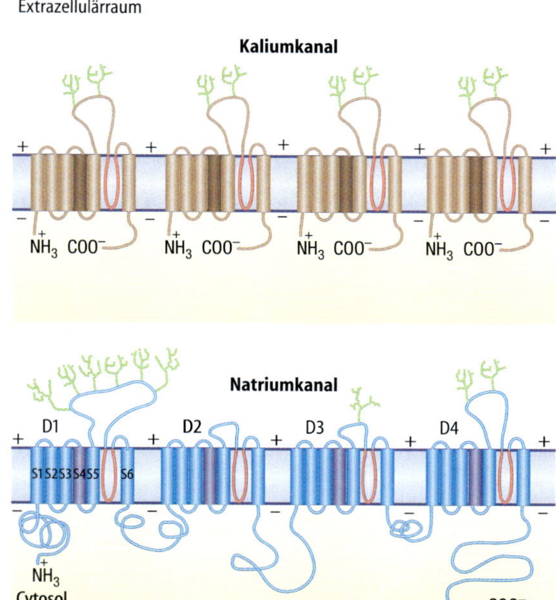

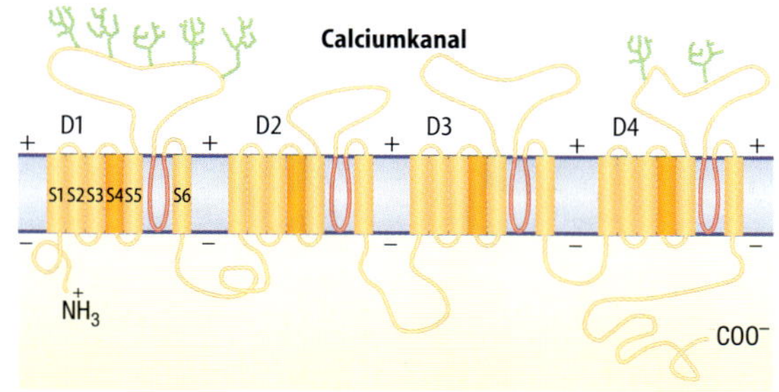

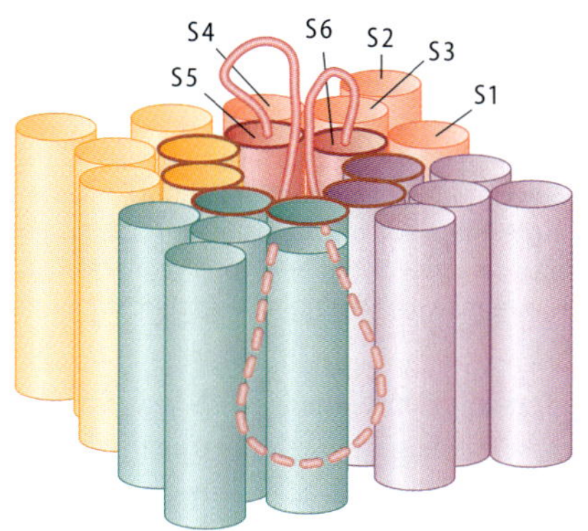

Abb. 31.6. Schematische Darstellung der Membrantopologie von spannungsregulierten Ionenkanälen. Oben: Spannungsregulierte Kaliumkanäle sind aus vier gleichen oder auch unterschiedlichen Untereinheiten D1–D4 aufgebaut, die sechs Transmembransegmente (S1–S6) besitzen. Zwischen den Transmembranhelices S5 und S6 befindet sich eine in die Membran schleifenförmig eingelagerte Porensequenz (P-Schleife, *rot*), die den Ionenkanal auskleidet. Natrium- und Calciumkanalproteine bestehen jeweils aus einer sehr langen Polypeptidkette, die vier zu Kaliumkanaluntereinheiten homologe Domänen (D1–D4) umfasst. Unten: Durch Assoziation der vier P-Schleifenregionen wird die zentrale Pore des Ionenkanals gebildet. Aus Gründen der Übersichtlichkeit ist nur eine Schleife gezeigt

Spannungsregulierte Kaliumkanäle bestehen aus **vier Untereinheiten** mit jeweils einem 6-TM-Motiv, die durch nicht-covalente Wechselwirkungen zusammengehalten werden (◘ Abb. 31.6). Kaliumkanäle kommen als Homotetramere mit gleichen oder als Heterotetramere mit unterschiedlichen **Untereinheiten** vor. Die einzelnen Untereinheiten werden von mehr als 10 Genen codiert, die wiederum durch alternatives Spleißen in verschiedenen Varianten auftreten können. Durch vielfältige Kombinationen dieser Genprodukte entsteht eine Vielzahl von Kaliumkanal-Isoformen.

Im Gegensatz zu den tetrameren Kaliumkanälen bestehen **spannungsregulierte Natrium- und Calciumkanäle** aus **einer Polypeptidkette** mit etwa 2000 Aminosäuren, die sich auf 4 homologe Domänen (D1, D2, D3, D4) mit je einem 6-TM-Motiv verteilen (◘ Abb. 31.6). Zu dieser Gruppe gehört auch der Spannungssensor des Skelettmuskels, der ein Calciumkanal vom L-Typ ist (► Kap. 25.4.5).

! Unterschiedliche Segmente der Kanalproteindomänen bilden die Pore und den Spannungssensor.

Verschiedenen strukturellen Elementen der o.g. Motive können besondere Funktionen zugeordnet werden:

- Die Helices **S5 und S6** der vier 6-TM-Motive bilden mit den sie verbindenden Peptidschleifen **die Pore des Ionenkanals**. Die Peptidschleifen bestehen aus etwa 21 Aminosäuren, die eine beta-Haarnadelstruktur bilden (► Kap. 3.3.3). Zusammen bilden die vier Haarnadelstrukturen ein beta-Fass (die Pore umgebenden TIM-*Barrel*, benannt nach dem Enzym Triosephosphat-Isomerase), durch das nach Aktivierung des Kanals Ionen permeieren können (◘ Abb. 31.7)
- Das Segment **S4** enthält eine hohe Anzahl positiv geladener Aminosäureseitenketten (Lys, Arg) und dient

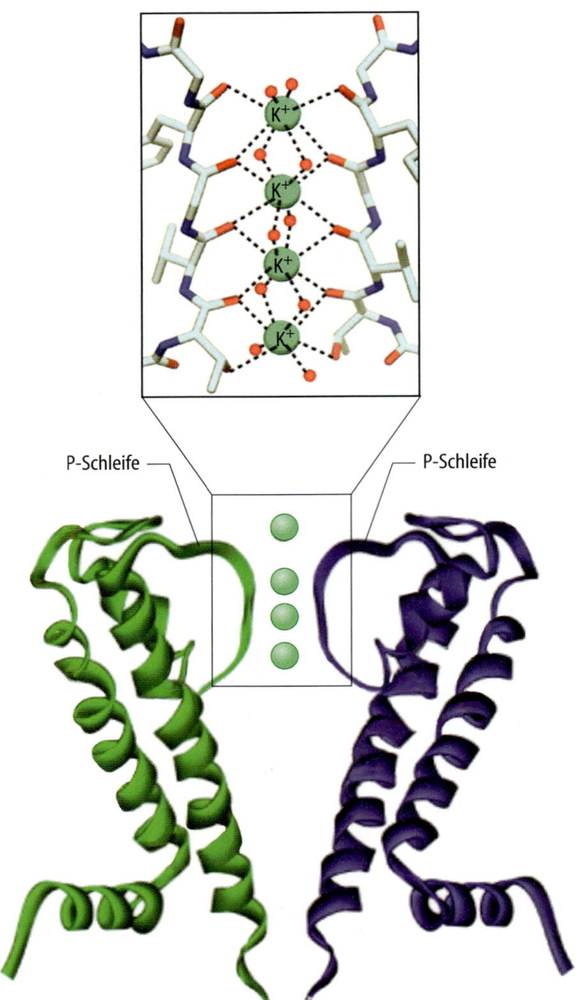

Abb. 31.7. Der Selektivitätsfilter des K^+ Kanals. Die Abbildung zeigt die zentrale Kristallstruktur eines bakteriellen Kaliumkanalproteins, das seine Organisation mit neuronalen Kaliumkanälen teilt. *Unten*: Die P-Schleifen bilden die Engstelle in der Kanalpore zwischen den S5 und S6 entsprechenden Transmembranhelices. *Oben*: Vergrößerung der P-Schleifenregion mit gebundenen K^+ Ionen. Interaktionen mit Carbonylgruppen des Polypeptidgerüsts vermitteln die Ionenselektivität und Entfernung der Hydrathülle für durchtretende K^+ Ionen

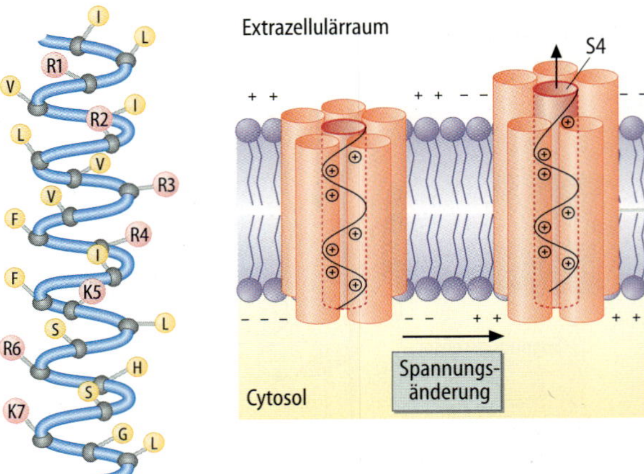

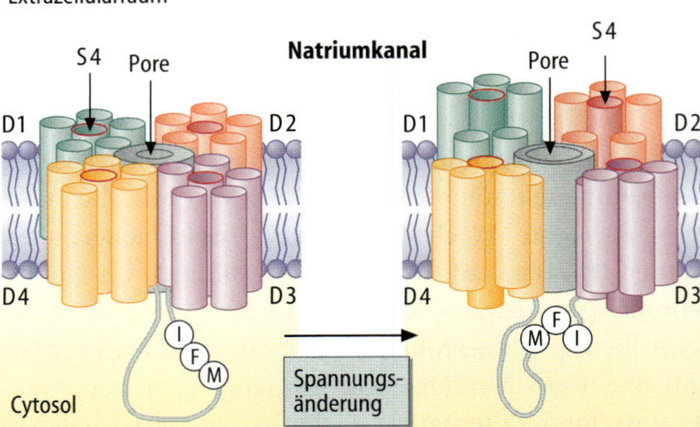

Abb. 31.8. Modell der Öffnung und Schließung des Natriumkanals. Oben: Die Transmembranhelix S4 wirkt als Spannungssensor, da sie in jeder dritten Position positiv geladene Aminosäuren enthält (Arginin R und Lysin K), zwischen denen hydrophobe Aminosäuren liegen. Unter dem Einfluss elektrostatischer Kräfte, d.h. bei Membrandepolarisation, ändert Helix S4 deshalb zusammen mit den Helices S1–S3 ihre Position in der Membran. Unten: Die gleichzeitige Positionsänderung aller vier Spannungsfühler öffnet den Kanal. Diese Konformationsänderung leitet die nachfolgende Schließung ein, bei der die intrazelluläre Peptidschleife zwischen den Domänen D3 und D4 mit einem kritischen Phenylalaninrest (F) die Pore okkludiert

zusammen mit den Helices **S1–S3** als **Spannungssensor**, der seine Lage bei Änderungen des Membranpotentials wie ein Magnet in einem elektrischen Feld wechselt (Abb. 31.8). Diese Konformationsänderung führt zur Öffnung des Kanals, wenn die Membran depolarisiert wird

- Bei Natrium- und Calciumkanälen dient die cytosolische Schleife, die das Segment S6 der Domäne 3 mit dem Segment S1 der Domäne 4 verbindet, der **Kanalinaktivierung**. Durch Lagewechsel bei Membrandepolarisation wirken die geladenen Aminosäuren dieser Schleife als Tor und schließen den Kanal durch Blockade der inneren Öffnung der Pore (Abb. 31.8). Beim Kaliumkanal unterscheidet sich der Mechanismus des Torschlusses geringfügig, da diese Kanäle aufgrund ihrer Tetramerstruktur eine andere Architektur besitzen. Hier wirken die cytoplasmatischen N-Termini als Kanalverschluss (sog. *ball-and-chain* Mechanismus)

Das S4-Segment von spannungsregulierten Ionenkanälen ist ein Spannungsmessfühler, dessen Positionsänderung die von der S5–S6-Schleife gebildete Kanalpore öffnet. Bewegliche intrazelluläre Domänen können den Ionenkanal inaktivieren.

Die Inaktivierung eines Ionenkanals ist kein direktes Rückversetzen der S4-Domänen in den Ruhezustand, sondern erfolgt über einen inaktivierten, geschlossenen Zustand des Kanalproteins. Dies verhindert seine sofortige Reaktivie-

Tabelle 31.3. Ionenkanalerkrankungen

Ionenkanal	Mutiertes Gen	Betroffene Untereinheit	Krankheit
Na^+	SCN1A	α1	Epilepsie mit Fieberkrämpfen, Myoklonusepilepsie
Na^+	SCN1B	β1	Epilepsie mit Fieberkrämpfen
K^+	KCNA1	α (Kv1.1)	Episodische Ataxie
K^+	KCNQ1	α (Kv7.1)	Herzrhythmusstörungen (long QT-Syndrom)
Ca^{2+}	CACNA1A	α1A	familiäre hemiplegische Migräne, Ataxie (SCA6)
Ca^{2+}	CACNA1S	α1S	hypokaliämische periodische Paralyse, maligne Hyperthermie
Cl^-	CLCN1	α	Myotonia congenita

Mutationen in den die Untereinheiten von Ionenkanälen kodierenden Genen führen abhängig von deren hauptsächlichen Expressionsorten zu Krankheiten mit unterschiedlichen Symptomen. So können Mutationen der im ZNS exprimierten α1A-Untereinheit des spannungsregulierten Calciumkanals eine mit Lähmungen einhergehenden Form der Migräne oder Ataxie auslösen, während Mutationen der im Skelettmuskel vorkommenden Calciumkanaluntereinheit α1S Muskellähmungen hervorrufen. Vergleichbares gilt für Kaliumkanäle: Ist das im ZNS exprimierte Gen KCNA1 mutiert, resultiert eine Ataxie, während Mutationen des im Herzen exprimierte Gens KCNQ1 zu tödlichen Herzrhythmusstörungen führen können.

rung, was für die **gerichtete Ausbreitung von Aktionspotentialen** von entscheidender Bedeutung ist.

Eine wichtige Eigenschaft von Ionenkanälen ist ihre **Ionenselektivität**. Diese wird durch von geladenen Aminosäureseitenketten gebildeten Ionenbindungsstellen in der Kanalpore erzeugt, welche spezifische Ionen von Bindungsstelle zu Bindungsstelle weitergeben und so einen **elektrostatisch unterstützten Ionenfluss** erlauben. Geringfügige Unterschiede in der Position, Größe und Ladung der diese Bindungsstellen bildenden Aminosäuren sind für die Selektivität und Richtung des Ionenflusses verantwortlich. So sind bei spannungsregulierten Calcium- und Natriumkanälen geladene Aminosäurereste in der P-Schleife am Eingangsbereich der Kanalpore für die Unterscheidung der fast gleich großen Ca^{2+} und Na^+ Ionen entscheidend. In Kaliumkanälen sind Wechselwirkungen mit den Carbonylgruppen des Peptidgerüstes für das Abstreifen der Hydrathülle vom K^+ Ion und damit die Selektivität der Pore verantwortlich (Abb. 31.7).

Spannungsregulierte Chloridkanäle besitzen 12 Transmembrandomänen (S1–S12) und weichen damit von diesem Architekturprinzip ab. Der **epitheliale Chloridkanal** *(cystic fibrosis transmembrane conductance regulator)* ist bei cystischer Fibrose mutiert (▶ Kap. 9.2.5).

Die Aktivität von Kanalproteinen wird von Proteinkinasen und -phosphatasen moduliert. Fast alle Ionenkanalproteine enthalten intrazelluläre Serin-, Threonin- und Tyrosinreste, die phosphoryliert und dephosphoryliert werden können. Dadurch wird die Aktivität von Ionenkanälen durch Hormone (z.B. über den Insulinrezeptor), Adenylatcyclasen oder Rezeptoren, die ihre Wirkung über G-Proteine entfalten, regulierbar (Abb. 31.9).

Pathobiochemie: Als **Ionenkanalkrankheiten** (*channelopathies*) werden angeborene neurologische Störungen und Krankheiten des Herzens, der endokrinen Drüsen und der Niere bezeichnet, die durch Mutationen von Ionenkanalgenen verursacht werden (Tabelle 31.3). Zu den neurologischen Ionenkanalkrankheiten gehören erbliche Formen der Epilepsie, Ataxien oder die mit Halbseitenlähmung einhergehende familiäre hemiplegische Migräne.

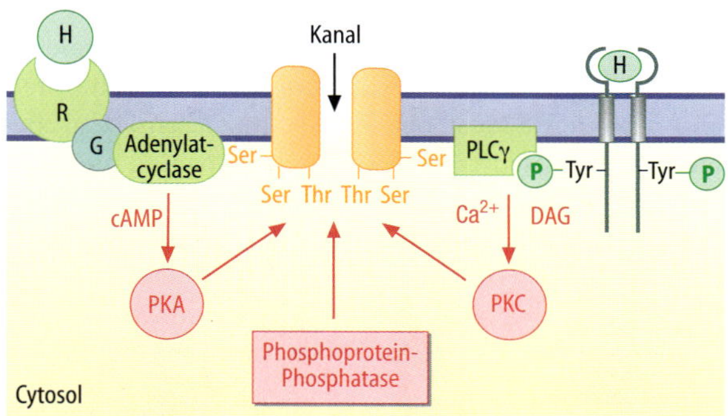

Abb. 31.9. Regulation von Ionenkanälen durch Phosphorylierung. Die Proteinkinasen A und C (ss. Kap. 25) regulieren den Ionenfluss durch die covalente Modifikation von Serin- und Threoninresten, während Phosphoproteinphosphatasen kovalent gebundenes Phosphat entfernen. H = Hormon; R = Rezeptor; G = G-Protein; PKA = Proteinkinase A; PKC = Proteinkinase C; PLC-γ = Phospholipase C γ

In Kürze

Die Entstehung des Aktionspotentials wird durch die Aktivierung spannungsregulierter Ionenkanäle gesteuert, die ein gemeinsames Bauprinzip teilen. Spannungsregulierte Natriumkanäle leiten die Membrandepolarisation ein, während Kaliumkanäle die Repolarisation vermitteln. Ionenkanäle können sich in drei verschiedenen Zuständen befinden: geschlossen, geöffnet und inaktiviert. Die schnelle Inaktivierung ist für die gerichtete Weiterleitung des Aktionspotentials von Bedeutung.

Mutationen von Ionenkanälen führen zu Ionenkanalkrankheiten.

31.2.3 Synapsen: Aufbau und Funktion

Synapsen sind für die schnelle Erregungsübertragung spezialisierte Kontaktstellen zwischen Nervenzellen. Änderungen in der Effizienz der synaptischen Erregungsübertragung werden als ursächlich für höhere Hirnfunktionen wie z.B. die Gedächtnisbildung angesehen.

Nervenzellen kommunizieren über **elektrische Synapsen**, bei denen die Zellen direkt elektrisch gekoppelt sind, oder über **chemische Synapsen** miteinander. Bei letzteren vermittelt ein chemischer Überträgerstoff (Neurotransmitter) die Signalübertragung.

! Elektrische Synapsen sind bidirektional und meistens exzitatorisch.

Elektrische Synapsen werden von *gap junctions* gebildet, die aus sechs Untereinheiten, den sog. Connexinen bestehen (► Kap. 6.1.4). Wichtig sind sie für die rasche Synchronisierung von Gruppen von Nervenzellen in Hirnarealen wie den **Oliven- und Kleinhirnkernen**. Durch die Poren der *gap junctions* können nicht nur Ionenströme, sondern auch *second messenger* wie Calcium, cAMP oder Inositolphosphate sowie Metabolite fließen. Im Gegensatz zu chemischen Synapsen wirken elektrische Synapsen meist exzitatorisch und ohne Richtungsselektivität – sie können Signale in beiden Richtungen von einer Zelle auf die andere übertragen. Die Öffnung von *gap junctions* wird u.a. vom Spannungsunterschied zwischen zwei Neuronen reguliert. Ist der Spannungsunterschied hoch, sinkt die Durchlässigkeit des Kanals.

! Chemische Synapsen benötigen Neurotransmitter zur Erregungsübertragung.

Chemische Synapsen vermitteln die Erregungsübertragung durch spezielle Botenstoffe, die **Neurotransmitter**. Diese werden aus der Nervenendigung durch ankommende Aktionspotentiale freigesetzt. Dort sind sie in speziellen Speicherorganellen, den **synaptischen Vesikeln**, angereichert (◘ Abb. 31.10). Die in den synaptischen Spalt freigesetzten Neurotransmitter diffundieren rasch zur postsynaptischen Membran der nachgeschalteten Nervenzelle und binden dort an spezifische Rezeptoren. Dies führt zu einer Änderung des Membranpotentials und kann so einen neuen elektrischen Nervenimpuls auslösen.

Anatomisch sind chemische Synapsen durch das **präsynaptische** Axonende und die darunter liegende spezialisierte **postsynaptische Membran** (◘ Abb. 31.10) der Zielzelle (ein zweites Neuron oder auch eine Muskel- oder Drüsenzelle) charakterisiert. Zwischen beiden liegt der schmale, etwa 20 nm breite **synaptische Spalt**. Jedes Neuron im ZNS ist mit durchschnittlich ca. 10^4 anderen Neuronen über chemische Synapsen verbunden, sodass im erwachsenen Gehirn ein Netzwerk mit über hunderttausend Milliarden (10^{14}) Synapsen vorliegt.

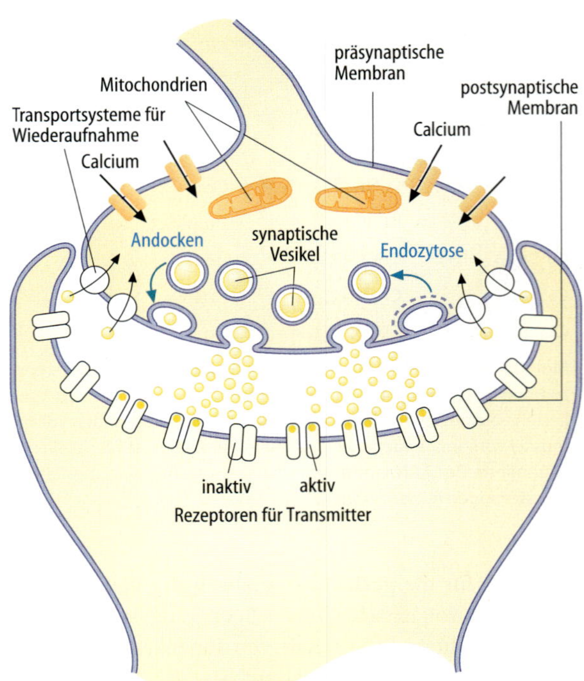

◘ **Abb. 31.10. Schematischer Schnitt durch eine chemische Synapse.** In der präsynaptischen Nervenendigung finden sich neben Mitochondrien in großer Zahl synaptische Vesikel, die mit einem oder verschiedenen Transmittern gefüllt sind. Einige dieser Vesikel sind an der präsynaptischen Plasmamembran angedockt. Die Depolarisierung der präsynaptischen Nervenendigung führt zur Öffnung spannungsregulierter Calciumkanäle und löst so die Exozytose der Transmitter aus synaptischen Vesikeln aus. Im synaptischen Spalt werden dadurch schnell hohe Konzentrationen des Transmitters erreicht, der Transmitter wird von entsprechenden Rezeptoren in der postsynaptischen Membran gebunden, wodurch die Erregung fortgeleitet wird. Anschließend wird die Vesikelmembran durch Clathrin-vermittelte Endozytose (► Kap. 6.2.4) der Wiederverwendung zugeführt

! Neurotransmitter werden von Neuronen synthetisiert, gespeichert und sezerniert.

Neben **Acetylcholin** wirken als Neurotransmitter:
- **Aminosäuren** (Glutamat, Glycin),
- **Derivate von Aminosäuren (biogene Amine)** oder
- **Peptide bzw. Polypeptide**

Nach ihrer Biosynthese im Cytosol werden Neurotransmitter mittels spezifischer Transportsysteme in die synaptischen Vesikel aufgenommen. Die ◘ Abbildung 31.11 zeigt den Aufbau eines derartigen Vesikels und die Topologie wichtiger in diesen Vesikeln identifizierter Membranproteine. Die vesikulären Neurotransmittertransporter katalysieren einen sekundär aktiven **Transmitter-Protonen-Antiport**. Für die Herstellung des benötigten Protonengradienten wird eine V-Typ-ATPase (► Kap. 6.1.5) benötigt. Meist sind in den synaptischen Vesikeln mehrere Transmitter lokalisiert, wie z.B. Acetylcholin oder Noradrenalin zusammen mit Peptidtransmittern (► Kap. 31.3.8). Auch

31

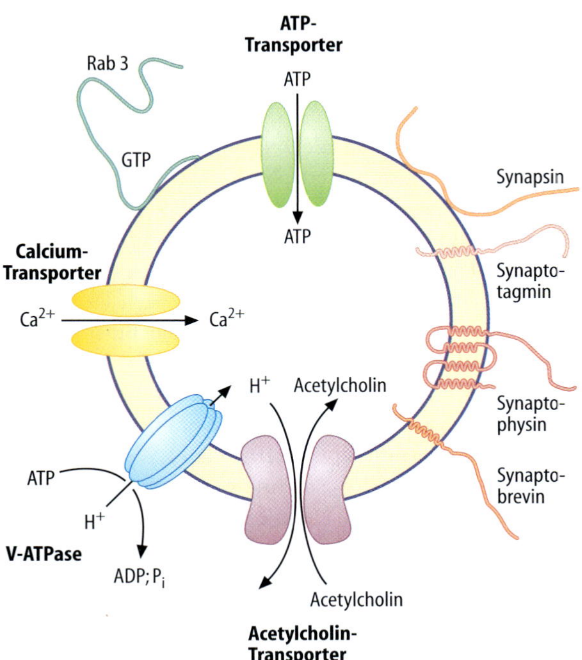

Abb. 31.11. Aufbau synaptischer Vesikel. Die Membran synaptischer Vesikel enthält Proteine für die Aufnahme von Transmittern, eine Protonen-ATPase sowie Calcium- und ATP-Transporter. Synapsin fixiert die Vesikel am Cytoskelett. Synaptobrevin und die GTPase Rab 3 sind für das Andocken an der Plasmamembran notwendig. Synaptotagmin dient als Calciumsensor. Synaptophysin ist ein sehr häufiges Vesikelmembranprotein ungeklärter Funktion

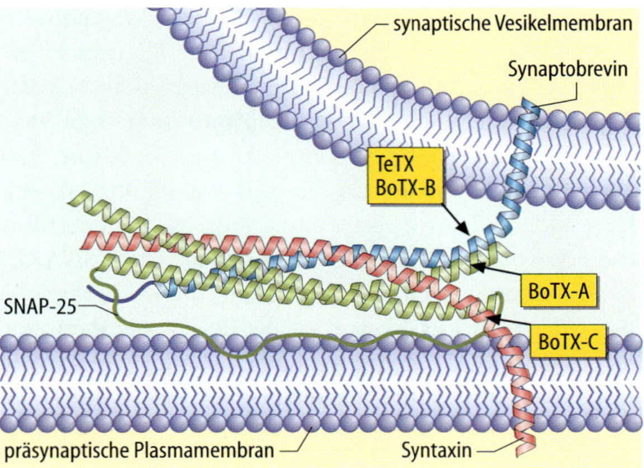

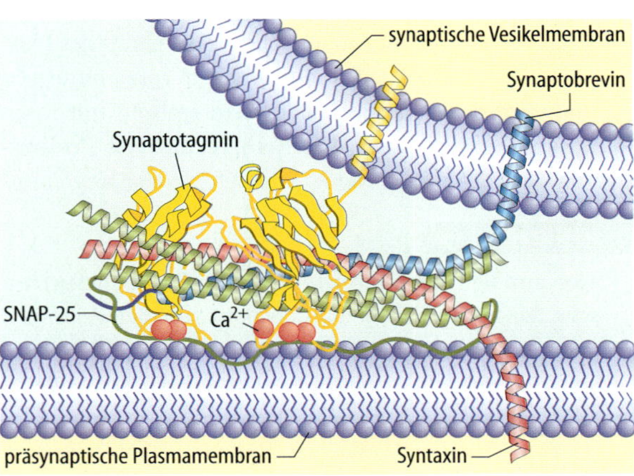

Abb. 31.12. Der synaptische Vesikel-Andockungskomplex. *Oben*: Das v-SNARE Synaptobrevin (*blau*) und die t-SNARE-Proteine Syntaxin (*rot*) und SNAP-25 (*grün*) bilden einen sehr stabilen Komplex aus vier α-Helices (sog. tetrahelicales Bündel), der die Vesikelmembran dicht an die Plasmamembran anlagert. Tetanustoxin (TeTX) und verschiedene Botulinumtoxine (BoTX-B) hemmen die Neurotransmitterfreisetzung, indem sie die SNARE-Proteine an den angezeigten Positionen spalten. *Unten*: Der »gedockte« SNARE-Komplex wird durch Synaptotagmin stabilisiert. Bei Erregung der Nervenendigung einströmendes Calcium bindet an Synaptotagmin und löst dadurch eine Konformationsänderung aus, welche die exozytotische Membranfusion einleitet

ATP wird, häufig in stöchiometrischem Verhältnis zu den Transmittern, durch ein spezifisches Transportsystem in die synaptischen Vesikel aufgenommen. Es moduliert die Transmitterwirkung über spezifische **Purinrezeptoren**. Pharmakologisch wichtig ist, dass die für die Transmitteraufnahme benötigten Antiporter durch Medikamente beeinflusst werden können. So sind **Phesamicol** bzw. **Reserpin** Hemmstoffe der Acetylcholin- bzw. katecholamin-Aufnahme in synaptische Vesikel.

Neben diesen Transportsystemen enthält die Membran synaptischer Vesikel weitere Proteine, die für Wechselwirkungen mit dem Cytoskelett und für die Neurotransmitterfreisetzung wichtig sind. **Synapsin** immobilisiert Vesikel am Cytoskelett, vor allem durch Bindung an Aktinfilamente. Diese Bindung wird durch Calcium-aktivierte Phosphorylierung von **Synapsin** aufgehoben und so die Vesikel zur Fusion und Exozytose freigegeben. Mehrere andere Proteine sind für den eigentlichen Sekretionsvorgang verantwortlich.

! Die Neurotransmitterfreisetzung aus synaptischen Vesikeln erfolgt an spezialisierten Bereichen der Plasmamembran, den sog. aktiven Zonen, und erfordert eine Vielzahl interagierender Proteine.

Das Andocken von synaptischen Vesikeln an der präsynaptischen Plasmamembran wird von **SNARE** (***s****oluble* ***N****-ethylmaleimide sensitive fusion protein* ***a****ttachment protein* ***re****ceptors*)-**Proteinen** vermittelt. SNARE-Proteine sind in allen eukaryotischen Zellen an Membranfusionen beteiligt (► Kap. 6.2.4). Die synaptischen SNARE-Proteine bilden einen sehr stabilen Andockungskomplex (Abb. 31.12). Auf der Vesikelseite ist das Protein **Synaptobrevin (syn. VAMP)** beteiligt, welches die Funktion eines **v** (*vesicular*)-**SNARE-Proteins** (► Kap. 6.2.4) übernimmt, indem es mit den **t** (*target*)-**SNARE-Proteinen Syntaxin und SNAP-25** in der präsynaptischen Plasmamembran einen aus vier α-Helices bestehenden Komplex bildet (Abb. 31.12). Dieser ternäre SNARE-Komplex ist mit regulatorischen Proteinen wie dem kleinen G-Protein **Rab3** (***ras****-related in* ***b****rain*) und dem Calcium-bindenden Vesikelprotein

Synaptotagmin assoziiert, welches bei der Vesikelfusion mit der präsynaptischen Membran als Calciumschalter wirkt. Bei Erregung der Nervenendigung durch ankommende Aktionspotentiale werden **spannungsregulierte Calciumkanäle** geöffnet, sodass es zum Einstrom von extrazellulärem Calcium in die Nervenendigung kommt. Der resultierende Anstieg des intrazellulären Calciums führt zu einer Konformationsänderung des mit dem SNARE-Komplex assoziierten Synaptotagmin, die wiederum die Fusion der gedockten Vesikel mit der Plasmamembran einleitet (◘ Abb. 31.12). Zusammenfassend handelt es sich also bei der Neurotransmitterfreisetzung um einen Spezialfall der SNARE-vermittelten Membranfusion, welcher sich durch eine strikte örtliche und zeitliche Kontrolle des Fusionsereignisses durch Proteine der aktiven Zone und Calcium auszeichnet.

Nach der Fusion der synaptischen Vesikel mit der Plasmamembran und der dadurch bewirkten Transmitterfreisetzung wird die synaptische Vesikelmembran mit ihren Membranproteinen durch **Clathrin-vermittelte Endozytose** (► Kap. 6.2.4) rasch wieder ins Cytoplasma aufgenommen und die so entstehenden Vesikel erneut der Wiederbeladung mit Neurotransmittern und der Exozytose unterworfen. Die synaptischen Vesikel durchlaufen also an der Synapse einen Lebenszyklus (Dauer ca. 30–45 sec; ◘ Abb. 31.10), welcher durch lokale Regulationsmechanismen ihr kontinuierliches *recycling* erlaubt.

Pathobiochemie: Die Toxine der Sporen bildenden Bakterien **Clostridium tetani** und **Clostridium botulinum** lösen schwere, häufig tödlich verlaufende Erkrankungen (Wundstarrkrampf bzw. Botulismus nach Fleischvergiftungen) aus, die auf einer irreversiblen Blockade der Neurotransmitterfreisetzung aus hemmenden bzw. erregenden Synapsen beruhen. Dementsprechend kommt es zu einer spastischen bzw. schlaffen Lähmung der Muskulatur. Die Toxine dieser Bakterien sind Zinkproteasen, die synaptische SNARE-Proteine hochspezifisch spalten (◘ Abb. 31.12) und so die Funktion des SNARE-Komplexes blockieren. Heute wird Botulinustoxin rekombinant hergestellt und zur lokalen Behandlung fokaler Dystonien (Blepharospasmus, Torticollis spasmodicus) und zur kosmetischen Glättung von Hautfalten eingesetzt.

In Kürze

Nervenzellen kommunizieren miteinander über **elektrische Synapsen**, die von *gap junctions* gebildet werden, oder über **chemische Synapsen**. Unter dem Einfluss eines Aktionspotentials setzen letztere aus präsynaptischen Vesikeln einen Neurotransmitter frei. Als Neurotransmitter wirken Acetylcholin, biogene Amine (z.B. Serotonin, Histamin, Tryptamin), Aminosäuren und Peptide, die zunächst über einen **Transmitter-Protonen-Antiport** in die Vesikel aufgenommen werden. Das Andocken von Vesikeln an die präsynaptische Membran und die Fusion werden durch **SNARE-Proteine** vermittelt, wobei das Vesikelprotein Synaptotagmin als Calciumschalter wirkt. Die Neurotransmitterfreisetzung wird durch Bakterientoxine gehemmt, welche als Zinkproteasen wirken und die synaptischen SNARE-Proteine spalten.

31

31.3 Chemische Signalübertragung zwischen Neuronen

31.3.1 Allgemeine Prinzipien

! Neurotransmitter lösen sehr schnelle Effekte an Ionenkanalrezeptoren und langsamere Effekte an metabotropen Rezeptoren aus.

Die postsynaptische Membran ist mit Rezeptoren für den sezernierten Transmitter dicht bestückt. Diese Rezeptoren besitzen entweder Ionenkanalfunktion, welche durch die Bindung des Transmitters reguliert wird (»**ionotrope**« **Rezeptoren**), oder sie aktivieren intrazelluläre Signalkaskaden oder Ionenkanäle über G-Proteine (»**metabotrope**« **Rezeptoren**).

! Ionotrope Rezeptoren sind aus homologen Untereinheiten aufgebaute oligomere Membranproteine.

Ionotrope Rezeptoren (**syn. liganden-gesteuerte Ionenkanäle**) sind aus 3–5 Untereinheiten aufgebaut. Sie werden in drei große Familien eingeteilt:

- **Pentamere Rezeptoren der sog. nikotinischen Acetylcholin-Rezeptor Superfamilie**
- **Tetramere ionotrope Glutamat-Rezeptoren**
- **Trimere ATP-Rezeptoren der P2X-Familie**

Die verschiedenen Rezeptorfamilien unterscheiden sich nicht nur in der Zahl ihrer Untereinheiten, sondern auch in deren Membrantopologie und der Anordnung funktioneller Domänen wie der Ligandenbindungstaschen und der Kanalporen (◘ Abb. 31.13). So wird z.B. der **Ionenkanal** der pentameren Rezeptoren von den α-Helices bildenden zweiten Transmembransegmenten der fünf Untereinheiten gebildet (► Kap. 25.3.2). In den Glutamatrezeptoren dagegen stellt das zweite Transmembransegment ähnlich wie in spannungsregulierten Kanälen eine intramembranäre Schleife dar, welche im Tetramer das Kanalinnere auskleidet und den Selektivitätsfilter bildet. Bei den einfacher aufgebauten P2X-Rezeptoren wird der Ionenkanal möglicherweise von allen sechs Transmembransegmenten des drei Untereinheiten enthaltenden Rezeptorkomplexes aufgebaut.

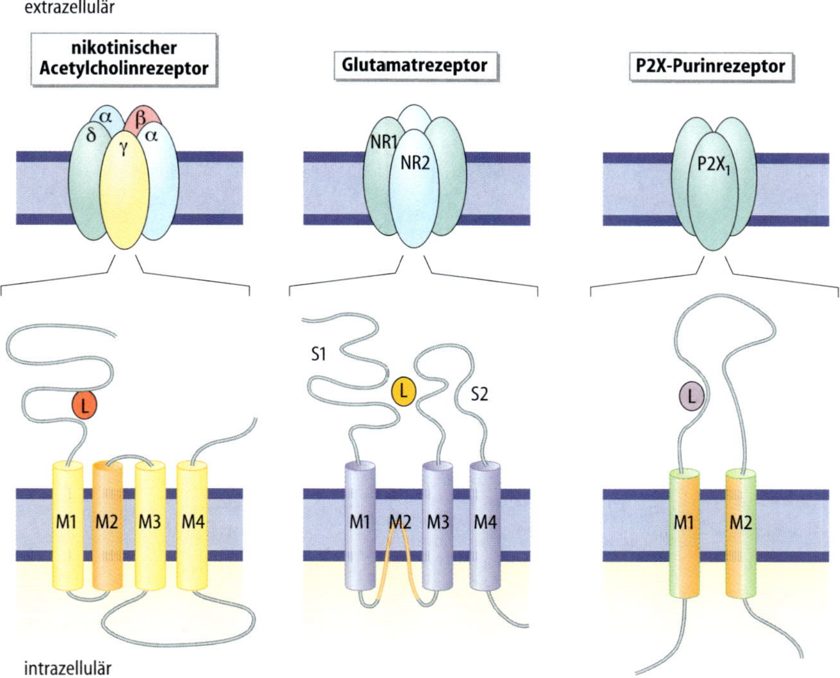

Abb. 31.13. Schematische Darstellung der Quaternärstruktur Neurotransmitter-gesteuerter Ionenkanäle und der Membrantopologien der zugehörigen Rezeptoruntereinheiten. *Oben*: Ionenkanalrezeptoren vom Typ des nikotinischen Acetylcholinrezeptors sind pentamere Membranproteine, die bis zu vier verschiedene Untereinheiten enthalten können. Glutamatrezeptoren vom AMPA-, Kainat- und NMDA-Subtyp bestehen aus vier identischen oder unterschiedlichen Untereinheiten. ATP-gesteuerte Ionenkanäle des P2X-Typs sind trimere Transmembranproteine. *Unten*: Die Untereinheiten von Rezeptoren der nikotinischen Acetylcholinrezeptorfamilie besitzen vier Transmembransegmente; das zweite Transmembransegment (*orange*) kleidet den Ionenkanal aus. Glutamatrezeptoruntereinheiten besitzen ebenfalls vier Membrandomänen; hier wird der Kationenkanal ähnlich wie bei den spannungsregulierten Ionenkanälen von der schleifenförmig in die postsynaptische Membran eintretenden Domäne M2 (*orange*) gebildet. Bei den P2X-Rezeptoren ist die Kanalregion noch nicht genau bekannt; wahrscheinlich tragen beide Transmembranregionen der Untereinheiten (*teilweise orange*) zur Pore bei. Die Neurotransmitter-Bindungsstellen (L) werden bei Rezeptoren der Acetylcholinrezeptorfamilie (und wahrscheinlich auch P2X-Rezeptoren) von den extrazellulären Domänen zweier benachbarter Untereinheiten gebildet, während bei Glutamatrezeptoren die extrazellulären Domänen S1 und S2 einer einzelnen Untereinheit das Glutamatmolekül wie Muschelschalen umschließen. Die cytoplasmatischen Domänen der Rezeptoruntereinheiten sind u.a. für den intrazellulären Transport und die synaptische Verankerung der Rezeptoren wichtig

Die »**metabotropen**« **Neurotransmitter-Rezeptoren** sind über **heterotrimere G-Proteine** an intrazelluläre Signaltransduktionskaskaden wie den cAMP-Weg oder das InsP3/DAG-System gekoppelt. Diese stimulieren z.B. die Proteinkinase A (► Kap. 25.6.2) bzw. CaM-Kinasen (► Kap. 25.4.5) und modulieren auf diese Weise die Aktivität von Ionenkanälen der postsynaptischen Membran. Häufig regulieren metabotrope Rezeptoren nachgeschaltete Ionenkanäle auch direkt, meist über G-Protein βγ-Untereinheiten. Wichtig ist, dass die Neurotransmitter Glutamat, GABA, Acetylcholin, Serotonin und der Cotransmitter ATP sowohl Ionenkanalrezeptoren als auch metabotrope Rezeptoren aktivieren. Dagegen wirken Katecholamine, Endorphine (► Kap. 31.3.8) und andere Neuropeptide ausschließlich über G-Protein gekoppelte Rezeptoren.

Die meisten Neurotransmitter-Rezeptoren kommen in **Isoformen** vor, die sich vielfach in Expressionsmuster und funktionellen Eigenschaften unterscheiden. Diese Isoformen werden von unterschiedlichen Genen codiert, was häufig zu hoher Rezeptorheterogenität führt. So sind für den ionotropen $GABA_A$-Rezeptor 17 Untereinheitengene bekannt, welche in unterschiedlichen Kombinationen zu funktionellen Kanälen zusammengesetzt werden können.

! Neurotransmitter werden nach Bindung an den Rezeptor inaktiviert.

Nach der Freisetzung und Aktivierung postsynaptischer Rezeptoren wird die Neurotransmitterwirkung entweder durch **enzymatischen Abbau** wie im Falle des Acetylcholins oder, häufiger, durch **Wiederaufnahme** in die präsynaptische Nervenendigung oder umliegende Gliazellen beendet. Diese Wiederaufnahme wird von **Neurotransmitter-Transportern** vermittelt, welche als Symporter (► Kap. 6.1.3) die Transmitter Natrium-abhängig durch die präsynaptische Membran ins Cytosol transportieren. Auch die Neurotransmitter-Transporter bilden Großfamilien, die gemeinsame Strukturprinzipien aufweisen. So teilen die Katecholamin-, Serotonin-, GABA- und Glycintransporter

Tabelle 31.4. Neurotransmitter

Transmitter Bezeichnung der entsprechenden Neuronen	Vorstufen	Vorkommen	Inaktivierung	Hemmstoffe
Acetylcholin cholinerge Neuronen	Acetyl-CoA (aus Citratzyklus) und Cholin	Motorische Endplatte, autonome Ganglien, Nucleus caudatus	Enzymatische Hydrolyse	Curare (kompetitiv am nikotischen Rezeptor) Atropin (kompetitiv am muskarinischen Rezeptor)
Dopamin (D), **Noradrenalin** (N) und **Adrenalin** (A) dopaminerge bzw. adrenerge Neuronen	Tyrosin	D: Corpus striatum, Putamen, Nucleus caudatus N: Hypothalamus, Substantia nigra A: Nebennierenmark	Vorwiegend durch Wiederaufnahme (Desaminierung, O-Methylierung)	Reserpin (hemmt Noradrenalinaufnahme in die Vesikel)
γ-Aminobutyrat gabaerge Neuronen	Glutamat (aus α-Ketoglutarat)	Purkinje-Zellen des Rückenmarks, Cortex	Wiederaufnahme	Pikrotoxin
Glycin glycinerge Neuronen	Serin (aus Glucose)	Rückenmark, Stammhirn	Wiederaufnahme	Strychnin
Serotonin serotoninerge Neuronen	Tryptophan	Hypothalamus, Nucleus caudatus, Epiphyse	Wiederaufnahme und enzymatische Methylierung oder Desaminierung	Ondansetron
Glutamat	α-Ketoglutarat (aus Citratzyklus)	Ubiquitär	Wiederaufnahme	
Endorphine und Enkephaline peptiderge Neuronen	1. Proopiomelanocortin 2. Enkephalinvorläufer 3. Dynorphinvorläufer	Pars intermedia der Hypophyse Nebennieren	Enzymatische Hydrolyse	Naloxon

31

eine gemeinsame Transmembrantopologie mit 12 Transmembrandomänen, welche sich auch bei anderen Metabolitentransportern findet.

! Die Wirkung von Transmittern kann durch Hemmstoffe selektiv blockiert werden.

Eine Reihe von Hemmstoffen kann über verschiedene Mechanismen die Wirkung von Neurotransmittern inhibieren (Tabelle 31.4). So blockiert z.B. **Reserpin** die Aufnahme von **Noradrenalin** in synaptische Vesikel und wird klinisch zur Behandlung des Bluthochdrucks eingesetzt. Synthetische Antagonisten von Neurotransmitterrezeptoren besitzen zunehmend klinische Bedeutung. So wird z.B. ein Antagonist des Subtyps 3 des Serotoninrezeptors (5-HT$_3$) gegen das Cytostatika-induzierte Erbrechen angewendet. Die Hemmung des Plasmamembran-ständigen Serotonintransporters durch spezifische Wiederaufnahmehemmer (**Imipramin**, **Fluoxetin**) stellt eine klinisch wichtigste Therapie zur Behandlung von depressiven Erkrankungen dar.

Im Folgenden sind die einzelnen Transmitter, ihre Synthese, Rezeptoren und deren Effekte dargestellt.

31.3.2 Glutamat

! Glutamat ist der wichtigste exzitatorische Neurotransmitter im ZNS. Er wirkt über verschiedene Glutamatrezeptoren, welche in ionotrope (Ionenkanalproteine) und metabotrope (G-Protein-gekoppelte) Rezeptoren eingeteilt werden.

Ionotrope Glutamatrezeptoren werden aufgrund ihrer Aktivierbarkeit durch synthetische Agonisten, die Glutamat oder Aspartat ähneln, in drei Gruppen eingeteilt:
- **AMPA**-(α-Amino-3-Hydroxy-5-Methyl-4-Isoxazolpropionat)
- **Kainat**-, und
- **NMDA**- (für N-Methyl-D-Aspartat) Rezeptoren

Die Bindung von Glutamat an diese Rezeptoren erhöht die Membranpermeabilität für Natrium- und Calciumionen und führt damit zur Erregung der Nervenzellmembran. Ionotrope Glutamatrezeptoren sind tetramere Proteine, die aus vier gleichen oder unterschiedlichen Untereinheiten aufgebaut sind. Agonisten und Antagonisten werden zwischen den extrazellulären Domänen einer Untereinheit gebunden (Abb. 31.13). Agonistenbindung bewirkt eine konformationelle Umlagerung, welche den von der Schleifenregion des zweiten Membransegments gebildeten Ionenkanal öffnet.

Ionotrope Glutamatrezeptoren, insbesondere vom NMDA-Subtyp, sind an der Gehirnentwicklung, synaptischen Plastizität und Gedächtnisbildung entscheidend beteiligt. Während AMPA- (und Kainat-) Rezeptoren allein durch Bindung von Glutamat aktiviert werden, erfordert die Öffnung von NMDA-Rezeptoren zusätzlich eine Depolarisation der postsynaptischen Plasmamembran sowie die gleichzeitige Bindung von Glycin. NMDA-Rezeptoren wirken dadurch als Koinzidenz-Detektoren für Glutamatausschüttung und Nervenzellaktivität, was zusammen mit dem von ihnen vermittelten Einstrom von Calciumionen die Langzeitpotenzierung exzitatorischer Synapsen ermöglicht.

Metabotrope Glutamatrezeptoren stimulieren über G-Proteine die Phospholipase C oder inhibieren die Adenylatcyclase. Da sie **prä- und/oder postsynaptisch lokalisiert** sind, können sie unterschiedliche Effekte auf die synaptische Erregungsübertragung ausüben. So bewirken z.B. hohe Glutamatkonzentrationen im synaptischen Spalt eine Aktivierung von präsynaptischen Glutamatrezeptoren, die über einen G-Protein-vermittelten Mechanismus den Einstrom von Calcium durch Calciumkanäle vermindert und so die Ausschüttung von Glutamat unterdrückt. Dagegen verstärkt die Aktivierung postsynaptischer metabotroper Glutamatrezeptoren die ionotrope Glutamatrezeptorantwort über eine erhöhte InsP3-Synthese, welche zur Freisetzung von Calcium aus intrazellulären Speichern führt.

Pathobiochemie: Normalerweise ist die Glutamatkonzentration in Liquor cerebrospinalis und im Extrazellulärraum des Gehirns niedrig. Bei Schlaganfall oder Schädel-Hirn-Trauma kann es jedoch zu einer ungeregelten Glutamatfreisetzung und einem Einstrom von Glutamat aus dem Blutplasma kommen, der durch die Transportsysteme nicht mehr kompensiert werden kann. Die exzessive Stimulation von ionotropen Glutamatrezeptoren führt in den betroffenen Neuronen zu einem massiven Calciumeinstrom und schließlich zum apoptotischen Zelluntergang. Dieser als Exzitotoxizität bezeichnete Pathomechanismus soll auch zum Nervenzelluntergang bei Epilepsien und neurodegenerativen Krankheiten beitragen.

31.3.3 Acetylcholin

! Acetylcholin ist der einzige Neurotransmitter, der nicht aus Aminosäuren oder deren Derivaten besteht.

Acetylcholin, der Essigsäureester des Aminoalkohols Cholin, wirkt als Neurotransmitter
- an der motorischen Endplatte
- in Ganglien des autonomen Nervensystems und
- an cholinergen Synapsen in Gehirn und Rückenmark

Acetylcholin wird aus Cholin und Acetyl-CoA durch das Enzym **Cholinacetyltransferase** im Cytosol der Nervenendigungen gebildet und anschließend in synaptische Vesikel aufgenommen (Abb. 31.14). An der neuromuskulären Synapse führt die Freisetzung von Acetylcholin in den synaptischen Spalt (ca. 10^7 Moleküle pro Impuls) zur Aktivierung des **nikotinischen Acetylcholin-Rezeptors**, des am besten erforschten Mitglieds der Familie der pentameren Neurotransmitterrezeptoren. Die im Muskel exprimierte Variante dieses Glycoproteins besteht aus 4 homologen Untereinheiten mit der Stöchiometrie $\alpha_2\beta\gamma\delta$ (Abb. 31.14). Neuronale nikotinische Acetylcholin-Rezeptoren sind dagegen entweder nur aus α-Untereinheiten aufgebaut oder Heteropentamere aus α- und β-Untereinheiten. Jede Untereinheit umfasst eine große N-terminale Region sowie vier Transmembrandomänen (M1–M4). Die **Bindungsstelle für Acetylcholin** liegt an der Kontaktfläche zwischen den α-Untereinheiten und ihren jeweiligen Nachbarn.

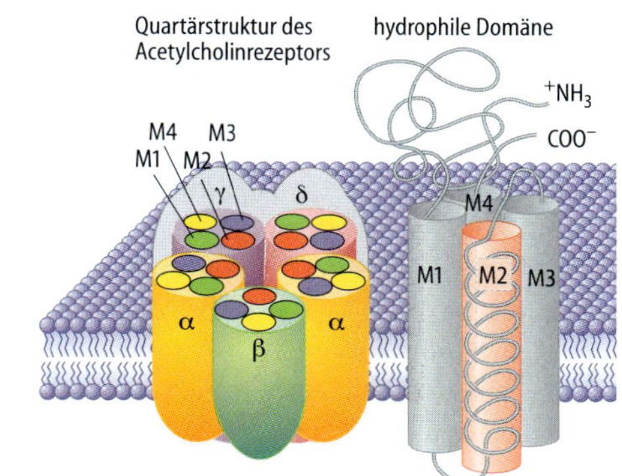

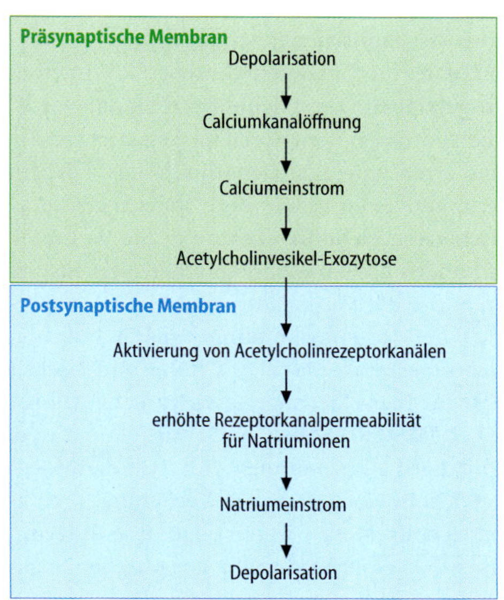

Abb. 31.14. Molekülstruktur des nikotinischen Acetylcholinrezeptors an der neuromuskulären Endplatte. a Die fünf Untereinheiten (2α,β,γ,δ) sind pseudosymmetrisch um den zentralen Kationenkanal angeordnet. Jede Untereinheit besitzt eine lange extrazelluläre Domäne und vier Transmembransegmente M1–M4. Der Ionenkanal entsteht durch Assoziation der fünf M2-Helices (*rot*). Die α-Untereinheiten sind für die Bindung von Acetylcholin besonders wichtig. **b** Abfolge der molekularen Vorgänge zwischen der Depolarisation der präsynaptischen Membran und der postsynaptischen Erregung

Nikotinische Acetylcholinrezeptoren sind unselektive Kationenkanäle.

Ebenso wie bei den ionotropen Glutamatrezeptoren befindet sich der **Ionenkanal** im Zentrum des Rezeptorproteins (▣ Abb. 31.14). Die Bindung von Acetylcholin verursacht über einen allosterischen Effekt eine Konformationsänderung und damit die Öffnung des **Kationenkanals**. Dieser wird durch Assoziation der fünf M2-Segmente gebildet und erlaubt im geöffneten Zustand den Einstrom einwertiger Kationen ins Cytosol. Aufgrund der Potentialverhältnisse an der postsynaptischen Membran fließen Natriumströme ins Zellinnere, die zu einer Depolarisation, dem exzitatorischen postsynaptischen Potential, führen.

Im Gehirn und anderen Geweben kommen auch G-Protein-gekoppelte Acetylcholinrezeptoren vor. Da sich diese metabotropen Rezeptoren im Gegensatz zu den ligandenregulierten Ionenkanälen durch das Fliegenpilzgift Muskarin aktivieren lassen, bezeichnet man sie als **muskarinische Acetylcholinrezeptoren**. Sie vermitteln auch die Wirkungen des parasympathischen Nervensystems auf Drüsen und glatte Muskulatur.

Nach der Rezeptorbindung wird Acetylcholin von **Acetylcholinesterase** rasch zu Cholin und Acetat hydrolysiert, sodass der Übertragungsvorgang in Millisekunden beendet ist (▣ Abb. 31.15). Cholin wird erneut in die Nervenendigungen aufgenommen und steht damit wieder für die Acetylcholinbiosynthese zur Verfügung.

31

Acetylcholinesterase ist ein oligomeres Enzym, dessen Isoformen hochkonzentriert im synaptischen Spalt vorliegen. An der motorischen Endplatte ist das Enzym über eine Kollagentripelhelix an die Basalmembran gebunden, während es an zentralnervösen Synapsen über einen lipophilen Glycosylphosphatidylinositol(GPI)-Anker in die postsynaptische Membran insertiert ist. Ein katalytischer Serinrest im aktiven Zentrum der Acetylcholinesterase stellt den Angriffspunkt von reversiblen **Acetylcholinesterasehemmern** wie Physostigmin dar. Diese Medikamente werden bei Myasthenia gravis und Demenzen eingesetzt, um die Acetylcholinkonzentration im synaptischen Spalt zu erhöhen und die Übertragungseffizienz zu verbessern. Den katalytischen Serinrest covalent modifizierende Organophosphate haben als hochtoxische Insektizide und Kampfgase Verwendung gefunden.

Pathobiochemie: Myasthenia gravis ist eine Autoimmunkrankheit, bei der sich Antikörper gegen den nikotinischen Acetylcholinrezeptor der neuromuskulären Synapse bilden. Die motorische Endplatte wird durch diese Immunreaktion geschädigt und die neuromuskuläre Signalübertragung gestört. Dadurch kommt es zu einer belastungsabhängigen Schwäche der Skelettmuskulatur. Häufig sind die Lidheber des Auges so stark betroffen, dass sich die Lider über das Auge senken und den Blick des Patienten stören. Acetylcholin wird durch Esterasen in der postsynaptischen Membran abgebaut.

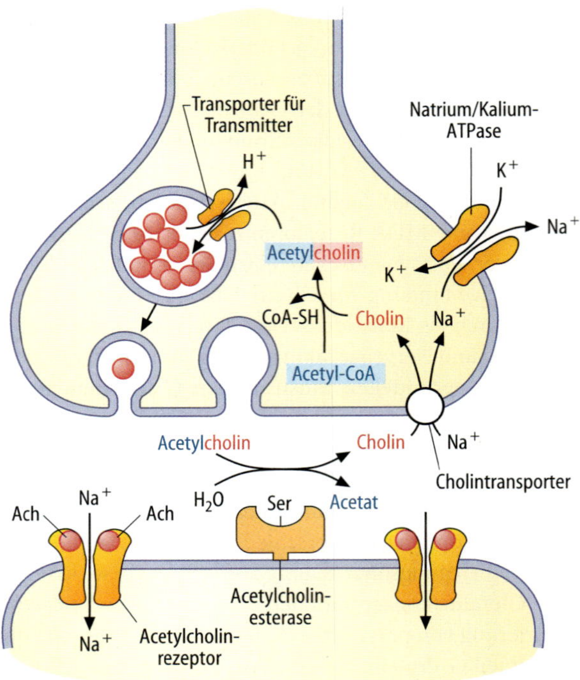

▣ Abb. 31.15. Abbau und Wiederaufnahme von Acetylcholin. Die für den Acetylcholinabbau benötigten Acetylcholinesterasen sind membrangebundene, meist oligomere Enzyme. Sie sind je nach Typ der Synapse über eine Kollagentripelhelix oder einen GPI-Anker in der Membran verankert. Cholin wird durch entsprechende Transporter in die präsynaptische Nervenendigung transportiert, durch das Enzym Cholinacetyltransferase mit Acetyl-CoA verestert und dann in synaptische Vesikel aufgenommen aus denen Acetylcholin wieder freigesetzt werden kann. Der katalytische Serinrest im Zentrum der Acetylcholinesterase ist eingezeichnet

31.3.4 Glycin und γ-Aminobutyrat (GABA)

Glycin ist der wesentliche **inhibitorische Transmitter** im Rückenmark und Stammhirn, während **GABA** auf fast alle Neurone des Gehirns hemmend wirkt.

GABA (γ-Aminobutyrat) wird in einer Pyridoxalphosphat-abhängigen Reaktion durch **Decarboxylierung von Glutamat** gebildet. In Nerven- und Gliazellen wird diese Reaktion durch Glutamatdecarboxylase I, in anderen Geweben durch Glutamatdecarboxylase II katalysiert (▣ Abb. 31.16).

Glycin- und $GABA_{A/C}$-Rezeptoren sind Neurotransmitter-gesteuerte Chloridkanäle.

$GABA_A$-, $GABA_C$- und Glycinrezeptoren sind Liganden-gesteuerte **Anionenkanäle**, die zur pentameren Actylcholinrezeptorfamilie gehören, während der **metabotrope $GABA_B$-Rezeptor** mit **Adenylatcyclase** und dem **Phosphoinositolstoffwechsel** verbunden ist. In adulten Nervenzellen bewirkt die Aktivierung von Glycin- und $GABA_{A/C}$-Rezeptoren den **Einstrom von Chloridionen** ins Cytosol

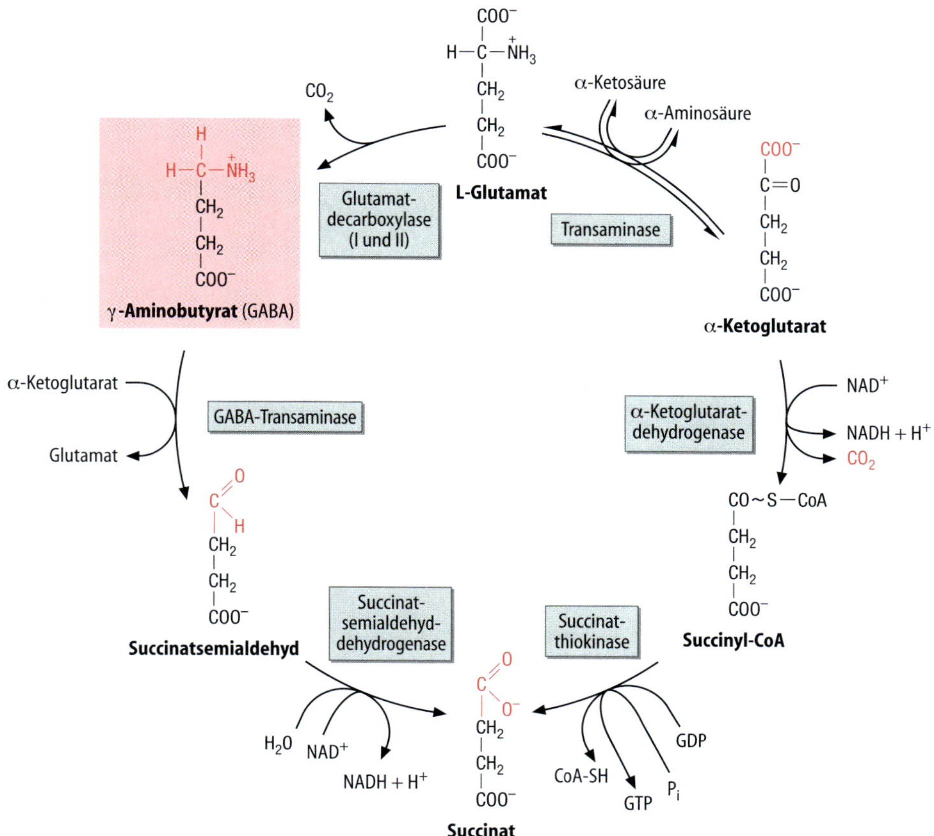

Abb. 31.16. GABA-Shunt. *Links*: Bildung von γ-Aminobutyrat aus L-Glutamat durch Decarboxylierung und Abbau zu Succinat. *Rechts*: Umwandlung von Glutamat über α-Ketoglutarat zu Succinat über die Reaktionen des Citratzyklus

und damit eine Hyperpolarisation der Zellmembran, welche die Auslösung eines Aktionspotentials erschwert und die neuronale Aktivität hemmt. Auch diese Rezeptoren existieren in mehreren Isoformen, die in verschiedenen Gehirnregionen exprimiert werden und sich pharmakologisch unterscheiden. So kommt die sedierende und angstlösende Wirkung von **Benzodiazepinen** durch eine selektive Bindung an solche $GABA_A$-Rezeptoren zustande, deren γ-Untereinheit eine passende Bindungsstelle aufweist. Auch **Alkohol, Anästhetika und Barbiturate** greifen an $GABA_A$-Rezeptoren an und verstärken deren hemmende Wirkung.

Nach der Rezeptorbindung werden Glycin und GABA durch Transporter wieder in die Nervenendigungen aufgenommen und erneut in synaptischen Vesikeln gespeichert. Ein Teil des aufgenommenen GABA wird durch Transaminierung zu Succinatsemialdehyd, welcher zur Dicarbonsäure dehydriert wird, enzymatisch inaktiviert (Abb. 31.16). Dadurch wird die intramitochondriale α-Ketoglutaratdehydrogenase-Reaktion (dehydrierende Decarboxylierung von α-Keto-glutarat zu Succinyl-CoA) umgangen. Dieser sog. GABA-*Shunt* (Nebenweg) findet sich auch in der Nierenrinde.

Pathobiochemie: Mutationen in Untereinheiten des inhibitorischen Glycin-Rezeptors können zu einer ausgeprägten Schreckreaktion auf sensorische Reize (Startle-Syndrom; Hyperekplexie), einem erhöhtem Muskeltonus und in schweren Fällen zu Atemstörungen führen. Dagegen sind Mutationen in $GABA_A$-Rezeptoren für unterschiedliche Formen von Epilepsie verantwortlich. Autoantikörper gegen Glutamatdecarboxylase I haben das *stiff-person*-Syndrom zur Folge, eine neurologische Krankheit mit stark erhöhtem Muskeltonus infolge einer verminderten GABA-ergen Hemmung.

31.3.5 Dopamin, Noradrenalin und Adrenalin

Dopamin, Noradrenalin und Adrenalin werden aus Tyrosin synthetisiert.

Diese Transmitter sind Zwischenprodukte eines gemeinsamen Biosynthesewegs, der von der aromatischen Aminosäure **Tyrosin** ausgeht. Je nach Enzymausstattung der Nervenendigung findet sich entweder **Dopamin** als Endprodukt oder, bei zusätzlicher Gegenwart der Dopamin-β-Hydroxylase, **Noradrenalin**. Bilden die Neurone außerdem das Enzym Phenylethanolamin-N-methyltransferase, so entsteht **Adrenalin** (► Kap. 26.3.2). Diese Neurotransmitter wirken auf **metabotrope G-Protein-gekoppelte Rezeptoren**, welche ebenso wie andere Neurotransmitterrezeptoren eine ausgeprägte Heterogenität aufweisen und sowohl auf Neuronen als auch auf Effektorzellen vorkommen. Für Dopaminrezeptoren sind mindestens 5 verschiedene Subtypen (D1–D5) bekannt; adrenerge Rezeptoren werden in ► Kap. 26.3.4 diskutiert.

In den Nervenendigungen werden die Katecholamintransmitter in speziellen **elektronendichten Vesikeln** (*dense core vesicles*) gespeichert. Diese Vesikel enthalten auch die Neuropeptide (► Kap. 31.3.8), während die Aminosäuretransmitter Glutamat, Glycin und GABA oder Acetylcholin in kleinen klaren synaptischen Vesikeln vorliegen. Nach ihrer Freisetzung werden Dopamin, Adrenalin und Noradrenalin durch Transporter wieder in die Nervenendigung aufgenommen. Diese Transporter stellen nicht nur Pharmakawirkorte, sondern auch Zielstrukturen von Suchtgiften wie Cocain dar. Ein Teil der wieder aufgenommenen Katecholamine wird in den Mitochondrien durch **Monoaminoxidasen** (MAO Typ A und B) und **Catechol-O-methyltransferase** (COMT) abgebaut (► Kap. 26.3.5). Obwohl diese enzymatische Inaktivierung nur einen Bruchteil ausmacht, reicht die Menge der freigesetzten Metaboliten aus, um Störungen im Stoffwechsel dieser Transmitter zu erkennen (► Kap. 26.3.4).

31

Pathobiochemie: Dopaminmangel infolge eines Verlusts von melaninhaltigen Neuronen der Substantia nigra führt zu Morbus Parkinson.

Bei Schüttellähmung, dem Morbus Parkinson, kommt es zu einem Untergang von dopaminergen Neuronen der Substantia nigra. Dadurch ist der Dopamingehalt in den Zielgebieten dieser Neurone, dem **Putamen** und dem **Nucleus caudatus,** deutlich verringert. Dadurch wird ein für die extrapyramidale Motorik wichtiges Gleichgewicht zwischen cholinergen und dopaminergen Neuronen gestört, was als Bewegungsstörung mit Steifigkeit (Rigor) und Zittern (Tremor) der Extremitäten und Bewegungsarmut (Akinese) sichtbar wird. Diese Symptomatik lässt sich durch Gabe von **Acetylcholinantagonisten** oder durch Substitution des fehlenden Transmitters **Dopamin** mildern. Da aber Dopamin die Blut-Hirn-Schranke nicht passieren kann, verabreicht man die Vorstufe 3,4-Dihydroxy-L-Phenylalanin (L-Dopa), welche aktiv ins ZNS aufgenommen wird.

31.3.6 Serotonin

Serotonin entsteht durch Decarboxylierung von Tryptophan.

Serotonin ist das hydroxylierte biogene Amin der essentiellen Aminosäure Tryptophan (5-Hydroxytryptamin). Es wird im Zentralnervensystem (Bulbus olfactorius, Diencephalon, insbesondere Hypophyse und Mesencephalon) und in den enterochromaffinen Zellen des Magen-Darm-Trakts (zu 90%) synthetisiert. Im Blut wird es in Thrombozyten gespeichert und aus diesen freigesetzt (► Kap. 29.4).

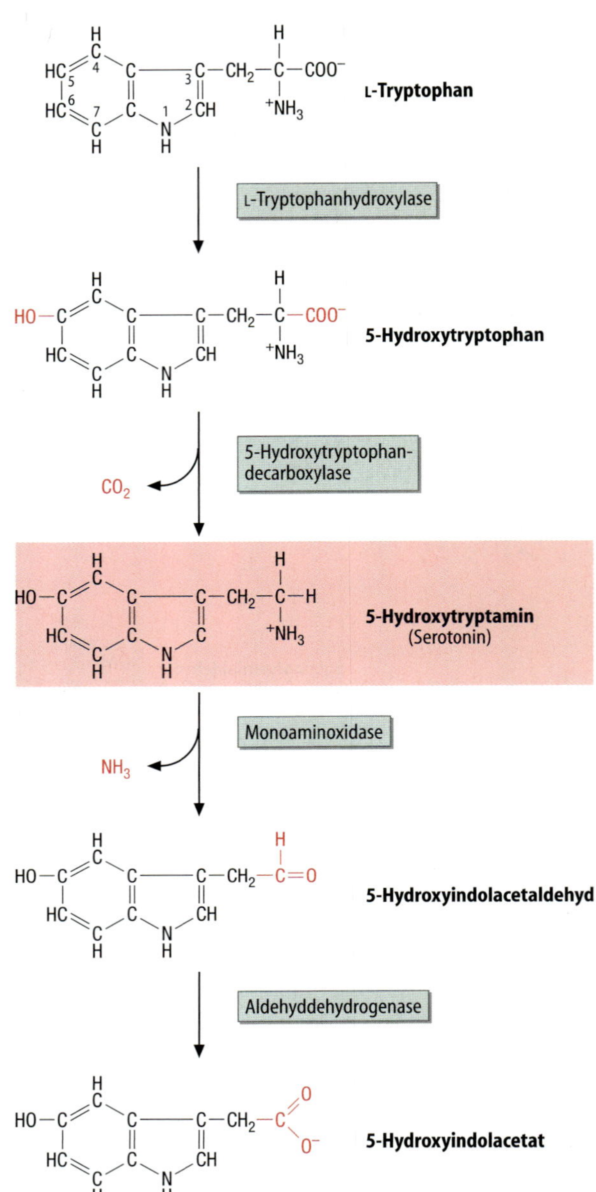

Abb. 31.17. Biosynthese und Abbau von Serotonin

Serotoninbiosynthese: Tryptophan wird über Transporter ins Gehirn aufgenommen, die es mit den verzweigtkettigen Aminosäuren (Valin, Leucin und Isoleucin), Phenylalanin und Tyrosin teilt. Anschließend erfolgt wie bei der Dopaminsynthese aus Tyrosin (► Kap. 26.3.2) zunächst eine Hydroxylierung am Indolring, wodurch 5-Hydroxytryptophan entsteht (Abb. 31.17). Das beteiligte Enzym, die **Tryptophanhydroxylase**, besitzt eine ungewöhnlich hohe Michaelis-Konstante (► Kap. 4.4.1), sodass das Tryptophanangebot die Geschwindigkeit der Serotoninbiosynthese bestimmt. Anschließend erfolgt eine Pyridoxalphosphat-abhängige Decarboxylierung zu 5-Hydroxytryptamin. Serotonin wird wie andere Neurotransmitter auch in Vesikeln in der Nervenendigung gespeichert und nach Stimulation in den synaptischen Spalt freigesetzt.

! Serotonin wirkt über metabotrope und ionotrope Rezeptoren.

Serotoninrezeptoren finden sich auf Neuronen, Gliazellen, glatter Muskulatur, Endothel- und Epithelzellen und Thrombozyten. Überwiegend werden G-Protein-gekoppelte Antworten ausgelöst, die zur Hemmung oder Stimulierung der Adenylatcyclase oder zur Stimulierung der Phospholipase C führen (▶ Kap. 25.6.3). Pharmakologisch lassen sich diese Rezeptoren in verschiedene Subtyp-Klassen ($5HT_1$, $5HT_2$, $5HT_4$) einteilen. Der $5HT_3$-Rezeptor ist dagegen ein pentamerer Liganden-regulierter Ionenkanal, welcher eine Depolarisation der Nervenzellmembran verursacht und aus homologen Untereinheiten mit 4 Transmembransegmenten besteht.

Durch die verschiedenen Rezeptoren werden unterschiedliche biologische Effekte vermittelt:

- $5HT_1$-Rezeptoren verursachen eine **Relaxation** der glatten Muskulatur in Gefäßen und im Gastrointestinaltrakt und eine **Kontraktion** kranialer Blutgefäße
- $5HT_2$-Rezeptoren bedingen eine **Kontraktion** der glatten Muskulatur und **Plättchenaggregation**
- $5HT_3$-Rezeptoren sind an der Entstehung von Übelkeit, Erbrechen, Schmerzen und Angst beteiligt. $5HT_3$-Rezeptorantagonisten besitzen deshalb eine wichtige Bedeutung bei der Behandlung von Übelkeit und Erbrechen

Der Abbau von 5-Hydroxytryptamin erfolgt durch die mitochondriale **Monoaminoxidase-Typ A.** Dabei entsteht 5-Hydroxyindolacetaldehyd, dessen Dehydrierung zu 5-Hydroxyindolacetat führt (Abb. 31.17), das in den Urin ausgeschieden wird (täglich 10–40 mmol).

! Pathobiochemie: Tumoren enterochromaffiner Zellen bilden vermehrt Serotonin.

Carcinoide sind Tumoren der enterochromaffinen Zellen, die meist im Dünndarm auftreten und Serotonin bilden. Die Serotoninkonzentration im Blut ist erhöht und **5-Hydroxyindolacetat**, das Abbauprodukt von 5-Hydroxytryptamin, wird vermehrt im Urin ausgeschieden. Die Lebermetastasen dieser Tumoren bilden im Gegensatz zur gesunden Leber große Mengen an **Kallikrein**. Dieses Enzym setzt aus dem Kininogen des Blutplasmas **Kinine** (Kallidin und Bradykinin) frei. Die erhöhten Serotonin- und Bradykininkonzentrationen im Blut lösen die Symptomatik des Carcinoids (Anfälle mit purpurroter Verfärbung der Haut, Koliken, Diarrhö und Asthma) aus. Bei Diagnosestellung durch quantitative Bestimmung der 5-Hydroxyindolacetat-Konzentration im 24-Stunden-Urin ist darauf zu achten, dass während der Urinsammlung stark Serotonin-haltige Früchte (Bananen, Walnüsse und Ananas) gemieden werden.

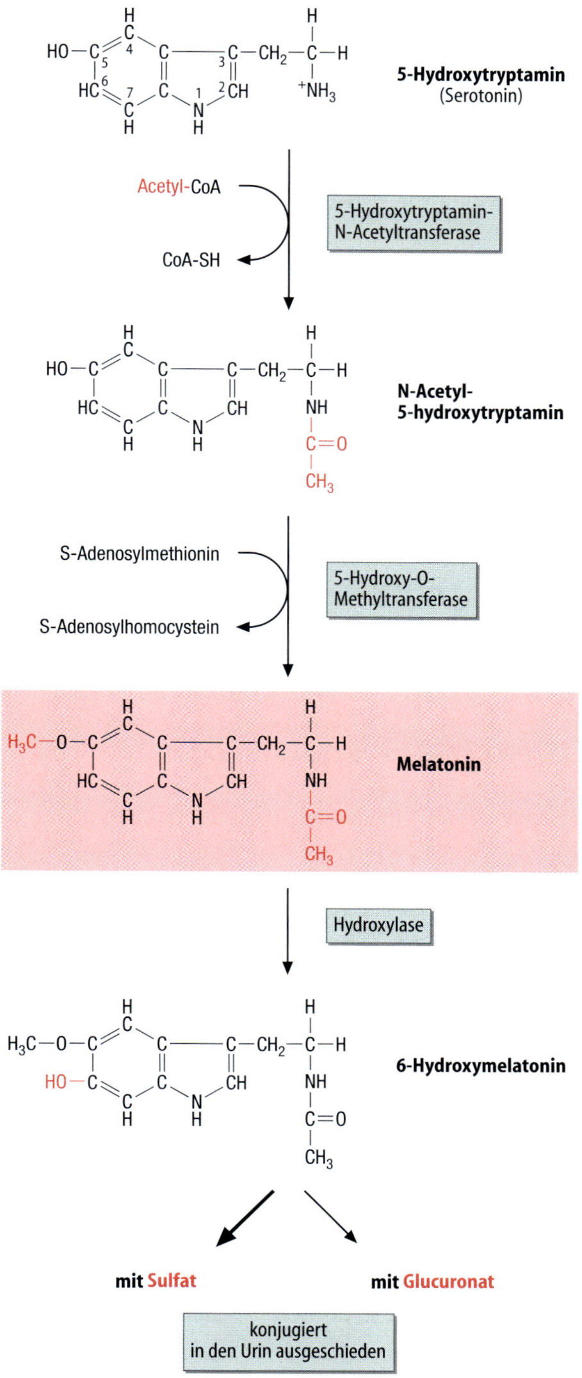

5-Hydroxytryptamin (Serotonin)
Acetyl-CoA → CoA-SH; 5-Hydroxytryptamin-N-Acetyltransferase
N-Acetyl-5-hydroxytryptamin
S-Adenosylmethionin → S-Adenosylhomocystein; 5-Hydroxy-O-Methyltransferase
Melatonin
Hydroxylase
6-Hydroxymelatonin
mit Sulfat / mit Glucuronat
konjugiert in den Urin ausgeschieden

Abb. 31.18. Biosynthese und Abbau von Melatonin

! Melatonin wird aus Serotonin gebildet und ist ein Hormon des Gehirns.

Melatonin wird in der Epiphyse (Glandula pinealis), einem endokrinen Organ des Zentralnervensystems, sowie in der Retina synthetisiert. Ausgangspunkt der Biosynthese ist

Serotonin, das N-acetyliert und anschließend an der 5-Hydroxygruppe O-methyliert wird (◘ Abb. 31.18).

Die Melatoninsynthese und -sekretion unterliegt einem ausgeprägten 24-Stunden-Rhythmus. Dieser wird über die Lichtwahrnehmung der Retina gesteuert und über suprachiasmatische Kerne im Hypothalamus und die Formatio reticularis auf die Epiphyse weitergeleitet. Daraus ergibt sich, dass die Plasma-Melatonin-Konzentration tagsüber niedrig ist, am frühen Abend vor dem Einschlafen ansteigt und ein Maximum gegen Mitternacht erreicht. Bei Reisen durch Zeitzonen wird dieser Rhythmus gestört, sodass die vorübergehende Desynchronisierung der Melatoninsekretion am Jetlag beteiligt sein könnte. Aus diesem Grund wird Melatonin häufig zur Vorbeugung des Jetlags verwendet. Außer dieser Funktion im Rahmen der Aufrechterhaltung einer **circadianen Rhythmik** beeinflusst Melatonin neuroendokrine Funktionen.

31.3.7 ATP/Adenosin

! ATP ist nicht nur das wichtigste Energiespeichermolekül in der Zelle, sondern dient zusammen mit seinen Metaboliten auch als extrazellulärer Botenstoff insbesondere zwischen Neuronen und Gliazellen.

Das energiereiche Nucleotid ATP wird im ZNS zusammen mit den klassischen Neurotransmittern in synaptischen Vesikeln gespeichert und durch Aktionspotentiale als Cotransmitter an der Nervenendigung freigesetzt. Auch Gliazellen können ATP nach Stimulation sezernieren. An Nervenzellen aktiviert ATP entweder ligandengesteuerte Ionenkanäle der sog. P2X-Rezeptorfamilie (◘ Abb. 31.13), die eine rasche synaptische Erregungsübertragung z. B. bei der Schmerzwahrnehmung vermitteln, oder metabotrope P2Y-Rezeptoren. Letztere gehören ebenso wie die weit verbreiteten P1-Adenosinrezeptoren zu der Großfamilie der G-Protein gekoppelten Rezeptoren. Adenosin entsteht extrazellulär durch den von Ektonucleotidasen katalysierten Abbau von ATP über ADP und AMP, welche teilweise auch als P2Y-Agonisten wirken. Je nach P2Y-Rezeptorsubtyp können unterschiedliche G-Proteine und damit verschiedene intrazelluläre Signalkaskaden aktiviert werden.

P2X- und P2Y-Rezeptoren sind außer für synaptische Übertragungsvorgänge vor allem für die Aktivierung und Kommunikation zwischen Gliazellen wichtig. So regulieren sie Apoptose und Proliferation der Glia sowie Regenerationsvorgänge.

31.3.8 Peptiderge Neurotransmitter

Endorphine sind Peptide und körpereigene Liganden für Opiatrezeptoren.

Das Schmerzmittel Morphin und andere Opiate wirken auf hochaffine Rezeptoren im Nervensystem. Ausgehend von der Überlegung, dass für diese Opiatrezeptoren auch körpereigene Liganden existieren müssen, konnten endogene Morphine, die sog. **Endorphine**, identifiziert werden. Sie besitzen ebenfalls eine **analgetische Wirkung** und können die Körpertemperatur erhöhen oder senken. Sie finden sich neben anderen Hirnarealen insbesondere in der Pars intermedia der Hypophyse.

Endorphine entstehen durch proteolytische Spaltung aus dem aus 91 Aminosäuren bestehenden **lipotropen Hormon** (β-LPH oder β-Lipotropin), das seinerseits Teil eines Vorläuferproteins für diverse Hormone, des Proopiomelanocortins (POMC), ist (◘ Abb. 31.19). Alle Endorphine (α, β, γ, δ) beginnen mit Position 104 des β-LPH/ACTH Proproteins, unterscheiden sich aber in ihrer Länge (10–30 Aminosäuren). Durch weitere Spaltung entstehen Pentapeptide mit opioider Wirkung, die sog. **Enkephaline** (griech. im Kopf); ähnlich wirken die **Dynorphine** und **Neoendorphine**. Alle Peptide mit Opiatwirkung entstehen aus drei verschiedenen, grundsätzlich ähnlich aufgebauten Vorstufenproteinen von jeweils etwa 28 kDa (**Proopiomelanocortin, Proenkephalin, Prodynorphin**). Die proteolytische Prozessierung erfolgt meist an zwei aufeinander folgenden basischen Aminosäureresten (Lysin/Arginin), wobei die Art der gebildeten Peptide durch den spezifischen Proteasenbesatz der Zelle bestimmt wird, in der das Vorstufen-Gen exprimiert wird.

Die verschiedenen opioiden Peptide aktivieren spezifische **Opiatrezeptor-Isoformen**, welche die Adenylatcyclase hemmen:
- Dynorphin und die am C-Terminus verlängerten Leu-Enkephaline den sog. κ-Rezeptor
- β-Endorphin und die Enkephaline den μ-Rezeptor und
- die Enkephaline den δ-Rezeptor

Nach der Freisetzung in den synaptischen Spalt und Bindung an Rezeptoren werden die opioiden Peptide ebenso wie andere Neuropeptide durch extrazelluläre membranständige Peptidasen inaktiviert.

! Neurotransmitter und Neuropeptide können im gleichen Neuron coexistieren.

In sehr vielen Neuronen kommen klassische Neurotransmitter zusammen mit Neuropeptiden (in unterschiedlichen Vesikeln) vor und werden zusammen mit diesen freigesetzt. Dies erlaubt die gleichzeitige Auslösung sehr schneller (im Millisekundenbereich, klassische Neurotransmitter) und langsamerer (im Sekundenbereich, Neuropeptide) Übertragungsvorgänge.

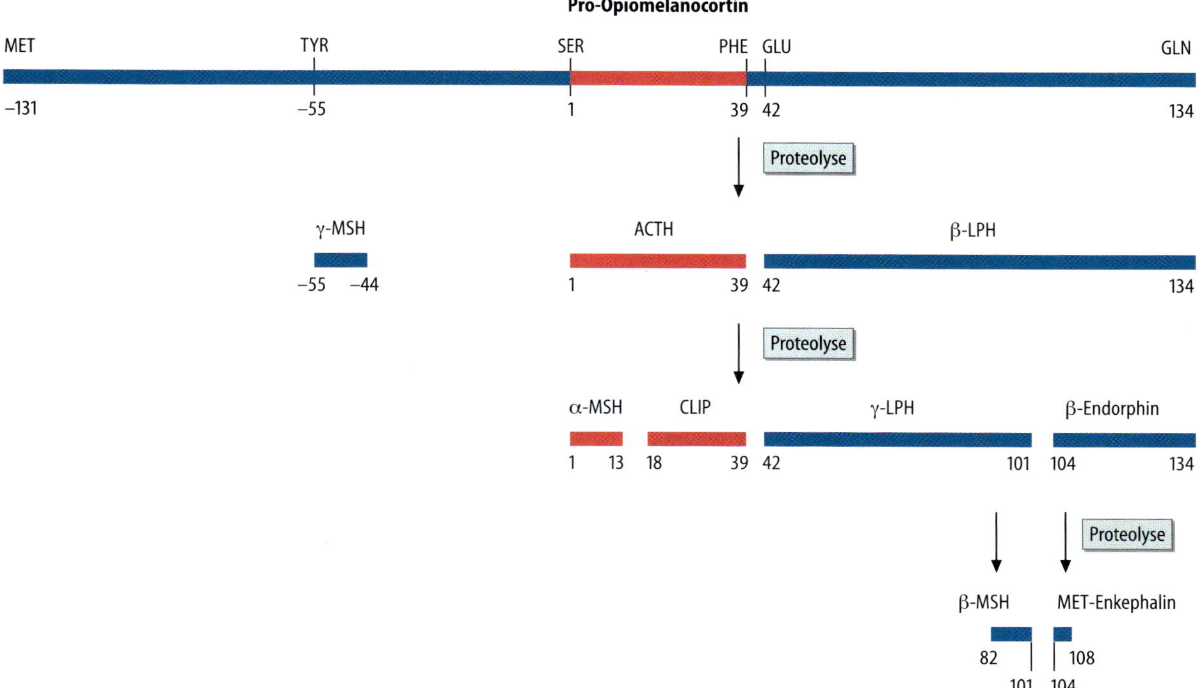

Abb. 31.19. Entstehung von Endorphinen. Endorphine entstehen durch limitierte Proteolyse von Proopiomelanocortin, welche ausser ACTH und β-LPH kleine Peptidhormone inklusive β-Endorphin und MET-Enkephalin erzeugt. ACTH = adrenocorticotropes Hormon; MSH = Melanozyten-stimulierendes Hormon; CLIP = *corticotropin-like peptide*; LP = Lipotropin

Neben den opioiden Peptiden wurden eine Reihe anderer Peptide, v.a. des Gastrointestinaltrakts, wie Substanz P, Neuropeptid Y, Neurotensin oder Cholecystokinin, im Nervensystem nachgewiesen. Die genauen physiologischen Funktionen dieser Peptidneurotransmitter sind erst ansatzweise bekannt.

In Kürze

Die Signalübertragung von Neuron zu Neuron kann über elektrische oder chemische Synapsen erfolgen. Die chemische Kommunikation wird über Neurotransmitter vermittelt, deren Rezeptoren Ionenkanäle oder G-Protein gekoppelte Rezeptoren sind.

Neurotransmitter, die zu den verschiedensten Stoffgruppen gehören können, werden nach Bindung an diese Rezeptoren über unterschiedliche Mechanismen inaktiviert.

Für Dopamin, Noradrenalin und Adrenalin wurden bisher noch keine ionotropen Rezeptoren identifiziert und für Glycin kein metabotroper Rezeptor. Alle anderen Neurotransmitter können sowohl ionotrope als auch metabotrope Wirkungen haben. Neuropeptide wirken stets über G-Protein gekoppelte Rezeptoren.

31.4 Nicht-neuronale Zellen

31.4.1 Gliazellen und Myelin

> Gliazellen dienen der elektrischen Isolierung und trophischen Unterstützung von Neuronen, wobei myelinbildende von nicht-myelinisierenden Gliazellen unterschieden werden.

Neben Neuronen kommen im Nervensystem Zellen mit Stütz- und Ernährungsfunktion vor, die als **Gliazellen** oder **Neuroglia** bezeichnet werden. Diese Zellen sind etwa zehnmal häufiger als Neurone und lassen sich in mehrere Subgruppen klassifizieren: **Oligodendroglia-Zellen** bilden im ZNS und **Schwann-Zellen** im peripheren Nervensystem die **Myelinscheide** der Axone. Schwann-Zellen synthetisieren außerdem **neurotrophe Faktoren**, die das Überleben von Neuronen sichern. **Astrogliazellen** bilden Fortsätze zu den Blutgefäßen aus und tragen zur Versorgung der Neurone bei. Als **Makrophagen** des ZNS dienen die Zellen der **Mikroglia** der immunologischen Abwehr und wirken an der Beseitigung von Zelltrümmern mit.

> Myelinscheiden sind spezialisierte Membranstrukturen von Gliazellen.

Die Axone von markhaltigen Nerven sind von **Myelinscheiden** umgeben, die von den Plasmamembranen der

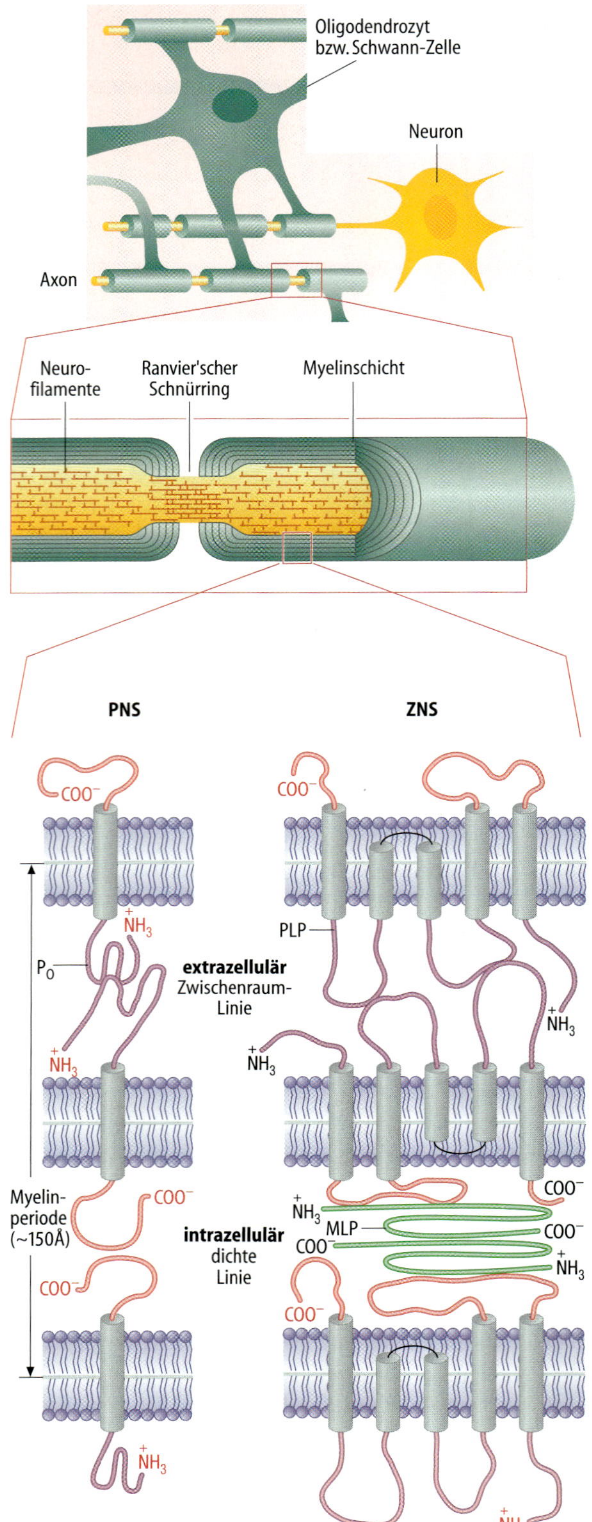

◀ **Abb. 31.20. Bildung und Aufbau von Myelinscheiden.** Oben: Bildung der Myelinscheiden um das Axon durch Oligodendrozyten im Zentralnervensystem oder Schwann-Zellen im peripheren Nervensystem. Mitte: Längsschnitt durch ein Axon mit Ranvier'schen Schnürringen. Unten: Organisation des Myelins durch Aneinanderlagerung der extra- und intrazellulären Schichten der Gliaausläufer. Diese werden durch Wechselwirkungen zwischen den intra- und extrazellulären Domänen der verschiedenen Myelinproteine dicht gepackt

Oligodendrozyten oder Schwann-Zellen gebildet werden (Abb. 31.20). Im ZNS wickeln sich die Ausläufer eines Oligodendrozyten spiralförmig um bis zu 50 verschiedene Axone. Dabei sind die einzelnen Lagen der Plasmamembran so eng gepackt, dass kaum Cytosol in den Fortsätzen verbleibt. Die intrazellulären Oberflächen der Membranfortsätze verschmelzen deshalb in der Elektronenmikroskopie zu einer **dichten Linie**. Auch die extrazellulären Oberflächen der Plasmamembranen treten in engen Kontakt und bilden die **Zwischenraumlinien** aus. Die Plasmamembranen der Myelinscheiden unterscheiden sich von denen anderer Zellen durch ein besonderes Proteinmuster.

Die für die Markscheiden des **ZNS** charakteristischen Proteine werden von Oligodendrozyten synthetisiert:
- **Proteolipidprotein** (**PLP**) und seine Spleißvariante DM20 bestehen überwiegend aus hydrophoben Aminosäuren und weisen 4 Transmembranregionen auf. PLP trägt zur kompakten Axonumwicklung durch Markscheiden bei
- **Myelin-assoziiertes** und **Myelin-Oligodendrozyten-assoziiertes Glycoprotein** (MAG und MOG) vermitteln den Kontakt zwischen Axon und den Blättern der Myelinscheide

Die von Schwann-Zellen produzierte **Myelinscheide peripherer Nerven** unterscheidet sich von der des ZNS durch:
- **Protein Null** (**P_0**) trägt eine Immunglobulin-ähnliche extrazelluläre Domäne und macht > 50% des peripheren Myelinproteins aus. P_0 wirkt als Adhäsionsmolekül, das die Blätter der Myelinscheide zusammen hält
- Das **periphere Myelinprotein** (PMP-22) besitzt 4 Transmembranregionen und eine Molekülmasse von 22 kD

Mehrere Proteine kommen – wenn auch in unterschiedlichem Ausmaß – sowohl in zentralem als auch in peripherem Myelin vor:
- Das **basische Myelin-Protein** (MBP) macht 30–40% der Myelinproteine aus und ist auf der cytoplasmatischen Seite innerhalb der **dichten Linie** lokalisiert. Immunisierung von Versuchstieren mit MBP führt zur experimentellen allergischen Enzephalomyelitis, einem Tiermodell der multiplen Sklerose
- Obwohl die **2′,3′-Cyclonucleotidphosphodiesterase** (CNP) der Markscheiden des ZNS und der peripheren Schwann-Zellen eine hohe enzymatische Aktivität be-

Tabelle 31.5. Gendefekte bei erblichen Neuropathien des peripheren Nervensystems

Neuropathie	Gen	Protein	Mutation
CMT1A	PMP22	Peripheres Myelinprotein (22 kD)	Genduplikation
CMT1B	P0	Protein Null (30 kD)	Punktmutationen
CMTX	Cx32	Connexin 32	Punktmutationen
HNPP	PMP22	Peripheres Myelinprotein (22 kD)	Deletion des Gens

sitzt, ist ihre Funktion nicht genau bekannt. CNP ist für den Erhalt der Struktur der Ranvierschen Schnürringe erforderlich

Mit Ausnahme des basischen Myelin-Proteins und der 2′,3′-Cyclonucleotidphosphodiesterase besitzen diese Myelinproteine eine oder mehrere Transmembrandomänen.

31.4.2 Demyelinisierungen und erbliche periphere Neuropathien

Störungen der Myelinbildung führen zu schweren neurologischen Krankheiten.

Immunologische und genetische Störungen der Myelinisierung führen zu neurologischen Erkrankungen. Bei Multipler Sklerose tritt im ZNS eine progrediente Demyelinisierung auf, die schwere Funktionsstörungen der betroffenen Hirnregionen verursacht. Es wird vermutet, dass es sich dabei um eine Autoimmunreaktion gegen Proteine der Myelinscheide handelt. Diese richtet sich wahrscheinlich gegen ein immundominantes Epitop des basischen Myelin-Proteins MBP (Aminosäuren 85–99). Die innerhalb des ZNS ablaufende Antikörperbildung wird durch oligoklonale Banden im Liquor ersichtlich (vgl. Abb. 31.3).

Mutationen in Genen für Myelinproteine verursachen periphere Neuropathien.

Im Jahr 1886 beschrieben die Ärzte Jean-Martin Charcot und Pierre Marie in Frankreich und Howard Tooth in England eine Erbkrankheit, die im 1.–3. Lebensjahrzehnt manifest wird und durch zunehmende Muskelschwäche bei abnehmender Nervenleitgeschwindigkeit charakterisiert ist. Die Muskelschwäche ist in den Beinen stärker ausgebildet als in den Armen. Heute wissen wir, dass die **Charcot-Marie-Tooth-Krankheit** zu den **hereditären motorischen und sensiblen Neuropathien** (**HMSN**) gehört, die auf Mutationen unterschiedlicher Gene (Tabelle 31.5) zurückzuführen sind. Der Schweregrad der angeborenen peripheren Neuropathien ist recht unterschiedlich. Im elektronenoptischen Bild weisen die Axone von Patienten mit Charcot-Marie-Tooth-Krankheit sehr dünne Myelinscheiden und duplizierte Schwann-Zellfortsätze auf, die wie Zwiebelschalen aussehen. Dieses Bild spricht für eine Störung der Myelinisierung durch Mutationen von Myelinproteinen.

Den **HMSN**, zu denen die **Charcot-Marie-Tooth-Krankheit** gehört, liegen verschiedene Mutationen zugrunde. Für die Krankheitsvariante CMT-1A ist das periphere Myelinprotein PMP-22 verantwortlich, für das sowohl chromosomale Genduplikationen als auch Punktmutationen beschrieben worden sind. Unklar bleibt, wie eine vermehrte Bildung von PMP-22 ebenso wie die Reduktion seiner Biosynthese zu ein und demselben Krankheitsbild führen können. Der Variante CMT-1B liegen Mutationen des P_0-Gens zugrunde. Bei der selteneren Form CMT-X der Krankheit handelt es sich um eine zum Funktionsverlust führende Mutation von Connexin 32 (► Kap. 6.1.6), dem einzigen in Schwann-Zellen exprimierten Connexin. Es kommt zum Verlust der für die Ernährung der lamellären Myelinscheiden wichtigen *gap-junctions*.

In Kürze

Gliazellen nehmen im Nervensystem Stütz- und Ernährungsfunktionen wahr, bilden das Myelin der Axone und sind ein wichtiger Bestandteil der Blut-Hirn-Schranke.

Oligodendroglia- und Schwann-Zellen sind für die Biosynthese und den Strukturerhalt der Myelinscheiden verantwortlich. Störungen der Myelinisierung führen zu schweren neurologischen Krankheiten.

31.4.3 Besonderheiten des peripheren Nervensystems

Bei der Regeneration eines peripheren Nerven, z.B. nach Durchschneidung, wirken Neuronen, Schwann-Zellen und Makrophagen zusammen.

Periphere Nerven können im Gegensatz zu den zentralen Nervenbahnen nach einer Verletzung wieder regenerieren. Nach Durchtrennung eines peripheren Nerven (Axotomie) wird ein Genexpressionsprogramm aktiviert, das zu einer vollständigen Regeneration führen kann. Die Regeneration kommt durch die konzertierte Aktion des verletzten Neurons, aus dem neue Axone aussprossen, und benachbarter Schwann-Zellen, die dieses Wachstum unterstützen, zustande. Nach einer Axotomie proliferieren Schwann-Zellen und stellen ihr Syntheseprogramm von Myelinproteinen auf Proteine der **extrazellulären Matrix** (Laminin, Fibronektin) und auf **Adhäsionsmoleküle** (Integrine) um. Einwandernde Monozyten räumen Myelinreste und Zelltrümmer durch Phagozytose ab. Zugleich werden **neurotrophe Faktoren** wie **Nervenwachstumsfaktor** (NGF, *nerve growth factor*) und die **Neurotrophine** (► Kap. 31.6) exprimiert.

In Kürze

Im Gegensatz zu zentralen Neuronen gelingt peripheren Nervenzellen nach Verletzung des Axons eine funktionelle Regeneration. Die Regeneration hängt von einer Aktivierung von Schwann-Zellen und Makrophagen sowie der lokalen Produktion neurotropher Faktoren ab.

31.5 Neurodegenerative Krankheiten

Neurodegenerative Krankheiten werden nach den ursächlichen pathobiochemischen Mechanismen und ihrem neuropathologischen Erscheinungsbild klassifiziert.

31.5.1 Morbus Alzheimer

31

Amyloid und Neurofibrillen: Im Jahr 1906 beschrieb der Neuropathologe Alois Alzheimer erstmals die nach ihm benannte, in der Regel nach dem 60. Lebensjahr auftretende Alzheimersche Krankheit. Diese beginnt schleichend mit kleinen Vergesslichkeiten und schreitet über Jahre hinweg zu einer ausgeprägten räumlichen und zeitlichen Desorientierung bis zum Tode fort. In Deutschland sollen etwa 25% der über 85-Jährigen von dieser Krankheit betroffen sein. Im Gehirn der Patienten treten zwischen den Neuronen **Plaques** (▫ Abb. 31.21) auf, die weitgehend aus einem Peptid mit 39–43 Aminosäuren bestehen, das als β-**Amyloid** bezeichnet wird. Dabei handelt es sich um ein proteolytisches Fragment eines integralen Membranproteins unbekannter Funktion, das als β-**Amyloidproteinvorläufer** (β-*amyloid protein precursor*, β-APP) bezeichnet wird. Das mit einer Transmembrandomäne in der Plasmamembran verankerte Membranprotein β-APP gehört zu einer Proteinfamilie, die im Nervensystem in verschiedenen Isoformen vorkommt. β-APP wird durch überwiegend membrangebundene Proteasen, den in mehreren Varianten existierenden **Sekretasen**, proteolytisch prozessiert (▫ Abb. 31.22). Dabei wird APP entweder von α- und γ- oder β- und γ-Sekretasen gespalten. Eine Spaltung durch α- und γ-Sekretasen führt zu Bruchstücken, die keine Amyloidplaques bilden, während die β- und γ-Sekretase-spaltung pathologische Aβ-Peptide produziert. Diese aggregieren zu den neuropathologisch typischen Plaques, die sich zwischen Synapsen schieben und entzündliche Gewebereaktionen induzieren.

Durch Mutationen im Bereich der proteolytischen Schnittstellen des β-APP-Gens kann es zu einer besonders früh einsetzenden erblichen Form des Morbus Alzheimer kommen. Auch Patienten mit Trisomie 21 (Down-Syndrom) entwickeln meist um das 40. Lebensjahr eine Alzheimersche Krankheit. Da das Gen für β-APP auf Chromosom 21 liegt, wird vermutet, dass eine Überproduktion des β-APP zum Untergang von Neuronen führt. Mutationen von Presenilin, das Teil der γ-Sekretase ist, führen zu einer autosomal dominanten Form der Alzheimerschen Krankheit. Innovative Therapieansätze zielen auf die Stimulation des α/γ-Sekretase- oder die Inhibition des β-/γ-Sekretase-Wegs ab.

Die zweite Auffälligkeit, die sich neuropathologisch bei der Demenz vom Alzheimer-Typ nachweisen lässt, ist die Bildung von pathologischen **Neurofibrillen-Bündeln**, (*neurofibrillary tangles*), die hauptsächlich aus dem Protein Tau bestehen.

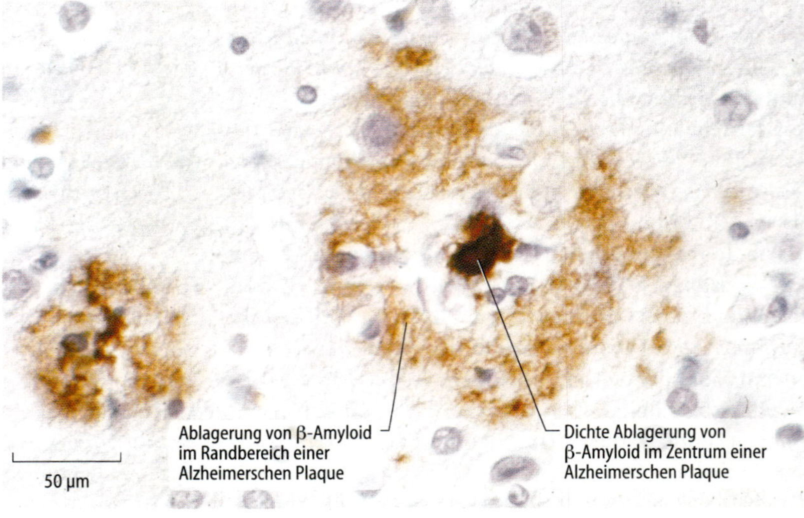

▫ Abb. 31.21. Lichtmikroskopische Aufnahme von Alzheimer-Plaques. Die Immundarstellung zeigt Plaques, die aus kompakten kugelförmigen Amyloidablagerungen bestehen (Aufnahme von I. Blümcke, Institut für Neuropathologie, Universität Erlangen-Nürnberg)

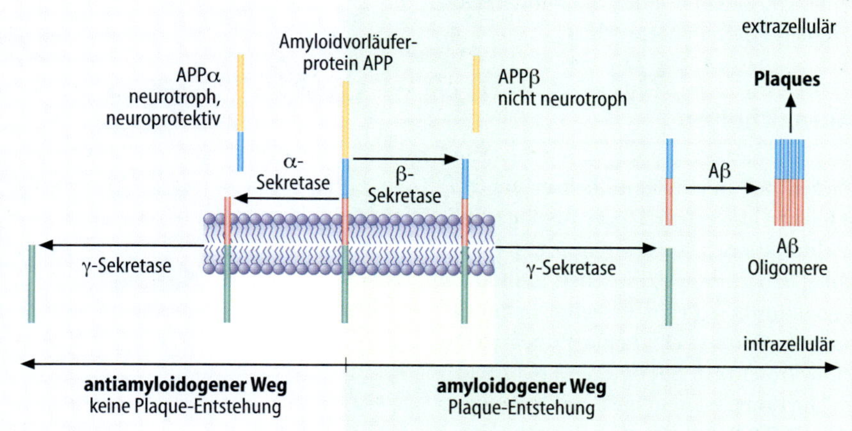

Abb. 31.22. Proteolytische Prozessierung des β-Amyloidvorläufer-Proteins (APP). APP ist ein integrales Membranprotein, dessen Funktion nicht bekannt ist. Durch eine als α-Sekretase bezeichnete Protease wird APP in eine lösliche Form überführt, die im Plasma nachgewiesen werden kann. APP kann durch zwei weitere Enzyme, die β- und γ-Sekretasen, gespalten werden. Während die α- und β-Sekretasen extrazellulär schneiden, liegt die γ-Sekretase-Schnittstelle im Transmembransegment von APP. Nur die kombinierte Spaltung durch β- und γ-Sekretase führt zur Entstehung der krankheitserzeugenden Aβ-Peptide, die sich zu extrazellulären Amyloid-Plaques zusammenlagern. (Mit freundlicher Erlaubnis nach O. Haass, LMU München)

Tauopathien: Als Bestandteil des Cytoskeletts (▶ Kap. 6.3) ist das intrazelluläre Strukturprotein Tau für die Stabilisierung von Mikrotubuli in Neuronen verantwortlich. Hyperphosphoryliertes Tau lagert sich in Fibrillenform zu intraneuronalen Aggregaten (sog. *tangles* oder neurofibrillären Bündeln) zusammen, die intrazelluläre Transportprozesse behindern. Unter dem Begriff ›Tauopathien‹ versteht man Erkrankungen des Gehirns, bei denen Mutationen des Tau-Proteins nachweisbar sind (z.B. frontotemporale Demenz mit Parkinsonismus). Umgekehrt wird auch vermutet, dass weitere neurologische Krankheiten, bei denen ebenfalls Tau-Ablagerungen auftreten, auf einen ähnlichen Mechanismus zurückzuführen sind. Zu diesen gehören die Demenz vom Alzheimer Typ, Morbus Pick, corticobasale Degeneration und die progressive supranukleäre Blickparese. Die Einteilung nach pathobiochemischen Mechanismen bringt mit sich, dass die Alzheimersche Krankheit sowohl als Amyloid/Neurofibrillen- als auch als Tau-Störung eingeordnet werden kann.

31.5.2 Polyglutamin-Krankheiten

Das Trinucleotid CAG codiert für die Aminosäure Glutamin; Wiederholungen dieses Motivs aus den für Glutamin codierenden Basen CAG werden als Trinucleotid-*repeats* bezeichnet. Erbliche Verlängerungen von Trinucleotid-*repeats* führen zu Polyglutamin-Krankheiten, wobei das mutierte Protein intrazelluläre Ablagerungen bildet. Diese stören die Funktion von Nervenzellpopulationen, in denen das betroffene Gen stark exprimiert wird. Dabei korreliert die Länge der Trinucleotid-Repeats mit dem Schweregrad der Erkrankung. Zu den Polyglutamin-Krankheiten gehören Chorea Huntington, spinobulbäre Muskelatrophie, dentato-rubro-pallido-luysianische Atrophie (DRPLA) und spinocerebelläre Ataxien (Typ 1-3, 6, 7, 17). Charakteristisch sind intraneuronale Einschlüsse, die durch eine Ubiquitin-Färbung darstellbar sind. Das Auftreten von Ubiquitin in diesen Ablagerungen wird als Versuch des Neurons gedeutet, die pathologischen Proteine über den Ubiquitin-Proteasom-Weg (▶ Kap. 9.3.5) abzubauen. Das bei der Huntington-Krankheit veränderte Protein wurde **Huntingtin** genannt; seine physiologische Funktion ist bisher unbekannt.

31.5.3 Morbus Parkinson

Die Ursache des Untergangs der dopaminergen Neurone der Substantia nigra bei Morbus Parkinson, der in den Zielgebieten des **Putamens** und des **Nucleus caudatus** zu einer Dopaminverarmung führt, ist bisher nicht geklärt. Charakteristisch für die degenerierenden Neurone sind die durch Ubiquitin-Färbung darstellbaren **Lewy-Körperchen**. Diese intrazellulären Einschlüsse, die sich nicht nur bei der **Parkinsonschen** Krankheit, sondern auch bei der **Lewy-Körperchen-Krankheit** finden, deuten auf einen gemeinsamen pathobiochemischen Mechanismus hin. Beim Morbus Parkinson konnte das ubiquitinierte Protein als **α-Synuclein** identifiziert werden. Familiäre Formen des M. Parkinson sind durch Mutationen in **Parkin**, einer Ubiquitin-Ligase, und weiteren Genloci verursacht.

Seltenere neurologische Krankheiten wie die Myoklonus-Epilepsie zeichnen sich durch intraneuronale Einschlüsse aus **Polyglucosanen** aus, die als **Lafora-Körperchen** bezeichnet werden. Intra- und extrazelluläre Ablagerungen bei Speicherkrankheiten oder Enzymdefekten werden in den einzelnen Kapiteln besprochen.

31.5.4 Prionkrankheiten

Prion-Proteine können sich in eine krankheitserzeugende Konformation umformen, die extrazelluläre Aggregate bildet und wichtige Zellfunktionen stört (▶ Kap. 3.4.2). Dieser Vorgang führt schließlich zum apoptotischen Zelltod. In gesunden Geweben kommen Prion-Proteine in monomerer, nicht pathogener Form (PrP^c, **Prion Protein cellular** = zelluläres Prion-Protein) in überwiegend α-helicaler Konformation vor. Die Konversion in die krankheitserzeugende Konformation PrP^{Sc} (**Prion Protein Scrapie**; pathogene Form, die zuerst bei an Scrapie erkrankten Tieren gefunden wurde) ist mit einer Änderung der Sekundärstruktur verbunden: PrP^{Sc} ist ein oligomeres Protein mit einem hohen Anteil an β-Faltblatt-Strukturen, das eine sehr hohe Resistenz gegenüber Proteasen aufweist. PrP^{Sc}-Partikel sind infektiös. Diese Infektiösität wird von der ***protein only*-Hypothese** dadurch erklärt, dass PrP^{Sc} die Fehlfaltung von bisher normalem PrP^c in die pathologische Konformation PrP^{Sc} induziert (◘ Abb. 31.23).

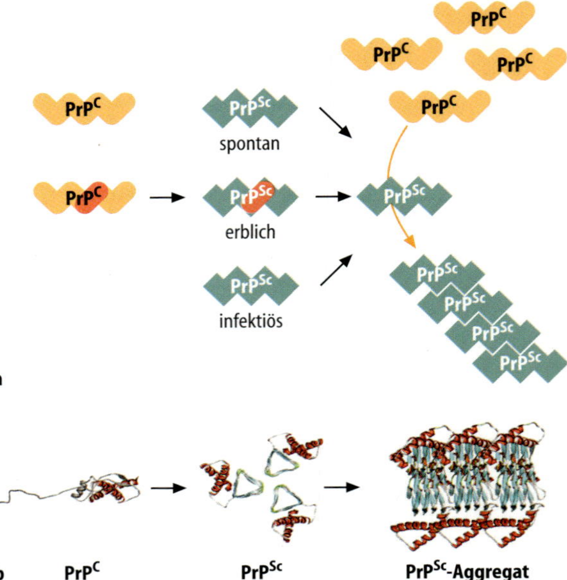

◘ Abb. 31.23. Entstehungsmechanismus von Prion-Aggregaten bei spongiformen Enzephalopathien. a Normales Prion-Protein PrP^c wird durch Konformationsänderung zu PrP^{Sc} umgewandelt, das unlösliche Proteinaggregate bildet. Das fehlgefaltete PrP^{Sc} stößt wiederum die Fehlfaltung des normalen PrP^c zu PrP^{Sc} an und induziert damit neurodegenerative Veränderungen (*protein-only*-Hypothese). Diese Kaskade kann durch spontane Konformationsänderung, eine Konformationsänderungen begünstigende Mutation oder externe Zufuhr von PrP^{Sc} ausgelöst werden. **b** Monomeres PrP^c besitzt eine überwiegend α-helicale Struktur, die sich durch Konformationsänderung in das β-Faltblatt-reiche Protein PrP^{Sc} wandelt. Wahrscheinlich bildet PrP^{Sc} Trimere, die sich zu sehr stabilen Aggregaten aufschichten (Modellierung von Heike Meisenbach und Heinrich Sticht, Institut für Biochemie, Universität Erlangen-Nürnberg nach Daten von Govaerts C et al. (2004) Proc. Natl. Acad. Sci. USA 101, 8342-8347)

Prionkrankheiten treten als sporadische, erbliche oder infektiöse Formen auf. Die Kuru-Krankheit in Neuguinea wurde auf rituelle Handlungen zurückgeführt, bei denen menschliches Gehirn verzehrt wurde. Zu den in der westlichen Welt auftretenden sporadischen oder als autosomal-dominante Mutationen des Priongens auftretenden Prion-Erkrankungen gehören die **Creutzfeldt-Jakob-Krankheit**, das Gerstmann-Sträussler-Scheinker-Syndrom und die tödliche familiäre Insomnie. Diese Krankheiten führen unweigerlich zum Tode. Die **Creutzfeldt-Jakob-Krankheit** beginnt meist mit Schreckhaftigkeit, Muskelzuckungen und Verwirrtheit und mündet in einen dementiellen Abbau. Neuropathologisch findet sich eine schwammartige Veränderung des Hirngewebes, die zu dem Namen »**spongiöse Enzephalopathie**« geführt hat. Da das fehlgefaltete Prionprotein sehr stabil ist, besteht nach Kontakt mit ZNS-Gewebe von erkrankten Personen die Gefahr der Übertragung durch chirurgische Instrumente, EEG-Tiefenelektroden und Gewebespenden (Dura mater, Hormonextrakte aus der Hirnanhangsdrüse).

Bei Tieren treten spongiöse Enzephalopathien als **Scrapie** bei Schafen und als bovine spongiforme Enzephalopathie (BSE, Rinderwahnsinn) bei Rindern auf. Durch eine große Zahl von erkrankten Rindern wurde die öffentliche Aufmerksamkeit in den 90er Jahren auf BSE gelenkt, dessen Übertragbarkeit auf den menschlichen Organismus befürchtet wurde.

In Kürze

Viele **neurodegenerative Krankheiten** weisen extra- oder intrazelluläre Ablagerungen dysfunktioneller Proteine auf. Diese bilden Aggregate und formen

- Amyloid-Plaques
- neurofibrilläre Bündel aus hyperphosphoryliertem Tau-Protein
- Polyglutamin-Protein-Aggregate
- Lewy-Körperchen aus ubiquitinierten Proteinen
- Lafora-Körperchen aus Polyglucosanen

Bei der Alzheimerschen Krankheit finden sich

- extrazellulär Plaques und
- intrazellulär Neurofibrillen-Bündel

Prion-Krankheiten sind auf unterschiedliche Entstehungsmechanismen zurückzuführen. Gelangen fehlgefaltete Prionproteine durch Infektion in einen Fremdorganismus, können sie dort die Fehlfaltung der endogenen Proteine induzieren. Außerdem werden humane Prionen-Krankheiten durch Mutationen des Gens für das Prionproteins verursacht.

31.6 Neuronale Stammzellen und neurotrophe Faktoren

Während der Ontogenese entwickeln sich Nervenzellen und nicht-neuronale Zellen des Nervensystems aus gemeinsamen Stammzellen. Die Ausdifferenzierung dieser pluripotenten Vorläuferzellen in Neurone und Gliazellen wird durch Differenzierungsfaktoren und ortsständige Oberflächenmoleküle gesteuert. Vorläuferzellen persistieren auch im adulten ZNS. Therapieversuche bei Schlaganfall, neurodegenerativen Krankheiten oder multipler Sklerose zielen auf eine verbesserte Regenerationsfähigkeit des ZNS durch Aktivierung dieser Vorläuferzellen oder durch Transplantation von Stammzellen ab.

Entwicklung, Erhaltung und Regeneration von Nervenzellen und Nervenzellfortsätzen werden von **Neurotrophinen** gefördert. Der Nervenwachstumsfaktor **NGF** (*nerve growth factor*) ist ein Protein aus der Familie der Cytokine, das von Viktor Hamburger, Rita Levi-Montalcini und Stanley Cohen aufgrund seiner Bedeutung für das Überleben von sympathischen Neuronen entdeckt wurde. Anschließend wurden weitere Neurotrophine mit unterschiedlicher Zellspezifität identifiziert: **BDNF** (*brain-derived neurotrophic factor*), **NT-3** (Neurotrophin-3) und **NT-4** (Neurotrophin-4). Neurotrophine aktivieren Rezeptor-Tyrosinkinasen.

Weitere das Überleben von Neuronen fördernde Faktoren mit unterschiedlichen Wirkmechanismen sind der mit TGFβ verwandte gliale Faktor **GDNF** (*glial-cell line-derived neurotrophic factor*), das Cytokin **CNTF** (*ciliary neurotrophic factor*) und möglicherweise **VEGF** (*vascular endothelial growth factor*).

NGF induziert das Auswachsen eines Wachstumkegels an der Spitze eines Axons. Dieser wird durch lösliche (**Netrine**) und ortsständige (**Cadherine**) Signale in sein Zielgebiet geleitet (**Chemoattraktion**). Umgekehrt stoßen außerhalb der Zielregionen sezernierte lösliche Proteine (**Semaphorine**) und Oberflächenmoleküle (**Ephrine**) den Wachstumskegel ab (**Chemorepulsion**). Ähnliche chemotrope Prozesse steuern die Wanderung von Vorläuferzellen während der Gehirnentwicklung. Zusätzlich sind Plasmamembranproteine wie das neurale Zelladhäsionsmolekül **N-CAM** (*neural cell adhesion molecule*) oder die auch in anderen Geweben vorkommenden **Integrine** (► Kap. 24.5.3) entscheidend an der Bildung von Nervenbündeln bzw. dem Auswachsen von Neuronen beteiligt.

Die mangelnde Regenerationsfähigkeit zentralnervöser Neurone ist auf die Existenz repulsiver Zelloberflächenmoleküle (z. B. des **Myelin-assoziierten Glycoproteins MAG**) auf zentralnervösen Gliazellen, insbesondere Oligodendrozyten, zurückzuführen. Derzeit wird deshalb versucht, die neuronale Regeneration bei Querschnittslähmung durch Hemmung dieser »Regenerationsinhibitoren« zu verbessern.

In Kürze

Wachstum und Erhalt von Nervenzellen werden durch lösliche neurotrophe Faktoren gesteuert. Die Ausbildung und Regeneration von Nervenzellfortsätzen wird durch lösliche und membrangebundene Proteine reguliert, die entweder anziehende (Chemoattraktion) oder abstoßende (Chemorepulsion) Wirkungen haben. Die adulten Gliazellen des ZNS besitzen repulsive Zelloberflächenmoleküle, welche die Regeneration von Nervenzellfortsätzen im ZNS verhindern

Literatur

Monographien und Lehrbücher

Bear MF, Connors BW, Paradiso MA (2006) Neuroscience. Lippincott Williams & Wilkins, Baltimore

Felgenhauer K, Beuche W (1999) Labordiagnostik neurologischer Erkrankungen. Thieme, Stuttgart

Kandel ER, Schwartz JH, Jessell TM (Hrsg) (2000) Priciples of Neural Science. McGraw-Hill/Appleton & Lange

Kettenmann H, Ransom BR (eds) (2004) Neuroglia. University Press, Oxford

Nicholls JG, Martin AR, Wallace BG (Hrsg) (2002) Vom Neuron zum Gehirn. Spektrum Akademischer Verlag, Heidelberg

Poeck K, Hacke W (2006) Neurologie. Für Studium, Klinik und Praxis. Springer, Berlin

Siegel GJ, Albers RW, Brady ST, Price DL (eds) (2006) Basic Neurochemistry. Elsevier, Amsterdam

Original- und Übersichtsarbeiten

Aguzzi A, Polymenidou M. (2004) Mammalian Prion Biology: One Century of Evolving Concepts. Cell 116:313–327

Frisen J (1997) Determinants of axonal regeneration. Histol Histopathol 12:857–868

Rautenstrauss B, Liehr T, Fuchs C et al. (1997) Molekulargenetische Diagnostik der Charcot-Marie-Tooth'schen Erkrankung (CMT) sowie der tomakulösen Neuropathie (HNPP). Med Genetik 9:501–504

Wolf S et al. (1996) Die Blut-Hirn-Schranke: Eine Besonderheit des cerebralen Mikrozirkulationssystems. Naturwissenschaften 83:302–311

Links im Netz

► www.lehrbuch-medizin.de/biochemie

32 Gastrointestinaltrakt

Georg Löffler, Joachim Mössner

32.1 Gastrointestinale Sekrete – 1054
32.1.1 Speichel – 1054
32.1.2 Magensaft – 1054
32.1.3 Pankreassekrete – 1057
32.1.4 Galle – 1060
32.1.5 Duodenalsekret – 1062
32.1.6 Regulation der gastrointestinalen Sekretion – 1062
32.1.7 Pathobiochemie – 1067

32.2 Verdauung und Resorption einzelner Nahrungsbestandteile – 1068
32.2.1 Kohlenhydrate – 1069
32.2.2 Lipide – 1070
32.2.3 Proteine, Peptide und Aminosäuren – 1073
32.2.4 Resorption von Wasser und Elektrolyten – 1074
32.2.5 Schicksal der Nahrungsstoffe im Colon – 1076
32.2.6 Pathobiochemie – 1076

32.3 Das Immunsystem des Intestinaltrakts – 1079

Literatur – 1080

Einleitung

Der Gastrointestinaltrakt ist eines der komplexesten Organsysteme des menschlichen Organismus. Er ist von vitaler Bedeutung für sämtliche Lebensvorgänge, da er für die Aufnahme der Nahrungsstoffe und damit für die Aufrechterhaltung der Energiezufuhr des Organismus verantwortlich ist.

Die Nährstoffe können i. Allg. in der angebotenen Form vom Organismus nicht aufgenommen werden, da es sich um hochmolekulare bzw. nicht oder nur schwer wasserlösliche Verbindungen handelt. Die Aufgabe der Verdauungsvorgänge im Magen-Darm-Trakt besteht darin, die Nahrungsstoffe zu einer für die anschließende Resorption im Duodenum, Jejunum und Ileum geeigneten Form abzubauen. Dies geschieht durch hydrolytische Spaltung der hochmolekularen Verbindungen in ihre monomeren Bausteine. Sie erfolgt durch die in den verschiedenen Verdauungssäften des Magen-Darm-Traktes und in der Dünndarmmukosa enthaltenen Enzyme, deren Wirkung durch Milieubedingungen wie die Salzsäurekonzentration des Magens oder die Gallensäuren des Dünndarms beeinflusst wird. Die bei der Hydrolyse der Nahrungsstoffe entstehenden monomeren Einheiten werden von den Zellen der Dünndarmmukosa resorbiert und gelangen dadurch in die Blutbahn bzw. in das Lymphsystem, von wo aus sie über den gesamten Organismus verteilt werden.

32.1 Gastrointestinale Sekrete

32.1.1 Speichel

32

In den Parotiden sowie den submaxillaren und sublingualen Speicheldrüsen werden je nach Menge und Art der aufgenommenen Nahrung pro Tag etwa 1000–1500 ml Speichel produziert. Die Speichelflüssigkeit besteht zu 99,5% aus Wasser und hat einen pH-Wert von etwa 7. Sie enthält mehrere unterschiedliche Mucine (▶ Kap. 32.1.2), die die Nahrung gleitfähig machen. Verschiedene körperfremde Substanzen wie Alkohol oder Morphin, außerdem anorganische Ionen wie Kalium, Calcium, Hydrogencarbonat und Jodid werden teilweise in die Speichelflüssigkeit sezerniert.

Die Speichelflüssigkeit enthält eine Reihe von Proteinen:

- Als antimikrobiell wirkende Komponenten wurden Lysozym, Immunglobulin A, eine Gruppe histidinreicher Proteine, die Histatine sowie die als Proteinase-Inhibitoren wirkenden Cystatine identifiziert
- Von Bedeutung für die Zahnmineralisierung (▶ Kap. 22.2.7) sind die sog. Prolinreichen Proteine (PRP's) sowie die Statherine
- Mucine machen die Nahrungsbissen gleitfähig und üben eine cytoprotektive Wirkung aus
- Im Speichel kommt schließlich ein Stärke verdauendes Enzym, das **Ptyalin**, vor. Es handelt sich um eine α-**Amylase**, die Stärke bis zur Maltose hydrolysiert. Infolge ihrer geringen Aktivität und der kurzen Verweilzeit der Speise in der Mundhöhle spielt sie allerdings nur eine geringe Rolle bei der Verdauung. Das pH-Optimum des Ptyalins liegt bei 6,7, bei pH-Werten unter 4 wird das Enzym rasch inaktiviert, sodass es im sauren Milieu des Magens nicht mehr wirksam ist

32.1.2 Magensaft

Die in der Magenschleimhaut gelegenen Magendrüsen produzieren täglich etwa 3000 ml Magensaft, dessen Bestandteile von den verschiedenen sekretorischen Zellen der Magenschleimhaut gebildet werden. Für die Produktion der einzelnen Bestandteile des Magensaftes sind jeweils unterschiedliche Epithelzellen verantwortlich:

- Während die Nebenzellen des Antrums im Wesentlichen das für den Schutz der Magenschleimhaut vor Selbstverdauung notwendige **Mucin** produzieren
- wird in den Parietalzellen (Belegzellen) des Magenfundus und Corpus die für den Magensaft charakteristische **Salzsäure** sezerniert
- Die Protease **Pepsin**, sowie bei einigen Arten **Renin**, werden in den Hauptzellen der Magenschleimhaut gebildet

! Die Parietalzellen produzieren HCl und den *intrinsic factor.*

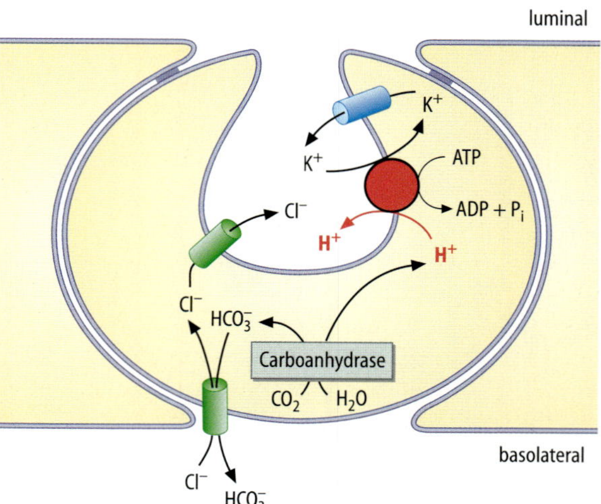

Abb. 32.1. Mechanismus der Salzsäurebildung in den Belegzellen der Magenschleimhaut. Die rot dargestellte H^+/K^+-ATPase ist imstande, die luminale H^+-Konzentration auf etwa 0.1 mol/l (pH 1) zu erhöhen

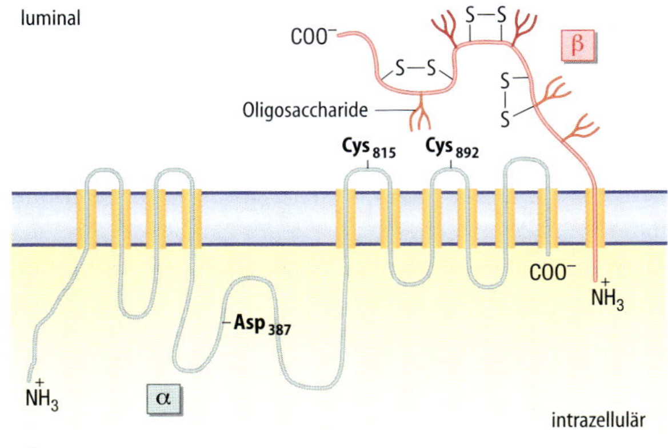

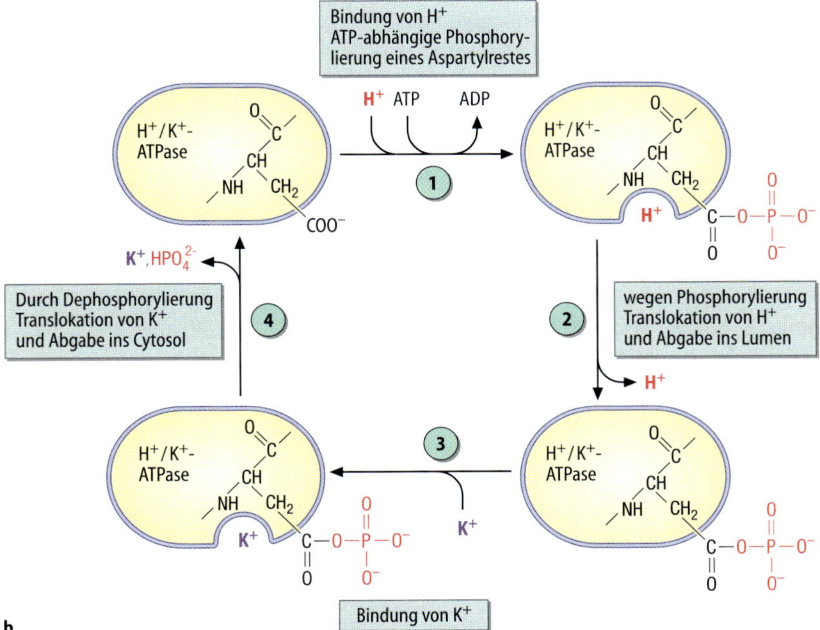

Abb. 32.2. Mechanismus der H^+/K^+-ATPase der Belegzellen der Magenschleimhaut. a Membrantopologie der humanen H^+/K^+-ATPase. Die α-Untereinheit besitzt zehn Transmembrandomänen. Die ATP-Bindungsstelle sowie das für den Katalysezyklus wichtige Aspartat$_{387}$ befinden sich auf der cytosolischen, die K^+-Bindungsstelle sowie die für die Hemmung durch Omeprazol verantwortlichen Cysteinylreste Cys$_{815}$ und Cys$_{892}$ auf der luminalen Seite. Die β-Untereinheit ist für die zelluläre Lokalisation und die Aktivität der Pumpe verantwortlich **b** Katalysezyklus der H^+/K^+-ATPase. Dargestellt ist die für den H^+/K^+-Antiport verantwortliche Phosphorylierung und Dephosphorylierung des Asp$_{387}$. (Einzelheiten ► Text)

Abbildung 32.1 zeigt die Vorgänge bei der Salzsäuresekretion durch die Parietalzellen. Morphologisch zeichnen sich diese durch ein **spezifisches vesikuläres System** aus, dessen Membranen nach Stimulierung der Belegzellen mit den Membranen eines intrazellulären Kanalsystems fusionieren. Dieses stellt die Verbindung mit der luminalen Seite der Belegzellen her. In die Vesikelmembranen ist eine **Protonenpumpe** integriert, welche unter ATP-Verbrauch Protonen im Austausch mit Kaliumionen gegen einen erheblichen Konzentrationsgradienten ins Lumen transportiert. Die Protonenkonzentration im Magensaft kann bis etwa 0,1 mol/l entsprechend einem pH-Wert von 1 betragen. Da die Protonenkonzentration intrazellulär bei etwa 10^{-7} mol/l (pH 7,0) liegt, entspricht dies einem Konzentrationsgradienten von etwa 10^6. Die für den Austausch benötigte Energie entstammt der Hydrolyse von ATP mit einer Stöchiometrie von je $2H^+$ bzw. K^+ pro ATP.

Die für die Salzsäureproduktion benötigten Protonen werden mit Hilfe der **Carboanhydrase** aus CO_2 und H_2O gebildet. Das dabei entstehende Hydrogencarbonat wird durch einen auf der basolateralen Seite der Belegzellen lokalisierten Antiporter gegen Chloridionen ausgetauscht, die über einen speziellen **Chloridkanal** in das Lumen abgegeben werden. Auch die für das Funktionieren der Protonenpumpe notwendigen K^+-Ionen gelangen durch einen entsprechenden Kanal auf die luminale Seite der Belegzellen.

Die Salzsäure spielt eine wichtige Rolle in der Pathogenese von Magen- und Zwölffingerdarmgeschwüren und der Reflux-Ösophagitis. Daher war die Aufklärung der Struktur der Protonenpumpe des Magens sowie der Regulation ihrer Expression von großer Bedeutung. Abbildung 32.2a zeigt die aus der Aminosäuresequenz abgeleitete Membrantopologie der Protonenpumpe. Es handelt sich um ein dimeres Protein aus je einer α- und β-Untereinheit. Die α-Untereinheit ist für die ATP-Bindung, die ATPase- sowie die H^+/K^+-Austauschaktivität verantwortlich, die stark glycosylierte β-Untereinheit ist für die intrazelluläre Lokalisation und die Aktivität der Pumpe notwendig. Strukturell zeigt die H^+/K^+-ATPase große Ähnlichkeit mit anderen ATPasen des P-Typs wie der Na^+/K^+-ATPase der Plasmamembran oder der Ca^{2+}-ATPase des endoplasmatischen Retikulums (▶ Kap. 6.1.5). Dieser strukturellen Ähnlichkeit entspricht auch eine Ähnlichkeit im Transportmechanismus (◘ Abb. 32.2b). Nach der Bindung von H^+ auf der cytosolischen Seite erfolgt der Transfer des γ-Phosphats des ATP auf einen Aspartylrest der ATPase, sodass ein energiereiches gemischtes Säureanhydrid (Acylphosphatbindung) entsteht (1). Dies löst den Transport von H^+ auf die luminale Seite aus (2). Die Bindung von K^+ (3) verursacht die Hydrolyse der Acylphosphatbindung und den Transport von K^+ auf die cytosolische Seite (4).

Die Entwicklung von spezifischen Hemmstoffen der Protonenpumpe der Belegzelle war ein wichtiger Fortschritt in der Therapie aller Erkrankungen, bei denen die Magensäure eine pathogenetische Rolle spielt. Diese H^+/K^+-ATPase-Inhibitoren, die sog. Protonenpumpenblocker, hemmen die Säuresekretion wesentlich effektiver als Blocker der Histaminrezeptoren (H_2-Blocker) oder Acetylcholinantagonisten. **Omeprazol** war der erste Vertreter dieser Substanzklasse, der therapeutisch zum Einsatz kam, später folgten Esomeprazol, Lansoprazol, Pantoprazol, Rabeprazol. Protonenpumpenblocker werden als ungeladene Moleküle von den Belegzellen des Magens aufgenommen und erfahren im sauren Milieu der Vesikel der Belegzellen eine Umlagerung zu einem reaktiven **Sulfenamid** (◘ Abb. 32.3). Dieses reagiert mit Cysteinylresten der H^+/K^+-ATPase und inaktiviert auf diese Weise das Enzym in der Regel irreversibel. Eine erneute HCl-Produktion ist erst nach der Synthese neuer Protonenpumpen möglich. Derzeit sind reversible Protonenpumpenblocker in Erprobung. Diese Substanzen konkurrieren kompetitiv mit Kalium um die Aufnahme in die Parietalzellen (PCABs: *potassium competitive acid inhibing blockers*). Der Vorteil dieser Substanzgruppe könnte ein schnellerer Wirkungseintritt der Säurehemmung sein.

Die HCl-Produktion ist nicht die einzige Funktion der Parietalzellen. Sie sind für die Biosynthese und Sekretion des *intrinsic factors* verantwortlich, der bei der Resorption von Cobalamin (Vitamin B_{12}) im terminalen Ileum eine entscheidende Rolle spielt (▶ Kap. 23.3.9).

! Die Hauptzellen synthetisieren Pepsinogen und einige andere Hydrolasen.

Das wichtigste im Magensaft enthaltene Verdauungsenzym ist das **Pepsin**. Diese Protease wird in Form des inaktiven Proenzyms, des Pepsinogens, von den Hauptzellen der Magenmukosa synthetisiert und intrazellulär in Form der **Zymogengranula** gespeichert. Die Molekülmasse des Pepsinogens beträgt 42,6 kDa. Im sauren Milieu des Mageninhalts und unter Katalyse von bereits vorhandenem Pepsin werden in Form verschiedener Peptide insgesamt 44 Aminosäuren des Pepsinogens abgespalten, wobei das aktive Enzym Pepsin mit einer Molekülmasse von 34,5 kDa entsteht. Eines der abgespaltenen Peptide wirkt bei neutralem pH als Pepsininhibitor, wird aber bei der sauren Reaktion des Magensaftes rasch vom Pepsin verdaut. Das pH-Optimum des aktiven Pepsins liegt bei 1,8. Das Enzym spaltet als Endopeptidase Peptidbindungen im Inneren von Peptidketten, besonders leicht diejenigen, an denen aromatische Aminosäuren (Phenylalanin, Tyrosin) beteiligt sind. Bei der Pepsinverdauung entstehen Polypeptide mit Molekulargewichten zwischen 600 und 3000 Da, die früher als **Peptone** bezeichnet wurden.

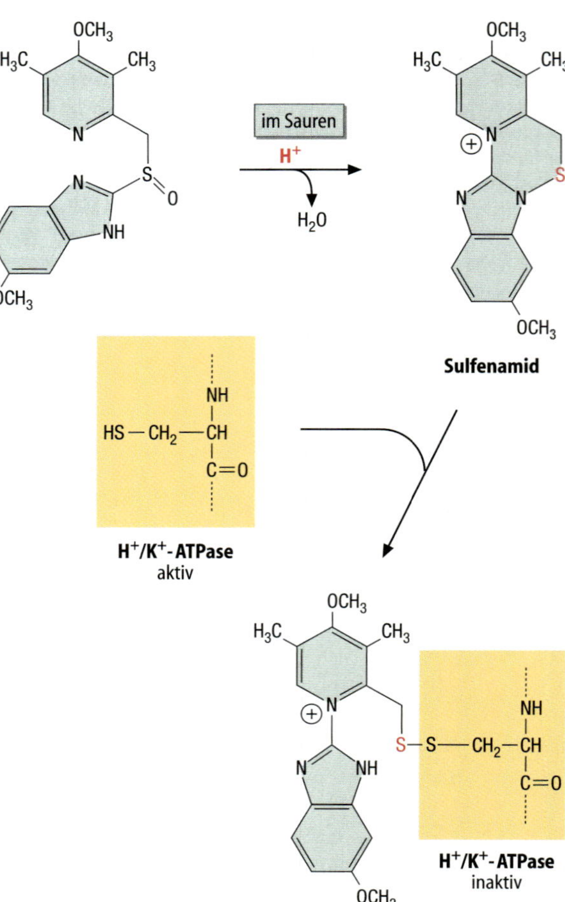

◘ **Abb. 32.3. Struktur und Wirkungsweise von Omeprazol.** Nach Umlagerung zum Sulfenamid reagiert der rot hervorgehobene Schwefel mit SH-Gruppen der H^+/K^+-ATPase. (Einzelheiten ▶ Text)

Pepsinogen kommt in einer seiner Sekretionsrate entsprechenden Konzentration im Serum vor und wird auch im Urin ausgeschieden (Uropepsinogen).

Neben dem Pepsin findet sich als weiteres proteolytisches Enzym im menschlichen Magensaft das **Gastricin**. Es unterscheidet sich vom Pepsin durch sein weniger saures

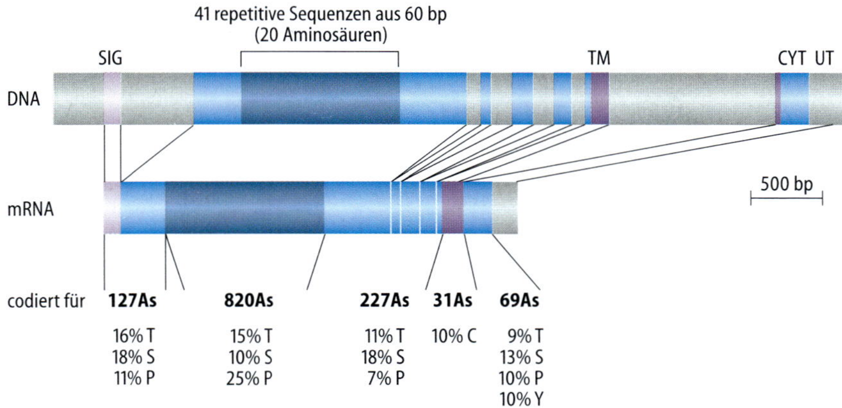

Abb. 32.4. Domänenstruktur des Mucin 1. Das MUC1-Gen besteht aus 7 Exons und hat eine Größe von ungefähr 6 kb. Die zugehörige mRNA umfasst eine Signalsequenz (SIG) sowie eine für den Einbau in die Plasmamembran notwendige Transmembrandomäne (TM). Die glycosylierte Region enthält eine *core region* aus 41 repetitiven Sequenzen (*dunkelblau*) aus je 60 Basenpaaren. Die Codons für die Aminosäuren Threonin und Serin kommen besonders häufig vor und werden nach der Translation zum großen Teil glycosyliert. An die cytosolische Domäne (CYT) schließt sich eine nicht translatierte Sequenz UT an. T = Threonin; S = Serin; P = Prolin; Y = Tyrosin (modifiziert nach Patton S, Gendler SJ, und Spicer AP 1995)

pH-Optimum von 3,0. Seine Funktion dürfte dem im Magen von jungen Wiederkäuern vorkommenden **Renin** (Labferment, Chymosin) entsprechen. Das wichtigste Substrat dieser Protease ist das lösliche Casein (Caseinogen) der Milch, das durch leichte Proteolyse in das unlösliche Casein (Paracasein) umgewandelt wird.

Außer diesen Proteasen produzieren die Hauptzellen noch die **Magenlipase**. Das pH-Optimum dieses Enzyms liegt bei 4–7, aber es ist relativ säurestabil, da auch bei einem pH von 2 noch kein Aktivitätsverlust eintritt. Für die Fettverdauung beim Erwachsenen spielt es wahrscheinlich keine sehr große Rolle. Man nimmt dagegen an, dass die Magenlipase bei Säuglingen zur Hydrolyse der Milchlipide herangezogen wird, da dieses Enzym eine besondere Affinität zu Triacylglycerinen mit kurzkettigen Fettsäuren (Kettenlänge 4–8 C-Atome) hat, wie sie in der Milch vorkommen.

! Die Produktion von Mucinen ist eine Funktion der Nebenzellen.

Seitdem Ferchault de Reaumur im 18. Jahrhundert zeigte, dass Magensaft Fleisch verdauen kann, hat es Physiologen und Kliniker beschäftigt, warum der Magen sich nicht selbst verdaut. Eine Erklärung für dieses Phänomen liefert die Tatsache, dass viele Epithelien von Säugern eine etwa 200–500 μm dicke **Schleimschicht** synthetisieren können, die zwischen dem Epithel und der Umgebung lokalisiert ist. Den wichtigsten Bestandteil dieser Schleimschicht bilden die sog. **Mucine**. Mucine sind Glycoproteine mit Molekülmassen von vielen hunderttausend, die sich durch einen besonders hohen Gehalt an O-glycosidisch verknüpften Saccharidseitenketten auszeichnen (mehr als 50% der Masse). Bis heute sind die Gene von 12 unterschiedlichen Mucin-Proteinen kloniert und analysiert worden. Abbildung 32.4 stellt die Domänenstruktur des von den Nebenzellen produzierten Mucin 1 dar, welches durch eine Transmembranhelix in der Membran verankert ist. Auffallend an dem Mucinmolekül sind repetitive Aminosäuresequenzen, in denen Seryl- und Threonylreste etwa 25–30% der Aminosäuren ausmachen und als Träger von Kohlenhydratseitenketten dienen.

Im Magen kommen darüber hinaus weitere Mucine vor, die nicht membranverankert sind, sondern sezerniert werden. Ein Beispiel hierfür ist das Mucin 6 (Abb. 32.5). Es zeigt in der glycosylierten Domäne repetitive Aminosäuresequenzen, die 30% Threonin und 18% Serin enthalten. Diese sind in O-glycosidischer Bindung mit Kohlenhydratketten von durchschnittlich 12 Zuckerresten Länge verknüpft, was einem sehr hohen Glycosylierungsgrad entspricht. Über die Cysteinylreste kommen Quervernetzungen zwischen Mucinmonomeren zustande, die ein Grund für die besonders hohe Viskosität der Mucinschicht sind.

Eine Reihe von Untersuchungen hat gezeigt, dass die Mucinschicht des Magens tatsächlich dafür verantwortlich ist, dass ein pH-Gradient von einem pH-Wert von 1–2 im Magenlumen bis zu 6–7 an der Zelloberfläche aufrecht erhalten werden kann. Man nimmt an, dass die von den Belegzellen synthetisierte Salzsäure als wässrige Lösung durch kanalähnliche Strukturen der Mucinschicht an die luminale Oberfläche des Magens gelangt und sich dort ausbreitet. Eine Diffusion von Salzsäure erfolgt dann nicht oder nur sehr langsam.

32.1.3 Pankreassekrete

Feste Nahrungsbestandteile werden durch die Motilität des Magenantrums (»Antrummühle«) auf eine Partikelgröße kleiner als 2 mm zermahlen und dann über den Pylorus in das Duodenum abgegeben. So wird der Mageninhalt oder

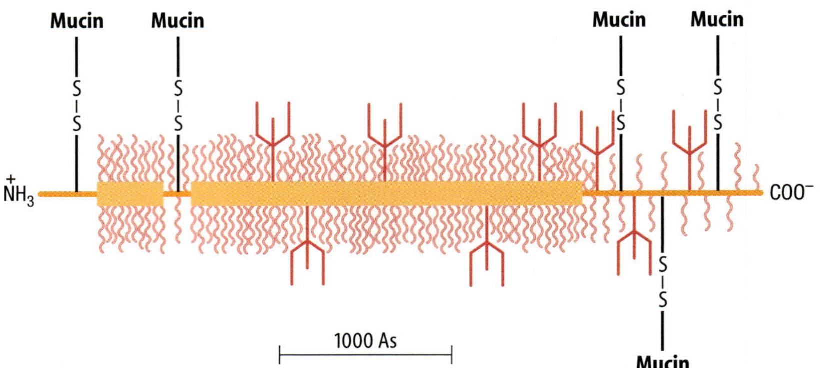

Abb. 32.5. Schematischer Aufbau des gastrischen Mucins 6. Der glycosylierte Anteil ist hervorgehoben und besteht überwiegend aus O-glycosidisch verknüpften Oligosacchariden (wellenförmige Linien) sowie aus wenigen N-glycosidisch verknüpften Oligosacchariden (verzweigte Strukturen). Die dargestellten Disulfidbrücken sind inter- und intramolekular lokalisiert (modifiziert nach Bansil R, Stanley E, LaMont JT 1995)

Chymus, der von cremiger Konsistenz ist, schubweise in das Duodenum befördert und mischt sich dort mit dem duodenalen Verdauungssaft, einer Mischung aus den Sekreten der Mukosa sowie der Brunner-Drüsen des Duodenums, der Gallenflüssigkeit und des Pankreassekrets.

! Alle wichtigen Verdauungsenzyme werden im Pankreas gebildet.

Beim Menschen werden in Abhängigkeit von der Nahrungszufuhr pro Tag etwa 3000 ml Pankreassaft sezerniert, dessen Enzymgehalt in Tabelle 32.1 dargestellt ist. Unter seinen anorganischen Bestandteilen ist von besonderer Bedeutung der hohe Hydrogencarbonatgehalt, der dem Pankreassaft sein typisches alkalisches Milieu von etwa pH 8,0 verleiht und zur Neutralisierung des sauren Mageninhalts beiträgt.

32

! Die Proteasen des Pankreas werden als inaktive Proenzyme sezerniert.

Von besonderer Bedeutung für die Verdauung sind die im Pankreassaft reichlich vorhandenen proteolytischen Enzyme. Es handelt sich um die
- Endopeptidasen **Trypsin** und **Chymotrypsin**
- Exopeptidasen **Carboxypeptidase A** und **B** sowie
- **Elastase**

Diese werden in den exokrinen Zellen (Acinuszellen) des Pankreas in Form inaktiver Proenzyme synthetisiert und intrazellulär in den Zymogengranula gespeichert.

Ähnlich wie Pepsinogen zeichnen sich die inaktiven Vorstufen Trypsinogen, Chymotrypsinogen und die Procarboxypeptidasen gegenüber den aktiven Enzymproteinen dadurch aus, dass sie aus einer längeren Peptidkette bestehen und durch Abspaltung von Teilsequenzen aktiviert werden (► Kap. 4.5.3). Normalerweise findet dieser Vorgang erst im Duodenum statt. Die in der intestinalen Mukosa produzierte **Enteropeptidase** (früher Enterokinase), ein Glycoprotein mit einem Kohlenhydratanteil von 45%, aktiviert Trypsinogen zu **Trypsin**. Die Umwandlung von Chymotrypsinogen zu **Chymotrypsin** sowie der Procarboxypeptidasen zu **Carboxypeptidasen** erfolgt unter Katalyse von Trypsin.

Wie Pepsin sind Trypsin und Chymotrypsin Endopeptidasen, allerdings mit einem pH-Optimum zwischen 7,5 und 8,5. Denaturierte Proteine werden besonders leicht gespalten. Unter der Einwirkung von Trypsin und Chymotrypsin werden die durch die peptische Aktivität des Magensaftes entstandenen Proteinbruchstücke in kleinere Polypeptide zerlegt. Über die Substratspezifität von Trypsin und Chymotrypsin ► Kap. 3.2.3.

Die Exopeptidase **Carboxypeptidase** ist ein Zinkprotein mit einer Molekülmasse von 34 kDa, das vom Pankreas ebenfalls als inaktive Vorstufe (Procarboxypeptidase, Molekülmasse 90 kDa) sezerniert und erst durch die Einwirkung von Trypsin aktiviert wird. Das Enzym spaltet die am Carboxylende stehenden Aminosäuren von Polypeptiden ab. Man unterscheidet zwei pankreatische Carboxypeptidasen:
- die Carboxypeptidase A hat eine besondere Affinität zu aromatischen Endgruppen (Phenylalanin, Tyrosin, Tryptophan)
- die Carboxypeptidase B zu basischen Endgruppen (Lysin, Arginin, Histidin)

! Andere hydrolytische Enzyme des Pankreassekrets spalten Glycogen, Lipide oder Nucleinsäuren.

Außer den proteolytischen Enzymen enthält das Pankreassekret Hydrolasen zur Aufspaltung von Kohlenhydraten, Lipiden und Nucleinsäuren. Die **Pankreasamylase** entspricht in ihren Eigenschaften dem Ptyalin. Es handelt sich um eine Endoamylase oder α-**Amylase**, die die 1,4-α-glycosidischen Bindungen in Polysacchariden wie Stärke oder Glycogen aufspaltet. Da das Enzym die 1,6-glycosidischen Bindungen nicht zu spalten vermag und seine Affinität zum Substrat mit Abnahme der Kettenlänge des Polysaccharidmoleküls geringer wird, sind ihre Reaktionspro-

Tabelle 32.1. Wichtige gastrointestinale Verdauungsenzyme

Bildungsort	Enzym	Inaktive Vorstufe	Cofaktoren	ph-Optimum	Substrat	Reaktionsprodukt
Speicheldrüsen	Ptyalin	–	Cl^-	6,7	Stärke	Maltose
Magenschleimhaut	Pepsin	Pepsinogen		1–2	Proteine	Peptide
	Renin	–	Ca^{2+}	3–4	Lösliches Casein	Unlösliches Casein
Pankreas, exokrin	Trypsin	Trypsinogen	–	7–8	Proteine, Polypeptide	Oligopeptide
	Chymotrypsin	Chymotrypsinogen	–	7–8	Proteine, Polypeptide	Oligopeptide
	Carboxypeptidasen A u. B	Procarboxypeptidasen A und B	–	7–8	C-terminale Aminosäuren von Proteinen	Aminosäuren Peptide
	Elastase	Proelastase			Elastin	
	Lipase	–	Gallensäuren Colipase	8	Triacylglycerine	Fettsäuren, α- u. β-Monoacylglycerine
	Cholesterinesterase	–	Gallensäuren	8	Cholesterinester	Cholesterin, Fettsäuren
	α-Amylase	–	–	8	Stärke	Maltose
	Ribonuclease	–	–	7–8	Ribonucleinsäuren	Ribonucleotide
	Desoxyribonuclease	–	–	7–8	Desoxyribonucleinsäuren	Desoxyribonucleotide
Intestinale Mukosa	Aminopeptidase	–	–	–	N-terminale Aminosäuren von Proteinen	Aminosäuren, Peptide
	Dipeptidasen	–	–	–	Dipeptide	Aminosäuren
	Enteropeptidase	–	–	–	Trypsinogen	Trypsin
	Saccharase	–	–	5–7	Saccharose	Fructose, Glucose
	Maltase	–	–	5–7	Maltose	Glucose
	Lactase	–	–	5–7	Lactose	Galactose, Glucose
	Isomaltase	–	–	5–7	Isomaltose	Glucose
	Polynucleotidase	–	–	–	Nucleinsäuren	Nucleotide
	Nucleosidasen	–	–	–	Nucleoside	Purin- bzw. Pyrimidinbase, Pentose
	Phosphatase	–	–	8	Organische Phosphorsäureester	Phosphat

dukte unterschiedlich große Bruchstücke der Polysaccharidmoleküle.

Die α-Amylase wird in geringen Mengen an das Blut abgegeben und wegen ihres niedrigen Molekulargewichts mit dem Urin ausgeschieden.

Die **Pankreaslipase** ist zur Hydrolyse von Triacylglycerinen imstande, wobei als Reaktionsprodukte v.a. Monoacylglycerine, daneben Fettsäuren, Glycerin und in geringem Umfang Diacylglycerine entstehen. Ihre Anwesenheit ist zur Fettverdauung unbedingt erforderlich. Das Enzym katalysiert bevorzugt die hydrolytische Abspaltung der in 1- bzw. 3-Positionen (α bzw. α'-Position) stehenden Fettsäuren aus den Triacylglycerinen, die dabei entstehenden β-Monoacylglycerine spielen bei der Fettverdauung als Emulgatoren eine wichtige Rolle. Weitere an der Lipidverdauung beteiligte Pankreasenzyme sind die **Carboxylesterase**, die u.a. die Hydrolyse der Cholesterinester katalysiert, sowie Phospholipasen.

Der Nachweis der Lipaseaktivität im Serum hat sich als wertvolles diagnostisches Hilfsmittel bei entzündlichen Pankreaserkrankungen bewährt.

Für die Verdauung von Nucleinsäuren sind schließlich im Pankreassaft **Ribonuclease** und **Desoxyribonuclease** enthalten, deren Spezifität und Wirkungsweise in ▶ Kapitel 5 besprochen wurde.

32.1.4 Galle

Galle ist für Verdauung und Resorption unerlässlich.

Für die im Darmlumen ablaufenden Verdauungsprozesse spielt auch die Leber eine wichtige Rolle, da sie die Bildungsstätte der Galle ist. Beim Menschen und vielen anderen Warmblütern wird die von der Leber sezernierte Galle (Lebergalle) in der Gallenblase gespeichert und konzentriert. Tabelle 32.2 zeigt die Zusammensetzung menschlicher Leber- und Blasengalle.

Tabelle 32.2. Zusammensetzung menschlicher Leber- und Blasengalle

	Lebergalle [% des Gesamtgewichts]	Blasengalle [% des Gesamtgewichts]
Wasser	96,64	86,7
Gallensäuren	1,9	9,1
Mucin und Gallenfarbstoffe	0,5	3,0
Cholesterin	0,06	0,3
Fettsäuren	0,1	0,3
Anorganische Salze	0,8	0,6
pH	7,1	6,9–7,7

Die Bedeutung der Gallenflüssigkeit bei den Verdauungsvorgängen lässt sich v.a. auf ihren hohen Gehalt an Gallensäuren zurückführen, deren Anwesenheit im Duodenalsaft eine Voraussetzung der für die Lipidresorption notwendigen **Mizellenbildung** (▶ Kap. 2.2.6) ist.

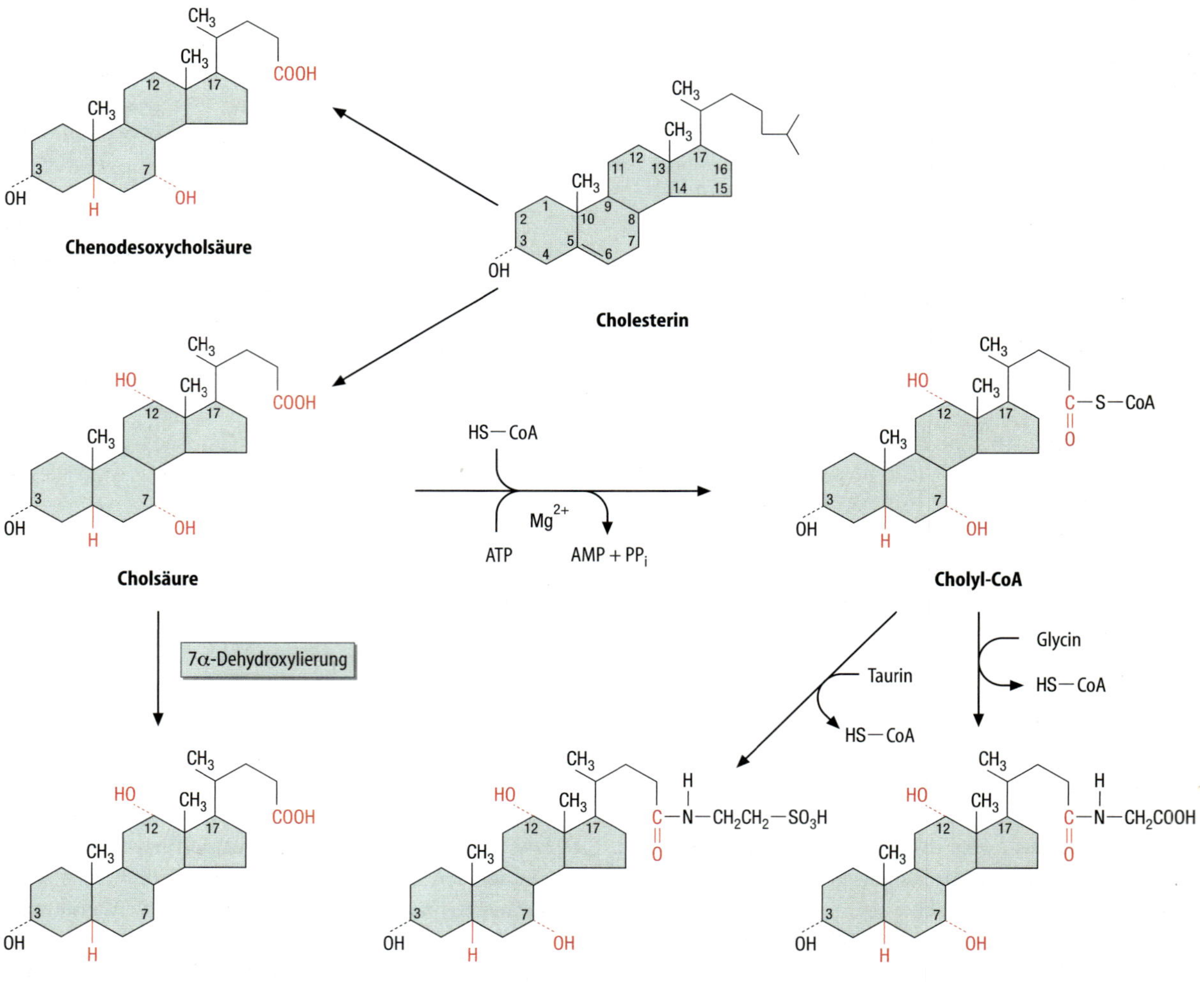

Abb. 32.6. Bildung von Gallensäuren und Gallensäurenkonjugaten. (Einzelheiten ▶ Text)

Die wichtigsten Gallensäuren der menschlichen Galle sind

- Cholsäure und
- Chenodesoxycholsäure

deren Strukturen in Abb. 32.6 dargestellt sind.

Sie werden in der Leberzelle aus Cholesterin synthetisiert. Der erste Schritt besteht in einer Hydroxylierung des Cholesterins in Position 7α, die wahrscheinlich der geschwindigkeitsbestimmende Schritt der Gallensäurenbiosynthese ist. Die Hydroxylierung wird durch ein im endoplasmatischen Retikulum lokalisiertes Enzym katalysiert, das Sauerstoff und NADPH/H^+ benötigt und teilweise durch Kohlenmonoxid gehemmt wird. Trotz der offensichtlichen Ähnlichkeiten mit den Monooxygenasen (▸ Kap. 15.2.2) ist eine Beteiligung des Cytochroms P_{450} bei der Synthese von Gallensäuren noch nicht bewiesen. Der größte Teil der Gallensäuren wird nach Aktivierung zum Coenzym-A-Ester mit Glycin oder Taurin konjugiert und in die Gallengänge ausgeschieden.

! Gallensäuren durchlaufen einen enterohepatischen Kreislauf.

Unter der Annahme einer täglichen Gallensekretion der menschlichen Leber von etwa 500 ml lässt sich anhand der in Tabelle 32.2 angegebenen Daten errechnen, dass der tägliche Umsatz an Gallensäuren 10 g beträgt. Wie experimentell mit Hilfe von radioaktiv markierten Vorstufen von Gallensäuren gemessen werden konnte, synthetisiert die Leber jedoch täglich nur 200–500 mg Gallensäuren. Dieser Wert entspricht genau der täglichen Ausscheidung mit den Faeces. Offensichtlich ersetzt also die Leber nur den täglichen Verlust von Gallensäuren im Stuhl, während eine weitaus größere Menge von Gallensäuren sich in der Gallenflüssigkeit bzw. dem Duodenalinhalt befindet. Tatsächlich konnte gezeigt werden, dass die mit der Galle in das Duodenum eingebrachten Gallensäuren zu über 90% im Ileum mit Hilfe eines aktiven Transportsystems resorbiert und über das Pfortadersystem zur Leber zurückgebracht werden, wo sie für die erneute Sekretion in die Gallenflüssigkeit zur Verfügung stehen. Dieser **enterohepatische Kreislauf** der Gallensäuren erfolgt mit beträchtlicher Geschwindigkeit, sodass die relativ geringe Gesamtmenge an Gallensäuren des menschlichen Organismus (3–5 g) etwa sechs- bis zehnmal pro Tag den Kreislauf durchläuft.

Die Ausscheidung von Gallensäuren mit den Faeces ist für den Organismus die einzige Möglichkeit zur Eliminierung von Cholesterin und seinen Derivaten, da Säugetiere nicht über die zur Aufspaltung des Cholesterin-Ringsystems notwendigen Enzyme verfügen. Die Bestimmung der täglichen Ausscheidung von Gallensäuren ist infolgedessen ein gutes Maß zur Bestimmung der Cholesterinausscheidung.

! Gallensäuren sind für die Lipidresorption unerlässlich und beeinflussen die Cholesterinbiosynthese.

Die Gallensäuren besitzen eine Reihe wichtiger Stoffwechselfunktionen. Für die **Fettverdauung** stellen sie eine unerlässliche Komponente dar, da sie im Duodenum mit den unter der Einwirkung der Pankreaslipase entstehenden Fettsäuren und Monoacylglycerinen Mizellen bilden. Die Lipase selbst wird durch Gallensäuren gehemmt. In mizellärer Form ist die Resorption lipophiler Substanzen beträchtlich erleichtert (▸ Kap. 32.2.2).

Gallensäuren sind nicht nur die Ausscheidungsform des Sterangerüstes, sondern regulieren auch die **Cholesterinbiosynthese**. Diese wird primär durch die Cholesterinzufuhr mit der Nahrung gesteuert. An Versuchstieren mit Gallengangsfisteln konnte jedoch gezeigt werden, dass bei Ableitung der Gallenflüssigkeit nach außen die Geschwindigkeit der Cholesterinbiosynthese in der Leber und im Darm deutlich zunimmt. Bei Verfütterung eines nicht resorbierbaren Ionenaustauscherharzes (▸ Kap. 2.3.4, 3.2.1) mit hoher Affinität zu Gallensäuren (Cholestyramin) werden die Gallensäuren gebunden und ihre Rückresorption verhindert. Die Cholesterinbiosynthese der Leber nimmt entsprechend zu. Trotzdem sinkt der Cholesterinspiegel im Blut ab, da durch die Verhinderung der Gallensäurenrückresorption und die Verminderung der Gallensäurekonzentration in der Leber die Umwandlung von Cholesterin in Gallensäuren stark beschleunigt wird. Der gegenteilige Effekt, nämlich eine Hemmung der Cholesterinbiosynthese, wird durch orale Zufuhr von freien und konjugierten Gallensäuren in hohen Konzentrationen erreicht.

Diese Wechselbeziehungen zwischen Cholesterinbiosynthese und Gallensäurenresorption werden auch klinisch ausgenutzt. So können Hypercholesterinämien durch Cholestyramin oder drastischer durch Entfernung des Ileums als Ort der Gallensäurenrückresorption behandelt werden.

In der Gallenflüssigkeit selbst wirken Gallensäuren als Lösungsvermittler für das dort, wenn auch nur in geringen Mengen (0,26% der Gesamtgalle) vorkommende Cholesterin. In dieser Konzentration ist es praktisch unlöslich in wässrigen Medien. Ein Ausfallen kann nur dadurch verhindert werden, dass mit Gallensäuren und dem ebenfalls in der Galle vorkommenden Phosphatidylcholin mizelläre Cholesterin-Lösungen gebildet werden. Das in Abb. 32.7 dargestellte Diagramm ermöglicht die Bestimmung der maximalen Löslichkeit von Cholesterin in menschlicher Blasengalle. Es wurde aus Untersuchungen des Verhaltens von Mischungen aus Gallensäuren, Phosphatidylcholin und Cholesterin in Wasser konstruiert. Bei allen Zusammensetzungen der Gallenflüssigkeit, die außerhalb des Bereiches micellärer Lösungen liegen, kommt es zur Bildung von Cholesterinkristallen, die die Keime von Cholesterinsteinen sein können.

Da 80% der Gallensteine cholesterinreich und 50% reine Cholesterinsteine sind, nimmt man an, dass Änderungen des Mischungsverhältnisses der drei genannten Verbindungen für das Entstehen von Gallensteinen verantwortlich sind. Bei der sog. **lithogenen Galle** findet sich dementspre-

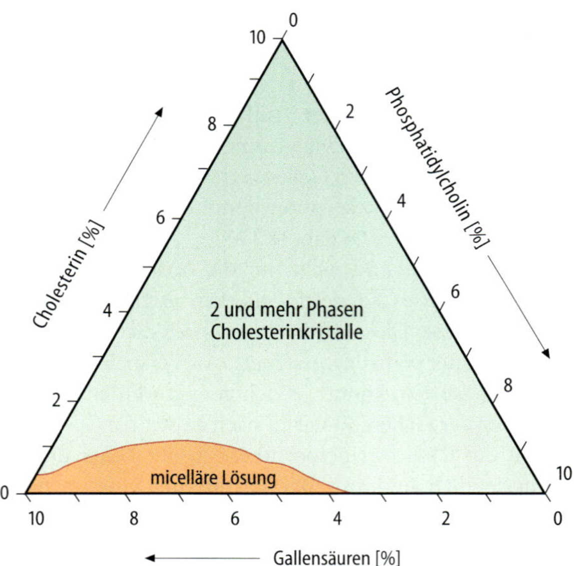

Abb. 32.7. Löslichkeit von Cholesterin in Lipid-Wasser-Mischungen. Löst man Cholesterin, Phosphatidylcholin und Gallensäuren in einer Gesamtkonzentration von 10% in Wasser, so bestimmt das Verhältnis von Phosphatidylcholin, Gallensäuren und Cholesterin die Löslichkeit des letzteren. Bei Mischungsverhältnissen innerhalb des rot markierten Bereiches liegt Cholesterin in mizellärer Lösung vor, bei allen anderen Verhältnissen befindet es sich in übersättigter Lösung und fällt aus

chend auch häufig eine Abnahme des Phosphatidylcholin-Gehaltes. Diese Beobachtungen waren der Anlass dafür, Gallensteinleiden mit Gallensäuren zu behandeln. Diese greifen nicht nur ändernd in das Verhältnis von Cholesterin, Phosphoglyceriden und Gallensalzen ein, sondern hemmen in der Leber die Cholesterinbiosynthese und damit die Cholesterinausscheidung. In einigen Fällen konnte das Weiterwachsen von Cholesterin-(Gallen-)Steinen nicht nur verhindert, sondern sogar eine Auflösung bereits vorhandener Steine erreicht werden.

Die Gallenflüssigkeit ist ein wichtiges Vehikel für eine Vielzahl körpereigener und körperfremder Substanzen. So werden z.B.

- die Gallenfarbstoffe Biliverdin und Bilirubin als Glucuronide sowie
- von den Hormonen v.a. die Steroide der Nebennierenrinde und der Gonaden mit der Gallenflüssigkeit ausgeschieden

Mit der Galle werden auch viele Medikamente aus dem Organismus entfernt. Störungen des Gallenflusses behindern deswegen häufig die Eliminierung von Arzneimitteln.

32.1.5 Duodenalsekret

Die Dünndarmschleimhaut bildet täglich 1000–2000 ml eines eigenen Verdauungssekrets. Ein wesentlicher Bestandteil dieses Darmsaftes sind **Mucine**, welche die Schleimhaut vor der Einwirkung der Magensäure oder anderer schädigender Nahrungsbestandteile schützen. Daneben kommt **Albumin** vor, das im Darm durch Proteolyse abgebaut wird. Etwa $^1/_5$ des gesamten Albuminabbaus erfolgt durch Abgabe an das Duodenum. Die bei der Albuminhydrolyse entstehenden Aminosäuren werden resorbiert und der Leber für eine erneute Proteinbiosynthese zur Verfügung gestellt (enterohepatischer Kreislauf von Aminosäuren).

Noch ungeklärt ist die Frage, ob auch Verdauungsenzyme aus der Dünndarmmukosa sezerniert werden. Im Darmsaft wurden zwar eine Reihe von Enzymen wie Aminopeptidasen, Dipeptidasen, Saccharase, Maltase, Isomaltase, alkalische Phosphatase, Polynucleotidase und Phospholipase nachgewiesen, es ist jedoch noch nicht sicher, ob es sich hierbei um tatsächliche Sekretionsprodukte handelt oder ob die betreffenden Enzyme aus abgeschilferten und zugrunde gegangenen Zellen stammen.

Gesichert ist lediglich, dass durch die duodenale Mukosa die für die Trypsinogenaktivierung notwendige **Enteropeptidase** abgegeben wird.

32.1.6 Regulation der gastrointestinalen Sekretion

Der Intestinaltrakt enthält ein umfangreiches endokrines System.

Im Intestinaltrakt erfolgt die Aufarbeitung und Resorption eines ständig wechselnden Angebots an Nahrungsmitteln. Es ist daher verständlich, dass die funktionellen Zustände einzelner Darmabschnitte sowie der anderen an der Verdauung beteiligten Organe sehr genau aufeinander abgestimmt werden müssen, damit eine optimale Verdauung und Resorption der Nahrungsstoffe gewährleistet ist. Im Intestinaltrakt werden darüber hinaus große Mengen an Flüssigkeit umgesetzt, außerdem muss der größte Teil der mit den Verdauungssäften in den Intestinaltrakt gelangenden Elektrolyte hier wieder rückresorbiert werden. Die koordinierte Regulation dieser Prozesse erfolgt bei höheren tierischen Organismen sowie beim Menschen durch eine große Zahl **gastrointestinaler Hormone** sowie **parakrin** wirksamer hormonartiger Faktoren. Diese werden nicht von einzelnen endokrinen Drüsen sezerniert, sondern von endokrinen Zellen, die über den Intestinaltrakt verstreut sind. Die Bedeutung dieses endokrinen Systems wird allein aus der Tatsache verständlich, dass die Gesamtmasse der hormonell aktiven Zellen im Intestinaltrakt größer ist als die Masse aller anderen endokrinen Drüsen des Organismus. Tabelle 32.3 stellt eine Auswahl gastrointestinaler Peptidhormone und Neurotransmitter zusammen. Es handelt sich ausschließlich um Peptide mit Molekülmassen unter 10 kDa. Interessanterweise kommt ein beträchtlicher

Tabelle 32.3. Gastrointestinale Peptidhormone und Neurotransmitter

Bezeichnung	Aminosäurereste	Vorkommen	Wichtigste Funktion
Hormone			
Gastrin	17 bzw. 34	Antrum des Magens, oberes Duodenum	Stimulierung der HCl-Sekretion
Sekretin	27	Duodenum, Jejunum	Stimulierung der pankreatischen HCO_3^--Sekretion
Cholecystokinin/ Pankreozymin[a]	33	Duodenum Jejunum	Stimulierung der pankreatischen Enzymsekretion, Kontraktion der Gallenblase
Gastroinhibitorisches Peptid (GIP)	43	Duodenum bis oberes Jejunum	Stimulierung der Insulinsekretion
Motilin	22	Oberes Jejunum, Duodenum	Stimulierung der Motilität von Magen und Dünndarm
Neurotensin	13	Unterer Dünndarm, Colon	Stimulierung der Sekretion von Insulin, Glucagon, Gastrin?
Enteroglucagon	~70	Ileum und Colon	Trophischer Faktor für Epithelzellen des Intestinaltraktes
Somatostatin[a]	14	Gesamter Intestinaltrakt, Pankreas	Hemmung sekretorischer Vorgänge
Neurotransmitter			
Vasoaktives intestinales Peptid[a]	14/28	Neurone und Nervenfasern des Intestinaltrakts	Vasodilatation, Relaxation der glatten Muskulatur
Substanz P[a] Bombesin[a]	11 14	Gesamter Intestinaltrakt Magen, Duodenum, Jejunum	Kontraktion der glatten Muskulatur Pankreassekretion?
Enkephalin[a]	5	Gesamter Intestinaltrakt	?

[a] Vorkommen im Zentralnervensystem gesichert.

Teil von ihnen auch im Zentralnervensystem vor und wirkt dort als Neurotransmitter.

Über die physiologische Bedeutung der Enterohormone **Gastrin**, **Sekretin**, **Cholecystokinin** sowie **gastroinhibitorisches Peptid** liegen einigermaßen gesicherte Erkenntnisse vor (▶ u.). Über andere in der Tabelle 32.3 genannte Peptide weiß man jedoch wesentlich weniger; ihre Wirkung lässt sich häufig nur anhand experimenteller Modellsysteme nachweisen. Es ist offenbar so, dass die einzelnen funktionellen Zustände des Gastrointestinaltrakts jeweils durch eine Vielzahl von Regulationsfaktoren stabilisiert werden, deren Zusammenspiel die geordnete Funktion des Intestinaltrakts garantiert. Wie kompliziert die Verhältnisse sind, geht aus der Tatsache hervor, dass allein für die Regulation der HCl-Produktion im Magenfundus und -corpus 16 hemmende bzw. aktivierende Faktoren beschrieben worden sind.

! Die Magensaftsekretion wird hormonell und nerval reguliert.

Salzsäuresekretion. Die Salzsäureproduktion der Parietalzellen hängt von der gleichzeitigen Erhöhung der intrazellulären Calcium- und cAMP-Konzentration ab. Die Wirkung beider intrazellulärer Botenstoffe beruht auf einer Verlagerung der für die Salzsäuresekretion verantwortlichen H^+/K^+-ATPase aus intrazellulären Vesikeln in die apikale Plasmamembran. Die Einzelheiten der dabei ablaufenden Vorgänge sind nicht genau bekannt. Folgende extrazelluläre Signale sind für Stimulierung bzw. Hemmung der Salzsäuresekretion verantwortlich (Abb. 32.8):

- Der wichtigste, die Salzsäuresekretion stimulierende Faktor ist **Histamin**, das biogene Amin der Aminosäure Histidin. Es wird in den Enterochromaffin-ähnlichen Zellen (*enterochromaffin-like cells*, ECL-Zellen) der Magenmukosa produziert. Diese Zellen befinden sich in enger Nachbarschaft zu den Belegzellen (Parietalzellen), das von ihnen abgegebene Histamin wirkt als parakriner Faktor. Es reagiert mit **H_2-Histaminrezeptoren** der Parietalzellen. Diese stimulieren die **Adenylatcyclase**, was über erhöhte intrazelluläre cAMP-Konzentrationen zu einer Aktivierung der Proteinkinase A führt
- Enteroendokrine Zellen im Antrum des Magens, sog. Gastrinzellen (G-Zellen), setzen als Antwort auf Dehnungsreize, Anstieg des pH-Wertes, Alkohol, Coffein sowie vor allen Dingen auf bei der Proteinverdauung entstehende Peptide das Peptidhormon **Gastrin** frei. Von diesem kommen durch Proteolyse entstehende Formen mit 34, 17 oder 13 Aminosäuren vor. Für die

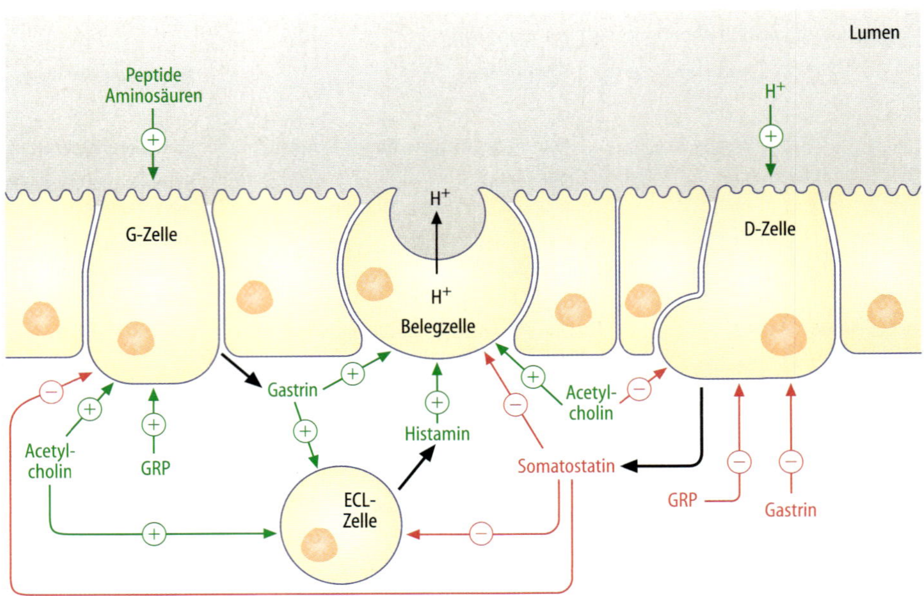

Abb. 32.8. Regulation der Salzsäureproduktion durch die Belegzellen. Für die Regulation der Salzsäureproduktion ist das Zusammenspiel des aus ECL-Zellen stammenden Histamins mit dem aus den Gastrinzellen (G-Zellen) stammenden Gastrin, zentralnervösen cholinergen (Acetylcholin) Impulsen (N. vagus) und dem durch die D-Zellen gebildeten Somatostatin notwendig. GRP = *gastrin releasing peptide*. (Einzelheiten ▶ Text)

biologische Aktivität sind vor allem die 4 C-terminalen Aminosäuren der Gastrine verantwortlich. Über den Blutweg gelangen sie zu den Parietalzellen des Magenfundus und reagieren dort mit **Gastrinrezeptoren**. Diese gehören zur Familie der CCK-Gastrinrezeptoren und sind heptahelicale Membranproteine. G-Protein-vermittelt führen sie zur Aktivierung der **Phospholipase Cβ** und damit zu einer Erhöhung der Calcium- und Diacylglycerin-Konzentration (▶ Kap. 25.6.3)

- Vom Zentralnervensystem über den Nervus Vagus ausgehende Impulse stimulieren über **muscarinische Acetylcholinrezeptoren** der Klasse 3 die Salzsäureproduktion der Parietalzellen. Auch diese Rezeptoren lösen eine Aktivierung der **Phospholipase Cβ** und damit eine Erhöhung der intrazellulären Calciumkonzentration aus
- Diese Regelkreise können weiter moduliert werden: Über muscarinische Acetylcholinrezeptoren stimuliert der Nervus Vagus sowohl die Histaminproduktion der ECL-Zellen als auch die Gastrinsekretion der G-Zellen
- Von peptidergen postganglionären parasympathischen Nervenfasern und Neuronen des enteralen Nervensystems wird ein Peptid aus 27 Aminosäuren freigesetzt, das Strukturhomologie zu einem Peptid in der Froschhaut, dem Bombesin, zeigt und als *gastrin releasing peptide* (GRP) bezeichnet wird. GRP stimuliert die Gastrinsekretion von Gastrinzellen
- **Somatostatin** ist ein sehr wirkungsvoller Hemmstoff der Salzsäureproduktion. Es wird in enteroendokrinen Zellen des Intestinaltrakts, den sog. D-Zellen, gebildet. In der Magenschleimhaut wird die Somatostatinfreisetzung dieser Zellen auf der basolateralen Seite durch cholinerge Neuronen, Gastrin und GRP gehemmt und von der luminalen Seite durch hohe Protonenkonzentrationen stimuliert. Somatostatin hemmt die Histaminfreisetzung der ECL-Zellen sowie direkt die Salzsäureproduktion der Parietalzellen. Der Somatostatin-Rezeptor gehört zu der Gruppe der inhibitorischen Rezeptoren des Adenylatcyclasesystems, d.h. seine Stimulierung führt zu einer Senkung des cAMP-Spiegels der betroffenen Zellen (▶ Kap. 25.6.2)

Mucinsekretion. Von großer Bedeutung für den Schutz des Magenepithels vor Selbstverdauung ist die **Mucinsekretion** durch die Mucinzellen der Magenmukosa (Abb. 32.9). Auch sie wird durch eine hohe Protonenkonzentration in der Magenflüssigkeit stimuliert, steht daneben aber ebenfalls unter neurokriner, endokriner und parakriner Kontrolle.

- **Acetylcholin** sowie **Sekretin** stimulieren die Mucinsekretion. Der Sekretinrezeptor gehört zu den stimulierenden Rezeptoren des Adenylatcyclasesystems
- **Prostaglandine des E-Typs** sind wichtige Stimulatoren der Mucinsekretion. Diese fördern außerdem die Zellregeneration und die Durchblutung. Sie wirken damit cytoprotektiv gegen Schädigungen z.B. durch die Salzsäure. Prostaglandin E hemmt ferner über den Rezeptor-Subtyp EP_3 die Adenylatcyclase der Parietalzellen und damit die HCl-Sekretion
- Glucocorticoide sind sehr wirksame Hemmstoffe der Mucinsekretion (über die pathobiochemische Bedeu-

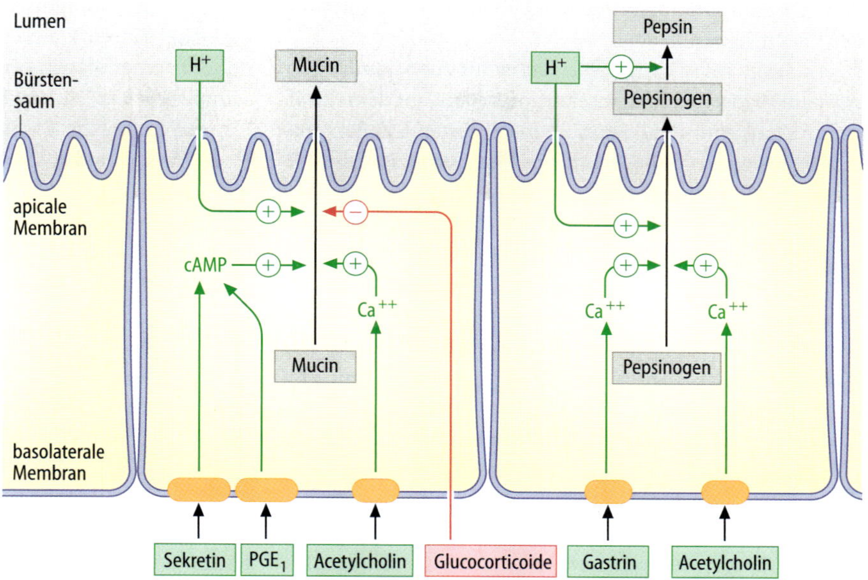

Abb. 32.9. Regulation der Mucin- und Pepsinogensekretion der Magenmukosa. (Einzelheiten ▶ Text)

tung der genannten Faktoren bei der Entstehung des Magen- und Duodenalgeschwürs ▶ Kap. 32.1.7)

Pepsinogen-Sekretion. Die Sekretion von Pepsinogen durch die Hauptzellen des Magenfundus wird durch cholinerge nervale Reize sowie durch Gastrin stimuliert. Ein wesentlicher weiterer Reiz für die Pepsinogen-Sekretion ist eine hohe Protonenkonzentration des Magensaftes (Abb. 32.9).

Sekretin und Cholecystokinin/Pankreozymin regulieren die Pankreassekretion.

Die Bildung des Pankreassekrets wird durch eine Reihe neurokriner und endokriner Faktoren gesteuert (Abb. 32.10). Sie wird im Wesentlichen von zwei Zelltypen getragen,

- den für die Sekretion der Verdauungsenzyme verantwortlichen Acinuszellen sowie
- den Pankreasgangzellen, die Wasser und Hydrogencarbonat sezernieren

Pankreatische Enzymsekretion. Der wichtigste physiologische Stimulus für die pankreatische Enzymsekretion ist die durch das **parasympathische Nervensystem** hervorgerufene Freisetzung von Acetylcholin, das über **muscarinische Acetylcholinrezeptoren** des Typs M1 auf den Acinuszellen zu einer Aktivierung der Phospholipase Cβ führt (Abb. 32.10). Dies löst eine Erhöhung der intrazellulären Calcium-

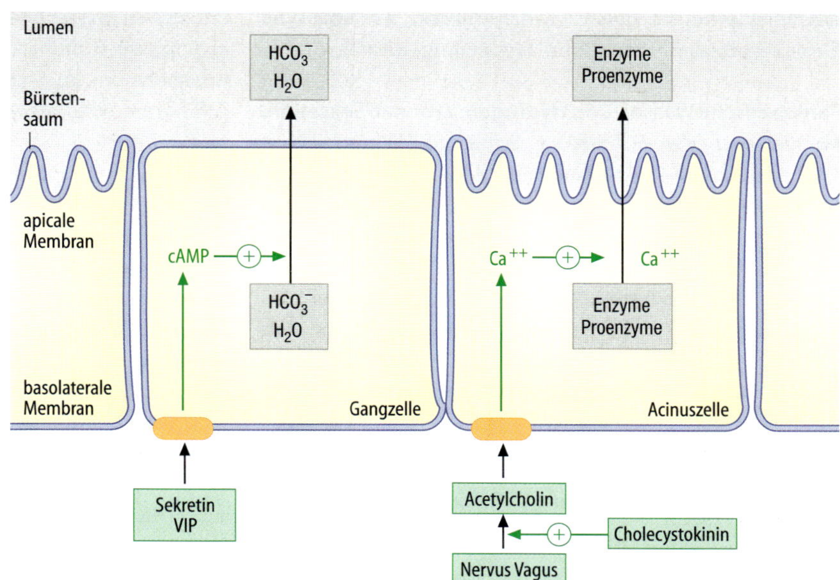

Abb. 32.10. Enzym-, Wasser- und Hydrogencarbonat-Sekretion in Acinus- bzw. Gangzellen des Pankreas. VIP vasoaktives intestinales Peptid. (Einzelheiten ▶ Text)

konzentration und damit einhergehend eine Stimulierung der Enzymsekretion aus.

Ein weiterer wichtiger Mechanismus zur Stimulierung der pankreatischen Enzymsekretion beruht auf dem durch die im Duodenum und Jejunum lokalisierten I-Zellen produzierten Peptid **Cholecystokinin**. Dieses ist mit dem 1943 entdeckten Pankreozymin identisch, weswegen das Hormon gelegentlich auch als Cholecystokinin-Pankreozymin (CCK-PZ) bezeichnet wird. Ähnlich wie beim Gastrin kommen auch beim Cholecystokinin Peptide unterschiedlicher Größe vor, die posttranslational durch Proteolyse entstehen. Die vorherrschende Form ist das CCK 33. Die biologisch aktive Region des CCK ist in den C-terminalen sieben Aminosäuren lokalisiert. Die 5 C-terminalen Aminosäuren des CCK entsprechen denen des Gastrins, was bei der Bestimmung der biologisch aktiven Formen beider Hormone Schwierigkeiten verursachen kann.

Für die Freisetzung von CCK verantwortliche Stimuli sind Fettsäuren, Aminosäuren und Peptide im duodenalen Lumen. Außer einer gesteigerten pankreatischen Enzymsekretion löst CCK eine Kontraktion der Gallenblase mit Entleerung der Gallenflüssigkeit in das Duodenum sowie eine Aktivierung des Sättigungsgefühls aus (► u.).

CCK-Rezeptoren gehören zur Familie der heptahelicalen Rezeptoren, die die Phospholipase Cβ stimulieren und so zu einer Erhöhung der intrazellulären Calciumkonzentration führen. Der CCK-Rezeptor A ist spezifisch für CCK, der CCK-Rezeptor B ist identisch mit dem Sekretin-Rezeptor und wird sowohl durch CCK als auch durch Sekretin aktiviert. Bei Nagern wie der Ratte und der Maus finden sich CCK-Rezeptoren des Typs A direkt auf den Acinuszellen, weswegen CCK einen direkten stimulierenden Einfluss auf die Enzymsekretion hat. Beim Menschen sind die Verhältnisse grundsätzlich anders, da keine CCK-Rezeptoren Typ A auf den Acinuszellen nachweisbar sind. Derartige Rezeptoren finden sich jedoch auf vagalen afferenten Nerven, sodass man annimmt, dass CCK hier indirekt, d.h. über eine Stimulierung der Acetylcholin-Freisetzung, wirkt

Pankreatische Wasser- und Hydrogencarbonat-Sekretion. Für die ebenfalls im Pankreas erfolgende Sekretion von Wasser und dem für die Neutralisation der Salzsäure notwendigen Hydrogencarbonat sind die Pankreasgangzellen verantwortlich. Ausgelöst wird die Wasser- und Hydrogencarbonat-Sekretion dabei durch **Sekretin**, ein Peptid aus 27 Aminosäuren (■ Abb. 32.10). Es wird im Duodenum und Jejunum gebildet und zeigt enge Verwandtschaft mit dem vasoaktiven intestinalen Peptid (■ Tabelle 32.3). Der Sekretinrezeptor gehört zur Familie der Glucagonrezeptoren, die Bindung seines Liganden löst eine Aktivierung des Adenylatcyclasesystems aus.

! Gallensäuren stimulieren die Gallenbildung.

Substanzen, die die Gallensekretion durch Hepatozyten stimulieren, werden als **Choleretica** bezeichnet. Unter physiologischen Bedingungen sind die wichtigsten Choleretica die Gallensäuren. Damit hängt die Gallensekretion sehr eng mit dem enterohepatischen Kreislauf der Gallensäuren zusammen (► Kap. 32.1.4). Eine leicht choleretische Wirkung hat auch Sekretin. Es führt ähnlich wie am Pankreas zu einer Wasser- und Hydrogencarbonat-Sekretion in die Gallenflüssigkeit.

Ein ganz anderes Wirkungsspektrum für die Gallenbildung hat CCK. Es löst eine Kontraktion der Gallenblase mit Entleerung von Gallenflüssigkeit in das Duodenum aus.

! Im Intestinaltrakt werden Signale erzeugt, die Nahrungsaufnahme und Nahrungsverwertung regulieren.

Die Regulation der Nahrungsaufnahme durch Hunger- bzw. Sättigungsgefühl erfolgt in den hypothalamischen Kerngebieten und hängt von einer großen Zahl verschiedener endokrin und parakrin wirkender Faktoren ab (► Kap. 21.4). Auch die im Folgenden aufgeführten, im Intestinaltrakt gebildeten Faktoren spielen dabei eine große Rolle.

Cholecystokinin. Cholecystokinin reguliert nicht nur die Funktion des Pankreas und der Gallenblase (► o.), sondern hemmt auch das Hungergefühl. Über CCK-A-Rezeptoren im Intestinaltrakt bewirkt Cholecystokinin eine Unterdrückung der Nahrungsaufnahme, was wahrscheinlich durch den *N. vagus* und die hypothalamischen Zentren des Hunger- bzw. Sättigungsgefühls weitergeleitet wird. Auch andere intestinale Peptide wie Enterostatin oder GLP-1 (► Kap. 26.2.2) vermindern das Hungergefühl.

Ghrelin. Ghrelin ist ein aus 28 Aminosäuren bestehendes Peptid, das von Epithelzellen der Magenschleimhaut gebildet wird. Für seine Wirkung ist die Acylierung des Serins 3 mit Octanoat erforderlich. Ghrelin wird bei Nahrungskarenz verstärkt sezerniert. Spezifische Ghrelin-Rezeptoren finden sich in der Hypophyse und im Hypothalamus. In der Hypophyse stimuliert Ghrelin die Sekretion von Wachstumshormon, im Hypothalamus steigert es das Hungergefühl und wirkt als Antagonist des Leptins (► Kap. 16.1.3, 21.4).

Gastroinhibitorisches Peptid (GIP). Durch Glucose, aber auch durch Aminosäuren und Fettsäuren, wird die Sekretion des gastroinhibitorischen Peptids im Duodenum und oberen Jejunum ausgelöst. Die durch GIP bewirkte Hemmung der Magenmotorik tritt allerdings nur in unphysiologisch hohen Konzentrationen auf. Sein physiologischer Effekt ist eine durch Erhöhung der cAMP-Konzentration hervorgerufene Stimulierung der **Insulinsekretion** durch die β-Zellen der Langerhans'schen Inseln des Pankreas. Es ist damit dafür verantwortlich, dass resorbierte Nahrungsstoffe auch rasch verwertet werden können (► Kap. 26.1.3). Ein physiologischer Hemmstoff der Magenmotorik scheint das Cholecystokinin/Pankreozymin (CCK/PZ) zu sein.

32.1.7 Pathobiochemie

Magen- und Duodenalulcus. Bei Störungen des Gleichgewichts zwischen Salzsäure- bzw. Pepsinsekretion und Produktion der für das Epithel des oberen Intestinaltrakts essentiellen Schutzschicht aus Mucinen entstehen Geschwüre, die unbehandelt zu schweren Blutungen und im Extremfall zu Perforationen führen können. Auslöser hierfür sind i. Allg. zwei unterschiedliche Pathomechanismen:
- Eine verminderte Produktion oder Funktion der Mucine oder
- eine gesteigerte Produktion von Salzsäure

Hemmung der Mucinproduktion. Eine Hemmung der Mucinproduktion kann u.a. verursacht werden:
- Durch Glucocorticoide. Diese können endogen durch die Nebennierenrinde produziert werden (z.B. bei Stress) oder als Medikamente zugeführt werden
- Durch Hemmung der Synthese von Prostaglandin E. Diese wird häufig durch Aspirin (▶ Kap. 12.4.2) oder nichtsteroidale Antirheumatika (NSAR) ausgelöst
- Durch die verschiedensten Noxen (Hitze, Kälte, Röntgenbestrahlung, Kochsalz, Nitrate usw.) kann es zu einer Verminderung der Bindungsstellen für Mucine an den Mukosazellen und damit zu einer Störung der Mukosabarriere kommen

Steigerung der Salzsäuresekretion. Eine Überproduktion von Salzsäure ist die Folge einer gesteigerten Stimulierung der Belegzellen durch **Vagusreize**, **Histamin** oder **Gastrin**. Das Ausmaß der hierdurch ausgelösten Hypersekretion hängt allerdings von der angeborenen Parietalzellmasse ab. Gastrin bildende Tumoren (z.B. Zollinger-Ellison-Syndrom) führen allein durch die von ihnen ausgelöste exzessive Säurestimulation zu schweren Geschwüren.

In der Regel führt eine nur leicht erhöhte oder mäßige Säureproduktion alleine nicht zu einem Ulcus. Eine wesentliche Voraussetzung ist die Besiedlung der Magenschleimhaut mit dem Bakterium *Helicobacter pylori*. Dieser an das saure Milieu der Magenschleimhaut angepasste Erreger löst eine – häufig asymptomatisch verlaufende – **Gastritis** aus. Diese ist offenbar an der Ulcus-Entstehung beteiligt, sodass der Leitsatz gilt »ohne Säure kein Ulcus, ohne Helicobacter pylori kein Ulcus«. Man weiß noch nicht genau, wie die bakteriell ausgelöste Gastritis zur Entstehung von Ulcera führt. Eine Erklärung wäre, dass Helicobacter große Mengen an Ammoniumionen produziert, möglicherweise um dem stark sauren Magenmilieu zu entgehen. Dies führt jedoch zu einer gesteigerten Gastrinsekretion mit reaktiver Steigerung der Salzsäureproduktion.

Bei rezidivierendem Ulcusleiden führt meist eine erfolgreiche Therapie der Infektion mit Helicobacter pylori bereits zu einer Heilung. Zusätzlich ist eine Hemmung der Salzsäuresekretion durch Protonenpumpenblocker wie Omeprazol (▶ Kap. 32.1.2) notwendig.

Pankreasinsuffizienz. Die wichtigsten Störungen der exokrinen Pankreasfunktion sind:

Akute Pankreatitis. Die häufigsten Ursachen der akuten Pankreatitis sind **Erkrankungen der Gallenwege** und **Alkoholabusus** (je 40% der Fälle). Die Pathogenese der Erkrankung ist noch nicht vollständig geklärt. Auslösende Faktoren sind u.a. Steine im Pankreas-Gangsystem mit dadurch ausgelöster Druckerhöhung, die zu einer veränderten Permeabilität der Acinuszellen führt. Chronischer Alkoholabusus führt zu Stoffwechselstörungen der Acinuszellen. Der akuten Pankreatitis liegt immer eine vorzeitige Aktivierung der als Zymogene vorliegenden Proteasen, insbesondere des Trypsinogens, zugrunde. Dabei spielt eine Störung des Transportes der Zymogengranula in den Acinuszellen eine wichtige Rolle. Dies löst eine Fusionierung der Zymogengranula mit Lyosomen, eine sog. **Crinophagie**, aus. Durch die in den Lysosomen vorhandene Protease Kathep-

Infobox

Nobelpreis für Medizin 2005 an Robin Warren und Barry Marshall

Anfang der 80 Jahre entdeckte der australische Pathologe *Robin Warren* in der Magenschleimhaut von Patienten mit Magen- oder Duodenalgeschwüren spiralförmige Bakterien. Dieser Befund wurde zunächst von der Fachwelt angezweifelt, da die gängige Lehrmeinung besagte, dass der Mageninhalt wegen des stark sauren Milieus steril sei. Erst recht stieß seine Vermutung auf Unglauben, dass die Entstehung von Magengeschwüren etwas mit diesen Bakterien zu tun haben sollte. Robin Warren ließ jedoch nicht locker. Zusammen mit dem Mikrobiologen und Internisten *Barry Marshall* gelang es, diese Bakterien zu kultivieren. Sie wurden der Ordnung Campylobacteriales zugeordnet und als *Helicobacter pylori* bezeichnet.

In der Vorstellung, dass diese Bakterien etwas mit Gastritis und Magengeschwüren zu tun haben müssten, wurden Warren und Marshall u.a. durch einen durchaus schmerzhaften Selbstversuch bekräftigt. Warren trank den Inhalt einer größeren Kulturflasche mit Helicobacter und erkrankte prompt an einer schweren Gastritis, die mit Antibiotika geheilt werden konnte.

Heute weiß man, dass etwa die Hälfte der Weltbevölkerung mit Helicobacter infiziert ist und dass etwa 10% der Infizierten im Laufe ihres Lebens ein Magen- oder Zwölffingerdarm-Geschwür entwickeln. Zur Standardtherapie der Erkrankung gehört eine Behandlung mit Protonenpumpen-Inhibitoren und Antibiotika.

Weitere Informationen: http://nobelprize.org

sin B wird Trypsinogen zu Trypsin aktiviert, was zur Selbstverdauung des Pankreas (Pankreasnekrose) führt. Diese geht mit einem schweren Krankheitsverlauf einher, wobei besonders die Infektion der Pankreasnekrosen durch Dickdarmbakterien von Bedeutung ist.

Chronische Pankreatitis. Die chronische Pankreatitis ist in 60–80% der Fälle die Folge eines chronischen **Alkoholabusus**. Sie entwickelt sich wahrscheinlich aus der Folge mehrerer Schübe einer akuten Pankreatitis und führt zur chronischen Pankreasinsuffizienz. Andere Ursachen der chronischen Pankreasinsuffizienz können eine verminderte Sekretion von Sekretin bzw. CCK sein. Durch die nicht ausreichende Freisetzung dieser Hormone kommt es zur sog. **pankreatico-cibalen Dyssynchronie**. Weitere Ursachen der chronischen Pankreasinsuffizienz können Pankreaskarzinome oder Abfluss-Störungen des Pankreassekrets sein.

In Kürze

Im Intestinaltrakt finden zwei unterschiedliche Vorgänge statt, nämlich

- der als Verdauung bezeichnete Abbau von Nahrungsstoffen zu monomeren Bausteinen sowie
- die Resorption dieser Bausteine und damit ihre Aufnahme in den Organismus

Die Verdauung der Nahrungsstoffe beginnt bereits in der Mundhöhle, wird im Magen fortgesetzt und im Dünndarm abgeschlossen. Sie wird katalysiert durch die Aktivität der von den verschiedenen Verdauungsdrüsen freigesetzten Hydrolasen. Diese spalten Polysaccharide zu Oligo- und Monosacchariden, Proteine zu Oligopeptiden und Aminosäuren, Lipide zu Monoacylglycerinen und Fettsäuren sowie Nucleinsäuren zu Nucleosiden.

Die zeitgerechte Freisetzung der Verdauungsenzyme muss sehr genau reguliert werden, damit in der zur Verfügung stehenden Passagezeit durch das Duodenum und Jejunum auch ein vollständiger Abbau als Voraussetzung für die Resorption erzielt werden kann. Diese Regulation erfolgt über eine große Zahl von Hormonen und Transmittern, die durch zentralnervöse Reize, durch parakrine Signale sowie durch nervale Impulse freigesetzt werden. Für die Sekretion des Magensaftes ist das wichtigste Hormon das Gastrin, die Pankreassekretion wird durch Sekretin und Cholecystokinin reguliert. Das letztere sorgt darüber hinaus durch die Entleerung der Gallenblase für die Bereitstellung der für die Lipidresorption benötigten Gallensäuren.

32.2 Verdauung und Resorption einzelner Nahrungsbestandteile

32

Durch die enzymatischen Aktivitäten sowie die Oberflächeneigenschaften der verschiedenen Verdauungssäfte werden die Nahrungsbestandteile so aufbereitet, dass sie im Dünndarm resorbiert werden können. Für diesen Vorgang steht prinzipiell die gesamte Dünndarmlänge zur Verfügung, jedoch wird der größte Teil der Nahrungsstoffe im **Duodenum** und **Jejunum** resorbiert (Abb. 32.11). Durch Dünndarmzotten und Mikrovilli der Mukosazellen wird die Resorptionsfläche auf etwa 200 m^2 vergrößert.

Für die Aufnahme von Substanzen aus dem Dünndarmlumen in die Mukosazellen bestehen verschiedene Möglichkeiten. Bei der einfachen **passiven Diffusion** erfolgt die Aufnahme entlang eines Konzentrationsgefälles. Sie kann also nur dann erfolgen, wenn die Konzentration der betreffenden Substanz im Dünndarmlumen höher als in der Mukosazelle ist und außerdem die Möglichkeit einer unbehinderten Passage durch die luminale Membran der Mukosazelle besteht. Die wichtigste, durch passive Diffusion transportierte Substanz ist das Wasser. Wegen ihrer guten Membrangängigkeit können lipophile Substanzen wie Fettsäuren, Glyceride, fettlösliche Vitamine, aber auch lipophile Arzneimittel ebenfalls durch passive Diffusion aufgenommen werden. Die Aufnahmegeschwindigkeit ist von

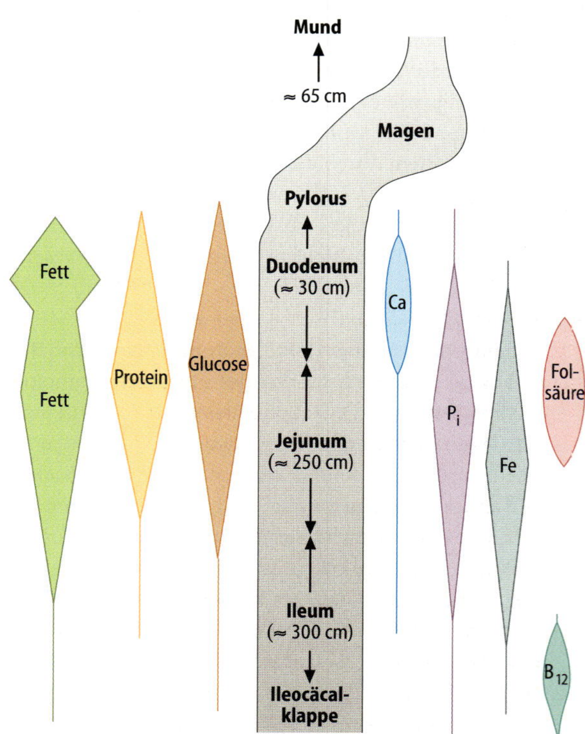

Abb. 32.11. Schematische Darstellung der Resorptionsorte der wichtigsten Nahrungsstoffe im Duodenum, Jejunum und Ileum. (Einzelheiten ▶ Text)

der Molekülgröße abhängig. Substanzen mit einem Molekulargewicht über 400 Da werden i. Allg. nicht mehr mit messbarer Geschwindigkeit passiv aufgenommen.

Häufiger als durch passive Diffusion erfolgt die Resorption gegen ein Konzentrationsgefälle als **aktiver Transport**. Gelegentlich muss nicht nur ein chemischer Gradient, sondern auch eine Ladungsdifferenz zwischen innen und außen (elektrochemischer Gradient) überwunden werden. Die für den aktiven Transport benötigte Energie wird aus der Spaltung von ATP bezogen.

32.2.1 Kohlenhydrate

> Nahrungskohlenhydrate werden durch α-Amylase sowie verschiedene Disaccharidasen gespalten.

Vor ihrer Resorption müssen Kohlenhydrate in die zugrunde liegenden Monosaccharideinheiten zerlegt werden. Der Abbau der mengenmäßig bedeutsamsten Polysaccharide **Glycogen** und v.a. **Stärke** beginnt durch die Einwirkung der in der Speichel- und Pankreasflüssigkeit enthaltenen **α-Amylase**. Dabei entsteht ein Gemisch aus Dextrinen (Oligosaccharide aus 4–10 Glucosylresten), Maltotriose und Maltose. Neben diesen Bruchstücken müssen außerdem noch die in manchen Nahrungsmitteln enthaltenen Disaccharide Saccharose und Lactose gespalten werden. Die hierfür verantwortlichen Enzyme **Amylo-1,6-α-Glucosidase**, **Isomaltase**, **verschiedene Maltasen**, **Lactase** sowie **Saccharase** sind im Bürstensaum der Mukosazellen lokalisiert, hier findet wahrscheinlich auch die Spaltung statt. Man nimmt an, dass die Disaccharidasen der Mukosazellen in enger Nachbarschaft zu den für die Monosaccharidresorption (▶ u.) benötigten Transportsystemen angeordnet sind.

> Für die Resorption von Monosacchariden werden spezifische Transportsysteme benötigt.

In unmittelbarer Nachbarschaft zum Ort der Disaccharidspaltung im Bürstensaum der Mukosazellen befinden sich die für die Monosaccharidresorption zuständigen Transportsysteme. Sie zeigen folgende Eigenschaften:

- Verschiedene Hexosen wie Glucose oder Fructose werden mit unterschiedlichen Geschwindigkeiten resorbiert
- Der Transportvorgang erfolgt stereospezifisch. So wird beispielsweise die natürlich vorkommende D-Glucose, nicht aber die L-Glucose resorbiert
- die Konzentration resorbierter Monosaccharide, insbesondere der von Glucose ist in der Mukosazelle wesentlich größer als im intestinalen Lumen
- der Monosaccharidtransport in die Mukosazelle erfolgt nur in Anwesenheit von Natriumionen

Diese Beobachtungen haben zur Entdeckung des in ◻ Abbildung 32.12 dargestellten **Natrium-abhängigen Glucose-**

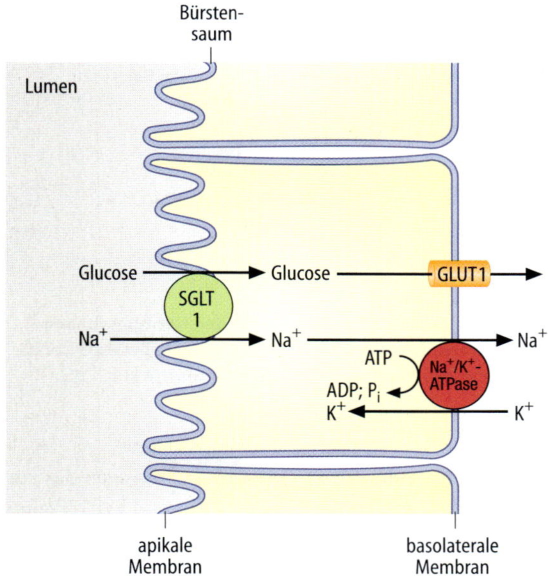

◻ **Abb. 32.12. Natriumabhängiger Transportmechanismus für Glucose.** (Einzelheiten ▶ Text)

transporters SGLT (*sodium dependent glucose transporter* ▶ Kap. 6.1.5) geführt. An der luminalen Seite der Mukosazelle binden Glucose und Natriumionen an den SGLT. Da infolge der Aktivität der an der basolateralen Seite gelegenen Na^+/K^+-ATPase die Natriumkonzentration in der Mukosazelle niedrig ist und zusätzlich ein negatives Potential von etwa 40 mV gegenüber dem intestinalen Lumen besteht, kann Na^+ entlang eines elektrischen Gradienten durch die Membran des Bürstensaums in die Mukosazelle gelangen und nimmt dabei das am gleichen Carrier angelagerte Monosaccharid mit, auch wenn damit ein Transport gegen einen Konzentrationsgradienten verbunden ist.

Von den bis heute beschriebenen Isoformen des SGLT kommt im Intestinaltrakt nur SGLT-1 vor. In den Epithelien der renalen Tubulussysteme finden sich außer dem SGLT-1 noch die Isoformen 2 und 3 (▶ Kap. 28.1.5).

Der SGLT-1 arbeitet solange die intrazelluläre Natriumkonzentration durch die ATP-abhängige Natrium-Kalium-Pumpe niedrig bleibt. Er kommt infolgedessen zum Erliegen, wenn deren Aktivität abnimmt, sei es durch Hemmstoffe wie Ouabain oder durch Störungen des Energiestoffwechsels. Auf der basalen Seite der Enterozyten befindet sich ein weiteres Transportsystem für Glucose, das die erleichterte Diffusion intrazellulärer Glucose in die extrazelluläre Flüssigkeit und damit in das Blut ermöglicht. Es handelt sich um einen Glucosetransporter aus der GLUT-Familie, nämlich den GLUT1 (▶ Kap. 11.4.1).

SGLT-1 zeigt eine besonders hohe Affinität zu Hexosen, die am C-Atom2 die D-Konfiguration haben und dementsprechend an dieser Stelle nicht substituiert sein dürfen (◻ Abb. 32.13. Hierzu passt, dass SGLT-1 **Galactose** mit etwa der gleichen Geschwindigkeit wie Glucose transportiert.

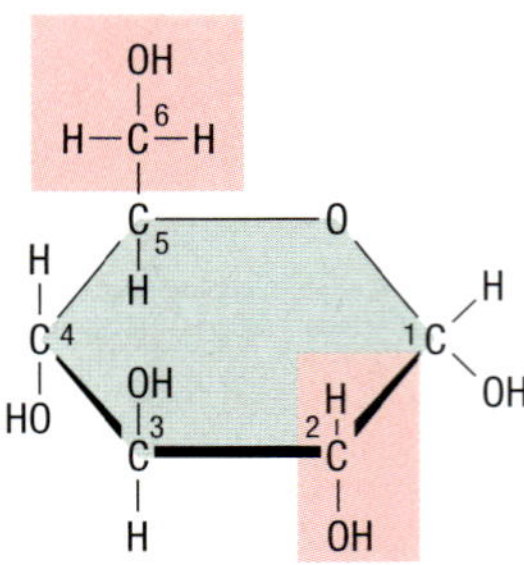

Abb. 32.13. Strukturelemente, die für den Natrium-abhängigen Hexosetransport wichtig sind. Die hervorgehobenen Gruppen und die Pyranosekonfiguration sind für den Transport durch SGLT-1 notwendig

Für die Resorption von **Fructose** wird dagegen das zur Familie der GLUT-Transporter gehörige GLUT5-Transportsystem benötigt.

32.2.2 Lipide

Infolge ihrer geringen Wasserlöslichkeit müssen Nahrungslipide (Triacylglycerine, Cholesterin sowie die fettlöslichen Vitamine A, D, E und K) im intestinalen Lumen in eine resorptionsfähige Form überführt werden. Dies geschieht durch teilweisen Abbau sowie feinste Emulgierung. Nach Aufnahme in die Mukosazellen erfolgt sodann ein Umbau der aufgenommenen Lipide in eine für den Transport im Serum geeignete Form.

32

! Triacylglycerine der Nahrung werden durch die Pankreaslipase abgebaut.

Abbau und feine Dispersion der Triacylglycerine im intestinalen Lumen werden durch deren partielle Spaltung durch **Lipasen** katalysiert. Etwa 15% der Esterbindungen in Triacylglycerinen werden bereits durch die **Magenlipase** (► Kap. 32.1.2) gespalten, der Hauptteil jedoch im Duodenum durch die **Pankreaslipase**.

In Anbetracht der Bedeutung der Nahrungslipide für die Aufrechterhaltung der Versorgung mit Energie, essentiellen Fettsäuren und fettlöslichen Vitaminen ist dieses Enzym von ganz besonderem Interesse. Seine aus einer Röntgenstukturanalyse gewonnene Raumstruktur ist in Abb. 32.14 dargestellt. Das Enzym besteht aus zwei Domänen, wobei die N-terminale Domäne das aktive Zentrum enthält, welches das für die Esterspaltung essentielle **Serin** trägt. Durch eine Art Deckel ist das aktive Zentrum verschlossen. Die C-terminale Domäne enthält die Bindungsstelle für ein Hilfsprotein, ohne das die Lipase nicht in die aktive Form überführt werden kann. Dieses Hilfsprotein wird als **Colipase** bezeichnet und vermittelt die Assoziation der Lipase an Lipidgrenzflächen mit Phospholipiden und Gallensäuren. Diese Assoziation führt dazu, dass sich der Deckel über dem aktiven Zentrum öffnet und damit die Lipase katalytisch aktiv werden kann.

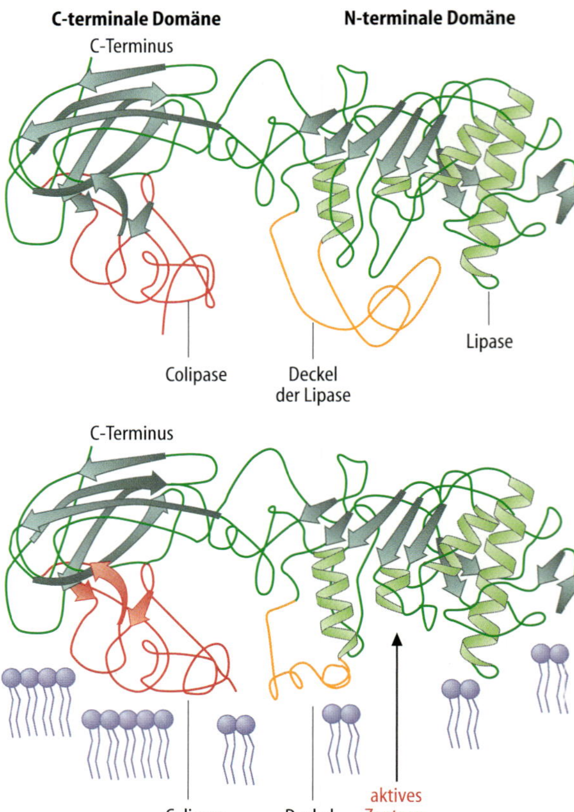

Abb. 32.14. Schematische Darstellung der Raumstruktur des Lipase-Colipase-Komplexes und Aktivierung der Lipase durch Kontakt mit Grenzflächen. In Abwesenheit von Grenzflächen ist der Deckel über dem aktiven Zentrum der Lipase geschlossen. Der durch die Colipase vermittelte Kontakt mit Grenzflächen aus Phospholipiden oder Gallensäuren führt zu einer Konformationsänderung, die den Deckel vom aktiven Zentrum abzieht. (Nach Lowe 1997)

Neben der Triacylglycerin-spezifischen Pankreaslipase kommt im intestinalen Lumen eine weitere Lipase vor, die im Gegensatz zur Pankreaslipase auch β-Monoacylglycerine zu spalten imstande ist. Dieses Enzym wird durch Gallensäuren aktiviert und zeigt eine sehr weite Substratspezifität. Außer Acylglycerinen werden von dieser **Carboxylesterase** auch Cholesterinester und Phospholipide gespalten. Interessanterweise ist die Carboxylesterase auch mit großer Aktivität in der Muttermilch enthalten. Diese liefert also nicht nur die für den Säugling notwendigen Triacylglycerine, sondern auch das für deren Spaltung notwendige Enzym, das im Intestinaltrakt des Säuglings durch die dort vorhandenen Gallensäuren aktiviert wird.

Vervollständigt wird das Repertoire an Lipid-spaltenden Enzymen des Pankreassekretes durch eine Phospholipase A.

Die durch die Pankreaslipase katalysierte Triacylglycerinverdauung führt im Wesentlichen zu **β-Monoacylglyce-**

rin und **Fettsäuren**. Die vollständige Aufspaltung in Glycerin und Fettsäuren findet nur in geringem Umfang statt, ebenso treten nur kleine Mengen von Diacylglycerinen als Reaktionsprodukte auf.

> Die Bildung von Mizellen ist eine Voraussetzung für die Lipidaufnahme in die Mukosazellen.

Durch die Aktion der verschiedenen Lipid-spaltenden Enzyme im intestinalen Lumen entsteht ein Gemisch aus Fettsäuren, Monoacylglycerinen und Cholesterin. Unter der Einwirkung der aus der Gallenflüssigkeit stammenden Gallensäuren lagern sich diese Verbindungen zu **Mizellen** zusammen, die auch weitere Lipide, vor allem die fettlöslichen Vitamine (► Kap. 23.2) einschließen. Die Bildung dieser Mizellen ist eine Voraussetzung für die **Lipidresorption**. Bei allen Störungen des Gallenflusses wird also die Lipidaufnahme in den Organismus blockiert sein und es zu sog. **Fettstühlen** kommen. Eine Ausnahme von dieser Regel machen Triacylglycerine, die – wenn auch mit deutlich verringerter Geschwindigkeit – in Abwesenheit von Gallensäuren resorbiert werden, wenn sie nur in Monoacylglycerine und Fettsäuren aufgespalten und anschließend möglichst fein verteilt werden.

> Bei Kontakt mit dem Bürstensaum der Mukosa zerfallen die Mizellen und ihre verschiedenen Bestandteile werden einzeln resorbiert.

Resorption von Acylglycerinen und Fettsäuren. Es sind zwar unterschiedliche Fettsäuretransportproteine, vor allem das CD 36 sowie FATP-Proteine (► Kap. 12.1.3) in der Mukosazelle beschrieben worden, allerdings verläuft die Resorption von Acylglycerinen und Fettsäuren auch bei solchen Versuchstieren mit normaler Geschwindigkeit, bei denen diese Proteine gentechnisch ausgeschaltet wurden. Fettsäuren und Monoacylglycerine scheinen daher überwiegend passiv durch die Lipidphase der apikalen Plasmamembran der Mukosazellen zu diffundieren.

Resorption von Sterolen. Wesentlich komplexer sind dagegen die Verhältnisse beim **Cholesterin** und verwandten Verbindungen. Bei ausgewogener Diät werden pro Tag etwa 250–500 mg Cholesterin, aber auch 200–400 mg andere Sterole aufgenommen. Diese sind wie das **Sitosterol** (► Kap. 2.2.5) überwiegend pflanzlicher Herkunft. ◘ Abbildung 32.15 zeigt die Grundzüge der Resorption dieser Verbindungen. Für die Aufnahme der aus den zerfallenden Mizellen freigesetzten Sterole in die Mukosazelle ist ein spezifisches Transportprotein verantwortlich, das als *Niemann-Pick C 1-like 1* (*NPC 1 like 1*) bezeichnet wird. Das Protein gehört in die Familie der Niemann-Pick-C1-Proteine, die am intrazellulären Cholesterintransport beteiligt sind und deren Mutationen den Typ C der Niemann-Pick'schen Lipidspeicherkrankheit auslösen. *NPC 1 like 1* ist ein integrales Membranprotein der apikalen Plasmamembran der intestinalen Mukosazellen, das dort mit 13 Transmem-

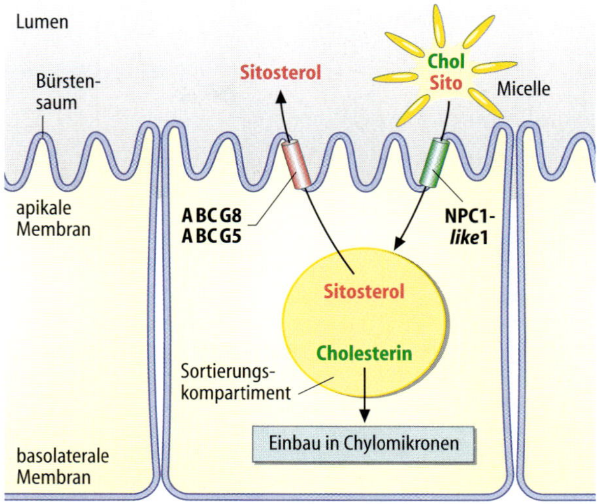

◘ **Abb. 32.15. Resorption von Sterolen.** *NPC 1 like 1* = Niemann-Pick *C like* 1 Steroltransporter; ABCG5 und ABCG8 = ABC-Transporter, die den Export von Sitosterol und ähnlichen Verbindungen übernehmen, Chol = Cholesterin, Sito = Sitosterol. (Einzelheiten ► Text)

brandomänen verankert ist. Es ist für die Cholesterinaufnahme in die Mukosazellen verantwortlich, kann aber nicht zwischen Cholesterin und den anderen meist pflanzlichen Sterolen unterscheiden. Erst ein in dem vesikulären Kompartiment der Mukosazellen lokalisierter Sortierungsvorgang trennt Cholesterin und die anderen Sterole. Diese werden mit Hilfe der ABC-Transporter ABCG5 und ABCG8 wieder in das duodenale Lumen zurücktransportiert. Hemmstoffe des *NPC 1 like 1*-Transporters werden auch zur Behandlung der Hypercholesterinämie (► Kap. 18.6.2) eingesetzt.

> In der Mukosazelle erfolgt die Resynthese von Triacylglycerinen sowie die Assemblierung von Chylomikronen.

Resynthese von Triacylglycerinen. Nach der Aufnahme der durch die intestinale Lipidverdauung entstandenen Fettsäuren und β-Monoacylglycerine finden die in ◘ Abb. 32.16 dargestellten Reaktionen am endoplasmatischen Retikulum der Mukosazelle statt. Ihr Zweck ist die Umwandlung der aus dem Darm aufgenommenen Lipide in eine in Lymphe und Blut transportable Form. Dabei kommt es zunächst durch Reveresterung von Fettsäuren zur **Triacylglycerinbildung**. Der Mukosazelle stehen hierfür verschiedene Möglichkeiten zur Verfügung. Einmal können die aus dem intestinalen Lumen aufgenommenen β-Monoacylglycerine direkt mit aktivierten Fettsäuren, also mit Acyl-CoA, verestert werden. Acyl-CoA entsteht unter Einwirkung der in der intestinalen Mukosa in hoher Aktivität vorkommenden Acyl-CoA-Synthetase (► Kap. 12.2.1). Neben diesem für die Mukosazelle typischen Reveresterungsmechanismus kommt als weitere Möglichkeit die Triacylglycerinbiosynthese aus α-Glycerophosphat und Acyl-CoA in Frage, wie sie in vielen Zellen des Organismus

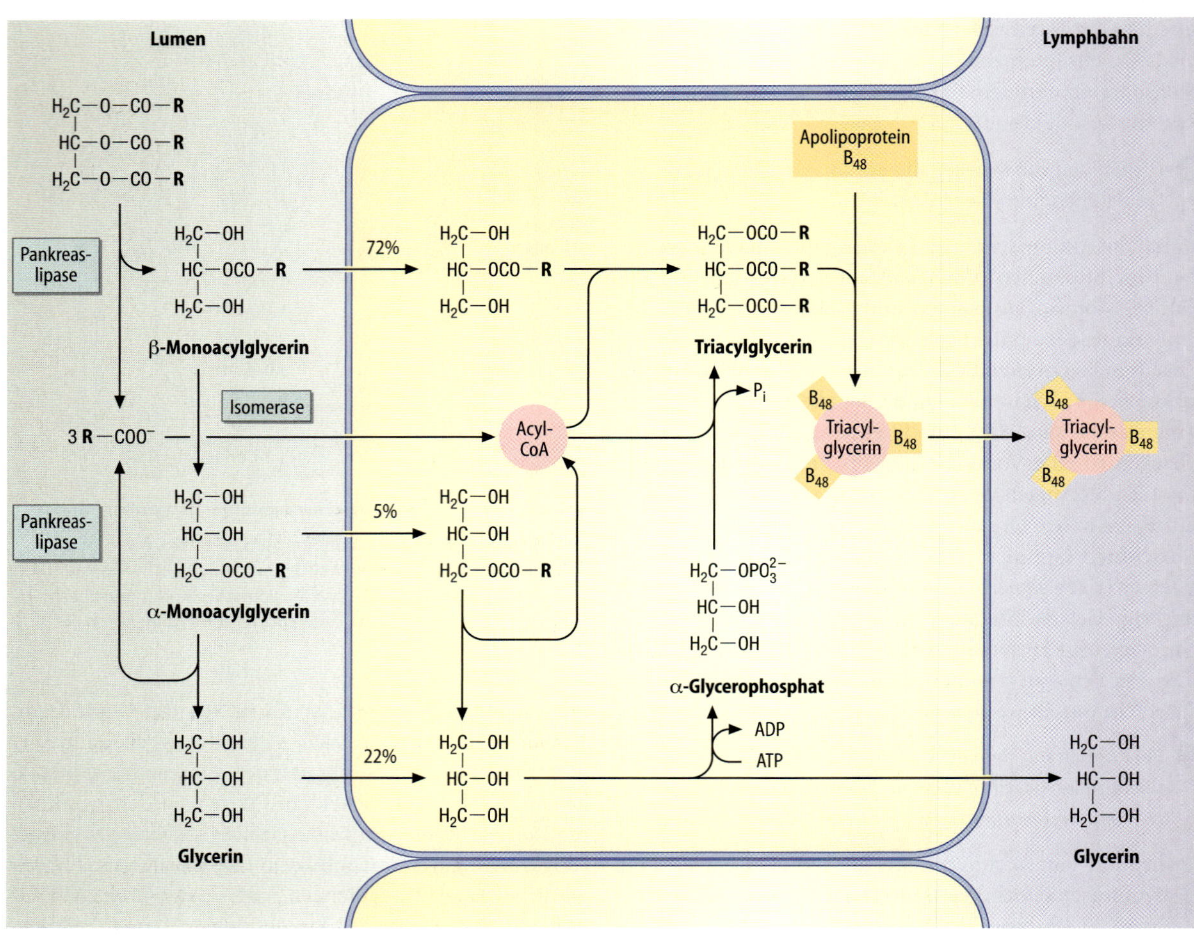

Abb. 32.16. Intestinale Spaltung und Resynthese von Triacylglycerinen. R = Acylrest. (Weitere Einzelheiten ▶ Text)

abläuft. Das für diesen Vorgang notwendige Acyl-CoA entsteht aus resorbierten Fettsäuren oder durch hydrolytische Abspaltung aus den aufgenommenen Monoacylglycerinen mit Hilfe einer in der Mukosazelle vorkommenden **Monoacylglycerinlipase**. Das α-Glycerophosphat entstammt im Wesentlichen der Glycolyse, kann aber auch durch direkte Phosphorylierung von Glycerin mit Hilfe einer ATP-abhängigen Glycerokinase entstehen. Diese verschiedenen Wege zur Triacylglycerinbildung bieten für die Mukosazelle Vorteile. Unter normalen Bedingungen werden aufgenommene Monoacylglycerine direkt zu Triacylglycerinen acyliert. Bei einem Überschuss von nicht veresterten Fettsäuren kann zusätzlich die Möglichkeit der Triacylglycerinbiosynthese aus α-Glycerophosphat und Fettsäuren in Anspruch genommen werden. Durch die mukosaspezifische Monoacylglycerinlipase kann schließlich ein Monoacylglycerin-Überschuss abgebaut und die dabei entstehenden Fettsäuren der Triacylglycerinbiosynthese zugeführt werden. Außer der Triacylglycerinbildung erfolgt in der Mukosazelle auch die Veresterung von **Cholesterin**, das nur in freier Form resorbiert werden kann.

Assemblierung von Chylomikronen. Im Anschluss an die Biosynthese von Triacylglycerinen und Cholesterinestern erfolgt ihre Assoziation an das Apolipoprotein B_{48}, wobei Chylomikronen entstehen (▶ Kap. 18.5.2). Hierzu müssen die im glatten endoplasmatischen Retikulum synthetisierten Triacylglycerine, Cholesterinester und Phospholipide durch das **Triglycerid-Transfer-Protein** zum Golgi-Apparat transportiert werden. Das Triglycerid-Transfer-Protein ist ein heterodimeres Protein, dessen eine Untereinheit aus der Protein-Disulfidisomerase (▶ Kap. 9.2.2) besteht und die andere wesentlich größere Untereinheit in relativ hoher Konzentration in Intestinaltrakt und Leber vorkommt. Dies sind die beiden einzigen Organe, die zur Biosynthese von Apolipoprotein B-haltigen Lipoproteinen imstande sind (▶ Kap. 8.5.4). Im Golgi-Apparat erfolgt dann die Assemblierung der Triacylglycerine, Cholesterinester und Phospholipide mit dem Apolipoprotein B_{48} zu **Chylomikronen**. Diese werden durch Exozytose von den Enterozyten freigesetzt (▶ Kap. 18.5.2). Es ist zurzeit nicht klar, wie die Chylomikronen vom Interzellulärraum durch die Basalmembran in die Lymphgefäße gelangen.

32.2.3 Proteine, Peptide und Aminosäuren

Beim Erwachsenen werden Proteine und Peptide der Nahrung nicht als intakte Moleküle resorbiert und in das Blut abgegeben, sondern durch die proteolytischen Enzyme der gastrointestinalen Säfte sowie der Mukosazellen zerlegt. Dementsprechend kommt es nach einer proteinreichen Mahlzeit im Pfortaderblut zu einer der Proteinzusammensetzung entsprechenden Zunahme der Konzentrationen einzelner Aminosäuren; Di-, Tri- oder gar Oligopeptide sind dagegen nicht vermehrt nachweisbar. Da besonders nach proteinreichen Mahlzeiten die Verweildauer im Duodenum zu kurz für eine vollständige Aufspaltung von Protein in Aminosäuren ist, ist schon vor Jahren die Resorption kleinerer Peptide als wesentlicher Mechanismus der Proteinresorption postuliert worden (► u.).

Im Gegensatz zum Erwachsenen findet beim Neugeborenen eine – wenn auch nur geringe – Aufnahme von intakten Proteinen durch die Mukosazellen statt, wahrscheinlich durch Pinozytose. Auf diese Weise können besonders in der Muttermilch enthaltene Immunglobuline von der Mutter auf den Säugling übertragen werden. Nach neueren Untersuchungen spielt dieser Vorgang jedoch im Vergleich zum placentaren Übertritt von mütterlichen Immunglobulinen beim Menschen eine geringe Rolle.

! Oligopeptide werden mit einem H^+-abhängigen Transportsystem resorbiert.

Aus Beobachtungen, dass die Verweildauer im Duodenum für vollständige Proteolyse zu Aminosäuren zu kurz, die Konzentrationen von Di- und Tripeptiden im Duodenallumen fünf- bis zehnmal größer als die Konzentration von freien Aminosäuren und die Resorptionsgeschwindigkeiten von Di- und Tripeptiden größer als diejenige freier Aminosäuren sind, muss geschlossen werden, dass ein erheblicher Teil der Nahrungsproteine nicht in Form freier Aminosäuren, sondern als Di- und Tripeptide von den Mukosazellen aufgenommen wird. Diese enthalten außerordentlich aktive cytoplasmatische Peptidasen, sodass man davon ausgehen kann, dass die aufgenommenen Peptide intrazellulär auf die Stufe freier Aminosäuren gespalten und von dort in das Pfortaderblut abgegeben werden.

Die Aufnahme von Peptiden in die Mukosazelle erfolgt nach dem Prinzip des sekundär aktiven Transportes. Im Gegensatz zu der Aufnahme von Aminosäuren oder Glucose ist sie allerdings nicht natrium- sondern protonenabhängig (◘ Abb. 32.17). Der in den intestinalen Mukosazellen nachgewiesene **Peptidtransporter PepT1** (grün) gehört in eine größere Familie von Peptidtransportern, die u.a. auch in den Bürstensaumepithelien der renalen Tubuli nachgewiesen wurden. PepT1 zeigt eine außerordentlich breite Substratspezifität und transportiert außer Di- und Tripeptiden auch eine Reihe von Arzneimitteln, z.B. β-Lactam-Antibiotika wie Penicillin. Der für den Transport notwendige Protonengradient wird durch einen Natrium-

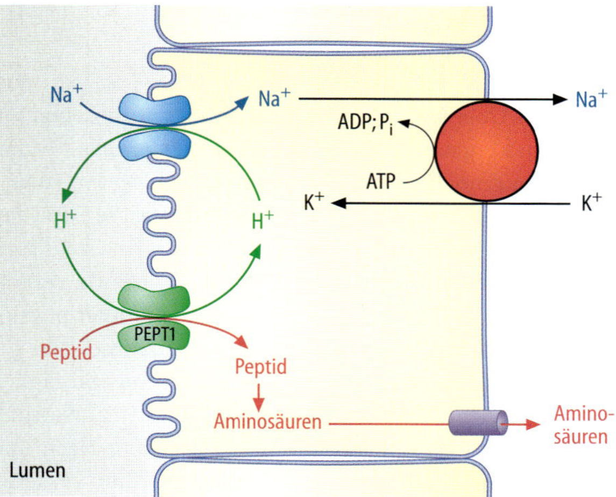

◘ **Abb. 32.17. Mechanismus der Aufnahme von Peptiden oder Peptidantibiotika durch den Peptidtransporter PepT1.** Der Transport durch den Peptidtransporter PepT1 (*grün*) in die Mukosazellen erfolgt gegen ein Konzentrationsgefälle in Form eines Protonencotransports. *Blau:* Na^+/H^+-Antiporter, *rot:* Na/K-ATPase, *lila:* Aminosäuretransporter serosaseitig (Einzelheiten ► Text)

Protonen-Austauscher (blau) aufrecht erhalten, der an die basolateral gelegene Na^+/K^+-ATPase (rot) gekoppelt ist.

! Aminosäuren werden durch spezifische Transportproteine aufgenommen.

Für die Aufnahme von Aminosäuren in die Mukosazellen des Intestinaltrakts stehen, wie aufgrund der unterschiedlichen Struktur und Ladung der Aminosäureseitenketten nicht anders zu erwarten, unterschiedliche Transportsysteme zur Verfügung. So sind apikal lokalisierte Transportsysteme für saure, neutrale und basische Aminosäuren beschrieben worden, wobei die letzteren neben basischen Aminosäuren auch Cystin transportieren. Vom Transportmechanismus her unterscheidet man

- Na^+-abhängige Transportsysteme. Diese gleichen in ihrer Transportkinetik den Na^+-abhängigen Zuckertransportsystemen wie dem SGLT1 (► Kap. 6.1.5)
- Na^+-unabhängige Transportsysteme. Hier handelt es sich um eine Reihe heterodimerer Transportproteine, die speziell für die Aufnahme basischer Aminosäuren und des Cystins verantwortlich sind

Auf der basolateralen Seite erfolgt die Aminosäureabgabe aus den Mukosazellen in das Blut durch entsprechende Uniporter. Es besteht grundsätzlich eine große Ähnlichkeit der Aminosäureaufnahmesysteme der intestinalen Mukosazellen mit entsprechenden Transportern in den renalen Tubulusepithelien.

32.2.4 Resorption von Wasser und Elektrolyten

Mit dem Übergang der Meeresbewohner zum Leben auf dem Land ergab sich die Notwendigkeit, spezielle Mechanismen zur möglichst effektiven Konservierung von Wasser und Elektrolyten zu entwickeln. Neben den Nieren und den Schweißdrüsen fällt dabei dem Magen-Darm-Trakt eine Hauptaufgabe zu. Hierfür sind v.a. zwei Gründe verantwortlich. Einmal ist der Magen-Darm-Trakt unter physiologischen Bedingungen die einzige Aufnahmestelle für Wasser und Elektrolyte. Beim Menschen müssen täglich etwa 2–3 Liter Wasser sowie 300 mmol (ca. 7 g) Natrium und 100 mmol (ca. 4 g) Kalium, die mit dem Harn und Schweiß verloren gehen, ersetzt werden. Zum anderen müssen im Magen-Darm-Trakt erhebliche Mengen der Plasma-isotonen Flüssigkeit resorbiert werden, die aus den Sekreten der Verdauungsdrüsen und der Leber stammt. Wie vorne diskutiert, beträgt die Gesamtmenge dieser Sekrete beim Menschen pro Tag etwa 6–9 l. Da sie eine dem Plasma entsprechende Elektrolytzusammensetzung haben, müssen also nicht nur Wasser, sondern auch entsprechende Mengen an Elektrolyten resorbiert werden, um schwere, mit dem Leben nicht zu vereinbarende Elektrolytverluste zu vermeiden.

Im Gegensatz zu Aminosäuren, Zuckern oder Elektrolyten ist die Resorption von Wasser ein passiver Vorgang und erfolgt entlang eines osmotischen Gradienten. Da die Elektrolyte Natrium, Chlorid und Hydrogencarbonat den überwiegenden Teil der osmotisch aktiven Substanzen im Bereich des Magen-Darm-Traktes ausmachen, sind die Vorgänge der Wasserresorption untrennbar mit denjenigen des Elektrolyttransports verbunden und werden deshalb im Folgenden auch zusammen behandelt.

32

! Wasser- oder NaCl-Sekretion in Magen und Duodenum macht den Speisebrei isoton.

Im Magen und Duodenum findet keine Wasserresorption statt. Im Gegenteil, es kommt hier bei Vorliegen eines hypertonen Speisebreis zur **Wassersekretion**, bis ein annähernd Plasma-isotoner Wert erreicht wird. Werden dagegen hypotone Lösungen (Wassertrinken) zugeführt, so wird Natriumchlorid bis zur Isotonie in das duodenale Lumen sezerniert.

! Im Jejunum erfolgt der größte Teil der Wasserrückresorption.

Der wichtigste Ort der gastrointestinalen Wasserrückresorption ist das Jejunum. Ist der Darminhalt an dieser Stelle noch hypoton, verlässt Wasser infolge der osmotischen Druckdifferenz zwischen Plasma und Lumen den Darm. Unter normalen Bedingungen ist jedoch die Speiseflüssigkeit im Bereich des Jejunums eine isotone Lösung, die sich in etwa in ionischem Gleichgewicht mit dem Plasma befindet. Unter diesen Bedingungen können nur geringe Mengen von Na^+, Cl^- oder Wasser resorbiert werden (◻ Abb. 32.18). Der Resorptionsvorgang kommt jedoch sofort in Gang, wenn zusätzlich Zucker oder Aminosäuren im Darmlumen vorhanden sind. Eine Erklärung findet dieses Phänomen darin, dass die **treibende Kraft** für den passiv erfolgenden Wassertransport der **aktive Natriumtransport** aus dem Darmlumen in das Plasma ist, der wiederum in diesem Teil des Magen-Darm-Trakts mit dem Transport von Monosacchariden bzw. Aminosäuren gekoppelt ist.

Die im Jejunum vorliegenden Verhältnisse werden in schematischer Form in ◻ Abb. 32.19 dargestellt. **Natriumionen** werden mit **Monosacchariden** oder **Aminosäuren** aus dem intestinalen Lumen in die Mukosazelle transpor-

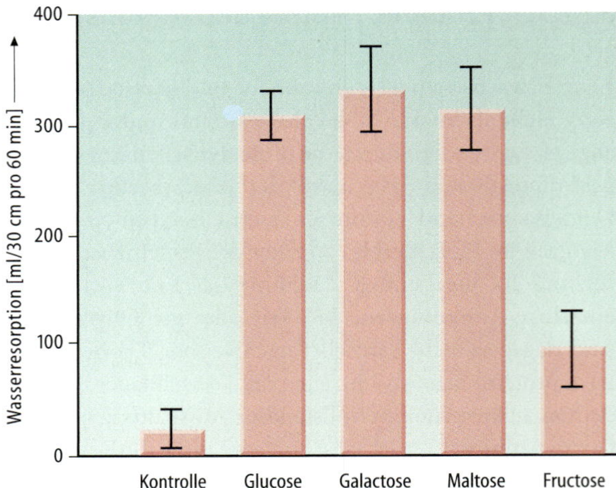

◻ **Abb. 32.18. Abhängigkeit der Wasserresorption vom Hexosetransport.** 30 cm normalen menschlichen Jejunums wurden mit einer Geschwindigkeit von 20 ml/min mit den angegebenen Lösungen perfundiert und die Wasserresorption gemessen. Die Perfusionslösungen enthielten in isotonischer Kochsalzlösung (0,9%) jeweils 2,5% der angegebenen Zucker. (Einzelheiten ▶ Text)

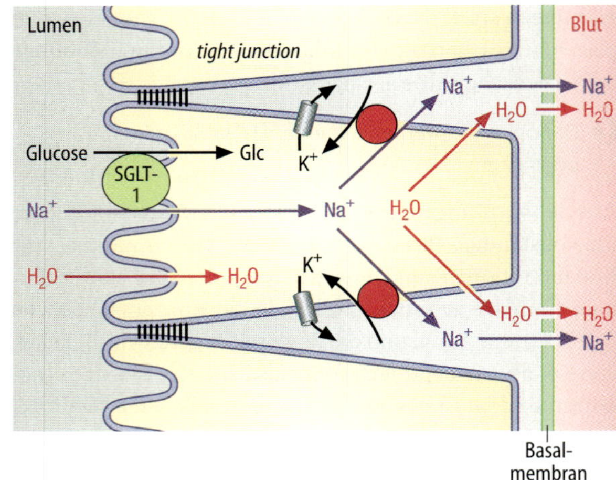

◻ **Abb. 32.19. Kopplung von Na^+- und Flüssigkeitstransport im Jejunum.** *Rot:* aktiver Transport von Na^+-Ionen (Na/K-ATPase, *grün:* an Hexose- bzw. Aminosäure-Transport gekoppelter Na^+-Transport. (Weitere Einzelheiten ▶ Text)

tiert. Durch die vor allen Dingen an der basolateralen Seite der Mukosazellmembran gelegene energieabhängige Natriumpumpe wird der Natriumgehalt der Mukosazelle niedrig gehalten, im Interzellulärspalt jedoch ein osmotischer Gradient aufgebaut, sodass passiv Wasser aus dem Lumen in den Interzellulärspalt nachfließt. Ein Wasserausgleich in Richtung des intestinalen Lumens ist unmöglich, da der Interzellulärspalt der luminalen Seite durch die sog. Zonula occludens verschlossen ist.

Eine weitere wichtige Rolle bei der Wasserresorption spielt das **Hydrogencarbonat**. Infolge seiner hohen Konzentrationen in der Gallenflüssigkeit sowie im Pankreassekret gelangen relativ große Mengen des Anions in das Jejunum, aus dem sie rasch resorbiert werden. An die Hydrogencarbonatresorption ist der Transport von Natrium und Wasser geknüpft. Ein gleichartiger Vorgang findet in den proximalen Tubulusepithelien der Niere statt (◻ Abb. 28.8).

! Ileum und Colon enthalten spezifische Transportsysteme für die Wasser- und Elektrolytresorption.

Im Gegensatz zum Jejunum erfolgt im Ileum und Colon die Resorption von Natrium und Wasser unabhängig von der Anwesenheit von Monosacchariden, Aminosäuren oder Hydrogencarbonationen. Prinzipiell können zwei unterschiedliche Transportmechanismen unterschieden werden.

- **Die elektroneutrale NaCl-Resorption.** Für diesen Vorgang, der in ◻ Abbildung 32.20, oberer Teil, schematisch dargestellt ist, werden ein Na^+/H^+- sowie ein Cl^-/HCO_3^-- Austauscher benötigt. Für die Regenerierung der im Austausch gegen NaCl aufgenommenen Protonen und des Hydrogencarbonats sind zwei Carboanhydrasen erforderlich, von denen eine im Bürstensaum, die andere in der Mukosazelle lokalisiert ist. Auf der basolateralen Seite findet der Na^+- (und Cl^--) Export durch die Na^+/K^+-ATPase oder entsprechende Kanäle statt
- **Elektrogene Na^+-Aufnahme durch den epithelialen Natriumkanal** (*epithelial natrium channel*, ENaC). Dieser in vielen epithelialen Geweben vorkommende regulierbare Natriumkanal ist für die luminale Na^+-Aufnahme verantwortlich (◻ Abb. 32.20, unterer Teil). Sie wird durch eine entsprechende Cl^--Aufnahme komplettiert. Diese kann über Chloridkanäle oder durch parazellulären Transport erfolgen. Auf der basolateralen Seite findet der Na^+- (und Cl^--)Export durch die Na^+/K^+-ATPase oder entsprechende Kanäle statt

Von entscheidender Bedeutung für die Rückresorption von Wasser ist, dass durch die genannten Natrium-Rückresorptionsvorgänge ein osmotischer Gradient aufgebaut wird, der für den Wassertransport aus dem luminalen in den basolateralen Raum verantwortlich ist. Es ist noch nicht geklärt, inwieweit Aquaporine an ihm beteiligt sind.

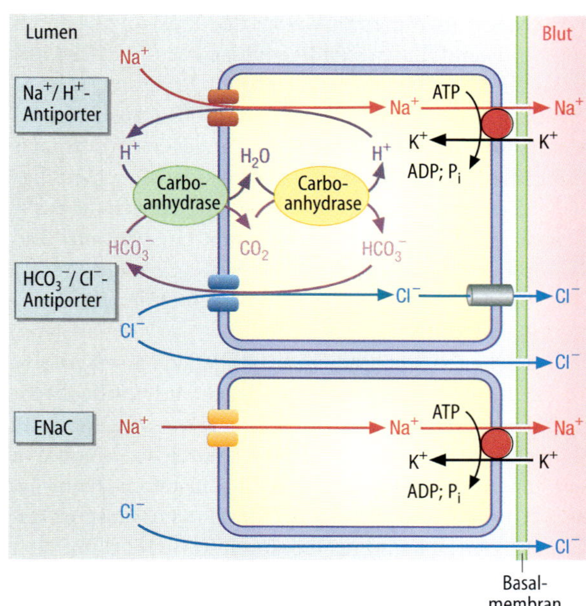

◻ **Abb. 32.20. Elektroneutrale und elektrogene Reabsorption von Na^+, Cl^- und Wasser im Ileum und Colon.** (Einzelheiten ► Text)

! Aldosteron und Angiotensin regulieren Natrium- und Wasserrückresorption.

Die in den unteren Abschnitten des Dünndarms und im Dickdarm vorhandenen Natrium- und damit auch Wasser-konservierenden Enzymsysteme gehören zu den für Landlebewesen essentiellen Schutzmechanismen, die mit der Nahrung nicht wieder einbringbare Verluste von Wasser und Natrium verhindern sollen. Sie entsprechen damit funktionell gleichartigen Systemen, die in den Nieren Wasser- und Elektrolytverluste sowie in den Schweißdrüsen Elektrolytverluste zu verhindern haben.

Es ist deshalb sinnvoll, dass auch im Magen-Darm-Trakt die Mineralocorticoidhormone im Sinne einer Natriumkonservierung wirken. Dies trifft v.a. für das **Aldosteron** (► Kap. 28.4.2) zu, das neben seiner renalen Wirkung auch an Ileum und Colon die Rückresorption von Natrium stimuliert. So steigt beim normalen Menschen 24 h nach Aldosterongabe die Geschwindigkeit der Natriumresorption im Colon um etwa das Dreifache an. Der Wirkungsmechanismus des Aldosterons beruht auf der vermehrten Induktion der an der Na^+-Rückresorption beteiligten Kanäle und Transporter, v. a. des ENac und der Na^+/K^+-ATPase.

Eine weitere wichtige Rolle bei der Natrium- und Wasserkonservierung im Magen-Darm-Trakt spielt das **Angiotensin II** (► Kap. 28.1.10). Ähnlich wie in den Nieren stimuliert es auch im Ileum und Colon die Natriumrückresorption und begünstigt so die Wasseraufnahme durch den Darm.

! Im Intestinaltrakt können Wasser und Elektrolyte sezerniert werden.

Neben der Aufnahme von Wasser und Elektrolyten durch die Darmwand finden ständige Flüssigkeits- und Elektrolytbewegungen in der umgekehrten Richtung, d.h. in Richtung auf das Darmlumen statt. Die absolute, als **Absorptionsrate** bezeichnete Größe des Stofftransports durch die Darmwand ergibt sich aus der Geschwindigkeitsdifferenz des Transports vom Lumen durch die basolaterale Membran und damit ins Blut (**Insorption**) und der als **Exsorption** bezeichneten Bewegung von Wasser bzw. Elektrolyten durch die apikale Membran in das Darmlumen hinein.

Dass die Exsorption nicht ausschließlich durch passive Rückdiffusion hervorgerufen wird, geht aus der Beobachtung hervor, dass bei der **Cholera** eine massiv gesteigerte Flüssigkeits- und Elektrolytsekretion durch das Jejunum in das Lumen erfolgt, obwohl die Mukosa histologisch normal ist und die insorptiven Vorgänge wie aktiver Transport von Monosacchariden und Aminosäuren sowie Natriumtransport ungestört ablaufen.

Eine entscheidende Rolle bei der intestinalen Sekretion von Elektrolyten und Wasser spielt der Chloridtransport durch ein als **CFTR** (*cystic fibrosis transmembrane conductance regulator*) bezeichnetes Protein. CFTR, dessen Mutationen die **cystische Fibrose** (► Kap. 9.2.5) auslösen, ist ein in vielen Epithelzellen in der apikalen Membran lokalisierter Chloridkanal. Zusammen mit entsprechenden Transportsystemen für Na^+ und K^+-Ionen ist er für die Sekretion von NaCl in das intestinale Lumen verantwortlich, dem ein entsprechender Wassertransport folgt.

32

Das CFTR-Protein unterliegt einer sehr fein gesteuerten hormonellen Regulation. Es kann durch eine Reihe von Proteinkinasen (Proteinkinase A, cGMP-abhängige Proteinkinase, Proteinkinase C, CaM-Kinase) phosphoryliert werden, was jeweils zu einer Aktivierung der Chloridsekretion und damit auch des Wassertransports führt.

! Resorption anderer Nahrungsbestandteile.

Für eine Reihe wichtiger Nahrungsbestandteile wie Vitamine, Calcium, Magnesium, Phosphat und Eisen bestehen spezielle Resorptionsmechanismen, die bei der Besprechung des Stoffwechsels der einzelnen Substanzen abgehandelt werden (► Kap. 22, 23).

32.2.5 Schicksal der Nahrungsstoffe im Colon

Duodenum, Jejunum und in geringerem Umfang Ileum sind die Hauptorte der resorptiven Vorgänge. Hat der Speisebrei diese Darmabschnitte passiert, so hört die Resorption mit Ausnahme der oben besprochenen Wasser- und Elektrolytaufnahme auf. Die im Darminhalt noch vorhandenen Reste der Nahrungsstoffe werden durch die im Colon vorkommenden **Bakterien** zersetzt.

Kohlenhydrate und Lipide werden zu niedermolekularen organischen Säuren wie Lactat, Acetat und Butyrat vergoren, wobei verschiedene Gase wie CO_2, Methan und Wasserstoff entstehen können.

Proteine und Aminosäuren unterliegen dagegen im Dickdarm einem bakteriell induzierten Fäulnisvorgang.

Viele Aminosäuren werden durch die intestinale Bakterienflora zu toxischen Aminen decarboxyliert. Auf diese Weise entsteht

- aus Lysin Cadaverin
- aus Arginin Agmatin
- aus Tyrosin Tyramin
- aus Ornithin Putrescin und
- aus Histidin Histamin

Tryptophan wird in einer mehrstufigen Reaktion durch die Darmbakterien in Indol und Scatol (Methylindol) umgewandelt.

Diese mehr oder weniger toxischen Abbauprodukte werden z.T. resorbiert und gelangen über die Pfortader zur Leber, wo sie durch Kopplung an Sulfat oder Glucuronat für die Nieren ausscheidungsfähig gemacht werden. Die aus Indol durch Kopplung an Schwefelsäure entstehende Indoxylschwefelsäure wird auch als Indican bezeichnet und kann relativ leicht in Serum bzw. Urin nachgewiesen werden, da sie zu Indigo oxidiert werden kann.

Nimmt infolge chronischer Lebererkrankungen die Fähigkeit des Leberparenchyms zum Abbau bzw. zur Entgiftung toxischer Amine ab, so steigt deren Serumkonzentration an. Dies führt zu einer Funktionsstörung des Zentralnervensystems, die auch als hepatische Enzephalopathie bezeichnet wird. Ein ähnliches Krankheitsbild kann sich auch dann entwickeln, wenn zur Senkung des Drucks im Bereich der Pfortader ein Kurzschluss zwischen Pfortader und V. cava operativ oder radiologisch interventionell (TIPS: transjugulärer intrahepatischer portosystemischer *stentshunt*) angelegt wird und auf diese Weise ein Teil des Pfortaderbluts ohne Leberpassage direkt in den großen Kreislauf gelangt.

32.2.6 Pathobiochemie

! Störungen der Kohlenhydratverdauung und Resorption beruhen auf Defekten von Enzymen oder Transportern.

Eine Reihe von Störungen der Kohlenhydratverdauung und -resorption sind auf verminderte Aktivitäten bzw. vollständigen Mangel an Disaccharidasen zurückzuführen. Können Nahrungsdisaccharide nicht verdaut und damit auch nicht resorbiert werden, gelangen sie in tiefere Darmabschnitte. Dort lösen sie eine osmotische Diarrhoe und wegen der Fermentierung durch Darmbakterien Meteorismus aus. Man unterscheidet im Einzelnen zwischen primärem, sekundärem und relativem Disaccharidasenmangel.

Primärer Disaccharidasenmangel. Die häufigste Form des primären Disaccharidasenmangels ist der **primäre Lactasemangel,** der auch als **Lactose-Intoleranz** bezeichnet wird. Bei diesem Leiden kommt es zu einer genetisch fixierten Abnahme der zum Zeitpunkt der Geburt noch normalen Lactaseaktivität mit zunehmendem Lebensalter. Das Leiden, das gelegentlich familiär gehäuft vorkommt, bevorzugt bestimmte Rassen. Bei amerikanischen Schwarzen, Bewohnern des Vorderen Orients und der australischen Urbevölkerung tritt es wesentlich häufiger auf als bei Europäern. Das Krankheitsbild ist abzugrenzen von dem sehr seltenen kongenitalen Fehlen der enteralen Lactase des Säuglings. Die Behandlung des primären Lactasemangels besteht in der Vermeidung von Milch und Milchprodukten. Neben dem primären Lactasemangel kommt, wenn auch wesentlich seltener, ein primärer Saccharase-Isomaltase-Mangel vor.

Sekundärer Disaccharidasenmangel. Auch beim sekundären Disaccharidasenmangel überwiegt der Lactasemangel. Der **sekundäre Lactasemangel** ist eine Begleiterscheinung bei vielen gastrointestinalen Erkrankungen, beispielsweise bei der Gliadin-induzierten Sprue (► u.), dem Kwashiorkor (► Kap. 21.5.1) und dem M. Crohn (eine chronisch entzündliche Darmerkrankung) bei Dünndarmbefall. Er kann auch durch chemische Substanzen wie Colchicin und Neomycin, Chemotherapie bei malignen Erkrankungen oder durch Röntgenbestrahlung hervorgerufen werden.

Relativer Disaccharidasenmangel. Der relative Disaccharidasenmangel ist durch ein Missverhältnis der in der Mukosa vorhandenen Disaccharidasen zu den mit der Nahrung zugeführten Disacchariden gekennzeichnet. Funktionell kann der relative Disaccharidasenmangel nach Magenresektion entstehen, wenn es zu einer zu raschen Entleerung des Chymus aus dem Restmagen kommt. Außerdem kann jede besonders disaccharidreiche Diät einen relativen Disaccharidasenmangel erzeugen.

Grundsätzlich kommt es beim Erwachsenen mit der normalerweise auftretenden Verminderung der Zufuhr milchhaltiger Nahrungsmittel zu einem relativen Disaccharidasenmangel. Dieser ist i. Allg. reversibel, da die Disaccharidasen der Dünndarmmukosa durch Zufuhr ihres Substrats induziert werden.

Glucose-Galactose-Malabsorption. Die Glucose-Galactose-Malabsorption ist eine sehr seltene Erbkrankheit, die auf einem Defekt des luminalen **Glucosetransporters SGLT1** beruht. Die Patienten können deswegen weder Glucose noch Galactose resorbieren. Da diese Zucker in die tieferen Darmabschnitte gelangen, lösen sie dort osmotische Diarrhoen aus und werden bakteriell abgebaut. Für die betroffenen Kinder ist dies eine lebensgefährliche Erkrankung, die lediglich dadurch behandelt werden kann, dass ihre Diät frei von Saccharose, Lactose, Glucose oder Galactose gehalten wird. I. Allg. wird Fructose als Kohlenhydrat verwendet, da diese über den GLUT 5-Transporter resorbiert wird.

Mangel an Gallensäuren geht mit Störungen der Fettresorption einher.

Eine Reihe von Pathomechanismen führen zu Störungen der Fettresorption, die sich i. Allg. am Auftreten von **Fettstühlen** (Steatorrhoe) erkennen lassen und deswegen besonders bedeutsam sind, weil sie mit Resorptionsstörungen essentieller lipophiler Verbindungen wie fettlöslicher Vitamine und essentieller Fettsäuren einhergehen.

Häufig werden Fettresorptionsstörungen durch eine verminderte intestinale Gallensäurekonzentration ausgelöst, die durch Verlegung der ableitenden Gallenwege oder durch eine hepatische Störung der Gallensäuresynthese verursacht werden kann. Viel seltenere Ursachen sind Lipase- bzw. Colipasemangel bei Pankreasinsuffizienz oder als hereditäre Erkrankung. Ein durch massive Lipid-Einlagerungen in den Mukosazellen gekennzeichnetes Krankheitsbild findet sich schließlich bei der sehr seltenen **hereditären A-β-Lipoproteinämie**. Die betroffenen Patienten zeichnen sich dadurch aus, dass in ihrem Plasma keinerlei Lipoproteine mit Apolipoproteinen des Typs B nachweisbar sind. Eine genauere Untersuchung hat ergeben, dass sie zwar durchaus imstande sind, das ApolipoproteinB_{100} bzw. B_{48} zu synthetisieren, jedoch keinerlei **Triacylglycerin-Transfer-Proteine** besitzen, da diese durch Mutationen ausgeschaltet sind. Triacylglycerin-Transfer-Proteine werden für die Verpackung von Triacylglycerinen in Chylomikronen-Vesikel benötigt. Dieser Befund weist auf die enorme Bedeutung des Lipidtransfers zwischen Membranen für die Biosynthese von Lipoproteinen hin.

Die Sitosterolämie zeigt die Symptomatik einer familiären Hypercholesterinämie.

Wie in ► Kap. 32.2.2 beschrieben, erfolgt die Aufnahme von Sterolen durch das NPC 1-like 1-Transportprotein, das allerdings nicht zwischen Cholesterin und pflanzlichen Sterolen unterscheiden kann. Unter normalen Umständen werden diese im vesikulären Kompartiment der Mukosazellen sortiert und durch die Lipidtransporter ABCG5 und ABCG8 wieder in das intestinale Lumen exportiert. Defekte dieser beiden Lipidtransporter lösen das Krankheitsbild der **Sitosterolämie** aus. Bei den Patienten findet man eine erhöhte Konzentration von pflanzlichen Sterolen in den Mukosazellen und im Blut. Die Betroffenen zeigen Xanthome und leiden unter verfrühter schwerer Arteriosklerose mit häufiger koronarer Herzerkrankung.

Defekte von Proteinverdauung und Resorption haben verschiedenste Ursachen.

Die häufigsten Defekte der Proteinverdauung und Resorption finden sich bei der exkretorischen Pankreasinsuffizienz, bei einer Atrophie bzw. Funktionseinschränkung der

Dünndarmzotten (Sprue) sowie auch nach Dünndarmresektion. Nicht verdaute bzw. resorbierte Proteine gelangen dann in tiefere Darmabschnitte, wo sie bakteriell abgebaut werden, was häufig zur Bildung toxischer Produkte führt (▶ Kap. 32.2.5).

Seltenere Erkrankungen sind hereditäre Defekte proteolytischer Enzyme, z.B. des Trypsinogens oder der Enteropeptidase.

Gendefekte von Aminosäuretransportsystemen sind

- die Hartnup-Krankheit, die durch eine Aufnahmestörung neutraler Aminosäuren verursacht wird
- die Cystinurie (▶ Kap. 13.6.4)
- die Methionin-Malabsorption und
- die Prolin-Malabsorption

Die Bedeutung der Peptidspaltung innerhalb der Mukosazellen für Verdauung und Resorption lässt sich gut am Beispiel der **Gliadin-induzierten Sprue** zeigen (unter dem Begriff Sprue werden eine Reihe von Durchfallerkrankungen unterschiedlicher Genese zusammengefasst). Bei diesem Krankheitsbild findet sich eine allgemeine Störung der Verdauung und Resorption von Nahrungsstoffen infolge einer weitgehenden Atrophie der Dünndarmzotten mit entsprechenden Veränderungen des Dünndarmepithels.

Diese im Kindesalter auch als Zöliakie bezeichnete Erkrankung ist eine Autoimmunerkrankung mit genetischen, immunologischen und Umweltkomponenten. Gliadine sind Peptide aus 6–7 Aminosäuren, die bei der Verdauung des Weizenproteins Gluten entstehen. Besonders nach Desamidierung von Glutaminresten durch eine enterale Transglutaminase 2 lösen Gliadine bei den Betroffenen eine komplexe zur oben beschriebenen Symptomatik führende Reaktion aus. Es ist bis jetzt noch nicht sicher bekannt, ob die Gliadine selbst auf das Dünndarmepithel toxisch wirken oder ob es sich um eine Autoimmunreaktion aufgrund von Kreuzreaktivität handelt. Gliadine werden auch in die Blutbahn aufgenommen und führen dort zur Bildung spezifischer Antikörper, die sich bei allen Patienten mit Sprue nachweisen lassen und die ihrerseits für die Schädigung des Dünndarmepithels verantwortlich sein könnten. Ferner finden sich im Serum Antikörper gegen Transglutaminase. Die Erkrankung ist assoziiert mit Genen die für die HLA Antigene DQ2 und DQ8 kodieren.

! Man unterscheidet osmotische und sekretorische Diarrhoen.

Weltweit sterben jährlich an akuten Diarrhoen mehrere Millionen Patienten, vor allem Kinder. Die meisten Fälle ereignen sich in Entwicklungsländern mit schlechten hygienischen Verhältnissen und einer unzureichenden ärztlichen Versorgung. Aber auch in industrialisierten Ländern mit entsprechender Infrastruktur sind akute oder chronische Durchfälle keinesfalls eine Seltenheit.

Für die große Gruppe der akuten Durchfallerkrankungen ist folgende Einteilung üblich:

- Osmotische Durchfälle und
- Sekretorische Durchfälle

Osmotische Durchfälle. Zu osmotischen Durchfällen kommt es immer dann, wenn nicht oder nur schlecht resorbierbare niedermolekulare wasserlösliche Verbindungen in die tieferen Darmabschnitte gelangen. Sie lösen dort aufgrund ihrer hohen osmotisch wirksamen Konzentration einen Transport von Wasser in das intestinale Lumen aus, dem Na^+ und Cl^--Ionen nachfolgen.

Eine Ursache für osmotische Durchfälle kann der Verzehr nicht oder schlecht resorbierbarer Zucker sein. Beispiel hierfür ist die Verwendung von Sorbitol oder Xylitol als Nahrungszusätze. Eine weitere Ursache osmotischer Durchfälle sind die oben geschilderten Defekte der enzymatischen Systeme, die für die Aufspaltung von Disacchariden oder die Resorption von Monosacchariden verantwortlich sind.

Sekretorische Durchfälle. Sekretorische Durchfälle werden durch eine gesteigerte Sekretion von Na^+ und Cl^-- Ionen in das intestinale Lumen ausgelöst, denen passiv Wasser nachfolgt. Besonders gut untersucht ist dabei die durch den Choleraerreger *Vibrio Cholerae* ausgelöste Diarrhoe. Dieser produziert ein **Enterotoxin**, welches aus einer dimeren A-Untereinheit und fünf identischen B-Untereinheiten besteht (▶ Kap. 25.6.2). Die B-Untereinheiten sind für die Bindung des Choleratoxins an das **Gangliosid GM 1** verantwortlich, das einen wesentlichen Bestandteil der intestinalen Bürstensaummembranen darstellt. Anschließend kann die A-Untereinheit aufgenommen werden, die nun die ADP-Ribosylierung (▶ Kap. 23.3.4) des stimulierenden G-Proteins (G_s) der Adenylatcyclase auslöst. Hierdurch wird dieses konstitutiv aktiv und führt zu einer Dauerstimulierung der Adenylatcyclase. In den Mukosazellen des Intestinaltrakts löst dies über die Proteinkinase A eine Aktivierung des **CFTR-Chloridkanals** aus. Die Folge ist eine gesteigerte Sekretion von Chlorid und ihm folgend von Natriumionen und Wasser.

Dieses pathogenetische Prinzip findet sich nicht nur beim Choleratoxin, sondern auch bei den Toxinen einer Reihe anderer Mikroorganismen sowie im Rahmen der IgE-vermittelten mukosalen Immunantwort (▶ Kap. 32.3). Außerdem kommt es bei einem sehr seltenen endokrinen Tumor, dem Werner-Morrison-Syndrom vor. Dieser zeichnet sich durch eine vermehrte Sekretion von VIP (vasoaktives intestinales Peptid) aus.

In Kürze

Für die Resorption von Monosacchariden, Aminosäuren und Oligopeptiden stehen spezifische Transportmoleküle zur Verfügung, die den Na^+- bzw. H^+-abhängigen, sekundär aktiven Transport in die Mukosazelle ermöglichen. Auf der basolateralen Seite der Mukosazellen erfolgt anschließend die Abgabe der aufgenommenen Verbindungen in die extrazelluläre Flüssigkeit durch erleichterte Diffusion, ebenfalls mit Hilfe spezifischer Transportproteine. Acylglycerine werden durch Diffusion in die Mukosazellen aufgenommen, Sterole durch den Niemann Pick C 1 like 1-Transporter. Intrazellulär erfolgt eine Resynthese zu Triacylglycerinen und Cholesterinestern und dann die Verpackung mit dem Apolipoprotein B_{48} zu Chylomikronen. Anschließend werden diese von den Mukosazellen sezerniert und gelangen über die Lymphbahnen in den Blutkreislauf.

Der Intestinaltrakt ist Ort großer Flüssigkeits- und Ionenbewegungen. Diese setzen sich aus Wasser und Elektrolyten der Nahrung sowie den meist Plasma-isotonen Sekreten der einzelnen Abschnitte des Intestinaltraktes zusammen und machen pro 24 Stunden etwa 8 l Flüssigkeit aus. Sowohl das Wasser als auch die Elektrolyte müssen im Intestinaltrakt zum größten Teil wieder reabsorbiert werden, um gravierende Flüssigkeits- und Elektrolytverluste zu verhindern.

Durchfallerkrankungen sind häufig und nehmen oft, besonders bei Kindern einen schweren Verlauf. Man unterscheidet

- osmotische Durchfälle, denen häufig Störungen der Verdauung oder Resorption von Nahrungsstoffen zugrunde liegen, und
- sekretorische Durchfälle, die durch bakterielle Infekte oder chronisch entzündliche Darmerkrankungen ausgelöst werden

32.3 Das Immunsystem des Intestinaltrakts

Schon vor vielen Jahren ist das Konzept entwickelt worden, dass eine besonders wichtige Barriere gegen das Eindringen von Bakterien, Viren, Toxinen oder anderen Fremdstoffen im Intestinaltrakt lokalisiert sein muss. Diese wird durch das **intestinale Immunsystem** repräsentiert

! IgA- bzw. IgE-vermittelte Immunantworten haben eine besondere Bedeutung für das mukosale Immunsystem.

Die IgA-vermittelte intestinale Immunantwort. Immunglobuline des Typs A (IgA, ▶ Kap. 34.3.4) sind ein besonders wichtiger Bestandteil des intestinalen Immunsystems (◘ Abb. 32.21). Aktivierte B-Lymphozyten des Intestinaltrakts sammeln sich nach Differenzierung zu IgA-produzierenden Plasmazellen in der Lamina propria des Darms. Die von ihnen gebildeten IgA-Antikörper diffundieren durch die Basalmembran und assoziieren mit einem auf der basolateralen Seite der Epithelzellen gelegenen **Poly-Immunglobulinrezeptor** (PIGR) (1). Dies löst die Internalisierung des Poly-Immunglobulin-Rezeptor-IgA-Komplexes aus, der dann in einem Transportvesikel an die apikale Oberfläche der Epithelzelle befördert wird (2). Während dieser Transzytose wird der Immunglobulinrezeptor enzymatisch gespalten (3), sein extrazellulärer Anteil bleibt jedoch mit dem IgA-Dimer verknüpft (4). Man nimmt an, dass diese sog. **sekretorische Komponente** das IgA-Molekül im Intestinaltrakt vor proteolytischer Spaltung schützt.

IgA-Antikörper binden die unterschiedlichsten Antigene im Intestinaltrakt. Sie verhindern damit

- die Aufnahme bakterieller Toxine
- die Aufnahme von Viren sowie
- die Anheftung von Bakterien an Zelloberflächen, die für die Infektiosität gerade intestinaler Bakterien von großer Bedeutung ist

IgE-vermittelte intestinale Immunantwort. Ein wichtiger Mechanismus des intestinalen Immunabwehrsystems beruht auf **Immunglobulin E** (IgE)-vermittelten Reaktionen. Hier spielen **Mastzellen**, die unterhalb der Epithelschicht lokalisiert sind, eine entscheidende Rolle (◘ Abb. 32.22). Durch die Freisetzung einer großen Zahl von Mediatorstoffen nach der Bindung entsprechender Antigene lösen sie eine heftige **Entzündungsreaktion** aus, deren Ziel die Eliminierung und gegebenenfalls Ausschwemmung des Antigens aus dem Intestinaltrakt ist. Ganz besonders effektiv ist die IgE-vermittelte mukosale Immunantwort bei der Bekämpfung von Parasiten.

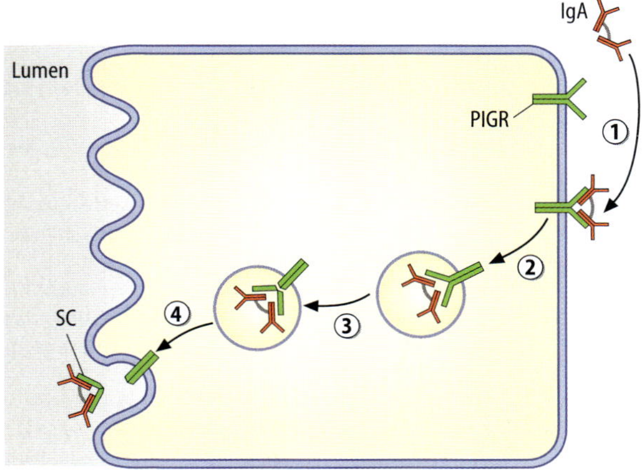

◘ **Abb. 32.21. Mechanismus der Transzytose von IgA durch intestinale Mukosazellen.** IgA = Immunglobulin A; PIGR = Poly-IgG-Rezeptor; SC = sekretorische Komponente. (Einzelheiten ▶ Text)

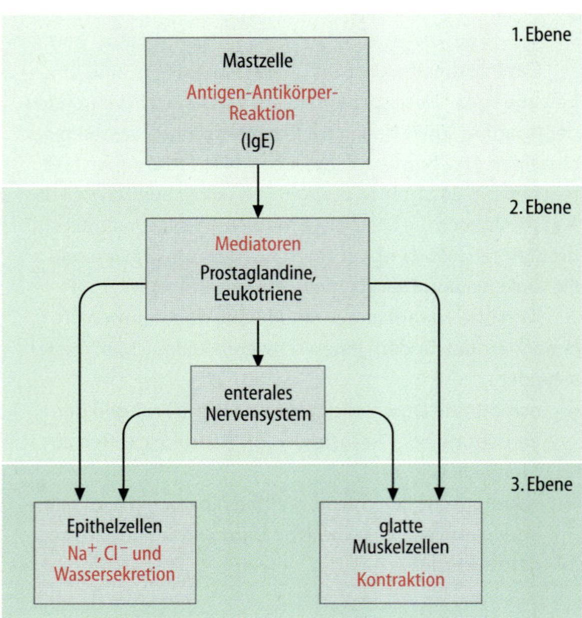

Abb. 32.22. Mechanismus der IgE-vermittelten Immunantwort im Intestinaltrakt. (Einzelheiten ▸ Text)

Die von den aktivierten Mastzellen freigesetzten Mediatorstoffe sind im Wesentlichen

- **Prostaglandine**
- **Leukotriene** und
- biogene Amine wie **Serotonin** und **Histamin**

An den Epithelzellen des Intestinaltrakts lösen diese Verbindungen eine Chlorid-, Na^+- und Wassersekretion aus, gleichzeitig führen sie zur Kontraktion der glatten Muskulatur, was Durchfall oder Erbrechen und damit die Eliminierung des infektiösen Agens auslöst. Wie bei anderen IgE-vermittelten Immunreaktionen besteht auch bei der IgE-vermittelten mukosalen Immunantwort die Gefahr allergischer Reaktionen. Diese äußert sich z.B. in der bekannten Symptomatik der Nahrungsmittelallergien.

Ein Sonderfall der Nahrungsmittelallergien ist die **Gliadin-induzierte Enteropathie**, die auf einer T-Zell-vermittelten Überempfindlichkeitsreaktion vom verzögerten Typ beruht (▸ Kap. 32.2.7). Zum intestinalen Immunsystem gehört auch das zelluläre Immunsystem, d.h. die intraepithelialen T-Lymphozyten, die darmspezifisch sind (»*homing*«) und natürlich die T-Zell-vermittelte Immunität in den Lymphfollikeln der Darmwand.

In Kürze

Der Intestinaltrakt enthält zum Schutz des Organismus vor der großen Zahl dort vorhandener Antigene eine hoch effektive immunologische Barriere. Diese besteht aus:

- Intraepithelialen Lymphozyten
- Plasmazellen in der Lamina propria, die zur Produktion von IgA-Molekülen imstande sind sowie
- unterhalb der Epithelschicht lokalisierten Mastzellen, die nach Stimulierung mit IgE Mediatorstoffe freisetzen

IgA-Moleküle gelangen durch Transzytose in das Lumen des Intestinaltraktes. Sie binden und inaktivieren viele Antigene, z.B. Toxine, Viren, Bakterien.

Die durch IgE vermittelte Freisetzung von Mediatorstoffen löst eine Wasser- und Elektrolytsekretion aus. Die damit verbundene Durchfallreaktion dient der Ausschwemmung vieler Antigene, Bakterien aber auch von Parasiten.

32

Literatur

Original- und Übersichtsarbeiten

Bansil R, Stanley E, LaMont JT (1995) Mucin biophysics. Annu Rev Physiol 57:635–57

Bray GA (2000) Afferent signals regulating food intake. Proc Nutr Soc 59:373–384

Brockman HL (2000) Kinetic behavior of the pancreatic lipase-colipase-lipid system. Biochimie 82:987–995

Castro GA, Arntzen CJ (1993) Immunophysiology of the gut: a research frontier for integrative studies of the common mucosal immune system. Am J Physiol 265:G599–G610

Corfield A P, Myerscough N, Longman R, Sylvester P, Arul S, Pignatelli M (2000) Mucins and mucosal protection in the gastrointestinal tract: new prospects for mucins in the pathology of gastrointestinal disease. Gut 47:589–594

Davis HR Jr, Zhu LJ, Hoos LM, Tetzloff G, Maguire M, Liu J, Yao X, Iyer SPN, Lam MH, Lund EG, Detmers PA, Graziano MP, Altmann SW (2004) Niemann-Pick C1 Like 1 (NPC1L1) Is the Intestinal Phytosterol and Cholesterol Transporter and a Key Modulator of Whole-body Cholesterol Homeostasis. J Biol Chem 279:33586–33592

Fagarasan S, Honjo T (2004) Regulation of IgA synthesis at mucosal surfaces Curr Opin Immunol 16:277–83

Hui DY, Howles PN (2002) Carboxyl ester lipase: structure-function relationship and physiological role in lipoprotein metabolism and atherosclerosis. J Lipid Res 43:2017–2030

Hussain MM, Shi J, Dreizen P (2003) Microsomal triglyceride transfer protein and its role in apoB-lipoprotein assembly. J Lipid Res 44:22–32

Kunzelmann K, Mall M (2002) Electrolyte Transport in the Mammalian Colon: Mechanisms and Implications for Disease. Physiol Rev 82:245–289

Lowe ME (1997) Molecular Mechanisms of Rat and Human Pancreatic Triglyceride Lipases. J Nutr 127:549–557

Mayo KE, Miller LJ, Bataille D, Dalle S, Göke B, Thorens B, Drucker DJ (2003) International Union of Pharmacology. XXXV. The Glucagon Receptor Family. Pharmacol Rev 55:167–194

Patton S, Gendler SJ, Spicer AP (1995) The epithelial mucin, MUC1, of milk, mammary gland and other tissues. Biochim Biophys Acta 1241:407–23

Rehfeld JF (1998) The New Biology of Gastrointestinal Hormones. Physiol Rev 78:1087–1108

Sachs G, Shin JM (1995) The Pharmacology of the gastric acid pump: The H+,K+-ATPase. Annu Rev Pharmacol 35:277–305

Schmitz G, Langmann T, Heimerl S (2001) Role of ABCG1 and other ABCG family members in lipid metabolism. J Lipid Res 42:1513–1520

Shirazi T, Longman RJ, Corfield AP, Probert CSJ (2000) Mucins and inflammatory bowel disease. Postgrad Med J 76:473–478

Tso P Nauli, A Lo CM (2004) Enterocyte fatty acid uptake and intestinal fatty acid-binding protein Biochem Soc Transact 32:75–78

Ueno H, Yamaguchi H, Kangawa K, Nakazato M (2005) Ghrelin: a gastric peptide that regulates food intake and energy homeostasis. Regul Pept 126:11–9

Wong W M, Poulsom R, Wright NA (1999) Trefoil peptides. Gut 44:890–895

Wright EM (1998) Genetic Disorders of Membrane Transport. I. Glucose Galactose Malabsorption. Am J Physiol 275 (Gastrointest Liver Physiol 38):G879–G882

Yao X, Forte JG (2003) Cell biology of acid secretion by the parietal cell. Annu Rev Physiol 65:103–131

Links im Netz

▶ www.lehrbuch-medizin.de/biochemie

33 Leber

Dieter Häussinger, Georg Löffler

33.1 Die zellulären Bestandteile der Leber und ihre anatomischen Beziehungen – 1084
33.1.1 Zusammensetzung der Leber – 1084
33.1.2 Funktion und Aufbau der Leber – 1084

33.2 Funktionen der Leberparenchymzellen – 1086
33.2.1 Funktionen im Kohlenhydrat- und Lipidstoffwechsel – 1086
33.2.2 Funktionen im Protein- und Aminosäurestoffwechsel – 1087
33.2.3 Synthese spezifischer Proteine in der Leber – 1088
33.2.4 Die Leber als Speicherorgan – 1089

33.3 Biotransformation – 1090
33.3.1 Die Phasen der Biotransformation – 1090
33.3.2 Die metabolische Aktivierung durch das Biotransformationssystem – 1093

33.4 Die Leber als Ausscheidungsorgan – 1096
33.4.1 Die Bedeutung der Hepatozyten bei der Gallebildung – 1096
33.4.2 Die Funktion der Cholangiozyten bei der Gallebildung – 1098

33.5 Funktionen der Nichtparenchymzellen der Leber – 1098

33.6 Pathobiochemie – 1099
33.6.1 Leberzellschädigung – 1099
33.6.2 Gallensteine – 1101

Literatur – 1102

Einleitung

Die Leber ist eines der größten Organe des Organismus. Etwa 70% ihrer Zellmasse besteht aus Parenchymzellen, den verbleibenden Anteil bilden Gallengangsepithelien, Zellen des reticuloendothelialen Systems (Kupfferzellen), Sternzellen und Endothelzellen. In der Leber laufen die meisten der heute bekannten Reaktionen des Intermediärstoffwechsels ab.

Die Kapazität der Leber zur Erfüllung ihrer vielfältigen Funktionen im Stoffwechsel ist außerordentlich groß. Dies geht allein aus der Tatsache hervor, dass erst ein Zustand, in dem mehr als 80% der Parenchymzellen zerstört sind, mit dem Leben nicht mehr vereinbar ist. Da die Leber über eine besondere Regenerationsfähigkeit verfügt, können akute und chronische Schädigungen von ihr relativ gut bewältigt werden.

33.1 Die zellulären Bestandteile der Leber und ihre anatomischen Beziehungen

33.1.1 Zusammensetzung der Leber

Nur etwa 60–70% der Zellmasse der Leber bestehen aus den eigentlichen Leberparenchymzellen oder **Hepatozyten**. Eine weitere Gruppe epithelialer Zellen sind die als **Cholangiozyten** bezeichneten Zellen der Gallengangsepithelien. Neben diesen enthält die Leber eine Reihe von nichtepithelialen Zelltypen. Diese befinden sich bevorzugt entlang der Sinusoide und stehen sowohl anatomisch als auch funktionell in enger Beziehung zu den Parenchymzellen (◻ Abb. 33.1). Im Einzelnen handelt es sich um:

- Sinusoidale **Endothelzellen**. Sie sind ein erheblicher Teil der nichtepithelialen Zellen und bilden ein gefenstertes Endothel, wobei der Durchmesser der Fenster durch endogene oder exogene Substanzen, wahrscheinlich über die Beteiligung von Elementen des Cytoskeletts, beeinflusst werden kann
- **Kupfferzellen.** Diese gehören zum reticuloendothelialen System, adhärieren an die Wand der Sinusoide, sind aber sehr wahrscheinlich beweglich
- **Sternzellen** (Synonym Fettspeicherzellen, Ito-Zellen). Sie finden sich in engerer Assoziation an die Hepatozyten und entwickeln cytoplasmatische Extensionen, die ähnlich wie Perizyten um das Endothel der Sinusoide gewickelt sind
- **Pit-Zellen.** So werden in der Leber große granuläre Lymphozyten bezeichnet, die zur Gruppe der Killer-Zellen gehören
- **Progenitor- oder Ovalzellen.** Es handelt sich um Leberstammzellen, die im Bereich der Heringschen Kanäle lokalisiert sind und sich sowohl zu Hepatozyten als auch Cholangiozyten differenzieren können. Schwere Leberschädigungen stimulieren die Proliferation von Progenitorzellen, die dann zur Leberregeneration beitragen

Ferner ist die Leber sympathisch und parasympathisch innerviert, wobei die meisten Nervenendigungen an Lebersternzellen zu finden sind. Efferente Lebernerven sind nicht nur an der Regulation des Leberstoffwechsels und des Blutflusses durch die Leber beteiligt, sondern auch an der Leberregeneration nach Schädigungen. Darüber hinaus existieren in der Leber afferente Nerven, welche Signale von Volumen- und Osmosensoren an das Zentralnervensystem weitergeben.

33.1.2 Funktion und Aufbau der Leber

Die Funktionen der Leber sind vielfältig:

- Verwertung aufgenommener Nährstoffe
- Aufrechterhaltung der Glucose-, Aminosäuren-, Ammoniak- und Hydrogencarbonathomöostase
- Synthese der meisten Plasmaproteine
- Gallensäurensynthese und Gallebildung
- Bildung, Speicherung und Prozessierung von Signalmolekülen
- Mitwirkung bei der Immunabwehr
- Metabolisierung von Endobiotica und Xenobiotica
- Blutspeicherung

! Durch ihre Stoffwechselleistungen ist die Leber für die Aufrechterhaltung des konstanten inneren Milieus der extrahepatischen Organe und Gewebe verantwortlich.

Die besondere Funktion der Leber im Intermediärstoffwechsel erklärt sich aus ihrer anatomischen Lage:

- Sie nimmt während der **Resorptionsphase** die über den Intestinaltrakt resorbierten Nahrungsstoffe, Vitamine und Elektrolyte auf. Eine Ausnahme hiervon machen die Nahrungslipide, die über die Lymphbahnen des Intestinaltrakts gesammelt und über den Ductus thoracicus in den großen Kreislauf verteilt werden. Dementsprechend ist die Leber als einziges Organ daran angepasst, ein sowohl von der Quantität als auch von der Qualität her sehr variables Stoffangebot zu bewältigen. Die während der Resorptionsphase angefluteten Substrate werden von ihr zu einem beträchtlichen Teil gespeichert
- In der **postresorptiven** oder **Hungerphase** ist sie dann imstande, die gespeicherten Substrate in den Blutkreislauf abzugeben und den anderen Organen und Geweben des Körpers zur Deckung des Energiebedarfes zur Verfügung zu stellen. In diesem Sinne trägt die Leber entscheidend zur Aufrechterhaltung eines konstanten

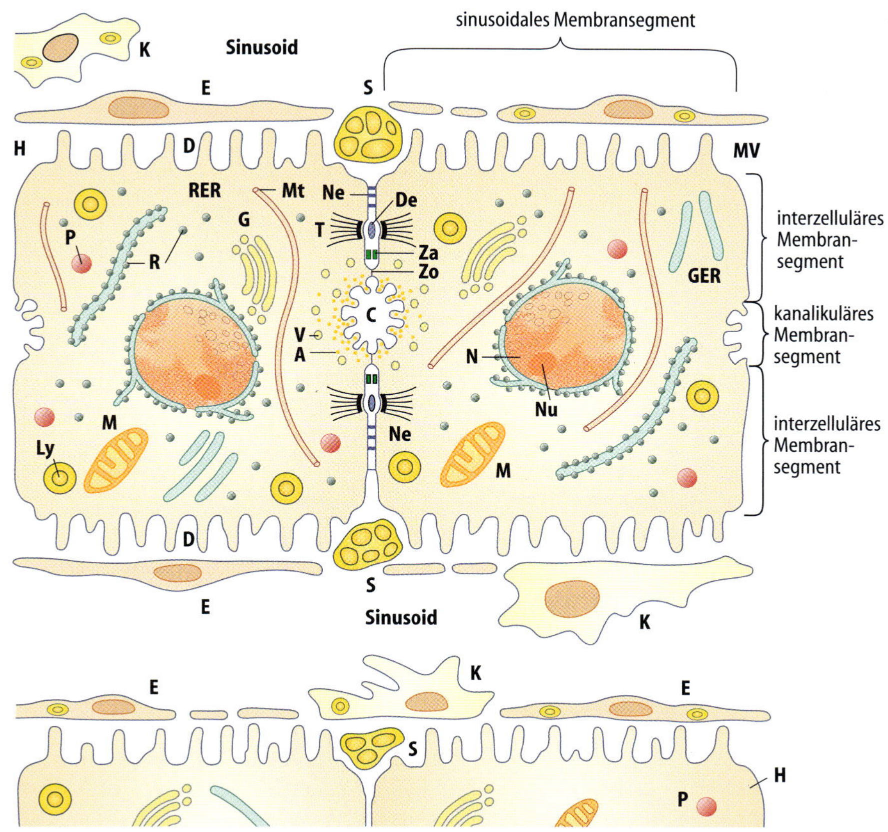

Abb. 33.1. Hepatozyten und ihre anatomischen Beziehungen zu Nichtparenchymzellen und dem Dissé-Raum. A = Aktinfilamente; C = Gallecanaliculus; D = Dissé'scher Raum; De = Desmosom; E = Endothelzelle, G = Golgi-Apparat; GER = glattes endoplasmatisches Retikulum; H = Hepatozyt; K = Kupffer-Zelle; Ly = Lysosomen; M = Mitochondrien; Mt = Mikrotubuli; Mv = Mikrovilli; N = Zellkern; Ne = Nexus; Nu = Nucleolus; P = Peroxisomen; R = Ribosomen; RER = raues endoplasmatisches Retikulum; S = Sternzellen; T = Tonofilamente; V = pericanaliculäre Vesikel; Za = Zona adhärens; Zo = Zonula occludens (*tight junction*)

inneren Milieus und damit zur Funktionsfähigkeit aller extrahepatischen Organe und Gewebe bei

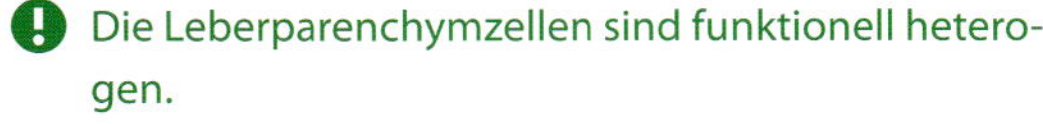

Die Leberparenchymzellen sind funktionell heterogen.

Der **Leberacinus** ist die funktionelle Grundeinheit der Leber. Er erstreckt sich vom terminalen Pfortaderast entlang des Sinusoids bis zum terminalen Lebervenenast; zu ihm gehören die das Sinusoid begrenzenden Parenchym- und Nichtparenchymzellen der Leber. Während einer acinären Passage strömt das Blut an etwa 20–30 Parenchymzellen vorbei, die **funktionell heterogen** sind, d.h. unterschiedliche Genexpressionsmuster aufweisen. Eine Ursache für diese funktionelle Leberzellheterogenität sind Metabolit-, Sauerstoff- und Hormongradienten entlang des Leberacinus. **Periportale** (an der acinären Einflussbahn gelegene) Hepatozyten zeichnen sich durch höhere Aktivität des Glycogenabbaus, der Gluconeogenese, der Fettsäureoxidation, der Harnstoffbildung aus Aminosäurestickstoff sowie der Gallensäuren- und Bilirubinausscheidung aus. Dagegen stellen **perivenöse** (an der acinären Ausflussbahn gelegene) Hepatozyten den bevorzugten Ort der Glycogensynthese, der Glycolyse, Lipogenese, der Harnstoffbildung aus Ammoniak und der Biotransformation körpereigener und körperfremder Stoffe dar. Unmittelbar am perivenösen Ende des Leberacinus findet sich eine besonders spezialisierte, kleine Hepatozytenpopulation (Scavenger- oder Fängerzellen), welche als einzige Leberparenchymzellen das Enzym Glutaminsynthetase enthält. Ihre Aufgabe ist es u.a. mit hoher Affinität Ammoniak, aber auch viele innerhalb des Acinus freigesetzte und der interzellulären Kommunikation dienende Signalstoffe zu entfernen, bevor das sinusoidale Blut in die Lebervene und damit in die systemische Zirkulation gelangt.

In Kürze

Die Leber enthält als unterschiedliche Zelltypen:
- Leberparenchymzellen oder Hepatozyten (60–70% der Leberzellen), daneben
- Cholangiozyten
- Endothelzellen
- Kupfferzellen
- Sternzellen
- Pit-Zellen
- Leberstammzellen (Progenitor- oder Ovalzellen)

Die funktionelle Grundeinheit der Leber ist der Acinus. Die ihm zugehörigen Hepatozyten sind funktionell heterogen, was durch die Gradienten von Metabolit-, Sauerstoff- und Hormonkonzentrationen entlang des Acinus verursacht wird.

Die wichtigsten Aufgaben der Leber sind:
- Aufnahme und Speicherung von Nahrungsstoffen sowie deren Verarbeitung und Freisetzung
- Synthese von Gallensäuren und Sekretion von Galle
- Metabolisierung von Endo- und Xenobiotica
- Synthese von Plasmaproteinen
- Synthese von Signalmolekülen

33.2 Funktionen der Leberparenchymzellen

33.2.1 Funktionen im Kohlenhydrat- und Lipidstoffwechsel

> ! Die Leber ist das zentrale Organ der Glucosehomöostase des Organismus.

Resorptionsphase. Das Pfortaderblut enthält in Abhängigkeit vom Kohlenhydratgehalt der jeweiligen Nahrungsstoffe erhebliche Mengen an Glucose, aber auch Fructose und Galactose. Ein großer Teil dieser Monosaccharide wird entsprechend der bereits geschilderten Reaktionen (▶ Kap. 11.2.1) nach Umwandlung zu **Glycogen** gespeichert.

Postresorptions-/Hungerphase. Die Leber ist für die Aufrechterhaltung der Blutglucosekonzentration verantwortlich:
- Durch **Glycogenolyse** wird Glycogen mobilisiert und wegen der für die Leber typischen hohen Glucose-6-Phosphatase-Aktivität (▶ Kap. 11.4.2) zu Glucose abgebaut, die in die Lebervene abgegeben wird
- Bei länger dauerndem **Hunger** genügen die in der Leber gespeicherten Glycogenvorräte nicht zur Deckung des Energiebedarfs der obligaten Glucoseverwerter, nämlich des zentralen Nervensystems, des Nierenmarks und der Erythrozyten. Unter diesen Bedingungen wird die **Gluconeogenese** aus Nichtkohlenhydraten aktiviert, auf welche die Leber dank ihrer enzymatischen Ausstattung besonders spezialisiert ist (▶ Kap. 11.3). So müssen nach 24-stündigem Hunger etwa 180 g Glucose/Tag, nach mehrwöchigem Hungern immerhin noch 60 bis 90 g Glucose/Tag synthetisiert werden. Substrate für die Gluconeogenese, deren Reaktionssequenz in ▶ Kap. 11.3 geschildert ist, sind durch Proteolyse in den extrahepatischen Geweben freigesetzte glucogene **Aminosäuren** (▶ Kap. 13.4.3), im Fettgewebe durch Lipolyse freigesetztes **Glycerin** (▶ Kap. 16.1.2, 21.3.3) sowie durch Glycolyse entstandenes **Lactat** (▶ Kap. 16.1.1, 21.3.3).

Jede länger dauernde Hungerphase geht mit einer spezifischen Änderung der enzymatischen Ausstattung der Leberparenchymzellen einher. Diese ist dadurch gekennzeichnet, dass die für die Glycolyse benötigten Enzymaktivitäten reprimiert und diejenigen der Gluconeogenese und des Aminosäurestoffwechsels induziert werden. Für diese Umstellung sind neben den **Katecholaminen** v.a. die **Glucocorticoide**, beim Menschen also hauptsächlich das Cortisol, verantwortlich (▶ Kap. 27.3.7). Zur Gluconeogenese befähigt sind außer der Leber auch die Nieren, die jedoch allein schon wegen ihrer geringeren Größe einen wesentlich kleineren Anteil übernehmen

> ! Die Leber ist das wichtigste Organ für den Ab-, Um- und Aufbau der verschiedensten Lipide.

Resorptionsphase: Die wesentlichste Funktion der Leber im Lipidstoffwechsel besteht in der Biosynthese von Triacylglycerinen, Phosphoglyceriden und Sphingolipiden aus den aufgenommenen Kohlenhydraten und Lipiden (▶ Kap. 12.1.4, 18.1.1, 18.2.1) sowie der Biosynthese und Sekretion von **VLDL-Lipoproteinen** (▶ Kap. 18.5.2). Die Leber ist schließlich für die Bereitstellung eines großen Teils des vom Organismus benötigten **Cholesterins** (▶ Kap. 18.3.1) verantwortlich, wobei ihre Cholesterinbiosynthese u.a. vom Nahrungsangebot an Cholesterin abhängt.

Postresorptions-/Hungerphase: Die Leber deckt ihren Energiebedarf nahezu vollständig durch die **Fettsäureoxidation**. Sie nimmt in diesem Zustand jedoch mehr Fettsäuren auf als hierzu notwendig sind und wandelt diese in **Acetacetat** und **β-Hydroxybutyrat**, die sog. Ketonkörper, (▶ Kap. 12.2.2) um. Diese werden von der Leber nicht verwertet, sondern vollständig zur Deckung des Substratbedarfs extrahepatischer Gewebe abgegeben. Außer Fettsäuren werden von der Leber LDL- und v.a. HDL-Lipoproteine und die in ihnen enthaltenen Lipide abgebaut (▶ Kap. 18.5.2).

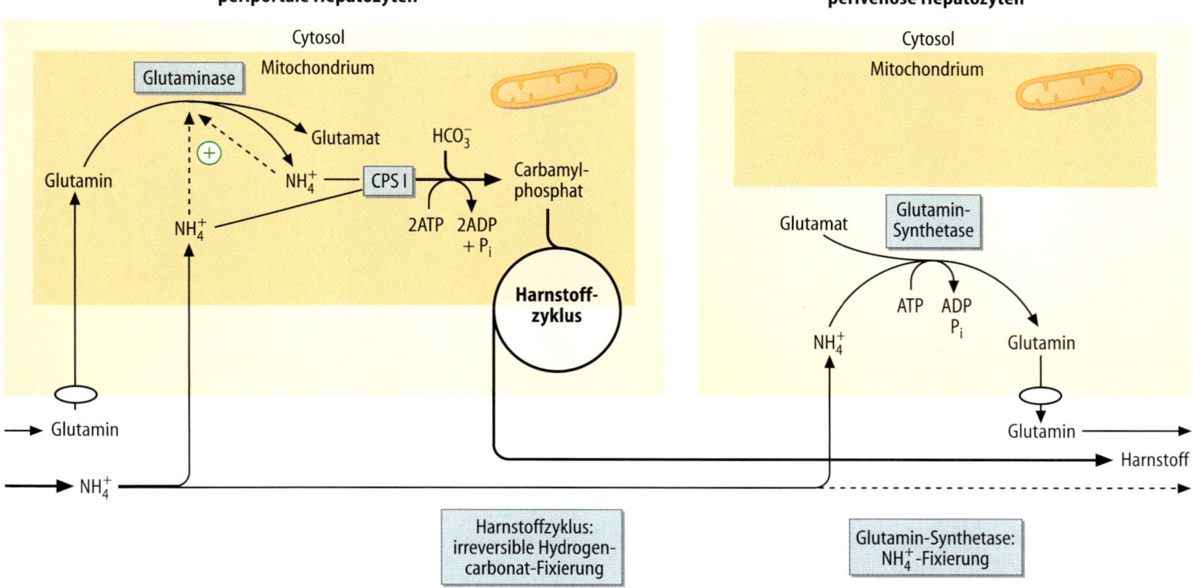

Abb. 33.2. Hepatische Glutaminsynthetase und Ammoniakeliminierung. CPS I = Carbamylphosphat-Synthetase I. (Weitere Einzelheiten ▶ Text)

33.2.2 Funktionen im Protein- und Aminosäurestoffwechsel

Die Leber nimmt Aminosäuren sowohl in der Resorptions- als auch in der Hungerphase auf.

Resorptionsphase: In der Resorptionsphase werden der Leber über die Pfortader Aminosäuren in Abhängigkeit von dem Proteingehalt der Nahrung angeboten und durch ein breites Spektrum an Transportern aufgenommen. Sie dienen v.a. als Substrate der Proteinbiosynthese.

Postresorptions/Hungerphase: Die postresorptive und v.a. die **Hungerphase** ist durch eine gesteigerte Proteolyse in extrahepatischen Geweben gekennzeichnet. Die Leber nimmt die vermehrt freigesetzten Aminosäuren auf. Nach Transaminierung wird der Kohlenstoffanteil der **ketogenen Aminosäuren** in den Energiestoffwechsel eingeschleust, derjenige der **glucogenen Aminosäuren** jedoch für die in dieser Situation notwendige Gluconeogenese verwendet. Dabei frei werdende Aminogruppen werden ebenso wie der durch die verschiedenen Stoffwechselprozesse entstehende Ammoniak (▶ Kap. 13.5.2) durch Umwandlung in Harnstoff entgiftet und danach über die Nieren ausgeschieden. Der ausschließlich in den Leberparenchymzellen lokalisierte Harnstoffzyklus dient nicht nur der Eliminierung von Ammoniak, sondern fixiert auch HCO_3^-. Damit spielt er eine wichtige Rolle für den Säurebasenhaushalt. Dass die Leber durch Regulation der Geschwindigkeit der Harnstoffbiosynthese in diesen eingreifen kann, geht aus der Beobachtung hervor, dass die Harnstoffbildung immer dann reduziert wird, wenn der pH und/oder die HCO_3^--Konzentration im extrazellulären Raum abfallen. Das dabei nicht fixierte Hydrogencarbonat dient dazu, die bestehende Azidose zu korrigieren.

Natürlich führt jede Reduktion der Geschwindigkeit der Harnstoffbiosynthese relativ zur Geschwindigkeit des Proteinabbaus zu einem Anstieg der Ammoniakkonzentration. Dieser wird dadurch aufgefangen, dass in einer ATP-abhängigen Reaktion Ammoniak als **Glutamin** fixiert werden kann (Abb. 33.2). Die hierfür notwendige **Glutaminsynthetase** ist ausschließlich in einer kleinen perive-

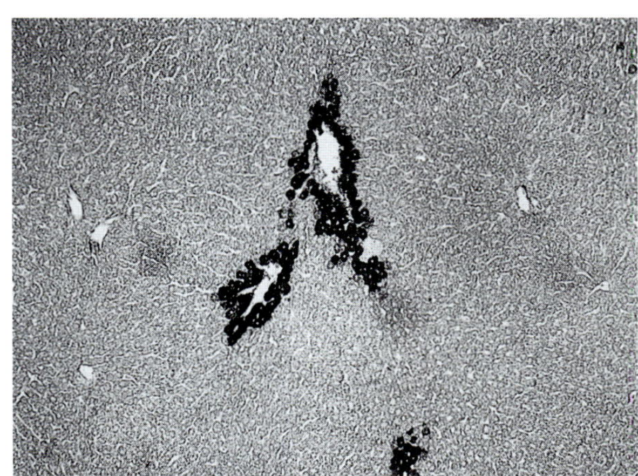

Abb. 33.3. Lokalisation der Glutaminsynthetase der Leber. Wie aus der immunhistochemischen Anfärbung hervorgeht, ist das schwarz angefärbte Enzym ausschließlich in einer kleinen Hepatozytenpopulation (sog. Scavenger-Zellen) um die Zentralvene lokalisiert

nösen Zellpopulation des Leberacinus lokalisiert, die kaum mehr als zwei Zelllagen dick ist und auch als »Scavenger-Zellen« bezeichnet werden (Abb. 33.3). Diese Zonierung des Glutaminstoffwechsels ermöglicht es, nur diejenige Menge von Ammoniak als Glutamin zu fixieren, die nicht in den weiter oberhalb gelegenen Teilen des Leberacinus durch Harnstoffbiosynthese gebunden worden ist.

! Die Leber besitzt eine sehr hohe Kapazität für den Proteinabbau.

Neben dem Proteinabbau im Proteasom spielt die **autophagische Proteolyse** in der Leber eine besondere Rolle, da durch diese ein vollständiger Proteinabbau auf die Stufe von Aminosäuren gewährleistet ist. Ihre Regulation ist komplex und hängt u.a. vom **Hydratationszustand**, d.h. dem Wassergehalt der Leberzelle ab. Dieser ist eine dynamische Größe, die von der Aktivität von Metabolit- und Ionentransportsystemen in der Plasmamembran mit entsprechendem Auf- oder Abbau osmotisch wirksamer Gradienten abhängt. Zur Zunahme der Leberzellhydratation kommt es z.B. durch die kumulative Aufnahme von Aminosäuren mittels sekundär aktiver, Na^+-abhängiger Transportsysteme. Hierdurch werden sog. Osmosignalketten aktiviert, an denen die mitogenaktivierten Proteinkinasen (▶ Kap. 25.4.3) beteiligt sind. Sie lösen eine **Hemmung** des Proteinabbaus auf der Ebene der Autophagosomenbildung, der Glycogenolyse und eine Aktivierung der Glycogensynthese aus (Abb. 33.4). Einen ähnlichen Effekt hat Insulin durch zelluläre Akkumulation von K^+, Na^+ und Cl^-, während Glucagon durch Export dieser Ionen entgegengesetzt wirkt.

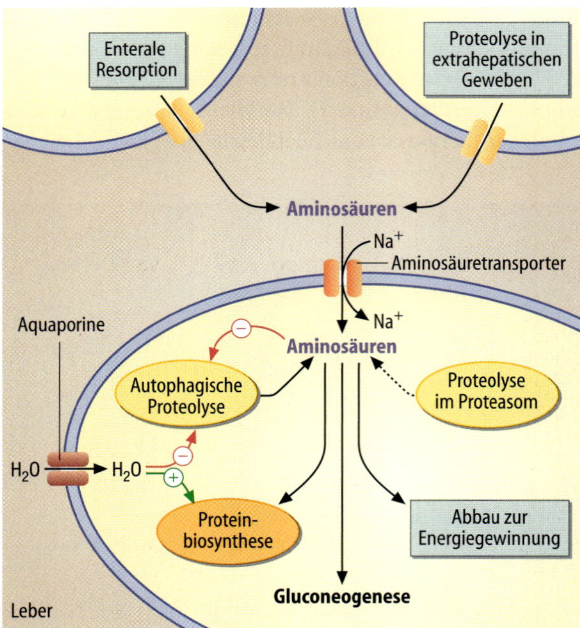

Abb. 33.4. Regulation von autophagischer Proteolyse und Proteinbiosynthese. Die Na^+-abhängige Aufnahme von Aminosäuren geht mit einer zellulären Hydratationsteigerung einher, die zusammen mit den Aminosäuren die autophagische Proteolyse hemmt und die Proteinbiosynthese stimuliert

33.2.3 Synthese spezifischer Proteine in der Leber

! Die Leber synthetisiert den größten Teil der Plasmaproteine.

Die Leber hat eine besonders hohe Kapazität zur Biosynthese der verschiedensten **Proteine**. So werden eine große Zahl von im Blutplasma vorkommenden Proteinen mit unterschiedlichsten Funktionen, unter ihnen auch Hormone, Prohormone und Lipoproteine, in den Parenchymzellen der Leber synthetisiert (Tabelle 33.1). Hierzu gehören der größte Teil der **Blutgerinnungsfaktoren**, die Proteine der **Fibrinolyse** sowie Proteinaseinhibitoren wie das **α1-Antitrypsin** und das **α2-Makroglobulin**. Die Leber synthetisiert außerdem Transportproteine wie **Transferrin, Transcortin** oder **Caeruloplasmin.** Von besonderer Bedeutung ist die Biosynthese von Prohormonen wie des **Angiotensinogens** (▶ Kap. 28.1.10) oder des **Kininogens**.

Tabelle 33.1. Produktion für den Organismus wichtiger Verbindungen durch die Leber (Auswahl)

Proteine	siehe
Albumin	Kap. 29.6.3
Angiotensinogen	Kap. 28.1.10
α-Fetoprotein	Kap. 35.10
Orosomucoid	Kap. 29.6.3
α_1-Antitrypsin	Kap. 29.6.3
α_1-Antichymotrypsin	Kap. 29.6.3
α_2-Makroglobulin	Kap. 29.6.3
Antithrombin III	Kap. 29.5.3
Caeruloplasmin	Kap. 22.2.1
Gerinnungsfaktoren I, II, V, VII, VIII, IX, X, XI, XII	Kap. 29.5.2
IGF-1; IGF-2	Kap. 27.7.2
Kininogen	Kap. 33.2.3
Komplementsystem	Kap. 34.4
C-reaktives Protein	Kap. 29.3.1, 29.6.4
Fibrinogen	Kap. 29.5.3
Plasminogen	Kap. 29.5.3
Transcortin	Kap. 27.3.4
Transferrin	Kap. 22.2.1
VLDL	Kap. 18.5.1
Nascierende HDL	Kap. 18.5.1

Tabelle 33.2. Akutphase-Proteine (Auswahl)

Gruppe	Protein	Funktion
Gerinnungsfaktoren	Prothrombin Fibrinogen	Blutgerinnung, Hemmung der Ausbreitung der Entzündung, Reparatur
Komplementsystem	Komponenten C1–C9	Opsonierung
Kallikrein-Kinin-System	Präkallikrein	Vasodilatation, Gefäßpermeabilität
Proteinaseinhibitoren	α_1-Antitrypsin α_1-Antichymotrypsin	Antiproteolyse
Opsonine	C-reaktives Protein	Opsonierung
Transportproteine	Caeruloplasmin	Kupfertransport

Eine weitere wichtige Funktion der Hepatozyten beruht darauf, dass sie die sog. **Akutphase-Proteine** (Tabelle 33.2) synthetisieren und ans Blut abgeben können (▶ Kap. 29.6.4). Den genannten Proteinen ist gemeinsam, dass ihre Konzentration innerhalb von 6–48 Stunden nach dem Auftreten einer lokalen Entzündungsreaktion im Organismus um das zwei- bis 1000-fache zunimmt. Sinn dieser Reaktion ist, die Entzündung zu lokalisieren, ihre Ausbreitung zu verhindern. So erleichtert natürlich ein Anstieg der **Fibrinogenkonzentration** die Thrombusbildung und erschwert so die Ausbreitung eines Infektes. Die Proteinaseinhibitoren der akuten Phase, z.B. **α_1-Antitrypsin** und **α_1-Antichymotrypsin**, vermindern die durch freigesetzte Proteasen ausgelösten Gewebsschädigungen. Für andere Proteine des Akutphase-Systems ist die Funktion noch nicht so gut charakterisiert. Man nimmt beispielsweise an, dass das **C-reaktive Protein** an die Oberfläche von Fremdkörpern bindet und auf diese Weise ihre Aufnahme durch Phagozyten ermöglicht.

Alle bekannten Akutphase-Proteine werden von den Parenchymzellen der Leber synthetisiert (Abb. 33.5). Der adäquate Reiz hierfür sind die **Interleukine IL-6** und **IL-1**, die von Makrophagen, Endothelzellen und Fibroblasten in den durch die Entzündung geschädigten Gewebsteilen freigesetzt werden. Sie gelangen auf dem Blutweg zur Leber, werden dort durch entsprechende Rezeptoren (▶ Kap. 25) gebunden und lösen danach die Biosynthese und Sekretion der Akutphase-Proteine aus. Im Allgemeinen ist dazu jedoch zusätzlich die Anwesenheit von Glucocorticoiden erforderlich. Die Leber nimmt aber auch Proteine aus dem Blutplasma auf und führt sie dem lysosomalen Abbau zu. Dies trifft besonders auf Glycoproteine zu, die über den **Asialoglycoprotein-Rezeptor** (▶ Kap. 17.3.4) gebunden und internalisiert werden.

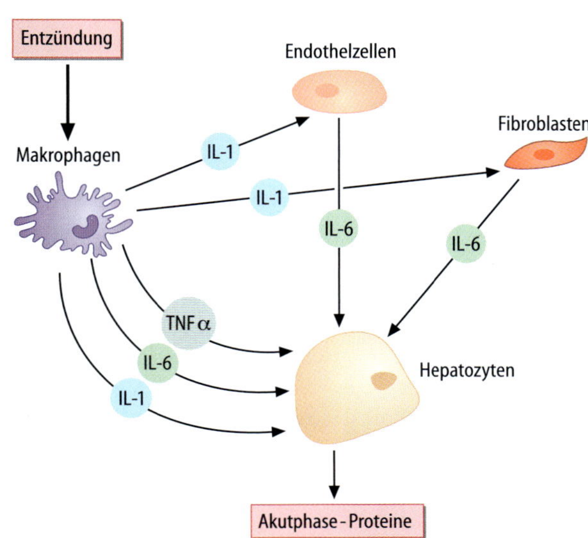

Abb. 33.5. Auslösung der Sekretion von Akutphase-Proteinen

33.2.4 Die Leber als Speicherorgan

> Leberparenchymzellen speichern Substrate, Vitamine und Metalle und sind an der Prozessierung von Hormonen beteiligt.

In der Leber werden nicht nur Kohlenhydrate in Form von **Glycogen** und in beschränktem Umfang Lipide als **Triacylglycerine** gespeichert, sondern auch einige **Vitamine** und **Spurenelemente**.

Neben **Retinoiden**, die ausschließlich in den Sternzellen gespeichert werden (▶ u.), enthält die Leber beträchtliche Mengen wasserlöslicher Vitamine (Tabelle 33.3), beson-

Tabelle 33.3. Speicherung von wasserlöslichen Vitaminen in der Leber

Vitamin	Empfohlene Zufuhr (mg/Tag)	Gehalt der Leber (mg/Leber)
Thiamin	1,5	4,4
Riboflavin	1,5	32,0
Nicotinsäure	17,0	120,0
Pyridoxin	1,8	5,5
B_{12}	0,002	1,0
Folsäure	0,2	20,0
Biotin	0,1	1,4
Pantothensäure	7,0	90,0
Ascorbat	60,0	250,0

ders **Folsäure** und **Vitamin B_{12}**. Diese Tatsache ist für die Pathophysiologie von Vitaminmangelzuständen von großer Bedeutung. So deckt beispielsweise das in der menschlichen Leber gespeicherte Vitamin B_{12} den Bedarf für mehrere hundert Tage.

Vitamin D wird in der Leber in Position 25, in der Niere dagegen in Position 1 hydroxyliert. Damit ist die Leber an der Umwandlung von Vitamin D in das biologisch aktive **1,25-Dihydroxycholecalciferol** (Calcitriol) beteiligt. Auch die Umwandlung von Thyroxin (T_4) in das biologisch weit aktivere **Trijodthyronin** (T_3) erfolgt hauptsächlich in der Leber. Etwa 30% des Körperbestands an T_3 und T_4 sind in der Leber gespeichert.

Die Leber speichert darüber hinaus das etwa 10–15fache der täglichen **Kupferzufuhr** und 10% des im Organismus vorhandenen **Eisens** (► Kap. 22.2.1).

In Kürze

Die metabolischen Aktivitäten der Leber sind überwiegend in den Hepatozyten lokalisiert:
- Kohlenhydratstoffwechsel: Die Leber ist das wichtigste Glycogenspeicherorgan des Organismus. Da sie darüber hinaus über die Fähigkeit zur Gluconeogenese verfügt, spielt sie eine zentrale Rolle im Rahmen der Glucosehomöostase
- Lipidstoffwechsel: Die Leber synthetisiert aus Lipiden und Kohlenhydraten Triacylglycerin-reiche Lipoproteine, die VLDL. Diese werden von ihr sezerniert und in den extrahepatischen Geweben metabolisiert. In der postresorptiven und erst recht der Hungerphase nimmt die Leber aus dem Blut große Mengen an Fettsäuren auf, die jedoch nur z.T. zur Deckung des Energiebedarfes herangezogen werden, z.T. dagegen in Acetacetat und β-Hydroxybutyrat umgewandelt und wieder von der Leber abgegeben werden
- Proteinbiosynthese und Aminosäurestoffwechsel: Eine große Zahl von Proteinen des Blutplasmas werden in der Leber synthetisiert und von ihr sezerniert. Für die Eliminierung von Ammoniak und Aminogruppen spielt die Leber infolge ihrer Fähigkeit zur Harnstoff- und Glutaminbiosynthese eine besondere Rolle
- Neben diesen metabolischen Funktionen ist die Leber ein wichtiges Speicherorgan für Vitamine und Spurenelemente

33.3 Biotransformation

! Die Biotransformation dient der Ausscheidung lipophiler Verbindungen.

Die Funktion der Biotransformationsreaktionen besteht darin, apolare, lipophile und damit nicht oder nur außerordentlich langsam ausscheidungsfähige Verbindungen in **polare, wasserlösliche Substanzen** umzuwandeln, die dann leicht über den Harn oder die Gallenflüssigkeit ausgeschieden werden können. Derartige Verbindungen können körpereigene, endogen entstandene Stoffe, sog. **Endobiotica** oder auch körperfremde Substanzen, die sog. **Xenobiotica** sein. Zu den ersteren gehören beispielsweise die schlecht wasserlöslichen Steroidhormone oder Stoffwechselendprodukte wie das Bilirubin. Die Zahl der Xenobiotica nimmt mit der ständigen Entwicklung chemisch-technischer Verfahren rasant zu. Zu ihnen gehören beispielsweise Pharmaka, aber auch Konservierungsmittel, Geschmacksmittel und eine Vielzahl synthetischer organischer Verbindungen, die z.T. als Abfallprodukte in die Umwelt gelangen und diese erheblich belasten.

Biotransformationsreaktionen finden in beschränktem Umfang in nahezu allen Geweben statt. Die Leber ist jedoch nicht nur wegen ihrer Masse von ca. 1.5 kg beim Menschen, sondern auch wegen ihrer besonders reichen Ausstattung mit den Enzymen der Biotransformationsreaktionen das wichtigste Organ für diese Funktion. Der größte Teil der für die Biotransformation benötigten Enzymaktivitäten ist im **glatten endoplasmatischen Retikulum** lokalisiert.

33.3.1 Die Phasen der Biotransformation

Üblicherweise wird die Biotransformation in zwei oder drei Phasen eingeteilt (Abb. 33.6):
- **Phase 1:** Modifikation der infrage kommenden Verbindungen durch oxidative, seltener durch reduktive Reaktionen sodass **reaktive Gruppen** entstehen
- **Phase 2:** Bildung von **Konjugaten** durch Reaktion dieser reaktiven Gruppen mit polaren oder stark geladenen Verbindungen, sodass die dabei entstehenden gut wasserlöslichen Produkte ausgeschieden werden können. Hierfür steht hauptsächlich die Gallenflüssigkeit zur Verfügung, in der tatsächlich ein großer Teil der durch die Biotransformation entstandenen Verbindungen erscheint. Eine Alternative ist die Abgabe ans Blut und die daran anschließende Ausscheidung über die Nieren
- **Phase 3:** Transport der auszuscheidenden Verbindungen durch die Plasmamembran der Hepatozyten. Die hierfür benötigten Transportproteine bilden eine eigene Familie, die durch sie katalysierten Transportvorgänge werden gelegentlich auch als Phase3 der Biotransformation bezeichnet

33

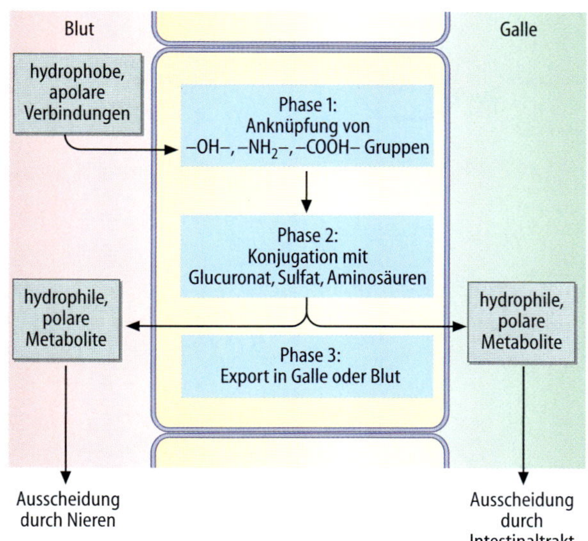

Abb. 33.6. Mehrstufige Metabolisierung hydrophober, apolarer Verbindungen in der Leber. (Einzelheiten ► Text)

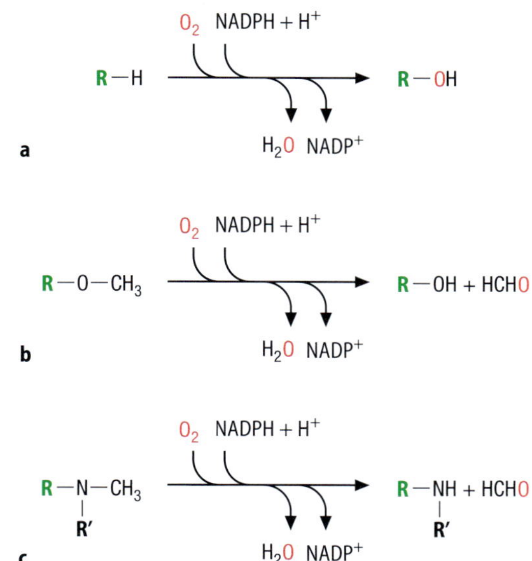

Abb. 33.7. Durch Cytochrom P_{450}-Monooxigenasen katalysierte Reaktionen. a Hydroxylierung, **b** Dealkylierung, **c** N-Dealkylierung hydrophober Verbindungen

! In der Phase 1 der Biotransformation erfolgen oxidative bzw. reduktive Umwandlungen.

Den größten Beitrag zur Phase 1 der Biotransformation leisten Enzyme aus der Familie der **Monooxygenasen**, die molekularen Sauerstoff und NADPH als Cosubstrate benutzen. Die Aktivierung des Sauerstoffs erfolgt durch Anlagerung an das Cytochrom P_{450}. Ein Sauerstoffatom wird dabei in das Substratmolekül eingebaut, das andere zu Wasser reduziert (► Kap. 15.2.2). Auf diese Weise wird **hydroxyliert** oder **O-** bzw. **N-dealkyliert** (Abb. 33.7). Weitere wichtige oxidative Reaktionen stellen die **oxidative Desaminierung** (► Kap. 13.3.3) unter Bildung einer Ketogruppe und Freisetzung von Ammoniak sowie die **oxidative Abspaltung** der Seitenkette des Cholesterins unter Bildung der Carboxylgruppe der Gallensäuren dar (► Kap. 32.1.4). Seltener sind reduktive Modifikationen wie z.B. die Umwandlung einer NO_2-Gruppe in eine NH_2-Gruppe. Unspezifische Hydrolasen spalten Ester- bzw. Säureamid-Bindungen und setzen die entsprechenden Alkohole, Amino- und Carbonsäuren frei.

Durch die geschilderten chemischen Modifikationen der betreffenden Verbindungen werden also reaktive Gruppen wie OH-, NH_2-, SH- bzw. COOH-Gruppen gebildet.

! Die Produkte der Phase1 der Biotransformation werden in Phase 2 mit polaren Substanzen konjugiert.

Die Phase 2 der Biotransformation wird auch als **Konjugationsphase** bezeichnet. In ihr werden die in der Phase1 der Biotransformation entstandenen Verbindungen über ihre reaktiven Gruppen an polare Substanzen gekoppelt, wodurch sie sich in ausreichend hydrophile Verbindungen umwandeln (Abb. 33.8).

- Durch Kopplung mit Glucuronsäure entstehen so die **Glucuronide** (► Kap. 17.1.2). Die Konjugation mit UDP-Glucuronat kann dabei mit OH-Gruppen, primären und sekundären Aminen sowie mit Carboxylgruppen erfolgen. Ein wichtiges Beispiel für diesen Reaktionstyp ist die Glucuronidierung von Bilirubin zu **Bilirubindiglucuronid** (► Kap. 20.3.1)
- **Sulfatiert** werden i. Allg. OH-Gruppen sowie Aminogruppen. Substrat hierfür ist das aktivierte Sulfat oder 3'-Phosphoadenosin-5'-Phosphosulfat (PAPS, ► Kap. 4.2.1). Östrogene werden beispielsweise meist erst nach Sulfatierung als Sulfate ausgeschieden
- Neben der Sulfatierung kommt auch die **Acetylierung** mit Acetyl-CoA vor. Eine weitere Möglichkeit ist die Kopplung von Carboxylgruppen an die Aminosäuren Glycin, Taurin bzw. Glutamin, wobei eine Säureamidgruppierung entsteht. Die die Kopplung eingehende Carboxylgruppe muss dafür allerdings zunächst in das entsprechende Coenzym-A-Derivat umgewandelt werden. Beispiele hierfür sind die verschiedenen Derivate von Gallensäuren (► Kap. 32.1.4)
- Weitere Konjugationsreaktionen sind Methylierung, die Deacetylierung sowie die Ausbildung von Thioethern, wobei meist Glutathion-S-Derivate entstehen

! Viele Verbindungen induzieren das Biotransformationssystem.

Es ist schon lange bekannt, dass Verbindungen, die im Biotransformationssystem modifiziert werden, die einzelnen Enzymaktivitäten der Phasen 1 und 2 induzieren können. Die zugrunde liegenden Mechanismen sind allerdings erst in den letzten Jahren aufgeklärt worden (Abb. 33.9). Endobiotica und v.a. Xenobiotica sind nämlich Liganden einer

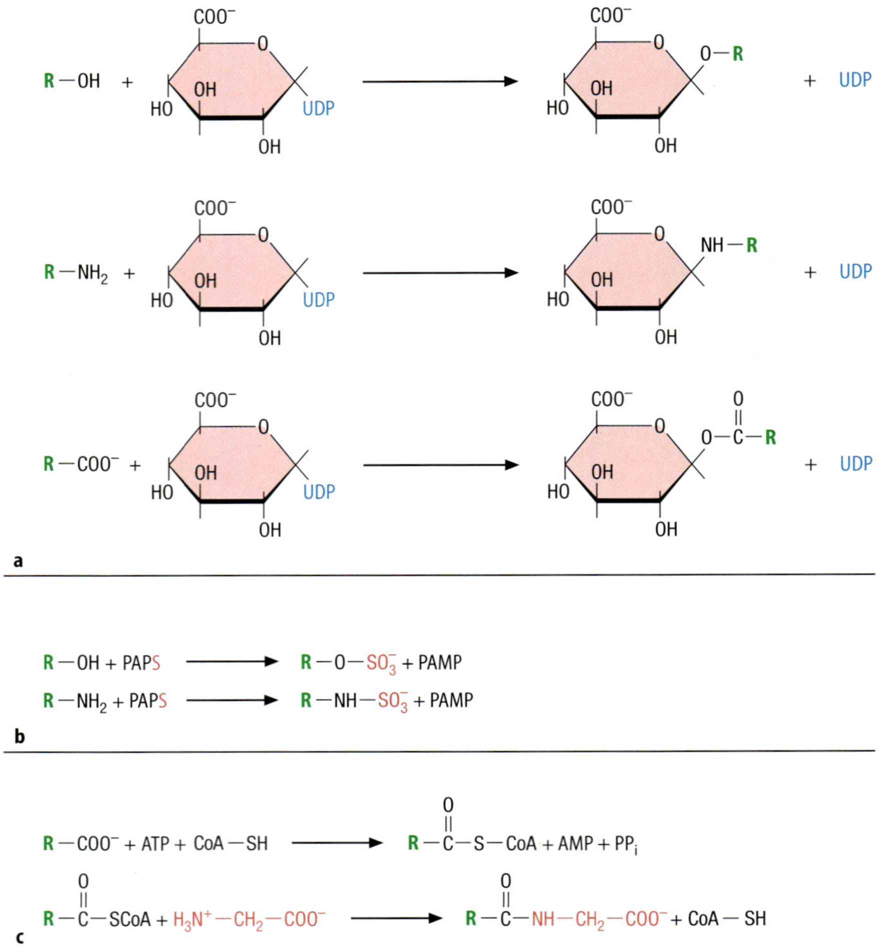

$R-OH$ + UDP-Glucuronsäure ⟶ $R-O$-Glucuronid + UDP

$R-NH_2$ + UDP-Glucuronsäure ⟶ $NH-R$-Glucuronid + UDP

$R-COO^-$ + UDP-Glucuronsäure ⟶ $O-C(=O)-R$-Glucuronid + UDP

a

$R-OH + PAPS \longrightarrow R-O-SO_3^- + PAMP$

$R-NH_2 + PAPS \longrightarrow R-NH-SO_3^- + PAMP$

b

$R-COO^- + ATP + CoA-SH \longrightarrow R-C(=O)-S-CoA + AMP + PP_i$

$R-C(=O)-SCoA + H_3N^+-CH_2-COO^- \longrightarrow R-C(=O)-NH-CH_2-COO^- + CoA-SH$

c

Abb. 33.8. Die wichtigsten Konjugationsreaktionen. a Glucuronidierung von Hydroxylgruppen, primären Aminen und Carboxylgruppen. **b** Sulfatierung von Hydroxylgruppen oder primären Aminen mit PAPS (3`-Phospho-adenosin-5`-phosphosulfat); Kopplung von Carboxylgruppen an Aminosäuren. Für die Knüpfung der Amidbindung muss die Carboxylgruppe ATP-abhängig in den CoA-Thioester umgewandelt werden. **c** Konjugation mit Glycin

33

Familie von Transkriptionsfaktoren, die strukturell große Ähnlichkeit mit den Steroidhormonrezeptoren haben:

- Der **konstitutive Androstanrezeptor CAR** sowie der **Pregnan-X-Rezeptor PXR** binden eine Vielzahl verschiedenster Xenobiotica und wirken dann als ligandenaktivierte Transkriptionsfaktoren der entsprechenden Gene. Eine Voraussetzung für ihre Wirksamkeit ist allerdings die Heterodimerisierung mit dem Retinoat-X-Rezeptor
- Für die karzinogene Wirkung von polyzyklischen Kohlenwasserstoffen ist der **Arylhydrocarbonrezeptor AHR** verantwortlich, ebenfalls ein ligandenaktivierter Transkriptionsfaktor. Dieser ist nur als Heterodimer aktiv, allerdings benötigt er den Transkriptionsfaktor ARNT (ARH *nuclear translocator*), der auch für den Hypoxie-induzierten Faktor HIF (▶ Kap. 28.1.10) eine wichtige Rolle spielt

Zur Konkurrenz um die Enzyme des Biotransformationssystems kann es kommen, wenn mehrere Arzneimittel gleichzeitig gegeben werden. Als Folge zeigen sich dann gegebenenfalls Überdosierungen. Bei **Neugeborenen** sind die betreffenden Enzymaktivitäten i. Allg. außerordentlich niedrig. Dies betrifft v.a. die Konjugationsreaktionen und hier die Glucuronyltransferasen. So beruht der bei ihnen gelegentlich zu beobachtende schwere **Icterus Neonatorum** auf einer noch ungenügenden Glucuronidierung des durch den physiologischerweise gesteigerten Erythrozytenabbau entstehenden Bilirubins (▶ Kap. 20.4.2). Außerdem reagieren Neugeborene gegen eine Reihe von Arzneimitteln ganz besonders empfindlich.

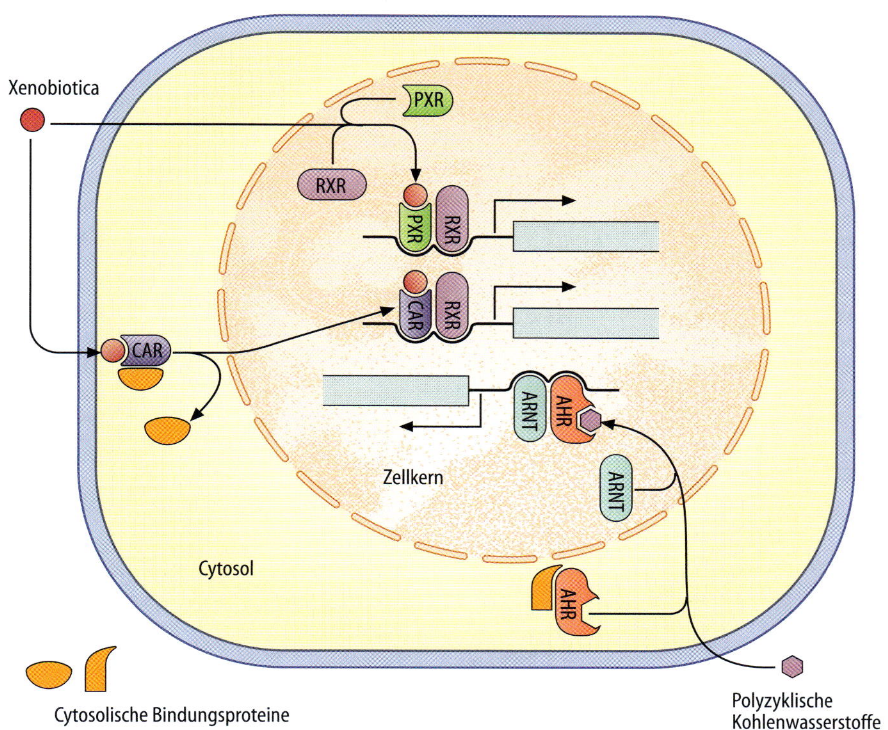

Abb. 33.9. Induktion der Metabolisierungsenzyme durch Xenobiotica. Hydrophobe Xenobiotica oder andere Aktivatoren binden entweder direkt im Zellkern an den PXR oder im Cytosol an den CAR, der anschließend mit Hilfe von weiteren Proteinfaktoren in den Zellkern verlagert wird. Dort erfolgt in beiden Fällen die Heterodimerisierung mit RXR und die Transkriptionsaktivierung. Für polyzyklische Kohlenwasserstoffe wird der Transkriptionsfaktor AHR verwendet, der allerdings mit ARNT heterodimerisieren muss. PXR = Pregnan-X-Rezeptor; CAR = konstitutiver Androstanrezeptor; RXR = Retinoat-X-Rezeptor; AHR = Aryl-Hydrocarbon Rezeptor; ARNT = AHR *nuclear translocator*

33.3.2 Die metabolische Aktivierung durch das Biotransformationssystem

Durch metabolische Aktivierung können toxische Produkte entstehen.

Gelegentlich entstehen erst durch die Biotransformationsreaktionen Verbindungen mit biologischer Wirkung. Dies kann bei Arzneimitteln ein gewünschter Effekt sein, häufiger treten jedoch toxische, oft **karzinogene Verbindungen** auf. Derartige reaktive Metabolite können auf jeder Stufe der Biotransformation entstehen. Dieser auch als **Giftung** bezeichnete Prozess benötigt gelegentlich auch mehrere Umwandlungsschritte. Tierexperimentelle Untersuchungen über den Stoffwechsel eines Arzneimittels lassen häufig nur eine beschränkte Aussage über die entsprechende Umwandlung beim Menschen zu, da große Speziesunterschiede im Metabolisierungsmuster bestehen. Darüber hinaus können bei wiederholter Applikation durch Induktion weiterer biotransformierender Enzyme innerhalb derselben Spezies andere Metabolite entstehen und zahlreiche genetisch determinierte Polymorphismen von arzneimittelmetabolisierenden Enzymen sind bekannt. Dies begründet interindividuelle Unterschiede hinsichtlich Arzneimittelverträglichkeit und -wirksamkeit und bildet die Grundlage für das Forschungsgebiet **Pharmakogenetik**. Es ist auch wahrscheinlich, dass Polymorphismen in fremdstoffabbauenden Enzymen an der genetischen Veranlagung zur Tumorentstehung beteiligt sind.

Von besonderem Interesse sind metabolische Aktivierungen bei Arzneimitteln, was im Folgenden an zwei Beispielen dargestellt werden soll.

Paracetamol ist ein Acetanilid, das als mildes Analgetikum wirkt. Der größte Teil dieser Verbindung wird nach Glucuronidierung bzw. Sulfatierung wasserlöslich und damit ausscheidungsfähig. Ein Teil des Paracetamols wird jedoch oxidiert, sodass das in Abb. 33.10 dargestellte Zwischenprodukt entsteht. Dieses wird als Glutathion-S-Konjugat ausgeschieden. Es kommt jedoch gelegentlich zu Zuständen, bei denen durch konkurrierende Reaktionen die für diese Reaktion benötigte Glutathionmenge nicht zur Verfügung steht. In diesem Fall reagiert das Produkt mit SH-Gruppen auf Hepatozytenproteinen, die damit inaktiviert werden. Bei Überdosierung von Paracetamol lässt sich auf diese Weise eine lebensbedrohliche **Lebernekrose** auslösen.

Häufig werden im Verlauf von Biotransformationsreaktionen Arzneimittel acetyliert. Bei Menschen können als genetische Varianten ein langsamer und ein schneller

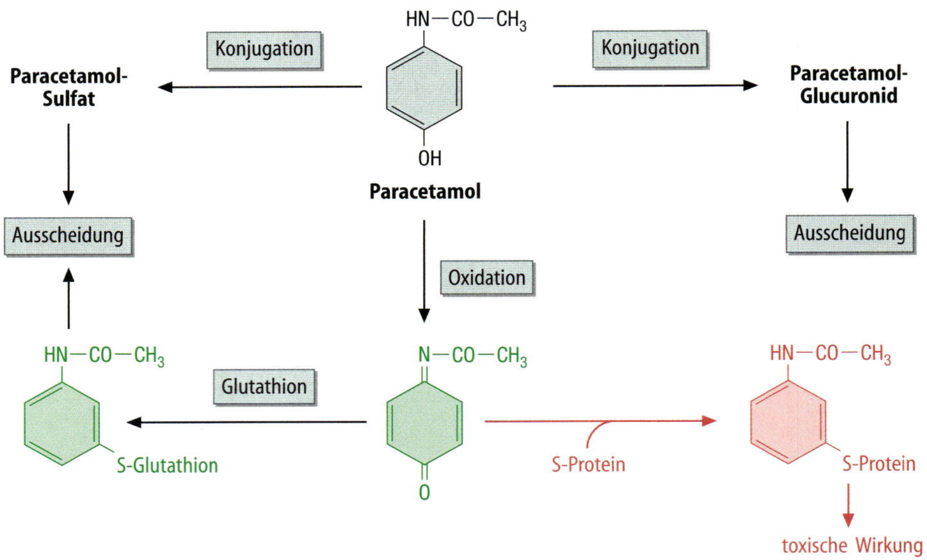

Abb. 33.10. Der Paracetamolstoffwechsel. Der zu toxischen Nebenprodukten führende Abbauweg des Paracetamol ist (*rot*) hervorgehoben. (Weitere Einzelheiten ► Text)

Acetylierungstyp unterschieden werden. Diese Tatsache ist für den Stoffwechsel einer Reihe von Medikamenten von großer Bedeutung. Schnelle Acetylierer zeigen häufig gegenüber langsamen Acetylierern unterschiedliche Metabolisierungsmuster. Bei einer Reihe von Arzneimitteln hat dies wesentliche Konsequenzen. **Procainamid** (Abb. 33.11) ist ein zur Therapie von Herzrhythmusstörungen benutztes Arzneimittel. Der normale Abbau der Verbindung beginnt durch eine N-Acetylierung, wobei das entstehende Produkt die gleichen pharmakologischen Wirkungen wie die Ausgangsverbindung zeigt. Bei Personen mit langsamem Acetylierungstyp findet dagegen bevorzugt eine N-Hydroxylierung statt. N-Hydroxyprocainamid bildet jedoch eine Reihe weiterer reaktionsfähiger Zwischenprodukte, die mit zellulären Makromolekülen, z.B. mit Nukleinsäuren, covalente Verbindungen eingehen können. Diese wirken offensichtlich als Antigene. Jedenfalls erkranken Personen vom langsamen Acetylierungstyp nach Behandlung mit Procainamid in statistisch signifikant höherem Maß an systemischem **Lupus erythematodes**, einem mit Autoantikörpern gegen DNA einhergehenden Krankheitsbild.

Das in Abb. 33.12 dargestellte **Aflatoxin** ist ein Sekundärmetabolit verschiedener Schimmelpilze. Es wird nach Aufnahme in die Hepatozyten oxidativ in ein sehr reaktionsfähiges **Epoxid** umgewandelt, anschließend als Glutathion-S-Konjugat löslich gemacht und durch entsprechende Transportsysteme ausgeschieden. Wegen seiner hohen Reaktionsfähigkeit ist das Epoxid imstande, mit DNA Addukte zu bilden, die mutagen und damit karzinogen sind.

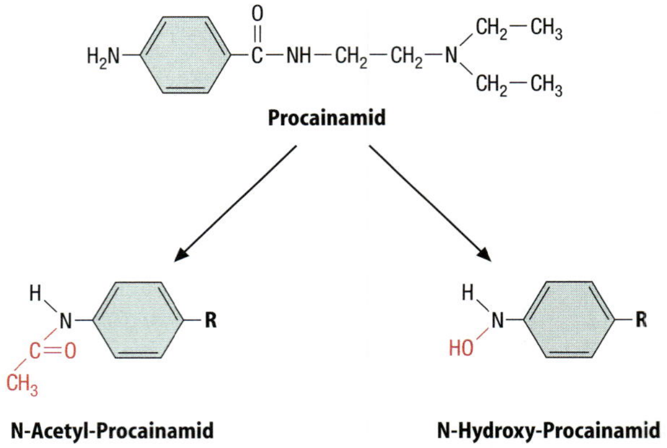

Procainamid

N-Acetyl-Procainamid

N-Hydroxy-Procainamid

Abb. 33.11. Metabolisierungsprodukte von Procainamid. (Einzelheiten ► Text)

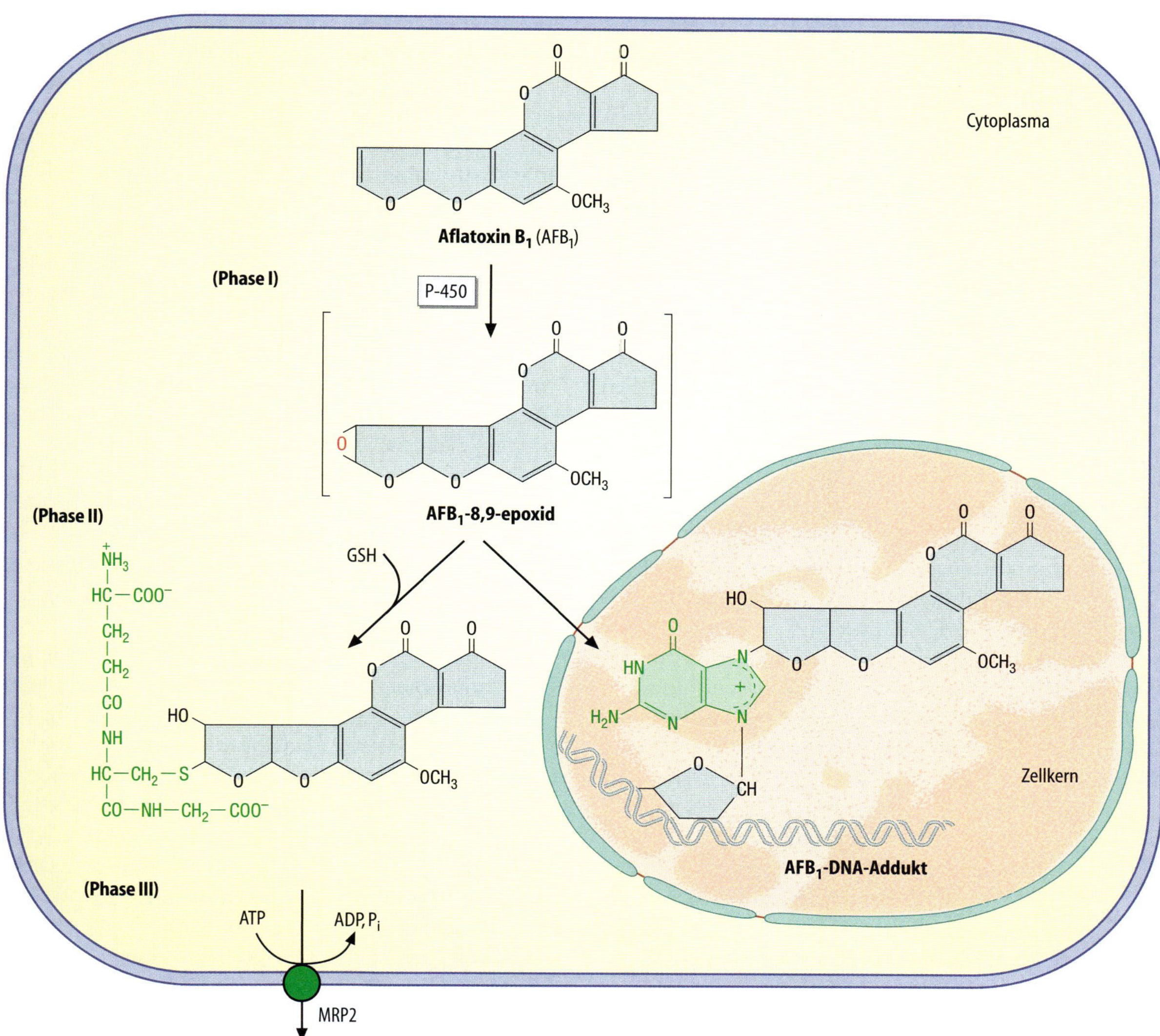

Abb. 33.12. Eliminierungsreaktionen von Aflatoxin. Die reaktive Gruppe des Zwischenprodukts ist rot hervorgehoben. (Einzelheiten ► Text) MRP2 = *multidrug resistance related protein* (organischer Anionentransporter, grün)

In Kürze

Die Leber ist das Hauptorgan des in drei Phasen ablaufenden Biotransformationssystems:

- In Phase 1 werden meist hydrophobe Endo- bzw. Xenobiotica hydroxyliert, alternativ oxidativ oder seltener reduktiv modifiziert
- In Phase 2 unterliegen die durch die Reaktionen der Phase 1 entstandenen funktionellen Gruppen der Kopplung an hydrophile Verbindungen, häufig Glucuronat
- In Phase 3 werden die so entstandenen Verbindungen durch spezifische Transportsysteme in die Galle oder die Blutbahn exportiert

Gelegentlich entstehen durch die Reaktionen des Biotransformationssystems biologisch aktive Verbindungen, was für den Stoffwechsel von Arzneimitteln oder Umweltgiften von Bedeutung ist.

33.4 Die Leber als Ausscheidungsorgan

Durch **Gallebildung** ist die Leber ein wichtiges Ausscheidungsorgan. Diese erfolgt durch gerichtete Sekretion gallenpflichtiger Substanzen in die Gallencanaliculi, welche von benachbarten Hepatozyten gebildet werden und durch *tight junctions* abgedichtet sind. Die Gallencanaliculi vereinigen sich zu immer größeren Gallengängen bis letztendlich die Galle über den Ductus choledochus in den Darm abfließt. Während der Gallenwegspassage wird die Zusammensetzung der von den Hepatozyten gebildeten Primär- oder Lebergalle durch Gallengangsepithelzellen (Cholangiozyten) weiter modifiziert.

Beim Menschen werden täglich 600–700 ml Galle in den Darm sezerniert, deren Hauptbestandteile Gallensäuren, Phospholipide und Cholesterin sind (▶ Kap. 32.1.4). Daneben enthält die Galle Proteine, Elektrolyte, und Konjugate von Xenobiotica sowie von endogen gebildeten Abfallstoffen (z.B. Bilirubinglucuronide). Die mit der Galle in den Darm ausgeschiedenen und für Fettverdauung und -resorption wichtigen Gallensäuren werden im unteren Dünndarm großteils rückresorbiert und gelangen über das Pfortaderblut wieder zur Leber, um erneut in die Galle ausgeschieden zu werden (sog. enterohepatischer Kreislauf).

33.4.1 Die Bedeutung der Hepatozyten bei der Gallebildung

! Die Gallebildung ist ein osmotischer, durch transzellulären Transport getriebener Prozess.

33

Gallebildung. Der Hepatozyt ist eine polarisierte epitheliale Zelle, bei der die basolaterale (sinusoidale, der Blutseite zugewandte) Zellmembran von der apicalen (canaliculären) Membran, die den Gallecanaliculus begrenzt, zu unterscheiden ist. Beide Membranabschnitte sind an der Gallebildung beteiligt, indem Fremdstoffe, aber auch endogene Metabolite über die sinusoidale Membran des Hepatozyten aufgenommen und nach Prozessierung im Zellinnern (z.B. durch Konjugationsreaktionen) über die canaliculäre Membran in den Gallecanaliculus ausgeschieden werden. Auf diese Weise entsteht ein transzellulärer, vom Sinusoidallumen in den Gallecanaliculus gerichteter Transport (■ Abb. 33.13).

Da viele der beteiligten Carrier einen primär oder sekundär aktiven Transport katalysieren, kommt es zu einer Substratkonzentrierung in der Gallenkapillare mit Aufbau eines osmotisch wirksamen Gradienten. Dieser ist für das passive Nachströmen von Wasser und Elektrolyten aus dem Parazellulärraum verantwortlich.

Gallensäuren haben einen großen Anteil an diesem Substratgradienten, weswegen man auch von einer **gallensäureabhängigen Gallesekretion** spricht. Sie macht 30–60% der basalen Sekretion aus, kann aber bei Nahrungsresorption aufgrund des damit verbundenen enterohepatischen Kreislaufs von Gallensäuren erheblich zunehmen.

Die **gallensäureunabhängige Gallesekretion** wird teils durch den Transport von Glucuronsäure- und Glutathionkonjugaten, teils auch durch eine Sekretion von HCO_3^- angetrieben, das durch die Carboanhydrase gebildet wird. Ladungs- und Ionenausgleich besorgen in der sinusoidalen Membran gelegene Na^+/H^+- und Na^+/HCO_3^--Antiporter sowie die Na^+/K^+-ATPase.

Transportsysteme der Sinusoidalmembran. Folgende Transportsysteme der sinusoidalen Membran (■ Abb. 33.13) sind von besonderer Bedeutung bei der Gallebildung:
- **Na^+/K^+-ATPase**, die durch Ausbildung eines elektrochemischen Na^+-Gradienten die Triebkraft für Na^+-gekoppelten, sekundär aktiven Transport darstellt
- **Ntcp**, ein Na^+-abhängiges Gallensalztransportsystem, welches vorwiegend die Gallensäureaufnahme in die Leberzelle vermittelt
- Transporter der **Oatp**-Familie, die Na^+-unabhängig die Aufnahme von organischen Anionen (z.B. Bilirubin, Digitalis, unkonjugierte Gallensäuren) vermitteln. Bei Oatp1 erfolgt diese Aufnahme im Gegentausch mit intrazellulärem Glutathion (GSH), welches einen hohen intra-/extrazellulären Konzentrationsgradienten aufweist
- Transport-ATPasen der *multidrug-related* Proteinfamilie (**MRP3 und 4**), welche konjugierte Gallensäuren und Bilirubin, aber auch Glutathionkonjugate aus der Leberzelle in das Blut transportieren können. Normalerweise ist die Expression dieser Transporter sehr gering; sie werden aber hochreguliert bei Cholestase und verhindern auf diese Weise eine Überladung der Leberzelle mit gallenpflichtigen Substanzen

Transportsysteme der canaliculären Membran. Die Ausscheidung gallepflichtiger Substanzen über die canaliculäre Membran erfolgt vorwiegend durch ATP-abhängige Transportsysteme, wie:
- **BSEP** (*bile salt export protein*) für die Ausscheidung von Gallensäuren
- *Multidrug-related protein 2* (**MRP 2**), welches unterschiedliche organische Anionen transportiert, wie Glucuronsäurekonjugate (z.B. Bilirubinglucuronide) oder Glutathionkonjugate. Letztere werden mit Hilfe von Glutathion-S-Transferasen aus Glutathion (GSH) und verschiedenen lipophilen Verbindungen, auch Arzneimitteln gebildet:

$$RX + GSH \rightarrow RSG + HX$$

- **Multidrug Resistenz Transporter** (MDR-Transporter), von denen MDR1 an der Ausscheidung von organischen

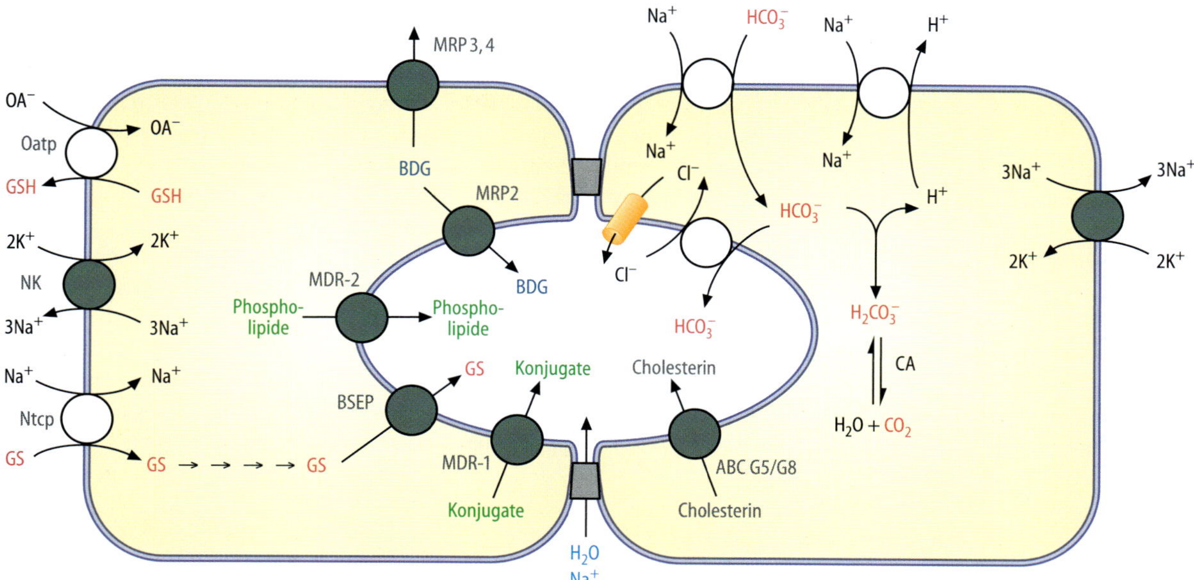

Abb. 33.13. An der Gallenbildung beteiligte hepatozelluläre Transportsysteme. ABC G5/G8 = Cholesterintransporter; BDG = Bilirubindiglucuronid; BSEP = Gallensäuretransporter; CA = Carboanhydrase; GS = Gallensäuren; GSH = Glutathion; MDR = *multidrug resistance transporter*; MRP2 = *multidrug resistance related protein*; NK = Na^+/K^+-ATPase; Ntcp = Na^+-abhängiger Gallensäuretransporter; Oatp = Transporter für organische Anionen; T = *tight junctions*; geschlossene Symbole geben ATP-abhängige, offene sekundär aktive oder passive Transportsysteme wieder. (Weitere Einzelheiten ► Text)

Kationen und Xenobiotica beteiligt ist, während das humane MDR3 Phospholipide transportiert

- **FIC 1** (engl.: *familiar intrahepatic cholestasis*) für die Ausscheidung von Aminophospholipiden
- **ABCG5/G8**, ein Heterodimer aus zwei Halbtransportern, welches den Cholesterintransport in die Galle ermöglicht

Außer den genannten Transport-ATPasen finden sich in der canaliculären Membran noch Transportsysteme für Pyrimidine, Purine und Aminosäuren. HCO_3^-/Cl^-- und SO_4^{2-}/OH^--Antiporter sind für die Aufrechterhaltung einer hohen Hydrogencarbonat- und Sulfatkonzentration der Gallenflüssigkeit verantwortlich.

Typisch für die canaliculäre Membran ist schließlich die Ausstattung mit verschiedenen Enzymen. Zu ihnen gehören die **γ-Glutamyltranspeptidase**, die **Leucinaminopeptidase**, weitere **Peptidasen** sowie eine **Calcium-ATPase**.

> **!** Die Aktivität der für die Gallebildung verantwortlichen Transportsysteme wird langfristig durch Änderung ihrer Genexpression, kurzfristig durch reversiblen Einbau in die canaliculäre Membran reguliert.

Die funktionelle Aktivität der genannten Transportsysteme unterliegt dabei nicht nur einer Langzeitregulation auf Genexpressionsebene, sondern auch einer Kurzzeitregulation durch raschen Ein- und Ausbau von Transportermolekülen in die canaliculäre Membran. Es besteht ein Gleichgewicht zwischen aktuell in die canaliculäre Membran eingebauten Transportern und solchen die intrazellulär in subcanaliculären Vesikeln gespeichert sind. Letztere können bei Bedarf rasch zur canaliculären Membran rekrutiert werden, sodass innerhalb von Minuten eine Steigerung der Exkretionskapazität möglich wird. Die choleretische Wirkung der therapeutisch eingesetzten **Ursodesoxycholsäure** beruht u.a. auf einer Stimulation des Einbaus von intrazellulär gelagertem MRP2 und BSEP in die canaliculäre Membran.

Der **Farnesoid X Rezeptor** (FXR) ist als Transkriptionsfaktor ein besonders wichtiger Regulator der Genexpression vieler Gallensäuretransportsysteme. FXR wird durch Gallensäuren aktiviert, mit der Folge, dass canaliculäre Transporter, wie BSEP und MRP2 vermehrt, der sinusoidale Ntcp dagegen vermindert exprimiert werden. Dadurch wird nicht nur das Gallebildungsvermögen an die intrazelluläre Gallensäurekonzentration angepasst, sondern auch eine Überladung der Leberzelle mit Gallensäuren bei Cholestase vermieden. Dies ist von Bedeutung, da hohe Konzentrationen von Gallensäuren die Leberzelle schädigen und zum Zelltod durch Apoptose führen können.

33.4.2 Die Funktion der Cholangiozyten bei der Gallebildung

Gallengangsepithelzellen (Cholangiozyten) können die Zusammensetzung der Galleflüssigkeit modifizieren. Unter dem Einfluss von **Sekretin** kommt es rezeptorvermittelt zur Erhöhung der intrazellulären cAMP-Konzentration mit nachfolgend gesteigerter Wasser- und HCO_3^--Sekretion. An den beteiligten Wasserverschiebungen sind **Aquaporine** beteiligt. Außerdem sind Cholangiozyten imstande, mit Hilfe Na^+-abhängiger Transportsysteme Glucose, aber auch Gallensäuren rückzuresorbieren. Letzteres tritt insbesondere bei Abflussbehinderungen der Gallenwege auf (obstruktive Cholestase).

In Kürze

Die sekretorische Funktion der Leber beruht auf ihrer Fähigkeit zur Bildung und Ausscheidung von Galle.
Diese enthält als Hauptbestandteile
- Gallensäuren
- Phospholipide
- Cholesterin
- andere Konjugate sowie
- anorganische Salze

Die Gallebildung beruht mechanistisch auf der Kooperation einer Reihe von z.T. ATP-abhängigen Transportern, die sowohl in der basolateralen als auch der canaliculären Membran der Hepatozyten lokalisiert sind. In den Cholangiozyten erfolgt außerdem die Sekretion von Hydrogencarbonat und Wasser in die Gallenflüssigkeit

33.5 Funktionen der Nichtparenchymzellen der Leber

! Die hepatischen Endothelzellen sind für die Eliminierung von Makromolekülen aus dem Blut verantwortlich.

Die Aufnahme und Eliminierung von Makromolekülen aus dem Blut ist eine der Hauptfunktionen der hepatischen Endothelzellen. Sie verfügen jedenfalls im Vergleich zu den anderen zellulären Elementen der Leber über die beste Ausstattung mit Rezeptoren für
- **Asialoglycoproteine** (▶ Kap. 17.3.4)
- **F_c-Teile von Immunkomplexen** (▶ Kap. 34.3.4) sowie
- **LDL-Apolipoproteine** (▶ Kap. 18.5.2)

Darüber hinaus können sie in beträchtlichem Umfang **Kollagen** sowie **Proteoglykane** durch Endozytose aufnehmen und auf diese Weise zum Abbau von Bindegewebskomponenten beitragen. Sinusendothelzellen besitzen Fenestrationen (Siebplatten) über welche der Sinusoidalraum mit dem Disséschen Raum in Verbindung steht (◘ Abb. 33.1)

! Kupfferzellen werden für Phagozytose und Abwehr benötigt.

Die **Kupfferzellen** leiten sich von den Knochenmarksstammzellen ab und gehören in die Reihe der mononucleären Phagozyten (▶ Kap. 34). Sie sind zur **Phagozytose** von Viren, Bakterien, Zelltrümmern, Immunkomplexen und Endotoxinen imstande. Gleichzeitig mit diesem Prozess kommt es zu einer gesteigerten H_2O_2-Produktion, zur Prostaglandinsynthese sowie zur Sekretion von Kollagenase. Diese für die Abtötung fremder Zellen benötigten Mechanismen dienen auch der Eliminierung von Tumorzellen. Daneben geben Kupfferzellen bei Endotoxinkontakt Cytokine wie **TNFα** (▶ Kap. 25.8.2) und **Interleukin-6** (▶ Kap. 25.8.3) ab. Letzteres bewirkt an der Leberparenchymzelle eine Akutphase-Antwort. Kupfferzellen sind aber auch an der Beendigung von Immunantworten beteiligt, indem sie die Apoptose von Lymphozyten einleiten. Dies liegt auch der **hepatischen Immuntoleranz** zugrunde.

! Sternzellen sind auf die Speicherung von Retinol und auf die Produktion von extrazellulärer Matrix spezialisiert.

Lebersternzellen (Synonyme: Ito-Zellen, perisinudoidale Zellen, Lipidspeicherzellen) können sich in »ruhendem« und »aktiviertem« Zustand befinden:
- Im Ruhezustand speichern sie **Vitamin A** (Retinol und Retinolester), können dies aber auch wieder freisetzen und sind zur Bildung **extrazellulärer Matrix** (Kollagen I, III, IV und VI, Proteoglykane) befähigt. Vergleicht man die Kapazität der verschiedenen Leberzelltypen zur Biosynthese von Kollagen und Proteoglykanen, so zeigt sich, dass etwa 80% dieser wichtigen Bestandteile der extrazellulären Matrix in den Sternzellen synthetisiert werden
- Die Aktivierung der Sternzellen erfolgt im Rahmen von Leberschäden durch Cytokine, wie **TGFβ, TNFα** und **PDGF**. Sie führt zur Transformation der ruhenden Sternzelle in rasch proliferierende, **myofibroblastenähnliche** Zellen, die keine Vitamin A-haltigen Tröpfchen mehr aufweisen, jedoch **α**-Aktin, wie es in der glatten Muskulatur vorliegt, exprimieren. Diese aktivierten Sternzellen sind zur Kontraktion und zur Kollagenbildung befähigt und spielen eine herausragende Rolle bei der Entstehung von Leberfibrose und -cirrhose (▶ Kap. 33.6.1)

In Kürze

Die Nichtparenchymzellen der Leber sind für jeweils spezifische Funktionen zuständig:
- Die hepatischen Endothelzellen für die Aufnahme von Makromolekülen, z.B. Glycoproteinen, Immunkomplexen oder Lipoproteinen,
- die Kupfferzellen für Phagozytose und Abwehr,
- die Sternzellen für die Speicherung von Retinol und besonders nach Aktivierung für die Produktion von extrazellulärer Matrix, v.a. die Kollagene I, III, IV und VI sowie verschiedene Proteoglykane, Laminin und Fibronectin.

33.6 Pathobiochemie

33.6.1 Leberzellschädigung

Aufgrund ihrer besonderen anatomischen Positionierung und ihrer vielfältigen Funktionen kann die Leber von einer großen Zahl unterschiedlichster Noxen getroffen werden. Diese können zum mehr oder weniger umfänglichen Leberzelluntergang mit nachfolgender Wundheilungsantwort und Regeneration führen. Sistiert die zugrunde liegende Noxe, ist eine *restitutio ad integrum* möglich, da die Leber über eine sehr hohe Regenerationsfähigkeit verfügt. Bei Noxenpersistenz führt der kontinuierliche Leberzelluntergang zu Bindegewebsablagerungen, die sich zunächst ohne (Leberfibrose), später aber mit Störung der Leberarchitektur und Regeneratknotenbildung (Lebercirrhose) manifestiert. Grundsätzlich ist diese Bindegewebseinlagerung als Wundheilungsantwort zu verstehen, deren fehlende Beendigung aber zu Fibrose und Cirrhose führen kann. Dann kommt es zu Funktionseinschränkungen der Leber sowie zu Störungen der Leberhämodynamik, die auch auf die Funktion anderer Organe zurückwirken kann. Im Folgenden werden drei pathobiochemisch wichtige Störungen angesprochen:
- Der akute Leberzelluntergang
- Die chronische Leberschädigung
- Die Cholestase

! Viele Gifte lösen einen akuten Leberzelluntergang aus.

Auslösende Ursache für eine **akute Zellnekrose** der Leber können Sauerstoffmangel, Vergiftung mit bakteriellen Endotoxinen, Leberzellgifte (z.B. Tetrachlorkohlenstoff, Knollenblätterpilzgift u.a.) oder akute, schwer verlaufende Infekte sein. Der direkte Auslöser für die Zellnekrose ist häufig eine schwere Beeinträchtigung des Energiestoffwechsels mit Aktivierung von Lysosomen, Schädigung des Cytoskeletts sowie der Zellmembranen. Dabei kommt es zum Austritt zellulärer Bestandteile in das Blut. Aufgrund der besonders günstigen Messtechnik dient die Bestimmung **hepatozellulärer Enzymaktivitäten** im Serum (z.B. die Alaninaminotransferase und/oder die Aspartataminotransferase) neben der Bestimmung der hepatischen Syntheseleistung als Maß für die Schwere der Leberschädigung. Wegen der kurzen Halbwertszeit von Blutgerinnungsfaktoren sind plasmatische Gerinnungstests (z.B. Prothrombinzeit nach Quick oder Faktor V Bestimmung) besonders gut geeignet um Schwere und Dynamik der Leberschädigung bei akutem Leberversagen zu erfassen. Während starke Gifteinwirkung den nekrotischen Zelltod auslöst, führen subkritische Schädigungen zum **apoptotischen Zelluntergang**. Die Übergänge zwischen Apoptose (► Kap. 7.1.5) und Nekrose sind dabei fließend. Eine immunologisch vermittelte Apoptose ist von besonderer Bedeutung beim Leberzelluntergang im Rahmen einer **Virushepatitis**. Auch Alkohol, toxische Gallensäuren und manche Medikamente können zur Apoptose von Leberzellen über eine teilweise ligandenunabhängige Aktivierung von Todesrezeptoren (z.B. Fas/CD95) führen. Die Prognose eines akuten Leberzelluntergangs hängt von seinem Ausmaß ab; bisweilen ist er so stark, dass eine rasche Lebertransplantation erforderlich ist.

! Alkoholgenuss ist eine häufige Ursache der chronischen Leberschädigung.

Akuter Alkoholkonsum. Die Leber ist der Hauptort des Alkoholabbaus, der hauptsächlich über die **Alkoholdehydrogenase** (ADH) erfolgt (■ Abb. 33.14). Die dabei anfallenden Reduktionsäquivalente in Form von NADH und Acetat führen zur Hemmung der Gluconeogenese und der Fettsäureoxidation, und zu einer Steigerung der Ketonkörper-, α-Glycerophosphat- und Fettsäuresynthese. Daraus synthetisierte Triacylglycerine akkumulieren intrazellulär, da ihre Ausschleusung aus der Leberzelle u.a. durch eine Acetaldehyd-bedingte Beeinträchtigung mikrotubulärer Transportvorgänge (► Kap. 6.3.1) gestört ist. Auch die autophagische Proteolyse wird durch Alkohol gehemmt (Hydratationszunahme der Leberzelle!) mit der Folge einer intrazellulären Proteinakkumulation. Die so entstehende Fettleber ist durch Fett- und Proteinanhäufung und Lebervergrößerung (Hepatomegalie) charakterisiert. Weitere Folgen des akuten Alkoholkonsums sind Neigung zu Hypoglykämie, Lactat- und Ketoazidose (Neigung zu Gichtanfällen!) und Interferenzen mit dem Arzneimittelabbau. Diese akuten alkoholbedingten Stoffwechselveränderungen sind bei Alkoholkarenz in der Regel reversibel.

Chronischer Alkoholkonsum. Chronische Zufuhr von Alkohol kann zu dauerhaften Leberschäden bis hin zur Lebercirrhose führen. Folgende Mechanismen sind daran beteiligt (■ Abb. 33.14):

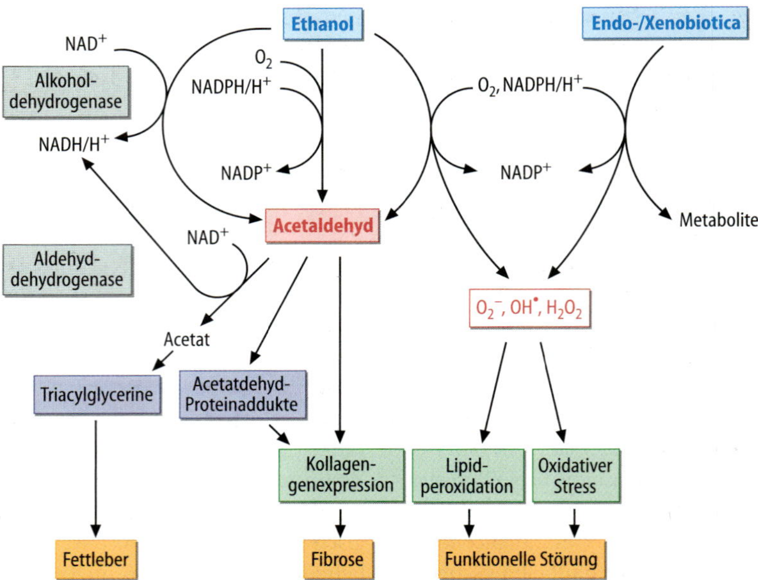

Abb. 33.14. Der Stoffwechsel des Ethanols in der Leber. Für die erste Oxidation zu Acetaldehyd stehen zwei Enzyme zur Verfügung. Die cytosolische Alkohol-Dehydrogenase, die den Hauptanteil an der Ethanoloxidation katalysiert, liefert NADH. Das im endoplasmatischen Retikulum lokalisierte mikrosomale Ethanol oxidierende System (MEOS) beruht auf der Aktivität einer Cytochrom P_{450}-abhängigen Monooxigenase, die durch Ethanol induziert wird. In Nebenreaktionen dieses Enzyms entstehen reaktive Sauerstoffspezies, die für viele Folgeschäden des chronischen Alkoholabusus verantwortlich sind. Das Reaktionsprodukt Acetaldehyd bildet Proteinaddukte und löst Immunreaktionen und eine Fibrosierung aus. Durch die mitochondriale Aldehyddehydrogenase wird es in Acetat umgewandelt. (Weitere Einzelheiten ► Text)

- Durch chronische Alkoholzufuhr kommt es zur Induktion der im endoplasmatischen Retikulum lokalisierten **Cytochrom P_{450}-abhängige Monooxigenase CYP 2E1** (► Kap. 15.2.1). Dieses Enzym hat ein breites Substratspektrum für die Metabolisierung von Endo- bzw. Xenobiotica, katalysiert aber auch die Ethanoloxidation zu Acetaldehyd. Aus diesem Grund wird es auch als ethanoloxidierendes System (MEOS engl. *microsomal ethanol oxidizing system*) bezeichnet
- Die Induktion von MEOS führt zu einer Zunahme dieses normalerweise nur in geringem Umfang beschrittenen Wegs des Alkoholabbaus, allerdings unter Verbrauch von Sauerstoff und Reduktionsäquivalenten ohne ATP-Gewinnung. Dies ist u.a. für hypoxische Leberzellschäden im perivenösen Bereich des Leberacinus verantwortlich
- Die gesteigerte Metabolisierung von Ethanol, aber auch der anderen Substrate von CYP 2E1 begünstigt die Bildung von Sauerstoffradikalen (**oxidativer Stress**), führen so zur Lipidperoxidation mit entsprechenden Membranschädigungen und begünstigen die Apoptose von Leberzellen
- Der Alkoholabbau sowohl über ADH als auch über MEOS führt zur Bildung von **Acetaldehyd**. Dieses wird zum größten Teil über die mitochondriale Aldehydehydrogenase zu Acetat abgebaut. Acetaldehyd kann durch Proteinadduktbildung neue antigene Determinanten schaffen und so Immunreaktionen in Gang setzen, insbesondere aber Kupfferzellen zur Bildung von Cytokinen, wie PDGF, TNFα und TGFβ veranlassen
- Diese Cytokine führen zur Aktivierung ruhender Sternzellen, deren Proliferation und Umwandlung in **myofibroblastenartige Zellen**. Diese transformierten Sternzellen sind kontraktil, synthetisieren große Mengen extrazellulärer Matrix und fördern so die Fibrosierung. Dies führt zur Erhöhung des sinusoidalen **Durchströmungswiderstands**
- Aktivierte Sternzellen produzieren ihrerseits weitere Signalstoffe, wie PDGF, welches autokrin proliferationssteigernd wirkt und so zur Propagierung der **Fibrosierung** führt
- Im Rahmen all dieser Prozesse kommt es zum progredienten **Leberzelluntergang**, aber auch zum Einsetzen von Regenerationsvorgängen. Diese werden aber durch die Fibrosierung der Leber behindert: es kommt zum Umbau der Läppchenarchitektur mit Regeneratknotenbildung und gestörter Leberdurchblutung. In diesem Zustand spricht man von **Lebercirrhose**
- Es sind eine Reihe von Genpolymorphismen für oxidative und antioxidative Enzymsysteme (z.B. manganabhängige Superoxiddismutase, Cytochrom P_{450}-Subspezies) sowie Promotoren in Cytokingenen (z.B. TNFα, Interleukin 10) bekannt, welche die Suszeptibilität für alkoholische Leberschäden beeinflussen. Dies erklärt weshalb viele, jedoch nicht alle Alkoholiker einen schweren Leberschaden entwickeln

Auch andere Formen der chronischen Leberzellschädigung (z.B. chronische Virushepatitis, nichtalkoholische Steatohepatitis, Eisenspeicherkrankheit) können durch Auslösung dieser Reaktionsmuster zur Lebercirrhose führen, deren klinische Symptomatik durch den Leberfunktionsverlust (z.B. Blutgerinnungsstörungen, verminderte Albuminsynthese), die Störung der Leberdurchblutung (portale Hypertension, Ösophagusvarizen und andere Umgehungskreisläufe, Aszites, Milzvergrößerung) und die Rückwirkung auf die Funktion anderer Organe (z.B. Gehirn: hepatische Enzephalopathie durch unzureichende Ammoniakentgiftung der erkrankten Leber) geprägt ist.

Infobox

Hepatische Enzephalopathie bei Lebercirrhose

»I'm a great eater of beef, but believe it does harm to my wit« sagt Sir Andrew Aguecheek in Shakespeares »Was ihr wollt«. Aguecheek, der sehr dem Alkohol zusprach und daher wahrscheinlich an Lebercirrhose litt, berichtet hier die Auslösung einer Enzephalopathieepisode durch Fleischgenuss. Die hepatische Enzephalopathie ist eine in der Regel reversible Hirnfunktionsstörung mit Verlangsamung, Konzentrationsstörung bis hin zum Koma, die u.a. durch Hyperammoniämie ausgelöst wird. Fleischgenuss führt zu einer vermehrten Produktion von Ammoniak, welcher normalerweise von der Leber wirksam und rasch entgiftet wird. Bei Lebercirrhose dagegen gelangt Ammoniak aufgrund einer metabolischen Leberinsuffizienz und aufgrund von Umgehungskreisläufen vermehrt zum Gehirn und entfaltet dort seine toxische Wirkung.

! Cholestase ist Folge einer Störung hepatobiliärer Transportsysteme oder eines gestörten Galleabflusses.

Störungen der Gallebildung können auf mechanischer Verlegung abführender Gallenwege (z.B. Tumoren, Gallensteine) beruhen (»obstruktive Cholestase«), aber auch primär auf hepatozellulärer Ebene durch Störungen der hepatobiliären Sekretion (»hepatozelluläre Cholestase«) zustande kommen. Letztere tritt meist auch sekundär bei obstruktiver Cholestase hinzu. Ursache des hepatozellulären Sekretionsdefekts sind Infektionen, Toxine, aber auch angeborene Defekte der hepatobiliären Transportsysteme. So führen **TNFα** und andere inflammatorisch wirkende Cytokine zu verminderter Expression von Ntcp, MRP2 und BSEP, und damit zur gestörten Ausscheidung von Gallensäuren und organischen Anionen. Diese reichern sich im Blut an und führen zu Juckreiz (Gallensäuren) und Gelbsucht (Ikterus durch unzureichende Bilirubinausscheidung). Auch medikamentös und hormonell bedingte Cholestasen beruhen auf einer verminderten Expression solcher Transportsysteme. Im Falle der intrahepatischen Schwangerschaftscholestase lässt sich bei der Hälfte der Patientinnen eine Mutation im MDR3 Gen nachweisen. Demgegenüber führen schwere Defekte im MDR3 Gen zur familiären progressiven intrahepatischen Cholestase Typ 3 (PFIC 3), welche ebenso wie PFIC Typ 1 (Defekt des FIC 1 Gens) und PFIC Typ 2 (Defekt des BSEP Gens) bereits im Kindesalter eine Lebertransplantation erfordern. Andere Mutationen von BSEP und FIC 1 können klinisch unter dem Bild der benignen rekurrenten intrahepatischen Cholestase (BRIC) in Erscheinung treten. Unterschiedliche Mutationen in ein und demselben Transporter haben offensichtlich unterschiedliche funktionelle Auswirkungen und können daher zu klinisch unterschiedlichen Krankheitsbildern führen. Dem Ikterus beim **Dubin-Johnson-Syndrom** liegt ein isolierter genetischer Defekt von MRP2 und damit eine Bilirubinausscheidungsstörung zugrunde, während die Sekretion von Gallensäuren über BSEP nicht beeinträchtigt ist. Über die Pathogenese der verschiedenen Formen des Ikterus ► Kap. 20.4.

Alle Formen der Cholestase können die Leber schädigen, da Gallensäuren in der Leberzelle akkumulieren und so Apoptose auslösen können.

33.6.2 Gallensteine

Eine der häufigsten Erkrankungen in Westeuropa ist das **Gallensteinleiden**. Allein in Deutschland wird die Zahl der Steinträger auf über 5 Mio. geschätzt, wobei Frauen mehr als doppelt so häufig betroffen sind wie Männer.

Gallensteine enthalten in wechselndem Verhältnis als wichtigste Bestandteile **Cholesterin, Gallenfarbstoffe** sowie **Calciumsalze**. Je nachdem, welche dieser Verbindungen überwiegend vorkommt, spricht man von Cholesterin- bzw. Pigmentsteinen:

- **Cholesterinsteine** machen etwa 90% aller Gallensteine aus und haben einen Cholesteringehalt von etwa 70%. Sie entstehen durch Auskristallisation von Cholesterin in der Gallenblase und sind Folge einer übermäßigen Cholesterinausscheidung oder einer Störung des Verhältnisses von Cholesterin und seinen Lösungsvermittlern, den Gallensäuren und Phospholipiden. Solche Missverhältnisse an sezernierten Gallensäuren, Phospholipiden und Cholesterin können erworben (z.B. bei intestinalen Gallensäureverlustsyndromen oder verminderter Synthese bei Lebercirrhose), aber auch genetisch bedingt sein. So wurden sog. Lith-Gene identifiziert, deren Polymorphismen die Cholesterinsteinbildung begünstigen. Zu ihnen zählen BSEP, MDR3 sowie die Cholesterinhalbtransporter ABCG5/8
- **Pigmentsteine** bestehen überwiegend aus den Calciumsalzen des Bilirubins sowie Calciumphosphat und -carbonat. Zu ihrer Entstehung tragen eine gesteigerte Ausscheidung von nicht an Glucuronsäure konjugiertem Bilirubin bei, wie sie bei hämolytischen Krankheitsbildern (Sichelzellanämie, Thalassämie, fetale

Erythroblastose, ► Kap. 29.2.4, 29.2.3) oder Defekten der Glucuronidierung der Leber auftreten. Ein wichtiger Auslöser der Pigmentsteinbildung ist darüber hinaus die Dekonjugierung von Bilirubinglucuronid in der Gallenblase. Sie tritt bei bakterieller Besiedelung der Gallenwege, besonders mit *E. coli* auf. Diese setzen große Mengen der β-Glucuronidase frei und sind so für die gesteigerte Dekonjugierung und die dramatische Verschlechterung der Löslichkeit von Gallenfarbstoffen verantwortlich

In Kürze

Die Leber kann von einer großen Zahl unterschiedlichster Noxen getroffen werden. Diese können zum mehr oder weniger umfänglichen Leberzelluntergang mit nachfolgender Wundheilungsantwort und Regeneration führen. Man unterscheidet

- toxische Leberschädigung, z.B. durch Gifte, Endotoxine oder schwere Infekte, die zum akuten Zelluntergang führen
- chronische Leberschädigungen, die neben der Schädigung der Hepatozyten einen v.a. durch die aktivierten Sternzellen ausgelösten fibrotischen Umbau der Leber mit der Entwicklung einer Lebercirrhose nach sich ziehen, und
- Schädigungen durch Cholestase, die durch Verlegung der abführenden Gallenwege oder durch Störungen der Gallebildung in den Hepatozyten einhergehen
- Sehr häufig sind Konkremente in den ableitenden Gallenwegen. Nach ihrer Zusammensetzung unterscheidet man zwischen Cholesterin- und Pigmentsteinen

Literatur

Monographien und Lehrbücher

Arias IM, Boyer JL, Chisari FV, Fausto N, Schachter D, Shafritz DA (eds) (2001) The Liver: Biology and Pathobiology. 4th ed., Raven Press, New York

Gerok W, Blum H (eds) (1995) Hepatologie, 2. Aufl., Elsevier

Gressner AM (1995) In: Greiling H, Gressner AM (Hrsg) Lehrbuch der klinischen Chemie und Pathobiochemie. Schattauer, Stuttgart

Original- und Übersichtsarbeiten

Bode BP (2001) Recent Molecular Advances in Mammalian Glutamine Transport. J Nutr 131:2475S–2485S

Brosnan JT (2000) Glutamate, at the interface between amino acid and carbohydrate metabolism. J Nutr 130 (4S Suppl):988S–90S

vom Dahl S, Schliess F, Reissmann R, Görg B, Weiergräber O, Kocalkova M, Dombrowski F, Häussinger D (2003) Involvement of Integrins in Osmosensing and Signaling toward Autophagic Proteolysis in Rat Liver. J Biol Chem 278:27088–27095

Denison MS, Nagy SR (2003) Activation of the aryl hydrocarbon receptor by structurally diverse exogenous and endogenous chemicals. Annu Rev Pharmacol Toxicol 43:309–34

Friedman SL (2000) Molecular regulation of hepatic fibrosis, an integrated cellular response to tissue injury. J Biol Chem 275:2247–2250

Handschin C, Meyer UA (2005):Regulatory network of lipid-sensing nuclear receptors: roles for CAR, PXR, LXR, and FXR. Arch Biochem Biophys 433(2):387–96

Hankinson O (2005) Role of coactivators in transcriptional activation by the aryl hydrocarbon receptor. Arch Biochem Biophys 433(2):379–86

Häussinger D, Graf D, Weiergraber OH (2001) Glutamine and cell signaling in liver. J Nutr 131 (9 Suppl):2509S–14S

Häussinger D, Kubitz R, Reinehr R, Bode JG, Schliess F (2004) Molecular aspects of medicine: from experimental to clinical hepatology. Molecular Aspects of Medicine 25:221–360

Hautekeete MI, Geerts A (1997) The hepatic stellate (Ito) cell: its role in human liver disease. Virchows Arch 430:195–207

Jungermann K, Kietzmann T (1996) Zonation of parenchymal and non-parenchymal metabolism in liver. Annu Rev Nutr 16:179–203

Kadowaki M, Kanazawa T (2003) Amino Acids as Regulators of Proteolysis. J Nutr 133:2052S–2056S

König J, Nies AT, Cui Y, Leier I, Keppler D (1999) Conjugate export pumps of the multidrug resistance protein (MRP) family: localization, substrate specificity, and MRP2-mediated drug resistance. Biochim Biophys Acta 1461:377–394

Kullak-Ublick GA (1999) Regulation of organic anion and drug transporters of the sinusoidal membrane. J Hepatol 31:563–573

Lang F et al. (1997) The functional significance of cell volume. Physiol Rev 78:247–306

Olaso E, Friedman L (1998) Molecular regulation of hepatic fibrogenesis. J Hepatol 29:836–847

McCarver MG, Hines RN (2002) The Ontogeny of Human Drug-Metabolizing Enzymes: Phase II Conjugation Enzymes and Regulatory Mechanisms. J Pharmacol Exp Ther 300:361–366

Links im Netz

► www.lehrbuch-medizin.de/biochemie

34 Immunsystem

Siegfried Ansorge

34.1 Angeborene Immunantwort – 1104

34.2 Molekulare Instrumente der adaptiven Immunantwort – 1105
34.2.1 Chemische Natur von Antigenen – 1106
34.2.2 Das MHC-/HLA-System als Instrument der Antigenpräsentation – 1106
34.2.3 Die Gene des HLA-Komplexes – 1107

34.3 Die zellulären Komponenten des adaptiven Immunsystems – 1109
34.3.1 CD-Nomenklatur – 1109
34.3.2 Antigen-Erkennung durch Lymphozyten – 1110
34.3.3 T-Lymphozyten – 1110
34.3.4 B-Lymphozyten – 1118
34.3.5 Zirkulation von Lymphozyten – 1129

34.4 Komplementsystem – 1130

34.5 Wechselwirkungen zwischen unspezifischer und spezifischer Immunantwort – 1133

34.6 Immunabwehr von Mikroorganismen – 1134
34.6.1 Bakterienabwehr – 1134
34.6.2 Virusabwehr – 1135

34.7 Pathobiochemie – 1136
34.7.1 Immundefekte – 1136
34.7.2 Allergien – 1137
34.7.3 Autoimmunkrankheiten – 1138
34.7.4 Transplantatabstoßungen – 1138

Literatur – 1139

 **Einleitung**

Das Immunsystem ist ein komplexes System von Zellen und Faktoren, das den Organismus in die Lage versetzt, mit Infektionserregern und anderen Fremdstrukturen, wie Allergenen, fertig zu werden. Die Instrumente dieses Systems sind über den gesamten Organismus verteilt mit einer Konzentrierung in den primären (Knochenmark, Thymusdrüse) und sekundären lymphatischen Organen (Lymphknoten, Schleimhaut, Milz, Haut u.a.). Die Zahl der immunologisch bedeutsamen Zellen wird auf 10^{12} geschätzt. Das Immunsystem bedient sich zweier unterschiedlich funktionierender Systeme:
eines angeborenen, unspezifisch wirkenden Repertoires an Zellen und Stoffen, das die erste, frühe Phase der Abwehr von Krankheitserregern bestimmt und
eines selektiv wirkenden Systems, das für die antigenspezifische oder erworbene/adaptive Immunantwort verantwortlich ist und erst einige Tage später zur Wirkung gelangt.
Beide Ebenen der Immunantwort sind miteinander vernetzt.
An einer Immunantwort sind wesentlich folgende Zelltypen beteiligt: Antigen-präsentierende Zellen (Makrophagen, dendritische Zellen), Thymus-geprägte Lymphozyten (T-Zellen) und im Knochenmark geprägte Lymphozyten (B-Zellen), die in Antikörper-produzierende Plasmazellen umgewandelt werden. Sie kommunizieren miteinander entweder direkt oder über Cytokine. Immunzellen zirkulieren über das Blut- oder Lymphgefäßsystem und wandern zum Ort des Geschehens, z.B. zu einer Verletzung oder lokalen Entzündung. Diese Vorgänge werden über gefäßaktive Prostaglandine und Prostacycline, Adhäsionsmoleküle und Chemokine reguliert. Das Immunsystem steht in enger Wechselwirkung mit den Systemen des Komplements, der Kinine, der Gerinnung und Fibrinolyse, die an Entzündungsprozessen mitwirken. Darüber hinaus bestehen enge Beziehungen zum neuronalen und endokrinen System sowie zum Stoffwechsel und der Ernährung.

34.1 Angeborene Immunantwort

 Makrophagen, polymorphkernige Granulozyten und NK-Zellen vermitteln die unspezifische Immunantwort.

Angeborene Immunantwort. Die unspezifische natürliche Immunantwort ist angeboren. Grenzflächen wie Haut und Schleimhaut bilden die erste Barriere gegen den Eintritt von Mikroorganismen. Nach der Passage dieser Barriere kommen humorale wie zelluläre Elemente ins Spiel (▫ Tabelle 34.1). Hierzu gehören das in vielen Sekreten vorkommende Enzym Lysozym sowie über die alternative Komplementkaskade aktivierte Faktoren. Bei einer Infektion steigt regelmäßig auch die Konzentration von Akutphase-Proteinen wie C-reaktivem Protein (CRP) im Blut an. CRP, ein aus 206 Aminosäuren bestehendes Polypeptid, bindet an Phosphorylcholin-Reste auf Bakterienoberflächen, z.B. von

▫ Tabelle 34.1. Charakteristika der angeborenen und adaptiven Immunität

	Angeborene Immunität	Adaptive Immunität
Mechanische Barrieren	Haut Schleimhaut	Keine
Zellen	Monozyten/Makrophagen Granulozyten	T-Lymphozyten B-Lymphozyten
	NK-Zellen	Antigen-präsentierende Zellen
Faktoren	Toll-like Rezeptoren	
	Eikosanoide	Inflammatorische Cytokine (z.B. IL-2, IFN-γ)
	Chemokine	Anti-inflammatorische Cytokine (z. B. TGF-β, IL-4, IL-10, IL-13)
	Sauerstoffspezies	Antikörper
	NO Proteasen Komplement Pro-inflammatorische Cytokine Akutphase-Proteine (z.B. TNF-α, IL-1, IL-6) CRP	
Spezifität	nein	ja
Selbst-/Nicht-Selbst-Diskriminierung	nein	ja
Gedächtnis	nein	ja

Pneumokokken, wirkt als Opsonin und induziert die Komplementaktivierung durch Bindung von C_{1q}. Neben Granulozyten spielen Monozyten und Makrophagen eine wichtige Rolle in der ersten Phase der Immunantwort. Sie sind Produzenten proinflammatorischer Cytokine (▶ Kap. 25.2). Die Phagozytose von Mikroorganismen wird von Mannose- und *scavenger*-Rezeptoren unterstützt, während die Freisetzung von proinflammatorischen Cytokinen hauptsächlich auf der Aktivierung von Toll-*like*-Rezeptoren (TLR, benannt nach dem Drosophila-Protein Toll) beruht. Beim Menschen kennt man 10 verschiedene TLR, die unterschiedliche Mikroorganismen-Strukturen erkennen wie z.B. Lipopolysaccharid von gram-negativen oder Lipoteichonsäure von gram-positiven Bakterien, bakterielles Flagellin, nicht methylierte CpG-Motive bakterieller DNA oder viraler doppelsträngiger RNA. Darüber hinaus vermitteln TLR die Signaltransduktion in die Zelle. Zu den wichtigsten freigesetzten proinflammatorischen Cytokinen gehören Interleukin-1 (IL-1), Tumornekrosefaktor-α, Interleukin-6 (IL-6), IL-12 und IL-18, die weitere Zellsysteme wie Endothelzellen und Lymphozyten aktivieren. IL-6, TNF-α und IL-1 sind Pyrogene, d.h. für das Fieber verantwortliche Cytokine. IL-6 bewirkt auch die Freisetzung von CRP in der Leber. Zum zytotoxisch gegen Mikroorganismen gerichteten Arsenal von Makrophagen und Granulozyten gehören Toll-*like*-Rezeptoren, reaktive Sauerstoffspezies (▶ Kap. 15.3), Stickstoffmonoxid (NO, ▶ Kap. 25.9.1) und proteolytische Enzyme wie Granulozyten-Elastase, Proteinase 3 und Kathepsine, die in der frühen Phase der Immunantwort zum Teil überschießend freigesetzt werden.

Im Unterschied zur Bakterienabwehr sind an der Virusabwehr in der ersten Phase der Immunantwort vor allem natürliche Killerzellen (NK-Zellen, *natural killer cells*) beteiligt. NK-Zellen sind große granuläre Lymphozyten, die weder den T- noch den B-Lymphozyten zugeordnet werden können. Sie sind in der Lage, virusinfizierte Zellen oder Tumorzellen zu zerstören und werden durch Interferone, IL-1, IL-12 und IL-18 aktiviert (▶ Kap. 25.5.2, 25.5.3).

In Kürze

Die angeborene Immunantwort ist unspezifisch.

Die wichtigsten daran beteiligten Zellen sind neutrophile Granulozyten, Makrophagen und NK-Zellen.

Die Kommunikation zwischen den Zellen erfolgt über:
- Toll-*like* Rezeptoren
- proinflammatorische Cytokine wie IL-1, IL-6, TNF-α, IL-12 und IL-18
- Chemokine, z.B. IL-8
- Eikosanoide, wie Prostaglandine, Prostazykline, Thromboxane und Leukotriene

Effektormoleküle der unspezifischen Immunantwort sind:
- reaktive Sauerstoffspezies und NO
- Komplementfaktoren
- Myeloperoxidase
- proteolytische Enzyme, wie Granulozyten-Elastase und toxische Granulabestandteile

34.2 Molekulare Instrumente der adaptiven Immunantwort

Die adaptive Immunantwort erfolgt in mehreren Schritten. Es sind dies: die Antigenerkennung durch spezifische T- und B-Lymphozyten, die Aktivierung dieser Lymphozyten (Bildung von Effektorzellen), die Eliminierung der Antigene, die Bildung von *memory*- (Gedächtnis-) Zellen und die Terminierung der Immunantwort.

! Die adaptive Immunantwort ist hochspezifisch, unterscheidet zwischen Selbst und Nicht-Selbst und verfügt über ein Gedächtnis.

Adaptive Immunantwort. An die initiale Phase der Abwehr schließt sich die adaptive Immunantwort an, die spezifisch gegen Krankheitserreger gerichtet ist und durch Anpassungsmechanismen eine individualisierte Antwort auf Erreger oder andere Fremdstrukturen vermittelt. Da Makrophagen auch in dieser Immunantwort beteiligt sind, stellen sie eine Brücke zwischen beiden Formen der Immunantwort dar.

Die Fähigkeit der adaptiven Immunantwort, zwischen unterschiedlichen Antigenen zu unterscheiden, wird für den T-Zellbereich auf 10^{15} und für den B-Zellbereich auf 10^{11} Antigene geschätzt. Praktisch kann damit das Immunsystem auf jedes denkbare Antigen reagieren. Dieses Potential ist im Genom begründet und wird durch das Prinzip der Genumlagerung (*rearrangement*) und im Fall der Immunglobuline zusätzlich durch somatische Mutationen erreicht (▶ Kap. 34.3.4.5). Neben der **Spezifität** sind weitere Charakteristika der adaptiven Immunantwort die Fähigkeit zur **Unterscheidung zwischen Selbst und Nicht-Selbst** sowie das Vermögen einen **immunologischen Erfahrungsschatz** gegen im Kindesalter auftretende Erreger aufzubauen, der den Organismus in die Lage versetzt später auf die gleichen Erreger effizient und ohne Zeichen von Erkrankungen zu reagieren.

Immunologische Toleranz. Die Fähigkeit zur Unterscheidung zwischen Selbst und Nicht-Selbst, d.h. körpereigenen und körperfremden Strukturen und die damit verbundene **Toleranz des Immunsystems** gegenüber körpereigenen Strukturen, wird nach der Geburt erworben. Sie impliziert, dass körpereigene Lymphozyten nicht durch körpereigene Strukturen aktiviert werden können. Ein Bruch dieser Toleranz führt zu **Autoimmunerkrankungen** (▶ Kap. 34.7.3) wie rheumatoide Arthritis oder multiple Sklerose. Die molekularen Strukturen der Selbst-/Nicht-Selbst-Diskriminierung sind im MHC (*major histocompatibility complex*)- bzw. HLA (Humanes Leukozytenantigen)- System begründet. Das wichtigste Organ zur Vermittlung der Fähigkeit der Toleranz durch T-Zellen ist die Thymus-Drüse. Neben der HLA-vermittelten (zentralen) Toleranz spielen regulatorische T-Zellen (früher Suppressorzellen) als Instrumente der peripheren Toleranz eine wichtige Rolle.

Die meisten Antigene induzieren eine Immunantwort, in die sowohl T- als auch B-Lymphozyten einbezogen sind.

34.2.1 Chemische Natur von Antigenen

> **!** Antigene sind meist Proteine, gelegentlich auch Saccharide, Nucleinsäuren oder Lipide.

Antigene. Stoffe, die spezifisch mit Antikörpern oder T-Zellen reagieren, werden Antigene genannt. Der Bereich an der Oberfläche des Antigenmoleküls, der für die Bindung und Bildung eines spezifischen Antikörpermoleküls oder Lymphozyten verantwortlich ist, wird als **Epitop** oder **antigene Determinante** bezeichnet. Die Aminosäuren derartiger Regionen auf Proteinoberflächen stammen meist aus verschiedenen Abschnitten der Proteinsequenz, die nach Ausbildung der Konformation benachbart liegen. Solche Epitope heißen **Konformations- oder diskontinuierliche Epitope**. Ein Epitop, das aus einem einzigen Segment einer Peptidkette besteht, wird als **lineares** oder **kontinuierliches Epitop** bezeichnet.

Für die **Immunantwort**, d.h. die Bildung von Antikörpern und Antigen-spezifischen T-Zellen ist allerdings immer ein **Vollantigen** oder **Immunogen** nötig, das zusammen mit den spezifischen Rezeptoren der T- wie der B-Zellen in Wechselwirkung tritt. Ausnahmen sind T-Zell-unabhängige Antigene wie Kohlenhydrate mit sich wiederholenden Epitopabschnitten. Antigene, die mit einem Antikörper reagieren, aber selbst keine Immunantwort auslösen, werden **Haptene** genannt. Haptenen fehlt ein Proteinepitop (*carrier epitop*), das T-Helferzellen aktivieren kann. Haptene sind meist niedermolekulare Stoffe. Zu ihnen gehören u.a. Medikamente, Metallionen (Zn^{2+}) oder Aminosäurederivate, die erst nach Bindung an einen Carrier, zumeist Protein, immunogen werden und eine Immunantwort auslösen. Antigene können jede beliebige Struktur besitzen, besonders gute Immunogene sind Proteine, die wegen ihrer Größe und der Vielzahl von Epitopen T- und B-Zellen unterschiedlicher Spezifität stimulieren können.

Antigenerkennung durch B- und T-Lymphozyten. Während Antikörper und B-Lymphozyten dazu befähigt sind, die komplexe Struktur des Antigens (z.B. eines Proteins) in seiner nativen Form zu erkennen und zu binden, sind T-Zellen mit ihren Rezeptoren nur in der Lage, kurze Oligopeptide (9–30 Aminosäuren) aus einem Antigen zu erkennen, die an der Oberfläche von **Antigen-präsentierenden Zellen** (**APZ**) über membrangebundene MHC/HLA-Moleküle dargeboten werden. Zu den Antigen-präsentierenden Zellen gehören dendritische Zellen, Makrophagen und B-Lymphozyten. Auch intrazellulär lokalisierte Antigene, wie solche von Viren und sich intrazellulär vermehrenden Bakterien (Listerien), werden für die T-Zelle erst erkennbar, wenn entsprechende Peptidbruchstücke dieser Antigene über MHC-Moleküle an der Oberfläche der Zelle zugänglich sind.

34.2.2 Das MHC-/HLA-System als Instrument der Antigenpräsentation

Haupthistokompatibilitäts-Komplex (MHC, *major histocompatibility complex*), humanes Leukozytenantigen-System (HLA). Die Frage, warum zumindest bei Proteinantigenen immer eine größere Zahl von Oberflächenbereichen als Epitope dienen und jedes dieser Epitope die Ausbildung eines spezifischen Antikörpermoleküls im Organismus hervorruft, konnte durch die Entdeckung der **Antigenpräsentation** als einem Grundprinzip bei der Antigenerkennung befriedigend erklärt werden. Nach diesem Konzept wird beim erstmaligen Kontakt eines Antigens mit dem Organismus dieses Antigen von Antigen-präsentierenden Zellen intrazellulär durch Proteolyse fragmentiert und die dabei entstehenden Fragmente zusammen mit spezifischen Peptidrezeptoren auf der Zelloberfläche präsentiert. Diese Peptidrezeptoren wurden ursprünglich bei Transplantationsexperimenten identifiziert und werden infolgedessen auch als **Haupthistokompatibilitäts-Komplex** (MHC-Komplex, *major histocompatibility complex*) bezeichnet. Der Begriff MHC wird Species-unabhängig genutzt. Die MHC-Systeme der unterschiedlichen Species haben gesonderte Namen. Das menschliche MHC-System wurde zuerst auf Leukozyten nachgewiesen und als **Humanes Leukozytenantigen-System** (HLA) bezeichnet. MHC-Proteine werden besonders stark auf Leukozyten exprimiert.. Das MHC-System der Maus wird als H-2 (*histocompatibility-2*) bezeichnet.

Peptidrezeptoren des MHC-Komplexes treten in 2 Klassen, I und II, auf.

> **!** MHC-I- und -II-Peptidrezeptoren werden auf unterschiedlichen Zellen exprimiert.

MHC-I-Peptidrezeptoren finden sich auf allen kernhaltigen Zellen, wobei die Expression in hämatopoietischen Zellen am höchsten ist. MHC-II-Peptidrezeptoren werden im gesunden Organismus konstitutiv auf B-Lymphozyten,

Makrophagen und dendritischen Zellen, also Zellen des Immunsystems exprimiert. Kernlose Erythrozyten enthalten keine MHC-Moleküle.

! MHC-I- und -II-Rezeptoren werden auf unterschiedlichen Wegen mit Antigen-Peptiden beladen.

Prozessierung und Präsentation frei im Cytosol vorkommender Antigene (◘ Abb. 34.1). Peptide, die von MHC-I-Molekülen präsentiert werden, entstehen durch Proteolyse **intrazellulär** synthetisierter viraler Proteine oder Tumor-Antigene unter Mitwirkung des **Proteasoms**. Antigen-präsentierende Zellen benutzen dafür eine besondere Form des Proteasoms, das **Immunproteasom**, Tumorzellen die **Tripeptidylpeptidase II**. Unter Vermittlung des **TAP1/ TAP2-Komplexes** werden die dabei entstehenden Fragmente in das endoplasmatische Retikulum transportiert und dort von MHC-I-Rezeptoren gebunden (◘ Abb. 34.1a). **TAP** (*transporter associated with antigen processing*)-**Transporter** sind Transmembranproteine mit einer hydrophoben, in das ER-Lumen ragenden Transmembrandomäne und einer hydrophilen ins Cytosol ragenden ATP-bindenden Domäne. TAP1 ist über einen Chaperonkomplex (Tapasin, Calretikulin) an das MHC-Molekül gebunden. Diese Bindung wird nach Beladung des MHC mit einem Antigenpeptid gelöst und der MHC-Peptidkomplex über das Golgi-System an die Oberfläche transportiert.

Dies führt dazu, dass jede Körperzelle ihrer Umgebung einen Satz von Peptiden präsentiert, durch den sie als »selbst« erkennbar ist. Werden Körperzellen z.B. von Viren befallen, die den zelleigenen Proteinbiosyntheseapparat in ihren Dienst stellen, werden körperfremde, virale Peptidfragmente präsentiert, die eine Identifikation und Eliminierung derartiger Zellen durch das Immunsystem möglich macht (► Kap. 34.6.2). Auf ähnliche Weise werden transformierte Zellen entfernt.

Prozessierung und Präsentation extrazellulärer Antigene. Ein etwas anderer Mechanismus liegt der Präsentation **extrazellulärer** Antigene wie Bakterien- oder Allergen-Strukturen zugrunde (◘ Abb. 34.1b). Diese werden von **Antigenpräsentierenden Zellen** (dendritische Zellen, Makrophagen) durch Endozytose aufgenommen und in sauren Endosomen zu Peptiden durch lysosomale Proteasen (Kathepsin B, D, L) fragmentiert. Man nimmt an, dass endosomale saure Vesikel mit Vesikeln aus dem endoplasmatischen Retikulum fusionieren, die membrangebundene MHC-Moleküle enthalten. Diese MHC-Moleküle treten als Trimere auf und sind an der Peptidbindungsstelle durch die **invariante Kette** (ebenfalls als Trimer) blockiert. Erst nach Teilabbau der invarianten Kette zum **CLIP** (*class II-associated invariant chain peptide*) mit Hilfe von Kathepsinen, lysosomalen Zystein-Proteinasen und dem Austausch von CLIP gegen Antigenpeptide wird ein Transport an die Oberfläche der Zelle möglich. Dabei spielen Genprodukte des HLA-DM eine Helferrolle.

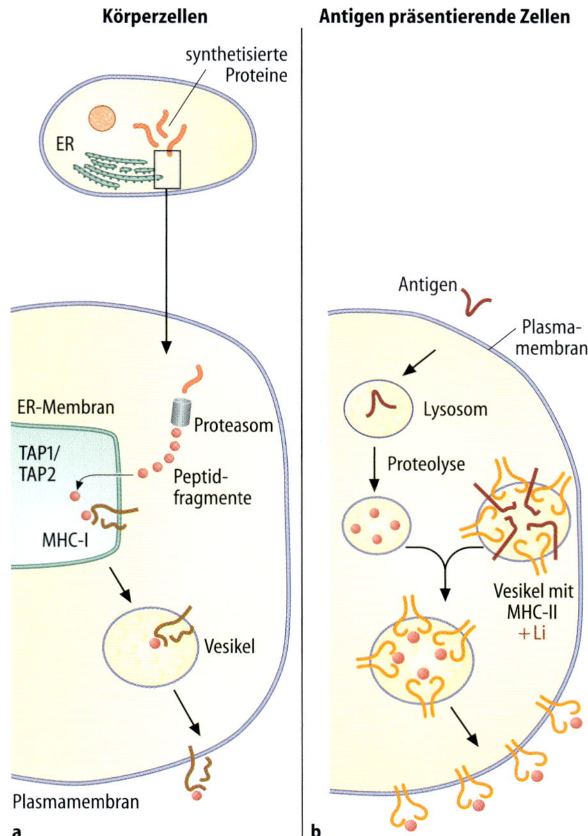

◘ **Abb. 34.1a,b. Antigenpräsentation durch MHC-Peptidrezeptoren. a** Ein Teil der intrazellulär synthetisierten Proteine wird im Proteasom fragmentiert. Die dabei entstehenden Peptide werden durch einen Transporterkomplex (TAP1/TAP2) in das endoplasmatische Retikulum transportiert, wo sie von MHC-I-Rezeptoren gebunden und mit ihnen an die Zelloberfläche befördert werden. **b** Extrazelluläre Antigene werden vom Rezeptor Antigen-präsentierender Zellen durch Endozytose aufgenommen und lysosomal zu Peptiden fragmentiert. Die derartige Peptide enthaltenden Lysosomen fusionieren mit aus dem Golgi-Apparat stammenden Vesikeln, welche MHC-II-Moleküle gebunden haben. Die Bindungsstelle der MHC-II-Moleküle ist durch die invariante Kette (*Li*) blockiert. Diese wird durch Kathepsine gespalten. Das resultierende CLIP (*class II-associated invariant-chain peptide*) wird durch Antigenpeptide ausgetauscht und der MHC-II-Peptidkomplex an die Zelloberfläche transportiert

34.2.3 Die Gene des HLA-Komplexes

HLA-System. Das HLA-System als für den Menschen spezifische MHC-System ist ein polymorpher Genkomplex, der Membranproteine codiert, die die Basis der Diskriminierung von Selbst und Nicht-Selbst durch T-Lymphozyten bilden.

Die polymorphen Gene des HLA-Komplexes liegen auf Chromosom 6, die des **β2-Mikroglobulins** auf Chromosom 15. Es gibt 3 Hauptgene der Klasse I, die als HLA-A, -C und -B bezeichnet werden (◘ Abb. 34.2a) und 6 Paare von α- und β-Ketten-Genen für die Klasse II (2× HLA-DR,

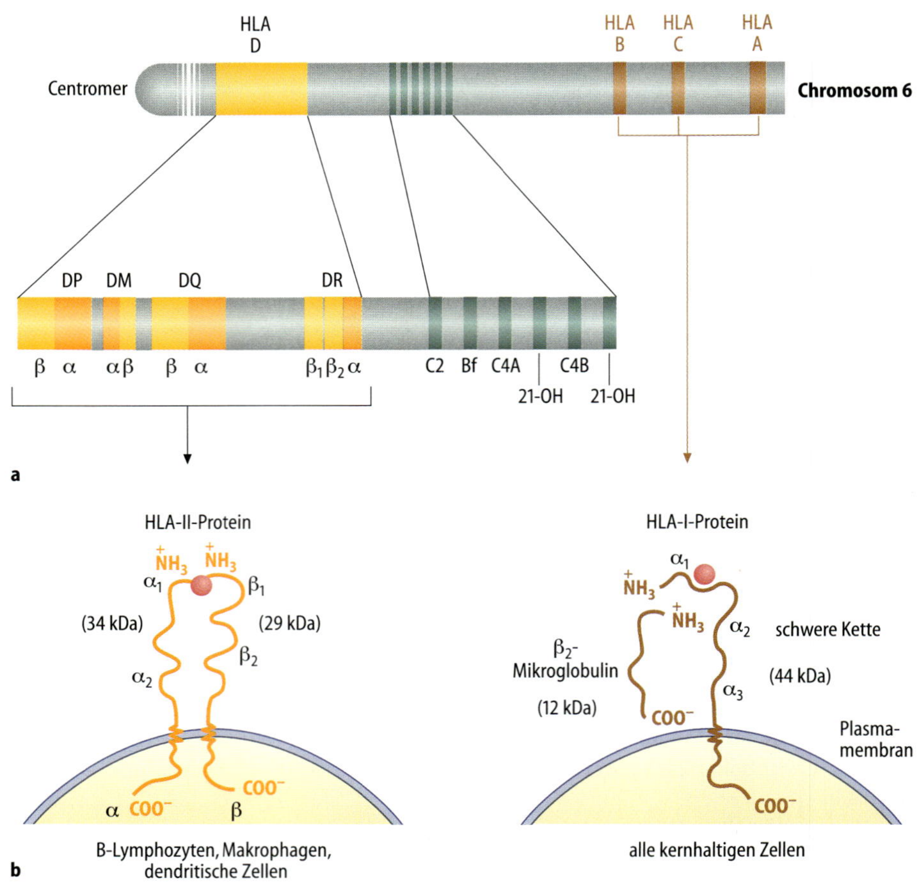

Abb. 34.2a,b. Aufbau des humanen MHC-Komplexes (HLA) und der entsprechenden HLA-Proteine. a Der HLA-Komplex liegt mit 7 Genloci auf dem kurzen Arm von Chromosom 6. Der HLA-D-Locus unterteilt sich in 4 Loci, die jeweils eine α- und eine β-Kette codieren. Bei HLA-DR kommt ein weiterer β-Locus hinzu. Unter Berücksichtigung der gemeinsamen Nutzung der α- bzw. β-Ketten vom mütterlichen bzw. väterlichen Chromosom verfügt jedes Individuum über 18 verschiedene HLA-Allele. **b** Das HLA-I-Protein ist ein integrales Typ-I-Membranprotein. Das präsentierte Antigenpeptid (*rot*) findet sich in einer Vertiefung zwischen den Domänen α_1 und α_2. Assoziiert ist β_2-Mikroglobulin, das auf Chromosom 15 codiert wird. Das HLA-II-Protein ist ein symmetrisches Heterodimer aus je einer α- und einer β-Kette. Die Antigenpeptidbindungsstelle wird durch die beiden N-terminalen Domänen gebildet (in Klammern sind die Molekulargewichte der Ketten angegeben)

2× -DP, 1× -DQ und 1× -DM). Insgesamt sind danach bei einem Individuum 6 Allele der HLA-I-Klasse (2A, 2B, 2C) und 12 Allele der HLA-II-Klasse (4DR, 4DQ, 2DM, 2DP) exprimiert. Die Gene sind bis auf HLA-DRα und HLA-DPα polymorph. Für den HLA-B-Lokus sind z.B. bisher 75 Allele bekannt. Die Zahl der verschiedenen HLA-Allele ist in den unterschiedlichen ethnischen Gruppen bzw. Rassen verschieden. Die Wahrscheinlichkeit, dass eine volle Identität der Allele zwischen 2 Personen auftritt, ist mit Ausnahme eineiiger Zwillinge extrem gering.

HLA-Membranstrukturen. Die Abbildung 34.2b zeigt schematisch den Aufbau und den Membraneinbau der HLA-Peptidrezeptoren. Das MHC-I-Protein ist ein monomeres integrales Membranprotein, dessen 3 extrazelluläre Domänen als α_1–α_3 bezeichnet werden. Das präsentierte Peptid befindet sich in einer Spalte zwischen den Domänen α_1 und α_2. Für die Funktion des MHC-I-Proteins ist seine Assoziation an das β_2-Mikroglobulin notwendig. Anders als das MHC-I-Protein ist das MHC-II-Protein ein symmetrisches Heterodimer aus einer α- und einer β-Kette. Die Peptidbindungsstelle wird durch die N-terminalen Domänen α_1 und β_1 gebildet.

Die Länge der Peptide, die von MHC-I-Molekülen präsentiert werden, variiert zwischen 9 und 11 Aminosäuren, die der MHC-II-Moleküle zwischen 10 und 30 Aminosäuren.

Neben HLA-I- und HLA-II-Strukturen befinden sich auf dem Chromosom 6 die Gene für verschiedene Komplementfaktoren, TNF-α, Substrukturen des Proteasoms sowie TAP_1 und TAP_2. Dieser Bereich wird als HLA-III bezeichnet.

Individuelle HLA-Haplotypen zeigen Assoziationen zu bestimmten Erkrankungen, insbesondere Autoimmunerkrankungen wie Typ-I-Diabetes, bzw. zur Fähigkeit, auf bestimmte Antigene zu reagieren.

Präsentation von Kohlenhydrat- und Lipidantigenen. Weder Klasse I- noch Klasse II-HLA-Moleküle haben die Fähigkeit, Kohlenhydrat- oder Lipidantigene, wie AB0-Blutgruppen-Antigene, zu präsentieren. Dies erfolgt über eine Familie von nicht polymorphen **CD_1-Molekülen**. Sie sind aus β_2-Mikroglobulin und Glycoproteinen zusammengesetzt und werden von Antigen-präsentierenden Zellen exprimiert. Die Zellen, die diese Antigene erkennen, sind T-Zellen mit γ/δ-Rezeptor (CD4-, CD8- negative Zellen, ► Kap. 34.3.3).

In Kürze

Antigene sind Stoffe, die Lymphozyten spezifisch aktivieren:
- Eine Immunantwort lösen nur Vollantigene oder Immunogene aus. Haptene benötigen dazu zusätzlich Protein-Carrier, die mit T-Helferzellen in Wechselwirkung treten
- Die molekularen Bereiche, die mit Antikörpern, B- und T-Zell-Rezeptoren spezifisch in Wechselwirkung treten, werden Epitope oder Determinanten genannt
- B-Zellen erkennen Antigene in der nativen Form, T-Zellen nur nach Prozessierung und Präsentation der Peptide durch membrangebundene MHC- bzw. HLA-Moleküle

Das MHC- bzw. humane HLA-System ist ein polymorpher Genkomplex auf dem Chromosom 6, der Membranproteine codiert, die die Antigenerkennung von T-Zellen ermöglicht.

Es wird in 2 Hauptklassen eingeteilt.

HLA-Klasse I:
- besteht aus den Hauptgenen A, C und B, von denen ein heterozygotes Individuum jeweils 6 Allele besitzt
- kommt als Genprodukt in der Plasmamembran aller kernhaltigen Zellen, kombiniert mit β2-Mikroglobulin, vor
- präsentiert Antigenpeptide (9–11 Aminosäuren) den T-Zell-Rezeptoren auf CD8-T-Zellen
- wird im ER mit Peptiden beladen, die aus intrazellulär synthetisierten Proteinen durch Proteasom-katalysierte Hydrolyse entstanden sind

HLA-Klasse II:
- besteht aus den Hauptgenen DR, DQ, DM und DP, von denen ein heterozygotes Individuum jeweils insgesamt 12 Allele besitzt
- kommt als Genprodukt auf Antigen-präsentierenden Zellen, wie dendritischen Zellen, Makrophagen und B-Zellen, vor
- codiert jeweils eine α- und eine β-Kette
- präsentiert Antigenpeptide (10–30 Aminosäuren) den T-Zell-Rezeptoren auf CD4-T-Zellen
- wird in endolysosomalen Vesikeln mit Peptiden beladen, die als Proteine aus dem extrazellulären Milieu aufgenommen und durch Kathepsin-katalysierte Hydrolyse entstanden sind
- HLA-DM-Genprodukte helfen beim Austausch der invarianten Kette gegen Peptide

34.3 Die zellulären Komponenten des adaptiven Immunsystems

34.3.1 CD-Nomenklatur

! Die zellulären Komponenten des Immunsystems werden durch Zelloberflächenmarker klassifiziert, die auch als CD-Antigene bezeichnet werden.

CD-Nomenklatur. Die Charakterisierung und Unterscheidung von Leukozyten und ihren Subpopulationen erfolgt durch phenotypische Marker, die an der Oberfläche der Zelle exprimiert werden. Diese Antigene wurden durch ein internationales Standardisierungskomitee unter Nutzung von Antikörpern durch eine CD (*cluster of differentiation*)-Nummer definiert. Bisher sind mehr als 300 CD-Antigene erfasst, die jeweils durch eine Gruppe monoklonaler Antikörper mit sehr ähnlicher Spezifität charakterisiert sind. Dabei benutzt man z.B. Fluorochrom-markierte Antikörper und das Verfahren der Durchflusszytometrie. Einige wichtige CD-Antigene sind in der ◘ Tabelle 34.2 zusammengefasst. Mit Hilfe derartiger Antigene ist es heute möglich, objektiv zwischen unterschiedlichen Differenzierungsstufen und Aktivierungszuständen von Zellen des Immunsystems und anderer Organe zu unterscheiden. Dabei werden überwiegend monoklonale Antikörper eingesetzt. Eine besondere Rolle spielen diese Antigene bei der Differentialdiagnose von Neoplasien des Immunsystems, den Leukämien und Lymphomen. Jedes Differenzierungssta-

◘ Tabelle 34.2. Diagnostisch wichtige Oberflächenantigene von Leukozyten (CD-Antigene)

CD-Antigen	Zelltyp
CD 3	T-Lymphozyt
CD 4	TH, T-Helfer-Zelle
CD 8	TC, Zytotoxische T-Zelle
CD 19	B-Lymphozyt
CD 56	NK-Zelle
CD 14	Monozyt
CD 34	Stammzelle

dium von Immunzellen (Lymphozyten, myelomonozytäre Zellen) kann ein neoplastisches Äquivalent ausprägen, was unterschiedliche therapeutische Maßnahmen notwendig macht.

Für die Funktion des adaptiven Immunsystems sind die B-Lymphozyten und die T-Lymphozyten von besonderer Bedeutung.

34.3.2 Antigen-Erkennung durch Lymphozyten

T- und B-Lymphozyten verfügen über Membranrezeptoren, welche die Erkennung von präsentierten Antigenen ermöglichen.

MHC-Restriktion der Antigenerkennung von T-Zellen. Die entscheidende Rolle bei der adaptiven Immunantwort spielen neben den Antigen-präsentierenden Zellen (Makrophagen, dendritische Zellen, B-Lymphozyten) die Lymphozyten. Diese wichtigsten zellulären Bestandteile des Immunsystems kommen in 2 Subtypen, den **T- und B-Lymphozyten** vor. Nach Konvention werden diese Zellen auch als B-Zellen bzw. T-Zellen bezeichnet. Beide Typen von Lymphozyten exprimieren auf ihrer Oberfläche Rezeptoren, die Antigene hochspezifisch erkennen:

B-Lymphozyten erkennen Antigene in ihrer nativen Form über den **B-Zell-Rezeptor-Komplex**, der ein membrangebundenes Immunglobulin enthält.

T-Lymphozyten sind nicht in der Lage, gelöste native Antigene zu erkennen. Sie erkennen über den **T-Zell-Rezeptor-Komplex** nur Peptidfragmente (prozessierte Antigene), die auf MHC-Molekülen Antigen-präsentierender Zellen präsentiert werden sowie fremde (allogene, xenogene) MHC-Moleküle auf fremden Zellen.

Danach besteht die biologische Funktion des MHC-Systems in erster Linie in der Restriktion (Einschränkung) der Antigenerkennung von T-Lymphozyten und der Unterscheidung von Selbst und Nicht-Selbst durch das Immunsystem. Helfer-T-Zellen (TH) sowie zytotoxische T-Zellen (TC) erkennen Antigene nur zusammen mit HLA-Molekülen. Helfer-T-Zellen benötigen dazu MHC-Klasse-II-Moleküle, zytotoxische T-Zellen benötigen MHC-Klasse-I-Moleküle. Im Falle der Abstoßungsreaktionen nach Transplantation werden fremde MHC-Moleküle des Spenders durch das Immunsystem des Empfängers direkt ohne Antigenprozessierung oder indirekt nach Antigenprozessierung und Präsentation durch Empfänger-MHC-Moleküle erkannt. Da es sich hierbei um eine allogene Situation, d.h. eine Beziehung von Molekülen von genetisch unterschiedlichen Individuen einer Spezies handelt, spricht man von **Allo-Erkennung** und **Allo-Reaktivität**.

Nach Erkennung des Antigens in T-Zellen wie in B-Zellen werden unterschiedliche Signalkaskaden ausgelöst, die zur Aktivierung, verstärkter DNA-Synthese und klonaler Proliferation der Lymphozyten führen (◘ Abb. 34.3). Damit wird ein Potential antigenspezifischer Lymphozyten geschaffen, das notwendig ist, um eine effiziente Immunantwort zu erreichen. Gleichzeitig wird ein Potential antigenspezifischer **Gedächtnis**-Lymphozyten erzeugt, das bei nachfolgenden Antigenkontakten schneller und noch effizienter zu reagieren vermag. Man spricht von **Primär-** und **Sekundär**-Immunantwort.

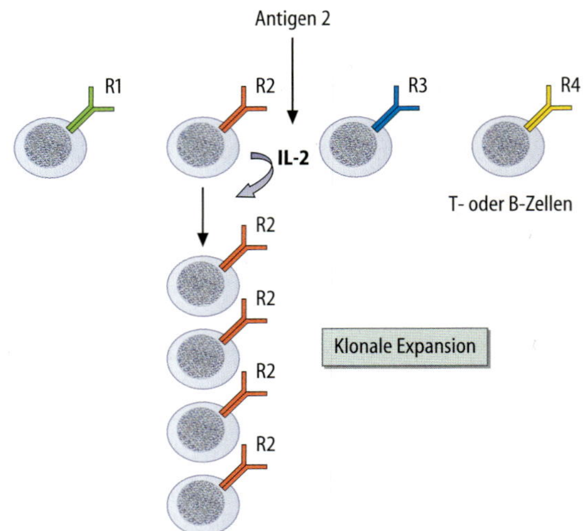

◘ **Abb. 34.3. Die klonale Expansion in der adaptiven Immunantwort.** Die klonale auf das spezielle Antigen ausgerichtete Zellvermehrung von antigenspezifischen T- und B-Zellen bildet die Grundlage für die Schaffung eines ausreichenden Potentials an zellulären Immunprodukten der adaptiven Immunantwort

34.3.3 T-Lymphozyten

> **!** T-Lymphozyten stehen im Zentrum der Immunantwort und können zu T-Helferzellen bzw. zu zytotoxischen oder regulatorischen T-Zellen differenzieren.

T-Zell-Entwicklung im Thymus

Thymus-Funktion. Das Schlüsselereignis im Aufbau eines individuellen kompetenten protektiven Repertoires an T-Zellen ist der Prozess der Positiv- und Negativ-Selektion von T-Zellen in der Thymusdrüse während der Ontogenese (◘ Abb. 34.4). Aus dem Knochenmark in die Thymusdrüse einwandernde Lymphozyten besitzen weder charakteristische T-Lymphozytenantigene noch Antigen-spezifische T-Zell-Rezeptoren (TZR). Nach Expression entsprechender Strukturen erfolgt in der corticalen Zone eine **positive Selektion**, d.h. eine Auswahl solcher T-Lymphozyten, die in der Lage sind, über ihre T-Zell-Rezeptoren Selbst-MHC-Strukturen zu binden. T-Zellen, die dazu nicht in der Lage sind, unterliegen der Apoptose.

In der Medulla erfolgt eine **Negativ-Selektion** solcher T-Lymphozyten, die mit hoher Affinität an Selbst-MHC-

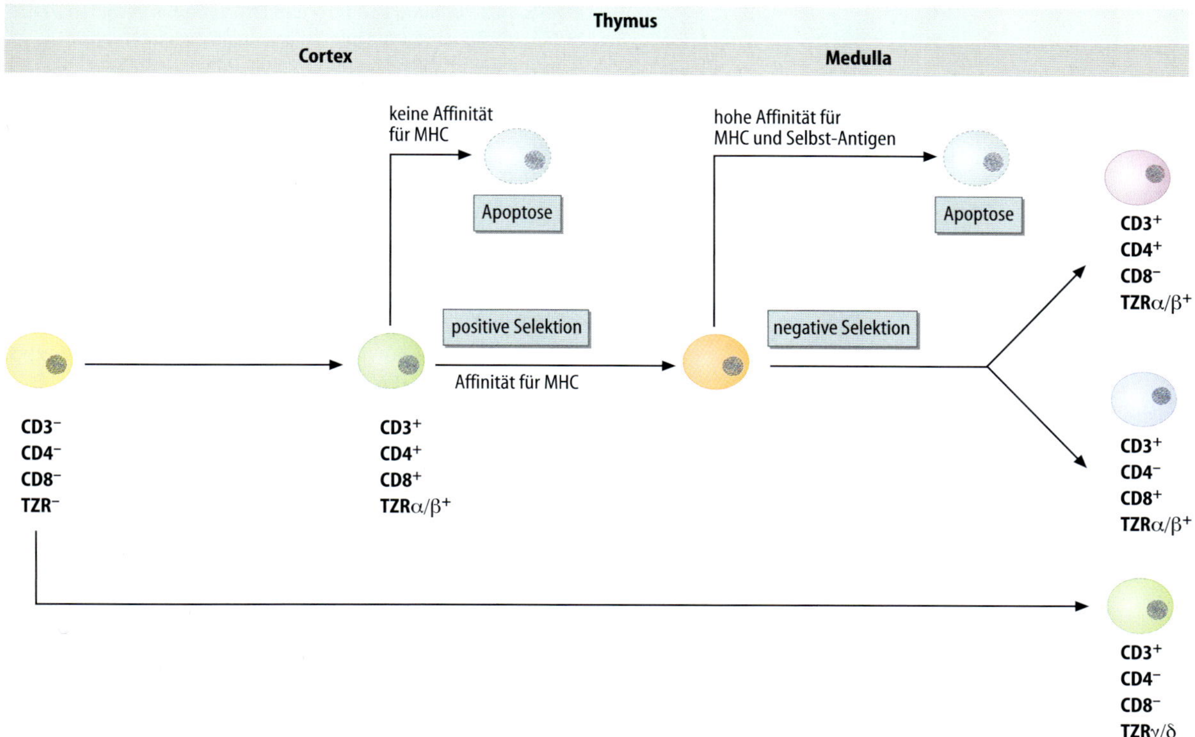

Abb. 34.4. Reifung von T-Lymphozyten im Thymus. T-Lymphozyten erlernen im Thymus die Unterscheidung zwischen Selbst und Nicht-Selbst. Im Cortex werden solche T-Zellen selektioniert, deren T-Zell-Rezeptor (TZR) in der Lage ist, eigene MHC-Moleküle zu erkennen (*positive Selektion*). Allerdings erfolgt während der Medulla-Passage auch eine Eliminierung solcher T-Zellen, die MHC-präsentierte Autoantigene mit hoher Affinität binden. Fehlende Wechselwirkung mit MHC-Molekülen, wie hohe Affinität zu Autoantigenen sind Signale für den apoptotischen Zelluntergang. Etwa 95% der Lymphozyten werden während der Thymuspassage eliminiert. Der überwiegende Teil der in die sekundären lymphatischen Organe einwandernden T-Lymphozyten exprimiert $\alpha\beta$-T-Zell-Rezeptoren. Sie sind entweder CD4- oder CD8-positiv. Etwa 10% der Thymozyten differenzieren zu γ/δ-T-Zell-Rezeptor exprimierenden T-Zellen. Diese besitzen weder CD4- noch CD8-Antigene

Moleküle des Stromas (Epithelzellen, dendritische Zellen, Makrophagen) binden, die mit körpereigenen Antigenen (Autoantigenen) beladen sind. Sie werden ebenfalls der Apoptose zugeführt. Bei diesen Vorgängen überleben weniger als 5% der Thymozyten. Die damit erreichte **immunologische Toleranz** wird als **zentrale Toleranz von T-Lymphozyten** bezeichnet.

Die überwiegende Zahl der im Thymus entstehenden T-Lymphozyten, die in sekundäre lymphatische Organe auswandern, sind CD4- oder CD8-positive TZR-α/β-exprimierende Zellen. 5–10% sind CD4- und CD8-negativ und exprimieren anstelle von α/β-Ketten, γ- und δ-Ketten. Diese T-Zellen werden $\gamma\delta$-T-Zellen (TZR γ/δ) genannt. Neben der spezifischen Erkennung von Antigenen sind diese Zellen auch befähigt als Antigen-präsentierende Zellen zu wirken. Die Liganden dieser T-Zellen sind bisher nicht genau bekannt. Neben so genannten nichtklassischen HLA-Genprodukten werden CD1-Moleküle zusammen mit β_2-Mikroglobulin als Antigen-präsentierende Strukturen für γ/δ-TZR-exprimierende T-Zellen diskutiert. Diese T-Zellen treten besonders häufig in epidermalen Zellen der Schleimhaut und Haut auf. Funktionell werden **CD4-T-Zellen in T-Helferzellen** und **regulatorische T-Zellen** unterteilt. **CD8-T-Zellen** werden **als zytotoxische Zellen** definiert.

Helfer-T-Zellen und regulatorische T-Zellen

CD4⁺-T-Zellen differenzieren zu TH-Zellen und regulatorischen T-Zellen mit unterschiedlichen Cytokinmustern.

TH1- und TH2-Zellen. Naive CD4-T-Zellen bilden nach Antigenkontakt Interleukin-2 (IL-2), das zur Proliferation und Ausprägung des Zelltyps **TH0** führt. Aus dieser Vorläuferzelle entstehen 2 Subpopulationen, die unterschiedliche Cytokine produzieren und an unterschiedlichen Formen der Immunantwort beteiligt sind (Abb. 34.5). T-Zellen, die vorwiegend IL-2, Interferon-γ (IFN-γ) und Tumornekrosefaktor-β (TNF-β) bilden, werden **TH1**-Zellen genannt. T-Zellen, die vorwiegend IL-3, IL-4, IL-5, IL-9, IL-10 und IL-13 produzieren, bezeichnet man als **TH2**-Zellen. Neuerdings sind weitere Populationen, so genannte **immunregulatorische T-Zellen**, mit immunsupprimierender Wirkung beschrieben worden. Die bekannteste Form exprimiert

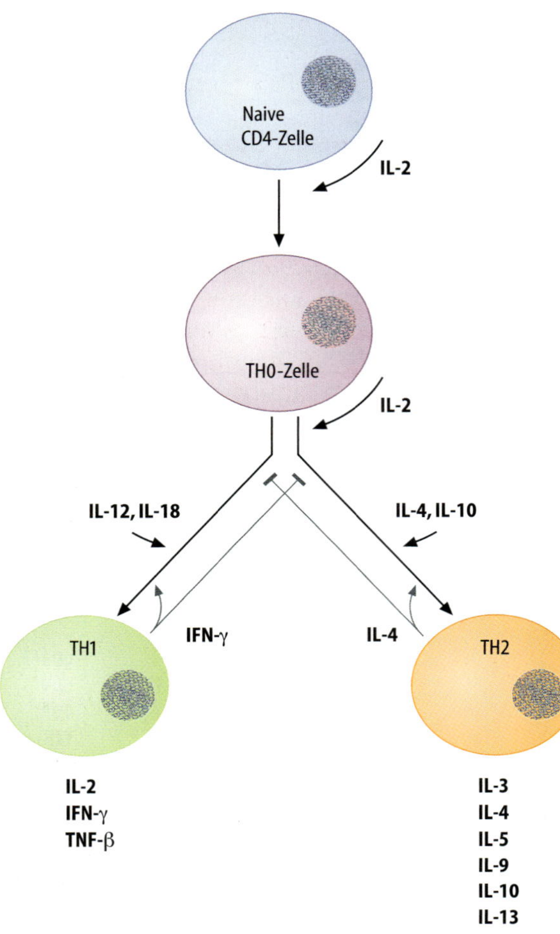

◀ **Abb. 34.5. Bildung von TH1- und TH2-Lymphozyten.** TH1-Zellen bilden sich aus naiven Vorläuferzellen unter Mitwirkung von IL-12, IL-18 und IFN-γ. Letzteres supprimiert die Differenzierung zu TH2-Zellen. Die wichtigsten von TH1-Zellen gebildeten inflammatorischen Cytokine sind IL-2, IFN-γ und TNF-β (Lymphotoxin). TH2-Zellen bilden sich in Gegenwart von IL-4 und IL-10. IL-4 hemmt auch die Differenzierung zu TH1-Zellen. Die wichtigsten von TH2-Zellen gebildeten Cytokine sind IL-3, IL-4, IL-5, IL-9, IL-10 und IL-13. Sie induzieren die humoral mediierte (IgE, IgG_1) allergische Entzündung. Nicht dargestellt ist die Differenzierung zu regulatorischen T-Zellen vom CD4-Typ

CD4 und CD25 sowie den Transkriptionsfaktor **Foxp3**. Sie wirkt über direkten Zellkontakt und ist zur Produktion der immunsuppressiven Cytokine *Transforming Growth Factor-β1* (TGF-β1) und IL-10 befähigt.

Die Differenzierung von TH0-Zellen zu TH1-Zellen wird durch IL-12 und IL-18 (aus Makrophagen) sowie IFN-γ, zu TH2-Zellen dagegen durch IL-4 und IL-10 vermittelt. Gleichzeitig bewirken IFN-γ und IL-4 jeweils die Hemmung der Differenzierung von TH0-Zellen zu TH2- bzw. TH1-Zellen. Ähnliche TH1- bzw. TH2-Cytokinmuster wurden auch an CD8-Zellen beobachtet.

Funktionell induzieren TH1-Zellen und die dort gebildeten Cytokine überwiegend eine zelluläre Immunantwort, TH2-Zellen eher eine Antikörper-abhängige humorale sowie IgE-vermittelte allergische Immunantwort. So sind bei der Lepra im Falle der tuberkulösen Form primär TH1-Zellen und bei der lepromatösen Form vor allem TH2-Zellen für den Krankheitsverlauf verantwortlich.

In Kürze

T-Lymphozyten stehen im Zentrum der Immunantwort:
- Sie erkennen Antigene nur im Kontext mit HLA-Molekülen. CD4-Zellen benötigen MHC-II-Moleküle, CD8-Zellen MHC-I-Moleküle
- Sie reifen im Thymus, wo sie durch positive und negative Selektion die Fähigkeit zur Unterscheidung von Selbst und Nicht-Selbst erlernen (zentrale Toleranz)

Den Thymus verlassende Zellen sind:
- α/β-T-Zell-Rezeptoren tragende CD4-T-Zellen, die Helferzellen genannt werden (TH)
- α/β-T-Zell-Rezeptoren tragende CD8-T-Zellen, die auch zytotoxische T-Zellen genannt werden
- γ/δ-T-Zell-Rezeptoren tragende CD8/CD4-T-Zellen
- CD4-T-Zellen differenzieren während der Immunantwort in TH1- und TH2-Zellen mit unterschiedlichen Cytokinmustern:
- TH1-Zellen entstehen unter Mitwirkung von IL-12 und IL-18 und bilden die inflammatorischen, die zelluläre Immunantwort befördernden Cytokine IL-2, IFN-γ und TNF-β
- TH2-Zellen entstehen unter Mitwirkung von IL-4 und IL-10 und bilden die Cytokine IL-4, IL-5, IL-9, IL-10 und IL-13, die wesentlich an der humoralen Immunantwort beteiligt sind
- Immunregulatorische T-Zellen (Suppressorzellen) haben eine immunsupprimierende Wirkung und bilden TGF-$\beta 1$ und IL-10

34

Molekulare Mechanismen der T-Zell-Aktivierung

Der T-Zell-Antigen-Rezeptor ist mit CD3 assoziiert.

T-Zell-Antigen-Rezeptor-Komplex. Die von MHC-Molekülen präsentierten Antigenpeptide werden von der T-Zelle durch den T-Zell-Rezeptor-Komplex spezifisch erkannt. Der Plasmamembran-ständige T-Zell-Rezeptor ist ein Heterodimer, das über eine Disulfidbrücke verbunden und mit verschiedenen signaltransduzierenden Membranmolekülen, die zusammen als CD3-Komplex bezeichnet werden, assoziiert ist (Abb. 34.6).

Von den T-Zellen benutzen 90–95% eine α- und eine β-Kette im TZR. Der Rest trägt eine γ- und eine δ-Kette. Beide TZR-Formen sind Produkte von Genumlagerungen

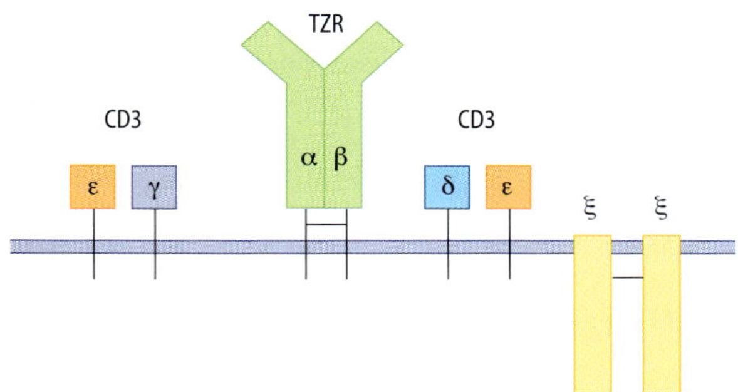

Abb. 34.6. Schematische Darstellung des T-Zell-Rezeptor-Komplexes. Der Antigen-bindende T-Zell-Rezeptor (TZR) kann aus α- und β-Ketten oder aus γ- und δ-Ketten zusammengesetzt sein. Für die Signalweiterleitung nach Antigenbindung sind Strukturen des CD3-Komplexes, bestehend aus den Heterodimeren $\varepsilon\gamma$ und $\delta\varepsilon$ sowie das $\xi\xi$-Homodimer verantwortlich. Diese Strukturen weisen in ihrem cytoplasmatischen Teil ITAM (*immunoreceptor tyrosine-based activation motif*)-Peptidsequenzen auf

(*gene rearrangement*). Diese Genumlagerungen erfolgen in ähnlicher Weise wie die der Immunglobulingene (► Kap. 34.3.4.5). Sie erklären die Vielzahl der möglichen antigenspezifischen T-Zell-Rezeptoren, die für α/β-T-Zell-Rezeptoren auf 10^{15} geschätzt wird. Dabei werden im Falle der β- und δ-Kette diskontinuierliche Gensegmente der variablen (V), diversifizierenden (D), verbindenden (J) und konstanten (C) Regionen rearrangiert. Bei der α- und γ-Kette fehlen die Diversitätsregionen. Die aminoterminale, variable Domäne (VDJ oder VJ) ist hochpolymorph und definiert die Antigenspezifität. Die konstante Domäne (C) ist monomorph. Der TZR α/β oder γ/δ bildet mit dem CD3-Komplex in der Plasmamembran einen signaltransduzierenden Komplex, dessen unterschiedlichen Bestandteilen verschiedene Funktionen zukommen. Die CD3-Komponenten sind für die Signalweiterleitung verantwortlich.

> **!** Die Aktivierung von T-Lymphozyten benötigt mehrere Signale.

Das erste Signal der T-Zell-Aktivierung. Die Aktivierung von T-Lymphozyten ist ein mehrstufiger Prozess. Dies gilt für die Aktivierung von naiven T-Zellen über Antigen-präsentierende Zellen (APZ) ebenso wie für die von T-Effektorzellen durch Zielzellen (Tumor-, Virus-infizierte Zellen). Im Falle der primären Aktivierung von T-Zellen, z.B. in der paracorticalen Zone des Lymphknotens, kommt es zunächst zu einer unspezifischen Wechselwirkung zwischen APZ und T-Zellen über Adhäsionsmoleküle. **Professionelle APZ** wie dendritische Zellen, Makrophagen oder B-Zellen exprimieren z.B. **Adhäsionsmoleküle** der Ig-Superfamilie wie LFA-3 (*lymphocyte function-associated antigen*), ICAM-1 und -2 (*intracellular adhesion molecule*) sowie Integrine wie LFA-1, die mit entsprechenden Strukturen auf der Oberfläche von T-Zellen, wie CD2, LFA-1 sowie ICAM-3 interagieren.

Damit ist die Voraussetzung für die spezifische Aggregation von Antigen-beladenen MHC-Molekülen und T-Zell-Rezeptoren (TZR) auf den entsprechenden Zellen gegeben. Durch diesen Kontakt kommt es zur Stabilisierung der Wechselwirkung der Zellen. Essentiell für die Aktivierung sind die Oberflächenstrukturen CD4 und CD8

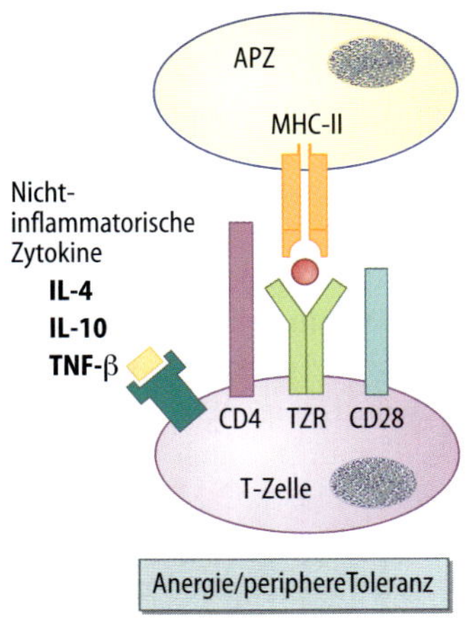

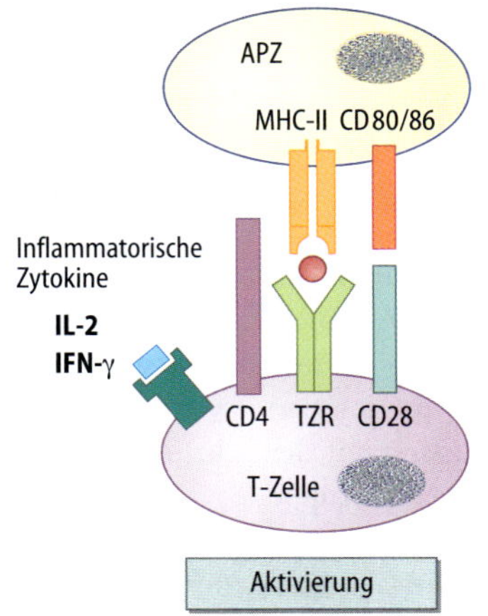

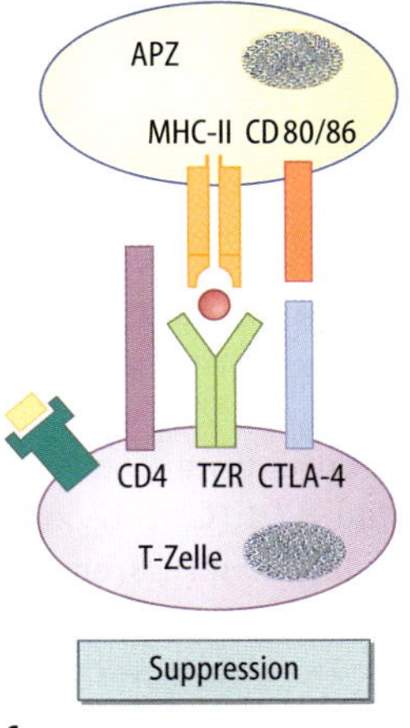

Abb. 34.7a–c. Schematische Darstellung der Schritte der T-Zell-Aktivierung und Terminierung der T-Zell-Immunantwort. a Der erste Schritt ist die Ausbildung eines dreidimensionalen Komplexes zwischen MHC, Antigenpeptid und T-Zell-Rezeptor (TZR) unter Mithilfe von CD4 (oder CD8) und Adhäsionsmolekülen (in der Abb. nicht dargestellt). Diese Wechselwirkung ist notwendig, aber nicht hinreichend. Ohne weitere Signale erfolgt keine Immunantwort (Anergie, periphere Toleranz). **b** Professionelle Antigen-präsentierende Zellen exprimieren B7-Moleküle (CD80/CD86), die als Liganden von CD28 auf T-Zellen das 2. Aktivierungssignal liefern. Durch inflammatorische Cytokine wie IL-2 oder IFN-γ wird der Restriktionspunkt G_1/S im Zellzyklus überwunden und die T-Zelle in die Mitosephase überführt. Ein weiteres Aktivierungssignal wird durch die Wechselwirkung von ICOS (*inducible costimulator*) auf T-Zellen und B7RP-1 auf Antigen-präsentierenden Zellen (APZ) bereitgestellt (nicht dargestellt). **c** Mit der Aktivierung wird auf T-Zellen CTLA-4 induziert, das mit CD80/86 um die Bindung zu CD28 konkurriert. CTLA-4-Wechselwirkung mit CD80/86 führt zur Suppression der Proliferation und damit zur Terminierung der T-Zell-Aktivierung

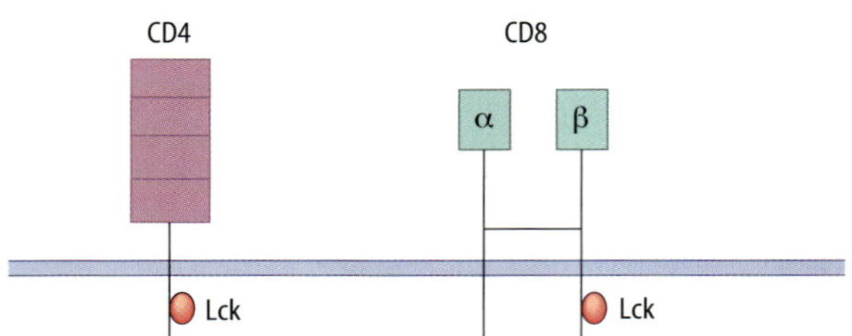

Abb. 34.8. Schematische Darstellungen der Strukturen der Corezeptoren CD4 und CD8. Die beiden N-terminalen Domänen von CD4 binden an MHC-II-Moleküle. CD8 besteht aus einem über eine Disulfidbrücke verbundenen Heterodimer. Die Ig-Domäne tritt in Wechselwirkung mit MHC-I-Strukturen auf Antigen-präsentierenden Zellen. Der cytoplasmatische Teil beider Corezeptoren ist konstitutiv mit der Tyrosinkinase Lck assoziiert. CD4 wie CD8 sind auch Rezeptoren für HI-Viren

der T-Zellen, die mit MHC-II- bzw. MHC-I-Molekülen direkt in Wechselwirkung treten (Abb. 34.7a).

CD4 ist ein einkettiges, aus 4 Ig-ähnlichen Domänen aufgebautes Membranmolekül, **CD8** ist ein aus einer α- und einer β-Kette bestehendes und über eine Disulfidbrücke verbundenes Heterodimer mit jeweils einer Ig-ähnlichen Domäne. Beide MHC-Liganden besitzen cytoplasmatische Domänen, an die sich die Tyrosinkinase **Lck** anlagern kann (Abb. 34.8). Sie ist für einen der ersten Schritte der Signalweiterleitung bei der T-Zellaktivierung verantwortlich.

Mit der Ausbildung des dreidimensionalen Komplexes zwischen MHC, Antigenpeptid, TZR und CD4 oder CD8 ist das 1. Signal für die Aktivierung von T-Zellen generiert. Allerdings genügt dieses Signal nicht, um eine Zellvermehrung auszulösen. Ohne weitere Signale verbleibt die T-Zelle trotz Antigenkontakt im Zustand der **Anergie**. Dieser Zustand wird als **periphere Immuntoleranz** bezeichnet und schützt neben der **zentralen Immuntoleranz** gesundes Gewebe vor einer autoimmunologischen Zerstörung.

34

Das 2. und 3. Signal der T-Zell-Aktivierung. Das 2. Signal (costimulatorisches Signal) wird durch professionelle APZ über ein B7-Molekül vermittelt, das zu einer Gruppe verwandter Glycoproteine gehört. Die bekanntesten sind **B7.1** (**CD80**) und **B7.2** (**CD86**). Ihr Ligand auf der T-Zelle ist **CD28**, ein konstitutiv exprimiertes, zur Gruppe der Ig-Superfamilie gehörendes Membranprotein.

Durch das 2. Signal werden T-Zellen in die G_1-Phase des Zellzyklus überführt. Die Überwindung des Restriktionspunkts G_1/S des Zellzyklus erfolgt unter Mithilfe inflammatorischer Cytokine wie IL-2, die über spezifische Rezeptoren auf die T-Zelle wirken (► Kap. 25.8.5). Aktivierte T-Zellen sind in der Lage, sowohl IL-2 als auch dessen Rezeptorstruktur vermehrt zu bilden. Mit diesem 3. Signal wird die klonale Proliferation eingeleitet (Abb. 34.7b).

CTLA-4-Wechselwirkung mit CD80/86 liefert ein negatives Signal.

Terminierung der T-Zellaktivierung. Mit der Aktivierung der T-Lymphozyten wird auf diesen eine weitere Oberflächenstruktur, **CTLA-4** (*cytotoxic T lymphocyte antigen*), exprimiert. CTLA-4 hat eine ähnliche Struktur wie CD28, bindet allerdings Mitglieder der B7-Familie mit wesentlich höherer Affinität. Im Gegensatz zu CD28 liefert CTLA-4 ein negatives Signal an die T-Zellen. Damit werden weniger inflammatorische Cytokine und deren Rezeptoren gebildet und die Immunantwort supprimiert (Abb. 34.7c). Die Bedeutung von CTLA-4 für die Terminierung der T-Zellaktivierung wird auch dadurch deutlich, dass Mäuse, in denen das CTLA-4-Gen ausgeschaltet ist, eine massive Lymphozytenproliferation aufweisen. Inzwischen wird CTLA-4 auch als Immunsuppressivum in der Behandlung von Autoimmunkrankheiten und Transplantatabstoßungen erprobt.

Signalübertragung in T-Lymphozyten

Molekulare Mechanismen der Signalübertragung in T-Zellen. Die ersten Schritte der T-Zellaktivierung (Abb. 34.9) nach Antigenbindung sind verbunden mit einer Aggregation von Substrukturen des TZR-CD3-Komplexes, CD4 (oder CD8) und CD45, einer Tyrosinphosphatase, in der Plasmamembran. Durch die räumliche Annäherung können die an der cytoplasmatischen Domäne der Corezeptoren CD4 und CD8 angelagerte Tyrosinkinase Lck und die am CD3ξ-Komplex angelagerte cytoplasmatische Tyrosinkinase Fyn durch CD45, eine Phosphatase, dephosphoryliert und dadurch aktiviert werden. Lck und Fyn katalysieren die Phosphorylierung der cytoplasmatischen Domänen von CD3ε und das ξ-Protein. Die so veränderten Strukturbereiche sind Bindungsstellen (Motive) für ZAP-70 (ξ-assoziiertes Protein 70). Derartige Tyrosin-phosphorylierte Sequenzen werden **ITAMs** genannt (Immunorezeptor-Tyrosin-abhängige Aktivierungs-Motive). An ITAMs gebundenes ZAP-70 wird mit Hilfe von Fyn und Lck durch Phosphorylierung aktiviert. Die Aktivierung von ZAP-70 ist die Initialreaktion zur Auslösung folgender Signalkaskaden, dem **Ras/Fos-Weg** und der Aktivierung der **Phospholipase Cγ** die im **Inositol-Trisphosphat-Weg** und im **Diacylglycerin/PKC-Weg** münden (► Kap. 25). **Ras** aktiviert über MAP-Kinasen Fos, eine Komponente des Transkriptionsfaktors AP-1.

Inositol-Trisphosphat bewirkt eine Ca^{2+}-Mobilisierung aus intra- und extrazellulären Ressourcen, was zu einer Aktivierung der Proteinphosphatase Calcineurin (► Kap. 25.4.5, 9.2.1) führt. Die Dephosphorylierung von NFAT-1 (*nuclear factor of activated T cells*) durch Calcineurin führt zu einer Translokation von NFAT-1 in den Zellkern. Im Zellkern bindet NFAT-1 an AP-1 und bildet so einen aktiven Transkriptionsfaktor.

Diacylglycerin aktiviert die Proteinkinase C, die eine zentrale Rolle in der Induktion des Transkriptionsfaktors **NFκB** spielt.

Alle drei genannten Transkriptionsfaktoren sind für die Anschaltung der Produktion von Cytokinen und/oder

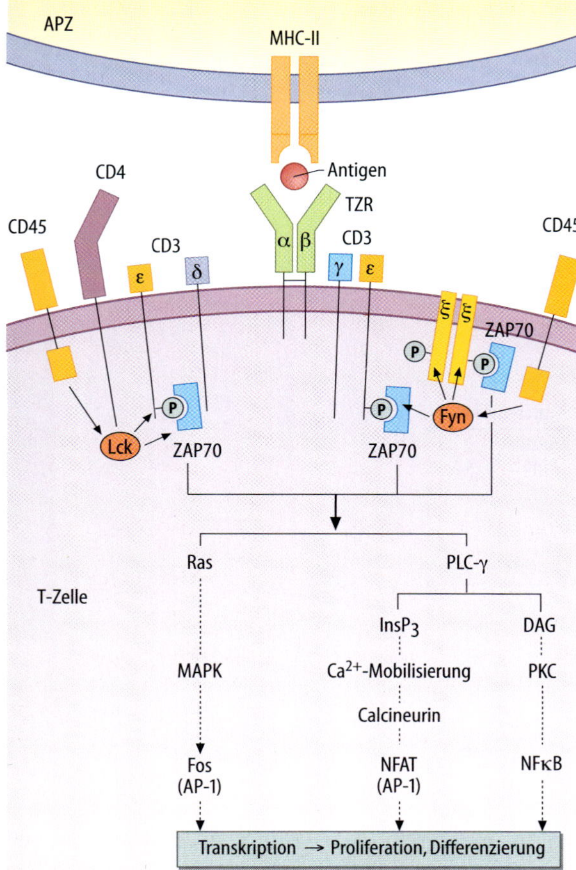

Abb. 34.9. Molekulare Mechanismen der Signalübertragung im T-Lymphozyten. Die Bindung des MHC-Antigenpeptids an den TZR-CD3-Komplex bewirkt eine Aggregation von Adhäsionsstrukturen und Corezeptoren (CD4 bzw. CD8), einschließlich CD45. Dies führt zur Dephosphorylierung und Aktivierung der CD4-(CD28-)assoziierten Tyrosinkinase Lck und der ξ-assoziierten Tyrosinkinase Fyn. Lck und Fyn phosphorylieren Tyrosin-Reste im cytoplasmatischen Teil von CD3ε sowie ξ. Die so veränderten Strukturen (ITAMs) sind Bindungsmotive für ZAP70. ZAP70 wird durch Lck und Fyn mittels Phosphorylierung aktiviert. Diese Aktivierung ist die Initialreaktion zur Einleitung von 3 Signalkaskaden. Durch Aktivierung der PhospholipaseC-γ entstehen aus Phosphatidylinositol Diacylglycerin (DAG) und Inositoltriphosphat ($InsP_3$), die Ausgangsstrukturen für 2 unterschiedliche Signalwege sind. Parallel dazu wird Ras, ein GTP-bindendes Protein aktiviert, das die Aktivierung von Fos bewirkt, welches mit Jun zusammen den Transkriptionsfaktor AP-1 bildet. Die drei Transkriptionsfaktoren Fos, NFAT und NFκB aktivieren die Expression von Genen, die die Voraussetzung für die Vermehrung und Differenzierung von T-Zellen sind. IL-2 als T-Zell-Wachstumsfaktor spielt hier eine Schlüsselrolle. Allerdings ist für die Produktion von IL-2 die Costimulation über CD28 essentiell. AP-1 = *activator protein-1;* MAPK = *mitogen activated protein kinase*; NFκB = *nuclear factor κB*; NFAT = *nuclear factor of activated T cells*

die Aktivierung von Effektorzellen (CD8-Zellen) wichtig. Über wachstumsstimulierende Cytokine, wie IL-2, werden T-Zellen in die S-Phase des Zellzyklus überführt und die klonale Proliferation eingeleitet. Manche Hemmstoffe der Immunantwort wie Cyclosporin A oder FK506 wirken über

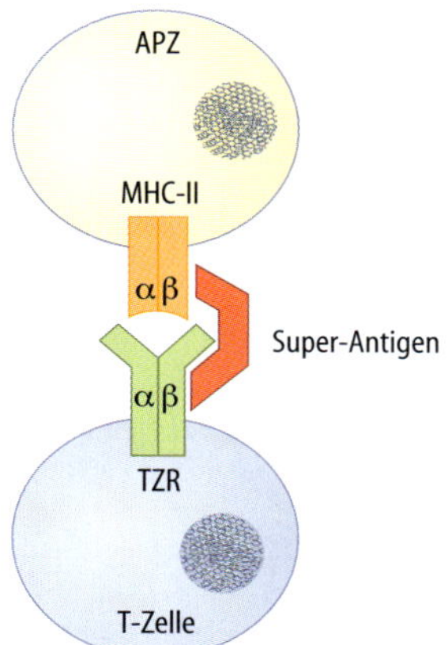

Abb. 34.10. Aktivierung von T-Zellen durch Superantigene. Superantigene werden nicht zur Antigenpräsentation durch Proteasen prozessiert. Sie binden als intaktes Antigen einerseits an die β-Kette des TZR-CD3-Komplexes und andererseits an die β-Kette der MHC-Klasse-II-Moleküle Antigen-präsentierender Zellen (APZ). Mit dieser Verbrückung leiten sie die T-Zell-Aktivierung ein

die Hemmung von Calcineurin im Sinne einer spezifischen Suppression der IL-2-Produktion.

Superantigene

! Superantigene werden ohne Prozessierung den T-Zellen präsentiert.

Superantigene. Normale Antigene werden nach Prozessierung als Peptide in der Grube des variablen Teils der HLA-Moleküle präsentiert. **Superantigene** sind bakterielle, retrovirale, aber auch endogene Produkte, die in ihrer nativen Form ohne Prozessierung direkt an weniger variable Bereiche der β-Kette des TZR und des MHC-II-Moleküls, außerhalb der klassischen Antigen-Bindungsstelle, binden (Abb. 34.10). Sie stimulieren sowohl naive wie Gedächtnis-T-Zellen. Im Gegensatz zur normalen Immunantwort, in die 0,01–0,0001% der T-Zellen einbezogen werden, sind es bei den Superantigenen 5–30%. Die bekanntesten Superantigene stammen aus Streptokokken und Staphylokokken. Die mit der polyklonalen Aktivierung des Immunsystems verbundene, extrem erhöhte Cytokinproduktion ist für die mit Superantigeninfektionen verbundenen Schockzustände verantwortlich.

Zytotoxische T-Zellen in der adaptiven Immunantwort

! Zytotoxische T-Zellen greifen Zellen mit extrazellulären und intrazellulären Fremdstrukturen an.

Zytotoxische T-Zellen in der adaptiven Immunantwort. Während CD4-positive TH-Zellen (T-Helfer-Zellen) ihre Hauptfunktion in der Helferfunktion und der Produktion spezieller Cytokine haben, wirken CD8-positive T-Zellen in der adaptiven Immunantwort vorwiegend als zytotoxi-

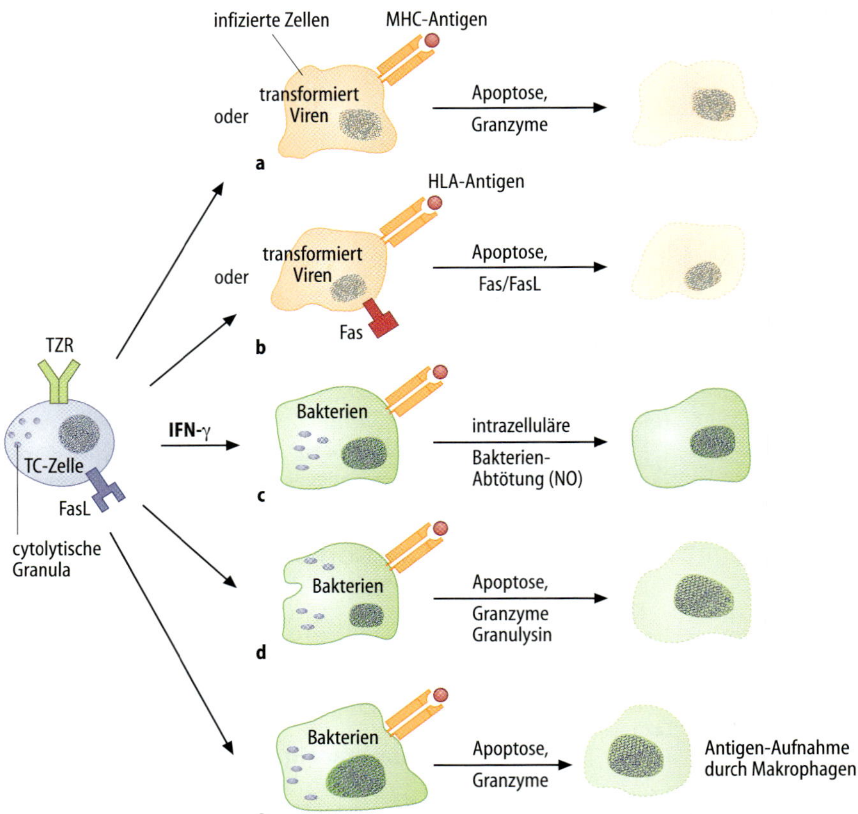

Abb. 34.11a–e. Mechanismen der zellulären Zytotoxizität von TC-Zellen. Die Wirkung von TC-Zellen besteht in der direkten antigenspezifischen Zytolyse von virusinfizierten Zellen oder transformierten Zellen, z.B. Tumorzellen durch Perforin und Granzyme (**a**) oder über die Wechselwirkung zwischen Fas und Fas-Ligand (**b**). In beiden Fällen kommt es zur Aktivierung von Caspasen und damit zur Apoptose der Zielzellen. Auch Zellen, die intrazelluläre Antigene aufweisen, werden von TC-Zellen angegriffen. Intrazelluläre Bakterien können durch IFN-γ induziertes NO abgetötet werden, ohne dass die Zelle zerstört wird (**c**). Daneben können Bakterien enthaltende Makrophagen in die Apoptose überführt und die frei werdenden Bakterien durch Granulysin (**d**) und/oder durch aktivierte Makrophagen (**e**) abgetötet werden

sche T-Zellen (TC-Zellen, *cytotoxic T cells*). Die Wirkung von zytotoxischen Effektor-T-Zellen besteht:

- in der direkten Antigen-spezifischen Zytolyse von virusinfizierten Zellen, Tumorzellen oder anderen veränderten körpereigenen Zellen
- in der antigenspezifischen Zytolyse von Makrophagen, in denen sich Bakterien vermehren sowie
- in der direkten oder indirekten Abtötung von intrazellulären Bakterien, ohne dass die Wirtszelle zerstört wird

Hinsichtlich der Zytolyse können 2 Mechanismen unterschieden werden. In beiden Fällen wird die Zielzelle durch TC-Zellen über den Vorgang der **Apoptose** zerstört. Im ersten Fall erfolgt dies durch die Freisetzung von Inhaltsstoffen **zytolytischer Granula** der TC-Zellen. Dabei wirkt zunächst **Perforin** als porenbildendes Protein in der Plasmamembran, gefolgt von **Kathepsin** C, das zur Aktivierung von **Granzymen** führt. Die Apoptose selbst wird durch die Aktivierung von **Caspasen** (► Kap. 7.1.5) durch aktivierte Granzyme eingeleitet.

Im zweiten Fall wird die Induktion der Apoptose durch die nichtkonstitutive Expression von **Fas (CD95, Apo-1)** auf aktivierten Zellen des Organismus und dessen Wechselwirkung mit **Fas-Ligand** bewirkt (► Kap. 7.1.5).

Der Apoptose-Rezeptor Fas (CD95, Apo-1) ist ein 45-kDa-Protein, das konstitutiv auf Immunzellen, auf Zellen der Leber, Lunge und Nieren exprimiert wird. Auf anderen Zellen, z.B. den β-Zellen der Langerhans-Inseln des Pankreas erfolgt dies unter den Bedingungen einer Entzündung (Insulitis) oder einer Autoimmunerkrankung (Diabetes mellitus Typ I) und führt zum Absterben der β-Zellen durch Apoptose.

Der Fas-Ligand (Fas-L) ist ein 40-kDa-Typ-II-Membran-Protein, das zur TNF-α-Familie gehört. Es wird auf aktivierten T-Lymphozyten exprimiert und spielt zusammen mit Fas eine zentrale Rolle bei der Homöostase des Immunsystems. Die nicht konstitutive Expression von Fas auf Zellen verschiedener Organe ist ein wichtiger pathogenetischer Mechanismus von organspezifischen Autoimmunerkrankungen, wie Diabetes mellitus Typ I oder multipler Sklerose.

Neben der zytolytischen Wirkung von zytotoxischen T-Zellen (TC-Zellen) auf Virus-, Tumor- oder Autoantigen- bzw. Fas-exprimierende Zellen sind TC-Zellen auch an der spezifischen **antibakteriellen Abwehr** beteiligt (Abb. 34.11a–e). Bakterien können indirekt durch IFN-γ-induzierte intrazelluläre Abwehrmechanismen (z.B. NO) abgetötet werden (Abb. 34.11c), ohne dass die Wirtszelle zerstört wird. Alternativ besteht die Möglichkeit der Perforin-eingeleiteten Zytolyse, bei der das in den zytotoxischen Granula vorkommende antimikrobiell wirkende **Granulysin** die Abtötung der Bakterien übernimmt (Abb. 34.11d). Granulysin gehört zur Gruppe der Saponin-ähnlichen Proteine. Es ähnelt den in NK-Zellen vorkommenden NK-Lysinen. Granulysin bindet an Lipidbestandteile von Bakterienmembranen und aktiviert die Glucosylceramidase sowie die Sphingomyelinase. Das dabei gebildete Ceramid wirkt apoptotisch.

Schließlich können intrazellulär vorkommende Bakterien durch Zytolyse freigesetzt und durch aktivierte Makrophagen aufgenommen und abgetötet werden (Abb. 34.11e).

Antikörperabhängige zelluläre Zytotoxizität (ADCC, *antibody dependent cellular cytotoxicity*). Auch Antikörper wirken an adaptiven Zytolysemechanismen mit, ohne dass T-Zell-Rezeptoren benötigt werden. Über Fc-Rezeptoren werden Antikörper an T- oder B-Zellen sowie Makrophagen gebunden. Die Wechselwirkung von mit Antikörpern bewaffneten Immunzellen mit Zielzellen führt zu einem zytolytischen Signal in der Zielzelle. Man spricht von einer antikörperabhängigen zellulären Zytotoxizität (ADCC). Dabei erfolgt über Antikörper eine Kopplung der unspezifischen und spezifischen Immunreaktion.

In Kürze

Der T-Zell-Antigen-Rezeptor-Komplex besteht aus:
- einem Plasmamembran-ständigen α/β-Ketten-Heterodimer oder einem γ/δ-Ketten-Heterodimer, das spezifisch Antigene erkennt sowie
- einem CD3-Komplex, bestehend aus ε/γ- und ε/δ-Heterodimeren und
- einem $\xi\xi$-Homodimer, die die Signalweiterleitung in die Zelle nach Antigenbindung übernehmen

Die antigenspezifische Aktivierung von T-Lymphozyten führt zur klonalen Proliferation. Wesentliche Teilschritte sind die:
- unspezifische Wechselwirkung zwischen Antigen-präsentierenden Zellen und T-Zellen über Adhäsionsmoleküle, einschließlich CD4 und MHC-II sowie CD8 und MHC-I
- spezifische Wechselwirkung von MHC-I- oder MHC-II-präsentierten Antigenpeptiden mit dem T-Zell-Rezeptor
- Wechselwirkung über die costimulatorischen Strukturen CD28 auf T-Zellen und B7 (CD80/86) auf Antigen-präsentierenden Zellen
- Überwindung des Restriktionspunkts G_1/S und Einleitung der Proliferation mit Hilfe von Cytokinen, z.B. IL-2

Die Signalübertragung in T-Zellen erfolgt über CD3ε und ξ. Wesentliche Schritte sind die:
- Dephosphorylierung der Tyrosinkinasen Lck und Fyn
- Phosphorylierung von CD3ε und ξ, Bildung von ITAMs und Anlagerung von ZAP-70
- Phosphorylierung und Aktivierung von ZAP-70 durch Fyn und Lck

Initiierung der Signalkaskaden Ras/Fos-Weg, Inositol-Trisphosphat-Weg und Diacylglycerol/PKC-Weg,
- Anschaltung der Produktion von Cytokinen (IL-2)

Die Aktivierung wird terminiert durch die Wechselwirkung von CD28 und CTLA-4.

Superantigene sind mikrobielle oder endogene Produkte, die ohne Prozessierung direkt mit weniger variablen Bereichen der β-Kette des TZR und HLA-II-Molekülen reagieren und zur massiven T-Zell-Proliferation und extrem erhöhter Cytokinproduktion führen.

Zytotoxische Lymphozyten (TC) greifen Zellen mit extrazellulär und intrazellulär exprimierter Fremdstruktur an. TC-Zellen bewirken:
- eine antigenabhängige, spezifische Lyse von z.B. virusinfizierten Zellen
- eine antigenspezifische Lyse von Makrophagen, die intrazellulär Bakterien enthalten
- eine direkte oder indirekte Abtötung von intrazellulären Bakterien und Viren

Der Hauptmechanismus der Zytolyse ist die Apoptose. Sie wird erreicht durch:
- Granula-Inhaltsstoffe von T-Zellen wie Granzymen und Kathepsin C
- Fas-/Fas-Ligand-Wechselwirkung

Die Abtötung der Mikroorganismen erfolgt durch:
- NO
- Granulysin
- nach zytolytischer Freisetzung durch aktivierte Makrophagen

Die antikörperabhängige zelluläre Zytotoxizität (ADCC, *antibody dependent cellular cytotoxicity*) ist unabhängig vom TZR und nutzt zur Antigenerkennung Fc-Rezeptor-gebundene Antikörper. Die Zytolysemechanismen sind die gleichen wie oben beschrieben.

34.3.4 B-Lymphozyten

Aufbau und Vorkommen von Antikörpern

! Antikörper sind die Moleküle, die die humorale Immunantwort durch Erkennung und Bindung von Antigenen einleiten.

Antikörper zirkulieren als Produkte von Plasmazellen im Blut. Auf der Oberfläche von allen B-Lymphozyten, an der sie über eine Transmembransequenz fixiert sind, fungieren sie als Membranrezeptoren für Antigene (► Kap. 34.2.1).

Lösliche Antikörper des Bluts sind bei der elektrophoretischen Auftrennung der Plasmaproteine in der γ-Globulinfraktion nachweisbar und werden deshalb auch als **Immunglobuline** bezeichnet.

Die in der Elektrophorese einheitliche Fraktion der γ-Globuline lässt sich durch Immunelektrophorese (► Kap. 29.6.2) in 5 Hauptfraktionen auftrennen, die zwar einen prinzipiell gleichen Aufbau zeigen, sich aber durch die Aminosäuresequenz einzelner Abschnitte (und damit in der Konformation), ihrem Kohlenhydratgehalt, ihren Molekularmassen, ihren Sedimentationskoeffizienten und ihren biochemischen Funktionen unterscheiden (► Kap. 34.3.4.3). Sie werden als IgG, IgA, IgM, IgD und IgE bezeichnet (Tabelle 34.3).

! Die Grundstruktur der Immunglobuline besteht aus 2 leichten und 2 schweren Ketten.

Grundstruktur der Immunglobuline. Das Immunglobulin G, das als Prototyp der Antikörper gilt, ist ein symmetrisch gebautes, vierkettiges Protein, dessen Untereinheiten durch **nicht-covalente Bindungen und Disulfidbrücken** zusammengehalten werden. Nach Lösung dieser Bindungen (durch Mercaptoethanol und Harnstoff) entstehen 2 Kettenpaare, die aufgrund ihrer unterschiedlichen Molekularmassen als schwere (*heavy* oder H) und leichte (*light* oder L) Ketten bezeichnet werden (Abb. 34.12). Wird das Immunglobulin einer proteolytischen Spaltung (z.B. mit Papain, einer pflanzlichen Protease) unterzogen, so entstehen 3 Bruchstücke, von denen sich 2 jeweils aus der L-Kette und dem N-terminalen Ende der H-Kette zusammensetzen: Sie heißen Fab-Fragmente, da an diesem Teil des Moleküls das Antigen gebunden wird (Fab = Fragment, das das Antigen bindet). Das 3. ist das Fc-Fragment (c deshalb, weil es leicht kristallisierbar ist), ein Glycoprotein, das abhängig vom Isotyp mindestens 2 jeweils verzweigte Ketten aus etwa 9 Hexoseresten enthält. Es bestimmt die Klasse (IgG, IgA etc.), die Halbwertszeit, die Komplementfixierung sowie die Plazentapassage und dient wegen seiner Fähigkeit der Komplementfixierung vorwiegend der zweiten, wichtigen Funktion der Antikörper, nämlich der Aktivierung der Abwehrmechanismen. IgG hat an seiner H-Kette nur eine N-gebundene Kohlenhydratkette, alle anderen Isotypen mindestens 5, die sich über alle CH- Domänen verteilen.

Das IgG-Molekül besitzt eine Y-förmige Gestalt, wobei die beiden Schenkel des Ypsilons (die Fab-Fragmente)

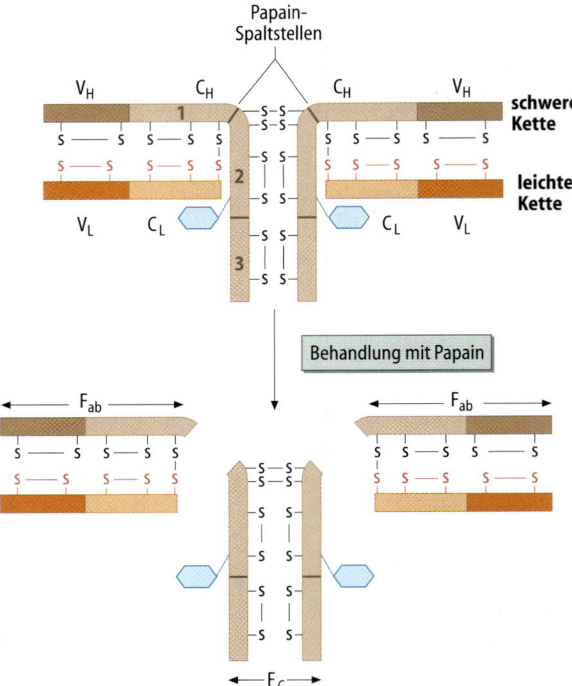

Abb. 34.12. Aufbau eines Antikörpers der IgG-Klasse. Die Ketten sind über nicht-covalente Bindungen sowie drei Disulfidbrücken miteinander verbunden. Auch innerhalb einer Kette werden jeweils in einer Homologieregion (V_L, C_L, V_H, C_{H1}, C_{H2}, C_{H3}) Disulfidbrücken ausgebildet. Aufspaltung mit Papain führt zu zwei Fab- und einem Fc-Fragment. Blau hervorgehoben ist der Kohlenhydratanteil. Die variablen Bereiche bestimmen die Spezifität der antigenbindenden Stelle. Da der Antikörper 2 Fab-Fragmente besitzt, ist er bivalent. IgM besitzt 4 C_H-Domänen (C_{H1}–C_{H4}, nicht gezeigt)

Tabelle 34.3. Die Immunglobuline des Humanserums

	IgG	IgA	IgM	IgD	IgE
Molekularmasse	150 kDa	160 kDa (+ Aggregate)	900 kDa (+ Aggregate)	184 kDa	190 kDa
Schwere Ketten	γ	α	μ	δ	ε
Leichte Ketten	κ/λ	κ/λ	κ/λ	κ/λ	κ/λ
Gesamtkohlenhydrate [%]	2,9	7,5	10,9		10,7
Gehalt im Normalplasma [g/l]	8–18	0,9–4,5	0,6–2,8	0,003–0,4	$1–14 \times 10^{-4}$

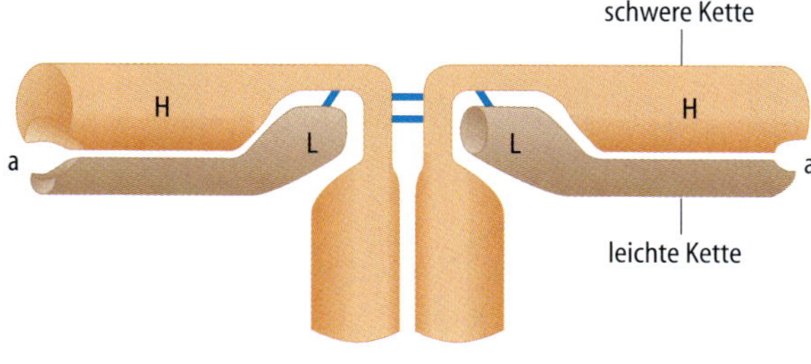

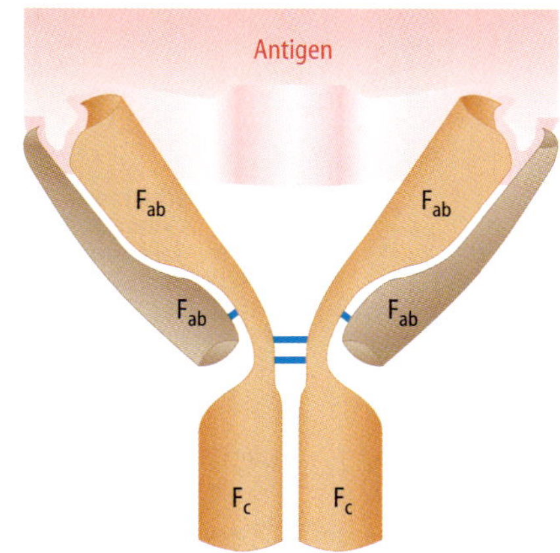

Abb. 34.13. Flexibilität von Antikörpern durch freie Drehbarkeit ihrer Schenkel (Y-Modell). Fab Antigen bindendes Fragment; **a** Bindungsstelle für Antigen; Fc kristallisierbares Fragment; Disulfidbrücken sind in blau dargestellt

durch die L-Ketten und Teile der H-Ketten gebildet werden. Die Fab-Fragmente sind frei schwenkbar (!) und tragen an den beiden Enden Bindungsstellen für das Antigen (Abb. 34.13).

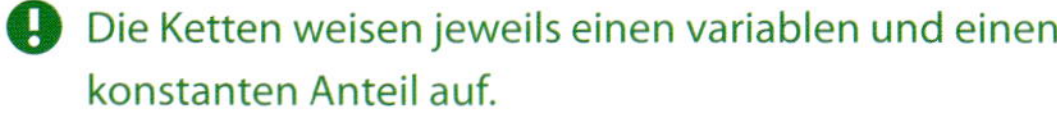

Die Ketten weisen jeweils einen variablen und einen konstanten Anteil auf.

H- und L-Ketten aller Immunglobuline besitzen einen invariablen (konstanten) carboxylterminalen und einen variablen Teil. Bei L-Ketten macht der variable Teil 108 von 211–221 Aminosäureresten aus, bei H-Ketten sind dies 110 von 440 Aminosäuren. Die Ketten zeigen untereinander und in einzelnen Abschnitten derselben Kette Homologien: So sind die konstanten Regionen der leichten und schweren Ketten einander homolog, die konstante Region der H-Kette besteht aus drei, bei IgM vier Abschnitten (C_{H1}, C_{H2}, C_{H3}, C_{H4}), die untereinander und zu den konstanten Regionen der leichten Ketten (C_L) homolog sind. Jede Homologieregion besitzt eine intrapeptidische Disulfidbrücke und wird als **Ig-Domäne** bezeichnet.

Funktion von Immunglobulinen

Die einzelnen Domänen in Immunglobulinen besitzen unterschiedliche Funktionen.

Die Domänen ordnen sich in 2 Ebenen **antiparalleler Faltblattstrukturen** an, die einen hydrophoben Kern abschirmen und über eine Disulfidbrücke verbunden sind. Die V-Regionen je einer L- und einer H-Kette bilden zusammen einen sich nach oben erweiternden Spalt in den das Antigenmolekül über spezifische **Haftstellen** eingelagert wird.

Den Domänen können unterschiedliche Funktionen zugeordnet werden: der V-Region die Antikörperspezifität, der C-Region z.B. die Komplementaktivierung (▶ Kap. 34.4) und die Plazentagängigkeit des Immunglobulin G.

Die Übergangsregionen zwischen den Domänen, die sog. *Switch*- oder Umstellregionen zwischen V- und C-Teil sowie die sog. *Hinge*- oder Scharnierregionen, die Fab und Fc verbinden (bzw. C_{H1} und C_{H2}), weisen eine große Flexibilität der Konformation auf, welche eine Vielzahl möglicher räumlicher Anordnungen des Gesamtmoleküls erlaubt.

Wechselwirkungen von Antigenen mit den hypervariablen Regionen der Antikörper werden durch nichtcovalente Bindungen bestimmt.

Domänenstruktur der Immunglobuline. Antikörper binden Antigene, deren Oberflächen komplementär zu denen der Antikörper sind. Bei kleineren Antigenen, wie Haptenen, erfolgt die Bindung in der Vertiefung zwischen H- und L-Ketten. Bei großen Antigenen, wie Proteinen, die eine ähnliche Dimension wie die Antikörper selbst haben können, erfolgt die Bindung über ausgedehnte Kontaktstellen auch planar.

Innerhalb der variablen Teile der Immunglobuline unterscheidet man so genannte **hypervariable Regionen**. Die hypervariablen Regionen der schweren und leichten Ketten bilden jeweils gemeinsame hypervariable Domänen, die die Antigenbindungsstellen repräsentieren. Da die Oberflächenstrukturen der antigenbindenden Regionen komplementär zu denen der Antigene sind, werden diese für die H- und L-Ketten als CDR_1-, CDR_2- und CDR_3-Regionen (Komplementarität determinierende Region) bezeichnet.

Da die Bindung des Antikörpers an das Antigen möglichst schnell ablaufen soll, darf die Energie der auszubildenden Bindung nicht allzu hoch sein. Erst die räumliche Anordnung von Wasserstoffbrückenbindungen und hydrophoben Wechselwirkungen bringt die erforderliche Spezifität der Bindungsstelle des Antikörpers hervor.

Durch den Besitz mehrerer Bindungsstellen kann der Antikörper mit 2 Antigenmolekülen in Wechselwirkung treten. Das ist von großem Vorteil bei der Abwehr von Mikroorganismen, die auf ihrer Oberfläche eine Fülle identischer Antigene besitzen. So können in Gegenwart spezifischer Antikörper größere Aggregate (Präzipitate, Agglutinate) entstehen, die über Antikörperbrücken verbunden sind und von Granulozyten und Makrophagen besser phagozytiert werden.

Antikörper neutralisieren Pathogene und sind ein Verbindungsglied zwischen unspezifischer und spezifischer Immunität.

Biologische Funktionen der Immunglobuline. Die von Plasmazellen gebildeten Antikörper tragen auf unterschiedliche Weise zur Immunität bei: zum einen binden sie den Krankheitserreger und verhindern dadurch seinen Eintritt in Gewebe und Zellen (Neutralisierung), zum anderen verändern sie seine Oberfläche durch ihre Bindung an Oberflächenproteine. Dieser auch als **Opsonierung** bezeichnete Vorgang macht den Krankheitserreger für phagozytierende Zellen kenntlich, die ihn über Fc-Rezeptoren aufnehmen. Eine Alternative ist die durch Antikörperbindung ausgelöste **Aktivierung des Komplementsystems** oder der **antikörperabhängigen zellulären Zytotoxizität** (ADCC) von T-Lymphozyten und Makrophagen. Welcher Effektormechanismus zum Tragen kommt, wird durch die Immunglobulinklasse (oder Isotyp) bestimmt.

! Die einzelnen Immunglobulinklassen besitzen unterschiedliche Funktionen.

Immunglobulinklassen

Immunglobulinisotypen. Antikörper werden aufgrund ihrer unterschiedlichen Genabschnitte für die konstanten Teile der schweren Kette in insgesamt 5 Isotypen IgM, IgG, IgA, IgD und IgE eingeteilt, die wiederum in verschiedene Subklassen eingeteilt werden (Abb. 34.14). In jeder der 5 Klassen von Immunglobulinen kommen außerdem noch 2 strukturell unterschiedliche Formen von leichten Ketten (κ- bzw. λ-Typ) vor. Die individuellen Strukturen in den variablen Regionen der Immunglobulinketten bedingen unterschiedliche Ideotypen der Immunglobuline. Insgesamt unterscheidet sich damit jedes Individuum vom anderen durch einen spezifischen Satz von Immunglobulinen. Einige Charakteristika der im Blut auftretenden Immunglobuline sind in Tabelle 34.3 zusammengefasst.

Immunglobuline vom G-Typ (IgG) neutralisieren vor allem von Bakterien gebildete Toxine und binden Mikroorganismen, sodass diese besser phagozytiert werden können. Vom IgG gibt es 4 Subklassen, IgG_1–IgG_4, die unterschiedliche Funktionen haben und die sich in der Hinge-Region unterscheiden. Phagozyten enthalten spezifische Rezeptoren für den Fc-Teil der IgG. Blutmonozyten binden über den Fc-Rezeptor I IgG1 oder IgG3. Neutrophile Granulozyten exprimieren den Fc-Rezeptor II (CD33) und III (CD16) und binden besonders gut IgG-Komplexe. Die Halbwertszeit von IgG liegt bei etwa 20 Tagen. IgG besitzt von der 2. Hälfte der Schwangerschaft an die Fähigkeit zur Plazentapassage, wodurch das Neugeborene während der ersten Lebensmonate geschützt ist (Leihimmunität). Zunächst ist es auch in der Kolostralmilch nachweisbar, die während der Schwangerschaft und während der ersten Tage nach der Entbindung gebildet wird. IgG kann vom Neugeborenen als vollständiges Molekül im Intestinaltrakt resorbiert werden.

Immunglobulin A (IgA) ist das mengenmäßig am häufigsten produzierte Immunglobulin. Allerdings gelangt nur ein Teil, das nichtsekretorische IgA, in das Blut. Es kommt in Speichel, Tränen- und Nasalflüssigkeit, im Schweiß, der Kolostralmilch sowie in den Sekreten der Lunge und des Gastrointestinaltrakts vor. Es wird von Plasmazellen synthetisiert, die direkt unterhalb des Schleimhautepithels liegen. Die Plasmazellen geben IgA als dimeres Protein ab, wobei die IgA-Moleküle durch ein cysteinreiches Protein verbun-

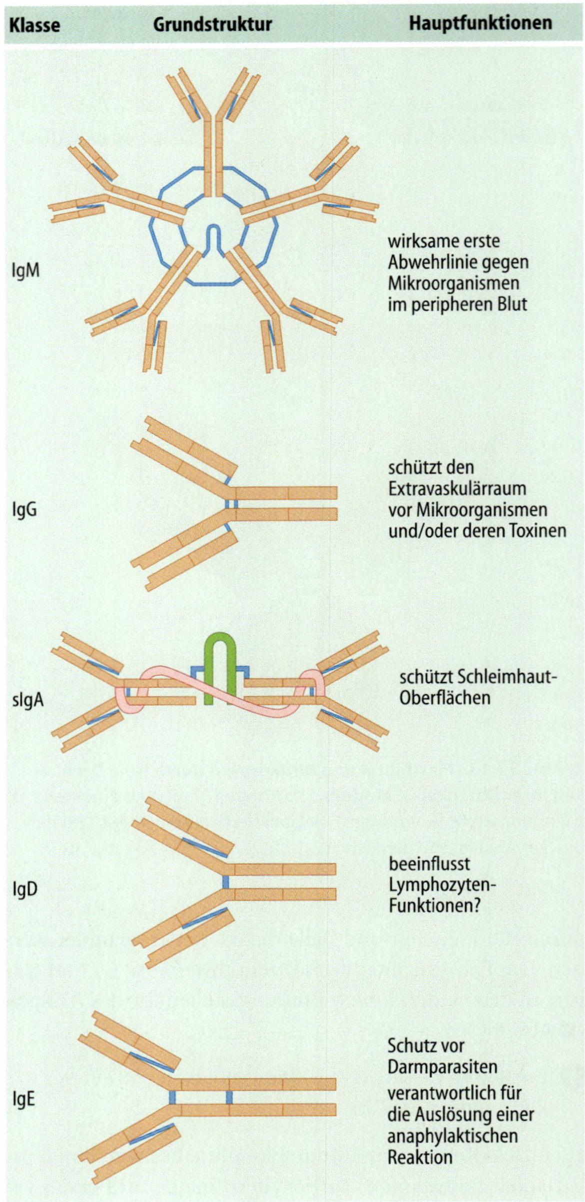

Abb. 34.14. Die 5 Immunglobulin-Klassen. Die Abbildung stellt die löslichen, sezernierten Immunglobulinisotypen dar. Zu sehen sind die Domänenstrukturen der Immunglobulin-Klassen, ihre Assoziation zu oligomeren Komplexen sowie ihre Hauptfunktionen. Beim Menschen treten 4 IgG-Subklassen (IgG_1–IgG_4) und 2 IgA-Subklassen (IgA_1, IgA_2) auf. Die blauen Linien repräsentieren Disulfid-Brücken, die grüne Linie beim IgA das J-Protein (*joining protein*), die rosa Linie beim sIgA die sekretorische Komponente (sIgA)

den werden, das als *Joining*-Protein (Verbindungsprotein, in Abb. 34.14 grün) bezeichnet wird. In den Sekreten ist ein weiteres Protein an das IgA assoziiert, die sog. sekretorische Komponente (in Abb. 34.14 rosa). Sie wird während der Rezeptor-vermittelten Transzytose von IgA durch die Schleimhautepithelien gebildet (▶ Kap. 32.3). Im Darm vermischt sich dieses sekretorische IgA (sIgA) mit dem Mucin und bildet eine schützende Oberflächenschicht. Dies verhindert die Anlagerung von Bakterien oder deren Toxine an die Epitheloberfläche. Ein Teil des IgA-Dimers wird rückresorbiert und gelangt über den enterohepatischen Kreislauf in die Gallenflüssigkeit. Die Halbwertszeit des IgA beträgt 5–6 Tage. Es kommt in 2 Subklassen, IgA_1 und IgA_2 vor.

Immunglobulin E (IgE) wirkt bei der Abwehr von Parasiten, insbesondere Würmern, mit. Es kommt nur in geringen Mengen im Blut vor, hat aber eine besondere pathobiochemische Bedeutung bei Allergien vom Typ I, wie Asthma bronchiale oder Heuschnupfen. Es wird gegen spezielle Allergene, wie Pollen oder Hausstaub vermehrt gebildet und kann von einem spezifischen IgE-Rezeptor auf Mastzellen gebunden werden. Nach Bindung der entsprechenden Antigene an Mastzell-gebundene IgE-Moleküle kommt es zur Degranulierung der Mastzelle und damit zur Freisetzung vasoaktiver Amine, Prostaglandine und Leukotriene (▶ Kap. 34.7.2). Eine starke Mastzelldegranulierung kann zum anaphylaktischen Schock führen.

Immunglobulin M (IgM) liegt im Plasma als Pentamer vor. Die Assoziation der 5 das Pentamer bildenden IgM-Monomere hängt wie beim IgA von der Gegenwart des *Joining*-Proteins ab. IgM agglutiniert sehr stark und bindet bevorzugt polymere Antigene. Von allen Immunglobulinen ist IgM der stärkste Aktivator des Komplementsystems (▶ Kap. 34.4). Die Halbwertszeit des IgM beträgt etwa 5–6 Tage. IgM ist das erste Immunglobulin, das nach Primärkontakt mit einem Antigen gebildet wird. Spezifisches IgM ist damit ein diagnostischer Indikator für Erstinfektionen (z.B. Toxoplasmose bei Schwangeren).

Immunglobulin D (IgD) ist im Plasma in nur sehr geringer Konzentration nachweisbar. Über seine Funktion ist noch nichts bekannt.

B-Zell-Antigen-Rezeptor-Komplex

Der B-Zell-Antigen-Rezeptor-Komplex (Abb. 34.15) enthält antigenbindende und signaltransduzierende Strukturen.

Er besteht aus einem membrangebundenen Immunglobulin (IgG, IgM, IgD, IgA, IgE) und 2 Ig-α/Ig-β-heterodimeren, Transmembran-Proteinen, die ähnliche funktionelle Eigenschaften haben wie die signaltransduzierenden Komponenten des TZR-CD3-Komplexes.

Entsprechend besitzen ihre cytoplasmatischen Domänen Tyrosinkinase(Tyk)-bindende ITAM-Sequenzmotive, die wir beim CD3-Komplex bereits kennen gelernt haben (▶ Kap. 34.3.3.4).

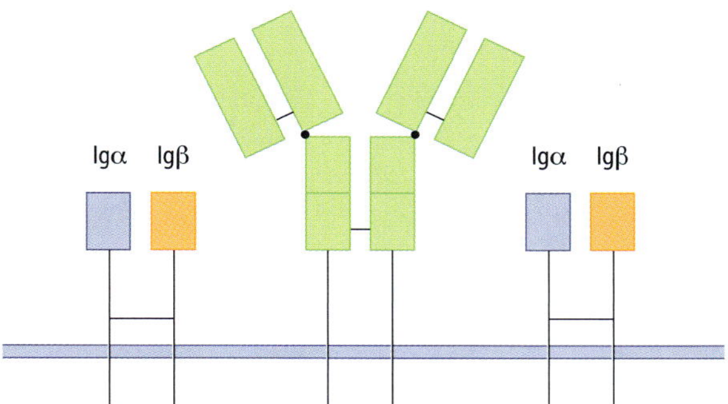

Abb. 34.15. Schematische Darstellung des B-Zell-Rezeptorkomplexes. Der Antigen-bindende Teil des B-Zell-Rezeptors (BZR) besteht aus Plasmamembran-gebundenem Immunglobulin der jeweiligen Klasse (IgG, IgM, IgA, IgD, IgE). Für die Signalweiterleitung sind Igα/Igβ-heterodimere Proteine notwendig, die im cytoplasmatischen Teil ITAM-Sequenzmotive aufweisen, an die nach Phosphorylierung die Tyrosinkinase Syk binden kann. Als weitere Corezeptoren fungieren CD19, CD21 und CD81

Entstehung der Antikörpervielfalt

> Die Variabilität der Antikörper und des B-Zellrezeptors entsteht durch Genumlagerungen und somatische Mutationen.

Antikörpervielfalt. Das Immunsystem ist in der Lage, gegen praktisch jedes denkbare Antigen zu reagieren. Das gilt für T-Zellen ebenso wie für B-Zellen und ihre Produkte, die Antikörper. Die Zahl der möglichen Antikörper, die von einem Menschen produziert werden kann, wird auf 10^{11} geschätzt. Es ergibt sich die Frage, wie diese enorme Antikörper-Diversität zustande kommt.

Wir wissen heute, dass es 2 unterschiedliche, sich ergänzende Vorgänge sind:

- die **somatische Genumlagerung** (*rearrangement*) während der Reifung der Stammzellen im Knochenmark, die eine Vielzahl von unterschiedlichen Immunglobulinen generiert und
- die **somatische Mutation** der Gene, besonders die der hypervariablen Region der L- und H-Ketten

Die somatische Genumlagerung der H-Ketten erfolgt im Chromosom 14, die der L-Ketten im Chromosom 22 (λ-Ketten) und im Chromosom 2 (κ-Ketten). (Abb. 34.16). Bei diesem Vorgang werden Genabschnitte, die die V- und C-Regionen codieren, zusammengebracht. Für die **L-Ketten** sind dies V-Gen-, *Joining*(J)-Gen- und C-Gen-Segmente, im Falle der **H-Ketten** V-Gen-, Diversitäts(D)-Gen-, J-Gen- und C-Gen-Segmente (Abb. 34.17). Die Diversität entsteht vor allem durch die unterschiedlichen Möglichkeiten der Kombination von verschiedenen V- und J- (L-Ketten) bzw. V-, J- und D-Segmenten (H-Ketten) mit C-Segmenten und der Kombination unterschiedlicher variabler Regionen von H- und L-Ketten im Immunglobulin-Molekül.

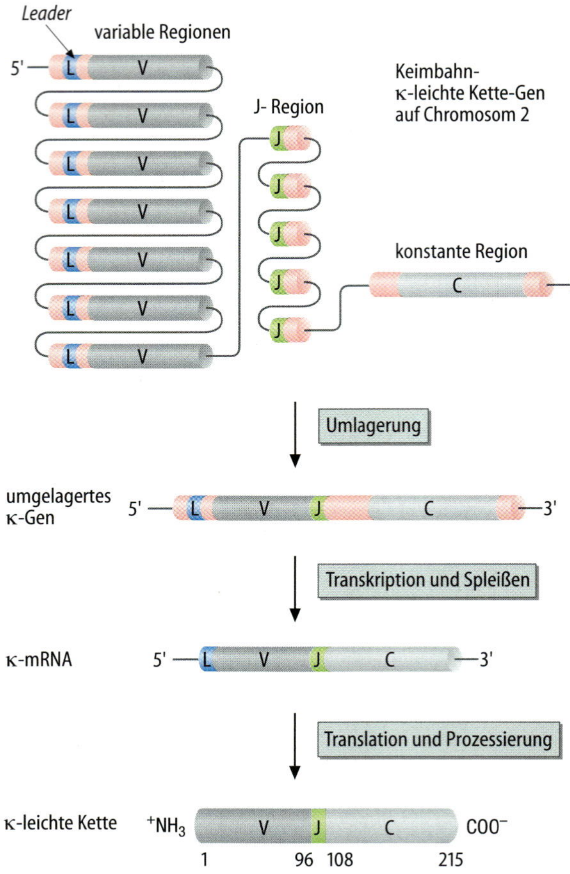

Abb. 34.16. *Rearrangement* der leichten Ketten der Immunglobuline. Das aktive Gen für eine leichte Kette (z.B. vom κ-Typ) entsteht durch eine Umlagerung, bei der eine der etwa 70 verschiedenen variablen (V) Regionen, die die Information für die Aminosäuren 1–95 enthalten, mit einer der 5 J-(*joining*-)Regionen (Aminosäuren 96–108) verbunden wird. Die V-Region besteht aus einer L- (*leader*-) Region, die von dem V-Gensegment durch eine Intronsequenz getrennt ist. Der konstante Anteil der κ-Kette wird von einem C-Gensegment codiert, das etwa 3000–4000 Basenpaare stromabwärts von der J-Region liegt. Ein Teil der DNA zwischen den V- und C-Gensegmenten wird durch Deletion entfernt. Durch Transkription des aktiven Gens entsteht ein primäres Transkript, das durch Spleißen in die reife mRNA überführt wird

Die **somatische Hypermutation** von Genabschnitten nach Genumlagerung der hypervariablen Regionen der L- und H-Ketten erfolgt durch Punktmutationen. Sie findet nach Antigenkontakt statt. Wenn mutierte B-Zell-Rezeptoren an der Oberfläche von B-Zellen Antigene besser binden als die Ausgangsimmunglobuline, führt dies zur Selektion dieser Zellen und damit zur Affinitätsreifung.

Umlagerung der Gene für die leichten Ketten. Die Umlagerung kommt durch die Deletion von DNA und nicht durch das Spleißen von mRNA zustande. Die Umlagerungen sind erforderlich, da die Information für die variablen (V) und konstanten (C) Regionen sowie der **J-(*joining*-)Regionen** der leichten und schweren Ketten auf verschiedenen Genen liegt.

Die Bildung eines aktiven Gens für eine leichte Kette erfordert eine Rekombination, bei der sich eine der vielen variablen Regionsequenzen mit einer der 4 oder 5 J-Sequenzen (Abb. 34.16) verbindet. Es gibt etwa 70 verschiedene V-Regionsequenzen, von denen jede eine sog. ***Leader*-Sequenz** besitzt, die von dem Rest der V-Region durch eine nichtinformationstragende Sequenz getrennt ist. Die *Leader*-Sequenz enthält die Information für die hydrophoben Aminosäuren, die das Signalpeptid bilden, das später während der Kettenbiosynthese wieder abgespalten wird. Damit wird die variable Region einer leichten Immunglobulinkette von 3 Segmenten codiert:
- der *Leader*-Sequenz
- der V-Sequenz und
- der J-Sequenz

Die konstante Region der Kette wird vom C-Segment codiert, das in der Nähe auf demselben Chromosom lokalisiert ist. Die DNA, die zwischen den V- und C-Regionen liegt (Intron) wird zwar mit in die Prä-mRNA eingebaut, aber anschließend durch Spleißen aus ihr entfernt.

Durch die Existenz von etwa 70 V-Regionen und 5 J-Regionen können 350 verschiedene Gene für leichte Ketten entstehen. Diese Zahl wird durch zusätzliche Mechanismen, insbesondere die somatische Hypermutation in den 3 CDR-Genabschnitten (*CDR = complementarity determining region*) der variablen Regionen, weiter erhöht.

! Die Gensequenz für den variablen Anteil der schweren Ketten enthält zusätzlich das D-Segment.

Umlagerung der Gene für die schweren Ketten. Obwohl sich die Struktur und die Umlagerung auf Gen-Niveau von leichten (κ, λ) und schweren (α, μ, δ, ε und γ) Ketten in vielerlei Hinsicht ähneln, existieren auch Unterschiede, die das Gensystem für die schweren Ketten noch komplexer machen. Die Gensequenz für den variablen Anteil der schweren Ketten besteht nämlich nicht nur aus 2, sondern aus 3 verschiedenen DNA-Segmenten: Neben den V- und J-Gensegmenten existieren zusätzlich noch **D-Segmente** (*Diversity* für Vielfalt). Geht man von der Existenz von 50 V-, 30 D- und 6 J-Gensegmenten aus, so könnten damit etwa 9000 verschiedene Kombinationen erzeugt werden. Hinzu kommt die somatische Hypermutation.

Alle Gensequenzen für die konstanten Abschnitte der 8 verschiedenen Typen (μ, δ, die beiden Kopien von α [α_1 und α_2] sowie γ_1–γ_4) der schweren Ketten liegen auf **Chromosom 14** in einem zusammenhängenden Bereich von etwa 100000 Basenpaaren (Abb. 34.17). Die μ- und δ-Segmente der schweren Ketten, die während der initialen Phase der B-Lymphozytendifferenzierung gleichzeitig exprimiert werden, liegen etwa 2000 Basenpaare voneinander entfernt. Weitere 2000 Basenpaare stromaufwärts befindet sich ein Bereich von 6 aktiven J-Segmenten. Stromabwärts liegen aufeinander folgend die 4 γ-Segmente, die ε- und die α-Segmente. Im ersten Schritt der Expression des Gens für die

34

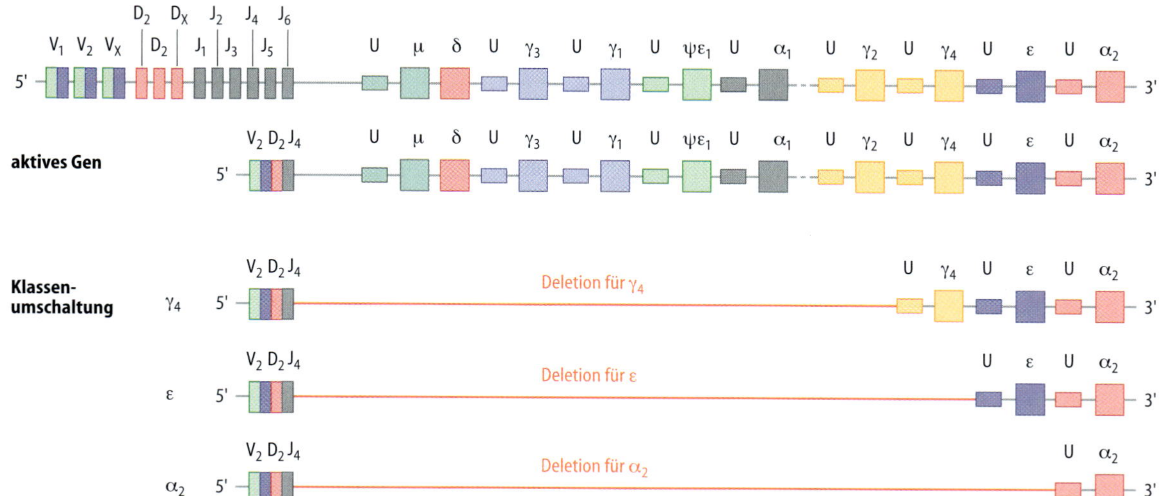

Abb. 34.17. Organisation der einzelnen Gene für die schweren Ketten auf dem Chromosom 14. Die sechs J-Sequenzbereiche liegen etwa 2000 Basenpaare stromaufwärts von der μ-Sequenz entfernt. Im ersten Schritt der Umlagerung wird eines der etwa 50 V-Gensegmente mit einem der etwa 30 D-Segmente und mit einem der 6 J-Segmente unter Bildung des aktiven Gens verknüpft. Die Synthese der μ-Kette erfolgt durch Transkription des Gens bis zum Beginn der δ-Sequenz. Die Synthese der δ-Ketten wird durch Spleißen reguliert, bei dem der mRNA-Anteil der μ-Sequenz entfernt wird. Zur Bildung der γ-, ε- oder α-Ketten wird die V-D-J-Sequenz jeweils in die Nähe (an eine mit U markierte Region) des Gens für die betreffende Kette verlagert, wobei die dazwischenliegenden DNA-Regionen deletiert werden ($\psi\varepsilon_1$-Pseudogen für ε)

schwere Kette erfolgt eine Umlagerung, bei der sich ein V-Gensegment mit einem J- und einem D-Segment verbindet. Zwischen diesen Segmenten liegende DNA wird deletiert. Bei der Umlagerung finden wahrscheinlich die gleichen Signale Verwendung, die auch bei der besprochenen V-J-Umlagerung der leichten Ketten von Bedeutung sind. Die Tatsache, dass μ- und δ-Ketten immer zusammen exprimiert werden, erfordert zusätzliche Mechanismen zur Herstellung entweder der μ- oder der δ-Kette. Im Falle der μ-Kette bricht die Transkription nach Erreichen des 3′-Endes des μ-Gens ab. Im Falle der δ-Kette wird ein μ- und δ-Ketten-Prä-mRNA-Transkript gebildet, aus dem das μ-Kettensegment durch Spleißen entfernt wird, wodurch das V-D-J-Segment direkt mit dem δ-Kettensegment verbunden wird.

> Mit der Anheftung des Genabschnitts für den konstanten Teil der schweren Kette wird das Immunglobulin-Gen vervollständigt.

Isotypwechsel. Der durch die Assoziation der V-, D- und J-Segmente entstandene Genabschnitt wird anschließend mit den für die konstanten Teile der schweren Kette verantwortlichen Genen kombiniert. Diese liegen stromabwärts der VDJ-Segmente (Abb. 34.17), wobei für IgG-Subtypen 4 verschiedene Isoformen bereitstehen. Bei der Reifung von naiven B-Lymphozyten werden immer die in Nachbarschaft liegenden Genabschnitte für die schweren Ketten von IgM und IgD (μ und δ) mit den VDJ-Segmenten verknüpft und die dazwischen gelegene DNA deletiert. Das primäre RNA-Transkript enthält zunächst noch μ und δ. Erst durch entsprechendes Spleißen der RNA wird dann die mRNA für eine der beiden Antikörperspezies hergestellt. Bei naiven Lymphozyten (► u.) liegen beide als membranassoziierte Antigenrezeptoren vor.

Nach der Aktivierung von B-Lymphozyten werden auch die anderen Isotypen von Antikörpern (IgA, IgG, IgE) exprimiert. Im Prinzip findet hier der gleiche Vorgang statt: Es kommt zur Anlagerung der VDJ-Segmente an die entsprechenden für die konstanten Regionen der schweren Ketten codierenden Genabschnitte γ_{1-4}, α_{1-2} und ε_{1-2}, von denen jedes wiederum in spezifische Abschnitte für die einzelnen Domänen unterteilt werden kann. Stromauf- und stromabwärts gelegene Teile des Immunglobulin-Gen-Clusters werden deletiert. Die Regulation des Klassenwechsels erfolgt über TH-Zellen. Essentiell ist die Expression des CD40-Liganden CD40L auf TH2-Zellen sowie die Bereitstellung von Cytokinen. IL-4 fördert die Bildung von IgG1 und IgE, IL-5 die von IgA, IFN-γ die von IgG2 und IgG3 und TGF-β die von IgG2b und IgA.

Lösliches versus membrangebundenes Immunglobulin. Die Entscheidung darüber, ob das Immunglobulin als lösliches Produkt sezerniert oder in die Plasmamembran eingebaut wird, fällt ebenfalls auf der Transkriptionsebene. Beide Formen werden vom gleichen Gen unter Nutzung unterschiedlicher Stopp-Codons am 3′-Ende des C-Segments codiert. Das vom C-Segment entfernter liegende Stopp-Codon führt zur Transkription einer längeren mRNA, die für ein hydrophobes Membranprotein codiert. Die Translation dieses Produktes ergibt das Membran-Immunglobulin. Die Nutzung des dem C-Segment näher liegenden Stopp-Codons führt zu einer mRNA, die ein hydrophiles, lösliches Immunglobulin codiert, wie wir es im Plasma finden.

In Kürze

Antikörper:
- Antikörper oder Immunglobuline treten gelöst und als Bestandteile der Plasmamembran (BZR) von reifen B-Zellen auf
- Die Grundstruktur aller Immunglobuline besteht aus 2 schweren (H-) und 2 leichten (L-) Ketten (κ, λ) die über Disulfidbrücken verbunden sind. Durch Papainspaltung entstehen N-terminale Fab-Fragmente und ein C-terminales Fc-Fragment. Intrapeptidische Disulfidbrücken bedingen Domänenstrukturen, 2 in den leichten und 3 bzw. 4 (IgM) in den schweren Ketten
- Die Immunglobulin-Klassen bzw. Isotypen (IgM, IgD, IgG, IgA, IgE) unterscheiden sich in den schweren Ketten. IgM tritt als Pentamer, IgA als Monomer, Dimer und sekretorisches sIgA auf
- Die Antigenbindung erfolgt am variablen (V-) N-terminalen Bereich der H- und L-Ketten. Innerhalb des V-Bereichs gibt es 3 hypervariable Regionen (CDR1–CDR3), die durch somatische Mutationen bedingt sind
- Der Fc-Teil der Immunglobuline bedingt die Komplementbindung, die Plazentapassage und die Bindung an Fc-Rezeptor-tragende Zellen wie z.B. Makrophagen, Lymphozyten und Mastzellen
- Die Immunglobulinklassen besitzen unterschiedliche Funktionen. IgM ist das zuerst gebildete Immunglobulin und aktiviert neben IgG das Komplementsystem. sIgA (sekretorisches IgA) ist wesentlich für die Schleimhautimmunität verantwortlich, IgG für die Leihimmunität. IgE wirkt mit bei der Abwehr von Parasiten und spielt bei Allergien vom Typ I eine entscheidende Rolle
- Der B-Zell-Antigen-Rezeptor-Komplex besteht aus einem membrangebundenen Immunglobulin und 2 Igα/Igβ-Heterodimeren, die an der Signalübertragung beteiligt sind

Entstehung der Antikörpervielfalt:
- Die Variabilität der Antikörper und des B-Zell-Rezeptors entsteht durch Genumlagerungen (*Rearrangement*) und somatische Mutation
- Für L-Ketten werden die auf Chromosom 22 (δ-Kette) und Chromosom 2 (κ-Kette) lokalisierten polymorphen Genabschnitte V, J und C rearrangiert
- Für H-Ketten werden die auf Chromosom 14 lokalisierten polymorphen Genabschnitte V, D, J und C rearrangiert
- Das *Rearrangement* von H-Ketten erfolgt über die Zusammenfügung von DJ- und VDJ- bzw. VDJC-Gensegmenten bei gleichzeitigem Verlust 5′-gelegener V- und der dazwischenliegenden V-, D- und J-Segmente. Nach Transkription und Herausschneiden der überschüssigen J- bzw. C-Segmente erfolgen die Translation und die posttranslationalen Veränderungen (*Leader*-Segment, Kohlenhydrate)

Das *Rearrangement* von L-Ketten erfolgt über die Zusammenfügung von VJ- bzw. VJC- Gensegmenten, bei Verlust der 5′-gelegenen V- und der dazwischenliegenden V- und J- Segmente. Nach Transkription und Herausschneiden der überschüssigen J- und C- Segmente schließen sich die Translation und posttranslationalen Veränderungen an.

Der Isotypwechsel (*class switch*) wird durch Cytokine reguliert.

Die Entscheidung, ob lösliches oder Membran-Immunglobulin gebildet wird, geschieht über verschiedene STOPP-Codons.

Die somatische Hypermutation erfolgt nach dem *Rearrangement*.

34

Reifung und Aktivierung von B-Lymphozyten

! Die Reifung von B-Lymphozyten erfolgt im Knochenmark.

Differenzierung von Stammzellen zu reifen B-Lymphozyten. Die wichtigste Funktion von B-Lymphozyten ist die Bereitstellung von Antikörpern. Die B-Zell-Reifung aus der hämatopoietischen **Stammzelle** erfolgt beim Menschen im Knochenmark. Sie ist in der frühen Phase abhängig von Stromazellen des Knochenmarks, die einen direkten Kontakt zur B-Zelle haben und Cytokine (z.B. IL-7) für diese bereitstellen (Abb. 34.18).

Der Kontakt wird durch zelluläre Adhäsionsmoleküle (CAMs, *cellular adhesion molecules* ► Kap. 6.2.6), insbesondere durch VCAM-1 (*vascular cellular adhesion molecule*), vermittelt. Die Proliferation in den frühen Reifungsstufen wird durch die Wechselwirkung zwischen dem Stroma-gebundenen **Stammzellfaktor** (SCF, *stem cell factor*) und dem B-Zell-Liganden **Kit** (Tyrosin-Kinase) sowie durch aus dem Stroma stammendem IL-7 bewirkt.

Die Reifung der Stammzelle bis zur unreifen B-Zelle ist unabhängig von Antigenen. Nach Expression von Membran-IgM und -IgD erfolgt die weitere Differenzierung nur in Gegenwart von Antigenen. Dies geschieht zum Teil im Knochenmark selbst, zum Teil erst nach Auswanderung in sekundären lymphatischen Organen, wie Lymphknoten, Milz, Schleimhäuten oder Haut.

Charakteristisch für die verschiedenen Reifungsstadien sind die unterschiedlichen Stadien der Genumlagerungen, Transkriptionen und Translationen der Ig-Gene (► Kap. 34.3.4.5). Daneben treten während der Reifung charakteristische Oberflächenstrukturen (CD) auf. Sie haben auch eine praktische Bedeutung bei der Differentialdiagnose von lymphozytären Neoplasien (Leukämien, Lymphome), die besonders im B-Zellbereich auftreten.

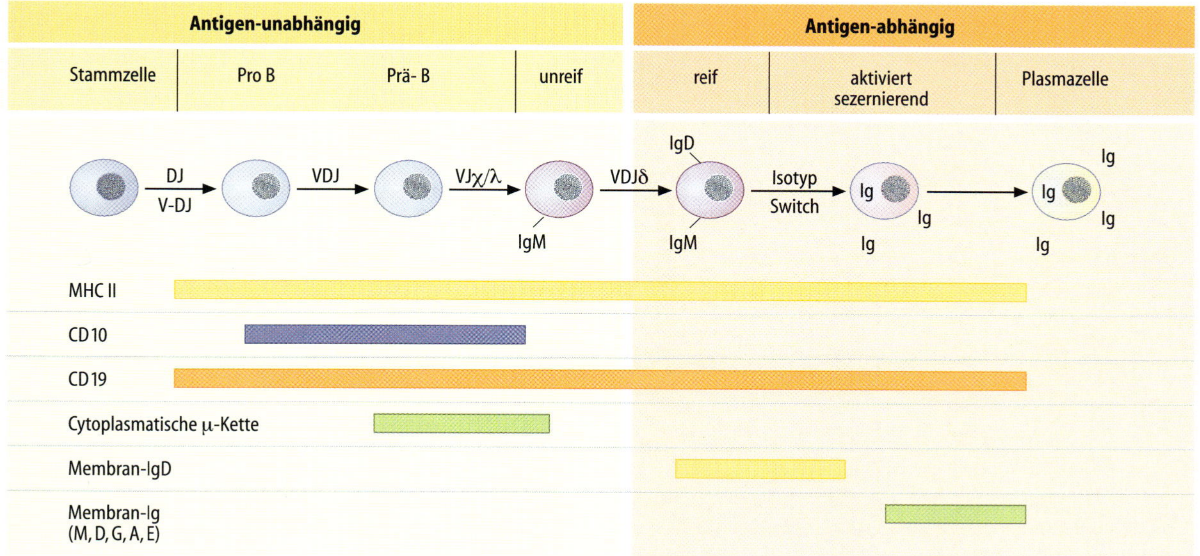

Abb. 34.18. B-Zell-Differenzierung im Knochenmark. Die Differenzierung der Stammzelle (CD34) zur Immunglobulin sezernierenden Plasmazelle erfolgt in Stufen, bis zur unreifen B-Zelle unabhängig von Antigenen, später bestimmt durch Antigene. Die Differenzierungsstadien sind durch unterschiedliche Stadien der Ig-Genumlagerung und Expression von Oberflächenstrukturen charakterisiert. Prä-B-Zellen enthalten cytoplasmatische μ-Ketten, unreife B-Zellen membrangebundenes IgM. Die Aktivierung ist mit einem Isotyp-*switch* verbunden, sodass B-Zellen entstehen, die nur noch einen Ig-Isotyp an der Oberfläche exprimieren und produzieren. Plasmazellen verlieren membrangebundene Immunglobuline bzw. den B-Zell-Rezeptor

Alle B-Zellen sind durch CD19 charakterisiert.

Das Endprodukt der Differenzierung von B-Lymphozyten ist die Plasmazelle, die jeweils einen Ig-Isotyp (z.B. IgA1) für ein gegebenes Antigen produziert und sezerniert.

Die Aktivierung von B-Lymphozyten ist ein mehrstufiger Vorgang.

B-Zell-Aktivierung. Die Bindung eines nativen Antigens an den B-Zell-Rezeptor(BZR)-Komplex führt zur Aktivierung von B-Lymphozyten, d.h. zur B-Zell-Proliferation und einer nachfolgenden Differenzierung in **Antikörper-produzierende Plasmazellen**. Für die Mehrzahl der Antigene sind dabei TH-Zellen, überwiegend TH2-Zellen, notwendig. Diese Antigene werden T-Zell-abhängige Antigene genannt. Bei Nicht-Peptid-Antigenen, wie z.B. bakteriellen Polysacchariden, erfolgt die Aktivierung der B-Zellen unabhängig von T-Zellen. Dabei kommt es zur Kreuzvernetzung von B-Zell-Rezeptoren durch wiederkehrende Kohlenhydratsequenzen.

Antigenprozessierung in B-Zellen. Die auf ein spezifisches Antigen ausgerichtete gemeinsame Wirkung von TH-Zellen und B-Zellen wird durch die Fähigkeit der B-Zelle vermittelt, das vom BZR spezifisch fixierte Antigen zu endozytieren, proteolytisch zu prozessieren und als MHC-II-gebundenes Antigen-Peptid der TH-Zelle zu präsentieren. Für die Erkennung solcher B-Zellen durch antigenspezifische TH-Zellen ist eine Konzentrierung von entsprechenden MHC-Peptid-Komplexen an der Oberfläche der B-Zellen notwendig.

Costimulatorische Signale. Wie im Falle der T-Zellaktivierung sind auch hier costimulatorische Signale notwendig. Durch die Wechselwirkung zwischen der B- und T-Zelle über das spezifische Antigen (Abb. 34.19) kommt es zur Induktion der Expression von B7-Molekülen (CD80/86) auf der B-Zelle, die von CD28 auf der T-Zelle gebunden werden. Dies wiederum führt zur Induktion des **CD40-Liganden** (CD40L, CD154) auf der TH-Zelle und zu einem **zweiten costimulatorischen Signal**. **CD40** gehört zur TNF-Rezeptor-Familie, der auch Fas auf virusinfizierten Zellen zuzuordnen ist. Entsprechend gehört CD40L zur TNF-Familie.

Die Bindung von CD40 durch CD40L ist essentiell für die B-Zell-Aktivierung. Sie ermöglicht den Eintritt ruhender B-Zellen in den Zellzyklus. Der Übergang in die Proliferation und Differenzierung zu Plasmazellen wird durch Cytokine der TH2-Zellen, wie IL-4, IL-6 und IL-5 vermittelt. Kürzlich wurde ein weiterer Corezeptor auf aktivierten T-Zellen gefunden: **ICOS** (*inducible costimulator*) der mit dem Liganden **B7RP-1**, insbesondere exprimiert auf B-Lymphozyten und Makrophagen, interagiert. Durch diese Wechselwirkung bilden TH2-Zellen IL-4 und IL-13, was zur vermehrten IgE-Bildung führt. Dies ist für allergische Reaktionen vom Typ I von zentraler Bedeutung.

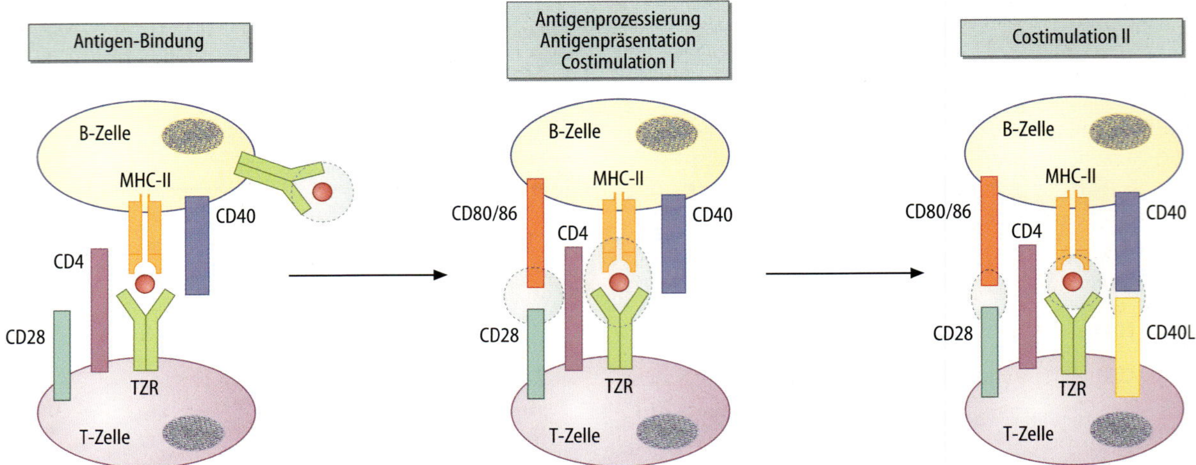

Abb. 34.19. Mechanismen der B-Zell-Aktivierung. Das initiale Ereignis der B-Zell-Aktivierung ist die Bindung eines nativen Antigens an den B-Zell-Rezeptor. Das Antigen wird endozytiert, proteolytisch prozessiert und über MHC-II der T-Helferzelle präsentiert. Dabei kommt es zur Expression von B7-Molekülen (CD80/86) auf der B-Zelle und zur Wechselwirkung mit CD28. Dies führt zur Expression des CD40-Liganden auf der T-Zelle und seiner Wechselwirkung mit dem konstitutiv exprimierten CD40 auf der B-Zelle. Ein weiteres Aktivierungssignal wird durch die Wechselwirkung von ICOS (*inducible costimulator*) auf T-Zellen und B7RP-1 gegeben (nicht dargestellt). Damit wird der Eintritt der ruhenden B-Zelle in den Zellzyklus ermöglicht. Der Übergang in die Proliferation und die Differenzierung zu Plasmazellen wird durch unterschiedliche Cytokine vermittelt

Cytokine, nicht nur die der TH2-Zelle, sind auch an der Klassenumschaltung und der Affinitätsreifung beteiligt (vgl. *Rearrangement*). Diese Vorgänge erfolgen in sekundären lymphatischen Organen, insbesondere Lymphknoten und werden durch follikuläre dendritische Zellen gefördert.

! Die Signalvermittlung bei der B-Zell-Aktivierung ähnelt der der T-Zellaktivierung.

Das initiale Ereignis der B-Zell-Aktivierung besteht in der Kreuzvernetzung des BZR durch Antigene. Die weiteren Signale ähneln sehr denen der T-Zell-Aktivierung (► Kap. 34.3.3.4). Die membranständige Phosphatase CD45 aktiviert die Tyrosinkinasen Blk, Fyn und Lyn, die die cytoplasmatischen Domänen des Igα/Igβ-Komplexes des BZR phosphorylieren. Damit kann eine Bindung der Tyrosinkinase Syk an phosphorylierte Peptidsequenzen (ITAM) erfolgen und die Aktivierung der bekannten 3 Signalwege vermittelt werden. Es sind dies der Ras-Weg und die PLC-γ-mediierten DAG- bzw. IP3-Wege. Die Modulation dieser Signalwege erfolgt über einen Corezeptorkomplex, der sich aus 3 Membrankomponenten zusammensetzt, nämlich CD19, dem Komplementrezeptor CR2 (CD21) und TAPA-1 (CD81).

! Aktivierte B-Lymphozyten wandern in Lymphfollikel, wo sie mit der Teilung beginnen.

Differenzierung von B-Lymphozyten zu Plasmazellen oder Gedächtniszellen. Die initiale Antigenerkennung von B-Zellen erfolgt allgemein in lymphatischen Organen, wie Lymphknoten oder submukosalem lymphatischen Gewebe, wo sich die meisten B-Zellen aufhalten. Die Aktivierung der B-Zellen erfolgt in der T-Zell-reichen Zone, z.B. dem Paracortex des Lymphknotens. Danach wandern sie in einen benachbarten primären Follikel.

In den Lymphfollikeln von Milz oder Lymphknoten machen aktivierte B-Lymphozyten rasche Teilungen durch, bilden ein **Keimzentrum** und werden dann als **Zentroblasten** bezeichnet. Während dieser Teilungen treten Mutationen in den Genen für die variablen Ketten der Immunglobuline auf, sodass Nachkommen mit unterschiedlicher Affinität zum Antigen entstehen, die als **Zentrozyten** bezeichnet werden. Diese Zentrozyten sterben nur dann nicht innerhalb kurzer Zeit durch Apoptose wieder ab, wenn ihre Immunglobulinrezeptoren ein Antigen binden. Je höher die Affinität, desto höher wird auch die Wahrscheinlichkeit, das **bcl-2-Gen** zu exprimieren, dessen Produkt den apoptotischen Zelltod verhindert. Durch diesen Prozess werden also B-Zellen mit Immunglobulinrezeptoren mit hoher Affinität zum Antigen selektioniert.

An dem Vorgang der Affinitätsreifung von Zentrozyten sind maßgeblich **follikuläre dendritische Zellen** (FDZ) beteiligt. Diese sind keine Antigen-präsentierenden Zellen im klassischen Sinne. Sie tragen an ihrer Oberfläche Komplement- und Fc-Rezeptoren, die Antigen-Antikörper- bzw. Antigen-Komplement-Komplexe binden können, über die die Affinitätsreifung der B-Zellen erfolgt.

Zentrozyten differenzieren entweder zu **B-Gedächtniszellen** (Mantelzone) oder zu **Plasmazellen**, die das Keimzentrum verlassen und ins **Knochenmark** (oder auch in Schleimhautepithelien) wandern.

Welche Moleküle bestimmen, ob aus einem Zentrozyten eine Gedächtnis- oder Plasmazelle wird, ist noch unklar. Gedächtniszellen sezernieren zwar bei der primären

Immunantwort keine Immunglobuline, können dies aber bei einer erneuten Exposition mit demselben Antigen tun.

Antiseren und monoklonale Antikörper

Antiseren. Gelangt ein körperfremder Stoff mit mehreren antigenen Determinanten durch Infektion oder Injektion in ein Wirbeltier, so kommt es zur Aktivierung einer Vielzahl von B-Lymphozyten, die insgesamt ein polyklonales Gemisch von Antikörpern gegen die einzelnen Epitope des Antigens mit unterschiedlicher Affinität sezernieren.

Da die Immunantwort von Versuchstier zu Versuchstier unterschiedlich ist, können sich Antikörper enthaltende Seren, die **Antiseren**, ganz erheblich voneinander unterscheiden. Deshalb ist es schwierig, standardisierte Antiseren für die FACS (*fluorescence-activated cell sorting*)-Analyse von z.B. Membranantigenen normaler und maligner Zellen oder verschiedener Unterklassen von T-Lymphozyten (CD4, CD8 etc.) herzustellen.

Monoklonale Antikörper. Das Verfahren zur Herstellung von B-Lymphozytenklonen, die Antikörper mit genau definierter Spezifität und Affinität produzieren, wurde von Georges Köhler und Cesar Milstein entwickelt. Die Methode beruht auf der Immortalisierung antikörpersezernierender Plasmazellen durch Hybridisierung mit Myelomzellen. Das Entscheidende dieser Technik liegt darin, dass man einen der Plasmazelle ähnlichen Zell-Klon *in vitro* erzeugen und vermehren kann, der einen Antikörper der Wahl produziert.

Normale Plasmazellen, die aus der Milz gewonnen werden, sind nach einigen Zellteilungen terminal differenziert und sterben deshalb ab. Durch Fusionierung mit einer malignen Plasmazelle, der Myelomzelle, können sie jedoch immortalisiert werden. Die Mausmyelomzelle, die zur Fusionierung benutzt wird, hat 2 wichtige Eigenschaften: Sie sezerniert selbst keine Antikörper mehr und hat z.B. das Enzym Hypoxanthin-Guanin-Phosphoribosyl-Transferase (HGPRT, ▶ Kap. 19.2) verloren.

Zur Herstellung eines monoklonalen Antikörpers in der Maus geht man folgendermaßen vor (◘ Abb. 34.20):

Nach Injektion des Antigens, gegen den der Antikörper erzeugt werden soll, wird nach einigen Wochen die Milz der Maus entfernt, deren Serum den höchsten Antikörpergehalt (Antikörpertiter) aufweist.

Nach Zerkleinerung der Milz werden die Plasmazellen unter Zugabe von Polyethylenglycol oder im elektrischen Feld mit Myelomzellen fusioniert.

Da im Allgemeinen nur eine von etwa 200.000 Plasmazellen ein lebensfähiges Hybrid mit einer Myelomzelle bildet, müssen die nichtfusionierten Zellen und die Myelom-Myelom-Hybride entfernt werden. Dies erfolgt durch die Selektion in einem speziellen Medium, dem HAT-Medium, welches Hypoxanthin, Aminopterin und Thymidin enthält. Die Myelomzelle, die das HGPRT-Enzym nicht besitzt, kann exogenes Hypoxanthin nicht zur Purinbiosynthese verwen-

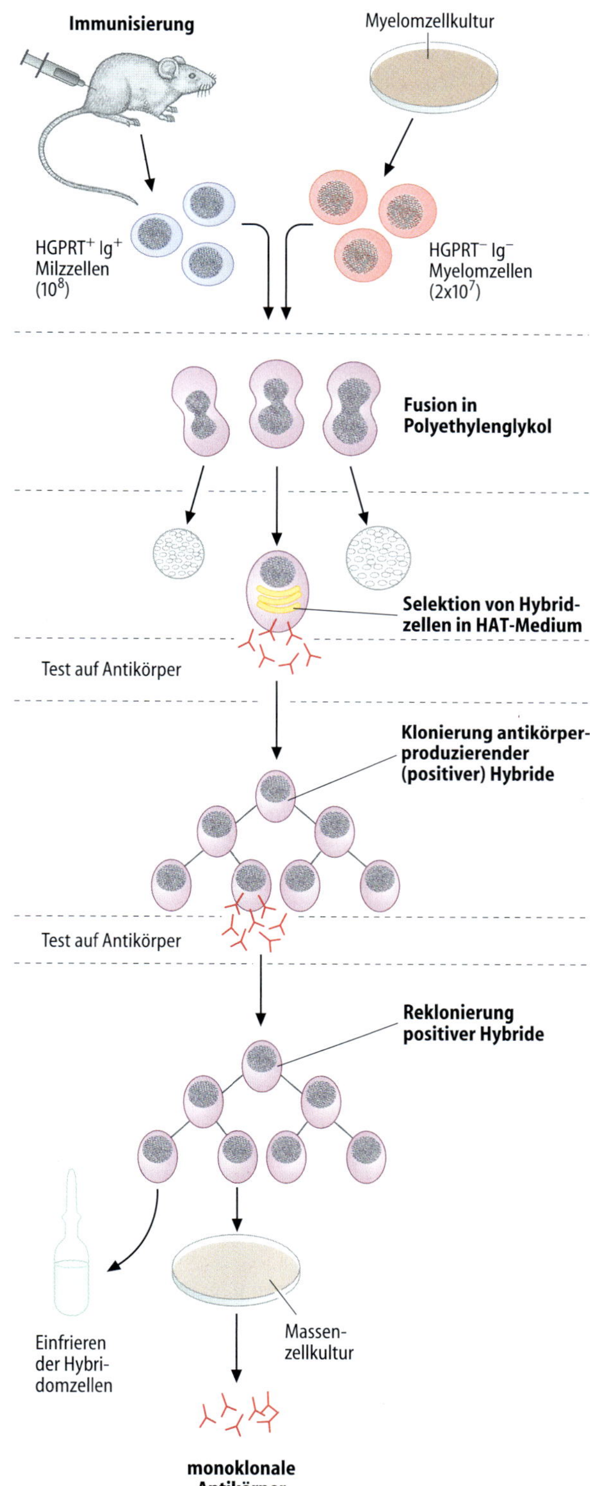

◘ **Abb. 34.20. Produktion monoklonaler Antikörper mit der Hybridom-Technik.** HGPRT-Zellen fehlt die Hypoxanthin-Guanin-Phosphoribosyl-Transferase; Ig$^+$-Milzzellen sind B-Lymphozyten, die keine Antikörper produzieren. (Einzelheiten ▶ Text)

den und stirbt ab, da das ebenfalls zugesetzte Aminopterin die endogene Purinbiosynthese blockiert. Nur Myelomzellen, die mit Mauszellen (die HGPRT enthalten) fusioniert sind, können Hypoxanthin und Thymidin utilisieren und überleben deshalb. Nichtfusionierte Plasmazellen müssen nicht entfernt werden, da sie in Kultur absterben.

Zellhybride erscheinen etwa eine Woche nach der Fusion. Nach 2–6 Wochen im HAT-Medium sind mehrere Hundert Klone vorhanden, die nach entsprechender Verdünnung auf Mikrotiterplatten verteilt werden, sodass angenommen werden darf, dass statistisch nur eine Zelle pro Vertiefung vorliegt. Aus jeder Vertiefung der Gewebekulturplatten wird nach einigen Wochen eine geringe Menge Medium entnommen und auf die Gegenwart eines Antikörpers gegen das Antigen untersucht. Ist für die Immunisierung ein starkes Immunogen verwendet worden, so können bis zu 50 verschiedene Hybridome, die Antikörper produzieren, identifiziert werden.

Sind die positiven Hybridome identifiziert, so werden sie propagiert. Gute Klone produzieren bis zu 100 μg Antikörper/ml Kulturflüssigkeit.

Als entscheidender Vorteil der Technik gilt, dass man hochgereinigte, standardisierte Antikörper auch gegen nicht gereinigte Antigene wie z.B. Antigene auf Immun- oder Tumorzellen erhalten kann.

Monoklonale Antikörper dienen zur Identifikation von Antigenen auf Zellen und Geweben sowie in komplexen Stoffgemischen im Rahmen der Diagnostik. Dabei verwendet man mit Fluorochromen, Enzymen oder radioaktiven Isotopen markierte Antikörper. Monoklonale Antikörper dienen auch zur spezifischen Isolierung von Stoffen aus komplexen Gemischen mit Hilfe der Affinitätsreinigung. Inzwischen gibt es eine Reihe monoklonaler Antikörper, die zur Therapie von Autoimmunkrankheiten (z.B. rheumatoide Arthritis) oder von Transplantatabstoßungen eingesetzt werden. Dabei handelt es sich überwiegend um Antikörper gegen Lymphozytenstrukturen (z.B. CD3, CD4) oder Cytokine bzw. Cytokinrezeptoren (z.B. TNF-α). Darüber hinaus werden monoklonale Antikörper gegen Tumorantigene zur Krebstherapie genutzt. Um die Bildung von Antikörpern gegen therapeutisch eingesetzte monoklonale Maus-Antikörper zu vermeiden, werden zunehmend gentechnisch modifizierte («humanisierte«) Maus-Antikörper entwickelt, die im Aufbau den humanen Antikörpern sehr nahe kommen.

In Kürze

Reifung und Aktivierung von B-Lymphozyten

Reifung:

- Die Reifung von B-Zellen erfolgt beim Menschen im Knochenmark und ist gekennzeichnet durch unterschiedliche Stadien der Ig-Genumlagerungen
- Wesentlich beteiligt sind der Stroma-gebundene Stammzellfaktor und sein Ligand Kit sowie IL-7
- Reife B-Zellen exprimieren den membrangebundenen Immunglobulin-Rezeptor des entsprechenden Isotyps und CD19

Aktivierung:

- Die Aktivierung und Differenzierung von B-Zellen bis hin zu Plasmazellen oder Gedächtnis-B-Zellen ist ein mehrstufiger Prozess
- B-Zellen binden das Antigen über den BZR, endozytieren und prozessieren dieses und präsentieren das Antigenpeptid auf MHC-II den T-Helferzellen
- Costimulatorische Signale sind die Wechselwirkungen zwischen B7 (CD80/86) und CD28, nachfolgend zwischen CD40 und CD40L sowie zwischen B7RP-1 und ICOS
- Die Proliferation, Klassenumschaltung und Ig-Produktion wird über IL-4, IL-6, IL-5 und IL-13 reguliert
- In der Signalvermittlung bei der B-Zell-Aktivierung sind die Tyrosinkinasen Blk, Fyn, Lyn, Syk sowie die ITAMs beteiligt. Sie initiiert die Ras-, DAG- und IP3-Kaskaden. Die Aktivierung der B-Zellen erfolgt in den T-Zell-reichen Zonen der sekundären lymphatischen Organe. An der Affinitätsreifung sind maßgeblich follikuläre dendritische Zellen der Keimzentren beteiligt

Antiseren und monoklonale Antikörper:

- Bei normalen Immunisierungen gegen Antigene wird immer eine größere Zahl von B-Zellen aktiviert, sodass sich im Serum ein Gemisch einzelner monoklonaler Antikörper nachweisen lässt, die gegen unterschiedliche Epitope des Antigens gerichtet sind
- Im Gegensatz dazu ist der in vitro hergestellte monoklonale Antikörper nur gegen ein Epitop gerichtet. Er wird von immortalisierten und experimentell vereinzelten Plasmazell-Hybridomen in Zellkultur produziert

34.3.5 Zirkulation von Lymphozyten

Die an der Immunantwort beteiligten Zellen sind über den gesamten Organismus verteilt. Voraussetzung für eine effektive Immunüberwachung und Immunantwort ist die Koordination dieser Zellen.

Durch Zirkulation werden Antigenrezeptor-tragende Lymphozyten mit allen Spezifitäten ständig über das Immunsystem verteilt.

Die adaptive Immunantwort gegen Mikroorganismen erfolgt überwiegend in peripheren lymphatischen Organen, wie Lymphknoten, Milz, dem Mukosa- und Bronchus-assoziierten Immunsystem sowie der Haut. Diese lymphatischen Gewebe sind so organisiert, dass sie eine optimale Wechselwirkung von Antigenen, Antigen-präsentierenden Zellen und Antigen-spezifischen T- und B-Lymphozyten, einschließlich der T-Helferzellen und regulatorischen T-Zellen, erlauben.

Rezirkulation. Voraussetzung für eine optimale Immunantwort ist darüber hinaus die besondere Fähigkeit von Lymphozyten, durch diese lymphatischen Organe über die Blut- und Lymphbahnen zu zirkulieren. Dabei wandern die noch nicht aktivierten, nur einen kleinen Anteil ausmachenden, für ein Antigen spezifischen Lymphozyten (naive Lymphozyten), in Bereiche, wo das Antigen konzentriert ist. Dies gilt sowohl für T-Lymphozyten aus dem Thymus als auch für B-Lymphozyten aus dem Knochenmark, die über postkapilläre Venolen mit hohem Endothel (HEV, *high endothelial venule*) z.B. in die Lymphknoten gelangen. Hier erfolgt unter Mithilfe der T-Helferzellen die spezifische Aktivierung, die klonale Expansion und die Ausbildung spezifischer Effektor- und Gedächtnis-Zellen, die dann an den Ort der Infektion wandern oder weiter zirkulieren. Diese Zirkulation ist besonders relevant für T-Zellen, die unmittelbar in die Immunantwort und die Eliminierung des Antigens eingebunden sind. B-Lymphozyten müssen nicht in diesem Umfang rezirkulieren, da sie nach Aktivierung und Ausdifferenzierung zu Plasmazellen Immunglobuline sezernieren, die als Effektormoleküle über den Blutweg an den Infektionsherd gelangen.

Steuerung der Zirkulation. In die sekundären lymphatischen Organe gelangen Lymphozyten durch die Wechselwirkung von Zelladhäsionsmolekülen auf den Lymphozyten, den sog. *Homing*-**Rezeptoren** und solchen auf dem hohen Endothel. Naive T-Zellen exprimieren L-Selektine, aktivierte Effektor- und *Memory*-T-Zellen E- und P-Selektin-Liganden sowie die Integrine LFA-1 und VLA-4. Auf der anderen Seite sind Endothelzellen in der Lage, insbesondere nach Aktivierung durch die Cytokine IL-1 und TNF-α, für naive T-Zellen L-Selektin-Liganden und für aktivierte Effektor- oder Gedächtnis-T-Zellen E- oder P-Selektine bzw. die Integrin-Liganden ICAM-1 oder VCAM-1 zu exprimieren.

Neben den *Homing*-Rezeptoren steuern **Chemokine** die Zirkulation der Immunzellen. Sie werden extravaskulär am Entzündungsherd von Leukozyten gebildet und wirken über spezifische Rezeptoren auf die Chemokinese von Lymphozyten, Monozyten und Granulozyten (▶ Kap. 25 und 34.5).

Lymphozyten im Blut. Die im peripheren Blut zirkulierenden kleinen T- und B-Lymphozyten sind überwiegend nichtaktivierte, naive Zellen und repräsentieren etwa 1–2% aller Lymphozyten des Organismus. T-Lymphozyten machen beim Erwachsenen etwa 73% (CD4-Zellen: 42%) und B-Lymphozyten etwa 13% der Lymphozyten des Bluts aus. Die übrigen 14% besitzen weder T-Zell- noch B-Zell-Rezeptoren und heißen natürliche Killerzellen (NK, CD16, CD56). Der Anteil regulatorischer T-Zellen (Suppressorzellen) liegt unter 5%. Bei Neugeborenen und Kindern liegt der T-Lymphozyten-Anteil im Blut etwa 10% niedriger, der B-Anteil ist höher.

In Kürze

Die adaptive Immunantwort erfolgt überwiegend in sekundären lymphatischen Geweben und für B-Zellen auch im Knochenmark.

In sekundäre lymphatische Gewebe gelangen T- und B-Lymphozyten über postkapilläre Venolen mit hohem Endothel (HEV) unter Mithilfe von Chemokinen und spezifischen Adhäsionmolekülen auf Lymphozyten und Endothelzellen, sog. *Homing*-Rezeptoren.

Naive T-Lymphozyten unterliegen im Sinne einer Überwachung einer kontinuierlichen Zirkulation. Bei B-Lymphozyten übernehmen diese Funktion die Antikörper.

Die Lymphozyten des peripheren Bluts sind überwiegend naive, nicht aktivierte Zellen und repräsentieren nur 1–2% des gesamten Lymphozyten-*Pools*. T-Lymphozyten machen etwa 75% aller Lymphozyten des Bluts aus.

34.4 Komplementsystem

Komplement kann auf 2 Wegen aktiviert werden.

Komplementaktivierung. Durch Antikörper werden lösliche Antigene oder Bakterien, Viren oder eukaryonte Zellen, an deren Oberfläche sich die Antigene befinden, zwar neutralisiert, sie sind damit aber noch nicht abgebaut. An die Neutralisierung schließt sich der Abbau durch Phagozytose und anschließende Zellverdauung oder die direkte Zellzerstörung an. Dabei spielt das Komplementsystem eine wichtige Rolle.

Das Komplementsystem besteht aus über 20 verschiedenen Proteinen, die in Form ihrer Vorstufen im Blutplasma zirkulieren. Wird es aktiviert, so kommt eine kaskadenartige proteolytische Kettenreaktion in Gang, in deren Verlauf alle Komponenten in ihre aktive Form überführt werden. Damit weist dieses System eine deutliche Parallelität zum Gerinnungs-, Fibrinolyse-, Renin-Angiotensin- und Kininsystem auf. Alle diese Systeme erfahren eine sequentielle Aktivierung und dienen als schnelle und verstärkende Reaktion auf einen spezifischen Stimulus. Das Komplementsystem kann auf 2 Wegen aktiviert werden:

- auf einem als **klassische Aktivierung** bezeichneten Weg, der durch Bindung von Antigenen an Antikörper, d.h. durch die **adaptive humorale** Immunreaktion aktiviert wird, und
- einem als **alternative Aktivierung** bezeichneten Weg. Er stellt einen Teil des **angeborenen** Systems dar

Beide Wege münden in eine gemeinsame Endstrecke. Molekulare Grundlage der Komplementwirkung ist die Assoziation der einzelnen Komponenten, die durch Komplement-eigene Serinproteasen mittels limitierter Proteolyse generiert werden.

Am klassischen Aktivierungsweg des Komplementsystems sind 9 Glycoproteine (C1–C9) beteiligt. Diese haben Molekülmassen von 24–410 kDa und werden nach Bildung in der Leber, in kleinem Umfang auch am Ort der Entzündung von mononukleären Phagozyten und Epithelzellen in die Blutbahn sezerniert, wo sie etwa 10% der Globulinfraktion ausmachen.

Wichtigste Funktionen des Komplementsystems (Abb. 34.21). Die wichtigsten Funktionen des Komplementsystems sind folgende:

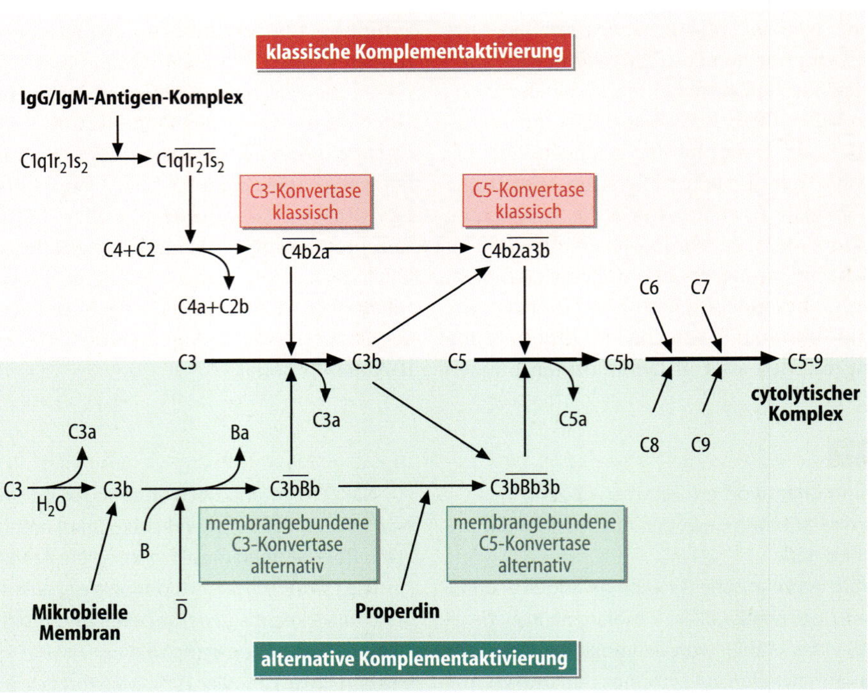

Abb. 34.21. Klassischer und alternativer Weg der Aktivierung des Komplementsystems. Gemeinsame Schlüsselreaktionen der beiden Wege der Komplementaktivierung sind die proteolytische Spaltung von C3 und C5 durch die C3- bzw. C5-Konvertase und die Bildung des cytolytischen Komplexes C5-9. Die initiale Reaktion kann im Falle der klassischen Komplementaktivierung (*oben*) durch IgG- oder IgM-Antigen-Komplexe ausgelöst werden, womit eine Verbindung zwischen der spezifischen Immunantwort und den Antigen-unspezifischen Wirkungen der Komplementfaktoren hergestellt wird. Dagegen ist die alternative Komplementaktivierung (*unten*) nicht Antigen-spezifisch und kann auf der Oberfläche von fremden Mikroorganismen, nicht aber autologen Zellen, oder in Lösung durch spontan, oder über den klassischen Weg gebildetes C3b ausgelöst werden. Alle proteolytisch wirksamen Faktoren sind durch einen Querbalken gekennzeichnet. Der cytolytische Komplex C5–9 bildet in der Zellmembran eine Pore, durch die insbesondere Wasser und Ionen in die Zelle eindringen und diese zerstören können

- Bildung eines zytolytischen Komplexes (C5–9) zur Abtötung von fremden Mikroorganismen und allogenen Zellen
- Markierung (Opsonierung) von fremden Mikroorganismen zur Aufnahme und Abtötung in phagozytierenden Zellen (C3b)
- Aktivierung und Beeinflussung der Leukotaxis (zielgerichtete Bewegung) von Leukozyten (C5a, Ba)
- Aktivierung von Mastzellen und Granulozyten zur Freisetzung von Mediatoren, die auf die Blutgefäße wirken (Anaphylatoxine, C3a, C4a, C5a)
- Mitwirkung bei der Entsorgung von Antigen-Antikörper-Immunkomplexen

Das C1q-Molekül löst den klassischen Weg der Komplementaktivierung durch Assoziation mit Antikörpermolekülen aus.

Klassische Komplementaktivierung. Eingeleitet wird die Reaktion z.B. durch die Bindung von IgG oder IgM an Membranoberflächen (◘ Abb. 34.21). Der Kontakt des Fab-Bereichs mit dem Antigen erwirkt über eine Konformationsänderung die Aktivierung eines Oberflächenbereichs im Fc-Anteil, an den die **C1-Komponente** gebunden wird. Dieser Proteinkomplex besteht aus jeweils einem Molekül C1q, zwei Molekülen C1r und zwei Molekülen C1s. Bei der Bindung von IgG-Antikörpern sind wenigstens zwei Moleküle erforderlich, beim pentameren IgM reicht ein Molekül; IgA-, IgE- oder IgD-Antikörper bewirken keine Komplementaktivierung.

C1q besteht aus drei Polypeptidketten, die über die Bindung an ein IgM-Molekül beziehungsweise zwei oder mehr IgG-Moleküle so verändert werden, dass C1r aktiviert und autoproteolytisch in die aktivierte Serinprotease C1r (proteolytisch aktive Faktoren werden durch einen horizontalen Balken markiert, vergleiche ◘ Abb. 34.21) umgewandelt wird. Durch sie wird die Serinprotease C1s aktiviert.

> **!** Durch die Komplementaktivierung werden die C3- und die C5-Konvertasen erzeugt.

Die **aktive C1s-Serinprotease** spaltet das Plasmaprotein C4 in C4a und C4b. Das entstandene C4b bindet an die Oberfläche des Bakteriums. Dort reagiert es mit einem C2-Molekül, welches in C2a und C2b gespalten wird. C2b ist ebenfalls eine Serinprotease. Der Komplex aus C4b und C2b ist die sog. **C3-Konvertase** des klassischen Aktivierungswegs. Diese Protease konvertiert C3-Moleküle in C3a, das eine lokale Entzündungsantwort in Gang setzt, und C3b, das an die Bakterienoberfläche bindet. Damit die enzymatische Wirkung der C3-Konvertase auf das Bakterium beschränkt bleibt und nicht auf Zellen des Wirtsgewebes übergeht, muss dieser Komplex covalent an die Bakterienoberfläche gebunden sein. Dies wird hauptsächlich über eine Bindung von C4b an Oberflächenproteine erreicht. Da C3b einen ähnlichen strukturellen Aufbau wie C4b aufweist, wird es ebenfalls covalent auf der Bakterienoberfläche gebunden oder bei Nichtbindung hydrolytisch inaktiviert.

C3 und C4 enthalten eine Thioesterbindung zwischen einem Cysteinylrest und der Carboxylgruppe eines Glutaminsäurerests. Sie ist zunächst im Inneren des Proteins verborgen, wird jedoch nach Aktivierung zu C3a bzw. C4a nach außen exponiert. Die Thioestergruppierung kann nun entweder durch Wasser gespalten oder aber durch NH_2- bzw. OH-Gruppen auf dem Antigen angegriffen werden. Dies führt zu einer covalenten Amidverknüpfung von C3 bzw. C4 mit dem Antigen.

C3 ist das quantitativ bedeutendste Komplementprotein im Plasma. Durch die Komplementaktivierung werden große Mengen von C3b auf der Oberfläche des Bakteriums abgelagert (Opsonierung). Dadurch bildet sich eine Hülle, die das Signal für die endgültige Zerstörung des Bakteriums durch phagozytierende Wirtszellen gibt. Dies erfolgt über eine Aktivierung von Komplementrezeptoren auf phagozytierenden Zellen.

Nach Anlagerung eines C3b-Moleküls an den C4b2a-Komplex (C3-Konvertase) entsteht der C4b2a3b-Komplex der als **C5-Konvertase** die Umwandlung von C5 in C5a und C5b katalysiert. Damit wird die Voraussetzung für die Ausbildung des zytolytischen Komplexes geschaffen. In der Bilanz der Komplementaktivierung des klassischen Wegs sind also C3b- und C5b-Moleküle gebildet worden, die an die Oberfläche des Bakteriums binden, und C3a und C5a, die in die Umgebung freigesetzt werden. C3b-Moleküle werden von Komplementrezeptoren auf phagozytierenden Zellen erkannt, C3a und C5a sind starke lokale Entzündungsmediatoren (Leukotaxine und Anaphylatoxine).

Die alternative Komplementaktivierung erfolgt über den membrangebundenen C3bBb-Komplex.

Alternative Komplementaktivierung. Beim **alternativen Weg** der Komplementaktivierung bindet das an die Bakterienoberfläche gebundene C3b den Faktor B, der strukturell C2 entspricht. Durch diese Assoziation kann der Faktor B durch die Plasmaprotease Faktor D in Bb und Ba überführt werden. Dabei entsteht der Komplex C3bBb, der der C3-Konvertase des klassischen Wegs entspricht. Durch weitere Anlagerung von C3b entsteht, wie beim klassischen Weg, die alternative C5-Konvertase, die durch **Properdin**, ein 220 kD Protein, stabilisiert wird. Durch diese enzymatischen Ereignisse wird der klassische Weg verstärkt. Ein Teil des alternativen Wegs kann auch in Lösung beschritten werden.

> **!** C3b auf Bakterienoberflächen bindet an Komplementrezeptoren von Phagozyten.

Komplementrezeptoren. Verschiedene Zellen des Immunsystems (Makrophagen, Monozyten, polymorphkernige Granulozyten, B-Lymphozyten) oder auch Erythrozyten weisen auf ihrer Oberfläche Rezeptoren für Komplementproteine auf. Für die Ingangsetzung der Phagozytose von

Bakterien sind insbesondere die Komplementrezeptoren CR1 (CD35) und CR3 (CD11 b/CD18) von Bedeutung, die sich auf Makrophagen/Monozyten und polymorphkernigen Leukozyten finden. Der Komplementrezeptor CR2 (CD21) findet sich hauptsächlich auf B-Lymphozyten und dient dort auch als Rezeptor für das Epstein-Barr-Virus. Komplementrezeptoren auf Erythrozyten spielen eine Rolle bei der Entfernung löslicher Antigen-Antikörper-Komplexe aus dem Blutkreislauf. CR2 auf B-Lymphozyten hat als Teil des B-Zell-CD19-Corezeptorkomplexes Anteil an der B-Lymphozytenaktivierung durch Antigene. Viele lösliche Antigene bilden Antigen-Antikörper-Immunkomplexe. Diese können Komplement direkt aktivieren. Durch die Anlagerung der aktivierten Komponenten C3b und C4b an den Immunkomplex wird eine Bindung an den Komplementrezeptor 1 auf der Oberfläche von roten Blutkörperchen ermöglicht. Diese transportieren die Komplexe in Leber und Milz, wo sie durch Makrophagen von der Erythrozytenoberfläche entfernt werden. Immunkomplexe, die nicht entfernt werden können, lagern sich an den Basalmembranen von Kapillaren, wie z.B. dem Glomerulum der Niere ab, wodurch eine Schädigung der Nierenfunktion auftritt.

Die löslichen Komplementfragmente C3a, C4a und C5a lösen eine lokale Entzündungsreaktion aus. Sie führen zu Kontraktionen der glatten Muskulatur und erhöhen die Gefäßpermeabilität. C5a rekrutiert wie Chemokine polymorphkernige Granulozyten und Monozyten (Leukotaxine) an Gefäßwände, was die Voraussetzung für die Einwanderung in das Entzündungsgebiet darstellt. C3a, C4a und C5a wirken darüber hinaus als Anaphylatoxine.

! Die terminalen Komplementkomponenten bilden den membranangreifenden Komplex.

Komplementabhängige Zytolyse. Neben der komplementabhängigen Phagozytose können Bakterien auch durch die Bildung des membranangreifenden, zytolytischen Komplexes abgetötet werden. An das in der Bakterienmembran abgelagerte Fragment C5b wird zunächst C6 und nachfolgend C7 angelagert. Dieser aus 3 Molekülen bestehende Komplex macht eine Konformationsänderung durch, wodurch das Molekül hydrophober wird und so in die Lipiddoppelschicht des Bakteriums eindringen kann. Die Anlagerung der C8-Komponente ermöglicht die konsekutive Bindung und Polymerisierung von C9-Molekülen, welche eine Pore in der Membran bilden. Der Komplex C5–9 wird als zytolytischer Komplex bezeichnet, der den Perforinporen entspricht, die durch zytotoxische T-Lymphozyten und natürliche Killerzellen gebildet werden. Durch den Kanal können Ionen und Wasser in die Zelle eindringen, wodurch es zu einer Zerstörung des Bakteriums kommt.

! Durch Antagonisten wird der Wirtsorganismus vor schädlichen Auswirkungen der Komplementaktivierung geschützt.

Regulation der Komplementkaskade. Der Wirtsorganismus schützt sich durch ein vielfältiges Kontrollsystem vor potenziell schädigenden Wirkungen des Komplementsystems. So wird z.B. die Aktivierung von C1 durch ein Plasmaprotein, den **C1-Inhibitor**, kontrolliert, der an den aktiven Enzymteil von C1 (C1r/C1s) bindet und dadurch von C1q abtrennt. Sein Fehlen bewirkt eine Erkrankung, die als **Angioödem** bezeichnet wird. Ein weiteres Membranprotein, der *decay-accelerating-factor* **CD59**, verhindert eine Gewebeschädigung infolge einer zufälligen Bindung von aktivierten Komplementkomponenten an Wirtszellen und die spontane Aktivierung von Komplementfaktoren im Plasma. Es ist über den Glycolipid-Phosphoinositol-Anker (GPI-Anker) mit der Zelloberfläche verbunden. Sein Mangel induziert eine komplementvermittelte intravaskuläre Auflösung von roten Blutkörperchen (paroxysmale nächtliche Hämoglobinurie). Das Fehlen von C4 oder C2 bewirkt eine dem *Lupus erythematodes visceralis* ähnliche Autoimmunkrankheit.

34

In Kürze

Komplementsystem:
- Das Komplementsystem besteht aus Plasmaproteinen, die durch eine proteolytische Kaskade in Komponenten umgewandelt werden, die an der Opsonierung von Mikroorganismen, osmotischen Lyse von Zellen, Chemokinese von Phagozyten und als Anaphylatoxine an der Freisetzung von Mediatoren aus Mastzellen und Granulozyten beteiligt sind
- Komplement wird über den klassischen Weg durch Antikörper (IgG, IgM) oder den alternativen Weg (an Bakterien gebundenes C3b) aktiviert
- Die wichtigsten Reaktionen sind die proteolytische Konvertierung von C3 in C3a und C3b und C5 in C5a und C5b sowie die Bildung des zytolytischen Komplexes
- C3a, C4a und C5a wirken als Anaphylatoxine, C5a wirkt darüber hinaus aktivierend und chemotaktisch auf neutrophile Granulozyten, C3b und C5b sind Opsonine
- Die Zytolyse von Zellen erfolgt über den porenbildenden zytolytischen Komplex, C5–C9
- CR1 (CD35) und CR3 (CD11b/CD18) binden C3b auf Phagozyten
- Überschießende Komplementaktivierungen werden durch Antagonisten wie den C1-Inhibitor kontrolliert

34.5 Wechselwirkungen zwischen unspezifischer und spezifischer Immunantwort

Proinflammatorische Vorgänge. Die angeborene, unspezifische Immunantwort und die adaptive spezifische Immunantwort sind eng aufeinander abgestimmt. Die Wechselwirkung erfolgt maßgeblich unter Mithilfe humoraler Faktoren, zu denen neben dem Komplementsystem die Cytokine, Chemokine, Akutphase-Proteine, Eikosanoide und Glucocorticoide gehören (◻ Abb. 34.22). Der initiale Antigenkontakt mit Zellen der unspezifischen Immunantwort, besonders Makrophagen und neutrophilen Granulozyten, führt zu einer schnellen Freisetzung der proinflammatorischen Cytokine TNF-α, IL-1, IL-6, IL-12 und IL-18, von Chemokinen, wie IL-8, und Eikosanoiden. Daran sind Toll-*like*-Rezeptoren und ihre Liganden beteiligt. Im Falle der Virusabwehr werden früh, innerhalb von 2 Tagen, neben TNF-α und IL-12 auch IFN-α und IFN-β gebildet, gefolgt von einer Aktivierung von NK-Zellen. Neben Makrophagen, dendritischen Zellen, Granulozyten und NK-Zellen spielen NK-T-Zellen in der Basisabwehr eine Rolle. Sie exprimieren einen einzigen überwiegend invarianten T-Zell-Rezeptor (TZRα-Kette), gehören damit zu den T-Zellen, exprimieren aber auch NK-Zell-Antigene. NK-T-Zellen erkennen Glycolipide, die – anders als Eiweiße bzw. Peptide – über CD1 präsentiert werden. Sie werden durch IFN-α/β, TNF-α, IL-1, IL-12 und IL-18 aktiviert und bilden IFN-γ und IL-4.

Gerichtete Wanderung von Leukozyten. Chemokine, von denen etwa 45 bekannt sind (▶ Kap. 25.5.4), wirken auf Leukozyten chemotaktisch. Die verschiedenen Chemokine benutzen z.T. unterschiedliche Rezeptoren, deren Gemeinsamkeit eine heptahelicale Struktur ist (▶ Kap. 25.3.3). Zusammen mit Adhäsionsmolekülen, die über proinflammatorische Cytokine auf Leukozyten und Endothelzellen induziert werden, bewirken sie eine gerichtete Wanderung von Leukozyten zum Ort der Entzündung. Der Vorgang wird in der Regel unterstützt durch Eikosanoide, die vaso-

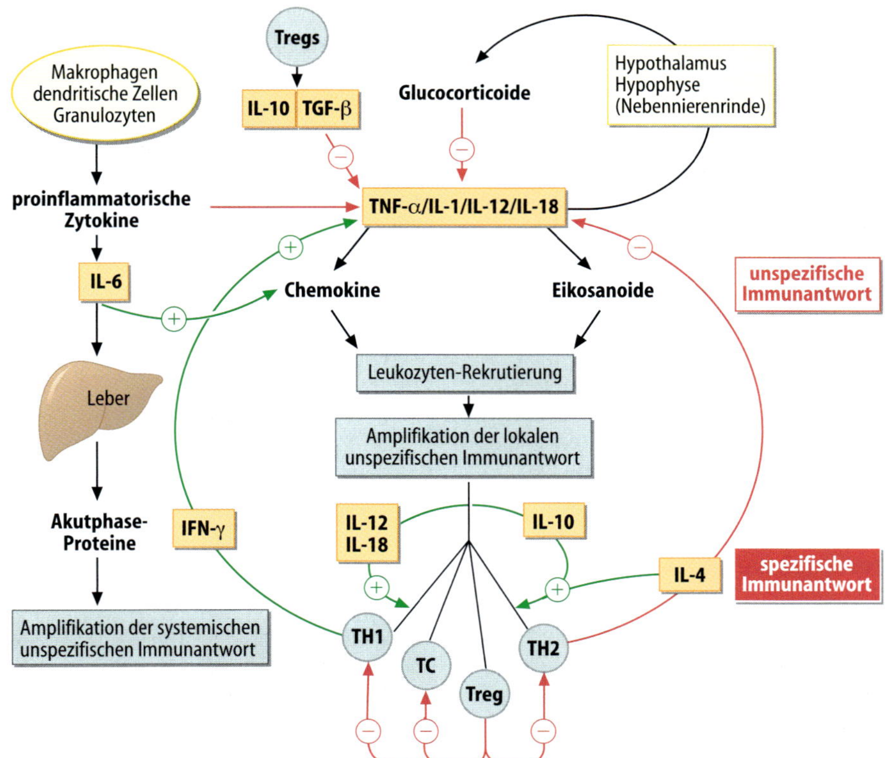

◻ **Abb. 34.22. Wechselwirkung zwischen unspezifischer und spezifischer Immunantwort.** Frühe unspezifische Ereignisse der Immunantwort sind die Freisetzung proinflammatorischer Cytokine (TNF-α, IL-1, IL-6, IL-12 und IL-18) sowie die Bildung von chemotaktischen Faktoren (Chemokine, Komplementfaktoren C3a, C5a), Prostaglandinen, Thromboxanen und Prostacyclinen, die auf die Gefäße im Sinne einer Vasodilatation und Permeabilitätszunahme wirken. Diese Vorgänge erfahren am Ort des Geschehens eine Amplifikation und leiten die spezifische Immunantwort u.a. durch Bildung von IL-12 und IL-18 sowie IL-4 und IL-10 ein. Die systemische Regulation der unspezifischen Immunantwort erfolgt über IL-6, aber auch TNF-α und IL-1. Die Leber besitzt Rezeptoren für IL-6 und bildet Akutphase-Proteine wie C-reaktives Protein (CRP). Die notwendige negative Rückkopplung der Immunantwort erfolgt über den Hypothalamus bzw. die Hypophyse u.a. durch Induktion der Glucocorticoid-Produktion in der Nebennierenrinde sowie durch die regulatorischen T-Zellen (Treg) und die immunsuppressiv wirkenden Cytokine, TGF-β1, IL-10 und IL-4

dilatorisch oder -konstriktorisch und gefäßpermeabilitätssteigernd sowie auf Makrophagen und Granulozyten aktivierend wirken. Eikosanoide entstehen aus Membranlipiden. Unter Mitwirkung der Phospholipase A2 wird die proinflammatorische Arachidonsäure (ω-6-Fettsäure) oder die anti-inflammatorische Eikosapentaensäure (ω-3-Fettsäure) freigesetzt, die über die Cyclooxygenase bzw. die Lipoxygenase in die entsprechenden Prostaglandine und Thromboxane bzw. Leukotriene umgewandelt werden (▶ Kap. 12.4.2). Eine besondere Rolle spielt das proinflammatorische Leukotrien B4, das von Granulozyten gebildet wird und das Prostaglandin E2 und Thromboxan A2 aus Makrophagen. Anti-inflammatorisch wirkt z.B. Leukotrien B5, das aus Eikosapentaensäure entsteht.

Mit der Ansammlung von Leukozyten am Entzündungsherd sind die Voraussetzungen für eine Verstärkung der unspezifischen und die Einleitung einer spezifischen Immunantwort z.B. über IL-12 gegeben. Die systemische Regulation der Immunantwort erfolgt über IL-6 und aus der Leber freigesetzten Akutphase-Proteinen, wie C-reaktives Protein, Fibrinogen oder Haptoglobin.

Terminierung der Entzündung. Terminiert werden die Vorgänge durch immunsuppressive Mechanismen. Dabei spielen regulatorische T-Zellen (Suppressorzellen), die über direkten Zellkontakt oder über die immunsuppressiv wirkenden Cytokine TGF-β1 und IL-10 wirken, eine wichtige Rolle. Im Rahmen der T-Zell-Aktivierung wirkt CTLA-4 (*cytotoxic T lymphocyte antigen*) direkt terminierend (▶ Kap. 34.3.3.3). Darüber hinaus spielen die aus der Nebennierenrinde freigesetzten Glucocorticoide eine wichtige Rolle. Die über die hypothalamisch/hypophysär-adrenale Achse (HAA) regulierten Glucocorticoide greifen an verschiedenen Stellen in die Immunantwort ein. Sie hemmen z.B. die Expression des IL-2- und Cyclooxygenase-2-Gens und bewirken eine veränderte Organverteilung von Leukozyten. Hohe Glucocorticoidspiegel (am Tage) bewirken eine Erniedrigung der Lymphozytenanteile und eine Erhöhung der Granulozytenanteile im Blut. Damit erklären sich die deutlichen Tag-Nacht-Schwankungen der Leukozytenanteile im Blut.

In Kürze

Wechselwirkung zwischen unspezifischer und adaptiver Immunantwort:
- Vermittler zwischen der unspezifischen, frühen und der adaptiven, verzögerten Immunantwort sind humorale Faktoren, die von Makrophagen, dendritischen Zellen, Granulozyten und NK-Zellen gebildet werden
- Wesentliche Faktoren sind Toll-*like*-Rezeptoren und die proinflammatorischen Cytokine IL-1, TNF-α, Interferone, IL-6, IL-12 und IL-18 sowie Chemokine und Eikosanoide
- Chemokine und Eikosanoide koordinieren die Wanderung von Leukozyten zum Ort der Entzündung. IL-12 und IL-18 sowie IL-4 und IL-10 regulieren die TH-Polarisierung, d.h. die Ausrichtung der adaptiven Immunantwort
- Die Terminierung der adaptiven und unspezifischen Immunantwort erfolgt über regulatorische T-Zellen, immunsuppressive Cytokine (IL-10, IL-4, TGF-*β1*) sowie durch die über die Cytokinstimulation des Hypothalamus freigesetzten Glucocorticoide der Nebennierenrinde

34

34.6 Immunabwehr von Mikroorganismen

34.6.1 Bakterienabwehr

Die antimikrobielle Abwehr benutzt unabhängig vom Erreger immer sowohl angeborene wie erworbene, spezifische Abwehrmechanismen (Tabelle 34.4). Andererseits verfügen Mikroorganismen, Bakterien, Viren und Parasiten über Strategien, sich der Immunantwort zu entziehen. Die Abwehrmechanismen gegenüber extrazellulär sich vermehrenden Bakterien unterscheiden sich prinzipiell von denen gegen Erreger, die sich intrazellulär vermehren (Bakterien und Viren).

! Die Immunabwehr gegen extrazelluläre Bakterien erfolgt durch komplementabhängige Lyse und Abtötung nach Endozytose.

Unspezifische Abwehr extrazellulärer Bakterien. Eiter erregende Keime wie Staphylokokken und Streptokokken oder auch Gram-negative Kokken und Stäbchenbakterien (E. coli) vermehren sich extrazellulär. Sie lösen Entzün-

Tabelle 34.4. Zellen und Faktoren der antimikrobiellen Immunabwehr

Mikroorganismen	Immunantwort/Immunreaktion	
	unspezifisch	spezifisch
Bakterien, extrazellulär	Komplement neutrophile Granulozyten Makrophagen	Antikörper
Bakterien, intrazellulär	NK-Zellen (IFN-γ) Makrophagen	TH1-Zellen Makrophagen TC-Zellen
Viren	Interferone NK-Zellen	TC-Zellen (IFN-γ) Antikörper

dungsprozesse aus und bilden Endotoxine sowie Exotoxine. Das bekannteste Endotoxin Gram-negativer Bakterien ist Lipopolysaccharid (LPS). Die **unspezifische Abwehr extrazellulärer Keime** erfolgt zum einen durch die **alternative Komplementaktivierung** und die damit verbundene C3b-Opsonierung und Zell-Lyse. Ein wichtiger Mechanismus ist die **Phagozytose** von Keimen durch neutrophile Granulozyten oder Makrophagen und deren intrazelluläre Abtötung. **Neutrophile Granulozyten** binden Bakterien über unterschiedliche Membranrezeptoren (z.B. Mannose-Rezeptor, CD14, Komplementrezeptoren CR1 und CR3 sowie spezielle Toll-*like*-Rezeptoren) und phagozytieren sie. Durch Fusion des Phagosoms mit lysosomenähnlichen granulahaltigen Strukturen entstehen Phagolysosomen, in denen die Bakterien zerstört werden. Die dabei wirksamen **Effektormoleküle** der primären, **azurophilen Granula** neutrophiler Granulozyten sind u.a. Myeloperoxidase, Lysozym, Kathepsin G, Proteinase 3, Elastase und Defensine. Die so genannten **sekundären Granula** enthalten z.B. Kollagenasen. Parallel zur Wirkung der Phagolysosom-Effektormechanismen wird mit der Phagozytose der sog. *respiratory burst* (▶ Kap. 29.3.1) und damit die Bildung von zytotoxisch reaktiven Sauerstoffspezies ausgelöst, die extrazellulär und intrazellulär wirken. Daneben kommt es zur Bildung von toxischem Stickstoffmonoxid (NO).

Makrophagen binden extrazelluläre Keime über Toll-*like*-Rezeptoren, den Mannose-Rezeptor oder die Komplementrezeptoren CR3 (CD11b/CD18) und CR4 (CD11c/CD18). Auch hier wird mit der Endozytose die Bildung von reaktiven Sauerstoffspezies und NO in Gang gesetzt. Daneben bilden die so aktivierten Makrophagen proinflammatorische Cytokine wie IL-1, TNF-α und IL-6, die weitere Makrophagen und andere Zellen aktivieren.

Spezifische Abwehr extrazellulärer Bakterien. Sie erfolgt überwiegend unter Mithilfe von spezifischen Immunglobulinen. IgG-Moleküle wirken als Opsonine, IgG und IgM im Rahmen der Komplementaktivierung und Neutralisierung von Bakterientoxinen.

Im Falle einer massiven Staphylokokken- und Streptokokkeninfektion können Bakterien als Superantigene wirken und einen toxischen Schock auslösen (▶ Superantigene ▶ Kap. 34.3.3.5).

! Die Immunabwehr gegen intrazelluläre Bakterien nutzt NK-Zellen und zytotoxische T-Zellen (TC-Zellen).

Intrazellulär auftretende Bakterien werden eingeteilt in solche, die nur **fakultativ** in infizierten Makrophagen auftreten, und solche, die **obligat** die Wirtszelle für ihre Vermehrung benutzen. Zur ersten Gruppe gehören die Mykobakterien, Salmonellen und Listerien. Zu den obligat intrazellulär auftretenden Bakterien gehören Rickettsien und Chlamydien, die neben Makrophagen auch Epithel- und Endothelzellen besiedeln können. Beiden Gruppen ist gemeinsam, dass sie keine oder nur eine geringe Toxizität für die Wirtszelle aufweisen. Durch sie bedingte Erkrankungen verlaufen oft chronisch. Die Bakterien können auch über eine lange Zeit ohne Krankheitszeichen persistieren.

Unspezifische Eliminierung von intrazellulären Bakterien. Aktivierte NK-Zellen produzieren IFN-γ. Dieses Cytokin aktiviert Makrophagen, die die Abtötung der Keime (z.B. Listerien) vornehmen. Im Gegensatz zu extrazellulären Keimen spielen bei intrazellulären Bakterien Antikörper in der Abwehr keine entscheidende Rolle.

Spezifische Abwehrmechanismen. Sie bauen auf der unspezifischen Immunantwort auf und sind T-Zell-vermittelt. Im Zentrum stehen hier TH1-Zellen, die über die IFN-γ-Bildung das zytolytische Potential von Makrophagen aktivieren (NO, Sauerstoffmetabolite) sowie TC-Zellen, die über Granulysin, NO-Induktion oder indirekt durch Freisetzung der Bakterien die spezifische Eliminierung der Bakterien bewirken (■ Abb. 34.11c–e). Bei unzureichender Abtötung der Bakterien kommt über die dauerhafte Antigenpräsenz eine fortlaufende T-Zell- und Makrophagen-Aktivierung zustande. Dabei bilden sich **Granulome**. Diese Zellgebilde bestehen aus bakterienhaltigen Makrophagen, fusionierten Makrophagen (Riesenzellen), differenzierten Monozyten (Epitheloidzellen) und Lymphozyten. Sie begrenzen die Bakterienausbreitung, haben aber eine Gewebeschädigung zur Folge. Ein Beispiel dafür ist die Granulombildung in der Lunge bei chronisch verlaufender Tuberkulose.

34.6.2 Virusabwehr

 Die Immunabwehr gegen Viren nutzt Interferone, NK-Zellen und TC-Zellen.

Viren vermehren sich obligat in Zellen. Die meisten Virusinfektionen erfolgen über Schleimhäute oder über das Blut. Dabei werden normale Oberflächenstrukturen von Zellen als Rezeptoren benutzt (▶ Kap. 10.2).

Epstein-Barr-Viren nutzen den Komplementrezeptor 2 (CD21), HI-Viren das CD4- und CD8-Molekül sowie Chemokinrezeptoren, wie CCR5 als Corezeptoren.

Primäre unspezifische Antwort des Immunsystems gegen Viren. Im ersten Schritt bilden infizierte Zellen, wie Epithelzellen, virostatisch wirkendes **Interferon-α (IFN-α)** und **Interferon-β (IFN-β)**. Damit erfolgt eine Begrenzung der Replikation und Ausbreitung der Viren innerhalb der ersten 2 Tage. Interferone bewirken eine verstärkte Expression von HLA-Molekülen, zusammen mit IL-12 aus Makrophagen auch eine **Aktivierung von NK-Zellen**. NK-Zellen erkennen virusinfizierte Zellen und zerstören diese bzw. tragen durch Sekretion von IFN-γ zur weiteren Einschränkung der Virusreplikation bei. Der molekulare Mechanismus der Erkennung durch NK-Zellen ist noch nicht vollständig bekannt. Eine Voraussetzung für die NK-mediierte Lyse von virusinfizierten Zellen ist eine geringe MHC-I-Expression der Zielzellen. Das Maximum der NK-Wirkung liegt etwa am 3. Tag nach Infektion.

Die spezifische Immunantwort gegen Viren. Sie erfolgt im Lymphknoten. Viruspartikel oder virusbeladene Zellen, z.B. dendritische Zellen, gelangen in die drainierenden Lymphknoten, wo eine klonale Vermehrung von T- und B-Zellen stattfindet. Dies geht mit deutlichen Vergrößerungen der Lymphknoten einher. Die Auswanderung der spezifischen Effektor-TC-Zellen in das Gewebe erfolgt zwischen dem 7. und 9. Tag nach Infektion. Parallel dazu werden virusspezifisches IgM, später IgG und IgA durch Plasmazellen synthetisiert und sezerniert. Die spezifischen Effektoren bei der Virusabwehr sind danach **zyotoxisch wirkende CD8-positive TC-Zellen, IFN-γ**, das durch TC- oder TH-Zellen gebildet wird und spezifische **Antikörper**. Mit diesen Instrumentarien werden die Viren innerhalb der folgenden 3 Tage, also um den 10. bis 12. Tag nach Infektion, eliminiert. Den wesentlichen ersten Schutz vor einer erneuten Infektion bieten Antikörper zusammen mit spezifischen TH-Zellen sowie TC-Zellen.

In Kürze

Die Immunabwehr von Mikroorganismen nutzt immer angeborene wie adaptive Abwehrmechanismen:

- Extrazelluläre Bakterien werden durch komplementabhängige Lyse oder Opsonierung sowie durch Phagozytose über Makrophagen und Granulozyten eliminiert. Effektormoleküle sind Myeloperoxidase, Lysozym, Kathepsin G, Proteinase 3, Elastase, Defensine, Kollagenasen sowie reaktive Sauerstoffspezies und NO
- Für die spezifische Abwehr von extrazellulären Bakterien werden Immunglobuline, besonders IgG und IgM genutzt
- Intrazelluläre Bakterien werden unspezifisch durch IFN-γ aus NK-Zellen abgetötet. Die spezifische Abwehr erfolgt über TH1-Zellen durch Aktivierung von Makrophagen (IFN-γ) oder über TC-Zellen, die infizierte Makrophagen lysieren und toxische Granulysine freisetzen
- Unzureichende Abtötung von intrazellulären Bakterien führt zur Bildung von Zellaggregaten, genannt Granulome. Diese, bestehen aus Bakterien enthaltenden Makrophagen, fusionierten Makrophagen, Epitheloidzellen und Lymphozyten
- Viren vermehren sich obligat in Zellen. Der erste unspezifische Schritt der Virusabwehr erfolgt durch IFN-α und IFN-β sowie durch aktivierte NK-Zellen
- Die spezifische Virusabwehr findet im Lymphknoten statt. Spezifische Effektoren sind TC-Zellen (CD8), IFN-γ aus T-Zellen und spezifische Antikörper (IgM, IgG, IgA)

34.7 Pathobiochemie

34.7.1 Immundefekte

34

Immundefekt ist ein Sammelbegriff für verschiedene angeborene oder erworbene Erkrankungen, die durch eine erhöhte Infektanfälligkeit charakterisiert sind. Rezidivierende *pyogene* (eitererzeugende) Infektionen treten bei Defekten der humoralen Immunität auf, bei Defekten der zellvermittelten Immunität kommt es häufig zu Virus- oder Pilzinfektionen. Oft treten kombinierte Defekte auf, verbunden mit opportunistischen Infektionen, d.h. durch Erreger, die von einem normal funktionierenden Immunsystem beherrscht werden. Dazu gehört z.B. die Infektion durch den Pilz *Candida albicans* oder Pneumonien bedingt durch den Parasiten *Pneumocystis carinii*.

Primäre oder genetisch bedingte **Immundefekte** sind selten und treten meist wenige Monate nach der Geburt auf, wenn die Leihimmunität der Mutter zurückgeht. Mit der zunehmenden molekularen Charakterisierung der Defekte wächst deren Zahl. Man kennt heute mehr als 30. Der häufigste erworbene Immundefekt ist der **selektive IgA-Mangel** (Inzidenz 1:300–1:800), gekennzeichnet durch fehlendes oder extrem niedriges IgA (<0,3 g/l) im Blut. Dies ist mit gehäuften Erkrankungen des Respirationstrakts verbunden. Etwa die Hälfte der betroffenen Kinder sind allerdings symptomfrei. Ein kompletter Antikörpermangel bei unbeeinträchtigter T-Zellfunktion liegt bei der **Bruton-Agammaglobulinämie** vor. Es handelt sich hierbei um einen familiären, X-chromosomal gekoppelten Antikörpermangel. Die Ursache ist eine Mutation der für die B-Zell-differenzierung spezifischen Tyrosinkinase Blk auf dem Chromosom Xq 21.3-q 22. Vorläufer-B-Zellen können nicht in Prä-B-Zellen überführt werden. Reife B-Zellen fehlen oder sind vermindert. Wegen der wiederkehrenden Infekte der Atemwege und septischer Zustände müssen diese Patienten lebenslang mit intravenösen Immunglobulingaben versorgt werden. Bei anderen angeborenen Immundefekten ist u.U. eine Knochenmarktransplantation oder Gentherapie notwendig.

Sekundäre Immundefekte sind wesentlich häufiger. Sie treten bei immunsuppressiver oder zytostatischer Behandlung, im Rahmen von Infektionserkrankungen oder metabolisch bzw. ernährungsbedingt auf. Der bekannteste sekundäre Immundefekt ist AIDS (*acquired immunodeficiency syndrome*).

34.7.2 Allergien

Allergien sind eine Gruppe häufig auftretender Erkrankungen, bei der das Immunsystem auf bestimmte Antigene (Allergene) überschießend, verbunden mit Entzündungsvorgängen und Organdysfunktionen reagiert. **Allergene** sind Antigene, die eine immunologische Überempfindlichkeitsreaktion (Allergie) auslösen. Entsprechend den zugrunde liegenden Mechanismen werden nach **Gell und Coombs** die Allergien in 4 Gruppen unterteilt (Tabelle 34.5). Die unterschiedlichen Formen der Allergien sind unabhängig vom Antigen bzw. Allergen. Sie resultieren aus unterschiedlichen Immunantworten und Effektormechanismen.

Allergie vom Typ I. Hierbei handelt es sich um die häufigste Allergie, an der mehr als 20% der Menschen in industrialisierten Ländern leiden. Zu den Allergien gehören u.a. Asthma bronchiale, Heuschnupfen, Hausstauballergie, Formen der Nahrungsmittelallergie und die Bienenstichallergie. Charakteristisch für diese Form der Allergie ist die Allergen-spezifische Bildung von IgE, die Bindung von IgE an IgE-Fc-Rezeptoren der Mastzellen und die nach Allergen-IgE-Wechselwirkung induzierte Degranulation der Mastzellen. Die dabei frei werdenden Mediatoren, wie Histamin, Plättchen aktivierender Faktor (PAF), *slow reacting substance*-A (SRS-A, ► Kap. 12.4.2) und Kallikrein führen zu Broncho- und Darmspasmen, Blutdruckabfall, Ödem und Hyper- bzw. Dyskrinie bis hin zum anaphylaktischen Schock. Der immunpathogenetisch entscheidende Vorgang ist die Aktivierung von TH2-Zellen (Abb. 34.23) über IL-10 aus Antigen-präsentierenden Zellen und die vermehrte Bildung der Cytokine IL-4, IL-5, IL-9 und IL-13. Damit erfolgt eine Differenzierung (Klassen-*switch*) zu IgE- bzw. IgG1-exprimierenden B-Zellen und der Produktion dieser Immunglobuline durch Plasmazellen. Durch Chemokine, wie Eotaxin, IL-5 und IL-3 werden eosinophile Granulozyten an den Ort der Entzündung gelockt und aktiviert. Die damit verbundene IL-4-Bildung verstärkt diesen Circulus. IL-13 wirkt auf den Atemtrakt im Sinne einer erhöhten Reaktivität und IL-3, das auch in TH2-Zellen gebildet werden kann, kontrolliert die Entwicklung von Mastzellen. Eosinophile Granulozyten sezernieren neben abbauenden Enzymen (Lysophospholipasen, Proteasen, Peroxidasen), Eikosanoiden, Chemokinen und Cytokinen auch toxische Granulaproteine, wie MBP (*major basic protein*).

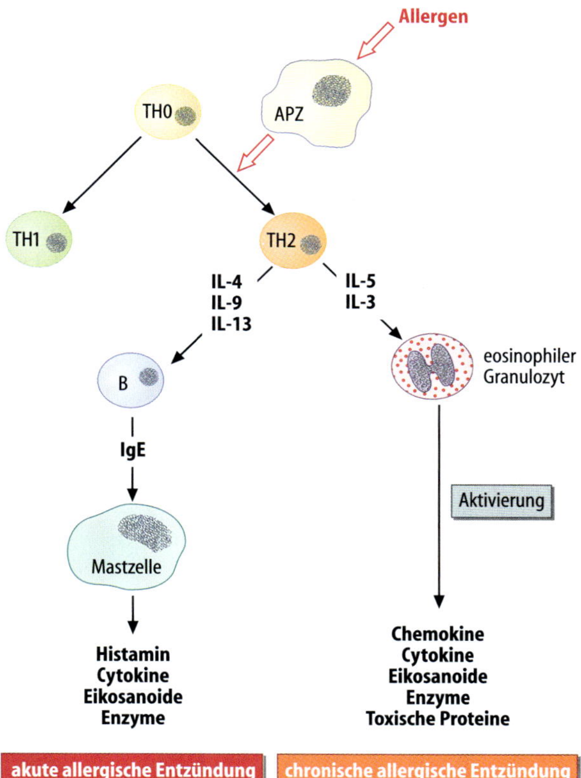

Abb. 34.23. Pathogenetische Mechanismen der akuten und chronischen allergischen Entzündung. Allergene bewirken an Antigen-präsentierenden Zellen ein Cytokinmilieu (z.B. IL-10), das zur Differenzierung und Expansion von TH2-Zellen führt. IL-4 und IL-9 sind an der Regulation der Allergen-spezifischen IgE-Bildung und damit der Degranulation der Mastzellen beteiligt, die die akute Form der allergischen Reaktion vom Typ I wesentlich bestimmt. IL-5 und IL-3 bewirken die Ansammlung und Aktivierung von eosinophilen Granulozyten und bedingen die chronische Form der allergischen Entzündung

Bei der Allergie vom Typ I können danach eine schnelle, **frühe**, durch die Mastzelldegranulierung bestimmte **allergische Reaktion** und eine **verzögerte**, durch Chemokine, Eikosanoide und eosinophile Granulozyten bestimmte **aller-**

Tabelle 34.5. Einteilung allergischer Reaktionen nach Gell und Coombs

Allergie	Immunprodukt	Effektormechanismen	Krankheit (Beispiel)
Typ I	IgE, TH2-Zelle	Mastzelldegranulation Eosinophilendegranulation	Asthma bronchiale Heuschnupfen
Typ II	IgG	Antikörper-abhängige Zytolyse (Komplement, ADCC)	Arzneimittelallergie
Typ III	IgG	Antikörper-Antigenkomplexabhängige Phagozytose und Zytolyse, Komplementaktivierung	Serumkrankheit
Typ IV	TH1-Zelle, TC-Zelle	TH1-abhängige Makrophagenaktivierung, TC-abhängige Zytolyse	Kontaktdermatitis

gische Reaktion unterschieden werden. Letztere verläuft weniger dramatisch, ist aber für die Chronifizierung der Erkrankung (z.B. bei Asthma) entscheidend verantwortlich.

Allergie vom Typ II. Sie betrifft Arzneimittelwirkungen, z.B. Penicillin oder Methyldopa, die als Haptene (▶ Kap. 34.2.1) an Erythrozyten, Granulozyten oder Thrombozyten binden können. Die Anwesenheit von IgG-Antikörpern gegen solche Haptene führt zur komplementabhängigen Lyse oder ADCC an diesen Zellen (▶ Kap. 34.3.3.6). Die Allergie äußert sich in einer Anämie, Thrombozytopenie oder Granulozytopenie.

Allergie vom Typ III. Sie ist ebenfalls abhängig von Immunglobulinen. Allergen-Antikörper-Komplexe aktivieren systemisch oder am Eintrittsort des Allergens Fc-Rezeptortragende Monozyten bzw. Makrophagen sowie das Komplementsystem im Blut. Bei Applikation eines Allergens, z.B. in Form eines Fremdeiweißes wie einem tierischen Antiserum, kann es dabei zu fiebrigen Erkrankungen, Gelenk-, Gefäß- oder Nierenentzündungen kommen (Serumkrankheit).

Allergie vom Typ IV. Im Unterschied zu den bisher beschriebenen Allergien ist die **Allergie vom Typ IV** zellvermittelt. Allergene induzieren am Ort des Eintritts an der Haut oder Schleimhaut eine Entzündung, die im Wesentlichen durch TH1-Zellen und die Cytokine IFN-γ, TNF-α und Lymphotoxin (TNF-β) bestimmt wird. Daneben bewirken TC-Zellen und Cytokin-aktivierte Makrophagen eine Gewebezerstörung. Die Reaktion tritt verzögert nach 24–72 Stunden auf. Sie entspricht der Tuberkulinreaktion. Sie ist durch Erytheme und andere Hautveränderungen gekennzeichnet. Wichtige Beispiele sind die Kontaktdermatitis nach Kontakt mit Nickel, Zink oder Haushaltschemikalien.

34

34.7.3 Autoimmunkrankheiten

Autoimmunität. Autoimmunität ist eine normale Eigenschaft des Immunsystems und kein pathologischer Zustand *per se*. Auch im gesunden Organismus können Antikörper, B-Zellen und T-Zellen mit Spezifitäten gegen körpereigene Antigene nachgewiesen werden. In diesem Falle schützen Mechanismen der peripheren Toleranz, d.h. z.B. das Fehlen costimulatorischer Signale, die Gewebe und Zellen vor einer autoimmunologischen Zerstörung. Der **Bruch der zentralen und peripheren Toleranz** (▶ Kap. 34.3.3 und 34.3.3.3) führt zu Autoimmunkrankheiten. Darunter versteht man nichtinfektiöse Entzündungszustände, die zur lokalen Organzerstörung (Multiple Sklerose, Insulin-abhängiger Diabetes) oder zu systemischen entzündlichen Erkrankungen (Perniciöse Anämie, Vaskulitiden, Rheuma) führen. Serologisch sind diese Erkrankungen oft verbunden mit dem vermehrten Auftreten von Autoantikörpern. Die Inzidenz dieser Erkrankungen liegt bei etwa 3–4%. Frauen erkranken häufiger als Männer. Oft sind diese Erkrankungen mit speziellen HLA-Allelen assoziiert. Träger der HLA-Allele DR3 und DR4 haben ein etwa 3-fach höheres Risiko an Insulin-abhängigem Diabetes mellitus zu erkranken. Bei Trägern des HLA-DR2-Allels verringert sich dieses Risiko. Offenbar sind die unterschiedlichen HLA-Genprodukte unterschiedlich befähigt, Autoantigene den T-Zellen zu präsentieren.

Die Immunpathologie der Autoimmunerkrankungen ist sehr unterschiedlich. Es gibt primär Antikörper-vermittelte, Immunkomplex-vermittelte sowie T-Zell-vermittelte Autoimmunkrankheiten. Die dominierende TH-Zelle ist die TH1-Zelle. Die häufigsten Autoimmunerkrankungen sind Schilddrüsenerkrankungen. Die **Basedow-Erkrankung** (*Graves disease*, ▶ Kap. 27.2.9) ist charakterisiert durch die TH1- vermittelte Bildung von Autoantikörpern gegen den TSH (Thyreozyten stimulierendes Hormon)-Rezeptor auf Thyreozyten. Dabei können bei den unterschiedlichen Krankheitsformen Autoantikörper gebildet werden, die agonistisch zum TSH auf den TSH-Rezeptor wirken (Thyreozyten-stimulierendes Ig, TSI), antagonistisch agieren (TSH-Rezeptor-blockierendes Ig, TBI) oder nur die Proliferation der Thyreozyten aktivieren (TGI). Entsprechend ist die Bildung der Schilddrüsenhormone T3/T4 überschießend, verringert oder unverändert, was naturgemäß unterschiedliche therapeutische Konsequenzen haben muss. Eine autoimmune Schilddrüsenerkrankung, die eine Unterfunktion der Schilddrüse bedingt, ist die **Hashimoto-Thyreoiditis.** Hier spielen antigenspezifische TH1-Zellen eine wesentliche Rolle, die über IFN-γ und IL-2 TC-Zellen und andere Zellen aktivieren. Damit kommt es zur Zerstörung von Thyreozyten, z.T. unter Mitwirkung von Fas und FasL. Freigesetzte zelluläre Autoantigene können dabei zur Bildung pathogenetisch irrelevanter Autoantikörper führen, die in der Diagnostik genutzt werden.

34.7.4 Transplantatabstoßungen

Allogene Transplantation. Der Ersatz von Organen und Zellen hat sich in den letzten 50 Jahren zu einem Standardverfahren der Medizin entwickelt. Die am häufigsten transplantierten Organe sind neben Cornea und Haut die Niere und das Knochenmark bzw. die hämatopoietischen CD34-positiven Stammzellen. Die genetische Beziehung zwischen genetisch unterschiedlichen Individuen einer Spezies wird als allogen bezeichnet. Entsprechend ist die Transplantation von Zellen eines Spenders auf einen genetisch verschiedenen Empfänger eine **allogene Transplantation** und bewirkt naturgemäß eine Immunantwort des Empfängers. Sofern Immunzellen des Spenders im Transplantat mitgeführt werden, kann es zu einer **Spender-gegen-Empfänger-Reaktion** (*Graft-versus-Host*, **GvH**) kommen. Die Immunantwort richtet sich immer direkt gegen die HLA-Strukturen und führt zur zytolytischen Zerstörung von fremden, d.h. allogenen Zellen. Bei der **Alloreaktivität** kommt es überwiegend zur direkten Erkennung nichtprozessierter HLA-Moleküle von Antigen-präsentierenden Zellen (APZ) des Spenders. Wichtige Zielzellen bei Nierentransplantationen sind dendritische Zellen. In geringem Umfang werden prozessierte HLA-Peptide des Spenders auf APZ des Empfängers erkannt. Der Anteil an T-Zellen, die an der Alloreaktivität beteiligt sind, kann 2% der gesamten T-Zell-Population betragen. Die immunpathologischen Effektoren bei Transplantatabstoßungen sind entweder Antikörper, proinflammatorische Cytokine, zytotoxische CD8-T-Zellen, z.T. zytotoxische CD4-T-Zellen und IFN-γ-aktivierte Makrophagen. Das Risiko einer **Transplantatabstoßung** wird reduziert durch die Verwendung HLA-kompatibler Organe und Zellen. Dabei spielt die Kompatibilität im HLA-II-Bereich eine besonders große Rolle. Entsprechend erfolgt bei einer vorgesehenen allogenen Transplantation eine **Histokompatibilitätstestung**. Dabei werden die wichtigsten HLA-Allele des Spenders und des Empfängers erfasst und eine möglichst weitgehende Übereinstimmung angestrebt. Darüber hinaus wird bei allogenen Transplantationen versucht, die Abstoßungsreaktion durch prophylaktische Gabe von **Immunsuppressiva**, wie Glucocorticoiden, Cyclosporin A, FK506 (Takrolimus), Rapamycin (Sirolimus), Azathioprin oder Mykophenolat zu unterdrücken. Die **Transplantatabstoßung** kann hyperakut, wenige Tage nach der Transplantation erfolgen, wenn Antikörper gegen das Organ vorhanden sind. Bei akuten Abstoßungen (3 Tage bis 6 Monate) spielen TC-Zellen eine Rolle. Hier wird versucht, mit hochwirksamen Glucocorticoiden und Anti-T-Zellantikörpern die Immunantwort zu unterdrücken. Unter chronischen Abstoßungen versteht man ein später stattfindendes Rejektionsgeschehen oder den Funktionsverlust des Organs.

In Kürze

Zu den Erkrankungen des Immunsystems gehören:

- **Immundefekte.** Sie werden in primäre und sekundäre Defekte unterteilt. Genetisch bedingte, primäre Immundefekte sind sehr selten und treten wenige Monate nach der Geburt auf. Die meisten primären Immundefekte sind kombinierte, d.h. die T- und B-Zelle betreffende Defekte. Ursachen sekundärer Defekte sind Viren (AIDS), immunsuppressive oder zytostatische Therapie, Fehlernährung, Infektions- und Stoffwechselerkrankungen
- **Allergien.** Sie werden in 4 Haupttypen unterteilt. Die häufigste Allergie ist die vom Typ I (z.B. Asthma, Heuschnupfen). Sie ist charakterisiert durch vermehrtes Auftreten von Allergen-spezifischem IgE, TH2-Cytokinen (IL-4, IL-5, IL-10, IL-9, IL-13), Eosinophilen-Aktivierung und Mastzelldegranulation durch Bindung von IgE über den Fc-Rezeptor. Die Allergie vom Typ IV ist durch die Wirkung von TH1-Zellen charakterisiert. TH1-Cytokine aktivieren Makrophagen, die zur Gewebeschädigung führen
- **Autoimmunerkrankungen.** Autoimmunität ist eine normale Eigenschaft des Immunsystems. Ein Bruch der zentralen und/oder peripheren Toleranz führt zu Autoimmunkrankheiten. Sie bedingen eine lokale Organzerstörung (Multiple Sklerose) oder systemische entzündliche Erkrankungen (Rheumatoide Arthritis). Sie sind HLA-assoziiert. Die Ursache können primär Autoantikörper, Immunkomplexe oder T-Zellen sein. Die dominierende T-Zelle ist die TH1-Zelle
- **Transplantatabstoßungen.** Sie sind überwiegend die Folge allogener Immunreaktionen. Der Alloreaktivität liegt eine direkte Erkennung von nichtprozessierten HLA-Molekülen auf APZ des Spenders oder prozessierten HLA-Molekülen auf APZ des Empfängers zugrunde. Effektorzellen sind TC-Zellen und Makrophagen. Immunsuppressiva werden prophylaktisch oder therapeutisch bei akuten Abstoßungskrisen eingesetzt
- **Neoplasien des Immunsystems, Leukämien und Lymphome**

Literatur

Übersichtsarbeiten

Akira S, Takeda K (2004) Toll-like receptor signalling. Nat. Rev. Immunol. 4:499-511

Bluestone JA (2005) Regulatory T-cell therapy: is it ready for clinic? Nat. Rev. Immunol. 5:343-349

Bosselut R (2004) CD4/CD8-lineage differentiation in the thymus: from nuclear effectors to membrane signals. Nat. Rev. Immunol. 4:529-540

Call ME, Wucherpfennig KW (2005) The T cell receptor: critical role of the membrane environment in receptor assembly and function. Annu. Rev. Immunol. 23:101-125

Campbell DJ et al. (2003) Chemokines in systemic organization of immunity. Immunol. Rev. 195:58-71

Carding SR, Egan PJ (2002) Gammadelta T cells: functional plasticity and heterogeneity. Nat. Rev. Immunol. 2:336-345

Cheroutre H (2004) Starting at the beginning: new perspectives on the biology of mucosal T cells. Annu. Rev. Immunol. 22:217-246

De Libero G, Mori L (2005) Recognition of lipid antigens by T cells. Nat. Rev. Immunol. 5:485-496

Gasque P (2004) Complement: a unique innate immune sensor for danger signals. Mol. Immunol. 41:1089-1091

Godfrey DI et al. (2004) NKT cells: what's in a name? Nat. Rev. Immunol. 4:231-237

Goodnow CC et al. (2005) Cellular and genetic mechanisms of self tolerance and autoimmunity. Nature 435:590-597

Guermonprez P et al. (2002) Antigen presentation and T cell stimulation by dendritic cells. Annu. Rev. Immunol. 20:621-667

Kronenberg M, Rudensky A (2005) Regulation of immunity by self-reactive T cells. Nature 435:598-604

Kupper TS, Fuhlbrigge RC (2004) Immune surveillance in the skin: mechanisms and clinical consequences. Nat. Rev. Immunol. 4:211-222

Lan RY et al. (2005) Regulatory T cells: Development, function and role in autoimmunity. Autoimmun. Rev. 2005:351-363

Lanier LL (2005) NK cell recognition. Annu. Rev.Immunol. 23:225-274.

Lawrence T et al. (2002) Anti-inflammatory lipid mediators and insights into the resolution of inflammation. Nat. Rev. Immunol. 2:787-795

Liew FY et al. (2005) Negative regulation of toll-like receptor-mediated immune response. Nat. Rev. Immunol. 5:446-458

Macpherson AJ, Harris NL (2004) Interactions between commensal intestinal bacteria and the immune system. Nat. Rev. Immunol. 4: 478-485

Mebius RE, Kraal G (2005) Structure and function of the spleen. Nat. Rev. Immunol. 5:606-616

Mitchinson NA (2004) T-cell-B-cell cooperation. Nat. Rev. Immunol. 4:308-312

Ohashi PS (2002) T-cell signalling and autoimmunity: molecular mechanisms of disease. Nat. Rev. Immunol. 2:427-438

Reth M, Brummer T (2004) Feedback regulation of lymphocyte signaling. Nat. Rev. Immunol 4:269-277

Romani L (2004) Immunity to fungal infections. Nat. Rev. Immunol. 4:1-23

Rosen SD (2004) Ligands for L-selectin: homing, inflammation, and beyond. Annu. Rev. Immunol. 22:129-156

Rot A, von Adrian UH (2004) Chemokines in innate and adaptive host defense: basic chemokinese grammar for immune cells. Annu. Rev. Immunol. 22:891-928

Sansonetti PJ (2004) War and peace at mucosal surfaces. Nat. Rev. Immunol. 4:953-964

Schwartz RH (2003) T cell anergy. Annu. Rev. Immunol. 21: 305-334

Segal AW (2005) How neutrophils kill microbes. Annu. Rev. Immunol. 23:197-223

Sospedra M, Martin R (2005) Immunology of multiple sclerosis. Annu. Rev. Immunol. 23: 683-747

Sprent J, Surh CD (2002) T cell memory. Annu. Rev. Immunol. 20:551-579

Szabo SJ et al. (2003) Molecular mechanisms regulating Th1 immune responses. Annu. Rev. Immunol. 21:713-758)

Takeda K et al. (2003) Toll-like receptors. Annu. Rev. Immunol. 21:335-376

Trombetta ES, Mellmann I (2005) Cell biology of antigen processing in vitro and in vivo. Annu. Rev. Immunol. 23:975-1028

Underhill DM, Ozinsky A (2002) Phagocytosis of microbes: complexity in action. Annu. Rev.Immunol. 20:825-852

Vakkila J, Lotze MT (2004) Inflammation and necrosis promote tumour growth. Nat. Rev. Immunol. 4:641-648

Van der Merve PA, Davis SJ (2003) Molecular interactions mediating T cell antigen recognition. Annu. Rev. Immunol. 21:659-684

Veillette A et al. (2002) Negative regulation of immune receptor signaling. Annu. Rev. Immunol. 20: 669-707

Wick G et al. (2004) Autoimmune and inflammatory mechanisms in atherosclerosis. Annu. Rev. Immunol. 22: 361-403

Links im Netz

► www.lehrbuch-medizin.de/biochemie

Caspase-Inhibitoren hervorgerufen werden (► Kap. 7.1.5, ► Kap. 9.3.1, 9.3.5).

35.4 Antionkogene

35.4.1 Identifizierung von Antionkogenen

Bei familiären Tumoren liegt bereits eine Keimbahnmutation vor.

Wesentliche Anstöße erhielt die Antionkogenforschung durch das Postulat von Alfred Knudson von der University of Texas in Houston zu Anfang der 70er Jahre des vergangenen Jahrhunderts, nach dem das **Retinoblastom** (RB), ein Augentumor bei Kindern, durch **zwei konsekutive Mutationen** im Genom entsteht.

- Danach treten bei der **sporadischen** Form des Retinoblastoms beide Mutationen in der Retinazelle als somatische Mutationen nach der Konzeption auf
- wohingegen bei der **familiären** Form eine Mutation als Keimbahnmutation von einem Elternteil ererbt und die zweite als somatische Mutation erworben wird (Abb. 35.3)

Diese Hypothese geriet in Zusammenhang mit den Antionkogenen, als die Natur dieser Keimbahn- und somatischen Mutationen erkannt wurde: Sie führen nämlich zur Inaktivierung eines Gens auf Chromosom 13, das als **Rb-Gen** (► Kap. 7.1.3; 35.4.2) bezeichnet wird. Grundlage für diese Identifizierung waren cytogenetische Analysen, die ein gelegentliches Fehlen der Bande q14 des Chromosoms 13 bei Retinoblastomtumorzellen ergeben hatten. Anschließende genetische Analysen erbrachten den Beweis,

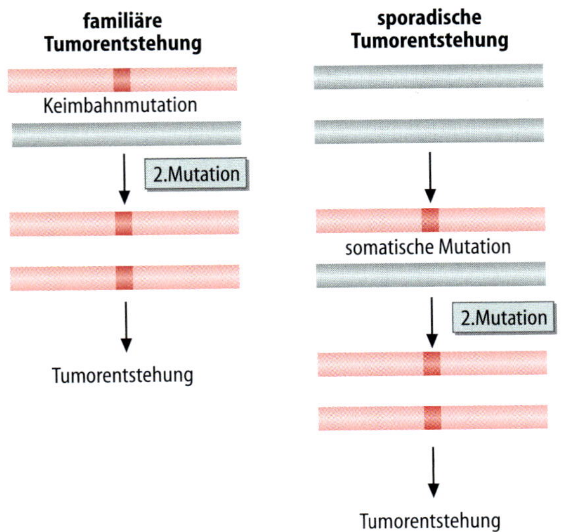

Abb. 35.3. Vergleich der zeitlichen Mutationsabfolge bei familiären und sporadischen Tumoren. Gezeigt sind die beiden Allele, die nacheinander durch Mutationen geschädigt werden müssen

dass es sich bei den beiden postulierten Mutationen um die Inaktivierung der **beiden** Allele dieses Gens handelte. Es wurde auch klar, dass das Rb-Gen **rezessiv** wirkte, da Kinder mit nur einem defekten Allel eine normale Entwicklung erfahren. Nur die Zelle, die auch das normale Wildtyp-Allel zusätzlich verliert, ist wachstumsgestört.

Eine somatische Mutation ist an dem Verlust der Heterozygotie erkennbar.

Zur Identifikation chromosomaler Regionen, die Antionkogene enthalten, dient die **DNA-Sequenzverlust-Analyse**, die am Beispiel des Retinoblastoms veranschaulicht werden soll (Abb. 35.4), das – wie besprochen – als hereditäre und sporadische Form vorkommt. Geht man von der Annahme aus, dass der hereditären Form eine Keimbahnmutation des Retinoblastomlocus zugrunde liegt, dann wird das mutierte Allel bei einem Nachfahren des Patienten in allen seinen Keimzellen und somatischen Zellen vorkommen. Der Nachkomme ist also **heterozygot für den Locus**, da er auf einem Chromosom das normale und auf dem anderen das mutierte Allel aufweist. Tritt nun in einer Retinazelle eine somatische Mutation auf, die zum Verlust des normalen Allels führt, so verliert die entstehende Tumorzelle ihren heterozygoten Zustand (*loss of heterozygosity*, **LOH**). Die Mutation, die zum Verlust des zweiten Allels führt, kann mit einer Frequenz von 10^{-6} pro Zellgeneration auftreten, sodass zwei nicht-funktionierende Allele entstehen, die jedoch Mutationen in unterschiedlichen Regionen aufweisen können (gemischte Heterozygotie). Wesentlich häufiger (mit 10^{-3} bis 10^{-4} pro Zellgeneration) erfolgt der Verlust des Wildtyp-Allels jedoch durch andere Mechanismen wie chromosomale *non-disjunction*, meiotische Rekombination oder Genkonversion, sodass die meisten Tumoren, die beide Allele des Antionkogens verloren haben, identisch mutierte Allele aufweisen. Ist eine solche Mutation mit dem Verlust einer chromosomalen Bande (► oben) oder gar des gesamten Chromosoms verbunden, so ist sie entsprechend einfach unter dem Mikroskop mit Hilfe der Cytogenetik zu erkennen (ohne dass dadurch der genaue Locus definiert wäre). Die meisten Mutationen liegen jedoch auf submikroskopischer Ebene. Da aufgrund des oben geschilderten Mechanismus der Entstehung der Heterozygotie die chromosomalen Regionen, die das mutierte Allel flankieren, oft ebenfalls betroffen sind, können polymorphe Marker, die in der Nähe der mutierten Region liegen und ebenfalls vor der Tumorentstehung heterozygot waren, einen parallelen Verlust der Heterozygotie aufweisen.

Zur Identifizierung bisher noch nicht bekannter Antionkogene werden auch sog. **anonyme Sonden** (da zwar ihr Bindungsort an einen Chromosomenabschnitt, nicht aber ihre Struktur bekannt ist) als Marker für Polymorphismen verwendet: Mehrere Hundert solcher anonymen DNA-Sonden für alle Chromosomen mit einem mittleren Abstand von etwa 10 Millionen Basen stehen für diese Untersuchungen zur Verfügung. Um den Verlust von Allelen zu

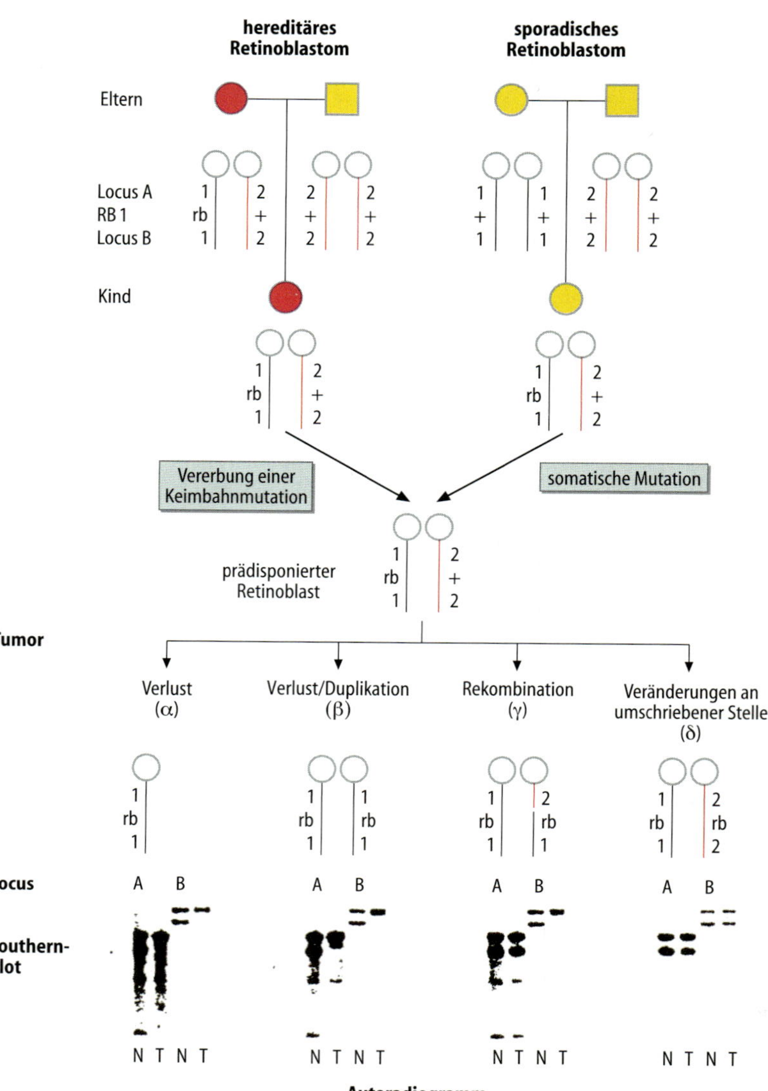

Abb. 35.4. Verlust der Heterozygotie (LOH) am Beispiel des Retinoblastoms. Oben links: Vererbung eines Chromosom 13 mit einem rezessiven Defekt am RB 1-Locus (als rb bezeichnet) führt dazu, dass das Kind in allen Zellen rb/+ ist. Das Retinoblastom kann durch Verlust des dominanten Wildtyp-Allels durch im unteren Abbildungsteil beschriebene Mechanismen entstehen. Oben rechts: Eine rezessive Mutation, die in einer einzelnen Zelle auftritt, könnte ebenfalls durch einen der angegebenen Mechanismen erkannt werden. Unten: Der an der Tumorentstehung beteiligte chromosomale Mechanismus kann durch den Vergleich der Genotypen der Loci A und B auf Chromosom 13 in Normal (N)– und Tumorgewebe (T) analysiert werden: (α) Verlust des Wildtypchromosoms, sodass ein Verlust dieser Allele im Tumorgewebe auftritt, (β) Verlust des Wildtypchromosoms und Duplikation des mutierten Chromosoms, sodass die Intensität der verbliebenen Allele doppelt so stark im Tumor- wie im Normalgewebe ist, (γ) Rekombination unter Beteiligung eines Bruchpunkts zwischen Locus A und rb1, sodass ein Locus im Tumor heterozygot bleibt, während der andere ein Allel verliert und das zweite verdoppelt, und (δ) ist die Mutation spezifisch für den rb1-Locus, dann zeigt die RFLP-Analyse keinen Allelverlust im Tumor. (Nach Hansen u. Cavanee 1988)

entdecken, muss DNA von normalen und Tumorzellen desselben Patienten verglichen werden. Die wiederholte Beobachtung des Verlusts der Heterozygotie eines spezifischen chromosomalen Markers in Zellen eines bestimmten Tumortyps spricht dann für die Existenz eines in der Nähe gelegenen Antionkogens, dessen Verlust an der Tumorentstehung beteiligt ist. So findet sich z.B. ein Marker für Chromosom 18q, der hochpolymorph (und deshalb in den meisten Genomen heterozygot) ist, in 70% fortgeschrittener Colonkarzinome in einem homozygoten Zustand. Dies spricht für die Gegenwart eines Antionkogens in der Nähe dieses Markers. Mit diesem Ansatz kann man das gesamte Tumorgenom systematisch auf die Gegenwart von LOHs untersuchen. Erschwert werden Interpretation und Analyse von LOHs gelegentlich durch die Gegenwart stromaler und inflammatorischer Zellen in Tumorgewebeproben, d.h. von Zellpopulationen, die den normalen Genotyp aufweisen.

! Unterschiede in den genetischen Fingerabdrücken von Tumor- und Normalgewebe weisen auf somatische Mutationen hin.

Ein ähnlicher Ansatz ist mit Hilfe der Sonden für **Mikrosatelliten** möglich. Dazu werden kurze Nucleotidabschnitte wie $(CAC)_5$ oder $(CTGT)_4$, die mehrfach an bekannten Stellen des Genoms vorkommen, als Sonden verwendet. Bei diesem Ansatz werden bei einem Patienten der transformierte und der noch verbliebene gesunde Anteil eines Organs parallel untersucht. Dies ist z.B. beim Nierenkrebs möglich, zu dessen Behandlung die erkrankte Niere durch Operation entfernt wird. Solche als genetischer Fingerabdruck bezeichneten Analysen zeigen, dass bei Verwendung der mit dem DNA-Abschnitt $(CTGC)_4$ hybridisierenden Sonde $(GACA)_4$ nach Restriktionsenzymverdau bei einem Großteil der Patienten Bandenabschwächungen erkennbar sind (Abb. 35.5). Da die repetitiven Elemente,

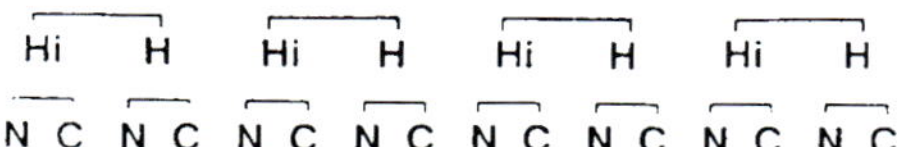

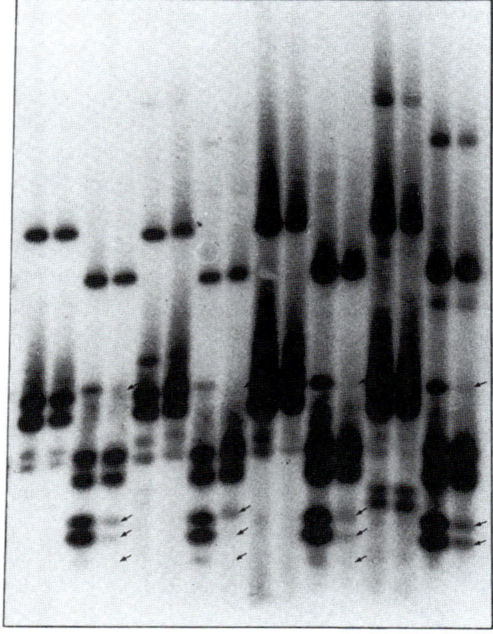

Abb. 35.5. Nachweis des Verlusts chromosomaler Abschnitte bei 8 Patienten mit Nierenkrebs durch genetischen Fingerabdruck. Die Hybridisierung erfolgte mit der synthetischen Oligonucleotidsonde (GACA). N Normalgewebe; C Tumorgewebe; Hi Hinf I; H Hae III. Die Pfeile zeigen die im Tumoranteil fehlenden Banden. (Nach Bock et al. 1994)

mit denen diese Sonde hybridisiert, auf den kurzen Armen der Chromosomen 13, 14, 15, 21 und 22 liegen, befinden sich dort wahrscheinlich für die renale Tumorgenese kritische Gene. Durch diese Techniken wird i.A. eine chromosomale Region festgelegt, auf der sich eine Vielzahl von Kandidaten-Antionkogenen befindet. Durch Verwendung zusätzlicher Sonden kann die Zahl der Kandidatengene von mehreren auf eines eingeengt werden, welches dann sequenziert wird. Durch den Nachweis von Mutationen bei Patienten mit der untersuchten Tumorerkrankung wird das Kandidatengen in den Stand eines Tumorgens erhoben.

35.4.2 Funktionen von Antionkogenen

! Tumorsuppressor-Gene regulieren den Zellzyklus.

Antionkogene bzw. Antionkoproteine wirken als Hemmstoffe des Zellwachstums (Tab. 35.2): Die Antionkoproteine **Rb105** und **p53** (▶ Kap. 7.1.3, 10.3.2, 35.4.2) werden als kernständige Proteine beim kritischen Übergang von der G_1- in die S-Phase benötigt, also zu dem Zeitpunkt, zu dem auch TGF-β die Progression durch den Zellzyklus hemmen kann. Die Hemmung durch TGF-β korreliert mit einer Phosphorylierung des Rb-Genprodukts, welches dadurch inaktiviert wird (▶ unten). Für andere Antionkoproteine werden eine Reihe von Funktionen (Tabelle 35.3) diskutiert, zu denen auch DNA-Reparaturfunktionen zählen (Mutator-Gene, ▶ Kap. 35.5.2). Für ein weiteres Antionkogen, das BCRA1-Gen, dessen Ausfall mit einem deutlichen Risiko verbunden ist, ein familiäres Mammakarzinom zu entwickeln, sind Funktionen bei der Regulation der Transkription, der DNA-Reparatur sowie der Ubiquitierung von Proteinen nachgewiesen worden.

! Das Rb-Genprodukt hemmt über die Inaktivierung der Transkriptionsfaktoren E2F und DP1 den Eintritt in die S-Phase.

Der zeitliche Ablauf des Zellzyklus wird durch Synthese und Abbau der **Cycline** bestimmt, deren Konzentration in einer Phase des Zellzyklus ansteigt und in einer anderen wieder abfällt (Einzelheiten ▶ Kap. 7.1.2). Cycline regulieren

Tabelle 35.2. Antionkogene (Auswahl)

Gen	Protein	Krankheit	Lokalisation	Funktion
rb	Rb	Retinoblastom, Osteosarkom	13q14	Reguliert Transkriptionsfaktoren
wt-1	WT-1	Wilms-Tumor	11p13	Transkriptionsfaktor
apc	APC	Familiäre Polyposis	5q21	β-Cateninbindung
dcc	DCC	Colorektale Tumoren	18q21	Adhäsionsprotein
p53	p53	Osteosarkom, Mamma, Gehirn	17p12–13	Transkriptionsfaktor
nf1	Neurofibromin	Neurofibromatose	17q11.2	GTPase-aktivierendes Protein
nf2	Merlin	Akustikusneurinom	22q	Cytoskelett-Integration
mts1	p16	Melanom	9q21	Blockiert cdk4
mts2	p15	?	9q21	Blockiert cdk
msh2	MSH2	Colorektale Tumoren	2p	DNA-Reparatur
mlh1	MLH1	Colorektale Tumoren	3p	DNA-Reparatur
brca1	BRCA1	Mamma-, Ovarialcarcinom	17q21	Transkriptionsfaktor

◘ Tabelle 35.3. Mögliche Funktionen von Antionkogenen
Induktion terminaler Differenzierung
Aufrechterhaltung genomischer Stabilität (Mutator-Gene)
Triggerung des Alterungsprozesses
Regulation des Zellwachstums
Hemmung von Proteinasen
Modulation von Histokompatibilitätsantigenen
Regulation der Angiogenese
Vermittlung der Zell-Zell-Kommunikation

Proteinkinasen, die deshalb als **Cyclin-abhängige Proteinkinasen** (*cyclin dependent kinases*, CDK 1, 2, 3 etc.) bezeichnet werden. Die Aktivierung von CDK 2 durch Cyclin E und von CDK 4 durch Cyclin D führt zur Phosphorylierung des Retinoblastom-Proteins (Rb105), wodurch die Zelle in die S-Phase eintreten kann. Rb105 bindet im dephosphorylierten Zustand zwei Transkriptionsfaktoren, E2F und DP1, die dadurch inaktiviert werden. Die Phosphorylierung von Rb105 führt zu Freisetzung von E2F und DP1, die dann die Transkription von Genen in Gang setzen (◘ Abb. 35.6). Dazu gehören Proteine, die für die die DNA-Synthese verantwortlich sind (sog. S-Phase-Proteine). Damit besteht die normale Funktion von Rb105 – **nicht nur in Retinazellen** – darin, den Eintritt in die S-Phase zu verhindern.

p53 hemmt den Übergang in die S-Phase bei DNA-Schädigungen.

Wenn die DNA einer Zelle durch Carcinogene, UV-Licht oder γ-Strahlung beschädigt ist (▶ Kap. 7.7.3), bedeutet dies bei einer Zellteilung das Risiko einer erhöhten Mutationsfrequenz. Es existieren deshalb Mechanismen, mit denen der Übergang in die S-Phase bei Schädigung des Genoms verhindert wird. So steigt die p53-Konzentration als Antwort auf eine DNA-Schädigung an. Dadurch werden verschiedene Transkriptionsfaktoren wie z.B. das **p21-Protein** vermehrt synthetisiert. p21 bindet die CDK 2 und 4 und hemmt dadurch die Phosphorylierung ihrer Substrate, so z.B. des Rb105 (◘ Abb. 35.7). Dadurch bleibt der Rb105-E2F-DP1-Komplex intakt und die Zelle kann nicht von der G_1- in die S-Phase übertreten. Dies verschafft der Zelle eine Gelegenheit, den DNA-Schaden zu reparieren. Anschließend fällt der p53-Spiegel wieder ab, sodass p21 nicht länger synthetisiert wird. Ist p53 mutiert (bei fast der Hälfte aller menschlichen Tumoren! siehe unten), so kann der

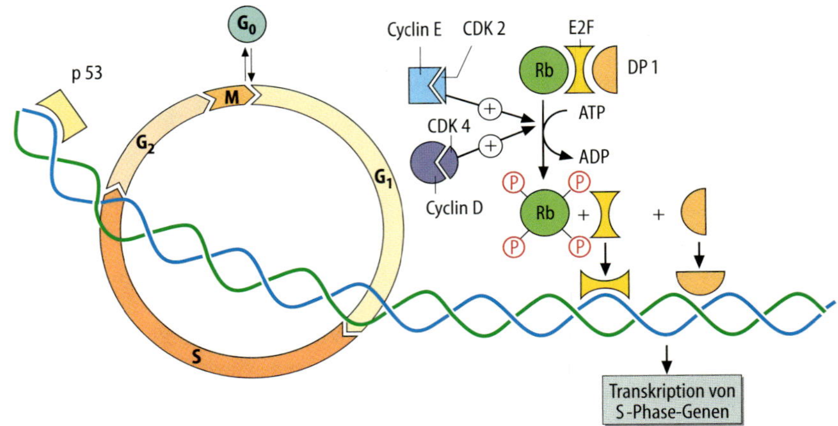

◘ **Abb. 35.6. Wirkung von Cyclin E/CDK2 und Cyclin D/CDK4 auf den Rb-E2F-DP1-Komplex.** Nach Phosphorylierung des Rb 105 dissoziiert der Komplex, sodass die Transkriptionsfaktoren freigesetzt werden und ihre Wirkung entfalten können

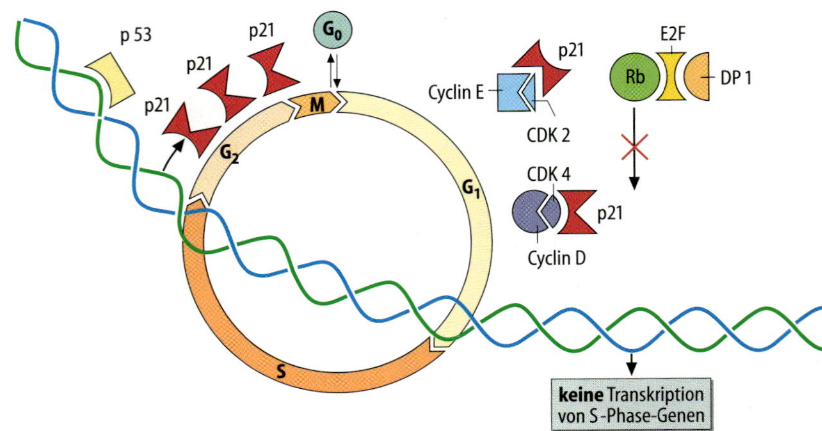

◘ **Abb. 35.7. Über p21 vermittelte Effekte von p53 auf die Cyclin E/CDK2- und Cyclin D/CDK4-Komplexe.** (Einzelheiten ▶ Text)

Übergang in die S-Phase nicht verhindert werden. Darüber hinaus supprimiert das p53-Protein die Entstehung von Tumoren noch über die **Initiation der Apoptose** (▶ Kap. 7.1.5). Somit überwacht p53 die **Integrität des Genoms** durch Verhinderung der Zellteilung durch G_1-Arretierung oder Aktivierung eines Suizidprogramms, wenn die DNA eine Schädigung aufweist.

! Papillomvirus-Genprodukte können p53 und das Rb105 inaktivieren.

Papillomviren (▶ Kap. 10.3.2) benötigen für ihre Replikation Nucleotidvorstufen. Aus diesem Grunde ist es für sie günstig, wenn die Wirtszelle in die S-Phase eintritt, in der die Bedingungen für die Virusreplikation optimal sind. Die Virusproteine E6 und E7 binden und inaktivieren p53 und Rb105. Wenn E7 an Rb105 bindet, setzt das Rb105-Protein die E2F-DP1-Transkriptionsfaktoren frei, die den Eintritt in die S-Phase ermöglichen. Die Bindung von E7 an Rb105 entspricht der Phosphorylierung von Rb105 durch die CDKs (Abb. 35.6), sodass die Notwendigkeit für das normale Signal umgangen wird. Unter diesen Umständen erkennt das p53-Kontrollsystem möglicherweise, dass etwas nicht stimmt, sodass die Zelle der Apoptose anheim fallen würde. Da jedoch das E6-Protein mit p53 assoziiert, wird sein Abbau gefördert und seine Wirkung entsprechend geschwächt.

35.4.3 Inaktivierung von Antionkogenen durch Mutationen

! Antionkogenmutationen wirken rezessiv.

Antionkogene wirken – im Gegensatz zu den Onkogenen – rezessiv, d.h. sowohl die vom Vater als auch die von

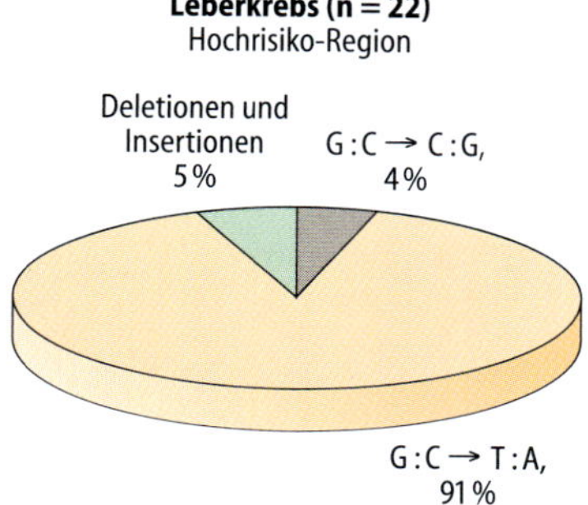

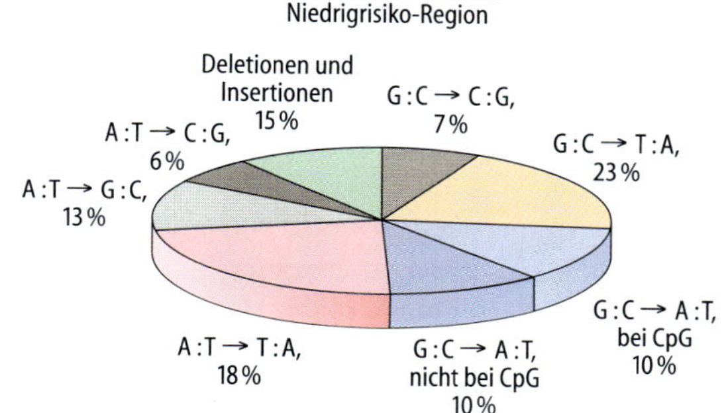

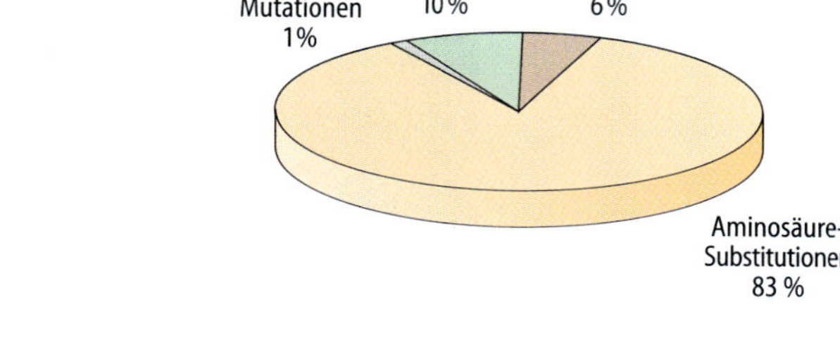

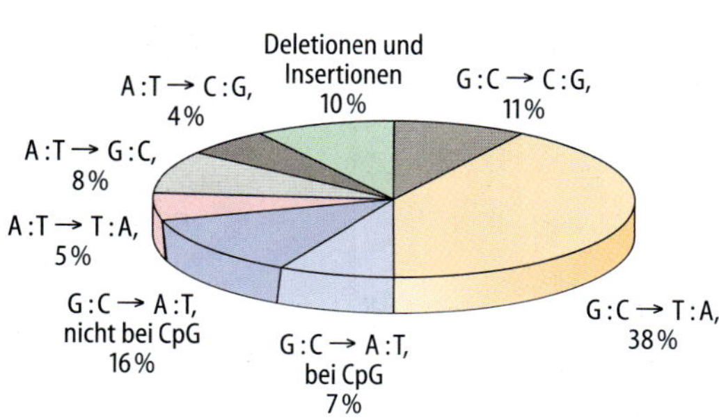

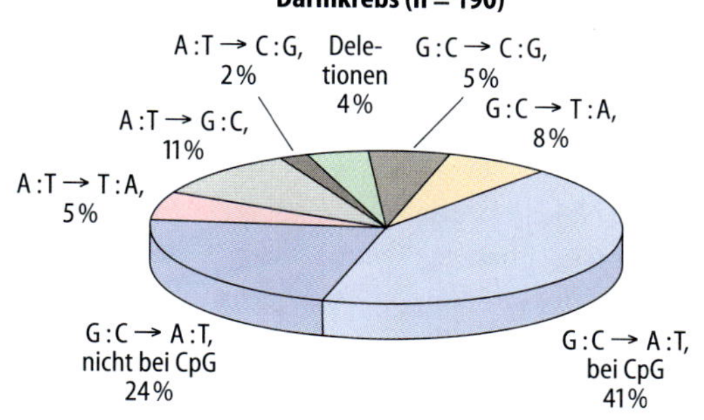

Abb. 35.8. Verteilung somatischer Mutationen im p53-Gen. In der Mitte: Die Gesamtverteilung bei 1312 Patienten. Oben: Die unterschiedliche Verteilung bei Leberkrebspatienten in Hoch- und Niedrigrisikoregionen. Unten Patienten mit Lungen- oder Darmkrebs. (Nach Harris u. Hollstein 1993)

der Mutter ererbte Kopie des Gens muss inaktiviert sein, damit die wachstumssupprimierende Funktion des Gens aufgehoben wird. **Prädispositionssyndrome** resultieren aus der Keimbahninaktivierung einer Kopie eines Antionkogens, der eine somatische Mutation auf dem anderen Allel folgen muss, damit die Krankheit klinisch manifest wird. Auch Antionkogene können über die bekannten Mechanismen inaktiviert werden: Punktmutationen (mit Aminosäuresubstitutionen oder vorzeitigem Translationsabbruch), Deletionen, Insertionen oder Spleißmutationen.

> Somatische Mutationen des p53-Antionkogens sind häufig und bei den einzelnen Tumorerkrankungen unterschiedlich verteilt.

Etwa 80% der Mutationen im p53-Gen bedingen Aminosäuresubstitutionen (Missense-Mutationen), die die Wechselwirkung mit anderen Proteinen in der Zelle oder die Halbwertszeit verändern (◘ Abb. 35.8). Die Analyse von über 30 Tumorerkrankungen des Menschen hat gezeigt, dass die meisten p53-Mutationen aufweisen und dass sich die Verteilung verschiedener Mutationen im p53-Gen von Erkrankung zu Erkrankung unterscheidet. Abbildung 35.8 zeigt die Verteilung von Mutationen bei verschiedenen Gruppen von Patienten. Hochrisikogruppen chinesischer Patienten mit Leberkrebs, die aus Gegenden stammen, in denen chronische Hepatitis B-Infektionen oder Belastung mit Aflatoxin B1 häufig sind, haben ein deutlich anderes Mutationsspektrum als Patienten aus Gegenden mit geringem Erkrankungsrisiko. Deutliche Unterschiede finden sich auch beim Vergleich von Lungen- und Darmkrebs. Im Allgemeinen sind p53-Genmutationen mit einem schlechteren Ansprechen auf die Chemo- und Radiotherapie verbunden. Die Zellen weisen ein labileres Genom auf, sodass Mutationen akkumulieren können. Dagegen reagieren Tumoren mit normalen p53-Genen gut auf die therapeutisch induzierte DNA-Schädigung durch Cytostatika.

35.5 Kumulative Aktivierung von Onkogenen und Inaktivierung von Antionkogenen beim Mehrschrittprozess der Tumorigenese

Seit Ende der 80er Jahre des vergangenen Jahrhunderts sind die Kenntnisse über die genetischen Grundlagen von Krebserkrankungen, die den Dickdarm und das Rektum betreffen (colorektale Tumoren) wesentlich weiterentwickelt worden. Dazu haben angeborene Erkrankungen (Prädispositionssyndrome), die zu diesem Tumor führen, wie die familiäre adenomatöse Polyposis (FAP) oder die nichtpolypösen colorektalen Tumorerkrankungen, beigetragen. Außerdem tritt bei sporadischen colorektalen Tumoren eine immer wieder beobachtete zeitliche Abfolge morphologischer Veränderungen **vom Adenom bis zum Karzinom** auf, die auf molekulare Veränderungen untersucht werden kann.

35.5.1 Familiäre adenomatöse Polyposis (FAP)

> Werden Patienten mit der FAP nicht operiert, so entwickelt sich ein Dickdarmtumor.

Die FAP manifestiert sich im 2.Lebensjahrzehnt und ist durch die Entstehung von Hunderten bis Tausenden von **adenomatösen Polypen** im Colon und Rektum gekennzeichnet (◘ Abb. 35.9). Wird der Patient nicht behandelt, so entsteht aus den Polypen im 4. und 5. Lebensjahrzehnt immer ein colorektales Karzinom (obligate Präcancerose). Die Therapie besteht in der vorbeugenden, fast vollständigen Entfernung des Dickdarms. Einzelne Patienten können auch andere Tumormanifestationen oder Veränderungen am **Retinaepithel** entwickeln. Das bei der FAP veränderte Gen wird als APC-Gen (◘ Tab. 35.3) bezeichnet. Es liegt auf Chromosom 5q21, hat eine Länge von 6,6 kb mit 15 Exons und codiert für ein Tumorsuppressor-Protein mit 2843 Aminosäuren. Eine Fülle unterschiedlicher Keimbahnmutationen ist bei FAP-Patienten beschrieben worden, von denen die meisten Rasterschubmutationen sind, die einen vorzeitigen Abbruch der

◘ **Abb. 35.9. Zahlreiche gutartige Polypen, aus denen sich bei der familiären adenomatösen Polyposis obligat Karzinome entwickeln.** (Aufnahme von S.R.Hamilton, John Hopkins University School of Medicine)

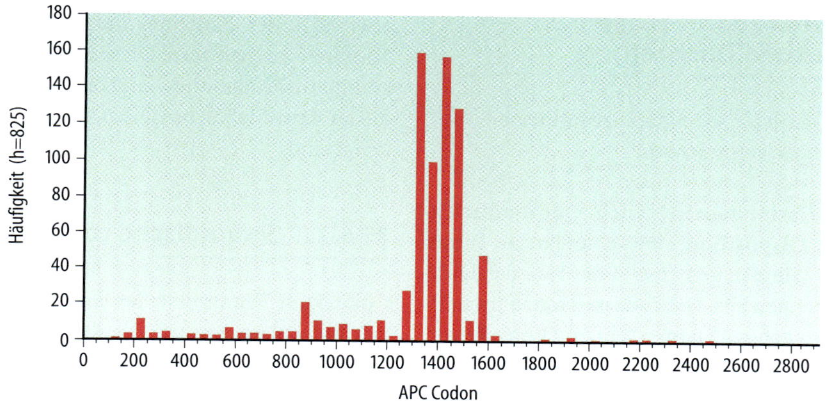

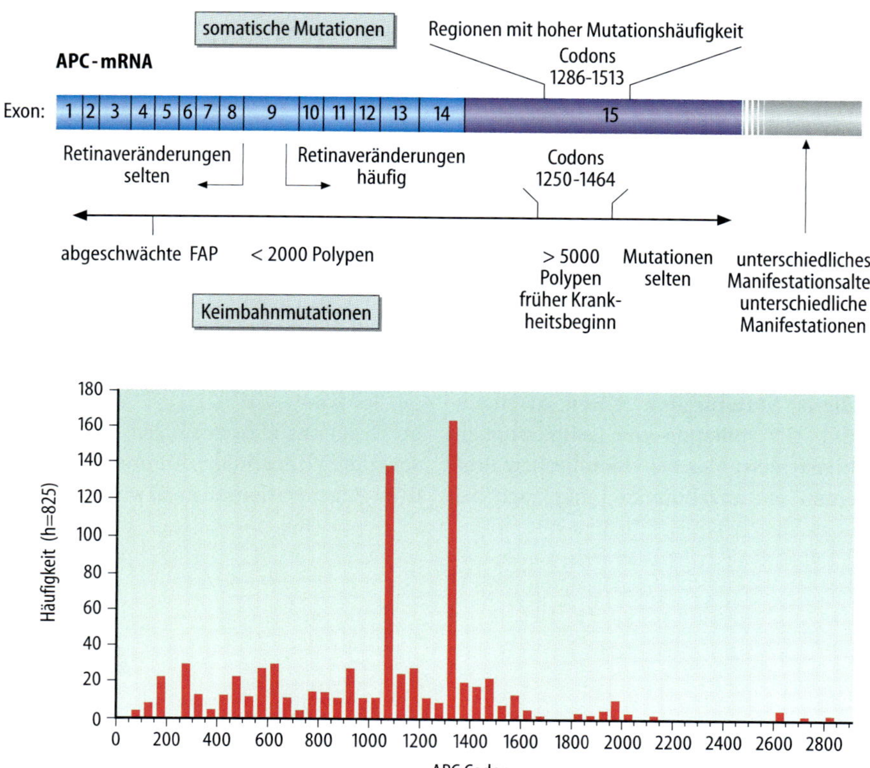

Abb. 35.10. Die APC-mRNA: Darstellung der 15 Exons. In der unteren Hälfte sind die Keimbahnmutationen mit ihren klinischen Manifestationen, in der oberen Hälfte die somatischen Mutationen dargestellt, die sowohl bei der FAP als auch bei sporadischen colorektalen Tumoren vorkommen

Translation mit Bildung eines verkürzten Proteins zur Folge haben. Über den Nachweis solch unterschiedlich verkürzter Proteine können etwa 80% der Mutationen nachgewiesen werden. Dem APC-Protein wird eine Funktion als **Zelladhäsionsmolekül** durch Wechselwirkungen mit α- und ß-Catenin (► Kap. 6.2.6) zugeschrieben. Zwischen Art der Mutationen (und damit der Länge des Proteinprodukts) und dem Auftreten klinischer Symptome besteht eine direkte Beziehung (Abb. 35.10). Die Adenome bei FAP-Patienten erwerben mit zunehmender Zahl und Größe eine weitere (in diesem Fall somatische) Mutation in dem noch normalen Allel (Knudson-Hypothese, ► Kap. 35.4.1). Diese könnte durch Mutagene in der verdauten Nahrung verursacht werden oder dadurch, dass die Zellen eine Störung des DNA-Reparaturmechanismus aufweisen, sodass sie die Rasterschubmutationen nicht reparieren können. Die Folge ist ein Wachstumsvorteil durch die Mutation, sodass der betroffene Zellklon stark expandiert.

35.5.2 Hereditäre nicht-polypöse colorektale Tumoren

> Mutationen in Genen für Reparaturenzyme können Tumorerkrankungen verursachen.

Diese vererbbaren Darmtumoren (Lynch-Syndrom) zeichnen sich durch eine **Disposition**, einen colorektalen Tumor zu entwickeln, aus. Sie machen etwa 5 bis 15% der Dickdarmkrebserkrankungen aus. Die Tumoren treten im mittleren Lebensalter (mit etwa 45 Jahren) auf und liegen bevorzugt proximal der linken Colonflexur. Durch die Analyse von Familien (Abb. 35.11), in denen die Krankheit vermehrt auftritt, gelang mit verschiedenen Methoden die Identifizierung der zugrunde liegenden genetischen Defekte: Interessanterweise fand sich nicht der übliche Verlust von Genen, sondern es wurden Allele mit unterschiedlicher Länge beobachtet. Dies ist auf veränderte (CA-) Dinucleotidrepeats zurückzuführen. Veränderungen dieser **Mikrosatelliten** (► Kap. 5.4.3) wurden im gesamten Genom gefunden, was dafür spricht, dass die an der angeborenen Disposition für colorektale Tumoren beteiligten Gene etwas mit der fehlerfreien DNA-Replikation zu tun hatten. So wurden mehrere Gene auf den Chromosomen 2, 3 und 7 (*hmsh2, hmlh1, hpms1* und *2*) identifiziert, die Homologe des bakteriellen *muthls*-Komplexes darstellen, der am genetischen Korrekturlesen, d.h. der Reparatur von Basenfehlpaarungen, beteiligt ist (► Kap. 7.3.1). Keimbahnmutationen dieser **Mutatorgene** führen zu einem Funktionsverlust mit Akkumulation von Fehlpaarungen mit DNA-Replikationsfehlern, der bei einem hohen Prozentsatz von Patienten mit angeborenen, aber auch bei etwa 15% der Patienten mit sporadischen colorektalen Tumoren gesehen wird. Diese **Mikrosatelliten-Instabilität** könnte für Mutationen anderer Gene verantwortlich sein, die an dem Mehrschrittprozess der Tumorentstehung beteiligt sind.

35.5.3 Sporadische colorektale Tumoren

Colorektale Tumoren stellen ein ausgezeichnetes Modell für die molekulare Analyse des Mehrschrittprozesses der Tumorentstehung dar, da die meisten bösartigen Tumoren (Karzinome) aus gutartigen (Adenomen) entstehen. Damit lassen sich die einzelnen Schritte der Tumorigenese, d.h. die Progression vom normalen Mukosaepithel über die Hyperplasie, die unterschiedlichen Adenomformen bis zum Karzinom (mit und ohne Metastasierung) auf molekularer Ebene verfolgen. Dazu werden Gewebeproben in den einzelnen Krankheitsstadien mit Hilfe cytogenetischer und molekularbiologischer Methoden mit gesundem Colongewebe verglichen und auf Änderungen (*loss of heterozygosity* (LOH) und Mutationsanalyse) untersucht. Nach den Ergebnissen dieser Analysen entstehen colorektale Tumoren als Folge der kumulativen Aktivierung von Onkogenen bzw. Inaktivierung von Antionkogenen durch Mutationen.

> Mutationen in den mcc- und ras-Onkogenen bestimmen die frühe Phase des Adenom-Karzinom-Übergangs.

Im Gegensatz zum normalen Epithelwachstum besteht in der frühen colorektalen Tumorigenese ein **hyperproliferativer** Regenerationszustand von Colonepithelien. An die-

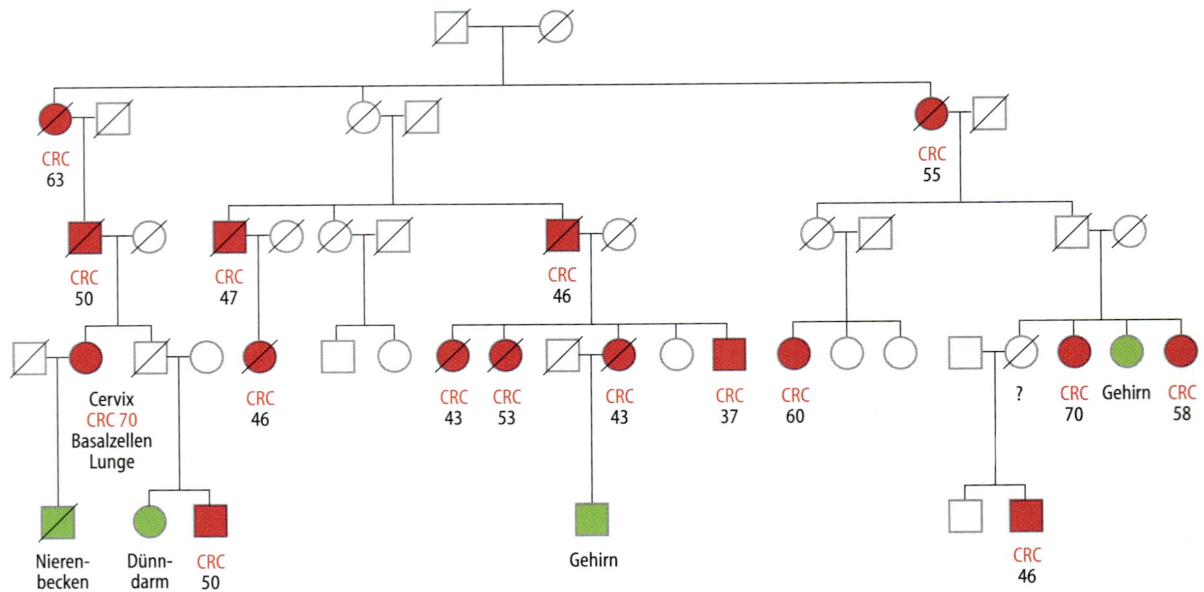

Abb. 35.11. Familienstammbaum mit hereditärem, nicht-polypösem, colorektalem Karzinom (CRC). Die Zahl gibt das Manifestationsalter an. Die meisten Betroffenen haben colorektale Karzinome (*rote Symbole*), einzelne aber auch andere Tumoren z.B. des Nierenbeckens oder Dünndarms (*grüne Symbole*). ○ Frau; □ Mann; Ø ⍁ verstorben; CRC colorektales Karzinom

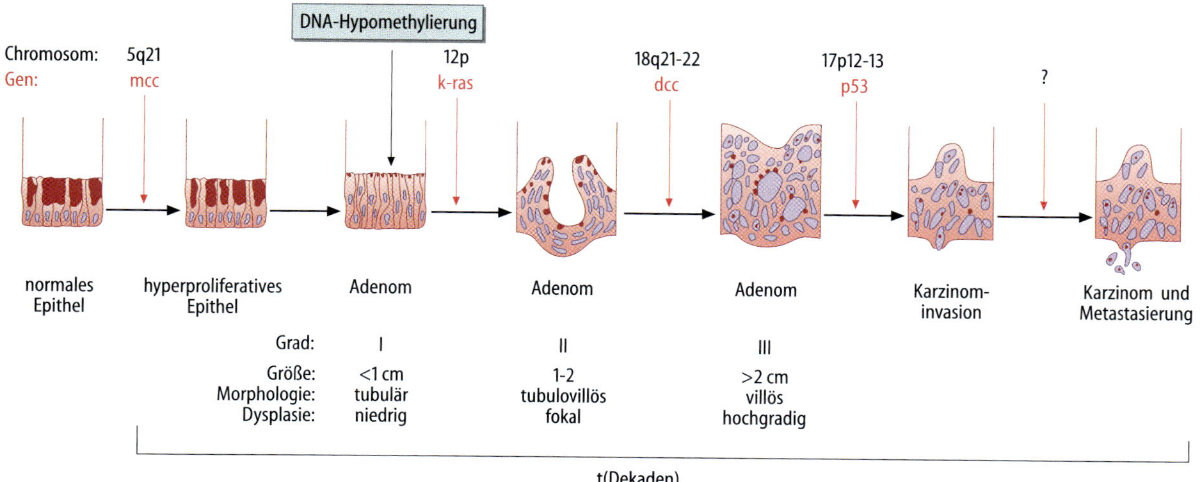

Abb. 35.12. Genetische Veränderungen bei der Progression vom Colonadenom zum Colonkarzinom. (Einzelheiten ► Text)

sem Zustand ist das **mcc-Gen** (*mutated in colon carcinoma*) auf Chromosom 5q21 beteiligt. Das Auftreten des Adenomphänotyps wird von einer **Hypomethylierung** (verringerte DNA-Methylierung, ► Kap. 8.5.1) mit genomischer Instabilität begleitet (Abb. 35.12). Diese hemmt die Chromosomenkondensation. Bei einem Drittel der untersuchten DNA-Abschnitte konnten bereits bei Grad I/II-Adenomen Hypomethylierungen festgestellt werden. Im weiteren Verlauf der Tumorigenese treten **ras-Mutationen** auf. Bis zu 10% der Colonadenome (Polypen) mit einer Größe von weniger als 1 cm, aber bereits etwa die Hälfte der Adenome mit einer Größe von mehr als 1 cm und die Hälfte aller Karzinome weisen ras-Mutationen auf (Abb. 35.13). Daneben können andere Onkogene wie z.B. das neu-, c-myc- oder c-myb-Onkogen aktiviert sein.

Mutationen in den dcc- und p53-Antionkogenen bestimmen die späte Phase des Adenom-Karzinom-Übergangs.

Im weiteren Verlauf kommt es zum Verlust verschiedener Regionen (LOH, ► Kap. 35.4.1) im Bereich des kurzen Arms von **Chromosom 17**: Sie sind zwar selten bei Patienten mit Adenomen und nehmen mit zunehmender Größe, villösen Anteilen bzw. Dysplasie (Grad I bis III, also zunehmend undifferenzierter) auf etwa 25% zu, treten aber bei etwa 75% aller Patienten mit Karzinomen auf (Abb. 35.13). Allen Verlusten gemeinsam ist die Region p12–13, die das **p53-Antionkogen** enthält. Außerdem wurden Punktmutationen in dem zweiten *p53*-Allel in Zusammenhang mit dem Verlust des anderen Allels häufig bei colorektalen Tumoren gefunden. Bereits die Mutation eines Allels bewirkt einen selektiven Wachstumsvorteil der betroffenen Zelle, da offenbar das mutierte Genprodukt mit der Funktion des noch gesunden durch Komplexbildung interferiert (dominanter Effekt). Geht in einem weiteren Schritt das normale Allel verloren, sodass nur das mutierte Genprodukt übrig bleibt, so erwirbt die Tumorzelle einen weiteren Wachstumsvorteil.

Der zweite wichtige Allelverlust betrifft **Chromosom 18q21–22**, das bei etwa 70% der Tumoren und etwa 50% der späten Adenome verloren ist. Das dort gelegene **dcc-Gen** (*deleted in colorectal carcinomas*) codiert für ein Protein, das eine signifikante Homologie zur Familie der Zelladhäsionsproteine aufweist. Das *dcc*-Gen wird in normaler Colonschleimhaut exprimiert, jedoch nicht oder nur in reduzierter Menge in der Mehrzahl (etwa 75%) der colorektalen Tumoren. Das Gen könnte durch Veränderungen von Zell-Zell-Wechselwirkungen oder Zell/extrazelluläre Matrix-Wechselwirkungen eine Rolle bei der Tumorigenese spielen. Im Gegensatz zu Allelverlusten auf Chromosom 17p bestehen 18q-Verluste bereits in etwa 15% sog. Grad

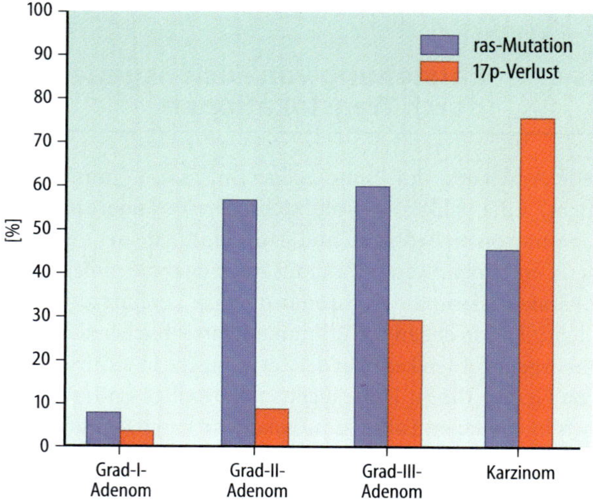

Abb. 35.13. Prozentsatz von ras-Mutationen und -Allelverlusten auf Chromosom 17p in Abhängigkeit vom Tumorstadium. (Einzelheiten ► Text)

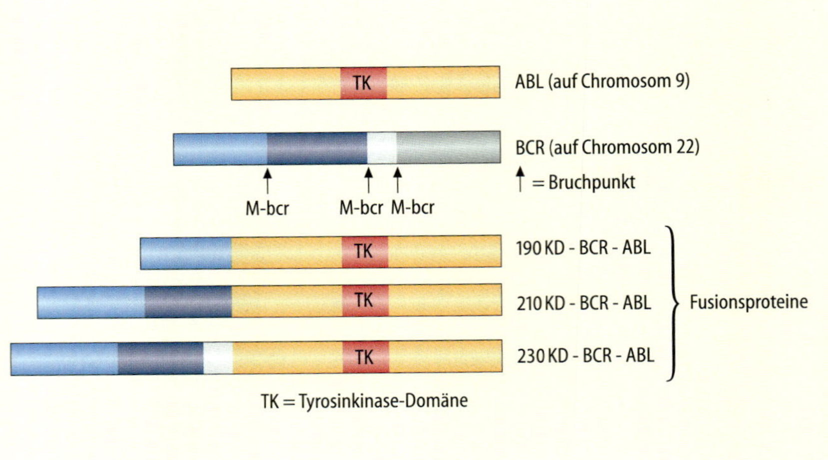

Abb. 35.14. Entstehung verschiedener Formen des BCR-ABL-Fusionsgens durch Chromosomen-Translokation bei der chronisch myeloischen Leukämie. (Einzelheiten ► Text)

I–II-Adenome und nehmen mit weiterer Dysplasie (Grad III) auf 47% zu. Bei diesen molekularen Veränderungen handelt es sich um häufige, in der Adenom-Karzinom-Sequenz anzutreffende Veränderungen, deren dargelegter Zeitablauf bevorzugt auftritt, aber nicht auftreten muss. So sind 17p-Allelverluste in frühen Adenomen selten und vergleichende Untersuchungen zwischen Adenomen und Karzinomen zeigen, dass der Unterschied nicht durch die Qualität der Veränderungen, sondern ihre Quantität bedingt ist. Daraus kann man schließen, dass die Akkumulation genetischer Veränderungen und nicht ihr zeitlicher Ablauf für die Progression vom Adenom zum Karzinom verantwortlich ist. Mit Sicherheit sind noch Allelverluste in anderen chromosomalen Regionen (so z.B. auf 1q, 4p, 6p, 8p, 9q, 22q) für die colorektale Tumorigenese von Bedeutung, sodass man davon ausgehen kann, dass mindestens 6 bis 10 genetische Veränderungen die colorektale Tumorigenese bedingen.

35.6 Entstehung von Fusionsgenen durch Translokationen

Jede Änderung des Tumorzellgenoms kann (muss aber nicht) eine makroskopisch sichtbare Veränderung der Chromosomen bedingen und damit mit Hilfe der Cytogenetik erkennbar werden. Daraus folgt, dass die molekulare Charakterisierung der chromosomalen Veränderung zur Identifikation der an der Erkrankung ursächlich beteiligten Krebsgene führen kann. In der Tat zeigte die Identifizierung von Genen, die an Rearrangements beteiligt sind, dass es sich in einzelnen Fällen um Onkogene handelt. Dadurch, dass Onkogene an der Translokation beteiligt waren, war belegt, dass sowohl Translokationen als auch Onkogene entscheidend an der Tumorentstehung beteiligt sein müssen. Die chromosomale Analyse, d.h. z.B. der Nachweis der 9/22 Translokation bei der **chronischen myeloischen Leukämie (CML)**, war die Voraussetzung für die Klonierung der beteiligten Gene.

Patienten mit chronisch myeloischer Leukämie weisen eine reziproke Translokation zwischen den Chromosomen 9 und 22 auf.

Die chronische myeloische Leukämie (CML) ist eine Leukämie, bei der Granulozyten und ihre unreifen Vorstufen unreguliert produziert und ins Blut freigesetzt werden. Bei Patienten mit CML waren im Jahre 1960 ein verkürzter langer Arm des Chromosoms 22 (22q- oder Philadelphia-Chromosom) und als dessen Ursache im Jahre 1973 eine Translokation beschrieben worden, die durch eine Austausch von Bruchstücken zwischen den Chromosomen 9 und 22 charakterisiert ist. Dabei ist jeweils eines der beiden Chromosomen der Zelle betroffen. An der reziproken Translokation sind das Abl-Onkogen auf Chromosom 9 und das Breakpoint Cluster Gen (BCR) auf Chromosom 22 beteiligt. Das Abl-Onkogen kodiert für eine Nichtrezeptor-Tyrosinkinase mit einem Molekulargewicht von 145 kd ($p145^{ABL}$) (Abb. 35.14).

Der Bruchpunkt im ABL-Gen tritt in Richtung 5′ (zum Zentromer hin) des Exon 2 (von insgesamt 11 Exons) auf. Die Exons 2–11 des ABL-Onkogens werden in die sog. Major Breakpoint-Cluster Region (M-bcr) des BCR-Gens transponiert: die dabei entstehende Fusions-mRNA wird in ein chimäres Protein transkribiert, das als $p210^{BCR\text{-}ABL}$ bezeichnet wird. In seltenen Fällen liegt der Bruchpunkt auf Chromosom 22 an anderen Stellen, den Minor- bzw. Mikron-Breakpoint Cluster Regionen. Dabei entstehen das $p190^{BCR\text{-}ABL}$-(m-bcr) bzw. $p230^{BCR\text{-}ABL}$-(μ-bcr) Fusionsprotein.

Die mit der Bildung der Fusionsproteine verbundenen strukturellen Änderungen rufen die Charakteristika der CML (Transformation, vermehrte Proliferation, gestörte Adhäsion) hervor: vermittelt wird diese durch konstitutive Aktivierungen der RAS-, JAK-STAT-, FAK und Pl-3-Kinase-Signalwege (► Kap. 25).

Durch die auf diesen biochemischen Kenntnissen beruhende Entwicklung eines spezifischen BCR-ABL-Tyrosinkinase-Inhibitors (STI 571) können Patienten mit CML heute sehr gut behandelt werden (► Kap. 35.11).

35.7 Mechanismen der Invasion und Metastasierung

Solange ein Tumor auf seinen Ausgangspunkt beschränkt ist (Primärtumor), kann die Erkrankung durch einen operativen Eingriff geheilt werden. Viele Tumoren weisen jedoch die Tendenz auf, lokal invasiv zu wachsen und nach Einbruch in die Gefäßbahn sekundäre Tumoren (Metastasen) zu bilden.

35.7.1 Invasion und Metastasierung

! Invasion und Metastasierung erfordern zusätzliche genetische Veränderungen in Tumorzellen.

Verschiedene koordiniert ablaufende Prozesse stellen die Voraussetzung für Invasion und Metastasierung dar. Dabei sind – wie im Falle der Onko- und Antionkoproteine – negative und positive regulatorische Elemente von Bedeutung. Die bisher beschriebenen genetischen Veränderungen führen zu einer Störung der Proliferation. Das fehlregulierte Wachstum ruft jedoch nicht per se Invasion und Metastasierung hervor, d.h. diese Prozesse bedürfen zusätzlicher genetischer Veränderungen. Mutationen können entweder nacheinander und völlig unabhängig voneinander auftreten oder – was wahrscheinlicher ist – durch zeitlich überlappende Prozesse. Invasion und Metastasierung kommen durch Proteine zustande, die die Anhaftung von Tumorzellen an zelluläre oder extrazelluläre Matrixbestandteile des umgebenden Gewebes fördern, die die Proteolyse von Wirtsbarrieren wie z.B. Basalmembranen durch Tumorzellen stimulieren, die die Tumorzellfortbewegung unterstützen und die die Proliferation im Zielorgan der Metastasierung ermöglichen. Diese Proteine werden auch von nichttransformierten Zellen gebildet, werden aber durch Proteine antagonisiert, die ihre Produktion, Regulation oder Wirkung blockieren können. Störungen dieses Gleichgewichts führen zur Aktivierung der Bewegung (Motilität) und Proteolyse als Voraussetzung für Invasion und Metastasierung.

! Die Neubildung von Gefäßen ist ein kritischer Schritt bei der Tumorbildung.

Invasives Verhalten und Metastasierung beruhen auf einer Kaskade von miteinander verbundenen und nacheinander ablaufenden Schritten, die viele Wirt-Tumor-Wechselwirkungen beinhalten. Für die erfolgreiche Metastasierung muss eine Zelle oder eine Gruppe von Zellen imstande sein, den Primärtumor durch Überwindung der **Basalmembran** zu verlassen, in das örtliche Stroma einzudringen, Anschluss an die Zirkulation zu gewinnen, im entfernten Gefäßbett stecken zu bleiben, in das Zielorgan zu auszuwandern (Interstitium und Parenchym) und als sekundäre Kolonie zu proliferieren (■ Abb. 35.15). Dabei stellt die Neubildung von Gefäßen, die **Angiogenese**, die Voraussetzung für die Größenzunahme des Primärtumors über einen Durchmesser von 2 mm dar; diese Größenzunahme verursacht eine Hypoxie, die zur Bildung des **Hypoxie-induzierbaren Transkriptionsfaktors I** (HIF) führen (► Kap. 28.1.10). Diese führt zur Expression des **vaskulären endothelialen Wachstumsfaktors** (**VEGF**). Auf parakrinem Weg stimuliert VEGF die Proliferation von Gefäßendothelzellen. Diese Wirkung wird über spezifische VEGF-Rezeptoren (VEGF-R1 und VEGF-2 oder KDR) vermittelt, die Tyrosinkinaseaktivität aufweisen. An der Gefäßneubildung sind auch andere Cytokine wie TGF-β, FGF und Angiogenin beteiligt. Über die neu gebildeten Blutgefäße, die den Tumor durchdringen, treten die Tumorzellen häufig in die Zirkulation ein. Eine Neubildung von Gefäßen ist ebenso für die Vergrößerung der metastatischen Kolonie erforderlich. Nur ein sehr kleiner Prozentsatz, d.h. weniger als 0,01%

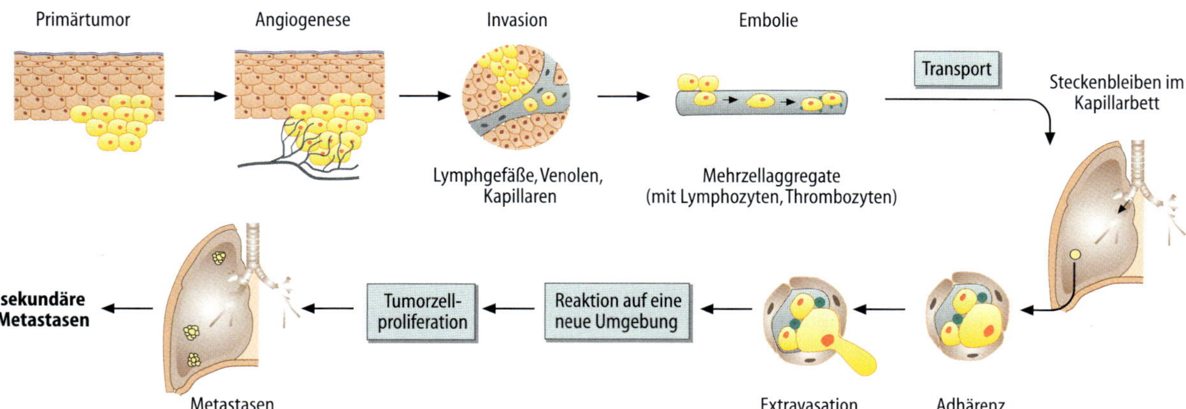

■ **Abb. 35.15. Mehrschrittprozess der Metastasierung.** (Einzelheiten ► Text)

der zirkulierenden Tumorzellen, ist schließlich imstande, metastatische Kolonien zu verursachen. Demzufolge wird die Metastasierung auch als ein hochselektiver Wettbewerb angesehen, der das Überleben einer Subpopulation von metastatischen Tumorzellen favorisiert, die im heterogenen Primärtumor präexistieren.

35.7.2 Wechselwirkungen von Tumorzellen mit der extrazellulären Matrix

Tumorzellen haben die Tendenz, Kompartimentgrenzen zu überwinden.

Im Zuge der Entwicklung zu invasiven Tumoren missachten Tumorzellen die soziale Ordnung von Grenzen innerhalb von Geweben und dringen in fremde Organe ein. Der Säugetierorganismus ist durch die extrazelluläre Matrix, die aus der Basalmembran und dem darunter liegenden interstitiellen Stroma (▶ Kap. 24.1) besteht, in eine Reihe von Gewebekompartimenten aufgeteilt. Die basale Epithelzellschicht liegt auf dieser Basalmembran, auf der anderen Seite befindet sich das interstitielle Stroma mit stromalen Zellen wie z.B. Fibroblasten oder Myofibroblasten. Normalerweise mischen sich die Zellpopulationen auf den beiden Seiten diesseits und jenseits der Basalmembran nicht. Beim **invasiven Tumor** überwinden Tumorzellen jedoch die **Basalmembran**, dringen in das darunter liegende interstitielle Stroma ein und treten mit den stromalen Zellen in Wechselwirkung. Demzufolge ist das metastatische Verhalten der Tumorzelle durch ihre Tendenz gekennzeichnet, Gewebekompartimentgrenzen zu überwinden und sich mit verschiedenen Zelltypen zu mischen. Die Basalmembran ist eine Matrix aus Kollagen, Glycoproteinen und Proteoglykanen, die normalerweise keine zum passiven Zelltransport ausreichend großen Poren enthält. Aus diesem Grunde muss die Invasion der Basalmembran durch Tumorzellen ein **aktiver** Vorgang sein. Sobald die Tumorzellen das Stroma erreichen, können sie Anschluss an Lymph- und Blutgefäße zur weiteren Disseminierung gewinnen. Die Wechselwirkungen der Tumorzelle mit der Basalmembran können in mehrere Schritte unterteilt werden:

- die Herabsetzung der Wechselwirkungen zwischen den einzelnen Tumorzellen
- ihr Kontakt mit der Basalmembran
- die Auflösung der Matrix und
- die Wanderung (Motilität)

Die Bindung der Tumorzelle an die Basalmembranoberfläche wird durch Tumorzelloberflächenrezeptoren der Integrin- und Nichtintegrin-Familien vermittelt. Diese Rezeptoren erkennen Glycoproteine wie Laminin, Typ IV-Kollagen und Fibronektin in der Basalmembran (▶ Kap. 24.5.3). Einige Stunden nach dem Kontakt der Tumorzelle mit der Basalmembran findet sich an dieser Stelle eine umschriebene lokalisierte Zone der Auflösung. Dies kommt dadurch zustande, dass Tumorzellen proteolytische Enzyme sezernieren oder dass die Wirtszelle Proteinasen freisetzt, die die Matrix und ihre Adhäsionsmoleküle abbauen. Die Auflösung der Matrix findet in einer umschriebenen Region in der Nähe der Tumorzelloberfläche statt, in der die Mengen aktiven Enzyms die natürlich vorkommenden Proteinase-inhibitoren im Interstitium und in der Matrix, die von normalen Zellen in der Nachbarschaft sezerniert werden, überschreitet.

Tumorzellen müssen beweglich sein.

Die Motilität ist ein weiterer wichtiger Schritt der Invasion, der dazu führt, dass die Tumorzelle gerichtet die Basalmembran überwindet und sich durch das Stroma nach regionaler Proteolyse der Matrix bewegt. Die Bewegung beginnt mit der Ausstreckung von Pseudopodien an der Front der wandernden Zelle. Die Tumorzellmotilität wird durch Tumorzellcytokine (autokrine Motilitätsfaktoren) reguliert. Die ebenfalls erhöhte ungerichtete Motilität von Tumorzellen führt zu einer Ausbreitung im Bereich des Primärtumors. Zusätzlich können Ort und Richtung der Tumorzellbewegung durch von anderen Zellen gebildete Stoffe mit chemotaktischer Wirkung beeinflusst werden.

35.7.3 Bedeutung von Proteinasen für Invasion und Metastasierung

Matrix-Metalloproteinasen besitzen eine Schlüsselfunktion beim Abbau der extrazellulären Matrix.

Verschiedene Familien proteolytischer Enzyme (Metallo-, Cystein- und Serinproteinasen) sind am Abbau der Basalmembran bzw. der extrazellulären Matrix beteiligt. Serinproteinasen wie t-Plasminogenaktivator aktivieren das Proenzym Plasminogen zu Plasmin, welches Matrixkomponenten abbaut. Cysteinproteinasen wie Kathepsin B können bei transformierten Zellen in aktivierter Form mit der Plasmamembran assoziiert sein, von wo aus sie bei Kontakt mit einer Basalmembran darin enthaltenes Laminin degradieren. Die wichtigste Gruppe Matrix-abbauender Enzyme stellen die Matrix-Metalloproteinasen (MMP) dar (▶ Kap. 9.3.3, ▶ Kap. 24.6).

Die Aktivität vieler Metalloproteinasen wird nach ihrer Sekretion in den Extrazellulärraum auf verschiedenen Ebenen reguliert (▶ Kap. 9.3.3), entweder durch Aktivierung mittels limitierter Proteolyse, durch Bindung an Zellmembranen, durch Substratbindung und durch Wechselwirkungen mit von Wirt- und/oder auch Tumorzellen gebildeten Metalloproteinase-Inhibitoren (*tissue inhibitors of metalloproteinases*, **TIMPs**). **TIMP1**, ein Glycoprotein mit einer Molekülmasse von 28,5 kDa, wird von vielen vom Mesoderm abstammenden Zellen und von Fibroblasten

35

produziert. Es hemmt interstitielle und Typ IV-Kollagenase und damit auch die Invasion von Tumorzellen durch Amnionmembranen (ein experimentelles System zum Studium der Invasion und Metastasierung), ohne dass dabei die Wachstumstendenz oder Adhäsion der Zellen beeinflusst wird. **TIMP2** besitzt ein Molekulargewicht von 21 kD und ist nicht glycosyliert. Es wird ebenfalls von mesodermalen Zellen produziert und bildet inaktivierende Komplexe mit aktiven MMPs und ihren Proenzymen. Bei der Invasion muss das fein regulierte Gleichgewicht zwischen Proteinasen und ihren Inhibitoren als Voraussetzung für eine erhöhte Enzymaktivität gestört sein: Dies kann theoretisch durch vermehrte Expression des Proteinase-Gens, vermehrte Aktivierung des Proenzyms bzw. verringerte Expression des Antiproteinase-Gens oder erhöhte enzymatische Inaktivierung des Proteinaseinhibitors eintreten. Auch Cytokine beeinflussen die Aktivität von Proteinasen und Antiproteinasen (▫ Abb. 35.16).

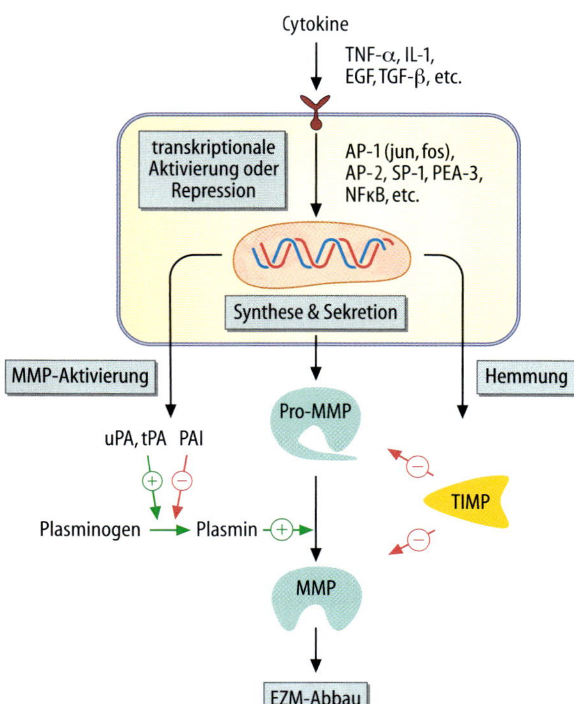

▫ **Abb. 35.16. Regulation der Aktivität von Matrix-Metalloproteinasen durch TIMPs und Cytokine.** PA = *Plasminogen-Aktivator;* PAI = *Plasminogen-Aktivator-Inhibitor.* (Einzelheiten ► Text). (Nach Ries u. Petrides 1995)

35.8 Tumorentstehung durch Cancerogene

35.8.1 Chemische Cancerogenese

! Mutagene hinterlassen Fingerabdrücke im Genom.

Obwohl inzwischen nachgewiesen ist, dass Änderungen in bestimmten DNA-Sequenzen Krebs verursachen, sind die Rolle der primären Faktoren, die diese Veränderungen herbeiführen, und die Mechanismen, über die sie wirken, im Detail noch unklar. Sequenzänderungen in Genen können nach Exposition mit Stoffen auftreten, die die DNA schädigen, wie z.B. elektrophile Mutagene oder auch spontan. Auch die Zellproliferation als Reaktion auf einen Entzündungsstimulus oder aufgrund der toxischen Wirkung von Carcinogenen erhöht die Wahrscheinlichkeit, dass genetisch veränderte Zellen entstehen. Die Mutationen entstehen dabei nicht statistisch verteilt in einem bestimmten Gen, sondern gehäuft in bestimmten Regionen. Jedes Mutagen oder jeder mutagene Prozess hinterlässt einen charakteristischen Fingerabdruck von DNA-Veränderungen, der sich hinsichtlich der Natur der Änderungen (d.h. welche Nucleotide ein bestimmtes Basenpaar ersetzen), den Ort der Änderungen und der Häufigkeit der Änderungen in dem Gen unterscheiden. Durch Analyse des Spektrums von Mutationen, wie z.B. beim **p53-Gen** (▫ Abb. 35.8), können Arbeitshypothesen über die umweltinduzierten und körpereigenen molekularen Vorgänge aufgestellt werden, die zur Entwicklung der Krebserkrankung beitragen. So wurde z.B. die Hypothese aufgestellt, dass die G → T-Mutationen in Codon 249 des p53-Gens bei Patienten mit Leberkrebs, die in Hochrisikoregionen in China leben, auf ein Aflatoxin in der Nahrung zurückzuführen sind, da dieses Toxin eine starke mutagene Aktivität besitzt und nach Mutagenesestudien vor allem diese Transversion hervorruft.

! Viele Cancerogene sind elektrophil.

Bei der Mehrzahl der chemischen Cancerogene handelt es sich um organische Moleküle mit einem Molekulargewicht von weniger als 500 kDa: Neben polycyclischen aromatischen Kohlenwasserstoffen, die in Autoabgasen, Zigarettenrauch oder Kaffee (▫ Abb. 35.17) vorkommen, sind dies aromatische Amine und Amide, alicyclische Nitrosamine und Nitrosamide, halogenierte aliphatische und alicyclische Kohlenwasserstoffe sowie komplexe Pyrrolizidinalkaloide. Aber auch Metalle wie Cadmium, Beryllium, Kobalt, Blei oder Nickel können cancerogen sein. Auffallende Gemeinsamkeit vieler organischer Cancerogene ist ihre Elektrophilie, d.h. ihr Streben nach elektronenreichen Zentren anderer Moleküle, die meist erst nach enzymatischer Aktivierung der Cancerogene im Wirtsorganismus entsteht. Elektronenreiche Zentren finden sich vor allem an Stickstoff-, Sauerstoff- und Schwefelatomen wie dem N_7, dem C_8 und dem Sauerstoffatom am C_8 von Guanin, den Stickstoff-

	Struktur	Vorkommen
1. Polycyclische Kohlenwasserstoffe 3,4-Benzpyren	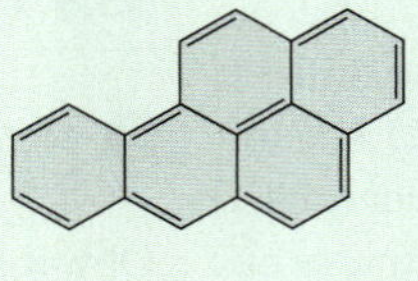	Autoabgase, Straßenstaub, Ackererde, Zigarettenrauch, Kaffee
7,12-Dimethylbenzanthren	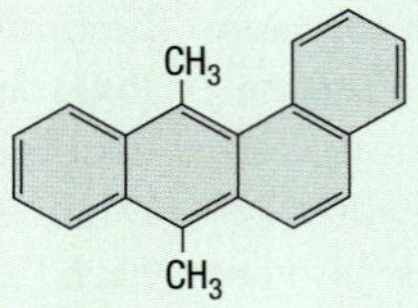 CH_3, CH_3	
2. Aromatische Amine β-Naphthylamin (2-Aminonaphthalin)	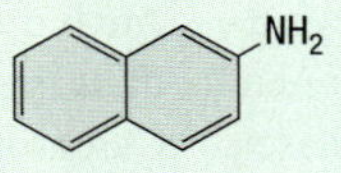 NH_2	Steinkohlenteer
3. Nitrosamine	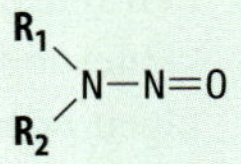 R_1, R_2 N–N=O	Nahrungsmittelzusatz, Bier, bei Tieren im Magen gebildet
4. A(spergillus)-fla(vus)-Toxine	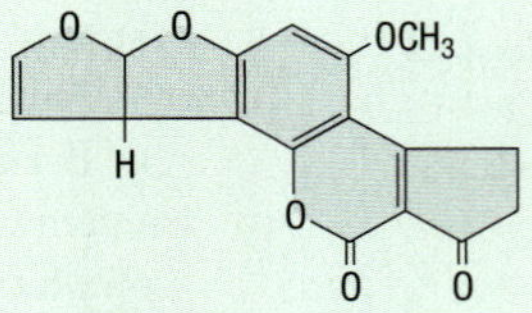 O, O, OCH_3, H, O, O, O	Schimmelpilze
5. Metalle Cadmium, Beryllium, Kobalt	Cd^{2+}, Be^{2+}, Co^{2+}	weit verbreitet

Abb. 35.17. Chemische Cancerogene

atomen 1 und 3 von Adenin sowie dem Stickstoffatom 3 von Cytosin in Nucleinsäuren.

> Die meisten Cancerogene sind Procancerogene, die durch Zellenzyme aktiviert werden müssen.

In allen Fällen wird dann eine stark elektrophile Verbindung gebildet. Enzyme, die Cancerogene aktivieren, sind in vielen Zellen mit unterschiedlicher Spezifität und Aktivität vorhanden. Polycyclische aromatische Kohlenwasserstoffe werden zu Epoxiden (cyclische Äther) oder Radikalen umgewandelt: 3,4-Benzpyren wird unter Beteiligung von **Cytochrom P_{450}** (Genfamilie I, ▶ Kap. 15.2.2) im endoplasmatischen Retikulum zum Arenoxid oxidiert, das durch eine Epoxidhydratase in ein Transdihydrodiol überführt wird. Durch erneute Epoxidierung dieses als vorläufig bezeichneten Cancerogens entsteht das endgültige Cancerogen, das covalent unter Öffnung des Epoxidrings mit nucleophilen Basen wie der Aminogruppe von Guanin reagiert (Bildung von Benzpyrendiolepoxid-DNA-DNA-Addukten). Entgiftungsreaktionen überführen vorläufiges und endgültiges Cancerogen in die entsprechenden Phenole und Glutathionverbindungen. Ist durch eine Mutation die entsprechende **Glutathion-S-Transferase** reduziert, so ist dies mit einem erhöhten Krebsrisiko verbunden (▶ Kap. 15.3). Der oxidative Stoffwechsel chemischer Fremdsubstanzen durch die Leber, der einen lebenswichtigen Entgiftungsmechanismus darstellt (▶ Kap. 33.2.1), macht somit die chemisch inerten Cancerogene erst zu Krebs auslösenden Stoffen. Die Organspezifität bestimmter Cancerogene ist möglicherweise auf die unterschiedliche Ausstattung einzelner Gewebe mit diesen Enzymen zurückzuführen.

35.8.2 Physikalische Cancerogenese

Ultraviolettes Licht ist hoch mutagen, was zumindest teilweise auf die charakteristischen Pyrimidin-Dimerschäden in der DNA zurückzuführen ist. Nicht reparierte Cytosin-Dimere rufen Tandemmutationen hervor, bei denen zwei benachbarte Cytosinreste (Cytosin-Cytosin) durch zwei Thyminbasen (Thymin-Thymin) ersetzt werden. Diese Änderung tritt praktisch nur nach Exposition mit UV-Strahlung auf (▶ Kap. 7.3).

35.9 Stoffwechsel von Tumorgeweben

Tumorzellen weisen oft einen erhöhten Glucosedurchsatz auf.

Etwa vor 60 Jahren bemerkte Otto Warburg (1883–1970), einer der Begründer der heutigen Biochemie, dass verschiedene Tumoren auch in Anwesenheit von Sauerstoff große Mengen von Lactat bilden. Er postulierte, dass die hohe Glucoseabbaurate zu Lactat auch in Gegenwart von Sauerstoff die Folge eines Defekts der Atmungskette sei, und dass Krebs entstehe, wenn die Zelle auf eine irreversible Schädigung ihrer Atmung mit der Adaptation an die Glycolyse zu Lactat antwortet. Nach Warburg können diese Zellen ihren differenzierten Zustand nicht aufrechterhalten und wachsen als entdifferenzierte Zellen unkontrolliert. Seine Beobachtungen führten ihn zu der apodiktischen Aussage (1956), dass »die Ära vorbei sei, in der die Glycolyse zu Lactat in Tumorzellen und ihre Bedeutung für die Tumorentstehung diskutiert werden, und niemand heutzutage bezweifelt, dass wir den Ursprung der Tumorzellen erkennen werden, wenn wir wissen, wie die hohe Glycolyserate zu Lactat zustande kommt, oder um es vollständiger zu fassen, wenn wir wissen, wie die gestörte Atmung und die exzessive Lactatbildung zustande kommen«. Durch Untersuchungen seit Mitte der fünfziger Jahre sind die Ergebnisse von Warburg relativiert worden, da auch Tumoren existieren, die Glucose in normalen Mengen oxidieren. Dennoch weisen viele Tumoren eine erhöhte Glucoseaufnahme auf, was auch die Grundlage der **sog. Fluordesoxyglucose-(FDG)-Methode** zur PET-Analyse von Tumoren darstellt.

Mammakarzinome sind in ihrem Wachstum auf Östrogene angewiesen.

Bereits normales Brustdrüsengewebe ist von weiblichen Sexualhormonen abhängig, sodass die Hormonabhängigkeit davon abgeleiteten Tumorgewebes nicht überrascht. Die Hormone wirken dabei über die Induktion der Bildung von Polypeptidwachstumsfaktoren wie IGF, EGF oder TGF-α. Die Antagonisierung von Östrogenen ist deshalb ein wesentlicher Bestandteil der Therapie des Mammakarzinoms: diese kann entweder durch Antiöstrogene wie Tamoxifen erfolgen, die Östrogen kompetitiv vom Östrogenrezeptor verdrängen, durch Hemmstoffe der endogenen Östrogensynthese, sog. Aromatasehemmstoffe oder durch Medikamente, die zu einem Abbau des Östradiolrezeptors führen (► Kap. 27.6.2).

35.10 Früherkennung von Tumoren

Zu den dringlichsten Problemen in der klinischen Onkologie gehört die Früherkennung von Krebserkrankungen. Die ideale Substanz zur Früherkennung einer Tumorerkennung wäre ein stabiles Molekül, das ausschließlich von Tumorzellen (eines Gewebes) synthetisiert und sezerniert wird und im Plasma und/oder Urin nachweisbar ist. Alle bisher bekannten von Tumorzellen abgegebenen und als **Tumormarker** bezeichneten Moleküle werden jedoch auch von gesunden Geweben produziert. Da von Tumoren abgegebene Moleküle in den Körperflüssigkeiten verdünnt werden, muss eine bestimmte Anzahl von Tumorzellen vorhanden sein, um nachweisbare Quantitäten zu bilden: Die chemische Grenze liegt etwa bei 10^4 bis 10^5 Zellen, das sind vier bis fünf Zehnerpotenzen weniger als das Minimum von 10^9 Zellen, welches 1 cm^3 Tumormasse entspricht, das zum radiologischen Nachweis (z.B. durch Computertomographie) erforderlich ist. Aus diesem Grunde sind die Erkrankungen bei dem erstmaligen Nachweis eines Tumormarkers i.a. bereits in einem fortgeschrittenen Stadium. Tumormarker eignen sich deshalb weniger zur Früherkennung als zur Verlaufsbeurteilung der Therapie einer Krebserkrankung: klinisch wichtige **Tumormarker** sind

Tabelle 35.4. Tumormarker (Auswahl)

Freigesetzte Substanz	Vorkommen bei Tumoren	Vorkommen bei nicht-malignen Erkrankungen
Onkofetale Antigene		
Carcinoembryonales Antigen (CEA)	Carcinom (Colon, Rektum, Pankreas, Gallenblase u. a.)	Gewebenekrose, starkes Rauchen, Darmerkrankungen
α_1-Fetoprotein	Hepatom, malignes Teratom	Lebercirrhose, Hepatitis
CA 19-9	Pankreascarcinom	
CA 12-5	Ovarialcarcinom	
Enzyme		
Prostata-spezifisches Antigen (PSA)	Prostatacarcinom	Prostatitis
Alkalische Phosphatase (Knochenisoenzym)	Osteosarkom, Knochenmetastasen (besonders Brust, Prostata, Schilddrüse)	Osteomalazie
Hormone		
Choriongonadotropin (HCG)	Choriocarcinom, Testiscarcinom	
Calcitonin	Medulläres Schilddrüsencarcinom	
(Pro-)ACTH	Lungentumoren	

das α-Fetoprotein, das carcinoembryonale Antigen (CEA), das Prostata spezifische Antigen (PSA) und Hormone, die von bestimmten Tumoren ektopisch produziert werden (◻ Tabelle 35.4).

Eine wichtige **Früherkennungsmethode** ist die Untersuchung des Stuhls auf okkultes Blut (das aus Darmtumoren stammen kann). Der auch als **Haemokkult** bezeichnete Test nutzt die Pseudo-Peroxidaseaktivität von Hämoglobin aus. Empfindlichere – in Entwicklung befindliche – Tests versuchen, Mutationen in Tumor-DNA, die aus Stuhl extrahiert wird, nachzuweisen.

In der Diagnostik von Leukämien und Tumorerkrankungen finden zunehmend **Mikroarray- und Proteomanalysen** Anwendung (Beispiel, ▶ Kap. 7.4.4), bei denen die Probe auf die unterschiedliche Expression von Tausenden von Genen bzw. Proteinen untersucht wird.

35.11 Krebstherapie

! Cytostatika hemmen die Zellteilung über eine Hemmung des DNA-Stoffwechsels.

- Cytostatika greifen an definierten Stellen des Zellzyklus ein; sie können aber nur auf Zellen wirken, die sich in Teilung befinden (was bei Tumorgewebe nicht für alle Zellen zutrifft):
- Alkylanzien (wie z.B. Cyclophosphamid) führen über eine covalente Brückenbildung zwischen den DNA-Strängen zu einer Hemmung der Replikation
- Anthracycline interkalieren zwischen den DNA-Strängen und verwehren der DNA-Polymerase damit den Zugang
- Verschiedene Cytostatika hemmen für die DNA-Synthese essentielle enzymatische Systeme wie die Topoisomerase (so z.B. Etoposid)
- Vincaalkaloide wirken über eine Hemmung des Spindelapparats in der M-Phase
- Antimetaboliten (wie Fluorouracil) hemmen spezifisch in der S-Phase die Thymidylat-Synthase und damit die DNA-Synthese (▶ Kap. 19.1.5)
- Im Gegensatz dazu aktivieren die ebenfalls in der Krebstherapie eingesetzten Cytokine Interferon-α oder Interleukin-2 Immunvorgänge (▶ Kap. 25.5; 34.6.2)

! Neue Therapieansätze entwickeln sich aus dem zunehmend besseren Verständnis der Biochemie von Tumoren.

Das zunehmend bessere Verständnis der biochemischen Grundlagen von Tumorerkrankungen erlaubt die Entwicklung einer zielgerichteten Tumortherapie: Schwerpunkt der bisherigen Entwicklung sind monoklonale Antikörper und Tyrosinkinaseeinhibitoren: beim Darmkrebs wird der EGF-Rezeptor von einem Teil der Patienten überexprimiert, beim Brustkrebs das HER2-Neu-Onkogen, ein Verwandter des EGF-Rezeptors. **Monoklonale Antikörper** gegen diese Proteine (Cetuximab bzw. Trastuzumab) sind therapeutisch wirksam und werden für die Behandlung dieser Krebsarten eingesetzt. Ebenso ist ein Antikörper gegen vEGF (Bevazuzimab), der die Angiogenese hemmt, für die Therapie von Darmtumoren zugelassen.

Tyrosinkinasen sind wichtige Vermittler der Signaltransduktion einer Vielzahl von Membranrezeptoren (▶ Kap. 25.5.1). Bei der chronisch myeloischen Leukämie wird die BCR/ABL-Fusions-Tyrosinkinase (siehe oben) effektiv durch den **Tyrosinkinase-Inhibitor STI 571** gehemmt. Deshalb hat auch dieses Molekül Eingang in die Leukämietherapie gefunden. Die Tyrosinkinaseinhibitoren Erlotinib und Gefitinib hemmen über eine selektive Hemmung der ATP-Bindungsstelle die EGF-Rezeptor-Tyrosinkinase und werden zur Behandlung des Bronchialkarzinoms angewandt.

! Tumorzellen entwickeln Resistenzmechanismen gegen Cytostatika.

Werden Tumorzellen in vitro mit pflanzlichen Cytostatika wie Vincaalkaloiden, Actinomycin D oder Anthracyclinen inkubiert, entstehen resistente Varianten. Im Allgemeinen sind diese Zellvarianten nicht nur gegen das Medikament resistent, das sich in dem Inkubationsmedium befindet, sondern auch gegenüber anderen aus natürlichen Produkten. Deshalb wird dieser Zustand als **Multidrug-Resistenz** (**MDR**) bezeichnet. Diese Resistenz erklärt, warum viele Tumorerkrankungen des Menschen nur schlecht auf die Behandlung mit Cytostatika ansprechen. Vermittelt wird sie u.a. durch eine Familie membranständiger Transportproteine, die die Cytostatika aus dem Cytosol wieder in den Extrazellulärraum zurücktransportieren. Zu dieser Familie gehört auch das bei der cystischen Fibrose gestörte Transportsystem. Beim Menschen gibt es zwei Mitglieder der MDR-Familie (MRD-1 und -2). Beide Proteine weisen einen hohen Homologiegrad auf. Beim Menschen wird das MDR-1-Protein (◻ Abb. 35.18) in Nieren, Colon, Placenta, Nebennieren und spezialisierten Strukturen wie Endothelzellen, die an der Bildung der Blut-Gehirn- und Blut-Hoden-Schranke beteiligt sind, gefunden. Es wird ihnen deshalb eine physiologische Funktion beim ATP-abhängigen Transport von Steroidhormonen und der Ausscheidung natürlicher Toxine zugeschrieben. Das MDR-1 codiert für ein Glycoprotein mit einem Molekulargewicht von 170 kD (**P-Glycoprotein**, P-170), das MDR-2 ist offenbar am stärksten in der Leber exprimiert. Interessanterweise sind Tumoren, die aus Geweben mit hoher MDR-1-Expression entstehen, chemotherapieresistent, wohingegen die initiale Therapieempfindlichkeit von Leukämien und Lymphomen mit einer niedrigen MDR-1-Expression normaler hämatopoietischer Zellen einhergeht. Tumorzellen können offenbar nicht nur dadurch, dass sie sich in der G_0-Phase befinden, sondern auch durch eine vermehrte MDR-1-Expression gegenüber der Chemotherapie resistent sein. Die Isolierung des MDR-1-Gens hat somit einen molekularen

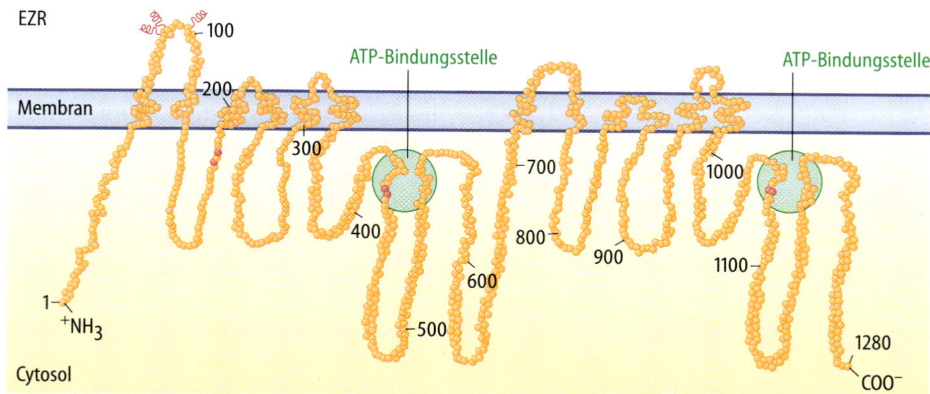

Abb. 35.18. Strukturmodell des MDR1-Proteins (P170-Glycoprotein), das als transmembranäres Protein in der Zellmembran verankert ist

Marker zur Verfügung gestellt, der zur Beurteilung der Chemotherapieresistenz dienen kann. Daneben spielen auch Änderungen der Expression anderer Enzyme wie der **Topoisomerase II** (▶ Kap. 7.2.3) oder der **Glutathion-S-Transferase** (▶ Kap. 15.3) eine Rolle für die Chemotherapeutikaresistenz.

35.12 Gentherapeutische Ansätze bei Krebserkrankungen

> Die Gentherapie von Krebserkrankungen steht am Beginn ihrer Entwicklung.

Die kausale Behandlung des durch Mutationen hervorgerufenen Gendefekts bei Tumorzellen ist die Einführung des normalen Gens in die Tumorzelle. Bei Genverlusten oder -störungen (wie z.B. solcher der Antionkogene) ist das Ziel, durch Transfektion ein neues Gen in das zelluläre Genom einzubringen (Additionstherapie) oder das defekte Gen durch homologe Rekombination (▶ Kap. 7.4.4) durch ein neues zu ersetzen (Substitutionstherapie). Das ersetzte fremde Genmaterial tritt dabei an die Stelle des defekten endogenen Gens und wird wie dieses reguliert. Die homologe Rekombination gelang jedoch bisher nur an kultivierten Zellen der Maus (▶ Kap. 7.4.5). Die Transfektion, d.h. die Einbringung eines zusätzlichen funktionellen Gens in eine Zelle, kann durch die in Kapitel 7 (▶ Kap. 7.4.1, 7.4.2) besprochenen Methoden erreicht werden; dies funktioniert in vitro zwar leicht, ist aber in vivo bei einem soliden Tumor bisher sehr viel schwieriger zu erreichen. Die Effizienz der Transfektion ist immer noch sehr niedrig und auch von Zelle zu Zelle stark unterschiedlich. Die meisten menschlichen Zellen können zudem nur kleine Mengen fremder DNA integrieren (etwa 6 kb). Weiterhin wird das transfizierte Gen aus noch unbekannten Gründen nur für einige Monate exprimiert. Daher versucht man, durch selektive Promotoren die Transkription der transfizierten Gene zu beeinflussen.

> Mit der Anti-Gentherapie sollen Gene der Tumorzelle gehemmt werden.

Andere Ansätze bedienen sich der **Antisense-Oligonucleotide**, d.h. kurzen synthetischen Nucleotidsequenzen, die zu DNA- und RNA-Sequenzen komplementär sind und diese durch Hybridisierung inaktivieren (▶ Kap. 7.4.4). Durch Bindung dieser Nucleotide an ihr jeweiliges Zielmolekül können Transkription oder Translation des dazugehörigen Gens selektiv gehemmt werden. Wenn dieses Gen ursächlich an der Entstehung der Tumorkrankheit beteiligt ist, könnte seine Inaktivierung zu einer Regression des malignen Phänotyps führen. Die mRNA im Cytosol stellt ein geeigneteres Ziel als die DNA im Zellkern für diesen Ansatz dar, da die Antisense-Oligonucleotide – neben der Zellmembran – nicht auch die Kernmembran permeieren müssen.

> Der Einbau von Cytokingenen soll natürliche Abwehrmechanismen stimulieren.

Cytokine können eine Wirkung auf das Tumorwachstum haben, besitzen jedoch bei systemischer Gabe Nebenwirkungen und eine sehr kurze Halbwertszeit. Deshalb versucht ein neuer Ansatz, Gene für Cytokine (Interleukin-2, Interleukin-4, Interferone, Tumornekrosefaktor) in Zellen einzubringen, die spezifisch mit Tumorzellen in Wechselwirkung treten, wie z.B. **tumorinfiltrierende Lymphozyten** (**TIL**). So wurden solche Zellen mit dem Gen für Tumornekrosefaktor transfiziert. Durch Markierung mit einem Markergen wie Neomycinphosphotransferase konnte nachgewiesen werden, dass sich diese Zellen im Tumor anreichern und dort bis zu 10 Monaten fremde Gene exprimieren.

> Gentherapeutische Manipulation erlaubt die lokale Produktion eines Cytostatikums.

Ein weiterer Therapieansatz ist die virusdirigierte **Enzym-Medikamentenvorstufen-Therapie**, die darauf beruht, dass ein Vektor spezifisch in Tumorzellen, aber nicht in normalen Zellen exprimiert wird. So wird ein Virusgen in der normalen Leberzelle nur dann exprimiert, wenn es an den Albuminpromotor gekoppelt ist, aber nicht bei Kopplung an den α-Fetoprotein-Promotor. In der Lebertumorzelle ist dies genau umgekehrt: Koppelt man z.B. das Gen für Cytosin-Desaminase an einen derartigen selektiven Promotor, so führt die Expression dieses Gens in der Zielzelle dazu, dass angebotenes 5-Fluorocytosin intrazellulär in das Cytostatikum 5-Fluorouracil umgewandelt wird.

In Kürze

Der programmierte Zelltod, die Apoptose, ist ein Vorgang, der im Zuge der Tumorentstehung fehlreguliert sein kann. Onkogene und Antionkogene sind die Krebsgene, deren Mutationen die Tumorentstehung verursachen. Mehrere Hundert dieser Gene sind inzwischen bekannt. Onkogene und Antionkogene sind im nicht-mutierten Zustand an der Regulation des Zellwachstums beteiligt. Onkogene werden durch Mutationen aktiviert. Die mutierten Gene werden auf die nächste Tumorzellgeneration weitergegeben. Die Inaktivierung von Antionkogenen trägt ebenfalls zur Tumorentstehung bei. Mutationen in Genen für Reparaturenzyme verursachen Tumoren. Bei vielen Leukämien sind Translokationen bekannt, die zur Bildung von Fusionsgenen und damit -proteinen mit veränderter Funktion führen. Invasion und Metastasierung erfordern zusätzliche genetische Veränderungen. Expression von Proteinasen und Neubildung von Gefäßen (Angiogenese) sind Schlüsselvorgänge in dem Mehrschrittprozess der Tumorigenese. MMPs und vEGF sind dabei von entscheidender Bedeutung, sodass an der Entwicklung von Inhibitoren gearbeitet wird. Mutagene Stoffe sind in unserer Umwelt und Nahrung vorhanden.

Die Krebstherapie entwickelt sich von einem empirischen zu einem auf den Erkenntnissen der Biochemie basierenden Ansatz. Beispiele dafür sind monoklonale Antikörper und Tyrosinkinase-Inhibitoren.

Literatur

Monographien und Lehrbücher

Petrides PE (2000) Molekularbiologische und genetische Grundlagen der Onkologie. In: Wilmanns W, Huhn D, Wilms K (Hrsg.) Internistische Onkologie. Thieme Verlag, Stuttgart: 71–93

Original- und Übersichtsarbeiten

Baselga J, Arteaga CL (2005) Critical update and merging trends in epidermal growth factor receptor targeting in cancer. J Clin Oncol 23:2445–2558

Bock S et al. (1993) Detection of somatic changes in human renal carcinoma with oligonucleotide probes specific for simple repeat motifs. Genes, Chromosomes & Cancer 6:113–117

Bokemeyer C, Berdel WE (2005) Zielgerichtete Tumortherapie. Onkologie 28,Suppl.4:2–47

Gleave ME, Monia BP (2005) Antisense therapy of cancer. Nat rev Cancer 5:468–479

Krause DS, van Etten RA (2005) Tyrosin kinases as targets for cancer therapy. New Engl J Med 353:172–187

Mocellin S, Mandruzzato S, Bronte V, Lise M, Nitti D (2004) Vaccines for solid tumours. Lancet Oncology 5:681–689

Osborne C, Wislon P, Tripathy D (2004) Oncogenes and tumor suppressor genes in breast cancer: potential diagnostic and therapeutical applications. The Oncologist 9:361–377

Ries C, Petrides PE (1995) Cytokine regulation of matrix metalloproteinase activity and its regulatory dysfunction in disease. Biol Chem Hoppe-Seyler 376:345–355

Rosen LS (2005) VEGF-targeted therapy: therapeutic potential and recent advances. The Oncologist 10:382–391

Yee KS,Vousden KH (2005) Complicating the complexity of p53. Carcin 26:1317–1322

Anhang

Häufige Abkürzungen

A	Adenin
ABC	ATP bindende Kassette
ACTH	adrenocorticotropes Hormon
ADP	Adenosindiphosphat
Ala	Alanin (A)
d-ALA	*d*-Aminolävulinat
ALAT	Alanin-Aminotransferase
AMP	Adenosinmonophosphat
AMPK	AMP-abhängige Proteinkinase
ANF	atrialer natriuretischer Faktor
Arg	Arginin (R)
ASAT	Aspartat-Aminotransferase
Asn	Asparagin (N)
Asp	Asparaginsäure (D)
ATP	Adenosintriphosphat
ATPase	Adenosintriphosphatase
AVP	Arginin-Vasopressin
BMP	*bone morphogenic protein*
bp	Basenpaare, *base pairs*
BSE	bovine spongiforme Encephalopathie
BPG	Bisphophoglycerat
C	Cytosin
CaM	Calmodulin
CAM	*cell adhesion molecule*
cAMP	3′,5′-cyclo-AMP
CCK/PZ	Cholecystokinin/Pankreozymin
CD	Differenzierungscluster *(cluster of differentiation)*
cdk	Cyclin abhängige Proteinkinase *(cyclin dependent kinase)*
cDNA	komplementäre DNA
CDP	Cytidindiphosphat
CFTR	*cystic fibrosis transmembrane conductance regulator*
CK	Kreatinkinase
CMP	Cytidinmonophosphat
CoA	Coenzym A
COMT	Katechol-O-methyltransferase
CoQ	Coenzym Q (Ubichinon)
CRBP	zelluläres Retinol-Bindungsprotein
CREB	*cAMP response-element binding protein*
CRH	*corticotropin releasing hormone*
CT	(Thyreo-) Calcitonin
CTP	Cytidintriphosphat
Cys	Cystein (C)
Da	Dalton
DHF	Dihydrofolat
DNA	Desoxyribonucleinsäure
DNase	Desoxyribonuclease
Dopa	Dihydroxyphenylalanin
Dopamin	Dihydroxyphenylamin
ECM	*extracellular matrix*
EDRF	*endothelium-derived releasing factor*
EDTA	Ethylendiamin-Tetra-Acetat
eEF	eukaryoter Elongationsfaktor
EGF	*epidermal growth factor;* epidermaler Wachstumsfaktor
ELISA	*enzyme linked immunosorbent assay*
EPO	Erythropoietin
ER	endoplasmatisches Retikulum
EST	*expressed sequence tags*
FAD	Flavinadeninnucleotid
FGF	*fibroblast growth factor*
FMN	Flavinmononucleotid
Fru	Fructose
Fuc	Fucose
G	Guanin
G-CSF	*granulocyte colony-stimulating factor*
GABA	γ-Aminobutyrat
Gal	Galactose
GAP	GTPase aktivierendes Protein
GDP	Guanosindiphosphat
GH	Wachstumshormon (*growth hormone*)
GIP	gastrisches inhibitorisches Peptid
GK	Glucokinase
Glc	Glucose
GlcN	Glucosamin
GlcNAc	N-Acetyl-Glucosamin
GLDH	Glutamatdehydrogenase
GLP	*glucagon-like peptide*
Gln	Glutamin (Q)
Glu	Glutaminsäure (E)
GLUT	Glucose-Transporter
Gly	Glycin (G)
GM-CSF	*granulocyte macrophage colony-stimulating factor*
GMP	Guanosinmonophosphat
GOT	Glutamat-Oxalacetat-Transaminase
GPI	Glycosyl-Phosphatidyl-Inositol
GPT	Glutamat-Pyruvat-Transaminase

GRE	*glucocorticoid responsive element*
GSH	Glutathion
GSSG	Glutathion-Disulfid
GTP	Guanosintriphosphat
Hb	Hämoglobin
HDL	*high density lipoprotein*
His	Histidin (H)
HIV	humanes Immundefizienz-Virus
HK	Hexokinase
HLA	humanes Lymphozytenantigen
HMG-CoA	β-Hydroxy,β-Methyl-Glutaryl-CoA
HPLC	Hochleistungsflüssigkeits-Chromatographie (*high performance liquid chromatography*)
HPTE	5-Hydroperoxyeikosatetraenoat
Hsp	*heat shock protein*
Hyp	Hydroxyprolin
IκB	Inhibitor von NFκB
IDL	*intermediate density lipoprotein*
IEMA	immunoenzymatischer Assay
IFN	Interferon
Ig	Immunglobulin
IGF	*insulin-like growth factor*
IGF-BP	IGF-Bindungsprotein
IL	Interleukin
Ile	Isoleucin (I)
IP_3	Inositol-(1,4,5)-Trisphosphat
IRMA	immunoradiometrischer Assay
ITP	Inosintriphosphat
Jak	Januskinase
kb	Kilobase
kJ	Kilojoule
K_M	Michaeliskonstante
LCAT	Lecithin-Cholesterin-Acyltransferase
LDH	Lactat-Dehydrogenase
LDL	*low density lipoprotein*
Leu	Leucin (L)
LH	luteotropes Hormon
LH-RH	*LH-releasing hormone*
Lys	Lysin (K)
M-CSF	*macrophage colony-stimulating factor*
MAG	Myelin-assoziiertes Glykoprotein
Man	Mannose
MAPK	Mitogen aktivierte Proteinkinase
MAPKK	MAP Kinase Kinase
MBP	Myelin-basisches Protein
MDR	*Multidrug*-Resistenz
Met	Methionin (M)
MHC	*major histocompatibility complex*
MMP	Matrix-Metallproteinasen
MOG	Myelin-Oligodendrozyten-assoziierte Glykoproteine
mRNA	*messenger*-RNA
miRNA	Mikro-RNA
MSH	Melanozyten-stimulierendes Hormon
NAD^+	Nicotinamid-Adenin-Dinucleotid
$NADP^+$	Nicotinamid-Adenin-Dinucleotid-Phosphat
NANA	N-Acetyl-Neuraminsäure
NF-κB	*nuclear factor κB*
NGF	*nerve growth factor*
NMR	Magnetische Kernresonanz (*nuclear magnetic resonance*)
NO	Stickstoffmonoxid
OMP	Orotidinmonophosphat
OPG	Osteoprotegrin
OPGL	Osteoprotegrin Ligand
P_i	anorganisches Orthophosphat
PALP	Pyridoxalphosphat
PAMP	Pyridoxaminphosphat
PAPS	2′-Phosphoadenosin-5′-Phosphosulfat
PCR	Polymerase-Kettenreaktion (*polymerase chain reaction*)
PDE	Phosphodiesterase
PDGF	*platelet-derived growth factor*
PDH	Pyruvat Dehydrogenase
PDK1	*phospholipid-dependent kinase 1*
PDI	Proteindisulfid-Isomerase
PEP	Phosphoenolpyruvat
PEP-CK	Phosphoenolpyruvat Carboxykinase
PET	Positronen-Emissionstomographie
PFK	Phosphofructokinase
PG	Prostaglandin
Phe	Phenylalanin (F)
PI3K	Phosphatidyl-Inositol-3-Kinase
PIH	*prolactin-inhibiting hormone*
PIP_2	Phosphatidylinositol-4,5-bisphosphat
PK	Proteinkinase
PMP	peripheres Myelinprotein
pO_2	Sauerstoff-Partialdruck
POMC	Pro-Opiomelanocortin
PP_i	anorganisches Pyrophosphat
PRL	Prolactin

Pro	Prolin (P)
PRPP	Phosphoribosyl-Pyrophosphat
PTH	Parathormon
PTHrP	*parathormone-related protein*
RANK	*receptor for activation of nuclear factor* κ*B*
RANKL	Ligand für RANK
RAR	Retinoat-Rezeptor
RER	rauhes endoplasmatisches Retikulum
RFLP	Restriktionsfragmentlängen-Polymorphismus
RNA	Ribonucleinsäure
RNase	Ribonuclease
rRNA	ribosomale RNA
RXR	Retinoat-X-Rezeptor
SCID	*severe combined immunodeficiency*
scRNA	*small cytoplasmic RNA*
SDS	Natriumdodeylsulfat (*sodium dodelcyl sulfate*)
Ser	Serin (S)
SH2	src-Homologie 2
siRNA	*small interfering RNA*
snRNA	*small nuclear RNA*
STAT	*signal transducer and activator of transcription*
STH	somatotropes Hormon
T	Thymin
T_3	Trijodthyronin
T_4	Thyroxin
TBP	TATA-Box Bindungsprotein
TF	Transkriptionsfaktor
TGF	*transforming growth factor*
TGN	Trans-Golgi-Netzwerk
TH	T-Helferzellen
THF	Tetrahydrofolat
Thr	Threonin (T)
TMP	Thymidinmonophosphat
TNF	Tumornekrose Faktor
TRH	*thyreotropin-releasing hormone*
tRNA	transfer-RNA
Trp	Tryptophan (W)
TSH	Thyreoidea-stimulierendes Hormon
TTP	Thymidintriphosphat
TXA	Thromboxan
Tyr	Tyrosin (Y)
U	Uracil
UDP	Uridindiphosphat
UDPG	Uridindiphosphat-Glucose
UMP	Uridinmonophosphat
UTP	Uridintriphosphat
Val	Valin (V)
VLDL	*very low density lipoprotein*
vWF	von-Willebrand-Faktor
YAC	*yeast artificial chromosome*

Sachverzeichnis

(F) verweist auf Formelbilder in einer Abbildung

A

AAA-ATPasen 183
– Aktivität, Proteasomen 321
A-(Aminoacyl-)Stellen, Ribosomen 293, 294 (F)
AAX-Proteinase, Hemmstoffe 311
AB0-System 965–966
– Bluttransfusion 965
A-Bande, Muskulatur, quergestreifte 1002–1003, 1008
ABCA1 183
– Mutation/Defekt 186
– – HDL-Mangel 186
ABC*(ATP-binding cassette)*-Familie 692
ABCB2/3 322
ABCG5/8
– canaliculäre Membran 1097
– Cholesterinsteine 1101
– Sterole, Resorption 1071
ABC-Transporter 184, 322
– Defekt 323
– – Adrenoleukodystrophie 323
– – Mukoviszidose 313
– – Tangier-Erkrankung 581
– MDR-Protein *(multi drug resistance)* 184
– P-Glycoprotein 184
– Sterole, Resorption 1071
– Sulfonylharnstoff-Rezeptor 816
ABH-Antigen, Biosynthese, Glycosyltransferasen 965
Abklatsch *(blot)*, Proteine, separierte 63
Abl-Onkogen 1143
– Bruchpunkt 1154
– Leukämie, chronisch-myeloische (CML) 1154
Abl-Tyrosinkinase 1143
Abwehr
– Bakterien 1134–1135
– Cytokingene, Einbau 1161
– Mikroorganismen 1134–1136
– (un)spezifische 1135
– Viren 342, 1135–1136
ACAT ► Acyl-CoA-Cholesterin-Acyltransferase
Acceleratorglobulin 985
Accelerin 985
ACE (Angiotensin-I-Conversions-Enzym) 315–316, 318, 910
– somatisches 910
ACE-Hemmer 315–316
– Captopril 134
– Renin-Überproduktion 911
Acetacetat 408, 441
– Abbau 484
– Aminosäuren, verzweigtkettige, Abbau 467–468
– Ballaststoffe 651
– Dehydrierung 484
– Dissoziationskonstante K 15
– Energiestoffwechsel, Gehirn 1024
– Ketonkörper, Biosynthese 409
– Nahrungskarenz 521, 529, 641
– Niere, Energiegewinnung 910
– pK_S-Wert 15
– Resorptions-/Hungerphase, Leber 1086
– Standardpotential 103
– Typ-1-Diabetes mellitus 833
– Tyrosinabbau 471 (F)
Acetacetyl-CoA
– Ketonkörper, Biosynthese 409
– Mevalonat, Biosynthese 565 (F)
Acetaldehyd 650
– Alkoholabbau 1100
– Ethanolstoffwechsel, Leber 1100
– Hefezellen 363
Acetessigsäure ► Acetacetat
Aceton 408, 943
– Ketonkörper, Abbau/Biosynthese 409
Acetylcholin 759, 765, 1034, 1037–1040
– Abbau 1040
– ADH-Freisetzung 920
– Bindung 1039
– – Kationenkanal, Öffnung 1040
– Katecholaminsekretion 828
– Mucinsekretion 1064
– Pankreassekretion 1065
– synaptische Vesikel 1035
– Wiederaufnahme 1040
Acetylcholinantagonisten 1042
Acetylcholinesterase 1039–1040
– $AcChE_H$, $AcChE_R$ bzw. $AcChE_T$ 313
– kinetische Konstante 123
– Phosphatidylinositol, Verankerung 312
– Spleißen, alternatives 313
Acetylcholinesterasehemmer 1040
Acetylcholinrezeptor(en) 1039
– Acetylcholin, Stoffwechsel 1040
– G-Protein-gekoppelter 783, 1040
– muscarinischer 1040, 1065
– – Histaminproduktion 1064
– – Salzsäureproduktion 1064
– nicotinischer 182, 765, 766 (F), 1039–1040
– – Katecholaminbiosynthese 828
– – Myasthenia gravis 1040
– Superfamilie 1036
Acetylcholin-Transporter, synaptische Vesikel 1035
Acetyl-CoA 391, 405, 440–443, 478–479, 480 (F), 485–486, 571, 704, 943, 1038–1039
– Acetylcholin, Stoffwechsel 1040
– – Synthese 1039
– Aminosäuren, nicht essentielle, Stoffwechsel 440
– – verzweigtkettige, Abbau 467–468
– Carboxylierung, Biotin-abhängige 410 (F), 943
– Cholesterin, Biosynthese 564, 864
– Citratzyklus 704
– Decarboxylierung 1025
– energiereiche Verbindungen 479
– Fettsäuren, Biosynthese 413, 519, 704
– – (β-)Oxidation 405, 484–485, 522
– Gluconeogenese 391
– Glycolyse 364
– Insulin 818
– Ketonkörper, Biosynthese 409, 704
– Lipidstoffwechsel 704
– Lysinabbau 476
– Melatonin, Abbau/Biosynthese 1043
– Mevalonat, Biosynthese 565 (F)
– Muskulatur 392
– Oxidation 485
– Pyruvatdehydrogenase (PDH) 522
– – Hemmung 484–485
– Reaktion mit Oxalacetat 482
– Thioesterkonfiguration 479
– Tryptophanabbau 472
Acetyl-CoA-Carboxylase 111, 570, 706
– Carboxylierung, Biotin-abhängige 410
– Dephosphorylierung 132
– Fettsäurebiosynthese 413, 416–417, 520
– Glucose 417
– Hemmung, de-novo-Fettsäurebildung 647
– Induktion 647
– Inhibitor, Acyl-CoA 417
– Insulin 417
– Insulinbiosynthese 819
– Lipogenese 517
– monomere 417
– Nahrungskarenz 527
– Phosphorylierung 132, 417
– – AMP-abhängige Proteinkinase, Aktivierung 527
– polymere 417
Acetyl-Coenzym A ► Acetyl-CoA
β-D-N-Acetyl-Galactosamin 23 (F)
β-D-N-Acetyl-Glucosamin 23 (F)
Acetylierung
– Biotransformation 1091
– Histonproteine 273–274
– Lysinreste 273
– Pantothensäure 704
– reversible, Histone 273
Acetylierungstyp, langsamer 1094
β-D-N-Acetyl-Mannosamin 23 (F)
Acetylneuraminsäurestoffwechsel, CTP 540
Acetylsalicylsäure
– Cyclooxygenase-Hemmung 134
– Prostaglandinbiosynthese 424
– Thrombosen, Prophylaxe 978
Acetyltransferase (ACT) 799
– Defekt 200
– – MukopOlysaccharidose 178
Achondrodysplasie, FRG-3-Rezeptor, Mutationen 740
Aciclovir 350
Acidität, titrierbare, Urin 908
Acidose ► Azidose
Ackererde, Cancerogenese 1158
Aconitase
– Citratzyklus 480, 482
– cytosolische 483
cis-Aconitat 480 (F)
ACP (Acyl-Carrier-Domäne/-Protein), Fettsäuresynthase 410 (F), 412 (F)
acquired immunodeficiency syndrome ► AIDS
Acrodermatitis enteropathica 673
Acroleyl-β-Aminofumarat 473
– Tryptophanabbau 472 (F)

ACTH (adrenocorticotropes Hormon, Corticotropin) 758, 844–846, 863
– Cushing-Syndrom, ektopisches 869
– Halbwertszeit 849
– Hypercortisolismus 869
– Sekretion, Interleukin-1 976
– Tumormarker 1159
ACTH-ähnliche Polypeptide, Plazenta 884
Actinomycin D 269 (F)
– DNA-Replikation, Hemmung 236
– Transkription, Hemmung 268–269
activator protein-1 (AP-1) 1115
Activine ► Aktivine
Acumentin 974
Acycloguanosin 350
– DNA-Polymerase 351
Acycloguanosin-Monophosphat 350 (F)
Acycloguanosin-Triphosphat 350 (F)
Acyladenylat, Fettsäureabbau 404
Acylcarnitin 406 (F), 517
– elektromechanische Koppelung 1012
– Fettsäureabbau 406
– Fettsäurebiosynthese 417
Acyl-Carrier-Domäne/-Protein 410 (F), 412 (F)
Acyl-CoA 178, 405, 406 (F), 517
– Acetyl-CoA-Carboxylase, Inhibitor 417
– Fettsäureabbau 404
– Fettsäurebiosynthese 413, 417
– Glucose-Fettsäurezyklus 522
– Phosphatidylcholin, Acylierungszyklus 557 (F)
– Thiokinase 519
– Triacylglycerine, Biosynthese 402 (F)
– – Spaltung/Resynthese 1071–1072
Acyl-CoA-Cholesterin-Acyltransferase (ACAT) 578
Acyl-CoA-Dehydrogenase 506
– Fettsäuren, β-Oxidation 405, 498
– peroxisomale, Fettsäureoxidation 408
Acyl-CoA:Retinol-Acyltransferase (ARAT) 683–684
Acyl-CoA-Synthetase 519
– Fettsäureabbau 404
– Fettsäuren, langkettige, Biosynthese 411
– Triacylglycerine, Biosynthese 403
Acyl-CoA-Transferase, Ceramid, Biosynthese 560
Acylglycerine 32
– Resorption 1071
Acylierung(en)
– Fettsäuren, gesättigte 310
– Membran-Anker 310
– Pantothensäure 704
– Phosphatidylcholin 557
– Proteine 310
Acyltransfer, Fettsäuren, langkettige, Biosynthese 411
Acyltransferase, Phosphatidylcholin, Acylierungszyklus 557
ADAM-*(adistengrin-like and metalloproteinase)* 317
ADAMTS *(ADAM with thrombospondin motifs)* 317
Adaptine 193
– AP-1-Adaptin 201
– AP-2-Adaptin 201
– – Plasmamembran 195
– AP-3-Adaptin 201
– Membranbeschichtung 193
– Plasmamembran 195
– Transport, vesikulärer 193
adaptive Immunantwort 1105–1106
Adaptorproteine (AP) 43, 193, 198, 788
– SH2-/SH3-Domänen 735
– Zonula adherens 198
ADCC *(antibody dependent cellular cytotoxicity)* 1117
Addison-Syndrom 869
– Hypoaldosteronismus 927
Addition, Protonen 19
Adenin 142–143
– DNA 149
– Reutilisierung 597
– tRNA, Aminoacylierung 291 (F)–292 (F)
Adeninnucleotid-Carrier 492, 493 (F), 494
Adeninnucleotide
– Biosynthese, Regulation 594
– Coenzyme 145
– Nomenklatur 144
Adenin-Phosphoribosyltransferase (APRT), Purinbasen, *salvage pathway* 597
Adenohypophyse 843, 845
– Hormone 845
– Zellen 845
Adenom-Karzinom-Übergang, colorektale Tumoren, sporadische 1152
Adenosin 143–144, 1044
– Glycogenolyse, Myokard 385
– Purinabbau 599 (F)
Adenosin-5'-monophosphat ► AMP
Adenosin-5'-triphosphat ► ATP
Adenosindesaminase (ADA)
– Geschwindigkeitskonstante 107
– Mangel, hereditärer 604
– Purinabbau 599
Adenosindiphosphat ► ADP
Adenosin-3',5'-monophosphat, cyclisches ► cAMP
Adenosinnukleotidtranslokase, Transport, sekundär aktiver 185
Adenosin-5'-triphosphat ► ATP
5'-Adenosylcobalamin 111
Adenosylhomocystein 557
Adenosyl-5'-phosphosulfat (APS) 941
Adenoviren 329
– Adsorption 335
– Aufbau 327
– Aufnahme 333
– Persistenz 343
– Rezeptoren 333
Adenylatcyclase 519, 781–782, 783 (F), 825
– Aktivierung 774, 780, 830
– – Nahrungskarenz 529
– Calcitoninrezeptoren 937
– elektromechanische Koppelung, Myokard 1014
– $GABA_B$-Rezeptor 1040
– Glycogenstoffwechsel, Regulation 381
– Hemmung 774, 780
– – α_2-Rezeptoren 528, 830
– – Hormone 781
– Isoformen 782
– Nahrungskarenz 526
– Parathormon 936
– Salzsäuresekretion 1063
– Serotoninrezeptoren 1043
– T_3 857
Adenylatcyclase-System 780–781
– Inaktivierung, ATPase-Aktivität 383
– Rezeptoren 780–783
– Stimulierung 781
Adenylatkinase 491
– Reaktion 105
Adenylosuccinat, AMP-/GMP-Biosynthese 588
Adenylosuccinatlyase 588
– IMP-Biosynthese 589
– Nucleosiddi-/-triphosphate, Synthese 589
– Purinnucleotid-Synthese 597
Adenylosuccinat-Synthetase 588
– Hemmung, Mercaptopurin 134
– Nucleosiddi-/-triphosphate, Synthese 589
– Purinnucleotidzyklus 597
Aderlässe, Eisenablagerungen 666
ADF (Aktin-Depolymerisierungsfaktor) 212–213
ADH (antidiuretisches Hormon, Vasopressin bzw. Pitressin) 845, 890–891, 905, 918, 919 (F)
– Angiotensin II 920
– Barosensoren 920
– Biosynthese 920
– Blutdruckabfall 920
– Blutdruckanstieg 919
– Durstgefühl 920
– Freisetzung, Schwelle 919
– Gefäßwirkungen 919
– Genstruktur 920
– G-Protein, Aktivierung 780
– G-Protein-gekoppelte Rezeptoren 783
– Halbwertszeit 849
– Hypophysenhinterlappen 919
– Natriumhaushalt 922
– Plasmaosmolarität 919
– Sekretion, gesteigerte 921
– Urinvolumen 905
– V_1-Rezeptoren 919
– V_2-Rezeptoren 919
– Volumenmangel 920
– Wasserhaushalt, Regulation 918
– Wasserrückresorption 919
– Wirkungsmechanismus, Sammelrohr 905
Adhäsion, Plasmamembran 195
Adhäsionsmoleküle/-proteine 197–200, 1113
– Axotomie 1047
– Fibronectin 732
Adipocytokine, Insulinresistenz 835
Adiponectin
– AMP-abhängige Proteinkinase, Aktivierung 527
– Typ-2-Diabetes mellitus 835
adipose triglyceride lipase ► ATGL
Adipositas 425, 523
– Begleiterkrankungen 640
– BMI-Wert 638
– Energieausbeute 634
– Energiebilanz, positive 632
– Glucocorticoide 640
– Hypercholesterinämie 583
– Hyperlipoproteinämie 581
– Hypothyreose 640
– Leptin 524
– Leptingen 639
– Leptinrezeptor-Gen 639
– Melanocortin-4-Rezeptor-Gen 639
– metabolisches Syndrom 640
– Typ-2-Diabetes mellitus 834
– UCP2 634
Adipozyten
– GLUT 4 375
– gynoide 830
Adjuvans, Totimpfstoffe 349
A-DNA 149, 150 (F)
– Struktureigenschaften 149
ADP (Adenosindiphosphat) 104
– ATP-Bildung 106
– Isocitratdehydrogenase, Aktivierung 485
– Muskelarbeit 531
– Muskelkontraktion 1010
– Phosphofructokinase-1 (PFK-1) 388
– Phosphorylierung 106

ADP-Rezeptoren
- Blutstillung, zelluläre 980
- thrombozytäre, Hemmstoffe 978
ADP-Ribose, N-glycosidische Bindung 701
ADP-ribosyliertes Protein, Poly-ADP-Ribosylierung 702
ADP-Ribosylierung, Nicotinamid 701
ADP-Ribosylierungsfaktor 310
ADP-Ribosyltransferase 702
Adrenalin 463, 468, 758, 826, 1038, 1041–1042
- Abbau 831
- ADH-Freisetzung 920
- Biosynthese 111
- Fettgewebe, braunes 520
- Katecholaminabbau/-biosynthese 827 (F), 831 (F)
- Lipolyse 520
- Nahrungsaufnahme, hemmende Wirkung 643
- Reninfreisetzung 911
- Rückkoppelung, negative 828
- Stress 636
- Urin 915
- Wirkungsverstärkung, Cortisol 867
adrenerges System, Katecholamine 829
adrenocorticotropes Hormon ► ACTH
Adrenodoxin 508
adrenogenitales Syndrom 869
- Hypoaldosteronismus 927
Adrenoleukodystrophie 323
Adrenozeptoren 829
- α_1-Adrenozeptoren 829–830
- α_2-Adrenozeptoren 829–830
- β_1-Adrenozeptoren 829–830
- β_2-Adrenozeptoren 829–830
- β_3-Adrenozeptoren 829–830
- Adipozyten, gynoide 830
Adsorption, Viren 330–333
advanced glycation end products ► AGEs
Äthergruppe 5 (F)
Ätherlipide
- Biosynthese 558
- Peroxisomen 205
Ätherschwefelfraktion 915
AF-1/2 687
Afadin, Zonula adherens 198
AFB_1-8,9-epoxid 1095 (F)
AFB_1-DNA-Addukt 1095 (F)
Affenmensch, Porphyria cutanea tarda 618
Affinitätschromatographie, Proteine 60
Afibrinogenämie 985
Aflatoxin 1094, 1095 (F), 1158 (F)
Aflatoxin B_1 (AFB_1) 1095 (F)
AFP ► α-Fetoprotein
Agammaglobulinämie, Typ Bruton 1136
Agarose-Gelelektrophorese 165
- DNA 169
AGEs *(advanced glycosylation end-products)* 394 (F)
- Arteriosklerose 394
- Diabetes mellitus 837–838
- Rezeptoren 319
Agglutinate, Antikörper 1119
Agglutination, Erythrozyten 965
Aggrecan 317, 728
- Hyaluronsäure, Aggregate 728–729
- Knorpel 738
aglanduläre Hormone 759
β_1A-Globulin, Immunelektrophorese 995
A-Glycosyltransferase 966, 967 (F)
Agmatin 438, 460, 1076
β1-Agonisten, elektromechanische Koppelung, Myokard 1014
Agrin 728, 730, 1009
Ahornsirupkrankheit 467–468
AHR, Biotransformation 1092, 1093 (F)
AICAR (5-Aminoimidazol-4-carboxamidribonucleotid) 587 (F)
- Purinbiosynthese 587 (F), 588
AICAR-Transformylase, IMP-Biosynthese 589
AIDS *(acquired immunodeficiency syndrome)* 1136
- Aspartatproteinase, Hemmstoffe 315
AIR (5-Aminoimidazolribonucleotid) 587 (F)
- Carboxylierung 943
- Purinbiosynthese 587 (F), 588
AIR-Carboxylase, IMP-Biosynthese 589
AIRC-Gen 589
AIR-Synthetase, IMP-Biosynthese 589
Akromegalie 850, 889–890
AKT-1, Muskelaufbau/-abbau 1017
Aktin 214, 302, 974, 1006–1008
- β-Aktin 213
- γ-Aktin 213
- Cytoskelett 207
- Erythrozytenmembran 956
- Filamente, dünne 1006–1007
- Funktionen 213–214
- Muskulatur, quergestreifte 1002
- Stressfasern 735
Aktin-assoziierte Proteine
- Tropomyosine 1006
- Troponine 1006
Aktin-bindende Proteine 974
Aktinbindungsstelle, Myosinkopf 1011
Aktin-Depolymerisierungsfaktor (ADF) 212–213
Aktinfilamente 176 (F), 211–214
- Cytoskelett 211–214
- Erythrozytenmembran 956
- fokale Kontakte 212
- Integrine 734
- Listeria 214
- Neurone 1029
- Shigella 214
- Thrombozyten 977
Aktingifte 214
Aktinine, α-Aktinin 213, 1008
Aktionspotentiale
- Calciumkanäle, spannungsregulierte 1036
- Neurone 1030, 1032
Aktivatoren, Enzyme 124
Aktivatorproteine, Lysosomen 200
aktives Zentrum
- Chymotrypsin 108
- Enzyme 108
- Pyridoxalphosphat 434
Aktivierung
- Gene 271–275
- metabolische, Biotransformation 1093–1095
- Proteolyse, limitierte 133
Aktivierungsenergie 107
- Biokatalysatoren 107
- Erniedrigung 20
Aktivierungsenthalpie, freie 107
Aktivine 759, 790, 846, 872
- Aktivin A/B 873
Aktivinfamilie
- Aufbau 873
- TGF-β-Superfamilie 872
Akt-Kinase ► Proteinkinase B
Akustikusneurinom 1147
Akutphase-Antwort/-Reaktion 975–976, 992
Akutphase-Proteine 975, 995, 1089, 1104
- α_1-Antitrypsin 997
- Bildung 997
- Ferritinspiegel 663
- Immunantwort 1133–1134
- Plasmaproteine 996
Akzeptorarm, tRNA 289
δ-ALA (δ-Aminolävulinat) 609 (F), 615 (F)
- Hämbiosynthese 608, 609 (F)
- Porphyrie, erworbene 619
δ-ALA-Dehydratase-Mangel 616
Alanin 45 (F), 47, 439, 441–444, 451, 486
- β-Alanin 49 (F), 410 (F), 438, 601
- - Pyrimidinabbau 601 (F)
- Abbau 454
- Amino-/Carboxylgruppen, Dissoziationsverhalten 50
- Aminosäuren, nicht essentielle, Stoffwechsel 440
- Aminosäurestoffwechsel, Muskulatur 453
- Aufnahme, Insulin 820
- Bedarf des Menschen 439
- Biosynthese 454
- - Muskulatur 453
- energetisches Äquivalent 637
- Gluconeogenese 444
- Harnstoffzyklus 448
- - Leber 447
- isoelektrischer Punkt 49
- pK-Wert 49
- Plasmakonzentration 445
- Resorption, tubuläre 906
- Stoffwechsel 454–457
- Stoffwechselbedeutung 454–455
- Titrationskurve 50–52
Alanin-Aminotransferase (ALAT, ALT, GPT) 116, 433, 454, 456
- Aktivitätsmessung 136
- Harnstoffzyklus, Leber 447
Alanin-Glyoxylat-Aminotransferase 307
- Defekte 313
Alaninzyklus 444–445
- Leber 454
- Muskelarbeit 534
δ-ALA-Synthase
- δ-Aminolävulinat, Synthese 609 (F)
- Gene 608
- Hämbiosynthese 608
- Porphyrie, angeborene 614
- Pyridoxalphosphat 704
δ-ALA-Synthase-1, Hämbiosynthese, Regulation 611–612
δ-ALA-Synthase-2 664
- Defekt 614
- - Anämie, sideroblastische 614
- Eisenhomöostase 664
- Hämbiosynthese, Regulation 612–613
δ-ALA-Synthase-2-mRNA 613, 665
ALA-Synthase-2-Gen 608
- Transkription, Erythropoetin 613
- Translation 613
ALAT ► Alanin-Aminotransferase
Albinismus 206
Albumin(e) 993–995
- Bilirubin, Transport 621
- Darmsaft 1062
- Funktion/Pathobiochemie 992
- glomeruläre Filtrierbarkeit 896
- Immunelektrophorese 995
- Kupfertransport 668
- Plasmakonzentration 992
- Proteine, glykierte 394
- Schilddrüsenhormone, Transport 854
- Synthese in der Leber 1088
- Zink, Bindung 672

Albuminurie, Diabetes mellitus 837
Aldehyddehydrogenase
– Ethanolstoffwechsel, Leber 1100
– Histidinabbau 474 (F)
– Serotonin, Abbau/Biosynthese 1042 (F)
Aldehyde 22
Aldehydoxidase, Molybdän 671
Aldimin 433, 434 (F), 437
– Transaminierung 435 (F)
Aldoladdition 19, 482
Aldolase, Glycolyse 360
Aldolase A
– Fructoseintoleranz, hereditäre 395
– Glycolyse 360
Aldolase B
– Fructosestoffwechsel 364–365
– Glycolyse 360
– Mangel, Fructoseintoleranz 395
Aldosereduktase 365, 543
Aldosteron 759, 922
– Biosynthese 922–923
– – Natriumretention 924
– – Plasma-Kaliumkonzentration 924
– Cholesterin 922
– Conn-Syndrom 927
– cytosolischer Rezeptor 923
– Freisetzung, ANP 926
– Halbacetalform 923 (F)
– Halbwertszeit 849
– Hyperkaliämie 929
– Kaliumausscheidung, renale 929
– Mineralstoffwechsel 923
– Natrium, Rückresorption 923, 1075
– Natriumhaushalt 922, 924
– Sammelrohr 903
– Steroidhormonrezeptoren 923
– Überleitungsstück 903
– Wasserresorption 1075
– Wirkungen 923
Aldosteronrezeptoren
– Colon 924
– Sammelrohre 924
– Schweißdrüsen 924
A-β-Lipoproteinämie 581
– hereditäre 1077
alkalische Phosphatase, Tumormarker 1159
Alkalisierung
– des Blutes, Ammoniak 445
– Erythrozyten 961
Alkalose 18, 947
– 2,3-Bisphosphoglycerat 961
– Hypocalciämie 938
– Kaliumausscheidung, renale 929
– Ketonkörper im Urin 916
– metabolische 949
– – Blutparameter 949
– pH-Wert 949
– respiratorische 948
– – Blutparameter 949
– – Liquor-pH 1027
Alkohol
– Abbau, Acetaldehyd 1100
– $GABA_A$-Rezeptoren 1041
– Gehalt in Getränken 650–651
– mehrwertiger 23
– PBG-Desaminase-Mangel 617
– Resorption 650
– Stoffwechselbedeutung 649–652
Alkoholabusus/-konsum bzw. Alkoholismus
– akuter 1099
– Alkoholdehydrogenase (ADH) 1099
– CD*(Carbohydrate Deficient)*-Transferrin 661
– chronischer 1099–1101
– Folsäuremangel 709
– Hypercholesterinämie 583
– Leberzellschädigung 1099
– Magnesiumresorption 940
– Pankreatitis, akute 1067
– – chronische 1068
Alkoholdehydrogenase 1099
– Hefezellen 363
– Isoformen 650
– Zink 672
Alkoholdehydrogenase 1C, Retinoidfunktion 687
Alkoholgenuss ► Alkoholabusus/-konsum bzw. Alkoholismus
Alkoholintoxikation 393
Alkoholmenge 650
Alkoholresorption, Nahrungsaufnahme 650
Alkylanzien, Krebstherapie 1160
1-Alkyl-Phosphatidylcholin (Plasmalogen) 36, 37 (F), 557 (F)
Alkylphosphoglyceride 558
Alkylradikal 510
Alkylreste, Umlagerung, Cobalamin 710
Allantoin, Harnsäureabbau 600
Allergene 1137
Allergien 1137–1138
– frühe/verzögerte Reaktionen 1137
– Gell-Coombs-Einteilung 1137
– Typ I 1137
– Typ II 1137–1138
– Typ III 1137–1138
– Typ IV 1137–1138
Alles-oder-Nichts-Übergänge, Enzymaktivität 131
Allo-Erkennung 1110
allogene Transplantation 1138
Allopurinol 604 (F)
– Hyperuricämie 603
– Xanthinoxidase, Hemmung 127, 134
Alloreaktivität 1110, 1139
Allosterie 83
– Enzyme 130–131
allosterische Effektoren, Hämoglobin 83
all-trans-Retinal 683 (F), 684, 685 (F)
– Sehvorgang 686
all-trans-Retinoat 683 (F), 684
all-trans-Retinol 683 (F), 684, 685 (F)
Allysin 310, 725
Alphavirus 328
Alport-Syndrom 724
Alter(n) 513
– Ernährung 652
– Nährstoffdichte 652
alternativer Weg ► Properdinweg
alternatives Spleißen 278–280
Alterung(sprozess)
– Kalorienrestriktion, Effekte 639
– Lysosomen 203
– Sirtuine 639
Aluminium, Gesamtbestand/Plasmaspiegel 656
Alzheimer-Demenz 89, 214, 1048–1049
– Amyloidvorläuferprotein APP 1049
– (anti-)amyloidogener Weg 1049
– Homocystein 464
Alzheimer-Plaques 1048
Amadori-Umlagerung 393–394, 720
Amalgam, Quecksilber 677
Amanita phalloides 215
Amanitin
– RNA-Polymerasen, Hemmung 260
– Transkription, Hemmung 269
Amantadin 352
Ameisensäure 4, 708 (F)
Amelogenin 317
Amethopterin 595 (F), 596, 709
Amidbildung, C-terminale, Proteinolyse, limitierte 309
Amide
– Bindung 312
– Cancerogenese 1157
– Stoffwechsel 454–457
Amine 436
– aromatische 1158 (F)
– biogene, Mastzellen 1080
– – Neurotransmitter 1034
– Cancerogenese 1157
– Desaminierung, oxidative, O_2-abhängige 434
– Thrombozytengranula 977
– toxische, Lebererkrankungen 1076
– Urämietoxine 909
Aminierung
– Glutamatdehydrogenasereaktion 909
– Glutaminsynthetasereaktion 909
– α-Ketoglutarat 432
α-Amino-β-Ketoadipat, Hämbiosynthese 608
Aminoacrylat 436–437
– Desaminierung 436 (F)
Aminoacyladenylat 145, 292
– tRNA, Aminoacylierung 291 (F)–292 (F)
Aminoacylierung
– Aminoacyl-tRNA-Synthetase 292
– tRNA 291 (F)–292 (F)
Aminoacyl-tRNA 292–293, 296
– Proteinbiosynthese 288
Aminoacyl-tRNA-Synthetase 291, 292 (F)
α-Aminoadipat 440, 442
– ► Lysin
Aminoazidurie 915
p-Aminobenzoesäure, Folsäure 707
γ-Aminobutyrat (►a. GABA) 49 (F), 759, 765, 1037, 1040–1042
– Nahrungsaufnahme, Wirkungen 643
– Stoffwechselbedeutung 454
– TRH-Freisetzung 847
– Vorkommen 615 (F)
ε-Aminocapronsäure 988
α-Aminocarbonsäuren 45, 48
α-Aminoglutarat ► Glutamat
Aminoglycosid-Antibiotika, Proteinbiosynthese, Hemmung 299
α-Aminogruppe
– Katalyse 315
– Stoffwechsel 432–433
Aminogruppen 5 (F)
– Aminosäuren 48, 58
– Dissoziationsverhalten 50
α-Amino-β-(5-hydroxy-)indolylpropionat ► 5-Hydroxytryptophan
α-Amino-β-(3,4-hydroxy-)phenylpropionat ► 3,4-Dihydroxyphenylalanin
5-Aminoimidazol-4-N-succinocarboxamidribonucleotid (SAICAR) 587 (F)
– Purinbiosynthese 587 (F), 588
5-Aminoimidazol-4-carboxamidribonucleotid (AICAR) 587 (F)
– Purinbiosynthese 587 (F)
5-Aminoimidazolribonucleotid (AIR) 587 (F)
– Carboxylierung 943
– Purinbiosynthese 587 (F), 588
5-Aminoimidazol-ribosyl-carboxy-5′-Phosphat 943
β-Aminoisobutyrat 601, 604
– Pyrimidinabbau 601 (F)
β-Aminoisobutyrat-Transaminase, Mangel 604
Amino-Isopropanol 710 (F)

α-Aminoisovalerat ► Valin
α-Amino-β-ketoadipat
- Decarboxylierung 943
- Hämbiosynthese 608
δ-Aminolävulinat (δ-ALA) 486–487, 609 (F), 615 (F), 943
- Bleiausscheidung 677
- Hämbiosynthese 608, 609 (F)
- Porphyrie, erworbene 619
- Urin 915
δ-Aminolävulinatdehydratase, Hämbiosynthese 609
δ-Aminolävulinatsynthase ► δ-ALA-Synthase
α-Amino-γ-mercaptobutyrat ► Homocystein
p-Aminomethylbenzoesäure 988
α-Amino-β-methylvalerat ► Isoleucin
α-Aminomuconat-δ-Semialdehyd, Tryptophanabbau 472 (F)
2-Aminonaphthalin 1158 (F)
Aminopeptidase B, TRH-Biosynthese/-Freisetzung 847
Aminopeptidase N, Virusrezeptor 331
Aminopeptidase(n) 316, 1059
- Cysteinumwandlung 466
- Darmsaft 1062
- Lysosomen 318
Aminophospholipid-Translocase 563
Aminopropeptidase 719
α-Aminopropionat 442
β-Aminopropionat ► β-Alanin
Aminopterin 595 (F), 596, 709
Aminosäurederivate 758
- Urin 915
Aminosäuren 4, 45–52, 56, 825
- α-Aminosäuren 45 (F)
- Abbau 448
- - Cytosol/Mitochondrien 443
- - Decarboxylierung 441–442
- - Glucose, Bereitstellung 646
- - Harnstoffzyklus 442
- - Lokalisation, subzelluläre 442
- - Multienzymkomplex 441
- - Säuren, nichtflüchtige 942
- Aminogruppen 48
- - ε-Amino-Gruppe 45
- - Dissoziationsverhalten 50
- Ampholyte 48–50
- aromatische, Abbau 468–473
- - Stoffwechselbedeutung 468
- Aufnahme, Insulin 820
- Bedarf 438–439, 653
- bedingt essentielle 438–439
- Blutplasma 522
- Carbonsäurederivate, gesättigte 45
- Carboxylgruppen 45, 48
- - Dissoziationsverhalten 50
- chromatische Trennung 51
- Chromatographie 51
- Decarboxylierung 436
- - Pyridoxalphosphat-abhängige 438
- Derivate, Neurotransmitter 1034
- Derivatisierung mit Dansylchlorid bzw. Ninhydrin 51
- Desaminierung 434–436
- enterohepatischer Kreislauf 1062
- Erythrozytenabbau 955
- essentielle 438, 518, 644
- - Abbau 439–442
- - Bedarf 653
- - Biosynthese 442–444
- - - Enzyme 443
- - Kohlenstoff 442
- - Mangel 645
- Fäulnisvorgang, bakteriell induzierter 1076
- freie, Resorption, tubuläre 906
- - Urin 914
- Funktionen im Organismus 429
- Gehirnstoffwechsel 1025
- geladene, Seitenketten 58
- glucogene 441, 517–518, 521, 644, 1086
- - Energiebilanz, negative 640
- - Gluconeogenese 372–373, 518
- - Postresorptions-/Hungerphase 1087
- Guanidinogruppe 45
- Helixformation 72
- Imidazolgruppe 45
- Invarianz, Cytochrom c 95
- Ionenaustauschchromatographie 51
- isoelektrischer Punkt 49
- katalytische Triade 108
- ketogene 441
- - Postresorptions-/Hungerphase 1087
- Klassifizierung 45
- Kopplung, Peptidsynthese 93
- - Schutzgruppen 92
- Leber-/Nierenfunktionsstörungen 653
- Liquor cerebrospinalis 1027–1028
- Nachweisreaktionen 50
- Nahrungsaufnahme, afferente Signale 642
- Nahrungszufuhr 522
- Neurotransmitter 453, 1034
- nicht essentielle 439
- - Abbau 439, 440 (F)
- - Biosynthese 439, 440 (F)
- - - Citratzyklus 487
- - Stoffwechsel 439, 440 (F)
- nichtproteinogene 48
- OH-Gruppe 45
- pH-Wert 50
- pK-Wert 49
- positionale 293
- Proteinbiosynthese 57
- - Regulation 300
- - im Skelettmuskel 529
- proteinogene 45–47, 289
- - Derivate 48
- - Seitenketten 45
- - tRNA-Derivate, Synthese 298
- Proteolyse 1073
- Re(ab)sorption 1073
- - Niere 905
- Resorptionsphase 1087
- Säureamid-Gruppe 45
- Säure-Basen-Eigenschaften 48–52
- saure, Stoffwechsel 454–457
- schwefelhaltige 462–466
- Seitenketten 45 (F), 58, 944
- - basische 45 (F)
- SH-/SeH-Gruppe 45
- Stoffwechsel 454
- Stoffwechselbedeutung 430, 644–646
- terminale, Entfernung bzw. Addition, Proteinolyse, limitierte 309
- Titrationskurve 50
- Transaminierung 433–434, 435 (F)
- Transport, Jejunum 1074
- tRNA, Aminoacylierung 291 (F)–292 (F)
- Umkehrflüssigkeitschromatographie 52
- Umsatz, täglicher 644
- Urin 915
- Verteilungschromatographie 52
- verzweigtkettige 438, 466–468
- - Abbau 467 (F), 494
- - Carrier 494
- - Muskulatur 453
- - Transportproteine 494
- - Verzweigtketten-Dehydrogenase-Komplex 466
- zellulärer Pool 645
- Zwitterion 49
Aminosäureoxidasen 437
Aminosäuresequenz
- Edman-Abbau 65–66
- Erkennungsmotive, Transport, vesikulärer 193
- Proteine 65–69, 97
Aminosäure-spaltende Enzyme, Pyridoxalphosphat 704
Aminosäurestoffwechsel 438–444, 508
- Darm 451
- Enterozyten 451
- Enzyme 432–438
- Glutamat 432
- Glutamat-Dehydrogenase (GLDH) 452
- Glutaminase 452
- Harnstoffzyklus 448
- Leber 444–451, 1087–1088
- Muskulatur 444, 453
- Nieren 451–453
- Organe 444–454
- PEP-Carboxykinase 452
- Pyridoxalphosphat 433, 703
- Reaktionen 432–438
- Zentralnervensystem 453–454
Aminosäuretransportsysteme
- Gendefekte 1078
- Insulinbiosynthese 819
α-Aminosuccinat ► Aspartat
Aminotransferasen 433
- Methionin, Abbau 463
- Pyridoxalphosphat 704
α,δ-Aminovalerianat ► Ornithin
Aminoxidasen 506
Aminozucker 24, 518, 540
- Aminosäuren 429
- Biosynthese 541, 544–545
- Glycoproteine 545
- Glycosaminoglykane 545
Aminverbindungen, Methämoglobin 969
Ammoniak 428
- Alkalisierung des Blutes 445
- Carboxylierung 943
- Elimination, renale, Nahrungskarenz 641
- Eliminierung, Leber 1087
- Eliminierungsmechanismen 909
- Harnsäureabbau 600
Ammoniak-Lyasen 434
Ammoniakvergiftung 453–454
Ammonium-/Ammoniak-Puffersystem 944
- Dissoziationskonstante K 15
- pK_S-Wert 15
- pK-Wert 909
- Tubuluszellen 908–909
- Urin 17
Ammonium-Assimilation 428–429
- Glutamat 429
Ammonium-Ionen 428
- Elimination, Urin 946
- Entgiftung, Harnstoffzyklus 447
- Harnstoff 445
- Herkunft 447
- Konzentration 445
- Leberinsuffizienz 17
- Neurotoxizität 445
- Produktion, Azidose 908
- stickstoffhaltige Substanzen, Biosynthese 445
- Stoffwechsel, Leberläppchen 448, 449 (F)
- Toxizität 445
- Urin-pH-Wert 914
ammonotelische Form, Stickstoffausscheidung 429

AMP (Adenosin-5'-monophosphat) 144, 292, 380, 588 (F)
- Biosynthese 588–590
- Fettsäureabbau 404
- Gluconeogenese 391
- Nahrungskarenz 526
- Phosphofructokinase-1 (PFK-1) 388
- Purinbiosynthese 588
- tRNA, Aminoacylierung 291 (F)–292 (F)
AMPA(α-Amino-3-Hydroxy-5-Methyl-4-Isoxazolpropionat)-Rezeptoren 1038–1039
AMP-abhängige/-aktivierte Proteinkinase (AMPK) 132, 525–526, 570, 645
- Aktivierung, Adiponectin 527
- - Nahrungskarenz 526
- - Typ-2-Diabetes mellitus 835
- Kohlenhydratstoffwechsel 647, 651
AMPA-Glutamatrezeptorvesikel, Axone/Dendriten 210
AMP-Desaminase, Purinnucleotidzyklus 597
Amphetamine, ATP-Synthese 634
amphibole Natur, Citratzyklus 486–487
amphiphile Helices
- Apolipoproteine 574
- Membranproteine 178
amphiphile Verbindungen 554
- Phosphoglyceride 40
- Sphingolipide 40
Ampholyte 48
- Aminosäuren 48–50
AMPK ► AMP-abhängige/-aktivierte Proteinkinase
α-Amylase 1059
- Kohlenhydrate, Resorption 1069
- Pankreas 1058–1059
- Speichel 1054
- Urin 915
Amylo-1,6-Glucosidase
- Glycogenabbau 370
- Kohlenhydrate, Resorption 1069
Amylo-1,6-Glucosidase-Mangel, Glucogenose Typ III 395
(β-)Amyloid, Alzheimer-Demenz 1048
amyloidogener Weg, Alzheimer-Demenz 1049
Amyloid-Plaques, Alzheimer-Demenz 723, 1048
(β-)Amyloidproteinvorläufer
- Alzheimer-Demenz 1048–1049
- Prozessierung, proteolytische 1049
Amylopectin 26
Amylose 26
Amylo-1,4→1,6-Transglucosylase, Glycogenbiosynthese 369, 370 (F)
Amytal 497
Anämie 955
- aplastische 955
- Eisenmangel/-verlust 666
- Erythropoietin 912
- Hämoglobinkonzentration 957
- hämolytische 955, 992
- - angeborene 395
- - dekompensierte 968
- - Folsäuremangel 709
- - Pyruvatkinase-Mangel 395
- hyperchrome, MCH-Wert 957
- MCH-Wert 957
- megaloblastäre, Cobalaminmangel 710
- - Folsäuremangel 709
- mikrozytäre 955
- normochrome 957
- perniziöse 1138
- - Cobalaminmangel 710
- renale, Erythropoietin 913
- sideroblastische 614
Anästhetika, $GABA_A$-Rezeptoren 1041
Analbuminämie 998–999
analgetische Wirkung, Endorphine 1044
Analyseverfahren, enzymimmunologische 134
Anaphase, Mitose 155
Anaphylatoxine
- C3a, C4a bzw. C5a 1132
- Komplementaktivierung 1131
anaplerotische Reaktionen
- Citratzyklus 487, 706
- Gluconeogenese 372
- Purinnucleotidzyklus 597
Anastrozol, Aromatase-Hemmung 134
anchoring plaque, dermo-dermale Junktion 750
Anderson-Krankheit 205
Androgene 872
- Abbau 877
- Biosynthese 864, 869
- - LH 874
- - Nebennierenrinde 874
- Erythropoietin, Produktion 877
- Gonaden 873
- Granulosa-Zellen 880
- Knorpel-/Knochenbildung 741
- Leydig-Zellen 874
- Östrogene, Prohormone 880
- Skelettsystem, Homöostase 745
- synthetische 877
- Transport im Blut 876
Androgenrezeptoren 877
Androgenrezeptorgen, Mutationen 877–878
Androstanrezeptor, konstitutiver, Biotransformation 1092, 1093 (F)
3α-Androstendiol, Androgene, Abbau 877
5-Androstendiol, Testosteron, Biosynthese 874, 875 (F)
Androstendion 880, 882
- Androgene, Abbau 877
- Östrogene, Biosynthese 880–881
- Progesteron, Biosynthese 880–881
- Testosteron, Biosynthese 874, 875 (F)
- Theca Interna 879
ANG II ► Angiotensin II
Angina pectoris, Adipositas 640
Angiokeratoma corporis diffusum, β-Galactosidase, Defekt 580
Angioödem 1132
Angiotensin
- G-Protein, Aktivierung 780
- G-Protein-gekoppelte Rezeptoren 783
angiotensin-I-converting enzyme ► ACE
Angiotensin I 910
Angiotensin-I-Conversions-Enzym ► ACE
Angiotensin II 910
- Abbau 911
- ADH-Sekretion 920
- AT1-Rezeptoren, Rückkopplung, negative 911
- Biosynthese 911
- Blutdruck 911
- Extrazellulärvolumen 911
- Natriumhaushalt 922, 924
- Natriumresorption 1075
- Nierenarteriendruck 899
- Nierendurchblutung 896
- Retinopathie, diabetische 837
- Rezeptoren 911
- Signaltransduktion 911
- Tubulus, proximaler 902
- Wasserresorption 1075
Angiotensinogen 910
- Fettgewebe 524
- Hypertonie 524
- metabolisches Syndrom 524
- Synthese in der Leber 1088
Anionen
- (an)organische, Transport, Tubulusepithelien 906
- mitochondriale Carrier 492
Anionenaustauscher, Tubulusepithelien 906
Anionenkanäle
- ligandengesteuerte, $GABA_A$-/$GABA_C$-Rezeptoren 1040
- - Glycinrezeptoren 1040
- Neurone 1030
Anionentransportproteine, Schilddrüsenhormontransporter 855–856
Ankyrin, Erythrozytenmembran 957
α-/β-Anomerie, Glycoside 24
Anorectin, Nahrungsaufnahme, hemmende Wirkung 643
Anoxie, Phosphorylase b 380
ANP (atriales natriuretisches Peptid) 924, 925 (F)
- Biosynthese, Natriumhaushalt 924
- Elimination, Endopeptidase, neutrale (NEP) 926
- Myozyten, Dehnung 926
- Natriumhaushalt 922
- Nierendurchblutung 896
- Primärstruktur 925
- Rezeptoren 926
- Sekretion, Natriumhaushalt 924
- Typ A 925
- Typ B 925
- Typ C 925
- Vorhofdruck 926
- Wirkung 926
Anpassung, induzierte *(induced fit)*, Enzyme 109
Ansäuerung, luminale, V-ATPasen 183
Anthracycline, Krebstherapie 1160
Anthrax-Adenylatcyclase 777
- Aktivierung, Calmodulin 777
Anti-A/B 965
antiamyloidogener Weg, Alzheimer-Demenz 1049
Antiandrogene 877
- Cyproteronacetat 877
- Flutamid 877
antiapoptotische (Apoptosehemmende) Faktoren 227
antibody dependent cellular cytotoxicity (ADCC) 1117
$α_1$-Antichymotrypsin
- Akutphase-Proteine 1089
- Funktion/Pathobiochemie 992
- Leber 1089
- Synthese in der Leber 1088
Anticodon 287
- Basenpaarung 290
Anticodon-Codon-Wechselwirkung, tRNA 289–290
Antidiurese 183
- ADH-Freisetzung 920
- maximale 905
antidiuretisches Hormon ► ADH
Antifibrinolytika 988
Antigen-Antikörper-Immunkomplexe, Komplementaktivierung 1131
Antigen-Antikörper-Reaktion, Immunelektrophorese 993

Antigene
- antigene Determinante 1106
- chemische Natur 1106
- Epitop 1106
- Erythrozyten 965–967
- extrazelluläre 1107
- heterophile 965
- oligosaccharidhaltige 965
- onkofetale, Tumormarker 1159
- Proteasom 1107
antigene Determinante
- Antigene 1106
- Blutgruppenantigene 965
Antigen-Erkennung, Lymphozyten 1110
Antigenpräsentation 322, 1106–1107
- Makrophagen 975
- MHC-Peptidrezeptoren 1107
Antigen-präsentierende Zellen (APZ) 975, 1104, 1106–1107, 1113
- B7RP-1 1113
- Immunproteasom 1107
Antigenprozessierung 796, 1107
- B-Lymphozyten 1125
- Makrophagen 975
Anti-Gentherapie, Tumorzellen 1161
antihämophiler Faktor A/B 985
antiinflammatorische Wirkung, Cortisol 867
Antikoagulantien, Blutgerinnung, Hemmung 986
Antikörper 965, 1104
- ► Immunglobuline
- Aufbau 1118
- Bindung 1119
- Cardiolipin 580
- ELISA/Western-Blot 346
- Flexibilität 1119
- Genumlagerung (rearrangement), somatische 1121
- γ-Globuline 995
- Immunität 1119
- katalytische 109–110
- monoklonale 1127–1128
- - Fluorochrome 1128
- - Herstellung, Hybridom-Technik 1127–1128
- - Krebstherapie 1160
- Mutationen, somatische 1121
- Nachweis 1119
- Vielfalt 1121–1123
- Virusabwehr 1136
- Vorkommen 1118
- Y-Modell 1119
antilipolytischer Effekt, Insulin 819
Antimetabolite, Krebstherapie 596, 1160
Antimycin, Ubichinon-Reduktionszentrum, Blockade 499
Antionkogene 1143, 1145–1150
- DNA-Sequenzverlust-Analyse 1145
- Funktionen 1147–1148
- Identifizierung 1145
- Inaktivierung 1143
- - Mutationen 1149–1150
- - Tumorigenese 1150
- Lokalisation 1147
- Sonden, anonyme 1145
- Viren, Tumor-erzeugende 344
Antioxidantien
- Aminosäuren 429
- Glutathion (GSH) 465
- lipophile, Bilirubin 621
- Sauerstoffradikale 511
- Vitamin E (Tocopherol) 691, 693
Antiphospholipidsyndrom 580
Antiport 179 (F)
- mitochondriale Carrier 492
- Tubulus, proximaler 902
Antiport, Symport bzw, Uniport 179
α_1-Antiprotease 996
- Funktion/Pathobiochemie 992
- Mangel 996
Antisense-Oligonucleotide, Gentherapie bei Krebserkrankungen 1161
antisense strand 256
Antisense-Transkripte, natürliche (NAT's) 164
Antisense-Transkription, Protein-codierte Gene 163
Antiseren 1127
- FACS *(fluorescence-activated cell sorting)*-Analyse 1127
Antithrombin III
- Blutgerinnung 985
- Funktion/Pathobiochemie 992
- Heparin, Bindung 986
- Mangel 990
- Plasmin 988
- Synthese in der Leber 1088
antithyroidale Substanzen, Thyreoperoxidase, Inhibitoren 854
α_1-Antitrypsin 317, 510, 997, 998 (F)
- Akutphase-Proteine 1089
- Funktion/Pathobiochemie 992
- Immunelektrophorese 995
- Leber 1089
- Methionylrest 998
- Mutationen 997
- Oxidation, Sauerstoffradikale 975
- Plasmin 988
- P_1-(Proteaseinhibitor-)Typ 997
- Synthese in der Leber 1088
- Z-Variante 997
α_1-Antitrypsinmangel 996
- Leberzirrhose 998
- Lungenemphysem 998
- Zigarettenrauch 998
α_1-Antitrypsin-mRNA 998
Antivitamine 682
Antizym 322
Antrum, Magen, Mucin 1054
Antrummühle 1057
Anurie, Harnvolumen 914
Aorta, Insulinempfindlichkeit 817
AP-1 *(activator protein-1)* 1115
Apaf-1 *(apoptotic protease-activating factor-1)* 226
APC (aktiviertes Protein C) 986, 1147
- Zelladhäsionsmolekül 1151
APC-Gen, FAP 1150
APC-mRNA
- colorektale Tumoren 1151
- FAP 1151
APC-Resistenz 990
AP3-Defekte, Immundefizienz 206
AP-Endonucleasen 239
Aphthovirus 328
apikaler Iodtransporter (AIT), Schilddrüse 852
Apo... ► Apolipoproteine
Apo-1 (CD95, Fas) 1116
Apo A 574
Apo AI 573–574
- Retinoidfunktion 688
Apo AII 573
Apo AIV 573
Apo B, Biosynthesestörung, A-β-Lipoproteinämie 581
Apo B_{48}
- chemische Zusammensetzung 573
- Chylomikronen, Assemblierung 1072
- Entstehung, RNA-editing 280
- nicht austauschbare 574
- physikalische Eigenschaften 573
- RNA-editing 280
Apo B_{100} 576
- chemische Zusammensetzung 573
- LDL-Rezeptor 577
- nicht austauschbare 574
- physikalische Eigenschaften 573
- *RNA-editing* 280
Apo C 574, 576
Apo CI 573–574, 576
Apo CII 573–574, 576
Apo CIII 573, 576
Apo D 573–574
Apo E 573–574, 576
Apocarboxylasen 312, 705 (F)
Apoenzym 110
- prosthetische Gruppe 111
Apoferritin 663
- H-/L-Ketten 663
- Mikroheterogenität 663
Apolipoproteine 573–574
- ► Apo...
- cDNA-Sequenzen 574
- Chylomikronen 574
- HDL, LDL bzw. VLDL 574
- Triacylglycerine, Spaltung/Resynthese 1072
Apoplex, Homozystinurie 465
Apoproteine
- glykierte 394
- Häm 496 (F)
Apoptose 177, 225–228, 315, 1142
- Auslösung 571
- Bcl-2-Familie 226
- Caspasen 226, 320, 792, 1116
- Cytochrom-c-Freisetzung 226
- *death-domain (DD)* 791
- Effektormoleküle 792
- extrazelluläre Matrix 730
- Faktoren 1143
- Fehler, Tumoren 227
- Glucocorticoide 867
- Hemmung 571
- Induktion/Initiation 1149
- - Fas (CD95, Apo-1) 1116
- Leberzellschädigung 1099
- mitochondrialer Weg 226
- - Rezeptor-abhängiger 227 (F)
- Mitochondrien 203
- p53-vermittelte 227
- - SIRT1 639
- Pin1-Isomerase 303
- Polyamine 462
- Proteolyse, intrazelluläre 226
- Stickstoffmonoxid (NO), Überproduktion 323
- Stress, zellulärer 323
- TC-Zellen 1116
- Telomerase, Funktionsverlust 236
- Thalassämie 971
- TNFR1-Rezeptorkomplex, Aktivierung 792
- TNF-Rezeptor-Superfamilie 226
- Virusfreisetzung 340
- Virusinfektion 342
- Zellkern, Schrumpfung 225
- zelluläre Vorgänge 226
Apoptose-hemmende Gene, Vitamin E 694
Apoptose-Rezeptor, Fas (CD95, Apo-1) 1116
Apoptose-stimulierende Gene, Vitamin E 694
Apoptosomen 205
Appetit, Obestatin 886
Appetitzentrum, hypothalamisches, GLP-1 824
APRE (Akutphase-responsives Element), Interleukin-6-Signaltransduktion 795
APS-Kinase, Sulfat, Aktivierung 941
APZ ► Antigen-präsentierende Zellen
Aquaporin 1, Henle-Schleife, dünne, absteigende 904

Aquaporin 2
– Nephronabschnitte 182
– Signaltransduktion, Adiuretin-abhängige 182
Aquaporin-2-Kanäle, Wasserdiffusion, transzelluläre 905
Aquaporin 3 905
Aquaporine 12, 182, 904–905, 1075
– Erythrozyten(membran) 12, 956
– Gallebildung, Cholangiozyten 1098
– Nierenepithelien 12
Arachidonsäure 34, 418, 420–421, 571
– Immunantwort 1134
Arachidonsäurederivate 423
Arachidonyl-CoA 419, 420 (F)
– Biosynthese, Linoleyl-CoA 420
Arachnodaktylie, kongenitale kontrakturale 751
Arachnoidea 1026
ARAT (Acyl-CoA:Retinol Acyltransferase) 683–684
Arbeit, Nahrungsenergie, absorbierte, Umwandlung 633–634
Archäen 6–7
Archäen-Chaperonine 303
Architekturmotive, Proteinstrukturen 77
ARE-Bindeproteine 281
– mRNA-Moleküle, Stabilität 280
Arenaviren 328
– RNA-Genom 335
Arf *(adenosyl ribosylation factor)* 194–195
Arf-G-Proteine
– Choleratoxinbindung 206
– Plasmamembran 195
Arf-Proteine 192, 310
– Arf-1-Protein 194
Arginase
– Aminosäurestoffwechsel, Leber 447
– Defekt/Mangel 450
– Mangan 673
Arginase I, Harnstoffzyklus 446
Arginin 45, 47, 49, 438–439
– Abbau 459, 942
– Aminosäurestoffwechsel 432, 440, 451
– – Leber 447
– Bedarf 439
– Biosynthese 459–460
– – Darm/Enterozyten 451
– Bioynthese, Darm/Enterozyten 460
– Harnstoffzyklus 446 (F), 447–448, 459
– Harnstoffzyklusdefekte 450
– NH_4^+-Stoffwechsel, Zonierung 449
– Plasmakonzentration 445
– Stoffwechsel 459–462
– Umwandlungsreaktionen 461
Argininosuccinat 443
– Aminosäurestoffwechsel, Leber 447
– Harnstoffzyklus 446 (F), 448
– NH_4^+-Stoffwechsel, Zonierung 449
Argininosuccinatlyase
– Aminosäurestoffwechsel, Leber 447
– Defekt 450
– – Citrullinäme Typ I 450
– Harnstoffzyklus 446
Argininosuccinat-Synthetase
– Aminosäurestoffwechsel, Leber 447
– Defekt 450
– Harnstoffzyklus 446
Argininosuccinaturie 450
Argininreste
– Methylierung 273
– N-terminale, Proteine 321
Arginin-Vasopressin (AVP) 890
– ACTH-Sekretion 863
– Nahrungsaufnahme, hemmende Wirkung 643
Arginin-Vasopressin-Neurophysin 845
Arginyl-tRNA 321
β-ARK 806
ARNT *(ARH nuclear translocator)*, Biotransformation 1092, 1093 (F)
Aromatase 873, 877
– Östrogene/Progesteron, Biosynthese 880–881
Aromatasehemmer
– Anastrozol 134
– Östrogensynthese 881
Arp2/3-Komplex 212–213
Arrestine 686
– Funktion 806
– $β_2$-Rezeptoren, adrenerge, G-Protein-gekoppelte 195
Arrhythmie, gap junction-Defekte 186
Arrhythmien 800
– Hyperkaliämie 930
ARS *(autonomously replicating sequence)*
– DNA-Replikation 230
– Hefechromosomen, künstliche 243
ARS *(utonomously replicating sequence)*, Hefechromosomen, künstliche 243, 243 (F)
Arsen 656
arterielle Verschlüsse, t-PA, rekombinantes 988
Arteriolen
– afferente/efferente 897
– Scherkräfte, hohe 980
Arteriosklerose
– AGE 394
– Herzkranzgefäße 1016
– metabolisches Syndrom 640
– PPAR 649
– Sitosterolämie 1077
arteriovenöse Differenzen, Hirnpassage 1024
Arteriviridae 328
Arterivirus 328
Arthropathie, Eisenablagerungen 666
Arylhydrocarbonrezeptor (ARH), Biotransformation 1092, 1093 (F)
Arylsulfatase A, Defekte 200
Arzneimittel
– Lipidlöslichkeit 10
– Resorptionsgeschwindigkeit 10
Arzneimittelallergie 1137
ASAT ► Aspartat-Aminotransferase
Ascorbat ► Ascorbinsäure (Vitamin C)
Ascorbinsäure (►a. Vitamin C) 111, 511 (F), 681, 697–699
– biochemische Funktion 697–699
– chemische Struktur 697
– Coenzym 111
– GLUT1 697
– GLUT3 697
– enzymatische Reaktionen 698
– Hypovitaminose 699
– Kollagenbiosynthese 699
– Redoxpotential 697
– Sauerstoffradikale 511
– Speicherung in der Leber 1089
– Standardpotential 103
– Stoffwechsel 697
– Synthese 542
– – Glucuronat/-Glucuronsäure 541–542
– Transporter 697
– Tyrosinabbau 471 (F)
– Vorkommen 697
– Zufuhr, tägliche 681
Ascorbyl-Radikal 697
Asialoglycoproteine, Zellen 1098
Asialoglycoprotein-Rezeptoren 319
– Glycoproteine 548
– Leber 1089
ASK *(apoptosis signalling kinase)* 772
Asn-X-Ser/Thr 546
Asparagin 28 (F), 45, 47, 439, 518
– Aminosäuren, nicht essentielle, Stoffwechsel 440
– Bedarf des Menschen 439
– Stoffwechsel 455–456
– Stoffwechselbedeutung 455
Asparaginase 456
– Leukämie, akute, lymphatische 456
Asparagin-Synthetase 456
Aspartat 45, 47, 49, 121, 432, 438–439, 442–443, 486
– Abbau 454
– Amino-/Carboxylgruppen, Dissoziationsverhalten 50
– Aminosäurestoffwechsel 432, 440
– Bedarf des Menschen 439
– Biosynthese 454
– Darmschleimhaut 451
– Harnstoffzyklus 446 (F), 448
– Herkunft 447
– isoelektrischer Punkt 49
– NH_2-Donor 454
– NH_4^+-Stoffwechsel, Zonierung 449
– pK-Wert 49
– Plasmakonzentration 445
– Purinnucleotidzyklus 597
– Pyrimidinbiosynthese 590
– Resorption, tubuläre 906
– Stoffwechselbedeutung 454–455
– Titrationskurve 50–51
Aspartat-Aminotransferase (ASAT, AST, GOT) 111, 433, 454, 456
– Cysteinabbau 465 (F)
– Harnstoffzyklus, Leber 447
– kinetische Konstante 123
– Mechanismus 434
Aspartat-Glutamat-Austausch, Harnstoffzyklus 448
Aspartat-Glutamat-Carrier 494
Aspartatpeptidase 315
Aspartatproteinase, Hemmstoffe, AIDS 315
Aspartat-Seitenkette, P-ATPasen 184
Aspartattranscarbamylase 594
– Dihydroorotatbiosynthese 594
Aspartatzyklus 432
– Aminosäurestoffwechsel, Leber 447
– Fumarat 448
– Transportproteine 494
Aspartylreste, Spaltung, Caspasen 320
Aspergillus-flavus-Toxin ► Aflatoxin
Aspirin®
– Mucinproduktion, Hemmung 1067
– Prostaglandinbiosynthese 424
Assemblierung, Kollagene 719
Assemblierungsmaschinerie 308
AST ► Aspartat-Aminotransferase
Astacine 317
Asthma bronchiale 830, 1137
Astrozyten
– Ammoniakvergiftung 454
– Plexusendothel 1027
$AT_1(AT_2-)$Rezeptor 911
Ataxia/Ataxie
– Enzephalomyopathien, mitochondriale 512

– episodische 1032
– Pyridoxinmangel 703
– spinocerebelläre 1049
– teleangiectatica (AT) 237
– with Vitamin E Deficiency (AVED) 694
ATCase 594
ATGL (adipose triglyceride lipase) 398–399
– knock-out 399
– Nahrungskarenz 399
Atherocalcin 695
Atherosklerose 694
Atmung, herabgesetzte, CO_2-Partialdruck 946
Atmungskette 203, 491
– Elektronentransport 494–500
– Enzymkomplex 497
– Fließgleichgewichtszustände 503
– Glycerophosphatzyklus 498
– Innenmembran, mitochondriale 204
– Komplex I 496–497
– Komplex II 497–498
– Komplex III 498–499
– Komplex IV 499–500
– Multiproteinkomplexe 494
– NADH 364
– Protonentransport 494–500
– Thermogenin, Entkopplungsprotein 503–504
Atmungskettenkomplexe 491
Atmungskettenphosphorylierung 106
Atmungskontrolle 503
– ATP-Bildung 503
– Entkoppler 503
– Mitochondrienmembran, innere 503
– Substratoxidation 503
Atovaquone 595 (F)–596 (F)
Atox1, Kupfertransport 669
ATP7A (Menkes-Protein) 668
– Aufbau 670
– Defekte, genetische 670
ATP7B (Wilson-Protein) 668, 670
– Defekte, genetische 670
– Kupferüberschuss 669
– Wilson-Syndrom 670–671
ATP (Adenosintriphosphat) 105–106, 111, 144, 145 (F), 775 (F), 1037, 1044
– ADP-Phosphorylierung 106
– AMP-Biosynthese 589–590
– Bildung 380
– – Atmungskontrolle 503
– – F_1/F_0-ATP-Synthase 502
– – Glycolyse 362
– Citratsynthase, Hemmung 485
– Energiebilanz 632
– Erythrozyten, Form 955
– GMP-Biosynthese 589–590
– Hexokinase 112
– Hydrolyse 104
– Kontraktions-Relaxations-Vorgang (Muskelarbeit) 531–532
– Kreatinphosphorylierung 531
– Mangel, Ammoniakvergiftung 454
– Muskelkontraktion 531, 1010
– Myokard 385
– neuronale Aktivität 1024
– Phosphofructokinase-1 (PFK-1) 388
– Phosphorsäureanhydrid-Bindung 144
– Querbrückenzyklus 1011
– Synthese 500–502
– – Amphetamine 634
– – Dinitrophenol 634
– – F_1-F_0-ATP-Synthase 500–502
– – Koffein/Nikotin 634
– – zelluläre, Energieverbrauch 504
– tRNA, Aminoacylierung 291 (F)–292 (F)
– Verbrauch 380
– – Salzsäureproduktion 1055
– ZNS 1044
ATP/ADP-Quotient
– GLDH-Aktivität 457
– Insulinsekretion, Glucose-stimulierte 814
– Verminderung 634
ATPasen 183
– Adenylatcyclase, Inaktivierung 383
– Magnesium 939
– Myosin 1004
– Querbrückenzyklus 1010
ATP-binding-cassette 184
ATP-Bindungsstelle, Öffnung, Querbrückenzyklus 1011
ATP-Citratlyase 486
ATP:Citrat-Lyase, Fettsäurebiosynthese 413
ATP-Citratlyase, Fettsäurebiosynthese 414, 519
ATP-Hydrolyse 179
– Querbrückenzyklus 1010
ATP-Rezeptoren, trimere, P2X-Familie 1036
ATP-Sulfurylase, Sulfat, Aktivierung 941
ATP-Synthasen 183, 203, 501
– Untereinheiten 501
ATP-Transporter, synaptische Vesikel 1035
Atractylis gummifera 493
Atraktylosid 493
AT-reiche Regionen
– Prokaryote, Transkription 258
– Prokaryoten, Transkription 258
AT1-Rezeptoren, Angiotensin II-Wirkungen 911
AT2-Rezeptoren, Niere 911
atriales natriuretisches Peptid ▸ ANP
Atrogin-1 529
– Muskelaufbau/-abbau 1017
AUC *(area under the curve)*, Blutglucoseverlauf 646
AUF1, mRNA-Stabilität 281
Auge, Störungen, Riboflavinmangel 700
AU-reiche Elemente 281
Aurora-Kinasen, Histonphosphorylierung/-dephosphorylierung 274
Außenmembran, Mitochondrien 203, 208 (F)
Außenmembran-Vorläuferprotein 308
Austausch-Carrier, elektroneutrale 493–494
Austrittstelle, Proteinbiosynthese, eukaryote, Elongation 296
Autoabgase, Cancerogenese 1157–1158
Autoantikörper, Glutamatdecarboxylase I 1041
Autoimmunerkrankungen 1106, 1138
– Haut 753
– Schilddrüse 860
– β-Zell-zerstörende, Typ-1-Diabetes mellitus 832
Autoimmunität 1138
Autokatalyse 133
autokrine Signaltransduktion 758
autokrine Stimulation
– Proliferation 1144
– Thrombozyten 977
Autophagocytose, Lysosomen 200
Autophagosomen 200, 319
– Bildung, Hydratation 1088
– Elektronenmikroskopie 319
– Transport, vesikulärer 191
Autophagozytose-Regulatorprotein (Apg) 319
Autophosphorylierung, Insulinrezeptor 820
Autoxidation 509
AVED *(ataxia with vitamin E deficiency)* 694
Avery, Oswald Theodore 147
Aviadenovirus 329
Avibirnavirus 329
Avidin, Biotinmangel 706
Avihepadnavirus 329
Avipoxviren 329
Avitaminose 680–682
AVPV (anteroventraler periventrikulärer Nucleus) 872
Axone 1029
– AMPA-Glutamatrezeptorvesikel 210
– Mikrotubuli 208
– Myelinscheide 1045
– Wachstum, Aktin 214
axoplasmatischer Transport 209
Axotomie 1047
(5-)Aza-Cytosin 272–273
– DNA, Methylierungsmuster 272
Azathioprin, Transplantatabstoßung 1139
3-Azido-3'-deoxythymidin ▸ Azidothymidin
Azidose 18, 947
– Biotinmangel 707
– 2,3-Bisphosphoglycerat 961
– Coma diabeticum 833
– Cytochrom-c-Oxidase, Hemmung 500
– Diabetes mellitus 529
– Kaliumausscheidung, renale 929
– Lipolyse 529
– metabolische 949
– – Basenüberschuss 944
– – Blutparameter 949
– – Glutaminverbrauch, renaler 444
– NH_4^+, Produktion 908
– pH-Wert 949
– respiratorische 947–948
– – Blutparameter 949
– – Liquor-pH 1027
Azidothymidin (3-Azido-3'-deoxythymidin, AZT) 351
Azidothymidintriphosphat 351 (F)

B

2B 1108
B7.1 (CD80) 1114
B7.2 (CD86) 1114
B7RP-1
– Antigen-präsentierende Zellen 1113
– B-Zell-Aktivierung 1125
BACE *(beta-amyloid-precursor-converting-enzyme)* 318
Bacillus anthracis 777
Bacteria 7
Bad 227
Bak 227
Bakterien 6
– Colon 1076
– extrazelluläre 1134–1135
– Fremdproteine, Produktion, *inclusion bodies* 243
– Glycopeptidbiosynthese 595
– gram-pos itive, Lipopolysaccharid 1105
– – Lipoteichonsäure 1105
– intrazelluläre 214, 1134
– – Eliminierung, unspezifische 1135
– Peptidoglykane 30
– Plasmide 241
– säurebildende, Karies 674
Bakterienabwehr 1134–1135
Bakteriophagen, Restriktionsenzyme 244

bakteriostatischer Effekt, Penicillin 550
Baktoprenol 32
ball-and-chain-Mechanismus, Kanalverschluss 1031
Ballaststoffe 651–652
– Acetat 651
– Chymus, Viskosität 651
– Faeces 651
– fermentierbare, Brennwert 651
– mikrobieller Stoffwechsel, Dickdarm 651
– Propionat 651
– wasserlösliche 651
– wasserunlösliche 651
Bandenbildung, Chromosomen 157
Barbiturate 497
– $GABA_A$-Rezeptoren 1041
Barium
– Gesamtbestand 656
– Plasmaspiegel 656
Barnes-Myopathie 1018
Barosensoren, ADH-Freisetzung 920
β-*barrel*-Architektur, Kanal, interzellulärer 181
β-*barrel*-Proteine 77, 178, 307
– Membranen 178 (F)
β-barrel-Proteine, Porin-ähnliche 308
Barrieren, Heterochromatin 187
Barth-Syndrom 1018
Bartter-Syndrom, Hypokaliämie 930
Basalkörper, Cilien 211
Basalmembran 1155
– Glomerulus 896–897
– Glycosaminglykane 732
– Kollagenasen 317
– Kollagene 717
– Laminine 732
– Perlecan 732
– Plexus choroideus 1026
– Plexusendothel 1027
– Proteine, glykierte 394
– Proteinzusammensetzung 732
– Proteoglykane 728
– Tumoren, invasive 1156
Basalmembranoberfläche, Tumorzellen, Bindung 1156
base excess (BE) 944
– Blut 944
Basedow-Syndrom 860, 1138
Basen 14–15
– Elektronendonatoren 18
– Katalysatoren 19
– methylierte 463
– Protonen 14
– Stärke 14
Basenexcisionsreparatur
– DNA-Glycosylasen 238
– DNA-Schäden 238
– Mechanismus 238–239
basengenaue Verknüpfung, Exon 264
Basenkatalyse 19 (F), 20
– elektrophiler Angriff 19
– nucleophiler Angriff 19
Basenpaarung
– Anticodon 290
– Codon 290
– mRNA 290
– tRNA 290
Basensequenz
– codierender Strang 257
– DNA 158
Basentriplett 158
– genetischer Code 287
Basenüberschuss ► base excess (BE)
Baustoffwechsel, Aminosäuren 430
Bax 227
bcl-2-Gen 227, 1143
– Zentrozyten 1126
Bcl-2-L1, Vitamin E 694
Bcl-2-Proteine
– Apoptose 226–227
– proapoptotische 227
BCR-ABL-Fusionsgen, Leukämie, chronisch-myeloische (CML) 1154
BCR-ABL-Fusions-Tyrosinkinase, Leukämie, chronisch-myeloische (CML) 1160
BCR-ABL-Tyrosinkinase-Inhibitor (STI 571), Leukämie, chronisch-myeloische (CML) 1155
BCR-Gen
– Leukämie, chronisch-myeloische (CML) 1154
– *Major Breakpoint-Cluster Region* 1154
– *Minor Breakpoint-Cluster Region* 1154
B-DNA 147, 148 (F), 149, 150 (F)
– Struktureigenschaften 149
BDNF *(brain-derived nerve growth/neurotrophic factor)* 759, 1051
Becker-Muskeldystrophie 1018
Befruchtung
– Östrogene 883
– Progesterone 883
– Prostaglandine 883
Belastungstests, Vitaminmangel 681–682
Belegzellen (Magen)
– Na^+/K^+-ATPase 1055
– Salzsäurebildung 1054, 1064
Bence-Jones-Protein, Plasmocytom 915
Benzodiazepine, Bindung an $GABA_A$-Rezeptoren 1041
Benzoesäure 404
– Harnstoffzyklusdefekte 450
3,4-Benzpyren 1158 (F)
– Cytochrom P_{450} 1158
Beriberi-Krankheit 699
Bernsteinsäure ► Succinat
Beryllium, Cancerogenese 1157
beta-amyloid-precursor-converting-enzyme (BACE) 318
Betaglykan 728–729
– TGFβ 729
Betain-Homocysteinmethylase, Homocystein, Remethylierung 464
Beute, Hefe-Zwei-Hybrid-System 249
Bewusstlosigkeit, Hypoglykämie 1024
B-Gedächtniszellen, Knochenmark 1126
$β_1$B-Globulin, Funktion/Pathobiochemie 992
B-Glycosyltransferase 966–967
Bid 227
Bienengift/Bienenstichallergie 1137
– Phospholipase A 559
Bier, Cancerogenese 1158
bifunktionelle Proteine 483
Biglykan 728
– Haut 751
bilayers, Sphingolipide 40
bile salt export protein ► BSEP
Bilifuchsin 623
Bilirubin 620 (F), 621–622, 623 (F)
– Abbau, Darm 622–623
– Aufnahme, OATP 622
– Ausscheidung, MRP2 622
– Diazoreaktion 622
– Durchtritt, Blut-Hirn-Schranke 1027
– Glucuronidierung, Störungen 543
– Hämabbau 620 (F), 621–622
– (in)direkt reagierendes 622
– konjugiertes 622
– lipophiles Antioxidans 621
– Nachweismethoden im Blutplasma 622
– Stoffwechselstörungen 624–626
– Transport 622, 664
– – Albumin 621
– Umsatz 623–624
– unkonjugiertes 622, 624
Bilirubindiglucuronid, Biotransformation 1091
Bilirubinstoffwechsel 508
– Hepatocyten, Schädigung 625
Bilirubin-UDP-Glucuronyltransferase 622
Biliverdin 620 (F), 621
Bim 227
Binde- und Stützgewebe 715–754
– Erkrankungen 751
binukleäres Zentrum, Cytochrom-c-Oxidase 500 (F)
Biocytin (ε-N-Biotinyllysin) 312, 681, 706 (F)
bioelektrische Impedanzanalyse (BIA), Ernährungszustand, Messung 638
Bioenergetik 100–106
biogene Amine 759
– Mastzellen 1080
– Neurotransmitter 1034
Bioinformatik, Protein-Protein-Interaktionen 95
Biokatalysatoren 107
– Aktivierungsenergie 107
– Ribozyme 114
– Übergangszustand 107
biologische Strukturen, Organisation, hierarchische 6
biologische Systeme
– Katalyse 107–117
– Kommunikation 758
– Organisationsstufen 5–8
– pH-Wert 13
biologische Wertigkeit
– Proteine 644
– Proteinsyntheserate, endogene 644
Biopterin, chinoides 469
Biotin (Vitamin H) 111, 681–682, 705–707
– Acetyl-CoA-Carboxylase 410
– Carboxylasen, Gluconeogenese 372
– Carboxylierung 705 (F)–706 (F)
– Coenzym 111, 705–706
– Mangel 706
– Pyruvatcarboxylase 372, 487
– Speicherung in der Leber 1089
Biotinidase 312, 706
– Biotinzyklus 706
– genetische Defekte 706
Biotransformation 508, 761, 1090
– Acetylierung 1091
– Aktivierung, metabolische 1093–1095
– Bilirubindiglucuronid 1091
– Cytochrom P_{450} 190, 1091
– Desaminierung, oxidative 1091
– Glucuronide 1091
– Hydroxylierung 1091
– Konjugationsphase 1090–1092
– Leber 1090–1095
– Monooxygenase 1091
– N-Dealkylierung 1091
– O-Dealkylierung 1091
– OH-Gruppen-Sulfatierung 1091
– oxidative Abspaltung/Umwandlungen 1091
– Phasen 1090
– reaktive Gruppen 1090
– reduktive Umwandlungen 1091
1,3-Bisphosphoglycerat
– Enthalpie, freie 105
– Erythrozytenstoffwechsel 955
– Glycolyse 360 (F), 361, 362 (F)
2,3-Bisphosphoglycerat 83–84, 960

- Alkalose/Azidose 961
- Aufenthalt in Gebirgshöhen 961
- Bindung im Hämoglobin 85
- Erythrozyten-pH-Wert 961
- Glycolyse 363
- Hypoxie 961
- Sauerstoffanlagerungskurve 960

(2,3-)Bisphosphoglyceratphosphatase, Glycolyse 363
Bisphosphonate
- Farnesylpyrophosphatsynthase, Inhibition 747
- Osteoporose 747

Blasenbildung
- epitheliale 206
- Hautkrankheiten 751

Blasengalle 1060
Blasenkarzinom ► Harnblasenkarzinom
Blei 677
- Ausscheidung, δ-Aminolävulinat 677
- Bindung, Sulfhydrylgruppen 677
- Cancerogenese 1157

Bleivergiftung, akute 677
Blindheit, corticale, Enzephalomyopathien, mitochondriale 512
Blk, B-Zell-Aktivierung 1126
β-Blocker, Katecholamine, Hemmung 829
Bloom-Syndrom 237
Blotten
- Nucleinsäuresequenzen 166
- Proteine, separierte 63

Blut 951–1000
- Androgene, Transport 876
- Basenüberschuss 944
- Calcium 931
- Cortisol, Transport 865
- Cortisolspiegel, Glucagon 825
- Enzymaktivität 135
- korpuskuläre Elemente 952–953
- Lipide, Transport 572–575
- Lymphozyten 1129
- Phosphat 932
- pH-Wert 18
- Pufferkapazität 944–945
- Sauerstoffaffinität 10, 959
- Sauerstoffkapazität 959
- venöses, Kohlensäure 962

Blutabnahme, langsame, Hämolyse 956
Blutarmut ► Anämie
Blutdruck
- Abfall, ADH-Freisetzung 920
- Angiotensin II 911
- Katecholamine 829

Blutfluss, renaler (RBF) 895
Blutgerinnung 133, 979, 981–987
- Calcium 930
- Enzyme 984
- extravaskuläre (exogene) 981
- Hemmstoffe, Mangel, Thrombosen 990
- Hemmung, Antikoagulantien 986
- – Citrat 987
- – EDTA 987
- – gerinnungshemmende Mittel 986
- – Heparin 986–987
- Heparin 30
- intravaskuläre (endogene) 981
- latente 979
- Plasmaproteine 996
- plasmatische, extravaskuläres System 982
- – intravaskuläres System 982
- – Proenzyme 984
- – Profaktoren 984
- α-Tocopherol 693
- Vitamin K 695

Blutgerinnungsfaktoren 985
- Carboxylierung, Hemmung, Vitamin-K-Antagonisten 986
- α-Granula 977
- Hemmung 986
- prokoagulatorische 985
- Synthese in der Leber 1088
- Vitamin-K-abhängige 986
- Vorläufergen 984

Blutglucose 522–523, 836–837, 1024
- Abfall 984
- Insulin 818
- Konzentration 814
- – Säugling 1025
- Nahrungskohlenhydrate 646
- Verlauf, AUC (area under the curve) 646

Blutgruppe 0, Pestepidemien 966
Blutgruppe A, Pestepidemien 966
Blutgruppenantigen P, Virusrezeptor 331
Blutgruppenantigene
- antigene Determinante 965
- Selektionsvorteil 966
- Trägermolekül 965

Blutgruppensubstanzen
- antigene Determinanten, Biosynthese 966 (F)
- als Glycoproteine 27

Blutgruppensystem, Menschen 965
Blut-Hirn-Schranke 1025–1028
- Bilirubindurchtritt 1027
- Cytokine 868
- Diazepam 1027
- Elektrolyte, Durchlässigkeit 1027
- GLUT1 1027
- Hirnkapillaren 1025
- Kompartimente 1026
- Kupfertransport 670
- osmotischer Gradient 1027
- P-Glycoprotein 1027
- Stoffaustausch 1026
- Transport, erleichterter 1027

Blut-Liquor-Schranke 1025
- Permeabilität 1026

Blutplättchen ► Thrombocyten
Blutplasma 917
- Bilirubinnachweis 622
- Eisentransport 659
- Eisentransportsystem, Export 660
- Gesamteisenmenge 661
- pH-Wert 13
- pK_S-Wert 18
- Proteinasen 317
- Puffersystem, Hämoglobin 964

Blutserum
- Gefrierpunktserniedrigung 12
- Osmolalität 12

Blutstillung 979–991
- plasmatische 981–987
- Thrombozyten 976
- Thrombozytenadhäsion 980–981
- vaskuläre 979
- zelluläre 980–981

Bluttransfusion
- AB0-System 965
- Rhesussysteme 965

Blutungen, Eisenverluste 665
Blutzucker ► Blutglucose
Blutzuckerbestimmung, elektrochemische, Glucose-Biosensoren 136
B-Lymphozyten 1104, 1110, 1118–1128
- Aktivierung 1124–1127
- Antigenerkennung 1106
- Antigenprozessierung 1125
- CD19 1125
- Differenzierung 1126–1127
- – Knochenmark 1125
- Exosomen 203
- Reifung 1124–1127
- – costimulatorische Signale 1125

BMI *(body mass index)*, Adipositas/Übergewicht 638
BMPs *(bone morphogenetic proteins)* 759, 790
- Chondrozyten, Proliferation 741
- Knochen 742
- Knochenbildung 740
- Osteoblastenentwicklung 740
- Signaltransduktion, R-Smad-Proteine 790
- SOX-Expression 740
- Wachstumsfuge 741

BMP-1 *(bone morphogenetic protein 1)* 317–318
BMP-4 *(bone morphogenetic protein 4)*, Knochenbildung 740
BNP (B-Typ) 925
body mass index ► BMI
Bohr
- Christian 960
- Neils 960

Bohr-Effekt 85, 960–961
Bombesin
- G-Protein, Aktivierung 780
- Nahrungsaufnahme, afferente Signale 642
- – hemmende Wirkung 643
- Vorkommen/Funktion 1063

bone morphogenetic proteins ► BMPs
bone sialoprotein
- Knochen 738
- Ossifikation 738

bone sideroprotein 730
Bor 4
Bordetella pertussis 782
Bornaviridae 328–329
bottle neck-Phänomen, OXPHOS-System, Defekte 513
Botulinumtoxin 206
Botulismus 1036
Bowman-Kapsel 896, 899
BP230, dermo-dermale Junktion 750
Bradykinin
- Carcinoide 1043
- G-Protein, Aktivierung 780

brain-derived nerve growth factor ► BDNF
branched-chain amino acids (BCAA) 444, 466–468
braunes Fettgewebe ► Fettgewebe, braunes
BRCA1 1147
BRCA2 237
κBRE (κB responsive element), Transkription 276
breakpoint cluster region ► bcr
breakpoint cluster region-Gen ► BCR-Gen
Brefeldin A 193
Brennwert
- Ballaststoffe, fermentierbare 651
- physikalischer 633
- physiologischer 633

Brenztraubensäure ► Pyruvat
BRF1, mRNA-Stabilität 281
Broensted, Johann N. 14
Brom, Gesamtbestand/Plasmaspiegel 656
Bromcyan, Proteinspaltung 66
Bromodomäne, Histone, acetylierte 274
Bromoergocryptin 875
Bronchialasthma ► Asthma bronchiale
Bronchialkarzinom
- ADH-Sekretion 921
- kleinzelliges, Thyreocalcitoninüberproduktion 939

Brückenfunktion, Fibronectin 732
Brustdrüse ► Mamma

Bruton-Agammaglobulinämie 1136
BSE (bovine spongiforme Enzephalopathie) 89, 1050
BSEP *(bile salt export protein)*
– canaliculäre Membran 1096–1097
– Cholestase 1101
– Cholesterinsteine 1101
budding ▶ Knospung
Bürstensaum
– Aktin 214
– Disaccharidspaltung 1069
α-Bungarotoxin 767
Bunyavirus/-viridae 328
– RNA-Genom 335
Burkitt-Lymphom
– c-myc-Onkogen 1144
– Epstein-Barr-Virus 344
Butansäure 34
Butyrat, Dickdarmmukosa 651
B-Zell-Aktivierung, Signalvermittlung 1126
B-Zell-(Antigen-)Rezeptor-Komplex 1110, 1121
B-Zell-CD19-Corezeptorkomplex 1132
B-Zellen ▶ B-Lymphozyten

C

C1
– Akutphase-Proteine 1089
– Komplementaktivierung 1131
C1-Gruppen, Übertragung, Folsäure 707, 708 (F)
C1-Inhibitor 317
– Mangel 1132
C1q 1131
C1r 1131
C1s-Serinprotease 1131
C2 1108
– Akutphase-Proteine 1089
– Mangel 1132
C2a/2b 1131
C2H2-Zinkfinger 672
C3 1131
– Akutphase-Proteine 1089
C3'-Komponente, Funktion/Pathobiochemie 992
C3a/b 1131
C3-Konvertase, Komplementaktivierung, klassische 1131
C4 1089, 1131
– Mangel 1132
C4a/C4b 1131–1132
C4BP (C4-Bindungsprotein) 986
C4-Zinkfinger 672
C5a 1131–1132
– Leukozyten, Adhäsion 973
C5b 1131
C5-Konvertase 1131
– membrangebundene 130
C6-Zinkfinger 672
C8-bindendes Protein, Erythrozyten, lytischer Angriff, Abwehr 969
C_{17}-C_{20}-Lyase 881
– Testosteron, Biosynthese 874–875
Ca^{2+}-aktivierter K^+-Kanal 777
Ca^{2+}-ATPase 183, 690
– Calciumstoffwechsel, Regulation 776
– canaliculäre Membran 1097
– Muskelrelaxation 1014
– sarkoplasmatisches Retikulum 1014
– T_3 857
Ca^{2+}/Na^+-Antiport, Calciumstoffwechsel, Regulation 776
Ca^{2+}-Uniport 183
CA 11-5 1159
CA 19-9 1159
CAAT-Box, Thymidinkinasepromotor 261
CACH *(childhood ataxia with central hypomyelinisation)* 301
Caciumkanal, spannungsabhängige/-regulierte, Calciumstoffwechsel, Regulation 776
Cadaverin 438, 1076
Cadherine 197–198, 1051
– Zonula adhaerens 198
Cadmium 676–677
– Cancerogenese 1157
CAD-Protein
– cytosolisches 110
– Pyrimidinbiosynthese 590, 594
Caenorhabditis elegans 790
Caeruloplasmin 664
– α_2-Caeruloplasmin 992
– Akutphase-Proteine 1089
– Kupfer 664, 667
– Synthese in der Leber 1088
CAIR (4-Carboxy-5-aminoimidazolribonucleotid), Purinbiosynthese 587 (F), 588
Cajal nodies 188
CAK (cdk-aktivierte Kinase) 222
Calbindin 690
– 1,25-Dihydroxycholecalciferol, Expression 690
Calciferol(e) 688–691
– Calciumkonzentration 689
– Calciumresorption, intestinale 690
– Knochenstoffwechsel 690
– Transport 689
– Vorkommen 688
– Wirkungen 690
Calcineurin 303, 776, 1114
– Calciumstoffwechsel, Regulation 776
– Hemmung, Immunsuppression 303
– Muskelaufbau /-abbau 1016
Calcinosis 1018
Calciphylaxis 1018
calcitonin gene related peptide ▶ CGRP
Calcitonin (Thyreocalcitonin) 844, 851, 937
– Calciumstoffwechsel 933, 936–937
– cAMP 937
– C-Zellen 851
– 1,25-Dihydroxycholecalciferol, Expression 690
– Halbwertszeit 849
– Knochen 937
– Knorpel-/Knochenbildung 741
– Motilität, intestinale 937
– Nahrungsaufnahme, Wirkung 643
– Natriumcotransport (NaPi) 935
– Osteoklasten 937
– Osteolyse, Hemmung 937
– Parathormon 936–937
– Phosphatausscheidung, renale 933
– Phosphatstoffwechsel 933
– Plasma-Phosphatkonzentration, Erniedrigung 938
– Spleißen, alternatives 278–279
– Tumormarker 1159
– Überproduktion, Hypocalciämie 938
– – Schilddrüsenkarzinome 939
Calcitoninrezeptoren 937
Calcitriol ▶ 1,25-Dihydroxycholecalciferol
Calcium 4, 985
– Ausscheidung 932
– Bedarf, täglicher 931
– Bindung, pH-Wert 932
– Blut 931
– Blutgerinnung 930
– Einstrom, Extrazellulärraum 931
– endoplasmatisches Retikulum 190
– Freisetzung, intrazelluläre 776
– – konformationsabhängige, elektromechanische Koppelung 1012
– – Muskelzelle 1012
– 1α-Hydroxylase, Hemmung 689
– Hypoparathyreoidismus 939
– ionisiertes 931
– Isocitratdehydrogenase, Aktivierung 485
– α-Ketoglutaratdehydrogenase, Aktivierung 485
– Knochen 738
– Knochenmineralisierung 930
– komplexiertes 931
– Konzentration 382
– – Calciferole 689
– – cytosolische 931
– – – elektromechanische Koppelung 1012
– – – Glycogenabbau 774
– – – Regulation, Myokard 1014
– – – Transportsysteme 774
– – extrazelluläre, Regulation 934 (F)
– – Insulinsekretion 814
– – intrazelluläre 783, 931
– – – Angiotensin-II-Wirkungen 911
– – Thyreocalcitonin 937
– Mangel 690
– Membranpotential, Stabilisierung 930
– Mobilisierung 571
– – Vitamin D 690
– Muskelkontraktion 1011–1014
– Parathormon, Sekretion 934
– Permeabilitätssteigerung, Muskelkontraktion 1011
– proteingebundenes 931
– Proteinkinase C 789
– Pyruvatdehydrogenase-Phosphatase, Aktivierung 485
– Renin-Genexpression 911
– Resorption 690, 1076
– – Henle-Schleife, dicke 932
– – intestinale 931
– – – Calciferol 690
– – – 1,25-Dihydroxycholecalciferol 932–933, 937
– – Parathormon 932
– – Tubulus, proximaler 932
– – Vitamin D 690
– *second messenger* 774
– Thyreocalcitonin 936–937
– Transport, transzellulärer 690
– Überladung, Myokard-Nekrose 385
– Verteilung im Organismus 931
– Zellaktivierung 930–931
– Zufuhr, Phosphatausscheidung, renale 933
Calcium-bindende Proteine 776
Calciumhaushalt 930–932
– Knorpel-/Knochenbildung 741
– Pathobiochemie 938–939
calcium-induced calcium release (CICR), elektromechanische Koppelung 1012
Calciumkanäle 1031 (F)
– Depolarisierung, Insulinsekretion 815
– elektrogene, Enterozyten 690
– Insulinsekretion, Glucose-stimulierte 814
Calciumkanäle
– IP_3-abhängige 765, 774
– Kanalinaktivierung 1031
– ligandenregulierte 776
– – Calciumstoffwechsel, Regulation 776
– Neurone 1030
– spannungsabhängige/-regulierte 774
– – Aktionspotentiale 1036

– – elektromechanische Koppelung, Myokard 1014
– – Insulinsekretion 815
– – Muskelkontraktion 1011
– – Muskelrelaxation 1015
– – Polypeptidkette 1031
Calciumoxalatsteine 916
– Nephrocalcin 917
– Tamm-Horsfall-Glycoprotein 917
– Uropontin 917
calciumreiche Kost, Magnesiumresorption 940
Calciumrezeptor-Protein, Parathormon, Sekretion 934
Calciumsalze, Gallensteine 1101
Calcium-Sensorprotein, Tubulusepithelien 689
Calciumspeicher
– intrazellulärer, Mobilisierung 931
– Knochen 744
Calciumstoffwechsel
– 1,25-Dihydroxycholecalciferol 933
– hormonelle Regulation 933–938
– Parathormon (PTH) 933
– Thyreocalcitonin (TC) 933
– zellulärer, Regulation 776
Calcium-Transporter, synaptische Vesikel 1035
Caldesmon, Muskulatur, glatte 1013
Caliciviridae 328
Calmodulin 776–777
– Anthrax-Adenylatcyclase, Aktivierung 777
– Calciumstoffwechsel, Regulation 776
– Phosphorylasekinase 382
Calmodulin-bindende Proteine 777
Calnexin (Clx), Proteine, Faltung 304 (F), 305
Calpaine 315, 320
– Muskelproteine, Umsatz 322
Calpastatine 320
– Inaktivierung 322
Calretikulin (Clr), Proteine, Faltung 304 (F), 305
Calsequestrin
– elektromechanische Koppelung, Myokard 1014
– Muskelrelaxation 1014
CaM-Kinase 382, 1037
– CFTR-Protein 1076
CaM-Kinase II/III 777
– Calciumstoffwechsel, Regulation 776
cAMP (cyclisches Adenosin-3,5-monophosphat) 145, 384, 773, 775 (F)
– β_3-Rezeptoren 504
– Abbau, Phosphodiesterase 819
– Gluconeogenese 391
– – Regulation 388
– Glycogenstoffwechsel, Regulation 381
– Glycolyse 388, 390
– Hämbiosynthese, Regulation 612
– 1α-Hydroxylase, Induktion 689
– Konzentration, Fettzellen/Heptozyten, Senkung durch Insulin 819
– Parathormon, Freisetzung 934–936
– Proteinkinase A, Aktivierung 782
– Renin-Genexpression 911
– *second messenger* 781
– Signalweg, Nierendurchblutung 896
– Synthese 775
– Thyreocalcitonin 937
– Transkription 276
– im Urin 936
cAMP-response-element (CRE) 387, 782
– Transkription 276
cAMP-response-element(CREB)-binding protein 782–783
CAMs *(cellular adhesion molecules)* 199, 973
– Stammzellen, Differenzierung 1124
– vaskuläre (VCAM) 199
canaliculäre Membran, Transportsysteme 1096
canaliculäres System, offenes, Thrombozyten 977
Cancerogene/Cancerogenese 1143
– chemische 1157–1158
– – p53-Gen, Mutationen 1157
– DNA-Schädigung 1148
– physikalische 1158
– Tumorentstehung 1157–1158
Capside
– HIV 331
– Viren 326–327
Captopril, ACE-Hemmung 134
CAR, Biotransformation 1092, 1093 (F)
Carbamylaspartat, Pyrimidinbiosynthese 590
Carbamylglutamat, N-Acetylglutamat-Synthetase, Defekt 451
Carbamylphosphat 932, 943, 947
– Enthalpie, freie 105
– Harnstoffzyklus 446 (F), 448
– NH_4^+-Stoffwechsel, Zonierung 449
– Pyrimidinbiosynthese 590
Carbamylphosphat-Synthetase, Aminosäurestoffwechsel, Leber 445–446
Carbamylphosphat-Synthetase I (CPS-I)
– Aktivität 594
– Defekt 450
– Dihydroorotatbiosynthese 594
– Harnstoffzyklus 446
Carbamylphosphat-Synthetase II (CPS-II), Pyrimidinbiosynthese 591, 594
Carboanhydrase 111
– Geschwindigkeitskonstante 107
– intraerythrozytäre, Hydrogencarbonat 962
– Katalyse, Metallionen-vermittelte 119–120
– kinetische Konstante 123
– Salzsäureproduktion 1054–1055
– Zink 672
Carboanhydrase I, Kohlendioxid, Katalyse 962
Carboanhydrase II
– Kohlendioxid, Katalyse 962
– Tubulus, proximaler 907
carbohydrate response element ► ChRE
carbohydrate response element binding protein ► ChREBP
Carbokation, Squalen, Bildung 566
Carbonsäure 23
– Reaktion mit einem Alkohol 18–19
Carbonsäurederivate, gesättigte, Aminosäuren 45
Carbonsäure-Phosphorsäureanhydride
– Glycolyse 361
– Gruppenübertragungspotential 105
Carbonylgruppe 5
– Glycerinaldehyd-3-phosphat 361
Carboplatin 669
4-Carboxy-5-aminoimidazolribonucleotid (CAIR) 587
– Purinbiosynthese 587 (F)–588 (F)
Carboxyethylhydroxychroman (CEHC) 691, 693
– Vitamin-E-Stoffwechsel 693
γ-Carboxyglutamat 48
γ-Carboxyglutamylreste, Proteine, modifizierte 312, 695
Carboxylase
– Biotin 706
– biotinabhängige 707
– – Gluconeogenese 372
– Biotinzyklus 706 (F)
– γ-Glutamyl-Carboxylierung, Vitamin-K-abhängige 696
– Kohlenhydratstoffwechsel 706
– Lipidstoffwechsel 706
– Mangel, juveniler 707
– Proteinstoffwechsel 706
– Vitamin K 986
Carboxylatgruppe 5
Carboxylester, Acylglycerine, Spaltung 1070
Carboxylesterase, Pankreas 1059
Carboxylgruppen 5
– γ-Carboxylgruppen 58
– Aminosäuren 48, 58
– Dissoziationsverhalten 50
– Fettsäuren 33
– Sauerstoff 490
Carboxylierung 909, 943
– γ-Carboxylierung, Proteine, modifizierte 312
– γ-Glutamylreste 696
– Kohlendioxid 943
Carboxymethyl (CM) 60 (F)
Carboxymethylbutylhydroxychromane (CMBHC), Vitamin-E-Stoffwechsel 693
Carboxypeptidase 133, 316, 1058
– Lysosomen 318
– Pankreas 1058
– Zinkprotein 1058
Carboxypeptidase A 1058–1059
– Geschwindigkeitskonstante 107
Carboxypeptidase B 1058–1059
Carboxypeptidase E
– Insulinreifung 812
– TRH-Biosynthese/-Freisetzung 847
Carboxypropeptidase 719
carcinoembryonales Antigen ► CEA
Carcinoide 1043
Cardiolipin 36, 37 (F), 204, 556
– Antikörper 580
– Biosynthese 556
– Innenmembran, mitochondriale 204
Cardiomyopathie 1020
– Eisenablagerungen 666
Cardiomyozyten, ATP-Konzentration 385
Cardiotrophin-1 (CT-1) 759, 794
cardiotrophin-like cytokine (CLC) 759, 794
cardiovaskuläre Erkrankungen, Homocystein 464
Cardiovirus 328
Carnitin 406 (F), 473, 517
– Biosynthese, Ascorbinsäure 698–699
– Fettsäuren, langkettige, Transport 406
– Muskelzellen 406
Carnitin-Acylcarnitin-Translokase 406
– Fettsäurebiosynthese 406, 417
Carnitin-Acyl-Carrier-System, Fettsäurebiosynthese 648
Carnitin-Acyltransferase
– Acylcarnitin, Bildung 406
– Fibrate 416
– Schilddrüsenhormone 416

Carnitin-Acyltransferase 1 406
- Fettsäurebiosynthese 417
- Fettsäuren, langkettige 416
- Inhibitor, Malonyl-CoA 416
Carnitin-Acyltransferase 2 406
- Fettsäurebiosynthese 417
Carnitin-Carrier 493–494
Carnitin-Palmitoyltransferase 1 (CPT-1) 517
- Defizienz 1018
- Fettsäureabbau 406
β-Carotin 683 (F)
Carotinoide 566, 647, 683
CAR-Rezeptor *(coxsackie- and adenovirus-receptor)* 333
Carrier 494
- Aminosäuren, verzweigtkettige 494
- elektrogene 492
- neutrale 493–494
- Nucleoside 144
- protonenkompensierte, elektroneutrale 493–494
Carrier-Proteine 183
- ► Transportproteine
Carrierproteine
- Enzyme, vektorielle 178
- als Glycoproteine 27
- Hormone 760
- mitochondriale 494
- Schilddrüsenhormone 854
Carrier-Proteine, Transport, aktiver 179
Carrierproteine, Vitamine 682
Carrier-vermittelter Transport 179
cartilage matrix protein, Knorpel 738
Caryopherine, Transport, nucleocytoplasmatischer 189
Caseinkinase 1 382
Caspase 3 226, 792–793
Caspase 6 793
Caspase 7 792–793
Caspase 8 226, 792–793
Caspase 9 127
Caspase-aktivierte DNase (CAD) 226
Caspase-Inhibitoren, bcl2-Konzentration, Erhöhung 1144–1145
Caspasen 315, 320, 792
- aktivierte, Apoptose 792
- Apoptose 226, 320, 1116
- Aspartylreste, Spaltung 320
- DNA-Fragmentierung 793
- DNA-Reparatur, Verlust 793
- Strukturproteine, Zerstörung 793
- Zellzyklus, Stopp 793
Castleman-Erkrankung, Humanes Herpesvirus Typ 8 344
Catechol-O-Methyltransferase (COMT) 831, 882, 1042
- Katecholaminabbau 831
- niedrige, Brustkrebsrisiko 882
α-/β-Catenin 1151
- Zonula adherens 198
Cathepsine ► Kathepsine
C-Atome, Herkunft, Cholesterin 564
Caveolae 43, 176 (F), 197 (F)
- Endozytose, Clathrin-unabhängige 197
- Fettzellen 821
- Organisation in Membranen 43
- Transport, vesikulärer 191
Caveoline 43
- Insulinsignal, Weiterleitung 821
CBFA-1 *(core binding factor-1)*
- Chondrozyten, Differenzierung 740
- Knochenwachstum 742
- Osteoblasten, Differenzierung 740
CC-Chemokine 759, 779
CC-Chemokine RANTES 333
CCCR *(conformationally coupled calcium release)*, elektromechanische Koppelung 1012
CCK ► Cholecytokinin
CCK-PZ ► Cholecystokinin-Pankreozymin
CCK-Rezeptoren 1066
CCL5 759
CCR5, HI-Viren 1135
CCs, Kupfertransport 669
CD1 1109
- Immunantwort 1133
CD3 1109, 1114, 1128
CD4 1109, 1112–1115, 1128
- HI-Viren 1135
CD4-negative Zellen 1109
CD4-positive TZR-α/β-exprimierende Zellen 1111
CD4-Rezeptor
- HIV 332
- Ubiquitinylierung 342
- Viren 331
CD4-T-Zellen 1111
- α/β-T-Zell-Rezeptor (TZR) 1112
CD8 1109, 1113–1115
- HI-Viren 1135
CD8-negative Zellen 1109
CD8-positive TZR-α/β-exprimierende Zellen 1111
CD8-T-Zellen 1111
- α/β-T-Zell-Rezeptor (TZR) 1112
- zytotoxisch-wirkende, Virusabwehr 1136
CD10
- immunhistochemische Darstellung 138
- Niere 138
CD11 973
CD11b/CD18 (CR3) 1132
CD14 799, 1109
- Bakterienabwehr 1135
- GPI-verankertes Protein 799
CD16 1129
CD18 973
CD19 1109
- B-Lymphozyten 1125
CD21 (CR2)
- B-Zell-Aktivierung 1126
- Epstein-Barr-Viren 1135
- Komplementrezeptoren 1132
- Virusrezeptor 331
CD25 1112
CD28 1113–1114
- B-Lymphozyten, Reifung 1125
CD34 1109
- Stammzellen 952
CD34-positive Zellen 952
CD35 (CR1)
- Bakterienabwehr 1135
- Komplementrezeptoren 1132
CD36 694
- Fettsäuretransport 1071
CD36-Fettsäuretranslokase 401
CD40, B-Lymphozyten, Reifung 1125
CD40-Liganden (CD40L, CD154) 1123
- B-Lymphozyten, Reifung 1125
CD45 1114
CD55 (decay accelerating factor)
- Mangel 314
- Virusrezeptor 331
CD56 1109, 1129
CD59 1132
- Erythrozyten, lytischer Angriff, Abwehr 969
CD80 (B7.1) 1113–1114
- B-Lymphozyten, Reifung 1125
- CTLA-4-Wechselwirkung 1114
CD86 (B7.2) 1113–1114
- B-Lymphozyten, Reifung 1125
- CTLA-4-Wechselwirkung 1125
CD95 (Fas, Apo-1) 226, 1116
CD95-Ligand
- Proteine, Regulation 694
- Vitamin E 694
CD154 (CD40L, CD40-Ligand) 1123, 1125
CD155, Virusrezeptor 331
CD *(cluster of differentation)*-Nummer 1109–1110
CD-Antigene 1109
cdc25C 222–223
- Bindung, 14-3-3-Protein 224
cdc42-Proteine, Aktin-Cytoskelett, Aufbau und Umbau 212
CDF *(cation diffusion facilitator)* 672
cdh23, Mechanotransduktor 198
CDK (Cyclin-abhängige Proteinkinasen) 1148
cdk-aktivierte Kinase (CAK) 222
CDLFA 973
cDNA *(complementary DNA)* 245 (F)
cDNA-Banken, DNA-Sequenzen 245
cDNA-Bibliotheken, Proteinsynthese, gentechnische 93
CD-Nomenklatur 1109–1110
CDP (Cytidindiphosphat) 111
CDP-Cholin 145, 517
- Phosphoglyceride, Biosynthese 555
- Sphingomyeline, Biosynthese 559, 560 (F)
CDP-Cholin-Diacylglycerin-Transferase, Phosphoglyceride, Biosynthese 555
CDP-Diacylglycerin, Phosphoglyceride, Biosynthese 555 (F), 556
CDP-Diacylglycerin-Inositol-Transferase, Phosphoglyceride, Biosynthese 555
CDP-Ethanolamin, Phosphoglyceride, Biosynthese 555
CDR *(complementary determining region)*, Immunglobuline 1122
CEA (carcinoembryonales Antigen)
- Biotransformation 1093
- Karzinome 1028
- Tumormarker 1159
CEHC ► Carboxyethylhydroxychroman
cell adhesion molecules ► CAMs
Cellulose 26, 651
Celluloseacetatfolie, Plasmaproteine, Trennung 994
Centriolen 176 (F), 208–209
Centromer, Chromosomen 155
Centrosomen 205, 208
- Mikrotubuli 208
- Proteinkinasen, Cyclin-abhängige 225
Ceramid 38, 559, 561–562, 571
- Biosynthese 560 (F), 571
- Sphingolipide, Biosynthese 559, 965
- Sphingomyelin, Abbau/Biosynthese 560 (F), 562 (F)
Ceramidase 562, 571
- Sphingomyelin, Abbau 562
c-erbA-Rezeptorfamilie 858
cerebrale Anfälle, Enzephalomyopathien, mitochondriale 512
Cerebrosid(e) 38, 559, 564
- Biosynthese 561 (F)
- Sulfatstoffwechsel 941
cerebrospinal fluid (CSF) 1025–1028
Ceroid-Lipofuszinose 200, 323
C-Extein, Proteine, selbstspleißende, autokatalytische Reifung 309 (F)
CFTR *(cystic fibrosis transmembrane conductance regulator)*, cystische Fibrose 185, 1076
CFTR-Chloridkanal 185
- Aktivierung, Proteinkinase A 1078

CG→TG-Transition, Hämophilie A 988
C-Gen-Segmente
- H-Ketten, Antikörper 1121
- L-Ketten, Antikörper 1121
β_1C-Globulin, Immunelektrophorese 995
cGMP (zyklisches GMP) 145, 765
- *second messenger* 774
cGMP-abbauende Phosphodiesterase 803
cGMP-abhängige Ionenkanäle 804
cGMP-abhängige Proteinkinasen 803
- Muskelrelaxation 803
cGMP-Bindungsproteine, intrazelluläre 803
cGMP-Effektormoleküle 803–804
cGMP-Signalweg, Nierendurchblutung 896
CG-Paare, Methylierung 273
CGRP *(calcitonin gene related peptide)* 844, 937
- Spleißen, alternatives 278–279
channelopathies 1032
Chaperone 88–89, 302
- Cytosol 303
- endoplasmatisches Retikulum 303
- intramolekulare 307
- Lectin-artige 305
- Mitochondrien 303
- Proteinfaltung 88–89, 302, 305
- Viren, Morphogenese 340
Chaperonine (TRiC) 205, 302–303
- Proteinfaltung 303
Chaperonopathien 313–314
Charcot-Marie-Tooth-Krankheit 1047
- Connexin-26-Gen, Mutation 186
Chediak-Higashi-Syndrom 206
Cheilosis, Riboflavinmangel 700
Chemikalien, DNA, Instabilitäten 237
chemiosmotische Hypothese 490
chemiosmotische Kopplung, Energie 104
chemiosmotisches Potential, Mitochondrienmembran 106
chemische Cancerogenese 1157–1158
chemische Elemente 4
chemische Kopplung, Energie 104
chemische Synapsen 1034
chemische Veränderungen, Ubiquitiniylierungssignale 321
Chemoattraktion 1051
Chemokine 759, 779, 1104
- Allergie Typ I 1137
- Cytokine 760
- G-Protein, Aktivierung 780
- G-Protein-gekoppelte Rezeptoren 783
- Immunantwort 1133
- Leukozyten, zirkulierende 973
- Lymphozyten, Zirkulation 1129
Chemokinrezeptoren
- gp120 333
- HI-Viren 1135
- Viren 331
Chemorepulsion 1051
chemotaktischer Reiz, Neutrophile 973
Chemotaxis, Aktin 213
Chemotherapeutika, Resistenz, MDR-Proteine *(multi drug resistance)* 184
Chemotherapie
- ► Cytostatika
- Virusinfektion 350–352
Chemotherapieresistenz
- Glutathion-S-Transferase 1161
- Topoisomerase II 1161
Chenodesoxycholsäure 1060 (F), 1061
chimäre Mäuse 252
chinoide Form 437
- Pyridoxalphosphat 433, 434 (F)–435 (F)
chinoides Biopterin 469
Chinolinat
- Aminosäuren, verzweigtkettige, Abbau 468
- Tryptophanabbau 472
Chinon-Form, Ubichinon 495
Chinonreduktase 696
- γ-Glutamyl-Carboxylierung, Vitamin-K-abhängige 696
Chlor 4
Chloramphenicol, Proteinbiosynthese, Hemmung 299
Chlorid 918
- Ioneneinstrom 1040
- Myeloperoxidase, Oxidierung 974
- Reabsorption, elektroneutrale/elektrogene 1075
- Sekretion 1076
Chlorid/Hydrogencarbonat-Anionen-*exchanger* (AE1) 962
Chloridkanal 182, 1055
- Defekte 200
- epithelialer 1032
- Henle-Schleife, dünne, aufsteigende 902
- Neurone 1030
- Schilddrüse 852
- spannungsregulierter 1032
Chlorid-Transportprotein, Defekt, Mukoviszidose 313
Chloridverschiebung, Erythrozyten 962
Chloroplasten 7
- Proteinbiosynthese 288
Cholangiozyten 1084
- Gallebildung 1098
Cholecalciferol 681, 688–691
- 1,25-Dihydroxycholecalciferol, Synthese 688 (F)
- Hydroxylierung 688–689
Cholecystokinin-Pankreozymin (CCK-PZ) 825, 1045, 1063, 1066
- ACTH-Sekretion 863
- Halbwertszeit 849
- Hemmung durch Somatostatin 887
- Magenmotorik, Hemmstoff 1066
- Nahrungsaufnahme 642–643
- Pankreas 1065
- Pankreassekretion 1065
- Sekretion, Fett-/Proteinverdauung 642
Cholera 1076
Choleratoxin 206, 702, 782
- Gangliosid GM 1 1078
Choleretica 1066
Cholestan 38, 39 (F)
Cholestanol 39 (F)
Cholestase 1099, 1101
- Vitamin-E-Mangel 694
Cholesterin 32, 38, 39 (F), 398, 567 (F), 571, 647
- Abbau 568
- Abkömmlinge 566
- Aldosteron(biosynthese) 922–923
- Ausscheidung, Transporter 177
- Biosynthese 564–567, 569
- - Gallensäuren 1061
- - Hemmung 569
- - Regulation 568–571
- - SREBP-2, Aktivierung 569
- C-Atome, Herkunft 564
- chemische Zusammensetzung 573
- Cortisol 863
- 11-Desoxycorticosteron 922–923
- freies, Bildung 864
- Gallensäuren, Bildung 568, 1060 (F)
- Gallensteine 1101
- Golgi-Apparat 190
- HMG-CoA-Reduktase 568
- Isopren, aktives, Biosynthese 567
- LDL 575, 577
- Lipiddoppelschichten 41
- Löslichkeit, Blasengalle 1061–1062
- - Lipid-Wasser-Mischungen 1062
- Lysosomen 200
- Mangel 569
- - SREBP-2, Aktivierung 570
- Membranen, zelluläre 568
- Membranlipide 43, 177
- Normalwerte 692
- Östrogene, Biosynthese 880–881
- physikalische Eigenschaften 573
- Plasmamembran 312
- Progesteron, Biosynthese 865 (F), 880–881
- Proteine, Verankerung 310
- Resorptionsphase, Leber 1086
- Serumkonzentrationen 572
- Steroidhormone 568
- Stoffwechsel 564–571
- - LDL-Rezeptor 579
- - T_3 857
- Synthese, Squalen 567
- Transport, LDL 577
- Umwandlung, Leydig-Zellen 874
- Veresterung 1072
- Vorkommen 39
- zellulärer Gehalt, HMG-CoA-Reduktase, Halbwertszeit 570
Cholesterin-Acyltransferase (ACAT-2) 178
Cholesterin-Desmolase 864, 873
Cholesterinester 32, 398, 865
- Acylglycerine, Spaltung 1070
- Assemblierung 1072
- chemische Zusammensetzung 573
- LDL 574–575, 577
- physikalische Eigenschaften 573
Cholesterinester-Hydrolase 1059
- Progesteron, Biosynthese 865
Cholesterinsteine 1061, 1101
Cholesterin-Translokator 864
Cholesterintransport, reverser, HDL 579
Cholestyramin, Hypercholesterinämie 1061
Cholin 32, 463, 554, 1038–1039
- Acetylcholin, Stoffwechsel/Synthese 1039–1040
- Biosynthese 708 (F)
- Phosphoglyceride, Abbau/Biosynthese 555, 558
- Sphingomyelin, Biosynthese 560 (F)
Cholinacetyltransferase, Acetylcholin, Synthese 1039
Cholin-Kinase, Phosphoglyceride, Biosynthese 555
Cholintransporter 1039
- Acetylcholin, Stoffwechsel 1040
Cholsäure 1060 (F), 1061
Cholyl-CoA, Gallensäuren, Bildung 1060 (F)
Chondroblasten 716
- Knorpelbildung 738
Chondrodendron tomentosum 766
Chondrodysplasia/-dystrophie 552
- metaphysaria vom Typ Schmid 724

Chondrogenese
- Hormone 739
- parakrine Faktoren 741
- Schlüsseltranskriptionsfaktoren 739
- Wachstumsfaktoren, parakrine 739

Chondroitinsulfat 29, 549, 727
- Chondroitin-4-sulfat 29, 30 (F)
- Chondroitin-6-sulfat 29, 30 (F)
- Typ A, B bzw. C 29

Chondrozyten 716
- Differenzierung, CBFA-1 *(core binding factor-1)* 740
- - Runx-2 *(runt related transcription factor-2)* 740
- GH-Rezeptoren 744
- Knorpelbildung 738
- Proliferation, BMPs/IGF-1 744
- - PTHrP 741

Chorea Huntington 1049

Choriongonadotropin (CG) 884
- humanes (hCG) 548, 849, 1159
- - Chorionkarzinom 885
- Tumormarker 885, 1159

Chorionkarzinom, hCG 885

Chorionsomatomammotropin (CS) 884–885

ChRE *(carbohydrate response element)* 647

ChREBP *(carbohydrate response element binding protein)* 387, 647
- AMP-abhängige Proteinkinase, Aktivierung 527
- Glycolyse 387
- Kohlenhydratstoffwechsel 651
- Nahrungskarenz 527

Christmas-Faktor 985

Chrom 4, 675–676
- Erythrozyten, Markierung 675
- Gesamtbestand 656
- Glucosetoleranz 675
- Hämoglobin 675
- Mangel, Wachstumsstörungen 675
- Plasmaspiegel 656

Chromatide 188

Chromatin 152, 176 (F), 187
- DNA-Histon-Komplex 154 (F)
- eukaryotisches 230
- kondensiertes 187
- Nucleosomen 153
- Struktur 152–154
- Zellkern 187

Chromatographie, Aminosäuren 51

Chrommarkierung
- Erythrozyten 675
- Plasmaproteine 675

Chromodomäne, Histonproteine, methylierte 275

Chromogranine 828

Chromophoren, Markierung 167

Chromoproteine 56

chromosomale Bande, Verlust, Cytogenetik 1145

chromosomale Translokation 1144

Chromosomen 153–154, 187
- Aufbau 154–157
- Bandenbildung 157
- Centromer 155
- Chromosom 11 958
- Chromosom 14, H-Ketten, Immunglobuline 1122–1123
- Chromosom 16 958
- Chromosom 18q21-22, Allelverlust, colorektale Tumoren, sporadische 1153
- Chromosom 21, Genkarte 160
- crossing over 157
- Darstellung, schematische 155
- Funktion 154–157
- homologe, Rekombination 157
- künstliche, Hefezellen 243
- Meiose 156 (F), 157
- Mitose 154–157, 188
- p-/q-Arme 155
- Rekombination, homologe 157
- Telomere 155, 234

Chromosomensatz
- diploider 154
- haploider 154, 156

Chylomikronen 517, 572, 575–576, 648, 1072
- Abbau, Lipoproteinlipase 576
- Apolipoproteine 574
- Assemblierung 1072
- Blutplasma 522
- Eigenschaften 573
- Lipoproteine, Triacylglycerinreiche 401
- Nahrungslipide 518
- Nahrungszufuhr 522
- Retention 205
- Triacylglycerine 398, 519
- unreife 575
- Vitamin E 692

Chylomikronen-Remnants 517

Chymosin, Magen 1057

Chymotrypsin 108 (F), 133 (F), 315, 1058–1059
- aktives Zentrum 108
- Katalyse, gemischte 120–121
- katalytische Triade 121
- Pankreas 1058
- Proteinspaltung 66

Chymotrypsinogen 133 (F), 1058–1059
- Aktivierung 132

Chymus 1058
- Viskosität, Ballaststoffe 651

ClC5, Schilddrüse 852

CICR *(calcium-induced calcium release)*, elektromechanische Koppelung 1012

CID *(collision-induced dissociation)* 67

ciliäre Dyskinesie, primäre 214

ciliary neurotrophic factor (CNTF) 759–760, 794, 1061

Cilien 211
- Basalkörper 211
- Defekte 214
- Dynein 211

circadiane Rhythmik
- Cortisol 843
- Melatonin 1044

Circoviren/-viridae 329
- DNA-Polymerasen 339

cis-aktivierende Elemente, Transkriptionsgeschwindigkeit 275

Δ^3-cis-cis-Δ^2-trans-Enoyl-CoA-Isomerase, Fettsäureabbau 408 (F)

Δ^4-cis-Enoyl-CoA, Fettsäureabbau 407, 408 (F)

Δ^9-cis-Hexadecensäure 34, 418

cis-Isomere, Fettsäuren, ungesättigte 34

Δ^3-cis-Octadecansäure 33 (F)

Δ^9-cis-Octadecensäure 34, 418

Cisplatin 669

cis-Position, Fettsäuren 649

11-cis-Retinal 683 (F), 684, 685 (F)
- Sehvorgang 686

9-cis-Retinoat 683 (F)

11-cis-Retinol 685 (F)

Cisterne, terminale, sarkoplasmatisches Retikulum 1012

Δ^{15}-cis-Tetracosensäure 34

Δ^{19}-cis-Tetracosensäure 418

Δ^3-cis-Δ^2-trans-Enoyl-CoA-Isomerase, Fettsäureabbau 407

Cis-trans-Isomerie, Peptidyl-Prolyl-Peptidbindungen 303

Citrat 441, 443, 480 (F), 482, 485–486
- Aminosäuren, nicht essentielle, Stoffwechsel 440
- Aminosäurestoffwechsel, Muskulatur 453
- Blutgerinnung, Hemmung 987
- Fettsäurebiosynthese 413
- Fettsäureoxidation 522
- Gluconeogenese 391
- Phosphofructokinase-1 (PFK-1) 388

Citrat/Malat-Carrier 493–494

Citratsynthase 111, 482, 485
- Aktivierung/Hemmung 485
- Citratzyklus 480
- Fettsäurebiosynthese 413–414
- Hemmung, ATP/NADH 485

Citratzyklus 441, 443, 477–488, 490
- Abbaureaktionen, biosynthetische 527
- Acetyl-CoA 704
- Aktivatoren/Inhibitoren 485
- Aminosäuren, nichtessentielle, Biosynthese 487
- amphibole Natur 486–487
- anabole Reaktion 486
- anaplerotische Reaktionen 487, 706
- Energieausbeute 484
- Energiebedarf, zellulärer 485
- Enzyme 924
- Fettsäurebiosynthese 486
- - Substrate 412
- Fettstoffwechsel 478
- Gluconeogenese 487
- Glucosekohlenstoff 391
- Hämbiosynthese 487
- katabole Stoffwechselwege 486
- α-Ketoglutarat 1025
- Kohlenhydratstoffwechsel 478–479
- oxidative Endstrecke 478
- oxidative Phosphorylierung 505
- Phosphorylierung 482
- Proteinstoffwechsel 478
- Reaktionsfolge 479–484, 525
- Regulation 484–485
- Stoffwechselgifte 485
- Summengleichung 484
- Transportproteine 494

Citrin
- Defekt 450
- Harnstoffzyklus 448

Citrullin 443
- Aminosäurestoffwechsel, Nieren 451
- Arginin, Umwandlungsreaktionen 461
- Darm 451
- Harnstoffzyklus 446 (F), 447–448
- NH_4^+-Stoffwechsel, Zonierung 449
- Plasmakonzentration 445

Citrullinäme
- Typ I 450
- - Argininosuccinatlyase, Defekt 450
- Typ II 450

CK-1 (CK-BB) 137

CK-2 (CK-MB) 137

CK-3 (CK-MM) 137

CK-MB 137, 531
- Immuninhibitionstest 137

class II-associated invariant chain peptide (CLIP) 1107

Clathrin 662
- Endozytose 195
- Viruspartikelaufnahme 333

Clathrin-beschichtete Grübchen (coated pits)
- Plasmamembran 201
- Transport, vesikulärer 191

Clathrin-beschichtete Vesikel 194
- Endozytose 195

- Plasmamembran 195
- TGN 195
Clathrin-vermittelte Endozytose 1036
Claudine, Zonula occludens 198
CLC2 (MCP1) 759
CLC7 (MCP3) 759
CLC8 (MCP2) 759
CLC13 (MCP4) 759
CLC (cardiotrophin-like cytokine) 759
ClC-Ka/-Kb (chloride channel-kidney a/b) 903
CLCN1, Mutation 1032
clearance-receptor 926
CLIP *(class II-associated invariant chain peptide)* 1107
Clostridien/Clostridium
- botulinum/tetani 1036
- Zinkproteasen 1036
cluster-Bildung, Integrine 735
3′-CMP (Cytidin-3′-monophosphat) 144
- Cardiolipin, Biosynthese 556
- Sphingomyelin, Biosynthese 560 (F)
c-MPL-Rezeptor, Megakaryozyten 976
CMP-N-Acetylneuraminsäure 559
- Aminozucker, Biosynthese 544–545
CMT1, Gendefekte 1047
CMT1B
- Gendefekte 1047
- Mutationen 1047
CMTX, Gendefekte 1047
c-myc
- Burkitt-Lymphom 1144
- 1,25-Dihydroxycholecalciferol, Expression 690
CNG *(cyclic nucleotide gated)*, Aktivierung durch cAMP 782
cNMP *(cyclic nucleotide monophosphate)*-Motiv 804
CNP (C-Typ) 925
CNTF (ciliary neurotrophic factor) 759, 794, 1051
- Sekretion 760
CO ► Kohlenmonoxid
CO_2 ► Kohlendioxid
CoA-SH (Coenzym A) 111, 145, 483, 681, 704
- 1-Alkyl-Phosphatidylcholin, Biosynthese 557
- Ceramid, Biosynthese 560
- Melatonin, Abbau/Biosynthese 1043
- Pantothensäure, Biosynthese 704, 705 (F)
- Phosphatidylcholin, Acylierungszyklus 557
coat proteins
- Membranbeschichtung 193
- Transport, vesikulärer 193–194
coated pits 176 (F)
- Hyperlipoproteinämie, Typ II 582
- LDL-Rezeptor 578
coated vesicles, LDL-Rezeptor 578
Cobalamin (►a. Vitamin B_{12}) 681–682, 709–711
- Alkylreste, Umlagerung 710
- biochemische Funktion 710
- biochemische Tests 682
- Coenzym 111
- intrinsic factor 710
- Kobalt 672
- Mangel 711
- - Anämie, megaloblastäre/perniziöse 710
- - Histidinbelastungstest 709
- Methylmalonyl-CoA-Isomerisierung 711 (F)
- Methylmalonyl-CoA-Mutase-Reaktion 711 (F)
- neurologische Störungen 711
- Porphyrine 709
- Speicherung in der Leber 1089–1090
- Zufuhr, tägliche 681
Co-Chaperone 302
codierender Strang
- Basensequenz 257
- RNA-Synthese 256
Codierung, Proteine, Aminosäuresequenz 288
Codon-Anticodon-Wechselwirkung 290, 296
Codon-Familien 289–290
Codonnutzung *(codon usage)* 289
Codons 158, 287–289
- Basenpaarung 290
Coenzym A ► CoA-SH
Coenzym A (CoA-SH) 145
Coenzyme 109–111
- ► Enzyme
- Adeninnucleotide 145
- Biotin, Carboxylierung 705 (F)–706 (F)
- Funktionen, biochemische 111
- Herkunft 111
- Vitamine 680, 682
Cofaktoren 109–111
- Modifikation, Proteine 312
Cofilin 212–213
coiled-coil-α-(Super-)Helix 194
- Keratine 748
- Motorproteine, Aktin-basierte 213
- Myosinfilamente 1004
Colchicin 1077
- Tubulindynamik, Störungen 214
Colipase
- Lipide, Resorption 1070
- Mangel, Pankreasinsuffizienz 1077
Colon
- Aldosteronrezeptoren 924
- Bakterien 1076
- Elektrolytresorption 1075
- Nahrungsstoffe, Schicksal 1076
- Wasserresorption 1075
Colonadenom/-karzinom, Progression, genetische Veränderungen 1153
colony stimulating factor ► CSF
colorektale Tumoren 1147
- APC-mRNA 1151
- hereditäre, nicht-polypöse 237, 1152
- - - Familienstammbaum 1152
- ras-Allelverlust/-Mutationen 1153
- sporadische 1152–1154
- - Chromosom 18q21-22, Allelverlust 1153
- - p53, Punktmutationen 1153
COLQ (Kollagen-ähnliches Protein) 313
- Mutationen, Endplatten-Acetylcholinesterase-Defizienz 313
Coma
- diabeticum 833–834
- hypoglycaemicum 393
common β (βc)-Kette
- Cytokine 794
- Signaltransduktion 759
common γ (γc)-Kette, Cytokine 794
Compactin 570
complement decay accelerator-Proteine 312
complementary determining region (CDR), Immunglobuline 1122
complementary-DNA ► cDNA
Complementsystem ► Komplementsystem
COMT ► Catechol-O-Methyltransferase
c-Onc-Proteine, Viren 344
conformationally coupled calcium release ► CCCR
c-Onkogene 1143
Connexin-26-Gen
- Mutation, Charcot-Marie-Tooth-Erkrankung 186
- - Taubheit, sensorineuronale 186
Connexine 180
- Defekte 186
- *gap junctions* 180
Connexone 181–182
Conn-Syndrom 926–927
Consensus-Sequenz 687
Coomassie-Blaufärbung, Proteine, aufgetrennte 63
COPI
- Beschichtung 194
- Transport, vesikulärer 194
COPII-Vesikel 304–306
- Transport 194
core binding factor-1 ► CBFA-1
Core-Enzym 258
Core-Proteine 549
- Proteoglykane 29–30, 727
Corin 925
Cori-Zyklus 444–445, 521
- Muskelarbeit 534
Cornifinen 749
Coronarsklerose 424
Coronaviridae 328
Corpus
- luteum 880, 885
- mamillare 843
Corticoliberin ► CRH
Corticosteron 923
Corticotropin ► ACTH
Corticotropin Releasing Hormone ► CRH
Cortisol 759, 846, 863, 868
- Abbau 865–866
- antiinflammatorische Wirkung 867
- Biosynthese 864–866
- Cholesterin 863
- Cushing-Syndrom 869
- Gluconeogenese 866
- Halbwertszeit 849
- Harnstoffzyklus 447
- Insulin, Gegenspieler 866
- Milchdrüsenbildung 543
- Sekretion, circadiane 843
- - Interleukin-1 976
- - Stress 863
- Stoffwechseleffekte 867
- Transport im Blut 865
- Wirkungen, zelluläre 866–868
Cortisolderivate
- Osteoblasten 745
- synthetische 867
Cortisolrezeptor 866
Co-Smad *(common partner Smad)* 790
Costamere 1008–1009
costimulatorische Signale, B-Lymphozyten, Reifung 1125
Cosubstrate 110–111
- Wirkungsweise, NAD^+ 110
cotranslationaler Transport 304
Cotransportsysteme, Natrium-gekoppelte 906
Cotrimoxazol, Hämolyse 968
covalente Katalyse 118–119
covalente Modifikation
- Enzyme 131–133
- Glycogenphosphorylase 380
- Glycogenstoffwechsel 380–382, 384 (F)
- Glycogensynthase 382
covered M6-Reste 201
COX ► Cyclooxygenase
Cox17, Kupfertransport 669
CPEO (chronisch progressive externe Ophthalmoplegie) 512
C-Peptid 1008
- Halbwertszeit 849
- Insulin 811

C-Peptid-Konzentration, Plasma, Insulinreifung 812
C-Propeptid
- Abspaltung, Kollagenbiosynthese 719
- Kollagene, fibrilläre 718
CPT1 ► Carnitin-Palmitoyltransferase 1
CPU *(colony forming unit)* 952
CR1 (CD35)
- Bakterienabwehr 1135
- Komplementrezeptoren 1132
CR2 (CD21)
- B-Zell-Aktivierung 1126
- Epstein-Barr-Viren 1135
- Komplementrezeptoren 1132
CR3 (CD11b/CD18)
- Bakterienabwehr 1135
- Komplementrezeptoren 1132
CR4 (CD11c/CD18), Bakterienabwehr 1135
CRABPI (zelluläres Retinsäure-bindendes Protein I) 687
CRABPII (zelluläres Retinsäure-bindendes Protein II), Proteine, Regulation 694
CRE *(cAMP-response element)* 388, 782
- Transkription 276
C-reaktives Protein (CRP) 975, 995–996, 1104
- Akutphase-Proteine 1089
- Funktion/Pathobiochemie 993
- Immunantwort 1134
- Synthese in der Leber 1088–1089
Creatin ► Kreatin
Creatinkinase (CK) ► Kreatinkinase
CREB *(cAMP-response-element binding protein)* 782–783
- Hämbiosynthese, Regulation 612
- Transkription 276
Creutzfeldt-Jakob-Krankheit 89, 1050
C-Rezeptor 926
CRH *(corticotropin releasing hormone*, Corticoliberin) 844, 846, 862–863
- Hypercortisolismus 869
- Nahrungsaufnahme, hemmende Wirkung 643
- Präpro-Hormonstruktur 862
CRH-immunoreaktive Zellen 862
CRH-Rezeptoren 862
Crigler-Najjar-Syndrom 543, 626
Crinophagie, Lysosomen 1067
Cristae, Mitochondrien 203, 208 (F)
Crk 788
Crohn-Krankheit
- Lactasemangel 1077
- TNF-Inhibitor 778
crossing over, Chromosomen 157
Crotonsäure 34
Crotonyl-CoA, Lysinabbau 476
CRP ► C-reaktives Protein
crush-Syndrom, Hämoglobinurie 916
αβ-Crystallin, Retinoidfunktion 687
CSF-1 ► M-CSF
CSF-α/-β ► G-CSF
CSF *(cerebrospinal fluid)* 1026–1028
CSF *(colony stimulating factor)* 759, 952
CT-1 (cardiotrophin-1) 759, 794
CT *(Carbohydrate Deficient)*-Transferrin, Alkoholabusus 661
C-terminale Domäne (CTD) 262
- Dephosphorylierung 262
- Phosphorylierung 262
- - Cyclin-abhängige Proteinkinasen (cdks) 262
- Prolyl-cis-trans-Isomerasierung 262
C-Terminus, Guanylatcyclasen 802
CTLA-4 *(cytotoxic T lymphocyte antigen)* 1114, 1134
- Wechselwirkung, CD80/86 1114
CTP (Cytidintriphosphat) 590, 591 (F)
- Acetylneuraminsäurestoffwechsel 540
Ctr1 *(copper transporter*, SLC31), Kupferaufnahme 669
Cu-ATPase 668
- Kupfertransport 670
Cumarine/Cumarinderivate 696
- γ-Glutamyl-Carboxylierung, Vitamin-K-abhängige 696
- Vitamin-K-Mangel 696
C-Untereinheiten, regulatorische *(regulatory)*, Proteinkinase A 782
Curare 766–767, 1038
Cushing-Syndrom 745, 850
- ACTH-Sekretion 869
- Cortisol-Tagesprofil 869
Cutis laxa 752
- Elastin-Mutation 751–752
- Menkes-Erkrankung 671
Cu_A-Zentrum, Cytochrom-c-Oxidase 500
CuZn-Superoxid-Dismutase (SOD) 510
CX3C-Chemokine 759
CX3CL1 (Fractalkin) 759
Cx32, Gendefekte 1047
Cx43 181
CXC-Chemokine (CXCL1 - CXCL15) 333, 759, 779
CXCL-8 (Interleukin-8) 783–785
CXCR1 784
- G-Protein-gekoppelte Rezeptoren 784
CXCR2 784
- G-Protein-gekoppelte Rezeptoren 784
CXCR-Rezeptor 333
Cyanid, Cytochrom-c-Oxidase, Hemmung 500
Cyanobakterien, Vitamin E 692
Cyanocobalamin 710 (F)
cyclic nucleotide gated (CNG), Aktivierung durch cAMP 782
Cyclin A/cdk2
- Hemmung durch $p21^{WAF1}$ 224
- mRNA-Stabilität 281
- pRb, Hyperphosphorylierung 224
Cyclin B/cdk1-Komplex 223–224
- Aktivierung 222
- *feed back*-Regulation 222
- Phosphorylierung 223
- Regulation 223
- Translokation, Zellkern 223
Cyclin D/cdk4 1148
- Hemmung durch $p21^{WAF1}$ 224
- Proteine, Regulation 694
- Rb-E2F-DP1-Komplex 1148
- Translokation 224–225
- Vitamin E 694
Cyclin E/cdk2 1148
- Hemmung durch $p21^{WAF1}$ 224
- pRb, Hyperphosphorylierung 224
- Proteine, Regulation 694
- Rb-E2F-DP1-Komplex 1148
- Vitamin E 694
Cyclin-abhängige Proteinkinasen (CDKs) 222, 1148
- C-terminale Domäne, Phosphorylierung 262
Cycline, Zellzyklus 221–222, 1147
Cycline/cdk-Komplexe 221–225
- Assoziation, Zellzyklus 223
- Dephosphorylierung 222
- Enzymaktivität 222
- Inhibitorproteine 222
- Phosphorylierung 222
- Regulation 222
- Tumorviren 345
Cyclin-H/cdk7/Mat1-Proteinkinase, Transkription, Elongation 262–263
cyclo-ADP-Ribose 702, 765
- Bildung, NAD^+ 702
- elektromechanische Koppelung 1012
- Ryanodinrezeptor 702
cyclo-AMP ► cAMP
3′,5′-cyclo-GMP ► cGMP
Cycloheximid, Proteinbiosynthese, Hemmung 299
2′,3′-Cyclonucleotidphosphodiesterase (CNP), Myelinscheiden 1046
Cyclooxygenase, Aktivität, PGHS 420
Cyclooxygenase 2 (COX-2)
- Entzündungsmediatoren 791
- Hemmung, Acetylsalicylsäure 134
- - Glucocorticoide 867
- Inhibitoren 424
- γ-Tocopherol 693
Cyclopentano-Perhydrophenanthren 38, 39 (F)
Cyclopentenylcytosin 595 (F)–596 (F)
Cyclophiline 303
- HIV 340
Cyclophosphamid, Krebstherapie 1160
Cyclosporin A 303
- Transplantatabstoßung 1139
CYP3A, Proteine, Regulation 694
CYP17 (17α-Hydroxylase) 881
- Östradiolbiosynthese 881
CYP19, Östradiolbiosynthese 881
CYP 2E1, Alkoholkonsum, chronischer 1100
Cyproteronacetat, Antiandrogene 877
Cys_2/Cys_2-Zinkfinger 277
Cys_2/His_2-Zinkfinger 277
Cys-Gly, Cystein, Umwandlungsreaktionen 466 (F)
Cystathionin, Methionin, Abbau 462
Cystathionin-β-Lyase 433
Cystathionin-γ-Lyase
- Cysteinumwandlung 466
- Methionin, Abbau 463
Cystathionin-γ-Synthase 433
Cystathionin-β-Synthase
- Defekt 464
- Methionin, Abbau 463
- Pyridoxalphosphat 704
Cystatine, Speichel 1054
Cysteamin 410 (F), 438
Cystein 45, 47, 127, 438–439, 443
- Abbau 465 (F)
- Aminosäuren, nicht essentielle, Stoffwechsel 440
- Bedarf des Menschen 439
- Codons 289
- Methionin, Abbau 462
- Plasmakonzentration 445
- Sauerstoffspezies, reaktive 510
- Schwefel 941–942
- Stoffwechselbedeutung 462
- Sulfatstoffwechsel 941 (F)
- Umwandlungsreaktionen 466
Cystein-Dioxygenase, Cysteinabbau 465
Cysteinpeptidase 315
Cysteinproteasen/-proteinasen 226
- Basalmembran, Abbau 1156
Cystein-Proteinasen 1107
Cysteinseitenketten, Oxidation 306
Cysteinsulfinat 465
Cysteinsulfinat-Decarboxylase, Cysteinabbau 465

Cysteinyl-Glycin-Dipeptidase, Leukotrienbiosynthese 423
Cysteinylrest, Glycerinaldehyd-3-phosphat-Dehydrogenase 361
Cysteinylreste
– Cadmium 677
– Palmitoylierung 311
cystic fibrosis transmembrane conductance regulator ► CFTR
Cystin 465
– Stoffwechselbedeutung 462
Cystinbrücke, Proteine 306
Cystinose 200
Cystintransport, Defekte 200
cystische Fibrose 313, 1032
– CFTR 185, 1076
– Vitamin-E-Mangel 694
Cytidin 143
Cytidin-3-monophosphat ► 3′-CMP
Cytidindiphosphat ► CDP
Cytidindiphosphatcholin ► CDP-Cholin
Cytidinnucleotide 591
– Biosynthese 591
Cytidintriphosphat ► CTP
Cytochalasine 215
Cytochrom a, Standardpotential 103
Cytochrom b 499
– Standardpotential 103
Cytochrom b_5, Fettsäuren, ungesättigte, Biosynthese 419
Cytochrom-bc_1-Komplex 498–499
Cytochrom c 95–97, 495, 659
– Aminosäuren 95
– – Invarianz 95
– Apoptose 226
– Elektronentransport 494–495
– Freisetzung, Mitochondrien 226
– Mitochondrien 203
– Muskelarbeit 535
– Sequenzanalyse 95, 97
– Standardpotential 103
Cytochrom-c-Oxidase 499–500, 506, 667
– Atmungskette 497
– binukleäres Zentrum 500
– Cu_A 500
– Cu_A-Zentrum 500
– Häm a_3 500
– Häm a-Zentrum 500
– Hemmung, Azid 500
– – Cyanid 500
– – Kohlenmonoxid 500
– – Stickstoffmonoxid (NO) 500
– Kupfer 667
– Kupferzentren 500
– Säugetiermitochondrien 500
– Untereinheiten 500
Cytochrom-c-Proteine 95–97
Cytochrom P_{450} 507, 509, 659
– 3,4-Benzpyren 1158
– Biotransformation 1091
– Enzymfamilien 508
– Hämbiosynthese 613
– – Regulation 613
– Hydroxylasen 506
– Membranen 177
– Monooxigenasen 507–508
– Monooxygenasen 57
– – Hydroxylierung 507
– Oxoferryl-Gruppe 508
– Superoxid-Radikale, Bildung 509 (F)
Cytochrom P450-Aromatase-Komplex
– Östradiolbiosynthese 881
– Reaktionsmechanismus 882
Cytochrom P_{450}-Reduktase 177
Cytochrom P450-XIXA I (Aromatase) 882
Cytochrom P_{450}-abhängige Monooxigenase, Alkoholkonsum, chronischer 1100
Cytochrome 490, 506
– Oxidoreduktasen, hämhaltige 506
cytochrome P_{450}-side chain cleavage enzyme (P_{450} SCC) 864
Cytokeratine
– basische/saure 213
– Defekte 214
Cytokeratinfilamente 212 (F)
Cytokine 110, 760, 777–778, 845, 1144
– Abbau 761
– Akutphase-Proteine 975, 996
– Alkoholkonsum, chronischer 1100
– Allergie, Typ I 1137
– Analyse 760–762
– antiinflammatorische, PGHS-2 420
– Ausscheidung 761
– Bindung, Rezeptoren 770
– biologische Funktion 779
– Biosynthese 760
– Blut-Hirn-Schranke 868
– Cholestase 1101
– *common* β (βc)-Kette 794
– *common* γ (γc)-Kette 794
– Cortisolsynthese 863
– 5′-Deiodase 856
– Einteilung 759, 777–779
– Entzündung 975
– Fibronektin-Typ-III-Domänen 770
– Glycoprotein 130 (gp130) 794
– Immunantwort 1133
– inflammatorische 1104
– Inhibitoren 1161
– Interleukin-6-Typ 794
– Knochenbildung 745
– Konzentrationsbestimmung, Methoden 761–762
– Matrix-Metalloproteinasen, Regulation 1157
– Muskelwachstum 1016
– Myosin 1006
– Osteoporose 745
– Phosphotyrosin-Seitenketten 771
– Pleiotropismus 777
– Produktionshemmung 867
– proinflammatorische 759, 1104–1105
– – Entzündungen, chronische 778
– – Freisetzung 800
– – Immunantwort 1133
– – Multiorganversagen 800
– – SIRS 800
– Redundanz 778, 794
– Rezeptoren 763–765, 778
– – lösliche 778
– Rezeptorketten 794
– Rezeptorkomplex 805
– Sekretion 760
– Signaltransduktion, TGFβ-Rezeptoren 790
– Stoffwechsel 760–762
– Transport im Blut 760
Cytokinetik
– chromosomale Bande, Verlust 1145
– Mitose 155
Cytokingene, Einbau, Abwehrmechanismus 1161
Cytomegalievirus
– Persistenz 343
– Proteinabbau 323
Cytoplasma 176
cytoplasmatische Domänen, Integrine 734
Cytosin 142–143, 238 (F), 273
– DNA 149
– Pyrimidinabbau 601 (F)
Cytoskelett 207–215
– Aktinfilamente 207, 211–214
– Filamente, dicke 207, 213
– – dünne 207, 213
– – intermediäre 207, 213
– Immunfluoreszenz-Mikroskopie 209 (F)
– Integrine 734
– Mikrotubuli 207–211
– Muskulatur, quergestreifte 1007–1009
– Neurone 1029
– Proteine, assoziierte 1008
– Proteinkomplexe 1008
– sarkomeres 1008
– Titin 1008
– Tubulin 207
Cytosol 410
– Aminosäureabbau, Verteilung 443
– Chaperone 303
– Hämbiosynthese, Regulation 612
– Proteine, Glycosylierung 312
– und Zellkernmatrix, Beziehungen 188
cytosolischer Rezeptor, Aldosteron 923
Cytostatika 1160–1161
– ► Chemotherapie
– Krebstherapie 1160
– *multidrug resistenz* (MDR) 1160
– Resistenz 1160
– Tubulindynamik, Störungen 214
cytotoxic T cells 1116
cytotoxic T lymphocyte antigen (CTLA-4) 1114, 1134
Cytotoxizität
– ► Zytotoxizität
– zelluläre, antikörperabhängige ► ADCC
C-Zellen, Calcitonin 851

D

Dämpfer *(silencer)*, Transkription, Eukaryoten 262
DAG ► Diacylglycerin
Daidzein, Phytoöstrogene 884
D-Alanin 46, 47 (F)
D-Aminooxidasen 307, 437
D-α-Aminosäuren 47
5′-dAMP (Desoxyadenosin-5′-monophosphat) 144
Dansylchlorid, Aminosäuren, Derivatisierung 51
Dapson, Methämoglobinbildner 969
D-Arabinose 23
Darm(mucosazellen)
– Aminosäurestoffwechsel 451
– Bilirubinabbau 622–623
– Elektrolytaufnahme 1076
– Urease 451
– Wasseraufnahme 1076
Darmsaft
– Albumin 1062
– Mucine 1062
Darmtumoren, Hämokkult-Test 1160
Darwin, Charles 6
DBP (Vitamin-D-Bindungsprotein) 689
dcc*(deleted in colorectal carcinomas)*-Gen 1147, 1153
Dcytb, Ferrireduktase, Downregulation 660
DDB1-Protein *(damaged DNA binding protein)* 345
– Hepatitis-B-Virus 345
D-Desoxyribose 23
D-(Dihydrouridin-)Schleifen, tRNA 289
D-Dimere, Fibrin 987
D(Diversitäts-)Gen-Segmente, H-Ketten, Antikörper 1121
Deacetylierung, Lysinreste 273

death-domain (DD)
– Apoptose 791
– MyD88 *(myeloid-differentiation)* 791
– TNFR1 792
3-Deazauridin 595 (F)–596 (F)
debranching enzyme, Glycogenolyse 370
Decarboxylasen 433
– Pyridoxalphosphat 704
Decarboxylierung
– Aminosäuren 436
– dehydrierende, Isoleucin 466
– – α-Ketosäuren 943
– – Leucin 466
– – Pyruvat 416, 479
– – Transaminierung 441
– – Valin 466
– Glutamat 1040
– β-Ketosäuren 943
– oxidative 111
– – Aminosäureabbau 441, 467
– – Isoleucin 466
– – Leucin 466
– – Thiaminpyrophosphat 699
– – Valin 466
– Pyridoxalphosphat-abhängige 473, 703
– – Aminosäuren 436, 438
– – 5-Hydroxytryptamin 1043
decay-accelerating-factor (DAF; CD55) 314, 1132
– Erythrozyten, lytischer Angriff, Abwehr 969
Decodierung, Proteinbiosynthese 288
Decorin 721, 728–729
– *core*-Protein 729
– Haut 751
Defektproteinämien, Hepatitis/Leberzirrhose 998
Defensine 186
– Bakterienabwehr 1135
Degeneration
– DNA-Basencode 158
– genetischer Code 289
Degranulierung, Granulozyten, neutrophile 973
Dehydratase
– Desaminierung 435
– Fettsäuresynthase 412 (F)
– Pyridoxalphosphat-abhängige 435
Dehydratation/Dehydrierung 11 (F), 920–921
– Fettsäuren, langkettige, Biosynthese 411
– Flavoproteine 700
– Hypernatriämie 920
– intrazelluläre, Typ-1-Diabetes mellitus 833
Dehydroalanin 853 (F)
Dehydroascorbat/-ascorbinsäure 103, 697 (F)
7-Dehydrocholesterin 688
Dehydroepiandrosteron (DHEA) 873
– Testosteron, Biosynthese 874, 875 (F)
Dehydroepiandrosteron-Sulfat (DHEA-S) 873
Dehydrogenasen 490, 506
– FAD-abhängige 506
– FMN-abhängige 506
– NAD^+-abhängige 506
– $NADP^+$-abhängige 506
– Ubichinon, Reduktion 496
Deiodasen
– 5′-Deiodase 855 (F), 856
– Nachweis 858
– Wirkung, Thyroxin 855
Dekapeptid, Definition 58
Demannosylierung 322
Demenz
– Alzheimer-Typ 1048
– frontotemporale, Parkinsonismus 1049
Demineralisierung
– Karies 674
– Osteoklasten 690
Demyelinisierung 1047
Denaturierung
– DNA 166 (F)
– Proteine 86–89
– Ribonuclease 86
Dendriten 1029
– AMPA-Glutamatrezeptorvesikel 210
– Mikrotubuli 208
dendritische Zellen 1108
– follikuläre (FDZ) 1126
α-Dendrotoxin 767
Denervation 1018
de-novo-Fettsäuresynthese/-Lipogenese, Acetyl-CoA-Carboxylase, Hemmung 647
de-novo-Fettsäuresynthese/Lipogenese 517, 647, 649
de-novo-Mutationen
– Dystrophin-Gen 1018
– Hämophilie A 988
dense bodies 200
dense core vesicles, Katecholamintransmitter 1042
dentato-rubro-pallido-luysianische Atrophie (DRPLA) 1049
DEPC (Diethylpyrocarbonat) 165
Dependovirus 329
Dephospho-Coenzym A 704, 705 (F)
Dephosphorylierung
– C-terminale Domäne 262
– Cyclin/cdk-Komplexe 222
– Enzyme 132 (F)
– Proteinkinasen, Cyclin-abhängige 221, 222 (F)
– Serinreste 273
Depolarisation
– Neurone 1030
– Stäbchen/Zapfen 686
Depotfett 638
– Mobilisierung 648
Depurinierung
– DNA 237
– – Instabilität 237, 238 (F)
Derivatisierung, Aminosäuren 51
Dermatansulfat 29, 32 (F), 549, 727
– UDP-Glucuronat 542
Dermatitis
– Biotinmangel 706
– seborrhoische, Riboflavinmangel 700
Dermatomyositis 1018
Dermis 747, 749–751
– Elastizität 749
– fibröse Netzwerke 749
– Kollagene 751
– Reißfestigkeit 749
dermo-(epi)dermale Junktionszone 749–750
Desaminierung
– Aminosäuren 434–436
– Dehydratase, Pyridoxalphosphat-abhängige 435
– dehydrierende 434
– – Glutamat 456
– DNA 237, 238 (F)
– eliminierende 434, 436
– – Histidinabbau 475
– Formen 436
– Glutamat 432, 907–908
– Glutamat-Dehydrogenase (GLDH) 435
– Glutamin 432
– hydrolytische 434, 436
– Imin 435
– oxidative 434, 436
– – Biotransformation 1091
– – Flavoproteine 700
– – O_2-abhängige 434
– Serin/Threonin-Dehydratase 435
Desamino-NAD^+ 701
Desaturasen 419
– Fettsäuren, ungesättigte, Biosynthese 418, 419 (F)
Descemet-Membran, Kupferablagerung 670
Desensitisierung 195
Desmin 213
desmin-storage disease 1018
Desmocollin 197, 199
Desmoglein 197, 199
Desmosin 725
Desmosomen 198–199
– Filamente, intermediäre 214
Desoxyadenosin 143
Desoxyadenosin-5′-monophosphat (5′-dAMP) 144
5′-Desoxyadenosylcobalamin 681, 709, 710 (F)
Desoxycholsäure, Gallensäuren, Bildung 1060 (F)
11-Desoxycorticosteron
– Aldosteronbiosynthese 923
– Biosynthese 923
– Cholesterin 922
11-Desoxycortisol 866 (F)
Desoxycytidin 143
2-Desoxy-D-Ribose 143 (F)
Desoxyform, Häm 80
Desoxygenierung, Hämoglobin 959
2′-Desoxyguanosin 350 (F)
Desoxyguanosin-5′-Phosphat (dpG) 147
Desoxyhämoglobin 83, 961
Desoxyinosin 143
Desoxyribonuclease 1059
– Pankreas 1060
Desoxyribonucleinsäure ► DNA
Desoxyribonucleotide 143
– Biosynthese 591–593
– DNA-Replikation 230–231
Desoxyribose 143 (F)
– 2-Desoxy-D-Ribose 143
– D-Ribose 143
– Nucleotide 142
Desoxythymidin 143
Desoxythymidin-5′-monophosphat (5′-TMP) 144
Desoxythymidintriphosphat 351 (F)
Desoxyuridin 143
Desoxyuridinmonophosphat, Methylierung 592–593
Desoxyxanthosin 143
Desquamation
– Darmepithelien, Eisenresorption 663
– Haut 748
Detemir 816, 817 (F)
Dexamethason 868
Dextrangel-Chromatographie 27
D-Fructose 23
D-Galactosamin 39 (F)
D-Galactose 23, 39 (F), 966
D-Glucose 23, 39 (F)
– α-D-Glucose, Derivate 24
– β-D-Glucose 23 (F)–24 (F)
– Resorption 1069
D-Glutamin 46
D-Glycerinaldehyd, Fructosestoffwechsel 364, 365 (F)
DHEA ► Dehydroepiandrosteron
DHEA-S ► Dehydroepiandrosteron-Sulfat
D-Hexose-6-Phosphotransferase 112
DHOase 594
DHO-Dehydrogenase 594
D-Hormone, Cholesterin 39
D-β-Hydroxybutyrat, Ketonkörper, Abbau 409
D-β-Hydroxybutyrat-Dehydrogenase, NADH/H^+-abhängige, Ketonkörper, Abbau 409
Diabetes insipidus
– centralis 921
– Dehydration 920
– nephrogener 186
– renalis 921

Diabetes mellitus 136, 393, 425, 785, 832–838, 850
- *advanced glycosylation end-products* (AGEs) 837–838
- Albuminurie 837
- Azidose 529
- Brennstoffmobilisierung/-verwertung 833
- DR3 1138
- DR4 1138
- Eisenablagerungen 666
- Erkrankungen, assoziierte 836–838
- Glomerulosclerose 837
- Glucagon 832
- Glucosamin 838
- Glucose-Durchsatz, vermehrter 838
- Glucosetoleranz-Test 523, 814
- Glycohämoglobine 838, 969
- HbA_{1c} 394
- Hexosamin-Weg, Glucose-Durchsatz 838
- HLA-DR2-Allel 1138
- β-Hydroxybuttersäure 17
- Hypercholesterinämie 583
- Hyperlipidämie 836
- Hyperlipoproteinämie 581
- Hypertonie, arterielle 836
- Insulin 832
- Insulin-abhängiger 1138
- Insulinmangel 393, 528–529
- Katarakt 837
- Katecholamine 832
- Ketonkörper 529
- – im Urin 916
- Lipolyse 528
- Mikroangiopathie 837
- Nephropathie 837
- Neuropathie 837
- NO-Synthase 838
- PAI-1 838
- Polyolstoffwechsel 837
- Proteinkinase C (PKC), Aktivierung 838
- Retinopathie 837
- TGF-α/TGF-β1 838
- Typ 1 522, 832–834
- – Autoimmunreaktion, β-Zell-zerstörende 832
- – Fettgewebe 832–833
- – Glucosurie 833
- – Insulinitis 832
- – Ketonämie/Ketonurie 833
- – negative 833
- – Stickstoffbilanz 833
- – β-Zellen, Absterben 1116
- Typ 2 834–836, 1108
- – Adiponectin 835
- – Adipositas 640, 834
- – AMP-aktivierte Proteinkinase (AMPK), Aktivierung 835
- – Fettgewebe 834–835
- – Insulinresistenz 834–835
- – PPAR 649
- – *thrifty-gene*-Hypothese 836
- – TNF-α 835

Diacylglycerin (DAG) 35, 517, 554, 571, 783, 789
- Lipogenese 416
- Lipolyse 399 (F)
- Muskelaufbau/-abbau 1016
- Phosphoglyceride, Biosynthese 555 (F)
- *second messenger* 774, 789
- Signalübertragung 1114
- Sphingomyelin, Biosynthese 559, 560 (F)
- Synthese 775
- Triacylglycerine, Biosynthese 402 (F)

Diacylglycerin-Acyltransferase (DGAT)
- Lipogenese 415–416
- Triacylglycerine, Biosynthese 402–403

Diacylglycerin/PKC-Weg 1114
1,2-Diacylphosphoglycerid, Phosphoglyceride, Biosynthese 555 (F)
Diät 653–654
- Hyperurikämie 603

diagnostische Verfahren, Signalverstärker, Enzyme 137–138
Diaminooxidase 436
- Histamin, Abbau 474
- Histidinabbau 474

Diarrhoe 800
- Dehydration 920
- Glucose/Galactose-Malabsorption 186
- osmotische 1076, 1078
- sekretorische 1078

Diazepam, Blut-Hirn-Schranke 1027
Diazoreaktion, Bilirubin 622
Dicarboxylat-Carrier 374
Dicarboxylat/Phosphat-Carrier 64, 494
DICER 250
- RNase 3-Aktivität 281

dichte Linie, Myelinscheiden 1046
Dichtegradientenzentrifugation 65
dichtes Tubulussystem (DTS), Thrombozyten 977
Dickdarm, mikrobieller Stoffwechsel, Ballaststoffe 651
Dickdarmmukosa, Butyrat 651
Didesoxy-ATP 171 (F)
Didesoxycytosin (Zalcitabin, ddC) 351
Didesoxyinosin (Didanosin, ddI) 352
(2',3'-)Didesoxynucleosidtriphosphat 171 (F)
Diethylaminoethyl (DEAE) 60 (F)
Difarnesylnaphthochinon (MK6) 111, 681, 695
Differenzierungsstörungen, Tumoren 1142

Diffusion
- erleichterte 179–180, 183, 598
- – ΔG 179
- – Glucoseaufnahme 375
- – GLUT-Familie 183
- – Kinetik 180
- Fettsäuren 401
- Nucleosidtransporter 598
- passive, Verdauung 1068

Diffusionsgeschwindigkeit, Hydratationsradius 8
Diffusionsstrecken, Erythrozytenform 956
Digitalisglycoside ▶ Herzglykoside
dihedraler Winkel, Ramachandran-Diagramm 75
6,7-Dihydrobiopterin 469 (F)
7,8-Dihydrobiopterin 828 (F)
Dihydrobiopterinreduktase 828
Dihydroceramid 559, 560 (F)
Dihydroceramid-Dehydrogenase, Ceramid, Biosynthese 560
Dihydrofolat 593, 707 (F)
Dihydrofolatreduktase 483
Dihydrofolat-Reduktase 593
Dihydrofolatreduktase 709
- Hemmstoff 709
- Hemmung, Trimethoprim/Methotrexat 134
- Tetrahydrofolat, Bildung 707

Dihydrogenphosphat/Hydrogenphosphat-Puffersystem 17, 944
- Dissoziationskonstante K 15
- pK_S-Wert 15
- Tubuluszellen 908–909
- Urin 17

Dihydrolipoatdehydrogenase 481
Dihydroorotase, Pyrimidinbiosynthese 591
Dihydroorotat
- Biosynthese, Regulation 594
- Pyrimidinbiosynthese 590

Dihydroorotat-Dehydrogenase 591, 594
- Pyrimidinbiosynthese 591, 594

Dihydrophenylalanin, Tyrosinhydroxylase-Reaktion 828 (F)
Dihydropyridin-Rezeptor
- elektromechanische Koppelung 1012, 1014
- Muskelkontraktion 1011

Dihydropyrimidinase
- Mangel 604
- Pyrimidinabbau 601

Dihydropyrimidin-Dehydrogenase
- Mangel 604
- Pyrimidinabbau 601

5α-Dihydrotestosteron (5αDHT) 873, 876
- Umwandlung, periphere 876

Dihydrothymin, Pyrimidinabbau 601

Dihydrouracil, Pyrimidinabbau 601
2,4-Dihydroxy-5-methylpyrimidin ▶ Thymin
Dihydroxyacetonphosphat 361 (F), 400
- 1-Alkyl-Phosphatidylcholin, Biosynthese 557 (F)
- Fructosestoffwechsel 364, 365 (F)
- Gluconeogenese 373
- Glucosestoffwechsel 400 (F)
- Glycolyse 359, 360 (F), 361, 519
- Lipogenese 415
- Phosphoglyceride, Biosynthese 555 (F)

Dihydroxyacetonrest, Hexosemonophosphat-Weg 366
1,25-Dihydroxycholecalciferol, Calciumreabsorption 932
1,25-Dihydroxycholecalciferol (Calcitriol) 681, 689–690, 937–938
- Biosynthese 688 (F)
- – 1α-Hydroxylase 689
- Calciumresorption 933, 937
- Calciumstoffwechsel 933
- Expression, Proteine 690
- Knorpel-/Knochenbildung 741
- Osteoblasten 690
- Parathormon 935
- Phosphatstoffwechsel 933
- Speicherung in der Leber 1090
- Wirkungsmechanismus 690

2,4-Dihydroxy-3-dimethyl-Buttersäure 410 (F)
3,4-Dihydroxyphenylalanin 49 (F), 438, 1042
- Aminosäuren, verzweigtkettige, Abbau 468
- Katecholaminbiosynthese 827

3,4-Dihydroxyphenylethylamin 438
17α,20α-Dihydroxyprogesteron 882
2,6-Dihydroxypurin ▶ Xanthin
2,4-Dihydroxypyrimidin ▶ Uracil
19,19-Dihydroxy-Testosteron, Cytochrom-P450-Aromatase-Komplex 882 (F)
1,25-Dihydroxy-Vitamin D_3, Östrogene 883
Diiodtyrosin (DIT) 857
αβ-Dimere, Mikrotubuli 208
Dimethylallylpyrophosphat
- Squalen, Bildung 566
- – Biosynthese 566 (F), 567

7,12-Dimethylbenzanthren 1158 (F)
5,6-Dimethylbenzimidazol-Ribonucleotid 709, 710 (F)
Dimethylquecksilber 677

eIF-4G 300–301
- Harnblasenkarzinom 301
- Mammakarzinom 301
eIF-5B•GTP-Komplex (eIF-5B•GTP) 295
Eikosanoide 34, 418–425, 759, 1104
- Allergie, Typ I 1137
- Biosynthese, Lipidperoxidation 511
- - pharmakologische Hemmung 424
- Immunantwort 1133
- Synthese 571
Eikosapentaensäure 420
$\Delta^{5,8,11,14}$-Eikosatetraenoyl-CoA 419
$\Delta^{5,8,11,14}$-Eikosatetraensäure 34, 418
$\Delta^{8,11,14}$-Eikosatrienoyl-CoA 419, 420 (F)
Eikosatriensäure 420
Ein-Gen-ein-Protein-eine-Funktion, Enzyme 110
Einkompartment-Modell, Ernährungszustand 638
Einschleusung, DNA, fremde 241
Einzelnucleotid-Polymorphismus 161
Einzelstrangbereiche *(sticky ends)*, DNA 169
Einzelstrangbindungsproteine, DNA-Replikation 231
Eisen 4, 658–667
- Abgabe 660
- anorganisches, dreiwertiges, Nahrung 659
- Aufnahme 660
- - unzureichende, Anämie 666
- Ausscheidung 665
- Bedarf, erhöhter 665
- - Schwangerschaft/ Wachstum 667
- Bilirubinabbau 621
- Dosen, orale 660
- dreiwertiges, Transferrin 661
- Erythrozytenabbau 955
- freies 658
- - Hydroxylradikale 658
- - Redoxreaktionen 658
- Freisetzung, Hepcidin 662
- Gehalt, Ferritin 663
- genetische Veränderungen, angeborene 658
- Gesamtbestand 656
- Hämoglobin 659
- Konzentration, Eisen-Transferrin-Sättigung 661
- Mukosablock 660
- Plasmaspiegel 656
- Porphyringerüst 659
- Proteinbindung 661
- Recyclisierung, Hepcidin 662
- Redoxreaktionen 658
- Resorption 659–660, 1076
- - Darmepithelien 663
- - Hepcidin 662
- Ribonucleotid-Reduktase 659
- als Sauerstoff- oder Elektronentransporteur, Proteine 659
- Speicherung in der Leber 1090
- Tagesbedarf 665–666
- toxische Wirkung 666
- Transport, Blutplasma 659–660
- - transzellulärer 660
- Verluste, Anämie 666
- - Blutungen 665
- - Menstruation 665
- Zellproliferation 659
- Zufuhr, tägliche 666
- zweiwertiges, Häm 79
Eisenablagerungen/-akkumulation 666
- Aderlass 666
- Leberzirrhose 666
- SQUID-Biosuszeptometer 666
- Thalassämie 971
Eisenbelastungstest, oraler 667
Eisenexport, zellulärer, Ferroportin 660
Eisenhomöostase, intrazelluläre, IRP-1/2 664
Eisenmangel, Plasmaferritinspiegel 663
Eisenmangelanämie 955
- Anämie 666
Eisenporphyrin ► Häm
eisenregulatorische Elemente 664
eisenregulatorische Proteine 659, 664
Eisen-Schwefel-Cluster/-Komplexe 203, 665
Eisen-Schwefel-Proteine 490
- Monooxygenasen 508
Eisen-Schwefel-Zentrum 659
- ETF:Ubichinon-Oxidoreduktase 498
- NADH:Ubichinon-Oxidoreduktase 497
Eisenspeicher, leere, Hepcidinproduktion 663
Eisenspeicherkrankheit, Leberzellschädigung 1101
Eisenspeicherprotein 660
Eisenstoffwechsel
- Hepcidin 662
- Plasmaeisen 665
- Regulation, hormonelle 662
Eisen-Transferrin-Sättigung 661
Eisenüberladung
- chronische 666
- (Plasma-)Ferritinspiegel 663
Eisenumsatz, täglicher 665
EKG-Veränderungen
- Hypercalciämie 938
- Hyperkaliämie 929
Elastasen 315, 727, 868, 1059
- Bakterienabwehr 1135
- Pankreas 1058
Elastin 56, 724–726
- Binde-/Stützgewebe 716
- elastisches Verhalten 725
- extrazelluläre Matrix 548
- Fibrillin 724
- Flexibilität 724, 726
- Haut 751
- hydrophobe Bereiche 724
- Mutation, Cutis laxa 751–752
- - Hauterkrankungen 752
- Quervernetzungs-Domänen 724
- Tropoelastin-Untereinheiten 724
- Wassermantel 725
elastische Fasern 724–727
- Architektur 725
- Biosynthese 725, 727
- Haut 751
- Organe, Wachstumsphase 727
Elastizität, Dermis 749
electrospray ionisation (ESI) 67
elektrische Koppelung, elektrische, gap junctions 180
elektrische Leitfähigkeit, Wasser 12
elektrische Synapsen 1034
elektrogene Carrier 492
Elektrolyte
- Durchlässigkeit, Blut-Hirn-Schranke 1027
- Reabsorption, Niere 899–905
- Resorption 1074–1076
- - Colon/Ileum 1075
- Typ-1-Diabetes mellitus 833
Elektrolytverluste, Schweißdrüsen 1075
Elektrolytzusammensetzung, Plasma 1074
elektromechanische Koppelung
- Acylcarnitin 1012
- CCCR *(conformationally coupled calcium release)* 1012
- CICR *(calcium-induced calcium release)* 1012
- cyclo-ADP-Ribose 1012
- cytosolische Calciumkonzentration 1012
- Dihydropyridin-Rezeptor 1012
- Muskelfasern, dicke 1011
- Muskelkontraktion 1011–1014
- Ryanodinrezeptor 1012
- Sauerstoffspezies, reaktive (ROS) 1012
Elektronenaffinitäten 103
Elektronenakzeptoren, Säuren 18
Elektronendonatoren, Basen 18
Elektronentransport, Atmungskette 494–500
Elektronenübertragung, Molybdän 671
elektrophil 18
elektrophile Verbindungen 18–20
elektrophiler Angriff, Basenkatalyse 19
Elektrophorese
- Ethidiumbromid 165
- Nucleinsäuren, Auftrennung 165
- Plasmaproteine 991
Elemente
- chemische 4
- Periodensystem 4
ELISA *(enzyme-linked immunosorbent assay)* 138, 347, 762 (F)
- Antikörpernachweis 346
- Virusvermehrung 346
Elliptozytose, hereditäre 968
Elongation
- Proteinbiosynthese 287
- - eukaryote 296–298
- Transkription 257, 262–267
- - Prokaryoten 258–259
Elongationskomplex, ternärer 296
Elongationszyklus, cytosolischer, Eukaryoten 296, 297 (F)
Embryogenese/Embryonalentwicklung
- Fibronectin-Gen, Inaktivierung 732
- Hyaluronsäure 550
- morphogenetische Prozesse 741
- Vitamin A 687
Emery-Dreyfuss-Muskeldystrophie 1018
Emiline 724
Eminentia mediana 843
ENaC *(epithelial natrium channel)* 197
- Colon 1075
Enamelysin 737
Enamin 361 (F)
Enden, glatte *(blunt ends)*, DNA 169
endergone Reaktion 102
Endharn 914–917
2,3-Endiol-L-Gulonsäure-γ-Lacton 697
Endobiotica 1090
endokrine Drüsen 758
endokrine Signaltransduktion 758
Endonucleasen 167
Endopeptidase(n) 316
- neutrale (NEP) 925–926
- Pankreassaft 1058
- Pepsin 1056
endoplasmatischer Transport 209
endoplasmatisches Retikulum, glattes 190
endoplasmatisches Retikulum (ER) 190
- Chaperone 303
- Elektronenmikroskopie 287
- glattes 176 (F), 190
- Glucose-6-phosphat 379
- Kompartiment, intermediäres 190

- Membranbiosynthese 562
- Proteine, Faltung 305
- raues 176 (F), 190
- - LDL-Rezeptor 578
- - Transmembran-Proteine, integrale 304
- - - sekretorische 304
- transversale Tubuli 1012
- Übergangselemente (transitional elements) 190
Endoproteinasen 316
β-Endorphin
- Halbwertszeit 849
- Nahrungsaufnahme, stimulierende Wirkung 643
- ν-Rezeptor 1044
Endorphine 1038, 1044–1045
- analgetische Wirkung 1044
- Entstehung 1045
- lipotropes Hormon 1044
- Plazenta 884
Endosomen 200
- frühe 202
- MVBs *(multivesicular bodies)* 195
- späte 195
- Transport, vesikulärer 191
Endosymbiontenhypothese, Mitochondrien 204
Endothel, Thrombozytenaggregation 980–981
endothelial derived relaxation factor ► EDRF
Endothelin-1, Retinopathie, diabetische 837
Endothelin-Conversions-Enzym (ECE) 318
Endotheline, Nierendurchblutung 896
Endothelin-Rezeptoren 43
Endothelzellen
- EDRF 981
- fenestrierte, Glomerulus 896
- - Plexuskapillaren 1026
- Prostacyclin (PGI_2) 981
- sinusoidale, Leber 1084
- Stickstoffmonoxid (NO) 981
- t-PA 987
endothelzellproduzierter, relaxierender Faktor ► EDRF
endotherme Reaktion 101
Endozytose 906
- Clathrin-beschichtete Vesikel 195
- Clathrin-unabhängige 197
- - Caveolae 197
- Clathrin-vermittelte 195, 1036
- - GLUT 4 375
- - Resorption, tubuläre 906
- - Synapse, chemische 1034
- Lysosomen 200
- Membranproteine, Ubiquitinylierung 196
- Mikrotubuli 209
- Plasmamembran 195
- Proteine 319
- Rezeptoren, Internalisierung 806
- Rezeptor-vermittelte, Viruspartikelaufnahme 333
- Sättigungskinetik 195
- Transport, vesikulärer 191
Endplatten-Acetylcholinesterase-Defizienz, COLQ-Protein, Mutationen 313
Endwert-Methode, Metabolitenbestimmung 116
energetisches Äquivalent 636
- Alanin 637
- Fette 637
- Glucose 637
- Kohlenhydrate 637
- Nährstoffe 637
- Proteine 637
- Sauerstoff 636–637
- Triolein 637
Energie 101
- chemiosmotische Kopplung 104
- chemische Kopplung 104
- innere 101
- Kilojoule (kJ) 633
- Kilokalorie (kcal) 633
- resorbierte 633
- verdauliche 633
energiearme Verbindungen 105
Energieaufnahme, tägliche, Fettaufnahme 648
Energieausbeute
- Adipositas 634
- Citratzyklus 484
- Nährstoffoxidation 634
Energiebedarf 635–636
- Glucose 520
- Nahrungskarenz 641
- Skelettmuskulatur, Glycogen 532
- - Triacylglycerine 532
- zellulärer, Citratzyklus 485
Energiebilanz 632–638
- Adenosintriphosphat 632
- ausgeglichene 639–640
- Gehirn 643
- negative 640–641
- oxidative Phosphorylierung 502
- positive, Adipositas 632
- - Übergewicht 632
- Veränderungen 639–642
Energiecarrier, ATP 105
Energiegewinnung
- Niere 909–910
- Zelle 104–106
Energieladung 380
energiereiche Verbindungen
- Acetyl-CoA 479
- Enthalpie, freie 104
- Pantothensäure 704
Energiespeicherung, Fettgewebe 518–519
Energiestoffwechsel
- Aminosäuren 429–430
- Gehirn 1024
Energieträger, Nucleotide 145
Energietransfer
- ATP 106
- Transportproteine 494
Energietransformation 100, 104–106
Energieumsatz
- experimentelle Ermittlung 636–638
- körperliche Arbeit 532
- Muskelarbeit 532
Energieumwandlung, Mitochondrien 490–506
Energieverbrauch 635–636
- ATP-Synthese, zelluläre 504
- Bestimmung, Isotopendilutionsmethode 637
- beim Gehen und Joggen 532
- motorische Aktivitäten 636
- 24-Stunden-Registrierung 636
Energieversorgung, Wachstum 742
Energiezufuhr
- Kontrollmechanismen 642–644
- Wachstum 652
enhancer
- Hormonrezeptor-Komplexe 765
- Transkription 275–276
- Transkriptionsfaktoren 806
Enkephalinase 318
Enkephaline 1038, 1044
- δ-Rezeptor 1044
- Vorkommen/Funktion 1063
Enkephalinvorläufer 1038
Enolase, Glycolyse 360, 362
Enolphosphate, Gruppenübertragungspotential 105
Enoyl-CoA-Hydratase, Fettsäuren, β-Oxidation 405
Enoylreduktase 412 (F)
Enterochromaffin-ähnliche Zellen ► ECL-Zellen
Enterodiol, Phytoöstrogene 884
Enteroglucagon 823
- Vorkommen/Funktion 1063
enterohepatischer Kreislauf
- Aminosäuren 1062
- Gallensäuren 1061, 1066
Enterohormone, Insulinsekretion 815
Enterokinase ► Enteropeptidase
Enterolacton, Phytoöstrogene 884
Enteropathie, Gliadin-induzierte 1078, 1080
Enteropeptidase 132–133, 1059
- Duodenum 1062
- Pankreas 1058
Enterostatin, Nahrungsaufnahme 642–643
Enterotoxin 1078
Enterovirus 328
Enterozyten 1069
- Aminosäurestoffwechsel 451
- Argininsynthese 460
- Calciumkanal, elektrogener 690
- intestinale, GLUT 5 376
- - GLUT 11 376
Enthalpie
- freie 102
- - ATP 105
- - energiereiche Verbindungen 104
- - Konzentrationsabhängigkeit 102
- Proteine, Minimum, globales 87
Entkoppler, Atmungskontrolle 503
Entkopplungsprotein 503
Entropie 101–102
- geschlossenes/offenes System 102
Entwicklungsrückstand, Biotinmangel 707
Entzündungen
- akute, Zinkmangel 673
- C3a, C4a bzw. C5a 1132
- chronische, Cytokine, proinflammatorische 778
- Granulozyten, neutrophile 972
- Interleukin-8 783, 791
- Plasmaproteine 996
- RANTES 791
- Terminierung 1134
Entzündungshemmer, nichtsteroidale, Prostaglandinbiosynthese 424
Entzündungsmediatoren, Leukotriene 423
Entzündungsreaktion, IgE-vermittelte Reaktionen 1079
env, HIV 336
Enzephalomyelitis, allergische 1046
Enzephalomyopathie, mitochondriale 512, 1021
Enzephalopathie
- epileptische, GLUT1, Defekte 186
- hepatische, Lebercirrhose 1101
- OXPHOS-System, Störungen 513
- spongiforme 1050
- - bovine (BSE) 1050
- - Prion-Aggregate 1050
Enzymaktivität
- Alles-oder-Nichts-Übergänge 131
- allosterisches Gleichgewicht 131
- Bestimmung 135–136
- Blut 135
- DNA-Replikation 230–236
- Gleichgewicht, allosterisches 131

Enzymaktivität
- hepatozelluläre, Leberzellschädigung 1099
- Kennlinien, sigmoidale 130
- K_M, Bestimmung, experimentelle 124
- Maßeinheiten 116
- Nekrose 136
- pH-Optimum 127–128
- Regulation 129–133
- Regulierbarkeit 108
- Temperaturabhängigkeit 127
- V*max*, Bestimmung, experimentelle 124
- Zellmembran, Permeabilitätsstörung 136
Enzym-Antikörper-Konjugaten 137
enzymatische Bestimmung, Metabolitenkonzentrationen 136
enzymatische Reaktionen, Ascorbinsäure 698
Enzymdefekte
- intraerythrozytäre 960
- Sphingolipidosen 580
Enzymdiagnostik, Western Blot 138
Enzyme 107
- ► Coenzyme
- ► Isoenzyme
- Aktivatoren 124
- aktives Zentrum 108
- Aktivität 115–117
- allosterische 130–131
- Aminosäuren, essentielle, Biosynthese 443
- Anpassung, induzierte *(induced fit)* 109
- Atmungskette 497
- Blutgerinnung 984
- Cofaktoren, Metallionen 111–112
- Dephosphorylierung 132 (F)
- deubiquitierende 315
- diagnostische Verfahren, Signalverstärker 137–138
- *drug-design* 134
- Ein-Gen-ein-Protein-eine-Funktion 110
- Einheit 116
- Einsatzgebiete in der Medizin 134
- Einteilung 113
- Flexibilität, konformative 109
- Formen, multiple 113–114
- Gewebe, exokrine 135
- als Glycoproteine 27
- Harnstoffzyklus 448
- Hitzedenaturierung 127
- immunologische Signale, Verstärkung 137
- Induktion 129
- interkonvertierbare 114, 132
- - Pyruvatdehydrogenase 482
- Isolierung 112
- katalytische Aktivität 116
- - maximale 116, 123
- - molare 117
- katalytisches Zentrum 108
- Klassifizierung 112–113
- Konzentration 115–117
- Kooperativität, negative 131
- lysosomale, Thrombozyten 977
- Medikamentenvorstufen, Krebstherapie 1161
- Metabolitkonzentrationen 116, 136
- Metabolitnkonzentrationen 135
- Metallionen-aktivierte 111–112, 657
- multifunktionelle 110
- Nomenklatur 112–113
- oligomere 110
- optischer Test 115–116
- Oxidationsmittel 128
- Oxyanion-Tasche 121
- Phosphorylierung 132 (F)
- plasmaspezifische 135
- Primärantikörper 138
- Proteine, rekombinante 112
- Proteinfaltung 108
- Pyrimidinbiosynthese 590
- Quartärstruktur 110
- Reaktionsprodukte, Transfer *(substrate channeling)* 110
- Reaktionsspezifität 108
- Reinigung 117
- Repression 129
- Sekundärantikörper 138
- sigmoidale Kinetik 130
- spektralphotometrische Messung 115
- Stereospezifität 108
- Substratspezifität 108
- Suizidsubstrate 127
- Sulfhydrylgruppen 128
- Temperaturoptimum 127
- thermostabile 127
- Trivialnamen 112
- vektorielle, Transportproteine 178
- Volumenaktivität 116
- Wechselzahl *(turnover number)* 117
- zelluläre, DNA-Viren, einzelsträngige 337
enzyme replacement therapy (ERT), Gaucher-Krankheit 206
Enzymeffektoren
- Einfluss 129–131
- K-Systeme 131
- V-Systeme 131
enzyme-linked immunosorbent assay ► ELISA
Enzymhemmung 124–127
- antikompetitive 126
- (ir)reversible 124
- kompetitive 124–125
- nichtkompetitive 125–126
- Übergangszustandsanaloga 126
Enzymimmunoassay ► ELISA
Enzyminhibitoren 124–127, 134
- klinische Anwendung 134–135
- pharmakologisch wichtige 134
- Übergangszustandsanaloga 134
Enzymkatalyse 117–121
- Fließgleichgewicht 122
- Geschwindigkeitskonstanten 107
- Kinetik 115
- *pre-steady*-Phase 122
- *quasi-steady state* 122
- Substratspezifität 108
Enzymkinetik 121–129
- Kooperativität, hetero-/homotrope 130
- - negative/positive 130
Enzymlösung, Volumeneinheit 116
Enzymmenge
- Katal 116
- Veränderung, Substratkonzentration 129
Enzym-Produkt-Komplex (EP) 109
Enzymproteine, Modifikation, covalente 131–133
Enzymreaktionen
- Geschwindigkeit 115
- Sättigungskinetik 123
- Übergangszustandsanaloga *(transition state analogs)* 109, 126–127
Enzymsekretion, Pankreas 1065
Enzym-Substrat-Interaktion 107–108
Enzym-Substrat-Komplex 109
- Fließgleichgewicht *(steady state)* 122
- Konzentration, quasi-stationäre 122
- Reaktionsgeschwindigkeit 121
Eotaxin 1 (CCL11) 759
Eotaxin 2 (CCL24) 759
Eotaxin 3 (CCL26) 759
Eotaxine 759
Ependymzellen, Hirnventrikel 1026
Ephrine 1051
epidermal growth factor ► EGF
epidermal growth factor receptor ► EGFR
epidermale Wachstumsfaktoren ► EGF
Epidermis 747–749
- Intermediärfilamente 748
- Keratine 748
- Keratinozyten 748
- P-Cadherine 198
- PTHrP 936
Epidermodysplasia verruciformis, Papillomviren 344
Epidermolysis bullosa 750–751
- acquisita, Kollagen Typ VII, Autoantikörper 753
- dystrophica 724, 750–753
- junctionalis 750–753
- simplex 214, 750–753
Epididymitis, Zinkkonzentration 672
Epilepsie
- Fieberkrämpfe 1032
- Glucoseaufnahme 1024
Epimerase, Hexosemonophosphat-Weg 367
Epimerisierung
- Glucuronat 549
- Iduronat 549
- UDP-Galactose 542
Epinephrin ► Adrenalin
Epiphysenschluss 744
- Östrogene 744
epithelial natrium channel ► ENaC
Epithelzellen, intestinale, Glucosetransport 185 (F)
Epitope
- Antigene 1106
- diskontinuierliche 1106
- kontinuierliche 1106
- lineare 1106
EPO ► Erythropoetin
Epoxide 1094
- Kohlenwasserstoffe, polycyclische, aromatische 1158
Epoxid-Hydrolase, Leukotrienbiosynthese 423
Epoxidreduktase 696
- γ-Glutamyl-Carboxylierung, Vitamin-K-abhängige 696
E6-Protein, Papillomviren 345
Epstein-Barr-Virus
- Burkitt-Lymphom 344
- CD21 1135
- Nasopharynxkarzinom 344
ERα 883
ERβ 883
ERAD-System (ER-assoziierte Proteindegradation) 322
erbA-Onkogen 1143
erbB2, Mammakarzinom 786
Erbinformation, DNA 158–162
Erbkrankheiten, DNA-Reparaturdefekte 237
Erblindung, Diabetes mellitus 837
erb8-Onkogen 1143
Erbrechen
- Cytostatika-induziertes 1038
- Dehydration 920
- episodisches, Enzephalomyopathie, mitochondriale 512
- 5-HT_2-Rezeptor 1043
erektile Dysfunktionen 803
ERGIC *(ER-Golgi intermediary compartment)* 190, 305–306
Ergocalciferol 688–691

Ergosterol 688
Erhaltungsbedarf 635
ERK *(extracellular signal regulated kinase/mitogen activated protein kinase)* 772–773
- Muskelaufbau/-abbau 1016
Erkrankungen, Stoffwechselveränderung, allgemeine 652
Ernährung 631–654
- Alter 652
- alternative 654
- enterale 653
- kalorisch restriktive 639
- - Grundumsatz 635
- - Körpergewicht 635
- - Nahrungsaufnahme 635
- klinische 652–653
- künstliche 652–653
- - Fettemulsionen 653
- - Proteinversorgung, intravenöse 653
- parenterale 653
- - Zinkmangel 673
- Schwangerschaft 652
- Stillzeit 652
- vegane 654
- Wachstum 652
Ernährungszustand 638–639
- bioelektrische Impedanzanalyse (BIA) 638
- Ein-, Zwei- bzw. Dreikompartment-Modell 638
- Triacylglycerinbiosynthese, Aktivität 415
ER-Oxidase (ERO-1L) 306
Erregbarkeit, muskuläre, Hypoparathyreoidismus 939
Erreger, attenuierte (abgeschwächte), replikationsfähige, Lebendimpfstoffe 348
Erregerkontakt, Virusinfektion 347
Erregungsleitung, Neurone 1030–1033
ER-Stress 322
Erythroblasten
- Hämbiosynthese, Regulation 613
- Transferrin, Aufnahme 661
Erythroblastose, fetale 965
- Pigmentsteine 1102
Erythromycin, Proteinbiosynthese, Hemmung 299
Erythropo(i)ese
- ineffektive, Thalassämie 971
- Regulation, Erythropoietin 955
Erythropo(i)etin (EPO) 613, 759, 912–913, 953
- ALA-Synthase-2-Gen, Transkription 613
- Anämie 912
- - renale 913
- Bildung, HIF *(hypoxia-inducible factor)* 913
- Erythropoiese, Regulation 955
- Erythrozyten, Anzahl 955
- Gewebesauerstoffdruck 912
- Hämbiosynthese, Regulation 612
- Hypoxie, arterielle 912
- Interleukine 778
- Nierenerkrankungen, degenerative 913
- Produktion, Androgene 877
- Rezeptoren, Hämbiosynthese, Regulation 612
Erythropo(i)etin-Gen 913
Erythrose 22
Erythrose-4-phosphat, Hexosemonophosphat-Weg 366 (F)–367 (F)
Erythrovirus 329
Erythrozyten 952–971
- Abbau, hämolytische Krisen 625
- - Ikterus 625
- Agglutination 965
- Alkalisierung 961
- Antigene 956, 965–967
- Anzahl, Erythropoietin 955
- Aquaporine 12
- Chloridverschiebung 962
- Chrommarkierung 675
- Durchmesser 956
- Eigenschaften 953–957
- Enzyme, Aktivitätsminderung 681
- Form, ATP 955
- - Diffusionsstrecken 956
- Gluconeogenese 372
- Glucose 520, 956
- Hämoglobin 957–965
- Hämolyse, Lysophosphatidylcholin 559
- Höhenanpassung 961
- Hydrogencarbonat, chemische Bindung 962
- Insulinempfindlichkeit 817
- Kohlendioxidtransport 962
- Lebensdauer 665, 954
- lytischer Angriff, Abwehr 969
- Membrandefekte, angeborene, Hämolyse 968
- Oxidation 956
- Phosphoglyceratkinase 363
- pH-Wert 961
- Porphyringerüst, Abbau 955
- Pufferkapazität 945
- Rasterelektronenmikroskopie 954, 968
- Reifung 954
- Stoffwechsel 953–957
- - Sauerstoffaufnahme/-abgabe 955
- Substratverbrauch 640–641
- Umsatz, erhöhter 967–968
- Verformung 956
- Wasserstoffperoxid 956
Erythrozytenmembran 956
Erythrozytenproteine, glykierte 394
Erythrozytentransfusionen, hämolytische bzw. Unverträglichkeitsreaktionen 965
Escherichia coli 267
- lacZ-Gen, Polyklonierungsstelle 243
E-Selektine 199
- Leukozyten 972
E-Selektin-Liganden, Lymphozyten, Zirkulation 1129
ESI *(electrospray ionisation)* 67
Eskortine/Eskort-Proteine 193
Esomeprazol 1056
Essigsäure 4, 34
- Titrationskurve 16
ESS-Syndrom 861
Esterase, Defekte 200
Esterbindungen 10
Estergruppe 5 (F)
Estradiol ► Östradiol
Estrogene ► Östrogene
Etanercept (Enbrel®) 778
ETF *(electron transferring flavoprotein)* 294, 498
- Fettsäuren, β-Oxidation 405
ETF:Ubichinon-Oxidoreduktase 496, 498
- Eisen-Schwefel-Zentrum 498
Ethanol (Ethylalkohol)
- ADH-Freisetzung 920
- Hefezellen 363
- Metabolisierung, Alkoholkonsum, chronischer 1100
- Stoffwechsel, Leber 1100
- Stoffwechselbedeutung 649–651
Ethanolamin 32, 35, 438, 463, 554
- Phosphoglyceride, Biosynthese 555
Ethansäure 34
Ethidiumbromid, Elektrophorese 165
Ethylalkohol ► Ethanol
Etiocholanolon, Androgene, Abbau 877
Etoposid, Krebstherapie 1160
Euchromatin 187
Eukarya 7
Eukaryote 6–7
- Elongationszyklus, cytosolischer 296, 297 (F)
- Intronentfernung 266
- Replikon 230
- Ribosomen 293
- RNA-Polymerasen 259
- Spleißen 266
- Transkription 259–270
Euthyreose 859
euthyroid sick syndrome 861
Evolution, Mitochondrien 204
Evolutionstheorie 6
executive-caspases 792
exergone Reaktion 102
Exon 98
- Ausschalten, Spleißen, alternatives 278
- basengenaue Verknüpfung 264
- Genom 160
- Globingenfamilie 958
- Transkription, Elongation 264
exon shuffling 98
exon skipping, Spleißen, alternatives 278
Exon/Intron-Übergänge, Strukturelemente 264
Exonucleasen 167
- 3′-5′-Exonuclease 231, 270, 339
- 5′-3′-Exonuclease 233
Exopeptidasen 316
- Pankreassaft 1058
Exophthalmus, endokriner 860
Exoproteinasen 316
Exosomen 203, 205, 281
- Plasmamembran 195
exotherme Reaktion 101
Exozytose
- lysosomale, Osteoklasten 203
- Mikrotubuli 209
- Plasmamembran 195
- SNARE-Proteine 194
Exportine/Exportproteine
- Glycoproteine 27
- Transport, nucleocytoplasmatischer 189
Exportsignalsequenzen, Transport, nucleocytoplasmatischer 189
Expressions-cDNA-Bank 245
Expressionsplasmide 243, 245 (F)
Expressionsvektor
- Proteinsynthese, gentechnische 93
- Zellen, tierische 244
Extein, Proteinolyse, limitierte 309
Extra-Arm, tRNA 289
extracellular signal regulated kinases ► ERK
extrafibrilläre Matrix, amorphe, Haut 751
extrahepatisches Gewebe
- ATP7B 670
- Lipoproteine, triacylglycerinreiche 576
- Nahrungskarenz 520–522
Extrazellulärdomäne 926
extrazelluläre Matrix (ECM)
- Abbau 736–737
- - Matrix-Metalloproteinasen 1156
- Apoptose 730
- Axotomie 1047
- Glycoproteine 548
- Hyaluronsäure 550
- Knochen 738
- Knorpel 737–738
- Polysaccharide 22
- Proteoglykane 30
- Tumorzellen, Wechselwirkungen 1156

extrazelluläre Matrix (ECM)
- Zelladhäsion 730
- Zelldifferenzierung 730
- Zellfunktion 730
- Zellproliferation 730
- Zellwanderung 730
- Zusammensetzung 716
extrazelluläre Wirkung, Toxine, bakterielle 206
extrazelluläres Kompartiment, isoliertes, Knochenabbau 743
Extrazellulärflüssigkeit
- pH-Wert 14
- Wasserhaushalt, Körper 918
Extrazellulärmasse 638
Extrazellulärraum 917
- Calcium, Einstrom 931
- Kohlendioxid/Hydrogencarbonat-Puffersystem 17
- pH-Wert 943
- Protonen, Verteilung 943–944
- Wasserstoffionenkonzentration 14
Extrazellulärvolumen, Angiotensin II 911
Exzitotoxizität
- Glutamatrezeptoren, ionotrope 1039
- Schädel-Hirn-Trauma 1028
- Schlaganfall 1028

F

F_0, Virusaufnahme, Fusionierung 334
F_1, Virusaufnahme, Fusionierung 334
F1-ATP-Synthase, Mitochondrien 208 (F)
F_1/F_0-ATPase 183
F_1/F_0-ATP-Synthase 500–501
$FABP_{PM}$ *(fatty acid binding protein PM)* 403
Fabry-Syndrom, β-Galactosidase, Defekt 580
facioscapulohumerale Dystrophie 1018
FACIT-Kollagene *(fibril associated collagens with interrupted triple helices)* 721–722
FACS*(fluorescence activated cell sorting)*-Analyse
- Antiseren 1127
- Rezeptorexpression, Messung 804
FAD (Flavinadenindinucleotid) 111, 145, 483, 681, 700
- Cirtratzylus 482
FADD *(Fas associated protein with a death domain)* 792–793
Fadenwurm 790
$FADH_2$ 498
- Fettsäuren 408
- β-Oxidation 407–408
- Oxidation 634
- Wasserstoff, Reduktionsäquivalent 491
FAD-Synthetase 700
Faeces, Ballaststoffe 651
Fänger, Hefe-Zwei-Hybrid-System 249
Fängerzellen, Hepatozyten 1085
FAICAR (5-Formamidoimidazol-4-carboxamid-ribonucleotid), Purinbiosynthese 587 (F), 588
FAK *(focal-adhesion*-Kinase) 735
F-Aktin(-Filamente) 211–214
- G-Aktin-Untereinheiten 211–214
Faktor I 985, 993
Faktor II 985
Faktor III 985
Faktor IV 985
Faktor IVa 985
Faktor V 981, 984–985
Faktor Va 985
Faktor VII 984–985
- Gla-Domänen 984
- Vitamin-K-Abhängigkeit 695
Faktor-VII-Rezeptor 984
- Blutgerinnung 982
Faktor VIII 980, 984–985
- Aufbau 989 (F)
Faktor-VIII-Gen 989 (F)
Faktor-VIII-Mangel, Hämophilie A 988–992
Faktor VIIIa 981
Faktor IX 981, 984–985
- Gla-Domänen 984
- Vitamin-K-Abhängigkeit 695
Faktor IXa 981, 985
Faktor X 981, 984–985
- Gla-Domänen 984
- Vitamin-K-Abhängigkeit 695
Faktor-X-Mangel 990
Faktor Xa 981, 985
Faktor XI 984–985
Faktor XIa 985
Faktor XII 981, 985
Faktor XIIa 985
Faktor XIII 983, 985
- Thrombozyten 977
Faktor XIIIa 983
FAK-Weg, Aktivierung, Fusionsproteine 1154
β-Faltblattstruktur 71, 73 (F), 574
- amphipathische, LDL 575
- Immunglobuline 1119
- Membranen 178
- Myoglobin 80, 89
- Proteine 73–74
- Transmembrandomänen 41
- Verteilung 75
Faltung, Proteine 77, 88–89, 288, 302
Faltungscode, Proteine 87
Faltungsdefekte
- Proteine, nicht-glycosylierte 322
- - Reglycosylierung 306
Faltungstopologie
- Genomik, strukturelle 76–77
- Proteine 57, 76
Faltungstrichter *(folding funnel)*, Proteine 87
familial isolated vitamin-E deficiency (FIVE) 694
Fanconi-Anämie 237
FAP (familiäre adenomatöse Polyposis) 1150–1152
- APC-mRNA 1151
Faraday-Konstante 180
Farnesoid-X-Rezeptor (FXR), canaliculäre Membran 1097
Farnesylierung
- H-Ras-Proto-Onkoprotein 311
- Proteine 311, 772
Farnesylpyrophosphat
- Isopren, aktives, Biosynthese 567
- Squalen, Biosynthese 566
Farnesylpyrophosphatsynthase, Inhibition, Bisphosphonate 747
Farnesylreste, Proteine 310
Farnesyltransferasen, Hemmstoffe 311
Fas (CD95, Apo-1) 792
- Apoptose, Induktion 1116
- Apoptose-Rezeptor 1116
faserverstärktes Gel, Knorpelmatrix 738
Fas-Ligand (FasL) 792, 1116–1117
Fas-Rezeptor 226
FAT *(fatty acid translocase)* 403
FATP *(fatty acid transport protein)* 401–402, 517, 1071
F-ATPasen 183, 401
fatty acid binding protein PM ($FABP_{PM}$) 403
fatty acid translocase ► FAT
fatty acid transport protein ► FATP
Fc-Fragment, Immunglobuline 1118
Fc-Rezeptoren 868
F_c-Teile, Immunkomplexe, Zellen 1098
FDZ (follikuläre dendritische Zellen) 1126
feedback inhibition, TGFβ-Signaltransduktion 790
feedback inhibition-Proteine 796
feedback regulation, Cyclin B1/cdk1-Komplex 222
feedback system, Hypothalamus 848
Fehlgeburten, Cadmium 677
Fenton-Reaktion 658
Ferredoxin 508
Ferrireduktase 660, 662
- *downregulation*, Dcytb/DMT1 660
Ferritin 659, 663
- Eisengehalt/-speicher 663
- Speicherung 660, 663
Ferrochelatase
- Eisenabbau in Protoporphyrin 611
- Hämbiosynthese 610
- Mangel 618
Ferrooxidase I 664, 667–668
- Funktion/Pathobiochemie 992
- Kupferstoffwechsel 664
Ferrooxidase II 664
Ferroportin 660
- Eisenexport, zellulärer 660
- Genmutation 666
- Hemmung 662
Ferroportin/Hepcidin-Komplex 662
Fertilitätsstörungen, Manganmangel 673
Festkörpersynthesetechnik, Peptide 93
α-Fetoprotein (AFP) 995
- Funktion/Pathobiochemie 992
- Synthese in der Leber 1088
- Tumormarker 1159
Fettanteil, Muttermilch 1025
Fettaufnahme, tägliche 648
Fettdepot, viszerales, Vergrößerung, Typ-2-Diabetes mellitus 834
Fette, energetisches Äquivalent 637
Fettemulsionen, Ernährung, künstliche 653
fettfreie Körpermasse *(lean body mass)* 430, 638
Fettgewebe
- braunes 520
- - $β_3$-(Adreno-)Rezeptoren 504, 830
- - Glycerokinase 520
- - Körpertemperatur 520
- - Thermogenese 504, 520
- - *uncoupling protein 1* (UDP1) 634, 857
- - Winterschläfer 520
- endokrines Organ 520
- Energiespeicherung 518–519
- Glucagon 825
- Hexosemonophosphat-Weg 368
- Hormone, sezernierte 524
- Insulin 819
- insulinantagonistische Hormone 528
- Insulinempfindlichkeit 817
- Leptin 523–524
- Leptinrezeptoren 523
- Lipase, hormonsensitive 399
- Lipolyse 521
- - gesteigerte 522
- - Nervensystem, sympathisches 528
- - Noradrenalin 528
- Lipoproteinlipase 401

- Plasmafettsäuren 520
- Triacylglycerine 398, 518, 520
- - Biosynthese 519
- - Speicherung 520
- Triacylglycerin-Lipase 399 (F)
- Typ-1-Diabetes mellitus 832–833
- Typ-2-Diabetes mellitus 835
- Vitamin E 692
Fettleber 425
- Ethanolstoffwechsel, Leber 1100
Fettresorptionsstörungen 649
- Gallensäurekonzentration, intestinale 1077
- Gallensäuremangel 1077
Fettsäurealdehyd, Plasmalogene 36
Fettsäurebiosynthese
- Acetyl-CoA 519, 704
- Acetyl-CoA-Carboxylase 416–417
- Citratzyklus 486
- Fettsäuresynthase 410
- Glycolyse, Wechselbeziehungen 413 (F)
- Kohlenstoff, Herkunft 413–414
- Multienzymkomplex 410
- Regulation 417 (F)
- Substrate, Citratzyklus 412
- - Glycolyse 412
- Wasserstoff, Herkunft 412–413
Fettsäurederivate, Hydroxylierung 508
Fettsäure-Desaturasen 418, 570
Fettsäure-Elongasen 570
Fettsäuren 32–35, 401, 441, 1071
- ω-3-Fettsäuren 34, 648
- ω-6-Fettsäuren 34, 648
- Abbau 403–408
- - Regulation 416–418
- Aktivierung 404
- Aufnahme, Carrier-vermittelte 402
- - durch die Leber 517
- biologische Wirksamkeit 34
- Carboxylgruppe 33
- cis-Konfiguration 407, 649
- de-novo-Biosynthese 647
- Diffusion 401
- Doppelbindungen 33
- einfach ungesättigte 34
- Energiebedarf, Skelettmuskulatur 532
- Energiebilanz, negative 640
- Energiegewinnung, Niere 910
- essentielle 34, 418–419, 1070
- - Mangel 425
- - Stoffwechsel 648
- freie 33
- - Carnitin-Acyl-Carrier-System 648
- - Genexpression, PPAR 649
- Freisetzung, Stress 636
- gesättigte 34
- - Acylierung 310
- - Biosynthese 410–414
- Kohlenwasserstoffkette 33
- Konzentration, Katecholamine 829
- langkettige, Biosynthese 411 (F)
- - Carnitin-Acyltransferase-1 416
- - Fettemulsionen 653
- - gesättigte 648
- - - Fettsäuresynthase 418
- - Kettenverlängerungssystem 419
- - Transport, Carnitin 406
- Leber 521
- Lipolyse 400
- mehrfach ungesättigte 648
- - Sauerstoffspezies, reaktive 510
- mittelkettige, Fettemulsionen 653
- - Stoffwechsel 648
- Nahrungsaufnahme, afferente Signale 642
- nichtveresterte, Serumkonzentrationen 572
- Niere, Energiegewinnung 910
- nutritive Bedeutung 648
- β-Oxidation 403–406, 484, 517
- - Energieausbeute 407
- - $FADH_2$ 407–408
- - Matrixraum, mitochondrialer 405
- - $NADH/H^+$ 407–408
- - Nahrungskarenz 529
- - Niere, Energiegewinnung 910
- - peroxisomale 204, 408
- - Regulation 417 (F)
- ω-phenylierte 403–404
- Resorption 1071
- Reveresterung 518
- - Triacylglycerine 1071
- Skelettmuskulatur 521, 529
- - Nahrungskarenz 529
- Stoffwechsel 403–414
- synthetisierte, Abspaltung und Aktivierung 411
- trans-Konfiguration 407, 649
- Transkriptionsfaktoren 649
- ungeradzahlige, Abbau, Propionyl-CoA 406
- ungesättigte 33–34, 418–425
- - Biosynthese 418–420
- - - Desaturasen 418, 419 (F)
- - Doppelbindungen 33
- - Mangel, SREBP-1a, Aktivierung 570
- - β-Oxidation 408
- - Stoffwechsel 648
Fettsäureoxidation
- Acetyl-CoA 485, 522
- Alkoholkonsum 1099
- Citrat 522
- gesteigerte 485
- - Glucoseaufnahme 521
- - Glycolyse 521
- Leber, Nahrungskarenz 521
- Peroxisomen 408
- Resorptions-/Hungerphase 521, 1086
- Skelettmuskulatur 521
- Transportproteine 494
Fettsäurestoffwechsel, Regulation 414–418
Fettsäuresynthase 410, 412 (F), 417, 570
- dimere 110
- Fettsäurebiosynthese 410, 418
- Glucagon 418
- Induktion 647
- Insulin 417, 819
- Katecholamine 418
- Lipogenese 517
- Teilreaktionen 410
Fettsäuresynthese
- Alkoholkonsum 1099
- Insulin 818
- Pyruvatdehydrogenase 416
- Regulation 416–418
Fettsäuretranslokase (FAT) 403
Fettsäuretransportprotein ▶ FATP
Fettstoffwechsel
- Citratzyklus 478
- Erkrankungen 1018
- Insulin 523
- PPAR-Isoformen 649–650
Fettstühle 1071, 1077
Fettsucht ▶ Adipositas
Fettverdauung, Gallensäuren 1061
Fettzellen
- cAMP-Konzentration, Senkung, Insulin 819
- Caveolae 821
- Glucosetransport 180
- gynoide 528
- Insulin 818
- metabolische Aktivitäten 519
- α_2-Rezeptoren 528
FGAM (Formylglycinamidinribonucleotid), Purinbiosynthese 587 (F)
FGAM-Synthetase, IMP-Biosynthese 589
FGAR (Formylglycinamidribonucleotid), Purinbiosynthese 587 (F), 588
FGF *(fibroblast growth factor)* 180, 225, 729, 759, 786, 1143–1144
- Chodrozytenproliferation 741
- Knorpel-/Knochenentwicklung 740, 742
- Myosin 1006
- Wachstumsfuge 741
FGF-Rezeptoren (FGFRs)
- Knorpel-/Knochenentwicklung 740
- Mutationen, Kraniosynostose 740
- Tyrosinkinase-Aktivität 729
FG-repeats, Nucleoporine 189
Fibrate, Carnitin-Acyltransferase 416
fibril associated collagens with interrupted triple helices ▶ FACIT-Kollagene
fibrilläre Kollagene 716–722
Fibrillärproteine 56
Fibrillen
- Keratine 748
- Periodizität, Kollagene, fibrilläre 717
Fibrillin 726–727
- Elastin 724
- Mutation, Hauterkrankungen 752
Fibrin
- Abbau 987
- Bindungen, nichtcovalente 983
- Polymerisation 983 (F)
Fibrinmonomere
- Blutgerinnung 983
- Lysyl- und Glutaminylreste, covalente Bindung 984 (F)
Fibrinogen 56, 985
- Adipositas 640
- Akutphase-Proteine 1089
- Blutgerinnung 981
- DNA-Sequenz 981
- Funktion/Pathobiochemie 993
- als Glycoproteine 27
- Immunantwort 1134
- Konzentration, Leber 1089
- Polymerisation 984 (F)
- Synthese in der Leber 1088
- Wasserstoffbrücken 983
Fibrinogendimer 982 (F)
Fibrinogenpeptide A/B 983
Fibrinogenrezeptor
- Blutstillung, zelluläre 980
- RGD-Domäne, Blutstillung, zelluläre 980
- Thrombozyten, Adhäsion 980
Fibrinolyse 133, 979, 987–988
- Herzinfarkt 385
- Plasmaproteine 996
- Synthese in der Leber 1088
fibrinolytische Aktivität, Menstruationsblut 883
fibrinolytische Systeme 979
Fibrinspaltprodukte, Fibrinabbau 987
Fibrin-stabilisierender Faktor (FSF) 985
- Mangel 985
- Thrombozyten 977
fibroblast growth factor ▶ FGF
fibroblast growth factor receptor ▶ FGF-Rezeptoren
Fibroblasten 716
- Integrin-Rezeptor 721
- Kollagen-Gele, Kontraktion 721

Fibroblasten-Kollagenase 737
Fibroblasten-Wachstumsfaktor ► FGF
fibröse Netzwerke, Dermis 749
Fibromodulin 728
Fibronectin 317, 730–732
– Axotomie 1047
– Basalmembran, Glomerulus 896
– Blutstillung, zelluläre 980
– Haut 751
– Knochen 738
– Tumorzelloberflächenrezeptoren 1156
– Typ-III-Domänen, Cytokine 770
Fibronectin-Gen, Inaktivierung 732
Fibronectinrezeptor, Blutstillung, zelluläre 980
Fibrose/Fibrosierung
– Alkoholkonsum, chronischer 1100
– interstitielle, Myofibrillenstruktur, ungeordnete 1020
Fibrozyten 716
Fibuline 724
FIC 1 *(familiar intrahepatic cholestasis)*, canaliculäre Membran 1097
Fieber 800
Fieberkrämpfe, Epilepsie 1032
Figlu, Histidinabbau 474 (F), 475
Filaggrin, Keratin-Intermediärfilamente, Differenzierung 748
Filamente
– dicke, Cytoskelett 207, 213
– – Muskelkontraktion 1010
– – Myosin 1004
– dünne 211–214
– – Aktin 1006–1007
– – Cytoskelett 207, 213
– – Muskelkontraktion 1010
– Fibrillin 726
– intermediäre 214
– – Cytoskelett 207, 213
Filamin 213
Filopodien 212, 735
– Streckung, Aktin 213
Filoviridae 328
Filtration, Glomerulus/Niere 895–896
Filtrationsbarriere, Proteoglykane 727
Fimbrin 212–213
first messenger 767, 769
– Adenylatcyclase-System 780
Fischer, Edmund 381
Fischschuppenkrankheit 751
FIVE *(familial isolated vitamin E deficiency)* 694
FK506, Transplantatabstoßung 1139
FK506-bindende Proteine (FKBP) 303
Flagellen 211
Flavinadenindinucleotid ► FAD
Flavinmononucleotid ► FMN
Flaviviridae 328
Flavodoxin, Proteinstrukturen 77
Flavoenzyme, Molybdän 671
Flavoproteine 700
Fleischvergiftungen 1036
Fleming, Alexander 551
Flexibilität
– Elastin 724, 726
– konformative, Enzyme 109
Fließgleichgewicht *(steady state)*, Enzym-Substrat-Komplex 122
Flimmerepithel 211 (F)
Flippasen 546, 563
Floppasen 183, 563
Flotation(skoeffizient), Proteine 65
Flotilline 43
flüssig geordnet (l_o, *liquid-ordered*), Mikrodomänen, Membranlipide 177
flüssig ungeordnet (l_d, *liquid-disordered*), Mikrodomänen, Membranlipide 177
Flüssigkeit
– Ausscheidung, Nieren 12
– Pinocytose 195
– transzelluläre 917
Fluidität, Lipiddoppelschichten 41
Fluor 4
– Gesamtbestand 656
– Plasmaspiegel 656
Fluoracetat 485
Fluorcitrat 485
Fluordesoxyglucose-(FDG-)-Methode, Tumorgewebe, Stoffwechsel 1159
fluorescence-activated cell sorting (FACS)-Analyse, Antiseren 1127
Fluoreszenz, Porphyrine 616
Fluoreszenzmikroskopie 174
Fluorhydroxylapatit 674
Fluorid 673–675
– Karies 673–674
– Osteoporose 674
Fluormalat 485
9α-Fluor-16α-methylprednisolon 868 (F)
Fluorochrome, Antikörper, monoklonale 1128
Fluorose 674
Fluorosteroide 673
(5-)Fluorouracil 595 (F)–596 (F)
– Krebstherapie 1160
– Thymidylatsynthase-Hemmung 134
5'-Fluoro-d-Uridin 595 (F)
Fluoroxalacetat 485
Fluoxetin 1038
Flutamid
– Antiandrogene 877
– Hämolyse 968
FMN (Flavinmononucleotid) 111, 681, 700
– NADH:Ubichinon-Oxidoreduktase 497
– Standardpotential 103
$FMNH_2$, Standardpotential 103
fms-Onkogen 1143
focal-adhesion-Kinase (FAK) 735
Fokal-Kontakte *(focal adhesion)*
– Aktin 213
– Aktinfilamente 212
– Integrine 735
Fokussierung, isoelektrische (IEF) 63
Folat ► Folsäure
Folatreduktase, Tetrahydrofolat, Bildung 707
Follikel, Schilddrüse 850
Follikelphase, Menstruationszyklus, FSH 879
Follikelstimulierendes Hormon ► FSH
follikuläre dendritische Zellen (FDZ) 1126
Follistatin 872–873
Follitropin ► FSH
Folsäure 681–682, 707–709
– biochemische Tests 682
– C1-Gruppen, Übertragung 707, 708 (F)
– Coenzym 111
– Inhibitoren, Sulfonamide 125
– Mangel 709
– – Histidinbelastungstest 475, 709
– SLC 19A1-Transporter 707
– Speicherung in der Leber 1089–1090
– Stoffwechsel, Thyminnucleotid, Biosynthese 593
– Tetrahydrofolat, Bildung 707 (F)
Folsäureantagonisten 709
– Tumorerkrankungen 682
5-Formamidoimidazol-4-carboxamidribonucleotid ► FAICAR
Formiat (FH_4) 4, 708 (F)
Formylglycinamidin-Ribonucleotid ► FGAM
Formylglycinamid-Ribonucleotid ► FGAR
Foscarnet 352
fos-Onkogen 1115, 1143
FoxO 530
– Nahrungskarenz 530
FoxO-1
– Hämbiosynthese, Regulation 612
– Muskelaufbau/-abbau 1016–1017
Foxp3 1112
Fractalkin (CX3CL1) 759
Franklin, Rosalind 147
freeze-fracturing 174
– *gap junction* 181
Fremd-DNA 241
– Aufnahme, Plasmide 243
Fremdstoffe, Hydroxylierung, Monooxygenasen, unspezifische 508
Fructokinase, Fructosestoffwechsel 364–365
Fructose 358, 364, 365 (F), 646
– Abbau 364
– β-D-Fructose 23 (F)
– Phosphorylierung, ATP-abhängige 364
– Resorption 1069
– – GLUT5 906, 1070
– Stoffwechsel 358–365, 544
– Synthese, extrahepatische 365
– Wasserresorption 1074
Fructose-1,6-bisphosphat 361 (F)
– Glucose-Fettsäurezyklus 522
– Glycolyse 359, 360 (F), 390
Fructose-1,6-Bisphosphataldolase 360, 361 (F)
Fructose-1,6-Bisphosphatase 387
– Gluconeogenese 387–388, 391–392
– Hemmung durch Insulin 820
Fructose-1-phosphat, Fructosestoffwechsel 364, 365 (F)
Fructose-2,6-bisphosphat 389
– Abbau 389, 390 (F)
– Bildung 389, 390 (F)
– Biosynthese 389
– cAMP-Abbau 819
– Gluconeogenese 391
– – Regulation 389
– Glycolyse, Regulation 389
– hormonelle Regulation, Leber 390
– Phosphofructokinase-1 (PFK-1) 388–389
Fructose-2,6-Bisphosphatase 389
– Glycolyse 387
– Insulinbiosynthese 819
– Leber 390
Fructose-6-phosphat 544
– Aminozucker, Biosynthese 544–545
– Enthalpie, freie 105
– Fettsäurebiosynthese 413
– Glucose-Fettsäurezyklus 522
– Glycolyse 359, 360 (F)
– Hexosemonophosphat-Weg 365, 366 (F)–367 (F)
– Phosphofructokinase-1 (PFK-1) 388
Fructose-6-phosphat-1-Kinase ► Phosphofructokinase-1 (PFK-1)
Fructose-6-phosphat-2-Kinase 386, 389–390
– Glycolyse 387
– Nahrungskarenz 527
– Phosphorylierung, AMP-abhängige Proteinkinase, Aktivierung 527
– – cAMP-Konzentration, niedrige 819

Fructoseintoleranz
– Aldolase-B-Mangel 395
– hereditäre 395
Fructosestoffwechsel, Leber 365
Fructose-Transporter
– GLUT 5 376
– GLUT 11 376
Früherkennung, Tumoren 1159–1160
Frühgeborene
– Hypoglykämie 393
– Ikterus, Glucuronyltransferase, Mangel 393
FSF ► Fibrin-stabilisierender Faktor
FSH (Follikel-stimulierendes Hormon, Follitropin) 844–846, 849, 871–872
– Follikelphase, Menstruationszyklus 879
– G-Protein, Aktivierung 780
– Halbwertszeit 849
– Konzentration bei der Frau 878
– Menstruationszyklus 878, 880
– – Follikelphase 879
– Sertoli-Zellen 876
– – Stimulation 875
– Spermiogenese 876
FSH-Dystrophie 1018
Fucose 540, 543–544
– Biosynthese 543–544
Führungsstrang (Leitstrang, *leading strand*), DNA-Replikation 233–234
Fumarase 484
– Citratzyklus 480
Fumarat 440–441, 443, 480 (F), 484
– Aminosäuren, verzweigtkettige, Abbau 468
– Aminosäurestoffwechsel 432
– Aspartatzyklus 448
– Gluconeogenese 448
– Harnstoffzyklus 446 (F), 448
– NH_4^+-Stoffwechsel, Zonierung 449
– Purinnucleotidzyklus 597
– Schicksal 448
– Standardpotential 103
– Tyrosinabbau 471 (F)
Fumarylacetacetat, Tyrosinabbau 471 (F)
Fumarylacetacetat-Hydrolase, Tyrosinabbau 471 (F)
funktionelle Gruppen 5
Funktionsproteine 56
Furin 309, 320
Fusidinsäure, Proteinbiosynthese, Hemmung 299
Fusionierung, Virusmembran 334
Fusionsgene, Entstehung, Translokationen 1154–1155
Fusionsprotein, Proteinsynthese, gentechnische 93
Fyn 1115
– B-Zell-Aktivierung 1126

G

ΔG 102–103, 107
– Diffusion, erleichterte 179
– Membrantransport 179
ΔG^0 102, 105
$\Delta G^{0'}$ 102
– Gluconeogenese 372
G_0-Phase, Zellzyklus 221
G_1-/G_2-Kontrollpunkt, Zellzyklus 221
G_1-/G_2-Phase, Zellzyklus 221
Gα-interacting proteins (GAIP) 806
GAB 2, Prolactinrezeptor, Tyrosinreste 888
GABA (►a. γ-Aminobutyrat) 49 (F), 438, 615 (F), 759 (F), 765, 1037–1038, 1040–1042
– Methionin, Abbau 463 (F)
– Nahrungsaufnahme, hemmende Wirkung 643
– – stimulierende Wirkung 643
– Plasmakonzentration 445
– Stoffwechselbedeutung 454
– TRH-Freisetzung 847
– Vorkommen 615 (F)
– ZNS 453, 1025
$GABA_A$-Rezeptoren 765
– Alkohol 615, 1041
– Anästhetika 1041
– Anionenkanäle, ligandengesteuerte 1040
– Barbiturate 1041
– ionotrope 1037
$GABA_B$-Rezeptoren
– Adenylatcyclase 1040
– Phosphoinositolstoffwechsel 1040
$GABA_C$-Rezeptoren, Anionenkanäle, ligandengesteuerte 1040
GABA-Nebenweg 1025
GABA-Rezeptoren 73
GABA-Shunt 1025, 1041
GABA-Transporter 1037
Gärung, alkoholische 358
GAF *(γ-interferon activated factor)* 798
GAG, HIV 336
gag-Proteine 310
– HIV 337
GalNAc-4-Sulfatase, Defekte 200
G-Aktin 212 (F), 1006
– UUntereinheiten, F-Aktin-Filamente 211–214
GAL4, Hefe-Zwei-Hybrid-System 249
GAL4-DNA-Bindedomäne/-Transaktivierungsdomäne, Hefe-Zwei-Hybrid-System 249
Galactitol 543
Galactokinase, Defekt 543
Galactosämie 543
– Galactokinase-Mangel 395
– Galactose-1-phosphat-Uridyltransferase-Defekt 395
Galactosamin 24
Galactose 23 (F), 28–29, 32, 358, 540, 542
– Biosynthese 543
– Cerebroside 38
– Phosphorylierung 542
– Resorption, tubuläre 906
– Stoffwechsel 542–543
– Transport, SGLT-1 1069
– Wasserresorption 1074
Galactose-1-phosphat 542
Galactose-1-phosphat-Uridyltransferase 542
– Defekt/Mangel 395, 543
– – Galactosämie 395
β-Galactosidase
– Defekt, Angiokeratoma corporis diffusum 580
– – Fabry-Syndrom 580
– – Gangliosidose, generalisierte 580
Galactosyl-Ceramid, Cerebrosid, Biosynthese 561 (F)
Galactosylcerebrosid 38 (F)
(α-)Galactosyltransferase 542, 966 (F)
Galanin 643, 844
galanin-like peptide (GALP) 844
Galle 1060–1062
– Gallensäuren 1061
– lithogene 1061
– Lösungsvermittler 1061
– Mizellenbildung 1060
– Sekretion, Choleretica 1066
– – gallensäureabhängige 1096
– – tägliche 1061
Gallebildung 185, 1096–1097
– Cholangiozyten 1098
– Gallensäuren 1066
– hepatozelluläre Transportsysteme 1097
– Hepatozyten 1096–1097
– Störungen 1101
Gallenfarbstoffe
– Erythrozytenabbau 955
– Gallensteine 1101
– Hämabbau 621–624
Gallengangsfisteln 1061
Gallensäuren 32, 1059
– Aktivierung 1061
– Ausscheidung 1061
– Bildung 1060 (F)
– Cholesterinbiosynthese 39, 568, 1061
– – Hemmung 569
– Cholesterinsteine 1101
– Duodenalinhalt 1061
– enterohepatischer Kreislauf 1061, 1066
– Fettverdauung 1061
– Gallenbildung 1066
– Gallenflüssigkeit 1061
– Isopren, aktives, Biosynthese 567
– Konzentration, intestinale, Fettresorptionsstörungen 1077
– Lipidresorption 1061
– Mangel, Fettresorptionsstörungen 1077
– Peroxisomen 205
– Rückresorption, Ileum 1061
– Synthese 508
– – Leber 1061
Gallensäurenkonjugate, Bildung 1060 (F)
Gallensteine 1061, 1101–1102
– Adipositas 640
Gallenwegserkrankungen, Pankreatitis, akute 1067
GalNAc (N-Acetyl-D-galactosamin) 966 (F)
GALP *(galanin-like peptide)* 844
Gammopathien
– monoklonale 994, 999
– polyklonale 998
Ganciclovir 350 (F), 351
Ganglioside 38, 561, 564
– Biosynthese 559, 560 (F)
– GM-1 39 (F)
Gangliosidose, generalisierte, β-Galactosidase, Defekt 580
GAP (GnRH-assoziiertes Peptid) 870
GAP *(GTPase activating protein)* 296, 526, 773, 806, 1144
gap junctions 180
– Connexine 180
– Defekte 186
– *freeze fracture*-elektronenmikroskopische Aufnahme 181
– Koppelung, elektrische 180
– Myokard 180
– Synapsen 180, 1034
GAP-Protein *(GTPase activating protein)* 192, 1144
– Bindung, Ras, Inaktivierung 1144
Gap-Region 729
GAR (Glycinamidribonucleotid), Purinbiosynthese 587 (F)
GAR-Synthetase, IMP-Biosynthese 589
GART-Gen 589
GAR-Transformylase, IMP-Biosynthese 589
Gas-6-Protein, Vitamin-K-Abhängigkeit 695
Gastricin 1056–1057
gastric-insulinotropic peptide ► GIP (gastroinhibitorisches Peptid)
Gastrin 1063
– Halbwertszeit 849
– Salzsäureproduktion, Steigerung 1067
– Salzsäuresekretion 1063

gastrin releasing peptide (GRP) 1064
Gastrinrezeptoren 1064
Gastrinzellen (G-Zellen) 1063
Gastritis, Helicobacter pylori 1067
Gastroenteropathie, exsudative 991
gastroinhibitorisches Peptid ► GIP
gastrointestinale Sekrete 1054–1068
– Regulation 1062–1063
Gastrointestinaltrakt 1053–1081
Gastrostomie, perkutane endoskopische (PEG) 653
GATA-2
– Muskelaufbau/-abbau 1017
– Skelettmuskel 1016
GATA-4
– Herzmuskel 1016
– Muskelaufbau/-abbau 1017
gating, Ionenkanäle 1030
Gaucher-Krankheit 200, 206, 580
– *enzyme replacement therapy* (ERT) 206
– (β-)Glucocerebrosidase, Defekt/Mangel 580
GC-Box
– *house keeping gene* 262
– Thymidinkinasepromotor 261
Gc-Globulin
– Funktion/Pathobiochemie 992
– Immunelektrophorese 995
G-CSF *(granulocyte colony stimulating factor)* 759, 953
GDI *(guanine-nucleotide dissociation inhibitor)* 782
GDNF *(glial-cell line-derived neurotrophic factor)* 1051
– Sertoli-Zellen 876
GDP-Fucose 544 (F)
– Biosynthese 544
– Blutgruppensubstanzen, antigene Determinanten, Biosynthese 966 (F)
GDP-Mannose 544 (F)
– Biosynthese 544
Geburtsvorgang, Oxytocin 890
Gedächtniszellen 1110, 1126–1127
GEF *(guanine nucleotide exchange factor)* 192, 735, 779
– Aktivierung durch cAMP 782
– Proteinbiosynthese, Initiation 300
GEF *(guanine-nucleotide exchange factor)*
– Geranylgeranylreste 193
– Myristoylreste 193
Gefäßwiderstand, peripherer, T_3 857
Gefrierpunkt, Wasser 12
Gefrierpunktserniedrigung, Lösungen, osmotisches Verhalten 12
Gehirn
– ► Hirn...
– Dimethylquecksilber 677
– Durchblutung 1024
– Energiebilanz 643
– Energiestoffwechsel 1024
– Erythropoietin 912
– GLP-1 823
– GLP-2 823
– Glucosezufuhr 1024
– Glutamin 444
– Hungerzustand 1024–1025
– Kupferablagerung 670
– Leptinrezeptoren 642
– PTHrP 936
– Sauerstoffverbrauch 1024
– Stoffwechsel 1024–1029
– – Aminosäuren 1025
Geißeln 211
– Defekte 214
Gelatinasen 737
Gelcharakter, Kollagen Typ V 738
Gelchromatographie, Proteine 60
Gelelektrophorese
– Proteine, Molekülmassebestimmung 62
– zweidimensionale 63–64
Gelenkregion, Guanylatcyclasen 802
Gell-Coombs-Einteilung, Allergien 1137
Gelsolin 213, 974
Genausschaltung
– Rekombination, homologe 250–251
– RNA-Interferenz 250
Genbanken
– genomische, Herstellung 244 (F)–245 (F)
– *screenen* (Durchmustern), Verfahren 246
Gendefekte, Neuropathien, erbliche 1047
Genduplikationen, Hämoglobin 80
Gene
– Aktivierung 271–275
– δ-ALA-Synthase 608
– Ausschalten *(knock-down)*, siRNA 250
– bakterielle, *inverted repeat* 259
– codierte, Genom, humanes 161
– diskontinuierliche Anordnung 266
– eukaryote, DNA-mRNA-Hybridisierung 264
– – Transkription 272
– Funktionsanalyse, grün fluoreszierendes Protein 249
– HLA-Komplex 1107
– Immunglobuline, L-Ketten, Umlagerung 1122
– Inaktivierung 271–275
– Myosinketten 1004
– prokaryote, Transkription 258
– Regulation, Transaktivierung 275
– regulierte, Transkriptionsgeschwindigkeit 257
– Umlagerung, Immunglobuline, H-Ketten 1122
gene rearrangement 1113
genetische Erkrankung, Krebs 1143
genetische Veränderungen, angeborene, Eisen/Kupfer 658
genetischer Code 288–289
– Basentriplett 287
– Degeneriertheit 289
– Konservierung 289
– Leserahmen, offener 289
– Leseraster 288
– *missense*-Mutation 288
– Mutation, stille 288
– *nonsense*-Mutation 289
– *open reading frame* 289
– Universalität 289
– Verschlüsselungsregeln 289
genetischer Fingerabdruck 134
– Tumorgewebe 1146
Genexpression
– Glucagonwirkung 825
– HIV 337
– Prokaryoten, Regulation 271
– Regulation, Vitamin A 687
– Viren 335–339
Genistein 883
Genitalkarzinome, Papillomviren 344
Genkarte, Chromosom 21 160
Genom 159
– DNA-Analyse 159
– Exon 160
– Gene, codierte 161
– Hepatitis-B-Virus 338
– humanes 159–162
– Integrität, p53 1149
– Intron 160
– Methylierungsmuster 272
– mitochondriales, OXPHOS-System, Störungen 512
– Mycoplasma genitalium 159
– nicht codierter Teil 160
– Organisation, HIV 337
– Proteine 160
– Replikation, DNA-Viren, einzelsträngige 337
– – Hepadnaviren 336
– Sequenzierung 159–160
– Transkription 160
– Viren 327
genomic imprinting 272–273
– IGF-2 *(insulin-like growth factor 2)* 272
Genomik 94–98
– funktionelle 94–95
– – Proteine 64
– strukturelle 76–77, 94–95
– – Faltungstopologie 76–77
Gentechnik/-technologie 241–252
– DNA-Sequenzen, spezifische, Herstellung 244
– Expressionsplasmide 243
– Grundlagenwissenschaften 248–251
– Luciferase-Gen 248
– Promotoren 248
– Proteine 67
– – Struktur-Funktions-Beziehungen 248
– Reportergene 248
– Restriktionsendonucleasen 169
gentechnisch veränderte Organismen (GVOs) 242
Genträger, Porphyrie 618
Genumlagerung *(rearrangement)* 1105, 1113
– somatische, Antikörpervielfalt 1121
Geranylgeranylreste
– GEF-Proteine 193
– Proteine 310–311
Geranylpyrophosphat
– Isopren, aktives, Biosynthese 567
– Squalen, Biosynthese 566
Gerinnung ► Blutgerinnung
Geruchsstoffe
– G-Protein, Aktivierung 780
– G-Protein-gekoppelte Rezeptoren 783
Gerüst-*(scaffold-)*Proteine 772
Gesamtblut, Pufferkapazität 945
Gesamteisenmenge, Blutplasma 661
Gesamtenergieumsatz 635
Gesamtkörpereisen 659
Gesamtkörperkalium, Abschätzungen 929
Gesamtproteinkonzentration
– Bestimmung 991
– Liquor cerebrospinalis 1028
Gesamtpufferbasenkonzentration 944
geschlossene Systeme
– Entropie 101
– Thermodynamik 100
Geschmacksstoffe, G-Protein, Aktivierung 780
Geschwindigkeitskonstanten, enzymkatalysierte Reaktionen 107
Gestagene, Biosynthese 864
Gewebemakrophagen 975
Gewebeplasminogenaktivator, Fibrinolyse 987
Gewebesauerstoffdruck, Erythropoietin 912
gewebespezifische Wirkungen, PPAR-Isoformen 649–650

Gewebethromboplastin 985
- Blutgerinnung 981, 984
Gewebethromboplastin-Inhibitor, Blutgerinnung 985
Gewebshormone 758–760
- Aminosäuren 518
GFP *(green fluorescent protein)*, Gene, Funktionsanalyse 249
GFR ► glomeruläre Filtrationsrate
GGA-Proteine (Golgi-lokalisierte, gamma-ear-enthaltende ADP-Ribosylierungsfaktor-bindende Proteine) 193, 201
GH *(growth hormone*, Somatotropin) 759, 770, 844–846, 885
- Aktivierung 887
- Alter 886
- Freisetzung 886
- - Tag-Nacht-Rhythmus 885
- Ghrelin 1066
- Halbwertszeit 849
- Knochenwachstum 742
- - postnatales 744
- Knorpel-/Knochenbildung 741
- Mangel 889
- Neugeborene 886
- Phosphatreabsorption 938
- Proteinsynthese 645
- Rezeptoruntereinheit 770
- Sekretion, Ghrelin 886
- - IGF-1/2 886, 888
- - Inhibition, Somatostatin 887
- - Regulation 885–886
- - TRH 850
GH-IGF-Achse 885–890
- Störungen 889
Ghrelin 642, 886, 1066
- GH-Sekretion 885–886
- Kohlenhydratstoffwechsel 886
- Leptin, Antagonist 1066
- Nahrungsaufnahme 642–643
- Neuropeptid Y 886
Ghrelin-Rezeptoren 1066
GH-Rezeptoren 887
- Chondrozyten 744
- Signaltransduktionskaskade, pleiotrope 887
GHRH *(growth hormone releasing hormone)* 844, 846, 885
- GH-Sekretion, Regulation 885
- IGF-1 888
- Nahrungsaufnahme, stimulierende Wirkung 643
GH-Sekretagogrezeptor (GHSR) 886
Gibbs-Helmholtz-Gleichung 102
Gibbssche freie Enthalpie 102
Gicht 602
- Adipositas 640
- Familien 603
- Hypercholesterinämie 583
- Therapie 906
Giftung, Biotransformation 1093
Gigantismus 889
Gilbert, Walter 170
Gilbert-Syndrom 543, 625–626
Gingipaine 315
GIP (gastoinhibitorisches Peptid) 1063
GIP (gastroinhibitorisches Peptid) 647, 1063, 1066
- Insulinsekretion 815
- Nahrungsaufnahme 643
- - afferente Signale 642
- Vorkommen/Funktion 1063
Gi-Proteine 781
Gla-Domänen 984
glanduläre Hormone 758–760
Glanzmann-Thrombasthenie 206, 988
Gla-Proteine 695
Glargin 816, 817 (F)
GLAST ► Glutamat-Aspartat-Transporter
glatte Muskulatur ► unter Muskulatur
glattes endoplasmatisches Retikulum 190
GLDH ► Glutamat-Dehydrogenase
Gleichgewicht
- allosterisches, Enzymaktivität 131
- thermodynamisches 102
Gleichgewichtskonstante 14–15
Gleitmodell, Muskelkontraktion 1010
Gliadine 1078
Gliadin-induzierte Enteropathie/Sprue 1078, 1080
Gliaprotein, saures, fibrilläres 213
Gliazell-abgeleiteter neurotrophischer Faktor (GDNF) 1051
- Sertoli-Zellen 876
Gliazellen 1045–1047
Glicentin 823
Gliedergürtel-Muskeldystrophie 1018
Glioblastom 740
Globinanteil, Hämoglobin 958
Globingenfamilie 958
Globinpeptidkette, Häm/Myoglobin 80
Globosid, Virusrezeptor 331
Globuline 993, 995
- α_1-Globuline 992–993, 995
- α_2-Globuline 992–993, 995
- β-Globuline 992–993, 995
- β_1-Globuline, Mangan, Bindung 673
- γ-Globuline 993, 995–996
- - Antikörper 995
- - Funktion/Pathobiochemie 993
glomeruläre Filtrationsrate (GFR) 897
- Erhöhung, ANP 926
- Niere, Energieverbrauch 909
- renaler Blutfluss (RBF) 895
- Sicherungsmechanismen 897
Glomerulosclerose, Diabetes mellitus 837
Glomerulus 899
- Aufbau 896, 897 (F)
- Basalmembran 896–897
- Filtration nach Ladung bzw. Molekülgröße 896
Glomerulusfilter, Porenradius, effektiver 896
Glossitis, Riboflavinmangel 700
GLP ► *glucagon-like peptide-1/2*
Glucagon 758, 760, 823–826
- biologische Wirkungen 825
- Biosynthese 823–825
- Blutcortisolspiegel 825
- Diabetes mellitus 832
- Fettgewebe 825
- Fettsäuresynthase 418
- Freisetzung, Hypoglykämie 825
- Gluconeogenese 392, 636
- Glucosehomöostase 825
- Glucosekonzentration, Abfall 824
- Glycogenolyse 392, 636
- Glycogenstoffwechsel, Regulation 384, 386
- G-Protein, Aktivierung 780
- Halbwertszeit 849
- Harnstoffzyklus 447
- Hemmung, Somatostatin 887
- Kohlenhydratstoffwechsel 651
- Langerhanssche Inseln, α-Zellen 823
- Leber 825
- metabolische Rate 636
- Nahrungsaufnahme, afferente Signale 642
- - hemmende Wirkung 643
- Plasmakonzentration 825
- proteinreiche Mahlzeit 824
- Reifung 823–825
- Sekretion 824
- - Glucose 824
- - Modulation 825
- - Nahrungsaufnahme 824
- Signal, Weiterleitung 825
- Struktur 823
- Wirkungen, extrahepatische 825
- - langfristige 825
- Wirkungsmechanismus, molekularer 825
- Wirkungsverstärkung, Cortisol 867
- α-Zellen, Langerhanssche Inseln 823
glucagon-like peptide-1 (GLP-1) 647, 823–824, 937
- Appetitzentrum, hypothalamisches 824
- Gehirn 823
- Insulinsekretion 815
- Mukosa, intestinale 823
- Nahrungsaufnahme 643
- Sättigungsfaktor 824
glucagon-like peptide-2 (GLP-2) 823 (F)
- Gehirn 823
- Mukosa, intestinale 823
- Nährstoffresorption 824
Glucagonrezeptoren 825–826
- Nebennierenrindenzellen 825
- Signalweiterleitung 825, 826 (F)
Glucantransferaseaktivität, Glycogenabbau 370
β-Glucocerebrosidase, Defekt, Gaucher-Krankheit 580
Glucocorticoide 322, 384, 530, 759, 867
- Adipositas 640
- Aminosäurestoffwechsel, Muskulatur 453
- Biosynthese 864
- Gluconeogenese 388
- Immunantwort 1133–1134
- Katecholaminbiosynthese 827
- Knochen, Entmineralisierung 745
- Knochenwachstum 742
- Knorpel-/Knochenbildung 741
- Leber 1086
- Lymphozytenfunktion 867
- Mucinsekretion, Hemmung 1064, 1067
- PGHS-2 420
- Phospholipase A_2 424
- Proteinbiosynthese im Skelettmuskel 529
- Resistenz, familiäre 869
- Skelettsystem, Homöostase 745
- synthetische 868
- Transkription 276
- Transplantatabstoßung 1139
- TRH-Freisetzung 847
- Tyrosinhydroxylase, Induktion 828
- Wirkungen 867
- - IGF-1 322
- Zinkaufnahme 672
Glucocorticoidrezeptoren 763, 858
- DNA-Bindungsdomäne 277 (F)
- green fluorescent protein 249
- Lokalisation, subzelluläre 249
- Osteoblasten 745
- Transkription 276
glucogene Aminosäuren 441, 521, 644
Glucokinase 384, 386, 516, 570, 814
- Gluconeogenese 372
- Glucoseangebot, erhöhtes 379
- Glucose-Phosphorylierung, Hepatozyten 378
- GLUT 2 375
- Glycolyse 359, 364, 387

Glucokinase
- Insulin 378, 818, 820
- Insulinbiosynthese 819
- Konformation, offene und geschlossene 109 (F)
- Nahrungskarenz 379
- Umgehung, Gluconeogenese 373
- β-Zellen 814
Glucokinase-Regulatorprotein (GKRP) 378
- Transport, nucleocytoplasmatischer 189
Gluconat 24 (F)
Gluconeogenese 365, 372–374, 1024
- Alanin 444
- Aminosäuren, glucogene 518
- Aminosäurestoffwechsel, Nieren 451
- Citratzyklus 487
- Cortisol 866
- Einzelreaktionen 372
- Energiebilanz, negative 640
- Erythrozyten 372
- Fructose-1,6-Bisphosphatase 387
- Fumarat 448
- Glucagon 392, 636
- Glucose, Bereitstellung 646
- Glucose-6-Phosphatase 387
- Glycerin 372
- Insulin 387
- Katecholamine 392
- Lactat 372
- Leber 391, 521, 1086
- Malat 448
- Muskelarbeit 534
- Nahrungskarenz 529
- Nieren 391
- Nierenmark 372
- nutritive Faktoren 386
- Oxalacetat 448
- PEP-Carboxykinase 387, 391
- Pyruvat-Carboxylase 387
- Regulation, allosterische 391–392
- - cAMP 388
- - Fructose-2,6-bisphosphat 389
- - Glucose 388
- - Insulin 388
- - transkriptionelle, koordinierte 388
- renale, Nahrungskarenz 641
- Schlüsselenzyme, Biosynthese, Repression, Insulin 820
- Serinbiosynthese 458
- Skelettmuskel 372
- Transportproteine 494
- Tubulus, proximaler 910
- Typ-1-Diabetes mellitus 833
- Umsatzgeschwindigkeit 386
Gluconolacton 24 (F)
Gluconolactonhydrolase 366
Glucosamin 24 (F), 29
- Diabetes mellitus 838
Glucosamin-6-phosphat, Aminozucker, Biosynthese 544–545
Glucose 22, 28, 358–368, 441, 542, 646, 905
- Abbau 358
- - aerober 478
- - anaerober 478
- - - Muskelarbeit 534
- Acetyl-CoA-Carboxylase 417
- Aminosäuren, nicht essentielle, Stoffwechsel 440
- Aminosäurestoffwechsel 432
- - Muskulatur 453
- Angebot, erhöhtes, Glucokinase 379
- - GLUT 2 379
- - Insulin 379
- arteriovenöse Differenz 1024
- Aufnahme/Speicherung 516
- Bedarf, täglicher 521
- Blutzucker 522–523, 836–837, 1024
- Durchsatz, Diabetes mellitus 838
- - vermehrter 186
- energetisches Äquivalent 637
- Energiebedarf 520
- - Skelettmuskulatur 532
- Erythrozyten 520, 956
- extrazelluläre 368
- Fettsäurebiosynthese 413, 417
- Filtrierbarkeit, glomeruläre 896
- Freisetzung, hepatische, Typ-2-Diabetes mellitus 834
- Glucagonsekretion 824
- Gluconeogenese 391
- - Regulation 388
- Glycogenabbau 371
- Glycolyse 360 (F), 386, 392
- - Regulation 388
- Harnstoffzyklus 448
- Homöostase, Glucagon 825
- Insulinexpression 812
- Kohlenstoffskelett 22
- Konzentrationsabfall, Glucagon 824
- Liquor cerebrospinalis 1028
- Mangel 825
- - Glycogenstoffwechsel, Regulation 386
- Metabolismus, Insulin 818
- Nahrungsaufnahme, afferente Signale 642
- Nahrungszufuhr 522
- Nervengewebe 520
- Nierenmark 520
- de novo Lipogenese 519
- Phosphorylase a, Inaktivierung 381
- Phosphorylierung 516
- - ATP-abhängige, Glycolyse 359
- - Hepatozyten, Glucokinase 378
- Plasma-Phosphatkonzentration, Erniedrigung 938
- Polyolweg 364
- Regulation 375–380
- Resorption 646, 1069
- - GLUT-4 647
- - tubuläre, GLUT2/SGLT1 906
- Skelettmuskulatur 531
- Spiegel 646
- Umsatz, Kontrolle 647
- Urin 915
- Wasserresorption 1074
- Zufuhr, Gehirn 1024
Glucose-1-phosphat 542
- Enthalpie, freie 105
- Glycogenabbau 370–371
- Glycogenbiosynthese 368
Glucose-1-phosphat-UTP-Transferase, Glycogenbiosynthese 369
Glucose-6-phosphat 24 (F), 366 (F), 385, 518, 544 (F)
- Bildung 377–380
- - Hepatozyten 379
- - insulinabhängige Gewebe 378
- Decarboxylierung 366
- endoplasmatisches Reticulum 379
- Enthalpie, freie 105
- Fettsäurebiosynthese 413
- Glucose-Fettsäurezyklus 522
- Glucosestoffwechsel 647
- Glycogenbiosynthese 368, 378, 516
- Glycogenstoffwechsel 516
- - Regulation 384, 386
- Glycolyse 359, 360 (F)
- Hepatozyten 378
- Hexokinase II 378
- Lebergewebe 378
- Nierengewebe 378
- Oxidation 366
- Phosphorylierung, Erythrozytenstoffwechsel 955
- regulatorische Funktionen 378
- UDP-Glucose, Bildung 369
- UDP-Glucuronsäure, Biosynthese 540–541
- Verwertung 377–380
- - Hepatozyten 379
- - insulinabhängige Gewebe 378
Glucose-6-Phosphatase 384, 387
- Aktivität, Leber 1086
- Gluconeogenese 373, 387–388
- Glycogenstoffwechsel, Regulation 386
- Hemmung 543
- - durch Insulin 820
- Insulinbiosynthese 819
- Mangel, Glucogenose Typ I 395
Glucose-6-phosphat-Dehydrogenase 136, 366, 956
- Hemmung 543
- Hexosemonophosphat-Weg 365
- Mangel, Malaria 968
- Sauerstoffspezies, reaktive, Entstehung/Abbau 511
Glucoseaufnahme
- Diffusion, erleichterte 375
- epileptischer Anfall 1024
- Fettsäureoxidation, gesteigerte 521
- GLUT4 533
- Hirnregionen, Positronen-Emissions-Tomographie (PET) 1024
- Muskelzelle, Hemmung, Fettsäureoxidation, gesteigerte 521
- Regulation 375–380
- Typ-2-Diabetes mellitus 834
Glucosebiosensoren
- Blutzuckerbestimmung, elektrochemische 136
- Insulinsekretion 814
Glucosecarrier, zerebraler, Defekte 186
Glucose-Fettsäurezyklus 522 (F)
Glucose-Galactose-Malabsorption 1077
- Diarrhö 186
- Zuckertransport, Defekte 186
Glucoseintoleranz, Adipositas 640
Glucosekohlenstoff, Citratzyklus 391
Glucoseoxidase 136
Glucoseoxidation, Insulin 636
Glucosestoffwechsel
- Glucose-6-phosphat 647
- Glycerin 400
- Hauptwege 359
- Hepatozyten 379
- Insulin 818
Glucosetoleranz
- Chrom 675
- gestörte 523
- metabolisches Syndrom 640
Glucosetoleranz-Test, oraler (oGTT) 523
- Diabetes mellitus 814
- Kohlenhydratstoffwechselstörungen 523
Glucosetransport
- Epithelzellen, intestinale 185 (F)
- Fettzellen 180
- Muskelzellen 180
- Na^+-Ionen-abhängiger, Membranen 177
- natriumabhängiger, sekundär aktiver 375
Glucosetransporter 375–377
- ► GLUT...
- Defekt 1077
- Diffusion, erleichterte 183
- Natrium-abhängige 185, 1069

Glucosetransportproteine 375–377
α-Glucosidase, Defekte 200
Glucosurie 359, 916
- Transportkapazität, maximale 916
- Typ-1-Diabetes mellitus 833
Glucosyl-Ceramid 559
Glucosylrest, Glycogenabbau 370 (F)
Glucuronat/Glucuronsäure 29, 542
- α-D-Glucuronat, Derivate 24
- Ascorbinsäuresynthese 541–542
- Epimerisierung 549
- Glycogen, Biosynthese 540
- Pentosesynthese 541
- Uronsäuresynthese 541
Glucuronat-Transferasen 541
β-Glucuronidase, Defekte 200
Glucuronide
- Bildung 541
- Biosynthese, UDP-Glucuronat 541
- Biotransformation 1091
Glucuronidierung 541
Glucuronsäure ► Glucuronat
Glulisin 816
GLUT... ► Glucosetransporter
GLUT 1 375–376, 1069
- Blut-Hirn-Schranke 1027
- Membrantopologie 376 (F)
- Vitamin C 697
GLUT 2 375–376, 516, 570, 814
- Glucoseangebot, erhöhtes 379
- Glucoseaufnahme 378
- Glucoseresorption, tubuläre 906
- Insulin 818
- Insulinsekretion 815
- Nahrungskarenz 379
- Transportkapazität 375
GLUT 3 375–376
- Vitamin C 697
GLUT 4 375, 519
- AMP-abhängige Proteinkinase, Aktivierung 527
- Glucose, Resorption 647
- Glucoseaufnahme 533
- Insulin 378
- Insulinbiosynthese 818–819
- Insulinsignal, Weiterleitung 821
- Muskelarbeit 533
- Plasmamembran 377
- Skelettmuskel 820
- SNARE-Proteine 194
- Translokation, Insulin 821
- Vesikel, intrazelluläre 377
GLUT 5 376
- Fructose, Resorption 1070
- - - tubuläre 906
GLUT 11 376
GLUT 14 376
Glutamat 45, 47, 49, 432, 438–439, 441–442, 686, 759, 765, 947, 1028, 1037–1039, 1042
- Abbau 454
- Aminosäurestoffwechsel 432, 440
- - Muskulatur 453
- Ammonium-Assimilation 429
- Bedarf des Menschen 439
- Biosynthese 454
- Darmschleimhaut 451
- Decarboxylierung 1040
- Desaminierung 432
- - dehydrierende 456
- G-Protein, Aktivierung 780
- Harnstoffzyklus 447–448
- Konzentration, Liquor cerebrospinalis 1039
- - synaptischer Spalt 1039
- Mitochondrien 442
- NAD^+/$NADP^+$, Biosynthese 701
- Neurotransmitter 1034
- NH_4^+-Stoffwechsel 454
- - Zonierung 449
- Plasmakonzentration 445
- Resorption, tubuläre 906
- Stoffwechselbedeutung 454–455
- Transaminierung 432
- Tyrosinabbau 471
- ZNS 453, 1025
Glutamat-Aspartat-Transporter (GLAST)
- Defekt 450
- Niere 901
Glutamat-Carrier 494
Glutamatdecarboxylase I, Autoantikörper 1041
Glutamat-Dehydrogenase (GLDH) 111, 429, 454–456, 483
- Aktivitätsmessung 136
- Aminierungsreaktion 909
- Aminosäurestoffwechsel, Leber 445
- - Nieren 452
- ATP/ADP-Verhältnis 457
- Desaminierung 435–436
- K_M-Wert 457
- Mitochondrien 434
- Mutationen, Hyperinsulinämie 457
- Regulation 456–457
- Zink 672
Glutamatfamilie 459
Glutamatformimino-Transferase, Histidinabbau 474 (F)
Glutamat-Glutamin-Zyklus, ZNS 1025
Glutamatpeptidasen 315
Glutamatrezeptoren 686
- ionotrope 1036, 1038–1040
- metabotrope 1039
- Untereinheiten 1037
Glutamat-γ-semialdehyd 459
Glutamatsynthase 429
Glutamin 45, 47, 439, 443–444, 486, 947, 1025
- Abbau, Protonenausscheidung 908
- - Transportproteine 494
- Aminosäurestoffwechsel 432, 440
- - Muskulatur 453
- - Nieren 451
- Aufnahme 444
- Azidose, metabolische 444
- Bedarf des Menschen 439
- Biosynthese, Muskulatur 453
- Carboxylierung 943
- Darmschleimhaut 451
- Desaminierung 432
- - Tubulus, proximaler 907–908
- Gehirn 444
- Harnstoffzyklus 448
- Hydrolyse, enzymatische 908
- Leber 445
- Liquor cerebrospinalis 1027–1028
- Mitochondrien 442
- NAD^+/$NADP^+$, Biosynthese 701
- NH_2-Donor 454
- NH_4^+-Stoffwechsel, Zonierung 449
- Nieren 444
- Plasmakonzentration 445
- Postresorptions/Hungerphase 1087
- Purinbiosynthese 586, 631 (F)
- Stoffwechsel 455–456
- Stoffwechselbedeutung 455
- Synthese, Ammoniakvergiftung 454
- ZNS 453
Glutaminase 456
- Aminosäurestoffwechsel, Nieren 452
- Desaminierung 436
- Hepatozyten, periportale 448
- Mitochondrien 447
- Reaktion 946
Glutamin-Carrier 493–494
Glutamin-PRPP-Amidotransferase
- Defekt 603
- IMP-Biosynthese 589
- Nucleosiddi-/-triphosphate, Synthese 589
Glutamin-Synthetase 429, 455–456
- Aminierungsreaktion 909
- hepatische 1087
- Hepatozyten, perivenöse 449
- Leber 1087
- Postresorptions/Hungerphase 1087
Glutaminylcyclase, TRH-Biosynthese/-Freisetzung 847
γ-Glutamyl-Carboxylierung, Vitamin K 696
γ-Glutamylcystein-Synthetase
- Cystein, Umwandlungsreaktionen 466
- Proteine, Regulation 694
γ-Glutamylreste, Carboxylierung 696
Glutamylreste, N-terminale 309
γ-Glutamyltransferase/-peptidase (γ-GT) 454–455
- canaliculäre Membran 1097
- Cysteinumwandlung 466
- Leukotrienbiosynthese 423
γ-Glutamylzyklus, Cystein, Umwandlungsreaktionen 466
Glutaryl-CoA 442–443, 943
- Lysinabbau 476
Glutathion (GSH) 465–466, 941
- Antioxidans 465
- Biosynthese 955
- Leukotrienbiosynthese 423
- oxidiertes 956
- *reactive oxygen species* (ROS) 466
- reduziertes 956
- Standardpotential 103
- Stoffwechselbedeutung 462
Glutathion-Disulfid (GSSG) 466
Glutathion-Insulin-Transhydrogenase, Insulinabbau 816
Glutathionperoxidasen 676
- Lipidperoxide, Eliminierung 676
- Sauerstoffradikale, Entfernung 511
- Sauerstoffspezies, reaktive, Entstehung/Abbau 511
- Selenocystein 299
Glutathionreduktase 956
- Hexosemonophosphat-Weg 368
Glutathion-S-Transferase 511, 1158
- Chemotherapieresistenz 1161
Glutathionsynthetase, Cystein, Umwandlungsreaktionen 466
Glutenunverträglichkeit 1078
Glycane, Modifikation 727
Glycerin 32
- Energiebilanz, negative 640
- freigesetztes, Lipolyse 1087
- Gluconeogenese 372
- Glucosestoffwechsel 400
- Lipolyse 373, 399 (F)
- Phosphoglyceride, Biosynthese 555 (F)
- Triacylglycerine, Spaltung/Resynthese 1072 (F)
Glycerin-3-phosphat, Enthalpie, freie 105
Glycerinaldehyd-3-phosphat 364
- Carbonylgruppe 361
- Fructosestoffwechsel 365 (F)
- Glucosestoffwechsel 400 (F)
- Glycolyse 359, 360 (F), 361, 362 (F)

Glycerinaldehyd-3-phosphat
- Hexosemonophosphat-Weg 366 (F)–367 (F)
- Isomerisierung, Glycolyse 361
- Oxidation, Glycolyse 361
Glycerinaldehyd-3-phosphat-Dehydrogenase 385, 483, 956
- Apoptose 323
- Cysteinylrest 361
- Erythrozytenmembran 956
- Glycolyse 360–361
- Reaktionsmechanismus 361
Glycerinlipide 35–37
Glycerin-3-phosphat 32, 35
- Phosphoglyceride 35
Glycerinphosphorylcholin, Phosphoglyceride, Abbau 558
Glycerinphosphorylcholin-esterase, Phosphatidylcholin, Abbau 558
Glycerokinase 373, 400
- Fettgewebe, braunes 520–521
- Glucosestoffwechsel 400
- Phosphoglyceride, Biosynthese 555
- Triacylglycerine, Biosynthese 403
Glyceroneogenese
- PEP-Carboxykinase 391
- Pyruvatcarboxylase 391
α-Glycerophosphat 400, 517, 519, 554
- Cardiolipin, Biosynthese 556
- Gluconeogenese 373
- Glucosestoffwechsel 400 (F)
- Phosphatidylcholin, Abbau 558
- Phosphoglyceride, Abbau/Biosynthese 555 (F), 558
- Reveresterungszyklus 518
- Synthese, Alkoholkonsum 1099
- Triacylglycerine, Biosynthese 402 (F), 403
- - Spaltung/Resynthese 1072 (F)
Glycerophosphat-Acyltransferase (GPAT) 570
- Lipogenese 415
- Phosphoglyceride, Biosynthese 555
- Triacylglycerine, Biosynthese 402–403
(α-)Glycerophosphat-Dehydrogenase (GPDH) 400, 498
- cytoplasmatische ($GPDH_C$) 498
- Gluconeogenese 373
- Glucosestoffwechsel 400
- mitochondrienmembran-assoziierte ($GPDH_M$) 498
- Phosphoglyceride, Biosynthese 555
- Triacylglycerine, Biosynthese 403
α-Glycerophosphat/Dihydroxy-acetonphosphat-Carrier 494
Glycerophosphat:Ubichinon-Oxidoreduktase 496, 498
Glycerophosphatzyklus 498
- Amungskette 498
- Glycolyse 364
- Transportproteine 494
Glycin 45 (F), 47, 439, 486, 759, 765, 1028, 1038, 1040–1042
- Abbau 452, 458
- Aminosäurestoffwechsel 440
- - Nieren 451
- Aufnahme, Insulin 820
- Bedarf des Menschen 439
- Biosynthese 458
- Hämbiosynthese 609 (F)
- Neurotransmitter 1034
- Plasmakonzentration 445
- Resorption, tubuläre 906
- Stoffwechsel 457–459
Glycinamidribonucleotid (GAR), Purinbiosynthese 586, 587 (F)
Glycinrezeptoren 765
- Anionenkanäle, ligandengesteuerte 1040
- inhibitorischer, Mutationen 1041
Glycin-spaltendes System (GCS) 458
Glycintransporter 1037
Glycirhetin 866
Glycoasparaginase 315
Glycocalix, Podozyten 896
Glycocholsäure, Gallensäuren, Bildung 1060 (F)
Glycogen 26, 365, 369 (F)–370 (F), 441, 518, 632
- Aminosäuren, nicht essentielle, Stoffwechsel 440
- Biosynthese, Insulin 818
- Energiebedarf, Skelettmuskulatur 532–533
- intrazelluläres 205
- Kettenverlängerung 369 (F)
- Kohlenhydrate, Resorption 1069
- Leber 368, 371, 380
- Muskulatur 368
- phosphorolytische Spaltung 370
- Skelettmuskulatur 371
- Speicherung 384–385
- - Leber 521, 1089
- - Skelettmuskulatur 518
Glycogenabbau ► Glycogenolyse
Glycogenbiosynthese 368–370, 382, 516
- Glucose-6-phosphat 378, 516
- Glucuronsäure 540
- indirekte 516
- - Lactat 516
- Insulin 382
- Muskulatur, Typ-1-Diabetes mellitus 833
Glycogenin 312, 369 (F)
Glycogenolyse 27, 370–371, 384–385
- Calciumkonzentration, cytosolische 774
- Glucagon 636
- Glycogenabbau 370
- Herzinfarkt 385
- Hydratation 1088
- Leber 1086
- Muskelarbeit 533
- Myokard-Nekrose 385
- Nahrungskarenz 529
- sekretorische Prozesse 774
- Stress 636
Glycogenose
- Typ I 395
- - Glucose-6-Phosphatase-Mangel 395
- Typ II 200
- Typ III 395
- - Amylo-1,6-Glucosidase-Mangel 395
- Typ IV 395
- Typ VI, Leberphosphorylase-Mangel 395
Glycogenphosphorylase 380–381, 384
- Aktivierung, hormonell induzierte 381
- covalente Modifikation 380
- Glycogenabbau 370
- Glycogenstoffwechsel, Regulation 386
- Mangel 1021
- Phosphorylierung/Dephosphorylierung 132
- Pyridoxalphosphat 704
Glycogenspeicher
- Leber 520
- Wiederauffüllung 380
Glycogenstoffwechsel 368–371
- covalente Modifikation 380–382, 384 (F)
- Defekte 395
- Glucose-6-phosphat 516
- Regulation 132, 380–386
Glycogensynthase
- Aktivierung, Insulin 382, 383 (F)
- covalente Modifikation 382
- Dephosphorylierung 132, 383
- Glycogenbiosynthese 369, 382
- Nahrungskarenz 527
- Phosphorylierung 132
- - AMP-abhängige Proteinkinase, Aktivierung 527
- - Proteinkinasen 382
- Regulation, allosterische 382
Glycogensynthase a 384
Glycogensynthase b 382, 384
Glycogensynthasekinase-3 (GSK3) 382
- cAMP-abhängige 382
- Inaktivierung 382
- Insulinsignal, Weiterleitung 821
Glycogensynthese 111
- Aktivierung, Hydratation 1088
- Glycogensynthase 382
- Hemmung, Nahrungskarenz 529
- Insulin 636
- Nahrungskohlenhydrate 516
Glycogenvorräte, Aufrechterhaltung 380
Glycohämoglobin 969
- Diabetes mellitus 838, 969
Glycohydrolasen, Lysosomen 977
Glycolaldehyd, Hexosemonophosphat-Weg 366 (F)
Glycolipide 28, 31
- Immunantwort 1133
- Virusadsorption 330
- Virusrezeptor 331
Glycolipid-Phosphoinositol-Anker ► GPI-Anker
Glycolyse 358–365, 478, 516
- ► Milchsäuregärung
- anaerobe 358
- - Energiebilanz 364
- cAMP 390
- Dihydroxyacetonphosphat 519
- Einzelreaktionen 360 (F), 372
- Energiebilanz 363–364
- Fettsäurebiosynthese 412, 413 (F)
- Fettsäureoxidation, gesteigerte 521
- Fructose-6-phosphat-2-Kinase 387
- Glucagon 392
- Glucokinase 387
- Gluconeogense 386–392
- Glucose 386, 392
- Granulozyten, neutrophile 972
- Hefezellen 363
- Herzmuskel 390
- Insulin 386, 392, 636, 818
- Katecholamine 392
- Kohlenhydrate, Zufuhr, enterale 516
- Lactat 358
- Leber 391–392
- Muskulatur 392
- nutritive Faktoren 386
- Phosphofructokinase-1 (PFK-1) 387–388
- Phosphoglyceratkinase 106
- Phosphoglyceride, Biosynthese 555
- Pyruvatkinase 387
- Regulation 386–392
- - cAMP 388
- - Fructose-2,6-bisphosphat 389
- - Glucose 388
- - Insulin 388
- Schlüsselenzyme, Regulation, allosterische 388–391
- Serinbiosynthese 458
- Thrombozyten 976

- Umsatzgeschwindigkeit 386
Glycolyse-spezifische Enzyme, Induktion, Insulin 820
Glycopeptide 30
- Biosynthese, Bakterien 550
Glycopeptid-Transpeptidase 550
Glycophorin A, Erythrozytenmembran 956
Glycoprotein I-IX, Thrombozyten 977
Glycoprotein Ib-V-IX, Blutstillung, zelluläre 980
Glycoprotein IIb-IIIa
- Blocker, Thromboseprophylaxe 978
- Thrombozyten 977
Glycoprotein B, Erythrozytenmembran 956
Glycoproteine 27–28, 56, 312
- ► gp...
- α_1-Glycoprotein, saures 992, 995
- - Immunelektrophorese 995
- adhäsive, α-Granula 977
- Aminozucker 545
- Asialoglycoprotein-Rezeptor 548
- Aufbaudefekte 552
- biologische Aktivität/Bedeutung 27, 548–549
- Biosynthese 544, 546–552
- Erythrozytenmembran 956
- Exportproteine 27
- extrazelluläre Matrix 548
- glycosidische Bindung 29
- Golgi-Apparat 190
- Haut 751
- HIV 331
- Kohlenhydratanteil 27
- Komplementaktivierung 1130
- komplexer Typ 546
- Lipidanker 546
- Mannose-haltige, GDP-Mannose 544
- Mannose-6-phosphat 548
- Membranen 548–549
- Membranproteine 27
- Monosaccharidbausteine 28
- N-glycosidische Bindung 28, 546–547
- nichtkollagene, Binde-/Stützgewebe 716
- O-glycosidische Bindung 546–547
- Proteinglycosylierung 548–549
- Retentionssignale 548
- sezernierte 548
- sialinfreie 548
- Sialinsäurereste 548
- Thrombozyten 977
- Trimmen 546–547
- zelladhäsive, nichtkollagene 730–736
Glycosaminoglycane 28, 30 (F)
- Aminozucker 545
- Basalmembran 732
- Biosynthese 544
- Disaccharide 29
- ECM 728–729
- Sulfatierungsdefekte 552
- Sulfatstoffwechsel 941
Glycoside 24
- α/β-Anomerie 24
- α/β-Isomerie 24
- herzwirksame 25
glycosidische Bindung 23
- Disaccharide 25
- Glycogenbiosynthese 369
- Glycoproteine 29
- hydrolytische Spaltung 10 (F)
- Monosaccharide 25
- phosphorolytische Spaltung 370
- Sialoglycoprotein 29
Glycosphingolipide 561
- Golgi-Apparat 190
- Lipiddoppelschichten 41
Glycosylierung 548
- Defekte, kongenitale 552
- Proteine 312, 548
- - Faltung 305
Glycosylphosphatidylinositol, Proteine, Verankerung 310
Glycosyl-Phosphatidyl-Inositol-anker ► GPI-Anker
Glycosyl-1-phosphat-Nucleotid-Transferase 540
Glycosyl-Pyrophosphorylase 540
Glycosylrest, Nucleosiddiphosphat-aktivierte Form 546
Glycosyltransferasen 547, 965
- ABH-Antigen, Biosynthese 965
- Antigene, oligosaccharidhaltige, Biosynthese 965
- Glycogenbiosynthese 369
- Golgi-Apparat 190
glykämischer Index 646
Glykoproteohormone, hypophysäre, Aufbau 849
Glyoxylsäure, Harnsäureabbau 600
Glypican 729
GM2-Aktivatorprotein, Lysosomen 200
GM-CSF *(granulocyte macrophage-colony stimulating factor)* 794, 953
- mRNA-Stabilität 281
GMP (Guanosinmonophosphat) 588 (F)
- Biosynthese 588–590
- cyclisches ► cGMP
- Purinbiosynthese 588
GMP-Synthetase 588
GNAc (N-Acetyl-D-glucosamin) 966 (F)
GnRH *(gonadotropin releasing hormone*, Gonadoliberin) 844, 846, 870
- Dauerapplikation 870
- Freisetzung, Hemmung 870
- - Östrogene 878
- - pulsatile 870
- - Testosteron 875
- Gonadenfunktion 871
- Halbwertszeit 849
- Plazenta 884
- Sekretion, Menstruationszyklus 878, 880
- - Östrogene 878
- - Progesteron 878
- - pulsatile 878
- - - Störungen 870
GnRH-Analoga 870
- Dauerapplikation 870
- Prostatakarzinom 870
GnRH-assoziiertes Peptid (GAP) 870
GnRH-Neuronen 870
- Aktivität 871
GnRH-Pulsgenerator
- hypothalamischer 870–873
- Suppression 872
GnRH-Rezeptoren 870
- Bindung 878
Golgi-Apparat 190–191
- Proteinkinasen, Cyclin-abhängige 225
- Proteinolyse, limitierte 319
Gonaden
- Androgene 873
- Entwicklung 873
- GnRH 871
- Östrogene 873
- Progesteron 873
Gonadoliberin ► GnRH
gonadotropin releasing hormone ► GnRH
Gonadotropine
- Hoden, Wachstum und Differenzierung 877
- Sekretion bei der Frau 879
- - hypophysäre 871–873
- - pulsatile 878
- Urin 915
- Zielgewebe bei der Frau 878–885
- - beim Mann 874–878
GOT ► Aspartat-Aminotransferase
Gower 1 958
Gower 2 958
gp... ► Glycopproteine
gp41
- HIV 331–332
- Virusaufnahme, Fusionierung 334
gp120 333
- Chemokin-Rezeptoren 333
- HIV 331–332
gp130, Cytokine 794
gp160, Virusaufnahme, Fusionierung 334
GPCR *(G-protein-coupled receptors)* 767
GPDH ► Glycerophosphat-Dehydrogenase
GPI-A-Gen, Hämoglobinurie, nächtliche, paroxysmale 969
GPI-Anker (Glycolipid-Phosphoinositol-Anker) 36 (F), 312, 1132
- CD14 799
- C-terminaler, Bildung 312
- Defekt 314
- - Hämoglobinurie 312
- Defekte, Hämoglobinurie, nächtliche, paroxysmale 968–969
- Proteine 311–312
GPR39 886
GPR54-(Kisspeptin-)Rezeptor 872
G-Proteine 43, 311, 773–774
- aktivierte 779
- Calcitoninrezeptoren 937
- cytosolische, Dynamin-Familie 194
- elektromechanische Koppelung, Myokard 1014
- GDP-beladene 773
- Guaninnucleotid-freie 773
- heterotrimere 773–774, 1037
- - G-Protein-gekoppelte Rezeptoren 779–780
- inhibitorische 781
- kleine 773–774, 784
- monomere, Transport, vesikulärer 192
- Phosphatidylinositolphosphate (PIPs) 194
- Ran-Familie 189
- Ras-Superfamilie 192, 773
- Rho-Familie 735, 773
- Signaltransduktion 773
- stimulatorische 781
- - Glucagonsignal, Weiterleitung 825
- trimere 779
- - Einteilung 780
- - Signaltransduktion 781
- - $\beta\gamma$-Untereinheiten 781–782
G-Protein-gekoppelte Rezeptoren (GPCR) 767, 769, 779–780
- Aktivierung 770
- ATP 1044
- Calciumstoffwechsel, Regulation 776
- Internalisierung 806
- metabotrope 1042
- Opsin 685
- Phospholipase Cβ (PLCβ), Aktivierung 775
- *second messenger* 773
G-Protein-gekoppelte Rezeptorkinasen (GRK) 782, 806
Grad Kelvin 12
graft-versus-host (GvH) 1138
Granula 202–203
- α-Granula 977
- β-Granula, Insulinsekretion 814
- azurophile, Bakterienabwehr 1135

Granula
- cytolytische, TC-Zellen 1116
- cytosolische, Monozyten 975
- sekundäre, Bakterienabwehr 1135
- Thrombozyten 977
granulocyte colony stimulating factor ► G-CSF
granulocyte macrophage colony stimulating factor ► GM-CSF
Granulomatose, septische 976
Granulome, Bakterienabwehr 1135
Granulosazellen
- Androgene 880
- Östradiol 879
Granulosa-Zellen, Ovarien 878
Granulozyten
- Aktivierung, Komplement-aktivierung 1131
- - Toxine, bakterielle 799
- basophile, Phagozytose 975
- eosinophile, Phagozytose 975
- L-Selectine 972
- NADPH/H$^+$-Oxidase 974 (F)
- NADP/H$^+$-Oxidase 974
- neutrophile 972
- - Bakterienabwehr 1135
- - Degranulierung 973
- - Entzündungen 972
- - Glycolyse 972
- - Phagozytose 975
- - Pyrin 975
- - *suicide bag* 975
- Pseudopodien 973
- Rekrutierung 972
- Sauerstoffverbrauch, mitochondrialer 974
- Superoxiddismutase 974
Granulozyten-Elastase 1105
Granulysin 1117
Granzym-B 202–203
Granzyme 315, 1116
Graves' disease 860, 1138
Grb2 (GRB2) 43, 787–788
- Insulinsignal, Weiterleitung 822
- MAPK-Kaskade, Aktivierung 787
- Prolactinrezeptor, Tyrosinreste 888
Grb7 788
GRE *(glucocorticoid-response-element)* 388
- Gluconeogenese 388
- Transkription 276
green fluorescent protein (GFP), Gene, Funktionsanalyse 249
Griscelli-Syndrom 206
GRK (G-Protein-gekoppelte Rezeptor-Kinasen) 782, 806
GROα (CXCL1) 759, 784
GROβ (CXCL2) 759
GROγ (CXCL3) 759
Größenwachstum 744
growth factor receptor binding protein ► Grb...
growth hormone ► GH
growth hormone releasing hormone ► GHRH
growth related oncogenes (GRO) 759
GRP *(gastrin releasing peptide)* 1064
Grüner Tee, Phytoöstrogene 884
Grundumsatz 635
- Ernährung, kalorisch restriktive 635
- Realimentation 635
Gruppenübertragungspotential 491
GSH ► Glutathion
GSH-Peroxidase ► Glutathion-peroxidasen
Gs-Proteine 781
GSSG-Reduktase, Sauerstoffspezies, reaktive, Entstehung/Abbau 511
γ-GT ► γ-Glutamyltransferase
GTP (Guanosintriphosphat) 483 (F), 773
- Mannosestoffwechsel 540
- Proteinbiosynthese 288
- - eukaryote, Initiation 294
GTPase, Aktivität 773, 780
GTPase-aktivierende Proteine (GAP) 296, 526, 773, 806, 1144
Guaiac-Test ► Hämokkult-Test
Guanase, Purinabbau 599
Guanidine, Urämietoxine 909
Guanidiniumchlorid, Protein-denaturierung 88
Guanidinoacetat (GAA) 461, 463, 532 (F)
Guanidinogruppe, Aminosäuren 58
Guanin 142–143, 238 (F), 429
- DNA 149
- Purinabbau 599 (F)
- Reutilisierung 597
guanine-nucleotide dissociation inhibitor (GDI) 782
guanine-nucleotide exchange factors (GEF) 735, 773
- Aktivierung durch cAMP 782
Guaninnucleotid-bindende Proteine, membranassoziierte 1143
Guaninnucleotide, Biosynthese, Regulation 594
Guanosin 143
- Purinabbau 599 (F)
Guanosinmonophosphat ► GMP
Guanosin-3'-5'-Monophosphat, zyklisches (3',5'-cyclo-GMP ► cGMP
Guanosintriphosphat ► GTP
Guanylatcyclasedomäne 802, 926
Guanylatcyclasen 802
- lösliche 801–802
- membrangebundene 802–803, 926
- - Reise-Diarrhöe 802
- Neurotransmitter 802
- second messenger 774
Guanylyl-Transferase, Transkription, Elongation 263
Gürteldesmosom, Zonula adherens 198
Guthrie-Test, Phenylketonurie 470
GvH *(graft-versus-host)* 1138
GVOs (gentechnisch veränderte Organismen) 242
gynoide Prädilektionsstellen, Fettzellen 528
Gyrasehemmstoffe
- DNA-Replikation, Hemmung 236
- Transkription, Hemmung 269
Gyrasen 152

H

ΔH 101
H$^+$/K$^+$-ATPase 183
- Struktur 1056
H$^+$-ATPase 183
H$^+$-Uniport 183
H$^+$/K$^+$-Antiport 183
Haarausfall, Biotinmangel 706–707
Haarnadel-Ribozym *(hairpin-ribozyme)* 114
Häm 79–80, 610 (F), 620 (F)
- Apoprotein 496 (F)
- Desoxyform 80
- Globinpeptidkette 80
- Hämoglobin 79, 659
- Histidylrest 80, 83
- Myoglobin 79
- Oxyform 80
- Proteinbiosynthese, Initiation, Regulation 300
- Pyrrolringe 79
- Sauerstoffanlagerung 83
Häm a 496 (F)
Häm a$_3$, Cytochrom-c-Oxidase 500 (F)
Häm-a-Zentrum, Cytochrom-c-Oxidase 500 (F)
Häm b 496 (F)
Häm b$_H$ 499
Häm b$_L$ 499
Häm c 496 (F)
Hämabbau
- Bilirubin 620 (F), 621–622
- Gallenfarbstoffe 621 (F), 622–624
- intrahepatische Phase 621
- posthepatische Phase 622
- prähepatische Phase 621
Hämagglutinationstest, Virusvermehrung 346
Hämagglutinin
- Influenza-A-Virus 340–341
- Influenzaviren 334
- Viren 340
Hämangiom, DIO3, Inaktivierungskapazität 861
Hämatokrit 955
hämatopoetisches System, Calciferole 690
Hämaturie 914, 916
Hämbiosynthese 608–614
- Citratzyklus 487
- Cytochrom-P$_{450}$-Synthese 613
- Knochenmark 613
- Nahrungskarenz 612
- Regulation 611
- - Erythroblasten 613
- - Knochenmark 613
- - in der Leber 611–613
- Störungen 614–620
Hämeisen 79–80, 659
- Freisetzung, Hämoxygenase 660
Hämeisenproteine 659
Häm-Enzyme 111
Hämgruppe 111
- Hämoglobin 958
- Synthese 611
Hämiglobin ► Methämoglobin
Hämochromatose 661, 663, 666
- Typ I, HFE-Gen, Mutationen 666
Hämocyanin 79
Hämodialyse 909
Hämoerythrin 79
Hämoglobin 79, 957–965
- Absorptionsspektrum 959
- allosterische Effektoren 83
- Anämie 957
- anomales 80
- Biosynthese 953
- 2,3-Bisphosphoglycerat, Bindung 85
- Chrom 675
- Desoxygenierung 959
- Eisen 659
- Eisenporphyrin 659
- embryonales 958
- Erythrozyten 957–965
- fetales 958
- Filtrierbarkeit, glomeruläre 896
- Genduplikation 80
- Genmutationen 960
- Globinanteil 958
- Glykierung 393
- Häm(gruppe) 79, 957–958
- Halbsättigungsdruck 959
- α/β-Ketten 80–81
- Körpereisen 659
- Kohlendioxidtransport 963
- Kohlenmonoxid, Affinität 970
- Konzentration 959
- kooperativer Effekt 82–83
- Oxygenierung 959
- prosthetische Gruppe 79

- Pseudoperoxidase-Aktivität 667
- Pufferkapazität 945
- Puffersystem 944
- - Blutplasma 964
- räumliche Anordnung 80
- R-Zustand 84
- Sauerstoffaffinität 960
- - Erythrozyten-pH-Wert 961
- Sauerstoffanlagerung 82–85
- Sauerstoffaufnahme, Protonenabgabe 85
- Sauerstofftransport 79, 959
- Signalmetaboliten 83
- Soret-Bande 959
- Stickoxid (NO), Inaktivierung 964
- Strukturebenen und Eigenschaften 79–86
- Tetramerstruktur 81–82
- Titrationskurve 59
- T-Zustand 83–84
- Umsatz 623–624
- Untereinheiten 957–958

Hämoglobinbiosynthese
- embryonale 958
- Erwachsene 958
- fetale 958
- Kupfermangel 957
- Transferrin 661
- Vitamin-B6-Mangel 957

Hämoglobinurie 914, 916
- paroxysmale, nächtliche (PNH) 314, 969–970
- - GPI-Ankerprotein 968

Hämojuvelin (HJV) 663
- Genmutation 666

Haemokkult-Test 667
- Darmtumoren 1160

Hämolyse 967–969
- Blutabnahme, langsame 956
- Erythrozyten, Membrandefekte, angeborene 968

hämolytische Krise
- Erythrozytenabbau 625
- Erythrozytentransfusionen 965

Hämopexin 995
- Funktion/Pathobiochemie 989
- Immunelektrophorese 995

Hämophilie A 985, 988–992
- CG→TG-Transition 988
- de-novo-Mutationen 988
- *missense*-Mutation 988
- Punktmutationen 989

Hämophilie B 985, 988, 990
- Leyden-Phänotyp 990

hämorrhagische Diathese 800
- thrombozytäre 206

Hämosiderin 659, 663–664
Hämosiderose 666
Hämostase ► Blutstillung
Hämoxygenase, Hämeisen, Freisetzung 660
Hämproteine 312, 659
Hämzentren 496 (F)
Haftstellen, Immunglobuline 1119
Hageman-Faktor 985
- Blutgerinnung 981
- Mangel 985

Halbmembran, Lipidmodifizierung 177
Halbwertszeit ($t_{1/2}$), Proteine 314
half-sites, Ribosomen 293, 294 (F)
Hammerkopf-Ribozym *(hammerhead ribozyme)* 114
Hand 2 281
Hantavirus 328
H-Antigen 965–966
HA-Protein, Influenzaviren 334
Haptene 1106
Haptoglobin 995
- α_2-Haptoglobin 992
- Immunantwort 1134
- Immunelektrophorese 995

Harnblasenkarzinom
- ADH-Sekretion 921
- eIF-4G 301

Harnkanalsystem 899
harnpflichtige Substanzen, Ausscheidung 909
Harnsäure 429, 599–600
- Aminosäurestoffwechsel 432
- Ausscheidung/Eliminierung 600
- - Störung 602, 909
- Purinabbau 599 (F)
- tubuläre Reabsorption 600
- Urin 915

Harn(säure)steine 916–917
Harnstoff 4, 429, 443–444, 518, 947
- Aminogruppe 445
- Aminosäurestoffwechsel, Leber 447
- Ammonium-Ionen 445
- Carboxylierung 705 (F)
- Eliminierung 909
- Filtrierbarkeit, glomeruläre 896
- Harnstoffzyklus 446 (F), 448, 600
- NH_4^+-Stoffwechsel, Zonierung 449
- Proteindenaturierung 88
- Stickstoff, Ausscheidung 431
- Toxizität 445
- Urin 915

Harnstoffbiosynthese 484
- Protonenhaushalt, Regulation 946
- Regulation 447
- Störungen, Ammoniakvergiftung 453
- Transportproteine 494

Harnstoffkonzentration, Bestimmung, Urease 136
Harnstofftransporter, Niere 901
Harnstoffzyklus 443
- Aminosäureabbau/-stoffwechsel 442, 448
- Arginin 450, 459
- Aspartat-Glutamat-Austausch 448
- Defekte 450
- - angeborene 449–450
- Enzyme 448
- Ornithin 459
- Reaktionen 446–447

Harnvolumen, Oligo-/Anurie bzw. Polyurie 914
Hartnup-Krankheit 1078
Hashimoto-Thyreoiditis 860, 1138
Hasselbalch, Karl Albert 16
Haupthistokompatibilitäts-Komplex ► HLA- bzw. MHC-Komplex
Hauptzellen (Magen)
- Hydrolasen 1056
- Pepsin 1054
- Pepsinogen 1056
- Renin 1054

Hausstauballergie 1137
Haut
- Aufbau 747
- Autoimmunkrankheiten 753
- Barrierefunktion 747
- Biochemie 747–754
- Desquamation 748
- DIO3 857
- Elastin 751
- elastische Fasern 751
- Funktionen 747
- Gelbfärbung, Ikterus 624
- Glycoproteine 751
- Insulinempfindlichkeit 817
- Keratine 748
- Pathobiochemie 751–753

Hautausschläge, Biotinmangel 707
Hautkrankheiten, Blasenbildende 751
Hautläsionen, Papillomviren 343
HbA 958
HbA_1 958, 969
HbA_{1c} 394
- Diabetes mellitus 394

HbF 958
HbH-Erkrankung 970
HbS 971
HBsAg, Totimpfstoffe 349
hCG ► Choriongonadotropin, humanes
HCO_3^--Resorption
- Azidose, respiratorische 948
- Niere 946

HDJ2-Chaperone 302
HDL *(high density lipoproteins)* 572–573, 579–580
- Apolipoproteine 574
- Cholesterintransport, reverser 579
- Funktion/Pathobiochemie 992
- HDL_1, HDL_2 bzw. HDL_3 579
- Mangel, ABCA1-Transporter, Defekte 186
- Partikel, discoidale 579
- Vitamin-E-Stoffwechsel 692

heat shock cognate 302
heat-shock proteins (Hsp) ► Hitzeschock-Proteine
hedgehog-Protein 310
- Proteoglykane als Cofaktoren 729

Hefechromosomen, künstliche 243
- ARS-Element 243 (F)

Hefezellen
- Acetaldehyd 363
- Chromosomen, künstliche 243
- Glycolyse 363
- Transfektion, ARS-Elemente 243

Hefe-Zwei-Hybrid-System 249
- Beute 249
- Fänger 249
- Genomik, funktionelle 95

Helfer-T-Zellen (TH) 1110–1112
- MHC-Klasse-II-Moleküle 1110

Helicasen
- DNA-Replikation 229, 231
- TFIIH 261

Helicobacter pylori, Gastritis 1067
Helix
- α-Helix 71
- - amiphiphile 73
- - amphiphatische, LDL 575
- - amphiphile, Apolipoproteine 574
- - - Membranen 178
- - hydrophobe 73, 305
- - α-Keratine 72
- - Myoglobin 80
- - Proteine 71–73, 75
- - - Transmembrandomänen 41
- - - Verteilung 75
- - Wasserstoffbrückenbindungen 71

Helix-loop-Helix-Motive 278 (F)
Hemeralopie 688
Hemidesmosomen 198–199, 214
Hemiparesen, Enzephalomyopathien, mitochondriale 512
Hemizellulosen 651
Hemmstoffe
- Bindung, Peptidasen 316
- Neurotransmitter 1038

Hemmung
- (ir)reversible, Enzyme 124
- Transkription 271–275

Henderson, Lawrence J. 16, 18
Henderson-Hasselbalch-Gleichung 16–17, 49, 948
- Hydrogencarbonatkonzentration 964
- Kohlendioxidpartialdruck 964

Henle-Schleife 899
- dicke, aufsteigende 898, 903

Henle-Schleife
– – Calciumreabsorption 932
– – Tubulusflüssigkeit 904
– dünne, absteigende 898
– – – Aquaporin 1 904
– – aufsteigende 898, 902–903
– – Wasserkanäle 904
– Reabsorptionsleistung 900
Hepacivirus 328
Hepadnaviren 329
– Genomregulation 336
– reverse Transkriptase 335–336
Heparansulfat 29–30, 549, 727
– UDP-Glucuronat 542
– Virusrezeptor 331
Heparansulfat-Proteoglycane 727
– Lipoproteinlipase, Bindung 401
Heparin 29, 549
– Abbau 986
– Bindung, Antithrombin III 986
– Blutgerinnung, Hemmung 30, 986–987
– Lipoproteinhydrolyse 30
– Mastzellen, Granula, basophile 986
– Thrombin, Hemmung 986
– wachstumshemmender Effekt 729
Heparinasen 986
Hepatitis, Defektproteinämien 998
Hepatitis-B-Virus
– Aufbau 336
– Genom 338
– Leberzellkarzinom 343
– Persistenz 343
– X-Protein 345
Hepatitis-C-Virus 328, 339, 343–344
Hepatitis-D-Virus 329
Hepatitis-E-Virus 328
Hepatitis-G-Virus 343
hepatolenticuläre Degeneration ► Wilson-Syndrom
hepatozelluläre Transportsysteme, Gallenbildung 1097
Hepatozyten 1084–1085
– α_1-Antitrypsin 997
– cAMP-Konzentration, Senkung, Insulin 818–819
– Cortisolabbau 865
– Fängerzellen 1085
– Fructose-2,6-bisphosphat 390
– Funktionen 1086
– Glucose-6-phosphat 378–379
– Glucosestoffwechsel 379
– GLUT 2 375
– Hydratation 1088
– – Alkoholkonsum 1099
– Insulin 818
– Membransegment, canaliculäres 1085
– – interzelluläres 1085
– periportale 1085
– – Glutaminase 448
– perivenöse 1085
– – Glutamin-Synthetase 449
– Protein C 984–985
– Protein S 984–985
– Scavengerzellen 1085
– Schädigung, Bilirubinstoffwechsel 625
– Transferrin, Aufnahme 661
Hepcidin 662
– Genmutation 666
– Synthese, Eisenspeicher, leere 663
– – Interleukin-6 663
Hephaestin 660, 668
– Kupfer 667
Heptapeptid-Wiederholung, Keratine 748
Her2 ► erbB2
HER2-Neu-Onkogen, Mammakarzinom 1160
Herceptin®, Brustkrebstherapie 786
hereditary nonpolyposis colorectal cancer (HNPCC) 237
HERG, Mutationen 1021
Hermansky-Pudlak-Syndrom 206
Herpes-simplex-Virus 329
– α-, β-, γ-Herpesvirus 329
– Adsorption, Rezeptor-vermittelte 333–334
– Persistenz 343
Hers, Henry-Geri 389
Herzblock, Enzephalomyopathien, mitochondriale 512
Herzglycoside 25 (F)
– ► Digitalisglycoside
– Muskelrelaxation 1014
Herzinfarkt ► Myokardinfarkt
Herzinsuffizienz, Reninhypersekretion 927
Herzkranzgefäße, Arteriosklerose 1016
Herz-Kreislaufsystem, Katecholamine 829
Herzleistung, Anpassung, lastabhängige 1015
Herzmuskel
– GATA-4 1016
– Glycolyse 390
– Insulinempfindlichkeit 817
– Lipase, hormonsensitive 399
Herzmuskelschwäche, Eisenablagerungen 666
Herzmuskelzellen, GLUT 4 375
Heterochromatin 187
Heterodimere, Rezeptoren, nichtsteroidale 687
heterogenous nuclear RNA 259–260
– Zellkern 187
Heteroglykane 26–28, 540
– Biosynthese 546–552, 596
Heteroplasmie 204, 512
Heteropolymere, Proteine 78
Heteropolysaccharid-Biosynthese 372
– Defekte 552
Heterozygotie 1146
Heuschnupfen 1137
HEV *(high endothelial venule)*, Lymphozyten, Rezirkulation 1129
HEX, Hypothyreose 860
Hexadecansäure 34
Hexamere, Insulin 816
Hexokinasen 104, 106, 112, 136, 956
– ATP 112
– Gluconeogenese 372
– Glucose-6-phosphat 378
– Glucose-Fettsäurezyklus 522
– Glycolyse 359–360, 363–364
– Insulin 378
Hexosamin 28
Hexosaminidase
– Defekte 200
– – Tay-Sachs-Krankheit 580
Hexosamin-Weg, Glucose-Durchsatz, Diabetes mellitus 838
Hexosemonophosphat-Weg 358, 365, 412, 519
– Biosynthese, NADPH-abhängige 368
– Erythrozytenstoffwechsel 955
– Glycolyse 359
– NADPH/H^+ 519
– 5-Phosphoribosyl-1α-pyrophosphat (PRPP) 586 (F)
Hexosen 22–23
– Resorption 1069
– SGLT-1 1069
Hexosephosphatisomerase, Glycolyse 360
Hexosetransport
– Natrium-abhängiger 1070
– Wasserresorption 1074
HFE-Gen 662
– Mutationen, Hämochromatose Typ I 666
– TfR1 661
HGPRT (Hypoxanthin-Guanin-Phosphoribosyl-Transferase), Mausmyelomzelle 1127
H_2-Histaminrezeptoren, Salzsäuresekretion 1063
HIF *(hypoxia inducible factor)* 699
– Erythropoietin, Bildung 913
high density lipoproteins ► HDL
high endothelial venule (HEV), Lymphozyten, Rezirkulation 1129
high pressure liquid chromatography (HPLC), Proteine 60–62
hingeregion, Immunglobuline 1119
Hippursäure, Harnstoffzyklusdefekte 450
Hirn... ► Gehirn
Hirnkapillaren 1026
– Blut-Hirn-Schranke 1025
– Stoffaustausch 1026
Hirnödem 1027
Hirnpassage, arteriovenöse Differenzen 1024
Hirn-Typ, Kreatinkinase (CK) 137
Hirnventrikel, Ependymzellen 1026
His-tag, Proteinsynthese, gentechnische 93
Histamin 438, 473, 759, 1076
– Acetylcholinrezeptoren, muscarinische 1064
– Desaminierung, oxidative, O_2-abhängige 434
– Funktionen 474–475
– G-Protein, Aktivierung 780
– G-Protein-gekoppelte Rezeptoren 783
– Mastzellen 1080
– Salzsäuresekretion 1063
– – Steigerung 1067
– Sekretion, Vagus 1064
Histatine, Speichel 1054
Histidase 436
– Histidinabbau 474–475
Histidin 45, 47, 49, 438, 463, 473–476, 483 (F)
– Abbau 473–475, 942
– Aminosäurestoffwechsel 432
– Aufnahme, Insulin 820
– Bedarf des Menschen 439
– Biosynthese 473
– Codons 289
– Desaminierung 441
– Plasmakonzentration 445
– Säure-Basen-Katalyse 117, 118 (F)
Histidin-57, Oxyanion-Tasche 121
Histidin-195, Wasserstoffbrückenbindung 118
Histidin-237 127
Histidinbelastungstest
– Cobalaminmangel 709
– Folsäuremangel 475, 709
Histidin-Decarboxylase 474
– Histidinabbau 474
Histidinreste 58
– Häm 80
– Sauerstoffspezies, reaktive 510
Histokompatibilitätstestung, Transplantation, allogene 1139
Histonacetylierung
– Histondeacetylasen 274
– Transkription 273
Histon-Acetyl-Transferasen 274
– Histonacetylierung/-deacetylierung 273–274
– p300/CBP-Familie 274
Histondeacetylasen, Histonacetylierung 274
histone fold 152
Histone/Histonproteine 152, 187, 273
– acetylierte, Bromodomäne 274

- Acetylierung 273–274
- - reversible 273
- DNA-bindende Proteine 152
- H1, H2A, HsB, H3, H4 152–153
- methylierte, Chromodomäne 275
- Methylierung 273–274
- Phosphorylierung 273–274
- Schwanz-Domänen 153
Histon-Methylase, Histon-acetylierung/-deacetylierung 273–274
Histonmethylierung 274–275
- Methyltransferase 275
Histonoctamer 153
Histonphosphorylierung/-dephosphorylierung 274
Hitze, Ubiquitinierungssignale 321
Hitzedenaturierung
- Enzyme 127
- Proteine 88
Hitzeschock
- Proteinbiosynthese, Initiation, Regulation 300
- Transkription 276
Hitzeschock-Proteine 302, 764, 866
- ► Hsp
- Familien 302
- Proteine, Faltung 302
Hitzeschock-Transkriptionsfaktor 276
HIV-1 Proteinase 315
HIV(-Infektion) 332–333
- Ablauf 332
- Adsorption, Rezeptor-vermittelte 333–334
- Aufbau 331
- CCR5 1135
- CD4 1135
- CD4-Rezeptor 332
- CD8 1135
- Chemokinrezeptoren 1135
- Genexpression 337
- Genom-Organisation 337
- NF-κB 337
- Persistenz 343
- Proteine 336
- reverse Transkriptase 331
- RNA, gespleißte 336
- Vpu *(viral protein out)* 342
HIV-Protease-Hemmung 134
- Ritonavir 134–135
HIV-Protein, TAT *(twin arginine translocation)*-Sequenz 186
HIV-Provirus, *long terminal repeats* (LTR) 337
HKI-III, Glycolyse 359
H-Ketten (Antikörper/Immunglobuline) 1118–1119
- C-Gen-Segmente 1121
- D(Diversitäts)-Gen-Segmente 1121
- J-Gen-Segmente 1121
- V-Gen-Segmente 1121
HLA-I-Klasse 305, 1108
HLA-II-Klasse 1108
HLA (Humane Leukozytenantigene) 305, 1106–1107
- Membranstrukturen 1108–1109
- Proteine, Aufbau 1108
HLA-DPα 1108
HLA-DR2, Diabetes mellitus 1138
HLA-DRα 1108
HLA-Haplotypen 1108
HLA-Komplex 1106–1109
HLH-Motiv 278
HMG-CoA (β-Hydroxy-β-Methylglutaryl-CoA) 565
- Hemmung, Lovastatin 134
- Ketonkörper, Biosynthese 409
- Mevalonat, Biosynthese 565 (F)
HMG-CoA-Lyase, Ketonkörper, Biosynthese 409
HMG-CoA-Reduktase 321, 565, 568–570, 694
- Aktivität 577
- - LDL-Konzentration 577
- - Plasmacholesterinkonzentration 577
- Cholesterinbiosynthese 864
- - Reaktionsgeschwindigkeit 568
- Dephosphorylierung 132
- Halbwertszeit, Cholesteringehalt, zellulärer 570
- Hyperlipoproteinämie, Typ II 582
- Mevalonat, Biosynthese 565
- Nahrungskarenz 527
- Phosphorylierung 132
- - AMP-abhängige Proteinkinase, Aktivierung 527
- Proteine, Regulation 694
- Regulation 569
HMG-CoA-Synthase 569–570
- Mevalonat, Biosynthese 565
HMIT *(H^+-coupled myo-inositol transporter)* 377
hmlh1, colorektale Tumoren, nicht-polypöse 1152
HMM *(heavy meromyosin)* 1006
hmsh2, colorektale Tumoren, nicht-polypöse 1152
HMSN (hereditäre motorische und sensible Neuropathie) 1047
HNPCC *(hereditary nonpolyposis colorectal cancer)* 237
HNPP, Gendefekte 1047
hnRNA *(heterogenous nuclear RNA)* 259–260
- Zellkern 187
Hochdruckflüssigkeitschromatographie (HPLC), Proteine 60–62
Hoden
- Hexosemonophosphat-Weg 368
- Wachstum und Differenzierung, Gonadotropine 877
- Zinkkonzentration 672
Hodendescensus, Störung 876
Hodennekrose, Cadmium 677
Hodentumoren, α_1-Fetoprotein 995
Hodgkin-Lymphom, ADH-Sekretion 921
Holocarboxylasen 312
- Carboxylierung 705 (F)
- genetische Defekte 706
Holocarboxylase-Synthetase
- Biotinzyklus 706
- Defekte 312
Holoenzyme 110, 312
- Vitamine 682
Homeobox 273
Homeobox-Gene, Retinoidfunktion 687
homing, Selektine 199
homing-Rezeptoren, Lymphozyten, Zirkulation 1129
Homocystein 49 (F), 708 (F)
- Alzheimer-Demenz 464
- cardiovaskuläre Erkrankungen 464
- Remethylierung 464
- - Methylcobalamin 710
- Vitamin B_{12} 709
Homocysteinämie, Hyperlipoproteinämie 581
Homocysteinthiolacton 465
Homodimere, Rezeptoren, nichtsteroidale 687
homöotische Mutationen 273
Homogentisat, Tyrosinabbau 471 (F)
Homogentisatdioxygenase 506
Homogentisat-Dioxygenase, Tyrosinabbau 471
Homoglykane 26
homologous end-joining (HEJ), DNA-Schäden 240, 241 (F)
Homoplasmie 204
Homopolymere, Proteine 78
Homozystinurie 464–465
- Apoplex 465
Hop *(Hsp70/Hsp90 organizing protein)* 303
Hormone
- Abbau 761
- adenohypophysäre 844–845
- aglanduläre 759
- Analyse 760–762
- Ausscheidung 761
- Biosynthese 760
- Chondrogenese 739
- *down*-Regulation, Defekte 205
- gastrointestinale 1062
- gewebespezifische, Biosynthese 845
- glanduläre 758–760
- hemmende, Adenylatcyclase 781
- Hydroxylierung, Monooxygenasen, spezifische 508
- Hypophysenhinterlappen 846
- Hypophysenmittellappen 846
- hypothalamische, Proteolyse, limitierte 843
- Konzentrationsbestimmung 761–762
- *long loop feedback* 845
- Muskelwachstum 1016
- Nebennierenrinde 863
- Osteogenese 739
- Ovar 880–882
- Plazenta 884–885
- *precursors* 760
- Proteolyse 761
- Rezeptoren 763–765
- Rückkoppelungshemmung 845
- Sekretion 760
- Sekretvesikel, intrazelluläre 760
- *short loop feedback* 846
- stimulierende, Adenylatcyclase 781
- Stoffwechsel 760–762
- Transport 760
- Transportproteine 760
- Urin 915
- Vitamine 680
- weibliche, Abbau 882
- - Transport im Blut 882
- - Uterus 882–883
- - Wirkungen, molekulare 883–884
- - - zelluläre 882–883
- Zona fasciculata 863
hormonelle Regulation, Proteinolyse 322
Hormonreifung, Proteinolyse, limitierte 309
Hormonrezeptoren
- cytosolische 1143
- intrazellulär lokalisierte 769
Hormonrezeptor-Komplexe, *enhancer*-Sequenzen 765
house keeping enzyme 608
house keeping gene 257
- GC-Box 262
Hox-Gene 273
HPLC *(high pressure liquid chromatography)*, Proteine 60–62
hpms1/2, colorektale Tumoren, nicht-polypöse 1152
H-Ras-Proto-Onkoprotein, Farnesylierung 311
H_1-Rezeptoren 474
Hsc70 302
- Triskelion, Freisetzung 302
HSE *(heat shock responsive element)*, Transkription 276
HSL ► Lipase, hormonsensitive
HSL-*knock-out* 399
HSL-*knock-out*-Tiere 400
Hsp ► Hitzeschock-Proteine
Hsp40 302, 304

Hsp47 302
Hsp70 303–304, 308
HSP70 866
Hsp90 302–303, 764, 866
5-HT_1-Rezeptor, glatte Muskulatur, Relaxation 1043
5-HT_2-Rezeptor
- glatte Muskulatur, Kontraktion 1043
- Plättchenaggregation 1043
5-HT_3-Rezeptor 1043
- Erbrechen 1043
HTLV-1
- Persistenz 343
- T-Zell-Leukämie 344
Hühnereialbumin-Gen, Aufbau 264 (F)
Hüllmembran, HIV 331
Humane Leukozytenantigene ▶ HLA
Humanes Herpesvirus Typ 6, Typ 7, Persistenz 343
Humanes Herpesvirus Typ 8
- Castleman-Erkrankung 344
- Kaposi-Sarkome 344
Humaninsulin 810 (F), 816, 817 (F)
- rekombinantes 816
Humanmilch, Oligosaccharide 646
Hungergefühl/-phase
- Cholecystokinin 1066
- Gehirn 1024–1025
- Leber 1084, 1086
- Nahrungsaufnahme 1066
Huntingtin 1049
Huntington-Krankheit 1049
HuR, mRNA-Stabilität 281
Hutchinson-Gilford-Progerie 205
Hyalektane 728
Hyaluronan, Haut 751
Hyaluronsäure 29, 30 (F), 550
- Aggregate, Aggrecan 728
- Aufbaudefekte 552
- Biosynthese 550
- Halbwertszeit 550
- Knorpel 738
Hyaluronsynthase 550
Hybridisierung 167
- DNA 167
- Nucleinsäuresequenzen 166
- RNA 167
Hybridom-Technik, Antikörper, monoklonale, Herstellung 1127–1128
Hydratationsradius 8
- Diffusionsgeschwindigkeit 8
- Permeationsvermögen 8
Hydratationszustand, Leberzelle 1088
Hydrathüllen 8
Hydratisierung
- Aminosäuren, verzweigtkettige, Abbau 467
- Doppelbindungen 10, 11 (F)
Hydrierung 11 (F)
Hydrochinon, Standardpotential 103
Hydrochinon-Form, Ubichinon 495
Hydrogencarbonat
- Anionen 918
- Bildung 942
- Carboanhydrase, intraerythrozytäre 962
- chemische Bindung, Erythrozyten 962
- Dissoziationskonstante K 15
- Elimination 918
- Harnstoffzyklus 447
- Kohlendioxid 961
- Konzentration, Henderson-Hasselbalch-Gleichung 964
- - Hyper-/Hypoventilation 946
- Pankreassaft 1058
- pK_S-Wert 15
- Plasma 942
- Plasmakonzentration 18, 962
- Resorption, Tubulus, proximaler 903
- Sekretion, Pankreas 1065–1066
- - Sammelrohr 907
- Transport, Sammelrohr 906
- - Tubulussystem 906–909
- Tubulus, proximaler 907
- Urin 946
- Wasserresorption 1075
Hydrogencarbonatpuffer 964
- Liquor, pH-Wert 1027
- Lunge 945
Hydrogencarbonat-reabsorbierende-Schaltzelle, Typ A 907
Hydrogenphosphat/Phosphat
- Dissoziationskonstante K 15
- pK_S-Wert 15
Hydrogensulfid (HS) 465
Hydrolasen 113
- Granulozyten, neutrophile 972
- Hauptzellen, Magen 1056
- lysosomale 200
- neutrale 974
- Pankreas 1058
- Parathormon 935
- saure 974
- - Lysosomen 200
Hydrolyse 10
- Triacylglycerine 517, 648
hydrolytische Spaltung
- Bindungen 10
- - glycosidische 10 (F)
- Säureamide 10 (F)
Hydropathie-Index 46
Hydroperoxidasen 506–507
12-Hydroperoxyeikosatetraen-Säure 423
hydrophil (wasserliebend) 9
hydrophob (wasserfeindlich) 9
hydrophobe Bereiche, Elastin 724
hydrophobe Wechselwirkungen 9–10
- Lösungen, wässrige 9 (F)
- Makromoleküle, Selbstorganisation 10
- Proteinstruktur, dreidimensionale 9
Hydrops fetalis 970
hydrostatischer Druck 11–12
2-Hydroxy-4-aminopyrimidin ▶ Cytosin
3-Hydroxy-Anthranilat, Tryptophanabbau 472 (F)
3-Hydroxy-Anthranilat-Dioxygenase, Tryptophanabbau 472
α-Hydroxybiopterin, Phenylalanin, Umwandlungsreaktionen 469 (F)
β-Hydroxybutyrat/Hydroxybuttersäure 408, 521
- Diabetes mellitus 17
- Dissoziationskonstante K 15
- Energiestoffwechsel, Gehirn 1024
- Ketonkörper, Biosynthese 409 (F)
- Nahrungskarenz 529, 641
- Niere, Energiegewinnung 910
- pK_S-Wert 15
- Resorptions-/Hungerphase, Leber 1086
- Standardpotential 103
- Typ-1-Diabetes mellitus 833
β-Hydroxybutyrat-Dehydrogenase 1025
- Ketonkörper, Biosynthese 409
25-Hydroxycholecalciferol 689–690
- Biosynthese 689
- Parathormon 935
18-Hydroxycorticosteron
- Aldosteronbiosynthese 923
- 11-Desoxycorticosteron, Biosynthese 923
4-Hydroxycumarin 986, 987 (F)
8-Hydroxydeoxyguanosin 510
16α-Hydroxyepiandrosteronsulfat, Nebennierenrinde, fetale 882
Hydroxyethylthiamin 481 (F)
Hydroxyethylthiaminpyrophosphat 479
- Glycolyse 363
α-Hydroxyglycin, TRH-Biosynthese/-Freisetzung 847
Hydroxyharnstoff 595 (F)
5-Hydroxyindolacetaldehyd, Serotonin, Abbau/Biosynthese 1042 (F)
5-Hydroxyindolacetat
- Carcinoide 1043
- Serotonin, Abbau/Biosynthese 1042 (F)
- Urin 915
3-Hydroxykynurenin, Tryptophanabbau 472 (F)
Hydroxylapatit, Knochen 738
Hydroxylase(n)
- 1α-Hydroxylase 690
- - cAMP 689
- - 1,25-Dihydroxycholecalciferol, Bildung 689–690
- - Hemmung, Calcium/Phospat 689
- - Induktion 689
- - Parathormon, Hydroxylierung 935
- 1α-Hydroxylase-Gen 869
- 17α-Hydroxylase (CYP17) 881
- 21β-Hydroxylase, Cortisolbiosynthese 865
- 21-Hydroxylasedefekt 869
- Ascorbinsäure 698
- Transkription 690
Hydroxylgruppen 5, 10
- Hydroxyprolin 718
- Katalyse 315
- Monosaccharide 23
Hydroxylierung
- Biotransformation 1091
- Cytochrom P_{450}-Monooxygenasen 507
- Kollagenbiosynthese 718
- Kollagene 719
- Parathormon 935
Hydroxylierungsreaktionen, Östrogene, Abbau 882
Hydroxylionenkonzentration, Wasser 13
Hydroxylradikale (OH) 510
- Eisen, freies 658
(δ-)Hydroxylysin 48
- Kollagene 716
6-Hydroxymelatonin, Melatonin, Abbau/Biosynthese 1043 (F)
Hydroxymethylbilan, Hämbiosynthese 609, 610 (F)
β-Hydroxy-β-Methylglutaryl-CoA ▶ HMG-CoA
Hydroxymethylglutaryl-CoA-Reduktase 321
3-Hydroxy-2-Methylpyridin 703
5-Hydroxy-O-Methyltransferase, Melatonin, Abbau/Biosynthese 1043
4-Hydroxyphenyl-Pyruvathydroxylase, Ascorbinsäure 698
17α-Hydroxypregnenolon, Testosteron, Biosynthese 874, 875 (F)
17α-Hydroxyprogesteron
- Cortisol, Biosynthese 865, 866 (F)
- Östrogene, Biosynthese 880–881
- Testosteron, Biosynthese 874, 875 (F)
Hydroxyprolin 459
- 5-Hydroxyprolin 473
- γ-Hydroxyprolin 48
- Bestimmung 915
- Hydroxylgruppen 718
- Kollagene 716
- Parathormon 935

- Urin 915
6-Hydroxypurin ► Hypoxanthin
Hydroxysteroid-Dehydrogenase
- 3α-Hydroxysteroid-Dehydrogenase, Androgene, Abbau 877
- 3β-Hydroxysteroid-Dehydrogenase 873–874, 880
- - Cortisol, Biosynthese 865–866
- 17β-Hydroxysteroid-Dehydrogenase 873, 875, 881
- - Östrogene, Biosynthese 880–881
- - Progesteron, Biosynthese 874, 880–881
- Testosteron, Biosynthese 875
17-Hydroxysteroide, Urin 915
19-Hydroxy-Testosteron, Cytochrom-P450-Aromatase-Komplex 882 (F)
5-Hydroxytryptamin (5HT) ► Serotonin
5-Hydroxytryptophan 49 (F), 438
- Aminosäuren, verzweigtkettige, Abbau 468
- Serotonin, Abbau/Biosynthese 1042 (F)
5-Hydroxytryptophandecarboxylase, Serotonin, Abbau/ Biosynthese 1042 (F)
Hydroxyverbindungen 10
Hyperaldosteronismus
- Hypokaliämie 930
- primärer 926–927
- - Spironolacton 924
- sekundärer 927
Hyperammoniämie 449–450
- GLDH-Mutationen 457
- Typ I 450
- Typ II 450
Hyperargininämie 450
Hyperbilirubinämie 625–626
- angeborene 625–626
- erworbene 625
- Haut/Skleren, Gelbfärbung 624
- persistierende, Säuglinge 1027
- Phototherapie 625
- UDP-Glucosyltransferase-Defekt 626
Hypercalciämie 938
- Tumorerkrankungen, maligne 936, 938
Hypercholesterinämie
- Cholestyramin 1061
- familiäre, LDL-Rezeptor 579
- NPC 1 like 1 (Niemann-Pick C 1 like 1), Hemmstoffe 1071
- sekundäre 583
hyperchromer Effekt, DNA, Schmelzen 166
Hypercortisolismus
- ACTH 869
- CRH 869
- Tumoren 869
Hyperferritin-Katarakt-Syndrom 663
Hyperglykämie 395
- resorptive, Insulinsekretion 522
- Typ-1-Diabetes mellitus 833
Hyperhydratation 920–921
- Hyponatriämie 921
Hyperinsulinämie
- Adipositas 640
- Glutamat-Dehydrogenase (GLDH) 457
Hyperinsulinismus 393
- Inselzelltumoren 393
Hyperkaliämie 929–930
- Arrhythmien 930
- EKG 929
hyperkatabole Zustände, Stickstoffbilanz 431
Hyperkeratose, epidermolytische 752
Hyperkrinie, Allergie vom Typ I 1137
Hyperlipidämie ► Hyperlipoproteinämie
Hyperlipoproteinämie
- Diabetes mellitus 836
- familiäre 582
- primäre 581
- Typ I-III 582
- Typ IV-V 583
Hypermutation, somatische, Immunglobuline, Genabschnitte 1122
Hypernatriämie, Dehydration 920
Hyperoxalurie, primäre 313
Hyperparathyreoidismus, primärer/sekundärer 938
Hyperproteinämie 991
Hyperthermie, maligne 1018, 1032
- Ryanodinrezeptor, Funktionsvarianten 1019
Hyperthyreose 859–860
- Cholesterinbiosynthese 568
- subklinische 859
Hypertonie
- Adipositas 640
- Angiotensinogen 524
- arterielle, Diabetes mellitus 836
- Conn-Syndrom 927
- Hyperlipoproteinämie 581
- massive, Renin-Überproduktion 911
- metabolisches Syndrom 640
Hypertrichosis, Porphyria cutanea tarda 618
Hyperurikämie 602
- Adipositas 640
- Defekt 603
- Diät 603
- primäre 602
- PRPP-Synthetase 603
- sekundäre 603
hypervariable Regionen, Immunglobuline 1119
Hyperventilation
- Hydrogencarbonatkonzentration 946
- Hypoxie 961
- Protonenkonzentration 945–946
Hypervitaminose(n) 682
- Vitamin A 688
- Vitamin D 691
- Vitamin E 695
Hypoaccelerinämie 985
Hypoalbuminurie, Kwashiorkor/ Marasmus 645
Hypoaldosteronismus 927
- Hyperkaliämie 929
Hypocalciämie 938–939
Hypochlorit 800
Hypocortisolismus 869
Hypofibrinogenämie 985
Hypoglycorrhachie, GLUT1, Defekte 186
Hypoglykämie 393, 395, 824
- Alkoholintoxikation 393
- Bewusstlosigkeit 1024
- Frühgeborene 393
- GLDH-Mutationen 457
- Glucagonfreisetzung 825
- hyperinsulinämische (HHI), Kindesalter 457
- Insulinüberdosierung 393
- Insulinüberproduktion 393
Hypokaliämie 930
- Conn-Syndrom 927
- Hypercalciämie 938
Hypo-α-Lipoproteinämie 581
Hypomethylierung, colorektale Tumoren, sporadische 1153
Hyponatriämie, Hyperhydratation 921
Hypoparathyreoidismus 939
- Calcium 939
- Parathormon 939
Hypophosphatämie 938
Hypophyse 845
- Ghrelin-Rezeptoren 1066
- Gonadotropinsekretion 871–873
- Insulinempfindlichkeit 817
- Polypeptide, regulatorische 862, 878–880
- Regulation 845–846, 863
- Selenkonzentration 676
- Verbindungen, vasKuläre und neurale 845
Hypophysenhinterlappen
- ADH 919
- Hormone 846
Hypophysenmittellappen, Hormone 846
Hypophysen-Schilddrüsenachse 848
Hypophysenstiel 843
Hypopigmentierung, Menkes-Erkrankung 671
Hypoproconvertinämie 985
Hypoproteinämie 991
Hypoprothrombinämie 985
Hyposthenurie, Hypercalciämie 938
Hypotaurin, Cysteinabbau 465 (F)
Hypotension 800
hypothalamisch-hypophysäres System
- Leydig-/Sertoli-Zellen 874
- Regulation 846
Hypothalamus 843
- Feedback-System 848
- Ghrelin-Rezeptoren 1066
- Insulinempfindlichkeit 817
- lateraler, Sättigung 643
- Leptinrezeptoren 523
- Nahrungsaufnahme, Steuerung 643
- Osmorezeptoren 918, 920
- Polypeptide, regulatorische 862, 878–880
- Regulation 845–846, 863
- Verbindungen, vasculäre und neurale 845
Hypothalamus-Hypophysen-Gonadenachse 870–874
Hypothalamus-Hypophysen-Nebennierenrinden-(Zona fasciculata-)Achse 862–870
- Stress 868
Hypothalamus-Hypophysen-Schilddrüsenhormonachse 847
Hypothyreose 859–860
- Adipositas 640
- Cholesterinbiosynthese 568
- Hypercholesterinämie 583
- subklinische 859
Hypoventilation
- CO_2-Partialdruck 946
- Hydrogencarbonatkonzentration 946
- Protonenkonzentration 946
Hypovitaminose(n) 680–682
- Vitamin A 688
- Vitamin B_1 699
- Vitamin C 699
- Vitamin D 690
- Vitamin E 694
Hypoxanthin 143, 604 (F)
- Purinabbau 599 (F)
- Reutilisierung 597
Hypoxanthin-Guanin-Phosphoribosyltransferase (HGPRT)
- Defekt, Lesch-Nyhan-Syndrom 602–603
- Mausmyelomzelle 1127
- Purinbasen, Salvage Pathway 597
Hypoxie
- arterielle, Erythropoietin 912
- 2,3-Bisphosphoglycerat 961
- Hyperventilation 961
- Phosphorylase b 380
- Sauerstoffmangel 961

Hypoxie-induzierbarer Faktor (HIF)
- Erythropoietingen, Transkriptionsregulation 913
- Erythrozytenverlust 955
- Tumoren, Angiogenese 1155

I

IκB, NF-κB-Aktivierung 806
IκB Kinase (IKK) 799
- IKKα/β/γ 791
IκB-Kinase 791
- Histonphosphorylierung/-dephosphorylierung 274
I-Bande 1002–1003, 1008
ICAM *(intracellular adhesion molecules)* 1113
- ICAM-1 (CD54) 973, 1113
- - Lymphozyten, Zirkulation 1129
- - Virusrezeptor 331
- ICAM-2 973, 1113
- ICAM-3 1113
ICE *(interleukin-1 converting enzyme*/Caspase 1) 791
I-cell disease 207
Ichthyosen 751–752
ICOS *(inducible costimulator)*
- B-Zell-Aktivierung 1125
- T-Zellen 1113
Icterus neonatorum 1092
- ►a. Ikterus
IDL *(intermediate density lipoproteins)* 576
Iduronsäure/Iduronat, Epimerisierung 29, 549
IEF (isoelektrische Fokussierung) 63
IFN... ► Interferone
IFN-α 779, 796
- antivirale Wirkung 797–798
- Immunantwort 1133
- Krebstherapie 1160
- mRNA-Abbau 798
- 2′-5′-Oligo-A-Synthetase-Expression (2′-5′-OASE) 797
- RnaseL, Aktivierung 798
- Virusabwehr 1135
- Wirkung 797
IFN-α-stimulated gene factor (ISGF) 797
IFN-β 759, 779, 796
- antivirale Wirkung 797–798
- Immunantwort 1133
- mRNA-Abbau 798
- 2′-5′-Oligo-A-Synthetase-Expression (2′-5′-OASE) 797
- RnaseL, Aktivierung 798
- Virusabwehr 1135
- Wirkung 797
IFN-ε 759, 779
IFN-γ 759, 867
- Akutphase-Proteine 996
- Cytokine, Freisetzung 800
- Entzündung 975
- Entzündungsmediatoren 791
- IgG2 1123
- IgG3 1123
- Immunantwort 1133
- Signaltransduktion, STAT1-Homodimere, Bildung 798
- TH1-Zellen 1112
- Virusabwehr 1136
- Wirkung 797
IFN-γ-activated sequences (GAS-Elemente) 798
IFN-γ-induzierte intrazelluläre Abwehrmechanismen 1117
IFN-κ 759, 779
IFN-ω 759, 779
IFNAR1/2 (Interferon-α/β-Rezeptor-1/2) 796–797
Ig... ► Immunglobuline
IgA 1118, 1120–1121
- Funktion/Pathobiochemie 993
- IL-5 1123
- Immunantwort, mukosale 1079
- Immunelektrophorese 995
- *joining protein* (J-Protein) 1120–1121
- nichtsekretorisches 1120
- sekretorisches 1079, 1120–1121
- Speichel 1054
- TGF-β 1123
- Transport, vesikulärer 192
- Transzytose 1079
IgA_1 1121
IgA_2 1121
IgA-Mangel, selektiver 1136
IgD 1118, 1120–1121
- Funktion/Pathobiochemie 993
IgE 1118
- Allergie vom Typ I 1137
- Entzündungsreaktion 1079
- Funktion/Pathobiochemie 993
- IL-4 1123, 1125
- IL-13 1125
- Immunantwort, mukosale 1079–1080
- Mastzellen 1079
IgE-Fc-Rezeptoren, Allergie vom Typ I 1137
IGF-I 1143–1144
IGF-1 225, 744, 758, 887–888
- Bindeproteine 887–888
- Fettgewebe 524
- GHRH-Produktion 888
- GH-Sekretion 886, 888
- GH-Wirkung 887
- Glucocorticoide, Wirkungen 322
- Knorpel-/Knochenwachstum 744, 888
- Knorpel-/Knochenbildung 741
- Mangel 889
- - Zwergwuchs 744
- Muskelaufbau/-abbau 1017
- Myosin 1006
- Östrogene 883
- Proteinsynthese 645
- Proteoglykansynthese 888
- Pubertät 888
- Synthese in der Leber 1088
IGF-1-Rezeptor 887
IGF-2 225, 888
- *genomic imprinting* 272
- GH-Freisetzung 886
- GH-Wirkung 887
- Knorpel-/Knochenbildung 741
- Synthese in der Leber 1088
IGF-2-Rezeptor 887
IGF *(insulin-like growth factor)* 225, 759, 811, 884
- Knochenwachstum 742
- Wachstums- und Differenzierungsvorgänge 888
IGF-Bindeproteine (IGF-BP) 887–888
- Knochen-/Knorpelwachstum 888
- Proteinsynthese 645
IGF-Rezeptor 744
IgG 1118, 1120
- Aufbau 1118
- Funktion/Pathobiochemie 993
- Immunelektrophorese 995
IgG1, IL-4 1123
IgG2, IFN-γ 1123
IgG2b, TGF-β 1123
IgG3, IFN-γ 1123
IgM 1118, 1120–1121
- Funktion/Pathobiochemie 993
- Immunelektrophorese 995
- schwere Kette 279
- sezerniertes, Spleißen, alternatives 278–279
Ihh *(indian hedgehog)* 740
- Chondrozytenproliferation 740–741
- Knochenwachstum 742
- Osteoblasten, Bildung 740
- Spongiosa 740
IKK ► IκB-Kinase
Ikterus 624–626, 667
- ► Icterus neonatorum
- ► Kernikterus
- Erythrozytenabbau 625
- Neugeborene 625
- physiologischer 625
IL... ► Interleukin...
Ileum
- Elektrolytresorption 1075
- Gallensäurenrückresorption 1061
- Nahrungsstoffe, Resorption 1068
- Wasserresorption 1075
- Zinktransporter 672
Imidazolacetaldehyd, Histidinabbau 474 (F)
Imidazolacetat
- Histaminabbau 474
- Histidinabbau 474 (F)
Imidazolacrylat, Histidinabbau 474 (F)
Imidazolgruppe, Aminosäuren 58
Imidazolonpropionat, Histidinabbau 474 (F)
Imidazolonpropionat-Hydrolase, Histidinabbau 474
Imin, Desaminierung 435
α-Iminoglutarat, Desaminierung 436 (F)
Iminogruppe 5 (F)
α-Iminopropionat 436–437
Imipramin 1038
Immucillin-H 127
Immunabwehr ► Abwehr
Immunantwort 1106
- adaptive 1104
- - klonale Expansion 1110
- - molekulare Instrumente 1105–1106
- - Spezifität 1105
- - T-Zellen, zytotoxische 1115–1117
- allergische, IgE-vermittelte 1112
- angeborene 1104–1105
- Antikörper 1119
- Glucocorticoide 1134
- Immunglobuline 278
- intestinale, IgA-vermittelte 1079
- - IgE-vermittelte 1079
- spezifische 1133
- - Viren 1136
- Spleißen, alternatives 278
- unspezifische 798, 1133
- Wechselwirkung 1133–1134
Immundefekte/-defizienz 1136
- AP3-Defekte 206
- HIV 343
- LYST-Protein-Defekte 206
- primäre oder genetisch bedingte 1136
- Rab27A-Defekte 206
- sekundäre 1136
Immundefizienzvirus, humanes ► HIV(-Infektion)
Immunelektrophorese 993–994
- Antigen-Antikörper-Reaktion 993
- Proteine 63
Immunfluoreszenztest, Virusvermehrung 346
Immunglobuline 1118–1121
- ► Antikörper
- ► Ig...
- biologische Funktionen 1120
- CDR (complementary determining region) 1122
- Disulfidbrücken 1118

– Domänenstruktur 1119
– Faltblattstrukturen, antiparallele 1119
– Fc-Fragment 1118
– Funktion 1119
– Genabschnitte, Hypermutation, somatische 1122
– als Glycoproteine 27
– Grundstruktur 1118
– vom G-Typ 1120
– Haftstellen 1119
– *hingeregion* 1119
– H-Kette 1118–1119
– – Gene, Umlagerung 1122
– hypervariable Regionen 1119
– Immunantwort 278
– Isotypen 1120
– Isotypwechsel 1123
– J-Sequenz 1122
– Klassen 1120
– *Leader*-Sequenz 1122
– Liquor cerebrospinalis 1028
– L-Kette 1118–1119
– – *rearrangement* 1122
– lösliche 1123
– membrangebundene 1123
– Scharnierregion 1119
– Switchregion/Umstellungsregion 1119
– Virusinfektion 346
– V-Sequenz 1122
Immunglobulin-Superfamilie, Titin 1008
Immunhistochemie 138
Immunihibitionstest, CK-MB 137
Immunisierung 348–349
– aktive/passive 348
Immunität ▶ Immunantwort
immunkompetente Zellen, Funktion 867
Immunkomplexe, F_c-Teile, Zellen 1098
Immunogen 1106
immunologische Konzentrationsbestimmungen, Hormone 761
immunologische Toleranz ▶ Immuntoleranz
Immunophiline 303
Immunproteasom, Antigen-präsentierende Zellen 1107
Immunrezeptor-Tyrosin-abhängige Aktivierungs-Motive (ITAMs) 114
Immunsuppression/-suppressiva
– Calcineurin, Hemmung 303
– PPlasen 303
– Transplantatabstoßung 1139
Immunsystem 1103–1140
– adaptives, Komponenten, zelluläre 1109–1117
– Calciferole 690
– NNR-Achse, hypothalamisch-hypophysäre 868
– Toleranz 1105–1106
Immuntoleranz 1111
– hepatische, Kupfferzellen 1098
– periphere 1114
– zentrale 1114
IMP (Inosinmonophosphat) 587 (F), 588, 630
– Biosynthese 588, 630
– – Regulation 593
– Purinbiosynthese 587 (F), 632
IMP-Cyclohydrolase 589
– IMP-Biosynthese 589
IMP-Dehydrogenase 588
– Hemmstoffe 596
Impfstoffe, Proteinkomponenten 349
Impfungen ▶ Immunisierung
Impfviren 349
Implantation
– Retinol 687
– Retinsäure 687
Importine, Transport, nucleocytoplasmatischer 189
Import-Motor 308
Importsignalsequenzen, Transport, nucleocytoplasmatischer 189
IMPS-Gen 589
Inaktivierungstor, Myotonie, kongenitale 1019
Inaktivitätsatrophie, Proteolyse, Skelettmuskulatur 529
inclusion bodies, Bakterien, Fremdproteine, Produktion 243
Indan-1,3-dion 986, 987 (F)
indian hedgehog ▶ Ihh
Indican, Nachweis, serologischer 1076
Indikatorreaktion, optischer Test, gekoppelter 115
Indol 1076
Indolamin-2,3-Dioxygenase 473
– Tryptophan 473
Indomethacin, Prostaglandinbiosynthese 424
Indoxylschwefelsäure, Nachweis, serologischer 1076
induced fit ▶ induzierte Passform
inducible costimulator (ICOS)
– B-Zell-Aktivierung 1125
– T-Zellen 1113
Induktion, Enzyme 129
Induktor, Transkription, Prokaryoten 271
Infektionen
– Plasmaproteine 996
– Trijodthyronin, Aufnahme 636
Inferferone Typ 1 779, 796
Inflammasomen 205
Influenza, Pandemie 340
Influenza-A-Virus 328, 340
– *reassortment (phenotypic mixing)* 340
– Replikation 340
Influenza-B-Virus 328
Influenza-C-Virus 328
Influenzaviren 341
– Hämagglutinin 334
– HA-Protein 334
– M2-Protein(e) 334
– Protonentransportproteine 334
– *uncoating* 334–335
Infusionslösungen 653
Inhibin(e) 846, 872
– Aufbau 873
– Leydig-Zellen 876
– TGFβ-Superfamilie 872
Inhibitorproteine, Cyclin/cdk-Komplexe 222
Initiation
– Cap-abhängige, Proteinbiosynthese 300
– DNA-Replikation 230
– Proteinbiosynthese 293–296
– – Tumoren 301
– Transkription 257, 271–275
– – Prokaryoten 258–259
– virale 301
Initiationskomplex
– Aufbau, RNA-Polymerase II 261
– C-terminale Domäne (CTD) 262
– eukaryoter, Bildung, RNA-Polymerase II 260–262
– Polymerase 260
– RNA-Polymerasen, eukaryote 260
– Transaktivatoren, räumliche Beziehungen 262
– Transkription, Prokaryoten 258–259
Initiations-Methionyl-$tRNA_i^{Met}$ 295
Initiatorcaspasen 226, 792
Initiator-tRNA, Proteinbiosynthese, eukaryote, Initiation 294
Inklusion, Mukolipidosen 207
Inkubationszeit, Virusinfektion 348
Innenmembran, Mitochondrien 203–204, 208 (F)
Inosin 143, 599 (F)
– Glycogenolyse, Myokard 385
– Purinabbau 599
Inosin-5'-monophosphat ▶ IMP
Inosinmonophosphat ▶ IMP
Inositol 32, 554, 784 (F)
– Phosphoglyceride, Biosynthese 555 (F)
Inositolmonophosphatase 126
Inositol-1,4,5-trisphosphat (IP_3) 571, 765, 783, 784 (F)
– second messenger 774
– Synthese 775
Inositol-Trisphosphat-Weg 1114
Inselzellen, Zinkkonzentration 672
Inselzelltumoren, Hyperinsulinismus 393
Insertion, Proteinbiosynthese, Termination 299
inside-out-signaling, Integrine 733
Insig-Protein *(insulin induced gene)* 569
Insorption 1076
Insulin Aspart 816
Insulin-abhängige Genregulation 819
insulinabhängiges Gewebe
– Glucose-6-phosphat, Bildung 378
– – Verwertung 378
insulinähnliche Wachstumsfaktoren ▶ IGF *(insulin-like growth factor)*
insulinähnliches Protein 3 884
– Leydig-Zellen 876
Insulinanaloga 816–817
insulinantagonistische Hormone
– Fettgewebe 528
– Leber 529
Insulin(e) 384, 758, 760, 810–822
– Abbau 816
– Acetyl-CoA-Carboxylase 417
– antilipolytischer Effekt 819
– Aspartat 816, 817 (F)
– Bindung, Insulinrezeptor 820
– biologische Wirkungen 817–820
– Biosynthese 811, 813 (F)
– – Proinsulin 811–812
– Blutplasmakonzentration 522
– cAMP-Konzentration, Fettzellen, Senkung 819
– – Hepatozyten, Senkung 818–819
– C-Peptid 811
– Detemir 816 (F)–817 (F)
– Diabetes mellitus 832
– dimeres 810
– Disulfidbrücken 810
– Fettgewebe 819
– Fettsäurebiosynthese 417
– Fettstoffwechsel 523
– Fettzellen, cAMP-Konzentration, Senkung 819
– Filtrierbarkeit, glomeruläre 896
– Gegenspieler, Cortisol 866
– Glargin 816, 817 (F)
– Gluconeogenese 387
– – Regulation 388
– Glucoseangebot, erhöhtes 379
– Glucosemetabolismus, Wirkungen 818
– Glucoseoxidation 636
– Glucosestoffwechsel 818
– Glukokinase 378
– Glulisin 816, 817 (F)
– GLUT-4 378
– – Translokation 821
– Glycogenbiosynthese 382, 636
– Glycogenstoffwechsel, Regulation 386
– Glycolyse 386, 392, 636
– – Regulation 388

Insulin(e)
– Halbwertszeit 816, 849
– Hepatozyten, cAMP-Konzentration, Senkung 818–819
– Hexamere 810, 816
– Hexokinase II 378
– internationale Einheiten (IE) 816
– Kalium, Resorption 929
– K^+-Aufnahme, Stimulierung 819
– kommerzielle, Entwicklung 816
– lang wirkende 816–817
– Leberstoffwechsel 523
– Lipogenese 415–416
– Lipolyse 819
– Lispro 816, 817 (F)
– Mangel, absoluter/relativer 832
– –Diabetes mellitus 393, 528–529
– – Lipoproteinlipase 819
– metabolische Rate 636
– Milchdrüsenzellen 543
– Muskelarbeit, Substratoxidation 533
– Muskulatur 523
– Nahrungsaufnahme, afferente Signale 642
– Nahrungskarenz 529
– Nahrungszufuhr 522
– Oligomerisierung 810
– Pankreas, endokrines 811
– Plasmakonzentration 816
– Plasma-Phosphatkonzentration, Erniedrigung 938
– Proteinbiosynthese 529, 645
– Regulation, Lipoproteinlipase 819
– Reifung 812
– Rezeptor-Tyrosinkinasen 767
– schnell wirkende 816
– Signalübertragung, intrazelluläre 821, 822 (F)
– Skelettmuskel 820
– SNARE-Proteine 194
– SREBP-1c, Aktivierung 570
– Stoffwechselwirkungen 818
– Struktur 810
– tierische 810
– Überdosierung, Hypoglykämie 393
– Wachstumswirkung 820
– Wirkungen, langfristige 819
– – molekulare 820–822
– Zinkionen 672, 810
Insulin-empfindliche Gewebe 817
Insulingen 811
Insulin-Insulinrezeptor-Komplex 816
Insulinitis, Typ-1-Diabetes mellitus 832
insulin-like growth factor ► IGF
insulinotrope Hormone 815
Insulinresistenz
– Adipocytokine 835
– Adipositas 640
– Adipositas-induzierte, Typ-2-Diabetes mellitus 835
– Glucosetoleranz-Test 523
– Leptin 643
– metabolisches Syndrom 640
– Typ-2-Diabetes mellitus 834
Insulinrezeptor (INSR) 786, 820, 821 (F)
– Aktivierung 820
– Autophosphorylierung 820
– Biosynthese 820
– Docking-Proteine 821
– Muskelaufbau/-abbau 1017
– Phosphotyrosine 821
– Proteinkinase A/C 821
– Rezeptortyrosinkinase 785
– – Modulation 821
Insulinrezeptor-Gen 820
Insulinrezeptorsubstrate (IRS) 821
Insulinsekretion 812–816
– Calciumkonzentration 814
– Enterohormone 815
– gastroinhibitorisches Peptid (GIP) 815, 1066
– *Glucagon-like peptide-1* (GLP-1) 815
– Glucose 812
– Glucosesensor 814
– Glucose-stimulierte 814, 815 (F)
– β-Granula 814
– Hemmung 815
– – Somatostatin 815, 887
– Hyperglykämie, resorptive 522
– Kohlenhydrate, Abbau 646
– Modulation 814–815
– Nahrungsaufnahme 824
– Regulation 812
– Störung, Typ-2-Diabetes mellitus 835
– Vinca-Alkaloide 814
– β-Zelle 812
Insulinsekretion-stimulierende Pharmaka 815–816
Insulinsignal, Weiterleitung 821
insulinunempfindliche Organe 817
Integrase
– HIV 331
– Viren 335
Integrin α2β1 733
Integrin α5β1 733
Integrin α6β1 733
Integrin α6β4 753
– dermo-dermale Junktion 750
Integrin $\alpha_v\beta_3$ 333
Integrin $\alpha_v\beta_5$ 333
Integrin β_3, 1,25-Dihydroxycholecalciferol, Expression 690
Integrine 197, 199–200, 730–736
– Aktin-Filamente 734
– Axotomie 1047
– *cluster*-Bildung 735
– cytoplasmatische Domänen 734
– Cytoskelett 734
– ECM-Moleküle, Rezeptoren 733
– Fokal-Kontakte *(focal adhesion)* 735
– *inside-out-signaling* 733
– 8α-/18α-Ketten 733
– Leukozyten 973
– Lymphozyten 1129
– Muskulatur, quergestreifte 1009
– nichtepitheliale, Defekte 206
– outside-in-signaling 734
– Plättchenrezeptor αIIb/β3 733
– Ras, Aktivierung 736
– Rezeptoren, bidirektionale 733
– RGD-Sequenz 733
– Signaltransduktion 734–735
– Signalvermittlung 199 (F)
– Struktur 734
– Synergismus 731
– Zelldifferenzierung 735–736
– Zell-Matrix-Kontakte 199 (F)
– Zellpolarität 735
– Zell-Zell-Kontakte 199 (F)
Integrin-Gene, Mutationen 734
Integrin-Rezeptor, Fibroblasten 721
Intein, Proteinolyse, limitierte 309
Interferon-α/β-Rezeptor-1 (IFNAR1/2) 796–797
Interferon-α/β-Signaltransduktion
– Janus-Kinasen 797
– STAT1/-STAT2-Komplexe 797
interferon regulatory factor(IRF)-Familie, Interferon-Signaltransduktion 797
Interferon-ähnliche Cytokine 759
Interferone 759, 778–779, 799, 1144
– ► IFN-...
– Biosynthese 796
– Cytokine 760
– Proteinbiosynthese, Initiation, Regulation 300
– Reinigung, RPLC-Säule 61
– Stimulation, Phosphorylierung 806
– Typ 1 759
– Typ 2 759, 779, 796
Interferon-Signaltransduktion 796–798
interferon-stimulated gene factor-3 (ISGF3) 797
interferon-stimulated response element (ISRE) 797
Interkonversion, Proteine 307
Interleukin-1 759, 791, 868, 1104–1105
– ACTH-Sekretion 976
– Akutphase-Proteine 996
– Cortisolsekretion 976
– Cortisolsynthese 863
– Entzündungen 778, 975
– Immunantwort 1133
– Infektionen, bakterielle 798
– Leber 1089
– Lymphozyten, Zirkulation 1129
– Makrophagen 975
– PGHS-2 420
– Plasmazinkspiegel 672
– rheumatische Erkrankungen 746
– Sekretion 760
Interleukin-1α 791
Interleukin-1β 791
– Cytokine, Freisetzung 800
– Proteine, Regulation 694
Interleukin-1 (IL-1), Knochenumbau 745
interleukin-1-receptor associated kinase (IRAK) 799
interleukin-1-receptor accessory protein (IL-1RAcP) 791
Interleukin-1-Rezeptor-I (IL-1RI) 791
Interleukin-1-Rezeptor-II 792
Interleukin-1-Rezeptoren, T-Lymphozyten 975
Interleukin-1-Signaltransduktion 791–792
Interleukin-2 759, 867
– 1,25-Dihydroxycholecalciferol, Expression 690
– Krebstherapie 1160
– mRNA-Stabilität 281
– Sekretion 975
– TH1-Zellen 1112
Interleukin-3 953
– Allergie Typ I 1137
– mRNA-Stabilität 281
Interleukin-4 759, 1104
– Allergie Typ I 1137
– IgE 1123, 1125
– IgG1 1123
– Immunantwort 1133
– Infektionen, bakterielle 798
– Knochenresorption 745
– Proteine, Regulation 694
– TH2-Zellen 1112
Interleukin-5
– Allergie Typ I 1137
– IgA 1123
– TH2-Zellen 1112
Interleukin-6 759, 794, 868, 1104–1105
– Akutphase-Proteine 996
– Cortisolsynthese 863
– Cytokine 759
– – Freisetzung 800
– Entzündungen 778, 975
– Entzündungsmediatoren 791
– Hepcidin, Synthese 663
– Immunantwort 1133

- Infektionen, bakterielle 798
- Knochenresorption 745
- Kupfferzellen 1098
- Leber 1089
- Muskelarbeit 534
- Plasmazinkspiegel 672
- rheumatische Erkrankungen 746
- Serumspiegel nach intravenöser Gabe von LPS-Endotoxin 800
Interleukin-6α 795
Interleukin-6-Cytokine 794
Interleukin-7 759
Interleukin-8 (CXCL-8) 783–785
- Cytokine, Freisetzung 800
- Entzündungen 783, 791, 975
- Immunantwort 1133
- Leukozyten, zirkulierende 973
- Proteine, Regulation 694
- Serumspiegel nach intravenöser Gabe von LPS-Endotoxin 759, 800
- Signaltransduktion 785 (F)
Interleukin-8-Rezeptoren, G-Protein-gekoppelte 784
Interleukin-9
- Allergie, Typ I 1137
- TH2-Zellen 1112
Interleukin-9 (IL-9) 759
Interleukin-10 759, 1104, 1112
- Allergie, Typ I 1137
- Infektionen, bakterielle 798
- Knochenresorption 745
- Serumspiegel nach intravenöser Gabe von LPS-Endotoxin 800
- TH2-Zellen 1112
Interleukin-11 759, 794
- Knochenresorption 745
Interleukin-12 1105
- Immunantwort 1133–1134
- Infektionen, bakterielle 798
Interleukin-13 1104
- Allergie Typ I 1137
- IgE 1125
- Knochenresorption 745
- rheumatische Erkrankungen 746
- TH2-Zellen 1112
Interleukin-15 759
- Knochenresorption 745
Interleukin-17
- Knochenresorption 745
- rheumatische Erkrankungen 746
Interleukin-18 1105
- Immunantwort 1133
- Infektionen, bakterielle 798
- Knochenresorption 745
Interleukin-19 759
Intermediärfilament-Proteine 207
Intermediärstoffwechsel
- Aminosäuren 430
- Leber 1084
Intermembranraum, Mitochondrien 203, 208 (F), 491
International Union of Biochemistry and Molecular Biology (IUBMB) 112
internationale Einheiten (IE), Insulin 816
Interphase, Zellzyklus 221
interstitieller Raum 917
Intestinaltrakt, Immunsystem 1079–1080
int2-Onkogen 1143
intrazellulär aktivierte Ionenkanäle 765
Intrazellulärraum 917
- pH-Wert 14, 943
- Pufferung 944
- Verteilung, Protonen 943–944
- Wasserstoffionenkonzentration 14
Intron
- Entfernung 266
- Genom 160
- Lasso-Struktur (lariat) 265
- Transkription, Elongation 264
Invasion
- Tumoren 1155, 1157–1158
- - Proteinasen 1156–1157
Invirase 352
In-vitro-Motilitäts-Assay (IMA), Querbrückenzyklus 1011
In-vitro-Translation, Proteinsynthese, gentechnische 93
Involukrin 748–749
Iodolipide 852 (F)
3-Iodtyrosin, Aminosäuren, verzweigtkettige, Abbau 468
Iodtyrosindehalogenase 854
Ionenaustauschchromatographie 51
- Aminosäuren 51
- Proteine 60
Ionenaustauscherharze 1061
Ionenfluss, elektrostatisch unterstützter 1032
Ionengradienten
- Ionenkanäle 1030
- Transport-ATPasen 1030
Ionenkanäle
- ATP-gesteuerte, P2X-Typ 1037
- cGMP-abhängige 804
- extrazellulär aktivierte 765
- Glutamatrezeptoren, ionotrope 1040
- Inaktivierung 1031
- intrazellulär aktivierte 765
- Ionengradienten 1030
- Ionenselektivität 1032
- Kanalpore, zentrale 1030
- Liganden-regulierte 765, 1036
- - Öffnung 1030
- - Rezeptoren 765–767
- Neurotransmitter-gesteuerte, Quaternärstruktur 1037
- Poren 1031
- Regulation, Phosphorylierung 1032
- Rezeptoren, pentamere 1036
- spannungsregulierte, Membrantopologie 1031
- - Öffnung 1030
- - Selektivitätsfilter 1031
- - Spannungssensor 1031
- Transmembransegmente 1031
- *gating* 1030
Ionenkanalerkrankungen 1032
Ionenprodukt, Wasser 13
Ionenselektivität, Ionenkanäle 1032
ionotrope Glutamatrezeptoren 1038–1039
ionotrope Rezeptoren 1036
IP_3
- ► Inositol-1,4,5-trisphosphat
- ► Inositol-1,4,5-trisphosphat
IP_3-aktivierte Calciumkanäle 765, 774
IP_3-Rezeptoren 783
- Calciumstoffwechsel, Regulation 776
- Muskelaufbau/-abbau 1016
IRAK *(Il-1 receptor associated kinase)* 799
IRE *(insulin-response-element)* 388
IRE *(iron responsive element)* 664
- Hämbiosynthese, Regulation 612–613
IRE-Bp *(iron responsive element binding protein)* 483
IRF9 *(interferon regulatory factor 9)* 797
Iris, Zinkkonzentration 672
IRP *(iron regulatory proteins)* 660, 664
- Eisenhomöostase, intrazelluläre 664
- Hämbiosynthese, Regulation 612–613
IRS-1 821
IRS-2 821
IRS-Proteine, Insulinsignal, Weiterleitung 822
ISGF (interferon-α-stimulated gene factor) 797
I-Smad-Protein *(Inhibitory Smad)* 790
Isobutyryl-CoA 442, 943
Isocitrat 443, 480 (F), 482
- Decarboxylierung 943
Isocitratdehydrogenase 526
- Aktivierung, ADP 485
- - Calcium 485
- Citratzyklus 480, 482–483
- Fettsäurebiosynthese 412
- $NADP^+$-abhängige 483
Isodesmosin 725
isoelektrische Fokussierung (IEF), Proteine 63
isoelektrischer Punkt
- Alanin 49
- Aminosäuren 49
- Aspartat 49
- Gelelektrophorese, zweidimensionale 63–64
- Lysin 49
- Proteine 58, 62–65
Isoenzym-Analytik 134
Isoenzyme 113–114
- ► Enzyme
- diagnostische Bedeutung 137
- Lactatdehydrogenase (LDH) 114
Isoflavonoide, Phytoöstrogene 884
Isoformen, Myofibrillen 1003
Isolatoren, Heterochromatin 187
Isoleucin 45 (F), 47, 290, 440, 442–443, 466–468, 486, 518
- Abbau 466, 467 (F), 468
- Aminosäurestoffwechsel, Muskulatur 453
- Bedarf des Menschen 439
- Biosynthese 443
- Decarboxylierung, dehydrierende 466
- - oxidative 466
- Plasmakonzentration 445
- Stoffwechsel 459
- Transaminierung 441, 466
Isoleucin-tRNAs 289
Isoleucyl-tRNA-Synthetase 292
isoliertes System, Entropie 101
Isomaltase 1059
- Darmsaft 1062
Isomerase 113, 683
- Hexosemonophosphat-Weg 367
- Triacylglycerine, Spaltung/Resynthese 1072
Isonicotinsäurehydrazid, Tuberkulose 703
Isopentansäure 34
Isopentenylpyrophosphat 565, 570
- Isopren, Biosynthese 565–567
- Squalen, Biosynthese 566 (F)
Isopentenylpyrophosphat-Isomerase, Squalen, Biosynthese 566
Isopeptidbindungen 309, 321
Isopeptidylkopplung, Proteinolyse, limitierte 309–310
Isopren 38
- aktives 565
- - Biosynthese 565, 567
- - Kondensation 566
- Cholesterinbiosynthese 564
- Derivate 32
Isoprenlipide 38–39
- Stoffwechsel 564–571
Isoprenoide, Isoprenreste, Kondensation 38
Isoprenol-Glycolipide 31
Isotop ^{32}P, Southern-Blot 167
Isotopendilutionsmethode 637
Isotypwechsel, Immunglobuline 1123

Isovaleriansäure 34
Isovaleryl-CoA 442, 943
ISRE *(interferon-stimulated response element)* 797
ITAM *(immunoreceptor tyrosine-based activation motif)*-Peptidsequenzen 114
– Sequenzmotive, Tyrosinkinase(Tyk)-bindende 1121
– T-Zell-Rezeptor (TZR) 1113
Ito-Zellen 1098
– Vitamin A, Speicherung 684
IUBMB (International Union of Biochemistry and Molecular Biology) 112
I-Zellenkrankheit 548

Jak (Janus-Kinase) 796
– GH 887
– Interferon-α/β-Signaltransduktion 797
– Interleukin-6-Signaltransduktion 795
– Jak1 796
– – Interferon-Signaltransduktion 797
– Jak2 612, 796
– – Hämbiosynthese 797
Jak/STAT-Signaltransduktion 778
– Fusionsproteine 1154
– IL-6-induzierte 795
– Rezeptor-Tyrosinkinasen 789
– STAT1-Homodimere 798
Janus-Kinase ► Jak
Jejunum
– Nahrungsstoffe, Resorption 1068
– – Verdauung 1068
– Wasserrückresorption 1074
– Zinktransporter 672
Jetlag, Melatonininsekretion, Desynchronisierung 1044
JNK (c-Jun-N-terminal kinase) 772
Jod 4, 675
– Versorgung, adäquate 853
Jodidtransporter 675
jodiertes Kochsalz 675
Jodmangel 675
Jodmangelstruma 859–860
– endemische 675
Jodstoffwechsel, Schilddrüsenhormonsynthese 850–854
J-Protein *(joining protein)*
– IgA 1120–1121
– Immunglobuline 1122
Junktionszone, dermo-epidermale 749
jun-Onkogen 1143
juxtaglomerulärer Apparat 899
– Reninsynthese/-sekretion 912 (F)
juxtakrine Signaltransduktion 758
J-*(joining-)*Gen-Segmente 1122
– H-Ketten, Antikörper 1121
– L-Ketten, Antikörper 1121

K

Kachektin 976
Kachexie
– Proteinabbau 645
– Proteinmangel 645
– Proteolyse, Skelettmuskulatur 529
Kaffee, Cancerogenese 1157–1158
Kainat-Rezeptoren 1038–1039
Kalium 4, 928
– Aufnahme 928–929
– – Stimulierung, Insulin 819
– Ausscheidung, renale 928–929
– Konzentration, Liquor cerebrospinalis 1027
– Mangel 930
– Membranpotential 929
– Resorption, Insulin 929
– Serum 956
Kaliumferricyanid, Methämoglobin 969
Kaliumhaushalt 928–930
– Regulation 928–929
Kaliumkanäle 182, 816, 1031 (F)
– ATP-abhängige, Insulinsekretion 815
– Henle-Schleife, dicke, aufsteigende 903
– Insulinsekretion, Glucose-stimulierte 814
– Neurone 1030
– Sammelrohr/Überleitungsstück 903
– spannungsregulierte 1031
Kaliumsekretion, Sammelrohr/Überleitungsstück 903
Kallidin, Carcinoide 1043
Kallikrein, Carcinoide 1043
Kalorienrestriktion, Effekte, Alterungsprozess 639
Kalorimetrie
– direkte 636
– indirekte 636
Kanäle
– interzelluläre, β-barrel-Architektur 181
– ligandengesteuerte 182
– nicht-selektive 181
– selektive 181
– spannungsabhängige 182
– substratspezifische 182
Kanalpore, zentrale, Ionenkanäle 1030
Kanalproteine 180, 182
– Kationen-Transport 493
– Neurone 1030
– Segmente 1031
– Transmembransegmente 1030
– – α-helicale 182
Kanalverschluss, *ball-and-chain*-Mechanismus 1031
Kandidaten-Antionkogene 1147
kanonische Sekundärstrukturelemente, Proteine 73
Kapillarpermeabilität, gesteigerte 800
Kaposi-Sarkom 344
5'-Kappengruppe
– Anheftung, Transkription, Elongation 263
– mRNA 263 (F)
Kardiomyopathie 1021
– dilatative 1018
– hypertrophe 1018, 1020
– X-chromosomale 1018
Kardioplegie 929
kardiovaskuläre Erkrankungen, Cadmium 677
Karies 674
– Fluorid 673–674
Karyopherine, Ran-abhängige 269
karzinoembryonales Antigen ► CEA
Karzinome 1142
– CEA 1028
Kaschin-Beck-Krankheit 676
katabole Stoffwechselsignale, Ubiquitinierungssignale 321
Katal pro Kilogramm, katalytische Enzymaktivität 116
Katalase 111, 506
– kinetische Konstante 123
– peroxisomale, Fettsäureoxidation 408
– Peroxisomen 205
– Sauerstoffradikale, Entfernung, enzymatische 511
– Sauerstoffspezies, reaktive, Entstehung/Abbau 511
Katalysatoren 14, 19, 107
– Basen/Säuren 19
Katalyse 19
– biologische Systeme 107–117
– covalente 118–119
– gemischte, Chymotrypsin 120–121
– kombinierte 120
– Metallionen-vermittelte 119–120
– – Carboanhydrase 120
– – Carbonanhydrase 119, 120 (F)
– Serinproteasen 120
katalytische Aktivität
– Enzyme 117
– maximale, Enzyme 123
katalytische Antikörper 109–110
katalytische Konstante 122
katalytische Triade
– Aminosäuren 108
– Chymotrypsin 121
katalytischer Kreisprozess 109
katalytisches Zentrum, Enzyme 108
Katarakt, Diabetes mellitus 837
Katecholamine 758, 826–832
– α-/β-Adrenozeptoren, Signalweiterleitung 830
– Abbau 831
– ACTH-Sekretion 863
– adrenerges System 829
– biologische Wirkungen 829
– Biosynthese 827–829
– Blutdruck 829
– Desaminierung, oxidative, O_2-abhängige 434
– Diabetes mellitus 832
– Fettsäuresynthase 418
– Gluconeogenese 392
– Glycogenstoffwechsel, Regulation 384, 386
– Glycolyse 392
– G-Protein, Aktivierung 780
– G-Protein-gekoppelte Rezeptoren 783
– Herz-Kreislaufsystem 829
– Herzleistung, Anpassung, lastabhängige 1015
– Leber 1086
– Lipolyse 399
– Muskelarbeit, Substratoxidation 533
– pharmakologische Hemmung 829
– Plasmaspiegel 831
– β_2-Rezeptoren, Aktivierung 528
– Sekretion 828
– – Acetylcholin 828
– – Stress 636
– Speicherung 828
– Stress 636
– Struktur 826–827
– Vasokonstriktion 830
– Vesikel, elektronendichte 1042
– Wirkungen, metabolische 829
– Wirkungsmechanismus, molekularer 829–831
– *dense core visicles* 1042
Katecholaminrezeptoren 829
– Funktion 829
– Mechanismus 829
Katecholamin-Transporter 1037
Katechol-Östrogene 882
Katechol-O-Methyltransferase ► Catechol-O-Methyltransferase (COMT)
Kathepsin B 315
– Lyosomen 1068
– Lysosomen 1067
Kathepsin C 1116
– Defekte 200
Kathepsin D 315
– Defekte 200
Kathepsin-D-cDNA 307

Kathepsin G 315
- Bakterienabwehr 1135
Kathepsin K 315
- Defekte 200, 323
- - Osteochondrodysplasie, Osteosklerose bzw. Pycnodysostosis 323
Kathepsin L 315
Kathepsin S 315
Kathepsine 1105, 1107
- lysosomale 200, 307
- Lysosomen 318
- Mangel 322–323
- Überproduktion 322–323
Kationen
- Metalle 4
- organische, Transport, Tubulusepithelien 906
Kationenkanäle
- Neurone 1030
- Öffnung, Acetylcholin, Bindung 1040
Kationen-Transport 493
Kationen-Transporter (DCT1), Niere 901
κBRE (κB *responsive element)*
Kayser-Fleischer-Ring, Wilson-Syndrom 670
KCNA1/KCNQ1, Mutation 1032
Keimbahninaktivierung, Prädispositionssyndrome 1150
Keimzell-ACE 910
Keimzentrum, Lymphknoten/Milz 1126
Kennlinien, sigmoidale, Enzymaktivität 130
Keratansulfat 29, 549, 727
Keratin 1 748
- Mutation, Hauterkrankungen 752
Keratin 5 748, 753
- dermo-dermale Junktion 750
Keratin 10 748
- Mutation, Hauterkrankungen 752
Keratin 14 748, 753
- dermo-dermale Junktion 750
Keratine
- α-Keratin 56, 71–72
- β-Keratin 56, 73
- coiled-coil-α-Helix 748
- Differenzierung, Filaggrin 748
- Epidermis 748
- Fibrillen 748
- Haut 748
- Heptapeptid-Wiederholung 748
- Retinoidfunktion 688
Keratinozyten, Epidermis 748
Kern ► Zellkern
Kernhülle 176 (F), 188
- Auflösung, Mitose 188
Kernikterus 626, 1027
- ► Ikterus
Kernlamina
- Defekte 205
- Filamente, intermediäre 214
Kernporen 176 (F), 189 (F)
Kernresonanzspektroskopie, Proteine 91–92
Kerntranslokation, Signaltransduktion, Transkriptionsfaktoren 806
Ketamine 393–394
Ketimin 434, 437
Ketimin 1 435 (F)
Ketimin 2 435 (F)
β-Keto-1-phosphogluconat, Decarboxylierung 943
3-Ketoacyl-CoA 405
- Fettsäuren, β-Oxidation 405
Ketoacyl-Synthase 410, 412 (F)
α-Ketoadipat 442–443
- Decarboxylierung 943
- Lysinabbau 476
- Tryptophanabbau 472 (F)
Ketoazidose, diabetische 833, 949
Ketobutyrat
- α-Ketobutyrat 442–443, 458
- - Decarboxylierung 943
- - Methionin, Abbau 462, 463 (F)
- β-Ketobutyrat, Decarboxylierung 943
α-Ketocapronat 442
Keto-Enol-Tautomerie
- Oxypurine/Oxypyrimidine 142
- Thymin 142 (F)
α-Ketoglutarat 5, 440–443, 456 (F), 478, 480 (F), 482, 487, 698, 943, 1038
- Aminierung 432
- Aminosäurestoffwechsel 432, 440
- - Leber 445
- - Muskulatur 453
- Citratzyklus 1025
- Decarboxylierung 943
- Desaminierung 436 (F)
- Harnstoffzyklus 448
- Tyrosinabbau 471
α-Ketoglutaratdehydrogenase 485
- Aktivierung, Calcium 485
- Citratzyklus 480, 483
α-Ketoglutarat/Malat-Carrier 494
α-Ketoglutarsäure ► α-Ketoglutarat
Ketogruppe 5
α-Ketoisocapronat 440
- Decarboxylierung 943
α-Ketoisovalerat 440, 442
β-Keto-L-Gulonat, Decarboxylierung 943
α-Keto-β-methylvalerat 440, 442
- Decarboxylierung 943
Ketonkörper 22, 408, 517, 521
- Abbau 408–409
- Aktivierung, Succinyl-CoA-abhängige 409
- Biosynthese 408–409
- - Acetyl-CoA 704
- Diabetes mellitus 529
- - Typ 1 833
- Energiebilanz, negative 640
- Energiegewinnung, Niere 910
- Energiestoffwechsel, Gehirn 1024
- Enzymaktivitäten, metabolisierende 1025
- Lipolyse 529
- Nahrungsaufnahme, afferente Signale 642
- Nahrungskarenz 521, 529, 641
- Nervengewebe 520
- Skelettmuskulatur 521, 529
- - Nahrungskarenz 529
- Synthese, Alkoholkonsum 1099
- - Leber 408
- Urin 915–916
Ketonurie
- Nahrungskarenz 916
- Typ-1-Diabetes mellitus 833
3-Keto-6-phosphogluconat 366 (F)
α-Ketopropionat 478
- Decarboxylierung 943
α-Ketopropionsäure ► α-Ketopropionat
Ketoreduktase, Fettsäuresynthase 412 (F)
Ketosäuren
- α-Ketosäuren 439, 441, 478, 486
- - Aminosäurestoffwechsel 432
- - Decarboxylierung, dehydrierende 479, 943
- - Transaminierung 435 (F)
- β-Ketosäuren, Decarboxylierung 943
- Aminosäuren, Ersatz 439
- Muskulatur 453
3-Keto-Sphinganin 559
- Ceramid, Biosynthese 560 (F)
3-Keto-Sphinganinreductase, Ceramid, Biosynthese 560
3-Keto-Sphinganinsynthase, Ceramid, Biosynthese 560
17-Ketosteroide, Urin 915
$\Delta^{4,5}$-Ketosteroid-Isomerase 880
- Cortisol, Biosynthese 865–866
- Testosteron, Biosynthese 874–875
α-Ketosuccinat 478–479, 482
β-Ketothiolase
- Fettsäuren, β-Oxidation 405
- Ketonkörper, Biosynthese 409
α-Ketovalerianat, Decarboxylierung 943
Ketten
- leichte, Myosin 1004, 1013
- schwere, Myosin 1004–1005
Kettenverlängerungssystem, Fettsäuren, langkettige 419
Keuchhusten 782
KGF *(keratinocyte growth factor)* 759
Killerzellen, natürliche (NK) 1129
Kilojoule (kJ), Energie 633
Kilokalorie (kcal), Energie 633
Kinase-assoziierte Rezeptoren 768–769
Kinase-Homologiedomäne, Guanylatcyclasen 802
Kinasekaskaden, organisierte 772–773
Kinasen 113, 482
- Aktivität, intrinsische, Wachstumsfaktoren 778
- Calciumstoffwechsel, Regulation 776
- cdk-aktivierte (CAK) 222
- PDH-Komplex 482
Kinesin 213, 760
- Motorproteine, Mikrotubuli 210
- Vesikeltransport, intrazellulärer 210
Kinesin-vermittelter Transport, axonaler 210
Kinetik
- enzymkatalysierte Reaktion 115
- sigmoidale, Enzyme, allosterische 130–131
kinetische Stabilität, Adenosintriphosphat (ATP) 105
kinetisches Optimum 123
kinetisch-optischer Test 115
Kinetochoren, Mikrotubuli 209
Kinine, Carcinoide 1043
Kininogen, Synthese in der Leber 1088
Kischan-Beck-Krankheit 676
Kiss1-Gen 871
Kisspeptin 871–872
- Leptin 872
- Östradiol, Rückkopplung 880
- Sexualsteroide, gonadale 872
- Tumormetastasen 871
Kisspeptin-54 871
KIT (Tyrosin-Kinase), Stammzellen, Differenzierung 1124
KIT-Rezeptor, Spermatogonien 876
Kleinhirnkerne 1034
Klon 241
klonale Expansion, Immunantwort, adaptive 1110
Klonierung
- DNA 241, 242 (F)
- Kontrolle, Resistenzgene 242
K_M ► Michaelis-Menten-Konstante
Knallgasreaktion 491
Knochen 738
- BMPs 742
- Calcium-Speicher 744
- Entmineralisierung, Glucocorticoide 745

Knochen
- extrazelluläre Matrix 738
- FGFs 742
- Fluorid 674
- IGF-1 744
- Insulinempfindlichkeit 817
- Mineralisierung, Calcium 930
- Parathormon 935
- Resorption, Osteoklasten 744
- TGFβ 742
- Thyreocalcitonin 937

Knochenabbau 742–744
- extrazelluläres Kompartiment, isoliertes 743
- Östrogene 883
- pH-Erniedrigung 743

Knochenbildung 738–742
- BMP-4 740
- BMPs *(bone morphogenetic proteins)* 740
- Cytokine 745

Knochenerkrankungen 746–747
- entzündliche 746

Knochenmark
- B-Gedächtniszellen 1126
- B-Zell-Differenzierung 1125
- Differenzierung 952
- Hämbiosynthese 613
- Plasmazellen 1126

Knochenmark-Blut-Schranke 952
- Aufbau 954

Knochenstoffwechsel 746
- Calciferole 690

Knochenumbau 742–744
- Interleukin 1 (IL-1) 745
- Regulation 745

Knochenwachstum
- Faktoren 742
- IGF-1 888
- IGF-BPs 888
- Regulation 744

Knorpel 737–738
- Abbau und Umbau 742–744
- Differenzierung, SOX-9 740
- extrazelluläre Matrix 737–738
- hypertrophierter 723
- Insulinempfindlichkeit 817
- Synthese 738–742
- Wachstum, IGF-1 888
- - IGF-BPs 888

Knorpelmatrix, faserverstärktes Gel 738
Knospenbildung, Transport, vesikulärer 193
Knospung, Viren 340–341
Knudson-Hypothese 1151
Koagulopathien 985
Kobalt 4, 672
- Cancerogenese 1157
- Gesamtbestand 656
- Plasmaspiegel 656

Kochsalz, jodiertes 675
köpfchenfreie Zone *(bare zone)*, Myosin 1006
Körpereisen 663
- Hämoglobin 659

Körperfett 638
Körperflüssigkeiten, pH-Wert 17
Körpergewicht 638
- Entwicklung, motorische Aktivitäten 636
- Ernährung, kalorisch restriktive 635
- Realimentation 635
- Reduktion 634

körperliche Aktivität, Energieumsatz 532
Körpermasse, fettfreie 917
- Körperwasser 918

Körpertemperatur 632
- Aufrechterhaltung, Neugeborenes 504
- Fettgewebe, braunes 520

Körperwasser 917
- Körpermasse, fettfreie 918

Koffein, ATP-Synthese 634
Kohlendioxid
- Abatmung 942
- Abgabe, Ruhebedingungen 962
- arterivenöse Differenz 1024
- Blutkonzentration 1024
- Carboxylierung 943
- Decarboxylierung 943
- Hämoglobin, Sauerstoffanlagerungskurven 82
- Hydrogencarbonat 961
- Plasmakonzentration 18
- Stoffwechsel 943

Kohlendioxid-Abatmung, respiratorische Störungen 947
Kohlendioxid-Hydrogencarbonat-Puffersystem 17, 944
- Extrazellulärraum 17
- Liquor cerebrospinalis 1027
- pH-Wert 18

Kohlendioxid-Partialdruck
- Atmung, herabgesetzte 946
- Henderson-Hasselbalch-Gleichung 964
- Hypoventilation 946
- metabolische/respiratorische Störung, primäre 949
- Nomogramm 964
- Sauerstoffanlagerungskurve 960

Kohlendioxidtransport
- Erythrozyten 962
- Hämoglobin 963
- Plasma 962
- Protonen, Freisetzung 963

Kohlenhydratantigene, Präsentation 1109
Kohlenhydrate 22–32, 651
- Abbau, Insulinfreisetzung 646
- Bedarf 646
- Brennwert, physiologischer 633
- Citratzyklus 479
- energetisches Äquivalent 637
- Entzug, 5′-Deiodase 856
- Klassifizierung und Funktionen 22
- komplexe, Nahrungsenergie 646
- Lipazidogenese, Nahrungsfett 647
- Malabsorption 393
- de novo-Lipogenese 517
- Resorption 1069–1070
- Schädigung, Sauerstoffspezies, reaktive 510
- Verdauung 1069–1070
- Verdauungsstörungen 1076–1079
- Vergärung im Colon 1076
- Virusadsorption 330
- Virusrezeptor 331

Kohlenhydratresorption, Störungen 1076–1079
Kohlenhydratstoffwechsel
- bakterieller, Fluorid 674
- Bedeutung 646–647
- Carboxylase-Holoenzym 706
- Citratzyklus 478
- Ghrelin 886
- Glucagon 651
- Leber 1086–1087
- PPAR-Isoformen 649–650
- Störungen, angeborene 394–395
- - erworbene 393–394
- - Glucosetoleranz-Test 523

Kohlenmonoxid 969
- Affinität, Hämoglobin 970
- Bilirubinabbau 621
- Cytochrom-c-Oxidase, Hemmung 500
- Myoglobin 969
- Sauerstoffanlagerungskurve, Linksverlagerung 969

Kohlenmonoxid-Hämoglobin 959, 969
Kohlenmonoxidvergiftung, Hämoglobin, desoxygeniertes 959
Kohlensäure
- Blut, venöses 962
- Dissoziationskonstante K 15
- pK_S-Wert 15
- Produktion, intrazelluläre, Tubulus, proximaler 907

Kohlenstoff 4
Kohlenstoffdoppelbindung, Wasser, Anlagerung 11 (F)
1-Kohlenstoffreste, Übertragung 708 (F)
Kohlenwasserstoffe
- alicyclische, Cancerogenese 1157
- aliphatische, halogenierte, Cancerogenese 1157
- polycyclische 1158 (F)
- - aromatische, Cancerogenese 1157
- - - Epoxide 1158

Kohlenwasserstoffkette, Fettsäuren 33
Kollagen-ähnliches Protein (COLQ) 313
Kollagenasen 737, 868
- interstitielle 317
- Parathormon 935

Kollagen(e) 56, 317, 716–724
- Assemblierung 719
- Basalmembran-assoziierte 717
- Binde-/Stützgewebe 716
- Biosynthese, Ascorbinsäure 698–699
- - extrazelluläre 719
- - Hydroxylierung 718
- Biosyntheseschritte, intrazelluläre 718
- Blutstillung, zelluläre 980
- Dermis 751
- Dicke 721
- ECM-Molekül 722
- Ethanolstoffwechsel, Leber 1100
- Expressionsorte 717
- extrazelluläre Matrix 548
- fibrilläre 716–722
- - Biosynthese 718–721
- - Periodizität 717
- - Polypeptidkette 718
- - Polypeptidketten 717–718
- - Sekretion 719
- Hydroxylierung 719
- Kontraktion, Fibroblasten 721
- Mischfibrillen 721
- Netzwerk-bildende (FACIT) 717
- nichtfibrilläre 722–723
- Pentosidin 394
- Porenfilter, Plexuskapillaren 1026
- Propeptide, N-terminale, Abspaltung 721
- Proteine, glykierte 394
- Querstreifung 719–720
- Quervernetzungsreaktionen 719–720
- tripelhelicale Konformation 716
- Typ I 717
- - Dermis 751
- - 1,25-Dihydroxycholecalciferol, Expression 690
- - Ehlers-Danlos-Syndrom 752
- - Knochen/Knorpel 738
- - Mutation, Hauterkrankungen 752
- Typ II 717, 722
- - Knochen 739
- - Knorpel 738
- Typ III 717
- - Dermis 751
- - Mutation, Hauterkrankungen 752
- Typ IV 717, 722

- - Basalmembran, Glomerulus 896
- - Dermis 751
- - Ehlers-Danlos-Syndrom 723
- - Netzwerk, flächiges 722
- - Tripelhelix 896
- - Tumorzelloberflächenrezeptoren 1156
- Typ V 717
- - Dermis 751
- - Ehlers-Danlos-Syndrom 723
- - Gelcharakter 738
- - Knorpel 738
- - Mutation, Hauterkrankungen 752
- Typ VI 717, 722–723
- - Ehlers-Danlos-Syndrom 723
- - Mutation, Hauterkrankungen 752
- Typ VII 717, 722–723, 753
- - Autoantikörper, Epidermolysis bullosa acquisita 753
- - Dermis 751
- - dermo-dermale Junktion 750
- - Ehlers-Danlos-Syndrom 723
- - Integrine 200
- Typ VIII 717
- - Dermis 751
- Typ IX 717, 722
- - Chondroitinsulfat-Proteoglykan-Seitenkette 722
- - Knorpel 738
- Typ X 717, 722–723
- - Knochenbildung 739
- Typ XI 717
- - Knorpel 738
- Typ XII 717, 722
- - Dermis 751
- Typ XIII 717
- Typ XIV 717, 722
- - Dermis 751
- Typ XV 717, 723
- - Angiogenese 723
- - Endostatin 723
- - Makuladegeneration 723
- Typ XVII 717, 723, 753
- - Dermis 751
- - dermo-dermale Junktion 750
- Typ XVIII 723
- - Angiogenese 723
- - Dermis 751
- - Endostatin 723
- - Makuladegeneration 723
- Typ XXV 723
- Typen 717
- Wundränder, Kontraktion 721
- Zellen 1098
- Zusammensetzung 721
Kollagenhelix ► Kollagentripelhelix
Kollagenstoffwechselstörungen, angeborene 723–724
Kollagentripelhelix 74
kolligative Eigenschaften, Lösungen 10–12
Kollisionstheorie 107
Kolloid, Schilddrüse 760, 850, 852
Koma, diabetisches, hyperosmolares 12
Kommunikation
- biologische Systeme 758
- Hemmung, Rückkopplung 758
- Zellen 757–760
Kompartimente 176
- extrazelluläre, Prokollagen, synthetisiertes 721
- intermediäre, endoplasmatisches Retikulum 190
- membranumschlossene, Transportwege 191
- nichtlysosomale, Proteinolyse 319–321
Kompartimentierung 174
- Mitochondrien 208 (F)
Kompartment-Modelle 638
Kompetenzfaktoren, Zellzyklus 1143–1144
Komplement 1104
Komplementaktivierung 1130–1131
- alternative 1130–1131
- - Bakterienabwehr 1135
- - Properdin 1131
- Antikörperbindung 1120
- Glycoproteine (C1-C9) 1130
- klassische 1130–1131
- - C3-Konvertase 1131
- - C5-Konvertase 1131
- Opsonin 1105
- Regulation 1132
Komplementrezeptoren 1131–1132
- Bakterienabwehr 1135
Komplementsystem 1130–1132
- Faktoren 995
- Funktionen 1130
- Synthese in der Leber 1088
- Zytolyse 1132
Komponenten, zelluläre, Immunsystem, adaptives 1109–1117
Kondensation 10, 11 (F)
- Fettsäuren, langkettige, Biosynthese 411
- Isoprenoide 38
Konformationsänderung, substratinduzierte, Enzyme 109
Konformationsepitope 1106
Konjugate, Biotransformation 1090
Konjugationen
- Biotransformation 1091–1092
- Sulfat 941–942
Konservierung, genetischer Code 289
konstitutiver Weg, Transport, vesikulärer 191
Kontakt, Plasmamembran 195
Kontaktdermatitis 1137
kontraktile Ringe, Aktin 213
kontraktiler Apparat, Proteine 1004–1009
Kontraktions-Relaxations-Vorgang, ATP 531–532
Kontrollelement, RNA-Polymerase I 267
Kontrollpunkte *(checkpoints)* 221
Konzentration, quasi-stationäre, Enzym-Substrat-Komplex 122
konzertiertes Modell, Enzyme, allosterische 130
Kooperativität
- Enzymkinetik 130–131
- Hämoglobin 82–83
- Proteine 78
koordinative Bindungen, Zink 672
Kopfregion, Myosin 1004–1005
Kopplung
- elektrische, *gap junctions* 180
- H_2O_2-katalysierte, Tyrosinreste, iodierte 853
Koproporphyrie, hereditäre 618
- Urinausscheidungsmuster 619
Koproporphyrine 614
- Hämbiosynthese 610 (F), 611
- Koproporphyrin III 613 (F)
- Koproporphyrinogen III 613 (F)
- Urin 915
Koproporphyrinogen-Oxidase
- Hämbiosynthese 610–611
- Mangel 618
Koprostanol 39 (F)
Koprosterin 568
Kornberg, Roger G.R. 153
Koronarangioplastie, Herzinfarkt 385
Koronararterien, arteriosklerotische, Hyperlipoproteinämie 581
koronare Herzkrankheit, Adipositas 640
Koshland-Nemethy-Filmer-Modell 131
kovalente Modifikation ► covalente Modifikation
Kozak-Konsensussequenz, Proteinbiosynthese, eukaryote, Initiation 294
KPP (kleine prolinreiche Proteine) 748–749
Krämpfe/Krampfanfälle
- Biotinmangel 707
- generalisierte, Lactatazidose 393
Kraniosynostose, FRG-2-Rezeptor, Mutationen 740
Kreatin 459, 463, 532 (F)
- Arginin, Umwandlungsreaktionen 461
- Ausscheidung 532
- Biosynthese, Glycin 571
- Phosphorylierung 531
- Polyamine, Biosynthese 462
- Urin 915
Kreatinin 429, 531, 532 (F)
- Eliminierungsmechanismen 909
- Urin 915
Kreatinkinase (CK) 105, 531, 632
- cytosolische 531
- Herzinfarkt 531
- Hirn-Typ 137
- Isoenzyme 137
- mitochondriale 531
- Muskel-Typ 137
- Myokardinfarkt 531
- Myokard-Typ 137
Kreatinphosphat 531 (F), 632
- ATP-Bildung 531–532
- Enthalpie, freie 105
- Skelettmuskulatur 531
Krebs, Edwin 381
Krebserkrankungen
- Genetik 1143
- Gentherapie 1161–1162
Krebsgene 1143
Krebsgeschwulste 1142
Krebstherapie 1160–1161
- Antikörper, monoklonale 1160
- Cytostatika 1160
- DNA-Replikation, Hemmstoffe 236
- Enzym-Medikamentenvorstufen 1161
Krebs-Zyklus ► Citratzyklus
Kreislaufschock ► Schock
Kreisprozess, katalytischer 109
Kropf ► Struma
Kryoelektronenmikroskopie 174
Kryptorchismus 876
K_S 15
KSS (Kearns-Sayre-Syndrom) 512
K-Systeme, Enzymeffektoren 131
Kupfer 4, 667–671
- Ablagerungen 670
- Aufnahme, Ctr1 *(copper transporter*, SLC31) 669
- - Leber 668–669
- Bestand des Menschen 668
- freies, Toxizität 669
- genetische Veränderungen, angeborene 658
- Gesamtbestand 656
- Mangel, Hämoglobinsynthese 957
- Plasmaspiegel 656
- Redoxpotential 667
- Resorption 668
- - DMT-1-Transporter 668
- Speicherung in der Leber 1090
- Überschuss, ATP7B 669
kupferarme Kost, Wilson-Syndrom 671
Kupferenzyme 667

Kupferstoffwechsel
- Ferrooxidase I 664
- Leber 668–669
- Störungen ► Wilson-Syndrom
Kupfertransport
- Albumin 668
- Atox1 669
- Blut-Hirnschranke 670
- CCS 669
- Cox17 669
- Cu-ATPasen 670
- intrazellulärer 669
- Metallochaperone 669
- Transcuprein 668
Kupferzentren, Cytochrom-c-Oxidase 500
Kupffer-Zellen 975, 1084, 1098
- Phagozytose 1098
- Transferrin, Aufnahme 661
Kuru-Krankheit 1050
$KVLQT_1$, Mutationen 1021
K_W 13
Kwashiorkor 645
- Lactasemangel 1077
Kynurenin, Tryptophanabbau 472 (F)
Kynureninase, Tryptophanabbau 472, 704
Kynurenin-Formylase, Tryptophanabbau 472
Kynureninmonooxygenase, Tryptophanabbau 472
Kynurensäure, Tryptophanabbau 472 (F), 473

L

Labferment 1057
α-Lactalbumin 543
β-Lactam-Antibiotika, PepT1 1073
β-Lactamase, kinetische Konstante 123
β-Lactamring, Penicillin 550
Lactase 1059
- Kohlenhydrate, Resorption 1069
- Mangel, primärer/sekundärer 1077
Lactat 358, 516, 521
- arteriovenöse Differenz 1024
- Blutkonzentration 1024
- Energiebilanz, negative 640
- Gluconeogenese 372
- Glucosesynthese 516
- Glycogenbiosynthese, indirekte 516
- Glycogenolyse, Myokard 385
- Glycolyse 358, 360 (F)
- Konzentration, Katecholamine 829
- Leber 1086
- Liquor cerebrospinalis 1028
- Standardpotential 103
Lactatazidose 393
- Enzephalomyopathien, mitochondriale 512
- Schock 949
Lactatdehydrogenase (LDH) 110, 114, 116, 506
- Glycolyse 360, 362
- H-/M-Typ 114
- Isoenzyme 114
- Proteinstrukturen 77
- Säure-Basen-Katalyse 118
- Serum 956
- Zink 672
Lactation, Oxytocin 890
Lactoferrin 974
Lacton 23
Lactose 26, 542
- Biosynthese 543
- Intoleranz 1077
Lactosesynthase 542
Lactosesynthese 372
lacZ-Gen 243
Ladungskompensation, Ubichinon 496
Lafora-Körperchen, Myoklonus-Epilepsie 1049
L-Alanin 47 (F), 456 (F), 472 (F)
L-Alloisoleucin, Ahornsirupkrankheit 468
Lambert-Beersches Gesetz 115
Lamellarkörper 202–203
Lamellipodien 212, 735
- Aktin 213
Lamine 176 (F), 213
- Filamente, intermediäre 214
- Zellkern 188
Laminin-1 (α1β1γ1) 732
Laminin-2 (α2β1γ1) 732, 1009
Laminin-4 (α1β2γ1) 732
Laminin-5 (α3β3γ3) 732, 753
- dermo-dermale Junktion 750
- Integrine 200
- Mutation, Hauterkrankungen 752
Laminin-10 (α5β1γ1) 732
Laminine 730–733, 1008, 1156
- Axotomie 1047
- Basalmembran, Glomerulus 896
- Blutstillung, zelluläre 980
- Muskeldystrophie 732
Lamininrezeptor, Blutstillung, zelluläre 980
L-Aminooxidasen 437
L-Aminosäuredecarboxylase, aromatische, Katecholaminbiosynthese 473, 827
L-α-Aminosäuren 47
LAMPs (lysosomen-assoziierte Membranproteine) 202
Landkartenzunge, Riboflavinmangel 700
Langerhanssche Inseln 811, 812 (F)
- Sekretgranula 811
- α-Zellen, Glucagon 823
Langerhans-Zellen 747
Lanosterin, Cholesterin, Biosynthese 567 (F)
Lansoprazol 1056
L-Arginin 460 (F), 461, 532 (F)
Laron-Zwergwuchs 889
L-Ascorbat ► L-Ascorbinsäure
L-Ascorbinsäure (►a. Vitamin C)
- biochemische Tests 682
- Biosynthese aus Glucuronat 542
- Vorkommen 697
L-Asparagin 456 (F)
L-Aspartat 456 (F)
Lasso-Struktur *(lariat)*, Intron 265
α-Latrotoxin 767
LBP (LPS-Bindeprotein) 799
LCAT ► Lecithin-Cholesterin-Acyltransferase
Lck 1114–1115
L-Cystathion, Methionin, Abbau 463 (F)
L-Cystein 463 (F), 465 (F)–466 (F)
- Cystein, Umwandlungsreaktionen 466 (F)
L-Cysteinsulfinat 465 (F)
LDH ► Lactatdehydrogenase
LDL *(low density lipoproteins)* 572, 576, 864
- Apolipoproteine 574
- Cholesterin 577
- - Transport 577
- Cholesterinester 574, 577
- Eigenschaften 573
- β-Faltblätter, amphiphatische 575
- Funktion/Pathobiochemie 992
- α-Helices, amphipathische 575
- HMG-CoA-Reduktase, Aktivität 577
- Hyperlipoproteinämie Typ II 582
- Proteine, glykierte 394
- Triacylglycerine 574
- Vitamin-E-Stoffwechsel 692
LDL-Apolipoproteine, Zellen 1098
LDL-Bindungsstellen, Defekte, Hyperlipoproteinämie Typ II 582
LDL/LDL-Rezeptor-Komplex 578
LDL-Rezeptor 319, 569–570, 577, 694
- Cholesterinstoffwechsel 579
- Cholesterinsynthese 864
- endoplasmatisches Retikulum, raues 578
- Hypercholesterinämie, familiäre 579
- Kreislauf, intrazellulärer 578
- Proteine, Regulation 694
- Steroide-produzierende Zellen 864
- Virusrezeptor 331
- Vitamin-E-Stoffwechsel 692
- *coated pits/coated vesicles* 578
L-Dopa 1042
Lebendimpfstoffe 348–349
Lebensformen, Stammbaum 6–7
Leber 1083–1102
- Aminosäurestoffwechsel 444–451, 1087–1088
- Ammoniakeliminierung 1087
- Asialoglycoprotein-Rezeptor 1089
- Aufbau 1084
- Ausscheidungsorgan 1096
- Biotransformation 1090–1095
- Energiebedarf bei Nahrungskarenz 521
- Erythropoietin 912
- Ethanol, Stoffwechsel 1100
- Fettsäuren 521
- Fructose-2,6-bisphosphat, hormonelle Regulation 390
- Fructose-2,6-Bisphosphatase 390
- Funktion 516, 1084
- Gallebildung 1096
- Gallensäurensynthese 1061
- Glucagon 825
- Gluconeogenese 391, 521, 1086
- Glucose-6-Phosphatase-Aktivität 1086
- Glutamin 445
- Glutaminsynthetase 1087
- Glycogen 368, 371, 380
- Glycogenolyse 1086
- Glycogenspeicherung 520–521
- Glycolyse 391–392
- Hämbiosynthese, Regulation 611–613
- Hexosemonophosphat-Weg 368
- Hungerphase 1084, 1086
- insulinantagonistische Hormone 529
- Insulinempfindlichkeit 817
- Intermediärstoffwechsel 1084
- Ketonkörper, Synthese 408
- Kohlenhydratstoffwechsel 1086–1087
- Kupferaufnahme 668–670
- Kupferstoffwechsel 668–669
- Lipidstoffwechsel 1086–1087
- Nahrungskarenz 520–522
- Nichtparenchymzellen 1085, 1098–1099
- Postresorptionsphase 516, 1084, 1086
- Proteinbiosynthese 1088–1089
- Proteinstoffwechsel 1087–1088
- Proteolyse, autophagische 1088
- Protonenhaushalt, Regulation 946

- PTHrP 936
- Pyruvatcarboxylase 391
- Pyruvatkinase 391
- Resorptionsphase 1084, 1086
- Säure-Basen-Ausscheidung 947
- Selenkonzentration 676
- Serumalbumin 994
- als Speicherorgan 1089–1090
- Tryptophan-Dioxygenase 473
- Vitamin-B_{12}-Konzentration 709
- Vitamin E 692
- Zellnekrose, akute 1099
- Zinkkonzentration 672
- Zusammensetzung 1084

Leberacinus 1085
Leberbiopsie, Eisenablagerungen 666
Lebercirrhose ► Leberzirrhose
Lebererkrankungen
- Aminosäuren im Urin 914
- Ferritinspiegel 663

Leberfibrose 1098–1099
Leberfunktionsstörungen, Aminosäurelösungen 653
Lebergalle, Zusammensetzung 1060
Lebergewebe, Glucose-6-phosphat 378
Leberglycogen 368
- Glucosebedarf, täglicher 521

Leberinsuffizienz, Ammoniumionen 17
Leberkrebs ► Leberzellkarzinom
Leberparenchymzellen ► Hepatozyten
Leberphosphorylase-Mangel, Glucogenose Typ VI 395
Lebersche hereditäre optische Neuropathie (LHON) 207
Libersternzellen 1098
Leberstoffwechsel, Insulin 523
Leberversagen, Ammoniakvergiftung 453
Leberzellkarzinom 1149
- α_1-Fetoprotein 995
- Hepatitis-B-Virus 343
- Hepatitis-C-Virus 343
- p53-Genmutationen 1150

Leberzellparenchym, Funktionsstörungen 761
Leberzellschädigung 1099–1101
- akute 1099
- Alkoholkonsum 1099
- - chronischer 1100
- chronische 1099
- Eisenspeicherkrankheit 1101
- Ferritinspiegel 663
- Steatohepatitis 1101
- Virushepatitis 1099, 1101
- Zelluntergang, apoptotischer 1099

Leberzirrhose 1098–1099
- Alkoholkonsum, chronischer 1100
- α_1-Antitrypsinmangel 998
- Defektproteinämien 998
- Eisenablagerungen 666
- Enzephalopathie, hepatische 1101
- Hepatitis-B-Virus 343
- Hepatitis-C-Virus 343
- primär biliäre 482

Lecithin-Cholesterin-Acyltransferase (LCAT) 579
- Apolipoproteine 574
- Phosphatidylcholin, Acylierungszyklus 557

Lecithin:Retinol-Acyltransferase (LRAT) 684
Lecitine (► Phosphatidylcholin) 548
Leckstrom *(leak channels)*, Plasmamembran, neuronale 1030
Lectin-artige Chaperone, Proteine, Faltung 305
Leflunomid 595 (F)
Leistungsbedarf 635–636
Leitgeschwindigkeit, Nervenfasern, myelinisierte 1030
Lentiviren 329
- RNA, gespleißte 336

Leptin 523, 642–643, 759
- Adipositas 639
- Antagonist, Ghrelin 1066
- Fettgewebe 523–524
- Fettsucht 524
- Insulinresistenz 643
- Interleukine 778
- Kisspeptin 872
- Nahrungsaufnahme, afferente Signale 642
- TRH-Freisetzung 847

Leptinrezeptoren 642–643, 872
- Fettgewebe 523
- Hypothalamus 523

Leptinrezeptor-Gen, Adipositas 639
Lesch-Nyhan-Syndrom 598, 602–603
- Hypoxanthin-Guanin-Phosphoribosyltransferase (HGPRT), Defekt 602–603

Leserahmen, offener, genetischer Code 289
Leseraster, genetischer Code 288
Leserasterverschiebung (frameshift), Proteinbiosynthese, Termination 299
Leucin 45 (F), 47, 440–441, 443, 466, 518
- Abbau 466, 467 (F), 468
- Aminosäurestoffwechsel, Muskulatur 453
- Bedarf des Menschen 439
- Biosynthese 443
- Decarboxylierung 466
- Plasmakonzentration 445
- Transaminierung 441, 466

Leucinaminopeptidase, canaliculäre Membran 1097
Leucin-tRNA, Punktmutationen, MELAS-Syndrom 1021
Leucin-*zipper* 277
- CREB 783
- Proteine 277
- Transkriptionsfaktoren 387

Leukämie 1124, 1142
- akute, lymphatische (ALL), Asparaginase 456
- Asparaginase, mikrobielle 456
- chronische 1144
- chronisch-myeloische (CML) 1154
- - Abl-Onkogen 1154
- - BCR-ABL-Fusionsgen 1154
- - BCR-ABL-Tyrosinkinase-Inhibitor (STI 571) 1155
- - Philadelphia-Chromosom 1154
- - Tyrosinkinasen 1160
- - *breakpoint cluster gen* (BCR) 1154
- Mikroarrayanalysen 1160
- Proteasomanalysen 1160

Leukodystrophie
- metachromatische 200
- - Sulfatidase, Defekt 580

Leukoseviren der Katze 344
Leukotaxis, Komplementaktivierung 1131
Leukotrien A_4 422, 423 (F)
Leukotrien B_4 423 (F), 424
- Leukozyten, Adhäsion 973

Leukotrien C_4 422–424
Leukotrien-C_4-Epoxydhydrolase, Leukotrienbiosynthese 423
Leukotrien-C_4-Synthase, Leukotrienbiosynthese 423
Leukotrien D_4 422, 423 (F), 424
Leukotrien E_4 423–424
Leukotriene 33–34, 420–425, 759
- Biosynthese 423
- - Lipoxygenasen 422
- Entzündungsmediatoren 423
- Mastzellen 1080

Leukozyten 867, 952, 972–976
- Adhäsion, C5a 973
- Funktion 972–976
- Insulinempfindlichkeit 817
- Oberflächenantigene 1109
- Rekrutierung, Immunantwort 1133
- Selectine 972
- Stoffwechsel 972–976
- Wanderung, gerichtete 1133–1134
- zirkulierende, Chemokine 973
- - Integrine 973
- - Interleukin-8 973

Leukozytenadhäsion
- Defizienz Typ I (LAD I) 206
- Integrine 973
- Leukotrien B_4 973

Levinthalsches Paradox 87
Lewis, Gilbert N. 18
Lewis-Base 18
Lewis-Säure 18
Lewy-Körperchen(-Krankheit) 1049
- Parkinson-Syndrom 1049

Leyden-Phänotyp, Hämophilie B 990
Leydig-Zellen 874–876
- Androgene 874
- Cholesterin, Umwandlung 874
- Inhibin 876
- Insulinähnliches Protein 876
- Pregnenolon 874
- Relaxin ähnlicher Faktor 876

LFA-1 *(lymphocyte function-associated antigen 1)* 973
LFA-3 *(lymphocyte function-associated antigen 3)* 1113
L-förmige Tertiärstruktur, tRNA 291
L-Form *(loose)*, F_1-F_0-ATP-Synthase 501
L-Fructose 23, 28
L-Fucose 23 (F), 966 (F)
α-L-Fucosyltransferase, Blutgruppensubstanzen, antigene Determinanten, Biosynthese 966 (F)
L-Glucose, Resorption 1069
L-Glutamat 456 (F)
- Desaminierung 436 (F)
- Folsäure 707
- Histidinabbau 474 (F)
- Stoffwechsel 460 (F)

L-Glutamin 456 (F)
- Desaminierung 436 (F)

L-Glycin 532 (F)
L-Gulonolacton-Oxidase 697
L-Gulonsäure ► L-Gulonat
LH (luteinisierendes Hormon, Luteotropin) 844–846, 849, 871–872
- Androgenbiosynthese 874
- Halbwertszeit 849
- Hemmung, Testosteron 875
- Konzentration bei der Frau 878
- Menstruationszyklus 878, 880
- Ovulationsphase 880
- β-Untereinheit, Keimbahn-Mutation 877

L-Histamin, Abbau 474 (F)
L-Histidin, Histidinabbau 474 (F)
L-Homocystein, Methionin, Abbau 463 (F)
LHON (Lebersche hereditäre optische Neuropathie) 207
L-3-Hydroxyacyl-CoA, Fettsäuren, β-Oxidation 405
L-3-Hydroxyacyl-CoA-Dehydrogenase, Fettsäuren, β-Oxidation 405
Lichtmikroskopie 174
Liddle-Syndrom, Hypokaliämie 930

L-Iduronat 541 (F), 542
– Synthese 541
LIF *(leukemia inhibitory factor)* 759, 794
Liganden
– Affinität, Rezeptoren 763
– Erkennung, Rezeptoren 770
– Signaltransduktion 757
Liganden-Bindedomäne (LBD) 687
Ligandenbindung, Sättigung, Rezeptoren 763
Liganden-regulierte Calciumkanäle 776
Liganden-regulierte Ionenkanäle 765–767
Ligasen 113
Lignocerinsäure 34
LINE *(long interspersed nuclear elements)* 161
lineare Sequenzen, DNA 159
Linker-DNA 153
Linker-Histone 153
Linker-Proteine 728, 732
Linksverlagerung, Sauerstoffanlagerungskurve 960
Linolensäure 34, 418–419
Linoleyl-CoA 420 (F)
– Arachidonyl-CoA, Biosynthese 420
Linolsäure 34, 418–419
– cis-9,trans-11-konjugierte 649
Linse, Insulinempfindlichkeit 817
Linsenproteine, glykierte 394
Lipase 398, 788, 1059
– Defekte 200
– hepatische 401
– – Aktivität 517
– – Triacylglycerine, Spaltung 517
– hormonsensitive 398–399, 519
– – Lipogenese 415
– – Lipolyse 399 (F)
– – Perilipin 414 (F)
– – Phosphorylierung/Dephosphorylierung 132
– Lipolyse, Fettgewebe 398
– Magen 1057
– Mangel, Pankreasinsuffizienz 1077
– Pankreas 1059–1060
– saure, lysosomale 578
– Triacylglycerine, Abbau 1070
Lipase-Colipase-Komplex 1070
Lipazidogenese 647
Lipidanker
– Glycoproteine 546
– Proteine 772
Lipidantigene, Präsentation 1109
Lipidaufnahme, Mizellen, Bildung 1071
Lipidderivate, Signalvermittlung 571
Lipiddoppelschicht
– Fluidität 41
– Transmembrandomänen 304
– Zellmembran 41–42
Lipide 22–44, 571–572
– amphiphile 40–41, 554
– Analytik 44
– Brennwert, physiologischer 633
– Energiespeicherung 33
– Fettsäurereste 32
– Funktionen 32, 44
– hydrolysierbare 32
– Klassifizierung 32
– Lösungen, wässrige 39–44
– Membranaufbau 33
– nicht hydrolysierbare 32
– Resorption 1070–1072
– Signalvermittlung 33, 571
– Transport im Blut 572–575
– Vergärung im Colon 1076
– Viren 326
Lipid-Hydroperoxid 510
Lipidkinasen 771–772, 788
Lipidlöslichkeit, Arzneimittel 10
Lipidmediatoren, Cortisolsynthese 863
Lipidosen 580
Lipidperoxidation 511 (F)
– Eikosanoide, Bildung 511
– Ethanolstoffwechsel, Leber 1100
– Sauerstoffspezies, reaktive 510
Lipidperoxide
– Eliminierung, Glutathionperoxidase 676
– Entstehung 510
Lipidradikale, Vitamin E 693
Lipidresorption, Gallensäuren 1061
lipidspaltende Enzyme 1070
Lipidspeicherkrankheiten 206, 580
– Sphingolipidabbau, Enzymdefekte 580
Lipidspeicherzellen 1098
Lipidstoffwechsel
– Acetyl-CoA 704
– Bedeutung 647–649, 652
– Carboxylase-Holoenzym 706
– Leber 1086–1087
Lipidtransfer 177
Lipidtransferproteine 191, 576
– Membranen, mitochondriale 563
– Membranlipide, Transportmöglichkeiten 562
Lipid-Wasser-Mischungen, Cholesterin, Löslichkeit 1062
Lipoat 111
Lipoattransacetylase 479, 481
Lipocaline 684
Lipocortin 424
– Hemmung durch Glucocorticoide 867
Lipofuscin, Lysosomen 203
Lipogenese
– Enzyme 415
– Fettgewebe 518
– Insulin 416
– Kohlenhydrate 517
– Regulation 415
– Transportproteine 494
– Triacylglycerine 517–519
Lipolyse 398, 518
– β_2-/β_3-Adrenozeptoren 830
– Cortisol 867
– Diabetes mellitus 528
– Energiebilanz, negative 640
– Fettgewebe 521
– – Lipasen 398
– – Nervensystem, sympathisches 528
– – Noradrenalin 528
– Fettsäuren 400
– gesteigerte, Fettgewebe 522
– Glycerin 373, 1086
– hormonelle Regulation 528
– Insulin 819
– intrazelluläre 406
– Katecholamine 399
– Muskelarbeit 533
– Nahrungskarenz 524, 528–529, 641
– Regulation 415
– Triacylglycerine 399 (A), 400
lipolytische Hormone 519
α-Liponsäure 479, 483
lipophil 9
Lipopolysaccharid (LPS) 799
– Bakterien, gram-positive 1105
Lipopolysaccharid-Bindeprotein 799
Lipoproteine 56
– α-Lipoproteine 573
– α_1-Lipoproteine 992
– – Immunelektrophorese 995
– β-Lipoproteine 573, 992, 1044
– – Immunelektrophorese 995
– Aufbau 572–575
– chemische Zusammensetzung 573
– Golgi-Apparat 190
– Metabolismus, Apolipoproteine 574
– Pathobiochemie 581
– physikalische Eigenschaften 573
– Stoffwechsel 575–580
– – Östrogene 883
– Transport, Serumalbumin 572
– triacylglycerinreiche 519, 576
– – Aufnahme 517
– – Chylomikronen 401
– – VLDL 401
Lipoproteinhydrolyse, Heparin 30
Lipoproteinlipase (LPL) 401, 519, 574, 576
– Bindung, Heparansulfat-Proteoglykane 401
– Chylomikronen, Abbau 576
– Insulinbiosynthese 819
– Insulinregulation 819
– Skelettmuskulatur 518
– Triacylglycerine, Abbau/Spaltung 401, 519
– Vitamin-E-Stoffwechsel 692
Liposomen 40
Lipoteichonsäure, Bakterien, gram-positive 1105
Lipotoxizität, β-Zellen 835
lipotropes Hormon, Endorphine 1044
β-Lipotropin 845
Lipoxygenasen 422
– 5-Lipoxygenase, Leukotrienbiosynthese 423
– – α-Tocopherol 693
– 12-Lipoxygenase 423
– 15-Lipoxygenase 423
– Leukotriene, Biosynthese 422
Liquor cerebrospinalis 1025–1028
– Albumin, Schrankenstörungen 1028
– Aminosäuren 1027–1028
– Filtrat 1026
– Gesamtprotein 1028
– Glucose 1028
– Glutamatkonzentration 1039
– Glutamin 1027–1028
– Immunglobulin 1028
– Ionenkonzentration 1027
– Kaliumkonzentration 1027
– Kohlendioxid-Hydrogencarbonat-System 1027
– Labordiagnostik 1028
– Lactat 1028
– pH-Wert, Hydrogencarbonatpuffer 1027
– Plexus choroideus 1026
– Proteine 1028
– Zellzahl 1028
Liquorfiltration, Plexus choroideus 1027
Liquor-pH, Alkalose/Azidose, respiratorische 1027
Lisinopril 316
Lispro 816
Listeria monocytogenes 215
– Aktinfilamente 214
Lith-Gene, Cholesterinsteine 1101
Lithiumchlorid 126
lithogene Galle 1061
L-Ketten
– Antikörper, C-Gen-Segmente 1121
– – *joining*-(J-)Gen-Segmente 1121
– – V-Gen-Segmente 1121
– Immunglobuline 1118–1119
– – Gene, Umlagerung 1122
L-Lactat, Glycolyse 362
L-Methionin, Abbau 463 (F)
L-Methylmalonyl-CoA, Fettsäureabbau 406, 407 (F)

L-Methylmalonyl-CoA-Mutase, Fettsäureabbau 407
LMM *(light meromyosin)* 1004–1006
Lösungen
– ideale, Druck, osmotischer 12
– kolligative Eigenschaften 10–12
– osmolale 12
– osmolare 12
– osmotisches Verhalten, Gefrierpunktserniedrigung 12
– verdünnte, Wassermoleküle, Konzentration 13
– wässrige 13
– – hydrophobe Wechselwirkungen 9 (F)
– – Lipide 39–44
Lösungsmittel, organische, Proteindenaturierung 88
LOH *(loss of heterozygosity)* 1145
Lokalisierungssignale, Transport, vesikulärer 193
Loki-Lorand-Faktor 985
London-Dispersionskräfte 78
long loop feedback, Hormone 845
long-QT-Syndrom 1032
long term depression, Initiation, Cap-abhängige 300
long terminal repeats (LTR), HIV-Provirus 337
Lorikrin 748–749
L-Ornithin
– Arginin, Umwandlungsreaktionen 461
– Stoffwechsel 460 (F)
loss of heterozygosity (LOH) 1145–1146
– colorektale Tumoren, sporadische 1152
Lovastatin, HMG-CoA-Hemmung 134
low density lipoproteins ► LDL
β-LPH 1044
L-Phenylalanin, Phenylalanin, Umwandlungsreaktionen 469 (F)
L-Prolin, Stoffwechsel 460
L-Pyruvatkinase (L-PK), Induktion 647
LRAT (Lecithin:Retinol-Acyltransferase) 683–684
L-Selectine 199
– Granulozyten 972
– Leukozyten 972
– Lymphozyten, Zirkulation 1129
L-Serin
– Desaminierung 436 (F)
– Methionin, Abbau 463 (F)
L-Threonin 458
L-Tryptophan, Serotonin, Abbau/Biosynthese 1042 (F)
L-Typ-Calciumkanal, Muskelkontraktion 1011
L-Tyrosin 471 (F)
– Phenylalanin, Umwandlungsreaktionen 469 (F)
Luciferase-Gen 248
Lumbalpunktion 1028
Lunge
– Hämoglobin 83
– Hydrogen-Carbonat-Puffersystem 945
– Protonenkonzentration 945
Lunge , Zinkkonzentration 672
Lungenalveolen, Makrophagen 975
Lungenembolie, t-PA, rekombinantes 988
Lungenemphysem, α_1-Antitrypsinmangel 998
Lungenentwicklung, PDGF-A 788
Lungenkapillaren, Kohlendioxidpartialdruck 962
Lungenkrebs 1149
Lungensurfactant ► Surfactant
Lupus erythematodes 1094
– visceralis 1132
Lutealphase, Menstruationszyklus 880
luteinisierendes Hormon ► LH
Luteolyse 880
luteotropes Hormon ► LH
luteotropic hormone releasing hormone ► LH-RH
Luteotropin ► LH
L-Xylulose 542, 943
Lyasen 113
– Histidinabbau 475
Lyme-Disease 1028
Lymphknoten, Keimzentrum 1126
lymphocyte function-associated antigen (LFA-3) 1113
Lymphome 1124
– β_2-Mikroglobulin 1028
Lymphosarkom, ADH-Sekretion 921
Lymphotactin (XCL1) 759
Lymphozyten
– Antigen-Erkennung 1110
– Blut 1129
– Glucocorticoide 867
– naive 1129
– Rezirkulation 1129
– tumorinfiltrierende (TIL), Krebstherapie 1161
– Zirkulation 1129
Lyn, B-Zell-Aktivierung 1126
Lynch-Syndrom 1152
Lysin 45, 47, 438, 440–443, 473–476, 518
– Abbau 475–476, 942
– Amino-/Carboxylgruppen, Dissoziationsverhalten 50
– Bedarf des Menschen 439
– Biosynthese 443
– isoelektrischer Punkt 49
– pK-Wert 49
– Plasmakonzentration 445
– Titrationskurve 50–51
– Transaminierung 441
Lysin-48 321
Lysinhydroxylierung, Ascorbinsäure 698
Lysinoxidation, Proteingehalt, erhöhter 476
Lysinreste
– Acetylierung 273
– Deacetylierung 273
– Methylierung 273
Lysophosphatidylcholin 35–36, 557
– Erythrozyten, Hämolyse 559
– Phosphatidylcholin, Abbau 558
– – Acylierungszyklus 557 (F)
Lysophosphoglyceride 35–36
Lysophospholipase
– Allergie Typ I 1137
– Phosphatidylcholin, Abbau 558
– Phosphoglyceride, Abbau 558
lysosomale Speicherkrankheiten 206
Lysosomen 176 (F), 200, 645
– Alterung 203
– Aminopeptidasen 318
– Autophagocytose 200
– Biogenese 200
– Carboxypeptidasen 318
– Crinophagie 1067
– Defekte 395
– Endozytose 200
– Kathepsin B 1067–1068
– Kathepsine 318
– klassische 200
– Kompartimentdefekte 206
– Lipofuscin 203
– Mannose-6-phosphat-Rezeptor 201 (F)–202 (F)
– Proteine, Abbau 318–319
– – fehlgefaltete, Erkennung 88
– sekretorische 202 (F), 203
– Thrombozyten 977
Lysosomen-ähnliche bzw. -verwandte Organellen 202–203
Lysosomen-assoziierte Membranproteine (LAMPs) 202
Lysozym 31, 974, 996, 1104
– Bakterienabwehr 1135
– Funktion/Pathobiochemie 993
– Katalyse, covalente 118–119
– Speichel 1054
Lyssavirus 328
LYST-Protein-Defekte, Immundefizienz 206
Lysyloxidase 725
– Kollagenbiosynthese 720
– Kupfer 667
– Polypeptidketten, Vernetzung 310
– Pyridoxalphosphat 704
Lysyloxidasemangel, Menkes-Erkrankung 671

M

MAC-1 (Leukozyten-Adhäsionsrezeptor) 973
Macrolid-Antibiotika, Proteinbiosynthese, Hemmung 299
macrophage colony stimulating factor ► M-CSF
macrophage inflammatory proteins ► MIP
macrophage migration inhibitory factor (MIF), Sekretion 760
Macula densa 897–899
Mad *(mothers against decapentaplegic)* 790
männliche Fortpflanzungsorgane, Wachstum und Differenzierung 877
Mäuse
– chimäre 252
– transgene, Herstellung 251–252
Magen
– Mucine 1057
– Mucinschicht, pH-Gradient 1057
– Natriumsekretion 1074
– PTHrP 936
– Schleimschicht 1057
– Wassersekretion 1074
Magenantrum, Motilität 1057
Magengeschwür ► Magenulcus
Magenlipase 1057
– Triacylglycerine, Abbau 1070
Magenmotorik, Hemmstoff, Cholecystokinin-Pankreozymin (CCK-PZ) 1066
Magensäureproduktion, Hemmung durch Somatostatin 887
Magensaft 1054–1057
– pH-Wert 13
– Protonenkonzentration 1055
– Sekretion, hormonelle Regulation 1063
Magenulcus 1067
– Salzsäure 1055
Magermasse 638
Magnesium 4
– ATPasen 939
– Aufnahme, proteinreiche Ernährung 940
– Ausscheidung 940
– Bedarf 940
– calciumantagonistische Wirkung 939
– Konzentration, extra-/intrazelluläre 940
– Resorption 1076
– – intestinale 940
– Stoffwechsel 940
– tRNA, Spermin 291
– Verteilung im Organismus 940
Magnesium-ATP-Komplex 105 (F)

Magnesiumhaushalt 939–941
Magnesiummangel 940
Magnetresonanzspektroskopie (NMR)
– pH-Wert 14
– Wasserstoffionenkonzentration 14
MAGPs 724
Maillard-Reaktion 394
major basic protein (MBP), Allergie, Typ I 1137
major breakpoint-cluster region (M-bcr), BCR-Gen 1154
major histocompatibility complex ▸ MHC
Makroautophagozytose, Proteine 319
α_2-Makroglobulin 317
– Funktion/Pathobiochemie 992
– Immunelektrophorese 995
– Plasmin, Bildung 988
– Synthese in der Leber 1088
Makromoleküle 6
– Methylierung 463
– Selbstorganisation 6
– – hydrophobe Wechselwirkungen 10
Makronährstoffe
– Oxidation, Netto-ATP-Gewinn 633
– Verbrennung, physiologische 633–635
Makrophagen 975
– Aktivierung, Toxine, bakterielle 799
– Antigene, Präsentation/Prozessierung 975
– Bakterienabwehr 1135
– Interleukin-1 975
– Lungenalveolen 975
– Peritoneum 975
– Phagozytose 975
– TNFα 976
– Transferrin, Aufnahme 661
– ZNS, Mikroglia 1045
– Zytolyse, antigenspezifische 1116
Makrophagen-Vorläuferzellen
– Differenzierung, M-CSF 743
– Osteoklasten, Differenzierung 743
Mal *(MyD88 adapter-like)* 799
Malabsorptionssyndrome
– Proteinmangel 645
– Zinkmangel 673
Malaria, Glucose-6-phosphat-Dehydrogenasemangel 968
Malat 441, 443, 480 (F), 484
– Aminosäuren, nicht essentielle, Stoffwechsel 440
– Aminosäurestoffwechsel 432
– Gluconeogenese 448
– Harnstoffzyklus 448
– Standardpotential 103
Malat/Aspartat-*shuttle* 493, 495 (F)
Malat/Aspartat-Zyklus, Transportproteine 494
Malatdehydrogenase 485, 506
– Citratzyklus 480, 484
– cytosolische (MDH_c) 374
– – Gluconeogenese 373
– Fettsäurebiosynthese 413–414
– mitochondriale (MDH_m) 373–374
– Zink 672
Malatenzym 487, 570
– Fettsäurebiosynthese 412–413
Malat-*shuttle* 443
– Leber 454
Malatzyklus 364
MALDI *(matrix assisted laser desorption ionisation)* 67
Maldigestionssyndrome, Proteinmangel 645
Maleylacetacetat, Tyrosinabbau 471 (F)
Maleylacetat-cis-trans-Isomerase, Tyrosinabbau 471
Malonat 485
Malonyl/Acetyltransferase (MAT)
– Fettsäurebiosynthese 410
– Fettsäuresynthase 412 (F)
Malonyl-CoA 410, 517, 601, 943
– Carboxylierung, Biotin-abhängige 410 (F)
– Carnitin-Acyltransferase-1, Inhibitor 416
– Fettsäurebiosynthese 413, 417
Malonyltransfer, Fettsäuren, langkettige, Biosynthese 411
Maltase 1059
– Darmsaft 1062
– Kohlenhydrate, Resorption 1069
Maltase-Defizienz, saure 1018
Maltose 26 (F), 646
– Wasserresorption 1074
Maltosetyp, Disaccharide 25
Mamma
– Entwicklung, Prolactin 888
– Insulinempfindlichkeit 817
– laktierende, Hexosemonophosphat-Weg 368
– – PTHrP 936
– Östrogene 883
Mammakarzinom 1147
– eIF-4G 301
– erbB2 786
– HER2-Neu-Onkogen 1160
– Östrogene 1159
– postmenopausales, Adipositas 640
– Risiko, Katechol-O-Methyltransferase-Aktivität, niedrige 882
Mangan 4, 673
– Bindung, β_1-Globulin 673
– Gesamtbestand 656
– Mangel, Fertilitätsstörungen 673
– – Skelettdeformierungen 673
– Mitochondrien 673
– Plasmaspiegel 656
Mannitol 23
Mannosamin 24
Mannose 28, 540, 543–544
– β-D-Mannose 23 (F)
– Biosynthese 543–544
– Stoffwechsel 542–543
– – GTP 540
Mannose-1-phosphat 544
Mannose-6-phosphat 200, 544 (F)
– Bildung 544
– Glycoproteine 548
Mannose-6-phosphat-Rezeptor 201, 305, 887
– Kationen-abhängiger 202
– Kationen-unabhängiger 202
– Lysosomen 201 (F)–202 (F)
Mannose-Rezeptoren 1105
– Bakterienabwehr 1135
α-Mannosidase, Defekte 200
Mannosidose 200
MAO-A 436
MAO-B 436
MAO-Hemmstoffe/-Inhibitoren 436
– Moclobemid 134
– Parkinson-Erkrankung 436–437
MAPK *(mitogen activated protein kinase)* 772, 1115
– Aktivierung, Grb2/SOS-Assoziation 787
– Histonphosphorylierung/-dephosphorylierung 274
MAPK-Kaskade 772, 788
– Insulinsignal, Weiterleitung 822
MAPs (Mikrotubuli-assoziierte Proteine) 213
Marasmus 645
Marfan-Syndrom 751–752
– Fibrillin-1, Defekte 726–727
Marmorknochenkrankheit 184
Maroteaux-Lamy-Erkrankung (MPS VI) 200
Masernvirus
– Adsorption, Rezeptor-vermittelte 333–334
– Fusionierung mit der Zellmembran 334
Massenspektrometrie, Proteine 62, 67
Massenwirkungsgesetz 15
Mastadenovirus 329
Mastzellen
– Aktivierung, Komplementaktivierung 1131
– Granula, basophile, Heparin 986
– IgE-vermittelte Reaktionen 1079
Matrilline, Knorpel 738
Matrilysin (MMP7) 317, 737
– Prostata-Karzinommetastasen 322
Matrix, mitochondriale 491
matrix assisted laser desorption ionisation (MALDI) 67
Matrix-Gla-Protein
– Knochen 738
– Vitamin-K-Abhängigkeit 695
Matrixine 317
Matrix-Metalloproteinasen (MMPs) 315, 317, 737
– extrazelluläre 317
– extrazelluläre Matrix, Abbau 736, 1156
– membrangebundene (MT-MMPs) 737
– perizelluläre 317
– Regulation, Cytokine 1157
– – TIMPs 1157
Matrixproteine
– extrazelluläre, Biosynthese, Muskelzellen, glatte 1015
– HIV 331
Matrixraum
– mitochondrialer, Fettsäuren, β-Oxidation 405
– Mitochondrien 204
Matrix-Vorläuferprotein 308
Matrize, DNA-Polymerasen 231
matrizelluläre Proteine, Knochen 738
Matrizenstrang
– Basensequenz 256–257
– RNA-Synthese 256–257
Maus-Antikörper, humanisierte 1128
Mausmyelomzelle, HGPRT (Hypoxanthin-Guanin-Phosphoribosyl-Transferase) 1127
Maxam, Alan 170
M-Bande
– Muskulatur, quergestreifte 1003, 1008
– Proteine 1008
MBP *(major basic protein)*, Allergie Typ I 1137
McArdle-Syndrom 1018, 1021
mcc-Gen *(mutated in colon carcinomas)*, colorektale Tumoren, sporadische 1152–1153
MCH_{eom} 1005
MCH-Wert, Anämie, hyperchrome 957
MCP1 (CLC2) 759
– Proteine, Regulation 694
MCP2 (CLC8) 759
MCP3 (CLC7) 759
MCP4 (CLC13) 759
M-CSF *(macrophage colony stimulating factor)* 759, 868, 953
– Makrophagen-Vorläuferzellen, Differenzierung 743
– Osteoklastogenese 743
M-CSF-Rezeptor 1143
MCV (mittleres korpuskuläres Volumen) 956

mDNA, Mitochondrien 204
MDR1 1161 (F)
– Chemotherapieresistenz 1160
MDR3, Cholesterinsteine 1101
MDR3 Gen 1101
MDR-Protein *(multi drug resistance protein)* 183
– ABC-Transporter 184
– Chemotherapeutika, Resistenz 184
– Cytostatika 1160
– Floppasen 563
MDR-Transporter 1096
Mechanotransduktor, Cdh23 198
Mediatorproteine 261
Medikamente ► Arzneimittel
Mef2 281
Megakaryonten, Abschnürung, Thrombozyten 976
Megalinrezeptor
– Resorption, tubuläre 906
– Tubulusepithelzellen 689
Meiose 156 (F), 157
MEK *(mitogen-activated/extracellular signal-activated kinase kinase)* 772
– Muskelaufbau/-abbau 1016
MEKK *(mitogen-activated/extracellular signal-activated kinase kinase kinase)* 772
Melanin 468
Melanocortin-4-Rezeptor-Gen, Adipositas 639
Melanocyten-stimulierendes Hormon ► MSH
Melanom 1147
Melanosomen 202–203
Melanozyten 747
MELAS (mitochondriale Enzephalomyopathie mit Lactatazidose und Schlaganfallähnlichen Episoden) 512, 1018, 1021
– Leucin-tRNA, Punktmutationen 1021
Melatonin 463, 468, 1043–1044
– Abbau/Biosynthese 1043
– – Tryptophan 1025
– circadiane Rhythmik 1044
– *jetlag* 1044
Membran-Anker 567
– Acylierungen 310
– Prenylierungen 310–311
– Proteine 310
Membranbeschichtung
– Adaptine 193
– *coat*-Proteine 193
Membran-Cytoskelett, Muskelfasern, Dystrophin 1009
Membranen 176–178
– β-*barrel*-Protein 178 (F)
– biologische, Phosphoglyceride 556
– – Stabilisator, Zink 672
– Biosynthese 562–564
– – endoplasmatisches Retikulum 562
– Cholesterin 39
– Cytochrom-P_{450}-Moleküle 177
– Erythrozyten 956
– β-Faltblattmotive 178
– Glucosetransport, Na^+-Ionen-abhängiger 177
– Lipiddoppelschicht 176–177
– mitochondriale, Lipidtransferproteine 563
– permeable 11
– Transmembrandomänen 177
– Transport 177
– Verbindungsbogen (hairpin) 177
– zelluläre, Cholesterin 568
– – Pathobiochemie 185
– – Penetration 185
– – Permeabilität 185
– Zwischenräume 177
Membranfluidität 42–43
membrangebundene Guanylatcyclasen 802–803
Membranglycoproteine 548–549
Membranhülle 327
Membraninhibitor, Erythrozyten, lytischer Angriff, Abwehr 969
Membranintegration, Na/H-Austauscher-1 (NHE-1) 903 (F)
Membrankanal 180
Membranlipide
– Cholesterin 177
– Mikrodomänen 177
– Modifizierung 771
– Peroxidation, Sauerstoffverbindungen 974
– Sauerstoffspezies, reaktive 510
– Transportmöglichkeiten, Lipidtransferproteine 562
– Verteilung 177
Membran-MMPs 737
Membranpotential
– Kalium 929
– Neurone 1030–1033
– Stabilisierung, Calcium 930
Membranproteine
– amphiphile α-helicale Motive 178
– Assoziation 43
– *down*-Regulation 195
– Endozytose, Ubiquitinylierung 196
– Funktionen 42
– Glycoproteine 27
– integrale 41, 177
– ohne Kohlenhydratanteil, Erythrozytenmembran 956
– Lipiddoppelschichten 41
– lipidverankerte 42
– periphere 42, 178 (F)
– Proteingehalt 41
– zelluläre, Virusadsorption 330
Membranrezeptoren 763–769
– aktivierte 768–769
– *lipid rafts* 769
– *receptor-shedding* 805
– *scaffold*(Gerüst)-Proteine 769
– Signaltransduktion 769–777
– Spaltung, proteolytische 778
– Wachstumsfaktoren 1144
Membransegment
– interzelluläres, Hepatozyten 1085
– kanalikuläres, Hepatozyten 1085
Membransysteme, Thrombozyten 977
Membrantransport 177–180
– ► Transport
– ΔG 179
– durch Kanäle 179
– Pumpen 179
– Systeme 180
Membrantransport-Proteine, Niere 901 (F)
Membranvesikel 6, 563
Memory-T-Zellen 1105
– Lymphozyten, Zirkulation 1129
Menachinon 695–697
Menadion 695–697
Meningitis, tuberkulöse 1028
Menkes-Erkrankung 671
Menkes-Protein (ATP7A) 668, 670
– Aufbau 670
– Defekte, genetische 670
Menopause, Östradiol/Östron 882
Menstruation, Eisenverluste 665
Menstruationsblut, fibrinolytische Aktivität 883
Menstruationszyklus
– Follikelphase 879
– FSH 878–880
– GnRH-Sekretion 878, 880
– LH 878, 880
– Lutealphase 880
– Proliferationsphase, Östrogene 883
– Sekretionsstadium, Progesteron 883
Menten, Maud 121
MEOS *(microsomal ethanol oxidizing system)*, Alkoholkonsum, chronischer 1100
Meprine 317–318
Mercaptoethanol 86
– SDS-Gelelektrophorese 62
Mercaptopurin, Adenylosuccinatsynthetase-Hemmung 134
Merlin 1147
MERRF (myoklonale Epilepsie mit *ragged red fibers*) 512
Mesangium, extra-/intraglomeruläres 897
Mesangiumzellen, Glomerulus 896
Mesobilifuchsin 623
Mesobilirubin 622, 623 (F)
Mesobilirubinogen 622, 623 (F)
Mesomerie, Peptidbindung 69–70
messenger-RNA ► mRNA
Messreaktion, optischer Test, gekoppelter 115
metabolische Rate
– Glucagon/Insulin 636
– Stress 636
metabolische Regulation, Pyruvatdehydrogenase 416
metabolische Störung, primäre, pCO_2 949
metabolisches Syndrom
– Adipositas 640
– Angiotensinogen 524
– Typ-2-Diabetes mellitus 834
Metabolisierungsenzym, Induktion, Xenobiotica 1093
Metaboliten
– Bestimmung, Endwert-Methode 116
– – enzymatische 116, 136
– Enzyme 116
– Konzentrationen, Enzyme 135–136
Metabolon 962
metabotrope Glutamatrezeptoren 1039
metabotrope Rezeptoren 1036
metallaktivierte Enzyme 657
Metalle 4
– Kationen 4
– Proteine, Funktionen, strukturgebende 657
Metallenzyme ► Metalloenzyme
Metallionen
– biologische Funktionen 5
– Einteilung 4–5
– Enzyme, Cofaktoren 111–112
– Katalyse 119–120
– Spurenelemente 657
– Substratkonformation, optimale 112
Metallionen-aktivierte Enzyme 111
Metallochaperone, Kupfertransport 669
Metalloelastase 737
Metalloenzyme 111, 657
– Spurenelemente 657
Metalloproteinasen 315
– Basalmembran, Abbau 1156
– extrazelluläre Matrix, Abbau 736
– Inhibitoren, Tumorzellen 1156
– prozessierende, mitochondriale 307
Metalloproteine 56, 658
Metallothioneine, Cadmium/Zink 676
Metanephrin, Katecholaminabbau 831
Metaphase, Mitose 155
Metaphasechromosomen 155
Metapneumovirus 328
Metarhodopsin II 685 (F), 686

Metastasierung
– Aktin 213
– Hyaluronsäure 550
– Mehrschrittprozess 1155
– Tumoren 1155, 1157–1158
– – Proteinasen 1156–1157
Metastin 871
Methämoglobin 969
– Reduktion, Toloniumchlorid 969
Methämoglobinbildner, Dapson 969
Methämoglobinreduktase 969
Methamin 438
Methionin 45 (F), 47, 49, 290, 438, 440, 443, 708 (F)
– Abbau 462, 942
– Aufnahme, Insulin 820
– Bedarf des Menschen 439
– Biosynthese 443
– – Vitamin B_{12} 709
– Codons 289
– Desaminierung 441
– Malabsorption 1078
– Plasmakonzentration 445
– Schwefel 941
– Stoffwechselbedeutung 459, 462
– Sulfatstoffwechsel 941 (F)
Methioninreste, Sauerstoffspezies, reaktive 510
Methionin-Synthase, Homocystein, Remethylierung 464
Methioninzyklus 462, 464
Methionylrest, α_1-Antitrypsin 998
Methionyl-$tRNA_i^{Met}$
– Proteinbiosynthese, eukaryote, Initiation 294
– – Initiation, Regulation 300
Methionyl-tRNA-Synthetase 291
Methotrexat 709
– Dihydrofolatreduktase-Hemmung, humane 134
3-Methoxy-4-hydroxymandelsäure, Katecholaminabbau 831
3-Methoxy-4-hydroxymandelsäurealdehyd, Katecholaminabbau 831
α-Methyl-1-adamantanmethylamin ► Rimantadin
Methylasen 169
2-Methyl-1,3-Butadien ► Isopren
2-Methylbutyryl-CoA 442, 943
Methylcobalamin 681, 710 (F)
– biochemische Funktion 710
– Homocystein, Remethylierung 464, 710
Methylcrotonyl-CoA-Carboxylase 706, 943
Methylcrotonylglycinurie, Biotinmangel 707
Methylcytosin 273
– Drosophila melanogaster 273
2-Methyl-D-1,3-Butadien ► Isopren
α-Methyldopa, Katecholamine, Hemmung 829
Methylen-THF-Reduktase, N^5,N^{10}-Methylen-THF-Reduktase 708
Methylen-THF-Reduktase (MTHFR) 464
– Homocystein, Remethylierung 464
α-Methylglucosid 25 (F)
β-Methylglutaconyl-CoA 943
Methylgruppen, Steroide 39
7-Methylguanosin, 5'-Kappengruppe, mRNA 263
3-Methylhistidin 48, 312, 473
– Muskelproteinumsatz 915
– Troponinkomplex 1006
– Urin 915
Methylierung 272
– Argininreste 273
– Genom 272
– – Methyltransferase 272
– Histonproteine 273–274
– Lysinreste 273
– Proteine, modifizierte 312
Methylindol 1076
Methylmalonazidämie/-azidurie 459
Methylmalonyl-CoA 601
– Isomerisierung, Kobalt 672
– Vitamin B_{12} 711 (F)
Methylmalonyl-CoA-Mutase 111, 459
– Defekt 459
– Vitamin B_{12} 711 (F)
Methylmalonyl-CoA-Racemase, Fettsäureabbau 407
2-Methyl-1,4-naphthochinon 695–697
2′-Methyl-ribosid, 5′-Kappengruppe, mRNA 263
Methylthioadenosin, Arginin, Umwandlungsreaktionen 461
Methyltransferasen
– Histonmethylierung 275
– Methylierungsmuster, Genom 272
– Transkription, Elongation 263
α-Methyltyrosin, Katecholamine, Hemmung 829
Meulengracht-Syndrom 625–626
Mevalonat 565 (F), 570 (F)
– Biosynthese 565
– – aus Acetyl-CoA 565 (F)
– Cholesterinbiosynthese 564
– Isopren, aktives, Biosynthese 565 (F)
Mevalonatkinase, Isopren, aktives, Biosynthese 565
Mevalonsäure ► Mevalonat
Mevinol 570
Mg-ATP-Komplex 112
MHC Iα 1005
MHC-I-Peptidrezeptor 1106
MHC-I-Protein 1108
MHC I_{ton} 1005
MHC II a 1005
MHC II b 1005
MHC II d/x 1005
MHC-II-Protein 1108
MHC II_m 1005
MHC *(major histocompatibility complex)* 1106–1107
– Aufbau 1108
MHC_{emb} 1005
MHC-Klasse-I-Moleküle, T-Zellen 1110
MHC-Klasse-II-Moleküle 975
– Helfer-T-Zellen 1110
MHC-Moleküle
– antigen-präsentierende, Exosomen 203
– invariante Kette 1107
MHC_{neo} 1005
MHC-Peptidrezeptoren, Antigenpräsentation 1107
MHC-Restriktion, T-Zellen, Antigenerkennung 1110
MH-Domänen (MAD *homology domains*), Smad-Proteine 771
Michaelis, Leonor 121
Michaelis-Menten-Gleichung 121–124
– Linearisierung nach Lineweaver und Burk 124
– Substratkonzentration, Reaktionsgeschwindigkeit 122
– V/S-Charakteristik 122
Michaelis-Menten-Konstante 122, 124
– Erhöhung 124
Michaelis-Menten-Modell 121
Miesmuscheln, Cadmium 677
MIF *(macrophage migration inhibitory factor)*, Sekretion 760
Migräne, hemiplegische, familiäre 1032
Mikroalbuminurie 915
Mikroangiopathie, Diabetes mellitus 837
Mikroarrayanalysen, Leukämie 1160
Mikroautophagozytose, Proteine 319
Mikrodomänen (Membranlipide) 177
– flüssig geordnete (l_o, *liquid-ordered*) 177
– flüssig ungeordnet (l_d, *liquid-disordered*) 177
– rafts 177
Mikroelemente ► Spurenelemente
Mikrofibrillen, 9+2-Mikrofibrille 72
Mikrofibrillen-assoziierte Glycoproteine 724
Mikroglia, Makrophagen, ZNS 1045
$β_2$-Mikroglobulin 995, 1107
– Lymphome 1028
Mikromoleküle, Methylierung 463
Mikroorganismen
– Immunabwehr 1134–1136
– Phagozytose 1105
Mikropartikel, Thrombozyten 977
Mikro-RNA (miRNA) 163–164, 281
Mikrosatelliten
– colorektale Tumoren, nichtpolypöse 1152
– DNA 160
– Instabilität, colorektale Tumoren, sporadische 1152
– Sonden 1146
mikrosomales Cytochrom-P_{450}-abhängiges ethanoloxidierendes System ► MEOS
Mikrothrombosen 800
mikrotubuläre Transportvorgänge, Acetaldehyd-bedingte Beeinträchtigung, Alkoholkonsum 1099
mikrotubuläres System, Hormone, Transport 760
Mikrotubuli 176 (F), 207–211
– Axone 208
– Centrosomen 208
– Cytoskelett 207–211
– Dendriten 208
– αβ-Dimere 208
– Kinetochoren 209
– Minus-Ende 208
– Mitose 209
– Motorproteine 209–211
– Neurone 1029
– Organisation 208–209
– Plus-Ende 208
– Proteinfilamente 208
– Ran-G-Proteine 209
– Spindelapparat 209
– Thrombozyten 977–978
– treadmilling 208
– α-Tubulin 208
– Verlängerung/Verkürzung, polare 210 (F)
Mikrotubuli-assoziierte Proteine (MAPs) 208
Mikrovilli
– Aktin 214
– Elektronenmikroskopie 212 (F)
Mikrozirkulation, Scherkräfte 980
Milch
– Bildung, Progesteron 543
– Fettanteil 1025
Milchsäure 4
Milchsäuregärung 358
– ► Glycolyse
Milchsäure/Lactat
– Dissoziationskonstante K 15
– pK_S-Wert 15
Milz, Keimzentrum 1126
Milzbrand 777
Mineralocorticoide 759
– Antagonisten, Spironolactone 924

- Biosynthese 864
- Natriumretention 923
Mineralstoffwechsel, Aldosteron 923
Minisatelliten-DNA 160
Minus-Ende, Mikrotubuli 208
Minusstrang, RNA-Synthese 256
MIP1α (CCL3) 333, 759
MIP1β (CCL4) 333, 759
MIP2 784
MIP3α (CCL20) 759
MIP3β (CCL19) 759
miRNA (Mikro-RNA) 163–164, 281
- Doppelstrang 281
Mischfibrillen, Kollagene 721
Missbildungen, Cadmium 677
missense-Mutationen
- genetischer Code 288
- Hämophilie A 988
- p53 1150
mitochondrial neurogastrointestinal encephalopathy 604
mitochondrial permeability transition (MPT), Ammoniakvergiftung 454
mitochondriale Carrier 492
- Anionen 492
- Antiport 492
- Symport 492
mitochondriale Defekte 207
mitochondriale Krankheiten 1018
mitochondriale Matrix 491
- NADPH 504
mitochondriale Proteine, Transport 306–307
mitochondrialer Weg, Apoptose 226
Mitochondrien 176 (F), 203–204, 491
- Aminosäureabbau, Verteilung 443
- Apoptose 203
- Chaperone 303
- Citratzyklus 479
- Cristae 203, 208 (F)
- Cytochrom c 203, 226
- Energieumwandlung 490–506
- Evolution 204
- F1-ATP-Synthase 208 (F)
- Glutamat-Dehydrogenase (GLDH) 434
- Hämbiosynthese 608
- - Regulation 612
- Innenmembran 203–204
- Inneres 491
- Intermembranraum 203, 208 (F), 491
- Kompartimentierung 208 (F)
- Mangan 673
- Matrixraum 204
- Proteinbiosynthese 204, 288
- Protonentransport 499
- Thrombozyten 976
- TIM *(transport complex of the inner membrane)* 204
- TOM *(transport complex of the outer membrane)* 203
- Transportproteine 494
- Ubichinon-Zyklus 499
- Vererbung 204
- Zwischenmembranraum 203
Mitochondrienbiogenese, Muskeltraining 534
Mitochondrienmembran
- äußere 203, 208 (F), 491
- - Porin 492
- chemiosmotisches Potential 106
- innere 208 (F), 491
- - Atmungskontrolle 503
- - Permeabilität, Ammoniakvergiftung 454
- - Protonendurchlässigkeit 492
- Protonengradienten 490
mitogen activated protein ► MAP
mitogen activated protein kinase (MAPK) 1115
Mitogen-aktivierte Proteinkinase ► MAP-Kinase
Mitomycin, DNA-Replikation, Hemmung 236
Mitose 154–157
- Anaphase 155
- Chromosomen 154–157
- Cytokinese 155
- Kernhülle, Auflösung 188
- Metaphase 155
- Mikrotubuli 209
- Phasen 155
- S-Phase 155
- Zellzyklus 221
Mitosespindel 155
M(ittel)-Bande, Muskulatur, quergestreifte 1002
Mittelmeerfieber, familiäres 975
mittlere zelluläre Hämoglobinkonzentration (MCHC) 978
mittleres korpuskuläres Volumen (MCV) 956
Mizellen 40, 1071
- Bildung, Galle 1060
- Lipidaufnahme-/resorption 1071
- Lipidaufnahme/-resorption 1071
MKK *(mitogen-activated protein kinase kinase)* 772
MLCK *(myosin light chain kinase)* 777, 1013
MLH1 237, 1147
MLK *(mixed-lineage kinase)* 772
MMP-1 bis -10, ► unter Matrix-Metalloproteinasen 737
Mn-Superoxid-Dismutase (SOD2) 510, 673
Mobilferrin 660
Mobilferrin-*shuttle* 660
Moclobemid, Monoaminooxidase-Hemmung 134
Modifikationen, covalente, Proteine 307–313
MOF *(multi organ failure)* 798–801
mol 12
molare katalytische Aktivität 117
molare Masse 62
Molekülmasse 62
- Proteine 62–65
- relative 62
Molekularbiologie, Dogma, zentrales 158–159
molekularer Bauplan *(molecular ruler)*, Titin 1008
Molekulargewicht ► Molekülmasse, relative
Molekularsiebchromatographie, Proteine 60
Molluscipoxvirus 329
Molybdän 4, 671–672
- Aldehydoxidase 671
- Elektronenübertragung 671
- Gesamtbestand 656
- Plasmaspiegel 656
- Xanthinoxidase 671
Monoacylglycerin-Acyltransferase 402
Monoacylglycerin(e) 35, 1061
- α-Monoacylglycerin 1072 (F)
- β-Monoacylglycerin 1070–1071, 1072 (F)
- Lipolyse 399 (F)
Monoacylglycerin-Lipase 398, 399 (F), 400
- Triacylglycerin, Resynthese 1072
Mono-ADP-Ribosylierung, Nicotinamid 701
Monoaminoxidase (MAO) 436
- Hemmstoffe 436
- - Moclobemid 134
- Katecholaminabbau 831
- Kupfer 667
- Serotonin, Abbau/Biosynthese 1042 (F)
- Typ A 1042
- - 5-Hydroxytryptamin, Abbau 1043
- Typ B 1042
Monocarboxylattransporter 8 (MCT8), Schilddrüsenhormone, Transport 855–856
monocyte chemoattractant proteins 759
Monojodtyroninamin (T1AM) 857
Monojodtyrosin ► MIT
monoklonale Antikörper 1127–1128
Monooxygenasen 506–509, 1061
- Biotransformation 1091
- Cytochrom P_{450} 57, 507
- Eisen-Schwefel-Protein 508
- NO-Bildung 508
- Peptidylglycin-α-amidierende, Ascorbinsäure 698
- spezifische, Hormone, Hydroxylierung 508
- unspezifische, Fremdstoffe, Hydroxylierung 508
Monosaccharide 22–25, 540–543
- Aufnahme 646
- Biosynthese 540–543
- glycosidische Bindung 25
- Hydroxylgruppen 23
- OH-Gruppen 23
- phosphorylierte 23
- Resorption, Niere 905
- - Transportsysteme 1069
- Stoffwechsel 540–543
- Synthese 540
- Transport, Jejunum 1074
- Vorläufer, Aminosäuren 429
Monozyten
- α_1-Antitrypsin 997
- Granula, cytosolische 975
moonlighting-Proteine 110
Morbillivirus 328
Morbus
- Addison 869
- Alzheimer 1048–1049
- Basedow 860
- Gaucher 580
- haemolyticus neonatorum 970
- Hashimoto 860
- Parkinson 1042, 1049–1050
- Waldenström 999
- Wilson 670
Morphin, ADH-Freisetzung 920
Morphogenese, Vitamin A 687
morphogenetic proteins (BMP) 790
morphogenetische Prozesse, Embryonalentwicklung 741
mos-Onkogen 1143
Motilin, Vorkommen/Funktion 1063
Motilität, intestinale, Thyreocalcitonin 937
Motive, Proteine 76
motor neuron disease 1018
motorische Aktivitäten, Energieverbrauch 636
motorische Endplatte 1011
- Acetylcholin 1039
Motorproteine
- Aktin-basierte 212–213
- Defekte 214
- Mikrotubuli 209–211
M-Phase, Zellzyklus 221
Mpp11 302
M-Protein 1009
M2-Protein(e)
- Influenza-A-Virus 341
- Influenzaviren 334
MPT *(mitochondrial permeability transition)*, Ammoniakvergiftung 454
mRNA (Messenger-RNA) 162–164, 256, 287
- Abbau 269 (F)–270 (F), 281–282

mRNA (Messenger-RNA)
– – IFN α/β 798
– – RNA-Interferenz 281, 282 (F)
– *editing* 280
– Granula 205
– 5'-Kappengruppe 263 (F)
– NXF1/p15 (heterodimerer Transportrezeptor) 269
– Stabilität 280–282
– – ARE-Bindeproteine 280
– Zellkern 187
MRP *(multidrug resistance-related protein)*
– Bilirubin, Ausscheidung 622
– canaliculäre Membran 1096–1097
– Cholestase 1101
– Defekt, Dubin-Johnson-Syndrom 1101
– Sinusoidalmembran 1096
α-/β-MSH 846, 863
– Halbwertszeit 849
MSH2 237, 1147
MSH3,6 237
MT1-MMP 737
MT3-MMP 737
MTOC *(microtubule organisation center)* 208
mTOR *(mammalian target of rapamycin)* 525, 645
– Proteinbiosynthese 524, 530
– Regulation 525
– Rheb 525
mTOR-Gen 645
mTOR-Signalweg 645–646
mts1 1147
mts2 1147
Mucin 1 1057 (F)
– Domänenstruktur 1057
Mucin 6 1057, 1058 (F)
Mucine 312
– Antrum, Magen 1054
– Darmsaft 1062
– extrazelluläre Matrix 548
– Magen 1057
– Nebenzellen, Magen 1054
– Produktionshemmung, Aspirin 1067
– – Glucocorticoide 1064, 1067
– – NSAR (nichtsteroidale Antirheumatika) 1067
– – Prostaglandin E 1067
– Sekretion, Regulation 1064–1065
Mucopeptid 30
Mukolipidosen 207
Mukopolysaccharide ► Glycosaminoglykane
Mukopolysaccharidosen 200, 206–207, 552
– Acetyltransferase, Defekte 178
Mukosa
– Insulinempfindlichkeit 817
– intestinale, GLP-1/2 823
– – GLUT 2 375
– – Peptide, Aufnahme 1073
Mukosablock, Eisen 660
Mukoviszidose ► cystische Fibrose
Multibrey-Syndrom 1018
Multi-CSF ► Interleukin-3
Multidrug Resistenz Transporter, MDR-Transporter 1096
multidrug-related protein ► MRP
Multienzymkomplex 110, 483
– Aminosäureabbau 441
– Fettsäurebiosynthese 410
– Struktur, DNA-Replikation, eukaryote 234
multifunktionelle Enzyme 110
Multigenfamilien
– Laminine 732
– Myofibrillen 1003
Multimere, Proteine 767
Multiorganversagen (MOF) 798–801
– Cytokine, pro-inflammatorische 800
Multiple Sklerose 1028, 1046, 1138
Multiplexine 717
Multiproteinkomplexe, Atmungskette 494
multivesikuläre Körperchen (MVBs) 176 (F), 200
Mumpsvirus, Adsorption, Rezeptor-vermittelte 333–334
Mundwinkelfissuren, Riboflavinmangel 700
Muraminidase 31
– Funktion/Pathobiochemie 993
– Katalyse, covalente 118–119
Murein 30, 31 (F), 550
– Biosynthese 551
MuRF, Muskelaufbau/-abbau 1017
muscle-liver-lrain-eye nanism 1018
muskarinische Acetylcholinrezeptoren 1040
Muskel, Insulinempfindlichkeit 817
Muskelarbeit 531–535
– Cytochrom c 535
– Energieumsatz 532
– Glucoseabbau, anaerober 534
– GLUT 4 533
– Glycogenolyse 533
– Kontraktions-Relaxations-Vorgang, ATP 531–532
– Lipolyse 533
– Substratmobilisierung 532–535
Muskelatrophie
– spinale 1018
– spinobulbäre 1049
Muskeldystrophie
– Becker-Typ 1017–1018
– congenitale 1018
– Duchenne-Typ 1017–1018
– Laminine 732
– Proteinkinase, AMP-abhängige 1020
Muskelerkrankungen 1017–1021
– angeborene 1017–1021
– erworbene 1021
– myotone 1018–1019
Muskelfasern, dicke, elektromechanische Kopplung 1011
Muskelgewebe ► Muskulatur
Muskelglycogen 368
Muskelkontraktion
– ADP/ATP 1010
– Calciumionen 1011–1014
– elektromechanische Kopplung 1011–1014
– Filamente, dicke 1010
– – dünne 1010
– Gleitmodell 1010
– molekularer Mechanismus 1009–1015
– Muskulatur, glatte 1013
– Myokardfasern 1012
– Myosin-Querbrücken 1009
– NRF-1 *(nuclear respiratory factor-1)* 535
– Phosphat 1010
– Querbrückenzyklus 1009–1011
– *sliding filaments* 1009
– Transkriptionsfaktor 535
– Troponin-Tropomyosin-System 1013
– Z-Membran 1010
Muskelkrämpfe, Magnesiummangel 940
Muskelproteine
– Umsatz, Calpaine 322
– – 3-Methylhistidin 915
Muskelrelaxation
– cGMP-abhängige Proteinkinasen 803
– molekularer Mechanismus 1009–1015
Muskelschwäche
– Biotinmangel 707
– Enzephalomyopathien, mitochondriale 512
– Hypoparathyreoidismus 939
Muskeltraining, Mitochondrienbiogenese 534
Muskel-Typ, Kreatinkinase (CK) 137
Muskelwachstum
– Cytokine 1016
– Hormone 1016
Muskelzellen
– Calciumfreisetzung, intrazelluläre 1012
– Carnitin 406
– glatte, Matrixproteine, extrazelluläre, Biosynthese 1015
– Glucosetransport 180
– Hypertrophie 1016
– Insulin 818
– N-Cadherine 198
– Regeneration 1015–1017
– Ruhestoffwechsel 531
– Wachstum 1016
Muskulatur 1001–1022
– Aminosäurestoffwechsel 444, 453
– Aufbau/Abbau, Signalwege 1016
– Feinstruktur 1002–1004
– glatte 1004
– – Caldesmon 1013
– – Muskelkontraktion 1013
– – Relaxation, β_2-Adrenozeptoren 830
– – – ANP 926
– – – 5-HT_1- bzw. 5-HT_2-Rezeptor 1043
– – Tropomyosin 1013
– Glycogen 368
– Glycolyse 392
– Insulin(wirkung) 523
– Kraftentwicklung, molekulares Modell 1010
– Phosphorylasekinase 132
– quergestreifte 1002–1003
– – ► Skelettmuskulatur
– – Cytoskelett 1007–1009
– – elektronenoptische Aufnahme 1003
– Transkriptionsfaktoren 1016
Mutationen
– Antionkogene, Inaktivierung 1149–1150
– α_1-Antitrypsin 997
– homöotische 273
– Kardiomyopathie 1020
– Protoonkogene 1144–1145
– QT-Syndrom 1021
– somatische, Antikörpervielfalt 1121
– – p53 1150
– stille, genetischer Code 288
– Thrombin, Aktivierung 990
Mutatorgene, colorektale Tumoren, nicht-polypöse 1152
muthls-Komplex, colorektale Tumoren, nicht-polypöse 1152
Muttermilch ► Milch
MVBs *(multivesicular bodies)* 176 (F), 200
– Endosomen 195
Myasthenia gravis 766, 1018
– Acetylcholinrezeptor, nikotinischer, Antikörper 1040
myb-Onkogen 1143
MyBP-C 1007–1009
– Mutationen 1020
myc-Onkogen 1143
Mycophenolat, Transplantatabstoßung 1139
Mycophenolsäure 595 (F)
Mycoplasma genitalium, Genom 159
MyD88 *(myeloid differentiation 88kDa)* 799
– *death-domain* (DD) 791
– TIR-Domäne 791

Myelin 1045–1047
- Bildungsstörungen 1047
Myelin-assoziiertes Glycoprotein (MAG) 394, 1046, 1051
Myelin-Oligodendrozyten-assoziiertes Glycoprotein (MOG) 1046
Myelinproteine
- basische (BMP) 1046
- Mutationen, Gene 1047
- periphere (PMP22) 1046
Myelinscheiden 1045–1047
- Aufbau 1046
- Axone 1045
- Bildung 1046
- 2',3'-Cyclonucleotidphosphodiesterase (CNP) 1046
- dichte Linie 1046
- Nerven, periphere 1046
- ZNS 1046
- Zwischenraumlinien 1046
Myelom 999
Myeloperoxidase
- Bakterienabwehr 1135
- Chloridionen, Oxidierung 974
- Granulozten, neutrophile 972
MYF2, Muskelaufbau/-abbau 1017
Myocardinfarkt ► Myokardinfarkt
MyoD 281
- Muskelaufbau/-abbau 1017
Myofibrillen/Myofilamente
- dicke 1002, 1004–1006
- dünne 1002, 1006–1007
- Isoformen 1003
- Kette, leichte, essentielle und regulatorische 1004
- Ketten, schwere 1004
- Multigenfamilien 1003
- Muskulatur, quergestreifte 1002–1003
- Spleißen, alternierendes 1003
- Titin 1008
- ungeordnete, Fibrose, interstitielle 1020
myogene Reaktion, Nierendurchblutung 899
Myoglobin 79–86
- Fibrillen, amyloidähnliche 89
- Filtrierbarkeit, glomeruläre 896
- Häm 79
- Kohlenmonoxid 969
- prosthetische Gruppe 79
- Röntgenbeugungsdiagramm 80, 91
- Sauerstoffanlagerungskurven 81
- Sauerstofftransport 79
- Tertiärstruktur 81
Myokard
- β_1-Adrenozeptoren 830
- Calciumkonzentration, cytosolische, Regulation 1014
- Energiespeicher 385
- *gap junctions* 180
- Muskelkontraktion 1012
- Regeneration 1015
Myokardinfarkt
- akuter, Zell-Enzyme 136
- CK/CK-MB 137
- Fibrinolyse 385
- Glycogenolyse 385
- Hyperlipoproteinämie 581
- Koronarangioplastie 385
- Kreatinkinase 531
- LDH-MB 137
- Phosphorylase b 380
- t-PA, rekombinantes 988
Myokardnekrose
- Calciumüberladung 385
- Glycogenolyse 385
Myokard-Typ, Kreatinkinase (CK) 137
Myokinase 491
Myoklonien, Enzephalomyopathien, mitochondriale 512
Myoklonusepilepsie 1032, 1049
Myomesin 1007–1009
Myopathien
- distale 1018
- durch Drogen, Toxine und Nahrungsdefizienzen 1018
- endokrine 1018
- mitochondriale 1021
- OXPHOS-System, Störungen 513
Myosin 56, 212–213, 1004–1006, 1008
- ATPase-Aktivität 1004
- Bindung an Aktin 1011
- Filamente, dicke 1004
- HMM *(heavy meromyosin)* 1006
- Isoformen 1004
- Kette, leichte, regulatorische 1013
- Ketten, schwere 1005
- köpfchenfreie Zone *(bare zone)* 1006
- Kopfregion 1004–1005
- LMM *(light meromyosin)* 1004–1006
- Motorproteine, Mikrotubuli 210
- Muskulatur, quergestreifte 1002
- Nomenklatur 1005
- proteolytische Spaltprodukte 1006
- Querbrücken 1006, 1009–1010
- S1/2 (Subfragment 1/2) 1006
- Stressfasern 735
Myosin-II-abhängige Zellteilung, Aktin 213
Myosin-V, Aktin 213
myosin heavy chain (MHC), Myosinfilamente 1004
myosin light chain kinase (MLCK) 777, 1013
Myosin-ATPase 183
- Querbrückenzyklus 1010
Myosin-Bindungsprotein C, Phosphorylierung, Muskelrelaxation 1015
Myosinfilamente ► Myofibrillen/Myofilamente
Myosinhexamere
- Aufbau 1005
- Myofilament, dickes 1007
Myosinketten, Gene 1004
Myosinkopf
- Aktinbindungsstelle 1011
- Substratbindungsregion 1011
Myosin-leichte-Ketten-Kinase ► MLCK
Myosin-Schaft 1005
Myosin-β-Schwerketten-Gen, Mutationen 1020
Myositis 1018
Myostatin, Myosin 1006
Myotonia congenita 1032
Myotonie 1018–1019
- dystrophe 1018–1019
- paradoxe 1019
Myozyten, Dehnung, ANP 926
Myristinsäure 34, 817
Myristoylierung
- N-terminale, Proteine 310
- Proteine 772
Myristoylreste, GEF-Proteine 193
Myristoylschalter 310
Myxödem, T_3-Mangel 857
Myxothiazol, Ubihydrochinon-Oxidationszentrum, Blockade 499

N

Na$^+$-abhängige Transportsysteme, Aminosäuren, Aufnahme 1073
NAADP-$^+$ *(nicotinic acid adenine dinucleotide phosphate)* 702
Na$^+$-/Ca^{2+}-Gegentransportsystem, Muskelrelaxation 1014
N-Acetyl-5-methoxyserotonin 463
N-Acetylgalactosamin 28–29, 39 (F)
- Aminozucker, Biosynthese 544–545
- Proteoglykane 549
α-N-Acetylgalactosaminyltransferase, Blutgruppenantigene, Biosynthese 966 (F)
N-Acetylglucosamin 24 (F), 28 (F), 29–30, 31 (F), 313
- Aminozucker, Biosynthese 544–545
- Proteoglykane 549
N-Acetylglucosamin-1-phosphat, Glycoproteinsynthese 546
N-Acetylglucosamin-6-phosphat, Aminozucker, Biosynthese 544–545
N-Acetylglucosaminyl-pyrophosphoryl-Dolichol 546
N-Acetylglutamat
- Harnstoffzyklus 446–448
- NH_4^+-Stoffwechsel, Zonierung 449
N-Acetylglutamat-Synthetase, Defekt/Mangel 450–451
N-Acetyl-5-hydroxytryptamin, Melatonin, Abbau/Biosynthese 1043 (F)
N-Acetylmannosamin, Aminozucker, Biosynthese 545
N-Acetylmannosamin-6-phosphat, Aminozucker, Biosynthese 544–545
N-Acetylmuraminsäure 30, 31 (F)
N-Acetylneuraminat-9-phosphat, Aminozucker, Biosynthese 544–545
N-Acetyl-Neuraminsäure 39 (F), 559
- Aminozucker, Biosynthese 544–545
- Viren 340, 342
- Virusrezeptor 331
N-Acetyl-Procainamid 1094 (F)
N-Acetylserotonin 463
Nachkommenviren, Freisetzung 340–342
Nachtblindheit
- Retinolmangel 686
- Rhodopsinregenerierung, Störung 688
NaCl-Resorption, elektroneutrale 1075
NaCl-Symport, Tubulus, distaler 903
NAD$^+$ 111, 145, 483, 681, 700–703
- Biosynthese 473, 701
- - Nucleolus 188
- Cosubstrat, Wirkungsweise 110
- cyclo-ADP-Ribose, Bildung 702
- Poly-ADP-Ribosylierung 702 (F)
- Standardpotential 103
- Synthese, Tryptophan 701
NADH 391
- Alkoholkonsum 1099
- Atmungskette 364
- Citratsynthase, Hemmung 485
- Glycolyse 362
- Pyruvatdehydrogenase (PDH), Hemmung 484–485
- Wasserstoff, Reduktionsäquivalent 491
NADH/H$^+$
- Alkoholintoxikation 393
- Fettsäuren 408
- Myokard 385
- β-Oxidation 407–408
- Oxidation 634
- Standardpotential 103
NADH-Dehydrogenase 506
NADH/NAD$^+$, Redoxpotentiale 502

NADH:Ubichinon-Oxidoreduktase 496–497, 498 (F)
– Atmungskette 497
– Eisen-Schwefel-Zentren 497
NAD-Isocitratdehydrogenase 485
$NADP^+$ 111, 681, 700–703
– Biosynthese 701
$NADP^+$-Isocitratdehydrogenase, extramitochondriale 487
NADPH 508
– Hexosemonophosphat-Weg 365, 366 (F)
– mitochondriale Matrix 504
NADPH:Cytochrom-P450-Reduktase 882
NADPH/H^+, Erythrozytenstoffwechsel 955
NADPH/H^+-Cytochrom b_5-Reduktase, Fettsäuren, ungesättigte, Biosynthese 419
NADPH-Oxidase 974
– Granulozyten 974–975
– α-Tocopherol 693
Nährstoffdichte, Alter 652
Nährstoffe
– energetisches Äquivalent 637
– Herkunft, Umwandlung und Verbrauch 640
– mitochondriale Oxidation, Wasser 917
– Oxidation, Energieausbeute 634
– respiratorischer Quotient 637
– Schicksal im Colon 1076
– Speicherung 516
– Stoffwechselbedeutung 644–654
– Zufuhr, Kontrollmechanismen 642–644
Nährstoffoxidation, Energieausbeute 634
Nährstoffresorption, GLP-2 824
Na^+/H^+-Austauscher-1 (NHE-1)
– Membranintegration 903 (F)
– Tubulus, proximaler 902, 907
Nahrungsaufnahme 642–644
– afferente Signale 642
– Alkoholresorption 650
– efferente Signale 642
– Ernährung, kalorisch restriktive 635
– Hungergefühl 1066
– Neuromodulatoren 643
– Nucleus paraventricularis 643
– Realimentation 635
– Sättigungsgefühl 1066
– Steuerung, Hypothalamus 643
– Wahrnehmung, sensorische 642
Nahrungsbestandteile
– essentielle, Vitamine 680
– Resorption 1068–1079
– Verdauung 1068–1079
Nahrungsenergie
– absorbierte, Umwandlung 633–634
– Kohlenhydrate, komplexe 646
Nahrungsfette ► Nahrungslipide
Nahrungskarenz 515–530
– Acetacetat 641
– ATGL 399
– Energiebedarf 641
– extrahepatisches Gewebe 520–522
– Fettgewebe 528–529
– Fettsäureoxidation, Leber/Muskulatur 521
– Glucokinase 379
– GLUT 2 379
– Hämbiosynthese 612
– β-Hydroxybutyrat 641
– Ketonkörper 641
– Ketonurie 916
– Leber 520–522, 529
– Lipolyse 524, 528–529, 641
– Proteolyse 521, 641
– Skelettmuskulatur 521, 529–530
– Substratmobilisierung, hormonelle Regulation 526–530
Nahrungskohlenhydrate
– Blutzuckerwirksamkeit 646
– Glycogensynthese 516
– de novo-Lipogenese 517
Nahrungslipide 647
– Chylomikronen 518
– Triacylglycerine 398
Nahrungsmittelallergie 1137
Nahrungsmittelzusatz, Cancerogenese 1158
Nahrungsstoffe ► Nährstoffe
Nahrungszufuhr 515–530
– hormonelle Regulation 562
– Restriktion 634
– Stoffwechselregulation, hormonelle 522–526
– Triacylglycerinbiosynthese 524
Nairovirus 328
Na^+/K^+-$2Cl^-$-Symport, Henle-Schleife, dicke, aufsteigende 903
Na^+/K^+-Antiport 183
Na^+/K^+-ATPase 183, 185, 852, 924, 1039
– Aktivität, Neuronen 1030
– – Ruheumsatz 632
– ATP-abhängige, SGLT-1 1069
– Belegzellen, Magen 1055
– Katalysezyklus 1055
– Muskelrelaxation 1014
– Sinusoidalmembran 1096
– T_3 857
– Tubulus, distaler 903
– Wärmeproduktion, obligatorische 632
Naloxon 1038
Nanoturbinen 183
Naphthochinon (Vitamin K), Coenzym 111
β-Naphthylamin 1158 (F)
NaPi ► Natriumcotransport
Na^+/P_i-Symporter 690
nascierende HDL, Synthese in der Leber 1088
Nasopharynxkarzinom, Epstein-Barr-Virus 344
Natrium 4, 918
– Aufnahme, elektrogene, Natriumkanal, epithelialer 1075
– Ausscheidung 927
– – Erhöhung, Wasserausscheidung 922
– – Urin 921
– Bilanzierung 921–922
– Reabsorption, elektroneutrale/elektrogene 1075
– Rückresorption, Aldosteron 923
– Sekretion, Magen 1074
– Transport, aktiver 1074
– – Jejunum 1074
– Verluste, tägliche, Schweißproduktion 921
Nairovirus 328
Na^+/K^+-$2Cl^-$-Symport, Henle-Schleife, dicke, aufsteigende 903
Na^+/K^+-Antiport 183
Na^+/K^+-ATPase 183, 185, 852, 924, 1039
– Aktivität, Neuronen 1030
– – Ruheumsatz 632
– ATP-abhängige, SGLT-1 1069
– Belegzellen, Magen 1055
– Katalysezyklus 1055
– Muskelrelaxation 1014
– Sinusoidalmembran 1096
– T_3 857
– Tubulus, distaler 903
– Wärmeproduktion, obligatorische 632
Naloxon 1038
Nanoturbinen 183
Naphthochinon (Vitamin K), Coenzym 111
β-Naphthylamin 1158 (F)
NaPi ► Natriumcotransport
Na^+/P_i-Symporter 690
nascierende HDL, Synthese in der Leber 1088
Nasopharynxkarzinom, Epstein-Barr-Virus 344
Natrium 4, 918
– Aufnahme, elektrogene, Natriumkanal, epithelialer 1075
– Ausscheidung 927
– – Erhöhung, Wasserausscheidung 922
– – Urin 921
– Bilanzierung 921–922
– Reabsorption, elektroneutrale/elektrogene 1075
– Rückresorption, Aldosteron 923
– Sekretion, Magen 1074
– Transport, aktiver 1074
– – Jejunum 1074
– Verluste, tägliche, Schweißproduktion 921
Natrium-Calcium-Austauscher, Niere 901
Natriumcotransport (NaPi) 906
– Calcitonin 935
– Parathormon 935
– Phosphatausscheidung, renale 933
Natrium-Dicarboxylat-Cotransporter (SDCT1/2), Niere 901
Natrium-Dodecylsulfat, SDS-Gelelektrophorese 62
Natrium-Glucose-Cotransporter (SGLT1/2), Niere 901
Natriumhaushalt 921–928
– ADH-Freisetzung 922
– Aldosteron 922, 924
– Angiotensin II 922, 924
– atriales natriuretisches Peptid (ANP) 922, 924
– Durstgefühl 922
– hormonelle Regulation 922–926
– Natriumresorption 922
– Pathobiochemie 926–927
– Renin-Angiotensin-Aldosteron-System (RAAS) 922
– Salzappetit 922
Natrium-Hydrogencarbonat-Cotransporter, Niere 901
Natrium/Iodid-Symporter (NIS) 675
– Thyrozyten 851
Natrium-Kalium-Pumpe ► Na^+/K^+-ATPase
Natriumkanäle 924, 1031 (F)
– Aktivierung 1031
– cGMP-abhängige 803
– epitheliale, Natriumaufnahme, elektrogene 1075
– Neurone 1030
– Öffnung/Schließung 1031
– Retina 765
– Sammelrohr/Überleitungsstück 903
– spannungsregulierte 1031
Natriumkanalproteine
– Mutationen 1021
– – Paralyse, hyperkaliämische 1019
Natriummangel, Schock, hypovolämischer 927
Natriumresorption
– Aldosteron 1075
– Angiotensin II 1075
– ANP 926
– Natriumhaushalt 922
– Niere 902
– – Sauerstoffverbrauch 910
– Sammelrohr 903
– Tubulus, proximaler 902
– Überleitungsstück 903

Natriumretention
- Aldosteron, Bildung 924
- Mineralocorticoide 923
Natriumsekretion, Duodenum 1074
Natrium-Selenit 676
Natriumstoffwechsel 922
Natrium-unabhängige Transportsysteme, Aminosäuren, Aufnahme 1073
Natrium-Vitamin-C-Cotransporter (SVCT1), Niere 901
natürliche antisense-Transkripte (NAT's) 164
natural killer cells (NK-Zellen) 1104–1105
- Aktivierung, Virusabwehr 1135
- Bakterienabwehr 1135
Na^+-Uniport 183
NBT-Test, Granulomatose, septische 976
n-Buttersäure 34
NC, HIV 336
N-Cadherine 197–198
N-CAM *(neural cell adhesion molecule)* 197, 199, 1051
Nck 788
ncRNA *(noncoding-RNA)* 162
N-Dealkylierung, Biotransformation 1091
N-Degron, Proteine 321
Nebennieren
- Entwicklung 873
- Hormone 846
- Pyruvatcarboxylase 391
- Vitamin E 692
Nebenniereninsuffizienz, Hypoaldosteronismus 927
Nebennierenrinde 873
- Androgenbiosynthese 874
- fetale, 16α-Hydroxyepiandrosteronsulfat 882
- Glucagonrezeptoren 825
- Hexosemonophosphat-Weg 368
- Hormone 863
- Progesteron 865
Nebennierenrindenadenom/-karzinom, Conn-Syndrom 927
Nebennierenrindenfunktion, Muskelerkrankungen 1021
Nebenschilddrüsen
- Parathormon 933
- PTHrP 936
Nebenzellen, Magen, Mucin 1054
Nebulin 56, 1007
Nectine 197
- Zonula adherens 198
Nedd4-Ubiquitinyl-Transferase 196
NEF, HIV 336
Negativ-Selektion, T-Lymphozyten 1110–1111
Nekrose 800
- Enzymaktivität 136
- Virusinfektion 342
- zelluläre Vorgänge 226
Nemaline-Rod-Myopathie 1018
N-end-rule, Proteine 321
Neoendorphine 1044
Neomycin 1077
neoplastisch veränderte Zelle 1142
Nephrocalcin, Calciumoxalatsteine 917
Nephrocalcinose 691
- Hyperoxalurie 313
Nephrolithiasis 916
Nephron 899
- Anordnung 898
- Aquaporin-2 182
- Reabsorptionsleistung 900
Nephropathie
- diabetische 837
- hyperurikämische, familiäre, juvenile 602
nephrotisches Syndrom 992
- Hypercholesterinämie 583
- Proteinurie 915
Neprilysin 318
Nernst-Potential 929
Nernstsche Gleichung 103
nerve growth factor ► NGF
Nerven(fasern/-gewebe)
- autonomes, Acetylcholin 1039
- Energiebilanz, negative 640
- Glucose(bedarf) 520
- Ketonkörper 520
- myelinisierte, Leitgeschwindigkeit 1030
- parasympathisches, pankreatische Enzymsekretion 1065
- periphere 1047–1048
- - Insulinempfindlichkeit 817
- - Myelinscheiden 1046
- - Regeneration 1047
- sympathisches, Fettgewebe, Lipolyse 528
- - Lipolyse 528
Nervenwachstumsfaktor ► NGF *(nerve growth factor)*
Nervenzellen ► Neurone
Nervonsäure 34, 418
NES *(nuclear export signal)* 189
Nestin 213
Netrine 1051
Netto-ATP-Gewinn, Makronährstoffe, Oxidation 633
Neugeborene
- GH-Konzentrationen 886
- Harnstoffzyklusdefekte 450
- Ikterus, pathologischer 625
- Körpertemperatur/Thermogenese 504
- Proteine, Resorption 1073
Neuraminidase
- Hemmung, Zanavir 134
- Influenzaviren 340–342
Neuraminsäure 23 (F), 28
Neuriten, Neurone 1029
Neuroborreliose 1028
neurodegenerative Krankheiten 1048–1050
neuroendokrine Zellen 843
neurofibrillary tangels/neurofibrilläre Bündel
- Alzheimer-Demenz 214, 1048
- Tauopathien 1049
Neurofibromatose 1147
Neurofibromin 1147
Neurofilamente 1046
- Neurone 1029
Neurofilamentproteine 213
Neuroglia 1045
Neurohypophyse 845
neurologische Erkrankungen
- Cobalamin 711
- Tryptophanmetabolite 473
Neuromedin U 844
Neuromodulatoren, Nahrungsaufnahme 643
neuromuskuläre Endplatte, Acetylcholinrezeptor, nikotinischer 1039
neuronale Aktivität, ATP 1024
Neurone 1029–1036, 1038
- adrenerge 1038
- Aktinfilamente 1029
- Aktionspotentiale 1030, 1032
- Anionen-, Calcium- bzw. Chloridkanäle 1030
- cholinerge 1038
- Cytoskelett 1029
- Depolarisation 1030
- DIO3 857
- Erregungsleitung 1029–1033
- gabaerge 1038
- GLUT 3 375
- glycinerge 1038
- Kaliumkanäle 1030
- Kanalproteine 1030
- Kationenkanäle 1030
- Membranpotential 1030–1033
- Mikrotubuli 1029
- Natriumkanäle 1030
- N-Cadherine 198
- Neuriten 1029
- Neurofilamente 1029
- peptiderge 1038
- Ruhepotential 1030
- serotoninerge 1038
- Signalübertragung, chemische 1036–1045
- Struktur 1029
- Zellfortsätze 1029
- Zellkörper (Soma) 1029
Neuropathie
- diabetische 837
- erbliche, Gendefekte 1047
- hereditäre, motorische und sensible (HMSN) 1047
- periphere, erbliche 1047
Neuropeptid Y 523, 1045
- Ghrelin 886
- Nahrungsaufnahme, stimulierende Wirkung 643
Neurophysin I/II, Wasserhaushalt, Regulation 918
Neuropoetin (NP) 759, 794
Neurotensin 1045
- Nahrungsaufnahme, hemmende Wirkung 643
- Vorkommen/Funktion 1063
Neurotoxine 206, 767
Neurotransmitter 1034–1036, 1038
- Abbau, enzymatischer 1037
- Aminosäuren 453, 518
- Freisetzung, aktive Zonen 1035
- gastrointestinale 1063
- Guanylatcyclasen 802
- Hemmstoffe 1038
- Nahrungsaufnahme, Wirkung 643
- Nierendurchblutung 896
- peptiderge 1044–1045
- Synapsen 1034
- Transporter 1037
- Wiederaufnahme 1037
Neurotransmitter-Rezeptoren
- Isoformen 1037
- metabotrope 1037
neurotrophe Faktoren 1051
- Axotomie 1047
- Schwann-Zellen 1045
Neurotrophine 1051
- Axotomie 1047
neutrale Endopeptidase 24.11 318
Neutralpunkt, Wasser 13
Neutralschwefel 915, 942
Neutrophile 972
- ► Granulocyten, neutrophile
- α_1-Antitrypsin 997
- chemotaktischer Reiz 973
- Kollagenase 737
Nexin 213
N-Extein, Proteine, selbstspleißende, autokatalytische Reifung 309 (F)
nf1 213, 1147
nf2 1147
NF-κB *(nuclear factor κB)* 278, 791, 799, 1114–1115
- Aktivierung, IκB 806
- - TNFR1 792
- HIV 337
- Muskelaufbau/-abbau 1017
- Paget-Krankheit 746
- Signaltransduktionsweg, TNF 792
NF-AT *(nuclear factor of activated T cells)* 1114–1115
$NF\text{-}AT_c$ 1016–1017
$NF\text{-}AT_n$ 1016
NF_h 213
NF_m 213
N-Formiminoglutarat, Histidinabbau 474 (F)
N^5-Formimino-Tetrahydrofolat 708 (F)

N-Formylglutamat (FH_4) 708 (F)
N-Formylkynurenin, Tryptophanabbau 472 (F)
N-Formylmethionin 298 (F)
N^5-Formyl-Tetrahydrofolat 708 (F)
N^{10}-Formyltetrahydrofolat, Purinbiosynthese 587 (F), 588
NFR1-Rezeptorkomplex, Aktivierung, Apoptose 792
NFT ► *neurofibrillary tangles*
NGF *(nerve growth factor)* 759, 1051
– Axotomie 1047
N-Glycoside 24
N-glycosidische Bindung
– ADP-Ribose 701
– Glycoproteine 28, 546
– Nucleinsäuren 147
N-glycosidische Modifikationen, Proteine 312
NH_3 ► Ammoniak
NH_4^+ ► Ammonium-Ionen
NH_2-Donor
– Aspartat 454
– Glutamat 454
– Glutamin 454
N^ω-Hydroxyarginin 461
N-Hydroxy-Procainamid 1094 (F)
Niacin ► Nicotinsäure
Niacin(amid) 681, 700–703
– Mangel 702
– NAD^+/$NADP^+$, Biosynthese 701
Nichthämeisen 659
Nichthämeisenproteine 659
– absolute und relative 659
– Konzentrationen 659
Nicht-HFE-Hämochromatose 666
Nicht-Histonproteine 153
– Zellkern 187
Nicht-Hydrogencarbonatpuffer 944
Nichtmatrizenstrang, RNA-Synthese 257
Nichtmetalle 4
nichtneuronale Zahlen 1045–1048
nichtnucleosidischer Hemmstoff 350, 352
Nichtparenchymzellen, Leber 1085, 1098–1099
nichtproteinogene Aminosäuren 48
Nichtstrukturproteine, Viren 338
Nickel
– Cancerogenese 1157
– Gesamtbestand/Plasmaspiegel 656
Nicotinamid
– ADP-Ribosylierung 701
– Mono-ADP-Ribosylierung 701
– Poly-ADP-Ribosylierung 702 (F)
Nicotinamid-Adenindinucleotid ► NAD^+
Nicotinamid-Adenindinucleotidphosphat ► $NADP^+$
Nicotinamidmononucleotid (NMN)
– NAD^+/$NADP^+$, Biosynthese 701
– NAD^+-Synthese 473
– Nucleolus 188
– Tryptophanabbau 472
Nicotinamidring 468
Nicotinat ► Niacin(amid)
nicotinische Acetylcholinrezeptoren 765, 766 (F), 1039
– neuromuskuläre Endplatte 1039
Nicotinsäure
– Coenzym 111
– Speicherung in der Leber 1089
– Synthese, Tryptophan 473
– Zufuhr, tägliche 681
Nicotinsäure-Adenindinucleotid-Phosphat ($NAADP^+$) 702
Nidation, Progesteron 883
Nidogen 732
Nieder-T_3-Syndrom 861
Niemann-Pick C 1 like 1 (NPC 1 like 1) 1071
Niemann-Pick-Erkrankung
– Cholesterin, Speicherung 174, 175 (F)
– Sphingomyelinase, Defekt 580
– Typ C (NPC1 bzw. NPC2) 206
Nieren 895–914
– Aminosäurestoffwechsel 451, 905
– Aquaporine 12
– Calciferol, Wirkung 690
– CD10-Protein 138
– Elektrolyte, Reabsorption 899–905
– endokrines Organ 910
– Energiegewinnung 909–910
– Energieverbrauch, glomeruläre Filtrationsrate (GFR) 909
– Erythropoietin 912
– Extrazellulärraum 899
– Filtration 895
– Flüssigkeitsausscheidung 12
– Gluconeogenese 391
– Glucose-6-phosphat 378
– GLUT 2 375
– Glutamin 444
– HCO_3^-, Rückresorption 946
– Insulinempfindlichkeit 817
– Membrantransport-Proteine 901 (F)
– Monosaccharide, Reabsorption 905
– Natriumresorption 902
– Osmolarität 900
– Peptide, Reabsorption 905
– Protonenausscheidung 908, 946
– Protonenkonzentration 945
– Pyruvatcarboxylase 391
– Säure-Basen-Ausscheidung 947
– Säure-Basen-Haushalt 452
– Säure-Basen-Transport 906
– Salzreabsorption 895
– Sammelrohrsystem 899
– Sauerstoffdruck 900
– Sauerstoffverbrauch, Natriumresorption 910
– Sauerstoffversorgung 910
– Wasser, Reabsorption 899–905
– Zonen 898
Nierenarteriendruck, Angiotensin II/Renin 899
Nierenarterienstenose
– Reninhypersekretion 927
– Renin-Überproduktion 911
Nierendurchblutung 895–896
– α_1-Rezeptoren 896
– Autoregulation 895
– myogene Reaktion 899
– Neurotransmitter 896
– Phospholipase-C-(PLC-)Signalweg 896
– tubulo-glomeruläres Feedback (TGF) 899
Nierenerkrankungen
– Aminosäurelösungen 653
– Cadmium 677
– degenerative, Erythropoietin 913
Nierenkrebs, chromosomale Abschnitte, Verlust 1147
Nierenmark 898
– Blutversorgung 895
– Gluconeogenese 372
– Glucose(bedarf) 520
Nierennervenfasern, sympathische, Reninfreisetzung 911
Nierenrinde 898
– Selenkonzentrationen 676
Nierensteine 916–917, 932
– Gla-Proteine 695
– Zusammenstellung 916
Nikotin
– ADH-Freisetzung 920
– ATP-Synthese 634
nikotinische Acetylcholinrezeptoren 1040
Ninhydrin 51 (F)
– Aminosäuren, Derivatisierung 51
Nitrat, Urin 914
Nitrat-/Nitrit-haltige Medikamente, Viagra® 803
Nitroblautetrazolium ► NBT
Nitrosamine 1158 (F)
– alicyclische, Cancerogenese 1157
5-Nitro-γ-Tocopherol 693
Nitroverbindungen, Methämoglobin 969
Nitroxid ► NO
Nitroxid-Synthase ► NO-Synthase
NK-T-Zellen 1133
NKX2.1, Hypothyreose 860
NK-Zellen *(natural killer cells)* 1104–1105
– Aktivierung, Virusabwehr 1135
– Bakterienabwehr 1135
NLS *(nuclear localization signal)* 189
NMDA-(N-Methyl-D-Aspartat) Rezeptoren 1038–1039
– Initiation, Cap-abhängige 300
N^5-Methyl-Tetrahydrofolat 707–708
– Homocystein, Remethylierung 464
NMN ► Nicotinamidmononucleotid
NMR-Spektroskopie
– Peptidbindung 70
– Proteine 91–92
N^5,N^{10}-Methylen-Tetrahydrofolat 452, 458, 592, 593 (F), 707, 708 (F)
– Histidinabbau 475
NNR-Achse, hypothalamisch-hypophysäre, Immunsystem 868
NO ► Stickstoffmonoxid
noncoding-RNA (ncRNA) 162
non-disjunction, chromosomale 1145
non-exercise activity thermogenesis 636
nonhomologous end-joining (NHEJ), DNA-Schäden 240 (F)–241 (F)
nonsense-Mutationen
– genetischer Code 289
– Proteinbiosynthese, eukaryote, Termination 298
Noradrenalin 463, 468, 758, 826, 1034, 1038, 1041–1042
– Abbau 831
– Aufnahme, Reserpin 1038
– Biosynthese, Ascorbinsäure 698
– elektromechanische Kopplung, Myokard 1014
– Fettgewebe, braunes 520
– – Lipolyse 528
– Katecholaminabbau/-biosynthese 827 (F), 831 (F)
– Lipolyse 520, 528
– Nahrungsaufnahme, Wirkung 643
– Reninfreisetzung 911
– Rückkopplung, negative 828
– Stress 636
– TRH-Freisetzung 847
– Urin 915
Norepinephrin ► Noradrenalin
Normetanephrin, Katecholaminabbau 831
Norovirus 328
Northern-Blot 167
NO-Synthase (NOS) 460, 801
– Diabetes mellitus 838
– endotheliale (eNOS) 310, 460, 801

– – Proteine, Regulation 694
– Hemmung durch Glucocorticoide 867
– induzierbare (iNOS) 460
– Induzierbare (iNOS) 801
– neuronale (nNOS) 460, 801, 1008
Notch-Gene 318
notch-signalling, γ-Sekretasen 318
NPC 1 like 1 (Niemann-Pick C 1 like 1) 1071
NPC *(nuclear pore complex)* 189
N-Propeptid, Kollagenbiosynthese 718–719
NRAMP-2 *(natural resistance associated macrophage protein 2)*, Eisenaufnahme 660
NRF-1 *(nuclear respiratory factor-1)*
– Hämbiosynthese, Regulation 611
– Muskelkontraktion 535
NSAID/NSAR *(nonsteroidal antiinflammatory drugs bzw. Antirheumatika)*
– Mucinproduktion, Hemmung 1067
– Prostaglandinbiosynthese 424
NSF (N-Ethylmaleimid sensitver factor), Transport, vesikulärer 194
NT-3 (Neurotrophin-3) 1051
NT-4 (Neurotrophin-4) 1051
Ntcp
– Cholestase 1101
– Sinusoidalmembran 1096
N-Terminus, Guanylatcyclasen 802
NTI *(non thyroidal illness)* 861
nucleäre Rezeptoren 763–765
nuclear accessory bodies 188
nuclear export signal ► NES
nuclear factor κB ► NF-κB
nuclear factor of activated T cells ► NFAT
nuclear location signal ► NLS
nuclear magnetic resonance ► NMR
Nucleasen 167, 168 (F)
– d-/p-Typ 168
– Aktivität 1114
– DNA-Schäden, Nucleotid-Excisionsreparatur 239
– Verdauung 168
Nucleinsäuren
– Auftrennung, Elektrophorese 165
– Charakterisierung 165–170
– Eigenschaften, chemische/physikalische 165–172
– Freisetzung, Viren 334–335
– N-glycosidische Bindung 147
– 3′-OH-Ende 146
– Pentosen 23
– 5′-Phosphatende 146
– Phosphodiesterasebindung 147
– Primärstruktur 146–147
– Reinigung 165–170
– Säuren, mehrbasische 147
– Sequenzen, Blotten 166
– – Hybridisieren 166
– virale, Polymerase-Kettenreaktion (PCR) 346
– Viren 326
– Wasserstoffbrückenbindungen 9
– Zusammensetzung 146–147
Nucleocapside, Viren 326
nucleocytoplasmatischer Transport 189
Nucleolus 176 (F), 188
nucleophile Verbindungen 18–20
nucleophiler Angriff, Basenkatalyse 19
Nucleoplasma 188
Nucleoporine 189
Nucleoproteine 56
– HIV 331
Nucleosidanaloga 350
Nucleosidase 1059
Nucleosiddiphosphat-aktivierte Form, Glycosylrest 546
Nucleosiddiphosphate 144
– Bildung 589–590
– Derivate 543
Nucleosiddiphosphat-Kinasen 592
– Citratzyklus 483
Nucleosiddiphosphat-Monosaccharide 540
Nucleoside 142–145
– Aufbau 142–144
– Carrier 144
– Nomenklatur 143
– Phosphatester 143
– Purinabbau 599
– Veresterung 143
Nucleosid-Phosphorylase, Purinabbau 599
Nucleosidtransporter, Plasmamembran 598
Nucleosidtriphosphate 144
– Bildung 589–590
Nucleosomen 152–153
– Core 153 (F)
– DNA, eukaryote 273
Nucleosomencore 153 (F)
5′-Nucleotidase, Glycogenolyse, Myokard 385
Nucleotidasen, Purinabbau 599
Nucleotide 25, 142–145
– Abbau 599–601
– Aminosäuren 429
– Aufbau 142–144
– Biosynthese, Hexosemonophosphat-Weg 365–366
– Energieträger 145
– Funktionen 144
– Pentosen 23
– Phosphate, energiereiche 144
– Thrombozytengranula 977
– Wasserlöslichkeit 142
Nucleotid-Excisionsreparatur 239–241
Nucleotidtransferase 268
Nucleus(-i)
– arcuatus 872
– caudatus 1042
– – Parkinsonsche Krankheit 1049
– paraventricularis 843, 862, 920
– – anteroventraler (AVPV) 844, 872
– – Nahrungsaufnahme 643
– preoptici 843
– supraopticus 843, 891, 920
– ventromedialis 843
NXF1/p15 (heterodimerer Transportrezeptor), mRNA 269

O

OAT1 *(organic anion transporter)*
– Bilirubinaufnahme 622
– Tubulusepithelien 906
OATPC1 855–856
Oatp-Familie, Sinusoidalmembran 1096
ob/ob-Mäuse 523
Oberflächenantigene, Leukocyten 1109
Obestatin 886
– Ghrelinvorläufer 886
Occludine 198
OCT2 *(organic cation transporter)*, Tubulusepithelien 906
$\Delta^{9,12}$-Octadecadiensäure 34, 418
Octadecansäure 33 (F), 34
$\Delta^{6,9,12}$-Octadecatrienoyl-CoA 420 (F)
$\Delta^{9,12,15}$-Octadecatriensäure 34, 418
oculopharyngeale Muskeldystrophie 1018
O-Dealkylierung, Biotransformation 1091
Ödeme
– Conn-Syndrom 927
– Marasmus 645
Ölsäure 34, 418
Östradiol 759, 872, 879
– Biosynthese, CYP17/CYP19 881
– Cytochrom-P450-Aromatase-Komplex 882 (F)
– Granulosazellen 879
– Menopause 882
– Progesteron, Biosynthese 881 (F)
– Rückkoppelung, Kisspeptin 880
– TRH-Abbau 848
– Wirkungen, molekulare 883
Östradiolrezeptor α/β 883–884
Östriol
– Schwangerschaft 882
– Syncytiotrophoblasten 882
Östrogene 846, 872
– Abbau 882
– Befruchtung 883
– Biosynthese 864, 877, 879, 881 (F)
– – Aromatasehemmer 881
– 1,25-Dihydroxy-Vitamin D_3 883
– endogene, Verstoffwechselung 882
– Epiphysenschluss 744
– Fettgewebe 524
– GnRH-Sekretion 878
– Gonaden 873
– IGF-1 883
– Knorpel-/Knochenbildung 741, 883
– lipophiler Charakter 883
– Lipoproteine, Stoffwechsel 883
– Mamma 883
– Mammakarzinom 1159
– Menstruationszyklus, Proliferationsphase 883
– Ovar 878, 880–882
– Phosphatausscheidung, renale 933
– Prohormone, Androgene 880
– Skelettsystem, Homöostase 745
– synthetische 884
– Uterus 883
– Vagina 883
– Wirkungen, zelluläre 882–883
Östrogenrezeptor 763
– Transkriptionsfaktor 884
Östrogen-Rezeptor-Modulatoren selektive (SERMs) 884
– Osteoporose 746
Östron 881 (F), 882
offene Systeme
– Entropie 102
– Thermodynamik 100
O-Form *(open)*, F_1-F_0-ATP-Synthase 501
O-Glycoside 24
O-glycosidische Bindung, Glycoproteine 546
O-glycosidische Modifikationen, Proteine 312
$1,25(OH)_2D_3$ ► 1,25-Dihydroxycholecalciferol
3′-OH-Ende, Nucleinsäuren 146
OH-Gruppen, Monosaccharide 23
OH-Gruppen-Sulfatierung, Biotransformation 1091
Okazaki-Fragmente
– DNA-Replikation 233
– DNA-Schäden, Basenexcisionsreparatur 238

Oleyl-CoA 419
2′-5′-Oligo-A-Synthetase-Expression (2′-5′-OASE), Interferon α/β 797
Oligodendroglia-Zellen 1045
Oligodendrozyten 1046
oligomere Enzyme 110
Oligomycin, F_1-F_0-ATP-Synthase 501
Oligopeptide
– Abbau 322
– Resorption 1073
Oligosaccharide 22, 26–32
– Humanmilch 646
– Virusadsorption 330
Oligurie, Harnvolumen 914
Omega-3-Fettsäuren 1134
Omega-6-Fettsäuren 1134
Omeprazol 1056 F
– Protonenpumpe, Hemmung 1055–1056
– Ulcusleiden 1067
OMP (Orotidin-5′-monophosphat), Pyrimidinbiosynthese 590
OMP-Decarboxylase (OCT)
– Mangel 604
– Pyrimidinbiosynthese 591
OMP-Decase 594
Oncostatin M (OSM) 759, 794
– rheumatische Erkrankungen 746
Ondansetron 1038
Onkogene 1143–1145
– Aktivierung, konstitutive 1143
– – kumulative, Tumorigenese 1150
– dominante 1144
– Mutation, Signaltransduktionsweg, konstitutive Anschaltung 1144
– virale 344, 1143
– Wirkmechanismen 1143
Onkogenese, Pin1-Isomerase 303
open reading frame (ORF), genetischer Code 289
Operonmodell, Prokaryoten, Transkription 271
OPG (Osteoprotegrin) 743, 868
Ophthalmoplegie, Enzephalomyopathien, mitochondriale 512
Opiate/Opioide
– G-Protein, Aktivierung 780
– Nahrungsaufnahme, stimulierende Wirkung 643
Opiatrezeptoren
– Isoformen 1044
– körpereigene 1044–1045
OPLG (Osteoprotegrin-Ligand) ► RANK
OPRTase ► Orotat-Phosphoribosyltransferase
Opsin 684–686
– G-Protein, Aktivierung 780
– G-Protein-gekoppelte Rezeptoren 685
Opsonierung 1120
– Komplementaktivierung 1131
Opsonin, Komplementaktivierung 1105
optischer Test
– Enzyme 115–116
– Funktionsprinzip 115 (F)
– gekoppelter 115–116
Orbivirus 329
Orchiektomie 876
ORF (open reading frame), genetischer Code 289
Organe, Wachstumsphase, elastische Fasern 727
Organellen 176, 187–207
Organellentransport, Mikrotubuli 209
Organismen
– heterotrophe 100
– Stickstoff-fixierende 428
Organversagen, multiples 798–801
Orgasmus, Oxytocin 891
Ornithin 49 (F), 438, 443, 532 (F)
– Abbau 459
– Aminosäurestoffwechsel, Leber 447
– Biosynthese 459
– Harnstoffzyklus 446 (F), 447–448, 459
– NH_4^+-Stoffwechsel, Zonierung 449
– Plasmakonzentration 445
– Polyamine, Biosynthese 462
– Stoffwechsel 459–462
– Stoffwechselbedeutung 460
Ornithin-Carbamyltransferase
– Defekt 450
– Harnstoffzyklus 447
Ornithin-Carrier 494
Ornithin-Citrullin-Antiporter (ORNT1) 442–443
– Harnstoffzyklus 442, 447–448
Ornithin-Decarboxylase 322
Ornithin-Transcarbamylase (OTC), Harnstoffzyklus 446
ORNT1 ► Ornithin-Citrullin-Antiporter (ORNT1)
Orosomucoid
– Funktion/Pathobiochemie 992
– Synthese in der Leber 1088
Orotacidurie, hereditäre 604
Orotat, Pyrimidinbiosynthese 590 (F), 591
Orotat-Phosphoribosyltransferase 591, 594
– Mangel 604
– Pyrimidinbiosynthese 635
Orotidin-5′-monophosphat ► OMP
Orotidylatdecarboxylase, Geschwindigkeitskonstante 107
Orthohepadnavirus 329
Orthomyxoviren 328
– RNA-Genom 335
Orthopoxviren 329
Orthoreovirus 329
Oseltamivir 352
OSM (Oncostatin M) 759, 794
osmolal/osmolale Lösungen 12
osmolar/osmolare Lösungen 12
Osmolarität
– effektive 918
– Extrazellulärraum 918
– Nierenzonen 900
– Tubulus, proximaler 904
– Wasserhaushalt, Körper 918
Osmolaritätsgradient, Wasserresorption 899
Osmorezeptoren
– Durstgefühl 920
– Hypothalamus 918, 920
Osmose 11–12
osmotische Kräfte, Wasserbewegungen 12
osmotischer Druck 11–12
osmotischer Gradient
– Blut-Hirn-Schranke 1027
– Wasser, Resorption 1074
Ossifikation
– *bone sialoprotein* 738
– direkte oder desmale 738
– enchondrale, Röhrenknochen 739
– indirekte oder enchondrale 738
– Osteopontin 738
Osteoblasten 716, 738
– Bildung, Ihh 740
– BMP-Proteine 740
– Cortisolderivate 745
– Differenzierung, CBFA-1 *(core binding factor-1)* 740
– 1,25-Dihydroxycholecalciferol 690
– Glucocorticoid-Rezeptoren 745
– Osteoklastogenese 743
– Progenitorzellen 739
– RANKL 743
Osteocalcin 695
– 1,25-Dihydroxycholecalciferol, Expression 690
– Knochen 738
– Vitamin-K-Abhängigkeit 695
– Vitamin-K-Mangel 696
Osteochondrodysplasie, Kathepsin-K-Mangel 323
Osteogenese
– Hormone 739
– parakrine Faktoren 741
– Schlüsseltranskriptionsfaktoren 739
– Wachstumsfaktoren, parakrine 739
Osteogenesis imperfecta (OI) 313, 723
Osteoklasten 738, 742–743
– Demineralisierung 690
– Differenzierung 742–744
– – Makrophagen-ähnliche Vorläufer 743
– Exozytose, lysosomale 203
– Knochenresorption 744
– Parathormon 935
– Progenitorzellen 743
– Thyreocalcitonin, Signaltransduktion 937
– V-ATPasen, Defekte 183
Osteoklasten-aktivierender Faktor (OAF), Knochenbildung 745
Osteoklastogenese
– M-CSF 743
– RANKL 743
Osteolyse
– Hemmung, Thyreocalcitonin 937
– Riesenzelltumoren, ossäre 322
– Tumor-assoziierte 322
Osteomalacie, Vitamin-D-Mangel 691
Osteopetrose
– maligne, infantile 200
– V-ATPasen, Defekte 184
Osteopontin 730
– 1,25-Dihydroxycholecalciferol 690
– Knochen 738
– Ossifikation 738
Osteoporose 744, 746, 883
– Bisphosphonate 747
– Cytokine 745
– Fluorid 674
– Glucocorticoide 868
– SERMs 746
– Vitamin-K-Mangel 696
Osteoprotegrin (OPG) 743
– Transkription, Glucocorticoide 868
Osteosarkom 1147
Osteosklerose, Kathepsin-K-Mangel 323
Osteozyten 716, 738
OTC ► Ornithintranscarbamylase
OTC XP21.1, Defekt 450
outside-in-signaling, Integrine 734
Ovalbumin, Filtrierbarkeit, glomeruläre 896
Ovalzellen, Leber 1084
Ovarialcarcinom 1147
Ovarien
– Granulosa-Zellen 878
– Hexosemonophosphat-Weg 368
– Östrogene/Progesterone 878, 880–882
– Relaxin 884
– Theca-Interna 878
– Zinkkonzentration 672
ovo-lacto-vegetabile Kost 654
Ovulation 879–880
– LH-Anstieg 880

Oxalacetat 5, 373 (F), 441–443, 456 (F), 478, 480 (F), 482, 484, 486, 943
- Aminosäuren, nicht essentielle, Stoffwechsel 440
- Aminosäurestoffwechsel 432
- Fettsäurebiosynthese 417
- Gluconeogenese 372, 448
- Glucose-Fettsäurezyklus 522
- Harnstoffzyklus 448
- Rückgewinnung aus Succinat 484
- Standardpotential 103
Oxalat, Eliminierungsmechanismen 909
Oxalcrotonat, Tryptophanabbau 472 (F)
Oxaliplatin 669
Oxalose, Hyperoxalurie 313
Oxalsäure, Calciumresorption, intestinale 931
Oxalsuccinat 480 (F)
Oxidasen 506–507
Oxidation 11 (F), 100
- β-Oxidation 490
- - Acetyl-CoA 704
- - Acyl-CoA-Dehydrogenase 498
- - Fettsäuren 403–407, 484, 517
- - - ungesättigte 408
- - peroxisomale 408
- biologische 104
- Erythrozyten 956
- Flavoproteine 700
- Katecholaminabbau 831
Oxidationsmittel, Enzyme 128
Oxidationsschutz, Aminosäuren 430
Oxidationswasser 918
oxidative Abspaltung, Biotransformation 1091
oxidative burst 509
oxidative Endstrecke, Citratzyklus 478
oxidative Phosphorylierung (OXPHOS) 490, 491 (F)
- Besonderheit 492
- Citratzyklus 505
- Defekte 512–513
- Energiebilanz 502
- Entkoppler, 2,4-Dinitrophenol 504 (F)
- Innenmembran, mitochondriale 204
- Komplexe 495
- Kontrolle 503–506
- Regulation 503–506
- Voraussetzungen 490–494
- Wirkungsgrad 502
oxidative Umwandlungen, Biotransformation 1091
oxidativer Stress 509–512
- Alkoholkonsum, chronischer 1100
- Ethanolstoffwechsel, Leber 1100
Oxidoreduktasen 112–113, 506–509
- hämhaltige 506
Oxodicarboxylatcarrier (ODC) 442–443
Oxoferryl-Gruppe, Cytochrom P_{450} 508
Oxo-Testosteron, Cytochrom-P450-Aromatase-Komplex 882 (F)
OXPHOS-Defekte/-Erkrankungen 512–513
Oxyanion-Tasche
- Enzyme 121
- Histidin-57 121
Oxyform, Häm 80
Oxygenasedomäne 461
Oxygenierung, Hämoglobin 959
Oxyhämoglobin 83, 962
- Spektralkurve 959
Oxyntomodulin 823
Oxypurine, Keto-Enol-Tautomerie 142
Oxypyrimidine, Keto-Enol-Tautomerie 142
Oxytocin 890–891, 918
- Geburt/Laktation 890
- Halbwertszeit 849
- Orgasmus 891
- Uteruskontraktion 918
- Wasserhaushalt, Regulation 918

P

P0, Gendefekte 1047
p15 1147
$p15^{INK4B}$, Kinasen, Cyclin-abhängige, Inhibitoren 223
p16 1147
$p16^{INK4A}$, Kinasen, Cyclin-abhängige, Inhibitoren 223
p17, HIV 331
$p18^{INK4C}$, Kinasen, Cyclin-abhängige, Inhibitoren 223
$p19^{INK4D}$, Kinasen, Cyclin-abhängige, Inhibitoren 223
p21 1148
- 1,25-Dihydroxycholecalciferol, Expression 690
$p21^{WAF1}$ 223–224
- Aktivierung 224
- p53 224
p24, HIV 331
p27, Proteine, Regulation 694
p38α, p38β bzw. p38δ 772
p38-Kinasen 772
p40, NAPDH-Oxidase 974
p47, NAPDH-Oxidase 974
p53 224, 323, 345, 1147–1150
- Apoptose 227
- Cancerogenese, chemische 1157
- colorektale Tumoren, sporadische 1153
- Genom, Integrität 1149
- Inaktivierung, Papillomvirus-Genprodukte 1149
- Leberkrebs 1150
- Mutationen, somatische 1149
- Papillomviren 345
- Proteinkinasen, Cyclin-abhängige 224
- Thymidylatsynthase, Regulation 595
- Transkription, Regulator 224
- Viren, Tumor-erzeugende 344
p56Lck 1115
$p57^{KIP2}$, Kinasen, Cyclin-abhängige, Inhibitoren 223
p59Fyn 1115
p67, NAPDH-Oxidase 974
P170-1-Glycoprotein 1161 (F)
$p190^{BCR-ABL}$ 1154
$p210^{BCR-ABL}$ 1154
$p230^{BCR-ABL}$ 1154
p300 274, 275 (F)
P450c11β-Hydroxylase 880
P450c21-Hydroxylase 880
Pacchioni-Granulationen 1026–1027
P1-Adenosinrezeptoren, ATP 1044
PAF *(platelet activating factor)* 558 (F), 800
- Allergie vom Typ I 1137
Paget-Krankheit 746
PAI-1, Diabetes mellitus 838
paired helical filaments (PHF), Alzheimer-Demenz 214
Palindrome 169
- DNA-Sequenzen 149
Palmitaldehyd 562
Palmitinsäure 34
Palmitoleinsäure 34, 418
Palmitoylierung
- Cysteinreste 311
- Proteine 772
- - myristoylierte 310
Palmityl-CoA 419, 559
- Ceramid, Biosynthese 560 (F)
- Sphingomyelin, Biosynthese 560 (F)
PALP ► Pyridoxalphosphat
PAM (Peptidylglycin-α-amidierende Monooxygenase)
- Ascorbinsäure 698
- Kupfer(transport) 667, 669
- TRH-Biosynthese/-Freisetzung 847
p-Aminobenzoesäure 125 (F)
PAMP ► Pyridoxaminphosphat
pancreatic polypeptide, Nahrungsaufnahme, stimulierende Wirkung 643
Panenzephalitis, subakute sklerosierende, Masernvirus 343
Pankreas
- Cholecystokinin 1065
- endokrines, Insulin 811
- - Zellen 811
- Enzymsekretion 1065
- - Hemmung durch Somatostatin 887
- - Nervensystem, parasympathisches 1065
- - Regulation 1065–1066
- Hydrogencarbonat-Sekretion 1065
- Hydrolase 1058
- Insulinempfindlichkeit 817
- Proteasen 1058
- Sekretin 1065
- Selenkonzentration 676
- Wassersekretion 1065
Pankreasamylase 1058
Pankreascarboxypeptidase, Zink 672
Pankreasinsuffizienz 1067–1068
- Colipase-/Lipasemangel 1077
Pankreaskarzinom
- ADH-Sekretion 921
- Thyreocalcitoninüberproduktion 939
Pankreaslipase 398, 1059–1061
- Resorption 575
- Triacylglycerine, Abbau 1070
- - Spaltung/Resynthese 1072
- Triacylglycerin-spezifische 1070
Pankreassekret 1057–1060
- Endopeptidasen 1058
- Exopeptidasen 1058
- Hydrogencarbonat 1058
- pH-Wert 13
- Produktion, tägliche 1058
Pankreatitis
- akute 1067
- chronische 1068
- - Vitamin-E-Mangel 694
- Hypercholesterinämie 583
Pankreozymin
- G-Protein-gekoppelte Rezeptoren 783
- Vorkommen/Funktion 1063
Pansen, Vitamin-B_{12}-Konzentration 709
P2Y-Antagonisten 1044
Pantoprazol 1056
Pantothensäure 681, 704–705
- Acetylierung 704
- Acylierung 704
- chemische Struktur 704
- Coenzym A 111
- - Biosynthese 704, 705 (F)
- Speicherung in der Leber 1089
Papillomviren 329
- E6-/E7-Protein 345
- Genitalschleimhaut, Karzinome 344
- p53 345
- Persistenz 343
- Zervixkarzinom 344

Papillomvirus-Genprodukte, p53/Rb105, Inaktivierung 1149
Papillon-Lefèvre-Syndrom 200
PAPS (3'-Phosphoadenosyl-5'-Phosphosulfat) 111, 550
– Cerebrosid/Sulfatid, Biosynthese 561
Paracelsus, Theophrastus 656
Paracetamol 1094 (F)
– Biotransformation 1093
– Stoffwechsel 1094
parakrine Sekretion 1062
Paralyse
– hyperkaliämische, Natriumkanalprotein, Domänen, Mutationen 1019
– – periodische 1018–1019, 1032
Paramyotonia congenita 1018–1019
Paramyxoviren 328
– Adsorption 335
– – Rezeptor-vermittelte 333–334
– Fusionierung mit der Zellmembran 334
Paraproteinämien 994, 998
– Immunglobuline, monoklonale 999
Parathormon (PTH) 689, 760, 934 (F)
– Adenylatcyclase 936
– Biosynthese 934
– Calciumreabsorption 932
– Calciumrezeptor-Protein 934
– Calciumstoffwechsel 933–934
– cAMP 934
– 1,25-Dihydroxycholecalciferol 935
– – Expression 690
– Freisetzung, cAMP 935–936
– Hydrolasen 935
– 25-Hydroxycholecalciferol 935
– Hydroxylierung 935
– Hydroxyprolin 935
– Hypoparathyreoidismus 939
– Knochen 935
– Knochenwachstum 742
– Kollagenasen 935
– Natriumcotransport (NaPi) 935
– Nebenschilddrüsen 933
– Osteoklasten 935
– Phosphatausscheidung, renale 933
– Phosphatstoffwechsel 933, 938
– Rezeptor, heptahelicaler 936
– Sekretion 934
– Stoffwechsel 934
– Thyreocalcitonin 936–937
– Vitamin-D-Stoffwechsel 689
parathormon-related-peptide ► PTHrP
Paresen, Pyridoxinmangel 703
Parietalzellen, Salzsäuresekretion 1055
Parkin 323
– Parkinson-Syndrom 1049
Parkinson-Syndrom 207, 1042, 1049–1050
– Demenz, frontotemporale 1049
– OXPHOS-System, Störungen 513
p-Arme, Chromosomen 155
Parotis, Fluoridspeicherung 674
PARs (proteinolytisch aktivierte Rezeptoren) 319
Partikel
– intrazelluläre 205
– Zellen 187–207
Parvoviren 329
– DNA-Polymerasen 329, 339
Pasteur, Louis 389
Pasteur-Effekt 389
P-ATPasen 184
PAX8, Hypothyreose 860
Paxillin 1008
PBG ► Porphobilinogen
PBG-Desaminase
– Hämbiosynthese 609–611
– Mangel 617
PBG-Synthase-Mangel, Porphyrie 617
P-bodies, Intrazellularraum 205
PC1 309, 848
– TRH-Biosynthese/-Freisetzung 847
PC2 309, 848
– TRH-Biosynthese/-Freisetzung 847
PCABs *(potassium competitive acid inhibing blockers)* 1056
P-Cadherine 197–198
PCNA *(proliferating cell nuclear antigen)*, Führungsstrang, DNA-Replikation 234
pCO_2 ► Kohlendioxid-Partialdruck
PCR ► Polymerase-Kettenreaktion
PDGF *(platelet derived growth factor)* 225, 759, 1143–1144
– Alkoholkonsum, chronischer 1100
– Hemmung durch Glucocorticoide 867
– Lebersternzellen 1098
PDGF-A 786
– Lungenentwicklung 788
PDGF-B 786, 788
PDGF-B-Homodimer 786
PDGF-C 786, 788
PDGF-C-Homodimer 786
PDGF-D 786
PDGF-D-Homodimer 786
PDGF-induzierte Rezeptoraktivierung 788
PDGF-induzierte Signalkaskaden 788
PDGF/PDGF-Rezeptor-Interaktion 786–788
PDGFR *(platelet-derived growth factor receptor)* 786
– Rezeptortyrosinkinase-Signaltransduktion 786
– Signaltransduktionsmoleküle 43, 788
PDGF-Signaltransduktion 787
PDH ► Pyruvatdehydrogenase
PDI (Proteindisulfidisomerase) 306
– Thioredoxindomänen 306
PDK1 *(phospholipid-dependent kianse 1)* 525–526, 787
PeCAM 197
Pellagra 473, 702
pelvifemorale Muskeldystrophie 1018
Pem-Gen 876
Pemphigoid, bullöses 206, 753
Pendrin 675, 852
Penicillin 550–551
– bakteriostatischer Effekt 550
– Glycopeptid-Transpeptidase 550
– β-Lactamring 550
– PepT1 1073
– Quervernetzung 550
Penicilloyl-Enzym-Komplex 550, 551 (F)
Pentaglycinpeptid 30
Pentosen 22–23
– Nucleinsäuren 23
– Nucleotide 23
Pentosephosphat-Weg ► Hexosemonophosphat-Weg
Pentosidin, Kollagen 394
PEP-Carboxykinase (PEP-CK) 373, 387, 487
– Aminosäurestoffwechsel, Nieren 452–453
– cAMP, Erhöhung 387
– Cortisol 867
– Gluconeogenese 373, 387–388, 391
– Hemmung durch Insulin 820
– Insulinbiosynthese 819
– Mangan 673
– Retinoidfunktion 688
PEP-Carboxykinase-Promotor, Aufbau 388
Pepsin 127, 133, 315, 1056, 1059
– Endopeptidase 1056
– Magensaft 1054
– Zymogengranula 1056
Pepsininhibitor 1056
Pepsinogen 133, 1056, 1059
– Sekretion, Regulation 1065
Peptid YY (PYY)
– Nahrungsaufnahme 643
– – stimulierende Wirkung 643
Peptidantibiotika, Aufnahme, PepT1 1073
Peptidasen 315–316, 906
– canaliculäre Membran 1097
– Defekte 200
– Hemmstoffe, Bindung 316
– ω-Stelle 312
Peptidbindung(en) 57–58, 69–70
– cis-/trans-Form 70
– Dipolmoment, permanentes, statisches 78
– gestaffelte Form 69–70
– Mesomerie 69–70
– NMR-Spektroskopie 70
– Proteinbiosynthese 288
– – Elongation 296
– Säurechlorid, Bildung 92
– Säurehydrolyse, Proteine 65
– Spaltung 315
– – Pepsin 1056
– Spektrum 92
– ω-Stelle 311
– Synthese 293
– Transamidase 311
– verdeckte Form 69–70
Peptide
– Aminosäuresequenz, Edman-Abbau 65–66
– Aufnahme, Mukosazelle 1073
– – PepT1 1073
– Festkörpersynthesetechnik 93
– kurz-/langkettige 57
– Neurotransmitter 1034
– Re(ab)sorption 1073
– – Niere 905
– Synthese 92–93
– – Peptidyltransferasezentrum (PTZ) 293
– tryptische 66
– Umkehrphasen-HPLC-Auftrennung 66
Peptidhormone
– gastrointestinale 1063
– als Glycoproteine 27
– Herstellung, Ascorbinsäure 698
– Nahrungsaufnahme, Wirkung 643
Peptidhydrolyse, Spezifität 315
Peptidoglykane 28, 30–31
Peptid-Transporter 1 (PepT1) 1073
Peptid-Transporter 2 (PepT2), Niere 901
Peptidylcholesterin 310
Peptidylglycin-α-amidierende Monooxygenase ► PAM
Peptidylglycin-Monooxygenase 309
Peptidylpeptidasen 316
Peptidyl-Prolyl-cis-trans-Isomerasen (PPIasen) 302–303
– Geschwindigkeitskonstante 107
– HIV 340
– Immunsuppression 303
– Proteinfaltung 88
Peptidyl-Prolyl-Peptidbindungen, Cis-trans-Isomerie 303
Peptidyl-Prolyl-Peptidisomerase 302

Peptidyltransfer, intramolekularer, Proteinolyse, limitierte 309
Peptidyltransferasezentrum (PTZ) 296
- Peptidsynthese 293
- Proteinbiosynthese 288
Peptidyl-tRNA 296
Peptone 1056
Perforin 202–203, 1116
Perhydroxylradikal 510
Perichromatingranula, Zellkern 187
Perilipin 414 (F), 415
Perineuritis 1018
Periodensystem, Elemente 4
Periodontitis 315
Peritonealdialyse 909
Peritoneum, Makrophagen 975
Perlecan 727–728
- Basalmembran 732
permeability transition pore, OXPHOS-Defekte 513
Permeationsvermögen, Hydratationsradius 8
Peroxidasen 506
- Aktivität, PGHS 420
- Allergie Typ I 1137
Peroxine 307
peroxisomale Transportsignale (PTS) 307
Peroxisomen 176 (F), 204–205
- Fettsäuren, β-Oxidation 204, 408
- Katalase 205
- Proliferatoren 323
Peroxisomen-Proliferator-aktivierte Rezeptoren ► PPAR
Peroxy-Enzym-Intermediat, Cytochrom-P450-Aromatase-Komplex 882 (F)
Peroxyl-Radikale 510
- Vitamin E 693
Pertechnat, Schilddrüsenszintigraphie 852
Pest 966
PEST-Sequenzen, Proteine 321
Pestvirus 328
pET 245
Pex3 307
Pex19 307
PEX-Importkomplex 307
P2X-Familie, ATP-Rezeptoren, trimäre 1036
PFIC 3 1101
PFK ► Phosphofructokinase
Pfortader 516
PGE_2 ► Prostaglandin E_2
PGI_2 ► Prostacyclin (PGI_2)
P-Glycoprotein 1160
- ABC-Transporter 184
- Blut-Hirn-Schranke 1027
pH-Abhängigkeit, Enzymaktivität 128
pH-Änderungen, Proteindenaturierung 88
Phänotyp, zell- oder gewebetypischer, Expression 271
Phagendisplay, Genomik, funktionelle 95
Phagosom 973
Phagozytose 195
- Bakterienabwehr 1135
- Granulozyten, basophile, eosinophile bzw. neutrophile 975
- Kupfferzellen 1098
- Makrophagen 975
- Mikroorganismen 1105
- Vakuole 973
Phalloidin 215
Pharmakogenetik 1093
PH-Domänen *(pleckstrin-homologie domains)*, Transport, vesikulärer 194
PH-Domänen *(pleckstrin-homology domains)*
- Proteine 772
- Transport, vesikulärer 194
Phenole, Urämietoxine 909
Phenylacetat 403–404, 469 (F)
- Harnstoffzyklusdefekte 450
- Phenylalanin, Umwandlungsreaktionen 469 (F)
- Phenylketonurie 470
Phenylacetyl-CoA
- Phenylalanin, Umwandlungsreaktionen 469 (F)
- Phenylketonurie 470
Phenylacetylglutamin
- Harnstoffzyklusdefekte 450
- Phenylketonurie 470
Phenylalanin 45 (F), 47, 438, 440–441, 518
- Bedarf des Menschen 439
- Biosynthese 443
- Katecholaminbiosynthese 827 (F)
- Plasmakonzentration 445
- Serotoninabbau/-biosynthese 1042
- Stoffwechselbedeutung 468
- Transaminierung 441
- Umwandlungsreaktionen 469 (F)
phenylalaninarme Diät, Phenylketonurie 470
Phenylalanin-Hydroxylase 506
- Aminosäuren, aromatische, Abbau 468
- Defekt 469
- - Mutationen 470
- Katecholaminbiosynthese 827
- Phenylalanin, Umwandlungsreaktionen 469
- Tyrosinsynthese 468
Phenylessigsäure ► Phenylacetat
Phenylethanolamin-N-Methyltransferase 827–828, 1041
- Katecholaminbiosynthese 827
Phenylethylamin
- Phenylalanin, Umwandlungsreaktionen 469 (F)
- Phenylketonurie 470
ω-Phenylfettsäuren 403
Phenylisothiocyanat (PITC) 66
Phenylketonurie 469–471
- Guthrie-Test 470
- phenylalaninarme Diät 470
Phenylpyruvat 440, 469 (F)
- Phenylketonurie 470
pH-Erniedrigung, Knochenabbau 743
Phesamicol 1035
pH-Gradient, Magen, Mucinschicht 1057
Philadelphia-Chromosom, Leukämie, chronisch-myeloische (CML) 1154
Phlebovirus 328
pH-Optimum, Enzymaktivität 127–128
Phorbolester 789
Phoshpat, 1α-Hydroxylase, Hemmung 689
Phosphat 483 (F), 932
- anorganisches 933
- Ausscheidung 933
- - renale 933
- Bedarf, täglicher 932
- Blut 932
- energiereiches 104–105
- - Nucleotide 144
- Freisetzung, Querbrückenzyklus 1011
- Muskelkontraktion 1010
- organische Verbindungen 932
- organisches 918
- Protonenquelle 943
- Puffer 932
- Resorption 1076
- - intestinale 932
- Urin 915
- Verteilung im Organismus 932
Phosphatase, alkalische, Tumormarker 1159
Phosphatase(n) 262, 482, 806, 1059
- alkalische, Darmsaft 1062
- - Phosphatidylinositol, Verankerung 312
- - Tumormarker 1159
- Calcium-regulierte 776
- Inhibierung, Signalproteine, Phosphorylierung 806
- PDH-Komplex 482
- saure, Lysosomen 200
- Zellkern 806
Phosphat-Carrier 493–494
5'-Phosphatende, Nucleinsäuren 146
Phosphatester, Nucleoside 143
Phosphatgruppentransferreaktion, Citratcyklus 483
Phosphathaushalt 932–933
- Parathormon 933
- Pathobiochemie 938–939
Phosphatidat 35, 36 (F)
- Triacylglycerine, Biosynthese 402 (F), 403
Phosphatidat-Cytidyl-Transferase, Phosphoglyceride, Biosynthese 555
Phosphatidat-Phosphohydrolase 517
- Lipogenese 415–416
- Triacylglycerine, Biosynthese 402–403
Phosphatidylcholin 35, 36 (F), 204, 517, 556 (F), 558, 1061
- Abbau 558
- Acylierungszyklus 557 (F)
- - Lecithin-Cholesterin-Acyltransferase (LCAT) 557
- Biosynthese 111
- Ladung, positive 40
- Lipiddoppelschichten 41
- Phosphoglyceride, Biosynthese 555 (F)
- Sphingomyelin, Biosynthese 559, 560 (F)
Phosphatidylethanolamin 35, 36 (F), 204, 556 (F), 557
- Ladung, positive 40
- Lipiddoppelschichten 41
- Phosphoglyceride, Biosynthese 555 (F)
Phosphatidylglycerophosphat, Cardiolipin, Biosynthese 556
Phosphatidylgycerin, Cardiolipin, Biosynthese 556
Phosphatidylinositol-3,4,5-triphosphat (PIP_3) 571, 788
Phosphatidylinositol-3-Kinase (PI3K) 525–526, 571, 772, 785, 787–789, 888
- Insulinsignal, Weiterleitung 821
- Rezeptortyrosinkinase 786
Phosphatidylinositol-4,5-bisphosphat (PIP_2) 784 (F)
Phosphatidylinositol (PI) 35, 36 (F), 784 (F)
- endoplasmatisches Retikulum 190
- Lipiddoppelschichten 41
- Phosphoglyceride, Biosynthese 555 (F)
- Phosphorylierung 783
- Verankerung, Acetylcholinesterase 312
- - Phosphatase, alkalische 312
- Zyklus 422
Phosphatidylinositolanker, $AcChE_H$ 313
Phosphatidylinositol-4,5-bisphosphat (PIP_2) 571, 783
- Phosphorylierung 788
- Synthese 775

Phosphatidylinositolkaskade, Aktivierung, Angiotensin II-Wirkungen 911
Phosphatidylinositol-3-Kinase (PI3K) 571
- Aktivierung von Fusionsproteinen 1154
- p85-Untereinheit 43
- Signalweg 772
Phosphatidylinositolphosphate (PIPs) 772
- G-Proteine 194
Phosphatidylserin 35, 36 (F), 556 (F), 557
- Lipiddoppelschichten 41
Phosphationen, Knochen 738
Phosphatreabsorption, Wachstumshormon 938
Phosphatreste, Nucleotide 142
Phosphatstoffwechsel
- 1,25-Dihydroxycholecalciferol 933
- hormonelle Regulation 933–938
- Parathormon (PTH) 933
- Thyreocalcitonin (CT) 933
Phosphat-Transfer, Transportproteine 494
3′-Phosphoadenosyl-5′-Phosphosulfat (PAPS) 111, 550, 559, 941–942
2-/3-Phospho-D-Glycerat 458
Phosphodiesterase (PDE) 167, 239, 383, 519
- Bindung, Nucleinsäuren 147
- cAMP-abbauende 819
- cGMP-abbauende 686, 803
- Defekte 200
- Insulinsignal, Weiterleitung 821
- Nahrungskarenz 529
Phosphoenolpyruvat (PEP) 373 (F), 458, 486
- Bildung 374
- Enthalpie, freie 105
- Fettsäurebiosynthese 413
- Gluconeogenese 372
- Glycolyse 360 (F), 362
Phosphoenolpyruvat-Carboxykinase ▶ PEP-Carboxykinase (PEP-CK)
Phosphofructokinase-1 (PFK-1)
- Aktivatoren, allosterische 388
- Fructose-2,6-bisphosphat 388
- Glycolyse 359, 387–388
- Inhibitoren, allosterische 388
- Kooperativität 130
- Umgehung, Gluconeogenese 373
Phosphofructokinase-2 (PFK-2), Insulinsignal, Weiterleitung 822
Phosphofructokinase (PFK) 106, 111, 386, 522
- Gluconeogenese 372, 391–392
- Glucose-Fettsäurezyklus 522
- Glycolyse 360, 363–364, 387
- Insulin 820
- Insulinbiosynthese 819
Phosphoglucomutase 542
- Glycogenbiosynthese 368–369
- Hemmung 543
6-Phosphogluconat 366 (F)
6-Phosphogluconat-Dehydrogenase 366
- Hexosemonophosphat-Weg 365
6-Phosphogluconolacton 366 (F)
- Hexosemonophosphat-Weg 365
Phosphoglycerat
- 2-Phosphoglycerat, Glycolyse 360 (F), 362
- 3-Phosphoglycerat, Aminosäurestoffwechsel 365
- - Glycolyse 360 (F), 362
- - Nieren 452
- - Serinbiosynthese 458
Phosphoglyceratkinase
- Erythrozyten 363
- Glycolyse 106, 360, 362, 364
Phosphoglyceratmutase, Glycolyse 362, 363 (F)
Phosphoglyceride 32, 35, 36 (F), 571
- Abbau 558–559
- amphiphile Verbindungen 40
- Austauschmechanismus 563
- Biosynthese 554–558
- - Enzyme 562
- Glycerin-3-phosphat 35
- Ladung, negative 40
- Membranen, biologische 556
- N-haltige, Umwandlungen 556 (F)
- Pathobiochemie 580–581
- Phosphorsäurediester-Bindung 554
- Resorptionsphase, Leber 1086
- Serumkonzentrationen 572
- Signaltransduktion 571
- Stoffwechsel 554–583
3-Phosphoglycerinaldehyd, Hexosemonophosphat-Weg 365
Phosphoguanidine, Gruppenübertragungspotential 105
Phosphohexose-Isomerase 544
- *moonlighting*-Proteine 110
Phosphohistidin 483 (F)
Phosphohydrolase 571
3-Phosphohydroxypyruvat 458
Phosphoinositid-abhängige Kinase 1 (PDK1) 571
- Insulin, metabolische Effekte 821
Phosphoinositol, Stoffwechsel, $GABA_B$-Rezeptor 1040
Phosphokreatin 505
- Myokard 385
Phospholamban
- Muskelrelaxation 1014–1015
- T_3 857
Phospholipase 36, 557
- Darmsaft 1062
Phospholipase A 1070
- Bienengift 559
- Schlangengift 559
Phospholipase A_1 559
Phospholipase A_2 420, 558–559, 571, 799
- Aktivität 425
- cytosolische 424
- Hemmung durch Glucocorticoide 867
- Immunantwort 1134
- Inhibitoren 424
- Leukotrienbiosynthese 423
- Phosphatidylcholin, Abbau 558
- Phosphoglyceride, Abbau 558
- α-Tocopherol 693
Phospholipase C 558–559, 571, 787
- Calcitoninrezeptoren 937
- GH-Freisetzung 886
- Nierendurchblutung 896
- Phospholipase Cβ 571, 775, 783, 886, 937, 1064–1065
- - Aktivierung 774, 780
- - Salzsäureproduktion 1064
- Phospholipase $Cβ_2$ 784
- Phospholipase Cγ 571, 783, 788–789, 1114
- - Rezeptortyrosinkinase 786
- Rezeptoren 783
- Serotoninrezeptoren 1043
Phospholipase D 558–559, 571
Phospholipasen 783
- Defekte 200
- Phosphoglyceride, Abbau 558
- Schlangengifte 36
Phospholipide 398, 647
- Acylglycerine, Spaltung 1070
- Assemblierung 1072
- chemische Zusammensetzung 573
- Cholesterinsteine 1101
- LDL 575
- physikalische Eigenschaften 573
- Synthese, CDP-Cholin 145
- - Enzyme, Lokalisation 562
Phospholipidtransporter, ATP-abhängiger 563
3-Phosphomevalonat 565 (F)
Phosphomevalonatkinase 565
4-Phosphopanthetein 410 (F), 681, 704, 705 (F)
4-Phosphopantothensäure, Coenzym A, Biosynthese 704, 705 (F)
4-Phosphopantothenylcystein, Coenzym A, Biosynthese 704, 705 (F)
Phosphoproteinkinase, Modifikation, covalente 132
Phosphoprotein-Phosphatase-1 (PP-1) 381–382, 384
- Aktivität, Regulation 383 (F)
- Inhibitor 384
Phosphoprotein-Phosphatase-2A, Glycolyse 387
Phosphoprotein-Phosphatase-3, Aktivierung 384
Phosphoprotein-Phosphatasen 383
- Dephosphorylierung 387
3-Phospho-5-Pyrophosphomevalonat 565 (F), 566
Phosphor 4
5-Phosphoribosyl-1β-amin (PRA), Purinbiosynthese 586, 587 (F)
5-Phosphoribosyl-1α-pyrophosphat (PRPP) 586 (F)
- Biosynthese 586
- Hexosemonophosphatweg 586
- $NAD^+/NADP^+$, Biosynthese 701
- Purinbiosynthese 586, 587 (F), 632
Phosphorsäure 942
Phosphorsäureanhydrid
- Bindung, ATP 144
- 1,3-Bisphosphoglycerat 362
- Glycolyse 362
- Gruppenübertragungspotential 105
Phosphorylase 312, 542
- Calciumstoffwechsel, Regulation 776
- Defizienz 1018
- Dephosphorylierung 383
- Glycogenabbau 370
Phosphorylase a 381, 383
Phosphorylase b 380, 383
- R-Form 380
- T-Form 380
Phosphorylasekinase 381, 777
- Calmodulin 382
- Dephosphorylierung 383
- Glycogenstoffwechsel, Regulation 381
- Muskel 132
- Phosphorylierung/Dephosphorylierung 132
Phosphorylasekinase a 381, 384
Phosphorylasekinase b 381, 384
Phosphorylcholin 32, 560 (F), 562
Phosphorylcholin-Cytidyl-Transferase 555
Phosphorylgruppen 5 (F)
- Übertragungspotentiale 104
Phosphorylierung 381
- cAMP-abhängige, Perilipin 414 (F)
- Citratzyklus 482
- C-terminale Domäne 262
- Cyclin B 223
- Cyclin/cdk-Komplexe 222
- Enzyme 132 (F)

- Glucose 516
- Histonproteine 273–274
- Interferone, Stimulation 806
- Interleukine, Stimulation 806
- Ionenkanäle, Regulation 1032
- oxidative ► oxidative Phosphorylierung
- P-ATPasen 184
- Proteinkinasen 106
- - Cyclin-abhängige 221, 222 (F)
- reversible, Signalmoleküle 806
- Rezeptoren 806
- Serinreste 273
- Wachstumsfaktoren, Stimulation 806

Phosphoryltransfer-Reaktionen 104
Phosphoserin 48
Phosphothreonin 48
Phosphotyrosin 48
- Insulinrezeptor 821

Phosphotyrosin-Motive, Proteine 771
Phosphotyrosin-Seitenketten, Cytokinrezeptor 771
Phospolipid-Transferprotein (PLTP), Vitamin-E-Stoffwechsel 692
Photobilirubin 625
Photonen, G-Protein, Aktivierung 780
Photorezeption, molekulare Vorgänge 684
Photorezeptormembran, Belichtung 686
Photosensibilität, Porphyrine/Protoporphyrie 618
photosensible Zellen, Reizübertragung 686
Photosynthese 100
photosynthetisch-autotrophe Organismen 100
Phototherapie, Hyperbilirubinämie 625
ph-response element, Aminosäurestoffwechsel, Nieren 453
pH-Wert 12–14
- Alkalose 949
- Aminosäuren 50
- Azidose 949
- biologische Systeme 13
- Blut(plasma) 13, 18
- Calcium, Bindung 932
- Ermittlung, Nomogramm 964
- Extrazellulärflüssigkeit 14
- Extrazellulärraum 943
- Flüssigkeiten 13
- H^+-Ionenkonzentration 943
- Intrazellulärraum 14, 943
- Körperflüssigkeiten 17
- Kohlendioxid/Hydrogencarbonat-Puffersystem 18
- Magensaft 13
- Magnetresonanzspektroskopie (NMR) 14
- Pankreassaft 13
- Puffersystem 16
- Sauerstoffanlagerungskurve 960
- Urin 914

p-Hydroxyphenylalanin 469
p-Hydroxyphenylpyruvat, Tyrosinabbau 471 (F)
p-Hydroxyphenylpyruvat-Oxygenase, Tyrosinabbau 471
Phyllochinon(e) 32, 38, 681, 695–697
- biochemische Tests 682
- Mangel 696

physikalische Cancerogenese 1158
Physostigmin 1040
Phytinsäure, Calciumresorption, intestinale 931
Phytol, Peroxisomen 205
Phytoöstrogene 883–884
PI3-Kinase ► Phosphatidylinositol-3-Kinase
PIAS *(protein inhibitors of activated STATs)* 806
Picornaviridae 328
Pigmentsteine 1101–1102
Pikrotoxin 1038
Pin1 303
Pin1-Isomerase
- Apoptose 303
- Onkogenese 303

Pinocytose, adsorptive 195
PIP_2 ► Phosphatidylinositol-4,5-bisphosphat
PI(4,5)P_2-5'-Phosphatase (Synaptojanin-1), Plasmamembran 195
PIP_3-dependent kinase ► Phosphatidylinositol-3-Kinase (PI3K)
PIP-bindende Module, Transport, vesikulärer 194
Pitressin ► ADH
Pit-Zellen, Leber 1084
PKC-Proteine
- Calcium 789
- Diacylglycerin 789

^{31}P-Kernspinresonanzspektroskopie 571
pK_S-Wert
- Blutplasma 18
- Säuren 15, 571

pK-Wert 16
- Alanin 49
- Aminosäuren 49
- Ammonium-/Ammoniak-Puffersystem 909
- Aspartat 49
- Lysin 49
- Proteine 59
- Puffersystem 17

PLA_2 Bzw. PLC ► Phospholipase A_2 bzw. C
Plättchenaggregation 5-HT_2-Rezeptor 1043
Plättchen-aktivierender Faktor ► PAF
Plättchenaktivierungsfaktor ► PAF
Plättchenrezeptor αII/β3, Integrine 733
Plättchenstaub 977
Plättchen-Wachstumsfaktor ► PDGF
Plaques, Alzheimer-Demenz 1048
Plasma
- Elektrolytzusammensetzung 1074
- Fettsäuren 520
- Hydrogencarbonat 942, 962
- Kohlendioxidtransport 962
- Transferrinkonzentration 661

plasma thromboplastin antecedent (PTA) 985
Plasmaaldosteron, Plasma-Kaliumkonzentration 929
Plasmabicarbonat, Pufferkapazität 945
Plasmacalcium
- Fraktionen 931
- Nebenschilddrüsen 932
- Parathormon 934
- Thyreocalcitoninfreisetzung 933
- Vitamin D 690

Plasmacholesterin, HMG-CoA-Reduktase, Aktivität 577
Plasmacortisolspiegel 863, 865
- Rhythmik, circadiane 866

Plasmaeisen
- Eisenstoffwechsel 665
- Schwankungen, tageszeitliche 661

Plasmaferritinspiegel
- Eisenmangel 663
- Eisenüberladung 663

Plasmafettsäuren, Fettgewebe 520
Plasmafibronectin, Wundheilung 731
Plasmafluoridkonzentration 673
Plasmahydrogencarbonatkonzentration, Ermittlung, Nomogramm 964
Plasmainsulin, Konzentration 814
Plasmakaliumkonzentration, Aldosteronsynthese 924, 929
Plasmakupfer, Caeruloplasmin 664
Plasmalemma ► Plasmamembran
Plasmalogen(e) 36, 37 (F), 557 (F)
- Fettsäurealdehyd 36

Plasmamembran 176, 195–197, 563
- Asymmetrie, Phospholipidtransporter, ATP-abhängige 563
- Cholesterin-reiche Mikrodomänen 312
- Clathrin-beschichtete Grübchen *(coated pits)* 201
- Effektorproteine, cytoplasmatische, Rekrutierung 770
- Endozytose 195
- GLUT 4 377
- lipid rafts 312
- neuronale, Leckstrom *(leak channels)* 1030
- Nucleosidtransporter 598
- Proteine, Abbau 319
- *rafts* 310

Plasmamembranproteinasen 318
Plasmaosmolarität, ADH-Freisetzung 919
Plasmaphosphat 933
- Ausscheidung 933
- Erniedrigung 938
- Pufferkapazität 945

Plasmaproteine 991–999
- Abbau 991
- Akutphase-Proteine 996
- Biosynthese 991
- Blutgerinnung 996
- Chrommarkierung 675
- Druck, kolloidosmotischer (onkotischer) 996
- dynamisches Gleichgewicht 991
- Elektrophorese 991
- Entzündungen 996
- Fibrinolyse 996
- Fraktionen, Normalwerte 993
- Infektionen 996
- intravasale 991
- isoelektrische Punkte 944
- Konzentration 991
- Ladung 963, 991
- Plasmavolumen 996
- Pufferkapazität 945
- Puffersystem 944
- Teilchengröße 991
- Thrombozyten 977
- Trennung, Celluloseacetatfolie 994
- - Einzelfraktionen 991–992

Plasmarhythmus, Stress 863
Plasmavolumen, Plasmaproteine 996
Plasmazellen 1126–1127
- Antikörper-produzierende 1125
- Knochenmark 1126

Plasmazinkspiegel, circadiane Rhythmik 672
Plasmide 241
- bakterielle 241, 244–245
- DNA-Bibliothek, genomische 244 (F)
- DNA-Fragmente 244
- Fremd-DNA, Aufnahme 243
- Polyklonierungsstelle 242
- Selektion 246
- Vermehrung 246

Plasmidvektor, pUC18 242 (F)
Plasmin 315
- extrazelluläre Matrix, Abbau 736
- Fibrinolyse 987–988
Plasminogen 992
- extrazelluläre Matrix, Abbau 736
- Synthese in der Leber 1088
Plasminogenaktivator
- Blutgerinnung 985
- Fibrinolyse 987
Plasmozytom 999
- Bence-Jones-Protein 915
platelet activating factor ▶ PAF
PlateLeT count (PLT) 978
platelet-derived growth factor ▶ PDGF
platelet-derived growth factor Rezeptor (PDGFR) 786
Platinderivate 669
Plazenta
- DIO3 857
- Hormone 884–885
- P-Cadherine 198
- PTHrP 936
- Steroidhormone 873
plazentares Lactogen ▶ Chorionsomatomammotropin
Pleckstrin-Homologie-Domäne (PH-Domäne) 788
Plectin 753
- dermo-dermale Junktion 750
Pleiotropismus, Cytokine 777
Plexus choroideus 1025
- Basalmembran 1026
- Liquor cerebrospinalis 1026
- Liquorfiltration 1027
Plexusendothel 1026
- Astrozyten 1027
- Basalmembran 1027
- Schlussleisten (tight junctions) 1027
PLTP (Phospholipid-Transferprotein), Vitamin-E-Stoffwechsel 692
Plus-Ende, Mikrotubuli 208
PMP22, Gendefekte 1047
PMS2 237
Pneumokokken 1105
Pneumolysin 185
Pneumovirus 328
Podocalixin 896
Podozyten 896–897
POL, HIV 336
PolII 276
Polioviren, Adsorption 335
Poly(A)--Ende/-Schwanz 267
Poly(A)-bindendes Protein (PABP) 295
Polyacrylamidgel, SDS-Gelelektrophorese 62–63
Polyadenylierung
- prä-mRNA 267
- Prozessierung, posttranskriptionale 243
- Sequenz 267
Poly-ADP-Ribosylierung 702
Poly(A)-Ende/-Schwanz, Proteinbiosynthese, eukaryote, Initiation 294
Polyamine 459, 462
Polyanionen, Proteoglykane 30
Polydesoxyribonucleotid 143
Polydipsie, Hypercalciämie 938
Polyglucosane, Myoklonus-Epilepsie 1049
Polyglutamin-Krankheiten 1049
Poly-Immunglobulinrezeptor (PIGR) 1079
Polyklonierungsstelle
- lacZ-Gen, Escherichia coli 243
- Plasmide 242
Polymerase, Initiationskomplex 260
Polymerase-Kettenreaktion (PCR) 167, 247
- DNA-Sequenz, Amplifizierung 247
- Nucleinsäuren, virale, Nachweis 346
- Taq-Polymerase 127
- Thermophilus aquaticus 127
polymerase-switching, Führungsstrang, DNA-Replikation 234
Polymyositis 1018
Polynucleotidase 1059
- Darmsaft 1062
Polynucleotide 25
Polyoldehydrogenase 364–365
Polyolstoffwechsel, Diabetes mellitus 837
Polyolweg, Glucose 364
Polyomaviren 329
- DNA-Polymerasen 339
Polypeptide 57–58, 758
- Faltung 301–303
- Neurotransmitter 1034
- Plazenta 884
- regulatorische, Hypophyse 862, 878–880
- - Hypothalamus 862, 878–880
- Transport, cotranslationaler 304
- - posttranslationaler 306–307
Polypeptidkette(n)
- Bindungslängen und -winkel 71
- Calciumkanäle, spannungsregulierte 1031
- Hauptkette 57
- Kollagene, fibrilläre 718
- naszierende 301–302
- Natriumkanäle, spannungsregulierte 1031
- Proteine 287
- Seitenkette 57
- Vernetzung 310
- - Transglutaminase 310
Polypeptid-Wachstumsfaktoren, Thrombozyten 977
Polyplasmie 204
Polyposis 1147
- familiäre adenomatöse (FAP) 1151–1152
Polyprenole 32
- Peroxisomen 205
Polyproteine, Viren 335
Polyribonucleotid 143
Polyribosomen ▶ Polysomen
Polysaccharide 22, 24, 26–32
Polysomen
- Elektronenmikroskopie 296
- Proteinbiosynthese, eukaryote, Initiation 295
- ribosomale Untereinheiten 205
Polyubiquitinierung, Proteine 320 (F)–321 (F)
polyunsaturated fatty acids (PUVA) 419
Polyurie
- Harnvolumen 914
- Hypercalciämie 938
Polyzythämie 955
POMC ▶ Proopiomelanocortin
Pompe-Krankheit 200
Poolfunktion, Ubichinon 496
Poppers 803
P/O-Quotient 502
Poren
- Glomerulusfilter 896
- Ionenkanäle 1031
Porine 178, 182
- Mitochondrienmembran, äußere 492
- Transport 182
- VDAC *(voltage dependent anion-selective channel)* 182
Porphobilinogen (PBG) 609 (F)
- Hämbiosynthese 609
- Urin 915
- Urinausscheidung, Porphyrie, erworbene 619
Porphobilinogensynthase, Hämbiosynthese 609
Porphyria/Porphyrie
- akute, intermittierende (AIP) 616–617
- angeborene 614–619
- - Zwischenprodukte, akkumulierende 615
- cutanea tarda (PCT) 616, 618
- - Urinausscheidungsmuster 619
- erworbene 619–620
- Genträger 618
- hepatoerythropoetische (HPP) 616, 618
- Heterogenität, molekulare 618
- kongenitale, erythropoetische (KEP) 616
- Molekularpathologie 615–617
- PBG-Synthase-Mangel 617
- Urin, Rotfärbung 618
- Urinausscheidungsmuster 619
- variegata (PV) 616, 618
- - Stuhlporphyrie 619
- - Urinausscheidungsmuster 619
Porphyrine 486, 608
- Aminosäuren 429
- Ausscheidung 614
- Cobalamin 709
- Eigenschaften 616
- Fluoreszenz 616
- Photosensibilität 616
- Porphyrie, angeborene 615
- Soret-Bande 615
Porphyringerüst, Abbau, Erythrozyten 955
Porphyrinogene, Porphyrie, angeborene 615
Porphyrinurie 914, 916
Porphyrinvorstufen
- Ausscheidung 614
- Molekularpathogenese 615
- Wasserlöslichkeit 614
portales Signal, Glycogenbiosynthese 516
Positronen-Emissions-Tomographie (PET), Glucoseaufnahme, Hirnregionen 1024
Postaggressionsstoffwechsel 653
postkapilläre Venolen 972
Postresorptionsphase, Leber 1084, 1086
postsynaptische Membran 1034
posttranslationaler Transport 304
Potentiale 492
Poxviridae 329
PP-1A 387
PP-2A1 387
PPAR-α 416, 649
PPAR-β 649
PPAR-γ 649
- Proteine, Regulation 694
PPAR (Peroxisomen-Proliferation-aktivierte Rezeptoren) 687
- Arteriosklerose 649
- Fettsäurebiosynthese 417
- Fettsäuren, freie, Genexpression 649
- Isoformen, Fettstoff-/Kohlenhydratwechsel 649–650
- - gewebespezifische Wirkungen 649–650
- Lipidstoffwechsel 649
- Typ-II-Diabetes 649
P-(Peptidyl-)Stellen, Ribosomen 293, 294 (F)
PPlasen (Peptidyl-Prolyl-cis-trans-Isomerasen) 302
- Geschwindigkeitskonstante 107
- HIV 340
- Immunsuppression 303
- Proteinfaltung 88, 302–303

P_1-(Proteaseinhibitor-)Typ, α_1-Antitrypsin 997
PP-Zellen, Pankreas, endokrines 811
PR, HIV 336
PRA (5-Phosphoribosylamin), Purinbiosynthese 587 (F), 588
Prä-β-Lipoproteine, Eigenschaften 573
Präalbumin
- Funktion/Pathobiochemie 992
- Immunelektrophorese 995
präbiotische Phase 4
Prädispositionssyndrome, Keimbahninaktivierung 1150
Präkallikrein, Akutphase-Proteine 1089
prä-miRNA, Spaltung 282
prä-mRNA 160
- cotranskriptionale Modifikation 262–267
- Polyadenylierung 267
- Spleißen 264
Prä-PDGF-C/-D 786
Prä-Proglucagon 823
Prä-Prohormonstruktur, CRH 862
Prä-Proinsulin 811, 813 (F)
Prä-Proopiomelanocortin 845
Prä-Proproteine 305
Prä-Pro-PTH-Gen 934, 935 (F)
Präsentation
- Antigene 1107
- Kohlenhydratantigene 1109
- Lipidantigene 1109
Präsequenz-Translokase 308
präsynaptisches Axonende 1034
Präzipitate, Antikörper 1119
pRb
- E2F, Bindung 224
- Hyperphosphorylierung 224
- Proteinkinasen, Cyclin-abhängige 224
precursors, Hormone 760
Prednisolon 868
Pregnan-X-Rezeptor
- Biotransformation 1092, 1093 (F)
- Hämbiosynthese, Regulation 613
Pregnenolon 880
- Aldosteronbiosynthese 923
- Cortisol, Biosynthese 866 (F)
- 11-Desoxycorticosteron, Biosynthese 923
- Leydig-Zellen 874
- Östrogene, Biosynthese 880–881
- Progesteron, Biosynthese 865 (F), 880–881
- Testosteron, Biosynthese 874, 875 (F)
Prenylierungen
- Membran-Anker 310–311
- Proteine 310–311
Prenylreste, Proteine, Verankerung 310–311
Prenyltransferase 569–570
- Reaktionsmechanismus 566 (F)
- Squalen, Bildung 566
- - Biosynthese 566
Presenilin 318
- Mutationen, Alzheimersche Krankheit 1048
P2X-Rezeptoren 1044
- ATP 1044
Primärantikörper, Enzyme 138
Primärfollikel, Selektion 879
Primärharn 896
Primär-Immunantwort 1110
Primärstruktur, tRNA 289
primary mikro RNA (miRNA) 281–282
Primase, DNA-Replikation, Prokaryoten 232
Primer
- DNA-Replikation, Prokaryoten 232
- DNA-Sequenzierung 170–171
Prionen *(proteinaceous infectious particles)* 89, 313, 1050
- Enzephalopathien, spongiforme 1050
Prionprotein PrP^C 89
PRNP-Gen 89
Pro-δ-ALA-Synthase-1, Hämbiosynthese, Regulation 612
Pro-ACTH, Tumormarker 1159
Pro-ANP 925
proapoptotische (Apoptose-fördernde) Faktoren 227
Procainamid 1094
Procarboxypeptidase 1058
Procarboxypeptidasen 133, 1058–1059
Pro-Caspasen 792–793
Proconvertin 985
Prodynorphin 1044
Proelastase 1059
Proenkephalin 1044
Proenzyme 132, 307
- Blutgerinnung 984
Proerythroblasten 953
Profaktoren, Blutgerinnung 984
professionelle APZ (antigenpräsentierende Zellen) 1113
Profibrinolysin, Funktion/Pathobiochemie 992
Profilin 211, 213, 974
Progenitorzellen, Leber 1084
Progenoten 6
Progerie 205
Progesteron 846, 879–880
- Aldosteronbiosynthese 923
- Befruchtung 883
- Biosynthese 879–881
- Cortisol, Biosynthese 865, 866 (F)
- 11-Desoxycorticosteron, Biosynthese 923
- GnRH-Sekretion 878
- Gonaden 873
- Milchbildung 543
- Nebennierenrinde 865
- Nidation 883
- Östrogene, Biosynthese 880–881
- Ovar 878, 880–882
- Rezeptor 884
- Sekretionsstadium, Menstruationszyklus 883
- synthetisches 884
- Testosteron, Biosynthese 874, 875 (F)
- Wirkungen, zelluläre 882–883
- Zona-fasciculata-Zellen 865
Proglucagon 823
Progressionsfaktoren, Zellzyklus 1143–1144
Prohormon 309
Prohormon-Convertasen 305, 309, 315, 320, 823, 848
- Insulinreifung 812
- TRH-Biosynthese/-Freisetzung 847
Proinsulin 309, 811
- Halbwertszeit 849
- Insulinbiosynthese 811–812, 813 (F)
Prokaryoten 7
- Genexpression, Regulation 271
- Replikon 230
- Ribosomen 293
- RNA-Polymerase, Untereinheiten 258
- Transkription 257–259, 271
- - AT-reiche Regionen 258
- - Initiation 258
- - Operonmodell 271
- - Regulation 271
- Translation 271
Prokathepsin D 307
Prokollagen 718
- Golgi-Apparat 190
- Prozessierung 721
- synthetisiertes, Kompartimente, extrazelluläre 721
prolactin inhibiting factor (PIF) 888
Prolactin (PRL) 845–846, 888–889
- Brustdrüsenepithel, Entwicklung 888
- Halbwertszeit 849
- LH, Wirkung auf Leydig-Zellen 875
- Milchdrüsenzellen 543
- Überproduktion 875
Prolactinome 875, 889
- Dopaminagonisten 889
- Testosteronsynthese 875
Prolactinrezeptor 888
- Tyrosinreste 888
Proliferation
- autokrine Stimulation 1144
- mTOR 525
Prolin 45 (F), 47, 72, 439, 486
- Abbau 459
- Aminosäuren, nicht essentielle, Stoffwechsel 440
- Aminosäurestoffwechsel 432
- Aufnahme, Insulin 820
- Bedarf des Menschen 439
- Biosynthese 459
- Hydroxylierung, Ascorbinsäure 698
- Kollagene 716
- Malabsorption 1078
- Plasmakonzentration 445
- Stoffwechsel 459–462
Prolinamid, TRH-Biosynthese/-Freisetzung 847
Prolin-Hydroxylase 506
Prolinreiche Proteine (PRPs), Speichel 1054
Prolyl-4-Hydroxylase 698
Prolyl-cis-trans-Isomerasen 262
Prolylhydroxylase 111, 698
- Ascorbinsäure 698
Prolylhydroxylierung, Mechanismus 698
Promotoren
- Funktionsanalyse, Luciferase-Gen 248
- gentechnische Verfahren 248
- RNA-Polymerase I/III 267
- Transkription 257
Pro-Opiomelanocortin (POMC) 309, 863, 1038, 1044
- Proteolyse, limitierte 1045
Propansäure 34
Propeptide, N-terminale, Abspaltung, Kollagene 721
Properdin 995
- Komplementaktivierung, alternative 1131
Propionacidämie 459
Propionat (Propionsäure) 4, 34
- Ballaststoffe 651
- Gluconeogenese 374
Propionyl-CoA 441–442, 459, 478, 486, 943
- Aminosäuren, verzweigtkettige, Abbau 467–468
- Carboxylierung 407, 943
- Fettsäureabbau 406, 407 (F)
- Methionin, Abbau 463 (F)
- Stoffwechsel 459
- Valin, Abbau 468
Propionyl-CoA-Carboxylase 706
- Defekt 459
- Fettsäureabbau 406–407
Prostacyclin (PGI_2) 420, 422
- Endothelzellen 981
- Nierendurchblutung 896
Prostaglandin D_2 420–421
Prostaglandin E_2 420–422
- G-Protein, Aktivierung 780
- Knochenwachstum 742
- Mucinproduktion, Hemmung 1067
- Mucinsekretion 1064
- Nierendurchblutung 896

Prostaglandin E_2
- Rezeptoren 422
- Synthese, Hemmung 1067

Prostaglandin $F_{2\alpha}$ 420, 422
Prostaglandin H_2 420
Prostaglandin-H-Synthase (PGHS) 420
Prostaglandin I_2 ► Prostacyclin (PGI_2)
Prostaglandine 32–34, 420–425, 759
- Befruchtung 883
- biologische Effekte 420
- Biosynthese 421
- Effekte 421
- Hemmung durch Glucocorticoide 867
- Mastzellen 1080
- Mucinsekretion 1064
- PPAR-α 649
- Synthesehemmung 424
- Thrombozyten 977

Prostaglandinrezeptoren 421–422
Prostanoide 420
Prostatakarzinom
- GnRH-Analoga 870
- metastasiertes, Androgenrezeptorgen, Mutationen 877

Prostata-Karzinommetastasen
- Matrilysin (MMP7) 322
- RANKL 322

Prostata-spezifisches Antigen (PSA), Tumormarker 1159
prosthetische Gruppe
- Apoenzym 111
- Hämoglobin 79
- Modifikation, Proteine 312
- Myoglobin 79

Protamin, Insulin 816, 817 (F)
Proteasehemmer/-inhibitoren 352
- α-Granula 977
- Knorpel 738

Proteasen 645, 1104
- Aktivität, Proteoglykane 728
- Allergie Typ I 1137
- HIV 331
- Pankreas 1058
- saure, Lysosomen 977
- Signalmoleküle, Abbau 806
- Viren 339
- Zink-abhängige, extrazelluläre Matrix, Abbau 736

Proteasomen 205, 315, 321
- AAA-ATPase-Aktivität 321
- Antigene 1107
- Proteine, fehlgefaltete, Erkennung 88
- Proteolyse 88, 320, 529
- - Ubiquitin-unabhängige 322
- Transkriptionsfaktoren, Abbau 806

14-3-3-Protein, cdc25C, Bindung 224
Protein 3 962
- Erythrozytenmembran 956

Protein 4.1
- Erythrozytenmembran 956
- Fehlen 968

Protein C 986
- Aktivator 986
- aktiviertes (APC) 986
- Blutgerinnung 984
- Hepatozyten 984–985
- Mangel 990
- Stoffwechsel 986
- Vitamin-K-Abhängigkeit 695
- Vitamin-K-Antagonisten 986

Protein-codierte Gene (NAT's), *antisense*-Transkription 163
Protein Null (P_0) 1046
Protein S 695, 986
- Bindungsprotein 986
- Blutgerinnung 984
- Hepatozyten 984–985
- Mangel 990
- Vitamin-K-Abhängigkeit 695

Protein Z, Vitamin-K-Abhängigkeit 695
Proteinabbau ► Proteolyse
proteinaceous infectious particles ► Prionen
Proteinase 3 1105
- Bakterienabwehr 1135

Proteinaseinhibitoren 317
- Speichel 1054

Proteinasen 315–318
- Kompartiment 316–318
- Metastasierung, Tumoren 1156
- Proteinbiosynthese 288
- Spezifität 315–316
- Tumoren 1156–1157

Proteinatpuffer 944
Proteinbedarf 431–432
- minimaler 644

Proteinbilanz, ausgeglichene 644
Proteinbiosynthese 92–93, 287–301, 313, 941
- Aminoacyl-tRNA 288
- Chloroplasten 288
- Decodierung 288
- Diphtherietoxin 301
- Einzelschritte 293–299
- Elongation, C-Terminus 287
- eukaryote, Elongation 296–298
- - Initiation 295 (F)
- - Reinitiation 295 (F)
- - Termination, non-sense-Mutationen 298
- - - RF (release factors) 298
- - - Suppression 298
- - - Suppressor-tRNA 298
- Faltung 288
- gentechnische 93
- GTP 288
- Hemmstoffe 299–300
- Hemmung 797
- Initiation 293–296
- - Cap-abhängige 300
- Leber 1088
- mitochondriale 204, 288
- mTOR 524, 530
- Peptidbindung 288
- Peptidyltransferase-Zentrum 288
- Proteinasen 288
- Regulation 300–301
- Ribosomen 287, 293
- Sortierungssignale 288
- Start-Codon 287
- Termination, Insertion 299
- - Leserasterverschiebung (frame-shift) 299
- Transkriptionsfaktoren (TF) 288
- Translation 287
- Transportsignale 288

Proteindegradation, ER-assoziierte 322
Proteindisulfidisomerasen (PDI) 306
- Chylomikronen, Assemblierung 1072
- Proteinfaltung 88

Proteindomänen, Reorganisierung, Disulfidbrücken, Isomerisierung 306
Proteine 56–98, 285–323, 918, 941
- α-Proteine 77
- β-Proteine 77
- Abbau ► Proteolyse
- Acylierungen 310
- Affinitätschromatographie 60
- Aminosäuresequenz 57, 65, 97
- - Codierung 288
- - Edman-Abbau 65–66
- - Massenspektrometrie 67
- Argininrest, N-terminale 321
- assoziierte, Cytoskelett, sarkomeres 1008
- β-*barrel*- Proteine 307
- Basalmembran 732
- bifunktionelle 483
- biologische Aktivität 58
- biologische Wertigkeit 644, 651
- Blutplasma 992–993
- Calmodulin-bindende 777
- γ-Carboxyglutamylreste 312
- γ-Carboxylierung 312
- Charakterisierung 59–69
- Cofaktoren, Modifikation 312
- Cystinbrücke 306
- Cytoskelett 1008
- Denaturierung 86–89
- Dichtegradientenzentrifugation 65
- 1,25-Dihydroxycholecalciferol, Expression 690
- Disulfidbrücken 78, 306
- DNA-Sequenzdaten 68
- DNA-Sonden 60
- Domänen, funktionelle/strukturelle 76
- dreidimensionale 75
- - hydrophobe Wechselwirkungen 9
- einfache 56–57
- Eisen als Sauerstoff- oder Elektronentransporteur 659
- eisenabhängige, Translation 659
- eisenregulatorische 664
- Endozytose 319
- energetisches Äquivalent 637
- Enthalpie, Minimum, globales 87
- ERAD-System (ER-assoziierte Proteindegradation) 322
- Ernährung, künstliche 653
- Evolution 95–98
- Expression, SREBPs 570
- Fäulnisvorgang, bakteriell induzierter 1076
- β-Faltblattstruktur 73–74
- Faltung 77, 87, 301–303
- - Chaperone 302
- - Chaperonine 303
- - Defekte 313
- - endoplasmatisches Retikulum 305
- - Enzyme 108
- - Hitzeschock-Proteine 302
- - Topologie 57, 76
- Faltungshelfer 88–89
- Faltungstrichter *(folding funnel)* 87
- Farnesylierung 310–311, 772
- fehlgefaltete 88–89
- fibrilläre 56
- - β-Faltblattstruktur 73
- - α-Helix 73
- Flotation(skoeffizient) 65
- Funktionen, strukturgebende, Metalle 657
- Gelchromatographie 60
- Genom 160
- Genomik, funktionelle 64
- gentechnologische Verfahren 67
- Geranylgeranylreste 310–311
- globuläre 56
- - β-Faltblattstruktur 73
- glycosylierte, Exportkompetenz 305
- - Faltung 305
- Glycosylierung 312, 548–549
- - Cytosol 312
- - nicht-enzymatische 393
- GPI-Anker 43, 311–312
- Halbwertszeit ($t_{1/2}$) 314, 321
- α-Helix 71–72, 305
- heptahelicale 305
- Heteropolymere 78
- histidinreiche, Speichel 1054
- Hitzedenaturierung 88
- Hochdruckflüssigkeitschromatographie 60–62

- hochmolekulare, Ultrazentrifugation 64
- homopolymere 78
- Immunelektrophorese 63
- inhibitorische, Signaltransduktion 806
- Interkonvertierung 307
- Ionenaustauscherchromatographie 60
- isoelektrische Fokussierung (IEF) 63
- isoelektrischer Punkt 58, 62–65
- Isolierung 59–62
- Kernresonanzspektroskopie 91–92
- Klassifizierung 58
- kleine, Faltungscode 87
- Konformationsraum 87
- kontraktiler Apparat 1004–1009
- Kooperativität 78
- Lipidanker 772
- Liquor cerebrospinalis 1028
- Lysinoxidation 476
- lysosomale 201
- Makroautophagozytose 319
- Membran-Anker 310
- Methylierung 312
- Mikroautophagozytose 319
- mitochondriale, Transport 306–307
- Modifikationen, Biosynthese, cotranslationale 307
- - covalente 307–313
- Molekülmasse 62–65
- - Massenspektrometrie 67
- - SDS-Polyacrylamid-Gelelektrophorese 62
- - Svedberg-Koeffizient 64
- Molekularsiebchromatographie 60
- Motive 76
- Multimere 78, 767
- Myristoylierung 310, 772
- N-Degron 321
- *N-end-rule* 321
- N-glycosidische Modifikationen 312
- nicht-glycosylierte, Faltungsdefekte 322
- NMR-Spektroskopie 91–92
- O-glycosidische Modifikationen 312
- Palmitoylierung 772
- Pathobiochemie 89–90
- Peptidbindungen 57–58, 69–70
- - Säurehydrolyse 65–69
- PEST-Sequenzen 321
- PH-Domänen 772
- Phosphotyrosin-Motive 771
- pK-Werte 59
- Plasmamembran, Abbau 319
- Polypeptidketten 287
- Polyubiquitinierung 320 (F)–321 (F)
- Prenylierung 310–311
- Primärstruktur 69–70
- prolinreiche, kleine (KPP) 749
- prosthetische Gruppen, Modifikation 312
- τ-Proteine 208
- Proteolyse 88, 314–315
- Protomere 78
- Protonierungs-Deprotonierungsgleichgewicht 58–59
- PTB-Domänen 771, 786
- Quartärstruktur 78–79
- räumliche Struktur 69–86
- Ramachandran-Diagramm 74–75
- regulatorische, Blutgerinnung 984
- rekombinante, Enzyme 112
- Renaturierung 86
- Resorption 1073
- Rezeptoren 763
- ribosomale 293
- Röntgenbeugungsmuster 91
- Röntgenkristallographie 90–91
- Röntgenstrukturanalyse 90–91
- β-Schleifen 73
- Schleifenregionen 73
- Sekundärstruktur 70–75
- selbstspleißende, autokatalytische Reifung 309
- Selenocystein 676
- separierte, Abklatsch (blot) 63
- Sequenzanalyse 67–68
- Sequenzierung, Phenylisothiocyanat 66
- Serumfraktionen 994–996
- sezernierte, Glycoproteine 548
- SH2-Domänen 771, 786
- SH3-Domänen 771
- Signalpeptid, Abspaltung 307
- Signal-Peptidase 305
- SODD-Domänen 771
- Standard-Proteomanalyse 68
- Stoffwechselbedeutung 644–646
- Struktur, Bestimmungsmethoden 90–92
- - Elemente, ähnliche 98
- - Hierarchie 77
- Struktur-Funktions-Beziehungen, Gentechnik 248
- Supersekundärstruktur 76
- S-Wert 65
- Syntheserate, endogene, biologische Wertigkeit 644
- - Leber 1088–1089
- synthetisierte, Import in die Mitochondrien 308
- Tertiärstruktur 75–86, 306
- Todes-Domänen 771
- Trägerelektrophorese 63
- transformationsaktive, Viren 344
- Transport, cotranslationaler 304
- - posttranslationaler 306–307
- Transportdefekte 313
- Tropfen, geschmolzener *(molten globule)* 87
- Ubiquitinierung 319–321
- Ultrazentrifugation, präparative 65
- Umkehrphasen-Hochdruck(flüssigkeits)chromatographie 61
- Urin 915
- Van-der-Waals-Wechselwirkung 78
- Verankerung, Prenylreste 311
- Verdauungsdefekte 1077–1078
- Viren 326
- Vitamin-K-Abhängigkeit 695
- Wasserstoffbrückenbindungen 9, 78
- Wechselwirkungen, elektrostatische (ionische) 77–78
- - hydrophobe 78
- zelladhäsive 730
- Zinkfingermotiv 276
- Zufuhr, tägliche 644

Proteinfaktor
- induzierbarer, regulierender, Transkription 276
- Transkription, Prokaryoten 258–259

Proteinfamilien 56
Proteinfilamente, Mikrotubuli 208
Proteingerüst, Proteoglykane 727
Proteinhydrolyse, Spezifität 315
protein inhibitors of activated STATs (PIAS) 806
Proteinkinase 79, 262
- AMP-abhängige (AMP-PK) 525, 645
- - Aktivierung, Adiponectin 527
- - Fettsäurebiosynthese 415–417
- - Kohlenhydratstoffwechsel 647
- - Muskeldystrophie 1020
- cAMP-abhängige 382, 387, 390
- - β_2-Adrenozeptoren 830
- - Aktivierung 528
- - Effekte 526
- - Nahrungskarenz 526
- cGMP-abhängige 382, 803, 1076
- Cyclin-abhängige (cdks) 132, 221–225, 262, 1148
- - Centrosomen 225
- - Dephosphorylierung 221, 222 (F)
- - Golgi-Apparat 225
- - Inhibitoren 223
- - p53 224
- - Phosphorylierung 221, 222 (F)
- - pRb 224
- - Zellzyklus 221
- Glycogensynthase, Phosphorylierung 382
- Histonacetylierung/-deacetylierung 273–274
- Modifikation, covalente 132
- Phosphorylierungsreaktionen 106

Proteinkinase A (PKA) 110, 383, 1037
- β_2-Adrenozeptoren 830
- Aktivierung 381, 782–783
- - cAMP 782
- CRTR-Chloridkanal, Aktivierung 1076, 1078
- C-Untereinheiten, regulatorische *(regulatory)* 782
- elektromechanische Koppelung, Myokard 1014
- GH-Freisetzung 886
- Glycogenstoffwechsel, Regulation 381, 384
- Glycolyse 387
- Herzleistung, Anpassung, lastabhängige 1015
- Histonphosphorylierung/-dephosphorylierung 274
- inaktive 381
- Insulinrezeptor 321
- Lipogenese 415
- R-Untereinheiten, regulatorische (regulatory) 782
- *second messenger* 774

Proteinkinase B (PKB) 382, 525–526, 787–789
- Insulin, metabolische Effekte 821
- TSC1/TSC2, Phosphorylierung 526

Proteinkinase C (PKC) 43, 693, 783, 789, 974
- Aktivierung 571
- - Diabetes mellitus 838
- atypische (aPKC) 789
- cAMP-abhängige 382
- CFTR-Protein 1076
- Familie 789
- Hemmung 571
- Insulinrezeptor 821
- konventionelle (cPKC) 789
- neue (nPKC) 789
- Stimulation, Angiotensin II-Wirkungen 911
- Tumorpromotoren 789

Proteinkinase R (PKR), Virusreplikation 797
Proteinkinase-ähnliche Domäne 926

Proteinkomponenten, Impfstoffe 349
Proteinkonzentration
- Blut, Calciumionen 932
- katalytische Aktivitäten, spezifische 116
Proteinmangel
- Kachexie 645
- Malabsorptionssyndrome 645
- Maldigestionssyndrome 645
Protein-Membranlipid-Wechselwirkungen 771–772
proteinogene Aminosäuren 45–47
Proteinolyse ► Proteolyse
proteinolytisch aktivierte Rezeptoren (PARs)
- Abbau 319
- Aktivierung 319
protein-only-Hypothese 1050
Proteinphosphatase
- calciumabhängige 1016
- Muskelaufbau/-abbau 1016
Proteinphosphatase 2A (PP2A)
- Glycolyse 647
- Lipacidogenese 647
- α-Tocopherol 693
Protein-Protein-Interaktionen
- Analyse, Hefe-Zwei-Hybrid-System 249 (F)
- Bioinformatik 95
- Signaltransduktion 771
proteinreiche Ernährung
- Glucagon 824
- Magnesiumaufnahme 940
- Stickstoffbilanz 431
Proteinstoffwechsel
- Carboxylase-Holoenzym 706
- Citratzyklus 478
- Leber 1087–1088
Proteinstrukturgene 287
Protein-Synthese-Initiationsfaktor ► eIF
Protein-Synthese-Initiationsfaktor 2α (eIF2α) 797
Protein-Tyrosin-Phosphatase, Interleukin-6-Signaltransduktion 795
Proteinurie 915, 991
- nephrotisches Syndrom 915
Proteobacteria 7
Proteoglykane 28–30, 190, 312, 727–730, 737
- Aufbaudefekte 552
- Binde-/Stützgewebe 716
- biophysikalische Eigenschaften 727
- Biosynthese 111, 549–550
- *core*-Proteine 29–30, 727
- extrazelluläre Matrix 30
- Filtrationsbarriere in den Glomeruli 727
- Haut 751
- Knochen 738
- Knorpel 738
- leucinreiche, kleine 728–729
- membrangebundene 728–730, 733
- Polyanionen 30
- Porenfilter, Plexuskapillaren 1026
- Proteingerüst 727
- Serylgruppe 549
- Sulfat 942
- Sulfatierung 549–550
- Synthese, IGF-1 888
- Thrombozytengranula 977
- Zellen 1098
Proteolipidprotein (PLP) 1046
Proteolyse 314–315
- Aminosäuren 1073
- autophagische, Leber 1088
- Bromcyan 66
- Chymotrypsin 66
- Cytomegalievirus 323
- ERAD-System 322
- Hemmung, Hydratation 1088
- Hormone 761
- hormonelle Regulation 322
- intrazelluläre, Apoptose 226
- Kachexie 645
- Kompartimente, nichtlysosomale 319–321
- limitierte 114, 132, 307, 309, 315
- - Aktivierung 133, 307
- - Amidbildung, C-terminale 309
- - Aminosäuren, terminale, Entfernung bzw. Addition 309
- - Extein 309
- - Golgi-Apparat 319
- - Hormone, hypothalamische 843
- - Hormonreifung 309
- - Intein 309
- - Isopeptidylkopplung 309–310
- - Peptidyltransfer, intramolekularer 309
- - Proteinspleißen 309
- - Pyroglutamatreste 309
- - *releasing hormone* 309
- Lysosomen 318–319
- Myosin 1006
- Nahrungskarenz 521, 641
- Proteasomen 320, 322, 529
- Proteine 88
- Säuren, nicht flüchtige 943
- Skelettmuskulatur 521
- - Nahrungskarenz 529–530
- Trypsin 66
- Ubiquitin-unabhängige 322
- Virus-induzierte 323
Proteom 94
Proteomanalyse 286
- Leukämie 1160
- Standardverfahren 94
Proteomik 76–77, 94–98
Prothrombin 985
- Aktivierung, Blutgerinnung 981
- Akutphase-Proteine 1089
- Biosynthese 111
- Blutgerinnung 984
- Funktion/Pathobiochemie 992
- Gla-Domänen 984
- Vitamin-K-Abhängigkeit 695
Prothrombinase, Blutgerinnung 981
Protomere 79
- Proteine 78
Protonen 13, 492
- Abspaltung 14
- Addition 19
- Anlagerung 14
- Ausscheidung, Glutaminabbau 908
- - Nieren 908, 946
- Azidose, respiratorische 948
- Basen 14
- Extrazellulärraum, Verteilung 943–944
- Intrazellulärraum, Verteilung 943–944
- Regenerierung, Tubulus, proximaler 903
- Säuren 14
Protonen-ATPase 334
protonengekoppelter Transport 906
Protonengradienten 491
- Mitochondrienmembran 490
Protonenhaushalt
- Regulation, Harnstoffsynthese 946
- - Leber 946
Protonenkonzentration 13
- Änderung 14
- Hämoglobin, Sauerstoffanlagerungskurven 82
- Hyperventilation 945–946
- Hypoventilation 946
- Konstanthaltung 942
- Magensaft 1055
- Regulation 945–946
- Urin 916
- Ventilation, erhöhte 945
Protonenpuffer, Phosphatausscheidung, renale 933
Protonenpumpe 1055–1056
- Aktivität 1056
- Aminosäuresequenz 1055
- Salzsäureproduktion 1055
- α-/β-Untereinheit 1056
Protonenpumpenhemmer 1056
- Omeprazol 1055–1056
Protonenquelle, Phosphat 943
Protonensekretion, Niere 907
Protonentransport
- Atmungskette 494–500
- Mitochondrien 499
- Niere 906–909
- Ubichinon-Zyklus 499
Protonentransportproteine, Influenzaviren 334
Protonenübertragung 14
Protonierungs-Deprotonierungsgleichgewicht, Proteine 58–59
Protoonkogene 1143
- Glycogensynthasekinase-3 382
- Mutationen 1144–1145
- Viren 344
- Wachstumssignale, Transduktion 1143
Protoporphyrie (PP) 616
- Photosensibilität 618
Protoporphyrin
- Eisenabbau 611
- Hämvorstufe 608
Protoporphyrin IX
- Akkumulation 618
- Hämbiosynthese 610 (F), 611
Protoporphyrinogen IX, Hämbiosynthese 610 (F), 611
Protoporphyrinogen-Oxidase, Hämbiosynthese 610–611
Provirus 336
Provitamin A 683
Provitamin D_3 688 (F)
Prozessierung, Antigene 1107
Prozessierungspeptidase, mitochondriale (MPP) 308
Prozessivität, DNA-Polymerasen 231
PrP^C (Prion Protein *cellular*) 1050
PRPP (α5-Phosphoribosyl-1-pyrophosphat), Purinbiosynthese 587 (F), 632
PRPP-Amidotransferase, IMP-Biosynthese, Regulation 593
PRPP-Synthetase, Defekt, Hyperurikämie 603
PrP^{SC} (Prion Protein Scrapie) 1050
PSA (Prostata-spezifisches Antigen), Tumormarker 1159
P-Selektine 199
- Leukozyten 972
- Lymphozyten, Zirkulation 1129
Pseudocholinesterase, Funktion/Pathobiochemie 992
Pseudohypoparathyreoidismus 939
Pseudoperoxidase-Aktivität, Hämoglobin 667
Pseudopodien, Granulozyten 973
Pseudouridin 143 (F)
PSGL-1 (P-Selektin-Glycoproteinligand 1) 199
PTA *(plasma thromboplastin antecedent)* 985
PTA-Mangel 985
PTB-Domänen *(phosphotyrosine binding domains)*, Proteine 771, 786
Pteridinkern, Folsäure 707
PTHR (PTH-Rezeptor) 689

- 1,25-Dihydroxycholecalciferol, Expression 690
PTHrP *(parathormon-related-peptide)* 740–741, 936
- Chondrozytenproliferation/ -reifung 740–741
- Knochenwachstum 742
- rheumatische Erkrankungen 746
- Tumorerkrankungen 938
- - maligne 936
- Wirkungen 936
PTHrP-Gen, *knockout* 936
PTS (peroxisomale Transportsignale) 307
Ptyalin 1059
- Speichel 1054
P2X-Typ, Ionenkanäle, ATP-gesteuerte 1037
Pubertät, IGF-1 888
pUC18 242
PUFA *(polyunsaturated fatty acids)* 419
Pufferkapazität 17, 944
- Blut 944–945
Puffer(systeme) 492, 942, 944–945
- Dihydrogenphosphat/Hydrogenphosphat-Puffersystem 17
- Hämoglobinprotein 964
- Kohlendioxid/Hydrogencarbonat-Puffersystem 17
- Phosphat 932
- pH-Wert 16
- pK-Wert 17
- Transferrin 661
- Urin 908
Pufferung 16
- Intrazellulärraum 944
Pulsgenerator
- GnRH-Netzwerk 870
- *releasing hormone* 843
PUMP-1 737
Pumpen, Membrantransport 179
Punktmutationen 1144
- Hämophilie A 989
Purinbasen 518
- *salvage pathway* 597
Purinbiosynthese 587
- Energieverbrauch 589
- Hemmstoffe 595 (F), 596
- Regulation 593–594
Purinderivate, Nucleotide 142
Purin(e) 585–605
- Kohlenstoffatome 586
- Nucleosidtransporter 598
- Stickstoffatome 586
- Wiederverwertung 597–598
Purinnucleoside 144
Purinnucleosid-Phosphorylase 126
Purinnucleotide
- Abbau 599–601
- Biosynthese 111, 586–590, 593, 595
- - Regulation 593–595
Purinnucleotidzyklus 434, 597–598
- Adenylosuccinat-Synthetase 597
- anaplerotische Reaktion 597
Purinrezeptoren 1035
Purinstoffwechel, Pathobiochemie 602–604
Puromycin 299, 300 (F)
Putamen 1042
- Parkinson-Krankheit 1049
Putrescin 438, 460, 462, 1076
- Arginin, Umwandlungsreaktionen 461
- Polyamine, Biosynthese 462
PXR, Biotransformation 1092, 1093 (F)
Pyknodysostose 200
- Kathepsin-K-Mangel 323
Pyridin-3-Carboxylsäure 700–703
Pyridinolin-Derivate, Urin 915
Pyridoxalphosphat (PALP) 111, 433, 437, 681, 703 (F), 703, 704
- aktives Zentrum 434
- δ-Aminolävulinat, Synthese 609 (F)
- Aminosäurestoffwechsel 433, 703
- Anämie, sideroblastische 614
- chinoide Form 433, 434 (F)
- Decarboxylierung 703
- Eliminierung 703
- Glycogenabbau 370
- Schiffsche Base 703
- Transaminierung 435 (F), 703
Pyridoxalphosphat-abhängige Reaktionen 703–704
Pyridoxamin 703 (F)
Pyridoxaminphosphat (PAMP) 434 (F)–435 (F)
- Cerebrosid/Sulfatid, Biosynthese 561
Pyridoxin (►a. Vitamin B_6) 681–682, 703 (F), 704
- biochemische Tests 682
- Coenzym 111
- Magnesiumresorption 940
- Mangel 472, 703
- - Hämobiosynthese 608
- - Tryptophanabbau 473
- Speicherung in der Leber 1089
- Tuberkulose 703
- Zufuhr, tägliche 681
Pyridoxol 703 (F)
Pyrimidinbasen 518
Pyrimidinbiosynthese
- CAD-Protein 594
- Dihydroorotat-Dehydrogenase 594
- Enzyme 590
- Hemmstoffe 595 (F), 596
- Regulation 594
Pyrimidinderivat, Nucleotide 142
Pyrimidin(e) 585–605
- Nucleosidtransporter 598
- Wiederverwertung 597–598
- - als Nucleoside 598
Pyrimidinnucleotide
- Abbau 601
- Biosynthese 590–591, 593, 595, 5910
- - Regulation 593–595
Pyrimidinring, Thiamin 699
Pyrimidinstoffwechsel, Pathobiochemie 604–605
Pyrin, Granulozyten, neutrophile 975
Pyringen, Mutationen 975
Pyroglutamatreste, Proteolyse, limitierte 309
Pyroglutamin, TRH-Biosynthese/ -Freisetzung 847
Pyroglutamylaminopeptidase II, TRH-Abbau 848
Pyrophosphat 932
- Analogon, Foscarnet 352
- Enthalpie, freie 105
- Fettsäureabbau 404
- Squalen, Bildung 566
Pyrophosphatasen 104, 404, 932
- Sulfat, Aktivierung 941
5-Pyrophosphomevalonat, Isopren, aktives, Biosynthese 565
Pyrophosphomevalonat-Decarboxylase, Isopren, aktives, Biosynthese 565
Pyrrolidincarboxylat ► L-Prolin
Δ^1-Pyrrolincarboxylat 459
- Stoffwechsel 460 (F)
Pyrrolizidinalkaloide, Cancerogenese 1157
Pyrrolringe, Häm 79
Pyruvat 5, 373 (F), 374, 440–443, 456 (F), 458, 465, 478, 480 (F)–481 (F), 486
- Aminosäuren, nicht essentielle, Stoffwechsel 440
- Aminosäurestoffwechsel, Muskulatur 453
- arterivenöse Differenz 1024
- Blutkonzentration 1024
- Carboxylierung 943
- - biotinabhängige 373
- Cysteinabbau 465 (F)
- Decarboxylierung, dehydrierende 416, 479, 481 (F), 521
- Desaminierung 436 (F)
- Dissoziationskonstante 15
- Familie 443
- Fettsäurebiosynthese 413
- Glucose-Fettsäurezyklus 522
- Glycolyse 360 (F)
- Harnstoffzyklus 448
- pK_S-Wert 15
- Reduktion, Glycolyse 362
- Standardpotential 103
- Transaminierung 364, 534
Pyruvatcarboxylase 373, 387, 487, 706
- Biotinabhängigkeit 487
- Fettsäurebiosynthese 413
- Gluconeogenese 372, 387–388
- Glyceroneogenese 391
- Glycolyse 389
- Harnstoffzyklus 448
- Hemmung durch Insulin 820
- Insulinbiosynthese 819
- Leber 391
- Mangan 673
- Nebenniere 391
- Nieren 391
- Reaktion 706
- Warmblüter 706
Pyruvat-Carrier 374, 493–494
Pyruvatdecarboxylase 481
- Glycolyse 363, 389
Pyruvatdehydrogenase (PDH) 111, 485, 490, 522
- Acetyl-CoA 522
- Aktivierung/Hemmung 485
- Citratzyklus 480
- dephosphorylierte 416
- E_1-/E_2-/E_3-Komponente 479, 482
- E_3BP-Komponente 479, 482
- Enzyme, interconvertierbare 482
- Fettsäurebiosynthese 413–414, 416–417, 519
- Gluconeogenese 391–392
- Glucose-Fettsäurezyklus 522
- Hemmung, Acetyl-CoA 484–485
- - NADH 484–485
- inaktive 416
- Interconvertierung 482
- Lipogenese 517
- metabolische Regulation 416
- Molekulargewicht 482
- Phosphorylierung/Dephosphorylierung 132
- Untereinheit X 522
Pyruvatdehydrogenase-Komplex (PDH-Komplex) 110, 479, 481 (F)
- Glycolyse 363
- Insulin 818
- Kinase 482
- Phosphatase 482
Pyruvatdehydrogenase-Phosphatase 485
- Akivierung, Calcium 485
Pyruvatkinase
- cAMP, Erhöhung 387
- Citratzyklus 391
- Defekt 395
- Fettsäurebiosynthese 413
- Gluconeogenese 372, 391
- Glycolyse 360, 363–364, 387, 390
- Insulin 820
- Insulinbiosynthese 819
- Leber 391

Pyruvatkinase
– Mangel, Anämie, hämolytische 395
– Umgehung, Gluconeogenese 372

Q

ΔQ 101
Q_{10}, Enzyme 127
q-Arme, Chromosomen 155
QT-Syndrom 1018, 1021
Quarantäne, Virusinfektion 348
Quartärstruktur
– Enzyme 110
– Ionenkanäle, Neurotransmitter-gesteuerte 1037
– Proteine 78–79
Quecksilber 677
Querbrücken, Myosin 1006
Querbrückenzyklus
– In-vitro-Motilitäts-Assay 1011
– Muskelkontraktion 1009–1011
quergestreifte Muskulatur 1002–1003
Querschnittslähmung 1051
Querstreifung, Kollagene 719–720
Quervernetzungs-Domänen, Elastin 724–725
Quervernetzungsreaktionen, Kollagene 719–720
Quinacrin 155
Q-Zyklus 499

R

RAAS ► Renin-Angiotensin-Aldosteron-System
Rab3 1035
Rab5, Plasmamembran 195
Rab27A-Defekte, Immundefizienz 206
Rabeprazol 1056
Rab-Proteine 192, 194, 311, 774
Rac-2 974
RAC *(ribosome associated complex)* 302
Racemasen 433
– Fettsäureabbau 406
Rachitis 688, 690
Rac-Proteine, Aktin-Cytoskelett, Aufbau und Umbau 212
Radikale, reaktionsfähige 509
radioimmunoassay (RIA) 761 (F)–762 (F)
radioimmunologische Bestimmung ► RIA
Raf-1 773
raf-mil-Onkogen 1143
rafts 43, 177, 197 (F), 310
RAGE *(receptors for AGE)* 394
ragged red fibers, Enzephalomyopathien, mitochondriale 512
RAIDD *(RIP-associated ICH-1/CED-3 homologous protein with a death domain)* 792–793
Ramachandran-Diagramm 74–75
Ran-abhängige Karyopherine 269
Ran-Familie, G-Proteine 189, 774
Ran-G-Proteine, Mikrotubuli 209
RANK *(receptor for activation of nuclear faktor kappa B)* 743
– Paget-Krankheit 746
RANKL (Ligand für RANK)
– Osteoblasten 743
– Osteoklastogenese 743
– Prostata-Karzinommetastasen 322
RANTES *(regulates on activation, normal T-cell-expressed and secreted)* 759
– Entzündungen 791
Ranvierscher Schnürring 1030, 1046
Rapamycin (Sirolimus) 524 (F), 525
– Transplantatabstoßung 1139
RAR (all-trans-Retinsäurerezeptor) 687
RAS ► Renin-Angiotensin-System
Ras 77, 773–774, 1016, 1114, 1143–1144, 1154
– Aktivierung, Integrine 736
– Inaktivierung 1144
– Insulinsignal, Weiterleitung 822
Ras-aktivierte Raf-Kinase, Muskelaufbau/-abbau 1016
ras-Allelverluste, colorektale Tumoren 1153
Ras-Familie, G-Proteine 773
Ras/Fos-Weg, T-Lymphozyten 1114
ras-Onkogene 310, 1143
– colorektale Tumoren 1153
– – sporadische 1152–1153
Ras/Raf/MAPK-Weg, Rezeptortyrosinkinase 786
Ras-Superfamilie, G-Proteine 192
Rasterelektronenmikroskopie 174
raues endoplasmatisches Retikulum (RER) 190
– Kollagenbiosynthese 718
– Signalpeptidasen 319
Rb105 1147
– Inaktivierung durch Papillomvirus-Genprodukte 1149
– Papillomviren 345
– Viren, Tumor-erzeugende 344
Rb107, Viren, Tumor-erzeugende 344
Rb-E2F-DP1-Komplex 1148
RBF (renaler Blutfluss) 895
Rb-Gen 1145, 1147
– E2F, Inaktivierung 1147
RBP (Retinol-Bindeprotein) 684
– Retinoblastom 224
reactive oxygen species ► ROS
Reaktionsenthalpie 101
Reaktionsgeschwindigkeit
– Enzyme 115
– Enzym-Substrat-Komplex 121
Reaktionskaskaden, intrazelluläre 767
Reaktionsprodukte, Transfer *(substrate channeling)*, Enzyme 110
Reaktionsspezifität, Enzyme 108
reaktive Gruppen, Biotransformation 1090
Realimentation, Grundumsatz/Körpergewicht 635
rearrangement (Genumlagerung) 1105
– Antikörpervielfalt 1121
– Immunglobuline, L-Ketten 1122
Reassortments (phenotypic mixing), Influenza-A-Virus 340 (F)–341 (F)
receptor crosstalk 786
receptor-shedding, Membranrezeptoren 805
Rechtsverlagerung, Sauerstoffanlagerungskurve 960
recycling
– Rezeptoren 806
– Transport, vesikulärer 194
recycling Endosome 191, 195, 201
red blood cell count (RBC) 978
red cell distribution width (RDW) 978
Redox-Katalysator, Selen 676
Redoxpaar
– konjugiertes 103
– korrespondierendes 103
– Standard-Redoxpotential 103
Redoxpotential 103
Redoxreaktionen 103
– Eisen 658
Redoxsysteme
– Ascorbinsäure 697
– biologische, Standardpotentiale 103
Redox-Wippe 499
Redoxzustand, intramitochondrialer, Ammoniakvergiftung 454
5α-Reduktase 873
– Mangel 877
Reduktionsäquivalent
– Transport 493, 495 (F)
– Wasserstoff 491
Reduktions-Oxidations-Reaktionen 103
reduktive Umwandlungen, Biotransformation 1091
Redundanz, Cytokine 778, 794
Refluxösophagitis, Salzsäure 1055
Regeneration
– Muskelzelle 1015–1017
– Myokard 1015
– Nerven, periphere 1047
Reglucosylierung, Proteine, Faltungsdefizite 306
regulated on activation, normal T-cell expressed and secreted ► RANTES
Regulation, allosterische, Glycogenstoffwechsel 384 (F)
Regulatorgene, HIV 336
regulatorische T-Zellen 1111–1112
regulatorischer Weg, Transport, vesikulärer 191
regulators of G-protein signaling (RGS) 806
REH (Retinylesterase) 683–684
Reinitiation, Proteinbiosynthese, eukaryote 295 (F)
Reise-Diarrhöe 802
Reißfestigkeit, Dermis 749
Reizübertragung, photosensible Zellen 686
Rekombination
– homologe, Chromosomen 157
– – DNA-Schäden 240 (F)–241 (F)
– – Genausschaltung 250–251
Rekrutierung, Granulozyten 972
Relaxin 811
– Ovarien 884
Relaxin-ähnlicher Faktor, Leydig-Zellen 876
releasing-hormone (RH, Liberine) 843–844
– Proteolyse, limitierte 309
rel-Onkogen 1143
Remethylierung, Homocystein 464, 710
renaler Blutfluss (RBF) 895
Renaturierung
– DNA 166 (F)
– Proteine 86
– Ribonuclease 86
Renin 315, 910, 1059
– Herzinsuffizienz 927
– Magensaft 1054, 1057
– Nierenarteriendruck 899
– Nierenarterienstenose 927
– Sekretion, juxtaglomeruläre Epitheloidzellen 912 (F)
– Überproduktion/-sekretion 911
Renin-Angiotensin-Aldosteron-System (RAAS), Natriumhaushalt 922
Renin-Angiotensin-System (RAS) 899, 910
– Aktivität, Rückkopplung 911
Reningenexpression
– Calcium 911
– cAMP 911
Reoviridae 329

replica shadowing 174
Replikation
- DNA 158, 228–236
- Mechanismus, konservativer 335
- Viren 330–342
Replikationsenzyme, virale, Fehlerquote 339
Replikationsgabel, DNA-Replikation 229
Replikon 229–230
- DNA-Replikation 229–230
Replisom, DNA-Replikation 230, 234
Reportergene, gentechnische Verfahren 248
Repression
- Enzyme 129
- Schilddrüsenhormone 858
Repressorprotein, Transkription, Prokaryoten 271
Reproduktion, Vitamin A 687
Reserpin 1035, 1038
Resistenz, Cytostatika 1160
Resistenzgene, Klonierung, Kontrolle 242
Resonanzspektroskopie, kernmagnetische ► Kernresonanzspektroskopie
Resonanzstrukturen 70
Resorption
- Arzneimittel 10
- Elektrolyte 1074–1076
- intestinale, Calcium 931
- - Magnesium 940
- - Phosphat 932
- Kohlenhydrate 1069–1070
- Leber 1084, 1086
- Lipide 1070–1072
- Oligopeptide 1073
- Sterole 1071
- Wasser 1074–1076
Resorptions-Gestations-Test, Vitamin E 693
respiratorische Insuffizienz/Störungen
- akute 800
- CO_2-Abatmung 947
- primäre, pCO_2 949
respiratorischer Quotient 637, 964, 1024
- Nährstoffe 637
- Sauerstoff 637
respiratory burst 974
- Bakterienabwehr 1135
respiratory distress syndrome (RDS) 800
Respirovirus 328
Restriktionsendonucleasen 169
Restriktionsenzyme
- Bakteriophagen 244
- Schnittstellen 169
- Symmetrieachsen 169
Restriktionskarte, Simian Virus 40 (SV40) 169
Retentionssignale
- Glycoproteine 548
- Transport, vesikulärer 195
Reticulum, endoplasmatisches ► endoplasmatisches Reticulum
Retikulozyten 954
Retina
- Na^+-Kanal 765
- Stäbchen/Zapfen 685–686
- Zinkkonzentration 672
Retinablutungen, Diabetes mellitus 837
Retinadegeneration, Enzephalomyopathie, mitochondriale 512
Retinal 681, 684
- Stereoisomerisierung, photoinduzierte 686
Retinaloxidase 683
Retinitis pigmentosa, Vitamin-E-Mangel 694
Retinoat 681
Retinoatrezeptoren 649
Retinoblastom (RB) 1145, 1147
- Rb-Protein 224
Retinoblastom-Proteine
- Papillomviren 345
- Viren, Tumor-erzeugende 344
retinoic acid receptor (RAR) 687
Retinoide 683–688
- Homeobox-Gene 687
- Speicherung in der Leber 1089
Retinol (► Vitamin A) 32, 38, 684–688
- Genexpression, Regulation 687
- Hypervitaminosen 682, 688
- Hypovitaminosen 688
- Isopreneinheiten 683
- Mangel, Nachtblindheit 686
- Reproduktion 687
- Resorption 684
- Speicherung, Ito-/Stern-Zellen 684
- Zufuhr, tägliche 681
Retinol-Bindeprotein (RBP) 684
- Retinoidfunktion 687
Retinoldehydrogenase 683
- Zink 672
Retinopathie, Diabetes mellitus 837
Retinsäure 763
- Funktion 684
- Implantation 687
- Rezeptoren 763
- - nukleäre 687
Retinsäurerezeptor 690
Retinsäure-X-Rezeptor (RXR) 858
- Isoformen 687
Retinylester 683–684
Retinylesterase (REH) 683–684
- Vitamin A, Resorption 684
retrieval-Signale 195
Retrotranslokation 322
Retroviren 158, 329
- α-, β-, γ- bzw. δ-Retrovirus 329
- reverse Transkriptase 335
- Sarkome 344
Reutilisierung ► *salvage pathway*
REV, HIV 336
Reveresterungszyklus, Fettsäuren 518
reverse Transkriptase 245, 335–336
- cDNA, Herstellung 245 (F)
- Hepadnaviren 335–336
- HIV 331–332, 336
- Retroviren 335
- Telomerase 235
- Viren 338
reversed phase high pressure liquid chromatography (RP-HPLC) 61
reversed phase liquid chromatography (RPLC) 52
Rezeptoren 1036
- α_1-Rezeptoren, Nierendurchblutung 896
- α_2-Rezeptoren 528
- β_1-Rezeptoren 770
- β_2-Rezeptoren, adrenerge, G-Protein-gekoppelte 195
- β_3-Rezeptoren 504
- - cyclo-AMP 504
- δ-Rezeptoren, Enkephaline 1044
- κ-Rezeptoren, Dynorphin 1044
- Adenylatcyclase-System 780–783
- Aktivierung 770
- - PDGF-induzierte 788
- ANP 926
- mit assoziierten Kinasen, Signaltransduktion 791–798
- bidirektionale, Integrine 733
- Cytokine 763–765, 805
- - Bindung 770
- Cytokin-Familien 794
- cytosolische, Aldosteron 923
- *down*-Regulation, Defekte 205
- G-Protein-gekoppelte 767, 769–770
- heptahelicale, Parathormon 936
- Herzleistung, Anpassung 1015
- Hormone 763–765
- Internalisierung, Endozytose 806
- Ionenkanäle, Liganden-regulierte 765–767
- ionotrope 1036
- Kinasen 768
- Liganden, Affinität 763
- - Erkennung 770
- Ligandenbindung, Sättigung 763
- lösliche 778
- - Biosynthese 805
- - Cytokin-Inhibitoren 778
- membranständige ► Membranrezeptoren
- metabotrope 1036
- nicht-steroidale, Hetero-/Homodimere 687
- nucleäre 763–765
- - *direct/inverted repeats* 763
- - Domänenaufbau 687
- - Ligandenbeladene 687
- - Signaltransduktion 763–764
- pentamere 1036
- Phospholipase Cβ 783
- Phosphorylierung 806
- postsynaptische 1037
- Prostaglandine 422
- Proteine 763
- *recycling* 806
- Serin-Phosphorylierung 771
- Signaltransduktion 757, 763, 804–805
- TGF-β 767
- Tyrosinkinasen, assoziierte 768–770
- *vascular endothelial growth factor* (VEGFR) 785
Rezeptorexpression
- Messung 804
- *Scatchard-plots* 804
Rezeptorkinasen 770
Rezeptorproteine, spezifische 763
Rezeptor-Serin/Threoninkinasen 767–768, 778, 790
- Signaltransduktion 759, 790
Rezeptor-Tyrosinkinasen 767–768, 771, 778, 783, 785–789
- Calciumstoffwechsel, Regulation 776
- Insulinrezeptor 785, 820–821
- JAK/STAT-Signalweg 789
- Muskelaufbau/-abbau 1016
- Phosphatidylinositid-3-Kinase (PI3K)-Weg 786
- Phospolipase Cγ (PLCγ)-Weg 786
- Ras/Raf/MAPK-Weg 786
- Signaltransduktion 759, 785–789
- - PDGF-Rezeptoren 786
- Tyrosinkinase-Domäne 785
- Wachstumsfaktoren, Rezeptoren 225
Rezeptor-vermittelte Endozytose, Viruspartikelaufnahme 333
Rezeptorxpression, FACS-*(fluorescence activated cell sorting)*-Analyse 804
Rezeptor-zerstörende Eigenschaften, Viren 340
Rezirkulation, Lymphozyten 1129
RF *(release factors)*, Proteinbiosynthese, eukaryote, Termination 298

RFC *(eukaryotic replication factor C)*, Führungsstrang, DNA-Replikation 234
RGD-Domäne/-Sequenz
- Fibrinogenrezeptor, Blutstillung, zelluläre 980
- Integrine 733
Rhabdoviridae 328
Rheb 525
Rhesusantigene, Codierung 967
Rhesus-CcEe-Gen 967
Rhesus-D-Gen 967
Rhesussystem
- Antigene, Codierung 967
- Bluttransfusion 965
rheumatische Erkrankungen 1138
- Gelenkknorpel, Zerstörung 746
Rhinovirus 328
Rhodopsin 684, 685 (F)
- aktives 686
- G-Protein, Aktivierung 780
- Regenerierungsstörung, Nachtblindheit 688
- Stäbchen/Zapfen 685
Rho(-Familie) 1016
- Aktin-Cytoskelett, Aufbau und Umbau 212
- G-Proteine 735, 773
- RhoA 784–785
- Transkription, Prokaryoten 258–259
Rho-Kinase, Aktivierung 780
Rho/Rac/Cdc42-Proteine 774
RIA ► *radioimmunoassay*
Ribavirin 352, 595 (F)
Riboflavin (► Vitamin B_2) 681–682, 700
- biochemische Tests 682
- Coenzym 111
- Flavoproteine, Wasserstoff übertragene 700
- Mangel 700
- Speicherung in der Leber 1089
- Stoffwechsel 700
- Zufuhr, tägliche 681
Riboflavin-5'-Phosphat 700
Ribonuclease 1059
- Denaturierung 86
- mRNA, Abbau 270
- Pankreas 1060
- Renaturierung 86
Ribonuclease P 114
Ribonuclease-P-RNA 163–164
Ribonucleinsäure ► RNA
Ribonucleotide 143, 205, 586
- DNA-Replikation 231
- tRNA 289
Ribonucleotid-Reductase 591
- Eisen 659
- Hemmstoffe 596
- SH-Gruppe 592
- Thiolgruppen 591
- Tyrosylradikal 591, 592 (F)
Ribose 143 (F)
- 2-Desoxy-D-Ribose 143
Ribose-1-phosphat, Purinabbau 599
Ribose-5-phosphat 586
- Hexosemonophosphat-Weg 366 (F)–367 (F)
ribosomale Proteine 293
ribosomale RNA ► rRNA
ribosomale Untereinheiten, Polysomen 205
Ribosomen 176 (F), 293
- A-(Aminoacyl-)Stellen 293, 294 (F)
- Biogenese, mTOR 525
- E-(Exit-)Stellen 293, 294 (F)
- Eukaryoten 293
- *half-sites* 293, 294 (F)
- Mitochondrien 204
- P-(Peptidyl-)Stellen 293, 294 (F)
- Prokaryoten 293
- Proteinbiosynthese 287, 293
- Ribozyme 114
- Zerfall 298
Ribozyme 114, 293
- Biokatalysatoren 114
- Ribosom 114
- RNase P 268
- Spleißen 265
- Spleißosomen 114
Ribulose-5-phosphat 365, 366 (F)–367 (F)
Ribulose-5-phosphat-Epimerase 366–367
Ribulose-5-phosphat-Ketoisomerase 366–367
Riesenzelltumoren, ossäre, Osteolyse 322
Rieske-Eisen-Schwefel-Zentrum, Ubihydrochinon 499
Rifampicin, Transkription, Hemmung 269
Rimantadin 352
Rinderwahnsinn 1050
RIP *(receptor interacting protein)*, TNFα-Signaltransduktion 792
RISC-Komplex 250, 281
Ritonavir, HIV-Protease-Hemmung 134–135
RNA 143, 146 (F), 162–164
- Basenzusammensetzung 147
- codierte 162
- heteronucleäre ► hnRNA
- Hybridisierung 167
- Klassifizierung 163
- Lokalisierung 272
- nichtcodierte 162
- - mit regulatorischen Funktionen 164
- regulatorische Funktionen 256
- ribosomale ► rRNA
- *signal recognition particel* (SRP) 162
- *small nuclear* ► snRNA
- Synthese, codierender Strang 256
- - Matrizenstrang 256–257
- - Minusstrang 256
- - Nichtmatrizenstrang 257
- - Transkriptionsauge 257
- Transport 272
RNA-Biosynthese 145, 258
- RNA-Polymerasen 258 (F)
RNA-*editing* 272
- Apo B_{48}, Entstehung 280
- Apo B_{100}, Entstehung 280
- Viren 335
RNA-Genom, Virusproteine 335
RNA-induced silencing complex (RISC) 250
RNA-Interferenz (RNAi) 250
- Genausschaltung 250
- mRNA-Abbau 281, 282 (F)
RNA-Molekül
- doppelsträngiges (dsRNA) 250
- 5'-Triphosphatende 258
RNA-Polymerase I 259
- Kontrollelement 267
- Nucleolus 188
- Promotoren 267
- Transkription 267–268
RNA-Polymerase II 259, 336, 793
- Initiationskomplex, Aufbau 261
- - eukaryoter, Bildung 260–262
- Pri-miRNA-Transkripte 281
- Promotorregionen, Strukturmerkmale 260
- zelluläre 336
RNA-Polymerase III 260
- Promotoren 267
- Transkription 267–268
RNA-Polymerasen
- CREB 783
- DNA-abhängige, Transkription 256
- eukaryote 259
- - Initiationskomplex 260
- - Transkriptionsfaktoren 260
- Hemmung, Amanitin 260
- prokaryote 260
- - Untereinheiten 258
- RNA-abhängige, Viren 335, 338
- RNA-Biosynthese 258 (F)
- Transkription 257
- Viren 335
RNA-Primer, DNA-Replikation 234
RNase 3, Aktivität, Dicer 281
RNase D 268
RNase L 798
RNase P 268
RNasen 167
- Defekte 200
- mRNA, Abbau 270
RNA-Triphosphatase, Transkription, Elongation 263
RNA-Viren
- RNA-Genom 335
- Tumor-erzeugende 344
Röhrenknochen, Ossifikation, enchondrale 739
Röntgenbeugungsdiagramm, Myoglobin 80
Röntgenkristallographie, Proteine 90–91
ROS *(reactive oxygen species)* 800, 1105
- Abbau 509–511
- Alterung 203
- elektromechanische Kopplung 1012
- Gluthation 466
- mitochondriale Membran, oxidativer Stoffwechsel 204
- OXPHOS-Erkrankungen 512
Rotavirus 329
Rotenon 207, 497
Rot-Grün-Blindheit 685
Rotor-Syndrom 626
Rous-Sarkom-Viren 344
RP-HPLC *(reversed phase high pressure liquid chromatography)* 61
RPLC *(reversed phase liquid chromatography)* 52
rRNA (ribosomale RNA) 97, 162–163, 256, 293
- Analysen, Stammbaum 7
- mitochondriale 293
- Nucleolus 188
- Transkripte, Prozessierung 267
rRNA-Präkursor, Nucleolus 188
R-Smad-Proteine *(receptor-activated Smads)* 790
- BMP-Signaltransduktion 790
rT_3 855 (F), 856
RT-PCR (reverse Transkriptase-PCR) 247
Rubellavirus 328
Rubivirus 328
Rückkopplung
- Hemmung, Kommunikation 758
- Hormone 845
- Renin-Angiotensin-System (RAS) 911
- Signaltransduktion 805–807
ruffles, Aktin 213
Ruheenergieumsatz 635
- Abhängigkeit vom Alter 635
Ruhepotential, Neurone 1030
Ruhestoffwechsel, Muskelzelle 531
Ruheumsatz, Na^+/K^+-ATPase 632
R-Untereinheiten, regulatorische *(regulatory)*, Proteinkinase A 782
Runx-2 *(runt related transcription factor-2)*
- Chondrozyten, Differenzierung 740

- Knochenwachstum 742
RXR (9-cis-Retinsäure-X-Rezeptor) 687
- Isoformen 687
- Lipidstoffwechsel 649
Ryanodinrezeptor 765, 774
- cyclo-ADP-Ribose 702
- elektromechanische Koppelung 1012
- - Myokard 1014
- Funktionsvarianten, Hyperthermie, maligne 1019
R-Zustand, Hämoglobin 84

S

ΔS 101
S1/S2 (Subfragment 1/2), Myosin 1006
S1P-/S2P-Protease 570
Saccharase 1059
- Darmsaft 1062
- Kohlenhydrate, Resorption 1069
Saccharide ► Kohlenhydrate
Saccharidsynthese, Glycolyse 359
Saccharomyces cerevisiae 492
Saccharopin, Lysinabbau 476
Saccharopin-Dehydrogenase, Lysinabbau 475
Saccharopin-Weg, Lysinabbau 475
Saccharose 26 (F), 364, 646
S-Acetylhydrolipoat 479
S-Acetylhydrolipoylenzym 481 (F)
S-Adenosylhomocystein (SAH) 532
- Melatonin, Abbau/Biosynthese 1043
- Methionin, Abbau 463 (F)
- Transmethylierung 464
S-Adenosylmethionin (SAM, AdoMet) 111, 308, 438, 462, 557
- Arginin, Umwandlungsreaktionen 461
- decarboxyliertes, Polyamine, Biosynthese 462
- Melatonin, Abbau/Biosynthese 1043
- Methionin, Abbau 463 (F)
- Stoffwechselbedeutung 462
- Transmethylierung 463
- Verbindungen 463
Sättigung, Hypothalamus, lateraler 643
Sättigungsfaktor, GLP-1 824
Sättigungsgefühl
- Cholecystokinin 1066
- Nahrungsaufnahme 1066
Sättigungskinetik
- Endozytose 195
- Enzymreaktion 123
Säugetiermitochondrien, Cytochrom-c-Oxidase 500
Säugling
- Blutglucosekonzentration 1025
- Hyperbilirubinämie, persistierende 1027
Säureamide
- Bindungen 10, 57
- hydrolytische Spaltung 10 (F)
Säureanhydrid 1056
Säureanionen, Transport, Tubulusepithelien 906
Säure-Basen-Ausscheidung
- Leber 947
- Niere 947
Säure-Basen-Eigenschaften, Aminosäuren 48–52
Säure-Basen-Haushalt 942–949
- Aminosäuren 430
- Elimination 945
- Nieren 452
- Pathobiochemie 946–949
- Störungen, nichtrespiratorische 948
- - respiratorische 948
Säure-Basen-Katalyse 58, 117–118
- Histidin 117, 118 (F)
- Lactatdehydrogenase (LDH) 118
Säure-Basen-Transport
- Niere 906
- Tubulusepithelien 906
Säurechlorid, Bildung, Peptidbindung 92
Säurehydrolyse 65
Säurekatalyse 19–20
Säurekonstante 15
Säuren 14–15
- Elektronenakzeptoren 18
- Entstehung, Stoffwechsel 942–943
- Katalysatoren 19
- nichtflüchtige, Aminosäuren, Abbau 942
- - Proteinabbau 943
- organische 942
- pK_S-Werte 15
- Protonen 14
- Pufferwirkungen 16
- schwache, Titrationskurve 17
- Stärke 14
- titrierbare, pH-Wert, Urin 914
SAICAR (5-Aminoimidazol-4-N-succinylcarboxamidribonucleotid) 587 (F), 588
- Purinbiosynthese 587 (F), 588
SAICAR-Synthetase, IMP-Biosynthese 589
Salla-Krankheit 200
salvage pathway, Purinbasen 597
Salzappetit, Natriumhaushalt 922
Salze, Proteindenaturierung 88
Salzreabsorption, Niere 895
Salzsäure(sekretion)
- Belegzellen, Magen 1054, 1064
- Hemmstoff, Somatostatin 1064
- *intrinsic factor* 1056
- Magen-/Zwölffingerdarmgeschwür 1055
- Magensaft 1054
- Parietalzellen 1055
- Reflux-Ösophagitis 1055
- Regulation 1063–1064
- Steigerung 1067
Salzverlustsyndrom, kongenitales, Hypokaliämie 930
SAM ► S-Adenosylmethionin
Samenblase, Insulinempfindlichkeit 817
Sammelrohr 898, 903
- Aldosteronrezeptoren 924
- Hydrogencarbonat, Transport 906
- Hydrogencarbonatsekretion 907
- Protonensekretion/-transport 906–907
- Reabsorptionsleistung 900
- Vasopressin, Wirkungsmechanismus 905
- Wasserdurchfluss 905
- Wasserkanal-Molekül (Aquaporin 2) 905
Sammelrohrsystem 899
Sandhoff-Krankheit 200
Sanfilippo-Erkrankungen 200, 207
Sanger, Frederick 170
Saposine, Lysosomen 200
Sapovirus 328
Saquinavir 352
Sar1/Arf-Proteine 774
SARA *(Smad anchor for receptor activation)* 790
Sarkoglykane 1008–1009
Sarkome 1142
- Retroviren 344
Sarkomer 1002–1003, 1009
sarkoplasmatisches Retikulum 1012
- Ca^{2+}-ATPase 1014
- Cisterne, terminale 1012
- elektromechanische Kopplung, Myokard 1014
- transversale Tubuli 1012
- Triaden 1012
Sarkospan S 1008
Sar-Proteine 192
Satelliten-DNA 241
- klassische 160
Satellitenviren ► Virusoide
Satellitenzellen, Skelettmuskel 1015
Sauerstoff 4
- arteriovenöse Differenz 1024
- Blutkonzentration 1024
- energetisches Äquivalent 636–637
- Erythrozytenverlust 955
- respiratorischer Quotient 637
- Standardpotential 103
Sauerstoffaffinität
- Blut 959
- Hämoglobin 83–85, 960
- pH-induzierte Änderung 961
Sauerstoffanlagerungskurve
- 2,3-Bisphosphoglycerat 960
- CO_2-Druck 960
- Hämoglobin 82, 961
- Linksverlagerung 960
- - Kohlenmonoxid 969
- Myoglobin 81
- pH-Wert 960
- Rechtsverlagerung 960
- - Höhenaufenthalt 961
- Temperatur 960
Sauerstoffaufnahme und -abgabe, Erythrozytenstoffwechsel 955
Sauerstoffaustausch, Erythrozytenform 956
Sauerstoffbindung, kooperative, Hämoglobin 83
Sauerstoffdissoziationskurve 83
Sauerstoffdruck, Nierenzonen 900
Sauerstoffkapazität, Blut 959
Sauerstoffmangel
- Gewebe 389
- Hypoxie 961
Sauerstoffpartialdruck 82
Sauerstoffradikale
- Antioxidantien 511
- α_1-Antitrypsin, Oxidation 975
- Ascorbat (Vitamin C) 511
- Entfernung, enzymatische, Glutathionperoxidase 511
- - - Katalase 511
- - - Superoxid-Dismutase 511
- α-Tocopherol (Vitamin E) 511
Sauerstoffspezies, reaktive ► ROS *(reactive oxygen species)*
Sauerstofftransport
- Hämoglobin 79, 959
- Myoglobin 79
Sauerstoffverbindungen, Membranlipide, Peroxidation 974
Sauerstoffverbrauch
- beim Gehen und Joggen 532
- Gehirn 1024
Sauerstoffversorgung, Niere 910
scaffold-(Gerüst)-Proteine, Membranrezeptoren 769
Scap (SREBP *cleavage-activating protein)* 569
scapulohumerale Muskeldystrophie 1018
Scatchard-*plots*, Rezeptorexpression, Messung 804
Scatol 1076

scavenger-Rezeptoren 692, 694, 1105
- Hyperlipoproteinämie Typ III 582
scavenger-Zellen, Hepatozyten 1085
SCF ► *stem cell factor*
Schädel-Hirn-Trauma
- Exzitotoxität 1028
- Glutamatfreisetzung 1039
Schaltzellen 907
Scharnierregion, Immunglobuline 1119
Schiff-Base 361 (F), 393–394
- Pyridoxalphosphat 703
Schilddrüse
- apikaler Jodtransporter (AIT) 852
- Autoimmunerkrankungen 860
- Chloridkanal 852
- ClC5 852
- Follikel 850
- Größe 850
- Kolloid 760, 850, 852
- Selenkonzentrationen 676
Schilddrüsenfunktion
- Muskelerkrankungen 1021
- Selenmangel 676
Schilddrüsenhormonbiosynthese 851, 853
- Jodstoffwechsel 850–854
- Thyreoglobulin (Tg) 852
- Thyronine, Kopplung 852
Schilddrüsenhormone 758, 763, 846, 852
- Aktivierung 855–857
- Aufnahme, regulierte 855–857
- Carnitin-Acyltransferase 416
- Decarboxylierung, oxidative 857
- Freisetzung 850
- Inaktivierung 855–857
- Knorpel-/Knochenbildung 741
- Konjugation 857
- Proteinsynthese 645
- Regulation, TSH-Rezeptor 850
- Repression 858
- Rezeptoren 763, 856, 1143
- Serumkonzentrationen 858
- Stimulation 858
- Transport 854–855
- - Monocarboxylattransporter 8 (MCT8) 855–856
- TSH-regulierte Synthese 850
- Verteilung im Blut 854–855
- Wirkungen, rezeptorvermittelte, molekulare 856, 858–859
- - zelluläre 857
Schilddrüsenkarzinom, Thyreocalcitoninüberproduktion 939
Schilddrüsenszintigraphie, Pertechnetat 852
Schilddrüsenunterfunktion, Cholesterinbiosynthese 568
Schimmelpilze
- Aflatoxin 1094
- Cancerogenese 1158
Schlafapnoe, Adipositas 640
Schlaganfall
- Adipositas 640
- Exzitotoxizität 1028
- Glutamatfreisetzung 1039
Schlangengift, Phospholipasen 36, 559
β-Schleifen, Proteine 73
Schleimschicht, Magen 1057
Schlussleisten *(tight junctions)*, Plexusendothel 1027
Schmelzen
- DNA 166
- Membranfluidität 43
Schmelztemperatur
- DNA 166
- Wasser 8
Schmid-Chondrodysplasie, metaphysäre 724
Schock
- anaphylaktischer 1137
- hypovolämischer, Natriummangelzustände 927
- Lactatazidose 393, 949
- septischer 798–801
- toxischer 1135
Schrankenstörungen, Liquor/Serum, Albumin 1028
Schreckreaktion 1041
Schutzgruppen
- Aminosäuren, Kopplung 92
- Peptidsynthese 92
Schwangerschaft
- Eisenbedarf, erhöhter 667
- Ernährung 652
- Hypercholesterinämie 583
- Ketonkörper im Urin 916
- Östriol 882
Schwann-Zellen 1045–1046
- neurotrophe Faktoren 1045
Schwefel 4, 941–942
schwefelhaltige Substanzen, Urin 915
Schwefelhaushalt 941–942
Schwefelsäure 942
Schweine-Insulin 810
Schweißdrüsen
- Aldosteronrezeptoren 924
- Elektrolytverluste 1075
- Sekretion 1075
Schwesterchromatiden 154–155
Schwitzen
- Dehydration 920
- - Natriumverluste, tägliche 921
SCM-1β (XCL2) 759
SCN1A/B, Mutation 1032
Scramblasen 562–563
Scrapie 1050
screenen (Durchmustern), DNA-/Gen-Banken 246
scr-Proteinkinasen 43
SDF1 (CXCL12, *stromal derived factor*) 333, 759
SDS-Polyacrylamid-Gelelektrophorese 62–63
SECIS (Selenocystein-Insertions-Sequenz) 289
SECIS-bindendes Protein (SBP2) 299
second messenger 765, 767, 769, 773–777, 872
- cAMP 781
- Diacylglycerin 789
- G-Protein-gekoppelte Rezeptoren (GPCR) 773
- Synapsen 1034
- Synthese 775
second messenger-aktivierte Kinasen 806
Secretin ► Sekretin
SEC-Rezeptor 317
Sec-tRNA^{sec} 676
Sedoheptulose-7-phosphat 22
- Hexosemonophosphat-Weg 366 (F)–367 (F)
Sehvorgang
- all-trans-Retinal 686
- 11-cis-Retinal 686
Seide 73
Sekretasen 318
- α-/β-Sekretasen 318
- γ-Sekretasen 318
- Alzheimer-Demenz 1048
Sekrete
- gastrointestinale 1054–1068
- - Regulation 1062–1063
Sekretgranula, Langerhanssche Inseln 811
Sekretin 937, 1063, 1066
- Gallebildung, Cholangiozyten 1098
- Hemmung durch Somatostatin 887
- Mucinsekretion 1064
- Pankreas 1065
- Pankreassekretion 1065
- Vorkommen/Funktion 1063
Sekretion
- unkonventionelle 180
- vesikuläre, Plasmamembran 195
- Viren 340
Sekretionsstadium, Menstruationszyklus, Progesteron 883
sekretorische Prozesse, Glycogenabbau 774
Sekretvesikel, intrazelluläre, _ Hormone 760
Sekundärantikörper, Enzyme 138
Sekundär-Immunantwort 1110
Sekundärstruktur, tRNA 289–290
Sekundärstrukturelemente, kanonische, Proteine 73
Selbst-Organisation *(self-assembly)*, Viren 339
Selektine 197, 199, 548
- *homing* 199
- Leukozyten 972
- Signalvermittlung 199 (F)
- Zell-Matrix-Kontakte 199 (F)
- Zell-Zell-Kontakte 199 (F)
Selektion, positive, T-Lymphozyten 1110
Selektionsvorteil, Blutgruppenantigene 966
selektive Estrogen-Rezeptor-Modulatoren ► SERMs
Selektivitätsfilter, Kaliumkanäle 1031
Selen 4, 676
- Gesamtbestand/Plasmaspiegel 656
- Mangel 676
- Redox-Katalysator 676
Selen-haltige Peroxidase 956
Selenmethionin 676
Selenocystein 45, 298 (F), 299, 676
- Biosynthese 676
- Glutathionperoxidase 299
- Proteine 676
- Synthese 289
Selenocysteinbindeprotein 2 (SBP2) 861
Selenocystein-tRNA^{Sec} 299
Selenoenzyme 676
Selenoprotein P 676
Selenoproteine, Biosynthese 289
Semaphorine 1051
Semichinon 496
semikonservativer Mechanismus, DNA-Replikation 228–229
sense strand 256
Sepsis, Proteolyse, Skelettmuskulatur 529
septischer Schock 798–801
sequentielles Modell 131
Sequenzanalyse, Proteine 67–68
Sequenziergel 171
Sequenzierung, DNA 170–171
SER *(smooth endoplasmatic reticulum)* 190
SERCA-ATPase 184
Serin 28 (F), 32, 35, 45, 47, 437–439, 486, 554, 559, 708, 1038, 1070
- Abbau 458
- Aminosäuren, nicht essentielle, Stoffwechsel 440
- Aminosäurestoffwechsel, Nieren 451–452
- Aufnahme, Insulin 820
- Bedarf 439
- Ceramid, Biosynthese 560 (F)
- Desaminierung 459
- Lipase-Colipase-Komplex 1070
- Plasmakonzentration 445
- Sphingomyelin, Biosynthese 560 (F)
- Stoffwechsel 457–459
Serindehydratase 433, 459

Serin-Hydroxymethyltransferase (SHMT) 458
- Pyridoxalphosphat 704
Serin-Palmityl-Transferase, Pyridoxalphosphat 704
Serinpeptidasen 315
Serin-Phosphorylierung, Rezeptoren 771
Serinproteasen 120, 317
- Basalmembran, Abbau 1156
- extrazelluläre Matrix, Abbau 736
- Inhibitoren 317
- Katalyse 120
Serinproteinasen ► Serinproteasen
Serin-Pyruvat-Transaminase 459
Serinreste
- Dephosphorylierung 273
- Phosphorylierung 273
Serin/Threonin-Dehydratase 459
- Desaminierung 435
- Reaktionsmechanismus 437
Serin/Threonin-Hydroxymethyltransferase 433
Serin/Threoninkinasen 806
- cytosolische 1143
Serin-/Threoninkinasen, MAPK 772
SERMs (selektive Estrogen-Rezeptor-Modulatoren) 884
- Osteoporose 746
Serotonin 438, 468, 758–759, 765, 1037–1038, 1042–1044
- Abbau 1042 (F)
- - Monoaminoxidase (5HT), Typ A 1043
- Biosynthese 1042 (F)
- Carcinoide 1043
- Decarboxylierung, Pyridoxalphosphat-abhängige 1043
- enterochromaffine Zellen, Tumoren 1043
- G-Protein-gekoppelte Rezeptoren 783
- Mastzellen 1080
- Melatonin, Abbau/Biosynthese 1043 (F)
- Nahrungsaufnahme, Wirkung 643
- Nierendurchblutung 896
- Thrombozyten 977
- Tryptophan 1025
- - Decarboxylierung 1042
- Urin 915
Serotoninrezeptoren 1043
- Adenylatcyclase 1043
- Phospholipase C 1043
Serotonin-Transporter 1037
serpin enzyme-complex 317
Serpine 317
Sertoli-Zellen 874–876
- FSH 876
- Funktionen 874–876
- Gliazell-abgeleiteter neurotrophischer Faktor (GDNF) 876
- hypothalamisch-hypophysäres System, Wirkung 874
- *stemcell factor* 876
- Stimulation, FSH 875
- - Testosteron 875
- Testosteron 876
Serum
- Kaliumkonzentration 956
- LDH-Aktivität 956
- Proteinfraktionen 994–996
- Transkription 276
Serum-Akutphase-Protein, verändertes 800
Serumalbumin
- Leber 994
- Lipoproteine, Transport 572
Serumcholinesterase, Funktion/Pathobiochemie 992
Serumfettsäuren 518
Serumkrankheit 1137
Serumlipoproteine
- Eigenschaften 573
- Einteilung 573
Serumproteine, Immunelektrophorese 995
Serum-Response Faktor (SRF), Transkription 276
Serum-TSH-Werte 858
Serylgruppe, Proteoglykane 549
Seryl-tRNA^{sec} 299
Sexhormon-bindendes Globulin (SHBG) 876, 882
Sexualhormone/-steroide
- gonadale, Kisspeptin 872
- Produktion, Stimulierung 872
- Skelettsystem, Homöostase 745
SGLT-1 *(sodium-dependent glucose transporter 1)* 905, 1069
- Defekt 1077
- Galaktose, Transport 1069
- Glucoseresorption, tubuläre 906
- Hexosen 1069
- Hexosetransport, Natrium-abhängiger 1070 (F)
- Isoformen 1069
- Natrium-Kalium-Pumpe, ATP-abhängige 1069
SGLT-2 *(sodium-dependent glucose transporter 2)* 905
SGLT *(sodium dependent glucose transporter)* 185, 905
- Kohlenhydrate, Resorption 1069
SH2-*containing tyrosine phosphatase* (SHP2) 788
SH2-Domänen *(src-homology 2 domains)*
- Adapter-Proteine 735
- Proteine 786
SH3-Domänen *(src-homology 3 domains)*
- Adapter-Proteine 735
- Proteine 771
SHBG (Sexhormon-bindendes Globulin) 876, 882
Shc-Adaptorprotein 788
- Prolactinrezeptor, Tyrosinreste 888
Sheddasen 318
shedding-Enzyme 318
Shigella, Aktinfilamente 214
Shikimat-Familie 443
short loop feedback 846
- Hormone 846
SHP2 796
SIADH *(syndrome of inappropriate antidiuretic hormone secretion)* 921
Siah1, Apoptose 323
Sialinsäur, Reste, Glycoproteine 548
Sialinsäure
- Transportdefekte 200
- Viren 340, 342
- Virusrezeptor 331
Sialoglycoprotein, glycosidische Bindung 29
Sichelzellanämie 971
- Pigmentsteine 1102
Sichelzellgen 971
Sichelzellkrankheit ► Sichelzellanämie
Siderophilin, Funktion/Pathobiochemie 993
Siedetemperatur, Wasser 8
Siewert-Kartagener-Syndrom 214
sIgA (sekretorisches IgA) 1120–1121
sigmoidale Kinetik, Enzyme 130
signal recognition particle (SRP) 304
- RNA 162–163
signal transducers and activators of transcription ► STAT
Signalamplifikation 769
Signale, extrazelluläre, Dekodierungssystem, Hox-Gene 273
Signalentstehung 758
Signalintegration 769
Signalkaskaden, PDGF-induzierte 788
Signalmetabolite
- 2,3-Bisphosphoglycerat 960
- Hämoglobin 83
Signalmoleküle 571–572
- Abbau, Proteasen 806
- extrazelluläre 757–760
- Phosphorylierung, reversible 806
Signalosomen 43
Signalpeptid, Abspaltung, Proteine 307
Signal-Peptidasen 307
- endoplasmatisches Retikulum, raues 319
- mitochondriale, Proteolyse 319
- Proteine 305
Signalproteine, Phosphorylierung, Phosphatasen, Inhibierung 806
Signalsequenz 304
Signalstoffe, Aminosäuren 429
Signaltransduktion 571
- Adiuretin-abhängige, Aquaporin-2 182
- Aminosäuren 430
- autokrine 758
- B-Zell-Aktivierung 1126
- chemische, Neuronen 1036–1043, 1045
- Cholesterin 572
- endokrine 758
- GPCR-vermittelte 783–785
- G-Proteine 773, 781
- G-Protein-gekoppelte Rezeptoren 779
- humoraler Weg 757
- Integrine 199 (F), 735
- Interleukin-8 785 (F)
- interzelluläre, Mechanismen 757
- juxtakrine 758
- konstitutive Anschaltung, Onkogenmutation 1144
- Ligand 757
- Lipidderivate 571
- Lipide 33, 571
- Membranrezeptoren 769–777
- Muskelaufbau/-abbau 1016
- parakrine 757
- PDGF-Rezeptor 788
- Phosphoglyceride 571
- Plasmamembran 195
- Proteine, inhibitorische 806
- Protein-Protein-Wechselwirkungen 771
- Regulation 804–807
- Rezeptoren 757, 763
- - mit assoziierten Kinasen 791–798
- - homodimere 759
- Rezeptorexpression 804–805
- Rezeptor-Serin-/Threonin-kinasen 759, 790
- Rezeptor-Tyrosinkinasen 759, 785–789
- Rückkopplungsmechanismen 805–807
- Selektine 199 (F)
- Signalamplifikation 769
- Sphingosin 572
- Sphingosin-1-phosphat 572
- T-Lymphozyten 1114
Signalübertragung ► Signaltransduktion
Signalverarbeitung 758
Signalvermittlung ► Signaltransduktion
Signalweiterleitung 758
Silberfärbung, Proteine, aufgetrennte 63
Sildenafil (Viagra®) 803
silent information regulators 639

Silicium 4
– Gesamtbestand/Plasmaspiegel 656
Simian Virus 40 (SV40), Restriktionskarte 169
SINE *(short interspersed nuclear elements)* 161
single nucleotide polymorphism ► SNP
Sinusoidalmembran, Transportsysteme 1096
SIR2.1 639
siRNA *(small interfering RNA)* 163–164
– Gene, Ausschalten *(knockdown)* 250
Sirolimus (Rapamycin), Transplantatabstoßung 1139
SIRS *(systemic inflammatory response syndrome)* 798, 801
– Cytokine, pro-inflammatorische 800
SIRT1 639
– Apoptose, p53-vermittelte 639
Sirtuine 639
– Alterungsprozess 639
sis-Onkogen 1143
site-1/2-Proteinasen 320
Sitosterol 39 (F), 1071
Sitosterolämie 186
– Arteriosklerose/Xanthome 1077
Skelettdeformierungen, Manganmangel 673
Skelettmuskulatur 1002–1003
– ►a. Muskulatur, quergestreifte
– Aminosäurefreisetzung, Nahrungskarenz 529
– Atrophie 529
– Energiebedarf, Deckung 532
– Fettsäuren 521, 529
– GATA-2 1016
– Gluconeogenese 372
– Glucoseaufnahme 531
– GLUT 4 375, 820
– Glycogen, Speicherung 518
– Hypertrophie 529
– Insulin 820
– Insulinempfindlichkeit 817
– Ketonkörper 521, 529
– Kreatinphosphat 531
– Lipase, hormonsensitive 399
– Lipoproteinlipase 401
– Nahrungskarenz 529
– – Proteolyse 521, 529–530
– Satellitenzellen 1015
– Triacylglycerine, Speicherung 518
Skelettsystem
– Biochemie 737–745
– Homöostase 744–745
Skelettwachstum, postnatales, GH 744
Skleren, Gelbfärbung, Ikterus 624
43S-Komplex, Proteinbiosynthese, eukaryote, Initiation 294
Skorbut 699, 719
SLAM-Protein (CD150), Virusrezeptor 331
SLC19A1, Folsäureaufnahme 707
SLC30-Transporter 672
sliding filaments, Muskelkontraktion 1009
slow reacting substance (SRS) 423
– Allergie vom Typ I 1137
Smad-Proteine 790
– MH-Domänen 771
small nuclear RNA ► snRNA
small nucleolar RNA ► snoRNA
small ubiquitin-like modifier (SUMO) 309
Smith-Lemli-Opitz-Syndrom 314
smooth ER ► glattes endoplasmatisches Retikulum
SMVT *(sodium-dependent multivitamin transporter)*, Biotin 706
SNAP25 194, 1035
SNARE-Proteine *(soluble N-ethylmaleimide sensitive fusion protein attachment protein receptors)* 1035
– Exozytose 194
snoRNA *(small nucleolar RNA)* 163–164, 188, 205
SNP *(single nucleotide polymorphism)* 161
snRNA *(small nuclear RNA)* 163–164, 205, 265
– Spleißen 265
– Zellkern 187
SOCS-Familie (suppressors of cytokine signaling) 796
SOCS-Proteine *(suppressors of cytokine signaling)* 806
SODD-Domänen *(silencer of death domains)*, Proteine 771
sodium dependent glucose transporter ► SGLT
Solenoid 153
soluble-carrier Proteine (SLC19A) 699
soluble-carrier (SLC), Biotin 706
solvent drag, Tubulus, proximaler 902, 904
Somatoliberin ► *growth hormone releasing hormone*
Somatostatin 844, 846
– ECL-Zellen, Histaminfreisetzung 1064
– GH-Sekretion, Inhibitor 887
– – Regulation 885
– G-Protein, Aktivierung 780
– Insulinsekretion, Hemmung 815
– Nahrungsaufnahme, hemmende Wirkung 643
– Plazenta 884
– Salzsäureproduktion, Hemmstoff 1064
– TRH-Freisetzung 847
– Vorkommen/Funktion 1063
somatotropes Hormon (Somatotropin) ► GH
Sonden
– ► DNA-Sonden
– anonyme, Antionkogene 1145
– Mikrosatelliten 1146
Sondennahrung, Osmolarität 653
Sonnenlicht, Vitamin-D-Stoffwechsel 688
Sorbitol 23, 24 (F), 364, 365 (F)
Sorbitoldehydrogenase 364–365
Soret-Bande
– Hämoglobine 959
– Porphyrine 615
Sortierung
– importierter Produkte, Golgi-Apparat 191
– Transport, vesikulärer 194
Sortierungssignale
– Proteinbiosynthese 288
– Transport, vesikulärer 192
SOS, Insulinsignal, Weiterleitung 822
Southern, Edwin 167
Southern-Blot 167 (F)
– Isotop ^{32}P 167
– Rot-Grün-Blindheit 685
SOX-9
– Knochenwachstum 742
– Knorpelzellen, Differenzierung 740
SOX-Expression, BMPs 740
Spannungssensor
– Ionenkanäle 1031
– Myotonie, kongenitale 1019
SPARC *(secreted protein acidic and rich in cysteine)* 730
Spectrin
– Aktin 214
– Erythrozytenmembran 956
Speichel 1054
– Mucine 1054
– pH-Wert 1054
Speisebrei, hypertoner, Wassersekretion 1074
Speiseflüssigkeit, isotone 1074
spektralphotometrische Messung, Enzyme 115
Spender-gegen-Empfänger-Reaktion (GvHR) 1138
Spermatogonien 876
– KIT-Rezeptor 876
Spermatozoen ► Spermien
Spermatozyten 876
– GLUT 5/GLUT 11 376
Spermidin 462
– Arginin, Umwandlungsreaktionen 461
– Polyamine, Biosynthese 462
Spermien
– Produktion, tägliche 876
– Zinkkonzentration 672
Spermin 462
– Arginin, Umwandlungsreaktionen 461
– Magnesiumionen, tRNA 291
– Polyamine, Biosynthese 462
Spermiogenese
– FSH 876
– Testosteron 876
Spezifität, Immunantwort, adaptive 1105
Sphärozyten 968
Sphärozytose, hereditäre 968
S-Phase
– Mitose 155
– Zellzyklus 154, 221
Sphinganin, Ceramid, Biosynthese 560 (F)
Sphingoglycolipide 31
Sphingolipidaktivatorproteine (SAPs) 561
Sphingolipide 32, 37–38, 398, 559, 571–572, 647, 965
– Abbau 561–562
– – Enzymdefekte, Lipidspeicherkrankheiten 580
– amphiphile Verbindungen 40
– *bilayers* 40
– Biosynthese 559–561
– – Ceramid 559
– Ceramid 965
– Doppelschichten 40
– Pathobiochemie 580–581
– Resorptionsphase, Leber 1086
– Stoffwechsel 559–564
Sphingolipidosen 580
Sphingomyelin 38, 564, 571
– Abbau 561, 562 (F)
– Biosynthese 559, 560 (F)
– Lipiddoppelschichten 41
Sphingomyelinasen 561–562, 571
– alkalische, neutrale bzw. saure 561
– Defekt, Niemann-Pick-Krankheit 580
Sphingosin 32, 38, 559, 562 (F), 571
– Signaltransduktion 572
Sphingosin-1-Kinase 571–572
Sphingosin-1-phosphat 562, 571
– Signaltransduktion 572
– Sphingomyelin, Abbau 562 (F)
Sphingosin-1-phosphat-Lyase 562
Sphingosin-1-phosphat-Phosphatase, Sphingomyelin, Abbau 562
Spindelapparat 188
– Mikrotubuli 209
Spironolacton 924
Spleißen 264–267
– Abschluss 265
– alternatives 267, 272, 278–280

– – Acetylcholinesterase 313
– – Calcitonin, Entstehung 278–279
– – CGRP *(calcitonin gene related peptide)* 278–279
– – *exon skipping* 278
– – IgM-Moleküle, sezernierte 278–279
– – Immunantwort 278
– – Möglichkeiten 279
– alternierendes, Myofibrillen 1003
– Eukaryote 266
– Intron-Entfernung, chemischer Mechanismus 265
– Mechanismus 264–267
– prä-mRNA 264
– Ribozyme 265
– snRNA *(small nuclear RNA)* 265
– Umesterungen 264
Spleiß-*enhancer* 280
Spleißosomen
– Aufbau 265–267
– Ribozyme 114
– Zellkern 187
Spleiß-*silencer* 280
Spongiosa, indian hedgehog 740
Sprue
– Folsäuremangel 709
– Gliadin-induzierte 1078
– – Lactasemangel 1077
– intrinsic-factor-Mangel 711
– Vitamin-E-Mangel 694
Spumavirus 329
Spurenelemente 655–678
– Mangel 656–657
– Metallenzyme 657
– (nicht-)essentielle 656
– Speicherung in der Leber 1089
Squalen 38, 565, 566 (F), 570, 688
– Bildung 566
– Cholesterin, Biosynthese 567 (F)
– – Synthese 564, 567
– Isopren, aktives, Biosynthese 567
Squalen-Synthase 566, 570
SQUID-Biosuszeptometer, Eisenablagerungen 666
SR-B1 *(scavenger-Rezeptor B1)*, Vitamin-E-Stoffwechsel 692
Src 788
– Familie 310
SRE *(sterol responsive element)* 569
– Transkription 276
SREBP *(sterol response element binding protein)* 569
– Fettsäurebiosynthese 417
– Lipogenese 415
– Proteine, Expression 570
– Transport, nucleocytoplasmatischer 190
SREBP-1a *(sterol responsive element binding protein 1a)* 569
– Aktivierung, Fettsäuren, ungesättigte, Mangel 570
SREBP-1c *(sterol responsive element binding protein 1c)* 386, 569, 647
– Aktivierung, Insulin 570
– Glycolyse 387
– Kohlenhydratstoffwechsel 651
– Lipidstoffwechsel 649
– Lipogenese 415
SREBP-2 *(sterol responsive element binding protein 2)* 569–570
– Aktivierung 569
18 S-RNA, Entstehung 268 (F)
SRP *(signal recognition particle)* 205, 304
– GTP 304
– RNA 162–163
SRP-Rezeptor *(docking-protein DP-GTP)* 304
SR-Proteine 280
SRS *(slow reacting substance)* 423
SRS-A *(slow reacting substance-A)*, Allergie vom Typ I 1137
SSB *(single strand binding protein)*, DNA-Replikation 229
Stäbchen (Retina) 685–686
– Depolarisierung 686
– Rhodopsin 685
Stammzellen 952, 1142
– CD34 952
– Differenzierung 1124
– embryonale 252
– neuronale 1051
– pluripotente 952–953
Standardbedingungen (ΔG^0), Enthalpie, freie 102
Standardpotentiale, Redoxsysteme, biologische 103
Standard-Proteomanalyse, Proteine 68
Staphylokokkeninfektion, Schock, toxischer 1135
StAR *(steroid acute regulatory protein)* 864, 873
Start-Codon 288
– Proteinbiosynthese 287
Startle-Syndrom 1041
STAT *(signal transducer and activator of transcription)* 788, 796–797
– Hämbiosynthese, Regulation 612
– Interferon-Signaltransduktion 797
– Interleukin-6-Signaltransduktion 795
– Rezeptorbindung 771
– Signaltransduktionskaskade 887
– Tyrosin-Phosphorylierung 789
STAT1 *(signal transducer and activator of transcription 1)* 788
– Interferon-Signaltransduktion 797–798
– Jak/STAT-Signaltransduktionskaskade 798
STAT2 *(signal transducer and activator of transcription 2)*, Interferon-Signaltransduktion 797
STAT3 *(signal transducer and activator of transcription 3)* 788
Statherine, Speichel 1054
Statine 570
Stearinsäure 34
Stearyl-CoA-Desaturasen 419
Steatohepatitis, Leberzellschädigung 1101
Steatorrhoe 1077
Steinkohlenteer, Cancerogenese 1158
ω-Stelle, Peptidbindung 311
stem cell factor (SCF) 759
– Sertoli-Zellen 876
– Stammzellen, Differenzierung 1124
Stercobilin 622, 623 (F)
– Bilirubinabbau 622
Stercobilinogen 622, 623 (F)
Stereocilien, Aktin 214
Stereoisomerisierung, photoinduzierte, Retinal 686
Stereospezifität, Enzyme 108
Sterine, pflanzliche, Ausscheidung, Transporter 177
Sternzellen
– Leber 1084
– Vitamin A, Speicherung 684
Steroide ► Steroidhormone
Steroidhormon produzierende Zellen
– Entwicklung 873–874
– LDL-Rezeptoren 864
Steroidhormone 32–33, 759, 763
– Aktivierung 873
– Biosynthese 864
– Cholesterin 39, 568
– Inaktivierung 873
– Isopren, aktives, Biosynthese 567
– Methylgruppen 39
– Nebennierenrinde, Biosynthese 873
– Nomenklatur 39
– Plazenta 873
– Proteinsynthese 645
– Skelettsystem, Homöostase 745
– Urin 915
– Zyklisierung 38
Steroidhormonrezeptoren 277, 687
– Aldosteron 923
Steroid-Hydroxylase(n)
– 11β-Steroid-Hydroxylase 865
– 17α-Steroid-Hydroxylase 865, 866 (F)
– 21-Steroid-Hydroxylase 866 (F)
steroidogenic acute regulatory protein (StAR-Protein) 864, 873
sterol regulatory element ► SRE
Sterole 647
– Resorption 1071
Sterolregulationselement 1 (SRE-1) 569
Sterol-responsive Elemente bindendes Protein ► SREBP
STI 571, Leukämie, chronisch-myeloische (CML) 1160
Stickstoff 4
– Ausscheidung 429
– Elimination, Nahrungskarenz 641
– Fixierung 428
– Homöostase 430–431
– Stoffwechsel 428–430
Stickstoffbilanz 431–432
– ausgeglichene 644
– Bestimmung 431
– negative, Typ-1-Diabetes mellitus 833
– proteinreiche Ernährung 431
Stickstoffdonator 432
stickstoffhaltige Substanzen, Biosynthese, Ammonium-Ionen 445
Stickstoffhaushalt des Menschen 430
Stickstoffkreislauf 428
Stickstoffmonoxid (NO) 459, 759, 800–802, 1104–1105
– Arginin, Umwandlungsreaktionen 461
– Bildung, Monooxygenasen 508
– Cytochrom-c-Oxidase, Hemmung 500
– Donatoren, Viagra® 803
– Endothelzellen 981
– Inaktivierung, Hämoglobin 964
– Induktion, Bakterienabwehr 1135
– Nierendurchblutung 896
– *second messenger* 774
– Synthese 460–461
– Überproduktion, Apoptose 323
– Wirkungsweise 801
stickstoffreiche Kost, Urinausscheidung 914
Stickstofftransport, Aminosäuren 430
Stickstoffverluste 431
stiff-person-syndrom 1041
Stigmatellin, Ubihydrochinon-Oxidationszentrum, Blockade 499
Stillzeit, Ernährung 652

Stoffwechsel
- Säuren, Entstehung 942–943
- Tumorgewebe 1159
Stoffwechselkrankheiten, DNA-Technologie, rekombinante 134
Stopp-Codon 288
(γ-)Strahlung, DNA-Schädigung 237, 1148
Strangbrüche, Sauerstoffspezies, reaktive 510
Straßenstaub, Cancerogenese 1158
Stratum basale, corneum, granulare bzw. spinosum 748
Streptokinase 988
Streptokokkeninfektion
- Schock, toxischer 1135
- Streptokinase, Antikörper 988
Streptomyces hygroscopius 525
Streptomycin 25
- Proteinbiosynthese, Hemmung 299
Stress
- CRH 862
- Hypothalamus-Hypophysen-NNR-System 868
- Katecholamine 636
- Proteinbiosynthese, Initiation, Regulation 300
- Ubiquitinierungssignale 321
- zellulärer, Apoptose 323
Stressfasern/-filamente 212, 735
- Aktin 213
Stress-Granula, Intrazellularraum 205
Stresshormone, Stickstoffbilanz 431
stromal derived factor (SDF1, CXCL12) 759
Stromelysine 317, 737
Strontium, Gesamtbestand/ Plasmaspiegel 656
Strophanthin g (Ouabain) 25 (F)
Strukturfett 638
Strukturgene, HIV 336
Strukturglykoproteine 27
Strukturproteine 56
- Viren 338
- Zerstörung, Caspasen 793
Struma 859
- endemische, Jodmangel 675
Struvit-Steine, Nierensteine 916
Strychnin 1038
Strychnos toxifera 766
Stuart-Prower-Faktor 985
- Mangel 985
Stuhl, Verfärbung, grünliche 623
Stuhlporphyrine, Bestimmung, quantitative 619
Subkutis 747
Submandibularis, Fluoridspeicherung 674
Substantia nigra, OXPHOS-Defekte 513
Substanz P 1045, 1063
Substratbindungsregion, Myosinkopf 1011
Substrate, Bindung, Peptidasen 316
Substratkettenphosphorylierung 106, 483
- Glycolyse 362
Substratkonformation, optimale, Metallionen 112
Substratkonzentration
- Enzymmenge, Veränderung 129
- Reaktionsgeschwindigkeit, Michaelis-Menten-Gleichung 122
Substratmangel 825
Substratoxidation 646
- Atmungskontrolle 503
Substrat-*shuttle* 493
Substratspezifität, Enzyme 108
Succinat 443, 480 (F), 482, 483 (F)
- Ketonkörper, Biosynthese 409 (F)
- Oxidation 483
- Standardpotential 103
Succinatdehydrogenase 485, 506
- Aktivierung/Hemmung 485
- Citratzyklus 480, 484
Succinatsemialdehyd 698
Succinat:Ubichinon-Oxidoreduktase 496–498
- Atmungskette 497
Succinyl-CoA 440–443, 458–459, 480 (F), 483, 526, 704, 710, 711 (F), 943
- δ-Aminolävulinat, Synthese 609 (F)
- Aminosäuren, verzweigtkettige, Abbau 467
- Aminosäurestoffwechsel, Muskulatur 453
- Fettsäureabbau 406, 407 (F)
- Gluconeogenese 374
- Ketonkörper, Biosynthese 409 (F)
- Kobalt 672
- Methionin, Abbau 462, 463 (F)
Succinyl-CoA-Acetacetyl-CoA-Transferase
- Ketonkörper, Abbau 409
- - Biosynthese 409
Succinyl-CoA-Synthetase
- Citratzyklus 480, 483
- Reaktionszyklus 483 (F)
Succinyl-CoA-Transferase 1025
Succinylphosphat 483 (F)
Sucrose ► Saccharose
suicide bag, Granulozyten, neutrophile 975
Suizidsubstrate 127
- Enzyme 127
Sulfamethoxazol 125
Sulfaminidase, Defekte 200
Sulfanilamid 125
Sulfat 941
- anorganisches, Urin 915
- Ausscheidung, tägliche 941
- Konjugationsreaktionen 942
- Phosphoadenosylphosphosulfat (PAPS) 942
- Proteoglykane 942
Sulfatasen 942
- Defekte/Defizienz 200
Sulfatgruppen 10
Sulfatidasen 561
- Defekt, Leukodystrophie, metachromatische 580
Sulfatide 38, 561, 564
- Biosynthese 559, 561 (F)
Sulfatierungen
- Golgi-Apparat 191
- Proteoglykane 549–550
Sulfattransferase, Mangel 728
Sulfhydrylgruppen 5 (F)
- Blei, Bindung 677
- Enzyme 128
Sulfinylpyruvat 465 (F)
Sulfitoxidase 465
- Molybdän 671
Sulfonamide 125
- Folsäure, Inhibitoren 125
- Hämolyse 968
Sulfonylharnstoffe 815 (F)
Sulfonylharnstoff-Rezeptor 815
- ABC-Transporter-Familie 816
Sulfotransferasen, Sulfatstoffwechsel 941
SUMO *(small ubiquitin-like modifier)* 309
SUMO-Proteine 310
Sumoylierungen 310
Superantigene 1115
- T-Zellen, Aktivierung 1115
Superfamilien, Proteinstrukturen 77
superhelicale Strukturen, Entwindung, Topoisomerasen 151
Superhelix, DNA 151
Superkomplexe 494
Superoxidanion (O_2^-) 800, 974
Superoxiddismutase 509
- Granulozyten 974
- kinetische Konstante 123
- K_M-Wert 123
- Kupfer 667
- Sauerstoffradikale, Entfernung, enzymatische 511
- Sauerstoffspezies, reaktive, Entstehung/Abbau 511
Superoxid-Radikale 509
Supersekundärstruktur, Proteine 76
Superspiralisierung, DNA 149, 151 (F)
Suppression, Proteinbiosynthese, eukaryote, Termination 298
suppressors of cytokine signalling ► SOCS-Proteine
Suppressor-tRNA, Proteinbiosynthese, eukaryote, Termination 298
Suppressorzellen 1106
supramolekulare Assoziate 6
SUR *(sulfonyl-urea receptor)* 815
SV40-ähnliche Viren 329
SVCT *(sodium dependent vitamin C transporter)* 697
Svedberg-Koeffizient, Proteine, Molekülmasse 64
S-Wert, Proteine 65
switchregion, Immunglobuline 1119
Syk, B-Zell-Aktivierung 1126
Symmetriemodell, Enzyme, allosterische 130
Symport
- Membrantransport 179 (F)
- mitochondriale Carrier 492
- Tubulus, proximaler 902
Synapsen 1034–1036
- Aufbau 1034
- chemische 1034
- - Endozytose, Clathrin-vermittelte 1034
- cholinerge, Acetylcholin 1039
- elektrische 1034
- Funktion 1034
- *gap junctions* 180, 1034
- immunologische, T_C-Lymphozyten 203
- neuromuskuläre, Acetylcholin, Synthese 1039
- Neurotransmitter 1034
- *second messenger* 1034
Synapsin 1035
synaptische Vesikel 1034–1035
synaptischer Spalt 1034
- Glutamatkonzentration 1039
Synaptobrevin 1035
Synaptophysin 1035
Synaptotagmin 1035–1036
Syncytiotrophoblasten
- Choriongonadotropin 884
- Chorionsomatomammotropin 885
- Östriol 882
- Transferrin, Aufnahme 661
Syndecane 728–729
Syntaxin 1035
Synthetasen 113
Syntrophin 1008
α-Synuclein, Parkinson-Syndrom 1049
Système International d'Unités (SI), Enzymaktivität 116

T

T_3 ► Trijodthyronin
T_4 ► Thyroxin
TAAR *(trace-amine associated receptors)* 857
TAB *(TAK binding protein)* 791, 799
Tabakmosaikvirus 79

TACE *(TNF-alpha converting enzyme)* 318, 792
Tacrolimus (FK506), Transplantatabstoßung 1139
TAK binding protein (TAB) 799
TAK *(TGFβ-activated kinase)* 772, 791, 799
– TNFα-Signaltransduktion 792
Talin 1008
Tamm-Horsfall-Glycoprotein, Calciumoxalatsteine 917
Tamoxifen 884
Tandem-MS 68
Tangier-Erkrankung 186, 581
tangles, Tau-Pathien 1049
TAP1 1107–1108
TAP *(transporter associated with antigen processing)*-Transporter 184, 322, 1107–1108
Tapasin 322
Taq-Polymerase 127, 247
TATA-Box, Thymidinkinasepromotor 261
TATA-Box-Bindeprotein 260
TAT *(twin arginine translocation)*-Sequenz, HIV 186, 336
Taubheit, sensorineuronale, Connexin-26-Gen, Mutation 186
Tau-Pathien 213–214, 1049
– Alzheimer-Demenz 214
Taurin 462, 465 (F)
– Plasmakonzentration 445
– Synthese 465
Taurinchloramin 465
Taurocholsäure, Gallensäuren, Bildung 1060 (F)
Taxol, Tubulindynamik, Störungen 214
Tay-Sachs-Krankheit 200
– Hexosaminidase, Defekt 580
TBG (Thyroxin-bindendes Globulin) 854–855
– Funktion/Pathobiochemie 992
TBI (TSH-Rezeptor-blockierendes Ig) 1138
tBid *(truncated bid)* 227
TC10, Insulinsignal, Weiterleitung 821
TC-Lymphozyten/-Zellen 1116
– Synapse, immunologische 203
– T_C-Lymphozyten, Synapse 203
Telomerase 235
– Apoptose 236
Telomerase-RNA 163–164
Telomere
– Chromosomen 155, 234, 235 (F)
– DNA-Replikation 235
Telopeptide, Kollagene, fibrilläre 718
Temperatur(abhängigkeit)
– Enzymaktivität 127
– Proteine, Denaturierung 88
– Sauerstoffanlagerungskurve 960
Temperaturkoeffizient, Enzyme 127
Temperaturoptimum, Enzyme 127
Tenascin-C, -R, -W, -X, -Y 730
Tenase, Blutgerinnung 981
Tenside, Fluorid 673
terminal web, Zonula occludens 198
Termination
– Proteinbiosynthese, eukaryote 298–299
– Transkription 257
– – Prokaryote 258–259
Terminationssignale, Transkription, Prokaryote 259
Terpene 32
Tertiärstruktur
– Proteine 77, 306
– tRNA 291
Testes ► Hoden
Testosteron 759, 846, 876–877
– Aktivierung, periphere 876–877
– Biosynthese 874, 875 (F)
– Cytochrom-P450-Aromatase-Komplex 882 (F)
– GnRH-/LH-Freisetzung, Hemmung 875
– Östrogene, Biosynthese 877, 880–881
– Pregnenolon, Biosynthese 875 (F)
– Produktion, tägliche 875
– Progesteron, Biosynthese 880–881
– Prolactinom 875
– Sertoli-Zellen 875–876
– Spermiogenese 876
Testosteron-Östrogen-bindendes Protein 876
Testosteron-Paradox 876
Tetanie, Hypoparathyreoidismus 939
Tetanustoxin 206
tethering-Proteine 194
TETRAC (Tetraiodthyro-Essigsäure) 857
Tetracosansäure 34
Tetradecansäure 34
5,6,7,8-Tetrahydrobiopterin (BH_4) 468
– Katecholaminbiosynthese 827
– Phenylalanin, Umwandlungsreaktionen 469 (F)
– Tyrosinhydroxylase-Reaktion 828 (F)
Tetrahydrofolat/Tetrahydrofolsäure (THF) 111, 681, 707, 708 (F)
– Histidinabbau 475
Tetraiodthyro-Essigsäure ► TETRAC
Tetrajodthyronin ► Thyroxin (T_4)
β_4/-γ_4-Tetramere, α-Thalassämie 970
Tetrapeptid 30
Tetrapyrrol, Hämbiosynthese 608
Tetrazykline, Proteinbiosynthese, Hemmung 299
TEV, HIV 336
TF ► Transkriptionsfaktoren
Tfam 535
T-Form (tight), F_1-F_0-ATP-Synthase 501
TFPI *(tissue factor pathway inhibitor)*, Blutgerinnung 985
TfR1 (Transferrin-Rezeptor 1) 661, 662 (F)
TfR2 (Transferrin-Rezeptor 2) 661
– Genmutation 666
TGA-Codon 289
TGF-1 1112
TGF-α 1143–1144
– Diabetes mellitus 838
TGF-β 225, 759, 790, 1104, 1144
– Akutphase-Proteine 996
– Alkoholkonsum, chronischer 1100
– Betaglykan 729
– Entzündung 975
– IgA 1123
– IgG2b 1123
– Isoformen 790
– Knochen 742
– Knochenresorption 745
– Lebersternzellen 1098
– Myosin 1006
– Proteine, Regulation 694
– Proteoglykane als Cofaktoren 729
– Rezeptor 767, 790
– Signaltransduktion 771, 790
– Superfamilie, Aktivine/Inhibine 872
TGF-β1 790, 1112
– Diabetes mellitus 838
– *knockout*-Mäuse 790
TGF-β3 790
TGF-β-*activated kinase* (TAK) 799
Thalassämia major/minor 970
– Apoptose 971
Thalassämie
– α-/β-Thalassämie 970
– Pigmentsteine 1102
Theca interna, Ovarien 878
Theca-Interna, Androstendion 879
T-Helferzellen 1110–1112
Thermodynamik 100–106
– Hauptsätze 100
– offene/geschlossene Systeme 100
thermodynamisches Gleichgewicht 102
Thermogenese 632
– biochemische Prozesse 633
– essentielle 632–633
– Fettgewebe, braunes 504, 520
– Induktion, Kältereiz 505
– Neugeborenes 504
– obligatorische 632–633
– postprandiale 635
– regulatorische 632–633
– Transportproteine 494
Thermogenin 494, 503–504, 520, 634
– Adipositas 634
– Entkopplungsprotein, Atmungskette 503–504
– Fettgewebe, braunes 520, 857
– Genloci 634
– Isoformen 505
Thermophilus aquaticus 247
– Polymerase-Kettenreaktion 127
THF ► Tetrahydrofolat/Tetrahydrofolsäure
Thiamin (► Vitamin B_1) 681–682, 699–700
– biochemische Tests 682
– Coenzym 111
– Hypovitaminose 699
– – Wernicke-Korsakoff-Syndrom 700
– Magnesiumresorption 940
– Mangel 699
– Pyrimidinring 699
– Speicherung in der Leber 1089
– Vorkommen 699
– Zufuhr, tägliche 681
Thiaminpyrophosphat 111, 479, 481 (F), 483, 681, 699
– Decarboxylierung, oxidative 699
– Glycolyse 363
– Hexosemonophosphat-Weg 366 (F)
– Transketolase 699
Thiamintransporter-2 (THTR2) 699
Thiocystein, Umwandlungsreaktionen 466 (F)
Thioester
– Glycolyse 361–362
– Gruppenübertragungspotential 105
– Pantothensäure 704
Thioesterase, Fettsäuresynthase 412 (F)
Thioestertransfer, Proteine, selbstspleißende, autokatalytische Reifung 309 (F)
Thioether 511
Thiohalbacetal, Glycolyse 361–362
Thiokinase ► Acyl-CoA-Synthetase
Thiolase, Mevalonat, Biosynthese 565
Thiole, Oxidierung, PDI 306
Thiolgruppen 591
Thiolyse, Proteine, selbstspleißende, autokatalytische Reifung 309 (F)

Thiophanring, Carboxylierung 705 (F)
Thioredoxin 591, 592 (F), 696
Thioredoxin-Reduktasen 676
TH0-Lymphozyten/-Zellen 1111–1112
Threonin 45, 47, 440–441, 443
– Aufnahme, Insulin 820
– Bedarf des Menschen 439
– Biosynthese 443
– Desaminierung 441
– Plasmakonzentration 445
– Stoffwechsel 457–459
Threonin 14/161 222
Threoninaldolase, Pyridoxalphosphat 704
Threonin-Kinase-PDK1 *(phospholipid-dependent kinase)* 789
Threoninpeptidasen 315
Threonyl-AMP 292
thrifty-gene-Hypothese, Typ-2-Diabetes mellitus 836
Thrombasthenie Glanzmann 206, 988
Thrombin 315, 986
– Aktivierung, Mutationen 990
– Blutgerinnung 981, 983
– Hemmung, Heparin 986
Thrombinschnittstelle, Proteinsynthese, gentechnische 93
Thrombocytopenie 800
Thrombomodulin 985–986
Thrombopoietin (TPO) 759, 953, 976
– Interleukine 778
Thrombosen 314, 990
– Prophylaxe, Acetylsalicylsäure 978
– – Glycoprotein-IIb-IIIa-Blocker 978
Thrombospondine 730
– Knochen 738
Thrombosthenin, Blutgerinnung 984
Thromboxan, Nierendurchblutung 896
Thromboxan A_2 420, 422
– Blutstillung, zelluläre 980
Thromboxane 34, 420–425
– biologische Effekte 420
– Biosynthese 421
– Thrombozyten 977
Thrombozyten 952, 976–978
– Adhäsion, Blutstillung 980–981
– – Fibrinogenrezeptor 980
– – von-Willebrand-Faktor-Rezeptor 980
– Aggregation 980–981
– Aktinfilamente 977
– aktivierte, Formveränderung, Aktin 214
– – von-Willebrand-Faktor-VIII-Komplex, Bindung 980
– autokrine Stimulation 977
– Blutstillung 976
– Cytoskelett 977
– dichtes Tubulussystem (DTS) 977
– Elektronenmikroskopie 978
– Glycolyse 976
– Glycoproteine 977
– α-Granula 977
– kanikuläres System, offenes 977
– Lysosomen 977
– Megakaryozyten, Abschnürung 976
– Membransysteme 977
– Mikropartikel 977
– Mikrotubuli 977–978
– Mitochondrien 976
– ruhende 977
– Thromboxan 977
– Zahl 978
Thrombus(bildung)
– Blutstillung, zelluläre 980
– Intravitalmikroskopie 984
TH1-/TH2-Lymphozyten/-Zellen 1111–1112
THTR1 (Thiamintransporter-1) 699
THTR2 (Thiamintransporter-2) 699
Thymidinkinase, Acycloguanosin 350–351
Thymidinkinase 2, mitochondriale, Mangel 604
Thymidinkinasepromotor 261
– CAAT-, GC- TATA-Box 261
Thymidinphosphorylase, mitochondriale, Mangel 604
Thymidylatsynthase 483, 592–593, 595
– Hemmung 596
– – Fluorouracil 134
– p53 595
Thymin 142–143, 592
– DNA 149
– Keto-Enol-Tautomerie 142 (F)
– Pyrimidinabbau 601 (F)
Thymindimere
– Bildung, Sauerstoffspezies, reaktive 510
– DNA 237
– ultraviolette Strahlung 237, 238 (F)
Thyminnucleotide, Biosynthese 592–593
Thyminreste, Dimerisierung, UV-Licht 238 (F)
Thyminribosid 143
Thymosin 211, 213
Thymus
– Funktion 1110
– T-Lymphozyten 1110–1111
Thyreocalcitonin (Calcitonin) 844, 851, 937
– Calciumstoffwechsel 933, 936–937
– cAMP 937
– C-Zellen 851
– 1,25-Dihydroxycholecalciferol, Expression 690
– Halbwertszeit 849
– Knochen 937
– Knorpel-/Knochenbildung 741
– Motilität, intestinale 937
– Nahrungsaufnahme, Wirkung 643
– Natriumcotransport (NaPi) 935
– Osteoklasten 937
– Osteolyse, Hemmung 937
– Parathormon 936–937
– Phosphatausscheidung, renale 933
– Phosphatstoffwechsel 933
– Plasma-Phosphatkonzentration, Erniedrigung 938
– Spleißen, alternatives 278–279
– Tumormarker 1159
– Überproduktion, Hypocalciämie 938
– – Schilddrüsenkarzinome 939
Thyreocalcitonin-Präkursor 937 (F)
Thyreoglobulin (Tg) 319
– Schilddrüsenhormonbiosynthese 852
– Tyrosylreste, Iodierung 852
Thyreoidea-stimulierendes Hormon ► TSH
Thyreoperoxidase (TPO) 852–853
– Inhibitoren, antithyroidale Substanzen 854
thyreotrope Zellen 848
Thyreozyten, Stimulation 853
Thyreozyten-stimulierendes Ig (TSI) 1138
Thyroidea-stimulierendes Hormon ► TSH
Thyroliberin ► TRH
Thyroliberinase 848
– TRH-Abbau 848
Thyronamin, jodfreies (TOAM) 857
Thyrooxidase 852
Thyrostimulin 850
Thyrotropin ► TSH
thyrotropin releasing hormone ► TRH
Thyrotropin-Rezeptor-Thyrotropin-Interaktion 849
Thyroxin (Tetraiodthyronin, T_4) 319, 758, 850 (F), 851–852
– Deiodasen, Wirkung 855
– Freisetzung 854
– Halbwertszeit 849
– Jod 675
– Monodeiodierung, enzymatische, reduktive 856
– Phosphatausscheidung, renale 933
Thyroxin-bindendes Globulin ► TBG
Thyroxin-Dejodasen 676
Thyrozyten 851
TH-Zellen ► T-Helferzellen
tight junctions, Zonula occludens 198
TIL (tumorinfiltrierende Lymphozyten), Krebstherapie 1161
TIM *(transport complex of the inner membrane)* 307
– Mitochondrien 204
– Tim9 308
– Tim10 308
TIM-*Barrel* 1031
TIMP *(tissue inhibitors of metalloproteinases)* 318, 737
– Matrix-Metalloproteinasen, Regulation 1157
– Tumorzellen 1156–1157
Tim9•10-Translokase 308
TIP47-Adaptin 201
TIPSS *(transjugulärer intrahepatischer portosystemischer stentshunt)* 1076
TIR (Toll/IL-1 *receptor*)-Domäne 791
tissue factor pathway inhibitor (TFPI), Blutgerinnung 985
tissue factor (TF) 984
– Blutgerinnung 981
tissue inhibitors of metalloproteinases ► TIMP
Titin 56, 1007–1008
– molekularer Bauplan *(molecular ruler)* 1008
– Muskulatur, quergestreifte 1002
– Myofibrillen 1008
Titin-assoziierte Proteine 1009
Titrationskurve
– Aminosäuren 50
– Hämoglobin 59
– Säuren, schwache 17
TLR *(toll like receptor)* 1105–1105, 1135
TLR-4 *(toll like receptor-4)* 799
T-Lymphozyten 1104, 1110–1117
– γδ-T-Zellen 1111
– Aktivierung, Superantigene 1115
– Antigenerkennung 1106
– – MHC-Restriktion 1110
– Entwicklung, Thymus 1110–1111
– ICOS *(inducible costimulator)* 1113
– Immunantwort, Terminierung 1113
– Interleukin-1-Rezeptoren 975
– MHC-Klasse-I-Moleküle 1110
– regulatorische 1106, 1111–1112
– Reifung, Thymus 1111
– Selektion 1110–1111
– Signalübertragung 1114–1115
– Toleranz, zentrale 1111
– zytotoxische 1110, 1114–1117, 1135

TM, HIV 336
5'-TMP (Desoxythymidin-5'-monophosphat) 144
TNF *(tumor necrosis factor)* 759, 792
– Entzündungen 778
– Interleukine 778
– Knochenumbau 745
– lösliche Form 792
– Membran-gebundene Form 792
– NF-κB-Signaltransduktionsweg 745
– Sekretion 760
– Signaltransduktion 792–794
TNF-α 868, 1104–1105, 1108, 1144
– Akutphase-Proteine 996
– Alkoholkonsum, chronischer 1100
– Cholestase 1101
– Cortisolsynthese 863
– Cytokine, Freisetzung 800
– Entzündung 975
– Fettgewebe 524
– Immunantwort 1133
– Infektionen, bakterielle 798
– Kupfferzellen 1098
– Lebersternzellen 1098
– Lymphozyten, Zirkulation 1129
– Makrophagen 976
– mRNA-Stabilität 281
– PGHS-2 420
– Rezeptor 226
– Serumspiegel nach intravenöser Gabe von LPS-Endotoxin 800
– Tumoren 938
– Typ-2-Diabetes mellitus 835
TNF-α-Conversions-Enzym (TACE) 318, 792
TNF-β, TH1-Zellen 1112
TNF-γ, Knochenresorption 745
TNF-Inhibitor, Crohn-Krankheit 778
TNFR *(tumor necrosis factor receptor)* 792
– *death-domain* (DD) 792
– NF-κB, Aktivierung 792
– RANK/RANKL 743
– Superfamilie 792
– – Apoptose 226
TNF-*receptor-associating factor* (FRAF6) 791
Tocopherol (► Vitamin E) 32, 38, 511 (F), 566, 681–682, 691 (F), 692–695
– α-Tocopherol 511 (F), 681, 692
– – Blutgerinnung 693
– – Plasmaspiegel 692
– – Proteine, Regulation 694
– β-Tocopherol 692
– δ-Tocopherol 692, 694
– γ-Tocopherol 694
– Antioxidans 691, 693–694
– Chylomikronen 692
– Cyanobakterien 692
– Fettgewebe 692
– Gene, Aktivität 694
– ω-Hydroxylierung 693
– Hypervitaminose 695
– Hypovitaminose 694
– Leber 692
– Lipidradikale (LO) 693
– Mangel 694–695
– Metabolismus 691 (F), 693
– Nebenniere 692
– nicht-antioxidative Funktionen 693
– Peroxyl-Radikale 693
– Resorption 692
– Resorptions-Gestations-Test 693
– Sauerstoffradikale 511
– Transport 692
– Verteilung 692
– Vitamin-E-Stoffwechsel 692
– Vorkommen 692
– Zufuhr, tägliche 681
Tocopherol-Radikal 511 (F)
α-Tocopherol-Transferprotein (α-TTP) 692
Tocopherol-Transporterprotein 694
Tocopheroxyl-Radikal 691 (F)
Tocotrienole 691 (F), 692
Todes-Domänen (DD, *death domains*), Proteine 771
TOF*(time of flight)*-MS 67
Togaviridae 328
tolerable upper intake level, Vitamine 680
Toleranz
– HLA-vermittelte (zentrale) 1106
– immunologische 1105–1106
– zentrale, T-Lymphozyten 1111
– zentrale und periphere, Bruch 1138
Toll-like-Rezeptoren (TLR) 799, 1104–1105
– Bakterienabwehr 1135
– Immunantwort 1133
Toloniumchlorid, Methämoglobin, Reduktion 969
TOM *(transport complex of the outer membrane)* 307
– Mitochondrien 203
Topoisomerase I 152
– Reaktionsmechanismus 152
Topoisomerase II 152
– Chemotherapieresistenz 1161
Topoisomerasen 152
– DNA-Replikation 231
– superhelicale Strukturen, Entwindung 151
– Transkription 257
TOR *(target of rapamycin)* 525
Totimpfstoffe 348–349
Toxine 305
– bakterielle, extrazelluläre Wirkung 206
– – Granulozyten/Makrophagen, Aktivierung 799
– – intrazelluläre Wirkung 205–206
– Eliminierungsmechanismen 909
t-PA *(tissue-type plasminogen aktivator)*
– Abbau 987
– Affinität 987
– arterielle Verschlüsse 988
– Endothelzellen 987
– extrazelluläre Matrix, Abbau 736
– Fibrinolyse 987
– Herzinfarkt 988
– Lungenembolie 988
TPM1, 3, 4 1006
TPO ► Thrombopoetin
TPO (Thyreoperoxidase) 852–853
TR (T_3-Rezeptor) 687
– TRα1, β1, β2 858
trace-amine associated Rezeptoren (TAAR) 857
TRADD *(TNF-receptor associated protein with a death domain)* 792–793
Träger-DNA 241
Trägerelektrophorese 993
– Proteine 63
Trägermolekül, Blutgruppenantigene 965
TRAF *(TNF-receptor associated factor)* 791, 799
TRAM *(translocating chain associating membrane protein)* 304
TRANCE ► RANKL
Transaktivierung, Genregulation 275
Transaktivierungsdomäne, Hefe-Zwei-Hybrid-System 249
Transaldolase, Hexosemonophosphat-Weg 366, 367 (F)
Transaminasen ► Aminotransferasen
Transaminierung 432, 434
– Aminosäuren 432–434, 435 (F), 466–467
– Decarboxylierung, dehydrierende 441
– Lysinabbau 475
– Proteine, selbstspleißende 309 (F)
– Pyridoxalphosphat 703
– Pyruvat 364
trans-Butensäure 34
Δ^2-trans-Δ^4-cis-Dienoyl-CoA, Fettsäureabbau 407, 408 (F)
Transcobalamin II 710
– Rezeptoren 711
Transcortin 865, 882
– Funktion/Pathobiochemie 992
– Synthese in der Leber 1088
Transcriptase, reverse ► reverse Transkriptase
Transcuprein, Kupfertransport 668
Transdesaminierung 432
Transducin 686
Δ^2-trans-Enoyl-CoA 405
– Fettsäureabbau 407, 408 (F)
– Fettsäuren, β-Oxidation 405
Transfektion 241
Transferasen 113
Transferrin 659–660, 995
– Eisen, dreiwertiges 661
– Eisen-Transferrin-Sättigung 661
– Funktion/Pathobiochemie 993
– genetische Varianten 661
– Hämoglobinbiosynthese 661
– immunchemische Methoden 661
– Immunelektrophorese 995
– Plasmakonzentration 661
– Puffer 661
– Synthese in der Leber 1088
Transferrin-Rezeptor 1/2 (TfR1/2) 661, 662 (F)
Transferrin-Rezeptor-mRNA 613
transfer-RNA ► tRNA
Transfettsäuren 649
Transformation 241
transforming growth factor ► TGF
transgene Mäuse, chimäre, Herstellung 252
transgene Tiere, Herstellung 251–252
transgener Organismus 251–252
Transglutaminase
– Antikörper 1078
– Keratin-Intermediärfilamente, Differenzierung 749
– Polypeptidketten, Vernetzung 310
Transglutaminase K (TGK) 749
trans-Golgi-Netzwerk (TGN) 190–191
Transhydrogenase 504, 505 (F)
Transhydrogenierung, Flavoproteine 700
trans-Isomere, Fettsäuren, ungesättigte 34
Transketolase
– Hexosemonophosphat-Weg 366–367
– Thiaminpyrophosphat 699
Transkriptase, reverse ► reverse Transkriptase
Transkripte
– Prozessierung, rRNA 267
– – tRNA-Gene 268
Transkription 256–282
– Bedeutung 256
– DNA 158, 187, 256
– Elongation 257, 262–267
– enhancer 275
– *enhancer* 276

Transkription
- Eukaryote 259–270, 272
- Gene, regulierte 257
- Genom 160
- Geschwindigkeit, cis-aktivierende Elemente 275
- Hemmung 271–275
- - Actinomycin D 268–269
- - α-Amanitin 269
- - Gyrase-Hemmer 269
- - Rifampicin 269
- Histonacetylierung/-deacetylierung 273
- 1α-Hydroxylase-Gen 690
- Initiation 257, 271–275
- konstitutive 257
- Prokaryote 257–259, 271
- Promotoren 257
- Regulation 257, 276
- Regulator, p53 224
- RNA-Polymerasen 256–257, 267–268
- Termination 257
- Topoisomerasen 257
Transkriptionsaktivatoren 275–278
- *enhancer* 275
- Liganden-induzierbare 276
Transkriptionsauge, RNA-Synthese 257
Transkriptionsfaktoren 168, 224, 260–262, 278, 785, 788, 796, 1016, 1143
- Abbau 806
- allgemeine 260
- CREB 783
- *enhancer*-Sequenzen 806
- Fettsäuren 649
- genregulatorische 672
- Glycogensynthasekinase-3 382
- induzierbare 275–276
- Kerntranslokation, Signaltransduktion 806
- Liganden, Vitamine 680
- ligandenaktivierte 769
- Muskelkontraktion 535
- Muskulatur 1016
- Östrogenrezeptor 884
- Proteinbiosynthese 288
- regulierbare 275
- Rezeptorbindung 771
- RNA-Polymerasen, eukaryote 260
- Viren 339
- Zink 672
Transkriptom 158, 160
Translation
- DNA 158
- mTOR 525
- Prokaryote 271
- Proteinbiosynthese 287
- Proteine, eisenabhängige 659
Translationsfaktoren 773–774
Translations-Repressor-Bindeprotein (4E-BP1) 645
Translocon 304
Translokationen
- chromosomale 1144
- Fusionsgene, Entstehung 1154–1155
Transmembrandomänen 73, 926
- Bildung 305
- Chloridkanäle, spannungsregulierte 1032
- β-Faltblätter 41
- α-Helix 41
- Lipiddoppelschicht 304
- Membranen 177
Transmembrankollagene 717
Transmembranprotein F_1, Virusaufnahme, Fusionierung 334
Transmembranproteine
- endoplasmatisches Retikulum, raues 304
- Typ-I 767
Transmembranregion, Guanylatcyclasen 802
Transmembransegmente (S1-S6)
- α-helicale, Kanalproteine 182
- - Membranen 177
- Ionenkanäle 1031
- - spannungsregulierte 1030
- Kanalproteine 1030
Transmethylierung, S-Adenosylmethionin (SAM) 463
Transmissionselektronenmikroskopie 174
Transmitter, inhibitorische 1040
Transmitter-Protonen-Antiport 1034
Δ^3-trans-Octadecansäure 33 (F)
Transphosphorylierungen 105
Transplantatabstoßung 1138–1139
Transplantation, allogene 1138
Transport 194
- ► Membrantransport
- aktiver, Verdauung 1069
- axoplasmatischer, Mikrotubuli 209
- Carrier-vermittelter 179, 183
- cotranslationaler 304
- dendroplasmatischer, Mikrotubuli 209
- erleichterter, Blut-Hirn-Schranke 1027
- *gap junctions* 180–183
- Hormone, weibliche 882
- durch Kanäle 179
- Kinesin-vermittelter, axonaler 210
- Kompartimente, membranumschlossene 191
- Membranen 177
- natriumabhängiger, sekundär aktiver 598
- nucleocytoplasmatischer 189 (F)
- Nucleosidtransporter 598
- passiver 179
- peroxisomaler, Defekt 313
- Plasmamembran 195
- Porine 182
- posttranslationaler 304
- - Polypeptide/Proteine 306–307
- primär aktiver 180, 183–185
- sekundär aktiver 180, 185
- - Adenosinnukleotidtranslokase 185
- - Carrier, elektrogene 492
- transzellulärer, Eisenresorption 660
- tubulärer 191–195
- vesikulärer 191–195
- - Hormone 760
Transport-ATPasen
- Ionengradienten 1030
- Sinusoidalmembran 1096
Transporter
- Cholesterin, Ausscheidung 177
- lysosomale 200
- Phosphatausscheidung, renale 933
- Sterine, pflanzliche, Ausscheidung 177
Transportine, nucleocytoplasmatischer Transport 189
Transportkapazität, maximale, Glucosurie 916
Transportkompartimente, tubuläre/vesikuläre 191
Transportmoleküle, Aminosäuren 429
Transportproteine 183
- ► Carrierproteine
Transportsignale
- peroxisomale (PTS) 307
- Proteinbiosynthese 288
Transportsysteme
- canaliculäre Membran 1096
- Innenmembran, mitochondriale 204
- Monosaccharidresorption 1069
- Sinusoidalmembran 1096
- synaptische Vesikel 1035
- Tubulusepithelien 906
Transportvesikel 202
trans-Position, Fettsäuren 649
Transsulfurierung, Methionin, Abbau 462
Transthyretin, Schilddrüsenhormone, Transport 854
transversale Tubuli, endo-/sarkoplasmatisches Retikulum 1012
Transzytose
- Plasmamembran 195
- Transport, vesikulärer 192
TRAP *(translocon associated protein)* 304
TRE *(T_3-response-element)* 388
treadmilling, Mikrotubuli 208
Trehalose 26
Tremor, Vitamin-E-Mangel 694
TRH *(thyrotropin releasing hormone*, Thyroliberin) 309, 844, 846, 847 (F)–848 (F)
- Abbau, hypothalamischer 848
- Biosynthese 847–850
- Freisetzung 847–850
- G-Protein-gekoppelte Rezeptoren 783
- Halbwertszeit 849
- Plazenta 884
- TSH-Bildung 848
- Wachstumshormon, Sekretion 850
TRH-Rezeptoren
- Aktivierung 848
- Mutationen 850
Triacylglycerine 35, 398, 441, 632, 647
- Abbau, Glucose, Bereitstellung 646
- - intrazellulärer 398–400
- Alkohol 650, 1099
- Assemblierung 1072
- Aufnahme, Lipoproteinlipase 819
- Biosynthese 402–403, 518
- - Alkohol 650
- - Ernährungszustand 415
- - Nahrungszufuhr 524
- chemische Zusammensetzung 573
- Chylomikronen 398, 519
- Doppelbindungen 40
- Energiebedarf, Skelettmuskulatur 532
- Energiespeicher(ung) 518
- Ethanolstoffwechsel, Leber 1100
- Fettgewebe 398, 518, 520
- Fettsäuren, Reveresterung 1071
- Funktionen 398
- Hydrolyse 517–518, 648
- Hyperlipoproteinämie Typ II 582
- Insulin 818
- LDL 574–575
- Lipase, hepatische 517
- Lipogenese 517–519
- Lipolyse 399 (A), 400
- Lipoproteine 519
- Lipoproteinlipase 519
- Löslichkeit 39
- Nahrungslipide 398
- Pankreaslipase 1070
- physikalische Eigenschaften 573
- Resorptionsphase, Leber 1086
- Resynthese 1071, 1072 (F)
- Serum 400, 572
- Spaltung 517, 520, 1072 (F)
- - intestinale 1072
- - Lipoproteinlipase 401
- Speicherung, Fettgewebe 520
- - in der Leber 1089
- - Skelettmuskulatur 518

– Stoffwechsel 398–403, 648
– – Regulation 414–418
– VLDL 519
Triacylglycerin-Lipase 398, 415
– Fettgewebe 399
– hepatische 517
Triacylglycerin-Transferproteine 517, 575, 1077
– Chylomikronen, Assemblierung 1072
Triaden, sarkoplasmatisches Retikulum 1012
TRiC (TCP1 *ring complex*) 303
Tricarbonsäurezyklus ► Citratzyklus
Tricarboxylat-Carrier 374
– Fettsäurebiosynthese 417
Triiodthyro-Essigsäure (TRIAC) 857
Trijodthyronin (T_3) 319, 758, 850 (F), 851–852, 855 (F)
– Aufnahme, Infektion 636
– Cholesterinstoffwechsel 857
– Halbwertszeit 849
– Jod 675
– Knochenwachstum 742
– Mangel, Myxödem 857
– Na^+/K^+-ATPase 857
– Resistenz 859
– reverses 855–856
– Rezeptoren 857–858
– β_3-Rezeptoren, Stimulation 857
– Speicherung in der Leber 1090
– TRH-Abbau 848
Trimethoprim, Dihydrofolatreduktase-Hemmung, bakterielle 134
Trimethyllysin, Hydroxylierung, Ascorbinsäure 698
Trimmen, Glycoproteine 545–546
trinucleotid repeats, Polyglutamin-Krankheiten 1049
Triolein, energetisches Äquivalent 637
Triosekinase, Fructosestoffwechsel 365
Triosephosphatisomerase 1031
– Geschwindigkeitskonstante 107
– Glucosestoffwechsel 400
– Glycolyse 361
– kinetische Konstante 123
Tripalmitoylglycerin 35 (F)
tripelhelicale Domäne, Kollagene 716, 718
Tripeptid 58
Tripeptidylepeptidase II, Tumorzellen 1107
5'-Triphosphatende, RNA-Molekül 258
Triskelion 195
tRNA (Transfer-RNA) 162–163, 256, 287, 289–292
– Akzeptorarm 289
– aminoacylierte 291 (F)–292 (F)
– Anticodon-Codon-Wechselwirkung 289–290
– Basenpaarung 290
– cytosolische 290
– Entstehung 268
– Extra-Arm 289
– isoakzeptierende 289
– Magnesiumionen, Spermin 291
– Proteinbiosynthese, Regulation 300
– Transkripte, Prozessierung 268
– Zellkern 187
$tRNA_i^{Met}$ 291
$tRNA^{Met}$ 291
tRNA-Nucleotidtransferase 268
$tRNA^{Sec}$ 299
$tRNA^{Val}$ 292
Tropfen, geschmolzener *(molten globule)*, Proteine 87
Tropine 844
Tropoelastin 724, 726
Tropomyosin 694, 1006–1007
– Aktin-assoziierte Proteine 1006
– Muskulatur, glatte 1013
Tropomyosingen, Mutationen 1020
Troponin I 1013
– Phosphorylierung, Muskelrelaxation 1015
Troponin C 1013
Troponin T 1013
– Mutationen 1020
Troponine 776
– Aktin-assoziierte Proteine 1006
– Calciumstoffwechsel, Regulation 776
– kardiale 137
Troponinkomplex 1006–1007
Troponin-Tropomyosin-System, Muskelkontraktion 1013
Trypsin 133 (F), 315, 1058–1059
– Pankreas 1058
– Proteinspaltung 66
Trypsinogen 133 (F), 1058–1059
– Aktivierung 132
Tryptamin 438
Tryptophan (5-Hydroxytryptamin) 45 (F), 47, 290, 438, 440–441, 443, 518, 1038, 1042
– Abbau 472
– Bedarf des Menschen 439
– Biosynthese 443
– Codons 289
– Decarboxylierung, Serotonin 1042
– Melatoninbiosynthese 1025
– Metabolite, neurologische Erkrankungen 473
– NAD^+, Synthese 700 (F), 701
– Nicotinsäuresynthese 473
– physiologische Bedeutung 473
– Plasmakonzentration 445
– Sauerstoffspezies, reaktive 510
– Serotoninabbau/-biosynthese 1025, 1042
– Stoffwechselbedeutung 468
– Synthase 433
– Umwandlung durch Darmbakterien 1076
Tryptophan-Dioxygenase 506
– Leber 473
– Tryptophanabbau 472
Tryptophanhydroxylase, Serotoninabbau/-biosynthese 1042
TSC1/TSC2 526
– Nahrungskarenz 527
– Phosphorylierung, AMP-abhängige Proteinkinase, Aktivierung 527
TSH (Thyreoidea-stimulierendes Hormon, Thyrotropin) 844–846, 848–850
– Bildung, TRH 848
– Freisetzungshemmung, Somatostatin 887
– G-Protein, Aktivierung 780
– Halbwertszeit 849
TSH-*releasing hormone* ► TRH
TSH-Rezeptor 850
– Schilddrüsenhormonproduktion, Regulation 850
TSH-Rezeptor-blockierendes Immunglobulin (TBI) 1138
TSI (Thyreozyten-stimulierendes Ig) 1138
tSNARE-Proteine 194
TTF1, Hypothyreose 860
TTP, mRNA-Stabilität 281
α-TTP, Proteine, Regulation 694
Tuberkulose 703
tubulärer Transport 191–195
Tubulin 302
– α-Tubulin 213
– – Mikrotubuli 208
– β-Tubulin 210, 213
– – Mikrotubuli 208
– Cytoskelett 207
– Dynamikstörungen, Colchicin, Cytostatika, Taxol bzw. Vinca-Alkaloide 214
tubulo-glomeruläres *feedback* (TGF), Nierendurchblutung 899
Tubulus
– distaler 898–900, 903
– proximaler 898–899, 902
– – Calciumreabsorption 932
– – Gluconeogenese 910
– – Glutamat, Desaminierung 907–908
– – Glutamin, Desaminierung 907–908
– – Hydrogencarbonat-Resorption 903
– – Na^+/H^+-Austausch 907
– – Osmolarität 904
– – Protonen, Regenerierung 903
– – Reabsorptionsleistung 900
– – solvent drag 904
– transversaler, Muskelfasern, dicke 1011
Tubulusepithelien/-epithelzellen
– Aldosteron 923 (F)
– Ammonium-/Ammoniak-System 908–909
– Calcium-Sensorprotein 689
– Dihydrogenphosphat-Hydrogenphosphat-System 908–909
– Megalinrezeptor 689
– Natriumresorption 902 (F)
– Säure-Basen-Transport 906
– Transportsysteme 906
– Wasserresorption 904
Tubulusflüssigkeit, Henle-Schleife, dicke, aufsteigende 904
Tubulusnekrose, renale 800
Tubulussystem
– dichtes (DTS), Thrombozyten 977
– Funktion 899
– Hydrogencarbonat, Transport 906–909
– Protonen, Transport 906–909
tumor necrosis factor ► TNF
tumor necrosis factor receptor ► TNFR
Tumoren/Tumorentstehung 1141–1162
– Antionkogene, Inaktivierung 1150
– Apoptose, Fehler 227
– benigne 1142
– Cancerogene 1157–1158
– Choriongonadotropin 885
– Differenzierung 1142
– eIF-4G 301
– Ferritinspiegel 663
– Folsäureantagonisten 682
– Früherkennung 1159–1160
– genetischer Fingerabdruck 1146
– Hypercalciämie 938
– Hypercortisolismus 869
– Initiation, Proteinbiosynthese 301
– Invasion 1155, 1157–1158
– invasive, Basalmembran 1156
– maligne 1142
– – Hypercalciämie 936
– – *PTH-related-protein* (PTHrP) 936
– Metastasierung 1155, 1157–1158
– – Kisspeptin 871
– Onkogene, Aktivierung 1150
– Stoffwechsel 1159
– – Fluordesoxyglucose-(FDG)-Methode 1159
– Viren 343–345
– Wachstum, Fehlregulation 1142

tumorinfiltrierende Lymphozyten (TIL), Krebstherapie 1161
Tumormarker 1159–1160
- Choriongonadotropin 885
Tumorpatienten, Stickstoffbilanz 431
Tumorpromotoren, Proteinkinase C 789
Tumorsuppressor-Gene
- Viren, Tumor-erzeugende 344
- Zellzyklus 1147
Tumortherapie ► Krebstherapie
Tumorviren 343–345
- Cycline 345
Tumorzellen
- Anti-Gentherapie 1161
- Bindung, Basalmembranoberfläche 1156
- Ferritinspiegel 663
- Metalloproteinase-Inhibitoren 1156
- Motilität 1156
- Oberflächenrezeptoren 1156
- Tripeptidylpeptidase II 1107
- Wechselwirkungen, extrazelluläre Matrix 1156
Tunnel, Proteinbiosynthese, eukaryote, Elongation 296
Tyk2 796
Typ-1/2-Diabetes ► unter Diabetes mellitus Typ1 bzw. Typ 2
Typ-1/2-Interferone ► unter Interferone
Typ-I-XXV-Kollagen ► unter Kollagene
Tyramin 438, 1076
tyraminarme Diät, MAO-Hemmer, nicht-selektive, irreversible 437
Tyrosin 45, 47, 49, 222, 438–439, 441, 469, 486, 1025, 1038, 1041
- Abbau 468, 471–473
- - Ascorbinsäure 698
- Bedarf des Menschen 439
- Biosynthese 443
- - Phenylalanin-Hydroxylase 468
- Hydroxylierung, Tetrahydrobiopterin 828
- iodierte Reste, Kopplung, H_2O_2-katalysierte 853
- Katecholaminbiosynthese 827 (F)
- Plasmakonzentration 445
- Serotoninabbau/-biosynthese 1042
- Stoffwechselbedeutung 468
- Tyrosinhydroxylase-Reaktion 828 (F)
Tyrosin-Aminotransferase 321
- Tyrosinabbau 471
Tyrosinase 506
- Kupfer 667
- Mangel, Menkes-Erkrankung 671
Tyrosinhydroxylase 827–828
Tyrosinkinasen 735, 788, 806, 1115
- assoziierte, Rezeptoren 770
- B-Zell-Aktivierung 1126
- FGF-Rezeptor 729
- Inhibitor STI 571, CML 1160
- Leukämie, chronisch-myeloische (CML) 1160
- membranassoziierte 1143
- Phytoöstrogene 884
- Stammzellen, Differenzierung 1124
Tyrosinkinaserezeptoren
- Knorpel-/Knochenentwicklung 740
- Signalkaskaden, intrazelluläre 645
Tyrosinphosphatase 788, 796
Tyrosin-Phosphorylierung 735
Tyrosylphosphat 48 (F)
Tyrosylradikal, Ribonucleotid-Reductase 591, 592 (F)
Tyrosylreste
- Glycogenbiosynthese 369
- Iodierung, Thyreoglobulin 852
- Topoisomerase I 152
Tyrosyl-tRNA-Synthetase 292
T-Zell-Aktivierung
- erster Signal 1113
- Indolamin-2,3-Dioxygenase 473
- molekulare Mechanismen 1112
- Schritte 1113
- Signal 1114
- Terminierung 1114
T-Zell-Antigen-Rezeptor-Komplex 1112–1113
T-Zellen ► T-Lymphozyten
T-Zell-Leukämie 344
T-Zell-Rezeptoren (TZR) 1110–1111, 1113 (F)
- α/β-T-Zell-Rezeptoren 1111–1113
- γ/δ-T-Zell-Rezeptoren 1112–1113
- Immunantwort 1133
- ITAM (immunoreceptor tyrosine-based activation motif)-Peptidsequenzen 1113
TZR-CD3-Komplex 1121
T-Zustand, Hämoglobin 84

U

ΔU 101
U1-6, snRNP 265
Ubichinon 111, 495–496, 497 (F), 499, 566
- Elektronentransport 494–495
- Innenmembran, mitochondriale 204
- Redoxstufen 497 (F)
- Reduktion, Dehydrogenase 496
- Standardpotential 103
Ubichinon-Reduktionszentrum, Blockade, Antimycin 499
Ubichinon-Zyklus
- Mitochondrien 499
- Protonentransport 499
Ubihydrochinon 497 (F)
- Rieske-Eisen-Schwefel-Zentrum 499
Ubihydrochinon:Cytochrom-c-Oxidoreduktase 498–499
- Atmungskette 497
Ubihydrochinon-Oxidationszentrum
- Blockade, Myxothiazol 499
- - Stigmatellin 499
Ubiquitin 309–310, 792
Ubiquitinfaltung *(ubiquitin fold)* 77
Ubiquitin-Ligasen (E3) 320
- Apoptose 323
Ubiquitinylierung
- Endozytose, Membranproteine 196
- Membranproteine, Endzytose 196
- PDGF-R 806
- Proteine 319–321
Ubiquitinyl-Transferasen 196
Ubisemichinon 497 (F), 509
UCP *(uncoupling protein)* ► Thermogenin
UDP (Uridindiphosphat) 111, 590
- Cerebrosid, Biosynthese 561 (F)
- Sulfatid, Biosynthese 561 (F)
UDP-D-Galacturonat 541 (F), 542
- Synthese 541
UDP-Galactose 542, 559, 966 (F)
- Cerebrosid, Biosynthese 561
- Epimerisierung 542
- Sulfatid, Biosynthese 561
UDP-Galactose-4-Epimerase 542–543
UDP-Glucose (UDPG) 145, 369, 540 (F), 559
- Bildung, Glucose-6-phosphat 369
- Oxidation 541
UDP-Glucose-Dehydrogenase 541
UDP-Glucose-Pyrophosphorylase, Glycogenbiosynthese 369
UDP-Glucosyltransferase-Defekt
- Hyperbilirubinämie 626
- Promotoranteil, Mutationen 626
UDP-Glucuronat/-Glucuronsäure 540 (F)–541 (F)
- Biosynthese 540 (F), 541
UDP-Glucuronat-Transferasen 541
UDP-Glycogen-Transglucosylase 369
UDP-N-Acetylgalactosamin 966 (F)
UDP-N-Acetylglucosamin 545
Übergangselemente *(transitional elements)*, endoplasmatisches Retikulum 190
Übergangszustand 107
- Biokatalysatoren 107
Übergangszustandsanaloga *(transition state analogs)*
- Enzyminhibitoren 134
- Enzymreaktionen 109, 126–127
Übergewicht ► Adipositas
Überlebensfaktoren 225
Überleitungsstück 903
UGA-Stopp-Codon 299
UGT (UDP-Glucuronat-Transferasen) 541
Ulcusleiden, Omeprazol 1067
Ullrich-(Turner-)Syndrom 752
ultraviolette Strahlung ► UV-Licht/-Strahlung
Ultrazentrifugation
- analytische 64
- - Proteine 62
- präparative 65
- Proteine, hochmolekulare 64
Umesterungen, Spleißen 264
Umgebungstemperaturen 632
Umkehrphasen-Hochdruckflüssigkeitschromatographie (HPLC) 52
- Aminosäuren 52
- Peptide 66
- Proteine 61
UMP (Uridin-5'-monophosphat), Pyrimidinbiosynthese 590, 591 (F)
UMP-Synthase 591, 594
- Pyrimidinbiosynthese 591
Umstellungsregion, Immunglobuline 1119
uncoating, Influenzaviren 334–335
uncoupling protein 1 (UCP1), Fettgewebe, braunes 634
unfolded protein response (UPR) 322
Uniport(er) 179 (F), 183
- polyspezifische, Tubulusepithelien 906
Unit pro Milligramm, Enzymaktivität 116
Unverträglichkeitsreaktionen, Erythrozytentransfusionen 965
uPA *(urokinase-type plasminogen activator)*, extrazelluläre Matrix, Abbau 736
UPR *(unfolded protein response)* 322
upstream regulatory factors (URFs) 261

Uracil 142–143, 238 (F), 289
– Pyrimidinabbau 601 (F)
Urämie 909
Urämietoxine 909
URAT-Protein 600
Urease 600
– Darmbakterien 451
– Harnstoffkonzentration, Bestimmung 136
Ureidoisobutyrat, Pyrimidinabbau 601
Ureidopropionase
– Mangel 604
– Pyrimidinabbau 601
Ureidopropionat, Pyrimidinabbau 601
Ureidosuccinat ► Carbamylaspartat
Uricosurica, Hyperurikämie 603
uricotelische Form, Stickstoffausscheidung 429
Uridin 143
Uridindiphosphat ► UDP
Uridindiphosphatglucose ► UDPG
Uridindiphosphat-Glucose ► UDP-Glucose
Uridin-5'-monophosphat ► UMP
Uridinnucleotide, Biosynthese 591
Uridintriphosphat ► UTP
Urin 914–917
– Acidität, titrierbare 908
– Aminosäurederivate 915
– Aminosäuren, freie 914
– Ammonium/Ammoniak-Puffersystem 17
– Ammoniumionen, Elimination 946
– Ausscheidung, Porphyrien 619
– – stickstoffreiche Kost 914
– cAMP 936
– chemische Zusammensetzung 914–915
– Dihydrogenphosphat/Hydrogenphosphat-Puffersystem 17
– Farbe 914
– Geruch 914
– Gewicht, spezifisches 914
– Hormone 915
– Hydrogencarbonatelimination 946
– Hydroxyprolin 915
– hypotoner, Dehydration 920
– Ketonkörper 916
– Konzentration, osmotische 905
– konzentrierter, Gefrierpunktserniedrigung 12
– – Osmolalität 12
– Methylhistidin 915
– Natriumausscheidung 921
– Nitrat 914
– organische Bestandteile 915
– Pathobiochemie 915–916
– Phosphat 915
– Phosphatausscheidung 933
– pH-Wert 914
– Proteine 915
– Protonenkonzentration 916
– Puffer 908
– Pyridinolin-Derivate 915
– rotverfärbter, Porphyrie 618
– schwefelhaltige Substanzen 915
– Sulfat, anorganisches 915
– Urochrome A/B 914
– verdünnter, Gefrierpunktserniedrigung 12
– – Osmolalität 12
– Verfärbungen, medikamentös und alimentär bedingte 914
– Vitamine 915
– Volumen, ADH-Sekretion 905
Urobilin 623
Urobilinogen 623
Urocanase, Histidinabbau 474
Urochrome A/B 914
Urodilatin 925
Urokinase 987–988
Urolithiasis 916
– Hyperoxalurie 313
Uronsäuren 23, 28, 540
– Synthese, Glucuronat/-Glucuronsäure 541
Uropepsinogen 1056
Uropontin, Calciumoxalatsteine 917
Uroporphyrin III 613 (F)
Uroporphyrine, Urin 915
Uroporphyrinogen III 613 (F)
– Hämbiosynthese 610 (F), 611, 613 (F)
Uroporphyrinogen-III-Synthase
– Hämbiosynthese 610–611
– Mangel 617
Uroporphyrinogen-Decarboxylase
– Hämbiosynthese 610–611
– Mangel 618
Ursodesoxycholsäure, canaliculäre Membran 1097
Usher-Syndrom IB 214
Uterus
– Hormone 882–883
– Kontraktion, Oxytocin 918
– Östrogene 883
UTP (Uridintriphosphat) 540, 590
– Glycogenbiosynthese 369
UV-Licht/-Strahlung
– Cancerogenese 1158
– DNA-Schäden 237, 1148
– Thymindimere 237, 238 (F)
– Vitamin-D-Stoffwechsel 688

V

V_1-Myosin 1006
V_1-Rezeptoren 905
V_2-Rezeptoren 905
– ADH 919
V_3-Myosin 1006
Vacciniaviren 349
Vagina, Östrogene 883
Vagus
– Histaminproduktion 1064
– Pankreassekretion 1065
– Salzsäureproduktion, Steigerung 1067
Valeriansäure, Carboxylierung 705 (F)
Valin 45 (F), 47, 440, 442–443, 466–468, 486
– Abbau 466, 467 (F)
– Aminosäurestoffwechsel, Muskulatur 453
– Bedarf des Menschen 439
– Biosynthese 443
– Decarboxylierung, dehydrierende 466
– – oxidative 466
– Plasmakonzentration 445
– Stoffwechsel 459
– Transaminierung 441, 466
Valyl-AMP 292
Valyl-tRNA-Synthetase 292
van't Hoff, Jacobus Henricus 12
Vanadium 4
– Gesamtbestand 656
– Plasmaspiegel 656
van-der-Waals-Wechselwirkungen 770
– Proteine 78
Vanillinmandelsäure
– Katecholaminabbau 831
– Urin 915
Varizella-Zoster-Virus, Persistenz 343
vascular cellular adhesion molecules ► VCAM-1
vascular endothelial growth factor ► VEGF
Vaskulitis 1138
vasoaktives intestinales Peptid ► VIP
Vasokonstriktion, Katecholamine 830
Vasopressin ► ADH
V-ATPasen 183
– Ansäuerung, luminale 183
– Defekte 200
– – Osteoklasten 183
– – Osteopetrose 184
– Lysosomen 200
– synaptische Vesikel 1035
vaults (Bögen, Gewölbe), Intrazellularraum 205
VCAM-1 *(vascular cellular adhesion molecule 1)*
– Lymphozyten, Zirkulation 1129
– Stammzellen, Differenzierung 1124
VDAC *(voltage dependent anion-selective channel)* 178
– Porine 182
VDR (Vitamin-D-Rezeptor) 687, 689
vegane Ernährung/Vegetarismus 654
VEGF *(vascular endothelial growth factor)* 759, 837, 1051
– Knochenbildung 739
– Rezeptor 785
– Tumoren, Angiogenese 1155
VEGF-Rezeptoren, Tumoren, Angiogenese 1155
Veitstanz ► Chorea Huntington
Vektoren
– DNA, fremde, Einschleusung 241–244
– Träger-DNA-Moleküle 241
Venolen, postkapilläre 972
Ventilation, erhöhte, Protonenkonzentration 945
Verankerungsfibrillen/-filamente, dermo-dermale Junktion 750
Verbindungen, aktivierte 10
Verbindungsbogen (hairpin), Membranen 177
Verbindungs-DNA 153
Verbindungs-Histone 153
Verbindungstubulus 899
Verbrauchskoagulopathie 992
Verbrennung, physiologische, Makronährstoffe 633–635
Verdauung
– Diffusion, passive 1068
– Kohlenhydrate 1069–1070
– Transport, aktiver 1069
Verdauungsenzyme, gastrointestinale 1059
Verdunstungswärme 8
Verschlussikterus, Hypercholesterinämie 583
Versican 728, 751
Verstärker *(enhancer)*, Transkription, Eukaryoten 262
Verteilungschromatographie 52
– Aminosäuren 52
verzögerter Strang *(lagging strand)*, DNA-Replikation 233 (F), 234
Verzweigtketten-Dehydrogenase-Komplex 441
– Aminosäuren, Abbau 466
Verzweigtkettenkrankheit 468
v-(vesicular)SNARE-Proteine 1035
Vesiculovirus 328
Vesikel
– elektronendichte, Katecholamintransmitter 1042
– intrazelluläre, GLUT 4 377
– synaptische 1034
– Trennung, Transport, vesikulärer 194
Vesikel-Knospung *(vesicle budding)* 774
vesikulärer Transport *(vesicle trafficking)* 191–195, 774

vesikuläres System, Salzsäureproduktion 1055
V-Gen-Segmente, H-/L-Ketten, Antikörper 1121
Viagra® (Sildenafil) 803
Vibrio cholerae 782, 1078
VIF, HIV 336
Villin 213
Vimentin 213
Vinca-Alkaloide
- Insulinsekretion 814
- Krebstherapie 1160
- Tubulindynamik, Störungen 214
Vinculin 213, 734, 1008
VIP (vasoaktives intestinales Peptid) 937
- Hemmung durch Somatostatin 887
- Pankreassekretion 1065
- Vorkommen/Funktion 1063
Virämie, Vermehrungsphase, erste 348
Viren 325–353
- Adsorption 330–333
- Aufbau 326–330
- Aufnahme 333–334
- Capside 326
- - Symmetrieform 327
- Chaperone 340
- DNA-Polymerasen 337, 339
- Familien 327–329
- Freisetzung 340–342
- Genexpression 335–339
- Genom 327
- Hämagglutinin 340
- Immunabwehr 1135–1136
- Immunantwort, spezifische 1136
- Knospung *(budding)* 340
- membranumhüllte 326–327
- Morphogenese 339–340
- N-Acetyl-Neuraminsäure 340, 342
- Neuraminidase-Aktivität (NA) 342
- Nichtstrukturproteine 338
- Nucleinsäuren, Freisetzung 334–335
- Nucleocapside 326
- Onkogene 344
- Parasiten, intrazelluläre 330
- Polyproteine 335
- Proteasen 339
- Proteinabbau 323
- rekombinante, Lebendimpfstoffe 349
- Replikation 330–342
- - Integrase 335
- - Proteinkinase R (PKR) 797
- Rezeptor-zerstörende Eigenschaften 340
- RNA-Editing 335
- RNA-Polymerasen, RNA-abhängige 335, 338
- Sekretion 340
- Selbst-Organisation *(self-assembly)* 339
- Sialinsäure 340, 342
- Strukturproteine 338
- Transkriptionsfaktoren 339
- Tumor-erzeugende, v-/onc-Gene 344
- Vermehrung 330–342
- Wechselwirkung mit der Wirtszelle 326
- Zusammenbau, Ungenauigkeit 340
Virionen 326
Virostatika 350–352
Virushepatitis, Leberzellschädigung 1099, 1101
virus-host shut-off 340, 342
Virusinfektion
- Abwehrmechanismen 342, 1135–1136
- Apoptose 340, 342
- Chemotherapie 350
- chronisch-persistierende 343
- Diagnostik 346–348
- DNA-Impfstoffe 349
- ELISA-Test *(enzyme linked immunosorbent assay)* 346
- Erregerkontakt 347
- Folgen 342–345
- Hämagglutinationstest 346
- Immunfluoreszenztest 346
- Immunglobuline 346
- Impfung 348–349
- Inkubationszeit 348
- latente 343
- Nachweis, direkter 346
- Nekrose 342
- Persistenz 342–343
- Prophylaxe 348–353
- Proteinbiosynthese, Initiation 300
- Quarantäne 348
- serologischer Verlauf 347
- Therapie 348–353
- *virus-host-shut-off*-Faktoren 342
- Western-Blot 346
- Zellzerstörung 342
Virusmembran 326
- Fusionierung 334
Virusoide 329
Virusproteine
- Biosynthese 339
- Immunantwort, Bestimmung 346–348
- RNA-Genom 335
- Zusammenbau 339
Virusrezeptor
- Typenbildung, neue 340
- Zelloberflächenmoleküle 331
Vitamin A (► a. Retinol) 32, 38, 681, 683–688
- Derivate 683 (F)
- Genexpression, Regulation 687
- Hypervitaminosen 682, 688
- Hypovitaminosen 688
- Isopreneinheiten 683
- Mangel, Nachtblindheit 686
- Reproduktion 687
- Resorption 684
- Speicherung, Ito-/Stern-Zellen 684
- Zufuhr, tägliche 681
Vitamin B_1 (► Thiamin) 681–682, 699–700
- biochemische Tests 682
- Coenzym 111
- Hypovitaminose 699
- - Wernicke-Korsakoff-Syndrom 700
- Magnesiumresorption 940
- Mangel 699
- Pyrimidinring 699
- Speicherung in der Leber 1089
- Vorkommen 699
- Zufuhr, tägliche 681
Vitamin B_2 (► Riboflavin) 681–682, 700
- biochemische Tests 682
- Coenzym 111
- Flavoproteine, Wasserstoffübertragende 700
- Mangel 700
- Speicherung in der Leber 1089
- Stoffwechsel 700
- Zufuhr, tägliche 681
Vitamin B_6 (► Pyridoxin) 681–682, 703 (F), 704
- biochemische Tests 682
- Coenzym 111
- Magnesiumresorption 940
- Mangel 472, 703
- - Hämbiosynthese 608
- - Hämoglobinsynthese 957
- - Tryptophanabbau 473
- Speicherung in der Leber 1089
- Tuberkulose 703
- Zufuhr, tägliche 681
Vitamin B_{12} (► Cobalamin) 681, 709–711
- *intrinsic factor* 710
- Kobalt 672
- Lysosomen 200
- Mangel 955
- Methylmalonyl-CoA-Isomerisierung 711 (F)
- Methylmalonyl-CoA-Mutase-Reaktion 711 (F)
- Speicherung in der Leber 709, 1089–1090
- Zufuhr, tägliche 681
Vitamin C (► Ascorbinsäure) 111, 511 (F), 681, 697–699
- biochemische Funktion 697–699
- chemische Struktur 697
- Coenzym 111
- enzymatische Reaktionen 698
- GLUT1/GLUT3 697
- Hypovitaminose 699
- Kollagenbiosynthese 699
- Mangel 719
- - Skorbut 719
- Redoxpotential 697
- Sauerstoffradikale 511
- Speicherung in der Leber 1089
- Standardpotential 103
- Synthese 542
- - Glucuronat/-Glucuronsäure 541–542
- Transporter 697
- Tyrosinabbau 471 (F)
- Vorkommen 697
- Zufuhr, tägliche 681
Vitamin D 681, 688–691
- Bindungsprotein (DBP) 689
- Hypervitaminose 682, 691
- Hypovitaminose 690
- Knochenwachstum 742
- Mangel 688
- - Osteomalacie 691
- Stoffwechsel 688
- - Sonnenlicht/UV-Strahlung 688
- Vorkommen 688
- Wirkungen 690
- Zufuhr, tägliche 681
Vitamin D_2 688–691
Vitamin D_3 688–691
- 1,25-Dihydroxycholecalciferol, Synthese 688 (F)
- Rezeptoren 763
Vitamin-D-Bindeprotein (DBP) 689
Vitamin-D-Rezeptor (VDR)
- 1,25-Dihydroxycholecalciferol, Expression 690
- Heterodimer 690
Vitamin E (► Tocopherol) 32, 38, 511 (F), 566, 681–682, 691 (F), 692–695
- α-Tocopherol 511 (F), 681, 692
- - Blutgerinnung 693
- - Plasmaspiegel 692
- - Proteine, Regulation 694
- β-Tocopherol 692
- δ-Tocopherol 692, 694
- γ-Tocopherol 694
- Antioxidans 691, 693–694
- Antioxidanz 693
- Chylomikronen 692
- Cyanobakterien 692
- Fettgewebe 692
- Gene, Aktivität 694
- ω-Hydroxylierung 693
- Hypervitaminose 695
- Hypovitaminose 694
- Leber 692
- Lipidradikale (LO) 693
- Mangel 694–695
- Metabolismus 691 (F), 693
- Nebenniere 692
- nicht-antioxidative Funktionen 693

– Peroxyl-Radikale 693
– Resorption 692
– Resorption-Gestations-Test 693
– Sauerstoffradikale 511
– Transport 692
– Verteilung 692
– Vorkommen 692
– Zufuhr, tägliche 681
Vitamin H ► Biotin
Vitamin K 681, 695–697
– biochemische Funktion 695
– Blutgerinnung 695
– Carboxylase 986
– γ-Glutamyl-Carboxylierung 696
– Stoffwechsel 695
– Vorkommen 695
– Zufuhr, tägliche 681
Vitamin-K-abhängige Proteine 695
Vitamin-K-Alkoxid 696
Vitamin-K-Antagonisten 696, 986–987
– Protein C 986
Vitamin-K-Chinon 696
Vitamin-K-Epoxid 696
Vitamin-K-Hydrochinon 696
Vitamin-K-Mangel 696
– Cumarinderivate 696
– Osteocalcin 696
– Osteoporose 696
vitaminähnliche Substanzen 711
Vitamine
– Bedarf, täglicher 680
– Coenzyme 682
– Definition 680
– Einteilung 680–681
– fettlösliche 681, 683–697, 1070
– Holoenzyme 682
– katalytische 680
– Nahrungsbestandteile, essentielle 680
– regulatorische 680
– Resorption 1076
– Speicherung in der Leber 1089
– *tolerable upper intake level* 680
– Transportproteine 682
– Urin 915
– wasserlösliche 681, 697–711
– Zufuhr, tägliche, Referenzwerte 681
Vitaminmangel
– Belastungstests 681–682
– biochemische Tests 682
Vitronectin 730
Vitronectin-Rezeptor 331
VKD-Proteine *(Vitamin-K-dependent)* 695
VLA-4 973
– Lymphozyten, Zirkulation 1129
VLDL *(very low density lipoproteins)* 517, 572, 576–579
– Alkohol 650
– Apolipoproteine 574
– Bindung 576
– Eigenschaften 573
– Hyperlipoproteinämie, Typ III 582
– Lipoproteine, Triacylglycerinreiche 401
– Resorptionsphase, Leber 1086
– Synthese in der Leber 1088
– Triacylglycerine 519
– Vitamin-E-Stoffwechsel 692
V_{MAX}
– Enzymaktivität 124
– Enzyme, allosterische 131
Vollantigen 1106
Volumenaktivität
– Enzyme 116
– katalytische, spezifische 116
Volumenmangel, ADH-Freisetzung 920
v-Onc-Proteine, Viren, Tumorerzeugende 344
v-Onkogene 1143
von-Willebrand-Faktor 988
– Blutstillung, zelluläre 980
von-Willebrand-Faktor-VIII-Komplex, Bindung, Thrombozyten, Aktivierung 980
von-Willebrand-Faktor-Rezeptor, Thrombozyten, Adhäsion 980
Vorhofdruck, ANP 926
Vorläufergen, Blutgerinnungfaktoren 984
VPR, HIV 336
Vpu (viral protein out), HIV 336, 342
V-Sequenz, Immunglobuline 1122
v-SNARE*(vesicle-associated soluble N-ethylmaleimid sensitive factor attachement protein receptor)*-Proteine 193–194
V-Systeme, Enzymeffektoren 131
V-Typ-ATPase 1034

W

Wachse 32
Wachstum
– Eisenbedarf, erhöhter 667
– Energieversorgung 742
– Energiezufuhr 652
– Ernährung 652
– Folsäuremangel 709
– IGFs 888
– Insulin 820
– Koordination 742
– Stoffwechsellage 742
– T_3 857
Wachstumsfaktoren 778, 845, 1143
– Corezeptoren, Proteoglykane 728
– Cytokine 760
– epidermale ► EGF
– α-Granula 977
– hämatopoietische 953
– – rekombinante 953
– Insulin-ähnliche ► IGF
– Kinaseaktivität, intrinsische 778
– Knochenwachstum 742
– Membranrezeptor 1144
– Nahrungskarenz 529
– parakrine, Chondrogenese 739
– – Osteogenese 739
– Proteinbiosynthese, Initiation, Regulation 300
– – im Skelettmuskel 529
– Rezeptor-Tyrosinkinasen 225, 767
– Sekretion, autokrine 758
– Serum 225
– Stimulation, Phosphorylierung 806
– vaskuläre, endotheliale ► VEGF
– Zellzyklus 221, 225
Wachstumsfaktorrezeptoren, transmembranäre 1143
Wachstumsfuge, BMPs/FGFs 741
wachstumshemmender Effekt, Heparin 729
Wachstumshormon ► GH *(growth hormone*, Somatotropin)
Wachstumshormon-IGF-Achse 885–890
Wachstumsstörungen
– Chrommangel 675
– Spurenelemente, Mangel 656
Wärme, Nahrungsenergie, absorbierte, Umwandlung 633–634
Wärmekapazität, Wasser 8
Wärmeproduktion ► Thermogenese
Waldenström-Syndrom 999
Warburg, Otto H. 115
Warmblüter
– Acetyl-CoA-Carboxylase 706
– Pyruvatcarboxylase 706
Warzen, Papillomviren 343
Wasser 8–20
– Anlagerung, Kohlenstoffdoppelbindung 11 (F)
– Aquaporine 904–905, 921, 1075
– Ausscheidung, Natriumausscheidung, erhöhte 922
– Bewegungen, osmotische Kräfte 12
– Dissoziation 12
– elektrische Leitfähigkeit 12
– Filtrierbarkeit, glomeruläre 896
– Gefrierpunkt 12
– glomerulär filtriertes 903
– Hydroxylionenkonzentration 13
– Ionenprodukt 13
– als Lösungsmittel 8–10
– Nahrungsstoffe, mitochondriale Oxidation 917
– Natriumtransport, aktiver 1074
– Neutralpunkt 13
– Polarität 8
– Reabsorption, Niere 899–905
– als Reaktionspartner 10
– Resorption 1074–1076
– – osmotischer Gradient 1074
– Schmelztemperatur 8
– Siedetemperatur 8
– Standardpotential 103
– Verlust, Dehydration 920
– – täglicher 918
– Wärmekapazität 8
– Zufuhr, tägliche 918
Wasserbilanz 917–918
Wasserdiffusion, transzelluläre, Aquaporin-2-Kanäle 905
Wasserdurchfluss, Sammelrohr 905
Wassereinstrom, osmotisch bedingter, Proteoglykane 728
Wasserhaushalt 917–920
– Extrazellularflüssigkeit 918
– hormonelle Regulation 918
– Osmolarität 918
– Pathobiochemie 920–921
Wasserkanäle
– Defekte 186
– Henle-Schleife, dünne, absteigende 904
Wasserkanal-Molekül (Aquaporin 2), Sammelrohr 905
Wassermantel, Elastin 725
Wassermoleküle 8
– Konzentration, Lösungen, verdünnte 13
Wasserresorption 895
– ADH 919
– Aldosteron 1075
– Angiotensin II 1075
– ANP 926
– Colon 1075
– Hexosetransport 1074
– Hydrogencarbonat 1075
– Ileum 1075
– Jejunum 1074
– Osmolaritätsgradient 899
– Tubulusabschnitte 904
Wasserretention, Conn-Syndrom 927
Wassersekretion
– Duodenum/Magen 1074
– pankreatische 1065–1066
– Speisebrei, hypertoner 1074
Wasserstoff 4
– Herkunft, Fettsäurebiosynthese 412–413
– $NADPH/H^+$ 412
– Reduktionsäquivalent 491
Wasserstoffbrückenbindung 8, 9 (F)
– Anziehungskräfte 72

Wasserstoffbrückenbindung
- Cellulose 26
- DNA 147, 148 (F), 166
- Elektronenspindichte 72
- Fibrin 983
- α-Helix 71
- Histidin-195 118
- intramolekulare, Proteine 78
- Nucleinsäuren 9
- Proteine 9
Wasserstoffionenkonzentration
- Extra-/Intrazellulärraum 14
- Magnetresonanzspektroskopie (NMR) 14
Wasserstoffperoxid 509
- Erythrozyten 956
- Methämoglobin 969
Wechselwirkungen
- elektrostatische (ionische), Proteine 77–78
- hydrophobe, Proteine 78
Wechselzahl *(turnover number)*, Enzyme 117
Werner-Syndrom 237
Wernicke-Korsakoff-Syndrom, Thiamin, Hypovitaminose 700
Western-Blot 63, 347
- Antikörpernachweis 346
- Enzymdiagnostik 138
white blood cell count (WBC) 978
Wiederholungssequenzen, umgekehrte *(inverted repeats)*, DNA 149
Wilkins, Maurice 147
Wilms-Tumor 1147
Wilson, Kinnier 670
Wilson-Protein (ATP7B) 668, 670
- Defekte, genetische 670
- Kupferüberschuss 669
Wilson-Syndrom 670, 992
- ATP7B 670
- - Mutation 671
- D-Penicillamin 671
- Kayser-Fleischer-Ring 670
- kupferarme Kost 671
- Laborbefunde 671
Windeln, rotgefärbte, Uroporphyrinogen-III-Synthase, Mangel 617
Winterschläfer 504, 520
- Fettgewebe, braunes 520
Wnt, Proteoglykane als Cofaktoren 729
wobble-Hypothese 290
- Anticodon-Codon-Wechselwirkung 290
Wolmansche Erkrankung 200
WT-1 1147
Wucherungen 1142
Wundheilung
- Aktin 213
- Hyaluronsäure 550
- Plasma-Fibronectin 731
- Störungen, Glucocorticoide 868
Wundränder, Kontraktion, Kollagene 721
Wundstarrkrampf 1036

X

Xanthin 143
- Purinabbau 599 (F)
Xanthindehydrogenase 599
Xanthinoxidase 506
- Hemmung, Allopurinol 127, 134
- Molybdän 671
Xanthin-Oxidoreductase, Purinabbau 599
Xanthome, Sitosterolämie 1077
Xanthosin 143
- Purinabbau 599 (F)
Xanthosinmonophosphat 588
- GMP-Biosynthese 588
Xanthurensäure, Tryptophanabbau 472 (F), 473
Xanthylsäure ► Xanthosinmonophosphat
XC-Chemokine 759
XCL2 (SCM-1β) 759
Xenobiotica 508, 1090
- Ethanolstoffwechsel, Leber 1100
- Metabolisierungsenzym, Induktion 1093
Xeroderma pigmentosum (XP) 237, 239, 241
Xerophthalmie 688
Xist-RNA 163–164
X-Protein, Hepatitis-B-Virus 345
Xylulose-5-phosphat
- Glycolyse 647
- Hexosemonophosphat-Weg 366 (F)–367 (F)
- Lipacidogenese 647

Y

YACs *(yeast artificial chromosomes)* 243
yeast two hybrid system 249
Y-Modell, Antikörper 1119

Z

Zähne, Zinkkonzentration 672
Zahlen, nicht-neuronale 1045–1048
Zahnfluorose 674
Zahnhartgewebe, Fluorid 674
Zahnpasta, Fluorid 673
Zanamivir 352
- Neuraminidase-Hemmung 134
ZAP70 1115
Zapfen (Retina) 685–686
- Depolarisierung 686
- Rhodopsin 685
Z-DNA 149, 150 (F)
- Strukturеigenschaften 149
Zelladhäsion, extrazelluläre Matrix 730
Zelladhäsionsmoleküle *(cell adhesion molecules)* 197, 199, 317
- APC-Protein 1151
Zellaktivierung, Calcium 930–931
Zellarchitektur, korrekte, Ausbildung, Integrine 735
zellbiologische Methoden, Entwicklung 174–175
Zelldifferenzierung
- extrazelluläre Matrix 730
- Integrine 736
- mTOR 525
Zellen 6
- α-Zellen, Langerhanssche Inseln, Glucagon 823
- - Pankreas, endokrines 811
- β-Zellen, Depolarisierung, Insulinsekretion, Glucose-stimulierte 814
- - Diabetes mellitus, Typ I 1116
- - Glucokinase 814
- - GLUT 2 375
- - Insulinsekretion 812
- - Lipotoxizität 835
- - Pankreas, endokrines 811
- - Sulfonylharnstoff-Rezeptor 815
- δ-Zellen, Pankreas, endokrines 811
- Adenohypophyse 845
- differenzierte, Zellzyklus 221
- Differenzierung 1142
- - Vitamin A 687
- Energiegewinnung 104–106
- epidermale, Differenzierung, Calciferole 690
- epitheliale, Cadherine 198
- Kommunikation 757–760
- myofibroblastenähnliche/-artige, Alkoholkonsum, chronischer 1100
- - Lebersternzellen 1098
- neuronale 1029–1036
- nicht terminal differenzierte, Zellzyklus 221
- Organellen 187–207
- Partikel 187–207
- perisinusoidale 1098
- photosensible ► photosensible Zellen
- Teilungsrate 220
- tierische, Expressionsvektor 244
- Wachstum, Vitamin A 687
Zell-Enzyme 135–136
- Lokalisation, intrazelluläre 136
- organspezifische 136
Zellfortsätze, Neurone 1029
Zellfunktion, extrazelluläre Matrix 730
Zellhüllproteine 748
Zellkern 176, 187–190
- Cajal bodies 188
- Chromatin 187
- Cyclin B/cdk, Translokation 223
- und Cytosol, Beziehungen 188
- DNA 187
- Kernhülle 188
- mRNA, Export 269–270
- Nucleolus 188
- Phosphatasen 806
- Schrumpfung, Apoptose 225
- Territorien 187 (F)
Zellkörper (Soma), Neurone 1029
Zellmasse 638
Zell-Matrix-Interaktion/-Kontakte
- Fibronectin-vermittelte 732
- Integrine/Selektine 199 (F)
- Proteoglykane 728
Zellmembran
- Cholesterin 43
- Lipiddoppelschicht 41–43
- Permeabilitätsstörung, Enzymaktivität 136
Zellnekrose, akute, Leber 1099
Zelloberflächenmoleküle, Virusrezeptor 331
Zellpolarität, Ausbildung, Integrine 735
Zellproliferation
- Eisen 659
- extrazelluläre Matrix 730
- Polyamine 462
Zellteilung, Folsäuremangel 709
Zelltod, programmierter ► Apoptose
Zellulose ► Cellulose
Zellwand, Peptidoglykane 30
Zellwanderung 212
- Aktin 213
- extrazelluläre Matrix 730
- Hyaluronsäure 550
Zellweger-Syndrom 313
Zellzahl, Liquor cerebrospinalis 1028
Zell-Zell-Interaktion/-Kontakte
- Integrine/Selektine 199 (F)
- Proteoglykane 728
Zellzyklus 220–228
- Ablauf 220–221
- Cycline 221–223, 1147
- Faktoren, exogene 225
- G_0-, G_1-, G_2-Phase 221
- G_1-, G_2-Kontrollpunkt 221
- Interphase 221
- Kompetenzfaktoren 1143–1144
- Mitose 221
- M-Phase 221
- Progressionsfaktoren 1143–1144

- Proliferation, kontinuierliche 221
- Proteinkinase, Cyclin-abhängige 221
- Regulation 221
- S-Phase 154, 221
- Stopp, Caspasen 793
- Tumorsuppressor-Gene 1147
- Wachstumsfaktoren 221, 225

zentralnervöse Funktionsstörungen, Pyridoxinmangel 703
Zentroblasten 1126
Zentrozyten 1126
- bcl-2-Gen 1126

Zervixkarzinom, Papillomviren 344
Zigarettenrauch
- α_1-Antitrypsinmangel 998
- Cancerogenese 1157–1158

zincins 315
Zink 4, 672–673
- Aufnahme, Glucocorticoide 672
- Gesamtbestand 656
- Insulin 672, 810, 816, 817 (F)
- Mangel 673
- - chronische Zustände 673
- Membranen, biologische 672
- Metallothionine 676
- Plasmaspiegel 656
- Transkriptionsfaktoren 672

Zink-abhängige Proteasen 736
- Clostridien 1036
- extrazelluläre Matrix, Abbau 736

Zinkfinger 276 (F)
- DNA-Bindungsdomäne 276–277, 687

Zinkfingermotiv, Proteine 276
Zinktransporter
- Defekt 673
- Ileum 672
- Jejunum 672

Zinktransport-Systeme 672
ZIP-Transporter 672
- Defekt 673

Z-Membran, Muskelkontraktion 1010
ZNS (Zentralnervensystem)
- Aminosäurestoffwechsel 453–454
- ATP 1044
- Glutamat-Glutamin-Zyklus 1025
- Myelinscheiden 1046

ZnT1 672
Zöliakie 1078
Zona fasciculata
- Hormone 863
- Progesteron 865

Zonierung 448
Zonula
- adhaerens 198
- - Stabilisierung, Aktin 214
- occludens 198
- - Plexusepithelien 1026

Z-Scheibe, Muskulatur, quergestreifte 1002–1003, 1008
Zuckerkrankheit ► Diabetes mellitus
Zuckernucleotide 312
- Transportsysteme, Golgi-Apparat 190

Zuckertransferasen 305
Zuckertransport, Defekte, Glucose/Galactose-Malabsorption 186
Zufallsknäuel, Proteine, denaturierte 74
Zusatzgene, HIV 336
Z-Variante, α_1-Antitrypsin 997
Zweikompartment-Modell, Ernährungszustand 638
Zwergwuchs 889
- IGF-1 744

Zwischenmembranraum, Mitochondrien 203
Zwischenräume, Membranen 177
Zwischenraumlinien, Myelinscheiden 1046
Zwitterionen, Aminosäuren 49
Zwölffingerdarmgeschwür, Salzsäure 1055
Zyklooxygenase ► Cyclooxygenase
Zyklosporin A ► Cyclosporin A
Zymogene 132
Zymogengranula, Pepsin 1056
Zymosterin, Cholesterin, Biosynthese 567 (F)
Zystin ► Cystin
Zystinsteine 916
Zystinurie 1078
Zytokine ► Cytokine
Zytolyse
- antigenspezifische, Makrophagen 1116
- komplementabhängige 1132

zytolytischer Komplex (C5-9), Komplementaktivierung 1131
Zytomegalievirus
- Persistenz 343
- Proteinabbau 323

zytotoxische Zellen 1111
Zytotoxizität, zelluläre, antikörperabhängige (ADCC) 1116–1117, 1120